НОВЫЙ
АНГЛО-РУССКИЙ
СЛОВАРЬ ПО
РАДИОЭЛЕКТРОНИКЕ

NEW
ENGLISH-RUSSIAN
DICTIONARY OF
ELECTRONICS

F. V. LISOVSKY

NEW ENGLISH-RUSSIAN DICTIONARY OF ELECTRONICS

In two volumes

Approx. 100 000 terms and 7000 abbreviations

Volume II
M — Z

MOSCOW
«RUSSO»
2005

MOSCOW
«BKL Publishers»
2005

Ф. В. ЛИСОВСКИЙ

НОВЫЙ АНГЛО-РУССКИЙ СЛОВАРЬ ПО РАДИОЭЛЕКТРОНИКЕ

В двух томах

Около 100 000 терминов и 7000 сокращений

Том II
M — Z

МОСКВА
«РУССО»
2005

МОСКВА
«Лаборатория Базовых Знаний»
2005

УДК 621.38(038)=111=161.1
ББК 32
Л 63

Л 63 Лисовский Ф. В.
Новый англо-русский словарь по радиоэлектронике: В 2 т. Около 100 000 терминов и 7000 сокращений. — Т. II: M — Z. — М.: РУССО : Лаборатория Базовых Знаний, 2005. — 736 с.

Словарь содержит около 100 000 терминов и терминологических сочетаний по информатике и радиоэлектронике, по современной элементной базе и технологии производства радиоэлектронной и вычислительной аппаратуры, микроэлектронике, глобальным, региональным и локальным компьютерным сетям, различным видам связи, телевидению и видеотехнике, электроакустике, телефонии, телеграфии, устройствам электропитания, СМИ, настольным издательским системам и др.

Представлены также следующие области науки и техники: математика, логика, лингвистика, грамматика, теория игр, общая физика и химия, электродинамика, оптика, физика твердого тела, квантовая механика и др.

В конце словаря приведен список 7000 английских сокращений с русскими эквивалентами.

Словарь предназначен для самого широкого круга пользователей – студентов, аспирантов, преподавателей, переводчиков, инженеров, технологов, научных работников, а также для административно-управленческого персонала и предпринимателей.

ISBN 5-88721-290-X («РУССО»)
ISBN 5-93208-181-3 («Лаборатория Базовых Знаний»)

УДК 621.38(038)=111=161.1
ББК 32 + 81.2 Англ.-4

ISBN 5-88721-290-X (т. II)
ISBN 5-88721-291-8 («РУССО»)

ISBN 5-93208-181-3 (т. II)
ISBN 5-93208-182-1
(«Лаборатория Базовых Знаний»)

© «РУССО», 2005
Репродуцирование (воспроизведение) данного издания любым способом без договора с издательством запрещается.

M

M (допустимое) буквенное обозначение *i*-го (2≤*i*≤26) логического диска, съёмного устройства памяти *или* компакт-диска (*в IBM-совместимых компьютерах*)

MacBinary протокол (передачи файлов) MacBinary (*для компьютеров семейства Apple Macintosh*)

Machine:
   Advanced RISC ~ 32-битный процессор ARM (*фирмы Advanced RISC Machine*)
   Virtual ~ псевдооперационная система VM для компьютеров IBM-370 и IBM-390
   Warren abstract ~ **1.** абстрактная машина Уоррена **2.** язык описания абстрактной машины Уоррена, язык WAM

machine 1. машина; станок ‖ подвергать обработке; обрабатывать на станке **2.** механизм; простейший механизм **3.** установка; устройство; аппарат **4.** компьютер, электронная вычислительная машина, ЭВМ **5.** транспортное средство

abstract ~ *вчт* абстрактная машина
adding ~ арифмометр
airport X-ray ~ рентгеновская установка для просвечивания багажа в аэропортах
alignment ~ *микр.* установка совмещения (и экспонирования); установка литографии
analog ~ аналоговый компьютер, аналоговая вычислительная машина, АВМ
answering ~ *тлф* автоответчик
automated teller ~ **1.** банкомат **2.** счётчик купюр
automatic calling ~ автоматическое вызывное устройство, устройство автоматического набора номера
automatic magazine-fed sputtering ~ *микр.* установка для распыления с автоматической кассетной подачей
Boltzman ~ машина Больцмана (*1. алгоритм обучения нейронных сетей 2. нейронная сеть с обучением по алгоритму типа «машина Больцмана»*)
bonding ~ *микр.* установка для сборки и монтажа компонентов
broadcast ~ студийный магнитофон
business ~ оборудование для делопроизводства; офисная техника
cash ~ **1.** банкомат **2.** счётчик купюр
Cauchy ~ машина Коши
commutating ~ коллекторная (электрическая) машина
compatible video/audio ~ **1.** проигрыватель аудио и видео компакт-дисков, аудиовидеоплеер **2.** видеоэлектропроигрыватель **3.** видеомагнитофон — лазерный электропроигрыватель
copy(ing) ~ копировальный аппарат; устройство (для) копирования; множительный аппарат
database ~ машина базы данных, содержащее и обслуживающее базу данных периферийное устройство (*напр. компьютер или сервер*)
data-processing ~ машина для обработки данных
deterministic Turing ~ *вчт* детерминированная машина Тьюринга
dictating ~ диктофон
digital ~ цифровой компьютер, цифровая вычислительная машина, ЦВМ
domestic mains/battery ~ бытовой магнитофон с универсальным питанием
electronic data processing ~ компьютер [электронная вычислительная машина] для обработки данных, ЭВМ для обработки данных
electrostatic copying ~ электростатический копировальный аппарат
facsimile ~ факсимильный аппарат, *проф.* факс
fax ~ факсимильный аппарат, *проф.* факс
finite-state ~ *вчт* конечный автомат
firewall ~ *вчт* брандмауэр, средства защиты от несанкционированного доступа в локальную сеть
flash-X-ray ~ импульсная рентгеновская установка
gateway ~ *вчт* брандмауэр, средства защиты от несанкционированного доступа в локальную сеть
Hollerith tabulating/recording ~ перфоратор Холлерита
inference ~ блок программы, реализующий извлечение правил (*напр. из баз данных*) и построение умозаключений, *проф.* машина вывода (*часть экспертной системы*)
injection molding ~ установка для инжекционного прессования (*напр. компакт-дисков*)
instrumentation ~ контрольно-измерительное устройство
Java virtual ~ виртуальная машина Java
learning ~ самообучающаяся машина
mirror ~ пробкотрон (*установка удержания плазмы с помощью магнитных зеркал*)
money ~ **1.** банкомат **2.** счётчик купюр
nondeterministic Turing ~ *вчт* недетерминированная машина Тьюринга
numerically controlled optical pattern generating ~ фотонаборная установка с числовым программным управлением
parallel ~ **1.** компьютер с параллельным выполнением операций, *проф.* параллельный компьютер **2.** компьютер с несколькими параллельно работающими процессорами
parallel virtual ~ параллельная виртуальная машина (*1. система параллельного программирования PVM для сетей разнородных компьютеров 2. промежуточный язык программирования PVM*)
photocopying ~ светокопировальный аппарат; фотокопировальная машина
plasma confinement ~ установка удержания плазмы
precision drawing ~ прецизионный графопостроитель

1

machine

print-recognition ~ устройство (для) распознавания (печатных) шрифтов
protocol ~ протокольная машина (*реализующая протокольные связи в сети*)
reduction ~ *вчт* редукционная машина
reel-to-reel ~ катушечный магнитофон
reversible tape ~ магнитофон с реверсом движения ленты (*при воспроизведении*)
SAM ~ *см.* **synchronous active memory machine**
segmented scan ~ видеомагнитофон с сегментной записью
sequential ~ *вчт* компьютер с последовательным выполнением операций, *проф.* последовательный компьютер
simple ~ простейший механизм
single-head ~ одноголовочный магнитофон
S-K reduction ~ *вчт* S — K редукционная машина, абстрактная машина Тёрнера
Skinner's teaching ~ обучающая машина Скиннера
slot ~ устройство с монетоприёмником (*напр. торговый автомат*)
smart ~ устройство с микропроцессорным управлением
state ~ *вчт* конечный автомат
synchronous active memory ~ машина с синхронно-активной памятью, САП-машина
teaching ~ обучающая машина (*напр. компьютер*)
time ~ *проф.* машина времени
trial-and-error learning ~ (само)обучающаяся машина, работающая по методу проб и ошибок
Turing ~ *вчт* машина Тьюринга
two-level virtual machine ~ двухуровневая виртуальная машина
universal Turing ~ *вчт* универсальная машина Тьюринга
vending ~ торговый автомат
video-game ~ игровой компьютер
virtual machine ~ виртуальная машина (*1. абстрактная машина с интерпретатором 2. программный эмулятор реального компьютерного окружения*)
von Neumann ~ фон-неймановская машина, машина с фон-неймановской архитектурой
voting ~ машина для голосования
Warren abstract ~ *вчт* 1. абстрактная машина Уоррена 2. язык описания абстрактной машины Уоррена, язык WAM
wave soldering ~ установка для пайки волной припоя
wire-marking ~ устройство для маркировки проводов
wire-routing ~ трассировочная машина
machine-dependable машинно-зависимый
machine-dependent машинно-зависимый
machine-independent машинно-независимый
machine-oriented машинно-ориентированный
machine-readable машинно-читаемый, имеющий пригодную для ввода в компьютер форму
machinery 1. машинное оборудование; станочный парк; производственная база; средства производства 2. детали машин и механизмов 3. установки; устройства; аппаратное обеспечение; экспериментальная база 4. компьютерный парк
external ~ *вчт* периферийные устройства
machine-sensible машинно-читаемый, имеющий пригодную для ввода в компьютер форму

machine-undependable машинно-независимый
machining 1. обработка (на станках) 2. применение механизмов 3. использование установок, устройств *или* аппаратов 4. применение компьютеров 5. использование транспортных средств
continuous-path ~ контурная обработка
electrical-discharge [electric-spark] ~ электроискровая обработка
electroerosive ~ электроэрозионная обработка
electron-beam ~ электронно-лучевая обработка
electron-discharge [electrospark] ~ электроискровая обработка
flexible ~ обработка с использованием гибкой производственной системы
ion ~ ионное травление
spark erosion ~ электроэрозионная обработка
tape-editing ~ аппаратура редактирования данных на (магнитной) ленте
ultrasonic ~ ультразвуковая обработка
unattended ~ необслуживаемая обработка
Macintosh компьютер (серии) Мак(интош), компьютер (серии) Mac(intosh) (*корпорации Apple Computer*)
~ **128K** компьютер Macintosh 128K, первый компьютер серии Макинтош (*процессор Motorola 68000, дисковод 400 КБ, оперативная память 128 КБ, рабочая частота 8 МГц*)
~ **512K** компьютер Macintosh 512K (*процессор Motorola 68000, дисковод 400 КБ, оперативная память 512 КБ, рабочая частота 8 МГц*)
~ **512KE** компьютер Macintosh 512KE (*процессор Motorola 68000, дисковод 800 КБ, оперативная память 512 КБ, рабочая частота 8 МГц*)
~ **Classic** компьютер Macintosh Classic (*процессор Motorola 68000, дисковод 1,4 МБ, жёсткий диск 40 МБ, рабочая частота 8 МГц*)
~ **Classic II** компьютер Macintosh Classic II (*процессор Motorola 68030, дисковод 1,4 МБ, жёсткий диск 40 МБ, рабочая частота 16 МГц*)
~ **LC** компьютер Macintosh LC (*цветной монитор, процессор Motorola 68020, дисковод 1,4 МБ, оперативная память 2 МБ, жёсткий диск 40 МБ, рабочая частота 16 МГц*)
~ **Plus** компьютер Macintosh Plus (*процессор Motorola 68000, дисковод 800 КБ, оперативная память 1 МБ, рабочая частота 8 МГц, SCSI-интерфейс*)
~ **Portable** компьютер Macintosh Portable, первый переносный компьютер серии Макинтош (*процессор Motorola 68000, оперативная память 4 МБ, рабочая частота 16 МГц*)
~ **PowerPC** персональный компьютер с оптимизированной производительностью и расширенной RISC-архитектурой, компьютер (серии) Macintosh PowerPC
~ **Quadra 700/900** ~ **128K** компьютеры Macintosh Quadra 700/900 (*процессор Motorola 68040*)
~ **SE** *см.* **Macintosh System Expansion**
~ **SE/30** компьютер Macintosh SE/30 (*процессор Motorola 68030, дисковод 1,4 МБ, математический сопроцессор*)
~ **System Expansion** компьютер Macintosh SE, первый компьютер серии Макинтош со слотом расширения
~ **II** компьютер Macintosh II, первый компьютер серии Макинтош модульного типа для профес-

сионалов (*процессор Motorola 68020, оперативная память 1 МБ, рабочая частота 16 МГц, математический сопроцессор*)
~ **IIci** компьютер Macintosh IIci (*процессор Motorola 68030, оперативная память 5 МБ, рабочая частота 25 МГц*)
~ **IIcx** компьютер Macintosh IIcx (*процессор Motorola 68030, рабочая частота 16 МГц*)
~ **IIfx** компьютер Macintosh IIfx (*процессор Motorola 68030, оперативная память 4 МБ, жёсткий диск 160 МБ, рабочая частота 40 МГц*)
~ **IIsi** компьютер Macintosh IIsi (*процессор Motorola 68030, оперативная память 3 МБ, жёсткий диск 40 МБ, рабочая частота 20 МГц*)
~ **IIx** компьютер Macintosh IIx (*процессор Motorola 68030, математический сопроцессор, оперативная память 4 МБ*)
Apple ~ компьютер (серии) Мак(интош), компьютер Mac(intosh) (*корпорации Apple Computer*)
Macintrash *проф.* компьютер (серии) Макинтош (*от trash - мусор*)
macle *крист.* двойник
macro 1. макрос (*1. макрокоманда 2. макроопределение*) 2. макроассемблер 3. макроячейка 4. макрофункция 5. *pl* макроструктура 6. *pl* макрооперации 7. макроскопический 8. макроэлектронный; относящийся к макроэлектронике
 debug ~ отладочный макрос, отладочная макрокоманда
 functional ~s функциональная макроструктура
 hard ~ макроячейка (*логической матрицы*)
 HTML ~ макрос языка описания структуры гипертекста, макрос языка HTML, HTML-макрос
 nested ~ вложенные макросы, вложенные макроопределения
 random-control logic ~s макроструктура с произвольной логикой управления
 soft ~ макрофункция (*для программирования логической матрицы*)
 user-defined ~s макросы пользователя, определённые пользователем макросы
macroassembler макроассемблер
macrocall *вчт* вызов макрокоманды, обращение к макрокоманде
macrocode *вчт* макрокоманда
macrocosm макрокосм(ос)
macrodeclaration макроопределение
macrodefinition макроопределение
macroeconometrics макроэконометрика
macroexpansion *вчт* 1. макрорасширение 2. макроподстановка
macrogeneration *вчт* макроподстановка
macrogenerator *вчт* макропроцессор, программа (выполнения) макроподстановки
macroinstruction макрокоманда
 built-in ~ встроенная макрокоманда
macrolanguage макроязык
macrolibrary *вчт* макробиблиотека, библиотека макроопределений
macromanipulator макроманипулятор
macromolecule макромолекула
macromolecular макромолекулярный
macron *вчт* макрон, черта над символом, диакритический знак ¯ (*напр. в символе ā*)
macroparameter *вчт* макропараметр, параметр макрокоманды

macroprocessor *вчт* макропроцессор, программа (выполнения) макроподстановки
macroprogram 1. макропрограмма 2. программа расширения функциональных возможностей клавиатуры, расширитель функциональных возможностей клавиатуры
macroprogramming макропрограммирование
macroprototype макропрототип, прототип макрокоманды
macrorecorder макрорегистратор, программа записи макрокоманд для расширения функциональных возможностей клавиатуры
macroscopic макроскопический
macrosonics нелинейная акустика
macrostructure макроструктура
macrosubstitution *вчт* макроподстановка
macrosystem макросистема
macrotask макрозадача
madaline мадалин (*1. алгоритм обучения искусственных нейронных сетей 2. искусственная многослойная нейронная сеть с обучением по алгоритму типа «мадалин»*)
Madison кодовое название усовершенствованного варианта ядра и процессора McKinley
madistor мадистор (*полупроводниковый прибор, управляемый магнитным полем*)
madre загоризонтная РЛС обратного рассеяния с записью сигналов на магнитном барабане
magazette электронный журнал на дискете
magazine 1. *вчт* карман; магазин 2. кассета 3. журнал (*1. периодическое печатное издание 2. структурная единица телетекста*) 4. телевизионный журнал, тележурнал
 blank ~ пустая кассета
 computer ~ компьютерный журнал
 electronic ~ электронный журнал
 feed ~ подающая кассета
 input ~ принимающий карман, приёмник (*перфокарт*)
 master ~ приёмная кассета
 output ~ выходной карман, укладчик (*перфокарт*)
 take-up ~ приёмная кассета
 tape ~ (двухкатушечная) кассета с бесконечным рулоном ленты
 supply ~ подающая кассета
magenta пурпурный (*один из основных цветов в колориметрических моделях CMY и CMYK*)
magic *вчт* магия (*в компьютерных играх*) ‖ магический
 fucking ~ *проф.* чёрная магия
maglev магнитная левитация
 attractive ~ магнитная левитация с притяжением
 repulsive ~ магнитная левитация с отталкиванием
magnesyn магнесин
magnet 1. магнит 2. магнетик 3. магнетит
 air-core ~ электромагнит без сердечника
 band ~ зонный магнетик
 bar ~ стержневой магнит
 Barkhausen ~ *тлв* магнит для устранения паразитных колебаний в выходной лампе генератора строчной развёртки
 beam ~ *тлв* магнит сведения лучей
 beam-centering ~ *тлв* магнит центровки луча
 blue-beam (positioning) ~ *тлв* магнит сведения синего луча

magnet

braking ~ магнит демпфера; магнит успокоителя
carbide hard ~ магнитно-твёрдый [магнитно-жёсткий] магнетик на основе карбидов
centering ~ *тлв* магнит центровки луча
color-purity ~ *тлв* магнит (регулировки) чистоты цвета
compound ~ составной магнит
convergence ~ *тлв* магнит сведения лучей
cubic ~ кубический магнетик
damping ~ магнит демпфера; магнит успокоителя
dipole ~ дипольный магнит
direct-current ~ электромагнит, питаемый постоянным током
disordered ~ неупорядоченный магнетик
drag ~ магнит демпфера; магнит успокоителя
drive motor ~ магнит двигателя привода
field ~ возбуждающий магнит, магнит схемы возбуждения
field-neutralizing ~ размагничивающий магнит (*кинескопа*)
focusing ~ *тлв* магнит фокусировки луча
framing ~ *тлв* магнит центровки луча
frustrated ~ фрустрированный магнетик
green-beam (positioning) ~ *тлв* магнит сведения зелёного луча
hard ~ магнитно-твёрдый [магнитно-жёсткий] магнетик
high-field ~ магнит для создания сильных магнитных полей
homopolar ~ магнит с концентрическими полюсами
horseshoe ~ подковообразный магнит
hot-pressed ~ магнит, изготовленный методом горячего прессования
hydride hard ~ магнитно-твёрдый [магнитно-жёсткий] магнетик на основе гидридов
ion-trap ~ *тлв* магнит ионной ловушки
iron-bound ~ магнит с железным экраном
itinerant ~ зонный магнетик
layer ~ шихтованный [пластинчатый] магнит
multiple-axis ~ многоосный магнетик
nanocomposite ~ нанокомпозитный магнетик
nanostructured ~ наноструктурированный магнетик, магнетик с нанометровой субструктурой
nitride hard ~ магнитно-твёрдый [магнитно-жёсткий] магнетик на основе нитридов
orthorhombic ~ ромбический магнетик
periodic permanent ~ периодическая структура из постоянных магнитов
permanent ~ постоянный магнит
phase ~ магнит фазирующего устройства (*факсимильного аппарата*)
pulsed ~ импульсный электромагнит
purity ~ *тлв* магнит (регулировки) чистоты цвета
quadrupole ~ квадрупольный магнит
rapid-quenched nanocrystalline powder permanent ~ постоянный магнит из быстрозакалённого нанокристаллического порошка
red-beam (positioning) ~ *тлв* магнит сведения красного луча
retarding ~ магнит демпфера; магнит успокоителя
rim ~ размагничивающий магнит (*кинескопа*)
semi-permanent ~ полупостоянный магнит
simple ~ неразрезной магнит
sintered ~ магнит, изготовленный методом спекания

soft ~ магнитно-мягкий магнетик
spiral ~ гелимагнетик, магнетик с геликоидальной [спиральной] магнитной структурой
superconducting ~ сверхпроводящий электромагнит
temporary ~ электромагнит
trip ~ магнит фазирующего устройства (*факсимильного аппарата*)
uniaxial ~ одноосный магнетик
vertical ~ *тлф* подъёмный электромагнит (*искателя*)

magnetic магнетик || магнитный
  transverse ~ электрический (*о волне в линии передачи*)

magnetics магнетизм, учение о магнитных явлениях
magnetism магнетизм, магнитные явления
  ~ **of cluster glass** магнетизм кластерных стёкол
  amorphous ~ магнетизм аморфных сред
  biochemical ~ биохимические магнитные явления; биомагнетизм
  Earth ~ геомагнетизм
  itinerant (electron) ~ зонный магнетизм
  orbital ~ орбитальный магнетизм
  residual ~ остаточная (магнитная) индукция (*при нулевом магнитном поле после симметричного циклического перемагничивания*)
  spin ~ спиновый магнетизм
  static ~ статические магнитные свойства
  terrestrial ~ геомагнетизм

magnetite магнетит
magnetizable намагничиваемый
magnetization 1. намагниченность 2. намагничивание
  ~ **below saturation** 1. намагниченность в ненасыщенном состоянии 2. намагничивание не до насыщения; техническое намагничивание
  ~ **by dc field** намагничивание постоянным полем
  ~ **to saturation** намагничивание до насыщения
  ~ **with ac biasing field** намагничивание с подмагничиванием переменным полем
  ~ **with dc biasing field** намагничивание с подмагничиванием постоянным полем
  anhysteretic ~ безгистерезисное намагничивание
  biasing ~ намагниченность смещения
  cyclic ~ циклическое перемагничивание
  dc ~ постоянная намагниченность
  domain-wall movement ~ намагничивание за счёт движения доменных границ
  flash ~ ударное намагничивание
  hysteretic ~ гистерезисное намагничивание
  irreversible ~ необратимое намагничивание
  longitudinal ~ 1. продольная намагниченность 2. продольное намагничивание
  macroscopic ~ макроскопическая намагниченность
  net ~ результирующая намагниченность
  perpendicular ~ 1. поперечная намагниченность 2. поперечное намагничивание
  pulsed ~ импульсное намагничивание
  quasistatic ~ квазистатическое намагничивание
  remanent ~ остаточная намагниченность
  reversible ~ 1. обратимая намагниченность 2. обратимое намагничивание
  rotation ~ намагничивание за счёт вращения (*вектора намагниченности*)

saturation ~ намагниченность насыщения
spontaneous ~ спонтанная [самопроизвольная] намагниченность
static ~ статическая намагниченность
sublattice ~ намагниченность подрешётки
thermoremanent ~ намагничивание в результате нагрева
transverse ~ 1. поперечная намагниченность 2. поперечное намагничивание

magnetize намагничивать
magneto 1. магнето 2. *тлф* индуктор
magnetocapacitance эффект изменения диэлектрической проницаемости под действием магнитного поля, *проф.* магнитоёмкость

giant ~ эффект гигантского изменения диэлектрической проницаемости под действием магнитного поля, *проф.* гигантская магнитоёмкость

magnetocardiogram магнитокардиограмма, МКГ
magnetocardiography магнитокардиография
magnetodielectric магнитодиэлектрик
magnetodiode магнитодиод
magnetodynamics магнитодинамика
magnetoelasticity магнитоупругость
magnetoelectric(al) магнитоэлектрический
magnetoelectricity магнитоэлектрический эффект
magnetoelectronics магнитоэлектроника
magnetoencephalogram магнитоэнцефалограмма, МЭГ
magnetoencephalography магнитоэнцефалография
magnetoflex магнетофлекс (*магнитный сплав*)
magnetofluidmechanics магнитная гидродинамика, МГД
magnetogram магнитограмма
magnetograph магнитограф
magnetohydrodynamic магнитогидродинамический
magnetohydrodynamics магнитная гидродинамика, МГД
magnetoimpedance магнитоимпедансный эффект, *проф.* магнитоимпеданс, магнитоимпеданс

giant ~ гигантский магнитоимпедансный эффект, *проф.* гигантский магнитоимпеданс, гигантский магнитоимпеданс

magnetometer магнитометр
absolute(-type) ~ абсолютный магнитометр
alkali-vapor ~ магнитометр на парах щелочных металлов
balance ~ магнитные весы
bismuth spiral ~ магниторезистивный магнитометр с висмутовой спиралью
coil ~ индукционный магнитометр
compensation ~ компенсационный магнитометр
Cotton balance ~ магнитные весы
electrodynamic ~ электродинамический магнитометр
electromagnetic ~ электромагнитный магнитометр
electron-beam ~ электронно-лучевой магнитометр
ferroresonant ~ магнитометр на эффекте ферромагнитного резонанса, феррорезонансный магнитометр
fluxgate ~ феррозондовый магнитометр
Foner ~ магнитометр с вибрирующей катушкой
generating ~ магнитометр с вращающейся катушкой
Hall-effect ~ магнитометр на эффекте Холла
induction ~ индукционный магнитометр
magnetostatic ~ магнитостатический магнитометр
microwave ~ СВЧ-магнитометр
moving-coil ~ магнитометр с вращающейся катушкой
moving-magnet ~ магнитометр с подвижным магнитом
nuclear ~ ядерный магнитометр
null-astatic ~ астатический магнитометр
null-coil pendulum ~ маятниковый магнитометр с нулевой катушкой
oscillating-specimen ~ магнитометр с вибрирующим образцом
proton precession ~ протонный магнитометр (на ядерном магнитном резонансе) со свободной прецессией спинов
proton quantum ~ протонный магнитометр (на ядерном магнитном резонансе)
relative ~ относительный магнитометр
resistance ~ магниторезистивный магнитометр
resonance ~ резонансный магнитометр
rotating-sample ~ магнитометр с вращающимся образцом
rubidium-vapor ~ магнитометр на парах рубидия
saturable-core ~ магнитометр с насыщаемым сердечником
search-coil ~ индукционный магнитометр
single-junction ~ (сверхпроводящий) магнитометр на одном переходе
spin precession ~ протонный магнитометр (на ядерном магнитном резонансе) со свободной прецессией спинов
superconducting ~ сверхпроводящий магнитометр
superconducting quantum ~ сверхпроводящий квантовый магнитометр
superconducting thin-film ring ~ сверхпроводящий тонкоплёночный кольцевой магнитометр
thin-film ~ тонкоплёночный магнитометр
three-axis ~ векторный магнитометр
torque-coil [torsional] ~ вращательный [крутильный, торсионный] магнитометр, магнитный анизометр
vibrating-coil ~ магнитометр с вибрирующей катушкой
vibrating-sample ~ магнитометр с вибрирующим образцом

magnetomyogram магнитомиограмма, ММГ
magnetomyography магнитомиография
magneton магнетон
Bohr ~ магнетон Бора
nuclear ~ ядерный магнетон
magnetooculogram магнитоокулограмма, МОГ
magnetooculography магнитоокулография
magnetooptic(al) 1. магнитооптический 2. *проф.* магнитооптический диск
advanced storage ~ магнитооптический диск стандарта ASMO
digital versatile disk ~ компакт-диск формата DVD-MO, магнитооптический компакт-диск формата DVD
magnetooptics магнитооптика
magnetopause магнитопауза
daytime ~ дневная сторона магнитопаузы, дневная магнитопауза
night-time [nocturnal] ~ ночная сторона магнитопаузы, ночная магнитопауза
magnetophone магнитофон

magnetophotoreflectivity

magnetophotoreflectivity магнитофотоиндуцированная отражательная способность
magnetoplasma магнитоплазма, магнитоактивная плазма
   one-fluid ~ одножидкостная магнитоплазма
   stratified ~ слоистая магнитоплазма
magnetoplasmadynamics генерирование электрического тока при движении плазмы в поперечном магнитном поле
magnetoplasmaguide магнитоплазменный волновод
magnetoplumbite магнитоплюмбит
   substitution ~ замещённый магнитоплюмбит
magnetopneumogram магнитопневмограмма, МПГ
magnetopneumography магнитопневмография
magnetoresistance магниторезистивный эффект, эффект Гаусса, *проф.* магнетосопротивление, магнитосопротивление
   ~ due to domain walls обусловленный доменными границами магниторезистивный эффект, обусловленный доменными границами эффект Гаусса, *проф.* обусловленное доменными границами магнетосопротивление, обусловленное доменными границами магнитосопротивление
   anisotropic ~ анизотропный магниторезистивный эффект, анизотропный эффект Гаусса, *проф.* анизотропное магнетосопротивление, анизотропное магнитосопротивление
   colossal ~ колоссальный магниторезистивный эффект, колоссальный эффект Гаусса, *проф.* колоссальное магнетосопротивление, колоссальное магнитосопротивление
   colossal ~ in perovskite oxides колоссальный магниторезистивный эффект [колоссальный эффект Гаусса] в оксидах со структурой перовскита, *проф.* колоссальное магнетосопротивление [колоссальное магнитосопротивление] в оксидах со структурой перовскита
   geometrical ~ *пп* геометрический магниторезистивный эффект, геометрический эффект Гаусса, *проф.* геометрическое магнетосопротивление, геометрическое магнитосопротивление
   giant ~ гигантский магниторезистивный эффект, гигантский эффект Гаусса, *проф.* гигантское магнетосопротивление, гигантское магнитосопротивление
   giant ~ in granular systems гигантский магниторезистивный эффект [гигантский эффект Гаусса] в гранулярных системах, *проф.* гигантское магнетосопротивление [гигантское магнитосопротивление] в гранулярных системах
   giant ~ in multilayers гигантский магниторезистивный эффект [гигантский эффект Гаусса] в многослойных структурах, *проф.* гигантское магнетосопротивление [гигантское магнитосопротивление] в многослойных структурах
   longitudinal ~ продольный магниторезистивный эффект, продольный эффект Гаусса, *проф.* продольное магнетосопротивление, продольное магнитосопротивление
   negative ~ отрицательный магниторезистивный эффект, отрицательный эффект Гаусса, *проф.* отрицательное магнетосопротивление, отрицательное магнитосопротивление
   oscillatory ~ осциллирующий магниторезистивный эффект, осциллирующий эффект Гаусса, *проф.* осциллирующее магнетосопротивление, осциллирующее магнитосопротивление (*напр. за счёт осцилляций Зондгаймера*)
   positive ~ положительный магниторезистивный эффект, положительный эффект Гаусса, *проф.* положительное магнетосопротивление, положительное магнитосопротивление
   transverse ~ поперечный магниторезистивный эффект, поперечный эффект Гаусса, *проф.* поперечное магнетосопротивление, поперечное магнитосопротивление
   tunnel ~ туннельный магниторезистивный эффект, туннельный эффект Гаусса, *проф.* туннельное магнетосопротивление, туннельное магнитосопротивление
   two-band ~ двухзонный магниторезистивный эффект, двухзонный эффект Гаусса, *проф.* двухзонное магнетосопротивление, двухзонное магнитосопротивление
magnetoresistivity удельное магнетосопротивление, удельное магнитосопротивление
magnetoresistor магниторезистор
   all-metal ~ цельнометаллический магниторезистор
   multilayer ~ многослойный магниторезистор
magnetoretinogram магниторетинограмма, МРГ
magnetoretinography магниторетинография
magnetosphere магнитосфера
   ~ of comet магнитосфера кометы
   closed ~ закрытая магнитосфера
   daytime ~ дневная сторона магнитосферы, дневная магнитосфера
   lower ~ нижняя магнитосфера
   night-time [nocturnal] ~ ночная сторона магнитосферы, ночная магнитосфера
   open ~ открытая магнитосфера
   planetary ~ планетарная магнитосфера
   upper ~ верхняя магнитосфера
magnetostatic магнитостатический
magnetostatics магнитостатика (*1. область науки 2. магнитостатические явления*)
magnetostriction магнитострикция
   biased ~ магнитострикция парапроцесса
   bulk ~ объёмная магнитострикция
   converse ~ эффект Виллари, магнитоупругий эффект
   dipole ~ дипольная магнитострикция
   direct ~ магнитострикция
   dynamic ~ динамическая магнитострикция
   exchange ~ обменная магнитострикция
   forced ~ механострикция
   Joule ~ продольная магнитострикция
   linear ~ линейная магнитострикция
   longitudinal ~ продольная магнитострикция
   monoclinic ~ моноклинная [сдвиговая] магнитострикция
   negative ~ отрицательная магнитострикция
   positive ~ положительная магнитострикция
   reverse ~ эффект Виллари, магнитоупругий эффект
   saturation ~ магнитострикция парапроцесса
   single-ion ~ одноионная магнитострикция
   spontaneous ~ спонтанная магнитострикция, термострикция
   transverse ~ поперечная магнитострикция

magnetron

unsaturation ~ магнитострикция в области технического намагничивания
volume ~ объёмная магнитострикция
magnetostrictor магнитострикционный преобразователь
magnetotail хвост магнитосферы
magnetotaxis магнитотаксис
magnetelluric магнитотеллурический
magnetellurics магнитотеллурические методы
magnetothermopower магнитотермоэлектродвижущая сила
magnetoturbidity магнитное помутнение
magnetron магнетрон ◊ **~ with continuous cathode** магнетрон с распределённой эмиссией, магнетрон с катодом в пространстве взаимодействия; **~ with space-charge control** магнетрон с регулируемым пространственным зарядом
backward-wave ~ ЛОВ М-типа
beam-type ~ ЛОВ М-типа
biperiodic ~ бипериодический магнетрон
Boot ~ магнетрон с длинным анодом
Braude-Ivanchenko ~ магнетрон Брауде — Иванченко
carcinotron-type ~ ЛОВ М-типа
cascading-locked ~ магнетрон с каскадным включением
cavity ~ многорезонаторный магнетрон
cavity-controlled ~ магнетрон с резонаторной перестройкой частоты
coaxial ~ коаксиальный магнетрон
coaxial-cavity-coupled ~ коаксиальный магнетрон с внешним резонатором
coaxial-cylinder ~ коаксиальный магнетрон
cold-cathode ~ магнетрон с холодным катодом
continuous-wave ~ магнетрон непрерывного действия
controlled-beam ~ магнетрон с управляемым электронным лучом
cutoff ~ предельно-волноводный магнетрон, ПВМ
cw ~ *см.* **continuous-wave magnetron**
cylindrical ~ цилиндрический магнетрон
diode ~ магнетронный диод
dispenser-cathode ~ магнетрон с диспенсерным катодом
dither-tuned ~ магнетрон с вибрационной перестройкой частоты
double-ended ~ двухцокольный [двусторонний] магнетрон
double-squirrel cage-type ~ (многорезонаторный) магнетрон с анодным блоком типа «двойное беличье колесо»
electron-wave ~ электронно-волновой магнетрон
external-cathode ~ обращённый магнетрон
ferrite-tuned ~ магнетрон с ферритовым элементом перестройки
fixed-frequency ~ магнетрон с фиксированной частотой
frequency-locked ~ синхронизированный магнетрон
grid-controlled ~ магнетрон с сеткой
high-power ~ мощный магнетрон
hole-and-slot anode ~ магнетрон с анодным блоком типа щель — отверстие
Hull ~ обращённый магнетрон
injected-beam ~ магнетрон, настраиваемый напряжением
injection-locked ~ синхронизированный магнетрон
interdigital ~ магнетрон с анодным блоком встречно-штыревого типа
interdigital voltage-tunable ~ магнетрон с анодным блоком встречно-штыревого типа, настраиваемый напряжением
internally loaded ~ магнетрон с внутренней нагрузкой
inverted ~ обращённый магнетрон
low-field ~ магнетрон со слабыми полями
magnetless ~ магнетрон без постоянного магнита
microwave ~ СВЧ-магнетрон
missing segment ~ магнетрон с пропуском сегмента
multicavity [multiple-circuit, multiresonator, multisectional] ~ многорезонаторный магнетрон
multisegment ~ многорезонаторный магнетрон с анодным блоком лопаточного типа
multislit [multislot] ~ многорезонаторный магнетрон с анодным блоком щелевого типа
multisphere ~ магнетрон со сферическими резонаторами
negative-resistance ~ магнетрон с отрицательным сопротивлением
nonslotted ~ магнетрон со сплошным [неразрезным] анодным блоком
packaged ~ пакетированный магнетрон
phase-reversing anode ~ магнетрон с анодным блоком встречно-штыревого типа с колебаниями π-вида
planar [plane, plane-parallel] ~ плоский магнетрон, планотрон
plasma ~ плазменный магнетрон
pulsed ~ магнетрон импульсного действия
rectifier ~ магнетронный диод
resistance-wall ~ магнетрон с резистивными стенками
resonant-segment ~ многорезонаторный магнетрон с анодным блоком лопаточного типа
retunable ~ магнетрон с перестройкой частоты
right-angled ~ угловой магнетрон (*с выводом катода под углом 90° к выходу*)
rising-sun ~ магнетрон с анодным блоком разнорезонаторного лопаточного типа, магнетрон с анодным блоком типа «восходящее солнце»
single-anode ~ магнетрон со сплошным [неразрезным] анодным блоком
single-cavity ~ однорезонаторный магнетрон
single-end ~ одноцокольный [односторонний] магнетрон
single-frequency ~ магнетрон с фиксированной частотой
single-tuning cavity ~ магнетрон с резонаторной перестройкой частоты
slit [slot] ~ магнетрон с анодным блоком щелевого типа
smooth-anode [smooth-bore] ~ магнетрон со сплошным [неразрезным] анодным блоком
spatial-harmonic ~ магнетрон с колебаниями на пространственных гармониках
spin-tuned ~ магнетрон с механической перестройкой частоты вращающимся диском
split-anode ~ магнетрон с разрезным анодным блоком
squirrel cage-type ~ магнетрон с анодным блоком типа «беличье колесо»

magnetron

    standing-wave ~ магнетрон
    steady-state ~ предельно-волновой магнетрон
    straight-through ~ проходной магнетрон
    strapless symmetrical ~ симметричный магнетрон без связок
    strapped [stripped] ~ магнетрон со связками
    surface-wave ~ магнетрон с поверхностной волной, МПВ
    symmetrical-anode ~ магнетрон с симметричным анодным блоком
    toroidal ~ тороидальный магнетрон
    traveling-wave ~ ЛБВ М-типа
    trochoidal ~ трохотрон
    tunable ~ магнетрон с перестройкой частоты
    TW ~ *см.* **traveling-wave magnetron**
    unimode ~ одномодовый магнетрон
    unstrapped(-anode) ~ магнетрон без связок
    vane-anode [vane-type] ~ магнетрон с анодным блоком лопаточного типа
    voltage-tunable ~ магнетрон, настраиваемый напряжением
    wheel ~ магнетрон со сферическими резонаторами
    wide-band ~ широкополосный магнетрон
    wide tunable range ~ магнетрон с широким диапазоном перестройки частоты
    π-mode ~ магнетрон с колебаниями π-вида

magnettor 1. магнитный инвертор 2. магнитный умножитель частоты

magnico магнико (*магнитный сплав*)

magnification 1. увеличение 2. усиление 3. увеличенное изображение
    angular ~ угловое увеличение
    gas ~ газовое [ионное] усиление
    image ~ увеличение изображения
    lateral ~ поперечное увеличение
    longitudinal ~ продольное увеличение
    low-power ~ малое увеличение
    normal ~ нормальное увеличение (оптического прибора) (*обеспечивающее совпадение диаметров выходного зрачка прибора и зрачка глаза*)
    optical ~ оптическое увеличение
    variable ~ переменное увеличение

magnifier лупа, увеличительное стекло

magnify 1. увеличивать 2. усиливать

magnistor 1. *пп* магнистор 2. многоотверстный сердечник с прямоугольной петлёй гистерезиса

magnitude 1. величина; абсолютная величина, модуль 2. размеры; протяжённость 3. звёздная величина 4. магнитуда (*землетрясения*)
    ~ **of propagation vector** волновое число, модуль волнового вектора
    sign ~ величина со знаком

Magnolia кодовое название процессора К76 с рабочей частотой 1 ГГц

magnon магнон; спиновая волна
    bulk ~ объёмный магнон
    exchange ~ обменный магнон
    exchangeless ~ безобменный магнон
    surface ~ поверхностный магнон
    thermal ~ тепловой магнон

mag-slip сельсин

magstripe магнитная полоска (с записанной информацией) (*напр. на кредитных картах*)

mail 1. почта (*1. почтовая связь* 2. *почтовые отправления; корреспонденция* 3. *служба почтовой связи* 4. *электронная почта* 5. *программа-клиент электронной почты*) || отправлять по почте || почтовый 2. транспортировка и доставка почты
    barf ~ *вчт* лавинообразно размножающееся при возврате отправителю сообщение, *проф.* «рвотная» почта
    computerized ~ электронная почта
    e- ~ *см.* **electronic mail**
    electronic ~ электронная почта
    electronic computer-oriented ~ приём и передача электронной почты
    electronic voice ~ голосовая [речевая] (электронная) почта
    net ~ сетевая почта
    p- ~ *см.* **physical mail**
    physical ~ обычная почта, неэлектронная почтовая связь
    picture ~ видеопочта
    privacy enhanced ~ электронная почта повышенной секретности, стандарт РЕМ
    slow ~ *проф.* «медленная почта» (*о неэлектронной почтовой связи*)
    snail ~ *проф.* «улиточная почта» (*о неэлектронной почтовой связи*)
    unsolicited commercial electronic ~ незапрашиваемая рекламная электронная почта; *проф.* «спам»
    voice ~ 1. голосовая [речевая] (электронная) почта 2. *тлф* система голосовых [речевых] сообщений

mailbomb огромное число (электронных) писем, рассылаемых по одному и тому же адресу, *проф.* (электронная) почтовая бомба || рассылать или принуждать других рассылать огромное число (электронных) писем по одному и тому же адресу, *проф.* бомбить (электронными) письмами, производить бомбардировку (электронными) письмами

mailbombing рассылка *или* принуждение других к рассылке огромного числа (электронных) писем (*по одному и тому же адресу или по разным адресам*), *проф.* бомбардировка (электронными) письмами

mailbot программный робот для автоматического ответа на письма (*электронной почты*), программа типа mailbot

mailbox почтовый ящик (*1. ящик для доставляемых адресату почтовых отправлений* 2. *ящик для отправляемых писем и открыток* 3. *вчт система доставки абоненту электронной корреспонденции* 4. *вчт каталог или папка для размещения файлов с электронной корреспонденцией* 5. *вчт средство межзадачной связи*)
    information center ~es почтовые ящики информационного центра; доска объявлений с речевым воспроизведением информации для абонентов
    messenger ~ *вчт* почтовый ящик службы доставки и отправления сообщений
    packet radio ~ почтовый ящик в радиолюбительской системе связи между компьютерами

mailer 1. лицо, отвечающее за подготовку и отправку корреспонденции 2. контейнер для почтовой корреспонденции 3. (защитный) конверт (*напр. для компакт-диска*) 4. письмо на бланке; извещение; повестка (*доставляемые по почте*)
    colorful ~ цветной (защитный) конверт (*для компакт-диска*)

mailing 1. рассылка (*корреспонденции*) 2. блок одновременно отправляемой корреспонденции
   repeat ~ повторная рассылка
mail-list 1. список рассылки (*корреспонденции*) 2. группа переписки; почтовый дискуссионный клуб (*в Internet*)
main 1. магистраль; главная цепь (*напр. электрической сети*) 2. выключатель сети, кнопка «сеть» 3. главный (*1. основной; ведущий 2. синтаксически независимый*)
mainboard *вчт* материнская [системная] плата
mainframe *вчт* мэйнфрейм, *проф.* «большой компьютер» (*большая многопользовательская вычислительная система*); суперкомпьютер, суперЭВМ
   National Cash Register ~ серия мейнфреймов корпорации NCR
   NCR ~ National Cash Register mainframe
mainstream преобладающая тенденция; основное направление
maintain содержать в исправном состоянии; осуществлять техническое обслуживание
maintainability ремонтопригодность
maintaining 1. содержание в исправном состоянии; техническое обслуживание 2. сопровождение (*напр. файла*)
   state ~ сопровождение (текущего) состояния
maintenance 1. содержание в исправном состоянии; (техническое) обслуживание; (текущий) ремонт 2. средства (технического) обслуживания *или* (текущего) ремонта 3. сопровождение (*напр. файла*)
   boundary ~ *вчт* сохранение границ; сохранение состояния
   corrective ~ (техническое) обслуживание; (текущий) ремонт
   file ~ сопровождение файла
   master file ~ сопровождение основного файла
   operational ~ текущее обслуживание и ремонт
   preventive ~ профилактическое (техническое) обслуживание
   printer ~ (техническое) обслуживание принтера
   program ~ сопровождение программы
   provocative ~ неквалифицированное профилактическое (техническое) обслуживание, *проф.* провокационное обслуживание
   remedial ~ (текущий) ремонт
   routine ~ сопровождение программы
   scheduled ~ периодическое (техническое) обслуживание
   software ~ сопровождение программного обеспечения
   state ~ сопровождение (текущего) состояния
   system ~ 1. (техническое) обслуживания *или* (текущий) ремонт системы 2. средства (технического) обслуживания *или* (текущего) ремонта системы
major 1. профилирующая дисциплина; основной курс || профилирующий; основной || обучаться по профилирующим дисциплинам; прослушивать основной курс 2. мажор (*1. мажорная тональность; мажорный лад 2. главный определитель матрицы*) || мажорный 3. главный; основной; бо́льший
majorant мажоранта, мажорирующая функция || мажорантный
Majordomo менеджер списков рассылки в операционной системе UNIX

majorize мажорировать, оценивать сверху
majorized мажорируемый
majorizing мажорирующий
majuscule прописная [заглавная] буква || прописной, заглавный (*о букве*)
make 1. изготовление; производство || изготавливать; производить 2. изделие; продукт 3. замыкание (*контакта*) || замыкать (*контакт*) 4. максимальный зазор между контактами 5. подготовка; готовить; подготавливать 6. формирование; компоновка; расположение; составление || формировать; компоновать; располагать; составлять 7. подходить; соответствовать ◊ **~ up** вёрстка; компоновка; макетирование || верстать; компоновать; макетировать
make-and-break устройство для периодического замыкания и размыкания электрической цепи
make-do *вчт* временное решение проблемы; временная замена || временный; относящийся к временному решению проблемы *или* к временной замене
maker 1. изготовитель; производитель 2. установка; устройство; машина 3. исполнительный орган; рабочий механизм 4. *вчт* программа вёрстки; компоновщик; программа макетирования (*печатного издания*)
   chip ~ производитель интегральных схем
   contact ~ рабочая поверхность электрического контакта
   decision ~ принимающий решение; лицо, принимающее решение, ЛПР
   page ~ программа вёрстки; компоновщик; программа макетирования (*печатного издания*); редакционно-издательская система; текстовый редактор
makeshift *вчт* временное решение проблемы; временная замена || временный; относящийся к временному решению проблемы *или* к временной замене
make-time время замыкания (*контакта*)
make(-)up *вчт* 1. вёрстка; компоновка; макетирование || верстать; компоновать; макетировать 2. свёрстанная страница; макет страницы 3. состав; структура; строение
   page ~ 1. вёрстка страницы; компоновка страницы; макетирование страницы 2. свёрстанная страница; макет страницы
making 1. изготовление; производство 2. изделие; продукт 3. замыкание (*контакта*) 4. подготовка 5. формирование; компоновка; расположение; составление
   decision ~ 1. принятие решения 2. *тлв* разметка носителя при монтаже записи
   mask ~ *микр.* изготовление шаблона
   model ~ построение модели
   multiple-criteria decision ~ многокритериальное принятие решения
   rational decision ~ рациональное принятие решения
maladaptation 1. неполная адаптация 2. неадекватная адаптация
malfunction *вчт* сбой; ошибка (*в программе*) || давать сбой; допускать ошибку (*в программе*)
mall торговый комплекс; пассаж; торговые ряды
   electronic ~ электронный торговый комплекс
malleus молоточек (*уха*)

manage

manage управлять; администрировать
management 1. управление; администрирование; менеджмент **2.** умелое владение (*напр. инструментом*)
~ **of teams** управление группами
accounting ~ управление системой учёта, управление системой идентификации пользователей и контроля использованных ими ресурсов
advanced power ~ *вчт* **1.** управление энергопотреблением с расширенным набором опций **2.** расширенный (программный) интерфейс базовой системы ввода-вывода для управления энергопотреблением, система APM
change ~ управление изменениями
concurrency ~ *вчт* **1.** управление параллелизмом **2.** управление многозадачностью
configuration ~ **1.** *вчт* управление конфигурацией **2.** конфигурационное управление; структурное управление (*в бизнесе*)
connection ~ управление соединением
crisis ~ кризисное управление; управление в критической ситуации
customer network ~ управление абонентской сетью
data ~ *вчт* управление данными
database ~ управление базой данных
data processing ~ управление обработкой данных
defect ~ локализация дефектных участков (*напр. запоминающей среды*) и блокирование возможности их использования
disaster ~ управление при авариях; управление в критической ситуации
distributed data ~ распределённое управление данными
distribution ~ управление распределением (*напр. продукции*)
emergency ~ управление при авариях; управление в критической ситуации
facilities ~ *вчт* управление информационной системой с помощью сторонней организации
fault ~ управление системой обнаружения, локализации и устранения неисправностей
file ~ управление файлами
frequency ~ распределение частот
global ~ глобальное управление; глобальный менеджмент
hierarchical storage ~ управление иерархической структурой хранения информации
human resources ~ управление человеческими ресурсами
information resources ~ управление информационными ресурсами
innovation ~ инновационное управление
integrated process ~ интегрированное управление процессом
Internet network ~ сетевое администрирование Internet
inventory ~ управление имуществом; управление материально-техническими ресурсами
key ~ распределение ключей (*в криптографии*)
knowledge ~ управление знаниями
logistical ~ логистический менеджмент
low-level ~ менеджмент низкого уровня
memory ~ *вчт* управление распределением памяти, управление памятью
metadata ~ управление метаданными
middle ~ средний уровень управления
network ~ **1.** управление сетью **2.** сетевое управление
open book ~ управление в условиях полной открытости (*для всех служащих организации*), концепция OBM
operating system directed power ~ управление энергопотреблением под контролем операционной системы
operational ~ управление производственной деятельностью
performance ~ управление производительностью, управление системой контроля и оптимизации параметров
personnel ~ управление персоналом
power ~ управление энергопотреблением
project ~ управление проектами
quality ~ управление качеством
records ~ делопроизводство
reengineering ~ управление (*напр. организацией в корпоративной среде*), базирующееся на использовании (коренной) реструктуризации с переориентацией на процессы, *проф.* менеджмент с использованием реинжениринга
remote ~ дистанционное управление
scientific ~ научный менеджмент
security ~ управление системой обеспечения безопасности; управление системой контроля доступа (*напр. к ресурсам сети*)
simple key ~ **for Internet protocols** простой протокол обмена ключами для IP-протокола, протокол SKIP
spatial data ~ управление доступом к данным через графический интерфейс
spectrum ~ распределение спектра
station ~ управление станциями (*протокол, входящий в спецификацию FDDI*)
strategic ~ стратегическое управление
total quality ~ *вчт* комплексное управление качеством (продукции), метод TQM
virtual ~ виртуальное управление
Manager:
Adobe Type ~ администратор шрифтов Adobe Type Manager
manager 1. администратор; менеджер (*1. руководитель; управляющий 2. программа управления*) **2.** устройство управления; блок управления
~ **of managers** правило «администратор над администраторами», принцип распределённого управления сетями с передачей функциональной обработки локальным серверам при сохранении централизованного контроля за работой всей системы
computer operations ~ менеджер по использованию и обслуживанию компьютеров (*в организации*)
configuration ~ **1.** *вчт* менеджер конфигурирования **2.** менеджер по конфигурационному управлению; менеджер по структурному управлению (*в бизнесе*)
database ~ *вчт* **1.** менеджер базы данных, программа управления базой данных **2.** система управления базами данных, СУБД **3.** администратор базы данных

manipulator

data processing ~ менеджер-специалист по обработке данных
design tool ~ администратор средств проектирования
device ~ *вчт* менеджер устройств
download ~ *вчт* менеджер загрузки; ускоритель загрузки (по линии связи в нисходящем направлении)
employee evaluator and salary ~ руководитель отдела труда и заработной платы
enterprise storage ~ программа управления внешней памятью в сети масштаба предприятия
expanded memory ~ менеджер отображаемой памяти
extended memory ~ менеджер расширенной памяти
file ~ менеджер файлов
graphical data display ~ программа GDDM для управления представлением графических данных (*название семейства программ для мейнфреймов компании IBM*)
graphics environment ~ менеджер графического окружения, графический интерфейс пользователя типа GEM (*фирмы Digital Research*)
LAN network ~ программа управления локальной вычислительной сетью
library ~ менеджер библиотеки (программ), программа организации и обслуживания библиотеки (программ)
logical volume ~ метод организации файловой системы с помощью менеджера логических томов, метод LVM
mailing list ~ менеджер списков рассылки
memory ~ менеджер памяти
micro ~ менеджер по микрокомпьютерному оборудованию
personal application ~ менеджер персональных приложений
personal information ~ менеджер персональной информации
phase ~ блок управления фазой
project ~ руководитель проекта; менеджер проекта
record ~ 1. менеджер записей (*напр. в базах данных*) 2. менеджер файлов
resource ~ администратор ресурсов
system account ~ менеджер учётных записей системы безопасности (*в операционных системах семейства Windows*)

managing управление; администрирование; менеджмент
know-how ~ управление с использованием профессиональных секретов
organizational behavior ~ управление поведением в организациях
organizational productivity ~ управление производительностью организаций

mandatory обязательный (*напр. параметр*)
man-day человекодень (*единица трудозатрат*)
mandrel 1. патрон; оправка 2. шпиндель; шток
collet ~ цанговый патрон
rotating ~ вращающийся патрон
split ~ разрезной патрон
mandril *см.* **mandrel**
manganin манганин (*резистивный сплав*)
mangle 1. искажать; портить (*напр. текст*) 2. *вчт проф.* декорировать имя (*напр. перегруженной функции в C++*) 3. делать засечки *или* надрезы; зазубривать 4. валок для прикатки ‖ прикатывать валками 5. каландр ‖ каландрировать
mangling 1. искажение; порча (*напр. текста*) 2. *вчт проф.* декорирование имени (*напр. перегруженной функции в C++*) 3. нанесение засечек *или* надрезов; зазубривание 4. прикатка валками 5. каландрирование
name ~ декорирование имени
man-hour человекочас (*единица трудозатрат*)
mania:
computer ~ компьютерная мания, компьютерная зависимость
maniac:
computer ~ компьютерный маньяк (*1. пользователь сети с навязчивыми преступными наклонностями 2. компьютерно-зависимый человек*)
manifest 1. делать очевидным; прояснять ‖ очевидный 2. *вчт* буквальный (*о константе*)
manifold 1. многообразие (*1. вчт локально-евклидово пространство 2. множественность свойств или проявлений*) 2. многообразный; множественный 3. агрегат (*напр. установок*) ‖ агрегированный 4. *вчт* (аутентичная) копия ‖ копировать
central ~ центральное многообразие
closed ~ замкнутое многообразие
hyperbolic ~ гиперболическое многообразие
inertial ~ инерциальное многообразие
integral ~ интегральное многообразие
Jacobi ~ многообразие Якоби
orientable ~ ориентируемое многообразие
Riemann(ian) ~ риманово многообразие
three-dimensional ~ трёхмерное многообразие
two-dimensional ~ двумерное многообразие
manipulate манипулировать (*1. искусно управлять; умело обращаться 2. использовать изощрённые приёмы; выполнять сложные действия 3. приспосабливать или изменять что-либо с определённой целью 4. выполнять определённые действия с помощью манипулятора; использовать манипулятор 5. (злонамеренно) изменять хранимые или передаваемые по каналу связи данные 6. работать телеграфным ключом*)
manipulation манипуляция; манипулирование (*1. искусное управление; умелое обращение 2. использование изощрённых приёмов; выполнение сложных действий 3. приспосабливание или изменение чего-либо с определённой целью 4. выполнение определённых действий с помощью манипулятора; использование манипулятора 5. (злонамеренное) изменение хранимых или передаваемых по каналу связи данные 6. работа телеграфным ключом*)
bit ~ 1. манипулирование данными на уровне бит; поразрядная обработка данных; поразрядные операции 2. использование изощрённых приёмов программирования
data ~ манипулирование данными
frequency ~ частотная манипуляция
string ~ манипулирование строковыми переменными
symbol ~ манипулирование символами
manipulator манипулятор (*1. электромеханическое устройство, выполняющее определённые действия, повторяющие движения руки оператора 2. телеграфный ключ 3. злоумышленник, преднаме-*

manipulator

ренно изменяющий хранимые или передаваемые по каналу связи данные) ◊ ~ **with six degrees of freedom** манипулятор с шестью степенями подвижности
automatic ~ автоматический манипулятор
Cartesian type ~ манипулятор с перемещением в прямоугольной системе координат
cylindrical type ~ манипулятор с перемещением в цилиндрической системе координат
electronically controlled ~ манипулятор с электронным управлением
fixed ~ стационарный манипулятор
installation ~ установочный манипулятор, манипулятор для установки (напр. компонентов)
man-machine controller (remote) ~ манипулятор с (дистанционным) человеко-машинным управлением
manual ~ манипулятор с ручным управлением
master-slave ~ копирующий манипулятор
mobile ~ подвижный манипулятор
modular ~ модульный манипулятор
multitask ~ многофункциональный манипулятор
polar type ~ манипулятор с перемещением в полярной системе координат
programmable multifunction ~ программируемый многофункциональный манипулятор
rectilinear type ~ манипулятор с перемещением в прямоугольной системе координат
remote (control) ~ манипулятор с дистанционным управлением
removable arm ~ манипулятор со съёмной [сменной] рукой
sensor-based ~ очувствлённый манипулятор
servo ~ сервоманипулятор
slave ~ копирующий манипулятор
spherical type ~ манипулятор с перемещением в сферической системе координат
tone ~ тлг тон-манипулятор
unattended ~ необслуживаемый манипулятор
man-like человекоподобный; антропоидный
man-made являющийся продуктом человеческой деятельности; искусственный
manner манера; стиль; форма; способ
~ **and matter** форма и содержание
~ **of thought** способ мышления
manometer манометр; вакуумметр
absolute ~ абсолютный манометр
cold-cathode vacuum ~ вакуумметр с холодным катодом
differential ~ дифференциальный манометр
electric-discharge vacuum ~ электроразрядный вакуумметр
ionization vacuum ~ ионизационный вакуумметр
molecular vacuum ~ молекулярный вакуумметр
piezoelectric vacuum~ пьезоэлектрический вакуумметр
piston ~ поршневой манометр
resistance vacuum ~ вакуумметр сопротивления
thermal-conduction vacuum ~ термоэлектрический вакуумметр
thermistor vacuum ~ терморезисторный вакуумметр
thermocouple vacuum ~ термопарный вакуумметр
vacuum ~ вакуумметр
manpack портативная дуплексная радиостанция

manpower 1. человеческие возможности **2.** людские ресурсы **3.** человекосила (≈ 0,1 лошадиной силы)
hidden ~ скрытые человеческие возможности
mantissa вчт мантисса
mantle мантия (напр. Земли)
Earth ~ мантия Земли
plasma ~ плазменная мантия (напр. магнитосферы)
mantra лозунг (напр. программы действий)
security ~ лозунг программы по обеспечению безопасности информационных систем («Предотвращать, обнаруживать, противодействовать»)
manual 1. руководство (напр. по применению прибора или устройства); наставление; инструкция **2.** описание (напр. прибора или устройства) **3.** пишущая машина с механическим приводом **4.** ручной; с ручным управлением; с ручным приводом **5.** клавиатура (музыкального инструмента)
engineering ~ техническое описание
fucking ~ вчт проф. чёртова инструкция; чёртово описание
operations ~ руководство по эксплуатации
organ ~ клавиатура органа
reference ~ справочное руководство
run ~ инструкция по использованию программного средства
service ~ инструкция по техническому обслуживанию
sign ~ вчт собственноручная подпись
systems ~ описание системы
training ~ инструкция по обучению обслуживающего персонала
user ~ руководство для пользователя; инструкция для пользователя
manufacturability проектирование с учётом пригодности для массового производства (по выходу годных, качеству продукции и др.)
manufacture изготовление; производство ‖ изготавливать; производить
manufacturer изготовитель; производитель
automatic identification ~s автоматически идентифицируемые производители
original equipment ~ производитель оригинального оборудования
plug-compatible ~ производитель совместимого компьютерного оборудования
Manufactures:
Independent Computer Peripheral Equipment ~ Организация независимых производителей периферийного компьютерного оборудования
manufacturing изготовление; производство ‖ изготавливающий; производящий
computer-aided ~ автоматизированное производство
computer-aided design and computer-aided ~ автоматизированное проектирование и производство
computer integrated ~ автоматизированная система управления производством, АСУП
flexible (computerized) ~ гибкое автоматизированное производство, ГАП
integrated computer-aided ~ автоматизированная система управления производством, АСУП
manuscript 1. рукопись; подготовленный к набору текст ‖ рукописный; подготовленный к набору **2.** оригинал; авторский текст ‖ оригинальный; авторский

many-hued многоцветный
map 1. карта; топографическая карта, *микр. проф.* топограмма ‖ картографировать; топографировать, *микр. проф.* получать топограмму 2. *вчт* карта (распределения) памяти 3. *вчт* управление распределением памяти, управление памятью ‖ управлять распределением памяти, управлять памятью 4. *вчт* отображение ‖ отображать 5. преобразование ‖ преобразовывать
  adaptive subspace self-organizing ~ (самоорганизующаяся) карта Кохонена с адаптивным подпространством, (искусственная нейронная) сеть Кохонена с адаптивным подпространством
  bit ~ *вчт* 1. битовый массив *(для представления изображения)*; растр; отображение матрицы пикселей на биты (видео)памяти; *проф.* битовая карта 2. (по)битовый; растровый
  celestial ~ карта звёздного неба
  character ~ *вчт* таблица [карта] символов
  clickable ~ изображение карты гиперсвязей *(в гипертекстовом документе)*
  color ~ карта [таблица] цветов, таблица перекодировки цветов, таблица преобразования видеосигнала
  defect ~ *микр.* топографическая карта дефектов, *проф.* топограмма дефектов *(напр. в подложке)*
  delay-Doppler ~ отображение радиолокационной информации в координатах «задержка — доплеровская частота»
  feedback-controlled adaptive subspace self-organizing ~ (самоорганизующаяся) карта Кохонена с адаптивным подпространством и управляющей обратной связью, (искусственная нейронная) сеть Кохонена с адаптивным подпространством и управляющей обратной связью
  fuzzy cognitive ~ нечёткая когнитивная карта *(тип нейронных сетей)*
  height ~ карта высот *(в компьютерной графике)*
  image ~ изображение карты гиперсвязей *(в гипертекстовом документе)*
  input/output permission bit ~ *вчт* битовая карта разрешения ввода/вывода
  Karnaugh ~ карта Карно *(табличное представление логических функций)*
  key ~ *вчт* таблица распределения номеров клавиш в стандарте MIDI
  Kohonen feature ~ самоорганизующаяся карта Кохонена, (искусственная нейронная) сеть Кохонена
  Kohonen self-organizing ~ самоорганизующаяся карта Кохонена, (искусственная нейронная) сеть Кохонена
  learning vector quantization self-organizing ~ самоорганизующаяся карта Кохонена с квантованием обучающего вектора, (искусственная нейронная) сеть Кохонена с квантованием обучающего вектора
  light ~ карта освещённостей *(в компьютерной графике)*
  memory ~ карта (распределения) памяти
  MIDI ~ *вчт* таблица MIDI, таблица распределения номеров музыкальных инструментов и клавиш в стандарте MIDI
  mip~ *вчт* текстура с варьируемым *(при воспроизведении на экране)* разрешением
  outline ~ контурное изображение
  outline radar ~ контурное радиолокационное изображение
  patch ~ *вчт* таблица распределения номеров музыкальных инструментов в стандарте MIDI
  plan-position indicator ~ радиолокационное изображение на экране ИКО
  radar ~ радиолокационная карта
  radio-(frequency) sky ~ карта космического радиоизлучения
  sector ~ *вчт* карта распределения секторов *(магнитного диска)*
  self-organizing (feature) ~ самоорганизующаяся карта (признаков) Кохонена, (искусственная нейронная) сеть Кохонена
  self-organizing ~ with dynamical node splitting самоорганизующаяся карта Кохонена с динамическим расщеплением узлов, (искусственная нейронная) сеть Кохонена с динамическим расщеплением узлов
  speed ~ *вчт* карта скоростей *(напр. устройств шины)*
  storage ~ карта (распределения) памяти
  supervised self-organizing ~ самоорганизующаяся карта Кохонена с контролируемым [управляемым] обучением, (искусственная нейронная) сеть Кохонена с контролируемым [управляемым] обучением
  topology ~ *вчт* карта топологии *(напр. устройств шины)*
  topology-preserving ~ карта с сохранением топологии *(тип нейронной сети)*
  yield ~ карта выхода годных
mapper 1. картограф; топограф 2. средства картографирования *или* топографирования; *микр.* установка топографирования, *проф.* установка для получения топограмм 3. *вчт* программа управления распределением памяти, программа управления памятью; менеджер памяти 4. преобразователь координат 5. навигационная РЛС
  MIDI ~ *вчт* программа распределения номеров музыкальных инструментов и клавиш в стандарте MIDI
  radar ~ навигационная РЛС
  thermal ~ радиотеплолокационные средства картографирования
mapping 1. картографирование; топографирование, *микр. проф.* получение топограмм 2. *вчт* управление распределением памяти, управление памятью 3. *вчт* отображение 4. преобразование
  ~ into отображение в, частично покрывающее отображение
  ~ onto отображение на, (полностью) покрывающее отображение
  Alexander-Whitney ~ отображение Александера — Уитни
  analogical ~ отображение с помощью аналогий
  analogical constraint ~ отображение с ограничениями на уровне аналогий
  bijective ~ биективное [покрывающее взаимно-однозначное] отображение
  binary ~ отображение с использованием бинарной операции
  bit ~ *вчт* отображение матрицы пикселей на биты (видео)памяти; растровый формат хранения изображений

mapping

Boolean ~ булево отображение
bump ~ *вчт* отображение выступов (на поверхности) (*в трёхмерной графике*)
coherence-invariant ~ *вчт* когерентно-инвариантное отображение
conformal ~ конформное отображение
consistent ~ согласованное отображение (*в тесте на запоминание предметов*)
contraction ~ сжатое отображение
delay-Doppler ~ радиолокационное определение направления вращения планет по доплеровскому сдвигу частоты
digital ~ цифровое картографирование
exoelectron emission ~ экзоэлектронное эмиссионное топографирование
holographic contour ~ голографическое отображение контуров
horseshoe ~ отображение типа «подкова»
inflation ~ отображение инфляции
injective ~ инъективное [однозначное] отображение
inverse ~ обратное преобразование
invertible ~ обратимое отображение
linear ~ линейное отображение
linear texture ~ линейное отображение текстур
logistic ~ логистическое отображение
MIDI ~ *вчт* распределение номеров музыкальных инструментов и клавиш в стандарте MIDI
mip- ~ отображение текстур с точностью, зависящей от расстояния до текстурируемого объекта
one-to-one ~ взаимно-однозначное отображение
perspective-correct texture ~ отображение текстур с соблюдением перспективы
photon ~ *вчт проф.* фотонное отображение (*метод создания реалистичного освещения трёхмерных объектов в компьютерной графике*)
Poincare ~ отображение Пуанкаре
radar ~ радиолокационное картографирование
random ~ случайное отображение, отображение по случайному закону
self-inverse ~ самоинверсное отображение, инволюция
striped ~ полосчатое отображение
supersynthesis ~ картографирование методом суперсинтеза
terrain ~ радиолокационное картографирование поверхности Земли
texture ~ отображение текстур (*в компьютерной графике*)
thermal ~ радиотеплолокационное картографирование
topological ~ топологическое отображение
varied ~ варьируемое отображение
vector space ~ отображение векторного пространства
video ~ радиолокационное изображение плана местности на экране индикатора

maracas *вчт* маракас (*музыкальный инструмент из набора ударных General MIDI*)
margin 1. запас **2.** границы рабочего режима **3.** корректирующая способность (*в системе передачи данных*) **4.** поле (*напр. факсимильного бланка*) (*страницы, бланка и др.*) || снабжать полями; устанавливать размер поля *или* полей **5.** размещать на полях; делать пометки на полях; размещать сбоку от текста **6.** граница; предел; край

back ~ внутреннее поле (*разворота печатного издания*)
bias ~ **1.** границы рабочего режима по напряжению смещения **2.** границы рабочего режима по полю подмагничивания **3.** область устойчивой работы [ОУР] по полю подмагничивания (*ЗУ на ЦМД*)
bottom ~ **1.** нижнее поле **2.** нижняя граница; нижний предел
distortion ~ допустимые искажения
effective ~ эффективная корректирующая способность (*в системе передачи данных*)
error ~ предельно допустимая ошибка
facsimile form ~ поле факсимильного бланка
fade [fading] ~ запас на замирание
foot ~ нижнее поле
fore edge ~ внешнее поле (*разворота печатного издания*), левое поле (*чётной страницы*) *или* правое поле (*нечётной страницы*)
gain ~ запас по амплитуде
head ~ верхнее поле
inside ~ внутреннее поле (*разворота печатного издания*)
interference ~ запас помехозащищенности
left ~ левое поле
link ~ корректирующая способность линии связи
noise ~ запас (по) помехоустойчивости
outside ~ внешнее поле (*разворота печатного издания*), левое поле (*чётной страницы*) *или* правое поле (*нечётной страницы*)
overload ~ запас по перегрузке
phase ~ запас по фазе
ragged left ~ неровное левое поле
ragged right ~ неровное правое поле
right ~ правое поле
safety ~ запас надёжности
stability ~ **1.** запас устойчивости **2.** область устойчивой работы, ОУР (*ЗУ на ЦМД*)
tail ~ нижнее поле
top ~ **1.** верхнее поле **2.** верхняя граница; верхний предел
upper ~ **1.** верхнее поле **2.** верхняя граница; верхний предел

marginal 1. относящийся к полям (*страницы, бланка и др.*) **2.** пометки на полях; размещаемый сбоку от текста блок (*напр. рисунок*), *проф.* маргиналий, боковик, «фонарик» || размещаемый на полях **3.** граничный; предельный; крайний **4.** маргинал || маргинальный (*в компьютерной социологии*) **5.** незначительный; несущественный
marimba *вчт* маримба (*музыкальный инструмент из набора General MIDI*)
maritime 1. морской (*напр. о радиослужбе*) **2.** приморский, прибрежный; береговой (*напр. о РЛС*)
Mark I первая электромеханическая вычислительная машина Mark I, калькулятор с автоматическим управлением последовательностью выполнения операций (*введён в эксплуатацию в 1944 г. в Гарвардском университете, США*)
Harvard ~ первая электромеханическая вычислительная машина Mark I, калькулятор с автоматическим управлением последовательностью выполнения операций
mark 1. отметка; пометка; метка; марка || отмечать; помечать; метить; маркировать **2.** *вчт* метка, мар-

marking

кер **3.** знак **4.** *тлг* рабочая [токовая] посылка **5.** товарный знак **6.** мишень; цель
accent ~ *вчт* **1.** знак ударения **2.** диакритический знак
address ~ *вчт* метка [маркер] адреса
alignment ~ *микр.* реперный знак, знак совмещения (*напр. на фотошаблоне*)
alternate ~ знакопеременная посылка
block ~ метка [маркер] блока
check ~ отметка о прохождении контроля или проверки, символ ✓, *проф.* «галочка»
cinching ~ след затяжки (*напр. на магнитной ленте*)
closing quotation ~ закрывающая кавычка, символ '
crop ~s *вчт* маркеры кадрирования (*изображения*)
diacritical ~ *вчт* диакритический знак
distance ~ *рлк* измерительная метка дальности
ditto ~ знак повтора, знак «то же», символ " (*напр. в таблицах*)
double quotation ~s двойные кавычки
double quote ~s двойные кавычки
end ~ метка [маркер] конца (*напр. блока данных*)
end-of-file ~ метка [маркер] конца файла
exclamation ~ *вчт* восклицательный знак
group ~ *вчт* метка [маркер] группы
hash ~ *вчт* проф. «хэш», «кранч», символ #
holographic ~ голографический знак
index ~ *вчт* **1.** индексная метка (*напр. на микрофишах*) **2.** метка [маркер] адреса
interrogation ~ *вчт* вопросительный знак
opening quotation ~ открывающая кавычка, символ '
paragraph ~ знак абзаца, символ ¶
polishing ~ *микр.* риска от полировки
product ~ товарный знак изделия
proofreader's ~s корректорские знаки
punctuation ~ знак препинания
question ~ вопросительный знак, символ ? (*1. знак препинания 2. шаблон одиночного символа в имени или расширении файла*)
quotation ~s кавычки
quote ~s кавычки
range ~ *рлк* измерительная метка дальности
record ~ метка [маркер] записи
reference ~ знак ссылки (*напр. символ* *)
registration ~ *микр.* реперный знак, знак совмещения (*напр. на фотошаблоне*)
service ~ (фирменный) знак продавца *или* поставщика
servo ~ сервометка (*напр. жесткого магнитного диска*)
single quotation ~ одиночная кавычка
space ~ корректурный знак пробела
stress ~ *вчт* знак ударения
tape ~ метка [маркер] конца файла на магнитной ленте
tick ~ деление шкалы; черта, соответствующая делению шкалы (*напр. на оси графика*)
tie ~ численное значение (*деления шкалы на оси графика*)
trade ~ товарный знак
marker 1. отметка; пометка; метка; марка **2.** маркерный радиомаяк **3.** *вчт* метка, маркер **4.** маркёр; отметчик

angle ~ метка электронной шкалы угловой координаты (*в индикаторах*)
azimuth ~ метка электронной шкалы азимута (*в индикаторах*)
base-line ~ отметка начала отсчёта на линии развёртки
beacon ~ маркерный радиомаяк
boundary ~ ближний маркерный радиомаяк (*в системе инструментальной посадки самолётов*)
calibration ~s *рлк* калибровочные метки
current directory ~ *вчт* метка [маркер] текущего [рабочего] каталога, символ .
directory ~ *вчт* метка [маркер] каталога
distance ~ *рлк* измерительная метка дальности
end-of-tape ~ метка [маркер] конца (доступной для записи части) магнитной ленты
fan ~ маркерный радиомаяк с веерной диаграммой направленности антенны
heading ~ курсовой указатель (*в индикаторе кругового обзора*)
index ~ метка [маркер] начала *или* конца магнитной записи
middle ~ средний маркерный радиомаяк (*в системе инструментальной посадки самолётов*)
outer ~ дальний маркерный радиомаяк (*в системе инструментальной посадки самолётов*)
P~ *см.* **phrase marker**
parent directory ~ *вчт* метка [маркер] родительского каталога, символ ..
phrase ~ графическое представление грамматической структуры предложения
radar ~ радиолокационный маркерный маяк
radar range ~ *рлк* измерительная метка дальности
radio ~ маркерный радиомаяк
range ~ *рлк* измерительная метка дальности
reflective ~ отражательный маркер
staccato ~ знак стаккато, символ . (*над или под нотой*)
step strobe ~ ступенчатая стробирующая метка дальности
strobe ~ стробирующая метка дальности
synchronization ~ синхронизирующая метка
target ~ *рлк* целеуказатель
water ~ водяной знак
Z~ *см.* **zone marker**
zone ~ зональный маркерный радиомаяк
market 1. рынок **2.** рыночные отношения ‖ участвовать в рыночных отношениях
e~ *см.* **electronic market**
electronic ~ электронный рынок
horizontal ~ горизонтальный рынок
radio ~ радиорынок
vertical ~ вертикальный рынок
marketing 1. маркетинг **2.** участие в рыночных отношениях
e~ *см.* **electronic marketing**
electronic ~ электронный маркетинг
mass ~ производство и реализация товаров массового спроса
marketplace сфера бизнеса, торговли и экономики
electronic ~ сфера электронного бизнеса, электронной торговли и электронной экономики
marking 1. нанесение отметок *или* меток; маркирование **2.** *вчт* использование метки, использование маркера **3.** обозначение; маркировка

marking

terminal ~ маркировка выводов
mark-up *вчт* разметка (*напр. страницы электронного документа*)
marquee 1. навес; тент 2. *вчт* инструмент для выделения области (*растрового изображения*)
   elliptical ~ инструмент для выделения эллиптической области
   rectangular ~ инструмент для выделения прямоугольной области
   single column ~ инструмент для выделения колонки (*шириной в один пиксел*)
   single row ~ инструмент для выделения ряда (*высотой в один пиксел*)
marshal упорядочивать; располагать *или* группировать по определённой схеме
marshal(l)ing упорядочение; расположение *или* группирование по определённой схеме
   data ~ упаковка данных (*напр. в буфере*) перед пересылкой
mart торговый центр
   data ~ киоск данных; витрина данных (*подмножество хранилища данных*)
Martian *вчт проф.* «марсианин» (*чужеродный для данной сети пакет; пакет с незарегистрированным или неправильно оформленным адресом*)
maser мазер (*1. квантовый генератор СВЧ-диапазона 2. квантовый усилитель СВЧ-диапазона*)
   acoustic ~ акустический мазер
   active ~ мазер, квантовый генератор СВЧ-диапазона
   all-nuclear ~ ядерный мазер
   ammonia(-beam) ~ мазер на пучке молекул аммиака
   atomic-beam(-type) ~ мазер на атомарном пучке
   atomic-hydrogen ~ мазер на атомах водорода
   beam (-type) ~ мазер на пучке молекул или атомов
   broadband ~ широкополосный мазер
   broadbanded ~ мазер с расширенной полосой
   cavity ~ резонаторный мазер
   centimeter(-wave) ~ мазер сантиметрового диапазона
   chromium corundum ~ мазер на корунде хрома
   chromium doped titania ~ мазер на оксиде титана с примесью хрома
   circularly polarized ~ мазер с круговой поляризацией
   circulator cavity ~ резонаторный мазер с циркулятором
   continuously operable ~ непрерывный мазер
   cosmic ~ космический мазер
   cross-relaxation compatible ~ мазер с инверсией, облегчённой за счёт кросс-релаксации
   cyclotron(-resonance) ~ мазер на циклотронном резонансе
   electron cyclotron(-resonance) ~ мазер на циклотронном резонансе
   electron spin ~ мазер на электронном спиновом резонансе
   F-center ~ мазер на F-центрах
   field-swept ~ мазер с качанием поля
   four-level ~ четырехуровневый мазер
   garnet ~ мазер на гранате
   gas ~ газовый мазер
   gas-cell ~ мазер на газовой ячейке
   gas-discharge ~ газоразрядный мазер
   gaseous beam ~ газовый мазер на пучке молекул или атомов
   H$_2$O ~ мазер на молекулах воды
   hydrogen ~ водородный мазер
   hydrogen cyanide molecular beam (-type) ~ мазер на пучке молекул цианистого водорода
   iron sapphire ~ мазер на сапфире с ионами железа
   laser-pumped ~ мазер с лазерной накачкой
   light-pumped ~ мазер с оптической накачкой
   magnetic-field-tuned ~ мазер, перестраиваемый магнитным полем
   magnetic-resonance ~ мазер на магнитном резонансе
   molecular ~ молекулярный мазер
   multimode ~ многомодовый мазер
   multiple-cavity ~ многорезонаторный мазер
   narrow-band ~ узкополосный мазер
   nitrogen-temperature ~ мазер, работающий при температуре жидкого азота
   nonreciprocal ~ невзаимный мазер
   nuclear magnetic resonance ~ мазер на ядерном магнитном резонансе
   nuclear quadrupole resonance ~ мазер на ядерном квадрупольном резонансе
   nuclear spin ~ мазер на ядерном спиновом резонансе
   OH ~ мазер на молекулах OH
   one-port cavity ~ одноплечий резонаторный мазер
   opposed-beam ~ мазер на встречных пучках
   optical ~ лазер
   optically pumped ~ мазер с оптической накачкой
   oscillating ~ мазер, квантовый генератор СВЧ-диапазона
   paramagnetic ~ парамагнитный мазер
   passive ~ мазер, квантовый усилитель СВЧ-диапазона
   phonon ~ фононный мазер
   powder ~ мазер на порошке
   pulsed ~ импульсный мазер
   push-pull ~ мазер с двухтактной [двойной симметричной] накачкой, двухтактный мазер
   push-pull-push ~ *кв. эл* мазер с трёхкратной несимметричной накачкой
   push-push ~ мазер с двойной последовательной накачкой
   reflection(-type) ~ отражательный мазер, мазер, работающий в режиме «на отражение»
   resonant ring(-cavity) ~ кольцевой резонаторный мазер, мазер с кольцевым резонатором
   rubidium ~ мазер на рубидии
   ruby ~ рубиновый мазер
   semiconductor ~ полупроводниковый мазер
   shielded ~ экранированный мазер
   single-cavity ~ однорезонаторный мазер
   single-mode ~ одномодовый мазер
   solid-state ~ мазер на основе твёрдого тела, твердотельный мазер
   spin-flip ~ мазер на эффекте переворота спинов (*на 180°*)
   spin-resonance ~ мазер на спиновом резонансе
   staircase ~ каскадный [лестничный] мазер
   strong-field ~ мазер с сильным полем
   submillimeter(-wave) ~ мазер субмиллиметрового диапазона

masking

superregenerative ~ сверхрегенеративный мазер
three-level ~ трехуровневый мазер
transmission(-type) ~ проходной мазер, мазер, работающий в режиме «на проход»
traveling-wave ~ мазер бегущей волны
tuned ~ перестраиваемый мазер
two-level ~ двухуровневый мазер
two-port cavity ~ двуплечий резонаторный мазер
vacuum-tight cavity ~ мазер с герметичным резонатором
weak-field ~ мазер со слабым полем
zero-field (splitting) ~ мазер с расщеплением в нулевом поле

mask 1. маска (*1. фотошаблон; шаблон для рентгеновской, электронной или ионно-лучевой литографии 2. маска из фоторезиста; маска из резиста для рентгеновской, электронной или ионно-лучевой литографии 3. машинное слово специального формата для извлечения или выбора определённых позиций в других машинных словах 4. шаблон для представления или ввода данных*) ‖ маскировать, применять маску (*1. использовать фотошаблон или шаблон для рентгеновской, электронной или ионно-лучевой литографии 2. использовать маску из фоторезиста или маску из резиста для рентгеновской, электронной или ионно-лучевой литографии 3. использовать машинное слово специального формата для извлечения или выбора определённых позиций в других машинных словах 4. использовать шаблон для представления или ввода данных*) **2.** шаблон; трафарет ‖ использовать шаблон *или* трафарет (*напр. для нанесения покрытия*) **3.** защитный экран ‖ применять защитный экран **4.** рамка экрана кинескопа **5.** кодовая маска ‖ использовать кодовую маску (*напр. в преобразователях угол — код*) **6.** маскирующее средство ‖ маскировать; скрывать; делать незаметным

address ~ маска адреса; маска подсети
AM ~ маска для спектра АМ-сигналов
amplitude ~ амплитудная маска
aperture ~ теневая маска (*в цветных кинескопах*)
chrome ~ хромированный фотошаблон
coding ~ кодовая маска
color-selecting ~ *тлв* цветоделительная маска
computer-assisted ~ маска, изготовленная с помощью компьютера
computer-generated ~ маска, синтезированная с помощью компьютера
contact ~ **1.** шаблон для формирования контактов **2.** контактная маска; контактный фотошаблон
contact-pad ~ маска для формирования контактных площадок
counter ~ *вчт* маска счётчика
data ~ маска данных
electron-beam ~ шаблон для электронно-лучевой литографии
electron-opaque ~ маска, непрозрачная для электронов
emulsion ~ эмульсионный фотошаблон
enhancement ~ маска выделения контуров (*напр. для распознавания образов*)
etchant ~ маска для травления
etch-resistant ~ стойкая к травителю маска
evaporation ~ маска для напыления

exposure ~ фотошаблон
filter ~ фильтр-транспарант
fine-line ~ прецизионный шаблон
FM ~ маска для спектра ЧМ-сигналов
glass ~ стеклянная маска; стеклянный фотошаблон
gradient ~ градиентная маска (*напр. для распознавания образов*)
implantation ~ маска для ионной имплантации
intermediate ~ промежуточный фотошаблон
isolation ~ фотошаблон для формирования изолирующих областей
light ~ фотошаблон
master ~ эталонный фотошаблон; оригинал фотошаблона
moving ~ подвижная маска; подвижный фотошаблон
negative ~ негативный фотошаблон
net ~ маска сети
offset ~ смещённая маска
optical ~ фотошаблон
original ~ оригинал фотошаблона
oxide ~ оксидная маска
pattern ~ фотошаблон для формирования рисунка
permanent ~ неудаляемая маска
phase ~ *опт.* фазовая маска
photographic ~ фотошаблон
photoresist ~ маска из фоторезиста
planar ~ планарная [плоская] маска
positive ~ позитивный фотошаблон
precision ~ прецизионная маска
rejection ~ удаляемая маска
reverse contact ~ обратная контактная маска; обратный контактный фотошаблон
self-aligned ~ самосовмещённая маска; самосовмещённый шаблон
shadow ~ теневая маска (*кинескопа*)
silicon-nitride ~ маска из нитрида кремния
slot ~ *тлв* щелевая маска
solder(ing) ~ маска припойного покрытия, припойная маска
spatial-filter ~ фильтр-транспарант пространственных частот
stencil ~ **1.** трафарет **2.** шаблон
subnet ~ маска подсети; маска адреса
symbolic ~ символическая маска (*в символической топологии*)
test ~ тестовая маска
unsharp ~ нечёткая маска (*в компьютерной графике*)
X-ray (lithography) ~ шаблон для рентгеновской литографии, рентгеношаблон

masker маскирующий сигнал (*детерминированный или случайный*), *проф.* маскер

masking 1. маскирование, применение маски (*1. использование фотошаблона или шаблона для рентгеновской, электронной или ионно-лучевой литографии 2. использование маски из фоторезиста или маски из резиста для рентгеновской, электронной или ионно-лучевой литографии 3. использование машинного слова специального формата для извлечения или выбора определённых позиций в других машинных словах 4. использование шаблона для представления или ввода данных*) **2.** использование шаблона *или* трафарета

masking

(*напр. для нанесения покрытия*) **3.** применение защитного экрана **4.** использование кодовой маски (*напр. в преобразователях угол — код*) **5.** использование маскирующего средства; маскирование; маскировка **6.** маскировка звука (*увеличение порога слышимости при наличии мешающих звуков*) **7.** *рлк* электронная маскировка РЛС, программируемое ограничение сектора обзора РЛС (*с целью устранения помех телевизионным приёмникам или предотвращения использования сигналов РЛС противником*)

audio ~ маскировка звука
backward ~ **1.** маскировка звука **2.** маскировка зрительного образа (*при наличии видеопомех*)
bit ~ *вчт* поразрядное маскирование
color ~ *тлв* цветовое маскирование
coplanar ~ копланарное маскирование
data field ~ маскирование поля данных; использование шаблона для представления *или* ввода данных
diffusion ~ маскирование при селективной диффузии
error ~ маскирование ошибок
holographic ~ голографическое маскирование
optical ~ фотомаскирование
oxide ~ маскирование оксидом
photolithographic ~ фотолитографическое маскирование
photoresist ~ маскирование фоторезистом
selective ~ избирательное маскирование
shadow ~ теневое маскирование
single-level ~ маскирование в одном уровне, однократное маскирование
spatial ~ пространственное маскирование
stencil ~ трафаретное маскирование
terrain ~ экранирование излучения за счёт рельефа местности
video ~ *рлк* ограничение сектора обзора на экране индикатора РЛС (*с целью устранения помех от дезориентирующих отражателей или подавления местных отражений*)

mask-programmable с масочным программированием
masquerading сокрытие имени отправителя и адреса шлюза при отправке электронной почты из организации
mass 1. масса (*1. характеристика инертных и гравитационных свойств материи 2. множество; большое количество 3. общность; целое*) || массовый **2.** большинство; бо́льшая часть **3.** массивность **4.** скапливаться; группироваться

acoustic ~ акустическая масса (*акустический аналог индуктивности*)
carrier ~ масса носителя (*заряда*)
critical ~ критическая масса
density-of-state effective ~ эффективная масса плотности состояний
domain wall ~ масса доменной границы
Döring ~ масса доменной границы
effective ~ эффективная масса
effective tip ~ эффективная масса конца иглы (*звукоснимателя*)
effective tunneling ~ эффективная масса туннелирующего носителя (*заряда*)
electron ~ масса электрона
free-electron ~ масса свободного электрона
gravitational ~ гравитационная масса; тяготеющая масса
hidden ~ скрытая масса
hole ~ масса дырки
inertia ~ инертная масса
isotropic effective ~ изотропная эффективная масса
longitudinal effective ~ продольная эффективная масса
negative effective ~ отрицательная эффективная масса
reduced ~ приведённая масса
relativistic ~ релятивистская масса
rest ~ масса покоя
transverse effective ~ поперечная эффективная масса

massive массивный (*напр. кристалл*)
massless безмассовый (*напр. об элементарной частице*)
mast мачта (*напр. антенная*) || ставить мачту || мачтовый

aerial ~ антенная мачта
antenna ~ антенная мачта
collapsible ~ складная мачта; телескопическая мачта
demountable ~ разборная мачта
extension ~ выдвижная мачта; телескопическая мачта
guyed ~ мачта с оттяжками
quick-erecting ~ быстроразвёртываемая мачта
radio ~ антенная радиомачта
self-supporting ~ мачта без оттяжек
telescopic ~ телескопическая мачта
tubular ~ трубчатая мачта

masted мачтовый
master 1. оригинал (*напр. записи*); первый оригинал (*напр. грампластинки*) || изготавливать оригинал (*напр. записи*); изготавливать первый оригинал (*напр. грампластинки*) **2.** *вчт* главное [ведущее] устройство (*управляющее подчинённым [ведомым] устройством*); главный [ведущий] жёсткий диск (*управляющий подчинённым [ведомым] диском*) **3.** ведущая станция (*напр. системы «Лоран»*) **4.** ведущий; главный; управляющий; руководящий || быть ведущим; возглавлять; управлять; руководить

artwork ~ **1.** *микр.* оригинал (*напр. шаблона*) **2.** первый оригинал
bus ~ *вчт* устройство управления шиной
glass ~ **1.** стеклянная основа оригинала (*компакт-диска*) **2.** стеклометаллический оригинал (*компакт-диска*)
lacquer ~ лаковый оригинал (*фонограммы*)
metal ~ первый металлический оригинал (*фонограммы*)
metallic ~ **1.** металлический оригинал (*напр. компакт-диска*) **2.** первый металлический оригинал (*фонограммы*)
metallized glass ~ стеклометаллический оригинал (*компакт-диска*)
MIDI ~ *вчт* главное [ведущее] MIDI-устройство
nickel ~ никелевый оригинал (*компакт-диска*)
original ~ первый металлический оригинал (*фонограммы*)
photoresist-coated glass ~ стеклянная основа оригинала (*компакт-диска*) с покрытием из фоторезиста

polymer ~ полимерная матрица (*напр. в гибких дисплеях*)
wax ~ восковой оригинал (*фонограммы*)
mastergroup третичная группа каналов (*в системах с частотным уплотнением*)
mastering 1. изготовление оригинала (*напр. записи*); изготовление первого оригинала (*напр. грампластинки*) 2. управление; руководство
bus ~ *вчт* управление шиной
mastertrack *вчт* дорожка записи изменения темпа и размера (*в музыкальных редакторах*), *проф.* мастер-дорожка
mat 1. мат; матовая поверхность || матировать || матовый 2. матовость 3. коврик 4. матрица
antistatic ~ антистатический коврик
rubber ~ резиновый коврик
slip ~ метод быстрого пуска (*ЭПУ*) с использованием проскальзывающей прокладки
match 1. согласованная нагрузка; согласованное сопротивление 2. согласование (*напр. полных сопротивлений*) || согласовывать (*напр. полные сопротивления*) 3. объект *или* субъект, совпадающий, сравнимый, сопоставимый, подобный *или* сходный с другим объектом *или* субъектом 4. совпадение; сравнимость; сопоставимость; подобие; сходство || совпадать; сравниваться; сопоставляться; обладать сходством; обнаруживать подобие *или* сходство 5. *вчт* совпадение (*элементов данных, напр. при поиске с помощью информационно-поисковой системы*); *проф.* попадание 6. сравнение; сопоставление || сравнивать; сопоставлять 7. объект *или* субъект, сочетающийся с другим объектом *или* субъектом, *или* (гармонично) дополняющий другой объект *или* субъект; дополнение до пары, парный объект, пара 8. сочетание; (гармоничное) дополнение; дополнение до пары || сочетаться; (гармонично) дополнять; дополнять до пары, служить парой 9. паросочетание (*в теории графов*)
automatic chroma ~ *тлв* автоматическая регулировка цветности, АРЦ
cross ~ *вчт* взаимное соответствие
delta-~ согласование с помощью дельта-трансформатора
U-~ согласование с помощью U-образной раздвижной коаксиальной секции
Y-~ согласование с помощью дельта-трансформатора
zero ~ (включающее) ИЛИ НЕ (*логическая функция*), отрицание дизъюнкции
matched 1. согласованный (*напр. о нагрузке*) 2. совпадающий; сравнимый; сопоставимый; подобный; сходный 3. сочетающийся; (гармонично) дополненный; дополненный до пары, парный
matcher 1. согласующее устройство 2. *вчт* программа сопоставления *или* сравнения (*напр. данных*); программа подбора (*напр. аппроксимирующих функций*)
cable ~ устройство согласования с кабелем
fuzzy ~ программа извлечения нечётких правил (*из баз данных*)
matching 1. согласование (*напр. полных сопротивлений*) || согласующий (*напр. полные сопротивления*) 2. совпадение; сравнимость; сопоставимость; подобие; сходство 3. *вчт* совпадение (*элементов данных, напр. при поиске с помощью информационно-поисковой системы*); *проф.* попадание 4. обнаружение совпадения; сравнение; сопоставление; выявление подобия *или* сходства || обнаруживающий совпадения; сравнивающий; сопоставляющий; выявляющий подобие *или* сходство 5. сочетание; (гармоничное) дополнение; дополнение до пары || сочетающий; (гармонично) дополняющий; дополняющий до пары 6. паросочетание (*в теории графов*)
absolute colorimetric ~ абсолютное колориметрическое согласование (*при цветопередаче*)
additive color ~ аддитивное согласование цветов
antenna ~ согласование антенны
aperture ~ апертурное согласование
argument ~ сопоставление аргументов (*напр. в C++*)
bilateral ~ двустороннее согласование
block ~ проверка блоков на соответствие, дифференциальный метод сжатия видеоданных о движущихся изображениях
Brewster angle ~ согласование за счёт использования полного преломления
broad-band ~ широкополосное согласование
capacitive-stub ~ согласование с помощью ёмкостного шлейфа
color ~ согласование цветов (*при цветопередаче*)
conjugated ~ согласование с помощью комплексно сопряжённого полного сопротивления
impedance ~ согласование полного сопротивления
index ~ согласование показателей преломления
inductive-stub ~ согласование с помощью индуктивного шлейфа
interface ~ 1. согласование на границе раздела 2. устранение отражений на границе раздела
iris ~ согласование с помощью диафрагмы
lattice ~ *микр.* согласование параметров [постоянных] решётки (*при эпитаксии*)
lexicographic ~ лексикографическое паросочетание
load ~ согласование нагрузки
mask ~ сравнение с маской (*в распознавании образов*)
maximal ~ максимальное паросочетание
mode ~ согласование мод
pattern ~ 1. согласование структур (*при проектировании ИС*) 2. *вчт* сопоставление с образцом (*напр. в языках программирования*) || использующий сопоставление с образцом
perceptual ~ согласование по цветовому восприятию (*при цветопередаче*)
plunger ~ согласование с помощью короткозамкнутой секции с плунжером
polarization ~ согласование (по) поляризации
quarter-wave ~ 1. согласование (*напр. нагрузки*) с помощью четвертьволнового трансформатора 2. устранение отражений с помощью четвертьволнового покрытия
refractive-index ~ согласование показателей преломления
relative colorimetric ~ относительное колориметрическое согласование (*при цветопередаче*)
saturation ~ согласование по насыщенности цветов (*при цветопередаче*)

matching

short-circuit stub ~ согласование с помощью короткозамкнутого шлейфа
stub ~ согласование с помощью шлейфа
subtractive color ~ субтрактивное согласование цветов
surface ~ 1. согласование на границе раздела 2. устранение отражений на границе раздела
template ~ сравнение с эталоном (*в распознавании образов*)
terrain contour ~ отслеживание рельефа местности (*в системах наведения*)
unilateral ~ одностороннее согласование
word ~ сравнение слов (*при машинном распознавании речи*)
matchword искомое слово (*при поиске*)
mate 1. пара, парный объект || объединять(ся) в пару; спаривать(ся) || парный 2. копия; дубликат
material 1. материал (*1. вещество; среда 2. совокупность данных; факты*) 2. материальный; вещественный 3. существенный; важный 4. *pl* принадлежности
active ~ 1. *кв.эл.* активный материал, активная среда 2. химически активное вещество (*в гальванических элементах*) 3. люминофор
active laser ~ активный лазерный материал, активная лазерная среда
active maser ~ активный мазерный материал, активная мазерная среда
alignment ~ *вчт* выровненный материал (*напр. текст*)
antiferroelectric ~ антисегнетоэлектрический материал
antiferromagnetic ~ антиферромагнитный материал
base ~ 1. основа (*соединения*); материал-хозяин 2. материал основы магнитной ленты
bleached photographic ~ *кв.эл.* отбеливаемый фотоматериал
bubble ~ материал с ЦМД
cast magnetic ~ литой магнитный материал
cathodochromic ~ катодохромный материал
cermet ~ металлокерамический [керметный] материал
class-A insulating ~ электроизоляционный материал класса A
class-B insulating ~ электроизоляционный материал класса B
class-C insulating ~ электроизоляционный материал класса C
class-E insulating ~ электроизоляционный материал класса E
class-F insulating ~ электроизоляционный материал класса F
class-H insulating ~ электроизоляционный материал класса H
class-O insulating ~ электроизоляционный материал класса Y
composite ~ композиционный материал, композит
conducting [conductor] ~ проводящий материал
deformable magnetic ~ деформируемый магнитный материал
degenerate ~ *пп* вырожденный (полупроводниковый) материал
desiccant packing ~ *микр.* упаковочный материал для изделий, требующих обезвоживания *или* сушки (*при транспортировке и хранении*)

diamagnetic ~ диамагнитный материал
diazo ~ диазоматериал
diazosulfonate ~ диазосульфонатный материал
dielectric ~ диэлектрический материал
disordered magnetic ~ неупорядоченный магнитный материал
dopant ~ легирующее вещество
doped ~ легированный материал
doping ~ легирующее вещество
electret ~ электретный материал
electroluminescent ~ электролюминофор
electronic(-grade) ~ материал электронной чистоты
electrooptical ~ электрооптический материал
encapsulating ~ герметизирующее вещество; герметик
ferrielectric ~ сегнетиэлектрический материал
ferrimagnetic ~ ферримагнитный материал
ferroelectric ~ сегнетоэлектрический материал
ferromagnetic ~ ферромагнитный материал
floating-zone ~ материал, полученный методом зонной плавки
fluorescent ~ флуоресцирующее вещество
garnet-structured ~ материал со структурой граната
hard magnetic ~ магнитно-твёрдый [магнитно-жёсткий] материал
high-dielectric ~ материал с высокой диэлектрической проницаемостью
high-energy(-product) ~ (магнитный) материал с высоким энергетическим произведением
high-frequency magnetic ~ высокочастотный магнитный материал
high-k ~ материал с высокой диэлектрической проницаемостью
highly remanent ~ материал с высокой остаточной индукцией
host ~ основа (*соединения*), материал-хозяин
intrinsic ~ *пп* материал с собственной электропроводностью, собственный полупроводник
laser ~ лазерный материал, лазерная среда
light-sensitive ~ фоточувствительный материал
low-energy(-product) ~ (магнитный) материал с низким энергетическим произведением
low-moment magnetic ~ (магнитный) материал с малой намагниченностью насыщения
luminescent ~ люминофор
magnetic ~ магнитный материал
magnetic ~ **for data carriers** магнитный материал для носителей записи
magnetic ~ **for hysteresis-motor rotors** магнитный материал для роторов гистерезисных двигателей
magnetic ~ **for permanent magnets** магнитный материал для постоянных магнитов
magnetic ~ **for semi-permanent magnets** магнитный материал для полупостоянных магнитов
magnetic bubble ~ материал с ЦМД
magnetodielectric ~ магнитодиэлектрический материал
magnetooptic ~ магнитооптический материал
magnetostrictive ~ магнитострикционный материал
maser ~ мазерный материал, мазерная среда
metal magnetic ~ металлический магнитный материал
metal-plastic magnetic ~ металлопластический магнитный материал

microwave-absorbing ~ материал, поглощающий СВЧ-излучение
microwave magnetic ~ сверхвысокочастотный магнитный материал
nanocrystalline ~ нанокристаллический материал, кристаллический материал с нанометровой субструктурой
nanophase ~ нанофазный материал, материал с нанометровой субструктурой
narrow(-band) gap ~ узкозонный материал, материал с узкой запрещенной (энергетической) зоной
NEA ~ *см.* **negative electron affinity material**
negative electron affinity ~ материал с отрицательным электронным сродством, материал с ОЭС
negative-image-producing ~ негативный материал
nondegenerate ~ *пп* невырожденный (полупроводниковый) материал
n-type ~ материал с электронной электропроводностью, материал (с электропроводностью) *n*-типа
nuclear paramagnetic ~ материал с ядерным парамагнетизмом
optical ~ оптический материал
organic magnetic ~ органический магнитный материал
original ~ исходный материал
oxide ~ оксидный материал
paramagnetic ~ парамагнитный материал
PEA ~ *см.* **positive electron affinity material**
phosphor ~ кристаллофосфор
photochromic ~ фотохромный материал
photoconductive ~ фотопроводящий материал
photoelastic ~ фотоупругий материал
photoelectric [photoemissive] ~ фотоэмиссионный материал
photomagnetic ~ фотомагнитный материал
photosensitive ~ фоточувствительный материал
piezoelectric ~ пьезоэлектрический материал
piezomagnetic ~ пьезомагнитный материал
polarized ferromagnetic ~ насыщенный ферромагнитный материал
poly(crystalline) ~ поликристаллический материал
positive electron affinity ~ материал с положительным электронным сродством, материал с ПЭС
positive-image-producing ~ позитивный материал
potting ~ компаунд
powder ~ порошковый материал
p-type ~ материал с дырочной электропроводностью, материал (с электропроводностью) *p*-типа
pyroelectric ~ пироэлектрический материал
radar absorbing ~ материал, поглощающий излучение РЛС
raw ~ необработанный материал; сырьё
regrown ~ рекристаллизованный материал
semiconductor ~ полупроводниковый материал
semiconductor-grade ~ материал полупроводниковой чистоты
semi-hard magnetic ~ полутвёрдый [полужёсткий] магнитный материал
single-crystal ~ монокристаллический материал
soft magnetic ~ магнитно-мягкий материал
square-loop ~ материал (*магнитный или сегнетоэлектрический*) с прямоугольной петлёй гистерезиса
square-loop magnetic ~ магнитный материал с прямоугольной петлёй гистерезиса

substrate ~ *микр.* материал (для) подложек
superconducting [superconductive] ~ сверхпроводящий материал
superconductor ~ сверхпроводящий материал
surface-passivating ~ пассивирующий материал
temperature-sensitive magnetic ~ термомагнитный материал
textured ~ текстурованный материал
thermal diazo ~ термочувствительный диазоматериал
thermomagnetic(-recording) ~ материал для термомагнитной записи
thermosetting ~ термореактивный материал
tissue-equivalent ~ тканеэквивалентный материал
two-valley ~ двухдолинный (полупроводниковый) материал
vesicular ~ везикулярный материал
wide(-band) gap ~ широкозонный материал, материал с широкой запрещенной (энергетической) зоной

materialism материализм
math математика ‖ математический
mathematical математический
mathematician математик
mathematics математика (*1. наука, изучающая количественные соотношения между величинами и пространственными формами в символическом представлении 2. математический аппарат; математические действия, процедуры, методы и свойства*)
 ~ **of logic** математическая логика
 applied ~ прикладная математика
 Boolean ~ булева алгебра
 calculus ~ вычислительная математика
 combinatorial ~ комбинаторная математика
 computational ~ вычислительная математика
 concrete ~ математика непрерывных и дискретных величин, *проф.* конкретная математика (*от continuous + discrete*)
 crystal ~ математический аппарат кристаллографии
 discrete ~ дискретная математика
 elementary ~ элементарная математика
 higher ~ высшая математика
 pure ~ чистая математика
 recreational ~ математические игры и развлечения
mathematizate математизировать
mathematization математизация
 ~ **of behavior** математизация поведения
 ~ **of cognition** математизация познания
matrices *pl* от **matrix**
 column equivalent ~ матрицы, эквивалентные по столбцам
 row equivalent ~ матрицы, эквивалентные по строкам
 similar ~ подобные матрицы
matrix 1. матрица ‖ матричный 2. кодирующая матрица; декодирующая матрица 3. кодер системы цветного телевидения; декодер системы цветного телевидения
 ~ **of full rank** матрица полного ранга
 ~ **of strategies** матрица стратегий
 ~ **of weighted connections** матрица весовых коэффициентов для (синаптических) связей, весовая

matrix

матрица (синаптических) связей (*в искусственных нейронных сетях*)
access ~ *вчт* матрица прав доступа
active ~ активная матрица (*напр. в ЖК-дисплеях*)
adjacency ~ *вчт* матрица смежности (*напр. графа*)
adjacency ~ **of labeled graph** матрица смежности помеченного графа
admittance ~ матрица полных проводимостей
assignment ~ матрица назначений
asymptotic covariance ~ асимптотическая матрица ковариаций
asymptotic information ~ асимптотическая информационная матрица
augmented admittance ~ расширенная матрица полных проводимостей
authorization ~ *вчт* матрица прав доступа
band ~ ленточная матрица
beam-forming ~ диаграммообразующая матрица
bistochastic ~ бистохастическая матрица
block ~ блочная матрица
block-diagonal ~ блочно-диагональная матрица
Butler ~ диаграммообразующая матрица Батлера
character ~ *вчт* матрица [ячейка] символа
ciphertext ~ матрица шифрованного текста
circulant ~ циркулянтная матрица
clique ~ матрица клик (*в теории графов*)
clique-incidence ~ матрица инцидентности клик (*в теории графов*)
coder ~ кодирующая матрица
color ~ кодер системы цветного телевидения; декодер системы цветного телевидения
conductance ~ матрица (активных) проводимостей
conjugate ~ сопряженная матрица
connectivity ~ *вчт* матрица смежности (*напр. графа*)
constraint ~ матрица ограничений
core-diode ~ феррит-диодная матрица
correlation ~ корреляционная матрица
covariance ~ ковариационная матрица, матрица ковариаций
decision ~ матрица решений
decoding ~ декодирующая матрица
design ~ матрица плана
diagonal ~ диагональная матрица
diode ~ диодная матрица
disperse ~ *вчт* разреженная матрица
dispersion ~ дисперсионная матрица
distance ~ матрица расстояний
dot ~ 1. точечная матрица 2. точечный растр; растр 3. точечный знакогенератор; точечная матрица знакогенератора; растровый генератор символов
doubly stochastic ~ бистохастическая матрица
dual-scanned passive ~ пассивная матрица с двойным сканированием (*напр. в ЖК-дисплеях*)
electronically addressed ~ отображающая матрица с электронной адресацией
encoder ~ кодирующая матрица
estimator ~ матрица оценок
generating [generator] ~ производящая матрица
geometrically addressed ~ отображающая матрица с геометрической адресацией

gray-level co-occurrence ~ матрица смежности уровней серого, градационная матрица смежности (*в распознавании образов*)
H ~ матрица гибридных параметров
Hadamard ~ матрица Адамара
Hermitian ~ эрмитова матрица
Hessian ~ *вчт* гессиан, матрица Гессе
hologram ~ матрица голограмм
idempotent ~ идемпотентная матрица
identity ~ единичная матрица
immittance ~ матрица иммитансов
impact ~ матрица воздействия
impedance ~ матрица полных сопротивлений
incidence ~ *вчт* матрица инцидентности (*напр. графа*)
information ~ информационная матрица
instrumental variables ~ матрица инструментальных переменных
inverse ~ обратная матрица
invertible ~ обратимая матрица
Jacobian ~ якобиан
key ~ *вчт* матрица клавишных переключателей (*напр. клавиатуры компьютера*)
learning ~ обучающаяся матрица (*тип нейронных сетей*)
loop-impedance ~ матрица контурных полных сопротивлений
memory ~ матрица ЗУ
microwave switching ~ коммутационная [переключающая] матрица СВЧ-диапазона
multiple-beam-forming ~ матрица образования многолучевой диаграммы направленности антенны
n-diagonal ~ n-диагональная матрица
negative definite ~ отрицательно определённая матрица
negative semidefinite ~ отрицательно полуопределённая матрица
nonsingular ~ несингулярная [невырожденная] матрица
null ~ нулевая матрица
orthogonal ~ ортогональная матрица
orthonormal ~ ортонормированная матрица
outcome ~ матрица результатов
parity-check ~ матрица контроля (по) чётности
partitioned ~ блочная матрица
passive ~ пассивная матрица (*напр. в ЖК-дисплеях*)
permeability ~ тензор магнитной проницаемости
permittivity ~ тензор диэлектрической проницаемости
permutation ~ перестановочная матрица
polarization ~ поляризационная матрица
polarization scattering ~ поляризационная матрица рассеяния
polynomial ~ полиномиальная матрица
positive definite ~ положительно определённая матрица
positive semidefinite ~ положительно полуопределённая матрица
power scattering ~ энергетическая матрица рассеяния
projection ~ матрица проектирования
pseudoinverse ~ псевдообратная матрица
radar cross-section ~ *рлк* матрица эффективной площади отражения цели
radar scattering ~ *рлк* матрица рассеяния цели

reciprocal ~ обратная матрица
rectangular ~ прямоугольная матрица
reflecting ~ матрица отражения
regression ~ регрессионная матрица
resistivity ~ матрица удельного сопротивления
resolvent ~ *вчт* резольвентная матрица
scattering ~ матрица рассеяния
scattering ~ with absolute phase матрица рассеяния с абсолютной фазой
scattering ~ with relative phase матрица рассеяния с относительной фазой
scrambling ~ матрица скремблера
selection ~ матрица выборки
shift ~ матрица сдвига
signal ~ сигнальная матрица
singular ~ сингулярная [вырожденная] матрица
sparse ~ разреженная матрица
spectral ~ спектральная матрица
spurless ~ бесшпуровая [бесследовая] матрица, матрица с нулевым шпуром, матрица с нулевым следом
square ~ квадратная матрица
state ~ матрица состояний
stochastic ~ стохастическая матрица
storage ~ матрица ЗУ
switching ~ коммутационная [переключающая] матрица
symmetric ~ симметричная матрица
symmetry ~ матрица преобразования симметрии
systolic ~ систолическая матрица
target-scattering ~ *рлк* матрица рассеяния цели
thermally-addressed ~ отображающая матрица с тепловой адресацией
thinned ~ прореженная матрица
topological ~ топологическая матрица
traceless ~ бесшпуровая [бесследовая] матрица, матрица с нулевым шпуром, матрица с нулевым следом
traffic ~ 1. *вчт* матрица трафика 2. *тлф* матрица нагрузки
traffic requirement ~ *вчт* матрица трафика
transformation ~ матрица преобразования
transformer-diode ~ диодно-трансформаторная матрица
transition ~ матрица переходов
transition probability ~ матрица вероятностей переходов
transmission ~ матрица передачи
transposed ~ транспонированная матрица
triangular ~ треугольная матрица
two-dimensional ~ двумерная матрица
U-~ U-матрица, унифицированная матрица расстояний (*для отображения структуры кластеров*)
unit ~ единичная матрица
unitary ~ унитарная матрица
variance-covariance ~ дисперсионно-ковариационная матрица
weight ~ матрица весовых коэффициентов, весовая матрица
x-y ~ двумерная матрица
Y ~ матрица полных проводимостей
Z ~ матрица полных сопротивлений
matrixer матричная схема
matrixing кодирование с помощью матричной схемы, матрицирование
  ambisonic ~ амбифоническое матрицирование

matt(e) 1. мат; матовая поверхность || матировать || матовый 2. матовость 3. матовое покрытие 4. инструмент *или* средство матирования 5. *тлв* метод блуждающей маски
matter 1. вещество; материя; масса 2. материал (*напр. печатный*) 3. сущность; содержание 4. (почтовая) корреспонденция 5. причина; повод 6. значение; важность; существенность || иметь значение; быть важным *или* существенным
  dark ~ скрытая масса, безызлучательная форма материи (*во Вселенной*)
  front ~ вступительная часть (*печатного издания*)
  printed ~ печатный материал
  soft magnetic ~ мягкое магнитное вещество
  type ~ печатный материал
matting 1. матирование 2. *тлв* использование метода блуждающей маски, *проф.* каширование
maturity завершённость
mavar параметрический усилитель СВЧ-диапазона
maxima *pl* от **maximum**
  multiple ~ множественные максимумы
maximal максимальный
maximization максимизация
  constrained ~ условная максимизация
  profit ~ максимизация прибыли
  rational utility ~ максимизация рациональной полезности
  vector ~ векторная максимизация
maximize максимизировать
maximum максимум || максимальный
  absolute ~ абсолютный максимум
  acute ~ узкий максимум
  boundary ~ граничный максимум
  broad ~ широкий максимум
  conditional [constrained] ~ условный максимум
  global ~ глобальный максимум
  interior ~ внутренний максимум
  isolated ~ изолированный максимум
  lexicographic ~ лексикографический максимум
  local ~ локальный максимум
  narrow ~ узкий максимум
  principal ~ главный максимум
  relative ~ относительный максимум
  sharp ~ резкий максимум
Maxnet сеть поиска максимума с использованием двоичного дерева и нейросетевых компараторов, соревновательная (нейронная) сеть Maxnet
  feedforward ~ сеть прямого распространения для поиска максимума с использованием двоичного дерева и нейросетевых компараторов, соревновательная (нейронная) сеть Maxnet с прямой связью
maxterm *вчт* макстерм
Maxwell максвелл, Мкс ($1 \cdot 10^{-8}$ Вб)
maxwellmeter измеритель магнитного потока
maybe «неопределённость» (*логическое значение*) || имеющий значение «неопределённость»
mayday международный радиотелефонный сигнал бедствия
maze лабиринт
  munching ~ s *вчт проф.* «жующие» лабиринты (*галлюциногенное изображение*)
MC68000 микропроцессор 68000 (фирмы Motorola) (*32-разрядные регистры, 16-разрядная шина данных и 24-разрядная адресная шина; рабочая тактовая частота 8 МГц*)

MC68008

MC68008 микропроцессор 68008 (фирмы Motorola) (*32-разрядные регистры, 8-разрядная шина данных и 24-разрядная адресная шина; рабочая тактовая частота 8 МГц*)

MC68010 микропроцессор 68010 (фирмы Motorola) (*32-разрядные регистры, 16-разрядная шина данных и 24-разрядная адресная шина; рабочая тактовая частота 16 МГц*)

MC68020 микропроцессор 68020 (фирмы Motorola) (*32-разрядные регистры и шины; рабочая тактовая частота 16 - 33 МГц*)

MC68030 микропроцессор 68030 (фирмы Motorola) (*32-разрядные регистры и шины; рабочая тактовая частота 20 - 50 МГц*)

MC68040 микропроцессор 68040 (фирмы Motorola) (*32-разрядные регистры и шины; рабочая тактовая частота 25 МГц*)

MC88000 семейство 32-разрядных микропроцессоров с RISC-архитектурой фирмы Motorola, семейство микропроцессоров Motorola 88000

McKinley кодовое название ядра и второго поколения 64-разрядных процессоров фирмы Intel

MCS язык программирования MCS, переносимое объектно-ориентированное расширение языка Common Lisp

meaconing активное радиоэлектронное подавление радионавигационных средств путём приёма и переизлучения сигналов радиомаяка противника

mean 1. среднее (*1. результат усреднения 2. среднее значение, математическое ожидание*) 2. средний; промежуточный 3. *pl* средства; возможности 4. иметь в виду; подразумевать 5. иметь значение; быть важным *или* существенным
  arithmetic ~ арифметическое среднее
  conditional ~ условное среднее
  geometric ~ геометрическое среднее
  harmonic ~ гармоническое среднее
  mid~ среднее значение случайной величины при отбрасывании половины наибольших и половины наименьших значений
  population ~ генеральное среднее
  sample ~ выборочное среднее
  weighted ~ взвешенное среднее

meander меандр (*1. последовательность симметричных прямоугольных биполярных импульсов со скважностью, равной двум 2. волна с огибающей в форме меандра 3. тип орнамента*)

meaning смысл; значение
  epistemological ~ эпистемологическое значение

mean-square среднеквадратический

measurability измеримость

measurable измеряемый; измеримый

measurand измеряемая величина

measure 1. мера (*1. средство измерения 2. критерий 3. мероприятие; действие*) 2. измерение || измерять; допускать измерение 3. метрическая единица меры 4. размер; величина 5. *вчт* измеритель, инструмент для измерения размеров и углов (*в графических редакторах*) 6. предел; граница || ограничивать; ставить предел(ы) 7. формат (*печатной строки* 8. ширина столбца (*текста*) 9. такт (*в музыке*)
  ~**s of association** меры ассоциированности, меры связи (*данных в таблице сопряжённости признаков*)
  ~ **of fit** мера соответствия
  Bowley's ~ **of skewness** мера асимметрии (*распределения случайной величины*) по Боули
  greatest common ~ наибольшая общая мера
  joint spectral ~ взаимная спектральная мера
  leftmost ~ первый такт (*в нотной записи*)
  leverage ~ показатель влиятельности (*наблюдений*)
  linear ~ мера длины
  long ~ мера длины
  Pearson's ~ **of skewness** пирсоновская мера асимметрии (*распределения случайной величины*)
  Radon ~ мера Радона
  rank correlation ~ мера ранговой корреляции
  square ~ мера площади
  statistical ~ статистическая мера, индикатор
  unobtrusive ~s бесконтактные измерения

measured 1. измеренный 2. размеренный; ритмичный

measurement 1. измерение 2. размер(ы) 3. система мер
  angular-position ~ пеленгация
  distance ~ измерение дальности, дальнометрия
  field ~ эксплуатационные измерения
  in-service ~ измерение в рабочем режиме (*без перерыва связи*)
  live ~s измерения в реальном масштабе времени
  out-of-service ~ измерение в нерабочем режиме (*с перерывом связи*)
  position ~ определение местоположения
  quantum nondemolition ~s квантовые неразрушающие измерения
  radar distance ~ радиолокационная дальнометрия
  remote ~ телеизмерение, дистанционное измерение
  two-wavelength ~s измерения на двух длинах волн

meatspace *вчт проф.* физический мир; реальный мир; физическая реальность (*в противоположность виртуальной реальности*)

meatus отверстие; проход
  external auditory ~ *биол.* наружный слуховой проход

meatware *вчт проф.* 1. человеческие ресурсы (*компьютерной техники*) 2. человеческий мозг; нервная система человека

mechanic механик

mechanical 1. механический 2. оригинал-макет (*печатного издания*)

mechanics 1. механика 2. механическая часть (*напр. устройства*) 3. механизм 4. стандартные действия *или* операции
  ~ **of continua** механика сплошных сред
  ~ **of rigid body** механика твёрдого тела
  fluid ~ механика жидкости и газа
  gram ~ механическая часть электропроигрывающего устройства
  quantum ~ квантовая механика
  statistical ~ статистическая механика

mechanism 1. механизм 2. механизм работы; принцип действия 3. механическая часть (*напр. устройства*) 4. стандартные действия *или* операции 5. правила (действий); техника выполнения (*напр. операций*) 6. *вчт* механизм (*тип множества объектов в объектно-ориентированном программировании*)
  access ~ *вчт* 1. устройство позиционирования головок (*напр. магнитного диска*) 2. механизм доступа

medium

access isolation ~ *вчт* механизм разграничения доступа
AGP retention ~ *вчт* механическое приспособление для удерживания видеокарты в слоте AGP
antenna drive ~ привод антенны
arm-dropping ~ механизм опускания тонарма
autostop ~ автостоп (*ЭПУ или магнитофона.*)
bunching ~ механизм группирования (*электронов*)
cassette drive ~ лентопротяжный механизм кассетного магнитофона
causal ~ причинный механизм
communication ~ механизм связи
cryptographic ~ стандартные действия *или* операции в криптографии; процесс шифрования *или* дешифрования
drive ~ привод
dual retention ~ 1. сдвоенное удерживающее устройство; сдвоенное фиксирующее устройство, двойной фиксатор; двойной замок 2. *вчт* механическое приспособление для удерживания пары процессоров с S.T.C.-картриджами в двух слотах типа 1
error correction ~ корректирующий механизм
inference ~ 1. правила вывода (*из суждений*) 2. правила умозаключения
interface ~ механизм сопряжения (*напр. языка проектирования с базой знаний*)
phase-focusing ~ механизм фазовой фокусировки
retention ~ 1. удерживающее устройство; фиксирующее устройство, фиксатор; замок 2. *вчт* механическое приспособление для удерживания процессора с S.T.C.-картриджем в слоте типа 1
solenoid-operated transport ~ лентопротяжный механизм с соленоидным управлением
sonar-training ~ гидролокационный тренажёр
tape-drive ~ магнитофон-приставка 2. лентопротяжный механизм; механизм транспортирования ленты
tape-recording ~ магнитофон-приставка
tape-spooling ~ механизм намотки ленты
tape-transport ~ 1. магнитофон-приставка 2. лентопротяжный механизм; механизм транспортирования ленты
tractor-feed ~ устройство подачи перфорированной бумаги (*напр. в принтер*) шипованными лентами
mechanization механизация
mechanoelectret механоэлектрет
mechanoreceptor *бион.* механорецептор
medallion *вчт проф.* ИС электронной (*напр. кредитной*) карты
Media:
  Rich ~ *вчт* методология Rich Media, комплексное использование всех средств сетевой графики (*Flash, HTML, Java и др.*)
media 1. *pl.* от **medium** 2. средства (массовой) информации; средства (массовой) коммуникации ‖ относящийся к средствам информации или коммуникации
  input ~ среды для записи и хранения входных данных
  magnetic recording ~ среды для магнитной записи
  mass ~ средства массовой информации, СМИ, *проф.* массмедиа
  mixed ~ (система) мультимедиа, комбинированное представление информации с использованием звука, графики, мультипликации и видео
  new ~ *вчт* 1. (система) мультимедиа, комбинированное представление информации с использованием звука, графики, мультипликации и видео 2. (система) гипермедиа, гипертекст(овая система) с использованием (системы) мультимедиа
  output ~ среды для записи и хранения выходных данных
  pull ~ пассивные среды передачи данных, среды с доступом к содержимому по запросам
  push ~ активные среды передачи данных, среды с передачей содержимого по программе
  removable storage ~ съёмные запоминающие среды
  source ~ среды для записи и хранения исходных данных
mediagenic обладающий качествами, привлекательными для средств массовой информации, *проф.* медиагеничный
MediaGX процессор четвёртого поколения (*с некоторыми функциями процессоров пятого поколения*) для однокристальных компьютеров фирмы Cyrix, процессор MediaGX
medial средний
median 1. медиана (*1. медиана треугольника 2. числовая характеристика распределения вероятностей*) 2. средняя точка (*напр. гистограммы*) 3. средний
mediation посредничество
  phonological ~ фонологическое посредничество (*при восприятии письменной речи*)
medium 1. среда 2. среда (для) передачи данных; среда (для) передачи информации 3. окружающая среда; окружение; обстановка 4. носитель данных; носитель информации 5. средство (массовой) информации; средство (массовой) коммуникации 6. средство; способ 7. середина; промежуточное положение ‖ средний; промежуточный
  active ~ *кв. эл.* активная среда
  amplifying ~ активная среда усилителя
  artificial ~ искусственная среда
  artificial dielectric ~ искусственная диэлектрическая среда, искусственный диэлектрик
  associative ~ ассоциативная среда
  bigyrotropic ~ бигиротропная среда
  birefringent ~ дву(луче)преломляющая среда
  bubble ~ материал с ЦМД
  color ~ материал для светофильтров
  communication ~ трасса связи
  computer storage ~ 1. запоминающая среда для компьютера 2. носитель данных компьютера
  data ~ носитель данных
  delay ~ замедляющая среда
  digital storage ~ 1. среда для запоминания цифровых данных 2. носитель цифровых данных
  dispersive ~ диспергирующая среда, среда с дисперсией
  dissipative ~ диссипативная среда
  ducting ~ среда с волноводным распространением радиоволн
  electrooptic ~ электрооптическая среда
  fading ~ среда с замираниями
  ferroelectric ~ сегнетоэлектрическая среда
  gyroelectric ~ гироэлектрическая среда

medium

gyromagnetic ~ гиромагнитная среда
gyrotropic ~ гиротропная среда
heterogeneous ~ гетерогенная среда
homogeneous ~ гомогенная среда
information(-carrying) ~ носитель информации
lens ~ искусственная среда для линзовых антенн
lenslike ~ линзоподобная среда
loss-free [lossless] ~ среда без потерь
lossy ~ среда с потерями
low-permittivity ~ среда с малой диэлектрической проницаемостью
magnetic ~ магнитная среда
magnetic-recording ~ носитель магнитной записи
metal-dielectric ~ металлодиэлектрическая среда
metal-disk ~ металлодиэлектрическая среда с дисковыми металлическими элементами
metal-plate ~ металлопластинчатая среда
metal-sphere ~ металлодиэлектрическая среда со сферическими металлическими элементами
metal-tube ~ металловоздушная среда с цилиндрическими металлическими элементами
nonreciprocal ~ невзаимная среда
nonuniform ~ неоднородная среда
nonvolatile ~ энергонезависимая (запоминающая) среда
optical ~ 1. оптическая среда 2. оптический носитель данных; оптический носитель информации
packing ~ упаковочный материал (*для транспортировки и хранения изделий*)
parallel-plate ~ металлопластинчатая среда
patterned ~ структурированная среда
photoconductive ~ фотопроводящая среда
photorefractive ~ среда с фотоиндуцированным дву(луче)преломлением
physical ~ физическая среда
powdered recording ~ порошковый носитель (магнитной) записи
propagation ~ среда распространения
radar-absorbing ~ среда, поглощающая радиолокационное излучение
reciprocal ~ взаимная среда
record(ing) ~ носитель записи
removable ~ съёмный носитель информации (*напр. магнитооптический диск*)
reversible storage ~ реверсивная запоминающая среда
scattering ~ рассеивающая среда
space-dispersive ~ среда с пространственной дисперсией
space-time periodic ~ среда с пространственно-временной периодичностью
space-varying ~ среда с параметрами, изменяющимися в пространстве
storage ~ 1. запоминающая среда 2. носитель данных
thermoplastic ~ термопластическая среда
time-dispersive ~ среда с частотной дисперсией
time-invariant ~ стационарная среда
time-varying ~ среда с параметрами, изменяющимися во времени, нестационарная среда
transfer ~ *вчт* носитель для записи образа компакт-диска (*напр. магнитная лента*)
translucent ~ прозрачная среда
transmission ~ 1. передающая среда 2. прозрачная среда

transparent ~ прозрачная среда
two-dimensional lattice ~ искусственная среда в виде двумерной решётки
uniform ~ однородная среда
volatile ~ энергозависимая (запоминающая) среда
meet 1. встречать(ся); сходиться; сталкиваться 2. пересекать(ся) 3. вступать в отношения; общаться 4. соответствующий; пригодный; надлежащий
meeting 1. встреча 2. пересечение 3. собрание; конференция; заседание
  electronic ~ 1. электронное собрание; электронная конференция; электронное заседание 2. *тлф* конференц-связь
  virtual ~ виртуальное собрание; виртуальная конференция; виртуальное заседание
mega- 1. мега.., М, 10^6 (*приставка для образования десятичных кратных единиц*) 2. *вчт* мега…, М, 220
megaflops число миллионов выполняемых за одну секунду операций с плавающей запятой, *проф.* мегафлопс (*единица измерения производительности процессора*)
megahit пользующийся огромным успехом продукт кино- или телеиндустрии, *проф.* мегахит
megapel мегапиксельный (*напр. дисплей*)
megaphone мегафон ǁ использовать мегафон
  electric [electronic] ~ электромегафон
megapixel мегапиксельный (*напр. дисплей*)
megatron маячковая лампа
megger *фирм.* мегаомметр
megohmmeter мегаомметр
melodean широкополосный панорамный приёмник (*системы радиотехнической разведки*)
melody мелодия
melt 1. плавка, плавление; расплавление ǁ плавить(ся); расплавлять(ся) 2. *крист.* расплав
meltback *пп* метод обратного оплавления
meltdown 1. расплавление 2. *вчт* перегрузка сети (*вследствие лавинообразного размножения пакета, вызванного вирусом или ошибкой маршрутизации*), *проф.* расплавление сети
  Ethernet ~ перегрузка (локальной) сети (стандарта) Ethernet, *проф.* расплавление (локальной) сети (стандарта) Ethernet
  network ~ перегрузка сети, *проф.* расплавление сети
melting плавка, плавление; оплавление; расплавление
  congruent ~ конгруэнтное плавление
  floating-zone ~ зонная плавка
  surface ~ поверхностное оплавление
  temperature-gradient zone ~ зонная плавка с температурным градиентом
  zone ~ зонная плавка
melt-quench *пп* метод обратного оплавления
member *вчт* член (*напр. уравнения*); элемент (*напр. множества*)
  class ~ элемент класса, *вчт проф.* член класса
  end ~ крайнее соединение непрерывного ряда твёрдых растворов
  namespace ~ элемент пространства имён, *вчт проф.* член пространства имён
  static ~ статический элемент; статический член
membership *вчт* принадлежность (*напр. множеству*)
  set ~ принадлежность множеству
membrane мембрана
  cationic ~ катионная мембрана (*топливного элемента*)

cell ~ клеточная мембрана
damped ~ мембранный звукопоглотитель
ion-exchange ~ ионообменная мембрана (*топливного элемента*)
postsynaptic ~ постсинаптическая мембрана
presynaptic ~ пресинаптическая мембрана
tympanic ~ барабанная перепонка (*уха*)
meme *вчт проф.* мем (*аналог гена в мире идей*)
memetics *вчт проф.* меметика (*аналог генетики в мире идей*)
memex *вчт* гипертекст
memistor мемистор (*электрохимический прибор с управляемым сопротивлением*)
memoir 1. автобиография **2.** *pl* учёные записки; труды (*напр. научного общества*)
memoisation *вчт* использование функций с памятью
memoization *вчт* использование функций с памятью
memory 1. память (*1. вчт запоминающее устройство, ЗУ 2. вчт совокупность физических и (или) эмулируемых элементов, используемых в качестве запоминающего устройства 3. способность к запоминанию информации с возможностью обращения к последней*) **2.** запоминание **3.** *фтт* память формы
3D random access ~ оперативная память с встроенными функциями для оптимизации работы с трёхмерной графикой, оперативная память типа 3D RAM
adaptive bidirectional associative ~ адаптивная двунаправленная ассоциативная память (*тип нейронной сети*)
alterable ~ программируемая память
annex ~ буферная память
antishock ~ система электронной защиты от ударов, система ASM (*в устройствах воспроизведения цифровых аудиозаписей*)
arm-position ~ ЗУ данных о положении руки (*робота*)
associative ~ ассоциативная память (*1. вчт ассоциативное запоминающее устройство, ассоциативное ЗУ 2. способность к ассоциативному запоминанию информации с возможностью обращения к последней*)
aural ~ слуховая память
auxiliary ~ внешняя память, внешнее ЗУ, ВЗУ
available ~ имеющаяся в наличии память; доступная память; доступная область памяти
available user ~ имеющаяся в распоряжении пользователя память; доступная пользователю память; доступная пользователю область памяти
back-up ~ резервная память
base ~ основная [стандартная] память (*область памяти в адресном пространстве 0 — 640 Кбайт*)
bidirectional associative ~ двунаправленная ассоциативная память, гетероассоциативная нейронная сеть с взаимозаменяемыми входами и выходами, нейронная сеть Коско
biopolymer ~ ЗУ на биополимерах
bipolar read-only ~ постоянное ЗУ на биполярных транзисторах, ПЗУ на биполярных транзисторах
bipolar-transistor ~ ЗУ на биполярных транзисторах
bit-mapped ~ (видео)память с побитовым отображением матрицы пикселей
bit-oriented ~ разрядно-ориентированная память

boot flash ~ флэш-память для начальной загрузки
bootstrap ~ память (начального) загрузчика; память самозагрузчика
bubble ~ ЗУ на ЦМД
bubble-lattice ~ ЗУ на решётке ЦМД
buffer ~ буферная память, буферное ЗУ, БЗУ
bulk ~ память большого объёма
burst extended data output dynamic random-access ~ пакетная динамическая оперативная память с расширенным набором выходных данных, память типа BEDO DRAM
byte addressable ~ память с побайтовой адресацией
cache ~ кэш-память; кэш
cached ~ кэшированная *или* кэшируемая память
cached dynamic random access ~ кэшированная динамическая память, память типа CDRAM
cached video random access ~ кэшированная (двухпортовая) оперативная видеопамять на ячейках DRAM, оперативная видеопамять типа CVRAM
card ~ ЗУ на картах
cassette ~ кассетная память, запоминающее устройство кассетного формата на магнитной ленте
charge-coupled [charge-transfer] device ~ ЗУ на ПЗС
CMOS ~ 1. память на КМОП-структурах **2.** ИС постоянной памяти на КМОП-структурах с батарейным питанием для хранения данных о конфигурации компьютера, КМОП-память компьютера (*в BIOS*)
command-chained ~ память с командно-управляемым динамическим распределением
compact disk read-only ~ постоянная память на компакт-диске, ПЗУ на компакт-диске; компакт-диск формата CD-ROM
compact disk read-only ~ extended architecture компакт-диск формата CD-ROM XA, компакт-диск формата CD-ROM с расширенной архитектурой
compact disk read-only ~ extended architecture mode 1 компакт-диск формата CD-ROM XA со стандартной ёмкостью (650 Мбайт), компакт-диск формата CD-ROM с расширенной архитектурой и со стандартной ёмкостью (650 Мбайт)
compact disk read-only ~ extended architecture mode 2 компакт-диск формата CD-ROM XA с повышенной ёмкостью (780 Мбайт), компакт-диск формата CD-ROM с расширенной архитектурой и с повышенной ёмкостью (780 Мбайт)
conception ~ образная память
concurrent Rambus dynamic random access ~ усовершенствованная динамическая память компании Rambus с внутренней шиной, память типа CRDRAM
content-addressable ~ ассоциативная память, ассоциативное ЗУ
continuously charge-coupled random-access ~ ЗУ с произвольным доступом на ПЗС
control read-only ~ управляющая постоянная память, управляющее ПЗУ
conventional ~ основная [стандартная] память (*область памяти в адресном пространстве 0 — 640 Кбайт*)
core ~ ЗУ на магнитных сердечниках

memory

counter ~ память счётчика (магнитной) ленты
cross-tie ~ ЗУ на доменных границах с поперечными связями
cryogenic continuous film ~ ЗУ на сплошной сверхпроводящей плёнке, криогенное ЗУ на сплошной плёнке
current-access magnetic bubble ~ ЗУ на ЦМД с токовым доступом
cylindrical-domain ~ ЗУ на ЦМД
data flash ~ флэш-память для хранения данных
declarative ~ декларативная [непроцедурная] память
demand-paged virtual ~ виртуальная память с подкачкой страниц по запросу
destructive-readout ~ ЗУ с разрушением информации при считывании
digital versatile disk random access ~ компакт-диск формата DVD-RAM, перезаписываемый (*методом фазового перехода в материале носителя*) компакт-диск формата DVD
digital versatile disk read-only ~ компакт-диск формата DVD-ROM; память на компакт-диске формата DVD-ROM
direct ~ непосредственная память; механическая память
direct Rambus dynamic random access ~ динамическая память компании Rambus с внутренней шиной и непрерывным каналом, память типа DRDRAM
discrete bidirectional associative ~ дискретная двунаправленная ассоциативная память (*тип нейронной сети*)
disk ~ ЗУ на магнитных дисках
domain ~ ЗУ на магнитных доменах, доменное ЗУ
domain-tip ~ ЗУ на ПМД
domain-type propagation ~ динамическое доменное ЗУ
double data rate synchronous dynamic random access ~ синхронная динамическая оперативная память с удвоенной скоростью передачи данных, оперативная память типа DDR SDRAM
DRO ~ *см.* **destructive-readout memory**
dual-ported video ~ двухпортовая видеопамять
dynamic ~ динамическая память, динамическое ЗУ
dynamic random access ~ динамическая (оперативная) память, память типа DRAM
EDAC ~ *см.* **error detection and correction memory**
electrically alterable read-only ~ электрически программируемая постоянная память, электрически программируемое ПЗУ, ЭППЗУ; флэш-память, блочно-ориентированная электрически программируемая постоянная память
electrically erasable (programmable) read-only ~ электрически программируемая постоянная память, электрически программируемое ПЗУ, ЭППЗУ; флэш-память, блочно-ориентированная электрически программируемая постоянная память
electron-beam(-accessed) ~ ЗУ на запоминающей ЭЛТ с полупроводниковой мишенью и электронной адресацией
electronically addressable ~ память с электронной адресацией, ЗУ с электронной адресацией

emotional ~ эмоциональная память
enhanced dynamic random access ~ усовершенствованная динамическая оперативная память, память типа EDRAM
enhanced synchronous dynamic random access memory ~ усовершенствованная синхронная динамическая оперативная память, оперативная память типа ESDRAM
episodic ~ эпизодическая память
erasable ~ **1.** перепрограммируемая память, перепрограммируемое ЗУ **2.** память со стиранием информации, ЗУ со стиранием информации
erasable programmable read-only ~ программируемая постоянная память (со стиранием информации), программируемое ПЗУ (со стиранием информации), ППЗУ
error correcting ~ память с исправлением ошибок
error detection and correction ~ память с обнаружением и исправлением ошибок
expanded ~ **1.** отображаемая память, удовлетворяющая требованиям спецификации EMS область дополнительной памяти **2.** дополнительная память (*область памяти в адресном пространстве выше 1024 Кбайт*)
explicit ~ явно ориентированная память
extended ~ **1.** расширенная память, удовлетворяющая требованиям спецификации XMS область дополнительной памяти **2.** дополнительная память (*область памяти в адресном пространстве выше 1024 Кбайт*)
extended architecture ready compact disk read-only ~ компакт-диск формата CD-ROM со считыванием аудиоданных XA формата только с помощью звуковой карты
extended conventional ~ область основной [стандартной] памяти в адресном пространстве 512 — 640 Кбайт
extended data output dynamic random access ~ динамическая память с увеличенным временем доступности выходных буферов данных, память типа EDO DRAM
extended data output video random access ~ (двухпортовая) оперативная видеопамять на ячейках DRAM с увеличенным временем доступности выходных буферов данных, оперативная видеопамять типа EDO VRAM
external ~ внешняя память, внешнее ЗУ, ВЗУ
eye ~ зрительная память
factory-programmable read-only ~ программируемая изготовителем постоянная память, программируемое изготовителем ПЗУ
fast ~ быстродействующая память, *проф.* быстрая память
fast page mode dynamic random-access ~ динамическая память с быстрым последовательным доступом в пределах страницы, память типа FPM DRAM
ferric random-access ~ **1.** магнитная память с произвольным доступом на оксиде железа **2.** магнитная оперативная память на оксиде железа
ferrite-core ~ ЗУ на ферритовых сердечниках
ferrite-sheet ~ ЗУ на ферритовых платах
ferroelectric random access ~ сегнетоэлектрическая оперативная память, оперативная память типа FERAM

memory

field-programmable read-only ~ постоянная память с эксплуатационным программированием, ПЗУ с эксплуатационным программированием
file ~ файловая память, файловое ЗУ
fixed ~ постоянная память, постоянное ЗУ, ПЗУ
flash ~ флэш-память, блочно-ориентированная электрически программируемая постоянная память
flashbulb ~ бион. вспыхивающая память; яркие воспоминания о специфическом событии
fluorescent disk read-only ~ компакт-диск формата FD-ROM; ПЗУ на (многослойном) флуоресцентном компакт-диске
free ~ свободная память; свободная область памяти
fusible-link programmable read-only ~ память, программируемая плавкими перемычками
fuzzy associative ~ нечёткая ассоциативная память (*тип нейронных сетей*)
genetic ~ генетическая память
giant-magnetoresistance random-access ~ 1. память с произвольным доступом на гигантском магниторезистивном эффекте 2. (оперативная) память на гигантском магниторезистивном эффекте
high ~ старшая [высокая] память (*область памяти в адресном пространстве 1024 — 1088 Кбайт*)
image ~ 1. образная память 2. запоминание изображений
immediate ~ непосредственная память; механическая память
immediate access ~ оперативная память, оперативное ЗУ, ОЗУ
implicit ~ неявно ориентированная память
installed ~ ёмкость установленной (*в компьютер*) оперативной памяти
internal ~ оперативная память, оперативное ЗУ, ОЗУ
intrinsic ~ оперативная память, оперативное ЗУ, ОЗУ
involuntary ~ непроизвольная память
Josephson ~ ЗУ на переходах Джозефсона
keyed-access erasable programmable read-only ~ программируемая постоянная память (со стиранием информации) с доступом по ключу, программируемое ПЗУ (со стиранием информации) с доступом по ключу, ППЗУ с доступом по ключу
line-addressable random-access ~ память с произвольным доступом и строчной адресацией
linear associative ~ линейная ассоциативная память (*тип нейронных сетей*)
local ~ локальная память
logical ~ логическая память
long-term ~ долговременная память
low-temperature ~ криогенное ЗУ
magnetic random access ~ 1. магнитная память с произвольным доступом 2. магнитная оперативная память
magnetic thin-film ~ ЗУ на тонких магнитных плёнках
magnetic tunnel junction random-access ~ 1. память с произвольным доступом на магнитных туннельных переходах 2. оперативная память на магнитных туннельных переходах
magnetoelectronic ~ магнитоэлектронная память

main ~ оперативная память, оперативное ЗУ, ОЗУ; основная память, основное ЗУ
mask-programmable read-only ~ постоянная память с масочным программированием, ПЗУ с масочным программированием
matrix-readout ~ память с матричным считыванием
mechanical ~ механическая память; непосредственная память
mercury ~ ЗУ на ртутных линиях задержки, ртутное ЗУ
metal-oxide-semiconductor electrically-alterable read-only ~ электрически программируемая постоянная память на МОП-структурах, электрически программируемое ПЗУ на МОП-структурах, МОП ЭППЗУ
microprogram ~ микропрограммное ЗУ
motor ~ двигательная память
multibank dynamic random access ~ многобанковая оперативная видеопамять на 32-Кб банках DRAM, оперативная видеопамять типа MDRAM
N-level ~ N-уровневая память
nonvolatile ~ энергонезависимая память
nonvolatile random-access ~ 1. энергонезависимая память с произвольным доступом 2. энергонезависимая оперативная память
off-chip ~ память вне ИС, внешняя по отношению к ИС память
on-chip ~ память внутри ИС, встроенная в ИС память, внутренняя по отношению к ИС память
one-level ~ одноуровневая память
optimal linear associative ~ оптимальная линейная ассоциативная память (*тип нейронных сетей*)
ovonic ~ ЗУ на элементах Овшинского
paged ~ страничная память, память с поддержкой страничного режима
paging ~ страничная память, память с поддержкой страничного режима
parameter random-access ~ область оперативной памяти для хранения данных о конфигурации системы
permanent ~ постоянная память, постоянное ЗУ, ПЗУ
permanently allocated ~ память с фиксированным распределением
personality electrically erasable programmable read-only ~ идентификационная область электрически программируемой постоянной памяти
personality erasable programmable read-only ~ идентификационная область программируемой постоянной памяти
photochromic ~ ЗУ на фотохромной плёнке
physical ~ физическая память
piggyback-twistor semipermanent ~ электрически программируемая полупостоянная память на твисторах с двойной намоткой, электрически программируемое полупостоянное ЗУ на твисторах с двойной намоткой
planar bubble ~ планарное ЗУ на ЦМД
plated-wire ~ ЗУ на цилиндрических магнитных плёнках, ЗУ на ЦМП
Pockels readout optical ~ оптическое ЗУ со считыванием на эффекте Поккельса
primary ~ оперативная память, оперативное ЗУ, ОЗУ
procedural ~ процедурная память

memory

processor information read-only ~ постоянная память для хранения информации о процессоре
program flash ~ флэш-память для хранения программ
programmable ~ программируемая память, программируемое ЗУ
programmable read-only ~ программируемая постоянная память, программируемое постоянное ЗУ, ППЗУ (*с возможностью программирования только массивов элементов ИЛИ*)
prolonged ~ долговременная память
protein ~ ЗУ на протеинах; ЗУ на белках
push-down ~ ЗУ магазинного типа, стековое ЗУ
Rambus dynamic random access ~ синхронная оперативная видеопамять компании Rambus с передачей данных по фронту и спаду синхроимпульса, оперативная видеопамять типа RDRAM
random access ~ 1. память с произвольным доступом 2. оперативная память, оперативное ЗУ, ОЗУ (*см. тж.* **RAM**)
read-only ~ постоянная память, постоянное ЗУ, ПЗУ (*см. тж.* **ROM**)
read/write ~ оперативная память, оперативное ЗУ, ОЗУ
refresh ~ память для (хранения выводимой на экран информации и) ускорения регенерации
repertory ~ ЗУ телефонного аппарата с автонабором
reprogrammable read-only ~ перепрограммируемая постоянная память, перепрограммируемое ПЗУ, ПППЗУ
reserve ~ резервная память
reserved ~ зарезервированная память; зарезервированная область памяти
rotating ~ запоминающее устройство на вращающемся диске (*напр. магнитном*), дисковая память
scratch-pad ~ кэш-память
screen ~ видеопамять
search ~ ассоциативная память
segmented bubble ~ сегментированное ЗУ на ЦМД
sensory ~ сенсорная память (*мозга*)
sequential (access) ~ память с последовательным доступом
shadow ~ теневая память
shadow random access ~ теневая память с функциями ОЗУ
shadow read-only ~ теневая память с функциями ПЗУ
shallow ~ малоразрядное ЗУ
shared ~ совместно используемая память
short-term ~ кратковременная память
single-ported video ~ однопортовая видеопамять
slow ~ память с низким быстродействием, *проф.* медленная память
sparse distributed associative ~ разреженная распределённая ассоциативная память (*тип нейронных сетей*)
stack ~ ЗУ магазинного типа, стековое ЗУ
standard dynamic random-access ~ динамическое ОЗУ с быстрым последовательным доступом в пределах страницы, ОЗУ типа FPM DRAM
static ~ статическая память, статическое ЗУ
static random access ~ статическая оперативная память, статическое ОЗУ, ОЗУ типа SRAM

superhigh-speed ~ сверхбыстродействующее ЗУ
synchronous active ~ синхронно-активная память, САП
synchronous dynamic random access ~ синхронная динамическая оперативная память, оперативная память типа SDRAM
synchronous graphics random access ~ синхронная оперативная видеопамять, оперативная видеопамять типа SGRAM
synchronous video random access ~ синхронная (двухпортовая) оперативная видеопамять на ячейках DRAM, синхронное (двухпортовое) оперативное видео ОЗУ на ячейках DRAM, оперативная видеопамять типа SVRAM
system ~ оперативная память, оперативное ЗУ, ОЗУ
system management random access ~ оперативная память (средств) системного управления (*автономный модуль или часть обычной памяти*)
temporal associative ~ временная ассоциативная память (*тип нейронной сети*)
total ~ полная [общая] память; полная [общая] ёмкость памяти
total ~ under 1 MB полная [общая] (доступная) память (в адресном пространстве) до 1 Мбайта; полная [общая] ёмкость (доступной) памяти (в адресном пространстве) до 1 Мбайта
tse flip-flop ~ пиктографическое ЗУ на триггерах
twin-bank ~ двухбанковая память
ultra-violet erasable programmable read-only ~ программируемая память со стиранием информации ультрафиолетовым [УФ-]излучением, программируемое ПЗУ со стиранием информации ультрафиолетовым [УФ-]излучением, ППЗУ со стиранием информации ультрафиолетовым [УФ-]излучением
upper ~ верхняя память (*область памяти в адресном пространстве 640 — 1024 Кбайт*)
used ~ используемая память; используемая область памяти
verbal ~ словесная память
vertical Bloch-line ~ ЗУ на вертикальных блоховских линиях
video ~ 1. видеопамять 2. (двухпортовая) оперативная видеопамять на ячейках DRAM, (двухпортовое) оперативное видео ОЗУ на ячейках DRAM, оперативная видеопамять типа VRAM
video disk ~ ЗУ на видеодисках
video random access ~ видеопамять
virtual ~ виртуальная память
virtual channel memory synchronous dynamic random access ~ буферизованная синхронная динамическая память с виртуальным каналом, память типа VCM SDRAM
visual ~ зрительная память
volatile ~ энергозависимая память, энергозависимое ЗУ
wagon ~ ЗУ магазинного типа, стековое ЗУ
window random access ~ (двухпортовая) оперативная видеопамять с внутренней 256-битной шиной данных, (двухпортовое) оперативное видео ОЗУ с внутренней 256-битной шиной данных, оперативная видеопамять типа WRAM
word-organized ~ память с пословной организацией

working ~ рабочая [временная] память
write-only ~ *проф.* память типа «только для записи», недоступная для считывания память
MemoryStick карта флэш-памяти (стандарта) MemoryStick
Sony ~ карта флэш-памяти (стандарта) MemoryStick корпорации Sony
memristor мемристор (*в теории цепей*)
mend 1. ремонтировать; чинить **2.** исправлять; корректировать; улучшать
mender 1. ремонтник **2.** ремонтное средство **3.** средство исправления или улучшения (*чего-либо*); корректор
  gender ~ переходной (электрический) соединитель; переходной кабель; *проф.* переходник (*между двумя однотипными соединителями*)
mending 1. ремонт; починка **2.** исправление; коррекция; улучшение
Mendocino кодовое название ядра процессоров Celeron
meniscus мениск (*1. искривлённая поверхность жидкости в капилляре 2. линза с одинаковым направлением кривизны ограничивающих поверхностей*)
mentalism функционализм
menu меню (*напр. на экране дисплея*)
  application ~ меню управления приложениями
  cascading ~ каскадное меню
  command ~ командное меню
  context-sensitive ~ контекстно-зависимое меню
  control ~ меню управления
  display ~ экранное меню
  drop-down ~ *вчт* ниспадающее меню
  horizontal ~ горизонтальное меню
  icon ~ пиктографическое меню
  pop-up ~ *вчт* выпрыгивающее меню, меню с контекстно-зависимым появлением, *проф.* всплывающее меню
  pull-down ~ *вчт* ниспадающее меню
  screen ~ экранное меню
  shortcut ~ *вчт* меню ускоренного доступа
  tear-off ~ *вчт* отрывное меню; свободно перемещаемое меню
  vertical ~ вертикальное меню
  voice ~ голосовое меню
menu-driven управляемый с помощью меню (*напр. о программе*)
menuitis *вчт* отсутствие удобного выхода из программы с развитой системой меню, *проф.* воспаление меню, «менюит» (*вымышленная болезнь программы*)
merchant коммерсант
  web ~ *вчт* коммерсант, осуществляющий торговые операции через сеть
merge 1. сливать(ся); объединять(ся) **2.** осуществлять групповую рассылку электронных писем по списку
merger 1. слияние; объединение **2.** объединение; результат слияния *или* объединения; возникший в результате слияния *или* объединения объект
  band ~ *пп*, *фтт* **1.** слияние (энергетических) зон **2.** объединение (энергетических) зон, объединённая (энергетическая) зона
merge-until-empty слияние (*напр. массивов*) до опустошения
merging 1. слияние; объединение **2.** *вчт* групповая рассылка электронных писем по списку

array ~ слияние массивов
band ~ *пп*, *фтт* слияние (энергетических) зон
file ~ слияние файлов
mail ~ групповая рассылка электронных писем по списку
multipass ~ многопроходное слияние
multiway ~ многопутевое слияние
polyphase ~ многофазное слияние
two-way ~ двухпутевое слияние
meridian 1. меридиан ‖ меридиональный **2.** полуденный
  celestial ~ небесный меридиан
  first ~ начальный [нулевой, гринвичский] меридиан
  Greenwich ~ гринвичский [начальный, нулевой] меридиан
  prime ~ начальный [нулевой, гринвичский] меридиан
  principal ~ начальный [нулевой, гринвичский] меридиан
  zero ~ нулевой [начальный, гринвичский] меридиан
meridional 1. меридиональный **2.** южный
Mersed кодовое название ядра и первого поколения 64-разрядных процессоров Itanium
mesa мезаструктура
  diffused ~ диффузионная мезаструктура
  etched ~ мезаструктура, полученная методом травления
  n-type ~ мезаструктура с электронной электропроводностью, мезаструктура (с электропроводностью) *n*-типа
  p-type ~ мезаструктура с дырочной электропроводностью, мезаструктура (с электропроводностью) *p*-типа
mesh 1. сетка; (ячеистая) сеть ‖ образовывать сетку **2.** ячейка; отверстие (*сетки*) **3.** (замкнутый) контур; петля **4.** *pl* стороны ячейки; периметр [контур] ячейки **5.** зацепление; сцепление ‖ зацеплять(ся); сцеплять(ся) **6.** *вчт проф.* «решётка», символ #
  absorption ~ СВЧ-фильтр в виде сетки
  adaptive ~ *вчт* адаптивная сетка (*напр. для численных расчётов*)
  decelerator ~ *тлв* замедляющая сетка
  ion-trap ~ *тлв* противоионная сетка
  nonuniform ~ неравномерная сетка
  PDA ~ *см.* post-deflection acceleration mesh
  post-deflection acceleration ~ послеускоряющая сетка
  rectangular ~ прямоугольная сетка
  storage ~ *тлв* накапливающая сетка
  uniform ~ равномерная сетка
  wire ~ проволочная сетка
mesokurtic имеющий нормальный коэффициент эксцесса, мезокуртический
mesokurtosis нормальный коэффициент эксцесса
mesomorphic мезоморфный
mesomorphism, mesomorphy мезоморфизм
meson мезон
mesopause мезопауза (*переходный слой между мезосферой и термосферой на высоте от 80 до 90 км*)
mesophase мезофаза
  glassed ~ застеклованная мезофаза
  nematic ~ нематическая мезофаза

mesophase

smectic ~ смектическая мезофаза
mesopia мезопическое [сумеречное] зрение
mesoscopic мезоскопический
mesosphere мезосфера (*слой атмосферы между атмосферой и термосферой на высотах от 50 до 80 км*)
mesostructure мезоструктура
   molecular ~ молекулярная мезоструктура
message 1. сообщение; сигнал; посылка || сообщать; сигнализировать; передавать посылки 2. *вчт* канал сообщений, двунаправленный канал обмена сообщениями определённого формата (*в USB-системе*)
   address ~ адресное сообщение
   alert ~ *вчт* предупреждение (*о невозможности исполнения команды или её последствиях*)
   application ~ *вчт* сообщение приложений (*в модели ISO/OSI*)
   bounce ~ *вчт* возвращаемое отправителю недоставленное сообщение, *проф.* отражённое сообщение (*в электронной почте*)
   burst ~ пакетное сообщение
   C-~ псофометрическое сообщение
   canned ~ сообщение с фиксированным форматом
   cipher ~ шифрованное сообщение
   coded ~ кодированное сообщение
   compressed ~ сжатое сообщение
   confirmation ~ сообщение с запросом на подтверждение (*предполагаемого действия*)
   data ~ посылка данных
   distorted ~ искажённое сообщение
   dummy ~ ложное сообщение
   e-mail ~ сообщение электронной почты, электронное почтовое сообщение; электронное письмо
   error ~ *вчт* сообщение об ошибке
   fixed-format ~ сообщение с фиксированным форматом
   flame ~ *вчт* сообщение оскорбительного *или* провокационного содержания
   fox ~ сообщение для проверки правильности передачи всех алфавитно-цифровых символов (*a quick brown fox jumps over the lazy dog 0123456789*)
   garbled ~ искажённое сообщение
   hand-written ~ рукописное сообщение
   immediate assignment ~ сообщение о немедленном предоставлении каналов
   initial and final address ~ начальное и конечное адресное сообщение
   internal ~ внутреннее [служебное] сообщение
   MIDI ~ *вчт* MIDI-сообщение, сообщение в MIDI-формате
   MIDI aftertouch ~ *вчт* MIDI-сообщение о давлении на клавишу *или* клавиши после нажатия
   MIDI channel ~ *вчт* канальное MIDI-сообщение
   MIDI exclusive ~ *вчт* исключительное [привилегированное] (системное) MIDI-сообщение
   MIDI system ~ *вчт* системное MIDI-сообщение
   MIDI voice change ~ *вчт* MIDI-сообщение о смене тембра
   mobile terminated point-to-point ~s прямая передача сообщений в подвижной связи
   multiple-address ~ многоадресное сообщение; групповое сообщение, сообщение для группы адресатов
   multiple bounce ~ *вчт* лавинообразно размножающееся при возврате отправителю сообщение (*в электронной почте*)
   multi-unit ~ пакетное сообщение
   network ~ сетевое сообщение
   no ~ отсутствие сигнала
   outbound ~ сообщение с плохим качеством (*подлежащее повторной передаче*)
   overhead ~ служебное сообщение
   paging ~ сообщение, переданное по системе поискового вызова
   reject ~ отвергнутое сообщение; непринятое сообщение
   search ~ поисковое сообщение
   service ~ служебное сообщение
   signaling ~ управляющее сообщение
   sleeping pill ~ сообщение, блокирующее работу устройства
   subliminal ~ воспринимаемое на подсознательном уровне сообщение (*напр. реклама*)
   telemetric ~ телеметрическое сообщение
   telex ~ сообщение по телексу
   test ~ тестовое сообщение
   unformatted ~ сообщение с нестандартным форматом
   valid ~ подлинное сообщение; аутентичное сообщение
   warning ~ предупреждающее сообщение
messaging обмен сообщениями; приём, передача и обработка сообщений
   integrated ~ 1. обмен сообщениями (*различного типа*) в единой среде 2. система компьютерной телефонии для обмена разнородными сообщениями
   unified ~ 1. обмен сообщениями (*различного типа*) в единой среде 2. система компьютерной телефонии для обмена разнородными сообщениями
   vendor independent ~ обмен сообщениями, не зависящий от источников
messenger 1. *вчт* почтовый ящик службы доставки и отправления сообщений 2. курьер; посыльный
meta- мета-; над- (*приставка, переводящая смысловое значение основы на один уровень выше; напр. metadata - метаданные, то есть данные о данных*)
meta-assembler метаассемблер
metabase *вчт* метабаза (*напр. данных*)
   data ~ метабаза данных
metabolic *биол.* метаболический
metabolism *биол.* метаболизм
metabolite *биол.* метаболит
metacharacter метасимвол
metachromatism метахроматизм
meta-cipher메ташифр
   stream ~ потоковый меташифр
metaclass метакласс
metacommand метакоманда
metacommunication метаобщение, общение с помощью символов
metacompiler *вчт* метакомпилятор
metacriterion метакритерий
metadata *вчт* метаданные; метаинформация
metadyne электромашинный усилитель, ЭМУ
metaethic метаэтика
metaevent *вчт* метасобытие
metafile метафайл

computer graphics ~ метафайл машинной графики, файл формата CGM
virtual device ~ метафайл виртуального устройства
Windows ~ метафайловый формат для операционной системы Windows, файловый формат WMF
Metafont программа Metafont для создания алгоритмических шрифтов (*в языке T_EX*)
metagalaxy метагалактика
metaheuristic *вчт* метаэвристический
metaheuristics *вчт* метаэвристика
meta-index *вчт* метаиндекс
meta-information *вчт* метаинформация; метаданные
meta-interpreter *вчт* метаинтерпретатор (*напр. в языке PROLOG*)
metaknowledge *вчт* метазнания
metal 1. металл || покрывать металлом || металлический 2. металлический сплав
alkaline ~ щелочной металл
alkaline-earth ~ щелочно-земельный металл
bare ~ *вчт проф.* компьютер без программного обеспечения
electronegative ~ электроотрицательный металл
electropositive ~ электроположительный металл
ferromagnetic ~ ферромагнитный металл
ferrous ~ (металлический) сплав на основе железа (в двухвалентном состоянии)
noble ~ благородный металл
organic ~ органический металл
powdered ~ порошковый металл
rear-earth ~ редкоземельный металл
resistive ~ резистивный металл, металл с высоким удельным электрическим сопротивлением
metalanguage *вчт* метаязык
metalevel *вчт* метауровень
metal-in-gap 1. MIG-технология, технология изготовления ферритовых головок с ограничением зазора накладками из магнитно-мягкого металла 2. магнитная головка типа MIG, ферритовая головка с ограничением зазора накладками из магнитно-мягкого металла
metalinguistic *вчт* металингвистический
metalinguistics *вчт* металингвистика
metallic 1. металлическая нить; металлическое волокно 2. металлический
metallization 1. металлизация; покрытие металлом 2. придание металлических свойств
aluminum ~ металлизация алюминием
batch ~ групповая металлизация
final ~ финишная металлизация
fine-line ~ прецизионная металлизация
fixed-pattern ~ металлизация с фиксированным рисунком (меж)соединений
interconnection ~ *микр.* металлизация межсоединений
multilayer [multilevel] ~ многоуровневая [многослойная] металлизация
no-step ~ бесступенчатая металлизация
refractory ~ покрытие тугоплавким металлом
single layer ~ одноуровневая [однослойная] металлизация
metallize 1. металлизировать; покрывать металлом 2. придавать металлические свойства
metallocarbohedrene *микр.* металлокарбогедрен, металлокарбон, меткар

metallography металлография
metalloid неметалл || неметаллический
metallurgy 1. металлургия 2. металловедение
adaptive ~ металловедение
physical ~ металловедение
powder ~ порошковая металлургия
vacuum ~ вакуумная металлургия
metalogic металогика || металогический
formalized ~ формализованная металогика
metalogical металогический
metamagnet метамагнетик
metamagnetic метамагнетик || метамагнитный
metamagnetics метамагнетизм, метамагнитные явления
metamathematics метаматематика
metamer метамер
metamerism метамерия
metamessage метасообщение
meta-metalanguage мета-метаязык
metamorphose 1. *биол., вчт* подвергать метаморфозу, преобразовывать один объект в другой через промежуточные формы, *вчт проф.* использовать морфинг 2. полностью изменять форму, внешний вид *или* структуру; подвергаться полному изменению формы, внешнего вида *или* структуры 3. преобразовывать(ся); превращать(ся)
metamorphosis 1. *биол., вчт* метаморфоз, преобразование одного объекта в другой через промежуточные формы, *вчт проф.* морфинг 2. полное изменение формы, внешнего вида *или* структуры 3. преобразование; превращение
metaname *вчт* метаимя
metanumber *вчт* метачисло
meta-object *вчт* метаобъект
meta-organization мета-организация
metaphor метафора (*1. фигура речи 2. образное представление; образ*)
asymmetric ~ асимметричная метафора
desktop ~ *вчт* образное представление для рабочего стола (*напр. пиктограмма*)
neural ~ нейроподобный образ (*напр. процесса обработки информации*)
pseudo-mathematical ~ псевдоматематическая метафора
metaprogram метапрограмма
metaprogramming метапрограммирование
metareasoning метадоказательство
metarule *вчт* метаправило
metasearch *вчт* метапоиск
metaserver *вчт* метасервер
metaspace *вчт* метапространство
metastable метастабильный
metastability метастабильность
metasyntactic(al) *вчт* метасинтаксический
metasyntax *вчт* метасинтаксис
metaterm метатерм (*в логике*)
metatype *вчт* метатип
metcar *микр.* металлокарбогедрен, металлокарбон, меткар
meteor метеорит
meter 1. измерительный прибор; средство измерения || измерять 2. метр (*1. основная единица длины СИ 2. система организации ритма в музыке 3. порядок чередования сильных и слабых мест в стихосложении*)

meter

absorption frequency ~ поглощающий частотомер
admittance ~ измеритель полных проводимостей
azimuth-indicating ~ автоматический радиопеленгатор для опознавания и измерения азимута самолётов (*в районе аэродрома*)
backscatter density ~ альбедный радиоизотопный плотномер
B-H ~ гистерезиграф
bias ~ *тлг* измеритель преобладаний
call ~ счётчик вызовов
capacitance ~ фарадметр
cavity-resonator frequency ~ частотомер с объёмным резонатором
cavity-tuned absorption-type frequency ~ поглощающий частотомер с объёмным резонатором
cavity-tuned heterodyne-type frequency ~ гетеродинный частотомер с объёмным резонатором
cavity-tuned transmission-type frequency ~ проходной частотомер с объёмным резонатором
circuit-noise ~ измеритель относительного уровня шумов
coaxial-line frequency ~ коаксиальный частотомер
correlation ~ коррелометр, коррелограф
counting-rate ~ измеритель скорости счёта, интенсиметр
counting-type frequency ~ цифровой [электронно-счётный] частотомер
customer's private ~ абонентский счетчик телефонных разговоров
dB ~ *см.* decibel meter
decibel ~ прибор для измерения относительного уровня мощности в децибелах
demand ~ индикатор числа запросов
digital panel ~ цифровой стендовый измерительный прибор
dip ~ 1. поглощающий частотомер с индикатором в цепи транзисторного генератора 2. измеритель резонансной частоты на транзисторном генераторе
distortion ~ измеритель нелинейных искажений
dual ~ прибор для одновременного измерения двух величин
effective-call ~ счётчик состоявшихся вызовов
elapsed-time ~ счётчик астрономического времени
electric power ~ ваттметр
electrodynamic ~ электродинамический измерительный прибор
electromechanical frequency ~ электромеханический частотомер
expanded-scale ~ измерительный прибор с растянутой шкалой
exposure ~ экспонометр
feed-through power ~ измеритель проходящей мощности
field-intensity [field-strength] ~ измеритель напряжённости поля
flutter ~ высокочастотный [ВЧ-] детонометр, измеритель высокочастотной [ВЧ-] детонации
footcandle ~ люксметр
Frahm frequency ~ вибрационный частотомер
frequency ~ частотомер; волномер
frequency departure ~ измеритель ухода частоты несущей
frequency deviation ~ измеритель девиации частоты, девиометр
frequency difference ~ частотный компаратор

gamma backscatter thickness ~ альбедный гамма-толщиномер
generating electric-field ~ электрический градиентометр
gradient ~ градиентометр
grid-dip ~ 1. поглощающий частотомер с индикатором в сеточной цепи лампового генератора 2. измеритель резонансной частоты на ламповом генераторе
Hall-effect power ~ измеритель мощности с преобразователем Холла
heterodyne(-type) frequency ~ гетеродинный частотомер
hot-wire ~ тепловой измерительный прибор
illumination ~ люксметр
impedance ~ измеритель полных сопротивлений
induction(-type) ~ электродинамический измерительный прибор
ineffective-call ~ счётчик несостоявшихся вызовов
integrating ~ интегрирующий измерительный прибор
light ~ экспонометр
luminance ~ яркомер
magnet ~ магнитметр для постоянных магнитов
magnetic-vane ~ магнитоэлектрический измерительный прибор с подвижным магнитом в форме лопасти
meantime-to-failure ~ измеритель наработки на отказ
modulation ~ измеритель коэффициента модуляции, модулометр
motor ~ индукционный электрический счётчик
moving-coil ~ магнитоэлектрический измерительный прибор с подвижной катушкой
moving-vane ~ магнитоэлектрический измерительный прибор с подвижным магнитом в форме лопасти
mutual-conductance ~ измеритель крутизны (*электронных ламп*)
noise ~ измеритель относительного уровня шумов
output ~ измеритель выхода, ИВ
peak program ~ пиковый измеритель уровня передачи
pen ~ карманный дозиметр
people ~ *тлв* электронный прибор для изучения привычек различных групп зрительской аудитории
percent-modulation ~ измеритель коэффициента модуляции, модулометр
phase(-angle) ~ фазометр, измеритель фазового сдвига
photographic exposure ~ фотоэкспонометр
pocket ~ карманный дозиметр
portable ~ портативный [переносный] измерительный прибор
power ~ ваттметр
power-factor ~ измеритель коэффициента мощности
pulse-recurrence frequency ~ измеритель частоты повторения импульсов
Q ~ *см.* quality-factor meter
quality-factor ~ измеритель добротности, куметр, Q-метр
quotient ~ измеритель отношений, логометр
radiation survey ~ прибор радиометрического контроля; дозиметр

radio-altitude ~ радиовысотомер
radio-noise ~ измеритель относительного уровня радиошумов
rate ~ измеритель скорости счета, интенсиметр
ratio ~ измеритель отношений, логометр
reactive volt-ampere ~ измеритель реактивной мощности, варметр
recording ~ самопишущий измерительный прибор
recording level ~ индикатор уровня записи (*в магнитофонах*)
rectifier ~ измерительный прибор постоянного и переменного токов с выпрямителем
reed frequency ~ вибрационный частотомер
reflection-coefficient ~ измеритель коэффициента отражения, рефлектометр
resonance frequency ~ резонансный частотомер
reverberation-time ~ измеритель времени реверберации
signal-strength ~ измеритель уровня сигнала
sound-level ~ шумомер, прибор для объективного измерения уровня громкости звука
standard ~ эталонный измерительный прибор
standing-wave ~ измеритель коэффициента стоячей волны, измеритель КСВ
subscriber's private ~ абонентский счетчик телефонных разговоров
susceptibility ~ измеритель магнитной восприимчивости
terminating power ~ поглощающий измеритель мощности
thermal electric ~ тепловой электроизмерительный прибор
time-interval ~ измеритель временных интервалов
transconductance ~ измеритель крутизны (*электронных ламп*)
transmission-type frequency ~ частотомер проходного типа, проходной частотомер
tuning ~ индикатор настройки
universal test ~ универсальный измерительный прибор
vibrating-reed frequency ~ вибрационный частотомер
vibration ~ виброметр
visual-display plate level ~ измеритель уровня передачи с дисплеем
voltage standing-wave-ratio ~ измеритель коэффициента стоячей волны по напряжению, измеритель КСВН
volume unit ~ измеритель уровня громкости
VSWR ~ *см.* **voltage standing-wave-ratio meter**
VU ~ *см.* **volume unit meter**
watt-hour ~ интегрирующий ваттметр, электрический счётчик
wow ~ низкочастотный [НЧ-] детонометр, измеритель низкочастотной [НЧ-]детонации

meter-candle люкс, лк
metering измерения; измерение
  electricity ~ электрические измерения
  magnetic ~ магнитные измерения
  microwave ~ СВЧ-измерения
  precision ~ прецизионные измерения
  radio ~ радиоизмерения
  remote ~ телеизмерения, дистанционные измерения
  spectral ~ спектральные измерения
  volume ~ измерение уровня громкости

meterstick мера (*1. средство измерения 2. критерий*)
metglass метгласс, металлическое стекло
method метод; способ
  ~ **of edge waves** метод краевых волн
  ~ **of moments** метод моментов
  ~ **of spin-density functional** метод функционала спиновой плотности
  access ~ *вчт* метод доступа
  aluminum resist ~ *микр.* метод защиты алюминием
  angle-lapping ~ *микр.* метод косого шлифа
  aperture field ~ метод поля в раскрыве (*для расчёта диаграммы направленности антенны*)
  B-~ формализованный метод разработки программного обеспечения на основе использования понятия об абстрактной машине, В-метод
  balanced ~ компенсационный [нулевой] метод (*измерений*)
  basic direct access ~ базовый метод прямого доступа, метод BDAM
  basic sequential access ~ базовый метод последовательного доступа, метод BSAM
  basic telecommunication access ~ базовый метод удалённого доступа, метод BTAM
  batch ~ *микр.* групповой метод
  Bayesian ~s байесовские методы
  box-diffusion ~ *пп* бокс-метод диффузии
  Box-Wilson ~ метод Бокса — Уилсона, метод крутого восхождения
  Bridgman(-Stockbarger) ~ *крист.* метод Бриджмена (— Стокбаргера), метод Обреимова — Шубникова
  bright-field ~ *опт.* метод яркого поля
  cavity ~ резонаторный метод
  Chalmers ~ метод Чалмерса, метод выращивания кристаллов в открытой лодочке
  chemical-reaction ~ *крист.* метод химических реакций
  chemical vapor infiltration ~ *крист.* метод химической инфильтрации из паровой фазы
  Cochran-Orcutt ~ метод Кочрена — Оркатта
  coherent-pulse ~ когерентно-импульсный метод
  collocation ~ *вчт* коллокация, метод коллокации (*для численного решения дифференциальных или интегральных уравнений*)
  common access ~ 1. стандартный метод доступа 2. стандарт ANSI для обеспечения совместимости устройств на уровне сигналов и команд
  compensation ~ компенсационный [нулевой] метод (*измерений*)
  conditional maximum likelihood ~ условный метод максимального правдоподобия
  conjugate gradients ~ метод сопряжённых градиентов
  constant-temperature ~ *крист.* изотермический метод
  contact ~ контактный метод (*измерений*)
  convex combination ~ метод выпуклой комбинации (*для обучения нейронных сетей*)
  critical path ~ метод критического пути
  crucibleless ~ *крист.* бестигельный метод
  crystal-pulling ~ метод вытягивания кристалла
  cylinder ~ *вчт* доступ к данным одного и того же цилиндра (*пакетированного жёсткого диска*) методом переключения головок (*без их смещения*)

method

Czochralski ~ метод Чохральского
dark-field ~ *опт.* метод тёмного поля
decoupled ~ метод разделения, метод разрыва связей
Delphi ~ метод (экспертной оценки) типа Дельфи
deposition ~ *микр.* метод осаждения
derivate approximation ~ метод аппроксимации по производным
desiccant packing ~ *микр.* метод упаковки изделий, требующих обезвоживания *или* сушки (*для транспортировки или хранения*)
destructive ~ разрушающий метод (*напр. контроля*)
differential-conductivity ~ метод дифференциальной удельной электропроводности
differential Doppler ~ *рлк* метод разностной доплеровской частоты
diffraction ~ дифракционный метод
diffused-collector ~ *микр.* метод диффузионного коллектора
diffused-meltback ~ *пп* метод диффузии — обратного оплавления
diffusion ~ *микр.* метод диффузии, диффузионный метод
direct ~ прямой метод (*напр. измерений*)
dispersion and mask (template) ~ метод спектральной диафрагмы
distribution-free ~ свободный от распределения метод
dot-alloying ~ *пп* метод точечного сплавления
double-doping ~ *микр.* метод двойного [двукратного] легирования
double-exposure ~ метод двух экспозиций, двухэкспозиционный метод
dynamic bubble collapse ~ метод динамического коллапса ЦМД
edge enhancement ~ метод выделения контуров
electronic-recording ~ метод электронной записи
electron-lithography ~ *микр.* метод электронно-лучевой [электронной] литографии, метод электронолитографии
electron-orbit ~ метод электронных орбит (*при расчёте магнетронов*)
Engle-Granger ~ метод Энгла — Грейнджера
epitaxial-diffused ~ *микр.* эпитаксиально-диффузионный метод
equisignal-zone ~ *рлк* метод равносигнальной зоны
equivalent-current-sheet ~ метод эквивалентных поверхностных токов
estimation ~ метод оценивания
etching ~ *микр.* метод травления
etch-pit ~ *крист.* метод ямок травления
evaporation ~ *микр.* метод напыления
event-driven ~ управляемый событиями метод рассуждений, метод рассуждений по принципу «от событий к цели», метод прямой цепочки умозаключений
FDTD ~ *см.* finite-difference time domain method
field matching ~ метод согласования по полю
filter ~ of single-sideband signals generation фильтрационный метод получения сигналов с одной боковой полосой
finite-difference ~ метод конечных разностей
finite-difference time domain ~ метод конечных разностей во временной области, метод FDTD (*для расчёта электромагнитных полей*)
finite-element ~ метод конечных элементов
flame-fusion ~ *крист.* метод кристаллизации в пламени, метод Вернейля
flip-chip ~ *микр.* метод перевёрнутого кристалла
floating-probe ~ *пп* метод плавающих зондов
floating-zone ~ *пп* метод зонной плавки
four-point probe ~ *пп* четырёхзондовый метод
frequency-domain ~ метод представления в частотной области
fusion ~ *пп* метод сплавления
fuzzy ~ нечёткий метод, основанный на нечёткой логике метод
Galerkin's ~ метод Галёркина
Gauss-Newton ~ метод Гаусса — Ньютона
Gauss-Seidel ~ метод Гаусса — Зайделя
generalized ~ of moments обобщенный метод моментов
generalized instrumental variables ~ обобщенный метод инструментальных переменных
geometrical optics ~ метод геометрической [лучевой] оптики
goal-driven ~ управляемый целью метод рассуждений, метод рассуждений по принципу «от цели к событиям», метод обратной цепочки умозаключений
gradient ~ градиентный метод
Green function ~ метод функции Грина
growth ~ метод выращивания кристаллов
heavy ball ~ обобщённое дельта-правило (*в алгоритмах обучения нейронных сетей*)
heuristic ~ эвристический метод
hierarchical direct access ~ *вчт* иерархический прямой метод доступа
hierarchical indexed direct access ~ *вчт* иерархический индексно-прямой метод доступа
hierarchical indexed sequential access ~ *вчт* иерархический индексно-последовательный метод доступа
hierarchical sequential access ~ *вчт* иерархический последовательный метод доступа
Horner ~ *вчт* схема Горнера (*для расчёта полиномов*)
hot-probe ~ *пп* метод термозонда
hypothetico-deductive ~ гипотетико-дедуктивный метод
incomplete Choleski-decomposition ~ метод неполного разложения Холески
indexed sequential-access ~ индексно-последовательный метод доступа
indirect ~ косвенный метод (*измерений*)
induced electromotive force ~ метод наведённых ЭДС
induced EMF ~ *см.* induced electromotive force method
induced magnetomotive force ~ метод наведённых магнитодвижущих сил
induced MMF ~ *см.* induced magnetomotive force method
insertion ~ метод вставки, метод просеивания (*при сортировке*)
in situ ~ прямой метод (*напр. измерений*)
instrumental variables ~ метод инструментальных переменных
intaglio ~ *микр.* метод глубокой печати; метод гравирования

method

intelligent decision support ~ интеллектуальный метод поддержки принятия решений
interference ~ интерференционный метод
introspective ~ интроспективный метод
ion-drift ~ метод дрейфа ионов
ion-implantation ~ *микр.* метод ионной имплантации
isothermal ~ *крист.* изотермический метод
isothermal dipping ~ *крист.* метод изотермического погружения
jack-knife ~ метод складного ножа (*в математической статистике*)
Jackson ~ модифицированный метод структурного программирования, метод Джексона
Johansen ~ метод Йохансена
Kiefer-Wolfowitz ~ метод Кифера — Вольфовица (*модификация градиентного метода*)
k-means ~ метод k-средних (*в кластеризации*)
k-partan ~ k-партан-метод, итерационный партан-метод
Krüger-Finke ~ *крист.* метод температурного градиента, метод Крюгера — Финке
Kyropoulos ~ *крист.* метод Киропулоса
laborious ~ трудоёмкий метод
learning subspace ~ метод обучающего подпространства (*1. алгоритм обучения нейронных сетей Кохонена 2. нейронная сеть Кохонена с обучением по алгоритму LSM*)
least distance ~ метод наименьших расстояний
least-squares ~ *вчт* метод наименьших квадратов
Levenberg-Marquardt ~ метод Левенберга — Марквардта
lithographic ~ *микр.* метод литографии
lobe switching ~ метод измерения угловых координат посредством переключения лепестков диаграммы направленности на два положения
logistic ~ логистический метод
Marquardt ~ метод Марквардта
masking ~ *микр.* метод маскирования
matrix ~ матричный метод
maximum entropy ~ метод максимальной энтропии; принцип максимума энтропии
maximum likelihood ~ метод максимального правдоподобия
meltback ~ *пп* метод обратного оплавления
melt-freeze ~ *крист.* метод плавления — охлаждения
melt-quench ~ *крист.* метод плавления — закалки
memory operating characteristic ~ метод характеристических кривых распознавания, МОС-метод
modified partan ~ модифицированный партан-метод
molecular-field ~ метод молекулярного поля
Monte Carlo ~ метод Монте-Карло, метод статистических испытаний
morphological ~ морфологический метод (*экспертной оценки*)
Newton ~ метод Ньютона
Newton-Raphson ~ (итерационный) метод Ньютона — Рафсона
nodal ~ метод узловых потенциалов
nondestructive ~ неразрушающий метод (*напр. контроля*)
null ~ компенсационный [нулевой] метод (*измерений*)

offset carrier ~ метод смещения несущей
offset subcarrier ~ метод смещения поднесущей
OLS ~ *см.* ordinary least squares method
operations research ~ метод исследования операций
ordered elimination ~ метод упорядоченного исключения
ordinary least squares ~ *вчт* метод наименьших квадратов
orthogonalized plane wave ~ *фтт* метод ортогонализированных плоских волн, метод ОПВ
outer product of gradient ~ метод внешнего произведения градиента
overcompensated ~ метод перекомпенсации
over-under probe ~ *пп* метод встречных зондов
oxide resist ~ *микр.* метод защиты плёнкой оксида
pair-exchange ~ метод парной перестановки
partan ~ партан-метод, улучшенный метод наискорейшего спуска
path compression ~ *вчт* метод сжатия путей
path-of-steepest-ascent ~ метод крутого восхождения, метод Бокса — Уилсона
path sensitizing ~ метод активизации пути
pedestal ~ метод пьедестала, метод выталкивания кристалла
perturbation ~ *фтт* метод возмущений
phase-contrast ~ метод фазового контраста
phase-plane ~ метод фазовой плоскости
phasing ~ **of single-sideband signals generation** многофазный метод получения сигналов с одной боковой полосой
photoconductive decay ~ *пп* метод затухания фотопроводимости
photolithographic ~ *микр.* метод фотолитографии
planographic ~ *микр.* метод литографии
powder ~ порошковый метод (*рентгеноструктурного анализа*)
principal components ~ метод главных компонент
probe ~ *пп* зондовый метод
pseudopotential ~ *фтт* метод псевдопотенциала
queued access ~ метод доступа с очередями
queued indexed sequential access ~ индексно-последовательный метод доступа с очередями
queued sequential access ~ последовательный метод доступа с очередями
queued telecommunication access ~ телекоммуникационный метод доступа с очередями
random-walk ~ метод случайных блужданий
ray-optics ~ метод геометрической [лучевой] оптики
recalculation ~ способ (выполнения) пересчёта, способ (выполнения) повторного счёта (*напр. в электронных таблицах*)
receiver operating characteristic ~ метод характеристических кривых обнаружения, ROC-метод
recrystallization ~ рекристаллизационный метод
rejection-mask ~ *микр.* метод удаляемой маски
resonance ~ резонансный метод
rotary-crystallizer ~ метод вращающегося кристаллизатора
rotating crystal ~ метод вращения кристалла
roulette wheel ~ метод рулетки
schlieren ~ метод Теплера, шлирен-метод
scientific ~ научный метод
sector ~ метод разбиения на секторы (*напр. при хранении данных на жёстком диске*)

method

sequential-access ~ *вчт* последовательный метод доступа
silk-screening ~ *микр.* метод трафаретной печати
simplex ~ симплекс-метод (*в линейном программировании*)
simulated annealing ~ метод имитации отжига (*для обучения нейронных сетей*)
skip-field ~ метод пропуска полей (*при магнитной видеозаписи*)
slow-cooling ~ *крист.* метод медленного охлаждения
solder-reflow ~ метод пайки расплавлением полуды
solid-state diffusion ~ метод диффузии в твёрдой фазе
speckle ~ метод спекл-структур
spectral-domain ~ метод представления в спектральной области
spray-processing ~ *микр.* метод обработки разбрызгиванием
staining ~ *микр.* метод окрашивания шлифа
state-space ~ метод анализа в пространстве состояний
static baycenter ~ метод силовых функций
stationary-phase ~ *фтт* метод стационарной фазы
strain-annealed ~ *крист.* метод деформационного отжига
sublimation-condensation ~ *крист.* метод сублимации — конденсации
surface-potential equilibration ~ метод уравнивания поверхностных потенциалов (*в ПЗС*)
symbolic layout ~ метод символического проектирования топологии
symmetric displacement ~ метод симметричного смещения (*в САПР*)
temperature differential ~ *крист.* метод температурного перепада
temperature-variation ~ *крист.* неизотермический метод
thermal-gradient ~ *крист.* метод температурного градиента, метод Крюгера — Финке
time-domain ~ метод представления во временной области
Todama ~ метод Тодамы (*для восприятия речи слепоглухими по движению губ и адамова яблока*)
traveling-solvent ~ *крист.* метод движущегося растворителя
trial-and-error ~ метод проб и ошибок
two-wattmeter ~ метод двух ваттметров
van der Pol ~ метод Ван-дер-Поля
vapor-liquid-solid ~ метод выращивания по механизму пар — жидкость — кристалл, ПЖК-метод
variable-metric ~ метод переменной метрики
vector-potential ~ метод векторного потенциала
Verneuil ~ *крист.* метод Вернейля, метод кристаллизации в пламени
vernier pulse-timing ~ метод измерения интервалов времени с помощью электронного нониуса
virtual storage access ~ *вчт* виртуальный метод доступа к памяти (*в операционной системе MVS (OS/390) для мейнфреймов корпорации IBM*)
virtual telecommunications access ~ виртуальный телекоммуникационный метод доступа, метод доступа к сетям по протоколу SNA, метод VTAM
VLS ~ *см.* vapor-liquid-solid method
Warnier-Orr ~ метод Уорнье — Орра (*для представления структуры программ*)

wire-wrap ~ метод накрутки (*при соединении проводников*)
zero ~ компенсационный [нулевой] метод (*измерений*)
methodology методология
  connectionist ~ коннекционная методология; методология нейронных сетей
  neural network ~ методология нейронных сетей
methylumbelliferone метилумбеллиферон (*краситель*)
metric 1. метрика (*1. функция, определяющая расстояние между двумя точками пространства или двумя элементами множества 2. обобщённая характеристика протяжённости маршрута передачи данных*) **2.** относящийся к расстоянию; характеризующий протяжённость **3.** метрический, относящийся к метрической системе единиц **4.** измерительный; относящийся к измерениям
  ~ **of vector space** метрика векторного пространства
  angular ~ угловая метрика
  arc ~ дуговая метрика
  background ~ фоновая метрика
  Boolean ~ булева метрика
  discrete ~ дискретная метрика
  Euclidean ~ евклидова метрика
  Hamming ~ хеммингова метрика
  Hausdorff ~ хаусдорфова метрика
  Hermitian ~ эрмитова метрика
  plane ~ плоская метрика
  uniform ~ равномерная метрика
metrical 1. метрический, относящийся к метрической системе единиц **2.** измерительный; относящийся к измерениям
metrology метрология
metronome метроном
  electronic ~ электронный метроном
metronome-tuner электронный метроном с тюнером
mezzotint(o) меццо-тинто (*1. метод глубокой печати с зернистой поверхности 2. гравюра, полученная методом меццо-тинто 3. художественный фильтр растровой графики, основанный на объединении близких по цвету пикселей в беспорядочно расположенные чёрно-белые или одноцветные области. имитирующие зернистость*) ‖ использовать метод меццо-тинто
mho сименс, См
mhometer измеритель электрических проводимостей
micro 1. микро..., мк, 10^{-6} (*приставка для образования десятичных дольных единиц*) **2.** микроЭВМ **3.** микропроцессор
  killer ~ микропроцессор для суперкомпьютеров
microactuator 1. исполнительный микромеханизм; исполнительный микроорган **2.** микропривод
  magnetic head ~ микропривод магнитной головки (*жёсткого диска*)
microarray *микр.* микроматрица
microassembly микросборка
microbridge *микр.* микромостик
microchart полностью детализированная диаграмма (*напр. программы*)
microchip кристалл (*ИС*), *проф.* чип
microcircuit микросхема; интегральная схема, ИС
  active(-base) ~ микросхема с активной подложкой; интегральная схема с активной подложкой, ИС с активной подложкой

digital ~ цифровая микросхема; цифровая интегральная схема, цифровая ИС
passive(-base) ~ микросхема с пассивной подложкой; интегральная схема с пассивной подложкой, ИС с пассивной подложкой
sapphire ~ микросхема на сапфире; интегральная схема на сапфире, ИС на сапфире

microcircuitry 1. интегральные схемы; микросхемы 2. микросхемотехника

microcode 1. микропрограмма; микрокод 2. система микрокоманд
horizontal ~ горизонтальная микропрограмма
vertical ~ вертикальная микропрограмма

microcoding микропрограммирование

microcomponent микрокомпонент; микроэлемент

microcomputer микрокомпьютер; персональный компьютер, ПК
IBM-compatible ~ IBM-совместимый персональный компьютер
minicomputer-compatible ~ микрокомпьютер, совместимый с миникомпьютером
single-board training ~ одноплатный учебный микрокомпьютер
single-chip ~ однокристальный микрокомпьютер; однокристальный персональный компьютер, однокристальный ПК

microconnector электрический микросоединитель

microcontroller микроконтроллер

microcosm микрокосм(ос)

microcoulombmeter микрокуло(но)метр, Е-элемент (*хронирующий элемент*)

microcrystal микрокристалл

microcrystalline микрокристаллический

microdensitometer микроденситометр
scanning ~ сканирующий микроденситометр

microdiffusion микродиффузия

microdiode микродиод

microdisk *вчт* 3,5-дюймовый гибкий (магнитный) диск, 3,5-дюймовая дискета, 3,5-дюймовый флоппи-диск

microdisplay микродисплей
LED ~ *см.* light-emitting diode microdisplay
light-emitting diode ~ светодиодный микродисплей
organic LED ~ микродисплей на органических светодиодах

Microdrive съёмный жёсткий магнитный диск (типа) Microdrive (*корпорации IBM*)
IBM ~ съёмный жёсткий магнитный диск (типа) Microdrive корпорации IBM

microeconometrics микроэконометрика

microelectrode микроэлектрод

microelectronic микроэлектронный

microelectronics микроэлектроника
functional ~ функциональная микроэлектроника
integrated ~ интегральная микроэлектроника
magnetic ~ магнитная микроэлектроника
semiconductor ~ полупроводниковая микроэлектроника
solid-state ~ твердотельная микроэлектроника
space ~ космическая микроэлектроника
thin-film ~ тонкоплёночная микроэлектроника

microelectrophoresis наблюдение и исследование электрофореза с помощью микроскопа

microelement микроэлемент; микрокомпонент

resistor ~ микрорезистор
transistor ~ микротранзистор

microfiche микрофиша

microfilament *биoн.* микрофиламент

microfilm микрофильм || микрофильмировать
computer input ~ метод прямого ввода микрофильмированных данных в компьютер

microflare микровспышка (*в солнечной короне*)

microfloppy 3,5-дюймовый гибкий (магнитный) диск, 3,5-дюймовая дискета

microfluid жидкость в микроканале, *проф.* микрожидкость

microfluidic относящийся к жидкости в микроканале, *проф.* микрожидкостный

microform микроформа (*1. микрофиша 2. микрофильм 3. микрофотография, микрофотоснимок*)

micrograph микрофотография, микрофотоснимок
electron ~ электронная микрофотография
electron-beam-induced-current ~ растровая электронная микрофотография, полученная с помощью вторичных электронов
optical ~ оптическая микрофотография
scanning-electron ~ растровая электронная микрофотография

micrographics микрографика, графика микроформ

micrography исследования с помощью микроскопа

microgravity микрогравитация, пренебрежимо малая сила тяготения

microgroove микроканавка, узкая канавка (*записи*)

microgyroscope микрогироскоп

microhologram микроголограмма

microholography микроголография

microimage микроизображение (*напр. в растровых оптических системах*)

microinstability микронеустойчивость
plasma ~ микронеустойчивость плазмы

microinstruction микрокоманда

microjustification *вчт* точное выравнивание (*строк по вертикали*) по левому и правому полю

microkernel *вчт* микроядро

microlaser микролазер

microlithography литография с микронным разрешением

microlock спутниковая телеметрическая система с фазовой синхронизацией

micrologic 1. логические микросхемы; логическая микросхема 2. логика микропрограмм
capacitor-transistor ~ транзисторно-ёмкостные логические микросхемы
complementary transistor ~ логические микросхемы на комплементарных транзисторах
diode-transistor ~ диодно-транзисторные логические микросхемы
low-power diode-transistor ~ маломощные диодно-транзисторные логические микросхемы
resistor-transistor ~ резисторно-транзисторные логические микросхемы

micromachining микромеханическая обработка
electron-beam ~ электронно-лучевая микромеханическая обработка
laser-beam ~ лазерная микромеханическая обработка
thin-film ~ микромеханическая обработка тонких плёнок

micromagnetics

micromagnetics микромагнетизм
micromanager менеджер микрокомпьютерных систем; менеджер систем персональных компьютеров, менеджер систем ПК
micromanipulator микроманипулятор
micromemory микропамять
micrometer микрометр (*1. измерительный прибор 2. дольная единица длины СИ, мкм, микрон*)
   vernier ~ штангенинструмент (*напр. штангенциркуль*)
micromini микроминиатюрный объект || микроминиатюрный
microminiature микроминиатюрный
microminiaturization микроминиатюризация
micromirror микрозеркало
micromodule микромодуль
   assembled ~ собранный микромодуль
   cordwood ~ колончатый микромодуль
   double-ended ~ микромодуль с двухсторонними выводами
   flat ~ плоский микромодуль
   integrated ~ интегральный микромодуль
   shielded ~ экранированный микромодуль
   single-ended ~ микромодуль с односторонними выводами
   stacked ~ этажерочный микромодуль
micron микрометр, мкм, микрон
micro-operation микрооперация
microoptics интегральная оптика
microorder микрокоманда
microphone микрофон
   ADP ~ *см.* ammonium-dihydrogen-phosphate microphone
   alloy(-granule) ~ микрофон с преобразователем из (гранулированного) порошка сплава
   ammonium-dihydrogen-phosphate ~ (пьезоэлектрический) микрофон с преобразователем из дигидрофосфата аммония
   antinoise ~ шумозащищённый микрофон
   astatic ~ ненаправленный микрофон
   band ~ ленточный микрофон
   barium-titanate ~ (пьезоэлектрический) микрофон с преобразователем из титаната бария
   bidirectional ~ двунаправленный микрофон
   breast(-plate) ~ нагрудный микрофон
   built-in ~ встроенный микрофон
   button ~ угольный микрофон
   capacitance [capacitor] ~ (электростатический) конденсаторный микрофон
   carbon [carbon-capsule, carbon-granule] ~ угольный микрофон
   cardioid ~ микрофон с кардиоидной характеристикой направленности
   ceramic ~ керамический микрофон
   clip-on ~ петличный микрофон
   close-speaking [close-talking] ~ локальный микрофон
   combination ~ комбинированный микрофон
   condenser ~ конденсаторный микрофон
   contact ~ контактный микрофон
   crossed coincident ~s совмещенные микрофоны (*для стереофонии*)
   crystal ~ пьезоэлектрический микрофон
   diaphragmless ~ безмембранный микрофон (*напр. микрофон с тлеющим разрядом*)
   differential ~ дифференциальный микрофон
   directional ~ направленный микрофон
   distributed ~s разнесённые микрофоны
   double-button ~ дифференциальный угольный микрофон
   double-element ~ двухкапсюльный микрофон
   dynamic ~ электродинамический микрофон
   ear ~ контактный ушной микрофон
   electret ~ электретный микрофон
   electronic ~ электронный микрофон
   electrostatic ~ электростатический микрофон
   figure-of-eight ~ микрофон с косинусоидальной [восьмёрочной] характеристикой направленности
   first-order gradient ~ микрофон-приёмник градиента давления
   flame ~ пламенный микрофон
   flat ~ микрофон с плоской частотной характеристикой
   flat-pressure-response ~ микрофон с плоской характеристикой (чувствительности) по давлению
   four-capsule ~ четырёхкапсюльный микрофон
   glow-discharge ~ микрофон с тлеющим разрядом
   gradient ~ микрофон-приёмник градиента давления
   granule(-type) ~ микрофон с преобразователем из гранулированного порошка
   gun ~ линейный микрофон
   hand(-held) ~ ручной микрофон
   hot-wire ~ тепловой микрофон
   hypercardioid ~ микрофон с гиперкардиоидной характеристикой направленности
   inductive [inductor] ~ электродинамический микрофон
   integral ~ встроенный микрофон
   interference tube ~ линейный микрофон
   ionic ~ ионный микрофон
   laboratory standard ~ измерительный микрофон
   lanyard ~ нагрудный микрофон
   lapel ~ петличный микрофон
   lavalier ~ нагрудный микрофон
   lens ~ микрофон линзового типа
   line ~ линейный микрофон
   lip ~ губной микрофон
   low-impedance ~ микрофон с малым полным сопротивлением
   machine-gun ~ линейный микрофон
   magnetic ~ электромагнитный микрофон
   magnetic-armature ~ электромагнитный микрофон с подвижным якорем
   magnetostriction ~ магнитострикционный микрофон
   mask ~ микрофон респираторной маски
   measuring ~ измерительный микрофон
   metal-insulator-piezoelectric semiconductor transducer ~ микрофон с преобразователем МДП-типа
   midget ~ миниатюрный микрофон
   moving-coil ~ катушечный электродинамический микрофон, электродинамический микрофон с подвижной катушкой
   moving-conductor ~ электродинамический микрофон
   moving-iron ~ электромагнитный микрофон
   multiple ~ группа микрофонов
   music-pickup ~ концертный микрофон
   narrow-angle ~ остронаправленный микрофон

noise-canceling ~ 1. микрофон с шумоподавлением 2. локальный микрофон
nondirectional ~ ненаправленный микрофон
n-th order gradient ~ микрофон-приёмник градиента давления *n*-го порядка
omnidirectional ~ ненаправленный микрофон
parabolic-reflector ~ микрофон с параболическим отражателем
phase-shift ~ микрофон с фазосдвигающей цепочкой
piezoelectric ~ пьезоэлектрический микрофон
pistol grip ~ линейный микрофон с пистолетной рукояткой
polydirectional ~ микрофон с управляемой характеристикой направленности
pre-emphasized ~ микрофон со схемой введения предыскажений
pressure ~ микрофон-приёмник давления
pressure-actuated ribbon ~ ленточный микрофон
pressure-gradient ~ микрофон-приёмник градиента давления
probe ~ микрофонный зонд
push-pull ~ дифференциальный микрофон
reflector ~ микрофон с отражателем
RF capacitor ~ конденсаторный микрофон на биениях с ВЧ-генератором
ribbon ~ ленточный микрофон
rifle ~ линейный микрофон
robust ~ робастный микрофон
speaker ~ дикторский микрофон
standard ~ эталонный микрофон
stereo ~(s) стереофонические микрофоны, стереомикрофоны
studio ~ студийный микрофон
subaqueous ~ гидрофон
supercardioid ~ микрофон с суперкардиоидной характеристикой направленности
superdirectional ~ остронаправленный микрофон
talk-back ~ микрофон переговорного устройства
thermal ~ тепловой микрофон
thermocouple [thermoelectric] ~ термопарный микрофон
throat ~ ларингофон
transistor(ized) ~ транзисторный микрофон
unidirectional ~ однонаправленный микрофон
variable-reluctance ~ электромагнитный микрофон
velocity ~ 1. ленточный микрофон 2. тепловой микрофон
wave-interference ~ линейный микрофон
wireless ~ радиомикрофон
zero-order gradient ~ микрофон-приёмник давления
microphonic, microphonism, microphony микрофонный эффект
microphotograph микрофотография, микрофотоснимок
microphotography микрофотография, микрофотосъёмка
microphotometer микрофотометр
  double-beam ~ двухлучевой микрофотометр
  flow ~ проточный микрофотометр
  photoelectric ~ фотоэлектрический микрофотометр
  single-beam ~ однолучевой микрофотометр
microphotometry микрофотометрия
microphysics физика элементарных частиц

microprint микрокопия
microprobe микрозонд
  electron ~ электронный микрозонд
  ion ~ ионный микрозонд
  laser ~ лазерный микрозонд
microprocessing 1. использование микропроцессора 2. обработка (*данных*) с использованием микропроцессора
microprocessor микропроцессор (*процессор на БИС или СБИС*)
  bit-slice ~ разрядно-модульный [секционированный] микропроцессор
  dedicated ~ специализированный микропроцессор
  EIO ~ *см.* **error input/output microprocessor**
  embedded ~ встроенный микропроцессор
  error input/output ~ микропроцессор ошибок ввода-вывода
  low-power ~ микропроцессор с малым потреблением мощности
  LSI ~ микропроцессор на БИС
  main [master] ~ главный [ведущий] микропроцессор
  microprogrammable ~ микропрограммируемый микропроцессор
  MOS ~ микропроцессор на МОП-структурах
  multichip ~ многокристальный микропроцессор
  pipelined ~ микропроцессор с конвейерной архитектурой
  reduced instruction set computing ~ микропроцессор с сокращённым набором команд, RISC-микропроцессор
  RISC ~ *см.* **reduced instruction set computing microprocessor**
  single-chip ~ однокристальный микропроцессор
  slave ~ подчинённый [ведомый] микропроцессор
microprogram микропрограмма
microprogramming микропрограммирование
  diagonal ~ диагональное микропрограммирование
  high-coded ~ вертикальное микропрограммирование
  horizontal(ly controlled) ~ горизонтальное микропрограммирование
  vertical(ly controlled) ~ вертикальное микропрограммирование
MicroPROLOG язык программирования MicroPROLOG, усечённая версия языка PROLOG
micropulse микроимпульс
microradiography микрорадиография
  contact ~ контактная микрорадиография
  electronic ~ электронная микрорадиография
microradiometer микрорадиометр
microrecording микрозапись
microreflectometer микрорефлектометр
microreproduction 1. микрокопирование 2. микрокопия
microresonator микрорезонатор
  bistable optical ~ бистабильный оптический микрорезонатор
microrocket микроракета
microscope микроскоп
  acoustic ~ акустический микроскоп
  atomic-force ~ атомно-силовой микроскоп
  C-mode scanning acoustic ~ растровый акустический микроскоп С-типа
  compound ~ просвечивающий оптический микроскоп с собирающими объективом и окуляром

microscope

electron ~ электронный микроскоп
electrostatic electron ~ электростатический электронный микроскоп
emission electron ~ эмиссионный электронный микроскоп
exoelectron emission ~ экзоэлектронный эмиссионный микроскоп
field-emission ~ автоэлектронный проектор
field-ion ~ автоионный проектор
flying-spot scanning ~ растровый микроскоп с бегущим пятном
force ~ атомно-силовой микроскоп
infrared ~ микроскоп для наблюдений в ИК-диапазоне
interference (contrast) ~ интерференционный микроскоп
ion ~ ионный микроскоп
Kerr-contrast ~ (поляризационный) микроскоп на эффекте Керра
magnetic electron ~ магнитный электронный микроскоп
magnetic-force ~ магнитно-силовой микроскоп
mirror electron ~ зеркальный электронный микроскоп
petrographic ~ поляризационный микроскоп
point projection electron ~ теневой электронный микроскоп
polarizing ~ поляризационный микроскоп
projection ~ проекционный микроскоп
proton ~ протонный микроскоп
radiometric ~ радиометрический микроскоп
reflection electron ~ отражательный электронный микроскоп
scanning acoustic ~ растровый акустический микроскоп
scanning atomic-force ~ растровый атомно-силовой микроскоп
scanning electron ~ растровый электронный микроскоп
scanning ion ~ растровый ионный микроскоп
scanning laser acoustic ~ растровый лазерный акустический микроскоп
scanning magnetic-force ~ растровый магнитно-силовой микроскоп
scanning transmission electron ~ растровый просвечивающий электронный микроскоп
thermionic-emission electron ~ термоэмиссионный электронный микроскоп
transmission electron ~ просвечивающий электронный микроскоп
tunnel ~ туннельный микроскоп
ultrasonic ~ ультразвуковой микроскоп
ultraviolet ~ микроскоп для наблюдений в УФ-диапазоне

microscopic микроскопический
microscopy микроскопия
atomic-force ~ атомно-силовая микроскопия
dark-field ~ микроскопия по методу тёмного поля
electron ~ электронная микроскопия
emission ~ эмиссионная микроскопия
holographic ~ голографическая микроскопия
magnetic-force ~ магнитно-силовая микроскопия
magnetic near-field ~ (растровая) магнитная микроскопия по методу ближнего поля
near-field ~ микроскопия по методу ближнего поля
phase-contrast ~ фазоконтрастная микроскопия
photoacoustic ~ фотоакустическая микроскопия
scanning electron ~ растровая электронная микроскопия
scanning electron ~ **with polarization analysis** растровая электронная микроскопия с поляризационным анализом
transmission electron ~ просвечивающая электронная микроскопия

microsoldering микропайка
microsonics СВЧ-акустика
microspace *вчт* 1. неполноразмерный межсимвольный интервал || использовать неполноразмерные межсимвольные интервалы 2. выполнять точное воспроизведение межсимвольных интервалов при печати 3. выполнять точное выравнивание (*строк по вертикали*) по левому и правому поло
microspacing *вчт* 1. использование неполноразмерных межсимвольных интервалов 2. точное воспроизведение межсимвольных интервалов при печати 3. точное выравнивание (*строк по вертикали*) по левому и правому полю
microstatement микрооператор
microstrip микрополосковая [несимметричная полосковая] линия
ceramic ~ микрополосковая линия на керамической подложке
ferrite-filled ~ микрополосковая линия с ферритовым заполнением
matched ~ согласованная микрополосковая линия
microstructure микроструктура
microswitch микропереключатель
microsyn микросин (*прецизионный сельсин*)
microsyntax *вчт* микросинтаксис
micro-to-mainframe относящийся к микрокомпьютеру в сети мейнфреймов
microtransistor микротранзистор
microtribology микротрибология
microtubule *биол.* микротрубочка
microtwin *крист.* микродвойник
microvia *микр.* межслойный микропереход, межслойное переходное микроотверстие
laser-drilled ~ изготовленный методом лазерного сверления межслойный микропереход, изготовленное методом лазерного сверления межслойное переходное микроотверстие
miniscule ~ межслойный микропереход, межслойное переходное микроотверстие
microvision изображение взлётно-посадочной полосы на экране бортового индикатора (*системы инструментальной посадки*)
microvoltmeter микровольтметр
microwave 1. *pl* диапазон сверхвысоких частот, СВЧ-диапазон (3—30 ГГц), диапазон сантиметровых волн (10 — 1 см); микроволны 2. сверхвысокочастотный, СВЧ; микроволновый 3. *проф.* СВЧ-печь, микроволновая печь || использовать СВЧ-печь, использовать микроволновую печь
microwelder устройство для микросварки
laser ~ устройство для лазерной микросварки
microwelding микросварка
Microwire печатная плата с высокой плотностью монтажа

microwire 1. микропровод; микропроводник 2. *микр.* метод избирательных межсоединений
microxerography микроксерография
mictomagnet миктомагнетик, магнетик со структурой кластерного спинового стекла
mictomagnetic миктомагнетик, магнетик со структурой кластерного спинового стекла || миктомагнитный
mictomagnetism миктомагнетизм, магнитные явления в средах со структурой кластерного спинового стекла
mid 1. средний 2. расширение имени файла формата MIDI
middle 1. середина || средний 2. промежуточный
middle-endian *вчт* 1. относящийся к формату слова с записью среднего байта по наименьшему адресу, *проф.* «среднеконечный» 2. ориентированная на «среднеконечный» формат слов архитектура (*компьютера*)
middleware промежуточное программное обеспечение; программное обеспечение для обмена данными
   message-oriented ~ ориентированное на сообщения промежуточное программное обеспечение
midgap середина запрещённой (энергетической) зоны
MIDI 1. цифровой интерфейс (электро)музыкальных инструментов, двунаправленный последовательный асинхронный интерфейс для сопряжения компьютера с записывающей и воспроизводящей электромузыкальной аппаратурой, MIDI-интерфейс 2. MIDI-стандарт, стандартный протокол обмена информацией между компьютером и записывающей и воспроизводящей электромузыкальной аппаратурой
   ~ **In** входной порт MIDI-интерфейса, MIDI-вход
   ~ **Out** выходной порт MIDI-интерфейса, MIDI-выход
   ~ **Thru** транзитный порт MIDI-интерфейса, транзитный MIDI-выход (*для ретрансляции входного сигнала*)
   Extended General ~ расширение стандарта General MIDI фирмы Yamaha, стандарт XG
   General ~ стандарт General MIDI, набор кодов и тембров звучания 96-и традиционных инструментов и дополнительных кодов для ударных
midicomputer мидикомпьютер, миди-ЭВМ
midinfrared средняя инфракрасная [ИК-] область спектра
midline 1. средняя линия строчных букв шрифта 2. средняя линия треугольника *или* трапеции
midpoint средняя точка (*напр. гистограммы*)
midrange 1. средняя область; средний диапазон 2. относящийся к диапазону средних звуковых частот 3. середина размаха (*случайной величины*)
midst середина; центр; средняя *или* центральная часть; средняя точка
midtones *вчт* средние тона (*изображения*)
migrate мигрировать; перемещаться
migration миграция; перемещение
   acceptor ~ миграция акцепторов
   charge ~ миграция заряда
   defect ~ миграция дефектов
   donor ~ миграция доноров
   electron ~ миграция электронов
   energy ~ миграция энергии

   grain-boundary ~ миграция по межзёренным границам (*в поликристаллах*)
   hole ~ миграция дырок
   interstitial ~ миграция по междоузлиям
   ion ~ миграция ионов
   users ~ переход пользователей на новое аппаратное *или* программное обеспечение, *проф.* миграция пользователей
   vacancy ~ миграция вакансий
Mike 1. стандартное слово для буквы *M* в фонетическом алфавите «Альфа» 2. стандартное слово для буквы *M* в фонетическом алфавите «Эйбл»
mike 1. микрофон || использовать микрофон; усиливать звук с помощью микрофона *или* микрофонов; размещать микрофон *или* микрофоны 2. микрометр || измерять микрометром
   body ~ миниатюрный скрытый радиомикрофон (*для исполнителей*)
mil 1. единица измерения длины, равная 0,001 дюйма 2. единица измерения углов, равная 1/6400 радиана 3. миллион 4. *вчт* имя домена верхнего уровня для военных организаций
milestone 1. веха; этап; важный момент 2. отчёт об этапе работы
milieu (окружающая) среда; окружение
millenium тысячелетие
milli- милли..., м, 10^{-3} (*приставка для образования десятичных дольных единиц*)
milliammeter миллиамперметр
mimdecode программа *или* алгоритм преобразования полученного текстового файла формата «mimdecode/mimencode» в исходный файл в стандарте MIME, программа *или* алгоритм mimdecode
MIME стандарт на многоцелевое расширение функций электронной почты в Internet, стандарт MIME
   S~ *см.* secure MIME
   secure ~ стандарт на многоцелевое расширение функций шифрованной электронной почты в Internet, стандарт S-MIME
mimencode программа *или* алгоритм преобразования передаваемого исходного файла в текстовый файл формата «mimdecode/mimencode» в стандарте MIME, программа *или* алгоритм mimencode
mimeograph 1. мимеограф || копировать на мимеографе 2. сделанная на мимеографе копия
mineralizer *крист.* минерализатор
   alkaline ~ щелочной минерализатор
mini 1. миникомпьютер 2. миниатюрный объект
miniaturize миниатюризовать
miniaturization миниатюризация
minicam миниатюрная видеокамера
minicartridge 1. миникартридж; миникассета 2. миникассета для (магнитной) ленты шириной 6,35 мм, миникассета для (магнитной) ленты (формата) QIC (с габаритами $82{,}55 \times 63{,}5 \times 15{,}24$ мм^3)
   Travan ~ миникассета для (магнитной) ленты (формата) Travan
minicomputer миникомпьютер, мини-ЭВМ
minidiode миниатюрный диод
minidisk 1. минидиск, цифровой магнитооптический аудиодиск формата Minidisk, цифровой магнитооптический аудиодиск формата MD (*диаметром 6,4 см*) 2. система Minidisk, система цифровой магнитооптической звукозаписи со сжатием данных по стандарту ATRAC

mini-driver мини-драйвер
minifloppy 5,25-дюймовый гибкий (магнитный) диск, 5,25-дюймовая дискета
minima *pl* от **minimum**
minimal минимальный
minimand минимизируемое
minimax *вчт* минимакс || минимаксный
minimization минимизация
   adaptive ~ адаптивная минимизация
   conditional [constrained] ~ условная минимизация
   group ~ групповая минимизация
   least squares ~ минимизация методом наименьших квадратов
   partial ~ частичная минимизация
   production cost ~ минимизация производственных затрат
   risk ~ минимизация риска
   unconditional [unconstrained] ~ безусловная минимизация
minimize минимизировать
minimizer программа минимизации
minimum минимум || минимальный
   absolute ~ абсолютный минимум
   conditional ~ условный минимум
   conduction-band ~ дно зоны проводимости
   constrained ~ условный минимум
   energy-momentum ~ энергетический минимум в пространстве импульсов
   global ~ глобальный минимум
   lexicographic ~ лексикографический минимум
   local ~ локальный минимум
   pattern ~ минимум диаграммы направленности антенны
   potential ~ минимум потенциала
   radiation ~ минимум излучения
   relative ~ относительный минимум
mining добыча
   data ~ интеллектуальный анализ данных, *проф.* добыча знаний
minion *вчт* миньон, кегль 7 (*размер шрифта*)
minionette *вчт* кегль 7½ (*размер шрифта*)
miniprocessor мини-процессор
miniscope портативный [переносный] осциллограф
miniscule см. **minuscule**
miniseries *тлв* 1. телевизионный фильм с показом отдельных серий через несколько дней *или* недель 2. короткая серия номеров одной программы *или* однотипных программ
minitrack *рлк* система слежения за спутниками, космическими летательными аппаратами и ракетами
minor 1. непрофилирующая дисциплина; факультативный курс || непрофилирующий; факультативный || обучаться по непрофилирующим дисциплинам; прослушивать факультативный курс 2. минор (*1. минорная тональность; минорный лад 2. неосновной определитель матрицы*) 3. минорный 4. неглавный; неосновной; меньший
minorant минорирующая функция, миноранта || минорантный
minorize минорировать, оценивать снизу
minorized минорируемый
minorizing минорирующий
minterm *вчт* минтерм
minuend *вчт* уменьшаемое

minus 1. знак минус, символ − 2. отрицательная величина || отрицательный 3. относящийся к вычитанию 4. уменьшение; потеря; недостача
   A− ~ отрицательный вывод источника напряжения накала
   B− ~ отрицательный вывод источника анодного напряжения
   C− ~ отрицательный вывод источника напряжения смещения на сетке
   F− ~ отрицательный вывод источника напряжения накала
minuscule 1. строчная буква || строчный (*о букве*) 2. миниатюрный
minute 1. минута (*1. единица измерения времени, 60 сек 2. единица изменения углов, 1/60 градуса*) 2. малый период времени; мгновение 3. момент (времени) 4. *pl* протокол 5. (чрезвычайно) малый; сверхминиатюрный 6. незначительный; пренебрежимо малый ◊ **up to the** ~ современный; передовой
minuteness 1. (чрезвычайная) малость; сверхминиатюрность 2. незначительность; пренебрежимо малое различие
   ~ **of grains** чрезвычайно малый размер зёрен
mip-banding *вчт* полосатость изображения (*трёхмерного объекта*) при наложении самоподобных текстур с различным уровнем детализации
mip-map *вчт* текстура с варьируемым (*при воспроизведении на экране*) разрешением
mip-texture *вчт* текстура с варьируемым (*при воспроизведении на экране*) разрешением
mirage мираж
   acoustic ~ акустический мираж
miran импульсная СВЧ-система слежения за целью
mirror 1. зеркало; зеркальная поверхность; отражающая поверхность || отражать (зеркально) || зеркальный; (зеркально) отражающий 2. зеркало, отражатель (*напр. антенны*) 3. плоскость симметрии, зеркальная плоскость 4. *вчт* зеркальный сервер, сервер-дублёр 5. образ; отражение; отображение 6. подражать; имитировать
   antenna ~ антенное зеркало, антенный отражатель
   beam-splitting ~ лучерасщепляющее [светоделительное] зеркало
   beam-steering ~ зеркало системы сканирования диаграммы направленности антенны
   birefringent ~ двулучепреломляющее зеркало
   Cassegrain(ian) ~ (зеркальная) система Кассегрена
   cavity ~ *кв. эл.* зеркало резонатора
   cold ~ холодное зеркало (*пропускающее ИК-излучение*)
   color-selective ~ дихроичное зеркало
   concave ~ вогнутое зеркало
   confocal ~s конфокальные зеркала
   convex ~ выпуклое зеркало
   current ~ (электронная) схема типа «токовое зеркало»; источник стабилизированного тока типа «токовое зеркало»
   dichroic ~ дихроичное зеркало
   dielectric ~ диэлектрическое зеркало
   dielectric-coated ~ зеркало с диэлектрическим покрытием
   dispersive ~ диспергирующее зеркало
   dynamic liquid crystal ~ динамическое жидкокристаллическое зеркало

electromagnetic ~ электромагнитное зеркало
electron ~ 1. электронное зеркало **2.** динод
face-surface ~ зеркало с фронтальной отражающей поверхностью
flat ~ плоское зеркало
flat-roof ~ двугранное зеркало
frequency-sensitive ~ диспергирующее зеркало
front-surface ~ зеркало с фронтальной отражающей поверхностью
galvanometric-driven ~ зеркало с гальванометрическим приводом
head ~ (зеркальная) рабочая поверхность магнитной головки
hot ~ горячее зеркало (*отражающее ИК-излучение*)
hybrid ~ *кв. эл.* гибридное зеркало
illuminating ~ осветительное зеркало
input ~ входное зеркало
interference ~ интерференционное зеркало
interferometer ~ зеркало интерферометра
ion ~ ионное зеркало
laser ~ зеркало лазера
leaky ~ зеркало с незначительным пропусканием
lightweight ~ лёгкое зеркало
liquid ~ жидкое зеркало
magnetic ~ 1. магнитное зеркало **2.** пробкотрон (*установка удержания плазмы с помощью магнитных зеркал*)
moving ~ движущееся зеркало
multistack ~ многослойное зеркало
nondispersive ~ недиспергирующее зеркало
parabolic ~ параболическое зеркало
phase-conjugate ~ зеркало, обращающее волновой фронт
quadrupole-stabilized multistage magnetic ~ многоступенчатый пробкотрон с квадрупольной стабилизацией
radio ~ антенное зеркало, антенный отражатель
schlieren ~ зеркало шлирен-системы
semi-reflecting ~ полупрозрачное зеркало
spherical ~ сферическое зеркало
variable-reflectivity ~ зеркало с изменяемым коэффициентом отражения
viewing ~ *тлв* зеркало для проецирования изображения
zoned ~ зонированное зеркало

mirroring 1. зеркальное отражение **2.** *вчт* запись одних и тех же данных на двух различных дисках, зеркальное дублирование, *проф.* зеркалирование (*напр. в дисковых массивах типа RAID*) **3.** использование зеркального сервера, использование сервера-дублёра, дублирование сервера **4.** образ; отражение **5.** подражание; имитация
  current ~ использование (электронных) схем типа «токовое зеркало»; стабилизация тока по схеме типа «токовое зеркало»
  disk ~ запись одних и тех же данных на двух различных дисках, зеркальное дублирование, *проф.* зеркалирование диска
  server ~ использование зеркального сервера, использование сервера-дублёра, дублирование сервера
misadjustment 1. неправильная регулировка; неточная настройка; неверная установка, неточная коррекция **2.** *вчт* неверная систематизация
misalignment 1. разъюстировка **2.** расстройка; неправильная регулировка **3.** разориентация; разупорядочение **4.** *микр.* неточное совмещение **5.** неточная синхронизация; расфазирование, расфазировка **6.** неверная выставка [неверное выставление] направления (*напр. навигационной системы*)
  mirror ~ разъюстировка зеркала
misfire пропуск зажигания (*в ртутном вентиле*)
misframe ложная цикловая синхронизация
misinform дезинформировать
misinformation дезинформация
misinformer дезинформатор
mismatch рассогласование || рассогласовывать
  antenna ~ рассогласование антенны
  band-gap ~ несовпадение ширины запрещённых зон (*в гетеропереходе*)
  lattice ~ *микр.* рассогласование параметров [постоянных] решётки (*при эпитаксии*)
  load ~ рассогласование нагрузки
  phase ~ фазовое рассогласование, рассогласование по фазе
misnomer 1. ошибочный номер; несоответствующее *или* ошибочное наименование *или* обозначение **2.** ошибка в номере; несоответствие *или* ошибка в наименовании *или* обозначении
  groove ~ ошибка в номере канавки записи
misoperation ложное срабатывание (*напр.реле*)
misphasing расфазирование, расфазировка
misprint опечатка || печатать с ошибками
misrecognition 1. *вчт* неправильное распознавание **2.** *вчт, рлк* неправильное опознавание; неправильное идентификация
misregistration 1. неверное показание (*напр. прибора*); неверный отсчёт **2.** неточное совмещение **3.** *тлв* цветная окантовка
  track ~ неточное совмещение (головки) с дорожкой записи
misrepresentation 1. ложное представление; искажение **2.** использование компьютерных сетей для дезинформации, запугивания *или* шантажа
misrouting *тлф* неправильный выбор маршрута, ложная маршрутизация
miss 1. промах; непопадание || промахиваться; промахнуться; не попадать в цель **2.** отсутствие || отсутствовать **3.** *вчт* отсутствие затребованных данных (*напр. при поиске с помощью информационно-поисковой системы*); *проф.* промах **4.** пропуск; потеря; пропажа || пропускать; терять; пропадать **5.** неудача || терпеть неудачу; не достигать цели; упускать возможность **6.** опоздание || опаздывать **7.** непонимание || не понимать **8.** не находить
  cache ~ отсутствие затребованных данных в кэше, кэш-промах
missile ракета || ракетный
  ballistic ~ баллистическая ракета
  guided ~ управляемая ракета
  intercontinental ballistic ~ межконтинентальная баллистическая ракета, МКБР
  radar ~ ракета с радиолокационным наведением
missileman ракетчик
missilery 1. ракетная техника **2.** ракетное оружие
missing 1. промах; непопадание **2.** отсутствие || отсутствующий **3.** *вчт* отсутствие затребованных данных (*напр. при поиске с помощью информационно-поисковой системы*); *проф.* промах **4.** пропуск; потеря; пропажа || пропущенный; потерян-

missing

ный; пропавший **5.** неудача; упущенная возможность || упущенный **6.** опоздание **7.** непонимание **8.** ненайденный
   letter ~ пропуск буквы
   signal ~ пропуск сигнала
mission 1. космический полёт **2.** (боевая) задача; задание
misspecification неверная спецификация
   functional form ~ неверная спецификация функциональной формы
mistake ошибка || ошибаться; допускать ошибку; являться ошибкой; представлять собой ошибку
   ~ **in decision making** ошибка в принятии решения
   accidental ~ случайная ошибка
   bad ~ грубая ошибка
   computational ~ ошибка в вычислениях
   human-factor ~ ошибка, связанная с человеческим фактором
   logical ~ логическая ошибка
   outrage ~ грубая ошибка
mistermination рассогласование оконечной нагрузки
mistrack 1. ошибка слежения (*за дорожкой записи*); ошибка следования (*воспроизводящей иглы*); *проф.* мистрекинг **2.** *рлк* срыв сопровождения (*цели*); срыв слежения (*за целью*)
mistracking 1. ошибка слежения (*за дорожкой записи*); ошибка следования (*воспроизводящей иглы*); *проф.* мистрекинг **2.** *рлк* срыв сопровождения (*цели*); срыв слежения (*за целью*)
mitron магнетрон, настраиваемый напряжением
mittel *вчт* миттель, кегль 14 (*размер шрифта*)
mix 1. смесь **2.** смешение; смешивание || смешивать **3.** микширование || микшировать **4.** (включающее) ИЛИ (*логическая операция*), дизъюнкция, логическое сложение
   dummy ~ предварительное микширование (*при монтаже звуковой или видеопрограммы*)
   instruction ~ смесь команд (*напр. в эталонных тестах*)
mix(-)down микширование звука после записи || микшировать звук после записи
   automated ~ автоматическое микширование звука после записи
mixed-media (система) мультимедиа, комбинированное представление информации с использованием звука, графики, мультипликации и видео || мультимедийный
mixer 1. смеситель **2.** преобразователь частоты **3.** микшер; микшерный пульт; видеомикшер **4.** оператор микшера *или* видеомикшера **5.** смеситель, алгоритм смешивания блоков; программная *или* аппаратная реализация смешивания блоков (*в блочном шифровании*)
   ambisonic ~ микшер амбифонии
   artificial reverberation ~ микшер искусственной реверберации
   balanced ~ балансный смеситель
   balanced block ~ сбалансированный смеситель блоков (*в блочном шифровании*)
   bipolar-junction-transistor ~ смеситель на биполярном транзисторе
   BJT ~ *см.* **bipolar-junction-transistor mixer**
   crystal ~ полупроводниковый диодный смеситель
   diode ~ диодный смеситель
   double-balanced ~ кольцевой балансный смеситель
   ferrite ~ ферритовый смеситель
   fundamental ~ смеситель на основной частоте
   grounded-grid ~ СВЧ-смеситель на триоде с заземлённой сеткой
   harmonic ~ смеситель на гармониках
   harmonically pumped ~ смеситель с гармонической накачкой
   homodyne ~ синхронный смеситель
   image-rejection ~ смеситель с подавлением зеркальной частоты
   lock-in ~ синхронный смеситель
   low-noise ~ малошумящий смеситель
   low-spurious ~ смеситель с малым уровнем комбинационных частот
   microphone ~ микрофонный микшерный пульт
   on-stage ~ сценический микшер
   optical ~ смеситель оптического диапазона
   regenerative ~ регенеративный смеситель
   self-oscillating ~ преобразователь частоты
   single-balanced ~ балансный смеситель
   single-ended ~ несимметричный смеситель
   slot-line ~ смеситель на щелевой линии
   sound ~ микшер звуковых сигналов, звукомикшер
   square-law ~ квадратичный смеситель
   stereo ~ стереомикшер
   subharmonically pumped ~ смеситель с субгармонической накачкой
   superconducting ~ смеситель на сверхпроводнике
   transistor ~ транзисторный смеситель
   video ~ микшер видеосигналов, видеомикшер
mixing 1. изготовление смеси **2.** смешение; смешивание **3.** микширование **4.** смешивание блоков (*при шифровании*)
   ~ **of primaries** *тлв* смешение основных цветов
   additive ~ аддитивное смешение
   balanced block ~ сбалансированное смешивание блоков (*при шифровании*)
   color ~ *тлв* смешение цветов
   conceptual ~ концептуальное смешение
   distribution ~ смешивание распределений
   frequency ~ преобразование частоты
   fundamental ~ смешение на основной частоте
   harmonic ~ смешение на гармониках
   heterodyne ~ гетеродинирование
   image ~ *тлв* микширование изображений
   many-wave ~ *кв.эл.* многоволновое смешение
   multiplicative ~ мультипликативное смешение
   sound-on-sound ~ микширование звуковых сигналов
   spectral ~ смешение спектров
   subtractive ~ субтрактивное смешение
   vision ~ видеомикширование
mixture 1. смесь **2.** смешивание **3.** коллектив
   ~ **of experts 1.** коллектив экспертов **2.** модель коллектива экспертов, модель МОЕ (*в искусственных нейронных сетях*)
   ~ **of states** кв. эл. смесь состояний
   additive color ~ аддитивная смесь цветов
   boosted ~ **of experts 1.** усиленный коллектив экспертов **2.** модель усиленного коллектива экспертов, модель ВМЕ (*в искусственных нейронных сетях*)
   brazing ~ флюс для (высокотемпературной) пайки
   charge ~ *крист.* шихта
   distribution ~ смесь распределений

hierarchical ~ of experts 1. иерархический коллектив экспертов 2. модель иерархического коллектива экспертов, модель HME (*в искусственных нейронных сетях*)
laser ~ лазерная смесь (*химического лазера*)
mmdecode *см.* **mimdecode**
mmencode *см.* **mimencode**
mnemonic 1. мнемоническая схема, мнемосхема 2. мнемоническое слово; мнемонический код; мнемонический символ; мнемоническая аббревиатура 3. мнемонический
mnemonics мнемоника (*1. мнемотехника, ассоциативный способ улучшения способности к запоминанию 2. использование мнемонических схем 3. использование мнемонических средств в вычислительной технике 4. сокращённая форма команд языка ассемблера*)
  operand ~ мнемоника операндов
moat канавка
  isolation ~ *микр.* изолирующая канавка
mobilance элемент эквивалентной схемы, описывающий подвижность носителей
mobile мобильный (*1. подвижный 2. передвижной*)
mobility 1. *пп, фтт* подвижность 2. мобильность
  acoustic-phonon scattering ~ *пп* подвижность, ограничиваемая процессами рассеяния на акустических фононах
  ambipolar ~ *пп* амбиполярная подвижность
  Bloch line ~ *магн.* подвижность блоховской линии
  Bloch point ~ *магн.* подвижность блоховской точки
  bubble ~ подвижность ЦМД
  bulk ~ *пп* объёмная подвижность
  carrier ~ подвижность носителей (*заряда*)
  channel ~ подвижность носителей (*заряда*) в канале (*полевого транзистора.*)
  charge(-carrier) ~ подвижность носителей (*заряда*)
  conductivity ~ электрическая подвижность
  defect ~ подвижность дефектов
  differential ~ дифференциальная подвижность
  diffusion ~ диффузионная подвижность
  domain-wall ~ подвижность доменной границы
  drift ~ дрейфовая подвижность
  electron ~ подвижность электронов
  electrophoretic ~ электрофоретическая подвижность
  field-effect ~ дрейфовая подвижность
  Hall ~ холловская подвижность, подвижность Холла
  hole ~ подвижность дырок
  impurity ~ примесная подвижность
  intrinsic ~ *пп* собственная подвижность
  ion(ic) ~ *пп* подвижность ионов
  low-field ~ *пп* подвижность в слабых полях
  magnetic bubble ~ подвижность ЦМД
  negative ~ отрицательная подвижность
  negative differential ~ отрицательная дифференциальная подвижность
  optical-phonon scattering ~ *пп* подвижность, ограниченная процессами рассеяния на оптических фононах
  piezoelectric scattering ~ *пп* подвижность, ограниченная процессами рассеяния за счёт пьезоэлектрического эффекта
  recombination ~ *пп* рекомбинационная подвижность
  scattering-limited ~ *пп* подвижность, ограниченная процессами рассеяния
  social ~ социальная мобильность
  surface ~ *пп* поверхностная подвижность
  trap-limited ~ *пп* подвижность, ограниченная процессами захвата
  wall ~ подвижность доменной границы
moby *вчт проф.* 1. «гигант»; «великан»; «громадина» (*1. наибольшее значение дискретно изменяющегося параметра или номинала 2. максимально достижимая ёмкость адресного пространства 3. стандартное обращение к компетентному хакеру при электронной переписке*) ∥ гигантский; великий; громадный 2. двойка, две карты одного ранга (*в компьютерных карточных играх*)
mockingbird *вчт проф.* «программа-пересмешник», программа-мистификатор (*компьютерный вирус типа «троянский конь» для определения имён и паролей, имитирующий взаимодействие пользователя с ресурсом сети путём возврата пользователю его собственных сообщений*)
mock(-)up модель; макет
mod модуль, операция вычисления остатка (*деления*)
modal модальный (*1. относящийся к логической модальности 2. относящийся к воспринимающим функциям живого организма*)
modality 1. (логическая) модальность 2. модальность, воспринимающая функция живого организма (*зрение, слух, обоняние, осязание, вкус или ощущение гравитации*)
  aleatic ~ алеатическая модальность
  deontic ~ деонтическая модальность
  epistemic ~ эпистемическая модальность
mode 1. мода (*1. нормальный [собственный] тип колебаний; нормальный [собственный] тип волн 2. точка максимума плотности распределения вероятностей случайной величины*) 2. режим (работы) 3. способ; метод 4. тип; форма (*выражения или проявления чего-либо*) 5. (логическая) модальность 6. *ак.* лад; тональность
  ~ of excitation способ возбуждения
  ~ of operation 1. принцип действия 2. режим работы
  1284 compliance ~ режим совместимости со стандартом IEEE 1284
  32-bit (transfer) ~ 32-битный режим (*передачи данных*)
  8086 real (address) ~ *вчт* режим реальной адресации, совместимый с режимом процессора 8086
  accelerated transit ~ *пп* ускоренный пролётный режим
  accumulation-layer ~ *пп* режим накопления объёмного заряда
  acoustic ~ *фтт* акустическая мода
  active ~ 1. активная мода 2. активный режим
  address ~ режим адресации
  adjacent ~s соседние моды
  all points addressable ~ (графический) режим (*работы дисплея*) с поточечной адресацией
  alpha ~ 1. *вчт* текстовый режим (*работы дисплея*) 2. *тлв* алфавитно-мозаичный метод, *проф.* альфа-мозаичный метод (*растровый метод представления информации в видеотексте*)
  alphanumeric ~ текстовый режим (*работы дисплея*)

mode

alternate ~ *вчт* режим попеременного доступа
AN ~ *см.* **alphanumeric mode**
analog ~ аналоговый режим
angular (dependent) ~ неосесимметричная мода
anomalous ~ аномальная мода
answer ~ режим ответа (*модема*)
antiferrodistortive ~ антиферродисторсионная мода
antiferromagnetic ~ антиферромагнитная мода
anti-Stokes ~ антистоксова мода
antisymmetric ~ антисимметричная мода
APA ~ *см.* **all points addressable mode**
aperiodic ~ апериодический режим
asymmetric ~ асимметричная мода
asynchronous balanced ~ асинхронный балансный режим, режим ABM
asynchronous response ~ режим асинхронного ответа, режим ARM
asynchronous transfer ~ 1. режим асинхронной передачи (*данных*), режим ATM 2. протокол асинхронной передачи (*данных*), протокол ATM 3. сеть с асинхронной передачей (*данных*), ATM-сеть
auto-answer ~ режим автоответа (*модема*)
auto-dial ~ режим автовызова (*модема*)
avalanche ~ лавинный режим
axial ~ аксиальная [осевая] мода
background ~ *вчт* фоновый режим
backward ~ обратная мода
beam ~ лучевая мода
beam-waveguide ~ лучеводная мода
Bi-Di ~ *см.* **bidirectional mode**
bidirectional ~ двунаправленный режим
BIOS video ~ *вчт* задаваемый BIOS видеорежим; задаваемый BIOS формат экрана дисплея
birefringent ~ мода в дву(луче)преломляющей среде
bistable ~ бистабильный режим
bitmap ~ растровый режим
black-and-white ~ чёрно-белый режим
block ~ блочный режим
block-multiplex ~ *вчт* блок-мультиплексный режим
blow-up ~ режим быстрого возрастания (*какой-либо величины*), *проф.* режим «обострения» (*в открытых системах*)
browse ~ *вчт* режим просмотра (*напр. в Internet*); режим группового [спискового, табличного] просмотра (*напр. в базах данных*)
burst ~ пакетный режим (*обмена данными*); *вчт проф.* монопольный режим
byte ~ байтовый режим
calculator ~ *вчт* режим калькулятора, режим прямых вычислений (*в интерактивных компьютерных системах*)
central ~ центральная мода
characteristic ~ нормальная [собственная] мода
chat ~ *вчт* режим групповой дискуссии, режим беседы (*в сети*)
chip test ~ режим испытаний на уровне кристалла
CHS ~ *см.* **cylinder-head-sector mode**
circle-dot ~ метод представления двоичной информации в виде «точка — круг» (*в запоминающей ЭЛТ*)
circular ~ аксиально-симметричная [осесимметричная] мода
circularly polarized ~ кругополяризованная мода, мода с круговой поляризацией
circularly symmetric ~ аксиально-симметричная [осесимметричная] мода
clockwise ~ правополяризованная мода, мода с правой круговой поляризацией
CMY ~ CMY-режим, режим представления цветов по модели CMY
CMYK ~ CMYK-режим, режим представления цветов по модели CMYK
collective ~s *фтт* коллективные колебания, коллективные возбуждения
color ~ 1. цветовой режим, способ представления цветов (*изображения*) 2. цветной режим (*в отличие от чёрно-белого режима*)
command ~ командный режим
common ~ режим синфазного сигнала, синфазный режим (*в операционном усилителе*)
communications ~ режим связи (*модема*)
compatibility ~ *вчт* 1. режим эмуляции, режим обеспечения совместимости (*с другой операционной системой*) 2. стандартный (однонаправленный) режим работы параллельного порта, SPP-режим
competing ~s конкурирующие моды
concert hall reverberation ~ (искусственная) реверберация типа «концертный зал»
configuration ~ *вчт* режим конфигурирования
constant-frequency ~ режим работы на фиксированной частоте
contention ~ *вчт* режим соперничества
continuous-wave ~ режим незатухающих [непрерывных] колебаний, непрерывный режим
contour ~s контурные колебания
control ~ режим управления
conversational ~ диалоговый режим, режим диалога; интерактивный режим
cooked ~ режим (*ввода/вывода данных*) с предобработкой (*операционной системой*); режим (*ввода/вывода данных*) с интерпретацией команд, задаваемых специальными символами
correlator ~ корреляционный режим
counter ~ режим работы счётчика (*магнитной*) ленты
counterclockwise ~ левополяризованная мода, мода с левой круговой поляризацией
coupled ~s связанные моды
crossover ~ режим пересечения (*потоков данных*)
current ~ токовый режим (*переключающего транзистора*)
cutoff ~ критическая мода
cw ~ 1. *см.* **continuous-wave mode** 2. *см.* **clockwise mode**
cyclotron ~ циклотронная мода
cylinder-head-sector ~ режим трёхмерной адресации, режим адресации в пространстве номер цилиндра – номер головки – номер сектора (*в жёстких магнитных дисках*)
damped ~ затухающая мода
data-in ~ режим ввода данных
data-out ~ режим вывода данных
Debye(-like) ~ дебаевская [релаксационная] мода
defocus-dash ~ метод представления двоичной информации в виде «круг — тире» (*в запоминающей ЭЛТ*)

defocus-focus ~ метод представления двоичной информации в виде «круг — точка» (*в запоминающей ЭЛТ*)
degenerate ~ 1. вырожденная мода 2. вырожденный режим
delayed domain ~ режим с задержкой домена (*в диоде Ганна*)
depletion ~ *пп* режим обеднения
deposition ~ *микр.* режим осаждения
difference ~ режим работы на разностной частоте (*напр. в параметрическом усилителе*)
differential ~ дифференциальный режим
diffusive ~ диффузионная мода
digital ~ цифровой режим
dipole ~ дипольная мода
direct memory access transfer ~ режим прямого доступа к памяти при передаче (данных)
disk-at-once ~ режим «диск за одну сессию» (*при записи на компакт-диск*), режим односеансовой [односессионной] записи (*целого компакт-диска*)
display ~ 1. режим дисплея 2. режим работы с выводом на дисплей 3. клавиша *или* кнопка для выбора режима работы, включения и отключения дисплея (*в магнитофонах*)
dissymmetric ~ дисимметричная мода
DMA transfer ~ *см.* direct memory access transfer mode
domain ~ доменный режим (*в диоде Ганна*)
dominant ~ основная мода
dot-addressable ~ режим с произвольной адресацией по точкам (*о дисплее*)
dot-dash ~ метод представления двоичной информации в виде «точка — тире» (*в запоминающей ЭЛТ*)
doze ~ *вчт проф.* режим «дремоты» (*один из режимов пониженного энергопотребления аппаратного средства*); режим энергосбережения с прекращением 80% полезных функций (*при умеренном понижении частоты процессора*)
draft ~ режим чернового [низкого] качества печати (*деловой корреспонденции*)
drift ~ дрейфовая мода
ducted ~ канализируемая мода
duotone ~ двухцветный режим
duplex ~ дуплексный [одновременный двусторонний] режим
dynamic ~ динамический режим
dynamic scattering ~ режим динамического рассеяния
E ~ электрическая волна, E-волна (*в линии передачи*)
ECHS ~ *см.* extended cylinder-head-sector mode
ECP ~ *см.* extended capability port mode
edge ~ краевая мода (*мода, локализованная у линии пересечения двух граничных плоскостей среды*)
edit ~ 1. *вчт* режим редактирования 2. режим монтажа (*напр. видеофонограммы*) 3. способ монтажа (*напр. видеофонограммы*)
eigen ~ нормальная [собственная] мода
electromagnetic ~ 1. электромагнитная волна 2. электромагнитный режим (*ферритового усилителя*)
elementary ~ элементарная мода
elliptically polarized ~ эллиптически поляризованная мода, мода с эллиптической поляризацией

embedded ~ *вчт* режим проектирования с предустановленными ограничениями
E$_{mn}$ ~ электрическая волна типа E$_{mn}$, E$_{mn}$-волна (*в линии передачи*)
end-fire ~ режим осевого излучения (*антенны*)
enhanced parallel port ~ улучшенный (двунаправленный) режим работы параллельного порта (*с аппаратной генерацией управляющих сигналов интерфейса при обращении к порту*), EPP-режим
enhanced virtual (80)86 ~ расширенный режим (эмуляции виртуального процессора) (80)86 (*в IBM-совместимых компьютерах*)
enhancement ~ *пп* режим обогащения
EPP ~ *см.* enhanced parallel port mode
equiamplitude ~s равноамплитудные моды
EV(80)86 ~ *см.* enhanced virtual (80)86 mode
evanescent ~ нераспространяющаяся мода
even(-order) ~ чётная мода
even-symmetrical ~ чётно-симметричная мода
exchange(-dominated) ~ обменный режим (*в линии задержки на спиновых волнах*)
excited ~ возбуждаемая мода
exciting ~ возбуждающая мода
extended capability port ~ (двунаправленный) режим работы параллельного порта с расширенными возможностями (*за счёт аппаратного сжатия данных и использования FIFO-буферов и прямого доступа к памяти*), ECP-режим
extended cylinder-head-sector ~ режим расширенной трёхмерной адресации, режим адресации в расширенном пространстве номер цилиндра – номер головки – номер сектора (*в жёстких магнитных дисках*)
extensional ~ продольная мода; волна расширения – сжатия; волна растяжения – сжатия
extraordinary ~ необыкновенная волна
FA ~ *см.* ferrite-air mode
face shear ~s контурные колебания
failure ~ тип отказа
fast ~ быстрая мода
fast-forward ~ режим ускоренной перемотки вперёд
ferrite-air ~ поверхностная мода, локализованная на границе феррит — воздух
ferrite-dielectric ~ поверхностная мода, локализованная на границе феррит — диэлектрик
ferrite-guided ~ мода, канализируемая ферритом
ferrite-metal ~ поверхностная мода, локализованная на границе феррит — металл
ferrodistortive ~ ферродисторсионная мода
ferroelectric ~ сегнетоэлектрическая мода
file ~ *вчт* разрешённый тип доступа к файлу
first ~ мода первого порядка
FM ~ *см.* ferrite-metal mode
forbidden ~ запрещённая мода
force ~ вынужденная мода
foreground ~ *вчт* приоритетный режим
forward ~ прямая мода
forward-bias ~ режим прямого смещения
forward-propagating ~ волна, распространяющаяся в прямом направлении
forward-scattered ~ волна прямого рассеяния
four-color ~ четырёхцветный режим
four-output ~ четырёхмикрофонный режим (*в квадрафонии*)

mode

free-running ~ 1. режим свободной генерации 2. режим свободного доступа
full on ~ режим полного энергопотребления
fundamental ~ основная мода
gate ~ ждущий режим
Gaussian ~ гауссова мода
Goldstone ~ *фтт* голдстоуновская мода
graphic (display) ~ графический режим (*работы дисплея*)
gray-level [grayscale] ~ полутоновый чёрно-белый режим (*1. режим представления изображения с градациями серого 2. растровый режим представления изображения с градациями серого*)
guided ~ канализируемая мода
guided-wave ~ волноводный режим
Gunn ~ *пп* ганновский режим
gyromagnetic ~ гиромагнитная мода
H ~ магнитная волна, Н-волна (*в линии передачи*)
half-duplex ~ полудуплексный [поочерёдный двусторонний] режим
half-tone ~ полутоновый режим (*1. режим представления изображения с переходами от светлого к тёмному 2. растровый режим*)
hard ~ 1. *фтт* жёсткая мода 2. жёсткий режим возбуждения
harmonic ~ режим работы на (высших) гармониках
helicon ~ геликонная [спиральная] волна, геликон
Hermite-Gaussian ~ мода Эрмита — Гаусса
higher(-order) ~ мода высшего порядка
H_{mn} ~ магнитная волна типа H_{mn}, H_{mn}-волна (*в линии передачи*)
HLS ~ HLS-режим, режим представления цветов по модели HLS
HSB ~ HSB-режим, режим представления цветов по модели HSB
HSV ~ HSV-режим, режим представления цветов по модели HSV
hybrid ~ 1. гибридная мода 2. *пп* гибридный режим (*в диоде Ганна*)
idling ~ режим молчания, пауза (*напр. в дельта-модуляторе*)
impact avalanche transit-time ~ *пп* лавинно-пролётный режим
IMPATT ~ *см.* impact avalanche transit-time mode
indexed color ~ режим индексированных цветов
inhibited domain ~ *пп* режим с задержкой домена (*в диоде Ганна*)
initialization ~ режим инициализации (*напр. контроллера*)
injection locked ~ режим внешней синхронизации
insert ~ режим вставки (*при монтаже видеофонограммы или символа при редактировании текста*)
interactive ~ интерактивный режим; диалоговый режим, режим диалога
internally-trapped ~ мода с полным внутренним отражением
interstitial diffusion ~ *пп* режим диффузии по междоузлиям
ion-implantation channel ~ *микр.* режим ионной имплантации с использованием канального эффекта
ion-sound ~ ионно-звуковая мода

kernel ~ *вчт* режим ядра
kiosk ~ *вчт* режим киоска (*в браузерах*)
L*a*b* ~ L*a*b*-режим, режим представления цветов по модели L*a*b*
landscape ~ *вчт* ландшафтная [альбомная] ориентация (*напр. листа бумаги*), горизонтальная ориентация (*напр. экрана дисплея*)
large disk ~ режим расширенной трёхмерной адресации, режим адресации в расширенном пространстве номер цилиндра – номер головки – номер сектора (*в жёстких магнитных дисках*)
lasing ~ лазерная мода
lattice ~ решёточная мода
laying ~ *рлк* режим наведения
LBA ~ *см.* logical block addressing mode
LCH ~ LCH-режим, режим представления цветов по модели LCH
leaky ~ вытекающая волна
left-hand(ed) polarized ~ левополяризованная мода, мода с левой круговой поляризацией
length ~s колебания по длине
letter ~ режим высокого качества печати (*деловой корреспонденции*)
LH ~ *см.* left-hand(ed) polarized mode
limited space-charge accumulation ~ *пп* режим ограниченного накопления объёмного заряда, ОНОЗ-режим (*в диоде Ганна*)
line art ~ штриховой режим; режим обработки или сканирования монохромных штриховых изображений (*напр. в сканерах*)
local ~ локализованная мода
lock ~ 1. режим синхронизации 2. режим захватывания
logical block addressing ~ режим логической адресации блоков, режим линейной адресации (*в жёстких магнитных дисках*)
log-periodically coupled ~s логопериодически связанные моды
longitudinal ~ продольная мода
loopback ~ режим кольцевой проверки абонентской линии
lowest(-order) ~ мода низшего порядка
low-power ~ режим пониженной мощности
LSA ~ *см.* limited space-charge accumulation mode
magnetic ~ магнитная мода
magnetodynamical ~ магнитодинамическая мода
magnetoelastic ~ магнитоупругая мода
magnetosonic ~ магнитозвуковая мода
magnetostatic ~ 1. магнитостатическая мода 2. магнитостатический режим (*ферритового усилителя*)
magnetron ~ вид колебаний магнетрона
main ~ основная мода
masing ~ мазерная мода
master/slave ~ *вчт* режим работы по схеме «ведущий - ведомый», режим работы по схеме «главный - подчинённый»
mixed ~ смешанная мода
modified semistatic ~ модифицированный полустатический режим (*ферритового усилителя*)
modulated transit-time ~ *пп* модулированный пролётный режим
module test ~ режим испытаний на уровне модуля
mono ~ 1. режим «моно», монофонический режим 2. *вчт* режим одноголосия, (*в MIDI-устройствах*)

mode

3. *вчт* контроллер «режим одноголосия», MIDI-контроллер № 126

monopulse ~ *рлк* моноимпульсный режим

mono/stereo ~ режим моно — стерео

moving-target indication ~ *рлк* режим индикации движущихся целей

MTI — *см.* **moving-target indication mode**

multi ~ **1.** *вчт* режим раздельной обработки сообщений для разных каналов, многотембровый режим (*в MIDI-устройствах*) **2.** *вчт* контроллер «раздельная обработка сообщений для разных каналов», контроллер «многотембровый режим», MIDI-контроллер № 124

multichannel ~ **1.** многоканальный режим **2.** режим многоканального представления цветов

multimode ~ многомодовый режим

multiple sector ~ мультисекторный режим (*передачи данных*)

multiplex ~ **1.** *вчт* мультиплексный режим **2.** режим уплотнения каналов

mutual orthogonal ~s взаимно ортогональные моды

native ~ **1.** *вчт* режим работы в собственной системе команд (*данного компьютера*), *проф.* «родной» режим **2.** оптимальный режим работы (*данного прибора или устройства*), *проф.* «родной» режим

natural ~ нормальная [собственная] мода

near-letter ~ режим среднего качества печати (*деловой корреспонденции*)

nibble ~ полубайтный режим

nondegenerated ~ невырожденная мода

non-privileged ~ *вчт* непривилегированный режим

nonpropagating ~ нераспространяющаяся мода

nonresonant ~ **1.** нерезонансная мода **2.** нерезонансный режим

nonuniform processional ~ неоднородный тип прецессии

normal ~ **1.** нормальная [собственная] мода **2.** нормальный режим; рабочий режим **3.** штатный режим (*напр. в космонавтике*)

normal-incidence ~ режим нормального падения (волны)

odd(-order) ~ нечётная мода

odd-symmetrical ~ нечётно-симметричная мода

off ~ режим останова, режим полного прекращения работы

off-axial ~ неосесимметричная мода

off-line ~ *вчт* **1.** автономный режим; *проф.* оффлайновый режим **2.** режим без подключения к сети

omni ~ *вчт* **1.** режим одинаковой обработки сообщений для разных каналов (*в MIDI-устройствах*) **2.** контроллер «одинаковая обработка сообщений для разных каналов», MIDI-контроллер № 125

on ~ режим нормальной работы

on-line ~ *вчт* **1.** неавтономный режим **2.** режим работы в темпе поступления информации; режим работы в реальном масштабе времени; *проф.* онлайновый режим **3.** активный режим; режим готовности к работе **4.** интерактивный режим; диалоговый режим **5.** режим работы с подключением к сети

operation ~ операционный режим (*напр. контроллера*)

optical ~ *фтт* оптическая мода

ordinary ~ обыкновенная волна

original ~ основная мода

originate ~ режим вызова (*модема*)

orthogonal ~s ортогональные моды

OS/2 compatible ~ режим совместимости с операционной системой OS/2

overdamped ~ мода со сверхкритическим затуханием

overtype ~ *вчт* режим замены (*напр. символа*)

packet ~ пакетный режим записи на компакт-диск (*с возможностью записи трека по частям*)

packet transfer ~ режим пакетной передачи

page ~ *вчт* страничный режим

parallel port FIFO ~ режим работы параллельного порта с аппаратной реализацией протокола Centronics с помощью FIFO-буфера данных

parametric ~ **1.** *pl* параметрические колебания **2.** параметрический режим

parasitic ~ паразитная мода

pedestal-current stabilized ~ режим стабилизации тока пьедестала (*в приконе*)

penetration ~ проникающая мода

persistent-current ~ *свпр* режим незатухающего тока

perturbated ~ возмущённая мода

phonon ~ фононная мода

pi ~ π-вид колебаний (*в магнетроне*)

PIO — *см.* **programmed input/output mode**

plane ~ плоская волна

plane polarized ~ плоскополяризованная [линейно поляризованная] мода

plasma ~ плазменная мода

plasma-guide ~ мода плазменного волновода

playback ~ режим воспроизведения

polarized ~ поляризованная мода

poly ~ *вчт* **1.** режим многоголосия (*в MIDI-устройствах*) **2.** контроллер «режим многоголосия», MIDI-контроллер № 127

portrait ~ *вчт* портретная [книжная] ориентация (*напр. листа бумаги*), вертикальная ориентация (*напр. экрана дисплея*)

preferred ~ предпочтительный режим

principal ~ основная мода

privileged ~ *вчт* привилегированный режим

programmed input/output ~ режим программированного ввода/вывода, режим программированного обмена

promiscuous ~ **1.** смешанный режим **2.** *вчт* режим приёма любых сетевых пакетов

protected (virtual address) ~ *вчт* защищённый режим (виртуальной адресации) (*в процессорах IBM-совместимых компьютеров*)

proton ~ протонная мода (*в сегнетоэлектриках*)

pseudo-Rayleigh ~ псевдорэлеевская мода

pseudospin(-wave) ~ псевдоспиновая мода

pulse ~ импульсный режим

quadrupole ~ квадрупольная мода

quadtone ~ четырёхцветный режим

quasi-degenerated ~ квазивырожденная мода

quenched domain ~ *пп* режим с подавлением доменов (*в диоде Ганна*)

quenched multiple-domain ~ *пп* режим с подавлением нескольких доменов (*в диоде Ганна*)

mode

quenched single-domain ~ *пп* режим с подавлением одного домена (*в диоде Ганна*)
question-and-answer ~ запросно-ответный режим
radial ~ радиальная мода
radiating [radiation] ~ мода излучения, излучаемая мода
Raman active ~ мода, активная в спектре комбинационного [рамановского] рассеяния
ranging ~ дальномерный режим
rare ~ режим (*ввода/вывода данных*) без предобработки (*операционной системой*) с разрешением клавиатурных прерываний
raw ~ режим (*ввода/вывода данных*) без предобработки (*операционной системой*); режим (*ввода/вывода данных*) без интерпретации команд, задаваемых специальными символами
RB ~ *см.* **return-beam mode**
read-mostly ~ режим преимущественного считывания
read multiple ~ *вчт* блочный режим считывания
real ~ *вчт* реальный режим, режим реальной адресации (*в процессорах IBM-совместимых компьютеров*)
real address ~ *вчт* реальный режим, режим реальной адресации (*в процессорах IBM-совместимых компьютеров*)
real-time ~ режим работы в реальном масштабе времени
receive ~ режим приёма
reflected ~ отражённая волна
reflection ~ режим (работы) «на отражение»
refracted ~ преломлённая волна
rehearse ~ режим моделирования видеомонтажа, *проф.* репетиция видеомонтажа
relaxational ~ релаксационная [дебаевская] мода
resonant ~ 1. резонансная мода 2. резонансный режим
return-beam ~ *тлв* режим работы с возвращаемым лучом
reverberation ~ 1. режим (искусственной) реверберации 2. тип реверберации
reverse-bias ~ режим обратного смещения
rewind ~ режим (ускоренной) перемотки назад
RGB ~ RGB-режим, режим представления цветов по модели RGB
RH ~ *см.* **right-hand(ed) polarized mode**
rho-rho ~ режим дальность — дальность
right-hand(ed) polarized ~ правополяризованная мода, мода с правой круговой поляризацией
safe ~ *вчт* безопасный режим работы (*операционной системы*) (*с минимальным количеством драйверов и минимально допустимыми требованиями к периферии*)
saturated-off ~ **of operation** режим работы с насыщением и отсечкой
saturation ~ режим насыщения
saving ~ режим энергосбережения, режим пониженного энергопотребления
scan ~ режим сканирования
search ~ режим поиска
secondary-emission pedestal ~ режим формирования пьедестала за счёт вторичной эмиссии (*в пириконе*)
second-breakdown ~ режим вторичного пробоя
self-localized ~ самолокализованная мода
self-locked ~ 1. самосинхронизируемая мода 2. режим самосинхронизации
semistatic ~ полустатический режим (*ферритового усилителя*)
shear ~ сдвиговая мода
shutdown ~ режим выключения (электро)питания
side ~s соседние моды
simplex ~ симплексный [односторонний] режим
single ~ 1. одиночная мода 2. одномодовый режим
single-vortex cycle ~ *свпр* периодический режим с одним вихрем
slave ~ принудительный режим
sleep ~ 1. *бион.* сон; фаза сна 2. *вчт* режим ожидания, преднамеренная пауза (*в процессе обработки данных или исполнения программы* 2. *вчт* режим сна (*один из режимов пониженного энергопотребления аппаратного средства*)
slow ~ медленная мода
small room reverberation ~ (искусственная) реверберация типа «малая комната»
soft ~ 1. *фтт* мягкая мода 2. мягкий режим возбуждения
softened ~ *фтт проф.* «размягчённая» мода
sorcerer's apprentice ~ *вчт* сопровождающаяся лавинообразным размножением сообщения ошибка в протоколе передачи электронной почты, *проф.* режим ученика чародея
space-charge ~ 1. плазменная [электростатическая, ленгмюровская] волна 2. режим пространственного заряда; режим объёмного заряда
space-charge feedback ~ режим с обратной связью по объёмному заряду (*в лавинно-пролётном диоде*)
spatially orthogonal ~s пространственно-ортогональные моды
special fully nested ~ *вчт* режим вложенности приоритетов запросов ведущего и ведомого контроллеров
spiking ~ *кв.эл.* пичковый режим
spin(-wave) ~ спиновая мода
SPP ~ *см.* **standard parallel port mode**
spurious ~ паразитная мода
spurious pulse ~ режим паразитной генерации импульсов
stable ~ 1. устойчивый режим (*напр. усилителя*) 2. стабильный режим (*напр. генератора*)
stable-negative-resistance ~ *пп* режим устойчивого отрицательного сопротивления (*в диоде Ганна*)
standard parallel port ~ стандартный (однонаправленный) режим работы параллельного порта, SPP-режим
standby ~ 1. режим ожидания (*1. дежурный режим 2. один из режимов пониженного энергопотребления аппаратного средства; режим энергосбережения с прекращением 92% полезных функций при понижении частоты процессора до минимально допустимого значения*) 2. резервный режим; режим с резервированием
static ~ статический режим
stationary ~ 1. устойчивая мода 2. стационарный режим
Stokes ~ стоксова мода
stop ~ режим останова
stop clock ~ *вчт* режим отключения синхронизации (*для снижения энергопотребления*)
stream ~ потоковый режим

subharmonic ~ режим работы на субгармониках
substitutional-diffusion ~ *пп* режим диффузии с замещением (*атомов*)
subsurface ~ подповерхностная волна (*распространяющаяся под водной или земной поверхностью*)
sum ~ режим работы на суммарной частоте (*напр. в параметрическом усилителе*)
superradiant ~ сверхизлучающая мода
supervisor ~ *вчт* режим супервизора
surface skimming ~ приповерхностная объёмная волна
surface-wave ~ поверхностная мода
suspend ~ режим приостановки, режим временного прекращения работы (*один из режимов пониженного энергопотребления аппаратного средства; режим энергосбережения с прекращением 99% полезных функций при полной остановке процессора и прекращении отработки прерываний*)
SVGA ~ режим (стандарта) SVGA
switching ~ режим переключения; режим коммутации
symmetric ~ симметричная мода
symmetry breaking ~ мода, понижающая симметрию
symmetry restoring ~ мода, восстанавливающая симметрию
system management ~ *вчт* режим системного управления (*в процессорах IBM-совместимых компьютеров*)
system test ~ режим испытаний на уровне системы
task ~ *вчт* режим задачи
TE ~ *см.* **transverse electric mode**
tearing ~ режим разрывной неустойчивости, *проф.* режим тиринг-неустойчивости, тиринг-мода (*в плазме*)
telegraph ~ телеграфный режим
TEM ~ *см.* **transverse electromagnetic mode**
TE$_{mnp}$ wave resonant ~ резонансная магнитная волна типа H$_{mnp}$, резонансная H$_{mnp}$-волна
terminal ~ *вчт* режим терминала
test ~ 1. режим испытаний 2. режим проверки; режим контроля 3. режим тестирования
text ~ текстовый режим (*работы дисплея*)
thermal ~ *пп* режим термического типа (*в лавинно-пролётном диоде*)
thickness ~s колебания по толщине
three-color ~ трёхцветный режим
through ~ режим (работы) «на проход»
time-difference ~ разностно-дальномерный режим
time-sharing ~ режим с разделением времени
TM ~ *см.* **transverse magnetic mode**
TM$_{mnp}$ wave resonant ~ резонансная электрическая волна типа E$_{mnp}$, резонансная E$_{mnp}$-волна
T$_{mnp}$ wave resonant ~ резонансная поперечная электромагнитная волна типа T$_{mnp}$, резонансная T$_{mnp}$-волна
torsional ~s крутильные колебания
total-internal reflection ~ мода с полным внутренним отражением
track-at-once ~ режим «один трек за сессию» (*при записи на компакт-диск*)
transfer ~ режим передачи [переноса] заряда (*в ПЗС*)
transient ~ переходный [нестационарный] режим
transit-time ~ *пп* пролётный режим (*в диоде Ганна*)
transit-time domain ~ *пп* пролётный доменный режим (*в диоде Ганна*)
transmission ~ 1. тип волны в линии передачи 2. режим (работы) «на проход»
transmitted ~ 1. преломлённая волна 2. проходящая волна
transmitting ~ режим передачи
transverse ~ поперечная мода
transverse electric ~ магнитная волна, H-волна (*в линии передачи*)
transverse electromagnetic ~ поперечная электромагнитная волна, T-волна (*в линии передачи*)
transversely polarized ~ поперечно поляризованная мода
transverse magnetic ~ электрическая волна, E-волна (*в линии, передачи*)
transverse-symmetrical ~ мода с поперечной симметрией
TRAPATT ~ *см.*. **trapped plasma avalanche transit-time mode**
trapped ~ волноводный режим распространения
trapped-domain ~ *пп* режим с захватом домена (*в диоде Ганна*)
trapped plasma avalanche transit-time ~ *пп* лавинно-ключевой режим
traveling space-charge ~ *пп* режим с движущимся объёмным зарядом (*в диоде Ганна*)
traveling-wave ~ режим бегущей волны
tristate test ~ тестовый режим с тремя устойчивыми состояниями
tritone ~ трёхцветный режим
truncated ~ усечённая мода
twist ~ крутильная мода
twisted nematic ~ твистированное [скрученное] состояние нематика
TXT ~ *см.* **text mode**
typeover ~ *вчт* режим замены (*напр. символа*)
uncoupled ~s несвязанные моды
undamped ~ незатухающая мода
underdamped ~ мода с докритическим затуханием
unguided ~ неканализируемая мода
unidirectional [unilateral] ~ однонаправленная мода
unperturbed ~ невозмущённая мода
unreal ~ нереальный режим (*в процессорах IBM-совместимых компьютеров*)
unstable ~ 1. неустойчивый режим (*напр. усилителя*) 2. нестабильный режим (*напр. генератора*)
unwanted ~ нежелательная мода
user ~ *вчт* режим пользователя
V(80)86 ~ *см.* **virtual (80)86 mode**
VGA ~ режим (стандарта) VGA
vibration ~ тип упругих колебаний
video ~ *вчт* видеорежим; формат экрана дисплея
virtual (80)86 ~ *вчт* режим (эмуляции виртуального процессора) (80)86 (*в IBM-совместимых компьютерах*)
virtual real ~ *вчт* режим (эмуляции виртуального процессора) (80)86 (*в IBM-совместимых компьютерах*)
volume magnetostatic ~ объёмная магнитостатическая мода

mode

wait for key ~ *вчт* режим ожидания ключа
waiting ~ режим ожидания
Walker ~ магнитостатический режим (*ферритового усилителя*)
walk-off ~ *кв. эл.* вытекающая мода
wave ~ тип волны
waveguide ~ 1. тип волны в волноводе 2. волноводный режим распространения
whispering-gallery ~ волна типа шепчущей галереи
whistler ~ свистящий атмосферик
width ~s колебания по ширине
write ~ режим записи
write multiple ~ *вчт* блочный режим записи
zero-frequency ~ *фтт* мягкая мода
zero-order ~ мода нулевого порядка
π- ~ π-вид колебаний (*в магнетроне*)

model 1. модель (*1. упрощённое представление объекта, процесса или явления; структурная аналогия 2. макет 3. образец; эталон или шаблон 4. пример; тип 5. стиль; дизайн*) ‖ моделировать (*1. создавать упрощённое представление объекта, процесса или явления; пользоваться структурной аналогией 2. макетировать 3. создавать образец, эталон или шаблон 4. пользоваться примером; относить к определённому типу*) ‖ модельный (*1. относящийся к упрощённому представлению объекта, процесса или явления; использующий структурную аналогию 2. макетный 3. образцовый; эталонный; шаблонный 4. примерный; типовой*) **2.** служить моделью; выполнять функции модели **3.** создавать по образцу, эталону *или* шаблону **4.** придерживаться определённого стиля; следовать выбранному дизайну **5.** моделирующая схема
1-D ~ *см.* **one-dimensional model**
2-D ~ *см.* **two-dimensional model**
adaptive expectations ~ модель адаптивных ожиданий
additive ~ **of neural network** аддитивная модель нейронной сети, модель с выходным суммированием результатов линейного и нелинейного преобразования входных сигналов
analog ~ аналоговая модель
antenna scale ~ масштабная модель антенны
application domain ~ модель предметной области
AR ~ *см.* **autoregressive model**
ARCH ~ *см.* **autoregressive conditional heteroscedastic model**
ARDL ~ *см.* **autoregressive distributed lags model**
ARIMA ~ *см.* **autoregressive integrated moving average model**
ARMA ~ *см.* **autoregressive moving average model**
atmospheric density ~ модель распределения плотности атмосферы
autoregressive conditional heteroscedastic ~ условно гетероскедастичная авторегрессионная модель
autoregressive distributed lags ~ авторегрессионная модель с распределённым запаздыванием, *проф.* авторегрессионная модель распределённых лагов
autoregressive integrated moving average ~ авторегрессионная модель с интегрированием и скользящим средним, модель авторегрессии проинтегрированного скользящего среднего, модель АРПСС
autoregressive moving average ~ авторегрессионная модель со скользящим средним
band ~ *пп, фтт* зонная модель
behavioral ~ поведенческая модель
Benetton ~ модель (фирмы) Benetton для сетей мелкого бизнеса
Berkeley short-channel IGFET ~ модель полевого транзистора с изолированным затвором и коротким каналом, разработанная Университетом Беркли, модель BSIM
binary ~ бинарная (реляционная) модель (*данных*)
binary choice ~ модель бинарного выбора
Bohr-Sommerfeld ~ **(of atom)** модель (атома) Бора — Зоммерфельда
Box-Jenkins ~ модель Бокса — Дженкинса
Bradley-Terry-Luce ~ модель Брэдли — Терри — Люса (*для нейронных сетей*)
brain-state-in-a-box ~ модель нейронной сети типа BSB с обратной связью, модель рекуррентной нейронной сети типа BSB
breadboard ~ макет
Brookings ~s Брукингские модели
BSB ~ *см.* **brain-state-in-a-box model**
business ~ бизнес-модель
CAD ~ *см.* **computer-aided-design model**
capability maturity ~ модель завершённости программного обеспечения, модель CMM
carrier-storage ~ *пп* модель с накоплением носителей заряда
causal ~ причинная модель
censored ~ модель с цензурированными выборками
centralized ~ модель централизованных вычислений
charge-control ~ *пп* модель с управлением зарядом
Chen ~ модель сущность – связь, модель объект – отношение, ER-модель
classical normal linear regression ~ классическая модель нормальной линейной регрессии
classical regression ~ классическая модель регрессии
client-server ~ *вчт* модель «клиент-сервер»
CMY ~ цветовая модель CMY
CMYK ~ цветовая модель CMYK
cobweb ~ паутинообразная модель
collective-electron ~ *пп, фтт* модель коллективизированных электронов
color ~ цветовая модель
compact ~ *вчт* компактная модель (*использования памяти*)
component object ~ *вчт* компонентная модель объектов, модель стандарта COM
computer ~ компьютерная модель; машинная модель
computer-aided-design ~ модель для автоматизированного проектирования
conceptual ~ **of hypercompetition** концептуальная [семантическая] модель гиперконкуренции
conceptual data ~ концептуальная [семантическая] модель данных
conductor impedance ~ модель полного сопротивления проводников (*напр. в ИС*)
congruent ~ подходящая модель
connectionist ~ коннекционная модель; нейросетевая модель (*процесса мышления*)
continuum ~ *фтт* континуальная модель

model

Cox proportional hazards regression ~ регрессионная модель пропорциональных рисков Кокса
data ~ модель данных
Davidson-Hendry-Srba-Yeo ~ модель Дэвидсона — Хендри — Срба — Йео
descriptive ~ описательная модель
design ~ проектная модель
deterministic ~ детерминированная модель
DHSY ~ *см.* **Davidson-Hendry-Srba-Yeo model**
discrete choice ~ модель дискретного выбора
distributed component object ~ *вчт* распределённая компонентная модель объектов, модель стандарта DCOM
distributed computing ~ модель распределённых вычислений
distributed lags ~ модель с распределённым запаздыванием, *проф.* модель распределённых лагов
distributed system object ~ *вчт* модель распределённых системных объектов, модель стандарта DSOM
distribution-free ~ свободная от распределения модель
document object ~ *вчт* объектная модель документов, модель стандарта DOM
domain ~ *вчт* модель домена
domain architecture ~ модель архитектуры домена
duration ~ модель продолжительности (*процесса*), *проф.* модель времени жизни
dynamic ~ динамическая модель
EER~ *см.* **extended entity-relationship model**
energy-gap ~ *свпр* модель энергетической щели, модель Бардина — Купера — Шриффера, БКШ-модель
entity-relationship ~ модель сущность – связь, модель объект – отношение, ER-модель
ER~ *см.* **entity-relationship model**
error correction ~ модель коррекции ошибок
errors-in-variables ~ модель с ошибками в переменных
experimental ~ экспериментальная модель; опытный образец
extended entity-relationship ~ расширенная модель сущность – связь, расширенная модель объект – отношение, EER-модель
extended relational (data) ~ расширенная реляционная модель (данных)
extensional ~ *вчт* экстенсиональная логика
ferromagnetic Fermi-liquid ~ модель ферромагнитной ферми-жидкости
file level ~ модель файловых уровней (*напр. в базах данных*)
financial ~ финансовая модель
finite-population ~ *кв. эл.* модель с конечной заселённостью
fixed-effects ~ модель с фиксированными эффектами
flat Earth ~ модель плоской Земли (*в теории распространения волн*)
flat free ~ **of advertising** модель оплаты за размещение рекламы (*на Web-странице*) по твёрдой цене
formalized ~ формализованная модель
fractal ~ фрактальная модель
frame ~ фреймовая модель (*представления знаний*)

fuzzy ~ нечёткая модель
GARCH ~ *см.* **generalized autoregressive conditional heteroscedastic model**
generalized autoregressive conditional heteroscedastic ~ обобщённая условно гетероскедастичная авторегрессионная модель
generalized linear ~ обобщённая линейная модель (*в математической статистике*)
geometric ~ геометрическая модель
geometrical lags ~ модель с геометрическим запаздыванием, *проф.* модель геометрических лагов
gross-level ~ макроуровневая модель, макромодель
ground-environment ~ модель наземной обстановки
Haken-Kelso-Bunz ~ модель Хакена — Келсо — Бунц
Heisenberg ~ *магн.* модель Гейзенберга
heuristic ~ эвристическая модель
hierarchical data ~ иерархическая модель данных
HLS ~ цветовая модель HLS
holographic ~ голографическая модель
HSB ~ цветовая модель HSB
HSV ~ цветовая модель HSV
Hubbard ~ *магн.* модель Хаббарда
huge ~ модель памяти для семейства микропроцессоров Intel 80x86 (*1 МБ –для программ и данных; каждая структура данных – не более 64 КБ*), *проф.* модель большой памяти
hybrid-pi ~ шумовая моделирующая схема с гибридными π-параметрами
hypothesis ~ гипотетическая модель
ideal ~ идеальная модель
imaging ~ модель формирования изображения
indexed colors ~ (цветовая) модель с индексированными цветами
information ~ информационная модель (*1. модель данных 2. модель процессов обработки информации*)
information-logical ~ информационно-логическая [инфологическая] модель (*предметной области*)
intensional ~ *вчт* интенсиональная модель
intercept-only ~ нулевая модель (*в математической статистике*)
ionospheric ~ модель ионосферы
irreversible growth ~ модель необратимого роста
Ising ~ *магн.* модель Изинга
ISO/OSI reference ~ *вчт* эталонная модель взаимодействия открытых систем, эталонная модель (стандарта) ISO/OSI
Klein ~ модель Клейна
Kronig-Penney ~ *фтт* модель Кронига — Пени
L*a*b* ~ цветовая модель L*a*b*
large ~ модель памяти для семейства микропроцессоров Intel 80x86 (*1 МБ –для программ и данных; каждая структура данных – не более 64 КБ*), *проф.* модель большой памяти
large-signal device ~ моделирующая схема прибора при большом уровне сигнала
LCH ~ цветовая модель LSH
learning, induction and schema abstraction ~ модель структурного отображения с обучением методом индукции и схематическим абстрагированием, модель LISA
life cycle ~ *вчт* модель жизненного цикла

model

limited dependent variable ~ модель с ограниченной зависимой переменной
linear ~ линейная модель
linear probability ~ линейная модель вероятности
LISA ~ *см.* **learning, induction and schema abstraction model**
logical ~ логическая модель
logical-linguistic ~ логико-лингвистическая модель
logistic ~ модель вероятности с логистическим распределением, *проф.* logit-модель
logit ~ модель вероятности с логистическим распределением, *проф.* logit-модель
loglinear ~ логлинейная [логарифмически линейная] модель
Londons' ~ **of superconductivity** двухжидкостная модель сверхпроводимости Лондонов
lookup-table ~ *вчт* модель таблиц поиска
Lorentz ~ модель Лоренца
low-signal device ~ моделирующая схема прибора при малом уровне сигнала
machine ~ машинная модель; компьютерная модель
macrolevel ~ макроуровневая модель, макромодель
magnetic hysteresis ~ модель магнитного гистерезиса
magnetohydrodynamic plasma ~ магнитогидродинамическая [МГД]-модель плазмы
mathematical ~ математическая модель
matrix-memory ~ модель с матричной памятью
medium ~ модель памяти для семейства микропроцессоров Intel 80x86 (*64 КБ для данных, 1 МБ – для программ*), *проф.* модель средней памяти
memory ~ *вчт* модель памяти
MHD plasma ~ *см.* **magnetohydrodynamic plasma model**
microlevel ~ микроуровневая модель, микромодель
Minsky (frame) ~ фреймовая модель (*представления знаний*)
mixed ~ смешанная модель
molecular-field ~ модель молекулярного поля
moving average ~ модель со скользящим средним
multiple regression ~ модель множественной [многомерной] регрессии
multiplicative ~ мультипликативная модель
nested ~ вложенная модель
network ~ модель сети
network data ~ сетевая модель данных
non-nested ~ невложенная модель
non-parametric ~ непараметрическая модель
N-state Potts ~ N-вершинная модель Поттса
N-tier ~ *вчт* N-ярусная модель (*сети*), модель (*сети*) с несколькими серверами приложений
null ~ нулевая модель (*в математической статистике*)
object ~ 1. модель объекта 2. объектная модель (*данных*)
object data ~ объектная модель данных
one-dimensional ~ одномерная модель
one-fluid plasma ~ одножидкостная модель плазмы
operations ~ операционная модель
optimizing ~ оптимизирующая модель

parabolic-ionosphere ~ модель параболической ионосферы
parametric ~ параметрическая модель
parsimonious ~ экономная модель, модель с малым числом варьируемых параметров
partial adjustment ~ модель частичного приспособления
phenomenological ~ феноменологическая модель
physical ~ физическая модель
pilot ~ экспериментальная модель; опытный образец
Pippard nonlocal ~ *свпр* нелокальная модель Пиппарда
plant ~ модель объекта
Poisson ~ пуассоновская модель
polar ~ *магн.* полярная модель
polynomial lags ~ модель с полиномиальным запаздыванием, *проф.* модель полиномиальных лагов
postrelational (data) ~ постреляционная модель (данных)
Potts ~ модель Поттса
predictive ~ прогнозирующая модель
Preisach ~ модель (*магнитного гистерезиса*) Прейзаха
preproduction ~ опытно-конструкторская модель
price ~ **of advertising** ценовая модель оплаты за размещение рекламы (*на Web-странице*)
probabilistic ~ вероятностная модель
probit ~ нелинейная модель вероятности с нормальным распределением, *проф.* probit-модель
proportional hazard ~ модель пропорционального риска
proportional-odds ~ модель пропорционального отношения шансов
prototype ~ экспериментальная модель; опытный образец
quadratic ~ квадратичная модель
qualitative dependent variable ~ модель с качественной зависимой переменной
quantum mechanical ~ **of superconductivity** квантово-механическая модель сверхпроводимости
quasi-equilibrium ~ квазиравновесная модель
quasi-linear ~ квазилинейная модель
random coefficients ~ модель со случайными коэффициентами
random-effects ~ модель со случайными эффектами
register ~ регистровая модель
relational (data) ~ реляционная модель (данных)
relative ~ прогнозирующая модель
representative ~ репрезентативная модель
response-surface ~ модель поверхности отклика
RGB ~ цветовая модель RGB
Ridley-Watkins-Hilsum ~ *пп* модель Ридли — Уоткинса — Хилсума
rival ~s конкурирующие модели
Rössler ~ модель Рёсслера
RWH ~ *см.* **Ridley-Watkins-Hilsum model**
saturated ~ модель с насыщением (*по числу параметров*)
scalar ~ скалярная модель
SCSI architecture ~ модель архитектуры для интерфейса SCSI, стандарт SAM
semantic ~ семантическая [концептуальная] модель

semiotic ~ семиотическая модель
sharply bounded ionosphere ~ модель ионосферы с резкими границами
simulation ~ имитационная модель
single-ion ~ *фтт* одноионная модель
Skyrme ~ модель Скирма
small ~ модель памяти для семейства микропроцессоров Intel 80x86 (*64 КБ для программ и данных*), *проф.* модель малой памяти
small-signal device ~ моделирующая схема прибора при малом уровне сигнала
solid ~ объёмная [трёхмерная] модель
spherical Earth ~ модель сферической Земли (*в теории распространения радиоволн*)
state-space ~ модель в пространстве состояний
statistical ~ статистическая модель
stochastic ~ стохастическая модель; вероятностная модель
Stoner-Wohlfart ~ *магн.* модель Стонера — Вольфарта
structural ~ структурная модель; структурная аналогия
stuck-at-fault ~ модель с постоянной неисправностью
surface ~ *вчт* модель поверхности
symbolic(-form) ~ **1.** математическая модель **2.** символическая модель (*напр. процесса мышления*)
synergetic ~ синергетическая модель
system ~ системная модель
system object ~ *вчт* модель системных объектов, модель стандарта SOM
test ~ **1.** тестовая модель **2.** экспериментальная модель; опытный образец
thermodynamical ~ **1.** термодинамическая модель **2.** нейронная сеть с обратной связью, рекуррентная нейронная сеть
three-tier ~ *вчт* трёхъярусная модель (*сети*), модель (*сети*) с одним сервером и монитором обработки транзакций *или* брокером объектных запросов
tobit ~ модель Тобина с цензурированными выборками, *проф.* tobit-модель
transistor ~ эквивалентная схема транзистора
translog ~ транслоговая модель
tropospheric ~ модель тропосферы
true ~ истинная модель
truncated ~ модель с усечёнными выборками
two-dimensional ~ двумерная модель
two-dimensional regression ~ модель парной [двумерной] регрессии
two-fluid ~ of superconductivity двухжидкостная модель сверхпроводимости
two-fluid plasma ~ двухжидкостная модель плазмы
two-tier ~ *вчт* двухъярусная модель (*сети*), модель (*сети*) с одним сервером и несколькими клиентами
Van der Ziel's noise ~ шумовая моделирующая схема Ван-дер-Зила
variable parameter ~ модель с изменяющимися параметрами
vector ~ векторная модель
wire-frame ~ каркасная модель
working ~ рабочая модель
modeler *вчт* специалист по моделированию
  system ~ разработчик системной модели

modeling 1. моделирование (*1. создание упрощённого представления объекта, процесса или явления; использование структурной аналогии 2. макетирование 3. создание образца, эталона или шаблона 4. использование примера; отнесение к определённому типу*) ‖ модельный (*1. относящийся к упрощённому представлению объекта, процесса или явления; использующий структурную аналогию 2. макетный 3. образцовый; эталонный; шаблонный 4. примерный; типовой*) **2.** выполнение функций модели **3.** создание по образцу, эталону или шаблону **4.** следование определённому стилю *или* выбранному дизайну **5.** использование моделирующей схемы
~ **of application domain** моделирование предметной области
~ **of consciousness** моделирование сознания
~ **of database** моделирование базы данных
analog ~ аналоговое моделирование
analytical ~ аналитическое моделирование
causal ~ причинное моделирование
cognitive ~ когнитивное моделирование
computer ~ компьютерное моделирование; машинное моделирование
computer-aided ~ автоматизированное моделирование
conceptual data ~ концептуальное моделирование данных
data ~ моделирование данных
date ~ моделирование дат (*напр. в связи с проблемой 2000 года*)
deterministic ~ детерминированное моделирование
digital ~ цифровое моделирование
dynamic ~ динамическое моделирование
empirical ~ эмпирическое моделирование
functional ~ функциональное моделирование
fuzzy ~ нечёткое моделирование
gaming ~ игровое моделирование
geometrical ~ геометрическое моделирование
hardware ~ аппаратное моделирование
heuristic ~ эвристическое моделирование
hidden Markov ~ скрытое марковское моделирование, метод HMM
hierarchical ~ иерархическое моделирование
high-level ~ моделирование на высоком уровне
information system ~ моделирование информационных систем
interconnect ~ моделирование межсоединений (*напр. ИС*)
knowledge ~ моделирование знаний
logic ~ логическое моделирование
long-term correlations ~ моделирование долговременных корреляций
machine ~ машинное моделирование; компьютерное моделирование
magnetic hysteresis ~ моделирование магнитного гистерезиса
mathematical ~ математическое моделирование
matrix ~ матричное моделирование
Monte Carlo ~ **1.** моделирование методом Монте-Карло **2.** метод Монте-Карло
network ~ сетевое моделирование
neurofuzzy adaptive ~ нечёткое адаптивное нейромоделирование
neuron network ~ моделирование нейронных сетей

modeling

    numerical ~ численное моделирование
    object-oriented ~ объектно-ориентированное моделирование
    on-line ~ моделирование в реальном масштабе времени
    physical ~ физическое моделирование
    quasi-multidimensional ~ квазимногомерное моделирование (*в САПР*)
    scale ~ масштабное моделирование
    simulation ~ имитационное моделирование
    smart ~ интеллектуальное моделирование
    software ~ программное моделирование
    solid ~ моделирование [трёхмерных] объёмных объектов
    solution-based ~ метод разработки программного обеспечения с основанным на решении моделированием, метод SBM
    stochastic ~ стохастическое моделирование
    surface ~ *вчт* моделирование поверхности (*напр. в САПР*)
    symbolic ~ символическое моделирование
    synergetic ~ синергетическое моделирование
    system ~ системное моделирование
    system-on-a-chip ~ *микр.* моделирование однокристальных систем, моделирование систем на единой интегральной схеме
    virtual reality ~ моделирование виртуальной реальности
    visual interactive ~ визуальное интерактивное моделирование
modem модем, модулятор-демодулятор
    adaptive ~ адаптивный модем
    analog ~ аналоговый модем
    answer-only ~ модем без функции вызова
    answer/originate ~ модем с вызовом/ответом
    antijam ~ помехозащищённый модем
    auto-answer ~ модем с автоответом
    auto-dial/auto-answer ~ модем с автовызовом/автоответом
    band-splitting ~ модем с разделением каналов
    baseband ~ модем для прямой [безмодуляционной] передачи (*сигнала*), модем для передачи (*сигнала*) без преобразования спектра
    Bell-compatible ~ Bell-совместимый модем, работающий в соответствии со стандартами Bell Laboratories модем
    burst ~ модем с пакетной передачей
    cable ~ кабельный модем (*для нетелефонных систем*)
    callback ~ тлф модем с функцией обратного вызова
    carrier-band ~ модем с модуляцией ВЧ-несущей
    cellular radio ~ модем сотовой системы радиосвязи
    cellular radio ~ - high speed высокоскоростной модем сотовой системы радиосвязи (*скорость передачи данных 1200 — 6000 бит/с*)
    cellular radio ~ - low speed] низкоскоростной модем сотовой системы радиосвязи (*скорость передачи данных 300 — 2400 бит/с*)
    coherent ~ когерентный модем
    CSU/DSU ~ модем (для цифровых систем передачи данных) с блоками CSU и DSU, модем с блоком обслуживания канала и цифровым служебным блоком
    data ~ модем данных
    delta ~ дельта-модем
    delta-sigma ~ дельта-сигма-модем
    dial-back ~ *тлф* модем с функцией обратного вызова
    dial-up ~ телефонный модем для коммутируемых линий
    digital ~ цифровой модем
    direct-connect ~ модем, подключаемый непосредственно к телефонной розетке
    duplex ~ дуплексный модем
    external ~ внешний модем
    facsimile ~ факс-модем
    fax ~ факс-модем
    frequency-agile ~ модем с быстрой перестройкой частоты
    group ~ групповой модем
    Hayes-compatible ~ Hayes-совместимый модем, работающий в соответствии со стандартами фирмы Hayes Microcomputer модем
    high-speed ~ высокоскоростной модем
    integral ~ встроенный модем
    internal ~ внутренний модем
    limited distance ~ модем для линий с ограниченной дальностью
    multiple-access ~ модем с многостанционным доступом
    multitone ~ многочастотный модем
    null ~ нуль-модем, фиктивный модем
    one-chip ~ однокристальный модем
    PCMCIA ~ модем (стандарта) PCMCIA
    pocket ~ карманный модем
    quick-polling ~ модем с быстрым опросом
    short-range ~ модем для связи на короткое расстояние
    soft ~ программный модем, программная реализация модема
    split-stream ~ модем с разделением потоков (*данных*)
    spread-spectrum ~ модем для широкополосных псевдослучайных сигналов
    spur ~ модем для абонентских линий
    subscriber's ~ модем пользователя
    telegraph ~ телеграфный модем
    telephone ~ телефонный модем
    teletypewriter ~ телетайпный модем
    television ~ телевизионный модем (*1. модем для передачи цифровых данных по телевизионным сетям 2. модем для передачи телевизионных сигналов по сетям передачи данных*)
    time-diversity ~ модем с временным разнесением
    tone-diversity ~ модем с частотным разнесением
    twisted-pair ~ модем под витую пару
    variable-speed ~ модем с переменной скоростью передачи
    voice-band ~ модем для передачи (*данных*) по телефонным каналам
    voice-capable ~ модем с (автоматическим) разделением входных сигналов, соответствующих речи, цифровым данным и факсимильным изображениям
    wireless ~ радиомодем
moder кодер последовательности импульсов
    pulse ~ кодер последовательности импульсов
moderate 1. человек с умеренными взглядами; сдержанный человек || умерять; сдерживать; держать в

modulation

(определённых) рамках || умеренный; сдержанный 2. председательствовать (*напр. на конференции*); проводить, вести (*напр. дискуссию*); выступать в роли арбитра; наблюдать за соблюдением правил; распоряжаться 3. приглушать (*звук*) 4. замедлять (*напр. нейтроны*) 5. средний; умеренный; посредственный; небольшой

moderated 1. проводимый под председательством или при участии ведущего (*напр. о конференции или дискуссии*); проводимый с привлечением арбитра; находящийся под наблюдением по соблюдением правил; проводимый распорядителем 2. приглушённый (*о звуке*) 3. замедляемый (*напр. о нейтронах*)

moderator 1. человек с умеренными взглядами; сдержанный человек 2. председатель (*напр. конференции*); ведущий (*напр. дискуссии*); арбитр; наблюдатель за соблюдением правил; распорядитель 3. модератор; средство приглушения звука 4. замедлитель (*напр. нейтронов*)

Modern:
    Computer ~ шрифт основного семейства языка T_EX

modernization модернизация
modernize модернизировать(ся)
modifiability модифицируемость
    synaptic ~ синаптическая модифицируемость
modification 1. модификация (*1. естественное изменение структуры; видоизменение 2. разновидность; вариант; тип*) 2. модифицирование (*1. целенаправленное изменение структуры или свойств 2. изменение команды или программы с помощью управляющего параметра*) 3. ограничение
    address ~ модифицирование адреса
    data ~ модифицирование данных
    message-stream ~ изменение структуры потока сообщений (*в криптографии*)
modifier модификатор (*1. вещество или средство, используемое при модифицировании структуры или свойств 2. управляющий параметр*)
modify 1. модифицировать(ся) 2. ограничивать
moding:
    double ~ сдвиг частоты магнетрона (*из-за перехода с рабочего на другие виды колебаний*)
Modula-2 язык программирования Modula-2
Modula-3 язык программирования Modula-3
modular модульная организация; модульная архитектура; модульная конструкция || модульный
    ISDN-oriented ~ модульная архитектура и интерфейсы для сетей стандарта ISDN, стандарт IOM
modularity 1. модульный принцип (*организации или конструирования*) 2. модульность
    circuit ~ схемный модульный принцип
    functional ~ функциональный модульный принцип
    lattice ~ решётчатая модульность
modularize использовать модульную организацию; применять модульную конструкцию
modulate модулировать
modulation 1. модуляция 2. *вчт* контроллер «вибрато», контроллер «модуляция», контроллер «регулировка модуляции», MIDI-контроллер №1
    absorption ~ амплитудная модуляция с использованием поглощения
    acoustooptic ~ акустооптическая модуляция
    adaptive ~ адаптивная модуляция
    adaptive delta ~ адаптивная дельта-модуляция
    adaptive differential pulse-code ~ адаптивная дифференциальная импульсно-кодовая модуляция
    adaptive pulse-code ~ адаптивная импульсно-кодовая модуляция
    ADOX ~ *см.* **area-delta and zero-cross modulation**
    A-law delta ~ дельта-модуляция с компандированием по А-характеристике
    A-law pulse-code ~ импульсно-кодовая модуляция с компандированием по А-характеристике
    amplitude ~ амплитудная модуляция, АМ
    amplitude and angle ~ амплитудная и угловая модуляция
    amplitude-frequency ~ амплитудно-частотная модуляция, АЧМ
    amplitude-phase ~ амплитудно-фазовая модуляция, АФМ
    amplitude-pulse ~ амплитудно-импульсная модуляция, АИМ
    analog ~ аналоговая модуляция
    angle ~ угловая модуляция
    anode ~ анодная модуляция
    area-delta and zero-cross ~ комбинированная асинхронная дельта-модуляция, КАДМ (*дельта-модуляция с оценкой приращения интеграла сигнала ошибки и моментов пересечения сигналом нулевого уровня*)
    Armstrong ~ частотная модуляция с многократным умножением частоты и усилением
    asymmetric amplitude ~ асимметричная амплитудная модуляция
    asymmetric delta ~ асимметричная дельта-модуляция
    asynchronous delta ~ асинхронная дельта-модуляция
    asynchronous delta-sigma ~ асинхронная дельта-сигма-модуляция
    audio frequency ~ способ записи ЧМ-звука на видеодорожках (*в видеомагнитофоне*)
    audio frequency-shift ~ тональная частотная манипуляция
    balanced ~ балансная модуляция
    baseband ~ групповая модуляция
    base-conductivity ~ *пп* модуляция удельной электропроводности базы
    base-thickness [base-width] ~ *пп* модуляция ширины базы
    beam ~ модуляция пучка
    beam-current ~ модуляция тока пучка
    binary-pulse-code ~ двоичная импульсно-кодовая модуляция
    biphase ~ *тлг* двухпозиционная фазовая манипуляция, двухпозиционная ФМн
    block companded pulse-code ~ импульсно-кодовая модуляция с блочным компандированием
    brightness ~ модуляция (по) яркости
    brilliance ~ модуляция (по) яркости
    buzzer ~ тональная модуляция
    carrier ~ модуляция несущей
    carrierless amplitude-phase ~ амплитудно-фазовая модуляция без несущей
    carrier-noise [carrier residual] ~ модуляционный шум несущей, шумовая (остаточная) модуляция несущей

modulation

cathode ~ катодная модуляция
cathode pulse ~ импульсная катодная модуляция
cavity ~ модуляция с помощью объёмного резонатора
CD ~ *см.* **conventional delta modulation**
channel-length ~ модуляция длины канала (*в МОП-транзисторе*)
charge-density ~ модуляция (по) плотности заряда
chirp ~ внутриимпульсная линейная частотная модуляция, внутриимпульсная ЛЧМ
choke ~ анодная модуляция с дросселем
chopper ~ модуляция прерывателем
chroma [chrominance] ~ *тлв* цветомодуляция, модуляция цветовых поднесущих цветоразностными сигналами
clipped-noise ~ амплитудная модуляция с ограничением шумовых выбросов
coherent phase-shift keying ~ когерентная фазовая манипуляция
collector ~ коллекторная модуляция
companded delta ~ дельта-модуляция с компандированием
companded frequency ~ частотная модуляция с компандированием
compatible quadrature amplitude ~ совместимая квадратурная амплитудная модуляция
composition ~ модуляция состава
compound ~ многократная модуляция
conductivity ~ *пп* модуляция удельной электропроводности
constant-current ~ анодная модуляция с дросселем
constant-envelope ~ модуляция с постоянной огибающей
continuous delta ~ дельта-модуляция с непрерывным кодированием импульсной последовательности, непрерывная дельта-модуляция
continuously variable-slope delta~ дельта-модуляция с плавно изменяемым наклоном
continuous-wave ~ амплитудная гармоническая модуляция
control-electrode ~ модуляция по управляющему электроду
controlled-carrier ~ модуляция с авторегулированием коэффициента модуляции
convection-current ~ модуляция конвекционного тока
conventional delta ~ дельта-модуляция, ДМ
cosine ~ косинусоидальная (амплитудная) модуляция
coupling ~ модуляция по элементу связи
CPSK ~ *см.* **coherent phase-shift keying modulation**
cross ~ перекрёстная модуляция, кросс-модуляция
deep ~ глубокая модуляция
delay ~ модуляция времени задержки
delta ~ дельта-модуляция (*см. тж.* **DM**)
delta-sigma ~ дельта-сигма-модуляция, ДСМ (*см. тж.* **DSM**)
density ~ модуляция (*пучка*) по плотности
difference-in-depth ~ *рлк* относительная разность коэффициентов модуляции (*в равносигнальном методе*)
differential ~ дифференциальная модуляция
differential pulse-code ~ дифференциальная импульсно-кодовая модуляция, ДИКМ

digital ~ цифровая модуляция
digital delta ~ цифровая дельта-модуляция
digitally controlled delta ~ дельта-модуляция с цифровым управлением, ЦУДМ
digital phase ~ фазовая манипуляция, ФМн
direct ~ прямая [непосредственная] модуляция
discrete adaptive delta ~ дискретная адаптивная дельта-модуляция
discrete frequency ~ дискретная частотная модуляция
displacement ~ фазоимпульсная модуляция, ФИМ
distortionless ~ модуляция без искажений
doping ~ *пп* модуляция концентрации примесей
double ~ двойная модуляция
double-frequency ~ двойная частотная модуляция
double-integration delta ~ дельта-модуляция с двойным интегрированием
double-integration delta-sigma ~ дельта-сигма-модуляция с двойным интегрированием
double-sideband ~ двухполосная модуляция, модуляция с двумя боковыми полосами
double-sideband amplitude ~ двухполосная амплитудная модуляция, амплитудная модуляция с двумя боковыми полосами
downward ~ модуляция с уменьшением амплитуды несущей (*относительно амплитуды в режиме молчания*)
dual ~ двойная модуляция
dynamic adaptive multiple quadrature amplitude ~ многократная адаптивная квадратурная амплитудная модуляция
echo ~ эхо-модуляция
effective percentage ~ эффективный коэффициент модуляции
eight-to-fourteen ~ 1. EFM-кодирование, модуляция 8 – 14, преобразование 8-разрядных символов в 14-разрядные канальные символы (*при цифровой записи на компакт-диск*) 2. (канальный) код EFM, код с модуляцией 8 – 14, код с преобразованием 8-разрядных символов в 14-разрядные канальные символы (*при цифровой записи на компакт-диск*)
elastooptic ~ упругооптическая модуляция
electrical ~ электрическая модуляция (*факсимильного видеосигнала*)
electrooptic ~ электрооптическая модуляция
environmental ~ модуляция, вызванная воздействием окружающей среды
exponential delta ~ экспоненциальная дельта-модуляция
exponential delta-sigma ~ экспоненциальная дельта-сигма-модуляция
external ~ внешняя модуляция
externally companded delta ~ дельта-модуляция с внешним управлением компандированием
extraneous ~ паразитная модуляция
facsimile ~ модуляция факсимильного видеосигнала
Faraday (-rotation) ~ модуляция с помощью эффекта Фарадея
FH/DS ~ *см.* **frequency-hopped / direct sequence modulation**
field(-effect) ~ модуляция на эффекте поля
first-order constant-factor delta ~ дельта-модуляция с мгновенным компандированием и посто-

modulation

янными множителями увеличения и уменьшения аппроксимирующего напряжения
floating-carrier ~ модуляция с авторегулированием коэффициента модуляции
fork(-tone) ~ камертонная модуляция
frequency ~ частотная модуляция, ЧМ (*см. тж.* FM)
frequency-amplitude ~ амплитудно-частотная модуляция, АЧМ
frequency-hopped/direct-sequence ~ дискретная сложная частотная манипуляция, ДсЧМн (*скачкообразная перестройка частоты в сочетании с псевдослучайной модуляцией*)
frequency-hopping ~ модуляция со скачкообразной перестройкой частоты сигнала, многочастотная кодовая манипуляция
frequency-shift ~ *тлг* частотная манипуляция, ЧМн
gate-bias ~ модуляция с помощью изменения напряжения смещения на затворе (*полевого транзистора*)
grid ~ сеточная модуляция
grid-pulse ~ импульсная сеточная модуляция
group ~ групповая модуляция, модуляция группы каналов
group-velocity ~ модуляция групповой скорости
Hall-effect ~ холловская модуляция, модуляция с помощью эффекта Холла
Heising ~ анодная модуляция с дросселем
high-index frequency ~ частотная модуляция с большим индексом
high-information delta ~ дельта-модуляция с повышенной информативностью, ДМПИ
high-level ~ модуляция выходного каскада передатчика
hum ~ фоновая модуляция
hybrid ~ смешанная модуляция
hyperbolic frequency ~ гиперболическая частотная модуляция
in-cavity ~ внутрирезонаторная модуляция
incidental carrier phase ~ побочная фазовая модуляция несущей
incidental frequency ~ побочная частотная модуляция
independent-sideband ~ модуляция с независимой боковой полосой
indirect ~ косвенная модуляция
indirect frequency ~ косвенная частотная модуляция
inductance-tube ~ модуляция с помощью реактивной лампы
instantaneously adaptive delta ~ дельта-модуляция с мгновенной адаптацией
instantaneously companded delta ~ дельта-модуляция с мгновенным компандированием
intensity ~ модуляция (по) яркости
interference ~ 1. помеховая модуляция 2. интерференционная модуляция
internal ~ внутренняя модуляция
intracavity ~ внутрирезонаторная модуляция
inversion ~ *кв. эл.* модуляция инверсной заселённости
isochronous ~ изохронная модуляция
Kerr-cell ~ модуляция (*света*) с помощью ячейки Керра
key ~ *тлг* манипуляция

laser ~ модуляция (излучения) лазера
lateral ~ поперечная модуляция (*в грамзаписи*)
length ~ широтно-импульсная модуляция, ШИМ
lifetime ~ *фтт* модуляция времени жизни
light ~ 1. модуляция света 2. световая модуляция (*в факсимильной связи*)
light-induced barrier ~ *пп* фотоиндуцированная модуляция (потенциального) барьера
linear ~ линейная модуляция
linear delta ~ линейная дельта-модуляция
linear frequency ~ линейная частотная модуляция, ЛЧМ
linear pulse-code ~ линейная импульсно-кодовая модуляция
line-type ~ линейная модуляция
logarithmic companded pulse-code ~ импульсно-кодовая модуляция с логарифмическим компандированием
logarithmic phase ~ логарифмическая фазовая модуляция
loss ~ амплитудная модуляция с использованием поглощения
low-level ~ модуляция входного или промежуточного каскада передатчика
luminance ~ модуляция (по) яркости
magnetooptic ~ магнитооптическая модуляция
mapping delta ~ дельта-модуляция с логическим преобразованием импульсной последовательности
maximum percentage ~ максимально допустимый коэффициент модуляции
modified frequency ~ модифицированная частотная модуляция
modified modified frequency ~ двойная модифицированная частотная модуляция
multi-level delta ~ многоуровневая дельта-модуляция
multi-level pulse-code ~ многоуровневая импульсно-кодовая модуляция
multiple ~ многократная модуляция
multiplex frequency ~ система уплотнения каналов с использованием частотной модуляции
mutual-interference ~ перекрёстная модуляция, кросс-модуляция
narrow-band frequency ~ узкополосная частотная модуляция, УЧМ
N-ary pulse-code ~ *n*-ричная импульсно-кодовая модуляция
negative ~ негативная модуляция
negative facsimile ~ негативная модуляция факсимильного видеосигнала
noise ~ шумовая модуляция
nonpolar ~ неполярная модуляция
on-off ~ *тлг* амплитудная манипуляция, АМн
outphasing ~ модуляция дефазированием
parabolic frequency ~ параболическая частотная модуляция
percent [percentage] ~ коэффициент модуляции
permutation ~ перестановочная модуляция
phase ~ фазовая модуляция, ФМ
phase-difference ~ фазоразностная модуляция
phase-velocity ~ модуляция фазовой скорости
piezoelectrooptic light ~ пьезоэлектрооптическая модуляция света
pitch-companded delta ~ дельта-модуляция с компандированием по высоте тона

modulation

plate ~ анодная модуляция
plate-and-screen-grid ~ анодно-экранная модуляция
plate-pulse ~ анодная импульсная модуляция
PN ~ *см.* **pseudonoise modulation**
polar ~ полярная модуляция
polarization ~ поляризационная модуляция, модуляция (по) поляризации
position ~ фазоимпульсная модуляция, ФИМ
positive ~ позитивная модуляция
positive facsimile ~ позитивная модуляция факсимильного видеосигнала
predictive coding delta ~ дельта-модуляция с предикативным кодированием
product ~ мультипликативная модуляция
pseudonoise ~ псевдошумовая модуляция
pseudorandom ~ псевдослучайная модуляция
pulse ~ импульсная модуляция
pulse-amplitude ~ амплитудно-импульсная модуляция, АИМ
pulse-code ~ импульсно-кодовая модуляция, ИКМ (*см. тж.* **PCM**)
pulse-count ~ частотно-импульсная модуляция, ЧИМ
pulse-delay ~ фазоимпульсная [фазово-импульсная] модуляция, ФИМ
pulse-delay binary ~ двоичная фазоимпульсная [фазово-импульсная] модуляция, двоичная ФИМ
pulse delta ~ импульсная дельта-модуляция
pulse-duration ~ широтно-импульсная модуляция, ШИМ
pulse-frequency ~ частотно-импульсная модуляция, ЧИМ
pulse group delta ~ дельта-модуляция с кодированием комбинаций
pulse-interval ~ фазоимпульсная [фазово-импульсная] модуляция, ФИМ
pulse-length ~ широтно-импульсная модуляция, ШИМ
pulse-numbers ~ частотно-импульсная модуляция, ЧИМ
pulse-phase ~ фазоимпульсная [фазово-импульсная] модуляция, ФИМ
pulse-polarization binary ~ двоичная поляризационно-импульсная модуляция
pulse-repetition rate ~ частотно-импульсная модуляция, ЧИМ
pulse-spacing ~ фазоимпульсная [фазово-импульсная] модуляция, ФИМ
pulse-time ~ времяимпульсная модуляция, ВИМ
pulse-width ~ широтно-импульсная модуляция, ШИМ
Q ~ *кв. эл.* модуляция добротности
quadratic frequency ~ квадратичная частотная модуляция
quadrature ~ квадратурная модуляция
quadrature-amplitude ~ квадратурная амплитудная модуляция
quantized frequency ~ частотная модуляция с квантованием
quantized pulse ~ импульсная модуляция с квантованием
quantized pulse-position ~ фазоимпульсная [фазово-импульсная] модуляция с квантованием
quiescent-carrier ~ модуляция с подавлением несущей в отсутствие модулирующего сигнала

raised-cosine ~ модуляция со сглаживанием спектра по закону приподнятого косинуса
reflection ~ модуляция луча при отражении (*в запоминающей ЭЛТ*)
reset delta ~ дельта-модуляция с кодированием информационной последовательности, ДМКП, *проф.* ресет-модуляция
residual ~ модуляционный шум несущей, шумовая остаточная модуляция несущей
robust delta ~ робастная дельта-модуляция
rotor ~ амплитудная модуляция (*отражённого сигнала*), обусловленная вращением винта ЛА
satellite repeater ~ модуляция при спутниковой ретрансляции
scan(ning)-velocity ~ *тлв* модуляция скорости развёртки
screen-grid ~ модуляция по экранирующей сетке
self- ~ автомодуляция
self-phase ~ фазовая автомодуляция
self-pulse ~ импульсная автомодуляция
series ~ (анодная) модуляция по последовательной схеме
series-coupled collector ~ коллекторная модуляция по последовательной схеме
sigma-delta ~ дельта-сигма модуляция
sine ~ синусоидальная (амплитудная) модуляция
single sideband ~ однополосная модуляция, модуляция с одной боковой полосой, ОБП-модуляция
single sideband amplitude ~ однополосная амплитудная модуляция, амплитудная модуляция с одной боковой полосой, амплитудная ОБП-модуляция
single sideband amplitude ~ – suppressed carrier однополосная амплитудная модуляция с подавленной несущей, амплитудная модуляция с одной боковой полосой и подавленной несущей, амплитудная ОБП-модуляция с подавленной несущей
single-sideband frequency ~ частотная модуляция с одной боковой полосой
single-sided angle ~ угловая однополосная модуляция
single-tone ~ однотональная модуляция
smoothed-phase ~ модуляция со сглаживанием фазы
sound ~ звуковая модуляция
space ~ пространственная модуляция
space-time ~ пространственно-временная модуляция
spark gap ~ искровая модуляция, модуляция на искровом разряднике
spatial ~ пространственная модуляция
spectral ~ спектральная модуляция
speech-reiteration delta ~ дельта-модуляция с прореживанием [сокращением избыточности] речи
spread-spectrum ~ псевдослучайная широкополосная модуляция
spurious ~ паразитная модуляция
square-law ~ квадратичная модуляция
square-wave ~ модуляция прямоугольными импульсами
SSB ~ *см.* **single-sideband modulation**
Stark ~ *кв. эл.* штарковская модуляция
start-stop ~ стартстопная модуляция
statistical delta ~ статистическая дельта-модуляция, СДМ

modulator

stereo frequency ~ система стереофонического радиовещания с частотной модуляцией и пилот-тоном
subcarrier ~ модуляция поднесущей
subcarrier frequency ~ частотная модуляция поднесущей
suppressed-carrier ~ модуляция с подавленной несущей
suppressor-grid ~ модуляция по антидинатронной сетке
swept frequency ~ линейная частотная модуляция, ЛЧМ
syllabically companded delta ~ дельта-модуляция с инерционным [слоговым] компандированием
syllabically companded pulse-code ~ импульсно-кодовая модуляция с инерционным [слоговым] компандированием
symmetrical ~ симметричная модуляция
synchronous ~ синхронная модуляция
tamed frequency ~ частотная модуляция со сглаживанием и индексом модуляции 0,5
tangent frequency ~ тангенциальная частотная модуляция
telemetering ~ телеметрическая модуляция
terrestrial repeater ~ модуляция при наземной ретрансляции
time ~ временная модуляция
tone ~ тональная модуляция
transformer-coupled collector ~ коллекторная модуляция по трансформаторной схеме
transit-time ~ модуляция (по) скорости
transmission ~ модуляция при прохождении луча (*в запоминающей ЭЛТ*)
trapezoidal frequency ~ трапецеидальная частотная модуляция
trellis coded ~ модуляция с решётчатым кодированием
two-bit pulse-code ~ двоичная импульсно-кодовая модуляция
two-tone ~ двухтональная модуляция
unity ~ стопроцентная модуляция
upward ~ модуляция с увеличением амплитуды несущей (*относительно амплитуды в режиме молчания*)
variable-carrier ~ модуляция с авторегулированием коэффициента модуляции
variable-slope delta ~ дельта-модуляция с переменным наклоном
velocity (variation) ~ модуляция (по) скорости
vestigial-sideband ~ модуляция с частично подавленной боковой полосой
vestigial-sideband amplitude ~ амплитудная модуляция с частично подавленной боковой полосой
vibration ~ вибрационная модуляция, модуляция вследствие вибрации
video ~ модуляция видеосигналом, видеомодуляция
voice ~ голосовая [речевая] модуляция
V-shaped frequency ~ V-образная частотная модуляция
waveform tracking delta ~ дельта-модуляция со слежением за формой сигнала
Webster ~ *пп* модуляция удельной электропроводности базы
weighted pulse-code ~ импульсно-кодовая модуляция со взвешиванием
wide-band frequency ~ широкополосная частотная модуляция
wobble ~ медленная (механическая) частотная модуляция
Z-axis ~ модуляция (по) яркости
zig-zag ~ дельта-модуляция с кодированием наклонов, ДМКН

modulation/demodulation модуляция — демодуляция
modulator 1. модулятор 2. *рлк* модулятор синхронизатора
absorptive-type ~ модулятор поглощательного типа
acoustic grating ~ акустический дифракционный модулятор
acoustic light ~ акустический модулятор света
acoustooptic ~ акустооптический модулятор
amplitude ~ амплитудный модулятор
Armstrong ~ частотный модулятор с многократным умножением частоты и усилением
balanced ~ балансный модулятор
balanced-ring ~ балансный модулятор с мостовой схемой подавления несущей
birefringent ~ модулятор на эффекте дву(луче)преломления
Bosworth-Candy delta-sigma ~ дельта-сигма-модулятор с мгновенным компандированием и обратной связью «вперёд»
Bragg ~ *опт.* брэгговский модулятор
brightness ~ модулятор яркости
brilliance ~ модулятор яркости
chrominance ~ *тлв* цветомодулятор, модулятор цветовых поднесущих цветоразностными сигналами
class A ~ модулятор класса A
class AB ~ модулятор класса AB
class B ~ модулятор класса B
class C ~ модулятор класса C
continuously-variable-slope delta ~ дельта-модулятор с непрерывным изменением наклона
copper-oxide ~ купроксный модулятор
dc ~ магнитный модулятор на насыщающемся реакторе
delta ~ дельта-модулятор
delta-sigma ~ дельта-сигма-модулятор
diode ~ диодный модулятор
distance-domain delta ~ пространственный дельта-модулятор
double-balanced ~ двойной балансный модулятор
double-sideband ~ двухполосный модулятор
electromechanical ~ электромеханический модулятор
electron-beam addressed light [electronically addressed light] ~ модулятор света с электронно-лучевой адресацией
electrooptic ~ электрооптический модулятор
electrooptic light ~ электрооптический модулятор света
exponential delta ~ дельта-модулятор с экспоненциальным интегрированием
external ~ внешний модулятор
Fabry-Perot light ~ оптический модулятор Фабри — Перо
Faraday(-rotation) ~ фарадеевский модулятор, модулятор на эффекте Фарадея
ferrite ~ ферритовый модулятор

modulator

ferroelectric ~ сегнетоэлектрический модулятор
frequency ~ частотный модулятор
frustrated internal reflectance ~ модулятор на эффекте нарушенного полного внутреннего отражения
galvanometer ~ гальванометрический модулятор света
group ~ групповой модулятор, модулятор группы каналов
heterojunction optical ~ модулятор света на гетеропереходе
impact-ionization ~ модулятор на эффекте ударной ионизации
internal ~ внутренний модулятор
intracavity ~ внутрирезонаторный модулятор
light ~ 1. модулятор света, оптический модулятор 2. модулятор звукозаписывающей лампы (*в киноаппаратуре*)
linear ~ линейный модулятор
longitudinal electrooptic ~ модулятор света на продольном электрооптическом эффекте
low-distortion ~ модулятор с малыми искажениями
magnetic ~ магнитный модулятор на насыщающемся реакторе
magnetostrictive ~ магнитострикционный модулятор
measurement [measuring] ~ модулятор УПТ
mechanical ~ механический модулятор
microwave(-frequency) light ~ СВЧ-модулятор света
multiplex ~ модулятор линии связи с уплотнением
optical ~ модулятор света, оптический модулятор
optically addressed light ~ модулятор света с оптической адресацией
optical-waveguide ~ световодный модулятор
phase ~ фазовый модулятор
phase-shift ~ *тлг* фазовый манипулятор
piezoelectric ~ пьезоэлектрический модулятор
piezoelectrooptic ~ пьезоэлектрооптический модулятор
p-n junction light ~ модулятор света на *p — n*-переходе
Pockels ~ модулятор на ячейке Поккельса
product ~ мультипликативный модулятор
pulse ~ импульсный модулятор
pulse-code ~ импульсно-кодовый модулятор
pulse-frequency ~ частотно-импульсный модулятор'
pulse-length ~ широтно-импульсный модулятор
pulse-phase [pulse-position] ~ фазоимпульсный модулятор
pulse-time ~ времяимпульсный модулятор
pulse-width ~ широтно-импульсный модулятор
radar ~ модулятор РЛС
radio-frequency ~ радиочастотный модулятор
reactance ~ параметрический модулятор
reactance-tube ~ модулятор на реактивной лампе
rectifier ~ диодный модулятор
regenerative ~ регенеративный делитель частоты
resonant ~ резонансный модулятор
ring ~ кольцевой модулятор
single-sideband ~ однополосный модулятор
spark-gap ~ искровой модулятор, модулятор с искровым разрядником

spatial-light ~ управляемый транспарант, пространственный модулятор света, ПМС (*см. тж.* SLM)
square-law ~ квадратичный модулятор
standing-wave ~ модулятор стоячей волны
superconducting ~ сверхпроводящий модулятор
traveling-wave ~ модулятор бегущей волны
tube ~ ламповый модулятор
ultrasonic light ~ ультразвуковой модулятор света
vacuum-tube ~ ламповый модулятор

module 1. модуль (*1. унифицированный функциональный узел прибора или устройства 2. автономный отсек КЛА 3. полностью или частично автономная часть программы 4. мерило; образец; эталон*) 2. блок
basic operation ~ *вчт* базовый операционный модуль
bubble ~ модуль ЗУ на ЦМД
capacitor-resistor ~ конденсаторно-резисторный модуль
columnar ~ колончатый модуль
communications ~ *вчт* модуль обмена сообщениями
compare-exchange ~ модуль сравнения-обмена, компаратор (*в сортирующей сети*)
constraint ~ блок обеспечения целостности данных
continuity Rambus in-line memory ~ соединительный модуль фирмы Rambus для (оперативной) динамической памяти типа RDRAM, соединительный модуль типа C-RIMM, C-RIMM-модуль (*для заполнения незанятых RIMM-модулями памяти слотов*)
continuity RIMM ~ *см.* continuity Rambus in-line memory module
control ~ управляющий модуль
controlled attachment ~ *вчт* управляемый модуль подключения (*к среде*)
cordwood ~ колончатый модуль
dictation speech recognition ~ *вчт* модуль распознавания (устной) речи
digital ~ цифровой модуль
digital input ~ модуль цифрового ввода
digital output ~ модуль цифрового вывода
disk ~ дисковый модуль
Doppler radar ~ доплеровский радиолокационный блок
double-ended ~ модуль с двухсторонними выводами
DSR ~ *см.* dictation speech recognition module
dummy ~ фиктивный модуль (*напр. программы*); пустой (*аппаратный*) модуль, *проф.* пустышка
Ethernet switching ~ коммутационный модуль сети Ethernet
function-interconnection ~ функционально-коммутационный модуль, ФКМ
generic ~ производный модуль
hardware ~ аппаратный модуль
hierarchical ~ иерархический модуль
honeycomb ~ сотовый модуль
host attachment ~ *вчт* модуль подключения к хосту
IC ~ интегральный модуль
instrument(ation) ~ контрольно-измерительный модуль

leaded ~ модуль с выводами
leadless ~ безвыводный модуль
load ~ *вчт* модуль загрузки
logic ~ логический модуль
lunar excursion ~ лунный модуль
MA ~ *см.* **multiply-add module**
memory control ~ модуль управления памятью
microcircuit ~ интегральный модуль
microminiature ~ микромодуль
MIDI sound ~ *вчт* MIDI-совместимый звуковой модуль
mobile ~ подвижный [мобильный] модуль (*напр. спутниковой системы связи*)
multichip ~ многокристальный модуль
multifunctional ~ многофункциональный модуль
multiply-add ~ модуль умножения — сложения
NetWare loading ~ загружаемый модуль операционной системы NetWare
network interface ~ сетевой интерфейсный модуль
not reusable ~ однократно используемый модуль
object ~ *вчт* объектный модуль
PCM interface ~ интерфейсный модуль с импульсно-кодовой модуляцией
pellet ~ модуль на элементах в таблеточном исполнении
planar ~ плоский модуль
plug-in ~ съёмный [сменный] модуль
polynomial ~ модуль над кольцом полиномов
potted ~ герметизированный модуль
prediction error ~ модуль предсказания ошибок
protocol ~ модуль протоколов
railroad ~ плоский колончатый модуль
Rambus in-line memory ~ модуль (оперативной) памяти фирмы Rambus для ОЗУ типа RDRAM, модуль (оперативной) памяти типа RIMM, RIMM-модуль (оперативной) памяти
reconfigurable ~ с изменяемой конфигурацией, (пере)конфигурируемый модуль
reenterable ~ *вчт* допускающий рекурсивное *или* параллельное использование модуль (*программы*), *проф.* реентерабельный модуль (*программы*)
register-transfer ~ модуль (меж)регистровых передач
relocatable ~ *вчт* переместимый модуль; перемещаемый модуль (*программы*), *проф.* настраиваемый модуль
resource ~ рабочий модуль
sealed ~ герметизированный модуль
self-descriptive ~ самодокументируемый модуль
self-timed ~ самосинхронизируемый модуль
serially reusable ~ многократно используемый модуль
service interface ~ служебный интерфейсный модуль
single-ended ~ модуль с односторонними выводами
single in-line memory ~ безвыводный модуль памяти с односторонним расположением торцевых контактных площадок, модуль памяти типа SIMM, SIMM-модуль памяти
single in-line package memory ~ модуль памяти в плоском корпусе с односторонним расположением выводов (*параллельно плоскости основания*), модуль памяти типа SIP, SIP-модуль памяти

software ~ программный модуль
solid-state ~ твердотельный модуль
speech recognition ~ *вчт* модуль распознавания речи
SR ~ *см.* **speech recognition module**
stacked wafer ~ этажерочный модуль из пластин
standard electronic ~ стандартный электронный модуль
subscriber identity ~ модуль идентификации абонента, SIM-карта
text-to-speech ~ *вчт* модуль синтеза речи
traffic interface ~ интерфейсный модуль трафика
TTS ~ *см.* **text-to-speech module**
universal logic ~ универсальный логический модуль
video processor ~ видеопроцессорный модуль
virtual loadable ~ виртуально загружаемый модуль (*программы*)
voltage regulation ~ модуль стабилизации напряжения
moduli *pl* от **modulus**
modulo *вчт* 1. арифметическая операция вычисления остатка (*от деления двух целых чисел*) 2. остаток (*от деления двух целых чисел*) 3. по модулю; относящийся к остатку (*от деления двух целых чисел*)
N ~ p N по модулю p, численное значение остатка от деления целого числа N на целое число p
modulus модуль (*1. абсолютная величина 2. коэффициент; константа, постоянная; индекс 3. общий делитель конгруэнтных чисел 4. коэффициент пересчета логарифма числа при замене основания*)
~ **of elasticity** модуль Юнга
elastic compliance ~ модуль [константа] податливости, коэффициент упругой податливости
elastic stiffness ~ модуль [константа] упругости, коэффициент упругой жёсткости
refractive ~ индекс тропосферной рефракции
Young's ~ модуль Юнга
modus *вчт* модус, разновидность (*силлогизма*)
~ **ponendo tollens** утверждающе-отрицающий модус (*разделительно-категорического силлогизма*)
~ **ponens** утверждающий модус (*условно-категорического силлогизма*)
~ **tollendo ponens** отрицающе-утверждающий модус (*разделительно-категорического силлогизма*)
~ **tollens** отрицающий модус (*условно-категорического силлогизма*)
generalized ~ **ponens** обобщённый утверждающий модус (*условно-категорического силлогизма*), композиционное правило умозаключения
moiré *тлв, вчт, опт.* муар
molality моляльность (*раствора*)
molarity молярность (*раствора*)
mold 1. пресс-форма; матрица; отливная форма; опока || прессовать; опрессовывать; отливать 2. модель; шаблон; образец || изготавливать по модели, шаблону *или* образцу
molding 1. прессование; опрессовка; литьё 2. изготовленное методом прессования *или* опрессовки изделие; отливка
cast ~ опрессовка в пресс-форме
injection ~ инжекционное прессование (*напр. компакт-дисков*)

mass ~ групповая опрессовка
mole моль, единица количества вещества СИ
molectronics молекулярная электроника, молектроника
molecular молекулярный
molecule молекула
   diatomic ~ двухатомная молекула
   dimer ~ димерная молекула, димер
   electron-acceptor ~ электронно-акцепторная молекула
   electron-donor ~ электронно-донорная молекула
   endohedral fullerene ~ эндоэдральная молекула фуллерена
   lasing ~ молекула в режиме лазерной генерации
   monomer ~ мономерная молекула, мономер
moment момент (*1. характеристика способности объектов создавать электрическое или магнитное поле и реагировать на эти поля 2. момент силы 3. момент количества движения, кинетический момент 4. характеристика распределения случайной величины 5. момент времени*)
   ~ **of inertia** момент инерции
   ~ **of momentum** момент импульса
   absolute ~ абсолютный момент
   anapole ~ анапольный [тороидный] момент
   anomalous magnetic ~ аномальный магнитный момент
   central ~ центральный момент
   central ~ of order r центральный момент порядка r
   conditional ~ условный момент
   dipole ~ дипольный момент
   electric dipole ~ электрический дипольный момент
   electric quadrupole ~ электрический квадрупольный момент
   electron magnetic ~ магнитный момент электрона
   factorial ~ факториальный момент
   magnetic ~ магнитный момент
   mixed ~ смешанный момент
   multipole ~ мультипольный момент
   non-central ~ нецентральный момент
   population ~ момент генеральной совокупности
   product ~ смешанный момент
   quadrupole ~ квадрупольный момент
   r-th ~ момент порядка r
   sample ~ выборочный момент
momentum 1. импульс, количество движения **2.** метод импульса (*для обучения нейронных сетей*)
   angular ~ момент импульса
   generalized ~ обобщённый импульс
   orbital ~ орбитальный момент импульса
   spin angular ~ спиновый момент импульса, спин
monad 1. одновалентный элемент *или* атом; одновалентная группа **2.** единичный объект; единичная позиция
monadic 1. одновалентный **2.** *вчт* унарный, одноместный (*напр. об операции*)
monatomic 1. одноатомный **2.** одновалентный
monaural монофонический
money деньги || денежный
   electronic ~ электронные деньги
monism монизм
monitor 1. монитор (*1. вчт система вывода изображения на экран дисплея; дисплей 2. тлв видеоконтрольное устройство, ВКУ 3. вчт контрольно-управляющий терминал; видеотерминал 4.* вчт управляющая программа *5. средство (текущего) контроля или наблюдения; записывающее устройство; средство мониторинга*) **2.** осуществлять (текущий) контроль; наблюдать (*напр. за работой или состоянием системы без вмешательства в работу*); следить (*напр. за прохождением программы*); записывать (*напр. показания приборов*); *проф.* осуществлять мониторинг **3.** оператор монитора
   actual ~ *тлв* линейный [программный] монитор
   amplitude modulation ~ контрольно-измерительное устройство для AM-сигналов
   announcer ~ *тлв* дикторский монитор
   autosynchronous ~ монитор с несколькими частотами вертикальной развёртки
   autotracking ~ монитор с несколькими частотами вертикальной развёртки
   baseband ~ устройство контроля группового сигнала
   camera ~ монитор телевизионной камеры
   CGA ~ монитор (стандарта) CGA
   color ~ цветной монитор
   composite video ~ монитор с композитным видео, монитор с одним входом для объединённых сигналов яркости и цветности
   digital ~ цифровой монитор
   digital frequency ~ контрольно-измерительное устройство с цифровым счётчиком импульсов
   disk and execution ~ присоединённая программа; присоединённая процедура (*работающая в фоновом режиме и выполняющая определённые функции без ведома пользователя*); задаваемая текущей информацией функция; *проф.* «демон», «дракон»
   EGA ~ монитор (стандарта) EGA
   fixed-frequency ~ монитор с фиксированной частотой вертикальной развёртки
   frequency ~ измеритель ухода частоты несущей
   green ~ монитор с системой управления энергопотреблением (*по стандарту Energy Star Агентства по защите окружающей среды США*)
   hardware ~ аппаратный монитор, средство (текущего) контроля аппаратного обеспечения
   HGC ~ монитор (стандарта) HGC
   IBM 8514 ~ монитор (стандарта) IBM 8514
   ion-beam profile ~ *микр.* монитор профиля ионного пучка
   landscape ~ горизонтальный монитор, монитор с горизонтальной ориентацией экрана
   master ~ *тлв* линейный [программный] монитор
   MCGA ~ монитор (стандарта) MCGA
   MDA ~ монитор (стандарта) MDA
   modulation ~ измеритель коэффициента модуляции, модулометр
   multifrequency ~ монитор с несколькими частотами вертикальной развёртки
   multiprogramming ~ операционная система MP/M, многозадачная многопользовательская версия операционной системы CP/M
   multiscan(ning) ~ монитор с несколькими частотами вертикальной развёртки
   multisync ~ монитор с несколькими частотами вертикальной развёртки
   oscilloscope ~ контрольный осциллограф
   outage ~ регистратор перерывов связи
   output ~ *тлв* линейный [программный] монитор

monolayer

paper-white ~ монитор с воспроизведением текстовых документов чёрным шрифтом на белом фоне

performance ~ монитор производительности (*напр. компьютерной системы*)

PGA ~ монитор (стандарта) PGA

phase ~ контрольное устройство для проверки фазирования в остронаправленных антеннах

picture ~ 1. *вчт* монитор; дисплей 2. видеоконтрольное устройство, ВКУ, монитор

portrait ~ вертикальный монитор, монитор с вертикальной ориентацией экрана

program ~ *тлв* линейный [программный] монитор

radiation ~ прибор радиометрического контроля; дозиметр

resident ~ *вчт* резидентный монитор

RGB ~ монитор с раздельными входами для сигналов трёх основных цветов, RGB-монитор

sequence ~ *вчт* монитор последовательности операций

software ~ программный монитор, средство (текущего) контроля программного обеспечения

square flat ~ монитор с квазиплоским экраном

Super VGA ~ монитор (стандарта) SVGA

SVGA ~ монитор (стандарта) SVGA

task ~ *вчт* монитор задачи

television ~ видеоконтрольное устройство, ВКУ, монитор

television transmitter ~ контрольно-измерительное устройство для телевизионных сигналов

tension-mask ~ монитор с натяжной маской

thin-film ~ *микр.* устройство контроля толщины плёнок

TP ~ *см.* transaction processing monitor

transaction processing ~ монитор обработки транзакций

TV ~ *см.* television monitor

vector graphics ~ монитор с векторной графикой

vertically flat ~ монитор с плоским по вертикали экраном

VGA ~ монитор (стандарта) VGA

video ~ 1. *вчт* монитор; дисплей 2. видеоконтрольное устройство, ВКУ, монитор

waveform ~ *тлв* контрольный осциллограф

XGA ~ монитор (стандарта) XGA

monitoring (текущий) контроль; наблюдение (*напр. за работой или состоянием системы без вмешательства в работу*); слежение (*напр. за прохождением программы*); запись (*напр. показаний приборов*); *проф.* мониторинг

access ~ *вчт* контроль числа попыток при введении пароля

daemon remote ~ присоединённая процедура стандартных средств дистанционного контроля сети, *проф.* «демон» стандарта RMON

electronic signal ~ 1. радиотехническая разведка 2. радиоперехват

in-service ~ контроль в рабочем режиме

polling ~ контроль с опросом

real-time ~ контроль в реальном масштабе времени

remote ~ 1. дистанционный сбор информации 2. дистанционный контроль 3. стандарт RMON, спецификация стандартных средств дистанционного контроля сети

mono 1. моно (*1. монофонический звуковой материал 2. монофонические аудиоданные; монофоническая аудиоинформация 3. монофонический аудиопроигрыватель или монофонический аудиомагнитофон 4. лента или диск для монофонической звукозаписи 5. содержимое монофонической аудиокассеты или монофонического аудиодиска* || *относящийся к содержимому монофонической аудиокассеты или монофонического аудиодиска 6. методы и технология записи, передачи, приёма и воспроизведения монофонического звука; монофоническая система; монофоническая запись*) 2. монофонический звук || монофонический 3. монофоническая аудиоаппаратура, аппаратура для монофонической записи и монофонического воспроизведения звука 4. монофонический звуковой сигнал 5. монофоническое звуковое сопровождение 6. монофонический аудиоканал; монофонический звуковой канал; канал монофонического звукового сопровождения 7. вход *или* выход монофонического звукового сигнала 8. одновибратор, ждущий [моностабильный] мультивибратор

monoaural монофонический

monobasic одноосновной (*о кислоте*)

monochromatic 1. монохроматический 2. моноэнергетический

monochromaticity 1. монохроматичность 2. моноэнергетичность

monochromator монохроматор

coma-canceling ~ монохроматор с компенсацией комы

constant-output ~ монохроматор с постоянным уровнем выходного сигнала

electron ~ электронный монохроматор

grating ~ дифракционный монохроматор

vacuum ~ вакуумный монохроматор

monochrome 1. монохроматический 2. монохромное изображение; одноцветное изображение; чёрно-белое изображение || монохромный; одноцветный; чёрно-белый

shunted ~ метод подачи сигнала яркости или цветности по цепи, параллельной демодулятору цветности

monochromic 1. монохроматический 2. монохромный; одноцветный; чёрно-белый

monoclinic *крист.* моноклинный

monocrystal монокристалл

monocrystalline монокристаллический

monocular монокулярный (оптический) прибор || монокулярный

monodromy монодромия

monofier задающий генератор с усилителем мощности, конструктивно объединённые в одном баллоне

monoformer монофункциональный преобразователь на ЭЛТ с вторичной электронной эмиссией

monograph монография || писать монографию

monographic монографический (*1. относящийся к монографии 2. посимвольный (о способе шифрования*)

monoid *вчт* моноид

fuzzy ~ нечёткий моноид

monolayer монослой, мономолекулярный слой; моноатомный слой; мономолекулярная [монослойная] плёнка

epitaxial ~ эпитаксиальный монослой

monolayer

pseudomorphic ~ псевдоморфный монослой
rotaxane ~ *микр.* монослой ротаксана
monolithic 1. монолитная ИС 2. монолитный (*напр. об интегральной схеме*) 3. сплошной; цельный (*напр. о программе*)
   air-isolation ~ *микр.* монолитная структура с воздушной изоляцией
   oxide-isolated ~ монолитная ИС с изоляцией оксидом
monomer *кв.эл.* мономер
monomial *вчт* одночлен || одночленный
monomolecular мономолекулярный, монослойный
monomorphemic *вчт* мономорфемный
monophonic монофонический
monophony монофоническая запись и воспроизведение (*звука*)
monophthong *вчт* монофтонг
monopole 1. несимметричный вибратор 2. магнитный монополь (Дирака) 3. несимметричная вибраторная антенна, антенна в виде несимметричного вибратора
   blade(-type) ~ несимметричный вибратор в форме лопасти
   Dirac ~ (магнитный) монополь Дирака
   folded ~ петлевой несимметричный вибратор
   half-wave (length) ~ полуволновый несимметричный вибратор
   log-periodic ~ логопериодическая антенна с несимметричными вибраторами
   magnetic ~ (магнитный) монополь Дирака
   quarter-wave (length) ~ четвертьволновый несимметричный вибратор
   series-fed ~ несимметричный вибратор с последовательным возбуждением
   shunt-fed ~ несимметричный вибратор с параллельным возбуждением
   sleeve ~ несимметричный вибратор с коаксиальным экраном в нижней части
   telescopic ~ телескопический несимметричный вибратор
   traveling-wave ~ несимметричный вибратор бегущей волны
monoptera моноптера, однолопастная крыловидная аберрация
monopulse моноимпульс || моноимпульсный
monoscope *тлв* моноскоп
monospace с фиксированным межбуквенным расстоянием (*напр. о шрифте*)
monospacing фиксированное межбуквенное расстояние
monostable 1. одновибратор, ждущий [моностабильный] мультивибратор 2. моностабильный, с одним устойчивым состоянием
monostatic *рлк* моностатический, однопозиционный
monosyllabic *вчт* односложный
monotint монохромный; чёрно-белый
monotonic монотонный (*напр. о функции*)
monotron *тлв* моноскоп
monotropism монотропия
monster *вчт* монстр (*1. персонаж компьютерных игр; чудовище; урод 2. проф.* громоздкая программа)
   cookie ~ монстр типа «cookie», хакерская атака с блокированием терминала *или* клавиатуры и беспрерывной выдачей на экран дисплея сообщений с упоминанием термина «cookie»

montage монтаж (*видеофильма, установки и др.*) || монтировать (*видеофильм, установку и др.*)
month месяц (*1. календарный месяц 2. четырёхнедельный или 30-дневный отрезок времени 3. солнечный месяц 4. лунный месяц 5. сидерический [звёздный] месяц*)
   calendar ~ календарный месяц
   dragon ~ драконический месяц
   lunar ~ лунный месяц
   sidereal ~ сидерический [звёздный] месяц
   solar ~ солнечный месяц
   synodic ~ синодический месяц
moon 1. луна (*естественный спутник Земли или другой планеты*) 2. лунный месяц
   ~**s of Jupiter** луны Юпитера
moonbounce радиолюбительская связь с использованием отражения от Луны
moonlet естественный *или* искусственный спутник (*планеты*) малых размеров
moonscape лунный ландшафт
mopier принтер/копировальное устройство для размножения оригинала, *проф.* мопир
mopy печать с размножением оригинала
mordent *вчт* мордент (*мелизм*)
   double ~ двойной мордент
   long ~ двойной мордент
   short ~ простой мордент
   single ~ простой мордент
more than больше, чем (*результат операции сравнения, отображаемый символом* >)
Morgan кодовое название ядра процессора Duron с внутренними межсоединениями из алюминия
morph морф(а) (*1. вчт* минимальная значимая часть словоформы *2. вчт, биол.* резко выделяющаяся (*по какому-либо признаку*) группа фенотипов внутри вида или популяции)
morpheme *вчт* морфема
   single-segment ~ односегментная морфема
   two-segment ~ двухсегментная морфема
morphemic *вчт* морфемный
morphemics *вчт* морфология (*раздел лингвистики*)
morphic *вчт* морфный
morphing *биол., вчт* метаморфоз, преобразование одного объекта в другой через промежуточные формы, *вчт проф.* морфинг
morphism *вчт* морфизм
   clone ~ клоновый морфизм
   fuzzy ~ нечёткий морфизм
morphology 1. морфология (*1. раздел лингвистики 2. раздел кристаллохимии*) 2. форма; структура
   crystal ~ морфология кристаллов
   integrated ~ морфология ИС
morphophoneme *вчт* морфонема
morphophonemics *вчт* морфонология
Morse Международный код Морзе
mortality 1. смертность 2. выход из строя; катастрофический отказ (*напр. оборудования*)
   infant ~ катастрофический отказ в период приработки
MOS структура металл — оксид — полупроводник, МОП-структура
   bi(polar) ~ биполярная МОП-структура
   C ~ *см.* **complementary MOS**
   complementary ~ комплементарная МОП-структура, КМОП-структура

D ~ *см.* **double-diffusion MOS**
double-diffusion ~ МОП-структура, изготовленная методом двойной диффузии
dual-injection ~ МОП-структура с биполярной инжекцией
FA ~ *см.* **floating-gate avalanche injection MOS**
floating-gate avalanche-injection ~ лавинно-инжекционная МОП-структура с плавающим затвором
high-density ~ МОП-структура с высокой плотностью упаковки
high-performance ~ МОП структура с высокими эксплуатационными характеристиками
high-speed ~ быстродействующая МОП-структура
n(-channel) ~ МОП-структура с каналом *n*-типа, *n*-канальная МОП-структура
p(-channel) ~ МОП-структура с каналом *p*-типа, *p*-канальная МОП-структура
V-(groove) ~ МОП-структура с V-образной канавкой, VМОП-структура

mosaic 1. мозаика (*1. изображение или узор в виде совокупности мелких цветных пластинок неправильной формы 2. процесс изготовления мозаики 3. художественный фильтр растровой графики, основанный на объединении близких по цвету пикселей в одноцветные прямоугольные области 4. тлв мозаика, мозаичная мишень 5. многоплатформенный графический интерфейс для глобальной гипертекстовой системы WWW*) 2. изготавливать мозаику; использовать мозаику 3. мозаичный

charge storage ~ накопительная мозаичная мишень
conducting-elements ~ мозаика из проводящих элементов
double-sided ~ двухсторонняя мозаичная мишень
iconoscope ~ мозаика иконоскопа
insulating ~ мозаика из изолированных элементов
photosensitive ~ фоточувствительная мозаика
storage ~ накопительная мозаичная мишень

MOSFET (полевой) МОП-транзистор
double-diffused ~ МОП-транзистор, изготовленный методом двойной диффузии
dual-gate ~ двухзатворный МОП-транзистор
long-channel ~ МОП-транзистор с длинным каналом
short-channel ~ МОП-транзистор с коротким каналом
single-gate ~ однозатворный МОП-транзистор
V-groove power ~ мощный МОП-транзистор с V-образной канавкой

mothballing консервация (*напр. оборудования*)
mother 1. предок, родитель, мать (*в иерархической структуре* ǁ родительский, материнский (*в иерархической структуре*) 2. предшественник ǁ предшествующий 3. порождающий (*объект*) ǁ порождающий (*об объекте*) 4. матрица; форма (*для отливки*) 5. промежуточный оригинал (*напр. компакт-диска*) 6. второй металлический оригинал фонограммы

positive ~ второй металлический оригинал фонограммы

motherboard *вчт* материнская [системная] плата
motif мотив; регулярно повторяющийся объект (*напр. элементарная ячейка кристалла*)
motion 1. движение 2. механизм 3. действие механизма

alternate ~ возвратно-поступательное движение
ballistic electron ~ баллистическое движение электрона
Brownian ~ броуновское движение
bubble ~ движение ЦМД
chaotic ~ хаотическое движение
domain-wall ~ движение доменной границы
fast ~ 1. *тлв* метод замедленной съёмки (*обеспечивающий ускорение при воспроизведении с нормальной скоростью*) 2. ускоренное воспроизведение (*видеозаписи*)
fault ~ *крист.* движение дефектов
field-assisted ~ движение под действием электрического поля; дрейф под действием электрического поля
harmonic ~ гармонические колебания
irreversible (domain) wall ~ необратимое движение доменной границы
random ~ беспорядочное движение
regular ~ регулярное движение
slow ~ 1. *тлв* метод ускоренной съёмки (*обеспечивающий замедление при воспроизведении с нормальной скоростью*) 2. замедленное воспроизведение (*видеозаписи*)
stable ~ устойчивое движение
stochastic ~ стохастическое движение
vortex ~ движение вихря (*магнитного потока*)
zero-point ~ *кв. эл.* нулевые колебания

motoneuron мотонейрон, двигательный нейрон
motor 1. двигатель, мотор 2. привод

AC ~ (электро)двигатель переменного тока
antenna-scan ~ двигатель вращения антенны
asynchronous ~ асинхронный (электро)двигатель
brushless ~ бесщёточный двигатель
capacitor start ~ двигатель с конденсаторным пуском
capacitor start and run ~ конденсаторный двигатель с постоянно включенным конденсатором
capstan drive ~ приводной двигатель ведущего вала (*магнитофона*)
constant-speed ~ двигатель с постоянной скоростью вращения
DC ~ (электро)двигатель постоянного тока
follow-up ~ следящий привод
hysteresis ~ гистерезисный двигатель
induction ~ асинхронный двигатель
molecular ~ *биол.* молекулярный двигатель
pecking ~ шаговый двигатель
quantized ~ шаговый двигатель
repulsion ~ репульсионный двигатель
selsyn ~ сельсин-приёмник
servo ~ серводвигатель, сервомотор; сервопривод, исполнительный (*силовой*) орган сервосистемы
servo-controlled DC ~ (электро)двигатель постоянного тока с сервоуправлением
shaded-pole ~ двигатель с экранированным полюсом
single-phase ac ~ однофазный двигатель переменного тока
slow-speed ~ тихоходный двигатель
spindel ~ шпиндельный двигатель (*напр. дисковода*)
step ~ шаговый двигатель
stepped ~ шаговый двигатель
stepping ~ шаговый двигатель
synchronous ~ синхронный (электро)двигатель

motor

    transistor-switched dc ~ двигатель постоянного тока с транзисторной коммутацией
    video-head ~ двигатель блока видеоголовок
    voice-coil ~ электродинамический сервопривод, электродинамический исполнительный орган сервосистемы

motorboating рокот (*напр. воспроизведения*)

Motorola фирмы Motorola
    ~ **68000** микропроцессор 68000 (фирмы Motorola) (*32-разрядные регистры, 16-разрядная шина данных и 24-разрядная адресная шина; рабочая тактовая частота 8 МГц*)
    ~ **68008** микропроцессор 68008 (фирмы Motorola) (*32-разрядные регистры, 8-разрядная шина данных и 24-разрядная адресная шина; рабочая тактовая частота 8 МГц*)
    ~ **68010** микропроцессор 68010 (фирмы Motorola) (*32-разрядные регистры, 16-разрядная шина данных и 24-разрядная адресная шина; рабочая тактовая частота 16 МГц*)
    ~ **68020** микропроцессор 68020 (фирмы Motorola) (*32-разрядные регистры и шины; рабочая тактовая частота 16 - 33 МГц*)
    ~ **68030** микропроцессор 68030 (фирмы Motorola) (*32-разрядные регистры и шины; рабочая тактовая частота 20 - 50 МГц*)
    ~ **68040** микропроцессор 68040 (фирмы Motorola) (*32-разрядные регистры и шины; рабочая тактовая частота 25 МГц*)
    ~ **68881** математический сопроцессор 68881 (фирмы Motorola) (*для микропроцессоров 68000 и 68020*)
    ~ **88000** семейство 32-разрядных микропроцессоров с RISC-архитектурой фирмы Motorola, семейство микропроцессоров Motorola 88000

mould *см.* mold

mount 1. установка; монтаж; сборка || устанавливать; монтировать; собирать 2. держатель; оправка; головка; корпус || снабжать держателем; помещать в оправку *или* головку; корпусировать 3. подложка, опора || размещать на подложке *или* подкладке; снабжать опорой 4. *вчт* установка, подключение (*аппаратных средств к компьютеру*) || устанавливать, подключать (*аппаратные средства к компьютеру*) 5. *вчт* помещение дискеты в дисковод || помещать дискету в дисковод 6. образец для исследования под микроскопом || готовить образец для исследования под микроскопом 7. увеличивать; усиливать
    bolometer ~ болометрическая головка
    C-~ резьбовое (*с дюймовой резьбой*) соединение объектива (*напр. с корпусом видеокамеры*)
    center ~ размещение механического привода магнитофона в центре корпуса (*для снижения вибрации и паразитных резонансов*)
    crystal ~ 1. диодная головка 2. кристаллодержатель; кристаллоноситель
    diode ~ диодная головка
    eject spring ~ держатель пружины для извлечения (*съёмного магнитного*) диска
    flange ~ 1. фланцевый монтаж 2. *микр.* корпус транзисторного типа с металлическим радиатором и односторонним расположением выводов, корпус типа ТО с металлическим радиатором и односторонним расположением выводов, ТО-корпус с металлическим радиатором и односторонним расположением выводов
    head ~ держатель (магнитных) головок
    insertion ~ монтаж (*напр. ИС*) в отверстия платы
    mixer ~ смесительная головка
    retention mechanism attach ~ *вчт* система крепления механического приспособления для удерживания процессора с S.T.C.-картриджем в слоте типа 1
    socket ~ монтаж (*напр. ИС*) в (контактную) панельку
    surface ~ поверхностный монтаж (*напр. ИС*)
    thermistor ~ терморезисторная головка
    waveguide ~ волноводная головка

mounter установка для монтажа *или* сборки; сборочная машина
    chip ~ *микр.* автоматическая установка для монтажа кристаллов, автомат-укладчик кристаллов

mounting 1. установка; монтаж; сборка 2. снабжение держателем; помещение в оправку *или* головку; корпусирование 3. размещение на подложке *или* подкладке; снабжение опорой 4. *вчт* установка, подключение (*аппаратных средств к компьютеру*) 5. *вчт* помещение дискеты в дисковод
    beam-lead ~ монтаж с балочными выводами
    flip-chip ~ монтаж методом перевёрнутого кристалла
    inserted ~ монтаж (*напр. ИС*) в отверстия платы
    leaded surface ~ поверхностный монтаж компонентов с выводами (*с помощью паяных контактных узлов*)
    panel ~ монтаж на панели
    rack ~ монтаж на стойке
    shock ~ противоударная подвеска; противоударный механизм
    surface ~ поверхностный монтаж (*напр. ИС*)
    through-hole ~ монтаж (*напр. ИС*) в сквозные отверстия платы

mouse 1. радиолокационный маяк системы «Обое» 2. *вчт* указательное устройство типа «мышь», *проф.* «мышь», «мышка»
    ~ **on drugs** *вчт проф.* мышь-наркоман; синдром пьяной мыши (*хаотические перемещения курсора, не коррелирующие с движениями мыши*)
    bus ~ шинная мышь
    cordless ~ беспроводная мышь, мышь с инфракрасным интерфейсом *или* радиоинтерфейсом
    drunk ~ *вчт проф.* мышь-наркоман; синдром пьяной мыши (*хаотические перемещения курсора, не коррелирующие с движениями мыши*)
    foot-controlled ~ ножная мышь
    left-handed ~ мышь для левой руки
    mechanical ~ механическая мышь
    Microsoft ~ мышь типа Microsoft (Mouse) с последовательным интерфейсом
    mind ~ одеваемое на палец указательное устройство, работающее на миоэлектрическом принципе, *проф.* разумная мышь
    Mouse System ~ мышь типа Mouse System с последовательным интерфейсом
    optical ~ оптическая мышь
    optomechanical ~ оптомеханическая мышь
    pen ~ перьевая мышь
    PS/2 ~ мышь с интерфейсом типа PS/2
    right-handed ~ мышь для правой руки
    roller-ball ~ мышь с перекатываемым шариком

multicast

scrolling-wheel ~ мышь с колёсиком прокрутки
serial ~ мышь с последовательным интерфейсом
tailless ~ беспроводная мышь, мышь с инфракрасным интерфейсом *или* радиоинтерфейсом
three-button ~ трёхкнопочная мышь
two-button ~ двухкнопочная мышь
wheel ~ мышь с колёсиком прокрутки

mouth раскрыв
    antenna ~ раскрыв [апертура] антенны
    artificial ~ эквивалент рта (*громкоговоритель с диаграммой направленности, имитирующей говорящего человека*)
    horn ~ раскрыв рупора

mouthpiece 1. микрофон (*микротелефонной трубки*) 2. амбюшур, мундштук (*духового музыкального инструмента*)

movable передвижной, переносный

move 1. движение; передвижение; перемещение; смещение || двигать(ся); передвигать(ся); перемещать(ся); смещать(ся) 2. *вчт* перемещение, пересылка (*напр. файла*) || перемещать, пересылать (*напр. файл*) 3. ход || делать ход (*напр. в компьютерных играх*)
    block ~ *вчт* перемещение блока (*данных*)

movement 1. движение; передвижение; перемещение; смещение 2. *вчт* перемещение, пересылка (*напр. файла*) 3. рабочая часть (*механизма*)
    data ~ перемещение данных
    domain-wall ~ смещение доменных границ; движение доменных границ
    drift eye ~ *бион.* дрейф, медленное поступательное движение глаз (*в процессе восстановления зрительных пигментов*)
    half-track ~ смещение магнитной головки на половину ширины дорожки (*при записи сервометок на жёсткий магнитный диск*)
    irreversible domain-wall ~ необратимое смещение доменных границ
    parade domain-wall ~ парадное движение доменных границ
    rapid eye ~ *бион.* быстрые движения глаз (*в фазе быстрого сна*)
    relative ~ относительное движение; относительное передвижение; относительное перемещение; относительное смещение
    reversible domain-wall ~ обратимое смещение доменных границ
    saccadic eye ~ *бион.* саккада, саккадическое движение глаз (*последовательное перемещение взгляда по деталям рассматриваемого объекта на 10 - 30´*)
    tremor eye ~ *бион.* тремор, дрожательное движение глаз (*колебания взгляда на 1 - 2´ с частотой около 50 Гц*)

mover 1. программа управления передачей (*напр. данных*) 2. двигатель; источник движения
    network data ~ программа управления передачей данных в сети
    prime ~ первичный источник движения

movie 1. кинофильм 2. кинотеатр 3. *pl* киноиндустрия 4. *pl* демонстрация кинофильма
    B ~ *тлв* малобюджетный некачественный вариант кинофильма (*предъявляемый для уклонения от налогов*)

moviedom киноиндустрия
moviegoer активный кинозритель
moviemaker кинорежиссёр

mP6 процессор шестого поколения фирмы Rise, процессор mP6

mP6II процессор шестого поколения фирмы Rise с интегрированной кэш-памятью второго уровня, процессор mP6II

MPEG 1. Группа экспертов по видео 2. разработанный Группой экспертов по видео международный стандарт сжатия видео- и аудиоданных, стандарт MPEG
    ~ **-1** стандарт (сжатия видео- и аудиоданных) MPEG-1 (*для записи на CD-ROM и передачи данных по каналам связи со скоростью до 1,5 Мбит/с*)
    ~ **-2** стандарт (сжатия видео- и аудиоданных) MPEG-2 (*для передачи данных по каналам связи со скоростью до 9 Мбит/с*)
    ~ **-2 Main Profile at Main Level** метод сжатия (видео- и аудиоданных) «главный профиль / главный уровень» в стандарте MPEG-2
    ~ **-3** стандарт (сжатия видео- и аудиоданных) MPEG-3 (*для телевидения высокой чёткости*)
    ~ **-4** стандарт (сжатия видео- и аудиоданных) MPEG-4 (*для передачи данных по каналам связи со скоростью до 64 Кбит/с*)
    ~ **Audio** метод сжатия аудиоданных в стандарте MPEG-1
    ~ **Video** метод сжатия видеоданных в стандарте MPEG-1

MPR I действовавший до 1987 г. стандарт Шведского национального совета по промышленному и техническому развитию на допустимые нормы электромагнитного излучения для мониторов, стандарт MPR I

MPR II действовавший в 1987-1992 гг. стандарт Шведского национального совета по промышленному и техническому развитию на допустимые нормы электромагнитного излучения для мониторов, стандарт MPR II

m-tile *вчт* квантиль
r-th ~ квантиль порядка r

mu ми, *проф.* мю (*1. буква греческого алфавита, М, μ 2. коэффициент усиления (электронной лампы) 3. магнитная проницаемость*)

muldem, muldex *вчт* мульдем, мультиплексор-демультиплексор

multiaccess коллективный доступ || с коллективным доступом

multiaddress многоадресный

multi-bit 1. многоразрядный 2. использующий несколько бит; относящийся к нескольким битам

multicast 1. передача стереофонических *или* квадрафонических радиопрограмм с помощью двух *или* четырёх передатчиков || передавать стереофонические *или* квадрафонические радиопрограммы с помощью двух *или* четырёх передатчиков 2. *вчт* передача сообщений для нескольких (персонифицированных) абонентов, для нескольких (определённых) узлов *или* (определённых) программ (*вычислительной системы или сети*), *проф.* многоабонентская передача (с персонификацией); групповая [многоадресная] передача || передавать сообщения для нескольких абонентов (с персонификацией), для нескольких (определённых) узлов *или* (определённых) программ (*вычислительной системы или сети*), *проф.* использовать многоабонентскую передачу (с персонификацией); использовать групповую [многоадресную] передачу || передаваемый для нескольких (персонифицированных) абонентов, для нескольких (определённых) узлов *или* (определённых) программ (*вычислительной системы или сети*), *проф.* многоабонентский (с персонификацией); групповой, многоадресный (*о передаче сообщений*)

multicasting 1. стереофоническое *или* квадрафоническое радиовещание с помощью двух *или* четырёх передатчиков **2.** *вчт* передача сообщений для нескольких (персонифицированных) абонентов, для нескольких (определённых) узлов *или* (определённых) программ (*вычислительной системы или сети*), *проф.* многоабонентская передача (с персонификацией); групповая [многоадресная] передача || передаваемый для нескольких (персонифицированных) абонентов, для нескольких (определённых) узлов *или* (определённых) программ (*вычислительной системы или сети*), *проф.* многоабонентский (с персонификацией); групповой, многоадресный (*о передаче сообщений*)

multichip многокристальная схема || многокристальный

multicollinearity мультиколлинеарность, множественная линейная зависимость переменных

multidial многошкальный; многопредельный

multidrop 1. многоотводная линия связи; многопунктовая линия связи || многоотводный; многопунктовый **2.** сеть с шинной архитектурой

multi-effects мультиэффекты (*напр. в цифровых камерах*)
   digital ~ цифровые мультиэффекты

multifractal мультифрактал

multiframe мультикадр

multiframing сверхцикловая синхронизация

multifrequency 1. многочастотный режим; многочастотный процесс || многочастотный **2.** способный работать на нескольких частотах синхронизации (*напр. о мониторе*)
   dual-tone ~ **1.** двухтональная многочастотная сигнализация **2.** двухтональный многочастотный набор

multifunction 1. многозначная функция **2.** многофункциональный

multihomed подключённый к нескольким сетям (*напр. о компьютере*)

multilaunching *вчт* одновременный запуск программы несколькими пользователями (*напр. в локальной сети*), *проф.* мультизапуск

multilayer 1. многослойная структура || многослойный **2.** многослойная плата
   magnetic ~ магнитная многослойная структура

multilingual 1. полиглот || владеющий несколькими иностранными языками **2.** многоязычный (*напр. о вещании*)

multilist *вчт* мультисписок, список с множественными указателями по различным параметрам упорядочения

multimedia (система) мультимедиа, комбинированное представление информации с использованием звука, графики, мультипликации и видео || мультимедийный

multimedial мультимедийный

multimeter универсальный измерительный прибор, *проф.* мультиметр

   digital ~ цифровой универсальный измерительный прибор
   electronic ~ электронный универсальный измерительный прибор
   lightwave ~ универсальный измерительный прибор оптического диапазона

multimicroprocessor мультимикропроцессор
   hybrid-redundant ~ мультимикропроцессор с гибридной избыточностью

multimode многомодовый

multimoding сдвиг частоты магнетрона (*из-за перехода с рабочего на другие виды колебаний*)

multinomial полином; многочлен || полиномиальный; многочленный

multiobjective многоцелевой

multioscillation многомодовая генерация

multipactor резонансный СВЧ-разрядник

multipactoring резонансный высокочастотный разряд

multipart составной, состоящий из многих частей; многокомпонентный

multipass 1. многократный проход (*напр. при сортировке данных*) || совершать многократный проход (*напр. при сортировке данных*) || многопроходный (*напр. о сортировке данных*) **2.** многократные действия; многократные попытки || совершать многократные действия *или* многократные попытки || многократный

multipassing 1. многократный проход (*напр. при сортировке данных*) || многопроходный (*напр. о сортировке данных*) **2.** многократные действия; многократные попытки || многократный

multipath многолучевое распространение

multiple 1. кратное || кратный **2.** множественный; многократный **3.** включённые параллельно (*в электрическую сеть*) **4.** *вчт* многократное повторение, многократное вхождение (*напр. элемента в последовательность*)
   least [lowest] common ~ наименьшее общее кратное

multiple-cavity многорезонаторный

multiple-space *вчт* печатать *или* набирать (*текст*) с несколькими интервалами (*между строками*)

multiple-spaced *вчт* напечатанный *или* набранный (*о тексте*) с несколькими интервалами (*между строками*)

multiplet *кв. эл.* мультиплет
   charge ~ зарядовый мультиплет
   inverted ~ обращенный мультиплет
   isotopic ~ изотопический мультиплет
   normal ~ нормальный мультиплет
   quadrupole ~ квадрупольный мультиплет
   spin-orbit ~ спин-орбитальный мультиплет

multiplex 1. уплотнение (*напр. линии связи*); объединение (*напр. сигналов*) || уплотнять (*напр. линию связи*); объединять (*напр. сигналы*) **2.** *вчт* мультиплексирование || мультиплексировать **3.** аппаратура уплотнения (*напр. линии связи*); аппаратура объединения, объединитель (*напр. сигналов*) **4.** *вчт* мультиплексор || мультиплексный **5.** мультиплекс, многозальный кинотеатр с комплексными услугами **6.** множественный; многократный
   asynchronous ~ асинхронное уплотнение
   code(-division) ~ кодовое уплотнение
   coded orthogonal frequency(-division) ~ уплотнение с ортогональным частотным разделением кодированных сигналов

multiplier

frequency(-division) ~ частотное уплотнение
pulse(-mode) ~ уплотнение по импульсным последовательностям
pulse-time ~ временное уплотнение с импульсной модуляцией
time(-division) ~ временное уплотнение
multiplexer 1. аппаратура уплотнения (*напр. линии связи*); аппаратура объединения, объединитель (*напр. сигналов*) 2. *вчт* мультиплексор
analog ~ аналоговый мультиплексор
digital ~ цифровой мультиплексор
polling ~ мультиплексор с опросом
statistical ~ аппаратура статистического уплотнения
subscriber loop ~ аппаратура уплотнения для абонентских линий
switching ~ мультиплексор с коммутацией каналов
multiplexing 1. уплотнение (*напр. линии связи*); объединение (*напр. сигналов*) 2. *вчт* мультиплексирование
adaptive ~ адаптивное уплотнение
angular-time ~ уплотнение по углу и времени
asynchronous time-division ~ асинхронное временное уплотнение
beam ~ объединение лучей
code-division ~ кодовое уплотнение
companded frequency-division ~ частотное уплотнение с компандированием
dense wavelength ~ концентрированное уплотнение по длинам волн (*в волоконно-оптических линиях связи*)
frequency-division ~ частотное уплотнение
image ~ объединение изображений
narrow-band wavelength-division ~ узкополосное уплотнение по длинам волн (*в волоконно-оптических линиях связи*)
optical add/drop ~ уплотнение методом оптического суммирования и ответвления
polarization ~ поляризационное уплотнение
pulse compression ~ уплотнение со сжатием импульсов
space-division ~ пространственное уплотнение
spatial ~ *опт.* пространственное объединение
time-compression [time-division] ~ временное уплотнение
wave(length) division ~ уплотнение по длинам волн (*в волоконно-оптических линиях связи*)
multiplexor *см.* multiplexer
multiplicand *вчт* множимое
multiplicate 1. умножать; перемножать 2. мультиплицировать, размножать 3. усиливать
multiplication 1. умножение; перемножение 2. мультипликация, мультиплицирование, размножение 3. усиление
avalanche ~ лавинное умножение
carrier ~ умножение носителей
collector ~ коллекторное умножение
cross ~ *вчт* приведение уравнение к виду, не содержащему дробей (*путём приведения к общему знаменателю*)
electron gun density ~ коэффициент сжатия электронного пучка
error ~ размножение ошибок
gas ~ газовое [ионное] усиление

logical ~ логическое умножение, конъюнкция
matrix ~ матричное умножение
phase-shifting ~ перемножение сдвинутых по фазе сигналов
pointwise ~ покоординатное умножение
polynomial ~ полиномиальное умножение, линейная свёртка
Q ~ *кв. эл.* умножение добротности
secondary-emission ~ вторично-эмиссионное умножение
vector-matrix ~ умножение матрицы на вектор
multiplicative мультипликативный
multiplicity 1. кратность 2. *кв. эл.* мультиплетность 3. сложность; разнообразие 4. многочисленность
~ **of intellect** сложность интеллекта
multiplier 1. умножитель (*1. умножитель частоты 2. умножитель напряжения 3. устройство для выполнения арифметической операции умножения*) 2. вторично-электронный умножитель, ВЭУ 3. добавочный резистор (*вольтметра*) 4. *вчт* множитель 5. мультипликатор (*в кейнсианстве*)
acoustooptic ~ акустооптический умножитель
analog ~ аналоговый умножитель
averaging ~ усредняющий стробирующий умножитель
class A ~ умножитель класса A
class B ~ умножитель класса B
class C ~ умножитель класса C
class D ~ умножитель класса D
class E ~ умножитель класса E
class F ~ умножитель класса F
cyclotron-resonance frequency ~ умножитель частоты на эффекте циклотронного резонанса
dynamic ~ динамический мультипликатор
electron ~ вторично-электронный умножитель, ВЭУ
fractional frequency ~ умножитель частоты с дробным коэффициентом умножения
frequency ~ умножитель частоты
Hall-effect ~ умножитель на преобразователе Холла, холловский умножитель
heat-transfer ~ терморезисторный умножитель
imaginary ~ *вчт* умножитель мнимых чисел
instrument ~ добавочный резистор вольтметра
klystron frequency ~ клистронный умножитель частоты
Lagrange ~ множитель Лагранжа
long-run ~ долгосрочный мультипликатор
magnetic frequency ~ магнитный умножитель частоты
nonlinear capacitance ~ варакторный умножитель частоты
photoelectric ~ фотоэлектронный умножитель, фотоумножитель, ФЭУ
potentiometer ~ потенциометрический умножитель
Q ~ умножитель добротности
quantum frequency ~ квантовый умножитель частоты
reactance frequency ~ параметрический умножитель частоты
real ~ *вчт* умножитель действительных чисел
sampling ~ усредняющий стробируемый умножитель
secondary-electron [secondary-emission] ~ вторично-электронный умножитель, ВЭУ

short-run ~ краткосрочный мультипликатор
strain gage ~ тензометрический умножитель
transmission secondary-electron ~ вторично-электронный умножитель с динодами, работающими на прохождение
transversal matrix-vector ~ трансверсальный умножитель матрицы на вектор
tree ~ каскадный умножитель
varactor ~ варакторный умножитель
variable-gain ~ активный умножитель с регулируемым коэффициентом усиления
Venetian blind ~ фотоэлектронный умножитель с жалюзной диодной системой
voltage ~ умножитель напряжения

multiply умножать; перемножать
  cross ~ *вчт* приводить уравнение к виду, не содержащему дробей (*путём приведения к общему знаменателю*)

multiply/accumulate умножение с накоплением, умножение со сложением ‖ умножать с накоплением, умножать со сложением (*при цифровой обработке сигналов*)

multipolar 1. мультипольный 2. многополюсный
multipole 1. мультиполь 2. многополюсный
  electric ~ электрический мультиполь
  magnetic ~ магнитный мультиполь
multiport многополюсник
multiprocessing *вчт* 1. мультипроцессорная [многопроцессорная] обработка ‖ мультипроцессорный, многопроцессорный 2. многозадачность; многозадачный режим ‖ многозадачный
  symmetrical ~ симметричная мультипроцессорная обработка
  time-sharing ~ мультипроцессорная обработка с разделением времени
multiprocessor мультипроцессорная [многопроцессорная] система с параллелизмом ‖ мультипроцессорный, многопроцессорный
  data-flow ~ многопроцессорная система обработки потоков данных
multiprogramming *вчт* 1. параллельное программирование, мультипрограммирование 2. многозадачность; многозадачный режим ‖ многозадачный
  ~ **with a fixed number of tasks** мультипрограммирование с фиксированным числом задач
  ~ **with a variable number of tasks** мультипрограммирование с переменным числом задач
  ~ **with a vast amount of troubles** *проф.* мультипрограммирование с огромным количеством трудностей
multirange многопредельный; многошкальный
multi-read воспроизводящий записи с компакт-дисков разного формата
multireflection многократное отражение
multirelaxation многоступенчатая релаксация
multiscale многошкальный; многопредельный
multiscan 1. монитор с набором частот строчной и кадровой развёртки ‖ способный работать на нескольких частотах строчной и кадровой развёртки (*о мониторе*) 2. требующий участия всех кортежей отношений (*в реляционных базах данных*)
multi-session *вчт* многосеансовая [многосессионная] запись (*на компакт-диск*) ‖ многосеансовый, многосессионный
multistability мультистабильность; многоустойчивость

multistable мультистабильный, с несколькими устойчивыми состояниями
multistage многоступенчатый; многокаскадный
multisync монитор с набором частот строчной и кадровой развёртки ‖ способный работать на нескольких частотах строчной и кадровой развёртки (*о мониторе*)
multitasking *вчт* многозадачность; многозадачный режим ‖ многозадачный
  cooperative ~ кооперативная многозадачность, многозадачность с сотрудничеством
  preemptive ~ многозадачность с реализацией приоритетов
multiterminal 1. многополюсный 2. *вчт* многотерминальный
multithread *вчт* 1. использовать параллельное программирование с применением легковесных процессов ‖ использующий параллельное программирование с применением легковесных процессов 2. использовать многопотоковый режим ‖ многопотоковый
multithreaded *вчт* 1. использующий параллельное программирование с применением легковесных процессов 2. многопотоковый
multithreading *вчт* 1. параллельное программирование с применением легковесных процессов ‖ использующий параллельное программирование с применением легковесных процессов 2. многопотоковый режим ‖ многопотоковый
multitone *вчт* многотональный процессор ‖ многотональный
  digital multitone ~ цифровой многотональный процессор
multitrace многолучевой
multi-tracking многодорожечная магнитная запись
multiturn 1. многовитковый 2. многооборотный (*о переменном резисторе*)
multiuser 1. многопользовательский 2. *тлф* многоабонентский
multivalley *пп* многодолинный
multivariate многопеременный (*напр. анализ*)
multivibrator мультивибратор
  astable ~ несинхронизируемый мультивибратор
  asymmetrical ~ несимметричный мультивибратор
  balanced ~ симметричный мультивибратор
  biased ~ одновибратор, ждущий [моностабильный] мультивибратор
  bistable ~ бистабильный мультивибратор
  cathode-coupled ~ мультивибратор с катодной связью
  continuously running ~ несинхронизируемый мультивибратор
  delay ~ одновибратор, ждущий [моностабильный] мультивибратор
  driven ~ синхронизируемый мультивибратор
  emitter-coupled ~ мультивибратор с эмиттерной связью
  flip-flop ~ бистабильный мультивибратор
  free-running ~ несинхронизируемый мультивибратор
  gate ~ одновибратор, ждущий [моностабильный] мультивибратор
  horizontal ~ *тлв* мультивибратор блока строчной развёртки
  master ~ задающий мультивибратор

monostable ~ одновибратор, ждущий [моностабильный] мультивибратор
one-cycle [one-shot] ~ одновибратор, ждущий [моностабильный] мультивибратор
oscillating ~ несинхронизируемый мультивибратор
single-shot [single-trip] ~ одновибратор, ждущий [моностабильный] мультивибратор
symmetrical ~ симметричный мультивибратор
unsymmetrical ~ несимметричный мультивибратор
multiviewports дисплей с расщеплённым экраном
multivolume *вчт* многотомный (*напр. файл*)
multiwave многоволновый
Mumetal му-металл (*магнитный сплав*)
MUMPS ориентированный на базы данных язык программирования MUMPS, ориентированный на базы данных язык программирования M
munch *вчт проф.* 1. «перемалывать» информацию (*в процессе вычислений*) 2. отслеживать структуру данных (*сверху вниз*) 3. назойливо исследовать систему безопасности с целью несанкционированного проникновения
munching *вчт проф.* 1. «перемалывание» информации (*в процессе вычислений*) 2. отслеживание структуры данных (*сверху вниз*) 3. назойливое исследование системы безопасности с целью несанкционированного проникновения
mung(e) *вчт проф.* портить; уничтожать; разрушать (*напр. систему*); вносить (*напр. в файл*) необратимые изменения (*случайно или преднамеренно*)
muon *фтт* мюон
muonic *фтт* мюонный
musa многоэлементная антенна с управлением положением диаграммы направленности
Muscovite *крист.* слюда
Museum:
  Computer ~ Музей компьютеров (*в Бостоне, США*)
music 1. музыка 2. музыкальное произведение
  background ~ практика передачи музыкальных произведений по сети внутреннего вещания общественных зданий, *проф.* музыкальный фон
  computer ~ компьютерная музыка
  digital ~ музыкальные произведения в цифровом формате, *проф.* цифровая музыка
  electronic ~ электронная музыка
  elevator ~ передача музыкальных произведений (*нейтрального содержания и ненавязчивой формы*) по сети внутреннего вещания общественных зданий, в магазинах и др., *проф.* музыка для лифтов
musical 1. музыкальный 2. *тлв* мюзикл, музыкальная комедия
musicomp язык программирования для музыкальной композиции и синтеза музыки
Mustang серверный вариант процессора Athlon
mutable 1. мутирующий; обладающий способностью мутировать 2. (видо)изменяемый; обладающий способностью к изменению
mutant мутант
mutate 1. мутировать, испытывать мутацию; использовать мутацию *или* мутации 2. (видо)изменяться; обладать способностью к изменению
mutation 1. мутация (*1. спонтанное или индуцированное изменение генетического материала 2. оператор в генетических алгоритмах*) 2. (видо)изменение; изменчивость

mute 1. *тлв* режим работы с отключённым звуком ‖ отключать звук ‖ работающий с отключённым звуком (*напр. о телевизоре*) 2. *тлв* кнопка отключения звука (*напр. в телевизоре*) 3. не излучающий звук 4. приглушать звук; уменьшать громкость 5. использовать схему бесшумной настройки, автоматически регулировать коэффициент усиления *или* громкость для подавления взаимных радиопомех при настройке 6. разбавлять цвет; уменьшать насыщенность цвета
  automatic (space) record ~ кнопка для создания 4-секундных пауз между фрагментами записи (*для обеспечения нормальной работы системы поиска в магнитофонах*)
MuTEX расширение специализированного языка программирования TEX для музыкальных приложений
mutex 1. взаимное исключение 2. *вчт* объект с функцией взаимного исключения (*параллельных процессов*)
muting 1. *тлв* работа с отключённым звуком (*напр. о телевизоре*) 2. *тлв* отключение звука (*напр. в телевизоре*) 3. приглушение звука; уменьшение громкости 4. бесшумная настройка, автоматическая регулировка коэффициента усиления *или* громкости для подавления радиопомех при настройке 5. разбавление цвета; уменьшение насыщенности цвета
  interstation ~ бесшумная настройка
Mylar, mylar майлар, полиэтилентерефталат, лавсан
myocardiograph миокардиограф
myoelectric миоэлектрический
myograph миограф
myopia *опт.* миопия, близорукость
mySimon *вчт* поисковая машина mySimon

N

N (допустимое) буквенное обозначение i-го ($2 \leq i \leq 26$) логического диска, съёмного устройства памяти *или* компакт-диска (*в IBM-совместимых компьютерах*)
nabe *проф.* ближайший (*к месту жительства данного зрителя*) кинотеатр
nabla оператор Гамильтона, (оператор) набла
nacelle гондола; корзина (*напр. аэростата*)
  sonar ~ обтекатель гидролокационной антенны
nadir надир
nagware *проф.* (лицензированное) условно-бесплатное программное обеспечение с появляющимся при загрузке регистрационным окном
name *вчт* имя ‖ присваивать имя
  account ~ 1. имя и пароль пользователя; имя данных о пользователе (*имени, пароле, номере счёта, списке предоставляемых услуг*) 2. электронное имя пользователя (*для получения доступа к электронной почте*)
  block ~ имя блока
  brand ~ 1. товарный знак 2. изделие с товарным знаком

name

   canonical ~ *вчт* каноническое имя (*1. реальное имя сетевой станции 2. тип записи в DNS-ресурсе, CNAME-запись*)
   computer ~ имя компьютера (*в сети*)
   data ~ имя данных
   data definition ~ имя определения данных, имя описания данных
   device ~ имя устройства
   field ~ *вчт* имя поля
   file ~ имя файла
   full ~ полное имя
   fully qualified domain ~ полностью определённое имя домена
   login ~ *вчт* идентификационное [регистрационное] имя (пользователя) (*запрашиваемое до пароля*), имя (пользователя) для входа в систему
   process ~ имя процесса
   range ~ имя интервала (*в электронных таблицах*)
   record ~ имя записи
   reverse ~ *вчт* обратное [реверсное] имя (*узла сети*)
   root ~ корневое имя (*файла*), имя (*файла*) без расширения
   short Pantone ~s короткие имена цветов в колориметрической системе Pantone, короткие имена цветов в системе PMS
   symbolic ~ *вчт* символическое имя
   tag ~ имя тега, обобщённый дескриптор
   trade ~ 1. товарный знак 2. фирменное название (*товара*) 3. название фирмы
   user ~ *вчт* имя пользователя
   volume ~ *вчт* метка тома
name-brand снабжённый товарным знаком (*об изделии*); с товарным знаком
namespace *вчт* пространство имён
   global ~ глобальное пространство имён
Nan стандартное слово для буквы *N* в фонетическом алфавите «Эйбл»
NAND И НЕ (*логическая операция*), отрицание конъюнкции
nano- нано... н, 10^{-9} (*приставка для образования десятичных дольных единиц*)
nanoacre *вчт проф.* наноакр, $4{,}047 \cdot 10^{-6}$ м² (*типичный размер интегральных схем*)
nanoagent наноробот (*1. молекулярный робот 2. миниатюрный робот*)
nanobot наноробот (*1. молекулярный робот 2. миниатюрный робот*)
nanocluster нанокластер, кластер нанометровых размеров
nanocomponent нанокомпонент, компонент нанометровых размеров, наноэлемент, элемент нанометровых размеров
nanocomposite нанокомпозит, композиционный материал на основе наночастиц
nanocomputer компьютер с быстродействием 10^9 операций в секунду
nanocontact наноконтакт, контакт нанометровых размеров
   magnetic ~ магнитный наноконтакт
nanocrystal нанокристалл, кристалл нанометровых размеров ‖ нанокристаллический
   light-emitting ~ светоизлучающий нанокристалл
nanoelectronics наноэлектроника (*1. электронные схемы с наносекундным быстродействием 2. электронные схемы с нанометровыми размерами элементов*)
nanoelement наноэлемент, элемент нанометровых размеров, нанокомпонент, компонент нанометровых размеров
nanofabrication нанотехнология, технология (изготовления) ИС с нанометровыми размерами элементов
nanoflake 1. нанослой, слой нанометровой толщины 2. наночешуйка; наночастица
nanoflare нановспышка (*в солнечной короне*)
nanoheterostructure наногетероструктура, гетероструктура нанометровых размеров
nanohysteresis гистерезис системы (магнитных) наночастиц; гистерезис (магнитных) наноструктур
nanoinstruction нанокоманда
nanojunction 1. *p — n*-нанопереход, *p — n*-переход нанометровых размеров 2. нанопереход; наноконтакт
   p-n ~ *p — n*-нанопереход, *p — n*-переход нанометровых размеров
nanolaser нанолазер, лазер с нанометровыми размерами активной среды
nanolithography нанолитография, литография для изготовления ИС с нанометровыми размерами элементов
nanomagnet наномагнетик, магнитный материал с нанометровой субструктурой
nanomanipulation манипуляция в нанотехнологии, манипуляция с нанометровым разрешением
nanoparticle наночастица, частица нанометровых размеров
nanorobot наноробот, молекулярный робот (*в нанотехнологии*)
nanosatellite миниатюрный космический корабль на основе микроэлектромеханических систем, *проф.* наноспутник
nanoscope осциллограф с наносекундным разрешением, наносекундный осциллограф
nanoslider наноползунок (*магнитной головки*), миниатюрный держатель парящей магнитной головки в жёстких дисках
nanostructure наноструктура, структура нанометровых размеров
   clustered-layered ~ кластерно-слоистая наноструктура
   granular ~ гранулированная наноструктура
   magnetic ~ магнитная наноструктура
   molecular ~ молекулярная наноструктура
   multi-layered ~ многослойная наноструктура
   percolating magnetic ~ перколирующая магнитная наноструктура
   self-assembled ~ наноструктура с самосборкой, самоорганизующаяся наноструктура
   self-organized ~ самоорганизующаяся наноструктура, наноструктура с самосборкой
   tunnel ~ туннельная наноструктура
nanotechnology нанотехнология, технология (изготовления) ИС с нанометровыми размерами элементов
nanotransistor нанотранзистор, транзистор нанометровых размеров
nanotribology нанотрибология
nanotube нанотрубка, трубка нанометрового диаметра
   carbon ~ углеродная нанотрубка

chiral ~ хиральная нанотрубка
concentric multiwalled ~ нанотрубка с множественными концентрическими стенками
hybrid silicon-and-carbon ~ гибридная кремниево-углеродная нанотрубка
metallic ~ металлическая нанотрубка
semiconducting ~ полупроводниковая нанотрубка

nanowire нанопроводник, проводник нанометровых размеров, нанопроволока, проволока нанометрового диаметра

naphthofluoroscein нафтофлуоросцеин (*краситель*)

napier *см.* **neper**

narrate комментировать (*фильм, телевизионную программу и др.*)

narrater комментатор

narration 1. комментирование **2.** комментарий (*к фильму, телевизионной программе и др.*)

narrational комментаторский

narrative 1. комментирование **2.** комментарий (*к фильму, телевизионной программе и др.*) **3.** комментаторский

narrator *см.* **narrater**

narrow 1. сужение; узкая часть ‖ сужать(ся); делать(ся) уже ‖ суженный; узкий **2.** ограничивать(ся) ‖ ограниченный **3.** строгий; тщательный; подробный

narrowband узкополосный

narrowcast вещание на ограниченную аудиторию ‖ производить вещание на ограниченную аудиторию

narrowcasting вещание на ограниченную аудиторию

narrowing 1. сужение **2.** ограничение
   band-gap ~ *пп* сужение запрещённой зоны
   exchange ~ обменное сужение (*линии [кривой] парамагнитного резонанса*)
   magnetic resonance line ~ сужение линии [кривой] магнитного резонанса
   motional ~ двигательное сужение (*линии [кривой] парамагнитного резонанса*)
   pulse ~ импульсное сужение (*линии [кривой] ядерного магнитного резонанса*)
   spectral line ~ сужение спектральной линии

narrowness 1. узость **2.** ограниченность **3.** малая расходимость (*напр. пучка*)

nasal 1. носовой звук **2.** носовой (*1. относящийся к органу обоняния 2. относящийся к звуку*)

nasalization назализация звука (*1. произнесение носового звука 2. придание р(о)товому гласному носового характера*)

nasalize 1. произносить носовой звук **2.** придавать р(о)товому гласному носовой характер

nastygram *вчт* **1.** пакет протокольных данных *или* электронное письмо с компьютерным вирусом, создающим данные, интерпретируемые как исполняемый код **2.** письмо с непристойным, оскорбительным *или* угрожающим содержанием **3.** пессимистичное письмо

native *вчт* относящийся к собственной системе команд (*данного компьютера*); собственный, *проф.* «родной»

native-mode 1. *вчт* относящийся к режиму работы в собственной системе команд (*данного компьютера*), *проф.* относящийся к «родному» режиму **2.** относящийся к оптимальному режиму работы (*данного прибора или устройства*), *проф.* относящийся к «родному» режиму

natural 1. объект *или* субъект естественного [природного] происхождения; натуральный продукт ‖ естественный, природный; натуральный **2.** белая клавиша, клавиша основной ступени натурального звукоряда (*напр. на MIDI-клавиатуре*) **3.** относящийся к натуральному звукоряду (*о звуке*) **4.** бекар; знак бекара, символ ♮ **5.** нота с бекаром; звук, соответствующий ноте с бекаром **6.** натуральный (*о логарифме*)

nature 1. природа **2.** Вселенная **3.** сущность; существо; суть **4.** характер; род; тип; сорт
   animate ~ живая природа
   inanimate ~ неживая природа

naught цифра 0

NAVAGLIDE курсовой и глиссадный приёмники радиомаячной системы посадки NAVAGLIDE

NAVAGLOBE низкочастотная угломерная радиопеленгационная система дальней навигации, система NAVAGLOBE

NAVAR угломерно-дальномерная система дальней навигации и управления воздушным движением дециметрового [ДМВ-]диапазона, система NAVAR

NAVASCREEN система обработки и индикации радиолокационных данных в системе управления воздушным движением, система NAVASCREEN

navigate 1. находить оптимальный маршрут; двигаться правильным курсом; перемещаться в нужном направлении **2.** определять местоположение и направление движения; указывать направление движения (*объекта*) **3.** *вчт* осуществлять поиск, просмотр и организацию доступа к ресурсам (*напр. сети*)

navigating 1. нахождение оптимального маршрута; движение правильным курсом; перемещение в нужном направлении **2.** определение местоположения и направления движения; указание направления движения (*объекта*) **3.** *вчт* осуществление поиска, просмотра и организации доступа к ресурсам (*напр. сети*)

navigation 1. навигация **2.** *вчт* поиск, просмотр и организация доступа к ресурсам (*напр. сети*)
   aerial [air] ~ воздушная навигация, аэронавигация
   analytical inertial ~ инерциальная навигация с использованием ЭВМ
   area ~ зональная навигация
   astronomical ~ астрономическая навигация, астронавигация
   automatic celestial ~ автоматическая астронавигация
   blind ~ инструментальная навигация, навигация по приборам
   celestial ~ астрономическая навигация, астронавигация
   deep-space ~ дальняя космическая навигация
   Doppler ~ доплеровская навигация
   enroute ~ маршрутная навигация
   glide-slope ~ навигация по лучу глиссадного радиомаяка
   gravity ~ навигация по гравитационному полю Земли
   hyperbolic ~ гиперболическая навигация
   inertial ~ инерциальная навигация
   long-range ~ 1. дальняя навигация **2.** система «Лоран», импульсная разностно-дальномерная гиперболическая радионавигационная система

navigation

    radar ~ радиолокационная навигация
    radio ~ радионавигация
    satellite ~ спутниковая радионавигация
    short-range ~ ближняя навигация
    short-range air ~ 1. ближняя аэронавигация 2. система «Шоран» (*радионавигационная система ближней навигации*)
    space ~ космическая навигаций
    stellar-inertial ~ астроинерциальная навигация
    terrain-aided ~ навигация по рельефу местности
Navigator:
    Netscape ~ *вчт* программа фирмы Netscape Communications для просмотра, поиска и организации доступа к ресурсам сети, браузер Netscape Navigator
navigator 1. навигационное устройство; навигационная система 2. *вчт* программа поиска, просмотра и организации доступа к ресурсам (*напр. сети*)
    inertial ~ инерциальная навигационная система
    radar ~ радиолокационное навигационное устройство
    radar Doppler automatic ~ автономная самолётная доплеровская радиолокационная навигационная система
    satellite ~ спутниковая навигационная система
NAVSTAR американский вариант глобальной (спутниковой) системы (радио)определения местоположения и космической навигации (*с использованием двадцати четырёх ИСЗ*), система NAVSTAR (GPS)
near-equilibrium квазиравновесный
near-field 1. в ближней зоне, в зоне индукции (*напр. о поле излучения антенны*) 2. в промежуточной зоне (*напр. о поле излучения антенны*) 3. ближнего поля (*напр. о методе микроскопии*)
near-letter-quality среднего качества (*о печати деловой корреспонденции*)
near-point ближняя точка интервала аккомодации глаза
nearsightedness *опт.* близорукость, миопия
nebula (галактическая) туманность
    radio ~ радиотуманность
    spiral ~ спиральная туманность
neck 1. шейка; горловина; сужение 2. горловина баллона (*ЭЛТ*)
    bottle ~ 1. критическое ограничение; сильное ограничение; узкое место, проф. «узкое горло» 2. критический элемент; критический параметр
need потребность; нужда || иметь потребность; нуждаться
needle 1. игла (*1. заострённый стержнеобразный предмет 2. колющий инструмент 3. воспроизводящая игла (напр. для воспроизведения грампластинок) 4. игольчатый кристалл*) 2. использовать иглу; укалывать 3. игольчатый; иглообразный 4. кристаллизоваться в форме игл 5. резец (*рекордера*) 6. стрелка (*прибора*); магнитная стрелка (*компаса*)
    damped ~ стрелка с успокоителем
    diamond ~ алмазная игла
    magnetic ~ магнитная стрелка (*компаса*)
    meter ~ стрелка измерительного прибора
    print ~ печатающая игла
    sapphire ~ сапфировая игла
negate выполнять логическую операцию НЕ

negater *см.* negator
negation *вчт* отрицание, НЕ (*логическая операция*)
negative 1. отрицательная величина || отрицательный 2. отрицательная пластина; отрицательный вывод (*элемента*) 3. негатив, негативное изображение 4. рассеивающий, отрицательный (*о линзе*) 5. отрицательное суждение; отрицание || отрицательный 6. знак вычитания, минус 7. первый металлический оригинал (*напр. грампластинки*)
    A- ~ отрицательный вывод источника напряжения накала
    B- ~ отрицательный вывод источника анодного напряжения
    black ~ *тлв* позитивный видеосигнал
    C-~ отрицательный вывод источника напряжения смещения на сетке
    color ~ цветной негатив
    double ~ двойное отрицание
    F-~ отрицательный вывод источника напряжения накала
    false ~ ложное отрицательное суждение; ложное отрицание || ложно отрицательный
    master ~ первый металлический оригинал
    metal(lic) ~ первый металлический оригинал
    optical ~ негатив
    separation ~ цветоделённый негатив
negation НЕ (*логическая операция*), отрицание
negator логическая схема НЕ, схема (функции) отрицания, инвертор
negatron 1. электрон 2. тетрод с отрицательным сопротивлением
negentropy негэнтропия
neglect пренебрегать; не принимать во внимание
negligible пренебрежимо малый (*напр. о величине*)
negotiate 1. *вчт* согласовывать; вести диалог для согласования (*напр. параметров устройств*) 2. вести переговоры; договариваться
negotiation 1. *вчт* согласование; диалог для согласования (*напр. параметров устройств*) 2. ведение переговоров; переговоры 3. результат переговоров; договор
    content ~ согласование содержимого
neighbor 1. *фтт* сосед || служить соседом || соседний 2. *вчт* находиться в окрестности || находящийся в окрестности (*точки*) 3. *вчт* соседний одноранговый маршрутизатор
    nearest ~ ближайший сосед
    next nearest ~ второй ближайший сосед, следующий за ближайшим сосед
Neighborhood:
    Network ~ пиктограмма для получения доступа к ресурсам локальной сети (*в операционной системе Windows*)
neighborhood 1. *фтт* соседство 2. *вчт* окрестность (*точки*) 3. радиус обучения, радиус коррекции (*в нейронных сетях*)
    ~ **of critical point** окрестность критической точки
    ~ **of set** окрестность множества
    ~ **of singular point** окрестность особой точки
    ~ **of zero** окрестность нуля
    closed ~ замкнутая окрестность
    collapsible ~ сжимаемая окрестность
    connected ~ связная окрестность
    convergence ~ окрестность сходимости; радиус сходимости

net

    Goley ~ радиус обучения по Голею (*6 ближайших соседей*)
    infinitesimal ~ бесконечно малая окрестность
    Moore ~ радиус обучения по Муру (*8 ближайших соседей*)
    one-sided ~ односторонняя окрестность
    open ~ открытая окрестность
    small ~ малая окрестность
    von Neumann ~ радиус обучения по фон Нейману (*4 ближайших соседа*)
neighboring 1. *фтт* соседний **2.** *вчт* находящийся в окрестности (*напр. точки*)
NEITHER-NOR ~ (включающее) ИЛИ НЕ (*логическая операция*), отрицание дизъюнкции
nematic нематик, нематический жидкий кристалл ‖ нематический
    film-compensated super twisted ~ супертвистированный [сверхскрученный] нематик с компенсирующей (полимерной) плёнкой, супертвистированный [сверхскрученный] нематический жидкий кристалл с компенсирующей (полимерной) плёнкой (*в жидкокристаллических дисплеях*)
    super twisted ~ супертвистированный [сверхскрученный] нематик, супертвистированный [сверхскрученный] нематический жидкий кристалл
    twisted ~ твистированный [скрученный] нематик, твистированный [скрученный] нематический жидкий кристалл
nemo *тлв* внестудийная передача
neocognitron неокогнитрон (*1. алгоритм обучения искусственных нейронных цепей 2. искусственная нейронная сеть с обучением по алгоритму типа «неокогнитрон»*)
neologism *вчт* неологизм
neomorphic *вчт* неоморфный
Neopilaton система «Неопилатон» (*для синхронизации видеозаписей*)
neper непер, Нп (0,8686 Б)
nephelometer нефелометр
    laser ~ лазерный нефелометр
nerd *вчт проф.* невежественный компьютерный фанатик
    computer ~ невежественный компьютерный фанатик
    turbo ~ невежественный компьютерный фанатик
nerve *бион.* нерв
    afferent ~ афферентный [центростремительный] нерв
    efferent ~ эфферентный [центробежный] нерв
nesistor биполярный полевой транзистор с отрицательным сопротивлением
nest 1. гнездо; ячейка **2.** набор; комплект **3.** вложение ‖ вкладывать (*напр. одну модель в другую*)
    ~ of loops совокупность вложенных циклов
    ~ of sets совокупность вложенных множеств
    rat's ~ *микр.* рисунок межсоединений, *проф.* «крысиные норы»
nested вложенный (*напр. о модели*)
nesting вложение (*напр. одной модели в другую*)
    artificial ~ искусственное вложение
    loop ~ *вчт* вложение цикла (*в другой цикл*)
.NET *вчт* архитектура .NET (*корпорации Microsoft*)
net 1. сеть (*1. локальная, региональная или глобальная вычислительная сеть 2. коммуникационная сеть; сеть связи (напр. телефонная) 3. сеть вещательных станций (напр. телевизионных) 4. нейронная сеть 5. замкнутая совокупность функционально однотипных организаций или предприятий 6. способ представления знаний в виде связного орграфа в системе искусственного интеллекта 7. сетка*) **2.** использовать сеть *или* сети **3.** создавать сеть *или* сети; покрывать сетью (*напр. вещательных станций*) определённую территорию **4.** плести сеть *или* сетку; применять сеть *или* сетку; образовывать сеть *или* сетку **5.** схема; цепь; контур **6.** *микр.* совокупность межсоединений; разводка **7.** *вчт* имя домена верхнего уровня для сетевых узлов Internet
    autoassociative neural ~ автоассоциативная нейронная сеть
    back propagation ~ нейронная сеть с обучением по алгоритму обратного распространения (ошибок)
    clock ~ сеть синхронизации
    command ~ сеть командного управления
    competitive ~ соревновательная (нейронная) сеть
    compromise ~ гибридная [мостовая] схема (*включения*)
    excitable-element ~ *бион.* сеть возбудимых элементов
    feedforward neural ~ нейронная сеть прямого распространения
    free ~ сеть связи со свободным доступом; сеть несанкционированной связи
    functional-link neural ~ нейронная сеть с функциональными связями
    Hamming ~ соревновательная (нейронная) сеть Хэмминга
    Hebb ~ (нейронная) сеть (с обучением по алгоритму) Хэбба
    heteroassociative neural ~ гетероассоциативная нейронная сеть
    higher-order neural ~ нейронная сеть высшего порядка
    Hopfield ~ (нейронная) сеть Хопфилда
    Kohonen (self-organizing) ~ (самоорганизующаяся) карта Кохонена, (искусственная нейронная) сеть Кохонена
    learning vector quantization ~ соревновательная (нейронная) сеть с квантованием обучающего вектора
    LVQ ~ *см.* learning vector quantization net
    multilayer neural ~ многослойная нейронная сеть
    neural ~ нейронная сеть, нейросеть, НС (*1. биологическая нейронная сеть 2. искусственная нейронная сеть, ИНС*)
    neural ~ with one hidden layer нейронная сеть с одним скрытым слоем
    neuron ~ нейронная сеть, нейросеть, НС (*1. биологическая нейронная сеть 2. искусственная нейронная сеть, ИНС*)
    radar ~ сеть РЛС
    radio ~ радиосеть
    Petri ~ *вчт* сеть Петри
    plastic ~ пластичная (нейронная) сеть
    probabilistic neural ~ вероятностная нейронная сеть
    recurrent neural ~ рекуррентная нейронная сеть, нейронная сеть с обратной связью
    regression neural ~ регрессионная нейронная сеть

net

semantic ~ семантическая сеть

slip ~ (семантическая) сеть с концептуальным сжатием

net.- приставка для обозначения субъектов *или* объектов, связанных с UseNet *или* Internet

net.abuse сетевые злоупотребления (*в UseNet*)

netcasting *вчт* передача сообщений для нескольких (персонифицированных) абонентов, для нескольких (определённых) узлов *или* (определённых) программ (*вычислительной системы или сети*), *проф.* многоабонентская передача (с персонификацией); групповая [многоадресная] передача

netcitizen активный абонент сети, *проф.* гражданин сети

net.god, net.goddess *вчт проф.* бог сети, богиня сети (*опытнейший член UseNet со стажем не менее 5 лет, руководящий группой новостей, пишущий программы и лично известный активу организации*)

netiquette правила поведения в сети, сетевой этикет, *проф.* сетикет

Netlist язык описания для автоматической разработки электронных схем

netmail *вчт* сетевая почта

Netnews общее название групп новостей в UseNet

NETNORTH канадская глобальная сеть NETNORTH

net.police сетевая полиция (*для контроля за соблюдением традиций и сетевого этикета в UseNet*)

NETtalk устройство распознавания и озвучивания групп символов в тексте (*для обучения правильному произношению*)

nettop бытовой электронный прибор с управлением через компьютерную сеть

Netwallah специалист *или* группа специалистов по оформлению и обеспечению работоспособности Web-сайта, *проф.* вебмастер

NetWare сетевая операционная система NetWare (*фирмы Novell*)

Novell ~ сетевая операционная система NetWare фирмы Novell

Network:

  Advanced Research Projects Agency ~ сеть Управления перспективного планирования научно-исследовательских работ, сеть ARPANET

  Air Force Communication ~ сеть связи ВВС (*США*), сеть Aircomnet

  Cable News ~ Сеть кабельного вещания США, Си-Эн-Эн

  Defense Data ~ открытая информационная вычислительная сеть, объединяющая военные базы США и их подрядчиков, сеть DDN

  European Information ~ Европейская информационная сеть, сеть EURONET

  Military ~ входящая в Internet военная сеть MILNET (*для несекретных сообщений*)

  National Computer Services ~ Национальная компьютерных служб, организация NCSN (*США*)

  National Research and Educational ~ Национальная сеть научно-исследовательских и образовательных учреждений США

  National Science Foundation ~ сеть Национального научного фонда (*США*)

  NSF ~ *см.* National Science Foundation Network

network 1. сеть (*1. локальная, региональная или глобальная вычислительная сеть 2. коммуникационная сеть; сеть связи (напр. телефонная) 3. сеть вещательных станций (напр. телевизионных) 4. нейронная сеть 5. замкнутая совокупность функционально однотипных организаций или предприятий 6. способ представления знаний в виде связного орграфа в системе искусственного интеллекта 7. сетка*) 2. работать в сети; обмениваться информацией с помощью сети; использовать сеть *или* сети 3. создавать сеть *или* сети; покрывать сетью (*напр. вещательных станций*) определённую территорию 4. плести сеть *или* сетку; применять сеть *или* сетку; образовывать сеть *или* сетку 5. схема; цепь; контур

~s **of general equivalence** полностью эквивалентные цепи

~s **of limited equivalence** цепи с ограниченной эквивалентностью

~ **of microcomputer** сеть микрокомпьютеров, сеть персональных компьютеров, сеть ПК

abstract semantic ~ абстрактная семантическая сеть

active ~ активная схема

activity ~ сетевой график работ

adaptive ~ адаптивная сеть

adaptive resonance theory ~ модель адаптивного резонанса, ART-модель; искусственная нейронная сеть с обучением по алгоритму ART

additive Grossberg ~ нейронная сеть Гроссберга с аддитивным обучением

advanced intelligent ~ развитая интеллектуальная сеть

advertiser ~ сеть для рекламодателей, рекламная сеть

aeronautical fixed telecommunications ~ воздушная фиксированная сеть электросвязи

all-pass ~ фазовый фильтр

aperiodic ~ апериодический контур

ART ~ *см.* adaptive resonance theory network

artificial mains ~ эквивалент сети

artificial neural ~ искусственная нейронная сеть, ИНС

asynchronous ~ асинхронная сеть

asynchronous neural ~ асинхронная нейронная сеть

attached resource computer ~ компьютерная сеть с приданными ресурсами, (локальная) сеть ARCnet

attenuation ~ аттенюатор

automatic digital ~ система автоматической обработки данных цифровой сети военного назначения, система AUTODIN

automatic voice ~ автоматическая сеть телефонной связи, сеть AUTOVON

backbone ~ 1. сеть магистральных линий связи, магистральная сеть 2. базовая сеть, сеть первичных межсоединений в иерархической распределённой системе

back propagation ~ нейронная сеть с обучением по алгоритму обратного распространения (ошибок)

back-up radio ~ радиосеть с резервными направлениями связи

balanced ~ 1. симметричная схема 2. балансная схема

balanced Feistel ~ сбалансированная сеть Файстеля (*с одинаковыми размерами постоянной и изменяемой части*)
balancing ~ симметрирующая схема
BAM ~ *см.* **bidirectional associative memory network**
banner ~ сеть с показом рекламы в окнах на Web-страницах; *проф.* «баннерная» сеть
baseband ~ сеть с прямой [безмодуляционной] передачей (*сигналов*), сеть с передачей (*сигналов*) без преобразования спектра
basic ~ эквивалентная схема линии передачи
Bayes ~ байесова сеть
beam-forming ~ 1. схема формирования луча; схема формирования пучка 2. схема формирования главного лепестка диаграммы направленности антенны
because it's time ~ сеть BITnet, сеть мэйнфреймов университетов и научных организаций Северной Америки, Европы и Японии
Benetton ~ сеть типа Benetton для мелкого бизнеса
biconjugate ~ гибридная [мостовая] схема с попарно сопряжёнными полными сопротивлениями
bidirectional associative memory ~ двунаправленная ассоциативная память, гетероассоциативная нейронная сеть с взаимозаменяемыми входами и выходами
bilateral ~ двунаправленная схема
biological neural ~ биологическая нейронная сеть
Boltzman machine neural ~ нейронная сеть типа «машина Больцмана»
Boolean ~ булева сеть, сеть логических элементов
brain-state-in-a-box ~ нейронная сеть типа BSB с обратной связью, рекуррентная нейронная сеть типа BSB
bridge ~ мостовая схема, мост
bridged-T ~ перекрытая мостовая T-образная схема
broadband communication ~ широкополосная сеть связи
broadband integrated services digital ~ 1. широкополосная глобальная цифровая сеть с комплексными услугами, сеть (стандарта) B-ISDN 2. всемирный стандарт для широкополосных цифровых сетей с комплексными услугами, стандарт B-ISDN
building-out ~ цепь подстройки; согласующая цепь
bus ~ сеть с шинной архитектурой
butterfly ~ сортирующая сеть с архитектурой типа «сачок»
C ~ C-образная схема; C-образная цепь
cellular neural ~ клеточная нейронная сеть, сеть нейронных клеточных автоматов
cellular radio ~ радиосеть с сотовой структурой
channel-switching ~ сеть с коммутацией каналов; сеть с установлением логического соединения (*о методе связи*)
chaotic neural ~ хаотическая нейронная сеть
charge-routing ~ схема с циркуляцией заряда, СЦЗ
circuit-switched data ~ сеть передачи данных с коммутацией каналов
circuit-switched public data ~ сеть передачи данных общего пользования с коммутацией каналов
circuit-switching ~ сеть с коммутацией каналов; сеть с установлением логического соединения (*о методе связи*)

class A ~ сеть класса A, входящая в Internet сеть с IP адресом x.0.0.0, где x = 0... 127 (*обслуживающая $2^{24} - 1 = 16777215$ IP адресов*)
class B ~ сеть класса B, входящая в Internet сеть с IP адресом x.y.0.0, где x = 128... 191, y = 0... 254 (*обслуживающая $2^{16} = 65536$ IP адресов*)
class C ~ сеть класса C, входящая в Internet сеть с IP адресом x.y.z.0, где x = 192... 223, y = 0... 254, x = 0... 254 (*обслуживающая $2^8 = 256$ IP адресов*)
client-server ~ *вчт* сеть с архитектурой «клиент-сервер»
closed private ~ замкнутая сеть частных линий связи
combinatorial ~ комбинаторная схема
commercial ~ коммерческая сеть
common-user ~ сеть общего пользования
communications ~ сеть связи
company ~ сеть компании
compromise ~ гибридная [мостовая] схема (*включения*)
computer ~ компьютерная сеть
computer + science ~ академическая компьютерная сеть CSNET
concatenated ~ цепочка сетей, соединённых шлюзами; составная сеть
conferencing ~ сеть конференц-связи
connected ~ связная цепь
connectionist ~ коннекционная сеть; искусственная нейронная сеть
connectionless ~ сеть без установления логического соединения (*о методе связи*); сеть с коммутацией пакетов
connection-oriented ~ сеть с установлением логического соединения (*о методе связи*); сеть с коммутацией каналов
constant-K ~ фильтр постоянной K, фильтр типа K
constant-M ~ фильтр постоянной M, фильтр типа M
continuous Hopfield ~ непрерывная нейронная сеть Хопфилда
corrective ~ схема коррекции; цепь коррекции
countable ~ счетная схема
counterpropagation ~ нейронная сеть с встречно-направленным распространением, нейрокомпьютер Хехт-Нильсена
coupled-line ~ схема на связанных линиях
coupling ~ цепь связи
crossover ~ разделительный фильтр (*громкоговорителя*)
customer-access ~ сеть с абонентским доступом
data (transmission) ~ сеть передачи данных; информационная сеть
decoding ~ схема декодирования, декодер
decoupling ~ развязывающая цепь, цепь развязки
dedicated ~ 1. сеть связи с выделенными каналами; сеть связи с закрепленными каналами; сеть связи с арендованными каналами 2. сеть связи со специализированными каналами
deemphasis ~ цепь коррекции предыскажений
deep-space ~ сеть станций слежения, управления и связи с КЛА в дальнем космосе
delta ~ схема соединения треугольником
demand-assigned ~ сеть с предоставлением каналов по требованию
dial-up ~ сеть передачи данных по телефонным каналам с набором номера, сеть с коммутируемым доступом

network

difference ~ вычитающая схема
differentiated ~ дифференцированная сеть
differentiating ~ дифференцирующая цепь; дифференцирующая схема
digipeater ~ цифровая радиорелейная сеть
digital communication ~ сеть цифровой связи
digital satellite ~ сеть цифровой спутниковой связи
digital switching ~ цифровая коммутируемая сеть
digital time-division ~ цифровая сеть с временным уплотнением каналов
directed ~ сеть связи с санкционируемым доступом, сеть санкционируемой связи
discrete Hopfield ~ дискретная нейронная сеть Хопфилда
dislocation ~ *фтт* сетка дислокаций
dissymmetrical ~ несимметричная схема
distributed ~ 1. распределённая сеть, сеть со связью любых двух узлов 2. схема с распределёнными параметрами
distributed operating multi-access interactive ~ распределённая многоабонентская интерактивная сеть
distributed parameter ~ схема с распределёнными параметрами
dividing ~ разделительный фильтр (*громкоговорителя*)
Doba's ~ параллельная резонансная схема высокочастотной [ВЧ-]коррекции
dual ~ дуальная схема; дуальная цепь
edge-dislocation ~ *фтт* сетка краевых дислокации
eight-pole [eight-terminal] ~ восьмиполюсник
electric ~ электрическая схема; электрическая цепь
electronic space-division analog ~ электронная аналоговая система с пространственным разделением каналов
elementary digital ~ элементарная цифровая схема
equalizing ~ выравнивающая цепь
equivalent ~s эквивалентные цепи
European academic and research ~ Европейская сеть академических и научно-исследовательских организаций
European Unix ~ Европейская сеть пользователей *UNIX*
exponential ~ цепь с экспоненциально распределёнными параметрами
extensional semantic ~ экстенсиональная семантическая сеть
extensive ~ разветвленная сеть связи
fast neural ~ быстрая нейронная сеть, БНС
FDNR ~ *см.* frequency-dependent negative-resistance network
feedback ~ нейронная сеть с обратной связью, реккурентная нейронная сеть
feedforward ~ нейронная сеть прямого распространения, нейронная сеть с прямой связью, *проф.* прямопоточная нейронная сеть
Feistel ~ сеть Файстеля (*архитектура построения блочных шифров*)
FIDO technology ~ технология организации компьютерных сетей в FIDOnet
firm ~ сеть фирм
fixer ~ сеть станций (радио)определения местоположения
four-pole [four-terminal] ~ четырёхполюсник
fractal ~ фрактальная сеть

frequency-dependent negative-resistance ~ цепь с частотно-зависимым отрицательным сопротивлением
fully connected ~ полносвязная сеть
fully connected neural ~ полносвязная нейронная сеть
full mesh(ed) ~ полносвязная сеть с сотовой [ячеистой] структурой, полносвязная сотовая [ячеистая]сеть
fuzzy neural ~ нечёткая нейронная сеть
generalized additive ~ обобщённая аддитивная (нейронная) сеть
general regression neural ~ нейронная сеть с ядерной регрессией Надарайя — Уотсона
global area ~ глобальная сеть
ground-station ~ сеть наземных станций
ground-wave emergency ~ сеть аварийной связи с использованием земных (радио)волн
H ~ H-образная цепь
Hamiltonian neural ~ гамильтонова нейронная сеть
Hamming's neural ~ соревновательная нейронная сеть Хэмминга
Hebb ~ (нейронная) сеть (с обучением по алгоритму) Хэбба
Hecht-Nielsen (neural) ~ нейронная сеть с встречно-направленным распространением, нейрокомпьютер Хехт-Нильсена
heterogeneous ~ гетерогенная [неоднородная] сеть
heterogeneous neural ~ гетерогенная [неоднородная] нейронная сеть
high-capacity ~ сеть связи с высокой пропускной способностью
high energy physics ~ глобальная специализированная сеть для научно-исследовательских организаций, занимающихся физикой высоких энергий, сеть HEPnet
higher-order (neural) ~ (нейронная)сеть высшего порядка
homogeneous ~ гомогенная [однородная] сеть
homogeneous neural ~ гомогенная [однородная] нейронная сеть
Hopfield's neural ~ нейронная сеть Хопфилда
Hopfield-Tank (neural) ~ (нейронная) сеть Хопфилда — Танка
hybrid ~ гибридная сеть связи (*для аналоговых и цифровых сигналов*)
inductance ~ индуктивная цепь
inductance-capacitance ~ индуктивно-ёмкостная цепь, LC-цепь
inductance-resistance ~ индуктивно-резистивная цепь, LR-цепь
industrial district ~ сеть промышленных районов
information ~ информационная сеть; сеть передачи данных
in-office of links внутристанционная сеть соединений
integrated broadband communication ~ объединённая широкополосная сеть связи
integrated business ~ объединённая сеть деловой связи
integrated digital ~ объединённая цифровая сеть
integrated enterprise ~ объединённая сеть масштаба предприятия
integrated services digital ~ 1. глобальная цифровая сеть с комплексными услугами, сеть (стандар-

network

та) ISDN **2.** всемирный стандарт для цифровых сетей с комплексными услугами, стандарт ISDN
integrating ~ интегрирующая цепь; интегрирующая схема
intelligent ~ интеллектуальная сеть
intelligent optical ~ интеллектуальная волоконно-оптическая сеть
intercom ~ сеть внутренней связи
Internet relay chat ~ сеть системы групповых дискуссий в Internet, сеть системы IRC
inter-organizational ~ межорганизационная сеть
interstage ~ цепь межкаскадной связи
inverse ~**s** обратные цепи
IRC ~ *см.* **Internet relay chat network**
irredundant ~ схема без резервирования
isolation ~ развязывающая цепь, цепь развязки
L ~ Г-образная схема; Г-образная цепь
ladder ~ многозвенная схема лестничного типа (*с чередованием последовательно и параллельно включённых звеньев*)
LAN outer ~ внешняя (по отношению к локальной) сеть
land ~ сухопутная сеть; наземная сеть
lattice ~ Х-образный четырёхполюсник
lead ~ фазоопережающая цепь
leased-line ~ *вчт* сеть арендованных линий связи
linear ~ линейная схема; линейная цепь
linear integrated ~ линейная объединённая сеть
linear varying parameter ~ цепь с линейно распределёнными параметрами
load-matching ~ согласующая схема; согласующая цепь
local area ~ локальная сеть (*для одного здания или группы зданий*)
local computer ~ локальная компьютерная сеть; локальная вычислительная сеть, ЛВС
long-distance ~ *тлф* сеть междугородных линий
long-haul ~ **1.** *тлф* сеть междугородных линий **2.** сеть дальней связи
loop ~ сеть с петлевой структурой
loudspeaker dividing ~ разделительный фильтр громкоговорителя
lumped(-constant) ~ схема с сосредоточенными параметрами
lumped-distributed ~ схема с сосредоточенно-распределёнными параметрами
Kohonen (self-organizing) ~ (самоорганизующаяся) карта Кохонена, (искусственная нейронная) сеть Кохонена
Kosko (neural) ~ (нейронная) сеть Коско, двунаправленная ассоциативная память, гетероассоциативная нейронная сеть с взаимозаменяемыми входами и выходами
learning vector quantization ~ соревновательная (нейронная) сеть с квантованием обучающего вектора
LVQ ~ *см.* **learning vector quantization network**
Markovian ~ цепь Маркова, марковская цепь
matching ~ согласующая схема; согласующая цепь
McCulloch-Pitts ~ нейронная сеть Мак-Кулоха — Питса
merging ~ сеть слияния (*тип абстрактной машины*)
mesh(ed) ~ сеть с сотовой [ячеистой] структурой, сотовая [ячеистая] сеть

message-switched ~ сеть с коммутацией сообщений
metropolitan area ~ городская сеть
mid-level ~ сеть среднего уровня; сеть-посредник
minimum-phase ~ минимально-фазовая цепь
MPLS ~ *см.* **multiprotocol label switching network**
multiaccess ~ сеть с многостанционным доступом
multi-attractor ~ мульти-аттракторная сеть
multidimensional ~ многомерная цепь
multidrop ~ *тлф* многопунктовая сеть связи
multifractal ~ мультифрактальная сеть
multiinput-multioutput ~ схема с несколькими входами и выходами
multilayer neuron ~ многослойная нейронная сеть
multiple-access ~ сеть с многостанционным доступом
multiply-connected ~ многосвязная сеть
multipoint ~ *тлф* многопунктовая сеть связи
multiport ~ многополюсник
multiprotocol label switching ~ сеть с многопротокольной коммутацией (дейтаграмм) по меткам, MPLS-сеть
multiprotocol transport ~ сеть с многопротокольной передачей данных
multiservice ~ многофункциональная сеть (*с передачей разных видов информации*)
multistage switching ~ многозвенная схема коммутации
multistar ~ сеть с топологией (типа) «множество звезд»
multistation ~ многостанционная сеть
multisystem ~ мультисистемная сеть
multiterminal(-pair) ~ многополюсник
municipal area ~ муниципальная сеть
national information ~ национальная информационная сеть
neural ~ нейронная сеть, нейросеть, НС (*1. биологическая нейронная сеть 2. искусственная нейронная сеть*)
neural ~ **with local connections** нейронная сеть с локальными связями, слабосвязная нейронная сеть
neural-like ~ нейроподобная сеть
nodal ~ узловая сеть
nonlinear ~ нелинейная схема; нелинейная цепь
nonplanar ~ непланарная цепь
nonreciprocal ~ невзаимная схема: невзаимная цепь
nonuniformly distributed ~ схема с неравномерно распределёнными параметрами
notch ~ узкополосный режекторный фильтр, фильтр-пробка
n-pole ~ *n*-полюсник
n-port ~ 2*n*-полюсник, *n*-плеча схема
n-terminal ~ *n*-полюсник
n-terminal pair ~ 2*n*-полюсник, *n*-плеча схема
O- ~ О-образная схема; О-образная цепь
one-port ~ двухполюсник
optical (fiber) ~ волоконно-оптическая сеть
optical neural ~ оптическая нейронная сеть
originating switching ~ *тлф* местное поле коммутации
packet commutation ~ сеть с коммутацией пакетов; сеть без установления логического соединения (*о методе связи*)
packet data ~ сеть пакетной передачи
packet radio ~ радиолюбительская сеть связи между компьютерами

network

packet satellite ~ спутниковая сеть с коммутацией пакетов

packet switch(ing) ~ сеть с коммутацией пакетов; сеть без установления логического соединения (*о методе связи*)

paging ~ сеть поискового вызова, пейджинговая сеть

parallel ~ схема с параллельным включением (*компонентов*)

parallel-T ~ двойная Т-образная мостовая схема

parallel two-terminal pair ~s параллельно включенные четырёхполюсники

partial mesh(ed) ~ неполносвязная сеть с сотовой [ячеистой] структурой, неполносвязная сотовая [ячеистая] сеть

passive ~ пассивная схема; пассивная цепь

peaking ~ схема высокочастотной [ВЧ-] коррекции

peer-to-peer ~ одноранговая сеть

perceptron-type ~ перцептрон, искусственная нейронная сеть с обучением по алгоритму типа «перцептрон»

percolation ~ сеть с перколяцией

personal communication ~ 1. сеть персональной связи 2. *pl* концепция развития сетей персональной связи, разработанная Британским Департаментом торговли и промышленности

phase-advance ~ фазоопережающая цепь

phase-shifting ~ фазосдвигающая цепь

phase-splitting ~ фазорасщепляющая цепь

phasing ~ фазирующая цепь

pi- ~ π-образная схема; π-образная цепь

piece-linear ~ кусочно-линейная цепь

pilot wire controlled ~ схема, управляемая по каналу пилот-сигнала

planar ~ планарная цепь

polarization matching ~ схема согласования поляризации

power distribution ~ схема разводки питания

preassigned ~ сеть связи с закреплёнными каналами

preemphasis ~ частотный корректор (*в схеме введения предыскажений*)

private ~ частная сеть

private-line intercity ~ сеть частных линий междугородной связи

probabilistic neural ~ вероятностная нейронная сеть

projection pursuit ~ нейронная сеть с (адаптивным) поиском (оптимальных) проекций (*при отображении*)

public data ~ сеть передачи данных общего пользования

public land mobile ~ сеть связи наземных подвижных объектов общего пользования

public switched ~ коммутируемая сеть общего пользования

public switched telephone ~ коммутируемая телефонная сеть общего пользования

public telegraph ~ телеграфная сеть общего пользования

public telephone ~ телефонная сеть общего пользования

pulse-forming ~ схема формирования импульсов; цепь формирования импульсов

quadrupole [quadrupole] ~ четырёхполюсник

quantum neural ~ квантовая нейронная сеть

queuing ~ сеть массового обслуживания, сеть обслуживания очередей

radar ~ сеть РЛС

radio ~ 1. радиосеть 2. сеть с радиодоступом

radio access ~ сеть с радиодоступом

radio intercom ~ сеть внутренней радиосвязи

radio-relay ~ радиорелейная сеть связи

rearrangeable ~ схема с изменяемой конфигурацией

reciprocal ~ взаимная схема; взаимная цепь

recognition ~ схема распознавания

recurrent neural ~ рекуррентная нейронная сеть, нейронная сеть с обратной связью

regression neural ~ регрессионная нейронная сеть

repeater ~ радиорелейная сеть

replicative neural ~ репликативная [копирующая] нейронная сеть

research ~ сеть научно-исследовательских учреждений

resistance-capacitance ~ резистивно-ёмкостная цепь, RC-цепь

resistive ~ резистивная цепь

resource-sharing computer-communication ~ сеть вычислительных центров с разделением ресурсов

ring-switched computer ~ централизованная вычислительная сеть с кольцевой коммутацией

routing ~ сеть с маршрутизацией

satellite-earth stations ~ сеть линий связи спутник — земные станции

satellite tracking and data acquisition ~ сеть станций слежения за спутниками и сбора информации

screw-dislocation ~ *фтт* сетка винтовых дислокаций

second-order ~ сеть второго порядка

selective ~ частотно-избирательная схема

semantic ~ семантическая сеть

semiconductor ~ полупроводниковая схема

series ~ схема с последовательным включением (*компонентов*)

series-peaking ~ последовательная схема высокочастотной [ВЧ-]коррекции

series-shunt ~ многозвенная схема лестничного типа (*с чередованием последовательно и параллельно включённых звеньев*)

series-shunt peaking ~ последовательно-параллельная схема высокочастотной (ВЧ-)коррекции

shaping ~ 1. формирующая схема; формирующая цепь 2. схема коррекции; цепь коррекции

short-haul ~ сеть ближней связи

shuffle ~ сеть с перемещением каналов

shunt ~ схема с параллельным включением (*компонентов*)

shunt-peaking ~ параллельная схема высокочастотной [ВЧ-] коррекции

signal-shaping ~ формирующая схема; формирующая цепь

single-layer neural ~ однослойная нейронная сеть

singly terminated ~ односторонне нагруженная цепь

small business ~ сеть малого бизнеса

social ~ сеть социального назначения

software defined ~ программно определяемая сеть; виртуальная сеть

solid-state ~ твердотельная схема

networking

sorting ~ сортирующая сеть (*тип абстрактной машины*)
speaker dividing ~ разделительный фильтр громкоговорителя
stabilization ~ цепь нейтрализации обратной связи
star ~ 1. схема соединения звездой 2. сеть с топологией (типа) «звезда»
statistical Hopfield's (neural) ~ статистическая (нейронная) сеть Хопфилда
steering ~ схема управления положением диаграммы направленности антенны
storage area ~ сеть с выделенной зоной хранения данных, сеть типа SAN
store-and-forward ~ сеть передачи данных с промежуточным накоплением
strategic ~ стратегическая сеть, сеть стратегического назначения
structurally dual ~s структурно-дуальные цепи
structurally symmetrical ~s структурно-симметричные цепи
stub ~ оконечная сеть
summation [summing] ~ схема суммирования
support ~ сеть поддержки; инфраструктура
switched (message) ~ сеть с коммутацией сообщений
switched telecommunications ~ 1. коммутируемая телекоммуникационная сеть, коммутируемая сеть линий электросвязи 2. сеть кабельных и радиорелейных линий аналого-цифровой связи с коммутацией сообщений (*США*)
switching ~ переключающая [коммутационная] схема
synchronous ~ синхронная сеть
synchronous neural ~ синхронная нейронная сеть
synchronous optical ~ 1. синхронная сеть передачи данных по волоконно-оптическому кабелю, сеть SONET 2. протокол синхронной сети передачи данных по волоконно-оптическому кабелю, протокол SONET
systolic ~ систолическая схема
T- ~ Т-образная схема; Т-образная цепь
tapered distribution ~ цепь с неоднородно распределёнными параметрами
technologies support ~ сеть поддержки технологий, концептуальная система TSN
telecommunication ~ телекоммуникационная сеть, сеть линий электросвязи
telecommunications management ~ сеть управления телекоммуникациями
teletype ~ телетайпная сеть
terminating switching ~ *тлф* многократное поле коммутации
time delay neural ~ нейронная сеть с временной задержкой
time-division analog ~ аналоговая система с временным разделением каналов
time-invariant ~ цепь с параметрами, не зависящими от времени
token bus ~ (локальная вычислительная) сеть с шинной архитектурой и маркерным доступом
Token Ring ~ вариант кольцевой (локальной вычислительной) сети с маркерным доступом корпорации IBM, сеть Token Ring
token ring ~ кольцевая (локальная вычислительная) сеть с маркерным доступом, сеть типа «token ring», *проф.* сеть типа «эстафетное кольцо»
transit ~ транзитная сеть, сеть транзитной передачи данных
transmission ~ сеть линий передачи
transputer ~ *вчт* транспьютерная сеть
tree ~ древовидная сеть
trimming resistive ~ подстроечная резистивная схема
trunk ~ сеть соединительных линий
trusted ~ надёжная сеть
twin-T ~ двойная Т-образная мостовая схема
two-pole ~ двухполюсник
two-port ~ четырёхполюсник
two-terminal ~ двухполюсник
two-terminal-pair ~ четырёхполюсник
unbalanced Feistel ~ несбалансированная сеть Файстеля (*с неодинаковыми размерами постоянной и изменяемой части*)
undersea ~ подводная сеть
uniformly distributed ~ цепь с равномерно распределёнными параметрами
unilateral ~ однонаправленная схема
universal ~ фазовый фильтр
untrained neural ~ необученная нейронная сеть
user ~ система Usenet, некоммерческая группа сетей, хостов и компьютеров для обмена новостями
value-added ~ сеть с предоставлением дополнительных платных услуг
virtual private ~ виртуальная частная сеть, сеть типа VPN
weighting ~ схема с весовой обработкой сигналов
wide area ~ региональная сеть
wireless intelligent ~ беспроводная интеллектуальная сеть
wireless local area ~ беспроводная локальная сеть
wireless wide area ~ беспроводная региональная сеть
work station ~ *вчт* сеть рабочих станций
world-wide communication ~ глобальная система связи
WS ~ *см.* **work station network**
X- ~ Х-образный четырёхполюсник
Y- ~ схема соединения звездой
π- ~ π-образная схема; π-образная цепь
networker специалист по сетям
neural ~ специалист по нейронным сетям
networking 1. работа в сети; обмен информацией с помощью сети; использование сети *или* сетей 2. разработка, создание и эксплуатация сети *или* сетей 3. архитектура сети; структура сети 4. сетевой; относящийся к сети
advanced peer-to-peer ~ развитая архитектура сетей одинакового уровня, архитектура APPN
data ~ 1. работа в сети передачи данных; обмен данными с помощью сети; использование сети *или* сетей передачи данных 2. разработка, создание и эксплуатация сети *или* сетей передачи данных 3. архитектура сети передачи данных; структура сети передачи данных
document enabled ~ сетевой режим, поддерживающий работу с документами
gigabit advanced peer-to-peer ~ развитая архитектура гигабитных одноуровневых сетей
high performance scalable ~ архитектура высокопроизводительных расширяемых сетей (*корпорации 3Com*)

information ~ 1. работа в сети передачи информации; обмен информацией с помощью сети; использование сети *или* сетей для передачи информации 2. разработка, создание и эксплуатация сети *или* сетей передачи информации 3. архитектура сети передачи информации; структура сети передачи информации

optical ~ 1. работа в волоконно-оптической сети; обмен информацией с помощью волоконно-оптической сети; использование волоконно-оптической сети *или* сетей 2. разработка, создание и эксплуатация волоконно-оптической сети *или* сетей 3. архитектура волоконно-оптической сети; структура волоконно-оптической сети

neural нейронный

neuristor *бион.* нейристор
   bulk ~ нейристор на объёмном полупроводнике

neurochip ИС с фрагментами нейронной сети, *проф.* нейрочип

neurocomputer нейрокомпьютер
   Hecht-Nielsen ~ нейрокомпьютер Хехт-Нильсена, нейронная сеть с встречнонаправленным распространением

neurocybernetics нейрокибернетика

neuroelectricity нейроэлектричество

neurode *проф.* нейрон

neuroexpert (нейро)эксперт, искусственная нейронная сеть для аппроксимации функций многих переменных

neuroinformatics нейроинформатика

neurolinguistics нейролингвистика

neuromathematics нейроматематика

neuron(e) нейрон
   adaptive linear ~ адалин (*1. алгоритм обучения искусственных нейронных цепей 2. искусственная нейронная сеть с обучением по алгоритму типа «адалин»*)
   adjuster ~ регулирующий [вставочный] нейрон
   afferent ~ афферентный [рецепторный, чувствительный, центростремительный] нейрон
   artificial ~ искусственный нейрон; технический нейрон
   biological ~ биологический нейрон
   bipolar ~ биполярный нейрон
   complex ~ сложный нейрон
   dead ~ мёртвый нейрон, постоянно проигрывающий нейрон соревновательного слоя (*нейронной сети*)
   dynamic ~ динамический нейрон, нейрон с задержкой сигнала
   efferent ~ эфферентный [центробежный] нейрон
   electronic ~ электронная модель нейрона; искусственный нейрон
   excitatory ~ возбуждающий нейрон
   fuzzy ~ нечёткий нейрон
   graphic ~ графический нейрон
   heteropolar ~ гетерополярный нейрон
   hidden(-layer) ~ нейрон скрытого слоя, скрытый нейрон (*в нейронной сети*)
   home ~ внутренний нейрон, нейрон внутри выбранной области
   inhibitory ~ тормозящий нейрон
   input(-layer) ~ нейрон входного слоя, входной нейрон (*в нейронной сети*)
   integrating ~ интегрирующий нейрон
   intercalary [internuncial] ~ регулирующий [вставочный] нейрон
   isopolar ~ изополярный нейрон
   motor ~ двигательный нейрон, мотонейрон
   multi-layer adaptive linear ~ мадалин (*1. алгоритм обучения искусственных нейронных цепей 2. искусственная многослойная нейронная сеть с обучением по алгоритму типа «мадалин»*)
   multipolar ~ мультиполярный нейрон
   mutating ~ мутирующий нейрон (*в генетических алгоритмах*)
   output(-layer) ~ нейрон выходного слоя, выходной нейрон (*в нейронной сети*)
   pacemaker ~ нейрон-ритмоводитель
   photoreceptor ~ фоторецепторный нейрон
   pseudounipolar ~ псевдоуниполярный нейрон
   real ~ биологический нейрон
   sensory ~ афферентный [рецепторный, чувствительный, центростремительный] нейрон
   simple ~ простой нейрон
   static ~ статический нейрон, нейрон без задержки сигнала
   summing ~ суммирующий нейрон
   technical ~ технический нейрон; искусственный нейрон
   threshold ~ пороговый нейрон
   tonic ~ тонический нейрон
   unipolar ~ униполярный нейрон
   winning ~ нейрон-победитель (*в нейронной сети*)

neuroprocessor нейропроцессор
   Hopfield ~ нейропроцессор Хопфилда

neurotransmission передача нервного импульса

neurotransmitter медиатор (*переносчик нервного импульса в синапсе*)

neutral 1. (электрическая) нейтраль; нейтральная точка 2. нейтральная частица || нейтральный; незаряженный 3. нейтральный цвет || имеющий нейтральный цвет; ахроматический 4. нейтральный, неселективный (*о фильтре*) 5. ненамагниченный 6. нейтральный; не реагирующий на внешнее воздействие 7. (химически) нейтральный, без кислотных и основных свойств
   artificial ~ искусственная нейтраль
   cold ~ холодная нейтральная частица (*в плазме*)
   deadly earthed ~ глухозаземлённая нейтраль
   earthed ~ заземлённая нейтраль
   floating ~ незаземлённая нейтраль
   grounded ~ заземлённая нейтраль
   hot ~ горячая нейтральная частица (*в плазме*)
   solidly grounded ~ глухозаземлённая нейтраль

neutral-density нейтральный [неселективный] фильтр || нейтральный, неселективный (*о фильтре*)

neutrality нейтральность (*1. отсутствие заряда 2. отсутствие намагниченности 3. химическая нейтральность, отсутствие кислотных и основных свойств*)

neutralization 1. устранение (электрического) заряда; деполяризация 2. размагничивание 3. нейтрализация (*напр. обратной связи*); сведение к нулю; устранение 4. (химическая) нейтрализация, обеспечение отсутствия кислотных и основных свойств
   anode ~ анодная нейтрализация (*обратной связи*)
   charge ~ нейтрализация заряда
   coil ~ индуктивная нейтрализация (*обратной связи*)

cross ~ перекрёстная нейтрализация (*обратной связи в двухтактном усилителе*)
grid ~ сеточная нейтрализация (*обратной связи*)
Hazeltine ~ индуктивная нейтрализация (*обратной связи*)
inductive ~ индуктивная нейтрализация (*обратной связи*)
link ~ нейтрализация с помощью петлевой обратной связи
plate ~ анодная нейтрализация (*обратной связи*)
Rice ~ индуктивная сеточная нейтрализация (*обратной связи*)
shunt ~ индуктивная нейтрализация (*обратной связи*)
solution ~ нейтрализация раствора
space charge ~ нейтрализация объёмного заряда; нейтрализация пространственного заряда

neutralize 1. устранять (электрический) заряд; деполяризовать **2.** размагничивать **3.** нейтрализовать (*напр. обратную связь*); сводить к нулю; устранять **4.** (химически) нейтрализовать, обеспечивать отсутствие кислотных и основных свойств

neutrino нейтрино
neutrodyne нейтродин, нейтродинная схема
neutrodynization нейтродинирование
neutron нейтрон
newbicon *тлв* ньюбикон
newbie *вчт проф.* новичок (*напр. в сети*)
news новости (*1. сводка новостей; текущие события; обзор текущих событий напр. в вещательной программе 2. вчт посылаемые в группы новостей сообщения, напр. в Usenet*)

electronic ~ электронные новости (*распространяемые внестудийной электронной службой новостей*)

newsadmin *вчт* администратор группы новостей, (*напр. в Usenet*)
newsbeat сведения из анонимного источника (*напр. в сводке телевизионных новостей*)
newsbreak перерыв (в работе вещательной станции) для передачи новостей
newscast передача новостей || передавать новости (*в вещательной программе*)
newscaster диктор *или* комментатор службы новостей
newscasting передача новостей (*в вещательной программе*)
news-desk редакция службы новостей (*вещательных программ*)
newsgroup *вчт* группа новостей, дискуссионная группа, тематическая телеконференция (*напр. в Usenet*)

binary ~ группа новостей, использующая для общения двоичные файлы
bogus ~ фиктивная группа новостей
moderated ~ руководимая председателем группа новостей; проводимая при участии ведущего тематическая телеконференция; находящаяся под наблюдением за соблюдением правил группа новостей *или* тематическая телеконференция; проводимая распорядителем телеконференция, *проф.* модерируемая группа новостей *или* тематическая телеконференция
unmoderated ~ группа новостей без председателя; тематическая телеконференция без ведущего; не находящаяся под наблюдением за соблюдением правил группа новостей *или* тематическая телеконференция; проводимая без распорядителя телеконференция, *проф.* немодерируемая группа новостей *или* тематическая телеконференция

newsletter информационный бюллетень (*напр. в Internet*)
newsman репортёр; корреспондент
newsperson 1. репортёр; корреспондент **2.** диктор *или* комментатор службы новостей
newsprint газетная бумага
newsreader 1. диктор *или* комментатор службы новостей **2.** *вчт* программа для чтения (сообщений в группах) новостей (*напр. в Usenet*)

threaded ~ программа для чтения нитей новостей, программа для чтения образующих связную последовательность новостей

newsreel краткая сводка телевизионных новостей; *проф.* ролик с телевизионными новостями
newsroom студия службы новостей (*напр. телецентра*)
newsserver сервер межсетевых новостей (*напр. в Usenet*)
newswire 1. служба передачи новостей **2.** аппаратные средства службы передачи новостей
newswoman женщина-репортёр; корреспондентка
newton ньютон, Н
newvicon *тлв* ньювикон
NexGen фирма NexGen
next-hop *вчт* односкачковый; относящийся к передаче сообщения из одного узла маршрутизируемой сети в другой
Nexus стандарт Nexus для систем поискового вызова (*с двусторонней связью*)
nexus 1. *вчт* связь; связующее звено; соединение **2.** *бион.* коннексон
nibble *вчт* полубайт
nicaloy никалой (*магнитный сплав*)
niche *бион.* экологическая ниша, экониша
nichrome нихром (*резистивный сплав*)
nickeline никелин (*резистивный сплав*)
nick(name) *вчт* псевдоним
nicol *опт.* николь, (поляризационная) призма Николя
night-side ночная сторона (*напр. Луны*)
niladic *вчт* нульместный (*напр. предикат*)
nimbi *pl от* **nimbus**
nimbostratus слоисто-дождевое облако
nimbus дождевое облако
nimonic нимоник (*никелевый сплав*)
niobate ниобат

barium strontium ~ ниобат бария-стронция
lithium ~ ниобат лития

nispan ниспан (*магнитный сплав*)
nitride нитрид

gallium ~ *кв. эл.* нитрид галлия
hard magnet ~ магнитно-твёрдый [магнитно-жёсткий] нитрид

NLX 1. стандарт NLX (*на корпуса и материнские платы*) **2.** (низкопрофильный) корпус (стандарта) NLX **3.** материнская плата (стандарта) NLX (*размером 345×229 мм2, 284×229 мм2 или 254×229 мм2*)
no отрицательный ответ || давать отрицательный ответ
noctovision ночное видение
noctovisor прибор ночного видения, ПНВ
nodal узловой
nodalization введение узлов; использование узловой топологии (*напр. сети*)

nodalization

~ **of cable system** использование узловой топологии кабельной системы

nodalize вводить узлы; использовать узловую топологию (*напр. сети*)

node 1. узел (*1. соединение методом завязывания или его результат; затянутая петля 2. утолщение; вздутие; нарост; выступ 3. точка разветвления 4. особая точка кривой, точка кривой с несколькими касательными 5. особая точка на фазовой плоскости 6. вершина графа 7. узел сетки при интерполяции 8. нейрон в искусственной нейронной сети 9. адресуемое устройство в компьютерной сети 10. конечная точка двумерного элемента в компьютерной графике 11. узел электрической цепи 12. контактный вывод (напр. на печатной плате) 13. приёмная или передающая станция сети связи 14. точка минимума амплитуды колебаний стоячей волны 15. узел орбиты небесного тела 16. биол. скопление клеток или тканей одного типа в другой среде*) **2.** *вчт* гипертекстовый документ **3.** *вчт* категориальная часть лингвистической пометы

~ **of Ranvier** *биол.* узел [перехват] Ранвье

access feeder ~ узел, обеспечивающий доступ (*к сети*)

accessible from A ~ достижимая из A вершина, достижимый из A узел (*орграфа*)

adjacent ~ смежный [соседний] узел, смежная [соседняя] вершина

ancestor ~ узел-предок, родительский узел, вершина-предок, родительская вершина

ascending ~ восходящий узел (*лунной орбиты*)

base ~ корневой узел, корневая вершина

bottom ~ висячий [концевой] узел, висячая [концевая] вершина

brother ~s узлы-потомки [вершины-потомки] одного яруса

child ~ узел-потомок, вершина-потомок (*ближайшего яруса*)

clock ~ синхронизирующий узел

connected ~s связанные вершины, связанные узлы

current ~ узел тока

datum ~ основной [опорный] узел; узел отсчёта

daughter ~ узел-потомок, вершина-потомок (*ближайшего яруса*)

descendant ~ узел-потомок, вершина-потомок

descending ~ нисходящий узел (*лунной орбиты*)

drain ~ сток (*в орграфе*)

electric ~ узел электрического поля

end ~ конечный узел (*напр. сети*)

even ~ чётная вершина, чётный узел

external ~ внешний узел

father ~ узел-предок, родительский узел, вершина-предок, родительская вершина (*ближайшего яруса*)

final ~ конечная вершина, конечный узел

graph ~ вершина [узел] графа

hypertext ~ гипертекстовый документ

incident to edge ~ инцидентная ребру вершина, инцидентный ребру узел (*орграфа*)

initial ~ начальная вершина, начальный узел

integrated branch ~ объединённый коммутационный узел

internal ~ внутренний узел

isolated ~ изолированная вершина, изолированный узел

labeled ~ помеченный узел, помеченная вершина

leaf ~ висячий [концевой] узел, висячая [концевая] вершина, *проф.* лист (*древовидной структуры*)

magnetic ~ узел магнитного поля

major ~ узел (*электрической цепи*)

network ~ **1.** узел схемы; узел цепи **2.** *вчт* узел сети **3.** сетевой нейрон (*в искусственной нейронной сети*)

north ~ восходящий узел (*лунной орбиты*)

odd ~ нечётная вершина, нечётный узел

packet switch(ing) ~ узел коммутации пакетов

parent ~ узел-предок, родительский узел, вершина-предок, родительская вершина

partial ~ узел смешанной волны (*с КСВН, отличным от бесконечности*)

radio ~ радиоузел

reference ~ основной [опорный] узел; узел отсчёта

sibling ~s узлы-потомки [вершины-потомки] одного яруса

sink ~ сток (*орграфа*)

sinoatrial ~ *биол.* синусно-предсердный узел (*с ритмоводителем*)

source ~ источник (*орграфа*)

south ~ нисходящий узел (*лунной орбиты*)

stable ~ устойчивый узел

star(-shaped) ~ звездообразный узел, звездообразная вершина

switching ~ коммутационный узел

terminal ~ висячий [концевой] узел, висячая [концевая] вершина

tip ~ висячий [концевой] узел, висячая [концевая] вершина

tree ~ узел [вершина] дерева

unlabeled ~ непомеченный узел, непомеченная вершина

unstable ~ неустойчивый узел

user ~ узел пользователя (*1. абонент сети 2. рабочая станция локальной сети*)

voltage ~ узел напряжения

wave ~ узел стоячей волны

wavefront ~ узел на волновом фронте

whole ~ гипертекстовый документ как целое

winning ~ нейрон-победитель

no-go не функционирующий надлежащим образом; неисправный; не готовый к эксплуатации

noir:

film ~ *тлв проф.* **1.** жанр кинематографической «чернухи» **2.** фильм жанра кинематографической «чернухи»

noise шум; шумы ◊ ~ **behind the signal** модуляционный шум

added ~ вносимый шум

additive ~ аддитивный шум

additive white Gaussian ~ аддитивный белый гауссов шум

AM ~ амплитудный модуляционный шум

ambient ~ шум (окружающей) среды (*напр. акустический*)

amplitude ~ *рлк* амплитудный шум

angle ~ *рлк* угловой шум

angle-modulation ~ шум угловой модуляции

antenna ~ шум антенны

artificial ~ искусственный шум

atmospheric ~ **1.** атмосферный шум **2.** атмосферные помехи

noise

atmospheric modulation ~ модуляционный шум атмосферы
audible [audio-frequency] ~ шум звуковой частоты
auroral ~ авроральный шум
avalanche(-multiplication) ~ *пп* шум лавинного умножения
background ~ 1. фоновый шум 2. шум (*носителя магнитной записи*) в паузе, шум паузы 3. флуктуационный шум
band-limited white ~ белый шум, ограниченный по полосе
Barkhausen ~ *магн.* шум Баркгаузена
base ~ *пп* шум базы
basic ~ результирующий шум
beam ~ шум пучка
beat ~ гетеродинный свист
bias ~ шум (*носителя магнитной записи*) в паузе, шум паузы
broad-band ~ широкополосный шум
brown ~ коричневый шум
bulk erased ~ шум размагниченного носителя магнитной записи
bulk-trapping ~ *пп* шум, обусловленный объёмными ловушками
burst ~ импульсная помеха
carrier residual modulation ~ модуляционный шум несущей, шумовая (остаточная) модуляция несущей
cavitation ~ кавитационный шум
circuit ~ 1. шум схемы; шум цепи 2. *тлф* шум линии, шум тракта
clipped ~ ограниченный (по амплитуде) шум
C-message weighted ~ псофометрический шум
coast ~ шум побережья (*в гидроакустике*)
collector ~ *пп* коллекторный шум
common-mode ~ синфазный шум
contact ~ 1. контактный шум 2. шум *p — n*-перехода
continuous ~ гладкий шум
cosmic antenna ~ космический шум антенны
current ~ избыточный токовый шум
dark-current ~ шум темнового тока
delta ~ дельта-шум
diffusion ~ *пп* диффузионный шум
diode ~ шум диода
direct-current ~ шум намагниченного носителя магнитной записи
disk surface ~ поверхностный шум механической сигналограммы
distribution ~ шум токораспределения
edge ~ контурный шум
electrical ~ шум от электротехнического оборудования
electromagnetic ~ электромагнитный шум
equivalent input ~ эквивалентный входной шум
equivalent output ~ эквивалентный выходной шум
excess ~ избыточный токовый шум
external [extraneous] ~ внешний шум
extraterrestrial ~ космический шум
film-grain ~ шум, обусловленный зернистостью плёнки
flat ~ белый шум
flicker ~ шум мерцания, фликкер-шум
flow ~ гидродинамический шум
fluctuation ~ флуктуационный шум

flutter ~ высокочастотный [ВЧ-] детонационный шум (*в магнитной записи*)
front-end ~ собственные шумы высокочастотного [ВЧ-] тракта (*приёмника*)
frying ~ 1. «шипение» (*при звуковоспроизведении*) 2. *тлф* микрофонный шум
full shot ~ дробовой шум
galactic ~ галактический шум
gas ~ шум, обусловленный хаотическим движением молекул газа (*в газонаполненной лампе*)
gated ~ стробированный шум
Gaussian ~ гауссов шум
generation-recombination ~ *пп* генерационно-рекомбинационный шум
glint ~ *рлк* мерцающий шум
grain ~ шум, обусловленный зернистостью плёнки
granular ~ 1. шум, обусловленный зернистостью плёнки 2. *кв. эл.* гранулярный шум 3. шум дробления (*в дельта-модуляции*)
grid ~ шум сетки
ground ~ фоновый шум
high-frequency ~ высокочастотный [ВЧ-]шум
hissing ~ «шипение» (*при звуковоспроизведении*)
hum ~ фоновый шум
hydrodynamic ~ гидродинамический шум
idle channel ~ шум в молчащем канале
idling ~ шум в режиме молчания, шум в паузе
ignition ~ шум от системы зажигания
impact ~ импульсная (*электрическая или акустическая*) помеха
impulse [impulsive] ~ широкоспектральная импульсная помеха
in-band ~ внутриполосный шум
induced ~ наведённый шум
induced grid ~ наведённый шум сетки
inherent ~ собственный шум
input ~ входной шум
instrument(ation) ~ аппаратурный шум
interception ~ шум, обусловленный перехватом носителей
intermodulation ~ интермодуляционный шум
internal [intrinsic] ~ собственный шум
intrusive ~ помеха
jitter ~ 1. шум, обусловленный дрожанием (*напр. частоты*) 2. шум мерцания, фликкер-шум
Johnson ~ тепловой шум
junction ~ шум *p — n*-перехода
lightning storm ~ шум, обусловленный грозовыми разрядами
line ~ шум линии, шум тракта
low-frequency ~ низкочастотный [НЧ-] шум
man-made ~ индустриальный шум
Markovian ~ марковский шум
microphonic ~ шум, обусловленный микрофонным эффектом
microplasma ~ микроплазменный шум
microwave ~ сверхвысокочастотный [СВЧ-]шум
modal ~ модовый шум
modulation ~ модуляционный шум
multiplicative ~ мультипликативный шум
narrow-band ~ узкополосный шум
natural ~ естественный шум
needle ~ шум, вызываемый движением иглы (*в ЭПУ*)

noise

out-of-band ~ внеполосный шум
output ~ выходной шум
overload ~ шум перегрузки
partition ~ шум токораспределения
pattern ~ 1. структурный шум 2. шум пространственного распределения заряда
phase ~ фазовый шум
phonon ~ фононный шум
photocurrent ~ шум фототока
photon ~ фотонный шум
physical ~ физический шум
pink ~ розовый шум, шум (типа) 1/f
plasma ~ плазменный шум
pop ~ хлопок в микрофоне (*помеха от ветра или дыхания исполнителя*)
popcorn ~ *пп* шум, обусловленный флуктуациями напряжения смещения
precipitation ~ шум, обусловленный осадками
primer ~ шум вспомогательного разряда
pseudo-random ~ псевдослучайный шум
pump(ing) ~ шум накачки
quantization [quantizing] ~ шум квантования
quantum ~ квантовый шум
quasi-impulsive ~ широкоспектральная квазиимпульсная помеха
quiescent ~ шум в статическом режиме, шум покоя
radio ~ радиочастотный [РЧ-]шум, радиошум; радиопомеха
random ~ флуктуационный шум
recording ~ шум записи
reference ~ контрольный уровень шумов (*эквивалентный мощности 10^{-12} Вт на частоте 1000 Гц по шкале шумомера*)
resistance ~ тепловой шум
rubbing ~ шум трения (*при контакте головки с носителем записи*)
saturation ~ шумы насыщения
Schottky ~ дробовой шум
seismic ~ сейсмический шум
self~ собственный шум
servo ~ шум следящей системы
set ~ шум приёмника
shot ~ дробовой шум
sky ~ шум неба
slope overload ~ шум перегрузки по наклону (*в дельта-модуляции*)
solar (radio) ~ радиошум, обусловленный излучением Солнца
spatial ~ пространственный шум
spatially correlated ~ пространственно-коррелированный шум
speckle ~ помеха в виде спеклов
speech-off ~ шум в паузах речевого сигнала
speech-on ~ шум при наличии речевого сигнала
spin-system ~ *кв. эл.* шум спиновой системы
spontaneous emission ~ шум, обусловленный спонтанным излучением
statistical ~ статистический шум; флуктуационный шум
structure-borne ~ вибрационный шум
subaudio ~ инфразвуковой шум
surface ~ поверхностный шум (*механической сигналограммы*)
system ~ шум системы

target ~ *рлк* шум цели; флуктуации отражённого сигнала
telegraph ~ телеграфный шум
telephone ~ телефонный шум
terrestrial ~ шум побережья (*в гидроакустике*)
thermal ~ тепловой шум
transistor ~ шум транзистора
transmitter ~ *тлф* микрофонный шум
true random ~ гауссов шум
tube ~ шум электронной лампы
ungated ~ нестробированный шум
vacuum-tube ~ шум электронной лампы
velocity fluctuation ~ *пп* шум, обусловленный флуктуациями скорости носителей
video ~ шум в полосе частот видеосигнала
virgin ~ шум магнитного носителя без записи
visible ~ *тлв* визуальная помеха
white ~ белый шум
wow ~ низкочастотный [НЧ-]детонационный шум (*в магнитной записи*)
zero ~ шум магнитного носителя без записи
1/f ~ шум (типа) 1/f, розовый шум

nomenclator список используемых при шифровании преобразований (*символов открытого текста*); спецификация шифра
nomenclature номенклатура; спецификация; система условных обозначений
nomogram, nomograph номограмма
nonacamethine нонакаметин (*краситель*)
no-name не имеющий торговой марки
nonary девятеричное число ‖ девятеричный
nonbridging неперекрывающий (*напр. о контакте*)
non-cacheable *вчт* некэшируемый
non-causality отсутствие причинной связи
non-central нецентральный (*напр. о распределении*)
non-centrality нецентральность
noncloneability неклонируемость
   quantum state ~ неклонируемость квантового состояния
nonconducting непроводящий (*1. диэлектрический 2. теплоизоляционный 3. звукоизоляционный*)
nonconductor непроводник (*1. диэлектрик 2. теплоизоляционный материал 3. звукоизоляционный материал*)
nonconjunction И НЕ (*логическая операция*), отрицание конъюнкции
nondegeneracy невырожденность
nondegenerate невырожденный
nondelay незадерживающий, без задержки
nondestructive неразрушающий, без разрушения
nondeterministic недетерминированный
nondirectional ненаправленный; всенаправленный
nondisjunction (включающее) ИЛИ НЕ (*логическая функция*), отрицание дизъюнкции
nonequality 1. неравенство 2. исключающее ИЛИ (*логическая операция*), альтернативная дизъюнкция, неэквивалентность, сложение по модулю 2
nonequilibrium неравновесность ‖ неравновесный
nonequivalence 1. неэквивалентность 2. исключающее ИЛИ (*логическая операция*), альтернативная дизъюнкция, неэквивалентность, сложение по модулю 2
nonferroic неферроик ‖ неферроический
noninductive безындуктивный
non-integer нецелочисленный

non-interlaced 1. нечередующийся; неперемежающийся **2.** простой строчный (*о развёртке*)
nonionic неионный
nonlinear нелинейный
nonlinearity нелинейность
~ **in variables** нелинейность в переменных
bandpass ~ нелинейность в полосе пропускания
Boolean function ~ нелинейность булевой функции
differential ~ дифференциальная нелинейность
instantaneous ~ безынерционная нелинейность
integral ~ интегральная нелинейность
intrinsic ~ внутренняя нелинейность
magnetoelastic ~ магнитоупругая нелинейность
memoryless ~ безынерционная нелинейность
S-box ~ нелинейность таблицы подстановок (*в криптографии*)
slope-restricted ~ нелинейность с ограниченной крутизной
uniform ~ однородная нелинейность
zero-memory ~ безынерционная нелинейность
nonloading ненагруженный
nonmagnetic немагнитный материал ǁ немагнитный
nonmatching 1. несоответствующий **2.** несогласованный (*напр. о нагрузке*)
nonmetal неметалл ǁ неметаллический
nonmetallic неметаллический
nonmicrophonic не подверженный микрофонному эффекту
non-negative неотрицательный
non-negligible не пренебрежимо малый; существенный
non-nested невложенный (*напр. о гипотезе*)
non-normality ненормальность, несоответствие нормальному распределению
nonode нонод
nonoscillatory, nonperiodic апериодический
non-parametric непараметрический
nonpareil *вчт* нонпарель, кегль 6 (*размер шрифта*)
half ~ *вчт* бриллиант, кегль 3 (*размер шрифта*)
non-peak отличающийся от максимума; не максимальный
nonpolynomial неполиномиальный
nonprint *вчт* команда запрета печати
nonradiative безызлучательный
non-random не случайный
nonreciprocal невзаимный
nonreciprocity невзаимность
nonrelativistic нерелятивистский
nonrepudiation невозможность отказа *или* аннулирования
nonresident нерезидентный (*напр. о программе*)
nonreturn-to-zero *вчт* без возвращения к нулю
~ **inverted** без возвращения к нулю с инверсией
nonselective неизбирательный, неселективный
nonstandard нестандартный
nonstationary, nonsteady нестационарный, неустановившийся
non-stochastic нестохастический, неслучайный
nonsynchronous несинхронный, асинхронный
nontrivial нетривиальный
nonunate *вчт* неунатное множество ǁ неунатный
nonuniform неоднородный; неравномерно распределённый

nonuniformity неоднородность; неравномерность (распределения)
nonvolatile энергонезависимый; сохраняющий информацию при отключении питания (*напр. о ЗУ*)
nonvolatility энергонезависимость; способность сохранения информации при отключении питания (*напр. о ЗУ*)
nonword *вчт* неслово, нарушающее правила орфографии бессмысленное буквосочетание
nonzero ненулевой
noosphere ноосфера
NOR (включающее) ИЛИ НЕ (*логическая операция*), отрицание дизъюнкции
exclusive ~ исключающее ИЛИ НЕ (*логическая операция*), отрицание альтернативной дизъюнкции
inclusive ~ (включающее) ИЛИ НЕ (*логическая операция*), отрицание дизъюнкции
NEITHER–~ (включающее) ИЛИ НЕ (*логическая операция*), отрицание дизъюнкции
norm 1. норма (*1. стандарт; образец 2. средний уровень; нормальное, обычное или номинальное значение 3. нормальное состояние; обычная форма 4. вчт модуль вектора; норма матрицы, оператора или функции*) **2.** нормировать
~ **of number** модуль числа
~ **of transform** норма преобразования
Euclidean ~ евклидова норма
function ~ норма функции
Hermitian ~ эрмитова норма
invariant ~ инвариантная норма
mapping ~ норма отображения
matrix ~ норма матрицы
multiplicative ~ мультипликативная норма
operator ~ норма оператора
root-mean-square ~ среднеквадратическая норма
spectral ~ спектральная норма
t–~ *см.* triangular norm
triangular ~ *вчт* треугольная норма, t-норма
unit ~ единичная норма
vector ~ норма [модуль] вектора
weighted ~ взвешенная норма
normal 1. нормаль (*к поверхности*); нормальная плоскость (*кривой*); перпендикуляр ǁ нормальный; перпендикулярный **2.** средний уровень; нормальное, обычное *или* номинальное значение ǁ средний; нормальный; обычный; номинальный **3.** нормальное состояние; обычная форма **4.** естественный, природный; имеющий естественное происхождение **5.** нормальный, относящийся к нормальному распределению ◊ ~ **to curve** нормаль к кривой; ~ **to surface** нормаль к поверхности
affine ~ аффинная нормаль
asymptotically ~ асимптотически нормальный
geodesic ~ геодезическая нормаль
inner [inward] ~ внешняя нормаль
outer [outward] ~ внутренняя нормаль
phase ~ фазовая нормаль
projective ~ проективная нормаль
tangent ~ касательная нормаль
unit ~ орт [единичный вектор] (вдоль) нормали
wave ~ волновая нормаль
normality *вчт* нормальность, нормальный характер (распределения)
asymptotic ~ асимптотическая нормальность, асимптотически нормальный характер распределения

bivariate ~ двумерная нормальность, нормальный характер двумерного распределения
multivariate ~ многомерная нормальность, нормальный характер многомерного распределения

normalization *вчт* **1.** нормализация (*1. представление чисел в нормализованной форме 2. структурирование информации в реляционных базах данных*) **2.** нормирование, приведение к безразмерному представлению *или* к определённому масштабу данных
~ **of relations** нормализация отношений (*в реляционной алгебре*)
linear ~ линейное нормирование
nonlinear ~ нелинейное нормирование

normalize *вчт* **1.** нормализовать (*1. представлять числа в нормализованной форме 2. структурировать информацию в реляционных базах данных*) **2.** нормировать, приводить к безразмерному представлению *или* к определённому масштабу данных

normalizing *вчт* **1.** нормализация (*1. представление чисел в нормализованной форме 2. структурирование информации в реляционных базах данных*) **2.** нормирование, приведение к безразмерному представлению *или* к определённому масштабу данных

normative 1. нормативный **2.** нормальный; стандартный
north север || северный
grid ~ квазисевер (*навигационной системы координат*); север координатной сетки
magnetic ~ магнитный север
true ~ истинный север
northern северный
Northwood название ядра процессоров Pentium IV (*изготовленных с литографическим разрешением 0,13 мкм*)
nose:
electronic ~ электронный анализатор запахов, *проф.* электронный нос
nose-piece нижняя часть тубуса; револьверная головка (*микроскопа*)
NOT НЕ (*логическая операция*), отрицание
CONTROLLABLE ~ УПРАВЛЯЕМОЕ НЕ
notate 1. записывать; представлять; обозначать **2.** использовать систему обозначений **3.** делать короткие заметки; составлять аннотацию; использовать ремарки
notation 1. запись; представление; обозначение **2.** система обозначений **3.** *вчт* нотация **4.** *вчт* система счисления **5.** короткая заметка; аннотация; ремарка **6.** нотное письмо, нотация
abstract machine ~ язык описания абстрактных машин, язык AMN
abstract syntax ~ **one** рекомендации МСЭ по использованию языка абстрактного синтаксиса, язык абстрактного синтаксиса № 1, язык ASN.1, стандарт X.208; стандарт X.680
binary ~ **1.** двоичное представление **2.** двоичная система счисления
binary-coded decimal ~ двоично-десятичное представление
continuation ~ многоточие; знак продолжения, символ …
decimal ~ **1.** десятичное представление **2.** десятичная система счисления
dot ~ *вчт* представление (*IP-адреса*) в виде четырёх чисел, разделённых точками, *проф.* точечное представление (*IP-адреса*)
dummy index ~ запись с использованием немых индексов
E ~ *см.* **exponent notation**
exponent ~ представление (*чисел*) с плавающей запятой
fixed-point ~ представление (*чисел*) с фиксированной запятой
floating-point ~ представление (*чисел*) с плавающей запятой
Hermann-Mauguin ~ система обозначений Германна — Могена, международная система обозначений групп симметрии
hexadecimal ~ **1.** шестнадцатеричное представление **2.** шестнадцатеричная система счисления
infix ~ инфиксная запись
international crystallographic ~ международная система обозначений групп симметрии, система обозначений Германна — Могена
left-handed Polish ~ польская [префиксная] запись
Lukasiewicz's ~ польская [префиксная] запись
matrix ~ матричная запись; матричное представление
metasyntactic ~ *вчт* метасинтаксическое выражение (*для замены ранее использованного или понятного из контекста фрагмента*)
O– ~ O-нотация
octal ~ **1.** восьмеричное представление **2.** восьмеричная система счисления
operator ~ **1.** операторная запись **2.** польская [префиксная] запись
Polish ~ польская [префиксная] запись
postfix ~ постфиксная [польская инверсная] запись
prefix ~ префиксная [польская] запись
radix ~ позиционная система счисления
rhythmic ~ ритмическая нотная запись, ритмическая нотация
right-handed ~ постфиксная [польская инверсная] запись
scalar ~ скалярное представление
Schoenflies ~ система обозначений Шёнфлиса, система обозначений групп симметрии по Шёнфлису
scientific ~ представление (*чисел*) с плавающей запятой
Shubnikov ~ система обозначений Шубникова, система обозначений групп симметрии по Шубникову
slash ~ *вчт* нотная запись в виде черт с наклоном (*для обозначения импровизации*)
spoken metasyntactic ~ *вчт* метасинтаксическое выражение для замены ранее использованного или понятного из контекста фрагмента
symbolic ~ символическое представление
syntax ~ нотация
tensor ~ тензорная запись; тензорное представление
vector ~ векторная запись; векторное представление
Warsaw ~ польская [префиксная] запись
notch 1. паз; вырез; канавка || формировать пазы, вырезы *или* канавки **2.** (*узкий*) провал || образовывать (*узкие*) провалы (*напр. в спектре*) **3.** полоса непропускания узкополосного режекторного фильтра, полоса непропускания фильтра-пробки || фор-

nucleation

мировать полосу непропускания с помощью узкополосного режекторного фильтра, формировать полосу непропускания с помощью фильтра-пробки

stress-relief ~s вырезы для снятия (упругих) напряжений (*в футляре дискеты*)

write-protect ~ паз с ползунком для защиты от записи (*в футляре дискеты*)

notching 1. формирование пазов, вырезов *или* канавок 2. образование провалов (*напр. в спектре*) 3. формирование полосы непропускания с помощью узкополосного режекторного фильтра, формирование полосы непропускания с помощью фильтра-пробки

spectrum ~ образование провалов в спектре

note 1. заметка; краткая запись || делать заметки или краткие записи 2. комментарий; примечание || снабжать комментарием *или* примечанием; комментировать 3. *pl* инструмент для добавления комментария *или* примечания (*напр. в графических редакторах*) 4. знак; символ || обозначать; представлять в виде символа 5. тон (*в акустике*) 6. нота 7. *вчт* клавиша (*в MIDI-устройствах*) ◊ **all ~ off** *вчт* контроллер «отпускание всех клавиш», MIDI-контроллер № 123; **~ off** *вчт* отпускание клавиши (*канальное MIDI-сообщение*); **~ on** *вчт* нажатие клавиши (*канальное MIDI-сообщение*)

beat ~ тон биений

combination ~ комбинационный тон

cross-staff ~s *вчт* группа нот, размещаемая сразу на нескольких нотоносцах (*в музыкальных редакторах*)

dotted ~ нота с точкой, нота полуторной длительности (*по отношению к ноте без точки*)

eight ~ восьмая (нота); знак восьмой (ноты), символ ♪

extra ~ *вчт* лишняя нота (*напр. в нотной записи музыкального редактора*)

flagged ~ *вчт* нота с флажком

grace ~ *вчт* форшлаг (*мелизм*)

half ~ половинная (нота); знак половинной ноты, символ ♩

liner ~s рекламная *или* справочная информация, помещаемая на футляре *или* конверте (*напр. для компакт-диска*)

marginal ~ *вчт* заметки на полях

quarter ~ четверть (*о ноте*); знак четверти, символ ♩

side ~ *вчт* заметки на полях

sixteenth ~ шестнадцатая (нота); знак шестнадцатой (ноты), символ ♪

sixty-fourth ~ шестьдесят четвёртая (нота); знак шестьдесят четвёртой (ноты), символ ♪

slashed grace ~ *вчт* короткий [перечёркнутый] форшлаг (*мелизм*)

thirty-second ~ тридцать вторая (нота); знак тридцать второй (ноты), символ ♪

whole ~ целая (нота) ; знак целой (ноты), символ 𝅝

notebook портативный персональный компьютер типа «ноутбук», блокнотный персональный компьютер

slim ~ портативный персональный компьютер типа «ноутбук» в корпусе уменьшенной высоты

note-by-note *вчт* пошаговый ввод нот (*в музыкальных редакторах*)

notepad *вчт* блокнот, простейший редактор текстов небольшого объёма (*в ASCII-кодах*)

notice (информационное) сообщение; извещение; предупреждение; объявление; уведомление || информировать; сообщать; извещать; предупреждать; объявлять; уведомлять

copyright ~ уведомление о защите авторских прав (*напр. в заставке программы*)

notification (информационное) сообщение; извещение; предупреждение; объявление; уведомление

backward explicit congestion ~ обратное [адресуемое отправителям] уведомление о перегрузке (сети)

event ~ уведомление о событии

forward explicit congestion ~ прямое [адресуемое получателям] уведомление о перегрузке (сети)

notify информировать; сообщать; извещать; предупреждать; объявлять; уведомлять

noun существительное

count ~ исчисляемое существительное

mass ~ неисчисляемое существительное

verbal ~ отглагольное существительное

novar лучевая многоэлектродная электронная лампа с девятиштырьковым цоколем

Novell компания Novell

novelty новизна

invention ~ новизна изобретения

November стандартное слово для буквы *N* в фонетическом алфавите «Альфа»

novice *вчт* начинающий; новичок; неопытный пользователь

novolak *микр.* новолак

nozzle 1. сопло; выпускное отверстие (*напр. струйного принтера*) 2. насадка; наконечник; патрубок 3. фильера, канал волочильной пластины (*напр. для вытягивания волокна*)

chemical laser ~ сопло химического лазера

drawing ~ фильера, канал волочильной пластины

ejector ~ эжекторное сопло

expansion ~ фильера, канал волочильной пластины

head ~ сопло головки (*принтера*)

plasma ~ сопло плазматрона

spinning ~ фильера, канал волочильной пластины

N-to-one (преобразование) N-в-один

nu ни, *проф.* ню (*буква греческого алфавита*, N, η)

NuBus шина расширения NuBus (*для компьютеров Apple Macintosh*)

nuclear 1. ядерный 2. зародышевый

nucleate образовывать зародыши; зарождать(ся)

nucleation зародышеобразование, образование зародышей; зарождение

bubble ~ зарождение ЦМД

capillary-model ~ капиллярное зародышеобразование

coherent ~ когерентное зародышеобразование

conducting-phase ~ зарождение проводящей фазы

controlled ~ управляемое зародышеобразование

domain ~ зарождение доменов, доменообразование

domain-wall ~ зарождение доменной границы

dynamic ~ динамическое зародышеобразование

epitaxial ~ эпитаксиальное зародышеобразование, зародышеобразование при эпитаксии

fault ~ зарождение дефектов упаковки

nucleation

heterogeneous ~ гетерогенное зародышеобразование
homogeneous ~ однородное зародышеобразование
incoherent ~ некогерентное зародышеобразование
random ~ беспорядочное зародышеобразование
semicoherent ~ полукогерентное зародышеобразование
spontaneous ~ **of bubbles** спонтанное зарождение ЦМД
time-dependent ~ нестационарное зародышеобразование

nucleator генератор ЦМД
bubble ~ генератор ЦМД
hairpin-loop bubble ~ генератор ЦМД в форме шпильки

nuclei *pl* от **nucleus**
nucleon нуклон
nucleonics прикладная ядерная физика
nucleus 1. ядро 2. зародыш
~ **of magnetization reversal** зародыш перемагничивания
critical ~ критический зародыш, зародыш критического размера
dislocation ~ ядро дислокации
epitaxial ~ эпитаксиальный зародыш
oriented ~ ориентированный зародыш
spontaneous ~ спонтанный зародыш
spurious ~ паразитный зародыш
surface ~ поверхностный зародыш
xanthene ~ *кв. эл.* ксантеновое ядро

nuke 1. *вчт* (преднамеренно) удалять каталог *или* том 2. *вчт* (преднамеренно) удалять *или* блокировать часть аппаратного *или* программного обеспечения 3. уничтожать (*напр. данные*) прекращать (*напр. процесс*) 4. использовать СВЧ-печь 5. ядерное *или* термоядерное оружие ǁ использовать ядерное *или* термоядерное оружие

null 1. нуль 2. обнулять (*1. приравнивать нулю; полагать равным нулю; присваивать значение «0»* 2. *вчт очищать; сбрасывать*) 3. нулевой; равный нулю 4. аннулированный 5. нуль или минимум (принимаемого) сигнала, нуль *или* минимум диаграммы направленности (*напр. антенны*) 6. *вчт* пустой; имеющий равную нулю меру (*о множестве*) 7. пустой символ, символ с кодом ASCII 00h 8. нулевая гипотеза ◊ **under** ~ при условии верности нулевой гипотезы
aleph- ~ *вчт* алеф-нуль, наименьшее трансфинитное кардинальное число
aural ~ 1. нуль или минимум слышимого сигнала 2. настройка на минимум слышимого сигнала
directional ~ узкий минимум диаграммы направленности антенны
pattern ~ нуль *или* минимум диаграммы направленности антенны

null-graph нуль-граф
nullification 1. обнуление (*1. приравнивание нулю; присваивание значения «0»* 2. *вчт очистка; сброс*) 2. аннулирование 3. формирование нуля *или* минимума диаграммы направленности (*напр. антенны*)
nullify 1. обнулять (*1. приравнивать нулю; полагать равным нулю; присваивать значение «0»* 2. *вчт очищать; сбрасывать*) 2. аннулировать 3. формировать нуль *или* минимум диаграммы направленности (*напр. антенны*)

nulling 1. обнуление (*1. приравнивание нулю; присваивание значения «0»* 2. *вчт очистка; сброс*) 2. аннулирование 3. формирование нуля *или* минимума диаграммы направленности (*напр. антенны*)
beam ~ формирование нуля *или* минимума диаграммы направленности антенны

nullity 1. недействительность 2. *вчт* невязка; остаток 3. циклический ранг (*напр. графа*) 4. число независимых контуров схемы
~ **of graph** циклический ранг графа

null-modem нуль-модем, фиктивный модем
null-sequence нуль-маршрут (*графа*)
null-set нуль-множество, пустое множество
Number:
International Standard Book ~ Международный стандартный числовой код для книжной продукции, ISBN
International Standard Serial ~ Международный стандартный числовой код для серийных изданий, ISSN

number 1. число (*1. математическое понятие* 2. *количество* 3. *состав; совокупность* 4. *грамматическая категория* 5. *порядковый номер дня месяца*) 2. номер (*1. порядковый номер* 2. *обозначенный номером объект* 3. *номер телефона* 4. *номер (концертной) программы*) ǁ нумеровать; присваивать номер 3. знак (порядкового) номера, символ # (*в англоязычной литературе*) 4. индекс (*напр. моды*) 5. считать; пересчитывать 6. *pl* арифметика
~ **of augmented doubles** число расширенных двукратных повторений
~ **of cylinders** число цилиндров (*жёсткого диска*)
~ **of epochs** число эпох (*напр. в эволюционном алгоритме*)
~ **of heads** число головок (*напр. жёсткого диска*)
~ **of hidden layers** число скрытых слоёв (*в нейронной сети*)
~ **of logical cylinders** число логических цилиндров (*жёсткого диска*)
~ **of logical heads** число логических головок (*жёсткого диска*)
~ **of logical sectors** число логических секторов (*жёсткого диска*)
~ **of primary turns** число витков первичной обмотки
~ **of quantizing levels** число уровней квантования
~ **of secondary turns** число витков вторичной обмотки
~ **of sectors per track** число секторов на дорожке (*напр. жёсткого диска*)
~ **of sessions** число сессий, число сеансов (*на компакт-диске*)
~ **of states** *кв. эл.* число (энергетических) состояний
~ **of tracks** число дорожек (*напр. жёсткого диска*)
~ **of turns** число витков
Abbe ~ *опт.* число Аббе
absolute frame ~ абсолютный номер кадра
abstract ~ отвлечённое число
account ~ номер счёта, номер учётной позиции юридического лица, абонента *или* пользователя (*для выполнения и учёта финансовых операций*)
additional quantum ~ дополнительное квантовое число
algebraic ~ алгебраическое число
angular mode ~ угловой индекс моды
assigned ~ назначенный (сетевой) адрес (*в Internet*)

number

Avogadro ~ число Авогадро
axial mode ~ аксиальный [осевой] индекс моды
azimuthal quantum ~ азимутальное [орбитальное] квантовое число
base ~ основание системы счисления
Betti ~ число Бетти
binary ~ двоичное число
binary-coded decimal ~ двоично-кодированное десятичное число
block ~ *вчт* номер блока
Brinell hardness ~ *фтт* твёрдость по Бринеллю
bus ~ *вчт* номер шины
call ~ вызываемый номер
called directory [called terminal] ~ номер вызываемого аппарата
calling directory [calling terminal] ~ номер вызывающего аппарата
cardinal ~ *вчт* 1. кардинальное число, мощность (*множества*) 2. количественное число
card select ~ селективный адрес платы стандарта PnP (*при автоматическом конфигурировании*)
Catalan's ~s числа Каталана
Cayley ~s числа Кэли
channel ~ номер канала (*напр. в MIDI-устройствах*)
ciphering key sequence ~ порядковый номер ключа шифрования
clique ~ кликовое число (*графа*)
cliquomatic ~ кликоматическое число (*графа*)
cluster ~ *вчт* номер кластера
coded decimal ~ кодированное десятичное число
complex ~ комплексное число
composite ~ составное число
concrete ~ именованное число
condition ~ число обусловленности
controller ~ *вчт* номер контроллера (*напр. в MIDI-устройствах*)
Conway ~ число Конуэя
coprime ~s взаимно простые числа
counting ~ натуральное число
customer ~ абонентский номер
cutoff wave ~ критическое волновое число
cylinder ~ *вчт* номер цилиндра (*магнитного диска*)
device ~ *вчт* номер устройства
directory ~ *тлф* абонентский номер
double-length ~ *вчт* число двойной длины
double-precision ~ *вчт* число с двойным количеством разрядов, число с двойной точностью
drive ~ *вчт* номер диска
effective ~ **of bits** эффективная разрядность
electronic ID ~ электронный идентификационный номер
enterprise ~ *тлф* парольный номер
even ~ чётное число
expected ~ **of augmented doubles** ожидаемое число расширенных двукратных повторений
extension ~ *тлф* добавочный (номер)
f ~ *опт.* диафрагменное число, обратное относительное отверстие
Fibonacci ~s числа Фибоначчи
fixed-point ~ число с фиксированной запятой
floating-point ~ число с плавающей запятой
font ~ номер шрифта (*для приложения или операционной системы*)
fractional ~ дробное число
frame ~ *вчт* номер кадра
frequency-band ~ номер диапазона частот
Fresnel ~ число Френеля
function ~ *вчт* номер функции
fuzzy ~ *вчт* нечёткое число
Ginsburg ~ *фтт* число Гинзбурга
Grashof ~ *крист.* число Грасгофа
groove ~ номер канавки записи
Gummel ~ *пп* число Гуммеля
Hartman ~ *крист.* число Хартмана
head ~ *вчт* номер головки (*жёсткого магнитного диска*)
hexadecimal ~ шестнадцатеричное число
hopping sequence ~ номер последовательности переключений (*при передаче данных по сегментированной сети*)
host ~ адрес хоста, адрес компьютера в сети (*часть IP адреса*)
ID ~ *см.* **identification number**
identification ~ идентификационный номер
imaginary ~ мнимое число
infinite repeating decimal ~ периодическая десятичная дробь
inner quantum ~ главное квантовое число
interconnection level ~ число уровней межсоединений
international ~ номер, набираемый при международной связи
Internet ~ 1. IP адрес, 32-битный адрес каждой рабочей станции в Internet по протоколу IP 2. адрес (*узла*) в Internet
internet ~ адрес (*узла*) в internet
irrational ~ иррациональное число
job ~ (идентификационный) номер задания
Julian ~ *вчт* юлианская форма представления даты, две последние цифры года и порядковый номер дня (*напр. 93-156 соответствует 156-му дню, то есть 5-му июня 1993 г.*)
line ~ номер строки (*напр. в тексте программы*)
logical block ~ *вчт* логический номер блока
logical cylinder ~ *вчт* логический номер цилиндра (*магнитного диска*)
logical device ~ *вчт* логический номер устройства
logical head ~ *вчт* логический номер головки (*магнитного диска*)
logical sector ~ *вчт* логический номер сектора (*магнитного диска*)
logical unit ~ *вчт* логический номер устройства
longitudinal propagation ~ продольное волновое число
Lorentz ~ число Лоренца
(L − R) fuzzy ~ *вчт* нечёткое число типа (L − R), параметрическое нечёткое число
Lundquist ~ число Лундквиста, магнитное число Рейнольдса
magic ~ 1. магическое число (*1. неочевидное значение константы, оказывающее существенное влияние на работу программы 2. число, кодирующее в неочевидной форме критическую для алгоритма информацию 3. определяющее тип двоичного файла число в заголовке 4. число протонов или нейтронов в наиболее устойчивых ядрах*) 2. число Ингве — Миллера, глубина предложения с наилучшей воспринимаемостью (7 ± 2)
magnetic quantum ~ магнитное квантовое число

number

magnetic Reynolds ~ магнитное число Рейнольдса, число Лундквиста
main quantum ~ главное квантовое число
mass ~ *фтт* массовое число
maximum usable read ~ максимально допустимое число циклов считывания (*в запоминающей ЭЛТ*)
Mersenne prime ~s *вчт* простые числа Мерсенна
mixed ~ смешанное число
mobile station international ISDN ~ международный номер подвижной станции в сети ISDN
mode ~ индекс моды
multiple ~ многозначный номер
natural ~ натуральное число
network ~ сетевой адрес, адрес сети в Internet (*часть IP адреса*)
non-registered parameter ~ *вчт* номер незарегистрированного параметра
normal fuzzy ~ *вчт* нормальное нечёткое число
normalized wave ~ нормированное волновое число
Nusselt ~ *крист.* число Нуссельта
occupation ~ *кв. эл.* число заполнения
odd ~ нечётное число
orbital quantum ~ орбитальное [азимутальное] квантовое число
ordinal ~ *вчт* порядковое число
page ~ номер страницы
perfect ~ совершенное число
personal communication ~ персональный коммуникационный номер
personal identification ~ персональный идентификационный номер
physical block ~ *вчт* физический номер блока
physical cylinder ~ *вчт* физический номер цилиндра (*магнитного диска*)
physical head ~ *вчт* физический номер головки (*магнитного диска*)
physical sector ~ *вчт* физический номер сектора (*магнитного диска*)
portable serial ~ серийный номер портативного телефона
portable user ~ номер пользователя портативной станции
Prandtl ~ *крист.* число Прандтля
preprogrammed ~ *тлф* программируемый номер
prime ~ простое число
principal quantum ~ главное квантовое число
priority ~ приоритетный номер, указатель приоритета
propagation ~ волновое число
pseudodecimal ~ псевдодесятичное число
pseudorandom ~ псевдослучайное число
quantum ~ квантовое число
radial mode ~ радиальный индекс моды
radix ~ основание системы счисления
random ~ случайное число
rational ~ рациональное число
read ~ число циклов считывания (*в запоминающей ЭЛТ*)
read-around ~ число обращений (*в запоминающей ЭЛТ*)
real ~ действительное [вещественное] число
registered parameter ~ *вчт* номер зарегистрированного параметра
release ~ номер версии (*программного продукта*)
repeating decimal ~ периодическая десятичная дробь

resolvable element ~ *опт.* число разрешаемых элементов
revolution ~ индекс доменной границы (*ЦМД*)
Reynolds ~ число Рейнольдса
round-off ~ округлённое число
scanning-lines ~ *тлв* число строк разложения
Schmidt ~ *крист.* число Шмидта
security service ~ (идентификационный) номер клиента службы обеспечения компьютерной безопасности
seed ~ *вчт* затравочная величина, затравочное значение
serial ~ 1. (уникальный) серийный номер (*напр. лицензионного программного обеспечения*) 2. порядковый номер
Sherwood ~ *крист.* число Шервуда
signed ~ число со знаком
spin quantum ~ спиновое квантовое число
SS ~ *см.* security service number
statement ~ *вчт* номер оператора; метка оператора
subnet ~ адрес подсети в Internet (*часть IP адреса*)
subscriber ~ *тлф* абонентский номер
surreal ~ сюрреальное число
T ~ обозначение диафрагмы с использованием коэффициента светопропускания
telephone ~ номер телефона
ticket ~ *вчт* номер запроса (*в региональную регистратуру Internet*)
tolerant fuzzy ~ толерантное нечёткое число
toll-free ~ абонентский номер с правом бесплатного пользования междугородной телефонной связью
total quantum ~ главное квантовое число
track ~ номер дорожки (*напр. на магнитном диске*)
transcendental ~ трансцендентное число
transfinite ~ трансфинитное число
translational quantum ~ трансляционное квантовое число
transverse wave ~ поперечное волновое число
trapezoidal fuzzy ~ трапециевидное нечёткое число
triangular fuzzy ~ треугольное нечёткое число
unimodal fuzzy ~ *вчт* унимодальное нечёткое число
unlisted phone ~ не включённый в телефонный справочник номер
unsigned ~ число без знака
version ~ номер версии (*напр. программы*)
vias ~ *микр.* число межслойных переходов, число межслойных переходных отверстий
vibrational quantum ~ колебательное квантовое число
Vickers ~ твёрдость по Викерсу
volume reference ~ последовательный номер тома (*уникальный идентификационный номер магнитного диска или магнитной ленты в компьютерах типа Macintosh*)
volume serial ~ последовательный номер тома (*уникальный идентификационный номер магнитного диска или магнитной ленты в IBM-совместимых компьютерах*)
wave ~ волновое число
whole ~ целое число
winding ~ индекс доменной границы (*ЦМД*)
Wolf ~ число Вольфа

number-cruncher 1. компьютер или компьютерная программа для обработки огромных массивов

численных данных 2. человек с выдающимися счётными способностями
number-crunching обработка огромных массивов численных данных
numbering нумерация; присвоение номера
  graceful ~ совершенная нумерация (*графа*)
  logical sector ~ логическая нумерация секторов (*жесткого магнитного диска*)
  page ~ пагинация, нумерация страниц
  physical sector ~ физическая нумерация секторов (*жесткого магнитного диска*)
  semigraceful ~ псевдосовершенная нумерация (*графа*)
numerable *вчт* счётный (*напр. о множестве*)
numeral 1. цифра; обозначение цифры (*слово, буква, символ или рисунок*) || цифровой; относящийся к цифрам *или* обозначению цифр 2. численный
  Arabic ~s арабские цифры (*цифры 0, 1, 2, 3, 4, 5, 6, 7, 8 и 9*)
  Roman ~s римские цифры
numerate 1. представлять (*числа*) в цифровой форме; использовать цифровое представление 2. считать; подсчитывать; определять общее количество
numeration 1. представление (*чисел*) в цифровой форме; использование цифрового представления 2. счёт; подсчёт; определение общего количества
numerator *вчт* числитель
numerical 1. численный 2. тождественный (*о неравенстве*)
nut гайка
  adjusting ~ круглая установочная гайка (*с боковыми отверстиями или пазами под ключ*)
  butterfly ~ гайка-барашек
  castellated [castle] ~ корончатая гайка
  fly ~ гайка-барашек
  lock(ing) ~ контргайка
  round ~ круглая установочная гайка (*с боковыми отверстиями или пазами под ключ*)
  wing ~ гайка-барашек
nutate 1. испытывать нутации; двигаться нутационным образом 2. *рлк* осуществлять коническое сканирование
nutation 1. нутация 2. *рлк* коническое сканирование
  magnetization ~ нутация намагниченности
  optical ~ *кв. эл.* оптическая нутация
nutator *рлк* устройство для конического сканирования
nuvistor нувистор
nybble *вчт* полубайт
nym *вчт* 1. анонимный сервер 2. анонимный переадресатор электронной почты 3. учётная запись о переданных сообщениях на анонимном сервере
nymph нимфа (*персонаж компьютерных игр*)
  wood ~ дриада

O

O (допустимое) буквенное обозначение *i*-го (2≤*i*≤26) логического диска, съёмного устройства памяти или компакт-диска (*в IBM-совместимых компьютерах*)
oasis многопользовательская операционная система oasis
oater *тлв* вестерн
obelisk символ †, *проф.* крестик, кинжал
Oberon процедурный язык программирования Oberon
  concurrent ~ версия языка Oberon для параллельного программирования
obey *вчт* 1. подчиняться (*напр. определённой закономерности*); удовлетворять условиям; следовать (*напр. правилам*); описываться уравнением 2. исполнять команды ◊ **to** ~ **the rule** следовать правилу
object 1. объект: предмет 2. *рлк* цель 3. дополнение (*грамматическая категория*) 4. *вчт* объектный 5. возражать
  active ~ *вчт* активный объект; рабочий объект
  binary large ~ 1. большой блок двоичных данных 2. поле для записи большого блока двоичных данных
  data access ~s 1. объекты доступа к данным 2. (программный) интерфейс DAO для доступа к данным
  diffusely reflecting ~ диффузно отражающий объект
  diffusely transmitting ~ диффузно пропускающий объект
  dynamic ~ динамический объект
  dynamically allocated ~ *вчт* динамически размещаемый объект
  extensional ~ экстенсиональный объект
  fractal ~ фрактальный объект
  hidden ~ невидимый объект; скрытый объект
  illuminated ~ 1. освещаемый объект 2. *рлк* подсвечиваемая цель
  immutable ~ неизменяемый объект
  intangible ~ неосязаемый объект; нематериальный объект
  intensional ~ интенсиональный объект
  member ~ *вчт* данные об объекте; объектные переменные
  multifractal ~ мультифрактальный объект
  mutable ~ изменяемый объект
  observable ~ наблюдаемый объект; различимый объект
  phase ~ *опт.* фазовый объект
  quasi-stellar ~ квазар, квазизвёздный объект, квазизвёздный источник радиоизлучения
  reconstructed ~ восстановленный объект (*в голографии*)
  return ~ *рлк* отметка цели
  static ~ статический объект
  tangible ~ осязаемый объект; материальный объект
  telephony application ~s *вчт* объекты для телефонных приложений
  unidentified flying ~ неопознанный летающий объект, НЛО
objection возражение
objective 1. цель; задача; проблема 2. целевая функция || целевой 3. задание (*напр. техническое*); требования (*напр. технические*) 4. объектный, относящийся к объекту 5. объективный, не зависящий от субъекта 6. объектив
  compatibility ~ требования совместимости
  design ~ проектное задание
  functional ~ функциональные требования
  fuzzy ~ нечёткая цель
  immersion ~ иммерсионный объектив
  kinoform ~ киноформный объектив

objective

message-quality ~ показатель качества сообщения
performance ~ техническое задание; технические требования
wide-angle ~ широкоугольный объектив
objectivity объективность
object-oriented объектно-ориентированный
object-to-be-tested объект испытаний
oblate сплюснутое (*вдоль оси вращения*) тело ‖ сплюснутый (*вдоль оси вращения тела*)
oblateness сплюснутость (*вдоль оси вращения тела*)
  Earth ~ сплюснутость Земли
oblique 1. наклонная плоскость; не ортогональная поверхности (*тела*) плоскость **2.** наклонная линия; отклоняющаяся от нормали (*к поверхности тела*) линия; не ортогональная (*другой линии*) линия **3.** наклонный; неортогональный; неперпендикулярный; непараллельный **4.** косой; перекошенный; скошенный
obliquity 1. перекос; скос **2.** наклон; угол наклона **3.** угол наклона эклиптики относительно небесного экватора (*равный 23° 27′*)
oblong вытянутое (*вдоль оси вращения*) тело ‖ вытянутый (*вдоль оси вращения тела*)
oblongness вытянутость (*вдоль оси вращения тела*)
Oboe 1. стандартное слово для буквы О в фонетическом алфавите «Эйбл» **2.** радионавигационная дальномерно-разностная система, система «Oboe»
oboe *вчт* гобой (*музыкальный инструмент из набора General MIDI*)
obscuration 1. *тлв* затемнение **2.** *тлв* затемнённый кадр; затемнённая сцена **3.** *рлк* затенение **4.** неразборчивость (*речи*); неотчётливость; слабая различимость (*объекта*) **5.** неконтрастность; вялость (*изображения*) **6.** неясность; неопределённость; двусмысленность **7.** сокрытие; маскировка; покрытие
  sporadic-E ~ затенение спорадическим слоем E (*ионосферы*)
obscure 1. *тлв* затемнение ‖ затемнённый ‖ затемнять **2.** *тлв* затемнённый кадр; затемнённая сцена **3.** *рлк* затенение ‖ затенённый ‖ затенять **4.** неразборчивость (*речи*); неотчётливость; слабая различимость (*объекта*) ‖ неразборчивый (*о речи*); неотчётливый; слабо различимый (*объект*) **5.** неконтрастность; вялость (*изображения*) ‖ неконтрастный; вялый (*об изображении*) **6.** неясность; неопределённость; двусмысленность ‖ неясный; неопределённый; двусмысленный **7.** сокрытие; маскировка; покрытие ‖ скрытый; маскирующий; покрывающий ‖ скрывать; маскировать; покрывать
obscurity 1. *тлв* затемнение **2.** *тлв* затемнённый кадр; затемнённая сцена **3.** *рлк* затенение **4.** неразборчивость (*речи*); неотчётливость; слабая различимость (*объекта*) **5.** неконтрастность; вялость (*изображения*) **6.** неясность; неопределённость; двусмысленность **7.** сокрытие; маскировка; покрытие
observability наблюдаемость; различимость
observable наблюдаемый; различимый
observance наблюдение
observation 1. наблюдение; изучение **2.** результат наблюдения; результат изучения **3.** наблюдение, экспериментальные значения параметров одного и того же объекта *или* субъекта (*в статистике*) **4.** *тлв* обозрение **5.** астронавигационные измерения
  actual ~ фактическое наблюдение
  artificial ~ искусственное наблюдение
  censored ~ цензурированное наблюдение
  current ~ текущее наблюдение
  direct ~ прямое [непосредственное] наблюдение
  duplicate ~ повторное наблюдение
  experimental ~ экспериментальное наблюдение
  fuzzy ~ размытое наблюдение
  independent ~s независимые наблюдения
  indirect ~ косвенное наблюдение
  influential ~ влиятельное наблюдение
  multivariate ~ многопеременное наблюдение
  outlying ~ резко отклоняющееся наблюдение; выброс
  paired ~s парные наблюдение
  participant ~ включённое наблюдение
  ranked ~s ранжированные наблюдения
  sample ~ выборочное наблюдение
  uncensored ~ нецензурированное наблюдение
Observatory:
  National Radio Astronomical ~ Национальная радиоастрономическая обсерватория (*США*)
observatory 1. наблюдательный пункт **2.** обсерватория
  orbiting ~ орбитальная обсерватория
  orbiting astronomical ~ орбитальная астрономическая обсерватория
  radio ~ радиообсерватория
observe 1. наблюдать; изучать; следить **2.** *тлв* обозревать (*напр. события*) **3.** выполнять астронавигационные измерения
observed наблюдаемый
observer 1. наблюдатель; исследователь **2.** следящее устройство; следящая система (*автоматического регулирования*) **3.** *тлв* обозреватель
  built-in logic block ~ встроенный логический блок наблюдения
  CIE 1931 standard colorimetric ~ стандартный колориметрический наблюдатель МКО 1931 г.
  CIE 1964 supplementary standard colorimetric ~ дополнительный стандартный колориметрический наблюдатель МКО 1964 г.
  disturbance ~ следящая система для подавления (динамических) возмущений (*напр. в сервосистеме привода жёсткого диска*)
  ICI standard ~ *см.* International Commission on Illumination standard observer
  International Commission on Illumination standard ~ стандартный наблюдатель Международной комиссии по освещению, стандартный наблюдатель МКО
  photopically adapted ~ наблюдатель, адаптированный к дневному свету
obstacle 1. препятствие **2.** неоднородность (*в линии передачи*)
  annular ~ кольцевая неоднородность
  capacitive ~ ёмкостная неоднородность
  complementary ~s дополняющие неоднородности
  cylindrical ~ цилиндрическое препятствие
  dielectric ~ диэлектрическая неоднородность
  inductive ~ индуктивная неоднородность
  knife-edge ~ клиновидная неоднородность
  matching ~ согласующая неоднородность
  mismatching ~ рассогласующая неоднородность
  natural ~ естественное препятствие

periodically distributed ~s периодически распределённые неоднородности
phasing ~ фазирующая неоднородность
resonant ~ резонансная неоднородность
smooth ~ плавная неоднородность
soft ~ плавная неоднородность
spherical ~ сферическое препятствие
waveguide ~ неоднородность в волноводе
wedge ~ клиновидная неоднородность
obturate закрывать (*отверстие*); заслонять; загораживать
obturator 1. крышка (*отверстия*); заслонка **2.** обтюратор **3.** затвор (*съёмочной камеры*)
obtuse 1. тупой (*об угле*) **2.** приглушённый (*о звуке*)
ocarina *вчт* окарина (*музыкальный инструмент из набора General MIDI*)
occlude окклюдировать
occlusion окклюзия
occult затмевать; заслонять
occultation затмение (*небесного тела*)
occulting затмевающийся (*напр. огонь*)
occupancy 1. занятие; занятость (*напр. канала*) **2.** аренда **3.** загруженность (*напр. линии*) **4.** *микр.* площадь, занимаемая телом корпуса (*компонента*) на плате; знакоместо **5.** *микр.* площадь (*платы*), доступная для монтажа
bit ~ занятость разряда
channel ~ занятость канала
effective board-area ~ площадь платы, доступная для монтажа
occupation 1. заселённость, населённость (*энергетических уровней*) **2.** заполнение; размещение **3.** занятие; занятость (*напр. канала*) **4.** аренда **5.** занятие; род занятий; профессия
band ~ занятость диапазона
preferential ~ предпочтительное заполнение (*напр. позиций в кристаллической решётке*)
queue ~ занятие очереди
trap ~ *пп* заполнение ловушек
occupational профессиональный
occupy 1. заселять; населять; заполнять (*напр. энергетические уровни*); размещать **2.** занимать (*напр. канал*); завладевать **3.** загружать (*напр. линию*) **4.** арендовать
occurrence 1. наступление (*напр. события*) **2.** вхождение (*напр. символа*)
~ of event наступление события
early ~ of event раннее наступление события
expression ~ вхождение выражения
free ~ свободное вхождение
symbol ~ вхождение символа
octahedron *крист.* октаэдр
octal 1. восьмеричный **2.** октальный (*о цоколе*)
octant *вчт* октант
octave 1. октава (*интервал частот 2:1*) ∥ октавный (*напр. об интервале частот*) **2.** группа из восьми объектов
octet *вчт* октет
octode октод
octonary 1. восьмеричный **2.** октальный (*о цоколе*)
octophony октофония
octothorp(e) *вчт проф.* «решётка», символ #
octupole октуполь
toroidal ~ тороидальный октуполь
ocular окуляр

autocollimating ~ автоколлимационный окуляр
compensating ~ компенсационный окуляр
prismatic ~ призматический окуляр
projection ~ проекционный окуляр
wide-angle ~ широкоугольный окуляр
odd 1. нечётный (*1. не делящийся на два 2. изменяющий знак при изменении знака аргумента (о функции)*) **2.** случайный; нерегулярный **3.** *pl* отношение вероятностей наступления и ненаступления события, отношение шансов
log ~s логарифм отношения вероятностей наступления и ненаступления события, логарифм отношения шансов
odograph 1. самопишущий измеритель (пройденного) пути **2.** автопрокладчик
odometer 1. измеритель (пройденного) пути **2.** шагомер **3.** автопрокладчик
odor запах
odorant пахучее вещество; носитель запаха ∥ пахучий; имеющий запах
odorimeter *см.* **odorometer**
odorivector источник запаха
odorization придание запаха
odorize придавать запах
odorometer измеритель интенсивности запаха
electronic ~ электронный измеритель интенсивности запаха
odorous пахучий; имеющий запах
odour *см.* **odor**
oersted эрстед, Э (79,5775 А/м)
off 1. выключенное состояние; отключённое состояние ∥ выключать; отключать ∥ выключенный; отключённый **2.** кнопка *или* клавиша выключения (электро)питания **3.** положение переключателя, соответствующее выключению (электро)питания **4.** нерабочее состояние ∥ нерабочий; недействующий; нефункционирующий ∥ не работать; не действовать; не функционировать **5.** ошибочные действия ∥ ошибочный ∥ ошибаться **6.** нестандартный; атипичный **7.** (*более*) удалённый ◊ **~-on 1.** прерывающийся; с перерывами **2.** двухпозиционный; релейный
off-boresight 1. смещённый относительно опорного направления **2.** смещённый относительно равносигнального направления
off-camera *тлв* **1.** относящийся к действию за кадром; закадровый; происходящий вне кадра ∥ за кадром; вне кадра **2.** не предназначенный для передачи ∥ не для передачи **3.** относящийся к личной жизни кино- *или* телеактёра ∥ в личной жизни
off-chip расположенный вне ИС, внешний по отношению к ИС ∥ вне ИС
off-ground незаземлённый
Office:
~ of Technology Assessment Отдел технической экспертизы
Microsoft ~ пакет программ корпорации Microsoft (*Microsoft Word, Microsoft Access, Microsoft Excel, Microsoft PowerPoint и др.*), пакет программ Microsoft Office
office 1. учреждение; предприятие; организация **2.** персонал; кадровый состав, кадры; штат **3.** *проф.* офис (*административное здание; служебное помещение; контора; управление; агентство*) **4.** ведомство; министерство **5.** телефонная станция **6.** служебные обязанности; функции

office

~ **of future** *проф.* офис будущего; полностью автоматизированный офис
automated ~ автоматизированный офис; электронный офис
automatic ~ автоматическая телефонная станция, АТС
box ~ высокодоходный продукт кино- *или* телеиндустрии
branch ~ телефонная станция
call ~ *тлф* переговорный пункт
central ~ 1. центральный офис 2. центральная АТС
central telegraph ~ центральный телеграф
community dial ~ внутрирайонная АТС без оператора
computing service ~ офис компьютерной службы
crossbar ~ координатная АТС
dial (central) ~ коммутационная АТС
electronic ~ электронный офис; автоматизированный офис
elusive ~ виртуальный офис
end ~ оконечная телефонная станция
innovation ~ модель инновационного управления фирмы Кодак, *проф.* офис инноваций
local central ~ местная телефонная станция на 10000 номеров
long-distance ~ междугородная телефонная станция
mobile telephone switching ~ подвижная коммутационная телефонная станция
originating ~ телефонная станция исходящего сообщения
paperless ~ электронный офис; автоматизированный офис, *проф.* безбумажный офис
small office/home ~ малый *или* домашний офис
subscriber ~ абонентская телефонная станция
switching ~ коммутационная телефонная станция
tandem ~ узловая телефонная станция исходящего и входящего сообщения
toll ~ междугородная телефонная станция
virtual ~ виртуальный офис

officer ответственное должностное лицо; руководитель; администратор; менеджер || руководить; управлять
chief executive ~ исполнительный директор, директор-распорядитель
chief information ~ менеджер отдела управленческих информационных систем
flight executive ~ руководитель полётов

officiate выполнять служебные обязанности; функционировать

off-line 1. автономный; независимый; *вчт проф.* офлайновый 2. отключённый; не соединённый с другим устройством; не находящийся в сети

offload 1. разгрузка || разгружать 2. *вчт* выгрузка || выгружать 3. извлечение || извлекать (*напр. дискету из дисковода*) 4. пересылка данных на периферийное устройство || пересылать данные на периферийное устройство

offloading 1. разгрузка 2. *вчт* выгрузка 3. извлечение (*напр. дискеты из дисковода*) 4. пересылка данных на периферийное устройство

off-peak 1. отличающийся от максимума; не максимальный 2. не относящийся к максимуму

off-print отдельный оттиск (*напр. статьи*)

off-screen *тлв* 1. относящийся к действию за кадром; закадровый; происходящий вне кадра || за кадром; вне кадра 2. относящийся к личной жизни (*напр. актёра*) || в личной жизни

offset 1. смещение, сдвиг; уход || смещать, сдвигать; уходить 2. напряжение смещения (*операционного усилителя*) 3. установившаяся ошибка (*в системах автоматического регулирования*); статизм 4. разбаланс 5. смещённый относительно центра; не совпадающий с центром 6. расположенный под углом; наклонный 7. отвод; ответвление 8. начало; старт; пуск 9. офсетная печать, офсет || использовать офсетную печать, печатать офсетным способом
band-gap ~ сдвиг запрещенной (энергетической) зоны
binding ~ *вчт* отступ для брошюровки *или* переплёта (*отпечатанных листов*)
carrier ~ сдвиг несущей
color ~ цветная офсетная печать
deep(-etched) ~ глубокая офсетная печать
destination ~ *вчт* смещение (точки входа) в целевом сегменте
fractional frequency ~ относительный сдвиг частоты; относительный уход частоты
frequency ~ сдвиг частоты; уход частоты
interleaving ~ сдвиг частоты с перемежением
mark(er) ~ *рлк* сдвиг отметки
operand ~ смещение операнда
threshold ~ смещение порога
zero ~ 1. уход нуля 2. отсутствие установившейся ошибки; отсутствие статизма (*в системах автоматического регулирования*)

offspring 1. потомок (*в иерархической структуре*) || являющийся потомком 2. последователь || последующий 3. порождённый (*объект*) || порождённый (*об объекте*)

off-the-record не предназначенный для публикации; секретный

off-the-shelf 1. стандартный; относящийся к массовой продукции 2. имеющийся в наличии *или* в продаже; готовый к распространению *или* использованию (*напр. о программном или аппаратном обеспечении*)

off-tuned расстроенный (*напр. о контуре*)

ogee S-образная кривая

ogive статистическое распределение

ohm ом, Ом
acoustic ~ акустический ом, аком ($1 \cdot 10^5$ Па·с/м³
Board of Trade ~ международный ом (1,0005 Ом)
B. O. T. ~ *см.* **Board of Trade ohm**
international ~ международный ом (1,0005 Ом)
legal ~ международный ом (1,0005 Ом)
magnetic ~ магнитный ом ($79,5775 \cdot 10^6$ А/Вб)
mechanical ~ механический ом, мехом ($1 \cdot 103$ Н·с/м)
reciprocal ~ сименс, См
unit legal ~ международный ом (1,00050 Ом)

ohmage сопротивление в омах

ohmic омический; активный

ohmmeter омметр
bridge ~ мостовой омметр
crossed-coil ~ омметр с магнитоэлектрическим логометром
digital ~ цифровой омметр
electronic ~ электронный омметр
inductor ~ омметр с магнитоэлектрическим логометром

Olympiad:
  International ~ in Informatics Международная олимпиада по информатике
Omega фазовая гиперболическая радионавигационная система «Омега»
omega омега (*буква греческого алфавита*, Ω, ω)
omicron омикрон (*буква греческого алфавита*, О, о)
omission пропуск (*напр. в тексте*)
omit 1. пропускать 2. не принимать во внимание; пренебрегать
omitted 1. пропущенный 2. опущенный, не принимаемый во внимание
omnibearing пеленг относительно направления на всенаправленный радиомаяк
omnidirectional всенаправленный; ненаправленный
omnidistance расстояние до всенаправленного радиомаяка
omnifont не критичный к типу шрифта, всешрифтовой (*о системе распознавания текста*)
omnigraph *тлг* омниграф
omnirange всенаправленный радиомаяк
  terminal ~ приводной всенаправленный радиомаяк
  very high-frequency ~ фазовый всенаправленный радиомаяк диапазона метровых волн
  VHF ~ *см.* very high-frequency omnirange
omniscience всеведение; всезнание, бесконечное знание
omniscient всеведущий; всезнающий, обладающий бесконечным знанием
on 1. включённое состояние; подключённое состояние ‖ включать; подключать ‖ включённый; подключённый 2. кнопка *или* клавиша включения (электро)питания 3. положение переключателя, соответствующее включению (электро)питания 4. рабочее состояние ‖ рабочий; действующий; функционирующий ‖ работать; действовать; функционировать 5. положение сверху ‖ находящийся сверху 6. планируемый; предполагаемый ◊ **~-off** 1. прерывающийся; с перерывами 2. двухпозиционный; релейный
on-board бортовой
on-boresight 1. на опорном направлении 2. на равносигнальном направлении
on-chip расположенный внутри ИС, встроенный в ИС, внутренний по отношению к ИС ‖ внутри ИС
oncoming 1. приближение ‖ приближающийся 2. грядущий; будущий; наступающий 3. встречный (*напр. о волне*)
ondograph ондограф
ondometer частотомер; волномер ◊ **~ with resistive fins** частотомер с резистивными пластинами
  cavity-resonator ~ частотомер с объёмным резонатором
  coaxial ~ коаксиальный частотомер
  differential ~ дифференциальный частотомер
  one-port ~ одноплечий частотомер
  one-stage ~ однокаскадный частотомер
  resonant ~ резонансный частотомер
  transmission-cavity ~ частотомер с проходным резонатором, частотомер с резонатором проходного типа
ondoscope ондоскоп (*световой индикатор тлеющего разряда для обнаружения излучения передатчика*)
one 1. единица 2. один ‖ одиночный 3. единственный; уникальный 4. единый
  binary ~ двоичная единица
  disturbed ~ разрушенная единица
  hot ~ единица циклического переноса
  square ~ отправная точка; начало; старт
one-address *вчт* одноадресный
one-and-half-space *вчт* печатать *или* набирать (*текст*) с полуторным интервалом (*между строками*)
one-and-half-spaced *вчт* напечатанный *или* набранный (*о тексте*) с полуторным интервалом (*между строками*)
one-chipper однокристальная ИС
one-dimensional одномерный; линейный
one-for-one *вчт* 1. взаимно-однозначный 2. «один-в-один» (*напр. о преобразовании*)
one-hop 1. скачок (*1. однократное отражение радиоволн при ионосферном распространении* 2. прохождение многократно ретранслируемого сигнала через отрезок [интервал] линии связи между соседними приёмно-передающими устройствами, *напр. между соседними станциями радиорелейной линии* 3. передача сообщения из одного узла маршрутизируемой сети в другой) ‖ односкачковый 2. (одиночный) отрезок [(одиночный) интервал] линии связи (*между соседними приёмно-передающими устройствами, напр. между соседними станциями радиорелейной линии*); (одиночное) звено (*передачи сообщения из одного узла маршрутизируемой сети в другой*) ‖ одноинтервальный (*о линии связи*); однозвенный (*о маршрутизируемой сети*)
one-port одноплечий, двухполюсный
one-shot 1. одновибратор, ждущий [моностабильный] мультивибратор 2. *тлв* съёмка одного исполнителя крупным планом 3. *тлв* однократное появление (*напр. исполнителя*) в программе 4. однократное событие ‖ однократный
one-sided односторонний
one-step одношаговый
one-tail с одним хвостом; односторонний (*напр. о распределении*)
one-to-many *вчт* 1. многозначный 2. «один-в-многие» (*напр. о преобразовании*) 3. «один-к-многим» (*напр. об отношении*)
one-to-N *вчт* 1. многозначный 2. «один-в-N» (*напр. о преобразовании*) 3. «один-к-N» (*напр. об отношении*)
one-to-one *вчт* 1. взаимно-однозначный 2. «один-в-один» (*напр. о преобразовании*) 3. «один-к-одному» (*напр. об отношении*)
one-track однодорожечный (*напр. магнитофон*)
on-line 1. неавтономный; работающий с управлением от основного оборудования 2. работающий в темпе поступления информации; работающий в реальном масштабе времени; *вчт проф.* онлайновый 3. активный; готовый к работе 4. интерактивный; диалоговый 5. подключённый; соединённый с другим устройством; находящийся в сети
on-off 1. прерывающийся; с перерывами 2. двухпозиционный; релейный
onomastics, onomatology *вчт* ономастика
on-screen экранный; отображённый на экране
onset 1. начало; старт 2. инициация 3. атака; нападение
  ~ of saturation начало насыщения
  cryptographic ~ криптографическая атака
  magnetic substorm ~ инициация (взрывной фазы) магнитной суббури

onset

on-the-fly немедленный; синхронный; *проф.* осуществляемый «на лету»

onto *вчт* сюръекция, сюръективное отображение || сюръективный

ontological онтологический

ontology онтология

oohs *вчт* голосовое «о» (*«музыкальный инструмент» из набора General MIDI*)

op 1. оператор 2. *вчт* оператор канала, привилегированный пользователь канала (*в системе IRC*)
 channel ~ оператор канала, привилегированный пользователь канала (*в системе IRC*)

opacimeter турбидиметр

opacity 1. непрозрачность; непроницаемость 2. непрозрачный *или* непроницаемый объект 3. степень непрозрачности *или* непроницаемости 4. оптическая плотность
 ~ **of paper** 1. непрозрачность бумаги 2. степень непрозрачности бумаги
 acoustic ~ звуконепроницаемость
 layer ~ 1. непрозрачность слоя 2. степень непрозрачности слоя

opalescence опалесценция
 critical ~ критическая опалесценция

opaque 1. непрозрачный *или* непроницаемый объект || делать непрозрачным *или* непроницаемым; становиться непрозрачным *или* непроницаемым || непрозрачный; непроницаемый 2. покрытие для ретуши || ретушировать методом покрытия

opcode *вчт* 1. код операции 2. система команд

opdar оптический локатор

open 1. размыкание || размыкающий || размыкать (*электрическую цепь*) 2. отверстие; окно; диафрагма || проделывать отверстие *или* окно; открывать диафрагму 3. открытое пространство; свободное пространство || открытый; свободный 4. открытый контурный шрифт, контурный шрифт без заполнения 5. *вчт проф.* открывающая круглая скобка, символ (6. кнопка открытия окна (*на экране дисплея*) 7. позиция экранного меню для открытия файла *или* запуска программы 8. вакансия; вакантная должность || вакантный; свободный 9. открытый (*1. активный; рабочий (напр. файл); функционирующий; действующий 2. содержащий скрытый шифр и основанный на использовании жаргона код (о тексте) 3. обменивающийся со средой веществом, энергией или импульсом (о термодинамической системе) 4. вчт расширяемый (о системе) 5. использующий устройства с одними и теми же средствами и протоколами связи о компьютерной сети) 6. общедоступный; свободно используемый 7. состоящий только из внутренних точек (о множестве); не замкнутый; не имеющий очерченных границ 8. не закрытый; допускающий проход; распахнутый; отворённый; не запертый 9. раскрытый; развёрнутый 10. не покрытый сверху, не имеющий крышки или покрытия 11. оканчивающийся гласной (о слоге) 12. составной (о сложном слове) 13. не прижатый; свободно звучащий (о струне) 14. нерешённый; незавершённый; неоконченный 15. ясный; прозрачный 16. начатый; запущенный*) 10. открывать (*1. активизировать, переводить в рабочее состояние (напр. файл) 2. делать общедоступным, обеспечивать свободный доступ и свободное использование 3. обеспечивать проход; распахивать; отворять; отпирать 4. раскрывать; развёртывать; раскладывать 5. открывать крышку; снимать покрытие 6. начинать; запускать; давать ход*) 11. вскрывать (*напр. слой оксида при изготовлении ИС*) 12. неплотный; редкий; разреженный; с промежутками *или* пробелами 13. разуплотнять; прореживать; оставлять промежутки *или* пробелы ◊ **normally** ~ замыкающий (*о контакте*); ~ **shortest path first** протокол маршрутизации по принципу выбора кратчайшего пути, протокол OSPF; **to** ~ **file** *вчт* открывать файл (*из числа ранее существующих*); **to** ~ **new file** *вчт* открывать новый файл
 electrical ~ размыкание электрической цепи
 functional ~ функционально открытый
 geometrical ~ геометрически открытый

open-circuited разомкнутый, незамкнутый; работающий в режиме холостого хода

open-ended 1. разомкнутый, незамкнутый; работающий в режиме холостого хода 2. *вчт* открытый; расширяемый (*напр. о программном обеспечении*)

opener 1. устройство для открывания (*напр. дверей*) 2. *тлв* открывающий программу исполнитель *или* номер
 photoelectric door ~ фотоэлектрическое устройство для открывания дверей

OpenGL открытая библиотека графических функций, многоплатформенный программный интерфейс для аппаратных средств компьютерной графики, интерфейс OpenGL

opening 1. размыкание (*электрической цепи*) 2. отверстие; окно; диафрагма 3. раскрыв (*напр. антенны*) 4. *вчт* открывающий оператор 5. открытие (*напр. файла*) 6. открывание (*напр. дверей*) 7. открытие; старт; начало
 contact ~ контактное окно
 diffusion-mask ~ окно в маске для диффузии
 gripper ~ раствор охвата (*робота*)
 lens ~ диафрагма объектива
 mask ~ окно в маске
 oxide-mask ~ окно в оксидной маске
 sound ~ отверстие для звука (*в микрофоне*)

opera опера
 horse ~ *тлв* вестерн
 soap ~ *тлв* мыльная опера
 space ~ научно-фантастический телефильм на космическую тему

operand *вчт* операнд
 bitwise operation ~ операнд поразрядной операции
 denormalized ~ денормализованный операнд
 immediate ~ адрес-операнд, непосредственный операнд
 instruction ~ операнд команды
 machine instruction ~ операнд машинной команды
 normalized ~ нормализованный операнд
 operator ~ операнд оператора
 string ~ строковый операнд

operant действующий субъект *или* объект

operate 1. работать; функционировать; действовать (*напр. об устройстве*) 2. выполнять функции оператора; управлять; осуществлять оперативное вмешательство 3. эксплуатировать 4. кнопка включения видеомагнитофона

operation 1. работа; функционирование; действие || работающий; функционирующий; действующий 2. режим (работы) 3. *вчт* операция || операционный 4. срабатывание (*напр. реле*) 5. управление; оперативное вмешательство || управляющий; оперативный 6. эксплуатация || эксплуатационный 7. *pl* выполнение операций

alignment ~ *микр.* операция совмещения
amplitude-modulation/single-side-band ~ амплитудная модуляция с одной боковой полосой
AND ~ (логическая) операция И, конъюнкция, логическое умножение
anti-identity ~ 1. операция антиотождествления 2. операция антитождественного преобразования
antisymmetry ~ операция антисимметрии, пространственно-временная операция симметрии
arithmetic ~ арифметическая операция
asynchronous ~ асинхронный режим
atomic ~ *вчт* атомарная операция
attended ~ 1. обслуживаемая (*оператором*) работа; обслуживаемое (*оператором*) функционирование 2. обслуживаемый (*оператором*) режим
auxiliary ~ 1. дополнительные *или* вспомогательные функции; резервные функции 2. *вчт* функции оборудования, не управляемого центральным процессором
average calculating ~ средняя вычислительная операция
axial-mode ~ режим работы на аксиальной [осевой] моде
back-to-back ~ *тлг* переприём
big bang ~ *вчт* операция копирования *или* пересылки битового блока
bilevel ~ двухуровневый режим работы (*запоминающей ЭЛТ*)
binary ~ 1. бинарная [двуместная] операция 2. двоичная операция
bistable ~ бистабильный режим
bitwise ~ поразрядная операции
block ~ *вчт* операция над блоком (*блоком данных или текстовым блоком*)
Boolean ~ булева операция
break-in ~ режим с прерыванием (*в радиотелеграфии*)
broadband ~ работа в широкой полосе частот
clamping ~ режим фиксации воздействия
class A ~ режим класса A
class AB ~ режим класса AB
class B ~ режим класса B
class C ~ режим класса C
cleaning ~ *микр.* очистка
closing ~ 1. операция замыкания (*напр. цепи*) 2. операция закрытия (*напр. файла*)
co-channel ~ 1. *вчт* мультиплексный режим 2. режим с уплотнением (*напр. линии связи*)
co-frequency ~ работа (*напр. станций*) на одной частоте
coherent-pulse ~ *рлк* когерентно-импульсный режим
color-killer ~ *тлв* режим работы с выключением цветности
color-switching ~ *тлв* режим цветокоммутации
compare ~ операция сравнения
complementary ~ *вчт* дополнительная (логическая) операция

computer ~s выполнение компьютерных операций
continuous(-wave) ~ режим незатухающих [непрерывных] колебаний, непрерывный режим
crystal ~ режим работы с использованием кварцевого генератора
cw ~ *см.* **continuous(-wave) operation**
data transfer ~s выполнение операций передачи данных
decision-directed ~ работа с управлением по решению
depressed collector ~ режим работы с рекуперацией, режим работы с пониженным напряжением на коллекторе (*напр. в ЛОВ*)
destructive ~ операция (*считывания или записи*) с разрушением данных
dial-up ~ *вчт* передача данных по телефонным каналам с набором номера
diplex ~ диплексный режим, режим одновременной передачи двух сообщений в одном направлении
diversity ~ режим с разнесением (*напр. по частоте*)
drawing ~ графическая операция
duplex ~ дуплексный [одновременный двусторонний] режим
dyadic ~ двухоперандная операция, операция с двумя операндами
EITHER-OR ~ (логическая) операция (включающее) ИЛИ, дизъюнкция, логическое сложение
electromagnetic ~ электромагнитный режим (*ферритового усилителя*)
end-to-end ~ *тлг* работа без переприёма
excise ~ *микр.* изготовление посадочного места, испытательной площадки и перфорационного отверстия (*для кристаллоносителя на гибкой ленте*)
exclusive NOR ~ (логическая) операция исключающее ИЛИ НЕ, отрицание альтернативной дизъюнкции
exclusive OR ~ (логическая) операция исключающее ИЛИ, альтернативная дизъюнкция, неэквивалентность, сложение по модулю 2
forming ~ *пп* режим формовки
full-duplex ~ дуплексный [одновременный двусторонний] режим
gate ~ режим стробирования
global ~ глобальная операция
group ~ групповая операция
half-duplex ~ полудуплексный [поочерёдный двусторонний] режим
high-gain ~ режим большого усиления
high-level signal ~ 1. работа в режиме большого сигнала 2. режим большого сигнала
identity ~ 1. операция отождествления 2. операция тождественного преобразования
inclusive NOR ~ (логическая) операция (включающее) ИЛИ НЕ, отрицание дизъюнкции
inclusive OR ~ (логическая) операция (включающее) ИЛИ, дизъюнкция, логическое сложение
INHIBIT ~ операция ЗАПРЕТ
integer ~ целочисленная операция
invalid ~ *вчт* недействительная операция
jump ~ *вчт* операция перехода
large-signal ~ 1. работа в режиме большого сигнала 2. режим большого сигнала

operation

limiting ~ лимитирующая операция, ограничивающая производительность (*напр. системы*) операция
linear ~ линейный режим
logical ~ логическая операция
low-gain ~ режим малого усиления
low-level signal ~ 1. работа в режиме малого сигнала 2. режим малого сигнала, малосигнальный режим
MAC ~ *см.* **multiply/accumulate operation**
magnetostatic ~ магнитостатический режим (*ферритового усилителя*)
maintenance ~ техническое обслуживание и текущий ремонт
manual ~ ручной режим
mathematical ~ математическая операция
modified semistatic ~ модифицированный полустатический режим (*ферритового усилителя*)
monadic ~ унарная [одноместная] операция
monostable ~ моностабильный режим
multicarrier ~ режим работы с несколькими несущими
multijob ~ *вчт* многозадачный режим
multimode ~ многомодовый режим
multiple job ~ *вчт* многозадачный режим
multiplex ~ 1. режим уплотнения (*напр. линии связи*); режим объединения (*напр. сигналов*) 2. *вчт* мультиплексный режим
multiply/accumulate ~ операция умножения с накоплением, операция умножения со сложением (*при цифровой обработке сигналов*)
NAND ~ (логическая) операция И НЕ, отрицание конъюнкции
NEITHER-NOR ~ (логическая) операция (включающее) ИЛИ НЕ, отрицание дизъюнкции
no-~ 1. пустая команда, НОП 2. в нерабочем состоянии
nonattended ~ 1. необслуживаемая (*оператором*) работа; необслуживаемое (*оператором*) функционирование 2. необслуживаемый (*оператором*) режим
NOR ~ (логическая) операция (включающее) ИЛИ НЕ, отрицание дизъюнкции
NOT ~ (логическая) операция НЕ, отрицание
off-frequency ~ работа (*напр. станций*) на несовпадающих частотах
one-pass ~ 1. *кв. эл.* однопроходный режим 2. *вчт* операция за один проход
one-way reversible ~ односторонний поочерёдный режим
opening ~ 1. операция размыкания (*напр. цепи*) 2. операция открытия (*напр. файла*)
OR ~ (логическая) операция (включающее) ИЛИ, дизъюнкция, логическое сложение
parallel ~ 1. параллельный режим (работы); параллельное действие 2. *pl* параллельное выполнение операций
programmable remote ~ программируемый дистанционный режим
pull-in ~ режим затягивания частоты
pulse ~ импульсный режим
push-pull ~ 1. двухтактный режим 2. *кв. эл.* режим работы с двухтактной [двойной симметричной] накачкой
push-pull-push ~ *кв. эл.* режим работы с трёхкратной несимметричной накачкой

push-push ~ 1. режим удвоения частоты 2. *кв. эл.* режим работы с двойной последовательной накачкой
Q-switched ~ *кв. эл.* режим модуляции добротности
quadrature ~ квадратурный режим
quasi-continuous ~ квазинепрерывный режим
register ~ регистровая операция
SCL ~ *см.* **space-charge-limited operation**
self-Q-switched ~ *кв. эл.* режим автомодуляции добротности
semistatic ~ полустатический режим (*ферритового усилителя*)
sequential staircase ~ *кв. эл.* каскадный режим работы с последовательной инверсией
serial ~ 1. последовательный режим (работы); последовательное действие 2. *pl* последовательное выполнение операций
shared-frequency ~ режим работы с разделением частот
simplex ~ симплексный [односторонний] режим
simultaneous staircase ~ *кв. эл.* каскадный режим работы с одновременной инверсией
single-mode ~ одномодовый режим
small-signal ~ 1. работа в режиме малого сигнала 2. режим малого сигнала, малосигнальный режим
soldering ~ операция пайки
space-charge-limited ~ режим работы с ограничением тока объёмным зарядом
space symmetry ~ пространственная операция симметрии
space-time symmetry ~ пространственно-временная операция симметрии, операция антисимметрии
spike ~ *кв. эл.* пичковый режим
store-and-forward ~ режим (передачи данных) с промежуточным накоплением
string ~ *вчт* операция над строками
stripping ~ *микр.* операция удаления [операция снятия] резиста
suppressed-carrier ~ режим работы с подавленной несущей
symmetry ~ операция симметрии
synchronous ~ синхронный режим
tandem ~ параллельный режим работы шифратора и дешифратора (*в криптографии*)
task switch ~ операция переключения задач (*процессора*)
translation ~ *фтт* трансляция
transmitted-carrier ~ режим работы без подавления несущей
TRAPATT ~ *см.* **trapped plasma avalanche transit-time operation**
trapped plasma avalanche transit-time ~ *пп* лавинно-ключевой режим
tse ~ пиктографическая операция
unary ~ унарная [одноместная] операция
unattended ~ 1. необслуживаемая (*оператором*) работа; необслуживаемое (*оператором*) функционирование 2. необслуживаемый (*оператором*) режим
unit ~ 1. операция тождественного преобразования 2. *вчт* операция эквивалентности
variable-cycle ~ *вчт* 1. работа с переменным циклом 2. операция с переменным циклом
XOR ~ (логическая) операция (логическая) операция исключающее ИЛИ, альтернативная дизъюнкция, неэквивалентность, сложение по модулю 2

π-mode ~ режим работы с колебаниями π-вида (*в магнетроне*)

operational 1. работающий; функционирующий; действующий 2. операционный 3. операторный 4. оперативный

operationalization операционализация, определение объёма понятия и сведение его характеристик к измеримым количественным параметрам

operations and maintenance управление и (техническое) обслуживание; эксплуатация

operative 1. работающий; функционирующий; действующий 2. оперативный

operator 1. оператор (*1. операция; знак или символ операции 2. задающее функционально законченное действие предложение языка программирования 3. специалист, осуществляющий оперативное управление и контроль за работой прибора, устройства или системы (например, компьютера) 4. участок ДНК, регулирующий транскрипцию*) 2. специалист, обеспечивающий установление соединений *или* передачу сообщений (*в системах связи*); телефонист; телеграфист; радиооператор, радист; связист 3. управляющий; технический директор

abstract ~ абстрактный оператор
adjoint ~ *фтт* сопряжённый оператор
aggregate ~ агрегатный оператор
annihilation ~ *фтт* оператор аннигиляции, оператор уничтожения
antisymmetry ~ оператор антисимметрии, пространственно-временной оператор симметрии
arithmetic ~ арифметический оператор
assertion ~ оператор подтверждения отсутствия ошибок
assignment ~ оператор присваивания
audio ~ звукооператор
averaging ~ оператор усреднения
binary ~ булев [двоичный] оператор
bitwise ~ поразрядный оператор
Boolean ~ булев [двоичный] оператор
Bose ~ *фтт* бозевский оператор, бозе-оператор
channel ~ оператор канала, привилегированный пользователь канала (*в системе IRC*)
comparison ~ 1. оператор сравнения 2. реляционный оператор
complementary ~ *вчт* дополнительный оператор
computer ~ оператор компьютера, оператор вычислительной машины
console ~ оператор пульта управления
creation ~ *фтт* оператор рождения
data entry ~ оператор, выполняющий ввод данных с клавиатуры
delete ~ оператор удаления; оператор уничтожения
direction-finder ~ оператор радиопеленгатора
duty ~ дежурный оператор
embedding ~ оператор вложения
energy ~ *фтт* оператор энергии, гамильтониан
exchange ~ *фтт* обменный оператор
Fermi ~ *фтт* фермиевский оператор, ферми-оператор
gradient ~ *фтт* оператор градиента
Hadamard matrix ~ матричный оператор Адамара
Hamilton ~ оператор Гамильтона, гамильтониан
Hermitian ~ *фтт* эрмитов оператор

infix ~ инфиксная операция
integral ~ интегральный оператор
lag ~ оператор запаздывания; оператор сдвига, *проф.* лаговый оператор (*в математической статистике*)
Laplace ~ оператор Лапласа, лапласиан
linear ~ линейный оператор
logic ~ 1. логический оператор 2. булев [двоичный] оператор
machine ~ оператор компьютера, оператор вычислительной машины
miniphase ~ минимально-фазовый оператор
modal ~ модальный оператор
monadic ~ унарный [одноместный] оператор
peripheral equipment ~ оператор периферийных устройств
pipe ~ *вчт* вертикальная черта, *проф.* прямой слэш, символ |
postfix ~ постфиксная операция
prediction ~ оператор предсказания
prefix ~ префиксная операция
quasi-particle ~ *свпр* оператор квазичастиц
radar ~ оператор РЛС
radio ~ радист
random variation ~ оператор случайных изменений
relational ~ 1. реляционный оператор 2. оператор сравнения
resolvent ~ *вчт* резольвентный оператор
self-adjoint ~ *фтт* самосопряжённый оператор
single-parent ~ оператор случайных изменений при бесполом размножении (*в эволюционном программировании*)
sonar ~ гидроакустик
space symmetry ~ пространственный оператор симметрии
space-time symmetry ~ пространственно-временной оператор симметрии, оператор антисимметрии
spin ~ *фтт* оператор спина
spurless ~ бесшпуровый [бесследовый] оператор, оператор с нулевым шпуром, оператор с нулевым следом
symmetry ~ оператор симметрии
template matching ~ оператор сравнения с эталоном (*в распознавании образов*)
tensor ~ тензорный оператор
traceless ~ бесшпуровый [бесследовый] оператор, оператор с нулевым шпуром, оператор с нулевым следом
transfer ~ передаточный оператор
transformation ~ оператор преобразования
translation ~ оператор трансляции
truncation ~ оператор усечения
two-parent ~ оператор случайных изменений при половом размножении (*в эволюционном программировании*)
unary ~ унарный [одноместный] оператор
unitary ~ *фтт* унитарный оператор
unity ~ единичный оператор
variance ~ оператор дисперсии
vector ~ векторный оператор
wireless ~ радиооператор, радист
word processing ~ *вчт* оператор системы обработка текстов

operon *биол.* оперон, (тран)скриптон

opponent оппонент (*1. противник (напр. в криптоанализе) 2. опровергающее тезис лицо*)

opposite 1. противофазное колебание; противофазная волна || противофазный 2. антоним ∥ оппонент

opposition 1. противофазность 2. оппозиция (*1. противопоставление; противодействие 2. вчт противопоставление языковых единиц одного уровня 3. противостояние планет*)
   phase ~ противофазность

opsin опсин (*составная часть зрительных пигментов*)

opt делать выбор; выбирать

optic 1. линза (*оптического прибора*) 2. объектив; окуляр 3. оптический
   fiber ~ 1. волоконно-оптический 2. волоконно-оптическая линия связи

optical 1. оптический 2. зрительный

optician оптик, специалист по оптике

optics (*1. наука 2. оптические явления 3. оптическое оборудование; оптические приборы; оптическая система*)
   achromatic ~ ахроматическая оптика
   adaptive ~ адаптивная оптика
   biospeckle ~ оптика биоспеклов
   camera ~ оптика камеры (*напр. фотографической*)
   Cassegrain ~ оптическая система Кассегрена
   coated ~ просветлённая оптика
   collimated ~ коллимирующая оптика; коллиматор
   condensing ~ конденсорная оптика
   crystal ~ кристаллооптика
   diffraction ~ дифракционная оптика
   electron ~ электронная оптика
   fiber ~ волоконная оптика
   Fourier ~ фурье-оптика
   fractal ~ фрактальная оптика
   Gaussian beam ~ оптика гауссовых пучков
   geometrical ~ геометрическая [лучевая] оптика
   guided-wave ~ волноводная оптика
   high aperture ~ светосильная оптика
   holographic ~ голограммная оптика
   infrared ~ оптика ИК-диапазона
   integrated ~ интегральная оптика
   interface ~ согласующая оптика
   ion ~ ионная оптика
   large aperture ~ светосильная оптика
   lens ~ линзовая оптика
   light(-transmission) ~ световая оптика
   long focal-length ~ длиннофокусная оптика
   magneto- ~ магнитооптика
   matrix ~ матричная оптика
   metal ~ металлооптика
   microwave ~ оптика СВЧ-диапазона
   mirror ~ зеркальная оптика; отражательная оптика
   molecular ~ молекулярная оптика
   nonlinear ~ нелинейная оптика
   parametric ~ параметрическая оптика
   physical ~ физическая оптика
   polarization ~ поляризационная оптика
   projection ~ проекционная оптика
   quantum ~ квантовая оптика
   ray ~ геометрическая [лучевая] оптика
   reflective ~ отражательная оптика; зеркальная оптика
   scanning ~ растровая оптика
   schlieren ~ шелевая оптика, шлирен-оптика
   step-and-repeat ~ *микр.* фотоповторитель, фотоштамп
   thin-film ~ оптика тонких плёнок
   ultraviolet ~ оптика УФ-диапазона
   wave ~ волновая оптика
   X-ray ~ рентгеновская оптика

optimal оптимальный
   ~ **under uncertainty** оптимальный в условиях неопределённости
   asymptotically ~ асимптотически оптимальный
   conditionally ~ условно оптимальный
   locally ~ локально оптимальный
   Pareto ~ оптимальный по Парето

optimality оптимальность
   global ~ глобальная оптимальность
   gradient ~ градиентная оптимальность
   local ~ локальная оптимальность
   multiple-criteria ~ многокритериальная оптимальность
   restrictedly global ~ ограниченно глобальная оптимальность
   single-criterion ~ однокритериальная оптимальность

optimization оптимизация
   automatic throughput ~ *вчт* автоматическая оптимизация пропускной способности (*в сетях*)
   cache ~ оптимизация кэша
   combinatorial ~ комбинированная оптимизация
   computer-aided network ~ автоматизированная оптимизация цепей
   computer-aided transistor ~ автоматизированная оптимизация транзисторных приборов
   constrained ~ условная оптимизация
   continuous ~ непрерывная оптимизация
   global ~ глобальная оптимизация
   hard disk ~ оптимизация жёсткого (магнитного) диска
   integer ~ целочисленная оптимизация
   memory ~ оптимизация памяти, оптимизация ЗУ
   on-line ~ оптимизация в реальном масштабе времени
   overall ~ глобальная оптимизация
   possibilistic ~ возможностная оптимизация
   scalar ~ скалярная оптимизация
   security-constrained ~ условная оптимизация с учётом необходимости обеспечения безопасности
   vector ~ векторная оптимизация

optimize 1. оптимизировать 2. определять экстремум или экстремумы (*функции*)

optimizer оптимизатор (*1. устройство 2. программа*)
   beam ~ устройство оптимизации формы диаграммы направленности антенны
   query ~ оптимизатор запроса
   record-current ~ оптимизатор тока видеоголовок
   video-head ~ оптимизатор тока видеоголовок

optimum оптимум || оптимальный
   absolute ~ абсолютный оптимум
   asymptotic ~ асимптотический оптимум
   boundary ~ граничный [краевой] оптимум
   conditional ~ условный оптимум
   constrained ~ условный оптимум
   deterministic ~ детерминированный оптимум
   finite ~ конечный оптимум
   global ~ глобальный оптимум
   local ~ локальный оптимум

Pareto ~ оптимум по Парето
relative ~ относительный оптимум
unconditional ~ безусловный оптимум
unconstrained ~ безусловный оптимум

option 1. выбор; право выбора **2.** *вчт* опция (*1. дополнительный параметр; вариант режима; дополнительное средство 2. пункт экранного меню с указанием вариантов выбора*) **3.** *вчт* необязательный параметр **4.** поставка дополнительного оборудования *или* аксессуаров || поставлять дополнительное оборудование или аксессуары (*по выбору заказчика*)
    advanced setup ~s *вчт* расширенный набор опций при инстал(л)яции *или* установке (значений) параметров (*напр. в BIOS*)
    Asian text ~s *вчт* опции, необходимые для работы с иероглифическими текстами
    fast gate A20 ~ *вчт* опция выбора быстрого способа переключения логического элемента линии A20 адресной шины
    time-sharing ~ операционная система для режима разделения времени, операционная система TSO (*в мейнфреймах*)

optional 1. дополнительный **2.** необязательный **3.** поставляемый дополнительно (*по выбору*)

optocoupler оптопара, оптрон

optoelectronic оптоэлектронный

optoelectronics оптоэлектроника
    fiber ~ волоконно-оптическая электроника
    integrated ~ интегральная оптоэлектроника
    magnetic ~ интегральная магнитооптика
    semiconductor ~ полупроводниковая оптоэлектроника
    solid-state ~ твердотельная оптоэлектроника

optoisolator оптопара, оптрон

optophone оптофон, оптоакустический преобразователь

optron оптопара, оптрон
    diode ~ оптопара светодиод-фотодиод, диодный оптрон
    insulation ~ оптопара, оптрон
    integrated ~ интегральный оптрон
    laser ~ лазерный оптрон
    LED/photoresistor ~ *см.* light-emitting diode/photoresistor optron
    light-emitting diode/photodiode ~ оптопара светодиод-фотодиод, диодный оптрон
    light-emitting diode/photoresistor ~ оптопара светодиод-фоторезистор
    light-emitting diode/photothyristor ~ оптопара светодиод-фототиристор
    light-emitting diode/phototransistor ~ оптопара светодиод-фототранзистор
    reactive ~ реактивный оптрон
    resistor ~ резисторный оптрон
    thyristor ~ тиристорный оптрон
    transistor ~ транзисторный оптрон

optronics оптоэлектроника

OR (включающее) ИЛИ (*логическая операция*), дизъюнкция, логическое сложение
    EITHER-~ (включающее) ИЛИ (*логическая операция*), дизъюнкция, логическое сложение
    exclusive ~ исключающее ИЛИ (*логическая операция*), альтернативная дизъюнкция, неэквивалентность, сложение по модулю 2
    inclusive ~ (включающее) ИЛИ (*логическая операция*), дизъюнкция, логическое сложение
    negative ~ (включающее) ИЛИ НЕ (*логическая операция*), отрицание дизъюнкции
    NEITHER-~ (включающее) ИЛИ НЕ (*логическая операция*), отрицание дизъюнкции

or *вчт* вертикальная черта, *проф.* прямой слэш, символ |

oracle 1. неоспоримая истина **2.** оракул; прорицатель (*в компьютерных играх*)
    yet another hierarchical organized ~ поисковая машина Yahoo

orb 1. шар; сфера **2.** небесное тело **3.** двигаться по орбите

orbit 1. орбита || двигаться по орбите **2.** выводить на орбиту
    circular ~ круговая орбита
    Clark ~ геостационарная орбита
    elliptical ~ эллиптическая орбита
    equatorial ~ экваториальная орбита
    geostationary ~ геостационарная орбита
    geosynchronous ~ геосинхронная орбита
    inclined ~ наклонная орбита
    low earth ~ низкая околоземная орбита
    mean earth ~ средняя околоземная орбита
    near-polar ~ приполярная орбита
    parking ~ промежуточная орбита
    predictable ~ предсказуемая орбита
    retrograde ~ орбита с обратным движением (*по отношению к вращению Земли*)
    stationary ~ стационарная орбита
    subsynchronous ~ субсинхронная орбита
    synchronous ~ синхронная орбита
    transfer ~ переходная орбита
    unperturbed ~ невозмущённая орбита

orbital 1. *фтт* орбиталь **2.** орбитальный
    atomic ~ атомная орбиталь
    filled ~ заполненная орбиталь
    molecular ~ молекулярная орбиталь
    spin ~ спин-орбиталь
    vacant ~ незаполненная [вакантная] орбиталь
    δ-~ δ-орбиталь
    π-~ π-орбиталь
    σ-~ σ-орбиталь

orbiter 1. орбитальный зонд; орбитальный модуль (*КЛА*) **2.** пассажирский и грузовой отсеки космического челнока

Or Borealis первая орбитальная группировка системы спутниковой связи ELLIPSO (*на двух наклонных эллиптических орбитах*)

Or Concordia вторая орбитальная группировка системы спутниковой связи ELLIPSO (*на круговой экваториальной орбите*)

order 1. порядок; упорядоченность; упорядочение || упорядочивать **2.** степень; порядок; кратность **3.** индекс моды; порядок моды **4.** последовательность **5.** *вчт* команда **6.** разряд числа **7.** заказ || заказывать, делать заказ (*напр. на поставку оборудования*)
    ~ of accuracy степень точности
    ~ of group порядок группы
    ~ of magnitude порядок величины
    ~ of reflection порядок отражения
    address ~ адресная команда
    apple-pie ~ полная упорядоченность

order

applicative ~ функциональное упорядочение
ascending ~ упорядочение по возрастанию
ASCII sort ~ упорядочение с сортировкой по номерам символов ASCII
branch ~ команда условного перехода
cointegration ~ порядок коинтеграции
complete partial ~ полное частичное упорядочение (*множества*)
compositional ~ *фтт* композиционный порядок
control ~ команда управления
degeneracy ~ кратность вырождения
descending ~ упорядочение по убыванию
diffraction ~ порядок дифракции
diversity ~ кратность разнесения
grating ~ порядок максимума дифракционной решётки
interference ~ порядок интерференции
interlace ~ кратность чередования, кратность перемежения
lexicographic ~ лексикографический порядок
logic ~ логическая команда
long-range ~ *фтт* дальний порядок
mode ~ индекс моды; порядок моды
normal ~ нормальный порядок
orientational ~ *фтт* ориентационный порядок
overtone ~ порядок гармоники
partial ~ частичное упорядочение (*множества*)
positional ~ *фтт* позиционный порядок
recalculation ~ порядок пересчёта, порядок повторного счёта (*напр. в электронных таблицах*)
short-range ~ *фтт* ближний порядок
sort ~ порядок сортировки
switch ~ команда переключения
topological ~ *фтт* топологический порядок
transfer ~ команда пересылки
translational ~ *фтт* трансляционный порядок
word ~ порядок слов (*напр. в предложении*)
working ~ рабочее состояние (*напр. системы*)
orderable упорядочиваемый
ordered упорядоченный
  alphabetically ~ упорядоченный по алфавиту
  causally ~ причинно упорядоченный
  completely ~ полностью упорядоченный
  cyclically ~ циклически упорядоченный
  left heap ~ левосторонне пирамидально упорядоченный
  lexicographically ~ лексикографически упорядоченный
  partially ~ частично упорядоченный; полуупорядоченный
  right heap ~ правосторонне пирамидально упорядоченный
  stochastically ~ стохастически упорядоченный
  virtually ~ виртуально упорядоченный
  weakly ~ слабо упорядоченный
ordering упорядочение ◊ ~ **by extension** упорядочение по расширению (*имени файла*); ~ **by name** упорядочение по имени (*файла*); ~ **by size** упорядочение по размеру (*файла*); ~ **by time** упорядочение по времени (*создания файла или последнего обращения к файлу*)
  array ~ *вчт* упорядочение массива
  bitonic ~ битоническое упорядочение
  channel wiring ~ упорядочение канальных межсоединений
  fuzzy ~ нечёткое упорядочение
  hierarchical ~ иерархическое упорядочение
  induced ~ индуцированное упорядочение
  inputs and outputs ~ упорядочение входов и выходов
  lexicographic ~ лексикографическое упорядочение
  magnetic ~ *фтт* магнитное упорядочение
  partial ~ частичное упорядочение; полуупорядочение
  pseudo-random ~ псевдослучайное упорядочение
  semi-~ полуупорядочение; частичное упорядочение
orderwire служебный канал; служебная линия
  data ~ служебный канал передачи данных
  preassigned ~ закреплённый служебный канал
  voice ~ голосовой [речевой] служебный канал
ordinal 1. порядковое (число) || порядковый 2. порядковое числительное 3. ординал || ординальный
  ~ **of tree** ординал дерева
  accessible ~ достижимое порядковое
  admissible ~ допустимое порядковое
  countable ~ счётное порядковое
  even ~ чётное порядковое
  finite von Neumann ~ конечное фон-неймановское порядковое
  inaccessible ~ недостижимое порядковое
  infinite ~ бесконечное порядковое
  integer ~ целочисленное порядковое
  limiting ~ предельное порядковое
  odd ~ нечётное порядковое
  principal ~ главное порядковое
  regular ~ регулярное порядковое
  singular ~ сингулярное порядковое
  transfinite ~ трансфинитный ординал
  uncountable ~ несчётное порядковое
  von Neumann ~ фон-неймановское порядковое
ordinate ордината
  ~ **of point** ордината точки
ordination положение; расположение
org *вчт* имя домена верхнего уровня для некоммерческих организаций
organ 1. орган 2. инструмент; средство 3. элемент; блок 4. орган (*музыкальный инструмент*) 5. (печатный) орган (*напр. научного общества*)
  arithmetic ~ арифметическое устройство
  chord ~ электронный орган с одноклавишным исполнением аккордов
  church ~ *вчт* церковный орган (*музыкальный инструмент из набора General MIDI*)
  control ~ блок управления
  drawbar ~ *вчт* орган (*музыкальный инструмент из набора General MIDI*)
  electronic ~ электронный орган
  executive ~ исполнительный орган
  logic ~ логическое устройство
  mouth ~ *вчт* губная гармошка (*музыкальный инструмент из набора General MIDI*)
  percussive ~ *вчт* орган с ударной атакой (*музыкальный инструмент из набора General MIDI*)
  pipe ~ орган
  reed ~ *вчт* язычковый орган (*музыкальный инструмент из набора General MIDI*)
  rock ~ *вчт* рок-орган (*музыкальный инструмент из набора General MIDI*)

sense ~ сенсорный орган; орган чувств; рецептор
organic 1. организованный; систематизированный; органичный; упорядоченный **2.** органический
organism организм
Organization:
   European Telecommunications Satellite ~ Европейская организация спутниковой связи, организация EUTELSAT
   International ~ for Standardization Международная организация по стандартизации
   International Maritime Satellite Telecommunications ~ Международная организация морской спутниковой связи, ИНМАРСАТ
   International Radio and Television ~ Международная организация радиовещания и телевидения, ОИРТ
   International Telecommunications Satellite ~ Международная организация спутниковой электросвязи, ИНТЕЛСАТ
   Public Telecommunications ~ Организация общественных телекоммуникаций
   World Intellectual Property ~ Всемирная организация по защите интеллектуальной собственности (*при ООН*)
organization организация (*1. структура; конфигурация 2. образование структуры, формирование конфигурации 3. систематизирование; упорядочение 4. общественное объединение; учреждение*)
   autopoetic ~ самовоспроизводящаяся организация; самоподдерживающаяся организация *проф.* аутопоэтическая организация
   consecutive ~ последовательная организация
   crisis-prone ~ организация, склонная к возникновению кризисов
   data ~ организация данных
   dataset ~ организация набора данных
   direct file ~ организация файла с произвольным доступом к записям
   file ~ организация файла
   innovation ~ инновационная организация
   keyed ~ организация по ключам
   learning ~ обучающаяся организация
   linked ~ списочная организация
   major-minor loop ~ организация по схеме регистр связи, накопительные регистры (*в ЗУ на ЦМД*)
   page ~ страничная организация
   regional ~ организация по разделам
   sequential file ~ организация файла с последовательным доступом к записям
   sustainable ~ самоподдерживающаяся организация; самовоспроизводящаяся организация; *проф.* аутопоэтическая организация
   virtual ~ виртуальная организация
organize организовывать (*1. образовывать структуру, формировать конфигурацию 2. систематизировать; упорядочивать 3. объединять; учреждать*)
organizer *вчт* электронный секретарь, организатор личной деятельности, *проф.* органайзер
   electronic ~ электронный секретарь, организатор личной деятельности, *проф.* органайзер
organizing организация (*1. образование структуры, формирование конфигурации 2. систематизирование; упорядочение 3. объединение; учреждение*)
   virtual ~ виртуальная организация, виртуальное объединение

organon *вчт* органон (*1. средство мышления или познания 2. система правил или принципов исследования или демонстрации*)
orgatron электронный орга́н
orientate ориентировать; направлять; располагать
orientation 1. ориентация; направление; расположение **2.** ориентирование
   ~ of integrated circuit ориентация ИС
   ~ to work ориентация на работу
   allowed ~ разрешенная ориентация
   bubble magnetization ~ направление намагниченности в ЦМД
   crystal ~ ориентация кристалла
   crystal-lattice [crystallographic] ~ кристаллографическая ориентация
   dipole ~ 1. ориентация диполей **2.** ориентирование диполей
   growth ~ *крист.* направление роста
   landscape ~ *вчт* ландшафтная [альбомная] ориентация (*напр. листа бумаги*), горизонтальная ориентация (*напр. экрана дисплея*)
   landscape page ~ *вчт* ландшафтная [альбомная, горизонтальная] ориентация листа бумаги
   lobe ~ ориентация [угловое положение] лепестка (*диаграммы направленности антенны*)
   mutual ~ of two sets of axes взаимная ориентация осей двух систем координат
   object ~ 1. ориентация объекта; расположение объекта **2.** *вчт* объектная ориентация; представление окружающего мира в виде совокупности объектов
   polarization ~ направление поляризации
   portrait ~ *вчт* портретная [книжная] ориентация (*напр. листа бумаги*), вертикальная ориентация (*напр. экрана дисплея*)
   portrait page ~ *вчт* портретная [книжная, вертикальная] ориентация листа бумаги
   printer ~ ориентация печатаемых строк (*ландшафтная или портретная*)
   substrate ~ ориентация подложки
oriented ориентированный; направленный; расположенный
   connection ~ ориентированный на установление соединения
   object ~ объектно-ориентированный
   result ~ ориентированный на достижение результата
orifice 1. окно; диафрагма; отверстие **2.** волноводное окно **3.** выпускное отверстие; выходной раструб; сопло **4.** фильера, канал волочильной пластины (*напр. для вытягивания волокна*)
   anode ~ отверстие анода
   calibrated ~ калиброванное отверстие
   cathode ~ отверстие катода
   die ~ фильера, канал волочильной пластины
   micro ~ микроотверстие
   tangential gas ~ *крист.* тангенциальное газовое сопло
origin 1. начало координат; полюс (*полярной системы координат*) **2.** начало (*напр. отсчёта*); начальная точка (*напр. кривой*) **3.** источник (*напр. шума*) **4.** происхождение; начало **5.** *вчт* начальный адрес (*напр. программы*) **6.** *вчт* корень дерева
   clutter ~ источник мешающих отражений
   grid ~ начало координат
   noise ~ источник шума
   ray ~ начало луча

origin

vector ~ начало вектора
original 1. оригинал; подлинник ‖ оригинальный; подлинный 2. первоисточник; исходный объект ‖ первоначальный; исходный
    color ~ цветной оригинал
    hand-written ~ рукописный оригинал
    lacquer ~ лаковый оригинал фонограммы
    master ~ первый металлический оригинал фонограммы
    monochrome ~ одноцветный оригинал; чёрно-белый оригинал
    opaque ~ непрозрачный оригинал
    photographic ~ фотографический оригинал, фотооригинал
    translucent ~ полупрозрачный оригинал
    wax ~ восковой оригинал фонограммы
    written ~ рукописный оригинал
originate 1. возникать; происходить; брать начало 2. (по)рождать; создавать; давать начало; инициировать (*напр. передачу данных*) 3. посылать вызов (*в модемах*)
origination 1. возникновение; происхождение; начало 2. (по)рождение; создание; инициирование (*напр. передачи данных*) 3. посылка вызова; вызов (*в модемах*) 4. создание издательского оригинала
    data ~ порождение данных, преобразование исходных данных в пригодную для ввода в компьютер форму
    text ~*вчт* порождение текста; ввод текста (с клавиатуры)
    tone ~ тональный вызов
orinasal 1. р(о)тоносовой звук 2. р(о)тоносовой
ornament орнамент (*1. упорядоченный узор из повторяющихся элементов 2. элемент украшения инструментальных и вокальных произведений, мелизм*) ‖ использовать орнамент; снабжать орнаментом, орнаментировать; служить орнаментом
    head ~ заставка (*печатного издания*)
    type ~ наборный орнамент
ornamental орнамент(аль)ный элемент; декоративный элемент; мелизм (*в музыке*) ‖ орнамент(аль)ный; декоративный
ornamentation 1. орнаментация, орнаментировка; орнаментирование 2. орнаментика (*в музыке*) 3. элемент орнамента; декоративный элемент; мелизм (*в музыке*) 4. декорированное состояние; декорированное состояние; обладание орнамент(аль)ными *или* декоративными элементами 5. орнамент (*как целое*)
orphan 1. снятый с производства компьютер 2. *вчт* висячая начальная (абзацная) строка
orthicon ортикон
    image ~ суперортикон
    intensifier ~ суперортикон
    multiplier ~ суперортикон
    secondary-electron conduction ~ секон
    storage ~ накопительный ортикон
orthiconoscope *см.* orthicon
orthoaluminate *магн.* ортоалюминат
    rare-earth ~ редкоземельный ортоалюминат
orthocenter *вчт* ортоцентр
orthochromatic ортохроматический (*о фоточувствительном материале*)
orthoclase ортоклаз (*эталонный минерал с твёрдостью 6 по шкале Мооса*)

orthocoupler антенный переключатель
orthoepy *вчт* орфоэпия
orthoferrite ортоферрит
    low-birefringent ~ ортоферрит с малым дву(луче)преломлением
    rare-earth ~ редкоземельный ортоферрит
    uniaxial ~ одноосный ортоферрит
    yttrium ~ иттриевый ортоферрит
orthogonal 1. ортогональный; перпендикулярный 2. независимый 3. не соответствующий; не относящийся к делу; неуместный; нерелевантный
orthogonality 1. ортогональность; перпендикулярность 2. независимость 3. несоответствие; неуместность; нерелевантность
    axis-to-axis ~ взаимная ортогональность осей
    near-~ квазиортогональность (*напр. кодов*)
    pairwise ~ попарная ортогональность
    weighted ~ ортогональность с весом
orthographic 1. орфографический 2. ортогональный; перпендикулярный 3. ортографический (*о проекции*)
orthography 1. *вчт* орфография 2. ортографическая проекция
orthonormal(ized) ортонормированный
orthoprojector *фтт* ортогональный оператор проектирования
orthoresist:
    Kodak ~ фоторезист фирмы «Кодак», чувствительный к длинноволновой части видимого спектра
orthorhombic *крист.* ромбический
OS операционная система, ОС
    Java-~ операционная система Java-OS
    palm ~ операционная система для ручного компьютера
    RTMX ~ операционная система RTMX (BSD), свободно распространяемая университетом Беркли многоплатформенная операционная система реального времени на базе UNIX
OS/2 многозадачная операционная система фирмы IBM, система OS/2
Oscar стандартное слово для буквы *O* в фонетическом алфавите «Альфа»
oscillate 1. колебаться; осциллировать; испытывать периодические изменения 2. вибрировать
oscillation 1. колебания; осцилляции; периодические изменения 2. вибрация
    ~s in chain колебания в цепочке
    background ~ фоновые колебания
    Barkhausen ~ *тлв* паразитные колебания в выходной лампе генератора строчной развёртки
    coherent ~ когерентные колебания
    collective ~ коллективные колебания
    combined-frequency ~ колебания на комбинационных частотах
    continuous ~ непрерывные колебания
    cyclotron ~ циклотронные колебания
    cyclotron-sound ~ циклотронно-звуковые колебания
    damped ~ затухающие колебания
    double-frequency ~ колебания на двух частотах
    drift ~ дрейфовые колебания
    dynatron ~ динатронные колебания
    electric ~ электрические колебания
    electromagnetic ~ электромагнитные колебания
    electron-sound ~ электронно-звуковые колебания

oscillator

forced ~ вынужденные колебания
free ~ собственные [свободные] колебания
free-running laser ~ колебания в лазере в режиме свободной генерации
fundamental ~ основная мода колебаний
Gunn relaxation ~ ганновские релаксационные колебания
harmonic ~ гармонические колебания
helicon ~ геликон
ignitor ~ релаксационные колебания тока вспомогательного тлеющего разряда (*в разряднике*)
improper ~ несобственные колебания
intermode ~ *кв. эл.* межмодовые колебания
ion ~ ионные колебания
ion-sound ~ ионно-звуковые колебания
Josephson ~ *свпр* джозефсоновские колебания
Langmuir ~ ленгмюровские [электростатические, плазменные] колебания
magnetron cyclotron-frequency ~ колебания в магнетроне на циклотронной частоте
magnetron traveling-wave ~ колебания в магнетроне, обусловленные взаимодействием с бегущей волной
microwave ~ СВЧ-колебания
multiple ~ колебания на нескольких частотах
natural ~ собственные [свободные] колебания
normal ~ нормальные колебания
parametric ~ параметрические колебания
parasitic ~ паразитные колебания
periodic ~ периодические колебания
pi-mode ~ колебания π-вида (*в магнетроне*)
pinch ~ колебания в пинче
plasma ~ плазменные [электростатические, ленгмюровские] колебания
proper ~ собственные колебания
pure ~ гармонические колебания
quantum ~s квантовые осцилляции
quasi-steady-state ~ квазистационарные колебания
radio-frequency ~ РЧ-колебания
relaxation ~ релаксационные колебания
resonance ~ резонансные колебания
saw-tooth(ed) ~ пилообразные колебания
self-excited ~ автоколебания, самовозбуждающиеся колебания
self-induced ~ автоколебания, самовозбуждающиеся колебания
self-maintained ~ автоколебания, самовозбуждающиеся колебания
self-sustained ~ автоколебания, самовозбуждающиеся колебания
shock-excited ~ колебания при ударном возбуждении (*напр. колебательного контура*)
single-mode ~ одномодовые колебания
Sondheimer ~ осцилляции Зондгаймера
spontaneous ~ автоколебания, самовозбуждающиеся колебания
spurious ~ паразитные колебания
stable ~ устойчивые колебания
steady-state ~ установившиеся колебания
subharmonic ~ субгармонические колебания
superimposed ~ накладывающиеся колебания
sustained ~ незатухающие колебания
transient ~ неустановившиеся колебания
undamped ~ незатухающие колебания
unstable ~ неустойчивые колебания

unwanted ~ паразитные колебания
variable-frequency ~ колебания с изменяющейся частотой
VF ~ *см.* **variable-frequency oscillation**
Walker ~ уокеровские осцилляции (*скорости доменной границы*)
π-mode ~ колебания π-вида (*в магнетроне*)

oscillator 1. генератор **2.** задающий генератор (*передатчика*) **3.** гетеродин **4.** *фтт* осциллятор **5.** вибратор, элементарный излучатель
active ~ автогенератор
a-f ~ *см.* **audio(-frequency) oscillator**
anharmonic ~ ангармонический осциллятор
antistiction ~ генератор для подмешивания вибраций (*напр. в перьевых самописцах*)
arc ~ дуговой генератор
arc-tube relaxation ~ релаксационный генератор на лампе дугового разряда
Armstrong ~ двухконтурный генератор с обратной связью через проходную ёмкость, выполненный по схеме с общей сеткой
astable blocking ~ несинхронизируемый блокинг-генератор
audio(-frequency) ~ звуковой генератор, ЗГ
autodyne ~ генератор автодина
avalanche(-diode) ~ **1.** генератор на лавинно-пролётном диоде **2.** генератор на лавинном диоде
backward-wave ~ генератор на ЛОВ
balanced ~ балансный генератор
Barkhausen(-Kurz) ~ генератор Баркгаузена(— Курца)
beam-plasma wave ~ генератор плазменно-пучковых волн
beat ~ гетеродин
beat-frequency ~ генератор биений
beating ~ гетеродин
bias ~ генератор тока подмагничивания (*в магнитофоне*)
bipolar transistor ~ генератор на биполярном транзисторе
blocking ~ блокинг-генератор
bridge piezoelectric ~ кварцевый генератор с мостовой терморезисторной схемой стабилизации частоты
bulk negative resistance ~ **1.** генератор на эффекте объёмного отрицательного сопротивления **2.** генератор Ганна
Butler ~ двухкаскадный кварцевый генератор на двойном триоде с включением каскадов по схеме с общим анодом и общей сеткой
capacitance-resistance ~ RC-генератор
carrier insertion ~ генератор несущей
cathode-follower ~ двухкаскадный кварцевый генератор на двойном триоде с включением каскадов по схеме с общим анодом и общей сеткой
cavity ~ генератор с объёмным резонатором
chroma [chrominance-subcarrier] ~ генератор цветовой поднесущей
Clapp ~ трёхточечный ёмкостный генератор с последовательным питанием
code-practice ~ звуковой генератор для тренировки операторов (*работающих с кодом Морзе*)
coherent ~ когерентный гетеродин (*когерентно-импульсной РЛС*)
color (subcarrier) ~ генератор цветовой поднесущей

oscillator

Colpitts ~ ёмкостный трёхточечный генератор с параллельным питанием
continuous-wave ~ генератор, работающий в непрерывном режиме
crystal(-controlled) ~ кварцевый генератор, генератор с кварцевой стабилизацией частоты
cw ~ *см.* **continuous-wave oscillator**
degenerate(-type) parametric ~ вырожденный параметрический генератор
delayed pulse ~ генератор задержанных импульсов
dielectric resonator ~ генератор с диэлектрическим резонатором
digital-control ~ генератор с цифровым управлением
digital delay ~ цифровой генератор задержки
double-local ~ двухчастотный гетеродин
double-transit ~ генератор на отражательном клистроне
Dow ~ генератор с электронной связью
driven blocking ~ ждущий [моностабильный] блокинг-генератор
driving ~ задающий генератор
Duffing ~ осциллятор Дуффинга
dynatron ~ динатронный генератор
electron-coupled ~ генератор с электронной связью
electronically tunable ~ генератор с электронной настройкой
electron-tube ~ ламповый генератор
erase ~ генератор тока стирания (*напр. в магнитофоне*)
extended-interaction ~ генератор с распределённым взаимодействием
Fabry-Perot maser ~ мазер с резонатором Фабри — Перо
fast cyclotron-wave ~ генератор на быстрой циклотронной волне
feedback ~ генератор с обратной связью
fixed-frequency ~ генератор с фиксированной частотой
fork ~ камертонный генератор
free-running ~ несинхронизируемый генератор
frequency multiplier ~ генератор с умножителем частоты
frequency-pulling ~ генератор, работающий в режиме затягивания частоты
frequency-sensitive ~ генератор, связанный с нагрузкой через отрезок линии передачи
frequency-swept ~ генератор качающейся частоты, ГКЧ
ganging ~ перестраиваемый генератор с постоянным выходом для проверки схем с одноручечной настройкой
garnet-tuned ~ генератор с перестраиваемым резонатором на гранате
gas-tube relaxation ~ релаксационный генератор на газонаполненной лампе
grid-dip ~ 1. поглощающий частотомер с индикатором в сеточной цепи лампового генератора 2. измеритель резонансной частоты на ламповом генераторе
grid-pulsing ~ ключевой генератор импульсов с модуляцией по управляющей сетке
Gunn [Gunn-diode, Gunn-effect] ~ генератор на диоде Ганна
harmonic ~ 1. генератор гармоник 2. гармонический осциллятор
harmonic-locked ~ генератор, синхронизированный на гармонике
Hartley ~ индуктивный трёхточечный генератор
helitron ~ генератор на ЛОВ с электростатической фокусировкой
Hertzian ~ диполь Герца, элементарный излучатель
heterodyne ~ гетеродин
high-frequency ~ высокочастотный [ВЧ-]генератор
impact-avalanche transit-time (diode) ~ генератор на лавинно-пролётном диоде
IMPATT ~ *см.* **impact-avalanche transit-time (diode) oscillator**
impulse ~ 1. генератор импульсов малой длительности 2. блокинг-генератор
induced-degeneration blocking ~ блокинг-генератор с принудительным срывом
inductance-capacitance ~ LC-генератор
injected-beam backward-wave ~ генератор на ЛОВ с инжектированным электронным потоком
injection-driven ~ генератор с внешним [независимым] возбуждением
injection-locked ~ генератор с внешней синхронизацией
integral-cavity reflex-klystron ~ генератор на отражательном клистроне с внутренним резонатором
Josephson ~ *свпр* джозефсоновский генератор, генератор на эффекте Джозефсона
kallitron ~ генератор с отрицательным сопротивлением на двух триодах
keep-alive ~ генератор для подмешивания вибраций (*напр. в перьевых самописцах*)
klystron ~ клистронный генератор
labile ~ гетеродин с дистанционным управлением
laser ~ лазер
LC ~ LC-генератор
Lecher(-wire) ~ СВЧ-генератор с резонансным контуром на отрезке лехеровской линии
lighthouse-tube ~ генератор на маячковой лампе
limited space-charge accumulation ~ *пп* генератор на диоде Ганна в режиме с ограниченным накоплением объёмного заряда, генератор на диоде Ганна в ОНОЗ-режиме
linear ~ генератор, описываемый линейным дифференциальным уравнением
linear time-base ~ генератор линейной развёртки
line stabilized ~ СВЧ-генератор с резонансным контуром на отрезке линии передачи
local ~ гетеродин
locked(-in) ~ синхронизированный генератор
LSA ~ *см.* **limited space-charge accumulation oscillator**
magnetostriction [magnetostrictive] ~ генератор с магнитострикционной стабилизацией частоты
magnetron ~ магнетронный генератор
maser ~ мазер
master ~ задающий генератор
Meacham bridge ~ кварцевый генератор с мостовой терморезисторной схемой стабилизации частоты
Meissner ~ генератор с индуктивной [трансформаторной] связью через автономный резонансный контур
microwave ~ СВЧ-генератор
Miller ~ ёмкостный трёхточечный кварцевый генератор

oscillator

modulated ~ генератор модулированных колебаний
molecular ~ молекулярный генератор
monotron ~ монотронный генератор
M-type backward-wave ~ лампа обратной волны М-типа, ЛОВ М-типа
multifrequency ~ многочастотный генератор
multivibrator ~ мультивибратор
negative-resistance ~ генератор с отрицательным сопротивлением
negative-transconductance ~ генератор на лампе с отрицательной крутизной и с непосредственной обратной связью (*напр. транзитронный генератор*)
nonsinusoidal ~ генератор несинусоидальных колебаний
number-controlled ~ генератор с цифровым управлением
optical parametric ~ оптический параметрический генератор
O-type backward-wave ~ лампа обратной волны О-типа, ЛОВ О-типа
oven-controlled crystal ~ термостатированный генератор с кварцевой стабилизацией частоты, термостатированный кварцевый генератор
parametric ~ параметрический генератор
parametric phase-locked ~ параметрон
phase-locked (subharmonic) ~ параметрон
phase-shift ~ генератор с фазосдвигающей цепью обратной связи
phase-stabilized ~ генератор с фазовой автоматической подстройкой частоты
Pierce ~ кварцевый трёхточечный ёмкостный генератор с дроссельным выходом
piezoelectric ~ кварцевый генератор, генератор с кварцевой стабилизацией частоты
pilot ~ генератор пилот-сигнала
plasma ~ плазменный генератор
positive-grid ~ генератор на лампе с тормозящим полем, генератор на лампе с положительным смещением на сетке
pulse ~ импульсный генератор, генератор импульсов
pulsed avalanche(-diode) ~ импульсный генератор на лавинно-пролётном диоде
push-pull ~ двухтактный генератор
quartz-crystal(-controlled) [quartz-locked] ~ кварцевый генератор, генератор с кварцевой стабилизацией частоты
quench ~ генератор сверхрегенеративного [суперрегенеративного] радиоприёмника
quenched-mode Gunn ~ генератор на диоде Ганна в режиме подавления доменов
RC ~ RC-генератор
Read-diode ~ генератор на диоде Рида
reentrant ~ генератор с тремя коаксиальными резонаторами
reference ~ генератор опорного сигнала
reflection [reflex-klystron] ~ генератор на отражательном клистроне
regenerative ~ регенеративный генератор, генератор с положительной обратной связью
relaxation ~ релаксационный генератор
repeller-type ~ генератор на отражательном клистроне
resistance-capacitance ~ RC-генератор
resonant-line ~ генератор с резонансным контуром на отрезке длинной линии
retarding-field ~ генератор на лампе с тормозящим полем, генератор на лампе с положительным смещением на сетке
RF ~ РЧ-генератор
ring ~ кольцевой генератор
ringing ~ *тлф* генератор вызывного тока
rugged ~ генератор с жёстким возбуждением
sawtooth ~ генератор пилообразного [линейно изменяющегося] напряжения, ГЛИН
self-excited ~ генератор с самовозбуждением, автогенератор
self-mixing ~ гетеродин-смеситель
self-quenching ~ генератор сверхрегенеративного [суперрегенеративного] радиоприёмника
series-tuned ~ генератор с последовательным питанием
service ~ генератор стандартных сигналов, ГСС
shunt-tuned ~ генератор с параллельным питанием
sine-wave ~ генератор гармонических колебаний
single-mode ~ одномодовый генератор
single-shot blocking ~ ждущий [моностабильный] блокинг-генератор
single-wave ~ одномодовый генератор
spark-gap ~ искровой генератор
spin ~ спиновый генератор
square-wave ~ генератор прямоугольных импульсов
squegging ~ 1. блокинг-генератор 2. генератор сверхрегенеративного [суперрегенеративного] радиоприёмника
stabilized local ~ стабилизированный гетеродин
subcarrier ~ генератор поднесущей
superconducting-cavity stabilized ~ генератор, стабилизированный сверхпроводящим резонатором
surface-acoustic-wave ~ генератор поверхностных акустических волн, генератор ПАВ
sweep ~ 1. генератор развёртки 2. генератор качающейся частоты, ГКЧ
synchronized ~ синхронизированный генератор
temperature compensated ~ генератор с температурной компенсацией
test ~ испытательный генератор
tetrode ~ тетродный генератор
timing-axis ~ 1. генератор развёртки 2. генератор качающейся частоты, ГКЧ
transferred-electron ~ ганновский генератор, генератор на эффекте Ганна, генератор на эффекте междолинного переноса электронов
transistor ~ транзисторный генератор
transitron ~ транзитронный генератор
TRAPATT ~ *см.* trapped plasma avalanche transit-time oscillator
trapped plasma avalanche transit-time ~ генератор на лавинно-ключевом диоде, генератор на ЛКД
traveling-wave ~ генератор на ЛБВ
tri-tet ~ кварцевый пентодный генератор с электронной связью
tunable ~ перестраиваемый генератор
tuned-anode ~ генератор с анодным резонансным контуром
tuned-base ~ генератор с резонансным контуром в цепи базы
tuned-collector ~ генератор с коллекторным резонансным контуром

oscillator

tuned-grid ~ генератор с сеточным резонансным контуром
tuned-input ~ генератор с входным резонансным контуром
tuned-output ~ генератор с выходным резонансным контуром
tuned-plate ~ генератор с анодным резонансным контуром
ultra-audion ~ ламповый ёмкостный трёхточечный генератор с обратной связью через междуэлектродные ёмкости
unijunction transistor ~ генератор на однопереходном транзисторе, генератор на двухбазовом диоде
unlocked driven ~s несинхронно возбуждаемые генераторы
vacuum-tube ~ ламповый генератор
Van der Pol ~ пентодный релаксационный генератор
varactor-modulated crystal ~ кварцевый генератор с варакторным модулятором
variable-frequency ~ перестраиваемый генератор
variable reactance ~ параметрический генератор
velocity-modulated ~ 1. генератор на лампе с модуляцией электронного потока по скорости 2. клистронный генератор
voltage-controlled ~ генератор, управляемый напряжением, ГУН
voltage-controlled crystal ~ кварцевый генератор, управляемый напряжением, кварцевый ГУН
Wien-bridge ~ RC-генератор с обратной связью на мосте Вина
Xtal ~ кварцевый генератор, генератор с кварцевой стабилизацией частоты
YIG-tuned tunnel-diode ~ генератор на туннельном диоде с перестройкой резонатором на ЖИГ

oscillator-mixer-first-detector каскад преобразования частоты (*супергетеродинного радиоприёмника*)
oscillogram осциллограмма
oscillograph осциллограф (*прибор для регистрации осциллограмм*)
  cathode-ray ~ электронно-лучевой осциллограф с записью осциллограмм
  direct-writing ~ осциллограф прямого действия
  electromagnetic ~ электромеханический осциллограф
  light-beam ~ светолучевой осциллограф
  mechanical ~ осциллограф прямого действия
oscilloscope (электронно-лучевой) осциллограф
  cathode-ray ~ электронно-лучевой осциллограф
  class A, B, C, ... , N, P ~ индикатор A-, B-, C-, ... , N-, P-типа
  delaying-sweep ~ осциллограф с ждущей развёрткой с задержкой
  digital microprocessor-based ~ цифровой микропроцессорный осциллограф, ЦМО
  digital-readout ~ цифровой стробоскопический осциллограф
  double-beam ~ двухлучевой осциллограф
  double-trace ~ двухканальный осциллограф
  dual-beam ~ двухлучевой осциллограф
  dual-trace ~ двухканальный осциллограф
  high-voltage ~ высоковольтный осциллограф
  low-frequency ~ низкочастотный осциллограф
  multibeam ~ многолучевой осциллограф
  multitrace ~ многоканальный осциллограф
  pulse ~ скоростной [импульсный] осциллограф
  sampling ~ стробоскопический осциллограф
  single-trace ~ одноканальный осциллограф
  storage ~ запоминающий осциллограф
  stroboscopic ~ стробоскопический осциллограф
  three-dimensional ~ осциллограф с трёхмерной [объёмной] индикацией
  viewing ~ осциллограф
osmosis осмос
  reverse ~ обратный осмос
out 1. выход (*напр. сигнала*); вывод (*напр. результатов*) 2. уровень сигнала на выходе 3. выходной 4. внешний 5. *вчт* (случайный) пропуск *или* пробел (*напр. в тексте*)
  chorus ~ уровень (звукового) сигнала с эффектом хорового исполнения на выходе
  delay ~ уровень задержанного сигнала на выходе
  distorted ~ уровень (преднамеренно) искажённого (*для создания искусственных звуковых эффектов*) сигнала на выходе
  dry ~ уровень необработанного сигнала на выходе (*напр. устройства для создания искусственных звуковых эффектов*)
  MIDI ~ MIDI-выход, выходной порт MIDI-интерфейса
  modulated ~ уровень модулированного сигнала на выходе
  reverb ~ уровень реверберирующего сигнала на выходе
  voice ~ *вчт* устройство голосового [речевого] ответа
  wet ~ уровень обработанного сигнала на выходе (*напр. устройства для создания искусственных звуковых эффектов*)
outage 1. выход из строя; отказ 2. нарушение радиосвязи 3. перерыв (*напр. в обслуживании*) 4. отключение (электро)питания
  fade ~ нарушение радиосвязи при замираниях
  multipath ~ нарушение радиосвязи, обусловленное многолучевым распространением
  re-entry ~ нарушение радиосвязи при вхождении ЛА в плотные слои атмосферы
  service ~ перерыв в обслуживании
outbound экспортный (*напр. вариант устройства*); экспортируемый (*напр. файл*)
outbox (электронный) почтовый ящик для исходящей корреспонденции
outcome 1. выход (*напр. продукции*) 2. исход (*испытания в статистике*) 3. (логический) вывод; умозаключение 4. исходящий (*напр. о корреспонденции*); излучаемый (*напр. о волне*); выходной (*напр. о сигнале*)
  equiprobable ~s равновероятные исходы
  mutually exhaustive ~s взаимно исчерпывающие исходы
outconnector выходной (электрический) соединитель
outdegree степень выхода (*вершины орграфа*)
outdent отрицательный абзацный отступ
outdiffusion *пп* обратная диффузия, диффузия изнутри объёма
outfit набор; комплект || комплектовать
outgas обезгаживать
outlet 1. выход; вывод 2. розетка, розеточная часть (*электрического соединителя*) 3. распределительная коробка

Outstar

ac power ~ сетевая розетка
convenience ~ настенная розетка
double ~ двойная розетка
ground(ed) ~ розетка с гнездом для заземления
wall ~ настенная розетка

outlier выпадающее значение (*в наборе данных*); выпадающая точка; (случайный *или* не случайный) выброс *или* провал (*на экспериментальной зависимости*)

outline 1. *микр.* тип корпуса; корпус **2.** *вчт* структура текста, иерархическое представление структуры печатного издания (*в текстовых редакторах или редакционно-издательских системах*) **3.** контур, очертание ‖ изображать контур; оконтуривать; очерчивать ‖ контурный **4.** эскиз; набросок ‖ выполнять эскиз; делать набросок ‖ эскизный **5.** обзор (*напр. содержания*) ‖ делать обзор; излагать в общих чертах ‖ обзорный

  small ~ плоский микрокорпус с двусторонним расположением выводов в форме крыла чайки, корпус типа SO, SO-корпус
  transistor ~ корпус транзисторного типа, корпус типа TO, TO-корпус

outlook 1. наблюдение **2.** точка наблюдения **3.** вид; перспектива **4.** обзор (*напр. содержания*)
out-of-band внеполосный
out-of-focus расфокусированный, несфокусированный
out-of-line *вчт* не относящийся к основной части программы; вспомогательный (*напр. о замкнутой подпрограмме*)
out-of-lock несинхронизированный
out-of-network *вчт* внесетевой (*напр. о сообщении*)
out-of-phase несинфазный; *проф.* расфазированный
out-of-sample за пределами выборки
outphasing несинфазность; *проф.* расфазирование

output 1. выход; вывод ‖ снимать с выхода; подключать к выходу; отводить; выводить ‖ выходной; выводной; отводимый; выводимый **2.** выходной сигнал **3.** выходная мощность; отводимая мощность **4.** вывод данных ‖ выводить данные **5.** устройство вывода (*напр. данных*); выходное устройство **6.** выходные данные; выводимые данные; результаты **7.** продукция ‖ производить; выпускать
  actual ~ реализуемый выход; реализуемый выходной вектор (*напр. при обучении сети*)
  analog ~ **1.** аналоговый выход **2.** аналоговый сигнал **3.** аналоговые выходные данные
  audio ~ **1.** выход звука; вывод звука **2.** *вчт* голосовой [речевой] ответ
  available ~ согласованная мощность
  azimuth and elevation ~ выход каналов азимута и угла места
  balanced ~ симметричный выход
  bidirectional ~ двунаправленный выход
  clocked ~ синхронизированный выходной сигнал
  complementary ~ комплементарный [дополнительный] выход (*в логических схемах*)
  computer voice ~ устройство голосового [речевого] ответа компьютера
  delayed ~ задержанный выходной сигнал
  device-independent ~ независимый от устройства вывод данных
  digital ~ **1.** цифровой выход **2.** цифровой выходной сигнал **3.** цифровые выходные данные
  double-ended ~ симметричный выход
  dynamic ~ динамический выход
  feature ~ *вчт* выход признаков
  filter ~ выход фильтра
  floating ~ **1.** незаземлённый выход **2.** с выходом в форме с плавающей запятой
  frequency ~ выход преобразователя код — частота
  fuzzy ~ нечёткие выходные данные
  graphic ~ *вчт* выходное изображение
  in-phase ~ синфазный выход
  instantaneous power ~ мгновенная выходная мощность
  isolated ~s развязанные выходы
  laser ~ выходная мощность лазера
  light ~ световой выход
  maximum power ~ максимальная выходная мощность
  maximum undistorted [maximum useful] ~ максимальный неискажённый выходной сигнал (*усилителя мощности*)
  multiple ~ многоканальный выход
  open drive ~ выход (логической схемы) с открытым коллектором (*с коммутацией сигнала на шину заземления*)
  peak power ~ максимальная выходная мощность
  photorealistic ~ *вчт* фотореалистичная печать
  picture-line-amplifier ~ *тлв* выход линейного усилителя
  power ~ выходная мощность
  push-pull ~ двухтактный выход
  rated ~ номинальное выходное значение (*напр. напряжения*)
  rated-power ~ номинальная выходная мощность
  real-time ~ вывод данных в реальном времени
  remote job ~ дистанционный вывод заданий
  reply ~ отдача магнитной ленты
  saturated power ~ выходная мощность в режиме насыщения
  scan-out ~ выходные данные сканирования
  signal ~ **1.** выход сигнала **2.** выходной сигнал
  single-ended ~ несимметричный выход
  speech ~ голосовой [речевой] ответ
  spurious transmitter ~ паразитное излучение передатчика
  standard ~ обычный выход (логической схемы) (*с формированием высокого и низкого уровней сигнала*)
  target ~ целевой выход; целевой выходной вектор (*напр. при обучении сети*)
  test data ~ выходные тестовые данные
  tristate ~ тристабильный выход (логической схемы) (*с формированием высокого, низкого и высокоимпедансного уровней сигнала*)
  true ~ истинный [основной] выход (*в логических схемах*)
  unbalanced ~ заземлённый выход
  voice ~ голосовой [речевой] ответ

outputting 1. снятие с выхода; вывод (*напр. сигнала*) **2.** вывод данных **3.** производство; выпуск продукции

outscriber выходное устройство воспроизведения данных

Outstar 1. (итерационный) алгоритм «выходная звезда», (итерационный) алгоритм Outstar (*для аппро-*

ксимации арифметического среднего или центроида) 2. «выходная звезда», фрагмент нейронных сетей с обучением по алгоритму Outstar
oval овал || овальный
   auroral ~ овал полярных сияний
   Cassini ~ овал Кассини
oven печь (*напр. для выращивания кристаллов*)
   crucible ~ тигельная печь
   crystal ~ термостат системы кварцевой стабилизации частоты
   magnetron ~ магнетронная печь
   microwave ~ СВЧ-печь, микроволновая печь
   proportionally controlled ~ печь с пропорциональным регулированием
   reflow ~ *микр.* печь для пайки методом расплавления дозированного припоя (*в ИС*); печь для пайки методом расплавления полуды (*в печатных платах*)
   ring ~ конвейерная печь
   single-zone ~ однозонная печь, печь с одной зоной
   two-zone ~ двухзонная печь, печь с двумя зонами
over *вчт* косая черта с наклоном вправо, *проф.* слэш, символ /
overamplification избыточное усиление
overbiasing избыточное подмагничивание (*в магнитной записи*)
overbound излишнее ограничение
overbunching избыточное группирование, перегруппирование (*в приборах с модуляцией электронов по скорости*)
overcharge 1. перезарядка || перезаряжать 2. избыточный электрический заряд 3. перегрузка || перегружать
overclocking (преднамеренное аппаратное *или* программное) увеличение тактовой частоты (*устройства*) по сравнению с номинальной, *проф.* разгон (*устройства*)
   processor ~ (преднамеренное аппаратное *или* программное) увеличение тактовой частоты процессора по сравнению с номинальной, *проф.* разгон процессора
overcompensation перекомпенсация
   bias ~ 1. перекомпенсация (изменения) смещения 2. перекомпенсация (изменения) подмагничивания
overcorrection избыточная коррекция
overcoupling сильная [сверхкритическая] связь
overcutting перезание (*дефект механической сигналограммы*)
overdamping 1. сверхкритическое затухание 2. избыточное демпфирование, передемпфирование
overdevelopment перепроявление
overdeviation избыточная девиация
overdoping *пп* избыточное легирование
OverDrive *вчт* процессор для модернизации компьютера (*без замены материнской платы*)
overdrive 1. перевозбуждение; || перевозбуждать 2. перегрузка; перегружать 3. изнурительная работа || работать до изнурения 4. (дополнительный) ускоритель || (дополнительный) ускорять
overdub *тлв* 1. наложение дополнительного звука *или* музыкального сопровождения || накладывать дополнительный звук *или* музыкальное сопровождение 2. запись дополнительных дорожек || записывать дополнительные дорожки

overestimate оценка с избытком, завышенная оценка || оценивать с избытком, давать завышенную оценку
overestimation оценивание с избытком, завышенная оценка
overexcitation перевозбуждение
overexposure *опт.* передержка
overfill *вчт* переполнять(ся)
overfilling *вчт* переполнение
over-fitting 1. избыточная подгонка 2. переобучение, избыточное обучение (*напр. нейронной сети*)
overflow 1. избыточная нагрузка, перегруженность (*в сети связи*) 2. *вчт* переполнение || переполнять(ся) 3. перенос переполнения
   characteristic ~ переполнение разрядов порядка
   counter ~ переполнение счетчика
   divide ~ *вчт* переполнение при делении
   division ~ переполнение при делении
   exponent ~ переполнение разрядов порядка
   register ~ переполнение регистра
   track ~ переполнение дорожки
overfocusing перефокусировка
overglassing *микр.* пассивация, пассивирование
overgraph надграф
overhang 1. заход (*воспроизводящей иглы*) 2. нависание (*напр. печатного проводника*)
overhead 1. непроизводительные затраты 2. неэффективное использование (*напр. вычислительной техники*) 3. накладные расходы 4. *вчт* служебная информация; служебные данные (*напр. на носителе записи*) 5. *вчт* совокупность индексов полнотекстовой базы данных 6. кодоскоп, *проф.* оверхед (*разновидность диапроектора*) 7. изображение (*на экране*), полученное с помощью кодоскопа 8. воздушный (*напр. о линии передачи*)
over-identification сверхидентификация, переопределенность
over-identified сверхидентифицированный, переопределенный
overlap 1. перекрытие; наложение; совмещение || перекрывать; совмещать 2. соединение внахлёстку || соединять внахлёстку 3. зона неоднозначности (*регулятора*)
   facsimile ~ разность между высотой пятна и шириной строки развёртки
   finger ~ перекрытие штырей (*встречно-штыревой структуры*)
   frequency ~ *тлв* совмещение спектров сигналов яркости и цветности
   mode ~ перекрытие мод
overlapping 1. перекрытие; наложение; совмещение 2. соединение внахлёстку ◊ ~ **in energy of bands** перекрытие энергетических зон
   ~ **of lines** *тлв* наложение строк
   gate ~ перекрытие затворов (*ПЗС*)
   pulse ~ перекрытие импульсов
   signal ~ наложение сигналов
overlay 1. покрытие; нанесённый (*на поверхность*) слой || покрывать; наносить слой (*на поверхность*) 2. аппликации (*схемы продвижения ЦМД*) 3. накладка; накладываемый на поверхность объект; располагаемый поверх (*чего-либо*) объект || накладывать; располагать поверх (*чего-либо*) 4. плёночный коррекционный светофильтр (*напр. мозаичный*) 5. прозрачный монтажный лист (*для макетирования печатного издания*) 6. наложение;

расположение одного объекта поверх другого **7.** электронная рирпроекция **8.** перекрытие (*1. частичное наложение одного объекта на другой 2. вчт проф. оверлей*) **9.** *вчт* сегмент перекрытия, оверлейный сегмент **10.** *вчт* видеооверлейный адаптер; видеооверлейная плата (*для вывода видео на экран дисплея*) **11.** видеооверлей, вывод видео на экран дисплея
  color separation ~ цветная электронная рирпроекция
  conceptual ~ семантическое перекрытие, смысловое наложение
  ferromagnetic ~ ферромагнитные аппликации
  magnetic ~ магнитные аппликации
  permalloy ~ пермаллоевые аппликации
  program ~ программный сегмент перекрытия, оверлейный сегмент программы
  screen ~ *вчт* **1.** антибликовое покрытие экрана (*дисплея*) **2.** частичное наложение одного объекта на другой на экране дисплея
  video ~ видеооверлей, вывод видео на экран дисплея
overlayer 1. покрытие; слой, нанесённый на поверхность **2.** накладка; накладываемый на поверхность объект; располагаемый поверх (*чего-либо*) объект
  protective ~ защитное покрытие
overload перегрузка (*1. избыточная нагрузка 2. вчт придание одному и тому же объекту (напр. идентификатору) нескольких функций*) || перегружать (*1. подвергать избыточной нагрузке 2. придавать одному и тому же объекту (напр. идентификатору) несколько функций*)
  information ~ *вчт* информационная перегрузка
overloading перегрузка (*1. избыточная нагрузка 2. вчт придание одному и тому же объекту (напр. идентификатору) нескольких функций*)
  circuit ~ перегрузка схемы
  current ~ перегрузка по току
  function ~ *вчт* функциональная перегрузка
  identifier ~ перегрузка идентификатора
  operator ~ перегрузка оператора
  permissible ~ допустимая перегрузка
  power supply ~ перегрузка источника (электро)питания
  slope ~ перегрузка по наклону (*в дельта-модуляции*)
  voltage ~ перегрузка по напряжению
overload-proof защищённый от перегрузки
overmoding возбуждение мод высшего порядка
overmodulation перемодуляция
overpotential перенапряжение
overprint *вчт* **1.** наложение цвета, нанесение одного цвета поверх другого || накладывать цвет, наносить один цвет поверх другого **2.** надпечатка || надпечатывать
over-reject необоснованно часто отвергать нулевую гипотезу
override 1. замещать; заменять **2.** игнорировать; не принимать во внимание; отбрасывать **3.** блокировать автоматическую систему управления
overriding 1. замещение; замена **2.** игнорирование; отбрасывание **3.** блокировка автоматической системы управления
  segment ~ замещение сегмента
overrun 1. *вчт* переполнение, выход за (установленные) пределы (*напр. объёма или скорости передачи данных*) или границы (*напр. массива*) || переполнять, выходить за (установленные) пределы или границы **2.** избыточная продукция || производить в избытке **3.** *вчт* печатать дополнительные копии
  memory ~ переполнение памяти
  segment ~ переполнение сегмента, выход за пределы сегмента
  track ~ переполнение дорожки
oversampling избыточная дискретизация, передискретизация
overscan(ning) *вчт, тлв* **1.** переполнение экрана, неполная визуализация изображения на экране **2.** окантовка растра
overshoot 1. избыточный отклик на ступенчатое воздействие; последействие **2.** выброс на фронте импульса **3.** перерегулирование
  ballistic ~ баллистическое последействие (*движение ЦМД по инерции*)
  baseline ~ отрицательный выброс на срезе импульса
  bubble ~ баллистическое последействие (*движение ЦМД по инерции*)
  pulse ~ выброс на фронте импульса
  transient ~ максимальный выброс (*на кривой*) в неустановившемся режиме
over-smoothed чрезмерно сглаженный
overstress перенапряжение
  electrical ~ электрическое перенапряжение
over-striking 1. двойной проход (*в матричных принтерах*) **2.** наложение одного символа (*или символов*) поверх другого (*напр. для получения изображения символа £*)
over-the-horizon загоризонтный
overthrow 1. опрокидывание || опрокидывать **2.** переброс **3.** выброс на фронте импульса
overtone обертон, призвук; гармоника
over-training переобучение, избыточное обучение (*напр. искусственных нейронных сетей*)
overtravel последействие (*для переключателя*)
Overture *вчт* поисковая машина Overture
overtype *вчт* **1.** перезапись (*процесс*) || перезаписывать (*поверх записанной информации*) **2.** надписывать (*поверх строки*); перенабирать; забивать (*символ или группу символов*)
overview обзор
overvoltage перенапряжение (*1. повышение электрического напряжения до значений, представляющих опасность для изоляции или для потребителя (напр. устройства) 2. разность между рабочим и номинальным значениями электрического напряжения 3. разность между рабочим напряжением и порогом в счётчике Гейгера — Мюллера*)
  atmospheric ~ атмосферное перенапряжение (*из-за грозовых разрядов*)
  dynamic ~ динамическое перенапряжение
  Geiger-Mueller counter-tube ~ перенапряжение счётчика Гейгера — Мюллера
  induced ~ индуцированное (*грозовыми разрядами*) перенапряжение
  internal ~ внутреннее перенапряжение; коммутационное перенапряжение
  lightning ~ перенапряжение (от) прямого удара молнии
  oscillatory ~ колебательное перенапряжение

overvoltage

pulse ~ импульсное перенапряжение; выброс напряжения
resonance ~ резонансное перенапряжение
static ~ статическое перенапряжение
surge ~ импульсное перенапряжение; выброс напряжения
sustained ~ длительное перенапряжение
switching ~ коммутационное перенапряжение
transient ~ динамическое перенапряжение из-за переходных процессов

overvolting (преднамеренное аппаратное *или* программное) увеличение напряжения питания (*устройства*) по сравнению с номинальным
 processor ~ (преднамеренное аппаратное *или* программное) увеличение напряжения питания ядра процессора по сравнению с номинальным

overwrite *вчт* 1. перезапись (*процесс*) ‖ перезаписывать (*поверх ранее записанной информации*) 2. надписывать (*поверх строки*); перенабирать; забивать (*символ или группу символов*)
 light intensity modulated ~ модуляция выходной мощности лазера для реализации перезаписи информации на магнитооптические диски с помощью одной операции, метод LIMDOW

overwriting *вчт* 1. перезапись (*поверх ранее записанной информации*) 2. надписывание (*поверх строки*); забивка (*символа или группы символов*)
 file ~ перезапись файла

ovonic переключатель Овшинского (*на аморфных халькогенидных плёнках*)

ovonics техника применения переключателей Овшинского

oxazine оксазин (*краситель*)

oxidation оксидирование, окисление
 anodic ~ анодирование
 dry ~ сухое оксидирование
 electrolytic ~ анодирование
 local ~ **of silicon** технология изготовления МОП ИС с толстым защитным слоем оксида кремния
 low-pressure ~ оксидирование при низком давлении
 photochemical ~ фотохимическое оксидирование
 steam ~ оксидирование в атмосфере паров воды
 superficial ~ поверхностное оксидирование
 thermal ~ термическое оксидирование
 vapor-phase ~ оксидирование в паровой фазе
 wet ~ оксидирование в атмосфере влажного кислорода; оксидирование в атмосфере паров воды

oxide оксид
 aluminum ~ оксид алюминия
 anodic ~ анодный оксид
 binary ~ бинарный оксид
 diazo ~ *микр.* диазооксид
 ferric ~ оксид железа (*содержащий Fe^{3+}*)
 ferrous ~ оксид железа (*содержащий Fe^{2+}*)
 field ~ *микр.* защитный слой оксида
 isolation ~ *микр.* изолирующий оксид
 magnetic ~ *микр.* магнитный оксид
 passivating ~ *микр.* пассивирующий оксид
 pyrolytic ~ пиролитически осажденный оксид
 self-masking ~ *микр.* самомаскирующий оксид
 shaped ~ *микр.* рельефный оксид
 steam-grown ~ оксид, полученный в атмосфере паров воды
 tertiary ~ тройной оксид
 thermal ~ термически образованный оксид

oxide-coated покрытый слоем оксида, с оксидным покрытием

oxyluminescence оксилюминесценция

P

P (допустимое) буквенное обозначение *i*-го ($2 \leq i \leq 26$) логического диска, съёмного устройства памяти *или* компакт-диска (*в IBM-совместимых компьютерах*)

P1 (микро)процессор первого поколения, процессор типа P1, процессор семейства (8)086

P2 (микро)процессор второго поколения, процессор типа P2, процессор семейства (80)286

P3 (микро)процессор третьего поколения, процессор типа P3, процессор семейства (80)386

P4 (микро)процессор четвёртого поколения, процессор типа P4, процессор семейства (80)486

P5 (микро)процессор пятого поколения, процессор типа P5, процессор семейства Pentium первого поколения

P54 (микро) процессор типа P54, процессор семейства Pentium второго поколения, процессор семейства Pentium OverDrive

P55C (микро) процессор типа P55C, процессор семейства Pentium третьего поколения, процессор семейства Pentium MMX

P6 (микро)процессор шестого поколения, процессор типа P6, процессор семейства Pentium Pro *или* Pentium II - IV

P7 (микро)процессор седьмого поколения, процессор типа P7, процессор семейства Itanium

pace ритм; темп ‖ устанавливать ритм; задавать темп

pacemaker 1. ритмоводитель, водитель ритма; ведущий центр (*напр. в автоволнах*) 2. кардиостимулятор

pack 1. упаковка (*1. упакованный предмет или группа предметов 2. товарная единица 3. упаковывание, процесс упаковки; укладка 4. упаковочный материал; тара; контейнер; капсула; коробка; ящик 5. уплотнение [сжатие] данных 6. сжатие файла; архивирование файлов, создание файлового архива*) 2. упаковывать (*1. паковать, производить упаковку; укладывать 2. помещать в упаковку 3. уплотнять [сжимать] данные 4. сжимать файл; архивировать файлы, создавать файловый архив*) 3. упаковочный, применяемый для упаковки (*о материале*) 4. упакованный (*1. помещённый в упаковку 2. уплотнённый, сжатый (о данных) 3. сжатый; архивированный (о файле*)) 5. упаковываться; уплотняться 6. корпус (*напр. ИС*) ‖ корпусировать, помещать в корпус; изготавливать в корпусе 7. блок; узел; модуль; сборка 8. колода (*напр. перфокарт*); пачка, стопа (*напр. бумаги*); пакет (*напр. магнитных дисков*) 9. блок аудио- и видеоданных, записываемых (*после кодирования*) в один сектор компакт-диска 10. портативное ранцевое устройство *или* прибор 11. уплотнение; набивка ‖ уплотнять; набивать (*для обеспечения пыле-, водо- или воздухонепроницаемости*) 12. группа (*объектов или субъектов*) ‖ группировать(ся) 13. вторичный источник (электро)питания, блок питания (*прибора или устройства*) 14. (автономный) портативный источник питания

anode ~ анодный блок
battery ~ портативный батарейный источник питания
blister ~ контурная упаковка (*в виде прозрачной капсулы на картонном основании*), упаковка типа «блистер» (*напр. для плат*)
cathode ~ катодный блок
collation ~ групповая упаковка
diode ~ диодная сборка
disk ~ *вчт* пакет (магнитных) дисков
flat ~ 1. плоский корпус с копланарными выводами 2. плоский корпус с одно-, двух-, трёх- или четырёхсторонним расположением выводов (*параллельно плоскости основания*), корпус типа FP, FP-корпус
interchangeable disk ~ *вчт* сменный [съёмный] пакет (магнитных) дисков
paper ~ пачка бумаги
power ~ 1. вторичный источник (электро)питания, блок питания (*прибора или устройства*) 2. (автономный) портативный источник питания
removable disk ~ *вчт* съёмный [сменный] пакет (магнитных) дисков
shrink(-tight) ~ упаковка из термоусадочной плёнки
spin ~ набор фильер
tape ~ кассета для ленты
wafer ~ *микр.* контейнер со стопой пластин
package 1. упаковка (*1. упакованный предмет или группа предметов 2. товарная единица 3. упаковочный материал; тара; контейнер; капсула; коробка; ящик*) ‖ упаковывать, помещать в упаковку; укладывать 2. корпус (*напр. ИС*) ‖ корпусировать, помещать в корпус; изготавливать в корпусе 3. блок; узел; модуль; сборка 4. пакет (*напр. компьютерных программ*); блок (*напр. телевизионных программ*) ‖ формировать пакет(ы) (*напр. компьютерных программ*), пакетировать; компоновать блок (*напр. телевизионных программ*) 5. набор; комплект (*напр. оборудования*) ‖ изготавливать или поставлять в виде набора или комплекта 6. (полностью) укомплектованное программное обеспечение (*для розничной торговли*); стандартное программное обеспечение
accounting ~ пакет программ для ведения бухгалтерского учёта
all-metal ~ цельнометаллический корпус (*напр. гибридной ИС*)
area array surface mounted ~ корпус для поверхностного монтажа с матрицей шариковых выводов по всей площади основания корпуса
ball-grid array ~ корпус с матрицей шариковых выводов, корпус типа BGA, BGA-корпус
beam-lead (integrated circuit) ~ (интегральной схемы) с балочными выводами
benchmark ~ *вчт* пакет эталонных тестов
bottom-brazed ~ корпус для монтажа в отверстия и пайкой с обратной стороны платы
bubble ~ модуль ЗУ на ЦМД
CAD ~ *см.* computer-aided design package
cartridge ~ картридж (*любое автономное устройство или расходный материал в пластмассовом или ином контейнере*); кассета 2. корпус патронного типа
ceramic-and-metal ~ металлокерамический корпус

ceramic dual in-line ~ керамический плоский корпус с двусторонним расположением выводов, корпус C(-)DIP-типа, C(-)DIP-корпус
ceramic-glass-metal ~ стеклометаллокерамический корпус
ceramic pin-grid array ~ керамический корпус с матрицей стержневых выводов, корпус типа CPGA, CPGA-корпус
ceramic quad flat ~ плоский керамический корпус с четырёхсторонним расположением выводов, корпус типа CQFP, CQFP-корпус
chaff ~ контейнер с дипольными противорадиолокационными отражателями
chip ~ *микр.* корпус кристалла (*ИС*)
chip scale ~ корпус с (поперечными) размерами, не превышающими (поперечных) размеров кристалла более чем на 20%, корпус типа CSP, CSP-корпус
coaxial ~ коаксиальный корпус
command-driven ~ пакет (программ) для командного режима
computer-aided design ~ пакет (прикладных) программ автоматизированного проектирования
control ~ блок управления
cordwood ~ колончатый модуль
deca-watt ~ корпус транзисторного типа для поверхностного монтажа декаваттного компонента, корпус типа ТО для поверхностного монтажа декаваттного компонента, ТО-корпус для поверхностного монтажа декаваттного компонента
deca-watt I-leads ~ корпус транзисторного типа с штыревыми выводами для монтажа в отверстия платы декаваттного компонента, корпус типа ТО с штыревыми выводами для монтажа в отверстия платы декаваттного компонента, ТО-корпус с штыревыми выводами для монтажа в отверстия платы декаваттного компонента
double-prong ~ корпус патронного типа с двумя штыревыми выводами
dual flat ~ **(with flat leads)** (керамический) корпус с двусторонним расположением прямых (неформованных) выводов (*параллельно плоскости основания*), корпус типа DFP(-F), DFP(-F)-корпус
dual in-line ~ плоский корпус с двусторонним расположением выводов (*перпендикулярно плоскости основания*), корпус типа DIP, DIP-корпус
FEB ~ *см.* functional electronic block package
flangeless ~ бесфланцевый корпус
flange-sealed ~ корпус с герметизирующим фланцем
flat ~ плоский корпус с одно-, двух-, трёх- или четырёхсторонним расположением выводов (*параллельно плоскости основания*), корпус типа FP, FP-корпус
flat ~ G (керамический) корпус с четырёхсторонним расположением прямых (неформованных) выводов (*параллельно плоскости корпуса*), корпус типа QFP-F, QFP(-F)-корпус
flat surface mounted ~ плоский корпус для поверхностного монтажа
functional electronic block ~ 1. функциональный электронный блок в модульном исполнении 2. корпус функционального электронного блока
graphics ~ пакет программ для машинной графики
guidance ~ блок системы наведения

heat-sink dual in-line ~ плоский корпус с двусторонним расположением выводов и радиатором (*образованным путём объединения группы выводов*), корпус типа HDIP, HDIP-корпус

heat-sink quad flat ~ плоский корпус с четырёхсторонним расположением выводов и радиатором, корпус типа HQFP, HQFP-корпус

heat-sink single in-line ~ плоский корпус с односторонним расположением выводов (*параллельно плоскости основания*) и радиатором, корпус типа HSIP, HSIP-корпус

heat-sink small outline ~ плоский микрокорпус с двусторонним расположением выводов в форме крыла чайки и радиатором, (микро)корпус типа SO с радиатором, SO-(микро)корпус с радиатором

heat-sink zigzag in-line ~ корпус с зигзагообразным расположением выводов и радиатором, корпус типа HZIP, HZIP-корпус

hermetic ~ герметичный корпус

high-energy leadless ~ безвыводный корпус для схем с высокой мощностью рассеяния

high thermal plastic-ball grid array ~ термостойкий пластмассовый корпус с матрицей шариковых выводов, термостойкий корпус типа PBGA, термостойкий PBGA-корпус

inserted ~ корпус для монтажа в отверстия платы

integrated-circuit ~ 1. интегральный модуль 2. корпус ИС

integrated program ~ интегрированный пакет программ

low-profile quad flat ~ уменьшенный плоский корпус с четырёхсторонним расположением выводов, корпус типа LQFP, LQFP-корпус

metal electrode face bonded ~ безвыводный (цилиндрический) корпус с торцевыми контактными площадками, корпус типа MELF, MELF-корпус

micro ball-grid array ~ микрокорпус с матрицей шариковых выводов, (микро)корпус типа μBGA, μBGA-(микро)корпус

microcircuit ~ 1. интегральный модуль 2. корпус ИС

microepoxy ~ микромодуль с заливкой эпоксидным компаундом

micro small outline ~ тонкий плоский микрокорпус с двусторонним малошаговым расположением выводов в форме крыла чайки, (микро)корпус типа TSSOP, TSSOP-(микро)корпус

microwave ~ сверхвысокочастотный блок

modular accounting ~ модульный пакет программ бухгалтерского учёта

multichip ~ многокристальный (интегральный) модуль

multilayer molded ~ многослойный корпус (*типа PQFP*), герметизированный прессованием пластмассы

pancake ~ плоский корпус с копланарными выводами

peripheral-leaded ~ корпус с расположением выводов по периметру основания

pill ~ корпус таблеточного типа

plastic dual in-line ~ пластмассовый плоский корпус с двусторонним расположением выводов (*перпендикулярно плоскости основания*), пластмассовый корпус типа DIP, пластмассовый DIP-корпус

plastic quad flat ~ плоский пластмассовый корпус с четырёхсторонним расположением выводов, корпус типа PQFP, PQFP-корпус

plastic small outline ~ плоский пластмассовый микрокорпус с двусторонним расположением выводов в форме крыла чайки, (микро)корпус типа PSOP, PSOP-(микро)корпус

plug-in ~ съёмный [сменный] блок

power flat ~ плоский корпус для мощных СВЧ усилителей, корпус типа PFP, PFP-корпус

program ~ пакет программ

quad flat ~ плоский корпус с четырёхсторонним расположением выводов, корпус типа QFP, QFP-корпус

quad flat ~ with flat leads (керамический) корпус с четырёхсторонним расположением прямых (неформованных) выводов (*параллельно плоскости корпуса*), корпус типа QFP-F, QFP(-F)-корпус

quad flat ~ with J-leads пластмассовый кристаллоноситель с четырёхсторонним расположением J-образных выводов, корпус типа PLCC, PLCC-корпус

quad in-line ~ плоский корпус с двусторонним четырёхрядным (зигзагообразным) расположением выводов, корпус типа QIP, QIP-корпус

radar ~ модульная РЛС

rectangular single in-line ~ прямоугольный плоский корпус с односторонним расположением выводов (*параллельно плоскости основания*), прямоугольный корпус типа SIP, прямоугольный SIP-корпус

self-contained ~ автономный пакет

sensory ~ блок (первичных) измерительных преобразователей, блок датчиков

shrink dual in-line ~ плоский микрокорпус с двусторонним малошаговым расположением выводов (*перпендикулярно плоскости основания*), (микро)корпус типа SDIP, SDIP-(микро)корпус

shrink inserted ~ микрокорпус для монтажа в отверстия платы с малошаговым расположением выводов

shrink single in-line ~ плоский микрокорпус с односторонним малошаговым расположением выводов (*параллельно плоскости основания*), корпус типа SSIP, SSIP-корпус

shrink small outline ~ плоский микрокорпус с двусторонним малошаговым расположением выводов в форме крыла чайки, (микро)корпус типа SSOP, SSOP-(микро)корпус

shrink small outline large ~ плоский миникорпус с двусторонним малошаговым расположением выводов в форме крыла чайки, (мини)корпус типа SSOL, SSOL-(мини)корпус

shrink zigzag in-line ~ микрокорпус с малошаговым зигзагообразным расположением выводов, (микро)корпус типа SZIP, SZIP-(микро)корпус

side-brazed ~ корпус для поверхностного монтажа

single-chip ~ однокристальный (интегральный) модуль

single edge processor ~ картридж процессора с односторонним торцевым расположением выводов, картридж типа S.E.P.P., S.E.P.P.-картридж

single in-line ~ плоский корпус с односторонним расположением выводов (*параллельно плоскости основания*), корпус типа SIP, SIP-корпус

packaging

single-prong ~ корпус патронного типа с штыревым выводом

skinny dual in-line ~ узкий плоский корпус с двусторонним расположением выводов (*перпендикулярно плоскости основания*), узкий корпус типа DIP, узкий DIP-корпус

small outline ~ плоский микрокорпус с двусторонним расположением выводов в форме крыла чайки, (микро)корпус типа SO, SO-(микро)корпус

small outline J-leaded ~ плоский микрокорпус с двусторонним расположением J-образных выводов, (микро)корпус типа SOJ, SOJ-(микро)корпус

small outline large ~ плоский миникорпус с двусторонним расположением выводов в форме крыла чайки, (мини)корпус типа SO, SO-(мини)корпус

small outline transistor ~ миникорпус транзисторного типа, (мини)корпус типа SOT, SOT-(мини)корпус

small vertical ~ плоский корпус для поверхностного монтажа с односторонним расположением L-образных выводов, корпус типа SVP, SVP-корпус

socket mounted ~ корпус для монтажа в (контактной) панельке

software ~ 1. пакет программ 2. (полностью) укомплектованное программное обеспечение (*для розничной торговли*); стандартное программное обеспечение

software compression-decompression ~ пакет программ сжатия — разуплотнения данных

standard ~ 1. стандартный блок 2. стандартный корпус

standard inserted ~ корпус для монтажа в отверстия платы со стандартным шагом расположения выводов

statistical ~ for social sciences статистический пакет для социальных наук, пакет программ SPSS

stripline ~ корпус с полосковыми выводами

stud ~ штифтовой корпус

subroutine ~ пакет подпрограмм

surface horizontal ~ горизонтальный корпус для поверхностного монтажа

surface mount device ~ корпус транзисторного типа для поверхностного монтажа, корпус типа TO для поверхностного монтажа, TO-корпус для поверхностного монтажа

surface mount discrete ~ корпус транзисторного типа для поверхностного монтажа, корпус типа TO для поверхностного монтажа, TO-корпус для поверхностного монтажа

surface mounted ~ корпус для поверхностного монтажа

surface vertical ~ вертикальный корпус для поверхностного монтажа

tape carrier ~ ленточный кристаллоноситель

telemetering ~ телеметрический блок

thin quad flat ~ тонкий плоский микрокорпус с четырёхсторонним расположением выводов, (микро)корпус типа TQFP, TQFP-(микро)корпус

thin shrink outline L-leaded ~ тонкий плоский микрокорпус с двусторонним малошаговым расположением выводов в форме крыла чайки, (микро)корпус типа TSSOP, TSSOP-(микро)корпус

thin small outline ~ тонкий плоский микрокорпус с двусторонним расположением выводов в форме крыла чайки, (микро)корпус типа TSOP, TSOP-(микро)корпус

thin small outline ~ I тонкий плоский микрокорпус с двусторонним расположением выводов в форме крыла чайки по коротким сторонам корпуса, (микро)корпус типа TSOP с выводами по коротким сторонам корпуса, TSOP-(микро)корпус с выводами по коротким сторонам корпуса, (микро)корпус типа TSOP-I, TSOP-I-(микро)корпус

thin small outline ~ II тонкий плоский микрокорпус с двусторонним расположением выводов в форме крыла чайки по длинным сторонам корпуса, (микро)корпус типа TSOP с выводами по длинным сторонам корпуса, TSOP-(микро)корпус с выводами по длинным сторонам корпуса, (микро)корпус типа TSOP-II, TSOP-II-(микро)корпус

TO ~ *см.* transistor-outline package

top-brazed ~ корпус для монтажа в отверстия и пайкой с лицевой стороны платы

transistor-outline ~ корпус транзисторного типа, корпус типа TO, TO-корпус

ultra thin (profile) quad flat ~ сверхтонкий плоский корпус с четырёхсторонним расположением выводов, сверхтонкий корпус типа QFP, сверхтонкий QFP-корпус

very shrink pitch quad flat ~ плоский корпус с четырёхсторонним расположением выводов со сверхмалым шагом, корпус типа QFP со сверхмалым шагом расположения выводов, QFP-корпус со сверхмалым шагом расположения выводов, корпус типа VQFP, VQFP-корпус

windowed dual in-line ~ плоский корпус с двусторонним расположением выводов и прозрачным окном, корпус типа WDIP, WDIP-корпус

windowed small outline ~ плоский микрокорпус с двусторонним расположением выводов в форме крыла чайки и прозрачным окном, (микро)корпус типа SO с прозрачным окном, SO-(микро)корпус с прозрачным окном, (микро)корпус типа WSOP, WSOP-(микро)корпус

zigzag in-line ~ корпус с зигзагообразным расположением выводов, корпус типа ZIP, ZIP-корпус

packager 1. упаковочное устройство 2. устройство для корпусирования 3. монтажная установка; сборочная установка 4. *тлв* составитель блока программ

packaging 1. упаковка; компоновка 2. корпусирование, помещение в корпус 3. монтаж; сборка 4. формирование пакета *или* пакетов (*напр. компьютерных программ*), пакетирование; компоновка блока (*напр. телевизионных программ*) 5. комплектация (*напр. оборудования*)

bumpless build-up layer ~ *микр.* компоновка слоёв без создания контактных площадок, технология BBULP

electronic ~ корпусирование электронных схем

functional ~ функциональная компоновка

high-density ~ плотная упаковка

integral ~ интегральная упаковка

integrated-circuit ~ корпусирование интегральных схем

modular ~ модульная компоновка

modular avionics ~ модульная компоновка бортовой авиационной радиоэлектронной аппаратуры

N-level ~ упаковка *N*-го уровня

planar ~ планарная компоновка
swiss-cheese ~ монтаж на печатной плате с отверстиями
volumetric ~ объёмная компоновка

packed 1. упакованный (*1. помещённый в упаковку 2. уплотнённый, сжатый (о данных) 3. сжатый (о файле); архивированный (о файлах)*) **2.** корпусированный, помещённый в корпус; изготовленный в корпусе (*напр. об ИС*) **3.** уплотнённый; набитый (*для обеспечения пыле-, водо- или воздухонепроницаемости*) **4.** сгруппированный

packer упаковщик (*1. устройство или лицо, производящее упаковывание 2. вчт схема сжатия [уплотнения] данных 3. программа, алгоритм или метод сжатия [уплотнения] данных 4. программа сжатия файлов, архиватор 5. программа манипулирования файловыми архивами в оболочке Norton Commander*)

packet 1. пакет (*1. вчт структурированный блок данных с заголовком 2. единица информации в сети передачи данных 3. содержимое одного сектора компакт-диска 4. группа; пачка (напр. импульсов) 5. волновой пакет 6. упаковочное изделие*) **2.** *вчт* формировать пакет(ы); пакетировать **3.** упаковывать **4.** (защитный) конверт (*напр. для компакт-диска*)

~ of information пакет данных
~s per second число передаваемых за 1 секунду пакетов
acknowledge ~ пакет подтверждения приёма
breath-of-life ~ управляющий пакет для реанимации не реагирующего на запросы хоста, *проф.* пакет «искусственное дыхание»
broadcast ~ пакет, передаваемый для всех абонентов (*без персонификации*), для всего аппаратного *или* программного обеспечения (*вычислительной системы или сети*), *проф.* широковещательный пакет
charge ~ зарядовый пакет (*в ПЗС*)
Chernobyl ~ *вчт* пакет, вызывающий расплавление сети *или* вещательный шторм, *проф.* пакет «Чернобыль»
Christmas tree ~ *вчт* пакет с опциями, каждая из которых требует отдельного протокола, *проф.* пакет «рождественская ёлка», пакет-камикадзе
control ~ управляющий пакет
corrupted ~ испорченный пакет; разрушенный пакет
data ~ пакет данных
digital ~ пакет цифровых данных
dropped ~ пропавший пакет
fast ~ режим асинхронной передачи (данных), режим АТМ
fixed-length ~ *вчт* **1.** пакет фиксированной длины **2.** ячейка (данных) (*в режиме асинхронной передачи*)
Gaussian wave ~ гауссов волновой пакет
handshake ~ пакет квитирования установления связи
hello ~ периодически рассылаемый многоадресный пакет для персонификации абонентов и проверки соединений, *проф.* пакет-приветствие
kamikaze ~ *вчт* пакет с опциями, каждая из которых требует отдельного протокола, *проф.* пакет-камикадзе, пакет «рождественская ёлка»
kiss-of-death ~ пакет-предупреждение хосту с чрезмерным потреблением ресурсов сети, *проф.* пакет «поцелуй смерти»
misrouted ~ пересылаемый по ошибочному маршруту пакет
multicast ~ пакет, передаваемый для нескольких (персонифицированных) абонентов, для нескольких (определённых) узлов *или* (определённых) программ (*вычислительной системы или сети*), *проф.* многоабонентский пакет (с персонификацией); групповой [многоадресный] пакет
network ~ сетевой пакет
ping ~ пакет для проверки достижимости пункта назначения в Internet методом «запрос отклика»
probe ~ зондирующий пакет
pulse ~ группа импульсов; пачка импульсов
query ~ пакет с запросом
request ~ пакет с запросом
response ~ пакет с откликом; ответный пакет
spin ~ кв. эл. спиновый пакет
storage ~ (защитный) конверт (*напр. для компакт-диска*)
test ~ тестовый пакет
token ~ маркерный пакет
trace ~ *вчт* трассировочный пакет
unicast ~ пакет, передаваемый для одного (персонифицированного) абонента, для конкретного узла *или* конкретной программы (*вычислительной системы или сети*), *проф.* одноабонентский пакет (с персонификацией); одноадресный пакет
variable-length ~ *вчт* пакет переменной длины
voice ~ пакет голосовых [речевых] данных
wave ~ волновой пакет

packetizing *вчт* формирование пакета *или* пакетов, пакетирование

packing 1. упаковка (*1. упаковывание, процесс упаковки; укладка 2. упаковочный материал; тара; контейнер; капсула; коробка; ящик 3. уплотнение [сжатие] данных 4. сжатие файлов; архивирование файлов, создание файлового архива*) **2.** упаковочный, применяемый для упаковки (*о материале*) **3.** запаковывающийся, уплотняющийся **4.** корпусирование, помещение в корпус (*напр. ИС*) **5.** уплотнение; набивка (*для обеспечения пыле-, водо- или воздухонепроницаемости*) **6.** группирование || группирующийся

base-centered ~ *фтт* базоцентрированная упаковка
body-centered ~ *фтт* объёмноцентрированная упаковка
cubic ~ *фтт* кубическая упаковка
face-centered ~ *фтт* гранецентрированная упаковка
hexagonal close ~ *фтт* гексагональная плотная упаковка
order ~ *вчт* объединение команд

packset контейнер с аппаратом *или* устройством
beacon portable ~ портативный радиомаяк

pad 1. *микр.* контактная площадка **2.** опорная поверхность (*напр. корпуса ИС*) **3.** размер(ы) опорной поверхности; габарит(ы) опорной поверхности; площадь опорной поверхности (*напр. корпуса ИС*) **4.** *вчт* вспомогательная клавиатура **5.** *вчт* коврик (*напр. для мыши*) **6.** *вчт* планшет; блокнот **7.** *вчт* (символ-)заполнитель, неинформативный

символ (*напр. пробел*) || заполнять; дополнять (*неинформативными символами*) **8.** пустышка, нуль (*в криптографии*) **9.** фиксированный [постоянный] аттенюатор **10.** глухой звук; тупой звук || издавать глухой или тупой звук **11.** сопрягать контуры (*в супергетеродинном приёмнике*)
absorbing ~ поглощающий фиксированный аттенюатор
anti-~ *микр.* антиконтактная площадка (*печатной платы*), площадка с удалённой металлизацией (*для предотвращения непредусмотренных электрических контактов*)
attachment ~ *микр.* посадочная площадка (*для кристалла*)
attenuating [attenuation] ~ фиксированный [постоянный] аттенюатор
base ~ контактная площадка базы
bonding ~ контактная площадка
bounce ~ *микр.* площадка для (динамического) формирования отражённого лазерного луча (*для сигнализации об окончании процесса лазерного сверления глухих межслойных переходных отверстий*)
bowed ~ *вчт* глухой смычковый звук («*музыкальный инструмент*» *из набора General MIDI*)
capture ~ *микр.* ответная контактная площадка (*напр. для переходного отверстия*)
choir ~ *вчт* глухой хоровой звук («*музыкальный инструмент*» *из набора General MIDI*)
contact ~ контактная площадка
device ~s контактные площадки ИС (*для зондовых испытаний на пластине*)
digitized ~ *вчт* графический планшет
emitter ~ контактная площадка эмиттера
graphics ~ *вчт* графический планшет
H- ~ фиксированный аттенюатор с Н-образной схемой
halo ~ *вчт* глухой звук с «ореолом» («*музыкальный инструмент*» *из набора General MIDI*)
input ~ контактные площадки для ввода сигнала (*напр. при зондовых испытаниях на пластине*)
input/output ~s контактные площадки для ввода/вывода сигнала (*напр. при зондовых испытаниях на пластине*)
interconnect ~ контактная площадка межсоединения
I/ O ~s *см.* input/ output pads
L- ~ фиксированный аттенюатор с Г-образной схемой
launch(ing) ~ стартовая площадка
line ~ фиксированный [постоянный] аттенюатор
metallic ~ *вчт* глухой металлический звук («*музыкальный инструмент*» *из набора General MIDI*)
mouse ~ *вчт* коврик для мыш(к)и
new age ~ *вчт* глухой звук в стиле «new age» («*музыкальный инструмент*» *из набора General MIDI*)
numeric ~ *вчт* вспомогательная цифровая клавиатура
one-time ~ одноразовый (шифровальный) блокнот
output ~s контактные площадки для вывода сигнала (*напр. при зондовых испытаниях на пластине*)
polysynth ~ *вчт* многотембровый глухой звук («*музыкальный инструмент*» *из набора General MIDI*)

power ~s контактные площадки для подачи (электро)питания (*для зондовых испытаний на пластине*)
pressure ~ **1.** прижим (*для обеспечения механического контакта ленты с магнитной головкой в магнитофонах*) **2.** *pl* прижимные салазки (*напр. в кинокамерах*)
realized one-time ~ реализуемый [реальный] одноразовый (шифровальный) блокнот
resistance ~ резистивный фиксированный аттенюатор
scratch ~ **1.** кэш-память **2.** рабочая [временная] память (*напр. мозга*) **3.** электронный блокнот **4.** блокнот (*для заметок*); бумага для черновиков
sketch ~ *вчт* рабочее окно для набросков *или* эскизов, *проф.* блокнот для набросков *или* эскизов (*в компьютерной графике*)
sweep ~ *вчт* глухой вибрирующий звук, *проф.* глухой «качающийся» звук («*музыкальный инструмент*» *из набора General MIDI*)
switching ~ *тлф* автоматический выравниватель
synth(etic) ~ синтезированный глухой звук
T- ~ фиксированный аттенюатор с Т-образной схемой
ten-key ~ *вчт* вспомогательная цифровая клавиатура
terminal [termination] ~ контактная площадка
test ~ **1.** измерительный фиксированный аттенюатор **2.** *микр.* испытательная (контактная) площадка
theoretical one-time ~ теоретический [идеальный] одноразовый (шифровальный) блокнот
thermal relief ~ *микр.* теплоотводящая площадка
visuo-spatial scratch ~ рабочая видеопамять (*часть рабочей памяти мозга*)
warm ~ *вчт* «тёплый» глухой звук («*музыкальный инструмент*» *из набора General MIDI*)

padcap печатная плата с внешними контактными площадками и внутриобъёмными межсоединениями (*для военных применений*)
padder сопрягающий конденсатор (*в супергетеродинном радиоприёмнике*)
low-frequency ~ сопрягающий конденсатор для низких частот
oscillator ~ сопрягающий конденсатор гетеродина
padding 1. *вчт* заполнение; дополнение (*неинформативными символами*) **2.** глухое и тупое звучание **3.** сопряжение контуров (*в супергетеродинном приёмнике*) **4.** *вчт* использование вспомогательной клавиатуры; набор на вспомогательной клавиатуре
oscillator ~ сопряжение контура гетеродина
random ~ хаотическое заполнение (*неинформативными символами*)
paddle 1. лопасть; лопатка **2.** рукоятка (*напр. регулятора*) барабанного типа **3.** *вчт* игровой пульт с рукояткой барабанного типа (*для управления положением объекта на экране*) **4.** развёртываемая панель солнечных батарей ИСЗ **5.** весло
die ~ посадочное место для кристалла (*в выводной рамке*)
game ~ *вчт* игровой пульт с рукояткой барабанного типа
Page:
White ~s база данных о пользователях Internet, *проф.* «Белые страницы»

Page

Yellow ~ база данных Internet о производителях, товарах и услугах, *проф.* «Жёлтые страницы»

page 1. страница; лист ‖ разбивать на страницы **2.** нумеровать страницы **3.** *вчт* страница (*1. область памяти 2. часть программы 3. одновременно выводимая на экран информация*) ‖ разбивать на страницы **4.** поисковый вызов, вызов по пейджеру ‖ осуществлять поисковый вызов, вызывать по пейджеру ◊ **~s per hour** количество (печатаемых) страниц в час (*характеристика производительности принтера*); **~s per minute** количество (печатаемых) страниц в минуту (*характеристика производительности принтера*);

all ~ общий поисковый вызов

buffer ~ буферная страница (*гипертекстового документа*)

burst ~ *вчт* титульный лист распечатки (с учётными и идентификационными данными) (*на рулонной или фальцованной бумаге*)

cache ~ страница кэша

code ~ *вчт* кодовая страница

current ~ текущая страница

data ~ страница данных

default home ~ домашняя [базовая] страница (*гипертекстового документа*), устанавливаемая по умолчанию

default startup ~ стартовая страница (*гипертекстового документа*), устанавливаемая по умолчанию

directory ~ страница справочника; страница указателя

display ~ страница видеопамяти, отображаемая страница (*область видеопамяти, соответствующая изображению на экране дисплея*)

double-column ~ двухколонная страница, страница с двухколонной вёрсткой

dynamic Web ~ динамическая Web-страница

empty ~ пустая страница

even-numbered ~s чётные страницы

facing ~s разворот, две смежные страницы (*раскрытого печатного издания*)

fast ~ *вчт* режим страничного доступа к памяти

font ~ *вчт* шрифтовая страница (*видеопамяти*)

front ~ титульный лист; титул

hard ~ страница с жёстким [принудительным] разделителем, *проф.* жёсткая страница

home ~ домашняя [базовая] страница (*гипертекстового документа*)

HTML ~ страница документа HTML-формата, страница гипертекстового документа

index ~ индексная страница (*гипертекстового документа*)

man ~s электронная инструкция, электронное руководство для пользователей

odd-numbered ~ нечётные страницы

overflow ~ *вчт* страница (области) переполнения

personal home ~ персональная домашняя [персональная базовая] страница (*гипертекстового документа*)

selective ~ избирательный поисковый вызов

soft ~ страница с мягким [автоматическим] разделителем, *проф.* мягкая страница

splash ~ проходная страница (*гипертекстового документа*)

startup ~ стартовая [начальная] страница (*гипертекстового документа*)

title ~ 1. титульный лист; титул **2.** стартовая [начальная] страница (*гипертекстового документа*)

video display ~ страница видеопамяти

visible ~ воспроизводимая на экране дисплея страница

visual ~ отображаемая страница

Web ~ Web-страница, доступный через систему WWW блок информации с собственным указателем URL

welcome ~ стартовая [начальная] страница (*гипертекстового документа*)

yellow ~s телефонный справочник *или* часть телефонного справочника с информацией о поставщиках товаров и услуг, *проф.* «жёлтые страницы»

pagefile файл подкачки

page-in *вчт* подкачка (*загрузка образов задач, страниц или сегментов из внешней памяти в оперативную*)

PageMaker *вчт* редакционно-издательская система (*общее название ряда программных продуктов*)

Adobe ~ редакционно-издательская система Adobe PageMaker

Aldus ~ редакционно-издательская система Aldus PageMaker

PageNet сеть поискового вызова PageNet, пейджинговая сеть PageNet

page-out *вчт* откачка (*выгрузка образов задач, страниц или сегментов из оперативной памяти во внешнюю*)

pager абонентский приёмник системы поискового вызова, пейджер

alphanumeric ~ алфавитно-цифровой абонентский приёмник системы поискового вызова, алфавитно-цифровой пейджер

battery-operated ~ абонентский приёмник системы поискового вызова с батарейным питанием, пейджер с батарейным питанием

numeric ~ цифровой абонентский приёмник системы поискового вызова, цифровой пейджер

smart ~ интеллектуальный абонентский приёмник системы поискового вызова, интеллектуальный пейджер

text ~ текстовый абонентский приёмник системы поискового вызова, текстовый пейджер

tone ~ тональный абонентский приёмник системы поискового вызова, тональный пейджер

two-way ~ двусторонний абонентский приёмник системы поискового вызова, двусторонний пейджер

voice ~ абонентский приёмник системы поискового вызова с голосовым [речевым] выходом, пейджер с голосовым [речевым] выходом

paginal (по)страничный

paginate 1. нумеровать страницы **2.** разбивать на страницы

pagination 1. нумерация страниц, *проф.* пагинация **2.** символы для нумерации страниц **3.** общее число страниц (*печатного издания*) **4.** разбиение на страницы

automatic ~ автоматическое разбиение на страницы (*напр. в текстовых редакторах*)

background ~ фоновое разбиение на страницы (*напр. в текстовых редакторах*)

paging 1. нумерация страниц, *проф.* пагинация **2.** разбиение на страницы **3.** поисковый вызов, вы-

зов по пейджеру, пейджинг 4. передача сигнала (системы) поискового вызова 5. *вчт* подкачка (*загрузка образов задач, страниц или сегментов из внешней памяти в оперативную*) 6. *вчт, проф.* «свопинг» (*увеличение эффективности использования оперативной памяти путем регулярного обмена образами задач, страницами или сегментами с внешней памятью*)
bleep-bleep ~ передача короткого звукового сигнала высокого тона системы поискового вызова
call alert ~ передача сигнала (системы) поискового вызова
conditional ~ условный переход на следующую страницу (*при печати*)
demand ~ подкачка по обращению (*к виртуальной памяти*)
two-way ~ двусторонний поисковый вызов, двусторонний пейджинг
paint 1. изображение; рисунок (*напр. на экране дисплея*) || создавать изображение; рисовать 2. радиолокационное изображение (*цели*) || выводить изображение (*цели*) на экран радиолокационного индикатора 3. краска || красить; окрашивать; закрашивать
acoustic ~ краска для звукопоглощающих покрытий
aqueous ~ водорастворимая краска
pigment ~ пигментная краска
radar ~ *рлк* 1. радиолокационное изображение (*цели*) 2. неотражающее покрытие
sound-absorbing ~ краска для звукопоглощающих покрытий
Paintbrush *вчт* простой графический редактор растровых изображений, программа (рисования) Paintbrush (*для IBM-совместимых компьютеров*)
paintbrush кисть (*1. инструмент для рисования в графических редакторах 2. инструмент для нанесения краски*)
painting 1. *вчт* изображение; рисунок (*напр. на экране дисплея*) 2. создание изображения; рисование 3. радиолокационное изображение (*цели*) 4. вывод изображения (*цели*) на экран радиолокационного индикатора 5. нанесение краски; окрашивание; закрашивание
pair 1. пара || спаривать(ся); объединять(ся) в пары; образовывать пары 2. скручивать парами (*напр. проводники*) 3. двухпроводная линия 4. кинематическая пара
~ **of compasses** циркуль
~ **of pincers** 1. клещи 2. острогубцы, кусачки
antenna ~ антенная пара
balanced ~ симметричная двухпроводная линия
binary ~ (симметричный) бистабильный элемент
Bloch-line ~ пара блоховских линий
Bloch line-crosstie ~ пара (типа) блоховская линия — поперечная связь
bound electron-hole ~ *пп* связанная электронно-дырочная пара, экситон
bunched ~s *тлф* жгут из пар
coaxial ~ коаксиальная пара; коаксиальная линия
complementary ~ комплементарная пара (*транзисторов*)
Cooper ~ *свпр* куперовская пара
copper ~ медная пара, стандартный телефонный кабель на медной паре

cord ~ *тлф* шнуровая пара
Darlington ~ *пп* пара Дарлингтона
decision-making ~ *микр.* пара (устройства) принятия решений
donor-acceptor ~ *пп* донорно-акцепторная пара
driver ~ пара формирователей (*напр. в магнитных дешифраторах*)
electron-hole ~ *пп* связанная электронно-дырочная пара, экситон
exchange-coupled ~ обменно-связанная пара
exchange-coupled ion ~ обменно-связанная ионная пара
finger ~ пара штырей (*встречно-штыревого преобразователя*)
Frenkel ~ пара (типа) примесь внедрения — вакансия, дефект по Френкелю
Goto ~ пара Гото
interstitial-vacancy ~ пара (типа) примесь внедрения — вакансия, дефект по Френкелю
intrinsic-extrinsic stacking fault ~ пара внутренний дефект упаковки — внешний дефект упаковки
lone-electron ~ неподелённая пара электронов
long-tail(ed) ~ дифференциальный усилитель с питанием через общий резистор
matched ~ пара (*напр. элементов*) с согласованными характеристиками, согласованная пара (*напр. элементов*)
nearest-neighbor ~ *фтт* пара ближайших соседей
optron ~ оптопара, оптрон
paradox ~ комплементарная пара (*транзисторов*)
pulse ~ пара импульсов; парные импульсы
shielded ~ экранированная двухпроводная линия
shielded twisted ~ *вчт* экранированная витая пара, кабель типа STP
straight ~ нескрученная пара (*проводов*)
superconducting ~ *свпр* куперовская пара
terminal ~ пара входных *или* выходных полюсов
training ~ обучающая пара, обучающее и целевое значение
twisted ~ 1. скрутка из двух проводов, скрученная пара 2. *вчт* витая пара, кабель типа TP
unshielded ~ неэкранированная двухпроводная линия
unshielded twisted ~ *вчт* неэкранированная витая пара, кабель типа UTP
untwisted ~ нескрученная пара (*проводов*)
vector ~ координаты начала и конца вектора
vortex-antivortex ~ *свпр* пара вихрь — антивихрь (*магнитного потока*)
wire ~ 1. двужильный кабель 2. витая пара, кабель типа TP
pairing 1. спаривание; объединение в пары; образование пар 2. *тлв* спаривание строк 3. скручивание парами (*напр. проводников*)
Cooper ~ *свпр* куперовское спаривание, спаривание электронов
electron ~ спаривание электронов, куперовское спаривание
exciton ~ экситонное спаривание
pairwise попарно || попарный
paleomagnetic палеомагнитный
paleomagnetism палеомагнетизм
palette *вчт* палитра (*1. палитра художника; набор красок на палитре художника 2. диапазон цветов*

palette

изображения 3. множество отображаемых на экране дисплея цветов 4. реально используемое подмножество таблицы перекодировки цветов 5. диалоговое окно для работы с функционально выделенным инструментарием и приданными ему опциями в графических или текстовых редакторах 6. набор или диапазон используемых технических средств и приёмов в искусстве)

actions ~ палитра действий (*в графических или текстовых редакторах*)

artist's ~ палитра художника

brush ~ палитра кистей (*в графических редакторах*)

character ~ палитра символов (*в графических или текстовых редакторах*)

color ~ палитра цветов (*в графических или текстовых редакторах*)

composer's musical ~ музыкальная палитра композитора

control ~ управляющая палитра (*в текстовых редакторах*)

gradient ~ палитра инструментов для градиентной заливки (*в графических редакторах*)

hardware ~ аппаратная палитра, аппаратно реализуемая палитра

history ~ палитра предыстории (*в графических или текстовых редакторах*)

hyperlink ~ палитра гиперсвязей (*в текстовых редакторах*)

layers ~ палитра слоёв (*в графических или текстовых редакторах*)

paragraph ~ палитра абзацев (*в графических или текстовых редакторах*)

paths ~ палитра контуров (*в графических редакторах*)

properties ~ палитра свойств (*в графических или текстовых редакторах*)

template ~ палитра шаблонов (*в текстовых редакторах*)

text layers ~ палитра текстовых слоёв (*в графических или текстовых редакторах*)

tool ~ палитра инструментов (*в графических или текстовых редакторах*)

script ~ палитра сценариев (*в текстовых редакторах*)

software ~ программная палитра, программно реализуемая палитра

style ~ палитра стилей (*в текстовых редакторах*)

system ~ системная палитра (*в графических редакторах*)

Palladium кодовое название программно-аппаратной системы обеспечения компьютерной безопасности (*корпорации Microsoft*)

pallet *см.* palette

palmtop ручной персональный компьютер, портативный персональный компьютер типа «палмтоп»

Palomino кодовое название усовершенствованного ядра процессора Athlon

pan 1. панорамирование ∥ панорамировать **2.** регулятор панорамирования (*в звуковоспроизведении*) **3.** *вчт* контроллер «положение на стереобазе», контроллер «пространственная локализация», MIDI-контроллер № 10 **4.** кювета; кристаллизатор

panadapter панорамная приставка (*напр. к приемнику станции радиотехнической разведки*)

panchromatic панхроматический (*о фоточувствительном материале*)

pane *вчт* часть расщеплённого окна, *проф.* подокно, форточка (*на экране дисплея*)

panel 1. панель (*1.* пульт; щит; стенд **2.** двумерная матрица однотипных компонентов или приборов **3.** табло; индикаторная панель **4.** *тлв, вчт* оконтуренная часть экрана, выделенная для размещения меню, управляющих кнопок, справочной информации и др.) **2.** *вчт* дискуссия (за круглым столом) **3.** *вчт* участники дискуссии за круглым столом **4.** *тлв* жюри; судейская коллегия (*напр. в телевикторине*)

ac plasma ~ плазменная индикаторная панель с возбуждением переменным током

alpha(nu)meric ~ буквенно-цифровая индикаторная панель

back ~ задняя панель (*напр. прибора*)

bar-segment gas ~ газоразрядная индикаторная панель с отображением информации в виде прямоугольников и сегментов

control ~ **1.** пульт управления; контрольный щит **2.** коммутационная панель; наборное поле **3.** *вчт* панель управления (*прикладных программ с оконным интерфейсом*)

dc EL ~ электролюминесцентная индикаторная панель с возбуждением постоянным током

detachable ~ съёмная панель

digital ~ цифровая индикаторная панель

display ~ индикаторная панель

distribution ~ распределительный щит

dot-matrix gas ~ газоразрядная индикаторная панель с отображением информации в виде точек

double-layer hysteresis-type ~ двуслойная электролюминесцентная индикаторная панель гистерезисного типа

drop-indicator ~ *тлф* секция коммутатора с вызывными клапанами

EL ~ *см.* electroluminescent panel

electroluminescent ~ электролюминесцентная индикаторная панель

electroluminescent crossed-grid ~ электролюминесцентная индикаторная панель с двумерной сеткой ортогональных проводников

electroluminescent mosaic ~ электролюминесцентная индикаторная панель мозаичного типа

electron-beam addressed display ~ плазменная индикаторная панель с электронно-лучевой адресацией

electrophoretic-image display ~ электрофоретическая индикаторная панель

EL matrix ~ матричная электролюминесцентная индикаторная панель

EPID ~ *см.* electrophoretic-image display panel

flat ~ плоская (экранная) панель (*дисплея*)

front ~ передняя [лицевая] панель (*напр. прибора*)

game control ~ пульт управления (электронной) игрой

gas ~ газоразрядная индикаторная панель

graphic ~ индикаторная панель для отображения графической информации

illuminated-indicator ~ световое табло

image-converter ~ индикаторная панель с преобразователем изображения

image-intensifier ~ индикаторная панель с усилителем яркости изображения
image-storage ~ панель формирователя сигналов изображения
input/output ~ панель (*напр. компьютера*) с портами ввода-вывода
instrument ~ приборная панель
i/o ~ *см.* **input/output panel**
jack ~ гнездовая панель
light ~ световое табло
liquid-crystal ~ жидкокристаллическая индикаторная панель
matrix-addressing flat ~ плоская индикаторная панель с матричной адресацией
optical-feedback ~ (электролюминесцентная) индикаторная панель с оптической обратной связью
patch(ing) ~ коммутационная панель; наборное поле
persistent-image ~ запоминающая индикаторная панель
plasma ~ плазменная индикаторная панель
plasma display ~ плазменная дисплейная панель, плазменный дисплей
program ~ пульт для набора программ
rack ~ стойка; стеллаж
solar ~ панель солнечных батарей
solid-state image ~ твердотельная индикаторная панель
storage ~ запоминающая индикаторная панель
switchboard ~ коммутационная панель; наборное поле
testing ~ испытательный стенд
wire-wrap(ping) ~ стенд для соединения компонентов методом накрутки

pangram предложение, содержащее все 26 букв английского алфавита (*без повторов*), *проф.* панграмма
panning панорамирование
   hardware ~ *вчт* аппаратное панорамирование, создание виртуального экрана большего размера
   whip ~ быстрое панорамирование
panorama панорама
panoramic панорамный
pantograph (*1. рлк устройство для передачи и автоматической записи отображаемой информации 2. устройство для копирования чертежей в виде шарнирного параллелограмма 3. токоприёмник*)
Papa стандартное слово для буквы *P* в фонетическом алфавите «Альфа»
paper 1. бумага || бумажный **2.** лист бумаги **3.** рукописный *или* отпечатанный материал **4.** (научная) статья; доклад; диссертация **5.** заправлять бумагу (*в принтер*)
   abrasive ~ наждачная бумага
   air-proof ~ воздухонепроницаемая бумага
   bakelized ~ бакелизированная бумага
   barrier-coated ~ бумага с защитным покрытием
   black-and-white ~ чёрно-белая фотографическая бумага, чёрно-белая фотобумага
   black photo ~ чёрная светонепроницаемая бумага
   blueprint ~ синяя светокопировальная бумага, *проф.* «синька»
   brownprint ~ коричневая светокопировальная бумага
   cable ~ кабельная бумага
   capacitor ~ конденсаторная бумага
   carbon ~ копировальная бумага
   carbonless ~ самокопирующая бумага
   carborundum ~ наждачная бумага
   chalk overlay ~ мелованная бумага
   coated ~ **1.** бумага с покрытием (*напр. для принтеров*) **2.** мелованная бумага
   color ~ цветная фотографическая бумага, цветная фотобумага
   condenser ~ конденсаторная бумага
   conducting ~ электропроводящая бумага
   continuous-form ~ рулонная бумага, бумага в виде непрерывной ленты
   contrast photo(graphic) ~ контрастная фотографическая бумага, контрастная фотобумага
   coordinate ~ координатная бумага
   corrugated ~ гофрированная бумага
   cut-form ~ листовая бумага, бумага в виде отдельных листов
   developing ~ фотографическая бумага, фотобумага
   diagram ~ диаграммная бумага
   drool-proof ~ *вчт* излишне подробное руководство, перегруженное тривиальными указаниями, *проф.* руководство для идиотов
   electrical insulation ~ (электро)изоляционная бумага
   electrosensitive ~ бумага для электрографической печати
   embossed ~ тиснёная бумага
   end ~ **1.** форзац (*печатного издания*) **2.** форзацная бумага
   fanfold ~ фальцованная (*гармошкой*) бумажная лента
   foil ~ фольга
   foiled ~ фольгированная бумага
   glossy ~ глянцевая бумага
   graph ~ **1.** координатная бумага; миллиметровая бумага, *проф.* миллиметровка **2.** бумага для самописцев *или* графопостроителей
   green-bar ~ *вчт* бумага с зелёными полосами
   halftone ~ бумага для растровой печати
   hardened ~ гетинакс
   heat-copying ~ термокопировальная бумага
   heat-sensitive ~ термочувствительная бумага
   heliographic ~ светокопировальная бумага
   impregnated ~ (электро)изоляционная пропитанная бумага
   insulated ~ (электро)изоляционная бумага
   log(arithmic) ~ логарифмическая бумага
   luminous ~ люминесцентная бумага
   matt(e) ~ матовая бумага
   metal ~ фольга
   microporous ~ микропористая бумага
   NCR ~ *см.* **no carbon required paper**
   negative ~ негативная фотографическая бумага, негативная фотобумага
   no carbon required ~ бумага для получения копий без копировальной бумаги, бумага (типа) NCR
   package [packaging] ~ обёрточная бумага; упаковочная бумага
   perforated ~ перфорированная бумага; перфорированная бумажная лента
   photo(graphic) ~ фотографическая бумага, фотобумага
   phototypesetting ~ бумага для фотонабора
   plotting ~ координатная бумага

paper

polymer-coated ~ бумага с полимерным покрытием
positive ~ позитивная фотографическая бумага, позитивная фотобумага
probability ~ вероятностная бумага
recording ~ бумага для самописцев
reel ~ рулонная бумага
resistance ~ резистивная бумага
roll ~ рулонная бумага
satin ~ сатинированная бумага; лощёная бумага
scaled ~ 1. координатная бумага; миллиметровая бумага, *проф.* миллиметровка 2. бумага для самописцев *или* графопостроителей
semi-glossy ~ полуглянцевая бумага
silk ~ атласная бумага
silk matt(e) ~ атласная матовая бумага
superglossy ~ бумага с высоким глянцем
thermosensitive ~ термочувствительная бумага
thermotransfer ~ термопереводная бумага, бумага для термопереноса изображения
tracing ~ калька
transfer ~ 1. переводная бумага 2. копировальная бумага 3. фотобумага для печати с переносом изображения
translucent ~ полупрозрачная бумага
uncoated ~ бумага без покрытия
wax(ed) ~ вощёная бумага
Weibull probability ~ вероятностная бумага для распределения Вейбулла
wrapping ~ обёрточная бумага; упаковочная бумага
writing ~ писчая бумага
paperback 1. печатное издание в мягкой обложке 2. мягкая обложка || в мягкой обложке
papercover 1. печатное издание в мягкой обложке 2. мягкая обложка || в мягкой обложке
parabola парабола
~ **of n-th order** парабола n-го порядка
approximating ~ аппроксимирующая парабола
confocal ~s конфокальные параболы
critical voltage ~ парабола критического режима (*магнетрона*)
cubic ~ кубическая парабола
cutoff voltage ~ парабола критического режима (*магнетрона*)
field ~ *тлв* полевая парабола
horizontal ~ *тлв* строчная парабола
hyperbolic ~ гиперболическая парабола
interpolating ~ интерполирующая парабола
logarithmic ~ логарифмическая парабола
Neile ~ парабола Нейля, полукубическая парабола
quadratic ~ квадратичная парабола
regression ~ регрессионная парабола
semicubic ~ полукубическая парабола, парабола Нейля
vertical ~ *тлв* полевая парабола; кадровая парабола
parabolic параболический
paraboloid 1. параболоид 2. параболическое зеркало, параболический отражатель
~ **of revolution** параболоид вращения
circular ~ круговой параболоид
confocal ~s конфокальные параболоиды
cut ~ усечённое параболическое зеркало, усечённый параболический отражатель
dipole-fed ~ параболическое зеркало [параболический отражатель] с возбуждением симметричным вибратором

elliptic ~ эллиптический параболоид
grid ~ решётчатое параболическое зеркало, решётчатый параболический отражатель
horn-fed ~ параболическое зеркало [параболический отражатель] с рупорным возбуждением
hyperbolic ~ гиперболический параболоид
orange-peel ~ параболическое зеркало [параболический отражатель] типа «апельсиновая долька»
short-focus ~ короткофокусное параболическое зеркало, короткофокусный параболический отражатель
split ~ разрезное параболическое зеркало, разрезной параболический отражатель
truncated ~ усечённое параболическое зеркало, усечённый параболический отражатель
paraconductivity *свпр* парапроводимость
parade 1. парад; шествие || шествовать 2. построение; выстраивание || выстраивать 3. афишировать; выставлять напоказ
hit ~ ранжированный (*по рейтингу*) список хитов, *проф.* хит-парад
program ~ программа передач (*напр. телевизионных*)
paradigm *вчт* парадигма (*1. исходная концептуальная система 2. строгая научная теория 3. система словоформ, образующих одну лексему 4. образец или схема словоизменения 5. совокупность синтаксических конструкций, получаемых видоизменением одной исходной конструкции 6. ряд позиционно чередующихся звуков 7. слова, противопоставляемые по некоторому семантическому признаку*)
Bayesian ~ байесовская парадигма
classical artificial intelligence ~ классическая парадигма искусственного интеллекта
connectionist ~ коннекционная парадигма; нейросетевая парадигма
global management ~ *вчт* парадигма глобального управления, концептуальная система GMP
lexical ~ лексическая парадигма
morphologic ~ морфологическая парадигма
neural network ~ нейросетевая парадигма
pattern recognition ~ парадигма распознавания образов
phonologic ~ фонологическая парадигма
Reicher ~ парадигма Райхера, система повышения скорости чтения при тахистоскопическом обучении
self-organized criticality ~ парадигма самоорганизованной критичности
semantic ~ семантическая парадигма
strategic ~ стратегическая парадигма
syntax ~ синтаксическая парадигма
paradigmatic *вчт* парадигматический
paradigmatics *вчт* парадигматика (*1. система парадигм 2. ассоциативно-системный аспект исследования*)
paradox парадокс
~ **of analysis** парадокс анализа
~ **of denotation** парадокс обозначения
~ **of infinity** парадокс бесконечности
birthday ~ *вчт* парадокс «день рождения», высокая вероятность совпадения дней рождения в относительно немногочисленных коллективах (*напр. 50% для 23 человек*)
Cantor ~ парадокс Кантора

geometrical ~ геометрический парадокс
Littlewood ~ парадокс Литлвуда
logical ~ логический парадокс
productivity ~ of information technology парадокс производительности информационной системы, отсутствие прямой корреляции затрат на создание и сопровождение информационной системы и производительностью
semantic ~ семантический парадокс
thermodynamic ~ термодинамический парадокс (*в невзаимных ферритовых приборах*)
voting ~ парадокс при голосовании

paraelectric параэлектрик || параэлектрический
parafield параполе (*в парастатистике*)
paragon 1. *вчт* текст, кегль 20 (*размер шрифта*) 2. образец; модель 3. сравнивать 4. состязаться; соперничать
paragraph *вчт* 1. абзац || разбивать на абзацы 2. знак абзаца, символ ¶ 3. параграф (*1. раздел текстового документа внутри главы; пункт 2. 16-байтовый блок памяти*)
  block ~ абзац без отступа
  flush ~ абзац без отступа
  hanging ~ абзац с обратным отступом
  indented ~ абзац с отступом
paralanguage *вчт* параязык
paralinguistics *вчт* паралингвистика
parallax параллакс
  binocular ~ бинокулярный параллакс
  difference angle ~ дифференциальный угловой параллакс (*при зрительном стереовосприятии*)
  geodesic ~ геодезический параллакс
parallel 1. параллельная линия *или* плоскость || параллельный 2. параллельное соединение (*напр. резисторов*) || (при)соединять параллельно; шунтировать || (при)соединённый параллельно, параллельный; шунтирующий 3. *вчт* параллельный; выполняемый *или* происходящий одновременно (*напр. о процессе*); передаваемый одновременно (*напр. об информации*) 4. знак параллельности, символ ∥ 5. *вчт* дублировать
parallelism 1. параллелизм 2. *вчт* распараллеливание (*напр. операций*)
  coarse-grain ~ крупноблочное распараллеливание
  fine-grain ~ мелкоблочное распараллеливание
  logical ~ логический параллелизм
  massive ~ массовое распараллеливание
parallelepiped параллелепипед
parallelogram параллелограмм
parallel/series параллельно-последовательный
paralyse *см.* **paralyze**
paralysis паралич; лишение (*напр. устройства*) способности *или* возможности функционировать
paralyze парализовать; лишать (*напр. устройство*) способности *или* возможности функционировать
paramagnet парамагнетик
paramagnetic парамагнетик || парамагнитный
paramagnetism парамагнетизм, парамагнитные явления
  free-electron ~ парамагнетизм свободных электронов, парамагнетизм Паули
  Pauli ~ парамагнетизм свободных электронов, парамагнетизм Паули
  Van Vleck ~ парамагнетизм Ван Флека
paramagnon парамагнон (*долгоживущие флуктуации спиновой плоскости*)

parameter параметр
  actual ~ фактический параметр
  B-B ~ *см.* **Bloch-Bloembergen parameter**
  Bloch-Bloembergen ~ *фтт* параметр Блоха — Бломбергена, время релаксации в уравнении Блоха — Бломбергена
  circuit ~s параметры схемы
  closed-circuit ~s параметры (в режиме) короткого замыкания
  command-line ~ параметр командной строки
  communications ~ параметр связи (*по каналу передачи информации*)
  complex ~ комплексный параметр
  constitutive ~ материальный параметр
  coupling ~ параметр связи
  damping ~ *фтт* параметр затухания
  default ~ *вчт* используемое по умолчанию значение параметра, параметр по умолчанию
  distributed ~s распределённые параметры
  dummy ~ формальный параметр
  dynamic target ~ динамический параметр цели
  equivalent-circuit ~ параметр эквивалентной схемы
  Fermi fluid ~s *фтт* ферми-жидкостные параметры
  formal ~ формальный параметр
  free ~ свободный параметр
  g ~s g-параметры (*транзистора*)
  global ~ глобальный параметр
  h ~s *см.* **hybrid parameters**
  hidden ~ скрытый параметр
  hybrid ~s h-параметры, гибридные [смешанные] параметры (*транзистора*)
  hybrid-pi ~s гибридные π-параметры (*транзистора*)
  imaginary ~ мнимый параметр
  impact ~ *кв. эл.* прицельный параметр
  in ~ входной параметр
  in-out ~ изменяемый параметр
  input ~ входной параметр
  invariant target ~ инвариантный параметр цели
  keyword ~ ключевой параметр, задаваемый ключевым словом параметр
  Landau-Lifshitz ~ *фтт* параметр (затухания в уравнении) Ландау — Лифшица
  large-signal ~s параметры в режиме большого сигнала
  lattice ~ *крист.* параметр [постоянная] решётки
  line [linear electrical] ~s погонные параметры (*линии передачи*)
  linear varying ~ линейно изменяющийся параметр
  L-L ~ *см.* **Landau-Lifshitz parameter**
  local ~ локальный параметр
  low-signal ~s параметры в режиме малого сигнала, малосигнальные параметры
  lumped ~s сосредоточенные параметры
  macro ~ *вчт* макропараметр, параметр макрокоманды
  mandatory ~ обязательный параметр
  matrix ~s матричные параметры
  multicomponent order ~ *фтт* многокомпонентный параметр порядка
  navigational ~ навигационный параметр
  non-centrality ~ параметр нецентральности
  nonlinear ~ нелинейный параметр

parameter

nuisance ~ мешающий параметр
open-circuit ~s параметры (в режиме) холостого хода
optional ~ необязательный параметр
order ~ *фтт* параметр порядка
orthogonal ~s ортогональные параметры
out(put) ~ выходной параметр
performance ~ рабочий параметр
phenomenological ~ феноменологический параметр
population ~ параметр генеральной совокупности
positional ~ позиционный параметр
real ~ вещественный [действительный] параметр
redundant ~ избыточный параметр
reference ~ *вчт* параметр ссылки
replaceable ~ замещаемый параметр
required ~ обязательный параметр
restricted ~ ограниченный параметр, параметр с ограничениями
sample ~ параметр выборки
scale ~ масштабирующий параметр
s ~s *см.* **scattering parameters**
scaling ~ *микр.* масштабный коэффициент, коэффициент масштабирования
scattering ~s параметры матрицы рассеяния
setup ~s *вчт* 1. параметры, задаваемые при установке программного обеспечения, *проф.* параметры, устанавливаемые при инстал(л)яции 2. параметры, устанавливаемые программой конфигурирования и настройки (*напр. аппаратных средств*) 3. параметры, устанавливаемые BIOS
short-circuit ~s параметры (в режиме) короткого замыкания
small-signal ~s параметры в режиме малого сигнала, малосигнальные параметры
spacing ~ 1. шаг антенной решётки 2. *крист.* параметр [постоянная] решётки
standard interconnect performance ~s 1. стандартные рабочие параметры межсоединений, стандарт SIPP 2. стандартная модель для расчёта рабочих параметров межсоединений, модель SIPP
supported ~ *вчт* поддерживаемый параметр
template ~ параметр шаблона
time-dependent ~ параметр с временной зависимостью
time-varying ~ параметр с временным изменением
transistor common-base ~s параметры транзистора в схеме включения с общей базой
transistor common-collector ~s параметры транзистора в схеме включения с общим коллектором
transistor common-emitter ~s параметры транзистора в схеме с общим эмиттером
transistor T-equivalent ~s параметры транзистора в Т-образной схеме замещения
transmission-line ~s погонные параметры линии передачи
true ~ истинный параметр
two-port ~s параметры четырёхполюсника
two-port admittance ~s y-параметры (*транзистора*)
unknown ~ неизвестный параметр
unsupported ~ *вчт* неподдерживаемый параметр
variable ~ изменяющийся параметр
wave ~ фазовая постоянная; коэффициент фазы
y ~s y-параметры (*транзистора*)
z ~s z-параметры (*транзистора*)

parameter-driven управляемый параметрами
parameter-free свободный от параметров
parameterization *вчт* параметризация
  analytical ~ аналитическая параметризация
  global ~ глобальная параметризация
  local ~ локальная параметризация
  nonlinear ~ нелинейная параметризация
  regular ~ регулярная параметризация
  smooth ~ гладкая параметризация
parameterize *вчт* параметризовать
parametric параметрический
parametron параметрон
  film ~ плёночный параметрон
  Goto ~ параметрон Гото
  inductive ~ индуктивный параметрон
  magnetic-film ~ параметрон на магнитной плёнке
  thin-film ~ тонкоплёночный параметрон
  variable-capacitance ~ параметрон с переменной ёмкостью
  wire ~ проволочный параметрон
paranormal паранормальный
parant антенна — параметрический усилитель, антенна с встроенным параметрическим усилителем
paraphasing метод инвертирования фазы (*в парафазных усилителях*)
paraphernalia принадлежности; средства; оборудование
  photographic ~ фотографические принадлежности; фотографические средства; фотографическое оборудование
paraphrase 1. парафраз; пересказ || пересказывать 2. перефразирование (*напр. в криптографии*) || перефразировать
paraphrasing 1. парафраз; пересказ 2. перефразирование (*напр. в криптографии*)
paraprocess парапроцесс, истинное намагничивание
parasite, parasitic 1. паразитный элемент; паразитный компонент 2. паразитный сигнал 3. паразитный 4. пассивный элемент антенны 5. пассивный
  director-type ~ директор (*антенны*)
  reflector-type ~ рефлектор (*антенны*)
parastatistics парастатистика, (промежуточная) статистика Джентиле
parataxis *вчт* паратаксис, сочинение, сочинительная связь (*предикатов*)
parent 1. предок, родитель (*в иерархической структуре* || *родительский* (*в иерархической структуре*) 2. предшественник || предшествующий 3. порождающий (*объект*) || порождающий (*об объекте*) 4. владелец 5. относящийся к генеральной совокупности
  common ~ общий предок
  direct ~ прямой предок
parent/child 1. предок/потомок, родитель/сын *или* родитель/дочь || родительский/сыновний *или* родительский/дочерний 2. предшествующий/последующий 3. порождающий/порождённый
parentheses pl от **parenthesis**
matching ~ парные круглые скобки
parenthesis *вчт* 1. круглая скобка; круглые скобки 2. выражение в круглых скобках; заключённое в круглые скобки 3. вводное слово *или* предложение
parenthesize заключать в круглые скобки

Pareto оптимальный по Парето
parity 1. чётность (*1. кратность двум 2. вчт чётность числа единиц в байте или слове 3. квантовое число, характеризующее симметрию волновой функции*) 2. *вчт* контроль (по) чётности 3. паритет; равенство 4. эквивалентность; соответствие; подобие 5. соотношение валютных курсов ◊
   by ~ of reasoning по аналогии
   block ~ поблочный контроль чётности
   byte ~ контроль чётности байта
   C~ *кв. эл.* зарядовая чётность, С-чётность
   charge ~ *кв. эл.* зарядовая чётность, С-чётность
   combined ~ *кв. эл.* комбинированная [зарядово-пространственная] чётность, СР-чётность
   CP~ *кв. эл.* комбинированная [зарядово-пространственная] чётность, СР-чётность
   even ~ нечётность (*1. некратность двум 2. вчт нечётность числа единиц в байте или слове*) 2. *вчт* контроль (по) нечётности
   fake ~ псевдоконтроль чётности, имитация контроля чётности
   horizontal ~ поперечный контроль чётности
   logical ~ псевдоконтроль чётности, имитация контроля чётности
   non~ отсутствие контроля чётности
   odd ~ чётность (*1. кратность двум 2. вчт чётность числа единиц в байте или слове*) 2. *вчт* контроль (по) чётности
   P~ *кв. эл.* пространственная чётность, *проф.* внутренняя чётность, Р-чётность
   space ~ *кв. эл.* пространственная чётность, *проф.* внутренняя чётность, Р-чётность
   vertical ~ продольный контроль чётности
   wave-function ~ чётность волновой функции
   +1 ~ чётность
   −1 ~ нечётность

park 1. *вчт* парковка ‖ парковать (*магнитные головки жёсткого диска*) 2. ожидание обслуживания или установления соединения ‖ ожидать обслуживания или установления соединения 3. вывод на орбиту ‖ выводить на орбиту (*КЛА*)
   ~ of head парковка (магнитных) головок (*жёсткого диска*)
   industrial ~ промышленный комплекс в лесопарковой зоне

parking 1. *вчт* парковка (*магнитных головок жёсткого диска*) 2. ожидание обслуживания *или* установления соединения 3. вывод на орбиту (*КЛА*)
   automatic head ~ автоматическая парковка (*магнитных*) головок

parole *вчт* пароль
paronym *вчт* пароним
parse *вчт* подвергать(ся) синтаксическому анализу
parsec парсек
parser *вчт* синтаксический анализатор (*алгоритм или программа*)
   recursive descent ~ синтаксический анализатор с рекурсивным спуском
parsimonious экономный
parsimony экономность; экономия
parsing *вчт* синтаксический анализ (*данных или программы*)
   bottom-up ~ восходящий синтаксический анализ
   left-right ~ построчный синтаксический анализ
   top-down ~ нисходящий синтаксический анализ

part 1. часть; доля ‖ отделять; разделять; расчленять 2. составная часть; блок; узел; подсистема 3. *тлв* роль 4. партия (*в музыке*)
   address ~ адресная часть (*команды*)
   application ~ прикладная часть
   application-specific standard ~ стандартная часть специализированной ИС
   component ~ составная часть
   critical ~ критический узел (*напр. системы*)
   discrete ~ узел с дискретными компонентами
   electronic ~ электронный блок
   executive ~ исполнительная часть (*команды*)
   functional ~ функциональный узел
   indexing ~ индексируемая часть (*команды*)
   message transfer ~ подсистема передачи сообщений
   mobile application ~ прикладная подсистема для подвижной связи
   nonindexing ~ неиндексируемая часть (*команды*)
   radio fixed ~ стационарная часть радиостанции
   signaling connection control ~ подсистема управления соединением при сигнализации
   swappable fiber-optic ~ сменный волоконно-оптический узел
   telephone user ~ телефонный абонентский узел; телефонная абонентская подсистема
   user ~ абонентский узел; подсистема пользователя

partial 1. частичный тон (*в акустике*) 2. частичная дислокация 3. *фтт* парциальный 4. *вчт* частный (*напр. о производной*) 5. частичный 6. неполный 6. склонный (*к чему-либо*); благоприятствующий ◊
   out не склонный (*к чему-либо*); не благоприятствующий
   sessile ~ сидячая частичная дислокация
   upper ~ обертон

particle 1. частица (*1. элементарная частица 2. материальная точка 3. малая доля; незначительное количество 4. служебное слово для выражения смысловых оттенков 5. аффиксоид*) 2. раздел (*напр. книги*); статья (*напр. документа*)
   ~ with intermediate domain structure частица с переходной доменной структурой
   alpha ~ альфа-частица
   beta ~ бета-частица
   Bose ~ бозе-частица, бозон
   Brown(ian) ~ броуновская частица
   charged ~ заряженная частица
   colloid(al) ~ коллоидная частица
   crystalline ~ кристаллическая частица; кристаллит
   directly ionizing ~ непосредственно ионизирующая частица
   dispersed ~ частица дисперсной фазы
   elementary ~ элементарная частица
   energetic ~ частица высокой энергии
   Fermi ~ ферми-частица, фермион
   field ~ квант поля
   fine ~ мелкая частица
   fundamental ~s основные элементарные частицы
   high-energy ~ частица высокой энергии
   hydrophilic ~ гидрофильная частица
   hydrophobic ~ гидрофобная частица
   indirectly ionizing ~ косвенно ионизирующая частица
   ionizing ~ ионизирующая частица

particle

liophilic ~ лиофильная частица
liophobic ~ лиофобная частица
magnetic ~ магнитная частица
material ~ 1. материальная точка 2. частица вещества
multidomain ~ многодоменная частица
neutral ~ нейтральная [незаряженная] частица
nonrelativistic ~ нерелятивистская частица
point ~ материальная точка
recoil ~ частица отдачи
relativistic ~ релятивистская частица
resonance ~ резонансная частица, резонанс
single-domain ~ монодоменная [однодоменная] частица
subatomic ~ субатомная частица
superparamagnetic ~ суперпарамагнитная частица
tag ~ меченая частица
toner ~ частица тонера
trapped ~ захваченная частица
uncharged ~ незаряженная [нейтральная] частица
virtual ~ виртуальная частица
weakly interacting massive ~ тяжёлый промежуточный векторный бозон

particular 1. доля; часть 2. отдельный объект (*целого*); частный *или* конкретный случай (*общего*) ‖ отдельный; частный; конкретный 3. подробность; деталь ‖ подробный; детальный 4. особый *или* исключительный случай ‖ особый; исключительный 5. особенность; специфичность ‖ особенный; специфический

particularization 1. рассмотрение отдельного объекта (*целого*); анализ частного случая; конкретизация (*общего*) 2. подробное описание; детализация 3. *pl* подробный отчёт 4. рассмотрение особого *или* исключительного случая 5. выявление особенностей; выделение специфических признаков
tensor ~ *крист.* конкретизация вида тензора (*напр. для различных классов симметрии*)

particularize 1. рассматривать отдельный объект (*целого*); анализировать частный случай; конкретизировать (*общее*) 2. давать подробное описание; детализировать 3. рассматривать особый *или* исключительный случай 4. выявлять особенности; выделять специфические признаки

particulate 1. частица (порошка); крупинка 2. порошок ‖ порошковый 3. порошковый материал (*напр. феррит*) 4. *pl* твёрдые частицы в атмосфере
foreign ~ *крист.* инородное включение
magnetic ~ 1. частица магнитного порошка 2. магнитный порошок 3. порошковый магнитный материал

partition 1. разделение; разветвление; разбиение; распределение ‖ разделять; разветвлять; разбивать; распределять 2. перегородка ‖ перегораживать; секционировать 3. *вчт* выделение разделов (*напр. на жёстком диске*), разбиение (*напр. жёсткого диска*) ‖ выделять разделы, разбивать 4. *вчт* раздел (*напр. жёсткого диска*)
~ **of graph** разбиение графа
~ **of interval** разбиение интервала
~ **of load** распределение нагрузки
~ **of tree** разбиение дерева
admissible ~ допустимое разбиение
application ~ разбиение приложений, разбиение прикладных программ
arc ~ разбиение дуг (*графа*)
binary ~ бинарное [двоичное] разбиение
cellular ~ клеточное разбиение
chain ~ цепное разбиение
color ~ цветное разбиение
countable ~ счётное разбиение
diagnostic ~ диагностический раздел (*жёсткого диска*)
disk ~ 1. выделение разделов на (жёстком) диске, разбиение (жёсткого) диска 2. *вчт* раздел (жёсткого) диска
distributional ~ дистрибутивное разбиение
edge ~ разбиение рёбер (*графа*)
exhaustive ~ исчерпывающее разбиение
extended ~ расширенный раздел (*жёсткого диска*)
finite ~ конечное разбиение
frequency ~ частотное разбиение
functional ~ функциональное разбиение
fuzzy ~ нечёткое разбиение
generating ~ производящее разбиение
harmonic ~ гармоническое разбиение
information ~ информационное разбиение
invariant ~ инвариантное разбиение
linear ~ линейное разбиение
logical ~ логическое разбиение
Markovian ~ марковское разбиение
matrix ~ разбиение матрицы
measurable ~ измеримое разбиение
modular ~ модульное разбиение
nested ~ вложенное разбиение
ordered ~ упорядоченное разбиение
physical ~ физическое разбиение
plane ~ разбиение плоскости
primary ~ основной раздел (*жёсткого диска*)
random ~ случайное разбиение
randomized ~ рандомизированное разбиение
set ~ разбиение множества
space ~ разбиение пространства
statistical ~ статистическое разбиение
topological ~ топологическое разбиение
unordered ~ неупорядоченное разбиение
vector ~ векторное разбиение
vertex ~ разбиение вершин (*графа*)
weighted ~ весовое разбиение

partitioning 1. разделение; разветвление; расчленение: разбиение; распределение 2. секционирование 3. *вчт* выделение разделов (*напр. на жёстком диске*), разбиение (*напр. жёсткого диска*)
block ~ **without expansion** разбиение на блоки без увеличения объёма сообщения (*напр. при шифровании*)
database ~ разбиение базы данных
memory ~ распределение памяти
message ~ разбиение сообщения на блоки (*напр. при шифровании*)
spectrum ~ распределение спектра
topological ~ топологическое разбиение

party 1. юридическое *или* физическое лицо; сторона; объект 2. *тлф* абонент ◊ **desired** ~ **not available** абонент не отвечает
called ~ вызываемый абонент
calling ~ вызывающий абонент
first ~ 1. первое лицо; первая сторона; главный [ведущий] объект 2. вызывающий абонент

second ~ 1. второе лицо; вторая сторона; подчинённый [ведомый] объект 2. вызываемый абонент

third ~ 1. третье лицо; третья сторона; посредник; независимый объект 2. абонент-посредник; независимый абонент

PASCAL, Pascal язык структурного программирования Pascal

Standard ~ стандартная версия языка программирования Pascal (*изложенная в «Руководстве для пользователей языка Pascal» К. Йенсена и Н. Вирта*)

Turbo ~ язык программирования Turbo Pascal

UCSD ~ язык программирования UCSD Pascal, версия языка Pascal для переносимых программ Калифорнийского университета в Сан-Диего

Pascal Паскаль, Па

pass 1. проходить; протекать 2. иметь место; происходить; случаться 3. проходить; заканчиваться; завершаться 4. передавать; переправлять; распространять 5. пропуск; разрешение (*напр. на право доступа*) ‖ пропускать; допускать; разрешать (*напр. доступ*) 6. проход; проникновение; пробег ‖ проходить; проникать; пробегать 7. проход; место прохода; путь; коридор 8. превращать; преобразовывать; трансформировать 9. выходить за пределы; превосходить 10. испытывать (*напр. воздействие*); подвергаться (*напр. тестированию*) 11. выдержать (*напр. испытания*); (успешно) пройти (*напр. тестирование*) 12. однократное действие; однократная попытка ‖ совершать однократное действие *или* однократную попытку 13. пас ‖ пасовать (*в спортивных и карточных компьютерных играх*)

~ by address *вчт* передача параметров по адресу, передача параметров по ссылке

~ by name *вчт* передача параметров по наименованию

~ by reference *вчт* передача параметров по ссылке, передача параметров по адресу

~ by value *вчт* передача параметров по значению

multiple ~es многократный проход, многократное прохождение (*напр. сигнала*)

scanning ~ однократный проход головки сканера

single ~ однократный проход, однократное прохождение (*напр. сигнала*)

passage 1. прохождение; протекание; течение 2. происшествие; случай 3. передача; переправление; распространение 4. пропуск; допуск; разрешение (*напр. на право доступа*) 5. проход; прохождение; проникновение; пробегание 6. *крист.* проход зоны 7. проход; проникновение; пробег ‖ проходить; проникать; пробегать 8. проход; место прохода; путь; коридор 9. часть; раздел (*напр. текста*); пассаж (*напр. музыкальный*)

adiabatic fast ~ *кв. эл.* адиабатическое быстрое прохождение

signal ~ прохождение сигнала

passband полоса пропускания

channel ~ полоса пропускания канала

Doppler ~ полоса пропускания фильтра доплеровских частот

filter ~ полоса пропускания фильтра

intermediate-frequency ~ полоса пропускания по промежуточной частоте

passing 1. прохождение; протекание; течение 2. окончание; завершение 3. передача; переправление; распространение 4. проход; прохождение; проникновение; пробегание 5. выход за пределы; превышение 6. (успешное) прохождение (*напр. испытаний или тестирования*) 7. однократное действие; однократная попытка

message ~ *вчт* передача сообщений (*1. метод организации связи между параллельно протекающими процессами 2. метафора для вызова процедур в объектно-ориентированном программировании*)

parameter ~ *вчт* передача параметров

token ~ *вчт* передача маркера

passivation *микр.* пассивация, пассивирование

dry oxide ~ оксидная пассивация в обезвоженной атмосфере

glass ~ пассивация стеклом

low-temperature ~ низкотемпературная пассивация

nitride ~ нитридная пассивация

oxide ~ оксидная пассивация

silicon dioxide ~ пассивация диоксидом кремния

surface ~ пассивация поверхности

passivator пассиватор

passive пассивный

password пароль

multi-user ~ многопользовательский пароль

one-time ~ 1. однократно используемый пароль 2. система обеспечения безопасности с однократно используемым паролем, система ОТР

personal license ~ персональный лицензированный пароль

single-user ~ однопользовательский пароль

paste 1. паста ‖ наносить пасту 2. клей ‖ склеивать; наклеивать 3. *вчт* вставить (*напр. фрагмент текста*) из буфера обмена ◊ **~ special** вставить (*напр. фрагмент текста*) из буфера обмена с возможностью преобразования данных (*напр. формата*)

binder ~ связующая паста

brazing ~ припойная паста

conductive ~ проводящая паста

electrolyte ~ пастообразный электролит

filling ~ пастообразный наполнитель

solder(ing) ~ припойная паста

pasteboard 1. картонная карточка 2. *вчт* буфер обмена 3. *вчт проф.* монтажный стол (*для компьютерной вёрстки*) (*на экране дисплея*)

paste(-)up 1. оригинал-макет (*печатного издания*) 2. монтаж оригиналов методом наклеивания; *вчт* монтаж оригиналов с использованием буфера обмена

on-screen ~ монтаж оригиналов на экране дисплея с использованием буфера обмена

patch 1. коммутация (*с использованием штепсельных соединителей*) ‖ коммутировать (*с использованием штепсельных соединителей*); (временно) соединять; устанавливать (временную) связь 2. (временное) устранение неисправностей; *проф.* ремонт «на скорую руку» ‖ (временно) устранять неисправности; *проф.* ремонтировать «на скорую руку» 3. *вчт* временные исправления в программе, *проф.* «заплата» ‖ вносить временные исправления в программу, *проф.* «ставить заплату» 4. *вчт* участок (неплоской) поверхности; трёхмер-

patch

ный неплоский примитив (*в компьютерной графике*) **5.** склейка (*напр. магнитной ленты*) ∥ склеивать (*напр. магнитную ленту*) **6.** *вчт* синтезированный звук музыкального инструмента; синтезированный тембр

bicubic ~ бикубический фрагмент (*математическое представление кривой поверхности, реализуемое с помощью двух кубических функций*)

bicubic Bezier ~ бикубическое сглаживание Безье (*для сопряжения фрагментов изображения*)

biquadratic ~ биквадратная склейка (*сетка кривых, накладываемая на спрайт и определяющая траекторию движения каждой его точки при перемещении по экрану*)

bug ~ временные исправления ошибки в программе, заплата для исправления ошибки в программе

dynamic ~ динамическая корректировка (*программы*)

image ~ фрагмент изображения

phone ~ устройство для подключения радиолюбительской дуплексной радиостанции к телефонной сети

soft ~ нежёсткая корректировка (*внесение изменений в программу только на время её присутствия в оперативной памяти*)

wavefront ~ *вчт* синтезированный звук музыкального инструмента; синтезированный тембр

patchboard коммутационная панель; наборное поле

patchhole коммутационное гнездо штепсельного соединителя

patching 1. коммутация (*с использованием штепсельных соединителей*) **2.** (временное) устранение неисправностей; *проф.* ремонт «на скорую руку» **3.** *вчт* внесение временных исправлений в программу, *проф.* использование «заплат» **4.** склеивание (*напр. магнитной ленты*)

cross ~ *тлф* кроссировка

patchplug коммутационный штепсель; коммутационный штекер

patch-up (временное) устранение неисправностей; *проф.* ремонт «на скорую руку» ∥ (временно) устранённый (*о неисправности*); *проф.* отремонтированный «на скорую руку»

patchword *вчт* слово-связка

patent 1. патент ∥ получать патент; патентовать ∥ патентный **2.** запатентованное изобретение; защищённое патентом изобретение **3.** запатентованный; защищённый патентом

letters ~ право на использование патента

software ~ патент на программное обеспечение

patentee владелец патента

patentor орган, осуществляющий выдачу патентов

path 1. путь (*1.* пройденный путь; пробег; длина пути; длина пробега *2.* дорога; дорожка *3.* траектория (*напр. луча*); маршрут (*напр. передачи данных в сети*); линия прохождения *4.* вчт путь доступа *5.* вчт префикс имени файла или каталога *6.* команда (*операционной системы*) для указания пути доступа *7.* путь в *графе*) **2.** контур (*объекта или выделения в графических редакторах*); граница **3.** канал (*напр. связи*); тракт (*напр. передачи*); трасса (*напр. распространения радиоволн*); цепь (*напр. обратной связи*) **4.** *микр.* межсоединение; (коммутационная) дорожка ◊ ~ **between nodes** путь между вершинами, путь между узлами (*в графе*)

~ **of integration** путь интегрирования

~ **of operation** рабочий участок нагрузочной прямой (*электронной лампы или транзистора*)

absorption ~ длина поглощения

access ~ путь доступа

actuating ~ исполнительный канал, канал управления исполнительным механизмом

amplification ~ усилительный тракт

approach ~ траектория захода на посадку

ballistic free ~ баллистическая длина свободного пробега

bang ~ *вчт* электронный почтовый адрес по протоколу UUCP (*в UNIX*), *проф.* адрес с восклицательными знаками

beam ~ траектория луча; траектория пучка

beyond-line-of-sight ~ загоризонтная трасса (*распространения радиоволн*)

breakdown ~ канал пробоя

calculated ~ расчётная траектория

character ~ контур символа

clipping ~ *вчт* рамка *или* контур для отсечения частей изображения (*в графических редакторах*)

closed ~ **1.** контур, простой цикл (*в графе*) **2.** замкнутая траектория **3.** замкнутый контур (*объекта или выделения в графических редакторах*); замкнутая граница

communications ~ канал связи, канал передачи

connection ~ межсоединение; коммутационная дорожка

conduction [conductive] ~ межсоединение; коммутационная дорожка

control ~ канал управления

creepage ~ канал утечки по поверхности диэлектрика

critical ~ критический путь (*напр. в графе*)

current ~ линия тока

cyclic ~ цикл (*в графе*)

data ~ **1.** канал передачи данных **2.** путь данных **3.** внутренняя шина данных (*микропроцессора*)

data transmission ~ канал передачи данных

digital ~ цифровой канал

diversity ~ канал с разнесением (*напр. трасс*)

down ~ трасса ЛА — Земля

Earth-satellite ~ трасса Земля — ИСЗ

electrical connection ~ межсоединение; коммутационная дорожка

electron ~ траектория электрона

electron-electron free ~ электрон-электронная длина свободного пробега

electron-phonon free ~ электрон-фононная длина свободного пробега

Euler ~ эйлеров путь (*в графе*)

feedback ~ цепь обратной связи

feedforward ~ цепь прямой связи, цепь прямой передачи

filamentary ~ шнуровой канал, шнур (*тока*)

flight ~ траектория полёта

flux return ~ путь замыкания (магнитного) потока

forward ~ прямой маршрут, маршрут передачи сообщения от отправителя к получателю

free ~ длина свободного пробега

geodesic ~ геодезическая траектория

geometrical ~ геометрическая длина пути

glide ~ глиссада
graph ~ путь в графе
great-circle ~ траектория по дуге большого круга
ground return ~ цепь замыкания через заземление
Hamilton ~ гамильтонов путь (*в графе*)
heat-conducting ~ канал теплоотвода
heteroclinic ~ гетероклиническая траектория
holding ~ канал блокировки
homoclinic ~ гомоклиническая траектория
inclined ~ наклонная трасса (*распространения радиоволн*)
ionization ~ трек ионизации (*напр. в камере Вильсона*)
ionospheric ~ ионосферная трасса (*распространения радиоволн*)
label switched ~ *вчт* маршрут с коммутацией (дейтаграмм) по меткам
leakage ~ канал утечки
line-of-sight ~ **1.** трасса (*распространения радиоволн*) в пределах прямой видимости **2.** траектория вдоль линии визирования (*в робототехнике*)
low-impedance return ~ цепь замыкания с малым полным сопротивлением
mail ~ маршрут передачи почтового сообщения
main program ~ основной канал передачи (*в системе Долби*)
mean free (ionizing) ~ длина свободного пробега при ионизации
mixed ~ смешанная (*напр. суша — море*) трасса (*распространения радиоволн*)
mountain diffraction ~ трасса (*распространения радиоволн*) при дифракционном распространении в горах
multihop ~ многоскачковая трасса (*распространения радиоволн*)
multiple-choice ~ многоальтернативный маршрут (*в робототехнике*)
multiple-reflection ~ *см.* multihop path
open ~ **1.** незамкнутая траектория **2.** незамкнутый контур (*объекта или выделения в графических редакторах*); незамкнутая граница
optical ~ оптическая длина пути
overhorizon ~ загоризонтная трасса (*распространения радиоволн*)
paraxial ~ параксиальная траектория
phase ~ **1.** фазовая траектория, траектория на фазовой плоскости **2.** электрическая длина пути
propagation ~ **1.** траектория (*напр. луча*); маршрут (*напр. передачи данных в сети*); линия прохождения **2.** трасса распространения радиоволн
ray ~ траектория луча
reliable acoustic ~ надёжный канал звукопередачи
return ~ цепь замыкания
reverse ~ обратный маршрут, маршрут передачи ответа на сообщение
scan ~ **1.** траектория сканирования **2.** *микр.* путь опроса тестовых ячеек (*при тестировании цифровых ИС*)
selected ~ **1.** выбранный путь **2.** выбранный контур **3.** выбранный канал; выбранный тракт; выбранная трасса; выбранная цепь
signal ~ тракт сигнала
simple ~ простой путь (*в графе*)
sneak ~ паразитный канал
speech ~ голосовой [речевой] канал
subcritical ~ субкритический путь (*напр. в графе*)
talking ~ голосовой [речевой] канал
tangential wave ~ трасса (*распространения радиоволн*) при критической рефракции
terrestrial ~ земная трасса (*распространения радиоволн*)
through ~ цепь прямой связи, цепь прямой передачи
transmission ~ канал передачи
tropospheric ~ тропосферная трасса (*распространения радиоволн*)
tunneling ~ длина туннелирования
up ~ трасса Земля — ЛА
work ~ **1.** рабочий путь **2.** рабочий контур **3.** рабочий канал; рабочий тракт; рабочая трасса; рабочая цепь

pathfinder 1. *вчт* программа для определения путей доступа; *проф.* проводник **2.** *рлк* указатель курса
pathname *вчт* полное имя (*файла или каталога*), имя (с указанием) пути (доступа)
absolute ~ абсолютное полное имя
base ~ базовое имя (*часть имени после последнего разделителя*)
full ~ полное имя (*файла или каталога*), имя (с указанием) пути (доступа)
relative ~ относительное полное имя
pathsounder звуковой указатель пути следования (*для слепых*)
travel ~ звуковой указатель пути следования
pathway 1. траектория; путь **2.** *микр.* межсоединение; (коммутационная) дорожка **3.** связь (*в нейронной сети*)
excitatory ~ возбуждающая связь
inhibitory ~ тормозящая связь
patricia практический алгоритм для поиска алфавитно-цифровой информации, patricia-дерево, patricia-структура (*тип двоичного [бинарного] дерева, имеющего ключи для каждого из листьев*)
pattern 1. образ; изображение (*объекта*); картина (*напр. явления*) **2.** структура; конфигурация; схема (*размещения или расположения*) || иметь структуру; формировать структуру; обладать конфигурацией; придавать (определённую) конфигурацию; размещать(ся) *или* располагать(ся) по (определённой) схеме **3.** узор; (структурированный) рисунок || создавать узор; образовывать узор; формировать (структурированный) рисунок **4.** (структурированная) комбинация *или* последовательность (*объектов*) **5.** распределение; картина распределения; диаграмма распределения || распределять(ся); обладать (определённой) картиной *или* диаграммой распределения **6.** диаграмма направленности (*напр. антенны*) || формировать диаграмму направленности (*напр. антенны*) **7.** модель; образец; шаблон || следовать модели *или* образцу, изготавливать по шаблону; служить моделью или образцом, являться шаблоном **8.** репрезентативный экземпляр; типичный пример **9.** *тлв* испытательная таблица **10.** стиль; форма || следовать стилю; придавать форму **11.** (*рлк*) (предписанная) схема захода на посадку
~ **of connectivity** структура связей (*напр. в нейронной сети*)
2D ~ **1.** двумерная структура **2.** двумерная модель
3D ~ **1.** трёхмерная структура **3.** трёхмерная модель
alphamosaic ~ алфавитно-мозаичная структура

pattern

amplitude ~ диаграмма направленности антенны по напряжённости поля
antenna ~ диаграмма направленности антенны
array ~ диаграмма направленности антенной решётки
arrival ~ структура входящего потока, структура входного потока (*заявок, требований или вызовов в системе массового обслуживания*)
axial ratio ~ диаграмма направленности антенны (*в данном направлении*) по коэффициенту эллиптичности
azimuthal ~ азимутальная диаграмма направленности антенны
background ~ фоновая структура
backscattering ~ диаграмма направленности обратного рассеяния
bar (test) ~ *тлв* испытательная таблица в виде полос *или* цветных полос
beam ~ характеристика направленности (*микрофона или громкоговорителя*)
beat ~ структура биений
bicolored ~ двухцветная структура
bidirectional ~ двухлепестковая диаграмма направленности антенны
bit ~ битовая маска, N-разрядный шаблон для цифр двоичного кода
Bitter powder ~s порошковые фигуры, фигуры Акулова — Биттера
broadside ~ диаграмма направленности антенны поперечного излучения
bubble ~ аппликации схемы продвижения ЦМД
cardioid ~ кардиоидная диаграмма направленности (*напр. антенны*)
charge ~ *тлв* потенциальный рельеф
Chebyshev ~ диаграмма направленности дольф-чебышевской антенной решётки
Christmas-tree ~ блик механической фонограммы
circuit-interconnection ~ рисунок схемных межсоединений
circular ~ круговая диаграмма направленности антенны
code ~ кодовая комбинация
color ~ *тлв* цветная испытательная таблица
color-bar (test) ~ *тлв* испытательная таблица в виде цветных полос
conductive [conductor] ~ рисунок схемных межсоединений
contoured ~ профилированная диаграмма направленности антенны для получения на облучаемой поверхности равносигнальных контуров заданной формы
co-polar (radiation) ~ диаграмма направленности антенны для собственной [основной] поляризации
cosecant ~ косекансная диаграмма направленности антенны
cosecant-squared (radiation) ~ диаграмма направленности антенны типа «косеканс-квадрат»
cosine(-type) ~ косинусоидальная диаграмма направленности антенны
coverage ~ зона обслуживания (*в спутниковой связи*)
crosshatch ~ *тлв* испытательная таблица в виде сетчатого поля
cross-polar (radiation) ~ диаграмма направленности антенны для кросс-поляризации, кросс-поляризационная диаграмма направленности антенны
crystal ~ рентгенограмма кристалла
customized metallization ~ *микр.* заказной рисунок металлизации
Debye(-Scherrer) powder ~ дебаеграмма
desktop ~ *вчт* узор рабочего стола (*на экране дисплея*); *проф.* «обои»
difference ~ разностная диаграмма направленности (моноимпульсной) антенны
diffraction ~ дифракционная картина
directional ~ диаграмма направленности антенны
directional-response [directivity] ~ характеристика направленности (*микрофона или громкоговорителя*)
domain ~ доменная структура
dot ~ 1. точечный растр; растр 2. точечное растровое изображение (*знакосинтезирующего индикатора*) 3. *тлв* испытательная таблица в виде точечного поля
drive ~ качания развёртывающего элемента факсимильного аппарата
earth-coverage radiation ~ глобальная диаграмма направленности антенны
electron-diffraction ~ электронограмма
electrostatic-charge ~ *тлв* потенциальный рельеф
element(-radiation) ~ диаграмма направленности элемента антенной решётки
elevation-plane ~ угломестная диаграмма направленности антенны
equatorial ~ экваториальная диаграмма направленности антенны
etch ~ *микр.* фигура травления
example ~ модель структуры
eye ~ *тлв* глазковая диаграмма
fan ~ веерная диаграмма направленности антенны
far-field [far-zone] ~ диаграмма направленности антенны в дальней зоне
feed ~ диаграмма направленности облучателя антенны
field ~ диаграмма направленности антенны по напряжённости поля
fine-line [fine-linewidth] ~ *микр.* рисунок с высоким разрешением, рисунок с элементами уменьшенных размеров
fixed-interconnection ~ *микр.* рисунок фиксированных (меж)соединений
Foucault ~ *опт.* мира Фуко
framing ~ цикловая комбинация
Fraunhofer ~ 1. диаграмма направленности антенны в зоне Фраунгофера 2. дифракционная картина Фраунгофера
Fraunhofer diffraction ~ дифракционная картина Фраунгофера
free-space radiation ~ диаграмма направленности антенны в свободном пространстве
Fresnel ~ 1. диаграмма направленности антенны в зоне Френеля (*в области вне зоны Фраунгофера*) 2. дифракционная картина Френеля
Fresnel diffraction ~ дифракционная картина Френеля
fringe ~ интерференционная картина
gear ~ неравномерность подачи в развёртывающем устройстве факсимильного аппарата
grain ~ 1. зернистая структура 2. спекл-структура

pattern

Gray-code test ~s тестовые комбинации кода Грэя
ground-wave ~ диаграмма направленности антенны для земной (радио)волны
heating ~ профиль распределения температуры, температурный рельеф
holographic ~ голограмма
idle ~ паузная комбинация (*в дельта-модуляции*)
input ~ входной образ (*напр. при обучении нейронной сети*)
integrated-circuit ~ структура ИС
interconnection ~ рисунок межсоединений
interdigitated ~ встречно-штыревая [встречно-гребенчатая] структура
interference ~ интерференционная картина
isolation-etch oxide ~ *микр.* рисунок оксидной маски для изолирующего травления
land ~ 1. опорная поверхность (*напр. корпуса ИС*) **2.** размер(ы) опорной поверхности; габарит(ы) опорной поверхности; площадь опорной поверхности
lane-changing ~ диаграмма направленности датчика изменения полос движения (*в автомобильной радиолокации*)
language ~ языковая структура
Laue ~ лауэграмма
layout ~ *микр.* топология; топологический чертёж
light band ~ блик механической фонограммы
Lissajous ~s фигуры Лиссажу
lobed ~ многолепестковая диаграмма направленности антенны
luminescent ~ картина люминесценции
magnetic-field ~ картина силовых линий магнитного поля
magnetization ~ распределение намагниченности
master ~ *микр.* эталонный фотошаблон; оригинал фотошаблона
maximum-gain ~ диаграмма направленности, соответствующая максимальному коэффициенту усиления антенны
metallization ~ *микр.* рисунок металлизации
mode ~ структура (поля) моды
modulation ~ изображение в виде трапеции на экране индикатора модулометра
modulus squared Fraunhofer diffraction ~ дифракционная картина Фраунгофера по модулю поля в квадрате
moiré ~ *тлв* муар
multilobe ~ многолепестковая диаграмма направленности антенны
multiple ~ *микр.* мультиплицированный рисунок
narrow-beam ~ игольчатая диаграмма направленности антенны
near-field (radiation) ~ диаграмма направленности антенны в промежуточной зоне
nulled ~ диаграмма направленности антенны с нулями
omnidirectional ~ всенаправленная диаграмма направленности (*напр. антенны*)
optical ~ блик механической фонограммы
oscilloscope ~ осциллограмма
output ~ выходной образ (*напр. при обучении нейронной сети*)
pencil-beam ~ игольчатая диаграмма направленности антенны
permalloy ~ пермаллоевые аппликации (*схемы продвижения ЦМД*)
phase ~ фазовая диаграмма направленности (*напр. антенны*)
phosphor-dot ~ *тлв* структура мозаичного экрана
photoetched ~ *микр.* рисунок, полученный методом фотолитографии
pickax bubble propagation ~ аппликации схемы продвижения ЦМД на элементах типа «мотыга»
polarization ~ 1. поляризационная диаграмма направленности антенны **2.** поляризационная характеристика (*приёмной антенны*)
polar radiation ~ полярная диаграмма направленности антенны
pole-zero ~ диаграмма полюсов и нулей
potential ~ *тлв* потенциальный рельеф
powder ~ дебаеграмма
power ~ диаграмма направленности антенны по мощности
primary ~ диаграмма направленности облучателя антенны
programmed interconnection ~ программируемый рисунок межсоединений
radiation ~ диаграмма направленности антенны
raster ~ растр
receiving-beam ~ характеристика направленности микрофона
reference ~ эталонный образ (*в распознавании образов*)
reflectance ~ нормализованный образ (*напр. при обучении нейронной сети*)
resolution ~ *тлв* испытательная таблица
routing ~ 1. схема трассировки (*напр. в САПР БИС*) **2.** схема маршрутизации (*напр. в сети*)
scan ~ растровое изображение
scattering ~ диаграмма рассеяния
seasonal ~ структура сезонности
secondary ~ диаграмма направленности антенны с облучателем
sector-shaped (radiation) ~ секторная диаграмма направленности антенны
select ~ *вчт* кодовая комбинация выборки
space ~ *тлв* испытательная таблица для проверки геометрических искажений
spatial-frequency ~ *тлв* испытательная таблица пространственных частот
speckle ~ спекл-структура
split-lobe ~ расщеплённая диаграмма направленности антенны
spot-beam ~ игольчатая диаграмма направленности антенны
striation ~ зонарная структура (*кристалла*)
stripline ~ полосковая структура
stroboscopic ~ картина при стробоскопическом освещении
subject ~ *тлв* структура объекта
sum ~ суммарная диаграмма направленности (моноимпульсной) антенны
synchronization ~ синхронизирующая комбинация
synthetic array ~ диаграмма направленности антенной решётки с синтезированной апертурой
target output ~ целевой выходной образ (*напр. при обучении нейронной сети*)
T-bar bubble propagation ~ аппликации схемы продвижения ЦМД с Т — I-образными элементами

tessellation ~ 1. мозаичный образ 2. мозаичная модель
test ~ 1. *тлв* испытательная таблица 2. тестовый набор; тестовая комбинация 3. *микр.* тестовая структура
time ~ *тлв* испытательная таблица, формируемая двумя генераторами, работающими на гармониках частот строчной и полевой развёрток
toroidal ~ тороидальная диаграмма направленности антенны
tracking ~ диаграмма направленности антенны в режиме сопровождения цели
training ~s обучающие образы, используемые для обучения (*напр. нейронной сети*) образы
transient ~ диаграмма направленности антенны в переходном режиме
transient interference ~ неустановившаяся интерференционная картина
transmitting-beam ~ характеристика направленности громкоговорителя
umbrella ~ *магн.* зонтичная структура
voltage ~ диаграмма направленности антенны по напряжённости поля
wedge ~ *тлв* штриховой клин испытательной таблицы
Y-Y bubble propagation ~ аппликации схемы продвижения ЦМД с Y-образными элементами
zero ~ диаграмма нулей
patterning 1. формирование структуры; структурирование; придание (определённой) конфигурации; размещение *или* расположение по (определённой) схеме 2. создание узора; образование узора; формирование (структурированного) рисунка 3. *тлв* муар 4. распределение; картина распределения; диаграмма распределения 5. формирование диаграммы направленности (*напр. антенны*) 6. следование модели *или* образцу, изготовление по шаблону 7. следование стилю; придание формы
electron-beam ~ *микр.* формирование рисунка методом электронной литографии
lithographic ~ *микр.* формирование рисунка методом литографии
pattern-matching использующий сопоставление с образцом (*напр. о языке программирования*)
pause 1. пауза || делать паузу 2. фермата; знак ферматы, символ ⌒
pause/still кнопка «Стоп-кадр» (*видеомагнитофона*)
pawl собачка (*напр. храпового механизма*); защёлка; запор || защёлкивать; запирать
locking ~ стопорная собачка; защёлка; запор
reversible ~ перекидная собачка
stop ~ стопорная собачка; защёлка; запор
pay-cable платный канал кабельного телевидения
payload 1. полезный груз 2. бортовая аппаратура *или* бортовое оборудование (*специального назначения*)
communication ~ бортовая аппаратура связи
payment (о)плата; платёж
automatic telephone ~ автоматическая система оплаты счетов за междугородные телефонные разговоры
electronic ~ электронные платежи
payoff *вчт* 1. выигрыш 2. функция выигрыша (*в теории игр*)
average ~ средний выигрыш

continuous ~ непрерывная функция выигрыша
expected ~ ожидаемый выигрыш
pay-per-view система телевидения с оплатой за каждую программу в отдельности
paystation таксофон
manual ~ таксофон ручной телефонной станции
trunk ~ междугородный таксофон
payware (лицензированное) платное программное обеспечение
PC персональный компьютер, ПК
green ~ персональный компьютер с системой управления энергопотреблением (*по стандарту Energy Star Агентства по защите окружающей среды США*)
IBM ~ Portable название первого портативного персонального компьютера корпорации IBM
mobile ~ мобильный персональный компьютер, мобильный ПК (*напр. портативный*)
Net ~ (бездисковый) сетевой компьютер
on-hand (wearable) ~ наручный персональный компьютер, наручный ПК
pocket ~ карманный персональный компьютер, КПК
silent ~ бесшумный персональный компьютер, бесшумный ПК
tablet ~ планшетный персональный компьютер, планшетный ПК
PCI 1. архитектура подключения периферийных компонентов, архитектура PCI; стандарт PCI 2. (локальная) шина для подключения периферийных компонентов, (локальная) шина (стандарта) PCI
~ Express высокопроизводительная (локальная) шина для подключения периферийных компонентов, (локальная) шина (стандарта) PCI Express
~X 1. расширенная архитектура подключения периферийных компонентов, архитектура PCI-X; стандарт PCI-X 2. (локальная) шина с расширенными возможностями для подключения периферийных компонентов, (локальная) шина (стандарта) PCI-X
Mini ~ 1. архитектура подключения периферийных компонентов и плат расширения уменьшенного размера, архитектура Mini PCI; стандарт Mini PCI 2. (локальная) шина для подключения периферийных компонентов и плат расширения уменьшенного размера, (локальная) шина (стандарта) Mini PCI
PC-ism часть программы, использующая преимущества незащищённого однозадачного режима в IBM-совместимых компьютерах
PCM импульсно-кодовая модуляция, ИКМ
adaptive ~ адаптивная импульсно-кодовая модуляция
A-law ~ импульсно-кодовая модуляция с компандированием по А-характеристике
block companded ~ импульсно-кодовая модуляция с блочным компандированием
differential ~ дифференциальная импульсно-кодовая модуляция, ДИКМ
linear ~ линейная импульсно-кодовая модуляция
logarithmic companded ~ импульсно-кодовая модуляция с логарифмическим компандированием
multi-level ~ многоуровневая импульсно-кодовая модуляция

N-ary ~ *n*-ричная импульсно-кодовая модуляция
syllabically companded ~ импульсно-кодовая модуляция с инерционным [слоговым] компандированием
two-bit ~ двоичная импульсно-кодовая модуляция
weighted ~ импульсно-кодовая модуляция со взвешиванием

PC-ware программа, изобилующая фрагментами с использованием преимуществ незащищённого однозадачного режима в IBM–совместимых компьютерах

peak 1. пик, (резкий) максимум ‖ пиковый, максимальный ‖ достигать пика; принимать максимальное значение 2. наивысший уровень; наивысшая точка (*напр. развития*) 3. наибольшая нагрузка, *проф.* пиковая нагрузка 4. час(ы) наибольшей нагрузки, *проф.* час пик 5. амплитуда ‖ амплитудный 6. кратковременный выброс (*напр. уровня сигнала*) 7. вершина (*напр. кривой*) ‖ достигать вершины 8. обострять (*напр. импульсы*) 9. осуществлять высокочастотную [ВЧ-]коррекцию, поднимать частотную характеристику в области высоких частот
~ **of traffic** *млф* час наибольшей нагрузки, *проф.* час пик
black ~ *тлв* пик чёрного
resonance ~ резонансный пик
subsidiary-absorption ~ пик дополнительного поглощения
total-absorption ~ пик полного поглощения
white ~ *тлв* пик белого

peaker катушка индуктивности схемы высокочастотной [ВЧ-]коррекции

peaking 1. обострение (*напр. импульсов*) 2. высокочастотная [ВЧ-] коррекция, подъём частотной характеристики в области высоких частот
presence ~ подъём частотной характеристики для создания эффекта присутствия
series ~ последовательная высокочастотная [ВЧ-] коррекция
shunt ~ параллельная высокочастотная [ВЧ-]коррекция

peak-to-peak размах; удвоенная амплитуда

pearl *вчт* перл, кегль 5 (*размер шрифта*)

pebble 1. *опт.* горный хрусталь (*разновидность кварца*) 2. линза из горного хрусталя

pedal педаль; ножной рычаг ‖ нажимать на педаль ‖ педальный
damper ~ правая [демпферная] педаль (*1. педаль фортепиано 2. MIDI-контроллер № 64 с педальным управлением*)
portamento ~ педаль для скользящего перехода от одного звука к другому (*в MIDI-устройствах*)
soft ~ левая [смягчающая] педаль (*1. педаль фортепиано 2. MIDI-контроллер № 67 с педальным управлением*)
sostenuto ~ средняя [задерживающая] педаль (*1. педаль фортепиано 2. MIDI-контроллер № 66 с педальным управлением*)
sustain ~ правая [демпферная] педаль (*1. педаль фортепиано 2. MIDI-контроллер № 64 с педальным управлением*)

pedestal 1. основание; база; пьедестал 2. опорный импульс 3. *тлв* защитный интервал 4. *микр.* столбиковый вывод, контактный столбик
antenna ~ основание антенны
burst [color-burst] ~ защитный интервал сигнала цветовой синхронизации
noise ~ уровень шумов

pedometer шагомер

peek *вчт* чтение данных по абсолютным адресам ‖ читать данные по абсолютным адресам

peel 1. внешняя обложка; кожица; кожура 2. удалять внешнюю оболочку; снимать кожицу *или* кожуру 3. отслаивание; отслоение ‖ отслаивать(ся)
orange ~ поверхность (с дефектами) типа «апельсиновая кожура», шагреневая поверхность

peelable отслаивающийся (*напр. о покрытии*)

peeling 1. удаление внешней оболочки; снятие кожицы *или* кожуры 2. отслаивание; отслоение 3. образование дефектов поверхности типа «апельсиновая кожура»

peephole глазок

peer равный по рангу; одинаковый по уровню

pel *вчт* элемент двумерного [плоского] изображения, пиксел
contour ~ контурный элемент двумерного [плоского] изображения, контурный пиксел
logical ~ логический элемент двумерного [плоского] изображения, логический пиксел
texture ~ текстурный элемент двумерного [плоского] изображения, текстурный пиксел

pellet шар(ик); небольшая сфера
single-crystal ~ (небольшая) монокристаллическая сфера

pen 1. перо; пишущий элемент ‖ рисовать пером (*напр. в программах рисования*); писать; записывать (*напр. о самописцах*) 2. перо, инструмент для рисования (*в графических редакторах*)
adhesive marker ~ перо для клеевой маркировки (*компонентов*)
beam ~ световое перо
BlueTooth ~ перо для цифрового ввода данных по системе радиосвязи с радиусом действия не более 10м и использованием скачкообразной перестройки частоты, перо (стандарта) BlueTooth
digitizing ~ перо графического планшета
electronic ~ *вчт* 1. световое перо 2. перо графического планшета 3. курсор
free-hand ~ перо для рисования свободным стилем (*в графических редакторах*)
lettering ~ плакатное перо
light ~ световое перо
magnetic ~ магнитное перо, инструмент для рисования с привязкой к контуру (*в графических редакторах*)
photomultiplier light ~ световое перо с фотоэлектронным умножителем
pressure-sensitive ~ перо графического планшета, чувствительное к давлению
ruling ~ рейсфедер
sonic ~ *вчт* звуковое перо

penalty *вчт* штраф
associative reward ~ ассоциативное стимулирование (*алгоритм обучения нейронных сетей*)
infinite ~ бесконечный штраф
negative ~ отрицательный штраф
positive ~ положительный штраф

pencil 1. карандаш (*1. средство рисования с графитовым стержнем 2. имитирующий рисование ка-*

pencil

рандашом *инструмент в графических редакторах* || *рисовать карандашом* **2.** узкий пучок (*напр. лучей*) **3.** наконечник; жало (*напр. микропаяльника*)

~ **of light** узкий световой пучок

soldering ~ наконечник [жало] микропаяльника

pendant подвесное установочное изделие; подвесная арматура (*напр. для источника света*) || подвесной

pending 1. незавершённый; ожидающий (*завершения*) || в ожидании (*завершения*) **2.** в течение; в продолжение

virtual interrupt ~ в ожидании виртуального прерывания

pendulous колеблющийся; осциллирующий

pendulum 1. маятник **2.** колебательная система; осциллятор

ballistic ~ баллистический маятник

magnetic ~ магнитный маятник

penetrability 1. проницаемость **2.** проникающая способность (*излучения*)

penetrable проницаемый

penetrant 1. проникающий агент **2.** смачивающий агент **3.** проникающий; просачивающийся; проходящий вглубь

penetrate проникать; просачиваться; проходить вглубь

penetrating проникающий; просачивающийся; проходящий вглубь

penetration проникновение; просачивание; прохождение вглубь

electron ~ проникновение электрона

impurity ~ проникновение примеси

ink ~ проникновение чернил

interdiffusion ~ проникновение путём взаимной диффузии

penetrometer прибор для измерения проникающей способности (*излучения*)

pentad *вчт* пентада

pentagram *вчт* пентаграмма

pentagrid гептод, пентагрид

pentaprism пентапризма

pentatron двойной триод с общим катодом

Pentium 1. процессор семейства Pentium (*любого поколения*) **2.** процессор семейства Pentium первого поколения

~ **MMX** процессор семейства Pentium третьего поколения, процессор семейства Pentium MMX

~ **OverDrive** процессор семейства Pentium второго поколения, процессор семейства Pentium OverDrive

~ **Pro 6** процессор семейства Pentium Pro

~ **II** процессор семейства Pentium II

~ **III** процессор семейства Pentium III

~ **III Xeon** процессор семейства Pentium III Xeon

~ **III Xeon DP** двухпроцессорная система на базе Pentium III Xeon, процессор Pentium III Xeon DP

~ **III Xeon MP** многопроцессорная система на базе Pentium III Xeon, процессор семейства Pentium III Xeon MP

~ **IV** процессор семейства Pentium IV

Mobile ~ **II** процессор семейства Pentium II для портативных компьютеров

pentode пентод

beam ~ лучевой пентод

double ~ двойной пентод

framegrid ~ пентод с рамочной сеткой

twin ~ двойной пентод

penumbra полутень; область полутени

people сотрудники; служащие

cottage key ~ надомники, выполняющие рабочие функции с помощью электронной почты, *проф.* электронно-наёмные

perceivability 1. способность к восприятию; способность ощущать **2.** способность осознавать; способность понимать

perceivable 1. воспринимающий; ощущающий **2.** осознающий; понимающий

perceive 1. воспринимать; ощущать **2.** осознавать; понимать

perceiver 1. воспринимающий (субъект); ощущающий субъект **2.** осознающий субъект; понимающий субъект

percent 1. процент || процентный **2.** процентное содержание; процентное отношение; коэффициент *или* множитель, выраженный в процентах

~ **of harmonic distortion** коэффициент нелинейных искажений

~ **of ripple voltage** коэффициент пульсаций

~ **of syllabic articulation** слоговая артикуляция

percentage процентное содержание; процентное отношение; коэффициент *или* множитель, выраженный в процентах

~ **of modulation** коэффициент модуляции

beam modulation ~ коэффициент модуляции пучка (*напр. в суперортиконе*)

carrier modulation ~ коэффициент модуляции несущей

coupling ~ коэффициент связи

shield ~ коэффициент экранирования

percentile *вчт* процентиль (*квантиль порядка n/100, где n = 1, 2, ... 99*)

first ~ первый процентиль

n-th ~ n-ый процентиль

percept 1. восприятие; ощущение **2.** воспринимаемый объект; образ

perceptibility воспринимаемость; ощутимость; заметность

~ **of impairment** заметность искажений (*при передаче или воспроизведении сигнала*)

perceptible воспринимаемый; ощутимый; заметный

perception восприятие; ощущение

amodal ~ амодальное восприятие

categorical ~ восприятие на уровне категорий, категориальное восприятие

depth ~ глубина зрительного восприятия

extrasensory ~ экстрасенсорное восприятие

modal ~ модальное восприятие

sense ~ чувственное восприятие

speech ~ восприятие речи

subliminal ~ допороговое восприятие; бессознательная обработка информации

visual ~ зрительное восприятие

perceptive воспринимающий; ощущающий

perceptiveness восприимчивость

perceptivity восприимчивость

perceptron перцептрон (*1. алгоритм обучения искусственных нейронных цепей 2. искусственная нейронная сеть с обучением по алгоритму типа «перцептрон»*)

back-coupled ~ перцептрон с обратными связями

cross-coupled ~ перцептрон с перекрёстными связями (*в ассоциативном слое*)
elementary ~ элементарный перцептрон
linear ~ линейный перцептрон
multilayer ~ многослойный перцептрон
no-hidden-layer ~ перцептрон без скрытого слоя
Rosenblatt ~ перцептрон Розенблатта
series-coupled ~ перцептрон с последовательными связями
simple ~ простой перцептрон

percipient воспринимающий (субъект); ощущающий субъект ‖ воспринимающий; ощущающий
percolate просачиваться; протекать; проникать вглубь
percolation 1. просачивание; протекание; проникновение вглубь 2. *вчт, фтт* перколяция 3. обратная перколяция (*алгоритм обучения нейронных сетей*)
   back ~ обратная перколяция (*алгоритм обучения нейронных сетей*)
percussion 1. удар по клавише (*ударного музыкального инструмента*) 2. ударные (*в оркестре*)
perfboard монтажная плата для макетирования *или* тестирования
perfect 1. совершенный; не имеющий дефектов; идеальный 2. точный; корректный; адекватный 3. законченный; цельный
perfecting двусторонняя печать, печать на обеих сторонах листа (*за один прогон*)
perfection 1. совершенство; отсутствие дефектов; идеальность 2. точность; корректность; адекватность 3. законченность; цельность 4. совершенствование
   crystal [crystalline, crystallographic] ~ кристаллографическое совершенство
   lattice ~ совершенство кристаллической решётки
perfector двусторонний принтер, печатающий на обеих сторонах листа (*за один прогон*) принтер
perforate перфорировать, пробивать отверстия ‖ перфорированный
perforated перфорированный
perforation 1. перфорирование 2. перфорационное отверстие, перфорация
   chadded ~ сквозная перфорация (*с удалённым конфетти*)
   marginal ~ краевая перфорация
   running ~ продольная перфорация
   stamp ~ перфорация с соприкасающимися отверстиями, перфорация типа «почтовая марка»
   tape ~ перфорация ленты
perforator перфоратор
   bar ~ реечный перфоратор
   card ~ карточный перфоратор
   keyboard ~ клавишный перфоратор
   manual ~ ручной перфоратор
   receiving ~ *тлг* приёмный перфоратор
perform 1. работать; действовать; исполнять 2. играть; исполнять (*напр. спектакль*)
performance 1. работа; действие; исполнение 2. (рабочая) характеристика; эксплуатационные данные 3. производительность (*прибора, устройства или системы*) 4. *тлв* представление; спектакль 5. игра; исполнение (*напр. спектакля*) 6. активный словарь, активный словарный запас
   2D ~ 1. производительность дисплея при выводе двумерных изображений 2. производительность дисплея при выводе примитивов Windows GUI
   3D ~ производительность дисплея при выводе трёхмерных изображений
   antijam ~ защищённость от активных преднамеренных радиопомех
   automatic ~ работа в автоматическом режиме
   cycle-slip ~ период срыва слежения (*в системе ФАПЧ*)
   detection ~ *рлк* характеристика обнаружения
   DOS ~ 1. производительность (*вычислительной системы*) под управлением DOS 2. производительность дисплея при выводе символов *или* пикселей под управлением DOS
   DOS display ~ производительность дисплея при выводе символов *или* пикселей под управлением DOS
   graphical user interface ~ производительность дисплея при выводе изображений
   GUI ~ *см.* graphical user interface performance
   high ~ 1. высокие эксплуатационные данные 2. высокая производительность
   in-sample ~ поведение в пределах выборки
   integer ~ производительность (*вычислительной системы*) при целочисленных расчётах
   Intel comparative microprocessor ~ единица измерения относительной производительности процессоров (*по сравнению с процессором 486SX-25*), индекс iCOM
   Intel comparative microprocessor ~ 2.0 единица измерения относительной производительности процессоров (*по сравнению с процессором Pentium, 120 МГц*), индекс iCOMP 2.0
   live ~ живое исполнение
   manual ~ работа в режиме ручного управления
   model ~ качество модели
   noise ~ шумовая характеристика
   out-sample ~ поведение за пределами выборки
   overload ~ работа в режиме перегрузки
   phase ~ фазовая характеристика
   system ~ 1. (рабочая) характеристика системы; эксплуатационные данные системы 2. производительность системы
   transient ~ переходная характеристика
   video (display) ~ производительность дисплея при выводе «живого» видео, производительность дисплея при бесперебойном воспроизведении телевизионных изображений в реальном масштабе времени
   Windows ~ 1. производительность (*вычислительной системы*) под управлением операционной системы Windows 2. производительность дисплея при выводе примитивов Windows GUI
perfory *вчт* удаляемые боковины перфорированной фальцованной бумаги
perfs *вчт* перфорационные отверстия
perigee перигей
perihelion перигелий
perikaryon *биол.* тело (нервной) клетки, перикарион
perimeter периметр
period 1. период (*1. интервал; промежуток 2. промежуток времени, охватывающий все стадии процесса или события 3. пространственный период (*напр. функции*); длина волны; шаг 4. временной период (*напр. функции*); такт 5. период дроби 6. связный текст в форме одного предло-

period

жения *7. музыкальная форма*) **2.** точка (*1. знак препинания 2. символ* .) ‖ ставить точку; использовать символ .

~ of grating период [шаг] дифракционной решётки

backoff ~ *вчт* период отката с возвратом, время выдержки перед последующей повторной попыткой после отказа от исполнения чего-либо (*напр. при возникновении коллизии*)

base ~ базисный период

blocking ~ непроводящая часть периода действия переменного напряжения (*в выпрямителях*)

building-up ~ длительность фронта, время нарастания (*импульса*)

burn-in ~ период приработки

clock ~ такт

constant failure rate ~ период постоянной интенсивности отказов, период нормальной работы

contention ~ *вчт* период конкуренции (*для захвата доступа к сети*)

debugging ~ 1. период доработки (*аппаратуры*) **2.** *вчт* период отладки (*программы*)

digit ~ период обработки разряда

domain ~ период доменной структуры

early-failure ~ период ранних отказов, начальный период эксплуатации

error-free running ~ время безошибочной работы

estimation ~ период оценивания

field ~ *тлв* период полевой развёртки

field blanking ~ *тлв* период гашения луча при обратном ходе по полю

flyback ~ *тлв* период обратного хода луча

forward ~ период действия прямого напряжения (*в выпрямителях*)

frame ~ *тлв* период кадровой развёртки

free ~ период собственных [свободных] колебаний

full ~ период

guard ~ защитный интервал (*кадра*)

half-line ~ *тлв* полупериод строчной развёртки

holding ~ продолжительность занятия линии

horizontal blanking pulse ~ *тлв* период гашения луча при обратном ходе по строкам

hunting ~ период нерегулярных колебаний (*в следящей системе*)

idle ~ 1. период паузной комбинации (*в дельта-модуляции*) **2.** непроводящая часть периода действия переменного напряжения (*в выпрямителях*)

infant mortality ~ период ранних отказов, начальный период эксплуатации

instrument ~ постоянная времени измерительного прибора

inverse ~ период действия обратного напряжения (*в выпрямителях*)

latent ~ *биол.* латентный период

line ~ *тлв* период строчной развёртки

lingering ~ *кв. эл.* время неопределённости (*при электронных переходах*)

natural ~ период собственных [свободных] колебаний

normal-failure [normal operating] ~ период постоянной интенсивности отказов, период нормальной работы

off ~ 1. период нахождения прибора в закрытом состоянии **2.** *тлг* бестоковая посылка, пауза

on ~ 1. период нахождения прибора в открытом состоянии **2.** *тлг* рабочая [токовая] посылка

one-half ~ полупериод

order ~ период следования заказов (*напр. на поставку комплектующих изделий*)

picture ~ *тлв* период кадровой развёртки

positive nonconducting ~ непроводящая часть периода действия прямого напряжения (*в выпрямителях*)

primitive ~ *крист.* период примитивной ячейки

pulse-repetition ~ период повторения импульсов

quiescent ~ *тлг* бестоковая посылка, пауза

read ~ период считывания

recording ~ период записи

recovery ~ время восстановления (*разрядника*)

refractory ~ период рефрактерности

regeneration ~ период регенерации записи (*в запоминающей ЭЛТ*)

reorder ~ период следования заказов (*напр. на поставку комплектующих изделий*)

retention ~ период сохранности записи

reverberation ~ период реверберации

reverse ~ непроводящая часть периода (*в выпрямителях*)

sampling ~ период дискретизации

scan ~ период регенерации записи (*в запоминающей ЭЛТ*)

silent ~ период молчания (*корабельных и береговых радиостанций для прослушивания сигналов бедствия*)

spatial ~ пространственный период; длина волны; шаг

storage cycle ~ время цикла ЗУ; максимальное время ожидания (*при обращении к ЗУ*)

transient ~ постоянная времени

vertical blanking pulse ~ *тлв* период гашения луча при обратном ходе по полю

vertical retrace ~ *тлв* период обратного хода луча по полю

wave ~ период (*волны*)

wear-out failure ~ период изнашивания

write ~ период записи

periodic периодический

periodicity периодичность

periodization периодизация

periodogram график спектральной функции, *проф.* периодограмма

peripheral периферийное устройство; периферийное оборудование, *проф.* периферия ‖ периферийный

cordless ~ беспроводное периферийное устройство

input ~ периферийное устройство ввода

multi-function ~ многофункциональное периферийное устройство

output ~ периферийное устройство вывода

register-oriented ~ регистро-ориентированное периферийное устройство

virtual ~ виртуальное периферийное устройство

periphery внешняя граница; периметр; периферия

periscope перископ

perisphere область обнаружения электромагнитного или гравитационного поля объекта

peritectic перитектика ‖ перитектический

PERL язык написания сценариев в UNIX, язык PERL

perlocution *вчт* эмоциональное высказывание

perlocutionary *вчт* эмоциональный (*о высказывании*)
permalloy пермаллой (*магнитный сплав*)
   high nickel-content ~ высоконикелевый пермаллой
   high-permeability ~ пермаллой с высокой магнитной проницаемостью
   low-coercivity ~ низкокоэрцитивный пермаллой
   low nickel-content ~ низконикелевый пермаллой
   molybdenum ~ молибденовый пермаллой
permatron газотрон с управлением внешним магнитным полем
permeability 1. магнитная проницаемость 2. проницаемость
   ~ **of cell membrane** проницаемость клеточной мембраны
   ~ **of free space** магнитная постоянная, магнитная проницаемость вакуума
   absolute ~ абсолютная магнитная проницаемость
   amplitude ~ амплитудная магнитная проницаемость
   anhysteretic ~ безгистерезисная магнитная проницаемость
   apparent ~ эффективная магнитная проницаемость
   complex ~ комплексная магнитная проницаемость
   conservative ~ упругая [консервативная] магнитная проницаемость
   consumptive ~ вязкая магнитная проницаемость; магнитная проницаемость потерь
   cyclic ~ нормальная магнитная проницаемость
   differential ~ дифференциальная магнитная проницаемость
   dynamic ~ динамическая магнитная проницаемость
   incremental ~ импульсная магнитная проницаемость
   initial ~ начальная магнитная проницаемость
   inner [intrinsic] ~ внутренняя магнитная проницаемость
   irreversible ~ необратимая магнитная проницаемость
   longitudinal ~ продольная магнитная проницаемость
   low-field ~ магнитная проницаемость в слабых полях
   magnetic ~ магнитная проницаемость
   maximum ~ максимальная магнитная проницаемость
   normal ~ нормальная магнитная проницаемость
   outer ~ внешняя магнитная проницаемость
   recoil ~ проницаемость возврата
   relative ~ относительная магнитная проницаемость
   reversible ~ обратимая магнитная проницаемость
   saturation ~ магнитная проницаемость парапроцесса
   scalar ~ скалярная магнитная проницаемость
   sine-current differential ~ дифференциальная нормальная магнитная проницаемость
   space ~ магнитная постоянная, магнитная проницаемость вакуума
   specific ~ относительная магнитная проницаемость
   static ~ статическая магнитная проницаемость
   tensor ~ тензорная магнитная проницаемость
   transverse ~ поперечная магнитная проницаемость
   vacuum ~ магнитная постоянная, магнитная проницаемость вакуума
permeable проницаемый
permeameter пермеаметр
   bar-and-yoke ~ пермеаметр сильных полей с замкнутой магнитной цепью
   compensated ~ пермеаметр компенсационного типа
   low-mu ~ пермеаметр для измерения малой магнитной проницаемости
permeance магнитная проводимость
permeate 1. проникать 2. распространяться
permendur пермендюр (*магнитный сплав*)
permenorm перменорм (*магнитный сплав*)
perminvar перминвар (*магнитный сплав*)
permission 1. разрешение; позволение; допуск; наделение полномочиями (*действие*) 2. разрешение или позволение (*на выполнение определённых действий*); допуск (*к осуществлению определённых операций*); полномочие 3. выдача лицензии 4. *вчт* разрешённый тип доступа (*к файлу, каталогу или периферийному устройству*)
permit 1. разрешать; позволять; допускать; наделять полномочиями 2. лицензия ‖ выдавать лицензию
   restricted operator ~ лицензия оператора (*радиостанции*) с ограничениями
permittance (электрическая) ёмкость
permittivity диэлектрическая проницаемость
   ~ **of free space** электрическая постоянная, диэлектрическая проницаемость вакуума
   clamped ~ диэлектрическая проницаемость зажатого кристалла
   complex ~ комплексная диэлектрическая проницаемость
   dielectric ~ диэлектрическая проницаемость
   longitudinal ~ продольная диэлектрическая проницаемость
   plasma ~ диэлектрическая проницаемость плазмы
   relative ~ относительная диэлектрическая проницаемость
   reversible ~ обратимая диэлектрическая проницаемость
   transverse ~ поперечная диэлектрическая проницаемость
permutate *вчт* переставлять (*напр. элементы множества*), выполнять перестановку
permutation *вчт* перестановка (*тип соединения элементов множества*)
permute *вчт* переставлять (*напр. элементы множества*), выполнять перестановку
perovskite *крист.* перовскит
   ferroelectric ~ сегнетоэлектрический перовскит
   magnetic ~ магнитный перовскит
   rare-earth ~ редкоземельный перовскит
perpendicular 1. перпендикулярная линия; перпендикуляр; ортогональная линия; перпендикулярная плоскость; ортогональная плоскость ‖ перпендикулярный; ортогональный 2. знак перпендикулярности, символ ⊥ 3. вертикальный
perpendicularity перпендикулярность; ортогональность
persistence 1. послесвечение 2. инерционность 3. *вчт* хранимость; сохранность состояния
   ~ **of vision** последовательные образы
   long ~ длительное послесвечение

persistence

object ~ хранимость объекта; сохранность состояния объекта
phosphor ~ послесвечение люминофора
screen ~ послесвечение экрана ЭЛТ
persistent 1. обладающий послесвечением; с послесвечением 2. инерционный 3. *вчт* хранимый; сохраняющий состояние
persistor персистор (*криогенный запоминающий элемент*)
persistron персистрон (*твердотельная электролюминесцентная индикаторная панель*)
person лицо; субъект
~ of no account *вчт* пользователь без имени и пароля; пользователь без учётной позиции
cookie savvy ~ *вчт* субъект, занимающийся (незаконным) сбором данных типа «cookie»
personal 1. персоналия || персональный; относящийся к конкретному лицу; касающийся конкретного лица 2. *pl тлв* светская хроника; новости светской жизни 3. персональный (*1. находящийся в личном пользовании; принадлежащий конкретному лицу 2. предназначенный для индивидуального использования*)
personalization *вчт* персонализация (*1. реализация возможности индивидуального использования 2. учёт интересов конкретного пользователя*)
Web page ~ персонализация Web-страницы
personalize *вчт* персонализовать (*1. реализовать возможность индивидуального использования 2. учитывать интересы конкретного пользователя*)
PersonalJava среда PersonalJava, среда исполнения Java для бытовых приложений
personnel персонал
attending ~ обслуживающий персонал
auxiliary ~ вспомогательный персонал
experienced ~ квалифицированный персонал
field ~ эксплуатационный персонал
industrial ~ производственный персонал
maintenance ~ обслуживающий персонал
management ~ управленческий персонал
manufacturing ~ производственный персонал
operating ~ производственный персонал
operations ~ операторский персонал (*напр. вычислительного центра*)
production ~ 1. производственный персонал 2. *тлв* творческий персонал
technical ~ технический персонал
perspective 1. перспектива (*1. система отображения зрительных образов на плоскости 2. линейная перспектива, изображение трёхмерных объектов с помощью центральной проекции 3. звуковая перспектива; звуковое окружение*) || относящийся к перспективе 2. изображение в перспективе
acoustic ~ звуковая перспектива; звуковое окружение
auditory ~ звуковая перспектива; звуковое окружение
central ~ центральная перспектива
free ~ свободная перспектива
isometric ~ изометрия, изометрическая перспектива
linear ~ линейная перспектива
parallel ~ параллельная перспектива
sound ~ звуковая перспектива; звуковое окружение
perturb 1. возмущать; нарушать обычное состояние или обычный ход (*напр. процесса*) 2. возмущать небесное тело

perturbation 1. возмущение; нарушение обычного состояния или хода (*напр. процесса*) 2. возмущение небесного тела
~ of band edge возмущение края (энергетической) зоны
~ of energy-level system возмущение системы энергетических уровней
Coulomb ~ кулоновское возмущение
infinitesimal ~ бесконечно малое возмущение
ionospheric ~ ионосферное возмущение
local ~ локальное возмущение
long-term ~ долговременное возмущение
magnetic ~ магнитное возмущение
magnetoacoustic ~ магнитоакустическое возмущение
noise ~ шумовое возмущение
nonlinear ~ нелинейное возмущение
random ~ случайное возмущение
reasonable ~ допустимое возмущение
short-term ~ кратковременное возмущение
singular ~ сингулярное возмущение
perveance первеанс, постоянная пространственного заряда
peta- 1. пета..., П, 10^{15} (*приставка для образования десятичных кратных единиц*) 2. *вчт* пета..., П, 2^{50}
Peter стандартное слово для буквы *P* в фонетическом алфавите «Эйбл»
petit *вчт* петит, кегль 8 (*размер шрифта*)
phage фаг, модифицирующий программы *или* базы данных компьютерный вирус
phanotron газотрон
phantastran твердотельный фантастрон
phantastron фантастрон
cathode-coupled ~ фантастрон с катодной связью
emitter-coupled ~ фантастрон с эмиттерной связью
monostable ~ фантастрон
screen-coupled ~ фантастрон со связью по экранирующей сетке
phantom 1. фантом (*1. модель человеческого тела; манекен 2. дозиметрический фантом 3. вчт команда для создания невидимых символов (в языке T_EX) 4. призрак; дух (персонаж компьютерных игр) 5. иллюзия 6. искусственный объект; мнимый объект; не существующий в действительности объект 7. фантомная цепь (искусственный путь передачи сигналов*)) 2. фантомный (*1. призрачный; кажущийся 2. иллюзорный 3. искусственный; мнимый; не существующий в действительности 4. относящийся к фантомной цепи*)
phase 1. фаза (*1. фазовый угол гармонического колебания или волны 2. фаза переменного тока 3. фтт, крист. устойчивое состояние системы, отличающееся по симметрии или степени упорядоченности от других возможных состояний той же самой системы 4. выделенная однородная часть гетерогенной системы 5. стадия; этап; цикл; период 6. фаза планеты или спутника планеты*) 2. фазовый, относящийся к фазе 3. находиться в фазе; совпадать по фазе; фазировать(ся); быть *или* становиться синфазным 4. синхронизм; синхронность || находиться в синхронизме, быть синхронным 5. грань; тип появления (*объекта или процесса*) 6. точка зрения; аспект ◊
in ~ 1. (находящийся) в фазе, совпадающий по фа-

зе, синфазный 2. (находящийся) в синхронизме, синхронный; **out of ~ 1.** (находящийся) не в фазе, не совпадающий по фазе, несинфазный **2.** (находящийся) не в синхронизме, несинхронный
~ of state *фтт* фаза функции состояния
allocation ~ *вчт* фаза [этап] распределения
anisotropic ~ *фтт* анизотропная фаза
antiferroelectric ~ антисегнетоэлектрическая фаза, антисегнетофаза
antiferromagnetic ~ антиферромагнитная фаза
assembly ~ 1. фаза [этап] сборки или монтажа **2.** *вчт* фаза [этап] трансляции с языка ассемблера
blue ~ голубая фаза (*жидкого кристалла*)
canted ~ *магн.* неколлинеарная [угловая] фаза
cholesteric ~ холестерическая фаза (*жидкого кристалла*)
clock ~ фаза синхронизирующего сигнала
code ~ временной сдвиг кода
coexisting ~s *фтт* сосуществующие фазы
collinear ~ *магн.* коллинеарная фаза
color ~ *тлв* фаза сигнала цветности
commensurate ~ *фтт* соизмеримая фаза
coprecipitating ~ *крист.* соосаждаемая фаза
cubic ~ *крист.* кубическая фаза
design ~ фаза [этап] проектирования и разработки
differential ~ *тлв* дифференциальная фаза
disordered ~ *фтт* неупорядоченная фаза
envelope ~ фаза огибающей
execute ~ фаза [этап] осуществления (*напр. плана*); фаза [этап] выполнения (*напр. программы*); фаза [этап] исполнения (*напр. команды*)
ferrimagnetic ~ ферримагнитная фаза
ferroelectric ~ сегнетоэлектрическая фаза, сегнетофаза
ferromagnetic ~ ферромагнитная фаза
Fourier (transform) ~s фазы коэффициентов Фурье
gas(eous) ~ газовая фаза
glass ~ стеклофаза; аморфная фаза
H ~ *см.* **horizontal phase**
hexagonal ~ *крист.* гексагональная фаза
high-temperature ~ *фтт* высокотемпературная фаза
horizontal ~ *вчт, тлв* положение (*изображения*) по горизонтали
incommensurate ~ *фтт* несоизмеримая фаза
instantaneous ~ мгновенная фаза
lagging ~ запаздывающая фаза
leading ~ опережающая фаза
level-dependent ~ дифференциальная фаза
link/load ~ *вчт* фаза [этап] компоновки и загрузки
locking ~ 1. фаза синхронизации **2.** фаза захватывания
low-temperature ~ *фтт* низкотемпературная фаза
martensite ~ *крист.* мартенситная фаза
monoclinic ~ *крист.* моноклинная фаза
negative picture ~ фаза полного телевизионного сигнала при негативной модуляции
nematic ~ нематическая фаза (*жидкого кристалла*)
noncollinear ~ *магн.* неколлинеарная [угловая] фаза
normal ~ *свпр* нормальная фаза
opposite ~ противофаза
ordered ~ *фтт* упорядоченная фаза
orthorhombic ~ *крист.* ромбическая фаза
paraelectric ~ параэлектрическая фаза
paramagnetic ~ парамагнитная фаза
polar ~ *фтт* полярная фаза
positive picture ~ фаза полного телевизионного сигнала при позитивной модуляции
precession ~ *кв. эл.* фаза прецессии
progressive ~ линейный набег фазы
quantum ~ фаза волновой функции
reference ~ опорная фаза
refractory ~ период рефрактерности
relative ~ of elliptically polarized field vector относительная фаза вектора напряжённости поля с эллиптической поляризацией
retarding ~ запаздывающая фаза
return to zero ~ фаза возвращения к нулю
reversed ~ противофаза
smectic ~ смектическая фаза (*жидкого кристалла*)
solid ~ *крист.* твёрдая фаза
split ~ расщеплённая фаза
superconducting ~ сверхпроводящая фаза
superfluid ~ *свпр* сверхтекучая фаза
sweep ~ *тлв* фаза сигнала развёртки
tetragonal ~ *крист.* тетрагональная фаза
triclinic ~ *крист.* триклинная фаза
trigonal ~ *крист.* тригональная фаза
unwrapped ~ развёрнутая фаза
V ~ *см.* **vertical phase**
vapor ~ паровая фаза
vertical ~ *вчт, тлв* положение (*изображения*) по вертикали
wave-function ~ фаза волновой функции
phase-coherent фазово-когерентный
phase-locked 1. с фазовой автоматической подстройкой частоты **2.** синхронизированный по фазе, с фазовой синхронизацией; синхронный
phasemeter фазометр, измеритель фазового сдвига
digital ~ цифровой фазометр
electrodynamic ~ электродинамический фазометр
electronic ~ электронный фазометр
ferrodynamic ~ ферродинамический фазометр
single-phase ~ однофазный фазометр
three-phase ~ трёхфазный фазометр
phaser 1. фазовращатель **2.** фазирующее устройство (*факсимильного аппарата*) **3.** *вчт* смешивание основного звукового сигнала с модулированным по фазе задержки при очень малом времени задержки, *проф.* «фазер» (*цифровой звуковой спецэффект*)
calibrated ~ калиброванный фазовращатель
controllable ~ регулируемый фазовращатель
ferrite ~ ферритовый фазовращатель
fixed ~ фиксированный [постоянный] фазовращатель
microwave ~ СВЧ-фазовращатель
polarization sensitive ~ поляризационно-чувствительный фазовращатель
phasigram фазовая голограмма
phasing 1. фазирование **2.** синхронизация
automatic facsimile ~ автоматическое фазирование факсимильных аппаратов
channel ~ фазирование каналов
cycle ~ 1. *тлг* фазирование по циклам **2.** цикловая синхронизация
digital ~ дискретное фазирование
facsimile ~ фазирование факсимильных аппаратов
field ~ *тлв* синхронизация полей
horizontal ~ *тлв* синхронизация строк

phasing

line ~ *тлв* синхронизация строк
manual facsimile ~ ручное фазирование факсимильных аппаратов
playback ~ фазирование (*видеосигнала*) в режиме воспроизведения
quadrature ~ квадратурное фазирование
record ~ фазирование (*видеосигнала*) в режиме записи
sweep ~ *тлв* синхронизация развёртки
vertical ~ *тлв* синхронизация полей

phasitron фазитрон
phasmajector *тлв* моноскоп
phasometer фазометр, измеритель фазового сдвига
phasor вектор (*на комплексной плоскости*)

carrier ~ вектор несущей
current ~ вектор тока
polarization ~ вектор поляризации
rotating ~ вращающийся вектор
side-frequency ~ вектор боковой частоты
voltage ~ вектор напряжения

phenomena *pl* от **phenomenon**

critical ~ *фтт* критические явления
paranormal psychological ~ парапсихологические [паранормальные психологические] явления
relaxation ~ релаксационные явления
resonant ~ резонансные явления

phenomenological феноменологический
phenomenology феноменология
phenomenon явление; эффект

Bezold-Brucke ~ явление Бецольда — Брюкке
chance ~ случайное явление
mass ~ массовое явление
moiré ~ *тлв*, *вчт* муар
multilayer punch-through ~ *пп* явление смыкания в многослойных структурах
phi ~ иллюзия движения объекта при стробоскопическом освещении последовательности его различных статических положений
pinch ~ самостягивающийся разряд, пинч
Purkinje ~ эффект Пуркинье
random ~ случайное явление
screening ~ экранирующий эффект, эффект экранирования
threshold ~ пороговое явление, пороговый эффект
transient ~ явление при переходном процессе
tunneling ~ туннельный эффект

phenotype фенотип (*в генетических алгоритмах*)
phi фи (*буква греческого алфавита*, Φ, φ, ϕ)
philology филология
philosophy философия

complexity ~ философия сложности

phobia боязнь

computer ~ боязнь вычислительной техники, *проф.* компьютерофобия

phon фон (*единица уровня громкости звука*)
phonate производить звуки (речи); произносить звуки
phonation производство звуков (речи); произношение звуков
phone 1. телефонный аппарат, телефон || звонить по телефону || телефонный 2. головной телефон *или* головные телефоны, *проф.* наушник *или* наушники 3. звук речи

cellular ~ сотовый телефон, (радио)телефон сотовой системы подвижной связи
dial-type ~ телефонный аппарат с дисковым номеронабирателем
feature ~ телефон с расширенными сервисными возможностями
low-radiation ~ (радио)телефон с низким уровнем электромагнитного излучения
magneto ~ телефонный аппарат с индуктором
microvia-based cellular ~ сотовый телефон на ИС с переходными микроотверстиями
mobile ~ мобильный [подвижный] телефон, (радио)телефон сотовой *или* спутниковой системы подвижной связи
net ~ компьютерная телефония
pager [**paging-type**] ~ телефонный аппарат системы поискового вызова
pay ~ таксофон
picture ~ видеотелефон
pulse-code ~ телефонный аппарат с импульсно-кодовым набором
push-button ~ телефонный аппарат с кнопочным номеронабирателем
satellite ~ спутниковый телефон, (радио)телефон спутниковой системы подвижной связи
smart ~ интеллектуальный телефон
speaker ~ громкоговорящий телефонный аппарат
video ~ видеотелефон
watch ~ телефон, встроенный в наручные часы, наручные часы с телефоном

phonematic фонематический, фонемный
phoneme фонема
phonemic фонематический, фонемный
phonemicization фонематическое транскрибирование
phonemicize фонематически транскрибировать
phonemics 1. фонология 2. фонематика
phonetic фонетический
phoneticization фонетическое транскрибирование
phoneticize фонетически транскрибировать
phonetics фонетика

acoustic ~ акустическая фонетика
articulatory ~ артикуляционная фонетика
auditory ~ психофонетика

phonic относящийся к звукам речи
phonics акустика звуков речи
phonocard *млф* телефонная кредитная карточка
phonocardiogram фонокардиограмма
phonocardiograph фонокардиограф
phonogram 1. фонограмма 2. телефонограмма
phonograph 1. граммофон 2. электропроигрывающее устройство, ЭПУ

mechanical ~ граммофон
tape ~ устройство воспроизведения магнитной записи

phonography фонография
phonology фонология
phonometer фонометр, аудиометр

Webster ~ зеркальный фонометр

phonon фонон

acoustical ~ акустический фонон
coherent ~s когерентные фононы
energetic ~ фонон высокой энергии
hot ~ горячий фонон
hypersonic ~ гиперзвуковой фонон
intervalley ~ междолинный фонон
lattice ~ решёточный фонон
longitudinal ~ продольный фонон
long-wavelength ~ длинноволновый фонон
optical ~ оптический фонон

polar ~ полярный фонон
Raman ~ рамановский фонон
short-wavelength ~ коротковолновый фонон
soft ~ мягкий фонон
thermal ~ тепловой фонон
transverse ~ поперечный фонон
unstable ~ мягкий фонон
virtual ~ виртуальный фонон

phonotype графическое изображение фонемы
phosphate фосфат
  ammonium dihydrogen ~ дигидрофосфат аммония, первичный кислый фосфат аммония, ПКФА
  deuterated ammonium dihydrogen ~ дейтерированный дигидрофосфат аммония, дейтерированный первичный кислый фосфат аммония, ДПКФА
  deuterated potassium ~ дейтерированный дигидрофосфат калия, дейтерированный первичный кислый фосфат калия, ДПКФК
  potassium dihydrogen ~ дигидрофосфат калия, первичный кислый фосфат калия, ПКФК
phosphide фосфид
  boron ~ фосфид бора
  gallium ~ фосфид галлия
  indium ~ фосфид индия
  silicon ~ фосфид кремния
phosphor люминофор
  ac ~ электролюминофор с возбуждением переменным током
  aluminized ~ алюминированный люминофор
  blue(-emitting) ~ синий люминофор, люминофор синего свечения
  cascade ~ многослойный люминофор
  cathode-ray-tube ~ люминофор экрана ЭЛТ
  cathodoluminescent ~ катодолюминофор
  color ~ цветной люминофор, люминофор цветного свечения
  composite ~ композитный люминофор
  dc ~ электролюминофор с возбуждением постоянным током
  dot ~ люминофорная точка (экрана)
  EL ~ см. **electroluminescent phosphor**
  electroluminescent ~ электролюминофор
  electron-excited ~ катодолюминофор
  equal-energy ~ люминофор с равноэнергетической спектральной характеристикой свечения
  fine-grain(ed) ~ мелкозернистый люминофор
  fluoride ~ фторидный люминофор
  gamma-ray ~ люминофор, чувствительный к гамма-излучению, гамма-люминофор
  green(-emitting) ~ зелёный люминофор, люминофор зелёного свечения
  high-persistence ~ люминофор с длительным послесвечением
  infrared ~ люминофор, чувствительный к ИК-излучению, ИК-люминофор
  lamp ~ люминофор для источников света
  long-lag [long-persistence] ~ люминофор с длительным послесвечением
  medium-persistence ~ люминофор со средним послесвечением
  metallized ~ металлизированный люминофор
  multiple(-component) ~ многокомпонентный люминофор
  onionskin ~ многослойный люминофор
  organic ~ органический люминофор
  oxide ~ оксидный люминофор
  persistent ~ люминофор с длительным послесвечением
  photoluminescent ~ фотолюминофор
  powder ~ порошковый люминофор
  red(-emitting) ~ красный люминофор, люминофор красного свечения
  short-persistence ~ люминофор с малым послесвечением
  silicate ~ силикатный люминофор
  single(-component) ~ однокомпонентный люминофор
  single-layer ~ однослойный люминофор
  strip ~ люминофорная полоска (экрана)
  sulfide ~ сульфидный люминофор
  transparent ~ прозрачный люминофор
  UV ~ люминофор, чувствительный к УФ-излучению, УФ-люминофор
  white(-emitting) ~ белый люминофор, люминофор белого свечения
  X-ray ~ рентгенолюминофор
  zinc-cadmium ~ цинк-кадмиевый люминофор
phosphoresce фосфоресцировать
phosphorescence фосфоресценция
phosphorogen активатор люминофора
phot фот, ф ($1 \cdot 10^4$ лк)
photic световой
photicon фотикон (*супериконоскоп с дополнительным фотокатодом*)
photics светотехника
photoactivation фотоактивация
photoactor источник света, используемый для управления переключателем на фотогальваническом элементе
photocarrier фотовозбуждённый носитель (*заряда*)
photocathode фотокатод
  alkali antimonide ~ сурьмяно-щелочной фотокатод
  barium oxide ~ оксидно-бариевый фотокатод
  cesium-antimonide [cesium-antimony) ~ сурьмяно-цезиевый фотокатод
  cesium-bismuth ~ висмутцезиевый фотокатод
  cesium-telluride ~ фотокатод из теллурида цезия
  continuous ~ сплошной фотокатод
  field-assisted ~ фотокатод с автоэлектронной эмиссией
  floating ~ плавающий фотокатод
  high-quantum yield ~ фотокатод с высоким квантовым выходом
  lithium-antimony ~ сурьмяно-литиевый фотокатод
  magnesium oxide ~ оксидно-магниевый фотокатод
  monoalkali antimonide ~ фотокатод на основе однощелочных антимонидов
  mosaic ~ *тлв* мозаичный фотокатод, мозаика
  multialkali antimonide ~ фотокатод на основе многощелочных антимонидов
  NEA ~ см. **negative-electron-affinity photocathode**
  negative-electron-affinity ~ фотокатод с отрицательным сродством к электрону, фотокатод с отрицательным электронным сродством
  n-type ~ фотокатод *n*-типа
  opaque ~ непрозрачный фотокатод
  potassium-antimony ~ сурьмяно-калиевый фотокатод
  p-type ~ фотокатод *p*-типа

reflection(-mode) ~ фотокатод, работающий в режиме «на отражение», О-фотокатод
reverse-biased p-n junction ~ фотокатод на обратносмещённом $p — n$-переходе
RM ~ *см.* **reflection(-mode) photocathode**
rubidium-antimony ~ сурьмяно-рубидиевый фотокатод
rubidium-telluride ~ фотокатод из теллурида рубидия
semitransparent ~ полупрозрачный фотокатод
silver-oxygen-cesium ~ серебряно-кислородно-цезиевый фотокатод
sodium-antimony ~ сурьмяно-натриевый фотокатод
solar blind ~ солнечно-слепой фотокатод
TM ~ *см.* **transmission(-mode) photocathode**
transmission(-mode) ~ фотокатод, работающий в режиме «на проход», П-фотокатод
transparent ~ прозрачный фотокатод
UV-sensitive ~ фотокатод, чувствительный в ультрафиолетовой [УФ-] области спектра

PhotoCD компакт-диск формата PhotoCD, видео компакт-диск формата Kodak

photocell 1. фотогальванический элемент 2. фотодиод 3. фоторезистор 4. фототранзистор 5. (электровакуумный) фотоэлемент
alloy-junction ~ сплавной плоскостной фотодиод
back-effect [back-wall] ~ фотогальванический элемент тылового действия
barrier-layer ~ фотогальванический элемент
cuprous oxide ~ медно-оксидный фотогальванический элемент
diffused-junction ~ фотодиод с диффузионным переходом, диффузионный фотодиод
end-on [end-viewing] ~ фотодиод с торцевым входом
front-effect [front-wall] ~ фотогальванический элемент фронтального действия
gas-discharge [gas-filled] ~ ионный [газонаполненный] фотоэлемент
grown-junction ~ фотодиод с выращенным переходом
high-resistivity bar ~ фотогальванический элемент на высокоомном (полупроводниковом) стержне
hook-junction ~ плоскостной фототранзистор с коллекторной ловушкой
lateral ~ фотодиод с продольным [боковым] фотоэффектом
longitudinal ~ фотодиод с продольным [боковым] фотоэффектом
multiplier ~ фотоэлектронный умножитель, фотоумножитель, ФЭУ
p-n junction ~ плоскостной фотодиод с $p — n$-переходом
point-contact ~ точечный фотодиод
polycrystalline-film ~ фоторезистор на поликристаллической плёнке
rectifier ~ фотогальванический элемент
transverse ~ фотодиод с поперечным фотоэффектом
vacuum ~ электровакуумный фотоэлемент

photochemiluminescence фотохемилюминесценция
photochromic фотохромный материал || фотохромный
photochromism фотохромизм
photochronograph 1. фотохронограф 2. серия фотографий, полученных фотохронографом

photocolorimeter фотоэлектрический колориметр
photocomp фотонабор, набор на фотонаборной машине
photocompose производить фотонабор, набирать на фотонаборной машине
photocomposer фотонаборная машина
laser ~ лазерная фотонаборная машина
photocomposition фотонабор, набор на фотонаборной машине
photoconduction фотопроводимость, фоторезистивный эффект
photoconductivity фотопроводимость
anomalous ~ аномальная фотопроводимость
bipolar ~ биполярная фотопроводимость
direct ~ фотопроводимость, обусловленная прямыми переходами
extrinsic ~ примесная фотопроводимость
frozen ~ замороженная фотопроводимость
impurity ~ примесная фотопроводимость
indirect ~ фотопроводимость, обусловленная непрямыми переходами
interband ~ межзонная фотопроводимость
intraband ~ внутризонная фотопроводимость
intrinsic ~ собственная фотопроводимость
monopolar ~ монополярная фотопроводимость
radiation-induced ~ радиационно-индуцированная фотопроводимость
photoconductor материал с фотопроводимостью
background-limited ~ материал с фотопроводимостью, ограниченной фоновым излучением
binder-type ~ материал с фотопроводимостью на основе порошка со связующим
electrooptic ~ электрооптический материал с фотопроводимостью
extrinsic ~ материал с примесной фотопроводимостью
high-gain ~ материал с высокой фотопроводимостью
infrared ~ материал с фотопроводимостью в ИК-диапазоне
intrinsic ~ материал с собственной фотопроводимостью
low-gain ~ материал с низкой фотопроводимостью
thin-film ~ тонкоплёночный материал с фотопроводимостью
photoconverter фотоэлектрический преобразователь свет — сигнал
photocopier светокопировальный аппарат; фотокопировальная машина
photocopy фотокопия || делать фотокопию
photocoupler оптопара, оптрон
photocurrent фототок ◊ ~ **per absorbed photon** квантовый выход (*фотоэффекта*)
multiplied ~ умноженный фототок
photocathode ~ (фото)ток фотокатода
primary ~ первичный фототок
short-circuit ~ фототок короткого замыкания
photodarlington пара Дарлингтона с выходным фототранзистором
photodefinition фотолитография
photodegradation фоторазложение
photodepolymerization фотодеполимеризация
photodetachment *кв. эл.* фотоотщепление; фотоионизация
~ **of electron** фотоотщепление электрона

two-photon ~ двухфотонное фотоотщепление
photodetector фотоприёмник
   avalanche ~ фотоприёмник на лавинном фотодиоде
   gallium-arsenide ~ арсенид-галлиевый фотоприёмник
   multielement ~ многоэлементный фотоприёмник
photodevice фотоэлектрический прибор
photodimer *кв. эл.* фотодимер
photodiode фотодиод
   avalanche ~ лавинный фотодиод
   cavity-type ~ фотоклистрон
   depletion-layer ~ фотодиод с обеднённым слоем
   diffused ~ фотодиод с диффузионным $p-n$-переходом, диффузионный фотодиод
   distributed-emission ~ фотодиод с распределённой эмиссией
   drift ~ дрейфовый фотодиод
   edge-illuminated ~ фотодиод с торцевым входом
   formed ~ формованный фотодиод
   grown(-junction) ~ фотодиод с выращенным переходом
   guard-ring ~ фотодиод с охранным кольцом
   guard-ring avalanche ~ лавинный фотодиод с охранным кольцом
   heterojunction ~ фотодиод на гетеропереходах
   junction ~ плоскостной фотодиод
   metal-semiconductor ~ фотодиод с барьером Шотки
   multiplier traveling-wave ~ фотолампа бегущей волны, фото-ЛБВ
   p-i-n ~ $p-i-n$-фотодиод
   planar ~ планарный фотодиод
   p-n junction ~ плоскостной фотодиод с $p-n$-переходом
   point-contact ~ точечный фотодиод
   Schottky-barrier ~ фотодиод с барьером Шотки
   surface-barrier ~ фотодиод с барьером Шотки
photodisaggregation фотодезагрегация
photodissociation *кв. эл.* фотохимическая диссоциация, фотолиз
photoeffect фотоэффект
   barrier-layer ~ вентильный фотоэффект
   depletion-layer ~ вентильный фотоэффект
   extrinsic ~ примесный фотоэффект
   intrinsic ~ собственный фотоэффект
   inverse ~ катодолюминесценция
   lateral ~ продольный [боковой] фотоэффект
   longitudinal ~ продольный [боковой] фотоэффект
   surface ~ поверхностный внешний фотоэффект, поверхностная фотоэлектронная эмиссия
   transverse ~ поперечный фотоэффект
photoelasticity фотоупругость (*1. пьезооптический эффект 2. поляризационно-оптический метод исследования механических напряжений*)
photoelectret фотоэлектрет
photoelectric фотоэлектрический
photoelectricity фотоэлектрические явления
photoelectroluminescence фотоэлектролюминесценция
photoelectromagnetic фотоэлектромагнитный
photoelectron фотоэлектрон
photoemission внешний фотоэффект, фотоэлектронная эмиссия, фотоэмиссия
photoemissivity фотоэмиссионная способность
photoemitter 1. материал для фотокатодов 2. материал для полупроводниковых фотоприёмников
   semitransparent ~ материал для полупрозрачного фотокатода
photoengraving *микр.* фотолитография
photoetching *микр.* фототравление
photoexcitation фотовозбуждение
photofiber стекловолокно
photoflash импульсная лампа
photo-flood *тлв* лампа заливающего света
photoformer функциональный преобразователь на ЭЛТ и ФЭУ, фотоформирователь
photogene *тлв* последовательный образ
photogeneration фотогенерация, фотоэлектрическая генерация (*носителей заряда*)
photogenerator 1. светоизлучающий диод 2. полупроводниковый лазер
photography 1. фотография 2. фотографирование
   digital ~ 1. цифровая фотография 2. цифровое фотографирование
   electronic ~ 1. цифровая фотография 2. цифровое фотографирование
   flash ~ фотографирование с фотовспышкой
   Kirlian ~ *биол.* фотографирование свечения супругов Кирлиан
   time-lapse ~ видеосъёмка (*медленно протекающего процесса*) в близком к покадровому режиме с длительными паузами
photohead фотоэлектрическая головка
photoinduced фотоиндуцированный (*напр. эффект*); фотовозбуждённый (*напр. носитель*)
photoinitiator *микр.* фотосенсибилизатор
photoinjection фотоинжекция
photoionization *кв. эл.* фотоионизация; фотоотщепление
   impurity ~ фотоионизация примесных центров
   inner-shell ~ фотоионизация во внутренних оболочках
   selective ~ избирательная [селективная] фотоионизация
photoisolator оптопара, оптрон
photolayer фотослой, фоточувствительный [светочувствительный] слой
photolithographic фотолитографический
photolithography 1. фотолитография 2. офсетная печать с фотомеханических форм
   contact ~ контактная фотолитография
   fine-line ~ прецизионная фотолитография
   high-resolution ~ фотолитография высокого разрешения
   lift-off ~ обратная [взрывная] фотолитография
   negative-resist ~ фотолитография с негативным резистом
   positive-resist ~ фотолитография с позитивным резистом
   projection ~ проекционная фотолитография
   proximity ~ фотолитография с микрозазором
photoluminescence фотолюминесценция
photolysis *кв. эл.* фотолиз, фотохимическая диссоциация
   flash ~ импульсный фотолиз
photolyze *кв. эл.* подвергать фотолизу, вызывать фотохимическую диссоциацию
photomagnetism фотомагнитные явления
photomask фотомаска (*1. фотошаблон 2. маска из фоторезиста*) ∥ фотомаскировать, применять фотомаску (*1. использовать фотошаблон 2. использовать маску из фоторезиста*)

photomask
    chromium ~ хромированный фотошаблон
    conformable ~ эластичный фотошаблон
    contact ~ контактный фотошаблон
    emulsion ~ эмульсионный фотошаблон
    film ~ плёночный фотошаблон
    glass ~ стеклянный фотошаблон
    master ~ оригинал фотошаблона; эталонный фотошаблон
    single-pattern ~ фотошаблон с одной структурой
photomasking 1. фотомаскирование 2. фотолитография
photomaster 1. фотооригинал 2. оригинал фотошаблона; эталонный фотошаблон
photometer фотометр
    aperture ~ апертурный фотометр
    digital fight-scattering ~ цифровой фотометр для исследования рассеяния света
    distribution ~ распределительный фотометр
    double-beam ~ двухлучевой фотометр
    equality-of-contrast ~ фотометр с равноконтрастными полями
    equality-of-luminosity ~ фотометр с равносветлотными полями
    flame ~ пламенный фотометр
    flicker ~ мигающий фотометр
    illumination ~ люксметр
    integrating ~ интегрирующий фотометр
    photoelectric ~ фотоэлектрический фотометр
    physical ~ физический фотометр
    polarizing ~ поляризационный фотометр
    radial ~ распределительный фотометр
    scanning ~ сканирующий фотометр
    shadow ~ теневой фотометр
    sphere ~ интегрирующий фотометр
    split-field ~ фотометр с равноконтрастными полями
    spot ~ апертурный фотометр
    visual ~ визуальный фотометр
photometry фотометрия
    display ~ фотометрия отображаемой информации
    flame ~ пламенная фотометрия
    photographic ~ фотографическая фотометрия
    physical ~ физическая фотометрия
    visual ~ визуальная фотометрия
photomicrography микрофотосъёмка, микрофотографирование
photomicroscope микроскоп с фотографической насадкой
photomixing фотосмешение
photomultiplication фотоумножение
    avalanche ~ лавинное фотоумножение
    secondary-emission ~ вторично-эмиссионное фотоумножение
photomultiplier фотоэлектронный умножитель, фотоумножитель, ФЭУ
    channel ~ канальный фотоумножитель
    continuous-dynode ~ фотоумножитель со сплошными динодами
    dynamic cross-field ~ динамический фотоумножитель со скрещёнными полями
    edge-illuminated ~ фотоумножитель с торцевым входом
    electrostatic ~ фотоумножитель с электростатической фокусировкой
    end-on ~ фотоумножитель с торцевым входом
    magnetically focused ~ фотоумножитель с магнитной фокусировкой
    position-sensitive ~ позиционно-чувствительный фотоумножитель
    single-dynode ~ фотоумножитель с одним динодом
    slotted-dynode ~ фотоумножитель с разрезными динодами
    split-dynode ~ фотоумножитель с разрезными динодами
    static crossed-field ~ статический фотоумножитель со скрещёнными полями
    transmission secondary-emission dynode ~ фотоумножитель с динодами, работающими в режиме «на проход»
    transparent-cathode ~ фотоумножитель с прозрачным катодом
    windowless ~ безоконный фотоумножитель
photon фотон
    absorbed ~ поглощённый фотон
    emitted ~ излученный фотон
    excited ~ возбуждённый фотон
    exciting ~ возбуждающий фотон
    high-energy ~ фотон высокой энергии
    incident ~ падающий фотон
    low-energy ~ фотон малой энергии
    microwave ~ сверхвысокочастотный [СВЧ-]фотон
    pumping ~ фотон накачки
    stimulated ~ индуцированный фотон
    stimulating ~ индуцирующий фотон
    triggering ~ индуцирующий фотон
    virtual ~ виртуальный фотон
photonegative фотоотрицательный, с отрицательной фотопроводимостью
photonegativity отрицательная фотопроводимость
photonics фотоника
photoparamp фотопараметрический усилитель
photopia фотопическое [дневное] зрение
photoplay *тлв* 1. телевизионный фильм, телефильм 2. фильм-спектакль; кинофильм
photopolymer фотополимер
photopolymerization фотополимеризация
photopositive фотоположительный, с положительной фотопроводимостью
photopositivity положительная фотопроводимость
photopredissociation *кв. эл.* фотохимическая предиссоциация
photoreader *вчт* фотоэлектрическое считывающее устройство
photorealism *вчт* фотореализм, получение фотореалистичных изображений (*в компьютерной графике*)
photorealistic *вчт* фотореалистичный (*об изображении в компьютерной графике*)
photoreceptor 1. фоточувствительный барабан (*напр. в лазерных принтерах*) 2. *биол.* фоторецептор
photoreconnaissance 1. разведка методом аэрофотосъёмки 2. обзор методом аэрофотосъёмки
photoreflectivity фотоиндуцированная отражательная способность
photorelay фотореле
photoresist фоторезист
    acid-proof ~ кислотостойкий фоторезист
    alkali-proof ~ щёлочестойкий фоторезист
    carbon ~ фоторезист с добавкой углерода

 double ~ двуслойный фоторезист
 dry(-film) ~ сухой плёночный фоторезист
 exposed ~ экспонированный фоторезист
 hardened ~ отверждённый фоторезист
 Kodak carbon ~ фоторезист с добавкой углерода фирмы «Кодак»
 Kodak metal-etch ~ фоторезист фирмы «Кодак» для литографии по металлу
 Kodak micronegative ~ негативный фоторезист типа KMNR фирмы «Кодак»
 latex ~ фоторезист на основе латексов
 liquid ~ жидкий фоторезист
 negative [negative-acting, negative-working] ~ негативный фоторезист
 overexposed ~ переэкспонированный фоторезист
 polyvinyl cinnamate (resin) ~ фоторезист на основе поливинилциннаматов
 positive [positive-acting, positive-working] ~ позитивный фоторезист
 solid-film ~ фоторезист на основе твёрдой плёнки
 thin-film ~ тонкоплёночный фоторезист
 underexposed ~ недоэкспонированный фоторезист
 water-base ~ фоторезист на водной основе
photoresistance фотопроводимость, фоторезистивный эффект
photoresistor фоторезистор
 germanium ~ германиевый фоторезистор
 glass-substrate ~ фоторезистор на стеклянной подложке
 heterojunction ~ фоторезистор на гетеропереходе
 lead-sulfide ~ фоторезистор из сульфида свинца
 mica-substrate ~ фоторезистор на слюдяной подложке
 polycrystalline ~ поликристаллический фоторезистор
 selenium ~ селеновый фоторезистор
 semiconductor ~ полупроводниковый фоторезистор
 single-crystal ~ монокристаллический фоторезистор
photoresponse 1. фотоэлектрический (выходной) сигнал, фотоотклик **2.** квантовый выход ◊ ~ per incident photon квантовый выход
photorobot фоторобот
photoscanner сканирующее устройство для получения изображения объекта в гамма-лучах
photo-SCR фототиристор
photosensitive фоточувствительный; светочувствительный
photosensitivity фоточувствительность; светочувствительность
photosensitization фотосенсибилизация
photosensitizer фотосенсибилизатор
photosensor фотоприёмник
Photoshop *вчт* программа обработки графических изображений Adobe Photoshop
 Adobe ~ программа обработки графических изображений Adobe Photoshop
photoshop фотоателье
photosphere фотосфера
photoswitch 1. фотореле **2.** фототиристор
phototaxis *биол.* фототаксис
phototelegraphy фототелеграфия; факсимильная связь
phototexture фототекстура
photothyristor фототиристор

phototransistor фототранзистор
 bipolar ~ биполярный фототранзистор
 field-effect ~ полевой фототранзистор
 floating-base ~ фототранзистор с плавающей базой
 floating-emitter ~ фототранзистор с плавающим эмиттером
 heterojunction ~ фототранзистор на гетеропереходах
 high-efficiency ~ фототранзистор с высоким квантовым выходом
 homojunction ~ фототранзистор на гомопереходах
 n-p-n ~ $n — p — n$-фототранзистор
 planar ~ планарный фототранзистор
 p-n junction ~ плоскостной фототранзистор с $p — n$-переходом
phototube 1. (электровакуумный) фотоэлемент **2.** ионный [газонаполненный] фотоэлемент
 electron-multiplier ~ фотоэлектронный умножитель, фотоумножитель, ФЭУ
 gas(-filled) ~ ионный [газонаполненный] фотоэлемент
 high-vacuum ~ электровакуумный фотоэлемент
 multiplier ~ фотоэлектронный умножитель, фотоумножитель, ФЭУ
 multiplier traveling-wave ~ фотолампа бегущей волны, фото-ЛБВ
 reflection-dynode ~ фотоэлектронный умножитель с динодами, работающими в режиме «на отражение»
 soft ~ ионный [газонаполненный] фотоэлемент
 transmission dynode ~ фотоэлектронный умножитель с динодами, работающими в режиме «на проход»
 traveling-wave ~ фотолампа бегущей волны, фото-ЛБВ
 vacuum ~ электровакуумный фотоэлемент
 windowless multiplier ~ безоконный фотоэлектронный умножитель
phototypesetter фотонаборная машина
 digital ~ цифровая фотонаборная машина
 laser ~ лазерная фотонаборная машина
phototypesetting фотонабор, набор на фотонаборной машине
photovaristor фотоваристор
photovia *микр.* изготовленный методом фотолитографии межслойный микропереход, изготовленное методом фотолитографии межслойное переходное микроверстие
photovoltage фотоэлектродвижущая сила, фотоэдс
 lateral ~ продольная фотоэдс
 longitudinal ~ продольная фотоэдс
 open-circuit ~ фотоэдс холостого хода
 transverse ~ поперечная фотоэдс
photovoltaic фотогальванический, фотовольтаический
photovoltaics 1. гелиотехника **2.** средства гелиотехники
photran $p — n — p — n$-фототиристор
phrase *вчт* **1.** фраза (*1. интонационно-синтаксический отрезок речи между двумя паузами 2. единица речи для выражения законченной мысли 3. музыкальная фраза*) **2.** язык; стиль (*речи*) **3.** выражать словами
 key ~ ключевая фраза; совокупность ключевых слов

phrase

pass ~ фразовый [многословный] пароль

phraseology фразеология (*1. раздел языкознания 2. совокупность фразеологизмов данного языка, социальной группы, автора и др.*)

phreak 1. субъект, осуществляющий незаконное бесплатное подключение к междугородной телефонной сети, *проф.* фрик || осуществлять незаконное бесплатное подключение к междугородной телефонной сети **2.** осуществлять взлом обычных *или* компьютерных телефонных систем

phone ~ субъект, осуществляющий незаконное бесплатное подключение к междугородной телефонной сети

phreaker программист, осуществляющий взлом обычных *или* компьютерных телефонных систем; телефонный взломщик, *проф.* фрикер

phreaking *проф.* фрикинг (*1. незаконное бесплатное подключение к междугородной телефонной сети 2. взлом обычных или компьютерных телефонных систем*)

physical физический (*1. материальный; реальный 2. относящийся к физике 3. вчт относящийся к аппаратному обеспечению*)

physicist физик

industrial ~ специалист в области промышленной физики

physics физика (*1. область науки и техники 2. физические явления; физические процессы 3. физическая сущность; физический механизм; физическая основа*)

~ of condensed matters физика конденсированных сред
~ of critical state физика критического состояния
~ of dielectrics физика диэлектриков
~ of ferroelecricity физика сегнетоэлектрических явлений
~ of liquid crystals физика жидких кристаллов
~ of magnetic phenomena физика магнитных явлений
~ of metals физика металлов, металлофизика
~ of polymers физика полимеров
~ of semiconductors физика полупроводников
~ of superconductivity физика сверхпроводимости
applied ~ прикладная физика
biological ~ биофизика
crystal ~ физика кристаллов, кристаллофизика
electron ~ физическая электроника
experimental ~ экспериментальная физика
high-energy ~ физика высоких энергий
industrial ~ промышленная физика
low-temperature ~ физика низких температур
mathematical ~ математическая физика
molecular ~ молекулярная физика
plasma ~ физика плазмы
pure ~ чистая физика
radio ~ радиофизика
solid-state ~ физика твёрдого тела
statistical ~ статистическая физика
technical ~ техническая физика
theoretical ~ теоретическая физика

pi *вчт* пи (*1. буква греческого алфавита, П, π 2. число π*)

piano 1. фортепьяно **2.** пианино

acoustic ~ фортепьяно
bright ~ концертный рояль
concert grand ~ концертный рояль
electric ~ I электропиано I (*музыкальный инструмент из набора General MIDI*)
electric ~ II электропиано II (*музыкальный инструмент из набора General MIDI*)
electric grand ~ электрический рояль (*музыкальный инструмент из набора General MIDI*)
honky tonk ~ расстроенное фортепьяно (*музыкальный инструмент из набора General MIDI*)

pica *вчт* **1.** пика (*типографская единица длины, равная 1/12 дюйма*) **2.** цицеро, кегль 12 (*размер шрифта*) **3.** шрифт размером 12 пунктов с плотностью печатания 10 знаков на дюйм, шрифт «Пика»

four-to-~ *вчт* бриллиант, кегль 3 (*размер шрифта*)
six-to-~ *вчт* кегль 2 (*размер шрифта*)

piccolo 1. пикколо **2.** флейта-пикколо **3.** кодовое название станции активных преднамеренных радиопомех РЛС

pick 1. выбор; отбор; выделение || выбирать; отбирать; выделять **2.** выбранный *или* отобранный объект; выделенный объект

pickax(e) элемент типа «мотыга» (*схемы продвижения ЦМД*)

picker инструмент *или* средство для выбора, отбора *или* выделения (*чего-либо*)

cherry ~ автомобиль с телескопической вышкой (*для ремонта и монтажа подвесных кабельных сетей*)
color ~ **1.** инструмент для выбора цвета (*в графических редакторах*) **2.** опция выбора цвета (*в графических редакторах*)

picket дозор; пикет || выставлять дозор *или* пакет

radar ~ радиолокационный дозор

pickoff тензочувствительный (первичный) измерительный преобразователь, тензодатчик

pickup 1. (первичный) измерительный преобразователь, датчик, *проф.* сенсор **2.** приёмное *или* регистрирующее устройство **3.** считывающая головка **4.** микрофон **5.** (телевизионная передающая) камера **6.** тлв съёмка (*камерой*); передача (*программы*) **7.** звукосниматель; головка звукоснимателя **8.** *микр.* держатель **9.** схват; захватное устройство (*робота*) **10.** перекрёстная помеха **11.** порог срабатывания (*реле*) **12.** ускорение; способность к ускорению

acoustic ~ звукосниматель граммофона
angular-movement [angular-position] ~ измерительный преобразователь [датчик] угловых перемещений
bulb-temperature ~ измерительный преобразователь [датчик] температуры в баллоне
capacitor ~ ёмкостный звукосниматель
carbon-contact ~ угольный звукосниматель
ceramic ~ керамический звукосниматель
condenser ~ ёмкостный звукосниматель
crystal ~ пьезоэлектрический звукосниматель
direct ~ прямая передача
dual ~ звукосниматель с двумя иглами и поворотным иглодержателем
dynamic ~ магнитный звукосниматель с подвижной катушкой
electromagnetic ~ магнитный звукосниматель
electronic ~ электронный звукосниматель

picture

field ~ внестудийная съёмка; внестудийная передача
film ~ телекинопроектор
induced-magnet ~ магнитный звукосниматель с подвижным якорем
inductance ~ магнитная головка звукоснимателя с переменной индуктивностью
laser ~ лазерный звукосниматель
light-beam [light-operated] ~ оптический звукосниматель; оптическая головка воспроизведения (*напр. в лазерных видеопроигрывателях*)
linear-movement ~ измерительный преобразователь [датчик] линейных перемещений
magnetic ~ магнитный звукосниматель
magnetooptic ~ магнитооптический измерительный преобразователь, магнитооптический датчик
magnetostrictive ~ магнитострикционный измерительный преобразователь, магнитострикционный датчик
monophonic ~ монофонический звукосниматель
motion-picture ~ телекинопроектор
moving-coil ~ магнитный звукосниматель с подвижной катушкой
moving-iron [moving-magnet] ~ магнитный звукосниматель с подвижным магнитом
noise ~ шумовая перекрёстная помеха
non-magnetic ~ немагнитный звукосниматель
optical ~ оптический звукосниматель; оптическая головка воспроизведения (*напр. в лазерных видеопроигрывателях*)
phonograph ~ звукосниматель
photoelectric phonograph ~ фотоэлектрический звукосниматель
piezoelectric ~ пьезоэлектрический звукосниматель
potentiometric ~ потенциометрический измерительный преобразователь, потенциометрический датчик
quadraphonic ~ квадрафонический звукосниматель
reluctance ~ магнитный звукосниматель с переменным магнитным сопротивлением
remote ~ дистанционный измерительный преобразователь, теледатчик
removable phonograph ~ съёмный звукосниматель
resistance ~ 1. резистивный измерительный преобразователь, резистивный датчик 2. резистивный звукосниматель с переменным сопротивлением
rheostatic ~ потенциометрический измерительный преобразователь, потенциометрический датчик
ring-head ~ кольцевая магнитная головка
semiconductor ~ 1. полупроводниковый измерительный преобразователь, полупроводниковый датчик 2. полупроводниковый звукосниматель
single pole-piece ~ однополюсная магнитная головка
stereo ~ стереофонический звукосниматель, стереозвукосниматель
studio ~ студийная съёмка; студийная передача
telephone ~ *тлф* подслушивающее устройство
turnover ~ звукосниматель с двумя иглами и поворотным иглодержателем
vacuum ~ *микр.* вакуумный держатель, *проф.* вакуумный пинцет

variable-inductance ~ магнитный звукосниматель с переменной индуктивностью
variable-reluctance ~ магнитный звукосниматель с переменным магнитным сопротивлением
variable-resistance ~ 1. резистивный измерительный преобразователь, резистивный датчик 2. резистивный звукосниматель с переменным сопротивлением
vibration ~ измерительный преобразователь вибраций, вибродатчик
voltage ~ потенциометрический измерительный преобразователь, потенциометрический датчик
pico- пико..., п, 10^{-12} (*приставка для образования десятичных дольных единиц*)
picocomputer компьютер с быстродействием более 10^9 операций в секунду
piconet ячейка сети системы радиосвязи с радиусом действия не более 10м и использованием скачкообразной перестройки частоты, ячейка сети системы BlueTooth, *проф.* ячейка пикосети
picosatellite сверхминиатюрный космический корабль на основе микроэлектромеханических систем, *проф.* пикоспутник
picoslider пикоползунок (*магнитной головки*), микроминиатюрный держатель парящей магнитной головки (*жёсткого диска*)
pictogram *вчт* пиктограмма
pictograph *вчт* 1. пиктограмма 2. пиктографическое письмо
pictography *вчт* пиктографическое письмо
pictorial наглядный
picture 1. изображение || изображать 2. *тлв* кадр 3. рисунок; иллюстрация (*в печатном издании*) 4. фотографический снимок, фотоснимок 5. кинофильм

B ~ *тлв* малобюджетный некачественный вариант кинофильма (*предъявляемый для уклонения от налогов*)
background ~ фоновое изображение
black-and-white ~ черно-белое изображение
coded television ~ кодированное телевизионное изображение
color ~ цветное изображение
compatible monochrome ~ совместимое черно-белое изображение
computer(-simulated) ~ компьютерное [машинное] изображение
continuous-tone ~ плавнотоновое изображение, изображение с плавным изменением тона; нерастровое изображение
Debye-Scherrer ~ дебаеграмма
energy-band ~ зонная структура
ferroelectric ~ сегнетоэлектрическое устройство записи и воспроизведения изображений (*с оптическим считыванием*)
half-tone ~ полутоновое изображение (*1. изображение с переходами от светлого к тёмному 2. растровое изображение*)
infrared ~ ИК-изображение
input ~ входное изображение; вводимое изображение
monochrome ~ 1. монохромное изображение 2. черно-белое изображение
motion ~ кинофильм
moving ~ кинофильм

picture

negative ~ негативное изображение
oscilloscope ~ осциллограмма
output ~ выходное изображение; выводимое изображение
positive ~ позитивное изображение
reconstructed ~ восстановленное изображение
restored ~ восстановленное изображение
sampled ~ дискретизованное изображение
talking ~ звуковой кинофильм
television ~ телевизионное изображение
television folded ~ *тлв* заворачивание изображения
test ~ 1. *тлв* испытательное изображение 2. тестовое изображение
thermal ~ ИК-изображение
UV ~ УФ-изображение
video ~ телевизионное изображение
X-ray ~ рентгенограмма
X-ray powder ~ дебаеграмма

picture-in-picture изображение в изображении (*цифровой спецэффект*)
picturephone видеотелефон
pie 1. галета (*напр. катушки индуктивности*) 2. пи, число π
piece 1. кусок; часть; фрагмент ‖ соединять куски (*в единое целое*); объединять части; дефрагментировать 2. этап (*работы*) 3. отдельный предмет; элемент (*набора*) 4. присоединять; добавлять 5. произведение (*напр. музыкальное*)
~ **of software** часть программного обеспечения
Penrose ~**s** мозаика Пенроуза
work ~ обрабатываемая деталь; обрабатываемое изделие; заготовка
piezobirefringence пьезодву(луче)преломление
piezocrystal пьезоэлектрический кристалл, пьезокристалл
piezodielectric пьезодиэлектрик ‖ пьезодиэлектрический
piezodiode тензодиод
three-layer ~ трёхслойный тензодиод
piezoelectric пьезоэлектрик ‖ пьезоэлектрический
ceramic ~ пьезокерамический материал, пьезокерамика
dielectric ~ пьезодиэлектрик
semiconducting ~ пьезополупроводник
piezoelectricity пьезоэлектричество
piezoid пьезоэлектрический элемент, пьезоэлемент
piezomagnet пьезомагнетик ‖ пьезомагнитный
piezomagnetic пьезомагнитный
piezomagnetism пьезомагнетизм
piezoresistance пьезосопротивление
piezoresistive пьезорезистивный, тензорезистивный
piezoresistivity пьезорезистивный [тензорезистивный] эффект
piezoresistor тензорезистор
piggyback 1. объект, располагающийся сверху (*на другом объекте*); присоединённый объект; вложенный объект ‖ располагать сверху; присоединять; вкладывать ‖ расположенный сверху; присоединённый; вложенный 2. осуществлять несанкционированное проникновение (*напр. в сеть*) вслед за зарегистрированным пользователем 3. автоматический регулятор напряжения (*нестабилизированного источника питания*)
piggybacking 1. расположение сверху (*на другом объекте*); присоединение; вложение 2. несанкционированное проникновение (*напр. в сеть*) вслед за зарегистрированным пользователем
pigment 1. пигмент 2. краска ‖ красить; окрашивать; закрашивать 3. приобретать окраску
cone ~ колбочковый (*зрительный*) пигмент
fluorescent ~ флуоресцирующий пигмент
photosensitive ~ фоточувствительный пигмент
rod ~ палочковый (*зрительный*) пигмент
visual ~ зрительный пигмент
pig-pen *вчт проф.* «решётка», символ #
pigtail 1. гибкий соединительный проводник; гибкий вывод 2. петля держателя
pilcrow *вчт* знак абзаца, символ ¶
pile 1. стопка, стопа (*напр. бумаги*) ‖ складывать стопкой 2. гальваническая батарея (*батарея первичных элементов, аккумуляторов или топливных элементов*) 3. выпрямительный столб 4. неупорядоченная группа; куча; кластер 5. ядерный реактор
~ **of PC** *см.* **pile of personal computers**
~ **of personal computers** кластер персональных компьютеров
carbon ~ угольный переменный резистор в виде столба
galvanic ~ гальваническая батарея
rectifying ~ выпрямительный столб
semiconductor thermoelectric ~ термобатарея
voltaic ~ гальваническая батарея
pileup 1. контактная группа 2. наложение (*в счётных приборах*)
multiple ~ контактная группа
relay ~ контактная группа реле
spring ~ контактная группа
switch ~ контактная группа переключателя
pill 1. таблетка; гранула ‖ изготавливать в форме таблетки; гранулировать 2. нагрузка полосковой линии передачи в форме таблетки
pillar 1. столб; стойка; опора 2. *микр.* столбиковый вывод, контактный столбик 3. штырь
matching ~ согласующий штырь (*в волноводе*)
pillbox сегментно-параболическая антенна, антенна типа «сыр»
double-layer ~ двойная сегментно-параболическая антенна, антенна типа «двойной сыр»
folded ~ двойная сегментно-параболическая антенна, антенна типа «двойной сыр»
pilot 1. пилот-сигнал (*1. управляющий сигнал; контрольный сигнал 2. сигнал контрольной частоты*) 2. управляющий; контрольный 3. контрольный провод 4. сигнальная лампа 5. пилот ‖ пилотировать 6. автопилот 6. опытное тестирование; испытания экспериментального образца; опробование 7. опытный; экспериментальный; пробный 8. пробный выпуск новой телепрограммы (*напр. на видеокассете*)
automatic ~ автопилот
robot ~ автопилот
sync ~ синхронизирующий пилот-сигнал
pilotage 1. пилотирование; пилотаж 2. воздушная навигация
electronic ~ воздушная радионавигация
pin 1. штырь, штырёк (*напр. электрического соединителя*) 2. болт; винт 3. шпонка; шплинт; штифт; палец 4. игла (*напр. матричного принтера*)
alignment ~ 1. ключ (*напр. цоколя лампы*) 2. *микр.* установочный [ориентирующий] штырёк

base ~ штырёк цоколя (*лампы*)
control ~ штырёк контрольного вывода
cylindrical ~ цилиндрическая шпонка
disk cartridge lock ~s *вчт* штифтовые замки картриджа со съёмным диском
drive ~ направляющий штырь (*диска электропроигрывающего устройства*)
grooved ~ шпонка с канавкой
guide ~ 1. ключ (*напр. цоколя лампы*) 2. направляющий штырь
input ~ штырь входного электрического соединителя
input/output ~s штыри электрического соединителя
matching ~ согласующий штырь (*в волноводе*)
output ~ штырь выходного электрического соединителя
split ~ шплинт
tapered ~ клиновая шпонка
tube ~ штырёк цоколя лампы
pinacoid *крист.* пинакоид
   base ~ базовый [первый] пинакоид
   first ~ первый [базовый] пинакоид
   second ~ второй пинакоид
   third ~ третий пинакоид
pincers 1. клещи 2. острогубцы, кусачки
pinch 1. самостягивающийся разряд, пинч ‖ самостягиваться, шнуроваться (*о разряде в плазме*) 2. гребешковая ножка (*электронной лампы*) 3. стеснённое положение; неудобная позиция
   belt ~ кольцевой [тороидальный] самостягивающийся разряд
   collision-free ~ бесстолкновительный самостягивающийся разряд
   combined ~ комбинированный самостягивающийся разряд
   cylindrical ~ самостягивающийся разряд, пинч
   dense ~ плотный самостягивающийся разряд
   diffuse ~ диффузный самостягивающийся разряд
   dynamic ~ динамический самостягивающийся разряд
   equilibrium ~ равновесный самостягивающийся разряд
   fast ~ быстрый [быстроразвивающийся] самостягивающийся разряд
   high-voltage ~ высоковольтный самостягивающийся разряд
   linear ~ линейный самостягивающийся разряд, линейный пинч, Z-пинч
   magnetic ~ самостягивающийся разряд, пинч
   screw ~ винтовой [спиральный] самостягивающийся разряд
   stabilized ~ стабилизированный самостягивающийся разряд
   theta ~ тета-пинч
   toroidal ~ кольцевой [тороидальный] самостягивающийся разряд
   Vulcan nerve ~ *вчт проф.* неудобное расположение пальцев при необходимости одновременного нажатия нескольких клавиш
   θ ~ тета-пинч
pinch-in стягивание (*токового шнура*)
pinch-off отсечка (*в полевом транзисторе*)
pinchwheel прижимной ролик (*магнитофона*)
pin-compatible 1. с совместимыми (электрическими) соединителями, совместимый на уровне (электрических) соединителей 2. *вчт* совместимый (*о компьютерах и периферийных устройствах разных производителей*)
pincushion *тлв, вчт* подушка, подушкообразные искажения (*напр. растра*) ‖ подушкообразный
Pine Tree система «Пайн Три» (*цепь загоризонтных РЛС системы дальнего обнаружения вдоль канадо-американской границы*)
ping 1. звуковой импульс; ультразвуковой импульс (*гидролокатора*) ‖ излучать звуковой *или* ультразвуковой импульс 2. утилита для проверки достижимости пункта назначения в Internet с помощью пакетов методом «запрос отклика» ‖ проверять достижимость пункта назначения в Internet с помощью пакетов методом «запрос отклика»
pingable *вчт* дающий отклик на запрос при проверке достижимости
pinger беззапросный гидроакустический маяк, *проф.* пинджер
ping-pong 1. *вчт* чередование (нескольких) запоминающих устройств, *проф.* пинг-понг 2. чередование режимов приёма и передачи 3. попеременный, *проф.* пинг-понговый
pinhole 1. (микро)отверстие; точечный прокол 2. точечная диафрагма 3. гнездо (*электрического соединителя*)
pinning закрепление; захват, *проф.* пиннинг
   domain-wall ~ закрепление доменных границ
   flux ~ *свпр* захват (магнитного) потока
   fluxoid ~ *свпр* захват флюксоида
   step ~ *крист.* захват ступеней
pinouts штыри выходного электрического соединителя
pip 1. *рлк* отметка цели (*на экране индикатора*) 2. *тлв, вчт* светящаяся точка (*на экране*) 3. кружок; очко (*на игральных костях или костяшках домино*); отдельный символ (*на игральных картах*) 4. отпай (*на баллоне лампы*) 5. ключ (*напр. цоколя*)
   marker ~ 1. маркировочная отметка; калибрационная отметка 2. *рлк* отметка опознавания
   target ~ отметка цели
pipe 1. волновод 2. магистраль 3. труба; трубка 4. *вчт* канал (*1. структура данных (напр. файл), используемая операционной системой для организации связи между процессами или программами 2. линия связи с компьютерной сетью 3. модель передачи данных между хост-контроллером и оконечной точкой USB-устройства*) 5. *вчт* вертикальная черта, *проф.* прямой слэш, символ | 6. передавать (*напр. сигналы*) по проводам *или* кабелю
   access ~ магистраль с доступом
   bidirectional ~ двунаправленный канал
   broken ~ *вчт* вертикальная черта с разрывом, *проф.* прямой слэш с разрывом, символ ¦
   control ~ канал управления
   digital ~ цифровая магистраль
   hollow ~ полый волновод
   light ~ световой, оптический волновод
   named ~ именованный канал
   network ~ сетевая магистраль
   unidirectional ~ однонаправленный канал
   unnamed ~ неименованный канал
pipeline 1. конвейер (*1. механизм для непрерывного перемещения монтируемых или обрабатываемых изделий между последовательно расположенны-*

pipeline

ми *рабочими местами* 2. *вчт* последовательность команд с конвейерной передачей данных) 2. *вчт* канал конвейерной передачи данных
   integer ~ *вчт* конвейер для целочисленных операций, целочисленный конвейер
pipelineability конвейеризуемость
   linear-rate ~ изохронная конвейеризуемость
pipelining *вчт* конвейеризация
   arithmetic-unit ~ конвейеризация в арифметическом устройстве
   microinstruction ~ конвейеризация микрокоманд
pipesinta *вчт* вертикальная черта, *проф.* прямой слэш, символ |
piracy *проф.* 1. пиратство (*несанкционированное использование интеллектуальной собственности, изобретений, торговых марок и др.*) 2. радиопиратство; телепиратство (*ведение несанкционированных радио- или телепередач*) 3. нарушение авторского права
   computer ~ компьютерное пиратство (*несанкционированное копирование и использование программных средств*)
   software ~ компьютерное пиратство (*несанкционированное копирование и использование программных средств*)
pirate *проф.* 1. пират (*лицо, занимающееся несанкционированным использованием интеллектуальной собственности, изобретений, торговых марок и др.*) || заниматься пиратством 2. радиопират; телепират (*лицо, ведущее несанкционированные радио- или телепередачи*) || заниматься радиопиратством *или* телепиратством 3. нарушитель авторского права || нарушать авторское право
piston поршень; плунжер
   cavity ~ поршень резонатора
   choke ~ дроссельный плунжер
   contact ~ контактный плунжер
   magnetic ~ магнитный поршень
   plunger ~ плунжер
   short-circuiting ~ короткозамыкающий поршень
   waveguide ~ волноводный плунжер
pistonphone акустический резонатор с поршнем для проверки микрофонов
pit 1. ям(к)а; впадина || покрывать ям(к)ами *или* впадинами 2. ямка травления || образовывать ямки травления 3. пит, (микро)углубление, (микро)впадина, выжженный участок (*дорожки записи лазерного диска*)
   corroded ~ коррозионная ямка травления
   D ~ *см.* **dislocation (etch) pit**
   dislocation (etch) ~ дислокационная ямка травления
   etch(ing) ~ ямка травления
   potential ~ потенциальная яма
   S ~ *см.* **saucer pit**
   saucer ~ тарельчатая ямка травления
   shallow ~ мелкая [неглубокая] ямка травления
pitch 1. шаг; период 2. высота тона 3. основной тон 4. тангаж || испытывать отклонение по тангажу 5. плотность символов (*количество печатаемых символов на 1 дюйм*), *проф.* питч
   ~ **of grooves** шаг канавок (*механической записи*)
   ~ **of magnetic-field lines** угол кручения силовых линий магнитного поля
   ~ **of strand** шаг скрутки (*кабеля*)
   array ~ 1. шаг [период] решётки; период (упорядоченного) массива; шаг периодической структуры; шаг матрицы 2. шаг [период] антенной решётки
   coil ~ шаг обмотки
   commutator ~ коммутационный шаг
   concert ~ основной тон стандартной частоты (*440 Гц*)
   dot ~ 1. *тлв, вчт* разрешающая способность экрана, шаг (расположения) формирующих изображение элементов (*напр. триад экрана в кинескопах*) 2. плотность символов (*количество печатаемых символов на 1 дюйм*), *проф.* питч
   feed ~ *вчт* шаг подачи
   grid ~ шаг сетки
   international ~ основной тон стандартной частоты (*440 Гц*)
   lead ~ шаг (расположения) выводов (*напр. ИС*)
   pole ~ полюсный шаг
   scanning ~ шаг сканирования
   screen ~ *тлв, вчт* разрешающая способность экрана, шаг (расположения) формирующих изображение элементов (*напр. триад экрана в кинескопах*)
   slot ~ шаг (расположения) щелей (*напр. в маске кинескопа*)
   standard ~ основной тон стандартной частоты (440 Гц)
   track ~ шаг дорожек (*записи*)
   twist ~ *свпр* шаг скручивания
   wrist ~ тангаж запястья (*робота*)
pitch-bend смена высоты тона || менять высоту тона
pitch-bender челночный контроллер смены высоты тона (*в MIDI-устройствах*)
pitch-bending смена высоты тона
pivot 1. ось вращения; точка опоры (*вращающегося тела*) 2. вращаться (*вокруг оси*); поворачиваться (*на оси*) 3. монтировать *или* закреплять на оси (*вращения*); снабжать осью или точкой опоры (*для вращения*)
pivotal осевой, опорный; центральный
pix *вчт проф.* графический материал; рисунки; фотографии
pixel *вчт* 1. элемент двумерного [плоского] изображения, пиксел 2. элемент растра; точка растра
   bi-level ~ двухуровневый пиксел, пиксел с глубиной [разрядностью числа состояний], равной двум
   black ~ чёрный пиксел
   color ~ цветной пиксел
   large ~ большой пиксел
   smart ~ *проф.* интеллектуальный пиксел (*интегрированный в двумерную матрицу элемент с оптическим входом и (или) оптическим выходом и с электронной обработкой входного сигнала*)
   square ~ квадратный пиксел
   VCSEL-based smart ~ *см.* **vertical-cavity surface-emitting diode-based smart pixel**
   vertical-cavity surface-emitting diode-based smart ~ интеллектуальный пиксел на лазерном диоде поверхностного излучения с вертикальным резонатором
   white ~ белый пиксел
pixelate *вчт* 1. объединять пикселы в группы 2. использовать художественные фильтры, основанные на объединении пикселей в группы (*в растровой графике*)
pixelation *вчт* 1. объединение пикселей в группы 2. использование художественных фильтров, осно-

ванных на объединении пикселей в группы (*в растровой графике*) 3. художественный фильтр, основанный на объединении пикселей в группы (*в растровой графике*)

pixelization *вчт* 1. представление плоского изображения в виде двумерной решётки пикселей, *проф.* пикселизация 2. растрирование (*изображения*); преобразование векторного графического изображения в растровое

pixelize *вчт* 1. представлять плоское изображение в виде двумерной решётки пикселей 2. растрировать (*изображение*); преобразовывать векторное графическое изображение в растровое

pix-lock автоматическая синхронизация в видеозаписи

pixmap *вчт* трёхмерный битовый массив, отображающий двумерную матрицу пикселей, *проф.* пиксельная карта

pizzicato 1. щипковый (*о струнном музыкальном инструменте*) 2. пьеса для щипкового (струнного) музыкального инструмента

pklite утилита сжатия исполняемых файлов для операционных систем MS-DOS и Windows

pkunzip программа pkunzip, утилита распаковки архивов типа zip для операционной системы MS-DOS

PKWare корпорация PKWare, разработчик программ сжатия данных и манипуляций файловыми архивами (*США*)

pkzip архиватор pkzip, утилита создания и распаковки архивов типа zip для операционной системы MS-DOS

place 1. *вчт* разряд 2. место; расположение; позиция || помещать; располагать; определять позицию
 binary ~ двоичный разряд
 digit ~ позиция цифры (*в позиционной системе счисления*)

placeholder *вчт* метка-заполнитель

placement размещение; расположение
 analog-circuit ~ размещение аналоговых схем
 component ~ размещение компонентов
 interactive ~ интерактивное размещение
 loose ~ свободное размещение
 min-cut ~ размещение методом (минимизации загруженности) сечений

placer программа размещения

place-value позиционный (*о системе счисления*)

placo плако (*магнитный сплав*)

plague чума
 black ~ *пп* чёрная чума
 meme ~ *вчт проф.* меметическая чума; идейная чума
 purple ~ *пп* пурпурная чума

plaindress текст с открытым адресом (*в криптографии*)

plaintext 1. открытый текст (*в криптографии*) 2. текст в кодах ASCII, простой [обычный] текст; алфавитно-цифровой текст
 known ~ известный открытый текст

plan 1. план (*1. масштаб изображения 2. местоположение объектов в перспективе 3 горизонтальная проекция на чертёже, вид сверху 4. программа действий 5. схема; проект; замысел*) 2. планировать; проектировать 3. составлять план *или* программу действий
 chip floor ~ *микр.* поуровневый план кристалла
 contingency ~ план действий в непредвиденных случаях
 disaster recovery ~ методика возобновления обработки данных при катастрофических отказах *или* авариях
 floor ~ *микр.* поуровневый план
 frequency ~ схема распределения частот
 numbering ~ схема присвоения номеров (*абонентам*)
 optimal contingency ~ оптимальный план действий в непредвиденных случаях
 optimal search ~ план оптимального поиска
 project ~ план проекта
 routing ~ 1. схема трассировки (*напр. в САПР БИС*) 2. схема маршрутизации (*напр. в сети*)
 sampling ~ план выборочного контроля
 test ~ план испытаний
 trend-robust ~ робастный к трендам план

planar 1. планарная технология || планарный 2. планарная структура 3. плоский; плоскостной
 internally striped ~ внутренняя полосковая планарная структура (*полупроводникового лазера*)

planarity 1. планарность 2. плоскостность
 surface ~ плоскостность поверхности

plane 1. плоскость (*1. геометрический объект 2. плоская поверхность 3. координатная плоскость 4. двумерный массив; двумерная решётка; плоская матрица*) || плоский 2. плоская матрица (*напр. ЗУ*) 3. площадка; выделенная часть плоской поверхности 4. аэроплан *или* гидроплан || летать на аэроплане *или* гидроплане
 ~ **of antenna** плоскость раскрыва антенны
 ~ **of complex numbers** комплексная плоскость
 ~ **of cross-section** плоскость поперечного сечения
 ~ **of diffraction** плоскость дифракции
 ~ **of incidence** плоскость падения
 ~ **of polarization** плоскость поляризации
 ~ **of scan(ning)** плоскость сканирования
 ~ **of symmetry** плоскость симметрии
 admittance ~ плоскость полных проводимостей
 aperture ~ плоскость раскрыва (*антенны*)
 azimuth ~ азимутальная плоскость
 back focal ~ задняя [вторая] фокальная плоскость
 basal ~ *крист.* базисная плоскость
 base ~ опорная поверхность (*напр. корпуса ИС*)
 bit ~ *вчт* битовая [цветовая] плоскость (*условный слой видеопамяти*)
 cardinal ~ 1. *опт.* кардинальная плоскость (*оптической системы*) 2. главная плоскость (*симметрии*)
 Cartesian ~ координатная плоскость
 cleavage ~ *крист.* плоскость спайности
 close-packed ~ *крист.* плотноупакованная плоскость
 color ~ *вчт* цветовая [битовая] плоскость (*условный слой видеопамяти*)
 complex ~ комплексная плоскость
 composition ~ *крист.* плоскость срастания (*в двойниках*)
 conjugate focal ~ сопряжённая фокальная плоскость
 convergence ~ *тлв* плоскость сведения лучей
 coordinate ~ координатная плоскость
 crystal ~ кристаллографическая плоскость
 cutting ~ секущая плоскость
 deflection ~ *тлв* плоскость отклонения луча
 defocusing ~ плоскость дефокусировки

plane

diagonal ~ диагональная плоскость
diffraction-pattern ~ плоскость дифракционной картины
E ~ плоскость E
easiest breakage ~ *крист.* плоскость спайности
easy(-magnetic) ~ плоскость лёгкого намагничивания, лёгкая плоскость
elevation ~ угломестная плоскость
equatorial ~ экваториальная плоскость
focal ~ фокальная плоскость
front focal ~ передняя [первая] фокальная плоскость
glide ~ *крист.* 1. плоскость скольжения 2. плоскость скользящего отражения (*элемент симметрии*)
glide-reflection ~ *крист.* плоскость скользящего отражения (*элемент симметрии*)
ground ~ 1. противовес (*антенны*) 2. горизонтальный отражающий элемент (*вертикальной антенны*) 3. *микр.* площадка заземления
H ~ плоскость H
half– ~ полуплоскость
hard(-magnetic) ~ плоскость трудного намагничивания, трудная плоскость
hologram recording ~ плоскость записи голограммы
horizontal ~ горизонтальная плоскость
image ~ плоскость изображения
image focal ~ задняя [вторая] фокальная плоскость
imaging ~ горизонтальный отражающий элемент (*вертикальной антенны*)
immittance ~ плоскость иммитансов
impedance ~ плоскость полных сопротивлений
intercardinal ~ не параллельная ребру ячейки плоскость симметрии; дополнительная плоскость симметрии
intersecting ~s пересекающиеся плоскости
junction ~ плоскость перехода
left-hand ~ левая полуплоскость
median ~ медианная плоскость
meridional ~ меридиональная плоскость
mirror (reflection) ~ *крист.* плоскость симметрии
n-dimensional ~ n-мерная плоскость
normal ~ нормальная [перпендикулярная] плоскость
number ~ числовая плоскость
object ~ плоскость объекта, предметная плоскость
object focal ~ передняя [первая] фокальная плоскость
oblique ~ наклонная плоскость
orbital ~ плоскость орбиты
oriented ~ ориентированная плоскость
parallel ~s параллельные плоскости
phase ~ фазовая плоскость
picture ~ плоскость изображения
polar ~ полярная плоскость
poloidal ~ полоидальная плоскость
power ~ *микр.* плоскость (расположения) шин питания
primary focal ~ передняя [первая] фокальная плоскость
principal ~ *крист.* главная плоскость (симметрии)
principal E ~ главная плоскость E диаграммы направленности антенны
principal focal ~ главная фокальная плоскость
principal H ~ главная плоскость H диаграммы направленности антенны
projecting ~ проектирующая плоскость
projective ~ проективная плоскость
radial ~ радиальная плоскость
reflection ~ *крист.* плоскость симметрии
regression ~ *вчт* плоскость регрессии
right-hand ~ правая полуплоскость
scattering ~ плоскость рассеяния
semi-infinite ~ полуплоскость
similarity ~ плоскость подобия
slip ~ *крист.* плоскость скольжения
solution ~ плоскость решения
symmetry ~ плоскость симметрии
tangential ~ касательная плоскость
terminal ~ плоскость расположения нагрузки
texture ~ плоскость текстуры
transmission ~ плоскость пропускания (*поляризатора*)
twin ~ *крист.* плоскость двойникования
vertex ~ (небольшое) вспомогательное зеркало, расположенное вблизи вершины основного зеркала антенны (*для предотвращения возникновения стоячих волн в пространстве между основным зеркалом и облучателем*)
vertical ~ вертикальная плоскость
wave-number ~ плоскость волновых чисел
wiring ~ плоскость соединений

planet планета
inner ~ нижняя планета (*по отношению к Земле*)
major ~ большая планета
minor ~ малая планета
outer ~ верхняя планета (*по отношению к Земле*)
terrestrial ~ нижняя планета (*по отношению к Земле*)

planetology планетология
planigraphy томография
planning планирование; проектирование
chip ~ проектирование кристалла
distribution ~ планирования распределения (*напр. продукции*)
enterprise resource ~ программные средства управления предпринимательской деятельностью и планирования ресурсов на уровне предприятия, система ERP
intelligent ~ интеллектуальное планирование
materials requirements ~ планирование требований к материалам, система MRP
parametric production ~ параметрическое планирование производства, метод PPP
strategic ~ стратегическое планирование

planoconcave *опт.* плосковогнутый
planoconvex *опт.* плосковыпуклый
planox технология «Планокс» (*формирование маскирующего слоя ИС из нитрида кремния*)
plansheet 1. черновик (*напр. с расчётами*); рабочий лист; рабочая таблица 2. *вчт* электронная таблица (*1. программа обработки больших массивов данных, представленных в табличной форме 2. пустой или заполненный бланк электронной таблицы*)
plant 1. производственное предприятие; завод; фабрика 2. производственное оборудование; средства производства 3. производственная установка; аг-

регат **4.** внедряемый объект; устанавливаемый объект; размещаемый объект || внедрять; устанавливать; размещать
- **exchange** ~ телефонная станция
- **local** ~ местная телефонная станция
- **loop** ~ оборудование кольцевой линии связи
- **single** ~ одиночный внедряемый объект
- **wind** ~ ветроэнергетическая установка

plasma 1. плазма **2.** положительный столб (*тлеющего разряда*), положительное тлеющее свечение ◊ ~
- **under gravity** плазма в поле силы тяжести
- **accelerating** ~ ускоряющаяся плазма
- **activated** ~ возбуждённая плазма
- **afterglow** ~ плазма послесвечения
- **alternating-current** ~ плазма переменного тока
- **anode** ~ анодная плазма
- **arc(-discharge)** ~ плазма дугового разряда
- **avalanche** ~ лавинная плазма
- **background** ~ фоновая плазма
- **bounded** ~ ограниченная плазма
- **cathode** ~ катодная плазма
- **cathode-spot** ~ плазма катодного пятна
- **charge-exchange** ~ плазма с зарядовым обменом
- **cold** ~ холодная плазма
- **collapsing** ~ коллапсирующая плазма
- **collisionless** ~ бесстолкновительная плазма
- **confined** ~ удерживаемая плазма
- **constant-pressure** ~ плазма постоянного давления
- **cosmic** ~ космическая плазма
- **Coulomb** ~ кулоновская плазма
- **counterstreaming** ~ плазма со встречными потоками
- **current-carrying** ~ токонесущая плазма
- **current-free** ~ бестоковая плазма
- **dense** ~ плотная плазма
- **diffused** ~ диффузная плазма
- **diffusing** ~ диффундирующая плазма
- **dilute** ~ разрежённая плазма
- **discharge** ~ плазма разряда
- **disturbed** ~ возмущённая плазма
- **drifting** ~ дрейфующая плазма
- **electrodeless** ~ безэлектродная плазма
- **electron** ~ электронная плазма
- **electron-hole** ~ электронно-дырочная плазма
- **electron-ion** ~ электронно-ионная плазма
- **electron-positron** ~ электронно-позитронная плазма
- **electron-proton** ~ электронно-протонная плазма
- **energetic** ~ плазма высокой энергии
- **equilibrium** ~ равновесная плазма
- **equipotential** ~ эквипотенциальная плазма
- **exosphere** ~ плазма экзосферы
- **exploded-wire [exploding-wire]** ~ плазма, образованная методом взрыва проводника
- **extraterrestial** ~ космическая плазма
- **free** ~ свободная плазма
- **free-carrier** ~ плазма свободных носителей
- **fully ionized** ~ полностью ионизированная плазма
- **fusion** ~ термоядерная плазма
- **gas(-discharge)** ~ плазма газового разряда
- **gyroelectric** ~ гироэлектрическая плазма
- **gyromagnetic** ~ гиромагнитная плазма
- **gyrotropic** ~ гиротропная плазма
- **helically rotating** ~ плазма со спиральным вращением
- **high-beta** ~ плазма с высоким значением бета
- **high-density** ~ плазма большой плотности
- **high-energy** ~ плазма высокой энергии
- **high-frequency** ~ плазма высокочастотного [ВЧ-]разряда
- **high-temperature** ~ высокотемпературная плазма
- **hot** ~ горячая плазма
- **hot-electron cold-ion** ~ плазма горячих электронов и холодных ионов
- **hot-ion** ~ плазма горячих ионов
- **hydrogen** ~ водородная плазма
- **impact-ionized** ~ ударно-ионизированная плазма
- **injected** ~ инжектированная плазма
- **interplanetary** ~ межпланетная плазма
- **interstellar** ~ межзвёздная плазма
- **ion** ~ ионная плазма
- **ion-dominated** ~ плазма с преобладанием ионов
- **ion-electron** ~ электронно-ионная плазма
- **ion-ion** ~ ион-ионная плазма
- **ionospheric** ~ ионосферная плазма
- **isothermal** ~ изотермическая плазма
- **isotropic** ~ изотропная плазма
- **laminar** ~ ламинарная плазма
- **laser-heated** ~ плазма, нагретая лазерным излучением
- **laser-induced** ~ лазерная плазма
- **laser-induced ~ created above surface** приповерхностная лазерная плазма
- **laser-irradiated** ~ плазма, находящаяся под действием лазерного излучения
- **laser-produced** ~ лазерная плазма
- **linearly graded** ~ плазма с линейным градиентом концентрации
- **longitudinally magnetized** ~ продольно-намагниченная плазма
- **Lorentz** ~ лоренцева плазма
- **low-beta** ~ плазма с низким значением бета
- **low-density** ~ плазма малой плотности
- **low-pressure** ~ плазма низкого давления
- **low-temperature** ~ низкотемпературная плазма
- **luminescent [luminous]** ~ люминесцирующая плазма
- **magnetically confined** ~ плазма, удерживаемая магнитным полем
- **magnetized** ~ намагниченная [замагниченная] плазма
- **magnetoactive** ~ магнитоактивная плазма
- **magnetoionic** ~ магнитоионная плазма
- **magnetospheric** ~ магнитосферная плазма
- **microwave(-discharge)** ~ плазма СВЧ-разряда
- **microwave-heated** ~ плазма, нагретая СВЧ-излучением
- **monochromatic-electron** ~ плазма моноэнергетических электронов
- **monocomponent** ~ однокомпонентная плазма
- **multicomponent** ~ многокомпонентная плазма
- **multipactoring** ~ плазма резонансного ВЧ-разряда
- **near-Earth** ~ околоземная плазма
- **neutral** ~ нейтральная плазма
- **neutron-producing** ~ плазма, выделяющая нейтроны
- **nondegenerate** ~ невырожденная плазма
- **nonequilibrium** ~ неравновесная плазма
- **nonisothermal** ~ неизотермическая плазма
- **nonneutral** ~ заряженная плазма
- **nonrelativistic** ~ нерелятивистская плазма
- **one-carrier** ~ плазма с одним типом носителей
- **one-fluid** ~ одножидкостная плазма

plasma

opaque ~ непрозрачная плазма
optically excited ~ оптически возбуждённая плазма
overdense ~ сверхплотная плазма
partially ionized ~ частично ионизированная плазма
planar stratified ~ плоскослоистая плазма
polycomponent ~ многокомпонентная плазма
preionized ~ предварительно ионизированная плазма
quasi-equilibrium ~ квазиравновесная плазма
quasi-neutral ~ квазинейтральная плазма
quiescent ~ спокойная плазма
radiating ~ излучающая плазма
radiation-produced ~ плазма, созданная ионизирующим излучением
rarefied ~ разрежённая плазма
recombining ~ рекомбинирующая плазма
reentry ~ плазма в атмосфере вокруг спускающегося космического аппарата
residual ~ остаточная плазма
resistive ~ резистивная плазма
resonant ~ резонансная плазма
secondary ~ вторичная плазма
self-confined ~ самоудерживаемая плазма
self-generated [self-induced] ~ самоиндуцированная плазма
self-pinched ~ самостягивающаяся плазма
self-sustaining ~ самоподдерживающаяся плазма
semiconductor ~ электронно-дырочная плазма в полупроводнике
shock heated ~ плазма, созданная методом ударного нагрева
shock-tube ~ плазма в ударной трубе
solar ~ солнечная плазма
solar-wind ~ плазма солнечного ветра
solid-state ~ твердотельная плазма
stable ~ устойчивая плазма
stationary ~ стационарная плазма
steady-state ~ стационарная плазма
streamer ~ стримерная плазма
stripped ~ полностью ионизированная плазма
supercooled ~ переохлаждённая плазма
thermal ~ термическая плазма
thermodynamically equilibrium ~ термодинамически равновесная плазма
thermonuclear ~ термоядерная плазма
theta-pinch ~ плазма тета-пинча
toroidal ~ тороидальная плазма
toroidal octupole ~ плазма в тороидальном октуполе
toroidal quadrupole ~ плазма в тороидальном квадруполе
transient ~ нестационарная плазма
trapped ~ *пп* захваченная плазма
turbulent ~ турбулентная плазма
two-carrier ~ плазма с носителями двух типов
uncompensated ~ заряженная плазма
undisturbed ~ невозмущённая плазма
unmagnetized ~ ненамагниченная [незамагниченная] плазма
unstable ~ неустойчивая плазма
warm ~ тёплая плазма
weakly ionized ~ слабоионизированная плазма
well-ionized ~ высокоионизированная плазма
θ-pinch ~ плазма тета-пинча

plasmaguide плазменный волновод
plasmapause плазмопауза (*планеты*)
plasmasphere плазмосфера (*планеты*)
 Earth ~ плазмосфера Земли
plasmatron 1. плазмотрон 2. газотрон с подготовительным разрядом
plasmoid плазмоид, сгусток плазмы
plasmon плазмон
 bulk ~ объёмный плазмон
 surface ~ поверхностный плазмон
plastic 1. пластмасса || пластмассовый 2. пластичный
plasticity пластичность
 ~ *of synaptic connections* пластичность синаптических связей, синаптическая пластичность
 synaptic ~ синаптическая пластичность, пластичность синаптических связей
plasticize пластифицировать(ся), делать(ся) пластичным
plasticizer *микр.* пластификатор
 polymeric ~ полимерный пластификатор
 resin ~ пластификатор смолы
plasticizing *микр.* пластифицирование
plate 1. пластина, пластинка; плита; плата 2. лист; листовой материал || изготавливать листы *или* листовой материал 3. покрытие; осаждённый *или* напылённый слой || осаждать *или* напылять (*слой*) 4. анод 5. обкладка (*конденсатора*) 6. фотографическая пластинка, фотопластинка || пластиночный (*напр. фотоаппарат*) 7. стереотип; гальваностереотип || изготавливать стереотип *или* гальваностереотип 8. печатная форма 9. вклейка (*печатного издания*) 10. граммпластинка
 back ~ сигнальная пластина (*запоминающей ЭЛТ*)
 backing ~ опорная плита (*напр. антенной мачты*)
 baffle ~ металлическая перегородка (*трансформатора типов волн*)
 base ~ 1. опорная плита (*напр. антенной мачты*) 2. подложка
 battery ~ пластина батареи аккумуляторов
 capacitor ~ обкладка конденсатора
 carbonized ~ карбидированный анод
 collection ~ собирающая пластина
 compensating ~s компенсирующие пластины (*ЭОП*)
 composite ~ 1. композитная пластина 2. многослойное электролитическое покрытие
 CRT cover ~ защитное стекло экрана ЭЛТ
 deflection ~ 1. отклоняющий электрод 2. *pl* отклоняющие пластины
 dial finger ~ диск номеронабирателя
 dial wind-up ~ диск номеронабирателя
 dielectric matching ~ диэлектрическая согласующая пластина (*в волноводе*)
 end ~ торцевая плата (*модуля*)
 escutcheon ~ декоративный щиток (*напр. прибора*), декоративная панель (*напр. ЭПУ*), декоративная рамка
 Fabry-Perot ~ пластина интерферометра Фабри — Перо
 Faure ~ пастированная пластина (*ХИТ*)
 filter ~ пластина кварцевого фильтра
 finger ~ диск номеронабирателя
 framed ~ пластина активного материала в рамке (*ХИТ*)
 ground(ing) ~ пластина заземления
 half-wave(length) ~ полуволновая пластина
 Hall ~ пластина преобразователя Холла

hologram ~ голографическая пластинка
holographic coding ~ голографическая кодирующая пластинка
horizontal-deflection ~s пластины горизонтального отклонения
image ~ сигнальная пластина (*запоминающей ЭЛТ*)
magnetic-memory ~ плата магнитного ЗУ
matching ~ согласующая пластина (*в волноводе*)
microchannel ~ микроканальная пластина (*ЭОП*)
minor deflection ~s дополнительные отклоняющие пластины
negative ~ отрицательная пластина (*ХИТ*)
pasted ~ пастированная пластина (*ХИТ*)
phase-correcting ~ фазокорректирующая пластина
phase-shifting ~ фазосдвигающая пластина
phosphor ~ дно баллона с люминесцентным экраном
piezoelectric-crystal ~ пьезоэлектрическая пластина, пьезопластина
polishing ~ *микр.* полировальная плита
positive ~ положительная пластина (*ХИТ*)
pulsed channel ~ микроканальная пластина (*ЭОП*), работающая в импульсном режиме
quarter-wave(length) ~ четвертьволновая пластина
retardation ~ фазовая пластина
reverberation ~ листовой ревербератор
rotor ~s роторные пластины (*конденсатора переменной ёмкости*)
serrated rotor ~s разрезные роторные пластины (*конденсатора переменной ёмкости*)
signal ~ сигнальная пластина (*запоминающей ЭЛТ*)
sintered ~ плата, изготовленная методом горячего прессования
slotted rotor ~s разрезные роторные пластины (*конденсатора переменной ёмкости*)
split rotor ~s разрезные роторные пластины (*конденсатора переменной ёмкости*)
stator ~s статорные пластины (*конденсатора переменной ёмкости*)
storage ~ 1. плата ЗУ 2. мишень (*передающей телевизионной трубки*)
thermal ~ *микр.* теплопроводящая пластина (*между радиатором и охлаждаемым компонентом*)
vertical-deflection ~s пластины вертикального отклонения
X- ~s пластины горизонтального отклонения
X-cut ~ кварцевая пластина X-среза
Y- ~s пластины вертикального отклонения
Y-cut ~ кварцевая пластина Y-среза
plateau 1. плато, плоский участок характеристики (*напр. счётной трубки*); область насыщения (*на характеристике*) ‖ выходить на плато; насыщаться 2. *pl* периоды процесса обучения, не приводящие к положительным результатам
platelet пластина [пластинка] малых размеров
platen 1. прижимная плита; прижимной валик 2. опорный валик (*напр. матричного принтера*)
pinfeed ~ игольчатый валик для подачи бумаги
platform платформа (*1. массивное основание прибора или устройства 2. тележка для размещения аппаратуры 3. орбитальная платформа; орбитальная станция; космическая платформа; космическая станция 4. совокупность полностью совместимых компьютеров или программных продуктов 5. нижний уровень вычислительной системы 6. совокупность принципов практической деятельности; план или программа действий*)
~ **for Internet content selection** платформа выбора содержимого Internet, стандарт PICS
airborne radar ~ платформа самолётной РЛС
alignment ~ юстировочная платформа
application development ~ *вчт* платформа для разработки приложений
camera ~ *тлв* операторская тележка
connectivity ~ программная платформа для обеспечения возможности установления связи
gyrostabilized ~ гиростабилизированная платформа
hardware ~ аппаратная платформа (*совокупность компьютеров с полностью совместимым программным обеспечением*)
Java ~ платформа Java
network applications ~ *вчт* платформа сетевых приложений
operating ~ рабочая площадка
orbital ~ орбитальная платформа; орбитальная станция
remote ~ платформа с аппаратурой для дистанционных измерений
rotating ~ поворотная платформа
software ~ программная платформа (*совокупность полностью совместимых программных продуктов*)
space ~ космическая платформа; космическая станция
stabilized [stable] ~ гиростабилизированная платформа
Surrey nanosatellite application ~ космическая платформа (*фирмы Surrey Satellite Technology*) для прикладных исследований с помощью наноспутников
Travan ~ (запоминающее) устройство для резервного копирования (данных) на (магнитную) ленту в кассетном (формате) Travan
TV-and-radio broadcast ~ платформа с аппаратурой для ретрансляции телевизионных и радиовещательных программ
plating 1. покрытие, нанесение покрытия; осаждение или напыление (*слоя*) 2. покрытие; осаждённый или напылённый слой
chemical vapor ~ химическое осаждение из паровой фазы
copper ~ меднение
electrochemical ~ электрохимическое покрытие
electrolytic ~ электролитическое покрытие
immersion ~ покрытие методом погружения
jet ~ струйное осаждение
metal ~ металлизация (*1. нанесение металлического покрытия 2. металлическое покрытие, осаждённый или напылённый металлический слой*)
resist ~ нанесение резиста
silver ~ серебрение
tin-lead ~ лужение
platinotron платинотрон
platter 1. *вчт* подложка (жёсткого магнитного) диска; (отдельный жёсткий магнитный) диск (*пакетированного ЗУ с несколькими жёсткими магнитными дисками*) 2. диск проигрывателя 3. грампластинка
aluminum alloy ~ подложка (*жёсткого магнитного*) диска из алюминиевого сплава

platter

disk ~ подложка (жёсткого магнитного) диска; (отдельный жёсткий магнитный) диск (*пакетированного ЗУ с несколькими жёсткими магнитными дисками*)
drive ~ ведущий диск (*ЭПУ с быстрым пуском*)
glass ~ стеклянная подложка (*жёсткого магнитного*) диска
glass-ceramic ~ стеклокерамическая подложка (*жёсткого магнитного*) диска
record ~ ведомый диск (*ЭПУ с быстрым пуском*)
slave ~ ведомый диск (*ЭПУ с быстрым пуском*)
sputtered ~ подложка (жёсткого магнитного) диска с (магнитным) покрытием, полученным методом распыления; изготовленный методом распыления жёсткий магнитный диск
turntable ~ диск электропроигрывающего устройства, диск ЭПУ

platykurtic платикуртический, имеющий отрицательный эксцесс (*меньший эксцесса нормального распределения*)

platykurtosis отрицательный эксцесс (*меньший эксцесса нормального распределения*)

plausible 1. правдоподобный; вероятный **2.** состоятельный; аргументированный

play 1. режим воспроизведения, воспроизведение (*записи*); проигрывание (*напр. компакт-диска*) ‖ воспроизводить (*запись*); проигрывать (*напр. компакт-диск*) **2.** клавиша *или* кнопка «Воспроизведение» (*напр. видеомагнитофона*) **3.** приведение в действие; пуск ‖ приводить в действие; запускать **4.** люфт; свободный ход ‖ обладать люфтом; иметь свободный ход **5.** *тлв* пьеса; спектакль; представление **6.** исполнять (*напр. роль*); играть **7.** игра ‖ играть
auto ~ 1. автоматическое включение режима воспроизведения после обратной перемотки (*в магнитофонах*) **2.** *вчт* автоматическая загрузка программы с компакт-дисков формата CD-ROM
intro ~ функция «интро», кратковременное (*в течение нескольких секунд*) последовательное воспроизведение начальных участков всех записанных на носителе фрагментов (*в проигрывателях компакт-дисков, магнитофонах и видеомагнитофонах*)
long ~ 1. режим работы (видеомагнитофона) с удвоенным временем записи и воспроизведения **2.** долгоиграющий (*о грампластинке*)
reverse ~ воспроизведение в обратном направлении
standard ~ стандартный режим работы (видеомагнитофона), режим работы (видеомагнитофона) без удвоения времени записи и воспроизведения
television ~ телеигра

playback 1. режим воспроизведения, воспроизведение (*записи*); проигрывание (*напр. компакт-диска*) **2.** *вчт* считывание **3.** проигрыватель, *проф.* плейер; устройство воспроизведения (*записи*) **4.** обратная реакция; отклик
hologram ~ воспроизведение голограмм
record ~ воспроизведение записи
slow-motion ~ замедленное воспроизведение
software-only ~ *вчт* воспроизведение (*напр. видео*) только программными средствами
still-frame ~ стоп-кадр

player 1. проигрыватель, *проф.* плейер; устройство воспроизведения (*записи*) **2.** игрок (*напр. в компьютерных играх*) **3.** *тлв* исполнитель; участник представления
audio PCM disk ~ цифровой электропроигрыватель с ИКМ
audio/video disk ~ видеоэлектропроигрыватель
cassette video ~ кассетный видеопроигрыватель
CD ~ *см* **compact disk player**
compact disk ~ проигрыватель компакт-дисков, CD-плеер
digital audio ~ цифровой электропроигрыватель
disk ~ 1. проигрыватель компакт-дисков, CD-плеер **2.** электропроигрывающее устройство, ЭПУ (*для грампластинок*)
disk video ~ дисковый видеопроигрыватель
DVD ~ проигрыватель компакт-дисков формата DVD, DVD-плеер
media ~ *вчт* мультимедийный проигрыватель, программа для воспроизведения видео- и аудиоданных в различных форматах
MIDI ~ *вчт* MIDI-проигрыватель, программа для воспроизведения аудиоданных в формате MIDI
MP3 ~ *вчт* MP3-проигрыватель, программа для воспроизведения аудиоданных в формате MP3
MPEG ~ аппаратный декодер MPEG (*для воспроизведения с компакт-дисков видеоданных в форматах MPEG, CD-I и VideoCD*), MPEG-плейер
perforated magnetic-tape ~ устройство воспроизведения записи с перфорированной магнитной лентой (*для синхронизации с телекинопроектором*)
personal video ~ персональный видеопроигрыватель, персональный видеоплеер (*для видеодисков*)
record ~ 1. проигрыватель **2.** электропроигрывающее устройство, ЭПУ (*для грампластинок*)
tape ~ устройство воспроизведения магнитной записи
video (disk) ~ (дисковый) видеопроигрыватель

playing 1. режим воспроизведения, воспроизведение (*записи*); проигрывание (*напр. компакт-диска*) **2.** приведение в действие; пуск **3.** исполнение (*напр. роль*); игра **4.** занятие играми
computerized game ~ занятие компьютерными играми
long~ долгоиграющий (*о грампластинке*)

playlet *тлв* короткий спектакль

playlist *вчт* список исполняемых произведений (*в музыкальных программах*)

plenum (замкнутое) пространство с повышенным (*по сравнению с атмосферным*) давлением

pleochroic *опт.* плеохроичный

pleochroism *опт.* плеохроизм

pleonasm *вчт* плеоназм, избыточность выражения

plesiochronous близкий к синхронному, квазисинхронный *проф.* плезиохронный (*о режиме передачи цифровых данных с одинаковой тактовой частотой без взаимной синхронизации*)

Plexiglas плексиглас

pliers щипцы; клещи
combination cutting ~ пассатижи
cutting ~ острогубцы [кусачки] с боковыми режущими губками, *проф.* бокорезы
flat-nose ~ плоскогубцы
lineman's ~ монтёрские пассатижи
multiple ~ водопроводные клещи

needle-nose ~ плоскогубцы с остроконечными губками
round-nose ~ круглогубцы
slip-joint ~ плоскогубцы с подвижным шарниром
soldering ~ паяльные клещи

pling *вчт проф.* восклицательный знак

pliodynatron транзитрон (*тетрод с падающей характеристикой*)

pliotron многоэлектродная лампа с термокатодом

PLL система фазовой автоподстройки частоты, система ФАПЧ
   crossing ~ система ФАПЧ с фиксацией пересечений нулевого уровня
   decision-feedback ~ система ФАПЧ с решающей обратной связью
   digital ~ цифровая система ФАПЧ
   extended range ~ система ФАПЧ с расширенной полосой синхронизации
   frequency doubling ~ система ФАПЧ с удвоением частоты
   multiloop ~ многопетлевая система ФАПЧ

plosive взрывной звук || взрывной (*о звуке*)

plot график; диаграмма; кривая || строить график; вычерчивать кривую
   Arrhenius ~ *крист.* график Аррениуса
   box ~ ящичковая диаграмма, способ представления выборки в виде одного *или* нескольких ящичков с усами
   box-and-whisker ~ ящичковая диаграмма с усами
   C-V ~ вольт-фарадная характеристика
   dot ~ точечная диаграмма, *проф.* диаграмма типа «стебель с листьями», диаграмма типа «опора и консоль»
   index ~ график индексированной переменной
   layout ~ *микр.* топологический чертёж
   line ~ линейный график
   log-log ~ график в двойном логарифмическом масштабе
   normal probability ~ график нормальной вероятности, график типа квантиль-квантиль, *проф.* график на нормальной вероятностной бумаге
   normal Q-Q ~ *см.* normal quantile-quantile plot
   normal quantile-quantile ~ график нормальной вероятности, график типа квантиль-квантиль, *проф.* график на нормальной вероятностной бумаге
   Nyquist ~ диаграмма Найквиста
   phase ~ фазовая диаграмма
   radar ~ *рлк* отображение траектории движения цели на экране индикатора
   scatter ~ график с отображением функциональных зависимостей точками, *проф.* диаграмма рассеяния; точечный график
   sequence ~ график последовательности
   stem-and-leaf ~ точечная диаграмма, *проф.* диаграмма типа «стебель с листьями», диаграмма типа «опора и консоль»
   training error ~ график ошибки обучения
   Wulff ~ *крист.* диаграмма Вульфа

plotter графопостроитель, *проф.* плоттер
   analog ~ аналоговый графопостроитель
   automatic ~ автоматический графопостроитель
   belt-bed ~ планшетный графопостроитель с ленточной подачей
   data ~ графопостроитель
   digital ~ цифровой графопостроитель
   display ~ графопостроитель с выводом на дисплей
   drum ~ барабанный графопостроитель
   electronic wavefront ~ электронный построитель профиля волнового фронта
   electrostatic ~ электростатический графопостроитель
   flatbed ~ планшетный графопостроитель
   graph ~ графопостроитель
   half-tone ~ полутоновый графопостроитель
   incremental ~ шаговый графопостроитель
   inverse ~ устройство ввода информации в графической форме
   on-line ~ графопостроитель с управлением от компьютера
   optical-display ~ графопостроитель с выводом на дисплей
   pen ~ перьевой графопостроитель
   peripheral ~ периферийный графопостроитель
   photo ~ *микр.* установка для изготовления фотошаблонов
   printer- ~ принтер-плоттер, печатающий графопостроитель
   raster ~ растровый графопостроитель
   tape-driven ~ графопостроитель с управлением от ленты
   X-Y ~ двухкоординатный графопостроитель

plug 1. вилка (*электрического соединителя*); штепсель; штекер || вставлять вилку (*электрического соединителя в розетку*); соединять с помощью штепселя *или* штекера 2. штырь; штырёк; выступ; язычок 3. предохранительный язычок, предохранительный упор (*удаляемый для блокировки записи на видео- или компакт-кассету*) 4. заглушка; затычка || заглушать; затыкать 5. *тлв* рекламная перебивка || использовать рекламную перебивку ◊ ~ **in** подключать к источнику (электро)питания; ~ **into** соединять с помощью штепселя *или* штекера; **pull the** ~ **on** выключать; разъединять
   aligning ~ направляющий ключ (*напр. цоколя лампы*)
   answering ~ *тлф* опросный штепсель
   attaching [attachment] ~ телефонный штекер
   banana ~ однополюсная вилка с боковыми пружинящими накладками
   calling ~ *тлф* вызывной штепсель
   cannon ~ цилиндрический штепсель
   dielectric ~ диэлектрический штырь (*в волноводе*)
   earthed ~ вилка с (дополнительным) заземляющим контактом
   extension ~ вилка (электрического) удлинителя
   ground ~ заземляющий штекер
   inquiry ~ *тлф* опросный штепсель
   junction cord ~ соединительный штекер
   matching ~ согласующий штырь (*в волноводе*)
   mode shifting ~ штыревой трансформатор типов волн; штыревой преобразователь мод
   multiple ~ многополюсная вилка
   open ~ *тлф* размыкающий штепсель
   out-of-service ~ *тлф* блокирующий штепсель
   phone ~ телефонный штекер
   phono ~ штекер для подключения источника звукового сигнала
   polarized ~ полярная вилка
   RCA ~ вилка безрезьбового коаксиального электрического соединителя, вилка соединителя типа

plug

RCA, *проф.* вилка (соединителя типа) «тюльпан», вилка (соединителя типа) «азия» (*в аудио- и видеоаппаратуре*)
short(ing) ~ короткозамыкающий штырь (*в волноводе*)
snatch ~ штепсель с защёлкой
telephone ~ телефонный штекер
tuning ~ настроечный штырь (*в волноводе*)
two-pin ~ двухполюсная вилка
wander ~ *тлф* избирательный штепсель

plug-and-play *вчт* 1. автоматическое конфигурирование (*системы в целом или входящих в неё устройств*) ‖ автоматически конфигурируемый, стандарта plug-and-play, стандарта PnP (*о системе в целом или входящих в неё устройствах*) 2. стандарт на автоматически конфигурируемые устройства, стандарт plug-and-play, стандарт PnP

plug-and-print *вчт* 1. автоматическая оптимизация взаимодействия компьютера и принтера ‖ с автоматической оптимизацией взаимодействия компьютера и принтера, стандарта plug-and-print 2. стандарт на автоматическую оптимизацию взаимодействия компьютера и принтера, стандарт plug-and-print

plug-and-socket штепсельный соединитель
jack ~ штепсельный соединитель
self-centering ~ самоцентрирующийся штепсельный соединитель

plugboard 1. коммутационная панель; наборное поле 2. штекерная панель; штепсельная панель

plug-compatible 1. с совместимыми (электрическими) соединителями, совместимый на уровне (электрических) соединителей 2. *вчт* совместимый (*о компьютерах и периферийных устройствах разных производителей*)

plugging 1. соединение с помощью штепселя или штекера 2. использование заглушки или затычки 3. *тлв* использование рекламной перебивки 4. торможение (*электродвигателя*) за счёт изменения порядка следования фаз

plugh *вчт* метасинтаксическая переменная

plug-in 1. вилка (*электрического соединителя*); штепсель; штекер 2. бытовые электрические приборы 3. электрический (*о приборе или оборудовании*); подключаемый к электрической сети ‖ съёмный; сменный; вставной 5. *вчт* дополнительный программный модуль

plug-n-play см. plug-and-play

plugola *тлв* 1. косвенная реклама 2. незаконное вознаграждение за косвенную рекламу

plumbicon *тлв* плюмбикон
plumbing сеть трубопроводов
RF ~ *проф.* коаксиально-волноводный тракт

plunger 1. плунжер; поршень 2. втяжной сердечник (*напр. электромагнита или реле*)
choke(-joint) ~ дроссельный плунжер
contactless ~ бесконтактный плунжер
guide ~ волноводный плунжер
relay ~ втяжной сердечник реле
S- ~ коаксиальный короткозамыкающий плунжер с S-образными пружинящими контактами
short(-circuit) ~ короткозамыкающий плунжер
slotted spring-finger ~ разрезной плунжер с пружинящими пальцами
spring-loaded ~ пружинящий плунжер

tuning ~ настроечный плунжер
waveguide ~ волноводный плунжер
Z- ~ коаксиальный короткозамыкающий плунжер с Z-образными пружинящими контактами

plural 1. множественное число ‖ множественный 2. часть речи в множественном числе 3. многочисленный; множественный

plus 1. знак плюс, символ + 2. положительная величина ‖ положительный 3. относящийся к сложению 4. увеличение; прирост; прибыль
A- ~ положительный вывод источника напряжения накала
B- ~ положительный вывод источника анодного питания
C- ~ положительный вывод источника напряжения смещения на сетке
F- ~ положительный вывод источника напряжения накала

ply 1. слой; покрытие 2. *микр.* защитное покрытие
epoxy-impregnated ~ защитное покрытие на основе эпоксидных смол
glass-reinforced ~ защитное покрытие с армированием стеклом

p(-)mail обычная почта, неэлектронная почтовая связь

p-n-p *p — n — p*-структура
controlled-gain ~ *p — n — p*-структура с регулировкой усиления
high-gain ~ *p — n — p*-структура с большим коэффициентом усиления
lateral ~ горизонтальная *p — n — p*-структура
vertical ~ вертикальная *p — n — p*-структура

poaching *вчт* несанкционированный поиск информации

pocket 1. карман; конверт; полость 2. объект *или* область, контрастирующие с окружением
card ~ карман для перфокарт
electron ~ *фтт* электронный карман
etched ~ *микр.* вытравленный карман
hole ~ *фтт* дырочный карман

poiesis *вчт* создание; производство; (со)творение; *проф.* поэз

poietic *вчт* создающий; производящий; творящий; *проф.* поэтический

point 1. точка (*1.* геометрический объект *2.* пятно или отметка небольшого размера *3.* знак препинания *4.* место; позиция; положение; пункт *5.* диакритический знак в символах гласных *6.* десятичная запятая, десятичная точка) 2. указание местоположения или координат ‖ указывать местоположение или координаты; показывать 3. перемещать курсор в выбранную позицию 4. элемент (*напр. перечня*) 5. *вчт* клиент сети FidoNet 6. вершина (*напр. графа*) 7. (настенная) сетевая розетка 8. контакт (*распределителя зажигания*) 9. *вчт* пункт, кегль (*типографская единица длины, равная 1/72 дюйма*) 10. деление (круговой) шкалы (*в навигационных приборах*); румб 11. очко (*в компьютерных играх*) 12. момент времени 13. резец 14. остриё; игла; наконечник; конец (*болта или винта*) ‖ заострять; придавать конусообразную форму
~ **of digraph** вершина орграфа
~ **of entry** 1. точка ввода (*напр. пучка*) 2. (физическая) точка входа (*напр. в сеть*)

~ of graph вершина графа
~ of information информационный терминал
~ of presence (физическая) точка входа в Internet, местоположение провайдера
~ of sale 1. кассовый терминал 2. торговая точка
~ of sale/point of information терминал витринной рекламы
~ of tree вершина дерева
~ of view точка зрения
access ~ точка доступа
accumulation ~ вчт предельная точка
achromatic ~ точка (опорного) белого (на цветовом графике)
active singing ~ тлг порог зуммирования
actual ~ вчт реальная точка или реальная запятая, реально присутствующий символ-разделитель целой и дробной части числа
addressable ~ вчт адресуемая точка
anchor ~ вчт 1. якорь (1. точка привязки, фиксатор 2. неподвижная точка изображения, инвариантная относительно преобразований изображения точка 3. отправной или конечный пункт ссылки внутри гипертекста) 2. узел, узловая точка (ломаной или составной кривой); начальная или конечная точка (сегмента ломаной или составной кривой)
antiferromagnetic Néel ~ антиферромагнитная точка [антиферромагнитная температура] Нееля
antinodal ~ пучность
aplanatic ~s апланатические точки (оптической системы)
assumed ~ вчт предполагаемая точка или предполагаемая запятая, предполагаемый символ-разделитель целой и дробной части числа
asymptotic Curie ~ асимптотическая точка [асимптотическая температура] Кюри
base ~ запятая
beam entry ~ точка ввода пучка
bicritical ~ фтт бикритическая точка
binary ~ двоичная точка или двоичная запятая, символ-разделитель целой и дробной части двоичного числа
Bloch ~ магн. блоховская точка
boundary ~ граничная точка
branch ~ 1. вчт точка ветвления, точка (условного или безусловного) перехода, точка передачи управления (при условном или безусловном переходе) 2. точка разветвления; узел (цепи)
break(ing) ~ 1. вчт точка прерывания (программы); контрольная точка 2. вчт точка деления пакета (при фрагментации) 3. точка изменения тенденции, проф. перелом
cardinal ~s кардинальные точки (оптической системы)
cleavage ~ крист. точка скалывания
collocation ~s вчт точки коллокации
compensation ~ магн. точка [температура] компенсации
control ~ 1. контрольная точка (напр. схемы) 2. вчт направляющая [контрольная] точка (кривой Безье) 3. контрольное значение регулируемой величины 4. радиостанция службы УВД
corner ~ 1. точка излома (составной кривой); проф. негладкая точка 2. угловая точка 3. конечная или начальная точка

corresponding ~s опт. корреспондирующие точки (сетчатки)
critical ~ фтт критическая точка
crossover ~ 1. точка пересечения (напр. дисперсионных кривых) 2. точка кроссовера (точка расположения минимального сечения электронного пучка)
cue ~ контрольная метка; монтажная метка (на магнитной ленте)
Curie ~ точка [температура] Кюри
current ~ текущая точка; рабочая точка; текущая позиция
cusp ~ 1. точка возврата (кривой) 2. точка касания сепаратрисных линий, проф. точка каспа
cutoff ~ точка отсечки
data ~ 1. (экспериментальная или расчётная) точка (на графике или диаграмме) 2. (отдельное) наблюдение (в статистике)
decalescent ~ точка [температура] декалесценции
decimal ~ десятичная точка или десятичная запятая, символ-разделитель целой и дробной части десятичного числа
dew ~ точка [температура] росы
direction ~ вчт направляющая [контрольная] точка (кривой Безье)
domain ~ вчт точка области
driving ~ точка возбуждения
early-warning ~ пункт дальнего обнаружения
edit(ing) ~ монтажная метка (на магнитной ленте)
end ~ вчт конечная точка (напр. кривой); граница (напр. интервала)
equilibrium ~ точка равновесия
equinoctial ~s точки равноденствия
escape ~ точка изменения маршрута (при трассировке)
eutectic ~ эвтектическая точка
exclamation ~ вчт восклицательный знак
far-field ~ точка в дальней зоне
feed(ing) ~ точка возбуждения; точка питания
firing ~ точка возникновения разряда, точка зажигания
fixed ~ вчт 1. неподвижная точка (функции или преобразования) 2. фиксированная точка, фиксированная запятая
flash ~ точка [температура] вспышки
flexion ~ точка максимальной кривизны (характеристики)
floating ~ вчт плавающая точка, плавающая запятая
focal ~ опт. 1. фокус, фокальная точка 2. главный фокус, главная фокальная точка
freezing ~ точка [температура] замерзания
full ~ точка (знак препинания)
glass ~ точка [температура] стеклования
half-power ~ точка по уровню половинной мощности (напр. на диаграмме направленности антенны)
helical neutral [helical null] ~ спиральная нулевая [спиральная нейтральная] точка (поля)
heteroclinic ~ гетероклиническая точка
hexadecimal ~ шестнадцатеричная точка или шестнадцатеричная запятая, символ-разделитель целой и дробной части шестнадцатеричного числа
homoclinic ~ гомоклиническая точка

hyperfocal ~ гиперфокальная точка
ice ~ (нормальная) точка таяния (льда), температура таяния льда при нормальном атмосферном давлении, 0° С
image ~ точка изображения
inflection ~ точка перегиба (*кривой*)
insert ~ *вчт* точка вставки (*напр. символа*)
interrogation ~ *вчт* вопросительный знак
isotropic transition ~ точка [температура] перехода в изотропное состояние (*для жидкого кристалла*)
junction ~ точка соединения
lambda ~ *фтт* лямбда-точка, λ-точка
lattice ~ *фтт* узел решётки
leverage ~ влиятельная точка
limit ~ *вчт* предельная точка
linear neutral [linear null] ~ линейная нулевая [линейная нейтральная] точка (*поля*)
load ~ 1. точка подключения нагрузки 2. *вчт* начало записи, точка загрузки (*на магнитной ленте*)
magnetic-ordering ~ точка [температура] магнитного упорядочения
magnetic transition ~ 1. точка [температура] магнитного фазового перехода 2. точка [температура] Кюри
measuring ~ точка измерения
meltback ~ точка [температура] обратного оплавления
melting freezing ~ точка [температура] плавления
mixing ~ точка смешения (*сигналов*)
Morin ~ *магн.* точка [температура] Морина
multicritical ~ *фтт* мультикритическая точка
multiplication ~ точка перемножения (*сигналов*)
near-field ~ 1. точка в ближней зоне, точка в зоне индукции 2. точка в промежуточной зоне
Néel ~ *магн.* точка [температура] Нееля
negative neutral [negative null] ~ отрицательная нулевая [отрицательная нейтральная] точка (*поля*)
network access ~ *вчт* точка доступа к сети
network entry ~ *вчт* точка входа в сеть
network node control ~ *вчт* пункт управления узлами сети
network service access ~ *вчт* точка доступа к сетевому сервису
neutral ~ нейтральная точка (*1. (электрическая) нейтраль, общая точка обмоток многофазных электрических генераторов или трансформаторов 2. нулевая точка, точка нулевого магнитного или электрического поля*)
nodal ~ узел
nucleation ~ точка зародышеобразования
null ~ нулевая точка (*1. заземлённая (электрическая) нейтраль, заземлённая общая точка обмоток многофазных электрических генераторов или трансформаторов 2. нейтральная точка, точка нулевого магнитного или электрического поля*)
object ~ *опт.* точка объекта, точка предмета
onset ~ порог срабатывания схемы автоматической регулировки громкости
operating ~ рабочая точка
peak ~ 1. точка пика, точка включения (*характеристики двухбазового диода*) 2. точка пика (*характеристики туннельного диода*)
percentage ~ процентная точка
peritectic ~ перитектическая точка
phase-transition ~ точка [температура] фазового перехода

physical ~ of presence физическая точка входа в Internet, местоположение провайдера
pi ~ значение частоты, соответствующее фазовому сдвигу, кратному 180° (*в фазовращателе*)
pinch-off ~ точка отсечки (*полевого транзистора*)
plug ~ настенная розетка
positive neutral [positive null] ~ положительная нулевая [положительная нейтральная] точка (*поля*)
power ~ (настенная) сетевая розетка
presentation services access ~ пункт доступа к презентационным службам
projected peak ~ точка раствора (*характеристики туннельного диода*)
Q~ (статическая) рабочая точка
quiescent (operating) ~ (статическая) рабочая точка
radial neutral [positive neutral] ~ радиальная нулевая [радиальная нейтральная] точка (*поля*)
radix ~ *вчт* точка *или* запятая, символ-разделитель целой и дробной части числа
reflection ~ точка отражения
reorder ~ 1. минимально допустимый уровень запасов, точка возобновления заказов (*напр. на поставку комплектующих изделий*) 2. момент возобновления заказов (*напр. на поставку комплектующих изделий*)
representation ~ изображающая точка (*напр. на фазовой плоскости*)
rupture ~ *крист.* предел прочности
saturation ~ *крист.* точка [температура] насыщения
selected anchor ~ *вчт* 1. выделенный якорь (*1. выделенная точка привязки, выделенный фиксатор 2. выделенная неподвижная точка изображения, инвариантная относительно преобразований изображения выделенная точка 3. выделенный отправной или конечный пункт ссылки внутри гипертекста*) 2. выделенный узел, выделенная узловая точка (*ломаной или составной кривой*); выделенная начальная или конечная точка (*сегмента ломаной или составной кривой*)
service access ~ точка доступа к услуге
service control ~ пункт управления обслуживанием
service switching ~ пункт коммутации услуг
set ~ заданное [установленное] значение (*регулируемой величины*)
signal transfer ~ пункт передачи сигнала
silver ~ точка [температура] затвердевания серебра, 960,8°С (*первичная воспроизводимая точка Международной практической температурной шкалы*)
singing ~ 1. порог самовозбуждения (*в схемах с обратной связью*) 2. *тлг* порог зуммирования
smooth ~ точка сопряжения (*кривых*); *проф.* гладкая точка
source ~ точка расположения источника; точка истока
stable ~ точка устойчивого равновесия
starting ~ 1. отправная точка 2. стартовая позиция
stationary-phase ~ точка стационарной фазы
steam ~ (нормальная) точка [(нормальная) температура] кипения (воды), точка [температура] кипения воды при нормальном атмосферном давлении, 100° С
stoichiometric ~ стехиометрическая точка

subsatellite ~ подспутниковая точка
summing ~ точка суммирования (*сигналов*)
superconductor critical ~ *свпр* точка [температура] сверхпроводящего перехода
suspension ~s *вчт* многоточие
switching ~ 1. точка коммутации 2. коммутационный узел
terminal access ~ точка доступа к терминалу
test ~ контрольная точка
tetracritical ~ *фтт* тетракритическая точка
three-dimensional neutral [three-dimensional null] ~ трёхмерная нулевая [трёхмерная нейтральная] точка (*поля*)
threshold ~ 1. пороговое значение 2. порог срабатывания схемы автоматической регулировки громкости
toll ~ междугородная телефонная станция
transformation ~ точка [температура] фазового перехода
tricritical ~ *фтт* трикритическая точка
triple ~ *фтт* тройная точка
turning ~ точка поворота
two-dimensional neutral [two-dimensional null] ~ двумерная нулевая [двумерная нейтральная] точка (*поля*)
valley ~ точка впадины (*характеристики двухбазового или туннельного диода*)
virtual ~ of presence виртуальная точка входа в Internet (*для телефонного соединения с провайдером без оплаты услуг междугородной связи*)
vowel ~ точка (*диакритический знак в символах гласных*)
white ~ точка белого (*на цветовом графике*)
working ~ рабочая точка
working ~ beyond cutoff рабочая точка в области отсечки
X-type ~ нулевая [нейтральная] точка (*поля*) X-типа
yield ~ *крист.* предел текучести
Y-type ~ нулевая [нейтральная] точка (*поля*) Y-типа
π ~ значение частоты, соответствующее фазовому сдвигу, кратному 180° (*в фазовращателе*)

pointer 1. указатель (*1. стрелочный или световой указатель измерительного прибора 2. вчт курсор с функцией выбора элементов на экране дисплея 3. вчт. ссылка 4. знак или средство указания; указательная надпись*) 2. *вчт* указательное устройство (*1. устройство ввода координат, напр. графический планшет 2. устройство управления положением курсора и манипулирования объектами на экране дисплея, напр. мышь*) 3. дополнительная связь между узлами-родителями и узлами-потомками (*в иерархической системе*)
~ to data member указатель на элемент данных
~ to function указатель на функцию
~ to member указатель на член; указатель на элемент
backward ~ *вчт* обратный указатель, указатель предыдущей позиции
base ~ указатель базового регистра
bearing ~ указатель пеленга
cell ~ указатель ячейки (*в электронных таблицах*)
dangling ~ висячий указатель
embedded ~ встроенный указатель
forward ~ *вчт* прямой указатель, указатель следующей позиции

frame ~ *вчт* указатель на фрейм стека, *проф.* указатель на запись активации
hairline ~ визир
I-beam ~ *вчт* I-образный указатель
instruction ~ указатель команд
long ~ длинный указатель (*16-битный селектор или сегмент и 32-битное смещение*)
mouse ~ *вчт* указатель мыши
name ~ *вчт* указатель имени
nil ~ пустой указатель
null ~ пустой указатель
operand ~ указатель операнда
overflow ~ указатель области переполнения
record ~ указатель записи
roving ~ контекстно-зависимый указатель; плавающий указатель
short ~ короткий указатель (*32-битное смещение*)
smart ~ интеллектуальный указатель
song position ~ *вчт* указатель позиции в нотной записи музыкального произведения; указатель позиции в партитуре (*MIDI-сообщение*)
stack ~ указатель стека
stack bottom ~ указатель дна стека
stack top ~ указатель вершины стека
workspace ~ *вчт* указатель начала *или* конца рабочего поля
zero ~ пустой указатель

pointillism пуантиллизм (*теория и техника живописи раздельными точками или прямоугольниками чистых цветов*)
pointillistic пуантиллистический
pointillize 1. использовать технику пуантиллизма 2. художественный фильтр, основанный на объединении близких по цвету пикселей в одноцветные точки и изображении границ между ними цветом фона (*в растровой графике*)
pointing 1. указание местоположения *или* координат 2. *рлк* целеуказание 3. *вчт* перемещение курсора в выбранную позицию 4. наведение; ориентирование 5. заострение; придание конусообразной формы
antenna [beam] ~ наведение антенны, ориентирование главного лепестка диаграммы направленности антенны

point-of-sale 1. кассовый терминал 2. торговая точка
electronic ~ кассовый терминал
point-optimal точечно-оптимальный
poise равновесие; баланс || уравновешивать(ся)
poisoning 1. отравление; загрязнение 2. *тлв* выжигание (*экрана*)
cathode ~ отравление катода
kink ~ *крист.* отравление изломов
luminophor ~ отравление люминофора
step ~ *крист.* отравление ступеней
poke 1. проталкивание; заталкивание; протыкание || проталкивать; заталкивать; протыкать 2. ввод данных по абсолютным адресам || вводить данные по абсолютным адресам
killer ~ ввод данных по абсолютным адресам, приводящий к порче аппаратного обеспечения (*напр. аналогового монитора*)
polar 1. поляра; двойственный объект 2. полярный (*1. относящийся к поляре 2. относящийся к областям вблизи полюсов планеты 3. относящийся к полярности 4. диаметрально противоположный*) 3. полюсный 4. электродный

polar

~ **of airplane** поляра самолёта
~ **of class** поляра класса
~ **of line** поляра линии
~ **of point** поляра точки
~ **of set** поляра множества
absolute ~ абсолютная поляра
Alfven ~ альфвеновская поляра, фазовая поляра для альфвеновской волны
conic ~ коническая поляра
elliptic ~ эллиптическая поляра
fast group ~ быстрая групповая поляра
group ~ групповая поляра
harmonic ~ гармоническая поляра
hyperbolic ~ гиперболическая поляра
left ~ левая поляра
phase ~ фазовая поляра
right ~ правая поляра
shock ~ ударная поляра
slow group ~ медленная групповая поляра
velocity ~ поляра скорости

polarimeter поляриметр
half-shadow ~ полутеневой поляриметр
microwave ~ СВЧ-поляриметр
phase ~ фазовый поляриметр
spectral ~ спектрополяриметр

polariscope полярископ
infrared ~ инфракрасный [ИК-] полярископ

polariton поляритон
bulk ~ объёмный поляритон
coherent ~s когерентные поляритоны
surface ~ поверхностный поляритон

polarity полярность (*1. знак, направление или иной атрибут, описывающий способность объекта или внешнего воздействия находиться в любом из двух возможных состояний с диаметрально противоположными характеристиками 2. диаметральная противоположность*)
~ **of conductivity** тип удельной электропроводности
additive ~ согласное включение обмоток (*трансформатора*)
bias ~ полярность смещения
deflection ~ направление отклонения луча
electric ~ электрическая полярность
input ~ входная полярность
magnetic ~ магнитная полярность, тип магнитного полюса
output ~ выходная полярность
picture signal ~ полярность сигнала изображения
reversed ~ обратная полярность (*напр. по отношению к исходной полярности*)
signal ~ полярность сигнала
solvent ~ *крист.* полярность растворителя
subtractive ~ встречное включение обмоток (*трансформатора*)

polarizability поляризуемость
atomic ~ атомная поляризуемость
deformation ~ деформационная поляризуемость
dielectric ~ диэлектрическая поляризуемость
dipolar ~ дипольная поляризуемость
electric ~ электрическая поляризуемость
electronic ~ электронная поляризуемость
ionic ~ ионная поляризуемость
magnetic ~ магнитная поляризуемость
molecular ~ молекулярная поляризуемость
nonlinear ~ нелинейная поляризуемость
n-the order ~ поляризуемость *n*-го порядка
orientational ~ дипольная поляризуемость
plasma ~ поляризуемость плазмы
scalar ~ скалярная поляризуемость
tensor ~ тензорная поляризуемость

polarizable 1. поляризуемый **2.** намагничиваемый **3.** ориентируемый (*в определённом направлении*)

polarization 1. поляризация (*1. поляризация диэлектрика 2. электрическая поляризация, электрический дипольный момент единицы объёма 3. поляризация сегнетоэлектрика 4. поляризация света 5. поляризация волны 6. поляризация ансамбля частиц по спину 7. электрохимическая поляризация 8. нарушение симметрии или изотропии 9. разделение на группы по диаметрально противоположным признакам*) **2.** намагничивание **3.** намагниченность **4.** ориентация (*в определённом направлении*)◊ ~ **by reflection** поляризация при отражении; ~ **in dielectric 1.** поляризация диэлектрика (*процесс*) **2.** электрическая поляризация, электрический дипольный момент единицы объёма
~ **of antenna 1.** поляризация волны, излучаемой антенной (*в данном направлении*) **2.** поляризация волны, излучаемой антенной в направлении максимума диаграммы направленности
~ **of wave 1.** поляризация волны **2.** поляризация волны, излучаемой антенной в определённом направлении в дальней зоне
anodic ~ поляризация анода (*в электролитах*)
anticlockwise ~ лево-циркулярная [левая круговая] поляризация, круговая поляризация с вращением против часовой стрелки
axial ~ аксиальная [продольная] поляризация
cathodic ~ поляризация катода (*в электролитах*)
circular [circumferential] ~ круговая [циркулярная] поляризация
clockwise ~ право-циркулярная [правая круговая] поляризация, круговая поляризация с вращением по часовой стрелке
collision-induced ~ поляризация, обусловленная столкновением частиц
concentration ~ концентрационная поляризация
conduction electron ~ поляризация электронов проводимости
counterclockwise ~ лево-циркулярная [левая круговая] поляризация, круговая поляризация с вращением против часовой стрелки
cross ~ кросс-поляризация, поперечная поляризация (*по отношению к основной*)
dielectric ~ **1.** поляризация диэлектрика (*процесс*) **2.** электрическая поляризация, электрический дипольный момент единицы объёма
dipolar ~ дипольная поляризация
domain ~ поляризация доменов
dual ~ двойная поляризация
E- ~ E-поляризация
electric ~ электрическая поляризация, электрический дипольный момент единицы объёма
electrochemical ~ электрохимическая поляризация
electrode [electrolytic] ~ электродная поляризация
electron ~ электронная поляризация
elliptic ~ эллиптическая поляризация
feed ~ поляризация волны, излучаемой облучателем (*антенны*)

ferroelectric ~ 1. поляризация сегнетоэлектрика (*процесс*) 2. электрическая поляризация [электрический дипольный момент единицы объёма] сегнетоэлектрика
H- ~ H-поляризация
horizontal ~ горизонтальная поляризация
imperfect ~ неполная поляризация
incident ~ поляризация падающей волны
induced ~ индуцированная поляризация
interfacial ~ поляризация на границе раздела; поляризация на межфазной границе
interlayer ~ миграционная поляризация
intracellular ~ *биои.* внутриклеточная поляризация
laser ~ поляризация излучения лазера
left-hand ~ лево-циркулярная [левая круговая] поляризация, круговая поляризация с вращением против часовой стрелки
left-hand ~ of field vector лево-циркулярная [левая круговая] поляризация вектора напряжённости поля
left-hand ~ of plane wave лево-циркулярная [левая круговая] поляризация плоской волны
light ~ поляризация света
linear ~ линейная [плоская] поляризация
longitudinal ~ продольная [аксиальная] поляризация
macroscopic ~ макроскопическая поляризация
magnetic ~ намагниченность
maser ~ поляризация излучения мазера
negative circular ~ лево-циркулярная [левая круговая] поляризация, круговая поляризация с вращением против часовой стрелки
nonlinear ~ нелинейная поляризация
nuclear ~ ядерная поляризация
optical ~ поляризация света
orientational ~ дипольная поляризация
orthogonal ~ ортогональная поляризация
Overhauser ~ *кв. эл.* поляризация вследствие эффекта Оверхаузера
paramagnetic ~ парамагнитная поляризация
partial ~ частичная поляризация
perfect ~ полная поляризация
phi ~ азимутальная поляризация (*излучения антенны*)
piezoelectric [piezoelectrically induced] ~ пьезоэлектрическая поляризация
plane ~ линейная [плоская] поляризация
positive circular ~ право-циркулярная [правая круговая] поляризация, круговая поляризация с вращением по часовой стрелке
random ~ хаотическая поляризация
reference ~ опорная поляризация
remanent ~ 1. остаточная поляризация 2. остаточная намагниченность
right-hand ~ право-циркулярная [правая круговая] поляризация, круговая поляризация с вращением по часовой стрелке
right-hand ~ of field vector право-циркулярная [правая круговая] поляризация вектора напряжённости поля
right-hand ~ of plane wave право-циркулярная [правая круговая] поляризация плоской волны
rotatory ~ естественная оптическая активность
saturation ~ поляризация насыщения
scattering ~ поляризация при рассеянии
slant ~ наклонная линейная поляризация
spontaneous ~ 1. спонтанная поляризация 2. спонтанная намагниченность
sublattice ~ намагниченность подрешётки
thermally activated ~ термовозбуждённая поляризация
theta ~ меридиональная поляризация (*излучения антенны*)
transverse ~ поперечная поляризация
uniform ~ однородная поляризация
vacuum ~ поляризация вакуума
vertical ~ вертикальная поляризация
volume ~ объёмная поляризация
polarize 1. поляризовать(ся) 2. намагничивать(ся) 3. ориентировать(ся) (*в определённом направлении*)
polarized 1. поляризованный 2. намагниченный 3. ориентированный (*в определённом направлении*) 4. поляризованный (*об электрическом соединителе*), имеющий конструктивные особенности для предотвращения возможности неправильного соединения
circularly ~ циркулярно поляризованный, с круговой поляризацией (*напр. о свете*)
elliptically ~ эллиптически поляризованный, с эллиптической поляризацией (*напр. о свете*)
left-hand circularly ~ лево-циркулярно поляризованный, с левой круговой поляризацией (*напр. о свете*)
linearly ~ плоскополяризованный, линейно поляризованный, с линейной поляризацией (*напр. о свете*)
plane ~ плоскополяризованный, линейно поляризованный, с линейной поляризацией (*напр. о свете*)
right-hand circularly ~ право-циркулярно поляризованный, с правой круговой поляризацией (*напр. о свете*)
polarizer поляризатор
birefringent lens ~ дву(луче)преломляющий линзовый поляризатор
Brewster plate ~ брюстеровский поляризатор на стопе пластин
broadband ~ широкополосный поляризатор
circular ~ круговой поляризатор
complex ~ составной поляризатор
crossed ~s скрещенные поляризаторы
dichroic ~ дихроичный поляризатор
elliptic ~ эллиптический поляризатор
film ~ плёночный поляризатор
Glan ~ поляризатор Глана
Glan-Thompson ~ поляризатор Глана — Томпсона
intracavity ~ *кв. эл.* внутрирезонаторный поляризатор
linear ~ линейный поляризатор
prism ~ призменный поляризатор
quartz-stack ~ поляризатор на стопе кварцевых пластин
reciprocal ~ взаимный поляризатор
reflection(-type) ~ поляризатор отражательного типа
rotating ~ вращающийся поляризатор
stepped ~ поляризатор со ступенчатой перегородкой
transmission(-type) ~ поляризатор проходного типа
polarizing 1. поляризующий 2. намагничивающий 3. ориентирующий (*в определённом направлении*) 4. поляризующий (*напр. о конструктивной особенности электрического соединителя*), придающий

polarogram

конструктивные особенности для предотвращения возможности неправильного соединения
polarogram полярограмма
polarograph полярограф
polarography полярография
Polaroid *фирм.* 1. Полароид, фотокамера мгновенного действия 2. снимок, сделанный фотокамерой Полароид
polaroid поляризационный светофильтр, полароид
    crossed ~s скрещённые поляроиды
polaron полярон
    bound ~ связанный полярон
    Frölich ~ полярон Фрёлиха
    large ~ большой полярон
    lattice ~ решёточный полярон
    magnetic ~ магнитный полярон
    small ~ малый полярон
Pole:
    North ~ 1. Северный полюс (*Земли*) 2. северный полюс мира
    South ~ 1. Южный полюс (*Земли*) 2. южный полюс мира
pole 1. полюс (*1. вывод; контакт 2. магнитный полюс 3. полюс постоянного магнита или электромагнита с сердечником 4. магнитный полюс небесного тела, напр. Земли 5. полюс вращающегося небесного тела, напр. Земли 6. полюс мира 7. особая точка функции комплексного переменного 8. полюс системы координат; начало координат 9 каждый из двух диаметрально противоположных признаков*) 2. электрод (*гальванического элемента*) 3. столб (*напр. телеграфный*); опора (*напр. ЛЭП*)
    ~ **of coordinates** полюс системы координат
    ~ **of function** полюс функции
    ~ **of graph** полюс графа
    ~ **of matrix** полюс матрицы
    ~ **of the n-th order** полюс *n*-го порядка
    attractive ~ притягивающий полюс
    celestial ~ полюс мира
    commutating ~ добавочный полюс (*электрического двигателя или генератора*)
    conjugated ~s сопряжённые полюса
    consequent ~ промежуточный полюс
    field ~ полюс возбуждения (*электрического двигателя или генератора*)
    free magnetic ~ уединённый магнитный полюс
    galvanic cell ~ электрод гальванического элемента
    grounded ~ заземлённый полюс
    magnetic ~ 1. магнитный полюс 2. магнитный полюс Земли
    multiple ~ кратный полюс
    N ~ северный магнитный полюс
    north ~ северный магнитный полюс
    north celestial pole ~ северный полюс мира
    north-seeking ~ северный магнитный полюс
    opposite ~s разноимённые магнитные полюсы
    private ~s собственные полюсы (*передаточной функции*)
    repulsive ~ отталкивающий полюс
    S ~ южный магнитный полюс
    simple ~ простой полюс
    south ~ южный магнитный полюс
    south celestial pole ~ южный полюс мира
    south-seeking ~ южный магнитный полюс
    utility ~ столб; опора
policy 1. алгоритм 2. правило; процедура; метод 3. правила поведения; кодекс 4. политика; стратегия
    acceptable use ~ правила использования сети (*оформленные в виде договора или письменного соглашения между провайдером и пользователем*)
    account ~ *вчт* стратегия учёта и правила поведения пользователей (*напр. в локальных сетях*)
    greedy ~ *проф.* «жадная» политика
    optimal ~ оптимальная политика
    paging ~ *вчт* алгоритм замещения страниц, алгоритм подкачки
    scheduling ~ *вчт* алгоритм (оперативного) планирования; алгоритм координации действий и распределения ресурсов; алгоритм диспетчеризации
    WB ~ *см.* **write back policy**
    write ~ метод записи
    write back ~ *вчт* метод обратной записи, метод записи в кэш с последующей выгрузкой модифицируемых блоков в основную память
    write through ~ *вчт* метод сквозной записи, метод одновременной записи в кэш и в основную память
    WT ~ *см.* **write through policy**
poling 1. поляризация (сегнетоэлектрика) (*процесс*) 2. линия столбов (*напр. телеграфных*); линия опор (*напр. ЛЭП*) 3. установка столбов (*напр. телеграфных*); установка опор (*напр. ЛЭП*)
    electrical ~ поляризация электрическим полем
    high-temperature ~ поляризация высокотемпературным нагревом
polish 1. полирование || полировать 2. полировальный материал
polisher 1. полировальный станок 2. полировальный материал
    mechanical ~ 1. полировальный станок 2. материал для механической полировки
polishing полирование
    chemical ~ химическое полирование
    chem(ical)-mech(anical) ~ химико-механическое полирование
    crystal ~ полирование кристалла
    electrolytic ~ электролитическое полирование
    etch ~ полирование травлением
    final ~ окончательное [финишное] полирование
    ion(-bombardment) ~ ионное полирование, полирование ионной бомбардировкой
    mechanical ~ механическое полирование
    metallographic ~ металлографическое полирование
poll *вчт* опрос || опрашивать
polling *вчт* опрос
    adaptive ~ адаптивный опрос
    automatic ~ автоматический опрос, автоопрос
    exhaustive ~ исчерпывающий [всесторонний] опрос
    reservation ~ опрос резервных каналов
pollution загрязнение окружающей среды
    noise ~ избыточный уровень акустических шумов; *проф.* зашумлённость
polyaniline *микр.* полианилин
polybenzoxazol *микр.* полибензоксазол
polycarbonate поликарбонат
polycrystal поликристалл || поликристаллический
    perfect ~ совершенный поликристалл

polycrystalline поликристаллический
polyene *кв. эл.* полиен
polyester *микр.* сложный полиэфир (*напр. полиэтилентерефталат*)
polyesterification *микр.* полиэтерификация
polyethylene полиэтилен
polyflop мультистабильная схема, схема с несколькими устойчивыми состояниями
polygon многоугольник (*1. полигон, геометрическая фигура 2. инструмент для рисования многоугольников в графических и текстовых редакторах*)
    cumulative frequency ~ полигон кумулятивных [накопленных] частот (*в статистике*)
    spherical ~ сферический многоугольник
polygonal многоугольный
polygraph 1. многоканальный самописец 2. полиграф, *проф.* «детектор лжи» 3. проверка на полиграфе ‖ проверять на полиграфе
polygraphic полиграфический (*1. многоканальный 2. относящийся к полиграфу 3. символьно-групповой (о способе шифрования)*)
polyhedral многогранный, полиэдрический
polyhedron многогранник, полиэдр
    polynomial ~ полиномиальный многогранник, полиномиальный полиэдр
polyhistor *вчт проф.* энциклопедист
polyimide *микр.* полиимид
polyline *вчт* ломаная, кусочно-линейная кривая
polymath *вчт проф.* энциклопедист
polymer полимер
    chiral ~ киральный [хиральный] полимер
    electronically conducting ~ полимер с электронной проводимостью
    light-emitting ~ светоизлучающий полимер
    penthacene semiconducting ~ пентаценовый полупроводниковый полимер
polymerization полимеризация
    ~ in solution полимеризация в растворе
    anion ~ анионная полимеризация
    bulk ~ полимеризация в массе
    cation ~ катионная полимеризация
    free-radical ~ радикальная полимеризация
    gaseous-phase ~ полимеризация в газовой фазе
    radiation ~ радиационная полимеризация
    ring-opening ~ циклополимеризация
    solid-phase ~ твёрдофазная полимеризация
    stereospecific ~ стереоспецифическая полимеризация
    suspension ~ суспензионная полимеризация
polymerize полимеризовать(ся)
polymodal многомодовый
polymorph *крист.* полиморфная модификация, полиморф
polymorphic *крист.* полиморфный
polymorphism *крист.* полиморфизм
    epitaxial ~ эпитаксиальный полиморфизм
    irreversible ~ необратимый полиморфизм
    low-level ~ полиморфизм низкого уровня
    reversible ~ обратимый полиморфизм
polymorphous *крист.* полиморфный
polymorphy *крист.* полиморфизм
polynomial полином; многочлен ‖ полиномиальный; многочленный
    ~ of best approximation полином наилучшего приближения
    ~ of least deviation полином наименьшего уклонения
    characteristic ~ характеристический полином
    checking ~ проверочный полином
    generator ~ порождающий полином
    irreducible ~ неприводимый полином
    lag ~ полином с запаздывающими коэффициентами, *проф.* полиномиальный лаг
    Legendre ~ of the first kind полином [функция] Лежандра первого рода
    Legendre ~ of the second kind полином [функция] Лежандра второго рода
    Legendre associated ~ of the first kind присоединённый полином [присоединённая функция] Лежандра первого рода
    Legendre associated ~ of the second kind присоединённый полином [присоединённая функция] Лежандра второго рода
    matrix ~ матричный полином
    message ~ полином сообщения, информационный полином
    mod 2 ~ полином (с коэффициентами) по модулю 2
    nondeterministic ~ недетерминированный полином
    orthogonal ~s ортогональные полиномы
    primitive ~ примитивный полином
    syndrome ~ синдромный полином
    tesseral ~ тессеральный полином
polynomiality полиномиальность
polyolyphine полиолефин
polyphase многофазный
polyphone *вчт* полифон, символ *или* буква с многовариантным произношением
polyphonic *вчт* полифонический (*1. имеющий многовариантное произношение (о символе или букве) 2. многоголосный*)
polyphony *вчт* полифония (*1. многовариантное произношение символа или буквы 2. разновидность многоголосия*)
polyplexer *рлк* многоканальный антенный переключатель
poly-p-phenylenevinylene поли-p-фениленвинилен (*светоизлучающий полимер*)
polyprocessor многопроцессорная система
polypropylene полипропилен
polyrod полистироловая стержневая антенна
polysemy *вчт* полисемия, многозначность (смысла)
polysemous *вчт* полисемантический, многозначный
polysilicon поликристаллический кремний; поликремний
polystyrene полистирол
polysyllabic *вчт* многосложный
polytechnic 1. политехнический 2. политехническое учебное заведение
polythene *см.* polyethylene
polythienylenevinylene *микр.* политиэнилвинилен
polythiophene *микр.* политиофен
polytype *крист.* политипная модификация, политип
polytypic *крист.* политипный
polytypism *крист.* политипия, политипизм
polyvalence поливалентность
polyvalent поливалентный
polyvinylchloride поливинилхлорид, ПВХ
pool *вчт* пул, совместно используемый (динамически распределяемый) ресурс; общий фонд ‖ образовывать пул; входить в пул

pool

buffer ~ буферный пул
DMI ~ пул интерфейса DMI
I/O channels ~ пул каналов ввода/вывода
memory ~ пул памяти, совместно используемая (динамически распределяемая) область памяти
modem ~ модемный пул
page ~ страничный пул (*памяти*)
storage ~ пул памяти, совместно используемая (динамически распределяемая) область памяти

pooler *вчт* преобразователь данных с ключами

PoP (физическая) точка входа в Internet, местоположение провайдера
physical ~ физическая точка входа в Internet, местоположение провайдера
virtual ~ виртуальная точка входа в Internet (*для телефонного соединения с провайдером без оплаты услуг междугородной связи*)

pop 1. щелчок, (прослушиваемая) импульсная одиночная радиопомеха **2.** *вчт* штрих (*надстрочный знак в математических формулах*), символ ′ **3.** *вчт* закрывающая кавычка, символ ′ **4.** выскакивать; выпрыгивать; возникать быстро, внезапно или неожиданно ‖ выскакивающий; выпрыгивающий; возникающий быстро, внезапно или неожиданно **5.** *вчт* выталкивать (из стека), снимать (со стека) (*с уменьшением указателя вершины*) **6.** популярная музыка **7.** *проф.* поп-арт

popping 1. хлопок в микрофоне (*от ветра или дыхания исполнителя*) **2.** выскакивание; выпрыгивание; быстрое, внезапное или неожиданное возникновение **3.** *вчт* выталкивание (из стека), снятие (со стека) (*с уменьшением указателя вершины*)

populate 1. заселять (*энергетические уровни*) **2.** *микр.* производить (при)крепление [посадку] компонентов (*на плату*) **3.** *вчт* заполнять (*напр. базу данных*)

populating 1. заселение (*энергетических уровней*) **2.** *микр.* (при)крепление [посадка] компонентов (*на плату*) **3.** *вчт* заполнение (*напр. базы данных*)

population 1. заселённость, населённость (*энергетических уровней*); степень заполнения **2.** *вчт* совокупность **3.** генеральная совокупность **4.** популяция, элементарная единица процесса эволюции (*в генетических алгоритмах*)
dichotomic ~ дихотомная совокупность
electron ~ электронная заселённость
excess ~ избыточная заселённость
fractional ~ относительная заселённость
general ~ генеральная совокупность
initial ~ исходная популяция
instantaneous ~ мгновенная заселённость
inverse [inverted] ~ инверсная заселённость
level ~ заселённость уровня
nonequilibrium ~ неравновесная заселённость
parent ~ генеральная совокупность
partitioned ~ разделённая генеральная совокупность
speaker ~ совокупность пользователей голосового [речевого] канала
spin ~ спиновая заселённость
thermal-equilibrium ~ термически равновесная заселённость
yes-or-no ~ дихотомная совокупность

pop-up 1. объект с выскакивающим или выпрыгивающим элементом ‖ выскакивающий; выпрыгивающий; возникающий быстро, внезапно или неожиданно **2.** *вчт* выскакивающее меню, меню с контекстно-зависимым появлением, *проф.* всплывающее меню **3.** печатное издание с поднимающимися при раскрывании фрагментами рисунков
square ~ *вчт* всплывающий баннер [всплывающее рекламное окно] формата «квадрат» (*250×250 пикселей*)

porch *тлв* площадка гасящего импульса
back ~ задняя площадка гасящего импульса
front ~ передняя площадка гасящего импульса
pulse ~ площадка гасящего импульса

pore *фтт* пора; пустотелое включение

porous пористый

porphyrin порфирин (*светочувствительный пигмент*)

porphyropsin порфиропсин (*палочковый зрительный пигмент с максимумом спектральной чувствительности на длине волны 522 нм*)

port 1. плечо (*напр. моста*) **2.** пара полюсов **3.** вход; выход **4.** отверстие фазоинвертора (*громкоговорителя*) **5.** *вчт* порт
accelerated graphics ~ ускоренный графический порт, порт (стандарта) AGP, магистральный интерфейс AGP (*1. шина расширения стандарта AGP для подключения видеоадаптеров 2. стандарт AGP*)
accelerated graphics ~ pro усовершенствованный ускоренный графический порт, порт (стандарта) AGP Pro, магистральный интерфейс AGP Pro (*1. шина расширения стандарта AGP Pro для подключения видеоадаптеров 2. стандарт AGP Pro*)
analog ~ аналоговый порт
audio output ~ *вчт* **1.** порт для вывода звука **2.** порт голосового [речевого] ответа
balanced ~ симметричный вход или выход
Bi-Di ~ *см.* bidirectional port
bidirectional ~ двунаправленный порт
built-in mouse ~ порт (для) мыши, встроенный в материнскую плату
Centronics ~ стандартный (однонаправленный) параллельный порт, стандартный LPT-порт (*с обменом данными по протоколу Centronics*)
COM ~ *см.* communication port
communication ~ последовательный порт
conjugate ~s сопряжённые плечи
daisy-chainable ~ порт для подключения нескольких последовательно соединённых устройств
difference ~ разностное плечо (*моста*)
digital ~ цифровой порт
downstream ~ нисходящий порт (*для подключения к устройству низшего уровня*)
E- ~ E-плечо
enhanced bidirectional ~ двунаправленный параллельный порт типа 1
enhanced parallel ~ 1. улучшенный (двунаправленный) параллельный порт (*с аппаратной генерацией управляющих сигналов интерфейса при обращении к порту*), EPP-порт **2.** улучшенный (двунаправленный) режим работы параллельного порта (*с аппаратной генерацией управляющих сигналов интерфейса при обращении к порту*), EPP-режим
extended capability ~ 1. (двунаправленный) параллельный порт с расширенными возможностя-

ми (за счёт аппаратного сжатия данных и использования FIFO-буферов и прямого доступа к памяти), ECP-порт **2.** (двунаправленный) режим работы параллельного порта с расширенными возможностями (за счёт аппаратного сжатия данных и использования FIFO-буферов и прямого доступа к памяти), ECP-режим
    fault detection ~ порт обнаружения ошибок
    feed ~ питаемое плечо
    floating ~ незаземлённый вход *или* выход
    H- ~ H-плечо
    infrared ~ инфракрасный порт
    input ~ **1.** входное плечо (*напр. моста*) **2.** порт ввода
    input/output ~s порты ввода/вывода
    internally terminated ~ плечо с внутренней нагрузкой
    linear printer ~ параллельный порт
    locked ~ порт в режиме постоянной скорости передачи данных
    LPT ~ **linear printer port**
    MIDI ~ MIDI-порт, порт MIDI-интерфейса
    MIDI/Game ~ порт для подключения MIDI-клавиатуры *или* джойстика
    motherboard mouse ~ порт (для) мыши, встроенный в материнскую плату
    mouse ~ порт (для) мыши
    multichannel buffered serial ~ многоканальный буферизованный последовательный порт
    network service ~ сетевой сервисный порт
    output ~ **1.** выходное плечо (*напр. моста*) **2.** порт вывода
    parallel ~ параллельный порт
    PS/2 ~ (последовательный) порт (с соединителем типа) PS/2
    serial ~ последовательный порт
    serial input/output ~ последовательный порт ввода/вывода
    standard parallel ~ **1.** стандартный (однонаправленный) параллельный порт, стандартный LPT-порт (*с обменом данными по протоколу Centronics*) **2.** стандартный (однонаправленный) режим работы параллельного порта, SPP-режим
    sum ~ суммирующее плечо (*напр. моста*)
    system ~ системный порт
    telephone service ~ телефонный сервисный порт
    test access ~ тестовый порт (*напр. интерфейса JTAG*)
    type 1 parallel ~ (двунаправленный) параллельный порт типа 1
    type 3 DMA parallel ~ параллельный порт типа 3 с прямым доступом к памяти
    unbalanced ~ заземлённый вход *или* выход
    upstream ~ восходящий порт (*для подключения к устройству высшего уровня*)
    view ~ *вчт* окно просмотра (*на экране дисплея*)
    well-known ~ постоянно связанный (*в Internet*) с определённым приложением порт, *проф.* общеизвестный порт
portability 1. портативность **2.** переносимость, мобильность, возможность использования на разных аппаратных платформах (*напр. о программном обеспечении*)
    product ~ переносимость программных продуктов

programmer ~ способность программиста работать на разных аппаратных платформах, *проф.* «мобильность» программиста
    software ~ переносимость программных продуктов
    tools ~ переносимость сервисных программ
portable 1. портативный [переносный] прибор ∥ портативный, переносный **2.** переносимый, мобильный, допускающий использование на разных аппаратных платформах (*напр. о программном обеспечении*)
portal *вчт проф.* портал (*1. Web-сайт с широким набором информационных ресурсов и услуг 2. стартовая точка поиска в информационной системе*)
    enterprise information ~ информационный портал для предприятия
    horizontal ~ горизонтальный портал
    vertical ~ вертикальный портал
portamento портаменто, скользящий переход от одного звука к другому
port-a-punch (ручной) пробойник
portative портативный, переносный
porthole *тлв* искажения (*в передающих телевизионных трубках*), обусловленные снижением чувствительности на краях поля изображения
portion часть; доля; порция ∥ делить на части; выделять
    baseband ~ полоса частот модулирующего сигнала
    prefix ~ *вчт* заголовок (*напр. сообщения*)
    sector prefix ~ заголовок сектора (*напр. магнитного диска*)
    sector suffix ~ завершитель сектора (*напр. магнитного диска*)
    suffix ~ *вчт* завершитель (*напр. сообщения*), заключительная часть (*напр. пакета*), *проф.* трейлер
portrait 1. портрет (*напр. фазовый*) **2.** *вчт* портретная [книжная] ориентация (*напр. листа бумаги*), вертикальная ориентация (*напр. экрана дисплея*) ∥ портретный, книжный (*напр. об ориентации листа бумаги*), вертикальный (*напр. экран дисплея*)
    phase ~ фазовый портрет
    spectral ~ спектральный портрет
posistor позистор, терморезистор с высоким положительным температурным коэффициентом сопротивления
position 1. позиция (*1. положение; место 2. ситуация; условия 3. отношение; мнение*) **2.** позиционировать(ся); устанавливать(ся) в определённое положение; располагать(ся); находиться в определённой позиции; размещать(ся) **3.** управлять положением (*напр. луча*) **4.** местоположение; координаты ∥ определять местоположение; определять координаты (*в навигации*) **5.** разряд (*числа*)
    bit ~ двоичный разряд
    bubble-equilibrium ~ равновесное положение ЦМД
    code ~ *вчт* кодовая позиция (*символа*); код символа
    computerized attendant's ~ *тлф* компьютеризованное рабочее место оператора
    crystal blank ~ положение плоскости среза для пластины из природного монокристалла
    dead-center ~ мёртвая точка (*механизма*)
    digit ~ позиция цифры (*в позиционной системе счисления*)
    H ~ *см.* **horizontal position**

position

home ~ *вчт* начало, стартовая позиция (*напр. курсора*) на экране дисплея; позиция (*напр. курсора*) в левом верхнем углу дисплея
horizontal ~ *вчт, тлв* положение (*изображения*) по горизонтали
interstitial ~ *крист.* междоузлие
number ~ разряд числа
operating ~ рабочее положение
response ~ положение считываемой метки (*при оптическом сканировании*)
screen ~ положение (*изображения*) на экране
sign ~ знаковый разряд
unit ~ позиция единиц (*в позиционной системе счисления*)
V ~ *см.* **vertical position**
vertical ~ *вчт, тлв* положение (*изображения*) по вертикали
positioner 1. позиционер, устройство позиционирования; устройство установки в определённое положение 2. устройство управления положением (*напр. луча*); *опт* дефлектор; манипулятор 3. юстировочное устройство 4. схема центрирования, схема центровки (*напр. кадров*) 5. устройство определения местоположения
binary electrooptic light-beam ~ двоичный электрооптический дефлектор
head ~ позиционер головки (*напр. магнитной*)
voice-coil ~ электродинамический позиционер
positioning 1. позиционирование; установка в определённое положение 2. управление положением (*напр. луча*); манипулирование 3. юстировка 4. центрирование, центровка (*напр. кадров*) 5. определение местоположения
absolute ~ абсолютное позиционирование
antenna ~ юстировка антенны
Doppler ~ определение местоположения по доплеровскому сдвигу частоты
electronic ~ электронное определение местоположения
fixed ~ фиксированное позиционирование
head ~ позиционирование головки (*напр. магнитной*)
radio ~ радиоопределение
relative ~ относительное позиционирование
symbol ~ *вчт* управление положением символа
positive 1. положительная величина || положительный 2. положительная пластина; положительный вывод (*элемента*) 3. позитивное изображение 4. собирающий, положительный (*о линзе*) 5. утвердительное суждение; утверждение || утвердительный, положительный 6. знак сложения, плюс 7. второй металлический оригинал (*грампластинки*) 8. стеклометаллический оригинал (*компакт-диска*)
A- ~ положительный вывод источника напряжения накала
B- ~ положительный вывод источника анодного питания
black ~ *тлв* негативный видеосигнал
C- ~ положительный вывод источника напряжения смещения на сетке
F- ~ положительный вывод источника напряжения накала
false ~ ложное положительное суждение; ложное утверждение || ложно утвердительный, ложно положительный

master ~ *микр.* позитивная копия оригинала (*напр. шаблона*)
metal ~ второй металлический оригинал (*фонограммы*)
positron позитрон
post 1. зажим, клемма 2. штырь (*в волноводе*) 3. столб; мачта; стойка 4. *микр.* столбиковый вывод, контактный столбик 5. почта || пользоваться почтой; отправлять по почте (*напр. сообщение*) || почтовое 6. почта; почтовое отделение 7. почтовый ящик || опускать в почтовый ящик 8. (почтовая) корреспонденция; почта 9. рассылка почты; доставка почты || рассылать почту; доставлять почту 10. почтовая бумага (*формата* $40{,}6 \times 50{,}8$ $см^2$) 11. помещать рекламу на плакатах или афишах; посылать рекламное сообщение в виде плаката или афиши (*напр. по электронной почте*) 12. *вчт* вносить данные в запись; регистрировать
binding ~ 1. зажим, клемма 2. столбиковый вывод, контактный столбик
capacitive ~ ёмкостный штырь
conducting ~ проводящий штырь
coupling ~ штырь связи
cross ~ перекрёстная рассылка почты; рассылка почты по нескольким адресам
follow-on ~ письмо-дополнение; письмо-продолжение (*в телеконференциях*)
follow-up ~ письмо-дополнение; письмо-продолжение (*в телеконференциях*)
guide ~ направляющая стойка (*магнитофона*)
inductive ~ индуктивный штырь
reactive ~ реактивный штырь
tuning ~ настроечный штырь
waveguide ~ волноводный штырь
postacceleration послеускорение
postcardware *проф.* (лицензированное) условно-бесплатное программное обеспечение с просьбой о вознаграждении автору в виде художественной почтовой открытки
postdeflection отклонение цветоделительной сеткой (*в хроматроне*)
post-echo запаздывающее эхо (*в механической звукозаписи*)
postedit *вчт* постредактирование, редактирование выходных данных || производить постредактирование, редактировать выходные данные
postediting *вчт* постредактирование, редактирование выходных данных
postemphasis, postequalization коррекция предыскажений
poster *вчт* плакат; афиша
posterior апостериорный
posterization *проф.* постеризация (*1. контурность, возникновение дополнительных градаций полутонового изображения в компьютерной графике 2. введение дополнительных градаций полутонового изображения для придания ему плакатного вида*)
posterize *проф.* постеризовать, вводить дополнительные градации полутонового изображения для придания ему плакатного вида
postfix *вчт* 1. постфиксная операция || постфиксный 2. постфикс; суффикс || использовать постфикс или суффикс
post-gap конечный (*свободный от записи*) разделительный участок трека (*компакт-диска*)

posting 1. (почтовая) корреспонденция; почта **2.** рассылка почты; доставка почты **3.** помещение рекламы на плакатах *или* афишах; рассылка рекламных сообщений в виде плаката *или* афиши (*напр. по электронной почте*)

postmaster 1. начальник почтового отделения **2.** администратор электронной почты **3.** специалист по электронной почте

postmortem 1. обсуждение завершённого *или* случившегося; анализ после события **2.** последующий, происходящий после **3.** *вчт* постпрограмма

post-multiplication умножение справа

post-negative матрица (*напр. для прессования грампластинок*)

postprocessing *вчт* обработка выходных данных (*напр. для их представления в определённой форме*), *проф.* постобработка

postprocessor постпроцессор

postproduction компоновка (*конечная фаза производства теле-, кино- или видеопродукции*)
   electronic ~ электронная компоновка

PostScript *вчт* язык описания страниц PostScript
   ~ Level 2 язык описания страниц PostScript 2-го уровня
   display ~ расширение языка PostScript для графических приложений, язык display PostScript, язык DPS

postscript 1. комментарий (*напр. к радио- или телепередаче*) **2.** *вчт* постскриптум, приписка (*в письме*) после подписи

postscriptum постскриптум, приписка (*в письме*) после подписи

postsynaptic *биол.* постсинаптический

postulate постулат || постулировать

posture *вчт* наклон символов шрифта

pot 1. переменный резистор, резистор переменного сопротивления **2.** герметизировать; заливать (*напр. компаундом*) **3.** ванна
   linear ~ линейный переменный резистор
   pan ~ регулятор панорамирования (*в звуковоспроизведении*)
   ultrasonic-solder ~ ванна для ультразвуковой пайки

potato:
   couch ~ *проф.* праздный телезритель

potential 1. потенциал (*1. потенциальная функция 2. потенциальные возможности*) || потенциальный (*1. относящийся к потенциальной функции 2. безвихревой (о поле) 3. относящийся к потенциальным возможностям*) **2.** разность потенциалов, напряжение
   accelerating ~ ускоряющее напряжение
   action ~ *биол.* потенциал действия
   alteration ~ *биол.* потенциал повреждения
   barrier ~ барьерный потенциал, высота потенциального барьера
   bias ~ напряжение смещения
   Born-Mayer ~ потенциал Борна — Майера (*в ионных кристаллах*)
   boundary ~ 1. граничный потенциал **2.** биопотенциал, биоэлектрический потенциал
   breakdown ~ пробивное напряжение, напряжение пробоя
   breakdown surface ~ *пп* поверхностное пробивное напряжение
   Buckingham ~ потенциал Букингема (*в ионных кристаллах*)
   built-in ~ 1. контактная разность потенциалов **2.** *пп* потенциал поля *p — n*-перехода
   Catlow-Diller-Norgett ~ потенциал Кэтлоу — Диллера — Норгетта (*в ионных кристаллах*)
   channel ~ *пп* потенциал канала
   chemical ~ химический потенциал
   complex ~ комплексный потенциал
   confining ~ удерживающий потенциал
   contact ~ контактная разность потенциалов
   control ~ управляющий потенциал
   Coulomb ~ кулоновский потенциал
   critical ~ 1. критический потенциал **2.** *кв. эл.* потенциал возбуждения
   cutoff ~ напряжение отсечки (*электровакуумного прибора*)
   dark ~ темновой потенциал
   deflecting ~ отклоняющее напряжение
   deformation ~ *фтт* деформационный потенциал
   deionization ~ деионизационный потенциал
   demarcation ~ *биол.* потенциал повреждения
   diffusion ~ 1. *пп* потенциал поля *p — n*-перехода **2.** электрохимический потенциал
   early receptor ~ *биол.* ранний рецепторный потенциал
   electric ~ электрический потенциал
   electrochemical ~ электрохимический потенциал
   electrode ~ 1. потенциал электрода **2.** электродный потенциал
   electrokinetic ~ электрокинетический потенциал, дзета-потенциал
   electrolytic ~ электродный потенциал
   electromagnetic ~ электромагнитный потенциал
   electron-stream ~ (локальный) потенциал электронного потока
   electrophoretic ~ электрокинетический потенциал при электрофорезе
   equilibrium ~ равновесный потенциал
   evoked ~ *биол.* вызванный потенциал
   excitation ~ потенциал возбуждения
   excitatory postsynaptic ~ возбуждающий постсинаптический потенциал
   extinction ~ деионизационный потенциал
   extraction ~ напряжение экстракции (*носителей заряда*)
   Fermi ~ потенциал Ферми
   firing ~ напряжение возникновения разряда, напряжение зажигания (*в газоразрядном приборе*)
   floating ~ плавающий потенциал
   gate ~ потенциал затвора (*полевого транзистора*)
   glow ~ напряжение возникновения тлеющего разряда
   graded ~ *биол.* деполяризующий потенциал
   Hall ~ напряжение Холла, холловское напряжение
   image ~ потенциал поля зеркального изображения заряда
   induced ~ наведённое напряжение
   inhibitory ~ *биол.* ингибиторный потенциал
   inhibitory postsynaptic ~ *биол.* ингибиторный постсинаптический потенциал
   injury ~ *биол.* потенциал повреждения
   intensifier ~ потенциал послеускоряющего электрода
   interface ~ межфазный потенциал
   interionic ~ межионный потенциал
   ionization ~ ионизационный потенциал

potential

Josephson ~ *свпр* джозефсоновский потенциал
Lienard-Wiechert ~ потенциалы Льенара — Вихерта, запаздывающие скалярный и векторный потенциалы (*электромагнитного поля*)
magnetic ~ магнитный потенциал
magnetic scalar ~ скалярный магнитный потенциал
magnetic vector ~ векторный магнитный потенциал
mask ~ *тлв* потенциал маски
membrane ~ *бион.* мембранный потенциал
muffin-tin ~ *фтт* ячеечный потенциал
neuron ~ потенциал нейрона; взвешенная сумма входов нейрона
nonequilibrium ~ неравновесный потенциал
operating ~ рабочее напряжение
pair ~ *свпр* потенциал пар
phase-boundary ~ межфазный потенциал
pinning ~ *свпр* потенциал захвата, потенциал пиннинга
plasma ~ плазменный потенциал
polarizing ~ поляризующее напряжение (*конденсаторного микрофона*)
postsynaptic ~ *бион.* постсинаптический потенциал
quasi-Fermi ~ квазипотенциал Ферми
radiation ~ *кв. эл.* потенциал возбуждения
receptor ~ *бион.* рецепторный потенциал
reduction ~ восстановительный потенциал
reference ~ опорный потенциал
reflectionless ~ безотражательный потенциал
reflector ~ потенциал отражателя (*клистрона*)
resonance ~ *кв. эл.* потенциал возбуждения
rest(ing) ~ потенциал покоя
retarded ~ запаздывающий потенциал
reversible ~ равновесный электродный потенциал
scalar ~ скалярный потенциал
scalar electromagnetic ~ скалярный электромагнитный потенциал
single-particle ~ одночастичный потенциал
sinusoidal ~ синусоидальный потенциал
spline ~ сплайн-потенциал (*в ионных кристаллах*)
substrate ~ *пп* потенциал подложки
surface ~ поверхностный потенциал
target ~ *тлв* потенциал мишени
thermodynamic ~ термодинамический потенциал
Toda ~ потенциал Тоды
tracer ~ *бион.* следовый потенциал
transmembrane ~ *бион.* трансмембранный потенциал
vector ~ векторный потенциал
vector electromagnetic ~ векторный электромагнитный потенциал
zero ~ нулевой потенциал
zeta ~ электрокинетический потенциал, дзета-потенциал

potentiometer 1. потенциометр 2. переменный резистор, резистор переменного сопротивления 3. делитель напряжения
  balancing ~ компенсационный потенциометр
  Brooks (standard cell) ~ потенциометр для сравнения нормальных элементов
  cam ~ кулачковый переменный резистор
  capacitance ~ ёмкостный потенциометр
  carbon ~ непроволочный переменный резистор с графитовым *или* лакосажевым покрытием
  cermet ~ керметный переменный резистор
  contrast ~ *тлв* переменный резистор регулировки контраста изображения
  coordinate ~ координатный потенциометр
  cosine ~ косинусный переменный резистор
  differential ~ дифференциальный потенциометр
  digital ~ цифровой потенциометр
  direct-reading ~ потенциометр с непосредственным отсчётом (*напряжения*)
  double ~ сдвоенный переменный резистор
  electronic ~ электронный потенциометр
  feedback ~ переменный резистор в цепи обратной связи
  follow-up ~ *вчт* следящий переменный резистор
  helical ~ переменный резистор со спиральной намоткой
  inductive ~ индуктивный потенциометр
  multiturn ~ многооборотный переменный резистор
  pan ~ регулятор панорамирования (*в звуковоспроизведении*)
  resistance ~ резистивный потенциометр
  resolving ~ решающий потенциометр
  rotary ~ поворотный переменный резистор
  scale-factor ~ *вчт* переменный резистор, задающий масштабный коэффициент
  servo ~ переменный резистор с сервоприводом
  sine ~ синусный переменный резистор
  single-turn ~ однооборотный переменный резистор
  slide-wire ~ потенциометр с реохордом
  straight-moving ~ ползунковый переменный резистор
  tapered ~ переменный резистор с намоткой переменного шага
  tapped ~ переменный резистор с дополнительными отводами
  trimmer ~ подстроечный переменный резистор
  wire-wound ~ проволочный переменный резистор

pothead оконечная муфта (*кабеля*)

potted герметизированный; залитый (*напр. компаундом*)

pound 1. знак фунта (*меры веса в США*), символ # 2. тяжёлый удар; бомбардировка ‖ наносить тяжёлые удары; бомбардировать ◊ **to** ~ **on** испытывать (*программные или аппаратные средства*) в тяжёлых условиях

powder 1. порошок ‖ превращать(ся) в порошок ‖ порошковый 2. порошковый материал
  magnetic ~ магнитный порошок
  nanocrystalline ~ нанокристаллический порошок, нанопорошок
  rapid-quenched ~ быстрозакалённый порошок

Power кнопка включения (и выключения) (электро)питания, кнопка «Power» (*напр. на передней панели компьютера*)

power 1. мощность 2. *вчт* степень 3. *вчт* показатель (степени), индекс ‖ степенной 4. *опт* увеличение 5. *опт* оптическая сила 6. мощность критерия (*в статистике*); сила (*напр. прогноза*) 7. способность; производительность 8. мощный (*напр. транзистор*); силовой (*напр. кабель*); энергетический (*напр. об установке*) 9. подводить энергию; снабжать энергией; питать 10. кнопка включения (и выключения) (электро)питания, кнопка «power» (*напр. на передней панели компьютера*) ‖ нажи-

power

мать кнопку включения (и выключения) (электро)питания, нажимать кнопку «power» **11.** снабжать приводом (*напр. электрическим*); использовать двигатель ‖ снабжённый приводом; использующий двигатель; механический ◊ ~ **actuated** снабжённый приводом; использующий двигатель; механический; ~ **down** выключать (*напр. прибор*); автоматически отключать (электро)питание (*напр. по команде микропроцессора*); ~ **on** включать (*напр. прибор*); ~ **up** включать (*напр. прибор*); автоматически включать (электро)питание (*напр. по команде микропроцессора*)

~ **good** вчт **1.** сигнал «(электро)питание в норме» (*на выходе блока питания*) **2.** выход сигнала «(электро) питание в норме» (*в блоке питания*)
~ **ocay** вчт **1.** сигнал «(электро)питание в норме» (*на выходе блока питания стандарта ATX*) **2.** выход сигнала «(электро) питание в норме» (*в блоке питания стандарта ATX*)
~ **of test** мощность критерия
absolute thermoelectric ~ абсолютная термоэлектродвижущая сила, абсолютная термоэдс
absorbed ~ поглощённая [поглощаемая] мощность
absorptive ~ поглощающая способность
acoustic ~ акустическая мощность; звуковая мощность
active ~ активная мощность
alternating-current ~ мощность переменного тока
angular resolving ~ угловая разрешающая способность
anode input [anode supply] ~ мощность питания анода (*генераторной лампы*)
antenna ~ мощность, подводимая к антенне
antenna resolving ~ (угловая) разрешающая способность антенны
apparent ~ кажущаяся мощность
asymptotic ~ асимптотическая мощность (*критерия*)
available ~ согласованная мощность, мощность в режиме согласования
available noise ~ согласованная мощность шума
average speech ~ средняя мощность речевого сигнала
backscattered ~ мощность обратного рассеяния
burn-out ~ *пп* мощность выгорания
carrier ~ мощность несущей
computer ~ производительность компьютера
computing ~ **1.** производительность компьютера **2.** вычислительный ресурс
control ~ управляющая мощность
direct-current ~ мощность постоянного тока
dirty ~ плохое (электро)питание (*со скачками напряжения, отклонением среднего значения напряжения от номинального, с перерывами в подаче и т.д.*)
dissipated ~ рассеиваемая мощность
distortion ~ мощность искажений
driving ~ мощность возбуждения
effective monopole radiated ~ мощность излучения эквивалентного несимметричного вибратора
effective radiated ~ **1.** мощность излучения эквивалентного полуволнового симметричного вибратора **2.** мощность эквивалентного изотропного излучателя
emissive ~ излучательная способность
equivalent isotropic radiator ~ мощность эквивалентного изотропного излучателя
equivalent noise ~ эквивалентная мощность шума
equivalent radiated ~ **1.** мощность излучения эквивалентного полуволнового симметричного вибратора **2.** мощность эквивалентного изотропного излучателя
excitation ~ мощность возбуждения
explanatory ~ объяснительная сила
feedthrough ~ **1.** проходящая мощность **2.** просачивающаяся мощность
firing ~ мощность зажигания (*разрядника*)
flat leakage ~ просачивающаяся мощность плоской части импульса (*в разряднике*)
forecasting ~ предсказательная сила; точность предсказаний
forward ~ мощность прямой волны
forward-scattered ~ мощность прямого рассеяния
grid-driving ~ мощность управляющего сигнала на сетке; входная мощность (электронной) лампы
harmonic leakage ~ просачивающаяся мощность высших гармоник (*в разряднике*)
high ~ **1.** большая мощность **2.** мощный; с большой выходной мощностью; предназначенный для работы при большом уровне мощности; силовой; способный выдерживать большую мощность
horse ~ лошадиная сила, л.с., 736 Вт
in-band ~ внутриполосная мощность
incident ~ мощность падающей волны
input ~ входная мощность
instantaneous ~ мгновенная мощность, мгновенное значение мощности
instantaneous acoustic ~ **across a surface element** мгновенный поток звуковой энергии
instantaneous acoustic ~ **per unit area** мгновенная плотность потока звуковой энергии
instantaneous echo ~ *рлк* мгновенное значение мощности отражённого сигнала
intermodulation-product ~ мощность комбинационных составляющих
inversion ~ *кв. эл.* мощность, необходимая для создания инверсии
ionizing ~ ионизирующая способность
leakage ~ просачивающаяся мощность (*напр. в разряднике*)
lens ~ оптическая сила линзы
light-gathering ~ светосила
load circuit ~ мощность, выделяемая на нагрузке схемы
long-time-average ~ долговременное среднее значение мощности
magnifying ~ увеличение оптического инструмента
main ~ мощность, потребляемая от сети
mean ~ средняя мощность
minimum firing ~ минимальная мощность зажигания (*резонансного разрядника*)
modal ~ мощность моды
noise ~ мощность шума
noise-equivalent ~ эквивалентная мощность шума
noise-equivalent ~ **at** λ эквивалентная мощность шума на длине волны λ
operating ~ рабочая мощность
out-of-band ~ внеполосная мощность

power

output ~ выходная мощность
passing-wave ~ мощность проходящей волны
peak ~ максимальная мощность
peak envelope ~ максимальное значение мощности огибающей
peak pulse ~ максимальная мощность импульса
peak radar ~ максимальная мощность импульса РЛС
penetrating ~ проникающая способность
phasor ~ полная мощность
plate input ~ мощность питания анода
pulse ~ действующее значение мощности импульса
pump(ing) ~ мощность накачки
radiated [radiation] ~ излучаемая мощность, мощность излучения
rated ~ номинальная мощность
reactance ~ реактивная мощность
reactive ~ реактивная мощность
real ~ активная мощность
received ~ принимаемая мощность
reduced ~ приведённая мощность
reflected ~ 1. мощность отражённого сигнала 2. мощность отражённой волны
reflection ~ отражательная способность
refractive ~ преломляющая способность
relative ~ приведённая мощность
resolving ~ разрешающая способность
returned ~ мощность отражённого сигнала
rota(to)ry ~ 1. вращательная способность 2. естественная оптическая активность
scattered ~ рассеянная мощность
scattering ~ рассеивающая способность
short-time-average ~ кратковременное среднее значение мощности
sideband ~ мощность в боковой полосе
signal ~ мощность сигнала
sound ~ звуковая мощность; акустическая мощность
specific ~ удельная мощность
spillover ~ мощность, не перехватываемая зеркалом (*антенны*)
standard test-tone ~ мощность стандартного испытательного сигнала (*1 мВт на частоте 1 кГц*)
stopping ~ тормозная способность
thermal equivalent ~ эквивалентная мощность теплового шума
thermoelectric ~ термоэлектродвижущая сила, термоэдс
threshold ~ пороговая мощность
vector ~ полная мощность
wattless ~ реактивная мощность
powerbar *вчт* панель инструментов
powerful 1. мощный (*напр. о критерии*) **2.** производительный (*напр. о компьютере*)
most ~ наиболее мощный (*о критерии*)
uniformly most ~ равномерно наиболее мощный (*о критерии*)
PowerPC персональный компьютер с оптимизированной производительностью и расширенной RISC-архитектурой, компьютер (серии) Macintosh PowerPC
PowerPoint:
Microsoft ~ программа корпорации Microsoft для работы с презентационной графикой, программа Microsoft PowerPoint

pox *крист.* пустулы
PPI индикатор кругового обзора, ИКО
azimuth-stabilized ~ индикатор кругового обзора, стабилизированный по азимуту
delayed ~ индикатор кругового обзора с задержанной развёрткой
expanded-center ~ индикатор кругового обзора с растянутым центром
north-stabilized ~ индикатор кругового обзора, стабилизированный по магнитному азимуту
off-center ~ индикатор кругового обзора со смещенным центром
open-center ~ индикатор кругового обзора с открытым центром
sector ~ индикатор с секторным обзором
practicability реализуемость; осуществимость; пригодность для практического использования
practicable реализуемый; осуществимый; пригодный для практического использования
praetersonic акустоэлектронный
praetersonics акустоэлектроника
pragma *вчт* прагма, псевдокомментарий (*стандартизованная форма указания компилятору*)
pragmatics 1. *вчт* прагматика (*1. раздел семиотики 2. контекстная лингвистика*) **2.** практические соображения
Pramanik *фирм.* игла для квадрафонического звукоснимателя
praxis практика
preage приработка (*1. длительные (в течение нескольких суток) непрерывные испытания (прибора или устройства) при нормальных условиях перед поставкой заказчику 2. электротермотренировка, длительные (в течение нескольких суток) непрерывные испытания (прибора или устройства) при повышенной (напр. до 50° C) температуре перед поставкой заказчику*) || производить приработку
preaging приработка (*1. длительные (в течение нескольких суток) непрерывные испытания (прибора или устройства) при нормальных условиях перед поставкой заказчику 2. электротермотренировка, длительные (в течение нескольких суток) непрерывные испытания (прибора или устройства) при повышенной (напр. до 50° C) температуре перед поставкой заказчику*)
prealignment предварительная настройка *или* регулировка; грубая настройка *или* регулировка
preamble 1. *вчт* преамбула **2.** *тлг* заголовок
cyclic ~s циклические преамбулы
preamp *см.* preamplifier
preamplifier предварительный усилитель, предусилитель
antenna (-mounted) ~ антенный предусилитель
intermediate-frequency ~ предусилитель промежуточной частоты
log-linear ~ линейно-логарифмический предусилитель
microphone ~ микрофонный предусилитель
playback ~ предусилитель воспроизведения
read ~ предусилитель считывания
recording ~ предусилитель записи
video ~ предварительный усилитель видеосигнала, предварительный видеоусилитель
preassignment жёсткое закрепление каналов

prebunching предварительное группирование, предварительная группировка

precedence вчт 1. приоритет; старшинство 2. предшествование
  ~ **of operators** приоритет операций
  higher ~ более высокий приоритет
  lower ~ более низкий приоритет

preceptron слуховой аппарат

precess прецессировать

precession прецессия
  Larmor ~ ларморова прецессия
  magnetic ~ магнитная прецессия
  nonuniform ~ неоднородная прецессия
  resonant ~ резонансная прецессия
  uniform ~ однородная прецессия

precipitate осадок, выпавшая [выпадающая] фаза || осаждать(ся), выпадать в осадок

precipitation 1. осаждение 2. пылеулавливание
  electric [electrostatic] ~ электростатическое пылеулавливание
  preferential ~ избирательное осаждение

precipitator, precipitron пылеуловитель
  charged-drop ~ электрофильтр с заряженными каплями
  electrostatic ~ электрофильтр, электростатический пылеуловитель
  space-charge ~ электрофильтр с пространственным зарядом

precise точный

precision точность
  ~ **of estimate** точность оценки
  ~ **of prediction** точность прогноза
  absolute ~ абсолютная точность
  double ~ вчт двойная точность (*мантисса – 52 бит; порядок – 11 бит; знак – 1 бит*)
  effective ~ эффективная точность
  extended ~ вчт повышенная точность (*мантисса – 64 бит; порядок – 15 бит; знак – 1 бит*)
  fixed ~ заданная точность
  measurement ~ точность измерений
  relative ~ относительная точность
  single ~ вчт одинарная точность (*мантисса – 23 бит; порядок – 8 бит; знак – 1 бит*)
  triple ~ вчт тройная точность (*мантисса – 77 бит; порядок – 18 бит; знак – 1 бит*)

precompensation предварительная компенсация, предкомпенсация; предварительная коррекция, предкоррекция
  write ~ предварительная компенсация при записи, предкомпенсация при записи

precompiler предварительный компилятор

precorrection предварительная коррекция, предкоррекция

precursor лидер (*разряда*)

predecessor предок, родитель (*напр. в дереве*); предшественник || родительский; предшествующий

pre-defined предопределенный; встроенный (*напр. о функции*)

pre-delay предварительная задержка, проф. предзадержка (*напр. в системах искусственной реверберации*)

predeposition загонка примеси (*первая стадия двухстадийной диффузии*)

pre-determined предопределенный; встроенный (*напр. о функции*)

predicable вчт предметная переменная; субъект (*предиката*)

predicate 1. вчт предикат (*1. пропозициональная логическая функция, выражение с неопределёнными терминами 2. приписываемый объекту признак; свойство; отношение 3. сказуемое 4. рема, ядро, заключительная часть актуального членения предложения 5. ключевое слово (напр. в языках программирования SQL и Prolog*)) || предикатный, предикативный 2. представлять в виде предиката 3. утверждение || утверждать
  ~ **of predicates** предикат предикатов
  ~ **with free variable** предикат со свободной переменной
  algebraic ~ алгебраический предикат
  analytical ~ аналитический предикат
  associated ~**s** ассоциированные предикаты
  atomic ~ атомный предикат
  basic ~ базисный предикат
  binary ~ двуместный предикат
  Boolean ~ булев [логический] предикат
  bounded ~ ограниченный предикат
  complete ~ полный предикат
  completely defined ~ полностью определённый предикат
  completely representable ~ полностью представимый предикат
  computability ~ предикат вычислимости
  decidable ~ разрешимый предикат
  definable ~ определимый предикат
  derived ~ производный предикат
  disjunctively definable ~ дизъюнктивно определимый предикат
  dyadic ~ двуместный предикат
  enumerable ~ перечислимый предикат
  equality ~ предикат равенства
  exhaustive ~ исчерпывающий предикат
  expressible ~ выразимый предикат
  first-order ~ предикат первого порядка
  formula ~ формульный предикат
  fuzzy ~ нечёткий предикат
  generable ~ генерируемый предикат
  general recursive ~ общерекурсивный предикат
  higher-order ~ предикат высшего порядка
  Horn ~ предикат Хорна
  invariant ~ инвариантный предикат
  irreducible ~ неразложимый предикат
  logic ~ логический [булев] предикат
  monadic ~ одноместный предикат
  multi-place ~ многоместный предикат
  n-argument ~ n-местный предикат
  niladic ~ нульместный предикат
  n-place ~ n-местный предикат
  nth order ~ предикат n-го порядка
  numerical ~ числовой предикат
  one-place ~ одноместный предикат
  polynomial ~ полиномиальный предикат
  prime ~ простой предикат
  primitively recursive ~ примитивно рекурсивный предикат
  recursive ~ рекурсивный предикат
  representable ~ представимый предикат
  resolvable ~ разрешимый предикат
  sameness ~ предикат тождественности
  semantic ~ семантический предикат

predicate

strong ~ сильный предикат
triadic ~ трёхместный предикат
two-place ~ двуместный предикат
unary ~ одноместный предикат
undecidable ~ неразрешимый предикат
unitary ~ одноместный предикат
universal ~ универсальный предикат

predicative 1. *вчт* предикатив (*именная часть составного сказуемого*) ‖ предикативный 2. предикатный, предикативный (*относящийся к предикату*)

predicator *вчт* предикатор

predict предсказывать, делать предсказание; прогнозировать

predictability предсказуемость; прогнозируемость
~ **of behavior** предсказуемость поведения
execution-time ~ предсказуемость времени счёта *или* времени выполнения (*напр. программы*)

predictable предсказуемый; прогнозируемый

prediction предсказание; прогноз
backward ~ обратное предсказание
biased ~ смещённый прогноз
bidirectional ~ *вчт* двунаправленное предсказание (*напр. при уплотнении и разуплотнении видеоданных*)
branch ~ *вчт* предсказание переходов (*в программе*)
contour ~ контурное предсказание
failure ~ предсказание отказов
forward ~ прямое предсказание
interframe ~ межкадровое предсказание
intraframe ~ внутрикадровое предсказание
least-squares ~ предсказание по методу наименьших квадратов
motion compensation ~ компенсация изменений (видеоданных о движущихся объектах) с предсказанием, дифференциальный метод сжатия видеоданных о движущихся объектах с предсказанием
multiple branch ~ *вчт* многократное предсказание переходов (*в программе*)

predictive предсказывающий; прогнозирующий
code excited linear ~ вокодер с линейным предсказанием
variable code excited linear ~ вокодер с неравномерным линейным предсказанием

predictor 1. предиктор (*1. предсказывающее устройство, предсказатель; прогнозирующее устройство 2 независимая [объясняющая] переменная (в математической статистике) 3. предвестник*) 2. экстраполирующее устройство, экстраполятор
adaptive ~ адаптивный предиктор
analog ~ аналоговый предиктор
categorial ~ категориальный предиктор
digital ~ цифровой предиктор
escalator ~ лестничный предиктор
feed-forward ~ предиктор с упреждением
interfield ~ межполевой предиктор
interframe ~ межкадровый предиктор
intrafield ~ внутриполевой предиктор
intraframe ~ внутрикадровый предиктор
lattice ~ решётчатый предиктор
linear ~ линейный предиктор
maximum-likelihood ~ предиктор по критерию максимума правдоподобия
multipoint ~ многоэлементный предиктор
multistep ~ многошаговый предиктор
neural network ~ нейросетевой предиктор
nonadaptive ~ неадаптивный предиктор
single-pixel ~ однопиксельный предиктор

prediffusion предварительная диффузия

predissociation преддиссоциация

predistortion предыскажения

predoping предварительное легирование

preecho опережающее эхо

preedit *вчт* предварительное редактирование, редактирование входных данных ‖ производить предварительное редактирование, редактировать входные данные

preediting *вчт* предварительное редактирование, редактирование входных данных

preemphasis предыскажения
high-frequency ~ высокочастотные предыскажения
video ~ предыскажения видеосигнала

preemphasize вводить предыскажения

preempt 1. реализовывать приоритет; использовать приоритет (*для занятия или захвата чего-либо*) 2. вытеснять из памяти (*одну программу другой*) в соответствии с приоритетом 3. *тлф* производить внеочередное [приоритетное] занятие линии

preemptible 1. подпадающий под действия по реализации чужого приоритета 2. вытесняемый из памяти в соответствии с приоритетом (*о программах*) 3. *тлф* освобождающий линию вне очереди в соответствии с приоритетом

preemption 1. реализация приоритета; использование приоритета (*для занятия или захвата чего-либо*) 2. вытеснение из памяти (*одной программы другой*) в соответствии с приоритетом 3. *тлф* внеочередное [приоритетное] занятие линии

preemptive 1. реализующий приоритет; использующий приоритет (*для занятия или захвата чего-либо*) 2. вытесняющий из памяти в соответствии с приоритетом (*о программах*) 3. *тлф* занимающий линию вне очереди в соответствии с приоритетом

preequalization предыскажения

preference 1. предпочтение; предпочтительность 2. предпочтительное состояние 3. предпочтительный выбор 4. *вчт* установка, предпочитаемая пользователем; установка пользователя 5. *проф.* преференция (*1. преимущественное право; привилегия 2. вчт количественная мера предпочтительности маршрута передачи данных*)
coder's ~ предпочтение шифровальщика
undeclared ~ необъявленное предпочтение
user ~ *вчт* установка, предпочитаемая пользователем; установка пользователя

prefetch *вчт* выборка с упреждением, предвыборка ‖ производить выборку с упреждением, производить предвыборку

prefilter предварительный фильтр

prefiltering предварительная фильтрация

prefix *вчт* 1. префиксная операция ‖ префиксный 2. префикс, приставка ‖ использовать префикс, использовать приставку
address length ~ префикс (изменения) разрядности адреса
block ~ *вчт* префикс блока
label ~ префикс метки
metric ~ приставка для образования кратных *или* дольных единиц (*системы СИ*)

monetary ~ префикс в виде знака денежной единицы (*напр. $*)
number ~ *тлф* код зоны
prefixoid *вчт* префиксоид
prefocusing предварительная фокусировка
preform *микр.* заготовка
prefractal префрактал, самоподобное топологическое множество с конечным числом иерархических уровней || префрактальный
pre-gap начальный (*свободный от записи*) разделительный участок трека (*компакт-диска*)
p-register счетчик команд
preimage прообраз
preionization предыонизация
preionizer предварительный ионизатор
premagnetization предварительное намагничивание
premastering окончательная обработка предназначенных для записи на компакт-диск данных, представление предназначенных для записи на компакт-диск данных в виде тома стандарта ISO 9660
premise 1. *вчт* посылка || использовать посылку 2. *вчт* исходное положение || руководствоваться исходными положениями 3. аргумент (*при логическом доказательстве*) 4. *pl* территория; помещение
customer ~s территория пользователя; помещение пользователя
premiss аргумент (*при логическом доказательстве*)
premodulation предварительная модуляция, предмодуляция
preparation подготовка (*напр. данных*)
data ~ подготовка данных
prepreg *микр.* разделительный диэлектрический слой из полуспечённой керамики (*в многослойных печатных платах*)
prepress подготовка к печати, допечатная подготовка; допечатный процесс || готовить к печати || допечатный; предшествующий печати
preprocessing 1. предварительная обработка, предобработка (*напр. входных данных для их представления в определённой форме*) 2. обработка препроцессором
preprocessor препроцессор
dynamic adaptive speculative ~ динамический адаптивный препроцессор с упреждающим считыванием (*из ОЗУ*)
preproduction *тлв* подготовка к производству (*напр. телефильма*)
prepumping предварительная накачка
prequel *тлв* ретроспективный эпизод; ретроспективная серия (*напр. в телесериале*)
prerecord выполненная заранее запись, предварительно сделанная запись (*напр. вещательной программы*)
prerecorded записанный заранее, предварительно записанный
preregulator предварительный регулятор
prerequisite предпосылка
structural ~ структурная предпосылка
presaturation предварительное насыщение
presbyopia *опт.* пресбиопия, старческая дальнозоркость
prescaler предварительное пересчётное устройство
prescore *тлв* выполнять запись звука заранее (*напр. при компоновке телефильма*)

prescription *вчт* предписание
prescriptive *вчт* предписывающий
preselection 1. предварительная селекция 2. *вчт* предварительная выборка 3. *тлф* предыскание
double ~ двойное предыскание
preselector 1. преселектор 2. *тлф* предыскатель
RF ~ РЧ-преселектор
tunable ~ перестраиваемый преселектор
presence 1. присутствие 2. эффект присутствия (*напр. при прослушивании квадрафонической записи*)
virtual ~ виртуальное присутствие
presentation представление (*1. презентация; демонстрация 2. придание определённой формы или вида*)
aural ~ звуковое представление
beacon ~ *рлк* представление сигналов радиомаяка на экране индикатора
calling line identification ~ *тлф* определение номера вызывающего абонента
canonical ~ каноническое представление
data ~ представление данных
desk(top) ~ *вчт* настольная (компьютерная) презентация
expanded ~ представление в растянутом масштабе
graphic ~ графическое представление
isometric ~ изометрическое представление
manifold ~ представление многообразия
multimedia ~ представление информации с использованием средств мультимедиа
number ~ представление числа
panoramic ~ панорамное представление
pictorial ~ наглядное представление
split ~ расщепленное представление
standard ~ стандартное представление
tabular ~ табличное представление
three-dimensional ~ трёхмерное представление
true ~ обычное представление (*числа*)
presenter ведущий
virtual ~ виртуальный ведущий
preset 1. предварительная установка, предустановка; предварительное регулирование; предварительная настройка || устанавливать заранее; осуществлять предварительное регулирование *или* предварительную настройку || установленный заранее; предварительно отрегулированный *или* настроенный 2. *вчт* инициализация, присваивание начальных значений переменным || инициализировать, присваивать начальные значения переменным || инициализированный, подвергнутый операции присвоения начальных значений переменных 3. *тлв* предварительная компоновка программы || производить предварительную компоновку программы
automatic ~ автоматическая предустановка (*напр. уровня записи в магнитофонах*)
bias ~ предустановка тока подмагничивания (*в магнитофонах*)
presetting 1. предварительная установка, предустановка; предварительное регулирование; предварительная настройка 2. *вчт* инициализация, присваивание начальных значений переменным 3. *тлв* предварительная компоновка программы
preshoot отрицательный выброс перед фронтом импульса
press 1. давление || давить; подвергать(ся) давлению 2. *вчт* нажатие (и удерживание) (*клавиши*) || на-

жимать (и удерживать) *(клавишу)* 3. пресс || прессовать 4. изготовление методом прессования || изготавливать методом прессования *(напр. грампластинку)* 5. службы и агентства новостей радио, телевидения и прессы 6. служащие служб и агентств новостей радио, телевидения и прессы 7. гребешковая ножка *(электронной лампы)*

pressing 1. давление; применение давления 2. *вчт* нажатие (и удерживание) *(клавиши)* 3. прессование 4. прессованное изделие *(напр. грампластинка)*

pressure 1. давление 2. звуковое давление 3. атмосферное давление
  ~ of the eye внутриглазное давление
  arterial [blood] ~ артериальное давление
  channel ~ одинаковое давление на все нажатые клавиши в одном канале *(MIDI-сообщение)*
  effective sound ~ звуковое давление
  high ~ высокое давление || высокого давления; предназначенный для работы при высоком давлении; способный выдерживать высокое давление
  intraocular~ внутриглазное давление
  key ~ давление на отдельную (нажатую) клавишу *(MIDI-сообщение)*
  osmotic ~ осмотическое давление
  poly ~ различное давление на нажатые клавиши для разных MIDI-каналов *(MIDI-сообщение)*
  radiation ~ давление излучения
  root-mean-square sound ~ среднеквадратическое звуковое давление
  sound ~ звуковое давление
  stylus ~ прижимная сила *(звукоснимателя)*
  transducer equivalent noise ~ эквивалентное шумовое давление преобразователя
  vapor ~ давление паров

pressurization 1. создание *или* поддержание повышенного давления 2. заполнение волновода инертным газом *или* сухим воздухом под повышенным давлением *(для предотвращения электрического пробоя и коррозии)*

pressurize создавать *или* поддерживать повышенное давление

Prestel система видеотекса *(Великобритания)*

Prestonia название ядра и процессора Pentium IV в серверном варианте *(изготовленного с литографическим разрешением 0,13 мкм)*

presume предполагать

presumption 1. предположение 2. презумпция

presumptive предполагаемый; предположительный

presynaptic *биол.* пресинаптический

pretersonic акустоэлектронный

pretersonics акустоэлектроника

pretest 1. предварительные испытания || проводить предварительные испытания 2. предварительная проверка; предварительный контроль || производить предварительную проверку; осуществлять предварительный контроль 3. предварительный тест; предварительное тестирование || производить предварительное тестирование

pretravel ход контакта *(напр. электрического соединителя)*

pretuning предварительная настройка

pretzel клавиша с изображением листа клевера, (служебная) клавиша управления модификацией кодов других клавиш, клавиша «Alt» *(на клавиатуре Apple Macintosh)*

prevent 1. предотвращать; не допускать; исключать; предохранять 2. мешать; препятствовать 3. осуществлять превентивные действия; предупреждать

Prevent, Detect, Respond «Предотвращать, обнаруживать, противодействовать» *(лозунг программы по обеспечению безопасности информационных систем)*

preventer средство *или* устройство для предотвращения *(чего-либо)*; предохранительное средство *или* устройство; предохранитель
  EPA pollution ~ средство *или* устройство для предотвращения загрязнения окружающей среды, рекомендованное *или* разработанное Агентством по защите окружающей среды *(США)*

prevention предотвращение; исключение; предохранение
  ~ of accidents техника безопасности

preventive превентивное действие; предупредительная мера || превентивный; предупредительный

preview 1. предварительный просмотр || осуществлять предварительный просмотр 2. *тлв* анонсный показ *(напр. эпизода из телефильма)* || осуществлять анонсный показ
  full page ~ *вчт* предварительный просмотр страницы в полном объёме
  image ~ *вчт* предварительный просмотр изображения
  page ~ *вчт* предварительный просмотр страницы
  selection ~ *вчт* предварительный просмотр выбранного фрагмента *(изображения)*
  sneak ~ *тлв* (предварительный) просмотр *(напр. фильма)*
  thumbnail ~ *вчт* просмотр миниатюрного эскиза изображения

prevue *см.* preview

prewhitening предварительное отбеливание
  spectrum ~ предварительное «отбеливание» спектра

price цена; стоимость || иметь цену; обладать стоимостью; назначать цену; определять цену; оценивать
  street ~ 1. цена в торговой сети 2. цена по внебиржевым сделкам

primacord самоуничтожающееся устройство; устройство с радиовзрывателем

primar/y 1. первичный 2. первичная обмотка 3. первичный электрон 4. ведущая станция 5. основной; непосредственный; прямой; ведущий 6. первостепенный; относящийся к первому уровню *(иерархии)*
  additive ~ies аддитивные основные цвета
  chrominance ~ *тлв* исходный сигнал цветности
  coarse-chrominance ~ *тлв* узкополосный цветоразностный сигнал, сигнал Q *(в системе НТСЦ)*
  color ~ies основные цвета
  desaturated ~ies ненасыщенные основные цвета
  display ~ies основные цвета приёмника
  equiluminous ~ies равнояркостные основные цвета
  fictitious ~ies нереальные основные цвета
  fine-chrominance ~ *тлв* широкополосный цветоразностный сигнал, сигнал I *(в системе НТСЦ)*
  luminance ~ *тлв* исходный сигнал яркости
  nonphysical ~ies нереальные основные цвета
  receiver ~ies *тлв* основные цвета приёмника
  subtractive ~ies субтрактивные основные цвета

transmission ~ies основные цвета телевизионной системы

prime *вчт* 1. штрих (*надстрочный знак в математических формулах*), символ ´ 2. простое (число) 3. первичный; начальный 4. основной, фундаментальный 5. взаимно простой (*о двух и более целых числах*) 6. снабжать информацией (*заранее*); инструктировать

integer ~ простое число

Mersenne ~ простое число Мерсенна (*простое число N, для которого $(2^N - 1)$ также является простым числом*)

primer 1. кегль шрифта 2. элементарное изложение основ; руководство для начинающих

child's ~ терция, кегль 16 (*размер шрифта*)

great ~ *вчт* двойной боргес, кегль 18 (*размер шрифта*)

long ~ *вчт* корпус, кегль 10 (*размер шрифта*)

two-line great ~ *вчт* канон, кегль 36 (*размер шрифта*)

two-line long ~ *вчт* текст, кегль 20 (*размер шрифта*)

priming *вчт* снабжение информацией (*заранее*); инструктирование

semantic ~ семантическое инструктирование (*при обработке речи*)

primitive 1. *вчт* примитив, базовый элемент (*напр. языка программирования*) ǁ примитивный, базовый 2. простейший; элементарный

geometric ~ геометрический примитив, базовый геометрический объект (*в компьютерной графике*)

graphics ~ графический примитив, базовый графический элемент (*в компьютерной графике*)

logic ~ логический примитив, базовая логическая функция

semantic ~ семантический примитив

structural ~ структурный примитив, базовый элемент структуры

principal 1. наиболее важное; основное, главное (*в чём-либо*) ǁ наиболее важный; основной; главный 2. глава; руководитель 3. *вчт* администратор доступа (*напр. к системе*) 4. *тлв* основной исполнитель; ведущий актёр

principle 1. принцип; закон; правило 2. принцип действия; механизм работы 3. базис; основа 4. (основная) составляющая химического соединения

~ **of abstraction** принцип абстракции

~ **of analytical continuation** принцип аналитического продолжения

~ **of argument** принцип аргумента

~ **of association** принцип ассоциации

~ **of coding** принцип кодирования

~ **of duality** принцип двойственности, принцип дуальности; принцип взаимности

~ **of indeterminacy** принцип неопределённости

~ **of least action** принцип наименьшего действия

~ **of mathematical induction** принцип математической индукции

~ **of point estimation** принцип точечного оценивания

~ **of relativity** принцип относительности

~ **of stationary phase** принцип стационарной фазы

~ **of superposition** принцип суперпозиции

~ **of uncertainty** принцип неопределённости

abstract ~ абстрактный принцип

Babinet's ~ принцип Бабине

Bayesian ~ байесов принцип

building block ~ принцип строительных блоков; блочный принцип

causality ~ принцип причинности

Church-Turing ~ принцип Чёрча — Тьюринга

complementary ~ принцип дополнительности

constant luminance ~ *тлв* принцип постоянной яркости

coordinate link ~ принцип звеньевого включения

Coulomb degeneracy ~ кулоновский принцип вырождения

Doppler ~ формула Доплера

empirical ~ эмпирический принцип

encompassing ~ принцип охвата

exclusion ~ принцип Паули

Fermat's ~ принцип Ферма

Hamilton ~ принцип Гамильтона

Heisenberg uncertainty ~ гайзенберговский принцип неопределённости

heuristic ~ эвристический принцип

hierarchical ~ иерархический принцип

Huygens-Fresnel ~ принцип Гюйгенса — Френеля

image ~ принцип зеркального изображения

Kirchhoff ~ принцип Кирхгофа (*в криптографии*)

least time ~ принцип Ферма

logical correspondence ~ принцип логического соответствия

minimax ~ принцип минимакса

minimum description length ~ принцип минимальной длины описания

Neumann's ~ *крист.* принцип Неймана

Neumann's ~ **in space-time** *крист.* принцип Неймана для пространства и времени, обобщённый принцип Неймана

parsimony ~ принцип экономии

Pauli (exclusion) ~ принцип Паули

reciprocity ~ принцип взаимности

Rissanen's ~ принцип минимальной длины описания

Ritz ~ принцип Ритца

variational ~ вариационный принцип

print 1. печать; печатание ǁ печатать 2. печатный материал 3. (о)публиковать(ся) в печати 4. *вчт* распечатывание ǁ распечатывать 5. *вчт* распечатка 6. печатное начертание букв ǁ использовать печатное начертание букв; писать печатными буквами 7. фотографический отпечаток (*с негатива*) ǁ делать фотографический отпечаток (*с негатива*), *проф.* печатать фотографию 8. получение оттиска; отпечатывание ǁ получать оттиск, оттискивать; отпечатывать 9. оттиск; отпечаток 10. отпечатки пальцев 11. штемпель; штамп; печать ǁ штемпелевать; ставить печать *или* штамп 12. штамп, пуансон 13 тиснение ǁ производить тиснение, *проф.* тиснить; вдавливать 14. полученное любым способом (*напр. с помощью фотолитографии*) изображение (на твёрдом носителе) ǁ получать изображение (на твёрдом носителе) 15. запечатлевать; сохранять образ 16. фильмокопия ǁ копировать [тиражировать] фильм 17. газетная бумага 18. печатный (*о средствах массовой информации*) ◊ **in** ~ 1. (имеющийся) в печатном виде; опубликованный 2. имеющийся в наличии; нераспроданный (*напр. о книге*); **out of** ~ распроданный

print

(*напр. о книге*); **to ~ in color 1.** производить многокрасочную [цветную] печать **2.** делать цветной фотографический отпечаток (*с негатива*), *проф.* печатать цветную фотографию **to ~ out** *вчт* распечатывать

advanced ~ пробный оттиск
art ~ художественная репродукция; иллюстрация
black-and-white ~ 1. чёрно-белая печать **2.** чёрно-белый фотографический отпечаток **3.** чёрно-белая фильмокопия
color ~ 1. многокрасочная [цветная] печать **2.** цветной фотографический отпечаток **3.** цветная фильмокопия
contact ~ контактная печать
file ~ распечатка (содержимого) файла
film ~ фильмокопия
halftone ~ 1. полутоновая печать **2.** полутоновый оттиск
heliographic ~ синяя светокопия, *проф.* «синька»
instant ~ немедленный вывод на печать (*без использования записи в файл и драйвера*)
memory ~ распечатка (содержимого) памяти
motion-picture ~ фильмокопия
multicolor ~ многокрасочная [цветная] печать
pretty ~ *вчт проф.* структурированный текст программы
process ~ 1. фотомеханическая печать **2.** оттиск, полученный фотомеханическим способом
projection ~ проекционная печать
proof ~ пробный оттиск
release ~ фильмокопия
screen ~ 1. трафаретная печать **2.** растровый оттиск
sound ~ 1. копия [позитив] фонограммы **2.** звуковая фильмокопия
spooled ~ печать со спулером

printable 1. допускающий воспроизведение в печатном виде **2.** пригодный для публикации; подготовленный к опубликованию

printed печатный, имеющийся в печатном виде; опубликованный

printer 1. печатающее устройство, *вчт* принтер; установка для печатания **2.** установка для получения изображения (на твёрдом носителе) любым способом (*напр. с помощью фотолитографии*) **3.** буквопечатающий (телеграфный) аппарат **4.** печатник; полиграфист

ball ~ принтер с шарообразной печатающей головкой
band ~ ленточный принтер
bar ~ принтер со шрифтовыми штангами
barrel ~ барабанный принтер
Braille ~ использующий систему шрифтов Брайля принтер, *проф.* принтер для слепых
bubble-jet ~ пузырьковый струйный принтер
chain ~ цепной принтер
character ~ посимвольно-печатающий принтер
continuous-tone ~ плавнотоновый [нерастровый] принтер, принтер с плавной передачей изменения тона
daisy-wheel ~ принтер с лепестковой (вращающейся) печатающей головкой, принтер с печатающей головкой типа «ромашка»
default ~ принтер, устанавливаемый по умолчанию
department laser ~ лазерный принтер коллективного пользования
dot-matrix ~ точечно-матричный [матричный] принтер
double-sided ~ двусторонний принтер, печатающий на обеих сторонах листа (*за один прогон*) принтер
drum ~ барабанный принтер
dye sublimation ~ термографический принтер с сублимацией красителя
electrophotographic ~ электрофотографический принтер
electrophotographic nonimpact ~ бесконтактный электрофотографический принтер
electrosensitive ~ электрографический принтер
electrostatic ~ электростатический принтер
electrothermal ~ электротермический принтер
envelope ~ почтовый принтер, принтер для печати адресов и штриховых почтовых кодов на конвертах
fully formed ~ принтер с посимвольной печатью
GDI ~ *см.* **graphic device interface printer**
graphic device interface ~ принтер с интерфейсом графического устройства, принтер стандарта GDI (*для операционной системы Windows*)
graphics ~ принтер с разрешающей способностью, достаточной для печати изображений, *проф.* графический принтер
high-speed ~ высокоскоростной принтер
impact ~ контактный принтер ударного действия
ink ~ не использующий систему шрифтов Брайля принтер, *проф.* принтер для зрячих
ink-jet ~ струйный принтер
ion-deposition ~ (электростатический) принтер с ионным осаждением
label ~ принтер для печати этикеток
laser ~ лазерный принтер
LCD ~ *см.* **liquid-crystal display printer**
LCS ~ *см.* **liquid-crystal shutter printer**
LED ~ *см.* **light-emitting diode printer**
light-emitting diode ~ светодиодный принтер
line(-at-a-time) ~ построчно-печатающий принтер
liquid-crystal display ~ принтер с жидкокристаллическими прерывателями
liquid-crystal shutter ~ принтер с жидкокристаллическими прерывателями
local ~ локальный принтер
logic-seeking ~ (интеллектуальный) принтер с логическим позиционированием (*печатающей головки*)
matrix ~ матричный [точечно-матричный] принтер
matrix line(-at-a-time) ~ матричный [точечно-матричный] построчно-печатающий принтер
net ~ сетевой принтер
nonimpact ~ бесконтактный принтер (*напр. струйный*)
one-sided ~ односторонний принтер, печатающий на одной стороне листа (*за один прогон*) принтер
optical ~ электростатический принтер
page ~ 1. постранично-печатающий принтер; бесконтактный принтер **2.** рулонный буквопечатающий аппарат
parallel ~ параллельный принтер, подключаемый к параллельному порту принтер

printing

personal ~ персональный принтер
phase change ink-jet ~ струйный принтер с использованием фазового перехода в красителе (*типа твёрдая фаза - жидкость*), струйный принтер с твёрдыми чернилами
piezo ink-jet ~ пьезоэлектрический струйный принтер
pin-fed ~ принтер с подачей перфорированной бумаги шипованными роликами
portable ~ портативный принтер
PostScript ~ принтер с (встроенным) декодером-интерпретатором команд языка PostScript, PostScript-принтер
quiet ~ бесшумный принтер
scanning (-light-source) ~ установка сканирующей электронолитографии
serial ~ последовательный принтер, подключаемый к последовательному порту принтер; принтер с посимвольной печатью
sheet-fed ~ принтер с автоподачей [автоматической подачей] листов бумаги
smart ~ интеллектуальный принтер
solid ink-jet ~ струйный принтер с твёрдыми чернилами, струйный принтер с использованием фазового перехода в красителе (*типа твёрдая фаза - жидкость*)
sprocket-fed ~ принтер с подачей перфорированной бумаги звёздочками
stylus ~ точечно-матричный [матричный] принтер
tape ~ ленточный буквопечатающий аппарат
target ~ *вчт* принтер сопровождения задачи
thermal ~ термографический принтер
thermal dye-sublimation ~ термографический принтер с сублимацией красителя
thermal fusion ~ термографический принтер с плавлением красителя
thermal ink-jet ~ пузырьковый струйный принтер
thermal transfer ~ термографический принтер с воскосодержащим красителем
thermal wax ~ термографический принтер с воскосодержащим красителем
thermal wax-transfer ~ термографический принтер с воскосодержащим красителем
thimble ~ контактный принтер ударного действия со сменным наконечником вращающейся печатающей головки
tractor-fed ~ принтер с подачей перфорированной бумаги шипованными лентами
wheel ~ принтер с лепестковой (вращающейся) печатающей головкой, принтер с печатающей головкой типа «ромашка»
Windows ~ принтер с интерфейсом графического устройства, принтер стандарта GDI (*для операционной системы Windows*)
printery типография
print-head печатающая головка (*принтера*)
printing 1. полиграфия; типографское дело 2. полиграфическое искусство 3. печать; печатание 4. печатный материал 5. опубликование (в печати) 6. *вчт* распечатывание 7. получение фотографического отпечатка (*с негатива*), *проф.* печатание фотографии 8. получение оттиска; отпечатывание 9. штемпелевание; постановка штампа *или* печати 10. тиснение 11. получение изображения (на твёрдом носителе) любым способом (*напр. с помощью фотолитографии*) 12. запечатление; сохранение образа 13. фильмокопирование, тиражирование фильма 14. тираж (*печатного издания*) 15. *pl* бумага для печатания
accidental ~ копирэффект, КЭ (*в звукозаписи*)
background ~ фоновая печать
bilevel ~ двухуровневая (цветная) печать
black-write ~ печать с переносом на барабан чёрных фрагментов документа, *проф.* чёрная печать (*напр. в лазерных принтерах*)
chain ~ печать (*файлов*) по цепочке
charge-deposition ~ электростатическая печать
color ~ цветная печать
contact ~ контактная печать
detail ~ *вчт* построчная печать подробного отчёта
double-sided ~ двусторонняя печать, печать на обеих сторонах листа (*за один прогон*)
draft ~ черновая печать, печать среднего качества (*деловой корреспонденции*)
duplex ~ двусторонняя печать, печать на обеих сторонах листа (*за один прогон*)
electrostatic ~ электростатическая печать
hard contact ~ печать с плотным контактом
immediate ~ немедленный вывод на печать (*без использования записи в файл и драйвера*)
ink-jet ~ струйная печать
landscape ~ *вчт* ландшафтная [альбомная] печать, печать вдоль широкой стороны листа бумаги
laser ~ лазерная печать
letter ~ печать высокого качества (*деловой корреспонденции*)
lithographic ~ 1. литография 2. офсетная печать, офсет
magnetic ~ 1. магнитное копирование (*сигналограммы*) 2. копирэффект, КЭ (*в звукозаписи*)
magnetographic ~ магнитографическая печать
multiple-pass ~ многопроходная печать
near-letter ~ печать среднего качества (*деловой корреспонденции*)
noncontact ~ 1. бесконтактная печать 2. проекционная печать
nonimpact ~ безударная печать
off-line ~ автономная печать
offset ~ офсетная печать, офсет
one-sided ~ односторонняя печать, печать на одной стороне листа (*за один прогон*)
on-line ~ неавтономная печать
phosphor ~ нанесение люминофора методом печатания
portrait ~ *вчт* портретная [книжная] печать, печать вдоль узкой стороны листа бумаги
projection ~ 1. проекционная печать 2. проекционная литография
screen ~ трафаретная печать
shaded ~ *проф.* печать враскат, радужная печать
shadow ~ *проф.* печать враскат, радужная печать
side-by-side ~ *проф.* печать враскат, радужная печать
silk-screen(ing) ~ трафаретная печать
thermal [thermographic] ~ термография (1. термографическая печать 2. термопечать, печать на термочувствительной бумаге 3. рельефная [выпуклая] (термо)печать)
white-write ~ печать с переносом на барабан белых фрагментов документа, *проф.* белая печать (*напр в лазерных принтерах*)

print-out *вчт* распечатка
printthrough копирэффект, КЭ (*в звукозаписи*)
printwheel лепестковая (вращающаяся) печатающая головка, печатающая головка типа «ромашка»
prionotron прионотрон (*СВЧ-прибор с модуляцией электронов по скорости*)
prior 1. приоритетный; главенствующий **2.** предшествующий; опережающий **3.** привилегированный **4.** априорная информация ‖ априорный
   smoothness ~s априорная информация о гладкости (*функции*)
prioritization 1. действия в соответствии с приоритетом; расположение в приоритетном порядке **2.** отдание приоритета (*чему-либо*)
prioritize 1. действовать в соответствии с приоритетом; располагать в приоритетном порядке **2.** отдавать приоритет (*чему-либо*)
priorit/y 1. приоритет; главенство **2.** привилегия
   dispatching ~ *вчт* приоритет при диспетчеризации
   interrupt ~ *вчт* приоритет прерывания
   process ~ *вчт* приоритет процесса
   processing ~ *вчт* приоритет обработки данных
   system ~ies *вчт* системные приоритеты
prism призма (*1. геометрический объект 2. объект в форме призмы 3. оптическая призма 4. электронная призма 5. форма кристаллов*)
   30° reflection ~ отражательная призма с углом отклонения луча 30°
   60° reflection ~ отражательная призма с углом отклонения луча 60°
   Abbe ~ призма Аббе
   aluminized-hypotenuse ~ прямоугольная трёхгранная призма с алюминированной гипотенузной гранью
   Amici ~ призма прямого зрения, призма Амичи
   Arens ~ призма Аренса
   beam-splitting ~ светоделительная призма
   color-splitting ~ цветоделительная призма
   corner cube ~ световозвращающая тетраэдрическая призма
   Cornu ~ призма Корню
   crown (glass) ~ призма из крона
   direct vision ~ призма прямого зрения, призма Амичи
   dispersing ~ дисперсионная [спектральная] призма
   dispersion ~ дисперсионная [спектральная] призма
   Dove ~ призма Дове
   electron ~ электронная призма
   equilateral ~ равносторонняя трёхгранная призма
   Ferri ~ призма Ферри
   five-sided ~ пентапризма
   flint (glass) ~ призма из флинта
   Foucault ~ призма Фуко
   fused-silica ~ призма из плавленого кварца
   Füßner ~ призма Фюсснера
   Glan ~ призма Глана
   Glan-Thompson ~ призма Глана — Томпсона
   Glasebrook ~ призма Глазебрука
   high-index ~ призма из материала с большим показателем преломления
   image reversal ~ оборачивающая призма
   image-rotation ~ призма с поворотом изображения
   isosceles ~ равнобедренная трёхгранная призма
   Littrow ~ призма Литтрова
   Nicol ~ призма Николя
   optical ~ оптическая призма
   penta ~ пентапризма
   polarizing ~ поляризационная призма
   Porrot ~ призма Порро
   reflection ~ отражательная призма
   retroreflecting ~ световозвращающая призма; катадиоптрическая призма
   Ricci ~ призма Риччи
   right-angle ~ прямоугольная трёхгранная призма
   right-angle roof ~ прямоугольная призма прямого зрения с крышей, прямоугольная призма Амичи с крышей
   Rochon ~ призма Рошона
   roof ~ призма с крышей
   Roserford-Browning ~ призма Розерфорда — Броунинга
   Senarmont ~ призма Сенармона
   Tresca ~ призма Треска
   UV~ призма для ультрафиолетовой области спектра
   wedge ~ клиновидная призма
   Wollaston ~ призма Волластона
prismatic призматический
privacy 1. секретность; конфиденциальность **2.** неприкосновенность частной жизни
   pretty good ~ система шифрования (стандарта) PGP, обеспечивающая надёжную конфиденциальность система шифрования с открытым ключом
private 1. секретный; конфиденциальный **2.** частный; личный; приватный ◊ **in ~** секретно; конфиденциально
privilege 1. привилегия; привилегии; дополнительные права; преимущество ‖ предоставлять привилегии; давать дополнительные права; отдавать преимущество **2.** санкционировать; давать разрешение (на использование)
   access ~ *вчт* привилегии доступа
   descriptor ~ *вчт* привилегии дескриптора
   field ~ *вчт* привилегии поля
   file ~ *вчт* привилегии файла
   input/output ~ *вчт* привилегии ввода/вывода
   instruction ~ *вчт* привилегии инструкции
   selector ~ *вчт* привилегии селектора
   task ~ *вчт* привилегии задачи
privileged привилегированный
privity 1. секретные сведения **2.** обладание секретными сведениями; осведомлённость (*о секретах*)
privy 1. обладающий секретными сведениями; осведомлённый **2.** секретный; конфиденциальный
probability вероятность
   ~ of failure вероятность успеха (*при испытании*)
   ~ of success вероятность неудачи (*при испытании*)
   bit-error ~ вероятность ошибки в двоичном символе
   conditional ~ условная вероятность
   confidence ~ доверительная вероятность
   detection ~ вероятность обнаружения
   false-alarm ~ вероятность ложной тревоги
   fiducial ~ фидуциальная вероятность
   fuzzy ~ нечёткая вероятность
   posterior ~ апостериорная вероятность
   prior ~ априорная вероятность
   subjective ~ субъективная вероятность
   survival ~ 1. вероятность выживания **2.** вероятность безотказной работы

symbol-error ~ вероятность ошибочного приёма символа
tail ~ *вчт* наблюдённая значимость, p-значение, *проф.* «хвостовая» вероятность
transition ~ 1. вероятность смены символа 2. *кв. эл.* вероятность перехода
type I error ~ вероятность ошибки первого рода, вероятность пропуска цели
type II error ~ вероятность ошибки второго рода, вероятность ложной тревоги

probe 1. зонд ‖ зондировать 2. (зондовые) испытания; (зондовый) контроль ‖ проводить (зондовые) испытания; осуществлять (зондовый) контроль 3. щуп; пробник 4. штырь (*в волноводе*) 5. космический зонд 6. устройство связи
adjustable ~ настраиваемый зонд
capacitor ~ ёмкостный зонд
coaxial ~пробник с коаксиальным кабелем
coupling ~ 1. зонд связи 2. штырь связи
current ~ токовый зонд
demodulator ~ выносная детекторная головка (*осциллографа*)
detector ~ детекторная головка
diode ~ детекторная головка
electrical plasma conductivity ~ зонд для измерения удельной электропроводности плазмы
feed ~ возбуждающий штырь
glass-sealed Langmuir ~ ленгмюровский зонд в запаянной стеклянной трубке
guided ~ метод подвижного зонда (*напр. при функциональных испытаниях*)
Hall ~ преобразователь Холла
hand-held ~ ручной пробник
high-voltage ~ высоковольтный щуп; высоковольтный пробник
hot ~ термозонд
immersion-type ~ зонд иммерсионного типа
Kerr magnetooptic ~ магнитооптический зонд на эффекте Керра
Langmuir ~ ленгмюровский зонд
low-capacitance ~ пробник с малой ёмкостью
radio-frequency ~ радиочастотный [РЧ]-зонд
radiometer ~ радиометрический зонд
scanning ion ~ сканирующий ионный зонд
sense ~ зонд для ввода данных в компьютер с экрана дисплея
shielded-loop ~ экранированная рамочная антенна
slotted-line ~ зонд измерительной линии
sound ~ акустический приёмник
space ~ космический зонд
tuning ~ настроечный зонд
untuned ~ ненастраиваемый зонд

probing 1. зондирование 2. (зондовые) испытания; (зондовый) контроль
atmospheric turbulence ~ зондирование турбулентностей атмосферы
continuous electromagnetic transmission ~ радиопросвечивание
linear ~ *вчт* линейное зондирование (*метод хэширования с открытой адресацией*)
multifrequency atmospheric ~ зондирование атмосферы на нескольких частотах
radar ~ радиолокационное зондирование
remote ~ дистанционное зондирование
wafer ~ испытания ИС на пластине

probit нелинейная модель вероятности с нормальным распределением, *проф.* probit-модель
multinomial ~ полиномиальная probit-модель
ordered ~ упорядоченная probit-модель

probkotron пробкотрон (*установка для удержания плазмы.*)

problem 1. проблема; задача 2. проблемный 3. *вчт* прикладной (*о программе или программисте*)
~ **of allocation** задача о назначениях
AI-complete ~ *см.* **artificial intelligence complete problem**
artificial intelligence complete ~ AI-полная задача, решаемая средствами искусственного интеллекта задача (поиска и принятия решения)
assignment ~ задача о назначениях
backup ~ процедура создания резервных копий; процедура резервного копирования (*всех или изменённых файлов*)
benchmark ~ *вчт* эталонная тестовая задача
bottleneck ~ проблема «узкого горла»
Cauchy ~ задача Коши
check ~ *вчт* тестовая задача
collision domain ~ *вчт* проблема конфликтов в доменах
complementary nondeterministic polynomial time ~ дополняющая NP-задача, полиномиальная для недетерминированной машины Тьюринга дополняющая задача (о принятии решения), решаемая за полиномиальное время на недетерминированной машине Тьюринга дополняющая задача (о принятии решения)
computational ~ вычислительная задача
CoNP ~ *см.* **complementary nondeterministic polynomial time problem**
credit assignment ~ *вчт* проблема определения ответственности за конечный результат (*в искусственном интеллекте*)
decision ~ задача о принятии решения
design ~ задача проектирования
dimensionality ~ проблема размерности (*при аппроксимации*)
domino ~ *вчт* проблема домино
dual ~ двойственная задача
eigenvalue ~ задача о собственных значениях
eigenvalue assignment ~ задача выбора собственных значений
eight queens ~ *вчт* задача о восьми ферзях
EVA ~ *см.* **eigenvalue assignment problem**
exclusive OR ~ проблема операции «исключающее ИЛИ» (*в перцептронах*)
feasible ~ 1. разрешимая задача 2. P-задача, полиномиальная для детерминированной машины Тьюринга задача (о принятии решения), решаемая за полиномиальное время на детерминированной машине Тьюринга задача (о принятии решения)
formalized ~ формализованная задача
halting ~ неалгоритмизированная задача
identification ~ проблема идентификации
ill-conditioned ~ *вчт* некорректная задача
incorrectly structured ~ некорректно структурированная задача
key distribution ~ проблема распределения ключей (*в криптографии*)
Königsberg bridge ~ *вчт* задача о кёнигсбергских мостах

problem

last mile ~ проблема последней мили (*в каналах связи с низкой пропускной способностью оконечных устройств*)

maximal clique ~ проблема максимальной клики (*в теории графов*)

multiple comparisons ~ проблема множественных сравнений (*в математической статистике*)

multi-sample ~ проблема множественных сравнений (*в математической статистике*)

nondeterministic polynomial time ~ NP-задача, полиномиальная для недетерминированной машины Тьюринга задача (о принятии решения), решаемая за полиномиальное время на недетерминированной машине Тьюринга задача (о принятии решения)

nondeterministic polynomial time complete ~ NP-полная задача, полиномиальная для недетерминированной машины Тьюринга задача (поиска и принятия решения), решаемая за полиномиальное время на недетерминированной машине Тьюринга задача (поиска и принятия решения)

nondeterministic polynomial time hard ~ NP-трудная задача, полиномиальная для недетерминированной машины Тьюринга задача (поиска), решаемая за полиномиальное время на недетерминированной машине Тьюринга задача (поиска)

NP ~ *см.* **nondeterministic polynomial time problem**

NPC ~ *см.* **nondeterministic polynomial time complete problem**

NPH ~ *см.* **nondeterministic polynomial time hard problem**

NUXI ~ проблема обмена информацией между компьютерами с разным форматом представления слов, проблема предотвращения ошибок преобразования типа «UNIX - NUXI»

one-sample ~ проблема проверки гипотезы по одной выборке

P ~ *см.* **polynomial time problem**

polynomial time ~ P-задача, полиномиальная для детерминированной машины Тьюринга задача (о принятии решения), решаемая за полиномиальное время на детерминированной машине Тьюринга задача (о принятии решения)

Post (correspondence) ~ *вчт* задача соответствия Поста

Riemann-Hilbert ~ задача Римана — Гильберта

roller-coaster ~ *вчт* задача об американских горках

satisfiability ~ *вчт* задача о возможности выполнения всех условий

scale-up ~ непредвиденная проблема, возникающая при расширении системы

semi-structured ~ полуструктурированная задача

SIEB ~ *см.* **steadily injected electron beam problem**

slow-path ~ проблема чрезмерно большой задержки в межсоединениях (*ИС*)

sparse ~ *вчт* задача с разреженными матрицами

steadily injected electron beam ~ задача о релаксации слабо размытого электронного пучка в плазме, SIEB-проблема

Steiner ~ on graphs задача Штайнера на графах

structured ~ структурированная задача

test ~ тестовая задача

transcomputational ~ трансвычислительная задача (*требующая обработки более 10^{93} бит*)

traveling salesman ~ задача о коммивояжёре (*напр. в эволюционном программировании*)

trouble-location ~ проблема локализации неисправностей

unformalized ~ неформализованная задача

unstructured ~ неструктурированная задача

variational ~ вариационная задача

Y2K ~ *см.* **year 2000 problem**

year 2000 ~ *вчт* проблема 2000 года

procedural 1. *вчт* процедурный **2.** *тлв* полицейский боевик

police ~ полицейский боевик

procedure 1. *вчт* процедура **2.** методика; последовательность действий

advanced data communications control ~s усовершенствованные процедуры управления передачей данных, протокол ADCCP

Cochran-Orcatt ~ (итерационная) процедура Кочрена — Оркатта

Durbin ~ (итерационная) процедура Дарбина

field inspection ~ методика полигонного контроля

Hidret-Lu ~ (итерационная) процедура Хилдрета — Лу

implicit ~ *вчт* неявная процедура

iterative ~ итерационная процедура

learning ~ процедура обучения

pure ~ *вчт* чистая процедура; не модифицирующаяся процедура

reasoning ~ *вчт* процедура доказательства

recursive ~ рекурсивная процедура

reenterable ~ *вчт* допускающая рекурсивное или параллельное использование процедура, *проф.* реентерабельная процедура

standard operating ~ стандартная процедура выполнения операций

standing operating ~ стандартная процедура выполнения операций

strongly implicit ~ *вчт* строго неявная процедура

systolization ~ процедура систолизации

table look-up ~ метод таблиц поиска

thermal recalibration ~ процедура температурной перекалибровки, процедура повторной температурной калибровки, процедура повторной термокалибровки (*напр. сервосистемы жёсткого магнитного диска*)

training ~ процедура обучения

process 1. процесс (*1. последовательная смена событий, состояний или явлений 2. совокупность целенаправленных действий для достижения определённого результата*) **2.** течение; ход; развитие **3.** обрабатывать; подвергать процессу обработки || обработанный; подвергнутый процессу обработки **4.** фотомеханический способ (*печати*) || относящийся к фотомеханическому способу (*печати*) **5.** созданный *или* используемый в процессе комбинированной киносъёмки методом рирпроекции

additive ~ аддитивный процесс

ALIVH ~ *см.* **any layer, inner via hole process**

alloy-junction ~ процесс изготовления перехода методом сплавления

alloy-zone-crystallization ~ процесс кристаллизации из тонкой плёнки расплава

any layer, inner via hole ~ технология создания внутренних межслойных переходных отверстий

между любыми слоями (печатной платы), технология ALIVH
arrival ~ поступление потока (*заявок, требований или вызовов в системе массового обслуживания*)
Auger ~ *пп* процесс Оже, оже-процесс
autoregressive ~ авторегрессионный процесс
avalanche ~ лавинный процесс
AZC ~ *см.* alloy-zone-crystallization process
background ~ фоновый процесс
batch ~ групповая технология
BH~ *см.* bias(ing) heat-treatment process
bias(ing) heat-treatment ~ *пп* процесс термообработки при наличии смещения
bleach ~ *кв. эл.* процесс отбеливания
Bridgman ~ процесс выращивания кристаллов методом Бриджмена(— Стокбаргера), процесс выращивания кристаллов методом Обреимова — Шубникова
cermet ~ керметная технология
Chalmers ~ процесс выращивания кристаллов методом Чалмерса, процесс выращивания кристаллов в открытой лодочке
cognitive ~ познавательный процесс
cointegrated ~**s** коинтегрированные процессы, процессы со стационарной линейной комбинацией
collective ~ коллективный процесс (*напр. в плазме*)
competing ~ конкурирующий процесс
cooperative ~**es** кооперативные явления
correlated ~**s** коррелированные процессы
crystal-growing ~ процесс выращивания кристаллов
Czochralski ~ процесс выращивания кристаллов методом Чохральского
damage ~ дефектообразование
data generating ~ порождающий данные процесс
dendritic-growth ~ процесс дендритного роста (*кристаллов*)
deposition ~ *микр.* процесс осаждения (*напр. плёнок*)
deposition diffusion ~ процесс загонки примеси (*первая стадия двухстадийной диффузии*)
developing ~ процесс проявления
diffused-junction ~ процесс изготовления перехода методом диффузии
diffused-meltback ~ *пп* метод диффузии — обратного оплавления
dimerization ~ *кв. эл.* процесс димеризации
direct relaxation ~ прямой релаксационный процесс
drive-in diffusion ~ процесс разгонки примеси (*вторая стадия двухстадийной диффузии*)
dry ~ сухое проявление
EPIC ~ *см.* epitaxial passivated integrated-circuit process
epitaxial passivated integrated-circuit ~ *микр.* эпик-процесс
ergodic ~ эргодический процесс
flame-fusion ~ процесс кристаллизации в пламени
flip-chip ~ *микр.* метод перевёрнутого кристалла
float-zone ~ процесс зонной плавки
foreground ~ приоритетный процесс
full-weight ~ полновесный процесс (*напр. в параллельном программировании*)
Gaussian ~ гауссов процесс

growing ~ процесс выращивания кристаллов
grown-diffusion ~ процесс выращивания — диффузии
grown-junction ~ процесс изготовления перехода методом выращивания
growth ~ выращивание кристаллов
hard multifractal ~ жёсткий мультифрактальный процесс
high-temperature and pressure ~ *микр.* процесс высокотемпературной термокомпрессии
hot-wire ~ процесс кристаллизации на раскалённой проволоке
indirect relaxation ~ косвенный [рамановский] релаксационный процесс
innovation ~ инновационный процесс
integrated ~ интегрированный процесс
invertible ~ обратимый процесс
irreversible ~ необратимый процесс
iterative ~ итерационный процесс
learning ~ процесс обучения
light-weight ~ легковесный процесс (*напр. в параллельном программировании*)
magnetization rotation ~ процесс вращения (вектора) намагниченности
Markov ~ марковский процесс
meltback ~ *пп* метод обратного оплавления
mesa isolation ~ *микр.* метод изоляции мезаструктурами
moving-average ~ процесс со скользящим усреднением
multifractal ~ мультифрактальный процесс
multilayer metal ~ *микр.* технология многослойной металлизации
multipactoring ~ резонансный высокочастотный [ВЧ-] разряд
multiphonon ~ многофононный процесс
multiple-dip ~ *микр.* метод многократного погружения
multiplication ~ 1. процесс умножения (*напр. носителей заряда*) 2. газовое [ионное] усиление
multirelaxation ~ многоступенчатый релаксационный процесс
negative-acting photoresist ~ процесс фотолитографии с негативным резистом
non-ergodic ~ неэргодический процесс
nonradiative ~ безызлучательный процесс
n-photon ~ *n*-фотонный процесс
packaging ~ 1. процесс упаковки; процесс компоновки 2. процесс корпусирования, процесс помещения в корпус 3. процесс монтажа; процесс сборки 4. процесс формирования пакета *или* пакетов (*напр. компьютерных программ*), процесс пакетирования; процесс компоновки блока (*напр. телевизионных программ*)
parallel ~**s** параллельные процессы
photoetching [photolithographic] ~ процесс фотолитографии
planar ~ *микр.* планарная технология
planex ~ *микр.* планарно-эпитаксиальный процесс
Poisson ~ пуассоновский процесс
poling ~ процесс поляризации
positive-acting photoresist ~ процесс фотолитографии с позитивным резистом
predefined ~ 1. предопределённый процесс 2. закрытая [замкнутая] подпрограмма

process

predeposition (diffusion) ~ процесс загонки примеси (*первая стадия двухстадийной диффузии*)
radiation damage ~ процесс радиационного дефектообразования
radiationless ~ безызлучательный процесс
radiative ~ излучательный процесс
Raman relaxation ~ косвенный [рамановский] релаксационный процесс
random ~ случайный процесс
random walk ~ процесс случайных блужданий
recombination ~ *фтт* процесс рекомбинации
recording ~ процесс записи
recrystallization ~ процесс рекристаллизации
reproduction ~ процесс воспроизведения
reversible ~ обратимый процесс
silk-screen ~ *микр.* метод трафаретной печати
soft multifractal ~ мягкий мультифрактальный процесс
solid-state diffusion ~ процесс диффузии в твёрдой фазе
speech ~ речевой процесс (*напр. в компьютерной телефонии*)
stationary ~ стационарный процесс
stochastic ~ стохастический процесс
strictly stationary ~ строго стационарный процесс
subtractive ~ субтрактивный процесс
system ~ *вчт* системный процесс
thermally stimulated ~ термостимулированный процесс
thick-film ~ 1. технология получения толстых плёнок 2. процесс изготовления ИС методами шелкографии
thin-film ~ 1. технология получения тонких плёнок 2. процесс изготовления ИС методами литографии
time-varying ~ нестационарный процесс
transport ~ *фтт* процесс переноса, кинетический процесс
trend-stationary ~ стационарный относительно тренда процесс
umklapp ~ *пп* процесс переброса, U-процесс
user ~ *вчт* пользовательский процесс
vapor-liquid-solid ~ процесс выращивания по механизму пар — жидкость — кристалл, ПЖК-процесс
vesicular ~ везикулярный пузырьковый процесс, Кальвар-процесс (*для записи данных методом фотоиндуцированного образования пузырьков в полимерной плёнке*)
VLS ~ *см.* **vapor-liquid-solid process**
washout emitter ~ процесс изготовления эмиттера и омических контактов с использованием одной маски
wavefront reconstruction ~ процесс восстановления волнового фронта
weak stationary ~ слабо стационарный процесс
Wiener ~ винеровский процесс
Yule ~ процесс Юла
zombie ~ *вчт* несуществующий процесс (*в таблице процессов*), *проф.* процесс-зомби

processability возможность обработки

processing 1. находящийся в процессе; вовлечённый в процесс; участвующий в процессе 2. протекающий; происходящий; развивающийся 3. обработка || обрабатывающий; предназначенный для обработки 4. относящийся к фотомеханическому способу (*печати*) 5. созданный *или* используемый в процессе комбинированной киносъёмки методом рирпроекции
acoustic speech and signal ~ акустическая обработка речи и сигналов
administrative data ~ *вчт* обработка управленческой информации
analog signal ~ обработка аналоговых сигналов
antijamming radar data ~ обработка радиолокационных данных с целью противодействия активным преднамеренным радиопомехам
array ~ *вчт* 1. обработка массивов (*данных*) 2. векторная обработка
associative ~ ассоциативная обработка (*данных*)
automatic data ~ автоматизированная обработка данных
back-end ~ окончательная обработка (*данных*)
background ~ обработка (*данных*) в фоновом режиме
batch ~ 1. *микр.* групповая обработка 2. *вчт* пакетная обработка
bit-serial ~ поразрядная обработка (*данных*)
bottom-up ~ восходящая обработка
business data ~ обработка бизнес-информации
call information ~ *тлф* обработка данных о вызовах
call signaling ~ *тлф* обработка вызывных сигналов
centralized data ~ централизованная обработка данных
coherent ~ когерентная обработка (*данных*)
command ~ 1. обработка команд 2. командная обработка
concurrency ~ управление параллельной обработкой
concurrent ~ параллельная обработка
continuous ~ непрерывная обработка (*транзакций*)
cooperative ~ совместная обработка (*несколькими компьютерами*)
coordinate transformation ~ обработка (*данных*) с преобразованием координат
correlation ~ корреляционная обработка (*сигналов*)
data ~ обработка данных
data file ~ обработка файлов данных
decentralized data ~ децентрализованная обработка данных
digital light ~ 1. цифровая оптическая обработка 2. метод создания проекционных дисплеев на основе использования цифровых микрозеркальных устройств, метод DPL
digitally controlled analog-signal ~ обработка аналоговых сигналов с цифровым управлением
digital picture ~ обработка цифровых изображений
digital signal ~ обработка цифровых сигналов
direct (access) ~ 1. прямая обработка 2. обработка с произвольным доступом
direct file ~ обработка файлов с произвольным доступом к записям (*по ключу*)
dispersed data ~ *вчт* рассредоточенная обработка данных
distributed ~ распределённая обработка (*напр. данных*)

distributed transaction ~ *вчт* распределённая обработка транзакций
document ~ обработка документа
document image ~ система сопровождения и обработки вида документов, система DIP
electron-beam ~ *микр.* электронно-лучевая обработка
electronic data ~ электронная обработка данных
embedded ~ встроенная обработка
file ~ обработка файлов
foreground ~ *вчт* обработка (*данных*) в приоритетном режиме
frequency-domain ~ обработка в частотной области
front-end ~ предварительная обработка (*данных*)
high-level ~ высокоуровневая обработка
homomorphic speech ~ гомоморфная обработка речи
host signal ~ обработка сигналов только с помощью центрального процессора (*в коммуникационных применениях*)
image ~ обработка изображений
indexed sequential ~ индексно-последовательная обработка (*данных*)
in-line ~ 1. встраиваемая обработка (*сегмента программы в машинных кодах*) 2. обработка данных без сортировки и редактирования
inquiry ~ обработка запросов
integrated-circuit ~ изготовление ИС
integrated data ~ комплексная обработка данных
interactive ~ интерактивная обработка (*данных*)
interrupt ~ обработка прерываний
interval-count ~ обработка со счётом интервалов
ion-beam ~ *микр.* ионная обработка
language ~ распознавание, обработка и синтез речи
low-level ~ низкоуровневая обработка
massively parallel ~ обработка с массовым параллелизмом, архитектура MPP
matched-filter ~ обработка (*сигналов*) с помощью согласованного фильтра
maximum entropy ~ обработка (*данных*) методом максимума энтропии
middle-level ~ среднеуровневая обработка
motion ~ обработка (видеоданных о движущихся объектах) с компенсацией изменений, обработка видеоданных о движущихся объектах методом дифференциального сжатия
motion-adaptive ~ адаптивная обработка видеоданных о движущихся объектах
multidimensional on-line analytical ~ многомерная аналитическая обработка (*данных*) в реальном масштабе времени
multilook ~ многовыборочная обработка
multiple job ~ *вчт* обработка в многозадачном режиме
natural language ~ обработка информации на естественном языке (*в письменной и устной форме*)
nonoverlap ~ обработка без совмещения операций; последовательная обработка
numeric data ~ обработка числовых данных
on-board ~ бортовая обработка (*данных*)
on-line analytical ~ аналитическая обработка (*данных*) в реальном масштабе времени
on-line transaction ~ обработка транзакций в реальном масштабе времени
overlap ~ обработка с совмещением операций

parallel ~ параллельная обработка
parallel distributed ~ параллельная распределённая обработка
picture ~ обработка изображений
pixel-by-pixel ~ поэлементная обработка изображений
plasma ~ *микр.* плазменная обработка
PP ~ *см.* **pulse-pair processing**
priority ~ обработка в соответствии с приоритетом (*задачи*)
pulse-pair ~ обработка (*сигналов*) методом парных импульсов
random access ~ 1. обработка с произвольным доступом 2. прямая обработка
real-time ~ обработка (*данных*) в реальном масштабе времени
relational on-line analytical ~ реляционная аналитическая обработка (*данных*) в реальном масштабе времени
remote batch ~ дистанционная пакетная обработка
search information ~ обработка данных о поиске цели
sequential ~ последовательная обработка
serial ~ последовательная обработка
simultaneous ~ одновременная обработка
space-time ~ пространственно-временная обработка
speckle-pattern ~ обработка спекл-структур
speech ~ обработка речи
sputter ~ обработка (*напр. поверхности*) методом распыления
symbolic ~ обработка на уровне символов, символьная обработка
synthetic-antenna data ~ обработка (*сигналов*) с помощью антенны с синтезированной апертурой
text ~ *вчт* обработка текстов
time-domain ~ обработка во временной области
top-down ~ нисходящая обработка
transaction ~ *вчт* обработка транзакций
transaction-oriented ~ интерактивная обработка
vector ~ *вчт* векторная обработка
video-data digital ~ *тлв* цифровая обработка видеосигналов
word ~ *вчт* обработка текстов

processor 1. *вчт* процессор (*1. арифметико-логическое устройство с устройством управления 2. микропроцессор 3. центральный процессор 4. обработчик программ на языке программирования; компилятор, транслятор; интерпретатор 5. (любое) устройство обработки данных (напр. арифмометр) 6. (любая) программа для управления процессами передачи, обмена и обработки данных*) 2. исполнитель или участник (определённого) процесса 3. орудие или средство реализации (определённого) процесса 4. производящий обработку субъект; орудие или средство обработки
2-D optical ~ двумерный оптический процессор
acoustic ~ акустический процессор
airborne ~ бортовой процессор
algorithm ~ алгоритмический процессор
AMD ~ процессор фирмы American Micro Devices
analog ~ аналоговый процессор
analog signal ~ процессор аналоговых сигналов
ancillary control ~ вспомогательный управляющий процессор

processor

application ~ прикладная программа (*для управления процессами передачи, обмена и обработки данных*)
arithmetical ~ арифметический процессор
ARM ~ процессор фирмы Advanced RISC Machines
array ~ матричный процессор; векторный процессор
associative ~ ассоциативный процессор
attached ~ ведомый [подчинённый] процессор; присоединённый процессор
auxiliary ~ вспомогательный процессор
back-end ~ 1. спецпроцессор; дополнительный процессор; постпроцессор 2. процессор для окончательной обработки данных
baseband ~ процессор канала прямой [безмодуляционной] передачи (*сигнала*)
binary-image ~ процессор двухградационных изображений
bit-slice ~ разрядно-модульный [секционированный] процессор
bootstrap ~ загрузочный [первичный] процессор (*в многопроцессорной системе*)
Celeron ~ процессор семейства Celeron (*упрощённый вариант процессора Pentium II или Pentium III*)
cellular logic image ~ процессор изображений на основе клеточной логики
central ~ центральный процессор
CFAR ~ *см.* **constant false-alarm-rate processor**
channel ~ канальный процессор
chirp-transform ~ процессор на основе внутриимпульсной линейной частотной модуляции, ЛЧМ-процессор
CISC ~ *см.* **complex instruction set computing processor**
clone ~ процессор-клон, клон процессора основного производителя
co-~ сопроцессор
coherent optical ~ когерентный оптический процессор
command ~ командный процессор, процессор командного языка
communicating word ~s сеть текстовых процессоров для электронной почты
communications ~ связной [коммуникационный] процессор
complex instruction set computing ~ процессор с полным набором команд, CISC-микропроцессор
computer ~ (любой) процессор компьютера (*напр. сопроцессор*)
constant false-alarm-rate ~ процессор с постоянной частотой ложных тревог
content-addressable ~ ассоциативный процессор
control ~ управляющий процессор
cryogenic associative ~ криогенный ассоциативный процессор
data ~ (любое) устройство обработки данных, процессор (обработки) данных
database ~ процессор базы данных
data communications ~ процессор для управления передачей данных и обменом данными
data-flow ~ потоковый процессор
data parallel ~ (любое) устройство параллельной обработки данных
data transfer ~ процессор передачи данных

DEC Alpha (64-разрядный) процессор Alpha корпорации Digital Equipment, процессор DECchip 21064
decentralized redundant ~ децентрализованный процессор с резервированием
decision ~ процессор блока принятия решений
dedicated ~ специализированный процессор
dedicated word ~ специализированный текстовый процессор
diagnostic ~ диагностический процессор
digital ~ цифровой процессор
digital image ~ процессор цифровых изображений
digital signal ~ процессор цифровых сигналов
digital video ~ цифровой видеопроцессор
display ~ дисплейный процессор
distributed ~ распределённый процессор
Doppler ~ доплеровский процессор
down-line ~ процессор приёмного терминала (*сети*)
dual ~ 1. вторичный процессор (*в двухпроцессорной системе*) 2. двухпроцессорный
dual-issue ~ процессор с одновременным запуском [вводом] двух команд *или* инструкций (*для исполнения*)
dwell-time ~ *рлк* вычислитель времени облучения цели
dyadic ~ двухпроцессорная система
EIO ~ *см.* **error input/output processor**
embedded ~ *вчт* встроенный процессор
error input/output ~ процессор ошибок ввода-вывода
farmer ~ *вчт проф.* процессор-фермер, процессор - распределитель работ (*в процессорной ферме*)
fast digital ~ быстродействующий цифровой процессор
fast-Fourier-transform ~ процессор для быстрого преобразования Фурье
film ~ проявочная машина (*для фото- или киноплёнки*)
fixed-point ~ процессор данных с фиксированной запятой, процессор данных с фиксированной точкой
flexible ~ гибкий процессор
floating-point ~ процессор данных с плавающей запятой, процессор данных с плавающей точкой
Fourier (transform) ~ Фурье-процессор
frequency-domain array ~ матричный процессор в частотной области
front-end ~ 1. связной [коммуникационный] процессор 2. препроцессор, процессор для предварительной обработки данных; буферный процессор
games ~ игровой процессор
gateway ~ (межсетевой) процессор-шлюз
generalized linear ~ обобщённый линейный процессор
general-purpose ~ процессор общего назначения
Golay logic ~ логический процессор Голея
Golay transform ~ логический процессор Голея
graphic ~ графический процессор
hardwired ~ процессор с жёсткой системой команд
heterodyne ~ гетеродинный (оптический) процессор
heterogeneous element ~ процессор на неоднородных элементах

processor

high definition video ~ видеопроцессор высокой чёткости
higher ~ более совершенный процессор
homomorphic ~ гомоморфный процессор
horizontal ~ процессор с горизонтальным микропрограммированием
host ~ главный процессор, хост-процессор
IBM ~ процессор корпорации International Business Machines
idea ~ система обработки структурированных текстов
image ~ 1. процессор изображений 2. видеопроцессор
incoherent optical ~ некогерентный оптический процессор
industrial universal digital ~ универсальный цифровой процессор для промышленных применений
information ~ процессор данных
input/output ~ процессор ввода/вывода
instruction(-set) ~ процессор (системы) команд
integral multiprotocol ~ интегральный мультипротокольный процессор
integrated graphics ~ интегрированный графический процессор
Intel ~ процессор корпорации Intel
interactive ~ интерактивный процессор
interface ~ интерфейсный процессор
interface message ~ интерфейсный процессор сообщений
internetwork ~ межсетевой процессор
interruption queue ~ процессор очередей прерываний
keyboard ~ контроллер клавиатуры
knowledge information ~ информационный процессор знаний; компьютер пятого поколения
language ~ обработчик программ на языке программирования; компилятор, транслятор; интерпретатор; *проф.* языковой процессор
later ~ более современный процессор
L-cell ~ процессор на L-ячейках
linguistic ~ лингвистический процессор
link input ~ связной [коммуникационный] процессор ввода
list ~ процессор обработки списков
low-power ~ процессор с малым потреблением мощности
LSI ~ (микро)процессор на БИС
machine-instruction ~ процессор команд
macro ~ *вчт* макропроцессор, программа (выполнения) макроподстановки
mailing list ~ процессор обработки списков рассылки
main ~ главный [ведущий] процессор
maintenance ~ средства (технического) обслуживания *или* (текущего) ремонта
massively parallel ~ мультипроцессорная [многопроцессорная] система с массовым параллелизмом
master ~ главный [ведущий] процессор
mathematical ~ математический процессор
matrix ~ матричный процессор; векторный процессор
maximum-entropy ~ процессор, реализующий метод максимальной энтропии
media and communication ~ мультимедийный и связной процессор

message ~ процессор сообщений
microcoded ~ процессор с микропрограммным управлением
microprogrammable ~ процессор с микропрограммным управлением
microprogrammed ~ процессор с микропрограммным управлением
modular acoustic ~ модульный акустический процессор
MOS ~ процессор на МОП-структурах
motherboard ~ процессор на материнской плате
Motorola ~ процессор фирмы Motorola
multichip ~ многокристальный микропроцессор
multi-issue ~ процессор с параллельным запуском операций исполняемой (многооперационной) команды
multiprotocol communications ~ многопротокольный связной процессор
N-bit ~ N-разрядный процессор
network ~ сетевой процессор
node ~ узловой процессор
office ~ учрежденческий процессор
off-line ~ автономный процессор
on-line ~ 1. неавтономный процессор 2. процессор, работающий в темпе поступления информации; процессор, работающий в реальном масштабе времени; *вчт проф.* онлайновый процессор 3. интерактивный процессор
operator external interrupt ~ процессор внешних прерываний от оператора
optical signal ~ процессор оптических сигналов
outline ~ система обработки структурированных текстов
OverDrive ~ *вчт* процессор для модернизации компьютера (*без замены материнской платы*), процессор типа OverDrive
parallel ~ мультипроцессорная [многопроцессорная] система с параллелизмом
Pentium ~ процессор семейства Pentium
peripheral ~ периферийный процессор
photomask ~ установка фотолитографии
picture ~ 1. процессор изображений 2. видеопроцессор
pipelined ~ процессор с конвейерной архитектурой
pixel ~ процессор растровых изображений
post- ~ постпроцессор
PowerPC ~ процессор с оптимизированной производительностью и расширенной RISC-архитектурой, процессор PowerPC
pre- ~ препроцессор
problem-oriented ~ проблемно-ориентированный процессор
queue ~ процессор очередей
raster ~ 1. растровый процессор 2. процессор растровых изображений
raster image ~ процессор растровых изображений
reduced instruction set computing ~ процессор с сокращённым набором команд, RISC-микропроцессор
request queue ~ процессор очередей запросов
RISC ~ *см.* reduced instruction set computing processor
scalar ~ процессор со скалярной архитектурой
scan-time ~ *рлк* вычислитель периода обзора

processor

scientific ~ процессор для научных приложений
second ~ 1. вторичный процессор (*в двухпроцессорной системе*) 2. ведомый [подчинённый] процессор 3. спецпроцессор; дополнительный процессор; постпроцессор
semantic ~ семантический процессор
sequential ~ последовательный процессор
service ~ обслуживающий процессор
single-chip ~ однокристальный процессор
single-issue ~ процессор с последовательным запуском операций исполняемой (многооперационной) команды
slave ~ ведомый [подчинённый] процессор
SNA ~ сетевой процессор для режима работы по протоколу SNA
space-time ~ пространственно-временной процессор
stack-based ~ процессор со стековой архитектурой
stand-alone ~ автономный процессор
superpipelined ~ процессор с суперконвейерной архитектурой
superscalar ~ процессор с суперскалярной архитектурой
symbolic ~ символьный процессор
symmetrical multiple ~ симметричный мультипроцессор
synthesis ~ синтезирующий процессор
system platform ~ системный процессор платформы
systolic ~ систолический процессор
target ~ целевой процессор, объектный процессор
terminal ~ процессор терминала, терминальный процессор
terminal interface ~ интерфейсный процессор терминала
text ~ текстовый процессор
transaction ~ процессор транзакций
up-line ~ процессор передающего терминала (*сети*)
user core allocation queue ~ процессор очереди распределения оперативной памяти для пользователей
vector ~ векторный процессор; матричный процессор
vertical ~ процессор с вертикальным микропрограммированием
very long instruction word ~ процессор, использующий очень длинные командные слова, *проф.* VLIW-процессор
video ~ видеопроцессор
video-to-digital ~ видеоцифровой процессор
virtual ~ виртуальный процессор
visual image ~ процессор визуальной информации
VLIW ~ *см.* very long instruction word processor
voice ~ голосовой [речевой] процессор
waveform matrix ~ волновой матричный процессор
wavefront ~ волновой процессор
word ~ 1. текстовый процессор 2. система подготовки текстов
word-oriented ~ процессор с пословной ориентацией
worker ~ *вчт проф.* процессор-работник, процессор - исполнитель работ (*в процессорной ферме*)
processor-bound зависящий только от быстродействия процессора; счётный (*о задаче*)

proclitic 1. проклитика (*1. безударное примыкание слева 2. проф. «хвост» распределения слева*) || проклитический (*1. относящийся к безударному примыканию слева 2. проф. относящийся к «хвосту» распределения слева*) 2. наклоняющийся вперёд
procurement 1. материально-техническое снабжение 2. приобретение (*напр. оборудования*); закупки 3. набор персонала
~ **of loan** получение ссуды
~ **of personnel** набор персонала
electronic ~ 1. электронное материально-техническое снабжение 2. электронное приобретение (*напр. оборудования*); электронные закупки 3. электронный набор персонала
prod щуп; пробник
test ~ щуп; пробник
Prodigy *вчт* оперативная информационная сетевая служба Prodigy
produce 1. изделие; продукт 2. производить (*1. изготавливать; создавать 2. создавать; (по)рождать*) 3. представлять; показывать; устраивать презентацию; предъявлять
producer 1. производитель; изготовитель 2. продюсер; режиссёр-постановщик
harmonic ~ камертонный генератор гармоник
software ~ производитель программного обеспечения
tape ~ режиссёр видеомонтажа
television ~ телепродюсер; телевизионный режиссёр-постановщик
product 1. изделие; продукт 2. продукция (*напр. фирмы*) 3. продукт, результат (*деятельности или определённого процесса*); произведение 4. произведение (*двух или более величин*) 5. *вчт* максимальная нижняя грань двух элементов решётки 6. (комбинационная) составляющая (*в спектре сигнала*)
~ **of relations** произведение отношений
~ **of sets** произведение множеств
~ **of sums** конъюнкция дизъюнкций
~ **of tensors** произведение тензоров
aliasing ~ паразитная низкочастотная [НЧ-] составляющая (*в спектре дискретизованного сигнала при частоте дискретизации, меньшей частоты Найквиста*)
application-specific standard ~ стандартная часть специализированной ИС
Banach ~ банахово произведение
binomial ~ биномиальное произведение
Boolean ~ булево произведение
Cartesian ~ прямое [декартово] произведение
class ~ произведение классов
convolution ~ свёртка
cross– 1. комбинационная составляющая 2. векторное произведение; внешнее произведение
delay-dissipation ~ произведение времени задержки сигнала на рассеиваемую мощность
direct ~ прямое [декартово] произведение
dot ~ скалярное произведение; внутреннее произведение
dyadic ~ диада, диадное произведение
end ~ конечный продукт (*напр. производства*); изделие
energy ~ *магн.* энергетическое произведение

filtered ~ фильтрованное произведение
finished ~ конечный продукт (*напр. производства*); изделие
functional ~ функциональное произведение
gain-bandwidth ~ произведение коэффициента усиления на ширину полосы пропускания
GBW ~ *см.* **gain-bandwidth product**
generalized ~ обобщённое произведение
half-finished ~ полуфабрикат
Hermitian ~ эрмитово произведение
homotopy ~ произведение гомотопий
inner ~ внешнее произведение; скалярное произведение
innovation ~ инновационный продукт
intermodulation ~s интермодуляционные составляющие
Kronecker ~ произведение Кронекера
lexicographic ~ лексикографическое произведение
logical ~ логическое произведение, конъюнкция
magnetic (energy) ~ *магн.* энергетическое произведение
marketable ~s товарная продукция
matrix ~ произведение матриц
minor ~ побочный продукт (*напр. производства*)
mixed ~ смешанное произведение (*векторов*)
modulation ~s модуляционные составляющие
modulo ~ *вчт* произведение по модулю
off-the-shelf ~ 1. стандартный продукт; продукт массового производства 2. имеющийся в наличии *или* в продаже продукт; готовый к распространению *или* использованию продукт (*напр. о программном или аппаратном обеспечении*)
outer ~ внешнее произведение; векторное произведение
outer ~ of gradient внешнее произведение градиента
permutation ~ произведение перестановок
power-delay ~ произведение времени задержки сигнала на рассеиваемую мощность
program ~ программный продукт
proprietary ~ защищённый патентом продукт, патентованный продукт; имеющий (зарегистрированную) торговую марку продукт
RC ~ постоянная времени RC-цепи
scalar ~ скалярное произведение; внутреннее произведение
software ~ программный продукт
speech ~ продукт речи, речевое произведение
split ~ расщеплённое произведение
spurious ~ паразитная составляющая (*в спектре сигнала*)
symplectic ~ симплектическое произведение
time-bandwidth ~ *рлк* база [коэффициент широкополосности] сигнала (*произведение длительности радиоимпульса на ширину его спектра*)
topological ~ топологическое произведение
triple scalar ~ смешанное произведение (*векторов*)
triple vector ~ двойное векторное произведение
truncated ~ усечённое произведение
vector ~ векторное произведение; внешнее произведение
waste ~s отходы производства
wedge ~ *вчт* букет (*в топологии*)
production 1. изделие; продукт 2. продукция (*напр. фирмы*) 3. производство (*1. процесс производства; изготовление 2. создание; (по)рождение*) 4. объём производства 5. представление; показ; презентация; предъявление 6. (художественное) произведение; постановка; спектакль 7. *вчт* правило вида условие – действие, порождающее правило, *проф.* продукция, продукционное правило || порождающий, *проф.* продукционный 8. стандартный; типовой (*о продукции*)
~ of knowledge производство знаний
captive ~ производство изделий для собственного потребления
direct ~ *вчт* прямая продукция, прямое продукционное правило
dramatic ~ производство драматических передач
electron-hole (pairs) ~ генерация электронно-дырочных пар
in-house ~ производство изделий для собственного потребления
JIT ~ *см.* **just-in-time production**
just-in-time ~ производство по концептуальной системе «точно в нужный момент времени», *проф.* JIT-производство
mixed model ~ производство смешанного модельного ряда
musical ~ производство музыкальных программ
pair ~ 1. *пп* генерация пар 2. *фтт* рождение пар
probabilistic ~ *вчт* вероятностная продукция, вероятностное продукционное правило
radio ~ производство радиопрограмм
remotely-manned ~ производство с дистанционным присутствием, *проф.* телепроизводство
simple ~ *вчт* простая продукция, простое продукционное правило
speech ~ *вчт* речеобразование
television ~ производство телевизионных программ
terminal ~ *вчт* терминальная продукция, терминальное продукционное правило
welded electronic ~ изготовление электронных схем методом сварки
productive 1. продуктивный; производительный 2. производящий; порождающий
productivity производительность
profile 1. профиль (*1. совокупность идентифицирующих субъект, объект или явление характеристик и признаков 2. совокупность параметров, задаваемых пользователем компьютера 3. профиль компьютерной программы, информация о ходе выполнения программы 4. вид сбоку; боковая проекция на чертеже; вертикальный разрез 5. очертания; контур 6. металлическое изделие специальной формы*) || определять профиль; задавать профиль 2. рельеф 3. изображать профиль; давать вид сбоку; представлять вертикальный разрез 4. профилировать; придавать определённую форму
application portability ~ профиль переносимого приложения
diffusion ~ *пп* профиль распределения диффузанта
doping ~ *пп* профиль распределения легирующей примеси
electromigration ~ электромиграционный профиль
electron-density vertical ~ вертикальный профиль распределения концентрации электронов

profile

etch ~ *микр.* профиль травления
government open systems interconnection ~ правительственный профиль протоколов модели ISO/OSI, определение протоколов модели ISO/OSI для государственных закупок США, набор протоколов GOSIP
hardware ~ *вчт* профиль аппаратного обеспечения
ICC ~ *см.* **International Color Consortium profile**
index ~ профиль распределения показателя преломления
International Color Consortium ~ (цветовой) профиль Международного консорциума по проблемам цвета, (цветовой) профиль ICC
line edge ~ рельеф поверхности
low ~ **X** 1. стандарт LPX (*на корпусе и материнские платы*) 2. (низкопрофильный) корпус (стандарта) LPX 3. материнская плата (стандарта) LPX
MPEG-2 main ~ **at main level** метод сжатия (видео- и аудиоданных) «главный профиль / главный уровень» в стандарте MPEG-2
multipath ~ рельеф, допускающий многолучевое распространение
path ~ рельеф трассы
potential ~ профиль распределения потенциала
program ~ профиль программы
sharp cutoff ~ крутой профиль среза (*характеристики затухания фильтра*)
step-index ~ ступенчатый профиль распределения показателя преломления
undercut ~ *микр.* профиль подтравливания
user ~ профиль пользователя
voice ~ **for Internet mail** рекомендуемый профиль протокола передачи речевых сообщений в электронной почте, протокол VPIM

profiler *вчт* система построения профиля программы
profiling 1. определение профиля 2. создание рельефа 3. изображение профиля; изображение вида сбоку; представление вертикального разреза 4. профилирование; придание определённой формы
profilograph профилограф
profilometer профилометр
   electronic ~ электронный профилометр
   laser range ~ лазерный профилометр
prognosis 1. прогноз 2. прогнозирование; предсказание
prognostic 1. прогнозирование; предсказание 2. прогностический; прогнозный
prognostics прогностика
program 1. программа (*1. план действий; график 2. последовательность действий, выполняемых компьютером для достижения определённой цели 3. описание выполняемых компьютером действий на языке программирования или в машинном коде 4. вещательная программа 5. программа радио- или телевизионных передач 6. список номеров и исполнителей представления*) 2. разрабатывать программу; планировать; составлять график 3. *вчт* программировать (*1. составлять программу 2. вводить информацию в ППЗУ*)
   ~ **for integrated shipboard electronics** программа разработки корабельной электронной аппаратуры на интегральных схемах
   absolute ~ программа в абсолютных адресах
   accounting ~ программа (финансового) учёта, программа контроля текущего финансового состояния и выполненных финансовых операциях (*юридического лица, абонента или пользователя*)
   activity(-based) ~ функционально ориентированная программа
   add-in ~ дополнительная программа; программное расширение; утилита
   AI ~ *см.* **artificial intellect program**
   antivirus ~ *вчт* антивирусная программа
   application ~ прикладная программа, приложение
   artificial intellect ~ программа уровня искусственного интеллекта, ИИ-программа
   assembler ~ *вчт* 1. программа на ассемблере 2. компонующая программа; программа сборки, программа формирования (*напр. пакетов*)
   assembly ~ 1. *вчт* компонующая программа; программа сборки, программа формирования (*напр. пакетов*) 2. программа (автоматической) сборки или монтажа (*напр. ИС*)
   author(ing) ~ авторская программа (*1. принадлежащая автору программа; разработанная автором программа (напр. телевизионная) 2. вчт предназначенная для авторских разработок (напр. гипермедийных документов) программа*)
   authorized ~ программа с полномочиями (*на изменение статуса или принципов действия компьютерной системы*), авторизованная программа
   autostart ~ программа (начальной) загрузки; программа самозагрузки
   background ~ фоновая программа
   batch ~ пакетная программа
   batch circuit design ~ программа группового проектирования схем
   benchmark ~ эталонная тестовая программа
   blue-ribbon ~ программа, достойная высшего отличия; превосходно написанная программа
   bootstrap ~ программа (начальной) загрузки; программа самозагрузки
   brain-damaged ~ *вчт проф.* сумасшедшая программа
   brittle ~ *вчт* 1. машинно-зависимая программа; непереносимая программа 2. неустойчивая программа
   broadcast(ing) ~ вещательная программа
   broken ~ *вчт* испорченная программа
   brute-force ~ *вчт проф.* программа, решающая задачу «в лоб»; «прямолинейная» программа
   byte-code ~ программа в байт-коде
   cache ~ программа кэширования (*напр. жёсткого магнитного диска*)
   CAD ~ *см.* **computer-aided design program**
   calendar ~ программа-календарь
   CGI ~ CGI-программа, запускаемая клиентом на сервере программа по протоколу CGI
   channel ~ *вчт* программа обслуживания канала
   character-based ~ программа с символьным интерфейсом
   check(ing) ~ программа проверки; программа контроля
   chip planning ~ *микр.* программа планировки кристалла
   closed ~ закрытая [замкнутая] (под)программа
   command control ~ командный процессор, процессор командного языка
   command-driven ~ работающая в командном режиме программа, программа для командного режима

commercial ~ (радио- *или* телевизионная) программа, оплачиваемая рекламодателем
communications ~ коммуникационная программа
compiler ~ компилятор
compiling ~ компилятор
compressor ~ программа сжатия данных
computer ~ компьютерная программа
computer-aided design ~ программа автоматизированного проектирования
control ~ управляющая программа
consulting ~ *вчт* экспертная система
conversational ~ диалоговая программа
copy ~ 1. программа копирования 2. программа для обхода защиты от копирования
core ~ резидентная программа
coresident ~s одновременно загруженные резидентные программы
crafty ~ *вчт проф.* «заумная» программа
cuspy ~ *вчт* надёжная программа; *проф.* «ходовая» программа
data acquisition ~ программа сбора данных
debugging ~ программа отладки
decision ~ программа принятия решения
default output ~ программа вывода по умолчанию
despooling ~ программа вывода данных из спулера
diagnostic ~ диагностическая программа
dialer ~ *тлф, вчт* программа автоматического установления соединения
dictionary ~ *вчт* программа обнаружения (орфографических) ошибок, *проф.* (орфографический) корректор
distance-learning ~ программа дистанционного обучения
dongle-protected ~ *вчт проф.* программа, защищённая от несанкционированного использования электронным ключом (*подключаемым к порту*), программа с защитой аппаратным ключом
draw(ing) ~ программа рисования, объектно-ориентированная программа машинной графики
drill-and-practice ~ учебная компьютерная программа с упражнениями
dummy ~ фиктивная программа; фиктивная подпрограмма
edit ~ (программа-)редактор, программа редактирования
electronic circuit analysis ~ программа для анализа электронных схем
entertainment ~ развлекательная (радио- *или* телевизионная) программа
event-driven ~ событийно-управляемая программа
executable ~ *вчт* исполняемая [не требующая трансляции] программа
execute-only ~ *вчт* программа без исходного текста
executive ~ (программа-)диспетчер; управляющая программа
fax ~ программа для факсимильной связи
fetch ~ *вчт* программа выборки
file handling ~ программа обработки файлов
file management ~ программа управления файлами, менеджер файлов
flamage-generating ~ программа, автоматически генерирующая (*под псевдонимом*) сообщения оскорбительного *или* провокационного содержания (*напр. в электронных форумах*)

flexible ~ *вчт* гибкая программа
floating-point ~ , программа для выполнения операций с плавающей точкой, программа для выполнения операций с плавающей запятой
foreground ~ *вчт* приоритетная программа
form letter ~ *вчт* программа написания стандартных писем
froggy ~ *вчт* замысловатая программа; *проф.* «хитрая» программа
function ~ 1. функциональная программа 2. программа вычисления (значений) функции
generalized ~ *вчт* многофункциональная программа; универсальная программа
goal-driven ~ целеуправляемая программа
graphics ~ графическая программа
grundy ~ *вчт* 1. *проф.* «неряшливая» программа 2. бесперспективная программа
hard disk backup ~ программа резервного копирования жёсткого (магнитного) диска
hardware [hard-wired] ~ аппаратная программа, аппаратно реализуемая программа, *проф.* зашитая программа
helper ~ *вчт* вспомогательная программа
heuristic ~ эвристическая программа
high-end ~ высокопроизводительная программа
high frequency active auroral research ~ программа исследования создаваемой мощным ВЧ-излучением искусственной радиоавроры, проект HAARP
inference ~ программа, реализующая извлечение правил (*напр. из баз данных*) и построение умозаключений, *проф.* машина вывода (*часть экспертной системы*)
information ~ информационная (радио- *или* телевизионная) программа
install ~ *вчт* программа для установки программного обеспечения, *проф.* программа инстал(л)яции
input/output ~ программа ввода/вывода
input/output limited ~ программа с производительностью, ограничиваемой устройствами ввода/вывода
interactive ~ интерактивная программа
interpretive ~ интерпретатор
LAN backup ~ программа резервного копирования в локальной сети
language translator ~ программа трансляции текста из одного языка программирования в другой; транслятор *или* компилятор
LAN-ignorant ~ версия прикладной программы, не приспособленная для локальной сети
LAN memory management ~ программа управления памятью в локальной сети
layout-versus-layout ~ программа проверки соответствия топологий
learning ~ 1. обучающая программа 2. самообучающаяся программа
library ~ *вчт* библиотечная программа
linear ~ *вчт* линейная программа, программа без переходов
looping ~ программа организации цикла
macro ~ 1. макропрограмма 2. программа расширения функциональных возможностей клавиатуры, расширитель функциональных возможностей клавиатуры
mailing list ~ программа для составления и сопровождения списка рассылки электронных писем

program

mail-merging ~ программа групповой рассылки электронных писем по списку
main(-line) ~ *вчт* основная программа; основная нить программы
master ~ *вчт* основная программа; основная нить программы
memory management ~ менеджер памяти
memory resident ~ резидентная программа
menu-driven ~ программа, управляемая из меню
merge-print ~ программа групповой распечатки писем по списку
MIDI ~ MIDI-программа, программа для работы с данными в стандарте MIDI
monitor ~ управляющая программа, (программа-)монитор
music ~ музыкальная (радио- *или* телевизионная) программа
native ~ 1. программа на машинном языке, программа в машинном коде, машинный код, *проф.* «родная» программа 2. программа, оптимизированная для используемого микропроцессора, *проф.* «родная» программа
network control ~ 1. программа управления сетью 2. программа управления сетью (*корпорации Microsoft*) с архитектурой SNA, программа NCP
object ~ объектная программа
one-shot ~ разовая программа, программа для выполнения разового задания
overlay ~ программа с перекрытиями, *проф.* оверлейная программа
packaged ~s пакет программ
page composition ~ программа компоновки страниц; настольная редакционно-издательская система
page layout ~ программа макетирования страниц; программа разметки страниц
page makeup ~ программа компоновки страниц; настольная редакционно-издательская система
paint(brush) ~ простой графический редактор растровых изображений, программа растрового рисования
painting ~ простой графический редактор растровых изображений, программа растрового рисования
peripheral limited ~ программа с производительностью, ограничиваемой периферийными устройствами
personal computer LAN ~ программа для обслуживания персонального компьютера в локальной сети, программа PCLP
pilot ~ *вчт* опытная программа
piped ~ (радио)программа, переданная по телефонной сети
plugged ~ наборная программа
postmortem ~ постпрограмма
preemptible ~ программа, вытесняемая из памяти другой программой в соответствии с приоритетом
preemptive ~ программа, вытесняющая из памяти другую программу в соответствии с приоритетом
presentation graphics ~ программа презентационной графики
primary control ~ первичная управляющая программа
problem ~ программа, выполняемая в режиме задачи; не содержащая привилегированных команд программа

program-aid ~ *вчт* вспомогательная [служебная] программа
project management ~ программа управления проектами
quiz ~ телевикторина; радиовикторина
radio ~ радиопрограмма
RAM-resident ~ резидентная программа
record-oriented database management ~ программа управления базами данных, ориентированными на записи
reenterable ~ *вчт* допускающая рекурсивное *или* параллельное использование программа, *проф.* реентерабельная программа
relocatable ~ *вчт* перемещаемая программа; перемещаемая программа, *проф.* настраиваемая программа
remote control ~ программа дистанционного управления
reusable ~ *вчт* программа с возможностью многократного использования, многократно используемая программа
robot ~ программа управления роботом
robust ~ робастная программа
routing ~ программа маршрутизации
security ~ программа контроля безопасности
self-replicating ~ *вчт* саморазмножающаяся программа
sequence checking ~ программа проверки последовательности
service ~ *вчт* служебная [сервисная] программа, утилита
setup ~ *вчт* 1. программа установки программного обеспечения, *проф.* программа инстал(л)яции 2. программа конфигурирования и настройки, программа установка (значений) параметров (*напр. аппаратных средств*)
simulation ~ **with integrated circuit emphasis** разработанная в Калифорнийском университете (Беркли) программа моделирования интегральных схем, программа SPICE
simulator ~ моделирующая программа
snapshot (trace) ~ отладочная программа с возможностью выборочной динамической распечатки промежуточной информации (*на экране дисплея*)
sort ~ программа сортировки, сортировщик
sort/merge ~ программа сортировки и (или) слияния (*данных*)
source ~ исходная программа (*написанная программистом*)
spelling-check ~ программа обнаружения орфографических ошибок, *проф.* орфографический корректор
spreadsheet ~ электронная таблица, программа обработки больших массивов данных, представленных в табличной форме
stand-alone ~ *вчт* автономная программа
star ~ *вчт* программа, достойная высшего отличия; превосходно написанная программа
supervisor(y) ~ супервизор (*1. управляющая программа 2. программа-диспетчер*)
support ~ *вчт* вспомогательная программа
sustaining ~ вещательная программа без спонсора
symbol manipulation ~ программа манипулирования символами

programming

symbolic math ~ математическая программа для аналитических расчётов
system ~ *вчт* системная программа
table-oriented database management ~ таблично-ориентированная программа управления базами данных
tailor-made ~ *вчт* программа, выполненная по индивидуальному заказу
target ~ объектная программа
task interrupt control ~ программа управления прерываниями задачи
television ~ телевизионная программа
terminal interface ~ программный интерфейс терминала
test ~ тестовая программа
thesaurus ~ программа-тезаурус
time-sharing ~ программа, выполняемая в режиме разделения времени, TSP-программа
tracing ~ программа трассировки
transient ~ нерезидентная программа
transistor analysis ~ программа анализа транзисторных схем
trojan-horse ~ программа «троянский конь» (*разновидность неразмножающихся компьютерных вирусов*)
tutorial ~ программа для усвоения учебного курса
UNIX-to-UNIX copy ~ программа взаимодействия UNIX-систем (*в сети*), протокол UUCP
unsupported ~ *вчт* не поддерживаемая разработчиком программа
user ~ *вчт* программа пользователя
utility ~ *вчт* утилита, служебная программа
vector-to-raster conversion ~ программа преобразования векторной графики в растровую
videotape ~ телевизионная программа, записанная на видеоленту
Windows ~ программа, работающая под управлением операционной системы Windows
word processing ~ *вчт* программа обработки текстов
program-controlled с программным управлением
programmability возможность программирования
programmable 1. программируемый 2. с программным управлением
  electronically с возможностью электронного программирования, электронно-программируемый
  in-system ~ с возможностью внутрисистемного (пере)программирования, внутрисистемно (пере)программируемый
  mask ~ с возможностью масочного программирования, масочно программируемый
  one-time ~ 1. с возможностью однократного программирования, однократно программируемый 2. однократно программируемая постоянная память
programmatics программирование
programmed 1. программируемый 2. с программным управлением
programmer 1. программатор; программирующее устройство; программное устройство 2. программист; разработчик программного обеспечения 3. производитель радиовещательных *или* телевизионных программ 4. спутниковая вещательная станция
  application(s) ~ программист, специализирующийся на прикладных программах; разработчик прикладного программного обеспечения
  backup ~ помощник программиста
  beam-steering ~ программное устройство, управляющее положением главного лепестка (*диаграммы направленности антенны*)
  chief ~ главный программист (*команды*)
  computer ~ компьютерный программист
  editor ~ блок управления монтажом (*в видеомагнитофоне*)
  maintenance ~ специалист по разработке программ для сопровождения и технического обслуживания (*программных и аппаратных средств*)
  programmable read-only memory ~ программатор ППЗУ
  PROM ~ *см.* **programmable read-only memory programmer**
  system ~ системный программист
  systems ~ программист, специализирующийся на организации взаимодействия системного и прикладного программного обеспечения
programmer/analyst программист-аналитик, специалист по системному анализу и разработке программного обеспечения
programming 1. *вчт* программирование (*1. составление программы 2. введение информации в ППЗУ*) 2. компоновка вещательных программ 3. скомпонованные вещательные программы
  application(s) ~ прикладное программирование
  automatic ~ автоматизированное программирование
  bare metal ~ *вчт проф.* программирование на компьютере без стандартного программного обеспечения; программирование без использования функций операционной системы и базовой системы ввода-вывода
  beam ~ программирование управления положением главного лепестка (*диаграммы направленности антенны*)
  bottom-up ~ восходящая разработка программ
  business ~ бизнес-ориентированное программирование
  cascade ~ последовательное программирование
  compositional parallel ~ композиционное параллельное программирование
  compromise ~ компромиссное программирование
  conceptual ~ концептуальное программирование
  concurrent ~ параллельное программирование
  configuration ~ конфигурационное программирование
  declarative ~ декларативное программирование
  distributed logic ~ язык программирования DPL
  dynamic ~ динамическое программирование
  egoless ~ безличное (коллективное) программирование, (коллективное) программирование с равной ответственностью для всех членов команды
  event-driven ~ событийно-управляемое программирование
  flow ~ потоковое программирование
  functional ~ функциональное программирование
  fuzzy ~ нечёткое программирование
  generic ~ обобщённое программирование
  genetic ~ генетическое программирование
  geometric ~ геометрическое программирование
  goal-driven ~ целеуправляемое программирование
  heuristic ~ эвристическое программирование

programming

high-level language ~ программирование на языке высокого уровня
imperative ~ императивное программирование
inference ~ программирование на базе логических умозаключений
integer ~ целочисленное программирование
interactive ~ интерактивное программирование
interpretive ~ программирование с использованием интерпретатора
linear ~ линейное программирование
linear integer ~ линейное целочисленное программирование
logic ~ логическое программирование
macro ~ макропрограммирование
maintenance ~ разработка программ для сопровождения и технического обслуживания (*программных и аппаратных средств*)
manual ~ ручное программирование
mathematical ~ математическое программирование
metalevel ~ программирование на метауровне
mixed integer ~ частично-целочисленное программирование
modular ~ модульное программирование
modular parallel ~ модульное параллельное программирование
molecular ~ молекулярное программирование
multicriteria ~ многокритериальное программирование
neurodynamic ~ нейродинамическое программирование
neurolinguistic ~ нейролингвистическое программирование, НЛП
nonlinear ~ нелинейное программирование
nonnumeric ~ нечисловое программирование
object-based ~ программирование, базирующееся на использовании иерархической структуры программных модулей, рассматриваемых как объекты
object-language ~ программирование на объектном [выходном] языке
object-oriented ~ объектно-ориентированное программирование, ООП
off-line ~ программирование в автономном режиме
optimum ~ оптимальное программирование
parallel ~ параллельное программирование
parallel ~ in transputer medium параллельное программирование в транспьютерной среде
parallel ~ with coordination structures параллельное программирование с координирующими структурами
paranoid ~ программирование с избыточными мерами защиты от ошибок, *проф.* параноидное программирование
polynomial ~ полиномиальное программирование
possibilistic ~ возможностное программирование
predicate ~ предикатное программирование
procedure-oriented ~ процедурное программирование
production ~ *вчт* продукционное программирование, программирование с использованием системы порождающих правил
quadrature ~ квадратурное программирование
recursive quadratic ~ рекурсивное квадратичное программирование
stochastic ~ стохастическое программирование
structural [structured] ~ структурное программирование

switchboard ~ программирование с помощью коммутационной панели
symbolic(-language) ~ 1. символьное программирование, программирование на символическом (псевдо)языке 2. искусственный интеллект
system(s) ~ системное программирование
test ~ тестовое программирование
top-down ~ нисходящая разработка программ
traditional ~ традиционное программирование; процедурное программирование
typematic delay ~ программирование задержки автоповтора скан-кода клавиши
typematic rate ~ программирование частоты автоповтора скан-кода клавиши
visual ~ визуальное программирование
progress 1. прогресс; движение вперёд || прогрессировать; двигаться вперёд 2. продвижение; прохождение || продвигаться; проходить
~ **of call** *тлф* прохождение вызова
progression 1. прогрессия 2. продвижение; прохождение
arithmetic ~ арифметическая прогрессия
geometric ~ геометрическая прогрессия
harmonic ~ гармоническая прогрессия
linear phase ~ линейный набег фазы
project 1. проект; план || проектировать; составлять проект *или* план; планировать || проектный; плановый 2. проецировать, формировать проекцию
GNU ~ проект GNU, (рекурсивный) акроним для названия проекта Фонда бесплатного программного обеспечения по разработке заменяющей UNIX операционной системы
projecting 1. проектирование; составление проекта *или* плана; планирование || проектирующий; планирующий 2. проекция (*1. изображение трёхмерных объектов на плоскости 2. вчт проективное отображение 3. дистанционная передача изображений на экран*) 3. проективный (*1. относящийся к изображению трёхмерных объектов на плоскости 2. вчт относящийся к проективному отображению 3. вчт извлекающий все аргументы или часть аргументов (о функции*)) 4. проекционный (*относящийся к дистанционной передаче изображений на экран*) 5. проецирование (*1. формирование проекции 2. понижение размерности многомерной выборки*) || проецирующий (*1. формирующий проекцию 2. понижающий размерность многомерной выборки*)
projection 1. проектирование; составление проекта *или* плана; планирование 2. проекция (*1. изображение трёхмерных объектов на плоскости 2. вчт проективное отображение 3. вчт извлекающая все аргументы или часть аргументов функция 4. дистанционная передача изображений на экран*) 3. проецирование (*1. формирование проекции 2. понижение размерности многомерной выборки*) 4. *тлв* спроецированное изображение
~ **of relation** *вчт* проекция отношения
background ~ *тлв* рирпроекция
flood ~ выделение развёртывающего элемента с помощью подвижного светового пятна (*в факсимильных аппаратах*)
gnomonic ~ гномоническая проекция
orthogonal ~ ортографическая проекция

orthographic ~ ортографическая проекция
overhead ~ изображение (*на экране*), полученное с помощью кодоскопа
rear ~ *тлв* рирпроекция
Sammon's ~ проецирование Саммона
set ~ *вчт* проекция множества
spot ~ выделение развёртывающего элемента с помощью подвижного светового пятна (*в факсимильных аппаратах*)
stereographic ~ стереографическая проекция
tip ~ выступ (магнитной) головки
projective 1. проектный; плановый; проектирующий; планирующий 2. проективный (*1. относящийся к изображению трёхмерных объектов на плоскости 2. вчт относящийся к проективному отображению 3. вчт извлекающий все аргументы или часть аргументов (о функции)*) 3. проекционный (*относящийся к дистанционной передаче изображений на экран*) 4. проецирующий (*1. формирующий проекцию 2. понижающий размерность многомерной выборки*)
projector 1. проектор 2. гидроакустический излучатель 3. рупор громкоговорителя 4. тлв прожектор 5. *вчт* проектор (*1. проективный функтор 2. оператор проектирования*)
background ~ *тлв* рирпроектор
color telecine ~ цветной телекинопроектор
digital (light processing) ~ 1. цифровой киноектор (*напр. микрозеркальный*) 2. цифровой микрозеркальный проекционный дисплей
DLP ~ *см.* **digital (light processing) projector**
electron-beam ~ *микр.* установка электронно-лучевой проекционной литографии
film ~ кинопроектор
filmstrip ~ 1. диаскопический проектор, диапроектор 2. кинопроектор
LCD ~ жидкокристаллический проектор, ЖК-проектор, проектор на жидких кристаллах
light-valve ~ светоклапанный проектор
multiple ~ многоканальный проектор
opaque ~ эпископический проектор, эпипроектор
overhead ~ кодоскоп, *проф.* оверхед (*разновидность диапроектора*)
rear ~ *тлв* рирпроектор
scribing ~ стилографический проектор
situation display ~ проекционный индикатор обстановки
slide ~ диаскопический проектор, диапроектор
split ~ расщепленный гидроакустический излучатель
still video ~ эпи- или диапроектор
telecine ~ телекинопроектор
transparency ~ *тлв* диаскопический проектор, диапроектор
underwater sound ~ гидроакустический излучатель
prolate вытянутое (*вдоль оси вращения*) тело ‖ вытянутый (*вдоль оси вращения тела*)
prolateness вытянутость (*вдоль оси вращения*)
PROLOG язык программирования PROLOG
Turbo ~ язык программирования Turbo PROLOG
prominence 1. выступ 2. (солнечный) протуберанец
solar ~ солнечный протуберанец
promiscuous 1. разнородный; смешанный 2. *вчт* относящийся к режиму приёма любых сетевых пакетов

promote 1. способствовать; содействовать; поддерживать 2. активизировать; стимулировать 3. повышать ранг; переводить в более высокую категорию
promoter 1. способствующий, содействующий *или* оказывающий поддержку субъект, *проф.* промоутер 2. активатор; стимулятор 3. промотор (*1. активатор катализатора 2. стартовый (для транскрипции) участок молекулы дезоксирибонуклеиновой кислоты*)
promotion 1. способствование; содействие; поддержка 2. активизация; стимулирование 3. повышение ранга; перевод в более высокую категорию
integral ~ *вчт* преобразование типов в целочисленный тип; *проф.* целое расширение (*напр. в C++*)
prompt *вчт* 1. приглашение, подсказка 2. запрашивать данные (*у пользователя*)
DOS ~ приглашение DOS
dot ~ приглашение в виде точки (*для ввода команд в dBASE*)
prompter электронный суфлёр
prong штырь, штырёк (*напр. электрического соединителя*)
pronounce произносить
pronouncement произнесение
pronunciation 1. произношение 2. фонетическая транскрипция
~ **by analogy** произношение по аналогии
proof 1. доказательство ‖ являющийся доказательством; доказывающий 2. математическая *или* арифметическая проверка 3. проверка; контроль ‖ проверенный; прошедший контроль 4. испытания ‖ испытанный; выдержавший испытания 5. корректура (*1. исправление (орфографических) ошибок в тексте 2. пробный оттиск; гранка*) 6. читать корректуру с целью исправления (орфографических) ошибок, *проф.* держать корректуру 7. пробное изображение (*на экране дисплея*) 8. подвергать обработке с целью повышения устойчивости к внешним воздействиям (*напр. влагостойкости*)
~ **by contradiction** доказательство от противного
~ **by enumeration** доказательство путём перебора вариантов
~ **by exhaustion** доказательство путём исчерпывающего перебора всех вариантов
~ **by induction** доказательство по индукции
~ **by reduction to absurdity** доказательство путём сведения к абсурду
abstract ~ абстрактное доказательство
color ~ 1. пробный цветной оттиск 2. пробное цветное изображение
deductive ~ дедуктивное доказательство
digital ~ пробный оттиск, полученный цифровыми методами
digital color ~ пробный цветной оттиск, полученный цифровыми методами
direct ~ прямое доказательство
direct digital color ~ пробный цветной оттиск, полученный цифровыми методами
exact ~ точное доказательство
experimental ~ экспериментальное доказательство
galley ~ пробный оттиск; гранка
heuristic ~ эвристическое доказательство
indirect ~ косвенное доказательство

proof

logical ~ логическое доказательство
mathematical ~ математическое доказательство
theoretical ~ теоретическое доказательство
zero-knowledge ~ доказательство без передачи информации (*напр. в криптографии*)

proofing 1. доказательство || являющийся доказательством; доказывающий **2.** математическая *или* арифметическая проверка **3.** проверка; контроль **4.** испытания **5.** корректура (*1. исправление (орфографических) ошибок в тексте 2. пробный оттиск; гранка*) **6.** чтение корректуры с целью исправления (орфографических) ошибок **7.** пробное изображение (*на экране дисплея*) **8.** обработка с целью повышения устойчивости к внешним воздействиям (*напр. влагостойкости*)

   color reproduction ~ проверка цветовоспроизведения

proofread корректура, исправление (орфографических) ошибок в тексте || читать корректуру с целью исправления (орфографических) ошибок, *проф.* держать корректуру

proofreader *вчт* программа обнаружения (орфографических) ошибок, (орфографический) корректор

propaedeutic пропедевтика, вводный курс; введение || пропедевтический, вводный

propagate 1. распространять(ся); передавать(ся) сквозь среду; проходить; продвигать(ся) **2.** размножать(ся); увеличивать(ся); возрастать

propagation 1. распространение (*напр. волн*); передача сквозь среду; прохождение (*напр. сигнала*); продвижение (*напр. ЦМД*) **2.** размножение (*напр. ошибок*); увеличение; возрастание

   ~ **by turbulent inhomogeneties scattering** распространение (*волн*) за счёт рассеяния на турбулентных неоднородностях (*атмосферы*)

   ~ **in mirage district** распространение (*волн*) в областях существования миражей

   ~ **in refractive media** распространение (*волн*) в преломляющих средах

   ~ **in stratified media** распространение (*волн*) в слоистых средах

   ~ **of light** распространение света

   ~ **of sound** распространение звука

   ~ **over rough surface** распространение (*волн*) над неровной поверхностью

   abnormal ~ аномальное распространение

   active medium ~ распространение в активной среде

   air-to-ground ~ распространение на трассе ЛА — Земля

   angelfish bubble-domain ~ продвижение ЦМД в системе клиновидных аппликаций

   anomalous ~ аномальное распространение

   attenuated ~ распространение с затуханием

   auroral-zone ~ распространение в авроральной зоне

   back ~ **1.** обратное распространение, распространение в обратном направлении **2.** алгоритм обратного распространения (ошибок) (*для обучения нейронных сетей*)

   back ~ **least mean square** алгоритм обратного распространения с обучением (*нейронных сетей*) на минимизацию среднеквадратичной ошибки

   back ~ **of error** алгоритм обратного распространения (ошибок) (*для обучения нейронных сетей*)

   beyond-the-horizon ~ загоризонтное распространение

   bubble(-domain) ~ продвижение ЦМД

   charge ~ движение заряда

   current-loop (bubble-domain) ~ продвижение ЦМД в системе токовых контуров

   dispersive ~ распространение (*волн*) в диспергирующей среде

   domain-tip ~ продвижение ПМД

   duct ~ волноводное распространение

   earth-layer ~ **1.** распространение по атмосферному волноводу **2.** распространение по подземному волноводу

   electromagnetic-wave ~ распространение электромагнитных волн

   error ~ размножение ошибок

   exoionospheric ~ экзоионосферное распространение

   forward ~ алгоритм прямого распространения, *проф.* прямопоточный алгоритм (*для обучения нейронных сетей*)

   forward ~ **by ionospheric scatter** загоризонтное ионосферное распространение за счёт ионосферного рассеяния

   forward ~ **by tropospheric scatter** загоризонтное тропосферное распространение за счёт тропосферного рассеяния

   forward-scatter ~ **1.** загоризонтное распространение за счёт рассеяния **2.** дальняя (ионосферная *или* тропосферная) радиосвязь за счёт (ионосферного *или* тропосферного) рассеяния

   free-space ~ распространение в свободном пространстве

   great-circle ~ распространение по дуге большого круга

   ground-scatter ~ многоскачковое распространение по траектории, отличающейся от дуги большого круга

   ground-wave ~ распространение земной (радио)волны

   guided ~ волноводное распространение

   hop ~ одно- или многоскачковое распространение

   ionospheric ~ ионосферное распространение

   ionospheric scatter ~ загоризонтное ионосферное распространение за счёт ионосферного рассеяния

   line-of-sight ~ распространение в пределах прямой видимости

   long-distance tropospheric ~ дальнее тропосферное распространение

   longitudinal ~ продольное распространение

   magnetoelastic (-wave) ~ распространение магнитоупругих волн

   meteor [meteor burst, meteoritic] ~ распространение за счёт рассеяния метеорными следами, метеорное распространение

   microwave ~ распространение волн СВЧ-диапазона, *проф.* распространение микроволн

   millimeter wave ~ распространение миллиметровых волн

   mixed-path ~ распространение на смешанной трассе (*напр. суша — море*)

   multihop ~ многоскачковое распространение

   multimode ~ многомодовое [многоволновое] распространение

   multipath ~ многолучевое распространение

   multiple ~ многолучевое распространение

   n-hop ~ *n*-скачковое распространение

nondispersive ~ распространение (*волн*) в недиспергирующей среде
non-great-circle ~ многоскачковое распространение по траектории, отличающейся от дуги большого круга
nonvertical ~ наклонное распространение
normal ~ распространение волн в нормальных условиях
oblique ~ наклонное распространение
oceanic duct ~ распространение (*волн*) в океаническом атмосферном волноводе
OTH ~ *см.* **over-the-horizon propagation**
over-the-horizon ~ загоризонтное распространение
overwater ~ распространение земной (радио) волны над водной поверхностью
password ~ передача пароля
phase boundary ~ *фтт* движение межфазной границы
polar ~ распространение в полярной области
pulse ~ прохождение импульса
quick ~ алгоритм quickprop, алгоритм быстрого распространения (*для обучения нейронных сетей*)
radio-wave ~ распространение радиоволн
ray ~ прохождение луча
resilient ~ алгоритм Rprop, алгоритм эластичного распространения (*для обучения нейронных сетей*)
scatter ~ 1. загоризонтное распространение за счёт рассеяния 2. дальняя (ионосферная или тропосферная) радиосвязь за счёт (ионосферного *или* тропосферного) рассеяния
sign ~ *вчт* расширение знакового разряда
single-hop ~ односкачковое распространение
solitary-wave ~ распространение уединённой волны; распространение солитона
sound-wave ~ распространение звуковых волн
spin-wave ~ распространение спиновых волн
standard ~ распространение радиоволн в стандартных условиях
surface-duct ~ распространение в околоземном атмосферном волноводе
surface-wave ~ 1. распространение поверхностной волны (*напр. акустической*) 2. распространение земной (радио) волны
T-bar-type (bubble-domain) ~ продвижение ЦМД в системе T — I-образных аппликаций
transequatorial ~ трансэкваториальное распространение
transient ~ нестационарное распространение
transionospheric ~ распространение сквозь ионосферу
troposcatter ~ загоризонтное тропосферное распространение за счёт тропосферного рассеяния
tropospheric ~ тропосферное распространение
tropospheric transhorizon ~ загоризонтное тропосферное распространение
unattenuated ~ распространение без затухания
underground ~ подземное распространение
unidirectional bubble (-domain) ~ однонаправленное продвижение ЦМД
wave ~ распространение волн
waveguide ~ волноводное распространение
whistler ~ распространение свистящих атмосфериков
Y-bar-type (bubble-domain) ~ продвижение ЦМД в системе Y — I-образных аппликаций

propeller клавиша с изображением листа клевера, (служебная) клавиша управления модификацией кодов других клавиш, клавиша «Alt» (*на клавиатуре Apple Macintosh*)
proper 1. соответствующий; надлежащий; подходящий 2. *вчт* собственный (*напр. о подмножестве*) 3. присущий; характерный; свойственный 4. точный; верный; правильный 5. нормальный; обычный
propert/y 1. собственность 2. право собственности; владение 3. свойство; атрибут; качество
~ **of class** свойство класса
abstract ~ абстрактное свойство
acyclic ~ ацикличность
additive ~ свойство аддитивности, аддитивность
anisotropic ~ анизотропное свойство
associative ~ свойство ассоциативности, ассоциативность
asymptotic ~ **ies** асимптотические свойства
batch ~ групповое свойство
color-rendering ~**ies** качество цветопередачи
commutative ~ свойство коммутативности, коммутативность
distributive ~ свойство дистрибутивности, дистрибутивность
dynamic ~ **ies** динамические свойства
electronic ~ **ies** электронные свойства
embedding ~ вложимость
emergent ~ (внезапно) возникающее свойство; непредвиденное свойство
empiric ~ эмпирическое свойство
ergodic ~ эргодичность
extrinsic (semiconductor) ~**ies** примесные свойства полупроводника
factorizable ~ факторизуемое свойство
finite-sample ~**ies** свойства в конечной выборке
fundamental ~ фундаментальное свойство
global ~ глобальное свойство
group ~ групповое свойство
intellectual ~ интеллектуальная собственность
isotropic ~ изотропное свойство
magnetic ~**ies** магнитные свойства
multimode ~ многомодовость
multiplicative ~ свойство мультипликативности, мультипликативность
orthogonal ~ свойство ортогональности, ортогональность
Painlevé ~ свойство Пенлеве
periodicity ~ свойство периодичности, периодичность
robust ~ свойство робастности, робастность
saturation ~ свойство (*напр. ферромагнетика*) в насыщенном состоянии
semantic ~ семантическое свойство
static ~**ies** статические свойства
structural ~ структурное свойство
topological ~ топологическое свойство
transitivity ~ свойство транзитивности, транзитивность
transport ~ *фтт* кинетическое свойство
proponent пропонент, выдвигающее тезис лицо
proportion 1. пропорция (*1. равенство двух отношений 2. соразмерность частей целого; пропорциональность; сбалансированность*) 2. соблюдать

proportion

пропорцию; соразмерять; достигать баланса **3.** *pl* размеры
  font ~ *вчт* пропорциональность символов шрифта
  harmonic ~ гармоническая пропорция
  reciprocal ~ обратная пропорция, обратно пропорциональное соотношение
proportional 1. пропорциональный (*1. линейно зависящий 2. соразмерный; сбалансированный*) **2.** член пропорции
  directly ~ прямо пропорциональный
  inversely ~ обратно пропорциональный
proportionality пропорциональность (*1. линейная зависимость 2. соразмерность; сбалансированность*)
propose 1. предлагать **2.** планировать; намереваться
proposition 1. *вчт* высказывание, суждение (*в логике*) **2.** теорема **3.** предложение; проект; план **4.** проблема; задача
  fuzzy ~ нечёткое высказывание, нечёткое суждение
proprietary 1. владелец; собственник **2.** владение; собственность || находящийся во владении; принадлежащий на правах собственности; собственный **3.** право владения; право собственности **4.** защищённый патентом, патентованный; имеющий (зарегистрированную) торговую марку
proprietor владелец; собственник
proprioception *биол.* проприоцепторное восприятие
proprioceptor *биол.* проприоцептор (*механорецептор опорно-двигательного и слухового аппаратов, сердца и кровеносных сосудов*)
propulsion 1. продвижение (*напр. ЦМД*) **2.** продвигающая сила; движущая сила; импульс
prorate распределять пропорционально
proration пропорциональное распределение
prosodic интонационный
prosodics просодия, наука об интонационных средствах речи
prosody 1. просодия, наука об интонационных средствах речи **2.** интонационная конструкция
Prospero 1. средства организации распределённой виртуальной файловой системы в Internet, система Prospero **2.** протокол Prospero для связи клиентов и серверов в системе Archie
prosumer производитель и потребитель в одном лице, *проф.* «потрезводитель»
prosuming производство и потребление, рассматриваемые как единый процесс, *проф.* «потрезводство»
protanopia *опт.* протанопия
protect защищать
  write ~ защищать от записи
protected защищённый
  write ~ защищённый от записи (*напр. о дискете*)
protection защита
  active copy ~ активная защита от копирования
  block ~ *вчт* защита блока (*в текстовых редакторах*)
  boot sector virus ~ *вчт* антивирусная защита загрузочного сектора
  cell ~ защита ячейки (*в электронных таблицах*)
  code ~ защита кода
  copy ~ защита от копирования
  cryptographic ~ криптографическая защита
  data ~ защита данных
  digital transmission content ~ метод защиты содержимого DVD-дисков от цифрового копирования, метод DTCP
  electronic shock ~ система электронной защиты от ударов, система ESP (*в устройствах воспроизведения цифровых аудиозаписей*)
  encryption ~ криптографическая защита
  error ~ защита от ошибок
  file ~ защита файлов (*напр. от случайного стирания*)
  ground (fault) ~ защита от повреждений в случае замыкания на землю
  hardware key (copy) ~ аппаратная защита от копирования с помощью (электронного) ключа
  intellectual property ~ защита интеллектуальной собственности
  IP ~ *см.* intellectual property protection
  labeled security ~ защита с помощью грифа секретности
  low-voltage ~ защита от недонапряжения
  memory ~ *вчт* защита памяти
  offset ~ защита со смещением (*в источниках питания*)
  overcurrent [overload] ~ защита от перегрузки
  overvoltage ~ защита от перенапряжения
  oxide ~ *микр.* защита слоем оксида
  passive copy ~ пассивная защита от копирования
  password ~ защита с помощью пароля
  program ~ защита программы
  software ~ защита программного обеспечения; система *или* средства обеспечения защиты программного обеспечения (*от несанкционированного использования*)
  storage ~ *вчт* защита памяти
  store ~ *вчт* защита памяти
  surge ~ защита от перенапряжения
  undervoltage ~ защита от сброса напряжения
  virus ~ *вчт* защита от (компьютерных) вирусов
  write ~ защита от записи
protective защитный
protector 1. устройство защиты **2.** защитный разрядник (*для защиты от грозовых перенапряжений*) **3.** предохранитель
  air-gap ~ искровой защитный разрядник
  gap ~ искровой защитный разрядник
  lightning ~ разрядник для защиты от грозовых перенапряжений
  semiconductor ~ устройство защиты полупроводниковых приборов от перегрузок
  surge ~ **1.** устройство защиты от выбросов напряжения *или* тока **2.** разрядник для защиты от перенапряжений
  voltage surge ~ **1.** устройство защиты от выбросов напряжения **2.** разрядник для защиты от перенапряжений
protein *биол.* протеин; белок
  motor ~ *биол.* моторный протеин
Protocol:
  File Transfer ~ **1.** стандарт протоколов передачи файлов (*включая протокол ftp*), стандарт FTP **2.** удалённая компьютерная система с доступом по протоколу стандарта FTP, FTP-сайт; FTP-сервер **3.** адрес удалённой компьютерной системы с доступом по протоколу стандарта FTP, адрес FTP-сайта; адрес FTP-сервера

protocol

Trivial File Transfer ~ тривиальный протокол передачи файлов, упрощённый вариант протокола стандарта FTP, протокол TFTP

protocol протокол

address resolution ~ протокол разрешения адресов, протокол ARP (*в локальных вычислительных сетях*)

analog networking ~ сетевой протокол для аналоговых сигналов

AppleTalk remote access ~ протокол удалённого доступа в системе AppleTalk, протокол ARAP

autonomous virtual network ~ протокол автономной виртуальной сети

bandwidth allocation control ~ протокол управления распределением полосы пропускания, протокол BACP (*в сетях стандарта ISDN*)

bit-oriented ~ бит-ориентированный протокол, протокол побитовой передачи данных

bootstrap ~ протокол начальной загрузки (для бездисковых рабочих станций), протокол BOOTP

border gateway ~ (внешний) граничный (меж)шлюзовый протокол, протокол BGP

byte-oriented ~ байт-ориентированный протокол, протокол побайтовой передачи данных

cache coherence ~ протокол поддержания целостности данных в кэш-памяти

card isolation ~ протокол выделения [изоляции] платы стандарта PnP (*при автоматическом конфигурировании*)

challenge handshake authentication ~ протокол аутентификации по квитированию вызова, протокол CHAP

character-controlled ~ протокол с использованием управляющих символов

character count ~ протокол с подсчётом символов

character-oriented ~ символьно-ориентированный протокол, протокол посимвольной передачи данных

client-to-client ~ протокол типа клиент-клиент, протокол обмена запросами и структурированными данными в системе групповых дискуссий Internet, протокол CTCP

common management information ~ общий протокол управления информацией, протокол CMIP

communications ~ протокол связи, коммуникационный протокол

compressed serial line Internet ~ протокол последовательного подключения к Internet с уплотнением данных, протокол CSLIP

connectionless ~ протокол, не ориентированный на соединение (*напр. протокол UDP*)

connectionless network ~ сетевой протокол (*связи*) без установления логического соединения

connectionless network layer ~ протокол (*связи*) сетевого уровня без установления логического соединения

connectionless transport ~ транспортный протокол (*связи*) без установления логического соединения

connection-oriented ~ протокол, ориентированный на соединение (*напр. протокол TCP*)

cryptographic ~ криптографический протокол

data compression ~ протокол сжатия данных

data link control ~ протокол управления линией передачи данных

digital data communication message ~ протокол передачи сообщений для цифровой связи, (байт-ориентированный) протокол DDCMP

digital networking ~ сетевой протокол для цифровых сигналов

digital voice messaging networking ~ сетевой протокол для цифрового обмена речевыми сообщениями

directory access ~ протокол доступа к каталогам, протокол DAP (*для доступа к X.500-совместимой системе каталогов*)

distance vector multicast routing ~ дистанционно-векторный протокол маршрутизации при многоадресной передаче, протокол DVMPR

dynamic host configuration ~ протокол динамического конфигурирования хоста, протокол динамического распределения адресов в локальных сетях, протокол DHCP

dynamic serial line Internet ~ протокол динамического последовательного подключения к Internet, протокол DSLIP

end system to intermediate system ~ протокол «конечная система - промежуточная система» (*в модели ISO/OSI*)

error-correction ~ протокол исправления ошибок (*для модемной связи*)

extended simple mail transfer ~ расширенный (8-битный) простой протокол пересылки (электронной) почты, протокол ESMTP

exterior gateway ~ внешний (меж)шлюзовый протокол (*1. протокол маршрутизации для определения достижимости 2. протокол маршрутизации сообщений между различными автономными системами*), протокол EGP

fiber channel ~ протокол реализации интерфейса SCSI для волоконно-оптических каналов, протокол FCP

file transfer ~ 1. протокол передачи файлов, протокол ftp 2. удалённая компьютерная система с доступом по протоколу ftp, ftp-сайт; ftp-сервер 3. адрес удалённой компьютерной системы с доступом по протоколу ftp, адрес ftp-сайта; адрес ftp-сервера

flexible wide-area ~ стандарт FLEX для систем поискового вызова

generic packetized ~ общий протокол реализации пакетной передачи в стандарте SCSI, протокол GPP

hot standby router ~ протокол связи с маршрутизатором горячего резерва, протокол HSRP

hypertext transfer ~ протокол передачи гипертекста, протокол HTTP

image access ~ протокол видеодоступа

interior gateway ~ внутренний (меж)шлюзовый протокол, протокол IGP

interior gateway routing ~ протокол внутренней маршрутизации между шлюзами, протокол IGRP

internal message ~ протокол внутренних [служебных] сообщений, протокол IMP

Internet ~ протокол передачи данных в Internet, протокол IP

internet ~ межсетевой протокол (*передачи данных*)

Internet control message ~ протокол управления сообщениями в Internet, протокол ICMP

protocol

internet control message ~ межсетевой протокол управления сообщениями

Internet gateway routing ~ (меж)шлюзовый протокол маршрутизации в Internet, протокол IGRP

Internet group management ~ межсетевой протокол группового администрирования, протокол IGMP

Internet mail access ~ протокол доступа к (электронной) почте в Internet, протокол IMAP

Internet relay chat ~ протокол системы групповых дискуссий в Internet, протокол IRC

internet group management ~ межсетевой протокол группового администрирования, протокол IGMP

internet inter-ORB ~ межсетевой протокол брокера объектных запросов, протокол IIOP

interworking ~ протокол межсетевого обмена

IP multicast ~ IP-протокол многоадресной передачи

layer-2 tunneling ~ протокол туннелирования 2-го уровня в модели ISO/OSI, протокол L2TP

lightweight directory access ~ упрощённый протокол доступа к каталогам, протокол LDAP

link access ~ протокол LAP, общее название семейства протоколов доступа к каналу связи и коррекции ошибок для сетей различного типа

link access ~ - balanced протокол коррекции ошибок в стандарте X.25 для вычислительных сетей с пакетной коммутацией, протокол LAPB

link access ~ - digital протокол коррекции ошибок в стандарте ISDN для цифровых сетей с комплексными услугами, протокол LAPD

link access ~ for modems протокол коррекции ошибок в стандарте V.42 для модемов, протокол LAPM

link control ~ протокол управления каналом, протокол LCP

manufacturing automation ~ пакет протоколов для локальных сетей автоматизированных производств, протокол MAP

medium access control ~ протокол управления доступом к среде (*передачи данных*), протокол MAC

message transport ~ протокол передачи сообщений

Microcom networking ~ семейство сетевых протоколов (*MNP1 – MNP10*) фирмы Microcom для модемов с коррекцией ошибок и сжатием данных, семейство протоколов MNP

modulation ~ протокол модуляции (*напр. для модемов*)

multicast file transfer ~ протокол многоадресной передачи файлов, протокол MFTP

multi-link access ~ – digital протокол коррекции ошибок в стандарте ISDN для многоканальных цифровых сетей с комплексными услугами, протокол MLAPD

multiprotocol gateway control ~ протокол управления многопротокольными шлюзами, протокол MGCP

multi-vendor integration ~ **1.** протокол объединения устройств различных поставщиков, протокол MVIP (*в компьютерной телефонии*) **2.** цифровая шина расширения для объединения устройств различных поставщиков по протоколу MVIP, шина (расширения) MVIP (*в компьютерной телефонии*)

NetWare core ~ основной протокол доступа к сетям NetWare, протокол NCP

NetWare link service ~ сетевой протокол операционной системы NetWare, протокол NLSP

network control ~s семейство протоколов управления сетью, протоколы NCP

network news transfer ~ сетевой протокол передачи новостей, протокол NNTP

network service ~ протокол сетевого обслуживания, протокол NSP

network time ~ сетевой протокол времени, сетевой протокол синхронизации часов компьютерных систем, протокол NTP

next-hop routing ~ протокол односкачкового маршрутизации, протокол NHRP

nonroutable ~ немаршрутизируемый протокол (*напр. NetBEUI*)

packetized ensemble ~ протокол пакетной обработки данных (*для модемов*), протокол PEP

password authentication ~ протокол аутентификации по паролю, протокол PAP

point to point ~ протокол двухпунктовой связи, протокол PPP

point to point multi-link ~ протокол двухпунктовой связи для логического канала из нескольких линий, мультипротокол PPP

point to point tunneling ~ протокол туннелирования для двухпунктовой связи, протокол PPTP

post office ~ протокол почтового отделения, протокол доставки сообщений из (электронного) почтового ящика (*POP1, POP2 или POP3*)

proprietary ~ собственный протокол (*изготовителя или разработчика*)

proxy address resolution ~ протокол разрешения адресов с представителем, протокол ARP с представителем

radio link ~ протокол работы линии радиосвязи

random-access ~ протокол произвольного доступа

real-time control ~ протокол управления передачей данных в реальном масштабе времени, протокол RTCP

real-time streaming ~ протокол непрерывной передачи и контроля данных в реальном масштабе времени, протокол RTSP

real-time transport ~ протокол передачи данных в реальном масштабе времени, протокол RTP

resource reservation ~ протокол резервирования ресурсов (*разработанный IETF*), протокол RSVP

reverse address resolution ~ протокол разрешения обратных [реверсных] адресов, протокол RARP

Rock Ridge interchange ~ расширение стандарта ISO 9660 (*для операционной системы UNIX*) на совместимый формат файловой системы компакт-дисков, протокол RRIP

routable ~ маршрутизируемый протокол (*напр. IP*)

router discovery ~ протокол обнаружения маршрутизаторов, протокол RDISC

routing ~ протокол маршрутизации

routing information ~ протокол данных маршрутизации, протокол RIP

SCSI interlocked ~ протокол блокировки параллельного интерфейса SCSI, протокол SIP

secure hypertext transfer ~ протокол передачи гипертекста со средствами шифрования, протокол S-HTTP

serial bus ~ реализация протокола последовательной шины с интерфейсом стандарта IEEE 1394, протокол SBP (*для подключения SCSI-устройств*)

serial line access ~ протокол доступа к последовательному каналу

serial line Internet ~ протокол последовательного подключения к Internet, протокол SLIP

service advertising ~ протокол извещения об услугах, протокол SAP

session ~ протокол сеанса (*напр. связи*)

session initiation ~ протокол инициации сеансов (*совместной передачи голоса и данных*), протокол SIP (*в IP-телефонии*)

simple gateway management ~ простой шлюзовый административный протокол, протокол SGMP

simple mail transfer ~ *вчт* простой протокол пересылки (электронной) почты, протокол SMTP

simple management ~ простой протокол управления

simple network management ~ простой протокол управления сетью, протокол SNMP

socket ~ *вчт* протокол, используемый сокетом (*в сети*)

stated ~ протокол интерактивной обработки запросов, протокол с сопровождением состояния (*напр. ftp*)

stateful ~ протокол интерактивной обработки запросов, протокол с сопровождением состояния (*напр. ftp*)

stateless ~ протокол независимой обработки запросов, протокол без сопровождения состояния (*напр. HTTP*)

synchronous ~ протокол синхронной передачи данных

system use shared ~ расширение стандарта ISO 9660 (*для операционной системы UNIX*) на совместимый формат файловой системы компакт-дисков для межплатформенного обмена, протокол SUSP

technical/office ~ пакет технических и служебных протоколов для локальных офисных сетей, протокол TOP

time-triggered ~ протокол связи с временным разделением каналов, протокол TTP

track ~ рекомендуемый протокол; базовый протокол

transmission control ~ 1. протокол управления передачей (*данных*) 2. протокол управления передачей данных в Internet, протокол TCP

transmission control protocol (over/based on) Internet ~ пакет протоколов передачи данных в Internet с использованием протокола IP, пакет протоколов TCP/IP (*совокупность протоколов IP, ICMP, TCP и UDP*); стандарт TCP/IP

transport ~ *вчт* транспортный протокол

transport ~ class 0 (простейший) транспортный протокол OSI класса 0

transport ~ class 4 транспортный протокол OSI класса 4 с проверкой правильности передачи и исправлением ошибок

transport layer ~ протокол уровня передачи данных, протокол транспортного уровня (*в модели ISO/OSI*)

upper layer ~ протокол верхнего уровня

user datagram ~ протокол передачи дейтаграмм пользователя в Internet, протокол UDP

voice-channel ~ протокол голосового [речевого] канала

voice over Internet ~ система телефонии по протоколу передачи данных в Internet, система телефонии по протоколу IP, система VoIP

wireless application ~ протокол (сетевых) приложений с радиодоступом, протокол WAP; стандарт WAP

proton протон || протонный

prototype 1. (опытный) образец; (экспериментальная) модель; макет || создавать (опытный) образец *или* (экспериментальную) модель; макетировать 2. прототип || создавать прототип

macro ~ макропрототип, прототип макрокоманды

prototypical 1. опытный (*об образце*); экспериментальный (*о модели*); макетный 2. относящийся к прототипу, являющийся прототипом

prototyping 1. создание (опытного) образца *или* (экспериментальной) модели; макетирование 2. создание прототипа

software ~ создание предварительной версии программного обеспечения

protract чертить с использованием транспортира (и масштабной линейки)

protraction чертёж (*в определённом масштабе*)

protractor транспортир

protuberance 1. выпуклость 2. (солнечный) протуберанец

solar ~ солнечный протуберанец

prove 1. доказывать 2. испытывать; пробовать 3. *вчт* проверять; контролировать 4. изготавливать пробный отпечаток 5. получать пробное изображение

prover 1. доказывающий; представляющий доказательство *или* доказательства 2. программа для доказательства теорем (*с использованием аксиоматической базы данных*) 3. средство для проведения испытаний; средство опробования 4. *вчт* средство проверки; средство контроля 5. технические средства изготовления пробных отпечатков *или* получения пробных изображений 6. специалист по эксплуатации технических средств изготовления пробных отпечатков *или* получения пробных изображений

theorem ~ программа для доказательства теорем (*с использованием аксиоматической базы данных*)

provide 1. предоставлять (*напр. услуги*); поставлять (*напр. оборудование*) 2. снабжать; обеспечивать 3. принимать меры; предусматривать

provider 1. предоставитель (*услуг*), *проф.* провайдер; поставщик (*напр. оборудования*) 2. источник информации

access ~ предоставитель [провайдер] доступа

application service ~ предоставитель [провайдер] прикладных услуг

information ~ поставщик [провайдер] информации

Internet access ~ предоставитель [провайдер] доступа в Internet

Internet service ~ предоставитель [провайдер] услуг Internet

Internet telephony service ~ предоставитель [провайдер] услуг Internet-телефонии

location service ~ предоставитель [провайдер] услуг службы определения местоположения
network ~ предоставитель [провайдер] услуг сети
service ~ предоставитель [провайдер] услуг

proving 1. доказательство 2. испытание; опробование 3. *вчт* проверка; контроль 4. изготовление пробного отпечатка 5. получение пробное изображение
  theorem ~ доказательство теорем

provision 1. предоставление (*напр. услуг*); поставка (*напр. оборудования*) 2. снабжение; обеспечение 3. принятие мер; предусмотрительные действия

provisional 1. временный 2. предварительный; условный

proximity *фтт* близость

proxy *вчт* 1. передача полномочий; доверенность 2. (полномочный) представитель, уполномоченный; заместитель 3. программные средства представления и защиты пользователя (корпоративной) сети, (сетевой) агент пользователя, *проф.* прокси-программа 4. сервер-посредник, сервер с программным обеспечением для кэширования и фильтрации пользовательской информации, *проф.* прокси-сервер 5. заменитель, эрзац-переменная

pseudo *вчт* псевдоним (*1. вымышленное имя пользователя 2. программа уровня искусственного интеллекта, имитирующая действия электронного скандалиста в сети*)

pseudoautovariance кепстр

pseudobridge псевдомост (*схема для сравнения сопротивлений*)

pseudocode псевдокод

pseudocolor *тлв* псевдоцвет

pseudocomplement *вчт* псевдодополнение

pseudocomputer псевдокомпьютер, программа-интерпретатор на «родном» машинном языке

pseudoconjugate *вчт* псевдосопряжённый

pseudocurve *вчт* псевдокривая

pseudodevice *вчт* псевдоустройство

pseudogap *пп* псевдозона

pseudogroup *вчт* псевдогруппа

pseudo-inverse псевдообратный

pseudolanguage *вчт* символический (псевдо)язык; немашинный язык (*напр. язык программирования*)

pseudomorph *крист.* псевдоморфоз

pseudomorphic *крист.* псевдоморфный

pseudomorphism *крист.* псевдоморфизм

pseudomorphous *крист.* псевдоморфный

pseudonoise псевдошумовой

pseudonym *вчт* псевдоним

pseudo-operation *вчт* псевдокоманда

pseudopotential псевдопотенциал
  nonlocal ~ нелокальный псевдопотенциал

pseudoprogram псевдопрограмма, псевдокод, набросок программы не на языке программирования

pseudorandom псевдослучайный

pseudorandomness псевдослучайность

pseudoscalar псевдоскаляр

pseudospectrum псевдоспектр

pseudosphere псевдосфера

pseudostereo псевдостереофония

pseudostructure псевдоструктура

pseudotensor псевдотензор, аксиальный тензор

pseudovector псевдовектор, аксиальный вектор

pseudoword *вчт* псевдослово, не нарушающее правил орфографии бессмысленное буквосочетание

psi пси (*буква греческого алфавита*, Ψ, ψ)

psophometer псофометр

psychedelicware *проф.* программное обеспечение для создания галлюциногенных изображений

psychokinesis телекинез

psychology психология
  associative ~ ассоциативная психология
  educational ~ психология образования; психология обучения
  evolutionary ~ эволюционная психология
  folk ~ психология простого народа
  Gestalt ~ гештальтпсихология
  mathematical ~ математическая психология

psychophysics психофизика

psychosomatograph прибор для записи биотоков во время тестирования

ptera птера, крыловидная аберрация

public публичный; общедоступный; общественный

publish публиковать (*напр. печатный материал*); издавать (*напр. книгу*); выпускать (*напр. программный продукт*)

Publisher:
  Ventura ~ настольная редакционно-издательская система компании Ventura Software, пакет программ Ventura Publisher

publisher 1. издатель 2. разработчик программного продукта
  software ~ разработчик программного продукта

publishing 1. публикация (*напр. печатных материалов*); издание (*напр. книг*); выпуск (*напр. программных продуктов*) 2. редакционно-издательская деятельность 3. редакционно-издательская система 4. разработка программных продуктов
  computer-aided ~ 1. компьютеризованная редакционно-издательская деятельность 2. компьютерная редакционно-издательская система
  database ~ публикация базы данных
  desktop ~ *вчт* настольная редакционно-издательская система
  electronic ~ 1. электронная публикация, издание или выпуск в электронном виде 2. компьютерная редакционно-издательская система

puck 1. *вчт* манипулятор графического планшета в виде прозрачного диска с перекрестьем 2. прижимной ролик (*магнитофона*)

puddle наплыв
  molten ~ *крист.* наплыв расплава

pull 1. тяга; тяговое усилие ‖ тянуть; тащить 2. выдвижное шасси; выдвижной блок; выдвижная панель ‖ выдвигать; вытягивать; вытаскивать 3. *вчт* использовать пассивный метод распространения информации, распространять информацию по запросам 4. *вчт* выталкивать (из стека), снимать (со стека) (*с уменьшением указателя вершины*)
  magnetic ~ магнитное притяжение
  scratch ~ *вчт* царапанье на себя («*музыкальный инструмент*» из набора ударных General MIDI)
  user ~ *вчт* подтягивание пользователя (*до уровня передовых технологий*)

puller приспособление для вытягивания *или* вытаскивания
  crystal ~ установка для выращивания кристаллов методом вытягивания
  Czochralski-type ~ установка для выращивания кристаллов методом Чохральского

pulley шкив

pulse

    drive [driving] ~ ведущий шкив
    idle ~ натяжной шкив; направляющий шкив; поддерживающий шкив
    leading ~ ведущий шкив
    motor ~ шкив двигателя (*напр. магнитофона*)
    rubber tired ~ обрезиненный шкив
    slip ~ инерционный шкив с эластичной развязкой
    stepped ~ многоступенчатый шкив (*для переключения скорости движения ленты в магнитофоне*)
    take-up ~ шкив принимающего узла (*магнитофона*)
    trailing ~ ведомый шкив

pulling 1. создание тяги; приложение тягового усилия 2. выдвигание; вытягивание; вытаскивание 3. затягивание частоты 4. *тлв* растягивание (*части изображения*) 5. выращивание кристаллов методом вытягивания 6. *вчт* использование пассивного метода распространения информации, распространение информацию по запросам 7. *вчт* выталкивание (из стека), снятие (со стека) (*с уменьшением указателя вершины*) ◊ ~ **into synchronism** вхождение в синхронизм; ~ **out of synchronism** выпадение из синхронизма с понижением скорости
    cavity ~ затягивание частоты резонатором
    crystal ~ выращивание кристаллов методом вытягивания
    crystal ~ **without a crucible** бестигельное выращивание кристаллов методом вытягивания
    differential ~ выращивание кристаллов методом дифференциального вытягивания
    frequency ~ затягивание частоты
    magnetron ~ затягивание частоты магнетрона
    oscillator ~ затягивание частоты генератора
    tape ~ протягивание [транспортировка] ленты

pulsar пульсар

pulsatance угловая скорость
    ~ **of periodic quantity** угловая скорость периодической величины

pulsate пульсировать

pulsation 1. пульсирование; пульсации 2. (одиночная) пульсация

pulsative пульсирующий (*напр. ток*)

pulse 1. импульс ‖ генерировать импульсы; работать в импульсном режиме; посылать импульсы 2. пульсирование; пульсации ‖ пульсировать; вызывать пульсации 3. (одиночная) пульсация 4. всплеск излучения ‖ излучать всплесками 5. пульс
    add ~ импульс сложения
    advance ~ синхронизирующий импульс, синхроимпульс; тактовый импульс
    alternating-current ~ радиоимпульс
    anticoincidence ~ импульс антисовпадения
    attention dial ~ команда инициации импульсного набора номера (*в Hayes-совместимых модемах*)
    back-porch ~ *тлв* задняя площадка гасящего импульса
    bell-shaped ~ колоколообразный импульс
    bidirectional [bipolar] ~s биполярные импульсы
    blackout ~ *тлв* гасящий импульс
    blanking ~ *тлв* гасящий импульс
    brightening ~ *рлк* импульс подсветки развёртки
    call-indicator ~ *тлф* импульс замыкания реле указателя вызовов
    carrier-frequency ~ радиоимпульс несущей
    carrierless ~ импульс без ВЧ-заполнения
    carry ~ *вчт* импульс переноса
    channel ~ импульс кодовой последовательности в канале
    charge ~ импульс заряда
    chirp ~ импульс с линейной частотной модуляцией, импульс с ЛЧМ
    clamp ~ фиксирующий импульс
    clock ~ синхронизирующий импульс, синхроимпульс; тактовый импульс
    cloud ~ ложный импульс запоминающей ЭЛТ, обусловленный облаком пространственного заряда
    coincidence ~ импульс совпадения
    comparison ~ *тлв* опорный импульс
    compressed ~ сжатый импульс
    constant-duration ~ импульс постоянной длительности
    convolved ~ импульс свёртки
    dark-current ~ импульс темнового тока (*в фотоэлектрических приборах*)
    delta light ~ световой дельта-импульс
    dial ~ импульс набора (*номера*)
    digit ~ 1. импульс кодового знака 2. *тлф* импульс (*набора*) 3. *вчт* разрядный импульс
    digit synchronizing ~ импульс синхронизации кодовых знаков
    disabling ~ 1. блокирующий импульс 2. запрещающий импульс 3. запирающий импульс 4. *тлв* гасящий импульс
    discharge ~ импульс разряда
    disturb(ing) ~ *вчт* разрушающий импульс
    drive [driving] ~ возбуждающий импульс, импульс возбуждения; запускающий импульс
    edit ~ монтажный импульс (*в магнитной видеозаписи*)
    electromagnetic ~ электромагнитный импульс (*при ядерном взрыве*)
    enable [enabling] ~ 1. деблокирующий импульс 2. разрешающий импульс 3. отпирающий импульс 4. *вчт* импульс подготовки
    end-carry ~ импульс окончания переноса
    equalizing ~ *тлв* уравнивающий импульс
    erase ~ импульс стирания
    error ~ импульс ошибки
    execute ~ исполнительный импульс
    fast ~ короткий импульс, импульс малой длительности
    feedback ~ импульс сигнала обратной связи
    field blanking ~ *тлв* гасящий импульс полей
    field-synchronizing ~ *тлв* синхронизирующий импульс полей
    firing ~ возбуждающий импульс, импульс возбуждения; запускающий импульс
    flat-topped ~ импульс с плоской вершиной
    frame ~ монтажный импульс (*в видеозаписи*)
    frame-synchronizing ~ *тлв* синхронизирующий импульс полей
    front-porch ~ *тлв* передняя площадка гасящего импульса
    fruit ~ *рлк* несинхронная импульсная взаимная помеха (*в системах с активным ответом*)
    gate ~ селекторный [стробирующий] импульс, строб-импульс
    gating ~ *тлв* импульс цветовой синхронизации

pulse

Gaussian ~ колоколообразный импульс
ghost ~ *рлк* паразитный эхо-импульс
giant laser (-emission) ~ гигантский импульс излучения лазера
half-drive [half-select] ~ *вчт* импульс полувыборки
horizontal (-retrace) blanking ~ *тлв* гасящий импульс строк
horizontal-synchronizing ~ *тлв* синхронизирующий импульс строк
ignition ~ импульс зажигания
inhibit ~ *вчт* импульс запрета
initiating ~ возбуждающий импульс, импульс возбуждения; запускающий импульс
input ~ входной импульс
insert ~ 1. входной импульс 2. вставляемый импульс
intensification ~ *рлк* импульс подсветки развёртки
internal electromagnetic ~ внутренний электромагнитный импульс при ядерном взрыве
interrogation ~ 1. *рлк* запрашивающий [запросный] импульс 2. *вчт* импульс опроса
inverted ~ импульс обратной полярности
key ~ *тлф* импульс кнопочного набора
killer ~ *тлв* запирающий импульс
linear FM ~ импульс с линейной частотной модуляцией, импульс с ЛЧМ
line (-frequency) blanking ~ *тлв* гасящий импульс строк
line-synchronizing ~ *тлв* синхронизирующий импульс строк
lockout ~ блокирующий импульс
long ~ длинный импульс, импульс большой длительности
make ~ импульс замыкания (*цепи*)
mark ~ *тлг* рабочая [токовая] посылка
marker ~ маркерный импульс
marking ~ *тлг* рабочая [токовая] посылка
microwave ~ СВЧ-импульс
nanosecond ~ наносекундный импульс
narrow ~ короткий импульс, импульс малой длительности
noise ~ шумовой импульс
Nyquist ~ найквистовский импульс, импульс с огибающей sin x/x
output ~ выходной импульс
overflow ~ *вчт* импульс переполнения
partial-drive ~ *вчт* импульс частичной выборки
partial-read(ing) ~ *вчт* импульс считывания при частичной выборке
partial-select ~ *вчт* импульс частичной выборки
partial-write ~ *вчт* импульс записи при частичной выборке
phasing ~ фазирующий импульс
picosecond ~ пикосекундный импульс
picture-synchronizing ~ *тлв* синхронизирующий импульс полей
postwrite disturb ~ *вчт* импульс разрушения после записи
preread disturb ~ *вчт* импульс разрушения перед считыванием
priming ~ *вчт* импульс подготовки
pump(ing) ~ импульс накачки
punch ~ *вчт* импульс пробивки, импульс перфорации

Q-switched ~ импульс лазера с модулированной добротностью
quench ~ *тлв* гасящий импульс
radio (-frequency) ~ радиоимпульс
raised cosine ~ приподнятый косинусоидальный импульс
read(ing) ~ импульс считывания
rectangular ~ прямоугольный импульс
reference frame ~ опорный кадровый импульс (*в магнитной видеозаписи*)
reply ~ *рлк* ответный импульс
returning-to-zero ~ *вчт* импульс с возвращением к нулю
RTZ ~ *см.* **returning-to-zero pulse**
sample [sampling] ~ селекторный [стробирующий] импульс, строб-импульс
sawtooth ~ пилообразный импульс
select ~ *вчт* импульс выборки
selector ~ селекторный [стробирующий] импульс, строб-импульс
SFQ ~ *см.* **single flux quantum pulse**
sharp ~ импульс с крутыми фронтом и срезом
sine ~ найквистовский импульс, импульс с огибающей sin x/x
single flux quantum ~ *микр. свпр* импульс от (прохождения) одиночного кванта (магнитного) потока, *проф.* одноквантовый импульс
single-polarity ~s монополярные импульсы
solitary-wave ~ уединённая волна; солитон
sonic ~ звуковой импульс
space ~ *тлг* бестоковая посылка, пауза
spontaneous laser ~ импульс спонтанного излучения лазера
spurious ~ *рлк* паразитный импульс; ложный импульс
start(ing) ~ запускающий импульс
steady-state ~ стационарный импульс
stop ~ *вчт* импульс останова
strobe ~ селекторный [стробирующий] импульс, строб-импульс
stuffed ~ вставляемый импульс (*для согласования скорости передачи данных*)
subtract ~ импульс вычитания
suppression ~ *тлв* гасящий импульс
sync [synchronizing] ~ синхронизирующий импульс, синхроимпульс; тактовый импульс
tach ~ импульс датчика оборотов (*в видеомагнитофоне*)
tail ~ импульс с пологим срезом
tape video frame ~ воспроизводимый кадровый импульс (*в магнитной видеозаписи*)
timed [timing] ~ синхронизирующий импульс, синхроимпульс; тактовый импульс
tone-wheel ~ импульс датчика оборотов (*в видеомагнитофоне*)
trailing ~ запаздывающий импульс
trapezoidal ~ трапецеидальный импульс
triangular ~ треугольный импульс
trigger(ing) ~ запускающий импульс
ultrasonic ~ ультразвуковой импульс (*гидролокатора*)
unidirectional [unipolar] ~s монополярные импульсы
unit ~ *тлг* бод
variable-duration ~ импульс переменной длительности

vertical (-retrace) blanking ~ *тлв* гасящий импульс полей
vertical-synchronizing ~ *тлв* синхронизирующий импульс полей
video ~ видеоимпульс
write ~ импульс записи

pulser генератор импульсов, импульсный генератор
   built-in ~ встроенный генератор импульсов
   delay-line ~ генератор импульсов с линией задержки
   key ~ *тлф* кнопочный номеронабиратель
   line-type ~ генератор импульсов с формирующей линией
   mercury-switch ~ импульсный генератор с ртутным реле
   vacuum-tube ~ ламповый генератор импульсов

pulsing 1. генерирование импульсов; работа в импульсном режиме; посылка импульсов 2. пульсирование; пульсации 3. (одиночная) пульсация 4. излучение всплесков
   anode ~ анодная импульсная модуляция
   battery ~ *тлф* посылка импульсов набора по одному проводу с возвратом через землю
   dial ~ *тлф* посылка импульсов набора
   flash ~ импульсная манипуляция с неодинаковыми паузами
   giant ~ *кв. эл.* генерация гигантских импульсов
   grid ~ сеточная импульсная модуляция
   intermittent ~ импульсная манипуляция с неодинаковыми паузами
   key ~ 1. *тлф* кнопочный набор 2. *тлг* манипуляция
   random ~ генерация случайных импульсных последовательностей

pump 1. накачка, возбуждение (*напр. лазера*) ‖ накачивать, возбуждать (*напр. лазер*) 2. источник накачки; генератор накачки 3. насос ‖ использовать насос 4. извлечение информации ‖ извлекать информацию
   capacitor-bank-discharge ~ *кв. эл.* накачка с помощью разряда батареи конденсаторов (*через импульсную лампу*)
   chemical ~ *кв. эл.* химическая накачка
   cold-cathode getter-ion ~ геттероионный [ионно-сорбционный] насос с холодным катодом
   cryogetter ~ криосорбционный насос
   data ~ центральный вычислительный блок модема, *проф.* насос данных
   diffusion ~ диффузионный насос
   double ~ накачка на двух частотах
   electromagnetic ~ электромагнитная накачка
   evaporation ~ геттероионный [ионно-сорбционный] насос
   file ~ *вчт* программа загрузки (по линии связи в нисходящем направлении), *проф.* файловый насос
   frequency-modulated ~ накачка ЧМ-сигналом
   getter-ion ~ геттероионный [ионно-сорбционный] насос
   hot-cathode getter-ion ~ геттероионный [ионно-сорбционный] насос с термокатодом
   incoherent ~ некогерентная накачка
   ion(ic) ~ ионный насос
   master ~ генератор накачки
   molecular ~ *микр.* молекулярный насос
   monochromatic ~ монохроматическая накачка
   optical ~ оптическая накачка
   peristaltic ~ перистальтический насос
   quadrupole ~ квадрупольная накачка
   sputter ~ сорбционный насос

pumping 1. накачка, возбуждение (*напр. лазера*) 2. использование насоса 3. извлечение информации
   antiphase ~ противофазная накачка
   charge ~ перекачка заряда
   chemical ~ *кв. эл.* химическая накачка
   cw ~ непрерывная накачка
   double ~ накачка на двух частотах
   elastic ~ упругая накачка
   electric-discharge ~ *кв. эл.* электроразрядная накачка
   electric-field ~ накачка электрическим полем
   electron-beam ~ *кв. эл.* электронная накачка, электронное возбуждение
   explosion laser ~ взрывная накачка лазера
   extracavity ~ *кв. эл.* внерезонаторная накачка
   face ~ *кв. эл.* торцевая накачка
   flashlamp ~ *кв. эл.* накачка импульсной лампой
   fundamental ~ накачка на основной частоте
   gamma-ray ~ *кв. эл.* гамма-накачка, накачка гамма-излучением
   harmonic ~ гармоническая накачка
   heavy ~ интенсивная накачка
   homogeneous ~ однородная накачка
   hyperfine ~ *кв. эл.* накачка через уровень, обусловленный сверхтонким взаимодействием
   inhomogeneous ~ неоднородная накачка
   in-phase ~ синфазная накачка
   intracavity ~ *кв. эл.* внутрирезонаторная накачка
   large ~ накачка большим сигналом
   laser ~ 1. лазерная накачка 2. накачка [возбуждение] лазера
   light ~ *кв. эл.* оптическая накачка
   longitudinal ~ продольная накачка
   low ~ накачка малым сигналом
   magnetic ~ магнитная накачка
   magnetoacoustic ~ магнитоупругая накачка
   magnetoelastic ~ магнитоупругая накачка
   magnetostatic ~ магнитостатическая накачка
   multilevel ~ *кв. эл.* многоуровневая накачка
   multimode ~ многомодовая накачка
   multiple-frequency ~ многочастотная накачка
   nuclear ~ *кв. эл.* ядерная накачка, ядерное возбуждение
   optical ~ *кв. эл.* оптическая накачка
   parallel ~ продольная накачка
   parametric ~ параметрическая накачка
   perpendicular ~ поперечная накачка
   phonon ~ фононная накачка
   pulse ~ импульсная накачка
   push-pull ~ *кв. эл.* двухтактная [двойная симметричная] накачка
   push-pull-push ~ *кв. эл.* трёхкратная несимметричная накачка
   push-push ~ *кв. эл.* двойная последовательная накачка
   quadrature ~ квадратурная накачка
   selective ~ селективная накачка
   shock-wave ~ *кв. эл.* накачка ударной волной
   single-frequency ~ одночастотная накачка
   single-mode ~ одномодовая накачка
   small ~ накачка малым сигналом
   spin-wave ~ спин-волновая накачка

pumping

    subharmonic ~ субгармоническая накачка
    synchronous ~ синхронная накачка
    transverse ~ поперечная накачка
    traveling-wave ~ накачка бегущей волной
    tungsten ~ *кв. эл.* накачка вольфрамовой лампой накаливания
    W ~ *кв. эл.* накачка вольфрамовой лампой накаливания
    waveguide ~ волноводная накачка
pumpkin *вчт проф.* право; привилегия; приоритет
    backup ~ право доступа к средствам резервного копирования
    patch ~ право на внесение временных исправлений в программу, право на постановку «заплат»
punch 1. перфорированное отверстие, перфорация || перфорировать, пробивать отверстия 2. перфоратор; пробойник 3. пуансон 4. запускать; включать (*нажатием на клавишу или кнопку*) 5. *вчт* вводить *или* выводить данные 6. *вчт* (автоматически) включать *или* выключать запись с определённой позиции (*напр. в музыкальных редакторах*)
    ~ **in** 1. запускать; включать (*нажатием на клавишу или кнопку*) 2. *вчт* вводить данные (*с клавиатуры*) 3. *вчт* (автоматически) включать запись с определённой позиции (*напр. в музыкальных редакторах*)
    ~ **out** 1. останавливать; выключать (*нажатием на клавишу или кнопку*) 2. *вчт* выводить данные 3. *вчт* (автоматически) выключать запись с определённой позиции (*напр. в музыкальных редакторах*)
    automatic-feed ~ перфоратор с автоматической подачей
    card ~ карточный перфоратор
    hand (-feed) ~ ручной перфоратор
    key ~ клавишный перфоратор
    motor-drive ~ автоматический перфоратор
    output ~ выходной перфоратор
    paper-tape ~ ленточный перфоратор
    printing ~ печатающий перфоратор
    spot ~ пробойник
    summary ~ итоговый перфоратор
    tape ~ ленточный перфоратор
puncher 1. перфоратор 2. перфораторщик
    cardproof ~ контрольный карточный перфоратор; контрольник перфокарт
    teletype ~ телетайпный перфоратор
punching 1. перфорирование, пробивка отверстий 2. перфорированное отверстие, перфорация 3. запуск; включение (*нажатием на клавишу или кнопку*) 4. *вчт* ввод или вывод данных 5. *вчт* (автоматическое) включение *или* выключение записи с определённой позиции (*напр. в музыкальных редакторах*)
    hand-feed ~ ручная пробивка
    hole ~ пробивка отверстий
    lace ~ пробивка всех разрядов на карте
    manual ~ ручная пробивка
    marginal ~ перфорация поля; перфорация кромки (*листа*)
    prick ~ накернивание
    sheet ~ перфорация листа
punch-through *пп* смыкание, прокол базы
punctuate использовать пунктуацию, расставлять знаки препинания

punctuation пунктуация (*1. собрание правил расстановки знаков препинания 2. расстановка знаков препинания 3. знаки препинания*)
    hanging ~ *вчт* пунктуация с кернингом
punctuative пунктуационный
puncture пробой (*напр. изолятора*); прокол
    impulse ~ импульсный пробой
pupil *опт.* зрачок
purchase покупка; закупка; приобретение; использование платных услуг || покупать; закупать; приобретать; использовать платные услуги
purchasing покупка; закупка; приобретение; использование платных услуг
purge *вчт* удалять (*напр. файл*); очищать (*напр. память*)
purification очистка
    crystal ~ очистка кристаллов
    zone (-melting) ~ зонная очистка
purify очищать(ся)
purity 1. чистота 2. степень чистоты
    color ~ чистота цвета
    colorimetric ~ колориметрическая чистота цвета
    excitation ~ условная чистота цвета
    mode ~ модовая чистота
    ... **N** ~ степень чистоты ...девяток (*напр. 6N соответствует 99,9999 %*)
    polarization ~ чистота поляризации
    source ~ чистота исходного материала
    spectral ~ спектральная чистота
purple пурпур, пурпурный цвет || пурпурный
    ethyl ~ этиловый пурпурный (*краситель*)
    visual ~ родопсин, зрительный пурпур (*палочковый зрительный пигмент с максимумом спектральной чувствительности на длине волны 560 нм*)
purpose 1. цель; намерение || иметь целью; намереваться 2. (пред)назначение || предназначать(ся); быть предназначенным 3. результат ◊ **general** ~ общего назначения; неспециализированный; стандартный (*напр. об устройстве*); **on** ~ преднамеренно; с (определённой) целью
pursuit погоня; преследование; поиск
    exploratory projection ~ (адаптивный) поиск (оптимальных) проекций (*при отображении*)
    functional projection ~ (адаптивный) поиск (оптимальных) проекций (*при отображении*)
    projection ~ (адаптивный) поиск (оптимальных) проекций (*при отображении*)
    two-dimensional projection ~ двумерный (адаптивный) поиск (оптимальных) проекций (*при отображении*)
push 1. нажим; давление || нажимать; давить 2. (нажимная) кнопка 3. толчок; продвижение; вытеснение; смещение || толкать; продвигать; вытеснять; смещать 4. *вчт* вталкивать (в стек), помещать (на стек) (*с увеличением указателя вершины*) 5. *вчт* использовать активный метод распространения информации, распространять информацию по программе 6. *вчт* обратный штрих (*надстрочный знак*), символ ` 7. *вчт* открывающая кавычка, символ ' ◊ ~ **the envelope** расширять существующие представления (*о чём-либо*); осуществлять технологический прорыв
    bell ~ кнопка электрического звонка
    emitter ~ вытеснение эмиттера

push-button кнопочный; с кнопочным управлением
pushing 1. толкание; продвижение; вытеснение; смещение 2. (электронное) смещение частоты
  frequency ~ смещение частоты
  magnetron ~ смещение частоты магнетрона
  scratch ~ *вчт* царапанье от себя («*музыкальный инструмент*» *из набора ударных General MIDI*)
  technology ~ продвижение технологии, внедрение технологии в практику
push-out выталкивание; вытеснение
  base ~ *пп* расширение базы, эффект Кирка
push-pin (канцелярская) кнопка
push-pull 1. двухтактный (*напр. усилитель*) 2. *кв. эл.* двухтактный, двойной симметричный (*о накачке*)
push-pull-push *кв. эл* трёхкратный несимметричный (*о накачке*)
push-push *кв. эл.* двойной последовательный (*о накачке*)
put 1. помещать; располагать; выводить 2. переводить (*с одного языка на другой*) 3. приписывать; относить (*за счёт чего-либо*) 4. оценивать; рассчитывать 5. приводить (*в определённое положение или состояние*) ◊ ~ **away** убирать; ~ **down** записывать; ~ **off** откладывать; ~ **on paper** *вчт* выводить на бумагу; распечатывать; ~ **out** производить; изготавливать; ~ **through** связывать(ся) (*напр. по телефону*); сообщаться; устанавливать связь (*напр. телефонную*)
puzzle *вчт* головоломка (*1. логическая задача в игровой форме 2. мозаичная головоломка, восстановление картинки из набора кусочков неодинаковой формы*) ∥ решать головоломку
  eight queens ~ *вчт* задача о восьми ферзях
  jigsaw ~ мозаичная головоломка, восстановление картинки из набора кусочков неодинаковой формы
  queens ~ *вчт* задача о восьми ферзях
Px64 стандарт МСЭ на реализацию функций сжатия видеоданных со скоростями от 64 Кбит/с (*P=1*) до 2 Мбит/с (*P=32*), стандарт H.261
pyramid 1. пирамида (*1. геометрический объект 2. объект в форме пирамиды 3. форма кристаллов 4. дефект эпитаксиальных плёнок 5. иерархическая структура*) 2. располагать(ся) в форме пирамиды
  growth ~ пирамида роста
pyramidal пирамидальный
Pyrex *фирм.* пирекс (*термостойкое стекло*)
pyrheliometer пиргелиометр
pyricon пировидикон, пирикон, пироэлектрический видикон
pyroconductivity пироэлектропроводность
pyroelectric пироэлектрик ∥ пироэлектрический
pyroelectricity пироэлектричество, пироэлектрический эффект
  false ~ ложный пироэлектрический эффект
  primary ~ пироэлектричество при постоянной деформации, первичный [истинный] пироэлектрический эффект
  reversible ~ взаимный [обратимый] пироэлектрический эффект
  secondary ~ пироэлектричество при постоянном напряжении, вторичный пироэлектрический эффект
  true ~ пироэлектричество при постоянной деформации, первичный [истинный] пироэлектрический эффект
pyrolysis пиролиз

pyrolytic пиролитический
pyromagnet пиромагнетик
pyromagnetic пиромагнетик ∥ пиромагнитный
pyromagnetism пиромагнетизм
pyrometer пирометр
  heterojunction optical ~ оптический пирометр на гетеропереходе
  optical ~ оптический пирометр
  radiation ~ радиационный пирометр
  two-color ~ двухцветный пирометр
pyrometry пирометрия
pyrostat высокотемпературный термостат
pyrovidicon пировидикон, пирикон, пироэлектрический видикон

Q

Q 1. качество (*1. сорт; степень совершенства 2. совокупность характерных свойств и отличительных признаков 3. высокое качество*) 2. добротность 3. фактор качества (*материала с ЦМД*) 4. величина; количество 5. (*допустимое*) буквенное обозначение *i*-го (2≤*i*≤26) логического диска, съёмного устройства памяти *или* компакт-диска (*в IBM-совместимых компьютерах*)
  acoustic ~ акустическая добротность
  basic ~ ненагруженная [собственная] добротность
  capacitor ~ добротность конденсатора
  cavity-resonator ~ добротность объёмного резонатора
  damping factor ~ выраженная через коэффициент затухания [через декремент] добротность
  dielectric material ~ отношение тока смещения к току проводимости диэлектрического материала
  diffraction ~ добротность, обусловленная дифракционными потерями
  external ~ внешняя добротность
  high ~ 1. высокое качество (*1. высокая степень совершенства 2. «музыкальный инструмент» из набора ударных General MIDI*) 2. высокая добротность 3. высокий фактор качества
  inductor ~ добротность катушки индуктивности
  internal [intrinsic] ~ ненагруженная [собственная] добротность
  loaded ~ нагруженная добротность
  magnetic ~ *кв. эл.* магнитная добротность
  material ~ фактор качества материала с ЦМД
  nonloaded ~ ненагруженная [собственная] добротность
  normalized ~ отношение реактивной и активной компонент полного сопротивления звена фильтра
  phase-angle ~ добротность (*последовательного резонансного контура*), выраженная через угол сдвига фаз между током и напряжением
  power factor ~ добротность (*последовательного резонансного контура*), выраженная через коэффициент мощности
  selectivity ~ добротность (*последовательного резонансного контура*), выраженная через избирательность

Q

spectral-line ~ добротность спектральной линии
unloaded ~ ненагруженная [собственная] добротность
voltage multiplication ~ добротность (*параллельного резонансного контура*), выраженная через коэффициент умножения напряжения при резонансе
working ~ нагруженная добротность
Q-switch *кв.эл.* лазерный затвор, переключатель добротности
 active ~ активный лазерный затвор, активный переключатель добротности
 electrooptic ~ электрооптический лазерный затвор, электрооптический переключатель добротности
 Kerr-cell ~ лазерный затвор [переключатель добротности] на ячейке Керра
 laser ~ лазерный затвор, переключатель добротности
 passive ~ пассивный лазерный затвор, пассивный переключатель добротности
 pulsed ~ импульсный лазерный затвор, импульсный переключатель добротности
 rotating mirror ~ оптикомеханический лазерный затвор с вращающимся зеркалом, оптикомеханический переключатель добротности с вращающимся зеркалом
Q-switching *кв.эл.* модуляция [переключение] добротности
 active ~ активная модуляция добротности
 passive ~ пассивная модуляция добротности
 pulsed ~ импульсная модуляция добротности
 self- ~ автомодуляция добротности
quad 1. четвёрка (*1. группа из четырёх сходных объектов 2. четырёхжильный кабель*) 2. последовательно-параллельное включение четырёх транзисторов 3. квадрафония ‖ квадрафонический 4. квадрафонический звук 5. система квадрафонического радиовещания 6. *кв. эл.* квадруплет 7. *вчт* дибит, группа из двух бит 8. четырёхугольник 9. квадрат (*1. типографская единица длины 2. разновидность пробельного материала*) 10. *pl* пробельный материал (*квадраты или круглые шпации*) 11. заполнять (*строку*) пробельным материалом 12. *вчт* выравнивать (*строки по вертикали*) по левому и правому полю, *проф.* выключать (*строки*) ‖ выровненный по левому и правому полю (*о тексте*), *проф.* выключенный (*о строках*) ◊
 ~ left *вчт* выравнивать (*строки по вертикали*) по левому полю ‖ выровненный по левому полю (*о тексте*); ~ right *вчт* выравнивать (*строки по вертикали*) по правому полю ‖ выровненный по правому полю (*о тексте*)
 dotted ~ IP адрес, 4-байтный адрес каждой рабочей станции в Internet по протоколу IP (*с десятичным представлением каждого байта и межбайтным разделителем в виде точки, напр. 128.143.7.226*)
 em ~ круглая шпация
 en ~ полукруглая шпация
 filling ~s пробельный материал (*квадраты или круглые шпации*)
 multiple-twin ~ двойная — парная четвёрка, четвёрка ДП (*тип кабеля*)
 mutton ~ круглая шпация
 nut ~ полукруглая шпация

spiral(-four) ~ звёздная четвёрка (*тип кабеля*)
 star ~ звёздная четвёрка (*тип кабеля*)
quadiva квадрат мгновенного значения переменной величины
quadlet *вчт* тридцатидвухбитное слово
Quadradisc квадрафоническая грампластинка, квадрапластинка
quadraflop логическая схема с четырьмя устойчивыми состояниями
quadrangle четырёхугольник
quadrant квадрант (*1. четверть круга 2. четверть окружности 3. четверть плоскости, ограничиваемая осями прямоугольной системы координат 4. угломерный астрономический инструмент*)
 ~ of circle квадрант круга
 ~ of moon квадрант луны
 A ~ квадрант диаграммы направленности антенны курсового радиомаяка с излучением посылки A по коду Морзе
 closed ~ замкнутый квадрант
 first ~ первый квадрант (плоскости) (*в интервале углов от 0° до 90°*)
 fourth ~ четвёртый квадрант (плоскости) (*в интервале углов от 270° до 360°*)
 N ~ квадрант диаграммы направленности антенны курсового радиомаяка с излучением посылки N по коду Морзе
 negative ~ отрицательный квадрант (плоскости)
 nonswitching operating ~ непереключающий рабочий квадрант (*вольт-амперной характеристики тиристора*)
 open ~ открытый квадрант
 positive ~ положительный квадрант (плоскости)
 second ~ второй квадрант (плоскости) (*в интервале углов от 90° до 180°*)
 switching operating ~ переключающий рабочий квадрант (*вольт-амперной характеристики тиристора*)
 third ~ третий квадрант (плоскости) (*в интервале углов от 180° до 270°*)
quadraphonic квадрафонический
quadraphonics, quadraphony квадрафония
 pseudo ~ псевдоквадрафония
quadrasonic квадрафонический
quadrat квадрат (*1. типографская единица длины 2. разновидность пробельного материала*)
quadrate 1. квадрат; прямоугольник ‖ делать(ся) квадратным или прямоугольным ‖ квадратный; прямоугольный 2. квадрат, вторая степень (*числа*)
quadratic *вчт* 1. квадратное уравнение; полином второй степени 2. квадратный; второй степени
quadratics *вчт* раздел алгебры, относящийся к решению квадратных уравнений
quadratron тетрод
quadrature квадратура (*1. сдвиг по фазе на 90° 2. определённый интеграл 3. вычисление интеграла или площади 4. построение равновеликого плоской фигуре квадрата 5. площадь фигуры в квадратных единицах 6. характерное взаимное положение тел Солнечной системы*)
 interpolatory ~ интерполяционная квадратура
 numerical ~ численное интегрирование
 phase ~ квадратура, сдвиг по фазе на 90°
 space-and-time ~ пространственно-временная квадратура

spline ~ сплайн-квадратура
quadric 1. поверхность второго порядка, квадрика 2. квадратный; второй степени
quadricorrelator *тлв* квадратурный коррелятор
quadrilateral 1. четырёхугольник 2. четырёхсторонний
quadriphonic квадрафонический
quadripole четырехполюсник
   balanced ~ уравновешенный четырёхполюсник
   dissymmetric ~ несимметричный четырёхполюсник
   symmetrical ~ симметричный четырёхполюсник
   unbalanced ~ неуравновешенный четырёхполюсник
quadro квадрафония
quadruple 1. объект учетверённого (*по сравнению с обычным*) размера; учетверённая величина ‖ учетверять; превышать в четыре раза ‖ учетверённый 2. четверной 3. складка вчетверо ‖ складывать вчетверо ‖ сложенный вчетверо 4. *вчт* четырёхкратное повторение, четырёхкратное вхождение (*напр. элемента в последовательности*)
quadruplet 1. *кв. эл.* квадруплет 2. группа из четырёх сходных объектов 3. квартоль (*нестандартная ритмическая группа из четырёх одинаковых нот*)
quadruplex 1. квадруплексная [двойная одновременная двусторонняя, двойная дуплексная] связь, двойной дуплекс ‖ квадруплексный, двойной одновременный двусторонний, двойной дуплексный 2. четверной
quadrupole 1. *фтт* квадруполь ‖ квадрупольный 2. квадрупольная линза
   axial ~ аксиальный квадруполь
   electric ~ электрический квадруполь
   electrostatic ~ квадрупольная электростатическая линза
   magnetic ~ 1. магнитный квадруполь 2. квадрупольная магнитная линза
   plane ~ плоский квадруполь
   point ~ точечный квадруполь
quadword учетверённое слово, слово учетверённой длины
qual *проф.* качественный анализ
qualification квалификация (*1. определение соответствия требованиям; оценка уровня или качества; характеристика 2. уровень подготовленности; степень пригодности для определённой деятельности 3. ограничение; установление предела или уровня*) ◊ **without** ~ без ограничения
qualificator *вчт* квалификатор, спецификатор
qualified квалифицированный (*1. соответствующий определенным требованиям; имеющий определённый уровень или определённое качество; характеризуемый определёнными признаками 2. подготовленный; пригодный для определённой деятельности 3. ограниченный; имеющий установленный предел или уровень*)
qualify 1. квалифицировать; характеризовать; относить к определённой категории 2. обучать(ся); приобретать *или* повышать квалификацию 3. предоставлять *или* получать право на профессиональную деятельность; сертифицировать
qualitative качественный (*1. относящийся к качественным характеристикам или свойствам 2. измеренный по номинальной или ранговой шкале*)
quality 1. качество (*1. сорт; степень совершенства 2. совокупность характерных свойств и отличительных признаков 3. высокое качество*) ‖ качественный 2. добротность 3. фактор качества (*материала с ЦМД*) 4. тембр
   ~ **at the source** система контроля качества поставляемых изделий
   ~ **of balance** качество стереобаланса
   ~ **of service** качество обслуживания
   archival ~ архивное качество (*документа*)
   audio ~ качество звучания
   character display ~ качество воспроизведения символов
   color-reproduction ~ *тлв* качество цветопередачи
   computer-aided ~ автоматизированная система обеспечения качества (продукции)
   draft ~ черновое [низкое] качество (*печати деловой корреспонденции*)
   letter ~ высокое качество (*печати деловой корреспонденции*)
   image ~ качество изображения
   musical ~ тембр
   near-letter ~ среднее качество (*печати деловой корреспонденции*)
   picture ~ качество изображения
   pixel ~ глубина [разрядность числа состояний] пикселя (*в битах на пиксел*)
   print(ing) ~ качество печати
   record(ing) ~ качество записи
   reproduction ~ качество воспроизведения
   spectroscopic ~ *кв. эл.* спектроскопическое качество
   toll ~ качество междугородной телефонной связи
   tone ~ тембр тона
   typeset ~ 1. качество печати 2. качество печати, соответствующее числу точек на дюйм от 1200 до 2540
quan(t) *проф.* количественный анализ
quanta *pl* от **quantum**
   coherent ~ когерентное излучение
quantification *вчт* 1. указывание *или* определение значений переменных 2. образование высказываний из предикатов, закрытие предикатов 3. использование кванторов, квантификация 4. сведение характеристик понятия к количественным параметрам, квантификация
   existential ~ использование кванторов существования, экзистенциальная квантификация
   universal ~ использование кванторов всеобщности, универсальная квантификация
quantifier *вчт* 1. квантор, квантификатор 2. определительное наречие количественного значения
   existential ~ квантор существования
   fuzzy ~ нечёткий квантор
   pre-route delay ~ программа оценки времён задержки в межсоединениях, программа PDQ (*для рабочих станций по автоматизированному проектированию интегральных схем*)
   universal ~ квантор всеобщности
quantify *вчт* 1. указывать *или* определять значения переменных 2. образовывать высказывания из предикатов, закрывать предикаты 3. использовать кванторы
quantile *вчт* квантиль
   equivalent ~ квантиль
   r-th ~ квантиль порядка r
   sample ~ выборочный квантиль
quantitate выполнять (точный) количественный анализ
quantitation (точный) количественный анализ

quantitative

quantitative количественный; квантитативный
quantitativeness количественная характеристика; квантитативность
quantity 1. величина 2. количество 3. длительность звука; продолжительность звучания
~ **of electricity** количество электричества
~ **of light** световая энергия
absolute ~ абсолютная величина
abstract ~ абстрактная величина
additive ~ аддитивная величина
alternating ~ переменная величина
analog ~ аналоговая величина
average ~ средняя величина
bounded ~ ограниченная величина
bracketed ~ величина в скобках
commensurable ~s соизмеримые величины
complex ~ комплексная величина
denominate ~ размерная величина
dimensional ~ размерная величина
dimensionless ~ безразмерная величина
discrete ~ дискретная величина
exponential ~ показатель степени
fixed-point ~ величина с фиксированной запятой, величина с фиксированной точкой
floating-point ~ величина с плавающей запятой, величина с плавающей точкой
generalized ~ обобщённая величина
harmonic ~ гармоническая величина
imaginary ~ мнимая величина
incommensurable ~s несоизмеримые величины
infinitesimal ~ бесконечно малая величина
integer ~ цел(очисленн)ая величина
irrational ~ иррациональная величина
measurable ~ измеримая величина
measured ~ измеренная величина
modulated ~ модулированная величина
multidimensional ~ многомерная величина
negligible ~ пренебрежимо малая величина
nondimensional ~ безразмерная величина
normalized ~ нормированная величина
normally distributed ~ (случайная) величина, распределённая по нормальному закону
observed ~ наблюдаемая величина
oscillating ~ осциллирующая величина
periodic ~ периодическая величина
pseudoscalar ~ псевдоскалярная величина
pulsating ~ несинусоидальная периодическая величина
random ~ случайная величина
real ~ вещественная [действительная] величина
reciprocal ~ обратная величина
reference ~ 1. эталонная величина 2. опорная величина 3. исходная величина; реперная величина
relatively prime ~s взаимно простые величины
ripple ~ величина с малой переменной составляющей
scalar ~ скалярная величина
sinusoidal ~ синусоидальная величина
tensor ~ тензорная величина
threshold ~ пороговая величина
transcendental ~ трансцендентальная величина
variable ~ переменная величина
vector ~ векторная величина
virtual ~ виртуальная величина
weighted ~ взвешенная величина

quantization 1. квантование 2. разбиение (*данных*) на подгруппы 3. *вчт* (полное *или* частичное) выравнивание (длительности *или* положения нот) (*в музыкальных редакторах*) 4. использование квантово-механического подхода
adaptive ~ адаптивное квантование
amplitude ~ квантование по уровню
analytic ~ аналитическое выравнивание
auto ~ *вчт* 1. автоматическое квантование 2. автоматическое выравнивание
block ~ блочное квантование
crude ~ грубое квантование
differential ~ дифференциальное квантование
dithered ~ квантование с подмешиванием псевдослучайного сигнала
feedback ~ квантование с управлением по выходному сигналу
feedforward ~ квантование с управлением по входному сигналу
flux ~ *свпр* квантование потока
fluxoid ~ *свпр* квантование вихрей магнитного потока
freeze ~ *вчт* выравнивание с замораживанием, выравнивание с уничтожением данных о начальном положении нот
geometric ~ геометрическое квантование
groove ~ выравнивание по шаблону
iterative ~ (полное *или* частичное) итеративное выравнивание
learning vector ~ квантование обучающего вектора (*в соревновательных нейронных сетях*)
least squares ~ квантование методом наименьших квадратов
linear ~ линейное [равномерное] квантование, квантование с равномерным шагом
match ~ *вчт* сопоставительное выравнивание, выравнивание по ритмически совпадающей партии
nonlinear ~ нелинейное [неравномерное] квантование, квантование с неравномерным шагом
nonuniform ~ нелинейное [неравномерное] квантование, квантование с неравномерным шагом
note on ~ *вчт* выравнивание моментов нажатия на клавиши, выравнивание начала нот
over ~ *вчт* полное выравнивание (*положения нот без изменения их длительности*)
radiation ~ квантование излучения
secondary ~ вторичное квантование
soft-decision ~ квантование с мягким решением
space [spatial] ~ пространственное квантование
speech ~ квантование речевых сигналов
time ~ временное квантование, квантование во времени
uniform ~ линейное [равномерное] квантование, квантование с равномерным шагом
vector ~ векторное [многопараметрическое] квантование, квантование вектора (*напр. в соревновательных нейронных сетях*)

quantize 1. квантовать 2. разбивать (*данные*) на подгруппы 3. *вчт* (полностью *или* частично) выравнивать (длительность *или* положение нот) (*в музыкальных редакторах*) 4. использовать квантово-механический подход
quantizer квантователь
adaptive ~ адаптивный квантователь

companded ~ квантователь с компандированием
digital ~ цифровой квантователь
feedback ~ квантователь с управлением по выходному сигналу
feedforward ~ квантователь с управлением по входному сигналу
fixed ~ квантователь с фиксированным шагом
instantaneous ~ безынерционный квантователь
linear predictive ~ квантователь с линейным предсказанием
logarithmic ~ логарифмический квантователь
mid-riser ~ квантователь с ненулевой ступенью (*на границе шага квантования*)
mid-tread ~ квантователь с нулевой ступенью (*на границе квантования*)
multibit ~ многоразрядный квантователь
multilevel ~ многоуровневый квантователь
nonuniform ~ квантователь с неравномерным шагом, нелинейный квантователь
predictive ~ квантователь с предсказанием
SNR-maximizing ~ квантователь, максимизирующий отношение сигнал — шум
uniform ~ квантователь с равномерным шагом, линейный квантователь
μ-law ~ квантователь с компандированием по μ-характеристике
quantum 1. квант (*1. наименьшая единица измерения физической величины 2. вчт, рлк наименьшая единица измерения, используемая системой 3. вчт выделяемый (короткий) промежуток времени, проф. квант времени (в системах с разделением времени*)) || квантовый 2. количество 3. доля; часть
electromagnetic field ~ фотон
energy ~ квант энергии
flux ~ *свпр* квант потока
lattice vibration ~ фонон
light ~ фотон
magnetic flux ~ *свпр* квант магнитного потока
rapid single flux ~ одиночный быстрый квант (магнитного) потока || относящийся к приборам и устройствам на одиночных быстрых квантах (магнитного) потока, *проф.* быстрый одноквантовый
single flux ~ одиночный квант (магнитного) потока || относящийся к приборам и устройствам на одиночных квантах (магнитного) потока, *проф.* одноквантовый
virtual ~ виртуальный квант
quantum-mechanical квантово-механический
quark *фтт* кварк
beauty ~ красивый кварк
charm ~ очарованный кварк
down ~ нижний кварк
strange ~ странный кварк
truth ~ истинный кварк
up ~ верхний кварк
quarter 1. четверть || делить на четыре (равные) части 2. *вчт* дибит, группа из двух бит
quartering расположенный под прямым углом; перпендикулярный; ортогональный
quarter-phase квадратурный, сдвинутый по фазе на 90°
quarter-wavelength четвертьволновый
quartic *вчт* биквадратное уравнение || биквадратный

quartile *вчт* квартиль (*квантиль порядка n/4, где n = 1, 2, 3*)
lower ~ нижний квартиль
upper ~ верхний квартиль
quartz кварц (*эталонный минерал с твёрдостью 7 по шкале Мооса*) || кварцевый
AC-cut ~ кварц АС-среза
acoustic ~ акустический кварц
artificially grown ~ искусственный кварц
crystalline ~ кристаллический кварц
fundamental-mode ~ кварцевая пластина, работающая на основной частоте
fused ~ плавленый кварц
left-handed ~ левовращающий кварц
natural ~ природный кварц
right-handed ~ правовращающий кварц
quasag квазаг, квазизвёздная галактика, квазизвёздный галактический источник радиоизлучения, *проф.* «контрабандист»
quasar квазар, квазизвёздный объект, квазизвёздный источник радиоизлучения
quasi-conductor квазипроводник (*схема с добротностью, много меньшей единицы*)
quasicrystal квазикристалл
quasi-dielectric квазидиэлектрик
quasi-neutrality квазинейтральность
quasi-optics квазиоптика
quasi-particle квазичастица
spin-polarized ~s квазичастицы с поляризованными спинами
quasi-periodicity квазипериодичность
quasiquote *вчт* 1. открывающая кавычка, символ ' 2. обратный штрих (*надстрочный знак*), символ '
quasirandom псевдослучайный
quasi-synchronous квазисинхронный
quaternary *вчт* четверичное число || четверичный
quaternion *вчт* кватернион
qubit *вчт* кубит, q-бит (*1. квантовый бит 2. элементарная квантовая ячейка памяти*)
single ~ одиночный кубит
Quebec стандартное слово для буквы Q в фонетическом алфавите «Альфа»
Queen стандартное слово для буквы Q в фонетическом алфавите «Эйбл»
queen 1. ферзь 2. дама (*игральная карта*)
quench 1. тушить; гасить 2. прерывать 3. закаливать 4. резистивно-ёмкостный искрогаситель
quencher тушитель, гаситель
triplet ~ *кв. эл.* тушитель, дезактивирующий триплетные состояния
quenching 1. тушение; гашение 2. периодический срыв колебаний (*в сверхрегенеративном радиоприёмнике*) 3. закалка 4. *кв. эл.* замораживание 5. подавление
~ **of orbital angular momentum** замораживание орбитального момента импульса
~ **of resonance radiation** подавление резонансного излучения
air ~ воздушная закалка
arc ~ гашение дуги
complete ~ полное замораживание (*орбитального момента импульса*)
discharge ~ гашение разряда
domain ~ подавление доменов (*в диоде Ганна*)
fluorescence ~ тушение флуоресценции

quenching

laser ~ лазерная закалка
luminescence ~ тушение люминесценции
nonlinear ~ нелинейное тушение (*напр. люминесценции*)
partial ~ частичное замораживание (*орбитального момента импульса*)
rapid ~ быстрая закалка
superconductivity ~ подавление сверхпроводимости

query *вчт* 1. запрос || запрашивать 2. вопросительный знак
~ **by example** 1. запрос по образцу 2. язык запросов по образцу, язык QBE
~ **by form** 1. запрос по форме 2. язык запросов по форме, язык QBF
ad hoc ~ незапланированный запрос
Boolean ~ булев [логический] запрос; булев [логический] поиск
database ~ запрос к базе данных
image ~ запрос изображения
interactive ~ интерактивный запрос
picture ~ **by example** запрос изображения по образцу

query-by-example 1. запрос по образцу 2. язык запросов по образцу, язык QBE
query-by-form 1. запрос по форме 2. язык запросов по форме, язык QBF
ques *вчт проф.* вопросительный знак
quest 1. *вчт* приключенческая игра, *проф.* «квест» 2. поиск || искать
question 1. вопрос || спрашивать, задавать вопрос 2. обсуждаемая проблема; тема обсуждения || обсуждать 3. запрос; опрос || запрашивать; опрашивать
complex ~ (преднамеренная) логическая ошибка в форме многозначного вопроса (*напр.: «Когда вы перестали бить свою жену?»*)
frequently asked ~s *вчт* часто задаваемые вопросы с приложением ответов (*в сети*)
WH- ~ вопрос, содержащий вопросительно-относительное местоимение английского языка (*начинающееся с буквосочетания wh*)

question-answer *вчт* взаимодействие с компьютером по схеме «вопрос-ответ» (*напр. в системах программированного обучения*)
questionary опросный лист; анкета
questionnaire опросный лист; анкета
queue 1. очередь (*1. упорядоченная последовательность объектов с возможностью добавления нового объекта только в самый конец и удаления только с самого начала* 2. *очередь объектов на обслуживание* 3. *(одноканальная) система массового обслуживания*) 2. организовывать очередь; ставить в очередь; находиться в очереди 3. очерёдность 4. список очерёдности 5. порядок; упорядочение || располагать в определённом порядке; упорядочивать
available unit ~ очередь доступных устройств
binomial ~ биномиальная очередь
dead letter ~ очередь недоставленных писем; очередь потерянных писем
destination ~ очередь пунктов назначения
display generation ~ очерёдность отображения информации
double-channel ~ двухканальная система массового обслуживания
double-ended ~ двусторонняя очередь

free-block ~ очередь свободных блоков
initiation ~ очередь инициирования
interruption ~ очередь прерываний
job ~ очередь заданий
Markov(ian) ~ марковская система массового обслуживания
message ~ очередь сообщений
multiple-server ~ многоканальная система массового обслуживания
multipriority ~ многоприоритетная очередь
Poisson ~ пуассоновская система массового обслуживания
print ~ очередь печати
processing ~ очерёдность обработки информации
ready ~ очередь готовности
request ~ очередь запросов
service request ~ очередь с обслуживанием по запросу
single-channel ~ очередь, одноканальная система массового обслуживания
tandem ~ очередь на транзит
user core allocation ~ очередь распределения оперативной памяти для пользователей
waiting ~ очередь с ожиданием

queu(e)ing *вчт* 1. организация очереди 2. очерёдность 3. расположение в определённом порядке; упорядочение
call ~ *тлф* постановка вызовов на ожидание
depth ~ *вчт* упорядочение по глубине (*метод создания квазитрёхмерных объектов*)
message ~ организация очереди сообщений
native command ~ организация очереди собственных команд (*в интерфейсах жёстких дисков*), метод NCQ

QuickBasic язык программирования QuickBasic
QuickC язык программирования QuickC
quicken 1. ускорять(ся) 2. возбуждать; стимулировать
quickening 1. ускорение 2. возбуждение; стимулирование 3. отображение динамической информации в ускоренном масштабе времени
quick-fix временный (*о решении проблемы*)
quick-operating быстродействующий
quickprop алгоритм quickprop, алгоритм быстрого распространения (*для обучения нейронных сетей*)
quick-response быстродействующий
Quicksort сортировка методом Хоара, быстрая сортировка методом Quicksort
QuickTime *вчт* 1. стандарт бесперебойно воспроизводимого видео и цифрового звука компании Apple Computers, стандарт QuickTime 2. программа реализации стандарта бесперебойно воспроизводимого видео и цифрового звука компании Apple Computers, программа QuickTime
quiesce *вчт* переводить *или* переходить в пассивное состояние; блокировать
quiescent статический; находящийся в состоянии покоя
quieting подавление шумов в ЧМ-приёмнике сильным сигналом
quinary *вчт* пятеричное число || пятеричный
quinbinary *вчт* двоично-пятеричное число || двоично-пятеричный
quintet *кв. эл.* квинтиплет
quintic *вчт* 1. уравнение пятой степени; полином пятой степени 2. в пятой степени; пятой степени

quintile *вчт* квинтиль (*квантиль порядка n/5, где n = 1, 2, 3, 4*)

quintuplet 1. *кв. эл.* квинтиплет 2. группа из пяти сходных объектов 3. квинтоль (*ритмическая группа из пяти одинаковых нот*)

quire *вчт* 1. десть (*24 листа бумаги*) 2. тетрадь (*блока печатного издания*)

quit 1. выход из приложения, выход из (прикладной) программы ‖ выходить из приложения, выходить из (прикладной) программы 2. команда выхода из приложения, команда выхода из (прикладной) программы

quiz 1. телевикторина; радиовикторина ‖ проводить теле- *или* радиовикторину 2. тест; экзамен ‖ проводить тест *или* экзамен (*в форме вопросов и ответов*)

quiz-master ведущий теле- *или* радиовикторины

Quotation:
    National Association of Securities Dealers ~ система автоматической котировки Национальной ассоциации фондовых дилеров, система NASDAQ (*США*)

quotation *вчт* 1. цитирование 2. заключение в кавычки 3. (двусторонняя) втяжка (*процедура языка* T_EX) 4. котировки; установление курса

quote *вчт* 1. цитирование ‖ цитировать 2. заключение в кавычки ‖ заключать в кавычки 3. кавычка 4. (двусторонняя) втяжка (*процедура языка* T_EX); применять (двустороннюю) втяжку (*в языке* T_EX) 5. устанавливать цену
    back ~ *вчт* 1. одиночная левая кавычка, символ ` 2. грав. диакритический знак ` (*напр. в символе* è)
    close~ одиночная правая кавычка, символ '
    double ~s двойные кавычки, символ " *или* "
    left ~ (одиночная) левая кавычка, символ '
    open ~ (одиночная) левая кавычка, символ '
    pull-out ~ цитирование с выделением шрифтом большего размера
    right~ (одиночная) правая кавычка, символ '
    single ~s одиночные кавычки
    single left ~ одиночная левая кавычка, символ '
    single right~ одиночная правая кавычка, символ '
    smart ~s *проф.* русские кавычки, символ « *или* »

quotient *вчт* 1. частное 2. целая часть частного 3. отношение (*двух величин*)
    ~ **of ideals** частное идеалов
    intelligence ~ коэффициент интеллектуального развития, IQ-фактор

quux *вчт* метасинтаксическая переменная

qux *вчт* метасинтаксическая переменная

QWERTY *вчт* 1. стандартная раскладка клавиатуры, раскладка клавиатуры QWERTY 2. программист среднего уровня, *проф.* «клавиатурщик»

QX язык программирования QX (*для систем синтеза и распознавания речи*)

R

R (допустимое) буквенное обозначение *i*-го ($2 \leq i \leq 26$) логического диска, съёмного устройства памяти или компакт-диска (*в IBM-совместимых компьютерах*)

rabal 1. система радиозондирования с помощью воздушных шаров 2. данные, получаемые от радиозонда на воздушном шаре

rabbit:
    running ~s беспорядочные помехи на экране индикатора от соседних РЛС

race 1. гонка, *pl* гонки (*1. состязание в скорости передвижения (напр. жанр компьютерных игр) 2. неодновременное изменение управляющих переменных на входах триггера или бистабильной ячейки*) 2. конкуренция; борьба 3. соперничество (*напр. при передаче данных*) 4. (быстрый) ход; (стремительное) течение (*напр. процесса*)
    arms ~ *бион.* межвидовая конкуренция
    microprocessor ~ конкуренция микропроцессоров (*различных производителей*)
    rat ~ гибридное [мостовое] кольцевое соединение, гибридное кольцо

racemization превращение оптически активного вещества в оптически не активное (*с равным содержанием право- и левовращающих компонент*)

raceway кабелепровод

racing гонка, гонки (*напр. жанр компьютерных игр*)
    futuristic ~ гонки будущего

rack 1. стойка; стеллаж 2. полка; (опорная) рам(к)а 3. держатель; кронштейн; консоль 4. зубчатая рейка; кремальера; салазки
    aging ~ стойка для проведения приработки (*приборов или устройств*)
    display ~ индикаторная стойка
    equipment ~ аппаратурная стойка
    head ~ *вчт* салазки ползунка (магнитной) головки
    mobile ~ *вчт* переходная (опорная) рамка (*для размещения приводов дисков малого диаметра в отсеках для дисководов большего размера*)
    mounting ~ монтажная стойка
    power-supply ~ стойка питания, силовая стойка
    printed-circuit ~ стойка для монтажа печатных схем
    receiver ~ стойка приёмного устройства
    relay ~ 1. стойка 2. *тлф* статив реле
    switch ~ *тлф* стойка искателей
    transmitter ~ стойка передающего устройства

rack-mounted 1. смонтированный на стойке *или* в стеллаже 2. расположенный на полке или (опорной) рам(к)е 3. смонтированный на держателе, кронштейне *или* консоли

racon радиолокационный маяк

rad рад (0,01 Дж/кг, 0,01 Гй)

radan автономная самолётная доплеровская радиолокационная навигационная система

radar 1. радиолокация 2. радиолокатор, радиолокационная станция, РЛС
    ~ **without line of sight** радиолокация за пределами прямой видимости
    3-D ~ трёхкоординатная РЛС
    acoustic ~ 1. звуколокация, акустическая локация 2. звуколокатор, акустический локатор
    acq ~ *см.* acquisition radar
    acquisition ~ РЛС захвата цели на автоматическое сопровождение
    acquisition-and-tracking ~ РЛС захвата и автоматического сопровождения цели

radar

active ~ 1. активная радиолокация 2. активная РЛС
adaptive ~ адаптивная РЛС
advanced design array ~ бистатическая [двухпозиционная] радиолокационная система обнаружения и опознавания межконтинентальных баллистических ракет, система ADAR
aerostat ~ аэростатная РЛС, РЛС на аэростате
AEW ~ *см..* airborne early-warning radar
AI ~ *см.* airborne intercept radar
airborne ~ бортовая самолётная РЛС
airborne early-warning ~ бортовая самолётная РЛС дальнего обнаружения
airborne intercept ~ бортовая самолётная РЛС перехвата
airborne search ~ бортовая самолётная РЛС обнаружения воздушных целей
airborne sea-search ~ бортовая самолётная РЛС обнаружения надводных целей
aircraft ~ бортовая самолётная РЛС
aircraft intercept ~ бортовая самолётная РЛС перехвата
airfield control ~ РЛС обзора лётного поля
air intercept ~ бортовая самолётная РЛС перехвата
airport surveillance ~ обзорная РЛС аэропорта
air route surveillance ~ РЛС управления воздушным движением между аэропортами с большой дальностью действия
air search ~ РЛС обнаружения воздушных целей
air-to-surface-vessel ~ бортовая самолётная РЛС обнаружения надводных целей
air traffic control ~ РЛС управления воздушным движением, РЛС УВД
all-round-looking ~ РЛС кругового обзора
anticollision ~ РЛС предупреждения столкновений
antisurface vessel ~ РЛС обнаружения надводных целей
approach-control ~ РЛС управления заходом на посадку
area control ~ зональная РЛС управления воздушным движением
array ~ РЛС с фазированной антенной решёткой, РЛС с ФАР
autofollow(ing) ~ РЛС автоматического сопровождения цели
automatic tracking ~ РЛС автоматического сопровождения цели
automotive ~ автомобильная РЛС
autotrack ~ РЛС автоматического сопровождения цели
azimuthal-scanning ~ РЛС со сканированием по азимуту
backscatter ~ загоризонтная РЛС обратного рассеяния
backsearch ~ РЛС заднего обзора
baseband ~ видеоимпульсная РЛС
battery control ~ РЛС управления стрельбой
battlefield surveillance ~ полевая РЛС обзора воздушного пространства
beacon ~ радиолокационный маяк
beam-rider [beam-transmitter] ~ РЛС наведения по радиолучу
bistatic ~ бистатическая [двухпозиционная] РЛС
capture ~ РЛС ввода ракеты в радиолуч (*при наведении*)

chaser ~ бортовая самолётная РЛС истребителя-перехватчика
chirp(ed) ~ РЛС с внутриимпульсной линейной частотной модуляцией, РЛС с внутриимпульсной ЛЧМ
close control ~ РЛС точного наведения пилотируемых самолётов по командам с Земли
cloud-collision ~ метеорологическая РЛС для предупреждения о грозовых образованиях
coastal defense ~ береговая РЛС
coastal defense ~ for detecting U-boats береговая РЛС для обнаружения подводных лодок
codiphase ~ РЛС с фазокодоманипулированными сигналами
coherent ~ когерентная РЛС
coherent laser ~ лазерный локатор
coherent pulse ~ когерентно-импульсная РЛС
coho ~ когерентная РЛС
collision-avoidance [collision-warning] ~ РЛС предупреждения столкновений
color ~ РЛС с цветным индикатором
conflict ~ РЛС предупреждения столкновений
conical-scanning ~ РЛС с коническим сканированием
continuous-wave (Doppler) ~ доплеровская РЛС с непрерывным излучением
counter-countermeasure ~ РЛС противодействия преднамеренным радиопомехам, РЛС радиоэлектронной защиты
cw ~ *см.* continuous-wave (Doppler) radar
deep-space surveillance ~ РЛС обзора дальнего космоса
detection ~ РЛС обнаружения целей
digital ~ цифровая РЛС
discrimination ~ РЛС идентификации целей
diversity ~ РЛС с разнесёнными антеннами
Doppler ~ доплеровская РЛС
Doppler-free coherent ~ когерентно-импульсная РЛС
down-looking ~ бортовая самолётная РЛС нижнего обзора
dual Doppler ~ бистатическая [двухпозиционная] доплеровская РЛС
dual frequency ~ двухчастотная РЛС
early-warning ~ РЛС дальнего обнаружения
electronically agile [electronically scanned array] ~ бортовая самолётная РЛС с фазированной антенной решёткой с электронным сканированием
electrooptic ~ РЛС с электрооптической обработкой сигналов
fan-beam ~ РЛС с веерной диаграммой направленности антенны
fire-control ~ РЛС управления стрельбой
flight path ~ РЛС системы управления воздушным движением, РЛС УВД
FM ~ *см.* frequency-modulated radar
FM cw ~ РЛС непрерывного излучения с частотной модуляцией
forward-looking ~ бортовая самолётная РЛС переднего обзора
frequency agile pulse ~ РЛС с быстрой перестройкой частоты от импульса к импульсу
frequency-diversity ~ РЛС с частотным разнесением

radar

frequency-hopping ~ РЛС со скачкообразной перестройкой частоты
frequency-modulated ~ РЛС непрерывного излучения с ЧМ
frequency scan ~ РЛС с частотным сканированием диаграммы направленности антенны
gap-filler ~ РЛС для перекрытия мёртвых зон
GCA ~ *см.* **ground-controlled approach radar**
general-purpose ~ многофункциональная РЛС
ground(-based) ~ наземная РЛС
ground control ~ наземная РЛС системы управления
ground-controlled approach ~ РЛС управления заходом на посадку
ground-mapping ~ бортовая самолётная РЛС картографирования земной поверхности
ground-position ~ бортовая самолётная РЛС системы радиоопределения
ground surveillance ~ обзорная РЛС аэропорта
ground-to-air ~ РЛС обнаружения воздушных целей
ground-wave ~ РЛС с земной (радио)волной
guidance ~ РЛС наведения
guided ~ РЛС, работающая по командам целеуказания
guiding ~ РЛС наведения
hand(-held) ~ портативная [переносная] РЛС
hard point demonstration array ~ радиационностойкая демонстрационная наземная РЛС с фазированной антенной решёткой
height-finder [height-finding] ~ РЛС определения высоты цели, наземный радиолокационный высотомер
high-power acquisition ~ мощная РЛС захвата цели на автоматическое сопровождение
high PRF ~ *см.* **high pulse-repetition-frequency radar**
high pulse-repetition-frequency ~ РЛС с высокой частотой повторения импульсов
HISS ~ *см.* **holographic ice surveying system radar**
hologram matrix ~ голографическая матричная РЛС
holographic ~ голографическая РЛС
holographic ice surveying system ~ РЛС голографической системы обзора ледовых покровов
HT finder ~ *см.* **height-finder radar**
hypothetical ~ гипотетическая РЛС
identification friend-or-foe ~ РЛС опознавания государственной принадлежности цели
IFF ~ *см.* **identification friend-or-foe radar**
imaging ~ РЛС с формированием радиолокационного изображения
incoherent scatter ~ РЛС некогерентного рассеяния
infrared ~ **1.** ИК-локация; радиотеплолокация **2.** оптический локатор ИК-диапазона, ИК-локатор
instrumentation ~ измерительная РЛС
interferometer ~ интерферометрическая РЛС
interplanetary ~ межпланетная радиолокация
interrogating [interrogation] ~ радиолокационный запросчик
ionospheric ~ ионосферная загоризонтная РЛС
jammed ~ подавляемая РЛС
landing(-assist) ~ посадочная РЛС
laser ~ **1.** лазерная локация **2.** лазерный локатор
laser-diode ~ локатор на инжекционном лазере
laser-Raman ~ лазерный локатор на комбинационном [рамановском] рассеянии
light ~ **1.** оптическая локация **2.** оптический локатор
line-of-sight ~ РЛС, работающая в пределах прямой видимости
long-pulse ~ РЛС с импульсами большой длительности
long-range ~ РЛС с большой дальностью действия
look-down ~ бортовая самолётная РЛС нижнего обзора
low-range ~ РЛС с малой дальностью действия
lunar ~ **1.** радиолокация Луны **2.** РЛС обзора поверхности Луны
man-borne ~ портативная [переносная] РЛС
mapping ~ бортовая самолётная РЛС картографирования земной поверхности
medium-range ~ РЛС со средней дальностью действия
meteorological ~ метеорологическая РЛС
microwave ~ РЛС СВЧ-диапазона
microwave-modulator optical ~ оптический локатор с СВЧ-модулятором
miniature ~ портативная [переносная] РЛС
missile-track(ing) ~ РЛС сопровождения ракет
monopulse ~ моноимпульсная РЛС
monostatic ~ моностатическая [однопозиционная] РЛС
moving-target indication [moving-target indicator] ~ РЛС с селекцией движущихся целей, РЛС с СДЦ
multifrequency ~ многочастотная РЛС
multifunction array ~ многофункциональная РЛС с фазированной антенной решёткой
multimode ~ многорежимная РЛС
multistatic ~ мультистатическая [многопозиционная] РЛС
navigation air ~ угломерно-дальномерная система дальней навигации и управления воздушным движением дециметрового [ДМВ-] диапазона, система NAVAR
navigational ~ навигационная РЛС
noise(-modulated) ~ РЛС с шумовой модуляцией
noncoherent pulse ~ некогерентная импульсная РЛС
off-boresight ~ РЛС с пеленгацией вне равносигнального направления
offset Doppler ~ доплеровская РЛС со сдвигом частоты
omnirange ~ РЛС кругового обзора
on-line ~ РЛС, работающая в реальном масштабе времени
optical ~ **1.** оптическая локация **2.** оптический локатор
orbital rendezvous ~ РЛС обеспечения стыковки КЛА на орбите
OTH ~ *см.* **over-the-horizon radar**
overlap ~ РЛС с перекрывающимися секторами обзора
over-the-horizon ~ **1.** загоризонтная радиолокация **2.** загоризонтная РЛС
panoramic ~ панорамная РЛС
passive ~ **1.** пассивная радиолокация **2.** пассивная РЛС
pencil-beam ~ РЛС с игольчатой диаграммой направленности
phase-comparison ~ фазовая РЛС
phased-array ~ РЛС с фазированной антенной решёткой, РЛС с ФАР

radar

phase-sensing monopulse ~ фазовая моноимпульсная РЛС
planetary ~ 1. радиолокация планет 2. РЛС исследования планет
plan-position-indicator ~ РЛС с индикатором кругового обзора
PN encoded — *см.* **pseudonoise encoded radar**
polychromatic ~ многочастотная РЛС
position ~ РЛС координатора
power ~ мощная РЛС
precision approach ~ РЛС управления заходом на посадку
primary ~ 1. активная радиолокация 2. активная РЛС
pseudonoise encoded ~ РЛС с псевдошумовой последовательностью импульсов
pulse ~ импульсная РЛС
pulse-compression ~ РЛС со сжатием импульса
pulse Doppler ~ импульсная доплеровская РЛС
pulse-modulated ~ РЛС с импульсной модуляцией
random signal ~ РЛС со случайной модуляцией сигнала
range Doppler ~ дальномерная доплеровская РЛС
range-gated ~ РЛС с селекцией по дальности
range only ~ радиолокационный дальномер
reconnaissance ~ разведывательная РЛС
rendezvous ~ РЛС обеспечения стыковки КЛА на орбите
satellite track(ing) ~ РЛС слежения за спутниками
search ~ РЛС обнаружения целей
secondary ~ 1. радиолокация с активным ответом 2. РЛС с активным ответом
semiactive ~ 1. полуактивная радиолокация 2. полуактивная РЛС
sensing ~ зондирующая РЛС, станция радиолокационного зондирования
short-pulse ~ РЛС с импульсами малой длительности
Shuttle imaging ~ РЛС формирования радиолокационного изображения космических кораблей типа «Шаттл»
side-looking ~ РЛС бокового обзора
side-looking airborne ~ бортовая самолётная РЛС бокового обзора
side-looking airborne modular multimission ~ бортовая самолётная многофункциональная модульная РЛС бокового обзора
single-beam ~ однолучевая РЛС
sky-wave ~ионосферная загоризонтная РЛС
space ~ 1. космическая радиолокация 2. РЛС для космических исследований
space-based ~ РЛС космического летательного аппарата
spacecraft-borne ~ бортовая РЛС космического корабля
space-diversity ~ РЛС с пространственным разнесением
stacked-beam ~ многолучевая РЛС
step-frequency ~ РЛС со ступенчатой перестройкой частоты
storm ~ метеорологическая РЛС для предупреждения о грозовых образованиях
subsurface pulse [subterrainian] ~ импульсная РЛС подповерхностного зондирования
sum-and-difference monopulse ~ амплитудная суммарно-разностная моноимпульсная РЛС
surface-wave ~ РЛС с земной (радиоволной
surveillance ~ обзорная РЛС
swept-frequency ~ РЛС с качанием частоты
synthetic-aperture ~ РЛС с синтезированной апертурой
synthetic interferometer ~ радиоинтерферометрическая РЛС с синтезированной апертурой
tail warning ~ РЛС защиты хвоста самолёта
target-track ~ РЛС сопровождения целей
taxi ~ РЛС наблюдения за наземным движением в районе аэропорта и подъездных путей
terminal ~ диспетчерская обзорная РЛС УВД
terrain-avoidance [terrain-clearance] ~ РЛС предупреждения столкновений с наземными препятствиями
terrain-following ~ РЛС профильного полета
tethered-aerostat ~ РЛС на привязном аэростате
three-dimensional ~ трёхкоординатная РЛС
tracker [tracking] ~ РЛС сопровождения цели
transionospheric ~ трансионосферная РЛС
ultra wide band ~ сверхширокополосная РЛС
UWB *см.* **ultra wide band radar**
V-beam ~ РЛС с V-образной диаграммой направленности
vehicle ~ подвижная РЛС
velocity ~ РЛС измерения скорости полёта
very long-range ~ РЛС сверхдальнего обнаружения
very short-range ~ РЛС с малой дальностью действия
video pulse ~ видеоимпульсная РЛС
volumetric ~ трёхкоординатная РЛС
wavefront-reconstruction ~ голографическая РЛС
weather ~ метеорологическая РЛС
wide-band ~ широкополосная РЛС
wind-finding ~ метеорологическая РЛС радиоветрового наблюдения
zenith-pointing ~ РЛС вертикального зондирования

radarman оператор РЛС
radarproof защищенный от радиолокационного обнаружения
radarscope индикатор РЛС
radarsonde 1. электронная система получения метеоданных с радиозонда *или* метеорологической ракеты по командам наземной РЛС 2. система определения координат радиолокационной цели, буксируемой радиозондом
radiac 1. обнаружение, идентификация и измерение радиоактивного излучения 2. радиометр (*прибор для измерения активности радиоактивных источников*)
radiacmeter радиометр (*прибор для измерения активности радиоактивных источников*)
radial 1. радиальная часть; радиальная структура ∥ радиальный 2. радиальная линия угломерно-дальномерной радионавигационной системы
radian радиан, рад
radiance энергетическая яркость
  basic ~ приведённая энергетическая яркость
  spectral ~ спектральная плотность энергетической яркости
radianc/y энергетическая светимость
radianlength электрическая длина, равная одному радиану
radiansphere граница между ближней зоной и промежуточной зоной

radiation

radiant 1. излучатель ‖ (радиально) излучающий 2. радиант 3. лучистый
    meteor ~ метеорный радиант
radiate 1. излучать(ся) ‖ излучаемый 2. исходить из центра; расходиться по радиусу ‖ исходящий из центра; расходящийся по радиусу; радиальный
radiation 1. излучение; радиация 2. радиоактивное излучение 3. энергия излучения; лучистая энергия
    anti-Stokes ~ *кв. эл.* антистоксова компонента излучения
    atmospheric ~ атмосферное излучение
    backfire ~ обратное осевое излучение (*антенны*)
    background ~ фоновое излучение
    backscattered ~ обратное рассеянное излучение
    backward ~ обратное излучение
    band-to-band ~ *пп* излучение за счёт межзонных переходов
    blackbody ~ излучение чёрного тела
    broadside ~ поперечное излучение (*антенной решётки*)
    Cerenkov ~ черенковское излучение
    characteristic ~ характеристическое излучение
    coherent ~ когерентное излучение
    complex ~ сложное излучение
    concomitant ~ сопутствующее излучение
    cosmic ~ космическое излучение
    cyclotron ~ циклотронное излучение
    diffracted ~ дифрагированное излучение
    direct(ed) ~ направленное [канализируемое] излучение
    electromagnetic ~ электромагнитное излучение
    EM ~ *см.* **electromagnetic radiation**
    end-fire [end-on] ~ осевое излучение (*антенны*)
    far-field ~ излучение в дальней зоне
    far-infrared ~ дальнее инфракрасное [дальнее ИК-] излучение
    far-zone ~ излучение в дальней зоне
    forward-scattered ~ прямое рассеянное излучение
    free-free transition ~ излучение при свободно-свободном переходе (*в плазме*)
    free-space ~ излучение в свободном пространстве
    fringe ~ излучение по боковым лепесткам (*диаграммы направленности антенны*)
    giant-pulse ~ *кв. эл.* излучение гигантского импульса
    Hertzian ~ электромагнитное излучение
    horizontally polarized ~ излучение с горизонтальной поляризацией
    impact ~ ударное излучение
    incident ~ падающее излучение
    incoherent ~ некогерентное излучение
    infrared ~ инфракрасное [ИК-] излучение
    ionizing ~ ионизирующее излучение
    Josephson ~ *свпр* джозефсоновское излучение
    laser ~ лазерное излучение
    leakage ~ паразитное излучение
    local-oscillator ~ излучение гетеродина
    low ~ 1. низкий уровень электромагнитного и ионизирующего излучения ‖ с низким уровнем электромагнитного и ионизирующего излучения 2. удовлетворяющий международным стандартам на уровень электромагнитного и ионизирующего излучения (*о мониторе*)
    low-angle ~ излучение под малым углом (*к земной поверхности*)
    maser ~ излучение мазера
    microwave ~ СВЧ-излучение
    middle-infrared ~ излучение в средней инфракрасной [ИК-] области спектра
    monitor ~ (электромагнитное и ионизирующее) излучение монитора
    monochromatic ~ монохроматическое излучение
    multimodal [multimode] ~ многомодовое излучение
    multipole ~ мультипольное излучение
    natural ~ фоновое излучение
    near-infrared ~ ближнее инфракрасное [ближнее ИК-] излучение
    near-ultraviolet [near-UV] ~ ближнее ультрафиолетовое [ближнее УФ-] излучение
    noncoherent ~ некогерентное излучение
    nonionizing ~ неионизирующее излучение
    nonpolarized ~ неполяризованное излучение
    nuclear ~ ядерное излучение
    omnidirectional ~ ненаправленное излучение
    optical ~ оптическое излучение
    oscillator ~ излучение гетеродина
    out-of-band ~ внеполосное излучение
    penetrating ~ проникающее (радиоактивное) излучение
    polarized ~ поляризованное излучение
    primary ~ первичное излучение
    pumping ~ излучение накачки
    radio ~ радиоизлучение
    Raman ~ *кв. эл.* комбинационная [рамановская] компонента излучения
    Rayleigh ~ *кв. эл.* рэлеевское излучение
    receiver ~ собственное [паразитное] излучение приёмника
    recombination ~ рекомбинационное излучение
    relict ~ реликтовое излучение
    residual ~ фоновое излучение
    resonance ~ 1. резонансное излучение 2. резонансная флуоресценция
    scattered ~ рассеянное излучение
    secondary ~ вторичное излучение
    side-lobe ~ излучение по боковым лепесткам (*диаграммы направленности антенны*)
    single-mode ~ одномодовое излучение
    sky ~ излучение неба
    space ~ космическое излучение
    spontaneous ~ спонтанное излучение
    spurious ~ паразитное излучение
    steady-state ~ излучение в установившемся режиме, стационарное излучение
    stimulated ~ вынужденное [индуцированное] излучение
    Stokes ~ *кв. эл.* стоксова компонента излучения
    stray ~ паразитное излучение
    sub-mm ~ излучение в субмиллиметровом диапазоне
    terrestrial ~ земное излучение
    thermal ~ тепловое излучение
    thermal radio ~ тепловое радиоизлучение, радиотеплоизлучение
    transient ~ излучение в неустановившемся режиме, нестационарное излучение
    ultraviolet ~ ультрафиолетовое [УФ-] излучение
    vacuum-UV ~ вакуумный ультрафиолет, вакуумный УФ

radiation

VDT ~ *см.* **video display terminal radiation**
vertically polarized ~ излучение с вертикальной поляризацией
video display terminal ~ (электромагнитное и ионизирующее) излучение монитора
visible ~ видимое излучение; свет
radiation-hardened радиационно-стойкий
radiationless безызлучательный
radiation-tolerant радиационно-стойкий
radiative излучательный
radiator 1. излучатель **2.** радиатор
  acoustic ~ акустический излучатель
  blackbody ~ чёрное тело, полный излучатель, излучатель Планка
  cavity ~ резонаторный излучатель
  Cerenkov ~ черенковский излучатель
  complete ~ чёрное тело, полный излучатель, излучатель Планка
  conical horn ~ конический рупорный излучатель
  dipole ~ излучатель в виде симметричного вибратора, дипольный излучатель
  directive ~ направленный излучатель
  directly driven ~ излучатель прямого возбуждения
  driven ~ возбуждаемый излучатель
  electrode ~ радиатор (для охлаждения) электрода
  Fabry-Perot ~ излучатель в виде резонатора Фабри — Перо
  ferrod ~ ферритовый стержневой излучатель
  F-P ~ *см.* **Fabry-Perot radiator**
  full ~ чёрное тело, полный излучатель, излучатель Планка
  gray-body ~ серое тело (*неселективный излучатель со спектральным коэффициентом излучения меньше единицы*)
  half-wave ~ полуволновый излучатель
  Hertz ~ электрический элементарный излучатель, электрический диполь Герца
  horizontal ~ горизонтальный излучатель
  horn ~ рупорный излучатель
  Huygens source ~ источник [элементарный излучатель] Гюйгенса
  hypothetical ~ гипотетический излучатель
  implantable ~ *биол.* имплантируемый излучатель
  isotropic ~ 1. изотропный излучатель **2.** абсолютно ненаправленная антенна
  lens(-type) ~ линзовый излучатель
  loop ~ рамочный излучатель
  multiport ~ многоплечий излучатель
  needle ~ иглообразный излучатель
  nonselective ~ неселективный излучатель
  omnidirectional ~ всенаправленный излучатель
  perfect ~ чёрное тело, полный излучатель, излучатель Планка
  planar ~ плоский излучатель
  Planckian ~ чёрное тело, полный излучатель, излучатель Планка
  polyrod ~ полистироловый стержневой излучатель
  primary ~ 1. первичный излучатель **2.** первичный источник, облучатель (*зеркальной или линзовой антенны*)
  rod ~ стержневой излучатель
  secondary ~ 1. вторичный излучатель **2.** зеркало (*антенны*) **3.** линза (*антенны*)

  selective ~ селективный излучатель
  single-mode ~ одномодовый излучатель
  slit [slot] ~ щелевой излучатель
  spherical ~ 1. изотропный излучатель **2.** абсолютно ненаправленная антенна
  standard ~ стандартный излучатель
  stripline ~ полосковый излучатель
  vertical ~ вертикальный излучатель
  waveguide ~ волноводный излучатель
radical 1. радикал (*1. корень из числа или выражения 2. знак корня 3. корень слова 4. устойчивая группа атомов и молекул*) **2.** корневой
radicand подкоренное выражение
radii *pl* от **radius**
Radio:
  National Public ~ Национальное общественное радио (*США*)
radio 1. радио (*1. область науки и техники 2. способ передачи информации с помощью радиоволн*) **2.** радио...(*часть сложных слов, относящихся к радио или радиоактивности*) **3.** радиосвязь **4.** система радиосвязи **5.** радиовещание **6.** радиостанция; радиоприёмник **7.** радиосообщение, радиограмма **8.** передавать по радио; радировать
  album-oriented ~ альбомно-ориентированное радиовещание
  AM ~ 1. АМ-радиовещание **2.** приёмник АМ-сигналов
  amateur ~ радиолюбительская связь
  antijam ~ помехозащищённая радиостанция
  auto ~ автомобильный радиоприёмник
  backpack ~ ранцевая радиостанция
  battery-operated ~ радиоприёмник с батарейным питанием
  car ~ автомобильный радиоприёмник
  CB ~ *см.* **citizen-band radio**
  cellular ~ 1. радиосвязь с сотовой структурой зоны обслуживания, сотовая радиосвязь **2.** сотовая система радиосвязи
  citizen-band ~ 1. система персональной радиосвязи **2.** приёмопередатчик системы персональной радиосвязи
  clock ~ радиоприёмник с будильником
  college ~ радиовещательная служба колледжа или университета
  digital audio ~ цифровое радиовещание
  digital microwave ~ цифровая радиорелейная станция
  diversity ~ радиосвязь с разнесённым приёмом
  duplex ~ дуплексная [одновременная двусторонняя] радиосвязь
  fixed-frequency ~ радиостанция с фиксированными частотами настройки
  FM ~ 1. ЧМ-радиовещание **2.** приёмник ЧМ-сигналов
  frequency-hopping ~ радиостанция со скачкообразной перестройкой частоты
  ham ~ радиолюбительская связь
  land mobile ~ сухопутная система подвижной [мобильной] радиосвязи
  line ~ проводное радиовещание
  long-haul ~ дальняя радиосвязь
  mains-operated ~ радиоприёмник с сетевым питанием
  microwave digital ~ цифровая СВЧ-связь

mobile ~ 1. подвижная [мобильная] радиосвязь 2. система подвижной [мобильной] радиосвязи
one-way ~ симплексная [односторонняя] радиосвязь
packet ~ радиолюбительская система связи между компьютерами
professional mobile ~ система профессиональной подвижной [профессиональной мобильной] радиосвязи
public access mobile ~ система подвижной [мобильной] радиосвязи общего пользования
pulse ~ радиосвязь с импульсной несущей
satellite digital ~ спутниковая система цифрового радиовещания
satellite-ready ~ радиоприёмник с бесперебойной связью со спутником
scanning ~ радиоприёмник с автоматической перестройкой
short-wave ~ коротковолновый радиоприёмник *или* радиопередатчик; коротковолновая радиостанция
simplex ~ симплексная [односторонняя] радиосвязь
space ~ космическая радиосвязь
specialized mobile ~ специализированная система подвижной [мобильной] радиосвязи
stereophonic ~ стереофоническое радиовещание
subscription(-based) digital ~ абонентская система цифрового радиовещания
superheterodyne ~ супергетеродинный приёмник
talk ~ ток-шоу в прямом эфире с ответами на вопросы слушателей
terrestrial digital ~ наземная система цифрового радиовещания
Trans European trunked ~ Трансевропейская цифровая система подвижной магистральной радиосвязи, система (стандарта) TETRA
transistor ~ транзисторный радиоприёмник
tuned RF ~ радиоприёмник прямого усиления
two-way ~ дуплексная [одновременная двусторонняя] радиосвязь
wired ~ проводное радиовещание
radioacoustics радиоакустика
radioactive радиоактивный
radioactivity радиоактивность
radioastronomy радиоастрономия
radioautograph радиоавтограф, авторадиограф
radiobiology радиобиология
radiobroadcast радиопередача || передавать по радио
radiobroadcaster радиовещательная компания
radiocast радиопередача || передавать по радио
radiocaster радиовещательная компания
radiocommunication радиосвязь
radiodetermination радиоопределение (*местоположения*)
radiofrequency радиочастота, РЧ
radiogoniometer радиогониометр
radiogram радиограмма
radiograph рентгенограмма
radiography 1. радиография 2. рентгенография
  body-section ~ томография
  computed ~ компьютерная рентгенография
radioheliograph радиогелиограф
radiohorizon радиогоризонт
radioland *проф.* «радиолэнд» (*вымышленная страна радиослушателей*)

radiolocation 1. радиолокация 2. радиолокатор, радиолокационная станция, РЛС
radiology радиология
radiolucent прозрачный для рентгеновского излучения
radioluminescence радиолюминесценция
radioman радиооператор
radiometeorograph радиозонд
radiometeorology радиометеорология
radiometer радиометр, радиометрический приёмник
  acoustic ~ акустический радиометр
  atmospheric sounder ~ радиометр для зондирования атмосферы
  chopper ~ модуляционный радиометр
  correlation ~ корреляционный радиометр
  Dicke ~ модуляционный радиометр
  digital ~ цифровой радиометр
  direct-readout ~ радиометр с непосредственным отсчётом показаний
  electronically scanning ~ радиометр с электронным сканированием
  frequency-modulation ~ радиометр с ЧМ
  frequency-switched ~ радиометр с переключением частоты
  infrared ~ ИК-радиометр
  infrared imaging ~ радиометр для получения изображений в ИК-области спектра
  IR ~ *см.* **infrared radiometer**
  laser ~ лазерный радиометр
  medium-resolution infrared ~ ИК-радиометр среднего разрешения
  microwave ~ СВЧ-радиометр
  multichannel ~ многоканальный радиометр
  passive ~ пассивный радиометр
  radar ~ радиолокационный радиометр
  selective chopper ~ селективный модуляционный радиометр
  self-balanced ~ радиометр (мостового типа) с автобалансировкой
  side-looking ~ радиометр бокового обзора
  sky-noise ~ радиометр для измерения шумов неба
  surface-sensing ~ радиометр для зондирования поверхности
  superheterodyne ~ супергетеродинный радиометр
  switched (Dicke) ~ модуляционный радиометр
  vertical temperature profile ~ радиометр для определения вертикального профиля температуры (*атмосферы*)
  visible imaging ~ радиометр для получения изображений в видимой области спектра
radiometry радиометрия
  infrared ~ ИК-радиометрия
  microwave ~ СВЧ-радиометрия
  passive ~ пассивная радиометрия
radiomicrometer микрорадиометр
radionavigation радионавигация
radiopacity непроницаемость для ионизирующего излучения
radiopager абонентский радиоприёмник системы поискового вызова, пейджер
radiopaque непроницаемый для ионизирующего излучения
radioparent проницаемый для ионизирующего излучения

radiophare радиомаяк
radiophone радиотелефон
radiophonics радиотелефония
radiophotograph фотография, переданная с помощью радиофототелеграфной связи
radiophotography радиофототелеграфная связь
radiophotoluminescence радиофотолюминесценция
radioscopy радиопросвечивание
radiosonde радиозонд
radiotelegram радиограмма
radiotelegraph радиотелеграф || посылать радиограмму
radiotelegraphy 1. радиотелеграфия 2. радиотелеграфная связь
radiotelephone 1. радиотелефон || связываться по радиотелефону 2. радиотелефонная связь
   cellular ~ 1. сотовый телефон, (радио)телефон сотовой системы подвижной связи 2. подвижная радиотелефонная связь с сотовой структурой зоны обслуживания
   mobile ~ мобильный [подвижный] телефон, (радио)телефон сотовой или спутниковой системы подвижной связи
radiotelephony 1. радиотелефония 2. радиотелефонная связь
radiotelescope радиотелескоп
radioteletype, radioteletypewriter радиотелетайп
radiothermics нагрев токами высокой частоты, ВЧ-нагрев
radiothermoluminescence радиотермолюминесценция
radiotransparent проницаемый для ионизирующего излучения
radiotrician радиотехник
radius 1. радиус 2. длина радиуса
   ~ of stereovision радиус стереовидения
   Bohr ~ боровский радиус
   bottom ~ радиус закругления дна канавки (при механической записи)
   bubble ~ радиус ЦМД
   collapse (bubble) ~ радиус коллапса ЦМД
   correlation ~ радиус корреляции, корреляционная длина
   covalent ~ ковалентный радиус
   effective Earth ~ эквивалентный радиус Земли (для тропосферного распространения радиоволн)
   electron ~ радиус электрона
   mid-range (bubble) ~ радиус ЦМД в центре интервала устойчивости
   stripout (bubble) ~ радиус эллиптической неустойчивости ЦМД
Radix-50 код Radix-50
radix 1. вчт основание системы счисления 2. основание логарифма
   ~ of logarithm основание логарифма
   ~ of number system основание системы счисления
   mixed ~ смешанное основание системы счисления
   notation ~ основание системы счисления
   variable ~ переменное основание системы счисления
radnos замирания радиоволн, обусловленные солнечными вспышками или полярными сияниями
radome обтекатель (антенны)
   airborne ~ обтекатель самолётной антенны
   air-inflated ~ надувной обтекатель
   asymmetrical sandwich ~ асимметричный слоистый обтекатель

   inflatable ~ надувной обтекатель
   low-drag ~ обтекатель с малым аэродинамическим сопротивлением
   ogive ~ оживальный обтекатель
   sandwich ~ слоистый обтекатель
radonify радонифицировать
radonifying радонифицирующий
radux низкочастотная фазовая гиперболическая навигационная система непрерывного излучения, система radux
rag 1. обрывок; клочок; лоскут 2. рваный край (напр. изображения на экране) 3. неровное поле; неровные поля (при наборе печатного материала)
ragged 1. оборванный; разорванный в клочья; лоскутный 2. рваный (напр. о крае изображения на экране) 3. неровный (о поле при наборе печатного материала)
RAID 1. массивы недорогих/независимых жестких дисков с избыточностью информации, массивы типа RAID 2. алгоритм объединения жестких дисков в виртуальный диск большой ёмкости (для повышения устойчивости к ошибкам), алгоритм RAID
   ~ 0 массивы жестких дисков с фрагментированием данных без избыточности, массивы типа RAID 0
   ~ 0/1 небольшие массивы жестких дисков (до четырёх) с фрагментированием и зеркальным дублированием данных, массивы типа RAID 0/1
   ~ 1 массивы жестких дисков с зеркальным дублированием данных, массивы типа RAID 1
   ~ 2 массивы жестких дисков с фрагментированием и зеркальным дублированием данных, массивы типа RAID 2
   ~ 3 массивы жестких дисков с параллельной записью данных и использованием кода обнаружения и исправления ошибок, массивы типа RAID 3
   ~ 4 массивы жестких дисков с фрагментированием данных и использованием контроля по чётности, массивы типа RAID 4
   ~ 5 массивы жестких дисков с фрагментированием данных и использованием контроля по чётности с циклическим перемещением контрольных сумм по дискам, массивы типа RAID 5
   ~ 53 массивы жестких дисков с фрагментированием данных, использованием кода обнаружения и исправления ошибок и контроля по чётности с циклическим перемещением контрольных сумм по дискам, массивы типа RAID 53
   ~ 6 массивы жестких дисков с фрагментированием данных и использованием контроля по чётности с циклическим перемещением контрольных сумм двух типов по дискам, массивы типа RAID 6
   ~ 7 массивы жестких дисков с асинхронным вводом и выводом информации, массивы типа RAID 7
   ~ 10 большие массивы жестких дисков (более четырёх) с фрагментированием и зеркальным дублированием данных, массивы типа RAID 10
rail 1. рельс || укладывать рельсы 2. направляющая; *pl* салазки || снабжать направляющими или салазками 3. железная дорога
   fiberglass ~s фиберглазовые салазки (напр. для установки жёстких магнитных дисков)
   plastic ~s пластмассовые салазки (напр. для установки жёстких магнитных дисков)
   slide ~s салазки (напр. ползунка магнитной головки)

railing 1. направляющие; салазки 2. железнодорожная колея 3. создание активных преднамеренных импульсных помех (*с частотой повторения 50—150 кГц*), вызывающих появление на экране индикатора изображения в виде железнодорожной колеи

rail-to-rail с размахом, равным напряжению питания

rain дождь (*1. гидрометеор 2. звук дождя, «музыкальный инструмент» из набора General MIDI*)

raise 1. возрастать; нарастать; увеличивать(ся); повышать(ся) 2. возводить в степень ◊ ~ **to the nth power** возводить в n-ую степень

raising 1. рост; возрастание; нарастание; увеличение; повышение 2. возведение в степень
 index ~ поднятие индекса

rake наклон относительно вертикали *или* горизонтали ‖ иметь наклон относительно вертикали *или* горизонтали; отклонять(ся) относительно вертикали *или* горизонтали
 ~ **of stylus** продольный наклон резца (*в механической звукозаписи*)

RAM 1. память с произвольным доступом 2. оперативная память, оперативное ЗУ, ОЗУ
 CMOS ~ оперативная память на КМОП-структурах, КМОП-память, оперативное ЗУ на КМОП-структурах
 3D ~ оперативная память со встроенными функциями для оптимизации работы с трёхмерной графикой, оперативная память типа 3D RAM
 dynamic ~ динамическая память, память типа DRAM
 ferric ~ 1. магнитная память с произвольным доступом на оксиде железа 2. магнитная оперативная память на оксиде железа
 ferroelectric ~ 1. сегнетоэлектрическая память с произвольным доступом 2. сегнетоэлектрическая оперативная память
 magnetic ~ 1. магнитная память с произвольным доступом 2. магнитная оперативная память
 magnetoresistive ~ 1. магниторезистивная память с произвольным доступом 2. магниторезистивная оперативная память
 maximum ~ максимально допустимый объём памяти (*для конкретной материнской платы*)
 nonvolatile ~ энергонезависимая память
 page mode ~ оперативная память с поддержкой страничного режима
 parameter ~ область оперативной памяти для хранения данных о конфигурации системы
 RTC CMOS ~ ИС памяти и часов реального времени на КМОП-структурах с батарейным питанием для хранения данных о конфигурации компьютера, КМОП-память компьютера с часами реального времени
 shadow ~ теневая память с функциями ОЗУ
 static ~ статическая (оперативная) память, (оперативная) память типа SRAM
 synchronous graphics ~ синхронная оперативная видеопамять, оперативная видеопамять типа SGRAM
 tag ~ память тэгов
 video ~ 1. видеопамять 2. (двухпортовая) оперативная видеопамять на ячейках DRAM, оперативная видеопамять типа VRAM
 window ~ (двухпортовая) оперативная видеопамять с внутренней 256-битной шиной данных, оперативная видеопамять типа WRAM

ramark радиолокационный маяк-ориентир

ramification вчт ветвление
 tame ~ слабое ветвление

ramp линейное изменение; пилообразное изменение
 frequency ~ линейное изменение частоты
 linear FM ~ внутриимпульсная линейная частотная модуляция, внутриимпульсная ЛЧМ

random 1. случайный (*напр. процесс*) 2. произвольный (*напр. доступ*) 3. флуктуационный (*напр. шум*)
 physically ~ реальный случайный, подлинно случайный, физически реализуемый случайный (*напр. процесс*)
 really ~ реальный случайный, подлинно случайный, физически реализуемый случайный (*напр. процесс*)
 truly ~ реальный случайный, подлинно случайный, физически реализуемый случайный (*напр. процесс*)

randomization 1. рандомизация 2. хаотизация 3. вчт хэширование
 plaintext ~ рандомизация открытого текста

randomize 1. рандомизировать (*располагать, выбирать или распределять случайным образом*) 2. хаотизировать; делать хаотическим 3. вчт хэшировать (*использовать функции расстановки в системах управления базами данных*)

randomized 1. рандомизированный 2. хаотизированный 3. вчт хэшированный

randomizing 1. рандомизация 2. хаотизация 3. вчт хэширование

randomness хаотичность; недетерминированность

range 1. диапазон (*напр. настройки*); полоса (*напр. частот*); интервал; пределы (*напр. изменения*); область (*напр. собственной электропроводности*); зона (*напр. молчания*) ‖ обладать (определённым) диапазоном; находиться в полосе, интервале *или* в определённых пределах; принадлежать области; находиться в зоне 2. вчт область значений (*функции*); размах (*случайной величины*) 3. динамический диапазон (*напр. усилителя*) 4. дальность; протяжённость; длина ‖ измерять дальность; определять протяжённость *или* длину 5. дальность действия; радиус действия 6. направление; линия ‖ направлять; задавать направление; наводить 7. курсовой радиомаяк 8. радиомаячный азимут 9. расстояние до цели *или* объекта ‖ определять расстояние до цели *или* объекта 10. ряд; последовательность; порядок ‖ выстраивать(ся) в ряд; располагать(ся) последовательно; упорядочивать(ся) 11. выравнивать; сглаживать 12. класс; ранг; (иерархический) уровень; категория ‖ классифицировать; ранжировать; относить к (определённому) уровню *или* категории 13. полигон
 ~ **of coverage** дальность действия
 ~ **of sound wave propagation** область распространения звуковых волн (*в атмосфере*)
 Adcock radio ~ . четырёхнаправленный курсовой радиомаяк с парой антенн в виде двух вертикальных противофазных вибраторов с четырёхлепестковой диаграммой направленности
 amplitude ~ динамический диапазон
 A-N radio ~ курсовой радиомаяк с четырёхлепестковой диаграммой направленности с излучением посылок А—N по коду Морзе
 attribute ~ диапазон значений атрибута

range

aural radio ~ курсовой радиомаяк со звуковой индикацией передаваемых сигналов
blind ~ зона молчания, зона отсутствия приёма
capture ~ полоса захвата (*напр. в системе фазовой автоподстройки частоты*)
carrier-frequency ~ диапазон изменения частоты несущей (*в передатчике*)
co-altitude ~ равновысотное удаление
common-mode voltage ~ динамический диапазон в режиме синфазного сигнала (*операционного или дифференциального усилителя*)
compliance voltage ~ требуемый диапазон изменения выходного напряжения при колебаниях сопротивления нагрузки (*в стабилизаторах тока*)
contrast ~ *тлв* максимальный контраст изображения
coverage ~ дальность действия
criteria ~ область критериев и условий (*в электронных таблицах*)
cross-section measurement ~ полигон для измерений эффективной площади отражения радиолокационных целей
daylight visible ~ дальность дневной видимости
depletion ~ *пп* обеднённая область
detection ~ дальность обнаружения
differential-input (voltage) ~ динамический диапазон (*дифференциального усилителя*)
Doppler ~ доплеровская система траекторных измерений
dynamic ~ динамический диапазон
electronic tuning ~ диапазон электронной перестройки (*генератора*)
exhaustion ~ *пп* обеднённая область
extrinsic-conduction ~ *пп* область примесной электропроводности
extrinsic temperature ~ *пп* температурная область примесной электропроводности
four-course radio ~ курсовой радиомаяк с четырёхлепестковой диаграммой направленности
freak ~ зона неуверенного приёма
free-space ~ дальность действия в свободном пространстве
freeze-out ~ *пп* область вымораживания
frequency ~ 1. диапазон частот; полоса частот 2. диапазон рабочих частот (*системы или устройства*) 3. необходимая полоса излучения (*передатчика*)
full scale ~ пределы шкалы (*измерительного прибора*)
ground ~ горизонтальная дальность
hold-in ~ полоса захватывания частоты
holding ~ полоса удержания (*в системе АПЧ*)
interdecile ~ интердецильный размах
interquartile ~ интерквартильный размах
intrinsic-conduction ~ *пп* область собственной электропроводности, *i*-область
intrinsic temperature ~ *пп* температурная область собственной электропроводности
invisible ~ область значений модуля электрической разности хода между концами линейного излучателя, превышающих его электрическую длину
line-of-sight ~ дальность прямой видимости
lock(ing) ~ 1. полоса синхронизации 2. полоса захватывания частоты
lock-on ~ дальность действия системы захвата цели на автоматическое сопровождение
loop-type radio ~ курсовой радиомаяк с двумя рамочными антеннами (*с четырёхлепестковой диаграммой направленности с излучением посылок А—N по коду Морзе*)
low-power very high-frequency omnidirectional ~ маломощный курсовой всенаправленный маяк ОВЧ-диапазона
measurement ~ диапазон измерений (*измерительного прибора*)
mechanical tuning ~ диапазон механической настройки частоты (*напр. клистрона*)
microprocessor address ~ адресный диапазон микропроцессора
microwave ~ СВЧ-диапазон
multiple-track ~ гиперболическая радионавигационная система с регулируемой задержкой одного из сигналов в бортовом устройстве
night(time) visual ~ дальность ночной видимости
octave-frequency ~ диапазон частот, равный октаве, октавный диапазон частот
omnidirectional radio ~ всенаправленный курсовой радиомаяк
operating ~ рабочий диапазон
operating-temperature ~ диапазон рабочих температур
penetration ~ дальность ночной видимости
picture (contrast) ~ *тлв* (максимальный) контраст изображения
pull-in ~ полоса затягивания частоты
radar ~ *рлк* максимальная дальность действия
radio ~ курсовой радиомаяк
rated ~ номинальный диапазон
reading dynamic ~ динамический диапазон при считывании (*в запоминающей ЭЛТ*)
reception ~ дальность приёма
sample ~ размах выборки
sampling ~ размах выборки
saturation ~ область насыщения
scale ~ пределы шкалы (*измерительного прибора*)
scan angle ~ *рлк* сектор сканирования
scattering ~ полигон для исследования рассеяния (радио)волн
self-tuning ~ диапазон автоматической настройки; диапазон автоматической перестройки
slant ~ *рлк* наклонная дальность
stability ~ область устойчивости
string ~ *вчт* размах строки
studentized ~ *вчт* стьюдентизированный размах
surface ~ *рлк* горизонтальная дальность
switching-tube tuning ~ диапазон настройки частоты (резонансного) разрядника
synchronization ~ полоса синхронизации
target ~ дальность цели
tracking ~ полоса захватывания частоты
tuning ~ диапазон настройки; диапазон перестройки
two-course radio ~ курсовой радиомаяк с двухлепестковой диаграммой направленности
vacuum ~ *рлк* максимальная дальность действия в вакууме
very-high-frequency omnidirectional ~ курсовой всенаправленный радиомаяк ОВЧ-диапазона
VHF omnidirectional ~ *см.* very-high-frequency omnidirectional range

video-audio ~ курсовой радиомаяк с визуально-звуковой индикацией передаваемых сигналов
virtual ~ *рлк* действующая дальность
visible ~ область значений модуля электрической разности хода между концами линейного излучателя, не превышающих его электрическую длину
visual-aural ~ курсовой радиомаяк с визуально-звуковой индикацией передаваемых сигналов
visual radio ~ курсовой радиомаяк с визуальной индикацией передаваемых сигналов
volume ~ динамический диапазон
white-to-black amplitude ~ отношение уровня белого к уровню чёрного (*в факсимильной связи*)
writing dynamic ~ динамический диапазон при записи (*в запоминающей ЭЛТ*)

rangefinder дальномер
   binocular ~ бинокулярный дальномер
   broad-base ~ дальномер с длинной базой
   coincidence ~ дальномер на принципе совмещения изображений
   laser ~ лазерный дальномер
   optical ~ оптический дальномер

range-gated с селекцией по дальности

ranger 1. дальномер **2.** локатор
   laser ~ лазерный локатор
   optical ~ 1. оптический дальномер **2.** оптический локатор

ranging 1. выбор диапазона (*напр. настройки*); выбор полосы (*напр. частот*); выбор интервала (*напр. изменения*); выбор пределов (*напр. измерения*) **2.** *вчт* выбор области значений (*функции*) **3.** регулирование динамического диапазона (*напр. усилителя*) **4.** измерение дальности; определение протяжённости *или* длины **5.** задание направления; наведение **6.** определение расстояние до цели *или* объекта **7.** выстраивание в ряд; последовательное расположение; упорядочение **8.** выравнивание; сглаживание **9.** классифицирование; ранжирование; отнесение к (определённому) уровню *или* категории
   automatic ~ автоматическое переключение диапазонов измерения (*в радиолокационном дальномере*)
   codeword ~ определение длины кодового слова, определение длины кодовой комбинации
   Doppler ~ 1. система «Доран» (*доплеровская система траекторных измерений*) **2.** определение расстояние до цели по доплеровскому сдвигу частоты
   echo ~ гидролокация
   target ~ определение расстояние до цели

rank 1. ранг (*1. класс; (иерархический) уровень; категория 2. ранг матрицы или тензора 3. номер наблюдения в вариационном ряде*) **2.** классифицировать; ранжировать; относи(ся) к (определённому) уровню *или* категории
   cointegration ~ ранг коинтеграции
   column ~ ранг по столбцам, столбцовый ранг (*матрицы*)
   full ~ полный ранг
   matrix ~ ранг матрицы
   minor ~ ранг по минорам (*матрицы*)
   row ~ ранг по строкам, строковый ранг (*матрицы*)
   tensor ~ ранг тензора

ranking классифицирование; ранжирование; отнесение к (определённому) уровню *или* категории
rapcon радиолокационная система инструментальной посадки, система rapcon
rape *вчт* уничтожать (*без возможности восстановления*), *проф.* «угробить» (*файл или программу*)
raper радиолокационная метеосводка
raster 1. растр || растровый **2.** растровое сканирование; растровая развёртка
   binary ~ двоичный растр
   blank ~ *тлв* чистый растр (*без линий обратного хода*)
   blue ~ синий растр
   chroma-clear ~ белый растр
   data ~ *тлв* растр с данными (*напр. меню*)
   field ~ полевой растр
   green ~ зелёный растр
   image ~ полный растр
   interlaced ~ чересстрочный растр
   laser ~ лазерный растр
   noninterlaced ~ простой (по)строчный растр
   optical ~ оптический растр
   polka-dot ~ точечный растр
   red ~ красный растр
   scanning-line ~ полный растр
   sequential ~ простой (по)строчный растр
   television ~ телевизионный растр
   white ~ белый растр

rasterization растрирование (*1. вчт преобразование векторного графического изображения в растровое 2. формирование изображения с помощью оптического растра*)
rasterize растрировать (*1. вчт преобразовывать векторное графическое изображение в растровое 2. формировать изображение с помощью оптического растра*)

Rate:
   Basic ~ ISDN основная служба цифровой связи в сетях стандарта ISDN

rate 1. скорость; темп **2.** частота **3.** интенсивность (*напр. отказов*) **4.** доля; процент; вероятность; пропорция; коэффициент; относительная величина **5.** тариф; ставка || тарифицировать; устанавливать ставку **6.** номинальные *или* максимально допустимые значения параметров; паспортные данные || указывать номинальные *или* максимально допустимые значения параметров; приводить паспортные данные **7.** рейтинг || определять рейтинг; иметь рейтинг
   ~ of closure скорость сближения
   ~ of convergence скорость сходимости
   ~ of decay скорость затухания звука (*в децибелах на секунду*)
   ~ of ionization decay скорость деионизации
   ~ of phase change угловая скорость, угловая [круговая] частота
   absorbed dose ~ мощность поглощённой дозы излучения
   acceptable failure ~ допустимая интенсивность отказов
   accounting ~ учётная норма оплаты (*услуг*)
   adaptive learning ~ адаптивная скорость обучения
   addressing ~ скорость адресации
   aging ~ скорость старения

rate

angular ~ 1. угловая скорость, угловая [круговая] частота 2. скорость изменения пеленга *или* азимута
arrival ~ частота поступления (*напр. сообщений*)
assessed failure ~ прогнозируемая интенсивность отказов
automatic baud ~ автоматическое определение (оптимальной) скорости передачи данных (*функция модема*)
automatic bit ~ автоматическое определение (оптимальной) скорости передачи данных (*функция модема*)
available bit ~ достижимая скорость передачи данных
azimuth ~ скорость изменения азимута
basic repetition ~ основная [низшая] частота повторения (*в системе «Лоран»*)
bit ~ скорость передачи битов; скорость потока (цифровых) данных (*в бит/с*)
bit-error ~ коэффициент ошибок в битах
block error ~ коэффициент ошибок для блоков (*напр. при записи и считывании информации с компакт-дисков*)
burst ~ скорость передачи пакетов
calling ~ интенсивность телефонной нагрузки
capture ~ *пп* скорость захвата
channel sampling ~ частота выборки каналов
character error ~ коэффициент ошибок в символах
character-writing ~ скорость записи символов
charging ~ скорость заряда (*аккумулятора*)
chip-error ~ коэффициент ошибок для элементарных сигналов; коэффициент ошибок для элементарных посылок
clock ~ *вчт* тактовая частота, частота следования импульсов таймера, частота следования импульсов системного тактового генератора
collision ~ частота столкновений
compression frame ~ *вчт* частота следования кадров при сжатии (*видеоданных*)
concealment ~ частота маскирования ошибок
constant bit ~ постоянная скорость передачи битов; постоянная скорость потока (цифровых) данных
constant-false-alarm ~ постоянная частота [постоянная вероятность] ложных тревог
counting ~ скорость счёта
CPU clock ~ внутренняя рабочая частота процессора, рабочая частота вычислительного ядра процессора
creep ~ *свпр* скорость течения потока
critical ~ of rise of off-state voltage критическая скорость нарастания напряжения в закрытом состоянии тиристора
critical ~ of rise of on-state current критическая скорость нарастания тока в открытом состоянии тиристора
crossover ~ частота кросс(инг)овера (*в генетических алгоритмах*)
cross-relaxation ~ *кв. эл.* частота кросс-релаксации
cursor blink ~ частота мерцания курсора
cutoff ~ предельная скорость передачи (*данных*)
damage ~ скорость дефектообразования
data ~ 1. скорость передачи данных 2. скорость потока данных 3. минимально допустимая скорость поступления данных (*в компьютерном видео*)
data signal(l)ing ~ скорость передачи данных
data transfer [data transmission] ~ скорость передачи данных
deexcitation ~ *кв. эл.* вероятность перехода в основное состояние
defect ~ скорость дефектообразования
degradation ~ скорость деградации
deposition ~ скорость осаждения
detuning ~ скорость детонации, скорость изменения высоты тона при звуковоспроизведении
diffusion ~ скорость диффузии
discharge ~ скорость разряда (*аккумулятора*)
dispensing ~ 1. частота разбрасывания дипольных противорадиолокационных отражателей 2. частота дозирования
display ~ *вчт* частота воспроизведения кадров на экране дисплея
display request ~ частота поступления запросов на отображение информации
distance ~ *тлф* тариф по расстоянию
disturbance rejection ~ коэффициент подавления (динамических) возмущений (*в сервосистеме привода жёсткого диска*)
dose ~ мощность дозы излучения
downtime ~ коэффициент простоя (*из-за отказов или сбоев*)
drift ~ скорость дрейфа [скорость ухода] параметров
effective transfer ~ эффективная скорость передачи (*данных*)
electron-ionization ~ коэффициент (ударной) ионизации электронов
element error ~ коэффициент ошибок для элементарных сигналов; коэффициент ошибок для элементарных посылок
elevation ~ скорость изменения угла места
enhanced full ~ *тлф* система улучшенного скоростного кодирования речи, система EFR
entropy production ~ скорость производства энтропии
erasing ~ скорость стирания
error ~ коэффициент ошибок
etch(ing) ~ скорость травления
evaporation ~ 1. скорость испарения 2. скорость напыления
excitation ~ *кв. эл.* вероятность возбуждения
exposure(-dose) ~ мощность экспозиционной дозы излучения
external transfer ~ *вчт* внешняя скорость передачи данных (*по шине внешнего интерфейса*)
extrapolated failure ~ экстраполированная интенсивность отказов
failure ~ интенсивность отказов
false-alarm ~ частота [вероятность] ложных тревог
field-repetition ~ *тлв* частота полей
finishing ~ ток по окончании зарядки (*аккумулятора*)
flicker ~ *тлв* частота мельканий
fluence ~ мощность флюенса, плотность потока частиц
flutter ~ 1. коэффициент высокочастотной [ВЧ-] детонации 2. частота пульсаций
frame ~ 1. *тлв* частота кадров *вчт* 2. частота следования кадров при сжатии (*видеоданных*) 3. час-

тота воспроизведения [обновления] кадров на экране дисплея
frequency-sweep ~ скорость [крутизна] качания частоты
functional throughput ~ функциональная производительность
generation ~ скорость генерации (*напр. носителей заряда*)
growth ~ *крист.* скорость роста
hazard ~ 1. интенсивность отказов 2. коэффициент смертности, обратное отношение Миллса
high-repetition ~ высокая частота повторения (*импульсов*)
hit ~ *вчт* 1. коэффициент попаданий (*напр. при работе с информационно-поисковой системой*) 2. число посещений сайта, число обращений к сайту
hole-electron generation ~ скорость генерации электронно-дырочных пар
hole-ionization ~ коэффициент (ударной) ионизации дырок
horizontal-repetition ~ *тлв* частота строк
host bus clock ~ рабочая частота системной шины, внешняя рабочая частота шины процессора
impact-ionization ~ коэффициент ударной ионизации
induced-transition ~ вероятность вынужденного [индуцированного] перехода
information ~ скорость передачи информации
initial failure ~ начальная интенсивность отказов
injection ~ *пп* коэффициент инжекции
instantaneous failure ~ функция потерь, функция риска
internal transfer ~ *вчт* внутренняя скорость передачи данных (*между носителем и буферной памятью контроллера*)
interruption ~ частота прерываний
intervalley ~ of transfer *пп* скорость междолинного переноса
ionization ~ 1. коэффициент ионизации 2. скорость ионизации
ISA bus clock ~ рабочая частота шины ISA
lapse ~ вертикальный градиент температуры (*в приземном слое*)
learning ~ скорость обучения
line ~ *тлв, вчт* частота строк
lobing ~ частота коммутации [частота переключения] положения лепестков (*диаграммы направленности антенны*)
loss-of-lock ~ вероятность выпадения из синхронизма
magnetization reversal ~ скорость перемагничивания
mapping ~ скорость отображения
mean failure ~ средняя интенсивность отказов
mechanical tuning ~ скорость [крутизна] механической перестройки частоты
message-transmission ~ скорость передачи сообщений
migration ~ скорость миграции
misclassification ~ коэффициент ошибок классификации
modulation ~ частота модуляции
multiplexed ~ скорость передачи сжатых данных (*напр. в видеокомпакт-дисках*)
mutation ~ частота мутаций (*в генетических алгоритмах*)

nucleation ~ *крист.* вероятность зародышеобразования
Nyquist (signal(l)ing) ~ пропускная способность (*канала*), максимальная скорость передачи информации
observed failure ~ наблюдаемая интенсивность отказов
oxidation ~ скорость оксидирования
paging ~ *вчт проф.* скорость свопинга
PCI bus clock ~ рабочая частота шины PCI
phase ~ угловая скорость, угловая [круговая] частота
phase-roll ~ частота качания фазы
priming ~ скорость подготовки мишени (*запоминающей ЭЛТ*)
pull(ing) ~ *крист.* скорость вытягивания
pulse [pulse-recurrence, pulse-repetition] ~ частота повторения (*импульсов*)
quenching (transfer) ~ *кв. эл.* скорость тушения
radiative-recombination ~ скорость излучательной рекомбинации
range ~ радиальная скорость; скорость изменения дальности
raw ~ исходная скорость передачи (*данных*)
read error ~ коэффициент ошибок при считывании
reading ~ скорость считывания
recombination ~ скорость рекомбинации
recording ~ скорость записи
recurrence ~ частота повторения (*напр. импульсов*)
refresh ~ частота регенерации (*в машинной графике*)
regeneration ~ скорость регенерации
repetition ~ частота повторения (*напр. импульсов*)
reset ~ частота исправления ошибок
sampling ~ 1. частота снятия отсчётов 2. частота выборки 3. частота дискретизации 4. частота стробирования 5. частота опроса
scan ~ 1. скорость сканирования 2. частота развёртки 3. частота кадров (*монитора*) 4. *рлк* скорость обзора 5. скорость считывания (*в компакт-дисках*)
secondary emission ~ коэффициент вторичной эмиссии
signal(l)ing ~ скорость передачи информации
slew ~ максимальная скорость нарастания выходного напряжения (*операционного усилителя*)
specific absorption ~ мощность поглощённой дозы (*на единицу массы*)
spin-diffusion ~ скорость диффузии спинов
spontaneous-transition ~ *кв. эл.* вероятность спонтанного перехода
stirring ~ *крист.* скорость перемешивания
stock removal ~ *микр.* скорость удаления материала
stuffing ~ темп согласования скорости передачи данных
supersonic ~ ультразвуковая частота
surface-recombination ~ *пп* скорость поверхностной рекомбинации
survival ~ коэффициент выживаемости
sustained transfer ~ длительно выдерживаемая скорость передачи данных
switching ~ скорость коммутации; скорость переключения
syllabic ~ частота следования слогов

rate

T(-)1 ~ пропускная способность T1, скорость передачи исходных данных T1=1,54 Мбит/с (*по Североамериканской иерархии цифровых систем передачи данных*)

T(-)1C ~ пропускная способность T1C, скорость передачи исходных данных T1C=3,15 Мбит/с (*по Североамериканской иерархии цифровых систем передачи данных*)

T(-)2 ~ пропускная способность T2, скорость передачи исходных данных T2=6,31 Мбит/с (*по Североамериканской иерархии цифровых систем передачи данных*)

T(-)3 ~ пропускная способность T3, скорость передачи исходных данных T3=44,736 Мбит/с (*по Североамериканской иерархии цифровых систем передачи данных*)

T(-)4 ~ пропускная способность T4, скорость передачи исходных данных T4=274,1 Мбит/с (*по Североамериканской иерархии цифровых систем передачи данных*)

teach(ing) ~ скорость обучения

throughput ~ 1. пропускная способность (*напр. канала*) 2. производительность

time ~ **of rise of off-state voltage** скорость нарастания напряжения в закрытом состоянии тиристора

tracking ~ максимальная скорость цели, допускающая автоматическое сопровождение

transition ~ *кв. эл.* вероятность перехода

transfer ~ скорость передачи (*данных*)

transmission ~ скорость передачи (*данных*)

transport ~ скорость переноса (*напр. заряда*)

typematic ~ частота автоповтора скан-кода клавиши (*при удерживании в нажатом состоянии*)

update ~ скорость обновления данных

user data ~ скорость передачи сжатых данных (*напр. в видеокомпакт-дисках*)

variable bit ~ переменная скорость передачи битов; переменная скорость потока (цифровых) данных

variable sampling ~ переменная частота дискретизации

vertical refresh ~ частота воспроизведения [обновления] кадров на экране дисплея

VLB bus clock ~ рабочая частота шины VLB

volume-recombination ~ *пп* скорость объёмной рекомбинации

writing ~ скорость записи

zone-travel ~ *пп* скорость перемещения зоны (*при зонной очистке*)

rated 1. тарифицированный 2. номинальный; максимально допустимый (*о параметрах*) 3. паспортный (*о данных*) 4. имеющий (определённый) рейтинг

ratemaking тарификация

rating 1. тарификация 2. указание номинальных *или* максимально допустимых значений параметров; приведение паспортных данных 3. номинальные *или* максимально допустимые значения параметров; паспортные данные 4. рейтинг 5. рейтинг популярности вещательной программы

carrier power output ~ номинальная выходная мощность несущей

continuous ~ номинальные *или* максимально допустимые значения нагрузочных параметров для режима долговременного функционирования

continuous-duty ~ номинальные *или* максимально допустимые значения параметров для режима долговременного функционирования при постоянной нагрузке

dielectric ~ номинальные *или* максимально допустимые значения параметров диэлектрика

differential-input voltage ~ номинальное *или* предельно допустимое дифференциальное входное напряжение (*дифференциального усилителя*)

duty-cycle ~ номинальные значения рабочих параметров

fuse current ~ максимальный рабочий ток плавкого предохранителя

fuse frequency ~ номинальная рабочая частота плавкого предохранителя

fuse interrupting ~ номинальный ток плавления плавкого предохранителя

fuse voltage ~ номинальное рабочее напряжение плавкого предохранителя

instrument ~ паспортные данные измерительного прибора

insulation ~ номинальные *или* максимально допустимые значения параметров изоляционного материала

intermittent-duty ~ номинальные *или* максимально допустимые значения параметров для режима прерывистого функционирования

K ~ *тлв* К-фактор

P ~ см. performance rating

performance ~ *вчт* Р-рейтинг, частота процессора Intel Pentium с идентичной производительностью

periodic ~ номинальные *или* максимально допустимые значения параметров для режима периодического функционирования

power ~ номинальная мощность

power dissipation ~ максимальная рассеиваемая мощность

rectifier ~ *пп* максимальные значения рабочих параметров выпрямительного диода

relay contact current-carrying ~ номинальный пропускаемый ток контакта реле

relay contact current-closing ~ максимально допустимый ток замыкающего контакта реле

relay contact interrupting ~ максимально допустимый ток размыкающего контакта реле

relay continuous ~ номинальные параметры замкнутых контактов реле

short-time ~ номинальные *или* максимально допустимые значения параметров для режима кратковременного функционирования

standard ~ стандартные номинальные значения параметров

voltage ~ максимально допустимое напряжение

wattage ~ максимально допустимая мощность

ratio 1. отношение (*двух величин*) 2. коэффициент; относительная величина 3. кратность 4. соотношение; пропорция 5. передаточное число 6. суть; природа (*вещей или явлений*)

~ **of similitude** коэффициент подобия

activity ~ коэффициент активности (*напр. файла*)

adjacent-channel rejection ~ избирательность [селективность] по соседнему каналу

amplitude suppression ~ коэффициент подавления амплитудной модуляции (*в системе с ЧМ*)

ratio

AM rejection ~ коэффициент подавления амплитудной модуляции (*в системе с ЧМ*)
anharmonic ~ двойное отношение
answer seizure ~ *тлф* коэффициент установленных соединений
aperture ~ относительное отверстие (*объектива*)
arithmetic ~ знаменатель арифметической прогрессии
aspect ~ формат, отношение ширины к высоте *или* длине (*для плоских объектов или поперечных сечений объёмных объектов*)
aspect ~ **of resistor** *микр.* формат резистора (*ИС*)
asymptotic ~ асимптотическое отношение
attenuation ~ модуль коэффициента распространения
available signal-to-noise ~ согласованное отношение сигнал — шум, отношение сигнал— шум в режиме согласования
axial ~ **of polarization ellipse** коэффициент эллиптичности
azimuth ~ коэффициент равномерности (*диаграммы направленности антенны*) в горизонтальной плоскости
bit compression ~ *вчт* коэффициент сжатия [уплотнения] данных по числу бит
blip-scan ~ *рлк* вероятность появления отметки цели при сканировании
cancellation ~ коэффициент подавления (*напр. сигналов, обусловленных мешающими отражениями*)
capture ~ коэффициент захвата
carrier-to-noise ~ отношение сигнал — шум на частоте несущей
channel width-to-length ~ формат канала (*полевого транзистора*)
character aspect ~ формат символа
charge-(to-) mass ~ удельный заряд
click-through ~ эффективность рекламного окна, отношение числа обращений к рекламному окну к числу показов рекламы (*на Web-странице*)
coherence ~ степень когерентности
common-mode rejection ~ коэффициент ослабления синфазного сигнала
compensation ~ *пп* степень компенсации
complex polarization ~ комплексное отношение коэффициентов разложения вектора напряжённости поля по поляризационному базису
compression ~ 1. коэффициент компрессии 2. *вчт* коэффициент сжатия [уплотнения] данных
contrast ~ *тлв* контраст изображения
control ~ коэффициент управления тиратрона, наклон характеристики управления тиратрона
conversion (gain) ~ коэффициент преобразования
cross ~ двойное отношение
current ~ отношение пикового тока к току впадины (*туннельного или двухбазового диода*)
current standing-wave ~ коэффициент стоячей волны [КСВ] по току
current transfer ~ коэффициент усиления по току в схеме с общим эмиттером, бета, β
damping ~ коэффициент затухания, декремент
data-compression ~ коэффициент сжатия [уплотнения] данных
dc-to-ac ~ отношение выпрямленного тока *или* напряжения к переменному току *или* напряжению сети питания
deviation ~ максимальный индекс модуляции
difference ~ разностное отношение
discrimination ~ отношение ширины полосы пропускания к ширине полосы задерживания (*фильтра*)
display screen aspect ~ формат экрана дисплея
distribution ~ коэффициент распределения
double ~ двойное отношение
downtime ~ коэффициент простоя
duty ratio ~ коэффициент заполнения (*для последовательности импульсов*)
energy compression ~ энергетический коэффициент сжатия (*сигнала*)
energy efficiency ~ термический коэффициент; холодильный коэффициент (*тепловой машины*)
energy per bit to noise ~ отношение энергии на бит к энергии (белого) шума
error ~ коэффициент ошибок
escape ~ эффективный коэффициент вторичной эмиссии
etching ~ *микр.* отношение скоростей травления (*маскирующего покрытия и полупроводника*)
exchange-dipolar ~ *фтт* отношение обменной энергии к энергии дипольного взаимодействия
facsimile aspect ~ формат факсимильного изображения
feed-to-aperture area ~ отношение площадей раскрыва облучателя и антенны
forward-to-backward transmission ~ отношение коэффициентов прямой и обратной передачи
frequency ~ частота
front-to-back [front-to-rear] ~ защитное действие антенны в заднем полупространстве (*в заданном направлении*)
gain/noise temperature ~ коэффициент добротности (*антенны*)
gas ~ отношение ионного тока к току первичных электронов
geometric ~ знаменатель геометрической прогрессии
golden ~ золотое сечение
gyromagnetic ~ гиромагнитное отношение
image ~ избирательность [селективность] по зеркальному каналу
image aspect ~ формат изображения
image-frequency rejection ~ избирательность [селективность] по зеркальному каналу
image interference ~ избирательность [селективность] по зеркальному каналу
injection ~ *пп* коэффициент инжекции
interlace ~ 1. кратность чередования; кратность перемежения 2. *тлв* кратность скачковой развёртки
interleave ~ 1. кратность чередования; кратность перемежения 2. *вчт* кратность чередования секторов (*напр. жёсткого магнитного диска*)
intermediate-frequency harmonic interference ~ избирательность [селективность] по гармоникам промежуточной частоты
intermediate-frequency interference [intermediate-frequency response] ~ избирательность [селективность] по промежуточной частоте
intrinsic stand-off ~ внутренний коэффициент деления (*двухбазового диода*), отношение входного сопротивления к межбазовому сопротивлению (*двухбазового диода*)
inverse ~ обратное отношение

ratio

inverse Mills ~ обратное отношение Миллса, коэффициент смертности
inversion (level) ~ *кв. эл.* коэффициент инверсии
isolation ~ коэффициент развязки, развязка
jam-to-signal ~ отношение мощностей активных преднамеренных радиопомех и сигнала
Josephson (frequency-voltage) ~ отношение Джозефсона (483597,67 ГГц/В)
J/S ~ *см.* **jam-to-signal ratio**
justification ~ коэффициент согласования скорости передачи (*напр. символов*)
light-dark ~ отношение длительности вспышек к длительности пауз
likelihood ~ отношение правдоподобия
load ~ коэффициент использования; загрузка
mark(-to)-space ~ *тлг* коэффициент заполнения
Mills ~ отношение Миллса, обратный коэффициент смертности
minority-carrier injection ~ *пп* коэффициент инжекции неосновных носителей
moment ~ отношение моментов (*распределения*)
multiple ~ кратное отношение
noise power ~ относительный уровень собственных шумов канала (*в многоканальной телефонии*)
noise-to-signal ~ отношение шум — сигнал
odds ~ отношение вероятностей наступления и ненаступления события, отношение шансов
offset-to-noise ~ отношение напряжения смещения к шуму (*напр. в ограничителе*)
one-to-zero ~ отношение сигналов единицы и нуля
on-off ~ отношение интервалов времени работы к времени простоя
open-circuit reverse-voltage transfer ~ коэффициент обратной передачи напряжения в режиме холостого хода на входе
opening aspect ~ *микр.* формат окна
operating ~ коэффициент готовности
peak-to-average ~ отношение максимальной мощности (*передатчика*) к средней
peak-to-valley (current) ~ отношение пикового тока к току впадины (*туннельного или двухбазового диода*)
percentage ~ процентное отношение
picture aspect ~ формат изображения
picture-to-sync ~ *тлв* отношение размаха видеосигнала к размаху синхроимпульса
pixel aspect ~ формат пиксела
polarization ~ модуль отношения коэффициентов разложения вектора напряжённости поля по поляризационному базису
power signal-to-noise ~ отношение сигнал — шум по мощности
power standing-wave ~ коэффициент стоячей волны [КСВ] по мощности
probability ~ отношение вероятностей
propagation ~ постоянная распространения
protection ~ коэффициент помехозащищенности
pulse-compression ~ коэффициент сжатия импульса
read-around ~ максимальное число считываний (*запоминающей ЭЛТ*)
rear-to-front ~ отношение мощностей, излучаемых по заднему и переднему лепесткам диаграммы направленности антенны (*величина, обратная защитному действию антенны*)

rectification ~ коэффициент выпрямления
rejection ~ коэффициент режекции
relative ~ of decrease of conductance относительная скорость уменьшения (активной) проводимости
remanence ~ коэффициент прямоугольности (*петли гистерезиса*)
resetting ~ коэффициент возврата (*реле*)
restorability ~ коэффициент восстанавливаемости
ripple ~ коэффициент пульсаций
sampling ~ 1. *вчт* отношение разрешения сканера к разрешению принтера (*при воспроизведении графики*) 2. доля выборки (*в генеральной совокупности*)
scaling ~ масштабный коэффициент, коэффициент масштабирования
screen aspect ~ формат экрана
secondary-emission ~ коэффициент вторичной эмиссии
seizure ~ коэффициент занятости линии связи
short-circuit forward-current transfer ~ коэффициент прямой передачи тока в режиме короткого замыкания на выходе
signal-to-distortion ~ отношение сигнала к искажениям
signal-to-noise ~ отношение сигнал — шум
signal-to-noise and distortion ~ отношение сигнала к сумме шума и искажений
signal-to-quantization noise ~ отношение сигнал — шум квантования
sinad ~ *см.* **signal-to-noise and distortion ratio**
slope ~ угловой коэффициент (*прямой*)
SN ~ *см.* **signal-to-noise ratio**
spreading ~ база (*широкополосного псевдослучайного сигнала*)
spurious response ~ избирательность [селективность] по побочным каналам приёма
squared ~ квадрат отношения
squareness ~ коэффициент прямоугольности (*петли гистерезиса*)
standing-wave ~ коэффициент стоячей волны, КСВ
step-down ~ коэффициент понижения (*трансформатора*)
step-up ~ коэффициент повышения (*трансформатора*)
stuffing ~ коэффициент согласования скорости передачи (*напр. символов*)
suppression ~ *рлк* коэффициент подавления (*напр. сигналов, обусловленных мешающими отражениями*)
target-to-clutter ~ *рлк* отношение полезного сигнала к сигналу, обусловленному мешающими отражениями
threshold signal-to-noise ~ пороговое отношение сигнал — шум
transadmittance compression ~ коэффициент уменьшения проходной полной проводимости электронной лампы (*при большом уровне сигнала*)
transformation [transformer] ~ коэффициент трансформации
transformer voltage ~ коэффициент трансформации по напряжению
traveling-wave ~ коэффициент бегущей волны, КБВ
turns ~ коэффициент трансформации

variability ~ коэффициент изменчивости
voltage ~ коэффициент трансформации по напряжению
voltage standing-wave ~ коэффициент стоячей волны по напряжению, КСВН
wave axial ~ коэффициент эллиптичности волны
weighted signal-to-noise ~ взвешенное отношение сигнал — шум
wide-band ~ отношение ширины занимаемой полосы частот к ширине спектра передаваемого сообщения

rational 1. рациональное число; рациональное выражение; рациональная функция 2. рациональный (*1. представимый в виде отношения двух целых чисел (о числе) 2. содержащий только арифметические операции (о выражении или функции) 3. относящийся к сфере разума 4. разумно обоснованный; целесообразный*)
rationalism рационализм
rationality рациональность (*1. представимость в виде отношения двух целых чисел (о числе) 2. присутствие только арифметических операций (в выражении или функции) 3. разумная обоснованность; целесообразность*)
  bounded ~ ограниченная рациональность
rationalization 1. избавление от иррациональности в знаменателе 2. рационализация; совершенствование
rationalize 1. избавляться от иррациональности в знаменателе 2. рационализировать; совершенствовать
rattle грохот; дребезжание; дребезг || грохотать; дребезжать
  cone ~ дребезжание диффузора (*громкоговорителя*)
rave *вчт* неистовствовать; с энтузиазмом проповедовать свою точку зрения (*напр. в группах новостей*)
raw 1. необработанный 2. сырой; относящийся к сырью 3. необученный; неопытный
rawin 1. радиоветровое наблюдение 2. радиоветровые данные
rawinsonde радиоветровой зонд
rawol *рлк* обнаружение целей за пределами прямой видимости (*напр. за счёт дифракции на препятствиях*)
ray 1. луч (*1. узкий пучок света 2. пучок частиц; излучение 3. волновая нормаль 4. полупрямая*) 2. излучать(ся); испускать лучи; испускать(ся); расходиться лучами 3. облучать(ся); подвергать(ся) действию лучей 4. исходить из одной точки 5. траектория луча
  actinic ~s актиничное излучение
  alpha ~s альфа-лучи
  anode ~s анодные лучи
  antiparallel ~s антипараллельные лучи
  beta ~s бета-лучи
  canal ~s каналовые лучи
  cathode ~ 1. электронный луч; электронный пучок 2. *pl* катодные лучи
  collinear ~ коллинеарные лучи
  concurrent [convergent] ~s сходящиеся лучи
  cosmic ~s космические лучи
  delta ~s излучение, обусловленное отдачей
  direct ~ *рлк* прямой луч
  divergent ~ расходящиеся лучи
  E ~ *см.* **extraordinary ray**
  extraordinary ~ необыкновенный луч
  gamma ~s гамма-лучи
  geodesic ~ геодезическая линия
  geometrical-optics ~ луч в приближении геометрической [лучевой] оптики
  GO ~ *см.* **geometrical-optics ray**
  Grenz ~s мягкие рентгеновские лучи
  ground ~ *рлк* земной луч
  guided ~s канализируемое излучение
  hard X- ~s жёсткие рентгеновские лучи
  incident ~ падающий луч
  indirect ~ *рлк* отражённый луч
  induced ~s излучение, обусловленное искусственной радиоактивностью
  infrared ~s инфракрасное [ИК-] излучение
  Lenard ~s катодные лучи
  light ~ световой луч
  luminous ~ световой луч
  molecular ~ молекулярный пучок
  O ~ *см.* **ordinary ray**
  ordinary ~ обыкновенный луч
  paraxial ~ параксиальный луч
  positive ~s анодные лучи
  projecting ~ проектирующий луч
  reflected ~ отражённый луч
  refracted ~ преломленный луч
  Roentgen ~s рентгеновские лучи
  singular ~ особый луч
  soft X- ~s мягкие рентгеновские лучи
  space ~s космические лучи
  specular ~ зеркально отражённый луч
  surface ~ поверхностный луч
  ultraphotic ~s инфракрасное [ИК-] или ультрафиолетовое [УФ-]излучение
  ultraviolet ~s ультрафиолетовое [УФ-] излучение
  unguided ~s неканализируемое излучение
  UV ~s *см.* **ultraviolet rays**
  visible ~s излучение в видимом диапазоне (*длин волн*)
  X- ~s рентгеновские лучи
raydist наземная фазовая система определения координат ЛА по непрерывному излучению бортового передатчика
raytracing *вчт проф.* трассировка лучей (*метод создания реалистичного освещения трёхмерных объектов в компьютерной графике*)
razor:
  Ockham's ~ принцип «бритвы Оккама» (*требование исключения из науки несводимых к интуитивному и опытному знанию понятий*)
RCA 1. Американская радиовещательная корпорация, Ар-Си-Эй 2. безрезьбовой коаксиальный электрический соединитель, соединитель типа RCA, *проф.* (соединитель типа) «тюльпан», (соединитель типа) «азия» (*для аудио- и видеоаппаратуры*)
  ~ **Audio** гнездо соединителя типа RCA для подключения звукового кабеля
  ~ **Phono** гнездо соединителя типа RCA для подключения звукового кабеля
  ~ **Video** гнездо соединителя типа RCA для подключения видеокабеля
RDRAM динамическая память компании Rambus с внутренней шиной, память типа RDRAM
  base ~ базовый вариант динамической памяти компании Rambus с внутренней шиной, базовый вариант памяти типа RDRAM

concurrent ~ усовершенствованная динамическая память компании Rambus с внутренней шиной, память типа CRDRAM

direct ~ динамическая память компании Rambus с внутренней шиной и непрерывным каналом, память типа DRDRAM

reach 1. достижение; прибытие || достигать; прибывать **2.** досягаемость; пределы досягаемости; радиус действия **3.** устанавливать связь; *тлф* получать доступ к станции, *проф.* выходить на станцию

manipulator's ~ оперативная зона (робота-)манипулятора

reachability 1. достижимость (*напр. вершины графа*); досягаемость; нахождение в пределах радиуса действия **2.** способность отыскания незаблокированных состояний (*в сетях с заданной структурой*)

reachable достижимый (*напр. о вершине графа*); досягаемый; находящийся в пределах радиуса действия

reacquisition *рлк* повторный захват цели на автоматическое сопровождение

react 1. реагировать; откликаться **2.** противодействовать; вызывать появление реактивной силы **3.** вызывать химическую реакцию

reactance реактивное сопротивление

acoustic ~ реактивное акустическое сопротивление

capacitive ~ ёмкостное сопротивление

commutating ~ индуктивное сопротивление, включённое последовательно с нагрузкой ртутного вентиля

condensive ~ ёмкостное сопротивление

electrode ~ реактивное сопротивление электрода

inductive ~ индуктивное сопротивление

leakage ~ реактивное сопротивление утечки

specific acoustic ~ реактивное удельное акустическое сопротивление

reactant 1. реагирующий объект; объект с откликом **2.** реагент; (химический) реактив

reaction 1. реакция; отклик **2.** противодействие; реактивная сила **3.** химическая реакция **4.** положительная обратная связь

armature ~ реакция якоря

Belousov-Zhabotinsky ~ реакция Белоусова — Жаботинского

chain ~ цепная реакция

dark ~ темновая реакция

domino ~ *вчт* эффект домино

galvanic ~ токообразующая реакция

plasma chemical ~ плазмохимическая реакция

side ~ побочное действие

reactivation 1. регенерация (*напр. катализатора*) **2.** восстановление (*напр. катода*)

filament ~ восстановление катода

reactive 1. реагирующий; откликающийся (*об объекте*) **2.** реактивный (*1. относящийся к ёмкостному или индуктивному сопротивлению 2. относящийся к колебательной мощности 3. относящийся к силе реакции вытекающей струи*)

volt-ampere ~ реактивная мощность

reactivity 1. реагирование **2.** (химическая) реакционная способность

reactor 1. (электрический) реактор **2.** катушка индуктивности **3.** конденсатор **4.** (химический) реактор

bus ~ секционный реактор

coupling ~ катушка связи

current-limiting ~ токоограничивающий реактор

epitaxial ~ *крист.* эпитаксиальный реактор

grounding ~ заземляющий реактор

horizontal ~ *крист.* горизонтальный реактор

paralleling ~ делительный реактор

plasma (etching) ~ *микр.* реактор для плазменного травления

printed ~ печатная катушка индуктивности

saturable(-core) ~ насыщающийся реактор

smoothing ~ сглаживающий реактор

starting ~ пусковой реактор

swinging ~ насыщающийся реактор

switching ~ коммутирующий реактор

variable ~ регулируемый реактор

reactron реактрон (*логическая схема на двух диодах и двух ферритовых сердечниках с прямоугольной петлёй гистерезиса*)

read 1. чтение; считывание || читать; считывать **2.** *вчт* операция чтения; операция считывания **3.** воспроизведение (*напр. записи*) || воспроизводить (*напр. запись*) **4.** регистрация; снятие показаний; отсчёт || регистрировать; показывать; снимать показания (*напр. прибора*); отсчитывать **5.** распознавание; понимание; толкование || распознавать; понимать; толковать

~ **ahead** *вчт* упреждающее считывание (*метод кэширования жёстких магнитных дисков*)

~ **with retry** *вчт* считывание с повторными попытками

~ **without retry** *вчт* считывание без повторных попыток

backward ~ *вчт* считывание при обратном направлении движения магнитной ленты (*в некоторых типах ЗУ на магнитной ленте*)

buffer ~ *вчт* считывание из буфера

destructive ~ считывание данных с разрушением

direct ~ **after write** считывание непосредственно после записи (*для контроля правильности записи*)

direct ~ **during write** считывание непосредственно во время записи (*для контроля правильности записи*)

direct memory access ~ *вчт* считывание в режиме прямого доступа к памяти

DMA ~ *см.* **direct memory access read**

gather ~ *вчт* считывание со сбором данных (*из нескольких блоков памяти*)

multiple ~ *вчт* блочное считывание

nondestructive ~ считывание данных без разрушения

primary ~ первая операция чтения (*в тексте программы*)

sector ~ *вчт* считывание сектора

readability 1. читаемость (*напр. текста*); считываемость (*напр. файла*) **2.** воспроизводимость (*напр. записи*) **3.** распознаваемость (*напр. текста*)

readable 1. читаемый (*напр. текст*); считываемый (*напр. файл*) **2.** воспроизводимый (*напр. о записи*) **3.** распознаваемый (*напр. текст*)

readableness 1. читаемость (*напр. текста*); считываемость (*напр. файла*) **2.** воспроизводимость (*напр. записи*) **3.** распознаваемость (*напр. текста*)

reader 1. считывающее устройство, устройство считывания **2.** читающее устройство; читальный ап-

парат (*напр. для слепых*) **3.** лектор (*в учебном заведении*) **4.** корректор
automatic character ~ автоматическое устройство считывания символов
badge ~ устройство считывания кредитных карт *или* идентификационных карт в форме нагрудных значков
bar code ~ устройство считывания штрихового кода
blind ~ читальный аппарат для слепых
card ~ устройство считывания с перфокарт
character ~ устройство считывания символов
document ~ устройство считывания документов
film ~ устройство считывания с фотоплёнки
fingerprint ~ устройство считывания отпечатков пальцев
flash card ~ устройство считывания карт флэш-памяти
magnetic card ~ устройство считывания магнитных карт
magnetic-tape ~ устройство считывания с магнитной ленты
microform ~ устройство для чтения микрофишей *или* микрофильмов
OCR ~ *см.* **optical-character-recognition reader**
optical ~ устройство оптического считывания (*напр. символов*)
optical card ~ устройство оптического считывания информации с ЗУ в форме карт (*напр. карт формата LaserCard*)
optical character ~ устройство оптического считывания символов
optical character-recognition ~ устройство оптического распознавания символов
optical mark ~ устройство оптического считывания меток
optical page ~ устройство оптического считывания страниц (*печатного материала*)
page ~ устройство считывания страниц (*печатного материала*)
paper-tape ~ устройство считывания с бумажной перфоленты
PCMCIA ~ устройство считывания карт (стандарта) PCMCIA
photoelectric ~ фотоэлектрическое устройство считывания
postal-code number ~ устройство для чтения почтовых индексов
punched-card ~ устройство считывания с перфокарт
punched-tape ~ устройство считывания с бумажной перфоленты
smart card ~ устройство считывания интеллектуальных карт
reader-printer принтер со считывающим устройством
reader-sorter сортировально-считывающее устройство
handwritten postal-code number ~ сортирующее устройство с чтением написанных от руки почтовых индексов
readiness готовность
electronic ~ готовность к компьютеризации и использованию электронных методов во всех сферах человеческой деятельности, *проф.* электронная готовность

operational ~ *т. над.* оперативная готовность
reading 1. чтение; считывание **2.** воспроизведение (*напр. записи*) **3.** регистрация; снятие показаний; отсчёт **4.** показание (*напр. прибора*); отсчёт **5.** распознавание; понимание; толкование
automatic ~ автоматическая регистрация; автоматическое снятие показаний; автоматический отсчёт
backward ~ считывание при (ускоренной) обратной перемотке (*магнитной ленты*)
consecutive ~s последовательные отсчёты
consistent ~ совместимый отсчёт
continuous ~ непрерывный отсчёт
data ~ считывание данных
dial ~ отсчёт по (круговой) шкале *или* лимбу; показание по (круговой) шкале *или* лимбу
direct ~ **1.** прямое [непосредственное] считывание **2.** прямая [непосредственная] регистрация; прямое [непосредственное] снятие показаний; прямой [непосредственный] дистанционный отсчёт
distant ~ дистанционная регистрация; дистанционное снятие показаний; дистанционный отсчёт
inconsistent ~ несовместимый отсчёт
indirect ~ **1.** косвенное считывание **2.** косвенная регистрация; косвенное снятие показаний; косвенный отсчёт
intermittent ~ прерывистый отсчёт, отсчёт с перерывами
mark ~ считывание меток
observed ~ наблюдаемый отсчёт
scale ~ отсчёт по шкале; показание по шкале
scatter ~ отсчёт вразброс
speculative ~ виртуальное считывание, считывание данных без гарантии их востребования
tape ~ считывание с ленты
vernier ~ отсчёт по верньеру
zero ~ нулевой отсчёт
readme файл типа «readme», файл типа «прочти меня» (*название файла с необходимой для пользователя информацией, не включённой в описание программного или аппаратного продукта*)
read-only *вчт* **1.** «только для чтения» (*атрибут файла*) **2.** доступный только для чтения (*о файле*) **3.** постоянный (*о памяти*); без возможности перезаписи; неизменяемый
readout 1. считывание **2.** вывод (*напр. данных на экран дисплея*); выдача (*напр. результатов*) **3.** регистрация; снятие показаний; отсчёт **4.** показания (*напр. прибора*)
alphameric ~ вывод в алфавитно-цифровой форме
destructive ~ считывание данных с разрушением
digital ~ вывод в цифровой форме
light-emitting diode ~ вывод на экран светодиодного дисплея
magnetooptic ~ магнитооптическое считывание
magnetoresistive ~ магниторезистивное считывание
nondestructive ~ считывание данных без разрушения
optical ~ оптическое считывание
read/write 1. запись/считывание || для записи и для считывания; с возможностью записи и считывания **2.** оперативный (*о памяти*) **3.** перезаписываемый (*напр. о компакт-диске формата CD-ROM*)
ready готовить; подготавливать || находящийся в состоянии готовности; готовый; подготовленный

ready

data set ~ сигнал о готовности модема к работе, сигнал DSR

data terminal ~ сигнал о готовности компьютера к приёму данных, сигнал DTR

ready-made 1. готовое (*к употреблению или использованию*) изделие ‖ готовый к употреблению *или* использованию 2. стандартный; типовой (*об изделии*)

reagent реагент; (химический) реактив

real 1. реальность; действительность ‖ реальный; существующий; действительный 2. подлинный; истинный 3. действительное [вещественное] число ‖ действительный, вещественный 4. *опт.* действительный (*об изображении*)

RealAudio 1. метод передачи и воспроизведения аудиоматериалов в сети в реальном масштабе времени, метод RealAudio 2. файловый формат RealAudio для звуковых файлов

real-estate 1. площадь, занимаемая телом корпуса (*компонента*) на плате; знакоместо 2. доступная для монтажа площадь (*платы*), полезная площадь (*платы*)

realignment 1. повторное выравнивание; повторная юстировка; повторная установка 2. перестройка; перенастройка 3. переориентация 4. *микр.* повторное совмещение 5. повторная выставка направления (*напр. навигационной системы*)

   mask ~ повторное совмещение фотошаблонов

reality реальность; действительность

   second-person virtual ~ система виртуальной реальности от второго лица

   virtual ~ *вчт* виртуальная реальность 2. система виртуальной реальности

realizability 1. доступность для представления; доступность для понимания; доступность для восприятия 2. реализуемость; осуществимость; выполнимость

   potential ~ потенциальная реализуемость; потенциальная осуществимость; потенциальная выполнимость

realizable 1. доступный для представления; доступный для понимания; доступный для восприятия 2. реализуемый; осуществимый; выполнимый

realization 1. представление; понимание; восприятие 2. реализация; осуществление; выполнение

   ~ **of algorithm** реализация алгоритма

realize 1. представлять; понимать; воспринимать 2. реализовать; осуществить; выполнить

real-time в реальном времени; в реальном масштабе времени

ream 1. пачка бумаги (*500 листов*) 2. рассверливать; развёртывать (*отверстие*)

reamer развёртка

rear задняя [тыловая, обратная] поверхность *или* сторона ‖ задний; тыловой; обратный

   ~ **of mirror** задняя [тыловая, обратная] поверхность зеркала (*антенны*)

   connector ~ монтажная сторона (электрического) соединителя

rearrangement 1. изменение размещения *или* расположения; перестройка; перекомпоновка; перераспределение 2. изменение структуры 3. перегруппировка

   ~ **of terms** перегруппировка членов (*напр. уравнения*)

lattice ~ перестройка (кристаллической) решётки

resources ~ *вчт* перераспределение ресурсов

reason 1. аргумент; довод; соображение; обоснование ‖ аргументировать; приводить доводы *или* соображения; обосновывать; доказывать 2. причина; повод; основание 3. *вчт* посылка ‖ использовать посылку 4. разум; рассудок ‖ обдумывать; рассуждать

   primary ~ основная причина

   valid ~ обоснованный довод

reasonable 1. аргументированный; обоснованный 2. разумный; логичный, логически не противоречивый

reasonableness 1. аргументированность; обоснованность 2. разумность; логичность, логическая непротиворечивость

reasoning 1. аргументирование; приведение доводов *или* соображений; обоснование; доказательство 2. *вчт* использование посылки 3. обдумывание; рассуждение

   analogical ~ рассуждения на уровне аналогий

   analogical approximate ~ приближённые рассуждения на уровне аналогий

   deductive ~ дедуктивное доказательство

   inductive ~ индуктивное доказательство

   propositional ~ рассуждения на уровне высказываний, описание связей между условиями

reassemble собирать повторно; формировать повторно; монтировать повторно

reassembly повторная сборка; повторное формирование; повторный монтаж

   packet ~ повторная сборка пакетов; повторное формирование пакетов

   packet-speech ~ повторная сборка речевых пакетов; повторное формирование речевых пакетов

rebar *вчт* проверять и изменять тактирование (*в музыкальных редакторах*)

rebeam 1. перегруппировывать (*ноты*), переобъединять (*ноты*) с помощью ребра, изменять вязку (*нот*) 2. *вчт* повторно передавать *или* повторно записывать [перезаписывать] данные (*напр. в виде файла*)

rebeaming 1. перегруппировка (*нот*), переобъединение (*нот*) с помощью ребра, изменение вязки (*нот*) 2. *вчт* повторная передача *или* повторная запись [перезапись] данных (*напр. в виде файла*)

Rebecca бортовой самолётный запросчик-ответчик системы «Ребекка — Эврика»

rebicon *тлв* ребикон, видикон с возвращаемым лучом

reboot *вчт* перезагрузка, перезапуск (*компьютера*) ‖ перезагружать(ся), перезапускать(ся) (*о компьютере*)

   cold ~ перезагрузка [перезапуск] с начальной загрузкой, перезагрузка [перезапуск] с отключением (электро)питания, *проф.* «холодная» перезагрузка, «холодный» перезапуск

   hard ~ перезагрузка [перезапуск] всей системы, *проф.* «жёсткая» перезагрузка, «жёсткий» перезапуск

   soft ~ перезагрузка [перезапуск] части системы, *проф.* «мягкая» перезагрузка, «мягкий» перезапуск

   warm ~ перезагрузка [перезапуск] из памяти, перезагрузка [перезапуск] без отключения (электро)питания, *проф.* «горячая» перезагрузка, «горячий» перезапуск

receiver

rebound отдача; отскок ‖ испытывать отдачу; отскакивать

rebroadcast 1. транслируемая (вещательная) передача ‖ транслировать (вещательную) передачу 2. повторять (вещательную) передачу

recalculation пересчёт, повторный счёт (*напр. в электронных таблицах*)
   automatic ~ автоматический пересчёт
   background ~ фоновый пересчёт
   column-wise ~ постолбцовый пересчёт
   manual ~ ручной пересчёт
   natural ~ пересчёт в порядке следования формул
   optimal ~ оптимальный пересчёт
   row-wise ~ построчный пересчёт

recalescence рекалесценция

recalibration 1. перекалибровка, повторная калибровка 2. повторная градуировка 3. повторная поверка (*средств измерений*)
   thermal ~ температурная перекалибровка, повторная температурная калибровка, повторная термокалибровка (*напр. сервосистемы жёсткого магнитного диска*)

recall 1. вчт выборка (*из памяти*) ‖ выбирать (*из памяти*) 2. вспоминание; возобновление в памяти ‖ вспоминать; возобновлять в памяти 3. напоминание ‖ напоминать 4. повторный вызов ‖ вызывать повторно 5. аннулирование; отмена; отзыв ‖ аннулировать; отменять; отзывать

recast 1. повторные вычисления; перерасчёт ‖ вычислять повторно; производить перерасчёт 2. вчт приведение типов (*без преобразования внутреннего представления*) ‖ приводить типы (*без преобразования внутреннего представления*) 3. переформирование; изменение формы; изменение схемы расположения *или* размещения; видоизменение ‖ переформировывать; изменять форму; изменять схему расположения *или* размещения; видоизменять 4. изменять оттенок 5. повторный подбор актёра ‖ подбирать актёра (*для исполнения роли*) повторно 6. перераспределение ролей ‖ перераспределять роли

receipt 1. приём; получение 2. подтверждение приёма; подтверждение получения ‖ подтверждать приём; подтверждать получение (*напр. сообщения*) 3. принятое; полученное (*что-либо, напр. сообщение*)

receiptor получатель, подтверждающий приём (*напр. сообщения*)

receivable принимаемый; доступный для приёма (*напр. сигнал*)

receive 1. принимать (*напр. сигнал*); получать (*напр. сообщение*) 2. вмещать; воспринимать ◊ **only** работающий только на приём (*напр. о терминале*) ~ **data** приём данных (*1. режим работы устройства 2. управляющий сигнал интерфейса RS-232C*) ‖ принимать данные
   keyboard send ~ телетайп
   page send ~ телетайп

receiver 1. приёмное устройство, приёмник 2. радиоприёмное устройство, радиоприёмник 3. телевизионный приёмник, телевизор 4. микротелефонная трубка 5. *бион.* рецептор 6. получатель (*напр. сообщения*) 7. приёмный бункер; приёмный контейнер
   ac ~ радиоприёмник с питанием от сети переменного тока
   ac/dc ~ радиоприёмник с универсальным питанием
   all-wave ~ всеволновый радиоприёмник
   AM/FM ~ *см.* **amplitude-modulation — frequency-modulation receiver**
   amplitude-modulation ~ приёмник АМ-сигналов
   amplitude-modulation — frequency-modulation ~ приёмник АМ — ЧМ-сигналов
   automatic-alarm ~ автоматический радиоприёмник сигналов тревоги
   automatic-scanning ~ радиоприёмник с автоматической перестройкой
   automatic send ~ телетайп
   auxiliary ~ резервный приёмник
   baseband ~ 1. приёмник группового сигналов 2. *рлк* видеоимпульсный приёмник
   battery ~ радиоприёмник с батарейным питанием
   beacon ~ приёмник сигналов радиомаяка
   bone-conduction ~ телефон костной проводимости, остеофон
   call alert ~ абонентский приёмник системы поискового вызова, пейджер
   capacitor ~ электростатический [конденсаторный] телефон
   cassette ~ радиоприёмник с кассетным магнитофоном, кассетная магнитола
   CFAR ~ *см.* **constant false-alarm-rate receiver**
   chirp ~ приёмник сигналов с внутриимпульсной линейной частотной модуляцией
   coherent ~ когерентный приёмник
   color(-television) ~ телевизор цветного изображения, цветной телевизор
   command ~ приёмник командных сигналов
   commercial ~ бытовой радиоприёмник
   communication ~ связной приёмник
   constant false-alarm-rate ~ *рлк* приёмник с постоянной частотой ложных тревог
   consumer ~ бытовой радиоприёмник
   copy ~ приёмный бункер для копий (*напр. лоток*)
   correlation(-type) ~ корреляционный приёмник; коррелятор
   crystal ~ 1. детекторный радиоприёмник 2. пьезоэлектрический телефон
   crystal-audio ~ *рлк.* радиоприёмник прямого усиления с УЗЧ
   crystal-video ~ *рлк* широкополосный радиоприёмник прямого усиления с видеоусилителем
   data conversion ~ приёмник с преобразованием данных
   dc ~ радиоприёмник с питанием от сети постоянного тока
   decision-feedback ~ приёмник с решающей обратной связью
   demultiplex ~ приёмник с аппаратурой разделения сигналов
   digital-data ~ приёмник цифровых сигналов данных
   digitally programmable ~ радиоприёмник с цифровым программным управлением
   digital telemetering data ~ приёмник цифровых телеметрических данных
   direct-detection ~ радиоприёмник прямого усиления
   direction-finding ~ пеленгационный приёмник
   distortion adaptive ~ приёмник, адаптивный к искажениям

receiver

diversity ~ радиоприёмное устройство системы с разнесением (*напр. по частоте*)
domestic ~ бытовой радиоприёмник
double-superheterodyne ~ радиоприёмник с двойным гетеродинированием
dual-conversion ~ радиоприёмник с двойным гетеродинированием
dual-diversity ~ радиоприёмное устройство системы с разнесёнными антеннами и с автоматической селекцией более сильного сигнала
earth ~ приёмник наземной станции
electromagnetic ~ электромагнитный телефон
electronically tuned ~ приёмник с электронной настройкой
electrostatic ~ электростатический [конденсаторный] телефон
exalted-carrier ~ приёмник с восстановлением несущей
facsimile ~ приёмный факсимильный аппарат
flat television ~ телевизор [телевизионный приёмник] с плоским экраном
FM ~ *см.* **frequency-modulation receiver**
frequency-hopping ~ приёмник сигналов со скачкообразной перестройкой частоты
frequency-modulation ~ приёмник ЧМ-сигналов, ЧМ-приёмник
glide slope ~ глиссадный приёмник
ground ~ приёмник наземной станции
hand ~ телефон микротелефонной трубки
head ~ 1. головной телефон *или* головные телефоны, *проф.* наушник *или* наушники 2. *pl* стереофонические головные телефоны, стереотелефоны, *проф.* стереонаушники
heterodyne ~ радиоприёмник с гетеродинированием
Hi-Fi ~ *см.* **high-fidelity receiver**
high-fidelity ~ приёмник с высокой верностью воспроизведения
home ~ бытовой радиоприёмник
homodyne ~ гомодинный приёмник
image rejection ~ приёмник с подавлением радиопомех от зеркального канала
infradyne ~ инфрадинный радиоприёмник (*супергетеродинный радиоприёмник с промежуточной частотой, превышающей частоту входного сигнала*)
instrument landing system ~ бортовой самолётный приёмник системы инструментальной посадки
intercept ~ приёмник системы перехвата
interference-tolerant ~ помехозащищённый приёмник
intermediate-frequency ~ радиоприёмник с гетеродинированием
interrogator ~ приёмник запросчика
laser ~ 1. приёмник лазерного излучения 2. приёмник с лазерным усилителем, лазерный приёмник
lin-log ~ *рлк* линейно-логарифмический приёмник
log ~ логарифмический приёмник
main ~ основной приёмник
maser ~ приёмник СВЧ-диапазона с квантовым усилителем, мазерный приёмник
microwave ~ приёмник СВЧ-диапазона
mobile ~ мобильный [подвижный] приёмник
mobile GPS ~ мобильный [подвижный] приёмник глобальной системы (радио)определения местоположения, мобильный [подвижный] приёмник системы GPS
monaural ~ монофонический радиоприёмник
monitor(ing) ~ контрольный приёмник
monochrome ~ телевизор чёрно-белого изображения, чёрно-белый телевизор
monopulse ~ *рлк* приёмник моноимпульсной РЛС
multiband ~ многодиапазонный радиоприёмник
multichannel ~ многоканальный приёмник
multifrequency ~ многочастотный приёмник
multiple-response [multiplex] ~ многоканальный приёмник
on-course ~ курсовой радиоприёмник, КРП
optical ~ фотоприёмник
optical photodiode ~ фотодиодный фотоприёмник
paging ~ абонентский приёмник системы поискового вызова, пейджер
panoramic ~ панорамный приёмник
phase-lock loop ~ приёмник с фазовой автоматической подстройкой частоты, приёмник с ФАПЧ
phase-modulation ~ приёмник ФМ-сигналов
piezoelectric ~ пьезоэлектрический телефон
PM ~ *см.* **phase-modulation receiver**
quantum-mechanical ~ 1. приёмник СВЧ-диапазона с квантовым усилителем, мазерный приёмник 2. приёмник с лазерным усилителем, лазерный приёмник
radar ~ приёмник РЛС
radio ~ радиоприёмное устройство, радиоприёмник
radiometer ~ радиометрический приёмник, радиометр
radiotelegraph ~ приёмный радиотелеграфный аппарат
reconditioned-carrier ~ приёмник с восстановлением несущей
regenerative ~ регенеративный радиоприёмник
relay ~ приёмник радиорелейной станции
repeater ~ приёмник радиорелейной станции
search ~ приёмник поисковой станции радиотехнической разведки
seismic ~ сейсмоприёмник
self-tuning ~ приёмник с автоматической настройкой
selsyn ~ сельсин-приёмник
sferics ~ регистратор атмосферных помех
single-conversion ~ приёмник с однократным преобразованием частоты
single-hit ~ приёмник моноимпульсной РЛС
single-sideband ~ приёмник сигналов с одной боковой полосой, ОБП-приёмник
single-signal ~ узкополосный супергетеродинный радиоприёмник для регистрации кодированных сообщений
space ~ приёмник системы космической связи
spaced ~ приёмник системы с пространственным разделением сигналов
spread-spectrum ~ приёмник системы с широкополосными псевдослучайными сигналами
stationary GPS ~ стационарный приёмник глобальной системы (радио)определения местоположения, стационарный приёмник системы GPS
stereo(phonic) ~ стереофонический радиоприёмник
stereotelevision ~ телевизор [телевизионный приёмник] стереоскопического изображения

straight ~ радиоприёмник прямого усиления
superheterodyne ~ супергетеродинный радиоприёмник
superregenerative ~ сверхгенеративный [суперрегенеративный] радиоприёмник
sweeping ~ приёмник поисковой станции радиотехнической разведки
switched radiometer ~ модуляционный радиометрический приёмник
synchro ~ сельсин-приёмник
telemetry ~ приёмник телеметрических данных
telephone ~ микротелефонная трубка
television ~ телевизор, телевизионный приёмник
telex ~ телекс
terminal ~ приёмник оконечной станции
terrestrial ~ приёмник наземной станции
thermal telephone ~ термофон
transformerless ~ радиоприёмник без силового трансформатора
TRF ~ *см.* **tuned radio-frequency receiver**
triple-conversion ~ приёмник с тройным преобразованием частоты
triple-detection ~ приёмник с двойным преобразованием частоты
tuned radio-frequency ~ радиоприёмник прямого усиления
universal ~ радиоприёмник с универсальным питанием
vestigial-sideband ~ приёмник сигналов с частично подавленной боковой полосой
VF ringing ~ *см.* **voice-frequency ringing receiver**
voice-frequency ringing ~ приёмник тонального вызова
wide-open ~ широкополосный приёмник
wrist ~ наручный радиоприёмник

receiver/transmitter приемопередатчик; приемопередающая станция
   coherent ~ когерентный приёмопередатчик
   dual universal asynchronous ~ сдвоенный универсальный асинхронный приёмопередатчик
   universal asynchronous ~ универсальный асинхронный приемопередатчик
   universal synchronous ~ универсальный синхронный приемо-передатчик
   universal synchronous/asynchronous ~ универсальный синхронно-асинхронный приёмопередатчик

receiving приём (*напр. сигнала*); получение (*напр. сообщения*)
   mail ~ получение почты

receptacle 1. приёмное *или* удерживающее приспособление *или* устройство 2. приёмный бункер; приёмный контейнер 3. розетка (*1. розеточная часть (электрического) соединителя 2. электрическая розетка, розетка для подключения приборов и устройств к электрической сети*)
   appliance ~ (электрическая) розетка
   convenience ~ (электрическая) розетка
   dummy ~ заглушка для розеточной части (электрического) соединителя
   flush ~ невыступающая (электрическая) розетка
   fuse ~ держатель плавкой вставки (электрического) предохранителя
   grounding ~ (электрическая) розетка с гнездом для заземления
   lamp ~ патрон (электрической) лампы
   polarized ~ полярная (электрическая) розетка
   wall ~ настенная (электрическая) розетка

reception 1. приём (*напр. сигналов*); получение (*напр. сообщения*) 2. радиоприём 3. телевизионный приём 4. восприятие качества (вещательной) программы 5. *биол.* рецепция
   autodyne ~ автодинный радиоприём
   autograph ~ приём с записью
   barrage ~ приём радиотелеметрических данных на несколько антенн с автоматическим выбором канала (*по максимальному отношению сигнал — шум*)
   beam ~ направленный приём
   beat ~ радиоприём с гетеродинированием
   coherent ~ когерентный приём
   community ~ телевизионный приём на коллективную антенну
   correlation ~ корреляционный приём
   diplex ~ диплексный приём, одновременный приём двух сообщений
   discontinous ~ прерывистый прием (*напр. речи*)
   diversity ~ разнесённый приём, приём с разнесением (*напр. по частоте*)
   double ~ диплексный приём, одновременный приём двух сообщений
   double superheterodyne ~ супергетеродинный радиоприём с двойным преобразованием частоты
   endodyne ~ автодинный радиоприём
   exalted-carrier ~ приём с восстановлением несущей
   facsimile ~ факсимильный приём
   FM stereo ~ приём ЧМ-стереосигналов
   frequency diversity ~ радиоприём с частотным разнесением
   fringe ~ неуверенный приём
   heterodyne ~ радиоприём с гетеродинированием, гетеродинный радиоприём
   high-fidelity ~ радиоприём с высокой верностью воспроизведения
   homodyne ~ радиоприём на нулевых биениях, гомодинный радиоприём
   image ~ приём сигналов изображения
   individual ~ приём на индивидуальную антенну
   intermittent ~ неуверенный приём
   matched-filter ~ приём сигналов с обработкой в согласованном фильтре
   multipath ~ приём в условиях многолучевого распространения, многолучевой приём
   musa ~ приём сигналов с помощью многоэлементной антенны с управлением положением диаграммы направленности
   non-coherent ~ некогерентный приём
   partially coherent ~ квазикогерентный приём
   peridyne ~ радиоприём с настройкой переменной катушкой индуктивности
   polarization-diversity ~ приём с поляризационным разнесением
   reconditioned-carrier ~ приём с восстановлением несущей
   single-signal ~ узкополосный супергетеродинный радиоприём кодированных сообщений
   space-diversity ~ приём с пространственным разнесением
   stereophonic ~ стереофонический радиоприём

reception

superheterodyne ~ супергетеродинный радиоприём
superregeneration ~ суперрегенеративный [сверхрегенеративный] радиоприём
synchronous ~ синхронный приём
tuned RF ~ радиоприём с прямым усилением
zero-beat ~ радиоприём на нулевых биениях, гомодинный радиоприём

receptor 1. *биол.* рецептор **2.** приёмник
  alpha ~ альфа-рецептор
  beta ~ бета-рецептор
  contact ~ контактный рецептор
  distant ~ дистантный рецептор
  monomodal ~ мономодальный рецептор
  polymodal ~ полимодальный рецептор
  thermal ~ приёмник теплового излучения
  touch ~ осязательный механорецептор; орган осязания

recharge перезаряд (*напр. конденсатора*); подзарядка; повторная зарядка (*напр. аккумулятора*) ‖ перезаряжать (*напр. конденсатор*); подзаряжать; заряжать повторно (*напр. аккумулятор*)

recharger устройство для подзарядки аккумуляторов

recharging перезаряд (*напр. конденсатора*); подзарядка; повторная зарядка (*напр. аккумулятора*)

recipience, recipiency получение (*напр. информации*)

recipient получатель (*напр. информации*)

reciprocal 1. обратное выражение; обратная матрица; обратная величина; обратное число ‖ обратный **2.** дуальный объект; любой из двух взаимно дополняющих друг друга объектов ‖ дуальный; дополняющий **3.** взаимный (*напр. о четырехполюснике*) **4.** обратный (*напр. о процессе*) **5.** отличающийся по направлению на 180°, обратный (*об азимуте*)
  ~ **of matrix** обратная матрица

reciprocate 1. обмениваться **2.** совершать возвратно-поступательное движение

reciprocation 1. взаимный обмен **2.** возвратно-поступательное движение

reciprocity 1. взаимный обмен **2.** взаимность **3.** обратимость

reckon считать; подсчитывать; исчислять; делать расчёты

reckoner счислитель (*в навигации*)
  dead ~ счислитель пути
  ready ~ математические таблицы

reclaim 1. очищать; освобождать (*от чего-либо*) **2.** восстанавливать; регенерировать; приводить в пригодное для использования состояние **3.** предъявлять рекламацию; выдвигать претензию

reclaiming 1. очистка; освобождение (*от чего-либо*) **2.** восстановление; регенерация; приведение в пригодное для использования состояние **3.** предъявление рекламации; выдвижение претензии
  page ~ *вчт* очистка страниц (*памяти*); освобождение страниц (*памяти*)

reclamation 1. очистка; освобождение (*от чего-либо*) **2.** восстановление; регенерация; приведение в пригодное для использования состояние **3.** рекламация, претензия
  automatic ~ *вчт* автоматическая очистка (*памяти*); автоматическое освобождение (*памяти*)
  manual ~ *вчт* ручная очистка (*памяти*); ручное освобождение (*памяти*)
  storage ~ *вчт* очистка памяти (*напр. от мусора*); освобождение памяти (*напр. от мусора*)

reclassify 1. классифицировать заново **2.** изменять гриф секретности

recognition 1. *вчт* распознавание **2.** *вчт, рлк* опознавание; идентификация
  adaptive waveform ~ адаптивная фильтрация
  automatic ~ **1.** автоматическое распознавание **2.** автоматическое опознавание; автоматическая идентификация
  automatic ~ **of position** автоматическое опознавание (собственного) местоположения (*у роботов*)
  automatic speech ~ автоматическое распознавание речи
  character ~ распознавание символов
  connected-speech [connected-word] ~ распознавание слитной речи
  continuous speech ~ распознавание слитной речи
  dictation speech ~ распознавание (устной) речи
  digit ~ распознавание цифр
  electrooptical character ~ электрооптическое распознавание символов
  finger-print ~ опознавание отпечатков пальцев
  fractal ~ фрактальное опознавание (*напр. целей*)
  frequency-domain optical-pattern ~ оптическое распознавание образов в частотной области
  friend-foe ~ опознавание государственной принадлежности
  handwriting ~ распознавание рукописных документов
  handwritten digit ~ распознавание рукописных цифр
  hierarchical ~ иерархическое распознавание
  human face ~ опознавание человеческого лица
  iris ~ опознавание радужной оболочки (*человеческого глаза*)
  magnetic character ~ магнитное распознавание символов
  magnetic-ink character ~ распознавание символов, нанесённых магнитными чернилами
  mark ~ распознавание меток
  molecular ~ опознавание на молекулярном уровне
  neural pattern ~ нейроподобное распознавание образов
  optical character ~ оптическое распознавание символов
  optical coherence measure pattern ~ оптическое распознавание образов с измерением степени когерентности
  optical image ~ оптическое распознавание образов
  optical mark ~ оптическое распознавание меток
  pattern ~ распознавание образов
  phoneme ~ распознавание фонем
  pictorial-pattern ~ распознавание графических изображений
  radio ~ радиолокационное опознавание
  rotation-invariant optical pattern ~ оптическое распознавание образов, не чувствительное к повороту изображения
  shape ~ распознавание формы (*напр. изделий в робототехнике*)
  speaker ~ опознавание говорящего; идентификация говорящего
  speaker-dependent speech ~ распознавание речи с (предварительным) обучением по образцам речи конкретного пользователя
  speaker-independent speech ~ распознавание речи без (предварительного) обучения по образцам речи конкретного пользователя

speech ~ 1. распознавание речи 2. опознавание голоса
statistical pattern ~ статистическое распознавание образов
structural pattern ~ структурное распознавание образов
supervised pattern ~ адаптивное распознавание образов
syntactic pattern ~ синтаксическое распознавание образов
tachistoscopic ~ тахистоскопическое распознавание (*текста*), распознавание текста при быстром показе
target ~ опознавание целей; идентификация целей
text ~ распознавание текста
time-domain optical pattern ~ оптическое распознавание образов во временной области
unsupervised pattern ~ неадаптивное распознавание образов
voice ~ 1. опознавание голоса 2. распознавание речи
word ~ распознавание слов
zip code ~ распознавание почтового индекса
recognizability 1. *вчт* распознаваемость 2. *вчт*, *рлк* опознаваемость; идентифицируемость
recognizable 1. *вчт* распознаваемый 2. *вчт*, *рлк* опознаваемый; идентифицируемый
recognize 1. *вчт* распознавать 2. *вчт*, *рлк* опознавать; идентифицировать
recognizer 1. *вчт* устройство *или* программа распознавания, распознаватель 2. *вчт*, *рлк* устройство опознавания, опознаватель; устройство идентификации, идентификатор
automatic digit ~ устройство автоматического распознавания цифр
speech ~ 1. устройство распознавания речи 2. устройство опознавания голоса
recoil отдача; отскок; откат || испытывать отдачу; отскакивать; откатываться
recombination 1. рекомбинация (*1. рекомбинация электронов и ионов 2. рекомбинация электронов и дырок 3. рекомбинация свободных радикалов 4. оператор скрещивания в генетических алгоритмах*) 2. повторное объединение; переобъединение
adaptive ~ of classifiers адаптивное переобъединение классификаторов
Auger ~ рекомбинация Оже, оже-рекомбинация
band-edge [band-to-band] ~ межзонная [краевая] рекомбинация
bulk ~ объёмная рекомбинация
carrier ~ рекомбинация носителей
collisional ~ столкновительная рекомбинация
collisional-radiation ~ излучательная столкновительная рекомбинация
columnar ~ колончатая рекомбинация
dielectronic ~ двухэлектронная рекомбинация
direct ~ межзонная [краевая] рекомбинация
dissociative ~ диссоциативная рекомбинация
edge ~ межзонная [краевая] рекомбинация
electron-ion ~ электрон-ионная рекомбинация
emitter ~ рекомбинация в эмиттерной области
enhanced ~ усиленная рекомбинация
excitonic ~ экситонная рекомбинация
geminate ~ парная рекомбинация
hole-electron ~ электронно-дырочная рекомбинация
interfacial ~ рекомбинация на границе раздела
ion-electron ~ электрон-ионная рекомбинация
minority-carrier ~ рекомбинация неосновных носителей
monomolecular ~ мономолекулярная рекомбинация
multiple-level ~ рекомбинация при участии многих уровней
nonradiative ~ безызлучательная рекомбинация
phonon ~ фононная рекомбинация
plasma ~ рекомбинация плазмы
radiationless ~ безызлучательная рекомбинация
radiative ~ излучательная рекомбинация
single-level ~ рекомбинация через одиночный уровень
space-charge ~ рекомбинация пространственного заряда
steady ~ равновесная рекомбинация
stimulated [stimulating] ~ вынужденная [индуцированная] рекомбинация
surface ~ поверхностная рекомбинация
thermionic ~ термоэлектронная рекомбинация
trap(ping) ~ рекомбинация через центры захвата
volume ~ объёмная рекомбинация
recombine 1. рекомбинировать 2. объединять повторно; переобъединять
Recommendation:
  X ~s рекомендации серии X, описывающие стандарты сетей передачи данных документы МККТТ
recommutation перекоммутация; обратная коммутация
reconfigurable 1. (пере)конфигурируемый 2. реструктуризуемый; реконструируемый; перестраиваемый
in-circuit ~ с возможностью (динамического) внутрисхемного (пере)конфигурирования, (динамически) внутрисхемно (пере)конфигурируемый
reconfiguration 1. переконфигурирование; повторное конфигурирование 2. реструктуризация; реконструкция; перестройка
business process ~ метод реструктуризации предпринимательской деятельности с переориентацией на процессы, концепция BPR, *проф.* реинжениринг бизнес-процессов
reconnaissance 1. разведка 2. обзор
communication ~ разведка средств связи
electromagnetic ~ разведка источников электромагнитного излучения
electronic search ~ поисковая радиоэлектронная разведка
ferret ~ радиотехническая разведка с помощью самолётов-разведчиков
radar ~ радиолокационная разведка
reconnect 1. повторно соединять(ся); пересоединять(ся); повторно объединять(ся); переобъединять(ся); повторно сообщаться 2. повторно связывать(ся) (*напр. по телефону*); повторно сообщаться; повторно устанавливать связь (*напр. телефонную*) 3. повторно устанавливать (электрический) контакт; повторно соединять; пересоединять; повторно подключать (*напр. к источнику электропитания*)
reconnection 1. повторное соединение; пересоединение (*результат или процесс*); повторное объединение; переобъединение (*результат или процесс*)

reconnection

2. повторная связь; повторное установление связи (*напр. телефонной*) 3. повторное установление (электрического) контакта; повторная реализация (электрического) соединения; повторное подключение (*напр. к источнику электропитания*)

~ **in neutral [null] point** (магнитное) пересоединение в нулевой [нейтральной] точке

~ **of antiparallel magnetic fields** пересоединение противонаправленных магнитных силовых линий

collisionless ~ бесстолкновительное (магнитное) пересоединение (*в плазме*)

fan ~ веерное (магнитное) пересоединение (*в плазме*)

global ~ глобальное (магнитное) пересоединение (*в плазме*)

induced ~ индуцированное [вынужденное] (магнитное) пересоединение (*в плазме*)

kinematic ~ кинематическое (магнитное) пересоединение (*в плазме*)

linear ~ линейное (магнитное) пересоединение (*в плазме*)

local ~ локальное (магнитное) пересоединение (*в плазме*)

magnetic ~ пересоединение магнитных силовых линий, *проф.* магнитное пересоединение (*в плазме*)

resistive ~ резистивное (магнитное) пересоединение (*в плазме*)

spine ~ (магнитное) пересоединение на спайне, (магнитное) пересоединение на шипе (*в плазме*)

spontaneous ~ спонтанное (магнитное) пересоединение (*в плазме*)

three-dimensional ~ трёхмерное (магнитное) пересоединение (*в плазме*)

turbulent ~ турбулентное (магнитное) пересоединение (*в плазме*)

reconnoitre 1. производить разведку; разведывать 2. производить обзор

reconstruct 1. реконструировать; перестраивать; преобразовывать 2. восстанавливать

reconstruction 1. реконструкция; перестройка; преобразование 2. восстановление

attractor ~ преобразование аттрактора

broadband holographic ~ широкополосное восстановление волнового фронта

carrier ~ восстановление несущей

coherent-light ~ восстановление волнового фронта при освещении голограммы источником когерентного света

computed hologram ~ цифровое восстановление волнового фронта

data ~ восстановление информации

hologram ~ восстановление волнового фронта

microwave ~ восстановление волнового фронта в СВЧ-диапазоне

multicolor wavefront ~ восстановление многоцветного волнового фронта

optical ~ оптическое восстановление волнового фронта

real-time ~ восстановление волнового фронта в реальном масштабе времени

wavefront ~ восстановление волнового фронта

white-light ~ восстановление волнового фронта при освещении голограммы источником белого света

reconstructor преобразователь

dynamic spatial ~ динамический преобразователь рентгеноскопических данных в видимое трёхмерное изображение

reconversion 1. обратное преобразование; обратное превращение; обратная трансформация 2. обратное преобразование частоты 3. *вчт* обратная перекодировка; возврат к исходному способу представления данных 4. повторное обращение; возврат к исходному

record 1. запись (*1. процесс записи, отображение и фиксация информативных сигналов на носителе данных или в запоминающей среде 2. результат записи, отображённая и зафиксированная на носителе данных или в запоминающей среде информация 3. единица обмена данными между программой и внешней памятью 4. структурированная совокупность данных в базах данных 5. структурированный тип данных в языках высокого уровня*) 2. записывать, отображать и фиксировать информативные сигналы на носителе данных *или* в запоминающей среде 3. сигналограмма 4. грампластинка 5. зона записи (*на магнитной ленте*) 6. регистрация || регистрировать 7. учёт || учитывать 8. клавиша *или* кнопка «Запись» (*напр. видеомагнитофона*) 9. (фактические) данные; факты 10. (официальный) документ; протокол; отчёт

~ **of keystrokes** последовательность нажатия клавиш

activation ~ фрейм стека, блок данных о переменных в области действия идентификатора и о связях, *проф.* запись активации

active ~ *вчт* активная запись

addition ~ добавляемая запись (*в базах данных*)

allocation ~ *вчт* закреплённая запись

amendment ~ запись файла изменений

blocked ~ *вчт* блочная запись

boot ~ загрузочная запись (*напр. на жёстком магнитном диске*)

butt-joined ~ запись (*на магнитной ленте*), монтируемая методом склейки ленты встык

call detail ~**s** *млф* регистрация вызовов

chained ~ *вчт* цепная запись

change ~ запись файла изменений

check-point ~ *вчт* запись контрольной точки

compatible ~ совместимая грампластинка

control ~ *вчт* управляющая запись

cross-faded ~ запись (*на магнитной ленте*), монтируемая методом наложения

current ~ *вчт* текущая запись

data ~ запись данных (*1. процесс записи 2. часть структуры данных, напр. файла*)

deleted ~ *вчт* удалённая запись

deletion ~ запись на месте удаляемой записи, *проф.* запись поверх

disk ~ грампластинка

duplicated ~ дублирующая запись, запись-копия

fine-groove ~ 1. запись на диск с узкой канавкой, микрозапись 2. долгоиграющая грампластинка

fixed-length ~ *вчт* запись фиксированной длины

formatted ~ *вчт* запись выбранного формата

forty-five (rpm) ~ грампластинка для воспроизведения со скоростью 45 об/мин

four-channel ~ 1. четырёхканальная запись 2. квадрафоническая грампластинка

recorder

frequency ~ измерительная грампластинка
gramophone ~ грампластинка
headed ~ *вчт* заглавная запись
header ~ *вчт* запись-заголовок
history ~ *вчт* запись предыстории
home ~ *вчт* начальная запись
laminated ~ слоистая грампластинка
large-groove ~ запись на диск с широкой канавкой
logical ~ *вчт* логическая запись
long-play ~ 1. режим работы (видеомагнитофона) с удвоенным временем записи и воспроизведения 2. долгоиграющая грампластинка
lp ~ *см.* **long-play record**
master ~ 1. главная запись 2. оригинал записи
master boot ~ главная загрузочная запись (*напр. на жёстком магнитном диске*)
master phonograph ~ первый металлический оригинал фонограммы, первый оригинал
matrix ~ матричная грампластинка
microgroove ~ 1. запись на диск с узкой канавкой, микрозапись 2. долгоиграющая грампластинка
monaural ~ монофоническая запись
overflow ~ *вчт* запись в область переполнения
parent ~ *вчт* родительская запись
personal ~ личное дело
physical ~ *вчт* физическая запись
primary ~ *вчт* первичная запись
quadraphonic ~ квадрафоническая запись
resource ~ 1. *вчт* запись ресурса 2. учёт ресурсов
root ~ *вчт* корневая запись
sales ~ учёт продаж
semi-fixed ~ *вчт* запись ограниченной длины
service ~ 1. *вчт* служебная запись 2. трудовая книжка
single-groove ~ стереофоническая запись
sorted ~ *вчт* сортированные записи
spanned ~ сцепленная запись
standard ~ стандартный режим работы (видеомагнитофона), режим работы (видеомагнитофона) без удвоения времени записи и воспроизведения
stereo ~ стереофоническая грампластинка, стереопластинка
target ~ *вчт* целевая запись
telemetering ~ запись телеметрической информации
test ~ 1. тестовая запись 2. измерительная грампластинка
trailer ~ *вчт* завершающая запись
transaction ~ *вчт* запись транзакции; управляющая запись
trial ~ пробная запись
U-format [U-mode] ~ *вчт* запись неопределённой длины
unblocked ~ несбалансированная запись
undefined-length ~ *вчт* запись неопределённой длины
unit ~ единичная запись; элементарная запись
variable-length ~ *вчт* запись переменной длины
variant ~ *вчт* вариантная запись
V-format [V-mode] ~ *вчт* запись переменной длины
recorder 1. устройство записи, записывающее устройство, *проф.* пишущее устройство 2. рекордер 3. регистратор; регистрирующее устройство; регистрирующий прибор 4. самопишущий измерительный прибор, самописец 5. *вчт* блокфлейта (*музыкальный инструмент из набора General MIDI*)
airborne profile ~ бортовой самолётный радиопрофилометр, радиовысотомер с самописцем
audio ~ 1. устройство звукозаписи 2. рекордер 3. магнитофон
audio tape ~ магнитофон
automatic digital-data error ~ автоматический регистратор ошибок при передаче цифровых данных
battery cassette ~ батарейный кассетный магнитофон (*с двухкатушечной кассетой*)
binaural ~ стереофонический магнитофон
camera ~ камкордер, видеокамера с встроенным видеомагнитофоном
cassette (tape) ~ кассетный магнитофон (*с двухкатушечной кассетой*)
cathode-ray tube ~ устройство записи на ЭЛТ
CD-ROM ~ устройство записи на диски (формата) CD-ROM
chart ~ диаграммный самописец
code ~ устройство записи кодированных сообщений
COM ~ 1. *см.* **computer output to microfiche recorder** 2. *см.* **computer output to microfilm recorder**
compact cassette ~ кассетный магнитофон (*с двухкатушечной кассетой*)
compliant ~ удобное в обращении устройство записи (*напр. на компакт-диски*)
component video tape ~ видеомагнитофон с компонентным видео, видеомагнитофон с двумя раздельными каналами для сигналов яркости и цветности
composite video tape ~ видеомагнитофон с композитным видео, видеомагнитофон с одним каналом для объединённых сигналов яркости и цветности
computer output to microfiche ~ устройство записи данных с выхода компьютера на микрофиши
computer output to microfilm ~ устройство записи данных с выхода компьютера на микрофильмы, устройство для компьютерного микрофильмирования
consumer ~ бытовой магнитофон; бытовой видеомагнитофон
DAT ~ *см.* **digital audio tape recorder**
data ~ устройство записи данных; регистратор данных
digital ~ 1. устройство записи цифровых данных; цифровой регистратор 2. цифровой магнитофон
digital audio tape ~ цифровой магнитофон формата DAT, DAT-магнитофон
digital sound ~ 1. цифровое устройство звукозаписи 2. цифровой магнитофон
digital video cassette ~ цифровой видеомагнитофон для компакт-кассет (формата) DVC
digital video tape ~ цифровой видеомагнитофон
direct-action [direct-writing] ~ устройство записи прямого действия
discharge ~ устройство записи грозовых разрядов
disk ~ 1. станок механической записи 2. устройство записи на диски
double pinch-roller tape ~ магнитофон с замкнутой (одновальной реверсивной) рабочей зоной с двумя прижимными роликами

245

double-track tape ~ двухдорожечное устройство записи
drum ~ барабанное синтезирующее факсимильное устройство
dual-track tape ~ двухдорожечное устройство записи
dubbing ~ 1. магнитофон с устройством частичного наложения записи 2. двухкассетный магнитофон с возможностью копирования записей
DVD ~ устройство записи на диски (формата) DVD
editing video tape ~ монтажный видеомагнитофон
electromechanical ~ устройство электромеханической записи
electron-beam ~ устройство записи электронным лучом
facsimile ~ синтезирующее факсимильное устройство
film ~ 1. устройство для фотографирования изображений с экрана дисплея 2. устройство для записи сигналов на киноплёнку
fixed-head ~ видеомагнитофон с неподвижными головками
flat-bed ~ планшетный самописец
flight ~ бортовой самописец самолёта, *проф.* «чёрный ящик»
four-head ~ четырёхголовочный видеомагнитофон
galvanometer ~ гальванометрическое устройство (фотографической) записи
half-track tape ~ двухдорожечное устройство записи
helical video tape ~ видеомагнитофон с наклонно-строчной записью
image ~ 1. устройство для записи изображений 2. видеомагнитофон
indirect-action ~ устройство записи косвенного действия
input ~ входное устройство записи
instrumentation ~ устройство записи показаний контрольно-измерительной аппаратуры
isolated-loop tape ~ магнитофон с замкнутой (одновальной реверсивной) рабочей зоной с двумя прижимными роликами
kine [kinescope] ~ устройство записи телевизионных программ с экрана приёмной трубки
laser ~ лазерное устройство записи
lightning ~ регистратор атмосферных помех
longitudinal video tape ~ видеомагнитофон с продольной записью
macro ~ макрорегистратор, программа записи макрокоманд для расширения функциональных возможностей клавиатуры
magnetic tape ~ 1. устройство для магнитной записи 2. магнитофон 3. видеомагнитофон
magnetic television tape ~ студийный видеомагнитофон
magnetic wire ~ устройство записи на магнитную проволоку
mechanical ~ 1. электромеханическое устройство записи 2. электромеханический счётчик
monaural [monophonic] ~ монофонический магнитофон
multichannel ~ многоканальное устройство записи
multiheaded video tape ~ многоголовочный видеомагнитофон
multipen ~ многоперьевой самописец

multiple-styli ~ устройство записи с блоком записывающих игл
multiple-track ~ многодорожечный магнитофон
multiple x-y ~ многоканальный двухкоординатный самописец
multitrack ~ многодорожечный магнитофон
optical sound ~ устройство фотографической звукозаписи (*для озвучивания кинофильмов*)
packet writing ~ устройство для пакетной записи на компакт-диск (*с возможностью записи трека по частям*)
pen ~ перьевой самописец
personal video ~ персональный видеопроигрыватель [персональный видеоплеер] с функцией записи (*для видеодисков*)
photoelectric ~ устройство фотоэлектрической записи
photographic sound ~ устройство фотографической звукозаписи (*для озвучивания кинофильмов*)
portable tape ~ портативный магнитофон
printing ~ печатающее регистрирующее устройство
quadruplex video tape ~ четырёхголовочный видеомагнитофон
radiosonde ~ регистрирующее устройство радиозонда
reel-to-reel ~ катушечный магнитофон
rollback ~ магнитофон с возможностью записи при (ускоренной) обратной перемотке (*с полным стиранием предшествующей записи*)
self-balancing ~ устройство записи с автобалансировкой
single-channel ~ одноканальное устройство записи
single-head tape ~ 1. одноголовочный магнитофон 2. одноголовочный видеомагнитофон
single-head video tape ~ одноголовочный видеомагнитофон
single-track ~ однодорожечный магнитофон
siphon ~ *тлг* ондулятор с сифонной подачей чернил
six-head video tape ~ шестиголовочный видеомагнитофон
sound ~ 1. устройство звукозаписи 2. рекордер 3. магнитофон
sound-film ~ устройство фотографической звукозаписи (*для озвучивания кинофильмов*)
statistical data ~ регистратор статистических данных
stereophonic ~ стереофонический магнитофон
stereo radio cassette ~ стереофоническая кассетная магнитола
stop-motion TV ~ устройство записи телевизионных изображений с фиксацией выбранных фрагментов
strip-chart ~ ленточный самописец
studio tape ~ студийный магнитофон
tape ~ 1. устройство записи на магнитную ленту 2. магнитофон
television ~ устройство записи телевизионных программ с экрана приёмной трубки
terrain profile ~ бортовой самолётный радиопрофилометр, радиовысотомер с самописцем
time-lapse video ~ видеомагнитофон, работающий в близком к покадровому режиме с длительными паузами (*для видеозаписи медленно протекающих процессов*)

transverse video tape ~ видеомагнитофон с поперечно-строчной записью
twin-capstan tape ~ магнитофон с двумя ведущими валами
two-head tape ~ двухголовочный магнитофон
two-head video tape ~ двухголовочный видеомагнитофон
ultraviolet ~ устройство фотографической записи УФ-изображений
video ~ 1. видеомагнитофон 2. устройство записи на видеодиск
videocassette ~ кассетный видеомагнитофон
videocassette /digital sound ~ видеомагнитофон с приставкой для цифровой записи звука
video disk ~ устройство записи на видеодиски
videotape ~ видеомагнитофон
wire ~ устройство записи на магнитную проволоку
x-y ~ двухкоординатный самописец

recorder/reproducer 1. устройство записи/воспроизведения 2. магнитофон
  cassette(-type) ~ кассетный магнитофон (*с двухкатушечной кассетой*)
  reel-to-reel ~ катушечный магнитофон

recording 1. запись (*1. процесс записи, отображение и фиксация информативных сигналов на носителе данных или в запоминающей среде 2. результат записи, отображённая и зафиксированная на носителе данных или в запоминающей среде информация 3. акт записи, совокупность действий исполнителей и технического персонала студии в процессе записи*) 2. сигналограмма 3. грампластинка; магнитная лента (*с записью*); аудио- или видеокассета (*с записью*); аудио- или видеодиск (*с записью*) 4. регистрация 5. зависимость *или* кривая, полученная с помощью самописца 6. учёт ◊ ~ **with alternating-field biasing** запись с подмагничиванием переменным полем; ~ **with HF-biasing** запись с ВЧ-подмагничиванием
  ~ **of sound** звукозапись
  ablative ~ запись (*на компакт-диск*) методом абляции (*с использованием рабочего слоя из легкоплавких сплавов*)
  AC bias ~ запись с подмагничиванием переменным полем
  advanced digital ~ 1. усовершенствованная технология цифровой записи на (магнитную) ленту, технология цифровой записи на (магнитную) ленту в (кассетном) формате ADR 2. (кассетный) формат ADR для цифровой записи на (магнитную) ленту 3. кассета для (магнитной) ленты (формата) ADR 4. (магнитная) лента для цифровой записи в (кассетном) формате ADR, (магнитная) лента (формата) ADR 5. лентопротяжный механизм для (магнитной) ленты (формата) ADR 6. (запоминающее) устройство для резервного копирования (данных) на (магнитную) ленту (формата) ADR
  alloy formation ~ запись (*на компакт-диск*) методом образования *или* изменения состава сплава
  analog ~ аналоговая запись
  audio ~ звукозапись
  azimuthal ~ азимутальная запись
  azo dye facsimile ~ синтез факсимильного изображения методом азопечатания
  black ~ негативная запись
  boot ~ загрузочная запись (*напр. на жёстком магнитном диске*)
  bubble formation ~ 1. запись (*на компакт-диск*) методом образования пузырьков (*в рабочем слое*) 2. термомагнитная запись (*на магнитооптический диск*)
  carbon-pressure ~ электромеханическая запись на бумагу с графитовым покрытием
  CD-4 (system) disk ~ грампластинка с дискретной [полной] квадрафонической записью, квадрафоническая грампластинка с записью по системе 4—4—4
  color change ~ запись (*на компакт-диск*) методом изменения цвета (*материала рабочего слоя*)
  compensation-point (thermomagnetic) ~ (термомагнитная) запись в точке компенсации
  constant-amplitude ~ запись с постоянной амплитудой
  constant-velocity ~ запись с постоянной колебательной скоростью
  Curie-point (thermomagnetic) ~ (термомагнитная) запись в точке Кюри
  digital ~ цифровая запись
  digital disk ~ цифровая механическая запись
  digital sound ~ цифровая запись звука (*на диск или магнитную ленту*)
  direct ~ 1. *тлг* открытая запись 2. прямая запись
  discrete ~ квадрафоническая запись дискретным методом
  disk ~ 1. механическая запись 2. грампластинка
  dual-track ~ двухдорожечная запись
  dye polymer ~ запись (*на компакт-диск*) с использованием рабочего слоя из полимерных красителей
  easy auto CD ~ система автоматического копирования содержимого компакт-диска на кассету с использованием автореверса (*в CD-магнитолах*)
  electrochemical ~ электрохимическая запись
  electrographic ~ электрографическая запись
  electrolytic ~ электролитическая запись
  electromechanical ~ электромеханическая запись
  electron-beam ~ запись электронным лучом
  electrostatic ~ электростатическая запись
  electrothermal ~ электротермическая запись
  embossed-groove ~ рельефная запись
  facsimile ~ синтез факсимильного изображения
  fan-beam ~ запись веерным лучом
  FM ~ запись с частотной модуляцией
  four-channel disk ~ четырёхканальная грамзапись
  four-track ~ четырёхдорожечная запись
  frequency-modulation ~ запись с частотной модуляцией
  frost ~ запись с замораживанием изображения (*на фотопроводящем термопласте*)
  full-track ~ однодорожечная запись (*по всей ширине магнитной ленты*)
  group-coded ~ запись с групповым кодированием, запись методом GCR
  half-track ~ двухдорожечная запись
  helical (scan) ~ наклонно-строчная запись
  high-density digital ~ цифровая запись с высокой плотностью
  hill-and-dale ~ 1. цифровая механическая запись 2. глубинная запись
  holographic ~ голографическая запись

recording

ID-less ~ запись без идентификаторов (*напр. на жёсткий магнитный диск*)
ink-vapor ~ синтез факсимильного изображения методом пульверизации
instantaneous ~ запись с прямым воспроизведением
kinescope ~ запись телевизионных программ с экрана приёмной трубки
lacquer ~ запись на лаковый диск
lateral ~ поперечная запись
line-scan ~ строчная запись
logical ~ *вчт* логическая запись
longitudinal ~ продольная запись
longitudinal video ~ продольная видеозапись
magnetic ~ магнитная запись
magnetooptical ~ термомагнитная запись (*на магнитооптический диск*)
magnetostatic ~ магнитостатическая запись
mail exchange ~ запись обмена сообщениями электронной почты, МХ-запись
master ~ 1. главная запись 2. оригинал записи
master boot ~ главная загрузочная запись (*напр. на жёстком магнитном диске*)
matrix ~ квадрафоническая запись матричным методом
mechanical ~ механическая запись
microwave hologram ~ запись СВЧ-голограмм
mist ~ синтез факсимильного изображения методом пульверизации
mono ~ монофоническая запись
multitrack ~ многодорожечная запись
MX ~ *см.* mail exchange record
nature ~ запись прямой передачи
near-field ~ термомагнитная запись методом ближнего поля
nonreturn-to-zero ~ запись без возвращения к нулю, БВН-запись
optical ~ оптическая запись
outdoor ~ внестудийная запись
perpendicular ~ глубинная запись
phase change ~ запись (*напр. на компакт-диск*) методом фазовых переходов (*в материале рабочего слоя*)
phase-encoded ~ запись с фазовым кодированием
phase transition ~ запись (*напр. на компакт-диск*) методом фазовых переходов (*в материале рабочего слоя*)
photographic ~ фотографическая запись
photosensitive ~ 1. фотографическая звукозапись (*для озвучивания кинофильмов*) 2. фотографическая запись
physical ~ *вчт* физическая запись
polarized ~ полярная запись
pulse ~ импульсная запись
quadraphonic ~ квадрафоническая запись, квадразапись
quadruplex ~ четырёхголовочная запись
quarter-track ~ четырёхдорожечная запись
reference ~ контрольная запись
return-to-zero ~ запись с возвращением к нулю, ВН-запись
segment ~ сегментная запись
sine-wave ~ запись гармонического сигнала
sound ~ звукозапись
sound-on-film ~ фотографическая звукозапись (*для озвучивания кинофильмов*)
sound-on-sound ~ наложение (*в звукозаписи*)
source ~ исходная запись
stereo ~ стереофоническая запись
stereodisk ~ 1. стереофоническая запись 2. стереофонический аудиодиск 3. стереофоническая механическая запись 4. стереофоническая грампластинка
strip-chart ~ запись на бумажную ленту
television film ~ запись телевизионных программ с экрана приёмной трубки
texture change ~ запись (*на компакт-диск*) методом изменения текстуры (*материала рабочего слоя*)
thermal ~ термическая запись, термозапись
thermomagnetic ~ термомагнитная запись
thermoplastic ~ термопластическая запись
transverse ~ поперечно-строчная запись
two-head ~ двухголовочная запись
two-track ~ двухдорожечная запись
vertical ~ глубинная запись
vertical-lateral ~ поперечно-глубинная запись
video ~ видеозапись
video tape ~ видеозапись на магнитную ленту
voice operated ~ запись с голосовым [речевым] управлением
white ~ позитивная запись
wire ~ запись на магнитную проволоку
xerographic ~ ксерографическая запись
zoned (bit) ~ зонированная запись (*на магнитный диск*)

recordist 1. оператор видео- или звукозаписи 2. инженер видео- *или* звукозаписи
recover 1. восстанавливать(ся), возвращать(ся) в исходное состояние, регенерировать(ся) 2. регенерировать, возвращать исходные качества 3. рекуперировать, возвращать для повторного использования
recoverability 1. восстанавливаемость (*напр. файла*) 2. исправимость (*напр. ошибки*); устранимость (*напр. неисправности*) 3. возможность регенерации 4. возможность рекуперирования
recoverable 1. восстанавливаемый (*напр. файл*) 2. исправимый (*напр. об ошибке*); устранимый (*напр. о неисправности*) 3. регенерируемый, допускающий регенерацию 4. рекуперируемый, допускающий рекуперацию
recovery 1. восстановление, возврат в исходное состояние, регенерация 2. исправление (*напр. ошибки*); устранение (*напр. неисправности*) 3. регенерация, возврат исходных качеств 4. рекуперация, возврат для повторного использования
~ **of electric strength** восстановление электрической прочности
bit-timing ~ восстановление тактовой синхронизации символов
boot block ~ *вчт* восстановление блока загрузки (*в BIOS*)
carrier ~ восстановление несущей
clock ~ восстановление тактовой синхронизации символов
design ~ обратное конструирование; восстановление конструкции, структуры *или* алгоритма (*по готовому образцу*)
error ~ 1. восстановление при ошибке 2. исправление ошибки

rectifier

failure ~ 1. восстановление при отказе 2. устранение отказа
file ~ восстановление (*удалённых*) файлов
forward ~ *пп* прямое восстановление
image information ~ восстановление изображения
power-fail ~ 1. восстановление при отказе в системе (электро)питания 2. устранение отказа в системе питания
reverse ~ *пп* обратное восстановление
symbol-timing ~ восстановление тактовой синхронизации символов

recrystallization рекристаллизация
   graphoepitaxlal ~ графоэпитаксиальная рекристаллизация

rectangle 1. прямоугольник (*1. геометрическая фигура 2. инструмент для рисования прямоугольников в графических редакторах*) 2. *вчт* баннер [рекламное окно] формата «прямоугольник» (*180×150 пикселей*)
   character ~ *вчт* символьный прямоугольник; ячейка [матрица] символа
   large ~ баннер [рекламное окно] формата «большой прямоугольник» (*336×280 пикселей*)
   medium ~ баннер [рекламное окно] формата «средний прямоугольник» (*300×550 пикселей*)
   rounded ~ прямоугольник со скруглёнными углами (*1. геометрическая фигура 2. инструмент для рисования прямоугольников со скруглёнными углами в графических редакторах*)
   vertical ~ баннер [рекламное окно] формата «вертикальный прямоугольник» (*240×400 пикселей*)

rectangular прямоугольный
rectangularity прямоугольность
rectenna антенна-выпрямитель, антенна с встроенным выпрямителем

rectification 1. выпрямление 2. детектирование 3. исправление (*напр. ошибок*) 4. определение длины кривой
   barrier-layer ~ *пп* выпрямление на обеднённом слое
   depletion-layer ~ *пп* выпрямление на обеднённом слое
   diode ~ диодное детектирование
   full-wave ~ двухполупериодное выпрямление
   half-wave ~ однополупериодное выпрямление
   linear ~ линейное детектирование
   optical ~ оптическое детектирование
   synchronous ~ синхронное детектирование

rectifier 1. выпрямитель 2. *пп* диод ◊ ~ **with resistance load** выпрямитель с резистивной нагрузкой
   arc ~ ртутный вентиль
   asymmetric silicon-controlled ~ асимметричный однооперационный триодный тиристор, асимметричный однооперационный тринистор
   avalanche ~ 1. выпрямитель на эффекте лавинного пробоя 2. лавинный диод
   avalanche silicon-controlled ~ лавинный однооперационный триодный тиристор, лавинный однооперационный тринистор
   barrier-film [barrier-layer, barrier-level] ~ поликристаллический выпрямитель
   battery-charger ~ выпрямитель для зарядки аккумуляторов
   bias ~ выпрямитель для питания цепей смещения
   biphase ~ двухполупериодный выпрямитель
   blocking-layer ~ поликристаллический выпрямитель
   bridge ~ мостовой выпрямитель
   cascade ~ каскадный выпрямитель
   charging ~ выпрямитель для зарядки (*напр. аккумуляторов*)
   chemical ~ электролитический выпрямитель
   cold-cathode ~ выпрямитель на лампе с холодным катодом
   contact ~ поликристаллический выпрямитель
   controlled ~ управляемый выпрямитель
   controlled avalanche ~ 1. управляемый выпрямитель на эффекте лавинного пробоя 2. лавинный однооперационный триодный тиристор, лавинный однооперационный тринистор
   controlled mercury-arc ~ управляемый ртутный вентиль
   copper-oxide ~ меднооксидный выпрямитель
   copper-sulfide ~ сульфидмедно-магниевый выпрямитель
   crystal ~ полупроводниковый диод
   diffused-junction ~ диффузионный диод
   diode ~ диодный выпрямитель
   dry-disk [dry-plate] ~ поликристаллический выпрямитель
   electrolytic ~ электролитический выпрямитель
   electronic ~ электронный выпрямитель
   fast ~ быстродействующий выпрямитель
   forward-biased ~ диод с прямым смещением перехода, прямосмещённый диод
   full-wave ~ двухполупериодный выпрямитель
   gas-filled ~ выпрямитель на газотроне тлеющего разряда
   gate-controlled ~ однооперационный триодный тиристор, однооперационный тринистор
   gate-turnoff silicon-controlled ~ двухоперационный триодный тиристор, двухоперационный тринистор
   germanium ~ германиевый выпрямительный диод
   glow-discharge [glow-tube] ~ выпрямитель на лампе тлеющего разряда
   Gratz ~ трёхфазный двухполупериодный выпрямитель
   grid-controlled (mercury-arc) ~ ртутный вентиль с сеточным управлением
   GTO silicon-controlled ~ *см.* gate-turnoff silicon-controlled rectifier
   half-wave ~ однополупериодный выпрямитель
   high-current ~ мощный выпрямитель
   high-vacuum ~ выпрямитель на электровакуумной лампе
   high-voltage ~ высоковольтный выпрямитель
   hot-cathode ~ выпрямитель на газотроне
   ignitron ~ игнитронный выпрямитель
   iron-selenium ~ селеновый выпрямитель
   junction ~ поликристаллический выпрямитель
   light-activated silicon-controlled ~ фототиристор
   linear ~ линейный выпрямитель
   magnesium-copper sulfide ~ сульфидмедно-магниевый выпрямитель
   magnitude-controlled ~ тиратронный выпрямитель
   mechanical ~ механический выпрямитель
   mercury-arc [mercury-vapor] ~ ртутный вентиль

rectifier

metallic ~ поликристаллический выпрямитель
n-type crystal ~ поликристаллический выпрямитель с полупроводником *n*-типа
pendulum ~ вибрационный выпрямитель
planar silicon-controlled ~ планарный однооперационный триодный тиристор, планарный однооперационный тринистор
point-contact ~ точечный диод
polyphase ~ многофазный выпрямитель
pool-cathode mercury-arc ~ ртутный вентиль на лампе с жидким катодом
power ~ мощный выпрямитель
p-type crystal ~ поликристаллический выпрямитель с полупроводником *p*-типа
punch-through ~ *пп* выпрямитель на эффекте смыкания
reverse-biased ~ диод с обратным смещением перехода, обратносмещённый диод
selenium ~ селеновый выпрямитель
semiconductor ~ поликристаллический выпрямитель
silicon ~ кремниевый выпрямитель
silicon-controlled ~ однооперационный триодный тиристор, однооперационный тринистор
single-phase ~ однофазный выпрямитель
solid electrolytic ~ поликристаллический выпрямитель
tantalum ~ танталовый выпрямитель
thermionic ~ выпрямитель на электронной лампе с термокатодом
three-phase ~ трёхфазный выпрямитель
thyratron ~ тиратронный выпрямитель
thyristor ~ тиристорный выпрямитель
tungar ~ выпрямитель на аргоновом газотроне низкого давления
vacuum-tube ~ выпрямитель на электровакуумной лампе
vapor ~ ртутный вентиль
vibrating-reed [vibrator] ~ вибрационный выпрямитель
voltage-doubler ~ выпрямитель с удвоением напряжения
voltage-multiplier ~ выпрямитель с умножением напряжения

rectify 1. выпрямлять 2. детектировать 3. исправлять (*напр. ошибки*) 4. определять длину кривой
rectigion газотрон высокого давления
rectilinear прямолинейный
recto правая [нечётная] страница (*печатного издания*)
recuperate 1. рекуперировать, возвращать для повторного использования 2. восстанавливать(ся), возвращать(ся) в исходное состояние, регенерировать(ся) 3. регенерировать, возвращать исходные качества
recuperation 1. рекуперация, возврат для повторного использования 2. восстановление, возврат в исходное состояние, регенерация 3. регенерация, возврат исходных качеств
recur 1. (многократно) повторяться 2. происходить в обратной последовательности; возвращаться 3. *вчт* обращаться к себе самой (*о программе*)
recurrence 1. (многократное) повторение 2. обратная последовательность событий; возврат 3. *вчт* рекурсия, обращение к себе самой (*о программе*)
recurrent 1. (многократно) повторяющийся 2. *вчт* рекуррентный 3. происходящий в обратной последовательности; возвратный 4. *вчт* рекурсивный
recursion *вчт* 1. рекурсия 2. рекуррентная формула; рекуррентное соотношение
conditional ~ условная рекурсия
double ~ двойная рекурсия
limited ~ ограниченная рекурсия
multiple ~ многократная рекурсия
nested ~ рекурсия с вложенными циклами
primitive ~ примитивная однократная рекурсия
restricted ~ ограниченная рекурсия
shifted ~ сдвинутая рекурсия
structural ~ структурная рекурсия
tail ~ концевая рекурсия
transfinite ~ трансфинитная рекурсия
unnested ~ рекурсия без вложенных циклов
recursive *вчт* 1. рекурсивный 2. рекуррентный
recyclability 1. допустимость возврата в исходное состояние, способность к возврату в исходное состояние 2. допустимость повторного цикла 3. допустимость повторной зарядки, перезаряжаемость (*напр. аккумулятора*) 4. пригодность для повторного использования, пригодность для использования в качестве вторичного сырья 5. трансформируемость; преобразуемость
recyclable 1. допускающий возврат в исходное состояние, возвращаемый в исходное состояние 2. допускающий повторный цикл 3. допускающий повторную зарядку, перезаряжаемый (*напр. аккумулятор*) 4. пригодный для повторного использования; используемый в качестве вторичного сырья 5. трансформируемый; преобразуемый
recycle 1. возврат в исходное состояние ‖ возвращать в исходное состояние 2. повторный цикл ‖ повторять цикл 3. повторная зарядка (*напр. аккумулятора*) ‖ заряжать повторно (*напр. аккумулятор*) 4. повторное использование; использование в качестве вторичного сырья ‖ использовать повторно; использовать в качестве вторичного сырья 5. трансформация; преобразование ‖ трансформировать; преобразовывать
red 1. красный, К, R (*основной цвет в колориметрической системе RGB и цветовой модели RGB*) 2. сигнал красного (цвета), К-сигнал, R-сигнал
redeclaration *вчт* 1. повторное описание 2. повторное определение; переопределение
redeposition *микр.* повторное осаждение
red-green-blue 1. колориметрическая система «красный – зелёный – синий», колориметрическая система КЗС, колориметрическая система RGB 2. цветовая модель RGB 3. красный, зелёный, синий; КЗС; RGB (*основные цвета в колориметрической системе RGB и цветовой модели RGB*) 4. сигналы цветности RGB (*в камерах с компонентным видеосигналом*) 5. камерный канал RGB
redial *тлф* 1. повторное установление соединения; автоматическое повторное установление соединения ‖ устанавливать соединение повторно; автоматически устанавливать соединение повторно 2. повторный набор номера; повторный вызов (*абонента*) ‖ повторно набирать номер; повторно вызывать (*абонента*)
automatic ~ *тлф* 1. автоматическое повторное установление соединения 2. автоматический по-

reduction

вторный набор номера; автоматический повторный вызов

extended ~ повторный набор номера из хранящегося в памяти (*телефонного аппарата*) списка

redialing *тлф* 1. повторное установление соединения; автоматическое повторное установление соединения 2. повторный набор номера; повторный вызов (*абонента*)

redirect 1. перенаправлять 2. *вчт* переназначать

redirection 1. перенаправление 2. *вчт* переназначение
  data-flow ~ перенаправление потоков данных
  input/output ~ переназначение ввода/вывода
  I/O ~ *см.* input/output redirection

redirector *вчт* редиректор (*1. программа перенаправления потоков данных 2. утилита для указания адреса ресурса в сети по запросу прикладных программ*)

redisplay выводить (*напр. изображение*) на экран дисплея повторно

redistribute перераспределять

redistribution перераспределение
  secondary electron ~ перераспределение вторичных электронов (*в запоминающей ЭЛТ*)

redlining *вчт* выделение добавленного текста (*в текстовых процессорах*)

redo *вчт* 1. повторять, выполнять повторно || повторение, повторное выполнение (*операции или команды после отката*) 2. команда повторения, команда повторного выполнения (*операции или команды после отката*) 3. позиция экранного меню для вызова команды повторного выполнения

redraw *вчт* 1. перерисовывать; обновлять рисунок *или* изображение (*на экране дисплея*) 2. команда перерисовывания, команда обновления рисунка *или* изображения (*на экране дисплея*) 3. позиция экранного меню для вызова команды перерисовывания, позиция экранного меню для вызова команды обновления рисунка *или* изображения (*на экране дисплея*)

red-shift красное смещение (*за счёт эффекта Доплера*)

reduce 1. *вчт* приводить (*к определённому виду или форме*) 2. приводить к общему знаменателю 3. уменьшать(ся); сокращать(ся) 4. сокращать дробь 5. ослаблять(ся); понижать(ся) 6. ослаблять изображение, уменьшать оптическую плотность изображения 7. разбавлять (*цвет*) 8. *вчт* редуцировать(ся) 9. *опт.* уменьшать изображение 10. *вчт* уменьшать длину записей (*для высвобождения памяти*) 11. подвергать (*данные*) предварительной обработке, осуществлять предварительное преобразование (*данных*) 12. восстанавливать, понижать степень окисления атомов в молекуле

reduced *вчт* редуцированный; приведённый

reducer 1. средство ослабления *или* понижения (*чего-либо*) 2. (*фотографический*) ослабитель 3. восстановитель
  motion-compensated noise ~ система шумопонижения с компенсацией движения (*для видеосистем*)
  noise ~ система шумопонижения

reducibility *вчт* редуцируемость; приводимость

reducible *вчт* редуцируемый; приводимый

reducibleness *вчт* редуцируемость; приводимость

reducing *вчт* редуцирующий; приводящий

reduction 1. *вчт* приведение (*к определённому виду или форме*) 2. приведение к общему знаменателю 3. уменьшение; сокращение 4. сокращение дроби 5. отбрасываемая часть; сокращаемая часть; сокращаемая величина 6. ослабление; понижение 7. ослабление [уменьшение оптической плотности] изображения 8. разбавление (*цвета*) 9. редукция (*1. переход от общего к частному 2. упрощение; сведение сложного к более простому или к более доступному для анализа или решения 3. сокращение времени артикуляции безударных гласных 4. кв. эл. редукция волнового пакета*) 10. *опт.* уменьшение изображения 11. уменьшенная копия (*напр. изображения*) 12. *вчт* уменьшение длины записей (*для высвобождения памяти*) 13. предварительная обработка (*данных*), предварительное преобразование (*данных*) 14. восстановление, понижение степени окисления атомов в молекуле
  ~ **ad absurdum** *вчт* приведение к абсурду (*метод доказательства*)
  ~ **of wave packet** редукция волнового пакета
  alpha ~ *вчт* альфа-редукция
  applicative order ~ *вчт* редукция с функциональным упорядочением
  articulation ~ ухудшение разборчивости
  band-gap ~ сужение запрещённой зоны
  bandwidth ~ сужение полосы
  beta ~ *вчт* бета-редукция
  bit-rate ~ снижение скорости передачи битов
  character height ~ уменьшение высоты знака
  conjunction ~ *вчт* конъюнктивная редукция
  data ~ 1. приведение данных (*к определённому виду или форме*) 2. предварительная обработка данных; предварительное преобразование данных (*напр. сглаживание*)
  definitional ~ *вчт* дефинициональная редукция, редукция по определению
  delta ~ *вчт* дельта-редукция
  diagonal ~ *вчт* приведение (*напр. матрицы*) к диагональному виду
  dimensionality ~ понижение размерности
  dynamic noise ~ динамическое шумопонижение
  electrolytic ~ электролитическое восстановление
  eta ~ *вчт* эта-редукция
  feature ~ редукция признаков
  germanium ~ восстановление германия
  graph ~ *вчт* 1. редукция графа; приведение графа к нормальной форме 2. метод программирования, основанный на приведении графа к нормальной форме
  hum ~ снижение фона (*от сети*) переменного тока
  interactive ~ *вчт* интерактивная редукция
  irrelevancy ~ устранение несущественной информации
  noise ~ шумопонижение
  normal order ~ *вчт* редукция с нормальным упорядочением
  parallel ~ *вчт* параллельная редукция
  permutative ~ *вчт* перестановочная редукция
  redundancy ~ снижение (*информационной*) избыточности
  resolution ~ уменьшение разрешения
  speckle ~ понижение уровня спеклов
  speckle ~ **by moving aperture** понижение уровня спеклов методом подвижной диафрагмы

reduction

statistical ~ *вчт* статистическое приведение
strength ~ *вчт* упрощение выражения
trend ~ *вчт* исключение тренда
triangular ~ *вчт* приведение (*напр. матрицы*) к треугольному виду
variance ~ понижение дисперсии

redundance, redundancy 1. резервирование **2.** избыточность **3.** информационная избыточность **4.** избыток; излишек
  automatic switchable ~ резервирование с автоматическим переключением
  command switchable ~ резервирование с переключением по команде
  complete ~ полное резервирование
  element ~ поэлементное резервирование, резервирование (на уровне) элементов
  functional ~ функциональная избыточность
  parallel ~ постоянное резервирование
  parts ~ раздельное резервирование
  passive ~ постоянное резервирование
  psychophysiological ~ психофизиологическая избыточность
  reiterative ~ многократное резервирование
  relative ~ относительная избыточность
  replacement ~ резервирование замещением
  single ~ однократное резервирование, дублирование
  software ~ программная избыточность
  standby ~ резервирование замещением
  statistical ~ статистическая избыточность
  subassembly ~ групповое резервирование
  system ~ системное резервирование, резервирование (на уровне) системы
  voted ~ резервирование по схеме голосования

redundant 1. резервный **2.** избыточный **3.** с избыточной информацией, информационно избыточный

reduplicate удваивать(ся); сдваивать(ся); повторять(ся) || удвоенный; сдвоенный; повторенный

reduplication удвоение; сдваивание; повторение

reecho многократное эхо; повторное эхо || многократно отражать(ся); повторно отражать(ся)

reed 1. язычок (*напр. реле*) **2.** язычковый [тростевой] (духовой) музыкальный инструмент

reel 1. катушка; бобина || наматывать на катушку *или* бобину **2.** катушка *или* бобина с намоткой (*напр. с магнитной лентой*) **3.** *проф.* ролик; запись видеосюжета *или* видеосюжетов (*определённой тематики*)
  ~ of TAB tape бобина с ленточным кристаллоносителем для ТАВ-технологии
  feed ~ подающая катушка
  free ~ подающая катушка
  left-hand ~ подающая катушка
  magnetic tape ~ 1. катушка *или* бобина для магнитной ленты **2.** катушка *или* бобина с магнитной лентой
  master ~ приёмная катушка
  right-hand ~ приёмная катушка
  self-threading ~ катушка с самозаправкой ленты
  source-data ~ катушка с сигналограммой
  stock ~ подающая катушка
  storage ~ подающая катушка
  supply ~ подающая катушка
  take-up ~ приёмная катушка

reel-to-reel катушечный (*напр. о магнитофоне*)

reengineering 1. модернизация; обновление; повторная разработка *или* повторное конструирование **2.** (коренная) реструктуризация (*напр. организации в корпоративной среде*) с переориентацией на процессы, *проф.* реинжениринг
  business process ~ метод реструктуризации предпринимательской деятельности с переориентацией на процессы, концепция BPR, *проф.* реинжениринг бизнес-процессов
  corporation ~ (коренная) реструктуризация корпорации с переориентацией на процессы, *проф.* реинжениринг корпорации
  software ~ модернизация программного обеспечения; обновление программного обеспечения

reenter 1. *вчт* производить повторный вход; вводить повторно **2.** подавать выходной сигнал на вход; использовать обратную связь **3.** возвращать КЛА на земную орбиту (*из дальнего космоса*)

reenterability *вчт* возможность многократного входа *или* ввода; возможность рекурсивного *или* параллельного использования, *проф.* реентерабельность (*напр. о модуле программы*)

reenterable *вчт* допускающий многократный вход *или* ввод; допускающий рекурсивное *или* параллельное использование, *проф.* реентерабельный (*напр. о модуле программы*)

reentrance, reentrancy 1. *вчт* повторный вход; повторный ввод **2.** подача выходного сигнала на вход; использование обратной связи **3.** возврат КЛА на земную орбиту (*из дальнего космоса*)
  circuit ~ подача выходного сигнала на вход; использование обратной связи

reentrant 1. входящая (*вовнутрь*) часть || входящий (*вовнутрь*) **2.** входящий угол **3.** *вчт* допускающий многократный вход *или* ввод; допускающий рекурсивное *или* параллельное использование, *проф.* реентерабельный (*напр. о модуле программы*)

reentry 1. *вчт* повторный вход; повторный ввод **2.** подача выходного сигнала на вход; использование обратной связи **3.** возврат КЛА на земную орбиту (*из дальнего космоса*)

refer 1. ссылаться; отсылать **2.** относить (*напр. к определённому периоду времени*); классифицировать; приписывать

reference 1. эталон; образцовая мера; образец || эталонный; образцовый **2.** опорный сигнал; опорный уровень || опорный **3.** начало отсчёта; исходная точка; репер || начальный; исходный; реперный **4.** ссылка; отсылка || ссылаться; давать ссылку; отсылать **5.** использование ссылки *или* отсылки **6.** знак ссылки (*напр. символ* *) **7.** библиографический указатель, библиография; указатель литературы; список (цитированной) литературы **8.** библиографический источник **9.** *вчт* указатель; ссылка **10.** обозначаемый объект
  absolute cell ~ абсолютная ссылка на ячейку (*в электронных таблицах*)
  annotated ~ аннотированный библиографический указатель; аннотированный указатель литературы
  cell ~ ссылка на ячейку (*в электронных таблицах*)
  chrominance-(sub)carrier ~ сигнал цветовой синхронизации
  circular ~ *вчт* циркулярная ссылка (*ошибка в электронных таблицах*)

code ~ опорная кодовая последовательность
coherent ~ когерентный опорный сигнал
color-(sub)carrier ~ сигнал цветовой синхронизации
command ~ командный опорный сигнал
cross ~ *вчт* перекрёстная ссылка ‖ использовать перекрёстные ссылки
dangling ~ висячая ссылка
double ~ двойная ссылка
external ~ *вчт* внешняя ссылка
first-word ~ ссылка на первое слово
frequency ~ эталон частоты
heading ~ отсылка к заголовку
hyper(text) ~ гиперссылка, ссылка в гипертексте; гиперсвязь
mixed cell ~ смешанная ссылка на ячейку (*в электронных таблицах*)
multiple ~ многократная ссылка
navigation ~ навигационный ориентир
noisy ~ зашумлённый опорный сигнал
on-line ~ оперативная ссылочная информация
page ~ ссылка на страницу
phase ~ опорная фаза
relative cell ~ относительная ссылка на ячейку (*в электронных таблицах*)
self-~ рекурсивная ссылка, самоссылка
source ~ ссылка на библиографический источник
temporal ~ временной репер
vertical-interval ~ *тлв* опорный сигнал в интервале гасящего импульса полей
voltage ~ образцовый источник напряжения
volume ~ ссылка на том
zero time ~ *рлк* начало отсчёта времени
referent обозначаемый объект
referential 1. ссылочный **2.** содержащий ссылки; используемый для ссылок
refine 1. очищать(ся) **2.** усовершенствовать **3.** детализировать; конкретизировать
refined 1. очищенный **2.** усовершенствованный **3.** детализированный; конкретизированный
refinement 1. очистка **2.** усовершенствование **3.** усовершенствованная модификация **4.** детализация; конкретизация
  stepwise ~ поэтапная детализация (*напр. программы*); поэтапная конкретизация (*напр. плана*)
refiner *пп* установка для очистки
  zone ~ установка для зонной очистки
refining 1. очистка **2.** усовершенствование **3.** детализация; конкретизация
  electric ~ электролитическая очистка, электроочистка
reflect 1. отражать (*1. изменять направление распространения (волн) или движения (частиц) на обратное 2. давать отражение (напр. в зеркале) 3. отображать; создавать образ*); отражать(ся) **2.** ссылаться на самого себя; отсылать к себе самому
reflectance коэффициент отражения; отражательная способность
  diffuse ~ коэффициент диффузного отражения
  frustrated internal ~ нарушенное полное внутреннее отражение
  power ~ **of radome** коэффициент отражения обтекателя (*антенны*) по мощности
  regular ~ коэффициент зеркального отражения
  specular ~ коэффициент зеркального отражения

reflectarray отражательная решётка
  twist ~ отражательная решётка с поворотом плоскости поляризации
reflection отражение (*1. изменение направления распространения (волн) или движения (частиц) на обратное 2. образ, возникающий при отражении (напр. в зеркале) 3. отображение; образ*)
  abnormal ~ спорадическое отражение (*радиоволн*)
  acoustical ~ звукоотражение
  auroral ~ авроральное радиоотражение
  Bragg ~ брэгговское отражение, отражение под углом Брэгга
  clear air turbulence ~s отражения от турбулентностей на границе тропосферы и стратосферы
  diffuse ~ диффузное отражение
  direct ~ зеркальное отражение
  early ~ первичное отражение; отражение первого порядка
  first-order ~ отражение первого порядка; первичное отражение
  Fresnel ~ френелевское отражение
  frustrated total internal ~ нарушенное полное внутреннее отражение
  higher-order ~ отражение высшего порядка; вторичное отражение
  indirect ~ вторичное отражение; отражение высшего порядка
  internal ~ (полное) внутреннее отражение
  ionospheric ~ ионосферное отражение, отражение от ионосферы
  laser optical ~ **1.** отражение лазерного луча **2.** принцип действия лазерного проигрывателя, основанный на отражении луча
  line ~ отражение в линии передачи
  meteor-trail ~ отражение (*радиоволн*) от метеорных следов
  mirror ~ зеркальное отражение
  mixed ~ смешанное отражение
  multihop ~s отражения при многоскачковом распространении (*радиоволн*)
  multiple ~ многократное отражение
  nonspecular ~ диффузное отражение
  phase-conjugate ~ отражение с обращением волнового фронта
  reflex ~ световозвращающее отражение
  regular ~ зеркальное отражение
  repeated ~ многократное отражение
  scattered ~ диффузное отражение
  single-hop ~ отражение при односкачковом распространении (*радиоволн*)
  sound ~ звукоотражение
  specular ~ зеркальное отражение
  sporadic ~ спорадическое отражение (*радиоволн*)
  surface ~ отражение от поверхности
  total internal ~ полное внутреннее отражение
  uniform diffuse ~ равномерно-диффузное отражение
  zigzag ~ многократное отражение
reflective 1. отражающий **2.** ссылающийся на самого себя; отсылающий к себе самому; *вчт* рефлексивный
reflectiveness *вчт* рефлексивность
reflectivity 1. коэффициент отражения; отражательная способность **2.** коэффициент отражения толстого слоя **3.** *вчт* рефлексивность

reflectivity

acoustic ~ коэффициент звукоотражения
bistatic ~ *рлк* бистатическая [двухпозиционная] отражательная способность
monostatic ~ *рлк* моностатическая [однопозиционная] отражательная способность
photoinduced ~ фотоиндуцированная отражательная способность
radar ~ *рлк* отражательная способность цели
target ~ *рлк* отражательная способность цели
ultraviolet ~ отражательная способность в ультрафиолетовом [УФ-] диапазоне

reflectometer рефлектометр
  microwave ~ СВЧ-рефлектометр
  neutron ~ нейтронный рефлектометр
  polarization ~ поляризационный рефлектометр
  time-domain ~ рефлектометр, использующий метод наблюдения за формой отражённого сигнала (*на экране осциллографа*)
  waveguide ~ волноводный рефлектометр

reflectometry измерение коэффициента отражения, рефлектометрия
  baseband ~ измерение коэффициента отражения в полной полосе частот модулирующих сигналов
  guided-wave ~ измерение коэффициента отражения канализируемых волн
  neutron ~ нейтронная рефлектометрия
  polarization ~ поляризационная рефлектометрия
  time-domain ~ измерение коэффициента отражения методом наблюдения за формой отражённого сигнала (*на экране осциллографа*), рефлектометрия во временной области

reflector 1. рефлектор (*1. пассивный вибратор многоэлементной антенны 2. зеркальный телескоп 3. отражатель света*) **2.** отражатель; зеркало (*напр. антенны*) **3.** отражатель клистрона **4.** отклоняющий электрод (*электронно-лучевого прибора*)
  active ~ активный рефлектор
  angle(d) ~ уголковый отражатель
  antenna ~ антенный отражатель, антенное зеркало
  azimuth ~ азимутальный отражатель, азимутальное зеркало
  barrel-stave ~ параболический отражатель, усечённый на одну треть сверху и снизу
  Cassegrain(ian) ~ (зеркальная) система Кассегрена
  cavity ~ резонаторный отражатель
  center-fed paraboloidal ~ параболический отражатель [параболическое зеркало] с центральным расположением облучателя
  collapsible ~ складной отражатель, складное зеркало
  confusion ~ противорадиолокационный отражатель
  corner ~ уголковый отражатель
  corner-cube ~ кубический уголковый отражатель
  cylindrical ~ цилиндрический отражатель, цилиндрическое зеркало
  dielectric-lens ~ диэлектрический линзовый отражатель
  dielectric multilayer ~ отражатель [зеркало] с многослойным диэлектрическим покрытием
  diffuse ~ диффузный отражатель
  dihedral [diplane] ~ двугранный уголковый отражатель
  distributed ~ распределённый отражатель
  dome ~ куполообразный отражатель, куполообразное зеркало
  dual-shaped ~ профилированный двухзеркальный рефлектор
  elevation ~ угломестный отражатель, угломестное зеркало
  elliptic ~ эллиптический отражатель, эллиптическое зеркало
  folded-dipole ~ рефлектор в виде петлевого симметричного вибратора
  frequency-dependent ~ отражатель [зеркало] с частотно-зависимым коэффициентом отражения
  frequency-shift ~ отражатель [зеркало] со смещением частоты
  grating ~ решётчатый отражатель, решётчатое зеркало
  grid [gridded] ~ решётчатый отражатель, решётчатое зеркало
  grooved ~ отражатель [зеркало] с решёткой канавок
  hyperboloidal ~ гиперболический отражатель, гиперболическое зеркало
  inflatable ~ надувной отражатель, надувное зеркало
  isotropic ~ изотропный отражатель
  localized ~ сосредоточенный отражатель
  mail ~ отражатель (электронной) почты (*часть почтовой системы для отправки сообщений по спискам рассылки*)
  main ~ основной отражатель, основное зеркало (*двухзеркальной антенны*)
  mattress ~ двумерная решётка рефлекторов
  mechanically scanned ~ отражатель с механическим сканированием
  monostatic ~ уголковый отражатель
  nonuniform ~ неоднородный отражатель
  octahedral ~ октаэдрический уголковый отражатель
  offset-fed ~ отражатель [зеркало] со смещённым облучателем
  parabolic ~ параболический отражатель, параболическое зеркало
  parabolic-cylinder ~ параболоцилиндрический отражатель, параболоцилиндрическое зеркало
  parabolic-torus ~ тороидально-параболический отражатель, тороидально-параболическое зеркало
  paraboloidal ~ параболический отражатель, параболическое зеркало
  parasitic ~ пассивный рефлектор
  parasol-like ~ зонтикообразный отражатель, зонтикообразное зеркало
  passive ~ пассивный отражатель
  phase-corrected ~ рефлектор с фазовой коррекцией
  plane ~ плоский отражатель, плоское зеркало
  polarization-rotating ~ отражатель [зеркало] с поворотом плоскости поляризации
  polarization-sensitive ~ поляризационно-чувствительный отражатель, поляризационно-чувствительное зеркало
  radar-confusion ~ противорадиолокационный отражатель
  reflex ~ уголковый отражатель
  resonant ~ резонансный отражатель
  retrodirective ~ уголковый отражатель
  self-erecting ~ саморазвёртывающийся отражатель, саморазвёртывающееся зеркало

shaped ~ профилированный отражатель, профилированное зеркало
single ~ одиночный рефлектор
smooth ~ зеркальный отражатель
spherical ~ сферический отражатель, сферическое зеркало
split ~ разрезной отражатель, разрезное зеркало
stacked ~ многоярусный рефлектор
strip ~ ленточный противорадиолокационный отражатель
test ~ измерительный отражатель
twist ~ отражатель [зеркало] с поворотом плоскости поляризации
V-~ двугранный уголковый отражатель
reflectorization 1. придание зеркальности (*напр. поверхности*) **2.** снабжение отражателем
reflectorize 1. придавать зеркальность (*напр. поверхности*) **2.** снабжать отражателем
ReFLEX стандарт ReFLEX для систем поискового вызова
reflex 1. *биол.* рефлекс; рефлекторный акт || рефлекторный **2.** *биол.* рефлекторное действие **3.** образ (*объекта*) **4.** воспроизведение; отображение; отражение **5.** дифракционный максимум; изображение дифракционного максимума; *проф.* рефлекс **6.** *опт.* блик; отражение **7.** зеркальная фотокамера
conditioned ~ условный рефлекс
single-lens ~ однолинзовая зеркальная фотокамера
twin-lens ~ двухлинзовая зеркальная фотокамера
unconditioned ~ безусловный рефлекс
reflexion *см.* **reflection**
reflexive 1. отражающий **2.** *вчт* рефлексивный **3.** рефлекторный
reflexiveness *вчт* рефлексивность
reflexivity 1. коэффициент отражения; отражательная способность **2.** коэффициент отражения толстого слоя **3.** *вчт* рефлексивность
reflow *микр.* пайка расплавлением дозированного припоя (*в ИС*); пайка расплавлением полуды (*в печатных платах*)
component-by-component ~ пайка расплавлением дозированного припоя по схеме «компонент за компонентом»
convection ~ пайка расплавлением дозированного припоя с помощью конвекционного нагрева (*в конвейерных печах*)
hot bar ~ пайка расплавлением дозированного припоя с помощью нагреваемых пластин
hot gas ~ пайка расплавлением дозированного припоя с помощью (струи) горячего газа
infrared ~ пайка расплавлением дозированного припоя с помощью инфракрасного излучения
IR ~ *см.* **infrared reflow**
laser ~ пайка расплавлением дозированного припоя с помощью лазерного излучения
lead-by-lead ~ пайка расплавлением дозированного припоя по схеме «вывод за выводом»
mass ~ массовая пайка расплавлением дозированного припоя (*одновременно по всей площади коммутационной платы*)
solder ~ *микр.* пайка расплавлением дозированного припоя (*в ИС*); пайка расплавлением полуды (*в печатных платах*)
vapor phase soldering ~ пайка расплавлением дозированного припоя в парогазовой фазе (*за счёт использования скрытой теплоты конденсации*)

VPS ~ *см.* **vapor phase soldering reflow**
reformat 1. переформатировать (*1. изменять тип; модифицировать стиль 2. выполнять повторное структурирование; реорганизовывать 3. изменять способ представления и схемы размещения данных на носителе, в памяти и др. 4. вчт выполнять повторную инициализацию носителя данных, повторно подготавливать носитель данных к записи*) **2.** переформировать, изменять форму; изменять вид представления **3.** выполнять повторную разметку
reformatting 1. переформатирование (*1. изменение типа; модификация стиля 2. повторное структурирование; реорганизация 3. изменение способа представления и схемы размещения данных на носителе, в памяти и др. 4. вчт повторная инициализация носителя данных, повторная подготовка носителя данных к записи*) **2.** переформирование, изменение формы; изменение вида представления **3.** повторная разметка
automatic ~ *вчт* автоматическое переформатирование (*напр. текста*)
reformulation 1. повторная формулировка; переформулировка **2.** повторное представление (*в определённом виде*); повторная запись в виде формулы
refract 1. преломлять **2.** определять рефракцию глаза
refraction рефракция (*1. преломление 2. рефракция глаза 3. определение рефракции глаза 4. атмосферная рефракция*)
acoustical ~ рефракция звука
atmospheric ~ атмосферная рефракция
atmospheric sound ~ атмосферная рефракция звука
coastal ~ береговая рефракция
conical ~ коническая рефракция
double ~ двойное лучепреломление, дву(луче)преломление
external conical ~ внешняя коническая рефракция
internal conical ~ внутренняя коническая рефракция
ionospheric-wedge ~ рефракция на ионосферном клине
light ~ рефракция света; преломление света
molecular ~ молекулярная рефракция
negative ~ отрицательная рефракция
positive ~ положительная рефракция
radio(-wave) ~ рефракция радиоволн
shore ~ береговая рефракция
standard ~ нормальная рефракция
substandard ~ пониженная рефракция
superstandard ~ повышенная рефракция
temperature atmospheric sound ~ атмосферная рефракция звука, обусловленная градиентом температуры
tropospheric ~ тропосферная рефракция
wedge ~ рефракция на ионосферном клине
wind atmospheric sound ~ атмосферная рефракция звука, обусловленная градиентом скорости ветра
refractive 1. преломляющий (*напр. объект*) **2.** рефракционный (*напр. эффект*)
refractivity преломляющая способность
refractometer рефрактометр
Abbe ~ рефрактометр Аббе
fiber-optics ~ волоконно-оптический рефрактометр

refractometer

microwave ~ СВЧ-рефрактометр
refractometry рефрактометрия
  interferometric ~ интерференционная рефрактометрия
  total internal reflection ~ рефрактометрия, основанная на эффекте полного внутреннего отражения
refractor 1. преломляющий объект 2. рефрактор, линзовый телескоп
refractoriness 1. тугоплавкость 2. жаропрочность; огнеупорность 3. коррозионная стойкость 4. трудная обрабатываемость; износостойкость 5. *бион.* рефрактерность
refractory 1. тугоплавкий материал || тугоплавкий 2. жаропрочный материал; огнеупорный материал || жаропрочный; огнеупорный 3. коррозионностойкий [устойчивый к коррозии] материал || коррозионно-стойкий, устойчивый к коррозии 4. трудно обрабатываемый материал; износостойкий материал || трудно обрабатываемый; износостойкий 5. *бион.* рефрактерный
refrangibility преломляемость
refrangible преломляемый (*напр. о луче*)
refrangibleness преломляемость
refreezing 1. повторное замораживание; повторное затвердевание 2. *фтт* повторное вымораживание (*напр. носителей*) 3. рекристаллизация 4. повторное блокирование; повторная блокировка; повторная фиксация; повторное залипание
refresh 1. обновление || обновлять(ся) 2. регенерация, восстановление, возврат в исходное состояние || регенерировать(ся), восстанавливать(ся), возвращать(ся) в исходное состояние
  auto ~ *вчт* автоматическая регенерация (*динамической памяти*) в режиме запаздывания среза строб-импульса адреса строки относительно среза строб-импульса адреса столбца
  burst ~ *вчт* пакетная регенерация (*динамической памяти*)
  CAS before RAS ~ *вчт* регенерация (*динамической памяти*) в режиме запаздывания среза строб-импульса адреса строки относительно среза строб-импульса адреса столбца
  concurrent ~ *вчт* параллельная регенерация (*динамической памяти*) процессором и контроллером
  decoupled ~ *вчт* раздельная регенерация (*основной динамической памяти и памяти шины*)
  distributed ~ *вчт* распределённая регенерация (*динамической памяти*)
  DRAM ~ *вчт* пакетная регенерация динамической памяти типа DRAM
  extended ~ *вчт* расширенная регенерация (*динамической памяти*)
  frame ~ обновление кадра; смена кадра
  hidden ~ *вчт* скрытая регенерация (*динамической памяти*)
  invisible ~ *вчт* скрытая регенерация (*динамической памяти*)
  memory ~ *вчт* регенерация (*динамической*) памяти
  RAM ~ *вчт* регенерация (*динамической*) оперативной памяти
  RAS only ~ *вчт* регенерация (*динамической памяти*) только строб-импульсами адресов строк
  self ~ *вчт* автономная регенерация (*динамической памяти*) в энергосберегающем режиме
  sleep mode ~ *вчт* автономная регенерация (*динамической памяти*) в (энергосберегающем) режиме сна
  slow ~ *вчт* медленная регенерация (*динамической памяти*)
  smart ~ *вчт* интеллектуальная регенерация (*динамической памяти*)
  staggered ~ *вчт* поочерёдная регенерация (*банков динамической памяти*)
refreshing 1. обновление 2. регенерация, восстановление, возврат в исходное состояние
  image ~ обновление изображения (*на экране дисплея*)
  memory ~ регенерация (*динамической*) памяти
refreshment 1. обновление 2. регенерация, восстановление, возврат в исходное состояние
refrigerator 1. холодильник 2. криостат
  maser ~ криостат мазера
  parametric-amplifier ~ криостат параметрического усилителя
refringence преломление; рефракция
refringent 1. преломляющий (*напр. объект*) 2. рефракционный (*напр. эффект*)
regenerate 1. восстанавливать(ся), возвращать(ся) в исходное состояние, регенерировать(ся) 2. регенерировать (*1. возвращать исходные качества 2. использовать положительную обратную связь*) 3. обновлять(ся) 4. рекуперировать, возвращать для повторного использования
regeneration 1. восстановление, возврат в исходное состояние, регенерация 2. регенерация (*1. возврат исходных качеств 2. использование положительной обратной связи*) 3. положительная обратная связь 4. обновление 5. рекуперация, возврат для повторного использования
  acoustic ~ акустическая обратная связь
  carrier ~ восстановление несущей
  dc ~ *тлв* восстановление постоянной составляющей
  etchant ~ регенерация травителя
  pulse ~ восстановление импульсной последовательности
regenerative 1. восстанавливающий, возвращающий в исходное состояние, регенерирующий 2. регенерационный, возвращающий исходные качества 3. регенеративный, использующий положительную обратную связь, охваченный положительной обратной связью, с положительной обратной связью 4. обновляющий 5. рекуперирующий, возвращающий для повторного использования
regenerator *вчт, тлг* повторитель
regime режим
  ballistic ~ *пп* баллистический [бесстолкновительный] режим (*переноса носителей*)
  inversion ~ *пп* режим инверсии
region 1. область; зона; пространство 2. слой (*напр. атмосферы*) 3. регион 4. *вчт* якорь (*отправной или конечный пункт ссылки внутри гипертекста*) 5. *вчт* область памяти
  acceptance ~ область принятия гипотезы
  accumulation ~ *пп* обогащённая область
  achromatic ~ область (опорных) белых цветов
  active ~ активная [действующая] область
  allowed energy ~ разрешённая энергетическая зона
  alloy(ed) ~ *пп* сплавная область

region

anode ~ анодная область (*тлеющего разряда*)
avalanche ~ область лавинного пробоя; область лавинного умножения
barrier ~ *пп* обеднённая область
base ~ *пп* базовая область, база
black ~ *тлв* область «чёрного»
blacker-than-black ~ *тлв* область «чернее чёрного»
bottoming ~ область насыщения для положительной полуволны напряжения на сетке (*в лучевых тетродах и пентодах*)
breakdown ~ область пробоя
cathode ~ катодная область (*тлеющего разряда*)
Chapman ~ слой D (*ионосферы*)
closed ~ замкнутая область
collector ~ *пп* коллекторная область, коллектор
compensated ~ *пп* скомпенсированная область
confidence ~ доверительная область
coverage ~ зона обслуживания (*в спутниковой связи*)
critical ~ критическая область
crossover ~ кроссовер (*в ЭЛТ*)
cutoff ~ область отсечки
D- ~ слой D (*ионосферы*)
depletion ~ *пп* обеднённая область
diffraction ~ *пп* область дифракции
double-drift ~ *пп* двухпролётное пространство
drain ~ область стока (*полевого транзистора*)
drift ~ 1. *пп* пролётное пространство 2. пространство дрейфа
E- ~ слой E (*ионосферы*)
emitter ~ *пп* эммитерная область, эмиттер
engagement ~ область встречи (*потоков данных*)
equipotential ~ эквипотенциальная область
equisignal ~ равносигнальная зона
excitatory ~ область возбуждения
exhaustion ~ *пп* обеднённая область
F- ~ слой F (*ионосферы*)
F$_1$ ~ слой F$_1$ (*ионосферы*)
F$_2$ ~ слой F$_2$ (*ионосферы*)
far(-field) ~ дальняя зона
far-infrared ~ дальняя инфракрасная [ИК-] область спектра
floating-base ~ *пп* плавающая базовая область, плавающая база
floating-isolation ~ плавающий изолирующий слой (*ИС*)
forbidden ~ запрещённая зона, энергетическая щель
forward-conduction ~ область прямой электропроводности
forward-injection ~ область прямой инжекции
Fraunhofer ~ зона Фраунгофера
Fresnel ~ зона Френеля (*область вне зоны Фраунгофера*)
gate ~ область затвора (*полевого транзистора*)
Geiger-Mueller ~ область Гейгера — Мюллера (*в счётных трубках*)
geometrical-optics ~ область геометрической (лучевой) оптики
growth ~ *крист.* зона роста
high-E-field ~ область сильного электрического поля
high-field ~ область сильного поля
high-frequency ~ область высоких частот
high-resistivity ~ высокоомная область
i- ~ *см.* intrinsic region
impurity ~ *пп* примесная область
inactive ~ пассивная область
interface ~ граница раздела; поверхность раздела (*двух сред*)
intrinsic ~ *пп* область собственной электропроводности, *i*-область
isolated-bubble ~ область изолированных ЦМД
joint confidence ~ совместная доверительная область
junction depletion ~ *пп* обеднённая область перехода
lattice-scattering ~ область рассеяния на колебаниях решётки
limited-proportionality ~ область ограниченной пропорциональности (*в счётных трубках*)
linear ~ линейная область (*напр. характеристики*)
low-frequency ~ область низких частот
molten ~ *крист.* расплавленная зона, зона расплава
multiplication ~ *пп* область умножения
n- ~ область электронной электропроводности, *n*-область
near(-field) ~ 1. ближняя зона, зона индукции 2. промежуточная зона
near-infrared ~ ближняя инфракрасная [ИК-] область спектра
near-intrinsic ~ *пп* область квазисобственной электропроводности
negative-resistance ~ область отрицательного сопротивления
normal ~ in fluxoid core *свпр* нормальная область в сердцевине флюксоида, нормальная область в сердцевине квантованного вихря потока
ohmic ~ *пп* омическая область
opaque ~ полоса ослабления; полоса затухания
open ~ открытая область
out-diffused ~ *пп* область, сформированная методом обратной диффузии
p- ~ область дырочной электропроводности, *p*-область
peak ~ область максимума (*напр. тока*)
pinch-off ~ область отсечки (*полевого транзистора*)
primary-breakdown ~ область первичного пробоя
proportional ~ область пропорциональности (*в счётных трубках*)
quasi-specular ~ область квазизеркального отражения
radiating far-field ~ дальняя зона
radiating near-field ~ промежуточная зона
radiation ~ 1. дальняя зона 2. промежуточная зона
Rayleigh ~ область Рэлея (*1. опт. область рэлеевского рассеяния света 2. магн. область применимости закона намагничивания Рэлея*)
reactive near-field ~ ближняя зона, зона индукции
rejection ~ 1. полоса задерживания (*фильтра*), полоса затухания; полоса ослабления 2. область отклонения гипотезы
saturation ~ область насыщения
shadow ~ 1. зона молчания, зона отсутствия приёма 2. область тени
simply-connected ~ односвязная область
single-drift ~ *пп* однопролётное пространство

region

source ~ область истока (*полевого транзистора*)
space-charge ~ область пространственного заряда; область объёмного заряда
stop ~ полоса задерживания (*фильтра*); полоса затухания, полоса ослабления
subthreshold ~ допороговая область
surface depletion-layer ~ *пп* область поверхностного обеднённого слоя
swept-out ~ *пп* обеднённая область
transhorizon ~ загоризонтная область
transistor ~ область *p — n*-перехода
transition ~ **1.** переходная область **2.** *пп* обеднённая область
twinned ~ *крист.* область двойникования
uniform avalanching ~ *пп* область однородного лавинного умножения
valley ~ область долины, область впадины (*двухбазового или туннельного диода*)
white ~ *тлв* область «белого»
window ~ окно прозрачности

regional 1. относящийся к данной области *или* зоне, данному пространству *или* слою **2.** региональный

regionalization 1. отнесение к данной области *или* зоне, данному пространству *или* слою **2.** *вчт* разбиение на области

register 1. *вчт* регистр **2.** журнал записей; реестр; список || делать запись в журнале *или* реестре; заносить в список; регистрировать **3.** запись (*в журнале, реестре или списке*) **4.** регистрирующее устройство, регистратор || регистрировать; снимать показания (*напр. прибора*); отсчитывать **5.** самописец **6.** совмещение || совмещать **7.** знак совмещения **8.** счётчик; счётная схема ◇ считать
accumulator ~ (накапливающий) сумматор
address(ing) ~ регистр адреса
alternative status ~ альтернативный регистр состояния
arithmetic ~ регистр арифметического устройства
AS ~ *см.* **alternative status register**
base-bound ~ регистр границы, регистр защиты памяти
base-limit ~ регистр границы, регистр защиты памяти
beginning address ~ регистр начального адреса
block-transfer setup ~ регистр установки для передачи блока данных
bound(ary) ~ регистр границы, регистр защиты памяти
boundary scan ~ регистр периферийного опроса (*цифровых устройств*) (*при тестировании по стандарту JTAG*)
bubble shift ~ сдвиговый регистр на ЦМД
bucket-brigade ~ сдвиговый регистр на ПЗС типа «пожарная цепочка»
buffer ~ буферный регистр
bypass ~ обходной регистр (*тестовых данных по стандарту JTAG*)
CH ~ *см.* **cylinder high register**
charge-coupled device ~ сдвиговый регистр на ПЗС
check ~ контрольный регистр
circulating ~ сдвиговый регистр, регистр сдвига
CL ~ *см.* **cylinder low register**
clear mask ~ регистр сброса масок
clocked ~ тактируемый регистр

color ~ регистр цвета
command ~ регистр команд
compare ~ регистр сравнения
condition code ~ регистр кода ситуации (*после выполнения команды*), регистр кода результата (*выполнения команды*)
control ~ **1.** регистр управления; регистр команд **2.** счётчик команд
control and event select ~ регистр управления и выбора событий
current address ~ счётчик команд
current instruction ~ регистр (текущей) команды
cyclometer ~ электромеханический счётчик оборотов
cylinder high ~ регистр старшего байта номера цилиндра (*напр. жёсткого магнитного диска*)
cylinder low ~ регистр младшего байта номера цилиндра (*напр. жёсткого магнитного диска*)
data ~ регистр данных
datum-limit ~ регистр границы, регистр защиты памяти
DC ~ *см.* **device control register**
debug ~ регистр отладки
debug control ~ регистр управления отладкой
debug status ~ регистр статуса отладки
delay-line [delay-time] ~ регистр на линиях задержки
descriptor table ~ регистр таблицы дескрипторов
device control ~ регистр управления устройством
device/head ~ регистр данных о номерах устройства и головки (*напр. жёсткого магнитного диска*)
device identification ~ регистр идентификации устройства (*при тестировании по стандарту JTAG*)
diagnostic ~ диагностический регистр
domain-tip-propagation shift ~ сдвиговый регистр на ПМД
dynamic ~ динамический регистр
E ~ *см.* **extension register**
equipment identity ~ регистр идентификации оборудования
error ~ регистр ошибок
exchange ~ регистр обмена
extension ~ регистр расширения, регистр для размещения дополнительных разрядов при умножении
features ~ регистр свойств
feedback shift ~ сдвиговый регистр с обратной связью
feedback with carry shift ~ сдвиговый регистр с обратной связью и накоплением переносов
fixed-point ~ регистр с фиксированной точкой, регистр с фиксированной запятой
floating-point ~ регистр с плавающей точкой, регистр с плавающей запятой
forward-acting shift ~ сдвиговый регистр с прямой связью
general(-purpose) ~ регистр общего назначения, РОН
global ~ глобальный регистр
global descriptor table ~ регистр глобальной таблицы дескрипторов
graphics controller ~ регистр графического контроллера

registration

graphics position ~ регистр графической позиции
half-shift ~ триггер; бистабильная ячейка, БЯ
handshaked separator ~ квитирующий разделительный регистр
home location ~ регистр положения (*подвижной станции*)
index ~ индексный регистр
inking ~ перьевой самописец
input-output ~ регистр ввода-вывода
instruction ~ регистр команды
instruction address ~ регистр адреса команды
interrupt descriptor table ~ регистр дескриптора таблицы прерываний
interrupt status ~ регистр статуса прерывания
left-shifting shift ~ регистр сдвига налево
linear feedback shift ~ сдвиговый регистр с линейной обратной связью
link ~ присоединённый регистр, одноразрядный буферный регистр (*накапливающего сумматора*)
local descriptor table ~ регистр локальной таблицы дескрипторов
local storage address ~ регистр адреса локальной памяти
look-aside ~s ассоциативная таблица страниц
main memory ~ регистр оперативной памяти
main memory address ~ регистр адреса оперативной памяти
main storage data ~ регистр данных оперативной памяти
mask ~ регистр маски
maximal-displacement shift ~ сдвиговый регистр с максимальным смещением
maximum-length shift ~ сдвиговый регистр, формирующий псевдослучайные последовательности максимальной длины
mechanical ~ электромеханический счётчик
memory ~ регистр памяти
memory type range ~ регистр определения фиксированных зон памяти (*при кэшировании*)
meter ~ счётчик электроизмерительного прибора (*напр. ваттметра*)
mode ~ регистр режима работы
model specific ~ модельно-специфический регистр
multiplexed ~ мультиплексный регистр
multiplier-quotient ~ регистр множителя — частного
n-stage shift ~ *n*-разрядный сдвиговый регистр
operation ~ регистр операции
ordering ~ регистр команды
outgoing ~ *тлф* исходящий регистр
p~ счётчик команд
page directory base ~ регистр базового адреса каталога страниц
palette ~ регистр палитры
parallel-in/ serial-out shift ~ сдвиговый регистр с параллельным вводом и последовательным выводом
pixel data ~ регистр данных пиксела
pixel mask ~ регистр маски пиксела
plated-wire ~ регистр на цилиндрических магнитных плёнках
probe data ~ регистр данных зонда
probe instruction ~ регистр зондовых инструкций
probe mode control ~ регистр управления зондовым режимом

punch ~ перфорирующий самописец (*с пробивкой круглых отверстий*)
read-only storage address ~ регистр адреса постоянной памяти
read-only storage data ~ регистр данных постоянной памяти
readout ~ регистр считывания
real-time clock status ~ регистр состояния часов реального времени
request ~ регистр запросов
resource data ~ регистр данных о ресурсах
right-shifting shift ~ регистр сдвига направо
RTC status ~ *см.* real-time clock status register
S~ *см.* storage register
SC ~ *см.* sector count register
scan ~ регистр опроса тестовой ячейки (*при тестировании цифровых устройств*)
scan-in, scan-out ~ регистр опроса тестовой ячейки (*при тестировании цифровых устройств*)
sector count ~ регистр счётчика секторов (*напр. жёсткого магнитного диска*)
sector number ~ регистр номера сектора (*напр. жёсткого магнитного диска*)
separator ~ разделительный регистр
sequencer address ~ адресный регистр секвенсера
sequencer data ~ регистр данных секвенсера
shift ~ сдвиговый регистр, регистр сдвига
signature-analysis ~ регистр сигнатурного анализа
slashing ~ перфорирующий-самописец (*с пробивкой V-образных отверстий*)
SN ~ *см.* sector number register
source ~ исходный регистр, регистр с передаваемым словом данных
static ~ статический регистр
status ~ регистр состояния
stepping ~ сдвиговый регистр, регистр сдвига
storage ~ 1. регистр памяти 2. накопительный регистр (*в ЗУ на ЦМД*) 3. S-регистр, ячейка памяти модема
storage address ~ регистр адреса памяти
store data ~ регистр данных памяти
subroutine multiplex ~ регистр-мультиплексор подпрограмм
task ~ регистр задачи
translation ~ регистр преобразования
utility ~ рабочий регистр
variable-tap shift ~ сдвиговый регистр с переключаемыми отводами (*в цепи обратной связи*)
visit location ~ регистр перемещения (*подвижной станции*)

registration 1. ведение записей в журнале *или* реестре; занесение в список; регистрация 2. запись (*в журнале или реестре*); позиция (*списка*) 3. регистрация; снятие показаний; отсчёт 4. показание (*напр. прибора*); отсчёт 5. запись самописца 6. показания счётчика 7. совмещение
alignment ~ установочное совмещение
aperture ~ совмещение отверстий
beam ~ *тлв* совмещение лучей
coarse ~ грубое совмещение
color ~ совмещение цветовых растров
dial pulse ~ приём импульсов набора
fine ~ точное совмещение
mask ~ совмещение (фото)шаблона
meter ~ показания электрического счётчика

registration

multiple ~ *тлф* многократный отсчёт
optical ~ оптическое совмещение
zone ~ *тлф* зоновый отсчёт
Registry:
   American ~ for Internet Numbers Американский реестр адресов (*узлов*) в Internet (*для стран американского континента*), организация ARIN
registry 1. реестр (*1. иерархическая база данных операционной системы 2. журнал записей; список*) **2.** регистрация (*1. занесение в иерархическую базу данных операционной системы 2. ведение записей в журнале или реестре; занесение в список*) **3.** центр регистрации, регистрирующий орган, отдел регистрации **4.** запись (*в иерархической базе данных операционной системы, журнале или реестре*); позиция (*списка*)
   Internet ~ центр регистрации сетей Internet
   local Internet ~ локальный центр регистрации сетей Internet
   regional Internet ~ региональный центр регистрации сетей Internet
   Windows ~ реестр (операционной системы) Windows
regress 1. *вчт* использовать регрессию **2.** регресс; обратное движение; возврат; откат ‖ регрессировать; осуществлять обратное движение; возвращаться; откатываться
regressand регрессанд, зависимая переменная в регрессии
regression *вчт* **1.** регрессия (*1. процедура регрессии 2. соотношение регрессии; кривая регрессии*) **2.** регресс; обратное движение; возврат; откат ◊ ~ **x on y** регрессия x на y
   artificial ~ искусственная регрессия
   auxiliary ~ вспомогательная регрессия
   censored ~ цензурированная регрессия
   classical ~ классическая регрессия
   classical normal ~ классическая нормальная регрессия
   classical normal linear ~ классическая нормальная линейная регрессия
   double-length ~ удвоенная регрессия
   dynamic ~ динамическая регрессия
   forward stepwise ~ прямая пошаговая регрессия
   Gauss-Newton ~ регрессия Гаусса — Ньютона
   harmonic ~ гармоническая регрессия
   kernel ~ ядерная регрессия
   linear ~ линейная регрессия
   logistic ~ логистическая регрессия
   mean-square ~ среднеквадратическая регрессия
   multiple ~ множественная [многомерная] регрессия
   multivariate ~ многопеременная регрессия
   Nadaraya-Watson kernel ~ ядерная регрессия Надарайя — Уотсона
   nonlinear ~ нелинейная регрессия
   non-parametric ~ непараметрическая регрессия
   nonsense ~ бессмысленная регрессия
   n-th order parabolic ~ параболическая регрессия n-го порядка
   orthogonal ~ ортогональная регрессия
   outer product of gradient ~ регрессия внешнего произведения градиента
   Poisson ~ пуассоновская регрессия
   polynomial ~ полиномиальная регрессия
   projection pursuit ~ (адаптивный) поиск (оптимальных) проекций (*при отображении*)
   quadratic ~ квадратичная регрессия
   quantile ~ квантильная регрессия
   recursive ~ рекурсивная регрессия
   restricted ~ регрессия с ограничениями (на параметры)
   ridge ~ гребневая регрессия, *проф.* ридж-регрессия
   seemingly unrelated ~ регрессия с использованием системы явно не связанных уравнений
   semiparametric ~ полупараметрическая регрессия
   simple ~ простая регрессия
   spurious ~ ложная регрессия
   static ~ статическая регрессия
   stepwise ~ ступенчатая регрессия
   switching ~ переключающаяся регрессия
   truncated ~ усечённая регрессия
   two-dimensional ~ парная [двумерная] регрессия
   unrestricted ~ регрессия без ограничений (на параметры)
regressive регрессивный (*1. регрессионный, относящийся к процедуре регрессии 2. осуществляющий обратное движение; возвратный; откатывающийся*)
regressor регрессор, независимая [объясняющая, экзогенная] переменная (*в эконометрике*)
   stochastic ~ стохастический регрессор
regroup перегруппировывать(ся); группировать(ся) повторно
regroupment перегруппировка; перегруппирование; повторное группирование
regrowth рекристаллизация
regulable 1. стабилизируемый **2.** регулируемый; автоматически регулируемый **3.** контролируемый; управляемый **4.** упорядочиваемый **5.** стандартизуемый
regular 1. регулярный (*1. голоморфный; аналитический 2. нерасходящийся; неособый 3. упорядоченный; организованный; правильный 4. происходящий через определённые промежутки времени; периодический 5. относящийся к конечному числу объектов или состояний 6. постоянный; постоянно существующий*) **2.** подчиняющийся (*определённому*) закону; закономерный **3.** правильный (*о многоугольнике или многограннике*); равносторонний (*о многоугольнике*); гомоэдрический (*о многограннике*) **4.** стандартный; обычный
regularity 1. регулярность (*1. голоморфность; аналитичность 2. отсутствие расходимости или особенности 3. упорядоченность; организованность; правильность 4. повторяемость через определённые промежутки времени; периодичность 5 конечность числа объектов или состояний 6. постоянство; постоянное существование*) **2.** подчинение (*определённому*) закону; закономерность **3.** правильность (*о многоугольнике или многограннике*); равносторонность (*о многоугольнике*); гомоэдрия (*о многограннике*) **4.** стандартность
   complete ~ полная регулярность
   interior ~ регулярность внутри области
   monotone ~ монотонная регулярность
   statistical ~ статистическая закономерность
   strong ~ сильная регулярность

total ~ полная регулярность
weak ~ слабая регулярность
regularization 1. упорядочение; организация 2. стандартизация 3. *вчт* регуляризация; устранение расходимости *или* особенности
   ~ of distribution регуляризация распределения
   canonical ~ каноническая регуляризация
   complete ~ полная регуляризация
   dimensional ~ размерная регуляризация
   invariant ~ инвариантная регуляризация
   Pauli-Villars ~ регуляризация Паули — Вилларса
   stochastic ~ стохастическая регуляризация
   uniform ~ равномерная регуляризация
regularize 1. упорядочивать; организовывать 2. стандартизовать 3. *вчт* регуляризовать; устранять расходимость *или* особенности
regulate 1. стабилизировать 2. регулировать; автоматически регулировать 3. контролировать; управлять 4. упорядочивать; приводить в порядок; организовывать 5. регламентировать; устанавливать правила; предписывать; придавать инструкцию
regulation 1. стабилизация 2. изменение напряжения стабилизации стабилитрона (*при изменении тока в рабочем диапазоне*); изменение выходного напряжения прибора (*при изменении нагрузки от оптимальной до режима холостого хода*) 3. регулирование; автоматическое регулирование; регулировка; автоматическая регулировка 4. контроль; управление 5. упорядочение; приведение в порядок; организация 6. регламент; правила; предписание; инструкция || регламентированный; предусмотренный правилами; предписанный; соответствующий инструкции 7. обычный; нормальный; стандартный; регулярный
   automatic ~ автоматическое регулирование
   carrier-amplitude ~ изменение несущей при симметричной амплитудной модуляции (*передатчика*)
   combination ~ стабилизация тока и напряжения (*электрического генератора*)
   constant ~ непрерывное регулирование
   constant-current ~ стабилизация тока (*электрического генератора*)
   constant-speed ~ стабилизация скорости вращения (*электрического генератора*)
   constant-voltage ~ стабилизация напряжения (*напр. электрического генератора*)
   current ~ 1. стабилизация тока 2. регулирование тока
   discontinuous ~ прерывистое регулирование
   electronic ~ 1. электронная стабилизация 2. электронное управление
   feedback ~ регулирование с обратной связью
   frequency ~ 1. стабилизация частоты 2. регулирование частоты
   inherent ~ автоматическое регулирование
   intermittent ~ прерывистое регулирование
   line-frequency ~ изменение напряжения *или* тока стабилизированного источника питания при изменении частоты сети
   load ~ изменение напряжения *или* тока стабилизированного источника питания при изменении нагрузки (*в рабочих пределах*)
   manual ~ ручное регулирование
   on-board ~ стабилизация напряжения (электро)питания на каждой плате (*прибора или устройства*)
   on-off ~ двухпозиционное регулирование
   radio-frequency interference ~ технические нормы на внешние радиопомехи
   safety ~ правила безопасности
   self ~ автоматическое регулирование
   speed ~ 1. стабилизация скорости 2. регулирование скорости
   stepped ~ шаговое регулирование
   television output ~ изменение амплитуды сигнала при изменении яркости передаваемого изображения
   voltage ~ 1. стабилизация напряжения 2. изменение выходного напряжения при изменении нагрузки от оптимальной до режима холостого хода 3. регулирование напряжения
Regulations:
   Radio ~ Регламент радиосвязи
regulator 1. стабилизатор 2. регулятор; автоматический регулятор 3. контролирующее *или* управляющее устройство 4. задающий генератор схемы синхронизации
   automatic ~ автоматический регулятор
   automatic voltage ~ стабилизатор напряжения
   backward-acting ~ регулятор обратного действия
   cam-type ~ регулятор кулачкового типа
   current ~ стабилизатор тока
   dynamic ~ динамический регулятор
   feedback ~ регулятор с обратной связью
   ferroresonant ~ феррорезонансный стабилизатор
   forward-acting ~ регулятор прямого действия
   frequency ~ 1. стабилизатор частоты 2. регулятор частоты
   glow-discharge voltage ~ стабилитрон
   line ~ стабилизатор напряжения (электрической) сети
   load ~ регулятор нагрузки
   pilot(-wire) ~ автоматический регулятор усиления в канале связи с контрольным проводом
   power-factor ~ регулятор коэффициента мощности
   robust ~ робастный регулятор
   SCR voltage ~ *см.* **silicon-controlled rectifier voltage regulator**
   silicon-controlled rectifier voltage ~ стабилизатор напряжения на однооперационном триодном тиристоре
   static ~ статический регулятор
   step-voltage ~ ступенчатый стабилизатор напряжения
   switching ~ (транзисторный) стабилизатор с импульсным регулированием
   transmission ~ регулятор, обеспечивающий постоянный уровень сигнала в канале связи
   voltage ~ стабилизатор напряжения
rehearsal *тлв* 1. репетиция 2. моделирование видеомонтажа, *проф.* репетиция видеомонтажа
rehearse *тлв* 1. репетировать 2. моделировать видеомонтаж, *проф.* репетировать видеомонтаж
reignition 1. вторичная ионизация (*в счётных трубках*) 2. повторное зажигание разряда (*в газоразрядных лампах*)
reinforce 1. усиливать; увеличивать 2. снабжать системой звукоусиления 3. армировать; усиливать материал (*арматурой из более прочного материала*) 4. стимулировать

reinforcement 1. усиление; увеличение 2. система звукоусиления 3. армирование; усиление материала (*арматурой из более прочного материала*) 4. стимулирование (*1. использование стимулов для достижения желаемого поведенческого отклика; использование метода «кнута и пряника» 2. алгоритм типа «кнут и пряник» (напр. для обучения нейронных сетей)*)
aramid ~ *микр.* армирование арамидами
driver ~ стимулирование; алгоритм типа «кнут и пряник» (*напр. для обучения нейронных сетей*)
hub-ring ~ увеличение прочности дискет за счёт использования опорной втулки
sound ~ система звукоусиления
stage sound ~ сценическая система звукоусиления
reinsert 1. повторная вставка ǁ вставлять повторно 2. восстановление ǁ восстанавливать 3. переустановка; повторный монтаж (*компонентов*) ǁ переустанавливать; перемонтировать (*компоненты*)
reinserter *тлв* схема восстановления постоянной составляющей, схема ВПС
reinsertion 1. повторная вставка 2. восстановление 3. переустановка; повторный монтаж (*компонентов*)
~ **of carrier** восстановление несущей
dc ~ *тлв* восстановление постоянной составляющей
sync ~ *тлв* восстановление синхронизирующих импульсов, восстановление синхроимпульсов
reintegration 1. реинтегрирование (*1. реинтеграция, повторное объединение в один физический объект (напр. схемных элементов) или в одну функциональную единицу (напр. программных средств) 2. повторное вычисление интеграла*) 2. повторное накопление 3. экономическая реинтеграция; реинтеграция производства
knowledge ~ реинтеграция знаний
manpower ~ реинтеграция рабочей силы
problem ~ реинтеграция задачи
reiterate 1. *вчт* повторно выполнять цикл 2. многократно повторять
reiteration 1. *вчт* повторное выполнение цикла 2. многократное повторение 3. избыточность (*напр. информационная*)
speech ~ избыточность речи
reject 1. подавлять; ослаблять 2. осуществлять режекцию; отражать 3. отвергать; отклонять; отбрасывать 4. *вчт* отклонять запрос 5. брак ǁ браковать; выбраковывать ◊ **to** ~ **a hypothesis** отвергать гипотезу
rejection 1. подавление; ослабление 2. режекция; отражение 3. отвержение; отклонение; отбрасывание 4. *вчт* отклонение запроса 5. браковка; выбраковка
~ **of impurity** вытеснение примесей
adjacent-channel ~ подавление помех от соседнего канала
amplitude-modulation ~ подавление амплитудной модуляции (*в приёмнике ЧМ-сигналов*)
clutter ~ *рлк* подавление сигналов, обусловленных мешающими отражениями
common-mode ~ ослабление синфазного сигнала (*в операционном усилителе*)
field ~ вытеснение поля
frequency ~ подавление сигнала на определённой частоте *или* в полосе частот

image ~ 1. подавление помех от зеркального канала 2. *тлв* подавление несущей изображения
in-phase ~ ослабление синфазного сигнала (*в операционном усилителе*)
interference ~ подавление помех
intermediate-frequency ~ подавление помех на промежуточной частоте
intermodulation ~ устранение интермодуляционных искажений
noise ~ подавление шумов
normal-mode rejection ~ коэффициент подавления помех от сети питания
sound-on-vision ~ подавление помех от сигнала звукового сопровождения в тракте сигнала изображения
spatial interference ~ подавление помех методом пространственной фильтрации
subcarrier ~ *тлв* подавление поднесущей
rejector 1. подавитель; схема подавления; ослабитель 2. режектор; схема режекции; режекторный фильтр 3. параллельный колебательный контур (*схемы режекции*)
adjacent sound-carrier ~ *тлв* режектор сигнала звукового сопровождения соседнего канала
chrominance subcarrier ~ режектор цветовой поднесущей
sound ~ *тлв* режектор сигнала звукового сопровождения
re-key переназначать [переопределять] ключ (*к шифру*)
relate 1. находиться в определенном (со)отношении; иметь отношение; быть связанным; зависеть, находиться в (определённой) зависимости (*напр. функциональной*) 2. устанавливать (со)отношения; связывать(ся)
relation отношение (*1. соотношение; уравнение 2. связь; зависимость 3. функциональная зависимость 4. два выражения, соединённые знаком операции сравнения 5. подмножество декартова произведения множеств 6. совокупность кортежей с одинаковыми атрибутами*)
~ **of coincidence** отношение совпадения
~ **of congruence** отношение конгруэнтности
~ **of consequence** отношение следования
~ **of direct consequence** отношение прямого следования
~ **of isomorphism** отношение изоморфизма
~ **over set** отношение на множестве
abstract ~ абстрактное отношение
almost universal ~ квазиуниверсальное [почти универсальное] отношение
antisymmetry ~ отношение антисимметрии
apartness ~ отношение обособленности
associativity ~ отношение ассоциативности
atomic ~ атомарное отношение
base ~ базовое отношение
bifunctional ~ бифункциональное отношение
binary ~ бинарное отношение
causal ~ каузальное [причинно-следственное] отношение
closure ~ отношение замыкания
constitutive ~s материальные уравнения
constraint ~ отношение ограничения
communication ~ отношение связи
commutativity ~ отношение коммутативности

complementariness ~ отношение дополнительности
completeness ~ отношение полноты
correlation ~ корреляционное отношение
correspondence ~ отношение соответствия
covering ~ отношение покрытия
definable ~ определимое отношение
dependence ~ отношение зависимости
derived ~ производное отношение
directed ~ направленное отношение
empty ~ пустое отношение
equality ~ отношение равенства
equinumerosity ~ отношение равночисленности
equivalence ~ отношение эквивалентности
expressible ~ выразимое отношение
extensional ~ экстенсиональное отношение
fuzzy ~ нечёткое отношение
homomorphism ~ отношение гомеоморфизма
identity ~ отношение тождества
implication ~ отношение импликации
incidence ~ отношение инцидентности
inclusion ~ отношение включения
inductive ~ индуктивное отношение
inequality ~ отношение неравенства
intermediacy ~ отношение промежуточности
inter-organizational ~s отношения между организациями
isomorphism ~ отношение изоморфизма
Kramers-Kronig ~s соотношения Крамерса — Кронига
logical ~ логическое отношение
magnitude ~ количественное отношение
Manley-Rowe ~s соотношения Мэнли — Роу
man-machine ~ связь человек — машина
membership ~ отношение принадлежности
multi-valued ~ многозначное отношение
negative ~ отрицательная связь
one-to-many ~ отношение «один-к-многим»
one-to-one ~ отношение «один-к-одному»
ordering ~ отношение упорядоченности
orthogonality ~ отношение ортогональности
parent-child ~ отношение «предок-потомок», отношение «родитель-сын» или «родитель-дочь»
partial equivalence ~ отношение частичной эквивалентности
partial ordering ~ отношение частичной упорядоченности
personnel ~ управление персоналом
polynomial ~ полиномиальное отношение
positive ~ положительная связь
precedence ~ отношение предшествования
preference ~ отношение предпочтения
proportionality ~ отношение пропорциональности
public ~s *тлв* связи с общественностью, *проф.* «паблик рилейшнз», «пиар»
reciprocity ~s соотношения взаимности
recurrent ~ рекуррентное соотношение
reflexive ~ рефлексивное отношение
representing ~ представляющее отношение
semantic ~ семантическое отношение
strict dominance ~ отношение строгого доминирования
strong ~ 1. сильное отношение 2. сильная связь
symmetry ~ отношение симметрии
transitive ~ транзитивное отношение

transitivity ~ отношение транзитивности
weak ~ 1. слабое отношение 2. слабая связь
relational 1. относительный 2. *вчт* реляционный, связанный с описанием отношений
relationship отношение (*1. соотношение; уравнение 2. связь; зависимость 3. функциональная зависимость*)
cointegrating ~ коинтегрирующие отношение
functional ~ функциональная связь
identifying ~ идентифицирующее отношение, идентифицирующая связь (*в реляционных базах данных*)
intellectual ~ интеллектуальная связь
lagged ~ запаздывающая зависимость, *проф.* зависимость с лагом
non-identifying ~ неидентифицирующее отношение, неидентифицирующая связь (*в реляционных базах данных*)
paradigmatic ~ *вчт* парадигматическое отношение
predicate ~ *вчт* предикативное отношение
spurious ~ ложная зависимость
syntagmatic ~ *вчт* синтагматическое отношение
relative 1. относительный 2. связанный; зависимый 3. соответственный
relativistic релятивистский
relativity 1. принцип относительности 2. теория относительности (*специальная или общая*)
general ~ общая теория относительности
special ~ специальная теория относительности
relax 1. *фтт* релаксировать 2. ослаблять(ся); затухать; спадать
relaxation 1. *фтт* релаксация 2. ослабление; затухание; спадание
charge ~ релаксация заряда
collisional ~ релаксация за счёт столкновений
dielectric ~ релаксация в диэлектрике
diffusion-free charge ~ бездиффузионная релаксация заряда
fast ~ быстрая релаксация
intervalley ~ *пп* междолинная релаксация
longitudinal ~ продольная релаксация
magnon-phonon ~ магнон-фононная релаксация
maser ~ релаксация в мазере
muon spin ~ *фтт* 1. мюонная спиновая релаксация 2. метод мюонной спиновой релаксации
nonradiative ~ безызлучательная релаксация
phonon-phonon ~ фонон-фононная релаксация
radiationless ~ безызлучательная релаксация
Raman ~ рамановская [непрямая] релаксация
slow ~ медленная релаксация
spin-lattice ~ спин-решёточная релаксация
spin-phonon ~ спин-фононная релаксация
spin-spin ~ спин-спиновая релаксация
stochastic ~ стохастическая релаксация
transverse ~ поперечная релаксация
Relay:
Frame ~ 1. сеть с ретрансляцией кадров, сеть с использованием протокола FR, сеть Frame Relay, FR-сеть 2. (сетевой) протокол ретрансляции кадров, протокол Frame Relay, FR-протокол
Frame ~ **Annex G** спецификация для реализации протокола X.25 в сетях Frame Relay, приложение G к стандарту ANSI T1.617
relay 1. реле 2. радиорелейная линия 3. радиорелейная связь 4. трансляция; передача (*сигналов*) ||

relay

транслировать; передавать (*сигналы*) **5.** ретрансляция; переприём || ретранслировать **6.** (следящая) система автоматического регулирования (*механической величины*) ◊ ~ **with hand-resetting contacts** реле с ручным возвратом; ~ **with latching** реле с механической самоблокировкой, реле с механической фиксацией воздействия; ~ **with self-resetting contacts** реле с самовозвратом

ac ~ реле переменного тока
acoustic ~ акустическое реле
active-power ~ реле активной мощности
add-and-subtract ~ реле суммирования и вычитания
alarm ~ сигнальное реле
Allström ~ фотореле
all-to-all ~ полнодоступная ретрансляция, ретрансляция по принципу «каждый с каждым»
annunciation ~ сигнальное реле тока
antenna ~ разрядник защиты приёмника
antiplugging ~ реле системы торможения за счёт изменения порядка следования фаз
armature ~ электромагнитное реле с подвижным якорем
auxiliary ~ промежуточное реле
balanced ~ дифференциальное реле
baseband ~ **1.** трансляция с передачей полной полосы частот модулирующих сигналов **2.** ретрансляция по групповому спектру **3.** передача видеосигнала **4.** прямая [безмодуляционная] передача (*сигнала*), передача (*сигнала*) без преобразования спектра
biased ~ дифференциальное реле
bistable ~ двухпозиционное реле
blocking ~ реле блокировки
break-in ~ реле-прерыватель (*в радиотелеграфии*)
calling ~ *тлф* вызывное реле
capacitance ~ реле ёмкости
center-stable polar ~ трёхпозиционное поляризованное реле
clapper ~ электромагнитное реле с поворотным якорем
clearing ~ *тлф* отбойное реле
close-differential ~ реле с коэффициентом возврата, близким к 100%
closing ~ промежуточное реле переключателя
coaxial ~ коаксиальное реле
code ~ кодовое реле
command ~ командное реле
compelled ~ реле принудительного включения
conductance ~ реле активной проводимости
connector ~ *тлф* реле соединительных линий
contact ~ контактное реле
contactless ~ бесконтактное реле
continuous duty ~ реле длительного управления
control ~ реле управления
correed ~ реле с магнитоуправляемым контактом
current ~ реле тока
dc ~ реле постоянного тока
definite-purpose ~ реле специального назначения
delay ~ реле выдержки времени, замедленное реле
diaphragm ~ диафрагменное реле
differential ~ дифференциальное реле
digital radio ~ цифровая радиорелейная линия
direct-action ~ реле прямого действия
directional ~ направленное реле
directional-current ~ направленное реле тока
directional-overcurrent ~ направленное реле максимального тока
directional-polarity ~ направленное реле напряжения
directional-power ~ реле направления мощности
directional-resistance ~ направленное реле сопротивления
directional-voltage ~ направленное реле напряжения
directivity ~ направленное реле
distance ~ реле защиты, срабатывающее при заданном расстоянии до точки короткого замыкания
dry-reed ~ язычковое реле с сухим магнитоуправляемым контактом
earth-fault ~ реле защиты, срабатывающее при замыкании на землю
electrical ~ электрическое реле
electrical-mechanical ~ электромеханическое реле
electromagnetic ~ электромагнитное реле
electromechanical ~ электромеханическое реле
electronic ~ электронное реле
electronic-tube ~ ламповое реле
electrostatic ~ электростатическое реле
electrostrictive ~ электрострикционное реле
enclosed ~ герметизированное реле
extraterrestrial ~ космическая радиорелейная связь
fast-operate ~ быстродействующее реле
fast-packet frame~ протокол скоростной пакетной передачи с ретрансляцией кадров
fast-release ~ реле с быстрым отпусканием
fault selective ~ реле обнаружения и локализации повреждений
ferrodynamic~ерродинамическое реле
field application ~ реле подачи возбуждения
field loss ~ реле потери возбуждения
flat-type ~ *тлф* плоское реле
flow ~ реле расхода жидкости *или* газа
frequency ~ реле частоты
frequency-selective [frequency-sensitive] ~ резонансное реле
gas-filled ~ тиратрон
gas-filled reed ~ газонаполненное язычковое реле с магнитоуправляемым контактом
general-purpose ~ реле общего назначения, универсальное реле
ground (protective) ~ реле защиты заземления
group-selector ~ *тлф* реле группового искателя
guard ~ реле защиты
heavy-duty ~ силовое реле
hermetically sealed ~ герметизированное реле
high G ~ реле с высокой ударной и вибрационной стойкостью
high-speed ~ быстродействующее реле
homing ~ шаговый распределитель с возвратом в исходное положение
hot-wire ~ электротепловое реле, термореле
impedance ~ реле полного сопротивления
indicating ~ указательное реле
indirect-action ~ реле косвенного действия
inertia ~ замедленное реле, реле выдержки времени
initiating ~ пусковое реле
instantaneous overcurrent ~ реле максимального тока
instrument-type ~ измерительное реле

integrating ~ интегрирующее реле
interlock ~ спаренное реле с взаимной блокировкой
intersatellite ~ межспутниковая трансляция
key ~ манипуляторное реле
Kipp ~ бистабильный мультивибратор с внешним запуском
lag ~ замедленное реле, реле выдержки времени
latch-in [latching] ~ реле с механической блокировкой, реле с механической фиксацией воздействия
LED-coupled solid-state ~ твердотельное реле со светодиодной связью
light(-activated switching) ~ фотореле
line ~ *тлф* вызывное реле
line-break ~ реле сигнализации, срабатывающее при обрыве цепи
locking [lockout] ~ реле блокировки
lock-up ~ реле с магнитной *или* электрической самоблокировкой, реле с магнитной *или* электрической фиксацией воздействия
logic ~ логическое реле
magnetic reed ~ язычковое реле
magnetostrictive ~ магнитострикционное реле
manual-automatic ~ реле переключения режима работы с ручного на автоматический
marginal ~ реле с коэффициентом возврата, близким к 100%
mechanical locking ~ реле с механической самоблокировкой, реле с механической фиксацией воздействия
memory ~ реле с самоблокировкой, реле с фиксацией воздействия
mercury(-contact) ~ ртутное реле
mercury-wetted reed ~ язычковое реле с ртутным магнитоуправляемым контактом
metering [meter-type] ~ измерительное реле
mho ~ реле проводимости
microwave(-radio) ~ радиорелейная линия
motor-field failure ~ реле потери возбуждения
multiposition ~ многопозиционное реле
NC ~ *см.* normally-closed relay
net-to-net ~ межсетевая ретрансляция
network ~ сетевое реле
network master ~ сетевое ведущее реле
network phasing ~ сетевое фазирующее реле
neutral ~ неполяризованное [нейтральное] реле
NO ~ *см.* normally-open relay
nonpolarized ~ неполяризованное [нейтральное] реле
normally-closed ~ реле с размыкающими контактами
normally-open ~ реле с замыкающими контактами
notching ~ реле числа импульсов
open ~ реле без корпуса
open-phase ~ реле защиты, срабатывающее при обрыве фазы
oscillating ~ вибрационное реле, виброреле
overcurrent ~ реле максимального тока
overfrequency ~ реле максимальной частоты
overload ~ реле максимального тока
overpower ~ реле максимальной мощности
overvoltage ~ реле максимального напряжения
percentage-differential ~ дифференциальное реле с заданным относительным параметром срабатывания

phase-balance ~ реле баланса фаз
phase-reversal ~ реле последовательности фаз, реле симметричных составляющих
phase-rotation [phase-sequence] ~ реле последовательности фаз, реле симметричных составляющих
phase-shift ~ реле сдвига фаз
photoelectric ~ фотореле
plunger ~ реле с втяжным сердечником
polar(ized) ~ поляризованное реле
polyphase ~ многофазное реле
power ~ реле мощности
pressure ~ реле давления
protective ~ реле защиты
pulse reed ~ импульсное язычковое реле с удерживающей катушкой
radar ~ трансляция радиолокационной информации
radio ~ **1.** радиорелейная линия, РРЛ **2.** радиорелейная связь **3.** трансляция радиосигналов
ratchet ~ шаговое реле с храповиком
rate-of-change ~ реле скорости изменения, реле производной
rate-of-change temperature ~ реле скорости изменения температуры
rate-of-rise ~ реле скорости нарастания (*напр. тока*)
ratio-balance [ratio-differential] ~ дифференциальное реле с заданным относительным параметром срабатывания
reactance ~ реле реактивного сопротивления
reactive-power ~ реле реактивной мощности
reclosing ~ реле повторного включения
reed ~ язычковое реле
register ~ *тлф* реле счёта
regulating ~ управляющее реле
remanent ~ реле с магнитной самоблокировкой, реле с магнитной фиксацией воздействия
reset ~ реле с электрическим возвратом
residual ~ реле нулевой последовательности фаз
resistance ~ реле активного сопротивления
resonant-reed ~ резонансное язычковое реле
reverse(-current) ~ реле обратного тока
ringing ~ *тлф* вызывное реле
rotary stepping ~ шаговый распределитель
satellite ~ ретрансляция через ИСЗ
selector ~ релейный селектор
self-latching ~ реле с самоблокировкой, реле с фиксацией воздействия
semiconductor ~ полупроводниковое реле
sensitive ~ чувствительное реле
separating ~ разделительное реле
sequence [sequential] ~ реле последовательности операций
side-stable ~ *тлг* реле с нейтральной регулировкой
signal-actuated ~ сигнальное реле
single-phase ~ однофазное реле
slave ~ промежуточное реле
slow-acting [slow-action] ~ реле выдержки времени с замедленным срабатыванием
slow-cutting ~ реле выдержки времени с замедленным отпусканием
slow-operate ~ реле выдержки времени с замедленным срабатыванием
slow-release ~ реле выдержки времени с замедленным отпусканием

relay

solenoid ~ реле с втяжным сердечником
solid-state ~ твердотельное реле
space ~ ретрансляция через ИСЗ
speed-sensitive ~ реле скорости
spring-actuated stepping ~ шаговый распределитель обратного хода
SR ~ *см.* **slow-release relay**
stepping ~ 1. релейный шаговый распределитель 2. шаговый распределитель
storage ~ реле с самоблокировкой, реле с фиксацией воздействия
supersensitive ~ высокочувствительное реле
surge ~ реле скорости нарастания (*напр. тока*)
synchronizing ~ реле синхронизации
tape ~ *тлг* реперфораторный переприём
temperature ~ реле температуры
test ~ *тлф* пробное реле
thermal ~ электротепловое реле
thermostat ~ термостатирующее реле
three-position [three-step] ~ трёхпозиционное реле
time ~ реле времени
time-delay ~ реле выдержки времени, замедленное реле
timing ~ промежуточное реле выдержки времени
transformer-coupled solid-state ~ твердотельное реле с трансформаторной связью
transhorizon radio ~ загоризонтная радиорелейная линия
trip-free [tripping] ~ 1. *тлф* реле выключения 2. реле свободного расцепления вызывного тока (*при ответе абонента*)
trunk ~ магистральная радиорелейная линия
tuned ~ резонансное реле
two-position [two-step] ~ двухпозиционное реле
undercurrent ~ реле минимального тока
underfrequency ~ реле минимальной частоты
underpower ~ реле минимальной мощности
undervoltage ~ реле минимального напряжения
vacuum reed ~ вакуумное язычковое реле с магнитоуправляемым контактом
valve ~ реле клапанного типа
vibrating ~ вибрационное реле, вибрреле
voltage ~ реле напряжения
zero phase-sequence ~ реле нулевой последовательности фаз

relaying 1. радиорелейная связь 2. трансляция; передача (*сигналов*) 3. ретрансляция; переприём 4. релейная защита
carrier ~ радиорелейная связь
chain ~ многократная ретрансляция
duplex ~ дуплексная [одновременная двусторонняя] радиорелейная связь
moon reflection ~ радиорелейная связь с использованием отражения от Луны
multiplex ~ радиорелейная связь с уплотнением
one-way ~ симплексная [односторонняя] радиорелейная связь
protective ~ релейная защита
simplex ~ симплексная [односторонняя] радиорелейная связь
TV ~ трансляция телевизионных программ
two-way ~ дуплексная [одновременная двусторонняя] радиорелейная связь

release 1. высвобождение; деблокирование ‖ высвобождать; деблокировать 2. *вчт* освобождение (*ресурса*) ‖ освобождать (*ресурс*) 3. *вчт* отпускание (*нажатой клавиши*) ‖ отпускать (*нажатую клавишу*) 4. механизм управления пуском *или* остановкой агрегата *или* установки 5. размыкание; разъединение ‖ размыкать; разъединять 6. отпускание (*реле*) 7. *тлф* отбой 8. разрешение на передачу (*напр. вещательной программы*), показ (*напр. фильма*), публикацию (*печатного или иллюстративного материала*), демонстрацию (*напр. экспоната*) или продажу (*напр. программного продукта*) ‖ разрешать передачу, показ, публикацию, демонстрацию *или* продажу 9. выпускаемая аудио-, видео- и печатная продукция 10. *вчт* выпускаемая версия (*программного продукта*) 11. (официальное) сообщение для прессы, *проф.* пресс-релиз ◊ ~ **to the air** выход в эфир
automatic ~ автоматический отбой
called-party [called-subscriber] ~ односторонний отбой со стороны вызываемого абонента
calling-party [calling-subscriber] ~ односторонний отбой со стороны вызывающего абонента
fast ~ быстрое отпускание (*реле*)
final ~ окончательная версия программы
first-party [first-subscriber] ~ односторонний отбой
last-party [last-subscriber] ~ двусторонний отбой
maintenance ~ модифицированная (с учётом текущей доработки) версия программы
news ~ (официальное) сообщение для прессы, *проф.* пресс-релиз
preemptive ~ *тлф* внеочередное [приоритетное] разъединение линии
press ~ (официальное) сообщение для прессы, *проф.* пресс-релиз
progressive ~ *тлф* последовательное разъединение линии
relay ~ отпускание реле
slow ~ медленное отпускание (*реле*)
trap ~ *пп* опустошение ловушки

releaser *биои.* запускающий (*поведенческий акт*) стимул

relevance, relevancy *вчт* 1. соответствие (*напр. запросу*); адекватность; уместность; *проф.* релевантность 2. степень соответствия запросу, коэффициент релевантности 3. ожидаемость; прогнозируемость
value ~ отнесение к ценности

relevant 1. *вчт* относящийся к делу; подходящий; соответствующий (*напр. запросу*); адекватный; уместный; *проф.* релевантный 2. ожидаемый; прогнозируемый

reliability 1. надёжность 2. достоверность
~ **of test** достоверность критерия
absolute ~ абсолютная надёжность
channel ~ надёжность канала связи
component ~ надёжность компонента; надёжность элемента
design ~ расчётная надёжность
established ~ расчётная надёжность
estimate ~ достоверность оценки
field ~ эксплуатационная надёжность
hardware ~ надёжность оборудования; *вчт* надёжность аппаратного обеспечения
high ~ высокая надёжность
individual-part ~ надёжность отдельных частей системы

inherent ~ собственная надёжность
limited ~ ограниченная надёжность
long-term ~ долговременная надёжность
low ~ низкая надёжность
operational ~ техническая надёжность
part ~ надёжность частей системы
predicted ~ расчётная надёжность
service ~ эксплуатационная надёжность
short-term ~ кратковременная надёжность
software ~ надёжность программного обеспечения

reliable 1. надёжный 2. достоверный

relief 1. рельеф (*1. профиль распределения 2. выступающее изображение*) 2. рельефность; объёмность || рельефный; объёмный 3. контраст(ность); отчётливость

reload 1. повторная нагрузка || нагружать повторно 2. *вчт* повторная загрузка; перезагрузка || загружать повторно; перезагружать(ся) 3. повторная заправка (*напр. ленты*) || заправлять повторно (*напр. ленту*) 4. *вчт* повторное (про)чтение (*напр. записи в файле*) || (про)читать повторно (*напр. запись в файле*) 5. *вчт* повторное помещение (*напр. дискеты в дисковод*); повторная установка (*напр. компакт-диска на выдвижной лоток*) || вставлять повторно; помещать повторно (*напр. дискету в дисковод*); устанавливать повторно (*напр. компакт-диск на выдвижной лоток*) 6. *вчт* повторное заполнение || заполнять повторно (*напр. базу данных*)

reloading 1. повторная нагрузка; повторное нагруживание 2. *вчт* повторная загрузка; перезагрузка 3. повторная заправка (*напр. ленты*) 4. *вчт* повторное (про)чтение (*напр. записи в файле*) 5. *вчт* повторное помещение (*напр. дискеты в дисковод*); повторная установка (*напр. компакт-диска на выдвижной лоток*) 6. *вчт* повторное заполнение (*напр. базы данных*)

relocatability 1. переместимость; перемещаемость (*1. возможность изменения местоположения 2. вчт возможность изменения расположения в памяти; возможность перемещения в другую ячейку или другие ячейки памяти 3. вчт возможность переназначения адреса или адресов; возможность модификации адреса или адресов; модифицируемость адреса или адресов (напр. ячеек памяти), проф. «настраиваемость»*) 2. *вчт* переадресуемость, возможность указания изменённого адреса *или* адресов (*напр. ячеек памяти*)

relocatable 1. переместимый; перемещаемый (*1. с возможность изменения местоположения 2. вчт с возможностью изменения расположения в памяти; с возможность перемещения в другую ячейку или другие ячейки памяти 3. вчт с возможностью переназначения адреса или адресов; с возможностью модификации адреса или адресов (напр. ячеек памяти); модифицируемый по адресам (напр. ячеек памяти), проф. «настраиваемый»*) 2. *вчт* переадресуемый, с возможностью указания изменённого адреса *или* адресов (*напр. ячеек памяти*)

relocate 1. перемещать (*1. изменять местоположение 2. вчт изменять расположение в памяти; перемещать в другую ячейку или другие ячейки памяти 3. переназначать адрес или адреса; модифицировать адрес или адреса (напр. ячеек памяти*), *проф.* «*настраивать*») *вчт* 2. переадресовывать, указывать изменённый адрес *или* адреса (*напр. ячеек памяти*) 3. *вчт* изменять позицию (*напр. курсора*) 4. *рлк* переопределять местоположение; повторно обнаруживать (*напр. цель*)

relocating 1. перемещающий (*1. изменяющий местоположение 2. вчт изменяющий расположение в памяти; перемещающий в другую ячейку или другие ячейки памяти 3. вчт переназначающий адрес или адреса; модифицирующий адрес или адреса (напр. ячеек памяти), проф. «настраивающий»*) 2. *вчт* переадресующий, указывающий изменённый адрес *или* адреса (*напр. ячеек памяти*)

relocation 1. перемещение (*1. изменение местоположения 2. вчт изменение расположения в памяти; перемещение в другую ячейку или другие ячейки памяти 3. вчт переназначение адреса или адресов; модификация адреса или адресов (напр. ячеек памяти), проф. «настройка»*) 2. *вчт* переадресация, указание изменённого адреса *или* адресов (*напр. ячеек памяти*) 3. *вчт* небольшая область памяти определённого размера и с определённым адресом; ячейка памяти (с адресом) 4. *вчт* адрес (*напр. ячейки памяти*) 5. *вчт* изменение позиции (*напр. курсора*) 6. *рлк* переопределение местоположения; повторное обнаружение (*напр. цели*)

dynamic ~ динамическое переназначение адреса *или* адресов ячеек памяти; динамическая модификация адреса *или* адресов ячеек памяти (*напр. ячеек памяти*), *проф.* динамическая «настройка»

memory ~ 1. перемещение блоков памяти (*напр. для формирования большого блока*) 2. переназначение адреса *или* адресов ячеек памяти; модификация адреса *или* адресов ячеек памяти, *проф.* «настройка»

relocator *вчт* программа переназначения адресов; программа модификации адресов (*напр. ячеек памяти*), *проф.* «настройщик»

reluctance магнитное сопротивление
magnetic ~ магнитное сопротивление
specific ~ удельное магнитное сопротивление

reluctivity удельное магнитное сопротивление; магнитная проводимость
magnetic ~ удельное магнитное сопротивление; магнитная проводимость

remail переадресовывать электронную почту

remailer переадресатор электронной почты
anonymous ~ анонимный переадресатор электронной почты

remain остаток || оставаться

remainder 1. остаток (*от деления*) 2. разность (*результат вычитания*)

remake новая версия (*ранее выпускавшегося*) кинопродукта, видеопродукта *или* компьютерной игры, *проф.* «римейк» || выпускать новую версию кинопродукта, видеопродукта *или* компьютерной игры

remanence остаточная магнитная индукция
anhysteretic ~ безгистерезисная часть остаточной магнитной индукции
apparent ~ кажущаяся остаточная магнитная индукция
negative ~ отрицательная остаточная магнитная индукция

positive ~ положительная остаточная магнитная индукция
remanent остаточный
remap 1. *вчт* управление перераспределением памяти; перераспределение памяти ‖ управлять перераспределением памяти, перераспределять память **2.** *вчт* повторное отображение; модификация отображения ‖ отображать повторно; модифицировать отображение **3.** повторное преобразование; модификация преобразования ‖ преобразовывать повторно; модифицировать преобразование
remapping 1. *вчт* управление перераспределением памяти; перераспределение памяти **2.** *вчт* повторное отображение; модификация отображения **3.** повторное преобразование; модификация преобразования
  memory ~ управление перераспределением памяти; перераспределение памяти
  removable drive ~ переназначение буквенных обозначений съёмных дисков
remark 1. *вчт* комментарий (*напр. в программе*) ‖ вставлять комментарий (*напр. в программу*) **2.** примечание; пометка; ссылка ‖ снабжать примечанием; делать пометки; ссылаться
remember 1. помнить; вспоминать **2.** запоминать; обладать способностью к запоминанию; демонстрировать способность к запоминанию **3.** запоминать программу; исполнять программу; действовать по программе **4.** напоминать
remembrance 1. память; воспоминание **2.** запоминание **3.** способность к запоминанию **4.** длительность сохранения в памяти **5.** напоминание
remendur ремендюр (*магнитный сплав*)
remitron *фирм.* многоэлектродный прибор тлеющего разряда (*для счёта импульсов*)
remixing 1. перемешивание **2.** повторное микширование (*в звукозаписи*)
remodulation перенос модуляции с одной несущей на другую
remodulator передающая [АМ—ЧМ-] приставка факсимильного аппарата
remote 1. пульт дистанционного управления, ПДУ **2.** дистанционный (*напр. доступ*); удалённый (*напр. терминал*) **3.** *тлв* внестудийная передача **4.** выносной; вынесенный; внешний
remote-control дистанционно управляемый, телеуправляемый, с дистанционным управлением, с телеуправлением
remotely-manned с дистанционным присутствием, *проф.* с телеприсутствием
removability 1. удаляемость; устраняемость; устранимость **2.** переместимость; перемещаемость **3.** сменяемость; заменимость; съёмность
removable 1. удаляемый; устранимый **2.** переместимый; перемещаемый; с изменяемым (место)положением **3.** съёмный; сбрасываемый; отбрасываемый **4.** сменный; заменяемый; съёмный
removal 1. удаление; устранение **2.** перемещение; изменение (место)положения **3.** снятие; съём; сбрасывание, сброс; отбрасывание **4.** смена; замена
  end-recursion ~ удаление (*напр. данных*) после завершения процедуры рекурсии (*в стеке*)
  etch ~ *микр.* удаление травлением, стравливание
  heat ~ теплоотвод

hidden-face ~ удаление невидимых поверхностей (*в компьютерной графике*)
hidden-line ~ удаление невидимых линий (*в компьютерной графике*)
hidden-object ~ удаление невидимых объектов (*в компьютерной графике*)
hidden-surface ~ удаление невидимых поверхностей (*в компьютерной графике*)
mask ~ *микр.* удаление маски
photoresist ~ *микр.* удаление фоторезиста
redundancy ~ сокращение избыточности
redundant element ~ удаление избыточных элементов
tail-recursion ~ удаление (*напр. данных*) после завершения процедуры рекурсии (*в стеке*)
remove 1. удаление; устранение ‖ удалять; устранять **2.** перемещение; изменение (место)положения ‖ перемещать(ся); изменять (место)положение **3.** снятие; сбрасывание, сброс; отбрасывание ‖ снимать; сбрасывать; отбрасывать **4.** смена; замена ‖ съём ‖ сменять; заменять; снимать **5.** ступень; шаг; деление (*шкалы*) **6.** отдаление; степень удаления; расстояние ◊ **to ~ program** удалить программу, удалять программу; **to ~ hardware** удалить аппаратное обеспечение, удалять аппаратное обеспечение
remover 1. средство удаления *или* устранения (*чего-либо*) **2.** *вчт* программа (*для*) удаления (*напр. временных файлов*)
  dispersion ~ компенсатор дисперсии
  temporary files ~ программа (*для*) удаления временных файлов
  virus ~ программа (*для*) удаления (компьютерных) вирусов; антивирусная программа
rename *вчт* переименование (*напр. файла*) ‖ переименовывать (*напр. файл*)
  mail ~ замена имени пользователя (электронной почты) псевдонимом, MR-запись (*в DNS-ресурсе*)
renaming *вчт* переименование (*напр. файла*)
  register ~ переименование регистров
render 1. представлять (*напр. данные*) **2.** переводить (*с одного языка на другой*) **3.** *вчт* создавать реалистичное (*объёмное*) изображение на основе каркасной модели с имитацией подсветки и светотеней, визуализировать, *проф.* использовать рендеринг **4.** воспроизводить; изображать; передавать **5.** передавать цвет(а); воспроизводить цвет(а)
rendering 1. представление (*напр. данных*) **2.** перевод (*с одного языка на другой*) **3.** *вчт* создание реалистичного (*объёмного*) изображения на основе каркасной модели с имитацией подсветки и светотеней, реалистичная визуализация (*трёхмерных объектов*), *проф.* «рендеринг» **4.** воспроизведение; изображение; передача **5.** цветопередача; цветовоспроизведение
  color ~ цветопередача; цветовоспроизведение
  hardware ~ аппаратная реалистичная визуализация (*трёхмерных объектов*), *проф.* аппаратный «рендеринг»
  software ~ программная реалистичная визуализация (*трёхмерных объектов*), *проф.* программный «рендеринг»
rendezvous 1. рандеву (*1. встреча; место встречи; соглашение о встрече* **2.** механизм взаимодейст-

вия и синхронизации процессов в языке Ада) 2. космическое рандеву, встреча КЛА на орбите

rendition 1. представление (*напр. данных*) 2. перевод (*на другой язык*)

renormalization перенормировка, ренормализация || перенормировочный, ренормализационный

~ **in quantum field theory** перенормировка в квантовой теории поля

~ **of charge** перенормировка заряда

~ **of mass** перенормировка массы

formal ~ формальная перенормировка

vector ~ векторная перенормировка

renormalize (пе)ренормировать

renormalized (пе)ренормированный

reopen *вчт* открывать повторно (*напр. файл*)

reorder 1. переупорядочение; повторное упорядочение || переупорядочивать; выполнять повторное упорядочение 2. повторный заказ || сделать повторный заказ 3. реорганизация || реорганизовывать

reordering 1. переупорядочение; повторное упорядочение 2. подача повторного заказа 3. реорганизация

~ **by batches** подача повторного заказа на поставку (*напр. комплектующих изделий*) партиями

reorientate переориентировать(ся)

reorientated переориентированный

reorientation переориентация

rep *вчт* повторение, многократное вхождение (*напр. элемента в последовательность*)

2-~ двукратное повторение

N-~ N-кратное повторение

repaginate выполнять повторное разбиение на страницы (*напр. в текстовых редакторах*)

repagination повторное разбиение на страницы (*напр. в текстовых редакторах*)

repaint *вчт* 1. перерисовывать; обновлять рисунок *или* изображение (*на экране дисплея*) 2. команда перерисовывания, команда обновления рисунка *или* изображения (*на экране дисплея*) 3. позиция экранного меню для вызова команды перерисовывания, позиция экранного меню для вызова команды обновления рисунка *или* изображения (*на экране дисплея*)

repair 1. ремонт; восстановление || ремонтировать; восстанавливать 2. исправление (*программы*) || исправлять (*программу*) 3. устранение (*напр. дефектов*) || устранять (*напр. дефекты*) 4. *pl* ремонтные работы 5. *pl* отремонтированный блок *или* узел 6. *pl* работоспособное состояние после ремонта

crystal ~ устранение дефектов в кристалле

operating ~ текущий ремонт

permanent ~ текущий ремонт

preventive ~ профилактический ремонт

scheduled ~ плановый ремонт

unscheduled ~ внеплановый ремонт

warranty ~ гарантийный ремонт

repairability 1. ремонтопригодность 2. устранимость

repairable 1. ремонтопригодный 2. устранимый

repairer ремонтник, специалист по ремонту оборудования

repairman ремонтник, специалист по ремонту оборудования

reparametrization репараметризация, замена параметров

repartition 1. повторное разделение; перераспределение || разделять повторно; перераспределять 2. *вчт* повторное выделение разделов (*напр. на жёстком диске*), повторное разбиение (*напр. жёсткого диска*) || повторно выделять разделы, разбивать повторно

repeat 1. повторение; воспроизведение || повторять; воспроизводить 2. копирование; дублирование || копировать; дублировать 3. ретрансляция || ретранслировать 4. повтор(ение) (*вещательной*) передачи; повторный показ (*напр. фильма*) || повторять (*вещательную*) передачу; показывать повторно (*напр. фильм*) 5. реприза, (однократный) повтор; знак репризы, знак (однократного) повтора, символ 𝄇 (*в нотном письме*)

A-B ~ копирование содержимого кассеты А на кассету В (*в двухкассетном магнитофоне*)

counter ~ функция повторения операции по счётчику (*в магнитофонах*)

keyboard ~ повторное нажатие на клавишу

one-bar ~ реприза, (однократный) повтор

two-bar ~ двукратная реприза, двукратный повтор

repeatability 1. повторяемость; воспроизводимость 2. стабильность выходного напряжения стабилитрона

~ **of measurements** воспроизводимость результатов измерений

repeater 1. ретрансляционная станция; ретранслятор 2. промежуточная станция радиорелейной линии 3. промежуточный усилитель проводной линии связи 4. *вчт, тлг* повторитель 5. *тлф* линейный трансформатор 6. выносной индикатор 7. *микр.* фотоповторитель, фотоштамп

active satellite ~ активный спутниковый ретранслятор

back-to-back ~ ретранслятор в режиме переприёма

buoy ~ ретранслятор на буе

carrier ~ высокочастотный ретранслятор

communication ~ связной ретранслятор

digital ~ 1. цифровая ретрансляционная станция; цифровой ретранслятор 2. промежуточная станция цифровой радиорелейной линии 3. промежуточный усилитель проводной цифровой линии связи 4. *вчт* цифровой повторитель

direct-point ~ непосредственный повторитель

drop ~ ретранслятор с выделением каналов

end ~ оконечный усилитель линии связи

forty-four-type ~ дуплексный промежуточный усилитель четырёхпроводной линии связи с четырьмя усиливающими элементами

four-wire ~ промежуточный усилитель четырёхпроводной линии связи

frequency-translating ~ ретранслятор с преобразованием частоты

half-duplex ~ полудуплексный ретранслятор

hard-limiter ~ спутниковый ретранслятор с жёстким порогом ограничения выходной мощности

helicopter ~ вертолётный ретранслятор

heterodyne ~ ретранслятор с усилением на промежуточной частоте

high-bandwidth ~ широкополосный ретранслятор

hub ~ повторитель концентратора

repeater

integrated multiport ~ интегральный многопортовый повторитель
intermediate ~ 1. промежуточная станция радиорелейной линии 2. промежуточный усилитель проводной линии связи
klystron ~ клистронный ретранслятор
line ~ промежуточный усилитель проводной линии связи
line-of-sight ~ радиорелейная станция
microwave ~ радиорелейная станция
negative-resistance ~ промежуточный усилитель проводной линии связи с отрицательным сопротивлением
one-way ~ симплексный ретранслятор
passive ~ пассивный ретранслятор
plan position indicator ~ *рлк* выносной индикатор кругового обзора, выносной ИКО
pulse ~ импульсный повторитель
regenerative ~ 1. регенеративный ретранслятор 2. регенеративный повторитель
satellite ~ спутниковый ретранслятор
single-channel ~ одноканальный ретранслятор
single-line ~ последовательный повторитель
solar-powered ~ ретранслятор с питанием от солнечных батарей
submarine-cable ~ промежуточный усилитель подводного кабеля
telegraph ~ телеграфный повторитель
telephone ~ телефонный промежуточный усилитель
television ~ телевизионный ретранслятор
terminal ~ оконечная станция радиорелейной линии
terrestrial ~ наземный ретранслятор
through [thru] ~ ретранслятор без выделения каналов, транзитный ретранслятор
TV ~ телевизионный ретранслятор
twenty-one-type ~ дуплексный промежуточный усилитель двухпроводной линии связи с одним усиливающим элементом
twenty-two-type ~ дуплексный промежуточный усилитель двухпроводной линии связи с двумя усиливающими элементами
two-way two-wire ~ дуплексный промежуточный усилитель двухпроводной линии связи
wide-band ~ широкополосный ретранслятор
repeating ретрансляция
baseband ~ ретрансляция по групповому спектру
carrier ~ высокочастотная ретрансляция
heterodyne ~ гетеродинная ретрансляция, ретрансляция по промежуточной частоте
multi-hop ~ ретрансляция с многократным переприёмом
regenerative ~ регенеративная ретрансляция
repel отталкивать(ся); отражать(ся); отбрасывать(ся)
repellency отталкивание; отражение; отбрасывание
repeller 1. отражатель клистрона 2. репеллер
reperforator *вчт* реперфоратор
keyboard typing ~ печатающий реперфоратор с клавиатурой
receive-only typing ~ приёмный печатающий реперфоратор
tape ~ ленточный реперфоратор
repertoire 1. набор; комплект; система 2. *вчт* система команд 3. профессиональные знания; навыки; опыт 4. *тлв* репертуар

character ~ *вчт* набор кодируемых символов
repetition 1. повторение; воспроизведение 2. копирование; дублирование 3. ретрансляция 4. повтор(ение) (вещательной) передачи; повторный показ (*напр. фильма*) 5. *вчт* повторение, многократное вхождение (*напр. элемента в последовательность*)
augmented ~**s** расширенные повторения, представляемые в виде совокупности двукратных повторений N–кратные повторения
iterative ~ итеративное повторение
periodic ~ периодическое повторение
replace замена; замещение || заменять; замещать
conditional ~ замена при условии подтверждения
replaceability заменяемость; замещаемость
replaceable заменяемый; замещаемый
replacement замена (*1. замещение 2. используемый вместо заменяемого объекта*)
global ~ *вчт* глобальная замена
group ~ *вчт* групповая замена
replay 1. воспроизведение (*записи*) || воспроизводить (*запись*) 2. *тлв* повтор (*сюжета*) || повторять (*сюжет*) 3. повторяемый сюжет
action ~ повтор
CD-4 (system) disk ~ дискретное [полное] квадрафоническое воспроизведение, квадрафоническое воспроизведение по системе 4—4—4
instant ~ повтор
slow-motion ~ замедленный повтор
replenishment пополнение запасов (*напр. комплектующих изделий*)
reorder time ~ пополнение запасов в определённый момент времени
replica 1. копия; реплика; дубликат 2. опорный сигнал (*в виде копии ожидаемого сигнала*)
frequency-offset ~ опорный сигнал со сдвигом по частоте
phase-shifted ~ опорный сигнал, полученный путём циклического сдвига
time-delayed ~ копия (*сигнала*) с задержкой во времени
replicable 1. воспроизводимый; повторяемый 2. разделяемый; делимый; расщепляемый 3. *микр.* мультиплицируемый
replicate 1. копировать(ся); делать реплику; воспроизводить(ся) 2. делить(ся); расщеплять(ся) (*напр. о ЦМД*) 3. *микр.* мультиплицировать (*изображение*) 4. тиражировать (*напр. компакт-диски*) 5. воспроизводимое [повторяемое] событие (*напр. научный эксперимент*)
replication 1. копия; реплика; дубликат 2. деление; расщепление (*напр. ЦМД*); репликация 3. *микр.* мультиплицирование, мультипликация (*изображения*) 4. тиражирование (*напр. компакт-дисков*) 5. воспроизведение [повторение] события (*напр. научного эксперимента*) 6. реверберация; эхо
bubble(-domain) ~ деление [расщепление] ЦМД
data ~ *вчт* тиражирование данных
directory ~ *вчт* тиражирование каталогов (*с сервера*)
mass ~ массовое тиражирование; массовое производство
replicator 1. делитель; расщепитель (*напр. ЦМД*); репликатор 2. *микр.* фотоповторитель, фотоштамп 3. *вчт* сервер тиражирования данных

representation

bubble(-domain) ~ делитель [расщепитель] ЦМД
reply 1. ответ; ответное сообщение ‖ отвечать, давать ответ; направлять ответное сообщение **2.** *рлк* ответный сигнал, ответ **3.** отражать(ся); давать отражение

~ **to all recipients** отвечать всем получателям (*сообщений электронной почты*)

~ **to sender** отвечать отправителю (*сообщения электронной почты*)

pulse ~ импульсный ответный сигнал, импульсный ответ

repolarization повторная поляризация
repopulation перераспределение заселённостей (*энергетических уровней*)
Report:

Automated Merchant Vessel ~ Национальная береговая аварийная радиослужба морского и воздушного торгового флота (*США*)

Internet Monthly ~ ежемесячный отчёт о деятельности Internet

report 1. отчёт; доклад; протокол ‖ представлять отчёт; докладывать; вести протокол **2.** отображение (*напр. определённой информации*); вывод на экран (*напр. сообщения*) ‖ отображать (*напр. определённую информацию*); выводить на экран (*напр. сообщение*) **3.** сообщение; заявление; объявление ‖ сообщать; заявлять; объявлять

action-oriented management ~ *вчт* отображение исключительных ситуаций, влияющих на принятие решений

demand ~ *вчт* отчёт по запросу

detail ~ *вчт* **1.** подробный отчёт **2.** построчно печатаемый подробный отчёт

external ~ отчёт, предназначенный для распространения за пределами организации-исполнителя, *проф.* внешний отчёт

internal ~ служебный отчёт; отчёт, не предназначенный для распространения за пределами организации-исполнителя, *проф.* внутренний отчёт

management ~ отчёт для руководства; отчёт для управленческого персонала

on-demand ~ *вчт* отчёт по запросу

periodic ~ периодический отчёт (*напр. квартальный*)

predictive ~ отчёт с прогнозом

scheduled ~ периодический отчёт (*напр. квартальный*)

status ~ **1.** (текущий) отчёт о выполнении плана; (текущий) отчёт о ходе работ **2.** (текущие) данные о состоянии объекта (*напр. системы*); оперативные данные о параметрах и характеристиках (*напр. устройства*)

reportage репортаж

on-the-spot ~ репортаж с места событий

reporter репортёр
reporting 1. представление отчёта *или* доклада; ведение протокола, протоколирование **2.** отображение (*напр. определённой информации*); вывод на экран (*напр. сообщения*) **3.** передача сообщения, заявления *или* объявления **4.** репортаж ◊ **by exception** *вчт* отображение только исключительных ситуаций

automatic fault ~ автоматическое отображение информации об отказах

exception ~ *вчт* отображение только исключительных ситуаций

progress ~ **1.** представление текущего отчёта **2.** отображение текущего состояния; вывод на экран текущей информации (*напр. о ходе выполнения программы*)

repository *вчт* хранилище
represent 1. представлять; выражать (*в определённой форме*); обозначать (*напр. символами*) **2.** отображать; изображать **3.** символизировать; представлять собой **4.** быть представителем; представлять **5.** рисовать; изображать; описывать **6.** служить примером **7.** быть эквивалентом; соответствовать
representation 1. представление; выражение (*в определённой форме*); обозначение (*напр. символами*) **2.** образ; отображение; изображение **3.** символ; идея; мысленное представление **4.** представительство **5.** рисунок; изображение; картина; описание **6.** пример **7.** эквивалент; соответствие

affine ~ **of infinity** аффинное представление бесконечности

analog ~ аналоговое представление
binary ~ двоичное представление
canonical ~ каноническое представление
Cayley ~ представление Кэли
coded ~ кодированное представление
data ~ представление данных
diagrammatic ~ диаграммное представление
digital speech ~ цифровое представление речи
discrete ~ дискретное представление
distributed ~ распределённое представление (данных) (*напр. в нейроподобных структурах*)
extensional ~ экстенсиональное представление
external data ~ **1.** внешнее представление данных **2.** стандарт машинно-независимых структур данных, стандарт XDR

fixed-point ~ представление с фиксированной точкой, представление с фиксированной запятой
floating-point ~ представление с плавающей точкой, представление с плавающей запятой
frequency-domain ~ представление в частотной области
fuzzy knowledge ~ нечёткое представление знаний
Granger ~ представление Грейнджера
Heisenberg ~ представление Гейзенберга
innovations ~ порождающее представление
integer ~ целочисленное представление
internal data ~ внутреннее представление данных
irreducible ~ неприводимое представление
knowledge ~ представление знаний
local ~ локальное представление (данных) (*напр. в нейроподобных структурах*)
logical ~ логическое представление
mental ~ мысленное представление
moving average ~ представление со скользящим усреднением
perceptually-based ~ воспринимаемый образ; чувственное представление
problem-specific ~ проблемно-ориентированное представление
projective ~ **of infinity** проекционное представление бесконечности
ray ~ лучевое представление
referential ~ ссылочное представление
semantically-based ~ семантическое представление; символ
spectral ~ спектральное представление

representation

time-domain [time-waveform] ~ представление во временной области
wave ~ волновое представление
representational 1. представительный **2.** реалистичный
representative 1. репрезентативный (*о характеристиках выборки по отношению к параметрам генеральной совокупности*) **2.** представитель || представительный
    sales ~ торговый представитель; торговый агент
representativeness репрезентативность, соответствие характеристик выборки параметрам генеральной совокупности (*в статистике*)
reprint 1. стереотипное издание, переиздание || выпускать стереотипное издание, переиздавать **2.** отдельный оттиск (*напр. статьи*)
repro репродукция; копия; дубликат
reprod разрядник защиты приёмника
reproduce 1. воспроизводить **2.** репродуцировать; копировать; изготавливать дубликат
reproducer 1. устройство воспроизведения, воспроизводящее устройство **2.** репродуцирующее устройство; копировальный аппарат **3.** *вчт* реперфоратор; перфоратор-репродуктор
    card ~ карточный реперфоратор
    dynamic ~ динамический звукосниматель
    lateral ~ устройство воспроизведения поперечной (механической) записи
    magnetic ~ устройство воспроизведения магнитной записи; магнитофон
    mechanical ~ звукосниматель граммофона
    optical digital disk ~ проигрыватель (*аудио- или видео*) компакт-дисков
    optical sound ~ оптическое звуковоспроизводящее устройство (*в кинопроекторе*)
    photographic sound ~ оптическое звуковоспроизводящее устройство (*в кинопроекторе*)
    recording ~ устройство воспроизведения записи
    semiautomatic ~ полуавтоматический проигрыватель
    tape ~ 1. устройство воспроизведения магнитной записи; магнитофон **2.** ленточный реперфоратор
reproducibility воспроизводимость; повторяемость
reproducible воспроизводимый; повторяемый
reproduction 1. воспроизведение **2.** репродуцирование; копирование; изготовление дубликата **3.** репродукция; копия; дубликат **4.** размножение; воспроизводство (*напр. в эволюционном программировании*)
    ~ of sound звуковоспроизведение
    asexual ~ бесполое размножение
    audio ~ звуковоспроизведение
    binaural ~ (звуко)воспроизведение с бинауральным эффектом
    color ~ цветовоспроизведение; цветопередача
    faithful ~ воспроизведение с высокой верностью
    four-channel ~ квадрафоническое воспроизведение
    Hi-Fi ~ *см.* high-fidelity reproduction
    high-fidelity ~ воспроизведение с высокой верностью
    monaural [monophonic] ~ монофоническое воспроизведение
    quadraphonic ~ квадрафоническое воспроизведение

    sexual ~ половое размножение
    stereophonic ~ стереофоническое воспроизведение
    stereophonic record ~ воспроизведение стереофонической записи
reprogramming перепрограммирование; изменение текста программы для обеспечения её выполнения в других условиях
reprographics репрография
reprography репрография
repudiation отказ; аннулирование
repulse отталкивание || отталкивать
repulsion 1. отталкивание **2.** сила отталкивания
    Coulomb charge ~ 1. кулоновское отталкивание зарядов **2.** кулоновская сила отталкивания зарядов
    hole ~ *кв. эл.* отталкивание провалов
    space-charge ~ отталкивание пространственным зарядом; отталкивание объёмным зарядом
    vortex-vortex ~ *свпр* отталкивание вихрей
repulsive отталкивающий
Request:
    ~ for Comment документ типа «Предлагается к обсуждению», документ (категории) RFC (*проекты регламентирующих работу Internet стандартов, протоколов и спецификаций*)
request 1. запрос; обращение || запрашивать; обращаться **2.** требование || требовать ◊ **to ~ file** обращаться к файлу
    ~ for bid запрос на предложение цены
    ~ for comment просьба прокомментировать; предлагается к обсуждению (*стандартный заголовок проекта документа*)
    ~ for discussion предлагается к обсуждению; просьба прокомментировать (*стандартный заголовок проекта документа*)
    ~ for proposal запрос на предложение
    ~ for quotation запрос на установление цены
    ~ of service *вчт* запрос на обслуживание
    ~ to send 1. запрос на передачу **2.** сигнал запроса на передачу, сигнал RTS
    automatic repeat ~ автоматический запрос на повторение (*см. тж.* **ARQ**)
    bus ~ *вчт* запрос шины
    completed ~ выполненный [удовлетворённый] запрос
    echo ~ эхо-запрос, запрос на возврат сигнала
    extensibility link ~ *вчт* запрос на расширяемость связей
    failed ~ невыполненный [неудовлетворённый] запрос
    medium change ~ *вчт* запрос на смену носителя
    pending ~ отложенный запрос; необработанный запрос
    reconfiguration ~ *вчт* запрос на восстановление конфигурации
    reservation ~ запрос на резервирование каналов
    retransmission ~ запрос на повторную передачу
    reverse ~ обратный запрос
    search ~ запрос на поиск
    telephone traffic ~ запрос телефонной нагрузки
    tune ~ *вчт* запрос подстройки (*MIDI-сообщение*)
requestor *вчт* клиент сервера, *проф.* реквестор
requeue *вчт* **1.** повторная очередь || организовывать повторную очередь; возвращать в очередь; находиться в повторной очереди **2.** повторная очерёдность **3.** повторный список очерёдности **4.** по-

вторное упорядочение; переупорядочение || упорядочивать повторно; переупорядочивать

require 1. требовать **2.** нуждаться; являться необходимым

requirement 1. требование **2.** требуемое *или* необходимое
   avionics ~s требования к авиационной электронной аппаратуре
   circuit ~s схемные требования
   electrostatic discharge ~s *вчт, микр.* требования на устойчивость к электростатическому разряду
   environmental ~s требования, обусловленные условиями окружающей среды
   ESD ~s *см.* **electrostatic discharge requirements**
   Kerckhoff's ~s требования Керкхофа (*к криптосистеме*)
   performance ~s требования к рабочим характеристикам
   radio-frequency interference ~s технические нормы на радиопомехи
   RFI ~s *см.* **radio-frequency interference requirements**

reradiate переизлучать(ся) || переизлучаемый

reradiation 1. переизлучение; излучение вторичных источников (*поля*) **2.** собственное [паразитное] излучение (*приёмника*)

reradiator 1. вторичный источник излучения **2.** пассивный отражатель (*антенны*)

rerecord перезапись || перезаписывать

rerecording перезапись
   repeated ~ многократная перезапись

rerun 1. *вчт* перезапуск, повторный запуск (*программы*); повторное исполнение, повторное выполнение (*программы*) **2.** *вчт* повторный прогон, повторное однократное исполнение (*программы*) **3.** повторный цикл (*напр. операций*); повторная серия (*напр. изделий*); повторный тираж (*напр. печатного издания*) **4.** *тлв* повторный показ; повторение программы

resample 1. повторный образец; повторная проба || повторно отбирать образец *или* образцы; брать повторную пробу **2.** повторный отсчёт || производить повторный отсчёт, производить повторные отсчёты **3.** повторная выборка; повторная выборочная совокупность; повторная выборочная функция || производить повторную выборку; использовать повторную выборочную совокупность *или* выборочную функцию **4.** повторная дискретизация || дискретизировать повторно **5.** повторное стробирование || стробировать повторно **6.** *вчт* повторный опрос || опрашивать повторно **7.** *вчт* повторный образец (*определённого*) звука в цифровой форме, повторно оцифрованный образец (*определённого*) звука, *проф.* пересэмплированный звук || повторно представлять образец (*определённого*) звука в цифровой форме, повторно оцифровывать образец (*определённого*) звука, *проф.* пересэмплировать **8.** *вчт* файл с записью повторного образца (*определённого*) звука в цифровой форме, файл с записью пересэмплированного звука **9.** обращение дискретизации, восстановление дискретизованного сигнала в аналоговой форме || обращать дискретизацию, восстанавливать дискретизованный сигнал в аналоговой форме **10.** *вчт* изменение размеров пиксела *или* числа пикселей || изменять размеры пиксела *или* число пикселей (*для модификации разрешения или размеров изображения*) ◊ ~ **down** увеличение размеров пиксела *или* уменьшение числа пикселей (*для уменьшения разрешения или размеров изображения*) || увеличивать размеры пиксела, уменьшать число пикселей; ~ **up** уменьшение размеров пиксела, увеличение числа пикселей || уменьшать размеры пиксела, увеличивать число пикселей (*для увеличения разрешения или размеров изображения*)

resampling 1. повторный отбор образца *или* образцов; взятие повторной пробы **2.** повторный отсчёт **3.** повторная выборка; повторная выборочная совокупность; повторная выборочная функция **4.** повторная дискретизация **5.** повторное стробирование **6.** *вчт* повторный опрос **7.** *вчт* повторное представление образца (*определённого*) звука в цифровой форме, повторная оцифровка образца (*определённого*) звука, *проф.* пересэмплирование **8.** *вчт* файл с записью повторного образца (*определённого*) звука в цифровой форме, файл с записью пересэмплированного звука **9.** обращение дискретизации, восстановление дискретизованного сигнала в аналоговой форме **10.** *вчт* изменение размеров пиксела *или* числа пикселей (*для модификации разрешения или размеров изображения*) ◊ ~ **down** увеличение размеров пиксела *или* уменьшение числа пикселей (*для уменьшения разрешения или размеров изображения*); ~ **up** уменьшение размеров пиксела, увеличение число пикселей (*для увеличения разрешения или размеров изображения*)

rescale 1. изменять шкалу (*отсчёта*) **2.** изменять масштаб

rescaling 1. изменение шкалы (*отсчёта*) **2.** изменение масштаба

research исследование; исследования; изучение || исследовать; изучать
   action ~ действенное исследование
   applied ~ прикладные исследования
   basic ~ фундаментальные исследования
   evaluation ~ экспертиза
   group ~ изучение (рабочих) групп
   market ~ изучение рынка
   operations ~ исследование операций (*раздел кибернетики*)

research and development научно-исследовательские и опытно-конструкторские работы, НИОКР

researcher исследователь

reseau 1. решётка **2.** сетка (*напр. масштабная*)

resection *рлк* метод обратных засечек (*при определении местоположения*)

resell перепродавать; выполнять посреднические функции в торговле

reseller перепродавец, торговый посредник
   value-added ~ перепродавец [торговый посредник], оказывающий дополнительные услуги за добавленную стоимость

reservation 1. резервирование **2.** создание запасов **3.** ограничение; ограничивающее условие; запрет (*напр. на использование*)
   fixed ~ жёсткое резервирование каналов
   random-access ~ резервирование каналов с произвольным доступом

reserve 1. резерв ‖ резервировать ‖ резервный **2.** запас ‖ запасать ‖ запасённый **3.** ограничение; ограничивающее условие; запрет (*напр. на использование*) ‖ вводить ограничение; запрещать (*напр. использование*) ◊ **without** ~ без ограничений
   cold ~ ненагруженный резерв
   electrical ~ электрический резерв
   emergency ~ аварийный резерв
   hot ~ нагруженный резерв
   instantaneous ~ мобильный резерв
   loaded ~ нагруженный резерв
   operating ~ оперативный резерв
   possible ~ прогнозный запас
   proved ~ достоверный запас
   reduced ~ облегчённый резерв
   unloaded ~ ненагруженный резерв
   warm ~ облегчённый резерв
reserved зарезервированный (*1.* резервный *2.* подпадающий под ограничение; запрещённый; не разрешённый (*напр. к использованию*) *3.* вчт служебный)
reservoir резервуар
Reset кнопка сброса, кнопка аппаратного перезапуска, кнопка «Reset» (*на передней панели компьютера*)
reset 1. сброс (*1.* аппаратный перезапуск компьютера *2.* восстановление исходного состояния *3.* установка в состояние «0») ‖ сбрасывать (*1.* производить аппаратный перезапуск компьютера *2.* восстанавливать исходное состояние *3.* устанавливать в состояние «0») **2.** кнопка сброса, кнопка аппаратного перезапуска, кнопка «reset» (*на передней панели компьютера*) ‖ нажимать кнопку сброса, нажимать кнопку аппаратного перезапуска, нажимать кнопку «reset» **3.** возврат (*реле*) ‖ возвращаться (*о реле*) **4.** повторная установка ‖ устанавливать повторно
   alternative ~ вчт альтернативный сброс
   automatic ~ самовозврат (*реле*)
   counter ~ сброс счётчика
   cycle ~ восстановление цикла
   hand ~ ручной возврат (*реле*)
   hardware ~ аппаратный сброс
   manual ~ ручной возврат (*реле*)
   software ~ программный сброс
reside вчт являться резидентным, находиться постоянно (*в оперативной памяти*)
resident вчт резидент, резидентная программа *или* часть программы ‖ резидентный, находящийся постоянно (в оперативной памяти)
   co-~ сопутствующий резидент
   executive ~ резидент операционной системы
   operating system ~ резидент операционной системы
   supervisor ~ резидент операционной системы
   terminate and stay ~ резидентная программа
residual 1. остаток; остатки ‖ остаточный **2.** остаточный сигнал (*напр. после компенсации*) **3.** вчт невязка; остаток **4.** разность ‖ разностный
   autocorrelated ~**s** автокоррелированные остатки
   boundary ~ граничная невязка
   generalized ~**s** обобщённые остатки
   initial ~ начальная невязка
   least-squared ~ разность наименьших квадратов
   mean-square ~ среднеквадратическая разность
   recursive ~ рекурсивный остаток
   robust ~ робастный остаток
   squared ~ квадрат остатка
   standardized ~**s** нормированные остатки
   studentized ~**s** *проф.* стьюдентизированные остатки
   weighted ~ взвешенная невязка
residual-based на основе остатков
residualize 1. определять остаток **2.** выделять остаточный сигнал (*напр. после компенсации*)
residue 1. остаток; остатки **2.** остаточный сигнал (*напр. после компенсации*) **3.** вчт вычет
   ~ **of function** вычет функции
   ~ **of the n-th power** вычет *n*-ой степени
   absolutely least ~ абсолютно наименьший вычет
   biquadratic ~ биквадратный вычет
   canonical ~ канонический вычет
   characteristic ~ характеристический вычет
   least nonnegative ~ наименьший неотрицательный вычет
   left ~ левый вычет
   logarithmic ~ логарифмический вычет
   modulo N ~ остаток по модулю N
   polynomial ~ полиномиальный вычет
   power ~ степенной вычет
   right ~ правый вычет
   set ~ остаток множества
   singular ~ сингулярный вычет
resilience 1. эластичность; упругость **2.** отказоустойчивость
resilient 1. эластичный; упругий **2.** отказоустойчивый
resin 1. смола **2.** канифоль
   film-forming ~ *микр.* смола, образующая плёнку
   fully cured epoxy ~ *микр.* полностью отверждённая эпоксидная смола
   negative-resist ~ *микр.* смола для негативного резиста
   partially cured epoxy ~ *микр.* частично отверждённая эпоксидная смола
   photoresist ~ *микр.* смола для фоторезиста
   touch-up ~ *микр.* смола для ретуширования резиста
resist 1. сопротивляться; оказывать сопротивление **2.** противостоять; защищать **3.** защитное покрытие; защитный слой **4.** вещество *или* состав для защитного покрытия; *микр.* резист
   acidproof [acid-resistant] ~ кислотостойкий резист
   aqueous-developing ~ резист, проявляемый в водных растворителях
   chemically-amplified ~ резист с фотохимическим усилением светочувствительности
   cinnamate-ester ~ резист на основе сложных эфиров циннамата
   cyclized(-rubber) ~ резист на основе (синтетических) циклокаучуков
   dichromated ~ резист на основе дихроматов
   dichromate-sensitized ~ сенсибилизированный дихроматами резист
   dry(-film) ~ сухой плёночный резист
   electron [electron-beam, electron-sensitive] ~ электронный резист
   Kodak autopositive ~ автопозитивный (фото)резист фирмы «Кодак»
   Kodak micronegative ~ негативный (фото)резист типа KMNR фирмы «Кодак»

resistance

Kodak thin-film ~ тонкоплёночный резист фирмы «Кодак»
metal-etch ~ резист для литографии по металлической плёнке
negative [negative-acting, negative-working] ~ негативный резист
organic ~ органический резист
oxide ~ оксидный резист
peel-apart ~ отслаиваемый резист
photosensitive ~ фоторезист
plated ~ (электро)осаждённый резист
polyvinyl cinnamate ~ резист на основе поливинилциннаматов
positive [positive-acting, positive-working] ~ позитивный резист
solid-film ~ резист на основе твёрдой плёнки
solvent-developing ~ резист, проявляемый в растворителях
sprayed ~ резист, нанесённый методом распыления
tenting grade ~ резист для изоляции отверстий при травлении
wet-film ~ жидкий резист
X-ray ~ рентгеновский резист

resistance 1. (активное) сопротивление 2. резистор 3. стойкость, устойчивость 4. *биол.* невосприимчивость ◊ ~ **in series** последовательное сопротивление; ~ **per unit length** погонное сопротивление; ~ **to ground** сопротивление относительно земли; ~ **to interference** помехоустойчивость; ~ **to radiation damage** радиационная стойкость
~ **of ground path** сопротивление заземления
absolute minimum ~ начальное [минимальное] сопротивление (*переменного резистора*)
ac ~ сопротивление по переменному току
acoustic ~ активное акустическое сопротивление
ac plate [anode] ~ внутреннее сопротивление электронной лампы
antenna ~ входное сопротивление антенны
armature ~ активное сопротивление обмотки ротора
back ~ *пп* обратное сопротивление
ballast ~ балластный резистор
barrier ~ *пп* сопротивление перехода
base ~ *пп* сопротивление базы
blocked ~ 1. механическое входное сопротивление холостого хода электромеханического преобразователя 2. электрическое входное сопротивление зажатого электромеханического преобразователя
bulk ~ *пп* объёмное сопротивление
capacitor series ~ последовательное сопротивление утечки конденсатора по переменному току
cathode-interface (layer) ~ сопротивление промежуточного слоя катода
channel ~ *пп* сопротивление канала
chemical ~ химстойкость
closed-loop input ~ входное сопротивление операционного усилителя с обратной связью
coil ~ активное сопротивление катушки индуктивности
cold ~ сопротивление холодного термокатода
collector ~ *пп* сопротивление коллектора
collector leakage ~ *пп* сопротивление утечки коллекторного перехода
collector saturation ~ *пп* сопротивление насыщения коллектора

common-mode ~ сопротивление операционного усилителя для синфазных сигналов
contact ~ контактное сопротивление, сопротивление контакта
copper ~ активное сопротивление обмотки
corona ~ короностойкость
critical ~ критическое сопротивление, соответствующее критическому затуханию сопротивление (*колебательного контура*)
current-controlled [current-stable] negative ~ отрицательное сопротивление, управляемое током, отрицательное сопротивление *S*-типа
dark ~ темновое сопротивление (*напр. фоторезистора*)
dc ~ сопротивление по постоянному току
dc copper ~ сопротивление обмотки по постоянному току
dc plate ~ внутреннее сопротивление электронной лампы по постоянному току
differential-input ~ дифференциальное входное сопротивление (*дифференциального или операционного усилителя*)
differential negative ~ дифференциальное отрицательное сопротивление
diffusion ~ *пп* диффузионное сопротивление
distributed ~ распределённое сопротивление
drain ~ *пп* сопротивление стока
dynamic ~ резонансное сопротивление (*параллельного колебательного контура*)
dynamic plate ~ внутреннее сопротивление электронной лампы
effective ~ сопротивление по переменному току
effective parallel ~ параллельное сопротивление утечки конденсатора по переменному току
effective series ~ последовательное сопротивление утечки конденсатора по переменному току
effective thermal ~ *пп* тепловое сопротивление перехода
end ~ начальное [минимальное] сопротивление переменного резистора
equivalent ~ эквивалентное сопротивление
equivalent differential input ~ эквивалентное дифференциальное входное сопротивление (*дифференциального или операционного усилителя*)
equivalent noise ~ эквивалентное шумовое сопротивление
equivalent series ~ эквивалентное последовательное сопротивление
filament ~ сопротивление катода прямого канала
flame ~ огнестойкость
forward ~ *пп* прямое сопротивление
gate ~ *пп* сопротивление затвора
Hall ~ холловское сопротивление
heat ~ нагревостойкость
heterojunction ~ *пп* сопротивление гетероперехода
high-frequency ~ сопротивление по переменному току
hot ~ сопротивление накалённого термокатода
humidity ~ влагостойкость
igniter-leakage ~ сопротивление утечки игнайтера (*холодного игнитрона*)
incremental ~ дифференциальное сопротивление
induced ~ вносимое сопротивление
input ~ входное сопротивление
insertion ~ вносимое сопротивление

resistance

insulation ~ сопротивление изоляции
interfacial ~ сопротивление перехода на границе раздела (*двух сред*)
internal ~ внутреннее сопротивление
junction ~ *пп* сопротивление перехода
Koch ~ световое сопротивление электровакуумного фотоэлемента
large-signal ~ сопротивление в режиме большого сигнала
lateral ~ *пп* поперечное сопротивление
lead ~ сопротивление выводов
leakage ~ сопротивление утечки
light ~ световое сопротивление (*напр. фоторезистора*)
linear ~ линейное сопротивление
line loop ~ *тлф* сопротивление шлейфа
load ~ сопротивление нагрузки
longitudinal ~ *пп* продольное сопротивление
loop ~ 1. контурное сопротивление 2. *тлф* сопротивление шлейфа
lumped ~ сосредоточенное сопротивление
mesh ~ контурное сопротивление
moisture ~ влагостойкость
motional ~ внесённое сопротивление электромеханического преобразователя
mutual ~ передаточное сопротивление холостого хода
negative ~ отрицательное сопротивление
nonlinear ~ нелинейное сопротивление
normal surface ~ *свпр* нормальное поверхностное сопротивление, поверхностное сопротивление в нормальном состоянии
N-type negative ~ регулируемое напряжением отрицательное сопротивление, отрицательное сопротивление *N*-типа
ohmic ~ активное сопротивление
open-circuit stable negative ~ регулируемое током отрицательное сопротивление, отрицательное сопротивление *S*-типа
open-loop output ~ выходное сопротивление операционного усилителя без обратной связи
output ~ выходное сопротивление
overall ~ полное сопротивление
quantized ~ квантованное холловское сопротивление
quantum ~ квантовое холловское сопротивление, постоянная Клитцинга (25812,807 Ом)
parasitic ~ паразитное сопротивление
pure ~ активное сопротивление
radiation ~ 1. сопротивление излучения 2. радиационная стойкость
real ~ активное сопротивление
reduced ~ нормированное сопротивление
reflected ~ вносимое сопротивление
residual ~ *свпр* остаточное сопротивление
resonant ~ резонансное сопротивление (*напр. колебательного контура*)
reverse ~ обратное сопротивление
RF ~ сопротивление по переменному току
saturation ~ сопротивление насыщения
series ~ последовательное сопротивление
sheet ~ поверхностное сопротивление слоя
short-circuit-stable negative ~ регулируемое напряжением отрицательное сопротивление, отрицательное сопротивление *N*-типа

shunt ~ параллельное [шунтирующее] сопротивление
small-signal ~ сопротивление в режиме малого сигнала, малосигнальное сопротивление
source ~ внутреннее сопротивление источника
specific ~ удельное сопротивление
specific acoustic ~ активное удельное акустическое сопротивление
spreading ~ распределённое сопротивление
standard ~ эталонное сопротивление
static ~ сопротивление по постоянному току
S-type negative ~ регулируемое током отрицательное сопротивление, отрицательное сопротивление *S*-типа
surface ~ поверхностное сопротивление
surface insulation ~ поверхностное сопротивление изоляции
swamp(ing) ~ термокомпенсирующий резистор в цепи эмиттера
tank ~ сопротивление параллельного резонансного контура
terminal [terminating] ~ входное *или* выходное сопротивление ненагруженной схемы
thermal ~ 1. тепловое сопротивление 2. нагревостойкость
transistor input ~ входное сопротивление транзистора
transistor output ~ выходное сопротивление транзистора
transposition ~ сопротивление перехода между нормальным и сверхпроводящим металлом
tropical ~ тропикостойкость
true ~ активное сопротивление
tube ac ~ внутреннее сопротивление электронной лампы
tunneling ~ туннельное сопротивление
variable ~ переменное сопротивление
voltage-controlled [voltage-stable] negative ~ управляемое напряжением отрицательное сопротивление, отрицательное сопротивление *N*-типа
resistant 1. стойкий; устойчивый 2. резистентный
resistive резистивный
resistivity удельное сопротивление
bulk ~ объёмное удельное сопротивление
dark ~ темновое удельное сопротивление
effective ~ удельное сопротивление по переменному току
electrical ~ удельное сопротивление
equivalent cell ~ эффективное удельное сопротивление элемента (*ХИТ*)
initial plasma ~ начальное удельное сопротивление плазмы
intrinsic ~ *пп* собственное удельное сопротивление
sub-band ~ удельное сопротивление подзоны
surface ~ поверхностное удельное сопротивление
volume ~ объёмное удельное сопротивление
resistor резистор
adaptive ~ адаптивный резистор
adjustable ~ переменный резистор
annular ~ кольцевой резистор
axial-lead ~ резистор с аксиальными выводами
ballast(ing) ~ балластный резистор
base-bias ~ резистор смещения в цепи базы
bias(ing) ~ резистор цепи смещения

resistor

bifilar ~ резистор с бифилярной обмоткой
bleeder ~ стабилизирующий нагрузочный резистор
boron-carbon ~ бороуглеродистый резистор
bulk ~ объёмный резистор
bulk-collector ~ резистор в коллекторной области ИС
carbon ~ 1. углеродистый резистор 2. композиционный резистор
carbon-film ~ углеродистый резистор
cathode ~ катодный резистор
center-tapped ~ (проволочный) резистор с отводом от средней точки
cermet ~ керметный резистор
Chaperon ~ резистор с модифицированной бифилярной намоткой
charging ~ зарядный резистор
chip ~ *микр.* бескорпусный резистор
chromium ~ хромовый резистор
coated ~ резистор с защитным покрытием
compensated-impurity ~ резистор на компенсированном полупроводнике
composite-film ~ металлооксидный резистор
composition(-type) ~ композиционный резистор
continuously adjustable ~ переменный резистор с плавной функциональной характеристикой
current-limiting ~ токоограничивающий резистор
current-sensing ~ токочувствительный резистор
Curtis-winding ~ резистор с безындуктивной обмоткой (*с изменением направления намотки соседних витков с помощью продольных щелей в каркасе*)
damping ~ гасящий резистор
debiasing ~ стабилизирующий резистор
decoupling ~ развязывающий резистор
deposited ~ осаждённый резистор
diffused ~ диффузионный резистор
diffused-base ~ диффузионный резистор в базовой области ИС
diffused-emitter ~ диффузионный резистор в эмиттерной области ИС
difflised-layer ~ диффузионный резистор
disk ~ дисковый резистор
double-diffused integrated ~ резистор ИС, изготовленный методом двойной диффузии
dropping ~ гасящий резистор
dumping ~ разрядный резистор
electronically variable ~ переменный резистор с электронной регулировкой
encapsulated ~ герметизированный резистор
epitaxial ~ эпитаксиальный резистор
etched ~ резистор, полученный методом травления
evaporated(-film) ~ напылённый (плёночный) резистор
feedback ~ резистор цепи обратной связи
ferrule ~ трубчатый резистор с цилиндрическими выводами
FET ~ резистор на полевом транзисторе
film ~ плёночный резистор
fixed(-value) ~ постоянный резистор
flexible ~ гибкий проволочный резистор
four-terminal ~ эталонный резистор с двумя дополнительными выводами (*для подключения измерительного прибора*)
fuse [fusible] ~ резистор-предохранитель
glass ~ стеклянный резистор, резистор из проводящего стекла
glaze ~ остеклованный резистор
grid ~ резистор цепи сетки, сеточный резистор
grid-suppressor ~ резистор цепи сетки для нейтрализации обратной связи
hairpin-type winding ~ резистор с бифилярной обмоткой
heat-variable ~ терморезистор
implanted ~ ионно-имплантированный резистор
instrument series ~ добавочный резистор вольтметра
instrument shunt ~ шунт амперметра
insulated ~ изолированный резистор
integrated(-circuit) ~ резистор ИС, интегральный резистор
junction(-type) ~ резистор на p — n-переходе
layered-substrate ~ резистор со слоистой подложкой
light-dependent ~ фоторезистор
light-emitting ~ 1. сгорающий [выходящий из строя] резистор, *проф.* светоизлучающий резистор 2. нить лампы накаливания
linear ~ линейный резистор
line-cord ~ гасящий резистор в шнуре питания
memory ~ запоминающий резистор
metal-film ~ 1. металлоплёночный резистор 2. металлооксидный резистор
metal-glaze ~ керметный резистор
metallized ~ металлоплёночный резистор
metal-oxide ~ металлооксидный резистор
metal-oxide-semiconductor ~ резистор на МОП-структуре, МОП-резистор
microchip ~ бескорпусный микрорезистор
microplanar ~ планарный микрорезистор
MOS ~ *см.* **metal-oxide-semiconductor resistor**
MOX ~ *см.* **metal-oxide resistor**
multiplier ~ добавочный резистор (*вольтметра*)
negative ~ резистор с отрицательным сопротивлением
negative temperature-coefficient ~ резистор с отрицательным температурным коэффициентом сопротивления, резистор с отрицательным ТКС
noninductive ~ безындуктивный резистор
nonlinear ~ нелинейный резистор
parallel ~ параллельный [шунтирующий] резистор
photocopied ~ резистор, изготовленный методом фотолитографии
pigtail ~ резистор с гибкими выводами
pinch ~ высокоомный диффузионный резистор с суженным проводящим каналом
planar ~ планарный резистор
positive temperature-coefficient ~ резистор с положительным температурным коэффициентом сопротивления, резистор с положительным ТКС
pressure-sensitive ~ тензорезистор
printed ~ печатный резистор
pull-up ~ резистор для уравнивания уровня сигнала с напряжением (электро)питания (*в логических схемах с открытым коллектором*)
radial-lead ~ резистор с радиальными выводами
resistance thermometer ~ измерительный резистор термометра сопротивления
rod ~ стержневой резистор

resistor

scale ~ добавочный резистор (*вольтметра*)
section-type noninductive winding ~ резистор с секционированной безындуктивной обмоткой
self-isolated ~ самоизолированный резистор
semiconductor ~ полупроводниковый резистор
series ~ последовательный резистор
shunt ~ параллельный [шунтирующий] резистор
single-wound ~ резистор с однослойной обмоткой
speedup ~ форсирующий резистор
spiral-groove ~ резистор со спиральной канавкой
stabilizing ~ стабилизирующий резистор
stair-step ~ переменный резистор со ступенчатой функциональной характеристикой
standard ~ эталонный резистор
swamping ~ термокомпенсирующий резистор в цепи эмиттера
tail ~ общий резистор в цепи питания дифференциального усилителя
tantalum ~ танталовый резистор
tapped ~ резистор с отводами, секционированный резистор
terminating [termination] ~ 1. резистор (оконечной) нагрузки; (оконечная) нагрузка 2. резистор (согласованной) нагрузки; (согласованная) нагрузка, *проф. вчт* терминатор (*напр. интерфейса SCSI*)
thermal ~ 1. термическое сопротивление 2. терморезистор, *проф.* термистор
thermally sensitive ~ терморезистор, *проф.* термистор
thick-film ~ толстоплёночный резистор
thin-film ~ тонкоплёночный резистор
Thomas ~ герметизированный эталонный манганиновый резистор
time-varying ~ резистор с изменяющимся во времени сопротивлением, программируемый резистор
titanium ~ титановый резистор
trimmer ~ подстроечный переменный резистор
tunnel ~ туннельный резистор
variable ~ 1. переменный резистор 2. реостат
vitrified ~ остеклованный резистор
voltage-controlled [voltage-dependent] ~ варистор
voltage dropping ~ гасящий резистор
voltage-sensitive [voltage-variable] ~ варистор
Wenner-winding ~ резистор с безындуктивной петлевой обмоткой
wire-wound(-type) ~ проволочный резистор
WW ~ *см.* wire-wound(-type) resistor

resize 1. изменять размеры (*напр. изображения*) 2. изменять кегль шрифта
resizing 1. изменение размеров (*напр. изображения*) 2. изменение кегля шрифта
resnatron резнатрон
resolubility *вчт* разрешимость
resoluble *вчт* разрешимый
resolution 1. разрешение (*1. разрешающая способность; степень детализации 2. разрешающая сила (напр. оптической системы) 3. различимость; дискриминационная способность 4. представление в виде функциональной зависимости или в аналитической форме 5. право на действия 6. отождествление*) 2. *вчт* резолюция 3. разборка; демонтаж 4. разложение на составные части; определение составных частей; анализ 5. решение; установление; определение 6. *вчт* резольвента (*1. разрешающее ядро 2. резольвентное уравнение*) ◊
~ into components разложение (*напр. вектора*) на компоненты; ~ in lines разрешающая способность в строках
~ of singularity разрешение особенности
~ of stereovision разрешающая сила стереоскопического зрения
address ~ *вчт* разрешение адресов (*в сетях*)
allowable ~ 1. допустимое разрешение 2. *вчт* допустимая резольвента
along-track ~ *рлк* разрешающая способность по путевой дальности
angular ~ угловая разрешающая способность
apodized ~ разрешающая способность при аподизации
auto set screen ~ *вчт* автоматическая установка разрешения экрана
azimuth ~ *рлк* разрешающая способность по азимуту
bearing ~ *рлк* разрешающая способность по азимуту
canonical ~ *вчт* каноническая резольвента
color ~ цветовое разрешение
complete ~ *вчт* полная резольвента
conflict ~ разрешение конфликтов
device ~ разрешающая способность устройства или прибора (*напр. дисплея или принтера*)
diffraction-limited ~ дифракционный предел разрешения
disconnected ~ *вчт* несвязная резольвента
display ~ разрешающая способность дисплея
distance ~ *рлк* разрешающая способность по дальности
Doppler ~ *рлк* разрешающая способность по доплеровской частоте
edge ~ разрешающая способность на краях поля изображения
effective ~ эффективное разрешение
energy ~ энергетическая разрешающая способность
exact ~ *вчт* точная резольвента
frequency ~ разрешающая способность по частоте
generalized ~ *вчт* обобщённое разложение
graphics ~ *вчт* графическая разрешающая способность, графическое разрешение
high ~ высокое разрешение
horizontal ~ разрешающая способность по горизонтали
infinite ~ неограниченная разрешающая способность
injective ~ *вчт* инъективная резольвента
interpolated ~ эффективная разрешающая способность сканера с программной интерполяцией
left ~ *вчт* левая резольвента
limiting ~ предельная разрешающая способность
low ~ низкое разрешение
mask ~ *микр.* разрешающая способность маски
name ~ *вчт* разрешение имени
orthogonal ~ ортогональное разложение
overload ~ *вчт* разрешение перегрузки
partial-fraction ~ *вчт* разложение на простые дроби
phase ~ разрешающая способность по фазе

resonance

printer ~ разрешающая способность принтера (*число точек на дюйм*)
projective ~ *вчт* проективная резольвента
radar ~ разрешающая способность РЛС
range ~ *рлк* разрешающая способность по дальности
range rate ~ *рлк* разрешающая способность по радиальной скорости
rational ~ *вчт* рациональная резольвента
right ~ *вчт* правая резольвента
scintillation-counter energy ~ энергетическая разрешающая способность сцинтилляционного счётчика
screen ~ разрешающая способность экрана, разрешение экрана
space [spatial] ~ пространственная разрешающая способность
spectral ~ спектральное разрешение
structural ~ структурная разрешающая способность (*передающей телевизионной трубки*)
submicrometer ~ *микр.* субмикронное разрешение
temporal [time] ~ временная разрешающая способность, разрешающая способность по времени
UV low ~ система UVLO, система сжатия видеосигналов в цветовом пространстве UV
vector ~ разложение вектора
vertical ~ разрешающая способность по вертикали
resolvability 1. разрешаемость; дискриминируемость **2.** *вчт* разрешимость
resolvable 1. разрешаемый; дискриминируемый **2.** *вчт* разрешимый
resolve 1. разрешать (*1. различать; дискриминировать 2. представлять в виде функциональной зависимости или в аналитической форме 3. давать право на действия*) **2.** разбирать; демонтировать **3.** разлагать на составные части; подвергать анализу **4.** решать; устанавливать; определять
resolvent *вчт* резольвента (*1. разрешающее ядро 2. резольвентное уравнение*) || резольвентный; разрешающий
 ~ **of matrix** резольвента матрицы
 asymptotic ~ асимптотическая резольвента
 cubic ~ кубическая резольвента
 Fredholm ~ резольвента Фредгольма
 Green ~ асимптотическая резольвента Грина
 ordered ~ упорядоченная резольвента
 stochastic ~ стохастическая резольвента
resolver 1. решающее устройство; решающая схема **2.** решающая программа, программа для решения (*напр. уравнения*) **3.** программа разрешения имени **4.** синус-косинусный вращающийся трансформатор, СКВТ
 servo ~ решающее устройство с сервосистемой
 synchro ~ синус-косинусный вращающийся трансформатор, СКВТ
resonance резонанс || резонансный
 acoustic ~ акустический резонанс
 acoustic paramagnetic ~ акустический парамагнитный резонанс
 adaptive ~ адаптивный резонанс (*метод обучения нейронных сетей*)
 amplitude ~ резонанс амплитуд
 anharmonic ~ ангармонический резонанс; нелинейный резонанс
 antiferromagnetic ~ антиферромагнитный резонанс, АФМР
 arm ~ резонанс тонарма
 assisted ~ усиленный резонанс
 cavity ~ резонанс объёмного резонатора
 Cerenkov ~ черенковский резонанс
 combination ~ комбинационный резонанс
 current ~ резонанс токов, параллельный резонанс
 cyclotron ~ циклотронный резонанс
 dielectric ~ резонанс диэлектрической восприимчивости
 domain-wall ~ резонанс доменных границ
 double electron-nuclear ~ двойной электронно-ядерный резонанс, ДЭЯР
 double-quantum ~ *кв. эл.* двухквантовый резонанс
 electrical ~ электрический резонанс
 electron cyclotron ~ электронный циклотронный резонанс
 electron-nuclear double ~ двойной электронно-ядерный резонанс, ДЭЯР
 electron paramagnetic ~ электронный парамагнитный резонанс, ЭПР
 electron spin ~ электронный спиновый резонанс, ЭСР
 exchange ~ обменный резонанс
 extraordinary(-wave) ~ резонанс необыкновенной волны
 Fabry-Perot ~ резонанс в интерферометре Фабри — Перо
 ferrimagnetic ~ ферримагнитный резонанс
 ferromagnetic ~ ферромагнитный резонанс, ФМР
 force-induced ~ индуцированный интенсивностью воздействия резонанс, изменение спектрального состава нелинейного отклика за счёт интенсивности возбуждения
 free-air cone ~ собственный резонанс диффузора (*громкоговорителя*)
 fundamental ~ резонанс на основной частоте
 hybrid ~ гибридный резонанс (*в плазме*)
 induced ferromagnetic ~ индуцированный ферромагнитный резонанс
 ion cyclotron ~ ионный циклотронный резонанс
 Josephson plasma ~ *свпр* джозефсоновский плазменный резонанс
 L ~ ионный циклотронный резонанс
 low hybrid ~ нижнегибридный резонанс (*в плазме*)
 magnetic ~ магнитный резонанс
 magnetoacoustic ~ магнитоакустический резонанс
 magnetoelastic ~ магнитоупругий резонанс
 magnetooptic ~ магнитооптический резонанс
 main ~ основной резонанс
 mechanical ~ механический резонанс
 muon spin ~ *фтт* **1.** мюонная спиновая релаксация **2.** метод мюонной спиновой релаксации
 narrow ~ *кв. эл. проф.* узкий резонанс
 natural ~ естественный резонанс
 natural ferromagnetic ~ естественный ферромагнитный резонанс
 noise-induced ~ шумоиндуцированный резонанс, изменение спектрального состава нелинейного отклика за счёт флуктуационной компоненты
 nonlinear ~ нелинейный резонанс; ангармонический резонанс
 nuclear ~ ядерный резонанс
 nuclear gamma ~ ядерный гамма-резонанс, ЯГР, эффект Мёссбауэра
 nuclear magnetic ~ ядерный магнитный резонанс, ЯМР

resonance

nuclear quadrupole ~ ядерный квадрупольный резонанс, ЯКР
O ~ *см.* ordinary(-wave) resonance
off-frequency ~ паразитный резонанс
optical ~ резонансная люминесценция
optically detected magnetic ~ оптически обнаруживаемый магнитный резонанс
optical-radio-frequency double ~ радиооптический двойной резонанс
ordinary (-wave) ~ резонанс обыкновенной волны
paraelectric ~ параэлектрический резонанс
parallel ~ параллельный резонанс, резонанс токов
paramagnetic ~ парамагнитный резонанс
parametric ~ параметрический резонанс
period ~ собственный резонанс
phase ~ синхронизм
plasma ~ гибридный резонанс (*в плазме*)
plasma column ~ резонанс плазменного столба
proton magnetic ~ протонный магнитный резонанс
pure quadrupole ~ чистый квадрупольный резонанс
quadrupole ~ квадрупольный резонанс
R ~ электронный циклотронный резонанс
series ~ последовательный резонанс, резонанс напряжений
spin ~ спиновый резонанс
spin-wave ~ спин-волновой резонанс, СВР
spurious ~ ложный резонанс
standing spin-waves ~ спин-волновой резонанс, СВР
stochastic ~ стохастический резонанс
strip-domain ~ резонанс полосовых доменов
submultiple ~ резонанс на субгармонике
subsidiary ~ дополнительный резонанс
upper hybrid ~ верхнегибридный резонанс (*в плазме*)
velocity ~ синхронизм
voltage ~ резонанс напряжений, последовательный резонанс
volume ~ объёмный резонанс
X ~ *см.* extraordinary(-wave) resonance
zero-field ~ *кв. эл.* резонанс в нулевом поле

resonate резонировать
resonation резонирование
resonator резонатор ◊ ~ **with phase conjugate mirrors** резонатор с зеркалами, обращающими волновой фронт
acoustic ~ акустический резонатор
afocal ~ *кв. эл.* афокальный резонатор
anisotropic ~ анизотропный резонатор
annular ~ кольцевой резонатор
astigmatic ~ астигматический резонатор
atomic ~ *кв. эл.* атомный резонатор
barrel(-shaped) ~ бочкообразный резонатор
beam waveguide ~ квазиоптический резонатор
bias-pin ~ резонатор с согласующим штырём
buncher ~ входной резонатор (*клистрона*)
butterfly ~ (резонансный) контур типа «бабочка»
catcher ~ выходной резонатор (*клистрона*)
cavity ~ объёмный резонатор
cesium atomic-beam ~ цезиевый атомно-лучевой резонатор
circular-disk ~ дискообразный резонатор
closed ~ закрытый резонатор
coaxial ~ коаксиальный резонатор
comb-line ~ резонатор на гребенчатой линии
composite ~ составной резонатор
concave-mirror ~ резонатор с вогнутыми зеркалами
confocal ~ конфокальный резонатор
crystal ~ пьезоэлектрический резонатор
cylindrical ~ цилиндрический резонатор
dielectric (cavity) ~ диэлектрический резонатор
dielectric-loaded ~ резонатор с диэлектрическим заполнением
dihedral optical ~ оптический резонатор с двугранными зеркалами
dispersive ~ дисперсионный резонатор
dual-mode ~ двухмодовый резонатор
electromechanical ~ электромеханический резонатор
electronically tunable ~ резонатор с электронной настройкой
empty ~ полый резонатор
extended-interaction ~ резонатор с распределённым взаимодействием
Fabry-Perot ~ резонатор (интерферометра) Фабри — Перо
ferrimagnetic ~ ферримагнитный резонатор
ferrite ~ ферритовый резонатор
ferrite-loaded (cavity) ~ резонатор с ферритовым заполнением
ferrite-post ~ резонатор в виде ферритового стержня
ferroelectric ~ сегнетоэлектрический резонатор
fiber-optic ring ~ кольцевой волоконно-оптический резонатор
flat-roof ~ резонатор с двугранными зеркалами
F-P ~ *см.* Fabry-Perot resonator
gyromagnetic ~ гиромагнитный резонатор
gyrotropic ~ гиротропный резонатор
helical ~ спиральный резонатор
Helmholtz ~ резонатор Гельмгольца
hemispherical ~ полусферический резонатор, резонатор с плоским и сферическим вогнутым зеркалами
input ~ входной резонатор
internal grating laser ~ лазерный резонатор с внутренней дифракционной решёткой
laser ~ лазерный резонатор
loaded ~ нагруженный резонатор
lossy ~ резонатор с потерями
magnetostrictive ~ магнитострикционный резонатор
MEMS (-based) ~ *см.* microelectromechanical system (-based) resonator
microelectromechanical system (-based) ~ резонатор на основе микроэлектромеханических систем
microwave ~ СВЧ-резонатор
mode selective ~ резонатор с селекцией мод
multimirror ~ многозеркальный резонатор
multimode ~ многомодовый резонатор
multiple-cavity ~ многорезонаторная система (*магнетрона*)
multireflector ~ многозеркальный резонатор
open ~ открытый резонатор
optical ~ оптический резонатор
output ~ выходной резонатор
parallel-plate (cavity) ~ плоскопараллельный резонатор
parallel-wire ~ резонатор в виде секции двухпроводной линии

parametrically excited nonlinear ~ параметрон
piezoelectric ~ пьезоэлектрический резонатор
planoconcave ~ плосковогнутый резонатор
planoconvex ~ плосковыпуклый резонатор
plasma ~ плазменный резонатор
plunger ~ резонатор с плунжером
Q-invariant ~ резонатор со стабильной добротностью
quartz(-crystal) ~ кварцевый резонатор
quasi-optical ~ квазиоптический резонатор
reentrant ~ резонатор с обратной связью
ring ~ кольцевой резонатор
rising-sun ~ разнорезонаторная система (*магнетрона*) лопаточного типа, резонаторная система (*магнетрона*) типа «восходящее солнце»
rubidium gas cell ~ резонатор рубидиевой газовой ячейки
rutile ~ рутиловый резонатор
SAW ~ *см.* **surface-acoustic-wave resonator**
shear mode ~ пьезоэлектрический резонатор с колебаниями сдвига
SI ~ *см.* **stepped impedance resonator**
single-mode ~ одномодовый резонатор
spherical-mirror ~ резонатор со сферическими зеркалами
stable ~ устойчивый резонатор
stepped impedance ~ резонатор со ступенчатым изменением полного сопротивления
stripline ~ полосковый резонатор
stub ~ резонатор с настроечным шлейфом
surface-acoustic-wave ~ резонатор на поверхностных акустических волнах, ПАВ-резонатор
telescopic ~ *кв. эл.* телескопический резонатор
thickness mode ~ пьезоэлектрический резонатор с колебаниями по толщине
transmission ~ проходной резонатор
two-entry [two-port] ~ двуплечий резонатор
unstable ~ неустойчивый резонатор
vernier ~ перестраиваемый резонатор
waveguide ~ волноводный резонатор
YIG sphere ~ резонатор в виде сферы из ЖИГ
resound переизлучать звук; отражать звук
resounding переизлучение *или* отражение звука
resource 1. ресурс **2.** возможность; средство; способ
  batch local shared ~s пакеты локальных совместно используемых ресурсов
  human ~s человеческие ресурсы
  informational ~s информационные ресурсы
  Internet ~s ресурсы Internet
  shareable ~ допускающий совместное использование ресурс
  shared ~ *вчт* совместно используемый (*в данный момент*) ресурс; разделяемый ресурс; общий ресурс
  software ~s программные ресурсы
  system ~ *вчт* системный ресурс
respace 1. перераспределять в пространстве; повторно разбивать на области *или* зоны; перемещать в объёме **2.** изменять пробелы (*напр. между буквами или словами*) **3.** изменять зазор (*напр. между элементами ИС*) **4.** перенабирать (*текст*) в разрядку **5.** изменять расположение интервалов (*напр. между строками*) или промежутков
respective соответственный
respond 1. реагировать; откликаться **2.** отвечать; давать ответ

respondent 1. респондент **2.** реагирующий; откликающийся **3.** отвечающий; дающий ответ
responder 1. *рлк* передатчик ответчика **2.** *рлк* передатчик радиолокационного маяка **3.** программа-автоответчик (*в системе электронной почты*)
response 1. реакция; отклик; выходной сигнал **2.** характеристика; зависимость **3.** амплитудно-частотная характеристика, АЧХ **4.** *рлк* ответный сигнал, ответ (*ответчика*) **5.** подтверждение (*напр. приёма сообщения*) **6.** ответная передача, ответ **7.** *биол.* рефлекс **8.** зависимая [критериальная] переменная, отклик (*в математической статистике*)
  amplitude-frequency ~ амплитудно-частотная характеристика, АЧХ
  audio ~ *вчт* голосовой [речевой] ответ
  available power ~ характеристическая чувствительность по мощности (*электроакустического преобразователя*)
  bandpass ~ прямоугольная полосно-пропускающая амплитудно-частотная характеристика
  baseband frequency ~ амплитудно-частотная характеристика в пределах полной полосы частот модулированного сигнала
  bass ~ амплитудно-частотная характеристика в области нижних (звуковых) частот
  Bessel ~ линейная фазочастотная характеристика
  Butterworth ~ максимально плоская амплитудно-частотная характеристика
  cardioid ~ кардиоидная характеристика направленности (*микрофона*)
  Chebyshev ~ равноволновая амплитудно-частотная характеристика
  close-talking ~ парафоническая чувствительность (*микрофона*)
  color ~ 1. кривая относительной спектральной световой эффективности, кривая, видности (*для зрения*) **2.** относительная спектральная характеристика чувствительности (*фотоприёмника*)
  computer voice ~ *вчт* синтезированный компьютером голосовой [речевой] ответ
  conditioned ~ условный рефлекс
  diffuse-field ~ чувствительность (*микрофона*) в диффузном поле
  Dirac ~ импульсная (переходная) характеристика; весовая функция
  directional ~ характеристика направленности (*микрофона или громкоговорителя*)
  double-hump ~ двугорбая полосно-пропускающая амплитудно-частотная характеристика
  echo~ эхо-ответ, возврат сигнала
  electroacoustic transmitting current ~ характеристическая чувствительность электроакустического преобразователя по току
  electroacoustic transmitting power ~ характеристическая чувствительность электроакустического преобразователя по мощности
  electroacoustic transmitting voltage ~ характеристическая чувствительность электроакустического преобразователя по напряжению
  extraneous ~ ложный отклик; отклик на случайный *или* побочный сигнал
  false ~ ложное срабатывание
  finite(-duration) impulse ~ импульсная характеристика конечной длительности, КИХ
  flat ~ плоская амплитудно-частотная характеристика

flat overall frequency ~ плоская амплитудно-частотная характеристика канала записи-воспроизведения (*звука*)
flat-top ~ прямоугольная полосно-пропускающая амплитудно-частотная характеристика
free-field ~ чувствительность (*микрофона*) в свободном поле
frequency ~ амплитудно-частотная характеристика, АЧХ
high-pass ~ амплитудно-частотная характеристика в области высоких частот
host interactive voice ~ система интерактивного голосового [интерактивного речевого] ответа хоста, система HIVR (*в компьютерной телефонии*)
image ~ характеристика избирательности [селективности] по зеркальному каналу
impulse ~ импульсная (переходная) характеристика; весовая функция
in-band ~ амплитудно-частотная характеристика в полосе пропускания
infinite(-duration) impulse ~ импульсная характеристика бесконечной длительности, БИХ
interactive voice ~ система интерактивного голосового [интерактивного речевого] ответа, система IVR (*в компьютерной телефонии*)
low-pass ~ амплитудно-частотная характеристика в области низких частот
maximally flat amplitude ~ максимально плоская амплитудно-частотная характеристика
mesoptic ~ кривая относительной спектральной световой эффективности [кривая видности] для сумеречного зрения
notch ~ узкая полосно-задерживающая амплитудно-частотная характеристика
out-of-band ~ амплитудно-частотная характеристика вне полосы пропускания
partial ~ частичный отклик; весовой отклик
peak ~ максимальный отклик (*на входное воздействие*)
phase ~ фазочастотная характеристика
photoconductive [photoelectric] ~ 1. фотоэлектрический (выходной) сигнал, фотоотклик 2. квантовый выход
photopic ~ кривая относительной спектральной световой эффективности [кривая видности] для дневного зрения
polar ~ 1. диаграмма направленности антенны в полярных координатах 2. характеристика направленности (*микрофона или громкоговорителя*) в полярных координатах
pressure ~ чувствительность (*микрофона*) по звуковому давлению
projector power ~ характеристическая чувствительность (*электроакустического преобразователя*) по мощности
query ~ ответ на запрос
random-incidence ~ чувствительность (*микрофона*) в диффузном поле
rectangular-pulse ~ временная характеристика для прямоугольного импульса
scotopic ~ кривая относительной спектральной световой эффективности [кривая видности] для ночного зрения
sine-wave ~ амплитудно-частотная характеристика, АЧХ

spatial frequency ~ пространственно-частотная характеристика
spectral ~ характеристика спектральной чувствительности
spurious ~ ложный отклик; паразитный выходной сигнал
steady-state ~ установившийся выходной сигнал
step ~ переходная характеристика
straight-line frequency ~ линейная амплитудно-частотная характеристика
time ~ временная характеристика
time-limited impulse ~ ограниченная во времени импульсная характеристика
trainee ~ реакция обучаемого (*субъекта или объекта*); ответ(ы) обучаемого (*субъекта*)
transient ~ переходная характеристика
transmitting power ~ характеристическая чувствительность (*электроакустического преобразователя*) по мощности
unconditioned ~ безусловный рефлекс
unit-impulse ~ импульсная (переходная) характеристика; весовая функция
vertical-frequency ~ амплитудно-частотная характеристика усилителя вертикального отклонения
voice ~ *вчт* голосовой [речевой] ответ
waveform ~ отклик на сигнал определённой формы
zero-input ~ отклик при отсутствии входного сигнала

responser *рлк* приёмник запросчика
responsiveness чувствительность
rest 1. покой; состояние покоя || покоиться; находиться в состоянии покоя 2. перерыв; пауза || прерывать; останавливать 3. основание; опора; станина 4. остальное; остальные 5. остаток
dotted ~ пауза с точкой (*в нотной записи*), пауза полуторной длительности (*по отношению к паузе без точки*)
eight ~ восьмая пауза; знак восьмой паузы, символ ҙ
half ~ половинная пауза; знак половинной паузы, символ ⁻ (*над линейкой*)
multimeasure ~ многотактовая пауза (*в нотной записи*)
quarter ~ пауза-четверть; знак паузы-четверти, символ ҙ
sixteenth ~ шестнадцатая пауза; знак шестнадцатой паузы, символ ҙ
sixty-fourth ~ шестьдесят четвёртая пауза; знак шестьдесят четвёртой паузы, символ ҙ
thirty-second ~ тридцать вторая пауза; знак тридцать второй паузы, символ ҙ
whole ~ целая пауза; знак целой паузы, символ ⁻(*под линейкой*)

restart 1. повторный пуск; перезапуск || производить повторный пуск; перезапускать 2. повторное начало; повторный старт || начинать(ся) ещё раз; стартовать повторно 3. *вчт* перезагрузка, перезапуск (*компьютера*) || перезагружать(ся), перезапускать(ся) (*о компьютере*)
automatic ~ *вчт* автоматическая перезагрузка, автоматический перезапуск (*компьютера*)
checkpoint ~ *вчт* перезагрузка [перезапуск] с контрольной точки
cold ~ перезагрузка [перезапуск] с начальной загрузкой, перезагрузка [перезапуск] с отключени-

ем (электро)питания, *проф.* «холодная» перезагрузка, «холодный» перезапуск

deferred ~ задержанная перезагрузка, задержанный перезапуск

hard ~ перезагрузка [перезапуск] всей системы, *проф.* «жёсткая» перезагрузка, «жёсткий» перезапуск

Powell-Beale ~s *вчт* алгоритм Пауэлла — Била (*в методе сопряжённых градиентов*)

soft ~ перезагрузка [перезапуск] части системы, *проф.* «мягкая» перезагрузка, «мягкий» перезапуск

step ~ перезагрузка [перезапуск] с начала шага

warm ~ перезагрузка [перезапуск] из памяти, перезагрузка [перезапуск] без отключения (электро)питания, *проф.* «горячая» перезагрузка, «горячий» перезапуск

restitution 1. восстановление 2. возврат (*в прежнее состояние или на прежнее место*)

elastic ~ упругое восстановление

telegraph signal ~ восстановление телеграфного сигнала

restoration 1. восстановление 2. возврат (*в прежнее состояние или на прежнее место*)

acoustic ~ восстановление фонограммы

automatic circuit ~ автоматическое восстановление цепи

carrier ~ восстановление несущей

dc ~ *тлв* восстановление постоянной составляющей

digital image ~ восстановление цифровых изображений

envelope ~ восстановление огибающей

failure ~ устранение отказа

recording ~ восстановление записи

restore 1. восстановление || восстанавливать 2. возврат (*в прежнее состояние или на прежнее место*) || возвращать(ся) (*в прежнее состояние или на прежнее место*)

enterprise backup and ~ система резервного копирования и восстановления информации в сети масштаба предприятия

restorer *тлв* схема восстановления постоянной составляющей, схема ВПС

blue ~ *тлв* схема восстановления постоянной составляющей канала сигнала синего

dc ~ схема восстановления постоянной составляющей, схема ВПС

restrain ограничивать

restraint ограничение

geometrical ~ геометрическое ограничение

linear ~ линейное ограничение

logical ~ логическое ограничение

natural ~ естественное ограничение

physical ~ физическое ограничение

technological ~ технологическое ограничение

restrict ограничивать

restricted ограниченный

restriction ограничение ◊ **to impose a** ~ наложить ограничение

~ **on parameters** ограничение на параметры

account ~ ограничения по учётной записи (*юридического лица, абонента или пользователя*)

a priori ~ априорное ограничение

calling line identification ~ *тлф* запрет определения номера вызывающего абонента

cointegration ~s коинтеграционные ограничения

equality ~ ограничение в виде равенства

fuzzy ~ нечёткое ограничение

hardware ~ аппаратное ограничение

identifying ~s идентифицирующие ограничения

inequality ~ ограничение в виде неравенства

issue ~ *вчт* ограничения на одновременный запуск [одновременный ввод] команд *или* инструкций (*для исполнения*)

linear ~ линейное ограничение

non-linear ~ нелинейное ограничение

over-identifying ~s сверхидентифицирующие ограничения

redundant ~ избыточное ограничение

software ~ программное ограничение

stochastic ~s стохастические ограничения

zero ~ ограничение, устанавливающее нулевое значение параметра

restrictive ограничивающий

result 1. результат (*напр. вычислений*) || получать в результате (*напр. вычислений*); являться результатом 2. следствие || следовать; проистекать ◊ **as a** ~ в результате; **to** ~ **in** давать в результате; приводить к (*чему-либо*)

actual ~ фактический результат

additional ~ дополнительный результат

ambiguous ~ сомнительный результат

approximate ~ приближённый результат

auxiliary ~ вспомогательный результат

comparable ~s сравнимые результаты

computational ~ результат вычислений

consistent ~s совместимые результаты; взаимно не противоречивые результаты

empirical ~ эмпирический результат; экспериментальный результат

experimental ~ экспериментальный результат

fundamental ~ фундаментальный результат

intermediate ~ промежуточный результат

observed ~ наблюдаемый результат

predicted ~ прогнозируемый результат

qualitative ~ качественный результат

quantitative ~ количественный результат

significant ~ значимый результат (*в математической статистике*)

simulated ~ результат моделирования

strict ~ строгий [точный] результат

theoretical ~ теоретический результат

theory-laden ~ теоретически нагруженный результат

resultant 1. получающийся в результате (*напр. вычислений*) 2. равнодействующая || равнодействующий; результирующий

resume возобновлять

resumption возобновление

retail розничная *или* мелкооптовая торговля || торговать в розницу *или* мелким оптом || розничный *или* мелкооптовый

retain 1. удерживать; фиксировать 2. сохранять; помнить

retainer 1. удерживающее устройство; фиксатор 2. замок; замковое устройство (*напр. электронной лампы*)

drawer ~ фиксатор выдвижной платы (*прибора*)

retake 1. фотографировать повторно; делать повторный снимок 2. повторная съёмка эпизода (*напр.*

видеофильма) || снимать эпизод (*напр. видеофильма*) повторно 3. повторно отснятый эпизод (*напр. видеофильма*)

retard 1. замедление; торможение || замедлять; тормозить 2. задержка; запаздывание (*напр. по фазе*) || задерживать; запаздывать (*напр. по фазе*)

retardant 1. ингибитор 2. замедляющий; тормозящий
   flame ~ composition *микр. фирм.* огнестойкая эпоксидная смола

retardation 1. замедление; торможение 2. задержка; запаздывание (*напр. по фазе*)
   bending-induced ~ задержка, обусловленная изгибом (*стекловолокна*)
   mode-dependent ~ модовая задержка

retarder 1. *опт.* фазовая пластинка 2. ингибитор
   electrooptical ~ электрооптическая фазовая пластинка
   optical ~ оптическая фазовая пластинка
   quarter-wave ~ четвертьволновая фазовая пластинка

retarget *вчт* перенастраивать генератор объектного кода (*транслятора*)

rete сетка; сеть

retension перенатягивать (*магнитную ленту*) || перенатяжка (*магнитной ленты*)

retensioning перенатяжка (*магнитной ленты*)
   tape ~ перенатяжка (магнитной) ленты

retention 1. удерживание; фиксация; способность к удерживанию; способность к фиксации 2. удерживающая способность 3. запоминание; способность к запоминанию; память 4. *вчт* членство
   test-result ~ удерживание результатов испытаний

retentive 1. удерживающий; фиксирующий; способный к удерживанию; способный к фиксации 2. запоминающий; способный к запоминанию

retentivity 1. способность к удерживанию; способность к фиксации 2. способность к запоминанию; память 3. остаточная магнитная индукция

retiary 1. использующий сетку *или* сеть 2. сетчатый; имеющий сетчатую форму, сетчатую структуру *или* сетчатую конфигурацию

reticle 1. сетчатая форма; сетчатая структура; сетчатая конфигурация; сетка; сеть 2. масштабная сетка; визирное перекрестие (*оптического прибора*) 3. *микр.* фотошаблон
   font ~ *вчт* знакоместо
   gunsight ~ перекрестие оптического прицела

reticular сетчатый; имеющий сетчатую форму, сетчатую структуру *или* сетчатую конфигурацию

reticulate 1. придавать сетчатую форму; использовать сетчатую структуру *или* конфигурацию || сетчатый; имеющий сетчатую форму, сетчатую структуру *или* сетчатую конфигурацию 2. объединять(ся) в сетку *или* сеть 3. наносить сетку; покрывать сеткой || имеющий нанесённую сетку, с нанесённой сеткой; покрытый сетью, с сетью

reticulation 1. придание сетчатой формы; использование сетчатой структуры *или* конфигурации 2. сетчатая форма; сетчатая структура; сетчатая конфигурация; сетка; сеть 3. объединение в сетку *или* сеть 4. нанесение сетки; покрытие сетью 5. ретикуляция (*желатины*)

reticule *см.* reticle

reticulum сетчатая форма; сетчатая структура; сетчатая конфигурация; сетка; сеть

retiming восстановление временных интервалов

retina сетчатка (*глаза*), ретина

retinoscope *опт.* ретиноскоп

retire 1. извлекать; выводить (*напр. результаты*) 2. удалять (*напр. программу*); демонтировать (*напр. оборудование*)

retirement 1. извлечение; вывод (*напр. результатов*) 2. удаление (*напр. программы*); демонтаж (*напр. оборудование*)
   software ~ удаление (устаревшего) программного обеспечения

retool 1. переоборудовать 2. модернизировать; обновлять оборудование; оснащать новой техникой

retouch *вчт* 1. ретушь 2. ретуширование || ретушировать (*в компьютерной графике*)

retrace 1. *тлв, вчт* обратный ход (*луча*) 2. возврат || возвращаться (*прежним путём*)
   horizontal ~ обратный ход по строке
   vertical ~ обратный ход по кадру

retracing 1. *тлв, вчт* фаза обратного хода (*луча*) 2. возврат (*прежним путём*) || возвратный

retract втягивать(ся); вытягивать(ся); отводить(ся) назад, возвращать(ся)

retractile втягивающийся; вытягивающийся; отводимый назад, возвращаемый

retraction 1. втягивание; вытягивание; отведение назад, возврат 2. возвращающая сила

retractive втягивающий; вытягивающий; отводящий назад, возвращающий, возвратный

retractor возвратное устройство, отводящее устройство; возвратный механизм; отводящий механизм
   head ~ устройство отвода (магнитной) головки

retrain повторное согласование протоколов соединения (*при модемной связи*)

retransmission ретрансляция; переприём
   automatic ~ автоматический переприём
   end-to-end ~ сквозная ретрансляция
   manual ~ ручной переприём
   requested ~ повторная передача по запросу (*в системах с обратным каналом*)
   switch ~ ретрансляция с коммутацией
   tape ~ *тлг* реперфораторный переприём

retransmit ретранслировать; работать в режиме переприёма

retrieval 1. поиск и выборка (*напр. информации*) 2. восстановление 3. возврат (*в прежнее состояние или на прежнее место*) 4. исправление (*ошибки*) ◊
   ~ by key поиск и выборка по ключу
   ~ of images поиск и выборка изображений
   associative ~ ассоциативный поиск и выборка
   content-based information ~ ассоциативный поиск и выборка информации
   document ~ поиск и выборка документов
   file ~ поиск и выборка файлов
   information ~ поиск и выборка информации
   message ~ поиск и выборка сообщений
   partial-match ~ поиск и выборка по частичному совпадению
   record ~ поиск и выборка записи

retrieve 1. поиск и выборка || осуществлять поиск и выборку (*напр. информации*) 2. восстановление || восстанавливать(ся) 3. возврат (*в прежнее состояние или на прежнее место*) || возвращать(ся) (*в прежнее состояние или на прежнее место*) 4. исправление (*ошибки*) || исправлять (*ошибку*)

retriever/extractor инструмент для поиска и извлечения посторонних предметов (*напр. из труднодоступных мест внутри корпуса электронных приборов*)
  three claws ~ инструмент с тремя (пружинящими выдвижными) захватами для поиска и извлечения посторонних предметов
retrieving 1. поиск и выборка (*напр. информации*) **2.** восстановление **3.** возврат (*в прежнее состояние или на прежнее место*) **4.** исправление (*ошибки*)
retroact 1. оказывать ответное действие; реагировать ответно **2.** использовать положительную обратную связь
retroaction 1. ответное действие; ответная реакция **2.** положительная обратная связь
retrofit обновлять; модернизировать
retrograde 1. двигаться назад; двигаться в обратном направлении ‖ движущийся назад; движущийся в обратном направлении **2.** имеющий обратное направление вращения на орбите (*по отношению к направлению вращения Земли или по отношению к принятому порядку следования зодиакальных созвездий*) **3.** ретроспективный; ретроградный (*напр. анализ*)
retroreflection световозвращающее отражение
retroreflective световозвращающий; катадиоптрический
retroreflector 1. световозвращатель; катадиоптр; катафот **2.** *рлк* уголковый отражатель
  cat's-eye ~ уголковый отражатель типа «кошачий глаз»
retry повторная попытка; повторное действие; повтор ‖ выполнять повторную попытку; действовать повторно; повторять
  alternate path ~ **1.** *вчт* повторный проход по альтернативному пути **2.** повторение передачи по обходному пути
retunable перестраиваемый
retune 1. перестраивать **2.** настраивать повторно
return 1. отражение ‖ отражать **2.** отражённый сигнал, эхо-сигнал, эхо **3.** возврат; возвращение ‖ возвращать(ся) ‖ возвратный **4.** *вчт* команда возврата **5.** возврат каретки; перевод строки **6.** символ «перевод строки», символ ♪, символ с кодом ASCII 0Dh **7.** обратный ход **8.** обратный **9.** ответ; отклик ‖ отвечать; откликаться **10.** замыкание; контур замыкания (*электрической цепи*) ◊ ~ **to bias** возвращение к нулю; ~ **to zero** возвращение к нулю
  ~ **from interrupt** *вчт* возврат из прерывания
  ~ **from the dead** *вчт* возобновлять посещения сети после долгого перерыва, *проф.* воскресать, возвращаться из мёртвых
  ~ **on carry** возвращение по переносу
  ~ **on minus** возвращение по минусу
  ~ **on no carry** возвращение по отсутствию переноса
  ~ **on no zero** возвращение по ненулю
  ~ **on parity (even)** возвращение по чётности
  ~ **on parity odd** возвращение по нечётности
  aurora ~ авроральное (радио)эхо
  background ~s *рлк* мешающие отражения
  carriage ~ **1.** возврат каретки; перевод строки **2.** символ «перевод строки», символ ♪, символ с кодом ASCII 0Dh

  cross-polarized ~ отражённая волна с кросс-поляризацией
  direct-current ~ замыкание по цепи постоянного тока
  Doppler ~ отражённый сигнал с доплеровским сдвигом частоты
  grid ~ цепь сетки, сеточная цепь
  ground ~ **1.** эхо-сигнал от земной поверхности (*в бортовых самолётных РЛС*) **2.** *pl* мешающие отражения от земной поверхности *или* наземных предметов **3.** замыкание (*цепи*) через землю
  hard (carriage) ~ жёсткий [принудительный] возврат каретки; жёсткий [принудительный] перевод строки
  land ~s мешающие отражения от земной поверхности *или* наземных предметов
  meteor ~s отражения от метеорных следов
  rain ~s отражения от дождевых капель
  sea ~s мешающие отражения от морской поверхности
  soft (carriage) ~ мягкий [автоматический] возврат каретки; мягкий [автоматический] перевод строки
  specular ~ зеркальное отражение
  target ~ отражённый сигнал от цели, эхо-сигнал от цели
return-to-bias возвращение к нулю со смещением
reusable повторно *или* многократно используемый
reuse повторное *или* многократное использование ‖ использовать повторно *или* многократно
  frequency ~ повторное использование частоты
  spectrum ~ повторное использование спектра
reveal 1. выявление ‖ выявлять **2.** отображение; показ ‖ отображать; показывать **3.** *вчт* отображение скрытой информации
revealing 1. выявление **2.** отображение; показ **3.** *вчт* отображение скрытой информации
reverb 1. реверберация ‖ реверберировать, обладать реверберацией; создавать реверберацию **2.** ревербератор **3.** реверберирующий звук **4.** отражение ‖ отражать(ся)
  cathedral ~ реверберация в помещениях типа собора
  hall ~ реверберация в помещениях типа зала
  room ~ реверберация в помещениях типа комнаты
  stadium ~ реверберация в сооружениях типа стадиона
reverbatron ревербератор
reverberant 1. реверберирующий **2.** отражающийся
reverberate 1. реверберировать ‖ реверберирующий **2.** отражать(ся) ‖ отражающийся
reverberation 1. реверберация **2.** отражение
  artificial ~ искусственная реверберация
  extra ~ избыточная реверберация
  gated ~ арочная реверберация
  natural ~ естественная реверберация
reverberator ревербератор
  coil spring ~ пружинный ревербератор
  electronic ~ электронный ревербератор
  magnetic ~ магнитный ревербератор
reverberatory 1. реверберационный **2.** отражательный
reversal 1. изменение (*напр. направления*) на противоположное *или* обратное; обращение; **2.** *магн.* перемагничивание; изменение направления вектора намагниченности на противоположное; об-

reversal

ращение магнитного потока 3. отражение; обращение (*изображения*) 4. реверсирование
anhysteretic magnetization ~ безгистерезисное перемагничивание
biased ~**s** *тлг* точки с преобладанием
charge ~ *крист.* обращение (знака) заряда (*в симметрийной классификации Нероновой и Белова*)
coherent magnetization ~ однородное перемагничивание
flux ~ обращение магнитного потока; перемагничивание; изменение направления вектора намагниченности на противоположное
horizontal ~ отражение в горизонтальной плоскости
hysteretic magnetization ~ гистерезисное перемагничивание
image ~ *тлв* обращение изображения
incoherent magnetization ~ неоднородное перемагничивание
irreversible magnetization ~ необратимое перемагничивание
local magnetization ~ локальное перемагничивание
magnetization ~ перемагничивание; изменение направления вектора намагниченности на противоположное; обращение магнитного потока
magnetization ~ **by dc field** перемагничивание постоянным полем
magnetization ~ **with ac biasing field** перемагничивание с подмагничиванием переменным полем
magnetization ~ **with dc biasing field** перемагничивание с подмагничиванием постоянным полем
phase ~ опрокидывание [обращение] фазы, изменение фазы на 180°
polarity ~ изменение полярности
polarization ~ изменение поляризации (*волны*)
pulsed magnetization ~ импульсное перемагничивание
quasistatic magnetization ~ квазистатическое перемагничивание
reversible magnetization ~ обратимое перемагничивание
thermomagnetic flux ~ термомагнитное обращение магнитного потока; термомагнитное перемагничивание; термомагнитное изменение направления вектора намагниченности на противоположное
vertical ~ отражение в вертикальной плоскости
reverse 1. противоположное; обратное ‖ изменять (*напр. направление*) на противоположное *или* обратное; обращать ‖ противоположный; обратный 2. отражать; обращать (*изображение*) ‖ отражённый; обращённый 3. реверс ‖ реверсировать 4. *вчт проф.* «выворотка» (*светлый шрифт на тёмном фоне*) ‖ использовать «выворотку»
auto ~ автореверс, автоматическое изменение направления движения (магнитной) ленты после окончания воспроизведения *или* записи одной стороны кассеты (*и продолжение этих операций на другой стороне кассеты*)
reverse-engineer изучать работу прибора *или* устройства с целью улучшения эксплуатационных характеристик при разработке следующего варианта
reverse-engineering изучение работы прибора *или* устройства с целью улучшения эксплуатацион-

ных характеристик при разработке следующего варианта
reversed 1. противоположный; обратный 2. отражённый; обращённый 3. реверсированный
reverser реверсор
reversibility 1. обратимость 2. реверсируемость 3. неоднозначность интерпретации трёхмерных изображений
reversible 1. обратимый 2. реверсируемый 3. неоднозначно интерпретируемый (*о трёхмерном изображении*)
reversion возврат (*в предшествующее состояние*); обращение (*к предшествующему*)
revert возвращать(ся) (*в предшествующее состояние*); обращаться (*к предшествующему*)
review 1. обзор; обозрение ‖ делать обзор; обозревать 2. осмотр; (визуальный) контроль ‖ осматривать; осуществлять (визуальный) контроль 3. обсуждение ‖ обсуждать 4. *тлв* ревю
design ~ обсуждение проекта
informal design ~ неформальное обсуждение проекта
post-implementation ~ обсуждение после реализации проекта
reviewal осмотр; осуществление (визуального) контроля
revise 1. правка; сверка (*рукописи*); вторая корректура ‖ править; сверять; выполнять вторую корректуру 2. второй корректурный отпечаток 3. просматривать; осматривать 4. вносить изменения; модифицировать 5. модернизировать 6. пересматривать; подвергать ревизии
revision 1. правка; сверка (*рукописи*); вторая корректура 2. просмотр; осмотр 3. изменённый вариант; модификация 4. модернизированный вариант 5. пересмотр; ревизия
data ~ просмотр данных
revival *вчт* восстановление (дефектной) дискеты
revive *вчт* восстанавливать (дефектную) дискету
revolution 1. вращение 2. орбитальное движение; обращение 3. оборот; виток 4. периодическое изменение; (циклическое) повторение 5. период; цикл 6. революция ◊ ~**s per minute** число оборотов в минуту
complete ~ полный оборот; полный виток
computer ~ компьютерная революция; информационная революция
information ~ информационная революция; компьютерная революция
orbital ~ орбитальное движение; обращение
revolve 1. вращать(ся) 2. двигаться по орбите; совершать орбитальное движение; обращаться 3. изменять(ся) периодически; (циклически) повторять(ся)
REVTEX редакционно-издательская система REVTEX (*для журналов, издаваемых Американским физическим обществом, Американским оптическим обществом и Американским институтом физики*)
revue *тлв* ревю
rewind 1. (ускоренная) обратная перемотка (*магнитной ленты*), (ускоренная) перемотка (*магнитной ленты*) назад ‖ выполнять (ускоренную) обратную перемотку (*магнитной ленты*), перематывать (*магнитную ленту*) назад 2. механизм (ускоренной) обратной перемотки (*магнитной ленты*)

action scene auto ~ *вчт* автоматический возврат к началу (интерактивного) эпизода (*в компьютерных играх*)

automatic ~ автоматическая (ускоренная) обратная перемотка

rework переработка; переделка || перерабатывать; переделывать

rewrite *вчт* 1. перезапись (*процесс*) || перезаписывать (*поверх ранее записанной информации*) 2. преобразование записи; запись в иной форме || преобразовывать запись; записывать в иной форме
  file ~ перезапись файла

rewriting *вчт* 1. перезапись (*поверх ранее записанной информации*) 2. преобразование записи; запись в иной форме
  term ~ 1. преобразование записи выражения; запись выражения в иной форме 2. метод программирования, использующий преобразование записи выражений

RFC документ типа «Предлагается к обсуждению», документ категории RFC (*проекты регламентирующих работу Internet стандартов, протоколов и спецификаций*)
  ~ 822 стандартный формат заголовка сообщений в электронной почте, формат 822; стандарт RFC 822

rhematic *вчт* относящийся к реме
rheme *вчт* рема, ядро, новое (*в актуальном членении предложения*)
rheobase *бион.* реобаза
rheology реология
rheostat реостат
  electrically operated ~ реостат с электрическим управлением
  electropneumatic ~ реостат с электропневматическим преобразователем
  field ~ реостат возбуждения
  filament ~ регулировочный реостат цепи накала
  liquid ~ жидкостный реостат
  pneumatic ~ реостат с электропневматическим преобразователем
  slide-wire ~ реостат со скользящим контактом
  thermionic ~ электронный реостат

rheostriction пинч-эффект (*паразитные колебания воспроизводящей иглы*)
rhetoric риторика
rho ро (*буква греческого алфавита*, Р, ρ)
rhodamine *кв. эл.* родамин (*краситель*)
rhodopsin родопсин, зрительный пурпур (*палочковый зрительный пигмент с максимумом спектральной чувствительности на длине волны 560 нм*)
rhomb 1. ромб 2. ромбоэдр
rhombic ромбический (*1. имеющий форму ромба 2. относящийся к ромбической сингонии*)
rhombohedral ромбоэдрический
rhombohedron ромбоэдр
rhomboid ромбоид || ромбоидальный
rhomboidal ромбоидальный
rhombus 1. ромб 2. ромбоэдр
rhumbatron объёмный резонатор
rhythm 1. ритм 2. *вчт* (ритмическая) группа ударных
  alpha ~ *бион.* альфа-волна (*быстрая ритмическая волна с частотой 8 – 12 Гц*)
  annual ~ годичный [аннуальный] (биологический) ритм, годичный [аннуальный] биоритм
  astronomical ~ астрономический (биологический) ритм, астрономический биоритм
  beta ~ *бион.* бета-волна (*быстрая ритмическая волна с частотой 13 – 25 Гц*)
  biological ~ биологический ритм, биоритм
  circa-~ циркаритм (*биологический ритм с периодом, близким к солнечным или лунным суткам, лунному месяцу или астрономическому году*)
  circadian ~ циркадный [(около)суточный] (биологический) ритм, циркадный [(около)суточный] биоритм
  circannual ~ цирканн(уальн)ый [(около)годичный] (биологический) ритм, цирканн(уальн)ый [(около)годичный] биоритм
  delta ~ *бион.* дельта-волна (*медленная ритмическая волна с частотой 1 – 3 Гц*)
  ecological ~ экологический (биологический) ритм, экологический биоритм
  endogenous ~ эндогенный (биологический) ритм, эндогенный биоритм
  exogenous ~ экзогенный (биологический) ритм, экзогенный биоритм
  gamma ~ *бион.* гамма-волна (*быстрая ритмическая волна с частотой 25 – 30 Гц*)
  lunar ~ лунный (биологический) ритм, лунный биоритм
  lunar day ~ лунно-суточный (биологический) ритм, лунно-суточный биоритм
  lunar month ~ лунно-месячный (биологический) ритм, лунно-месячный биоритм
  nu ~ *бион.* тета-волна (*медленная ритмическая волна с частотой 4 – 7 Гц*)
  physiological ~ физиологический (биологический) ритм, физиологический биоритм
  seasonal ~ сезонный (биологический) ритм, сезонный биоритм
  solar ~ солнечный (биологический) ритм, солнечный биоритм
  theta ~ *бион.* тета-волна (*медленная ритмическая волна с частотой 4 – 7 Гц*)
  tidal ~ приливный (биологический) ритм, приливный биоритм

rhythmic 1. ритмический 2. ритмичный
rhythmicity ритмичность
rhythmics ритмика
rib ребро (*напр. жёсткости*) || снабжать рёбрами
ribbing 1. рёбра (*напр. жёсткости*) 2. снабжение рёбрами
ribbon 1. лент(очк)а; полос(к)а || разделять на ленты *или* полосы; образовывать ленты *или* полосы; формироваться в виде лент *или* полос || ленточный; имеющий форму ленты или полосы 2. красящая лента (*для принтеров*)
  blue ~ знак высшего отличия, *проф.* голубая лента || достойный высшего отличия
  carbon ~ (майларовая) лента с графитовым покрытием (*для принтеров*)
  cloth ~ красящая лента на матерчатой основе (*для принтеров*)
  film ~ (майларовая) лента с графитовым покрытием (*для принтеров*)
  microphone ~ ленточка микрофона
  mylar ~ (майларовая) лента с графитовым покрытием (*для принтеров*)
  optical fiber ~ плоский волоконно-оптический кабель

riddle

riddle 1. озадачивающая проблема 2. загадка (*в компьютерных играх*)
rider:
  beam ~ ЛА с управлением по радиолучу
Ridge:
  Rock ~ расширение стандарта ISO 9660 на формат файловой системы компакт-дисков для операционной системы UNIX
ridge гребень; ребро (*напр. жесткости*) || образовывать гребень; снабжать рёбрами
rig 1. оборудование; установка || оборудовать; устанавливать 2. *проф.* радиолюбительский передатчик
right 1. правильность; верность; справедливость || правильный; верный; справедливый 2. правая сторона || правый 3. прямой (*напр. угол*) 4. право; привилегия; привилегии
  access ~ право доступа
  intellectual property ~ право на интеллектуальную собственность
  IP ~ *см.* **intellectual property right**
  processing ~ право на доступ и обработку информации (*напр. в базах данных*)
right-handed правовинтовой; вращающийся по часовой стрелке
right-justified *вчт* выровненный (*по вертикали*) по правому полю (*о тексте*)
right-on-time *вчт* концепция «точно в нужный момент времени», концептуальная система ROT
rigid жёсткий (*напр. диск*); твёрдый (*напр. о теле*)
rigidity жёсткость; твёрдость
rigor 1. строгость; точность 2. тщательность; скрупулёзность
rigorous 1. строгий; точный 2. тщательный; скрупулёзный
rim 1. обод(ок); оправ(к)а; (круглая) рамка || снабжать обод(к)ом; оправ(к)у; помещаться в оправ(к)е; обрамлять 2. шайба
  centering ~ центрирующая шайба (*громкоговорителя*)
Ring:
  Token ~ вариант кольцевой (локальной вычислительной) сети с маркерным доступом корпорации IBM, сеть Token Ring
ring 1. кольцо || образовывать кольцо; располагать кольцом || кольцевой 2. кольцевая сеть (*напр. связи*) 3. *вчт* кольцо (*множество элементов, в котором определены операции умножения и сложения*) 4. *вчт* кольцевая структура данных 5. виток (*напр. соленоида*) || обвивать 6. *тлф* вызов || вызывать 7. вызывной сигнал 8. звонок || звонить 9. реверберация; звон || реверберировать; звенеть 10. колебаться; осциллировать ◊ ~ **off** *тлф* отбой || давать отбой
  ~ **of plug** контактное кольцо вилки (*электрического соединителя*)
  ~ **of quotients** *вчт* кольцо частных
  ~ **with identity** кольцо с единичным элементом, кольцо с единицей
  anchor ~ кольцевой сердечник
  annular ~ контактный ободок (*напр. вокруг круглого окна в ИС*)
  base ~ *пп* кольцевой базовый контакт
  bidirectional line switched ~ двунаправленная система повышения надёжности связи в кольцевых (волоконно-оптических телефонных) сетях
  C ~**s** связки (*магнетрона*)
  collector ~**s** коллекторные кольца (*электрического двигателя*)
  diffused guard ~ *пп* диффузионное охранное кольцо
  dipole ~ орбитальный пояс дипольных отражателей
  Fabry-Perot ~**s** интерференционные кольца Фабри — Перо
  Faraday ~ трансформатор с кольцевым сердечником
  file-protect(ion) ~ кольцо для защиты файлов (*на катушке с магнитной лентой*)
  F-P ~**s** *см.* **Fabry-Perot rings**
  guard ~ *пп* охранное кольцо
  guard ~ **of ionization chamber** охранное кольцо ионизационной камеры
  hub ~ опорная втулка (*в дискетах*)
  hybrid ~ гибридное [мостовое] кольцевое соединение, гибридное кольцо
  lexicographically ordered ~ лексикографически упорядоченное кольцо
  plasma ~ плазменное кольцо
  polynomial ~ кольцо полиномов
  range ~ кольцевая метка дальности (*на экране индикатора*)
  resistive ~ *свпр* резистивное кольцо
  seal ~ уплотняющее кольцо
  shading ~ 1. экранирующее кольцо (*напр. громкоговорителя*) 2. экранирующий короткозамкнутый виток (*в реле или двигателе с экранированным полюсом*)
  slip ~ контактное кольцо
  splash ~ кольцевой защитный экран-отражатель (*напр. в ртутных вентилях*)
  superconducting ~ сверхпроводящее кольцо
  token ~ кольцевая (локальная вычислительная) сеть с маркерным доступом, сеть типа «token ring», *проф.* сеть типа «эстафетное кольцо»
  unidirectional path-switched ring однонаправленная система повышения надёжности связи в кольцевых (волоконно-оптических телефонных) сетях
  valuation ~ кольцо нормирования
  vortex ~ *свпр* вихревое кольцо
  write-enable ~ кольцо для разрешения записи (*на катушке с магнитной лентой*)
  write-inhibit ~ кольцо для защиты от записи (*на катушке с магнитной лентой*)
  write-protect ~ кольцо для защиты от записи (*на катушке с магнитной лентой*)
ringdown *тлф* прямой вызов
ringer *тлф* (вызывной) звонок, звонок (абонентского) телефонного аппарата
  biased ~ звонок, действующий от тока одного направления
  electronic 3-tone ~ электронный трёхтональный звонок
  extension ~ добавочный вызывной звонок
  telephone ~ вызывной звонок
  voice-frequency ~ генератор тонального вызова
ringing 1. переходный процесс в виде затухающих колебаний, «звон» 2. *тлв* окантовка 3. низкочастотная помеха в радиоприёмнике, накладывающаяся на полезный сигнал 4. *тлф* посылка вызова; вызов
  automatic ~ автоматическая [периодическая] посылка вызова

battery ~ батарейный вызов
code ~ кодовая посылка вызова
discriminating ~ избирательный вызов
harmonic selective ~ тональный избирательный вызов
interrupted ~ автоматическая [периодическая] посылка вызова
keyless ~ бесключевая посылка вызова
machine ~ автоматическая [периодическая] посылка вызова
magneto ~ индукторный вызов
manual ~ ручная посылка вызова
party-line ~ избирательный вызов по групповой абонентской линии
selective ~ избирательный вызов
semiselective ~ полуизбирательный вызов
superimposed [superposed] ~ посылка наложенного вызова
voice-frequency ~ тональный вызов

rinse *микр.* промывка || промывать
rinser *микр.* установка для промывки
ripple 1. пульсации, колебания (*относительно постоянной составляющей*) || пульсировать, колебаться (*относительно постоянной составляющей*) || пульсирующий; колебательный 2. пульсирующий характер; неравномерность (*напр. характеристики полосового фильтра в полосе пропускания*) 3. рябь (*1. мелкомасштабные волны 2. рябь намагниченности*)
 amplitude ~ 1. пульсации амплитуды 2. неравномерность амплитудно-частотной характеристики
 capillary ~ капиллярные волны, *проф.* капиллярная рябь
 gain ~ неравномерность усиления
 magnetization ~ рябь намагниченности
 passband ~ неравномерность (*характеристики фильтра*) в полосе пропускания
 percentage ~ коэффициент пульсаций
 phase ~ пульсации фазы
 stopband ~ неравномерность (*характеристики фильтра*) в полосе непропускания

rise 1. рост, подъём; увеличение; усиление; || возрастать; подниматься; увеличиваться; усиливать 2. возвышение; приподнятый участок || возвышаться; приподниматься 3. разгорание (*люминофора*) || разгораться
 phosphor ~ разгорание люминофора

riser 1. подъём [вертикальная часть] ступен(ьк)и 2. *вчт* переходная плата-ступенька (*для установки плат расширения параллельно плоскости материнской платы*), плата типа «riser», *проф.* «ёлка»
 advanced communication ~ переходная плата-ступенька для установки усовершенствованной сетевой платы расширения (*параллельно плоскости материнской платы*)
 audio/modem ~ переходная плата-ступенька для установки модема и звуковой платы расширения (*параллельно плоскости материнской платы*)
 communication and networking ~ переходная плата-ступенька для установки модема или сетевой платы расширения (*параллельно плоскости материнской платы*)

rising-out of synchronism выпадение из синхронизма с повышением скорости

risk *вчт* риск || рисковать

~ **of error** риск ошибки
acceptable ~ приемлемый риск
actual ~ фактический риск
allowed ~ допустимый риск
alpha ~ риск производителя
average ~ средний риск
Bayes(ian) ~ байесовский риск
beta ~ риск потребителя
calculated ~ расчётный риск
conditional ~ условный риск
constant ~ постоянный риск
consumer ~ риск потребителя
corporate ~ корпоративный риск
customer ~ риск потребителя
developer ~ риск разработчика
direct ~ прямой риск
estimated ~ расчётный риск
lower ~ нижний уровень риска
mean ~ средний риск
optimal ~ оптимальный риск
posterior ~ апостериорный [послеопытный] риск
prior ~ априорный [доопытный] риск
producer ~ риск производителя
relative ~ относительный риск
sampling ~ выборочный риск
tolerated ~ допустимый риск
total ~ суммарный риск
upper ~ верхний уровень риска

riskware программное обеспечение для управления удалённым компьютером

river *вчт* коридор (*дефект свёрстанного печатного материала*)
 white ~ *вчт* коридор

rivet заклёпка || заклёпывать

rlogin дистанционный вход в систему, дистанционная регистрация (*при получении доступа к сети*)

roam 1. (случайные) блуждания || блуждать 2. *вчт* перемещение рабочего окна (*на экране дисплея*) || перемещать рабочее окно (*на экране дисплея*)

roaming 1. (случайные) блуждания 2. *вчт* перемещение рабочего окна (*на экране дисплея*) 3. *проф.* роуминг (*предоставление возможности использования одного и того же радиотелефона в разных регионах и странах*)
 automatic ~ автоматический роуминг
 internetwork ~ межсетевой роуминг
 manual ~ ручной роуминг (*с заменой радиотелефона при смене региона или страны*)
 national ~ национальный роуминг
 semi-automatic ~ полуавтоматический роуминг (*с предварительным оповещением своего оператора*)

robbing:
 power ~ отбор мощности (*на нелинейном ретрансляторе при воздействии сильных мешающих сигналов*)
 sample ~ отбрасывание избыточных выборок

robocop робот-полицейский
robosoccer робототехнический футбол
robot робот (*1. автоматический программно управляемый манипулятор 2. программное или аппаратное средство имитации деятельности человека; программа-робот; программа-агент; робот-игрушка*) ◊ ~ **for transferring objects** робот для транспортировки объектов, транспортный ро-

robot

бот; **with parallelogram linkages** робот с параллелограммными звеньями; **~ with visual system** робот с системой технического зрения
~ of machine станочный робот
adaptive ~ адаптивный робот
antropomorphic ~ антропоморфный робот, робот с антропоморфным манипулятором
arm-based ~ робот-рука
articulated ~ суставный робот, робот с суставным манипулятором
artificial intelligent ~ робот с искусственным интеллектом
assembling [assembly] ~ робот для сборки, сборочный робот
bio-technical ~ биоробот
blind ~ робот без системы технического зрения, *проф.* слепой робот
Cartesian type ~ робот с перемещением в прямоугольной системе координат
coating ~ робот для нанесения покрытий
computer-controlled [computer-operated] ~ робот с управлением от компьютера
contouring ~ робот с контурной системой управления
cylindrical-type ~ робот с перемещением в цилиндрической системе координат
dedicated ~ специализированный робот
diagnostic ~ диагностический робот
digital servo ~ робот с цифровым сервоуправлением
domestic ~ домашний робот
dosage ~ дозирующий робот, робот-дозатор
educational ~ обучающий робот
electrically driven ~ робот с электрическим приводом, робот с электроприводом
exploration ~ робот для исследования и разведки (*напр. поверхности планет*)
first generation ~ робот первого поколения (*с фиксированной программой*)
fixed ~ неподвижный робот
fixed-sequence ~ робот с фиксированной последовательностью выполняемых операций
flexible ~ гибкий [переналаживаемый] робот
flexible measuring ~ гибкий [переналаживаемый] контрольно-измерительный робот
floor-base ~ напольный робот
gantry-type ~ портальный робот
home ~ домашний робот
hydraulically driven ~ робот с гидравлическим приводом, робот с гидроприводом
industrial ~ промышленный робот
inspection ~ робот-контроллёр
installation ~ установочный робот, робот для установки (*напр. компонентов*)
integrated ~ интегральный робот
intelligent ~ интеллектуальный робот
interactive ~ интерактивный робот
laboratory ~ обращённый робот (*с неподвижным рабочим органом и подвижным рабочим столом*)
logical ~ логический робот
magnetic-gripper ~ робот с магнитным схватом
manipulating ~ робот-манипулятор
master ~ ведущий робот
master-slave ~ копирующий робот
measuring ~ измерительный робот
mechanical ~ механический робот
medical ~ медицинский робот
micro ~ микроробот
microprocessor-based ~ интеллектуальный робот
military ~ военный робот
mobile ~ подвижный [мобильный] робот
modular ~ модульный робот
moon ~ робот для исследования Луны; луноход
movable ~ подвижный [мобильный] робот
multi-arm ~ многорукий робот
multifunctional ~ многофункциональный робот
multipurpose ~ многоцелевой робот
NC ~ *см.* **numerically controlled robot**
numerically controlled ~ робот с числовым программным управлением, робот с ЧПУ
nurse ~ робот-няня
open-loop control ~ робот с системой управления без обратной связи
packaging ~ упаковочный робот, робот-упаковщик
personal ~ персональный робот
pick-and-place ~ подъёмно-транспортный робот; перегрузочный робот
playback ~ робот с программным управлением, жёстко программируемый робот
pneumatically driven ~ робот с пневматическим приводом, робот с пневмоприводом
point-to-point ~ робот с позиционным управлением
polar-type ~ робот с перемещением в полярной системе координат
positioning ~ позиционирующий робот
processing ~ технологический робот
programmable ~ программируемый робот
protecting ~ робот для защиты от несанкционированного проникновения (*на охраняемую территорию*)
rectilinear-type ~ робот с перемещением в прямоугольной системе координат
remotely controllable ~ робот с дистанционным управлением, телеуправляемый робот
replacing ~ робот для замены *или* смены (*напр. рабочего инструмента*)
reprogrammable ~ перепрограммируемый робот
retail ~ торговый робот
rotary-base ~ робот на вращающейся платформе; робот с вращающимся корпусом
SCARA ~ робот с избирательной податливостью руки, робот типа SCARA
second generation ~ робот второго поколения (*с очувствлением*)
self-assembling ~ самособирающийся робот
self-learning ~ самообучающийся робот
self-mobile ~ самоходный робот
self-reproducing ~ самовоспроизводящийся робот
senseless ~ неочувствлённый робот
sensing ~ очувствлённый робот
shape-recognition ~ робот с распознаванием формы (*напр. изделий*)
slave ~ ведомый робот
smart ~ интеллектуальный робот
softwired ~ программируемый робот
sorting ~ сортировочный [сортирующий] робот
space ~ космический робот
speaking ~ робот с синтезатором речи, *проф.* говорящий робот

spherical-type ~ робот с перемещением в сферической системе координат
spot-welding ~ робот для точечной сварки
stationary ~ неподвижный робот
suspended-base ~ (подвижный) подвесной робот
taking-in ~ установочный робот, робот для установки (*напр. изделий*)
taking-out ~ робот для выемки (*напр. изделий*)
teaching ~ обучающий робот
technology ~ технологический робот
telescopic-arm ~ робот с телескопической рукой
third generation ~ робот третьего поколения (*с искусственным интеллектом*)
traveling-bridge ~ мостовой робот
turnover ~ переворачивающий робот, робот для кантовки (*напр. изделий*)
unmanned ~ необслуживаемый робот
variable-sequence ~ робот с изменяемой последовательностью выполнения операций
vision-equipped ~ робот с системой технического зрения
voice-activated ~ робот с голосовым [речевым] управлением
walking ~ шагающий робот
wheeled ~ колёсный робот
robotics робототехника
behavior-based ~ поведенческая робототехника
evolutionary ~ эволюционная робототехника
microprocessor-based ~ интеллектуальная робототехника
robotization роботизация
robust 1. робастный (*устойчивый к грубым внешним воздействиям*); грубый (*о динамической системе*) **2.** *вчт* ошибкоустойчивый (*напр. о программе*)
robustness 1. робастность (*устойчивость к грубым внешним воздействиям*), грубость (*о динамической системе*) **2.** *вчт* ошибкоустойчивость (*напр. программы*)
rock качание; раскачивание ‖ качать(ся); раскачивать(ся)
rockbound *проф.* радиолюбительский передатчик с кварцевой стабилизацией частоты
rocker качающаяся деталь; коромысло; балансир
brush ~ щёточная траверса
rocking 1. качание; раскачивание **2.** периодическое изменение положения ручки настройки супергетеродинного радиоприёмника (*при определении оптимального положения подстроечного конденсатора гетеродина*)
bubble ~ качание ЦМД
frequency ~ качание частоты
rockoon система зондирования верхних слоёв атмосферы с помощью ракет, запускаемых с воздушных шаров
rod 1. стержень; прут(ок); рейка **2.** *опт.* палочка, палочковая клетка (*фоторецептор сетчатки глаза*) **3.** удочка (*напр. микрофонная*) **4.** молниеотвод
antenna ~ стержневая антенна
dielectric диэлектрический стержень (*напр. антенны*)
ferrite ~ ферритовая стержневая антенна
ground ~ стержень системы заземления
ignitor ~ **1.** зажигатель, игнайтер (*игнитрона*) **2.** поджигающий электрод (*разрядника*)
laser ~ стержень активного вещества лазера

lightning ~ молниеотвод
microphone fishing ~ микрофонная удочка
roof-topped ~ *кв. эл.* стержень с торцевой двугранной призмой
ruby ~ *кв. эл.* рубиновый стержень
solid-laser ~ стержень активного вещества твердотельного лазера
Z-cut ~ (кварцевый) стержень Z-среза
roentgen рентген, Р ($2,57976 \cdot 10^{-4}$ Кл/кг)
Roger стандартное слово для буквы *R* в фонетическом алфавите «Эйбл»
roger кодовая посылка «принял»
role 1. *вчт* тип (*данных*) **2.** роль
cameo ~ эпизодическая роль для выдающегося исполнителя (*в кинофильме или телешоу*)
role-playing ролевой (*напр. о компьютерной игре*)
roll 1. ролик; вал(ик); (вращающийся) барабан *или* цилиндр **2.** вращение; качение ‖ вращать(ся); катить(ся) **3.** рулон; свиток; намотка ‖ свёртывать(ся) в рулон; свивать(ся); наматывать(ся) **4.** крен (*напр. ЛА*) ‖ крениться **5.** *тлв* поворот (*камеры*) вокруг оптической оси ‖ поворачивать (*камеру*) вокруг оптической оси **6.** *тлв* скольжение изображения по полю **7.** *вчт* прокрутка, просмотр (*изображения в рабочем окне*) ‖ прокручивать, просматривать (*изображение в рабочем окне*) **8.** список; каталог; реестр **9.** изгиб; складка (*поверхности*) **10.** качание; раскачивание ‖ качать(ся); раскачивать(ся) **11.** приступать (*к работе*); выполнять (*работу*)
A-B ~ (электронный) видеомонтаж (*с двух источников*) с прокруткой
picture ~ скольжение изображения по полю
rollaway раскладной; раскладывающийся; развёртываемый
rollback 1. (ускоренная) обратная перемотка (*магнитной ленты*) ‖ выполнять (ускоренную) обратную перемотку (*магнитной ленты*) **2.** *вчт* повторный прогон (*программы*) ‖ повторно прогонять (*программу*) **3.** *вчт* система повторного прогона программы (*после сбоя или отказа*) **4.** *вчт* откат транзакции ‖ отменять транзакцию (*в базах данных*)
transaction ~ откат транзакции
roller ролик; вал(ик); (вращающийся) барабан *или* цилиндр
~ **for X-axis** *вчт* ролик для оси X (*оптико-механической мыши*)
~ **for Y-axis** *вчт* ролик для оси Y (*оптико-механической мыши*)
applicator ~ ролик нанесения резиста
charger ~ зарядный валик (*напр. в лазерных принтерах*)
coating ~ ролик нанесения резиста
detract ~ разрядный [антистатический] валик (*напр. в лазерных принтерах*)
developer ~ проявляющий валик (*напр. в лазерных принтерах*)
lubrication ~ смазывающий ролик (*для нанесения антистатического покрытия в ЭПУ*)
pinch ~ прижимной ролик (*магнитофона*)
pin-studded ~ шипованный ролик (*в принтерах с перфорационной подачей бумаги*)
pressure ~ **1.** прижимной ролик (*магнитофона*) **2.** прижимной валик (*напр. в лазерных принтерах*)

studded ~ шипованный ролик (*в принтерах с перфорационной подачей бумаги*)
tape guide ~ направляющий ролик (*магнитофона*)
tension ~ натяжной ролик (*магнитофона*)
transfer ~ передаточный валик (*напр. в лазерных принтерах*)

rollforward 1. (ускоренная) прямая перемотка (*магнитной ленты*) || выполнять (ускоренную) прямую перемотку (*магнитной ленты*) **2.** *вчт* восстановление (*базы данных*) || восстанавливать (*базу данных*)

roll-in *вчт* загрузка (*1. подкачка 2. считывание*)

rolling 1. вращение; качение **2.** *тлв* поворот (*камеры*) вокруг оптической оси **3.** *вчт* прокрутка, просмотр (*изображения в рабочем окне*) **4.** качание; раскачивание

rolloff спад (*напр. частотной характеристики*)
spectrum ~ спад характеристики затухания фильтра
treble ~ спад (*частотной характеристики в области*) верхних (*звуковых*) частот

roll-out *вчт* выгрузка (*1. откачка 2. сохранение, запись*)

rollover 1. *тлв* заворачивание изображения **2.** *вчт* клавиатурный буфер

ROM постоянная память, постоянное ЗУ, ПЗУ
boot ~ ПЗУ начальной загрузки
control ~ управляющая постоянная память, управляющее ПЗУ
electrically alterable [electrically programmable] ~ электрически программируемая постоянная память, электрически программируемое ПЗУ, ЭППЗУ
erasable ~ постоянная память со стиранием информации, ПЗУ со стиранием информации
field-programmable ~ постоянная память с эксплуатационным программированием, ПЗУ с эксплуатационным программированием
flash ~ флэш-память, блочно-ориентированная электрически программируемая постоянная память
keyed-access ~ ПЗУ с доступом по ключу
mask-programmed ~ постоянная память с масочным программированием, ПЗУ с масочным программированием
processor ~ ПЗУ процессора
shadow ~ теневая память с функциями ПЗУ
startup ~ программа запуска в ПЗУ

ROMable *вчт* допускающий запись в постоянную память

Roman 1. прямой латинский шрифт || прямой латинский (*о шрифте*) **2.** римский (*о цифре*)

Romeo стандартное слово для буквы *R* в фонетическом алфавите «Альфа»

ROMware, romware *проф.* встроенные [зашитые] программы (*в ПЗУ*)

room 1. помещение; комната; зал **2.** пространство; место; объём **3.** камера (*напр. безэховая*) **4.** *тлв* студия; аппаратная **5.** *вчт* пробельное пространство; пробел; свободное место; поле **6.** *вчт* свободная область памяти **7.** комнатная акустика
anechoic ~ безэховая камера
chat ~ *вчт* комната для групповой дискуссии, комната для бесед (*в сети*)
Chinese ~ опыт с китайской комнатой (*мысленный эксперимент Дж. Серлса для опровержения возможности создания искусственного интеллекта*)

city ~ (вещательная) студия местных новостей
clean ~ *микр.* чистая комната
continuity ~ *тлв* программная аппаратная
control ~ *тлв* аппаратная
dead ~ безэховая камера
echo ~ реверберационная камера
equipment ~ *тлв* аппаратная
field-free ~ безэховая камера
free-field ~ безэховая комната
live ~ помещение с малым звукопоглощением
master control ~ *тлв* центральная аппаратная
recording ~ аппаратная видеозвукозаписи
reverberation [reverberent] ~ реверберационная камера

root 1. *вчт* корень (*1. корень из числа или выражения 2. корень уравнения 3. исходный узел древовидной структуры 4. центральная морфема слова*) || корневой **2.** *вчт* корневой каталог **3.** привилегированный (*о пользователе*) **4.** основной тон (*натурального звукоряда*) **5.** резьбовая канавка (*напр. болта*); межзубцовая впадина (*напр. шестерни*) **6.** фиксировать(ся); устанавливать(ся); располагать(ся) ◊ ~ **of equation** корень уравнения
cube ~ кубический корень
explosive ~ *проф.* «взрывной» корень
square ~ квадратный корень
stable ~ устойчивый корень
unit ~ единичный корень

rooter 1. схема извлечения корня **2.** *тлв* гамма-корректор с корневой амплитудной характеристикой

root-mean-square 1. среднеквадратический **2.** действующий (*о переменном токе и напряжении*)

rope удлинённый противорадиолокационный отражатель

rose роза (*1. векторная диаграмма в полярных координатах 2. орграф, состоящий из центральной вершины и непересекающихся контуров*)
four-petal ~ четырёхлепестковая роза
generalized ~ обобщённая роза
signed ~ знаковая роза
wind ~ роза ветров

rosebud бортовой радиолокационный маяк дециметрового [ДМВ-] диапазона

rosin канифоль
disproportionated ~ диспропорционированная канифоль
mildly activated ~ канифоль с низкой температурой плавления

rot 1. распад; разложение || подвергать(ся) распаду; разлагать(ся) **2.** ухудшение; деградация; ослабевание || ухудшаться; деградировать; ослабевать
bit ~ *вчт проф.* распад бит (*мифическая причина неработоспособности долго не использовавшихся программ*)
software ~ *вчт проф.* распад программ (*мифическая причина неработоспособности долго не использовавшихся программ*)

rot13 шифр rot13, шифр с циклическим сдвигом букв в алфавите на 13 позиций

rotary вращательный; поворотный

rotary-dial с дисковым номеронабирателем (*о телефонном аппарате*)

rotate 1. вращать(ся); поворачивать(ся) **2.** изменяться циклически **3.** *вчт* осуществлять циклический сдвиг

rotation 1. вращение; поворот 2. угол поворота 3. циклические изменения 4. *вчт* циклический сдвиг 5. *вчт* ротация (*тип преобразования деревьев двоичного поиска*) 6. ротор (*вектора*) 7. оборот (*небесного тела вокруг собственной оси*)
  coherent ~ of magnetization (vector) однородное вращение (вектора) намагниченности
  domain ~ поворот доменов
  dynamic ~ *вчт* циклические изменения изображений на Web-странице
  Faraday ~ 1. эффект Фарадея 2. угол поворота плоскости поляризации света при эффекте Фарадея, фарадеевское вращение
  homogeneous ~ of magnetization (vector) однородное вращение (вектора) намагниченности
  improper ~ инверсионное вращение, инверсионный поворот (*операция симметрии*)
  incoherent ~ of magnetization (vector) неоднородное вращение (вектора) намагниченности
  inhomogeneous ~ of magnetization (vector) неоднородное вращение (вектора) намагниченности
  inversion ~ инверсионное вращение, инверсионный поворот (*операция симметрии*)
  irreversible ~ of magnetization (vector) необратимое вращение (вектора) намагниченности
  Kerr ~ магнитооптический эффект Керра
  left ~ ротация влево
  magnetic ~ 1. эффект Фарадея 2. угол поворота плоскости поляризации света при эффекте Фарадея, фарадеевское вращение
  magnetic sublattice ~ вращение (вектора) намагниченности магнитной подрешётки
  magnetooptic ~ 1. эффект Фарадея 2. угол поворота плоскости поляризации света при эффекте Фарадея, фарадеевское вращение 3. магнитооптический эффект Керра
  muon spin ~ *фтт* 1. мюонная спиновая релаксация 2. метод мюонной спиновой релаксации
  optical ~ 1. вращение плоскости поляризации света 2. угол поворота плоскости поляризации света
  plane-of-polarization ~ вращение плоскости поляризации
  polar Faraday ~ полярный эффект Фарадея
  proper ~ истинное вращение, поворот без инверсии (*операция симметрии*)
  reversible ~ of magnetization (vector) обратимое вращение (вектора) намагниченности
  right ~ ротация вправо
  saturation Faraday ~ эффект Фарадея в насыщенном образце
  screw ~ винтовое вращение, винтовой поворот (*операция симметрии*)
  simple ~ (простое) вращение, (простой) поворот (*операция симметрии*)
  specific Faraday ~ удельный угол поворота плоскости поляризации света при эффекте Фарадея, удельное фарадеевское вращение
  spiral ~ *крист.* вращение спирали роста
rotational 1. связанный с вращением *или* поворотом; вращательный; поворотный 2. связанный с циклическим изменением 3. вихревой; соленоидальный (*о поле*)
rotative 1. вращающий(ся); поворачивающий(ся) 2. циклически изменяющийся
rotator 1. вращатель [устройство поворота] плоскости поляризации (*напр. света*) 2. волновая скрутка 3. поворотное устройство (*напр. антенны*) 4. *фтт* ротатор
  antenna ~ поворотное устройство антенны
  Faraday ~ вращатель [устройство поворота] плоскости поляризации на эффекте Фарадея
  ferrite ~ ферритовый вращатель [ферритовое устройство поворота] плоскости поляризации
  loop ~ поворотное устройство рамки (*радиопеленгатора*)
  microwave ~ вращатель [устройство поворота] плоскости поляризации волн СВЧ-диапазона
  optical ~ вращатель [устройство поворота] плоскости поляризации света
rotatory 1. вращательный; поворотный 2. вращающийся; поворачивающийся
rotaxane *микр.* ротаксан
rote рутина; работа, выполняемая механически; стандартная процедура ◊ **by ~** не задумываясь; механически (*напр. о выполняемой работе*)
rotN шифр rotN, шифр с циклическим сдвигом букв в алфавите на N позиций
rotoflector вращающееся зеркало (*радиолокационной антенны*)
rotor ротор (*1. вращающаяся часть электрических и гидравлических машин 2. поворотная часть конденсатора переменной ёмкости 3. вчт дифференциальный оператор 4. вихрь векторного поля*)
  cage ~ короткозамкнутый ротор
  compressor ~ ротор компрессора
  drum ~ барабанный ротор
  female ~ ведомый ротор
  main ~ ведущий ротор
  male ~ ведущий ротор
  nonsalient-pole ~ неявнополюсный ротор
  phase-wound ~ фазный ротор
  secondary ~ ведомый ротор
  selsyn ~ ротор сельсина
  short-circuited ~ короткозамкнутый ротор
  slave ~ ведомый ротор
  speed-reducer ~ ротор снижения скорости
  squirrel-cage ~ короткозамкнутый ротор
  wound ~ фазный ротор
rough 1. неровность; шероховатость (*напр. поверхности*) || иметь неровности; быть неровным; становится неровным *или* шероховатым || неровный; шероховатый 2. черновик; эскиз; набросок || выполнять вчерне; делать эскиз *или* набросок || черновой; эскизный; предварительно набросанный 3. трудный; тяжёлый; сложный (*напр. о проблеме*) 4. резкий; грубый; неприятный (*о звуке*)
roughness 1. неровность; шероховатость (*напр. поверхности*) 2. трудность; сложность (*напр. проблемы*) 3. резкость; грубость (*звука*)
  acoustic ~ 1. резкость звука; грубость звука 2. интермодуляционные искажения звука (*в радиоприёмнике*), обусловленные биениями на частоте около 50 Гц
  interface ~ неровность поверхности раздела; шероховатость поверхности раздела
round 1. раунд, один из (многократно повторяемых идентичных) шагов шифрования (*в блочных шифрах*) || раундовый, относящийся к раунду 2. круглый объект; круглая форма || придавать круглую форму; закруглять || круглый; закруглённый 3. сферический; полусферический; шарообразный;

roundabout

цилиндрический 4. движение по кругу || двигаться по кругу 5. округление (*числа*) || округлять (*число*) || целый; округлённый (*о числе*) ◊ ~ **down** округлять (*число*) с недостатком; ~ **off** округлять (*число*); ~ **up** округлять (*число*) с избытком

roundabout обходный приём; косвенный метод || обходный; косвенный

rounding 1. придание круглой формы; закругление 2. движение по кругу 3. округление (*числа*)

round-off округление (*числа*)

round-robin 1. *вчт* последовательное циклическое предоставление ресурсов, *проф.* «карусель»; квантование времени || «карусельный» 2. последовательность; ряд; серия 3. круговой турнир

round-up *тлв* сводка новостей

route 1. трасса || осуществлять трассировку (*напр. в САПР БИС*) 2. трасса линии связи 3. маршрут || выбирать маршрут (*напр. в сети*) 4. путь; траектория || выбирать путь; следовать по траектории

air ~ воздушная трасса

alternate ~ 1. обходный маршрут 2. обходный путь

ASE ~ *см.* **autonomous system external routes**

autonomous system external ~**s** внешние маршруты автономной системы

by-pass ~ 1. обходный маршрут 2. обходный путь

dead-end ~ заблокированный маршрут

default ~ маршрут по умолчанию

direct ~ трасса прямой линии связи

diverse ~ 1. обходный маршрут 2. обходный путь

fully provided ~ полностью обеспеченный маршрут (*не требующий обходных путей*)

host ~ базовый маршрут

network ~ сетевой маршрут

overflow ~ маршрут для разгрузки основного пути

spillover ~ маршрут для разгрузки основного пути

trunk ~ трасса магистральной линии связи

virtual ~ виртуальный маршрут

routeing *см.* **routing**

router 1. трассировщик (*напр. в САПР БИС*) 2. маршрутизатор (*напр. в сети*) 3. узел сети

automated ~ 1. автоматический трассировщик 2. автоматический маршрутизатор

border ~ граничный маршрутизатор

boundary ~ связной маршрутизатор

global ~ глобальный трассировщик

grid-free ~ бессеточный трассировщик

hot standby ~ маршрутизатор горячего резерва

interactive ~ интерактивный трассировщик

IP ~ маршрутизатор IP-дейтаграмм

label edge ~ маршрутизатор с присвоением меток дейтаграммам на границе MPLS-домена

label switching ~ маршрутизатор с коммутацией (дейтаграмм) по меткам

multicast ~ маршрутизатор для передачи сообщений нескольким (персонифицированным) абонентам, нескольким (определённым) узлам *или* (определённым) программам (*вычислительной системы или сети*), *проф.* многоабонентский маршрутизатор (с персонификацией); групповой [многоадресный] маршрутизатор

multiprotocol ~ многопротокольный маршрутизатор

network ~ сетевой маршрутизатор

screening ~ фильтрующий маршрутизатор

switching ~ коммутирующий маршрутизатор

routine 1. программа; подпрограмма 2. алгоритм 3. рутина; работа, выполняемая механически; стандартная процедура || рутинный; выполняемый механически; стандартный

autostart ~ программа (начальной) загрузки; программа самозагрузки

bootstrap ~ программа (начальной) загрузки; программа самозагрузки

check(ing) ~ программа проверки; программа контроля

closed ~ закрытая [замкнутая] (под)программа

compiler ~ компилятор

compiling ~ компилятор

default output ~ программа вывода по умолчанию

diagnostic ~ диагностическая программа

dummy ~ фиктивная программа; фиктивная подпрограмма

edit ~ (программа-)редактор, программа редактирования

executable ~ исполняемая [не требующая трансляции] программа

executive ~ (программа-)диспетчер; управляющая программа

file handling ~ программа обработки файлов

file management ~ программа управления файлами, менеджер файлов

floating-point ~ программа для выполнения операций с плавающей точкой, программа для выполнения операций с плавающей запятой

foreground ~ приоритетная программа

generalized ~ многофункциональная программа; универсальная программа

hardware [**hard-wired**] ~ аппаратная программа, аппаратно реализуемая программа, *проф.* зашитая программа

interpretive ~ интерпретатор

library ~ библиотечная программа

main(-line) ~ основная программа; основная нить программы

master ~ основная программа; основная нить программы

postmortem ~ постпрограмма

program-aid ~ вспомогательная [служебная] программа

reenterable ~ допускающая рекурсивное *или* параллельное использование программа, *проф.* реентерабельная программа

sequence checking ~ программа проверки последовательности

service ~ служебная [сервисная] программа, утилита

skeleton ~ набросок программы

snapshot ~ отладочная программа с возможностью выборочной динамической распечатки промежуточной информации (*на экране дисплея*)

specific ~ специальная программа

synchronous ~ синхронная подпрограмма

test ~ тестовая программа

tracing ~ программа трассировки

routing 1. трассировка (*напр. в САПР БИС*) 2. маршрутизация (*напр. в сети*)

adaptive ~ адаптивная маршрутизация

analog-circuit ~ трассировка аналоговых схем

automated ~ автоматическая трассировка

automatic alternative ~ автоматическая альтернативная маршрутизация
classless inter-domain ~ бесклассовая междоменная маршрутизация
connection-oriented ~ маршрутизация, ориентированная на установление соединений
dynamic ~ 1. динамическая трассировка 2. динамическая маршрутизация
enhanced ~ комплексная маршрутизация
grid ~ трассировка по (координатной) сетке
gridless ~ трассировка без (координатной) сетки, трассировка на основе учёта формы компонентов
hierarchical ~ иерархическая маршрутизация
high performance ~ стандарт высокопроизводительной маршрутизации корпорации IBM, стандарт HRP, стандарт APPN+
interrupt ~ маршрутизация прерываний
link state ~ маршрутизация с анализом состояния каналов
maintenance ~ *вчт* программа для профилактического (технического) обслуживания (*компьютерного оборудования или компьютерных систем*)
manual ~ 1. ручная трассировка 2. маршрутизация вручную
maze (running) ~ трассировка методом поиска в лабиринте
message ~ маршрутизация сообщений
message-sensitive ~ маршрутизация, зависящая от сообщения
multiaddress ~ многоадресная маршрутизация
OFF grid ~ трассировка без (координатной) сетки, трассировка на основе учёта формы компонентов
ON grid ~ трассировка по (координатной) сетке
packets ~ маршрутизация пакетов
random ~ случайная маршрутизация
round ~ циклическая маршрутизация
shape-based ~ трассировка на основе учёта формы компонентов, трассировка без сетки
source ~ явная маршрутизация, маршрутизация с явным перечислением адресов последовательно проходимых узлов
static ~ статическая маршрутизация
transaction ~ маршрутизация транзакций
vector distance ~ маршрутизация с анализом длины вектора
wire ~ трассировка
wormhole ~ возможность передачи сообщений по частям (*в системе передачи с промежуточным накоплением*)
rove (случайные) блуждания ‖ блуждать
roving 1. блуждающий 2. нелокальный; свободный
row ряд; строка ‖ выстраивать в ряд; представлять в виде строки
~ **of contacts** контактный ряд (*поля искателя*)
bubble ~ ряд ЦМД
card ~ строка перфокарты
dependent ~**s** зависимые строки
determinant ~ строка детерминанта
home ~ опорный ряд клавиш (*для пальцев оператора при работе с клавиатурой*)
matrix ~ строка матрицы
resolvent ~ *вчт* разрешающая строка
table ~ строка таблицы
twelve-tone ~ 12-тоновый звукоряд

royalty 1. (авторский) гонорар 2. отчисления с продаж автору *или* патентодержателю
royalty-free без отчислений с продаж автору *или* патентодержателю (*напр. о порядке использования программного продукта*)
RSA алгоритм Ривеста — Шамира — Адлемана, алгоритм RSA, алгоритм асимметричного шифрования с использованием перемножения двух случайно выбранных простых чисел
R-squared коэффициент детерминации (*при регрессии*)
adjusted ~ скорректированный коэффициент детерминации
rub 1. трение ‖ тереть(ся); испытывать трение 2. шлифовать; стачивать 3. препятствие; помеха
rubber 1. точильный камень; шлифовальный круг 2. резина; каучук ‖ резиновый; каучуковый 3. *вчт* роббер (*партия в бридже*)
artificial ~ искусственный каучук
cellular ~ пористая резина
conductive ~ проводящая резина
erasing ~ ластик
expanded ~ пористая резина
hard ~ эбонит
magnetic ~ магнитная резина
porous ~ пористая резина
rubric 1. рубрика 2. класс; категория 3. заметка на полях, глосса; комментарий 4. установленное правило; типичная процедура
rubricate 1. рубрицировать 2. производить категоризацию; распределять по категориям *или* классам; классифицировать 3. делать заметки на полях; снабжать комментариями
rubrication 1. рубрицирование 2. категоризация; распределение по категориям *или* классам; классификация 3. снабжение заметками на полях *или* комментарием
ruby рубин (*1. минерал 2. шрифт размером 5,5 пунктов*)
rug *вчт* коврик (*напр. для мыши*)
rugged 1. изломанный; блочный; нерегулярный (*напр. о структуре*) 2. неблагоприятный (*об условиях окружающей среды*) 3. жёсткий (*о режиме возбуждения*)
ruggedization придание повышенной устойчивости к неблагоприятным условиям окружающей среды
ruggedize придавать повышенную устойчивость к неблагоприятным условиям окружающей среды
ruggedness повышенная устойчивость к неблагоприятным условиям окружающей среды
~ **of pulse-type signal** устойчивость импульсных сигналов к искажениям
rule правило (*1. принцип; закон; условие 2. алгоритм 3. вчт оператор для проверки исходных положений*) 2. устанавливать правило или правила 3. (масштабная) линейка (*напр. рабочего окна текстовых редакторов*) 4. *вчт* разделительная *или* орнаментальная линейка (*в тексте*) 5. линовать; разграфлять ◊ ~ **of thumb** эмпирическое правило
~ **of logical inference** правило логического вывода
~ **of parallelogram** правило параллелограмма
activation ~ алгоритм активации (*нейронных сетей*)
adaline ~ адалин, алгоритм обучения (*нейронных цепей*) типа «адалин»

aeroplane ~ *вчт проф.* правило аэроплана (*количество проблем возрастает при увеличении числа двигателей*), увеличение вероятности отказов при повышении сложности системы
Ampere's ~ правило буравчика, правило Ампера
associative ~s условия ассоциативности
backpropagation learning ~ правило обратного распространения ошибок, алгоритм обратного распространения ошибок для обучения нейронной сети
basic encoding ~s рекомендации МСЭ по основным правилам кодирования, стандарт BER, стандарт X.209 (*в языке ASN.1*)
Bayes decision ~ байесовское решающее правило
canonical encoding ~s рекомендации МСЭ по каноническим правилам кодирования, стандарт CER (*в языке ASN.1*)
chain ~ цепное правило
coding ~ правило кодирования
commutative ~s условия коммутативности
complementary ~s условия дополнительности
compositional ~ of inference *вчт* композиционное правило умозаключения, обобщённый утверждающий модус (*условно-категорического силлогизма*)
concretization ~s правила конкретизации
corkscrew ~ правило буравчика, правило Ампера
data point ~s метод интерполяции по алгоритму «правила для каждой точки»
decision ~ решающее правило
delta (learning) ~ дельта-правило, правило Уидроу — Хоффа, алгоритм Уидроу — Хоффа для обучения нейронной сети
design ~s проектные нормы
dipolar selection ~s *кв. эл.* правила отбора при дипольном излучении
distinguished encoding ~s рекомендации МСЭ по особым правилам кодирования, стандарт DER (*в языке ASN.1*)
distributive ~s условия дистрибутивности
explicit ~s явно выраженные правила
Fleming's ~ 1. правило левой руки 2. правило правой руки
format ~ *вчт* задание формата (*в электронных таблицах*)
fuzzy ~ нечёткое правило
generalized delta ~ обобщённое дельта-правило, обобщённое правило Уидроу — Хоффа, обобщённый алгоритм Уидроу — Хоффа для обучения нейронной сети
geometry ~s топологические нормы
Hebb (learning) ~ правило Хэбба, алгоритм Хэбба для обучения нейронной сети
idempotent ~ s условия идемпотентности
implicit ~s неявно выраженные правила
instrument flight ~ s правила инструментального полёта
involution ~ условие инволютности
Kelly ~s правила Келли (*в глобальном управлении*)
Kohonen (learning) ~ правило Кохонена, алгоритм Кохонена для обучения нейронной сети
layout ~s топологические нормы
learning ~ правило *или* правила обучения; алгоритм обучения
left-hand ~ правило левой руки
Lenz's ~ правило Ленца
linear decision ~ линейное правило принятия решений
localization ~ *вчт* правило локализации
Maxwell's ~ правило левой руки
operating ~s правила эксплуатации
optical-transition selection ~s правила отбора при оптических переходах
orthographic ~s правила орфографии
outstar learning ~ правило обучения выходной звезды (*в нейронных сетях*)
packed encoding ~s рекомендации МСЭ по правилам компактного кодирования, стандарт PER (*в языке ASN.1*)
perceptron (learning) ~ алгоритм обучения (*нейронных сетей*) типа «перцептрон»
priority ~ правило назначения приоритетов
production ~ *вчт* правило вида условие — действие, порождающее правило, *проф.* продукция, продукционное правило
propagation ~ алгоритм распространения (*напр. возбуждения в нейронных сетях*)
randomized ~ рандомизированное правило
reduction ~s *вчт* 1. правила приведения (*к определённому виду или форме*) 2. правила редукции
rewrite ~ *вчт* правило подстановки
right-hand ~ правило правой руки
scale ~ масштабная линейка
screwdriver ~ правило буравчика, правило Ампера
signaling ~s правила связи (*в криптографии*)
slide ~ логарифмическая линейка
spelling-to-sound ~s правила произношения
star learning ~ правило обучения звезды (*в нейронных сетях*)
substitution ~ *вчт* правило подстановки
tournament ~ турнирное правило
training ~ правило *или* правила обучения; алгоритм обучения
transformation ~ 1. закон преобразования 2. правило трансформационной грамматики
value ~ *вчт* правило расчёта содержимого ячейки (*в электронных таблицах*)
visibility ~s *вчт* правила использования переменных (*в программе*) только в допустимых областях, *проф.* правила видимости
weight update ~ правило модификации весов (*при обучении нейронных сетей*)
Widrow-Hoff ~ правило Уидроу — Хоффа, алгоритм Уидроу — Хоффа для обучения нейронной сети, дельта-правило
rule-based основанный на системе порождающих правил, *проф.* продукционный
ruled 1. установленный правилом *или* правилами 2. линованный; (раз)графлённый
ruler (масштабная) линейка (*напр. рабочего окна текстовых редакторов*)
ruling 1. управляющий; определяющий; доминирующий (*напр. фактор*) 2. линование; графление 3. линии; графы (*на линованной бумаге*)
rumble рокот (*напр. воспроизведения*)
   mechanical ~ рокот воспроизведения
   turntable ~ рокот воспроизведения
rumblers низкочастотные свистящие атмосферики
run 1. управление (*1. администрирование; менеджмент 2. управление агрегатом, механизмом или*

транспортным *средством*) ‖ управлять **2.** (непрерывная) работа (*напр. прибора*); (непрерывное) функционирование (*напр. системы*); (непрерывное) действие (*напр. установки*) ‖ непрерывно работать, функционировать *или* действовать **3.** *вчт* запуск (*напр. программы*); выполнение, исполнение (*напр. программы*) ‖ запускать (*напр. программу*); выполнять, исполнять (*напр. программу*) **4.** *вчт* прогон, однократное выполнение (*программы*) ‖ прогонять, однократно выполнять (*программу*) **5.** цикл (*напр. операций*); серия (*напр. изделий*); тираж (*напр. печатного издания*) **6.** течение; ход (*напр. процесса*) ‖ простекать; происходить **7.** отрезок (*1. пространственный или временной интервал 2. вчт рассматриваемая как единое целое линейная совокупность пикселей* **8.** *вчт* (непрерывная) серия, непрерывная последовательность одинаковых элементов (*группа единиц между нулями или нулей между единицами в двоичном коде*) **9.** серия, повторение одного и того же признака в упорядоченной выборке **10.** внутренняя кабельная *или* проводная сеть; *проф.* проводка **11.** пролёт (*напр. радиорелейной линии*); участок (*напр. кабельной сети*) **12.** *тлв* показ (*напр. программы*) ‖ показывать (*напр. программу*) ◊ ~ **around** обтекание, расположение текста вокруг другого графического объекта (*напр. рисунка*)

cable ~ участок кабельной сети

computer ~ прогон [однократное выполнение] программы на компьютере

dry ~ пошаговое выполнение программы (*в ручном режиме*), *проф.* сухой прогон программы

editing ~ *вчт* цикл редактирования (*при пакетной обработке данных*)

frequency ~ цикл измерений амплитудно-частотных характеристик (*при испытаниях*)

machine ~ прогон [однократное выполнение] программы на компьютере

parallel ~ *вчт* ввод в действие новой системы без прекращения функционирования заменяемой системы

production ~ *вчт* выполнение программы управления производственными процессами в реальных условиях

test ~ тестирование

trial ~ проба; предварительные испытания

runaround *вчт* обтекание (*графического объекта в тексте*)

runaway 1. убегание; разбег; растекание **2.** быстрое возрастание; резкое увеличение; пробой ‖ быстро возрастающий; резко увеличивающийся; испытывающий пробой

~ **of plasma** разбег плазмы

current ~ *пп* убегание тока

frequency ~ уход частоты

thermal ~ *пп* тепловой пробой

rundown *вчт* краткая аннотация

run-in 1. вхождение; встраивание ‖ входить; встраивать(ся) **2.** *вчт* вставка внутри абзаца **3.** прирабатывать (*напр. поверхность*)

clock ~ вхождение в синхронизм

surface ~ приработка поверхности

running 1. управление (*1. администрирование; менеджмент 2. управление агрегатом, механизмом или транспортным средством*) ‖ управляющий **2.** (непрерывная) работа (*напр. прибора*); (непрерывное) функционирование (*напр. системы*); (непрерывное) действие (*напр. установки*) ‖ непрерывно работающий, функционирующий *или* действующий **3.** *вчт* выполнение, исполнение (*напр. программы*) ‖ запущенный; выполняемый, исполняемый (*напр. о программе*) **4.** течение; ход (*напр. процесса*) ‖ текущий; происходящий **5.** *тлв* показ (*напр. программы*) ‖ показываемый

run-on *вчт* дополнение; приложение ‖ дополнительный; включённый в приложение (*к печатному изданию*)

runout вытеснение; выдавливание

bubble ~ переход ЦМД в полосовой домен; эллиптическая неустойчивость ЦМД

stripe ~ вытеснение полосового домена

runover *вчт* текст, переносимый на следующую страницу, колонку *или* строчку

run-through *тлв* генеральная репетиция (*напр. телешоу*)

run-time *вчт* **1.** период выполнения программы, рабочий период **2.** время прогона, время однократного выполнения (*программы*) **3.** время выполнения (*машинной команды после выборки*) **4.** исполняющая система, система поддержки исполнения программы (*на уровне интерфейса с операционной системой*)

program ~ **1.** период выполнения программы, рабочий период **2.** время прогона, время однократного выполнения (*программы*)

runway взлётно-посадочная полоса, ВПП

rupture излом; разрыв ‖ испытывать излом *или* разрыв; подвергать излому *или* разрыву

rushes *тлв* предварительно смонтированные материалы дневной съёмки

rutile *крист.* рутил ‖ рутиловый

S

S (допустимое) буквенное обозначение i-го ($2 \leq i \leq 26$) логического диска, съёмного устройства памяти или компакт-диска (*в IBM-совместимых компьютерах*)

sabermetrics использование компьютеров для предоставления текущих статистических данных о бейсбольном матче

sabin сэбин ($0,092903$ м^2)

metric ~ метрический сэбин (1 м^2)

sabrmetrics *см.* **sabermetrics**

saccade *биол.* саккада, саккадическое движение глаз (*последовательное перемещение взгляда по деталям рассматриваемого объекта на 10 - 30´*)

saddle седло (*1. особая точка на фазовой плоскости 2. особая точка функции двух переменных 3. особая точка поверхности второго порядка (гиперболического параболоида)*)

safe 1. безопасный **2.** надёжный; верный (*напр. метод*)

safe-light освещение для фотолабораторий

safety

safety 1. безопасность 2. средство обеспечения безопасности; защитное средство, защита; охрана 3. надёжность; верность (*напр. метода*)
  data ~ защита данных
  electrical ~ электробезопасность
  environmental ~ экологическая безопасность
  fire ~ пожаробезопасность
  handling ~ безопасность в обращении
  job ~ охрана труда
  legal ~ правовая защита
  operational ~ безопасность в эксплуатации
  radiation ~ радиационная безопасность
  type ~ *вчт* безопасность типов

sag 1. провес; провисание; прогиб || провисать; прогибаться 2. спад; спадание; уменьшение || спадать; уменьшаться 3. относительный спад вершины импульса (*в процентах*)
  filament ~ провисание нити накала (*при тепловом расширении*)

Sage система «Сейдж» (*система противовоздушной обороны с автоматизированным управлением и обработкой разведданных*)

sagitta сагитта, стреловидная аберрация

sagittal сагиттальный, стреловидный (*об аберрации*)

salami *вчт проф.* программа-салами (*для последовательного похищения небольших сумм со счетов при электронных банковских операциях*)

sale 1. продажа 2. объём продаж 3. *pl* отдел продаж 4. распродажа (*по сниженным ценам*) 5. аукцион

salience 1. выступ; выступающая часть 2. заметные особенности; характерные свойства

salient 1. выступ; выступающая часть || выступающий 2. заметный; характерный

salt соль (*1. химическое соединение 2. проф. дополнение к чему-либо, придающее новое качество или ощущение; приправа 3. вчт (необязательное) дополнение к паролю, используемое при аутентификации хэш-значения*)
  syntactic ~ синтаксический приём, облегчающий контроль ошибок при написании текста программы, *проф.* синтаксическая соль

saltation 1. резкое изменение; скачок 2. *биол.* мутация

salvage *вчт* восстановление (*напр. файла*) || восстанавливать (*напр. файл*)

salvageability *вчт* возможность восстановления (*напр. файла*)

salvageable *вчт* восстанавливаемый (*напр. файл*)

salvager *вчт* программа восстановления (*потерянной или разрушенной информации*)

salvation *вчт* восстановление (*напр. файла*)

sample 1. образец; проба || отбирать образец *или* образцы; брать пробу || служащий образцом; пробный 2. отсчёт || производить отсчёт(ы) 3. выборка; выборочная совокупность; выборочная функция || производить выборку; использовать выборочную совокупность *или* выборочную функцию || выборочный 4. дискретизация || дискретизировать 5. стробирование || стробировать 6. *вчт* опрос || опрашивать 7. *вчт* образец (*определённого*) звука в цифровой форме, оцифрованный образец (*определённого*) звука, *проф.* сэмпл, сэмплированный звук || представлять образец (*определённого*) звука в цифровой форме, оцифровывать образец (*определённого*) звука, *проф.* сэмплировать 8. *вчт* файл с записью образца (*определённого*) звука в цифровой форме, файл с записью сэмплированного звука ◊ ~ **at zero crossing** отсчёт при пересечении нулевого уровня; ~**s per second** число отсчётов в секунду
  accumulated ~**s** накапливаемые выборки
  artificial ~ искусственная выборка
  balanced ~ уравновешенная выборка
  biased ~ смещённая выборка
  censored ~ цензурированная выборка
  check ~ контрольная выборка
  cleaved ~ *крист.* образец, полученный методом скалывания
  cluster ~ кластерная выборка
  color ~**s** 1. образцы цветов 2. *вчт* инструмент для выбора точек изображения с цветами, используемыми в качестве образцов (*в графических редакторах*)
  continuous valued ~ неквантованный отсчёт
  control ~ контрольная выборка
  discrete valued ~ квантованный отсчёт
  downloadable ~**s** *вчт* (универсальный) формат загружаемых образцов (*определённых*) звуков в цифровой форме, *проф.* (универсальный) формат загружаемых сэмплов, формат DLS
  equally spaced ~**s** эквидистантные отсчёты
  extrinsic ~ *пп* образец с примесной электропроводностью
  finite ~ конечная выборка
  infinite ~ бесконечная выборка
  intrinsic ~ *пп* образец с собственной электропроводностью
  large ~ большая выборка
  linear ~ линейная дискретизация
  logarithmic ~ логарифмическая дискретизация
  matched ~**s** спаренные [согласованные] выборки
  moderate ~ выборка среднего размера
  multistage cluster ~ многоступенчатая кластерная выборка
  noise ~ шумовая выборка
  nonquantized ~ неквантованный отсчёт
  ordered ~ вариационный ряд (*в математической статистике*), упорядоченная (*по возрастанию значений*) выборка
  paired ~**s** парные выборки
  partitioned ~ разделённая выборка
  quantized ~ квантованный отсчёт
  random ~ случайная выборка
  range-gated ~ выборка, стробированная по дальности
  reconstructed ~ восстановленный отсчёт
  representative ~ репрезентативная выборка
  small ~ малая выборка
  spatial ~ пространственная выборка
  truncated ~ усечённая выборка
  voltage ~ отсчёт напряжения

sample-and-hold 1. выборка и хранение 2. дискретизация с запоминанием отсчётов

sampler 1. набор образцов 2. схема выборки 3. дискретизатор, схема дискретизации 4. схема стробирования 5. *вчт* генератор образцов (*определённых*) звуков в цифровой форме, генератор оцифрованных образцов (*определённых*) звуков, *проф.* сэмплер, устройство сэмплирования
  color ~ *вчт* инструмент для расстановки контрольных точек с образцами цветов (*в графических редакторах*)

in-phase ~ синфазный дискретизатор
nonuniform ~ неравномерный дискретизатор
sampling 1. отбор образцов; взятие пробы **2.** отсчёт(ы); снятие отсчётов **3.** выборка; использование выборки, выборочной совокупности *или* выборочной функции **4.** дискретизация **5.** стробирование **6.** *вчт* опрос; выполнение опроса **7.** *вчт* представление образца (*определённого*) звука в цифровой форме, оцифровка образца (*определённого*) звука, *проф.* сэмплирование
~ with replacement выборка с возвращением
alias-free ~ дискретизация без обусловленных наложением спектров искажений; дискретизация с превышающей частоту Найквиста частотой
cluster ~ кластерная выборка
continuous ~ непрерывная выборка
correlated ~ коррелированная выборка
diffraction-pattern ~ дискретизация дифракционных картин
discrete ~ дискретизация с частотой опроса в пределах полосы пропускания канала
double ~ двухступенчатая выборка
finite-width ~ дискретизация с конечной длительностью отсчётов
fractional ~ дробная дискретизация
instantaneous ~ мгновенная выборка
multiple ~ многоступенчатая выборка
multi-step ~ многоступенчатая выборка
narrow-band filter ~ выборка с помощью узкополосного фильтра
nonuniform ~ неравномерная дискретизация
phase alternating ~ дискретизация с чередованием фаз
random ~ 1. метод случайных выборок **2.** случайная выборка
selective ~ избирательная выборка
sequential ~ последовательная выборка
simple random ~ простая случайная выборка
single ~ одноступенчатая выборка
spectral ~ спектральная выборка
stratified random ~ стратифицированная случайная выборка
sub-Nyquist ~ субдискретизация
time ~ временная выборка
uniform ~ равномерная дискретизация
variable-rate ~ неравномерная дискретизация
wavefront ~ выборочная фиксация волнового фронта
Samuel кодовое наименование процессора Cyrix III и его ядра
~ 2 кодовое наименование процессора С5В и его ядра
sanatron санатрон
sanction 1. санкционирование; разрешение || санкционировать; разрешать **2.** санкция || применять санкции
sandhi *вчт* модификация звуков (*в слитной речи*)
sandpaper наждачная бумага, (шлифовальная) шкурка || шлифовать наждачной бумагой, шлифовать шкуркой
sandwich 1. трёхслойная структура; трёхслойная конструкция || располагать в промежутках между слоями **2.** слоистая структура; слоистая конструкция
magnetooptic-photoconductive ~ слоистая структура магнитооптическая среда — фотопроводящая среда

NIS ~ *см.* **normal metal-insulator-superconductor sandwich**
normal metal-insulator-superconductor ~ трёхслойная структура нормальный металл — диэлектрик — сверхпроводник
SIS ~ *см.* **superconductor-insulator-superconductor sandwich**
SNS ~ *см.* **superconductor-normal metal-superconductor sandwich**
superconductor-insulator-superconductor ~ трёхслойная структура сверхпроводник — диэлектрик — сверхпроводник
superconductor-normal metal-superconductor ~ трёхслойная структура сверхпроводник — нормальный металл — сверхпроводник
sans-serif 1. шрифт без засечек; рубленый шрифт **2.** без засечек, рубленый (*о шрифте*)
sapphire *крист.* сапфир || сапфировый
saran кислотостойкий термопластический материал
Satellite:
International Telecommunications ~ Международная организация спутниковой электросвязи, ИНТЕЛСАТ, INTELSAT
satellite 1. спутник (*1. спутник небесного тела 2. искусственный спутник Земли, ИСЗ 3. искусственный спутник (небесного тела*)) || спутниковый **2.** ретрансляционная станция; ретранслятор **3.** *pl* подключаемые через сабвуфер громкоговорители акустической системы, *проф.* сателлиты **4.** неавтономное *или* периферийное оборудование; вспомогательное *или* подчинённое устройство; *проф.* сателлит || неавтономный; периферийный; вспомогательный; подчинённый; *проф.* сателлитный **5.** *вчт* паразитная окантовка символов (*при печати*)
active communications ~ активный спутник связи
amateur ~ спутник для радиолюбительской связи
artificial ~ искусственный спутник
Asia cellular ~ система спутниковой сотовой связи для Азии
broadcast(ing) ~ 1. вещательный спутник **2.** вещательная ретрансляционная станция
communications ~ спутник связи
dark ~ спутник, не излучающий радиосигналы
delayed-repeater ~ спутник с задержкой ретрансляции
digital audio radio ~ система цифрового спутникового радиовещания
direct broadcasting ~ 1. спутник прямого вещания **2.** система прямого спутникового вещания
domestic ~ национальный спутник связи
early-warning ~ спутник системы дальнего обнаружения
Earth ~ 1. спутник Земли; Луна **2.** искусственный спутник Земли, ИСЗ
European communications ~ Европейский спутник связи
geostationary [geosynchronous] ~ спутник на геостационарной орбите, геостационарный спутник
GPS ~ спутник глобальной системы (радио)определения местоположения, спутник системы GPS
information ~ информационный спутник
ionospheric ~ спутник для зондирования ионосферы
low-altitude [low-orbit] ~ низкоорбитальный спутник

satellite

mail-box ~ спутник с почтовым ящиком (*для радиолюбительской электронной почты*)
mail-forwarding ~ спутник для пересылки сообщений радиолюбительской электронной почты
MEMS-based miniature ~ миниатюрный спутник на основе микроэлектромеханических систем
multibeam ~ спутник связи с многолучевой антенной
navigation ~ навигационный спутник
navigation ~ **providing time and range** система «NAVSTAR» (*глобальная система космической навигации с использованием двадцати четырёх ИСЗ*)
navigation development ~ опытный навигационный спутник
passive communications ~ пассивный спутник связи
radio amateur ~ спутник радиолюбительской связи
reconnaissance ~ разведывательный спутник
reflector ~ пассивный спутник связи
relay (station) ~ спутниковый ретранслятор
research ~ научно-исследовательский спутник
search-and-rescue ~ система «САРСАТ» (*спутниковая поисково-спасательная система*)
solid-state ~ твердотельный спутник
sub-synchronous ~ спутник на субсинхронной орбите
synchronous ~ спутник на синхронной орбите; стационарный спутник
tactical communications ~ тактический спутник связи
telecommunication ~ спутник связи
topside sounder ~ спутник для зондирования внешней ионосферы

saticon *тлв* сатикон
RB ~ *см.* return-beam saticon
return-beam ~ сатикон с возвращаемым лучом

satisfaction *вчт* 1. удовлетворение; выполнение (*напр. условия*) 2. соответствие; адекватность
constraint ~ соблюдение ограничения; учёт ограничения; удовлетворение условия

satisfactory 1. удовлетворяющий (*напр. условию*) 2. соответствующий; адекватный 3. удовлетворительный; приемлемый

satisfiability *вчт* выполнимость [возможность выполнения] всех условий

satisfiable *вчт* выполнимый, дающий возможность выполнения всех условий

satisfy 1. удовлетворять (*напр. условию*) 2. соответствовать; быть адекватным 3. удовлетворять; быть приемлемым

saturate 1. насыщать(ся) 2. переводить в режим насыщения (*напр. об электронном приборе*) 3. достигать предела; максимально использовать 4. насыщенное [предельное] соединение

saturated 1. насыщенный 2. находящийся в режиме насыщения (*напр. об электронном приборе*) 3. достигнувший предела; максимально использованный

saturation 1. насыщение 2. режим насыщения (*электронной лампы*) 3. режим объёмного заряда (*полупроводникового прибора*) 4. режим пространственного заряда (*электронной лампы*) 4. насыщение магнитного материала 5. насыщенность цвета 6. достижение предела; максимальное использование

~ **of bonds** *фтт* насыщение связей
~ **of transition** *кв. эл.* насыщение перехода
anode ~ режим насыщения электронной лампы
black ~ *тлв* сжатие (в области) чёрного
color ~ насыщенность цвета
current ~ режим насыщения электронной лампы
filament ~ режим пространственного заряда
high ~ высокая насыщенность цвета
induction ~ насыщение магнитного материала
line ~ *кв. эл.* насыщение линии
low ~ низкая насыщенность цвета
magnetic ~ насыщение магнитного материала
magnetostrictive ~ насыщение магнитострикции
neuron ~ насыщение нейрона
plate ~ режим насыщения электронной лампы
pump ~ насыщение накачки
read ~ уровень насыщения при считывании (*в запоминающей ЭЛТ*)
signal ~ насыщение сигнала
transition ~ *кв. эл.* насыщение перехода
voltage ~ режим насыщения электронной лампы
white ~ *тлв* сжатие (в области) белого
write ~ уровень насыщения при записи (*в запоминающей ЭЛТ*)

saucer *проф.* тарелка (*1. объект в форме тарелки 2. параболическое зеркало; сферическое зеркало (антенны)*)
flying ~ неопознанный летательный объект, НЛО, *проф.* «летающая тарелка»

save *вчт* сохранять, записывать (*напр. файл*); копировать (*напр. данные*) ◊ ~ **as** сохранять [записывать] файл в определённом виде (*с возможностью изменения имени или формата*); ~ **game** сохранять [записывать] текущий эпизод (*компьютерной*) игры (*с возможностью возобновления с записанного эпизода*); ~ **on exit** сохранять [записывать] при выходе из программы

saver *вчт* аппаратное *или* программное средство энергосбережения *или* предотвращения нежелательных явлений
screen ~ программа для предотвращения выгорания экрана дисплея при длительном воспроизведении статического изображения (*путём гашения или замены статического изображения движущимися или быстро сменяющимися*), *проф.* хранитель экрана

saving *вчт* 1. сохранённый [записанный] файл; скопированные данные 2. сохранённый [записанный] эпизод (*компьютерной*) игры 3. экономия; бережливость || экономный; бережливый 4. за исключением; исключая
daylight ~ практика использования летнего времени (*для экономии расходуемой на освещение электроэнергии*)

savvy *проф.* навык; профессиональные знания || иметь навык; обладать профессиональными знаниями || имеющий навык; знающий

SAW поверхностная акустическая волна, ПАВ
multiple ~s набор ПАВ
multiple-tilted ~s многократно скрещивающиеся ПАВ
phased ~s фазированные ПАВ
single ~ одиночная ПАВ
tilted ~s скрещивающиеся ПАВ

saw 1. пила || пилить; распиливать; резать с помощью пилы 2. пилообразный объект *или* сигнал
acid-string ~ кислотная пила

scale

diamond ~ алмазная пила
dice ~ *микр.* пила для резки пластин
disk ~ дисковая пила
inner diameter ~ дисковая пила с внутренней режущей кромкой
jig ~ ножовка
outer diameter ~ дисковая пила с внешней режущей кромкой
saber ~ ножовка
wire ~ проволочная пила
sawing распиливание; резка
chemical ~ химическая резка
wet-string ~ резка нитяной пилой
saw-toothed пилообразный (*напр. ток*)
saxophone 1. саксофон (*музыкальный инструмент*) 2. линейная антенная решётка с диаграммой направленности типа «косеканс-квадрат»
alto ~ *вчт* альтовый саксофон (*музыкальный инструмент из набора General MIDI*)
baritone ~ *вчт* баритоновый саксофон (*музыкальный инструмент из набора General MIDI*)
soprano ~ *вчт* сопрановый саксофон (*музыкальный инструмент из набора General MIDI*)
tenor ~ *вчт* теноровый саксофон (*музыкальный инструмент из набора General MIDI*)
say *вчт* работать с компьютером в диалоговом режиме, *проф.* говорить с компьютером
scag *вчт* полностью утратить содержимое диска (*за счёт разрушения файловой системы или физического повреждения носителя*)
scalability 1. масштабируемость (*напр. шрифта*) 2. линейная связь между сложностью системы и сложностью решаемых с её помощью проблем
scalable масштабируемый (*напр. шрифт*)
scalar 1. скаляр ∥ скалярный 2. имеющий градации или ступени ∥ градационный; ступенчатый
complex ~ комплексный скаляр
invariant ~ инвариантный скаляр
pseudo-~ псевдоскаляр
real ~ вещественный скаляр
true ~ истинный скаляр
variant ~ вариантный скаляр
scale 1. шкала 2. масштаб ∥ масштабировать; изменять масштаб; преобразовывать масштаб 3. *микр.* степень интеграции 4. градация; ступень; уровень ∥ испытывать градационные изменения; изменяться ступенчатым образом; переходить с одного уровня на другой 5. инструмент с измерительной шкалой ∥ пользоваться измерительной шкалой 6. многоступенчатая система тестов 7. разброс (*обобщенное название характеристик формы кривой распределения вероятностей*) 8. *вчт* система счисления; шкала (*напр. десятичная*) 9. весы; чашка весов ∥ взвешивать 10. окалина; накипь 11 гамма (*в музыке*) ◊ **~ down** уменьшать; **up** увеличивать; **~ view** изменять масштаб при просмотре (*напр. графической и текстовой информации на экране дисплея*)
~ of alephs шкала алефов
~ of comparison шкала сравнения
~ of measurement шкала измерений
~ of probability шкала вероятностей
absolute ~ абсолютная шкала
absolute ~ of temperature абсолютная термодинамическая шкала температур (Кельвина)
aligning ~ юстировочная шкала
angular ~ угловая шкала
arbitrary ~ 1. произвольная шкала 2. произвольный масштаб
atomic ~ атомная шкала
attitude ~ шкала установок, шкала состояний предрасположенности (*субъекта*)
Beaufort ~ шкала Бофорта (*балльная шкала скорости ветра*)
binary ~ двоичная система счисления; двоичная шкала
Bogardus ~ шкала Богардуса
calibration ~ градуировочная шкала
chromatic ~ хроматическая гамма
comparison ~ шкала сравнительной оценки (*напр. качества воспроизведения звука или изображения*)
continuous ~ непрерывная шкала; числовая шкала
decimal ~ десятичная система счисления; десятичная шкала
dial ~ (круговая) шкала; лимб
difference ~ шкала разностей
direct-reading ~ шкала с непосредственным отсчётом
discrete ~ дискретная шкала
equidistant ~ равномерная шкала
expanded ~ растянутая шкала
exposure ~ шкала экспозиций
extended tuning ~ растянутая шкала настройки
Fahrenheit ~ (температурная) шкала Фаренгейта
flat-disk ~ лимб
focusing ~ шкала расстояний (*напр. в фотокамерах*)
full ~ полная шкала, предельное показание шкалы (*измерительного прибора*)
gray ~ *тлв, вчт* серая шкала, (равномерная) градационная шкала ахроматических цветов (*в интервале от чёрного до белого*); шкала яркостей
hue ~ *тлв* шкала цветового тона (*испытательной таблицы*)
illuminated ~ шкала с подсветкой
image ~ масштаб изображения
impairment ~ шкала оценки искажений (*напр. при воспроизведении звука или изображения*)
instrument ~ шкала измерительного прибора
integration ~ степень интеграции
international temperature ~ Международная практическая температурная шкала, МПТШ-68
interval ~ шкала интервалов, интервальная шкала
inverse ~ шкала обратных величин
Kelvin ~ of temperature абсолютная термодинамическая шкала температур (Кельвина)
linear ~ 1. линейная шкала 2. линейный масштаб
logarithmic ~ 1. логарифмическая шкала 2. логарифмический масштаб
log-log ~ 1. двойная логарифмическая шкала 2. двойной логарифмический масштаб
loudness ~ шкала громкости звука
magnetic ~ магнитные весы
meter ~ шкала измерительного прибора
mirror ~ зеркальная шкала
Mohs ~ *крист.* шкала Мооса (*шкала твёрдости*)
nominal ~ номинальная шкала, шкала для разбиения (*объектов*) на классы
nonlinear ~ нелинейная шкала; неравномерная шкала

scale

nonuniform ~ неравномерная шкала; нелинейная шкала
numerical ~ числовая шкала
optical ~ оптическая шкала
ordinal ~ шкала порядка, ранговая шкала
percentile ~ процентильная шкала
photometric ~ фотометрическая шкала
physical ~ физическая шкала
precision ~ прецизионная шкала
projection ~ проекционная шкала
proportional ~ пропорциональная шкала
quality ~ шкала оценки качества (*напр. воспроизведения звука или изображения*)
rank ~ ранговая шкала, шкала порядка
ratio ~ шкала отношений
Réaumur ~ (температурная) шкала Реомюра
receiver tuning ~ шкала настройки приёмника
reciprocal ~ шкала обратных величин
reference ~ шкала отсчёта
relative ~ относительная шкала
semi-log ~ *см.* **semilogarithmic scale**
semilogarithmic ~ 1. полулогарифмическая шкала 2. полулогарифмический масштаб
standard ~ эталонная шкала
subjective grading ~ субъективная шкала оценки качества (*напр. воспроизведения звука или изображения*)
temperature ~ температурная шкала
thermodynamic temperature ~ абсолютная термодинамическая шкала температур (Кельвина)
tone ~ градационная шкала
uniform ~ равномерная шкала
value ~ ценностная шкала
vernier ~ нониус, верньер
vertical ~ вертикальная шкала
Vickers ~ *крист.* шкала Викерса (*шкала твёрдости*)
wind ~ балльная шкала скорости ветра (*напр. шкала Бофорта*)

scaleback (масштабируемое) уменьшение
scaledown (масштабируемое) уменьшение
scaler 1. преобразователь масштаба 2. пересчётное устройство; пересчётная схема
  binary ~ двоичное пересчётное устройство
  decade ~ десятичное пересчётное устройство
  delta-modulation ~ преобразователь масштаба времени с дельта-модуляцией
  difference ~ разностное пересчётное устройство
  pulse ~ импульсное пересчётное устройство
  time ~ преобразователь масштаба времени
  variable ~ пересчётное устройство с переменным коэффициентом пересчёта
scaleup (масштабируемое) увеличение
scaling 1. масштабный множитель, масштабный коэффициент 2. масштабирование (*1. изменение масштаба; преобразование масштаба 2. микр. пропорциональное уменьшение размеров элементов ИС*) 3. *фтт* скейлинг, масштабная инвариантность 4. градационные изменения; ступенчатые изменения; переход с одного уровня на другой 5. изменение параметров; варьирование; регулирование; *проф.* настройка 6. изменение частоты воспроизведения кадров на экране дисплея (*в компьютерном видео*) 7. использование измерительной шкалы 8. шкалирование 9. счёт импульсов с помощью пересчётного устройства

  asymptotic ~ асимптотический скейлинг
  Bjorken ~ скейлинг Бьёркена
  broken ~ нарушенный скейлинг
  canonical ~ канонический скейлинг
  Feynman ~ скейлинг Фейнмана
  finite-size ~ конечно-размерный скейлинг
  geometric ~ геометрический скейлинг
  KNO ~ *см.* **Koba-Nielsen-Olesen scaling**
  Koba-Nielsen-Olesen ~ скейлинг Кобы — Нильсена — Олесена, скейлинг KNO
  logarithmic ~ логарифмический скейлинг
  metric multidimensional ~ метрическое многомерное шкалирование
  mouse ~ *вчт* изменение параметров мыши
  multidimensional ~ многомерное шкалирование
  nonmetric multidimensional ~ неметрическое многомерное шкалирование

scallop зубец (*напр. гребешка*); гребень; фестон; *pl* зубчатая кайма ‖ окаймлять(ся) зубцами; придавать (*краю*) зубчатую форму
scalloping 1. окаймление зубцами; придание (краю) зубчатой формы 2. *тлв* гребешковые искажения 3. периодические изменения диаметра электронного пучка в ЛБВ
scan 1. сканирование (*1. управление положением луча или пучка 2. оптическое считывание графической и текстовой информации для ввода в компьютер 3. радиосканирование, обнаружение источников радиоизлучения 4. метод диагностики с использованием подвижных датчиков или системы опроса тестовых ячеек*) ‖ сканировать (*1. управлять положением луча или пучка 2. производить оптическое считывание графической и текстовой информации для ввода в компьютер 3. обнаруживать источники радиоизлучения 4. проводить диагностику с использованием подвижных датчиков*) 2. период сканирования 3. развёртка ‖ развёртывать 4. период развёртки 5. *рлк* обзор ‖ производить обзор 6. *рлк* период обзора 7. анализ изображения ‖ анализировать изображение 8. индикатор 9. просмотр, поиск; опрос ‖ осуществлять просмотр *или* поиск; опрашивать 10. *вчт* лексический анализ ‖ выполнять лексический анализ 11. получение томограммы ‖ получать томограмму 12. томограмма

  A-~ *рлк* индикатор А-типа (*индикатор дальности с линейной развёрткой и амплитудным отклонением*)
  access ~ *вчт* поиск (*информации в файле*) методом перебора
  B-~ *рлк* индикатор В-типа (*индикатор дальности и азимута с прямоугольной растровой развёрткой*)
  boundary ~ периферийное сканирование, опрос тестовых ячеек на логической границе цифровых устройств (*при тестировании по стандарту JTAG*)
  C-~ *рлк* индикатор С-типа (*индикатор азимута и угла места с прямоугольной растровой развёрткой*)
  CAT ~ *см.* **computerized (axial) tomography scan**
  circular ~ 1. круговое сканирование 2. круговой обзор 3. коническое сканирование (*по уровню половинной мощности*) 4. конический обзор
  command ~ *вчт* просмотр [сканирование] команд

computerized (axial) tomography ~ 1. исследование методом (аксиальной) компьютерной томографии 2. рентгеновский снимок, полученный методом (аксиальной) компьютерной томографии
conical ~ 1. коническое сканирование (*по уровню половинной мощности*) 2. конический обзор
CT ~ *см.* **computerized (axial) tomography scan**
D~ *рлк* индикатор D-типа (*индикатор азимута и угла места с прямоугольной растровой развёрткой и дополнительным отображением информации в виде амплитуды отметки*)
dot-by-dot ~ развёртка по элементам (*в последовательной системе цветного телевидения*)
E~ *рлк* индикатор E-типа (*индикатор дальности и угла места с прямоугольной растровой развёрткой*)
elevation ~ сканирование под углом (*к плоскости горизонта*)
F~ *рлк* индикатор F-типа (*индикатор ошибок наведения по азимуту и углу места с прямоугольной растровой развёрткой*)
facsimile ~ анализ факсимильного изображения
fast ~ быстрая развёртка
field ~ *тлв* полевая развёртка
field-by-field ~ развёртка по полям (*в последовательной системе цветного телевидения*)
G~ *рлк.* индикатор G-типа, индикатор типа «крылья» (*индикатор ошибок наведения по азимуту и углу места с прямоугольной растровой развёрткой и дополнительным отображением изменения дальности в виде «крыльев»*)
H~ *рлк* индикатор H-типа (*индикатор B-типа с дополнительным отображением информации об угле места в виде наклонной чёрточки*)
helical ~ 1. винтовое сканирование 2. винтовой обзор 3. *тлв* наклонно-строчная развёртка
horizontal raster ~ горизонтальное растровое сканирование; горизонтальная растровая развёртка
I~ *рлк* индикатор I-типа (*индикатор дальности с радиальной развёрткой и отображением ошибки наведения. по угловым координатам путём изменения яркости части кольца дальности*)
intro ~ функция «интро», кратковременное (*в течение нескольких секунд*) последовательное воспроизведение начальных участков всех записанных на носителе фрагментов (*в проигрывателях компакт-дисков, магнитофонах и видеомагнитофонах*)
J~ *рлк* индикатор J-типа (*индикатор дальности с круговой развёрткой и радиальным отклонением отметки цели*)
jump ~ дискретное сканирование
K~ *рлк* индикатор K-типа (*индикатор дальности с двойной линейной развёрткой и отображением ошибки по азимуту в виде относительного изменения амплитуд отметок*)
L~ *рлк* индикатор L-типа (*индикатор дальности с вертикальной линейной развёрткой и отображением отметки цели в виде отклонения электронного луча в горизонтальном направлении*)
level-sensitive ~ сканирование с опросом состояния ячеек (*в диагностических системах*)
lexical ~ *вчт* лексический анализ
limited-sector ~ сканирование в ограниченном секторе

line ~ *тлв* строчная развёртка
linear ~ 1. линейное сканирование 2. линейная развёртка 3. последовательный обзор с постоянной угловой скоростью (*круговой или секторной*)
line-by-line ~ развёртка по строкам (*в последовательной системе цветного телевидения*)
M~ *рлк* индикатор M-типа (*индикатор дальности с линейной развёрткой и измерением расстояния путём совмещения опорного импульса с отметкой цели*)
mark ~ *вчт* поиск метки (*при оптическом считывании информации для ввода в компьютер*)
N~ *рлк* индикатор N-типа (*индикатор с линейной развёрткой, со ступенчатым электронным визиром дальности и с отображением отклонения цели по азимуту в виде двух отметок, не равных по амплитуде*)
P~ *рлк* индикатор кругового обзора, ИКО
Palmer ~ комбинация кругового и конического сканирования
PET ~ *см.* **positron-emission tomography scan**
positron-emission tomography ~ 1. исследование методом позитронно-эмиссионной томографии 2. рентгеновский снимок, полученный методом позитронно-эмиссионной томографии
radar ~ 1. радиолокационное сканирование 2. радиолокационный обзор
random-access [random-cell] ~ сканирование с произвольным доступом к ячейкам (*в диагностических системах*)
raster ~ растровое сканирование; растровая развёртка
sector ~ 1. секторное сканирование 2. секторный обзор
slow ~ медленная развёртка
spiral ~ 1. спиральное сканирование 2. спиральная развёртка 3. спиральный обзор
status ~ *вчт* опрос (регистров) состояния
vertical field ~ полевая развёртка
vertical raster ~ вертикальное растровое сканирование; вертикальная растровая развёртка
wide-angle ~ сканирование в широком секторе, широкоугольное сканирование
scan-in, scan out метод разработки цифровых ИС с использованием системы опроса тестовых ячеек
scanistor *nn* сканистор
continuous ~ сканистор с равномерно распределёнными *p — n*-переходами
diode-pair ~ сканистор с диодными парами
discrete ~ сканистор с дискретными *p — n*-переходами
multijunction ~ многопереходный сканистор
scanner 1. сканер (*1. устройство управления положением луча или пучка 2. оптический сканер, устройство ввода в компьютер графического изображения 3. радиосканер, широкополосный приёмник-обнаружитель радиоизлучений 4. диагностическое устройство, использующее подвижные датчики*) 2. блок развёртки; развёртывающее устройство 3. период развёртки 4. анализатор изображения 5. подвижный датчик (*в диагностике*) 6. устройство опроса, опрашивающее устройство 7. *вчт* лексический анализатор 8. томограф 9. головка звукоснимателя 10. видеоголовка 11. блок вращающихся видеоголовок, БВГ

scanner

3D ~ сканер трёхмерных объектов
antenna ~ сканер антенны
CAT ~ *см.* **computerized (axial) tomography scanner**
CCD ~ *см.* **charge-coupled device scanner**
channel ~ устройство опроса каналов
charge-coupled device ~ сканер с формирователем сигналов изображения на матрице ПЗС
CIS ~ *см.* **contact image sensor scanner**
color ~ цветной сканер
communication ~ устройство опроса служебной линии
computerized (axial) tomography ~ (аксиальный) компьютерный томограф
contact image sensor ~ сканер с контактным формирователем сигналов изображения на линейках свето- и фотодиодов
continuous film ~ телекинодатчик с бегущим лучом с непрерывным перемещением киноленты
CT ~ *см.* **computerized (axial) tomography scanner**
desktop ~ планшетный сканер
detector ~ устройство опроса детекторов
digital-input ~ устройство опроса цифровых входов
drum ~ 1. барабан видеоголовок 2. барабанное факсимильное анализирующее устройство
electrooptic(-beam) ~ электрооптический сканер
facsimile ~ анализирующее факсимильное устройство
film ~ телекинодатчик
flatbed ~ планшетный сканер
flying-spot ~ телекинодатчик с бегущим лучом
galvanometer ~ сканер с гальванометрическим зеркалом
graphics ~ графический сканер
grating ~ сканер на дифракционной решётке
grayscale ~ монохромный сканер
hand-held ~ ручной сканер
laser ~ лазерный сканер
lex(ical) ~ *вчт* лексический анализатор
light-spot ~ *тлв* телекинодатчик с бегущим лучом
magnetic resonance ~ томограф на эффекте ядерного магнитного резонанса
manual ~ ручной сканер
microfiche ~ сканер (для) микрофишей
multiple-beam interval ~ сканирующее устройство с разнесёнными лучами
one-axis ~ однокоординатный сканер
optical ~ *вчт* (оптический) сканер, устройство ввода (в компьютер) графического изображения
optical-mechanical ~ оптико-механический сканер
pattern recognition ~ сканер для распознавания образов
PET ~ *см.* **positron-emission tomography scanner**
polygon ~ призменный сканер
positron-emission tomography ~ позитронно-эмиссионный томограф
raster output ~ блок растрового сканирования (*напр. в лазерных принтерах*)
refraction optical ~ рефракционный оптический сканер
rotating-drum ~ 1. блок вращающихся видеоголовок, БВГ 2. барабанное факсимильное анализирующее устройство
sheetfed ~ *вчт* (оптический) сканер с (автоматической) полистовой подачей (*документов для сканирования*), листовой (оптический) сканер
single ~ однокоординатный сканер
single-pass ~ *вчт* однопроходный сканер
skid-shaped ~ видеоголовка в форме тормозного башмака
slide ~ 1. теледиадатчик 2. *вчт* сканер (для) диапозитивов
solid-state acoustoelectric light ~ твердотельный акустоэлектрический оптический сканер
triple-pass ~ *вчт* трёхпроходный сканер
two-axis ~ двухкоординатный сканер
ultrasonic ~ ультразвуковой сканер
video-head drum ~ барабан видеоголовок
visual ~ оптический сканер
walkthrough electronic ~ электронный сканер для обнаружения проникновения на охраняемую территорию

scanning 1. сканирование (*1. управление положением луча или пучка 2. оптическое считывание графической и текстовой информации для ввода в компьютер 3. радиосканирование, обнаружение источников радиоизлучения 4. метод диагностики с использованием подвижных датчиков или системы опроса тестовых ячеек*) 2. развёртка 3. *рлк* обзор 4. анализ изображения 5. просмотр, поиск; опрос 6. *вчт* лексический анализ 7. получение томограммы
accurate ~ точное сканирование
across-track ~ *рлк* сканирование в поперечном (*относительно трассы*) направлении
alternate ~ *тлв* анализ кинематографического изображения с прерывистым движением плёнки
antenna ~ сканирование (диаграммы направленности) антенны
beam ~ 1. сканирование луча 2. сканирование главного лепестка диаграммы направленности антенны
circular ~ 1. круговое сканирование 2. коническое сканирование
coarse ~ грубое сканирование
conical ~ коническое сканирование (*по уровню половинной мощности*)
cursive ~ сканирование, имитирующее начертание «от руки»
direct ~ *тлв* прямой анализ изображения
disk surface ~ *вчт* сканирование поверхности диска (*для локализации дефектных секторов*)
double ~ *вчт* двойная строчная развёртка
double circular ~ двойное круговое сканирование
electric ~ электрическое [электронное] сканирование
electromechanical ~ электромеханическое сканирование
electronic ~ 1. электронное [электрическое] сканирование 2. *тлв* анализ изображения с развёрткой электронным лучом
electronic-line ~ электронная развёртка факсимильного изображения по строкам
electronic-raster ~ электронная растровая развёртка факсимильного изображения
electrooptic ~ электрооптическое сканирование
E-plane ~ сканирование в E-плоскости
facsimile ~ анализ факсимильного изображения
fan-beam radar ~ сканирование веерной диаграммы направленности антенны РЛС
ferrite ~ сканирование с помощью ферритовых элементов

scattering

field ~ *тлв* полевая развёртка
film ~ *тлв* анализ кинематографического изображения
flying-spot ~ *тлв* анализ изображения с развёрткой бегущим лучом
frame ~ кадровая развёртка
frequency(-controlled) ~ частотное сканирование
helical ~ винтовое сканирование
high-velocity ~ развёртка пучком быстрых электронов (*в передающей ЭЛТ*)
horizontal ~ 1. сканирование в горизонтальной плоскости 2. *тлв* строчная развёртка 3. горизонтальная развёртка
H-plane ~ сканирование в H-плоскости
indirect ~ *тлв* косвенный анализ изображения
inertialess ~ электронное [электрическое] сканирование
interlaced [interleaved] ~ *тлв* чересстрочная развёртка; скачковая развёртка
laser ~ сканирование лазерного луча
line-by-line ~ *тлв* 1. развёртка по строкам (*в последовательной системе цветного телевидения*) 2. простая строчная развёртка
low-velocity ~ развёртка пучком медленных электронов (*в запоминающей ЭЛТ*)
mechanical ~ 1. механическое сканирование 2. механическая развёртка
multibeam ~ многолучевое сканирование
multiple-spot ~ анализ факсимильного изображения несколькими развёртывающими элементами
near-field ~ 1. сканирование в ближней зоне, сканирование в зоне индукции 2. сканирование в промежуточной зоне
noninterlaced ~ *тлв* простая строчная развёртка
omnidirectional ~ круговое сканирование
optical ~ *вчт* (оптическое) сканирование, процесс ввода в компьютер графической и текстовой информации с помощью сканера
phase ~ фазовое сканирование
polarization ~ поляризационное сканирование
progressive ~ *тлв* простая строчная развёртка
raster ~ растровое сканирование; растровая развёртка
rectangular ~ двумерное секторное сканирование
rectilinear ~ линейная развёртка
sector ~ секторное сканирование
sequential ~ *тлв* простая строчная развёртка
simple ~ анализ факсимильного изображения одним развёртывающим элементом
spiral ~ спиральное сканирование
standard ~ *вчт* простая строчная развёртка
start-stop ~ стартстопная развёртка
step(ped) ~ дискретное сканирование
switched ~ коммутационное сканирование
television ~ анализ телевизионного изображения
tilting ~ сканирование по углу места
two-dimensional ~ двумерное сканирование
variable-speed ~ сканирование с переменной скоростью
vector ~ векторное сканирование
vertical ~ 1. кадровая развёртка 2. *тлв* полевая развёртка 3. вертикальная развёртка
volume ~ пространственное сканирование
wide-angle ~ сканирование в широком секторе, широкоугольное сканирование

scannogram *вчт* результат сканирования трёхмерного объекта, *проф.* сканограмма
scatter 1. рассеяние (*процесс или результат*) ‖ рассеивать(ся) 2. разброс (*напр. экспериментальных данных*) 3. диаграмма рассеяния
 backward ~ обратное рассеяние, рассеяние назад
 forward ~ прямое рассеяние, рассеяние в направлении распространения, рассеяние вперёд
 ionospheric ~ ионосферное рассеяние
 plasma-wave ~ рассеяние на плазменных волнах
 tropospheric ~ тропосферное рассеяние
scatter read/gather write *вчт* считывание вразброс/запись рядом (*напр. при дефрагментации жёсткого диска*)
scattered 1. рассеянный 2. распределённый по случайному закону; размещённый вразброс
scatterer 1. рассеивающий объект 2. *рлк* отражатель
 dipole ~ дипольный отражатель
 point ~ точечный рассеивающий объект
 Rayleigh ~ рэлеевский рассеивающий объект
 volume ~ объёмный рассеивающий объект
scattering 1. рассеяние (*процесс или результат*) ‖ рассеивающий 2. распределяемый по случайному закону; размещаемый вразброс
 ~ **by fractal** рассеяние на фрактале
 acoustic ~ рассеяние звука
 acoustic-phonon ~ рассеяние на акустических фононах
 anomalous ~ аномальное рассеяние
 anti-Stokes ~ антистоксово рассеяние
 backward ~ обратное рассеяние, рассеяние назад
 bistatic ~ *рлк* бистатическое [двухпозиционное] рассеяние
 Bragg ~ брэгговское рассеяние
 Brillouin ~ рассеяние Мандельштама — Бриллюэна
 broadside ~ рассеяние в поперечном направлении
 carrier-carrier ~ рассеяние носителей на носителях
 coherent ~ когерентное рассеяние
 Compton ~ комптоновское рассеяние, эффект Комптона
 defect(-center) ~ рассеяние на дефектах
 diffraction ~ дифракционное рассеяние
 diffused ~ диффузное рассеяние
 direct ~ прямое рассеяние, рассеяние в направлении распространения, рассеяние вперёд
 domain-wall ~ рассеяние на доменных границах
 dynamic ~ динамическое рассеяние
 elastic ~ упругое рассеяние
 electromagnetic ~ рассеяние электромагнитных волн
 electron-defect ~ рассеяние электронов на дефектах
 electron-impurity ~ рассеяние электронов на примесях
 electron-magnon ~ электрон-магнонное рассеяние
 electron-phonon ~ электрон-фононное рассеяние
 electron-photon ~ электрон-фотонное рассеяние
 far-field ~ рассеяние в дальней зоне
 forward ~ прямое рассеяние, рассеяние в направлении распространения, рассеяние вперёд
 free-electron ~ рассеяние свободными электронами
 free-hole ~ рассеяние свободными дырками
 grain-boundary ~ рассеяние на границах зёрен
 hole-phonon ~ дырочно-фононное рассеяние
 impurity ~ рассеяние на примесях

scattering

incoherent ~ некогерентное рассеяние
induced ~ вынужденное [стимулированное] рассеяние
inelastic ~ неупругое рассеяние
in-phase ~ синфазное рассеяние
interantenna ~ рассеяние на трассе между антеннами
interface ~ рассеяние на поверхности раздела
interfacial ~ рассеяние на поверхности раздела
intermode ~ межмодовое рассеяние
intervalley ~ *пп* междолинное рассеяние
intravalley ~ *пп* внутридолинное рассеяние
intrinsic ~ собственное рассеяние
inverse ~ обратное рассеяние, рассеяние назад
ion-acoustic ~ рассеяние на ионно-звуковых волнах
ionizing-radiation ~ рассеяние ионизирующего излучения
ionospheric ~ ионосферное рассеяние
isotropic ~ изотропное рассеяние
large-angle ~ рассеяние на большие углы, большеугловое рассеяние
lattice-atom ~ рассеяние на атомах решётки
lattice-vibration ~ рассеяние на колебаниях решётки
light-by-light ~ рассеяние светового пучка на световом пучке
low-angle ~ рассеяние на малые углы, малоугловое рассеяние
molecular light ~ молекулярное рассеяние света
monostatic ~ *рлк* моностатическое [двухпозиционное] рассеяние
multiple ~ многократное рассеяние
neutral-impurity ~ рассеяние на нейтральных примесях
neutron ~ рассеяние нейтронов
nonforward ~ рассеяние с отклонением
nonresonant ~ нерезонансное рассеяние
optical-mode ~ рассеяние на оптических модах
optical-phonon ~ рассеяние на оптических фононах
parametric light ~ параметрическое рассеяние света
phonon-phonon ~ фонон-фононное рассеяние
photoelastic ~ фотоупругое рассеяние
polariton ~ рассеяние на поляритонах
polarization ~ поляризационное рассеяние
radar ~ рассеяние излучения РЛС
radiative inelastic ~ излучательное неупругое рассеяние
radio ~ рассеяние радиоволн
rain ~ рассеяние в дожде
Raman ~ комбинационное [рамановское] рассеяние
random ~ хаотическое [беспорядочное] рассеяние
Rayleigh ~ рэлеевское рассеяние
ray-optical ~ геометрооптическое рассеяние
resonant ~ резонансное рассеяние
Rutherford ~ резерфордовское рассеяние
selective ~ избирательное [селективное] рассеяние
single ~ однократное рассеяние
spin-dependent ~ *фтт* рассеяние, зависящее от спина, *проф.* спин-зависимое рассеяние
spin-independent ~ *фтт* рассеяние, не зависящее от спина, *проф.* спин-независимое рассеяние
spin-orbit ~ спин-орбитальное рассеяние
spontaneous ~ спонтанное рассеяние
stimulated ~ вынужденное [стимулированное] рассеяние
stimulated Rayleigh ~ вынужденное [стимулированное] рэлеевское рассеяние
Stokes ~ стоксово рассеяние
sub-surface ~ подповерхностное рассеяние (*1. рассеяние света на неоднородностях приповерхностного слоя 2. метод создания реалистичного освещения поверхностей в компьютерной графике*)
surface ~ поверхностное рассеяние
surface-to-surface-wave ~ рассеяние поверхностных волн в поверхностные
surface-to-volume-wave ~ рассеяние поверхностных волн в объёмные
thermal ~ тепловое рассеяние
Thomson ~ томсоновское рассеяние
tropospheric ~ тропосферное рассеяние
two-magnon ~ двухмагнонное рассеяние
Tyndall ~ динамическое рассеяние, рассеяние на неоднородностях среды
volume ~ объёмное рассеяние
volume-to-surface-wave ~ рассеяние объёмных волн в поверхностные
volume-to-volume-wave ~ рассеяние объёмных волн в объёмные

scatterogram диаграмма рассеяния (*1. индикатриса рассеяния 2. график с отображением функциональных зависимостей точками, проф. точечный график*)
scatterometer самолётный *или* спутниковый радиолокационный рефлектометр
scatterometry рефлектометрия
SCbus специализированная шина расширения для компьютерной телефонии, шина SCbus
scedastic относящийся к дисперсии, *проф.* скедастический
scenario сценарий
   best-case ~ сценарий по наилучшему варианту
   Feigenbaum ~ сценарий Фейгенбаума
   Pomo-Manneville ~ сценарий Помо — Манневиля
   problem ~ *вчт* сценарий задачи
   Ruelle-Takens ~ сценарий Рюэля — Такенса
   what-if ~ гипотетический сценарий
   worst-case ~ сценарий по наихудшему варианту
scenarist *тлв* сценарист
scene сцена (*1. изображение 2. рлк изображение местности; природный ландшафт 3. эпизод; сюжет; монтажный кадр 4. сценическая обстановка; съёмочный план 5. декорации*)
   cut-in ~ *тлв* перебивка
   inset ~ *тлв* перебивка
   natural ~ *рлк* реальная сцена
   synthesized fractal ~ *рлк* синтезированная фрактальная сцена
scenery *тлв* декорации
scenic *тлв* **1.** сценический **2.** сценичный
scenography *тлв* сценография
sceptron септрон (*устройство для распознавания речевых сигналов методом спектрального сравнения*)
schedule 1. график; расписание; план ‖ составлять график *или* расписание; планировать **2.** *вчт* (оперативный) план координации действий и распределения ресурсов; план диспетчеризации
   bond ~ *микр.* график работы установки для сборки и монтажа компонентов

scheme

project ~ план выполнения проекта
scheduler 1. диспетчер 2. (оперативный) планировщик, программа для координации действий и распределения ресурсов; (программа-)диспетчер
   channel ~ диспетчер каналов
   fuzzy logic expert system ~ планировщик с экспертной системой на основе нечёткой логики, программный пакет FLES
   job ~ 1. диспетчер заданий 2. планировщик заданий
   network ~ сетевой диспетчер
   on-board ~ бортовой диспетчер
scheduling 1. составление графика или расписания; планирование 2. вчт (оперативное) планирование; координация действий и распределения ресурсов; диспетчеризация 3. работа по графику
   deadline ~ вчт диспетчеризация по сроку завершения
   diary ~ календарное планирование
   disk access ~ вчт диспетчеризация доступа к (жёсткому) диску
   dynamic ~ вчт динамическая диспетчеризация
   earliest deadline (first) ~ вчт диспетчеризация по принципу приоритетного выполнения задачи с ближайшим сроком завершения
   EDF ~ см. **earliest deadline first scheduling**
   event ~ вчт событийная диспетчеризация
   fuzzy (logic) ~ нечёткое планирование, планирование на основе нечёткой логики
   group sweeping strategy ~ циклическая диспетчеризация с разделением потоков данных на группы
   GSS ~ см. **group sweeping strategy scheduling**
   guaranteed ~ вчт диспетчеризация с гарантированным доступом (в многозадачных операционных системах)
   instruction ~ вчт диспетчеризация команд
   key ~ развёртывание ключа, алгоритм получения раундовых ключей по ключу шифрования (в криптографии)
   network ~ вчт сетевая диспетчеризация
   one-way ~ однонаправленная диспетчеризация
   preemptive ~ диспетчеризация по приоритетам
   priority ~ диспетчеризация по приоритетам
   process ~ вчт 1. диспетчеризация процессов (напр. в многозадачном режиме) 2. многозадачный режим, многозадачность
   production ~ вчт продукционная диспетчеризация
   rate monotonic ~ вчт диспетчеризация по принципу пропорциональности числу обращений (напр. к ресурсу)
   real-time ~ вчт диспетчеризация в реальном масштабе времени
   round-robin ~ вчт циклическая диспетчеризация
   route ~ вчт маршрутная диспетчеризация
   shortest job first ~ диспетчеризация по принципу приоритетного выполнения кратчайшей задачи
   shortest operating time ~ вчт диспетчеризация по принципу приоритетного выполнения операций с наименьшей длительностью рабочего цикла
   static ~ вчт статическая диспетчеризация
   task ~ вчт диспетчеризация задач
   time event ~ событийная диспетчеризация во времени
   time-line ~ вчт диспетчеризация с очередью по времени поступления (напр. запросов)
   trace ~ вчт диспетчеризация с учётом предыстории
   two-way ~ двунаправленная диспетчеризация
   unattended ~ вчт необслуживаемое резервное копирование по графику
schema схема (1. диаграмма; план; чертёж 2. план; проект; программа 3. расположение; структура; организация 4. метод; процедура; последовательность операций 5. вчт описание базы данных)
   conceptual ~ вчт концептуальная [семантическая] схема; логическая схема (напр. базы данных)
   external ~ вчт внешняя схема (напр. базы данных)
   internal ~ вчт внутренняя схема (напр. базы данных)
   logic ~ вчт логическая схема; концептуальная [семантическая] схема (напр. базы данных)
schemata pl. от **schema**
schematic 1. принципиальная (электрическая) схема 2. схема; диаграмма; план; чертёж; pl схемная документация 3. схематический
   electrical ~ принципиальная электрическая схема
schematism схематическое представление
scheme 1. схема (1. диаграмма; план; чертёж 2. план; проект; программа 3. расположение; структура; организация 4. метод; процедура; последовательность операций) 2. рисовать схему, план или диаграмму; чертить 3. планировать; проектировать; составлять программу или схему
   allocation ~ схема распределения (частот или полос частот между службами)
   autoregressive ~ авторегрессионная процедура
   Bernoulli ~ схема Бернулли
   call-back ~ схема с обратным вызовом
   censoring ~ схема цензурирования
   channel coding ~ схема кодирования (сигнала) в канале
   character encoding ~ схема кодирования символов
   Cholesky ~ схема Холецкого
   classification ~ схема классификации
   coding ~ схема кодирования
   conceptual ~ концептуальная логическая схема (базы данных)
   constraint dropping ~ вчт схема отбрасывания ограничений
   data encoding ~ схема кодирования данных
   description ~ схема описания
   interconnection ~ схема межсоединений
   key-oriented storage protection ~ схема защиты памяти по ключам
   layout ~ микр. топологический чертёж
   Markov ~ марковская процедура
   parity code ~ схема проверки кода на чётность
   partitioning ~ схема разбиения
   power ~ вчт схема управления энергопотреблением (компьютера)
   priority ~ вчт схема приоритетов
   read-after-write ~ метод считывания в процессе записи
   self-timed ~ самосинхронизирующаяся схема
   source coding ~ схема кодирования источника (сигнала)
   time-sharing ~ схема разделения времени
   Walker ~ схема Уокера

scheme

   Yule ~ процедура Юла
schlieren шлирен-метод, метод Теплера
   holographic ~ голографический шлирен-метод
School:
   Chicago ~ *тлв* чикагская школа
Schoolbook:
   New Century ~ *вчт* шрифт New Century Schoolbook
Schottky *микр. проф.* 1. барьер Шотки 2. затвор (в виде барьера) Шотки (*в полевых транзисторах*) 3. диод Шотки 4. полевой транзистор с затвором (в виде барьера) Шотки, полевой транзистор с барьером Шотки 5. логические схемы на полевых транзисторах с барьерами Шотки
   advanced low-power ~ усовершенствованные логические схемы с малым энергопотреблением на полевых транзисторах с барьерами Шотки, логические схемы (на полевых транзисторах с барьерами Шотки) серии ALS
Schrödinbug *вчт* трудно обнаруживаемая скрытая ошибка (*в программе*), *проф.* ошибка типа «кошка Шредингера»
science 1. наука 2. естественные науки
   behavioral ~ бихевиоризм
   cognitive ~ когнитивистика, наука о процессах познания
   complexity ~ наука о поведении сложных систем
   computer ~ компьютерные науки; информатика
   embodied cognitive ~ внутренняя когнитивистика, наука о встроенных процессах познания
   hard ~ точные науки
   information ~ информатика
   library ~ библиотековедение
   life ~ науки о живой природе
   management ~ наука управления, научный менеджмент
   natural ~ естествознание; естественные науки
   physical ~ наука о неживой природе
   soft ~ общественные науки
   software ~ теоретические основы программирования (*отрасль науки*)
   space ~ науки о космосе и космических полётах
   system ~ системология
sciential 1. научный 2. знающий; учёный
scientific научный
scientism 1. научная методология 2. язык науки; профессиональная научная терминология
scientist 1. учёный 2. естествоиспытатель
   behavioral ~ бихевиорист
   life ~ специалист в области наук о живой природе
sci-fi (научная) фантастика (*1. специфическая форма отображения действительности 2. «музыкальный инструмент» из набора General MIDI*)
scimitar серповидная антенна
scintillate 1. сцинтиллировать 2. мерцать (*напр. о сигнале*)
scintillation 1. сцинтилляция 2. *рлк* мерцание отметки цели 3. мерцание радиосигнала
   target ~ мерцание отметки цели
scintillator сцинтиллятор
   crystalline ~ кристаллический сцинтиллятор
   gaseous ~ газовый сцинтиллятор
   inorganic ~ неорганический сцинтиллятор
   liquid ~ жидкий сцинтиллятор
   organic ~ органический сцинтиллятор
   polymer ~ полимерный сцинтиллятор

scintillometer сцинтилляционный счётчик
scissile разделяемый; делимый; расщепляемый
scission разрезание; (раз)деление; расщепление
scissor 1. разрезать; обрезать; вырезать; разделять; расщеплять 2. *вчт* ножницы (*инструмент для отсечения частей изображения вне выбранной рамки в графических редакторах*) ∥ использовать ножницы 3. *вчт* отсекать (*части изображения вне выбранной рамки*) 4. устройство разделения на блоки (*в САПР*)
scissoring 1. разрезание; обрезание; вырезание; разделение; расщепление 2. *вчт* отсечение (*частей изображения вне выбранной рамки*)
scoop *тлв проф.* сенсация; первое сообщение о сенсационном событии ∥ сообщать о сенсации; давать первое сообщение о сенсационном событии
scope 1. индикатор РЛС 2. (электронно-лучевой) осциллограф 3. электронно-лучевая трубка, ЭЛТ 4. экран ЭЛТ 5. микроскоп 6. (любой) прибор для наблюдения чего-либо (*телескоп, перископ и т.д.*) ∥ наблюдать; рассматривать 7. границы; рамки; предел 8. область действия логического оператора *или* модификатора 9. *вчт* область действия идентификатора (*в программе*) 10. длина (*напр. кабеля*) 11. цель
   ~ **of binding** *вчт* область действия связывания
   ~ **of cable** длина кабеля
   ~ **of declaration** *вчт* область действия декларации
   A ~ *тлв* контрольный осциллограф
   A, B, C, ..., N, P ~ индикатор A-, B-, C-, ..., N-, P-типа
   azel ~ прецизионный ИКО с дополнительным отображением информации об угле места
   current ~ текущая область действия идентификатора
   data ~ индикатор трафика; индикатор нагрузки (*канала связи*)
   delayed-sweep storage ~ запоминающий осциллограф с ждущей развёрткой с задержкой
   dynamic ~ динамическая область действия идентификатора
   embedded ~**s** вложенные области действия идентификаторов
   enclosing ~ объемлющая область действия идентификатора
   expanded ~ индикатор с растянутой развёрткой
   global ~ глобальная область действия идентификатора
   inner ~ внутренняя область действия идентификатора
   jitter ~ осциллограф для исследования кратковременных внезапных изменений амплитуды *или* фазы сигнала
   lexical ~ статическая область действия идентификатора
   local ~ локальная область действия идентификатора
   outer ~ внешняя область действия идентификатора
   PPI ~ индикатор кругового обзора, ИКО
   radar ~ индикатор РЛС
   static ~ статическая область действия идентификатора
   variable ~ переменная область действия идентификатора
   visibility ~ *вчт* допустимая область использования переменной (*в программе*), *проф.* область видимости

scoping 1. наблюдение; рассматривание 2. учёт границ, рамок *или* пределов
  dynamic ~ *вчт* использование динамических областей действия идентификаторов
  static ~ *вчт* использование статических областей действия идентификаторов
score 1. оценка || оценивать; давать оценку 2. счёт; количество набранных очков (*напр. в компьютерной игре*) 3. обзор; резюме; заключение; итог || обозревать; резюмировать; давать заключение; подводить итог 4. музыкальное сопровождение; музыка (*напр. в телефильме*) || создавать музыкальное сопровождение; писать музыку (*напр. к телефильму*) 5. *вчт* нотная запись (*музыкального произведения*); партитура || производить нотную запись; писать партитуру (*в нотных редакторах*)
  articulation ~ показатель разборчивости речи
  correlation ~ степень корреляции
  efficient ~ эффективная оценка
  intelligibility ~ показатель разборчивости речи
  mean opinion ~ *тлф* оценка качества передачи речи
  z~ z-значение, значение нормированной переменной (*в математической статистике*)
scoring оценивание
  bi-Doppler ~ *рлк* система «Бидопс», доплеровская система коррекции траектории управляемого ЛА при сближении с целью
Scotch-light уголковый отражатель
scotophor вещество, изменяющее окраску под действием электронной бомбардировки
scotopia скотопическое [ночное] зрение
scramble скремблировать (*шифровать путём перестановки и инвертирования участков спектра или групп символов*)
scrambler скремблер (*схема шифрования путём перестановки и инвертирования участков спектра или групп символов*)
  analog ~ аналоговый скремблер
  band-splitting ~ скремблер с расщеплением полосы частот
  communication ~ связной скремблер
  digital ~ цифровой скремблер
  fiber-optics ~ волоконно-оптический скремблер
  self-synchronizing ~ самосинхронизирующийся скремблер
  speech ~ скремблер
  time-division ~ скремблер с временным разделением
scrambling скремблирование (*шифрование путём перестановки и инвертирования участков спектра или групп символов*)
  narrow-band ~ узкополосное скремблирование
  voice ~ скремблирование речевого сигнала
  waveform ~ скремблирование сигнала
scrap 1. фрагмент || фрагментировать || фрагментированный 2. *вчт* вырезанный фрагмент, *проф.* вырезка || вырезать фрагмент, *проф.* делать вырезку 3. *вчт* файл для хранения вырезанных фрагментов, *проф.* журнал вырезок
Scrapbook *вчт* системный файл для хранения вырезанных фрагментов (*в операционной системе для компьютеров Apple Macintosh*)
scrapbook *вчт* файл для хранения вырезанных фрагментов, *проф.* журнал вырезок

scrape шарканье (*напр. магнитной ленты*) || шаркать
  tape ~ шарканье ленты
scratch 1. *вчт* виртуальная память; временный диск || виртуальный (*напр. о памяти*); временный (*напр. о диске*) 2. *вчт* рабочий диск (*для размещения временных файлов*) || рабочий 3. блокнот (*для заметок*); бумага для черновиков *используемый для заметок или черновиков* 4. *вчт* (полное) стирание, (полное) уничтожение, *проф.* затирание || (полностью) стирать, (полностью) уничтожать, *проф.* затирать (*файл или каталог без возможности последующего восстановления напр. путём записи однотипных символов в соответствующие кластеры жёсткого диска*) 5. *вчт* удаление, *проф.* выброска, выкидка (*напр. фрагмента текста*) || удалять, *проф.* выбрасывать, выкидывать (*напр. фрагмент текста*) 6. поверхностный шум (*механической сигналограммы*) 7. царапина || царапать 8. *вчт проф.* «стиральная доска» (*музыкальный инструмент*)
  needle ~ поверхностный шум
scratchfile *вчт* временный файл, временная копия рабочего файла
scratchmark 1. след от царапины 2. *вчт проф.* «решётка», символ #
scratchpad 1. кэш-память 2. рабочая память (*напр. мозга*) 3. электронный блокнот 4. блокнот (*для заметок*); бумага для черновиков
  visuo-spatial ~ рабочая видеопамять (*часть рабочей памяти мозга*)
screamer 1. *вчт проф.* восклицательный знак 2. *проф.* «кричащий» заголовок (*напр. в сводке новостей*)
Screen:
  Big ~ проекционный телевизор с большим экраном, *проф.* домашний кинотеатр
screen 1. экран || показывать на экране; выводить на экран || экранный 2. (защитный) экран || защищать экраном, экранировать || экранирующий 3. экранирующая сетка 4. растр, решётчатая структура (*для структурного преобразования проходящего или отражённого излучения*) || использовать растр; растрировать 5. *микр.* трафарет || производить трафаретную печать 6. сеть РЛС дальнего обнаружения 7. снимать видеофильм 8. экранизировать (*напр. роман*)
  absorbing ~ поглощающий экран
  acoustic ~ 1. звуковой экран 2. акустический растр
  afterglow ~ экран с послесвечением
  aluminized ~ алюминированный экран
  anti-glare ~ противобликовый [матированный] экран
  beaded ~ жемчужный экран
  blue ~ **of death** голубой фон экрана дисплея, появляющийся при катастрофической ошибке операционной системы (*напр. Windows*)
  blue ~ **of life** голубой фон экрана дисплея, сопровождающий процесс нормальной загрузки операционной системы (*напр. Windows*)
  coarse ~ грубый растр, растр низкой линиатуры
  color ~ цветной растр
  contact ~ контактный растр
  elliptical-dot ~ 1. крестообразный растр 2. растровая решётка
  dark-trace ~ экран с темновой записью

directional ~ направленный экран
display ~ 1. *вчт* экран дисплея 2. экран индикатора
dot ~ *см.* точечный растр
EL ~ *см.* **electroluminescent screen**
electric ~ электростатический экран
electroluminescent ~ электролюминесцентный экран
elliptical-dot ~ точечный растр с эллиптическими элементами
Faraday ~ клетка Фарадея
fine ~ мелкий растр, растр мелкой линиатуры
fixed ~ экранирующая сетка с фиксированным напряжением смещения
flat ~ *тлв, вчт* плоский экран
fluorescent ~ люминесцентный экран
fly's eye ~ линзорастровый экран типа «мушиный глаз»
front-projection ~ фронтпроекционный [отражающий] экран
full ~ *вчт* полноэкранный режим (*для показа изображения или рабочего окна*)
gain ~ направленный экран
grain ~ зернистый растр, *проф.* корешковый растр
graphics ~ экран для вывода изображений
halftone ~ полутоновый растр
help ~ *вчт* экранная подсказка
hexagonal ~ гексагональный растр
holographic ~ голографический экран
home ~ телевизионный приёмник, телевизор, *проф.* домашний экран
hyperbolic ~ гиперболический растр
intensifying ~ подсвечивающий экран (*в радиографии*)
irregular grain ~ хаотический зернистый растр, *проф.* корновый растр
LC ~ *см.* **liquid-crystal screen**
lenticular(-lens) ~ растровый экран со сферическими линзами
light-diffusing ~ светорассеивающий экран
linear ~ линейный растр
liquid-crystal ~ жидкокристаллический [ЖК-] экран
long-persistence ~ экран с длительным послесвечением
luminescent ~ люминесцентный экран
magnetic ~ магнитный экран
master ~ оригинал растра
medium-persistence ~ экран со средним послесвечением
metal-backed [metallized] ~ металлизированный экран
mezzo-tint(o) ~ растр меццо-тинто
mirror-backed ~ металлизированный экран
mosaic ~ мозаичный растр
motion-picture ~ киноэкран
negative ~ негативный растр
nondirectional ~ ненаправленный экран
optical ~ оптический растр
oriented lenticular ~ растровый экран с цилиндрическими линзами
phosphor ~ люминесцентный экран
planar ~ плоский экран
polarization ~ поляризационный растр
positive ~ позитивный растр
projection ~ проекционный экран
protective ~ защитный экран
radial ~ радиальный растр
rear-projection ~ рирпроекционный [полупрозрачный] экран
rectangular ~ прямоугольный растр
round ~ кольцевой растр
semilenticular ~ растровый экран с цилиндрическими линзами
short-persistence ~ экран с малым послесвечением
silk ~ шёлковая трафаретная сетка
silver ~ 1. кинопродукция 2. киноиндустрия
small ~ *проф.* малый экран (*1. средства телевидения 2. телевизионный приёмник, телевизор*)
sound ~ звуковой экран
speckle-free rear-projection ~ рирпроекционный экран, свободный от спеклов
split ~ *вчт, тлв* разделённый [расщеплённый] экран; полиэкран
square-dot ~ точечный растр с квадратными элементами
startup ~ *вчт* изображение на экране дисплея при запуске (*компьютера*) и начальных действиях
textured aluminized ~ текстурированный алюминированный экран
tilting ~ экран с регулируемым углом наклона (*в эргономичных мониторах*)
touch(-sensitive) ~ сенсорный экран; сенсорный дисплей
two-dimensional ~ двумерный растр
viewing ~ 1. проекционный экран 2. экран видоискателя
white matte ~ белый матовый экран
white pearlescent ~ белый перламутровый экран
white semigloss ~ белый полуматовый экран
X-ray ~ 1. экран для защиты от рентгеновского излучения 2. рентгеновский растр

screening 1. экранирование 2. *микр.* трафаретная печать 3. *тлв* показ (*напр. фильма*)
   Debye ~ *пп* дебаевское экранирование
   electric ~ электростатическое экранирование
   magnetic ~ магнитное экранирование
screenland киноиндустрия
screenplay *тлв* сценарий
screensaver программа для предотвращения выгорания экрана дисплея при длительном воспроизведении статического изображения (*путём гашения или замены статического изображения движущимися или быстро сменяющимися*), *проф.* «хранитель» экрана
screenwriter *тлв* сценарист
screw 1. винт; болт; шуруп ‖ заворачивать, ввинчивать; наворачивать, навинчивать; завинчивать; отворачивать; отвинчивать 2. резьба ‖ нарезать резьбу 3. винтовая дислокация
   Allen ~ *см.* **hexagonal-socket head screw**
   cheese-head ~ винт с прямым шлицем (*на головке*); шуруп с прямым шлицем (*на головке*)
   coupling ~ винт связи (*напр. в направленных ответвителях*)
   cross-head ~ винт с крестообразным шлицем (*на головке*); шуруп с крестообразным шлицем (*на головке*)
   ground(ing) ~ заземляющий винт
   grub ~ установочный винт без головки

hexagonal-socket head ~ болт с цилиндрической головкой с шестигранным углублением под ключ
mounting ~ установочный винт
self-tapping ~ (шуруп-) саморез
sheet-metal ~ (шуруп-) саморез
slotted ~ винт с прямым шлицем (*на головке*); шуруп с прямым шлицем (*на головке*)
tuning ~ настроечный винт (*напр. в объёмных резонаторах*)
wood ~ шуруп
screwdriver отвёртка
cross-point ~ отвёртка с крестообразным лезвием
screwed резьбовой; с резьбовым соединением; винтовой
scribe *микр.* скрайбировать
scriber *микр.* скрайбер
diamond-tool ~ скрайбер с алмазным резцом
engraving ~ скрайбер с гравировальной иглой
scribing *микр.* скрайбирование
laser ~ лазерное скрайбирование
script 1. *тлв, вчт* сценарий ‖ писать сценарий 2. командный файл 3. план ‖ планировать
ActiveX ~ *вчт* сценарий ActiveX
CGI ~ *вчт* CGI-сценарий, сценарий запуска клиентом на сервере прикладных программ по протоколу CGI
chat ~ макрокоманда на языке сценариев для автоматического установления соединения и регистрации
login ~ *вчт* входной сценарий, сценарий входа в систему
server-side ~ *вчт* CGI-сценарий, сценарий запуска клиентом на сервере прикладных программ по протоколу CGI
shell ~ сценарий командного процессора
shooting ~ *тлв* съёмочный вариант сценария
scripting 1. *тлв, вчт* написание сценария 2. планирование
ActiveX ~ *вчт* написание сценариев ActiveX
scripton *биол.* оперон, (тран)скриптон
scriptwriter *тлв* сценарист
scroll *вчт* прокрутка (*вертикальное или горизонтальное перемещение изображения или текста в экранном окне*); просмотр (*изображения или текста*) ‖ прокручивать; просматривать (*изображение или текст*)
scrolling *вчт* прокрутка (*вертикальное или горизонтальное перемещение изображения или текста в экранном окне*); просмотр (*изображения или текста*)
continuous ~ непрерывная [плавная] прокрутка; непрерывный [плавный] просмотр
horizontal ~ горизонтальная прокрутка
smooth ~ непрерывная [плавная] прокрутка; непрерывный [плавный] просмотр
vertical ~ вертикальная прокрутка
scrubbing 1. очистка; отмывка 2. ультразвуковая сварка
abrasive-water ~ *микр.* абразивная отмывка и очистка
scrutable требующий тщательного исследования
scrutinize тщательно исследовать
scrutiny тщательное исследование
SCSI 1. интерфейс малых вычислительных систем, интерфейс (стандарта) SCSI, *проф.* интерфейс «скази» 2. стандарт на интерфейсы малых вычислительных систем, стандарт SCSI 3. шина интерфейса малых вычислительных систем, шина (стандарта) SCSI
~1 1. интерфейс (стандарта) SCSI-1 2. стандарт на интерфейсы малых вычислительных систем с рабочей частотой шины 5 МГц, стандарт SCSI-1 3. шина (стандарта) SCSI-1 (с рабочей частотой 5 МГц)
~2 1. интерфейс (стандарта) SCSI-2 2. стандарт на интерфейсы малых вычислительных систем с рабочей частотой шины 10 или 20 МГц, стандарт SCSI-2 3. шина (стандарта) SCSI-2 (с рабочей частотой 10 или 20 МГц для разрядности 8 и 16 бит соответственно)
~3 1. интерфейс (стандарта) SCSI-3 2. стандарт на интерфейсы малых вычислительных систем с рабочей частотой шины до 100 МГц (*и более*), расширенным набором команд и возможностью подключения до 32 внешних устройств, стандарт SCSI-3 3. шина (стандарта) SCSI-3 (с рабочей частотой до 100 МГц (*и более*))
Fast ~ 1. интерфейс (стандарта) Fast SCSI 2. стандарт на интерфейсы малых вычислительных систем с рабочей частотой шины 10 МГц, стандарт Fast SCSI 3. шина (стандарта) Fast SCSI (с рабочей частотой 10 МГц)
Fast Wide ~ 1. интерфейс (стандарта) Fast Wide SCSI 2. стандарт на интерфейсы малых вычислительных систем с рабочей частотой шины 20 МГц, стандарт Fast Wide SCSI 3. шина (стандарта) Fast Wide SCSI (с рабочей частотой 20 МГц)
Ultra ~ 1. интерфейс (стандарта) Ultra SCSI 2. стандарт на интерфейсы малых вычислительных систем с рабочей частотой шины 20 МГц, стандарт Ultra SCSI 3. шина (стандарта) Ultra SCSI (с рабочей частотой 20 МГц)
Ultra 2 ~ 1. интерфейс (стандарта) Ultra 2 SCSI 2. стандарт на интерфейсы малых вычислительных систем с рабочей частотой шины 40 МГц, стандарт Ultra 2 SCSI 3. шина (стандарта) Ultra 2 SCSI (с рабочей частотой 40 МГц)
Wide ~ 1. интерфейс (стандарта) Wide SCSI 2. стандарт на интерфейсы малых вычислительных систем с рабочей частотой шины 20 МГц, стандарт Wide SCSI 3. шина (стандарта) Wide SCSI (с рабочей частотой 20 МГц)
Wide Ultra ~ 1. интерфейс (стандарта) Wide Ultra SCSI 2. стандарт на интерфейсы малых вычислительных систем с рабочей частотой шины 40 МГц, стандарт Wide Ultra SCSI 3. шина (стандарта) Wide Ultra SCSI (с рабочей частотой 40 МГц)
Wide Ultra 2 ~ 1. интерфейс (стандарта) Wide Ultra 2 SCSI 2. стандарт на интерфейсы малых вычислительных систем с рабочей частотой шины 80 МГц, стандарт Wide Ultra 2 SCSI 3. шина (стандарта) Wide Ultra 2 SCSI (с рабочей частотой 80 МГц)
Wide Ultra 3 ~ 1. интерфейс (стандарта) Wide Ultra 3 SCSI 2. стандарт на интерфейсы малых вычислительных систем с рабочей частотой шины 160 МГц, стандарт Wide Ultra 3 SCSI 3. шина (стандарта) Wide Ultra 3 SCSI (с рабочей частотой 160 МГц)
scum пена; накипь ‖ пениться; вспенивать(ся); образовывать накипь

scumming

scumming вспенивание; образование накипи
  resist ~ *микр.* вспенивание резиста
scuzzy интерфейс малых вычислительных систем, интерфейс (стандарта) SCSI, *проф.* интерфейс «скази»
SDRAM синхронная динамическая память, память типа SDRAM
  ~ II *см.* **double data rate SDRAM**
  DDR ~ *см.* **double data rate SDRAM**
  double data rate ~ синхронная динамическая память с удвоенной скоростью передачи данных, память типа DDR SDRAM
  VCM ~ *см.* **virtual channel memory SDRAM**
  virtual channel memory ~ буферизованная синхронная динамическая память с виртуальным каналом, память типа VCM SDRAM
sea:
  ~ of cells специализированная ИС с одной большой матрицей логических элементов
  ~ of gates специализированная ИС с одной большой матрицей логических элементов
seal 1. спай; впай ‖ впаивать; запаивать; 2. герметизация; уплотнение; заливка ‖ герметизировать; уплотнять; заливать 3. изоляция ‖ изолировать 4. *крист.* затвор
  bonded ~ сварное соединение
  brazed ~ соединение, паянное тугоплавким припоем
  compression ~ *микр.* компрессионное уплотнение
  devitrified ~ расстеклованный спай
  glass ~ стеклянный спай
  glass-to-ceramic ~ стеклокерамический спай
  glass-to-metal ~ металлостеклянный спай
  hermetic ~ герметичный спай
  mercury ~ ртутный затвор
  plastic-to-metal ~ спай металла с пластмассой
  self-energized ~ самоуплотняющийся затвор
  vacuum ~ вакуумное уплотнение
sealant герметик
  adhesive ~ адгезионный герметик; клеевой герметик
  curable ~ отверждаемый герметик
  glass-ceramic ~ стеклокерамический герметик
  joint ~ герметик
  silicon ~ силиконовый герметик
sealing 1. впаивание; запайка, запаивание 2. герметизация; уплотнение; заливка 3. изоляция ◊ **~ off** 1. отпайка (*электровакуумного прибора*) 2. запайка (*кабеля*)
  ultrasonic ~ ультразвуковая пайка
search 1. поиск ‖ искать; осуществлять поиск ‖ поисковый 2. *вчт* команда *или* программа поиска 3. исследование; изучение ‖ исследовать; изучать
  ~ for extraterrestrial intelligence поиск внеземного разума
  ~ in problem space поиск в пространстве задач
  ~ in state space поиск в пространстве состояний
  admissible ~ поиск по допустимому алгоритму (*обеспечивающему нахождение кратчайшего пути при условии его существования*)
  area ~ групповой поиск
  automated ~ автоматизированный поиск
  automatic ~ автоматический поиск
  automatic program ~ 1. *млв* автоматический поиск программ 2. устройство для маркировки магнитной ленты с целью программирования и автоматического поиска информации (*напр. в видеомагнитофонах*)
  backtracking ~ поиск с возвратом (*в направлении исходной точки*)
  beam ~ поиск по пучку траекторий
  best-first ~ поиск по критерию наилучшего соответствия
  binary ~ дихотомический поиск
  bisection ~ дихотомический поиск
  blind ~ слепой поиск
  Boolean ~ булев [логический] поиск; булев [логический] запрос
  branch-and-bound ~ поиск методом ветвей и границ
  breadth-first ~ поиск в ширину, поиск по вершинам поддеревьев
  Brent's ~ поиск методом Брента (*с использованием правила золотого сечения и квадратичной интерполяции*)
  brute force ~ поиск методом «грубой силы», поиск методом последовательного перебора
  case-insensitive ~ поиск без учёта (перевода) регистра, поиск без различения строчных и прописных букв
  case-sensitive ~ поиск с учётом (перевода) регистра, поиск с различением строчных и прописных букв
  catalog ~ поиск по каталогу
  chaining ~ цепной [связный] поиск, последовательный поиск по указателям
  chapter ~ поиск фрагмента (*напр. записи*)
  Charalambous' ~ поиск методом Шараламбу (*с использованием кубической интерполяции*)
  conjunctive ~ конъюнктивный поиск, поиск с требованием выполнения всех исходных условий
  content-addressable ~ ассоциативный поиск; параллельный поиск
  contextual ~ контекстный поиск
  database ~ поиск в базе данных
  depth-first ~ поиск в глубину, поиск по поддеревьям
  dichotomizing ~ дихотомический поиск
  directory ~ поиск каталога
  disjunctive ~ дизъюнктивный поиск, поиск с требованием выполнения хотя бы одного из исходных условий
  exhaustive ~ of memory изнурительный поиск в памяти
  eyeball ~ поиск по принципу соответствия образцу
  fast ~ быстрый поиск
  Fibonacci (numbers) ~ поиск с делением пространства поиска по числам Фибоначчи
  file ~ поиск файла
  fixed-format ~ поиск при фиксированном формате сигнала
  folder ~ поиск папки
  frequency-agile ~ поиск с быстрой перестройкой частоты
  geometrical ~ геометрический поиск
  golden section ~ поиск методом золотого сечения
  graph ~ поиск по графу
  hash ~ *вчт* хэш-поиск
  heuristic ~ эвристический поиск

holographic information ~ голографический поиск информации
hybrid bisection-cubic ~ гибридный дихотомический поиск с использованием кубической интерполяции
indexed ~ индексированный поиск
key ~ поиск по ключу
keyword ~ поиск по ключевому слову
limit-type ~ поиск значений, лежащих в ограниченном интервале
linear ~ поиск методом последовательного перебора, поиск методом «грубой силы»
logarithmic ~ дихотомический поиск
multiple-string ~ поиск по нескольким строковым переменным
optimum tree ~ поиск по оптимальному дереву
ordered ~ упорядоченный поиск
parallel ~ параллельный поиск; ассоциативный поиск
patent ~ патентный поиск
pattern matching ~ поиск по принципу соответствия образцу
proximity ~ поиск (*документа*) с учётом расстояния между ключевыми словами
quadratic quotient ~ хэш-поиск методом квадратичного смещения
quantum ~ квантовый поиск
radar ~ поиск цели
random ~ случайный поиск
reconnaissance ~ радиотехническая разведка
self-terminating ~ автоматически заканчивающийся поиск
semantic ~ семантический поиск
sequential ~ последовательный поиск
sequential tree ~ последовательный поиск по дереву
serial ~ последовательный поиск
skip ~ поиск с пропусками
stepped ~ пошаговый поиск
straightforward ~ прямой поиск
tree ~ поиск по дереву
variable ~ by value поиск переменной по значению
weighted ~ поиск со взвешиванием, поиск с весовой функцией
word ~ поиск слов
searchable допускающий возможность поиска; с возможностью поиска (*напр. нужной информации*)
search and pounce поиск с настройкой на первую работающую станцию (*в радиолюбительской связи*)
search and replace *вчт* 1. поиск и замена (*напр. одной группы символов на другую*) || искать и заменять; осуществлять поиск и замену (*напр. одной группы символов на другую*) 2. команда *или* программа поиска и замены (*напр. одной группы символов на другую*)
   global ~ 1. глобальный поиск и замена || осуществлять глобальный поиск и замену 2. *вчт* команда *или* программа глобального поиска и замены
search and retrieve 1. поиск и выборка || осуществлять поиск и выборку (*напр. информации*) 2. программа поиска и выборки (*напр. информации*)
searching 1. поиск 2. исследование; изучение
   full-text ~ *вчт* поиск по всему тексту

nearest neighbor ~ поиск ближайших соседей
path ~ поиск пути
shortest path ~ поиск кратчайшего пути
tree ~ поиск по дереву
searchlight 1. *рлк* подсвет цели || подсвечивать цель *тлв* 2. прожектор (*с диаметром светового отверстия менее 0,2 м*) 3. прожекторное освещение || освещать прожектором
searchlighting 1. *рлк* подсвет цели 2. *тлв* прожекторное освещение
seashore *вчт* морской берег («*музыкальный инструмент*» *из набора General MIDI*)
seasonal сезонный; периодический (*напр. о детерминированной компоненте случайного процесса*)
seasonalness сезонность, существование периодической детерминированной компоненты случайного процесса
seasoning 1. сезонный 2. естественное старение 3. тренировка (*напр. электронной лампы*)
seat 1. место 2. местоположение; местонахождение; местопребывание || находиться в определённом месте 3. гнездо; место (прецизионной) посадки (*напр. детали*); опорная поверхность || помещать в гнездо; производить (прецизионную) посадку (*напр. детали*); обеспечивать (плотный) контакт с опорной поверхностью
   stereo ~ зона оптимального стереоэффекта
SECAM последовательная система цветного телевидения с запоминанием, система «СЕКАМ»
secant *вчт* 1. секанс 2. секущая
   area ~ ареасеканс
   hyperbolic ~ гиперболический секанс
   inverse ~ арксеканс
   inverse hyperbolic ~ ареасеканс
   logarithmic ~ логарифм секанса
   versed ~ обращённый секанс (*функция, равная косекансу минус единица*)
seco последовательная система управления телетайпной связью
secon *тлв* секон
   ultra-violet ~ *тлв* увикон
   UV ~ *см.* ultra-violet secon
second 1. секунда (*1. единица измерения времени, с 2. единица изменения углов, 1/3600 градуса*) 2. малый период времени; мгновение 3. второй 4. вторичный 5. вспомогательный; дополнительный; подчинённый; ведомый 6. второстепенный; относящийся ко второму уровню (*иерархии*) 7. другой
   atomic ~ атомная секунда
   ephemeris ~ эфемеридная секунда
   leap ~ (ежегодно) добавляемая секунда (*для устранения накапливающейся за год разницы между атомным и эфемеридным временем*)
   sidereal ~ звёздная секунда
   solar ~ солнечная секунда
secondary 1. вторичный 2. вторичная обмотка 3. вторичный электрон 4. ведомая станция 5. вспомогательный; дополнительный; подчинённый; ведомый 6. второстепенный; относящийся ко второму уровню (*иерархии*) 7. *pl* смешанные цвета; цвета, являющиеся смесью двух основных цветов
secor система secor, система дальней радионавигации и обнаружения воздушных целей, состоящая из четырёх наземных РЛС и спутниковой РЛС с активным ответом

secrecy

secrecy 1. секретность; конфиденциальность 2. криптостойкость
   ideal ~ идеальная криптостойкость
   perfect ~ совершенная криптостойкость
secret секрет || секретный
   trade ~ профессиональный секрет; *проф.* «ноу-хау»
section 1. секция; отрезок; звено 2. поперечное сечение 3. участок радиорелейной линии 4. раздел (*напр. книги*) || разбивать на разделы 5. срез || изготавливать срез (*для микроскопических исследований*)
   ~ of transmission line секция линии передачи
   absorption cross ~ эффективное сечение поглощения
   acoustic cross ~ эффективное сечение рассеяния акустических волн
   antenna ~ антенная секция
   apparent cross ~ эффективное сечение
   back-scattering cross ~ *рлк* эффективная площадь отражения в обратном направлении; моностатическая [однопозиционная] эффективная площадь обратного отражения
   bend ~ изгиб (*волновода*)
   bistatic cross ~ бистатическая [двухпозиционная] эффективная площадь отражения
   brass ~ *вчт* группа медных духовых (*музыкальный инструмент из набора General MIDI*)
   bridged T-~ перекрытое мостовое Т-образное звено (*фильтра*)
   broadside cross ~ *рлк* фронтальная эффективная площадь отражения
   building-out ~ настроечная *или* согласующая секция (*линии передачи*)
   capture cross ~ эффективное сечение захвата
   carrier-line ~ участок линии ВЧ-связи
   collision cross ~ (эффективное) сечение столкновений
   conic ~ коническое сечение
   control ~ 1. контрольное звено 2. устройство управления; блок управления
   corner ~ уголковый изгиб (*волновода*)
   Coulomb cross ~ поперечное сечение кулоновского рассеяния
   cross ~ 1. поперечное сечение; площадь поперечного сечения 2. эффективное сечение 3. (поперечный) срез (*данных*), одномоментная выборка (*данных*), данные в выбранный момент времени
   cruciform waveguide ~ крестообразная секция (*волновода*)
   data control ~ организация *или* группа, отвечающая за качество систем передачи данных
   destructive collision cross ~ *кв. эл.* эффективное сечение деструктивных столкновений
   echoing cross ~ *рлк* эффективная площадь отражения в обратном направлении; моностатическая [однопозиционная] эффективная площадь обратного отражения
   effective cross ~ эффективное сечение
   effective waveguide ~ эффективная площадь поперечного сечения волновода
   electron-capture cross ~ эффективное сечение захвата электрона
   electron multiplier ~ каскад усиления вторично-электронного умножителя
   end-fire radar cross ~ эффективная площадь отражения цели в направлении продольной оси
   evanescent ~ запредельная секция (*волновода*)
   filter ~ звено фильтра
   flexible ~ гибкая секция (*волновода*)
   forward-scattering cross ~ эффективная площадь рассеяния в прямом направлении
   half-wave ~ полуволновая секция (*линии передачи*)
   highpass T-~ Т-образное звено фильтра верхних частот
   hole-capture cross ~ эффективное сечение захвата дырки
   ionization cross ~ эффективное сечение ионизации
   L-~ Г-образное (полу)звено (*фильтра*)
   lowpass T-~ Т-образное звено фильтра нижних частот
   matching ~ согласующая секция (*линии передачи*)
   measuring waveguide ~ измерительная волноводная линия
   molecular absorption cross ~ *кв. эл.* эффективное сечение молекулярного поглощения
   monostatic cross ~ *рлк* моностатическая [однопозиционная] эффективная площадь обратного отражения; эффективная площадь отражения в обратном направлении
   normalized cross ~ *рлк* удельная эффективная площадь отражения
   phasing ~ фазирующая секция
   pi-~ П-образное звено (*фильтра*)
   quarter-wave ~ четвертьволновая секция (*линии передачи*)
   radar (scattering) cross ~ *рлк* эффективная площадь отражения, ЭПО
   recombination cross ~ эффективное сечение рекомбинации
   restriction ~ сжимаемая секция (*волновода*)
   rhythm ~ *вчт* (ритмическая) группа ударных
   scattering cross ~ эффективная площадь рассеяния; эффективная площадь отражения, ЭПО
   slotted ~ измерительная линия
   squeezable [squeeze] ~ сжимаемая секция (*волновода*)
   T-~ Т-образное звено (*фильтра*)
   taper [tapered] ~ волноводная секция переменного сечения, плавный волноводный переход
   target cross ~ эффективная площадь отражения цели
   target reflectivity cross ~ эффективная площадь отражения цели
   transition ~ переходная секция
   transverse ~ поперечное сечение
   twin-T ~ двойное Т-образное звено (*фильтра*)
   waveguide ~ волноводная секция
   π-~ П-образное звено (*фильтра*)
sector сектор (*1. геометрический объект 2. объект в форме сектора 3. вчт минимальная (физически адресуемая) структурная единица памяти на диске 4. зона; область*) || делить на секторы; *вчт* разбивать (*диск*) на секторы, размечать (*диск*) ◊ **~s per track** число секторов на дорожке
   bad ~ дефектный [не пригодный для использования] сектор (*магнитного диска*)
   blind ~ слепой сектор (*на экране индикатора РЛС*)
   boot ~ *вчт* загрузочный сектор (*напр. магнитного диска*)

cache ~ 1. сектор кэша 2. строка кэша (*в секторированном кэше прямого отображения*)
coverage ~ *рлк* сектор обзора
disk ~ *вчт* сектор диска
equisignal ~ *рлк* равносигнальная зона
glide-slope ~ зона глиссадного радиомаяка
hard ~ *вчт* жёсткая маркировка начала секторов на дискете (*по нескольким индексным отверстиям*)
logical ~ *вчт* логический сектор
physical ~ *вчт* физический сектор
scan ~ 1. сектор сканирования 2. *рлк* сектор обзора
soft ~ *вчт* мягкая маркировка начала секторов на дискете (*по одному индексному отверстию*)
superselection ~ *кв. эл.* суперотборный сектор
unusable ~ не пригодный для использования сектор, дефектный сектор (*магнитного диска*)
used ~ используемый сектор (*магнитного диска*)
volume boot ~ *вчт* загрузочный сектор тома
sectored секторированный
sectorial секториальный
sectoring *вчт* разбиение (*диска*) на секторы, разметка (*диска*)
secular секулярный, вековой (*напр. об уравнении*)
secure 1. быть безопасным; делать безопасным; обеспечивать *или* гарантировать безопасность; (*напр. при эксплуатации*) ‖ безопасный 2. обеспечивать *или* гарантировать скрытность *или* секретность (*напр. при передаче информации*) ‖ скрытный; секретный 3. обеспечивать стойкость (*криптографической системы*) 4. защищать; обеспечивать *или* гарантировать защиту (*напр. от несанкционированного вторжения*) ‖ защищённый
security 1. безопасность (*напр. при эксплуатации*); система *или* средства обеспечения безопасности 2. скрытность; секретность (*напр. при передаче информации*); система *или* средства обеспечения скрытности *или* секретности 3. стойкость (*криптографической системы*) 4. защита (*напр. от несанкционированного вторжения*); система *или* средства обеспечения защиты ◊ **through obscurity** «скрытность благодаря неизвестности» (*о принципе создания криптостойких шифров*)
communication ~ скрытность связи
computational ~ расчётная стойкость (*криптографической системы*)
computer ~ 1. компьютерная безопасность 2. защита компьютера (*от несанкционированного доступа*)
cryptographic ~ 1. криптостойкость 2. криптографическая защита (*напр. системы связи*)
cyberspace ~ (компьютерная) безопасность в киберпространстве
data ~ 1. информационная безопасность 2. защита данных, защита информации
emission ~ скрытность работы (*радиоэлектронных средств*)
information ~ 1. информационная безопасность 2. защита информации, защита данных
information system ~ безопасность информационных систем
Internet protocol ~ протокол безопасности при использовании протокола IP, протокол IPsec
login ~ *вчт* система обеспечения безопасности при входе в систему

multilevel ~ многоуровневая система обеспечения безопасности
physical ~ 1. физическая безопасность (*напр. при эксплуатации*); физическая система *или* физические средства обеспечения безопасности 2. физическая скрытность; физическая секретность (*напр. при передаче информации*); физическая система *или* физические средства обеспечения скрытности *или* секретности 3. физическая защита (*напр. от несанкционированного вторжения*); физическая система *или* физические средства обеспечения защиты
signal ~ скрытность связи
software ~ защита программного обеспечения; система *или* средства обеспечения защиты программного обеспечения (*от несанкционированного использования*)
system ~ безопасность работы системы
transmission ~ скрытность передачи
unconditional ~ безусловная стойкость (*криптографической системы*)
sed редактор потоков (*напр. в операционной системе UNIX*)
GNU ~ редактор потоков в операционной системе GNU
see 1. смотреть; видеть; наблюдать 2. просматривать; производить обзор 3. читать 4. понимать
seed 1. *крист.* затравка ‖ использовать затравку 2. *вчт* затравочная величина, затравочное значение, затравка ‖ вводить затравочную величину, вводить затравочное значение, вводить затравку ‖ затравочный
electrode ~ электрод-затравка
pseudorandom-sequence ~ затравка последовательности псевдослучайных чисел
single-crystal ~ монокристаллическая затравка
twin dendrite ~ двойниковая дендритная затравка
seeding 1. *крист.* использование затравки 2. *вчт* ввод затравочной величины, ввод затравочного значения, ввод затравку 3. введение атомов с низким ионизационным потенциалом в горячий газ (*для увеличения электропроводности*)
seek 1. поиск ‖ искать 2. *вчт* позиционирование (*напр. головки диска*) ‖ позиционировать (*напр. головку диска*) 3. *рлк* (само)наведение ‖ (само)наводиться
seeker 1. система *или* средство поиска 2. *вчт* механизм позиционирования (*напр. головки диска*) 3. *рлк* головка (само)наведения
heat ~ головка радиотеплолокационного наведения
target ~ головка самонаведения
seeking 1. поиск 2. *вчт* позиционирование (*напр. головки диска*) 3. *рлк* (само)наведение
elevator ~ позиционирование с последовательным увеличением радиуса цилиндра (*магнитного диска*), *проф.* лифтовое позиционирование
logic ~ логическое позиционирование (*напр. печатающей головки в интеллектуальных принтерах*)
seer наблюдатель
seesaw возвратно-поступательное движение ‖ осуществлять возвратно-поступательное движение ‖ возвратно-поступательный
segment сегмент (*1. геометрический объект 2. объект в форме сегмента 3. сегмент памяти 4. сегмент перекрытия, оверлейный сегмент, оверлей*

5. сегмент программы 6. рассматриваемая как единое целое двумерная совокупность пикселей 7. отрезок линии или составной кривой) || делить на сегменты, сегментировать

~ of magnetron сегмент магнетрона

code ~ сегмент кодов (*напр. команд*)

commutator ~ сегмент переключателя

curved ~ криволинейный сегмент

data ~ сегмент данных

extra ~ дополнительный сегмент (*напр. данных*)

line ~ отрезок линии

logically contiguous ~s *вчт* логически смежные сегменты

main ~ главный сегмент (*программы*)

memory ~ сегмент памяти

overlay ~ сегмент перекрытия, оверлейный сегмент, оверлей

program ~ сегмент программы

root ~ корневой сегмент (*оверлейной программы*)

stack ~ сегмент стека

straight ~ прямолинейный сегмент

task state ~ сегмент состояния задачи

virtual ~ виртуальный сегмент

segmental сегментированный

segmentalization деление на сегменты, сегментация

segmentalize делить на сегменты, сегментировать

segmentation деление на сегменты, сегментация

band ~ разделение диапазона частот на поддиапазоны

picture ~ сегментация изображения

time-dependent ~ *вчт* временная сегментация

segmentor устройство сегментации

image ~ устройство сегментации изображений

segregate 1. испытывать сегрегацию **2.** разделять(ся); изолировать(ся)

segregation 1. сегрегация **2.** разделение; изоляция

grain-boundary ~ зернограничная сегрегация

impurity ~ сегрегация примесей

interstitial ~ сегрегация атомов внедрения

seismogram сейсмограмма

seismograph сейсмограф

seize 1. захват, захватывание; занятие || захватывать; занимать **2.** *тлф* установление соединения; соединение || устанавливать соединение; соединять

slot ~ занятие временного интервала (*в сетях связи с пакетной передачей информации*)

seizing 1. захват, захватывание; занятие **2.** *тлф* занятие линии связи; установление соединения; соединение

seizure 1. захват, захватывание; занятие **2.** *тлф* занятие линии связи; установление соединения; соединение

answer ~ *тлф* занятие линии связи; установление соединения; соединение

forward ~ *тлф* прямое соединение

select 1. выбор; отбор || выбирать; отбирать **2.** *вчт* выборка || производить выборку **3.** *вчт* выделение || выделять (*напр. объект в компьютерной графике или фрагмент при пользовании текстовым процессором, электронной таблицей или базой данных*) **4.** селекция || производить селекцию (*напр. мод*) **5.** *тлф* искание || искать **6.** переключение || переключать

bank ~ *вчт* выбор банка (*1. MIDI–сообщение 2. MIDI–контроллер № 0*)

bit ~ выборка разряда

chip ~ сигнал обращения к микросхеме

column address ~ выборка адреса столбца

event ~ *вчт* выбор события

fractal ~ фрактальная селекция (*напр. целей*)

half-~ *вчт* полувыборка

memory ~ выборка памяти, выборка ЗУ

row address ~ выборка адреса строки

slice ~ *вчт* инструмент для выбора части разбитого на мозаичные фрагменты изображения *или* текста (*для гипертекстов*)

song ~ *вчт* выбор нотной записи музыкального произведения; выбор партитуры (*MIDI–сообщение*)

test mode ~ выбор тестового режима

selectance избирательность [селективность] по соседнему каналу

selection 1. селекция (*1. выбор; отбор; выделение 2. вчт выбор* (*операция реляционной алгебры*) *3. вчт методика или процесс получения потомства с требуемыми параметрами* (*напр. в генетических алгоритмах*)) **2.** *вчт* выборка **3.** *вчт* выделение, выделенный объект (*напр. в компьютерной графике*), выделенный фрагмент (*напр. в тексте, электронной таблице или базе данных*) **4.** *тлф* искание **5.** переключение ◊ **~ on one level** искание в одной декаде

~ of wavelength селекция длин волн

address ~ *вчт* выборка адреса

amplitude ~ селекция по амплитуде, амплитудная селекция

clock ~ *вчт* выбор частоты синхронизации

clock source ~ *вчт* выбор источника синхронизации

coincidence-current ~ *вчт* выборка по принципу совпадения токов

continuous dynamic channel ~ непрерывный динамический выбор канала (*в системе DECT*)

dial ~ *тлф* искание при наборе

direct ~ 1. *тлф* прямое искание **2.** прямой выбор **3.** инструмент для прямого выбора узлов контура (*в графических редакторах*)

drive ~ *вчт* выбор дисковода

equiprobable ~ равновероятный выбор

feature ~ выделение признаков (*при распознавании образов*)

field ~ *вчт* выбор поля

forward ~ прямое искание

groove ~ поиск канавки записи

group ~ групповое искание

image ~ селекция изображений

inductive ~ искание индуктивным методом

keyboard ~ искание при клавиатурном наборе

lag length ~ выбор шага запаздывания, *проф.* выбор длины лага

local ~ искание при наборе по местной линии

long-distance ~ искание при наборе по междугородной линии

mode ~ селекция мод

model ~ выбор модели

multifrequency ~ многочастотное искание

multiple ~ 1. множественное выделение, выделение нескольких объектов **2.** разрывное выделение, выделение нескольких не граничащих друг с другом объектов

natural ~ естественный отбор
path component ~ инструмент для выбора контура (*в графических редакторах*)
pulse ~ селекция импульсов
pushbutton ~ кнопочное переключение
remote channel ~ дистанционное переключение (телевизионных) каналов
replacement ~ *вчт* выбор с замещением (*при сортировке*)
roulette wheel parent ~ выбор родителей методом рулетки (*в генетических алгоритмах*)
rubber-band ~ *вчт* выбор выделения объектов с помощью растяжимой прямоугольной рамки (*в компьютерной графике*)
sample ~ отбор выборок
speed ~ переключение скоростей
tandem ~ транзитное искание
target ~ селекция цели
track ~поиск дорожки записи
velocity ~ селекция по скорости

selective 1. выборочный 2. селективный, избирательный

selectiveness селективность, избирательность
selectivity селективность, избирательность
  adjacent-channel ~ селективность [избирательность] по соседнему каналу
  directional ~ направленность (*напр. микрофона*)
  frequency ~ селективность [избирательность] по частоте
  front-end ~ *тлв* селективность [избирательность] относительно несущей изображения
  intermodulation ~ селективность [избирательность] по интермодуляционным каналам
  ionic ~ *бион.* ионная селективность
  polarization ~ поляризационная избирательность, избирательность по поляризации
  spectral ~ спектральная чувствительность (*фотоэлектрического прибора*)
  spurious-response ~ селективность [избирательность] по каналам побочного приёма

selector 1. селектор (*1. устройство с функцией выбора, отбора или выделения 2. программа выбора, отбора или выделения 3. вчт функция определения состояния 4. инструмент выделения объектов в компьютерной графике*) 2. *тлф* искатель 3. переключатель
  ac/battery ~ переключатель режима питания
  ac voltage ~ переключатель напряжения питания
  amplitude ~ амплитудный селектор
  anticoincidence ~ селектор антисовпадений
  article ~ программа автоматического отбора статей (*в UseNet*)
  assignment ~ искатель вызова
  auto tape ~ функция автоматического определения типа (магнитной) ленты (*в магнитофонах*)
  band ~ переключатель диапазонов
  base form ~ селектор базовых форм (*в машинном распознавании слитной речи*)
  channel ~ *тлв* селектор каналов
  coincidence ~ селектор совпадений
  combined (local and trunk) ~ универсальный искатель (*для местного и междугородного сообщения*)
  course-line ~ задатчик курса
  crossbar ~ многократный координатный соединитель
  cryptocyanine(-dye) mode ~ *кв. эл.* селектор мод на криптоцианиновом красителе
  design-style ~ программа выбора варианта проектирования
  destination ~ *вчт* селектор целевого сегмента
  digital ~ цифровой селектор
  external mode ~ внешний селектор мод
  feature ~ селектор признаков (*в распознавании образов*)
  final ~ линейный искатель
  first ~ первый групповой искатель
  function ~ переключатель приёмник — магнитофон (*в магнитоле*)
  group ~ групповой искатель
  incoming ~ входящий групповой искатель
  interferometer mode ~ интерферометрический селектор мод
  internal mode ~ внутренний селектор мод
  laser mode ~ селектор лазерных мод
  laser wavelength ~ селектор длины волны излучения лазера
  line ~ линейный искатель
  longitudinal-mode ~ селектор продольных мод
  measurement range ~ переключатель диапазонов измерений
  metal/normal tape ~ переключатель типа магнитной ленты, переключатель «металлическая лента/обычная лента»
  mode ~ селектор мод; фильтр типов волн
  newsgroup ~ *вчт* (программный) селектор группы новостей (*напр. в UseNet*)
  omnibearing ~ селектор пеленга относительно всенаправленного радиомаяка
  outgoing ~ исходящий групповой искатель
  page ~ *вчт* селектор страниц
  polarization ~ поляризационный селектор
  pulse ~ селектор импульсов
  pulse-duration ~ селектор длительности импульсов
  pulse-height ~ амплитудный селектор
  pulse-sensing ~ селектор полярности импульсов
  pulse-shape ~ селектор формы импульсов
  pulse-width ~ селектор длительности импульсов
  range ~ переключатель диапазонов (*РЛС*)
  reflection mode ~ селектор мод отражательного типа
  relay ~ релейный искатель
  sender ~ искатель регистров
  step-by-step ~ шаговый искатель
  subject ~ *вчт* селектор тем (*напр. в UseNet*)
  tape ~ переключатель типа магнитной ленты
  thread ~ *вчт* селектор нитей, селектор связных последовательностей (*напр. сообщений*)
  time-interval ~ селектор временных интервалов
  touch program ~ *тлв* сенсорный селектор каналов
  transmission mode ~ селектор мод проходного типа
  trigger ~ пусковой селектор
  UHF ~ *тлв* селектор каналов дециметровых волн
  voltage ~ (односторонний) ограничитель

selectron селектрон (*запоминающая ЭЛТ*)
self-absorption самопоглощение
self-acting автоматический
self-activation самоактивация
self-adapting самоадаптация ‖ самоадаптирующийся

self-affine

self-affine самоаффинный
self-bias 1. автоматическое смещение **2.** внутреннее подмагничивание
self-breakdown самопробой
self-calibration самокалибровка
self-capacitance собственная ёмкость
self-clocking самосинхронизация
self-complementing самодополняющий
self-confinement самоудержание (*плазмы*)
self-contained 1. автономный; самостоятельный **2.** полный (*напр. о системе*)
self-defocusing самодефокусировка || самофокусирующийся
self-demagnetization саморазмагничивание
self-demodulation автодемодуляция
self-descriptive самодокументированный (*напр. о программном продукте*)
self-diffusion самодиффузия
self-discharge саморазряд
self-documenting самодокументированный (*напр. о программном продукте*)
self-dual *вчт* автодуальный, самодвойственный
self-duality *вчт* автодуальность, самодвойственность
self-elastance собственная электрическая жёсткость
self-energy энергия покоя
self-excitation самовозбуждение
self-excited самовозбуждающийся
self-field собственное поле (*пучка*)
self-focusing самофокусировка || самофокусирующийся
self-guided самонаводящийся
self-healing самовосстановление (*конденсатора*) || самовосстанавливающийся (*о конденсаторе*)
self-heating саморазогрев || саморазогревающийся
self-holding самоблокировка || самоблокирующийся
self-identification автоматическое опознавание
self-impedance входное полное сопротивление холостого хода
self-inductance собственная индуктивность
self-induction самоиндукция
self-inductor катушка индуктивности, включаемая для увеличения собственной индуктивности цепи
self-interference внутренняя интерференция (*в резонаторе*)
self-intersection самопересечение
self-justifying *вчт* с автоматическим выравниванием (*строк по вертикали*) по левому и правому полю, *проф.* с автоматической выключкой (*строк*); с автоматическим выравниванием (*строк по вертикали*) по одному из полей
self-limitation самоограничение
self-limiting самоограничение || самоограничивающийся
self-locking самоблокировка || самоблокирующийся
self-loop собственный простой цикл (*в графе*)
self-masking самомаскирование
self-modifying самомодифицирующийся
self-operating автоматический
self-organization 1. самоорганизация **2.** обучение без учителя, самообучение, неконтролируемое [неуправляемое] обучение
self-organizing 1. самоорганизующийся **2.** самообучающийся
self-oxidation самооксидирование

self-pinching самостягивание (*разряда*) || самостягивающийся (*о разряде*)
self-pumping автоматическая накачка
self-quenching самогашение || самогасящийся
self-recording саморегистрирующий, с автоматической регистрацией
self-registering саморегистрирующий, с автоматической регистрацией
self-registration автоматическая регистрация
self-regulating 1. с автоматической стабилизацией **2.** с автоматическим регулированием
self-regulation 1. автоматическая стабилизация **2.** автоматическое регулирование
self-repairing самовосстановление || самовосстанавливающийся
self-restorability самовосстанавливаемость
self-saturation самонасыщение
self-screening самоэкранирование || самоэкранирующийся
self-sealing самоуплотнение || самоуплотняющийся
self-service самообслуживание
   employee ~ электронная система самообслуживания сотрудников
self-shielding самоэкранирование || самоэкранирующийся
self-similar самоподобный
self-similarity самоподобие
self-stick(ing) самоклеящийся
self-sustaining самоподдерживающийся
self-testing 1. самопроверка; самоконтроль **2.** самотестирование
   built-in ~ встроенное самотестирование
self-trapping 1. самозахват **2.** самофокусировка
   optical-beam ~ самофокусировка оптического пучка
self-validating с автоматической проверкой правильности данных; с автоматической проверкой достоверности результатов
selsyn сельсин
   altitude ~ *рлк* сельсин высоты
   azimuth ~ азимутальный сельсин (*напр. поворотной антенны*)
   coarse ~ сельсин грубого отсчёта
   contactless ~ бесконтактный сельсин
   differential ~ дифференциальный сельсин
   elevation ~ угломестный сельсин (*напр. поворотной антенны*)
   exciter ~ ведущий сельсин
   fine ~ сельсин точного отсчёта
   indicating ~ сельсин-индикатор
   range ~ *рлк* сельсин дальности
   receiving ~ сельсин-приёмник
   transmitting ~ сельсин-датчик
   two-phase ~ двухфазный сельсин
semanteme *вчт* семантема
semantic *вчт* семантический
semantics *вчт* семантика
   ~ **of application domain** семантика предметной области
   axiomatic ~ аксиоматическая семантика
   denotational ~ денотационная семантика, теория областей
   mathematical ~ математическая семантика
   non-standard ~ нестандартная семантика
   operational ~ операционная семантика
   procedural ~ процедурная семантика

semiconductor

programming language ~ семантика языка программирования
reduction ~ редукционная семантика
standard ~ стандартная семантика
semaphore *вчт* семафор (*синхронизирующий примитив*)
~ **with restricted access** семафор с ограниченным доступом
binary ~ двоичный семафор
RAM ~ семафор оперативной памяти
system ~ системный семафор
semasiology *вчт* семасиология
seme *вчт* сема
sememe *вчт* 1. семема 2. семантема
semi *вчт проф.* точка с запятой
semibreve целая (нота)
semicircle 1. полуокружность 2. полувиток
semicolon *вчт* точка с запятой
semicompiled *вчт* полутранслированный
semiconducting полупроводниковый
semiconductor 1. полупроводник 2. *проф.* полупроводниковый прибор
acceptor-impurity ~ полупроводник с акцепторной примесью
amorphous ~ аморфный полупроводник
artificially layered ~ полупроводник с искусственной слоистой структурой
beam-accessed metal-oxide ~ ЗУ на запоминающей ЭЛТ с полупроводниковой мишенью и электронным обращением
bulk ~ объёмный полупроводник
chalcogenide ~ халькогенидный полупроводник
compensated ~ компенсированный полупроводник
complementary metal-oxide ~ 1. комплементарная МОП-структура, КМОП-структура 2. логическая схема на комплементарных МОП-структурах, логическая схема на КМОП-структурах
compound ~ полупроводниковое соединение
crystalline ~ кристаллический полупроводник
cubic ~ кубический полупроводник, полупроводник с кубической структурой
defect ~ полупроводник с нарушенным стехиометрическим составом
deficit ~ полупроводник с нарушенным стехиометрическим составом
degenerated ~ вырожденный полупроводник
depleted ~ обеднённый полупроводник
direct(-band)-gap ~ прямозонный полупроводник, полупроводник с прямыми переходами
donor-impurity ~ полупроводник с донорной примесью
doped ~ легированный полупроводник
double-diffused metal-oxide ~ МОП-структура, изготовленная методом двойной диффузии, ДМОП-структура
electron ~ электронный полупроводник, полупроводник *n*-типа
electron-bombarded ~ прибор на полупроводниковом диоде с управлением электронным лучом
elemental ~ элементарный полупроводник
excess ~ полупроводник с нарушенным стехиометрическим составом
extrinsic ~ примесный полупроводник
ferromagnetic ~ ферромагнитный полупроводник

fully compensated ~ скомпенсированный полупроводник
high-energy-gap ~ широкозонный полупроводник, полупроводник с широкой запрещенной зоной
highly doped ~ сильнолегированный полупроводник
high-resistance [high-resistivity] ~ высокоомный полупроводник
high-speed complementary metal-oxide ~ 1. быстродействующая комплементарная МОП-структура, быстродействующая КМОП-структура 2. быстродействующая логическая схема на комплементарных МОП-структурах, быстродействующая логическая схема на КМОП-структурах
hole ~ дырочный полупроводник, полупроводник *p*-типа
homogeneous ~ однородный полупроводник
impurity ~ примесный полупроводник
indirect(-band)-gap ~ непрямозонный полупроводник, полупроводник с непрямыми переходами
inhomogeneous ~ неоднородный полупроводник
intermetallic ~ интерметаллический полупроводник
intrinsic ~ собственный полупроводник
i-type ~ *см.* intrinsic semiconductor
lamellar ~ слоистый полупроводник
large(-band)-gap [large-energy-gap] ~ широкозонный полупроводник, полупроводник с широкой запрещенной зоной
liquid ~ жидкий полупроводник
low-energy gap ~ узкозонный полупроводник, полупроводник с узкой запрещенной зоной
low-resistance [low-resistivity] ~ низкоомный полупроводник
low-voltage complementary metal-oxide ~ 1. низковольтная комплементарная МОП-структура, низковольтная КМОП-структура 2. логическая схема на низковольтных комплементарных МОП-структурах, логическая схема на низковольтных КМОП-структурах
magnetic ~ магнитный полупроводник
many-valley ~ многодолинный полупроводник
metal-insulator ~ структура металл — диэлектрик — полупроводник, МДП-структура
metal-nitride-oxide ~ структура металл — нитрид — оксид — полупроводник, МНОП-структура
metal-oxide ~ структура металл — оксид — полупроводник, МОП-структура
metamagnetic ~ метамагнитный полупроводник
mixed ~ смешанный полупроводник
monocrystalline ~ монокристаллический полупроводник
multivalley ~ многодолинный полупроводник
narrow(-band)-gap ~ узкозонный полупроводник, полупроводник с узкой запрещенной зоной
near-intrinsic ~ квазисобственный полупроводник
nearly-degenerate ~ квазивырожденный полупроводник
noncrystalline ~ аморфный полупроводник
nondegenerated ~ невырожденный полупроводник
nonpolar ~ неполярный полупроводник
n-type ~ полупроводник *n*-типа, электронный полупроводник
n$^+$-type ~ полупроводник n^+-типа, сильнолегированный электронный полупроводник

semiconductor

organic ~ органический полупроводник
partially compensated ~ частично компенсированный полупроводник
photosensitive ~ фоточувствительный полупроводник
piezoelectric ~ пьезоэлектрический полупроводник, пьезополупроводник
p-n ~ p-n-переход
polar ~ полярный полупроводник
polymer ~ полимерный полупроводник
power ~ мощный полупроводниковый прибор
p-type ~ полупроводник p-типа, дырочный полупроводник
p⁺-type ~ полупроводник p^+-типа, сильнолегированный дырочный полупроводник
pure ~ собственный полупроводник
quasi-degenerate ~ квазивырожденный полупроводник
recrystallized ~ рекристаллизованный полупроводник
simple ~ элементарный полупроводник
single-crystal ~ монокристаллический полупроводник
single-junction photosensitive ~ двухслойный фоточувствительный полупроводник
tailored ~ полупроводник с заданной структурой
thin-film ~ тонкоплёночный полупроводник
trap-free ~ полупроводник без ловушек
two-valley ~ двухдолинный полупроводник
undirect(-band)-gap ~ непрямозонный полупроводник, полупроводник с непрямыми переходами
uniaxial ~ одноосный полупроводник
variband ~ варизонный полупроводник
very-low-mesa-stripe ~ полосковая мезаструктура с очень малой высотой полосок
vitreous ~ аморфный полупроводник
wide(-band)-gap ~ широкозонный полупроводник, полупроводник с широкой запрещённой зоной
zero-gap ~ бесщелевой полупроводник
semiduplex полудуплекс ‖ полудуплексный, поочерёдный двусторонний
semigroup *вчт* полугруппа
 dissipative ~ диссипативная полугруппа
semilolog *см.* **semilologarithmic**
semilologarithmic полулогарифмический
semimajor большая полуось (*эллипса*)
semimetal полуметалл
semiminor малая полуось (*эллипса*)
semiology *вчт* семиология; семиотика
semi-ordering полуупорядочение, частичное упорядочение
 lexicographic ~ лексикографическое полуупорядочение, частичное лексикографическое упорядочение
semiotics *вчт* семиотика
semi-parametric полупараметрический
semipermeability полупроницаемость
semiring *вчт* полукольцо
semiset *вчт* полумножество
semitone полутон (*наименьшее расстояние между звуками в 12-тоновой системе*)
 chromatic ~ хроматический полутон
 diatonic ~ диатонический полутон
semivocoder полувокодер

sems болт с предотвращающей самоотвинчивание шайбой (*монтируемой до нарезания резьбы*)
senary шестеричный
send посылать; отправлять; передавать (*напр. сообщение*) ◊ ~ **only** работающий только на передачу (*напр. о терминале*)
 ~ **data** передача данных ‖ передавать данные
send-break прекращение передачи
sender 1. отправитель (*сообщения*) 2. *тлф* регистр
 advanced mass ~ спаммерская программа массовых рассылок, программа AMS
sendmail *вчт* агент передачи (*электронной*) почты
sendust алсифер, сендаст (*магнитный сплав*)
sensation 1. ощущение; восприятие 2. сенсация
 achromatic ~ ахроматическое ощущение
 auditory ~ слуховое ощущение
 chromatic ~ цветовое ощущение
 sound ~ слуховое ощущение
 visual ~ зрительное ощущение
sensational 1. относящийся к ощущению *или* восприятию; сенсуальный 2. сенсационный
sense 1. чувство, функция чувственного восприятия ‖ чувствовать, воспринимать на чувственном уровне 2. способность *или* механизм чувственного восприятия ‖ обладать способностью *или* механизмом чувственного восприятия 3. очувствлять (*напр. робота*); имитировать функцию чувственного восприятия 4. восприятие, перцепция; ощущение ‖ воспринимать; ощущать 5. способность *или* механизм измерения физических величин и преобразования их в сигналы ‖ измерять физические величины и преобразовывать их в сигналы 6. обнаружение; детектирование; считывание ‖ обнаруживать; детектировать; считывать 7. распознавание; опознавание ‖ распознавать; опознавать 8. зондирование ‖ зондировать 9. знак; направление; ориентация ‖ определять знак, направление *или* ориентацию 10. направление; тенденция; курс ‖ определять направление, тенденцию *или* курс 11. смысл; значение ‖ осмысливать; понимать значение; придавать смысл *или* значение 12. сознание; разум ‖ осознавать; представлять на уровне разума
 ~ **of circular polarization** направление вращения для круговой поляризации
 ~ **of Faraday rotation** направление фарадеевского вращения, направление вращения плоскости поляризации
 ~ **of hearing** слух
 ~ **of inequality** знак неравенства
 ~ **of integration** направление интегрирования
 ~ **of sight** зрение
 ~ **of smell** обоняние
 ~ **of taste** вкус
 ~ **of temperature** функция восприятия температуры
 ~ **of touch** осязание
 artificial ~ искусственное чувство (*напр. робота*)
 carrier ~ обнаружение несущей
 clockwise ~ правое направление вращения, вращение по часовой стрелке (*напр. плоскости поляризации света*)
 counterclockwise ~ левое направление вращения, вращение против часовой стрелки (*напр. плоскости поляризации света*)

sensitivity

left-handed ~ левое направление вращения, вращение против часовой стрелки (*напр. плоскости поляризации света*)
polarization ~ 1. направление вращения плоскости поляризации 2. направление вращения для круговой *или* эллиптической поляризации
right-handed ~ правое направление вращения, вращение по часовой стрелке (*напр. плоскости поляризации света*)
sixth ~ шестое чувство; интуиция; чутьё
sensemaker создатель смысла
sensemaking создание смысла; придание осмысленности
~ **in organization** создание смысла в организации; придание осмысленности организации
sensibility способность к чувственному восприятию
sensible 1. чувствующий 2. очувствлённый (*напр. робот*) 3. воспринимающий; ощущающий 4. воспринимаемый; ощущаемый
sensilla *pl* от **sensillum**
sensillum *бион.* сенсилла
sensing 1. чувственное восприятие; *бион.* рецепция 2. обладание способностью *или* механизмом чувственного восприятия 3. очувствление (*напр. робота*); имитация функции чувственного восприятия 4. восприятие, перцепция; ощущение 5. измерение физических величин и преобразование их в сигналы; использование первичных измерительных преобразователей, использование датчиков 6. формирование сигналов (*напр. сигналов изображения*) 7. обнаружение; детектирование; считывание 8. распознавание; опознавание 9. зондирование 10. определение знака, направления *или* ориентации 11. определение направления, тенденции *или* курса 12. осмысливание; понимание значения; придание смысла *или* значения 13. осознавание; представление на уровне разума
active ~ 1. активное зондирование 2. *вчт* активный контроль (*MIDI-сообщение*)
aural ~ слуховое восприятие
bubble-domain ~ считывание [детектирование] ЦМД
card ~ считывание с перфокарт
character ~ 1. считывание символов 2. распознавание символов
contactless ~ 1. бесконтактное восприятие 2. бесконтактное считывание
current ~ токовое считывание
emulation ~ автоматическое переключение эмуляции языков управления (*в лазерных принтерах*)
image ~ формирование сигналов изображения
image velocity ~ определение скорости движения изображения
inductive ~ индуктивное считывание
magnetooptic ~ магнитооптическое считывание
mark ~ *вчт* 1. считывание (карандашных) меток (*с использованием электропроводности графита*) 2. распознавание меток
optic ~ 1. оптическое считывание 2. использование оптических первичных измерительных преобразователей, использование оптических датчиков
passive remote ~ пассивное дистанционное зондирование
radar ~ радиолокационное зондирование
record ~ определение конца записи
remote ~ дистанционное зондирование
rotation ~ измерение угла поворота
rotational position ~ определение углового положения (*носителя информации*)
sea state ~ дистанционное зондирование поверхности моря
smart ~ интеллектуальное зондирование
tactile ~ тактильное восприятие
visual ~ визуальное восприятие
voltage ~ потенциальное считывание
wind ~ дистанционное зондирование ветровой обстановки
sensitive 1. чувствительный 2. восприимчивый
case ~ учитывающий состояние регистра, учитывающий различие строчных и прописных букв
sensitivity 1. чувствительность 2. чувствительность обнаружения, вероятность правильного обнаружения (*сигнала*) 3. восприимчивость
~ **of test** чувствительность критерия
~ **to pain** *биoн.* чувствительность к боли
alignment ~ чувствительность настройки
camera-tube ~ интегральная чувствительность передающей телевизионной трубки
case ~ *вчт* учёт состояния регистра, учёт различия строчных и прописных букв
cathode luminous ~ интегральная чувствительность фотокатода к световому потоку, световая чувствительность фотокатода
cathode radiant ~ интегральная чувствительность фотокатода к лучистому потоку
charge ~ зарядовая чувствительность
close-talking ~ парафоническая чувствительность (*микрофона*)
code pattern ~ кодовая чувствительность
color ~ спектральная чувствительность (*напр. фотоэлектрического прибора*)
contrast ~ контрастная чувствительность
current ~ токовая чувствительность
cutaneous ~ *биoн.* кожная [соматосенсорная] чувствительность
deflection ~ чувствительность к отклонению (*ЭЛТ*)
deviation ~ чувствительность к девиации частоты
dynamic ~ дифференциальная чувствительность (*напр. фотоприёмника*)
effective receiver ~ эффективная чувствительность приёмника
error ~ чувствительность к ошибкам
FM-receiver deviation ~ чувствительность к девиации ЧМ-приёмника
forward ~ чувствительность к входному воздействию
gravitation ~ *биoн.* гравитационная чувствительность
illumination ~ интегральная чувствительность к световому потоку, световая чувствительность
impact ~ чувствительность к ударным нагрузкам
infrared ~ чувствительность к ИК-излучению
instrument ~ чувствительность измерительного прибора
inverse ~ коэффициент отклонения (*ЭЛТ*)
limiting ~ предельная чувствительность
luminous ~ интегральная чувствительность к световому потоку, световая чувствительность
magnetic-field ~ чувствительность к магнитному полю
maximum ~ максимальная чувствительность

sensitivity

maximum deviation ~ чувствительность к максимальной девиации частоты
monochromatic ~ монохроматическая чувствительность
mouse ~ *вчт* чувствительность мыши
pattern ~ кодовая чувствительность
photocathode luminous ~ интегральная чувствительность фотокатода к световому потоку, световая чувствительность фотокатода
photocathode radiant ~ интегральная чувствительность фотокатода к лучистому потоку
photoconductive ~ чувствительность к лучистому потоку при внутреннем фотоэффекте
photoelectric ~ чувствительность к лучистому потоку при внешнем фотоэффекте
phototube static ~ статическая чувствительность электровакуумного фотоэлемента
pressure ~ чувствительность (*микрофона*) по давлению
proprioceptive ~ *бион.* мышечно-суставная [проприоцептивная] чувствительность
quieting ~ чувствительность ЧМ-приёмника при заданном отношении сигнал — шум
radiant ~ интегральная чувствительность к лучистому потоку
random ~ чувствительность (*микрофона*) в диффузном поле
receiver ~ чувствительность приёмника
record ~ чувствительность при записи
resist ~ *микр.* чувствительность резиста
shock ~ чувствительность к ударным нагрузкам
spectral ~ спектральная чувствительность
static ~ статическая чувствительность
tactile ~ тактильная чувствительность
tangential ~ тангенциальная чувствительность
temperature ~ температурная чувствительность
threshold ~ пороговая чувствительность
ultimate ~ предельная чувствительность
vibration ~ вибрационная чувствительность
visceral ~ *бион.* висцеральная [интероцептивная] чувствительность
voltage ~ вольтовая чувствительность
write-in ~ чувствительность при записи
sensitization 1. сенсибилизация 2. активация ◊ **by dichromates** сенсибилизация дихроматами
cooperative ~ кооперативная сенсибилизация
diazo ~ диазосенсибилизация
impurity ~ сенсибилизация примесей
light ~ фотосенсибилизация, фотохимическая сенсибилизация
sensitize 1. сенсибилизировать 2. активировать
sensitizer 1. сенсибилизатор 2. активатор
azide ~ азосенсибилизатор
bis-azide ~ бисазосенсибилизатор
cyclohexanone ~ циклогексаноновый сенсибилизатор
diazide [diazo] ~ диазосенсибилизатор
resist ~ сенсибилизатор резиста
sulfur-bearing [sulfur-containing] ~ серосодержащий сенсибилизатор
sensitometer сенситометр
sensitometry сенситометрия
photoresist ~ сенситометрия фоторезистов
sensor 1. сенсорный орган; орган чувств; *бион.* рецептор 2. средство очувствления (*напр. робота*) 3. (первичный) измерительный преобразователь, датчик, *проф.* сенсор 4. формирователь сигналов (*напр. сигналов изображения*) 5. устройство обнаружения; детектор; устройство считывания 6. устройство распознавания; устройство опознавания 7. зонд
acceleration ~ измерительный преобразователь ускорения, датчик ускорения
active pixel ~ активный формирователь сигналов изображения (*напр. в цифровых камерах*)
altimeter ~ измерительный преобразователь высоты, датчик высоты
analog ~ аналоговый первичный измерительный преобразователь, аналоговый датчик
angular movement ~ измерительный преобразователь углового перемещения, датчик углового перемещения
automatic music ~ система автоматического поиска последующего или предыдущего фрагмента записи на (магнитной) ленте (*в магнитофонах*)
bubble-domain stretching ~ детектор ЦМД с расширением
capacitive ~ ёмкостный измерительный преобразователь, ёмкостный датчик
charge-coupled area image ~ матричный формирователь сигналов изображения на ПЗС
charge-coupled image ~ формирователь сигналов изображения на ПЗС
CMOS image ~ формирователь сигналов изображения на КМОП-структурах
contact ~ контактный измерительный преобразователь, контактный датчик
contact image ~ 1. контактный формирователь сигналов изображения на линейках свето- и фотодиодов 2. метод формирования сигналов изображения с помощью линеек свето- и фотодиодов, CIS-метод
contactless ~ бесконтактный измерительный преобразователь, бесконтактный датчик
crystal ~ пьезоэлектрический измерительный преобразователь, пьезодатчик
Dayem-bridge magnetic-flux ~ *свпр* измерительный преобразователь магнитного потока на мостике Дейема, датчик магнитного потока на мостике Дейема
digital ~ цифровой первичный измерительный преобразователь, цифровой датчик
direct ~ измерительный преобразователь прямого действия, датчик прямого действия
displacement ~ ёмкостный измерительный преобразователь перемещения, ёмкостный датчик перемещения
electrochemical ~ электрохимический измерительный преобразователь, электрохимический датчик
electronic tape tension ~ электронный измерительный преобразователь натяжения магнитной ленты, электронный датчик натяжения магнитной ленты
fiber optic(al) ~ волоконно-оптический измерительный преобразователь, волоконно-оптический датчик
force ~ динамометрический преобразователь, динамометрический датчик
frame transfer image ~ формирователь сигналов изображения с кадровой организацией

sensory

giant magnetoresistance ~ первичный измерительный преобразователь на эффекте гигантского магнитосопротивления, датчик на эффекте гигантского магнитосопротивления

glove ~ блок первичных измерительных преобразователей перчатки в системе виртуальной реальности, блок датчиков перчатки в системе виртуальной реальности (*для управления движением руки персонажа на экране дисплея*)

GMR ~ *см.* **giant magnetoresistance sensor**

guidance ~ приёмник системы наведения

health ~ измерительный преобразователь данных о работоспособности, датчик данных о работоспособности

heterojunction-diode ~ измерительный преобразователь на гетеродиоде, датчик на гетеродиоде

image ~ формирователь сигналов изображения

implanted ~ имплантированный измерительный преобразователь, имплантированный датчик

inductive ~ индуктивный измерительный преобразователь, индуктивный датчик

infared ~ датчик ИК-излучения

in-situ ~ измерительный преобразователь прямого действия, датчик прямого действия

interferometric ~ интерферометрический измерительный преобразователь, интерферометрический датчик

lane-changing ~ датчик изменения движения по полосам (*в автомобильной радиолокации*)

laser(-based) ~ лазерный датчик

local ~ локальный измерительный преобразователь, локальный датчик

magnetic gradient ~ измерительный преобразователь градиента магнитного поля, датчик градиента магнитного поля; градиентометр

magneto-optic(al) ~ магнитооптический датчик

magnetoresistive ~ магниторезистивный измерительный преобразователь, магниторезистивный датчик

magnetostriction [magnetostrictive] ~ магнитострикционный измерительный преобразователь, магнитострикционный датчик

matrix ~ матричный измерительный преобразователь, матричный датчик

media type ~ датчик типа (запоминающей) среды; датчик типа носителя (информации)

microwave ~ детектор СВЧ-излучения

Mössbauer-effect velocity ~ измерительный преобразователь скорости на эффекте Мёссбауэра, датчик скорости на эффекте Мёссбауэра

night-vision ~ ИК-датчик, прибор ночного видения

optical ~ оптический измерительный преобразователь, оптический датчик

optical-fiber ~ волоконно-оптический измерительный преобразователь, волоконно-оптический датчик

optical-fiber displacement ~ волоконно-оптический измерительный преобразователь перемещения, волоконно-оптический датчик перемещения

permalloy ~ пермаллоевый измерительный преобразователь, пермаллоевый датчик

piezoelectric ~ пьезоэлектрический измерительный преобразователь, пьезоэлектрический датчик

piezoresistive ~ пьезорезистивный измерительный преобразователь, пьезорезистивный датчик

point-contact magnetic flux ~ *свпр* точечный измерительный преобразователь магнитного потока, точечный датчик магнитного потока

position ~ измерительный преобразователь положения, датчик положения

proximity ~ измерительный преобразователь расстояния (*до объекта*), датчик расстояния (*до объекта*)

pyroelectric radiation ~ пироэлектрический детектор излучения

rear obstacle ~ датчик системы заднего обзора (*в автомобильной радиолокации*)

remote ~ телеметрический измерительный преобразователь, телеметрический датчик

resistive ~ резистивный измерительный преобразователь, резистивный датчик

resistive-strain ~ тензорезистор

rotation ~ измерительный преобразователь угла поворота, датчик угла поворота

self-scanned image ~ формирователь сигналов изображения с самосканированием

semiconductor Hall-effect ~ (измерительный) преобразователь (на эффекте) Холла, генератор Холла, датчик Холла

solid-state ~ твердотельный измерительный преобразователь, твердотельный датчик

spectral ~ спектральный датчик

spectrophotometric ~ спектрофотометрический датчик

spin-valve ~ спин-вентильный первичный измерительный преобразователь, спин-вентильный датчик

strain ~ тензочувствительный измерительный преобразователь, тензодатчик

superconducting ~ сверхпроводящий измерительный преобразователь, сверхпроводящий датчик

surface-charge ~ детектор поверхностного заряда

tactile ~ 1. тактильный измерительный преобразователь, измерительный преобразователь касания, тактильный датчик, датчик касания 2. сенсорный измерительный преобразователь, сенсорный датчик

thin-film ~ тонкоплёночный измерительный преобразователь, тонкоплёночный датчик

touch ~ 1. тактильный измерительный преобразователь, измерительный преобразователь касания, тактильный датчик, датчик касания 2. сенсорный измерительный преобразователь, сенсорный датчик

tracking-arm acceleration ~ измерительный преобразователь ускорения тонарма, датчик ускорения тонарма (*в электропроигрывателе*)

ultrasonic ~ ультразвуковой измерительный преобразователь, ультразвуковой датчик

vibratory ~ вибрационный измерительный преобразователь, вибродатчик

write-protect ~ датчик для перехода в режим защиты от записи

sensorimotor *бион.* сенсомоторный

sensorineural *бион.* сенсонейронный

sensory 1. сенсорный (*1. относящийся к органам чувств; рецепторный 2. относящийся к измерительным преобразователям, относящийся к дат-

sentence

чикам) **2.** очувствляющий (*напр. робота*) **3.** обнаруживающий; детектирующий; считывающий **4.** распознающий, опознающий **5.** зондирующий

sentence 1. *вчт* предложение (*1. высказывание; фраза; синтаксическая конструкция 2. оператор программы*) **2.** приговор

ambiguous ~ неоднозначное высказывание
analytically expressible ~ аналитически выразимое высказывание
atomic ~ атомарное высказывание
closed ~ высказывание
composite ~ сложное предложение
conditional ~ условное предложение
consistent ~ непротиворечивое высказывание
contradictory ~ противоречивое высказывание
declarative ~ повествовательное предложение
equisignificant ~s равнозначные высказывания
equivalent ~s эквивалентные высказывания
false ~ ложное высказывание
grammatical ~ грамматическое предложение
Horn ~ дизъюнкт Хорна
inconsistent ~ противоречивое высказывание
inverse ~ обратное [инверсное] высказывание
mathematical ~ математическое предложение
matrix ~ матричное предложение
open ~ предикат
provable ~ доказуемое высказывание
quantifier-free ~ бескванторное высказывание
satisfiable ~ выполнимое предложение
topic ~ ключевое предложение (*напр. раздела*)
true ~ истинное высказывание
unambiguous ~ однозначное высказывание
Usenet death ~ решение о полном блокировании сообщений нарушителя устава системы Usenet, *проф.* смертный приговор Usenet

sentential сентенциальный, относящийся к предложению

sentinel 1. страж (*1. вчт проф. группирователь, ограничитель, группирующий [ограничивающий] символ или группирующая [ограничивающая] совокупность символов 2. вчт проф. сигнальная метка напр. для выхода из цикла 3. персонаж компьютерных игр*) **2.** система противоракетной обороны США «Сентинел»

separability 1. выделимость, возможность выделения; разделимость; отделимость; возможность разделения *или* отделения **2.** *вчт* сепарабельность

close-target ~ способность разрешения близко расположенных целей
left ~ сепарабельность слева
right ~ сепарабельность справа
total ~ полная сепарабельность

separable 1. выделимый, с возможностью выделения; разделимый; отделимый; с возможностью разделения *или* отделения **2.** *вчт* сепарабельный

separableness 1. выделимость, возможность выделения; разделимость; отделимость; возможность разделения *или* отделения **2.** *вчт* сепарабельность

separate 1. выделять(ся); разделять(ся); отделять(ся) **2.** разносить (*напр. по частоте*)

separation 1. выделение; разделение; отделение **2.** разнесение; разнос (*напр. по частоте*) **3.** интервал; расстояние **4.** зазор; щель **5.** граница *или* точка раздела **6.** переходное затухание между каналами (*в стерео- и квадрафонии*) **7.** цветоделённый негатив

acoustic ~ разделение звука (*при многомикрофонной записи*)
carrier ~ *тлв* разнос несущих
channel ~ **1.** переходное затухание между каналами **2.** канальный интервал (*в системе с многостанционным доступом*)
chrominance ~ *тлв* выделение сигнала цветности
color ~ *тлв* цветоделение
contact ~ зазор между замыкающими контактами реле (*в разомкнутом положении*)
data ~ разделение данных
die ~ *микр.* разделение пластины на кристаллы
echo ~ *рлк* разделение отметок (*на экране индикатора*)
electrostatic ~ электростатическое разделение
energy-level ~ расстояние между энергетическими уровнями
frequency ~ **1.** частотное разнесение **2.** *тлв* разделение сигналов синхронизации
hologram image ~ разделение голографических изображений
level ~ расстояние между энергетическими уровнями
magnetic ~ магнитное разделение
mode ~ разделение мод
phase ~ фазовое разнесение
polarization ~ поляризационное разнесение
pulse ~ интервал между импульсами, межимпульсный интервал
pulse-interference ~ выделение импульсной помехи
spatial ~ пространственное разнесение
step ~ *крист.* расстояние между ступенями роста
stereo ~ переходное затухание между стереоканалами
undercolor ~ *тлв, вчт* цветоделение по дополнительным цветам
wavelength ~ разнесение по длине волны

separator 1. схема выделения сигналов; схема разделения сигналов **2.** *вчт* разделитель **3.** прокладка **4.** сепаратор (*1. разделительный изолирующий элемент в химических источниках тока 2. магнитная силовая линия, опирающаяся на нулевые [нейтральные] точки*)

amplitude ~ **1.** схема выделения сигналов по амплитуде; схема разделения сигналов по амплитуде; амплитудный селектор **2.** *тлв* схема выделения сигналов синхронизации
argument ~ *вчт* разделитель аргументов (*напр. команды*)
burst ~ *тлв* схема выделения сигналов цветовой синхронизации
field ~ *вчт* разделитель полей
file ~ **1.** разделитель файлов **2.** символ «разделитель файлов», символ ⌐, символ с кодом ASCII 1Ch
frequency ~ **1.** схема выделения сигналов по частоте; схема разделения сигналов по частоте **2.** *тлв* схема разделения сигналов синхронизации
gap ~ немагнитная прокладка (*магнитной головки*)
group ~ *вчт* **1.** разделитель групп **2.** символ «разделитель групп», символ ↔, символ с кодом ASCII 1Dh
impulse ~ схема выделения импульсов; схема разделения импульсов; селектор импульсов

sequence

information ~ разделитель информации; разделитель данных (*напр. при передаче*)

internal field ~s внутренние разделители поля (*переменные окружения в командном процессоре для UNIX*)

pathname ~ *вчт* разделитель полного имени (*файла или каталога*)

polarization ~ схема выделения сигналов по поляризации; схема разделения сигналов по поляризации; поляризационный селектор

record ~ *вчт* 1. разделитель записей 2. символ «разделитель записей», символ ▲, символ с кодом ASCII 1Eh

sync [synchronizing] ~ *тлв* схема выделения сигналов синхронизации

unit ~ *вчт* 1. разделитель элементов 2. символ «разделитель элементов», символ ▼, символ с кодом ASCII 1Fh

separatrix сепаратриса ‖ сепаратрисный
   magnetic ~ магнитная сепаратриса
   three-dimensional ~ трёхмерная сепаратриса

septa *pl* от **septum**

septenary семеричный

septum 1. перегородка (*напр. в волноводе*); мембрана 2. *биол.* септа
   T ~ — Т-образная перегородка

sequel 1. продолжение (*напр. телесериала*) 2. последовательное развитие 3. результат; следствие

sequence 1. последовательность ‖ задавать последовательность 2. *вчт* кортеж 3. порядок следования, очерёдность; упорядочение ‖ устанавливать порядок следования *или* очерёдность; упорядочивать 4. маршрут (*в графе*) 5. *тлв* последовательность сцен *или* кадров в эпизоде (*напр. телефильма*) 6. *вчт* последовательность кадров, получаемых и обрабатываемых по единой методике (*в компьютерном видео*) 7. результат; следствие

~ **of choices** последовательность вариантов выбора
~ **of classes** последовательность классов
~ **of estimates** последовательность оценок
~ **of moves** последовательность ходов (*напр. в компьютерных играх*)
~ **of quantifiers** кортеж кванторов

act-event ~ последовательность действий и событий

alphanumeric(al) ~ алфавитно-цифровая последовательность

alternating ~ знакопеременная последовательность

arbitrary ~ **of input patterns** произвольная последовательность входных образов, произвольные входные данные (*в теории адаптивного резонанса*)

ascending ~ возрастающая последовательность

Barker ~ последовательность Баркера

bent ~ кусочно-постоянная (булева) функция, функция с равными по модулю коэффициентами быстрого преобразования Уолша

binary ~ двоичная последовательность

bipolar ~ биполярная последовательность

bitonic ~ битоническая последовательность

boot ~ *вчт* последовательность (начальной) загрузки

bordism spectral ~ *вчт* спектральная последовательность бордизмов, спектральная последовательность внутренних гомологий

calling ~ *вчт* вызывающая последовательность

cleaning ~ *микр.* последовательность операций в процессе очистки

code ~ кодовая последовательность

coded ~ кодированная последовательность

coding ~ кодирующая последовательность

collation ~ упорядочивающая последовательность; схема упорядочения

composed ~ *вчт* составная последовательность (нажатия клавиш) (*для ввода отсутствующего на клавиатуре символа*)

confusion ~ перемешивающая последовательность; бегущий ключ (*в криптографии*)

control ~ *вчт* управляющая последовательность

convergent ~ сходящаяся последовательность

countable ~ счётная последовательность

descending ~ убывающая последовательность

deterministic ~ детерминированная последовательность

direct ~ прямая последовательность

directed ~ ориентированный маршрут (*в графе*)

divergent ~ расходящаяся последовательность

edge ~ маршрут (*в графе*)

encoded ~ кодированная последовательность

ergodic ~ эргодическая последовательность

escape ~ *вчт* управляющая последовательность для устройства вывода, *проф.* escape-последовательность

events ~ последовательность событий

finite ~ конечная последовательность

forward ~ *вчт* прямая последовательность

frame check ~ проверочная последовательность кадров

geometric ~ геометрическая прогрессия

harmonic ~ гармонический ряд

inner ~ внутренний маршрут (*в графе*)

M-~ *см.* **maximal length sequence**

Markov(ian) ~ марковская последовательность

maximal length ~ М-последовательность, последовательность максимальной длины (*для сдвигового регистра с линейной обратной связью*)

MIDI ~ *вчт* MIDI-последовательность

multidimensional ~ многомерная последовательность

natural ~ натуральный ряд

n-bit ~ *n*-разрядная последовательность

negotiation ~ *вчт* последовательность согласования

nested ~ вложенная последовательность

n-stage ~ *n*-разрядная последовательность

ordered ~ упорядоченная последовательность

page ~ последовательность страниц

petal ~ лепестковая последовательность (*в орграфе типа розы*)

PR ~ *см.* **pseudorandom sequence**

pseudorandom ~ псевдослучайная последовательность

pseudorandom binary ~ псевдослучайная двоичная последовательность

pseudorandom confusion ~ псевдослучайная перемешивающая последовательность; псевдослучайный бегущий ключ (*в криптографии*)

quasi-periodic ~ квазипериодическая последовательность

random ~ случайная последовательность

sequence

reciprocal ~ обратная последовательность
recurrent ~ рекуррентная последовательность
recursive ~ рекурсивная последовательность
reverse ~ обратная последовательность
sample ~ выборочная последовательность
summable ~ суммируемая последовательность
test ~ *вчт* тестовая последовательность
thermal recalibration ~ процедура температурной перекалибровки, процедура повторной температурной калибровки, процедура повторной термокалибровки (*напр. сервосистемы жёсткого магнитного диска*)
time ~ временная последовательность
undirected ~ неориентированный маршрут (*в графе*)

sequencer 1. *вчт проф.* секвенсер (*1. программное или аппаратное средство задания последовательностей 2. программа установления порядка следования; программа упорядочения 3. программа для записи, редактирования и воспроизведения MIDI-последовательностей, MIDI-секвенсер*) **2.** *тлф* диспетчер
  address ~ адресный секвенсер
  automatic call ~ автоматический диспетчер вызовов
  MIDI ~ программа для записи, редактирования и воспроизведения MIDI-последовательностей, MIDI-секвенсер

sequencing 1. задание последовательности **2.** установление порядка следования *или* очерёдности; упорядочение
  automatic ~ автоматическое задание последовательности (*напр. выполнения команд*)
  base-timing ~ задание кодированной временной последовательности (*в радиолокационной системе с активным ответом*)
  instruction ~ задание последовательности выполнения команд

sequent 1. (по)следующий **2.** являющийся следствием, вытекающий из

sequential 1. последовательный **2.** (по)следующий

serial 1. сериал (*напр. телевизионный*) || многосерийный **2.** издание, выпускаемое с продолжением || печатающийся с продолжением **3.** серийный; сериальный **4.** последовательный ◊ **~ by bit** побитовый; **~ by byte** побайтовый; **~ by character** посимвольный; побайтовый; **~ by page** постраничный; **~ by word** пословный
  e~ 1. электронный сериал **2.** электронное издание, выпускаемое с продолжением

serial-in/parallel-out с последовательным вводом и параллельным выводом

serial-in/serial-out с последовательным вводом и последовательным выводом

serializability 1. *вчт* возможность преобразования в последовательную форму; возможность представления в виде последовательности **2.** *вчт* возможность перехода из параллельного режима (*обработки данных*) в последовательный режим; возможность перехода от побайтовой передачи (*данных*) к побитовой **3.** *вчт* хранимость текущего состояния; возможность сохранения данных о текущем состоянии (*объектов или переменных*) **4.** возможность организации серийного производства; возможность перехода на серийный выпуск продукции

serialization 1. *вчт* преобразование в последовательную форму; представление в виде последовательности **2.** *вчт* переход из параллельного режима (*обработки данных*) в последовательный режим; переход от побайтовой передачи (*данных*) к побитовой **3.** *вчт* сохранение текущего состояния; запись данных о текущем состоянии (*объектов или переменных*) **4.** организация серийного производства; переход на серийный выпуск продукции **5.** создание, выпуск *или* передача сериала **6.** печатание *или* издание с продолжением **7.** присвоение серийных номеров; занесение в спецификацию под серийными номерами

serialize 1. *вчт* преобразовывать в последовательную форму; представлять в виде последовательности **2.** *вчт* переходить из параллельного режима (*обработки данных*) в последовательный режим; переходить от побайтовой передачи (*данных*) к побитовой **3.** *вчт* сохранять текущее состояние; записывать данные о текущем состоянии (*объектов или переменных*) **4.** организовывать серийное производство; переходить на серийный выпуск продукции **5.** создавать, выпускать *или* передавать сериал **6.** печатать *или* издавать с продолжением **7.** присваивать серийные номера; заносить в спецификацию под серийными номерами

serializer *вчт* преобразователь (*данных*) в последовательную форму

seriate расположенный *или* происходящий в виде последовательности *или* набора последовательностей

series 1. последовательность (*1. пронумерованное множество элементов 2. совокупность связанных или однородных объектов или событий, упорядоченных в пространстве или времени по определённому закону*) || последовательный, расположенный *или* происходящий в виде последовательности **2.** последовательное соединение (*напр. электрических цепей*) || последовательный (*о соединении*) **3.** набор; комплект; семейство **4.** *вчт* ряд (*напр. Фурье*) **5.** серия (*напр. спектральная*) **6.** набор выпусков (*продолжающегося издания*) **7.** регулярно повторяющаяся вещательная программа (*напр. сериал*); серия передач (*с общей темой или в общем формате*)
~ of curves семейство кривых
~ of observations семейство наблюдений
alternate [alternating] ~ знакопеременный ряд
arithmetic ~ арифметический ряд
Balmer ~ (спектральная) серия Бальмера
bivariate ~ двумерный ряд
Brackett ~ (спектральная) серия Брекетта
cardinal ~ основной ряд (*в теории интерполяции*)
cointegrated time ~s коинтегрированные временные ряды, временные ряды со стационарной линейной комбинацией
convergent ~ сходящийся ряд
cosine Fourier ~ ряд Фурье по косинусам
data ~ последовательность данных
discrete ~ дискретная серия
Edgeworth ~ ряд Эджуорта
electrochemical ~ ряд напряжений
electromotive(-force) ~ ряд напряжений
electrostatic ~ триботэлектрический ряд

ergodic time ~ эргодический временной ряд
F- ~ *см.* **Fourier series**
Fourier ~ ряд Фурье
galvanic ~ ряд напряжений
geometric ~ геометрический ряд
grating-lobe ~ серия дифракционных максимумов
harmonic ~ гармонический ряд (*в акустике*)
homologous ~ *кв. эл.* гомологический ряд
Humphrey's ~ (спектральная) серия Хэмфри
infinite ~ бесконечный ряд
integrated of order p time ~ интегрируемый временной ряд порядка p (*со стационарностью по последовательным разностям p-го порядка*)
Laurent ~ ряд Лорана
Lyman ~ (спектральная) серия Лаймана
Maclaurin ~ ряд Маклорена
Markov(ian) ~ марковский ряд
matrix ~ матричный ряд
network ~ сетевая серия, сетевой ряд (*напр. устройств*)
optical ~ спектральная серия
ordered ~ упорядоченный ряд
oscillating ~ осциллирующий ряд
Paschen ~ (спектральная) серия Пашена
Pfund ~ (спектральная) серия Пфунда
power ~ степенной ряд
sine Fourier ~ ряд Фурье по синусам
singular ~ сингулярный ряд
spectral ~ спектральная серия
stationary time ~ стационарный временной ряд
Taylor ~ ряд Тейлора
thermoelectric ~ термоэлектрический ряд напряжений
time ~ временной ряд
triboelectric ~ триболэлектрический ряд
trigonometric ~ тригонометрический ряд
truncated ~ усечённый ряд
Volta ~ ряд напряжений
Walsh ~ ряд Уолша
weighted ~ взвешенный ряд
series/parallel последовательно-параллельный
series-wound с последовательным возбуждением, сериесный (*об электрической машине*)
serif *вчт* **1.** засечка (*литеры*) ǁ с засечками, имеющий засечки **2.** шрифт с засечками
  bone ~ гантелевидная засечка
  cove ~ засечка с плавным сопряжением
  flared ~ засечка с расширением
  obtuse ~ засечка с сопряжением под тупым углом
  rounded ~ закруглённая засечка
  sans ~ **1.** без засечек, не имеющий засечек; рубленый **2.** шрифт без засечек; рубленый шрифт
  square ~ засечка с сопряжением под прямым углом
  triangle ~ треугольная засечка
serigraph отпечаток, полученный методом трафаретной печати
serigraphy трафаретная печать
serration *тлв* зубчиковые искажения
serrodyne фазовый модулятор (*ЛБВ или клистрона*) с модуляцией времени пролёта
serrodyning метод активного радиоэлектронного подавления с использованием ЛБВ с фазовым модулятором
serve 1. предоставлять услуги; обслуживать **2.** удовлетворять (*определённым*) требованиям; быть достаточным **3.** предназначаться (*для чего-либо*); служить (*определённым целям*)
Server:
  Netscape Commerce ~ WWW-сервер фирмы Netscape Communications с системой защиты информации по стандарту SSL
  Netscape Communications ~ WWW-сервер фирмы Netscape Communications
  Netscape News ~ сервер фирмы Netscape Communications для сети UseNet
  Proxy ~ программная реализация прокси-сервера корпорации Microsoft
server 1. *вчт* сервер (*1. специализированная станция; спецпроцессор 2. компьютер, предоставляющий ресурсы другим компьютерам в сети 3. обслуживающее приложение; обслуживающий процесс 4. обслуживающий объект*) **2.** обслуживающее устройство (*в теории массового обслуживания*) **3.** служебный канал; служебная линия
  anonymous (surfing) ~ анонимный сервер, сервер с возможностью анонимного доступа (*без регистрации*)
  AppleShare file ~ файл-сервер с программным обеспечением AppleShare (*для Apple-совместимых компьютеров*)
  application ~ сервер приложений (*компьютер или пакет программ*)
  automated connection manager ~ сервер автоматизированного управления соединениями
  blade ~ одноплатный сервер (*подключаемый к слоту приборной стойки*)
  centralized file ~ централизованный файл-сервер
  certified delivery ~ сервер гарантированной доставки (*сообщений*)
  commerce ~ сервер для электронных коммерческих операций
  communications ~ сервер связи
  CSO name ~ сервер имён компьютерной службы Иллинойского университета, сервер имён CSO
  database ~ сервер базы данных
  dedicated file ~ выделенный файл-сервер
  domain (name) ~ сервер доменных имён, сервер системы DNS
  e-mail ~ сервер электронной почты; почтовый сервер
  file ~ файл-сервер, файловый сервер (*1. компьютерная система для хранения и пересылки файлов 2. программа на сетевом узле для хранения и пересылки файлов*)
  FTP ~ сервер с доступом по протоколу стандарта FTP, FTP-сервер
  ftp ~ сервер с доступом по протоколу ftp, ftp-сервер
  gateway ~ сервер-шлюз (*для связи локальной сети с внешней сетью*)
  home ~ базовый сервер, *проф.* домашний сервер
  HTTP ~ сервер, предоставляющий услуги по протоколу передачи гипертекста; HTTP-сервер
  Internet relay chat ~ сервер системы групповых дискуссий в Internet, сервер системы IRC
  Internet telephony ~ сервер для Internet-телефонии, IT-сервер
  IRC ~ *см.* **Internet relay chat server**
  LAN ~ *см.* **local area network server**
  local ~ локальный сервер

server

local area network ~ сервер локальной сети
mail ~ почтовый сервер; сервер электронной почты
mirror ~ зеркальный сервер, сервер-дублёр
multimedia conference ~ сервер для проведения мультимедийных конференций, MCS-сервер
name ~ сервер доменных имён, сервер системы DNS
net(work) ~ сетевой сервер
network access ~ сервер доступа к сети
Network News Transfer Protocol ~ сервер межсетевых новостей, работающий по протоколу NNTP, NNTP-сервер
news ~ **1.** сервер межсетевых новостей (*напр. в UseNet*) **2.** сервер-шлюз электронной почты (*напр. в UseNet*)
NNTP ~ *см.* **Network News Transfer Protocol server**
nym ~ анонимный сервер, сервер с возможностью анонимного доступа (*без регистрации*)
personal ~ персональный сервер
POP ~ работающий по протоколу POP сервер, POP-сервер
primary name ~ первичный [основной] сервер доменных имён, первичный [основной] сервер системы DNS
print(er) ~ сервер печати (*в локальной сети*)
proxy ~ сервер-посредник, сервер с программным обеспечением для кэширования и фильтрации пользовательской информации, *проф.* прокси-сервер
publishing ~ сервер-издатель (*напр. информации для баз данных*)
remote access ~ сервер дистанционного доступа
remote file ~ удалённый файл-сервер
remote procedure call ~ сервер, предоставляющий услуги по протоколу дистанционного вызова процедур, RPC-сервер
root ~ корневой сервер
root name ~ сервер имён корневого домена
root zone ~ сервер корневой зоны
RPC ~ *см.* **remote procedure call server**
secondary name ~ вторичный [дополнительный] сервер доменных имён, вторичный [дополнительный] сервер системы DNS
shared file ~ файл-сервер коллективного доступа
stated ~ фиксирующий [сохраняющий] данные о (поступающих) запросах сервер, сервер с фиксацией данных о (поступающих) запросах, сервер с сохранением данных о (поступающих) запросах, сервер с интерактивной обработкой транзакций, сервер с сопровождением состояния (*напр. ftp-сервер*)
stateful ~ фиксирующий [сохраняющий] данные о (поступающих) запросах сервер, сервер с фиксацией данных о (поступающих) запросах, сервер с сохранением данных о (поступающих) запросах, сервер с интерактивной обработкой транзакций, сервер с сопровождением состояния (*напр. ftp-сервер*)
stateless ~ не фиксирующий [не сохраняющий] данные о (поступающих) запросах сервер, сервер без фиксации данных о (поступающих) запросах, сервер без сохранения данных о (поступающих) запросах, сервер с независимой обработкой транзакций, сервер без сопровождения состояния (*напр. HTTP-сервер*)

telex ~ сервер системы абонентской телеграфной связи
terminal ~ терминальный сервер
utility ~ вспомогательный сервер
Web ~ сервер глобальной гипертекстовой системы WWW для поиска и использования ресурсов Internet, сервер Web-системы, Web-сервер
whois ~ сервер информационной службы Internet для получения данных о сетях, доменах, хостах и пользователях сети, сервер службы whois
wide area information ~**s** региональная сеть информационных серверов, распределённая информационно-поисковая система WAIS
Windows Internet name ~ сервер доменных имён операционной системы Windows, DNS-сервер операционной системы Windows

Service:
Public Broadcasting ~ вещательная компания Пи-би-эс (*США*)

service 1. служба (*1. совокупность учреждений, организаций и технических средств, обеспечивающих постоянное функционирование специализированных систем, их обслуживание и предоставление соответствующих услуг 2. работа; род занятий*) || служебный **2.** сервис; услуги; обслуживание || сервисный; относящийся к сфере услуг; обслуживающий **3.** техническое обслуживание; (профилактический) осмотр и текущий ремонт || осуществлять техническое обслуживание; производить (профилактический) осмотр и текущий ремонт **4.** *тлф* служба записи и (последующей) передачи сообщений абонентам **5.** (служебная) функция **6.** связь **7.** система энергоснабжения ◊
out of ~ **1.** вне зоны обслуживания (*напр. системы*) **2.** технический перерыв (*напр. в передаче*)
911 ~ служба спасения (*США*)
absent-subscriber ~ служба телефонной связи с автоответом
address ~ *вчт тлф* адресная служба
advanced mobile phone ~ аналоговая система сотовой подвижной радиотелефонной связи стандарта AMPS
advanced mobile phone ~/**digital** цифровая система сотовой подвижной радиотелефонной связи стандарта AMPS/D, цифровая система сотовой подвижной радиотелефонной связи стандарта D-AMPS
aeronautical ~ воздушная служба
aeronautical broadcasting ~ информационная воздушная служба
aeronautical fixed ~ фиксированная воздушная служба
aeronautical mobile ~ подвижная воздушная служба
aeronautical radionavigation ~ радионавигационная воздушная служба
aeronautical telecommunication ~ воздушная служба электросвязи
aircraft control and warning ~ служба обнаружения воздушных целей системы ПВО
alternative line ~ *тлф* обслуживание по дополнительной линии
amateur ~ радиолюбительская служба
analog communication ~ аналоговая служба связи
answering ~ *тлф* служба записи и (последующей) передачи сообщений абонентам

service

around-the-clock ~ круглосуточное обслуживание
beacon ~ радионавигационная служба с использованием радиомаяков
bibliographic retrieval ~ библиографическая поисковая служба
BIOS ~s функции базовой системы ввода/вывода, функции BIOS
British Forces broadcasting ~ радиовещательная служба вооружённых сил Великобритании
broadcasting ~ вещательная служба
broadcasting satellite ~ спутниковая вещательная служба
broadcast videotex ~ служба видеотекса с использованием каналов вещательного телевидения
bulletin board ~ электронная доска объявлений, BBS
cable broadband ~ служба широкополосной кабельной связи
cable modem ~ служба кабельной модемной связи
call ~ обслуживание вызова
circuit emulation ~ служба эмуляции схем
citizens' radio ~ служба персональной радиосвязи
coding-decoding ~ *вчт тлф* служба кодирования-декодирования
communication ~ служба связи
connection ~ служба установления соединений
connectionless network ~ сетевая служба (*связи*) без установления логического соединения
connection-oriented network ~ сетевая служба (*связи*) с установлением логического соединения
cryptographic ~ *вчт тлф* криптографическая служба
DAB ~ *см.* digital audio broadcasting service
data ~ информационная служба
dialed number identification ~ служба определения набранного номера
digital advanced mobile phone ~ цифровая система сотовой подвижной радиотелефонной связи стандарта D-AMPS, цифровая система сотовой подвижной радиотелефонной связи стандарта AMPS/D
digital audio broadcasting ~ служба цифрового радиовещания
digital music ~ служба цифрового музыкального радиовещания
directory ~ 1. служба каталогов (*в сети*) 2. справочная служба сети
directory inquiry ~ *тлф* справочная служба
directory synchronization ~ служба синхронизации каталогов (*в сети*)
distributed file ~s распределённая файловая служба
E911 ~ *см.* extended 911 service
echo cancellation ~ *вчт тлф* служба эхоподавления
e-mail ~ служба электронной почты
emergency ~ служба спасения
emergency radio ~ служба аварийной радиосвязи
encoding-decoding ~ *вчт тлф* служба кодирования-декодирования
end-by-end ~ служба сквозного сопровождения передачи данных
electronic ~ электронный сервис; электронные услуги; электронное обслуживание
extended 911 ~ служба спасения с расширенными возможностями (*США*)

facsimile ~ служба факсимильной связи
field ~ техническое обслуживание; (профилактический) осмотр и текущий ремонт
general packet radio ~ *тлф* радиослужба пакетной передачи данных, система GPRS
general security ~ служба общей безопасности (*напр. для компьютерных сетей*)
hop-by-hop ~ служба (последовательного) межпунктового сопровождения передачи данных
industrial radio ~s промышленные радиослужбы
information ~ информационная служба
instructional television fixed ~ фиксированная служба учебного телевидения
integrated packet switching ~ объединённая служба коммутации пакетов
intelligent messaging ~ интеллектуальная служба передачи сообщений
intermittent ~ обслуживание по расписанию
international communication ~ международная служба связи
international packet switched ~ международная служба пакетной коммутации
international telecommunications ~ международная служба электросвязи
Knowbot information ~ объединённая информационная справочная служба Knowbot в Internet (*Knowbot – акроним от knowing и robot*)
land mobile ~ сухопутная подвижная служба
land-transportation radio ~s радиослужбы наземного транспорта
local multipoint distribution ~ локальная многостанционная распределительная служба, служба LMDS
location ~ служба определения местоположения
long-distance ~ служба междугородной телефонной связи
management information ~ информационная служба, отдел информации (*на предприятии*)
maritime mobile ~ подвижная приморская служба
maritime radionavigation ~ морская радионавигационная служба
maritime radionavigation satellite ~ морская спутниковая радионавигационная служба
mass call ~ обслуживание массовых вызовов
media ~ служба сред передачи данных
message ~ *вчт тлф* служба сообщений
message handling ~ служба обработки сообщений
message transport protocol ~ *вчт тлф* протокольная служба передачи сообщений
messenger ~ *вчт* служба доставки и отправления сообщений
meteorological aids ~ вспомогательная метеорологическая служба
Microsoft consulting ~ консультационная служба корпорации Microsoft
mobile ~ подвижная [мобильная] служба
mobile radio ~ подвижная [мобильная] радиослужба
multipoint communication ~ служба многостанционной связи, служба MCS
multipoint distribution ~ многостанционная распределительная служба, служба MDS
narrow-band advanced mobile phone ~ аналоговая система сотовой подвижной радиотелефонной связи стандарта N-AMPS

service

national data processing ~ национальная служба обработки данных
national mobile radio ~ национальная служба подвижной радиосвязи
NetWare distributed print ~s службы распределённой печати сетевой операционной системы NetWare
network file ~ протокол сетевого файлового сервиса, протокол NFS
network information ~ сетевая информационная служба, административная сетевая база данных для модели клиент-сервер, служба NIS
network protocol ~ сетевая протокольная служба
new technology directory ~ служба каталогов для операционной системы Windows NT, служба NTDS (*для организации взаимодействия доменов в Internet*)
news ~ служба новостей (*для вещательных станций*)
NT directory ~ *см.* **new technology directory service**
on-line information ~ оперативная информационная служба; сетевая информационная служба, *проф.* онлайновая информационная служба (*напр. America Online*)
personal communication ~ **1.** служба персональной связи **2.** разработанная Федеральной комиссией связи США концепция развития службы персональной связи, концепция PCS
personal locator ~ служба персонального определения местоположения
personal-radio ~ служба персональной радиосвязи
plain old telephone ~ традиционные виды услуг телефонной связи
positioning ~ служба определения местоположения
private-line ~ служба частной линии связи
public radiocommunication ~ служба радиосвязи общего пользования
public telephone ~ служба телефонной связи общего пользования
radiodetermination ~ служба радиоопределения
radio information ~ радиоинформационная служба
radiolocation ~ радиолокационная служба
radionavigation ~ радионавигационная служба
radionavigation satellite ~ радионавигационная спутниковая служба
redirection ~ служба переадресации
remote ~ служба дистанционного доступа
remote computing ~ служба дистанционных вычислений
rescue-and-recovery ~ поисково-спасательная служба
resource administrative ~ *вчт тлф* административная служба ресурсов
running ~ текущее обслуживание
satellite digital audio radio ~s службы спутниковой системы цифрового радиовещания, службы SDARS
security ~ служба обеспечения безопасности (*напр. компьютерной*)
short message ~ *тлф* служба коротких (текстовых) сообщений
signaling ~ *вчт тлф* служба сигнализации
sound-program ~ служба звукового вещания

standard-frequency ~ служба стандартных частот
standard positioning ~ стандартная служба определения местоположения
subscriber-based broadcast ~ служба абонентского вещания
switched multimegabit data ~ служба коммутируемой мультимегабитной передачи данных
teleinformatic ~s службы видеографии (*напр. телетекса, видеотекса, факсимильной связи*)
telemetric ~ телеметрическая служба
telephoto ~ служба факсимильной связи
teletypewriter-exchange ~ служба телетайпной связи
terminal ~ терминальная служба
timed signal ~ служба сигналов времени
toll ~ служба междугородной линии связи
TWX ~ *см.* **teletypewriter-exchange service**
value-added ~ обслуживание с дополнительными услугами (*в системе передачи данных*)
videophone [visual-telephone] ~ служба видеотелефонной связи
virtual channel ~ *вчт тлф* служба виртуального канала
virtual terminal ~ виртуальная терминальная служба
voice messaging ~ служба передачи речевых сообщений
Web network file ~ протокол сетевого файлового сервиса для Web, протокол WebNFS
wide area telephone ~ **1.** региональная телефонная служба **2.** телефонная служба континентальной части США, служба WATS
wire ~ информационное агентство
wired subscription ~ служба абонентского кабельного телевидения
wired videotex ~ служба видеотекса с использованием проводной связи
wireless 911 ~ радиослужба спасения (*США*)
wireless communication ~ служба радиосвязи
wireless data ~ радиослужба передачи данных
serviceman специалист по техническому обслуживанию и текущему ремонту
serviceperson специалист по техническому обслуживанию и текущему ремонту
servicing техническое обслуживание; (профилактический) осмотр и текущий ремонт
serving 1. предоставление услуг; обслуживание **2.** удовлетворяющий (*определённым*) требованиям; достаточный **3.** предназначенный (*для чего-либо*); служащий (*определённым целям*) **4.** защитная оболочка (*катушки индуктивности*) **5.** защитный покров (*кабеля*)
~ **of cable** защитный покров кабеля
~ **coil** защитная оболочка катушки индуктивности
servlet исполняемая сервером прикладная программа на языке Java (*для модульного расширения возможностей клиента*), *проф.* (Java)-сервлет
Java ~ исполняемая сервером прикладная программа на языке Java (*для модульного расширения возможностей клиента*), *проф.* (Java)-сервлет
servo 1. сервосистема, (следящая) система автоматического регулирования (*механической величины*), (следящая) система автоматического регулирования (*механической величины*) **2.** сервопривод, исполнительный (*силовой*) орган сервосистемы; следящий привод; серводвигатель, сервомотор **3.**

относящийся к сервосистеме; имеющий дело с сервосистемами

capstan ~ система автоматического регулирования скорости ленты (*в магнитофоне*)

CD focusing ~ 1. автофокусировка в проигрывателе компакт-дисков 2. сервопривод (для) автофокусировки в проигрывателе компакт-дисков

CD head-positioning ~ 1. сервосистема (для) позиционирования головок в проигрывателе компакт-дисков 2. сервопривод (для) позиционирования головок в проигрывателе компакт-дисков

CD tracking ~ 1. автотрекинг в проигрывателе компакт-дисков 2. сервопривод (для) автоматического слежения за дорожкой в проигрывателе компакт-дисков

dedicated ~ 1. сервосистема (*для позиционирования головок жёсткого диска*) с размещением сервометок на одной специально выделенной поверхности дискового пакета (*сервоповерхности*) 2. автотрекинг (*в видеомагнитофоне*) с размещением сервометок на специально выделенной дорожке (*серводорожке*)

dual-stage ~ сервосистема с двухступенчатым приводом (*магнитной головки жёсткого диска*)

embedded ~ 1. сервосистема (*для позиционирования головок жёсткого диска*) с встроенными сервометками (*размещаемыми на рабочих поверхностях дискового пакета*) в начале каждого сектора 2. автотрекинг (*в видеомагнитофоне*) с встроенными сервометками (*размещаемыми на рабочих дорожках*)

hard disk head-positioning ~ 1. сервосистема (для) позиционирования головок жёсткого диска 2. сервопривод (для) позиционирования головок жёсткого диска

head wheel ~ система автоматического регулирования скорости диска видеоголовок

helical ~ система автоматического регулирования видеомагнитофона с наклонно-строчной записью

hybrid ~ 1. гибридная сервосистема (*для позиционирования головок жёсткого диска*), сервосистема с размещением сервометок на сервоповерхности и на рабочих поверхностях дискового пакета 2. гибридный автотрекинг (*в видеомагнитофоне*), автотрекинг с размещением сервометок на серводорожке и на рабочих дорожках

magnetic tape tracking ~ автотрекинг в видеомагнитофоне

positioning ~ 1. сервосистема (для) позиционирования (*напр. головок жёсткого диска*) 2. сервопривод (для) позиционирования (*напр. головок жёсткого диска*) 3. сервосистема (для) юстировки (*напр. антенны*) 4. серводвигатель (для) юстировки (*напр. антенны*)

quadruplex ~ система автоматического регулирования четырёхголовочного видеомагнитофона

self ~ сервосистема (*для позиционирования головок жёсткого диска*) с встроенными сервометками (*размещаемыми на рабочих поверхностях дискового пакета*)

tension ~ система автоматического регулирования натяжения ленты (*в магнитофоне*)

voice-coil ~ электродинамический сервопривод, электродинамический исполнительный (*силовой*) орган сервосистемы

wedge ~ сервосистема (*для позиционирования головок жёсткого диска*) с встроенными сервометками (*размещаемыми на рабочих поверхностях дискового пакета*) в начале каждого цилиндра на вспомогательном клине

servoamplifier сервоусилитель

servocontrol серворегулирование, автоматическое регулирование (*механической величины*) с помощью сервопривода, сервоуправление, автоматическое управление (*механической величиной*) с помощью сервопривода

servoid специалист по техническому обслуживанию и текущему ремонту, *проф.* «сервоид» (*по аналогии с термином «андроид»*)

field ~ специалист по техническому обслуживанию и текущему ремонту, *проф.* «сервоид»

servomechanism сервосистема, (следящая) система автоматического регулирования (*механической величины*), (следящая) система автоматического управления (*механической величиной*)

servomotor серводвигатель, сервомотор; сервопривод, исполнительный (*силовой*) орган сервосистемы; следящий привод

servosystem сервосистема, (следящая) система автоматического регулирования (*механической величины*), (следящая) система автоматического управления (*механической величиной*)

hard disk drive ~ сервосистема дисковода жесткого диска (*для позиционирования головок*)

servowriter устройство для записи сервометок (*на жестком магнитном диске*)

servowriting запись сервометок (*на жестком магнитном диске*)

session 1. сеанс (*1. сеанс связи; сеанс работы в сети 2. полный цикл взаимодействия пользователя с интерактивной системой 3. сессия, этап записи информации на компакт-диск*) 2. сессия, организационная форма проведения собраний или встреч

interactive ~ интерактивный сеанс

jam ~ *тлв* встреча музыкальных групп, *проф.* «джем»

message ~ *вчт* сеанс сообщений

recording ~ сеанс [сессия] записи (*на компакт-диск*)

site ~ сеанс связи с сайтом

terminal ~ сеанс работы с терминалом

Windows ~ сеанс работы под управлением операционной системы Windows

set 1. радиоприёмник 2. телевизионный приёмник, телевизор 3. станция; установка; аппарат; устройство 4. набор; комплект; группа; партия; серия 5. множество; совокупность 6. установка; регулирование; настройка ‖ устанавливать; регулировать; настраивать 7. *вчт* установка в состояние «1» ‖ устанавливать в состояние «1» 8. задание; назначение ‖ задавать; назначать 9. *вчт* набор (*текста*) ‖ набирать (*текст*) 10. (психологическая) установка, предрасположенность к определённым действиям в определённой ситуации

~ of equations система уравнений

~ of generating elements множество производящих элементов, множество генераторов (*группы*)

~ of order statistics вариационный ряд (*в математической статистике*), упорядоченная (*по возрастанию значений*) выборка

set

~ **of restrictions** набор ограничений
airborne radiometry ~ бортовая радиометрическая станция
answer relay ~ *тлф* отвечающий релейный комплект
antisidetone telephone ~ телефонный аппарат с противоместной схемой
ASCII character ~ набор ASCII-символов
AT command ~ набор АТ-команд, набор команд с префиксом АТ (*для управления работой Hayes-совместимых модемов*)
automatic telephone ~ телефонный аппарат АТС
automatic transistor test ~ автоматическая установка для испытаний транзисторов
automatic zero ~ автоматическая установка нуля
balancer ~ 1. уравнительная машина постоянного тока 2. уравнительное устройство в цепи переменного тока
beacon portable ~ портативный радиомаяк
bifurcation ~ бифуркационное множество
bridging ~ телефонный аппарат для параллельного включения
built-in ~ встроенная команда
cache ~ набор кэша (*строка в секторированном кэше прямого отображения*)
call-back telephone ~ телефонный аппарат с кнопкой для обратного вызова
carried ~ *вчт* носимое множество
carrier ~ *вчт* несущее множество, *проф*. носитель
catastrophe ~ множество катастроф
character ~ 1. набор символов 2. набор кодируемых символов 3. набор кодированных символов; кодовая таблица
checkpoint data ~ *вчт* набор данных о состоянии процесса *или* задачи (в контрольной точке)
chip ~ 1. набор ИС, набор микросхем, *проф*. чипсет 2. набор формирующих функциональный блок компьютера ИС (*на материнской плате*), *проф*. чипсет
ciphering mode ~ команда перехода в режим шифрования
coded character ~ набор кодированных символов; кодовая таблица
coin-box ~ таксофон
color TV ~ телевизор цветного изображения
common-battery ~ телефонный аппарат системы центральной батареи
compatible ~s совместимые множества
complete instruction ~ *вчт* полный набор команд
complex instruction ~ *вчт* полный набор команд
concatenated data ~ *вчт* сцепленный набор данных
core ~ базовый набор
core ~ **of modulation protocols** базовый набор протоколов модуляции
core-logic chip ~ *вчт* базовый набор логических ИС
cradle ~ настольный телефонный аппарат с рычажным переключателем
crystal ~ детекторный приёмник
customer ~ абонентский телефонный аппарат
cylinder ~ цилиндрическое множество
data ~ 1. множество данных 2. модем
dial telephone ~ телефонный аппарат с дисковым номеронабирателем

disjoint ~s непересекающиеся множества
disjunctive ~ дизъюнктное множество
ECH ~ *см*. **eddy-current heating set**
eddy-current heating ~ генератор установки (*для*) индукционного нагрева
empty ~ пустое множество, нуль-множество
extension ~ телефонный аппарат с добавочным номером
fault ~ группа неисправностей
four-wire terminating ~ *тлф* дифференциальная система, дифсистема
fractal ~ фрактальное множество
fuzzy ~ *вчт* нечёткое множество
handset telephone ~ телефонный аппарат с микротелефонной трубкой
Hayes command ~ набор АТ-команд, набор команд с префиксом АТ (*для управления работой Hayes-совместимых модемов*)
Horn-convex ~ множество, выпуклое по Хорну
hybrid ~ 1. гибридное [мостовое] трансформаторное соединение 2. *тлф* дифференциальная система, дифсистема
independent ~ **of lines** независимое множество рёбер (*графа*)
independent ~ **of points** независимое множество вершин (*графа*)
information ~ множество данных
infrared-communications ~ система связи ИК-диапазона
instruction ~ набор команд; система команд
interval-valued fuzzy ~s метод интервального оценивания нечётких множеств, метод IVFS (*в планировании*)
invariant ~ инвариантное множество
Julia ~ множество Жюлиа
key ~ множество ключей
lexicographically ordered ~ лексикографически упорядоченное множество
line data ~ набор строковых данных
local-battery telephone ~ телефонный аппарат системы местной батареи
loran ~ приёмник *или* индикатор радионавигационной системы «Лоран»
machine-instruction ~ набор машинных команд; система машинных команд
magneto telephone ~ телефонный аппарат с индуктором
Mandelbrot ~ множество Мандельброта
manual telephone ~ телефонный аппарат ручной телефонной станции, телефонный аппарат РТС
mask ~ *микр*. комплект фотошаблонов
master mask ~ *микр*. комплект оригиналов фотошаблонов
membership ~ множество принадлежностей
microprocessor ~ микропроцессорный комплект
microprogram ~ набор микропрограмм
model ~ макет
modulized integrated-circuit TV ~ интегрально-модульный телевизор
motor-generator ~ мотор-генератор
noise-measuring ~ измеритель уровня шумов
normal ~ нормальное множество
null ~ нуль-множество, пустое множество
operator's head ~ гарнитура телефонистки

paging telephone ~ телефонный аппарат системы поискового вызова
Pareto ~ множество Парето; граница Парето
partitioned data ~ структурированный набор данных
pointed-valued fuzzy ~s метод поточечного оценивания нечётких множеств, метод PVFS (*в планировании*)
push-button ~ телефонный аппарат с кнопочным номеронабирателем
radio ~ 1. радиоприёмник 2. радиопередатчик 3. дуплексная радиостанция
receiving ~ радиоприёмник
recurrent ~ возвратное множество
reduced instruction ~ сокращённый набор команд
resolvent ~ *вчт* резольвентное множество
ringing ~ вызывное устройство
satellite communication ~ станция спутниковой связи
self-affine fractal ~ самоаффинное фрактальное множество
sequential data ~ набор данных с последовательным доступом (*напр. на магнитной ленте*)
sferics ~ приёмник атмосферных радиопомех
sidetone telephone ~ телефонный аппарат с противоместной схемой
single-byte character ~ однобайтовый набор символов
singleton ~ одноэлементное множество
sound-powered telephone ~ телефонный аппарат с (электро)питанием от речевых сигналов
spring ~ контактная группа
staff ~ набор нотоносцев
stripe ~ (преднамеренное) фрагментирование (*логически последовательных*) данных (*для записи на несколько дисков или в несколько разделов баз данных*)
structured ~ структурированное множество
subaudio telegraph ~ комплект аппаратуры подтонального телеграфирования
subnormal ~ субнормальное множество
subscriber ~ абонентский телефонный аппарат
tail warning radar ~ (самолётная) хвостовая РЛС обнаружения целей
telegraph ~ телеграфный аппарат
telephone ~ телефонный аппарат
telephone data ~ телефонный аппарат с устройством передачи данных
television ~ телевизионный приёмник, телевизор
term ~ терм-множество, множество значений (*лингвистической переменной*)
terminal ~ терминальное множество
terminating ~ *тлф* дифференциальная система, дифсистема
test ~ 1. установка для испытаний 2. тестовая совокупность (*в распознавании образов*) 3. тестовое множество
training ~ обучающее множество (*напр. в распознавании образов*)
transistor TV ~ телевизор на транзисторах, транзисторный телевизор
transmission distortion measuring ~ измеритель искажений при передаче
transmission measuring ~ измеритель коэффициента передачи
TV ~ телевизионный приёмник, телевизор

uncountable ~ несчётное множество
unimodal ~ унимодальное множество
unitized TV ~ унифицированный телевизор
universal character ~ 1. универсальный набор символов 2. стандарт ISO/IEC 10646/1 на универсальный набор символов в 16-битной (*UCS-2*) или 32-битной (*UCS-4*) кодировке, стандарт UCS
universal multiple-octet coded character ~ стандарт ISO/IEC 10646/1 на универсальный набор символов в 16-битной (*UCS-2*) или 32-битной (*UCS-4*) кодировке, стандарт UCS
users ~ *вчт* комплект аппаратуры пользователя
validation ~ *вчт проф.* валидационное множество (*для нейронной сети*)
vertex ~ множество вершин (*графа*)
volume ~ *вчт* набор томов
Zermelo ~ множество Цермело
zero ~ установка на нуль
set-associative наборно-ассоциативный (*о кэше*)
setpoint установленное значение (*регулируемой величины*)
setscrew зажимный [фиксирующий] винт (*напр. иглы звукоснимателя*)
setter 1. установочное устройство 2. наборная машина
  image ~ фотонаборная машина, устройство для непосредственного вывода результатов компьютерной вёрстки на фотоплёнку или на печать
setting 1. установка; регулирование; настройка 2. *вчт* установка в состояние «1» 3. установленное значение (*напр. регулируемой величины*) 4. окружающая среда; условия окружающей среды; обстановка 5. *тлв* время или место действия (*напр. в телесериале*) 6. *тлв* декорации
  agenda ~ определение актуальности
  arm-position ~ позиционирование руки (*робота*)
  black-level ~ *тлв* установка уровня чёрного
  communications ~s установка параметров связи (*по каналу передачи информации*)
  default ~s *вчт* установки (параметров) по умолчанию
  end ~ установка на минимум сопротивления (*напр. переменного резистора*)
  fader ~ установка регулятора уровня сигнала
  gain ~ регулировка усиления
  jumper ~s конфигурация установки (съёмных) перемычек, *вчт проф.* конфигурация установки джамперов
  parameter ~ установка (значения) параметра, *проф.* настройка параметра
  path ~ установка соединения в линии передачи
  regional ~s *вчт* региональные установки (*часового пояса и поправки на летнее, зимнее или декретное время*)
settle 1. решать; приходить *или* побуждать к решению 2. придавать устойчивость; стабилизировать
settlement 1. решение; принятие решения 2. придание устойчивости; стабилизация
set-top размещаемый поверх корпуса (*о дополнительных устройствах к радиоприёмнику или телевизионному приёмнику*)
setup 1. установка (*1. монтаж* 2. *размещение; расположение; развёртывание* 3. *вчт* установка программного обеспечения, *проф.* инсталляция 4. *вчт* установка дополнительных или съёмных аппаратных средств; установка картриджей с рас-

ходными материалами; заправка бумаги (в принтер) 5. комплекс; оборудование; аппаратура) 2. вчт конфигурирование и настройка, установка (значений) параметров (напр. аппаратных средств) 3. тлф установление соединения ‖ устанавливать соединение 4. организация; устройство; структура 5. план; проект 6. тлв отношение опорного уровня чёрного к опорному уровню белого 7. тлв положение камеры (при съёмке)

advanced CMOS ~ установка (значений) расширенного набора параметров в КМОП-памяти компьютера (*в BIOS*)

anodization ~ установка анодирования

base input/output system ~ конфигурирование и настройка базовой системы ввода/вывода, конфигурирование и настройка BIOS, установка (значений) параметров BIOS

BIOS ~ *см.* **base input/output system setup**

chipset ~ установка (значений) параметров набора формирующих функциональный блок вычислительной системы интегральных схем, *проф.* установка (значений) параметров чипсета

experimental ~ экспериментальная установка

getter-sputtering ~ установка распыления с геттерированием

peripheral ~ конфигурирование периферийных устройств

recording ~ устройство записи

standard CMOS ~ установка (значений) стандартного набора параметров в КМОП-памяти компьютера (*в BIOS*)

test 1. установка для испытаний 2. установка для проверки *или* контроля 3. установка для тестирования

seven-inch грампластинка диаметром 17,8 см

seven-segment семисегментный знаковый индикатор (*светодиодный или жидкокристаллический*)

seventh септима

severe 1. жёсткий (*напр. об условии*); строгий (*напр. о требовании*) 2. серьёзный (*напр. об ошибке*)

severity 1. жёсткость (*напр. условия*); строгость (*напр. требования*) 2. серьёзность (*напр. ошибки*)

sexadecimal шестнадцатеричный

sexagesimal шестидесятеричный

sextupler умножитель на шесть

sextuplet 1. *кв. эл.* секступлет 2. группа из шести сходных объектов 3. секстоль (*ритмическая группа из трёх пар одинаковых нот*)

sferics 1. атмосферики (*радиоволны, излучаемые атмосферными разрядами*) 2. атмосферные радиопомехи 3. приёмник атмосферных радиопомех

shade 1. оттенок; градация (*чистого цвета с примесью чёрного*) 2. тени; оттенение ‖ создавать тени; оттенять 3. затенять; экранировать

shader *вчт* программа создания теней, формирователь теней

  pixel ~ программа создания теней с использованием отдельных пикселей, пиксельный формирователь теней

  vertex ~ программа создания теней в вершинах аппроксимирующих (поверхность) многоугольников, вершинный формирователь теней

shading 1. использование оттенков или градаций (*чистого цвета с примесью чёрного*); оттенение 2. создание теней; оттенение 3. затенение; экранирование 4. коррекция характеристики направленности (*напр. громкоговорителя*) методом экранирования 5. *тлв* чёрное пятно 6. *тлв* компенсация чёрного пятна

  Gouraud ~ *вчт* создание теней методом Гуро (*по базису из нормалей к каждому пикселу*)

  per-pixel ~ *вчт* создание теней с использованием отдельных пикселей, попиксельное создание теней

  Phong ~ *вчт* создание теней методом Фонга (*по базису из вершинных нормалей аппроксимирующих поверхность многоугольников*)

  programmable ~ *вчт* программируемое создание теней

  real-time ~ *вчт* создание теней в реальном масштабе времени

shadow 1. тень; область тени 2. затенение ‖ затенять; экранировать 3. *pl вчт* тёмные тона (*изображения*) 4. отражение; зеркальное изображение

  drop ~ смещённая отбрасываемая тень (*для придания рельефности изображению объекта*)

  radar ~ слепая зона на экране индикатора РЛС

  radio ~ зона молчания, зона отсутствия приёма

shadowgraph теневой снимок; теневое изображение

  X-ray ~ рентгеновский снимок

shadowing 1. затенение (*1. помещение в область тени; экранирование 2. передача функций медленного модуля специальной памяти копии (напр. видеопамяти) в ОЗУ*) 2. *pl вчт* добавление тёмных тонов (*в изображение*)

  system BIOS ~ затенение системной части базовой системы ввода-вывода

  video BIOS ~ затенение базовой системы ввода-вывода видеоадаптера

shady 1. находящийся в области тени; затенённый; экранированный 2. отбрасывающий тень; затеняющий; экранирующий

shaft 1. вал; ось; шпиндель 2. рукоятка; ручка 3. луч; пучок

  capstan ~ ведущий вал

  drive ~ ведущий вал

  driven ~ ведомый вал

  guide ~ ведущий вал

shake 1. тряска; вибрации ‖ трясти(сь); подвергать(ся) вибрациям; испытывать вибрации; вибрировать 2. трель (*мелизм*)

shakedown 1. опытная эксплуатация 2. тщательный поиск

shaker 1. вибростенд 2. *вчт* шейкер (*музыкальный инструмент из набора ударных General MIDI*)

shakuhachi *вчт* шакухачи (*музыкальный инструмент из набора General MIDI*)

shallow мелкий; неглубокий; поверхностный

shamisen *вчт* шамисен (*музыкальный инструмент из набора General MIDI*)

shanai *вчт* санаи (*музыкальный инструмент из набора General MIDI*)

shank 1. стержень (*напр. болта*); хвостовик (*напр. сверла*) 2. ножка (*литеры*)

  needle ~ основание воспроизводящей иглы

  plunger ~ хвостовик плунжера

  rivet ~ стержень заклёпки

  screw ~ стержень винта

shannon шеннон (*единица измерения количества информации*)

shape 1. форма; конфигурация; геометрия; профиль || формировать; профилировать 2. формировать условные рефлексы

bandpass ~ полосно-пропускающая форма частотной характеристики

custom ~ 1. заказная форма, конфигурация *или* геометрия; заказной профиль; свободно выбираемая форма, конфигурация *или* геометрия; свободно выбираемый профиль 2. *вчт* инструмент для рисования векторных объектов произвольной формы (*в графических редакторах*)

equilibrium ~ *крист.* равновесная форма

Gaussian line ~ гауссова форма (*напр. резонансной*) линии

groove ~ профиль канавки

line ~ форма (*напр. резонансной*) линии

Lorentz line ~ лоренцева форма (*напр. резонансной*) линии

pulse ~ форма импульса

smart ~ *вчт* интеллектуальная форма (*напр. в компьютерной графике*)

trapezoidal ~ трапецеидальная форма

wave ~ 1. форма волны 2. графическое представление волнового процесса 3. сигнал; форма сигнала 4. волновое образование; волновой пакет

shaper формирователь; формирующая цепь

noise ~ фильтр-преобразователь шума

pulse ~ формирователь импульсов

wave ~ формирователь сигнала

shaping 1. придание формы; формирование; профилирование 2. формирование условных рефлексов

beam ~ 1. формирование [профилирование] луча; формирование [профилирование] пучка 2. формирование диаграммы направленности антенны

frequency(-response) ~ формирование амплитудно-частотной характеристики

multistage noise ~ многоступенчатая фильтрация и преобразование шума

noise ~ фильтрация и преобразование шума

pulse ~ формирование импульсов

raised-cosine ~ формирование импульсов в виде приподнятого косинуса

share 1. доля; часть || делить; разделять 2. участие; совместное использование; разделение || участвовать; совместно использовать; разделять 3. распределение || распределять

audience ~ процент охвата аудитории (*вещательным каналом, станцией или программой*)

shareable допускающий совместное использование; многопользовательский; разделяемый; общий

shared совместно используемый (*в данный момент*); разделяемый; общий

shareware (лицензированное) условно-бесплатное программное обеспечение, свободно распространяемое программное обеспечение с ограничением времени использования

sharing 1. доля; часть 2. участие; совместное использование; разделение 3. распределение

beacon time ~ временное разделение сигналов в радиолокационных системах с активным ответом

charge ~ перераспределение заряда

current ~ перераспределение тока

data ~ совместное использование данных

file ~ совместное использование файлов

frequency ~ 1. частотное разделение 2. распределение частот

infrastructure ~ совместное использование инфраструктуры

load ~ распределение нагрузки

memory ~ совместное использование памяти

network ~ совместное использование сети

resource ~ совместное использование ресурсов

screen ~ проведение телеконференций с использованием текстовых и графических материалов

speckle ~ разделение спекл-структур

time ~ 1. временное разделение 2. *вчт* режим разделения времени

shark *вчт* циркумфлекс, диакритический знак ˆ, (*напр. в символе ê*), *проф.* «шляпка»; «акула» (*у хакеров*)

sharp 1. резкий; чёткий; отчётливый (*напр. об изображении*) 2. острый; узкий (*напр. о резонансной кривой*) 3. крутой; резкий (*напр. об изменении курса*) 4. *вчт проф.* «хэш», «кранч», символ # 5. диез; знак диеза, символ ♯

sharp-edged с резким [чётким] контуром, резко *или* чётко очерченный

sharpen 1. делать(ся) более резким *или* чётким (*напр. об изображении*) 2. *вчт* инструмент для локального увеличения резкости изображения (*в графических редакторах*) 3. заострять; сужать; сжимать (*напр. о резонансной кривой*)

sharpening 1. увеличение резкости *или* чёткости (*напр. изображения*) 2. заострение; сужение; сжатие (*напр. резонансной кривой*)

Doppler beam ~ сжатие диаграммы направленности доплеровской РЛС

edge ~ увеличение чёткости контуров; выделение контуров

sharpness 1. резкость; чёткость (*напр. изображения*) 2. острота (*напр. резонансной кривой*)

~ **of resonance** острота резонансной кривой

image ~ чёткость изображения

sharp-set составляющий острый угол; направленный под острым углом

shaving 1. соскабливание; срезание; удаление поверхностного слоя 2. удаление с грампластинки слоя с записью

sheaf *вчт* пучок

~ **of circles** пучок окружностей

~ **of functions** пучок функций

~ **of germs** пучок ростков

~ **of groups** пучок групп

~ **of integers** пучок целых чисел

~ **of lines** пучок линий

~ **of planes** пучок плоскостей

~ **of sets** пучок множеств

~ **of solutions** пучок решений

abstract ~ абстрактный пучок

coherent ~ когерентный пучок

derived ~ производный пучок

flat ~ плоский пучок

harmonic ~ гармонический пучок

multi-parameter ~ многопараметрический пучок

operator ~ операторный пучок

projective ~ проективный пучок

structure ~ структурный пучок

shear 1. сдвиг, деформация сдвига (*под действием касательных напряжений*) || подвергать(ся) деформации сдвига 2. сдвиговое напряжение, напряжение сдвига 3. (магнитный) сдвиг (*в плазме*),

shear

проф. (магнитный) шир (*изменение среднего шага винтообразных силовых линий при переходе между магнитными поверхностями*) || *проф.* шировый 4. срезание || срезать 5. скол || скалывать(ся) 6 *pl* ножницы
   magnetic ~ магнитный шир
   wind ~ градиент скорости ветра
sheath 1. оболочка 2. защитный слой; защитное покрытие 3. металлическая оплётка (*напр. кабеля*) 4. корпус; кожух; обшивка 5. стенка волновода 6. область пространственного заряда (*в газоразрядных приборах*) 7. электронная спица (*в магнетроне*)
   anode ~ 1. анодная область пространственного заряда 2. анодное тёмное пространство (*тлеющего разряда*)
   cable ~ оболочка кабеля
   cathode ~ 1. катодная область пространственного заряда 2. круксово [второе катодное] тёмное пространство (*тлеющего разряда*)
   electron ~ электронная спица
   hydration ~ гидратированная оболочка
   ion ~ ионная оболочка (*в газоразрядных приборах*)
   plasma-column ~ оболочка плазменного шнура
   positive-ion ~ оболочка из положительных ионов
   reentry ~ плазменная оболочка космического ЛА при вхождении в плотные слои атмосферы
   rotating ~ вращающаяся электронная спица
   wall ~ ионная оболочка (*в газоразрядных приборах*)
sheathe 1. помещать в оболочку; иметь оболочку, находиться в оболочке 2. наносить защитный слой; снабжать защитным покрытием 3. помещать (*напр. кабель*) в металлическую оплётку 4. располагать в корпусе *или* кожухе; снабжать обшивкой
sheave шкив; ролик
shebang 1. *вчт* электронный почтовый адрес по протоколу UUCP (*в UNIX*), *проф.* адрес с восклицательными знаками 2. знак начала сценария (*в UNIX*), символы #!
shed 1. сбрасывать (*напр. нагрузку*) 2. осыпаться (*напр. о рабочем слое носителя записи*) 3. распространять; излучать (*напр. свет*)
shedding 1. сброс (*напр. нагрузки*) 2. осыпание (*напр. рабочего слоя носителя записи*) 3. распространение; излучение (*напр. света*)
   load ~ сброс нагрузки
sheer отклонение от курса || отклоняться от курса
sheet 1. лист (*напр. бумаги*); листок; листовой материал (*напр. электротехническая сталь*) 2. пластина; пластинка; слой 3. листовое покрытие; нанесённый слой || использовать листовое покрытие; наносить слой 4. печатный лист 5. таблица; бланк 6. диаграмма; номограмма; график 7. схема; блок-схема 8. периодическое (печатное) издание
   cascading style ~s каскадные таблицы стилей, язык CCS (*для стандартного форматирования Web-страниц*); стандарт CCS
   cue ~ таблица условных обозначений
   current ~ токовый слой (*напр. в плазме*), *проф.* листок тока
   electric ~ листовая электротехническая сталь
   end ~ *вчт* форзац (*печатного издания*)
   flow ~ 1. блок-схема (*программы или алгоритма*) 2. временная диаграмма (*процесса*) 3. схема технологического процесса; технологическая карта
   heliospheric current ~ гелиосферный токовый слой
   implementation ~ 1. таблица реализации 2. схема технологического процесса; технологическая карта
   layout ~ *вчт* монтажный лист; лист с координатной сеткой (*на экране дисплея*)
   neutral current ~ нейтральный токовый слой
   Polaroid ~ поляроидная плёнка
   print layout ~ *вчт* схема печати, схема размещения печатного материала
   program ~ бланк для записи программы
   separatrix ~ сепаратрисный слой (*напр. в плазме*)
   setup ~ монтажная схема
   specification ~ бланк для составления спецификации
   style ~ *вчт* 1. таблица стилей; библиотека стилей 2. файл библиотеки стилей
   technical data ~ листок технических данных
shelfware *проф.* неиспользуемое программное обеспечение
shell 1. электронная оболочка 2. ядерная оболочка 3. корпус; кожух; футляр; капсула *вчт* 4. оболочка (*напр. операционной системы*) 5. командный процессор (*напр. command.com в DOS*) 6. командный язык shell (*для UNIX*) 7. символ @ (*в UNIX*) 8. футляр дискеты
   Bourne ~ командный процессор Bourne (*для UNIX*)
   C ~ командный процессор C (*для UNIX*)
   command ~ 1. оболочка (*операционной системы*) 2. командный процессор
   complete (electron) ~ замкнутая [заполненная] электронная оболочка
   electron ~ электронная оболочка
   encapsulating ~ герметизирующий корпус
   expert system ~ оболочка экспертной системы
   Korn ~ командный процессор Korn (*для UNIX*)
   magnetic ~ двойной магнитный слой
   operation system ~ оболочка операционной системы
   secure ~ безопасная оболочка, программа SSH для безопасного обмена файлами в сети
shellac 1. шеллак 2. шеллачная грампластинка
Shellish командный процессор Bourne (*для UNIX*)
shield (защитный) экран || экранировать
   antimagnetic ~ магнитный экран
   base ~ цокольный экран
   bulk ~ сплошной экран
   close-talking ~ экран (*микрофона*) для защиты от дыхания исполнителя
   corona ~ экран для защиты от коронного разряда
   electric ~ электрический экран
   electrostatic ~ электростатический экран
   emi i(nput)/o(utput) ~ экран от радиопомех для портов ввода-вывода (*компьютера*)
   end ~ торцевой экран (*магнетрона*)
   Faraday ~ клетка Фарадея
   ground(ed) ~ заземлённый экран
   guard ~ защитный экран
   heat ~ тепловой экран
   internal ~ внутренний экран
   laminated ~ слоистый экран
   magnetic ~ магнитный экран
   mumetal ~ экран из муметалла

permalloy ~ пермаллоевый экран
thermal ~ тепловой экран
tube ~ экран лампы
wind ~ ветрозащитный экран (*микрофона*)
shielding экранирование
  band ~ *вт* экранирование зоны
  Debye ~ дебаевское экранирование
  double ~ магнитное экранирование и экранирование от внутренних радиопомех
  electric ~ электрическое экранирование
  EMI ~ экранирование от радиопомех
  magnetic ~ магнитное экранирование
  pulse ~ экранирование от импульсных полей
  RF ~ экранирование от радиопомех
Shift *вчт* клавиша смены регистра, клавиша «Shift»
shift 1. сдвиг ‖ сдвигать 2. *вчт* арифметический сдвиг ‖ выполнять операцию арифметического сдвига 3. уход; смещение ‖ уходить; смещаться 4. смена [перевод] регистра ‖ изменять [переводить] регистр 5. изменение ассортимента *или* номенклатуры (*выпускаемой продукции*) ‖ изменять ассортимент *или* номенклатуру (*выпускаемой продукции*) 6. (рабочая) смена; рабочие часы
  adaptive (color) ~ адаптационный (цветовой) сдвиг (*в процессе приспособления органов зрения к изменяющемуся спектральному составу освещения*)
  anti-Stokes ~ антистоксов сдвиг частоты
  arithmetic ~ *вчт* арифметический сдвиг
  Bernoulli ~ сдвиг Бернулли
  blue ~ синее смещение (*за счёт эффекта Доплера*)
  Brillouin (frequency) ~ сдвиг частоты при мандельштам-бриллюэновском рассеянии
  carrier ~ *тлг* частотная манипуляция, ЧМн
  cavity-pulling (frequency) ~ сдвиг частоты при затягивании за счёт резонатора
  chemical ~ химический сдвиг
  circular ~ *вчт* циклический сдвиг
  collision(-induced) frequency ~ *кв. эл.* сдвиг частоты при соударениях
  colorimetric ~ колориметрический (цветовой) сдвиг (*в процессе приспособления органов зрения к изменяющемуся спектральному составу освещения*)
  cycle ~ *вчт* циклический сдвиг
  differential phase ~ дифференциальный фазовый сдвиг
  Doppler ~ доплеровский сдвиг частоты, доплеровская частота
  end-around ~ *вчт* циклический сдвиг
  enharmonic ~ энгармоническая замена
  figure ~ перевод на цифровой регистр
  Frank-Condon ~ *кв. эл.* сдвиг Франка — Кондона
  frequency ~ 1. сдвиг частоты; уход частоты 2. *тлг* частотная манипуляция, ЧМн
  graveyard ~ ночная (рабочая) смена
  H ~ *см.* horizontal shift
  horizontal ~ *вчт, тлв* сдвиг (*изображения*) по горизонтали
  insertion phase ~ вносимый фазовый сдвиг
  laser line ~ смещение линии излучения лазера
  letter ~ перевод на буквенный регистр
  logic ~ *вчт* логический сдвиг
  maser line ~ смещение линии излучения мазера
  mode ~ изменение моды магнетрона (*в течение одного импульса*)
  negative frequency ~ отрицательный сдвиг частоты
  nonreciprocal phase ~ невзаимный фазовый сдвиг
  phase ~ 1. фазовый сдвиг 2. временной сдвиг (*кода*)
  plasma ~ сдвиг плазмы
  positive frequency ~ положительный сдвиг частоты
  prime ~ утренняя (рабочая) смена
  pulse ~ сдвиг импульса
  Purkinje ~ эффект Пуркинье
  reciprocal phase ~ взаимный фазовый сдвиг
  red ~ красное смещение (*за счёт эффекта Доплера*)
  regime ~ изменение режима
  signal frequency ~ 1. сдвиг частоты сигнала 2. ширина полосы частот факсимильного сигнала
  steady-state ~ установившийся сдвиг
  Stokes ~ стоксов сдвиг частоты
  swing ~ вечерняя (рабочая) смена
  V ~ *см.* vertical shift
  vertical ~ *вчт, тлв* сдвиг (*изображения*) по вертикали
  zero ~ выходное напряжение дифференциального магнитного усилителя в отсутствие входного сигнала
shift-click *вчт* щелчок клавишей мыши с одновременным нажатием клавиши «Shift»
shifter 1. фазовращатель 2. *вчт* сдвиговый регистр, регистр сдвига
  analog phase ~ плавный [плавно-переменный] фазовращатель
  antiferromagnetic phase ~ фазовращатель на антиферромагнетике
  bit phase ~ фазовращатель с цифровым управлением
  bulk-element phase ~ фазовращатель на объёмных элементах
  channel ~ *тлф* устройство сдвига частоты каналов
  coaxial phase ~ коаксиальный фазовращатель
  dielectric-loaded ferrite phase ~ ферритовый фазовращатель с диэлектриком
  digital phase ~ фазовращатель с цифровым управлением
  directional phase ~ невзаимный фазовращатель
  Faraday rotation phase ~ фарадеевский фазовращатель, фазовращатель на эффекте Фарадея
  fixed phase ~ фиксированный [постоянный] фазовращатель
  flux-drive phase ~ фазовращатель с управлением магнитным потоком
  hybrid integrated-circuit phase ~ фазовращатель на гибридной ИС
  irreversible phase ~ невзаимный фазовращатель
  iterated phase ~ фазовращатель, согласованный с нагрузкой
  latching phase ~ фазовращатель с фиксацией состояния
  microwave phase ~ СВЧ-фазовращатель
  nonreciprocal phase ~ невзаимный фазовращатель
  NOR-gate phase ~ фазовращатель на логических элементах ИЛИ НЕ

phase ~ фазовращатель
p-i-n diode phase ~ фазовращатель на $p-i-n$-диодах
planar phase ~ планарный фазовращатель
reciprocal phase ~ взаимный фазовращатель
reflection [reflective] ~ отражательный фазовращатель
Reggia-Spencer phase ~ фазовращатель Реджиа — Спенсера
semiconductor diode phase ~ фазовращатель на полупроводниковых диодах
single-slab phase ~ фазовращатель с одной пластиной
step phase ~ ступенчатый [переменный] фазовращатель
strip-line phase ~ полосковый фазовращатель
thin-slab phase ~ фазовращатель с тонкой пластиной
toroidal phase ~ тороидальный фазовращатель
transmission phase ~ проходной фазовращатель
trimming phase ~ подстроечный фазовращатель (*антенной решётки*)
twin-slab phase ~ фазовращатель с двумя пластинами
variable ~ регулируемый (*плавный или ступенчатый*) фазовращатель
voltage-controlled phase ~ фазовращатель, управляемый напряжением
waveguide phase ~ волноводный фазовращатель
wavelength ~ фотолюминофор, используемый для легирования материала фотокатода с целью уменьшения длинноволновой границы

shift-in *вчт* 1. переход на нижний регистр 2. символ «переход на нижний регистр», символ ☼, символ с кодом ASCII 0Fh

shifting 1. сдвиг 2. *вчт* выполнение операции арифметического сдвига 3. уход; смещение 4. смена [перевод] регистра 5. изменение ассортимента *или* номенклатуры (*выпускаемой продукции*)
    domain ~ смещение домена
    Doppler ~ доплеровский сдвиг частоты, доплеровская частота

shift-out *вчт* 1. переход на верхний регистр 2. символ «переход на верхний регистр», символ ♪, символ с кодом ASCII 0Eh

shim 1. прокладка; прослойка ‖ использовать прокладки *или* прослойки 2. шимм ‖ шиммировать
    magnetic ~ магнитный шимм
    waveguide ~ металлическая прокладка между фланцами волноводов

shimming 1. использование прокладок *или* прослоек 2. шиммирование
    magnetic ~ магнитное шиммирование

ship транспортировать, перевозить (*напр. продукцию*)

shipment 1. транспортировка, перевозка (*напр. продукции*) 2. груз; партия (*товара*)

shipping транспортировка, перевозка (*напр. продукции*)

shiran система ближней радионавигации «Ширан»

shitogram *вчт проф.* электронная почта непристойного содержания

shock 1. удар, ударная нагрузка 2. ударная волна 3. электрошок ‖ использовать электрошок
    heat ~ тепловой [термический] удар
    hydromagnetic ~ гидромагнитная ударная волна
    mechanical ~ механический удар
    multiple ~ многократная ударная нагрузка
    oblique ~ ударная волна, распространяющаяся под углом к вектору магнитного поля (*в плазме*)
    physical ~ механический удар
    plane ~ плоская ударная волна
    reflected ~ отражённая ударная волна
    temperature ~ тепловой [термический] удар
    thermal ~ тепловой [термический] удар

shock-proof противоударный ‖ защищать от ударов

shockwave *вчт* волна сбоев; перегрузка (*в компьютерной сети*)

shodop система «Шодоп» (*доплеровская система ближних траекторных измерений*)

shoe 1. салазки; направляющая или направляющие 2. вакуумная направляющая (*видеомагнитофона*) 3. направляющая рамка (*напр. для крепления дополнительного видеоискателя в фотокамере или видеокамере*) 4. токосъём
    accessory ~ направляющая рамка
    hot ~ направляющая рамка с электрическим штепселем для импульсной лампы (*в фотокамере*)

shoot 1. фотографировать; делать снимок 2. снимать фильм

shoot 'em up *тлв проф.* вестерн-боевик

shooter *вчт* игра-боевик (*обычно от первого лица*), игра со стрельбой, *проф.* «стрелялка» (*жанр компьютерных игр*)
    3D-action ~ трёхмерная [объёмная] игра-боевик
    first-person ~ игра-боевик от первого лица
    tactical ~ тактическая игра со стрельбой, *проф.* тактическая «стрелялка»

shooting 1. фотографирование; съёмка 2. съёмка фильма

shop 1. цех; мастерская 2. вычислительный центр, ВЦ 3. магазин
    closed ~ закрытый вычислительный центр, вычислительный центр без доступа посторонних
    electronic ~ электронный магазин
    machine ~ механический цех; механическая мастерская
    open ~ открытый вычислительный центр, вычислительный центр с доступом посторонних

shopbot программа-робот для системы электронной торговли

shoran система «Шоран» (*система ближней воздушной радионавигации*)

short 1. короткое замыкание ‖ замыкать(ся) накоротко; закорачивать(ся) 2. короткозамыкатель 3. *тлв* короткометражный фильм (*показываемый вместе с полнометражным*)
    address line ~ *вчт* короткое замыкание адресных линий (*напр. в модуле памяти*)
    adjustable ~ настроенный короткозамыкатель
    dead ~ полное короткое замыкание
    sliding ~ подвижный короткозамыкатель

short-circuit 1. короткое замыкание ‖ замыкать(ся) накоротко; закорачивать(ся) 2. обходить (*напр. препятствие*); действовать в обход 3. укорачивать; сокращать

shortcut 1. (более) быстрый *или* (более) короткий способ доступа (*к чему-либо*) 2. (более) быстрый *или* (более) короткий; ускоренный (*о способе доступа*) 3. *вчт* ярлык, пиктограмма ускоренного доступа 4. символьная связь 5. перемычка; дополнительное соединение

shorten 1. сокращать(ся); укорачивать(ся) 2. уменьшать(ся)

shortening 1. сокращение; укорачивание 2. краткая форма (*напр. слова*) 3. уменьшение

short-haul 1. *тлф* местный 2. ближний (*напр. о связи*)

short-range 1. ближний; короткодействующий; с малым радиусом действия 2. краткосрочный (*напр. прогноз*); кратковременный

short-run краткосрочный (*напр. прогноз*); кратковременный

short-term краткосрочный (*напр. прогноз*); кратковременный

short-wave 1. короткая [декаметровая] волна || коротковолновый 2. коротковолновый радиоприёмник *или* радиопередатчик; коротковолновая радиостанция || передавать (*напр. сообщение*) на коротких волнах

shot 1. фотография; снимок 2. фотографирование; съёмка 3. *тлв* кадр(ы) 4. появление на телеэкране 5. запуск (*напр. КЛА*) 6. событие

 closeup ~ *тлв* 1. кадр крупного плана 2. съёмка крупным планом

 dollying ~ кадры, снятые при наезде *или* отъезде

 follow ~ *тлв* кадры, снятые в режиме сопровождения движущегося объекта

 long ~ *тлв* 1. кадр дальнего плана 2. съёмка дальним планом

 medium ~ *тлв* 1. кадр среднего плана 2. съёмка средним планом

 one ~ 1. *тлв* съёмка одного исполнителя крупным планом 2. *тлв* однократное появление (*напр. исполнителя*) в программе 3. однократное событие

 tracking ~ кадры, снятые с движущейся операторской тележки

shout имитация крика (*в сообщениях электронной почты*) путём набора соответствующей части текста прописными буквами, *проф.* крик

shovelware программное обеспечение, записываемое на компакт-диск исключительно в целях заполнения оставшегося места

show 1. демонстрация; представление; презентация || демонстрировать; представлять; проводить презентацию 2. показ; показывать 3. выставка | выставлять *тлв* 4. развлекательная программа, шоу 5. диспут; беседа

 chat ~ теледиспут, ток-шоу

 game ~ телеигра; телевикторина

 light ~ светомузыка

 one-man ~ шоу одного актёра; бенефис

 quiz ~ телевикторина; радиовикторина

 slide ~ 1. показ последовательности диапозитивов, *проф.* слайд-шоу 2. программа для показа последовательности изображений (*в компьютерной графике*)

 sound-and-light ~ *тлв* ночной показ исторических памятников и архитектурных сооружений с использованием световых и звуковых эффектов

 talk ~ теледиспут, ток-шоу

 variety ~ *тлв* развлекательная эстрадная программа

shower ливень; поток (*частиц*)

 cosmic-ray ~ космический ливень

showing 1. демонстрация; представление; презентация 2. показ 3. выставка

showman *тлв* специалист по индустрии развлечений, *проф.* шоумен

showpiece демонстрационный образец (*изделия*)

showstopper неисправность (*аппаратного обеспечения*) *или* ошибка (*в программном обеспечении*), приводящие к неработоспособности системы

shred 1. узкая полоска (*напр. бумаги*) || разрезать на узкие полоски 2. *вчт* (полностью) стирать, уничтожать, *проф.* затирать (*файл или каталог без возможности последующего восстановления*)

shredder 1. устройство для уничтожения (бумажных) документов (*путём разрезания на узкие полоски*) 2. *вчт* программа (полного) стирания, программа уничтожения, *проф.* программа затирания (*файла или каталога без возможности последующего восстановления путём записи однотипных символов в соответствующие кластеры жёсткого диска*)

shriek *вчт проф.* восклицательный знак

Shrike противорадиолокационная ракета «Шрайк»

shuffle 1. перемешивание; перемещение; перестановка || перемешивать; перемещать; переставлять 2. *вчт* расположение элементов в перестановке 3. перетасовывание карт | тасовать карты

 perfect ~ идеальное перемешивание

shuffling 1. перемешивание; перемещение; перестановка 2. *вчт* расположение элементов в перестановке 3. перетасовывание карт

 keyed ~ перемешивание по ключу (*в криптографии*)

shunt шунт || шунтировать, включать параллельно

 Ayrton ~ универсальный шунт (*измерительного прибора*)

 magnetic ~ магнитный шунт

 universal ~ универсальный шунт (*измерительного прибора*)

shunt-wound с параллельным возбуждением (*об электрической машине*)

shut 1. закрытие; запирание || закрывать(ся); запирать(ся) || закрытый; запертый 2. захлопывание; складывание || захлопывать(ся); складывать(ся) || захлопнутый; сложенный 3. выключение; прекращение работы; перерыв в работе || выключаться; прекращать работу; прерывать работу ◊ ~ **down** выключаться; прекращать работу; прерывать работу; ~ **off** отключать (*напр. электропитание*); останавливать (*напр. работающее устройство*)

shutdown выключение; прекращение работы; перерыв в работе

 automatic ~ автоматическое выключение

shutoff 1. отключение (*напр. электропитания*); остановка (*напр. работающего устройства*) 2. механизм для (автоматического) отключения (*напр. электропитания*) *или* (автоматической) остановки (*напр. работающего устройства*); автоматический выключатель; автостоп

 automatic ~ 1. автоматическая остановка (лентопротяжного механизма) магнитофона (*при окончании или обрыве ленты*) 2. автостоп магнитофона

shutter 1. затвор; задвижка, заслонка; шторка 2. *кв. эл.* оптический затвор 3. обтюратор; (оптический) модулятор; (оптический) прерыватель 4. *тлф* вызывной клапан

 active ~ активный оптический затвор

 between-the-lens ~ центральный затвор (*камеры*)

shutter

diaphragm ~ центральный затвор (*камеры*)
electrooptic ~ **1.** электрооптический затвор **2.** электрооптический модулятор
iris ~ центральный затвор (*камеры*)
Kerr(-cell) ~ **1.** оптический затвор на ячейке Керра **2.** оптический модулятор на ячейке Керра
liquid-crystal ~ жидкокристаллический (оптический) прерыватель
n-blade ~ *n*-лопастный обтюратор
passive ~ пассивный оптический затвор
waveguide ~ волноводная заслонка

shuttle 1. космический корабль многоразового использования, *проф.* космический челнок **2.** челнок ǁ совершать челночные перемещения
flux ~ *свпр* переключатель потока
space ~ космический корабль многоразового использования, *проф.* космический челнок

sibilance шипение
high-frequency ~ высокочастотное шипение (*при звуковоспроизведении*)

sibilant 1. шипящий согласный **2.** шипящий (*о звуке*)
sibilate шипеть; издавать шипящий звук
sibling брат *или* сестра (*в дереве*)
side 1. сторона; бок; край ǁ расположенный на одной из сторон; боковой; крайний **2.** побочный (*напр. эффект*)
answering ~ приёмная сторона (*напр. системы связи*)
blind ~ слепой сектор
calling ~ передающая сторона (*напр. системы связи*)
client ~ сторона клиента (*в сети*)
component ~ сторона (*напр. печатной платы*) для монтажа компонентов
flip ~ сторона граммпластинки с менее популярными записями
portable ~ портативная часть (*напр. абонентской станции*)
receiving ~ приемная сторона (*напр. системы связи*)
server ~ сторона сервера (*в сети*)
transmitting ~ передающая сторона (*напр. системы связи*)

sideband боковая полоса (*частот*)
companded ~ компандированная боковая полоса
double ~s две боковые полосы
folded ~ инвертированная боковая полоса
hum ~ фоновая боковая полоса
independent ~s *тлф* независимые боковые полосы
inverted ~ инвертированная боковая полоса
lower ~ нижняя боковая полоса
noise ~ шумовая боковая полоса
residual ~ остаточная боковая полоса
single ~ одна боковая полоса, ОБП
upper ~ верхняя боковая полоса
vestigial ~ частично подавленная боковая полоса

sidebar *вчт* **1.** пометки на полях; располагаемый сбоку от текста блок (*напр. рисунок*), *проф.* маргиналий, боковик, «фонарик» **2.** вертикальная линейка (*для выделения текста методом отчёркивания*)

sidecar расширение (*функциональных возможностей компьютера*) за счёт внешних устройств

sidelobe 1. боковой лепесток (*диаграммы направленности антенны*) **2.** побочный максимум (*напр. корреляционной функции*)
close-in ~s ближние боковые лепестки
cross-correlation ~s побочный максимум взаимной корреляционной функции
cross-polar ~ боковой лепесток с кросс-поляризацией
far-out ~s дальние боковые лепестки
near-in ~s ближние боковые лепестки

sidereal сидерический, звёздный (*напр. год*)
sidetone *тлф* местный эффект
Siemens сименс, См
Sierra стандартное слово для буквы *S* в фонетическом алфавите «Альфа»
sieve решето; сито ǁ просеивать; отсеивать
~ **of Eratosthenes** *вчт* решето Эратосфена
molecular ~ молекулярное сито
sievert зиверт, Зв (*единица эквивалентной дозы излучения*)
sift просеивать; отсеивать (*напр. данные*)
sifting 1. просеивание; отсеивание (*напр. данных*) **2.** сортировка методом просеивания, сортировка методом вставки

sight 1. зрение ǁ видеть; смотреть **2.** поле зрения; вид **3.** наблюдение; рассматривание; просмотр ǁ наблюдать; рассматривать; просматривать **4.** прицел; визир ǁ прицеливаться; нацеливать; визировать
bomb ~ бомбоприцел
coarse laying ~ визир грубой наводки
computing ~ автоматический прицел с использованием компьютера
fiber-optic shotgun ~ волоконно-оптический прицел (дробового) ружья
radar ~ радиолокационный прицел
radio ~ радиолокационный прицел

sighting 1. наблюдение; рассматривание; просмотр **2.** прицеливание; нацеливание; визирование
radio ~ радиопеленгование, радиопеленгация

sigint радиотехническая разведка, РТР
sigma сигма (*буква греческого алфавита*, Σ, σ)
sigmoid сигмоид, сигмоид(аль)ная функция
sign ~ **1.** дактилологический язык, язык жестов глухонемых **2.** язык жестов

sign 1. знак (*1. символ 2. полярность; знак полярности; знак плюс или минус 3. условный знак; обозначение*) ǁ обозначать знак **2.** признак; симптом **3.** метка; пометка ǁ отмечать; помечать, делать пометки **4.** подписывать(ся); ставить подпись **5.** след **6.** жест **7.** дактилологический язык, язык жестов глухонемых ǁ использовать дактилологический язык, использовать язык жестов глухонемых **8.** знак зодиака ◊ ~ **off 1.** заканчивать вещание **2.** *вчт* выходить (*из системы*); ~ **on 1.** начинать вещание **2.** *вчт* входить (*в систему*); ~ **of the zodiak** знак зодиака
AND ~ знак операции логического умножения, символ ∧ или &
at ~ *вчт* знак «коммерческое at», символ @, *проф.* лягушка, собачка
axial ratio ~ знак коэффициента эллиптичности
break ~ *тлг* разделительный знак
call ~ позывные
code ~ кодовый знак
collective call ~ коллективные позывные (*для двух и более станций*)
conjunction ~ знак операции логического умножения, символ ∧ или &

signal

correct ~ верный знак
dash ~ *вчт* 1. знак короткого тире, символ – 2. знак длинного тире, символ —
disjunction ~ знак операции логического сложения, символ ∨ *или* |
division ~ знак деления, символ : *или* /
dollar ~ *вчт* знак доллара, символ $
em-dash ~ *вчт* знак длинного тире, символ —
en-dash ~ *вчт* знак короткого тире, символ –
equal(s) ~ *вчт* знак равенства, символ =
equivalence ~ знак операции тождественности, символ ≡
euro ~ *вчт* знак евро, символ €
EXCLUSIVE OR ~ знак операции отрицания тождественности, символ ≠
greater than ~ *вчт* знак «больше чем», символ >
holographic ~ голографический знак
implication ~ знак следования, знак включения, символ ⊃
indefinite call ~ неопределённые позывные (*для нескольких станций или нескольких групп станций*)
international call ~ международные позывные
inverse implication ~ знак обратного следования, знак принадлежности, символ ⊂
less than ~ *вчт* знак «меньше чем», символ <
minus ~ *вчт* знак минус, символ –
multiplication ~ знак умножения, символ ·, × *или* *
net call ~ позывные сети станций
NOT ~ знак операции отрицания, символ ¬
number ~ знак (порядкового) номера, символ # (*в англоязычной литературе*)
number-range dash ~ *вчт* знак короткого тире, символ –
OR ~ знак операции логического сложения, символ ∨ *или* |
paragraph ~ *вчт* знак абзаца, символ ¶
plus ~ знак плюс, символ +
pound ~ знак фунта (*меры веса в США*), символ #
punctuation dash ~ *вчт* знак длинного тире, символ —
radical ~ знак корня, символ √
radio call ~ позывные радиостанции
soft ~ мягкий знак, буква ь
tactical call ~ позывные технических средств связи
times ~ знак умножения, символ ·, × *или* *
visual call ~ опознавательный знак
voice call ~ голосовые [речевые] позывные
voltage ~ полярность напряжения
wrong ~ неверный знак

signal 1. сигнал || передавать сигналы; сигнализировать; давать сигнал || сигнальный 2. знак || подавать знак(и) 3. *pl микр.* межсоединения
A ~ посылка A по коду Морзе (*курсового радиомаяка*)
acknowledgement ~ сигнал подтверждения
active line duration ~ *тлв* активный сигнал строки
actuating ~ управляющий сигнал
alarm ~ 1. сигнал тревоги, тревожная сигнализация 2. *вчт* аварийный сигнал 3. сигнал будильника
alarm indication ~s *рлк* сигналы тревоги на экране индикатора
alias ~ дискретизованный сигнал с побочными низкочастотными [НЧ-] составляющими (*при частоте дискретизации, меньшей частоты Найквиста*)
all-sky ~ панорамный сигнал
alternation mark inversion ~ сигнал с чередованием полярности посылок
altitude ~ сигнал, отражённый от земной *или* водной поверхности (*в радиовысотомере*)
AMI ~ *см.* **alternation mark inversion signal**
amplitude-modulated ~ амплитудно-модулированный [АМ-] сигнал
analog ~ аналоговый сигнал
analog/mixed ~ аналоговый сигнал/цифро-аналоговый сигнал
anisochronous digital ~ неизохронный цифровой сигнал
antipodal ~ противофазный сигнал
ATF ~ *см.* **automatic track finding signal**
audio ~ *тлф* сигнал звукового сопровождения
aural ~ 1. звуковой сигнал 2. *тлв* сигнал звукового сопровождения
autoalarm ~ международный сигнал тревоги
automatic track finding ~ сигнал системы автоматического нахождения дорожки и автотрекинга, ATF-сигнал
B- ~ *см.* **blue signal**
band-limited [bandpass] ~ сигнал с ограниченной полосой частот
baseband ~ 1. исходный [первичный] сигнал, сигнал с непреобразованным спектром 2. модулирующий сигнал 3. групповой сигнал 4. видеосигнал
beam ~ сигнал, передаваемый по радиолучу
bidirectional ~ биполярный сигнал
binary ~ двоичный сигнал
bioelectric ~ биоэлектрический сигнал, биосигнал
bipolar ~ биполярный сигнал
black ~ сигнал чёрного поля (*в факсимильной связи*)
black peak ~ *тлв* пик чёрного
blanked picture ~ *тлв* сигнал гашения (*луча*)
blanking ~ 1. запирающий сигнал 2. *тлв* сигнал гашения (*луча*)
blocking ~ 1. блокирующий сигнал 2. запирающий сигнал
blue ~ *тлв* сигнал синего цвета, C-сигнал, B-сигнал
broadband ~ широкополосный сигнал
burst ~ *тлв* сигнал цветовой синхронизации
busy (back) ~ *тлф* сигнал занятости
busy-flash ~ *тлф* мигающий сигнал занятости
B-Y ~ *тлв* цветоразностный сигнал B — Y (*в системе НТСЦ*)
call ~ позывные
call progress ~ *тлф* сигнал прохождения вызова
call-confirmation [call-control] ~ *тлф* сигнал контроля посылки вызова
called-number ~s *тлф* сигналы набора номера
camera ~ камерный сигнал
carrier chrominance [carrier color] ~ *тлв* сигнал цветности
carrier detect ~ сигнал обнаружения несущей (*в модемной связи*)
carry ~ *вчт* сигнал переноса
carry clear ~ *вчт* сигнал разрешения переноса
carry complete ~ *вчт* сигнал окончания переноса

signal

carry initiating ~ *вчт* сигнал начала переноса
case-shift ~ *тлв* сигнал перевода регистра
CD ~ *см.* **carrier detect signal**
challenging ~ *рлк* запросный сигнал (*в системе радиолокационного опознавания государственной принадлежности*)
channel identification ~ *тлв* сигнал опознавания канала
chirp ~ сигнал с линейной частотной модуляцией, сигнал с ЛЧМ
chroma ~ *тлв* 1. сигнал цветности 2. цветоразностный сигнал
chrominance ~ *тлв* сигнал цветности
circuit available ~ *тлф* сигнал освобождения цепи
clear ~ незашифрованный сигнал
clear back ~ *тлф* сигнал отбоя
clear forward ~ *тлф* сигнал разъединения
clearing ~ *тлф* сигнал отбоя
clipped ~ сигнал с односторонним ограничением; сигнал, ограниченный по амплитуде; ограниченный сигнал
clock ~ синхронизирующий сигнал, синхросигнал
coded ~ кодированный сигнал
coherent ~ когерентный сигнал
color ~ 1. цветовой телевизионный сигнал 2. сигнал цветности
color-bar ~ *тлв* сигнал цветных полос
color-burst ~ *тлв* сигнал цветовой синхронизации
color-difference ~ *тлв* цветоразностный сигнал
color identification ~ *тлв* сигнал опознавания цвета
color-picture ~ *тлв* сигнал цветного изображения
color-sync ~ *тлв* сигнал цветовой синхронизации
color-television [color video] ~ полный цветовой телевизионный сигнал
command destruct ~ (радио)сигнал на ликвидацию
common-mode ~ синфазный сигнал (*в дифференциальном усилителе*)
comparison ~ опорный сигнал
compelled ~ *тлф* квитируемый сигнал
compensation ~ 1. сигнал компенсации, компенсирующий сигнал 2. корректирующий сигнал
complex analytical ~ комплексный аналитический сигнал
component ~ компонентный видеосигнал
component color ~ 1. сигнал цветовой составляющей 2. компонентный видеосигнал
component video ~ компонентный видеосигнал
composite ~ 1. полный телевизионный сигнал 2. композитный видеосигнал
composite color ~ 1. полный цветовой телевизионный сигнал 2. композитный видеосигнал
composite-one-line ~ *тлв* полный сигнал строки
composite picture [composite video] ~ 1. полный телевизионный сигнал 2. композитный видеосигнал
compressed ~ сжатый сигнал
confusion ~ *рлк* дезориентирующий сигнал
contaminating ~ помеха
control ~ сигнал управления, управляющий сигнал
convergence ~ *тлв* сигнал сведения лучей
convolved ~s свёрнутые сигналы
course-fine encoded video ~ видеосигнал, кодированный на основе грубой и точной шкал

dark-spot ~ *тлв* сигнал чёрного пятна
data ~ сигнал данных; информационный сигнал
DC ~ *см.* **disk changed signal**
decoded ~ декодированный сигнал
dehopped ~ восстановленный сигнал со скачкообразной перестройкой частоты
desired ~ полезный сигнал
despread ~ свёрнутый широкополосный псевдослучайный сигнал
detectable ~ обнаруживаемый сигнал
deterministic ~ детерминированный сигнал
difference ~ стереофонический [разностный] сигнал, сигнал S (*в стереофонии*)
differential-mode ~ противофазный сигнал (*в дифференциальном усилителе*)
digital ~ 1. цифровой сигнал 2. *pl тлф* сигналы набора номера
digital ~ of level 0 цифровой сигнал нулевого уровня, сигнал типа DS(-)0, синхронный цифровой поток со скоростью передачи исходных данных 64 Кбит/с (*один речевой канал по Североамериканской иерархии цифровых систем передачи данных*)
digital ~ of level 1 цифровой сигнал первого уровня, сигнал типа DS(-)1, синхронный цифровой поток со скоростью передачи исходных данных T1=1,54 Мбит/с (*24 речевых канала по Североамериканской иерархии цифровых систем передачи данных*)
digital ~ of level 1C цифровой сигнал уровня 1C, сигнал типа DS(-)1C, синхронный цифровой поток со скоростью передачи исходных данных T1C=3,15 Мбит/с (*48 речевых каналов по Североамериканской иерархии цифровых систем передачи данных*)
digital ~ of level 2 цифровой сигнал второго уровня, сигнал типа DS(-)2, синхронный цифровой поток со скоростью передачи исходных данных T2=6,31 Мбит/с (*96 речевых каналов по Североамериканской иерархии цифровых систем передачи данных*)
digital ~ of level 3 цифровой сигнал третьего уровня, сигнал типа DS(-)3, синхронный цифровой поток со скоростью передачи исходных данных T3=44,736 Мбит/с (*672 речевых канала по Североамериканской иерархии цифровых систем передачи данных*)
digital ~ of level 4 цифровой сигнал четвёртого уровня, сигнал типа DS(-)4, синхронный цифровой поток со скоростью передачи исходных данных T4=274,1 Мбит/с (*4032 речевых канала по Североамериканской иерархии цифровых систем передачи данных*)
direct-sequence (spread-spectrum) ~ широкополосный псевдослучайный сигнал с кодом прямой последовательности
discernible ~ различимый сигнал
disconnect ~ *тлф* сигнал отбоя
disk changed ~ сигнал смены дискеты (*в дисководе*)
distinguishable ~ различимый сигнал
distress ~ сигнал бедствия
Doppler-invariant ~ сигнал, инвариантный по отношению к доплеровскому сдвигу
Doppler-shifted ~ сигнал с доплеровским сдвигом

signal

double-sideband ~ сигнал с двумя боковыми полосами
downstream ~ входящий (*к пользователю*) сигнал
driving ~ сигнал синхронизации [синхросигнал] телевизионного передатчика
duobinary ~ дуобинарный сигнал
echo ~ отражённый сигнал, эхо-сигнал, эхо
electric ~ электрический сигнал
element difference ~ *тлв* сигнал межэлементной разности
emergency ~ аварийный сигнал
enabling ~ 1. деблокирующий сигнал 2. отпирающий сигнал; разрешающий сигнал 3. *вчт* сигнал на подключение *или* использование (*устройства*) 4. *вчт* сигнал подготовки
enciphered ~ шифрованный сигнал
end-of-block ~ *вчт* сигнал конца блока
end-of-copy ~ сигнал конца бланка (*в факсимильной связи*)
end-of-data ~ сигнал конца массива данных
end-of-impulsing ~ *тлф* сигнал конца набора номера
end-of-message ~ сигнал конца сообщения (*в факсимильной связи*)
end-of-pulsing ~ *тлф* сигнал конца набора номера
end-of-selection ~ *тлф* сигнал приёма полного номера
engaged ~ *тлф* сигнал занятости линии
erasure ~ сигнал стирания
error ~ сигнал рассогласования
excitatory ~ возбуждающий сигнал (*в нейронных сетях*)
facsimile ~ факсимильный сигнал
facsimile framing [facsimile phasing] ~ сигнал фазирования факсимильного аппарата
false ~ ложный сигнал; паразитный сигнал
fault ~ 1. сигнал о повреждении *или* неисправности 2. сигнал об ошибке *или* сбое 3. *вчт* сигнал об отказе
feedback control ~ сигнал управления [управляющий сигнал], поступающий по цепи обратной связи
field sawtooth ~ *тлв* «полевая пила»
figures-shift ~ *тлг* сигнал перевода на цифры
fluctuating ~ флуктуирующий сигнал
flyback ~ *тлв* сигнал обратного хода
forward recall ~ *тлф* прямой сигнал повторного вызова
frame-alignment ~ сигнал цикловой синхронизации
frame difference ~ *тлв* сигнал межкадровой разности
frame sync ~ *тлв* полевой синхронизирующий сигнал, полевой синхросигнал
framing ~ сигнал фазирования (*факсимильного аппарата*)
free-line ~ *тлф* сигнал свободной линии
frequency-hopped ~ сигнал со скачкообразной перестройкой частоты
frequency-modulated ~ частотно-модулированный сигнал, ЧМ-сигнал
frequency-shift ~ *тлг* частотно-манипулированный сигнал, ЧМн-сигнал
full bandwidth ~ полный телевизионный сигнал
FS ~ *см.* **frequency-shift signal**

G- ~ *см.* **green signal**
gating ~ селекторный [стробирующий] сигнал
Gaussian ~ гауссов сигнал
ghost ~ 1. *рлк* паразитный отражённый сигнал, «духи» 2. ложные линии дифракционного спектра
global ~ глобальный сигнал
green ~ *тлв* сигнал зелёного цвета, З-сигнал, G-сигнал
guidance ~ сигнал управления [управляющий сигнал] системы наведения
G-Y ~ *тлв* цветоразностный сигнал G — Y (*в системе НТСЦ*)
hang-up ~ *тлф* сигнал отбоя
heterochronous digital ~s гетерохронные цифровые сигналы
high-frequency ~ высокочастотный [ВЧ-] сигнал
high-level ~ *вчт* сигнал высокого уровня
homing ~ сигнал самонаведения
homochronous digital ~s гомохронные цифровые сигналы
horizontal sync ~ *тлв* строчный синхронизирующий сигнал, строчный синхросигнал
I- ~ *тлв* широкополосный цветоразностный сигнал, сигнал I (*в системе НТСЦ*)
IBG ~ *см.* **inter-block gap signal**
identification ~ *тлв* сигнал опознавания
idle indication ~ *тлф* сигнал свободной линии
IF ~ *см.* **intermediate frequency signal**
IFF target ~ сигнал опознавания цели (*в системе радиолокационного опознавания государственной принадлежности*)
impulse ~ импульсный сигнал
incoming ~ поступающий сигнал
inhibiting ~ сигнал запрета
inhibitory ~ тормозящий сигнал (*в нейронных сетях*)
injected ~ входной сигнал
in-phase ~ синфазный сигнал
input ~ входной сигнал
insertion test ~ *тлв* сигнал испытательной строки
intelligence ~ информативный сигнал
inter-block gap ~ сигнал межблочного (защитного) интервала (*в магнитной записи*)
interfering ~ помеха
interfield test ~ *тлв* сигнал испытательной строки
intermediate frequency ~ сигнал промежуточной частоты, ПЧ-сигнал
international code ~ международный кодовый сигнал
interrogation ~ запросный [запрашивающий] сигнал (*в системе радиолокационного опознавания государственной принадлежности*)
interrupt ~ сигнал прерывания
inversion ~ *тлг* сигнал перевода регистра
isochronous digital ~ изохронный цифровой сигнал
jamming ~ активная преднамеренная радиопомеха
L ~ *см.* **left signal**
large ~ большой [сильный] сигнал
laser ~ лазерный сигнал
LB ~ *см.* **left-backward signal**
left ~ сигнал левого канала, сигнал А (*в стереофонии*)
left-backward ~ сигнал левого заднего канала (*в квадрафонии*)

signal

left-forward ~ сигнал левого переднего канала (*в квадрафонии*)
LF ~ *см.* 1. **left-forward signal** 2. **low-frequency signal**
limited ~ сигнал, ограниченный по амплитуде
linear FM ~ сигнал с линейной частотной модуляцией, сигнал с ЛЧМ
line identification ~ *тлв* сигнал опознавания строки
line sawtooth ~ *тлв* «строчная пила»
line sync ~ *тлв* строчный синхронизирующий сигнал, строчный синхросигнал
locking ~ 1. синхронизирующий сигнал, синхросигнал 2. блокирующий сигнал 3. запирающий сигнал
logic ~ логический сигнал
loop actuating [loop difference] ~ управляющий сигнал (*системы управления с обратной связью*)
loop error ~ сигнал рассогласования (*системы управления с обратной связью*)
loop feedback ~ сигнал обратной связи (*системы управления с обратной связью*)
loop input [loop return] ~ входной сигнал (*системы управления с обратной связью*)
loop output ~ выходной сигнал (*системы управления с обратной связью*)
low-frequency ~ низкочастотный [НЧ-] сигнал
low-level ~ *вчт* сигнал низкого уровня
low-level radio-frequency ~ радиочастотный [РЧ-] сигнал с уровнем, недостаточным для срабатывания защитного разрядника
luminance ~ *тлв* сигнал яркости
M- ~ *см.* **monophonic signal**
mark(ing) ~ *тлг* рабочая [токовая] посылка
masking ~ маскирующий сигнал
mesochronous digital ~**s** мезохронные цифровые сигналы
message(-bearing) ~ сигнал, содержащий сообщение
microwave ~ сверхвысокочастотный [СВЧ-] сигнал
MIDI ~ MIDI-сигнал; MIDI-сообщение
minimum detectable ~ минимальный обнаруживаемый сигнал
minimum discernible ~ минимальный различимый сигнал
mixed ~ *вчт* цифро-аналоговый сигнал
modulating ~ модулирующий сигнал
monochrome ~ 1. видеосигнал (*в черно-белом телевидении*) 2. сигнал яркости (*в цветном телевидении*)
monophonic ~ монофонический [суммарный] сигнал, сигнал М (*в стереофонии*)
multimode ~ 1. многомодовый сигнал (*напр. в оптическом волокне*) 2. групповой сигнал (*в многоканальной связи*)
multiplexed ~ уплотнённый сигнал
myoelectric ~ миоэлектрический сигнал
N ~ посылка N по коду Морзе (*курсового радиомаяка*)
narrow-band ~ узкополосный сигнал
naught ~ сигнал нуля
negative-going ~ убывающий сигнал
neuroelectric ~ нейроэлектрический сигнал
noise ~ шумовой сигнал

noise-free ~ сигнал без шумов
noise-like ~ шумоподобный сигнал
noisy ~ сигнал с шумами, зашумлённый сигнал
nominal detectable ~ номинальный обнаружимый сигнал
noncompelled ~ *тлф* неквитируемый сигнал
noncomposite ~ *тлв* сигнал изображения
number received ~ *тлф* сигнал приёма полного номера
offering ~ *тлф* сигнал для подключения к занятой линии
off-hook ~ *тлф* сигнал «занято»
omnibearing ~ сигнал всенаправленного радиомаяка
on-course ~ курсовой радиосигнал
on-hook ~ *тлф* сигнал «свободно»
optical ~ оптический сигнал
outcoming ~ выходной сигнал
output ~ выходной сигнал
P ~ *см.* **protected signal**
packetized ~ пакетированный сигнал
partial-response ~ сигнал в виде частичного отклика; сигнал в виде весового отклика
PCM ~ *см.* **pulse-code modulation signal**
permanent ~ *тлф* сигнал отсутствия набора
phantom ~ паразитный сигнал; ложный сигнал
phase-modulated ~ фазомодулированный [ФМ-] сигнал
phase-shift (keyed) ~ фазоманипулированный [ФМн-] сигнал
phasing ~ сигнал фазирования (*факсимильного аппарата*)
photoelectric ~ фотоэлектрический сигнал
pickup ~ 1. выходной сигнал измерительного преобразователя, выходной сигнал датчика 2. *тлв* камерный сигнал
picture ~ *тлв* сигнал изображения
picture-phone ~ видеотелефонный сигнал
picture-shading ~ *тлв* сигнал чёрного пятна
pilot ~ пилот-сигнал (*1. управляющий сигнал; контрольный сигнал 2. сигнал контрольной частоты*)
playback ~ сигнал воспроизведения
plesiochronous digital ~**s** плезиохронные цифровые сигналы
polar ~ двухпозиционный сигнал
positive-going ~ возрастающий сигнал
print contrast ~ сигнал контрастности печати
probing ~ зондирующий сигнал
program ~ сигнал радиовещательной программы
protected ~ сигнал, защищенный от несанкционированного использования (*в радионавигации*)
pseudonoise ~ псевдошумовой сигнал
pseudorandom ~ псевдослучайный сигнал
pseudo-ternary ~ квазитроичный сигнал
pulsar ~ сигнал (от) пульсара
pulse-code modulation ~ сигнал с импульсно-кодовой модуляцией, ИКМ-сигнал
pulsed ~ импульсный сигнал
Q ~ 1. *тлв* узкополосный цветоразностный сигнал, сигнал Q (*в системе НТСЦ*) 2. международный радиосигнал Q
quadrature-phase subcarrier ~ *тлв* квадратурная составляющая сигнала цветности
quantized ~ квантованный сигнал

signal

R ~ 1. *см.* **red signal** 2. *см.* **right signal**
radio ~ радиосигнал
radio-frequency ~ радиочастотный [РЧ-] сигнал
radio star ~ сигнал (от) радиозвезды
radiotelephone distress ~ радиотелефонный сигнал бедствия
random ~ случайный сигнал
RB ~ *см.* **right-backward signal**
read(ing) ~ сигнал считывания
ready-to-receive ~ сигнал готовности к приёму (*в факсимильной связи*)
rectified ~ выпрямленный сигнал
red ~ *тлв* сигнал красного цвета, К-сигнал, R-сигнал
redundant ~ сигнал с избыточной информацией
reference ~ опорный сигнал
reorder ~ *тлф* сигнал освобождения цепи
request ~ сигнал запроса
rering ~ *тлф* сигнал повторного вызова
restoring ~ восстанавливающий сигнал
retransmitted ~ ретранслированный сигнал
returned ~ отражённый сигнал, эхо-сигнал
RF ~ *см.* 1. **radio-frequency signal** 2. **right-forward signal**
RGB ~**s** *тлв* сигналы основных цветов
right ~ сигнал правого канала, сигнал B (*в стереофонии.*)
right-backward ~ сигнал правого заднего канала (*в квадрафонии*)
right-forward ~ сигнал правого переднего канала (*в квадрафонии*)
ringing ~ *тлф* сигнал вызова
robust ~ робастный сигнал
round-the-world ~ сигнал кругосветного радиоэха
R-Y ~ *тлв* цветоразностный сигнал R — Y (*в системе НТСЦ*)
S- ~ *см.* **stereo(phonic) signal**
sampled ~ дискретизированный сигнал
saturated [saturating] ~ насыщающий сигнал
saw-tooth ~ пилообразный сигнал
scrambling ~ скремблированный сигнал
sense ~ сигнал считывания
shading compensation ~ *тлв* сигнал компенсации чёрного пятна
singing ~ паразитный сигнал, обусловленный самовозбуждением
single-mode ~ одномодовый сигнал (*напр. в оптическом волокне*)
single-sideband ~ сигнал с одной боковой полосой, ОБП-сигнал
small ~ малый [слабый] сигнал
sound ~ *тлв* сигнал звукового сопровождения
sounding ~ зондирующий сигнал
space [spacing] ~ *тлв* бестоковая посылка, пауза
speech ~ голосовой [речевой] сигнал
spread-spectrum ~ широкополосный псевдослучайный сигнал
spurious ~ паразитный сигнал; ложный сигнал
square(-wave) ~ сигнал в форме меандра
SSB ~ *см.* **single-sideband signal**
staircase video ~ *тлв* испытательный сигнал ступенчатой формы
standard composite picture ~ стандартный полный телевизионный сигнал
standard-frequency ~ сигнал стандартной частоты

standard television ~ стандартный телевизионный сигнал
start ~ 1. сигнал начала сообщения (*в факсимильной связи*) 2. *тлг* стартовая посылка 3. стартовый элемент
start-record ~ сигнал начала развёртки (*в факсимильной связи*)
start-stop ~ стартстопный сигнал
status ~ сигнал состояния
steady-state ~ установившийся сигнал
stereo(phonic) ~ стереофонический [разностный] сигнал, сигнал S (*в стереофонии*)
stereophonic multiplex ~ комплексный стереофонический сигнал
stop ~ 1. сигнал конца сообщения (*в факсимильной связи*) 2. *тлг* стоповая посылка 3. стоповый элемент
stop-record ~ сигнал конца развёртки (*в факсимильной связи*)
stuffed ~ сигнал с вставленными символами (*для согласования скорости передачи данных*)
subscriber identification ~ сигнал идентификации абонента
sum ~ монофонический [суммарный] сигнал, сигнал M (*в стереофонии*)
supersync ~ *тлв* сигнал синхронизации приёмников
supervisory ~ контрольный сигнал
swept ~ сигнал с качающейся частотой
sync(hronizing) ~ синхронизирующий сигнал, синхросигнал
synchronous transport ~ *вчт* синхронный транспортный сигнал
synthetic speech ~ синтезированный голосовой [синтезированный речевой] сигнал
target ~ *рлк* сигнал от цели
television ~ полный телевизионный сигнал
television relay ~ транслированный телевизионный сигнал
television standard ~ стандартный телевизионный сигнал
test ~ испытательный сигнал
test line ~ *тлв* сигнал испытательной строки
test-pattern ~ *тлв* сигнал испытательной таблицы
threshold ~ пороговый сигнал
time ~ сигнал точного времени
time-limited ~ сигнал ограниченной длительности
timing ~ хронирующий сигнал
tracking ~ сигнал следования (*напр. в видеопроигрывателе с ёмкостной головкой воспроизведения*)
trigger(ing) ~ запускающий сигнал
tristimulus ~**s** *тлв* сигналы основных цветов
unstuffed ~ сигнал с исключенными символами (*для согласования скорости передачи данных*)
unvoiced ~ невокализированный сигнал
upstream ~ исходящий (*от пользователя*) сигнал
vertical insertion test ~ *тлв* сигнал испытательной строки
vertical interval ~ *тлв* сигнал испытательной строки
vertical sync ~ *тлв* полевой синхронизирующий сигнал, полевой синхросигнал
vestigial sideband ~ сигнал с частично подавленной боковой полосой

signal

video ~ видеосигнал (*1. тлв сигнал изображения в спектре видеочастот 2. факсимильный видеосигнал 3. сигнал на выходе приёмника импульсной РЛС*)
visual ~ *тлв* сигнал изображения
voice ~ голосовой [речевой] сигнал
voiced ~ вокализированный сигнал
weighted ~ взвешенный сигнал
white ~ сигнал белого поля (*в факсимильной связи*)
write ~ сигнал записи
Y- ~ *тлв* сигнал яркости, сигнал Y

signal(l)ing 1. сигнализация (*1. передача сигналов 2. система передачи сигналов 3. преобразование информации о процессе или объекте в сигнал 4. система сигнализации*) 2. тлф вызов 3. телеграфирование
ac ~ телеграфирование на переменном токе
analog ~ аналоговая сигнализация, передача аналоговых сигналов
associated ~ сигнализация по объединённому каналу
automatic ~ автоматическая сигнализация
binary ~ двоичная сигнализация, передача двоичных сигналов
carrier ~ сигнализация по линии ВЧ-связи
channel associated ~ сигнализация по объединённому каналу
closed-circuit ~ система сигнализации замкнутого типа
common channel ~ сигнализация по общему каналу
common channel interoffice ~ межучрежденческая система передачи сигналов по общему каналу
compelled ~ *тлф* квитируемая сигнализация
data ~ передача данных
dc ~ телеграфирование на постоянном токе
digital ~ цифровая сигнализация, передача цифровых сигналов
display power management ~ *вчт* система управления энергопотреблением монитора, система DPMS
double-current ~ двухполюсное телеграфирование
dual-tone ~ двухтональная сигнализация
end-to-end ~ сквозная сигнализация
fault ~ сигнализация о неисправностях *или* повреждениях
frequency ~ 1. тональный вызов 2. тональное телеграфирование
generator ~ прямой вызов
harmonic ~ 1. тональный вызов 2. тональное телеграфирование
idle ~ сигнализация о свободных каналах
in-band ~ 1. внутриполосная сигнализация (*при частотном уплотнении*) 2. тональное телеграфирование
link-by-link ~ сигнализация по участкам; сигнализация по звеньям
multi-frequency ~ многочастотная сигнализация
non-associated ~ сигнализация по разделённым каналам
on-off ~ двухпозиционная сигнализация
open-circuit ~ система сигнализации разомкнутого типа

out-of-band ~ 1. внеполосная сигнализация (*при частотном уплотнении*) 2. надтональное *или* подтональное телеграфирование
partial-response ~ сигнализация с частичным откликом
protective ~ защитная сигнализация
quaternary ~ четверичная сигнализация, передача четверичных сигналов
radio ~ радиосигнализация
remote ~ телесигнализация
robbed-bit ~ использование младших битов данных для передачи управляющих сигналов (*в цифровых сетях*), *проф.* сигнализация «краденымии» битами
selective ~ избирательный вызов
single-current ~ однополюсное телеграфирование
speech digit ~ передача цифровых сигналов в полосе частот речи
spread-spectrum ~ система передачи с широкополосными псевдослучайными сигналами
station ~ абонентская сигнализация
supervisory ~ передача управляющих сигналов (*в цифровых сетях*)
supervisory control ~ система телесигнализации и телеуправления
tone ~ тональная сигнализация
transition minimized differential ~ дифференциальный метод передачи сигналов с минимизацией переходов, метод TMDS
trouble ~ 1. сигнализация о неисправностях *или* повреждениях 2. *вчт* сигнализация об ошибках или неполадках в работе (*аппаратных или программных средств*)
two-frequency ~ 1. двухчастотная сигнализация 2. двухтональный вызов

signalization 1. сигнализация (*1. передача сигналов 2. система передачи сигналов 3. преобразование информации о процессе или объекте в сигнал 4. система сигнализации*) 2. тлф вызов 3. телеграфирование

signalize 1. сигнализировать (*1. передавать сигналы 2. преобразовывать информацию о процессе или объекте в сигнал* 2. тлф посылать вызов 3. телеграфировать

signature 1. сигнатура (*1. характерный признак; характеристика 2. рлк радиолокационная сигнатура, комплексная характеристика цели 3. подпись (напр. в группах новостей сети, сообщении по факсу или электронной почте) 4. идентификатор вируса (в антивирусных программах) 5. идентификатор метафайла 6. контрольная сумма (при проверке циклическим избыточным кодом) 7. совокупность индивидуальных (логических) предикатов 8. сигнатура квадратичной или эрмитовой формы, матрицы или многообразия*) 2. подпись (*собственноручно написанная фамилия*) 3. ключевые знаки (*в нотной записи*) 4. музыкальная заставка (*вещательной программы*)
~ **of Hermitian form** сигнатура эрмитовой формы
~ **of matrix** сигнатура матрицы
~ **of quadratic form** сигнатура квадратичной формы
~ **of spins** сигнатура спинов
digital ~ 1. цифровая сигнатура 2. цифровая подпись (*в криптографии*)
Doppler ~ *рлк* доплеровская сигнатура

simulation

electronic ~ электронная подпись
fault ~ ошибочная сигнатура
fractal ~ *рлк* фрактальная сигнатура
key ~ ключевые знаки (*в нотной записи*)
manyfold ~ сигнатура многообразия
model ~ *вчт* сигнатура модели
packet ~ сигнатура пакета (*данных*)
radar ~ радиолокационная сигнатура
spectrum ~ *рлк* спектральная сигнатура
target ~ сигнатура цели
time ~ ключевой знак размера такта (*в нотной записи*)

significance 1. *вчт* значимость 2. значение; существенность 3. смысл; значение 4. *вчт* сигнификатный; внутриязыковый
  observed ~ наблюдённая значимость, р-значение (*в математической статистике*)
  regression ~ значимость регрессии
  statistical ~ статистическая значимость
  test ~ значимость критерия

significant 1. *вчт* значимый 2. *вчт* значащий (*напр. разряд*) 3. значительный; существенный
signification смысл; значение
signified означаемое (*в семиотике*)
signifier означающее (*в семиотике*)
signify значить, означать; иметь значение
signum сигнум (*функция*)
  squashed ~ модифицированный сигнум, сигнум с несколькими перепадами на интервале от −1 до +1

silence 1. молчание 2. пауза (*напр. в фонограмме*) 3. скрытность; конфиденциальность
  international radio ~ международное радиомолчание (*для приёма сигналов бедствия*)
  radar ~ молчание РЛС (*для обеспечения скрытности*)
  radio ~ радиомолчание

silent 1. скрытный; конфиденциальный 2. немое кино || немой (*о кинофильме*)
silhouette силуэт; контур || изображать в виде силуэта; выделять контуры (*в компьютерной графике*)
silicon *пп* кремний || кремниевый ◊ ~ **on sapphire** *микр.* технология «кремний на сапфире», КНС-технология
  amorphous ~ аморфный кремний
  electronic grade ~ кремний полупроводниковой чистоты
  epitaxial ~ эпитаксиальный кремний
  float-zone ~ кремний, полученный методом зонной плавки
  high-resistivity ~ высокоомный кремний, кремний с высоким удельным сопротивлением
  intrinsic ~ кремний i-типа, кремний с собственной электропроводностью
  i-type ~ кремний i-типа, кремний с собственной электропроводностью
  low-temperature polycrystalline ~ 1. низкотемпературный поликристаллический кремний 2. метод изготовления матричных ИС с использованием низкотемпературного поликристаллического кремния, технология LTPS
  metallurgical grade ~ кремний металлургической чистоты
  n-type ~ кремний n-типа, кремний с электронной электропроводностью
  passivated ~ пассивированный кремний
  polycrystalline ~ поликристаллический кремний, *проф.* поликремний
  porous ~ пористый кремний
  p-type ~ кремний p-типа, кремний с дырочной электропроводностью
  seminsulating polycrystalline ~ полуизолирующий поликристаллический кремний
  single-crystalline ~ монокристаллический кремний

silicone *микр.* силикон || силиконовый
silicon-on-sapphire *микр.* технология кремний на сапфире, КНС-технология
silicon-on-spinel *микр.* технология кремний на шпинели, КНШ-технология
silk-screen 1. *микр.* трафаретная печать || использовать трафаретную печать 2. отпечаток, полученный методом трафаретной печати
silk-screening *микр.* трафаретная печать
silmanal сильманал (*магнитный сплав*)
similar подобный (*1. гомотетичный 2. сходный; похожий*)
similarity подобие (*1. гомотетия 2. сходство; похожесть*)
similitude 1. подобие (*1. гомотетия 2. сходство; похожесть*) 2. образ; отображение
simple 1. простой объект (*1. несложный объект 2. элементарный объект; неразложимый объект; несоставной объект*) || простой (*1. несложный 2. элементарный; неразложимый; несоставной*) 2. линейный (*напр. оператор*); первой степени (*напр. уравнение*)
simplex 1. симплексная [односторонняя] связь, симплекс || симплексный, односторонний 2. одноэлементный; простой 3. *вчт* симплекс, выпуклая линейная оболочка точек (*с плоскими гранями и прямолинейными рёбрами*) в евклидовом пространстве
  curvilinear ~ криволинейный [топологический] симплекс
  double-channel ~ двухканальная симплексная связь, двухканальный симплекс
  Euclidian ~ евклидов [прямолинейный] симплекс
  N-dimensional ~ N-мерный симплекс
  oriented ~ ориентированный симплекс
  rectilinear ~ прямолинейный [евклидов] симплекс
  single-channel ~ одноканальная симплексная связь, одноканальный симплекс
  single-frequency ~ симплексная связь на одной частоте, одночастотный симплекс
  topological ~ топологический [криволинейный] симплекс

simplicial *вчт* симплициальный, относящийся к разбиению полиэдра на симплексы
simplification упрощение (*напр. выражения*)
simplify упрощать (*напр. выражение*)
SIMSCRIPT язык моделирования SIMSCRIPT
Simula язык моделирования Simula
simulant имитационная модель; имитатор
simulate моделировать; использовать имитационную модель; имитировать
simulation моделирование; имитационное моделирование; имитация
  analog ~ аналоговое моделирование
  analog-computer ~ моделирование на аналоговых компьютерах, моделирование на аналоговых вычислительных машинах, моделирование на АВМ

simulation

analog-digital ~ аналого-цифровое моделирование
behavioral ~ моделирование на поведенческом уровне
cell-level ~ моделирование на уровне ячеек
circuit ~ схемное моделирование
computer ~ компьютерное моделирование; машинное моделирование
conceptual data ~ концептуальное моделирование данных
continuous ~ аналоговое моделирование
critical-path timing ~ моделирование критических путей во времени
data ~ моделирование данных
date ~ моделирование дат (*напр. в связи с проблемой 2000 года*)
deterministic ~ детерминированное моделирование
digital ~ цифровое моделирование
digital-computer ~ моделирование на цифровых компьютерах, моделирование на цифровых вычислительных машинах, моделирование на ЦВМ
dynamic ~ динамическое моделирование
electronic ~ электронное моделирование
empirical ~ эмпирическое моделирование
environmental ~ моделирование (условий) окружающей среды
event-driven logic ~ событийное логическое моделирование
functional ~ функциональное моделирование
gaming ~ игровое моделирование
gate-level logic ~ моделирование на уровне логических элементов
geometrical ~ геометрическое моделирование
hardware ~ аппаратное моделирование
heuristic ~ эвристическое моделирование
high-level ~ моделирование на высоком уровне
human factor ~ моделирование психофизиологических факторов
input/output ~ программное моделирование операций ввода-вывода
interrupt ~ моделирование прерываний
logic ~ логическое моделирование
machine ~ машинное моделирование; компьютерное моделирование
macroscopic freeway ~ макромоделирование движения по скоростной магистрали (*в автомобильной радиолокации*)
mathematical ~ математическое моделирование
matrix ~ матричное моделирование
mixed-level [mixed-mode] ~ смешанное [многоуровневое] моделирование (*1. моделирование схем с элементами разного уровня интеграции 2. моделирование цифро-аналоговых схем*)
Monte-Carlo ~ **1.** моделирование методом Монте-Карло **2.** метод Монте-Карло
multilevel(-mode) [multimode] ~ смешанное [многоуровневое] моделирование (*1. моделирование схем с элементами разного уровня интеграции 2. моделирование цифроаналоговых схем*)
network ~ сетевое моделирование
numerical ~ численное моделирование
operational ~ моделирование условий эксплуатации
physical ~ физическое моделирование
real-time ~ моделирование в реальном масштабе времени

smart ~ интеллектуальное моделирование
software ~ программное моделирование
space ~ моделирование условий космического пространства
stochastic ~ стохастическое моделирование
subcircuit-level ~ моделирование на уровне подсхем
system ~ системное моделирование
tactic combat ~ отработка тактики ведения боя (*в компьютерных играх*)
time ~ моделирование (*напр. процесса*) во времени
traffic ~ **1.** *вчт* моделирование трафика **2.** *тлф, тлг* моделирование нагрузки (*линии связи или канала*) **3.** моделирование движения (*напр. воздушного*); моделирование транспортных потоков *или* транспортных перевозок **4.** моделирование торговли; моделирование торговых сделок
transistor-level ~ моделирование на уровне транзисторов
virtual reality ~ моделирование виртуальной реальности
visual interactive ~ визуальное интерактивное моделирование
voice ~ моделирование голоса; моделирование речи

simulator 1. модель (*1. моделирующая аппаратная или программно-аппаратная система; моделирующее устройство 2. программа моделирования, моделирующая программа*) **2.** имитатор (*1. имитационная модель 2. тренажёр 3. жанр компьютерных игр*)

ambiguity-function ~ имитатор функции неопределённости
aircraft ~ авиатренажёр
analog ~ аналоговая модель
binary ~ двоичная модель
block-oriented network ~ блочно-ориентированная программа моделирования сетей, программа BONES
car ~ автотренажёр
circuit ~ программа моделирования схем
diabolo ~ имитатор дьявола (*в компьютерных играх*)
digital ~ цифровая модель
Doppler ~ доплеровский имитатор, имитатор движущейся цели
environmental ~ модель окружающей среды
flight ~ **1.** имитатор полёта **2.** авиатренажёр
functional(-level) ~ функциональная модель
God ~ имитатор Бога (*в компьютерных играх*)
hardware ~ аппаратная модель
instruction-set ~ имитатор набора команд
jamming ~ имитатор активных преднамеренных радиопомех
logic ~ логическая модель
microprocessor ~ микропроцессорный имитатор; интеллектуальный имитатор
moving target ~ имитатор движущейся цели, доплеровский имитатор
multiple-target ~ имитатор групповой цели
optimizing ~ программа моделирования с оптимизацией
phase ~ имитатор фазового сдвига
radar ~ радиолокационный тренажёр
radar signal ~ имитатор цели

register-transfer ~ программа моделирования на уровне (меж)регистровых передач
road ~ имитатор дорожных условий; автотренажёр
ROM ~ имитатор ПЗУ
signal ~ имитатор сигнала
software ~ 1. программная модель 2. программа моделирования, моделирующая программа
timing ~ программа моделирования во времени
training ~ тренажёр

simulcast 1. одновременно передаваемая (*несколькими станциями*) программа ‖ передавать программу одновременно (*несколькими станциями*) 2. репортаж с места событий (*напр. с трассы автогонок*) по замкнутой системе телевидения

simultaneous 1. одновременный; синхронный 2. совместный 3. конкурирующий

simultaneousness 1. одновременность; синхронность 2. совместность 3. конкуренция

sine синус
  area ~ ареасинус
  elliptic ~ эллиптический синус
  hyperbolic ~ гиперболический синус
  integral ~ интегральный синус
  inverse ~ арксинус
  inverse hyperbolic ~ ареасинус
  logarithmic ~ логарифм синуса
  versed ~ обращённый синус (*функция, равная косинусу минус единица*)

sing 1. свист; звон ‖ свистеть; звенеть 2. пение ‖ петь

singing 1. свист; звон 2. пение 3. паразитное самовозбуждение (*напр. радиоприёмника*); проф. зуммирование

single 1. одиночный объект; индивидуум ‖ одиночный; индивидуальный 2. диск с записью одной или двух популярных песен, *проф.* «сингл» 3. одноэлементный; не содержащий частей; монолитный 4. универсальный; общий 5. выбирать
  CD ~ *см.* **compact-disk single**
  compact-disk ~ 1. компакт-диск с записью одной или двух популярных песен, *проф.* «сингл» на компакт-диске 2. аудиокомпакт-диск диаметром 8 см для проигрывателя типа Sony Data Diskman (*техника начала 90-х годов XX столетия*)

single-acting одностороннего действия; невзаимный
single-address вчт одноадресный
single-chip однокристальный
single-crystal монокристалл ‖ монокристаллический
  bulk ~ массивный [объёмный] монокристалл
  native ~ природный монокристалл
  synthesized ~ синтезированный монокристалл
single-digit (с разницей) менее 0,1
single-ended 1. односторонний 2. несимметричный 3. одноцокольный (*напр. магнетрон*) 4. несимметричный (*напр. вход или выход электронного устройства*) 5. отражательный 6. с заземлёнными входом и выходом (*об усилителе*)
single-in-line с односторонним расположением выводов (*параллельно плоскости основания корпуса ИС*)
single-phase однофазный
single-pole однополюсный
  ~ **double-throw** 1. однополюсный двухпозиционный (*о переключателе*) 2. однополюсный переключающий контакт

  ~ **single-throw** 1. однополюсный (*о выключателе*) 2. однополюсный замыкающий *или* размыкающий контакт
single-precision вчт с одинарной точностью
single-sided односторонний (*напр. о дискете*)
single-space вчт печатать *или* набирать (*текст*) с одинарным интервалом (*между строками*)
single-spaced вчт напечатанный *или* набранный (*о тексте*) с одинарным интервалом (*между строками*)
single-step пошаговый
singlet кв. эл. синглет
single-throw 1. относящийся к выключателю 2. группа замыкающих *или* размыкающих контактов
  double-pole ~ 1. двухполюсный (*о выключателе*) 2. двухполюсная группа замыкающих *или* размыкающих контактов
  four-pole ~ 1. четырёхполюсный (*о выключателе*) 2. четырёхполюсная группа замыкающих *или* размыкающих контактов
  single-pole ~ 1. однополюсный (*о выключателе*) 2. однополюсный замыкающий *или* размыкающий контакт
  two-pole ~ 1. двухполюсный (*о выключателе*) 2. двухполюсная группа замыкающих *или* размыкающих контактов
singleton 1. одноэлементное множество 2. вчт однократно используемая переменная
single-track однодорожечный (*напр. магнитофон*)
single-turn однооборотный (*о переменном резисторе*)
single-user однопользовательский
singular 1. единственное число ‖ единственный 2. часть речи в единственном числе 3. уникальный; единственный в своём роде 4. вчт особый, сингулярный (*напр. о точке*); несобственный (*об интеграле*)
singularity 1. уникальность 2. вчт особенность, сингулярность (*напр. о точке*); несобственность (*об интеграле*)
  algebraic ~ алгебраическая особенность
  apparent ~ кажущаяся особенность
  Bloch point ~ *магн.* особенность типа блоховской точки
  calm ~ спокойная особенность (*мультифрактала*)
  geometric ~ геометрическая особенность
  hard ~ жёсткая особенность (*мультифрактала*)
  logarithmic ~ логарифмическая особенность
  rational ~ рациональная особенность
  regular ~ регулярная особенность
  removable ~ устранимая особенность
  soft ~ мягкая особенность (*мультифрактала*)
  spectral ~ спектральная особенность
  strong ~ сильная особенность
  transctndent ~ трансцендентная особенность
  Van Hove ~ *фтт* особенность Ван Хова
  weak ~ слабая особенность
  wild ~ дикая особенность (*мультифрактала*)
sink 1. сток 2. радиатор (*напр. транзистора*); теплоотвод 3. потребитель энергии 4. область максимальной зависимости частоты от фазы коэффициента отражения (*на диаграмме Рике для магнетрона*) 5. устойчивый фокус (*особая точка на фазовой плоскости*) 6. вчт приемник данных; накопитель данных 7. опускать(ся); снижать(ся);

sink

падать **8.** ухудшаться; деградировать **9.** проникать; просачиваться
~ **of digraph** сток орграфа
blackened heat ~ чернёный радиатор
current ~ сток тока
data ~ приёмник данных; накопитель данных
electron ~ сток электронов
heat ~ радиатор; теплоотвод
polished heat ~ полированный радиатор

sinusoid синусоида

sinusoidal синусоидальный

SiS корпорация Silicon Integrated Systems, корпорация SiS (*Тайвань*)
~ **550** (микро)процессор шестого поколения корпорации SiS (*на ядре mP6 фирмы Rise*) с интегрированной поддержкой видео, процессор SiS 550
~ **551** модификация процессора SiS 550 с поддержкой флэш-памяти и шифрования
~ **552** модификация процессора SiS 551 с функциями захвата аудио и видео

sitar *вчт* ситар (*музыкальный инструмент из набора General MIDI*)

sitcom *тлв* комедия положений

site 1. место; местоположение; местонахождение ǁ помещать; располагать **2.** *вчт* сайт **3.** *крист.* координация, позиция **4.** *фтт* ловушка, центр захвата
archive ~ архивный сайт, архив
beta ~ **1.** место проведения опытно-эксплуатационных испытаний **2.** *вчт* место бета-тестирования (*программного продукта*), место проведения второго этапа тестирования (*силами сторонних организаций и лиц, определяемых разработчиком*)
cold ~ помещение, пригодное для установки компьютерного оборудования, *проф.* холодное место
dodecahedral ~ додекаэдрическая координация, додекаэдрическая позиция
electron-trapping ~ ловушка [центр захвата] электрона
emitter ~ эмиттерная площадка
flux-pinning [flux-trapping] ~ *свпр* центр захвата потока, центр пиннинга потока
FTP ~ **1.** удалённая компьютерная система с доступом по протоколу стандарта FTP, FTP-сайт; **2.** адрес удалённой компьютерной системы с доступом по протоколу стандарта FTP, адрес FTP-сайта
ftp ~ **1.** удалённая компьютерная система с доступом по протоколу ftp, ftp-сайт; **2.** адрес удалённой компьютерной системы с доступом по протоколу ftp, адрес ftp-сайта
hole ~ (возможное) местоположение отверстия (*при перфорировании*)
hole-trapping ~ *фтт* ловушка [центр захвата] дырки
hot ~ находящийся в состоянии полной готовности резервный сайт, *проф.* горячий сайт
impurity ~ *фтт* примесный центр
interstitial ~ *крист.* междоузлие
job ~ сайт объявлений о приёме на работу
lattice ~ узел (кристаллической) решётки
mirror ~ зеркальный сайт, сайт-дублёр
nucleation ~ центр зародышеобразования
octahedral ~ октаэдрическая координация, октаэдрическая позиция
pinning ~ *свпр* центр пиннинга

receiving ~ приёмная сторона (*линии связи*)
recombination ~ рекомбинационная ловушка, центр рекомбинации
remote ~ удалённый сайт
shopping ~ сайт электронных продаж
substitutional ~ *фтт* вакансия
tetrahedral ~ тетраэдрическая координация, тетраэдрическая позиция
transmitting ~ передающая сторона (*линии связи*)
vacant electron ~ электронная вакансия
vacant lattice ~ *фтт* вакансия
WAP ~ WAP-сайт, сайт с радиодоступом по протоколу WAP
Web ~ сайт глобальной гипертекстовой системы WWW для поиска и использования ресурсов Internet, сайт Web-системы, Web-сайт

situate помещать; располагать

situation 1. место; местоположение; местонахождение **2.** ситуация; положение; обстановка
market ~ рыночная ситуация

situational ситуационный

size 1. размер; величина ǁ устанавливать *или* изменять размер *или* величину **2.** разделять *или* сортировать по размеру *или* величине **3.** *вчт* ёмкость (*напр. магнитного диска*); разрядность (*напр. шины*) **4.** формат (*напр. листа бумаги*)
A ~ формат A, формат $20{,}3 \times 27{,}9$ см^2 (*о листе бумаги*)
A2 ~ формат A2, формат $48{,}2 \times 63$ см^2 (*о листе бумаги*)
A3 ~ формат A3, формат $29{,}7 \times 42$ см^2 (*о листе бумаги*)
A4 ~ формат A4, формат $21 \times 29{,}7$ см^2 (*о листе бумаги*)
B5 ~ формат B5, формат $18{,}2 \times 25{,}7$ см^2 (*о листе бумаги*)
block ~ *вчт* ёмкость блока
bubble ~ диаметр ЦМД
buffer ~ *вчт* ёмкость буфера
bus ~ *вчт* разрядность шины
canvas ~ размер холста (*1. размер тканевой основы для картины 2. вчт размер рабочей области (в растровых графических редакторах)*)
chorus ~ *вчт* число (последовательных) преобразований (звукового) сигнала при создании эффекта хорового исполнения
chromosome ~ длина хромосомы (*в генетических алгоритмах*)
cluster ~ *вчт* ёмкость кластера
critical nucleus ~ *фтт, крист.* критический размер зародыша
crucible charge ~ *крист.* ёмкость тигля
data word ~ длина слова данных
design ~ проектный размер
directory ~ *вчт* размер каталога, размер директории
display ~ размер поля отображения (*индикатора*)
electrical ~ электрическая длина
feature ~ *микр.* характерный размер (*элемента ИС*), *проф.* топологический размер (*элемента ИС*)
file ~ *вчт* размер файла
fold ~ *вчт* размер папки
font ~ кегль, размер шрифта
fractional ~ дробный кегль, дробный размер шрифта

grid ~ шаг сетки
H ~ *см.* horizontal size
head gap ~ ширина зазора магнитной головки
horizontal ~ *вчт, тлв* размер (*изображения*) по горизонтали
image ~ размер изображения
legal ~ формат 20,3×35,6 см² (*о листе бумаги*)
letter ~ формат А, формат 20,3×27,9 см² (*о листе бумаги*)
lot ~ объём партии; объём серии (*напр. изделий*)
memory ~ ёмкость ЗУ
picture ~ размер изображения
point ~ кегль [размер шрифта] в пунктах
population ~ численность популяции (*в генетических алгоритмах*)
record ~ длина записи
resonant ~ резонансный размер
sample ~ 1. глубина [разрядность числа состояний] выборки (*в битах*) 2. объём выборки (*в математической статистике*)
scale of irregularities ~ масштаб неоднородностей
sector ~ *вчт* ёмкость сектора
screen ~ *тлв, вчт* размер экрана; длина диагонали экрана (*напр. дисплея*)
sheet ~ формат листа бумаги
single-domain state ~ размер монодоменности
spot ~ размер пятна (*напр. в ЭЛТ*)
step ~ *вчт* величина шага, шаг (*напр. в итерационных процедурах*)
tabloid ~ формат 27,9×43,2 см² (*о листе бумаги*)
test ~ размер критерия
type ~ кегль, размер шрифта
V ~ *см.* vertical size
vertical ~ *вчт, тлв* размер (*изображения*) по вертикали
vocabulary ~ *вчт* объём словаря
word ~ *вчт* длина слова

sizing 1. установка *или* изменение размера *или* величины 2. разделение *или* сортировка по размеру *или* величине

skedastic *см.* scedastic

sketch 1. набросок; эскиз ‖ набрасывать; делать эскиз 2. *тлв* скетч
    icon ~ пиктографический эскиз

sketching 1. рисование набросков *или* эскизов 2. *вчт* рисование «от руки» (*в компьютерной графике*)

sketchpad *вчт* рабочее окно для набросков *или* эскизов, *проф.* блокнот для набросков *или* эскизов (*в компьютерной графике*)

sketchphone аппарат для передачи факсимильных изображений в паузах речи

skew 1. сдвиг; деформация сдвига ‖ сдвигать; подвергать деформации сдвига ‖ сдвинутый; подвергнутый деформации сдвига 2. *вчт* операция сдвига ‖ выполнять операцию сдвига (*в компьютерной графике*) 3. перекос; скашивание ‖ перекашивать; скашивать ‖ перекошенный; скошенный 4. *вчт* перекос листа бумаги *или* строки (*относительно кромки листа*) (*напр. в оптических сканерах*) 5. асимметрия ‖ делать асимметричным *или* кососимметричным; асимметричный *или* кососимметричный 6. временная задержка; сдвиг (*между двумя сигналами*) ‖ вводить временную задержку (*между двумя сигналами*); сдвигать (*один сигнал относительно другого*)

clock ~ фазовый сдвиг хронирующих импульсов
cylinder ~ смещение цилиндров (*жесткого магнитного диска*), сдвиг логической нумерации секторов для соседних дорожек соседних цилиндров относительно физической нумерации
head ~ смещение головок (*жесткого магнитного диска*), сдвиг логической нумерации секторов для соседних дорожек одного и того же цилиндра относительно физической нумерации
horizontal ~ 1. горизонтальный сдвиг 2. операция горизонтального сдвига
radial ~ *вчт* радиальное смещение (*соседних цилиндров магнитного диска*)
vertical ~ 1. вертикальный сдвиг 2. операция вертикального сдвига

skewing 1. сдвиг; деформация сдвига 2. *вчт* операция сдвига 3. перекос; скашивание 4. асимметрия 5. временная задержка; сдвиг (*между двумя сигналами*)

skewness 1. перекос 2. асимметрия 3. коэффициент асимметрии (*распределения случайной величины*)
    momental ~ коэффициент асимметрии

skiatron скиатрон

skid буксование ‖ буксовать

skidding буксование
    stylus ~ буксование воспроизводящей иглы

skill квалификация; мастерство
    change-master ~ инновационное мастерство

skin 1. оболочка; обшивка; покрытие 2. наружный слой 3. снимать наружный слой; обдирать; зачищать (*провод с изоляцией*)

skinner инструмент для зачистки (*провода с изоляцией*)

skinning снятие наружного слоя; обдирка; зачистка (*провода с изоляцией*)

skip 1. пропуск (*1. случайное выпадение одного или нескольких элементов последовательности 2. преднамеренный пропуск части целого; преднамеренное игнорирование одного или нескольких элементов последовательности 3. пробел; пробельный промежуток; пробельное пространство*) ‖ пропускать (*1. случайно выпадать из последовательности 2. преднамеренно пропускать часть целого; преднамеренно игнорировать один или несколько элементов последовательности 3. использовать пробел; вводить пробельный промежуток или пробельное пространство*) 2. *вчт* команда пропуска (*напр. операции*) 3. скачок; проскальзывание ‖ проскакивать; проскальзывать 4. перемещение на определённое расстояние; прогон (*напр. бумаги в принтере*) ‖ перемещать на определённое расстояние; прогонять (*напр. бумагу в принтере*)
    baseline ~ *вчт* интерлиньяж
    blank ~ функция пропуска пустых участков на магнитной ленте с длительностью воспроизведения более 10 секунд (*для экономии места при перезаписи с кассеты на кассету*)
    channel ~ пропуск каналов (*при переключении*)
    intro(duction) ~ пропуск вводной части (*напр. компьютерной игры*)
    mode ~ пропуск высокочастотного [ВЧ-] импульса (*магнетрона*)
    page ~ *вчт* 1. пропуск оставшейся части страницы, переход на следующую страницу 2. (управ-

skip

ляющий) символ пропуска оставшейся части страницы, (управляющий) символ перехода на следующую страницу

paragraph ~ *вчт* абзацная отбивка
program ~ пропуск части программы
tape ~ прогон ленты

skipping 1. пропуск (*1. случайное выпадение одного или нескольких элементов последовательности 2. преднамеренный пропуск части целого; преднамеренное игнорирование одного или нескольких элементов последовательности 3. использование пробела; введение пробельного промежутка или пробельного пространства*) **2.** проскакивание; проскальзывание **3.** перемещение на определённое расстояние; прогон (*напр. бумаги в принтере*)

cycle ~ проскальзывание цикла; срыв слежения (*в системе фазовой автоподстройки частоты*)

skirt 1. скаты (*характеристики фильтра*) **2.** юбка (*напр. изолятора*)

skull and crossbones знак, предупреждающий о возможности поражения электрическим током (*в виде черепа со скрещенными костями*)

skyrmion скирмион

quantum ~ квантовый скирмион

skyscraper *вчт* баннер [рекламное окно] формата «небоскрёб» (*120×600 пикселей*)

wide ~ *вчт* баннер [рекламное окно] формата «широкий небоскрёб» (*160×600 пикселей*)

slab 1. пластина; (толстый) слой || разделять на пластины *или* (толстые) слои **2.** плоскопараллельный слой || плоскопараллельный **3.** *вчт* часть слова; слог

ferrite ~ ферритовая пластина
infinite ~ бесконечный плоскопараллельный слой
plasma ~ плазменный слой
semi-infinite ~ полубесконечный плоскопараллельный слой

slab-sided плоскопараллельный

slack 1. пассивный интервал (*времени*); период отсутствия *или* снижения активности; свободное время, незанятое время || пассивный; неактивный; свободный; незанятый **2.** отсутствие напряжения *или* натяжения; отсутствие жёсткости; слабина || ненапряжённый; ненатянутый; нежёсткий; слабый || уменьшать напряжение *или* натяжение; делать менее жёстким; ослаблять **3.** свободное перемещение; дрейф; плавание || свободно перемещающийся; дрейфующий; плавающий || свободно перемещаться; дрейфовать; плавать **4.** свободный объект; незакреплённый объект; свисающий объект свободный; незакреплённый; свисающий **5.** нестрогий; нежёсткий; мягкий (*об ограничении или условии*) **6.** *вчт* косая черта с наклоном вправо, *проф.* слэш, символ /

tape ~ отсутствие натяжения магнитной ленты (*в магнитофонах*)

slackness 1. пассивность; отсутствие *или* снижение активности; незанятость **2.** отсутствие напряжения *или* натяжения; отсутствие жёсткости; слабина **3.** нестрогость; нежёсткость; мягкость (*ограничения или условия*)

slackware версия ОС Linux (*распространяемая Патриком Фолькердингом*)

slang жаргон; *проф.* сленг || использовать жаргон; *проф.* использовать сленг

hacker ~ сленг хакеров
programmer ~ сленг программистов

slanguage 1. жаргон; *проф.* сленг **2.** лексика жаргона; *проф.* лексика сленга

slant 1. наклон; отклонение (*от вертикали или горизонтали*) || наклонять(ся); отклонять(ся) (*от вертикали или горизонтали*) || наклонный; отклоняющийся или отклонённый (*от вертикали или горизонтали*); косой **2.** наклонная линия *или* плоскость **3.** *вчт* косая черта с наклоном вправо, *проф.* слэш, символ /

font ~ наклон шрифта

slap 1. хлопок; шлепок || шлепать; похлопывать; шлёпать **2.** *вчт* слэп («*музыкальный инструмент*» *из набора ударных General MIDI*)

~ **on the side** расширение (*функциональных возможностей компьютера*) за счёт внешних устройств

slapstick *тлв* вульгарная комедия

slash *вчт* косая черта с наклоном вправо, *проф.* слэш, символ /

back(ward) ~ косая черта с наклоном влево, *проф.* обратный слэш, бэкслэш, символ \
broken vertical ~ *вчт* вертикальная черта с разрывом, *проф.* прямой слэш с разрывом, символ ¦
forward ~ косая черта с наклоном вправо, *проф.* слэш, символ /
logical ~ **1.** *вчт* вертикальная черта, *проф.* прямой слэш, символ | **2.** *вчт* вертикальная черта с разрывом, *проф.* прямой слэш с разрывом, символ ¦
vertical ~ *вчт* вертикальная черта, *проф.* прямой слэш, символ |

slasher *тлв* фильм ужасов с обилием кровавых сцен

slat *вчт* косая черта с наклоном вправо, *проф.* слэш, символ /

slave 1. *вчт* подчинённое [ведомое] устройство (*управляемое главным* [*ведущим*] *устройством*); подчинённый [ведомый] жёсткий диск (*управляемый главным* [*ведущим*] *диском*) **2.** ведомая станция (*напр. системы «Лоран»*)

MIDI ~ *вчт* подчинённое [ведомое] MIDI-устройство

Slavic 1. славянская группа языков **2.** славянский

slaving подчинение; управление

magnetic ~ магнитная коррекция (*гирокомпаса*)

Slavonic *см.* **Slavic**

SledgeHammer серверный вариант процессора Claw-Hammer

sleep 1. сон; фаза сна || спать; находиться в фазе сна **2.** *вчт* режим ожидания (*1. временная пауза в процессе обработки данных или исполнения программы 2. режим пониженного энергопотребления аппаратного средства*) || находиться в режиме ожидания **3.** покой; бездействие || покоиться; бездействовать

deep ~ режим ожидания с максимальным снижением энергопотребления
electric ~ электросон
rapid eye movement ~ *биол.* фаза быстрого сна, фаза сна с быстрыми движениями глаз
REM ~ *см.* **rapid eye movement sleep**
S ~ *см.* **slow-wave sleep**
slow-wave ~ *биол.* фаза медленного сна, фаза сна с медленными колебаниями электрического потенциала

sleeper *тлв* неожиданный успех (*напр. программы*)
sleeve 1. цилиндрический контакт 2. коаксиальный экран (*напр. антенны*) 3. трубчатая изоляция (*напр. провода*) 4. конверт (*напр. для компакт-диска*); футляр (*напр. для дискеты*)
  quarter-wave ~ четвертьволновый дроссель
slew 1. поворот; вращение; разворот ‖ поворачивать(ся); вращать(ся); разворачивать(ся) 2. *вчт* прогон бумаги ‖ прогонять бумагу (*в принтере*)
slewing 1. поворот; вращение; разворот 2. *вчт* прогон бумаги (*в принтере*) 3. скорость исполнения команд (*в станках с ЧПУ*)
slice 1. *микр.* пластина ‖ резать (*монокристалл*) на пластины 2. ограничивать по максимуму и минимуму, ограничивать сверху и снизу 3. *вчт* вырезка, часть массива (*данных*) ‖ вырезать часть массива (*данных*) 4. *вчт* мозаичный фрагмент (*изображения или текста*) ‖ разбивать (*изображение или текст*) на мозаичные фрагменты (*для гипертекстов*) 5. *вчт* инструмент для разбиения изображения *или* текста на мозаичные фрагменты (*для гипертекстов*) 6. *вчт* выделяемый (короткий) промежуток времени, *проф.* квант времени (*в системах с разделением времени*) 7. *вчт* разрядный модуль, секция (*процессора*) 8. сектор (*напр. круговой диаграммы*) 9. срез ‖ изготавливать срез (*для микроскопических исследований*)
  auto~ *вчт* автоматически выделяемый мозаичный фрагмент (*изображения или текста*)
  chipped ~ *микр.* обколотая пластина
  image ~ *вчт* мозаичный фрагмент с изображением
  master ~ *микр.* пластина с базовыми кристаллами
  no-image ~ *вчт* мозаичный фрагмент без изображения; одноцветный мозаичный фрагмент; мозаичный фрагмент текста
  time ~ *вчт* выделяемый (короткий) промежуток времени, *проф.* квант времени (*в системах с разделением времени*)
  transistor ~ пластина с транзисторами
  user ~ *вчт* мозаичный фрагмент (*изображения или текста*), выделяемый пользователем
slicer 1. *микр.* установка для резки (*монокристалла*) на пластины 2. ограничитель по максимуму и минимуму, ограничитель сверху и снизу
slicing 1. *микр.* резка (*монокристалла*) на пластины 2. ограничение по максимуму и минимуму, ограничение сверху и снизу 3. *вчт* вырезание части массива (*данных*) 4. *вчт* разбиение (*изображения или текста*) на мозаичные фрагменты (*для гипертекстов*) 5. *вчт* квантование времени; последовательное циклическое предоставление ресурсов, *проф.* «карусель» 6. изготовление среза (*для микроскопических исследований*)
  time ~ *вчт* квантование времени; последовательное циклическое предоставление ресурсов, *проф.* «карусель»
slide 1. скольжение ‖ скользить 2. диапозитив, слайд 3. *вчт* изображение в режиме слайда, фотореалистичное воспроизведение изображения на экране дисплея 4. предметное стекло (*микроскопа*) 5. направляющие; салазки 6. ползун(ок) (*1. скользящий электрический контакт, напр. реостата 2. деталь механического устройства 3. держатель парящей магнитной головки в жёстких дисках 4.

движок линейки прокрутки окна на экране дисплея 5. ползунковый регулятор 6. ползунковый индикатор*) 7. уменьшаться; убывать
  gelatin ~ желатиновый диапозитив, желатиновый слайд
slider ползун(ок) (*1. скользящий электрический контакт, напр. реостата 2. деталь механического устройства 3. держатель парящей магнитной головки в жёстких дисках 4. движок линейки прокрутки содержимого окна на экране дисплея 5. ползунковый регулятор 6. ползунковый индикатор*)
  nano ~ ползунок (*магнитной головки*) нанометровых размеров
  pico ~ ползунок (*магнитной головки*) пикометровых размеров
  sticking-free ~ незалипающий ползунок (*магнитной головки*)
sliding скользящий (*1. плавно двигающийся по поверхности 2. непостоянный; меняющийся*)
slim 1. *вчт* небольшое несущественное изменение (*напр. в программе*) 2. тонкий; уменьшенной высоты (*напр. о футляре для компакт-дисков*)
  extra ~ очень тонкий; с сильно уменьшенной высотой
slip 1. скольжение; проскальзывание ‖ скользить; проскальзывать 2. сдвиг; смещение ‖ сдвигать(ся); смещать(ся) 3. бланк; карточка; листок (*напр. регистрационный*) 4. (незначительная) ошибка ‖ допускать (незначительную) ошибку ◊ ~ **up** допускать (незначительную) ошибку
  ~ **of the pen** описка
  ~ **of the tongue** оговорка
  cycle ~ проскальзывание цикла; срыв слежения (*в системе фазовой автоподстройки частоты*)
  line ~ *тлв* сдвиг строк
  phase ~ проскальзывание фазы
  picture ~ *тлв* сдвиг полей
  tape ~ скольжение магнитной ленты
  translational ~ *крист.* трансляционный сдвиг
slipcover суперобложка (*печатного издания*) ‖ снабжать суперобложкой
slippage 1. скольжение; проскальзывание 2. степень проскальзывания 3. потери на проскальзывание
  CD ~ проскальзывание компакт-диска (*в дисководе*)
  conceptual ~ *вчт* концептуальный перенос (*напр. при структурном отображении*)
  drive ~ проскальзывание ведущего шкива (*магнитофона*)
slipping 1. скольжение; проскальзывание 2. сдвиг; смещение
  defective sector ~ *вчт* (преднамеренный) сдвиг данных во всех секторах, следующих за дефектным (*в жёстких магнитных дисках*)
slip-up (незначительная) ошибка ‖ допускать (незначительную) ошибку
slit щель; паз; канавка ‖ прорезать щель; формировать паз или канавку
  collimating ~ коллимирующая щель
  magnetic ~ магнитная щель
  pin ~ шпоночный паз, шпоночная канавка
  screw ~ шлиц головки (*болта, винта или шурупа*)
SLM управляемый транспарант, пространственный модулятор света, ПМС

acoustooptic ~ акустооптический управляемый транспарант
CCD-membrane ~ мембранный управляемый транспарант на ПЗС
electroded ~ управляемый транспарант с электродами
electron-beam addressed ~ управляемый транспарант с электронно-лучевой адресацией
ferroelectric-photoconductor ~ управляемый транспарант на структуре сегнетоэлектрик — фотопроводник
ferroelectric-photorefractive ~ управляемый транспарант на сегнетоэлектрике с фотоиндуцированным преломлением
guest-host LC ~ управляемый транспарант на жидких кристаллах типа гость — хозяин
LC field-effect ~ жидкокристаллический управляемый транспарант на полевом эффекте
liquid-crystal ~ жидкокристаллический управляемый транспарант, управляемый транспарант на жидких кристаллах
magnetic-bubble ~ управляемый транспарант на ЦМД
magnetooptic ~ магнитооптический управляемый транспарант
membrane ~ мембранный управляемый транспарант
noncoherent-to-coherent (converter) ~ управляемый транспарант типа свет — свет с преобразованием некогерентного излучения в когерентное
optically addressed ~ управляемый транспарант с оптической адресацией
optical-to-optical (converter) ~ управляемый транспарант типа свет — свет
photodichroic ~ фотодихроичный управляемый транспарант
Pockels ~ управляемый транспарант на эффекте Поккельса
point-by-point addressed ~ управляемый транспарант с поэлементной адресацией
slope 1. наклон; отклонение (*от вертикали или горизонтали*) || наклонять(ся); отклонять(ся) (*от вертикали или горизонтали*) 2. наклонная плоскость 3. угловой коэффициент (*прямой*); наклон (*прямой*) 4. значение производной (*функции одной переменной*) в выбранной точке 5. крутизна (*характеристики*)
continuously variable ~ плавно изменяемый наклон
gain ~ крутизна амплитудно-частотной характеристики, крутизна АЧХ
luminous-resistance characteristic ~ наклон люксомической характеристики (*фоторезистора*)
magnetization curve ~ наклон кривой намагничивания
normalized plateau ~ нормированный наклон плато (*в счётных трубках*)
ray ~ наклон луча
relative plateau ~ относительный наклон плато (*в счётных трубках*)
sloshing расплескивание; разбрызгивание
charge ~ «качание» заряда (*многократный перенос заряда в пределах одной ячейки ПЗС*)
slot 1. щель; окно; паз; канавка || прорезать щель; делать окно; формировать паз или канавку 2. вчт слот (*1. гнездовой соединитель на материнской плате для установки платы расширения 2. структурообразующий элемент фрейма, валентность фрейма 3. именованное поле в системах представления знаний*) 3. вчт валентность (*1. сочетаемость; наличие реализуемых связей 2. множество значений переменной 3. набор сем слова*) 4. вчт позиция; поле; участок (*структуры данных или области памяти*) 5. сегмент (*напр. передаваемого сообщения*) 6. интервал; период; отрезок; промежуток (*напр. времени*) 7. выделяемый (*короткий*) интервал времени, *проф.* квант времени (*в системах с разделением времени*) 8. *проф.* устройство с монетоприёмником (*напр. торговый автомат*) 9. отверстие, пробивка (*в перфокартах*)
~ 1 слот 1, двухрядный слот с 2×121 выводами
accelerated graphics port ~ слот (стандарта) AGP
accelerated graphics port pro ~ слот (стандарта) AGP Pro
AGP ~ *см.* **accelerated graphics port slot**
AGP Pro ~ *см.* **accelerated graphics port pro slot**
assigned ~ выделенный интервал времени, выделенный квант времени
branch delay ~ позиция (для хранения) инструкции после задержанной передачи управления
busy ~ 1. занятый интервал (*напр. времени*) 2. занятый слот
CNR ~ *см.* **communication and networking riser slot**
communication and networking riser ~ слот переходной платы-ступеньки для установки модема *или* сетевой платы расширения (*параллельно плоскости материнской платы*) в материнскую плату с архитектурой AMC'97
contention ~ вчт период конкуренции (*для захвата доступа к сети*)
coupling ~ щель связи (*напр. в волноводе*)
delay ~ позиция (для хранения) инструкции после задержанной передачи управления
digit time ~ выделяемый для передачи цифры интервал времени, выделяемый для передачи цифры квант времени
EISA ~ *см.* **enhanced industry standard architecture slot**
EISA+VLB ~ слот расширения (стандарта) EISA+VLB
empty ~ 1. свободный [незанятый] интервал (*напр. времени*) 2. незанятый [пустой] слот
enhanced industry standard architecture ~ слот расширения (стандарта) EISA
expansion ~ слот расширения
folded ~ петлевая щель
frequency ~ частотный интервал
head ~ отверстие для (магнитной) головки (*в футляре дискеты*)
idle ~ свободный [незанятый] интервал (*напр. времени*)
industry standard architecture ~ слот расширения (стандарта) ISA
informative ~ информационный интервал
I/O instruction restart ~ позиция повторного запуска инструкции ввода/вывода
ISA ~ *см.* **industry standard architecture slot**
ISA+VLB ~ слот [гнездо] расширения ISA+VLB

smoothing

labeling ~ маркировочный интервал (*напр. при маршрутизации*)
PC (card) ~ *см.* PCMCIA slot
PCI ~ *см.* peripheral component interconnect(ion) slot
PCMCIA ~ слот расширения (для плат стандарта) PCMCIA
PCMCIA ~ type I слот расширения (для плат стандарта) PCMCIA типа I
PCMCIA ~ type II слот расширения (для плат стандарта) PCMCIA типа II
PCMCIA ~ type III слот расширения (для плат стандарта) PCMCIA типа III
peripheral ~ слот для плат периферийных устройств
peripheral component interconnect(ion) ~ слот расширения (стандарта) PCI
pin ~ шпоночный паз, шпоночная канавка
polarizing ~ ориентирующий паз (*напр. печатной платы*); поляризующий паз (*напр. электрического соединителя*)
processor direct ~ слот локальной шины в Apple-совместимых компьютерах, слот типа PDS
screw ~ шлиц головки (*болта, винта или шурупа*)
semantic ~ семантическая валентность
schedule ~ выделяемый по графику интервал времени, *проф.* выделяемый по графику квант времени (*в системах с разделением времени*)
shared ~ *вчт* окно в задней стенке корпуса (компьютера) между соседними слотами (стандартов) PCI и ISA
SMM base ~ базовая позиция хранения данных режима системного управления
syntax ~ синтаксическая валентность
time ~ выделяемый интервал времени, *проф.* квант времени (*в системах с разделением времени*)
threading ~ прорезь для заправки ленты
time ~ 1. интервал времени 2. выделяемый интервал времени, *проф.* квант времени (*в системах с разделением времени*)
trapdoor ~ слот с люком
VESA local bus ~ слот расширения шины (стандарта) VESA, слот расширения (стандарта) VLB (*используется в паре со слотом ISA или EISA*)
virtual ~ виртуальный слот
VLB ~ *см.* VESA local bus slot

slow 1. замедлять(ся) || медленный 2. требующий большого времени экспозиции (*об объекте съёмки*)
slow-motion 1. *тлв* полученный методом ускоренной съёмки (*обеспечивающим замедление при воспроизведении с нормальной скоростью*) 2. замедленный (*о воспроизведении видеозаписи*)
slue 1. поворот; вращение; разворот || поворачивать(ся); вращать(ся); разворачивать(ся) 2. *вчт* прогон бумаги || прогонять бумагу (*в принтере*)
slug 1. подстроечный сердечник (*катушки индуктивности*) 2. втулка (*реле с увеличенным временем срабатывания*) 3. настроечный или согласующий штырь (*в волноводе*) 4. вчт шаблон номера страницы; код номера страницы (*для автоматической пагинации при печати*) 5. печатающий элемент (*построчно-печатающего принтера*) 6. (*типографский*) пробельный материал, шпон 7. фальшивый жетон *или* фальшивая монета (*используемые для срабатывания автомата с монетоприёмником*) 8. броский заголовок (*напр. в газете*)
slur 1. *вчт* лига; знак лиги (*над нотами или под нотами*), символ ‿ *или* ⁀ (*в нотной записи*) 2. слитное исполнение (*звуков*)
small-sample относящийся к малой выборке
SmallTalk объектно-ориентированный язык программирования SmallTalk
smart интеллектуальный (*напр. о терминале*); снабжённый микропроцессором
SmartMedia карта флэш-памяти (*стандарта*) SmartMedia; карта флэш-памяти (*стандарта*) SSFDC, *проф.* твердотельная дискета
smartphone интеллектуальный телефонный аппарат, *проф.* смартфон
smaser 1. квантовый генератор субмиллиметрового диапазона 2. квантовый усилитель субмиллиметрового диапазона
smash уничтожение (*напр. файла*); разрушение (*напр. информации*) || уничтожать (*напр. файл*); разрушать (*напр. информацию*)
smasing 1. квантово-механическая генерация в субмиллиметровом диапазоне 2. квантово-механическое усиление в субмиллиметровом диапазоне
smear 1. потеря чёткости (*изображения*) || терять чёткость (*изображения*) 2. размытие || размывать(ся) 3. инерционность 4. *тлв* тянущееся продолжение, *проф.* «тянучка»
smearer схема устранения выбросов на вершине импульса
smearing 1. потеря чёткости (*изображения*) || терять чёткость (*изображения*) 2. размытие 3. инерционность 4. *тлв* тянущееся продолжение, *проф.* «тянучка»
energy gap ~ размытие энергетической щели
smectic смектик, смектический жидкий кристалл || смектический
smiley *вчт, проф.* «улыбочка», «смайлик» (*группа ASCII-символов для обозначения экспрессивно-эмоциональных или экспрессивно-оценочных фраз в сообщениях электронной почты или групп новостей*)
smoke:
blue ~ вымышленная нематериальная субстанция, обеспечивающая работоспособность прибора, устройства *или* их компонент, *проф.* электронная душа
magic ~ вымышленная нематериальная субстанция, обеспечивающая работоспособность прибора, устройства *или* их компонент, *проф.* электронная душа
smooth 1. гладкая поверхность; гладкий объект; гладкое место 2. сглаживание (*напр. функции*) || сглаживать (*напр. функцию*) 3. гладкий (*напр. о функции*) 4. выравнивание; шлифовка; полировка || выравнивать; шлифовать; полировать
smoothen 1. сглаживать (*напр. функцию*) 2. выравнивать; шлифовать; полировать
smoother 1. схема сглаживания; сглаживающий фильтр 2. инструмент *или* средство выравнивания, шлифовки *или* полировки
fixed-lag ~ сглаживающий фильтр с постоянным запаздыванием
smoothing 1. сглаживание (*напр. функции*) 2. выравнивание; шлифовка; полировка

smoothing

~ of input data сглаживание входных данных
derivative ~ сглаживание по производной
exponential ~ экспоненциальное сглаживание
iterative ~ итерационное сглаживание
kernel ~ ядерное сглаживание
linear ~ линейное сглаживание
moving-average ~ сглаживание скользящим средним
parabolic ~ параболическое сглаживание
polynomial ~ полиномиальное сглаживание
running-median ~ медианное сглаживание
space-charge ~ сглаживание пространственным зарядом; сглаживание объёмным зарядом
spatial ~ пространственное сглаживание
spline ~ сглаживание сплайном
surface ~ 1. сглаживание поверхности (*в компьютерной графике*) 2. выравнивание, шлифовка *или* полировка поверхности

smoothline линия (*передачи*) с равномерно распределёнными параметрами

smoothness гладкость (*напр. функции*)

SMPTE 1. Общество инженеров кино и телевидения (*США*) 2. временной код SMPTE *или* код управления SMPTE (*для видеозаписи*)
~ 240M стандарт SMPTE 240M, национальный студийный стандарт телевидения высокой чёткости (*США*)
~ 260M стандарт SMPTE 260M, национальный студийный стандарт цифрового телевидения высокой чёткости (*США*)

smudge 1. размазывание; смазывание; растушёвка ‖ размазывать; смазывать; растушёвывать 2. инструмент для растушёвки (*в графических редакторах*)

snaf вчт удаляемые боковины перфорированной фальцованной бумаги

snap 1. фотография; снимок ‖ фотографировать; снимать 2. вчт (автоматическая) фиксация (границы объекта), (автоматическая) привязка (границы объекта) ‖ (автоматически) фиксировать (границу объекта) (*в ближайшем узле сетки, на ближайшей направляющей или на границе ближайшего объекта*) (автоматически) привязывать (границу объекта) (*к ближайшему узлу сетки, к ближайшей направляющей или к границе ближайшего объекта*) 3. защёлка; замок; фиксатор ‖ защёлкивать; запирать; фиксировать; удерживать 4. резкое движение; внезапное движение ‖ совершать резкое движение; двигаться внезапно ‖ резкий; внезапный 5. резкий отрывистый звук; щелчок ‖ издавать резкий отрывистый звук; щёлкать
~ to grid (автоматическая) фиксация в узлах сетки
~ to guidelines (автоматическая) фиксация на направляющих
~ to object (автоматическая) фиксация на ближайшем объекте
~ to slice (автоматическая) фиксация на ближайшем мозаичном фрагменте (*в гипертексте*)
~ to slice edges (автоматическая) фиксация на границах ближайшего мозаичного фрагмента (*в гипертексте*)

snap-action мгновенного действия; срабатывающий без задержки; быстродействующий

snapshot 1. фотография; снимок вчт 2. выборочный динамический дамп 3. выборочная распечатка информации, воспроизводимой на экране (*дисплея*)

snare малый барабан (*музыкальный инструмент*)
acoustic ~ вчт акустический малый барабан (*музыкальный инструмент из набора ударных General MIDI*)
electric ~ вчт электрический малый барабан (*музыкальный инструмент из набора ударных General MIDI*)

snarf and barf вчт проф. перетаскивание фрагмента текста (*в системах с многооконным интерфейсом*)

sneak тлв проф. предварительный просмотр фильма

sneakernet архитектура сети, обеспечивающей только физический перенос данных с одного компьютера на другой

sniffer вчт проф. 1. средство (текущего) контроля или наблюдения (*напр. за работой или состоянием системы без вмешательства в работу*); средство слежения (*напр. за прохождением программы*); средство мониторинга 2. анализатор пакетов (*1. средство мониторинга и анализа проблем в компьютерных сетях 2. средство незаконного сбора и анализа данных в компьютерных сетях с целью получения несанкционированного доступа*)
packet ~ анализатор пакетов, средство мониторинга и анализа проблем в компьютерных сетях (*1. средство мониторинга и анализа проблем в компьютерных сетях 2. средство незаконного сбора и анализа данных в компьютерных сетях с целью получения несанкционированного доступа*)

sniffing вчт проф. 1. (текущий) контроль; наблюдение (*напр. за работой или состоянием системы без вмешательства в работу*); слежение (*напр. за прохождением программы*); запись (*напр. показаний приборов*); проф. мониторинг 2. анализ пакетов (*1. мониторинг и анализ проблем в компьютерных сетях 2. незаконный сбор и анализ данных в компьютерных сетях с целью получения несанкционированного доступа*)
memory ~ (текущий) контроль памяти; наблюдение за памятью; проф. мониторинг памяти
packet ~ анализ пакетов (*1. мониторинг и анализ проблем в компьютерных сетях 2. незаконный сбор и анализ данных в компьютерных сетях с целью получения несанкционированного доступа*)

sniperscope инфракрасный оптический прицел

snipper вчт периодическое вырезание кратких участков из основного звукового сигнала, проф. «сниппер» (*цифровой звуковой спецэффект*)

snippet фрагмент; обрывок
code ~ фрагмент программы (*относящийся к определённой опции экранного меню*)

snoop 1. несанкционированное вмешательство ‖ осуществлять несанкционированное вмешательство 2. вчт трансляция операций (*напр. записи*) с одним устройством на другое устройство ‖ транслировать операции (*напр. записи*) с одним устройством на другое устройство

snooperscope прибор ночного видения с источником ИК-излучения

snooping 1. несанкционированное вмешательство 2. вчт трансляция операций (*напр. записи*) с одним устройством на другое устройство
PCI/VGA palette ~ трансляция операций записи в регистр палитр графического адаптера на шине

PCI в регистр палитр видеоадаптера на шине VGA

snooze 1. режим включения (*напр. радиоприёмника*) по таймеру **2.** *вчт проф.* режим «дремоты» (*один из режимов пониженного энергопотребления аппаратного средства*); режим энергосбережения с прекращением 80% полезных функций (*при умеренном понижении частоты процессора*) || переводить *или* переходить в режим «дремоты»; переводить *или* переходить в режим энергосбережения с прекращением 80% полезных функций

snow *тлв* импульсный точечный узор, «снег»
snowflake снежинка (*фрактальный объект*)
   Koch ~ снежинка (Хельги фон) Кох
   Mandelbrot ~ снежинка Мандельброта
soap(er) *тлв* мыльная опера
Society:
   ~ for Computer Simulation Общество компьютерного моделирования (*США*)
   ~ for Management Information Systems Общество управления информационными системами (*США*)
   ~ for World-Wide Interlink Financial Telecomunications Общество глобальных финансовых телекоммуникаций, организация SWIFT
   ~ of Certified Data Processors Общество аттестованных специалистов по обработке данных (*США*)
   ~ of Manufacturing Engineers Общество инженеров производящих отраслей промышленности (*США*)
   ~ of Motion Picture and Television Engineers 1. Общество инженеров кино и телевидения (*США*) **2.** временной код SMPTE *или* код управления SMPTE (*для видеозаписи*)
   American ~ for Information Science Американское общество информационных наук
   American ~ for Testing Materials Американское общество контроля материалов
   American Mathematical ~ Американское математическое общество
   American Physical ~ Американское физическое общество
   American Television ~ Американское телевизионное общество
   Audio Engineering ~ Общество инженеров-акустиков
   British Computer ~ Британское компьютерное общество
   Canadian Information Processing ~ Канадское общество специалистов по обработке информации
   Institute of Electrical and Electronics Engineers Computer ~ Компьютерное общество Института инженеров по электротехнике и электронике
   Internet ~ Общество Internet, Международная профессиональная организация Internet Society
   Optical ~ of America Американское оптическое общество
   Radio ~ of Great Britain Радиообщество Великобритании
society общество
   cashless ~ общество с безналичными расчётами (*в электронной форме*)
   imitation ~ имитационное общество, заимствующее инновации общество
   information ~ информационное общество
   innovation ~ инновационное общество
sociobiology социобиология
sociogram социограмма
sociolect *вчт* социальный диалект
sociolinguistics социолингвистика
sociological социологический
sociology социология
   ~ of knowledge социология знания
   ~ of mass media социология средств (массовой) информации; социология средств (массовой) коммуникации
   educational ~ социология образования; социология обучения
   macro-~ макросоциология
   micro-~ микросоциология
sociometry социометрия
socket 1. розетка, розеточная часть (*электрического соединителя*); гнездо || вставлять в розетку; снабжать розеткой; вставлять в гнездо **2.** панель; панелька; ламповая панель **3.** приёмно-захватное устройство **4.** *вчт* сокет (*1.* гнездо для установки микросхемы *2.* структура данных (*напр. файл*), используемая операционной системой для организации связи между процессами или программами *3.* конечный пункт передачи данных *4.* точка входа в компьютерную сеть) **5.** закрытый зев (*замкнутого гаечного ключа*); накидная головка (*торцевого гаечного ключа*)
   ~ 1 сокет 1 (*для ИС в корпусе типа PGA с 17×17 выводами*)
   ~ 2 сокет 2 (*для ИС в корпусе типа PGA с 19×19 выводами*)
   ~ 3 сокет 3 (*для ИС в корпусе типа PGA с 19×19 выводами*)
   ~ 4 сокет 4 (*для ИС в корпусе типа PGA с 21×21 выводами*)
   ~ 5 сокет 5 (*для ИС в корпусе типа SPGA с 37×37 выводами*)
   ~ 6 сокет 6 (*для ИС в корпусе типа PGA с 19×19 выводами*)
   ~ 7 сокет 7 (*для ИС в корпусе типа SPGA с 37×37 выводами*)
   ~ 8 сокет 8 (*для ИС в модифицированном корпусе типа SPGA с 34×47 выводами*)
   addressed messages ~ сокет дейтаграмм
   bayonet ~ байонетная ламповая панель
   bidirectional ~ двунаправленный сокет
   contact ~ розетка электрического соединителя
   coprocessor ~ сокет для установки сопроцессора
   datagram ~ сокет дейтаграмм
   diheptal ~ ламповая панель с четырнадцатью гнёздами
   double ~ двойная розетка
   duodecal ~ ламповая панель с двенадцатью гнёздами
   earthed ~ розетка с гнездом для заземления
   expansion ~ сокет для установки ИС расширения
   extension ~ розетка (электрического) удлинителя
   female ~ розетка, розеточная часть; гнездо
   fixed-length destination ~ сокет дейтаграмм
   flush-mounted ~ настенная розетка
   Internet ~ точка входа в Internet
   local ~ точка входа в локальную сеть
   magnal ~ ламповая панель с одиннадцатью гнёздами

socket

mains ~ сетевая розетка
microphone ~ гнездо для подключения (внешнего) микрофона
motherboard ~ сокет на материнской плате
octal ~ ламповая панель с восемью гнёздами
processor ~ сокет для установки процессора
raw ~ простой сокет
remote ~ удалённый сокет
remote control ~ гнездо для подключения пульта дистанционного управления
requesting ~ запрашиваемый сокет
screwdriver ~ патрон дрелевидной отвёртки
spring ~ розетка с гнёздами из пружинящего материала
stream ~ двунаправленный сокет
switched ~ розетка с выключателем
TCP/IP ~ сокет, использующий протокол TCP/IP
tube ~ ламповая панель
UNIX ~ сокет операционной системы UNIX
upgrade ~ сокет, используемый для модернизации (*напр. компьютера*)
wafer ~ составная ламповая панель
wall ~ настенная розетка
Windows ~s спецификация сетевых приложений операционной системы семейства Windows с использованием протокола TCP/IP, спецификация WinSock
zero insertion force ~ розетка с (нулевым усилием сочленения и) принудительным обжатием; гнездо с (нулевым усилием сочленения и) принудительным обжатием
ZIF ~ *см.* zero insertion force socket

soft 1. *вчт, проф.* программное обеспечение; программные средства; программные продукты || программный; относящийся к программному обеспечению **2.** *вчт* программируемый, с программным управлением **3.** мягкий (*1.* легко деформируемый *2.* магнитно-мягкий *3.* с низкой проникающей способностью (*об ионизирующем излучении*) *4.* недокументальный *5.* плавный; нерезкий *6.* неконтрастный *7.* неповторяющийся; непостоянный; временный; нерегулярный *8.* плавный; медленный)

soft-bound мягкая обложка || в мягкой обложке
softcopy *вчт* недокументальная (*напр. электронная*) копия, *проф.* мягкая копия || недокументальный (*напр. электронный*), *проф.* мягкий (*о копии*)
softcover 1. печатное издание в мягкой обложке **2.** мягкая обложка || в мягкой обложке
soften смягчать(ся); размягчать(ся)
softening 1. смягчение; размягчение **2.** ухудшение вакуума (*в баллоне лампы*)
mode ~ размягчение моды
soft-focus смягчённый; полученный с помощью мягко рисующей оптики (*о фотоснимке*)
softmax многопеременная логистическая функция
softness мягкость (*1.* легкая деформируемость *2.* магнитная мягкость *3.* обладание низкой проникающей способностью (*об ионизирующем излучении*) *4.* плавность; нерезкость *5.* неконтрастность *6.* плавность; медленность)
software 1. программное обеспечение; программные средства; программные продукты **2.** программа; программный продукт **3.** документация программного продукта; программная документация

4. программный **5.** аудиовизуальные материалы (*воспроизводимые механическим или электрическим способом*)
~ **for electronic mail** программное обеспечение для электронной почты
16-bit ~ 16-разрядное программное обеспечение
32-bit ~ 32-разрядное программное обеспечение
accompanying ~ сопровождающее программное обеспечение
alpha ~ альфа-версия программного продукта, версия программного продукта для альфа-тестирования
anti-spam ~ *проф.* программное обеспечение для борьбы со «спамом»; программное обеспечение для борьбы с незапрашиваемой рекламной электронной почтой
antivirus ~ антивирусное программное обеспечение
application ~ прикладное программное обеспечение
application development ~ программное обеспечение для разработки приложений
artificial intelligence ~ программное обеспечение для систем искусственного интеллекта
associated ~ присоединённое программное обеспечение
author(ing) ~ авторское программное обеспечение, предназначенное для авторских разработок (*напр. гипермедийных документов*) программное обеспечение
autonomous ~ автономное программное обеспечение
backup ~ программное обеспечение для резервного копирования
beta ~ бета-версия программного продукта, версия программного продукта для бета-тестирования
bug-free ~ программное обеспечение без ошибок
bundled ~ прилагаемое программное обеспечение
business ~ программное обеспечение для бизнеса, бизнес-программы
calendar ~ программное обеспечение для календарей
canned ~ стандартное программное обеспечение; (полностью) укомплектованное программное обеспечение (*для розничной торговли*)
client ~ клиентское программное обеспечение
command-driven ~ командно-управляемое программное обеспечение
commercial ~ коммерческое программное обеспечение
communications ~ коммуникационное программное обеспечение
compatible ~ совместимое программное обеспечение
content-free ~ **1.** бесполезное программное обеспечение **2.** программное обеспечение общего назначения
copy-protected ~ программное обеспечение, защищённое от (несанкционированного) копирования
copyrighted ~ программное обеспечение с защищёнными авторскими правами
crafty ~ *проф.* «заумное» программное обеспечение
cross ~ **1.** межплатформенное программное обеспечение **2.** программный продукт, разработанный

software

на одном компьютере, но предназначенный для использования на другом компьютере
cuspy ~ надёжное программное обеспечение; *проф.* «ходовое» программное обеспечение
custom ~ заказное программное обеспечение
database ~ программное обеспечение баз данных
data warehouse ~ программное обеспечение хранилищ данных
debugging ~ отладочные программы
dependable ~ надёжное программное обеспечение
digital signal processor ~ программное обеспечение процессора цифровой обработки сигналов
DSP ~ *см.* digital signal processor software
electromagnetic design and analysis ~ программное обеспечение для расчёта и анализа электромагнитных полей
e-mail transfer ~ программное обеспечение для передачи электронной почты
embedded ~ встроенное программное обеспечение
engineering ~ программное обеспечение для технических приложений
enterprise-wide ~ программное обеспечение для предприятий
e-recruiter ~ программное обеспечение для электронных бирж труда
ex-commercial ~ некоммерческое программное обеспечение
free ~ (лицензированное) бесплатное программное обеспечение (*с правом копирования, модификации и дальнейшего распространения*)
free demonstration ~ свободно демонстрируемое программное обеспечение; демонстрационные версии программного обеспечения
freely distributable ~ свободно распространяемое программное обеспечение
general-purpose ~ программное обеспечение общего назначения
graphics ~ программное обеспечение для компьютерной графики
handwriting recognition ~ программы распознавания рукописного текста
homebreeding ~ собственное программное обеспечение, *проф.* «доморощенное» программное обеспечение
homegrown ~ собственное программное обеспечение, *проф.* «доморощенное» программное обеспечение
home management ~ программное обеспечение для ведения домашнего хозяйства
horizontal ~ программное обеспечение для широкого круга пользователей, неспециализированное программное обеспечение
imaging ~ программное обеспечение для компьютерной графики
integrated ~ интегрированное программное обеспечение
interactive ~ интерактивное программное обеспечение
knowledge-based ~ программное обеспечение, основанное на знаниях
manufacturer's ~ программное обеспечение для производителей *или* изготовителей (*продукции*)
memory manager ~ программы-менеджеры памяти
menu-driven ~ программное обеспечение с управлением из (экранного) меню
microcomputer ~ программное обеспечение микрокомпьютера; программное обеспечение персонального компьютера
modular ~ модульное программное обеспечение
network ~ сетевое программное обеспечение
network-test ~ программное обеспечение для тестирования сетей
object-oriented ~ объектно-ориентированное программное обеспечение
off-the-shelf ~ стандартное программное обеспечение
open network ~ открытое сетевое программное обеспечение
packaged ~ (полностью) укомплектованное программное обеспечение (*для розничной торговли*); стандартное программное обеспечение
paint(brush) ~ *вчт* простейшие графические редакторы растровых изображений, программы рисования
pattern matching ~ программное обеспечение с функцией сопоставления с образцом
personal computer ~ программное обеспечение для персональных компьютеров
point-of-sale ~ программное обеспечение для кассовых терминалов
portable ~ переносимое программное обеспечение
portable document ~ программное обеспечение для работы с переносимыми документами
pre-compiled ~ скомпилированные программы
proprietary ~ программное обеспечение, являющееся индивидуальной *или* коллективной частной собственностью; защищённое авторским правом *или* патентом программное обеспечение
public-domain ~ общедоступное программное обеспечение, программное обеспечение без защиты авторских прав, (нелицензированное) бесплатное программное обеспечение
real-time ~ программное обеспечение, доступное в режиме реального времени (*при работе в сети*)
recognition ~ программы распознавания (*напр. образов*)
resident ~ резидентное программное обеспечение
ROM-based ~ встроенные [зашитые] программы (*в постоянной памяти*)
roundtable ~ программное обеспечение для организации обсуждений за круглым столом
scientific ~ программное обеспечение для научных исследований
server ~ серверное программное обеспечение
softer ~ программное обеспечение с элементами искусственного интеллекта
supporting ~ поддерживающее программное обеспечение
statistical ~ программное обеспечение для статистики
switching-system ~ программное обеспечение системы коммутации
system ~ системное программное обеспечение (*1. операционная система 2. программное обеспечение, необходимое для функционирования и обслуживания компьютерной системы*)
system application ~ программное обеспечение для системных применений

software

tape-reading ~ программное обеспечение для считывания информации с ленточных носителей
third-party ~ альтернативное программное обеспечение
translation ~ транслирующие программы
user ~ пользовательское программное обеспечение; программы пользователя
vertical ~ программное обеспечение для узкого круга пользователей, специализированное программное обеспечение
vertical market ~ программное обеспечение для участников вертикального рынка
windowing ~ программное обеспечение с оконным представлением (*на экране дисплея*)
sohouser *вчт* пользователь из малого *или* домашнего офиса
solar солнечный
solarization 1. воздействие солнечного излучения 2. соляризация (*для превращения негативного фотографического изображения в позитивное*)
solarize 1. подвергать воздействию солнечного излучения 2. подвергать соляризации (*для превращения негативного фотографического изображения в позитивное*)
solder припой || паять
  bar ~ прутковый припой
  copper-zinc ~ медно-цинковый припой
  eutectic ~ припой из эвтектического сплава
  gallium ~ галлиевый припой
  hard ~ тугоплавкий припой
  high-temperature ~ тугоплавкий припой
  indium ~ индиевый припой
  lead-tin ~ свинцово-оловянный припой
  low-temperature ~ легкоплавкий припой
  rosin-core ~ трубчатый припой
  silver ~ серебряный припой
  soft ~ легкоплавкий припой
solderability паяемость
soldercoat пайка методом погружения в ванну с припоем
soldered паяный (*о соединении*)
soldering (низкотемпературная) пайка
  dip ~ пайка погружением
  double-wave ~ пайка двойной волной припоя
  flow ~ пайка волной припоя
  hot-gas ~ пайка нагретым газом
  mass ~ групповая пайка
  reflow ~ *микр.* пайка расплавлением дозированного припоя (*в ИС*); пайка расплавлением полуды (*в печатных платах*)
  resistance ~ пайка электросопротивлением
  selective dip ~ избирательная пайка погружением
  sonic ~ ультразвуковая пайка
  spot ~ точечная пайка
  T-wave ~ пайка Т-образной волной припоя
  ultrasonic ~ ультразвуковая пайка
  vapor-phase ~ пайка в парогазовой фазе
  wave ~ пайка волной припоя
  Z-wave ~ пайка Z-образной волной припоя
  Ω-wave ~ пайка Ω-образной волной припоя
solenoid соленоид
  disk eject ~ соленоид для извлечения (съёмного магнитного) диска
  focusing ~ фокусирующий соленоид (*ЛБВ*)
  superconducting ~ сверхпроводящий соленоид, соленоид со сверхпроводящей обмоткой

solenoidal соленоидальный, вихревой (*о поле*)
solicit запрос на предложение (*товаров и услуг*)
solicitation запрос на предложение (*товаров и услуг*)
solid 1. твёрдое тело || твёрдотельный 2. (геометрическое) тело 3. телесный (*об угле*) 4. трёхмерный [объёмный] объект || трёхмерный, объёмный 5. сплошной; непрерывный 6. однородный 7. кубический (*о единице измерения объёма*) 8. массивный; крепкий
  ~ **of revolution** тело вращения
  amorphous ~ аморфное твёрдое тело
  anisotropic ~ анизотропное твёрдое тело
  axially symmetric ~ осесимметричное тело
  color ~ цветовое тело
  congruent ~**s** конгруэнтные тела
  crystalline ~ кристаллическое твёрдое тело
  dielectric ~ твёрдый диэлектрик
  elastic ~ упругое твёрдое тело
  geometric ~ геометрическое тело
  homogeneous ~ однородное тело
  isotropic ~ изотропное твёрдое тело
  magnetic ~ твёрдый магнетик
  Munsell (color) ~ (цветовое) тело системы Манселла
  paramagnetic ~ твёрдый парамагнетик
  piezoelectric ~ твёрдый пьезоэлектрик
  polyhedral ~ многогранник
  truncated ~ усечённое (геометрическое) тело
  Wigner ~ вигнеровский кристалл
solidification 1. твердение; отверждение 2. кристаллизация
solidify 1. твердеть; отверждать 2. вызывать кристаллизацию; кристаллизоваться
solidity 1. твёрдость 2. трёхмерность, объёмность 3. сплошность; непрерывность 4. однородность 5. массивность
solid-state твердотельный
solidus 1. солидус, линия солидуса 2. *вчт* косая черта с наклоном вправо, *проф.* слэш, символ /
solion солион (*электрохимический преобразователь*)
solitary уединённый; изолированный
soliton солитон; уединённая волна ◊ ~ **in Heisenberg chain** солитон в гейзенберговской цепочке (спинов)
  ~ **in plasma** солитон в плазме
  acoustic ~ акустический солитон
  antikink ~ «антикинк», солитон типа «антикинк»
  Boussinesq ~ солитон Буссинеска
  breather ~ «бризер», солитон типа «бризер»
  chiral ~ киральный солитон
  dark ~ тёмный солитон
  Davydov ~ солитон Давыдова
  electric ~ электрический солитон, Е-солитон
  envelope ~ солитон огибающей
  kink ~ «кинк», солитон типа «кинк»
  Korteweg-de Vries ~ солитонное решение уравнения Кортевега — де Вриза
  magnetic ~ магнитный солитон (*1. уединённая волна намагниченности 2. H-солитон*)
  magnetoelastic ~ магнитоупругий солитон
  one-dimensional ~ одномерный солитон
  optical ~ оптический солитон
  oscillating ~ осциллирующий солитон
  parametric ~ параметрический солитон
  pulse ~ импульсный солитон

Rossby ~ солитон Россби
sine-Gordon ~ солитонное решение синусоидального уравнения Гордона (*кинк или антикинк*)
Skyrme ~ солитон Скирма, скирмион
supersonic acoustic ~ сверхзвуковой акустический солитон
symmetric envelope ~ симметричный солитон огибающей
TE ~ *см.* **transverse-electric soliton**
three-dimensional ~ трёхмерный солитон
TM ~ *см.* **transverse-magnetic soliton**
transverse-electric ~ магнитный солитон, H-солитон
transverse-magnetic ~ электрический солитон, E-солитон
two-dimensional ~ двумерный солитон

solitude уединённость; изолированность
solo соло (*1. сольная партия 2. солирующий инструмент или исполнитель 3. сольное исполнение*) ‖ солировать ‖ сольный; солирующий
solstice солнцестояние
solubility 1. растворимость 2. разрешимость
   equilibrium ~ равновесная растворимость
   high-impurity ~ высокая растворимость примеси
   mutual ~ взаимная растворимость
   retrograde ~ ретроградная растворимость
   solid ~ растворимость в твёрдой фазе
soluble 1. растворимый 2. разрешимый, имеющий решение ◊ ~ **by quadratures** разрешимость в квадратурах
   recursively ~ рекурсивно разрешимый
solunar солнечно-лунный
solute растворённое вещество
solution 1. раствор 2. растворение 3. решение (*1. процесс решения 2. результат решения; ответ 3. постановление; рекомендация; правила*)
   ~ **of equation** решение уравнения
   acid ~ кислый раствор
   activator ~ активирующий раствор
   alkaline ~ щелочной раствор
   ambiguous ~ неоднозначное решение
   analytical ~ аналитическое решение
   anodizing ~ электролит для анодирования
   approximate ~ приближённое решение
   aqueous ~ водный раствор
   asymptotic ~ асимптотическое решение
   asymptotically stable ~ асимптотически устойчивое решение
   battery ~ аккумуляторный электролитический раствор
   Bayes ~ байесовское решение
   buffer ~ буферный раствор
   check ~ проверочное решение
   computational ~ численное решение
   cooperative ~ кооперативное решение
   deaerated ~ обезгаженный раствор
   degenerate ~ вырожденное решение
   developing ~ *микр.* проявитель
   diazo ~ диазораствор
   dye ~ раствор красителя
   electrolytic ~ электролитический раствор
   engineering ~ техническое решение
   etching ~ *микр.* травитель
   exact ~ точное решение
   explicit ~ решение в явном виде
   fixative ~ *микр.* закрепитель, фиксаж
   flowing ~ проточный раствор
   fuzzy ~ нечёткое решение
   general ~ общее решение
   global problem ~ *вчт* глобальное решение задачи, решение задачи в целом
   graphical ~ графическое решение
   harmonic ~ гармоническое решение
   hydrothermal ~ гидротермальный раствор
   implicit ~ решение в неявном виде
   integer ~ целочисленное решение
   interstitial ~ твёрдый раствор внедрения
   minimax ~ минимаксное решение
   mode ~ собственное решение
   model ~ модельное решение
   nondegenerate ~ невырожденное решение
   normal ~ нормальное решение
   N-soliton ~ N-солитонное решение
   numerical ~ численное решение
   offspring ~ решение-потомок (*в эволюционном программировании*)
   open user recommended ~s 1. технические решения, рекомендуемые пользователям открытых систем 2. группа разработчиков документа «Технические решения, рекомендуемые пользователям открытых систем»
   parametrized ~ параметризованное решение
   parent ~ решение-родитель (*в эволюционном программировании*)
   partial ~ частное решение
   particular ~ частное решение
   periodic ~ периодическое решение
   permissible ~ допустимое решение
   perturbation ~ решение методом теории возмущений
   perturbed ~ возмущённое решение
   recursive ~ рекурсивное решение
   regular ~ регулярное решение
   rigorous ~ строгое решение
   saturated ~ насыщенный раствор
   scale-invariant ~ масштабно-инвариантное решение
   self-consistent ~ самосогласованное решение
   self-similar ~ автомодельное решение
   singular ~ особое решение
   solid ~ твёрдый раствор
   specific ~ частное решение
   stable ~ устойчивое решение
   stripping ~ *микр.* раствор для удаления резиста
   substitutional ~ твёрдый раствор замещения
   supersaturated ~ пересыщенный раствор
   trial ~ пробное решение
   trial-and-error ~ решение методом проб и ошибок
   trivial ~ тривиальное решение
   unperturbed ~ невозмущённое решение
   unstable ~ неустойчивое решение
   variational ~ вариационное решение
   washing ~ промывочный раствор
solvability разрешимость ◊ ~ **by quadratures** разрешимость в квадратурах; ~ **in radicals** разрешимость в радикалах
   analytical ~ аналитическая разрешимость
   local ~ локальная разрешимость

solvability

recursive ~ рекурсивная разрешимость
solvable разрешимый, имеющий решение ◊ ~ **for x** разрешимый относительно x
solvate *крист.* сольват || сольватировать
solvation сольватация
solve решать (*задачу или проблему*)
solvency 1. растворяющая способность 2. платёжеспособность
   selective ~ селективная растворяющая способность
solvent 1. растворитель || растворяющий 2. платёжеспособный
   aliphatic ~ *микр.* алифатический [алициклический] растворитель
   aprotic ~ *кв. эл.* беспротонный растворитель
   developing ~ *микр.* проявитель
   fixative ~ *микр.* закрепитель, фиксаж
   nonpolar ~ неполярный растворитель
   organic ~ органический растворитель
   photoresist ~ *микр.* растворитель фоторезиста
   polar ~ полярный растворитель
   resin ~ *микр.* растворитель смолы
   stripping ~ *микр.* растворитель резиста
solver программное *или* аппаратное средство решения задач *или* проблем, *проф.* решатель (*1. решающее устройство* 2. *расчётная программа; программа для решения (напр. уравнения)*)
   2D-field ~ программа расчёта двумерных распределений поля
   3D-field ~ программа расчёта трёхмерных распределений поля
   angle component ~ синус-косинусный вращающийся трансформатор, СКВТ
   band ~ программа решения системы уравнений с ленточными матрицами (*в САПР*)
   structural engineering system ~ проблемно-ориентированный язык для решения задач строительной техники, язык программирования STRESS
solving решение (*задачи или проблемы*)
   online problem ~ *вчт* оперативное решение проблемы (*путём общения группы специалистов в компьютерной сети*)
soma *бион.* сома; тело клетки
son 1. потомок, сын (*в иерархической структуре* || являющийся потомком, сыновний (*в иерархической структуре*) 2. последователь || последующий 3. порождённый (*объект*) || порождённый (*об объекте*) 4. штамп (*для массового производства, напр. компакт-дисков*)
sonant 1. сонант (*1. слогообразующий согласный звук* 2. *сонорный согласный*) 2. слогообразующий (*о согласном*) 3. сонорный
sonar 1. гидроакустическая станция, ГАС 2. гидролокационная станция, гидролокатор 3. гидролокация
   active ~ активная гидроакустическая станция
   airborne dipping ~ гидролокационная станция [гидролокатор], опускаемый на кабеле с самолёта
   array ~ система гидроакустических станций с переменной частотой зондирования и автоматической обработкой информации
   azimuth search ~ гидроакустическая станция обнаружения подводных и надводных целей
   communication ~ гидроакустическая станция связи
   correlation ~ гидроакустическая станция с корреляционной обработкой сигналов
   deep-depth [deep-water] ~ глубоководная гидроакустическая станция
   dipping [dunking] ~ гидролокатор, опускаемый на кабеле с летательного аппарата
   echo-ranging ~ гидролокационная станция, гидролокатор
   forward area ~ гидролокационная станция [гидролокатор] переднего обзора
   holographic ~ голографическая гидролокационная станция, голографический гидролокатор
   hull-mounted ~ гидролокационная станция [гидролокатор], монтируемый в корпусе корабля
   listening ~ шумопеленгаторная гидроакустическая станция, шумопеленгатор
   passive ~ пассивная гидроакустическая станция
   rotation-type scanning ~ гидролокационная станция [гидролокатор] кругового обзора с вращающейся акустической антенной
   scanning ~ гидролокационная станция [гидролокатор] кругового обзора
   searchlight (-type) ~ гидролокационная станция [гидролокатор] с остронаправленным лучом
   sector-scan ~ гидролокационная станция [гидролокатор] секторного обзора
   side-looking ~ гидролокационная станция [гидролокатор] бокового обзора
   subsonic ~ инфразвуковая гидроакустическая станция
   synthetic-aperture ~ гидролокационная станция [гидролокатор] с синтезированной апертурой
   towed ~ буксируемая гидроакустическая станция
   triple-thread ~ гидроакустическая станция связи, шумопеленгации и гидролокации
   upward-looking ~ гидролокационная станция [гидролокатор] верхнего обзора
   variable-depth ~ гидролокационная станция [гидролокатор] с переменной глубиной погружения
sonde 1. зонд (*напр. метеорологический*) 2. ракета *или* спутник для зондирования (*напр. атмосферы*) 3. бортовой телеметрический комплекс
   hydrometer ~ гигрометрический зонд
   ionospheric ~ ионосферный зонд
   rocket ~ ракета для зондирования (*напр. атмосферы*)
   satellite ~ спутник для зондирования (*напр. атмосферы*)
   turbulence ~ зонд турбулентности
   weather ~ радиозонд
sone сон, единица шкалы громкости звука (*соответствует уровню громкости 40 фон при частоте звука 1 кГц*)
song 1. пение 2. песня; вокальное произведение 3. музыкальное произведение 4. нотная запись музыкального произведения; партитура
sonic 1. акустический 2. имеющий скорость звука; звуковой
sonics акустика
Sonne радионавигационная служба «Зонне», радионавигационная служба «Консол»
sonobuoy радиогидроакустический буй
   radio ~ радиогидроакустический буй
sonogram эхограмма (*в ультразвуковой диагностике*)
sonoluminescence сонолюминесценция (*люминесценция при индуцированной ультразвуком кавитации*)
sonomicroscope акустический микроскоп

sonorant 1. сонорный согласный 2. сонорный
sonorous сонорный
sonovision звуковидение
sorbate сорбат
sorbent сорбент
sorcerer колдун; волшебник; чародей (*персонаж компьютерных игр*)
sorceress колдунья; волшебница; чародейка (*персонаж компьютерных игр*)
sorcery колдовство; волшебство; чародейство (*опция в компьютерных играх*)
sort 1. сортировка ‖ сортировать 2. класс; категория; тип; группа ‖ классифицировать; относить к (определённому) классу, категории, типу *или* группе 3. упорядочение ‖ упорядочивать 4. *pl* специальные наборные знаки; специальные символы
~ **by exchange** сортировка методом обмена
~ **by extension** сортировка (*файлов*) по расширению имени
~ **by insertion** сортировка методом вставки, сортировка методом просеивания
~ **by name** сортировка (*файлов*) по имени
~ **by selection** сортировка методом выделения
~ **by size** сортировка (*файлов*) по размеру
~ **by time** сортировка (*файлов*) по дате создания *или* дате последнего обращения
address calculating ~ сортировка с вычислением адресов
address table ~ сортировка по таблице адресов
alphanumeric ~ алфавитно-цифровая сортировка
ascending ~ сортировка по возрастанию
Batcher's odd-even merge ~ чётно-нечётная сортировка методом слияния по Бэтчеру
block ~ блочная сортировка
bogo ~ *вчт* сортировка по неразумному *или* ошибочному алгоритму, *проф.* «богонная» сортировка
bubble ~ пузырьковая сортировка
cascade ~ каскадная сортировка
cocktail shaker ~ сортировка методом перемешивания
collating ~ сортировка методом упорядоченного слияния
comparison counting ~ сортировка сравнением
depth ~ упорядочение по глубине (*в компьютерной графике*)
descending ~ сортировка по убыванию
dictionary ~ словарная сортировка, алфавитная сортировка с игнорированием регистра
distributive ~ дистрибутивная [распределительная] сортировка
divide and conquer ~ сортировка по принципу «разделяй и властвуй»
external ~ внешняя сортировка, вторая стадия многопроходной сортировки
file ~ сортировка файлов
heap ~ пирамидальная сортировка, сортировка по дереву с приоритетом, сортировка методом Уильямса
Hoare ~ сортировка методом Хоара, быстрая сортировка методом Quicksort
indirect ~ косвенная сортировка
internal ~ внутренняя сортировка, первая стадия многопроходной сортировки
key ~ сортировка по ключу
least significant digit radix ~ восходящая поразрядная сортировка
manual ~ ручная сортировка
merge ~ сортировка методом слияния
most significant digit radix ~ нисходящая поразрядная сортировка
multipass ~ многопроходная сортировка
Neumann ~ сортировка методом слияния
oscillating ~ осциллирующая сортировка (*данных на магнитной ленте*)
parallel ~ параллельная сортировка
pointer ~ сортировка по указателю
polyphase ~ многофазная сортировка (*с использованием нескольких магнитных лент*)
property ~ сортировка по признаку
quick ~ быстрая сортировка
ripple ~ пузырьковая сортировка
selection ~ сортировка методом выделения
shaker ~ сортировка перемешиванием
Shell ~ сортировка (методом) Шелла
sifting ~ сортировка методом просеивания, сортировка методом вставки
straight insertion ~ сортировка с простыми вставками
straight selection ~ сортировка методом простого выбора
stupid ~ *вчт* сортировка по неразумному *или* ошибочному алгоритму
tag ~ сортировка по ключу
tape ~ 1. сортировка содержимого магнитной ленты 2. сортировка с использованием магнитной ленты
topological ~ топологическая сортировка
tree ~ сортировка по дереву
Williams ~ сортировка методом Уильямса, пирамидальная сортировка, сортировка по дереву с приоритетом
sortdown *вчт* нисходящая сортировка
sorter 1. *вчт* сортировщик (*1. вчт программа сортировки 2. устройство для сортировки, сортирующее устройство*) 2. классификатор
card ~ устройство для сортировки перфокарт
kick ~ амплитудный анализатор импульсов, анализатор амплитуды импульсов
photoelectric ~ фотоэлектрическое устройство для сортировки
time ~ анализатор временных интервалов
sorting 1. сортировка 2. классификация; отнесение к (определённому) классу, категории, типу *или* группе 3. упорядочение
automatic letter [automatic mail] ~ автоматическая сортировка корреспонденции
electrical ~ отбраковка по электрическим параметрам
multifile ~ многофайловая сортировка, сортировка данных из многих файлов
multireel ~ сортировка данных из многих магнитных лент
radix ~ поразрядная сортировка
signal ~ разделение сигналов
velocity ~ группирование электронов по скорости
sortup *вчт* восходящая сортировка
Sound:
General ~ расширение стандарта General MIDI фирмы Roland, стандарт GS
sound 1. звук (*1. акустические волны, первый звук 2. слышимый звук*) ‖ звучать; издавать звук(и); излу-

sound

чать звук 2. звуковой сигнал 3. зонд || зондировать 4. измерять глубину 5. *pl проф.* музыкальные записи; музыка 6. звук речи 7. слуховое ощущение ◊ **all ~ off** *вчт* контроллер «отключение звука во всех каналах», MIDI-контроллер № 120; **~ off** *тлв* делать объявление; объявлять

3D ~ *см.* **three-dimensional sound**
accompanying ~ звуковое сопровождение
all-bottom ~ звук с преобладанием низких частот
all-top ~ звук с преобладанием высоких частот
ambient ~ звуковое окружение
ambisonic ~ амбиофонический звук
analog ~ 1. аналоговый звуковой сигнал, *проф.* аналоговый звук 2. аналоговая система звукозаписи
audible ~ слышимый звук
binaural ~ стереофонический звук
buzzing ~ зуммерный сигнал
complex ~ звук, не являющийся простым тоном
diffused ~ диффузный звук
digital ~ 1. цифровой звуковой сигнал, *проф.* цифровой звук 2. цифровая система звукозаписи
downloadable ~ s *вчт* (универсальный) формат загружаемых образцов (*определённых*) звуков в цифровой форме, *проф.* (универсальный) формат загружаемых сэмплов, формат DLS
fifth ~ пятый звук (*адиабатические температурные волны в сверхтекучем гелии*)
first ~ звук, акустические волны, первый звук
fourth ~ четвёртый звук (*капиллярные волны в сверхтекучем гелии*)
fricative ~ фрикативный звук
incident ~ падающий звук
indirect ~ отражённый звук
infra(-audible) [infrasonic] ~ инфразвук
intercarrier ~ *тлв* одноканальная система выделения сигнала звукового сопровождения
live ~ *проф.* живой звук
mono(phonic) ~ монофонический звук
multitrack ~ многодорожечная фонограмма
plosive ~ взрывной звук
pure ~ чистый тон
quadraphonic ~ квадрафонический звук
reverberant ~ реверберирующий звук
second ~ второй звук (*температурно-энтропийные волны*)
spatial ~ объёмное звучание
speech ~ 1. звук речи 2. фонема
stereo(phonic) ~ стереофонический звук
subsonic ~ инфразвук
supersonic ~ ультразвук
surround ~ звуковое окружение
third ~ третий звук (*изотермические поверхностные волны в плёнке сверхтекучего гелия*)
three-dimensional ~ 1. объёмное звучание 2. объёмный [реалистичный] звук (*напр. в компьютерных играх*) 3. *вчт* функция воспроизведения трёхмерной звуковой обстановки
ultra(-audible) [ultrasonic] ~ ультразвук
underwater ~ акустические звуковые волны в водной среде
unheard ~ неслышимый звук
unvoiced ~ невокализованный звук
voiced ~ вокализованный звук
wave(form) ~ *вчт* цифровой звук в формате WAV

soundboard *тлв* отражательный звуковой экран (*за или над сценой*)
sounder 1. источник звука 2. источник звуковых сигналов 3. *тлг* клопфер, телеграфный аппарат для приёма на слух знаков кода Морзе 4. зонд 5. ионосферная станция 6. эхолот
bottomside ~ наземная ионосферная станция
depth ~ эхолот
double-current ~ клопфер для двухполюсного телеграфирования
double-plate ~ клопфер с двумя резонаторными пластинами
echo (depth) ~ эхолот
fixed-frequency ~ ионосферная станция с фиксированной частотой
HF ~ *см.* **high-frequency sounder**
high-frequency ~ радиозонд
Morse ~ клопфер
oblique(-incidence) ~ станция наклонного зондирования ионосферы
radar ~ радиолокационный зонд
radio ~ радиозонд
relaying ~ реле-клопфер
sonic depth ~ эхолот
swept-frequency ~ ионосферная станция с качанием частоты
telegraph ~ клопфер
topside ~ спутниковая станция зондирования внешней ионосферы
sounding 1. звучание; производство звука *или* звуков; излучение звука 2. генерация звуковых сигналов 3. зондирование 4. измерение глубины 5. результаты измерения глубины
acoustic ~ 1. акустическое зондирование (*напр. атмосферы*) 2. измерение глубины с помощью эхолота
air ~ зондирование атмосферы
atmospheric ~ зондирование атмосферы
bottomside ~ наземное зондирование ионосферы, зондирование нижних слоёв ионосферы
earthbase ~ наземное зондирование ионосферы, зондирование нижних слоёв ионосферы
echo (depth) ~ измерение глубины с помощью эхолота
geomagnetic depth ~ глубинное магнитно-вариационное [глубинное геомагнитное] зондирование
groundbase ~ наземное зондирование ионосферы, зондирование нижних слоёв ионосферы
ionospheric ~ зондирование ионосферы
magnetotelluric ~ магнитотеллурическое зондирование
MT ~ *см.* **magnetotelluric sounding**
oblique ~ наклонное зондирование ионосферы
reflection ~ измерение глубины с помощью эхолота
rocket ~ зондирование с помощью ракет
satellite ~ зондирование с помощью спутников
seismic ~ сейсмоакустические измерения
supersonic ~ ультразвуковое зондирование
surround ~ зондирование окружающей среды
topside ~ зондирование внешней ионосферы, зондирование верхних слоёв ионосферы
vertical ~ вертикальное зондирование ионосферы
sound-in-syncs *тлв* система передачи звука в синхроимпульсах

sound-on-film озвучение кинофильма; привязка звука к изображению
soundphoto факсимильная связь по телефонным каналам
soundproof 1. обеспечивать звуконепроницаемость ǁ звуконепроницаемый **2.** увеличивать фонд звукопоглощения
soundproofing 1. обеспечение звуконепроницаемости **2.** увеличение фонда звукопоглощения
soundstage *тлв* павильон синхронной съёмки (*напр. кинофильма*)
soundtrack 1. дорожка записи звука, дорожка звукозаписи; дорожка звукового канала **2.** звуковая дорожка (*1. зона киноплёнки для фотографической записи звука 2. «музыкальный инструмент» из набора General MIDI*) **3.** фонограмма; аудиозапись; запись звука **4.** лента с записью мюзикла; запись мюзикла
soup 1. смесь жидких и твёрдых материалов **2.** *рлк* густой туман
alphabet ~ *проф.* **1.** инициалы **2.** аббревиатура названия организации
source 1. источник (*напр. электропитания*) **2.** исток, истоковая область (*полевого транзистора*) **3.** исток, точка истока (*напр. поля*) **4.** неустойчивый фокус (*особая точка на фазовой плоскости*) **5.** *вчт* источник данных; источник информации **6.** *вчт* устройство (*напр. магнитный диск*), с которого производится копирование данных, *проф.* источник (*копируемых данных*) **7.** отправитель (*напр. сообщения*) **8.** первоисточник; (цитируемый) источник; ссылка ǁ приводить в качестве первоисточника; цитировать; ссылаться **9.** (перво)причина; источник; отправная точка **10.** производитель; поставщик ǁ получать (*напр. оборудование*) от производителя *или* поставщика ◊ **~ of attack** источник атаки (*напр. хакеров*)
apparent ~ кажущийся источник (*напр. излучения*)
bipolar current ~ биполярный источник тока
bremsstrahlung ~ источник тормозного излучения
CIE standard ~s стандартные источники света МКО
coherent-light ~ источник когерентного света
constant-current ~ источник неизменяющегося постоянного тока
constant-voltage ~ источник неизменяющегося постоянного напряжения
controllable current ~ управляемый источник тока
controllable voltage ~ управляемый источник напряжения
current ~ источник тока
current-controlled current ~ источник тока, управляемый током
current-controlled voltage ~ источник напряжения, управляемый током
data ~ 1. источник данных; источник информации **2.** отправитель данных; отправитель информации
diffusion ~ источник диффузанта, источник диффундирующей примеси
digital signal of level 0 ~ источник цифрового сигнала нулевого уровня, источник сигнала (типа) DS (-)0 источник синхронного цифрового потока со скоростью передачи исходных данных 64 Кбит/с (*соответствует одному речевому каналу по Североамериканской иерархии цифровых систем передачи данных*)

dopant ~ источник легирующей примеси
DS(-)0 ~ *см.* **digital signal of level 0 source**
duoplasmatron ion(-beam) ~ дуоплазматрон (*источник ионов*)
electrically panned sound ~ источник звука с электрическим панорамированием
electrochemical power ~ химический источник тока, ХИТ
electron-beam ~ формирователь электронного луча
equal-energy ~ равноэнергетический источник излучения
equivalent ~ источник [элементарный излучатель] Гюйгенса
extragalactic radio ~ внегалактический источник радиоизлучения
fuel-cell power ~ источник питания на топливных элементах
gas(-phase) impurity ~ газообразный источник примеси
harmonic ~ генератор гармоник
Huygens ~ источник [элементарный излучатель] Гюйгенса
impurity ~ источник примеси
infrared ~ источник инфракрасного излучения, ИК-источник
interference ~ источник помех
ion ~ источник ионов
Josephson ~ *свпр* джозефсоновский генератор
Lambertian ~ ламбертовский источник
LB ~ *см.* **left-backward source**
left-backward ~ левый задний источник звука (*в квадрафонии*)
left-forward ~ левый передний источник звука (*в квадрафонии*)
LF ~ *см.* **left-forward source**
light ~ источник света
line ~ линейный источник излучения
liquid(-phase) impurity ~ жидкий источник примеси
low-coherent ~ источник (*излучения*) с малой степенью когерентности
memory ~ *вчт* источник с памятью
memoryless ~ *вчт* источник без памяти
message (signal) ~ источник сообщения
multiampere ion ~ сильноточный источник ионов
neutron ~ источник нейтронов
noise ~ 1. источник шума **2.** генератор шума, шумовой генератор
optical ~ источник света
Penning-type (ion) ~ источник ионов с разрядом Пеннинга
photon ~ источник фотонов
plasma ~ источник плазмы
point ~ точечный источник излучения, точечный излучатель
primary light ~ первичный источник света
pump(ing) ~ источник накачки
quasi-stellar (radio) ~ квазар, квазизвёздный объект, квазизвёздный источник радиоизлучения
RB ~ *см.* **right-backward source**
radio ~ (космический) источник радиоизлучения
reconstructing ~ восстанавливающий источник (*в голографии*)
reference ~ опорный источник (*в голографии*)
reference-voltage ~ источник опорного напряжения

RF ~ *см.* **right-forward source**
ribbon light ~ ленточный источник света
right-backward ~ правый задний источник звука (*в квадрафонии*)
right-forward ~ правый передний источник звука (*в квадрафонии*)
ringing ~ *тлф* генератор вызывного сигнала
secondary light ~ вторичный источник света
signal ~ источник сигнала
simple sound ~ всенаправленный акустический излучатель
solid(-phase) impurity ~ источник примеси в твёрдой фазе
standard-temperature ~ источник со стандартной температурой
step ~ *крист.* источник ступеней роста
thermoelectric power ~ термоэлектрический генератор
vapor ~ испаритель (*в установке для напыления*)
voltage ~ источник напряжения
voltage-controlled current ~ источник тока, управляемый напряжением
voltage-controlled voltage ~ источник напряжения, управляемый напряжением
sourcebook 1. первоисточник; оригинал 2. первоисточники; оригинальные работы *или* документы
south юг ‖ южный
   magnetic ~ магнитный юг
southern южный
space 1. пространство; область; зона; объём ‖ распределять в пространстве; разбивать на области *или* зоны; размещать в объёме ‖ пространственный; относящийся к области или зоне; объёмный 2. космическое пространство, космос ‖ космический 3. *тлг* бестоковая посылка, пауза 4. пробел ‖ разделять (*напр. буквы или слова*) пробелами 5. зазор (*напр. между элементами ИС*) ‖ использовать зазор; оставлять зазор; разделять зазором 6. *вчт* шпация 7. набирать (*текст*) в разрядку 8. интервал (*напр. между строками матрицы*); промежуток ‖ располагать с интервалом (*напр. строки матрицы*) *или* с промежутком 9. *проф.* интерлиньяж (*межстрочный пробел, междустрочие*) 10. (условная) единица измерения интерлиньяжа, *проф.* интервал 11. разнос (*напр. каналов*) ‖ разносить (*напр. каналы*) 12. ощущение глубины (*при восприятии плоского изображения*) ◊ **to ~ out** набирать (*текст*) в разрядку
~ **of attributes** пространство признаков
~ **of basic elements** пространство базисных элементов
~ **of events** *вчт* пространство событий
~ **of finite dimension** конечномерное пространство
~ **of functions** пространство функций
~ **of ideals** *вчт* пространство идеалов
~ **of kernels** *вчт* пространство ядер
~ **of mappings** *вчт* пространство отображений
~ **of random variables** пространство случайных переменных, пространство случайных величин
~ **of solutions** пространство решений
~ **of strategies** пространство стратегий
~ **of values** пространство значений
Abelian ~ *вчт* абелево пространство
absolutely convergent series ~ *вчт* пространство абсолютно сходящихся рядов

acceleration ~ пространство ускорения
active ~ активный пробел
address ~ адресное пространство
adjacency ~ *вчт* пространство смежности
advertising ~ место для рекламы
affine ~ *вчт* аффинное пространство
air ~ воздушное пространство
allocated ~ *вчт* распределяемое пространство
anode dark ~ анодное тёмное пространство (*тлеющего разряда*)
Aston dark ~ астоново [первое катодное] тёмное пространство (*тлеющего разряда*)
aural ~ звуковое [акустическое] поле
Banach ~ банахово пространство
basic line ~ (условная) единица измерения интерлиньяжа, *проф.* интервал
blank ~ пробел
Boolean ~ булево пространство
brightness-color ~ цветовое пространство
buncher ~ пространство дрейфа (*клистрона*)
catcher ~ выходное пространство (*клистрона*)
cathode dark ~ круксово [второе катодное] тёмное пространство (*тлеющего разряда*)
cellular ~ *вчт* клеточное пространство
checkpoint ~ *вчт* область памяти для записи данных о состоянии процесса *или* задачи (в контрольной точке), *проф.* область памяти для выгрузки задачи *или* процесса (в контрольной точке)
cislunar ~ космическое пространство между Землёй и Луной
classification [classifying] ~ классифицирующее пространство
closed ~ замкнутое пространство
cointegration ~ коинтеграционное пространство
color ~ цветовое пространство
conceptual ~ концептуальное пространство
configuration ~ конфигурационное пространство
connected ~ связное пространство
control ~ *вчт* 1. командный пробел 2. пространство управления
CPU address ~ адресное пространство центрального процессора
criteria ~ пространство критериев
Crookes dark ~ круксово [второе катодное] тёмное пространство (*тлеющего разряда*)
dead ~ мёртвая зона, зона нечувствительности
decision ~ пространство решений
deep ~ дальний космос
design (alternatives) ~ пространство проектных решений
disk ~ *вчт* дисковое пространство
display ~ рабочая поверхность экрана дисплея
distribution ~ пространство распределений
domain ~ *вчт* область определения; область значений (*функции*)
double ~ 1. двойной пробел 2. двойной интервал (*об интерлиньяже*)
drift ~ 1. *пп* пролётное пространство 2. пространство дрейфа (*СВЧ-прибора*)
electron drift ~ электронное пролётное пространство
em ~ 1. пробел шириной эм, эм-пробел 2. круглая шпация
en ~ 1. пробел шириной эн, пробел шириной полуэм, эн-пробел 2. полукруглая шпация

space

end ~s входное и выходное пространства (*многорезонаторного клистрона*)
error ~ пространство ошибок
estimation ~ пространство оценок
Euclidean ~ евклидово пространство
Faraday dark ~ фарадеево [третье катодное] тёмное пространство (*тлеющего разряда*)
feature ~ пространство признаков
finite-dimensional ~ конечномерное пространство
fixed ~ фиксированный пробел
flat address ~ вчт связное адресное пространство
Frechet ~ пространство Фреше
free ~ свободное пространство; свободная область
free Web ~ бесплатно предоставляемое (*пользователю*) дисковое пространство на Web-сервере
fuzzy ~ нечёткое пространство
goal ~ вчт пространство целей
guard ~ защитный интервал
half-~ полупространство
hard ~ жёсткий [неразрывный] пробел (*напр. между инициалами и фамилией*)
Hausdorff ~ хаусдорфово пространство
heap ~ вчт динамически распределяемая область (*напр. памяти*)
hereditary ~ наследственное пространство
Hilbert(ian) ~ гильбертово пространство
Hittorf dark ~ круксово [второе катодное] тёмное пространство (*тлеющего разряда*)
hole drift ~ дырочное пролётное пространство
image ~ пространство изображений
infinite-dimensional ~ бесконечномерное пространство
input ~ входное пространство (*1.* вчт *пространство входных векторов (напр. данных) 2. зона ввода электронного пучка в клистроне*)
input/output ~ вчт пространство ввода/вывода (*в памяти*)
integrable function ~ пространство интегрируемых функций
interaction ~ пространство взаимодействия
inter-block ~ межблочный (защитный) интервал (*напр. при магнитной записи*)
interelectrode ~ межэлектродное пространство
interplanar ~ крист. межплоскостное расстояние
inter-record ~ межблочный (защитный) интервал (*напр. при магнитной записи*)
interstitial ~ крист. междоузлие
inter-track ~ междорожечный (защитный) интервал (*напр. при магнитной записи*)
invariant ~ инвариантное пространство
Langmuir dark ~ ленгмюрово тёмное пространство (*вокруг отрицательного зонда в области положительного столба тлеющего разряда*)
lexicographic ~ лексикографическое пространство
line ~ 1. *проф.* интерлиньяж (*межстрочный пробел, междустрочие*) 2. (*условная*) единица измерения интерлиньяжа, *проф.* интервал
logic ~ логическое пространство
marker ~ разделительный промежуток (*механической сигналограммы*)
medium ~ средний пробел
memory ~ вчт пространство памяти
mixed ~ смешанное пространство
model ~ модельное пространство
momentum ~ фтт пространство импульсов

multidimensional ~ многомерное пространство
multiple ~ 1. многократный пробел 2. многократный интервал (*об интерлиньяже*)
N- ~ N-мерное пространство
name ~ вчт пространство имён
N-dimensional Euclidean ~ N-мерное евклидово пространство
negative thin ~ узкий отрицательный пробел
nonbreaking ~ неразрывный пробел
number ~ пространство чисел
object ~ вчт пространство объектов
observation ~ пространство наблюдений
one-dimensional ~ одномерное пространство
open ~ 1. открытое пространство 2. открытый космос
operating ~ вчт рабочее пространство, рабочая область
ordered ~ упорядоченное пространство
organism's phase ~ фазовое пространство организма
orthonormal ~ ортонормированное пространство
outcome ~ пространство исходов
outer ~ 1. космическое пространство 2. дальний космос
output ~ выходное пространство (*1.* вчт *пространство выходных векторов (напр. данных) 2. зона вывода электронного пучка в клистроне*)
parameter ~ пространство параметров
patch ~ вчт место для внесения временных изменений в программу, место для «заплаты»
pattern ~ вчт пространство образов
perception ~ *бион.* пространство восприятия
phase ~ фазовое пространство
policy ~ пространство стратегий
probability ~ вероятностное пространство
problem ~ пространство задач
problem address ~ адресное пространство задачи
provider aggregable address ~ формируемое провайдером адресное пространство
provider independent address ~ не зависимое от провайдера адресное пространство
proximity ~ вчт пространство близости
Radon ~ пространство Радона
range ~ вчт область определения; область значений (*функции*)
reference ~ базовое пространство
reflector ~ пространство отражения (*в отражательном клистроне*)
required ~ обязательный пробел
reticulated ~ сетчатое пространство
routing ~ область трассировки
sample ~ пространство выборок
search ~ пространство поиска; область поиска
segmented address ~ вчт сегментированное адресное пространство
semantic ~ семантическое пространство
semi-infinite ~ полупространство
sequence ~ пространство последовательностей
shared ~ совместно используемая область (*напр. памяти*); разделяемая область; общая область
single ~ 1. одиночный пробел 2. (*условная*) единица измерения интерлиньяжа, *проф.* интервал
solution ~ пространство решений
spin ~ спиновое пространство
state ~ пространство состояний; фазовое пространство

space

strategy ~ пространство стратегий
structural ~ структурное пространство
task ~ пространство задач
test ~ пробное пространство
tesselated ~ пространство в мозаичном представлении; сотообразное пространство
thick ~ широкий пробел
thin ~ узкий пробел
three-dimensional ~ трёхмерное пространство
topological ~ топологическое пространство
trajectory ~ пространство выборок
trailing ~ концевой пробел
triangulable ~ триангулируемое пространство
triple ~ 1. тройной пробел 2. тройной интервал (*об интерлиньяже*)
tuple ~ *вчт* пространство кортежей
two-dimensional ~ двумерное пространство
uniconvergence ~ пространство равномерной сходимости
uniform color ~ равноконтрастное цветовое пространство
vector ~ векторное пространство
virtual ~ виртуальное пространство
visible ~ видимый пробел
wave-vector ~ пространство волновых векторов
white ~ пробел; пустое место (*в печатном материале*)
Whitney ~ пространство Уитни
word ~ межсловный пробел
working ~ *вчт* рабочее пространство, рабочая область

space-age 1. относящийся к космической эре 2. использующий ультрасовременную технологию *или* конструкцию; космический
spacebar клавиша пробела
space-borne имеющий космическое происхождение, космического происхождения
spacecraft космический корабль; космический летательный аппарат, КЛА
　MEMS-based miniature ~ миниатюрный космический летательный аппарат на основе микроэлектромеханических систем
space-flight космический полёт
spaceman космонавт; астронавт (*в США*)
spaceport космический центр
spacer 1. прокладка; распорка; распорная деталь; распорная втулка 3. *вчт* клавиша пробела 4. разделитель 5. рычаг установки интерлиньяжа (*в пишущей машинке*)
　dielectric ~ диэлектрическая прокладка
　insulating ~ изоляционная прокладка
　line ~ рычаг установки интерлиньяжа (*в пишущей машинке*)
　mylar ~ лавсановая прокладка
space-rated пригодный для использования в космических условиях
spaceship космический корабль; космический летательный аппарат, КЛА
spaceshot запуск КЛА в космосе (*вне земной атмосферы*)
spacesuit космический скафандр
space-time (четырехмерное) пространство-время
　Kerr ~ (четырехмерное) пространство-время Керра
　Kerr-Newman ~ (четырехмерное) пространство-время Керра — Ньюмена
　Minkowski ~ (четырехмерное) пространство-время Минковского
　Schwarzschild ~ (четырехмерное) пространство-время Шварцшильда
Spacetrack глобальная система оптических, радиолокационных и радиометрических средств обнаружения, классификации и сопровождения искусственных спутников Земли
spacewalk выход в открытый космос, *проф.* «космическая прогулка» ‖ выходить в открытый космос, *проф.* совершать «космическую прогулку»
spacewoman женщина-космонавт; женщина-астронавт (*в США*)
spacing 1. распределение в пространстве; разбиение на области *или* зоны; размещение в объёме 2. (пространственный) период; шаг; параметр 3. пробел 4. разделение (*напр. букв или слов*) пробелами 5. зазор (*напр. между элементами ИС*) 6. использование зазора; разделение зазором 7. набор (*текста*) в разрядку 8. интервал (*напр. между строками матрицы*); промежуток 9. расположение с интервалом (*напр. строк матрицы*) *или* с промежутком 10. *проф.* интерлиньяж (*межстрочный пробел, междустрочие*) 11. (условная) единица измерения интерлиньяжа, *проф.* интервал 12. разнос (*напр. несущих*) 13. разнесение (*напр. каналов*)
　antenna array ~ шаг антенной решётки
　atom ~ межатомное расстояние
　bit ~ расстояние между (записанными) битами, продольный шаг записи (*на носителе информации*)
　carrier ~ разнос несущих (*напр. сигналов изображения и звукового сопровождения*)
　channel ~ разнесение каналов
　character ~ межсимвольный пробел
　coil ~ шаг пупинизации
　column ~ 1. межколонный пробел (*в тексте с многоколонным набором*) 2. межстолбцовый пробел (*напр. в матрице*)
　conductor ~ зазор между проводниками (*печатной платы*)
　contiguous channel ~ разнесение каналов без защитных интервалов
　domain ~ период доменной структуры
　double ~ 1. двойной пробел 2. двойной интервал (*об интерлиньяже*)
　element ~ межэлементное расстояние
　equal ~ эквидистантное разбиение
　fixed ~ фиксированное межбуквенное расстояние, фиксированный межбуквенный интервал
　frequency ~ 1. шаг сетки частот 2. разнос частот
　interatomic ~ межатомное расстояние
　interbeam ~ угловое расстояние между лучами
　interelectrode ~ межэлектродное расстояние
　interelement ~ межэлементное расстояние
　interzone ~ *крист.* расстояние между зонами (*в методе зонной очистки*)
　lattice ~ параметр [постоянная] кристаллической решётки
　letter ~ межбуквенный пробел
　line ~ 1. *проф.* интерлиньяж (*межстрочный пробел, междустрочие*) 2. (условная) единица измерения интерлиньяжа, *проф.* интервал
　loading-coil ~ шаг пупинизации

mirror ~ расстояние между зеркалами (*оптического резонатора*)
mode ~ разнесение мод
multiple ~ 1. многократный пробел 2. многократный интервал (*об интерлиньяже*)
overlapping channel ~ разнесение каналов с перекрытием
probe ~ межзондовое расстояние
proportional ~ пропорциональный межбуквенный пробел
pulse ~ интервал между импульсами
row ~ межстроковый пробел (*напр. в матрице*)
scale ~ расстояние между делениями шкалы; шаг шкалы, *проф.* цена деления шкалы
scan line(-to-line) ~ шаг строк растра
single ~ 1. одиночный пробел 2. (условная) единица измерения интерлиньяжа, *проф.* интервал
track [tracking, track-to-track] ~ шаг дорожек записи, расстояние между дорожками (записи), поперечный шаг записи (*на носителе информации*)
triple ~ 1. тройной пробел 2. тройной интервал (*об интерлиньяже*)
vision-to-sound carrier ~ *тлв* разнос несущих сигналов изображения и звукового сопровождения
spacistor *пп* спейсистор
Spadats система дальнего обнаружения межконтинентальных баллистических ракет и слежения за искусственных спутников Земли
SPADE система связи с импульсно-кодовой модуляцией, с множественным доступом, с предоставлением каналов по требованию и независимыми несущими для каждого канала; система связи с импульсно-кодовой модуляцией, с многостанционным доступом, с предоставлением каналов по требованию и независимыми несущими для каждого канала, система SPADE
spade 1. пика (*колющее оружие, напр. в компьютерных играх*) 2. (игральная) карта пиковой масти 3. *pl* пики, пиковая масть (*игральных карт*) 4. лопата; лопатка 5. объект лопатообразной формы
spaghetti 1. *вчт* плохо структурированная программа; программа с избыточным количеством операторов безусловного перехода, *проф.* программа-спагетти 2. изоляционная трубка (*для проводника или жгута*)
spall скалывание; расслаивание; отслаивание || скалывать(ся); расслаивать(ся); отслаивать(ся)
spalling скалывание; расслаивание; отслаивание
spam *проф.* «спам»; незапрашиваемая рекламная электронная почта || распространять незапрашиваемую рекламную электронную почту
spambot *проф.* «спам-робот»; программа сбора адресов для рассылки незапрашиваемой рекламной электронной почты
spammer *проф.* «спаммер»; распространитель незапрашиваемой рекламной электронной почты
spamming *проф.* «спамминг»; распространение незапрашиваемой рекламной электронной почты
span 1. диапазон; размах; интервал; протяжённость пределы || находиться в диапазоне; иметь размах; находиться в интервале; простираться; заключаться в пределах 2. продолжительность; длительность || продолжаться; длиться 3. (короткий) интервал времени 4. долговечность; срок службы 5. время жизни 6. пролёт (*воздушной линии*) 7. длина пролёта (*воздушной линии*) 8. оттяжка (*антенны*) 9. оболочка || охватывать 10. *вчт* якорь (*отправной или конечный пункт ссылки внутри гипертекста*)
~ **of error** интервал изменения погрешности
antenna ~ оттяжка антенны
data ~ интервал изменения данных
life ~ 1. долговечность; срок службы 2. время жизни
linear ~ линейная оболочка
repeater ~ регенерационный участок (*радиорелейной линии*)
sample ~ объём выборки
spanner гаечный ключ
fork ~ (простой) гаечный ключ с открытым зевом
sparcatron *фирм.* искровой генератор
spare 1. запасные части, запчасти; резерв || держать в запасе; создавать резерв || запасной; резервный 2. свободный, незанятый; лишний
spark 1. искра; искровой разряд || искрить 2. *вчт* закрывающая кавычка, символ ' 3. *pl проф.* радист (*на судне*)
capillary air ~ капиллярный искровой разряд
guided ~ направленный искровой разряд
laser ~ лазерная искра
pilot ~ подготовительный разряд (*в газоразрядных приборах*)
sparkover искровой пробой
sparse разреженный (*напр. массив*)
sparseness разреженность (*напр. массива*)
matrix ~ разреженность матрицы
structural ~ структурная разреженность
temporal ~ временная разреженность
time (-domain) ~ временная разреженность
sparsity *см.* **sparseness**
spatial пространственный (*1. относящийся к пространству 2. объёмный*)
spatiotemporal пространственно-временной (*1. относящийся к пространству и времени 2. относящийся к четырёхмерному пространству-времени Минковского*)
speak 1. говорить; разговаривать 2. звучать; издавать звук(и) 3. говорить на каком-либо иностранном языке (*напр. по-английски*); знать какой-либо иностранный язык
speak-back студийное переговорное устройство
speaker 1. громкоговоритель; акустическая система; *pl* звуковые колонки (*напр. мультимедийного компьютера*) 2. *вчт* автономный (*работающий без звуковой платы*) встроенный громкоговоритель (*системного блока компьютера*), *проф.* спикер 3. диктор 4. (говорящий) абонент; говорящий 5. докладчик (*напр. на конференции*) ◊ ~ **out** выход для подключения громкоговорителя; выход для подключения акустической системы; ~s **out** выход для подключения звуковых колонок или головных телефонов
active ~ активный громкоговоритель, громкоговоритель с встроенным усилителем; *pl* активные звуковые колонки
auxiliary ~s дополнительные громкоговорители
back ~s тыловые громкоговорители, громкоговорители задних каналов (*в квадрафонии*)
capacitive [capacitor] ~ электростатический громкоговоритель

speaker

coaxial ~ коаксиальный громкоговоритель
column ~ звуковая колонка
condenser ~ электростатический громкоговоритель
cone ~ конусный громкоговоритель
crystal ~ пьезоэлектрический громкоговоритель
direct-radiator ~ громкоговоритель прямого излучения
double-cone ~ громкоговоритель с двойным диффузором
dynamic ~ электродинамический громкоговоритель
electrostatic ~ электростатический громкоговоритель
excited-field ~ (электродинамический) громкоговоритель с подмагничиванием
film-membrane ~ громкоговоритель с плёночной мембраной
front ~s фронтальные громкоговорители, громкоговорители передних каналов (*в квадрафонии*)
horn ~ рупорный громкоговоритель
magnetic (armature) ~ электромагнитный громкоговоритель
magnetostriction ~ магнитострикционный громкоговоритель
mono ~ монофонический громкоговоритель
moving-coil [moving-conductor] ~ электродинамический громкоговоритель
multicellular ~ многосекционный громкоговоритель
multichannel ~ многоканальная акустическая система
on-board ~ автономный (*работающий без звуковой платы*) встроенный громкоговоритель (*системного блока компьютера*), *проф.* спикер
passive ~ пассивный громкоговоритель; *pl* пассивные звуковые колонки
permanent-magnet ~ электродинамический громкоговоритель
piezoelectric ~ пьезоэлектрический громкоговоритель
pm ~ *см.* **permanent-magnet speaker**
pneumatic ~ пневматический громкоговоритель
rear ~s тыловые громкоговорители, громкоговорители задних каналов, (*в квадрафонии*)
self-powered ~ автономный (*работающий без звуковой платы*) встроенный громкоговоритель с собственным источником (электро)питания, *проф.* спикер с собственным источником (электро)питания
shielded ~ экранированный громкоговоритель; экранированная акустическая система
stereo ~s стереофонические громкоговорители
three-way ~ трёхполосный громкоговоритель
triaxial ~ триаксиальный громкоговоритель
two-way ~ двухполосный громкоговоритель
voice-coil ~ электродинамический громкоговоритель
speaker-adaptive адаптивный по отношению к говорящему, с адаптацией на говорящего (*о системе распознавания речи*)
speaker-dependent зависящий от говорящего; требующий обучения на образцах речи говорящего (*о системе распознавания речи*)
speaker-independent не зависящий от говорящего; не требующий обучения на образцах речи говорящего (*о системе распознавания речи*)

speakerphone телефонный аппарат без микротелефонной трубки (*с встроенными в корпус микрофоном и телефоном*)
speaking 1. разговор **2.** говорящий
spec *см.* **specification**
special 1. *тлв* специальный выпуск, спецвыпуск; экстренный выпуск (*напр. новостей*) **2.** специальный корреспондент **3.** специальный; особый **4.** специализированный **5.** экстраординарный; исключительный
  Saturday night ~ **1.** вечерний субботний спецвыпуск **2.** *вчт проф.* наспех сделанная программа
specialism специализация
specialist специалист
  computer ~ специалист по компьютерной технике
  database ~ специалист по базам данных
  data entry ~ *вчт* специалист по вводу данных
  hardware ~ *вчт* специалист по аппаратному обеспечению
  media ~ *вчт* специалист по рабочим средам
  security ~ специалист по обеспечению безопасности
  telecommunications ~ специалист по телекоммуникациям
specialization 1. специализация **2.** *биол.* адаптация; приспосабливание
  flexible ~ гибкая специализация
specialize 1. специализировать(ся) **2.** *биол.* адаптировать(ся); приспосабливать(ся)
special-purpose специализированный, специального назначения
specialty 1. специальность **2.** особенность; специфичность || особенный; специфический
species разновидность; подкласс
  reactive transport ~ *крист.* химически активные транспортные вещества
specific 1. специфический объект; специфическое явление; специфическое свойство; особенность || специфический; особенный **2.** относящийся к подклассу *или* разновидности **3.** удельный (*напр. вес*)
specification 1. спецификация **2.** *pl* технические условия, ТУ; технические требования **3.** *вчт* описание **4.** детали; подробности (*напр. проекта*) **5.** специфичность; особенность
  acceptance ~s технические условия приемки
  application environment ~ *вчт* спецификация Открытого фонда программ на среду для приложений, стандарт AES
  audio messaging interchange ~ спецификация обмена речевыми сообщениями
  BIOS enhanced disk drive ~ метод преодоления предела 8,4 ГБ для ёмкости жёстких дисков за счёт придания дополнительных функций BIOS, спецификация EDD
  box ~ *вчт* спецификация блока
  communication application ~ спецификация приложений связи
  design ~ техническое задание на разработку
  dynamic ~ динамическая спецификация
  enhanced expanded memory ~ расширенная (программная) спецификация отображаемой памяти, спецификация EEMS
  expanded memory ~ **1.** (программная) спецификация отображаемой памяти, спецификация EMS **2.**

отображаемая память, удовлетворяющая требованиям спецификации EMS область дополнительной памяти
extended memory ~ 1. (программная) спецификация расширенной памяти, спецификация XMS 2. расширенная память, удовлетворяющая требованиям спецификации XMS область дополнительной памяти
extended system configuration data ~ спецификация методов взаимодействия и структуры данных в описывающей конфигурацию системы области памяти, спецификация ESCD
file ~ спецификация файла
framing ~ спецификация на формирование кадра
functional ~ функциональная спецификация
High Sierra ~ стандарт HSF [стандарт HSG] на формат файловой системы компакт-дисков
initial graphics exchange ~ Международный стандарт обмена графической информацией, стандарт IGES
Lotus-Intel-Microsoft expanded memory ~ 1. соглашение фирм Lotus, Intel и Microsoft на использование отображаемой памяти по (программной) спецификации EMS 2. (программная) спецификация отображаемой памяти, спецификация EMS 3. отображаемая память, удовлетворяющая требованиям спецификации EMS область дополнительной памяти
manufacturing messaging ~ стандарт передачи сообщений внутри предприятия, спецификация MMS
MIDI ~ *вчт* спецификация MIDI
MIL ~s *см.* **military specifications**
military ~s военные технические условия
model ~ спецификация модели
network driver interface ~ спецификация интерфейсов сетевых драйверов, стандарт NDIS (*корпорации Microsoft*)
performance ~s технические условия, ТУ
program ~ спецификация программы
smart battery data ~ спецификация данных для интеллектуальных аккумуляторов
system ~ спецификация системы
temporal ~ временная спецификация
winding ~ спецификация на катушки индуктивности и трансформаторы
specificity 1. специфичность, обладание специфическими признаками *или* характеристиками 2. специфичность обнаружения, вероятность правильного необнаружения (*сигнала*) 3. специфичность критерия (*в математической статистике*)
~ **of test** специфичность критерия
specifier *вчт* спецификатор
access ~ спецификатор доступа (*напр. в C++*)
specify 1. составлять спецификацию 2. задавать технические условия *или* технические требования 3. детализировать; определять особенности 4. *вчт* описывать
specimen образец (*для исследований или испытаний*)
speckle 1. спекл (*дифракционное пятно изображения, полученного в когерентном свете*) 2. спекл-структура (*пятнистая структура изображения, полученного в когерентном свете*) 3. *pl* спекл-структура (*пятнистая структура изображения, полученного в когерентном свете*) ◊ ~ **from dif-**

spectrometer

fuser спекл-структура от диффузного рассеивателя; ~ **from moving object** спекл-структура от движущегося объекта; ~ **in image** спекл-структура изображения; ~ **in partially coherent light** спекл-структура, наблюдаемая в частично когерентном свете
atmospheric-induced ~ спекл-структура, обусловленная турбулентностью атмосферы
laser ~ 1. лазерный спекл 2. лазерная спекл-структура
radar ~ 1. радиолокационный спекл 2. радиолокационная спекл-структура
temporal ~ нестационарная спекл-структура
white-light ~ спекл-структура, наблюдаемая в белом свете
speckling 1. образование спеклов; образование спекл-структуры 2. метод спекл-структур
specs *см.* **specification**
spectacle 1. *тлв* спектакль; зрелище 2. *pl* очки
hearing-aid ~ слуховой аппарат, вмонтированный в оправу очков
spectate 1. *тлв* выступать в качестве зрителя 2. наблюдать
spectator 1. *тлв* зритель 2. наблюдатель
spectra *pl* от **spectrum**
spectral спектральный
spectrobolometer болометрический спектрометр
spectrochemical химико-спектральный
spectrochemistry химико-спектральный анализ
spectrocolorimetry спектральная колориметрия
spectrofluorimeter спектрофлуориметр
polarization ~ поляризационный спектрофлуориметр
scanning photon-counting ~ сканирующий спектрофлуориметр со счётом фотонов
spectrofluorometer спектрофлуорометр
spectrogram спектрограмма
sound ~ спектрограмма звука; спектральная кривая звучания (*напр. музыкального инструмента*)
spectrograph спектрограф
acoustic ~ акустический спектрограф
electrooptical radio ~ электрооптический радиоспектрограф
mass ~ масс-спектрограф
sound ~ спектрограф звуков, спектрограф для записи спектральных кривых звучания (*напр. музыкальных инструментов*)
splitless ~ бесщелевой спектрограф
velocity(-focusing) ~ масс-спектрограф с фокусировкой по скоростям
spectrographer специалист в области спектроскопии
spectroheliogram спектрогелиограмма
spectroheliograph спектрогелиограф
spectrohelioscope спектрогелиоскоп
spectrology изучение спектров
spectrometer спектрометр
alpha-ray ~ альфа-спектрометр
analytical ~ аналитический спектрометр
Auger ~ оже-спектрометр
automatic ultrasonic-absorption ~ автоматический спектрометр поглощения ультразвука
bent-crystal ~ (рентгеновский) спектрометр с изогнутым кристаллом
beta-ray ~ бета-спектрометр
Bragg ~ рентгеновский спектрометр

spectrometer

Brillouin(-scattering) ~ спектрометр рассеяния Мандельштама – Бриллюэна
concave-crystal ~ (рентгеновский) спектрометр с вогнутым кристаллом
convex-crystal ~ (рентгеновский) спектрометр с выпуклым кристаллом
crystal ~ рентгеновский спектрометр
dispersion ~ дисперсионный спектрометр
double-axis [double-crystal] ~ двуосный [двухкристальный] (рентгеновский) спектрометр
electric-resonance molecular-beam ~ спектрометр электрического резонанса в молекулярном пучке
electron-paramagnetic-resonance [electron-spin-resonance] ~ спектрометр электронного парамагнитного резонанса, ЭПР-спектрометр
flat-crystal ~ (рентгеновский) спектрометр с плоским кристаллом
Fourier(-transform) ~ фурье-спектрометр
gamma-ray ~ гамма-спектрометр
grating ~ спектрометр с дифракционной решёткой, дифракционный спектрометр
Hadamard(-transform) ~ спектрометр (с преобразованием) Адамара
image-forming ~ спектрометр, формирующий изображение
inelastic electron scattering ~ спектрометр неупругого рассеяния электронов
infrared interferometer ~ фурье-спектрометр ИК-диапазона
interference [interferometric] ~ фурье-спектрометр
interferometric ~ **with selection by amplitude of modulation** фурье-спектрометр с селекцией по амплитуде модуляции
ionization ~ ионизационный спектрометр
ion mass ~ ионный масс-спектрометр
laser ~ лазерный спектрометр
magnetic-deflection mass ~ масс-спектрометр с магнитным отклонением
mass ~ масс-спектрометр
microwave ~ СВЧ-спектрометр
Mössbauer ~ мёссбауэровский спектрометр
neutral-mass ~ масс-спектрометр нейтральных частиц
non-dispersion ~ недисперсионный спектрометр
nuclear-paramagnetic-resonance ~ спектрометр ядерного парамагнитного резонанса, ЯПР-спектрометр
nuclear-quadrupole-resonance ~ спектрометр ядерного квадрупольного резонанса, ЯКР-спектрометр
photon-counting Raman ~ спектрометр комбинационного [рамановского] рассеяния со счётом фотонов
pulsed ~ импульсный спектрометр
quadrupole mass ~ квадрупольный масс-спектрометр
radiation ~ спектрометр излучения
Raman (-scattering) ~ спектрометр комбинационного [рамановского] рассеяния
Rayleigh(-scattering) ~ спектрометр рэлеевского рассеяния
scanning ~ сканирующий спектрометр
scintillation ~ сцинтилляционный спектрометр
triple-axis [triple-crystal] ~ трёхосный [трёхкристальный] (рентгеновский) спектрометр
vacuum UV ~ спектрометр вакуумного ультрафиолета
X-ray ~ рентгеновский спектрометр

spectrometric спектрометрический
spectrometry спектрометрия
   Auger ~ оже-спектрометрия
   dispersive Fourier-transform ~ дисперсионная фурье-спектрометрия
   exoelectron ~ экзоэлектронная спектрометрия
   gamma-ray ~ гамма-спектрометрия
   mass ~ масс-спектрометрия
   Mössbauer ~ мёссбауэровская спектрометрия
   X-ray ~ рентгеновская спектрометрия

spectromicroscope микроскоп со спектрометром
spectrophotoelectric спектрофотоэлектрический
spectrophotometer спектрофотометр
   double-beam ~ двухлучевой спектрофотометр
   Fourier-transform ~ фурье-спектрофотометр
   grating ~ спектрофотометр с дифракционной решёткой, дифракционный спектрофотометр

spectrophotometric спектрофотометрический
spectrophotometry спектрофотометрия
   absorption ~ абсорбционная спектрофотометрия
   flame ~ пламенная спектрофотометрия

spectropolarimeter спектрополяриметр
spectropolariscope спектрополярископ
spectropyrheliometer спектропиргелиометр
spectropyrometer спектропирометр
spectroradiometer спектрорадиометр
spectroradiometric спектрорадиометрический
spectroradiometry спектрорадиометрия
spectroscope спектроскоп
spectroscopic спектроскопический
spectroscopist специалист в области спектроскопии
spectroscopy спектроскопия
   ~ **of crystals** спектроскопия кристаллов
   absorption ~ абсорбционная спектроскопия
   angle-resolved ~ спектроскопия с угловым разрешением
   atomic ~ атомная спектроскопия
   Auger ~ оже-спектроскопия
   Brillouin ~ спектроскопия бриллюэновского рассеяния
   constant-angle reflection interference ~ интерференционная спектроскопия в отражённом свете при постоянном угле падения
   electric-resonance ~ спектроскопия электрического резонанса
   electron ~ электронная спектроскопия
   electron – **for chemical analysis** химический анализ методом электронной спектроскопии
   emission ~ эмиссионная спектроскопия
   excited-state ~ спектроскопия возбуждённых состояний
   exciton ~ *пп* экситонная спектроскопия
   exoelectron emission ~ экзоэлектронная эмиссионная спектроскопия
   field-emission ~ автоэмиссионная спектроскопия
   fluorescence ~ спектроскопия флуоресценции
   Fourier(-transform) ~ фурье-спектроскопия
   gamma-resonance ~ гамма-резонансная спектроскопия
   heterodyne ~ спектроскопия с гетеродинированием
   infrared ~ инфракрасная спектроскопия
   interference ~ интерференционная спектроскопия
   intracavity laser ~ внутрирезонаторная лазерная спектроскопия

spectrum

Lamb-dip ~ *кв. эл.* спектроскопия лэмбовского провала
laser ~ лазерная спектроскопия
laser-induced fluorescence ~ спектроскопия лазерно-индуцированной флуоресценции
level-crossing ~ спектроскопия методом пересечения уровней
mass ~ масс-спектроскопия
microwave ~ СВЧ-спектроскопия
modulation ~ модуляционная спектроскопия
molecular ~ молекулярная спектроскопия
Mössbauer ~ мёссбауэровская спектроскопия, ЯГР-спектроскопия, спектроскопия ядерного гамма-резонанса
multiphoton-absorption ~ спектроскопия многофотонного поглощения
NGR ~ ЯГР-спектроскопия, мёссбауэровская спектроскопия, спектроскопия ядерного гамма-резонанса
nuclear gamma-resonance ~ спектроскопия ядерного гамма-резонанса, ЯГР-спектроскопия, мёссбауэровская спектроскопия
nuclear-quadrupole-resonance ~ спектроскопия ядерного квадрупольного резонанса, ЯКР-спектроскопия
optical-mixing ~ спектроскопия методом оптического смешения
optoacoustic ~ акустооптическая спектроскопия
optogalvanic ~ оптогальваническая спектроскопия
photoelectric ~ фотоэлектрическая спектроскопия
picosecond ~ спектроскопия пикосекундных импульсов
quantum-beat ~ спектроскопия квантовых биений
radar ~ радиолокационная спектроскопия
radio-frequency ~ радиоспектроскопия
Raman ~ спектроскопия комбинационного [рамановского] рассеяния
Rayleigh ~ спектроскопия рэлеевского рассеяния
reflection ~ спектроскопия в отражённом свете
soft-mode ~ спектроскопия мягких мод
thermal-desorption ~ спектроскопия термической десорбции
tunneling ~ *свпр* туннельная спектроскопия
two-photon ~ двухфотонная спектроскопия
ultrasonic ~ ультразвуковая спектроскопия
ultra-violet ~ ультрафиолетовая спектроскопия
vacuum ~ вакуумная спектроскопия
spectrous спектральный
spectrum 1. спектр 2. спектральная характеристика; спектральная зависимость 3. спектр электромагнитного излучения
~ **of electromagnetic radiation** спектр электромагнитного излучения
~ **of matrix** спектр матрицы
~ **of operator** спектр оператора
absorption ~ спектр поглощения
acoustic ~ спектр звуковых волн
AM ~ спектр амплитудно-модулированного сигнала
amplitude ~ амплитудный спектр
arc ~ спектр дуги
atomic ~ *кв. эл.* атомный спектр
audio ~ спектр звуковых волн
autocorrelation ~ спектр автокорреляционной функции

background ~ фоновый спектр, спектр фона
band ~ полосатый спектр
band-limited ~ спектр с ограниченной полосой частот
baseband ~ 1. исходный [первичный] спектр (*сигнала*); непреобразованный спектр (*сигнала*) 2. спектр модулирующего сигнала 3. групповой спектр (*передаваемых сигналов*) 4. спектр видеосигнала
bounded ~ ограниченный спектр
Brillouin ~ спектр бриллюэновского рассеяния
canonical ~ канонический спектр
characteristic ~ характеристический спектр
complex ~ комплексный спектр
connected ~ связный спектр
continuous ~ непрерывный спектр
correlation ~ спектр корреляционной функции
cosine rolloff ~ спектр, спадающий по косинусоидальному закону
cross- ~ кросс-спектр
cross-correlation ~ спектр взаимной корреляционной функции
degenerate ~ вырожденный спектр
direct-sequence spread ~ 1. широкополосный псевдослучайный сигнал с расширенным спектром и кодом прямой последовательности 2. система с широкополосными псевдослучайными сигналами и кодом прямой последовательности, система DSSS
discrete ~ дискретный спектр
eigenvalue ~ спектр собственных значений
ether ~ спектр электромагнитного излучения
extended ~ расширенный спектр
direct ~ прямой спектр
discrete ~ дискретный спектр
displaced ~ смещённый спектр
Doppler-broadened ~ спектр с доплеровским уширением
eigenvalue ~ спектр собственных значений
electric ~ спектр электрической дуги
electromagnetic ~ спектр электромагнитного излучения
electron ~ *кв. эл.* электронный спектр
emission ~ спектр излучения
energy ~ энергетический спектр
energy-density ~ спектр плотности энергии
exchange-coupled ~ *кв. эл.* обменный спектр
exciton ~ *пп* экситонный спектр
ferromagnetic-resonance ~ спектр ферромагнитного резонанса
finite ~ конечный спектр
flat ~ равномерный спектр
FM ~ спектр ЧМ-сигнала
folded ~ свёрнутый спектр
frequency hopping spread ~ система с широкополосными псевдослучайными сигналами и скачкообразной перестройкой частоты, система FHSS
Gaussian ~ гауссов спектр
generalized ~ обобщённый спектр
group ~ групповой спектр
hyperfine ~ спектр сверхтонкого расщепления
IBOC ~ *см.* **in-band/on-channel spectrum**
in-band/on-channel ~ спектр передаваемых в общей полосе частот по общему каналу связи цифровых и аналоговых сигналов, спектр передаваемых методом IBOC сигналов

spectrum

infrared ~ спектр инфракрасного излучения
inverse ~ обратный спектр
joint ~ совместный спектр
line ~ линейчатый спектр
log ~ логарифмический спектр
luminescent-emission ~ спектр люминесценции
magnetic hardness ~ спектр магнитной твёрдости
magnetic-permeability ~ спектр магнитной проницаемости
mass ~ спектр масс
maximum-entropy ~ спектр максимальной энтропии
microwave ~ сверхвысокочастотный спектр
mixed ~ смешанный спектр
Mössbauer ~ мёссбауэровский спектр
optogalvanic ~ оптогальванический спектр
paramagnetic-resonance ~ спектр парамагнитного резонанса
perturbed ~ возмущённый спектр
phase ~ фазовый спектр
phonon ~ фононный спектр
power ~ энергетический спектр
power-density ~ спектр плотности энергии
pulse-train (frequency) ~ спектр последовательности импульсов
quadrature ~ квадратурный спектр
quasi-discrete ~ квазидискретный спектр
quasi-line ~ квазилинейчатый спектр
radio ~ радиочастотный [РЧ-] спектр, радиоспектр
raised-cosine ~ спектр, спадающий по закону приподнятого косинуса
Raman ~ спектр комбинационного [рамановского] рассеяния
Rayleigh ~ спектр рэлеевского рассеяния
recombination-radiation ~ спектр рекомбинационного излучения
rectangular ~ прямоугольный спектр
reflectance ~ спектр отражения
regression ~ спектр регрессии
regular ~ регулярный спектр
required response ~ требуемый спектр отклика
RF ~ радиочастотный [РЧ-] спектр, радиоспектр
rotation ~ *кв. эл.* вращательный спектр
rotation-vibration ~ *кв. эл.* вращательно-колебательный спектр
sferics ~ спектр свистящих атмосфериков
singular ~ сингулярный спектр
smoothed ~ сглаженный спектр
spread ~ широкополосный спектр (*псевдослучайного сигнала*); расширенный спектр
stochastic ~ стохастический спектр
ultraviolet ~ спектр ультрафиолетового излучения
uniform ~ равномерный спектр
vibration ~ *кв. эл.* колебательный спектр
white ~ белый спектр
X-ray ~ рентгеновский спектр
ε~ *вчт* ε-спектр
specular зеркальный
speech речь; речевой [голосовой] сигнал ‖ речевой; голосовой
   artificial ~ искусственная речь
   clipped ~ клиппированный речевой [голосовой] сигнал
   coded ~ кодированный речевой [голосовой] сигнал
   connected [continuous] ~ слитная речь
   cued ~ речь с поясняющей жестикуляцией *или* мимикой
   degraded ~ искажённый речевой [голосовой] сигнал
   digital ~ цифровая [оцифрованная] речь
   direct ~ прямая речь
   enhanced ~ речевой [голосовой] сигнал с повышенной разборчивостью
   indirect ~ косвенная речь
   intelligible ~ разборчивая речь
   interrupted ~ прерывистая речь
   inverted ~ скремблированная речь
   noisy ~ речевой [голосовой] сигнал с шумами
   processed ~ обработанный речевой [голосовой] сигнал
   remade ~ восстановленный речевой [голосовой] сигнал
   reported ~ косвенная речь
   scrambled ~ скремблированная речь
   synthesized ~ синтезированная речь
   synthetic ~ синтезированная речь
   time-compressed ~ сжатая во времени речь
   time-expanded ~ растянутая во времени речь
   unvoiced ~ невокализированная речь
   visible ~ **1.** спектрограмма речи, *проф.* визуализированная речь **2.** система фонетических символов для представления положения произносительных органов во время речи
   vocoded ~ речевой [голосовой] сигнал, преобразованный вокодером
   voiced ~ вокализированная речь
speechcraft риторика
speech-off речевая пауза (*при передаче*)
speed 1. скорость **2.** угловая скорость; угловая частота; частота вращения **3.** частота вращения **4.** быстродействие **5.** диафрагменное число (*объектива*), величина, обратная относительному отверстию (*объектива*) **6.** время засветки фотокатода (*при обтюрации передающей телевизионной трубки*) **7.** светочувствительность (*фотоматериала*) **8.** время экспозиции (*фотоматериала*); выдержка **9.** ускорять(ся)
   ~ **of light** скорость света
   ~ **of photographic emulsion** светочувствительность фотографической эмульсии
   acoustic ~ скорость звука
   actual ~ путевая скорость
   adjustable ~ регулируемая скорость
   air ~ воздушная скорость
   backup ~ *вчт* скорость передачи (*данных*) при резервном копировании
   basic air ~ истинная воздушная скорость
   blind ~ *рлк* слепая скорость
   breaker ~ быстродействие выключателя
   bus ~ *вчт* быстродействие шины
   capstan ~ скорость вращения ведущего вала (*магнитофона*)
   central processing unit ~ рабочая частота процессора
   circuit ~ скорость коммутации
   clock ~ *вчт* тактовая частота, частота следования импульсов таймера, частота следования импульсов системного тактового генератора
   communication ~ скорость передачи (*данных*) при связи

computer ~ быстродействие компьютера
computing ~ скорость вычислений
connect ~ скорость передачи (*данных*) после установления связи
core ~ рабочая частота вычислительного ядра процессора, внутренняя рабочая частота процессора
CPU ~ *см.* **central processing unit speed**
data communication equipment ~ скорость работы аппаратуры передачи данных
data transfer [data transmission] ~ скорость передачи данных
DCE ~ *см.* **data communication equipment speed**
disk rotational ~ скорость вращения диска (*в дисководе*)
dot ~ *тлв* скорость передачи точек
drift ~ скорость дрейфа
drum ~ угловая скорость развёртывающего барабана факсимильного аппарата (*в оборотах в минуту*)
dubbing ~ клавиша *или* кнопка установки скорости копирования (*в двухкассетных магнитофонах*)
erasing ~ скорость стирания (*напр. в запоминающей ЭЛТ*)
forward ~ скорость (ускоренной) прямой перемотки (*магнитной ленты*), скорость перемотки (*магнитной ленты*) вперёд
groove ~ 1. скорость записи механической сигналограммы 2. скорость канавки записи
ground ~ путевая скорость
head linear ~ линейная скорость головки (*вдоль дорожки записи*)
headwheel ~ скорость вращения барабана (видео)головок
hypersonic ~ гиперзвуковая скорость
instantaneous ~ мгновенная скорость
landing ~ посадочная скорость
landing approach ~ скорость захода на посадку
lens ~ диафрагменное число (*объектива*), величина, обратная относительному отверстию объектива
light ~ скорость света
line ~ пропускная способность канала (связи)
linear ~ линейная скорость
maximum-usable writing ~ максимальная скорость записи (*напр. в запоминающей ЭЛТ*)
mean ~ средняя скорость
memory ~ *вчт* быстродействие памяти
minimum-usable reading ~ минимальная скорость считывания (*напр. в запоминающей ЭЛТ*)
peripheral [periphery] ~ окружная скорость
photographic ~ фотографическая светочувствительность
play ~ скорость воспроизведения (*напр. фонограммы*)
priming ~ скорость перезаряда (*в запоминающей ЭЛТ*)
processing ~ скорость обработки
propagation ~ скорость распространения (*напр. волны*)
pulling ~ *крист.* скорость вытягивания
pump ~ скорость откачки
reading ~ скорость считывания
recording ~ скорость записи

reproduction ~ площадь факсимильного бланка, передаваемая за одну минуту
response ~ время реакции; время отклика
resultant ~ результирующая скорость
rewind ~ скорость (ускоренной) обратной перемотки (*магнитной ленты*), скорость перемотки (*магнитной ленты*) назад
rotary [rotational] ~ угловая скорость; угловая частота; частота вращения
rotor ~ скорость вращения ротора
sample ~ частота дискретизации
scanning ~ 1. скорость сканирования 2. скорость развёртки 3. скорость развёртки факсимильного аппарата (*в строках за одну минуту*) 4. *рлк* скорость обзора
shutter ~ 1. скорость вращения обтюратора 2. быстродействие затвора
sonic [sound] ~ скорость звука
spindle ~ скорость вращения шпинделя (*напр. в дисководе*)
spot ~ 1. скорость развёртки 2. скорость развёртки факсимильного аппарата (*в строках за одну минуту*)
stroke ~ скорость развёртки факсимильного аппарата (*в строках за одну минуту*)
subsonic ~ дозвуковая скорость
supersonic ~ сверхзвуковая скорость
surface ~ окружная скорость
switching ~ 1. скорость коммутации 2. скорость включения; скорость выключения 3. скорость перемагничивания
tape ~ скорость магнитной ленты
telegraph transmission ~ *тлг* скорость передачи единичных элементов
transfer [transmission] ~ скорость передачи (*напр. данных*)
turntable ~ скорость вращения диска (*ЭПУ*)
vertical ~ вертикальная скорость
virtual ~ виртуальное быстродействие
warp ~ *проф.* огромная скорость, достигаемая за счёт искривления пространства и времени (*в компьютерных играх*)
writing ~ скорость записи

speedbar *вчт* панель кнопок ускоренного доступа; панель инструментов

speed-up ускорение

spell 1. произносить *или* писать по буквам 2. *вчт* орфографическая проверка, проверка правописания || выполнять орфографическую проверку, проверять правописание

speller *вчт* орфографический корректор

spelling 1. орфография; правописание 2. написание (*слова*) 3. *вчт* орфографическая проверка, проверка правописания

sperimagnet сперимагнетик
sperimagnetic сперимагнетик || сперимагнитный
sperimagnetism сперимагнетизм, сперимагнитные явления
speromagnet серомагнетик
speromagnetic серомагнетик || серомагнитный
speromagnetism серомагнетизм, серомагнитные явления
sphere 1. сфера (*1. геометрический объект 2. сферическая поверхность 3. объект в форме сферы или сферической оболочки*) || окружать сферой; поме-

sphere

щать внутрь сферы 2. шар (*1. геометрический объект 2. шарообразный объект*) ‖ придавать шарообразную форму 3. небесная сфера 4. небесное тело 5. область (*напр. знаний*); поле деятельности; сфера (*напр. интересов*) 6. (окружающая) среда; окружение

~ **of curvature** сфера кривизны
~ **of influence** сфера влияния
~ **of knowledge** область знаний
~ **of operations** область операций
business ~ сфера бизнеса
calibration ~ *рлк.* калибровочная сфера
celestial ~ небесная сфера
circumscribed ~ описанная сфера
closed ~ замкнутая сфера
combinatorial ~ комбинаторная сфера
coordination ~ *крист.* координационная сфера
Debye ~ дебаевская сфера
Euclidean ~ евклидова сфера
full ~ шар
geodesic ~ геодезическая сфера
hollow ~ сферическая оболочка
homotopy ~ гомотопическая сфера
inscribed ~ вписанная сфера
multidimensional ~ многомерная сфера
oriented ~ ориентированная сфера
plasma ~ шарообразное плазменное образование
Poincare (polarization) ~ (поляризационная) сфера Пуанкаре
pointed ~ сфера с выколотой точкой
projective ~ проективная сфера
radiation ~ сфера излучения (*в дальней зоне антенны*)
topological ~ топологическая сфера
Ulbricht ~ интегрирующий фотометр
YIG ~ *см.* yttrium-iron garnet sphere
yttrium-iron garnet ~ шарообразный образец из железоиттриевого граната, *проф.* сфера ЖИГ

spherical 1. сферический 2. шарообразный
sphericity 1. сферичность 2. шарообразность 3. сферическая (данных), совпадение дисперсии разности между оценёнными средними любых двух групп из множества групп данных (*в математической статистике*)
spherics 1. атмосферики (*радиоволны, излучаемые атмосферными разрядами*) 2. атмосферные радиопомехи
spheroid сфероид
spheroidal сфероидальный
sphygmograph сфигмограф
sphygmography сфигмография
sphygmomanometer сфигмоманометр
sphygmus пульс
spicule игольчатый кристалл
spider 1. крестообразная деталь, крестовина; паукообразная деталь; звездообразная деталь; звезда 2. паучковая центрирующая шайба (*напр. звуковой катушки громкоговорителя*) 3. (программный) робот для поиска новых общедоступных ресурсов и занесения их в базы данных поисковых машин, *проф.* «паук»

inside ~ паучковая центрирующая шайба
rotor ~ крестовина ротора

spiffy *вчт* 1. интеллектуальный; изящный (*напр. о человеко-машинном интерфейсе*) 2. с изящным (человеко-машинным) интерфейсом, но бесполезный (*о программе*)

spike 1. пик; выброс; всплеск ‖ резко возрастать; давать всплеск *или* выброс 2. *pl* кв. эл. пички 3. *крист.* выступ (*напр. на поверхности кристалла*) 4. штырь (*напр. антенны*) 5. *вчт* вертикальная черта, *проф.* прямой слэш, символ ǀ

action ~ *бион.* пик (потенциала) действия
correlation ~ выброс корреляционной функции
irregular ~**s** хаотические пички
laser ~**s** пички лазерного излучения
mains ~ выброс тока или напряжения электропитания
noise ~ выброс шумов
oscillation ~**s** пички генерации
pulse ~ 1. выброс 2. *pl* пички
regular ~**s** периодические пички
voltage ~ выброс напряжения

spike-free 1. не имеющий всплесков *или* выбросов 2. кв. эл. беспичковый 3. не имеющий выступов
spiking кв. эл. пичковый режим

partially regular ~ квазипериодический пичковый режим
random ~ хаотический пичковый режим

spill 1. разбрасывание; рассеяние; рассыпание; расплёскивание ‖ разбрасывать(ся); рассеивать(ся); рассыпать(ся); расплёскивать(ся) 2. потери за счёт разбрасывания, рассеяния, рассыпания *или* расплёскивания 3. потеря информации из-за перераспределения вторичных электронов (*в запоминающей ЭЛТ*) 4. сброс (*в ПЗС*) 5. избыток; излишек 6. избыточное освещение

spilling 1. разбрасывание; рассеяние; рассыпание; расплёскивание 2. потери за счёт разбрасывания, рассеяния, рассыпания *или* расплёскивания 3. потеря информации из-за перераспределения вторичных электронов (*в запоминающей ЭЛТ*) 4. сброс (*в ПЗС*) 5. избыток; излишек 6. избыточное освещение

tape ~ набегание ленты (*в магнитофонах*)

spillover 1. потери за счёт разбрасывания, рассеяния, рассыпания *или* расплёскивания 2. мощность облучателя, не перехватываемая зеркалом (*антенны*) 3. избыток; излишек 4. переход в режим генерации 5. приём паразитных сигналов (*из-за избыточной ширины полосы*) 6. перегрузка (*сети*) 7. проникание сигналов (*от соседних каналов*)

antenna ~ приём по боковым лепесткам (*диаграммы направленности антенны*)
diffractive ~ краевые дифракционные потери (*напр. в оптическом резонаторе*)
forward ~ мощность облучателя, не перехватываемая зеркалом (*антенны*)

spin 1. вращение ‖ вращать(ся) 2. *фтт* спин, собственный механический момент (*микрочастицы*) ‖ спиновый 3. ротор (*вектора*) 4. *тлв* создавать (*напр. программу*) на базе использования идеи *или* персонажей ранее показанного материала

atomic ~ спин атома
dephased ~ расфазированный спин
electron ~ спин электрона
equivalent ~ эффективный спин
free-ion ~ спин свободного иона
impurity ~ спин примеси
ionic ~ спин иона

isotopic ~ изотопический спин
nuclear ~ ядерный спин
opposite ~s антипараллельные спины
paired ~ спаренные спины
photon ~ спин фотона
uncompensated ~s нескомпенсированные спины
unpaired ~ неспаренный спин

spindel *см.* **spindle**

spindle шпиндель; вал; валик
~ **of drive** 1. шпиндель дисковода 2. шпиндель подкатушника (*магнитофона*)
drive ~ 1. шпиндель дисковода 2. шпиндель подкатушника (*магнитофона*)
platter ~ шпиндель диска (*ЭПУ*)
play and advance ~ шпиндель приёмного подкатушника (*магнитофона*)
rewind ~ шпиндель подающего подкатушника (*магнитофона*)

spine вчт 1. корешок (*переплёта*) 2. спайн, *проф.* шип (*в топологии*)
collapsible ~ сжимаемый спайн

spinel шпинель
ferrimagnetic ~ ферримагнитная шпинель
ferromagnetic ~ ферромагнитная шпинель, феррошпинель
inverted ~ обращённая шпинель
magnesium-manganese ~ магний-марганцевая шпинель
single-crystalline ~ монокристаллическая шпинель

spinner 1. вращающийся объект; вращающийся элемент; вращающаяся деталь 2. поворотное устройство 3. *рлк* поворотная платформа с антенной и облучателем

spinneret(te) фильера, фильерная [волочильная] пластина, волочильная доска, волока (*напр. для вытягивания стекловолокна*)

spinning 1. вращение || вращающийся 2. поворот || поворотный

spin-off 1. побочный результат; побочный выход (*напр. ранее выполненных исследований*) 2. телевизионный продукт, использующий идею *или* персонажи ранее показанного материала

spinor *кв. эл.* спинор || спинорный
complex ~ комплексный спинор
Dirac ~ спинор Дирака
first-rank ~ спинор первого ранга
two-component ~ двухкомпонентный спинор
unitary ~ унитарный спинор

spinthariscope спинтарископ

spintronics электронные схемы с использованием поляризованных по спину электронов, *проф.* спинтроника

spin-up раскручивание, набор номинальной скорости вращения (*напр. о жёстком магнитном диске*)

spiral 1. спираль (*1. двумерный геометрический объект 2. трёхмерный геометрический объект, геликоид 3. объект в форме спирали 4. спиральная [геликоидальная] структура; винтовая структура*) || иметь форму спирали; придавать форму спирали || спиральный; геликоидальный; винтовой 2. виток спирали 3. двигаться по спирали 4. канавка записи
Archimedean ~ архимедова спираль
bifilar ~ бифилярная спираль
Cornu's ~ *опт.* спираль Корню, клотоида
crossover ~ соединительная канавка записи
equiangular ~ логарифмическая спираль
Euler ~ спираль Корню, клотоида
ferromagnetic ~ ферромагнитная спираль, спиральная [геликоидальная] ферромагнитная структура
flat ~ плоская спираль
growth ~ *крист.* спираль роста
helical ~ винтовая спираль
hyperbolic ~ гиперболическая спираль
logarithmic ~ логарифмическая спираль
magnetic ~ магнитная спираль, спиральная [геликоидальная] магнитная структура
monoatomic ~ *крист.* моноатомная спираль
multi-sleeve ~ многозаходная спираль
run-in ~ вводная канавка записи
run-out ~ выводная канавка записи
simple magnetic ~ простая магнитная спираль, простая спиральная [простая геликоидальная] магнитная структура
throw-out ~ выводная канавка записи
two-sleeve magnetic ~ двухзаходная магнитная спираль, двухзаходная спиральная [двухзаходная геликоидальная] магнитная структура

Spitfire кодовое название процессора Duron

splash брызги; выплеск || разбрызгивать; выплёскивать
sideband ~ радиопомеха от соседнего канала

splashdown приводнение (*КЛА*)

splat 1. брызги; выплеск 2. вчт звёздочка, символ * 3. вчт *проф.* «решётка», символ # 4. клавиша с изображением листа клевера, (служебная) клавиша управления модификацией кодов других клавиш, клавиша «Alt» (*на клавиатуре Apple Macintosh*)

splatter 1. брызги; выплеск 2. разбрызгивание; выплёскивание || разбрызгивать; выплёскивать 3. расширение спектра (*за счёт нелинейных искажений в передатчике*) 4. невнятные помехи

splay скос || скошенный || скашивать

splice 1. склейка (*напр. магнитной ленты*) || склеивать (*напр. магнитную ленту*) 2. сросток (*напр. кабелей*); стык; соединение (*напр. проводников*) || сращивать (*напр. кабели*); стыковать; соединять (*напр. проводники*) 3. монтаж (*напр. видеофильма*) || монтировать (*напр. видеофильм*)
butt ~ стыковое соединение (*проводников*)
cable ~ сросток кабелей
initial ~ первичный [предварительный] монтаж
lap ~ соединение внахлёстку
outgoing ~ окончательный монтаж
pigtail ~ соединение (*проводников*) накруткой
wire ~ соединение проводников
Y- ~ муфта-развилка

splicer 1. устройство для склейки (*напр. магнитной ленты*) 2. устройство для сращивания (*напр. кабелей*); устройство для стыковки *или* соединения (*напр. проводников*)

splicing 1. склейка (*напр. магнитной ленты*) 2. сращивание (*напр. кабелей*); стыковка; соединение (*напр. проводников*) 3. монтаж (*напр. видеофильма*)
cable ~ сращивание кабелей
fiber ~ сращивание оптических волокон
optical-fiber ~ сращивание оптических волокон

spline 1. вчт сплайн 2. узкая длинная полоска (*напр. металлическая*) 3. шпонка || снабжать шпонкой

approximation ~ аппроксимирующий сплайн
B- ~ В-сплайн
bicubic ~ бикубический сплайн
bilinear ~ билинейный сплайн
biquadratic ~ биквадратный сплайн
boundary ~ граничный сплайн
cubic ~ кубический сплайн
even-degree ~ сплайн чётной степени
generalized ~ обобщённый сплайн
interpolation ~ интерполирующий сплайн
linear ~ линейный сплайн
local ~ локальный сплайн
multidimensional ~ многомерный сплайн
nth-order ~ сплайн *n*-го порядка
odd-degree ~ сплайн нечётной степени
one-dimensional ~ одномерный сплайн
polynomial ~ полиномиальный сплайн
smoothing ~ сглаживающий сплайн
spring ~ подпружиненная шпонка
two-dimensional ~ двумерный сплайн
split 1. расщепление; разбиение; разветвление; (раз)деление || расщеплять; разбивать; разветвлять; разделять, делить || расщеплённый; разбитый; разделённый **2.** щель; расщелина; прорезь; разрез || делать щель; прорезать; разрезать || снабжённый щелью; прорезанный; разрезной
cell ~ расщепление ячейки (*напр. таблицы*)
column ~ расщепление столбца (*напр. таблицы*)
data ~ **1.** *вчт* расщепление данных **2.** *рлк* разделение данных
row ~ расщепление строки (*напр. таблицы*)
splitter 1. расщепитель; разветвитель; (раз)делитель **2.** расщепитель потоков данных (*в распределённых сетях*) **3.** светоделительный элемент **4.** приёмный распределитель
baseband ~ устройство разделения группового сигнала
beam ~ **1.** расщепитель пучка **2.** светоделительный элемент
bubble ~ делитель [расщепитель] ЦМД
coated pellicle beam ~ плёночный светоделительный элемент с покрытием
neutral beam ~ нейтральный светоделительный элемент
phase ~ расщепитель фаз
polarizing beam ~ **1.** поляризационный расщепитель пучка **2.** поляризационный светоделительный элемент
power ~ делитель мощности
stream ~ расщепитель потоков данных
uncoated pellicle beam ~ плёночный светоделительный элемент без покрытия
unequal power ~ неравномерный делитель мощности
splitting 1. расщепление; разбиение; разветвление; (раз)деление **2.** расщепление потоков данных (*в распределённых сетях*) **3.** светоделение
anisotropic ~ *кв. эл.* анизотропное расщепление
band ~ разделение полосы частот
call ~ распределение вызовов
column ~ *вчт* разбиение столбцов
data ~ *рлк* разделение данных
dynamical node ~ динамическое расщепление узлов (*напр. в искусственных нейронных сетях*)
energy-level ~ *кв. эл.* расщепление энергетического уровня

exchange ~ *кв. эл.* обменное расщепление
frequency ~ разделение частот
ground-state ~ *кв. эл.* расщепление основного состояния
HFS ~ *см.* hyperfine-structure splitting
hyperfine-structure ~ сверхтонкое расщепление
magnetic (line) ~ *кв. эл.* магнитное расщепление линии
mode ~ расщепление моды
multiplet ~ *кв. эл.* мультиплетное расщепление
n-fold ~ *кв. эл.* *n*-кратное расщепление
node ~ расщепление узлов
nuclear Zeeman ~ *кв. эл.* ядерное зеемановское расщепление
phase ~ расщепление фазы
quadrupole Stark ~ *кв. эл.* квадрупольное штарковское расщепление
random ~ случайное разбиение
spin-orbit ~ *кв. эл.* спин-орбитальное расщепление
Stark ~ *кв. эл.* штарковское расщепление
tunneling ~ **of state** расщепление состояния, обусловленное туннелированием
valley-orbit ~ *пп* долинно-орбитальное расщепление
window ~ *вчт* разделение [расщепление] окна
Zeeman ~ *кв. эл.* зеемановское расщепление
zero-field ~ *кв. эл.* расщепление в нулевом поле
spoil 1. портить; причинять ущерб **2.** *вчт проф.* раскрывать в сети сюжет художественного произведения, фильма *или* телевизионного шоу (*в ущерб впечатлениям потенциальных читателей или зрителей*) **3.** приводить в сети ключ к решению проблемы или головоломки (*в ущерб желающим найти решение самостоятельно*)
spoiler 1. *вчт* сетевое сообщение, которое может причинить эстетический *или* моральный ущерб пользователям, *проф.* спойлер (*1. сообщение, раскрывающее сюжет художественного произведения, фильма или телевизионного шоу 2. сообщение ключа к решению проблемы или головоломки*) **2.** *вчт* предупреждающая надпись в заголове спойлера (*в UseNet*) **3.** устройство в виде поворотной решётки штырей для преобразования иглообразной диаграммы направленности параболической зеркальной антенны в диаграмму типа «косеканс-квадрат» **4.** лазерный затвор, переключатель добротности
pseudo ~ псевдоспойлер
Q- ~ лазерный затвор, переключатель добротности
quasi ~ квазиспойлер
total ~ тотальный спойлер
spoiling 1. порча; причинение ущерба **2.** *вчт проф.* раскрытие в сети сюжета художественного произведения, фильма *или* телевизионного шоу (*в ущерб впечатлениям потенциальных читателей или зрителей*) **3.** приведение в сети ключа к решению проблемы *или* головоломки (*в ущерб желающим найти решение самостоятельно*) **4.** метод пассивного радиоэлектронного подавления, исключающий возможность использования противником сигналов РЛС для целей навигации **5.** *кв. эл.* модуляция добротности
Q- ~ модуляция добротности
spoke 1. спица **2.** электронная спица (*в магнетроне*)
spoking *рлк* спицеобразная помеха (*на экране ИКО*)

sponge 1. губка (*1. пористый абсорбирующий материал 2 инструмент для локального изменения насыщенности изображения в графических редакторах*) || использовать губку 2. губчатый 3. губчатое катодное электролитическое покрытие
sponsor спонсор || спонсировать
sponsorship спонсорство
spontaneous спонтанный; самопроизвольный
spoof 1. имитация; подражание || имитировать; подражать 2. *вчт* имитация соединения по протоколу IP; несанкционированное получение доступа к ресурсам сети за счёт использования чужого IP-адреса || имитировать соединение по протоколу IP; получать несанкционированный доступ к ресурсам сети за счёт использования чужого IP-адреса 3. *рлк* использование имитационных радиопомех || использовать имитационные радиопомехи 4. использование активной радиолокационной ловушки для отвлечения средств радиоэлектронного подавления противника || использовать активную радиолокационную ловушку для отвлечения средств радиоэлектронного подавления противника 5. фабрикация; фальсификация || фабриковать; фальсифицировать
spoofing 1. имитация; подражание 2. *вчт* имитация соединения по протоколу IP; несанкционированное получение доступа к ресурсам сети за счёт использования чужого IP-адреса 3. *рлк* использование имитационных радиопомех 4. использование активной радиолокационной ловушки для отвлечения средств радиоэлектронного подавления противника 5. фабрикация; фальсификация
  IP ~ 1. имитация соединения по протоколу IP 2. несанкционированное получение доступа к ресурсам сети за счёт использования чужого IP-адреса
spook 1. *рлк* паразитный отражённый сигнал, «духи» 2. повторное изображение (*на экране телевизора или дисплея*) 3. дефект стереоскопического изображения в виде соседних образов (*по обеим сторонам от истинного*) 4. дух; привидение; призрак (*персонаж компьютерных игр*) || появляться в виде духа, привидения *или* призрака
spooking 1. *рлк* появление паразитных отражённых сигналов, появление «духов» 2. появление повторных изображений (*на экране телевизора или дисплея*) 3. появление соседних образов у стереоскопического изображения (*по обеим сторонам*) 4. появление в виде духа, привидения *или* призрака (*в компьютерных играх*)
spool 1. катушка; бобина (*напр. для магнитной ленты*) 2. намотанная (*на катушку или бобину*) магнитная лента 3. наматывать(ся) (*на катушку или бобину*); сматывать(ся) (*с катушки или бобины*) 4. перематывать (*магнитную ленту*) 5. каркас (*катушки индуктивности*) 6. *вчт* пересылать данные в программный *или* аппаратный спулер (*для постановки в очередь и последующей обработки*)
  feed ~ подающая катушка (*магнитофона*)
  open-reel tape ~ бобина для ленты
  single-flange ~ бобина (*напр. для магнитной ленты*)
  storage ~ накопительная катушка (*магнитофона*)
  supply ~ подающая катушка (*магнитофона*)
  take-up ~ приёмная катушка (*магнитофона*)

spooler *вчт* спулер, программное *или* аппаратное средство для приёма данных, организации очереди и обработки в фоновом режиме
  graphics device ~ спулер графического устройства
  input device ~ спулер входного устройства
  line printer ~ спулер принтера построчной печати
  lp ~ *см.* line printer spooler
  LPT ~ спулер параллельного порта
  plotter ~ спулер графопостроителя
  printer ~ спулер принтера
spooling 1. намотка (*на катушку или бобину*); сматывание (*с катушки или бобины*) 2. перемотка (*магнитной ленты*) 3. *вчт* пересылка данных в программный *или* аппаратный спулер (*для постановки в очередь и последующей обработки*)
  fast ~ ускоренная перемотка
sporadic спорадический; случайный
sportscast спортивная (вещательная) передача || вести спортивную передачу
sportscaster спортивный радио- *или* телекомментатор
sportscasting спортивное вещание
sportswriter спортивный обозреватель
spot 1. пятно || покрывать(ся) пятнами 2. место; участок; точка 3. положение; позиция (*в иерархической системе или последовательности*) 4. точечный дефект (*на поверхности электрода*) 5. *вчт* точка (*символ или знак препинания*) 6. *рлк* опознавать цель 7. краткое сообщение (*в паузе вещательной программы*) || передавать краткое сообщение (*в паузе вещательной программы*) 8. местный (*о радио или телевидении*) 9. *тлв, вчт* светящееся пятно (*на экране кинескопа или дисплея в результате воздействия электронного луча на люминофор*) 10. маркировочное обозначение на игральных принадлежностях (*1. масть игральных карт 2. количество очков на костяшках домино или гранях игральных костей 3. цифра на бильярдном шаре*) 11. очковая игральная карта (*от 2 до 10*) 12. прожекторное освещение || освещать прожектором 13. короткий временной *или* пространственный интервал
  advertising ~ рекламное сообщение (*в паузе вещательной программы*); рекламная пауза
  analyzing ~ развёртывающий элемент (*в телевидении или факсимильной связи*)
  blind ~ 1. слепое пятно (*глаза*) 2. мёртвая зона, зона нечувствительности
  breakdown ~ место пробоя
  cathode ~ катодное пятно
  dark ~ *тлв* чёрное пятно
  dead ~ 1. мёртвая зона, зона нечувствительности 2. провал на частотной характеристике (*приёмника*)
  dynode ~s тёмные ореолы вокруг ярких точек изображения (*в суперортиконе*)
  flying ~ *тлв* бегущий луч
  hard-to-rich ~ труднодоступная зона (*напр. для радиовещания*)
  hot ~ *проф.* горячая точка (*1. точка работающей электронной схемы с максимальной температурой 2. текущее рабочее положение курсора или указателя мыши 3. наиболее часто используемая программой команда или инструкция 4. область памяти, к которой в многопроцессорной системе*

spot

обращается большое число процессоров 5. узкое место в аппаратном обеспечении)
illuminated ~ 1. зона облучения 2. пятно подсвета (цели)
ion ~ *тлв* ионное пятно
Laue ~s пятна Лауэ, изображение дифракционных максимумов на лауэграмме
recorded ~ записанный элемент (*в системах оптической записи*)
recording ~ 1. записывающий элемент (*в системах оптической записи*) 2. воспроизводящий элемент (*синтезирующего факсимильного устройства*)
register ~ знак совмещения
scanning ~ развёртывающий элемент (*в телевидении или факсимильной связи*)
yellow ~ жёлтое пятно (*глаза*)

spotlight 1. *рлк* подсвет цели || подсвечивать цель *тлв* 2. прожектор (*с диаметром светового отверстия более 0,2 м*) 3. прожекторное освещение || освещать прожектором
Fresnel ~ прожектор с линзой Френеля
lens ~ линзовый прожектор
profile ~ прожектор с силуэтными диафрагмами
reflector ~ зеркальный прожектор

spotlighting 1. *рлк* подсвет цели 2. *тлв* прожекторное освещение

spotter ретушёр
black ~ *тлв* подавитель помех в виде чёрных пятен на экране

spottiness пятнистость (*напр. изображения*)

sprat портативная РЛС с передатчиком на диоде Ганна

spray 1. распыление; пульверизация; разбрызгивание || распылять; пульверизация; разбрызгивать 2. распыляемое вещество; распыляемая жидкость
antistatic ~ 1. распыление антистатика 2. антистатик для распыления
arc-plasma ~ распыление плазмой дугового разряда
dry ~ распыление сухого вещества

sprayer распылитель; пульверизатор; разбрызгиватель
electrostatic ~ электростатический распылитель

spraying распыление; пульверизация; разбрызгивание
conveyorized ~ *микр.* конвейерное распыление
developer ~ *микр.* распыление проявляющего раствора
flame ~ *крист.* распыление в пламени
powder ~ распыление порошка
resist ~ *микр.* распыление резиста

spread 1. разброс; диапазон отклонений; рассеяние; расходимость || обладать разбросом; отклоняться в определённых пределах; рассеиваться; расходиться 2. протяжённость; занимаемое пространство || простираться; протягиваться; протяжённый; простирающийся 3. разворот (*печатного издания*) 4. размах крыльев (*напр. самолёта*) 5. распространение; растекание; расширение; уширение || распространять(ся); растекаться: расширять(ся); уширять(ся) 6. расширенный; уширенный 7. растягивание; растяжение растягивать(ся) || растянутый 8. покрытие; накрытие покрывать(ся) || покрытый; накрытый 9. *вчт* устранение пробелов между областями различного цвета за счёт расширения выбранной области (*при многоцветной печати*), *проф.* внешний треппинг || устранять пробелы между областями различного цвета за счёт расширения выбранной области (*при многоцветной печати*), *проф.* производить внешний треппинг
~ **of indications** разброс показаний (*напр. измерительного прибора*)
~ **of network** протяжённость сети
~ **of points** разброс точек (*на графике*)
~ **of turn-on region** распространение включенной области (*в тиристоре*)
angular beam ~ *кв. эл.* угловая расходимость луча
band ~ растягивание диапазона
characteristic ~ разброс характеристик
data ~ разброс данных
delay ~ разброс по задержке
energy ~ разброс по энергии
gain ~ разброс по коэффициенту усиления
image ~ растягивание изображения
ink ~ растекание чернил
permissible parameter ~ допустимый разброс значений параметров
plasma ~ разлёт плазмы
reading ~ разброс показаний (*напр. измерительного прибора*)
time ~ разброс во времени
transit-time ~ разброс времени пролёта (*в ФЭУ*)
velocity ~ разброс по скорости

spreader 1. распорка; растяжка (*напр. мачты антенны*) 2. разбрасыватель (*напр. дипольных отражателей*) 3. устройство для нанесения покрытий

spreading 1. разброс; диапазон отклонений; рассеяние; расходимость 2. протяжённость; занимаемое пространство || протяжённый; простирающийся 3. распространение; растекание; расширение 4. расширенный 5. растянутый 6. покрытие; накрытие || покрытый; накрытый 7. *вчт* устранение пробелов между областями различного цвета за счёт расширения выбранной области (*при многоцветной печати*), *проф.* внешний треппинг
band ~ растягивание диапазона
bandwidth ~ расширение полосы частот
current ~ растекание тока
lateral current ~ поперечное растекание тока
line ~ уширение линии
magnetostatic-wave beam ~ уширение пучка магнитостатических волн
pulse ~ уширение импульса
spectrum ~ расширение спектра

spreadsheet 1. *вчт* электронная таблица (*1. программа обработки больших массивов данных, представленных в табличной форме 2. пустой или заполненный бланк электронной таблицы*) || работать с электронными таблицами; использовать электронные таблицы 2. книга бухгалтерского учёта, *проф.* главная книга, гроссбух; амбарная книга || вести бухгалтерский учёт; делать записи в книге бухгалтерского учёта
electronic ~ электронная таблица
graphics ~ растровая электронная таблица
three-dimensional ~ трёхмерная электронная таблица

spreadsheeting 1. *вчт* работа с электронными таблицами; использование электронных таблиц 2. ведение бухгалтерского учёта

spring 1. пружина || пружинить; снабжать пружиной; подпружинивать || пружинный; снабжённый пружиной; подпружиненный 2. пружинистость; упругость || пружинистый; упругий
- **adjusting [adjustment]** ~ регулировочная пружина; установочная пружина
- **break** ~ размыкающая пружина
- **brush** ~ пружина щёткодержателя
- **coil** ~ цилиндрическая пружина
- **connecting** ~ 1. замыкающая пружина 2. контактная пружина
- **contact** ~ контактная пружина
- **disconnecting** ~ размыкающая пружина
- **disk** ~ тарельчатая пружина
- **end** ~ опорная пружина
- **jack** ~ (контактная) пружина гнезда
- **make** ~ замыкающая пружина
- **restoring** ~ возвратная пружина (*напр. реле*)
- **retaining** ~ удерживающая пружина; фиксирующая пружина
- **return** ~ возвратная пружина (*напр. реле*)
- **reverberation** ~s пружинный ревербератор
- **torsion(al)** ~ торсионная пружина

Sprinks *вчт* поисковая машина Sprinks

sprite *вчт* 1. спрайт (*независимо перемещаемое растровое изображение небольшого размера*) 2. фея; эльф; гоблин (*персонажи компьютерных игр*)
- **hardware** ~ аппаратный спрайт

sprocket 1. звёздочка, зубчатое колёсико (*напр. для перемещения перфорированной бумаги*); зубчатый барабан (*напр. для протяжки киноплёнки*) 2. зубчик, зуб(ец) (*зубчатого колёсика, звёздочки или зубчатого барабана*)
- **advance [advancing]** ~ тянущая [ведущая] звёздочка; тянущий [ведущий] зубчатый барабан
- **drive** ~ тянущая [ведущая] звёздочка; тянущий [ведущий] зубчатый барабан
- **driven** ~ ведомая звёздочка; ведомый зубчатый барабан
- **driving** ~ тянущая [ведущая] звёздочка; тянущий [ведущий] зубчатый барабан
- **film** ~ зубчатый барабан для протяжки плёнки
- **guide** ~ направляющая звёздочка; направляющий зубчатый барабан

spur 1. ответвление; отвод || ответвлять; отводить 2. *тлф* абонентская линия 3. когти (*приспособление для подъёма на деревянные опоры телеграфной или электрической сети*) 4. *вчт* шпур, след (*квадратной матрицы, тензора второго ранга или (оператора) преобразования, отображения или представления*)
- ~ **of automorphism** шпур [след] автоморфизма
- ~ **of map(ping)** шпур [след] отображения
- ~ **of matrix** шпур [след] матрицы
- ~ **of representation** шпур [след] отображения
- ~ **of tensor** шпур [след] тензора
- **climbing** ~ когти (*приспособление для подъёма на деревянные опоры телеграфной или электрической сети*)
- **kernel** ~ шпур [след] ядра
- **operator** ~ шпур [след] оператора
- **reduced** ~ приведённый шпур, приведённый след
- **regular** ~ регулярный шпур, регулярный след

spurious ложный

spurless бесшпуровый, с нулевым шпуром (*о квадратной матрице или тензоре второго ранга*)

sputter распыление || распылять(ся)

sputterer установка (для) распыления
- **cathode** ~ установка (для) катодного распыления
- **diode** ~ двухэлектродная установка (для) распыления, установка (для) диодного распыления
- **ion-beam** ~ установка (для) ионного [ионно-лучевого] распыления
- **magnetron** ~ установка (для) магнетронного распыления
- **multitarget** ~ установка (для) распыления с несколькими мишенями
- **triode** ~ трёхэлектродная установка (для) распыления, установка (для) триодного распыления

sputtering распыление
- **anode** ~ анодное распыление
- **biased dc** ~ распыление на постоянном токе со смещением
- **cathode** ~ 1. катодное распыление 2. разрушение катода
- **dc** ~ распыление на постоянном токе
- **diode** ~ распыление на двухэлектродной установке, диодное распыление
- **getter** ~ напыление с геттерированием
- **glow-discharge** ~ распыление в тлеющем разряде
- **low-pressure dc** ~ распыление на постоянном токе при низком давлении
- **magnetron** ~ магнетронное распыление
- **metal** ~ распыление металла
- **multicathode** ~ многокатодное распыление
- **preferential** ~ избирательное распыление
- **radio-frequency** ~ распыление в ВЧ-разряде
- **reaction [reactive]** ~ реактивное распыление
- **selective** ~ селективное распыление
- **triode** ~ распыление на трёхэлектродной установке, триодное распыление

squarability квадрируемость

squarable квадрируемый

square 1. квадрат (*1. геометрическая фигура 2. объект в форме квадрата 3. вторая степень числа или математического выражения*) 2. придавать квадратную форму || имеющий форму квадрата, квадратный 3. возводить в квадрат || квадратный, второй степени; квадратический 4. направлять под прямым углом; составлять прямой угол || направленный под прямым углом; составляющий прямой угол; прямоугольный 5. квадратный (*о единице длины*) 6. согласовывать; приводить в соответствие 7. *вчт проф.* «решётка», символ #
- **autoregressive least** ~s *вчт* авторегрессионный метод наименьших квадратов
- **feasible generalized least** ~s *вчт* реализуемый обобщённый метод наименьших квадратов
- **generalized least** ~s *вчт* обобщённый метод наименьших квадратов, метод Эйткена
- **indirect least** ~s *вчт* косвенный метод наименьших квадратов
- **Latin** ~ *вчт* латинский квадрат
- **least** ~s *вчт* метод наименьших квадратов
- **magic** ~ *вчт* магический квадрат
- **mean** ~ *вчт* среднеквадратическое значение
- **munching** ~s *вчт проф.* «жующие» квадраты (*галлюциногенное изображение*)
- **nonlinear least** ~s *вчт* нелинейный метод наименьших квадратов
- **ordinary least** ~s метод наименьших квадратов

square

orthogonal Latin ~s вчт ортогональные латинские квадраты
orthogonal least ~s ортогональный метод наименьших квадратов
perfect ~ квадрат рационального числа
recursive least ~s вчт рекурсивный метод наименьших квадратов
restricted least ~s вчт метод наименьших квадратов с ограничениями
three-stage least ~s вчт трёхшаговый метод наименьших квадратов
two-stage least ~s вчт двухшаговый метод наименьших квадратов
weighted least ~ вчт метод взвешенных наименьших квадратов

square-law квадратичный
square-wave прямоугольный (*о форме импульса*)
squarer 1. схема возведения в квадрат, квадратор 2. формирователь прямоугольных импульсов
squaring 1. возведение в квадрат 2. формирование прямоугольных импульсов
squash 1. сжатие ‖ сжимать 2. вчт уплотнение; дефрагментация (*динамически распределяемой области памяти*) ‖ уплотнять; дефрагментировать (*динамически распределяемую область памяти*) 3. сдавливание; уплотнение ‖ сдавливать, уплотнять 4. вальцовка; прокатка ‖ вальцевать; прокатывать
squashing 1. сжатие 2. вчт уплотнение; дефрагментация (*динамически распределяемой области памяти*) 3. сдавливание; уплотнение 4. вальцовка; прокатка 5. получение монокристаллических полупроводниковых плёнок методом горячей вальцовки
squawk 1. пронзительный звук ‖ издавать пронзительный звук 2. гетеродинный свист ‖ свистеть (*о гетеродинном приёмнике*)
squawker громкоговоритель средних частот (*трёхканальной акустической системы*)
squawking 1. пронзительный звук 2. гетеродинный свист (*в гетеродинном приёмнике*)
squeal 1. пронзительный звук ‖ издавать пронзительный звук 2. гетеродинный свист ‖ свистеть (*о гетеродинном приёмнике*)
squealing 1. пронзительный звук 2. гетеродинный свист
squeeze 1. сжатие ‖ сжимать 2. вчт уплотнение; дефрагментация (*динамически распределяемой области памяти*) ‖ уплотнять; дефрагментировать (*динамически распределяемую область памяти*) 3. сдавливание; уплотнение ‖ сдавливать, уплотнять 4. вчт, микр упаковка ‖ упаковывать
squeezer 1. обжимное устройство 2. пресс 3. микр упаковщик ИС
squeezing 1. сжатие 2. вчт уплотнение; дефрагментация (*динамически распределяемой области памяти*) 3. сдавливание; уплотнение 4. вчт, микр упаковка

horizontal ~ сжатие (изображения) по горизонтали
image ~ сжатие изображения
vertical ~ сжатие (изображения) по вертикали

squeg совершать разрывные колебания (*о генераторе*)
squegger генератор разрывных колебаний; релаксационный генератор; блокинг-генератор
squegging разрывные колебания (*в генераторе*)
squelch 1. подавление; принуждение к молчанию ‖ подавлять; принуждать к молчанию 2. схема бесшумной настройки, схема автоматической регулировки коэффициента усиления *или* громкости для подавления радиопомех при настройке ‖ использовать схему бесшумной настройки, автоматически регулировать коэффициент усиления *или* громкость для подавления взаимных радиопомех при настройке 3. вчт отмена *или* приостановка привилегий пользователя в сети ‖ отменять *или* приостанавливать привилегии пользователя в сети (*за нарушение правил пользования сетью или создание проблем*)

ratio ~ схема бесшумной настройки по отношению сигналов
selective ~ схема селективной бесшумной настройки

squelching 1. подавление; принуждение к молчанию 2. бесшумная настройка, автоматическая регулировка коэффициента усиления *или* громкости для подавления радиопомех при настройке 3. вчт отмена *или* приостановка привилегий пользователя в сети (*за нарушение правил пользования сетью или создание проблем*)
SQUID сверхпроводящий квантовый интерференционный датчик, сквид
squiggle 1. *проф.* закорючка; загогулина 2. писать неразборчивым почерком; изображать непонятный символ 3. вчт тильда, символ ~
squint 1. отклонение; угол отклонения (*от определённого направления*) ‖ отклонять(ся) (*от определённого направления*) ‖ отклонённый (*от определённого направления*) 2. тенденция к отклонению 3. наклонный; косой; скошенный рлк 4. угол отклонения максимума диаграммы направленности от оси симметрии антенны 5. угол между двумя положениями максимума диаграммы направленности (*в системах с равносигнальной зоной*) 6. угол раствора конуса, описываемого максимумом диаграммы направленности (*при коническом сканировании*)
squit (быстрое) выбрасывание; метание ‖ (быстро) выбрасывать; метать
squitting 1. (быстрое) выбрасывание; метание 2. рлк хаотический (*преднамеренный или непреднамеренный*) запуск передатчика ответчика в отсутствие запросных сигналов
SRAM статическая оперативная память, память типа SRAM

A-~ *см.* **asynchronous SRAM**
async(hronous) ~ асинхронная статическая оперативная память, память типа A-SRAM
PB ~ *см.* **pipelined burst SRAM**
pipelined burst ~ пакетно-конвейерная статическая оперативная память, память типа PB SRAM
SB ~ *см.* **sync(hronous) burst SRAM**
sync(hronous) burst ~ пакетная статическая оперативная память, память типа SB SRAM
tag ~ (дополнительная) статическая оперативная память тегов

stabile 1. устойчивый 2. стабильный 3. неподвижный; стационарный 4. стойкий
stabilidyne супергетеродинная схема стабилизации частоты

stability 1. устойчивость 2. стабильность 3. неподвижность; стационарность 4. стойкость
~ **of equilibrium** устойчивость положения равновесия
~ **of state** устойчивость состояния
~ **of system** устойчивость системы
absolute ~ абсолютная устойчивость
acid ~ кислотостойкость
age ~ стабильность при старении
algorithm ~ устойчивость алгоритма
alkali ~ щёлочестойкость
amplifier ~ устойчивость усилителя
amplitude ~ стабильность амплитуды
arc ~ устойчивость дуги
asymptotic ~ асимптотическая устойчивость
beam ~ стабильность положения главного лепестка (*диаграммы направленности антенны*)
bubble ~ устойчивость ЦМД
bubble state ~ устойчивость состояния ЦМД
calibration ~ 1. стабильность калибровки 2. стабильность градуировки
center-frequency ~ стабильность частоты несущей
chemical ~ химическая стойкость
closed-loop ~ устойчивость системы с обратной связью; устойчивость замкнутой системы автоматического регулирования
conditional ~ условная устойчивость
corrosion ~ коррозионная стойкость
critical ~ предел устойчивости
current ~ стабильность тока
device ~ устойчивость устройства
dimensional ~ стабильность геометрических размеров; безусадочность
discharge ~ устойчивость разряда
dispersion ~ стабильность дисперсии
dynamic ~ динамическая устойчивость
electrochemical ~ электрохимическая стойкость
entropy ~ энтропийная устойчивость
environmental ~ устойчивость к воздействиям окружающей среды
feedback-system ~ устойчивость системы с обратной связью; устойчивость замкнутой системы автоматического регулирования
Frechet ~ устойчивость по Фреше
frequency ~ стабильность частоты
gain ~ стабильность усиления
global ~ глобальная устойчивость
heat ~ термостойкость
infinitesimal ~ инфинитезимальная устойчивость
input ~ устойчивость по входу
interlace ~ *тлв* устойчивость чересстрочной развёртки
irradiation ~ радиационная стойкость
limited ~ ограниченная устойчивость
load ~ стабильность нагрузки
local ~ локальная устойчивость
long-term [long-time] ~ долговременная стабильность
Lyapunov ~ устойчивость по Ляпунову
marginal ~ маргинальная устойчивость
moisture ~ влагостойкость
morphological ~ *крист.* морфологическая устойчивость
motional ~ 1. устойчивость движения 2. коэффициент колебания скорости движения (магнитной) ленты

open-loop ~ устойчивость системы без обратной связи; устойчивость разомкнутой системы автоматического регулирования
orbital ~ орбитальная устойчивость
oscillator ~ стабильность генератора
output ~ устойчивость по выходу
parameter ~ стабильность параметров
partial ~ частичная устойчивость
phase ~ 1. *фтт* устойчивость фазы 2. стабильность фазы
photochemical ~ *кв. эл.* фотохимическая устойчивость
pinch ~ устойчивость относительно образования самостягивающегося разряда
radiation-damage ~ радиационная стойкость
robust ~ робастная устойчивость
servo ~ устойчивость сервосистемы
shape ~ *крист.* устойчивость формы роста
short-term [short-time] ~ кратковременная стабильность
solution ~ устойчивость решения
space-time ~ пространственно-временная устойчивость
speed ~ коэффициент колебания скорости движения (магнитной) ленты
static ~ статическая устойчивость
structural ~ структурная устойчивость
surface ~ стабильность поверхности
temperature ~ температурная стабильность
temporal ~ временная устойчивость
thermal ~ термостойкость
thermodynamic ~ термодинамическая устойчивость
topological ~ топологическая устойчивость
transient ~ устойчивость в переходном режиме
unconditional ~ безусловная устойчивость
voltage ~ стабильность напряжения
worst-case ~ устойчивость в наихудшем случае
zone ~ *крист.* стабильность зоны
stabilivolt электровакуумный стабилитрон
stabilization 1. придание устойчивости; увеличение устойчивости 2. стабилизация 3. использование отрицательной обратной связи (*напр. в усилителе*) 4. фиксация в неподвижном состоянии; закрепление в стационарном положении 5. придание стойкости; повышение стойкости
active ~ активная стабилизация
antenna ~ *рлк* стабилизация антенны (*напр. в режиме автоматического сопровождения цели*)
arc ~ стабилизация дуги
automatic gain ~ автоматическая стабилизация усиления (*напр. в системах радиолокационного опознавания государственной принадлежности*)
azimuth ~ стабилизация по азимуту
center-frequency ~ стабилизация частоты несущей
chopper ~ стабилизация с помощью усилителя постоянного тока типа модулятор — демодулятор
current ~ стабилизация тока
dc ~ стабилизация по постоянному току
drift ~ стабилизация дрейфа
enthalpy ~ энтальпийная стабилизация
extrinsic ~ внешняя стабилизация
feedback ~ стабилизация с помощью отрицательной обратной связи
frequency ~ стабилизация частоты

stabilization

gas-sheath ~ стабилизация (*плазмы*) газовым чехлом
intrinsic ~ внутренняя стабилизация
laser-intensity ~ стабилизация интенсивности излучения лазера
line-of-sight ~ *рлк* стабилизация (антенны) в горизонтальной плоскости
passive ~ пассивная стабилизация
quadrupole ~ квадрупольная стабилизация (*плазмы*)
series ~ использование последовательной отрицательной обратной связи
shear ~ стабилизация (*плазмы*) широм
shunt ~ использование параллельной отрицательной обратной связи
tilt ~ *рлк* стабилизация (антенны) по углу места
variance ~ *вчт* стабилизация дисперсии
voltage ~ стабилизация напряжения
vortex ~ вихревая стабилизация (*плазмы*)

stabilize 1. придавать устойчивость; увеличивать устойчивость 2. стабилизировать 3. использовать отрицательную обратную связь (*напр. в усилителе*) 4. фиксировать в неподвижном состоянии; закреплять в стационарном положении 5. придавать стойкость; повышать стойкость

stabilizer 1. стабилизатор (*1. схема стабилизации 2. устройство или средство стабилизации*) 2. устройство *или* средство фиксации в неподвижном состоянии; устройство *или* средство закрепления в стационарном положении 3. средство придания *или* повышения стойкости

anti-modulation tape ~ система AMTS для фиксации положения кассеты и стабилизации движения (магнитной) ленты (*в магнитофонах*)
automatic gain ~ схема автоматической стабилизации усиления (*напр. в системах радиолокационного опознавания государственной принадлежности*)
cassette ~ стабилизатор (положения) кассеты (*в загрузочном отсеке магнитофона*)
resist ~ *микр.* стабилизатор резиста
super anti-modulation tape ~ система SAMTS, усовершенствованный вариант системы AMTS для фиксации положения кассеты и стабилизации движения (магнитной) ленты (*в магнитофонах*)

stabistor *пп* стабистор
stable 1. устойчивый 2. стабильный 3. неподвижный; стационарный 4. стойкий 5. штат (*служащих*); коллектив; общество; *проф.* команда

staccato стаккато

stack 1. набор; комплект; блок; батарея || формировать набора *или* комплекта; объединять в блок *или* батарею 2. выпрямительный столб 3. *микр.* этажерка 4. многоярусная антенна 5. контактная группа (*напр. реле*) 6. стеллаж || укладывать на стеллаж 7. *pl* книгохранилище 8. *вчт* стек (*1. упорядоченный набор данных с магазинным алгоритмом обращения 2. область памяти с магазинной организацией 3. набор объектов разного уровня*) || стековый 9. записывать в стек; помещать в стек 10. пачка; стопа || укладывать в пачку *или* стопу 11. *фтт* упаковывать(ся) 12. пучок || образовывать пучок; формировать пучок 13. колода (игральных) карт 14. группа самолётов, ожидающих разрешения на посадку || эшелонировать;

задавать высоты группе самолётов, ожидающих разрешения на посадку
~ **of beams** пучок лучей
~ **of ideals** *вчт* пучок идеалов
backward ~ *вчт* очередь
coherent ~ *вчт* когерентный пучок
copper-oxide ~ меднооксидный выпрямительный столб
forward ~ *вчт* стек
fuel-cell ~ батарея топливных элементов
generating ~ *вчт* порождающий пучок
hardware ~ *вчт* аппаратный стек
head ~ блок (магнитных) головок
laminated core ~ пакет пластин шихтованного (магнитного) сердечника
micromodule ~ микромодульная этажерка
multiple ~ контактная группа
pad ~ *микр.* этажерка площадок (*контактных, антиконтактных или теплоотводящих*)
program ~ *вчт* стек программ
protocol ~ *вчт* стек протоколов
pushdown ~ *вчт* стек
pushpop ~ *вчт* стек
pushup ~ *вчт* очередь
rack ~ стеллаж
rectifier ~ выпрямительный столб
selenium ~ селеновый выпрямительный столб
sheet ~ пачка листов (*напр. бумаги*)
software ~ *вчт* программно-реализованный стек
TCP/IP ~ стек протоколов TCP/IP

stacker 1. приёмник; накопитель (*напр. перфокарт*) 2. укладчик (*в пачку или стопу*) 3. камерный штатив; камерная тележка
camera ~ камерный штатив; камерная тележка
card ~ приёмник перфокарт
interrupt ~ накопитель прерываний (*программы*)
offset ~ приёмник со смещённой выдачей
sheet ~ укладчик листов в пачку *или* стопу, стопоукладчик

stacking 1. формирование набора *или* комплекта; объединение в блок *или* батарею 2. этажерочное расположение; многоярусное расположение 3. укладка на стеллаж 4. запись в стек; помещение в стек 5. укладывание в пачку *или* стопу 6. *фтт, микр.* упаковка 7. образование пучка; формирование пучка 8. эшелонирование; задание высот группе самолётов, ожидающих разрешения на посадку

card ~ 1. подтасовывание карт 2. преднамеренное игнорирование аргументов, не поддерживающих отстаиваемый тезис, *проф.* подтасовывание карт (*логическая ошибка*)
dense ~ плотная упаковка
die ~ этажерочное расположение кристаллов
loose ~ свободная упаковка

staff 1. штат (*служащих*); персонал || комплектовать штат; формировать персонал; состоять в штате; входить в персонал || штатный 2. нотный стан, нотоносец 3. рейка; шток
creative ~ творческий персонал
editorial ~ редакционная коллегия
engineering ~ технический персонал
executive ~ руководящий персонал
grand ~ нотный стан с дополнительными линейками

maintenance ~ обслуживающий персонал
managing ~ руководящий персонал
measuring ~ мерная рейка
percussion ~ (однолинейный) нотный стан для ударных, *проф.* «нитка»
technical ~ технический персонал

staffer штатный сотрудник; входящий в персонал субъект

staffing 1. комплектование штата; формирование персонала 2. формирование и обучение персонала

stage 1. каскад; ступень 2. стадия, фаза; этап (*напр. процесса*) 3. *фтт, крист.* фаза, устойчивое состояние системы (*отличающееся по симметрии или степени упорядоченности от других возможных состояний той же самой системы*) 4. *тлв* сцена 5. *тлв* инсценировать; ставить 6. *тлв* павильон синхронной съёмки (*напр. кинофильма*) 7. предметный столик (*микроскопа*) 8. полка; полки; стеллаж
~ **of selection** *тлф* ступень искания
amorphous ~ аморфная фаза
amplifier ~ усилительный каскад, каскад усиления
audio ~ каскад усилителя звуковой частоты
bottleneck ~ узкое место, *проф.* «узкое горло» (*напр. технологического процесса*)
buffer ~ 1. буферный каскад 2. буферный усилитель
burst ~ *тлв* каскад усиления сигнала цветовой синхронизации
chroma ~ *тлв* каскад усиления сигнала цветности
color killer ~ *тлв* выключатель цветности
complementary ~ каскад на комплементарных транзисторах
conceptual ~ концептуальная стадия (*напр. разработки*)
crystalline ~ кристаллическая фаза
Darlington ~ каскад на паре Дарлингтона
dc inserter ~ *тлв* каскад восстановления постоянной составляющей
decode ~ стадия декодирования
design ~ стадия проектирования
differential ~ каскад на дифференциальном усилителе
double-ended ~ каскад с незаземлёнными входом и выходом
drift-compensated ~ каскад с компенсацией дрейфа
driver ~ предоконечный каскад усилителя мощности
equilibrium ~ равновесная фаза
experimental ~ стадия экспериментальных исследований
first audio ~ входной каскад усилителя звуковой частоты
floating-input ~ каскад с незаземлённым входом
gaseous ~ газовая [паровая] фаза
gating ~ стробируемый каскад
group ~ *тлф* ступень группового искания
growth ~ стадия роста (*кристалла*)
hardware ~ стадия изготовления
high-frequency ~ высокочастотный каскад, ВЧ-каскад
input ~ входной каскад
intermediate ~ промежуточная фаза
intermediate-frequency ~ каскад промежуточной частоты, ПЧ-каскад

killer ~ *тлв* выключатель цветности
liquid ~ жидкая фаза
low-frequency ~ низкочастотный каскад, НЧ-каскад
modulated ~ модуляторная ступень передатчика
modulator ~ выходной каскад модулятора
neutralized radio-frequency ~ 1. радиочастотный каскад с нейтрализацией обратной связи 2. высокочастотный каскад с нейтрализацией обратной связи
non-equilibrium ~ неравновесная фаза
object ~ предметный столик
output ~ выходной каскад
pilot ~ стадия изготовления опытного образца
power-amplifier ~ 1. каскад усилителя мощности 2. выходной каскад передатчика
preamplifier ~ каскад предварительного усиления
pre-decode ~ стадия предварительного декодирования
preselector ~ каскад предварительной селекции, преселектор (*в супергетеродинном радиоприёмнике*)
prototype ~ стадия изготовления прототипа
pulse-forming ~ *тлв* каскад формирования импульсов
quiet input ~ входной каскад с низким уровнем шумов
radio-frequency ~ 1. радиочастотный каскад 2. высокочастотный каскад
scanning ~ *тлв* каскад развёртки
single-ended ~ каскад с заземлёнными входом и выходом
solid ~ твёрдая фаза
sound ~ *тлв* павильон синхронной съёмки
split-load ~ каскад с разделённой нагрузкой
switching ~ ступень коммутации
T- ~ *тлф* ступень временного искания, В-ступень
testing ~ 1. стадия испытаний 2. стадия проверки; стадия контроля 3. стадия тестирования
universal ~ универсальный (теодолитный) предметный столик
vapor ~ паровая [газовая] фаза
video ~ каскад видеоусилителя

stagger 1. (периодическое) чередование (*двух или более объектов или событий*); зигзагообразное расположение *или* развитие || (периодически) чередовать(ся); располагать(ся) зигзагом; развиваться зигзагами 2. разнесение боковых полос каналов || разносить боковые полосы каналов 3. попарная расстройка контуров || расстраивать контура попарно (*напр. с целью расширения полосы пропускания*) 4. расхождение частот синхронизации приёмника и передатчика (*в факсимильной связи*)
clock ~ расхождение тактовых импульсов

staggering 1. (периодическое) чередование (*двух или более объектов или событий*); зигзагообразное расположение *или* развитие 2. разнесение боковых полос каналов 3. попарная расстройка контуров (*напр. с целью расширения полосы пропускания*) 4. расхождение частот синхронизации приёмника и передатчика (*в факсимильной связи*)

staircase лестничная структура; лестница || лестничный; ступенчатый
devil's ~ *фтт* дьявольская [чёртова] лестница

stairstep

stairstep *вчт* ступенчатый (*напр. о контуре на экране дисплея*)
stairstepping *вчт* ступенчатость (*напр. контуров на экране дисплея*)
stalk 1. ствол (*напр. дендрита*); ножка (*напр. литеры*) 2. *вчт* слой пучка
   ~ of sheaf слой пучка
   main ~ of dendrite *крист.* центральный ствол дендрита
stall остановка; прекращение движения
   pipeline ~ 1. остановка конвейера 2. *вчт* сбой последовательности выполнения команд с конвейерной передачей данных, *проф.* остановка конвейера
stalo *рлк* стабилизированный гетеродин (*в системах селекции движущихся полей*)
stamp 1. штамп; штемпель; печать || ставить штамп; штемпелевать; ставить печать 2. *вчт* штамп, инструмент для копирования прямоугольных областей изображения (*в графических редакторах*) 3. оттиск; отпечаток || получать оттиск, оттискивать; отпечатывать 4. почтовая марка
   clone ~ клонирующий штамп (*в графических редакторах*)
   pattern ~ штамп для создания структур (*в графических редакторах*)
   rubber ~ 1. резиновый штамп; резиновый штемпель; резиновая печать 2. *вчт* штамп, инструмент для копирования прямоугольных областей изображения (*в графических редакторах*)
   time ~ 1. штамп времени (*в криптографии*) 2. *вчт* временная метка; метка реального времени
stamper 1. штамп (*для мелкосерийного производства, напр. компакт-дисков*) 2. металлический оригинал (*напр. компакт-диска*) 3. матрица (*фонограммы*)
   backed ~ тонкая металлическая матрица на подложке (*в механической записи*)
   master ~ прессовый оригинал
   production ~ штамп (*для массового производства, напр. компакт-дисков*)
stamping 1. постановка штампа; штемпелевание; постановка печати 2. получение оттиска; отпечатывание
stand 1. стойка; подставка; штатив 2. станина; основание 3. стоять; ставить; находиться в вертикальном положении; устанавливать в вертикальном положении 4. остановка || останавливаться 5. стенд (*напр. испытательный*) 6. пульт
   camera ~ штатив камеры
   control ~ 1. контрольный стенд 2. пульт управления
   display ~ 1. подставка дисплея 2. экранный стенд
   inspection ~ контрольный стенд
   microphone ~ with boom микрофонная стойка с поворотной телескопической стрелой, микрофонная стойка типа «журавль»
   operator ~ пульт оператора
   printer ~ подставка для принтера
   shelf ~ стеллаж
   solder ~ подставка для паяльника
   terminal ~ стойка для терминала
   test ~ испытательный стенд
   tool ~ стеллаж для инструментов
   vibration ~ вибростенд

stand-alone автономный (*об устройстве или программе*)
standard 1. эталон; образцовая мера; образцовое средство измерений || эталонный; образцовый 2. стандарт || стандартный
   ~ for robot execution стандарт на управление доступом для поисковых программ-роботов (*Web-сайта*), стандарт SRE
   atomic-beam frequency ~ атомно-лучевой эталон частоты
   atomic frequency ~ атомный эталон частоты
   atomic time ~ атомный эталон времени
   authoring system ~ *вчт* стандарт систем для авторских разработок
   Bell communications ~s группа американских стандартов дуплексной модемной связи, стандарты связи Bell
   binary compatibility ~ стандарт на совместимость двоичных цифровых устройств, стандарт BCS (*для цифрового двоичного интерфейса прикладных программ типа ABI*)
   British ~ Британский стандарт
   bolometric voltage and current ~ болометрическая образцовая мера напряжения и тока
   cesium frequency ~ цезиевый эталон частоты
   cross-application ~ *вчт* стандарт обмена между приложениями, общий для приложений стандарт
   cross-platform ~ *вчт* межплатформенный стандарт
   data digital encryption ~ 1. стандарт DES, национальный стандарт США для симметричного шифрования данных 2. шифр (стандарта) DES
   data encryption ~ 1. стандарт шифрования данных 2. стандарт DES, национальный стандарт США для симметричного шифрования данных 3. шифр (стандарта) DES
   de facto ~ фактический стандарт; неофициальный стандарт
   de jure ~ официальный стандарт
   digital signature ~ стандарт цифровой подписи (*для удостоверения подлинности электронных документов*), стандарт DSS
   escrow encryption ~ система шифрования с возможностью передачи ключей правительственным органам через третье лицо, стандарт шифрования ESS
   Federal information processing ~ Федеральный стандарт обработки информации (*США*)
   fiber channel ~ стандарт волоконно-оптических каналов, стандарт FCS, стандарт ANSI X3T9.3
   frequency ~ эталон частоты
   gas-cell frequency ~ эталон частоты на газовой ячейке
   hydrogen frequency ~ водородный эталон частоты
   ICC ~ *см.* International Color Consortium standard
   improved proposed encryption ~ 1. стандарт блочного шифрования IPES, промежуточный вариант стандарта IDEA 2. (блочный) шифр (стандарта) IPES, промежуточный вариант шифра IDEA
   International Color Consortium ~ стандарт Международного консорциума по проблемам цвета; ICC-стандарт
   International graphic exchange ~ Международный стандарт обмена графической информацией, стандарт IGES

line ~ *тлв* стандарт развёртки
long-beam frequency ~ атомно-лучевой эталон частоты с пучком большой длины
maser frequency ~ эталон частоты на мазере
molecular(-beam) frequency ~ молекулярный эталон частоты
open ~ открытый стандарт; общедоступный стандарт
open profiling ~ стандарт на процедуру сбора информации о посетителях сайтов, стандарт OPS
primary ~ первичный эталон
primary frequency ~ первичный эталон частоты
proposed encryption ~ 1. стандарт блочного шифрования PES, первоначальный вариант стандарта IDEA 2. (блочный) шифр (стандарта) PES, первоначальный вариант шифра IDEA
proprietary ~ собственный стандарт (*изготовителя или разработчика программного или аппаратного обеспечения*)
quarter-inch cartridge drive ~ стандарт (кассетного) формата QIC для цифровой записи на (магнитную) ленту, стандарт QICDS
quartz frequency ~ кварцевый эталон частоты
reference ~ вторичный эталон
rubidium frequency ~ рубидиевый эталон частоты
rubidium-vapor frequency ~ эталон частоты на рубидиевой газовой ячейке
secondary ~ вторичный эталон
short-beam frequency ~ атомно-лучевой эталон частоты с пучком малой длины
tape backup ~ стандарт резервного копирования (*данных*) на магнитную ленту
television (transmission) ~ телевизионный стандарт
thallium frequency ~ таллиевый эталон частоты
United States ~ 1. стандарт США 2. эталон США
United States frequency ~ эталон частоты Национального бюро стандартов (*США*)
video ~ 1. телевизионный стандарт 2. *вчт* стандарт представления изображений на экране дисплея
wavelength ~ эталон длины волны
working ~ рабочий эталон
standardization 1. стандартизация 2. установление стандарта 3. аттестация 4. поверка; калибровка 5. приведение к нормальному виду (*в математической статистике*)
standardize 1. стандартизовать 2. устанавливать стандарт; вводить стандарт 3. аттестовать 4. поверять; калибровать 5. приводить к нормальному виду (*в математической статистике*)
standardizing 1. стандартизация 2. установление стандарта; введение стандарта 3. аттестация 4. поверка; калибровка 5. приведение к нормальному виду (*в математической статистике*)
standby 1. режим ожидания (*1. дежурный режим 2. один из режимов пониженного энергопотребления аппаратного средства*) 2. резервирование || резервный
stand-in (временная) замена
stapes стремечко (*уха*)
staple скоб(к)а || скреплять скоб(к)ами; прошивать скоб(к)ами
stapler скобосшиватель; *проф.* степлер
Star:

Energy ~ *вчт* стандарт Energy Star на системы управления энергопотреблением компьютеров и мониторов (*Агентства по защите окружающей среды США*)
star *вчт* 1. звёздочка, символ * (*1. символ 2. знак арифметического умножения* 3. шаблон группы символов в имени или расширении файла) || использовать звёздочку; ставить звёздочку; отмечать звёздочкой 2. звезда (*1. символ* ★ *2. небесное тело 3. исполнитель(ница) главной роли; популярный актёр или популярная актриса 4. соединение звездой*) 3. соединять звездой 4. *тлв* становиться звездой; выступать в качестве звезды
companion ~ звезда с меньшим блеском из двойной системы
double ~ двойная звезда
dwarf ~ карлик (*небесное тело*)
shooting ~ метеорит
tiered ~ многоярусная звезда (*тип соединения*)
variable ~ переменная звезда
stardom *тлв* мир звёзд; общество звёзд
star-dot-star *вчт* универсальный шаблон имени и расширения файла, символ *.*
starring *тлв* исполнение главной роли
starship межгалактический космический корабль
start 1. пуск; запуск || запускать 2. начало; старт || начинать(ся); стартовать
~ **of authority** начало зоны, запись для указания начала зоны в DNS-ресурсе, SOA-запись
~ **of frame** начало кадра
~ **of headings** *вчт* 1. начало заголовка 2. символ «начало заголовка», символ ☺, символ с кодом ASCII 01h
~ **of message** начало сообщения
~ **of packet** начало пакета
~ **of text** *вчт* 1. начало текста 2. символ «начало текста», символ ●, символ с кодом ASCII 02h
capacitor ~ конденсаторный пуск (*электродвигателя*)
cold ~ *вчт* перезагрузка [перезапуск] с начальной загрузкой, перезагрузка [перезапуск] с отключением (электро)питания, *проф.* «холодная» перезагрузка, «холодный» перезапуск
hard ~ *вчт* перезагрузка [перезапуск] всей системы, *проф.* «жёсткая» перезагрузка, «жёсткий» перезапуск
loop ~ *вчт* начало звуковой петли (*в сэмплерах*)
remote ~ 1. дистанционный пуск 2. *вчт* удалённая (начальная) загрузка (*напр. по локальной сети*)
sample ~ *вчт* начало образца (*определённого*) звука в цифровой форме, начало оцифрованного образца (*определённого*) звука, *проф.* начало сэмпла
soft ~ *вчт* перезагрузка [перезапуск] части системы, *проф.* «мягкая» перезагрузка, «мягкий» перезапуск
staggered ~ поочерёдный пуск (*нескольких устройств*)
synchronous ~ синхронный пуск (*нескольких устройств*)
warm ~ *вчт* перезагрузка [перезапуск] из памяти, перезагрузка [перезапуск] без отключения (электро)питания, *проф.* «горячая» перезагрузка, «горячий» перезапуск
starter 1. пускатель, пусковое устройство 2. зажигатель, игнайтер (*игнитрона*) 3. поджигающий

starter

электрод (*газоразрядного прибора*) **4.** стартер (*устройство зажигания электролюминесцентных ламп*)
group ~ групповой пускатель
magnetic ~ магнитный пускатель
push-button ~ кнопочный пускатель
rheostatic ~ пусковой реостат
solid-state ~ полупроводниковый пускатель

startup *вчт* запуск (*компьютера*) и начальные действия

starvation *вчт* **1.** зависание при длительном ожидании доступа к ресурсу **2.** *проф.* информационный голод

starve уничтожение; разрушение || уничтожать; разрушать
line ~ *вчт проф.* возврат строки; переход на предшествующую строку

stat 1. термостат **2.** статический **3.** электростатический **4.** статическая электризация, электризация путём передачи заряда **5.** атмосферное электричество **6.** импульсная помеха электростатического происхождения **7.** помеха, обусловленная статической электризацией **8.** стационарный [не предназначенный для перемещения] объект; стационарное [не предназначенное для перемещения] устройство **9.** стационарный процесс; стационарное (*напр. параметра*) **10.** стационарный (*1. не предназначенный для перемещения 2. имеющий не зависящие от времени параметры*) **11.** статистический **12.** специалист в области статистики **13.** статистика (*1. наука о способах сбора, анализа и интерпретации данных на основе использования теории вероятностей 2. вероятностное описание физического процесса или поведения ансамбля частиц 3. функция элементов выборки из генеральной совокупности 4. статистические данные*)

state 1. состояние (*1. форма и способ существования объекта или системы объектов 2. классифицирующая характеристика формы и способа существования объекта или системы объектов 3. накопленная информация; предыстория; память 4. вчт текущий символ из последовательности; величина, оказывающая влияние на последующие события 5. (энергетическое) состояние; энергетический уровень*) || приводить в (определённое) состояние **2.** положение; ранг; уровень **3.** режим (*работы*) **4.** формулировать (*напр. проблему*); поставить (*напр. задачу*) **5.** утверждать; высказывать; выражать; излагать **6.** заявлять; сообщать ◊ ~ **of the art** современное состояние (*напр. науки*); передовой уровень (*напр. технологии*); последние достижения ||современный (*напр. о науке*); передовой (*напр. о технологии*); относящийся к последним достижениям
acceptor impurity ~ акцепторный примесный уровень
accessible ~ достижимое состояние
active ~ активное состояние
admissible ~ допустимое состояние
allowed ~ разрешённое состояние
all-zero ~ режим с одними нулями
amplifying ~ режим усиления
antiferroelectric ~ антисегнетоэлектрическое состояние
antiferromagnetic ~ антиферромагнитное состояние
asymptotic ~ асимптотическое состояние
authorized ~ *вчт* санкционированное состояние
balance ~ состояние равновесия
band-gap ~ уровень в запрещённой зоне
bistable magnetization ~ бистабильное состояние (вектора) намагниченности
blocking ~ закрытое состояние (*тиристора*)
bound ~s связанные состояния
brain ~ **in a box** нейронная сеть типа BSB с обратной связью, рекуррентная нейронная сеть типа BSB
bubble ~ состояние ЦМД
cache wait ~s количество тактов ожидания (процессора) при обращении к кэш-памяти
charge ~ *фтт* зарядовое состояние
charge storage ~ ловушка [центр захвата] заряда
cellular ~ клеточное состояние
code ~ режим кодирования
coherent ~ когерентное состояние
command ~ состояние приёма команд (*в модеме*)
conducting ~ открытое состояние (*тиристора*)
correlated ~ коррелированные состояния
critical ~ критическое состояние
current ~ текущее состояние
current-carrying ~ *свпр* токонесущее состояние
cutoff ~ режим отсечки
deep(-lying) ~ глубокий уровень
degenerate ~ вырожденное состояние
demagnetized ~ размагниченное состояние
determined ~ детерминированное состояние
DMA wait ~s количество тактов ожидания (процессора) при прямом доступе к памяти
domain-wall ~ состояние доменной границы
donor impurity ~ донорный примесный уровень
dopant-induced ~ примесный уровень
dynamically demagnetized ~ динамически размагниченное состояние
E ~ *см.* **exclusive state**
effective-surface ~ эффективное поверхностное состояние
electric ~ электретное состояние
emergency ~ аварийное состояние
empty ~ свободный уровень
energy ~ энергетическое состояние; энергетический уровень
entangled ~s *вчт, кв. эл.* перепутанные [взаимносопряжённые, сцепленные] состояния
even ~ *кв. эл.* чётное состояние
exchange-split ~ *кв. эл.* обменно-расщеплённое состояние; обменно-расщеплённый уровень
excited ~ возбуждённое состояние
exciton ~ экситонный уровень
exciton-magnon ~ экситон-магнонный уровень
exclusive ~ эксклюзивное состояние (*строки кэша*)
fast ~ *пп* быстрое состояние
ferrimagnetic ~ ферримагнитное состояние
ferroelectric ~ сегнетоэлектрическое состояние
ferromagnetic ~ ферромагнитное состояние
ferron ~ ферронное состояние
filled ~ заполненный уровень
finite ~ конечное состояние
forbidden ~ запрещённое состояние

forward blocking ~ закрытое состояние (*тиристора*) при прямом напряжении
frozen ~ *пп* «вымороженное» состояние
ground ~ *фтт, кв. эл.* основное состояние
high-impedance ~ высокоимпедансное состояние, состояние Z (*в трёхзначной логике*)
high-Z ~ высокоимпедансное состояние, состояние Z (*в трёхзначной логике*)
hyperfine ~ уровень сверхтонкого расщепления
I ~ *см.* **invalid state**
idle ~ режим молчания
impurity ~ примесное состояние
initial ~ начальное [исходное] состояние
inner ~ 1. внутреннее состояние 2. *пп* быстрое состояние
instance ~ *вчт* состояние объекта
instantaneous ~ мгновенное состояние
in-sync ~ синхронный режим
interface ~ поверхностное состояние
intermediate ~ *свпр* промежуточное состояние
invalid ~ незадействованное состояние (*строки кэша*)
I/O wait ~**s** количество тактов ожидания (*процессора*) при операциях ввода-вывода
logic ~ логическое состояние
M ~ *см.* **modified state**
magnetized ~ намагниченное состояние
matched momentum ~**s** уровни с разрешенным по импульсу переходом
memory ~ состояние памяти
memory read wait ~**s** количество тактов ожидания (*процессора*) при считывании (*из памяти*)
memory write wait ~**s** количество тактов ожидания (*процессора*) при записи (*в память*)
metaequilibrium [metastable] ~ метастабильное состояние
midgap ~ уровень в центре запрещённой зоны
minimum uncertainty ~ *кв. эл.* состояние с минимальной неопределённостью
mixed ~ *свпр* смешанное состояние
modified ~ модифицированное состояние (*строки кэша*)
nodal ~ состояние узла
noncollinear spin ~ *кв. эл.* состояние с неколлинеарными спинами
nondegenerate ~ невырожденное состояние
nonsteady ~ 1. неустойчивое состояние 2. нестационарный [неустановившийся] режим
normal ~ *свпр* нормальное состояние
occupied ~ заполненный уровень
odd ~ *кв. эл.* нечётное состояние
off ~ закрытое состояние (*напр. тиристора*)
on ~ открытое состояние (*напр. тиристора*)
one ~ *вчт* состояние «1»
orthogonal ~**s** ортогональные состояния
passive ~ пассивное состояние
plasma ~ плазма, четвёртое состояние (*вещества*)
polarization ~ тип поляризации
polarization ~ for field vector тип поляризации вектора напряжённости поля
poled ~ поляризованное состояние
position ~ *вчт* рабочая копия полутонового изображения (*для монтажа макета*)
predissociating ~ *кв. эл.* преддиссоциативное состояние

problem ~ *вчт* режим пользователя
process ~ *вчт* состояние процесса
quantized flux ~ *свпр* квантованное состояние потока
quantum ~ квантовое состояние
quasi-stationary ~ квазистационарное состояние
qubit ~ *вчт, кв. эл.* состояние кубита
quiescent ~ состояние покоя
realizable ~ реализуемое состояние
remanent ~ состояние с остаточной намагниченностью
resource ~ *вчт* состояние ресурсов
reverse blocking [reverse conducting] ~ закрытое состояние (*тиристора*) при обратном напряжении
S ~ *см.* **shared state**
saturation ~ режим насыщения
Schubnikov ~ *свпр* смешанное состояние
shallow(-lying) ~ мелкий уровень
shared ~ совместно используемое состояние (*строки кэша*)
single-domain ~ монодоменное состояние
sleep ~ *биол.* фаза сна
slow ~ *пп* медленное состояние
solid ~ твёрдое тело ∥ твёрдотельный
space-charge-limited-current ~ режим ограничения тока объёмным зарядом
stable ~ 1. устойчивое состояние 2. стабильное состояние 3. стабильный режим
statically demagnetized ~ статически размагниченное состояние
stationary ~ стационарное состояние
steady ~ 1. устойчивое состояние 2. стационарный [установившийся] режим
superconducting ~ сверхпроводящее состояние
supervisor ~ *вчт* режим супервизора
surface ~ поверхностное состояние
tachyon ~ тахионное состояние
terminal ~ терминальное состояние
thermodynamic equilibrium ~ термодинамически равновесное состояние
threshold ~ пороговое состояние
tip of the tongue ~ предшествующее извлечению нужной информации состояние, *проф.* состояние типа «на кончике языка»
transient ~ переходный [неустановившийся] режим
trapped-plasma ~ *пп* лавинно-ключевой режим
trapping ~ ловушка, центр захвата (*заряда*)
unbound ~**s** несвязанные состояния
unfilled ~ свободный уровень
unmarked ~ необозначенное состояние
unoccupied ~ свободный уровень
unpoled ~ неполяризованное состояние
unstable ~ 1. неустойчивое состояние 2. нестабильное состояние 3. нестабильный режим
user ~ *вчт* режим пользователя
vacant ~ свободный уровень
virtual ~ виртуальное состояние
wait ~ *вчт* 1. состояние ожидания 2. такт ожидания (*процессора*) 3. *pl* количество тактов ожидания (*процессора*) (*напр. при взаимодействии с недостаточно быстродействующей памятью*)
Z ~ состояние Z, высокоимпедансное состояние (*в трёхзначной логике*)

state

zero ~ *вчт* состояние «0»
zero wait ~ отсутствие тактов ожидания; режим работы без тактов ожидания

stateful 1. зависящий от предыстории; оказывающий влияние на последующие события, обладающий вероятностным последействием **2.** *вчт* фиксирующий [сохраняющий] (текущее) состояние, с фиксацией (текущего) состояния, с сохранением (текущего) состояния (*напр. о логическом элементе*) **3.** *вчт* фиксирующий [сохраняющий] данные о (поступающих) запросах, с фиксацией данных о (поступающих) запросах, с сохранением данных о (поступающих) запросах, с интерактивной обработкой транзакций, с сопровождением состояния (*напр. о сервере*) **4.** обладающий квалифицирующей характеристикой; структурированный; оформленный

statefulness 1. зависимость от предыстории; влияние на последующие события, обладание вероятностным последействием **2.** *вчт* фиксация [сохранение] (текущего) состояния (*напр. в логическом элементе*) **3.** *вчт* фиксация [сохранение] данных о (поступающих) запросах, способность интерактивной обработки транзакций, способность сопровождения состояния (*напр. на сервере*) **4.** обладание квалифицирующей характеристикой; структурированность; оформленность

stateless 1. не зависящий от предыстории; не оказывающий влияния на последующие события, не обладающий вероятностным последействием **2.** *вчт* не фиксирующий [не сохраняющий] (текущее) состояние, без фиксации (текущего) состояния, без сохранения (текущего) состояния (*напр. о логическом элементе*) **3.** *вчт* не фиксирующий [не сохраняющий] данные о (поступающих) запросах, без фиксации данных о (поступающих) запросах, без сохранения данных о (поступающих) запросах, с независимой обработкой транзакций, без сопровождения состояния (*напр. о сервере*) **4.** лишённый квалифицирующей характеристики; бесструктурный; бесформенный

statelessness 1. независимость от предыстории; отсутствие влияния на последующие события, отсутствие вероятностного последействия **2.** *вчт* отсутствие фиксации [сохранения] (текущего) состояния (*напр. в логическом элементе*) **3.** *вчт* отсутствие фиксации [сохранения] данных о (поступающих) запросах, невозможность интерактивной обработки транзакций, отсутствие сопровождения состояния (*напр. на сервере*) **4.** отсутствие квалифицирующей характеристики; бесструктурность; бесформенность

statement 1. формулировка (*напр. проблемы*); постановка (*напр. задачи*) **2.** утверждение; высказывание **3.** оператор (*предложение языка программирования, задающее функционально законченное действие*); инструкция (*в некоторых языках программирования, напр. в C++*) **4.** заявление; сообщение

~ **of problem** формулировка проблемы; постановка задачи
action ~ оператор действия
assert ~ оператор подтверждения отсутствия ошибок
assignment ~ оператор присваивания
atomic ~ **1.** элементарное утверждение; элементарное высказывание **2.** атомарный оператор
blank ~ пустой оператор
case ~ оператор выбора
categorical ~ категорическое утверждение; категорическое высказывание
conditional ~ замкнутое утверждение; замкнутое высказывание
comment ~ оператор комментария
compile-time ~ оператор периода трансляции
compound ~ составной оператор
conditional ~ **1.** условное утверждение; условное высказывание **2.** условный оператор
control ~ управляющий оператор
data manipulation ~ оператор манипулирования данными
debug ~ оператор отладки (*программы*)
debugging ~ отладочный оператор
declaration ~ оператор описания
declarative ~ **1.** декларативное утверждение; декларативное высказывание **2.** декларативный оператор **3.** оператор описания
delimiter ~ оператор-разделитель
dummy ~ пустой оператор
executable ~ исполняемый оператор
exception ~ оператор обработки исключений
expect ~ оператор ожидания (*приёма символов*)
expression ~ оператор-выражение
false ~ ложное утверждение; ложное высказывание
fuzzy ~ нечёткое утверждение; нечёткое высказывание
GOTO ~ оператор перехода
goto ~ оператор перехода
if ~ условный оператор
imperative ~ императивный оператор
indexing ~ оператор индексации
invalid ~ ложное утверждение; ложное высказывание
iterative ~ итерационный оператор
job control ~ оператор языка управления заданиями
labeled ~ помеченный оператор
language ~ оператор языка программирования
logical ~ **1.** логическое утверждение; логическое высказывание **2.** логический оператор
looping ~ оператор организации циклов
mathematical ~ математическая формулировка
negative ~ отрицательное утверждение; отрицательное высказывание
nonexecutable ~ неисполняемый оператор
null ~ пустой оператор
path ~ *вчт* оператор пути
positive ~ положительное утверждение; положительное высказывание
problem ~ **1.** *вчт* формулировка задачи **2.** постановка проблемы
program control ~ оператор управления программой
protocol implementation conformance ~ подтверждение согласования протокольной реализации
provable ~ доказуемое утверждение; доказуемое высказывание
REM ~ оператор добавления комментария
repeat-until ~ оператор цикла с постусловием, оператор цикла с условием завершения

repetitive ~ оператор цикла
satisfiable ~ *вчт* выполнимое утверждение
semantic ~ семантическое утверждение; семантическое высказывание
send ~ оператор посылки (*символов*)
source ~ оператор исходной программы
specification ~ оператор описания
transfer ~ оператор перехода
unconditional ~ безусловный оператор
unlabeled ~ непомеченный оператор
unprovable ~ недоказуемое утверждение; недоказуемое высказывание
while ~ оператор цикла с предусловием, оператор цикла с условием продолжения

state-of-the-art современное состояние (*напр. науки*); передовой уровень (*напр. технологии*); последние достижения ‖ современный (*напр. о науке*); передовой (*напр. о технологии*); относящийся к последним достижениям

static 1. статический 2. электростатический 3. статическая электризация, электризация путём передачи заряда 4. атмосферное электричество 5. импульсная помеха электростатического происхождения 6. помеха, обусловленная статической электризацией (*напр. при воспроизведении грамзаписи*)
   man-made ~ индустриальная импульсная помеха электростатического происхождения
   precipitation ~ импульсная помеха электростатического происхождения, обусловленная осадками
   wheel ~ помеха, обусловленная накоплением статического заряда на колёсах автомобиля

staticize *вчт* 1. преобразовывать данные из динамической формы в статическую 2. вызывать из памяти и записывать команду в регистр команд
staticizer *вчт* преобразователь данных из динамической формы в статическую
staticizing *вчт* 1. преобразование данные из динамической формы в статическую 2. вызов из памяти и запись команды в регистр команд
statics статика (*1. раздел механики 2. статические свойства; статические характеристики*)
   bubble ~ статика ЦМД; статические свойства ЦМД
   domain wall ~ статика доменных границ; статические свойства доменных границ

station 1. станция 2. вещательная станция 3. *вчт* рабочая станция (*1. мощный однопользовательский компьютер 2. автоматизированное рабочее место, АРМ*) 4. устройство; блок 5. место; позиция, положение ‖ помещать; устанавливать в определённую позицию; располагать 6. пост; наблюдательный пункт 7. полоса частот, отведенная станции
   A ~ ведущая станция радионавигационной системы «Лоран»
   advertiser-supported radio ~ коммерческая радиостанция
   aeronautical ~ воздушная станция
   aeronautical fixed ~ фиксированная воздушная станция
   aeronautical marker-beacon ~ маркерный радиомаяк воздушной службы
   aeronautical utility land ~ сухопутная воздушная станция
   aeronautical utility mobile ~ подвижная воздушная станция
   air ~ аэродром
   aircraft ~ бортовая самолётная станция
   air-defense early warning ~ станция дальнего обнаружения системы ПВО
   airdrome [airport] control ~ станция управления воздушным движением в районе аэропорта
   Alpha ~ рабочая станция на 64-разрядном (микро)процессоре Alpha корпорации Digital Equipment
   altimeter ~ станция измерения истинной высоты полёта, радиолокационный высотомер
   amateur ~ радиолюбительская станция
   attended ~ обслуживаемая станция
   B ~ ведомая станция радионавигационной системы «Лоран»
   base ~ 1. базовая станция 2. код базовой станции 3. центральная станция (*подвижной службы*)
   base transceiver ~ базовая приёмопередающая (радио)станция
   beacon ~ радиомаяк
   booster ~ ретрансляционная станция
   British Forces broadcasting ~ радиовещательная станция вооружённых сил Великобритании
   broadcast(ing) ~ вещательная станция (*1. радиовещательная станция 2. станция телевизионного вещания 3. станция сети проводного вещания*)
   brush ~ блок (контактных) щёток (*для считывания с перфокарт*)
   cable television relay ~ ретранслятор кабельного телевидения
   called ~ вызываемая станция
   caller's telephone ~ абонентский пункт
   central reference ~ центральная опорная станция
   central wireless ~ центральная радиостанция
   class-A ~ станция класса A службы частного пользования (*диапазон 460 — 470 МГц, выходная мощность не более 60 Вт*)
   class-B ~ станция класса B службы частного пользования (*диапазон 460 — 470 МГц, выходная мощность не более 5 Вт*)
   class-C ~ станция класса C службы частного пользования (*диапазоны 26,96 — 27,23 МГц и 27,255 МГц — для дистанционного управления; диапазон 72 — 76 МГц — для управления моделями самолётов*)
   class-D ~ станция класса D службы частного пользования (*диапазоны 26,96 — 27,23 МГц и 27,255 МГц, выходная мощность не более 5 Вт — для радиотелефонии*)
   coast(al) ~ береговая станция
   coast(al)-earth ~ береговая земная станция
   coastal(al) telegraph ~ береговая телеграфная станция
   commercial ~ коммерческая станция
   communications ~ станция связи
   communications relay ~ ретрансляционная станция связи
   control ~ станция управления
   crossing ~ *тлф* узловая станция
   data ~ станция системы передачи данных
   direction-finding ~ радиопеленгаторная станция
   display ~ дисплейный терминал
   docking ~ *вчт* стыковочная станция для портативного компьютера, платформа (с дополнитель-

station

ными портами и дополнительным аппаратным обеспечением) для пристыковки портативного компьютера
dual attachment ~ станция с двойным подключением (*к сети*)
duplication ~ светокопировальная станция, комбинация сканера и принтера
duty ~ 1. место работы 2. дежурный пост
early warning ~ станция дальнего обнаружения
earth ~ земная станция
end ~ оконечная станция (*радиорелейной линии*)
exchange service ~ абонентская телефонная станция
facsimile broadcast ~ станция факсимильной связи
fixed ~ фиксированная станция
fixed ground ~ фиксированная наземная станция
fixed wireless ~ фиксированная радиостанция
gateway ~ *вчт* (межсетевой) шлюз
glide-path ~ глиссадный радиомаяк системы инструментальной посадки
ground ~ наземная станция
guidance ~ станция наведения
high-frequency broadcast ~ радиовещательная станция с частотной модуляцией (*диапазон 88 — 108 МГц*)
homing ~ приводная станция
hydrological and meteorological fixed ~ фиксированная радиогидрометеорологическая станция
IC ~ рабочая станция для автоматизированного проектирования интегральных схем
inquiry ~ запросный терминал
intercept ~ станция перехвата
international air traffic communication ~ станция управления воздушным движением на международных авиалиниях
ionospheric ~ ионосферная станция
jamming ~ станция активных преднамеренных помех
junction ~ узловая станция (*радиорелейной линии*)
key ~ 1. радиовещательный центр 2. *вчт* терминал многопользовательской системы
land ~ сухопутная станция
listening ~ 1. станция перехвата 2. *тлф* устройство подслушивания
local ~ местная станция
localizer ~ курсовой посадочный радиомаяк
long-distance ~ междугородная телефонная станция
loran ~ станция радионавигационной системы «Лоран»
magnetotelluric ~ станция магнитотеллурического зондирования
marine broadcast ~ береговая станция радиогидрометеорологической службы и службы сигналов точного времени
marine radio-beacon ~ береговой радиомаяк
master ~ 1. ведущая станция (*напр. в радионавигации*) 2. центральная станция (*напр. в спутниковой связи*)
meteorological ~ радиометеорологическая станция
microwave relay ~ радиорелейная станция
mobile ~ подвижная станция, *проф.* мобильная станция
mobile broadcast ~ подвижная вещательная станция
mobile earth ~ подвижная земная станция
multiple-access ~ станция с множественным доступом

national radio ~ национальная радиостанция
naval air ~ авианосец
naval communications ~ станция связи военно-морских сил
naval radio ~ радиостанция военно-морских сил
network management ~ станция управления сетью
node ~ узловая станция (*радиорелейной линии*)
omnidirectional radio-range ~ всенаправленный курсовой радиомаяк
pay ~ таксофон
personal earth ~ персональная земная станция
power ~ электростанция
private-aircraft ~ бортовая станция частного самолёта
punching ~ позиция пробивки (*перфокарты*)
radar ~ радиолокационная станция, РЛС
radio ~ радиостанция
radio-beacon ~ радиомаяк
radio-direction-finding ~ радиопеленгатор
radiolocation ~ радиолокационная станция, РЛС
radionavigation ~ радионавигационная станция
radio-positioning ~ станция радиоопределения
radio-range ~ курсовой радиомаяк
radio reading ~ станция радиолекционной службы (*для слепых и людей с ослабленным зрением*)
radio-relay ~ радиорелейная станция
radiosonde ~ станция радиозондирования (*вспомогательной метеорологической службы*)
radio-tracking ~ станция сопровождения (*цели*), станция слежения (*за целью*)
reading ~ устройство считывания; блок считывания
receiving ~ приемная станция
relay ~ ретрансляционная станция
remote ~ *вчт* удалённая рабочая станция
remote-control ~ станция дистанционного управления
repeater ~ 1. ретрансляционная станция 2. станция активных ответных радиопомех 3. *тлф* усилительный пункт
reservation ~ *вчт* резервирующая станция, блок хранения декодированных микроопераций (*в процессорах Pentium*)
satellite-communications earth ~ земная станция спутниковой связи
satellite solar power ~ спутниковая солнечная энергетическая установка
satellite-tracking ~ станция слежения за спутниками
service ~ станция технического обслуживания и текущего ремонта
ship ~ судовая станция
shore radio ~ береговая станция
single attachment ~ станция с единственной точкой подключения (*к сети*)
slave ~ ведомая станция (*напр. в радионавигации*)
slope ~ глиссадный радиомаяк системы инструментальной посадки
space ~ 1. орбитальная станция, (орбитальная) космическая платформа 2. космическая станция
standard-frequency ~ станция службы стандартных частот
subscriber ~ абонентский пункт
surveillance radar ~ обзорная радиолокационная станция, обзорная РЛС

statistics

switching ~ коммутационная телефонная станция
tape-relay ~ *тлг* станция реперфораторного переприёма
telemetering ~ телеметрическая станция
telemetering land ~ сухопутная телеметрическая станция
telemetry ~ телеметрическая станция
telephony ~ телефонная станция
telephony earth ~ наземная телефонная станция
television ~ телевизионная станция
television broadcast ~ телевизионный центр, телецентр
television pickup ~ передвижная телевизионная станция, ПТС
terminal ~ 1. оконечная станция (*радиорелейной линии*) 2. *вчт* терминал
terrestrial ~ наземная станция
toll ~ междугородная телефонная станция
tracker [tracking] ~ станция сопровождения (*цели*); станция слежения (*за целью*)
transmitting ~ передающая станция
transport ~ транспортная станция (*в сети*)
transportable ~ переносная станция
tropo relay ~ станция тропосферного рассеяния
unattended ~ необслуживаемая станция
unattended repeater ~ *тлф* необслуживаемый усилительный пункт, НУП
upload ~ станция загрузки служебной информации (*на ИСЗ*)
user ~ абонентский пункт
way ~ телеграфная станция
wireless ~ радиостанция
wireless telegraphy ~ радиотелеграфная станция
work ~ 1. *вчт* рабочая станция 2. автоматизированное рабочее место, АРМ

stationarity стационарность (*напр. процесса*); отсутствие зависимости (*параметров*) от времени; равновесность
 strict ~ строгая стационарность
 weak ~ слабая стационарность

stationary 1. стационарный [не предназначенный для перемещения] объект; стационарное [не предназначенное для перемещения] устройство 2. стационарный процесс; стационарное состояние; стационарное значение (*напр. параметра*) 3. стационарный (*1. не предназначенный для перемещения 2. имеющий не зависящие от времени параметры*)
 difference ~ стационарный в первых разностях, стационарный в приращениях (*о процессе*)
 strictly ~ строго стационарный
 strongly ~ строго стационарный
 trend ~ стационарный относительно тренда
 weakly ~ слабо стационарный

stationery канцелярские принадлежности
station-to-station *тлф* междугородный с повременной оплатой (*о вызове*)
statistic статистика (*функция элементов выборки из генеральной совокупности*)
 critical ~ критическая статистика
 descriptive ~ описательная статистика
 Durbin-Watson ~ статистика Дарбина — Уотсона
 goodness-of-fit ~ статистика согласия
 jack-knife ~ *проф.* статистика «складного ножа»

 Kolmogorov-Smirnov ~ статистика Колмогорова — Смирнова
 Lagrange multiplier ~ статистика множителя Лагранжа
 likelihood ratio ~ статистика отношения правдоподобия
 non-parametric ~ непараметрическая статистика
 one-sided ~ односторонняя статистика
 order ~ порядковая статистика, каждое из значений случайной величины в виде вариационного ряда
 pivotal ~ опорная статистика
 polynomial ~ полиномиальная статистика
 Student ~ статистика Стьюдента, t-статистика
 sufficient ~ достаточная статистика
 summary ~s сводка статистик
 t-~ t-статистика, статистика Стьюдента
 test ~ статистика критерия, критериальная статистика
 trace ~ статистика следа
 two-sided ~ двусторонняя статистика

statistical статистический
statistician специалист в области статистики
statistics статистика (*1. наука о способах сбора, анализа и интерпретации данных на основе использования теории вероятностей 2. вероятностное описание физического процесса или поведения ансамбля частиц 3. функция элементов выборки из генеральной совокупности 4. статистические данные*)
 analytical ~ аналитическая статистика
 applied ~ прикладная статистика
 Boltzman ~ статистика (Максвелла —)Больцмана, классическая статистика
 Bose- Einstein ~ статистика Бозе(— Эйнштейна), бозе-статистика
 Box-Pierce Q-~ Q-статистика Бокса — Пирса
 business ~ бизнес-статистика
 classical ~ классическая статистика, статистика (Максвелла —)Больцмана
 commercial ~ коммерческая статистика
 comparative ~ сравнительная статистика
 complete ~ полная статистика
 descriptive ~ описательная статистика
 engineering ~ техническая статистика
 experimental ~ статистика эксперимента
 fading ~ статистика замираний
 Fermi-Dirac ~ статистика (Ферми —)Дирака, ферми-статистика
 first order ~ статистика 1-го порядка
 Gaussian ~ статистика Гаусса
 Gentile (intermediate) ~ (промежуточная) статистика Джентиле, парастатистика
 Gibbs ~ статистика Гиббса
 incremental ~ статистика приращений
 integer ~ целочисленная статистика
 linear ~ линейная статистика
 mathematical ~ математическая статистика
 Maxwell-Boltzmann ~ статистика (Максвелла —)Больцмана, классическая статистика
 nonlinear ~ нелинейная статистика
 non-parametric ~ непараметрическая статистика
 non-relativistic ~ нерелятивистская статистика
 Nth order ~ статистика N-го порядка
 order ~ порядковая статистика, каждое из значений случайной величины в виде вариационного ряда

statistics

Q~ Q-статистика (Бокса — Пирса)
para-~ парастатистика, (промежуточная) статистика Джентиле
physical ~ физическая статистика
quantum ~ квантовая статистика
rank ~ ранговая статистика
relativistic ~ релятивистская статистика
sample ~ статистика выборок
single-sample ~ статистика одной выборки
technical ~ техническая статистика
test ~ статистика критерия, критериальная статистика
theoretical ~ теоретическая статистика
traffic ~ *вчт* статистика трафика
utilization ~ статистика использования (*напр. компьютерной системы*)
van der Waerden ~ линейная статистика Ван-дер-Вардена

stator статор (*1. неподвижная часть электрических и гидравлических машин роторного типа 2. неподвижная часть конденсатора переменной ёмкости*)
~ of variable capacitor статор конденсатора переменной ёмкости
compressor ~ статор компрессора
nonsalient-pole ~ неявнополюсный статор
selsyn ~ статор сельсина

stats *проф.* статистика

status состояние; положение; статус ◊ **~ (in) quo** текущее состояние, состояние в данный момент времени; рабочее состояние
account ~ статус счёта, статус учётной позиции юридического лица, абонента *или* пользователя (*для выполнения и учёта финансовых операций*)
ascribed ~ приписываемый статус
busy ~ *тлф* состояние занятости
interrupt ~ *вчт* статус прерывания
off-hook ~ *тлф* состояние ответа абонента
on-hook ~ *тлф* состояние отбоя
running ~ 1. текущее состояние, состояние в данный момент времени; рабочее состояние 2. *вчт* текущий статус; рабочий статус

statutory установленный законом; имеющий силу закона

stave нотный стан, нотоносец

STD стандарты Internet, документы (категории) STD, разделы документов RFC с описанием протоколов Internet
~ 1 документ STD 1, список стандартов Internet (*Административного совета Internet по архитектуре сетей Internet*)
~ 2 документ STD 2, список присвоенных номеров в Internet
~ 9 документ STD 9, описание протокола FTP
~ 13 документ STD 13, описание доменной системы имён, описание системы DNS
~ 15 документ STD 15, описание протокола SNMP

steady 1. приобретать устойчивость; обеспечивать устойчивость || устойчивый 2. устанавливаться; выходить на стационарный режим || установившийся; стационарный

steady-state установившийся; стационарный

steal 1. действовать *или* простекать незаметно 2. ретранслировать зондирующий сигнал (*в системах активного радиоэлектронного подавления*)

stealer ретранслятор зондирующего сигнала (*в системах активного радиоэлектронного подавления*)
controlled delay gate ~ ретранслятор зондирующего импульса с регулируемой задержкой
gate ~ ретранслятор зондирующего импульса
range-gate ~ ретранслятор зондирующего импульса с регулируемой задержкой

stealing 1. незаметное действие *или* незаметный процесс 2. ретрансляция зондирующего сигнала (*в системах активного радиоэлектронного подавления*)
beacon ~ сбой радиолокационного ответчика при взаимодействии с несколькими запросчиками
bit ~ использование младших битов данных для передачи управляющих сигналов (*в цифровых сетях*), *проф.* сигнализация «крадеными» битами

stealth 1. незаметное действие *или* процесс || незаметный 2. *рлк* невидимый; не обнаруживаемый (*радиолокатором*)

steel сталь || стальной
low carbon-content electrotechnical ~ низкоуглеродистая электротехническая сталь, армко-железо
martensite ~ мартенситная сталь

steep крутой участок (*напр. характеристики*) || крутой, резко возрастающий *или* убывающий

steepen увеличивать крутизну, увеличивать скорость возрастания *или* убывания (*напр. функции*)

steepness крутизна, скорость возрастания *или* убывания (*напр. функции*)
wavefront ~ крутизна волнового фронта

steer 1. управлять 2. следовать (определённым) курсом

steerability управляемость

steerer устройство управления, управляющее устройство
beam ~ 1. устройство для управления положением пучка (*напр. света*) 2. устройство для управления положением главного лепестка диаграммы направленности антенны

steering 1. управление 2. следование (определённым) курсом
beam ~ 1. управление положением пучка (*напр. света*) 2. управление положением главного лепестка диаграммы направленности антенны
column ~ столбцовое управление положением главного лепестка диаграммы направленности антенны
null ~ управление положением нуля диаграммы направленности антенны
row ~ строчное управление положением главного лепестка диаграммы направленности антенны

steganography стеганография, отличные от криптографических методы скрытной передачи сообщений (*например, путём использования младших разрядов графического изображения для передачи текста*)

stellar звёздный

stellarator стелларатор
circular ~ круглый стелларатор
two-turn ~ двухзаходный стелларатор

stelliform звездообразный

stem 1. рукоятка; черенок (*инструмента*) 2. цилиндрическая деталь (*механизма или устройства*); шток; штанга 3. ножка стеклянного баллона (*напр. электронной лампы*) 4. *вчт* основной штрих, проф. «ножка» (*литеры*) **5.** основа (*слова*) ‖ выделять основу (*слова*) **6.** штиль (*ноты*) **7.** возникать; проистекать; происходить **8.** придерживаться определённого направления; следовать определённым курсом **9.** отслеживать развитие *или* происхождение (*напр. явления*)

~ **with seed holder** *крист.* шток с держателем затравки

button ~ пуговичная ножка

letter ~ основной штрих, *проф.* «ножка» (*литеры*)

stemming 1. выделение основы (*слова*) **2.** возникновение; происхождение **3.** следование в определённом направлении *или* определённым курсом **4.** отслеживание развитие *или* происхождение (*напр. явления*)

search ~ выделение основы (*слова*) при поиске (*в поисковых машинах*)

stencil 1. шаблон; трафарет ‖ использовать шаблон *или* трафарет (*напр. для нанесения покрытия*) **2.** объект, полученный с помощью шаблона *или* трафарета

stencil, place, and reflow *микр.* пайка расплавлением дозированного припоя с нанесением припойной пасты методом трафаретной печати

stenode схема с кварцевым фильтром

step 1. стадия; ступень; шаг; этап **2.** ступень(ка), перепад; скачок (*напр. тока*) ‖ изменять(ся) ступенчатым образом; испытывать перепад *или* скачок (*напр. тока*) **3.** шаг ‖ двигаться шагами; работать в пошаговом режиме ‖ пошаговый **4.** расстояние между делениями шкалы (*напр. на оси координат*) **5.** единица интервала частот **6.** большой тон (*интервал частот 9:8*) **7.** зонировать (*напр. линзу*) ◊ ~ **in field** скачок поля

apex ~ гофр *или* складка (*диффузора громкоговорителя*)

cleavage ~s *крист.* спайные трещины

current ~ скачок тока

drive-in ~ **of diffusion** разгонка примеси (*вторая стадия двухстадийной диффузии*)

E-plane ~ ступенька в Е-плоскости (*волновода*)

Fiske ~s *свпр* ступени Фиске

frequency ~ перепад частот

growth ~ **1.** стадия роста (*кристалла*) **2.** ступень роста (*кристалла*)

half ~ полутон (*наименьшее расстояние между звуками в 12-тоновой системе*)

H-plane ~ ступенька в Н-плоскости (*волновода*)

job ~ *вчт* шаг задания

macroscopic ~ макроступень (*на поверхности кристалла*)

oxide ~ *микр.* ступенька оксида

phase ~ скачок фазы

predeposition ~ **of diffusion** загонка примеси (*первая стадия двухстадийной диффузии*)

quantization ~ шаг квантования

quantum ~ *пп* квантовая ступенька, ступенька на зависимости сопротивления от напряжённости магнитного поля при квантовом эффекте Холла

range ~ *рлк* ступенчатая отметка дальности

rate-controlling [rate-determining] ~ стадия, определяющая скорость процесса

rate-limiting ~ стадия, лимитирующая скорость процесса

single ~ пошаговый

test ~ тестовый шаг (*при цифровых испытаниях*)

time ~ такт

unit ~ единичная ступенчатая функция, функция Хевисайда

voltage ~ скачок напряжения

whole ~ большой тон (*интервал частот 9:8*)

step-down 1. понижение; снижение; уменьшение **2.** понижающий (*о трансформаторе*)

stepper шаговый двигатель

stepping 1. ступенчатое изменение; изменение с перепадом *или* скачком (*напр. тока*) ‖ ступенчатый **2.** пошаговое перемещение; работа в пошаговом режиме ‖ пошаговый **3.** зонирование (*напр. линзы*)

step-up 1. ступенчатое повышение; ступенчатое увеличение **2.** повышающий (*о трансформаторе*) **3.** пошаговое увеличение перемещения

resonant current ~ резонансное увеличение тока

resonant voltage ~ резонансное увеличение напряжения

stepwise 1. ступенчатый **2.** пошаговый

steradian стерадиан, ср

stereo 1. стерео (*1.* стереоаудиоматериал, стереофонический звуковой материал *2.* стереофонические аудиоданные; стереофоническая аудиоинформация *3.* стереофонический аудиопроигрыватель или стереофонический аудиомагнитофон *4.* лента или диск для стереофонической звукозаписи *5.* содержимое стереофонической аудиокассеты или стереофонического аудиодиска ‖ относящийся к содержимому стереофонической аудиокассеты или стереофонического аудиодиска *6.* методы и технология записи, передачи, приёма и воспроизведения стереофонического звука; стереофоническая система; стереофоническая запись, стереозапись *7.* стереовидеодиоматериал, стереоскопический видеоматериал *8.* стереоскопические видеоданные; стереоскопическая видеоинформация *9.* устройство для получения, записи или воспроизведения стереоскопических изображений *10.* носитель стереоскопической видеозаписи *11.* содержимое носителя стереоскопической видеозаписи ‖ относящийся к содержимому носителя стереоскопической видеозаписи *12.* методы и технология записи, передачи, приёма и воспроизведения стереоскопических изображений; стереовидение) **2.** стереофонический звук ‖ стереофонический **3.** стереофоническая аудиоаппаратура, аппаратура для стереофонической записи и стереофонического воспроизведения звука **4.** стереофонический звуковой сигнал **5.** стереофоническое звуковое сопровождение **6.** стереофонический аудиоканал, стереофонический звуковой канал; канал стереофонического звукового сопровождения **7.** вход или выход стереофонического звукового сигнала **8.** стереоскопическое изображение, стереоизображение ‖ стереоскопический **9.** стереоскопическое кино, стереокино; стереоскопическое телевидение, стереотелевидение; стереоскопическое видео; компьютерное стереовидение **10.** стереоскопическая фотография, стереофотография **11.** стереоскопический фотоснимок, стереофотоснимок **12.** стереотип

anaglyph ~ анаглифическое стереовидение, стереовидение со спектральной сепарацией (*изображений стереопары*); метод анаглифов

coded ~ кодированная стереофоническая запись
discrete ~ цифровая стереофоническая запись
eclipse ~ эклипсное стереовидение, стереовидение с чередованием кадров (*изображений стереопары*)
field-sequential ~ эклипсное стереовидение, стереовидение с чередованием кадров (*изображений стереопары*)
FM ~ система стереофонического вещания с частотной модуляцией и пилот-тоном
four-channel ~ четырёхканальная стереофоническая система
frame-doubling ~ эклипсное стереовидение с удвоением кадров, стереовидение с чередованием и удвоением кадров (*изображений стереопары*)
interlaced ~ чересстрочное эклипсное стереовидение
matrix ~ матричная стереофоническая система
monogroove ~ стереофоническая запись на одну канавку
multichannel ~ многоканальная стереофоническая запись
multiplex ~ 1. стереофоническая система с уплотнением каналов 2. стереофоническое радиовещание с уплотнением каналов
page-flipping ~ эклипсное стереовидение, стереовидение с чередованием кадров (*изображений стереопары*)
polarization ~ поляризационное стереовидение, стереовидение с поляризационной сепарацией (*изображений стереопары*)
single-groove ~ стереофоническая запись на одну канавку
sync-doubling ~ эклипсное стереовидение с удвоением кадров, стереовидение с чередованием и удвоением кадров (*изображений стереопары*)
three-channel ~ трёхканальная стереофоническая система
top-and-bottom ~ эклипсное стереовидение с удвоением кадров, стереовидение с чередованием и удвоением кадров (*изображений стереопары*)
stereoadapter 1. стереофоническая приставка 2. *вчт* стерео(видео)адаптер
stereobase, stereobasis стереобазис
stereocasting стереофоническое вещание
stereochemic(al) стереохимический
stereochemistry стереохимия
stereocomparator стереокомпаратор
stereocontrol 1. регулировка стереобаланса 2. регулятор стереобаланса
stereoglasses стереоскопические очки, стереоочки
anaglyph ~ анаглифные (стерео)очки
computer ~ компьютерные стереоочки
LCS ~ *см.* liquid-crystal shutter stereoglasses
liquid-crystal shutter ~ (компьютерные) стереоочки с жидкокристаллическим (оптическим) прерывателем
wired ~ проводные (компьютерные) стереоочки, (компьютерные) стереоочки с кабелем (*для подключения к компьютеру*)
wireless ~ беспроводные (компьютерные) стереоочки
stereogram 1. стереоскопическое изображение; стереопара 2. стереоскопический снимок 3. объёмное изображение

holographic ~ 1. голографическое объёмное изображение 2. голографический стереоскопический снимок
stereograph стереоскопическое изображение; стереопара
stereographic(al) 1. создающий стереоскопический эффект; придающий объёмность изображению 2. стереометрический
stereography 1. методы создания стереоскопических *или* объёмных изображений 2. стереометрия
stereoisomer стереоизомер
stereoisomerism пространственная изомерия, стереоизомерия
stereology стереология, наука о способах определения трёхмерной структуры объектов по их двумерным изображениям
stereometer стереометр
laser ~ лазерный стереометр
stereometry 1. стереометрия 2. методы создания стереоскопических *или* объёмных изображений
laser ~ 1. лазерная стереометрия 2. лазерные методы создания стереоскопических *или* объёмных изображений
stereophonic стереофонический
stereophonics, stereophony стереофония
stereopair стереопара; стереоскопическое изображение
stereopsis стереоскопическое зрение; стереовидение
stereopticon диапроектор со сменой диапозитивов методом наплыва
stereoregular стереорегулярный (*напр. полимер*)
stereoscope стереоскоп
lens ~ линзовый стереоскоп
mirror ~ зеркальный стереоскоп
stereoscopic(al) 1. стереоскопический 2. стереоскопный
stereoscopist специалист в области стереоскопии
stereoscopy 1. стереоскопия, относящаяся к стереоскопическим методам наблюдения и исследования область науки и техники 2. стереоскопическое зрение
stereosonic стереофонический
stereosound стереофонический звук ‖ стереофонический
stereotaxic *биол.* стереотаксический
stereotaxis *биол.* стереотаксис
stereotype 1. стереотипия ‖ стереотипировать 2. стереотип
stereotypy стереотипия
stereovision стереовидение (*1. стереоскопическое зрение 2. стереоскопическое кино, стереокино; стереоскопическое телевидение, стереотелевидение; стереоскопическое видео 3. компьютерное стереовидение*)
eclipse ~ эклипсное стереовидение, стереовидение с чередованием кадров (*изображений стереопары*)
steric стерический; пространственный
stern тыловая [задняя] часть (*предмета или объекта*)
stet *вчт* восстанавливать ранее удалённый фрагмент текста
stick 1. рукоятка; рычаг 2. прут; стержень; брусок; плитка 3. остановка; задержка; застревание ‖ останавливать(ся); задерживать(ся); застревать 4. *вчт* зависание (*напр. компьютера*) ‖ зависать

(*напр. о компьютере*) 5. опрокидывание (*бистабильного элемента*) в одно из устойчивых положений ‖ опрокидывать(ся) в одно из устойчивых положений (*о бистабильном элементе*) 6. *кв. эл.* замораживание ‖ замораживать(ся) 7. залипание (*напр. якоря реле*) ‖ залипать (*напр. о якоре реле*) 8. липкость; клейкость ‖ прилипать; приклеивать(ся) 9. *вчт pl* барабанные палочки (*музыкальный инструмент из набора ударных General MIDI*) 10. межсоединение конечной ширины (*в САПР*)

pointing ~ *вчт* указательное устройство в виде (миниатюрной) рукоятки (*в центре клавиатуры портативных компьютеров*)

robo ~ *вчт* указательное устройство в виде (миниатюрной) рукоятки (*в центре клавиатуры портативных компьютеров*)

side ~ *вчт* удар по ободу («*музыкальный инструмент*» *из набора ударных General MIDI*)

sticker самоклеящаяся этикетка

sticking 1. остановка; задержка; застревание 2. *вчт* зависание (*напр. компьютера*) 3. опрокидывание (*бистабильного элемента*) в одно из устойчивых положений 4. *кв. эл.* замораживание 5. залипание (*напр. якоря реле*) 6. прилипание; приклеивание 7. *тлв* последовательные образы

head-disk ~ залипание головки (*жёсткого магнитного*) диска

stiff 1. жёсткий 2. плотный

stiffen 1. делать(ся) жёстким; придавать жёсткость; приобретать жёсткость 2. уплотнять(ся)

stiffness 1. жёсткость 2. коэффициент упругости, коэффициент упругой жёсткости 3. электрическая жёсткость

acoustic ~ акустическая жёсткость

cone ~ жёсткость диффузора (*громкоговорителя*)

elastic ~ коэффициент упругости, коэффициент упругой жёсткости

exchange(-coupling) ~ *фтт* константа неоднородного обменного взаимодействия, *проф.* коэффициент обменной жёсткости

spin-wave ~ *фтт* константа неоднородного обменного взаимодействия, *проф.* коэффициент обменной жёсткости

stigmatic *опт.* (ана)стигматический
stigmatism *опт.* (ана)стигматичность
stilb стильб, сб ($1 \cdot 10^4$ кд/м^2)
stile турникет
still 1. *тлв* заставка 2. стоп-кадр 3. фотография отдельного кадра (*из фильма*)
stimulator стимулятор

transcutaneous electrical nerve ~ электротерапевтический прибор с аппликаторами (*для фарадизации*)

stimuli *pl* от **stimulus**
stimulus 1. управляющее воздействие (*напр. в системе автоматического управления*) 2. стимул

achromatic ~ ахроматический стимул
basic ~ базисный стимул (*колориметрической системы*)
cardinal ~ кардинальный стимул (*колориметрической системы*)
conditioned ~ условный стимул
heterochromatic ~ разноцветный [гетерохромный] стимул

instrumental ~ инструментальный стимул (*аддитивного визуального колориметра*)
isochromatic ~ равноцветный [изохромный] стимул
light ~ световой стимул
matching ~ инструментальный стимул (*аддитивного визуального колориметра*)
metameric color ~ метамерный цветовой стимул, метамер
reference ~ основной стимул (*колориметрической системы*)
unconditioned ~ безусловный стимул

stipple метод рисования с передачей света и теней варьированием плотности точек и штрихов ‖ рисовать с передачей света и теней варьированием плотности точек и штрихов

stirrup стремечко (*уха*)
stitch стежок ‖ соединять стежками (*напр. при термокомпрессии*)
stochastic стохастический

doubly s~ бистохастический

stochasticity стохастичность

~ **of Hamiltonian systems** стохастичность гамильтоновых систем

stochastization стохастизация

~ **in distributed systems** стохастизация в распределённых системах

~ **of oscillations** стохастизация колебаний

phase ~ стохастизация фаз

stoichiometric стехиометрический
stoichiometry стехиометрия
stop 1. остановка ‖ останавливать(ся) 2. *вчт* останов 3. кнопка *или* клавиша «Стоп» (*напр. в магнитофоне*) 4. ограничитель; упор; стопор; стопорный винт 5. пауза; перерыв ‖ делать паузу; прерывать(ся) 6. знак препинания ‖ расставлять знаки препинания 7. препятствие; преграда; блокировка ‖ препятствовать; преграждать; блокировать 8. *опт.* диафрагма ‖ диафрагмировать ◊ ~ **down** уменьшать диафрагму; ~ **out** маскировать (*напр. негатив*); ~ **up** увеличивать диафрагму

address ~ останов по адресу
aperture ~ апертурная диафрагма
automatic end ~ (электронный) автостоп (*напр. электропроигрывателя*)
chapter ~ начало фрагмента (*напр. записи*)
conditional ~ условный останов
dial finger ~ ограничитель поворота диска (*номеронабирателя*)
disk insertion ~ упор для съёмного диска (*в дисководе*)
emergency ~ аварийный останов
end ~ упор (*переменного резистора*)
error ~ останов по ошибке
f ~ диафрагма
field ~ диафрагма поля зрения
finger ~ ограничитель поворота диска (*номеронабирателя*)
fixed ~ жёсткий упор
flare ~ диафрагма поля зрения
full ~ точка (*1. знак препинания 2. символ .*)
margin ~ ограничитель поля (*страницы*)
optional ~ условный останов
program ~ останов программы
programmed ~ программируемый останов

spring ~ 1. пружинный упор 2. пружинная защёлка (*напр. реле*)
tab ~ *вчт* позиция табуляции
temporary ~ временный останов
track zero ~ упор на нулевой дорожке (*для рычага привода головки гибкого магнитного диска*)
unprogrammed ~ непрограммируемый останов
stopband полоса задерживания (*фильтра*), полоса затухания; полоса ослабления
stopgap временная замена ‖ служащий временной заменой
stop-motion *тлв* стоп-кадр
stoppage неисправность (*аппаратного обеспечения*) или ошибка (*в программном обеспечении*), приводящие к неработоспособности системы
stopper 1. стопорный механизм; стопорное устройство; стопор 2. схема подавления [подавитель] паразитных колебаний 3. *пп* охранная область
anode ~ схема подавления паразитных колебаний в цепи анода
base ~ схема подавления паразитных колебаний в цепи базы
channel ~ 1. охранное кольцо (*транзистора*) 2. ограничитель канала (*в МОП-транзисторе*)
ferrite-bead ~ подавитель паразитных колебаний в виде ферритовой бусинки (*на входном проводнике*)
grid ~ схема подавления паразитных колебаний в цепи сетки
parasitic ~ схема подавления паразитных колебаний
tape ~ стопор (*магнитной*) ленты
stopping 1. остановка; прекращение 2. пауза; перерыв 3. расстановка знаков препинания 4. блокирование 5. диафрагмирование
early ~ обучение с блокированием, обучение с остановкой при увеличении коэффициента валидационных ошибок (*в нейронных сетях*)
stopwatch секундомер
stopword *вчт* слово, игнорируемое информационно-поисковой системой (*напр. артикль, наречие и др.*)
storage *вчт* 1. память (*1. запоминающее устройство, ЗУ 2. способность к запоминанию информации с возможностью обращения к последней*) 2. запоминание; хранение; накопление 3. отображение в памяти 4. хранилище; склад 5. хранилище данных (*память или файл*)
~ of vortices *свпр* хранение вихрей (*магнитного потока*)
acoustic ~ 1. акустическое ЗУ 2. акустическая линия задержки
associative ~ ассоциативная память, ассоциативное ЗУ
auxiliary ~ внешняя память, внешнее ЗУ, ВЗУ
bubble(-domain) ~ ЗУ на ЦМД
bubble-lattice file ~ файловое ЗУ на решётке ЦМД
buffer ~ буферная память, буферное ЗУ, БЗУ
bulk ~ 1. внешняя память, внешнее ЗУ, ВЗУ 2. массовая память, массовое ЗУ, внешнее ЗУ большой ёмкости
capacitive energy ~ ёмкостное накопление энергии
capacitor ~ конденсаторное ЗУ
central mass ~ центральное хранилище данных

charge ~ запоминание заряда; хранение заряда
chemical ~ химическое запоминание
circulating ~ ЗУ с циркуляцией информации
common ~ совместно используемая область памяти; общедоступная память
content-addressable ~ ассоциативная память, ассоциативное ЗУ
control ~ управляющая память, управляющее ЗУ
core ~ ЗУ на магнитных сердечниках
cryoelectronic ~ ЗУ на сверхпроводниках, криогенное ЗУ
cylindrical-film ~ ЗУ на цилиндрических магнитных плёнках, ЗУ на ЦМП
data ~ 1. запоминание данных; хранение данных 2. хранилище данных
delay-line ~ ЗУ на линиях задержки
di-cap ~ *см.* **diode-capacitor storage**
digital ~ цифровая память, цифровое ЗУ
digital data ~ 1. цифровая память, цифровое ЗУ 2. формат представления данных при цифровой записи на (магнитную) ленту (кассетного) формата DAT, формат DDS
digital data ~ 1 формат представления данных при цифровой записи на (магнитную) ленту (кассетного) формата DAT в ЗУ ёмкостью 2 ГБайт, формат DDS-1
digital data ~ 2 формат представления данных при цифровой записи на (магнитную) ленту (кассетного) формата DAT в ЗУ ёмкостью 4 ГБайт, формат DDS-2
digital data ~ 3 формат представления данных при цифровой записи на (магнитную) ленту (кассетного) формата DAT в ЗУ ёмкостью 12 ГБайт, формат DDS-3
diode-capacitor [diode-condenser] ~ диодно-конденсаторное ЗУ
disk ~ ЗУ на магнитных дисках
drum ~ ЗУ на магнитных барабанах
dynamic ~ динамическая память, динамическое ЗУ
electrical ~ электрическое запоминание
electromechanical ~ электромеханическое ЗУ
electronic ~ электронное ЗУ
electrostatic ~ электростатическое ЗУ
emulsion laser ~ ЗУ с записью методом локального лазерного нагрева эмульсионного слоя
erasable ~ 1. перепрограммируемая память, перепрограммируемое ЗУ 2. память со стиранием информации, ЗУ со стиранием информации
external ~ внешняя память, внешнее ЗУ, ВЗУ
fast-access ~ ЗУ с малым временем выборки
ferritine ~ ферритиновая память, ЗУ на молекулах ферритина
ferroacoustic ~ ферроакустическое ЗУ
ferroelectric ~ сегнетоэлектрическое ЗУ
fixed ~ постоянная память, постоянное ЗУ, ПЗУ
high-capacity ~ ЗУ большой ёмкости
high-speed ~ быстродействующее ЗУ
hologram [holographic information] ~ голографическая память, голографическое ЗУ
image ~ запоминание изображений
immediate access ~ оперативная память, оперативное ЗУ, ОЗУ
inductive energy ~ индуктивное накопление энергии
information ~ хранение информации

information ~ and retrieval хранение и поиск информации
intermediate ~ промежуточное ЗУ
internal ~ оперативная память, оперативное ЗУ, ОЗУ
key ~ хранение ключа (*при криптографической защите*)
large-capacity ~ ЗУ большой ёмкости
laser ~ лазерная память, лазерное ЗУ (*напр. с термомагнитной записью*)
liquid ~ жидкостное ЗУ
local ~ локальная память
magnetic ~ магнитное ЗУ
magnetic-card ~ ЗУ на магнитных картах
magnetic-core ~ ЗУ на магнитных сердечниках
magnetic-disk ~ ЗУ на магнитных дисках
magnetic domain ~ 1. ЗУ на магнитных доменах **2.** ЗУ на ЦМД
magnetic domain-wall ~ ЗУ на доменных границах
magnetic-drum ~ ЗУ на магнитных барабанах
magnetic-peg ~ ЗУ на магнитных стержнях
magnetic-plate ~ ЗУ на магнитных платах
magnetic-tape ~ ЗУ на магнитных лентах
magnetic-wire ~ ЗУ на магнитных проволоках
magnetooptical ~ магнитооптическое ЗУ
main ~ оперативная память, оперативное ЗУ, ОЗУ; основная память, основное ЗУ
mass ~ 1. массовая память, массовое ЗУ, внешнее ЗУ большой ёмкости **2.** хранилище данных
matrix ~ матричное ЗУ
mechanical ~ механическое ЗУ
mercury ~ ЗУ на ртутных линиях задержки, ртутное ЗУ
minority-carrier ~ накопление неосновных носителей
multiple virtual ~ операционная система MVS, операционная система OS/390 (*для мейнфреймов корпорации IBM*)
network attached ~ сеть с подключёнными хранилищами данных, сеть типа NAS
network secondary ~ внешнее ЗУ сети
nonerasable ~ память без стирания информации, ЗУ без стирания информации
nonvolatile ~ 1. энергонезависимая память **2.** энергонезависимое хранилище информации (о конфигурации системы) (*область энергонезависимой памяти или файл данных*
off-line ~ 1. не контролируемая центральным процессором память, не контролируемое центральным процессором ЗУ **2.** автономное ЗУ
on-line ~ контролируемая центральным процессором память, контролируемое центральным процессором ЗУ
optical ~ оптическое ЗУ
parallel ~ ЗУ параллельного действия, параллельное ЗУ
parallel-search ~ (ассоциативное) ЗУ с параллельным поиском
permanent ~ постоянная память, постоянное ЗУ, ПЗУ
picture ~ запоминание изображений
plated-wire ~ ЗУ на цилиндрических магнитных плёнках, ЗУ на ЦМП
primary ~ оперативная память, оперативное ЗУ, ОЗУ

program ~ область (внешней) памяти для хранения программ
protected ~ 1. защищённая память, защищённое ЗУ **2.** защищённая область памяти
random access ~ 1. память с произвольным доступом **2.** оперативная память, оперативное ЗУ, ОЗУ
rapid-access ~ ЗУ с малым временем доступа
read-only ~ постоянная память, постоянное ЗУ, ПЗУ
real ~ реальная [невиртуальная] память
reloadable control ~ перезагружаемое управляющее ЗУ
removable ~ съёмное [сменное] ЗУ
resistor ~ ЗУ на резисторах
rotating ~ ЗУ вращающегося типа
secondary ~ внешняя память, внешнее ЗУ, ВЗУ
semiconductor ~ ЗУ на полупроводниках
semimechanical ~ электромеханическое ЗУ
sequential (access) ~ память с последовательным доступом
single-chip ~ однокристальное ЗУ
slow ~ память с низким быстродействием, *проф.* медленная память
static ~ статическая память, статическое ЗУ
superconductive ~ ЗУ на сверхпроводниках
tape ~ ЗУ на магнитных лентах
temporary ~ временная [рабочая] память
upper ~ верхняя память (*область памяти в адресном пространстве 640 — 1024 Кбайт*)
virtual ~ виртуальная память
volatile ~ энергозависимая память, энергозависимое ЗУ
Williams-tube ~ (электростатическое) ЗУ на запоминающих ЭЛТ
working ~ рабочая [временная] память
zero-access ~ сверхбыстродействующее ЗУ
store 1. запоминающее устройство, ЗУ; память **2.** запоминание; хранение; накопление || запоминать; хранить; накапливать **3.** хранилище; склад **4.** хранилище данных (*память или файл*) **5.** отображение в памяти || отображать в памяти **6.** резерв; запас || резервировать; запасать || резервный; запасной **7.** магазин
backing ~ 1. внешняя память, внешнее ЗУ, ВЗУ **2.** отображение символов в памяти
backup ~ резервная память, резервное ЗУ
computer ~ магазин компьютерной техники
coordinate ~ матричное ЗУ
dead ~ постоянная память, постоянное ЗУ, ПЗУ
e-~ *см.* electronic store
electronic ~ электронный магазин; Internet-магазин
energy ~ 1. накопление энергии **2.** запас энергии
exchangeable disk ~ ЗУ на сменных [съёмных] дисках
field ~ *тлв* полевое ЗУ
finished ~ склад готовой продукции
frame ~ *тлв* кадровое ЗУ
free ~ свободная память
hierarchical ~ иерархическая память
holographic ~ голографическая память, голографическое ЗУ
immediate-access ~ оперативная память, оперативное ЗУ, ОЗУ
integrated-data ~ интегрированное запоминание данных

store

Internet ~ Internet-магазин; электронный магазин
microprocessor control ~ управляющее ЗУ микропроцессора
nest ~ ЗУ магазинного типа, стековое ЗУ
push-down ~ ЗУ магазинного типа, стековое ЗУ
push-up ~ ЗУ обратного магазинного типа
rack ~ стеллажное хранилище; стеллажный склад
random-access ~ 1. память с произвольным доступом 2. оперативная память, оперативное ЗУ, ОЗУ
scratch-pad ~ 1. кэш-память 2. рабочая [временная] память (*напр. мозга*)
terabit ~ ЗУ терабитной ёмкости

store and forward передача данных с промежуточным накоплением, коммутация пакетов *или* сообщений (*передача каждого сообщения или пакета от узла к узлу только в полном объёме*)

voice ~ передача голосовых [речевых] данных с промежуточным накоплением, коммутация голосовых [речевых] пакетов *или* голосовых [речевых] сообщений

storecasting служба стереофонического радиовещания для магазинов и общественных зданий
stored-program с хранимой программой
stored-response с хранимым ответом; с хранимыми откликами
storefront фасад (*1. лицевая сторона здания или сооружения 2. титульный лист сайта коммерческого предприятия*)
storing 1. запоминание; хранение; накопление 2. хранение; складирование 3. отображение в памяти 4. резервирование; создание запаса

~ **of accessories** создание запаса комплектующих изделий
bit ~ запоминание бита; хранение бита

storm 1. буря; шторм 2. гроза

broadcast ~ *вчт* лавинообразное нарастание сообщений, передаваемых для всех абонентов (*без персонификации*), для всего аппаратного *или* программного обеспечения (*вычислительной системы или сети*); затор (*в вычислительной системе или сети*) при широковещательной передаче сообщений, *проф.* широковещательная буря
electrical ~ гроза
ionospheric ~ ионосферная буря
magnetic ~ магнитная буря

storyboarding *вчт* работа с архивными документами
stowage уплотнение, упаковка (*при архивировании файлов*)
strada магистраль

info ~ информационная магистраль (*глобальная высокоскоростная сеть передачи цифровых данных, речи и видеоинформации по спутниковым, кабельным и оптоволоконным линиям связи*)

strain 1. (механическая) деформация || деформировать(ся) 2. деформированное состояние 3. деформирующее воздействие 4. натяжение; растяжение || натягивать(ся); растягивать(ся) 5. *вчт, бион.* растяжение мышцы *или* сухожилия (*напр. в результате перенапряжения при работе с клавиатурой и мышью*) || растягивать мышцу *или* сухожилие 6. переходить границу; выходить за пределы 7. фильтровать(ся); процеживать(ся) 8. стиль; манера *вчт, бион.* 9. род; племя 10. штамм 11. наследуемый признак

alternating ~ знакопеременная деформация
bending ~ деформация изгиба
buckling ~ деформация продольного изгиба при потере устойчивости
compression ~ деформация сжатия
conductor ~ натяжение провода
dielectric ~ деформация диэлектрика при поляризации
elastic ~ упругая деформация
extension ~ деформация растяжения
flexural ~ деформация изгиба
homogeneous ~ однородная деформация
lattice ~ деформация кристаллической решётки
linear ~ линейная деформация
longitudinal ~ продольная деформация
magnetic ~ магнитная деформация
magnetoelastic ~ магнитоупругая деформация
magnetostrictive ~ магнитострикционная деформация
plastic ~ пластическая деформация
residual ~ остаточная деформация
shear ~ деформация сдвига
spontaneous ~ спонтанная деформация
tensile ~ деформация растяжения
torsional [twisting] ~ деформация кручения
volume ~ объёмная деформация

strand 1. скрутка; свивка; жгут || скручивать; свивать; объединять в жгут (*напр. проводники*) 2. жила; одиночная нить (*напр. жгута*) 3. трос; верёвка; кабель 4. *бион.* спиральная цепочка (*ДНК*)

conductor ~ 1. жила многожильного провода 2. элементарный проводник
optical fiber ~ 1. оптоволоконный жгут 2. жила оптоволоконного жгута
suspension ~ трос (*воздушного кабеля*)
wire ~ 1. многожильный провод 2. жила (многожильного провода)

stranding скрутка, скручивание; свивка, свивание; объединение в жгут (*напр. проводников*) (*проводников*)

bunch ~ скрутка
concentric ~ концентрическая скрутка
wire ~ скрутка проводов

strangeness странность (*напр. кварка*)
strap 1. стяжка; связка || стягивать; связывать; обвязывать 2. хомут(ик); пояс(ок); ремень || обжимать хомут(ик)ом; охватывать пояс(к)ом *или* ремнём; опоясывать 3. крепёжный ремешок; браслет 4. строп 5. (электрическая) перемычка 6. связка (*резонаторной системы магнетрона*)

anode ~ связка (*резонаторной системы магнетрона*)
antistatic wrist ~ антистатический браслет (*с заземляющим проводом*)
clamp(ing) ~ прижимная планка
connection ~ (электрическая) перемычка
driving ~ приводной ремень
jumper ~ (электрическая) перемычка
loose ~ хомут(ик)
magnetron ~ связка (*резонаторной системы*) магнетрона
watch ~ ремешок *или* браслет наручных часов
wire ~ проволочный хомут(ик)

strapping 1. стягивание; связывание; обвязывание 2. обжатие хомут(ик)ом; охватывание пояс(к)ом *или*

ремнём; опоясывание **3.** соединение связками *(чётных и нечётных секций резонаторной системы магнетрона)*
strata *pl om* **stratum**
strategy 1. стратегия **2.** *вчт* стратегическая игра
  ~ of conflict resolution стратегия разрешения конфликтов
  ~ of game стратегия игры
  attack ~ стратегия атаки *(напр. в криптоанализе)*
  Bayes ~ байесова [байесовская] стратегия
  cognitive ~ когнитивная стратегия
  competitive ~ стратегия конкурентноспособности
  decision ~ стратегия принятия решений
  defense-in-depth ~ стратегия построения глубоко эшелонированной обороны *(напр. для обеспечения безопасности информационных систем)*
  evaluation ~ стратегия вычислений
  evolution ~ эволюционная стратегия
  group sweeping ~ *вчт* стратегия циклической диспетчеризации с разделением потоков данных на группы
  pursuit ~ стратегия погони
  real-time ~ стратегическая игра в реальном масштабе времени
strati *pl om* **stratus**
stratification стратификация *(1. расслоение; образование слоёв 2. группировка, разбиение выборки на непересекающиеся группы)*
stratify расслаивать(ся); стратифицировать(ся)
stratocumulus слоисто-кучевое облако
stratopause стратопауза *(верхний слой стратосферы на высоте 50 - 55 км)*
stratosphere стратосфера *(слой атмосферы между тропосферой и мезосферой)*
stratum слой; страта
stratus слоистое облако
stray 1. рассеивать(ся); отклонять(ся) *(от первоначального направления)* || рассеянный; рассеивающий; отклоняющий(ся) *(от первоначального направления)* **2.** *pl* атмосферные помехи **3.** *pl* паразитная ёмкость
streak 1. полоска; прожилка || образовывать полоски или прожилки **2.** период *или* промежуток *(времени)*, *проф.* «полоса»
streaking 1. образование полосок *или* прожилок **2.** *тлв* тянущееся продолжение, *проф.* «тянучка»
  black ~ чёрное тянущееся продолжение, *проф.* чёрная «тянучка»
  long ~ длинное тянущееся продолжение, *проф.* длинная «тянучка»
  short ~ короткое тянущееся продолжение, *проф.* короткая «тянучка»
  white ~ белое тянущееся продолжение, *проф.* белая «тянучка»
Stream:
  Bit ~ система Bit Stream, метод цифро-аналогового преобразования с использованием дельта-сигма модуляции *(в проигрывателях компакт-дисков)*
stream 1. поток *(1. течение; направленное коллективное движение 2. абстрактный последовательный файл 3. непрерывная последовательность; вереница 4. канал потоков, однонаправленный канал передачи неструктурированных данных в USB-системе)* **2.** *вчт* потоковый *(напр. ввод)* **3.** протекать; течь **4.** дрейф || дрейфовать **5.** струя || струиться ◊ **on ~** функционирующий; действующий; работающий
  ~ of character поток символов
  ~ of consciousness поток сознания
  ~ of content поток содержимого
  ~ of random events поток случайных событий
  ASCII ~ поток ASCII-данных
  audio ~ поток аудиоданных
  bit ~ последовательность бит
  bubble ~ поток ЦМД
  compressed ~ сжатый поток *(данных)*
  data ~ поток данных
  electron ~ электронный поток, поток электронов
  finite ~ конечный поток
  infinite ~ бесконечный поток
  input ~ *вчт* входной поток *(1. последовательность данных, поступающих на вход устройства 2. последовательность вводимых в компьютер данных 3. последовательность необходимых для выполнения задания операторов и данных)*
  input job ~ *вчт* входной поток; последовательность необходимых для выполнения задания операторов и данных
  instruction ~ поток команд
  jet ~ струйное течение *(в атмосфере)*
  job ~ *вчт* входной поток, последовательность необходимых для выполнения задания операторов и данных
  multiplexed pulse ~ уплотнённая импульсная последовательность
  output ~ *вчт* выходной поток *(1. последовательность данных, получаемых с выхода устройства 2. последовательность выводимых из компьютера данных 3. последовательность необходимых для вывода результатов выполнения задания операторов и данных)*
  output job ~ *вчт* выходной поток, последовательность необходимых для вывода результатов выполнения задания операторов и данных
  parallel data ~s параллельные потоки данных
  plasma ~ поток плазмы
  Poisson ~ пуассоновский поток
  serial data ~ последовательный поток данных
  system ~ системный поток, поток аудио- и видеоданных в стандарте MPEG
  video ~ поток видеоданных
  word ~ поток слов
stream-based *вчт* потоко-ориентированный; с ориентацией на обмен потоками; с установлением логического соединения, на базе логического соединения *(напр. о методе связи)*
streamer 1. стример *(1. запоминающее устройство для резервного копирования данных на магнитную ленту в потоковом режиме 2. узкий светящийся канал при коронном или искровом разряде в предпробойной стадии)* **2.** *вчт* рекламное окно на Web-странице, *проф.* «баннер» **3.** плакат; транспарант; вымпел, лозунг **4.** крупный заголовок во всю ширину наборного поля, *проф.* «шапка» **5.** лучистая форма полярного сияния **6.** язык; выброс; протуберанец **7.** лента; полос(к)а
  anode ~ анодный стример
  cathode ~ катодный стример
  DVD ~ запоминающее устройство для резервного копирования данных на DVD-диск в потоковом режиме

streamer

pinched ~ самостягивающийся стример

streaming 1. поток; течение; направленное коллективное движение 2. *вчт* потоковый режим (*1. режим записи и считывания данных в виде непрерывной последовательности 2. режим воспроизведения аудиовизуальной информации в процессе получения данных (напр. по сети*)) 3. *вчт* потоковый (*напр. ввод*) 4. увлечение носителей тока акустическими волнами 5. *биол.* циклозис, поток цитоплазмы в клетке

streamline 1. линия тока 2. обтекание

stream-oriented *вчт* потоко-ориентированный; с ориентацией на обмен потоками; с установлением логического соединения, на базе логического соединения (*напр. о методе связи*)

strength 1. напряжённость (*поля*) 2. интенсивность; уровень (*напр. сигнала*) 3. сила (*напр. осциллятора*) 4. *вчт* мощность (*напр. графа*) 5. *вчт* степень (*напр. обусловленности*) 6. прочность; предел прочности 7. криптографическая стойкость, криптостойкость 8. концентрация (*раствора*) 9. штат; численный состав; численность (*сотрудников*)

~ **of association** степень положительной связанности; степень сходства

~ **of casualty** степень обусловленности

~ **of disassociation** степень отрицательной связанности; степень различия

~ **of graph** мощность графа

~ **of group of dislocation** мощность группы дислокаций

~ **of radiation** интенсивность излучения

~ **of test** мощность критерия

absolute line ~ абсолютная интенсивность спектральной линии

adhesive ~ адгезионная прочность

beam ~ интенсивность пучка

bond ~ энергия связи

breakdown ~ электрическая прочность диэлектрика

connection ~ *вчт* сила связи (*напр. между нейронами в сети*)

contextual ~ контекстная криптографическая стойкость, контекстная криптостойкость

cryptographic ~ криптографическая стойкость, криптостойкость

design ~ криптографическая стойкость к атаке методом «грубой силы», криптостойкость к атаке методом «грубой силы»

dielectric ~ электрическая прочность диэлектрика

electric ~ электрическая прочность диэлектрика

electric-field ~ напряжённость электрического поля

enhanced signal ~ система определения местоположения по увеличению интенсивности сигнала

field ~ 1. напряжённость поля 2. уровень сигнала

insulating ~ электрическая прочность изоляции

line ~ интенсивность спектральной линии

luminescence ~ интенсивность люминесценции

magnetic-field ~ напряжённость магнитного поля

oscillator ~ *фтт* сила осциллятора

pinning ~ *свпр* сила пиннинга

preference ~ степень предпочтения

pumping ~ мощность накачки

radio field ~ уровень радиосигнала

relative line ~ относительная интенсивность спектральной линии

reverberation ~ интенсивность реверберации

signal ~ уровень сигнала

sound source ~ максимальная колебательная скорость звукового поля

technical ~ техническая криптографическая стойкость, техническая криптостойкость

tensile ~ предел прочности на растяжение

tree ~ мощность дерева

wet ~ предел прочности на разрыв во влажном состоянии (*напр. бумаги*)

strengthen усиливать(ся); укреплять(ся)

STRESS проблемно-ориентированный язык для решения задач строительной техники, язык программирования STRESS

stress 1. (механическое) напряжение ‖ подвергать воздействию (механических) напряжений; напрягать 2. давление ‖ оказывать давление; подвергать давлению; давить 3. (внешнее) воздействие ‖ воздействовать (извне) 4. ударение ‖ произносить с ударением 5. акцент ‖ акцентировать (*в музыке*) 6. стресс ‖ подвергать стрессу

allowable ~ допустимое напряжение

alternate ~ знакопеременное напряжение

ambient ~ воздействие окружающей среды

anisotropic ~ анизотропное напряжение

as-deposited ~ напряжение (*в плёнке*) непосредственно после осаждения

axial ~ аксиальное [одноосное] напряжение

bending ~ напряжение изгиба

BH– ~ *см.* bias(ing)-heat stress

bias(ing)-heat ~ *пп* термообработка при наличии смещения

biaxial ~ двуосное напряжение

buckling ~ напряжение продольного изгиба при потере устойчивости

component ~ воздействующий фактор (*при испытании на интенсивность отказов*)

compound ~ сложное напряжение

compression(al) [**compressive**] ~ напряжение сжатия

dielectric ~ напряжение в диэлектрике при поляризации

diffusion-induced ~ *пп* напряжение, индуцированное диффузией

dynamic ~ динамическое напряжение

edge ~ краевое напряжение

elastic ~ напряжение, вызывающее упругие деформации

electrostrictive ~ электрострикционное напряжение

environmental ~ воздействие окружающей среды

flexural ~ напряжение изгиба

homogeneous ~ однородное напряжение

induced ~ индуцированное напряжение

interface ~ напряжение на границе раздела

internal ~ внутреннее напряжение

lattice ~ напряжение кристаллической решётки

local ~ локальное напряжение

longitudinal ~ продольное напряжение

magnetomechanical ~ магнитомеханическое напряжение

magnetostrictive ~ магнитострикционное напряжение

normal ~ нормальное напряжение

plane ~ двуосное напряжение
plastic ~ напряжение, вызывающее пластические деформации
primary ~ главное ударение
principal ~ главное напряжение
pure shear ~ напряжение чистого сдвига
residual ~ остаточное напряжение
secondary ~ второстепенное ударение
sentence ~ фразовое ударение
shear(ing) ~ напряжение сдвига
simple ~ простое напряжение
spontaneous ~ спонтанное напряжение
static ~ статическое напряжение
surface ~ поверхностное напряжение
tangential ~ касательное напряжение
tensile ~ напряжение растяжения
thermal ~ термическое напряжение
torsional ~ напряжение кручения
triaxial ~ трёхосное напряжение
ultimate ~ предел прочности
uniaxial ~ одноосное напряжение
yield ~ предел текучести

stretch 1. растягивание; расширение; удлинение || растягивать(ся); расширять(ся); удлинять(ся) 2. протяжённость; длина || простираться 3. длительность; промежуток времени длиться 4. упругость; эластичность
  black ~ *тлв* растягивание сигнала в области чёрного
  pulse ~ расширение импульсов
  white ~ *тлв* растягивание сигнала в области белого
stretcher расширитель; удлинитель
  asymmetric-chevron ~ расширитель ЦМД на асимметричных шевронах
  bubble ~ расширитель ЦМД
  line ~ 1. удлинитель (*отрезок линии передачи переменной длины*) 2. линейный усилитель (*в студийной аппаратуре*)
  pulse ~ расширитель импульсов
  speech ~ замедлитель речи (*электронный прибор для анализа речи*)
stretching растягивание; расширение; удлинение
  bubble(-domain) ~ растягивание [расширение] ЦМД
  time(-scale) ~ растягивание временной шкалы
  uniform ~ однородное расширение
  video ~ растягивание видеоимпульсов
stria полоска; бороздка (*напр. на поверхности кристалла*)
striae *pl* от **stria**
striated полосчатый; бороздчатый (*напр. о поверхности кристалла*)
striation 1. полосчатость; бороздчатость (*напр. о поверхности кристалла*) 2. дифракционная картина в виде полос 3. визуализация акустических [упругих] волн методом дифракции света
strict строгий; точный
strictness строгость; точность
strike 1. удар || ударять 2. зажигать(ся) (*напр. о газовом разряде*) 3. пронизывать; проходить насквозь; проникать
strike-over *вчт* 1. забивание (*символа*) || забивать (*символ*) 2. забитый символ
strikethrough 1. пронизывание; сквозное прохождение; проникновение 2. проникновение чернил *или* тонера на оборотную сторону листа (*при печати*) 3. перечёркивание, знак выкидки текстового фрагмента
striking 1. нанесение удара 2. зажигание (*напр. газового разряда*) 3. контактное зажигание дуги 4. электролитическое осаждение начальной металлической плёнки (*при большой плотности тока*) 5. пронизывание; сквозное прохождение; проникновение

string 1. *вчт* строка (*1. последовательность записанных в одну линию символов 2. тип данных*) || представлять в виде строки || строковый 2. (упорядоченная) последовательность; ряд; цепочка || располагать последовательно; представлять в виде ряда *или* цепочки 3. струна (*1. натянутая упругая нить 2. звукообразующий орган струнного музыкального инструмента 3. релятивистский физический объект*) || струнный 4. струнный музыкальный инструмент; смычковый (струнный) музыкальный инструмент; *pl* струнные *или* смычковые (*в оркестре*) 5. натягивать струну
  ~ **of states** последовательность
  ~ **of term** строка терма
  alphabetic ~ 1. строка букв 2. текстовая строка
  ASCII ~ ASCII-строка, строка ASCII-символов
  ASCIIZ- ~ ASCIIZ-строка, завершающаяся нулём строка ASCII-символов
  bit ~ строка бит
  boson ~ бозонная струна
  byte ~ строка байт
  character ~ строка символов, символьная строка
  closed ~ замкнутая струна
  cosmic ~ космическая струна
  C-style ~ Си-строка (*в языках программирования семейства Си*)
  digit(al) ~ цифровая строка
  double-word ~ строка двойных слов
  dual ~ дуальная струна
  elastic ~ упругая струна
  empty ~ 1. пустая строка 2. пустая последовательность
  fermion ~ фермионная струна
  finite ~ 1. конечная последовательность 2. конечная струна
  homogeneous ~ однородная струна
  initialization ~ инициализирующая строка, начальная группа АТ-команд коммуникационной программы (*модема*)
  isolator ~ гирлянда изоляторов
  null ~ 1. пустая строка 2. пустая последовательность
  null-terminated ~ ASCIIZ-строка, завершающаяся нулём строка ASCII-символов
  open ~ открытая струна
  phone ~ последовательность звуков
  pizzicato ~**s** *вчт* струнные пиццикато (*музыкальный инструмент из набора General MIDI*)
  quoted ~ строковая константа
  relativistic ~ релятивистская струна
  terminal ~ терминальная строка
  text ~ текстовая строка
  tremolo ~**s** *вчт* тремолирующие струнные (*музыкальный инструмент из набора General MIDI*)
  setup ~ *вчт* строка установки значений параметров (*напр. принтера*)
  spin ~ спиновая струна

symbol ~ строка символов, символьная строка
synth ~s I *вчт* синтезированные струнные I (*музыкальный инструмент из набора General MIDI*)
synth ~s II *вчт* синтезированные струнные II (*музыкальный инструмент из набора General MIDI*)
terminal ~ терминальная строка
thyristor ~ тиристорный столб
word ~ строка слов

stringenc/y 1. строгость; точность 2. вескость; убедительность (*напр. аргумента*)
~ of test строгость критерия

stringent 1. строгий; точный 2. веский; убедительный (*напр. аргумент*)

strip 1. полос(к)а; лента ‖ разделять на полосы *или* ленты ‖ полосовой; полосковый; ленточный 2. *магн.* полосовой домен 3. *проф.* линейка (*несколько расположенных в одну линию однотипных усилительных каскадов в общем корпусе*) 4. обдирать; зачищать (*напр. провод с изоляцией*); очищать 5. удалять (верхний слой) (*напр. слой резиста*) 6. разделять; разбирать (*на части*); демонтировать *вчт* 7. отбрасывать заголовок и конец сообщения 8. (преднамеренно) фрагментировать (*логически последовательные*) данные (*для записи на несколько дисков или в несколько разделов баз данных*)

~ of connectors клеммник
antenna ~ линейка антенного усилителя
bias ~ шина смещения
bimetallic ~ биметаллическая пластина
connection ~ соединительный печатный проводник
digit-key ~ кнопочный номеронабиратель
IF ~ *см.* **intermediate-frequency strip**
intermediate-frequency ~ линейка УПЧ
Möbius ~ лист Мёбиуса
peaker [peaking] ~ индукционный измерительный преобразователь нулевого уровня магнитного поля (*в виде одновитковой катушки с пермаллоевым сердечником*)
terminal ~ 1. линейка приборных соединителей; линейка клемм (*на задней панели прибора или устройства*) 2. диэлектрическая вставка прямоугольного приборного соединителя (*с гнёздами для контактов*)

stripe 1. полоса; полоска; лента ‖ разделять на полосы *или* ленты ‖ полосовой; полосковый; ленточный 2. *магн.* полосовой домен
planar ~ планарный полосковый
ringing ~s *тлв* окантовка
transient ~s *тлв* окантовка

stripline полосковая линия передачи
balanced ~ симметричная полосковая линия передачи
optical ~ полосковый оптический волновод
unbalanced ~ несимметричная полосковая линия передачи

stripper 1. устройство, инструмент *или* средство для зачистки (*напр. провода с изоляцией*) 2. устройство, инструмент *или* средство для удаления (верхнего слоя) (*напр. слоя резиста*)
chemical-wire ~ раствор для химической зачистки проводов
coaxial-cable ~ устройство для удаления изоляции с коаксиального кабеля
cold-solvent ~ холодный раствор для удаления (верхнего слоя) (*напр. слоя резиста*)
conveyorized ~ установка конвейерного типа для удаления (верхнего слоя) (*напр. слоя резиста*)
heated-wire ~ устройство для удаления изоляции с проводов путём нагрева
hot ~ горячий раствор для удаления (верхнего слоя) (*напр. слоя резиста*)
plasma (photoresist) ~ плазменная установка для удаления фоторезиста
resist ~ устройство, инструмент *или* средство для удаления резиста
spray ~ установка для струйного удаления (верхнего слоя) (*напр. слоя резиста*)
wire ~ устройство для удаления изоляции с проводов

stripping 1. разделение на полосы *или* ленты 2. обдирка; зачистка (*напр. провода с изоляцией*); очистка 3. удаление (верхнего слоя) (*напр. слоя резиста*) 4. разделение; разборка (*на части*); демонтаж *вчт* 5. отбрасывание заголовка и конца сообщения 6. (преднамеренное) фрагментирование (*логически последовательных*) данных (*для записи на несколько дисков или в несколько разделов баз данных*)
data ~ (преднамеренное) фрагментирование данных
data ~ in database (преднамеренное) фрагментирование вводимой информации в базах данных
data ~ in RAID-device (преднамеренное) фрагментирование данных в дисковых массивах типа RAID
disk ~ (преднамеренное) фрагментирование данных для записи на несколько дисков
disk ~ with parity (преднамеренное) фрагментирование данных для записи на несколько дисков с контролем по чётности
photoresist ~ удаление фоторезиста
plasma ~ плазменная очистка
resist ~ удаление резиста
spectrum ~ метод вычитания спектров

stripwidth 1. ширина полосы *или* ленты 2. *магн.* ширина полосового домена

strobe 1. селекторный [стробирующий] импульс, строб-импульс ‖ стробировать 2. *рлк* метка электронной шкалы дальности 3. линия *или* клин на экране индикатора (*в результате действия активной радиопомехи*) 4. стробоскоп 5. импульсная лампа для создания спецэффектов
column address ~ *вчт* селекторный [стробирующий] импульс адреса столбца, строб-импульс адреса столбца
portable tape ~ миниатюрный стробоскопический измеритель скорости движения ленты
row address ~ *вчт* селекторный [стробирующий] импульс адреса строки, строб-импульс адреса строки

stroboscope стробоскоп
electric ~ электрический стробоскоп
ultrasonic ~ стробоскоп на эффекте дифракции света на ультразвуковых волнах

strobotac стробоскоп

strobotron стробоскоп на газонаполненном тетроде

stroke 1. штрих (*1. короткая тонкая черта* 2. мазок (*в компьютерной графике*) 3. элемент изобра-

structure

ния символа шрифта) || наносить штрих(и); проводить черту; делать мазок 2. перечёркивать; отменять 3. *вчт* линия (*в векторной графике*) 4. *вчт* косая черта с наклоном вправо, *проф.* слэш, символ / 5. *вчт* насыщенность [степень жирности] шрифта; чернота шрифта 6. удар 7. *вчт* (одиночное) нажатие на клавишу, (одиночный) удар по клавише 8. пульсация; биение 9. ход; такт (*работы механизма*) 10. длина хода; величина перемещения 11. часть; этап (*напр. работы*) ◊ to ~ path *вчт* закрашивать контур; заливать границу (*в графических редакторах*)

active scanning ~ прямой ход развёртки
alternate key ~ *вчт* поочерёдное нажатие (*двух или более*) клавиш, поочерёдный удар по (*двум или более*) клавишам
ascending ~ верхний выносной элемент (*изображения символа шрифта*)
back ~ 1. обратный ход 2. обратный ход развёртки
carriage ~ ход каретки
character ~ штрих, элемент изображения символа шрифта
cross ~ поперечный штрих (*напр. в изображении буквы t*)
dart leader ~ пилот лидера (*молнии*)
descending ~ нижний выносной элемент (*изображения символа шрифта*)
direct ~ прямой удар (*молнии*)
double ~ двойное нажатие на клавишу, двойной удар по клавише
downward leader ~ нисходящий лидер (*молнии*)
dual ~ 1. двойная косая черта с наклоном вправо, *проф.* двойной слэш, символ // 2. *вчт* стрелка Пирсона (*1. логическая операция ИЛИ НЕ, отрицание дизъюнкции 2. символ логической операции ИЛИ НЕ, двойная косая черта с наклоном вправо, проф. слэш, символ //*) 3. двойное нажатие на клавишу, двойной удар по клавише
idle ~ холостой ход
indirect ~ непрямой удар (*молнии*)
joining ~ соединительный штрих
key ~ *вчт* (одиночное) нажатие на клавишу, (одиночный) удар по клавише
leader ~ лидер (*молнии*)
lightning ~ удар молнии
oblique ~ косая черта с наклоном вправо, *проф.* слэш, символ /
operating ~ рабочий ход
retrace ~ обратный ход развёртки
return ~ 1. обратный ход развёртки 2. обратный удар (*молнии*)
scan ~ ход развёртки
Sheffer ~ *вчт* штрих Шеффера (*1. логическая операция И НЕ, отрицание конъюнкции 2. символ логической операции И НЕ, косая черта с наклоном вправо, проф. слэш, символ /*)
stepped leader ~ ступенчатый лидер (*молнии*)
steric ~s атмосферики
steric ~s per second число атмосфериков в секунду
thin ~ 1. волосной штрих 2. соединительный штрих
working ~ рабочий ход
strong 1. сильный; интенсивный 2. строгий (*напр. контроль*) 3. обладающий большим увеличением, с большим увеличением (*об оптическом приборе*)

structural структурный
structuralism 1. структурализм 2. структурная лингвистика
structuralization структурирование
structure структура (*1. строение; внутренняя организация 2. схема; система; конструкция 3. интегральная структура; интегральная схема 4. форма; вид*) || образовывать структуру; структурировать; организовывать || структурный

~ **of management information** 1. структура управляющей информации 2. правила определения доступных по протоколу SMNP объектов, протокол SMI
1:N ~ иерархическая структура, древовидная структура без циклов и с единственным владельцем у каждого поддерева
air-isolation monolithic ~ *микр.* монолитная структура с воздушной изоляцией
antiasperomagnetic ~ антиасперомагнитная структура
antiferromagnetic ~ антиферромагнитная структура
array ~ матричная структура
asperomagnetic ~ асперомагнитная структура
asymmetric-chevron bubble propagating ~ схема продвижения ЦМД на асимметричных шевронах
backward-wave ~ замедляющая система с обратной волной
band ~ *фтт* зонная структура
base-centered ~ *крист.* базоцентрированная структура
beam-lead ~ *микр.* структура с балочными выводами
bias-pin resonator ~ резонаторная система с согласующим штырём
biperiodic ~ бипериодическая структура
BIST ~ *см.* **built-in self-test(ing) structure**
block ~ блочная структура
branch control ~ *вчт* (управляющая) структура (*программы*) с ветвлением, (управляющая) структура (*программы*) с выбором
bubble(-domain) array ~ решётка ЦМД
bucket-brigade ~ схема на ПЗС типа «пожарная цепочка»
built-in self-test(ing) ~ *вчт* структура с встроенным самотестированием
buried-collector ~ *микр.* структура со скрытым коллекторным слоем
BW ~ *см.* **backward-wave structure**
canted magnetic ~ неколлинеарная магнитная структура
CCD ~ *см.* **charge-coupled-device structure**
cell ~ 1. ячеистая структура 2. группа элементов (*ХИТ*)
charge-coupled-device ~ схема на ПЗС
charge-sloshing [charge-transfer] ~ схема на ППЗ; схема на ПЗС
chevron layer ~ шевронная слоистая структура (*в жидких кристаллах*)
cholesteric ~ холестерическая структура (*жидкого кристалла*)
class ~ *вчт* структура классов, набор диаграмм классов
close-packed ~ *крист.* плотноупакованная структура

405

structure

cluster spin glass ~ структура кластерного спинового стекла, миктомагнитная структура
collinear ~ *магн.* коллинеарная структура
comb ~ гребенчатая [штыревая] структура
commensurate magnetic ~ соизмеримая магнитная структура
complementary metal-oxide-semiconductor ~ комплементарная структура металл — оксид — полупроводник, комплементарная МОП-структура, КМОП-структура
computing ~ вычислительная структура
conceptual ~ концептуальная структура
cone magnetic ~ зонтичная магнитная структура
contiguous data ~ односвязная структура данных, структура с хранением данных в смежных ячейках памяти
continuous slow-wave ~ распределённая замедляющая система
control ~ *вчт* управляющая структура; управляющая конструкция (*программы*)
coordination ~ *вчт* координационная структура
coplanar-electrode ~ *пп* структура с копланарными электродами
crystal ~ кристаллическая структура
cubic ~ *крист.* кубическая структура
current-induced magnetic-flux ~ *свпр* токоиндуцированная структура магнитных вихрей
data ~ структура данных
decision ~ *вчт* (управляющая) структура (*программы*) с ветвлением, (управляющая) структура (*программы*) с выбором
deep ~ 1. глубокая структура 2. *вчт* структура смысловых связей, *проф.* глубинная структура
dendrite ~ *крист.* дендритная структура
diamagnetic ~ диамагнитная структура
dielectric-anisotropic electrooptic crystal sandwich ~ слоистая структура диэлектрик — анизотропный электрооптический кристалл
dielectric-isolated ~ *микр.* структура с изоляцией диэлектриком
directory ~ структура каталогов
disordered ~ неупорядоченная [разупорядоченная] структура
dissipative ~ диссипативная структура
distributed data ~ распределённая структура данных
domain ~ доменная структура
domain-wall ~ структура доменной границы, структура доменной стенки
double-drift ~ *пп* двухпролётная структура
dual-base ~ *пп* двухбазовая структура
electronic band ~ электронная зонная структура
endohedral ~ эндоэдральная структура
energy-band ~ *пп, фтт* зонная структура
epitaxial ~ эпитаксиальная структура
extended-interaction ~ замедляющая система с распределённым взаимодействием
face-centered ~ *крист.* гранецентрированная структура
FAMOS ~ *см.* floating-gate avalanche-injection MOS structure
fan magnetic ~ веерная магнитная структура
feed-backward lattice ~ *вчт* решётчатая структура с обратной связью
feed-forward lattice ~ *вчт* решётчатая структура с прямой связью

ferrimagnetic ~ ферримагнитная структура
ferrimagnetic spiral ~ ферримагнитная спиральная [ферримагнитная геликоидальная] структура
ferromagnetic ~ ферромагнитная структура
ferromagnetic spiral ~ ферромагнитная спиральная [ферромагнитная геликоидальная] структура
file ~ структура файла
fine ~ *фтт* тонкая структура
flat antiferromagnetic spiral ~ плоская антиферромагнитная спиральная [плоская антиферромагнитная геликоидальная] структура
floating-gate avalanche-injection MOS ~ структура металл — оксид — полупроводник с плавающим затвором и лавинной инжекцией, МОП-структура с плавающим затвором и лавинной инжекцией
forward-wave ~ замедляющая система с прямой волной
fractal ~ фрактальная структура
generic ~ 1. родовая структура 2. общая структура 3. порождающая структура
graded-base ~ структура с плавным изменением удельного сопротивления базы
graphic data ~ структура графических данных
gross crystal ~ макроскопическая структура кристалла
guard-ring ~ *пп* структура с охранным кольцом
Hamiltonian ~ гамильтонова структура
half-disk bubble propagating ~ схема продвижения ЦМД на полудисках
helicoidal magnetic ~ геликоидальная [спиральная] магнитная структура
heterodesmic ~ *крист.* гетеродесмическая структура, структура с разнотипными связями
heterojunction ~ гетероструктура
hexagonal ~ *крист.* гексагональная структура
hill-and-valley ~ *крист.* террасная структура
homodesmic ~ *крист.* гомодесмическая структура, структура с однотипными связями
honeycomb ~ сотовая структура
honeycomb domain ~ сотовая доменная структура
hybrid ferromagnet-semiconductor ~ гибридная структура ферромагнетик — полупроводник
hyperfine ~ *фтт* сверхтонкая структура
ideal spin glass ~ структура идеального спинового стекла
IF-THEN-ELSE ~ *вчт* (управляющая) структура (*программы*) с ветвлением, (управляющая) структура (*программы*) с выбором
incommensurate magnetic ~ несоизмеримая [длиннопериодическая, модулированная] магнитная структура
intellectual ~ интеллектуальная структура
integrated-circuit ~ структура ИС
interdigital [interdigitated] ~ встречно-гребенчатая [встречно-штыревая] структура
internally striped planar ~ внутренняя полосковая планарная структура (*полупроводникового лазера*)
intracell charge-transfer ~ схема с многократным переносом заряда в пределах одной ячейки, схема с «качающимся» зарядом (*в ППЗ*)
inverted ~ 1. инвертированная структура 2. инвертированная файловая структура, структура файлов с индексами по вторичным ключам

structure

ion-implanted ~ ионно-имплантированная структура
ion-implanted planar mesa ~ ионно-имплантированная планарная мезаструктура
I²-PLASA ~ *см.* **ion-implanted planar mesa structure**
island ~ островковая структура
isomorphic ~s изоморфные структуры
iteration control ~ *вчт* итерационная управляющая структура (*программы*), управляющая структура (*программы*) с циклами
junction-isolated ~ структура с изолирующими *p — n*-переходами
ladder-line slow-wave ~ замедляющая система на (многозвенной) линии лестничного типа
lag ~ *проф.* структура лага
lateral complementary-transistor ~ горизонтальная структура на комплементарных транзисторах
lattice ~ **1.** структура (кристаллической) решётки **2.** *вчт* решётчатая структура
leapfrog multi-feedback ~ (многозвенная) структура с чёрезвенной обратной связью
light-guiding ~ световодная система
line injecting ~ *пп* линейная инжектирующая структура
linear ~ линейная структура
local periodic ~ локально-периодическая структура
logic ~ логическая структура
logic control ~ *вчт* логическая управляющая структура; логическая управляющая конструкция (*программы*)
log-periodic ~ логопериодическая структура
long-periodic magnetic ~ длиннопериодическая [модулированная, несоизмеримая] магнитная структура
loop ~ *вчт* (управляющая) структура (*программы*) с циклами, итерационная (управляющая) структура (*программы*)
LP ~ *см.* **log-periodic structure**
lyotropic ~ *фтт* лиотропная структура
major-minor loop memory ~ схема организации ЗУ (*на ЦМД*) типа «регистр связи — накопительные регистры»
MAS ~ *см.* **metal-alumina-semiconductor structure**
meander-line slow-wave ~ замедляющая система на меандровой линии
merged ~ интегральная структура с совмещёнными областями
mesa ~ мезаструктура
mesh ~ ячеистая структура
metal-alumina-semiconductor ~ структура металл — оксид алюминия — полупроводник
metal-ferroelectric-semiconductor ~ структура металл — сегнетоэлектрик — полупроводник
metal-insulator-metal ~ структура металл — диэлектрик — металл, МДМ-структура
metal-insulator-metal-insulator-metal ~ структура металл — диэлектрик — металл — диэлектрик — металл, МДМДМ-структура
metal-insulator-metal-insulator-semiconductor ~ структура металл — диэлектрик — металл — диэлектрик — полупроводник, МДМДП-структура
metal-insulator-oxide-semiconductor ~ структура металл — диэлектрик — оксид — полупроводник, МДОП-структура
metal-insulator-semiconductor ~ структура металл — диэлектрик — полупроводник, МДП-структура
metal-insulator-semiconductor annular ~ кольцевая МДП-структура
metal-insulator-semiconductor-insulator-semiconductor ~ структура металл — диэлектрик — полупроводник — диэлектрик — полупроводник, МДПДП-структура
metal-nitride-oxide-semiconductor ~ структура металл — нитрид — оксид — полупроводник, МНОП-структура
metal-nitride-semiconductor ~ структура металл — нитрид — полупроводник, МНП-структура
metal-oxide-metal ~ структура металл — оксид — металл, МОМ-структура
metal-oxide-semiconductor ~ структура металл — оксид — полупроводник, МОП-структура
metal-oxide-silicon ~ структура металл — оксид — кремний
metal-silicon nitride-silicon oxide-silicon ~ структура металл — нитрид кремния — оксид кремния — кремний
metal-thick oxide-nitride-silicon ~ структура металл — оксид — нитрид кремния — кремний с толстым слоем оксида
metal-thick oxide-silicon ~ структура металл — оксид кремния — кремний с толстым слоем оксида
MFS ~ *см.* **metal-ferroelectric-semiconductor structure**
microwave ~ СВЧ-система
mictomagnetic ~ миктомагнитная структура, структура кластерного спинового стекла
MIM ~ *см.* **metal-insulator-metal structure**
MIMIM ~ *см.* **metal-insulator-metal-insulator-metal structure**
MIMIS ~ *см.* **metal-insulator-metal-insulator-semiconductor structure**
MIOS ~ *см.* **metal-insulator-oxide-semiconductor structure**
MIS ~ *см.* **metal-insulator-semiconductor structure**
MIS annular ~ *см.* **metal-insulator-semiconductor annular structure**
MISIS ~ *см.* **metal-insulator-semiconductor-insulator-semiconductor structure**
MNOS ~ *см.* **metal-nitride-oxide-semiconductor structure**
MNS ~ *см.* **metal-nitride-semiconductor structure**
modular ~ модульная конструкция
modulated ~ модулированная [длиннопериодическая, несоизмеримая] структура
modulated magnetic ~ модулированная [длиннопериодическая, несоизмеримая] магнитная структура
molecular ~ молекулярная структура
monoclinic ~ *крист.* моноклинная структура
monolithic ~ монолитная структура
MOS ~**1.** *см.* **metal-oxide-semiconductor structure 2.** *см.* **metal-oxide-silicon structure**
MQW ~ *см.* **multiquantum-well structure**
MSNOS *см.* **metal-silicon nitride-silicon oxide-silicon structure**
multidomain ~ многодоменная структура
multiemitter ~ многоэмиттерная структура

structure

multijunction ~ многопереходная структура
multilevel ~ многослойная [многоуровневая] структура
multilevel-metallized ~ *микр.* структура с многослойной [многоуровневой] металлизацией
multimode ~ многомодовая система
multiple-base ~ многобазовая структура
multiple-junction ~ многопереходная структура
multipole ~ мультипольный конденсатор
multiquantum-well ~ структура с множественными квантовыми ямами
narrow-gap ~ *микр.* (интегральная) схема с узкими зазорами
nematic ~ нематическая структура (*жидкого кристалла*)
nested ~ вложенная структура
n-i-p-i ~ n — i — p — i-структура
noncollinear ~ *магн.* неколлинеарная структура
non-contiguous data ~ многосвязная структура данных
n on p (substrate) ~ структура типа «n на p» (*слой n-типа на подложке p-типа*)
nonuniform-base ~ структура с неоднородной базой
n-p-n ~ n — p — n-структура
object ~ 1. структура объекта 2. объектная структура (*в объектно-ориентированном программировании*)
one-element failure permissible ~ система, допускающая отказ одного элемента
optical-waveguide ~ световодная система
ordered ~ упорядоченная структура
organizational ~ организационная структура
orthorhombic ~ *крист.* ромбическая структура
overlapping-gate ~ структура с перекрывающимися затворами (*в ПЗС*)
overlay ~ многоэмиттерная структура
paramagnetic ~ парамагнитная структура
percolation ~ перколяционная структура
periodic domain ~ периодическая доменная структура
periodic magnetic focusing ~ периодическая магнитная фокусирующая система
periodic permanent-magnet ~ периодическая (фокусирующая) система на постоянных магнитах
perovskite ~ *фтт* структура перовскита
phase slip ~ *свпр* структура с проскальзыванием фазы
photoconductor-elastomer ~ структура фотопроводник — эластомер
pnotojunction ~ структура с фоточувствительным переходом
planar ~ *пп* планарная структура
plane-injection ~ *пп* структура с плоскостной инжекцией
p-n ~ p — n-структура
p-n-i-p ~ p — n — i — p-структура
p-n-p ~ p — n — p-структура
polycrystalline ~ поликристаллическая структура
p on n (substrate) ~ структура типа «p на n» (*слой p-типа на подложке n-типа*)
position-dependent zone ~ пространственно-зависимая зонная структура
PPM ~ *см.* **periodic permanent-magnet structure**
program ~ структура программы

p-si-n ~ p — si — n-структура, структура с полуизолирующей промежуточной областью
punch-through ~ структура со смыканием, структура с проколом базы
radar absorbing ~ поглощающее противорадиолокационное покрытие
Read ~ структура Рида
rearrangeable multistage ~ многокаскадная схема с изменяемой конфигурацией
record ~ *вчт* структура записи
redundant ~ схема с резервированием
reflexive ~ рефлексивная структура
relational ~ *вчт* реляционная структура
rhombohedral ~ *крист.* тригональная [ромбоэдрическая] структура
RM ~ *см.* **rearrangeable multistage structure**
sandwich ~ 1. трёхслойная структура 2. слоистая структура
sectorial ~ of crystal секториальное строение кристалла
selection ~ *вчт* (управляющая) структура (*программы*) с ветвлением, (управляющая) структура (*программы*) с выбором
self-referent ~ *вчт* рекурсивная структура
self-similar ~ самоподобная структура (*напр. фрактал*)
semiconductor-metal-semiconductor ~ структура полупроводник — металл — полупроводник
sequence ~ *вчт* (управляющая) структура (*программы*) с последовательным исполнением, (управляющая) структура (*программы*) со следованием
sequential data ~ односвязная структура данных, структура с хранением данных в смежных ячейках памяти
signal ~ структура сигнала
silicon-on-insulated substrate [silicon-on-insulator] ~ структура типа «кремний на диэлектрике», КНД-структура
silicon-on-spinel ~ структура типа «кремний на шпинели»
simple cubic ~ *крист.* простая кубическая структура
simple spiral magnetic ~ простая спиральная [простая геликоидальная] магнитная структура
slowing [slow-wave (propagation)] ~ замедляющая система
smectic ~ смектическая структура (*жидкого кристалла*)
SMS ~ *см.* **semiconductor-metal-semiconductor structure**
social ~ социальная структура
space-antenna support ~ несущая конструкция космической антенны
sperimagnetic ~ сперимагнитная структура
speromagnetic ~ спepoмагнитная структура
spin ~ спиновая структура
spin-screw ~ спиральная [геликоидальная] (магнитная) структура, (магнитная) спираль
spiral ~ спиральная [геликоидальная] (магнитная) структура, (магнитная) спираль
spiral magnetic ~ спиральная [геликоидальная] магнитная структура
staggered-electrode ~ *пп* структура со ступенчатым расположением электродов
standard buried-collector ~ стандартная структура со скрытым слоем коллектора

star ~ звездообразная структура
stripe domain ~ полосовая доменная структура
sub-band ~ *пп, фтт* структура подзон
supercritically doped ~ структура со сверхкритическим уровнем легирования
superlattice ~ *фтт* сверхструктура
surface ~ поверхностная структура (*1. расположенная на поверхности структура 2. структура поверхности объекта 3. структура синтаксических связей*)
symbol ~ структура символьных данных
tape helix slow-wave ~ ленточная спиральная замедляющая система
technical ~ техническая структура
tesselation ~ мозаичная структура; сотообразная структура
test ~ тестовая структура
tetragonal ~ *крист.* тетрагональная структура
T-I- bar ~ схема продвижения ЦМД на T — I-образных элементах
transverse-tape slow-wave ~ замедляющая система в виде поперечных полос
tree ~ древовидная структура; иерархическая структура
triclinic ~ *крист.* триклинная структура
trigonal ~ *крист.* тригональная [ромбоэдрическая] структура
twin ~ *крист.* двойниковая структура
two-element failure permissible ~ система, допускающая отказ двух элементов
two-sleeve spiral magnetic ~ двухзаходная спиральная [двухзаходная геликоидальная] магнитная структура
umbrella magnetic ~ зонтичная магнитная структура
undercut mesa ~ подтравленная мезаструктура
uniform-base ~ структура с однородной базой
unipolar ~ *пп* униполярная структура
vertical p-n-p ~ вертикальная $p-n-p$-структура
V-groove metal-oxide-semiconductor ~ МОП-структура с V-образной канавкой
volume-centered ~ *крист.* объёмноцентрированная структура
vortex ~ *свпр* вихревая структура
wide-gap ~ *микр.* (интегральная) схема с широкими зазорами
Y-(I-)bar ~ схема продвижения ЦМД на Y — I-образных элементах
zig-zag line slow-wave ~ замедляющая система на зигзагообразной линии
structured структурированный
stub 1. (небольшой) выступ (*на поверхности*); (короткий) штырь 2. остаток; обрезок 3. металлический изолятор (*коаксиальной линии*) 4. шлейф (*в линии передачи*) 5. *вчт проф.* «заглушка» (*1. программа без исполняемого кода 2. фиктивный модуль программы*) 6. *вчт* столбец (*таблицы*)
action ~ *вчт* столбец действий (*таблицы решений*)
adjustable ~ шлейф с подвижным короткозамыкателем
antenna ~ антенный шлейф
backing ~ торцевой металлический изолятор (*коаксиально-волноводного перехода*)
body ~ остаток тела (*программы*)
broadband ~ широкополосный металлический изолятор
capacitive ~ ёмкостный шлейф
closed ~ короткозамкнутый шлейф
coaxial ~ коаксиальный шлейф
condition ~ *вчт* столбец условий (*таблицы решений*)
correction ~ согласующий шлейф
inductive ~ индуктивный шлейф
matching ~ согласующий шлейф
nondissipative ~ реактивный шлейф
open-wire ~ шлейф воздушной линии
phasing ~ фазирующий шлейф
quarter-wave ~ 1. четвертьволновый шлейф 2. четвертьволновый металлический изолятор
solid ~ металлический изолятор
stripline ~ полосковый шлейф
stuck 1. остановленный; задержанный; застрявший 2. зависший (*напр. о компьютере*) 3. опрокинутый в одно из устойчивых положений (*о бистабильном элементе*) 4. *кв. эл.* замороженный 5. залипший (*напр. о якоре реле*) 6. прилипший; приклеенный
~at-0 1. опрокинутый в положение «0» (*о бистабильном элементе*) 2. *вчт* константный «0»
~at-1 1. опрокинутый в положение «1» (*о бистабильном элементе*) 2. *вчт* константный «1»
stud 1. штифт; шпилька; палец; шип; штырь 2. распорка; вставка 3. шлейф (*в линии передачи*)
clamping ~ фиксатор
contact ~ штырь контакта
dummy ~ штырь незадействованного контакта
live ~ штырь задействованного контакта
locating ~ установочный штифт
supporting ~s металлические изоляторы коаксиальной линии
thread ~ резьбовая шпилька
tuning ~ настроечный шлейф
waveguide ~ волноводный шлейф
studdriver шпильковерт
Student относящийся к распределению Стьюдента, *проф.* стьюдентов
studentization использование распределения Стьюдента, *проф.* стьюдентизация
studentize использовать распределение Стьюдента, *проф.* стьюдентизировать
studentized полученный путём использования распределения Стьюдента, *проф.* стьюдентизированный
studio 1. студия 2. *тлв* аппаратно-студийный блок, АСБ 3. ателье; мастерская
announcer ~ дикторская студия
broadcast ~ *тлв* аппаратно-студийный блок, АСБ
continuity ~ *тлв* аппаратно-программный блок, АПБ
dead ~ безэховая студия
echo ~ реверберационная студия
field-free ~ безэховая студия
live ~ студия с малым звукопоглощением
production ~ постановочная студия
radio ~ радиостудия
recording ~ студия видеозвукозаписи
television ~ телевизионная студия
unattended ~ необслуживаемая студия
study 1. изучение; исследование; (научный) анализ || изучать; исследовать; подвергать (научному) анализу 2. предмет исследования 3. (научный) отчёт; научная работа 4. наука; область науки ◊ **under** ~ изучаемый; исследуемый

background ~ дополнительное изучение; дополнительное исследование; дополнительный анализ
empirical ~ эмпирическое исследование
feasibility ~ исследование возможности осуществления (*напр. проекта*)
longitudinal ~ лонгитюдное [панельное] исследование
panel ~ панельное [лонгитюдное] исследование
preliminary ~ предварительное изучение; предварительное исследование
sampling ~ выборочное исследование
simulation ~ изучение методом моделирования; модельное исследование; модельный анализ
statistical ~ статистическое изучение; статистическое исследование; статистический анализ
systems ~ системное изучение; системное исследование; системный анализ
time ~ хронометраж
time and motion ~ хронометраж
tradeoff ~ анализ компромиссных вариантов

stuff 1. сырьё; (исходный) материал; (исходное) вещество 2. наполнять; заполнять; набивать 3. вкладывать; вклеивать; вставлять 4. согласовывать скорость передачи данных (*в синхронных цифровых системах*) методом вставки (*напр. битов*)

stuffer формирователь вставляемых (*для согласования скорости передачи данных*) импульсов

stuffing 1. наполнитель; набивка 2. наполнение; заполнение; набивка 3. вкладка; вклейка; вставка 4. вставка (*напр. битов*) для согласования скорости передачи данных (*в синхронных цифровых системах*), *проф.* «стаффинг»
bit ~ вставка битов (*для согласования скорости передачи данных*)
pulse ~ вставка импульсов (*для согласования скорости передачи данных*)
word ~ вставка слов (*для согласования скорости передачи данных*)
zero ~ вставка нулей (*для согласования скорости передачи данных*)

Stuffit программа Stuffit, архиватор для компьютеров Apple Macintosh
stuntman *тлв* каскадёр
stuntwoman *тлв* женщина-каскадёр
stutter 1. заикание || заикаться 2. *проф.* «спотыкание» (*в криптографии*)
style 1. стиль; тип; вид 2. метод 3. стиль [начертание] шрифта
block ~ *вчт* блочный стиль
body text ~ стиль основного текста (*в текстовых редакторах*)
brush ~ стиль «кисть» (*в графических редакторах*)
connector ~ тип (электрического) соединителя
cramped ~s *вчт* связанные стили
design ~ метод проектирования
font ~ стиль [начертание] шрифта
heading ~ стиль заголовков (*в текстовых редакторах*)
line ~ тип линии (*сплошная, пунктир и др.*)
normal ~ стандартный стиль (*в текстовых редакторах*)
pipelined ~ конвейерный метод
programming ~ метод программирования
type ~ стиль [начертание] шрифта

stylebook справочник редактора
styli *pl* от **stylus**
stylistic стилистический
stylistics стилистика
stylus 1. игла (*1. воспроизводящая игла (напр. для воспроизведения граммпластинок) 2. игла для письма по системе Брайля 3. режущий инструмент*) 2. перо (*1. пишущий инструмент самописца или плоттера 2. координатно-указательное устройство (напр. графического планшета) 3. инструмент художника*) 3. резец 4. рекордер
biradial ~ бирадиальная (воспроизводящая) игла
blunt-tipped sapphire ~ сапфировая (воспроизводящая) игла с тупым концом (*в проигрывателе с ёмкостной головкой воспроизведения*)
cutting ~ рекордер
diamond ~ 1. алмазная (воспроизводящая) игла 2. алмазный резец
elliptical ~ эллипсоидальная (воспроизводящая) игла
embossing ~ резец для рельефной записи
engraving ~ гравировальная игла
light ~ *вчт* световое перо
multiradial ~ многорадиальная (воспроизводящая) игла
pickup ~ (воспроизводящая) игла
Pramanik ~ *фирм.* (воспроизводящая) игла для квадрафонического звукоснимателя
recording ~ рекордер
reproducing ~ воспроизводящая игла
sapphire ~ сапфировая (воспроизводящая) игла
scribing ~ *микр.* резец скрайбера

subaerial наземный
subaltern 1. *вчт* подчинённое высказывание; подчинённое суждение 2. подчинённый
subarea подобласть; подзона
subarray 1. подрешётка; блок (упорядоченного) массива *или* периодической структуры; субматрица 2. сегмент антенной решётки 3. *вчт* часть массива (*однотипных индексированных элементов*) 4. (прямоугольная) подтаблица (*элементов*); субматрица
subassembl/y 1. субблок; сборочный узел 2. поданcамбль (*напр. квантово-механический*)
subatomic субатомный
subaudio инфразвуковой
subband 1. поддиапазон (*частот*) 2. (энергетическая) подзона
high-mobility ~ подзона с большой подвижностью (*носителей заряда*)
low-mobility ~ подзона с малой подвижностью (*носителей заряда*)
subcarrier 1. поднесущая 2. *тлв* цветовая поднесущая
channel ~ поднесущая канала
chrominance ~ цветовая поднесущая
color ~ цветовая поднесущая
facsimile ~ поднесущая факсимильного сигнала
intermediate ~ промежуточная поднесущая
offset ~ смещённая поднесущая
reference ~ цветовая поднесущая
reinserted ~ восстановленная поднесущая
stereo ~ поднесущая стереосигнала
suppressed ~ подавленная поднесущая
subcategory подкатегория

subchannel 1. канал поднесущей 2. канал вторичного уплотнения
   stereo ~ канал поднесущей стереосигнала
subchassis субшасси
subclass подкласс, субкласс
   complementary ~ дополнительный подкласс
   elementary ~ элементарный подкласс
   empty ~ пустой подкласс
   ordered ~ упорядоченный подкласс
   proper ~ собственный подкласс
   total ~ полный подкласс
subcode субкод
subcollector *пп* скрытый коллектор
subcomponent субкомпонент; субэлемент; часть схемного компонента *или* элемента (*напр. коллектор транзистора*)
subcritical докритический, субкритический
subcycle подцикл
subdirectory *вчт* подкаталог, поддиректория
subdish малое зеркало (*двухзеркальной антенны*)
subdomain субдомен
subelement субэлемент; субкомпонент; часть схемного элемента *или* компонента (*напр. коллектор транзистора*)
subentry 1. элемент записанных данных, элемент записи; элемент занесённых (*напр. в реестр*) данных; элемент зарегистрированных данных 2. пункт описания (*напр. библиографического*) 3. подчинённая статья; подчинённая позиция (*в словаре или энциклопедии*); подзаголовок статьи; элемент перечня значений определяемого понятия (*в словаре или энциклопедии*)
subetching *микр.* подтравливание
subexchange телефонная подстанция
subfield подполе (*подмножество поля*)
   algebraic ~ алгебраическое подполе
   discrete ~ дискретное подполе
   finite ~ конечное подполе
   prime ~ простое подполе
   proper ~ собственное подполе
   separable ~ сепарабельное подполе
subfile подфайл; вспомогательный файл
subformula подформула
   direct ~ непосредственная подформула
subframe подцикл
subfunction подфункция
subfunctor подфунктор
subgraph подграф
   Cayley ~ подграф Кэли
   complete ~ полный подграф, клика
   degenerate ~ вырожденный подграф
   dissimilar ~**s** неподобные подграфы
   generated ~ порождённый подграф
   geodesic ~ геодезический подграф
   induced ~ порождённый подграф
   multiplicative ~ мультипликативный подграф
   phonemic ~ фонемный подграф
   plane ~ плоский подграф
   spanning ~ остовный подграф
subgroup подгруппа
   Abelian ~ абелева подгруппа
   basic ~ базисная подгруппа
   cellular ~ клеточная подгруппа
   characteristic ~ характеристическая подгруппа
   commutative ~ коммутативная подгруппа
   complete ~ полная подгруппа
   countable ~ счётная подгруппа
   cyclic ~ циклическая подгруппа
   derived ~ производная подгруппа
   discrete ~ дискретная подгруппа
   finite ~ конечная подгруппа
   generated ~ порождённая подгруппа
   improper ~ несобственная подгруппа
   local ~ локальная подгруппа
   normal ~ нормальная подгруппа
   proper ~ собственная подгруппа
   self-conjugated ~ самосопряжённая подгруппа
   topological ~ топологическая подгруппа
   transformation ~ подгруппа преобразований
   unit ~ единичная подгруппа
subharmonic субгармоника || субгармонический
   even ~ чётная субгармоника
   n-th ~ *n*-я субгармоника
   odd ~ нечётная субгармоника
   second ~ вторая субгармоника
subhead(ing) подзаголовок
subhologram подголограмма
subimage фрагмент изображения
subindex нижний индекс
subinvariant субинвариант || субинвариантный
subitem 1. субэлемент; подпункт, подчинённая позиция, подпараграф; строка 2. часть предмета *или* объекта
subject 1. субъект (*высказывания*) 2. подлежащее 3. объект (*напр. исследования*) 4. субъект, объект *или* процесс (*в информационном взаимодействии*) 5. тема; сюжет 6. область знаний 7. предмет; дисциплина; курс (*в учебном процессе*) 8. подвергать (*напр. воздействию*) ◊ ~ **to** при условии; если
   main ~**s** профилирующие дисциплины
   optional ~ факультативный курс
   short ~ *тлв* короткометражный фильм (*показываемый вместе с полнометражным*)
subjective субъективный
subkey раундовый ключ (*напр. в шифре Файстеля*)
sublaptop ручной *или* карманный персональный компьютер
sublattice *фтт* подрешётка || подрешёточный
   canted ~**s** неколлинеарные подрешётки
   collinear ~**s** коллинеарные подрешётки
   interpenetrating ~**s** взаимопроникающие подрешётки
   magnetic ~ магнитная подрешётка
   octahedral magnetic ~ октаэдрическая магнитная подрешётка
   ordered ~ упорядоченная подрешётка
   tetrahedral magnetic ~ тетраэдрическая магнитная подрешётка
sublayer 1. подслой 2. *вчт* подуровень
   convergence ~ подуровень сведения (уровня адаптации протокола асинхронной передачи данных), подуровень CS (уровня AAL протокола ATM)
   medium access control ~ подуровень управления доступом к среде (*передачи данных*)
sublevel подуровень
   ground ~ подуровень основного уровня
   lower ~ нижний подуровень
   magnetic ~ магнитный подуровень
   Stark ~ штарковский подуровень
   upper ~ верхний подуровень

sublevel

Zeeman ~ зеемановский подуровень
sublimation возгонка, сублимация
  direct ~ прямая сублимация
subliminal подсознательный; действующий на уровне подсознания (*напр. о телевизионной рекламе*)
submatrix субматрица || субматричный
submenu *вчт* субменю, вложенное меню
submicron субмикрометровый, субмикронный
  deep ~ с размером менее 0,5 мкм
submicroscopic ультрамикроскопический
subminiature сверхминиатюрный
subminiaturization сверхминиатюризация
subminiaturize использовать сверхминиатюризацию
submodel субмодель
submultiple делитель
subnet *вчт* подсеть
  virtual ~ виртуальная подсеть
subnetwork *вчт* подсеть
subnotebook портативный персональный компьютер типа «субноутбук», блокнотный персональный компьютер с уменьшенными габаритами и весом
subordination *вчт* гипотаксис, подчинение, подчинительная связь (*предикатов*)
subpicture 1. фрагмент изображения 2. *тлв* изображение (*любого размера*), накладываемое на видеокадр
  blurred ~ нечёткий фрагмент изображения
  noisy ~ фрагмент изображения с шумами
subpopulation подсовокупность
subprogram подпрограмма
  free ~ свободная подпрограмма
  function ~ подпрограмма-функция
subpulse *кв. эл.* импульс субструктуры
subreaction *крист.* стадия реакции
subreflector малое зеркало (*двухзеркальной антенны*)
subrefraction пониженная рефракция, субрефракция
subring *вчт* подкольцо (*подмножество кольца*)
subroutine подпрограмма
  closed ~ закрытая [замкнутая] подпрограмма
  direct-insert ~ вставляемая [открытая] подпрограмма
  dynamic ~ динамическая подпрограмма
  emulation ~ эмулирующая подпрограмма
  external ~ внешняя подпрограмма; закрытая [замкнутая] подпрограмма
  function ~ подпрограмма-функция
  generic ~ родовая подпрограмма
  hardware [hard-wired] ~ аппаратная подпрограмма, аппаратно реализуемая подпрограмма, *проф.* зашитая подпрограмма
  in-line ~ вставляемая [открытая] подпрограмма
  input ~ 1. подпрограмма ввода 2. входная подпрограмма
  input/output ~ подпрограмма ввода/вывода
  interrupt handling ~ подпрограмма обработки прерываний
  linked ~ 1. библиотечная подпрограмма 2. внешняя подпрограмма; закрытая [замкнутая] подпрограмма
  nested ~s вложенные подпрограммы
  open ~ открытая [вставляемая] подпрограмма
  outline ~ контурная подпрограмма (*в компьютерной графике*)
  output ~ 1. подпрограмма вывода 2. выходная подпрограмма

  parameterized ~ параметризованная подпрограмма
  procedure ~ подпрограмма-процедура
  recursive ~ рекурсивная подпрограмма
  reenterable ~ допускающая рекурсивное *или* параллельное использование подпрограмма, *проф.* реентерабельная подпрограмма
  reentrant ~ рекурсивно *или* параллельно используемая подпрограмма
  relocatable ~ переместимая подпрограмма; перемещаемая подпрограмма, *проф.* настраиваемая подпрограмма
  standard ~ стандартная подпрограмма
  static ~ статическая подпрограмма
  time-delay ~ подпрограмма временной задержки
subsample 1. субдискретизация || производить субдискретизацию, субдискретизировать 2. подвыборка || использовать подвыборку 3. прореживание (*напр. данных*) || прореживать (*напр. данные*)
subsampling 1. субдискретизация 2. подвыборка 3. прореживание (*напр. данных*)
  field ~ *тлв* субдискретизация по полям
subschema субсхема
subscreen *вчт* субэкран, часть экрана для независимого вывода дополнительного изображения
subscribe 1. подписаться || подписываться (*напр. на электронный журнал*) 2. подписывать (*напр. договор*); ставить подпись (*на документе*)
subscriber 1. *тлф* абонент 2. *вчт* пользователь 3. подписчик (*напр. электронного журнала*) ◊ ~ **in parking condition** абонент, ожидающий обслуживания *или* установления соединения
  called ~ вызываемый абонент
  calling ~ вызывающий абонент
  destination ~ вызываемый абонент
  direct-line ~ абонент с основным номером
  extension ~ абонент с добавочным номером
  e-zine ~ подписчик электронного журнала
  hot-line ~ абонент линии прямого вызова, *проф.* абонент «горячей линии»
  message-rate ~ абонент системы поразговорной оплаты
  origination ~ вызывающий абонент
  parking ~ абонент, ожидающий обслуживания *или* установления соединения
  remote ~ удалённый абонент
  telephone ~ абонент телефонной сети
  teletype ~ пользователь с телетайпным пультом
subscript 1. нижний [подстрочный] индекс 2. *вчт* индекс (*указывающий номер элемента массива*)
  ~ **of atom** нижний индекс атома (*в языке* T_EX)
  dummy ~ немой нижний [немой подстрочный] индекс
  first order ~ нижний [подстрочный] индекс первого порядка
  left ~ левый нижний [левый подстрочный] индекс
  right ~ правый нижний [правый подстрочный] индекс
  second order ~ нижний [подстрочный] индекс второго порядка
  umbral ~ немой нижний [немой подстрочный] индекс
subscription 1. подписка (*напр. на электронный журнал*) 2. подписание (*напр. договора*) 3. подпись (*на документе*)

maintenance ~ абонемент на техническое обслуживание
subset 1. модем 2. телефонный аппарат 3. подмножество
  algebraic ~ алгебраическое подмножество
  analytic ~ аналитическое подмножество
  bifurcation ~ бифуркационное подмножество
  bounded ~ ограниченное подмножество
  character ~ подмножество символов
  closed ~ замкнутое подмножество
  complementary ~ дополнительное подмножество
  connected ~ связное подмножество
  countable ~ счётное подмножество
  disjunctive ~ дизъюнктное подмножество
  elementary ~ элементарное подмножество
  enumerable ~ перечислимое подмножество
  feature ~ подмножество признаков
  fundamental ~ фундаментальное подмножество
  fuzzy ~ нечёткое подмножество
  language ~ подмножество языка программирования
  local-battery ~ телефонный аппарат местной батареи
  measurable ~ измеримое подмножество
  numeral ~ числовое подмножество
  open ~ открытое подмножество
  ordered ~ упорядоченное подмножество
  proper ~ собственное подмножество
  recursive ~ рекурсивное подмножество
  scattered ~ разреженное подмножество
  tame ~ ручное подмножество
  uncountable ~ несчётное подмножество
subsethood подмножественность, степень включения подмножества (*в нечёткой логике*)
subsonic инфразвуковой
subspace подпространство
  affine ~ аффинное подпространство
  closed ~ замкнутое подпространство
  complementary ~ дополнительное подпространство
  connected ~ связное подпространство
  coordinate ~ координатное подпространство
  degenerated ~ вырожденное подпространство
  Euclidean ~ евклидово подпространство
  finite-dimensional ~ конечномерное подпространство
  isotropic ~ изотропное подпространство
  linear ~ линейное подпространство
  nonlinear ~ нелинейное подпространство
  orthogonal ~ ортогональное подпространство
  rooted ~ корневое подпространство
  spectral ~ спектральное подпространство
  topological ~ топологическое подпространство
  vector ~ векторное подпространство
  weight ~ весовое подпространство
substage детали микроскопа, размещаемые под предметным столиком (*конденсор, зеркало и др.*)
substance 1. вещество 2. сущность; суть
  allochromatic ~ вещество с примесным внутренним фотоэффектом
  antistatic ~ антистатик
  conductive ~ проводящее вещество
  diamagnetic ~ диамагнитное вещество
  dielectric ~ диэлектрическое вещество
  ferrimagnetic ~ ферримагнитное вещество
  ferroelectric ~ сегнетоэлектрическое вещество
  ferromagnetic ~ ферромагнитное вещество
  idiochromatic ~ вещество с собственной фотопроводимостью
  impurity ~ примесь
  magnetic ~ магнитное вещество
  nonmagnetic ~ немагнитное вещество
  optically active ~ оптически активное вещество
  paramagnetic ~ парамагнитное вещество
  parent ~ исходное вещество
  piezoelectric ~ пьезоэлектрическое вещество
  reference ~ эталонное вещество
  superconductive ~ сверхпроводящее вещество
  wear-resistant ~ износостойкое вещество
substation подстанция (*напр. телефонная*)
  attended ~ обслуживаемая подстанция
  manual ~ *тлф* ручная подстанция
  mobile ~ подвижная подстанция, *проф.* мобильная подстанция
  nonattended ~ необслуживаемая подстанция
  portable ~ портативная подстанция
  switching ~ *тлф* подстанция
  unmanned ~ необслуживаемая подстанция
substep *вчт* подэтап
substituent *кв. эл.* заместитель; замещающий атом; замещающая группа
  dialkylamino ~ диалкиламинный заместитель
  heterocyclic ~ гетероциклический заместитель
  mobile ~ подвижный заместитель
  negative ~ отрицательный заместитель
  orienting ~ ориентирующий заместитель
  positive ~ положительный заместитель
substitute 1. *вчт* подстановка ‖ подставлять 2. замена; замещение ‖ заменять; замещать 3. символ «замена», символ →, символ с кодом ASCII 1Ah
substitution 1. *вчт* подстановка 2. замена; замещение
  address ~ замена адреса
  admissible ~ допустимая замена
  back ~ обратная подстановка
  bit-by-bit ~ поразрядная подстановка
  cyclic ~ циклическая замена
  Euler ~ подстановка Эйлера
  font ~ замещение шрифта
  forward ~ прямая подстановка
  generalized ~ обобщённая подстановка
  global ~ глобальная подстановка
  homophonic ~ омофоническая подстановка (*с заменой одного и того же символа разными символами из некоторого набора*)
  in-line ~ подстановка в тело программы
  invertible ~ обратимая подстановка
  keyed ~ подстановка по ключу (*в криптографии*)
  local ~ локальная подстановка
  macro ~ *вчт* макроподстановка
  monoalphabetic ~ моноалфавитная [простая] подстановка
  polyalphabetic ~ полиалфавитная подстановка
  polygram ~ полиграмматическая подстановка (*с заменой одного или более символов на один или более символов*)
  simple ~ простая [моноалфавитная] подстановка
  time ~ замена времени
substitution-permutation подстановка с перестановкой (*метод создания блочных шифров*)
substorm суббуря

magnetospheric ~ магнитосферная суббуря
polar ~ полярная суббуря
substrate 1. подложка 2. основа (*напр. печатной платы*); плата
   active ~ активная подложка
   air-cleaved ~ (монокристаллическая) подложка, сколотая на открытом воздухе
   air-contaminated ~ подложка с поверхностью, загрязнённой на открытом воздухе
   alumina ~ подложка из оксида алюминия
   amorphous ~ аморфная подложка
   ceramic ~ керамическая подложка
   circuit ~ подложка схемы
   common ~ *микр.* общая подложка
   crystal ~ кристаллическая подложка
   epitaxial ~ эпитаксиальная подложка
   ferrite ~ ферритовая подложка
   fiberglass ~ фиберглясовая подложка
   freshly cleaved ~ свежесколотая (монокристаллическая) подложка
   garnet ~ гранатовая подложка
   glass ~ стеклянная подложка
   insulating ~ изолирующая подложка
   isolated ~ *микр.* подложка с изоляцией (*напр. p—n-переходом*)
   microvia ~ *микр.* подложка платы с межслойными микропереходами, подложка платы с межслойными переходными микроотверстиями
   mirror ~ подложка зеркала
   organic ~ органическая подложка
   passive ~ пассивная подложка
   photoresist-coated ~ подложка, покрытая фоторезистом
   piezoelectric ~ пьезоэлектрическая подложка
   plastic ~ пластмассовая подложка
   p-n junction isolated ~ подложка с изоляцией *p—n*-переходом
   polycarbonate ~ подложка из поликарбоната
   polycrystalline ~ поликристаллическая подложка
   polyolyphine ~ подложка из полиолефина
   printed-wiring ~ основа печатной платы
   processor ~ подложка процессора (*напр. в картридже типа SEC*)
   sapphire ~ сапфировая подложка
   semiconductor ~ полупроводниковая подложка
   semi-insulating ~ полуизолирующая подложка
   silicon ~ кремниевая подложка
   single-crystal ~ монокристаллическая подложка
   spinel ~ подложка из шпинели
   thick-film ~ толстоплёночная подложка
   thin-film ~ тонкоплёночная подложка
   vacuum-cleaved ~ (монокристаллическая) подложка, сколотая в вакууме
   wafer ~ *микр.* пластина
substring *вчт* подстрока; часть строки
substructure субструктура
subsystem подсистема
   attentional ~ воспринимающая подсистема (*в теории адаптивного резонанса*)
   display ~ подсистема отображения; подсистема индикации воспроизведения
   input/output ~ подсистема ввода/вывода
   job ~ подсистема ввода заданий
   multispectral scanner ~ многоспектральная сканирующая подсистема
   orienting ~ ориентирующая подсистема (*в теории адаптивного резонанса*)
   program checkout ~ подсистема проверки программ
   radio ~ радиотехническая подсистема
   switching ~ подсистема коммутации
subtitle 1. *тлв* субтитр; титр ǁ снабжать субтитрами; снабжать титрами 2. *вчт* подзаголовочные данные
subtotal *вчт* подсумма
   nested ~ вложенная подсумма
subtract *вчт* вычитать
subtracter 1. схема вычитания; блок вычитания 2. *вчт* (полный) вычитатель
   analog ~ аналоговый вычитатель
   digital ~ цифровой вычитатель
   full ~ полный вычитатель
   half ~ полувычитатель
subtraction *вчт* вычитание
   electronic ~ электронное вычитание
   holographic ~ вычитание голограмм
   optical ~ оптическое вычитание
   polynomial ~ полиномиальное вычитание
   power spectrum ~ вычитание спектров мощности
   speckled image ~ вычитание изображений со спекл-структурой
   wavefront ~ вычитание волновых фронтов
subtractive 1. *вчт* вычитаемый 2. субтрактивный
subtractor *см.* subtracter
subtrahend *вчт* вычитаемое
subtree поддерево (*напр. графа*)
   balanced ~ сбалансированное поддерево
   finite ~ конечное поддерево
   left ~ левое поддерево
   maximal ~ максимальное поддерево
   optimal ~ оптимальное поддерево
   right ~ правое поддерево
   spanning ~ остовное поддерево
subtype подтип
   MIME ~ подтип содержимого электронного письма в стандарте MIME
subunit субблок; сборочный узел
subwoofer *проф.* сабвуфер (*1. громкоговоритель для воспроизведения самых нижних звуковых частот 2. блок управления многоканальной акустической системой с громкоговорителем для воспроизведения самых нижних звуковых частот*)
success успех (*один из двух возможных исходов испытания в статистике*)
succession последовательность
successive последовательный
suck отсасывать (*напр. избыточный припой*)
sucker отсасыватель (*напр. избыточного припоя*)
   antistatic soldering ~ антистатический отсасыватель избыточного припоя
sufficiency достаточность
sufficient достаточный
suffix *вчт* 1. суффикс ǁ использовать суффикс 2. нижний индекс
   dummy ~ немой нижний [немой подстрочный] индекс
   umbral ~ немой нижний [немой подстрочный] индекс
suffixoid *вчт* суффиксоид
Sugar стандартное слово для буквы *S* в фонетическом алфавите «Эйбл»

sugar *проф.* сахар; десерт
  syntactic ~ синтаксический приём, облегчающий восприятие текста программы
suit костюм; одежда
  bunny ~ *микр.* гермокостюм, стерильная одежда для персонала в чистых комнатах
suite комплект; набор; пакет; стек
  ~ **of communications products** комплект программных и (*или*) аппаратных коммуникационных средств
  ~ **of mail daemons** пакет присоединённых программ для электронной почты, *проф.* пакет почтовых «демонов»
  ~ **of programs** пакет программ
  ~ **of software** набор программных продуктов
  ~ **of tools** набор средств; набор инструментов
  ~ **of utility routines** пакет утилит
  application ~ пакет приложений
  benchmark ~ комплект программных и (*или*) аппаратных средств для эталонного тестирования
  integrated ~ интегрированный пакет
  protocol ~ пакет протоколов
  TCP/IP ~ стек протоколов TCP/IP
  test ~ комплект программных и (*или*) аппаратных средств для тестирования
  validation ~ пакет программ для аттестации на соответствие стандарту
  verification ~ пакет программ для верификации
suitcase *вчт* пиктограмма программного средства, не помещённого в системную папку (*в компьютерах Apple Macintosh*)
sulfide сульфид
  cadmium ~ *пп* сульфид кадмия
sum 1. сумма || суммировать, складывать 2. объединение (*множеств*) || объединять (*множества*) 3. резюме; итог || резюмировать; подводить итог; суммировать
  ~ **of matrices** сумма матриц
  ~ **of operators** сумма операторов
  ~ **of products** дизъюнкция конъюнкций
  ~ **of series** сумма ряда
  ~ **of sets** объединение множеств
  ~ **of squares** дисперсия; сумма квадратов (*случайной величины*)
  algebraic ~ алгебраическая сумма
  approximate ~ приближённая сумма
  arithmetic ~ арифметическая сумма
  check ~ *вчт* 1. контрольная сумма 2. сигнатура
  column ~ сумма по столбцам
  cumulative ~ 1. кумулятивная сумма 2. критерий кумулятивной суммы, критерий CUSUM
  cumulative ~ **of squares** 1. кумулятивная сумма квадратов 2. критерий кумулятивной суммы квадратов, критерий CUSUMSQ 3. кумулятивная дисперсия
  explained ~ **of squares** объяснённая часть полной дисперсии (*при регрессии*)
  logic(al) ~ логическая сумма, дизъюнкция
  lower ~ нижняя сумма
  modulo N ~ сумма по модулю N
  negative ~ отрицательная сумма || суммарно отрицательный (*о результате коллективной игры*)
  non-zero ~ ненулевая сумма || суммарно ненулевой (*о результате коллективной игры*)
  positive ~ положительная сумма || суммарно положительный (*о результате коллективной игры*)
  rank ~ ранговая сумма
  residual ~ остаточная сумма
  residual ~ **of squares** остаточная дисперсия (*при регрессии*)
  row ~ сумма по строкам
  running ~ текущая сумма
  statistical ~ статистическая сумма
  topological ~ топологическая сумма
  total ~ **of squares** полная дисперсия (*при регрессии*)
  upper ~ верхняя сумма
  vector ~ векторная сумма
  weighted ~ взвешенная сумма
  zero ~ нулевая сумма || суммарно нулевой (*о результате коллективной игры*)
summable суммируемый (*напр. ряд*)
summarize 1. аннотировать, составлять аннотацию 2. резюмировать; подводить итог; суммировать
summary 1. аннотация 2. резюме; итог 3. сводка
  five-number ~ пятичисловая сводка (*в математической статистике*)
  rich site ~ протокол RSS, протокол передачи оперативных сводок новостей пользователям Internet
summate 1. суммировать, складывать 2. объединять (*множества*)
summation 1. суммирование, сложение 2. объединение (*множеств*)
  ~ **of series** суммирование ряда
  ~ **of states** смешение состояний
  Boolean ~ логическое суммирование, операция дизъюнкции
  cyclic ~ циклическое суммирование
  double ~ двойное суммирование
  filter-bank ~ суммирование по набору фильтров
  geometrical ~ векторное сложение
  nested ~ вложенное суммирование
  vector ~ векторное сложение
  weighted ~ взвешенное суммирование
summer 1. схема суммирования; блок суммирования 2. *вчт* (полный) сумматор
Sun Солнце
Sun Microsystems фирма Sun Microsystems
sun солнце || солнечный
  mean ~ среднее солнце
sunseeker, suntracker система слежения за Солнцем
sunspot солнечное пятно
sup антидинатронная сетка
superaltern *вчт* общее высказывание; общее суждение
superbias подмагничивание током повышенной (*до 210 кГц*) частоты (*в магнитофонах*)
superclass 1. надкласс, суперкласс 2. базовый класс
supercombinator *вчт* суперкомбинатор, функция от функций без свободных переменных
supercompiler *вчт* суперкомпилятор
supercomponent многофункциональный компонент; многофункциональный элемент
supercomputer суперкомпьютер
  personal ~ персональный суперкомпьютер
  superconducting ~ суперкомпьютер на сверхпроводниках
superconducting, superconductive сверхпроводящий
superconductivity сверхпроводимость
  applied ~ прикладная сверхпроводимость
  high-temperature ~ высокотемпературная сверхпроводимость

superconductor

superconductor 1. сверхпроводник 2. прибор на сверхпроводниках
   composite ~ композитный сверхпроводник
   coupled ~s связанные сверхпроводники
   filamentary ~ нитевидный [филаментарный] сверхпроводник
   gapless ~ бесщелевой сверхпроводник
   hard ~ жёсткий сверхпроводник, сверхпроводник второго рода
   high-field ~ сверхпроводник с высоким критическим (магнитным) полем
   high-temperature ~ высокотемпературный сверхпроводник
   London ~ лондоновский сверхпроводник
   monofilamentary ~ одножильный нитевидный сверхпроводник
   multifilamentary ~ многожильный нитевидный сверхпроводник
   organic ~ органический сверхпроводник
   Pippard ~ пиппардовский сверхпроводник
   soft ~ мягкий сверхпроводник, сверхпроводник первого рода
   ternary ~ тернарный сверхпроводник
   twisted ~ скрученный сверхпроводник
   two-dimensional ~ двумерный сверхпроводник
   type-I ~ сверхпроводник первого рода, мягкий сверхпроводник
   type-II ~ сверхпроводник второго рода, жёсткий сверхпроводник
super-consistent сверхсостоятельный
supercool переохлаждать(ся)
supercooling переохлаждение
supercurrent 1. сверхпроводящий ток 2. суперток
   nondissipative ~ незатухающий сверхпроводящий ток
   screening ~ экранирующий сверхпроводящий ток
   tunneling ~ туннельный сверхпроводящий ток
superdirectivity сверхнаправленность
super-efficient сверхэффективный
superemitron супериконоскоп
superencipherment, superencryption супершифрование; последний уровень шифрования в системах с многократным шифрованием
super-exogenous сверхэкзогенный
superfield суперполе
   axial ~ аксиальное суперполе
   scalar ~ скалярное суперполе
   vector ~ векторное суперполе
superfluid сверхтекучая жидкость
superfluidity сверхтекучесть
superframe 1. суперкадр 2. суперрепер
   extended ~ 1. расширенный суперкадр 2. система согласования скорости передачи данных в синхронных цифровых сетях с использованием суперкадра (*цикла из 24-х кадров*), система ESF
supergravity супергравитация
   extended ~ расширенная супергравитация
supergraph надграф
supergroup 1. вторичная группа каналов (*в системах с частотным уплотнением*) 2. супергруппа, надгруппа
   basic ~ основная вторичная группа каналов
   quarternion ~ кватернионная супергруппа
superheat перегрев || перегревать
superheterodyne супергетеродинный приёмник || супергетеродинный
   double ~ супергетеродинный приёмник с двойным преобразованием частоты
superheterodyning супергетеродинирование
superhighway 1. высокоскоростная магистральная линия связи с уплотнением каналов; высокоскоростной магистральный тракт передачи информации с уплотнением каналов, *проф.* магистраль с уплотнением каналов, супермагистраль 2. *вчт проф.* информационная магистраль (*глобальная высокоскоростная сеть передачи цифровых данных, речи и видеоинформации по спутниковым, кабельным и оптоволоконным линиям связи*)
   information ~ информационная магистраль (*глобальная высокоскоростная сеть передачи цифровых данных, речи и видеоинформации по спутниковым, кабельным и оптоволоконным линиям связи*)
   internal ~ внутренняя магистраль с уплотнением каналов
superimpose 1. наложение (*одного объекта на другой*) || накладывать (*один объект на другой*) 2. совмещение (*напр. изображений*) || совмещать (*напр. изображения*)
superimposition 1. наложение (*одного объекта на другой*) 2. совмещение (*напр. изображений*)
superindex верхний индекс
superinjection *пп* суперинжекция
superinvar суперинвар
superior 1. высший; старший 2. верхний 3. верхний [надстрочный] индекс
   first order ~ верхний [надстрочный] индекс первого порядка
   left ~ левый верхний [левый надстрочный] индекс
   right ~ правый верхний [правый надстрочный] индекс
   second order ~ верхний [надстрочный] индекс второго порядка
superlattice *фтт* сверхрешётка
   amorphous ~ аморфная сверхрешётка
   anisotropic magnetic ~ анизотропная магнитная сверхрешётка
   compositional ~ композиционная сверхрешётка, сверхрешётка с модуляцией состава
   contravariant compositional ~ контравариантная композиционная сверхрешётка, композиционная сверхрешётка типа I
   covariant compositional ~ ковариантная композиционная сверхрешётка, композиционная сверхрешётка типа II
   doping ~ селективно легированная сверхрешётка, сверхрешётка с модуляцией концентрации легирующей примеси
   electron-temperature ~ сверхрешётка электронной температуры
   fractal ~ фрактальная сверхрешётка
   isoperiodic ~ изопериодическая сверхрешётка
   long-period ~ длиннопериодическая сверхрешётка
   narrow-gap ~ сверхрешётка с узкой запрещённой зоной
   N:M ~ древовидная структура, допускающая существование циклов и многих владельцев у поддеревьев, *проф.* гетерархическая структура
   one-dimensional ~ одномерная сверхрешётка
   polytype ~ политипная сверхрешётка
   semiconductor ~ полупроводниковая сверхрешётка
   semiconductor-semimetal ~ сверхрешётка типа полупроводник – полуметалл

silicon(-based) ~ сверхрешётка на основе кремния
single-crystal ~ монокристаллическая сверхрешётка
spin ~ спиновая сверхрешётка
strained(-layers) ~ сверхрешётка с напряженными слоями
type I compositional ~ композиционная сверхрешётка типа I, контравариантная композиционная сверхрешётка
type II compositional ~ композиционная сверхрешётка типа II, ковариантная композиционная сверхрешётка

superluminescence сверхлюминесценция, суперлюминесценция
  parametric ~ параметрическая сверхлюминесценция, параметрическая суперлюминесценция

supermalloy супермаллой (*магнитный сплав*)
supermendur супермендюр (*магнитный сплав*)
super-microcomputer супермикрокомпьютер
supermigration *кв. эл.* сверхмиграция
super-minicomputer суперминикомпьютер
supermultiplet супермультиплет
superparamagnetism суперпарамагнетизм
  Langevin ~ ланжевеновский суперпарамагнетизм
superpipelining *вчт* суперконвейеризация
superpose 1. накладывать (*один объект на другой*) 2. осуществлять суперпозицию
superposition 1. наложение (*одного объекта на другой*) 2. суперпозиция
  ~ **of algorithms** суперпозиция алгоритмов
  ~ **of functions** суперпозиция функций
  ~ **of graphs** суперпозиция графов
  ~ **of mappings** суперпозиция отображений
  ~ **of transformations** суперпозиция преобразований
  current ~ суперпозиция токов
  image ~ наложение изображений
  linear ~ линейная суперпозиция
  nonlinear ~ нелинейная суперпозиция
  oscillation ~ наложение колебаний
  picture ~ наложение изображений
superpower сверхвысокая мощность
superradiance сверхвысокая энергетическая яркость
superrefraction повышенная рефракция, сверхрефракция
  tropospheric ~ повышенная тропосферная рефракция
superregeneration сверхрегенерация, периодическое самовозбуждение и срыв колебаний
supersaturation *крист.* пересыщение
superscalar *вчт* суперскалярный
superscribe 1. надпись || надписывать, делать надпись 2. адрес || писать адрес (*на почтовом отправлении*)
superscript верхний [надстрочный] индекс
  ~ **of atom** верхний [надстрочный] индекс атома (*в языке T_EX*)
  first order ~ верхний [надстрочный] индекс первого порядка
  left ~ левый верхний [левый надстрочный] индекс
  right ~ правый верхний [правый надстрочный] индекс
  second order ~ верхний [надстрочный] индекс второго порядка
superscription 1. надпись 2. адрес (*на почтовом отправлении*)

superselection *кв. эл.* суперотбор
supersonic 1. сверхзвуковой 2. ультразвуковой
supersonics физика ультразвука
superspace суперпространство
  harmonic ~ гармоническое суперпространство
superstation *тлв* суперстанция (*станция, использующая для вещания спутники связи и кабельные сети*)
superstring суперструна (*релятивистский физический объект*)
superstructure сверхструктура
supersymmetry суперсимметрия
  local ~ локальная суперсимметрия
supersync *тлв* сигнал синхронизации телевизионных приёмников
supertensor супертензор
superuser *вчт* суперпользователь, пользователь с полным доступом к основным ресурсам системы
supervise 1. осуществлять (глобальное *или* дистанционное) управление с контролем 2. надзирать 3. выполнять диспетчерские функции 4. *вчт* работать в режиме супервизора
supervision 1. (глобальное *или* дистанционное) управление с контролем 2. надзор 3. выполнение диспетчерских функций, диспетчеризация 4. *вчт* работа в режиме супервизора
  call ~ *тлф* управление вызовами
  engineering ~ технический надзор
  forward ~ прямое управление с контролем
  indirect ~ непрямое управление с контролем
  maintenance ~ надзор за проведением технического обслуживания
  off-line ~ автономное управление с контролем
  on-line ~ управление с контролем в реальном масштабе времени
supervisor 1. устройство (глобального *или* дистанционного) управления с контролем 2. надзорная организация; орган надзора; надзиратель 3. диспетчер 4. *вчт* супервизор (*1. управляющая программа 2. программа-диспетчер 3. операционная система 4. процессор в режиме операционной системы, процессор в привилегированном режиме*)
  active ~ активный супервизор (*напр. сети*)
  central network ~ центральный супервизор сети
  executive ~ супервизор
  hardware ~ супервизор аппаратного обеспечения
  highest-priority ~ супервизор (*напр. сети*) с наивысшим приоритетом
  I/O interruption ~ супервизор обработки прерываний от ввода-вывода
  network ~ супервизор сети
  resident ~ резидентный супервизор
  software ~ супервизор программного обеспечения
  system ~ супервизор системы
  technical ~ орган технического надзора
supplement 1. дополнение; дополнительные устройства; дополнительное оборудование || дополнительный 2. дополнение; приложение (*напр. к статье*) || снабжать дополнением *или* приложением 3. дополнительный угол 4. добавление; пополнение
  advertiser ~ рекламное приложение
  algebraic ~ алгебраическое дополнение
  attached ~ приложение
  paper ~ подача бумаги (*напр. в принтер*)

supplement

topological ~ топологическое дополнение
supplemental 1. *pl* дополнение; дополнительные устройства; дополнительное оборудование 2. дополнительный
supplementary 1. дополнение; приложение (*напр. к статье*) 2. дополнительный
suppletion *вчт* супплетивизм
suppletive *вчт* супплетивный
supply 1. (электро)питание, подвод электрической энергии ‖ питать, подводить электрическую энергию 2. источник (электро)питания; блок (электро)питания 3. снабжение; поставка ‖ снабжать; поставлять 4. подача; подвод ‖ подавать; подводить 5. предложение (*напр. товара*) 6. *pl* запас(ы)
  anode power ~ источник анодного напряжения
  A power ~ источник напряжения накала
  B power ~ источник анодного напряжения
  central current ~ *тлф* (электро)питание от центральной батареи, (электро)питание от ЦБ
  constant-current power ~ стабилизированный источник тока
  constant-voltage power ~ стабилизированный источник напряжения
  C power ~ источник напряжения смещения на сетке
  digitally programmed power ~ источник (электро)питания с цифровым программным управлением
  electronic power ~ электронный блок (электро)питания
  emergency power ~ аварийный источник (электро)питания
  filament (power) ~ источник напряжения накала
  flyback power ~ *тлв* высоковольтный выпрямитель, выпрямитель-умножитель
  full-wave power ~ источник (электро)питания с двухполупериодным выпрямителем
  grid-voltage ~ источник напряжения на сетке
  high-voltage power ~ высоковольтный блок (электро)питания
  laboratory power ~ лабораторный блок (электро)питания
  line interactive uninterruptable power ~ *вчт* интерактивный источник бесперебойного (электро)питания, источник бесперебойного (электро)питания с функцией стабилизации напряжения сети
  mains ~ (электро)питание от сети
  off-line uninterruptable power ~ *вчт* источник бесперебойного (электро)питания без функции стабилизации напряжения сети
  on-line uninterruptable power ~ *вчт* источник бесперебойного (электро)питания с двойным преобразованием напряжения сети (*по схеме переменное напряжение сети - постоянное напряжение - стабилизированное переменное напряжение*)
  plate power ~ источник анодного напряжения
  polarizing voltage ~ источник поляризующего напряжения (*конденсаторного микрофона*)
  polyphase ~ 1. многофазное (электро)питание 2. многофазный источник (электро)питания
  power ~ 1. (электро)питание, подвод электрической энергии 2. источник (электро)питания; блок (электро)питания
  primary power ~ первичный источник (электро)питания
  programmable power ~ источник (электро)питания с программным управлением
  reference ~ эталонный источник (электро)питания
  regulated power ~ стабилизированный источник (электро)питания
  secondary power ~ вторичный источник (электро)питания, ВИП
  self-contained power ~ автономный источник (электро)питания
  single-phase ~ 1. однофазное (электро)питание 2. однофазный источник (электро)питания
  standby uninterruptable power ~ *вчт* источник бесперебойного (электро)питания без функции стабилизации напряжения сети
  switchmode power ~ многорежимный источник (электро)питания
  uninterruptable power ~ *вчт* источник бесперебойного (электро)питания
  universal power ~ универсальный источник (электро)питания
  vibrator power ~ вибропреобразователь
  voltage-regulated ac power ~ управляемый преобразователь переменного напряжения
  voltage-regulated power ~ стабилизированный источник напряжения
support 1. поддержка ‖ поддерживать 2. средства поддержки 3. опора ‖ служить опорой; опираться 4. опорная стойка; кронштейн; штатив 5. обоснование; аргументация ‖ обосновывать; аргументировать 6. основа (*напр. печатной платы*); подложка 7. *вчт* несущее множество, *проф.* носитель 8. обеспечение; обслуживание ‖ обеспечивать; обслуживать 9. средства обеспечения; средства обслуживания
  antenna ~ антенная опора
  beaded ~ диэлектрическая опорная шайба (*коаксиальной линии передачи*)
  closed ~ замкнутое несущее множество, замкнутый носитель
  compact ~ компактное несущее множество, компактный носитель
  computer ~ **for business teams** компьютерная поддержка бизнес-групп
  computer-aided acquisition and logistics ~ набор стандартов Министерства обороны США для оформления электронной документации по тыловому обеспечению и материально-техническому снабжению войск, стандарты CALS
  decision-making ~ поддержка принятия решений
  financial ~ финансовая поддержка
  galvanometer ~ гальванометрическая подвеска (*зеркала*)
  hardware ~ аппаратная поддержка
  heat-sink support ~ опора радиатора
  information system ~ поддержка информационных систем
  life ~ жизнеобеспечение
  maintenance ~ поддержка технического обслуживания и текущего ремонта
  management ~ поддержка управления
  matrix ~ *вчт* носитель матрицы
  mouse ~ *вчт* поддержка манипулятора типа «мышь»
  multicriteria decision ~ многокритериальная поддержка принятия решений
  multilanguage ~ поддержка национальных языков, возможность изменения раскладки клавиатуры и программных средств для работы на нескольких языках

multitasking ~ *вчт* поддержка многозадачности; поддержка многозадачного режима
national language ~ поддержка национальных языков, возможность изменения раскладки клавиатуры и программных средств для работы на нескольких языках
network application ~ поддержка сетевых приложений (*архитектура корпорации Digital Equipment для сетей, содержащих различные платформы*)
plastic-board ~ пластмассовая основа (*печатной платы*)
quarter-wave ~ четвертьволновый металлический опорный изолятор (*коаксиальной линии передачи*)
run-time ~ *вчт* исполняющая система, система поддержки исполнения программы (*на уровне интерфейса с операционной системой*)
semiset ~ *вчт* носитель полумножества
software ~ программная поддержка
target ~ *рлк* опора полигонной цели
technical ~ техническая поддержка
supposal предположение; допущение
suppose (пред)полагать; допускать
supposition предположение; допущение
suppress 1. подавлять (*напр. помехи*) 2. запрещать; пресекать 3. гасить (*напр. электронный луч*); запирать (*напр. приёмника*)
suppression 1. подавление (*напр. помех*) 2. запрещение; пресечение 3. гашение (*напр. электронного луча*); запирание (*напр. приёмника*)
amplitude-modulation ~ подавление амплитудной модуляции (*в ЧМ-приёмнике*)
arc ~ подавление обратного зажигания (*в ртутных вентилях*)
asymmetrical signal ~ асимметричное подавление сигнала
blooming ~ *тлв* устранение потери чёткости изображения
beam ~ гашение луча
carrier ~ подавление несущей
clutter ~ *рлк* запирание приёмника для подавления сигналов, обусловленных мешающими отражениями
deflection ~ гашение луча отклоняющей системой
display ~ гашение изображения
echo ~ подавление эхо-сигналов
feedback ~ нейтрализация обратной связи
frame ~ гашение обратного хода луча при кадровой развёртке
hard-bubble ~ подавление жёстких ЦМД
horizontal ~ 1. гашение обратного хода луча (*напр. в осциллографе*) 2. гашение обратного хода луча при строчной развёртке
hum ~ подавление фона от сети переменного тока
idle ~ исключение паузных комбинаций
image-frequency ~ подавление радиопомех от зеркального канала
interference-source ~ подавление источника радиопомех
interstation-noise ~ подавление взаимных радиопомех (*в схеме бесшумной настройки*)
line ~ гашение обратного хода луча при строчной развёртке
mode ~ подавление мод

noise ~ подавление шумов, шумоподавление
oscillation ~ подавление колебаний
radio-frequency interference ~ подавление внешних радиопомех
receiver ~ запирание приёмника
retrace [return-trace] ~ 1. гашение обратного хода луча (*напр. в осциллографе*) 2. гашение обратного хода луча при строчной развёртке
RFI ~ *см.* **radio-frequency interference suppression**
sideband ~ подавление боковой полосы
side-lobe ~ подавление сигналов, принимаемых по боковым лепесткам
signal ~ подавление сигнала
sound carrier ~ *тлв* подавление несущей звука
transient ~ 1. подавление помех, обусловленных переходным процессом 2. подавление выбросов напряжения
transient voltage ~ подавление выбросов напряжения
vertical ~ 1. гашение обратного хода луча при кадровой развёртке 2. гашение обратного хода луча при полевой развёртке
zero ~ 1. *вчт* отбрасывание незначащих нулей 2. смещение нуля за пределы шкалы (*прибора*)
suppressor 1. подавитель, устройство подавления 2. антидинатронная сетка 3. схема гашения (*напр. электронного луча*); схема запирания (*напр. приёмника*)
acoustic-bulk-wave ~ подавитель объёмных акустических волн
arc ~ устройство подавления обратного зажигания (*в ртутных вентилях*)
beam ~ *тлв* схема гашения луча
differential ~ дифференциальный эхозаградитель, дифференциальный эхоподавитель
dynamic noise ~ динамический подавитель шумов
echo ~ эхозаградитель, эхоподавитель
foam ~ *микр.* агент, подавляющий пенообразование
half-echo ~ простой эхозаградитель, простой эхоподавитель
harmonic ~ подавитель гармоник
intercarrier-noise ~ схема бесшумной настройки, схема автоматической регулировки громкости для подавления взаимных радиопомех при настройке
interference ~ схема запирания приёмника для подавления помех
mode ~ 1. подавитель мод 2. фильтр нежелательных типов волн (*напр. в волноводе*)
noise ~ 1. схема бесшумной настройки, схема автоматической регулировки громкости для подавления взаимных радиопомех при настройке 2. схема подавления поверхностного шума (*при воспроизведении грамзаписи*)
overshoot ~ подавитель выбросов (*при ограничении*)
radio-frequency interference ~ схема запирания приёмника для подавления внешних радиопомех
RFI ~ *см.* **radio-frequency interference suppressor**
spark ~ искрогаситель
synchronous noise ~ схема запирания приёмника для подавления синхронных помех
waveguide mode ~ волноводный фильтр нежелательных типов волн

supremum

supremum *вчт* точная верхняя граница, супремум (*множества*)

surd 1. иррациональное число || иррациональный **2.** глухой согласный (звук) || глухой

surdo сурдо (*музыкальный инструмент*)
mute ~ закрытый сурдо (*музыкальный инструмент из набора General MIDI*)
open ~ открытый сурдо (*музыкальный инструмент из набора General MIDI*)

surf *вчт* **1.** просмотр Web-страниц в Internet, *проф.* серфинг в Internet, путешествие по Internet || просматривать Web-страницы в Internet, *проф.* заниматься серфингом в Internet, путешествовать по Internet **2.** доступ к ресурсам; использование ресурсов (*напр. сети*) || получать доступ к ресурсам; использовать ресурсы (*напр. сети*)

surface 1. поверхность (*1. геометрический объект 2. граница объекта*) **2.** обрабатывать поверхность **3.** внешний вид; внешность **4.** поверхностный (*1. относящийся к границе (объекта); происходящий на поверхности 2. внешний; относящийся к внешнему виду*) **5.** наземный (*напр. о транспорте*) **6.** земной (*о радиоволне*)
~ **of constant curvature** поверхность постоянной кривизны
~ **of constant phase** эквифазная поверхность
~ **of discontinuity** поверхность разрыва
~ **of estimates** поверхность оценок
~ **of melt** *крист.* поверхность расплава
~ **of revolution** *вчт* поверхность вращения
~ **of second order** поверхность второго порядка, квадрика
absorbing ~ поглощающая поверхность
amorphized ~ аморфиз(ир)ованная поверхность
approximating ~ аппроксимирующая поверхность
as-polished ~ свежеполированная поверхность
back ~ задняя [тыловая] поверхность
ball ~ поверхность шара, сферическая поверхность
bearing ~ несущая поверхность; опорная поверхность
Bezier ~ *вчт* поверхность Безье
Bloch ~ *магн.* блоховская поверхность
boundary ~ поверхность раздела
burnishing ~ полирующая фаска (*записывающего резца рекордера*)
carrying ~ несущая поверхность; опорная поверхность
Cartesian ~ декартова поверхность
caustic ~ *опт.* каустика
Cayley ~ поверхность Кэли
cleavage ~ *крист.* плоскость спайности
cleaved ~ *крист.* поверхность скола по плоскости спайности
closed ~ замкнутая поверхность
close-packed ~ *крист.* плотноупакованная плоскость
coated ~ поверхность с покрытием
concave ~ вогнутая поверхность
congruent ~s конгруэнтные поверхности
connected ~ связная поверхность
constant-energy ~ изоэнергетическая поверхность
contact ~ **1.** (рабочая) поверхность контакта (*напр. реле*) **2.** поверхность соприкосновения
contour ~ контурная поверхность

convergence ~ *тлв* плоскость сведения лучей
convex ~ выпуклая поверхность
coordinate ~ (главная) координатная поверхность
corrugated ~ гофрированная поверхность
covering ~ покрывающая поверхность
curved ~ искривлённая поверхность
cylindrical ~ цилиндрическая поверхность
damage-free ~ *пп* бездефектная поверхность
decision ~ поверхность решений
dichroic ~ дихроичная поверхность
diffuse [diffusing] ~ рассеивающая [диффузно отражающая] поверхность
display ~ носитель изображения, отображающая среда, отображающая поверхность (*экран, лист бумаги, фото- или киноплёнка*)
elliptic ~ эллиптическая поверхность
embedded ~ вложенная поверхность
emitting ~ излучающая поверхность
equal-energy ~ изоэнергетическая поверхность
equal-phase [equiphase] ~ эквифазная поверхность
equipotential ~ эквипотенциальная поверхность
equiprobability ~ поверхность равных вероятностей
equisignal ~ равносигнальная поверхность
error ~ поверхность ошибок
etched ~ травленая поверхность
Fermi ~ поверхность Ферми
fissure ~ **1.** поверхность с трещинами **2.** *крист.* поверхность скола
flat ~ плоская поверхность
focal ~ фокальная поверхность
formed ~ фасонная поверхность; профилированная поверхность
fractal ~ фрактальная поверхность
fracture ~ поверхность излома
free ~ свободная поверхность
front ~ передняя поверхность
functional ~ рабочая поверхность
geodesic ~ геодезическая поверхность
grained ~ зернистая поверхность
ground ~ поверхность земли
growth ~ *крист.* поверхность роста
heat-absorbing ~ теплопоглощающая поверхность
heat-emitting ~ тепловыделяющая поверхность
heat-exchange ~ поверхность теплообмена
hidden ~ невидимая поверхность; скрытая поверхность
hyperbolic ~ гиперболическая поверхность
illuminated ~ **1.** освещаемая поверхность **2.** облучаемая поверхность
isothermal ~ изотермическая поверхность
Lambert ~ ламбертовская [равномерно рассеивающая] поверхность
Landau ~ поверхность Ландау
liquidus ~ *крист.* поверхность ликвидуса
mating ~s сопряжённые поверхности
matted ~ матированная поверхность
multidimensional ~ многомерная поверхность
multisheeted ~ многолистная поверхность
multivalley energy ~ многодолинная изоэнергетическая поверхность
nodal ~ узловая поверхность
nonoriented ~ неориентированная поверхность
nonsingular ~ *вчт, крист.* несингулярная поверхность

normal ~ нормальная поверхность
n-type ~ поверхность (с электропроводностью) *n*-типа, поверхность с электронной электропроводностью
one-sided ~ односторонняя поверхность (*напр. лист Мёбиуса*)
open-Fermi ~ открытая поверхность Ферми
oriented ~ ориентированная поверхность
oxide ~ *микр.* поверхность оксида
parabolic ~ параболическая поверхность
parametric ~ параметрическая поверхность
passivated ~ пассивированная поверхность
perfectly conducting ~ идеально проводящая поверхность
perfectly reflecting ~ идеально отражающая поверхность
phase equilibrium ~ поверхность фазового равновесия, поверхность фазового перехода
phase transition ~ поверхность фазового перехода, поверхность фазового равновесия
planar ~ плоская поверхность
polynomial ~ полиномиальная поверхность
printing ~ печатающая поверхность
profiled ~ профилированная поверхность; фасонная поверхность
projecting ~ проектирующая поверхность
p-type ~ поверхность (с электропроводностью) *p*-типа, поверхность с дырочной электропроводностью
quadric ~ поверхность второго порядка, квадрика
rear ~ тыловая [задняя] поверхность
recording ~ рабочая поверхность носителя записи
reference ~ базовая поверхность
reflecting ~ отражающая поверхность
regression ~ поверхность регрессии
response ~ поверхность отклика
ribbed ~ ребристая поверхность
Riemann(ian) ~ риманова поверхность
rough ~ шероховатая поверхность
saddle ~ седловая поверхность
singular ~ *вчт, крист.* сингулярная поверхность
sliding ~ поверхность скольжения
smooth ~ гладкая поверхность
soiled ~ *микр.* загрязнённая поверхность
solidus ~ *крист.* поверхность солидуса
specular ~ зеркальная поверхность
spline ~ сплайновая поверхность, сплайн-поверхность
squarable ~ квадрируемая поверхность
storage ~ 1. рабочая поверхность запоминающей среды 2. поверхность мишени (*запоминающей ЭЛТ*)
substrate ~ поверхность подложки
supporting ~ опорная поверхность; несущая поверхность
tangent ~ касательная поверхность
textured ~ текстурированная поверхность
TIR ~ *см.* **total-internal-reflection surface**
total-internal-reflection ~ поверхность полного внутреннего отражения
transversal ~ трансверсальная поверхность
trend ~ поверхность тренда
twisted ~ скрученная поверхность
two-sided ~ двусторонняя поверхность
uniformly diffusing ~ ламбертовская [равномерно рассеивающая] поверхность
unilateral ~ односторонняя поверхность (*напр. лист Мёбиуса*)
vicinal ~ *крист.* вицинальная поверхность
viewing ~ рабочая поверхность экрана (*напр. ЭЛТ*)
wave ~ волновой фронт
Wulff ~ *крист.* поверхность Вульфа

surfacing обработка поверхности
  computer-assisted optical ~ автоматизированная оптическая обработка поверхности
  multilevel ~ нанесение на поверхность многослойного покрытия

surfactant *микр.* поверхностно-активное вещество, ПАВ
  ampholytic [amphoteric] ~ амфолитное [амфотерное] поверхностно-активное вещество
  anionic ~ анионное поверхностно-активное вещество
  cationic ~ катионное поверхностно-активное вещество
  chemisorbed ~ хемосорбционное поверхностно-активное вещество
  fluorinated ~ фторированное поверхностно-активное вещество
  ionic ~ ионное [ионногенное] поверхностно-активное вещество
  nonionic ~ неионное [неионногенное] поверхностно-активное вещество

surficial поверхностный; относящийся к границе (*объекта*); происходящий на поверхности

surfing *вчт* 1. просмотр Web-страниц в Internet, *проф.* серфинг в Internet, путешествие по Internet 2. доступ к ресурсам; использование ресурсов (*напр. сети*)
  anonymous ~ 1. анонимный (*без регистрации*) просмотр Web-страниц в Internet, *проф.* анонимный (*без регистрации*) серфинг в Internet, анонимное (*без регистрации*) путешествие по Internet 2. анонимный (*без регистрации*) доступ к ресурсам Internet; анонимное (*без регистрации*) использование ресурсов Internet
  Internet ~ 1. просмотр Web-страниц в Internet, *проф.* серфинг в Internet, путешествие по Internet 2. доступ к ресурсам Internet; использование ресурсов Internet

SurfWatch программа SurfWatch, сетевой фильтр для ограничения доступа к определённым Web-страницам

surge 1. выброс; всплеск ∥ давать выброс *или* всплеск (*напр. излучения*) 2. выброс тока, экстраток 3. выброс напряжения, перенапряжение 4. колебания *или* волны большой амплитуды ∥ колебаться с большой амплитудой
  current ~ выброс тока, экстраток
  direct lightning ~ прямое грозовое перенапряжение
  indirect lightning ~ косвенное грозовое перенапряжение
  lightning ~ грозовое перенапряжение
  line ~ выброс тока или напряжения (электропитания)
  oscillatory ~ колебательное перенапряжение
  pressure ~ скачок давления
  pulse ~ импульсное перенапряжение
  switching ~ коммутационное перенапряжение
  voltage ~ выброс напряжения, перенапряжение

surging 1. существование *или* возникновение выбросов *или* всплесков (*напр. излучения*) **2.** существование *или* возникновение выбросов тока *или* напряжения **3.** существование *или* возникновение колебаний *или* волн большой амплитуды

surjection *вчт* сюръекция
  closed ~ замкнутая сюръекция
  continuous ~ непрерывная сюръекция
  fuzzy ~ нечёткая сюръекция
  linear ~ линейная сюръекция

surjective *вчт* сюръективный (*напр. об отображении*)

surjector *вчт* сюръектор, сюръективный функтор

surprint надпечатка || надпечатывать

surprise неожиданное отклонение (*напр. случайной величины*), неожиданность || неожиданный

surrogate 1. заменитель; заместитель; суррогат || заменять; замещать || заменяющий; замещающий; суррогатный **2.** *вчт* область идентификаторов сущностей, область идентификаторов объектов, *проф.* суррогат (*в расширенной реляционной модели данных*)

surveillance 1. наблюдение; обзор (*напр. радиолокационный*) **2.** слежка
  automatic dependent ~-B полуавтоматическая система наблюдения за воздушной обстановкой (*службы УВД*), система ADS-B
  electronic ~ электронная слежка
  over-the-horizon ~ загоризонтный обзор
  radar ~ радиолокационный обзор
  radiometric ~ радиометрический обзор
  three-dimensional ~ пространственный обзор

surveillant 1. объект наблюдения *или* обзора находящийся под наблюдением; подвергающийся обзору **2.** объект слежки; подвергающийся слежке

survey 1. обзор; общий анализ (*напр. состояния проблемы*) || делать обзор; подвергать общему анализу **2.** осмотр; обследование || осматривать; обследовать **3.** поиск; исследование; разведка || искать; исследовать; разведывать **4.** опрос || опрашивать **5.** топографическая съёмка || производить топографическую съёмку
  analytical ~ аналитический обзор
  comparative ~ сравнительное исследование
  current ~ текущий анализ
  experimental ~ экспериментальное исследование
  repeated ~ повторный опрос
  sample ~ выборочное исследование
  statistical ~ статистическое обследование
  theoretical ~ теоретическое исследование

surveying 1. составление обзора; обзор; выполнение общего анализа; общий анализ (*напр. состояния проблемы*) **2.** выполнение осмотра; осмотр; обследование **3.** поиск; исследование; разведка **4.** топографическая съёмка **5.** геология, геодезия и картография
  geomagnetic ~ геомагнитная разведка (*полезных ископаемых*)
  radar ~ радиолокационная топографическая съёмка (*с помощью радиомаяков*)

survival выживание; выживаемость
  ~ **of the fittest** выживание наиболее приспособленных; естественный отбор (*напр. в эволюционном программировании*)

survivor 1. уцелевший; выживший **2.** сохранивший работоспособность **3.** выбранный путь (*при поиске по кодовому дереву*)

susceptance реактивная проводимость
  collector-base ~ реактивная проводимость коллекторного перехода
  collector-emitter ~ реактивная проводимость (цепи) коллектор — эмиттер
  electrode ~ реактивная проводимость электрода
  emitter-base ~ реактивная проводимость эмиттерного перехода
  feedback ~ реактивная проводимость (цепи) обратной связи
  tuning ~ нормированная реактивная проводимость резонансного разрядника (*на рабочей частоте*)

susceptibility 1. восприимчивость **2.** магнитная восприимчивость **3.** чувствительность
  anhysteretic ~ **1.** обратимая восприимчивость **2.** обратимая магнитная восприимчивость
  dc paramagnetic ~ статическая парамагнитная восприимчивость
  diamagnetic ~ диамагнитная восприимчивость
  dielectric ~ диэлектрическая восприимчивость
  electric ~ диэлектрическая восприимчивость
  initial ~ **1.** начальная восприимчивость **2.** начальная магнитная восприимчивость
  interference ~ чувствительность к помехам
  intrinsic ~ **1.** внутренняя восприимчивость **2.** внутренняя магнитная восприимчивость
  inverse ~ обратная восприимчивость
  inverted ~ *кв. эл.* восприимчивость при инверсии
  magnetic ~ магнитная восприимчивость
  moisture ~ гидрофильность
  negative diamagnetic ~ отрицательная диамагнитная восприимчивость
  normal paramagnetic ~ *свпр* парамагнитная восприимчивость в нормальном состоянии
  orbital ~ орбитальная восприимчивость
  paramagnetic ~ парамагнитная восприимчивость
  peak absorption ~ *кв. эл.* максимальная восприимчивость при поглощении
  perpendicular ~ поперечная восприимчивость
  positive paramagnetic ~ положительная парамагнитная восприимчивость
  receiver ~ чувствительность приёмника
  spin ~ спиновая восприимчивость
  static magnetic ~ статическая магнитная восприимчивость
  strong-field ~ восприимчивость в сильных полях
  tensor ~ тензорная восприимчивость
  volume ~ объёмная восприимчивость
  weak-field ~ восприимчивость в слабых полях

susceptiveness *тлф* восприимчивость
  inductive ~ восприимчивость

susceptometer прибор для измерения магнитной восприимчивости

susceptor 1. *крист.* токоприёмник (*индукционных токов*) **2.** обнаружитель (*электромагнитной энергии*)
  graphite ~ графитовый токоприёмник

suspend 1. переводить (*напр. аппаратуру*) в режим ожидания (*напр. для снижения энергопотребления*); *вчт* приостанавливать (*напр. выполнение программы*); переводить в состояние ожидания (*напр. задачу*) **2.** подвесить; закрепить в висячем положении (*напр. кабель*) **3.** *вчт* подвешивать(ся) (*о компьютере*); подвесить (*компьютер*) **4.** находиться во взвешенном состоянии; поддерживать во взвешенном состоянии (*о частицах дисперсной фазы в суспензии*)

suspense 1. режим ожидания (*напр. аппаратуры*); *вчт* приостановка (*напр. выполнение программы*) 2. подвешенное положение; висячее положении 3. *вчт* подвешенное состояние (*компьютера*) 4. неизвестность; неопределённость; нерешённость 5. тревога; тревожное ожидание; беспокойство

suspension 1. перевод (*напр. аппаратуры*) в режим ожидания (*напр. для снижения энергопотребления*); *вчт* приостановка (*напр. выполнение программы*); перевод (*напр. задачи*) в состояние ожидания 2. режим ожидания (*напр. аппаратуры*); состояние ожидания (*напр. задачи*) 3. подвешивание; закрепление в висячем положении (*напр. кабеля*) 4. подвес; нить подвеса (*напр. в измерительных приборах*) 5. подвеска (*напр. магнитная*) 6. *вчт* подвешивание (*компьютера*) 7. суспензия; взвесь
 attractive ~ подвеска с притяжением
 bifilar ~ бифилярный подвес
 Cardan ~ карданов подвес
 coarse ~ грубодисперсная суспензия
 electromagnetic ~ электромагнитная подвеска
 fine ~ высокодисперсная суспензия
 head ~ подвеска головки (*жёсткого магнитного диска*)
 loudspeaker ~ подвеска громкоговорителя
 maglev ~ магнитная подвеска
 pendulum ~ маятниковый подвес
 pigment ~ суспензия пигмента
 quartz ~ кварцевый подвес
 repulsive ~ подвеска с отталкиванием
 spring ~ пружинный подвес
 structured ~ структурированная суспензия
 superconducting [superconductive] magnetic ~ сверхпроводящая магнитная подвеска
 telescopic ~ телескопическая подвеска
 torsion ~ крутильный подвес

sustain 1. поддерживание; удерживание || поддерживать; удерживать 2. подтверждение; доказательство || подтверждать, доказывать 3. *вчт* стабильный участок огибающей (звука), *проф.* задержка 4. длительный; непрерывный

SVGA 1. стандарт сверхвысокого уровня на отображение текстовой и цветной графической информации для IBM-совместимых компьютеров, стандарт SVGA (*с разрешением от 800x600 пикселей и выше с возможностью воспроизведения до 16,7 млн. цветов*) 2. видеоадаптер (стандарта) SVGA
 VESA ~ стандарт ассоциации VESA на режимы работы мониторов высокого разрешения

swab 1. программа для решения проблемы обмена информацией между компьютерами с разным форматом представления слов, программа для решения проблемы предотвращения ошибок преобразования типа «UNIX - NUXI» || решать проблему обмена информацией между компьютерами с разным форматом представления слов, решать проблему предотвращения ошибок преобразования типа «UNIX - NUXI» 2. кисточка; щёт(оч)ка
 head-cleaning ~ кисточка для чистки (магнитных) головок

swallow 1. поглощать; абсорбировать; всасывать 2. подавлять

swallower 1. поглотитель 2. устройство подавления, подавитель
 pulse ~ устройство подавления импульсов

swap 1. (взаимный) обмен || (взаимно) обмениваться(ся) 2. перестановка, обмен местами || переставлять, менять местами 3. *вчт* подкачка (*загрузка образов задач, страниц или сегментов из внешней памяти в оперативную*) || подкачивать (*загружать образы задач, страницы или сегменты из внешней памяти в оперативную*) ◊ ~ **in** подкачивать (*загружать образы задач, страницы или сегменты из внешней памяти в оперативную*); ~ **out** откачивать (*выгружать образы задач, страницы или сегменты из оперативной памяти во внешнюю*)
 flagged ~ *вчт* условный обмен
 flagged registered ~ *вчт* условный обмен с участием регистра
 hot ~ *вчт* замена жёсткого диска без отключения питания, *проф.* горячая замена
 simple ~ *вчт* простой обмен

swapfile файл подкачки

swapper *вчт* программа свопинга

swapping 1. (взаимный) обмен 2. перестановка, обмен местами 3. *вчт* подкачка (*загрузка образов задач, страниц или сегментов из внешней памяти в оперативную*) 4. *вчт*, *проф.* «свопинг» (*увеличение эффективности использования оперативной памяти путем регулярного обмена образами задач, страницами или сегментами с внешней памятью*) 5. *вчт* копирование дискет с использованием одного дисковода
 hot ~ замена жёсткого диска без отключения питания, *проф.* горячая замена
 page ~ *вчт* подкачка страниц
 path ~ перестановка маршрутов

swarm 1. движущееся скопление (объектов) 2. *вчт* множественные ошибки в программе

swash *вчт* 1. удлинённый декоративный концевой элемент литеры (*напр. в символе h*) 2. волнистая черта над или под соседними символами

sweep 1. развёртка || развёртывать 2. блок развёртки 3. качание частоты || качать частоту 4. вибрирующий звук, *проф.* «качающийся» звук || издавать вибрирующий звук, *проф.* издавать «качающийся» звук 5. очистка; удаление || очищать, удалять 6. уничтожение || уничтожать 7. изгиб; кривая || изгибать(ся); искривлять(ся) 8. непрерывное движение || двигаться непрерывно 9. *pl* период времени, обеспечивающий получение объективных данных о рейтинге вещательных программ
 armed ~ ждущая развёртка
 azimuth ~ азимутальная развёртка
 beam ~ развёртка луча
 circular ~ круговая развёртка
 coarse ~ 1. *рлк* грубая развёртка 2. *тлв* развёртка с малым числом строк
 delayed ~ задержанная развёртка
 delaying ~ ждущая развертка с задержкой
 disk ~ выравнивание степени износа (поверхности) жёсткого магнитного) диска
 driven ~ ждущая развертка
 echo ~ *вчт* вибрирующее эхо, *проф.* «качающееся» эхо (*«музыкальный инструмент» из набора General MIDI*)

sweep

expanded ~ растянутая развёртка
exponential ~ экспоненциальная развёртка
fine ~ 1. *рлк* точная развёртка 2. *тлв* развёртка с большим числом строк
free-running ~ внутренняя развёртка
frequency ~ качание частоты
gated ~ ждущая развёртка
horizontal ~ 1. горизонтальная развёртка 2. *тлв* строчная развёртка
linear ~ линейная развёртка
precision ~ *рлк* точная развёртка
range ~ *рлк* развёртка по дальности
singly ~ развёртка с однократным запуском
slave ~ развёртка с внешним запуском
time-base ~ временная развёртка
vertical ~ 1. вертикальная развёртка *тлв* 2. полевая развёртка 3. кадровая развёртка

sweeper:
vacuum ~ пылесос

sweeping 1. развёртка 2. качание частоты || с качающейся частотой 3. вибрирующее звучание || вибрирующий, *проф.* качающийся (*о звуке*) 4. очистка; удаление 5. уничтожение 6. изгиб; искривление || изогнутый; искривлённый 7. непрерывное движение || двигающийся непрерывно
head ~ смещение головок в случайное положение при отсутствии обращения к жёсткому магнитному диску, *проф.* качание головок (*для выравнивания степени износа рабочих поверхностей*)

sweeping-out уничтожение
domain ~ уничтожение доменов

sweep-second центральная секундная стрелка
sweep-through ступенчатое качание частоты (*напр. при активном радиоэлектронном подавлении*)

swell 1. нарастание; возрастание; плавное увеличение || нарастать; возрастать; плавно увеличивать(ся) 2. плавное регулирование громкости || плавно регулировать громкость 3. набухание; разбухание; вспучивание; вздутие || набухать; разбухать; вспучивать(ся); вздуваться

swelling 1. нарастание; возрастание; плавное увеличение 2. плавное регулирование громкости 3. набухание; разбухание; вспучивание; вздутие
photoresist ~ разбухание фоторезиста

swim *тлв, вчт* плавание (*изображения*) || плавать (*об изображении*)
swimming *тлв, вчт* плавание (*изображения*)
image ~ плавание изображения

swing 1. колебание; качание; осцилляция || колебаться; вызывать колебания; качать(ся); осциллировать; вызывать осцилляции 2. (внезапное) изменение (*напр. амплитуды*); скачок (*напр. частоты*) || испытывать внезапное изменение *или* скачок 3. размах, удвоенная амплитуда (*напр. колебаний*) 4. полоса качания частоты 5. криволинейное движение || двигать(ся) по кривой 6. *проф.* свинг (*выразительное средство в музыке*)
carrier ~ полоса качания частоты (*ЧМ- или ФМ-сигнала*)
current ~ размах тока
frequency ~ 1. полоса качания частоты 2. скачок частоты
grid ~ размах напряжения на сетке
logic ~ перепад логических уровней
signal ~ 1. размах сигнала 2. (внезапное) изменение амплитуды сигнала

voltage ~ размах напряжения
white-to-black frequency ~ полоса качания частоты при передаче белых и чёрных полей (*в факсимильной связи*)

swing-by траектория КЛА, использующего гравитационное поле одного небесного тела для достижения другого небесного тела

swinging 1. колебания; качание; осцилляции 2. (внезапные) изменения (*напр. амплитуды*); скачки (*напр. частоты*) 3. криволинейное движение
beam ~ 1. качание пучка (*напр. света*) 2. качание главного лепестка диаграммы направленности антенны

swirl 1. вихрь || завихрять(ся) 2. закручивание; скручивание || закручивать(ся); скручивать(ся) 3. *крист.* спирали (*спиралевидные скопления точечных дефектов*)

swish 1. шипящий звук; шипение; шуршание || шипеть; шуршать 2. *pl* шипящие атмосферные помехи

switch 1. переключение; коммутация || переключать; коммутировать 2. переключатель (*1. устройство для установления или (и) разрыва соединений между электрическими цепями, линиями передачи, каналами связи и др.; коммутатор; коммутационное устройство 2. вчт оператор выбора 3. массив адресов точек прерывания (программы); массив адресов контрольных точек*) 3. выключение, включение; разъединение; соединение; прерывание || выключать; включать; разъединять; соединять; прерывать 4. выключатель; разъединитель; соединитель; прерыватель 5. ключ || использовать ключ 6. *тлф* искатель 7. *вчт* ключ (команды); управляющий параметр (команды) (*напр. в MS DOS*) 8. изменение направления || изменять направление 9. перемагничивание || перемагничивать
ac/battery selector ~ переключатель режима (электро)питания
access ~ ключ доступа
active Q ~ активный лазерный затвор, активный переключатель добротности
air ~ воздушный выключатель
alarm ~ переключатель системы тревожной сигнализации
allotter ~ *тлф* распределитель
antenna ~ разрядник защиты приёмника
antenna disconnect ~ *рлк* выключатель поворотного устройства антенны
anticapacitance ~ выключатель с малой собственной ёмкостью (*в разомкнутом положении*)
antitransmit-receive ~ разрядник блокировки передатчика
assignment ~ *тлф* искатель
ATR ~ *см.* antitransmit-receive switch
automatic lock-on ~ коммутатор системы захвата цели на автоматическое сопровождение
automatic time ~ программный переключатель
automatic time-delay ~ переключатель с автоматической выдержкой времени
baby knife ~ миниатюрный рубильник, миниатюрный переключатель с врубным контактом
backbone ~ магистральный коммутатор
band ~ переключатель диапазонов
bank-and-wiper ~ щёточный электромеханический искатель
barrel ~ барабанный переключатель

switch

bat-handle ~ тумблер
biased ~ переключатель с самовозвратом
big red ~ *вчт проф.* выключатель (электро)питания (*компьютера*)
binary ~ двухпозиционный переключатель
birefringent ~ лазерный затвор на эффекте двойного лучепреломления, переключатель добротности на эффекте двойного лучепреломления
bistable ~ двухпозиционный переключатель
bladed (-type) ~ рубильник, переключатель с врубным контактом
breakpoint ~ *вчт* переключатель, массив адресов точек прерывания (программы); массив адресов контрольных точек
bubble retarding ~ переключатель ЦМД с выдержкой времени
button ~ кнопочный переключатель *или* выключатель
bypass ~ обходной выключатель
call ~ *тлф* искатель
cam (-type) ~ кулачковый переключатель
chalcogenide-glass ~ переключатель на халькогенидном стекле
changeover ~ переключатель полюсов
channel ~ переключатель каналов; коммутатор каналов
chopper ~ рубильник
clocked ~ тактируемый переключатель
close [closed] ~ замкнутый выключатель
cluster ~ групповой выключатель
coaxial ~ коаксиальный переключатель
code-operated ~ переключатель с кодовым управлением
command ~ ключ команды; управляющий параметр команды
communication ~ связной коммутатор
commutation ~ коммутатор; коммутационное устройство
configurator ~ *вчт* коммутатор конфигуратора
control ~ контрольный переключатель
controlled ~ 1. управляемый переключатель 2. искатель, работающий от импульсов набора
cord-operated wall ~ настенный шнуровой выключатель
cradle ~ рычаг (*телефонного аппарата*)
crossbar ~ *тлф* многократный координатный соединитель
cryogenic ~ криогенный переключатель
cryotron ~ криотронный переключатель
cutoff [cutout] ~ выключатель
data ~ коммутатор данных
decimal ~ декадный переключатель
deck ~ блок переключателей с общим управлением
delay ~ 1. переключатель *или* выключатель с выдержкой времени 2. реле времени
digital tandem ~ цифровой транзитный узел; цифровая междугородная АТС
diode ~ диодный переключатель
DIP ~ *см.* **dual-in-line package switch**
disconnect(ing) ~ разъединитель
discriminating ~ *тлф* переключатель направлений
display ~ *вчт* переключатель типа монитора *или* графического адаптера
double-break ~ выключатель с двойным размыканием

double-pole ~ двухполюсный выключатель *или* переключатель
double-pole double-throw ~ двухпозиционный двухполюсный переключатель
double-pole single-throw ~ двухполюсный выключатель
double-throw ~ двухпозиционный переключатель
double-way ~ двухпозиционный переключатель
drum ~ барабанный переключатель
dry-reed ~ язычковое реле с сухим магнитоуправляемым контактом
dual-in-line package ~ малогабаритный переключатель в корпусе типа DIP, DIP-переключатель
earth(ing) ~ переключатель заземления
electric ~ 1. переключатель (*устройство для коммутации электрических цепей*); коммутатор; коммутационное устройство 2. выключатель; разъединитель
electrolytic ~ электролитический переключатель
electron-beam activated ~ переключатель, управляемый электронным пучком
electronic ~ 1. электронный переключатель; электронный коммутатор 2. трохотрон
emergency ~ аварийный выключатель
emitter-follower current ~ переключатель тока на эмиттерном повторителе
environment-proof ~ защищенный переключатель
explosion-proof ~ взрывобезопасный переключатель
explosively-actuated opening ~ размыкатель с дугой в металлической плазме
Faraday-rotation ~ переключатель на эффекте Фарадея
fax ~ факсимильный коммутатор
feed ~ выключатель (электро)питания
ferrite ~ ферритовый переключатель
float ~ поплавковый выключатель
fluidic ~ струйный выключатель
flush-mounted ~ настенный выключатель
foot ~ 1. ножной (педальный) переключатель 2. *вчт* ножной (педальный) контроллер дискретного действия, ножной дискретный (педальный) контроллер
four-layer semiconductor ~ диодный тиристор, динистор
four-pole ~ четырёхполюсный выключатель *или* переключатель
four-pole double-throw ~ двухпозиционный четырёхполюсный переключатель
four-pole single-throw ~ четырёхполюсный выключатель
four-region ~ диодный тиристор, динистор
four-throw ~ четырёхпозиционный переключатель
four-way ~ четырёхпозиционный переключатель
front-and-back connected ~ переключатель с двухсторонним расположением выводов
function ~ 1. переключатель функций 2. переключатель режимов
fuse-disconnecting ~ разъединитель-предохранитель
fusible ~ выключатель с плавким предохранителем
gang ~ 1. блок переключателей с одноручным управлением 2. галетный переключатель
gas-filled reed ~ газонаполненное язычковое реле с магнитоуправляемым контактом

switch

gate-activated [gate-controlled, gate-turnoff] ~ двухоперационный триодный тиристор, двухоперационный тринистор
glow ~ стартер лампы тлеющего разряда с биметаллической пластиной
gross-motion ~ *тлф* грубый (*напр. щёточный*) искатель
ground(ing) ~ переключатель заземления
Hall(-effect) ~ переключатель на эффекте Холла
hat ~ (дополнительный) кнопочный переключатель на головке рукоятки джойстика (*напр. для изменения режима работы*)
high-speed ~ быстродействующий переключатель
homing-type ~ *тлф* искатель с исходным положением
hunting ~ *тлф* смешивающий искатель
inertia ~ выключатель с замедлителем
instrument ~ переключатель измерительного прибора
interlock ~ выключатель системы взаимной блокировки
isolated-gate p-n-p-n ~ тиристор с изолированным управляющим электродом
Josephson-junction ~ переключатель на джозефсоновском переходе
Kerr-cell ~ лазерный затвор на ячейке Керра
key ~ клавишный *или* кнопочный переключатель (с самовозвратом)
knife ~ рубильник, переключатель с врубным контактом
laser Q ~ лазерный затвор, переключатель добротности
laser-triggered ~ высоковольтный переключатель, управляемый лазерным лучом
lever ~ рычажный переключатель
lever pileup ~ секционный рычажный (кулачковый) переключатель
light-activated ~ диодный фототиристор, фотодинистор
light-activated silicon controlled ~ тетродный фототиристор
liquid-crystal light valve ~ жидкокристаллическая светоклапанная система
limit ~ предельный выключатель
line ~ 1. линейный выключатель 2. *тлф* предыскатель
load ~ переключатель нагрузки
local ~ переключатель «местный приём» (*в радиоприёмнике*)
logic ~ логический переключатель
loudness ~ переключатель уровня громкости
magnetically controlled ~ электромагнитный выключатель
magnetic reed ~ язычковое реле с магнитоуправляемым контактом
main ~ выключатель (электро)питания
maintained contact ~ переключатель с фиксацией положения, переключатель без самовозврата
make-before-break ~ переключатель с перекрывающими контактами
many-one function ~ переключатель функций с монофункциональным выходом
maser saturation protection ~ переключатель для защиты мазера от насыщения
master ~ главное коммутационное устройство

membrane ~ мембранный переключатель
memory rewind ~ переключатель перемотки с памятью (*в магнитофоне*)
MEMS (-based) ~ *см.* **microelectromechanical system (-based) switch**
mercury ~ ртутный выключатель
mercury-wetted reed ~ ртутное язычковое реле с магнитоуправляемым контактом
metal-plasma arc opening ~ размыкатель с дугой в металлической плазме
microelectromechanical system(-based) ~ переключатель на основе микроэлектромеханических систем
microenergy ~ микромощный переключатель
microwave ~ СВЧ-переключатель
minor ~ *тлф* малый искатель
mode select ~ переключатель режима работы
momentary ~ переключатель мгновенного действия
monitor ~ переключатель контроля записи
monostable ~ выключатель с самовозвратом
multigang ~ многопозиционный галетный переключатель
multilayer semiconductor ~ тиристор
multipath ~ многопозиционный переключатель
multiple-break ~ выключатель с многократным размыканием
multiple-contact ~ многопозиционный переключатель
multiplex ~ коммутатор каналов; мультиплексор
multiposition ~ многопозиционный переключатель
multithrow ~ многопозиционный переключатель
multiwafer ~ многопозиционный галетный переключатель
muting ~ 1. переключатель бесшумной настройки 2. переключатель схемы шумоподавления при смене грампластинок (*в проигрывателе-автомате*)
non-biased ~ переключатель с фиксацией положения, переключатель без самовозврата
non-shorting(-contact) ~ переключатель с неперекрывающими контактами
normally closed ~ переключатель с размыкающими контактами
normally open ~ переключатель с замыкающими контактами
n-terminal ~ *n*-контактный переключатель
oil ~ масляный выключатель
one-many function ~ переключатель функций с монофункциональным входом
on-off ~ выключатель (электро)питания
open ~ разомкнутый выключатель
opening ~ размыкатель
optical bypass ~ оптический обходной переключатель
optical-fiber ~ волоконно-оптический переключатель
optical-waveguide ~ световодный переключатель
optoelectronic ~ оптоэлектронный переключатель
optoelectronic multiplex ~ оптоэлектронный коммутатор каналов; оптоэлектронный мультиплексор
ovonic memory ~ переключатель с памятью на элементах Овшинского

ovonic threshold ~ пороговый переключатель на элементах Овшинского

packet ~ коммутатор пакетов, устройство передачи пакетов данных с промежуточным накоплением (*для передачи каждого пакета от узла к узлу только в полном объёме*)

paddle ~ перекидной клавишный переключатель *или* выключатель

page ~ переключатель «поиск» (*системы поискового вызова*)

passive Q ~ пассивный лазерный затвор, пассивный переключатель добротности

pause ~ кнопка временной остановки (*лентопротяжного механизма*)

pedal ~ 1. (ножной) педальный переключатель 2. *вчт* (ножной) педальный контроллер дискретного действия, (ножной) дискретный педальный контроллер

pendant ~ подвесной выключатель

phase-reversal ~ фазоинвертирующий переключатель

photon-activated ~ оптоэлектронный переключатель

p-n-p-n ~ тиристор

polarization ~ переключатель поляризации (*напр. волны*)

portamento ~ 1. включение *или* выключение режима портаменто, включение *или* выключение скользящего перехода от одного звука к другому 2. *вчт* контроллер «включение *или* выключение режима портаменто», MIDI-контроллер № 65

power ~ выключатель (электро)питания

preselection ~ *тлф* предыскатель

press-button ~ нажимный кнопочный переключатель *или* выключатель

press-to-talk ~ нажимная кнопка включения микрофона

pressure ~ мембранный выключатель

printed-circuit ~ печатный переключатель

program ~ программный оператор выбора, *проф.* программный переключатель

programmer ~ ключ программиста (*для получения доступа к встроенному отладчику*); клавиша для вызова командной строки

protein ~ переключатель на протеинах; переключатель на белках

proximity ~ бесконтактный переключатель

pull- ~ настенный шнуровой выключатель

push-back-push button ~ нажимной кнопочный выключатель *или* переключатель с фиксацией положения, нажимной кнопочный выключатель *или* переключатель без самовозврата

push-button ~ нажимной кнопочный выключатель *или* переключатель

push-to-talk ~ нажимная кнопка включения микрофона

Q ~ лазерный затвор, переключатель добротности

quick-break ~ переключатель с быстрым размыканием

quick-make ~ переключатель с быстрым замыканием

radio-phono [radio-tape] selector ~ переключатель «радио — магнитофон» (*в магнитоле*)

range ~ переключатель диапазонов

reciprocal ferrite ~ взаимный ферритовый переключатель

redundancy ~ переключатель на резерв

reed ~ язычковое реле с магнитоуправляемым контактом

regenerative ~ регенеративный переключатель, переключатель с положительной обратной связью

regime ~ изменение режима

remote ~ 1. дистанционный переключатель; дистанционный коммутатор, телекоммутатор 2. дистанционный выключатель

removable-drum programming ~ программирующий переключатель со сменным барабаном

resonator-chamber ~ резонаторный волноводный переключатель

reversing ~ переключатель полярности

rocker ~ клавишный выключатель с балансирным рычажком

rotary ~ 1. поворотный переключатель 2. поворотный выключатель 3. *тлф* поворотный искатель

rotary out-trunk ~ *тлф* поворотный искатель исходящей соединительной линии

rotary-stepping ~ *тлф* 1. шаговый распределитель 2. вращательный шаговый искатель

rotaxane ~ *микр.* переключатель на (монослойном) ротаксане

scan direction ~ *рлк* переключатель направления обзора

search direction ~ *рлк* переключатель направления поиска

selector ~ ручной многопозиционный переключатель

self-restoring ~ переключатель *или* выключатель с самовозвратом

semiconductor ~ полупроводниковый переключатель

sense ~ *вчт* переключатель (*на пульте управления компьютерной системы*) с функцией программного запроса

sensitivity ~ переключатель чувствительности

sequence ~ коммутатор с дистанционным управлением

series-parallel ~ переключатель типа соединения

setup ~s *вчт* переключатели для установки значений параметров (*аппаратных средств*)

sharing-selector ~ *тлф* шаговый искатель

shorting(-contact) ~ переключатель с перекрывающими контактами

short-recovery-time high-voltage ~ высоковольтный разрядник с малым временем восстановления

shuttle(-type) ~ коммутатор челночного типа

silicon-controlled ~ однооперационный тетродный тиристор

silicon-gate-controlled ac ~ двухоперационный триодный тиристор, двухоперационный тринистор

silicon symmetrical ~ симметричный тиристор

silicon-window ~ (проходной) переключатель на кремниевом волноводном окне

single-pole ~ однополюсный выключатель *или* переключатель

single-pole double-throw ~ двухпозиционный однополюсный переключатель

single-pole single-throw ~ однополюсный выключатель

single-throw ~ выключатель

single-way ~ выключатель
sinusoidal polarization ~ переключатель поляризации с синусоидальным управляющим сигналом
slide ~ ползунковый переключатель
snap ~ выключатель мгновенного действия
snooze ~ переключатель режима включения (*напр. радиоприёмника*) по таймеру
solid-state ~ твердотельный переключатель
solid-state molecular ~ твердотельный молекулярный переключатель
spark gap ~ искровой разрядник
speaker-reversal ~ переключатель каналов стереоусилителя
spring-return ~ выключатель с пружинным возвратом
SQ ~ *см.* **stereo/quadraphonic switch**
static ~ переключатель без подвижных частей
step-by-step ~ шаговый искатель
stepping ~ *тлф* 1. шаговый распределитель 2. релейный шаговый распределитель 3. шаговый искатель
stereo/mono ~ переключатель режима работы «моно — стерео»
stereo/quadraphonic ~ переключатель режима работы «стерео — квадро»
Strowger ~ *тлф* подъёмно-вращательный искатель, искатель Строуджера
stud(-type) ~ кнопочный переключатель *или* выключатель
suspension ~ подвесной выключатель
sweep ~ переключатель развёрток
synchro ~ следящий переключатель
T~ двухпозиционный переключатель
talk-listen ~ 1. переключатель «передача — приём» (*переговорного устройства*) 2. тангента (*на микротелефонной трубке*)
tandem ~ *вчт* транзитный групповой искатель
tap ~ многопозиционный переключатель для резистора *или* катушки индуктивности с отводами
tape(-selection) ~ переключатель типа магнитной ленты
tapping ~ секционный переключатель
thermostatic ~ термостатирующий переключатель
three-pole ~ трёхполюсный выключатель *или* переключатель
three-port ~ трёхплечий переключатель
three-way tape-selection ~ трёхпозиционный переключатель типа магнитной ленты
thumbwheel ~ дисковый переключатель *или* выключатель
time-delay ~ 1. переключатель *или* выключатель с выдержкой времени 2. реле времени
toggle ~ тумблер
toll offering ~ *тлф* искатель междугородной линии
touch ~ сенсорный переключатель
touch-to-talk ~ кнопка включения микрофона
TR ~ *см.* **transmit-receive switch**
transfer ~ передаточный ключ
transistor ~ транзисторный ключ
transmit-receive ~ разрядник защиты приёмника
triode alternating current semiconductor ~ симметричный триодный тиристор, симистор
tumbler ~ тумблер
Turbo ~ *см.* **turbo switch**

turbo ~ переключатель режима работы процессора, кнопка «turbo» *или* «Turbo» (*на передней панели компьютера*)
turn ~ поворотный переключатель *или* выключатель
two-motion step-by-step ~ декадно-шаговый искатель
two-or-four-mode ~ переключатель режима работы «стерео — квадро»
two-pole ~ двухполюсный выключатель *или* переключатель
two-pole double-throw ~ двухпозиционный двухполюсный переключатель
two-pole single-throw ~ двухполюсный выключатель
two-throw ~ двухпозиционный переключатель
two-way ~ двухпозиционный переключатель
ultrasonic ~ переключатель с (дистанционным) управлением ультразвуком, ультразвуковой переключатель
vacuum ~ вакуумный выключатель
vacuum arc opening ~ размыкатель с дугой в вакууме
vacuum reed ~ вакуумное язычковое реле с магнитоуправляемым контактом
video ~ коммутатор видеосигналов
voice-actuated ~ переключатель *или* выключатель с голосовым [речевым] управлением
wafer lever ~ галетный переключатель
wave-band ~ переключатель диапазонов
waveguide ~ волноводный переключатель
waveguide resonant-iris ~ волноводный переключатель на резонансной диафрагме (*с вращающейся лопастью*)
W/G ~ *см.* **waveguide switch**
write-protect ~ задвижка окна защиты от записи (*в футляре дискет*)

switchboard 1. коммутационная панель; наборное поле 2. *тлф* коммутатор
~ **for a system of extensions** коммутатор системы с добавочными номерами
attendant's ~ местный коммутатор
automatic ~ автоматический коммутатор
cordless ~ бесшнуровой коммутатор
distribution ~ распределительный щит
feeder ~ главный распределительный щит (электро)питания
intercommunication plug ~ штепсельный коммутатор для внутренней телефонной связи
local ~ местный коммутатор
long-distance ~ междугородный коммутатор
manual ~ ручной коммутатор
operator ~ ручной коммутатор
plug ~ штепсельный коммутатор
power ~ силовой распределительный щит
telephone ~ телефонный коммутатор
toll trunk ~ междугородный коммутатор

switcher *тлв* 1. видеомикшер, видеомикшерный пульт 2. оператор видеомикшерного пульта 3. коммутатор (*напр. видеоголовок*)
MIDI ~ MIDI-коммутатор, коммутационное MIDI-устройство
presentation ~ программный видеомикшер (*для выхода в эфир*)
routing ~ коммутатор-распределитель

switchhouse наружное коммутационное устройство
switching 1. переключение; коммутация **2.** выключение; включение; разъединение; соединение; прерывание **3.** использование ключа **4.** изменение направления **5.** перемагничивание
  active Q~ *кв. эл.* активная модуляция [активное переключение] добротности
  automatic emulation ~ автоматическое переключение эмуляции языков управления (*в лазерных принтерах*)
  automatic mode ~ автоматическое переключение режимов (*напр. в видеоадаптерах*)
  automatic network ~ автоматическое сетевое переключение (*напр. в лазерных принтерах коллективного пользования*)
  automatic reperforator ~ автоматический реперфораторный переприём (*с кодовой коммутацией*)
  bank ~ *вчт* переключение банков (*памяти*)
  beam(-lobe) ~ переключение положения главного лепестка диаграммы направленности антенны
  bubble-domain ~ переключение [коммутация] ЦМД
  bubble state ~ переключение состояния ЦМД
  channel ~ переключение каналов; коммутация каналов
  charge-controlled ~ *пп* зарядовое переключение
  circuit ~ 1. переключение цепей; коммутация цепей **2.** переключение каналов; коммутация каналов
  code ~ попеременное использование нескольких иностранных языков (*напр. на международных конференциях*)
  code-division ~ коммутация с кодовым разделением (каналов)
  context ~ *вчт* контекстно-зависимое переключение программ (*в многозадачном режиме*)
  critical-field ~ переключение при критическом поле
  cut-through ~ транзитная коммутация
  data link ~ спецификация корпорации IBM для коммутации каналов передачи данных, стандарт DLSw
  demand-assigned ~ коммутация с предоставлением каналов по требованию
  dial ~ автоматическая коммутация с помощью дискового номеронабирателя
  domain-wall state ~ переключение состояния доменной границы
  dynamic ~ динамическое переключение; динамическая коммутация
  electrothermal ~ *пп* электротермическое переключение
  emulation ~ автоматическое переключение эмуляции языков управления (*в лазерных принтерах*)
  energy-controlled ~ *пп* энергетическое переключение
  flux state ~ *свпр* переключение (квантового) состояния потока
  frequency-division ~ коммутация с частотным разделением (каналов)
  front-porch ~ *тлв* переключение (*видеоголовок*) в интервале передней площадки гасящего импульса перед строчным синхроимпульсом
  gain ~ *кв. эл.* модуляция коэффициента усиления
  head ~ переключение головок (*напр. жёсткого магнитного диска*)
  integrated voice/data ~ объединённая коммутация речевых сигналов и данных
  label ~ *вчт* коммутация (дейтаграмм) по меткам
  line ~ 1. переключение на линии (*связи*); коммутация на линии (*связи*) **2.** переключение каналов; коммутация каналов
  lobe ~ переключение положения лепестков диаграммы направленности антенны
  localized ~ локальное переключение
  machine ~ коммутация в электрической машине
  magnetization ~ перемагничивание
  memory ~ переключение с памятью
  message ~ коммутация сообщений, передача сообщений с промежуточным накоплением (*передача каждого сообщения от узла к узлу только в полном объёме*)
  minor ~ *пп* неосновное переключение
  multiprotocol label ~ многопротокольная коммутация (дейтаграмм) по меткам, метод MPLS
  noncentral-circuit ~ децентрализованная коммутация
  packet ~ коммутация пакетов, пакетная коммутация, передача пакетов данных с промежуточным накоплением (*передача каждого пакета от узла к узлу только в полном объёме*)
  parametric ~ параметрическое переключение
  passive Q ~ *кв. эл.* пассивная модуляция [пассивное переключение] добротности
  phase ~ коммутация фазы
  preprogrammed ~ коммутация с программным управлением
  progressive ~ последовательная коммутация
  protocol ~ переключение протоколов
  pulsed Q ~ *кв. эл.* импульсная модуляция [импульсное переключение] добротности
  push-button ~ кнопочное переключение
  Q ~ *кв. эл.* модуляция [переключение] добротности
  sharing ~ *тлф* ступенчатая коммутация
  space ~ пространственная коммутация
  space-division ~ коммутация с пространственным разделением (каналов)
  stage-by-stage ~ шаговая коммутация
  step-by-step ~ шаговая коммутация
  store-and-forward ~ коммутация с промежуточным накоплением
  stored-program control-assisted electromechanical ~ электромеханическая коммутация с микропрограммным управлением
  surface ~ *пп* поверхностное переключение
  sweep ~ переключение режимов развёртки
  tandem ~ транзитная коммутация
  task ~ *вчт* переключение задач
  telecommunications circuit ~ коммутация каналов электросвязи
  thermomagnetic ~ термомагнитное переключение
  threshold ~ пороговое переключение
  time-division ~ коммутация с временным разделением (каналов)
  trunk ~ *тлф* коммутация соединительных линий
  virtual ~ виртуальная коммутация
swop *см.* **swap**
syllabary *вчт* **1.** силлабическое письмо **2.** каталог слогов
syllabi *pl* от **syllabus**

syllabic

syllabic *вчт* 1. слогообразующий звук 2. слоговый 3. силлабический

syllabicity *вчт* слогообразование

syllabify *вчт* 1. образовывать слог(и) 2. разделять на слоги

syllabism *вчт* 1. разделение на слоги 2. использование силлабического письма

syllable *вчт* слог, минимальная единица речевого потока || произносить по слогам

syllabus 1. конспект; краткое изложение 2. программа (*напр. учебного курса*)

syllogism *вчт* силлогизм
  garbled ~ алогичный аргумент, выраженный в логических терминах (*логическая ошибка*)

sylph сильф (*персонаж компьютерных игр*)

symbol 1. символ (*1. знак 2. условный знак; условное обозначение; графическое обозначение 3. вчт идентификатор 4. образ; отображение 5. эмблема*) 2. представлять в символической форме; применять символическую запись; использовать символ(ы); использоваться в качестве символа 3. использовать условные знаки *или* условные обозначения; использоваться в качестве условного знака *или* условного обозначения
  ~ **of operator** символ оператора
  abstract ~ абстрактный символ
  active ~ активный символ
  additional ~ дополнительный символ
  admissible ~ допустимый символ
  aiming ~ *вчт* курсор
  algebraic ~ алгебраический символ
  alpha(betic) ~ алфавитный символ, буква
  alphanumeric ~ алфавитно-цифровой символ
  annotation ~ *вчт* символ аннотации
  auxiliary ~ вспомогательный символ
  barred ~ символ с чертой сверху
  basic ~ основной символ
  blinking ~ мерцающий символ
  Boolean ~ логический символ
  built-up ~ надстроенный символ
  cell alphabet ~ буквенное обозначение ячейки
  check(ing) ~ контрольный символ
  Christoffel ~ символ Кристоффеля
  command ~ управляющий символ
  composite ~ составной символ
  connector ~ *вчт* знак объединения *или* соединения (*в виде круга или пятиугольника*)
  control ~ управляющий символ
  decision ~ *вчт* знак ветвления, символ ◊
  definable ~ определяемый символ
  delta (Kronecker) ~ символ Кронекера, символ δ
  derivative ~ знак производной, символ *d*
  digital ~ цифровой символ, цифра
  diode ~s графические обозначения диодов
  dollar sign ~ знак доллара, символ $
  dotted ~ символ с точкой сверху
  euro sign ~ знак евро, символ €
  external ~ *вчт* внешний символ
  flowchart(ing) ~ символ блок-схемы
  functional ~ функциональный символ
  fundamental ~ основной символ
  generalized ~ обобщённый символ
  generating ~ порождающий символ
  graphical ~ 1. графический символ 2. *pl* графические обозначения (*компонентов*)
  grouping ~ группирующий символ
  Hermann-Mauguin ~s символы Германна — Могена, международные обозначения групп симметрии
  illegal ~ недопустимый символ
  information ~ информационный символ
  input/output ~ *вчт* знак ввода/вывода (*в виде параллелограмма*)
  international crystallographic ~s международные обозначения групп симметрии, символы Германна — Могена
  Kronecker ~s символы Кронекера, символы δ_{ik}
  Levi-Civita ~s символы Леви-Чивиты, абсолютно антисимметричный тензор
  literal ~ 1. *вчт* литерал, самозначимый символ *или* самозначимая группа символов, *проф.* буквальный символ *или* буквальная группа символов (*в тексте программы*) 2. алфавитный символ, буква
  logic ~ логический символ
  match-all ~ *вчт* шаблон подстановки (*символа или группы символов*), подстановочный символ, универсальный образец
  math(ematical) ~ математический символ
  metalogic ~ металогический символ
  mnemonic ~ мнемонический знак
  nonadmissible ~ недопустимый символ
  nonblinking ~ немерцающий символ
  nonterminal ~ *вчт* нетерминальный символ
  numeric ~ цифровой символ, цифра
  odd ~ случайный символ
  operator ~ символ оператора
  partial derivative ~ знак частной производной, символ ∂
  phonem(at)ic ~ фонематический [фонемный] символ
  predefined process ~ *вчт* знак предопределённого процесса (*в виде прямоугольника*)
  predicate ~ *вчт* предикативный символ
  processing ~ *вчт* знак процесса обработки (*в виде прямоугольника*)
  proofreader's ~ корректорский знак
  punctuation ~ знак препинания
  schematic ~ знак блок-схемы
  Schoenflies ~s символы Шёнфлиса, обозначения групп симметрии по Шёнфлису
  separation ~ разделительный символ
  shading ~ полутоновый символ
  Shubnikov ~s символы Шубникова, обозначения групп симметрии по Шубникову
  special ~ специальный символ
  standard ~ стандартный символ
  start/stop ~ *вчт* знак начала/окончания (*в виде овала*)
  suggestive ~ суггестивный [внушающий] символ
  syntactical ~ синтаксический символ
  terminal ~ *вчт* терминальный символ, терминал
  terminating ~ *вчт* завершающий символ, признак конца (*напр. абзаца*)
  transistor ~s графические обозначения транзисторов
  undeclared ~ неописанный символ
  undefined ~ неопределённый символ
  underscore символ подчёркивания
  unit ~ обозначение единицы измерений

variable ~ символ переменной
vector ~ символ вектора
wildcard ~ *вчт* шаблон подстановки (*символа или группы символов*), подстановочный символ, универсальный образец
wire ~ маркерная метка на проводе
δ ~ **s** символы Кронекера, символы δ$_{ik}$

symbolic символический
symbolism 1. набор символов 2. система условных обозначений
symbolize 1. представлять в символической форме; применять символическую запись; использовать символ(ы); использоваться в качестве символа 2. использовать условные знаки *или* условные обозначения; использоваться в качестве условного знака *или* условного обозначения
symbology использование символов; символика
  mathematical ~ использование математических символов; математическая символика
symmetrical симметричный; симметрический
symmetricalness симметричность
symmetrization симметризация; симметрирование
symmetrize симметризовать; симметрировать
symmetry симметрия
  ~ **in space-time** пространственно-временная симметрия
  ~ **of crystals** симметрия кристаллов
  ~ **of distribution** симметрия распределения
  ~ **of equation** симметрия уравнения
  ~ **of extended crystal lattice** симметрия протяжённой кристаллической решётки
  ~ **of molecules** симметрия молекул
  ~ **of physical tensor** симметрия физического тензора
  ~ **of three-dimensional** симметрия трёхмерного объекта
  ~ **of two-dimensional** симметрия двумерного объекта
  axial ~ аксиальная симметрия
  Becchi-Rouet-Stora ~ симметрия Бекки — Руа — Стора, БРС-симметрия
  Belov color ~ цветная симметрия Белова
  biradial ~ бирадиальная симметрия
  black-and-white magnetic ~ чёрно-белая магнитная симметрия
  broken ~ нарушенная симметрия
  BRS ~ *см.* **Becchi-Rouet-Stora symmetry**
  C~ С-симметрия, зарядовая симметрия, симметрия относительно зарядового сопряжения
  chiral ~ киральная [хиральная] симметрия
  color ~ 1. цветная симметрия 2. цветовая симметрия (*кварковых систем*), симметрия SU(3)$_c$
  color magnetic ~ цветная магнитная симметрия
  CP~ СР-симметрия, симметрия относительно комбинированного [зарядово-пространственного] преобразования, симметрия относительно произведения операций зарядового сопряжения и инверсии пространства
  CPT~ СРТ-симметрия, симметрия относительно произведения операций зарядового сопряжения, инверсии пространства и инверсии времени
  crossing ~ перекрёстная симметрия
  crystallographic ~ кристаллографическая симметрия
  cylindrical ~ цилиндрическая симметрия
  dynamic ~ динамическая симметрия
  exchange ~ обменная симметрия
  forbidden ~ запрещённая симметрия
  global ~ глобальная симметрия
  global U(1) ~ глобальная симметрия U(1)
  hidden ~ скрытая симметрия
  holohedral ~ голоэдрическая симметрия
  internal ~ 1. внутренняя симметрия 2. Р-симметрия, пространственная симметрия (*относительно операции инверсии*), *проф.* внутренняя симметрия
  local ~ локальная симметрия
  local U(1) ~ локальная симметрия U(1)
  macroscopic ~ макроскопическая симметрия
  magnetic ~ магнитная симметрия
  microscopic ~ микроскопическая симметрия
  mirror ~ зеркальная симметрия
  nonmagnetic ~ немагнитная симметрия
  P~ Р-симметрия, пространственная симметрия (*относительно операции инверсии*), *проф.* внутренняя симметрия
  radial ~ радиальная симметрия
  rotational ~ вращательная симметрия
  Shubnicov magnetic ~ шубниковская [чёрно-белая] магнитная симметрия
  space ~ 1. пространственная симметрия 2. Р-симметрия, пространственная симметрия (*относительно операции инверсии*), *проф.* внутренняя симметрия
  space-time ~ пространственно-временная симметрия
  spatial ~ 1. пространственная симметрия 2. Р-симметрия, пространственная симметрия (*относительно операции инверсии*), *проф.* внутренняя симметрия
  spherical ~ сферическая симметрия
  SU(2) ~ симметрия SU(2)
  SU(3) ~ симметрия SU(3), унитарная симметрия
  SU(3)$_c$ ~ симметрия SU(3)$_c$, цветовая симметрия (*кварковых систем*)
  T~ Т-симметрия, симметрия относительно операции инверсии времени
  time ~ Т-симметрия, симметрия относительно операции инверсии времени
  translational ~ трансляционная симметрия
  U(1) ~ симметрия U(1)
  unitary ~ унитарная симметрия, симметрия SU(3)
Symposium:
  National Communication ~ Национальный симпозиум по связи (*США*)
  On-line ~ for Electronic Engineers Интерактивный симпозиум инженеров по электронике
synapse *биол.* синапс
sync 1. синхронизация ‖ синхронизировать(ся) 2. сигнал синхронизации, синхросигнал; синхронизирующий импульс, синхроимпульс
  composite ~ совмещённая [H + V] синхронизация (*в мониторах*)
  field ~ полевой синхронизирующий импульс, полевой синхроимпульс
  H ~ *см.* **horizontal sync**
  H + V ~ H + V [совмещённая] синхронизация (*в мониторах*)
  horizontal ~ 1. строчная синхронизация 2. строчный синхронизирующий импульс, строчный синхроимпульс
  V ~ *см.* **vertical sync**

vertical ~ 1. полевая синхронизация; кадровая синхронизация 2. полевой синхронизирующий импульс, полевой синхроимпульс; кадровый синхронизирующий импульс, кадровый синхроимпульс

synchro 1. сельсин 2. синхронизация
  altitude ~ *рлк* сельсин высоты
  azimuth transmitting ~ азимутальный сельсин-датчик
  CD ~ *см.* **compact-disk synchro**
  coarse ~ сельсин грубого отсчёта
  compact-disk ~ система синхронизации магнитофона и проигрывателя компакт-дисков (*при копировании с диска на ленту*)
  contactless ~ бесконтактный сельсин
  differential ~ дифференциальный сельсин
  elevation transmitting ~ угломестный сельсин-датчик
  exciter ~ ведущий сельсин
  fine ~ сельсин точного отсчёта
  indicating ~ сельсин-индикатор
  range ~ *рлк* сельсин дальности
  receiving ~ сельсин-приёмник
  transmitting ~ сельсин-датчик
  two-phase ~ двухфазный сельсин
synchronal синхронный
synchronic синхронический (*напр. о лингвистике*)
synchronism 1. синхронизм 2. синхронность
synchronization 1. синхронизация 2. синхронность
  ~ **of chaos** синхронизация хаоса
  bit ~ тактовая синхронизация
  block ~ блочная синхронизация
  burst ~ пакетная синхронизация
  carrier ~ синхронизация по несущей
  clock ~ тактовая синхронизация
  coarse ~ грубая синхронизация
  double-ended ~ двухсторонняя синхронизация (*в сети*)
  event ~ событийная синхронизация
  external ~ внешняя синхронизация
  false ~ ложная синхронизация
  flywheel ~ *тлв* инерционная синхронизация
  frame ~ 1. цикловая синхронизация 2. кадровая синхронизация
  injection ~ внешняя синхронизация
  internal ~ внутренняя синхронизация
  lip ~ синхронное озвучивание (*напр. кинофильма*)
  master-slave ~ принудительная синхронизация
  mutual ~ взаимная синхронизация
  network ~ сетевая синхронизация
  packet ~ пакетная синхронизация
  pilot ~ синхронизация по пилот-сигналу
  reference ~ синхронизация по опорному сигналу
  single-ended ~ односторонняя синхронизация (*в сети*)
  start-stop ~ стартстопная синхронизация
  stuffing ~ согласование скорости передачи данных (*в синхронных цифровых системах*) методом вставки (*напр. битов*), *проф.* «стаффинг»
  symbol ~ символьная синхронизация
  time ~ временная синхронизация
  word ~ синхронизация по кодовым комбинациям
synchronize 1. синхронизировать(ся); обеспечивать синхронизацию 2. обеспечивать синхронность
synchronizer синхронизатор; устройство синхронизации

adaptive sweep ~ адаптивный сканирующий синхронизатор
brainwave ~ *вчт* программное *или* аппаратное средство для модуляции звука сигналами с частотами биоритмов мозга
code ~ синхронизатор по (временному) коду
early-late gate ~ синхронизатор с опережающим и запаздывающим стробированием
fieldstore ~ *тлв* синхронизатор с памятью поля
framestore ~ *тлв* синхронизатор с памятью кадра
sliding-correlator ~ синхронизатор со следящим коррелятором
stuffing ~ формирователь команд вставки (*напр. битов*) для согласование скорости передачи данных (*в синхронных цифровых системах*)
time code ~ следящий синхронизатор (*звукозаписывающего магнитофона*) по временному коду (*при наложении звука или озвучивании*)
tracking ~ следящий синхронизатор
zero-delay ~ синхронизатор с нулевой задержкой

synchronizing 1. синхронизация; обеспечение синхронизации 2. обеспечение синхронности
  bit ~ тактовая синхронизация; тактирование
  facsimile ~ синхронизация развёртки факсимильного изображения
synchronometer система сравнения временных интервалов
  digital ~ цифровая система сравнения временных интервалов
synchronous 1. синхронный 2. геостационарный (*напр. об орбите*)
synchroscope скоростной осциллограф с ждущей развёрткой
syncopate *вчт* синкопировать
syncopation *вчт* синкопирование
syncope *вчт* синкопа
syndicate 1. синдикат (*объединение производителей товаров или услуг с реализацией продукции через единую организацию*) 2. объединять(ся) в синдикат 3. осуществлять реализацию товаров *или* услуг через синдикат 4. синдикат вещательных (*напр. телевизионных*) программ ‖ распространять вещательные (*напр. телевизионные*) программы через синдикат 5. синдикат новостей (*организация, занимающаяся сбором и анализом информации, подготовкой сводок новостей и их распространением*) ‖ распространять сводки новостей через синдикат
syndication синдикация (*1. объединение производителей товаров или услуг в синдикат с целью реализации продукции через единую организацию 2. реализация товаров или услуг через синдикат 3. распространение вещательных (напр. телевизионных) программ через синдикат 4. сбор и анализ информации, подготовка сводок новостей и их распространение через синдикат новостей*)
really simple ~ протокол RSS, протокол передачи оперативных сводок новостей пользователям Internet
syndrome синдром (*1. векторная или полиномиальная характеристика ошибок при кодировании 2. совокупность симптомов*)
  ~ **of perfect programmer** *вчт проф.* синдром идеального программиста

carpal tunnel ~ туннельный кистевой синдром (*заболевание, возникающее при длительной работе с клавиатурой или мышью*)

drool-proof ~ *вчт* синдром создания излишне подробных руководств (*перегруженных тривиальными указаниями*), *проф.* синдром 'создания руководств для идиотов

drunk mouse ~ *вчт проф.* синдром пьяной мыши; мышь-наркоман (*хаотические перемещения курсора, не коррелирующие с движениями мыши*)

finger-pointing ~ *вчт проф.* синдром взаимных обвинений (*напр. при конфликте аппаратного и программного обеспечения*)

firehose ~ *вчт проф.* синдром пожарного рукава, синдром заваливания информацией

perfect programmer ~ *вчт проф.* синдром идеального программиста

polynomial ~ полиномиальный синдром

sudden infant death ~ катастрофический отказ в период приработки

vector ~ векторный синдром

syneresis синерезис (*1. объединение в один слог двух гласных или гласной и дифтонга 2. спонтанное уменьшение объёма геля*)

synergetic синергетический

synergetics синергетика

~ **of cognition** синергетика познания

productive ~ продуктивная синергетика

synergic 1. совместно действующий *или* функционирующий **2.** относящийся к дополнительному увеличению производительности сложной системы (*по сравнению с суммой производительностей составляющих её частей*)

synergy 1. совместное действие *или* функционирование **2.** синергизм, дополнительное увеличение производительности сложной системы (*по сравнению с суммой производительностей составляющих её частей*)

syngony *крист.* сингония

cubic ~ кубическая сингония

hexagonal ~ гексагональная сингония

monoclinic ~ моноклинная сингония

orthorhombic ~ ромбическая сингония

rhombohedral ~ тригональная [ромбоэдрическая] сингония

tetragonal ~ тетрагональная сингония

triclinic ~ триклинная сингония

synizesis синерезис, объединение в один слог двух гласных или гласной и дифтонга

synonym *вчт* **1.** синоним **2.** *pl* файлы с одинаковым именем **3.** *pl* ключи с одинаковым адресом (*при хешировании*)

synonymize *вчт* **1.** перечислять синонимы **2.** перечислять файлы с одинаковым именем **3.** перечислять ключи с одинаковым адресом (*при хешировании*)

synopsis 1. тезисы; краткое содержание **2.** аннотация

syntactic(al) *вчт* синтаксический

syntactics *вчт* синтаксическая семантика

syntagma *вчт* синтагма (*1. сочетание или тесное слияние нескольких языковых единиц 2. ритмико-интонационная единица речи*)

syntagmatic *вчт* синтагматический

syntagmatics *вчт* синтагматика

syntax *вчт* **1.** синтаксис **2.** синтаксическая конструкция

abstract ~ абстрактный синтаксис

abstract ~ **A** абстрактный синтаксис A

command ~ синтаксис команд

concrete ~ конкретный синтаксис

expression-oriented ~ синтаксис, ориентированный на выражения

extensible ~ расширяемый синтаксис

language ~ синтаксис языка

object-verb ~ синтаксическая конструкция типа «объект - действие»

procedures ~ синтаксис процедур

rules ~ синтаксис правил

transfer ~ синтаксис передаваемых данных

verb-object ~ синтаксическая конструкция типа «действие - объект»

syntax-directed *вчт* синтаксически ориентируемый

syntax-oriented *вчт* синтаксически ориентированный

syntheses *pl* от **synthesis**

synthesis синтез (*1. метод исследования 2. объединение; обобщение 3. метод получение сложных химических соединений из более простых; метод промышленного или опытного получения химических соединений, кристаллов и веществ 4. метод генерирования колебаний, волн или сигналов с заданными характеристиками 5. искусственный метод получения требуемой апертуры антенны 6. метод выражения грамматических отношений*)

additive ~ аддитивный синтез

analog ~ аналоговый синтез

aperture ~ апертурный синтез

automatic hardware ~ автоматический синтез аппаратных средств

automatic program ~ автоматический синтез программ

circuit ~ синтез цепей

differential ~ дифференциальный синтез

digital ~ **of musical sound** цифровой синтез музыкальных звуков

direct digital ~ прямой цифровой синтез

Earth-rotation aperture ~ апертурный синтез с использованием вращения Земли

filter ~ синтез фильтров

FM ~ *см.* **frequency modulation synthesis**

formant ~ синтез формант

fractal ~ фрактальный синтез

frequency ~ синтез частот

frequency modulation ~ (звуковой) синтез методом частотной модуляции, *проф.* ЧМ-синтез

functional ~ функциональный синтез

global logic ~ глобальный логический синтез

harmonic ~ гармонический синтез

hologram ~ синтез голограмм

image ~ синтез изображений

logic ~ логический синтез

network ~ синтез цепей

optical ~ синтез оптических изображений

picture ~ синтез изображений

random logic ~ синтез на основе произвольной логики

sentence-level ~ синтез (*речи*) на уровне предложений

single-crystal ~ синтез монокристаллов

sound ~ звуковой синтез, синтез звуков

spectral ~ спектральный синтез

synthesis

speech ~ синтез речи; синтез голоса
standard cell ~ синтез методом стандартных ячеек
structure ~ структурный синтез
subtractive ~ субтрактивный синтез
systems ~ системный синтез
text ~ синтез текста
voice ~ синтез голоса; синтез речи
wavetable ~ *вчт* синтез звуков с использованием таблицы образцов (*в цифровой форме*), *проф.* синтез звуков с использованием таблицы сэмплов
word-level ~ синтез (*речи*) на уровне слов
WT ~ *см.* **wavetable synthesis**
synthesize синтезировать (*1. использовать синтез 2. объединять; обобщать*)
synthesized синтезированный
synthesizer синтезатор
  base-level ~ (звуковой) синтезатор базового уровня
  coherent decade frequency ~ декадный когерентный синтезатор частот
  coherent frequency ~ когерентный синтезатор частот
  decoder ~ декодер-синтезатор
  digital speech ~ цифровой синтезатор речи; цифровой синтезатор голоса
  direct frequency ~ синтезатор частот прямого действия
  electronic frequency ~ электронный синтезатор частот
  extended-level ~ (звуковой) синтезатор (более) высокого уровня
  F- ~ *см.* **Fourier synthesizer**
  FM ~ *см.* **frequency modulation synthesizer**
  formant ~ синтезатор формант (*для вокодера*)
  Fourier ~ синтезатор Фурье, гармонический синтезатор
  frequency ~ синтезатор частот
  frequency-agile ~ синтезатор с быстрой перестройкой частоты
  frequency modulation ~ (звуковой) синтезатор на основе частотной модуляции, синтезатор с частотной модуляцией, *проф.* ЧМ-синтезатор
  image ~ синтезатор изображений
  indirect frequency ~ синтезатор частот косвенного действия
  mechanical waveform ~ механический синтезатор формы сигнала
  music ~ музыкальный синтезатор
  phrase ~ *вчт* синтезатор фраз (*напр. музыкальных*)
  sampling ~ *вчт* синтезатор с генератором образцов (*определённых*) звуков в цифровой форме, синтезатор с генератором оцифрованных образцов (*определённых*) звуков, *проф.* синтезатор-сэмплер
  sound ~ синтезатор звуков
  spectral frequency ~ спектральный синтезатор частот
  speech ~ синтезатор речи; синтезатор голоса
  vocoder ~ синтезатор вокодера
  voice ~ синтезатор голоса; синтезатор речи
  waveform ~ синтезатор формы сигнала
  wavetable ~ *вчт* (звуковой) синтезатор, использующий таблицу образцов (*в цифровой форме*), синтезатор с табличным синтезом, *проф.* (звуковой) синтезатор с использованием таблицы сэмплов

WT ~ *см.* **wavetable synthesizer**
synthetic 1. синтетический (*1. основанный на синтезе, использующий синтез 2. искусственный 3. объединённый; обобщённый*) **2.** синтезированный (*1. полученный методом синтеза 2 искусственный*)
synthetize *см.* **synthesize**
syntony 1. унисон; созвучие **2.** совпадение частот генераторов
sysop оператор, обслуживающий электронную доску объявлений, оператор BBS
System:
  Campus-wide Information ~ Общеуниверситетская информационная система (*США*)
  Dewey decimal ~ Десятичная классификация Дьюи
  Federal Telecommunications ~ Федеральная система электросвязи (*США*)
  Graphics Kernel ~ Международный стандарт GKS компьютерной графики
  Hierarchical File ~ иерархическая система организации файлов в Apple–совместимых компьютерах, система HFS
  High Performance File ~ система организации файлов в операционной системе OS/2, система HPFS
  IBM Cabling ~ система спецификации кабелей корпорации IBM, спецификация ICS
  IBM Personal ~/1 компьютер серии (IBM) PS/1 (*на базе процессора 80286*)
  IBM Personal ~/2 компьютер серии (IBM) PS/2 (*на базе процессора 8086, 80286 или 80386*)
  IBM ~/360 мэйнфрейм серии IBM System/360
  Integrated Civil Engineering ~ Объединённая информационная система для специалистов по гражданскому строительству
  International ~ **of Units** Международная система единиц, СИ
  International Programmable Airline Reservation ~ Международная автоматическая система бронирования авиабилетов, система IPARS
  Multimedia Cable Network ~ стандарт кабельной мультимедийной сети, стандарт MCNS
  Operating ~/2 операционная система OS/2
  Pantone Matching ~ колориметрическая система Pantone, система PMS
  Video Home ~ формат видеозаписи VHS (*для бытовой видеоаппаратуры*)
  Windows Sound ~ *вчт* **1.** (программный) интерфейс WSS (для поддержки звуковых карт) (*в операционной среде Windows*) **2.** стандарт WSS (программных интерфейсов для поддержки звуковых карт) (*в операционной среде Windows*)
system 1. система ‖ системный **2.** вычислительная система **3.** *вчт* операционная система; программа-супервизор **4.** система уравнений **5.** *вчт* большая программа **6.** метод; способ; алгоритм ◊ ~ **halted** «система остановлена» (*экранное сообщение об остановке компьютера при наличии серьёзной ошибки*)
  ~ **for event evaluation and review** система (экспертных) оценок и обзора событий, метод SEER
  ~ **for interactive design** система интерактивного проектирования
  ~ **of demand equations** система уравнений спроса

system

~ **of units** система единиц

~ **on glass** 1. структура «система на стекле», структура с размещением светочувствительной *или* светоизлучающей матрицы на стеклянной подложке 2. метод «систем на стекле», технология создания дисплеев и дисплеев-сканеров с рабочей матрицей на стеклянной подложке, технология SOG

2-2-4 ~ система псевдоквадрафонического радиовещания, система 2 — 2 — 4

4-2-4 ~ матричная система квазиквадрафонического радиовещания, система 4 — 2 — 4

4-4-4 ~ система дискретного [полного] квадрафонического радиовещания, система 4 — 4 — 4

absolutely centralized computer ~ абсолютно централизованная вычислительная система

access control list ~ *вчт* система со списками контроля доступа

accounting ~ система учёта; система контроля текущего финансового состояния и выполненных финансовых операциях (*юридических лиц, абонентов или пользователей*)

Accutrack 400 ~ оптическая система автоматического поиска канавки записи с выбранным номером (*в электропроигрывателях*)

action logic ~ активизирующая логическая система

action-translation ~ система с преобразованием операций

active array antenna ~ активная антенная решётка

active night-vision ~ активная система ночного видения

activity-based costing ~ система исчисления затрат на основе анализа хозяйственной деятельности

adaptive control ~ адаптивная система управления

adaptive neuro-fuzzy inference ~ нечёткая адаптивная нейронная сеть с умозаключением по алгоритму Цукамото, нейронная сеть с архитектурой ANFIS

ADE ~ *см.* **automated design engineering system**

adjoint ~ *фтт* сопряжённая система

aerial ~ радиосеть

aerospace support ~ наземная система обеспечения космических полётов

AEW ~ *см.* **airborne early-warning system**

AGS ~ *см.* **automatic gain stabilization system**

airborne early-warning ~ бортовая самолётная система дальнего обнаружения

airborne warning and control ~ бортовая самолётная система дальнего радиолокационного обнаружения и предупреждения, АВАКС

airborne weather radar ~ бортовая метеорологическая РЛС

aircraft collision avoidance ~ система предупреждения столкновений самолётов

airfield communication ~ аэродромная система связи

air-traffic control ~ система управления воздушным движением, система УВД

air-traffic control radar-beacon ~ радиомаячная система управления воздушным движением

airways environmental radar information ~ радиолокационная система сбора метеоданных на воздушных трассах

alignment-and-exposure ~ *микр.* установка совмещения и экспонирования

all-weather guidance ~ всепогодная система наведения

all-weather landing ~ всепогодная система инструментальной посадки

alpha (reinforcement) ~ система стимулирования типа альфа, система стимулирования с одинаковым усилением всех активных связей при неизменных неактивных связях (*для обучения нейронных сетей*)

alternation-product block-cipher ~ система блочного шифрования с чередованием произведений

analog protection ~ система APS для защиты видеокомпакт-дисков от копирования

Andrew file ~ (сетевая) файловая система Andrew

antenna-ground ~ система заземления антенны

antishock ~ система электронной защиты от ударов (*в устройствах воспроизведения цифровых аудиозаписей*)

antiskip ~ система электронной защиты от ударов (*в устройствах воспроизведения цифровых аудиозаписей*)

applet file ~ файловая система для исполняемых сервером прикладных программ на языке Java, *проф.* файловая система для (Java)-апплетов

application control and management ~ система контроля и администрирования приложений

application development ~ система разработки приложений

Armstrong frequency-modulation ~ система частотной модуляции с многокаскадным умножением частоты

ASR ~ *см.* **automatic speech-recognition system**

asymmetric cryptographic ~ асимметричная [двухключевая] криптографическая система, криптографическая система с открытым ключом

asynchronous address communication ~ асинхронно-адресная система связи

asynchronous-multiplex ~ система с асинхронным уплотнением

ATC ~ *см.* **air-traffic control system**

attached processor ~ система с присоединённым процессором

attended ~ обслуживаемая система

A-type (professional) Dolby ~ система шумопонижения Dolby A (*с четырьмя каналами компандирования*)

audio ~ система звуковоспроизведения

audio noise-reduction Dolby ~ система шумопонижения Dolby (*общее название*)

audiovisual ~ система видеотелефонной связи

author(ing) ~ *вчт* авторская система, система для авторских разработок (*напр. гипермедийных документов*), предназначенное для авторских разработок (*напр. гипермедийных документов*) программное и аппаратное обеспечение

automated design engineering ~ система автоматического проектирования

automated vision ~ система машинного зрения

automatic coding ~ 1. система автоматического кодирования 2. система автоматического программирования

automatic computer-controlled electronic scanning ~ автоматическая система электронного ска-

435

нирования с компьютерным управлением, система ACCESS
automatic control ~ система автоматического управления; система автоматического регулирования
automatic data processing ~ система автоматической обработки данных
automatic degaussing ~ *тлв* система автоматического размагничивания (*маски кинескопа*)
automatic degaussing control ~ система автоматического управления размагничиванием (*судна*)
automatic digital encoding ~ автоматическая цифровая система кодирования, система ADES
automatic gain stabilization ~ система автоматической стабилизации усиления (*в приёмниках системы радиолокационного опознавания государственной принадлежности*)
automatic intercept ~ система автоматического перехвата
automatic noise-reduction ~ система автоматического шумопонижения
automatic program search ~ система автоматического поиска программ
automatic programmable logic array synthesis ~ автоматизированная система синтеза программируемых логических матриц
automatic radio direction-finding ~ система автоматической радиопеленгации
automatic speech-recognition ~ система автоматического распознавания речи
automatic stabilization and control ~ автоматическая система стабилизации и управления
automatic tape calibration ~ система автоматической калибровки (магнитной) ленты (*на частотах 400 Гц и 10 кГц*)
automatic-telephone ~ автоматическая телефонная станция, АТС
automatic test ~ 1. автоматическая система испытаний 2. автоматическая система проверки; автоматическая система контроля 3. автоматическая система тестирования
automatic tuning ~ система автоматической настройки (*приёмника или передатчика*) на заданную частоту
automatic vacuum deposition ~ автоматическая система вакуумного осаждения
automobile navigation ~ автомобильная навигационная система
autonomous ~ автономная система
avionics ~ авиационная электронная система
aware ~ целенаправленно реагирующая (*на внешнее воздействие*) система
balance-line ~ симметричная система на двухпроводной линии
ballistic-missile early-warning ~ система дальнего обнаружения межконтинентальных баллистических ракет
band-limited ~ система с ограниченной полосой частот
bandwidth compression ~ *тлв* система одновременной передачи нескольких сигналов в одной полосе частот
BAR ~ *см.* **baseband radar system**
bare-bones ~ компактная система с минимальным набором элементов

base station ~ контроллер, приёмопередатчик и транскодер базовой станции
baseband radar ~ видеоимпульсная радиолокационная система
basic input/output ~ *вчт* базовая система ввода-вывода, BIOS
batch-processing ~ 1. *вчт* система пакетной обработки данных 2. *микр.* система групповой обработки
Batten ~ поисковая система со сличением перфокарт на просвет
BCF ~ *см.* **beam-current feedback system**
beam-current feedback ~ система с обратной связью по току пучка
beam-forming ~ 1. система формирования луча; система формирования пучка 2. система формирования диаграммы направленности
beam-guidance [beam-rider control] ~ система наведения по (радио)лучу
beep-only ~ зуммерная система поискового вызова
beep-plus-voice ~ зуммерно-голосовая система поискового вызова
billing ~ *вчт* система составления и предъявления счётов (*напр. за услуги связи*)
binary ~ 1. двоичная система счисления 2. бинарная система
binary number ~ двоичная система счисления
bit-serial ~ система с поразрядной обработкой (*данных*)
blind approach beacon ~ радиомаячная система инструментального захода на посадку в условиях плохой видимости
bridge duplex ~ дуплексная [одновременная двусторонняя] система (*передачи данных*) по схеме моста Уитстона
broadcast television ~ система вещательного телевидения, вещательная телевизионная система
B-type (simplified) Dolby ~ система шумопонижения Dolby B (*с одним каналом компандирования*)
building-block CAD ~ САПР на основе метода стандартных блоков
built-in expert ~ *вчт* встроенная экспертная система
bus ~ 1. система шин (*напр. компьютера*) 2. система поддержки работы шины
business information ~ информационная система для бизнеса
cable distribution ~ система кабельного телевидения
cable modem termination ~ интеллектуальный контроллер кабельной сети с модемной связью
CACE ~ *см.* **computer-aided control engineering system**
CAD ~ *см.* **computer-aided design system**
CADIC ~ *см.* **computer-aided IC design system**
CAE ~ *см.* **computer-aided engineering system**
call queuing ~ *тлф* система с постановка вызовов на ожидание
calorimeter ~ ваттметр калориметрического [поглощающего] типа
carrier(-communication) ~ система высокочастотной [ВЧ-] связи
carrier-telegraph ~ система частотной телеграфии
case-based expert ~ экспертная система на основе прецедентов

system

CATV ~ *см.* **community antenna television system**
CD-4 ~ система дискретного [полного] квадрафонического радиовещания, система 4 — 4 — 4
celestial coordinate ~ небесная система координат
celestial guidance ~ система астронаведения
cellular radio ~ система сотовой радиосвязи
central-battery ~ *тлф* система центральной батареи, система ЦБ
central-control ~ центральная система управления
central nervous ~ *бион.* центральная нервная система
centralized automatic trouble-location ~ централизованная система автоматической локализации неисправностей или повреждений
centralized computer ~ централизованная компьютерная система
CF ~ *см.* **coarse-fine system**
CGS ~ система (единиц) СГС
CGS electromagnetic ~ система (единиц) СГСМ, абсолютная электромагнитная система (единиц)
CGS electrostatic ~ система (единиц) СГСЭ, абсолютная электростатическая система (единиц)
chaff communication ~ система связи с использованием дипольных отражателей
Chain Home radar ~ система дальнего радиолокационного обнаружения и предупреждения на Британских островах
chain radar ~ система РЛС
chaotic ~ хаотическая система
chirp radar ~ система РЛС с внутриимпульсной линейной частотной модуляцией
CH radar system ~ *см.* **Chain Home radar system**
ciphertext autokey ~ система с автоключом в виде шифрованного текста
Civis ~ система автоматического радиоуправления автомобилем, система Civis
classifier ~ классифицирующая система
closed bus ~ *вчт* система с закрытой шинной архитектурой
closed-circuit television ~ замкнутая телевизионная система
closed-cycle control ~ система управления с замкнутым циклом
closed-loop control ~ система управления с обратной связью, замкнутая система управления
closed-loop servo ~ следящая система с обратной связью, замкнутая следящая система
cloud and collision warning ~ бортовая самолётная (радиолокационная) система предупреждения о грозовых образованиях и наземных препятствиях
clutter rejection ~ *рлк* система подавления сигналов, обусловленных мешающими отражениями
CMY ~ колориметрическая система «голубой – пурпурный – жёлтый», колориметрическая система ГПЖ, колориметрическая система CMY
CMYK ~ система «голубой – пурпурный – жёлтый – чёрный», система ГПЖЧ, система CMYK
coarse-fine ~ система с грубой и точной шкалами
code addressed ~ кодово-адресная система
coherent carriers ~ система радиолокационного опознавания с ответом на гармонике несущей запросного сигнала
coherent spread-spectrum ~ система с когерентными широкополосными псевдослучайными сигналами

collision avoidance ~ система предупреждения столкновений самолётов
color management ~ *вчт* система управления цветом
COM ~ *см.* **computer output microfilm system**
command ~ командная система
command and control ~ система командного управления
command-driven ~ командно-управляемая система (*с клавиатуры*)
command guidance ~ система командного наведения
command-line operating ~ операционная система с управлением из командной строки (*напр. MS DOS*)
common ~ система воздушной навигации и управления воздушным движением общего назначения
common carrier ~ система линий связи компании, предоставляющей частные услуги
common Internet file ~ единая файловая система для Internet, файловая система CIFC
common timing ~ система единого времени
communication ~ система связи
communications and tracking ~ система связи и сопровождения (*цели*); система связи и слежения (*за целью*)
communications switching ~ система коммутации линий связи
community antenna television ~ система кабельного телевидения с коллективным приёмом
compact-disk file ~ файловая система компакт-дисков формата CD-ROM
compatible color television ~ совместимая система цветного телевидения
compatible single-sideband ~ совместимая система с одной боковой полосой, совместимая ОБП-система
compatible stereo ~ совместимая система стереофонического радиовещания
compatible stereo-quadraphonic record ~ совместимая стереоквадрафоническая система звукозаписи
compatible time-sharing ~ совместимая система с разделением времени
complete residue ~ *вчт* полная система вычетов
complex ~ сложная система
composite guidance ~ комплексная система наведения
compound interferometer ~ многоэлементная интерферометрическая система
computer ~ 1., компьютерная система, система вычислительных машин, система ЭВМ 2. вычислительная система
computer-aided control engineering ~ система автоматизированного проектирования систем управления, САПР систем управления
computer-aided design and test ~ система автоматизированного проектирования и тестирования
computer-aided engineering ~ система автоматизированного проектирования, САПР
computer-aided IC design ~ система автоматизированного проектирования ИС, САПР ИС
computer-aided retrieval ~ автоматизированная поисковая система

system

computer-aided voice wiring ~ система автоматизированного монтажа с голосовым [речевым] управлением
computer-assisted radar display ~ компьютеризованная система отображения радиолокационной информации
computer-augmented oscilloscope ~ компьютеризованная автоматическая осциллографическая система
computer-based expert ~ автоматизированная экспертная система
computer-based photoelectric-counting ~ автоматизированная система счёта фотонов
computer-controlled ~ система с компьютерным управлением
computer-controlled electron-beam ~ установка (для) электронно-лучевой литографии с управлением от ЭВМ
computer-controlled recording ~ система записи с компьютерным управлением (*в магнитофонах*)
computer output microfilm ~ система микрофильмирования выходных компьютерных данных
computer process control ~ автоматизированная система управления процессами
computer vision ~ система компьютерного зрения
computing ~ вычислительная система
configurable ~ система
configurable business ~ конфигурируемая вычислительная система для бизнес-применений
connected-speech recognition ~ система распознавания слитной речи
connectionist ~ коннекционная система, распределённая информационная система с множественными связями между элементами; нейроподобная система
conservative ~ консервативная система
constant-frequency variable-dot ~ система передачи полутоновых изображений штриховым способом
content scrambling ~ система CSS для защиты видеокомпакт-дисков от копирования (методом скремблирования)
continuous presence ~ система постоянного присутствия
continuous-wave tracking ~ система автоматического сопровождения цели с непрерывным излучением
control ~ система управления
conversational ~ диалоговая [интерактивная] система
conversational program ~ система программирования для интерактивного [диалогового] режима
Cook ~ система стереофонической грамзаписи двумя рекордерами
cooling ~ система охлаждения
cooperative ~ совместная система; коллективная система; кооперативная система
coordinate ~ система координат
copy generation management ~ система CGMS для защиты от копирования, система управления процессом создания копий (*для DVD-дисков*)
correlated orientation tracking and range ~ система «Котар» (*радиолокационная пассивная фазовая система слежения*)
correlation tracking ~ корреляционная система слежения
correlation tracking and triangulation ~ система «Котат» (*корреляционная система слежения с использованием триангуляционного метода*)
cotar ~ *см.* **correlated orientation tracking and range system**
cotat ~ *см.* **correlation tracking and triangulation system**
countermeasure ~ система радиоэлектронного подавления, система РЭП
CP ~ *см.* **continuous presence system**
crossband ~ система с передачей и приёмом на разных частотах
crossbar ~ координатная система АТС
cross-development ~ система перекрёстного проектирования
crossed-coincident microphone ~ система совмещенных микрофонов (*в стереофонии*)
cryptographic ~ криптографическая система, криптосистема
crystal ~ кристаллографическая система
CSR ~ *см.* **connected-speech recognition system**
C-type Dolby ~ система шумопонижения Dolby C (*с двумя каналами компандирования*)
cubic crystal ~ кубическая кристаллографическая система
current awareness ~ *вчт* система с регистрацией текущих запросов
customer information control ~ система управления абонентской информацией, система (связи) CICS фирмы IBM для обработки абонентских баз данных
data ~ информационная система
data-acquisition ~ 1. система сбора данных 2. система захвата и сопровождения с целью сбора данных
data-banking ~ система организации банков данных
database management ~ система управления базами данных, СУБД
database management ~ **for workgroups** система управления базами данных для рабочих групп
data-collection ~ система сбора данных
data collection and reduction ~ система сбора и (предварительной) обработки данных
data communication ~ система передачи данных; система передачи информации
data-compression ~ система сжатия данных
data-gathering ~ система сбора данных
data-handling ~ система обработки данных
data management ~ система управления данными
data-processing ~ система обработки данных
data reduction ~ система (предварительной) обработки данных
data-retrieval ~ информационно-поисковая система, ИПС
data-transmission ~ система передачи данных
dc diode sputtering ~ диодная система катодного распыления на постоянном токе
dc self-synchronous ~ система синхронной передачи на постоянном токе
dc triode sputter deposition ~ триодная система катодного распыления на постоянном токе
DDC ~ *см.* **direct-digital control system**
decentralized computer ~ децентрализованная компьютерная система

system

decimal (number) ~ десятичная система счисления

decision support ~ система поддержки принятия решений, система DSS

dedicated ~ **1.** выделенная (*для специальных целей*) система **2.** специализированная система

deep submicron ~ система с элементами размером много меньше микрона

defense message ~ система передачи сообщений Министерства обороны США

descriptor-based protection ~ дескрипторная система защиты информации

DEW ~ *см.* **distant early-warning system**

df antenna ~ *см.* **direction-finder antenna system**

diagnostic information ~ диагностическая информационная система

dial telephone switching ~ система автоматической телефонной коммутации с дисковым набором

differential duplex ~ дифференциальная дуплексная [дифференциальная одновременная двусторонняя] система

differential global positioning ~ дифференциальная глобальная система (радио)определения местоположения, система DGPS

Diffie-Hellman ~ (криптографическая) система Диффи — Хеллмана

digital ~ цифровая система

digital access and cross-connect ~ цифровая система доступа к данным и установления перекрёстных соединений

digital cellular ~ цифровая система сотовой связи

digital cellular ~ **1800 MHz** европейская цифровая система сотовой подвижной радиотелефонной связи стандарта DSC-1800 на частоте 1800 МГц

digital data-handling ~ система обработки цифровых данных

digital link management ~ система управления цифровыми линиями передачи данных

digital private network signaling ~ система сигнализации цифровой частной сети

Digital Research disk operating ~ операционная система фирмы Digital Research для персональных компьютеров, система DR-DOS

digital switching ~ цифровая система коммутации

digital television ~ система цифрового телевидения

digital voice communication ~ система связи для цифровой передачи речи

direct-challenge ~ система прямого вызова

direct-dialing telephone ~ телефонная система с дисковым набором

direct-digital control ~ система прямого цифрового управления

direct-feedback ~ система автоматического управления с обратной связью прямого действия

direct program search ~ система прямого поиска фрагментов записи (*в магнитофонах*)

direction-finder antenna ~ антенная система радиопеленгатора

directory assistance ~ автоматическая справочная система

direct-sequence [direct-spread] ~ система с широкополосными псевдослучайными сигналами и кодом прямой последовательности

disaster tolerant disk ~ не чувствительная к катастрофическим отказам дисковая система, дисковый массив типа DTDS

discrete-address(ed) beacon ~ радиомаячная система с дискретной адресацией

discrete dynamic ~ дискретная динамическая система

discrete-parameter ~ система с дискретными параметрами

discrete sound ~ система дискретного [полного] квадрафонического радиовещания, система 4 — 4 — 4

discrete-state ~ система с дискретными состояниями

discriminating-call [discriminating-ring] ~ система с избирательным вызовом

disk operating ~ **1.** дисковая операционная система, ДОС **2.** DOS, стандартная операционная система для IBM-совместимых компьютеров

disperse ~ дисперсная система

display ~ система отображения; система индикации

dissipative ~ диссипативная система

distant early-warning ~ система дальнего обнаружения

distributed ~ **1.** распределённая система **2.** система с распределёнными параметрами

distributed control ~ система распределённого управления

distributed data base management ~ система управления распределёнными базами данных, СУРБД

distributed file ~ распределённая файловая система

distributed information processing ~ распределённая система обработки информации

distributed-parameter ~ система с распределёнными параметрами

distributed-processing ~ система распределённой обработки данных

distributed software ~ распределённая система программного обеспечения

document preparation ~ *вчт* система подготовки документов

document viewing ~ замкнутая телевизионная система для передачи документов и чертежей

Dolby ~ система Dolby (*напр. система шумопонижения*)

Dolby A ~ система шумопонижения Dolby A (*с четырьмя каналами компандирования*)

Dolby AC-3 ~ система цифровой записи звука Dolby Digital

Dolby B ~ система шумопонижения Dolby B (*с одним каналом компандирования*)

Dolby C ~ система шумопонижения Dolby C (*с двумя каналами компандирования*)

Dolby Digital ~ система цифровой записи звука Dolby Digital

Dolby Headroom Extension Pro ~ система Dolby HX Pro автоматического регулирования тока подмагничивания при записи (*для увеличения отношения сигнал — шум и расширения динамического диапазона*)

Dolby HX Pro ~ *см.* **Dolby Headroom Extension Pro system**

Dolby Noise Reduction ~ система шумопонижения Dolby (*общее название*)

system

Dolby NR ~ *см.* **Dolby Noise Reduction system**
Dolby S ~ *см.* **Dolby Spectral system**
Dolby Spectral ~ система шумопонижения Dolby S (*с двумя каналами компандирования и предварительной спектральной обработкой входного сигнала*)
Dolby Surround ~ система звукового окружения Dolby Surround
Dolby Surround Pro-Logic ~ система звукового окружения Dolby Surround Pro-Logic, усовершенствованная система Dolby Surround
domain name ~ доменная система имён, система DNS
domestic satellite communication ~ национальная спутниковая система связи
Doppler inertial ~ доплеровская инерциальная система
dot-sequential (color-television) ~ система цветного телевидения с последовательной передачей цветов по точкам *или* элементам изображения
double capstan ~ двухвальный лентопротяжный механизм
dp ~ *см.* **data-processing system**
DS ~ *см.* **direct-sequence [direct-spread] system**
dual fail-safe ~ отказоустойчивая система с двойным резервированием
duplex ~ дуплексная [одновременная двусторонняя] система
duplicated ~ дублированная система
dynamic ~ динамическая система
early-warning ~ система дальнего обнаружения
Earth-satellite-Earth communication ~ система связи Земля — спутник — Земля
Edison power distribution ~ трёхпроводная распределительная система постоянного тока
educational expert ~ *вчт* образовательная экспертная система
effective technical and human implementation of computer-based ~s эффективная техническая и социальная реализация автоматизированных систем с использованием компьютеров, (концептуальный) подход ETHICS (к проектированию автоматизированных систем с участием пользователей)
eight-track cartridge ~ восьмидорожечный кассетный магнитофон
electromechanically driven projection ~ электромеханическая проекционная система
electron beam deflection ~ отклоняющая система электронно-лучевого прибора, система отклонения электронного луча
electron-beam exposure ~ *микр.* установка электронно-лучевого экспонирования
electronic countermeasures ~ система радиоэлектронного подавления, система РЭП
electronic data-processing ~ электронная система обработки данных
electronic document management ~ система управления электронными документами
electronic funds transfer ~ система электронных денежных расчётов
electronic guidance ~ система радионаведения
electronic identification ~ электронная система опознавания
electronic mail ~ система электронной почты

electronic meeting ~ система электронных совещаний, система EMS; система поддержки групп, система GSS
electronic performance support ~ *вчт* электронная система поддержки действий пользователя, система EPSS
electronic-scanning ~ система электронного сканирования
electronic scanning radar ~ радиолокационная система с электронным сканированием
electronic switching ~ *тлф* электронная система коммутации
electronic tracking ~ электронная система слежения
electron-optical ~ электронно-оптическая система
electrooptic light-modulation ~ электрооптическая система модуляции света
e-mail ~ система электронной почты
embedded ~ встроенная система
emergent ~ эмерджентная система, система, способная обладать качествами, не присущими её компонентам
end ~ *вчт* конечная система (*в модели ISO/OSI*); хост
enhanced digital access communications ~ скандинавская цифровая система подвижной радиосвязи, система (стандарта) EDACS
enhanced total access communication ~ английская система сотовой подвижной радиотелефонной связи с расширенной рабочей полосой частот, система (стандарта) ETACS
enterprise ~ система масштаба предприятия
enterprise network management ~ система управления сетью масштаба предприятия
entry-level ~ система начального уровня; базовая система; система с минимально допустимыми параметрами
EOLM ~ *см.* **electrooptic light-modulation system**
equatorial(-orbit) satellite communication ~ система связи со спутником-ретранслятором на экваториальной орбите
equilibrium ~ равновесная система
equivalent four-wire ~ эквивалентная четырёхпроводная система
error-correcting reinforcement ~ система стимулирования с исправлением ошибок (*для обучения нейронных сетей*)
error-correcting telegraph ~ телеграфная система с исправлением ошибок
error-detecting and feedback ~ система с обнаружением и исправлением ошибок
European communications satellite ~ Европейская система спутниковой связи
European fixed service satellite ~ Европейская система фиксированной службы спутниковой связи
European radio messaging ~ 1. Европейская система радиопередачи сообщений 2. стандарт ERMES для систем поискового вызова
Eurovision ~ система Евровидения
evolutionary stable ~ эволюционно устойчивая система
executive ~ *вчт* операционная система
executive information ~ управляющая информационная система, система EIS
expert ~ *вчт* экспертная система

system

extended file ~-2 файловая система для операционной системы Linux, система EFS-2
extra bass ~ система подъёма частотной характеристики в области нижних (звуковых) частот
extraterrestrial reconnaissance ~ система радиоразведки во внеземном пространстве
Fabry-Perot mirror ~ система зеркал резонатора Фабри — Перо
facsimile ~ система факсимильной связи
fail-safe ~ *вчт* ошибкоустойчивая система; отказоустойчивая система
fail-soft ~ *вчт* система с амортизацией отказов
failure resistant disk ~ отказоустойчивая дисковая система, дисковый массив типа FRDS
failure tolerant disk ~ не чувствительная к отказам дисковая система, дисковый массив типа FTDS
FAT16 file ~ файловая система для операционных систем MS-DOS и Windows с 16-разрядной таблицей размещения файлов, (файловая) система FAT16
FAT32 file ~ файловая система для операционных систем MS-DOS и Windows с 32-разрядной таблицей размещения файлов, (файловая) система FAT32
fault resilient ~ отказоустойчивая система
FDM ~ *см.* **frequency-division multiplex system**
FEC ~ *см.* **forward error control system**
federated ~ объединённая система; интегрированная система
feed ~ 1. система возбуждения; система питания 2. облучатель (*антенны*)
feedback-control ~ система управления с обратной связью, замкнутая система управления
feed-forward ~ система регулирования прямого действия
fiber-optics ~ волоконно-оптическая система
fiber optics transmission ~ волоконно-оптическая система передачи
field ~ система возбуждения
field-sequential (color television) ~ система цветного телевидения с последовательной передачей цветов по полям
field skip ~ система пропуска (чётных *или* нечётных) полей (*для удвоения информационной ёмкости видеоленты или видеокассеты*)
file ~ файловая система
file-control ~ система управления файлами
file-oriented ~ система с файловой ориентацией
film-based projection ~ фильмопроекционная система
financial expert ~ *вчт* финансовая экспертная система
first generation wireless ~ радиосистема первого поколения
fixed-point ~ *вчт* система с фиксированной точкой, система с фиксированной запятой
fixer ~ сеть станций радиоопределения
flat file ~ бесструктурная файловая система, файловая система без иерархии
flexible manufacturing ~ гибкая производственная система, ГПС
floating-point ~ *вчт* система с плавающей точкой, система с плавающей запятой
forced-air cooling ~ система принудительного воздушного охлаждения

forward error control ~ система с прямым исправлением ошибок
forward-loop ~ система с прямой связью
four-channel sound ~ система квадрафонического радиовещания
four-level ~ четырехуровневая система (*напр. мазера*)
fractal information ~ фрактальная информационная система
frame-alignment ~ система с цикловой синхронизацией
freeway surveillance and control ~ (электронная) система обзора и управления движением на скоростной магистрали
frequency-carrier ~ система с несущей
frequency-division multiplex ~ система с частотным уплотнением
frequency-hopping ~ система со скачкообразной перестройкой частоты
frequency-reuse satellite ~ спутниковая система связи с многократным использованием частот
fuel-cell ~ батарея топливных элементов с вспомогательным оборудованием
full field ~ система несегментной видеозаписи
future public land mobile telephone ~ сухопутная система сотовой подвижной радиотелефонной связи общего пользования третьего поколения, система FPLMTS
fuzzy ~ нечёткая система, система на основе нечёткой логики
fuzzy control ~ система с нечётким управлением
fuzzy (logic) expert ~ нечёткая экспертная система, экспертная система на основе нечёткой логики
3G wireless ~ *см.* **third generation wireless system**
gamma (reinforcement) ~ система стимулирования типа гамма, система стимулирования с усилением всех активных связей за счёт неактивных связей (*для обучения нейронных сетей*)
gate-array CAD ~ САПР на основе метода матриц логических схем
Gauss ~ система (единиц) Гаусса
generalized information ~ обобщённая информационная система
general-purpose display ~ универсальная система индикации
geographical information ~ геоинформационная [географическая информационная] система
geolocation ~ система определения местоположения на земной поверхности, система определения широты и долготы
Giorgi ~ система (единиц) Джорджи; Международная система единиц, СИ
global ~ глобальная система
global ~ for mobile communication общеевропейская цифровая система сотовой подвижной радиотелефонной связи стандарта GSM, система GSM
global communication ~ глобальная система связи
global navigation satellite ~ российский вариант глобальной (спутниковой) системы определения местоположения, система Glonass
global positioning ~ глобальная (спутниковая) система (радио)определения местоположения, система GPS

system

global telecommunication ~ глобальная система электросвязи, глобальная телекоммуникационная система
global time-synchronization ~ глобальная система временной синхронизации
graphical kernel ~ базовая графическая система, международный стандарт компьютерной графики GKS
ground ~ 1. система заземления 2. наземная система
ground-based scanning antenna ~ наземная сканирующая антенная система
ground-control ~ наземная система управления
ground-controlled approach ~ система захода на посадку по командам с Земли
ground electrooptical deep-space surveillance ~ наземная электрооптическая система слежения за космическими объектами в дальнем космосе
ground guidance ~ наземная система наведения
ground information processing ~ наземная система обработки информации
ground instrumentation ~ наземная измерительная система
ground proximity warning ~ система предупреждения о приближении к земле
group decision support ~ групповая система поддержки решений
group support ~ система поддержки групп, система GSS; система электронных совещаний, система EMS
guidance ~ система наведения
H- ~ радионавигационная система с двумя наземными станциями
h- ~ *пп* система *h*-параметров
Hamiltonian ~ гамильтонова система
hard ~ радиационно-стойкая система
hardware ~ система аппаратного обеспечения
Hartree ~ система (атомных единиц) Хартри
heat-seeking ~ радиотеплолокационная система наведения
helium refrigeration ~ *свпр* гелиевая холодильная установка
heterogeneous agent ~ *вчт* гетерогенная система агентов
heuristic-based expert ~ эвристическая экспертная система
hexagonal crystal ~ гексагональная кристаллографическая система
hierarchical database management ~ система управления иерархическими базами данных
hierarchical file ~ иерархическая файловая система
hierarchical recognition ~ иерархическая система распознавания образов
high-accuracy data transmission ~ высокоточная система передачи данных
high-density modem ~ система модуляции/демодуляции с высоким коэффициентом сжатия данных
high performance file ~ файловая система для операционной системы OS/2, система HPFS
highway ~ магистральная система
HLS ~ 1. колориметрическая система «цветовой тон – светлота – насыщенность», колориметрическая система HLS (*для несамосветящихся объектов*) 2. колориметрическая система «цветовой тон – яркость – насыщенность», колориметрическая система HLS (*для самосветящихся объектов*)
holographic ice surveying ~ голографическая система обзора ледового покрова
holographic recording and readout ~ голографическая система записи и считывания
home audio ~ бытовая акустическая система
homer [homing] ~ 1. система привода (*на аэродром*) 2. система самонаведения
horn-lens ~ рупорно-линзовая антенная система
host-based ~ встроенная система
HSB ~ колориметрическая система «цветовой тон – насыщенность – яркость», колориметрическая система HSB
HSV ~ колориметрическая система «цветовой тон – насыщенность – интенсивность», колориметрическая система HSV
hung ~ *вчт* зависшая [подвешенная] система
hybrid computer ~ гибридная [цифро-аналоговая] компьютерная система
hydrogen-air/lead battery hybrid ~ гибридная энергетическая система на батареях воздушно-водородных топливных элементов и аккумуляторов
hyperbolic guidance ~ гиперболическая система наведения
hyperbolic navigation ~ гиперболическая радионавигационная система
hyperbolic radar ~ гиперболическая радиолокационная система
hypertext authoring ~s *вчт* система для гипертекстовых авторских разработок
identification ~ система идентификации; система опознавания; система распознавания
image-forming ~ система формирования сигналов изображений
image information ~ видеоинформационная система
image-processing ~ система обработки изображений
independent ~ автономная система
inertial ~ инерциальная система отсчёта
inertial [inertial control, inertial instrument] ~ инерциальная система наведения
inertial navigation ~ инерциальная система навигации
inertial space reference ~ инерциальная система наведения
infinite-dimensional ~ бесконечномерная система
infinitely-fast control ~ безынерционная система управления
information ~ информационная система, ИС
information and control ~ информационно-управляющая система
information exchange ~ система обмена информацией
information-feedback ~ система передачи данных с информационной обратной связью
information management ~ 1. система управления информацией 2. (иерархическая) система управления базами данных корпорации IBM, (иерархическая) СУБД корпорации IBM, система IMS
information-retrieval ~ информационно-поисковая система, ИПС
infrared heat-seeking ~ радиотеплолокационная система наведения

infrared search track ~ радиотеплолокационная система поиска и сопровождения
input/output control ~ система управления вводом-выводом
inquiry and communications ~ информационно-справочная система
installable file ~ система инсталлируемых файлов, система IFS, драйвер файловых систем, программа FSD (*для OS/2*)
instant program locating ~ система автоматического поиска начала фрагментов записи при любом направлении движения ленты (*в магнитофонах и видеомагнитофонах*)
instrument-landing ~ система инструментальной посадки, система посадки по приборам
insulation ~ система изоляции
integrated antenna ~ интегрированная антенная система
intelligence ~ 1. интеллектуальная система 2. система искусственного интеллекта
intelligent knowledge-base ~ интеллектуальная система с базой знаний
interactive ~ интерактивная [диалоговая] система
interactive application ~ прикладная интерактивная [прикладная диалоговая]система
interactive design ~ интерактивная [диалоговая] система проектирования
interactive graphics ~ интерактивная [диалоговая] графическая система
interactive pattern analysis and classification ~ интерактивная [диалоговая] система анализа и классификации образов
interactive software ~ система программного обеспечения для интерактивного [диалогового] режима
interactive voice ~ интерактивная голосовая [интерактивная речевая] система, программа семейства IVS
intercarrier sound ~ *тлв* одноканальная система выделения сигнала звукового сопровождения
inter-city telecommunications ~ система междугородной связи
intercommunication ~ 1. система внутренней связи 2. переговорное устройство, ПУ
interconnection ~ система (внешних) межсоединений
interference position monitoring ~ интерференционная система контроля положения
intermediate ~ промежуточная система (*в модели ISO/OSI*)
intermediate ~ to intermediate system протокол обмена «промежуточная система - промежуточная система» (*в модели ISO/OSI*)
intermittent control ~ система управления прерывистого действия
internetwork operating ~ IOS, сетевая операционная система фирмы Cisco Systems
inter-organization ~ межорганизационная система, система IOS
interphone ~ 1. система внутренней телефонной связи 2. переговорное устройство, ПУ
interplanetary radar ~ система межпланетной радиолокации
interpretating ~ интерпретирующая система
interrupt ~ *вчт* система прерываний

Intervision ~ система Интервидения
intranet-extranet ~ система интрасеть-экстрасеть
intrusion detection ~ система обнаружения (несанкционированного) вторжения *или* проникновения (*напр. в вычислительную сеть*); *проф.* система обнаружения «взлома» (*напр. системы*)
inverted spin ~ спиновая система с инверсией заселённости
ionoscatter ~ система ионосферной радиосвязи
isolated-word recognition ~ система распознавания отдельных слов
isometric crystal ~ кубическая кристаллографическая система
isotropic ~ изотропная система
iterated function ~ система итерируемых функций (*напр. для получения папоротникообразных фракталов с листьями в форме снежинок*)
iterative product-cipher ~ итеративная система производного шифра
Japanese cellular ~ японская цифровая система сотовой подвижной радиотелефонной связи, система (стандарта) JDC
Java operation ~ операционная система Java-OS
J-carrier ~ система двенадцатиканальной телефонной связи по двухпроводной линии (*в полосе частот 140 кГц*)
job entry ~ *вчт* система ввода заданий (*часть операционной системы*)
joint surveillance ~ *рлк* объединённая система обзора воздушного пространства
joint tactical information distribution ~ объединённая тактическая система распределения информации
K ~ *см.* **Kolmogorov system**
K-carrier ~ система двенадцатиканальной телефонной связи по четырёхпроводной линии (*в полосе частот 60 кГц*)
keyboard-to-disk ~ *вчт* система непосредственного ввода данных с клавиатуры на (магнитный) диск
keyboard-to-tape ~ *вчт* система непосредственного ввода данных с клавиатуры на (магнитную) ленту
knowledge ~ система знаний
knowledge base ~ система баз знаний
knowledge-based ~ основанная на знании система, система KBS
knowledge-based decision support ~ основанная на знании система поддержки принятия решений, система KBDSS
knowledge-based management ~ основанная на знании система управления, система KBMS
Kolmogorov ~ колмогоровская система, K-система
L ~ *см.* **Lindenmayer system**
L*a*b* ~ 1. колориметрическая система «светлота – (цветовая) а-компонента – (цветовая) b-компонента», колориметрическая система L*a*b* (*для несамосветящихся объектов*) 2. колориметрическая система «яркость – (цветовая) а-компонента – (цветовая) b-компонента, колориметрическая система L*a*b* (*для самосветящихся объектов*)
laminar (air) navigation (and) anticollision ~ радионавигационная система с активным ответом

system

для предупреждения столкновений самолётов, система Ianac
land mobile radio ~ сухопутная система подвижной [мобильной] радиосвязи
laser communication ~ лазерная система связи
laser-deflection ~ система отклонения лазерного луча
laser inertial navigation ~ лазерная система инерциальной навигации
laser tracking ~ лазерная система слежения
lasing ~ лазерная система
L-carrier ~ система многоканальной телефонной связи по коаксиальной линии передачи и по сети станций тропосферного рассеяния (*в полосе частот от 68 кГц до 8 МГц*)
LCH ~ колориметрическая система «яркость – насыщенность – цветовой тон», колориметрическая система LCH
learning control ~ обучающаяся система управления
left-handed (coordinate) ~ левовинтовая [левая] система координат
legacy ~ унаследованная система; вынужденно используемая устаревшая система
lenticular-screen projection ~ проекционная система с линзорастровым экраном
life support ~ система жизнеобеспечения
lightning protective ~ система молниезащиты
lightwave ~ **1.** оптическая система **2.** волоконно-оптическая система
Lindenmayer ~ система Линденмейера (*для генерации сложных изображений методом итераций*)
linear ~ линейная система
linear-classifier ~ система распознавания образов на основе линейного классификатора
linear feedback control ~ линейная система управления с обратной связью, линейная замкнутая система управления
line-of-sight ~ радиорелейная система
line-sequential (color television) ~ система цветного телевидения с последовательной передачей цветов по строкам
lithography ~ установка литографии
local area augmentation ~ локальная система радиоопределения местоположения с спутниковыми ответчиками на частоте запроса, система LAAS
local battery ~ *тлф* система местной батареи, система МБ
logical input/output control ~ логическая система управления вводом-выводом
log-structured file ~ файловая система с журналом записей, файловая система типа LFS (*для решения проблем «коротких записей»*)
long base-line ~ система (*траекторных измерений*) с большой базой
longitudinal video recording ~ система продольной видеозаписи
long-range-accuracy radio ~ система «Лорак» (*фазовая система дальней радионавигации для кораблей*)
long-range search ~ система дальнего обнаружения
Lorenz instrumental landing ~ система инструментальной посадки непрерывного излучения

Lotka-Volterra ~ система Лотки — Вольтерра
lossless ~ система без потерь
lossy ~ система с потерями
loudspeaker ~ акустическая система
low-altitude detection ~ система обнаружения низколетящих целей
lumped-parameter ~ система с сосредоточенными параметрами
LVR ~ *см.* longitudinal video recording system
Macintosh file ~ файловая система для Макинтоша, файловая система без каталогов в ранних версиях операционной системы для компьютеров серии Макинтош
MADA ~ *см.* multiple-access discrete-address system
maglev ~ *см.* magnetic-levitation system
magnetic-levitation ~ система с магнитной левитацией
mail abuse prevention ~ международная система предотвращения злоупотреблений в электронной почте, система MAPS
major-deflection electromagnetic ~ основная электромагнитная отклоняющая система
malfunction detection ~ система обнаружения неисправностей
management information ~ административная информационная система, информационная система для административно-управленческого персонала, система MIS
management intellectual ~ интеллектуальная управленческая система, система MINTS
man-computer [man-machine] ~ система человек — машина, человеко-машинная система
man-machine control ~ система управления человек — машина, человеко-машинная система управления
manned control ~ неавтоматическая система управления
manufacturing execution ~ исполнительская производственная система, система MES
many(-energy)-level ~ *кв. эл.* многоуровневая система
many-particle ~ *кв. эл.* многочастичная система
marketing information ~ маркетинговая информационная система
maser communication ~ мазерная система связи
Massachusetts general hospital utility multiprogramming ~ ориентированный на базы данных язык программирования MUMPS, ориентированный на базы данных язык программирования M
mass-storage ~ система массовой памяти
master/slave computer ~ компьютерная система с ведущим [главным] компьютером, управляющим ведомыми [подчинёнными] компьютерами
matrix sound ~ матричная система квазиквадрафонического радиовещания, система 4 — 2 — 4
mature ~ совершенная система; полностью работоспособная система
mechanical display ~ механическая система отображения; механическая система индикации
mechanical television ~ механическая система телевидения
medical expert ~ *вчт* медицинская экспертная система
message-composition ~ система формирования сообщения

system

message handling ~ **1.** система обработки сообщений **2.** стандарт фирмы Action Technologies для систем обработки сообщений, стандарт MHS; рекомендации МСЭ по организации системы электронной почты при межшлюзовом международном обмене в сетях Х.25 с коммутацией пакетов, стандарт Х.400
message-rate ~ *тлф* система поразговорной оплаты
message-switched communication ~ система связи с коммутацией сообщений
meta class ~ язык программирования MCS, переносимое объектно-ориентированное расширение языка Common Lisp
meta-information ~ метаинформационная система
metallization ~ система металлизации (*в ИС*)
meteor-burst communication [meteor-scatter] ~ система метеорной радиосвязи
metric ~ СИ, Международная система единиц
microcomputer ~ микрокомпьютерная система; система персональных компьютеров, система ПК
microcomputer-development ~ система для разработки микро компьютеров
microelectromechanical ~ микроэлектромеханическая система
microelectronic ~ микроэлектронная система
microprocessor-based spatial-locating ~ микропроцессорная система пространственной локации
microprocessor-controlled ~ система с микропроцессорным управлением
microprocessor delay ~ микропроцессорная система задержки (*для создания искусственной реверберации*)
microprocessor development ~ система автоматизированного проектирования микропроцессоров, САПР микропроцессоров
Microsoft disk operating ~ операционная система фирмы Microsoft, система MS-DOS (*для IBM-совместимых компьютеров*)
microwave-beam power-transfer ~ система передачи энергии СВЧ-пучком
microwave-hologram recording ~ система записи СВЧ-голограмм
microwave landing ~ СВЧ-система инструментальной посадки, СВЧ-система посадки по приборам
microwave relay ~ радиорелейная система СВЧ-диапазона
middle-side ~ система стереофонического радиовещания с модуляцией несущей и поднесущей соответственно суммой и разностью сигналов левого и правого каналов
military expert ~ *вчт* военная экспертная система
military information ~ военная информационная система
MIMO ~ *см.* multiple-input multiple-output system
minicomputer ~ миникомпьютерная система
MKS ~ система (единиц) МКС
MKS rationalized ~ рационализованная система (единиц) МКС
mobile telephone ~ система подвижной радиотелефонной связи
mode-converting ~ система преобразования мод; система трансформации типов волн

model-based expert ~ экспертная система на основе моделей
model reference adaptive ~ адаптивная система с эталонной моделью
modular ~ модульная система
modular breadboarding ~ система макетирования модульных устройств
monitor ~ *вчт* система диспетчерского управления
monoclinic crystal ~ моноклинная кристаллографическая система
monopulse tracking ~ моноимпульсная система слежения
M-S stereo ~ система стереофонического радиовещания с модуляцией несущей и поднесущей соответственно суммой и разностью сигналов левого и правого каналов
multi-address asynchronous communication ~ многоадресная асинхронная система связи
multiagent computer ~ мультиагентная компьютерная система
multichannel microwave distribution ~ многоканальная распределительная система СВЧ-диапазона (*для обеспечения доступа к сети*)
multicomputer ~ многокомпьютерная система
multienergy-level ~ *кв. эл.* многоуровневая система
multiline digital voice-response ~ многоканальная цифровая система речевого ответа
multimedia authoring ~s *вчт* система для мультимедийных авторских разработок
multiple-access discrete-address ~ дискретно-адресная система связи с многостанционным доступом
multiple-input multiple-output ~ система с многими входами и выходами
multiple-processor ~ мультипроцессорная система
multiple user ~ *вчт* многопользовательская система
multiplex ~ система с уплотнением каналов
multiplexed information and computing ~ операционная система MULTICS
multiplicative array antenna ~ антенная система с перемножением диаграмм направленности антенн
multipoint video distribution ~ многостанционная распределительная видеосистема
multipole ~ мультипольная система (*удержания плазмы*)
multiprocessing [multiprocessor] ~ мультипроцессорная система
multitarget sputtering ~ установка (для) распыления с несколькими мишенями
multitrack recording ~ многодорожечная система записи
multiuser ~ *вчт* многопользовательская система
multivariable ~ система со многими переменными, многомерная система
Munsell ~ цветовая система Манселла
mutual broadcasting ~ система вещания с международным обменом программами
national information processing ~ национальная система обработки информации
naval communications ~ система связи ВМС
navigation ~ навигационная система
near-eye ~ микродисплей (*монтируемый, напр. на стяжке головных телефонов*)

system

near instantaneous companding ~ стандарт телевидения с быстрой системой компандирования, система NICAM
nearest-neighbor classifier ~ система распознавания образов на основе классификатора ближайшего соседа
negative reinforcement ~ отрицательная (*по отношению к отклику*) система стимулирования (*для обучения нейронных сетей*)
neomorphic ~ *вчт* неоморфная система
NetWare management ~ система сетевого администрирования в сетевой операционной системе NetWare
network administration ~ система сетевого администрирования
network basic input/output ~ сетевая базовая система ввода-вывода, сетевая BIOS
network computing ~ сетевая система фирмы Apollo Computer для дистанционного вызова процедур, сетевая система фирмы Apollo Computer с протоколом RPC
network control ~ система управления сетью
network data base management ~ сетевая система управления базами данных, сетевая СУБД
network file ~ сетевая файловая система, система NFS
network operating ~ сетевая операционная система
neuro-fuzzy ~ нечёткая нейросистема
new technology file ~ файловая система для операционной системы Windows NT, система NTFS
nodal switching ~ система коммутации узлов
noise-reducing antenna ~ антенная система с шумопонижением
noise-reduction ~ система шумопонижения
non-attended ~ необслуживаемая система
non-equilibrium ~ неравновесная система
nonlinear ~ нелинейная система
nonlinear feedback control ~ нелинейная система управления с обратной связью, замкнутая нелинейная система управления
nonredundant ~ система без резервирования
nonrepairable ~ неремонтопригодная система
nonstop ~ система, защищённая от отказов
NT file ~ *см.* new technology file system
number ~ система счисления
numeral ~ система счисления
numerical control ~ цифровая система управления
object-oriented data base management ~ объектно-ориентированная система управления базами данных, ООСУБД
office information ~ информационная система для делопроизводства, *проф.* офисная информационная система
off-line ~ *вчт* автономная система
OLCA ~ *см.* on-line circuit-analysis system
OLCD ~ *см.* on-line circuit-design system
omnidirectional speaker ~ всенаправленная акустическая система
on-demand ~ *вчт* система обслуживания по запросам
on-line ~ система, работающая в реальном масштабе времени
on-line circuit-analysis ~ система анализа схем в реальном масштабе времени

on-line circuit-design ~ система проектирования схем в реальном масштабе времени
on-line computer ~ вычислительная система, работающая в реальном масштабе времени
online fault-tolerant ~ не чувствительная к ошибкам интерактивная система
on-line processing ~ система обработки данных в реальном масштабе времени
on-off ~ система двухпозиционного регулирования
on-off telegraph ~ система однополюсного телеграфирования
open ~ открытая система (*1. термодинамическая система, обменивающаяся со средой веществом, энергией или импульсом 2. вчт расширяемая система 3. компьютерная сеть с устройствами, использующими одни и те же средства и протоколы связи 4. общедоступная система*)
open bus ~ *вчт* система с открытой шинной архитектурой
open-loop ~ система без обратной связи, разомкнутая система
open-tube ~ *крист.* система с открытой трубой
operating [operation] ~ *вчт* операционная система
operational support ~ система оперативной поддержки
operator services ~ система с предоставлением услуг через оператора
optical communication ~ оптическая система связи
optical data-processing ~ оптическая система обработки данных
optical detection and ranging ~ система оптической локации
optical disk recording ~ система оптической записи на диск
optical-fiber transmission ~ волоконно-оптическая система передачи
optical-radar ~ система оптической локации
optical recognition ~ система оптического распознавания (*напр. символов*)
optical tracking ~ оптическая система слежения
optical TV communication ~ оптическая система связи для передачи телевизионных сигналов
optimizing control ~ оптимизирующая система управления
optoelectronic ~ оптоэлектронная система
organic ~ биологическая *или* биоподобная система
organizational decision support ~ система поддержки принятия организационных решений, система ODSS
orthorhombic crystal ~ ромбическая кристаллографическая система
p– ~ операционная система для переносимого программного обеспечения
PA ~ *см.* public-address (reinforcement) system
packaged ~ (полностью) укомплектованная система, система с полным аппаратным и программным обеспечением
packetized automatic routing integrated ~ объединённая система автоматизированной маршрутизации пакетов (*корпорации IBM*)
packet-switched data transmission ~ система передачи данных методом коммутации пакетов

system

pagemaster [pager-phone, paging] ~ система поискового вызова, пейджинговая система

parallel-redundant ~ система с нагруженным резервом

parallel software ~ параллельная система программного обеспечения

parametric ~ параметрическая система

partitioned-type memory-allocation ~ система с разбиением памяти

passive homing ~ пассивная система самонаведения

passive tracking ~ пассивная система слежения

pattern matching ~ *вчт* система с функцией сопоставления с образцом

pattern recognition ~ система распознавания образов

peak-holdings ~ оптимизирующая система

peek-a-boo ~ поисковая система со сличением перфокарт на просвет

peripheral-oriented microcomputer ~ микрокомпьютерная система для управления периферийными устройствами

personal call ~ система поискового вызова

personal computer ~ система персональных компьютеров

personal computer disk operating ~ операционная система фирмы IBM для персональных компьютеров, система PC-DOS

personal data ~ система с банком личных данных

personal handy-phone ~ радиотелефонная система сотовой связи с размером сот около 1 км, система PHS

personal locator ~ система персонального определения местоположения

phased-array warning ~ система дальнего обнаружения с фазированной антенной решёткой

phase-locked (loop) ~ система фазовой автоподстройки частоты, система ФАПЧ

Philips DNL ~ *см.* Philips dynamic noise-limiter system

Philips dynamic noise-limiter ~ система шумопонижения фирмы «Филипс»

phonetic ~ фонетическая система (*1. система звуков языка 2. вчт система синтезирования речи*)

phonocard ~ телефонная система с кредитными карточками

photoelectric-guidance ~ система фотоэлектрического наведения

photographic projection ~ фотографическая проекционная система

photomasking ~ *микр.* установка для изготовления фотошаблонов

photovoltaic power ~ фотогальваническая система питания

picture coding ~ система кодирования изображений

picture quality ~ система оценки качества изображения

pilot ~ экспериментальная [опытная] система; пробный образец системы

plane parallel Fabry-Perot ~ резонатор Фабри — Перо; интерферометр Фабри — Перо

plant automation communications ~ автоматизированная система связи в пределах завода *или* фабрики

plasma-deposition ~ *микр.* система плазменного напыления плёнок

PLL ~ *см.* phase-locked (loop) system

plug-in modular ~ система со сменными модулями

portable life support ~ портативная система жизнеобеспечения

position control ~ система управления положением

positive reinforcement ~ положительная (*по отношению к отклику*) система стимулирования (*для обучения нейронных сетей*)

power ~ система (электро)питания

predictive ~ прогнозирующая система

predictive expert ~ прогнозирующая экспертная система

priority ~ система приоритетов

privacy ~ система секретной связи

processing ~ система обработки данных

production ~ 1. производственная система 2. *вчт* система правил вида условие – действие, система порождающих правил, *проф.* система продукций, продукционная система

production expert ~ *вчт* производственная экспертная система

production inventory control ~ система управления инвентаризацией в условиях производства

program development ~ система разработки программ

programmable ~ система с программным управлением

programmable airline reservation ~ автоматическая система бронирования авиабилетов (*корпорации IBM*)

projection cathode-ray tube ~ электронно-лучевая проекционная система

projection display ~ система проекционного отображения

property management ~ *вчт* система управления имуществом

pseudoquadraphony ~ система псевдоквадрафонического радиовещания, система 2 — 2 — 4

pseudorandom coded ~ система с псевдослучайным кодированием

public-address (reinforcement) ~ 1. система озвучения и звукоусиления 2. система оповещения по трансляционной сети

public expert ~ *вчт* общественная экспертная система

public-key (cryptographic) ~ криптографическая система с открытым ключом, система PKCS, асимметричная [двухключевая] криптографическая система, *проф.* современная криптографическая система

public telephone ~ телефонная система общего пользования

pulsed Doppler ~ *рлк* импульсная доплеровская система

pulsed FM ~ система с внутриимпульсной частотной модуляцией

pulse-modulation ~ система импульсной модуляции

QS matrix ~ матричная система квазиквадрафонического радиовещания, система 4 — 2 — 4

quadraphonic sound ~ система квадрафонического радиовещания

quadruple-diversity ~ приёмная система с пространственным и частотным разнесением

system

quasi-linear feedback control ~ квазилинейная система управления с обратной связью, квазилинейная замкнутая система управления
queuing ~ система массового обслуживания, система обслуживания очередей
quick fax ~ быстродействующая система факсимильной связи
RADA ~ *см.* **random-access discrete-address system**
radar augmentation ~ радиолокационная система с активным ответом на частоте запроса
radar braking ~ радиолокационная система торможения (*в автомобильном радиолокаторе*)
radar cross-section instrumentation ~ система измерения эффективной площади отражения цели
radar guidance ~ радиолокационная система наведения
radar identification ~ радиолокационная система опознавания
radar imaging ~ радиолокационная система формирования изображений
radio command ~ система радиоуправления
radiocommunication ~ система радиосвязи
radio data ~ стандарт RDS для систем поискового вызова (*с использованием каналов ЧМ-радиовещания*)
radio-guidance ~ система радионаведения
radio-inertial-guidance ~ радиоинерциальная система наведения
radionavigation ~ радионавигационная система
radio-relay ~ радиорелейная система
radiosonde-radio-wind ~ система радиоветрового зондирования
random-access discrete-address ~ дискретно-адресная система с произвольным доступом
range rate tracking ~ система слежения по скорости
range tracking ~ система слежения по дальности
ranging ~ дальномерная система
rapid-scan ~ система с быстрым сканированием
rationalized ~ of equations система уравнений Максвелла в рационализированной форме
readout ~ система считывания
real-time ~ система реального времени
real-time data ~ система обработки данных в реальном масштабе времени
real-time expert ~ экспертная система реального времени
real-time multi-platform UNIX operating ~ операционная система RTMX (BSD), свободно распространяемая университетом Беркли многоплатформенная операционная система реального времени на базе UNIX
real-time operating ~ операционная система реального времени
Rebecca-Eureka ~ радиолокационная система привода на аэродром с бортовым самолётным запросчиком-ответчиком и наземным радиомаяком, система «Ребекка — Эврика»
receiver lockout ~ система блокировки приёмника
recognition ~ 1. система опознавания (*напр. государственной принадлежности*) 2. система распознавания (*напр. образов*)
reconfigurable ~ переконфигурируемая система, система с возможностью многократного конфигурирования

recording ~ система записи
recursive ~ рекурсивная система
redundant ~ система с резервированием
reel-to-reel tape transport ~ лентопротяжный механизм катушечного магнитофона
regulating ~ система автоматического регулирования, система автоматического управления
reinforcement ~ 1. система звукоусиления 2. система стимулирования; алгоритм типа «кнут и пряник» (*напр. для обучения нейронных сетей*)
relational data base management ~ система управления реляционными базами данных, СУРБД
relay ~ 1. релейная система 2. радиорелейная система
reliability index ~ система показателей надёжности
remote ~ удалённая система
remote concentrating ~ *тлф* система с дистанционным концентрированием
remote file ~ удалённая файловая система, распределённая файловая система для пользователей ОС UNIX
remote semiconcentrating ~ *тлф* система с дистанционным полуконцентрированием
remote sensing ~ система дистанционных измерений
reorder point ~ система (*управления запасами*) с точкой возобновления заказов (*напр. на поставку комплектующих изделий*) при достижении минимально допустимого уровня запасов
reorder time ~ система (*управления запасами*) с возобновлением заказов (*напр. на поставку комплектующих изделий*) в определённый момент времени
repairable ~ ремонтопригодная система
reproducing ~ система воспроизведения
rerecording ~ система перезаписи
response-controlled reinforcement ~ система стимулирования с управлением по отклику (*для обучения нейронных сетей*)
restorable ~ восстанавливаемая система
restricted connected-speech recognition ~ система распознавания слитной речи с ограничениями
retrieval ~ информационно-поисковая система, ИПС
RF sputtering ~ установка ВЧ-распыления
RGB ~ колориметрическая система «красный – зелёный – синий», колориметрическая система КЗС, колориметрическая система RGB
rhombohedral crystal ~ тригональная [ромбоэдрическая] кристаллографическая система
rho-theta ~ дальномерно-пеленгационная система
right-handed (coordinate) ~ правовинтовая [правая] система координат
robot(ics) ~ робототехническая система
rod memory ~ ЗУ на магнитных стержнях
rotating coordinate ~ вращающаяся система координат
rule-based expert ~ экспертная система, основанная на системе порождающих правил, *проф.* продукционная экспертная система
run-time ~ *вчт* исполняющая система, система поддержки исполнения программы (*на уровне интерфейса с операционной системой*)
sampled-data ~ система с дискретизацией данных
sampling ~ система дискретного действия

system

satellite business ~ спутниковая система связи для бизнеса
satellite communications ~ спутниковая система связи
satellite data transmission ~ спутниковая система передачи данных
satellite multiple-access communication ~ спутниковая система связи с многостанционным доступом
satellite radio ~ спутниковая система радиосвязи
satellite-switched multiple-access ~ спутниковая система связи с многостанционным доступом и бортовой коммутацией
scanning-projection ~ установка сканирующей проекционной литографии
schlieren ~ шлирен-система
scientific expert ~ *вчт* научная экспертная система
Scophony television ~ механическая система телевидения с использованием вращающихся зеркал и ячеек Керра
searchless identification ~ беспоисковая система идентификации
second generation wireless ~ радиосистема второго поколения
secrecy ~ **1.** система обеспечения секретности; система обеспечения конфиденциальности **2.** система обеспечения криптостойкости **3.** скремблер
secret-key cryptographic ~ криптографическая система с секретным ключом, система SKCS, симметричная [одноключевая] криптографическая система, *проф.* традиционная криптографическая система
self-adaptive ~ самоадаптирующаяся система
self-adjusting ~ самонастраивающаяся система
self-contained ~ автономная система
self-guidance ~ система самонаведения
self-organizing ~ самоорганизующаяся система
self-organizing control ~ самоорганизующаяся система управления
self-organizing multiple-access discrete-address ~ самоорганизующаяся дискретно-адресная система с коллективным доступом
self-oscillatory ~ автоколебательная система
self-structuring ~ самоструктурирующаяся система
self-test(ing) ~ система с самотестированием
selsyn ~ система синхронной передачи
semiactive-homing ~ система полуактивного самонаведения
semiautomatic telephone ~ полуавтоматическая телефонная система
sequential software ~ последовательная система программного обеспечения
serial copy(ing) management ~ система SCMC, система защиты от копирования в магнитофонах формата DAT (с возможностью изготовления одной копии)
service provisioning ~ система телефонного сервиса (*на базе сервера UNIX*)
servo ~ (следящая) система автоматического регулирования (*механической величины*)
ship's inertial marine navigational ~ корабельная система инерциальной навигации
ship's self-contained navigation ~ автономная корабельная навигационная система

short-range air navigation ~ система «Шоран» (*система ближней воздушной радионавигации*)
short-range Doppler ~ система «Шодоп» (*доплеровская система ближних траекторных измерений*)
SI ~ СИ, Международная система единиц
signaling ~ система сигнализации
signaling ~ 7 система сигнализации номер 7 (*для разгрузки аналоговых телефонных сетей за счёт использования цифровых линий связи*), протокол (передачи данных) SS7
simultaneous ~ система одновременных уравнений
simultaneous TV ~ одновременная система цветного телевидения
single-degree-of-freedom ~ система с одной степенью свободы
single-input single-output ~ система с одним входом и одним выходом
single-sideband ~ система передачи с одной боковой полосой, ОБП-система
single-track magnetic ~ однодорожечная система магнитной записи
singular equation ~ вырожденная система уравнений
SISO ~ *см.* single-input single-output system
SOC ~ *см.* self-organizing control system
socio-technical ~ социотехническая система
soft ~ не радиационно-стойкая система
soft eject ~ система плавного извлечения кассеты (*в магнитофоне*)
software ~ система программного обеспечения
solar ~ Солнечная система
sound-recording ~ система звукозаписи
sound-reinforcement ~ система озвучения и звукоусиления
sound-reproducing ~ система звуковоспроизведения
space-communication ~ система космической связи
space detection and tracking ~ система обнаружения и сопровождения космических объектов
space-variant pattern-recognition ~ пространственно-зависимая система распознавания образов
speaker ~ акустическая система
speaker-adaptive ~ адаптивная по отношению к говорящему система (распознавания речи), система (распознавания речи) с адаптацией на говорящего
speaker-dependent ~ зависящая от говорящего система (распознавания речи); требующая обучения на образцах речи говорящего система (распознавания речи)
speaker-independent ~ не зависящая от говорящего система (распознавания речи); не требующая обучения на образцах речи говорящего система (распознавания речи)
speaker-recognition ~ система опознавания говорящего; система идентификация говорящего
speaker verification ~ система верификации говорящего
speech-enhancement ~ система коррекции голосовых [речевых] сигналов
speech input/output ~ система голосового [речевого] ввода-вывода

speech processing ~ система обработки голосовых [речевых] сигналов
speech-recognition ~ система распознавания речи
speech understanding ~ система понимания речи
spin ~ *фтт* спиновая система
spinodal ~ *крист.* спинодальная система
split-screen ~ *тлв, вчт* система с разделённым [расщеплённым] экраном; система с полиэкраном
split-speaker ~ акустическая система с отдельными громкоговорителями для нижних, средних и верхних звуковых частот
spread-spectrum ~ система с широкополосными псевдослучайными сигналами
SQ matrix ~ матричная система квазиквадрафонического радиовещания, система 4 — 2 — 4
stand-alone ~ автономная система
stand-alone expert ~ *вчт* автономная экспертная система
stand-alone graphics ~ *вчт* автономная графическая система
standard electronics assembly ~ система сборки стандартных электронных изделий
standby power ~ резервная система (электро)питания
standing-wave ~ система стоячих волн
stand-off target acquisition ~ система дистанционного обнаружения, захвата и сопровождения целей
star ~ соединение звездой
start-stop ~ стартстопная система
static ~ статическая система
static ripple imaging ~ система формирования сигналов акустических изображений методом статической деформации поверхности
stationary-wave ~ система стоячих волн
step-and-repeat ~ *микр.* фотоповторитель, фотоштамп
step-by-step ~ **1.** система управления с шаговым исполнительным механизмом **2.** *тлф* коммутационная система с подъёмно-вращательными искателями, система Строуджера
stereo microphone ~ стереофоническая микрофонная система
stereo sound ~ стереофоническая система звуковоспроизведения
sticks layout ~ система проектирования топологии с учётом конечной ширины межсоединений
stimulus-controlled reinforcement ~ система стимулирования с управлением по возбуждающему воздействию (*для обучения нейронных сетей*)
stochastic ~ стохастическая система
storage and retrieval ~ информационно-поисковая система, ИПС
stored-program electronic-switching ~ система электронной коммутации с микропрограммным управлением
strapping ~ робастная система
Strowger ~ *тлф* коммутационная система с подъёмно-вращательными искателями, система Строуджера
structured cabling ~ структурированная кабельная система
structured design ~ структурированная система проектирования
structured software ~ структурированная система программного обеспечения

structured wiring ~ структурированная кабельная система
submarine-cable ~ подводная кабельная система связи
subscriber carrier ~ абонентская система высокочастотной [ВЧ-] связи
super anti-modulation tape ~ система SAMTS, усовершенствованный вариант системы AMTS для фиксации положения кассеты и стабилизации движения (магнитной) ленты
superconductor energy-storage ~ сверхпроводящая система накопления энергии
super video home ~ **1.** (магнитная) лента для бытовой аналоговой композитной видеозаписи в формате S-VHS, лента (формата) S-VHS **2.** формат S-VHS (бытовой аналоговой композитной видеозаписи), улучшенный вариант формата VHS
supervisory control ~ **1.** *вчт* система диспетчерского управления **2.** система дистанционного управления, система телеуправления
switched access ~ система с коммутируемым доступом
symbol(ic) ~ система символов
symbolic interactive design ~ интерактивная система символического проектирования
symmetric cryptographic ~ симметричная криптографическая система, криптографическая система с секретным ключом
synchro ~ система синхронной передачи
synchronous data link control ~ синхронная система управления линиями передачи данных
tactical air navigation ~ угломерно-дальномерная воздушная радионавигационная система ближнего действия, система «Такан»
tactical communication ~ система связи тактического назначения
talking Rebecca-Eureka ~ модифицированная система «Ребекка — Эврика» с двухсторонней речевой связью между воздушным судном и наземной станцией
tape auto-stop ~ автостоп магнитофона
tape operating ~ операционная система для компьютеров с ЗУ на магнитной ленте
tape-transport ~ лентопротяжный механизм; механизм транспортирования ленты
TDM ~ *см.* time-division multiplex system
telecine ~ **1.** телекинопроектор **2.** телекинодатчик
telecommunication ~ система электросвязи, телекоммуникационная система
telemetering [telemetry] ~ телеметрическая система
telemetry data processing ~ система обработки телеметрических данных
telemetry information ~ телеметрическая информационная система
telephone ~ телефонная система
telephone-answering ~ справочное бюро учрежденческой телефонной станции
telephone intercommunication ~ система внутренней телефонной связи
telephone video ~ видеотелефонная система
teleprocessing ~ система обработки телеметрических данных
Teleran ~ система «Телеран» (*радиотелевизионная навигационная система ближнего действия*)

system

teletypewriter switching ~ система коммутации сообщений с телетайпными терминалами
television identification ~ телевизионная система опознавания
television relay ~ радиорелейная система для передачи телевизионных сигналов
tetragonal crystal ~ тетрагональная кристаллографическая система
text ~ *вчт* система подготовки и обработки текстов
thermal imaging ~ система формирования сигналов ИК-изображений
third generation wireless ~ радиосистема третьего поколения
three-phase four-wire ~ трёхфазная четырёхпроводная система
three-way speaker ~ трёхканальная акустическая система
time-division multiplex ~ система с временным уплотнением каналов
time-frequency collision avoidance ~ система с временной и частотной модуляцией для предотвращения столкновений самолётов
time-invariant ~ стационарная система
time reference ~ система отсчёта времени
time-sharing ~ система с разделением времени
time-varying ~ нестационарная система
total access communication ~ английская система сотовой подвижной радиотелефонной связи стандарта TACS
touch ~ *вчт* слепая (десятипальцевая) система (*набора*)
tracking ~ система слежения; система сопровождения
traffic-alert and collision avoidance ~ система предупреждения столкновений и тревожной сигнализации об аварийных ситуациях при воздушном движении
traffic control and surveillance ~ система наблюдения и управления движением транспорта
traffic control signal ~ система управления светофорами
trainable ~ обучающаяся система
trajectory-measuring ~ система траекторных измерений
transaction processing ~ система обработки транзакций
transcontinental communication ~ трансконтинентальная система связи
transform adaptable-processing ~ система преобразования с адаптивной обработкой
transmission ~ система передачи
transmitter-receiver ~ приёмопередающая система
transputer ~ *вчт* транспьютерная система
triclinic crystal ~ триклинная кристаллографическая система
trigger-starting ~ стартер (*люминесцентной лампы*)
trigonal crystal ~ тригональная [ромбоэдрическая] кристаллографическая система
triple interlace ~ система скачковой развёртки с кратностью 3:1
triplex ~ *тлг* триплексная система
troposcatter [tropospheric radio] ~ система тропосферной радиосвязи
trunk ~ *тлф* система соединительных линий

tse ~ пиктографическая система
turntable drive ~ привод диска (*ЭПУ*)
turnkey ~ полностью готовая к эксплуатации система; система, сдаваемая (заказчику) «под ключ»
two-channel sound ~ двухканальная система записи и воспроизведения звука
two-coordinate scanning ~ система с двухкоординатным сканированием
two-field interlace ~ система чересстрочной развёртки
two-phase five-wire ~ двухфазная пятипроводная система
two-phase four-wire ~ двухфазная четырёхпроводная система
two-phase three-wire ~ двухфазная трёхпроводная система
two-turntable quick-start ~ система быстрого пуска ЭПУ с двумя дисками
two-way ~ двухканальная акустическая система
type ~ система типов
UCSD p~ система разработки программ UCSD, система разработки программ Калифорнийского университета в Сан-Диего (*операционная система для переносимого программного обеспечения, текстовый редактор и компиляторы для ряда языков программирования*)
unattended ~ необслуживаемая система
underdetermined ~ *вчт* недоопределённая система
underwater viewing ~ система подводного видения
ungrounded ~ незаземлённая система
uniplexed information and computing ~ операционная система UNIX
uniprocessor ~ однопроцессорная система
universal battery ~ *тлф* система центральной батареи, система ЦБ
universal mobile telecommunication ~ 1. универсальная система подвижной электросвязи, система UMTS 2. общеевропейская концепция развития систем подвижной электросвязи, концепция UMTS
universal serial bus ~ программно-аппаратная реализация системы с универсальной последовательной шиной, USB-система
unmanned ~ необслуживаемая система
unrestorable ~ невосстанавливаемая система
USB ~ *см.* universal serial bus system
value ~ оценочная система
variable-structure ~ система с переменной структурой
V-beam ~ РЛС с V-образной диаграммой направленности антенны
vehicle control ~ система управления транспортными средствами
vehicular disk reproduction ~ система звуковоспроизведения с подвижным звукоснимателем и неподвижной грампластинкой
very early warning ~ система сверхдальнего обнаружения
vibrating ~ колебательная система
video cassette recording ~ кассетный видеомагнитофон
video editing ~ система видеомонтажа
video-encoding ~ система кодирования видеосигналов
videofile television record storage ~ система хранения телевизионных видеозаписей

system

video home ~ **1.** (магнитная) лента для бытовой аналоговой композитной видеозаписи в формате VHS, лента (формата) VHS **2.** формат VHS формат видеозаписи VHS
Videotex ~ видеотех
virtual key cryptographic ~ криптографическая система с виртуальным ключом, система VKCS
virtual memory ~ виртуальная система памяти, операционная система VMS для компьютеров фирмы DEC
vision ~ система технического зрения (*напр. робота*)
visual communication ~ система видеосвязи
voice/data ~ система (*совместной*) передачи аналоговых *или* цифровых данных и речи
voice-frequency telegraph ~ система тональной телеграфирования
voice operating ~ **1.** система с голосовым [речевым] управлением **2.** язык программирования VOS, процедурный язык для приложений компьютерной телефонии
voice recognition ~ система распознавания голоса; система распознавания голоса и речи; система распознавания речи
voice-response ~ система с голосовым [речевым] ответом
wafer imaging ~ *микр.* установка совмещения и экспонирования
waiting ~ система с ожиданием (*обслуживания*)
wave-propagating ~ волноводная система
Web network file ~ сетевая файловая система для Web, система WebNFS
wide area augmentation ~ региональная система радиоопределения местоположения с спутниковыми ответчиками на частоте запроса, система WAAS
wired broadcasting ~ **1.** система проводного вещания **2.** система кабельного телевидения
Wollaston-prism digital light-deflector ~ цифровая оптическая отклоняющая система на призме Волластона
word processing ~ система обработки текстов
word recognition ~ система распознавания слов
word-serial ~ система с последовательной обработкой слов
writing ~ система записи
X window ~ X-оконная система, программная среда X-Window для программистов и пользователей рабочих станций
x-y-z coordinate ~ координатная система (x,y,z)
Y – синфазная I и противофазная Q составляющие сигнала цветности
y-~ *пп* система *y*-параметров
YIQ ~ *тлв* система YIQ, система сигнал яркости
YUV ~ *тлв* система YUV, система сигнал яркости
z- ~*пп* система *z*-параметров
Δ- ~ соединение треугольником
systematic 1. систематический **2.** систематизированный **3.** классификационный **4.** методический
systematics 1. систематика; таксономия **2.** классификационная система
systematist специалист по систематике *или* таксономии
systematization систематизация
systematize систематизировать
systemic системный

systemization систематизация
systemize систематизировать
system-on-chip система на одном кристалле

T

T 1. Т-образный объект **2.** Т-образное соединение **3.** Т-образное разветвление волноводов, волноводный тройник **4.** (допустимое) буквенное обозначение *i*-го ($2 \leq i \leq 26$) логического диска, съёмного устройства памяти *или* компакт-диска (*в IBM-совместимых компьютерах*)
hybrid ~ гибридное [мостовое] соединение в виде двойного волноводного тройника, двойной волноводный тройник
magic ~ гибридное [мостовое] соединение в виде двойного волноводного тройника, двойной волноводный тройник

T(-)1 1. линия (связи) T1, линия передачи цифрового сигнала первого уровня, линия передачи сигнала типа DS(-)1, синхронный цифровой поток со скоростью передачи исходных данных T1=1,54 Мбит/с (*24 речевых канала по Североамериканской иерархии цифровых систем передачи данных*) **2.** пропускная способность T1, скорость передачи исходных данных T1=1,54 Мбит/с (*по Североамериканской иерархии цифровых систем передачи данных*)
fractional ~ **1.** речевой канал линии (связи) T1 **2.** служба предоставления речевых каналов линии (связи) T1

T(-)1C 1. линия (связи) T1C, линия передачи цифрового сигнала уровня 1C, линия передачи сигнала типа DS(-)1C, синхронный цифровой поток со скоростью передачи исходных данных T1C=3,15 Мбит/с (*48 речевых каналов по Североамериканской иерархии цифровых систем передачи данных*) **2.** пропускная способность T1C, скорость передачи исходных данных T1C=3,15 Мбит/с (*по Североамериканской иерархии цифровых систем передачи данных*)

T(-)2 1. линия (связи) T2, линия передачи цифрового сигнала второго уровня, линия передачи сигнала типа DS(-)2, синхронный цифровой поток со скоростью передачи исходных данных T2=6,31 Мбит/с (*96 речевых каналов по Североамериканской иерархии цифровых систем передачи данных*) **2.** пропускная способность T2, скорость передачи исходных данных T2=6,31 Мбит/с (*по Североамериканской иерархии цифровых систем передачи данных*)

T(-)3 1. линия (связи) T3, линия передачи цифрового сигнала третьего уровня, линия передачи сигнала типа DS(-)3, синхронный цифровой поток со скоростью передачи исходных данных T3=44,736 Мбит/с (*672 речевых канала по Североамериканской иерархии цифровых систем передачи данных*) **2.** пропускная способность T3, скорость передачи исходных данных T3=44,736 Мбит/с (*по Североамериканской иерархии цифровых систем передачи данных*)

T(-)4 1. линия (связи) Т4, линия передачи цифрового сигнала четвёртого уровня, линия передачи сигнала типа DS(-)4, синхронный цифровой поток со скоростью передачи исходных данных Т4=274,1 Мбит/с (*4032 речевых канала по Североамериканской иерархии цифровых систем передачи данных*) **2.** пропускная способность Т4, скорость передачи исходных данных Т4=274,1 Мбит/с (*по Североамериканской иерархии цифровых систем передачи данных*)

Т.120 рекомендации МСЭ по проведению мультимедийных конференций, протокол Т.120

Т.121 базовый образец применения рекомендаций МСЭ по проведению мультимедийных конференций, протокол Т.121

Т.122 рекомендации МСЭ по использованию служб многопунктовой связи для проведения мультимедийных конференций, протокол Т.122

Т.123 рекомендации МСЭ по использованию стека сетевых протоколов при передаче специальных данных для проведения мультимедийных конференций, протокол Т.123

Т.124 базовые рекомендации МСЭ по управлению проведением мультимедийных конференций, протокол Т.124

Т.125 спецификация МСЭ по использованию служб многопунктовой связи для проведения мультимедийных конференций, протокол Т.125

Т.126 рекомендации МСЭ по использованию служб многопунктовой связи при передаче аннотаций и данных о неподвижных изображениях для проведения мультимедийных конференций, протокол Т.126

Т.127 рекомендации МСЭ по использованию служб многопунктовой связи при передаче файлов данных в двоичном представлении для проведения мультимедийных конференций, протокол Т.127

Т.128 рекомендации МСЭ по использованию служб многопунктовой связи при совместном использовании приложений для проведения мультимедийных конференций, протокол Т.128

Т.134 рекомендации МСЭ по организации системы речевого общения при проведении мультимедийных конференций, протокол Т.134

Т.135 рекомендации МСЭ по организации системы резервирования обработки запросов пользователей при проведении мультимедийных конференций, протокол Т.135

Т.136 рекомендации МСЭ по дистанционному управлению устройствами при проведении мультимедийных конференций, протокол Т.136

ТАВ 1. автоматизированное прикрепление кристаллов к выводам на ленточном носителе, ТАВ-технология **2.** компонент, изготовленный методом автоматизированного прикрепления кристалла к выводам на ленточном носителе, компонент, изготовленный по ТАВ-технологии, ТАВ-компонент

flip(ped) ~ 1. автоматизированное прикрепление перевёрнутых кристаллов к выводам на ленточном носителе, ТАВ-технология с использованием метода перевёрнутого кристалла **2.** компонент, изготовленный методом автоматизированного прикрепления перевёрнутого кристалла к выводам на ленточном носителе, компонент, изготовленный по ТАВ-технологии с использованием метода перевёрнутого кристалла, ТАВ-компонент с перевёрнутым кристаллом

tab 1. табуляция || использовать табуляцию **2.** символ табуляции **3.** команда табуляции || использовать команду табуляции **4.** клавиша табуляции, клавиша «Tab» || нажимать клавишу табуляции **5.** табулятор **6.** *микр.* столбиковый вывод; контактный столбик **7.** метка; маркировочный знак; бирка, этикетка || помечать; маркировать; снабжать биркой *или* этикеткой **8.** наклейка **9.** закладка (*напр. в стопе бумаги*) **10.** обозначать; называть **11.** ступенчатая высечка на обрезе (*напр. словаря*)

base ring ~ кольцевой базовый контактный столбик

decimal ~ десятичная табуляция; выравнивание (*чисел*) по десятичной запятой

grounding ~ контактный столбик (для) заземления

horizontal ~ 1. горизонтальная табуляция **2.** символ «горизонтальная табуляция», символ ○, символ с кодом ASCII 09h

vertical ~ 1. вертикальная табуляция **2.** символ «вертикальная табуляция», символ ♂, символ с кодом ASCII 0Bh

write-protected ~ паз с ползунком для защиты от записи (*в футляре дискеты*)

tablature *вчт* табулатура, символьная система записи нотного письма

table 1. таблица || представлять в табличной форме; заносить в таблицу || табличный **2.** *микр.* координатный стол **3.** позиция (*на роботизированном участке*) **4.** стол; столик; доска (*напр. чертёжная*) || настольный **5.** рабочая поверхность экрана, *проф.* рабочий стол (*в компьютерной графике*) **6.** (краткий) перечень или список || заносить в перечень или список ◊ **~ of content** оглавление; содержание

~ of authorities список использованных источников (*напр. в печатном издании*)

~ of logarithms таблица логарифмов

~ of normal distribution таблица нормального распределения

~ of physical quantities таблица физических величин

~ of prime numbers таблица простых чисел

~ of random numbers таблица случайных чисел

~ of symbols 1. *вчт* таблица идентификаторов, *проф.* таблица символов **2.** список условных обозначений

bad track ~ таблица дефектных [не пригодных для использования] дорожек (*магнитного диска*)

Cayley ~ таблица Кэли

checking ~ проверочная таблица

color ~ 1. карта [таблица] цветов, таблица перекодировки цветов, таблица преобразования видеосигнала **2.** таблица раскраски (*графа*)

color look-up ~ карта [таблица] цветов, таблица перекодировки цветов, таблица преобразования видеосигнала

communication vector ~ таблица вектора связей

contingency ~ таблица сопряжённости признаков

control sequence ~ таблица управляющих последовательностей

conversion ~ таблица преобразования

correspondence ~ таблица соответствия

table

  count ~ таблица встречаемостей
  data ~ таблица данных
  decision ~ *вчт* таблица решений
  dispatch ~ *вчт* таблица диспетчеризации, таблица векторов (прерываний), таблица переходов
  double-entry ~ таблица с двумя входами
  drawing ~ **1.** *вчт* рабочая поверхность экрана (для размещения изображения *или* рисунка), *проф.* рабочий стол (для размещения изображения *или* рисунка) (*в компьютерной графике*) **2.** чертёжная доска; кульман
  existence ~ *вчт* таблица существования
  external ~ *вчт* внешняя таблица
  fencing ~ входная *или* выходная таблица подстановок (*напр. в шифре (стандарта) DES*)
  file allocation ~ **1.** таблица размещения файлов **2.** файловая система для операционных систем MS-DOS и Windows, (файловая) система FAT
  forwarding ~ таблица маршрутизации
  frequency ~ частотная таблица
  function ~ таблица функций
  host ~ таблица (имён) хостов
  implementation ~ **1.** таблица реализации **2.** схема технологического процесса; технологическая карта
  interrupt descriptor ~ таблица дескрипторов прерываний
  interrupt vector ~ таблица векторов прерываний
  jump ~ *вчт* таблица переходов, таблица диспетчеризации, таблица векторов (прерываний)
  keyed substitution ~ таблица подстановок по ключу (*в блочных шифрах*)
  light ~ столик с подсвечиваемой снизу прозрачной крышкой (*для просмотра диапозитивов или копирования чертежей*)
  local descriptor ~ локальная таблица дескрипторов
  logic-function ~ таблица логических функций
  look-up ~ **1.** *вчт* таблица поиска **2.** таблица преобразования *или* отображения, табличное представление преобразования *или* отображения
  loran ~ таблица линий положения для радионавигационной системы «Лоран»
  multiplication ~ таблица умножения
  multiway ~ таблица с несколькими входами
  N×M ~ таблица размером N×M
  object ~ *вчт* объектный стол
  ordered ~ упорядоченная таблица
  page ~ *вчт* таблица страниц
  partition ~ *вчт* таблица (выделенных) разделов, таблица разбиения (*жёсткого диска*)
  periodic ~ периодическая таблица элементов
  permutation ~ таблица перестановок
  preferred values ~ таблица номиналов
  process ~ *вчт* таблица процессов (*для многозадачного режима*)
  reference ~ справочная таблица
  relocation ~ *вчт* таблица переназначения адресов; таблица модификации адресов, *проф.* таблица «настройки»
  routing ~ таблица маршрутизации
  standard frequency ~ таблица стандартных частот
  state ~ таблица состояний
  step-and-repeat ~ координатный стол с шаговым перемещением
  step control ~ *вчт* таблица управления шагом задания
  substitution ~ таблица подстановок
  summary ~ сводная таблица
  symbol ~ **1.** *вчт* таблица идентификаторов, *проф.* таблица символов **2.** список условных обозначений
  trigonometric ~ тригонометрическая таблица
  truth ~ таблица истинности
  two-way ~ таблица с двумя входами
  type ~ **1.** таблица шрифтов (*в программах распознавания текста*) **2.** талер печатной машины
  unit conversion ~ таблица соотношений между единицами измерений в разных системах, таблица преобразования единиц
  unusable track ~ таблица дефектных [не пригодных для использования] дорожек (*магнитного диска*)
  vector ~ таблица векторов (прерываний), таблица диспетчеризации, таблица переходов
  video look-up ~ карта [таблица] цветов, таблица перекодировки цветов, таблица преобразования видеосигнала
  virtual ~ виртуальная таблица
  volume ~ **of contents** оглавление тома (*напр. компакт-диска формата CD-ROM*)
  x-y ~ координатный стол
tablet 1. *вчт* графический планшет **2.** *вчт* блокнот **3.** таблетка
  data ~ планшет для ввода данных
  digitizing ~ цифровой планшет
  graphic ~ графический планшет
  touch-sensitive ~ сенсорный графический планшет
Tabletop модель Tabletop, модель структурного отображения с концептуальным сжатием
tabloid *вчт* резюме; аннотация
tabulable представимый в табличной форме
tabular табличный
tabulate 1. представлять в табличной форме **2.** использовать табуляцию **3.** *вчт* распечатывать результаты
tabulation 1. представление в табличной форме **2.** табуляция **3.** *вчт* распечатка результатов
  cross-~ кросс-табуляция
tabulator 1. табулятор **2.** *вчт* клавиша табуляции
  decimal ~ десятичный табулятор
  punched-card ~ перфораторный табулятор
tacan система «Такан» (*угломерно-дальномерная воздушная радионавигационная система ближнего действия*)
tachistoscope тахистоскоп, прибор для обучения быстрому чтению (*с быстрым показом фрагментов текста и изображений*)
tachistoscopic тахистоскопический, относящийся к процессу обучения быстрому чтению на тахистоскопе
tachograph тахометр
tachometer тахометр
  electrical ~ электрический тахометр
  optical ~ оптический тахометр
  photoelectrical ~ фотоэлектрический тахометр
tachyon тахион
tachyonic тахионный
tacitron таситрон
tactel сенсорный элемент, *проф.* тактел

tactic тактика || тактический
tactical тактический
tactics тактика
tactile 1. осязательный; относящийся к осязанию; тактильный 2. сенсорный
tactility осязание
tag 1. метка; маркировочный знак; бирка, этикетка || помечать; маркировать; снабжать биркой *или* этикеткой *вчт* 2. признак || устанавливать [определять] признаки 3. дескриптор 4. тег (*1. признак типа информации 2. элемент HTML-документа*) 5. кошки-мышки (*игра*)
  anchor ~ тег якоря
  element ~ тег элемента
  empty element ~ тег пустого элемента
  end ~ тег конца (*элемента*)
  explicit element ~ тег явно заданного элемента
  HTML ~ тег HTML-документа, HTML-тег
  identification ~ маркировочный знак
  markup ~ тег разметки (*гипертекстового документа*)
  META ~ тег META, элемент метаданных (*в заголовке HTML-документа*)
  phone ~ безуспешные попытки двух абонентов телефонной сети связаться друг с другом одновременно, *проф.* телефонные кошки-мышки
  smart ~ интеллектуальный тег
  start ~ тег начала (*элемента*)
  telephone ~ безуспешные попытки двух абонентов телефонной сети связаться друг с другом одновременно, *проф.* телефонные кошки-мышки
  time ~ временная метка
tagging 1. установление метки *или* меток; маркировка; снабжение биркой *или* этикеткой 2. *вчт* установление [определение] признаков 3. расстановка тегов
  element ~ маркировка элементов; маркировка компонентов
  magnetic ~ магнитная маркировка
  wire ~ маркировка проводов
tagmeme *вчт* тегмема (*основная структурная единица теговой лингвистики*)
tagmemics *вчт* теговая лингвистика
tail 1. срез импульса 2. положительный выброс (*сопровождающий основной импульс радиолокационного передатчика*) 3. конец (*напр. сообщения*), конечная фаза (*процесса*) 4. *вчт* хвост списка 5. *вчт* свисающий [нижний выносной] элемент (*литеры*) 6. *вчт* нижний обрез (*страницы*) 7. нижнее поле 8. *вчт проф.* запятая 9. хвост (*напр. распределения случайной величины*); крыло (*напр. спектральной линии*) 10. хвост (*напр. кометы*) || хвостовой 11. конец || концевой 12. затягивать(ся) (*напр. о процессе*); размывать(ся) (*напр. о границе чего-либо*)
  ~ **of distribution** хвост распределения
  ~ **of resonance curve** крыло резонансной кривой
  ~ **of spectral line** крыло спектральной линии
  comet ~ 1. хвост кометы 2. *тлв* искажения (изображения) типа «комета», искажения (изображения) типа «хвост кометы»
  geomagnetic ~ геомагнитный хвост
  heavy ~ тяжелый хвост (*распределения*)
  long ~ вытянутый [удлиненный] хвост (*распределения*)
  lower ~ нижний хвост (*распределения*)
  magnetic ~ магнитный хвост
  magnetic ~ **of galaxy** галактический магнитный хвост
  magnetospheric ~ магнитосферный хвост
  message ~ конец сообщения
  plasma ~ плазменный хвост
  string ~ *вчт* хвост строки
  task ~ *вчт* конец задачи
  thick ~ толстый хвост (*распределения*)
  upper ~ верхний хвост (*распределения*)
  wave(form) ~ 1. срез импульса 2. срез огибающей сигнала
tailgate *вчт* превышение допустимой частоты следования пакетов (*при передаче данных*), *проф.* несоблюдение дистанции || превышать допустимую частоту следования пакетов (*при передаче данных*), *проф.* не соблюдать дистанцию
tailing 1. затягивание (*напр. процесса*); размытие (*напр. границы чего-либо*) 2. *тлв* тянущееся продолжение 3. «затягивание» (*в факсимильной связи*)
  band-edge ~ *пп* зонно-краевой эффект, размытие границы зоны
tailor-made выполненный *или* изготовленный по индивидуальному заказу
take 1. фотографировать; делать снимок 2. *тлв* удачно (*без дублей*) отснятый материал 3. съёмка эпизода (*напр. видеофильма*) || снимать эпизод (*напр. видеофильма*) 4. эпизод (*напр. видеофильма*) 5. выбирать; отбирать 6. вычитать; отнимать
takeoff 1. начало движения; трогание; старт; взлёт 2. место трогания; место старта; место взлёта 3. отвод; ответвление 4. место отвода; место ответвления 5. *тлв* выделение сигнала (*напр. сигнала цветности*) 6. *тлв* точка выделения сигнала; точка разделения сигналов 7. имитация; копия
  chrominance ~ 1. выделение сигнала цветности 2. точка выделения сигнала цветности
  head ~ старт (магнитной) головки; взлёт (парящей магнитной) головки
  sound ~ 1. выделение сигнала звукового сопровождения 2. точка выделения сигнала звукового сопровождения; точка разделения сигналов изображения и звукового сопровождения
talc тальк (*эталонный минерал с твёрдостью 1 по шкале Мооса*)
talk 1. разговор || разговаривать (*напр. по телефону*) 2. звуки (*речи*) 3. лекция || читать лекцию 4. обсуждение; дискуссия || обсуждать; участвовать в дискуссии 5. протокол talk, протокол двустороннего обмена данными между компьютерами 6. неречевое общение (*с помощью письма, знаков или сигналов*) || использовать неречевое общение
  double ~ *тлф* одновременный разговор
talkback 1. двусторонняя голосовая связь (*напр. с помощью переговорного устройства*) 2. переговорное устройство
talker 1. говорящий 2. участник дискуссии 3. сообщающий; источник сообщения
  echo ~ эхо говорящего
talk-off *тлф* ложная активация по голосу; ложное распознавание сигналов (*в голосовых [речевых] платах или преобразователях импульс-тон*)
tambourine *вчт* бубен (*музыкальный инструмент из набора General MIDI*)

TAME

TAME расширенный язык описания структуры гипертекста с активацией тегами, язык TAME

tame 1. податливый; послушный; слабый 2. нормальный; с нормальным поведением 3. ручной; приручённый

tamper 1. вмешиваться, осуществлять (несанкционированное) вмешательство (*напр. в работу сети*) 2. предпринимать попытку взлома; взламывать (*напр. систему*) 3. искажать (*напр. данные*); подделывать (*напр. документ*)

tampering 1. (несанкционированное) вмешательство (*напр. в работу сети*) 2. попытка взлома; взлом (*напр. системы*) 3. искажение (*напр. данных*); подделка (*напр. документа*)

tandem 1. последовательное соединение; каскадное соединение ∥ последовательный, каскадный 2. транзитное соединение ∥ транзитный

tangent 1. касательная (*линия*); касательная плоскость ∥ касательный 2. тангенс
~**s of vertex** касательные (*составной кривой*) в узловой точке
area ~ ареатангенс
common ~ общая касательная
hyperbolic ~ гиперболический тангенс
inner ~ внутренняя касательная
inverse ~ арктангенс
inverse hyperbolic ~ ареатангенс
logarithmic ~ логарифм тангенса
loss(-angle) ~ тангенс угла потерь
magnetic loss(-angle) ~ тангенс угла магнитных потерь
outer ~ внешняя касательная
relative loss(-angle) ~ относительный тангенс угла потерь
versed ~ обращённый тангенс (*функция, равная котангенсу минус единица*)

tangential тангенциальный; касательный

tangible ощутимый; материальный; реальный

Tango стандартное слово для буквы *T* в фонетическом алфавите «Альфа»

tank 1. резервуар; ванна; камера ∥ помещать в резервуар; погружать в ванну; располагать в камере 2. металлический корпус (*ртутного вентиля*) 3. блок ЗУ на акустических линиях задержки 4. (параллельный) резонансный контур
anodizing ~ ванна для анодирования
delay ~ блок ЗУ на акустических линиях задержки
electrolytic ~ электролитическая ванна
idle ~ холостой резонансный контур
mercury ~ ртутная ванна (*в ртутном ЗУ*)
multianode ~ многоанодный ртутный вентиль
quenching ~ закалочная ванна
rinse ~ промывочная ванна
superconducting matching output ~ сверхпроводящий согласующий выходной резонатор
think ~ центр аналитических разработок, прогнозирования и планирования
vacuum ~ вакуумная камера

Tanner кодовое название процессора Pentium III Xeon

tap 1. отвод; ответвление ∥ отводить; ответвлять 2. *тлф* подслушивание ∥ подслушивать 3. перехват телеграфных сообщений ∥ перехватывать телеграфные сообщения 4. метчик ∥ нарезать резьбу (*с помощью метчика*) 5. (лёгкий) удар; звук (лёгкого) удара ∥ наносить (лёгкий) удар (*в музыке*) 6. использовать фортепианную технику игры на электрогитаре
center (point) ~ отвод от средней точки (*напр. обмотки трансформатора*)
coil ~ отвод катушки индуктивности
line ~ отвод линии; ответвление линии
midpoint ~ отвод от средней точки (*напр. обмотки трансформатора*)
primary ~ отвод от первичной обмотки (*трансформатора*)
secondary ~ отвод от вторичной обмотки (*трансформатора*)
transformer ~ отвод от обмотки трансформатора
winding ~ отвод от обмотки

tape 1. лента; тесьма; полоска ∥ скреплять *или* обвязывать лентой *или* тесьмой; соединять *или* сращивать лентой (*например липкой лентой*) ∥ ленточный 2. магнитная лента ∥ записывать на магнитную ленту 3. *микр.* ленточный кристаллоноситель 4. перфорированная лента, перфолента 5. липкая лента 6. телеграфная лента 7. (измерительная) рулетка ∥ измерять рулеткой
8 mm video ~ видеолента шириной 8 мм, (магнитная) лента для видеозаписи шириной 8 мм
acetate ~ магнитная лента на ацетилцеллюлозной основе
adhesive ~ липкая лента (*напр. для сращивания магнитной ленты*)
advanced intelligent ~ 1. (кассетный) формат AIT для цифровой записи (данных) на (магнитную) ленту 2. (магнитная) лента шириной 8 мм для цифровой записи (данных) в (кассетном) формате AIT, (магнитная) лента (формата) AIT 3. лентопротяжный механизм для (магнитной) ленты (формата) AIT 4. (запоминающее) устройство для резервного копирования (данных) на (магнитную) ленту (формата) AIT
advanced metal-particle ~ (магнитная) лента с улучшенным рабочим слоем из пассивированных металлических частиц
alignment ~ юстировочная измерительная (магнитная) лента
analog ~ лента для аналоговой записи
assembly ~ ленточный кристаллоноситель с выводными рамками
audio ~ 1. аудиолента, (магнитная) лента для звукозаписи ∥ записывать звук на (магнитную) ленту 2. (магнитная) лента со звукозаписью 3. фонограмма
backup ~ (магнитная) лента для резервного копирования (данных)
blank ~ магнитная лента без записи
bump ~ ленточный кристаллоноситель с контактными столбиками
calibration ~ измерительная магнитная лента
cartridge ~ (магнитная) лента кассетного формата
chadded ~ перфолента с удалённым конфетти
chadless ~ перфолента с неудалённым конфетти
change ~ магнитная лента (для) записи изменений
coated ~ магнитная лента с покрытием
coding ~ маркировочная лента
data ~ лента (*напр. магнитная*) с данными
diagnostic ~ диагностическая лента
digital ~ лента для цифровой записи

digital audio ~ 1. (кассетный) формат DAT для цифровой записи (звука *или* данных) на (магнитную) ленту 2. (магнитная) лента шириной 4 мм для цифровой записи (звука *или* данных) в (кассетном) формате DAT, (магнитная) лента (формата) DAT 3. лентопротяжный механизм для (магнитной) ленты (формата) DAT 4. (запоминающее) устройство для резервного копирования (данных) на (магнитную) ленту (формата) DAT 5. (магнитная) лента с цифровой звукозаписью

digital linear ~ 1. (кассетный) формат DLT для цифровой записи (звука *или* данных) на (магнитную) ленту 2. (магнитная) лента шириной 8 мм для цифровой записи (звука *или* данных) в (кассетном) формате DLT, (магнитная) лента (формата) DLT 3. лентопротяжный механизм для (магнитной) ленты (формата) DLT 4. (запоминающее) устройство для резервного копирования (данных) на (магнитную) ленту (формата) DLT

digital optical ~ *тлв* 1. (кассетный) формат DOT для оптической цифровой записи на ленту 2. лента для оптической цифровой записи в (кассетном) формате DOT, лента (формата) DOT

dispersed magnetic-powder ~ магнитная лента с дисперсным порошковым рабочим слоем

double-faced ~ двусторонняя магнитная лента

double-play ~ магнитная лента с удвоенной длительностью звучания

DP ~ *см.* **double-play tape**

dry-type cleaning ~ лента для сухой чистки (*магнитных головок*), абразивная чистящая лента

empty ~ магнитная лента без записи

endless ~ (бесконечная) петля (магнитной) ленты

erased ~ размагниченная магнитная лента

error ~ магнитная лента (для) записи ошибок

extra-long-play ~ магнитная лента с удвоенной длительностью звучания

ferromagnetic ~ ферромагнитная лента

first generation ~ оригинал фонограммы; оригинал видеофонограммы; оригинал видеограммы

formatted ~ отформатированная (магнитная) лента

four-track ~ магнитная лента с четырёхдорожечной записью

frequency ~ измерительная магнитная лента для проверки амплитудно-частотной характеристики канала воспроизведения

friction ~ изоляционная лента

guidance ~ управляющая лента

half-track ~ магнитная лента с двухдорожечной записью

head aligning ~ измерительная (магнитная) лента для юстировки магнитных головок

head-cleaning ~ лента для чистки (магнитных) головок, чистящая лента

helical ~ магнитная лента с наклонно-строчной записью

herringbone ~ киперная лента

high-coercivity ~ высококоэрцитивная магнитная лента

high-out ~ магнитная лента с высокой отдачей

holographic ~ магнитная лента для записи голограмм

in-line stereophonic ~ магнитная лента со стереофонической записью коллинеарными головками

instruction ~ магнитная лента с программой, программная магнитная лента

insulating ~ изоляционная лента

interconnection ~ ленточный кристаллоноситель с выводными рамками

joining ~ липкая лента (*для сращивания магнитной ленты*)

lead ~ ленточный кристаллоноситель с выводами

leader ~ начальный [зарядный, заправочный] ракорд (*напр. магнитной ленты*)

lead-frame ~ ленточный кристаллоноситель с выводными рамками

liquid-type cleaning ~ лента для влажной чистки (*магнитных головок*), жидкостная чистящая лента

long-play ~ магнитная лента с полуторной длительностью звучания

LP ~ *см.* **long-play tape**

lubricated ~ магнитная лента со смазкой

magnetic ~ магнитная лента

magnetic ~ for contact duplication магнитная лента для контактного тиражирования

magnetic-powder coated ~ магнитная лента с порошковым рабочим слоем, порошковая магнитная лента

masking ~ защитная липкая лента (*для защиты поверхности*)

master ~ оригинал фонограммы; оригинал видеофонограммы; оригинал видеограммы

master instruction ~ главная программная магнитная лента

ME ~ *см.* **metal-evaporated tape**

measuring ~ (измерительная) рулетка

metal ~ 1. металлическая лента 2. металлическая магнитная лента

metal magnetic ~ металлическая магнитная лента

metal-evaporated ~ (магнитная) лента с напылённым металлическим рабочим слоем

metal-oxide ~ металло-оксидная (магнитная) лента

metal-particle ~ (магнитная) лента с рабочим слоем из пассивированных металлических частиц

metal-powder ~ металлопорошковая (магнитная) лента

MP ~ *см.* **metal-particle tape**

MP^{++} ~ *см.* **advanced metal-particle tape**

multichannel magnetic ~ магнитная лента с многоканальной записью

multitrack magnetic ~ магнитная лента с многодорожечной записью

mylar ~ майларовая лента

one-time ~ магнитная лента однократного пользования (*в криптографии*)

original ~ оригинал фонограммы; оригинал видеофонограммы; оригинал видеограммы

paper ~ бумажная лента

perforated ~ перфорированная лента, перфолента

perforated magnetic ~ перфорированная магнитная лента

preformatted ~ предварительно отформатированная (магнитная) лента

program ~ магнитная лента с программой, программная магнитная лента

punched ~ перфорированная лента, перфолента

PVC ~ магнитная лента на поливинилхлоридной основе

tape

QP ~ *см.* **quadrupole play tape**
quadrupole play ~ магнитная лента с учетверённой длительностью звучания
raw ~ магнитная лента без записи
recorded ~ 1. магнитная лента с записью 2. магнитная лента со студийной записью 3. фонограмма; видеофонограмма; видеограмма
recorded video ~ 1. магнитная лепта с видеозаписью 2. видеофонограмма; видеограмма
recording ~ **with sprocket holes** перфорированная магнитная лента
red leader ~ красный [конечный] ракорд
reference ~ измерительная магнитная лента
reinforced ~ армированная лента
resistive ~ резистивная лента
rotary (head) digital audio ~ 1. (магнитная) лента для цифровой записи звука (вращающимися магнитными головками) в (кассетном) формате R-DAT, лента (формата) R-DAT 2. (кассетный) формат R-DAT для цифровой записи звука вращающимися магнитными головками
sandwich ~ многослойная лента (*напр. магнитная*)
Scotch ~ липкая лента, проф. «скотч»
semiconductor ~ полупроводниковая лента
sextuple play ~ магнитная лента с ушестерённой длительностью звучания
SP ~ *см.* **standard play tape**
splicing ~ лента для сращивания магнитной ленты
sprocket ~ перфорированная лента, перфолента
stacked ~ магнитная лента со стереофонической записью коллинеарными головками
standard play ~ магнитная лента со стандартной длительностью звучания
standard recorded ~ измерительная магнитная лента
stationary (head) digital audio ~ 1. (магнитная) лента для цифровой записи звука (неподвижными магнитными головками) в (кассетном) формате S-DAT, лента (формата) S-DAT 2. (кассетный) формат S-DAT для цифровой записи звука неподвижными магнитными головками
streaming ~ 1. стример, внешняя память на магнитной ленте 2. непрерывно движущаяся магнитная лента
television ~ студийная видеолента, (магнитная) лента для студийной видеозаписи
test ~ измерительная магнитная лента
ticker ~ телеграфная лента (*биржевого телеграфного аппарата*)
TP ~ *см.* **triple play tape**
transaction ~ магнитная лента (для) записи изменений
Travan cartridge ~ (магнитная) лента шириной 8 мм для цифровой записи в (кассетном) формате Travan, (магнитная) лента кассетного (формата) Travan
triple play ~ магнитная лента с утроенной длительностью звучания
two-track ~ магнитная лента с двухдорожечной записью
video ~ 1. видеолента, (магнитная) лента для видеозаписи ǁ записывать видео(материал) на (магнитную) ленту 2. (магнитная) лента с видеозаписью 3. видеофонограмма; видеограмма

virgin ~ магнитная лента без записи
white leader - белый [начальный] ракорд
XP ~ *см.* **sextuple play tape**
yellow leader ~ жёлтый [соединительный] ракорд (*между вставками*)
tapehammer печатающий молоточек (*телеграфного аппарата*)
tapeline (измерительная) рулетка
taper 1. сужение ǁ сужать(ся) ǁ сужающийся 2. плавный волноводный переход (*между соосными волноводами разного сечения*) 3. функциональная характеристика переменного резистора 4. специалист по записи на магнитную ленту и монтажу (*фонограмм или видеограмм*) 5. плавное уменьшение; плавное спадание ǁ плавно уменьшать(ся); плавное спадание ǁ плавно уменьшающийся; плавно спадающий
aperture ~ плавное спадание (напряжённости) поля к краям раскрыва (*антенны*)
audio ~ функциональная характеристика (*с изломом*) переменного резистора для регулирования громкости
circular waveguide ~ плавный конусный волноводный переход
etch ~ *микр.* клин травления
left-hand ~ обратнологарифмическая функциональная характеристика переменного резистора
linear ~ 1. линейный плавный волноводный переход 2. линейная функциональная характеристика переменного резистора
nonlinear ~ нелинейная функциональная характеристика переменного резистора
pole ~ конусный полюсный наконечник
right-hand ~ логарифмическая функциональная характеристика переменного резистора
waveguide ~ плавный волноводный переход
tapestry *вчт* блок объединения пикселей (*при формировании трёхмерных изображений в компьютерной графике*)
pixel ~ блок объединения пикселей
tap-off отвод; ответвление
subscribers' ~ абонентский отвод
tapper 1. *тлф* подслушивающее устройство 2. устройство перехвата телеграфных сообщений
tapping 1. отвод; ответвление 2. *тлф* подслушивание 3. перехват телеграфных сообщений 4. нарезание резьбы (*с помощью метчика*) 5. нанесение (лёгкого) удара (*в музыке*) 6. использование фортепианной техники игры на электрогитаре
double-handed ~ использование фортепианной техники игры обеими руками на электрогитаре
signal ~ отвод сигнала
wire ~ 1. *тлф* подслушивание 2. перехват телеграфных сообщений
wire-netting ~ *тлф* передвижное ответвление от линии
Tare стандартное слово для буквы *T* в фонетическом алфавите «Эйбл»
target 1. мишень (*1. электрод запоминающей ЭЛТ или передающей телевизионной трубки 2. объект, подвергаемый облучению или бомбардировке частицами 3. электрод, являющийся источником осаждаемого материала в установках для распыления 4. вчт устройство (напр. магнитный диск), на который производится копирование*

данных, *проф.* мишень (*для копирования данных*) 5. *вчт* целевое устройство, вызываемое инициатором для обмена устройство (*в стандарте SCSI*)) 2. антикатод (*рентгеновской трубки*) 3. *рлк* цель 4. *рлк* отметка цели 5. *вчт* адресат 6. *вчт* целевой; объектный

acquired ~ захваченная (на автоматическое сопровождение) цель
alignment ~ *микр.* реперный знак, знак совмещения (*напр. на фотошаблоне*)
area-extensive ~ протяжённая цель
blurred ~ размытая отметка цели
clutter ~ местный объект, приводящий к появлению мешающих отражений
complex ~ сложная цель
cooperative ~ цель с ответчиком
countermeasures ~ цель со средствами радиоэлектронного подавления
decoy ~ ложная цель
diode array imaging ~ диодная мишень формирователя сигналов изображений
distributed ~ распределённая цель
EBS ~ *см.* **electron-bombarded semiconductor target**
electron-bombarded semiconductor ~ мишень трёхэлектродного полупроводникового прибора, управляемого электронным пучком
extended ~ протяжённая цель
false ~ ложная цель
finite ~ цель конечных размеров
fluctuating ~ флуктуирующая отметка цели
ghost ~ *рлк* паразитный отражённый сигнал, «духи»
high Doppler ~ высокодвижная цель
identifiable ~ идентифицируемая отметка цели
interchangeable sputtering ~ сменная распыляемая мишень
low Doppler ~ малоподвижная цель
low-flying ~ низколетящая цель
multiple [multi-point] ~ групповая цель
natural ~ *рлк* местный объект, приводящий к появлению мешающих отражений
phantom ~ *рлк* паразитный отражённый сигнал, «духи»
plasma ~ плазменная мишень
point ~ точечная цель
polarizing ~ поляризующая цель
pyroelectric ~ пироэлектрическая мишень
radar ~ *рлк* 1. цель 2. отметка цели
reference ~ эталонная цель
registration ~ *микр.* реперный знак, знак совмещения (*напр. на фотошаблоне*)
rigid ~ неподвижная цель
scintillating ~ мерцающая отметка цели
silicon ~ кремниевая мишень
single ~ одиночная цель
spoof ~ ложная цель
sputtering ~ распыляемая мишень
standard ~ эталонная цель
tagged ~ цель со специфическими признаками
test probe ~ *микр.* испытательная контактная площадка
tracked ~ сопровождаемая цель
unresolved ~s неразрешаемые цели
targeting *рлк.* целеуказание

tariff 1. тариф ‖ тарифицировать 2. расценка ‖ устанавливать расценку
TASI система «Таси» (*система статистического уплотнения речи с временным разделением каналов*)
task 1. задача (*1. задание вычислительной системе 2. процесс выполнения задания вычислительной системой 3. заданная работа, задание*) ‖ ставить задачу; определять задачу; задавать работу 2. тест
active ~ текущая задача
attached ~ присоединённая задача
background ~ фоновая задача
checkpointable ~ выгружаемая (в контрольной точке) задача
compute-bound ~ задача, время решения которой зависит только от быстродействия процессора; *проф.* счётная задача
conceptually driven memory ~ тест памяти на способность к концептуальному поиску
current ~ текущая задача
data driven memory ~ тест памяти на способность к информационному поиску
foreground ~ приоритетная задача
gated ~ тест на распознавание речи по начальному фрагменту с постепенно возрастающей длительностью
hybernated ~ остановленная задача
intellectually demanding ~ творческая задача
manipulatory ~ задача манипулирования (*в робототехнике*)
nested ~ вложенная задача
offspring ~ порождённая задача; подзадача
processor-active ~ текущая задача
processor-bound ~ задача, время решения которой зависит только от быстродействия процессора; *проф.* счётная задача
sleeping ~ отложенная задача
Sternberg ~ тест Штернберга, тест на скорость запоминания и узнавания набора предметов
stopped ~ остановленная задача
structured ~ структурированная задача
suspended ~ отложенная задача
unstructured ~ неструктурированная задача
waiting ~ задача в режиме ожидания; отложенная задача
taskbar *вчт* панель задач (*на экране дисплея*)
tau тау (*буква греческого алфавита*, Т, τ)
Kendall's ~ **b** тау-b Кендалла (*мера связи признаков в таблице сопряжённости*)
Kendall's ~ **c** тау-с Кендалла (*мера связи признаков в таблице сопряжённости*)
tautochrone *вчт* таутохрона
tautology *вчт* тавтология
tautomer таутомер
tautomerism таутомерия
tautonym *вчт* тавтоним
taxeme *вчт* таксема
taxes налоги
electronic ~ электронная система взимания налогов
taxis таксис (*1. упорядочение; порядок 2. вчт связь предикатов 3. биол. направленное движение организмов под действием одностороннего стимула*)
negative ~ *биол.* отрицательный таксис
positive ~ *биол.* положительный таксис

taxon

taxon *вчт* таксон, таксономическая категория

taxonomy *вчт* таксономия (*1. наука о методах классификации и систематизации; систематика 2. раздел систематики, оперирующий таксономическими категориями 3. методы классификации и систематизации 4. (систематическая) классификация, обычно по иерархическому принципу*)
  cipher ~ таксономия шифров; классификация шифров
  Flynn's ~ таксономия Флинна, классификация архитектуры компьютеров по соотношению между потоками данных и команд, разбиение компьютеров на классы с архитектурой типа SISD, SIMD, MISD и MIMD
  telework ~ классификация типов работы (*напр. на дому*) на базе дистанционного доступа, классификация типов дистанционной работы, классификация типов телеработы

tayste *вчт проф.* дибит, группа из двух бит

TCO 92 принятый в 1992 г. стандарт Шведского профсоюза работников умственного труда на допустимые нормы электромагнитного излучения для мониторов, стандарт TCO 92

TCO 95 принятый в 1995 г. стандарт Шведского профсоюза работников умственного труда на допустимые нормы электромагнитного излучения для мониторов, стандарт TCO 95

TCO 99 принятый в 1999 г. стандарт Шведского профсоюза работников умственного труда на допустимые нормы электромагнитного излучения для мониторов, стандарт TCO 99

TDMA множественный доступ с временным разделением каналов; многостанционный доступ с временным разделением каналов
  assigned ~ множественный доступ с временным разделением и (жёстким) закреплением каналов; многостанционный доступ с временным разделением и (жёстким) закреплением каналов
  fixed ~ множественный доступ с временным разделением и (жёстким) закреплением каналов; многостанционный доступ с временным разделением и (жёстким) закреплением каналов
  MC- ~ *см.* multicarrier TDMA
  multicarrier ~ множественный доступ с временным разделением каналов и передачей на нескольких несущих; многостанционный доступ с временным разделением каналов и передачей на нескольких несущих
  satellite-switched ~ множественный доступ с временным разделением и коммутацией каналов на ИСЗ; многостанционный доступ с временным разделением и коммутацией каналов на ИСЗ
  single-carrier ~ множественный доступ с временным разделением каналов и передачей на одной несущей; многостанционный доступ с временным разделением каналов и передачей на одной несущей
  SS~ *см.* satellite-switched TDMA

teach учить; обучать

teachable обучаемый

teaching 1. обучение **2.** учение; доктрина

Team:
  Computer Emergency Response ~ Группа реагирования на критические ситуации в компьютерных сетях, Группа CERT

team команда; группа ∥ командный; групповой
  chief programmer ~ **1.** команда главного программиста **2.** разработка программного обеспечения командным методом
  democratic ~ демократическая команда, команда с равно разделяемой ответственностью
  global virtual ~ глобальная виртуальная команда
  high-performing ~ высокопроизводительная команда
  innovation ~ инновационная команда
  programming ~ команда программистов
  quality ~ команда управления качеством
  self-managed ~ самоуправляемая команда
  virtual ~ виртуальная команда
  work ~ рабочая команда

team-work командная работа

tear-down разъединение; окончание сеанса связи

tearing *тлв* разрыв строк
  line ~ разрыв строк

tear-jerker *тлв проф.* душещипательный фильм

tease(r) *тлв* анонс телепередачи

tech 1. специалист; профессионал (*в области техники*) **2.** техника ∥ технический **3.** техническая работа

techie 1. знаток техники, *проф.* «технарь» **2.** технический

technetronic технотронный

technic 1. техника; профессиональные приёмы и навыки; мастерство **2.** (чисто) технические вопросы; формальная сторона (*напр. проблемы*) **3.** технические подробности **4.** использование технических приёмов и выражений **5.** технические науки **6.** технический

technical технический

technicality 1. (чисто) технические вопросы; формальная сторона (*напр. проблемы*) **2.** технические подробности **3.** использование технических приёмов и выражений

technician специалист; профессионал (*в области техники*)

technique 1. метод, способ; (технологический) приём **2.** технология **3.** техника; профессиональные приёмы и навыки; мастерство
  additive color ~ аддитивный метод получения цветных изображений, метод сложения цветов
  alloying ~ *пп* метод сплавления
  angle-lap ~ *микр.* метод косого шлифа
  anti-aliasing ~ метод защиты от наложения спектров (*при дискретизации сигналов*)
  back-reflection Berg-Barrett ~ *крист.* метод обратного отражения по Бергу — Барретту
  backscatter ~ метод возвратно-наклонного зондирования (*ионосферы*)
  ball alloy ~ *микр.* метод шариковых выводов
  base-emitter self-aligning ~ метод самосовмещения базы и эмиттера
  batch(-fabrication) ~ *пп* метод группового изготовления
  Bayesian ~ байесовский метод
  beam lead ~ *микр.* метод балочных выводов
  bias-compensation ~ метод компенсации (изменения) поля подмагничивания
  Bitter ~ метод Акулова — Биттера, метод порошковых фигур
  black-write ~ метод печати с переносом на барабан чёрных фрагментов документа, *проф.* метод чёрной печати (*напр. в лазерных принтерах*)

technique

boat-in-solder ~ пайка погружением в расплавленный припой с помощью плавающего противня с отверстиями
Borrman anomalous-transmission ~ *крист.* метод аномального прохождения по Борману
breadth-first search ~ *вчт* метод поиска в ширину, метод поиска по вершинам поддеревьев
bristle block ~ *вчт* метод связанных блоков
brute force ~ *вчт* метод «грубой силы»; метод решения проблем лобовой атакой
bubble rocking ~ *магн.* метод качания ЦМД
CCM ~s *см.* **counter-countermeasures techniques**
chemical-transport ~ *крист.* метод (химических) транспортных реакций
chemical vapor infiltration ~ метод химической инфильтрации из паровой фазы
closed-tube ~ *крист.* метод закрытой трубы
cold-cathode ~ *пп* метод полого [холодного] катода
cold crucible ~ *крист.* метод холодного тигля
collapse ~ *магн.* метод коллапса ЦМД
counter-countermeasures ~s методы борьбы с радиоэлектронным подавлением
crucibleless ~ *крист.* бестигельный метод
cryogenic ~ криогенная техника, техника низких температур
cryptographic ~s криптографические методы
crystal-pulling ~ метод вытягивания кристалла
crystal pushing ~ *крист.* метод пьедестала, метод выталкивания кристалла
Czochralski ~ *крист.* метод Чохральского
dark-field ~ *опт.* метод тёмного поля
data storage ~s методы хранения информации
decoration ~ *крист.* метод декорирования
depth-first search ~ *вчт* метод поиска в глубину, метод поиска по поддеревьям
dialog debug ~ *вчт* диалоговый отладчик
diffraction Berg-Barrett ~ *крист.* дифракционный метод Берга — Баррета, метод прямого прохождения по Бергу — Баррету
digital adaptive ~ **for efficient communications** модифицированная дельта-модуляция с кодированием наклонов и передачей в тракт только последних импульсов пачек сигнала с нечётным числом символов, МДМ-1, модуляция «Дейтик»
diversity ~ метод разнесённого приёма
dot-and-dash ~ телеграфирование кодом Морзе
double-diffusion (fabrication) ~ *пп* метод двойной [двукратной] диффузии
double-doping ~ *микр.* метод двойного [двукратного] легирования
electroless ~ метод химического восстановления
electron-beam probe метод электронно-лучевого зондирования
electron-beam resist ~ *микр.* метод электронной литографии, метод электронолитографии
enumerative ~ метод перебора
epi(taxial) ~ *микр.* эпитаксиальный метод
estimation ~ метод оценивания
face-down ~ *микр.* метод перевёрнутого кристалла
fine-line ~ технология (изготовления) ИС с элементами уменьшенных размеров
flame-fusion ~ *крист.* метод кристаллизации в пламени, метод Вернейля
flip-chip ~ *микр.* метод перевёрнутого кристалла
floating-crucible ~ *крист.* метод плавающего тигля
floating-zone [float-zoning] ~ *пп* метод зонной плавки
folded spectrum ~ метод спектральной свёртки
frequency hopping ~ метод скачкообразной перестройки частоты
gas-doping ~ *пп* метод легирования из газовой фазы
gradient ~ градиентный метод
graphical evaluation and review ~ метод сетевого планирования и управления, метод GERT
grown-junction ~ метод выращивания перехода вытягиванием
half-select ~ метод полувыборки (*из магнитной оперативной памяти*)
harmonic mixer ~ метод смешения на гармониках
hollow-cathode ~ *пп* метод полого [холодного] катода
holographic ~ голографический метод
horizontal (crystal) pulling ~ метод горизонтального вытягивания кристалла
hot-and-cold load ~ метод горячей и холодной нагрузок (*для измерения коэффициента шума*)
hot-pressing ~ *крист.* метод горячего прессования, метод спекания под давлением
incremental time ~ *вчт* метод приращений во временной области
integrated ~ интегральная технология
interface-alloy ~ *пп* метод поверхностного оплавления
interference ~ интерференционный метод
inverted-mesa processing ~ *пп* обращенная меза-технология
inverted mounted ~ *микр.* метод перевёрнутого кристалла
ion-implantation ~ *микр.* метод ионной имплантации
iterative ~ итерационный метод
jet-etching ~ *микр.* метод струйного травления
jet-solder ~ метод газопламенной пайки
Kruger-Finke ~ *крист.* метод Крюгера — Финке, метод температурного градиента
lenticular color ~ линзорастровый метод получения цветных изображений
macrocell ~ *вчт* метод макроячеек
masking ~ *микр.* метод маскирования
mason-jar ~ *крист.* метод закрытой трубы
meltback ~ *пп* метод обратного оплавления
melt-quench ~ *крист.* метод плавления — закалки
mesa ~ *пп* меза-технология
microalloy ~ *пп* метод микросплавления
microelectronic ~ микроэлектронная технология
microstrip ~ технология изготовления микрополосковых [несимметричных полосковых] схем
microwave ~ СВЧ-метод
modified digital adaptive ~ **for efficient communications** модифицированная дельта-модуляция с кодированием наклонов и передачей в тракт только первых импульсов всех пачек сигнала, МДМ-2, модуляция «Мдейтик»
Monte-Carlo ~ метод Монте Карло, метод статистических испытаний
moving-mask ~ *микр.* метод подвижной маски
multijunction epitaxial ~ *пп* эпитаксиальный метод создания многопереходных структур
multimicrophone ~ метод нескольких микрофонов (*в звукозаписи*)

technique

multiple-access ~ метод множественного доступа; метод многостанционного доступа

multiple-color-filters ~ метод цветных светофильтров, метод получения цветных изображений с помощью светофильтров

multiplexer ~ *вчт* метод мультиплексирования

near-field ~ *опт.* метод ближнего поля

normal-freezing ~ метод нормальной кристаллизации

one-probe ~ *пп* однозондовый метод

one-way scheduling ~ метод однонаправленного планирования

open-tube ~ *крист.* метод открытой трубы

optical heterodyne ~ метод оптического гетеродинирования

pedestal ~ *крист.* метод пьедестала, метод выталкивания кристалла

photolithographic [photoprocessing] ~ *микр.* метод фотолитографии

piston-crucible ~ метод выращивания кристаллов в тигле с поршнем

planar-epitaxial ~ планарно-эпитаксиальная технология

post-alloy-diffusion ~ *пп* метод послесплавной диффузии

powder-pattern ~ метод порошковых фигур, метод Акулова — Биттера

printed-circuit ~ технология изготовления печатных схем

program evaluation and review ~ метод сетевого планирования и управления, метод PERT

programmed growth rate ~ метод выращивания кристаллов с программным изменением скорости роста

proton guard-ring implant ~ *пп* создание охранного кольца методом имплантации протонов

pulse ~ импульсный метод

pulse-alloying ~ *пп* метод импульсного сплавления

pyrolitic-deposition ~ метод пиролитического осаждения

RAD ~ *см.* rapid application development technique

rapid application development ~ метод быстрой разработки приложений, метод быстрой разработки прикладных программ

salami ~ *вчт проф.* метод салями (*для последовательного похищения небольших сумм со счетов при электронных банковских операциях*)

scaling ~ метод масштабирования, метод пропорционального уменьшения размеров (*элементов ИС*)

scan-in, scan-out ~ метод разработки цифровых ИС с использованием системы опроса тестовых ячеек

schlieren ~ метод Теплера, шлирен-метод

sequential weight increasing factor ~ метод последовательного увеличения веса фактора (*в распознавании образов*)

silk-screening ~ *микр.* метод трафаретной печати

simulation ~ метод моделирования

simultaneous iterative reconstruction ~ одновременный итерационный метод восстановления

single-mask ~ *микр.* метод однократного маскирования

slip-mat fast-start ~ метод быстрого пуска с использованием проскальзывающей прокладки (*в ЭПУ*)

solder-ball ~ *микр.* метод шариковых выводов

solder-reflow ~ *микр.* метод пайки расплавлением дозированного припоя (*в ИС*); метод пайки расплавлением полуды (*в печатных платах*)

solder transfer application ~ *микр.* метод дозированного переноса припоя

solid-state ~ твердотельная технология

solution-regrowth ~ *крист.* метод повторного выращивания из раствора

solvent-evaporation ~ *крист.* метод испарения растворителя

spread-spectrum ~ метод связи *или* локации с использованием широкополосных псевдослучайных сигналов

sputtering ~ метод распыления

strain-annealed ~ *крист.* метод деформационного отжига

structured analysis and design ~ метод структурного анализа и проектирования программных продуктов и производственных процессов, метод SADT

subtractive color ~ субтрактивный метод получения цветных изображений, метод вычитания цветов

surface-melting ~ *пп* метод поверхностного оплавления

template matching ~ метод сравнения с эталоном (*в распознавании образов*)

testing ~ методика испытаний

thermal-gradient ~ *крист.* метод температурного градиента, метод Крюгера — Финке

thermal-wave ~ *крист.* метод тепловых волн

thermocompression ~ *микр.* метод термокомпрессии

thick-film ~ толстоплёночная технология

thin-film ~ тонкоплёночная технология

transmission Berg-Barrett ~ *крист.* метод прямого прохождения по Бергу — Баррету, дифракционный метод Берга — Баррета

two-turntable quick-start ~ метод быстрого пуска с использованием двух дисков (*в ЭПУ*)

vacuum-deposition ~ метод вакуумного осаждения

vacuum-evaporation ~ метод напыления, метод термического испарения в вакууме

vapor-plating ~ метод осаждения из паровой фазы

Verneuil ~ *крист.* метод Вернейля, метод кристаллизации в пламени

vertical (crystal) pulling ~ метод вертикального вытягивания кристалла

wave soldering ~ *микр.* метод пайки волной припоя

weight-counting ~ метод взвешенного счёта

white-write ~ метод печати с переносом на барабан белых фрагментов документа, *проф.* метод белой печати (*напр. в лазерных принтерах*)

zone-leveling ~ метод горизонтальной зонной плавки

zone-melting ~ метод зонной плавки

technocentrism техноцентризм

technological 1. технический **2.** технологический

technologize внедрять технологию; изменяться под действием технологии; испытывать влияние технологии

technolog/y

technolog/y 1. техника **2.** технология **3.** метод; способ; (технологический) приём
adaptive ~ адаптивная технология
advanced ~ **1.** передовая технология *вчт* **2.** стандарт AT **3.** корпус (стандарта) AT **4.** материнская плата (стандарта) AT **5.** шина (расширения стандарта) AT **6.** (персональный) компьютер типа (IBM PC) AT
advanced ~ **extended 1.** стандарт ATX (*на корпуса и материнские платы*) **2.** корпус (стандарта) ATX **3.** материнская плата (стандарта) ATX
ALIVH ~ *см.* **any layer, inner via hole technology**
anti(-)fuse ~ *микр.* формирование проводящих мостиков методом плавления под действием электрического тока (*при программировании логических схем*)
any layer, inner via hole ~ технология создания внутренних межслойных переходных отверстий между любыми слоями (печатной платы), технология ALIVH
beam-lead ~ *микр.* технология изготовления ИС с балочными выводами
bi-FET ~ (комбинированная) технология изготовления ИС на биполярных и полевых транзисторах
bipolar ~ технология изготовления ИС на биполярных транзисторах
blend-to-analog ~ метод передачи цифровых и аналоговых сигналов (*по общему каналу связи*) с использованием временной задержки между ними
bubble ~ технология (изготовления) устройств на ЦМД
C-MOS ~ *см.* **complementary MOS technology**
communication ~ техника связи
compiled cell ~ метод компилирования ячеек (*при создании специализированных ИС на основе стандартных матриц логических элементов*)
complementary MOS ~ технология изготовления ИС на КМОП-структурах, технология изготовления КМОП ИС
computer ~ вычислительная техника
computer literacy and information ~ компьютерная грамотность и информационная техника
conductive ink ~ метод создания межсоединений с использованием проводящих чернил
continuous read ~ *вчт* метод непрерывного считывания, считывание с предварительной [упреждающей] буферизацией
cryogenic ~ криогенная техника, техника низких температур
data processing ~ техника обработки данных (*1. отрасль науки 2. методы и средства обработки данных*)
depletion ~ техника воспроизведения
diffusion ~ *микр.* диффузионная технология
digital watermarking ~ методы создания цифровых водяных знаков (*напр. для защиты от копирования*)
discrete wire ~ технология изготовления плат с дискретными межсоединениями (изолированными проводниками) (*с контактными узлами, выполненными методом ультразвуковой сварки под управлением компьютера*)
display ~ техника отображения; техника индикации
D-MOS ~ *см.* **double-diffused MOS technology**

double-diffused MOS ~ технология изготовления ИС на МОП-структурах методом двойной диффузии, технология изготовления МОП ИС методом двойной диффузии
emerging ~ новая технология; развивающаяся технология
encapsulation ~ технология герметизации
epitaxial ~ эпитаксиальная технология
flexible ~ гибкая технология
full-slice ~ технология изготовления ИС на целой пластине
fusible-link ~ технология изготовления программируемых логических матриц с плавкими перемычками
fuzz-button ~ *микр.* техника монтажа с помощью шариковых выводов из пористого золота
glass-ambient ~ технология нанесения стеклянного покрытия на поверхность полупроводника
high ~ высокая технология; высокие технологии ‖ высокотехнологичный, относящийся к высоким технологиям
high speed ~ протокол помехоустойчивой высокоскоростной модемной связи фирмы U.S.Robotics, протокол HST
hybrid ~ гибридная технология, технология изготовления ГИС
IBOC ~ *см.* **in-band/on-channel technology**
in-band/on-channel ~ метод передачи цифровых и аналоговых сигналов в общей полосе частот по общему каналу связи, метод IBOC
information ~ информационная техника, *проф.* информационная технология, ИТ
information ~ies and systems *проф.* информационные технологии и системы, ИТ/С
integrated-circuit ~ интегральная технология, технология изготовления ИС
interactive ~ интерактивная технология
isoplanar ~ изопланарная технология
keyboard ~ технология изготовления клавиатур
large-scale integration ~ технология изготовления БИС
local oxidation on silicon ~ технология локального оксидирования кремния
locos ~ *см.* **local oxidation on silicon technology**
loop ~ кольцевой метод организации сети
magnetic-bubble domain ~ технология изготовления устройств на ЦМД
magnetooptical ~ магнитооптическая технология (*записи и считывания информации на магнитные диски*); термомагнитная запись и магнитооптическое считывание (*информации*)
master-slice ~ технология изготовления ИС на основе базового кристалла
measurement ~ измерительная техника
MEMS (-based) ~ *см.* **microelectromechanical system (-based) technology**
metal-oxide-semiconductor and bipolar ~ (комбинированная) технология изготовления ИС на биполярных и МОП-транзисторах
microelectromechanical system (-based) ~ технология создания приборов на основе микроэлектромеханических систем
microvia ~ *микр.* технология создания межслойных микропереходов, технология создания межслойных переходных микроотверстий

technolog/y

microwave ~ техника СВЧ
millimeter-wave ~ техника миллиметровых волн
mixed ~ *микр.* комбинированная технология
M-O ~ *см.* **magnetooptical technology**
monolithic ~ технология изготовления монолитных ИС
multimedia ~ мультимедийная технология
nanoscale ~ нанотехнология, технология изготовления ИС с нанометровыми размерами элементов
optical ~ 1. оптическая техника 2. оптическая технология записи и считывания информации
optical fiber ~ волоконно-оптическая техника
optical recording ~ технология оптической записи информации
partial-response maximum likelihood read-channel ~ *вчт* считывание каналов методом максимального правдоподобия частичного отклика (*напр. в жёстких дисках*)
phase change ~ метод фазового перехода (*напр. для записи информации на компакт-диски*)
photomasking ~ фотолитография
photoresist ~ *микр.* технология, основанная на использовании фоторезистов
plug-and-jack ~ *тлф* техника шнуровой коммутации
polysilicon-gate ~ технология изготовления ИС на полевых транзисторах с поликристаллическими затворами
pull ~ *вчт* метод пассивного распространения информации, метод распространения информации по запросам
pull-push ~ *вчт* гибридный метод распространения информации, метод распространения информации по выбору пользователя из набора программ
push ~ *вчт* метод активного распространения информации, метод распространения информации по программе
radar ~ радиолокационная техника
reduced instruction set computing ~ метод сокращённого набора команд, RISC-технология
reduced output swing ~ технология изготовления логических схем с уменьшенным размахом выходного напряжения, ROST-технология
remote automation ~ метод автоматического дистанционного управления, метод RAT
remotely-manned ~ технология с дистанционным присутствием, *проф.* технология с телеприсутствием
resolution enhancement ~ метод увеличения разрешения (*напр. лазерного принтера*)
RISC ~ *см.* **reduced instruction set computing technology**
robotics ~ 1. роботизированная технология 2. робототехника
SAW ~ *см.* **surface-acoustic-wave technology**
semiconductor ~ полупроводниковая технология
short-link wireless ~ техника средств радиосвязи с малым радиусом действия (*типа BlueTooth*)
SIC ~ *см.* **silicon integrated-circuit technology**
silicon integrated-circuit ~ технология изготовления кремниевых ИС
solid logic ~ технология изготовления толстоплёночных логических интегральных схем
solid-state ~ твердотельная технология

space ~ космическая техника
submicron ~ субмикронная технология, технология изготовления ИС с субмикронными размерами элементов
surface-acoustic-wave ~ техника поверхностных акустических волн, техника ПАВ
surface mount ~ *микр.* технология поверхностного монтажа
surface-mounting ~ *микр.* технология поверхностного монтажа
transient electromagnetic pulse emanation surveillance ~ электронная слежка, использующая анализ электромагнитного излучения в схемах при переходных процессах
Travan ~ технология цифровой записи на (магнитную) ленту в (кассетном) формате Travan
TRIM ~ *см.* **tri-mask technology**
tri-mask ~ *микр.* технология изготовления ИС с использованием трёх фотошаблонов
trusted network ~ технология надёжных сетей
ultra fine pitch ~ технология изготовления ИС со сверхмалым шагом (расположения) выводов
vacuum ~ вакуумная техника
very large-scale integration ~ технология изготовления СБИС
V-groove MOS [V-MOS] ~ технология изготовления ИС на МОП-структурах с V-образными канавками, технология изготовления МОП ИС с V-образными канавками
virtual ~ виртуальная технология
zone-refining ~ метод зонной плавки
technophobe технофоб
technophobia технофобия
technopop синтетическая поп-музыка
technostructure профессиональная группа; *проф.* техноструктура
technothriller *тлв* технотриллер, триллер с широким показом достижений передовых технологий
tecnetron текнетрон (*разновидность полевого транзистора*)
tee 1. Т-образный объект 2. Т-образное соединение 3. Т-образное разветвление волноводов, волноводный тройник
E-plane ~ Т-образное разветвление в плоскости Е, Е-плоскостной волноводный тройник
folded ~ гибридное [мостовое] соединение в виде свёрнутого двойного волноводного тройника, свёрнутый двойной волноводный тройник
H-plane ~ Т-образное разветвление в плоскости Н, Н-плоскостной волноводный тройник
hybrid ~ гибридное [мостовое] соединение в виде двойного волноводного тройника, двойной волноводный тройник
magic ~ гибридное [мостовое] соединение в виде двойного волноводного тройника, двойной волноводный тройник
series ~ Т-образное разветвление в плоскости Е, Е-плоскостной волноводный тройник
shunt ~ Т-образное разветвление в плоскости Н, Н-плоскостной волноводный тройник
stripline magic ~ гибридное [мостовое] соединение в виде двойного тройника на полосковых линиях
waveguide ~ Т-образное разветвление волноводов, волноводный тройник

teeth *pl* от **tooth**

teflon тефлон, политетрафторэтилен (*электроизоляционный материал*) || тефлоновый

teknowledgy *вчт проф.* (информационная) технология с опорой на знания (*от technology и knowledge*)

teleammeter телеметрический (первичный) измерительный преобразователь силы тока, телеметрический датчик силы тока

teleautogram телеавтограмма (*рукописный текст, принятый с помощью телеавтографа*)

teleautograph телеавтограф (*факсимильный аппарат для синхронной передачи рукописного текста*)

telecamera (телевизионная передающая) камера

telecast телевизионная передача, телепередача || передавать по телевидению

telecasting телевизионное вещание
  color ~ цветное телевизионное вещание
  monochrome ~ чёрно-белое телевизионное вещание
  regional ~ региональное телевизионное вещание

telecine 1. телекинопроектор 2. телекинодатчик
  all-digital ~ цифровой телекинопроектор
  broadcast ~ телекинопроектор
  camera-type ~ камерный телекинопроектор
  flying-spot ~ телекинопроектор с бегущим лучом
  vidicon ~ телекинодатчик на видиконе

telecommand дистанционное управление, ДУ, телеуправление
  space ~ телеуправление [дистанционное управление] полётом космического аппарата

telecommunicate пользоваться электросвязью, использовать телекоммуникации

Telecommunication:
  Asia Pacific Mobil ~s система спутниковой связи для Азии и стран тихоокеанского региона, система APMT
  Digital European Cordless ~s Цифровая европейская система электросвязи DECT, стандарт DECT

telecommunication 1. электросвязь, телекоммуникации || телекоммуникационный 2. пользование электросвязью, пользование телекоммуникациями; наличие электросвязи, наличие телекоммуникаций 3. *pl* средства электросвязи; телекоммуникации
  cellular ~ 1. сотовая (электро)связь 2. средства сотовой (электро)связи
  universal personal ~ универсальная персональная (электро)связь

telecommunicator абонент сети (электро)связи, абонент телекоммуникационной сети

telecommute 1. пользоваться дистанционным доступом; осуществлять дистанционный доступ 2. работать (*напр. на дому*) на базе дистанционного доступа, выполнять свои производственные обязанности (*напр. на дому*) с помощью дистанционного доступа

telecommuter 1. абонент с дистанционным доступом 2. работник (*напр. надомник*), выполняющий свои производственные обязанности с помощью дистанционного доступа, *проф.* дистанционный работник, телеработник

telecommuting 1. дистанционный доступ 2. работа (*напр. на дому*) на базе дистанционного доступа, *проф.* дистанционная работа, телеработа

teleconference 1. телеконференция || проводить телеконференцию; участвовать в телеконференции 2. *тлф* конференц-связь; циркулярная связь || организовывать конференц-связь; организовывать циркулярную связь; использовать конференц-связь; использовать циркулярную связь
  audio ~ *тлф* конференц-связь; циркулярная связь
  computer(-aided) ~ компьютерная телеконференция
  dial ~ *тлф* коммутируемая конференц-связь; коммутируемая циркулярная связь
  video ~ 1. видеоконференция 2. *тлф* видеотелефонная конференц-связь; видеотелефонная циркулярная связь
  video audio ~ 1. видео-аудио-телеконференция 2. *тлф* видеотелефонная конференц-связь; видеотелефонная циркулярная связь

teleconferencing 1. проведение телеконференций; участие в телеконференции *тлф* 2. конференц-связь; циркулярная связь 3. организация конференц-связи; организация циркулярной связи; использование конференц-связи; использование циркулярной связи
  audio ~ *тлф* 1. конференц-связь; циркулярная связь 2. организация конференц-связи; организация циркулярной связи; использование конференц-связи; использование циркулярной связи
  audiographic ~ проведение телеконференций с использованием текстовых и графических материалов
  dial-up ~ *тлф* коммутируемая конференц-связь; коммутируемая циркулярная связь
  video ~ 1. проведение телеконференций *тлф* 2. видеотелефонная конференц-связь; видеотелефонная циркулярная связь 3. организация видеотелефонной конференц-связи; организация видеотелефонной циркулярной связи; использование видеотелефонной конференц-связи; использование видеотелефонной циркулярной связи

telecontrol дистанционное управление, ДУ, телеуправление

telecopying факсимильная связь

telecottage помещение для сотрудников, выполняющих свои производственные обязанности с помощью дистанционного доступа, *проф.* телекоттедж, электронный коттедж

telecourse телевизионный учебный курс

telediagnosis теледиагноз

telefilm телевизионный фильм, телефильм

telegenic телегеничный

telegram телеграмма || посылать телеграмму

telegraph 1. телеграф || телеграфный 2. телеграфная связь 3. телеграфный аппарат 4. телеграфирование || телеграфировать 5. телеграмма || посылать телеграмму
  copying ~ факсимильная связь для передачи чёрно-белых изображений
  dial ~ абонентская телеграфная связь с прямыми соединениями
  facsimile ~ факсимильная связь
  high-frequency ~ надтональное телеграфирование
  low-frequency ~ подтональное телеграфирование
  on-off ~ однополюсное телеграфирование
  roll ~ рулонный телеграфный аппарат
  voice-frequency ~ тональное телеграфирование

telegraphic телеграфный
telegraph/y 1. телеграфия 2. телеграфная связь
   alternating-current ~ телеграфия на переменном токе
   amplitude ~ амплитудная телеграфия
   automatic ~ автоматическая телеграфия
   carrier ~ частотная телеграфия
   diplex ~ диплексная телеграфия, телеграфия с одновременной передачей двух сообщений в одном направлении
   direct-current ~ телеграфия на постоянном токе
   duplex ~ дуплексная [одновременная двусторонняя] телеграфия
   four-frequency diplex ~ четырёхчастотная диплексная телеграфия, четырёхчастотная телеграфия с одновременной передачей двух сообщений в одном направлении
   frequency ~ 1. частотная телеграфия 2. тональная телеграфия
   harmonic ~ тональная телеграфия
   high-frequency carrier ~ надтональная телеграфия
   infra-acoustic ~ подтональная телеграфия
   interband ~ телеграфия в полосе частот между телефонными каналами
   manual ~ ручная телеграфия
   Morse ~ телеграфия кодом Морзе
   multichannel voice-frequency ~ многоканальная тональная телеграфия
   multiple-tone ~ многократная тональная телеграфия
   multiplex ~ телеграфная связь с уплотнением каналов
   phase ~ фазовая телеграфия
   phonoplex ~ многократная тональная телеграфия
   picture ~ факсимильная связь
   printing ~ телеграфия с использованием буквопечатающих телеграфных аппаратов
   start-stop printing ~ телеграфия с использованием стартстопных буквопечатающих телеграфных аппаратов
   superacoustic [superaudio] ~ надтональная телеграфия
   tone ~ тональная телеграфия
   type-printed ~ телеграфия с использованием буквопечатающих телеграфных аппаратов
   VF ~ *см.* **voice-frequency telegraphy**
   voice-frequency ~ тональная телеграфия
   voice-frequency carrier ~ телеграфия с использованием телефонных сигналов в качестве несущей
   wire ~ проводная телеграфия
   wireless ~ радиотелеграфия
telekinesis телекинез
telemanometer (первичный) измерительный телеметрический преобразователь давления, телеметрический датчик давления
telemarketing телемаркетинг
telematics 1. автоматизированная обработка данных с использованием телекоммуникаций 2. служба видеографической связи
telemedicine телемедицина
telemeter 1. телеметрическая система 2. телеметрировать; передавать данные телеизмерений 3. дальномерная система
   current-type ~ токовая телеметрическая система
   electric ~ электрическая телеметрическая система
   frequency ~ частотная телеметрическая система
   impulse-type [pulse-type] ~ импульсная телеметрическая система
   voltage-type ~ потенциальная телеметрическая система
telemetering 1. телеметрия || телеметрический 2. телеметрирование 3. телеметрическая система
   FM/AM ~ телеметрическая система с амплитудной модуляцией несущей частотномодулированными поднесущими
   FM/FM ~ телеметрическая система с частотной модуляцией несущей частотномодулированными поднесущими
   FM/PM ~ телеметрическая система с фазовой модуляцией несущей частотномодулированными поднесущими
telemetr/y телеметрия
   biomedical ~ биомедицинская телеметрия
   digital ~ цифровая телеметрия
   hard-wire ~ проводная телеметрия
   high-rate ~ высокоскоростная телеметрия
   mobile ~ телеметрия подвижных объектов
   radio ~ радиотелеметрия
   reduced ~ телеметрия с обработкой данных
   space ~ спутниковая телеметрия
   stationary ~ телеметрия неподвижных объектов
   wire(-link) ~ проводная телеметрия
Telenet *вчт* коммерческая глобальная сеть Telenet
telepathy телепатия
telephone телефонный аппарат, телефон || связываться по телефону; разговаривать по телефону; телефонировать || телефонный ◊ ~ **with antisidetone circuit** телефонный аппарат с противоместной схемой
   amplified ~ устройство громкоговорящей связи
   bridging ~ телефонный аппарат для параллельного включения
   business ~ служебный телефонный аппарат
   call-back ~ телефонный аппарат с кнопкой для обратного вызова
   card-operated ~ таксофон с карточной системой оплаты
   cellular ~ сотовый телефон, (радио)телефон сотовой системы подвижной связи
   coin-box ~ таксофон
   community ~ 1. таксофон 2. кабина таксофона, телефонная будка
   cordless ~ бесшнуровой телефон; радиоудлинитель телефонного аппарата
   desk(-type) ~ настольный телефонный аппарат
   dial ~ телефонный аппарат с дисковым номеронабирателем
   dial-in-handset ~ телефонный аппарат с номеронабирателем на микротелефонной трубке
   domestic ~ телефонный аппарат внутренней системы связи
   emergency ~ телефонный аппарат экстренного вызова
   extension ~ телефонный аппарат с добавочным номером
   field ~ полевой телефонный аппарат
   handset ~ телефонный аппарат с микротелефонной трубкой
   intercommunication ~ телефонный аппарат внутренней системы связи

light-up dial ~ телефонный аппарат с подсветкой номеронабирателя
loudspeaking ~ громкоговорящий телефонный аппарат
magneto ~ телефонный аппарат с индуктором
manual ~ телефонный аппарат ручной телефонной станции, телефонный аппарат РТС
mobile ~ мобильный [подвижный] телефон, (радио)телефон сотовой *или* спутниковой системы подвижной связи
monetary ~ таксофон
Nordic mobile ~ Североевропейская система сотовой подвижной радиотелефонной связи стандарта NMT
official ~ служебный телефонный аппарат
portable ~ переносный телефонный аппарат
public ~ 1. таксофон 2. кабина таксофона, телефонная будка
push-button ~ телефонный аппарат с кнопочным номеронабирателем
radio ~ радиотелефон
rotary-dial ~ телефонный аппарат с дисковым номеронабирателем
sound-powered ~ телефонный аппарат с питанием от голосовых [речевых] сигналов
standard table ~ настольный телефонный аппарат
subscriber ~ абонентский телефонный аппарат
television ~ видеотелефонный аппарат
touch-tone ~ телефонный аппарат с тональным кнопочным набором
trimline ~ телефонный аппарат с номеронабирателем на микротелефонной трубке
video ~ видеотелефонный аппарат

telephonic телефонный
telephonist телефонист
telephony телефония
  business cordless ~ бизнес-телефония с использованием радиоудлинителей
  carrier ~ телефония с передачей несущей, высокочастотная [ВЧ-] телефония
  cipher(ed) ~ шифрованная телефония *или* радиотелефония
  computer(-integrated) ~ компьютерная телефония
  digital ~ цифровая телефония
  four-wire ~ четырёхпроводная телефония
  frequency-modulated carrier-current ~ телефония с частотной модуляцией несущей
  Internet ~ Интернет-телефония, Internet-телефония
  Internet Protocol ~ телефония по протоколу передачи данных в Internet, телефония по протоколу IP, IP-телефония
  IP ~ *см.* **Internet Protocol telephony**
  land-line ~ телефония по наземным линиям
  multiplex ~ телефония с уплотнением каналов
  quiescent-carrier ~ телефония с подавлением несущей в отсутствие модулирующего сигнала
  radio ~ радиотелефония
  two-wire ~ двухпроводная телефония
  VF ~ *см.* **voice-frequency telephony**
  voice ~ цифровая телефония
  voice-frequency ~ тональная телефония
  wireless ~ радиотелефония
telephoto, telephotography факсимильная связь
teleplay 1. телевизионный спектакль, телеспектакль 2. сценарий телеспектакля; пьеса для телевидения

telepoint сеть беспроводных таксофонов; сеть радиотаксофонов
  broadband optical ~ широкополосная волоконно-оптическая сеть таксофонов
teleport 1. телепортировать; транспортировать с помощью телекинеза 2. региональная сеть, обеспечивающая доступ к телекоммуникациям; телекоммуникационный концентратор 3. видеомодем (*камкордера*)
teleportation 1. телепортация; транспортирование с помощью телекинеза
  photon ~ телепортация фотона
  quantum ~ квантовая телепортация, перенос квантового состояния одного объекта на другой
telepresence присутствие средствами дистанционного доступа, *проф.* дистанционное присутствие, телеприсутствие
teleprinter телетайп
teleprocessing *вчт* дистанционная обработка (*напр. данных*)
teleprompter телевизионный суфлёр, телесуфлёр
Teleran система «Телеран» (*радиотелевизионная навигационная система ближнего действия*)
telerecording запись телевизионных программ с экрана приёмной трубки
Telescope:
  Hubble Space ~ орбитальная астрономическая обсерватория «Хабл»
telescope 1. телескоп 2. телескопический (*1. относящийся к телескопу 2. состоящий из системы последовательно выдвигающихся трубок*)
  alignment ~ юстировочный телескоп
  Cassegrain ~ телескоп (по схеме) Кассегрена
  collimating ~ коллимационный телескоп
  electronic ~ телескоп с электронно-оптическим преобразователем
  elevation tracking ~ радиотелескоп со слежением по углу места
  large-aperture radio ~ радиотелескоп с большой апертурой
  Mills-cross radio ~ радиотелескоп «крест Миллса»
  radar [radio] ~ радиотелескоп
  reflecting ~ зеркальный телескоп, рефлектор
  refracting ~ линзовый телескоп, рефрактор
telescopic телескопический (*1. относящийся к телескопу 2. состоящий из системы последовательно выдвигающихся трубок*)
telescopy использование телескопа; исследования с помощью телескопа
teleshopping электронная система торговли (*через интерактивные информационные службы*)
telesoftware программное обеспечение, передаваемое по телефонным *или* телевизионным каналам
teleswitch 1. дистанционный переключатель; дистанционный коммутатор, телекоммутатор 2. дистанционный выключатель
teleswitching 1. дистанционное переключение; дистанционная коммутация, телекоммутация 2. дистанционное выключение
teletex телетекс
teletext телетекст
  full-channel ~ полноканальный телетекст
  over-the-air ~ телетекст с использованием радиосвязи

teletherapy 1. бесконтактная терапия (*напр. радиотерапия*) 2. телефонная служба психологической помощи

telethermometer (первичный) измерительный телеметрический преобразователь температуры, телеметрический датчик температуры

telethon телевизионный марафон (*напр. в благотворительных целях*)

teletorque *фирм.* сельсин

teletypewriter телетайп

televangelism телевизионные религиозные проповеди

teleview смотреть телевизионную передачу

televiewer телезритель

televise 1. передавать по телевидению 2. формировать начальный видеосигнал

Television:
  Music ~ система абонентского кабельного телевидения, ориентированного на музыкальное видео
  National Educational ~ Национальное образовательное телевидение (*США*)

television 1. телевидение || телевизионный 2. телевизионная система 3. телевизионный приёмник, телевизор
  3D ~ объёмное телевидение
  access ~ любительское телевидение
  achromatic ~ чёрно-белое телевидение
  analog ~ аналоговое телевидение
  anamorphic ~ широкоэкранное телевидение
  battle ~ телевидение для использования в боевых условиях
  black-and-white ~ чёрно-белое телевидение
  broadcasting ~ вещательное телевидение
  cable ~ кабельное телевидение, КТВ
  closed-circuit [closed-system] ~ замкнутая телевизионная система
  color ~ цветное телевидение
  combat ~ телевидение для использования в боевых условиях
  commercial ~ 1. коммерческое вещание 2. передача рекламы по телевидению
  community (antenna) ~ кабельное телевидение с коллективным приёмом
  cosmic ~ космическое телевидение
  compatible color ~ совместимая система цветного телевидения
  digital ~ 1. цифровое телевидение 2. стандарт DTV (*для цифрового телевидения*)
  digital terrestrial ~ цифровое наземное телевидение
  dot-interlaced ~ телевизионная система с перемежением точек
  dot-sequential color ~ система цветного телевидения с последовательной передачей цветов по точкам *или* элементам изображения
  educational ~ учебное телевидение
  enhanced-definition [extended-definition] ~ телевидение повышенной чёткости, ТПЧ
  fee ~ 1. платное телевидение (*с оплатой через монетоприёмник*) 2. абонентское телевидение
  field-sequential color ~ система цветного телевидения с последовательной передачей цветов по полям
  fixed ~ стационарная телевизионная установка
  Hi-Fi ~ *см.* high fidelity television
  high-definition ~ телевидение высокой чёткости, ТВЧ
  high fidelity ~ телевидение высокой верности изображения
  holographic ~ голографическое телевидение
  home ~ бытовой телевизионный приёмник, бытовой телевизор
  industrial ~ промышленное телевидение
  instructional ~ учебное телевидение
  L³ ~ *см.* low light-level television
  laser ~ лазерное телевидение
  LCD ~ *см.* liquid-crystal display television
  line-sequential color ~ система цветного телевидения с последовательной передачей цветов по строкам
  liquid-crystal display ~ телевизор [телевизионный приёмник] с жидкокристаллическим экраном
  low-definition ~ телевидение малой чёткости; телевизионная система с малым числом строк (*менее 200*)
  low light-level ~ ночное телевидение
  master antenna ~ кабельное телевидение с коллективным приёмом
  mobile ~ передвижная телевизионная станция, ПТС
  monochrome ~ чёрно-белое телевидение
  multilingual ~ телевидение с многоязычным звуковым сопровождением
  network ~ вещательное телевидение
  pay ~ 1. платное телевидение (*с оплатой через монетоприёмник*) 2. абонентское телевидение
  phone-line ~ система телевидения с передачей сигналов по телефонным линиям связи
  piped ~ кабельное телевидение, КТВ
  portable ~ портативный телевизионный приёмник, портативный телевизор
  premium ~ платное телевидение (*с оплатой через монетоприёмник*)
  projection ~ 1. проекционное телевидение 2. проекционный телевизионный приёмник, проекционный телевизор
  public (service) ~ общественное телевидение; некоммерческое телевидение
  satellite master-antenna ~ спутниковое кабельное телевидение с коллективным приёмом
  sequential color ~ последовательная система цветного телевидения
  simultaneous color ~ одновременная система цветного телевидения
  slow-scan ~ телевизионная система с медленной развёрткой
  solid-state ~ телевизор [телевизионный приёмник] на базе твёрдотельных приборов и устройств, *проф.* твёрдотельный телевизионный приёмник, твёрдотельный телевизор
  space ~ космическое телевидение
  sponsored ~ коммерческое телевидение
  stereophonic (sound) ~ 1. телевидение со стереофоническим звуковым сопровождением 2. телевизор [телевизионный приёмник] со стереофоническим звуковым сопровождением
  stereoscopic ~ 1. стереоскопическое телевидение 2. стереоскопический телевизионный приёмник, стереоскопический телевизор

temperature

subscription ~ абонентское телевидение
terrestrial ~ наземное телевидение
three-dimensional ~ стереоскопическое телевидение
toll ~ платное телевидение
training ~ учебное телевидение
UHF ~ *см.* ultra-high-frequency television
ultra-high-frequency ~ телевидение в диапазоне дециметровых волн, телевидение в ДМВ-диапазоне
underwater ~ подводное телевидение
very-high-frequency ~ телевидение в диапазоне метровых волн, телевидение в МВ-диапазоне
VHF ~ *см.* very-high-frequency television
wide-screen ~ широкоформатное телевидение
wired ~ кабельное телевидение, КТВ
X-ray ~ промышленное телевидение для анализа рентгеновских изображений

televoltmeter (первичный) измерительный телеметрический преобразователь (электрического) напряжения, телеметрический датчик (электрического) напряжения

telewattmeter (первичный) измерительный телеметрический преобразователь мощности, телеметрический датчик мощности

telework работа (*напр. на дому*) на базе дистанционного доступа, *проф.* дистанционная работа, телеработа ǁ работать (*напр. на дому*) на базе дистанционного доступа, выполнять свои производственные обязанности (*напр. на дому*) с помощью дистанционного доступа

teleworker работник (*напр. надомник*), выполняющий свои производственные обязанности с помощью дистанционного доступа, *проф.* дистанционный работник, телеработник

telewriter телеавтограф (*факсимильный аппарат для синхронной передачи рукописного текста*)

telex телекс (*1. система абонентской телеграфной связи 2. приёмопередающее устройство абонентской телеграфной связи 2. сообщение, переданное или полученное по телексу*) ǁ передавать по телексу
    invitation ~ приглашение по телексу
    subscription ~ телекс, система абонентской телеграфной связи

teller 1. банкомат 2. счётчик купюр
    automated ~ 1. банкомат 2. счётчик купюр

tellurian землянин, житель Земли ǁ земной, относящийся к Земле

telluric 1. земной; теллурический (*напр. ток*) 2. содержащий теллур; относящийся к теллуру

telluride теллурид
    cadmium ~ теллурид кадмия

tellurometer СВЧ-дальномер

telly *тлв проф.* телевизионный приёмник, телевизор

TELNET сеть TELNET, сеть с коммутацией пакетов и использованием протокола X.25

Telnet протокол виртуального терминала, протокол Telnet (*из семейства протоколов Internet*)

telnet (прикладная) программа telnet для входа в удалённые системы вычислительных машин (*с использованием протокола Telnet*)

telotaxis *биои.* топотаксис

Telstar связной спутник «Телстар»

temper 1. добавка; присадка 2. темперировать (*в музыке*)

temperament температура (*в музыке*)
temperature температура
    absolute ~ абсолютная [термодинамическая] температура
    aerial ~ температура антенны
    alloy-diffusion ~ *пп* температура сплавления — диффузии
    ambient ~ температура окружающей среды
    antenna noise ~ шумовая температура антенны
    antiferromagnetic Néel ~ антиферромагнитная температура [антиферромагнитная точка] Нееля
    asymptotic Curie ~ асимптотическая температура [асимптотическая точка] Кюри
    background ~ температура фона
    blocking ~ *магн.* температура блокировки
    brightness ~ яркостная температура
    carrier ~ *пп* температура носителей
    case ~ температура корпуса (*напр. электронного прибора*)
    cold-load ~ температура холодной нагрузки
    color ~ цветовая температура
    compensation ~ *магн.* температура [точка] компенсации
    critical ~ критическая температура
    cryogenic ~ криогенная температура
    Curie ~ температура [точка] Кюри
    decalescent ~ температура [точка] декалесценции
    dew ~ температура [точка] росы
    distribution ~ температура распределения
    effective input noise ~ эквивалентная шумовая температура на входе
    electron ~ электронная температура
    environment ~ температура окружающей среды
    equivalent noise ~ эквивалентная шумовая температура
    excess noise ~ избыточная шумовая температура
    flash ~ температура [точка] вспышки
    freezing ~ температура [точка] замерзания
    full-radiator ~ температура чёрного тела, температура полного излучателя, температура излучателя Планка
    glass ~ температура [точка] стеклования
    growth ~ *крист.* температура роста
    hole ~ дырочная температура
    hot-load ~ температура горячей нагрузки
    ice ~ (нормальная) точка таяния (льда), температура таяния льда при нормальном атмосферном давлении, 0° С
    ion ~ ионная температура
    ionospheric ~ температура ионосферы
    isotropic transition ~ температура [точка] перехода в изотропное состояние (*напр. для жидкого кристалла*)
    junction ~ температура перехода
    lattice ~ температура кристаллической решётки
    lower-air [lower-atmosphere] ~ температура нижних слоёв атмосферы
    luminance ~ яркостная температура
    magnetic-ordering ~ температура [точка] магнитного упорядочения
    magnetic-transition ~ 1. температура [точка] магнитного (фазового) перехода 2. температура [точка] Кюри
    meltback ~ температура [точка] обратного оплавления

temperature

melting freezing ~ температура [точка] плавления
Morin ~ *магн.* температура [точка] Морина
Néel ~ *магн.* температура [точка] Нееля
network noise ~ шумовая температура схемы
noise ~ шумовая температура
phase-transition ~ температура [точка] фазового перехода
photometric standard color ~ фотометрическая стандартная цветовая температура
radiance ~ яркостная температура
relative noise ~ относительная шумовая температура
room ~ комнатная температура
saturation ~ *крист.* температура [точка] насыщения
silver ~ температура [точка] затвердевания серебра, 960,8°C (*первичная воспроизводимая точка Международной практической температурной шкалы*)
sky ~ температура неба
spin ~ **of transition** *кв.эл.* спиновая температура перехода
standard noise ~ стандартная шумовая температура (293,16 K)
steady-state ~ установившаяся температура
steam ~ (нормальная) температура [(нормальная) точка] кипения (воды), температура [точка] кипения воды при нормальном атмосферном давлении, 100° C
storage ~ температура хранения (*прибора*)
substrate ~ *микр.* температура подложки
superconductor critical ~ *свпр* температура [точка] сверхпроводящего перехода
thermodynamic ~ абсолютная [термодинамическая] температура
transformation ~ температура [точка] фазового перехода
upper-air [upper-atmosphere] ~ температура верхних слоёв атмосферы

tempered 1. содержащий добавки *или* присадки **2.** темперированный (*в музыке*)
template 1. эталон **2.** шаблон; образец
  class ~ *вчт* шаблон класса
  data ~ шаблон данных
  desktop publishing ~ *вчт* шаблон (страницы) настольной редакционно-издательской системы
  field ~ *вчт* шаблон поля
  flowchart ~ (прозрачная) линейка с шаблонами символов блок-схем
  function ~ шаблон функции
  keyboard ~ шаблон (раскладки) клавиатуры
tempo (музыкальный) темп
temporal 1. временный; непостоянный; неповторяющийся; нерегулярный **2.** временной; относящийся ко времени
temporary 1. текущая переменная **2.** временный (*1. непостоянный; неповторяющийся; нерегулярный 2. вчт рабочий (напр. файл)*)
tendency тенденция
  central ~ центральная тенденция (*обобщённый термин для средних характеристик распределения случайной величины*)
tender тендер
  electronic ~ электронный тендер
tenebrescence изменение окраски под действием облучения электронами

tenor 1. копия; дубликат **2.** отображаемое пространство, *проф.* тенор **3.** общий смысл; содержание; тема (*напр. документа*)
tensile 1. растягивающий (*напр. о напряжении*) **2.** растяжимый
tensiometer прибор для измерения продольных напряжений
tensiometric тензометрический
tension 1. растяжение; растягивание; натяжение; натягивание || растягивать; подвергать растяжению; натягивать **2.** деформация растяжения **3.** растягивающее напряжение **4.** состояние растяжения **5.** *бион.* давление **6.** (электрическое) напряжение
~ **at the eye** внутриглазное давление
arterial ~ артериальное давление
auto(matic) tape ~ система автоматического регулирования натяжения (магнитной) ленты
blood ~ артериальное давление
extra-high ~ **1.** сверхвысокое напряжение (*свыше 350 кВ*) **2.** напряжение второго анода (*ЭЛТ*)
high ~ **1.** высокое напряжение **2.** напряжение анода, анодное напряжение
low ~ **1.** низкое напряжение **2.** напряжение накала **3.** напряжение подогревателя
ocular ~ внутриглазное давление
surface ~ поверхностное натяжение
tape ~ натяжение (магнитной) ленты
tensor тензор || тензорный
~ **of curvature** тензор кривизны
~ **of demagnetizing factors** тензор размагничивающих факторов, тензор коэффициентов размагничивания
~ **of electric-field gradient** тензор градиента электрического поля
~ **of gyration** тензор гирации
~ **of high rank** тензор высокого ранга
~ **of strain** тензор деформаций
~ **of stress** тензор напряжений
3-~ 3-тензор, тензор в трёхмерном пространстве
4-~ 4-тензор, тензор в (четырехмерном) пространстве-времени
Abraham ~ тензор Абрагама
absolutely antisymmetric ~ абсолютно антисимметричный тензор, символы Леви-Чивиты
axial ~ аксиальный тензор, псевдотензор
basic ~ базисный тензор
c-~ с-тензор, не инвариантный относительно обращения времени тензор
contracted ~ свёрнутый тензор
contravariant ~ контравариантный тензор
covariant ~ ковариантный тензор
dielectric permittivity ~ тензор диэлектрической проницаемости
dielectric susceptibility ~ тензор диэлектрической восприимчивости
displacement ~ тензор смещений
distortion ~ тензор дисторсии
EFG- ~ тензор градиента электрического поля
electric conductivity ~ тензор удельной электропроводности
electric resistivity ~ тензор удельного сопротивления
energy-momentum ~ тензор энергии-импульса, ТЭИ
field ~ тензор полей, физический тензор

terminal

fourth rank ~ тензор четвёртого ранга
galvanomagnetic ~ тензор гальваномагнитных свойств, *проф.* гальваномагнитный тензор
i-~ i-тензор, инвариантный относительно обращения времени тензор
inertia ~ тензор (моментов) инерции
magnetic permeability ~ тензор магнитной проницаемости
magnetic susceptibility ~ тензор магнитной восприимчивости
matter ~ материальный тензор, тензор свойств
Maxwell stress ~ тензор натяжений Максвелла
null ~ тензор нулевых свойств
optical gyration ~ оптический тензор гирации
permeability ~ тензор магнитной проницаемости
physical ~ физический тензор, тензор полей
polar ~ полярный [истинный] тензор
Polder's ~ *магн.* тензор Полдера
property ~ тензор свойств, материальный тензор
resistivity ~ тензор удельного сопротивления
second rank ~ тензор второго ранга
sixth rank ~ тензор шестого ранга
space ~ тензор в трёхмерном пространстве, 3-тензор
space-time ~ тензор в (четырехмерном) пространстве-времени, 4-тензор
spurless ~ бесшпуровый [бесследовый] тензор, тензор с нулевым шпуром, тензор с нулевым следом
thermal conductivity ~ тензор удельной теплопроводности
time-antisymmetric ~ не инвариантный относительно обращения времени тензор, с-тензор
time-symmetric ~ инвариантный относительно обращения времени тензор, i-тензор
traceless ~ бесшпуровый [бесследовый] тензор, тензор с нулевым шпуром, тензор с нулевым следом
true ~ истинный [полярный] тензор
tensoresistance тензорезистивный [пьезорезистивный] эффект
tentative пробный; опытный; экспериментальный
tera- 1. тера..., Т, 10^{12} (*приставка для образования десятичных кратных единиц*) 2. *вчт* тера..., Т, 2^{40}
teraflops число триллионов выполняемых за одну секунду операций с плавающей запятой, *проф.* терафлопс (*единица измерения производительности процессора*)
teraohmmeter тераомметр
terephthalate терефталат
  polyethylene ~ полиэтилентерефталат, майлар, лавсан
term 1. терм (*1. член, элемент логического или математического выражения 2. имя или значение переменной, функции или элемента данных 3. энергетический уровень по шкале волновых чисел*) 2. термин || использовать термин(ы); обозначать; присваивать обозначение; называть 3. (определённый) промежуток времени; срок 4. семестр; четверть (*в учебном заведении*) 5. *pl* условия; правила
  ~ of patent срок действия патента
  ~ of series член ряда
  ~s of service 1. правила использования сети (*оформленные в виде договора или письменного соглашения между провайдером и пользователем*) 2. условия предоставления услуг

atomic ~ 1. *вчт* атомарный терм 2. *кв.эл.* терм атома
binary ~ байт
Boolean ~ булев терм
closed ~ замкнутый терм (*в логике*)
conjunction ~ терм конъюнкции
constant ~ постоянный член
discriminating ~ дискриминирующий термин
disjunction ~ терм дизъюнкции
error correction ~ корректирующий ошибки член
free ~ 1. свободный член 2. свободный терм (*в логике*)
generic ~ гнездовой термин
ground ~ *кв. эл.* основной терм
leading ~ главный член
leading-order ~ член высшего порядка
multiplet ~ *кв. эл.* мультиплетный терм
multi-word ~ многословный [фразовый] термин
phrase ~ фразовый [многословный] термин
product ~ 1. член произведения; сомножитель 2. терм конъюнкции
quadratic ~ квадратичный член
search ~ *вчт* элемент поиска (*в запросе*)
singlet ~ *кв. эл.* синглетный терм
single-word ~ однословный термин
spectral ~ *кв. эл.* спектральный терм
structured ~ структурированный терм
switching ~ переключательный терм
unstructured ~ неструктурированный терм
termalloy термаллой (*магнитный сплав*)
termenol терменол (*магнитный сплав*)
terminal 1. терминал (*1. аппаратные средства человеко-машинного взаимодействия; средства ввода, вывода и отображения данных 2. источник или получатель данных в сетях 3. оконечное устройство; оконечная аппаратура; оконечная станция 4. распределительный пункт кабельной системы связи 5. вчт терминальный символ*) || терминальный 2. конец; оконечность; граница || конечный; оконечный; граничный 3. заключительный; финальный 4. зажим; клемма; контакт; полюс 5. ввод; вывод; вход; выход 6. *микр.* контакт; контактная площадка 7. регулярно повторяющийся (*в течение определённого срока*); периодический
accessible ~ вывод схемы (*для внешнего доступа*)
administration ~ *тлф* служебный аппарат
air ~ аэровокзал
alphamosaic ~ алфавитно-мозаичный терминал
alphanumerical ~ алфавитно-цифровой терминал
anode ~ 1. вывод анода 2. положительный вывод полупроводникового диода
area composition ~ видеотерминал для вёрстки текстовых блоков
ASCII ~ ASCII-терминал; текстовый терминал
asynchronous ~ асинхронный терминал
batch ~ пакетный терминал
battery ~ вывод батареи гальванических элементов (*первичных элементов, аккумуляторов или топливных элементов*)
bit-mapped ~ растровый терминал
block ~ 1. блочный (электрический) соединитель 2. (электрическая) распределительная коробка
buffered ~ буферизованный терминал

terminal

cable ~ кабельная муфта
calibration ~ контрольный вывод (*схемы*)
carrier ~ оконечная аппаратура линии ВЧ-связи
cathode-ray (tube) ~ видеотерминал на ЭЛТ
cell ~ вывод гальванического элемента (*первичного элемента, аккумулятора или топливного элемента*)
character(-only) ~ текстовый терминал
circuit ~ вывод схемы
coaxial ~ блочный коаксиальный соединитель
coil ~ **1.** вывод катушки индуктивности **2.** вывод обмотки **3.** вывод соленоида
color graphic ~ цветной графический терминал
communication ~ связной терминал; коммуникационный терминал
communication-satellite earth ~ связной спутниковый терминал наземной станции
computer ~ компьютерный терминал
condenser ~ конденсаторный ввод *или* вывод
conductor ~ зажим, клемма *или* контакт для присоединения провода
congested ~ перегруженный терминал
connection ~ зажим; клемма; контакт
console ~ консольный терминал
control ~ операторский терминал
control unit ~ терминал устройства управления
conversion ~ преобразующий терминал
correcting ~ редакторский терминал
CRT ~ *см.* **cathode-ray (tube) terminal**
current ~ токосъём
customer ~ абонентский терминал
data ~ терминал данных; оконечное устройство системы обработки данных; терминал ввода-вывода данных
data communication ~ связной терминал данных; оконечное устройство системы передачи и приёма данных; терминал ввода-вывода данных
data entry ~ терминал ввода данных
data input/output ~ терминал ввода-вывода данных
data output ~ терминал вывода данных
demultiplexing ~ аппаратура разуплотнения (*напр. линии связи*); аппаратура разделения (*сигналов*)
design ~ терминал для проектно-конструкторских работ
desktop ~ настольный терминал
dial-up ~ коммутируемый терминал
digital ~ цифровой терминал
display ~ терминал, аппаратные средства человеко-машинного взаимодействия; средства ввода, вывода и отображения данных
dumb ~ *вчт* стандартный терминал ввода-вывода; терминал без микропроцессора, неинтеллектуальный терминал
earth ~ **1.** зажим, клемма *или* контакт для заземления **2.** терминал земной станции (*спутниковой связи*)
edge(-board) ~ торцевой [гребенчатый] соединитель
editing ~ редакторский терминал
electronic ~ электронный терминал
electronic point-of-sale ~ кассовый терминал
external-antenna ~ гнездо для подключения внешней антенны
feed-through ~ проходной контакт

final ~ терминал
frame creation ~ кадросинтезирующий терминал, терминал кадросинтеза
gate ~ **1.** вывод управляющего электрода (*тиристора*) **2.** вывод затвора (*полевого транзистора*)
gateway *вчт* терминал (межсетевого) шлюза
graphic ~ графический терминал
ground ~ наземный терминал (*спутниковой линии связи*)
group ~ групповой терминал
handheld ~ ручной терминал
hardcopy ~ печатающий терминал
high-intelligent ~ высокоинтеллектуальный терминал, терминал с функциями искусственного интеллекта
home ~ домашний терминал
info ~ информационный терминал
information-processing ~ терминал обработки информации
input/output ~ **1.** *вчт* терминал ввода-вывода **2.** *микр.* внешний проводник (*кристалла или корпуса ИС*)
integrated voice data ~ интегрированный голосовой [интегрированный речевой] терминал данных
intelligent ~ интеллектуальный терминал
interactive ~ интерактивный [диалоговый] терминал
interbus ~ транзитный терминал
interface ~ интерфейсный терминал
inverting ~ инвертирующий вход (*операционного усилителя*)
I/O ~ *см.* **input/output terminal**
job-oriented ~ проблемно-ориентированный терминал
keyboard ~ терминал с клавиатурой
keyboard send/receive ~ телетайпный терминал
keyboardless ~ терминал без клавиатуры
KSR ~ *см.* **keyboard send/receive terminal**
lead ~ ввод; вывод; вход; выход
leading-in ~ ввод; вход
leading-out ~ вывод; выход
line ~ вход *или* выход линии
line mode ~ телетайпный терминал
locked ~ заблокированный терминал
magnetic-ink character-recognition ~ терминал с распознаванием образов, записанных магнитными чернилами
main ~s основные электроды (*тиристора*)
measuring ~ зажим, клемма *или* контакт для измерений
MICR ~ *см.* **magnetic-ink character-recognition terminal**
MIDI ~ MIDI-терминал
mobile ~ подвижный терминал, *проф.* мобильный терминал
mobile satellite ~ подвижный спутниковый терминал, *проф.* мобильный спутниковый терминал
multiplexing ~ аппаратура уплотнения (*напр. линии связи*); аппаратура объединения (*сигналов*)
negative ~ отрицательный вывод (*напр. аккумулятора*)
network ~ **1** сетевой терминал **2.** сетевой терминал с функциями физического и канального уровня
network virtual ~ виртуальный сетевой терминал

termination

neutral ~ вывод (электрической) нейтрали, нейтральный вывод, нейтраль
nonintelligent ~ *вчт* неинтеллектуальный терминал, терминал без микропроцессора; стандартный терминал ввода-вывода
noninverting ~ неинвертирующий вход (*операционного усилителя*)
nonprinting ~ непечатающий терминал, терминал с электронным документированием
null ~ вывод (электрического) нуля, нулевой вывод, нуль
OCR ~ *см.* **optical character-recognition terminal**
office ~ офисный терминал
on-line ~ интерактивный терминал
on-premises ~ терминал, размещаемый на территории абонента
optical character-recognition ~ терминал с оптическим распознаванием образов
package ~ вывод корпуса (*прибора*)
packet-mode ~ пакетный терминал
paging ~ терминал системы поискового вызова, пейджинговый терминал
personal ~ персональный терминал
POI ~ *см.* **point-of-information terminal**
point-of-information ~ информационный терминал
point-of-sale ~ кассовый терминал
point-of-sale/point-of-information ~ терминал витринной рекламы
polled ~ опрашиваемый терминал
portable ~ портативный терминал
POS ~ *см.* **point-of-sale terminal**
positive ~ положительный вывод (*напр. аккумулятора*)
POS/POI ~ *см.* **point-of-sale/point-of-information terminal**
printing ~ печатающий терминал
processing ~ обрабатывающий терминал
programmable ~ программируемый терминал
quiescent ~ *тлф* неподключенный абонентский аппарат
radio ~ 1. радиотерминал 2. портативная дуплексная радиостанция, *проф.* рация
real-time data acquisition and control ~ терминал сбора данных и управления в реальном масштабе времени
remote ~ удалённый терминал
remote batch ~ удалённый терминал пакетной обработки
screen ~ экранный терминал
screw ~ зажимной контакт
security ~ защищённый терминал
service ~ контрольный вывод
slave ~ подчинённый терминал
smart ~ интеллектуальный терминал
snap ~ пружинный зажим
softcopy ~ терминал с электронным документированием, непечатающий терминал
speech ~ голосовой [речевой] терминал
split ~ цанговый зажим
stand-alone ~ автономный терминал
start-stop ~ стартстопный терминал
subscriber ~ абонентский терминал
supply ~ зажим, клемма *или* контакт источника (электро)питания
synchronous ~ синхронный терминал
system ~ системный терминал
telecommunication ~ терминал дальней связи; телекоммуникпционный терминал
telegraph ~ оконечная телеграфная станция
telephone ~ оконечная телефонная станция
teleprinter ~ телетайпный терминал
teletype ~ телетайпный терминал
teller ~ терминал банкомата
testing ~ контрольный вывод (*схемы*)
text editing ~ редакторский терминал
time-sharing ~ терминал системы с разделением времени
touch-sensitive ~ сенсорный терминал
TV ~ телевизионный терминал
typesetting ~ наборный терминал
ultra small aperture ~ 1. сверхмалоапертурный (персональный) спутниковый терминал 2. система спутниковой связи с использованием сверхмалоапертурных (персональных) терминалов
user ~ 1. терминал потребителя; *тлв, тлф* абонентский терминал 2. *вчт* терминал пользователя
variable speech ~ голосовой [речевой] терминал с переменными параметрами
very small aperture ~ 1. малоапертурный (персональный) спутниковый терминал 2. система спутниковой связи с использованием малоапертурных (персональных) терминалов, система VSAT
video ~ видеотерминал; монитор
video display ~ видеотерминал; монитор
virtual ~ виртуальный терминал
visual-communications ~ видеотелефонный терминал
voice ~ голосовой [речевой] терминал
wireless hand-held ~ ручная дуплексная радиостанция, *проф.* рация
wiring ~ монтажный зажим

terminate 1. подключать нагрузку, нагружать (*устройство*) 2. завершать(ся); прекращать(ся); заканчивать(ся); оканчивать(ся) 3. оканчивать; ограничивать; ставить предел

termination 1. резистор (оконечной) нагрузки; (оконечная) нагрузка 2. резистор согласованной нагрузки; согласованная нагрузка, *проф. вчт* терминатор (*напр. интерфейса SCSI*) 3. завершение; прекращение; окончание 4. конец; граница; предел 5. результат; выход
abnormal ~ *вчт* аварийный останов, авост
balanced ~ симметричная нагрузка
characteristic-impedance ~ согласованная нагрузка
coaxial ~ коаксиальная согласованная нагрузка
cold reference ~ холодная эталонная нагрузка
graphite ~ графитовая согласованная нагрузка
hot reference ~ горячая эталонная нагрузка
magnetostatic-wave ~ согласованная нагрузка для магнитостатических волн
matched ~ согласованная нагрузка
metallic loop ~ металлическая согласованная нагрузка шлейфа
metal-plate ~ (волноводная) согласованная нагрузка в виде металлической пластины с четвертьволновым трансформатором
open-circuit ~ разомкнутый выход
optical-fiber ~ нагрузка волоконно-оптической линии связи

termination

output ~ выходная нагрузка
quarter-wave ~ согласованная нагрузка с четвертьволновым трансформатором
reflection absorbing ~ согласованная нагрузка
sand ~ (волноводная) согласованная нагрузка из смеси графита с песком
short-circuit ~ короткозамкнутый выход
water ~ (волноводная) водяная согласованная нагрузка
waveguide ~ волноводная согласованная нагрузка
wire-lead ~ нагрузка, подключаемая с помощью проводов
terminator 1. оконечное устройство; оконечная станция 2. резистор согласованной нагрузки; согласованная нагрузка, *проф. вчт* терминатор (*напр. интерфейса SCSI*) 3. *вчт* разделитель 4. терминатор (*планеты или Луны*)
active ~ *вчт* активный терминатор
external ~ *вчт* внешний терминатор
forced perfect ~ *вчт* активный терминатор с подавлением выбросов напряжения
internal ~ *вчт* внутренний терминатор
network ~ оконечное сетевое устройство; оконечная сетевая станция
passive ~ *вчт* пассивный терминатор
termini *pl* от **terminus**
terminology терминология (*1. наука 2. совокупность терминов*)
terminus 1. конец; граница; предел 2. цель
termless 1. бесконечный; безграничный 2. бессрочный; неограниченный
ternary 1. *вчт* троичное число || троичный 2. тернарная система (*напр. сплав*) || тернарный 3. трёхзначный (*напр. о логике*); с тремя переменными, трёх переменных (*напр. функция*)
terrace *крист.* террасная структура
terrestrial землянин, житель Земли || земной, относящийся к Земле
tertile *вчт* терциль (*квантиль порядка n/3, где n = 1 или 2*)
lower ~ нижний терциль
upper ~ верхний терциль
tertium non datur *вчт* закон исключённого третьего, *проф.* «третьего не дано»
tesla тесла, Т
tessaract гиперкуб
tessaraglot четырёхязычный
tesselar мозаичный; представленный в виде мозаики; имеющий мозаичную структуру
tesselate *вчт* 1. представлять в виде мозаики; использовать для представления мозаичную структуру 2. покрывать плоскость многоугольниками; разбивать плоскость на многоугольники 3. *вчт* аппроксимировать (неплоскую) поверхность многоугольниками
tesselated *вчт* 1. мозаичный; представленный в виде мозаики; имеющий мозаичную структуру 2. покрытый многоугольниками (*о плоскости*); разбитый на многоугольники (*о плоскости*) 3. *вчт* аппроксимированный многоугольниками (*о неплоской поверхности*)
tesselation *вчт* 1. мозаика; мозаичная структура 2. покрытие плоскости многоугольниками; разбиение плоскости на многоугольники 3. *вчт* аппроксимация (неплоской) поверхности многоугольниками

~ of plane покрытие плоскости многоугольниками; разбиение плоскости на многоугольники
~ of surface аппроксимация (неплоской) поверхности многоугольниками
adaptive ~ адаптивная аппроксимация (неплоской) поверхности многоугольниками
central ~ мозаика с выделенным центром; мозаичная структура с выделенным центром
nonperiodical ~ 1. непериодическая мозаика; непериодическая мозаичная структура 2. покрытие плоскости непериодической структурой из многоугольников; непериодическое разбиение плоскости на многоугольники
Penrose's ~ мозаика Пенроуза
periodical ~ 1. периодическая мозаика; периодическая мозаичная структура 2. покрытие плоскости периодической структурой из многоугольников; периодическое разбиение плоскости на многоугольники
plane ~ плоская мозаика; плоская мозаичная структура
tessera *вчт* элемент мозаики; элемент мозаичного разбиения (*напр. плоскости*)
tesserae *pl* от **tessera**
tesseral 1. мозаичный; представленный в виде мозаики; имеющий мозаичную структуру 2. *вчт* тессеральный (*о сферической гармонике*)
test 1. испытания || испытывать 2. проверка; контроль || проверять; контролировать 3. тест; тестирование || тестировать 4. критерий; условие; признак
~ of homogeneity критерий однородности
~ of independence критерий независимости (*напр. случайных величин*)
accelerated life ~ ускоренные испытания на долговечность
acceleration ~ испытания на воздействие ускорений
acceptance ~ приёмо-сдаточные испытания
actual ~ эксплуатационные испытания
aging ~ испытания на старение
alpha ~ 1. лабораторные испытания 2. *вчт* альфа-тестирование (*программного продукта*), первый этап тестирования (*силами разработчика*)
asymptotic ~ асимптотический критерий
audible ~ *тлф* проба занятости (*звуковым сигналом*)
augmented ~ расширенный критерий
augmented Dickey-Fuller ~ расширенный критерий Дики — Фуллера
autocorrelation ~ критерий автокорреляции
Bayes ~ байесов(ский) критерий
bed of nails ~ испытания на стенде с двумерной матрицей игольчатых контактов
bench ~ стендовые испытания
best unbiased ~ наилучший несмещённый критерий
beta ~ 1. опытно-эксплуатационные испытания 2. *вчт* бета-тестирование (*программного продукта*), второй этап тестирования (*силами сторонних организаций и лиц, определяемых разработчиком*)
biased ~ смещённый критерий
Box-Pierce ~ критерий Бокса — Пирса
breakdown ~ испытания на электрическую прочность
breaking ~ 1. разрушающие испытания 2. разрушающий контроль

test

break-point ~ критерий перелома в тенденции
Breush-Pagan ~ критерий (гетероскедастичности) Бреуша — Пагана
built-in ~ встроенный тест; встроенное тестирование
built-in error rate ~ встроенный тест на коэффициент ошибок
burn-in reliability ~ проверка надёжности в период приработки
built-in self-~ встроенное самотестирование
busy ~ *тлф* проба занятости (*звуковым сигналом*)
calibration ~ калибровка
camera linearity ~ проверка линейности развёрток передающей телевизионной камеры
captive ~ стендовые испытания
Charpy ~ испытания на устойчивость к одиночным ударам маятника
check ~ контрольные [проверочные] испытания
chi-square ~ критерий хи-квадрат, χ^2-критерий
chi-square ~ for goodness-of-fit критерий согласия хи-квадрат, χ^2-критерий согласия
chi-square ~ for homogeneity критерий однородности хи-квадрат, χ^2-критерий однородности
Chow ~ критерий Чоу
clock-rate ~ проверка на тактовой частоте
closed-loop ~ испытания замкнутой системы, испытания системы с обратной связью
cointegration ~ коинтеграционный критерий
combined environmental reliability ~ комплексные климатические испытания на надёжность
common factor ~ критерий общего множитель
comparative listening ~ испытания (*микрофонов*) методом сравнения при прослушивании
comparison ~ сравнительные испытания
computer-aided ~ автоматизированное тестирование
conditional moment ~ критерий условного момента
connectivity ~ тест на возможность установления связи
conservative ~ консервативный критерий
consistent ~ состоятельный критерий
constant acceleration ~ испытания на устойчивость к постоянному ускорению
constant-load amplitude ~ испытания при постоянной нагрузке
continuity ~ проверка отсутствия разрывов (*в электрической цепи*)
cumulative sum ~ критерий кумулятивной суммы, критерий CUSUM
cumulative sum of squares ~ критерий кумулятивной суммы квадратов, критерий CUSUMSQ
degradation rate ~ испытания на скорость деградации параметров
destructive ~ 1. разрушающие испытания 2. разрушающий контроль
development ~ доводочные испытания
diagnostic ~ диагностический критерий
diagnostic function ~ диагностические функциональные испытания
Dickey-Fuller ~ критерий Дики — Фуллера
dielectric breakdown ~ испытания на электрическую прочность
differencing ~ критерий приращений
distribution-free ~ критерий, не зависящий от закона распределения (*случайных величин*)

drive fitness ~ метод диагностического тестирования и проверки работоспособности жёстких дисков, метод DFT
dummy ~ модельные испытания
Durbin's h ~ h-критерий Дарбина
Durbin-Watson ~ критерий Дарбина — Уотсона (*наличия или отсутствия корреляции во времени*)
dynamic ~ 1. динамические испытания 2. динамический тест
efficient ~ эффективный критерий
electrostatic discharge ~ *вчт, микр.* испытания на устойчивость к электростатическому разряду
engaged ~ *тлф* проба занятости (*звуковым сигналом*)
engineering ~ технические испытания на стадии опытно-конструкторской работы
environmental ~ климатические испытания
ESD ~ *см.* electrostatic discharge test
exact ~ точный критерий
exhaustive ~ 1. долговременные испытания 2. исчерпывающая проверка
extensive ~ комплексные испытания
extreme ~ форсированные испытания
F~ F-критерий, критерий Фишера
failure-rate ~ испытания на интенсивность отказов
field ~ эксплуатационные испытания
Fisher's ~ критерий Фишера, F-критерий
Fisher's exact ~ точный критерий Фишера
flash ~ испытания на электрическую прочность
forced-failure ~ испытания на принудительный отказ
Friedman's ~ (ранговый) критерий Фридмана
functional ~ функциональные испытания
gamma ~ 1. приёмо-сдаточные испытания 2. *вчт* гамма-тестирование (*программного продукта*), завершающий этап тестирования (*силами разработчика*)
Gleiser ~ критерий Глейзера
Godfrey ~ критерий Годфрея
Goldfeld-Quandt ~ критерий (гетероскедастичности) Голдфелда — Куандта
go/no-go confidence ~ отбраковочные испытания
goodness-of-fit ~ критерий согласия
goodness-of-fit chi-square ~ критерий согласия хи-квадрат, χ^2-критерий согласия
Granger causality ~ критерий (взаимной) причинно-следственной зависимости Гранжера
Hausman ~ критерий Хаусмана
high-potential ~ испытания на электрическую прочность
homogeneity ~ критерий однородности
hot-weather ~ испытания на тропикостойкость
hypothesis ~ проверка гипотезы
impact ~ испытания на устойчивость к одиночным ударам
in-circuit ~ 1. внутрисхемные испытания 2. внутрисхемный контроль
independence chi-square ~ критерий Неймана — Пирсона, критерий независимости хи-квадрат, χ^2-критерий независимости
indoor ~ лабораторные испытания
information matrix ~ критерий информационной матрицы
integrated ~ комплексные испытания

intelligence ~ тест для определения уровня интеллектуального развития
in-use life ~ испытания на долговечность в условиях эксплуатации
invariant ~ инвариантный критерий
J— J-критерий
Kolmogorov-Smirnov ~ критерий Колмогорова — Смирнова
Kruskal-Wallis ~ (ранговый) критерий Крускала — Валлиса
Lagrange multiplier ~ критерий множителей Лагранжа
leak (leakage] ~ испытания на герметичность
life ~ испытания на долговечность
likelihood ratio ~ критерий отношения правдоподобия
Ljung-Box ~ критерий Льюнга — Бокса
local loopback ~ локальная кольцевая проверка (*линии связи или канала передачи данных*); *тлф* проверка с помощью локального шлейфа
logical ~ логическая проверка
log-rank ~ критерий Мантела — Кокса
longevity ~ испытания на долговечность
long-term [long-time] ~ долговременные испытания
loopback ~ кольцевая проверка (*линии связи или канала передачи данных*); *тлф* проверка с помощью шлейфа
lot-by-lot ~ испытания каждой партии (*изделий*)
mandrel ~ испытания (*изоляции*) на стойкость к изгибу с помощью оправки
Mann-Whitney rank sum ~ критерий ранговых сумм Манна — Уитни, U-критерий
Mantel-Cox ~ критерий Мантела — Кокса
marginal ~ матричные [граничные] испытания
matrix life ~ матричные [граничные] испытания на долговечность
memory address ~ проверка адреса ячейки *или* области памяти
misspecification ~ критерий ошибки спецификации
mock-up ~ модельные испытания
model ~ модельные испытания
modem loopback ~ кольцевая проверка модема, проверка модема с помощью шлейфа
moisture resistance ~ испытания на влагостойкость
most powerful ~ наиболее мощный критерий
multiple-comparison ~ критерий с многократным сравнением нормальных совокупностей
nested ~ вложенный критерий
non-Bayes ~ небайесов(ский) критерий
nondestructive ~ 1. неразрушающие испытания **2.** неразрушающий контроль
non-linearity ~ критерий нелинейности
non-nested ~ невложенный критерий
non-parametric ~ непараметрический критерий
normal-theory based ~ критерий для нормальной совокупности
off-line ~ автономные испытания
omitted variables ~ критерий пропущенных переменных
on-demand ~ *тлф* проверка по запросам
one-sample ~ критерий с фиксированной выборкой

one-sided ~ односторонний критерий
on-line ~ неавтономные испытания
on-off ~ идентификация источников помех методом выключения и включения
open-loop ~ испытания разомкнутой системы, испытания системы без обратной связи
operating-life ~ испытания на долговечность в условиях эксплуатации
operational readiness and reliability ~ проверка эксплуатационной готовности и надёжности
outer product of gradient ~ критерий внешнего произведения градиента
over-identifying restrictions ~ критерий сверхидентифицирующих ограничений
parameter constancy ~ критерий постоянства параметров
parameter-free ~ свободный от параметра критерий
parametric ~ параметрический критерий
Pearson's ~ критерий Неймана — Пирсона, критерий независимости хи-квадрат, χ^2-критерий независимости
percentage ~ выборочные испытания
performance ~ эксплуатационные испытания
power-on self ~ самотестирование (*компьютера*) при включении (электро)питания
predictive failure ~ критерий неадекватности предсказаний
preliminary ~ предварительный критерий
premodel ~ предварительные модельные испытания
progressive stress ~ испытания при постепенном увеличении нагрузки
proof ~ контрольные [проверочные] испытания
prototype ~ испытания опытного образца
qualification ~ квалификационные испытания
randomization ~ критерий рандомизации
randomized-step ~ испытания при ступенчатом изменении нагрузки по случайному закону
rank ~ ранговый критерий
reliability ~ испытания на надёжность
remote loopback ~ удалённая кольцевая проверка (*линии связи или канала передачи данных*); *тлф* проверка с помощью удалённого шлейфа
rig ~ испытания в период монтажа оборудования
ringing ~ *тлф проф.* прозванивание линии
robust statistical ~ робастный статистический критерий
routine ~ 1. типовые [стандартные] испытания **2.** программный тест
runs ~ критерий серии
semidestructive ~ 1. полуразрушающие испытания **2.** полуразрушающий контроль
sequential ~ последовательный выборочный контроль
sequential probability ratio ~ последовательный критерий отношения вероятностей
service ~ эксплуатационные испытания
shakedown ~ испытания в период опытной эксплуатации
shake-table ~ испытания на вибростойкость
shelf-life ~ испытания на сохранность
shock ~ испытания на стойкость к ударам
short-term [short-time] ~ кратковременные испытания

testing

significance ~ критерий значимости
simulated [simulation] ~ модельные испытания
sing ~ критерий знаков
space ~ испытания в условиях космического пространства
specification ~ критерий правильности спецификации
SS ~ *см.* **step-stress test**
static ~ 1. испытания при статической нагрузке 2. статический тест
statistical ~ статистический критерий
step-stress ~ испытания при ступенчатом изменении нагрузки
strength ~ испытания на прочность
structural ~ испытания на прочность
studentized ~ стьюдентизированный тест
Student's ~ критерий Стьюдента
subjective ~ субъективные испытания
system ~ 1. испытания системы 2. проверка системы; контроль системы 3. тестирование системы
systems ~ 1. системные испытания 2. системная проверка; системный контроль 3. системное тестирование
terminal strength ~ испытания выводов на прочность
thermal ~ испытания на нагревостойкость
thermal-fatigue ~ испытания на термическую усталость
thermal-shock ~ испытания на стойкость к термоударам
tropical ~ испытания на тропикостойкость
truth-table ~ проверка по таблице истинности
tuning-fork ~ камертонный контроль
Turing ~ тест Тьюринга, тест для определения машинного интеллекта
two-sided ~ двусторонний критерий
ultrasonic ~ ультразвуковая дефектоскопия
unbiased ~ несмещённый критерий
uniformly most powerful ~ равномерно наиболее мощный критерий
unit root ~ критерий единичных корней
variable addition ~ критерий добавления переменных
variable deletion ~ критерий удаления переменных
vertical-interval ~ *тлв* проверка гасящего импульса полей
vibration ~ испытания на вибростойкость
vitality ~ проверка жизнеспособности
voltage-breakdown ~ испытания на электрическую прочность
Wald ~ критерий Вальда
wear ~ испытания на изнашивание
White ~ критерий (гетероскедастичности) Уайта
Wilcoxon signed rank ~ знаковый ранговый критерий Уилкинсона, T-критерий
testability контролепригодность, (удобо)тестируемость
testable допускающий контроль; поддающийся проверке; тестируемый
testee 1. испытуемый объект *или* субъект 2. объект *или* субъект проверки *или* контроля 3. тестируемый объект *или* субъект
tester 1. испытательная установка, установка для испытаний; испытательный стенд 2. прибор для проверки; прибор для контроля; измеритель параметров; *проф.* тестер 3. (программные *или* аппаратные) средства тестирования 4. пробник; щуп; зонд 5. специалист по проведению испытаний; проводящий испытания; испытатель
bed-of-nails ~ испытательный стенд с двумерной матрицей игольчатых контактов
bench ~ испытательный стенд
board ~ прибор для контроля плат, *проф.* тестер плат
cable and harness ~ установка для испытания кабелей и кабельной арматуры
continuity ~ индикатор отсутствия разрывов в электрической цепи
dial ~ прибор для проверки номеронабирателей
diode and rectifier ~ измеритель параметров детекторных и выпрямительных полупроводниковых диодов
dynamic mutual-conductance tube ~ измеритель крутизны электронных ламп в динамическом режиме
earth ~ прибор для проверки заземления
flyback ~ *тлв* прибор для проверки выходных трансформаторов строчной развёртки
free-point tube ~ измеритель параметров электронных ламп в динамическом режиме
functional ~ стенд для проведения функциональных испытаний
high-voltage ~ высоковольтный пробник
IC ~ прибор для контроля ИС, *проф.* тестер ИС
in-circuit [in-situ] ~ установка для внутрисхемного контроля
insulation ~ прибор для измерения сопротивления изоляции
leak ~ течеискатель
logic circuit ~ прибор для контроля логических схем, *проф.* тестер логических схем
multimeter ~ универсальный измерительный прибор, *проф.* мультиметр
mutual-conductance tube ~ измеритель крутизны электронных ламп
permeance ~ измеритель магнитной проводимости (*магнитных плёнок*)
polarity ~ индикатор полярности (*электрического напряжения*)
program ~ 1. программа тестирования, *проф.* программный тестер 2. тестирование программы
relay ~ прибор для проверки реле
shorted-turn ~ прибор для обнаружения короткозамкнутых витков
transconductance tube ~ измеритель крутизны электронных ламп
transistor-and-diode ~ измеритель параметров полупроводниковых приборов
tube ~ измеритель параметров электронных ламп
voltage ~ индикатор (*электрического*) напряжения
wear ~ установка для испытаний на изнашивание
testing 1. испытания 2. проверка; контроль 3. тестирование
alpha ~ 1. лабораторные испытания 2. *вчт* альфа-тестирование (*программного продукта*), первый этап тестирования (*силами разработчика*)
battery ~ *тлф* батарейная проба свободной линии
beta ~ 1. опытно-эксплуатационные испытания 2. *вчт* бета-тестирование (*программного продукта*),

testing

второй этап тестирования (*силами сторонних организаций и лиц, определяемых разработчиком*)
built-in self~ встроенное самотестирование
computer-aided ~ автоматизированный контроль
dye-penetrant ~ *микр.* контроль проникающим красителем
electromagnetic compatibility ~ контроль электромагнитной совместимости
EMC ~ *см.* **electromagnetic compatibility testing**
functional ~ 1. функциональные испытания 2. функциональное тестирование
gamma ~ 1. приёмо-сдаточные испытания 2. *вчт* гамма-тестирование (*программного продукта*), завершающий этап тестирования (*силами разработчика*)
gated-noise ~ испытания с использованием стробированного шума
high-stress ~ испытания при максимальной нагрузке
hypothesis ~ проверка гипотез
immersion ~ иммерсионная дефектоскопия
in-circuit ~ внутрисхемный контроль
in-isolation ~ автономные испытания
microphone ~ with orchestral instruments испытания микрофонов с оркестровыми инструментами
mutation ~ *вчт проф.* тестирование (*программного продукта*) на устойчивость к незначительным изменениям
on-wafer chip ~ *микр.* испытания кристаллов на пластине
path ~ проверка тракта
program ~ тестирование программы
pulse-echo ~ эходефектоскопия
random-noise ~ испытания с использованием флуктуационного шума
regressive ~ *вчт* регрессивное тестирование, тестирование на предыдущей версии
saturation ~ проверка пропускной способности (*коммуникационной сети*)
sequential ~ последовательная проверка (*напр. гипотез*)
software ~ тестирование программного обеспечения
static structure ~ статические испытания на прочность
strain-gage ~ тензометрические испытания
stress ~ 1. испытания в особо неблагоприятных условиях эксплуатации 2. *вчт* испытания (*аппаратных или программных средств*) в условиях нехватки ресурсов
stub ~ нисходящее тестирование программы с использованием фиктивного модуля
syndrome ~ синдромное тестирование
usability ~ тестирование удобства использования; проверка эргономичности
vacuum ~ испытания на герметичность
X-ray ~ рентгеновская дефектоскопия
tête-bêche 1. пара объектов, переводимых друг в друга преобразованием инверсии 2. система с перемежением несущих сигналов с асимметричными боковыми полосами
tetrad *вчт* 1. тетрада, группа из четырёх объектов 2. число 4
tetragamma *вчт* тетрагамма
tetragon четырёхугольник

complete ~ полный четырёхугольник
regular ~ квадрат
tetragonal 1. четырёхугольный 2. тетрагональный
tetragram *вчт* тетраграмма
tetrahedra *pl* от **tetrahedron**
tetrahedral тетраэдрический
tetrahedron тетраэдр
tetraphonic квадрафонический
tetrode тетрод
beam ~ лучевой тетрод
double ~ двойной тетрод
field-effect ~ полевой тетрод
IG ~ *см.* **insulated-gate tetrode**
insulated-gate ~ полевой тетрод с изолированным затвором
junction ~ плоскостной тетрод
metal-oxide-semiconductor ~ тетрод с МОП-структурой, МОП-тетрод
point-contact transistor ~ точечный полупроводниковый тетрод
semiconductor ~ полупроводниковый тетрод
solion ~ электрохимический тетрод
stacked-gate ~ тетрод с многослойным затвором
surface-potential controlled ~ поверхностно-управляемый тетрод
transistor ~ полупроводниковый тетрод
triode-connected ~ тетрод в триодном включении
tunnel(-effect) ~ туннельный тетрод
twin ~ двойной тетрод
Weber ~ СВЧ-тетрод с отрицательной сеткой
T_EX специализированный язык программирования T_EX (*для подготовки и вёрстки текстов со сложными математическими формулами*)
A_MS-**~** редакционно-издательская система A_MS-T_EX (*для журналов, издаваемых Американским математическим обществом*)
plain ~ простейшая редакционно-издательская система на базе языка T_EX
Texas Instruments компания Texas Instruments
texel *вчт* элемент текстуры, тексел
text 1. текст (*1. последовательность литер 2. текстовая часть печатного издания 3. инструмент для добавления текста в графических редакторах 4. информационная часть сообщения 5. часть объектного модуля с командами программы 6. обладающая смысловой связью последовательность речевых единиц 7. кегль 20 (размер шрифта) 8. староанглийский готический шрифт*) 2. текстовый (*напр. о режиме работы дисплея*) 3. учебник
alphanumeric ~ алфавитно-цифровой текст; текст в кодах ASCII, простой [обычный] текст
ASCII ~ текст в кодах ASCII, простой [обычный] текст; алфавитно-цифровой текст
body ~ текст основной части документа
clear ~ открытый текст (*в криптографии*)
comment ~ текст комментария
definition ~ текст определения
electronic ~ электронный текст, текстовая информация в электронном виде
e-mail ~ текст сообщения электронной почты, текст электронного письма
endnote ~ текст затекстового примечания
flowchart ~ текстовая информация в блок-схеме
footnote ~ текст сноски

graphics ~ *вчт* текст, воспроизводимый в графическом режиме
greek ~ *вчт* использование букво- или строкозаменителей (*напр. прямоугольников или серых блоков*) при невозможности воспроизведения текста
heading ~ текст заголовка
highlighted ~ выделенный текст
message ~ текст сообщения
original ~ оригинальный текст; исходный текст
plain ~ **1.** простой [обычный] текст, текст в кодах ASCII; алфавитно-цифровой текст **2.** открытый текст (*в криптографии*)
program ~ текст программы
raw ~ необработанный текст
source ~ исходный текст; оригинальный текст
straight ~ простой [обычный] текст, текст в кодах ASCII; алфавитно-цифровой текст
target ~ готовый текст; подготовленный к публикации текст

textbook учебник
text-to-speech *вчт* синтез речи || относящийся к синтезу речи
textual **1.** текстовый, относящийся к тексту **2.** текстуальный; буквальный
texture **1.** текстура (*1. характеристика строения анизотропных твердых тел, описывающая особенности взаимного пространственного расположения их макроскопических составных частей: кристаллитов, волокон, магнитных доменов и др. 2. двумерное [плоское] биопериодическое изображение, используемое для создания иллюзии трёхмерности [объемности] в компьютерной графике*) **2.** текстурировать || текстурированный; текстурный
axial ~ осевая текстура
coarse(-grained) ~ крупнозернистая текстура
complete ~ полная текстура
crystalline ~ кристаллическая текстура
cubic ~ кубическая текстура
edge ~ рёберная текстура
fine(-grained) ~ мелкозернистая текстура
flat ~ плоская текстура
image ~ текстура изображения
laser-induced ~ лазериндуцированная текстура
magnetic ~ магнитная текстура
mip-~ *вчт* текстура с варьируемым (*при воспроизведении на экране*) разрешением
polymer-stabilized cholesteric ~s стабилизируемые полимером холестерические текстуры (*в жидкокристаллических дисплеях*)
recrystallization ~ рекристаллизационная текстура
rolling-induced ~ текстура прокатки
sharp ~ чёткая текстура
strong ~ развитая текстура

texturing текстурирование
laser ~ лазерное текстурирование
texturize текстурировать
theater **1.** театр **2.** область деятельности; место действия *или* действий
home (television) ~ проекционный телевизор с большим экраном, *проф.* домашний кинотеатр
theft кража
software ~ несанкционированное использование программных продуктов, *проф.* кража программ

thematic **1.** тематический **2.** относящийся к основе (*слова*) **3.** относящийся к конечному гласному основы (*слова*)
theme **1.** тема (*1. предмет обсуждения или изучения 2. раздел; рубрика 3. исход, данное, известное (в актуальном членении предложения) 4. главная идея; лейтмотив*) **2.** основа (*слова*)
desktop ~ *вчт* тема оформления рабочего стола
theorem теорема
~ of alternatives for matrices теорема об альтернативах для матриц
~ of total probability формула полной вероятности
acoustical reciprocity ~ акустическая теорема взаимности
Ampere's circuital ~ теорема о циркуляции вектора магнитной индукции, закон полного тока
average ~ теорема о среднем
Bayes ~ теорема Байеса
Birkhoff-von Neumann ~ теорема Биркгофа — фон Неймана
Bloch ~ теорема Блоха
Brouwer fixed-point ~ теорема Брауэра о неподвижной точке (*преобразования*)
Cayley ~ теорема Кэли
central limit ~ центральная предельная теорема, ЦПТ
central statistical ~ центральная статистическая теорема
Chinese residue ~ китайская теорема об остатках
compensation ~ теорема о компенсирующей эдс; принцип компенсации
completeness ~ теорема о полноте
constant-flux-linkage ~ теорема о потокосцеплении
Coopmans ~ *фтт* теорема Купманса
CPT-~ CPT-теорема, теорема Людерса — Паули
Cramer ~ теорема Крамера
current sheet ~ теорема Ампера о листках тока
Dilworth ~ теорема Дилворта
divergence ~ теорема Гаусса — Остроградского
Floquet ~ теорема Флоке
Foster's reactance ~ теорема Фостера для реактивного двухполюсника
Fourier ~ теорема Фурье
fuzzy ~ нечёткая теорема
fuzzy approximation ~ теорема о полноте систем с нечёткой логикой, теорема Коско
Gauss ~ теорема Гаусса — Остроградского
Gauss-Markov ~ теорема Гаусса — Маркова
Gödel's (incompleteness) ~ теорема Гёделя (о неполноте)
Hecht-Nielsen ~ теорема Хехт-Нильсена
hierarchy ~ теорема об иерархии
Kolmogorov ~ теорема Колмогорова
Kolmogorov-Arnold ~ теорема Колмогорова — Арнольда
limit ~ предельная теорема
logic ~ логическая теорема
Lüders-Pauli ~ CPT-теорема, теорема Людерса — Паули
Manley-Rowe ~ теорема Мэнли — Роу
matching ~ теорема о паросочетаниях
McCulloh-Pitts ~ теорема Мак-Калоха — Питса
Mermin-Wagner ~ теорема Мермина — Вагнера

theorem

    Nyquist's ~ теорема Найквиста
    Poincare-Birkhoff ~ теорема Пуанкаре — Биркгофа
    Poynting's ~ теорема Умова — Пойнтинга
    reciprocity ~ теорема взаимности
    Radon ~ теорема Радона
    Routh-Hurwitz ~ критерий Рауса — Гурвица
    sampling ~ теорема Котельникова
    selection ~ теорема выбора
    semantic ~ семантическая теорема
    Shannon ~ теорема Шеннона
    Slutsky's ~ теорема Слуцкого
    Stokes ~ теорема Стокса
    Stone ~ теорема Стоуна
    superposition ~ принцип суперпозиции
    syntactical ~ синтаксическая теорема
    Takens ~ теорема Такенса
    Thevenin's ~ теорема Тевенина — Гельмгольца
    unicity ~ теорема единственности
    Weierstrass ~ теорема Вейерштрасса
    Wiener-Khintchin ~ теорема Винера — Хинчина
    Zorn ~ теорема Цорна, аксиома выбора
theoretical теоретический
theoretician теоретик
theoretics теоретический аспект (*напр. проблемы*); теория
theorize разрабатывать теорию
Theory:
    ~ **of Everything** теория великого объединения
theory теория
    ~ **of agents** *вчт* теория агентов
    ~ **of algorithms** *вчт* теория алгоритмов
    ~ **of central manifolds** теория центральных многообразий
    ~ **of diffraction** теория дифракции
    ~ **of errors** теория ошибок
    ~ **of evidence** теория доказательств
    ~ **of magnetism** теория магнетизма
    ~ **of oscillations** теория колебаний
    ~ **of relativity** теория относительности
    ~ **of reliability** теория надёжности
    ~ **of vibrations** теория колебаний
    ~ **of waveguides** теория волноводов
    Abbe resolution ~ теория разрешающей способности Аббе
    Abrikosov-Gor'kov-Khalatnikov ~ *свпр* теория Абрикосова — Горькова — Халатникова, АГХ-теория
    adaptive resonance ~ модель адаптивного резонанса, ART-модель (*1. алгоритм обучения искусственных нейронных сетей 2. искусственная нейронная сеть с обучением по алгоритму ART*)
    AGK- ~ *см.* **Abrikosov-Gor'kov-Khalatnikov theory**
    analog adaptive resonance ~ аналоговая модель адаптивного резонанса, ART2-модель (*1. алгоритм обучения искусственных нейронных сетей 2. искусственная нейронная сеть с обучением по алгоритму ART2*)
    automata ~ теория автоматов
    automatic control ~ теория автоматического управления
    Bardeen-Cooper-Schrieffer ~ *свпр* теория Бардина — Купера — Шриффера, теория БКШ
    BCS ~ *см.* **Bardeen-Cooper-Schrieffer theory**
    big bang ~ теория большого взрыва
    binary adaptive resonance ~ двоичная модель адаптивного резонанса, ART1-модель (*1. алгоритм обучения искусственных нейронных сетей 2. искусственная нейронная сеть с обучением по алгоритму ART1*)
    bubble stability ~ теория устойчивости ЦМД
    catastrophe ~ теория катастроф
    category ~ теория категорий
    Cayley ~ теория Кэли
    circuit ~ теория цепей
    classical field ~ классическая теория поля
    coding ~ теория кодирования
    cognitive ~ когнитивная теория
    cohort ~ теория когорт (*в распознавании речи*)
    communication ~ теория передачи информации
    complexity ~ теория, описывающая поведение сложных систем
    consensus ~ теория консенсуса
    decision ~ теория принятия решений
    descriptive ~ описательная теория
    diffraction ~ теория дифракции
    domain ~ 1. теория доменов, теория доменных структур (*в поляризуемых конденсированных средах*) 2. теория областей, денотационная семантика
    domain-wall motion ~ теория движения доменных границ
    domino ~ *вчт* эффект домино
    elasticity ~ теория упругости
    electromagnetic ~ теория электромагнетизма
    energy-band ~ *фтт* зонная теория
    evolutionary ~ эволюционная теория
    field ~ теория поля
    fluid ~ жидкостная теория (*напр. плазмы*)
    fuzzy adaptive resonance ~ нечёткая модель адаптивного резонанса, нечёткая ART-модель (*1. алгоритм обучения искусственных нейронных сетей 2. искусственная нейронная сеть с обучением по нечёткому алгоритму ART*)
    fuzzy-set ~ теория нечётких множеств
    game ~ *вчт* теория игр
    general ~ **of relativity** общая теория относительности
    geometrical ~ **of diffraction** геометрическая теория дифракции
    Ginzburg-Landau ~ *свпр* теория Гинзбурга — Ландау
    graph ~ теория графов
    group ~ теория групп
    hydrodynamical ~ гидродинамическая теория (*напр. плазмы*)
    information ~ теория информации
    Kramers' ~ теория Крамерса
    large-signal ~ теория больших сигналов
    learning ~ теория обучения
    logic ~ теория логики
    mapping ~ теория отображений
    Mattis-Bardeen ~ *свпр* теория Маттиса — Бардина, МБ-теория
    Maxwell's ~ теория Максвелла
    MB ~ *см.* **Mattis-Bardeen theory**
    meta-~ метатеория
    microscopic ~ микроскопическая теория
    microwave ~ теория электромагнитных волн СВЧ-диапазона

multi-attribute utility ~ многоатрибутная теория полезности
network ~ теория цепей
neural net ~ теория нейронных сетей
normative ~ нормативная теория
number ~ теория чисел
one-fluid plasma ~ одножидкостная теория плазмы
organization ~ теория организации
Paley-Wiener ~ *вчт* теория Палея — Винера
perturbation ~ теория возмущений
phenomenological ~ феноменологическая теория
physical ~ **of diffraction** физическая теория дифракции
Pippard (nonlocal) ~ *свпр* (нелокальная) теория Пиппарда
possibility ~ теория нечёткой логики
potential ~ теория потенциала
prescriptive ~ предписывающая теория
probability ~ теория вероятностей
quantum ~ квантовая теория
quantum ~ **of radiation** квантовая теория излучения
quantum field ~ квантовая теория поля, КТП
quantum light ~ квантовая оптика
queuing ~ теория массового обслуживания, теория очередей
radio-wave propagation ~ теория распространения радиоволн
rational choice ~ теория рационального выбора
reliability ~ теория надёжности
Ridley-Watkins-Hilsum ~ *пп* теория Ридли — Уоткинса — Хилсума
RWH ~ *см.* Ridley-Watkins-Hilsum theory
sampling ~ математическая статистика
scheduling ~ теория расписаний
self-consistent field ~ метод самосогласованного поля
semiconductor ~ теория полупроводников
set ~ теория множеств
signal-detection ~ теория обнаружения сигналов
simulation ~ теория моделирования
situational ~ ситуационная теория
small-signal ~ теория малых сигналов
solid-state ~ теория твёрдого тела
special ~ **of relativity** специальная теория относительности
spectral ~ спектральная теория
spectral ~ **of diffraction** спектральная теория дифракции
spin-fluctuation ~ спин-флуктуационная теория
stability ~ теория устойчивости
statistical communication ~ статистическая теория информации
steady state ~ теория однородной изотропной Вселенной
stochastic approximation ~ стохастическая теория аппроксимации
string ~ теория струн
superconductivity ~ теория сверхпроводимости
superstring ~ теория суперструн
supersymmetric ~ суперсимметрийная теория
switching ~ теория переключений (*в логике*)
system ~ теория систем
transmission-line ~ теория линий передачи
two-fluid plasma ~ двухжидкостная теория плазмы
unified field ~ единая теория поля
uniform ~ общая теория
uniform ~ **of diffraction** общая теория дифракции
utility ~ теория полезности
Whitham ~ теория Уизема
Zermelo set ~ теория множеств Цермело
thermal термический; тепловой
thermalization термализация
 electron ~ термализация электронов
thermel термоэлемент
thermic термический; тепловой
thermion 1. термоэлектрон 2. термион
thermionics наука о термоэлектронных явлениях
thermistor терморезистор, *проф.* термистор
 bead ~ бусинковый терморезистор
 directly heated ~ терморезистор прямого подогрева
 indirectly heated ~ терморезистор косвенного подогрева
 negative TC ~ терморезистор с отрицательным температурным коэффициентом сопротивления
 positive TC ~ терморезистор с положительным температурным коэффициентом сопротивления
thermoammeter термоэлектрический амперметр
thermocline термоклин (*слой воды в океане с сильным градиентом температуры, искажающий распространение звуковых волн*)
thermocompression термокомпрессия, термокомпрессионная сварка
thermoconductivity удельная теплопроводность
 ionic ~ ионная удельная теплопроводность
thermocouple термопара
 bare ~ термопара с неизолированными проводниками
 chromel p-alumel ~ хромель-алюмелевая термопара
 copper/constantan ~ медь-константановая термопара
 copper/platinum ~ медь-платиновая термопара
 immersion ~ термопара погружения
 iridium/iridium-rhodium ~ иридий-родиевая термопара
 iron/constantan ~ железо-константановая термопара
 multiple-junction ~ многоспайная термопара
 platinum/platinum-rhodium ~ платино-родиевая термопара
 shielded ~ экранированная термопара
 two-hole ceramic-bead insulator ~ термопара с изоляцией проводников двухотверстными керамическими шайбами
 uninsulated ~ термопара с неизолированными проводниками
 unshielded ~ неэкранированная термопара
 vacuum ~ вакуумная термопара
thermodynamic термодинамический
thermodynamics термодинамика
 ~ **of irrreversible processes** термодинамика необратимых процессов
 applied ~ прикладная термодинамика
 engineering ~ техническая термодинамика
 theoretical ~ теоретическая термодинамика
thermoelastic термоупругий

thermoelasticity

thermoelasticity термоупругость
thermoelectret термоэлектрет
thermoelectric термоэлектрический
thermoelectricity термоэлектричество
thermoelectron термоэлектрон
thermoelement термоэлемент
thermogalvanometer термоэлектрический гальванометр
thermogram термограмма
thermograph термограф (*1. регистратор температуры 2. прибор для формирования ИК-изображений*)
   remote ~ дистанционный термограф
thermographic термографический
thermography термография (*1. регистрация температуры 2. формирование ИК-изображений 3. термографическая печать 4. термопечать, печать на термочувствительной бумаге 5. рельефная [выпуклая] (термо)печать*)
   contact ~ контактная термография
   contactless ~ бесконтактная термография
thermojunction 1. спай термоэлемента 2. спай термопары
thermoluminescence термолюминесценция
thermomagnetic термомагнитный
thermometer 1. термометр 2. пирометр
   air ~ воздушный термометр
   alcohol ~ спиртовой термометр
   bimetal(lic) ~ биметаллический термометр
   capacitance ~ ёмкостный термометр
   carbon (resistor) ~ термометр с углеродистым резистором
   contact ~ контактный термометр
   contactless ~ бесконтактный термометр
   digital ~ цифровой термометр
   diode ~ диодный термометр
   direct-reading ~ диодный термометр с непосредственным отсчётом
   distant-reading ~ дистанционный термометр
   electrical ~ электрический термометр
   electronic ~ электронный термометр
   ferroelectric ~ сегнетоэлектрический термометр
   hydrogen ~ водородный термометр
   infrared radiation ~ инфракрасный радиационный пирометр
   LC ~ *см.* **liquid-crystal thermometer**
   liquid-crystal ~ жидкокристаллический [ЖК-] термометр
   magnetic ~ магнитный термометр
   magnetic susceptibility ~ термометр магнитной восприимчивости
   mercury ~ ртутный термометр
   noise ~ прибор для измерения шумовой температуры
   radiation ~ радиационный пирометр
   remote(-sensing) ~ дистанционный термометр
   resistance ~ термометр сопротивления
   standard ~ образцовый термометр
   thermistor ~ терморезисторный термометр
   thermocouple ~ термопарный термометр
   thermoelectric ~ термоэлектрический термометр
   ultrasound ~ ультразвуковой термометр
thermometry термометрия
   fiber-optics ~ волоконно-оптическая термометрия
   magnetic ~ магнитная термометрия

thermomigration термомиграция
thermophone термофон
thermophotovoltaic термофотогальванический, термофотовольтаический
thermophotovoltaics термофотогальванические [термофотовольтаические] явления
thermopile термобатарея
   semiconductor ~ полупроводниковая термобатарея
thermoplastic термопласт || термопластический
   cellular ~ пенотермопласт
   reinforced ~ армированный термопласт
thermoplasticity термопластичность
thermopower термоэлектродвижущая сила, термоэдс
thermoprinting термография (*1. термографическая печать 2. термопечать, печать на термочувствительной бумаге 3. рельефная [выпуклая] (термо)печать*)
thermoreceptor *биол.* терморецептор
thermoregulator терморегулятор
thermorelay термостатирующее реле
thermoremanence термоостаточная намагниченность
thermoremanent термоостаточный, относящийся к термоостаточной намагниченности
thermoresistor терморезистор, *проф.* термистор
thermoset реактопласт, термореактивная пластмасса
thermosetting термореактивный
thermosphere термосфера (*слой атмосферы на высоте от 80 до 600 км с сильными градиентами температуры*)
thermostability термостойкость
thermostable термостойкий
thermostat 1. термостат || термостатировать 2. термостатирующее реле
   on-off ~ двухпозиционное термостатирующее реле
thermostriction термострикция, спонтанная магнитострикция
thermotaxis термотаксис
thesaurus 1. тезаурус 2. (энциклопедический) словарь; энциклопедия; справочник
   electronic ~ 1. электронный тезаурус 2. электронный (энциклопедический) словарь; электронная энциклопедия; электронный справочник
   Web ~ тезаурус глобальной гипертекстовой системы WWW для поиска и использования ресурсов Internet, тезаурус Web-системы, Web-тезаурус, WWW-тезаурус
   WWW ~ тезаурус глобальной гипертекстовой системы WWW для поиска и использования ресурсов Internet, тезаурус Web-системы, WWW-тезаурус, Web-тезаурус
thesis 1. тезис; положение 2. тема (*напр. печатной работы*) 3. диссертация
theta тета (*буква греческого алфавита*, Θ, θ)
thick 1. толстый 2. плотный; сплошной 3. неразборчивый (*о речи*)
thickness 1. толщина 2. утолщение 3. слой; покрытие
   bondline ~ *микр.* толщина (слоя) адгезива между двумя адгерандами
   coating ~ *микр.* толщина покрытия
   depletion-layer ~ *пп* толщина обеднённого слоя
   domain-wall ~ ширина доменной границы
   half-value ~ толщина слоя половинного поглощения (*ионизирующего излучения*)

package ~ толщина корпуса
winding ~ толщина обмотки
thigmotaxis *биол.* стереотаксис
thimble сменный наконечник вращающейся печатающей головки (*контактного принтера ударного действия*)
thin 1. утончать(ся) || тонкий **2.** слабоконтрастный; вялый (*негатив*)
thing 1. предмет; объект; вещь **2.** случай; обстоятельство; факт **3.** цель; задача
thinking мыслительный процесс; мышление; обдумывание || мыслительный; относящийся к мышлению; относящийся к обдумыванию
analogical ~ мышление на уровне аналогий
conception ~ образное мышление
convergent ~ сходящееся мышление; логическое мышление
creative ~ творческое мышление
divergent ~ расходящееся мышление; творческое мышление
image ~ образное мышление
innovation ~ инновационное мышление
logical ~ логическое мышление
strategic ~ стратегическое мышление
vertical ~ вертикальное мышление; логическое мышление
thinning уменьшение толщины
chemical ~ *микр.* получение тонких слоёв методом химического травления
jet ~ *микр.* получение тонких слоёв методом струйного травления
resist ~ *микр.* уменьшение толщины (плёнки) резиста
third терция
third-party третье лицо || относящийся к третьему лицу; сторонний; независимый (*напр. при коммерческих операциях*)
Thoroughbred *вчт* улучшенная версия ядра Palomino
thrashing *вчт* перегрузка (*напр. виртуальной памяти при свопинге*); переполнение (*напр. буферов*)
buffer ~ переполнение буферов
cache ~ перегрузка кэша
disk ~ перегрузка дисковода (*напр. при сильной фрагментации вызываемых данных*)
goals ~ переполнение списка целей
thread 1. нить (*1. нитка; волокно; волосок 2. цепочка 3. связная последовательность (напр. сообщений) 4. нить управления (в операционных системах) 5. тип полугруппы*) **2.** нанизывать; соединять в цепочку **3.** продевать (*в отверстие*); прошивать (*напр. матрицу ферритовой памяти*) **4.** образовывать связную последовательность (*напр. сообщений*); связно развиваться **5.** жила (*напр. кабеля*) **6.** стружка (*при механической звукозаписи*) **7.** *вчт* легковесный процесс (*напр. в параллельном программировании*) || разделять на легковесные процессы; распараллеливать **8.** резьба || нарезать резьбу
~ of current линия тока
carrying ~ несущая нить; нить подвеса
conducting ~ проводящая нить, нитевидный проводник
double ~ двухзаходная резьба
elastic ~ упругая нить
mail ~ цепочка [связная последовательность] сообщений
main ~ основной легковесный процесс
marker ~ маркерная нить
plasma ~ плазменный шнур
proof ~ нить доказательства
quartz ~ кварцевая нить
screw ~ резьба
worm ~ червячная резьба
threaded 1. волокнистый; нитевидный **2.** нанизанный; соединённый в цепочку; цепочечный **3.** прошитый (*напр. о матрице ферритовой памяти*) **4.** образующий связную последовательность (*напр. сообщений*); связно развивающийся **5.** многожильный (*напр. кабель*) **6.** разделённый на легковесные процессы; распараллеленный **7.** резьбовой; с резьбовым соединением
threading .1. нанизывание; соединение цепочкой **2.** продевание (*в отверстие*); прошивка (*напр. матрицы ферритовой памяти*) **3.** образование связной последовательности (*напр. сообщений*) **4.** разделение на легковесные процессы; распараллеливание **5.** нарезка резьбы
three-dimensional трёхмерный; объёмный
three-dimensionality трёхмерность; объёмность
three-phase трёхфазный
threshold 1. порог; пороговая величина; пороговое значение || пороговый **2.** предел; граница || предельный; граничный **3.** исходная точка; начало **4.** вход (*в помещение*)
~ of audibility порог слышимости
~ of companding порог компандирования
~ of degeneracy порог вырождения
~ of detectability порог слышимости
~ of discomfort порог болевого ощущения
~ of feeling порог чувствительности
~ of hearing порог слышимости
~ of instability порог (возникновения) неустойчивости
~ of pain порог болевого ощущения
~ of parametric excitation порог параметрического возбуждения
~ of sensitivity порог чувствительности
~ of tickle порог болевого ощущения
absolute luminance ~ абсолютный порог яркости
achromatic luminance ~ ахроматический порог яркости
adaptive ~ адаптивный порог
adjustable ~ регулируемый порог
brightness difference ~ пороговая разность яркостей
chromatic ~ порог цветоразличения
clipping ~ порог (одностороннего) ограничения
contrast ~ **1.** пороговый контраст **2.** контрастная чувствительность
damage ~ **1.** предел прочности **2.** порог дефектообразования
decision ~ порог принятия решения
detection ~ порог обнаружения
difference ~ дифференциальный порог
differential ~ of loudness дифференциальный порог уровня громкости
differential ~ of pitch дифференциальный порог высоты тона
energy ~ энергетический порог
flicker-fusion ~ *тлв* частота слияния мельканий
Geiger-Muller ~ порог области Гейгера — Мюллера

threshold

identification ~ порог идентификации; порог опознавания; порог распознавания
improvement ~ пороговый уровень несущей относительно выигрыша по коэффициенту шума
instrument ~ разрешающая способность измерительного прибора
intelligibility ~ порог разборчивости
inversion ~ *кв. эл.* порог инверсии
jumming ~ *рлк* порог защищённости от активных преднамеренных радиопомех
laser-damage ~ порог лазерного разрушения
lasing ~ порог лазерной генерации
likelihood ~ вероятностный порог
long-wavelength ~ of photoeffect длинноволновая [красная] граница фотоэффекта
luminance ~ порог яркости
luminance difference ~ пороговая разность яркостей
luminescence ~ порог люминесценции
muting ~ порог бесшумной настройки
noise ~ шумовой порог
odo(u)r ~ порог восприятия запаха
off ~ порог выключения
offset ~ смещённый порог
on ~ порог включения
oscillation ~ порог генерации
perception ~ порог восприятия
photodetachment ~ порог фотоотщепления
photoelectric [photoemission] ~ длинноволновая [красная] граница внешнего фотоэффекта
preset ~ заданный порог
receiver (noise) ~ пороговая чувствительность приёмника
recognition ~ порог распознавания
resolution ~ разрешающая способность
riding ~ следящий порог
signal ~ порог обнаружения сигнала
speech intelligibility ~ порог разборчивости речи
stability ~ граница устойчивости
susceptibility ~ порог чувствительности
tracking ~ следящий порог
variable ~ переменный порог
visual perception ~ порог зрительного восприятия
thresholder пороговое устройство
noise ~ ограничитель шумов; ограничитель помех
thresholding 1. пороговое ограничение **2.** использование порога; введение порога
thriller *тлв* триллер
thriller-diller *тлв* триллер
throat горло (*1. гортань; глотка 2. горловина 3. сужение, суженная часть*)
artificial ~ искусственный голос
horn ~ горловина рупора
taper ~ суженная часть волноводного перехода
throttling плавное регулирование
through 1. транзитный выход; выход ретранслированного сигнала **2.** сквозной **3.** беспрепятственный; прямой
MIDI ~ транзитный MIDI-выход, транзитный порт MIDI-интерфейса (*для ретрансляции входного сигнала*)
through-hole 1. монтажное отверстие (*платы*) **2.** метод монтажа в отверстия платы
plated ~ **1.** металлизированное монтажное отверстие (*платы*) **2.** метод монтажа в металлизированные отверстия платы

through-loss общие потери (*в линии связи*)
throughput 1. производительность (*напр. процессора*) **2.** пропускная способность (*напр. канала*) **3.** объём выпускаемой (*за определённый промежуток времени*) продукции
data ~ пропускная способность канала передачи данных; скорость передачи данных
delay ~ пропускная способность при наличии задержек
processor ~ производительность процессора
signaling ~ пропускная способность при сигнализации
throw 1. бросок; отброс ‖ бросать; отбрасывать **2.** *вчт* генерация исключения (*напр. при исполнении программы на языке Java*) **3.** включение; выключение; переключение ‖ включать; выключать; переключать **4.** перевод рычага ‖ переводить рычаг **5.** направление; посылка ‖ направлять; посылать **6.** помещение; расположение ‖ помещать; располагать ◊ **to ~ in** включать; **to ~ out** выключать
needle ~ бросок стрелки (*прибора*)
paper ~ подача бумаги (*напр. в принтер*)
throwaway 1. одноразовый [однократно используемый] объект ‖ одноразовый, однократно используемый **2.** брак ‖ отбракованный
thru 1. транзитный выход; выход ретранслированного сигнала **2.** сквозной **3.** беспрепятственный; прямой **4.** *вчт* вертикальная черта, *проф.* прямой слэш, символ |
thru-hole 1. монтажное отверстие (*платы*) **2.** метод монтажа в отверстия платы
plated ~ **1.** металлизированное монтажное отверстие (*платы*) **2.** метод монтажа в металлизированные отверстия платы
thrust 1. реактивная сила; сила реакции **2.** толкать; сталкивать
side ~ скатывающая сила звукоснимателя
thruster реактивный ускоритель (*ЛА*); маневровый реактивный двигатель (*ЛА*)
MEMS (-based) digital ~ *см.* **microelectromechanical system (-based) digital thruster**
microelectromechanical system (-based) digital ~ цифровой маневровый реактивный двигатель на основе микроэлектромеханических систем
one-shot ~ маневровый реактивный двигатель одноразового действия
thud 1. (глухой) удар; звук (глухого) удара **2.** *вчт проф.* «решётка», символ # **3.** *вчт* метасинтаксическая переменная
Thumb расширение усовершенствованной архитектуры сокращённого набора команд типа Thumb, расширение усовершенствованной RISC-архитектуры типа Thumb
thumb *вчт* **1.** ползунок [движок] линейки прокрутки (*содержимого окна на экране дисплея*) **2.** перелистывать (*напр. книгу*)
thumbing *вчт* **1.** прокрутка (*содержимого окна на экране дисплея*) **2.** перелистывание (*напр. книги*)
thumbnail *вчт* **1.** черновик; эскиз; набросок (*уменьшенного размера*) **2.** миниатюрный эскиз изображения (*для предварительного просмотра в графических редакторах*) **3.** формат графических файлов для хранения миниатюрных эскизов изображений, файловый формат thumbnail
thumbwheel 1. дисковый переключатель **2.** рукоятка (*напр. регулятора громкости*) барабанного типа

tick

вчт **3.** устройство управления положением курсора в виде зубчатого *или* обрезиненного колёсика **4.** устройство прокрутки (*вертикального или горизонтального перемещения изображения или текста в экранном окне*) в виде зубчатого *или* обрезиненного колёсика

thump 1. *тлф* телеграфные помехи **2.** низкочастотные импульсные помехи (*в акустической системе*) **3.** (глухой) удар; звук (глухого) удара **4.** *вчт проф.* «решётка», символ #
   key ~ телеграфные помехи

Thunderbird кодовое название ядра процессоров Athlon с внутренними межсоединениями из меди и литографическим разрешением 0,18 мкм

thunderbox *проф.* портативный стереофонический радиоприёмник с мощными громкоговорителями

thundercloud грозовая туча; кучево-дождевое облако

thunderhead грозовая туча; кучево-дождевое облако

thunk 1. *вчт* часть программы, определяющая адрес **2.** *вчт* клауза, замкнутое выражение (*без свободных переменных*) **3.** *вчт* подпрограмма перехода к выбранному оверлейному сегменту **4.** программный механизм для вызова и загрузки (*16-битной или 32-битной*) библиотеки динамических связей 16-битными *или* 32-битными приложениями (*в операционных системах Windows NT, Windows 95 и старше*) **5.** *вчт* заранее приготовленное выражение *или* процедура **6.** обдуманное; заранее приготовленное; заготовка
   flat ~ программный механизм для вызова и загрузки любой (*16-битной и 32-битной*) библиотеки динамических связей 16-битными и 32-битными приложениями
   generic ~ программный механизм для вызова и загрузки любой (*32-битной*) библиотеки динамических связей 16-битными приложениями
   universal ~ программный механизм для вызова и загрузки любой (*32-битной*) библиотеки динамических связей 16-битными приложениями

thunking 1. *вчт* использование подпрограммы перехода к выбранному оверлейному сегменту **2.** программный вызов и загрузка (*16-битной или 32-битной*) библиотеки динамических связей 16-битными *или* 32-битными приложениями (*в операционных системах Windows NT, Windows 95 и старше*) **3.** *вчт* использование заранее приготовленного выражения *или* процедуры

thwart (успешно) противостоять; (эффективно) противодействовать (*напр. атаке хакеров*)

thyratron тиратрон
   argon-filled ~ аргоновый тиратрон
   cold-cathode ~ тиратрон с холодным катодом
   grid-glow ~ тиратрон тлеющего разряда
   hydrogen ~ импульсный водородный тиратрон
   indicator ~ индикаторный тиратрон
   negative-grid ~ тиратрон с отрицательной защитной сеткой
   pulse ~ импульсный тиратрон
   shield-grid ~ тиратрон с защитной сеткой
   solid-state ~ тиристор
   two-grid ~ двухсеточный тиратрон
   welding ~ сварочный тиратрон

thyristor тиристор
   avalanche ~ лавинный тиристор
   bidirectional diode ~ симметричный диодный тиристор, симметричный динистор
   bidirectional triode ~ симметричный триодный тиристор, симистор
   bipolar junction ~ биполярный плоскостной тиристор
   diffused-alloyed ~ диффузионно-сплавной тиристор
   diode ~ диодный тиристор, динистор
   flat-packaged ~ тиристор в плоском корпусе
   four-terminal ~ тетродный тиристор
   gate-assisted turn-off ~ двухоперационный триодный тиристор, двухоперационный тринистор
   gate injection ~ тиристор с инжектирующим управляющим электродом
   gate triggered triode [gate turn-off] ~ двухоперационный триодный тиристор, двухоперационный тринистор
   inverter ~ инвертирующий тиристор
   junction-gate ~ тиристор с $p-n$-переходом в области управляющего электрода
   light-activated ~ фототиристор
   light-activated reverse-blocking diode ~ диодный фототиристор, фотодинистор
   light-activated reverse-blocking tetrode ~ тетродный фототиристор
   light-triggered ~ фототиристор
   MOS-controlled ~ тиристор с управляющей МОП-структурой
   n-gate ~ тиристор с n-управляющим электродом
   p-gate ~ тиристор с p-управляющим электродом
   power ~ силовой тиристор
   press-fit ~ тиристор в прессованном корпусе
   reverse-blocking ~ тиристор, не проводящий в обратном направлении
   reverse-blocking tetrode ~ однооперационный тетродный тиристор
   reverse-blocking triode ~ однооперационный триодный тиристор, однооперационный тринистор
   reverse breakdown ~ тиристор с пробоем в обратном направлении
   reverse-conducting ~ тиристор, проводящий в обратном направлении
   stud-mounted ~ тиристор штифтовой конструкции
   symmetrical ~ симметричный тиристор
   tetrode ~ тетродный тиристор
   three-terminal ~ триодный тиристор, тринистор
   triode ~ триодный тиристор, тринистор
   turn-off ~ запираемый тиристор
   two-terminal ~ диодный тиристор, динистор
   unidirectional diode ~ диодный тиристор, динистор

tick 1. деление шкалы; черта, соответствующая делению шкалы || наносить шкалу; отмечать деления шкалы (*напр. на оси графика*) **2.** пометка; отметка; *проф.* «галочка» || помечать; отмечать; ставить «галочку» **3.** короткий отрывистый звук; щелчок || издавать короткие отрывистые звуки; издавать щелчки **4.** (отдельный) звук сигналов точного времени **5.** тиканье || тикать (*о часах*) **6.** *вчт* тик, единица длительности нот (*в музыкальных редакторах*) (*целая нота соответствует 768 или 1536 тикам*) **7.** *вчт* штрих (*надстрочный знак в математических формулах*), символ ′ **8.** закрывающая кавычка, символ ′
   clock ~ *вчт* такт
   major ~ основное (*крупное*) деление шкалы; (длинная) черта, соответствующая основному делению шкалы

tick

minor ~ вспомогательное (*мелкое*) деление шкалы; (*короткая*) черта, соответствующая вспомогательному делению шкалы

time ~ (*отдельный*) звук сигналов точного времени

ticker 1. биржевой буквопечатающий телеграфный аппарат **2.** *проф.* часы

ticket 1. ярлык; этикетка || снабжать ярлыком *или* этикеткой **2.** счёт; квитанция; билет

ticketing 1. снабжение ярлыком *или* этикеткой **2.** оформление счетов; выписывание квитанций; снабжение билетами

automatic toll ~ автоматическая система оформления счетов за междугородные телефонные разговоры

tickler катушка обратной связи (*регенеративного приёмника*)

ticonal тиконал (*магнитный сплав*)

tictactoe 1. «крестики-нолики» (*компьютерная игра*) **2.** *вчт проф.* «решётка», символ #

tie 1. связь (*1. соединение 2. ограничивающее условие*) || связывать (*1. соединять 2. налагать ограничивающие условия*) **2.** привязка; закрепление || привязывать; закреплять **3.** совпадение || совпадать (*в статистике*) **4.** ничья || сыграть вничью (*напр. в компьютерных играх*) **5.** лига (*над нотами одинаковой высоты*); знак лиги, символ ‿ (*в нотной записи*) **6.** слитное исполнение (*звуков одинаковой высоты*)

cross ~ поперечная связь (*в доменной границе*)

tie-breaker *вчт* прерыватель соединений (*при одновременном обращение к неразделяемому ресурсу или в режиме соперничества в сетях передачи данных*); арбитражное устройство для установления и разрыва соединений

tied совпадающие (*о значениях переменной*)

tie-line *тлф* **1.** соединительная (*межстанционная или внутристанционная*) линия **2.** частный канал учрежденческой телефонной станции с исходящей и входящей связью

tier 1. ярус (*напр. антенной решётки*) || иметь ярусы; располагать(ся) ярусами || (много)ярусный **2.** слой; уровень; страта || иметь слоистую структуру; обладать несколькими уровнями || слоистый; многослойный; обладающий уровнями; многоуровневый **3.** *вчт* (функциональный) уровень (*напр. компьютерной системы*) || обладать несколькими (функциональными) уровнями (*напр. о компьютерной системе*)

antenna array ~ ярус антенной решётки

business logic ~ уровень бизнес-логики

data access ~ уровень доступа к данным

user interface ~ уровень пользовательских интерфейсов

tie-up временное прекращение; перерыв (*напр. связи*)

traffic ~ временное прекращение трафика

tif расширение имени файла в формате TIFF (*в MS DOS*)

Tiger процессор mP6II фирмы Rise для портативных компьютеров, процессор Tiger

tight 1. натянутый; растянутый; сжатый **2.** плотный; жёсткий **3.** непроницаемый

gas-~ газонепроницаемый

water-~ водонепроницаемый

tighten натягивать(ся); растягивать(ся); сжимать(ся)

tilde *вчт* тильда (*1. диакритический знак ˜ 2. символ ~, знак замены ранее употреблённого слова или его части*)

tile *вчт* **1.** элемент мозаичного разбиения (*напр. плоскости*); элемент мозаики || использовать мозаичное разбиение (*напр. плоскости*); применять мозаичное расположение (*объектов*) || мозаичный; представленный в виде мозаики; имеющий мозаичную структуру **2.** *pl* мозаика; мозаичная структура

central ~ мозаика с выделенным центром; мозаичная структура с выделенным центром

Escher ~s мозаика Эшера

non-periodical ~s непериодическая мозаика

Penrose ~s мозаика Пенроуза

periodical ~s периодическая мозаика

tiled *вчт* мозаичный; представленный в виде мозаики; имеющий мозаичную структуру

tiling *вчт* **1.** мозаичное разбиение (*напр. плоскости*); мозаичное расположение (*объектов*) **2.** мозаика; мозаичная структура

Tillamook кодовое название ядра процессоров Pentium

tilt 1. наклон; отклонение; угол наклона; угол отклонения || наклонять(ся); отклонять(ся) **2.** угол места **3.** относительный спад вершины импульса в процентах **4.** наклон волнового фронта земной радиоволны **5.** *рлк* угол места главного лепестка диаграммы направленности антенны

field ~ *тлв* «полевая пила»

line ~ *тлв* «строчная пила»

mechanical ~ угол места механической оси антенны

pulse ~ относительный спад вершины импульса в процентах

signal ~ изменение относительного уровня спектральных составляющих сигналов при распространении по кабелю

wave ~ наклон волнового фронта земной радиоволны

tilting 1. наклон; отклонение **2.** наклон волнового фронта земной радиоволны

timbal литавра

high ~ *вчт* высокая литавра (*музыкальный инструмент из набора ударных General MIDI*)

low ~ *вчт* низкая литавра (*музыкальный инструмент из набора ударных General MIDI*)

timbre 1. тембр **2.** окраска (*звука*)

time 1. время || измерять время || временной; относящийся ко времени **2.** интервал *или* промежуток времени; продолжительность; срок **3.** точка на временной оси **4.** система *или* метод измерения времени **5.** темп; ритм; метр **||** задавать темп *или* ритм **6.** ритмическая единица; ритмическая группа **7.** хронировать; синхронизировать **8.** с часовым механизмом (*напр. о взрывателе*) ◊ **to be ~d in synchronism** впадать в синхронизм; **~ to flashover** время пробоя; **~ to live** *вчт* время жизни дейтаграмм; **~ to puncture** время пробоя; **~ to trip** время расцепления (*автоматического выключателя*)

~ of arrival время прихода (*напр. сигнала*)

~ of flight 1. *рлк* полётное время **2.** время пролёта (*в счётчиках частиц*) **3.** *микр.* время распространения сигнала между двумя соседними элементами (*в логической или оптоэлектронной схеме*)

~ of setting-up *тлф* время установления соединения

time

a-~ *см.* **absolute time**
absolute ~ *вчт* абсолютное время доступа (*время доступа к выбранному сектору компакт-диска формата CD-ROM*)
acceleration ~ время разгона (*магнитной ленты*)
access ~ время доступа (*напр. к памяти*)
acclimation ~ время акклиматизации
acquisition ~ время захвата цели на автоматическое сопровождение
action ~ 1. рабочее время; активное время 2. длительность воздействия 3. время выполнения операции 4. время срабатывания (*напр. реле*)
actual ~ фактическое время
actuation ~ время срабатывания (*напр. реле*)
add ~ *вчт* время (выполнения операции) сложения
air ~ время вещания, *проф.* эфирное время
Alaska-Hawaii Standard ~ поясное время по долготе Аляска – Гавайи
amplifier rise ~ время установления выходного напряжения усилителя
answering ~ *тлф* время ответа
aperture ~ время перехода от режима выборки к режиму хранения (*при дискретизации с запоминанием отсчётов*)
arrival ~ 1. момент поступления (*напр. сигнала*); момент прихода (*напр. волны*); момент наступления (*напр. события*) 2. момент единичного поступления (*заявки, требования или вызова в системе массового обслуживания*)
astronomical ~ астрономическое время
Atlantic Day ~ Атлантическое дневное время (*США*)
Atlantic Standard ~ Атлантическое время (*США*)
atomic ~ атомное время
attack ~ 1. длительность фронта импульса (*между уровнями 0,1 и 0,5 от максимального*) 2. время срабатывания (*компрессора или ограничителя*) *вчт* 3. длительность атаки, длительность начала музыкальной фразы 4. *вчт* время нарастания звука после нажатия клавиши (*в MIDI-устройствах*) 5. *вчт* контроллер «время нарастания звука после нажатия клавиши», MIDI-контроллер № 73
available ~ время простоя в состоянии готовности, время простоя в работоспособном состоянии
average ~ среднее время
average instruction ~ *вчт* 1. среднее время выполнения команды 2. среднее время выборки (*машинной команды*)
average seek ~ 1. среднее время поиска 2. *вчт* среднее время позиционирования головок (*жёсткого диска*), среднее время перехода с исходной дорожки (*жёсткого диска*) на другую
Azores ~ поясное время по долготе Азорских островов
Bag(h)dad ~ Багдадское время
baseline dwell ~ время затухания сигнала до уровня линии развёртки (*на осциллограмме*)
bench ~ продолжительность стендовых испытаний
blanking ~ *тлв* длительность гасящего импульса
boot ~ *вчт* период загрузки
British Summer ~ Британское летнее время
build-up ~ 1. время нарастания; время установления 2. длительность фронта импульса
call holding ~ *тлф* время удержания соединения
capture ~ время захвата (*носителей заряда*)

carrier-relaxation ~ время релаксации носителей заряда
carry ~ *вчт* время переноса
CAS precharge ~ *см.* **column address strobe precharge time**
cathode heating ~ время разогрева катода
central ~ поясное время
Central Alaska ~ поясное время для центральной Аляски (*США*)
Central Daylight ~ Центральное летнее время (*США*)
Central European ~ Центрально-европейское время
Central Standard ~ Центральное время (*США*)
central standard ~ поясное время
changeover ~ время переключения
charge [charging] ~ время заряда (*напр. конденсатора*); время зарядки (*напр. аккумулятора*)
charge-retention [charge-storage] ~ *пп* время (со)хранения заряда
charge-transfer ~ время переноса заряда
China Coast ~ поясное время для побережья Китая
circuit-commutated turn-off ~ время выключения (*тиристора*)
clipping ~ постоянная времени схемы (*двустороннего*) ограничения
CMOS — and date *вчт* часы-календарь КМОП-памяти (*в BIOS*)
collector capacitance-resistance charging ~ постоянная времени цепи коллектора
column address strobe precharge ~ время подзаряда (конденсаторных) ячеек памяти для восстановления строб-импульса адреса столбца
compilation [compile] ~ 1. период [стадия] компиляции 2. время компиляции, продолжительность процесса компиляции
computer ~ машинное время
connect ~ *вчт* продолжительность сеанса связи; продолжительность времени работы пользователя; время пребывания (*напр. в сети*)
contact-actuation ~ время срабатывания (*реле*)
control-electrode discharge recovery ~ время восстановления резонансного разрядника
conversion ~ время преобразования
correction ~ время установления системы автоматического управления
CPU ~ (рабочее) время центрального процессора, процессорное время; время счёта
creation ~ дата создания (*напр. файла*)
cross-relaxation ~ время кросс-релаксации
cumulative ~ суммарная наработка
current-diffusion ~ время диффузии тока
data movement ~ время перемещения данных
daylight-saving ~ летнее время
dead ~ 1. мёртвое время; время нечувствительности 2. время задержки; время запаздывания 3. время простоя
debug ~ время отладки
decay ~ 1. время спада; время затухания; время ослабления 2. время затухания запоминающей ЭЛТ 3. время послесвечения (*экрана*) 4. длительность среза импульса 5. время распада
deceleration ~ время останова (*магнитной ленты*)
deionization ~ время деионизации
delay ~ время задержки; время запаздывания

time

deposition ~ *микр.* время осаждения
development ~ период разработки
dielectric-relaxation ~ время релаксации в диэлектрике
diffusion(-transit) ~ время диффузии
discharge [discharging] ~ время разряда (*напр. конденсатора*); время разрядки (*напр. аккумулятора*)
disk access ~ *вчт* время позиционирования головок (*жёсткого*) диска
display access ~ время обращения к дисплею
domain-formation ~ время образования домена
drift(-transit) ~ 1. время дрейфа 2. *пп* время пролёта
dwell ~ 1. время задержки срабатывания 2. время действия электронного луча на элемент мишени 3. *рлк* время облучения цели 4. продолжительность сеанса связи; продолжительность времени работы пользователя; время пребывания (*напр. в сети*)
E ~ *см.* execution time
East Australian Standard ~ Восточноавстралийское время
Eastern Australian Daylight ~ Восточноавстралийское летнее время
Eastern Daylight ~ Восточное летнее время (*США*)
Eastern European ~ Восточноевропейское время
Eastern Standard ~ Восточное время (*США*)
elapsed ~ *вчт* затрачиваемое (*на выполнение задачи*) время; (астрономическое) время счёта
electrode-current averaging ~ время усреднения тока электрода (*при определении нагрузочной способности лампы*)
electron-transit ~ 1. время дрейфа электронов 2. *пп* время пролёта электронов
emitter capacitance-resistance charging ~ постоянная времени цепи эмиттера
energy-containment ~ время удержания энергии
engineering ~ период технического обслуживания
ephemeris ~ эфемеридное время
erasing ~ минимальное время стирания (*запоминающей ЭЛТ*)
error-free running ~ время безошибочной работы
execution ~ *вчт* время исполнения (*машинной команды после выборки*)
expected waiting ~ расчётное время ожидания
exposure ~ время экспонирования (*напр. резиста*)
fall ~ 1. время спада; время затухания 2. длительность среза импульса 3. время высвечивания (*люминофора*)
fetch ~ *вчт* время выборки
final actuation ~ полное время срабатывания (*реле*)
flyback ~ *тлв* длительность обратного хода луча
forward recovery ~ *пп* время восстановления (*диода*) при переключении в прямое направление
frame ~ длительность цикла (*временного объединения цифрового сигнала*)
free ~ время свободного пробега
French Summer ~ Французское летнее время
French Winter ~ Французское зимнее время
fuse arcing ~ время гашения дуги после срабатывания плавкого предохранителя
gate-controlled delay ~ время задержки по управляющему электроду (*тиристора*)

gate-controlled rise ~ время нарастания по управляющему электроду (*тиристора*)
gate-controlled turn-off ~ время выключения по управляющему электроду (*тиристора*)
gate-controlled turn-on ~ время включения по управляющему электроду (*тиристора*)
global positioning system ~ время по квантовым часам глобальной (*спутниковой*) системы (радио)определения местоположения, время по квантовым часам системы GPS
GPS ~ *см.* global positioning system time
Greenwich electronic ~ всемирное электронное время (*для электронного бизнеса*)
Greenwich (Mean) ~ всемирное время
group delay ~ групповое время задержки
Guam Standard ~ поясное время для острова Гуам
guard ~ защитный временной интервал
Hawaii daylight ~ Гавайское летнее время (*США*)
Hawaii standard ~ Гавайское время (*США*)
head seek ~ 1. время поиска головок (*жёсткого диска*) 2. *вчт* время позиционирования головок (*жёсткого диска*), время перехода с исходной дорожки (*жёсткого диска*) на другую
heater warm-up ~ время разогрева подогревателя (*катода*)
heat-treat ~ длительность термообработки
high-level firing ~ время установления резонансного разрядника
hold(ing) ~ 1. время фиксации состояния *или* воздействия; время удерживания (*напр. при фазовой автоподстройке частоты*) 2. время блокирования 3. время хранения (*напр. информации в динамическом элементе памяти*) 4. *тлф* время занятия (*линии*) 5. время обслуживания (*в сети*)
hunting ~ *тлф* время свободного искания
I ~ *см.* instruction time
idle ~ время простоя
ignitor firing ~ время возникновения вспомогательного разряда (*в разряднике*)
insensitive ~ время нечувствительности; мёртвое время
installation ~ время установки (*1. время монтажа 2. время размещения; время расположения; время развёртывания 3. время установки программного обеспечения, проф. время инсталляции*)
instruction ~ *вчт* 1. время выполнения команды 2. время выборки (*машинной команды*)
interrepair ~ межремонтный срок службы
interrupting ~ время прерывания
intervalley scattering ~ **of electrons** время междолинного рассеяния электронов
I/O recovery ~ *вчт* время восстановления для операций ввода-вывода (*в динамической памяти*)
Japan Standard ~ Японское время
last modification ~ дата последнего изменения (*напр. файла*)
lead ~ 1. время опережения 2. длительность производственного цикла 3. время внедрения (*напр. результатов научно-исследовательской работы*)
leading-edge ~ длительность фронта импульса
lie ~ время простоя
life ~ 1. долговечность; срок службы 2. *фтт* время жизни
local ~ местное время
local standard ~ поясное время

time

locking [lock-on] ~ время вхождения в синхронизм

login ~ *вчт* время входа в систему, время регистрации (*напр. при получении доступа к сети*)

logout ~ *вчт* время выхода из системы (*напр. после окончания сеанса работы в сети*)

longitudinal relaxation ~ *фтт* продольное время релаксации

lost circuit ~ время простоя канала

lost motion ~ *тлф* время холостого хода номеронабирателя

machine ~ машинное время

magnetization reversal ~ время перемагничивания

maximum retention ~ максимальное время памяти (*запоминающей ЭЛТ*)

maximum seek ~ 1. максимальное время поиска 2. *вчт* максимальное время позиционирования головок (*жёсткого диска*), время перехода с нулевой дорожки (*жёсткого диска*) на конечную

maximum usable reading ~ максимальное время считывания (*запоминающей ЭЛТ*)

maximum usable viewing ~ максимальное время воспроизведения (*запоминающей ЭЛТ*)

mean ~ 1. среднее время 2. среднее солнечное время

mean ~ **between errors** среднее время между ошибками

mean ~ **between failures** средняя наработка на отказ

mean ~ **to failure** средняя наработка до отказа

mean ~ **to first failure** средняя наработка до первого отказа

mean ~ **to repair** средняя наработка до ремонта

mean free ~ среднее время свободного пробега

mean solar ~ среднее солнечное время

Middle European ~ Среднеевропейское время

Middle European summer ~ Среднеевропейское летнее время

Middle European winter ~ Среднеевропейское зимнее время

minimum seek ~ 1. минимальное время поиска 2. *вчт* минимальное время позиционирования головок (*жёсткого диска*), время перехода с исходной дорожки (*жёсткого диска*) на соседнюю

minimum usable erasing ~ минимальное время стирания (*запоминающей ЭЛТ*)

minimum usable writing ~ минимальное время записи (*запоминающей ЭЛТ*)

mission ~ 1. *т. над.* заданная наработка 2. *вчт* продолжительность выполнения задачи

Mountain daylight ~ Горное летнее время (*США*)

Mountain standard ~ Горное время (*США*)

multiplication ~ *вчт* время (выполнения операции) умножения

New Zealand daylight ~ Новозеландское летнее время

New Zealand standard ~ Новозеландское время

Nom ~ время по долготе города Ном (*США*)

nondeterministic polynomial ~ 1. полиномиальное время для недетерминированной машины Тьюринга 2. решаемый за полиномиальное время на недетерминированной машине Тьюринга, NP-типа (*о задаче принятия решения*) 3. NP-задача, полиномиальная для недетерминированной машины Тьюринга задача (о принятии решения), решаемая за полиномиальное время на недетерминированной машине Тьюринга задача (о принятии решения)

nondeterministic polynomial ~ **complete** NP-полная задача, полиномиальная для недетерминированной машины Тьюринга задача (о принятии решения), решаемая за полиномиальное время на недетерминированной машине Тьюринга задача (поиска и принятия решения)

nondeterministic polynomial ~ **hard** NP-трудная задача, полиномиальная для недетерминированной машины Тьюринга задача (поиска), решаемая за полиномиальное время на недетерминированной машине Тьюринга задача (поиска)

nonfailure operating [nonfailure operation] ~ время безотказной работы

nonradiative-relaxation ~ время безызлучательной релаксации

normal-superconducting transition ~ время перехода из нормального состояния в сверхпроводящее

n-s transition ~ *см.* **normal-superconducting transition time**

off ~ время выключения

on ~ время включения

operating ~ 1. время эксплуатации; рабочее время; наработка 2. *вчт* длительность рабочего цикла (*напр. при выполнении операции*) 3. время срабатывания (*реле*) 4. время установления тока (*напр. электронной лампы*)

outage ~ длительность перерыва (*в канале связи*)

out-of service ~ время простоя

overhead ~ непроизводительно затрачиваемое время

overload recovery ~ время восстановления при перегрузках

Pacific daylight ~ Тихоокеанское летнее время (*США*)

Pacific standard ~ Тихоокеанское время (*США*)

page CAS ~ период следования строб-импульсов адресов столбцов в страничном режиме

paralysis ~ мёртвое время; время нечувствительности

particle-containment ~ время удержания частиц

phase-recovery ~ время восстановления фазы (*резонансного разрядника*)

phosphor-fall ~ время высвечивания люминофора

phosphor-rise ~ время разгорания люминофора

photoresponse ~ постоянная времени фотоприёмника

plasma-containment ~ время удержания плазмы

plasma-discharge ~ время рассасывания плазмы

plasma-extraction ~ время экстракции плазмы

playing ~ **per track** время звучания на одну дорожку записи

polynomial ~ 1. полиномиальное время 2. решаемый за полиномиальное время на детерминированной машине Тьюринга, P-типа (*о задаче принятия решения*) 3. P-задача, полиномиальная для детерминированной машины Тьюринга задача (о принятии решения), решаемая за полиномиальное время на детерминированной машине Тьюринга задача (о принятии решения)

portamento ~ 1. длительность режима портаменто, время скользящего перехода от одного звука к другому 2. *вчт* контроллер «длительность режима портаменто», MIDI-контроллер № 5

time

preheating ~ время разогрева электронной лампы
prime ~ *тлв* время массового просмотра, *проф.* «прайм-тайм»
processor ~ *вчт* (рабочее) время процессора, процессорное время; время счёта
propagation ~ время распространения (*волны*); время прохождения (*сигнала*)
pull-in ~ время вхождения в синхронизм
pull-up ~ время срабатывания (*реле*)
pulse ~ длительность импульса
pulse decay ~ длительность среза импульса
pulse delay ~ время задержки импульса
pulsed-oscillator starting ~ время задержки между выходным импульсом импульсного генератора и управляющим импульсом
pulse-fall ~ длительность среза импульса
pulse leading-edge ~ длительность фронта импульса
pulse mean ~ полусумма длительностей фронта и среза импульса
pulse rise ~ длительность фронта импульса
pulse trailing-edge ~ длительность среза импульса
quiesce ~ *вчт* время перевода *или* перехода в пассивное состояние; время блокирования
radiation-damping ~ *кв. эл.* время излучательного затухания
radiative-relaxation ~ время излучательной релаксации
RAS access ~ время задержки появления данных относительно среза строб-импульса адреса строки
RAS active ~ активная длительность строб-импульса адреса строки (*при регенерации динамической памяти*)
RAS precharge ~ *см.* row address strobe precharge time
RAS to CAS delay ~ время задержки строб-импульса адреса строки относительно строб-импульса столбца
reaction ~ 1. время срабатывания 2. постоянная времени
read ~ время считывания
readiness ~ время готовности
real ~ реальное время; реальный масштаб времени
recharging ~ время перезаряда (*напр. конденсатора*); время подзарядки; время повторной зарядки (*напр. аккумулятора*)
recovery ~ время восстановления
redistribution ~ время перераспределения
reference ~ начало отсчёта времени
relaxation ~ время релаксации
release ~ 1. время отпускания (*реле*) 2. время хранения (*в динамическом элементе памяти*) 3. *вчт* время затухания звука после отпускания клавиши (*в MIDI-устройствах*) 4. *вчт* контроллер «время затухания звука после отпускания клавиши», MIDI-контроллер № 72
reset dwell ~ время возврата в исходное состояние
resetting ~ время возврата (*реле*)
resistance-capacitance ~ постоянная времени резистивно-ёмкостной цепи, постоянная времени RC-цепи
resistance-inductance ~ постоянная времени резистивно-индуктивной цепи, постоянная времени RL-цепи

resolution [resolving] ~ разрешающее время
response ~ 1. время срабатывания 2. постоянная времени
response ~ of instrument постоянная времени измерительного прибора
restoring ~ время восстановления
retention ~ время памяти (*запоминающей ЭЛТ*)
retrace ~ *тлв* длительность обратного хода луча
retrieval ~ время поиска (*информации*)
return ~ *тлв* длительность обратного хода луча
reverberation ~ время реверберации
reverse recovery ~ время восстановления (*диода*) при переключении в обратное направление
ring(ing) ~ *тлф* продолжительность вызова
rise ~ 1. время нарастания; время установления 2. длительность фронта импульса 3. время разгорания (*люминофора*)
round-trip ~ 1. время прохождения сигнала в прямом и обратном направлениях 2. *вчт* время ответа на запрос
round-trip delay [round-trip propagation, round-trip travel] ~ время прохождения сигнала в прямом и обратном направлениях
row address strobe precharge ~ время подзаряда (конденсаторных) ячеек памяти для восстановления строб-импульса адреса строки
run ~ *вчт* 1. период выполнения программы, рабочий период 2. время прогона, время однократного выполнения (*программы*) 3. время выполнения (*машинной команды после выборки*)
running ~ 1. время (непрерывной) работы (*напр. прибора*); время (непрерывного) функционирования (*напр. системы*); время (непрерывного) действия (*напр. установки*) 2. *вчт* период выполнения программы, рабочий период 3. *тлв* время показа (*напр. программы*)
scan ~ 1. период сканирования 2. период развёртки 3. период обзора
scintillation decay ~ время высвечивания сцинтиллятора
screen storage ~ время послесвечения экрана
seek ~ 1. время поиска 2. *вчт* время позиционирования головок (*жёсткого диска*), время перехода с исходной дорожки (*жёсткого диска*) на другую
selection ~ *тлф* время искания
setting ~ 1. время установки (*1. время монтажа 2. время размещения; время расположения; время развёртывания 3. время установки программного обеспечения, проф. время инсталляции*) 2. *тлф* время установления соединения
settling ~ 1. время установления системы автоматического регулирования 2. время установления выходного напряжения операционного усилителя 3. *вчт* время успокоения головки диска (*после позиционирования*)
shelf ~ *т. над.* время сохраняемости
shortest operating ~ *вчт* 1. наименьшая длительность рабочего цикла (*напр. при выполнении операции*) 2. алгоритм диспетчеризации по принципу приоритетного выполнения операций с наименьшей длительностью рабочего цикла
sidereal ~ сидерическое [звёздное] время
slack ~ пассивный интервал времени; период отсутствия *или* снижения активности; свободное время; незанятое время

s-n transition ~ *см.* **superconducting-normal transition time**
solar ~ солнечное время
spin-diffusion ~ время диффузии спинов
spin-lattice relaxation ~ *фтт* время спин-решёточной релаксации
spin-spin relaxation ~ *фтт* время спин-спиновой релаксации
spin-up ~ время раскручивания, время набора номинальной скорости вращения (*напр. о жёстком магнитном диске*)
standard ~ поясное время
standby ~ 1. длительность пребывания в режиме ожидания (*1. длительность пребывания в дежурном режиме 2. длительность пребывания в одном из режимов пониженного энергопотребления аппаратного средства*) 2. время пребывания в резерве; время простоя (*резервного оборудования*)
standing ~ время простоя
step-rate ~ период следования (управляющих) импульсов в шаговом двигателе
storage ~ время памяти (*запоминающей ЭЛТ*)
summer ~ летнее время
superconducting-normal transition ~ время перехода из сверхпроводящего состояния в нормальное
surf ~ время массового использования ресурсов (*напр. сети*)
survival ~ время жизни (*носителей заряда*)
Swedish summer ~ Шведское летнее время
Swedish winter ~ Шведское зимнее время
switching ~ 1. время переключения; время коммутации 2. время перемагничивания
system ~ *вчт* 1. системное время 2. время выполнения системного процесса
thermal recovery [thermal relaxation] ~ *свпр* время тепловой релаксации
thermal tuning ~ время теплового ухода частоты (*в СВЧ-приборах*)
track relative ~ относительное время для дорожки записи (*отсчитываемое от начала дорожки до текущего положения головки*)
track-to-track seek ~ *вчт* минимальное время позиционирования головок (*жёсткого диска*), время перехода с исходной дорожки (*жёсткого диска*) на соседнюю
trailing-edge ~ длительность среза импульса
transient ~ время установления
transit ~ 1. время пролёта 2. время дрейфа 3. время распространения (*волны*); время прохождения (*сигнала*)
transition ~ 1. время установления 2. время перехода (*из одного состояния в другое*); время переключения
transmission ~ время распространения (*волны*); время прохождения (*сигнала*)
transverse relaxation ~ *кв. эл.* поперечное время релаксации
trapping ~ время захвата (*носителей заряда*)
trap release ~ *пп* время опустошения ловушки
travel ~ время распространения (*волны*); время прохождения (*сигнала*)
tube heating ~ время разогрева электронной лампы
tunneling ~ *пп* время туннелирования

turn-around ~ 1. время прохождения сигнала в прямом и обратном направлении 2. время между моментом посылки данных и моментом получения результатов (*при дистанционной обработке*) 3. время между последовательными посылками сигнала при полудуплексной передаче
turn-off ~ время выключения (*напр. тиристора*)
turn-on ~ время включения (*напр. тиристора*)
two-way travel ~ время прохождения сигнала в прямом и обратном направлениях
Universal ~ всемирное время
Universal ~, coordinated всемирное координированное время
upper-state relaxation ~ *кв. эл.* время релаксации верхнего состояния
user ~ *вчт* время выполнения пользовательского процесса
viewing ~ время воспроизведения (*запоминающей ЭЛТ*)
waiting ~ 1. время разогрева (*электронной лампы*) 2. время ожидания обслуживания
wall clock ~ *вчт* время выполнения процесса
warm-up ~ время прогрева аппаратуры
wave-transit ~ время распространения (*волны*); время прохождения (*сигнала*)
West Africa ~ Западноафриканское время
West Australian daylight ~ Западноавстралийское летнее время
West Australian standard ~ Западноавстралийское время
winter ~ зимнее время
write [writing] ~ время записи
Yukon daylight ~ Юконское летнее время (*США*)
Yukon standard ~ Юконское время (*США*)
Zebra ~ всемирное время
Zulu ~ всемирное время
timebase 1. развёртка 2. генератор развёртки
field ~ 1. полевая развёртка 2. генератор полевой развёртки
frame ~ 1. кадровая развёртка 2. генератор кадровой развёртки
gas relay ~ тиратронный генератор развёртки
horizontal ~ 1. строчная развёртка 2. генератор строчной развёртки
line ~ 1. строчная развёртка 2. генератор строчной развёртки
linear ~ 1. линейная развёртка 2. генератор линейной развёртки
logarithmic ~ 1. логарифмическая развёртка 2. генератор логарифмической развёртки
Miller ~ интегратор Миллера (*разновидность интегрирующего усилителя*)
radial ~ 1. радиальная развёртка 2. генератор радиальной развёртки
sweep ~ 1. развёртка 2. генератор развёртки
triggered ~ 1. ждущая развёртка 2. генератор ждущей развёртки
vertical ~ 1. кадровая развёртка; полевая развёртка 2. генератор кадровой развёртки; генератор полевой развёртки
timebomb *вчт* вирус типа «бомба с часовым механизмом»
time-dependent зависящий от времени
time-lag запаздывание; задержка; отставание
time-ordered упорядоченный по времени

timeout 1. превышение лимита времени (*на выполнение определённого действия или операции*), истечение времени ожидания (*события*), *проф.* таймаут 2. перерыв; пауза
  full-on to standby ~ *вчт* время выдержки в неактивном состоянии полного энергопотребления до перевода в режим ожидания
  hard disk standby ~ *вчт* время выдержки жёсткого (магнитного) диска в неактивном состоянии полного энергопотребления до перевода в режим ожидания
  retransmission ~ время ожидания до повторной передачи (*при отсутствии подтверждения принимающей стороны*)
  standby to suspend ~ *вчт* время выдержки в неактивном состоянии ожидания до перевода в режим приостановки
time-piece 1. хронограф; хронометр 2. часы
timer 1. хронирующее устройство; синхронизирующее устройство 2. реле времени 3. таймер (*1. вчт системный тактовый генератор 2. схема для автоматического включения или выключения устройства или для сигнализации о моментах включения и выключения*)
  constraint ~ *вчт* таймер модуля обеспечения целостности данных
  cycle ~ реле времени
  delay ~ реле задержки
  doze ~ *вчт* таймер режима энергосбережения с прекращением 80% полезных функций; *проф.* таймер режима «дремоты»
  electronic ~ 1. электронное хронирующее устройство 2. электронный таймер
  green ~ *вчт* таймер системы управления энергопотреблением компьютера и монитора (*стандарта Energy Star Агентства по защите окружающей среды США*)
  HDD standby ~ *вчт* таймер режима ожидания для жёсткого (магнитного) диска
  interval ~ таймер интервалов
  multi-function ~ многофункциональный таймер
  photoelectric ~ фотореле времени
  preset interval ~ реле времени
  programmable ~ программируемый таймер
  repeat-cycle [repeating] ~ хронирующее устройство с повторением заданной программы
  reset ~ хронирующее устройство со сбросом
  self-repeating ~ реле времени с повторяющимся циклом
  standby ~ *вчт* таймер режима ожидания
  suspend ~ *вчт* таймер режим приостановки, таймер режим временного прекращения работы
Times шрифт Times
times умноженный на
Times New Roman шрифт Times New Roman
Times Roman шрифт Times Roman
time-series временной ряд || относящийся к временным рядам
time-sharing 1. временное разделение || относящийся к временному разделению, с временным разделением 2. *вчт* режим разделения времени || относящийся к режиму разделения времени, с режимом разделения времени
timestamp штамп времени (*в криптографии*)
timetable расписание; график

time-to-contact *бион.* система определения времени до контакта с поверхностью (*на основе анализа скорости расширения изображения на сетчатке*)
time-varying (из)меняющийся во времени
timing 1. оптимальный выбор времени (*для выполнения определённых действий*); согласование (действий *или* операций) во времени; распределение (интервалов) времени 2. временная селекция; стробирование 3. хронирование; синхронизация 4. хронометраж 5. установка выдержки времени (*в реле*) 6. реалистичная передача движения объектов (*в компьютерной анимации*); *проф.* тайминг
  bit ~ тактовая синхронизация
  burst ~ *вчт* организация пакетного цикла (*обмена данными*)
  chip ~ синхронизация (сигналов) в пределах кристалла (*ИС*)
  internal ~ внутренняя синхронизация
  pulse ~ импульсная синхронизация
  signal ~ синхронизация сигналов
  telephone ~ телефонная синхронизация
  universal ~ синхронизация по сигналам всемирного времени
Timna кодовое название процессоров на основе ядра Coppermine с кэш-памятью второго уровня 128 К
timpani *вчт* литавры (*музыкальный инструмент из набора General MIDI*)
tin 1. олово || покрывать оловом || оловянный 2. лудить
tinct оттенок; подкраска || придавать оттенок; подкрашивать || оттеночный; подкрашивающий
tincture 1. краситель; пигмент 2. придавать оттенок; подкрашивать
tinge оттенок; подкраска || придавать оттенок, подкрашивать
tinning лужение
tinsel 1. блёстки; мишура 2. противорадиолокационный дипольный отражатель
tint 1. оттенок; подкраска; градация (*чистого цвета с примесью белого*) || придавать оттенок; подкрашивать || оттеночный; подкрашивающий 2. растровый фон 3. светлый; ненасыщенный
tinting 1. придание оттенка; подкрашивание || оттеночный; подкрашивающий 2. создание растрового фона 3. светлый; ненасыщенный
tip 1. штырь (*электрического соединителя*) 2. отпай (*на баллоне лампы*) 3. наконечник; вершина, верхушка 4. снабжать наконечником 5. *вчт* контекстно-зависимая справка; намёк; совет (*в интерактивной справочной системе*) 6. наклонять(ся); отклонять(ся) 7. точечное склеивание
  dendrite ~ *крист.* вершина дендрита
  domain ~ верхушка (плоского магнитного) домена, верхушка ПМД
  head ~ полюсный наконечник магнитной головки
  pole ~ полюсный наконечник
  reproducing stylus ~ воспроизводящая игла
  test ~ наконечник щупа; наконечник пробника
  whisker ~ вершина нитевидного кристалла
tipoff отпай (*на баллоне лампы*)
tipping 1. снабжение наконечником 2. наклон; отклонение 3. *крист.* метод качающейся лодочки (*для выращивания кристаллов*) 4. точечное склеивание
tissue 1. *бион.* ткань 2. (тонкая) бумага
  carbon ~ копировальная бумага; пигментная бумага

condenser ~ конденсаторная бумага
nerve ~ *биол.* нервная ткань
sensitive ~ пигментная бумага; копировальная бумага

titanate титанат
lead zirconate ~ цирконат-титанат свинца, ЦТС

title 1. *тлв* титр; субтитр || снабжать титрами; снабжать субтитрами *вчт* **2.** название; заголовок; заглавие || называть, давать название; снабжать заголовком *или* заглавием **3.** титул; титульный лист **4.** печатное издание
bastard ~ шмуцтитул
fly ~ шмуцтитул
full ~ титульный лист
half~ шмуцтитул
main ~ **1.** титульный лист **2.** заглавие
running ~ колонтитул

title *проф.* знак препинания *или* диакритический знак

tmesis *вчт* тмезис, вставка слова *или* группы слов между частями сложного слова

TN3270 программа TN3270, версия программы telnet для мейнфреймов

to-and-fro возвратно-поступательное движение || совершать возвратно-поступательное движение || возвратно-поступательный

toast *проф.* **1.** полностью неработоспособное устройство, «сгоревшее» устройство **2.** *вчт* «подвешивать» систему

toaster *проф.* **1.** не выполнимая для данного аппаратного обеспечения задача **2.** примитивный компьютер **3.** компьютер типа Макинтош **4.** периферийное оборудование

tobit модель Тобина с цензурированными выборками, *проф.* tobit-модель

toe and shoulder *опт.* нелинейные участки характеристической кривой

toeprint занимаемый (небольшой) программой *или* (небольшим) файлом объём памяти *или* дискового пространства

toggle 1. бистабильная схема **2.** *вчт* флаг; переключатель (*напр.* переменная) **3.** *вчт* клавиша-переключатель (*напр.* «Shift») **4.** переключать из одного состояния в другое

toke жетон (*напр.* для таксофона) || снабжать жетоном

token 1. символ; (опознавательный) знак || служить символом; означать || символический; опознавательный; номинальный **2.** *вчт* метка, маркер **3.** *вчт* лексема **4.** код маркерного доступа **5.** устройство маркерного доступа **6.** жетон (*напр.* для таксофона)
character ~ лексема символа
control sequence ~ лексема управляющей последовательности
deleting ~ удаляемая лексема
expandable ~ раскрываемая лексема
intelligent ~ интеллектуальное устройство маркерного доступа
parameter ~ лексема параметра
space ~ лексема пробела
variable ~ лексема переменной
wavefront ~ символ волнового фронта (в *САПР*)

tolerable 1. допустимый **2.** устойчивый; стойкий (*по отношению к воздействиям*) **3.** *вчт* толерантный

tolerance 1. допуск **2.** допустимая доза (*облучения*) **3.** предельно допустимые *или* предельно достижимые параметры (*устройства*) **4.** устойчивость; стойкость (*по отношению к каким-либо воздействиям или явлениям*) **5.** *вчт* толерантность
acceleration ~ допустимая (*динамическая*) перегрузка (*в единицах ускорения свободного падения*)
adjustment ~ допуск на точность настройки
alignment ~ *микр.* допуск на совмещение
closed ~ жёсткий допуск
component ~ допуск на схемный элемент
design ~ проектный допуск; конструктивный допуск
display ~ предельно достижимые параметры дисплея
distortion ~ максимально допустимые искажения (*напр. сигнала*)
environmental ~ устойчивость к воздействиям окружающей среды
fabrication ~ допуск на изготовление
fault ~ отказоустойчивость
fine ~ жёсткий допуск
frequency ~ допустимое отклонение частоты
G ~ допустимая (*динамическая*) перегрузка (*в единицах ускорения свободного падения*)
geometric ~ геометрический допуск; допуск на размер(ы)
harmonic ~ допустимый коэффициент нелинейных искажений
human ~ порог повреждения; порог болевого ощущения
lower ~ нижняя граница допуска
manufacturing ~ допуск на изготовление
masking ~ *микр.* допуск на точность изготовления фотошаблона
parameter ~ допуск на параметр
positioning ~ допуск на позиционирование
production ~ допуск на изготовление
quantization ~ допуск на ошибку квантования
radiation ~ радиационная стойкость
registration ~ *микр.* допуск на совмещение
RF ~ допустимая доза радиооблучения
sample [sampling] ~ допуск на ошибку выборки, допуск на выборочную ошибку
software-implemented fault ~ отказоустойчивость, реализованная программными средствами
statistical ~ статистический допуск
transmitter frequency ~ допустимое отклонение частоты радиопередатчика
upper ~ верхняя граница допуска
voltage ~ допустимое отклонение напряжения

toll 1. пошлина; сбор || взимать пошлину или сбор **2.** плата за междугородный телефонный разговор || взимать плату за междугородный телефонный разговор **3.** дополнительная плата за услуги || взимать дополнительную плату за услуги

tom томтом (*ударный музыкальный инструмент*)
high ~ *вчт* высокий томтом (*музыкальный инструмент из набора ударных General MIDI*)
high floor ~ *вчт* высокий напольный томтом (*музыкальный инструмент из набора ударных General MIDI*)
high-mid ~ *вчт* высокий средний томтом (*музыкальный инструмент из набора ударных General MIDI*)
low ~ *вчт* низкий томтом (*музыкальный инструмент из набора ударных General MIDI*)

tom

    low floor ~ *вчт* низкий напольный томтом (*музыкальный инструмент из набора ударных General MIDI*)
    low-mid ~ *вчт* низкий средний томтом (*музыкальный инструмент из набора ударных General MIDI*)
    melodic ~ *вчт* мелодический томтом (*музыкальный инструмент из набора General MIDI*)

tomogram томограмма
tomograph томограф
tomography томография
    computed ~ компьютерная томография
    computer-assisted ~ компьютерная томография
    computerized ~ компьютерная томография
    computerized axial ~ аксиальная компьютерная томография
    diffraction ~ дифракционная томография
    emission ~ эмиссионная томография
    geophysical ~ геотомография
    holographic ~ голографическая томография
    positron ~ позитронная томография
    positron-emission ~ 1. позитронно-эмиссионная томография 2. рентгеновский снимок, полученный методом позитронно-эмиссионной томографии
    quantum ~ квантовая томография
    refractive-index ~ рефракционная томография
    symplectic ~ симплектическая томография
    transverse ~ поперечная томография
    ultrasonic ~ ультразвуковая томография
    X-ray ~ рентгеновская томография

tomtom томтом (*ударный музыкальный инструмент*)
tonality 1. тональность 2. *вчт* цветовая схема
tone 1. тон (*1. цветовой тон 2. градация освещённости или яркости 3. гармонический звуковой сигнал 4. единица интервала частот*) 2. тональный сигнал || излучать тональный сигнал 3. большой тон (*интервал частот 9:8*) 4. оттенок; подкраска || придавать оттенок; подкрашивать || оттеночный; подкрашивающий
    attention dial ~ команда инициации тонального набора номера (*в Hayes-совместимых модемах*)
    beat ~ комбинационный тон
    busy ~ *тлф* тональный сигнал занятости
    call negotiation guard ~ сигнал предупреждения о вызове (*в факсимильной и модемной связи*)
    changed-number ~ тональный сигнал изменения номера абонента
    coin denomination ~ тональный сигнал, указывающий достоинство монеты (*в таксофоне*)
    color ~ цветовой тон
    combination ~ комбинационный тон
    complex ~ сложный тон
    confidence ~ *тлф* воспроизведение сигналов набора номера в микротелефонной трубке
    congestion ~ *тлф* тональный сигнал перегрузки
    continuous ~ многоградационный, градиентно-тоновый (*об изображении*)
    dial(ing) ~ *тлф* тональный сигнал готовности
    difference ~ комбинационный тон разностной частоты, разностный комбинационный тон
    engaged ~ *тлф* тональный сигнал занятости
    fundamental ~ основной тон
    gray ~ серый тон; полутон
    group busy ~ *тлф* тональный сигнал занятости группы линий
    guard ~ сигнал предупреждения о вызове (*в факсимильной и модемной связи*)
    half-~ 1. полутон (*1. наименьшее расстояние между звуками в 12-тоновой системе 2. переход от светлого к тёмному*) 2. полутоновое изображение (*1. изображение с переходами от светлого к тёмному 2. растровое изображение*) || полутоновый (*1. содержащий переходы от светлого к тёмному 2. растровый*) 3. растровая печать 4. растровая репродукция
    intrusion ~ 1. тональный сигнал подключения телефонистки 2. сигнал охранной сигнализации
    major ~ большой тон (*интервал частот 9:8*)
    minor ~ малый тон (*интервал частот 10:9*)
    number-unobtainable ~ *тлф* тональный сигнал о неправильном наборе номера
    objective ~ объективный комбинационный тон (*в акустике*)
    partial ~ частичный тон (*в акустике*)
    pilot ~ пилот-сигнал; управляющий сигнал, контрольный сигнал
    pip-pip ~ *тлф* тональный сигнал
    progress ~ *тлф* тональный сигнал о прохождении соединения
    pure ~ чистый тон
    reference ~ испытательный тональный сигнал
    reorder ~ *тлф* тональный сигнал занятости соединительных линий
    ringing ~ *тлф* вызывной тональный сигнал
    side ~ *тлф* местный эффект
    signaling ~ тональный сигнал
    simplex чистый тон
    start cue ~ начальная тональная метка (*на магнитной ленте*)
    stop cue ~ конечная тональная метка (*на магнитной ленте*)
    subjective ~ субъективный комбинационный тон, тон Тартини (*в акустике*)
    summation ~ комбинационный тон суммарной частоты, суммарный комбинационный тон, *проф.* суммовой комбинационный тон
    supervisory audio ~ управляющий тональный сигнал, сигнал SAT (*в системе AMPS*)
    switching ~ *тлф* тональный сигнал подключения
    Tartini's ~ тон Тартини, субъективный комбинационный тон (*в акустике*)
    test ~ испытательный тональный сигнал
    upper partial ~ обертон (*в акустике*)
    whole ~ большой тон (*интервал частот 9:8*)

tonearm тонарм
toneme тонема (*1. фонема тонального языка 2. ударение как смыслоразличительная единица*)
toner тонер, сухой или жидкий краситель (*напр. для принтеров*)
    black ~ чёрный тонер
    buckyball ~ фуллереновый тонер
    color ~ цветной тонер
    dry ~ сухой тонер
    finely-divided ~ мелкодисперсный тонер
    liquid ~ жидкий тонер
    magnetic ~ магнитный тонер
    microfine ~ мелкодисперсный тонер
    powder ~ порошковый тонер

tonetics тонетика (*фонетика тонального языка*)
Tonga одно из кодовых названий процессоров Pentium II для портативных компьютеров

tongue 1. язык; речь 2. способность к речевому общению 3. произносить

tonic 1. тоника || тонический 2. ударный слог || ударный 3. тональный, относящийся к тональному языку

tonometer 1. тонометр, прибор для измерения артериального *или* внутриглазного давления 2. камертон

tool 1. инструмент; средство (*1. орудие труда 2. инструментальная программа; программа обработки текста или изображения 3. позиция экранного меню 4. вспомогательная или сервисная программа; библиотечная программа*) 2. (обрабатывающий) станок 3. использовать инструмент; работать с инструментом 4. обрабатывать (*напр. деталь*) на станке
add anchor ~ *вчт* инструмент для создания [добавления] узлов (*напр. на кривой Безье*)
alignment ~ регулировочная отвёртка (*из немагнитного или диэлектрического материала*)
animation ~s *вчт* анимационные средства
author(ing) ~ *вчт* авторские средства, средства для авторских разработок (*напр. гипермедийных документов*), предназначенные для авторских разработок (*напр. гипермедийных документов*) программные и аппаратные средства
automatically programmed ~s система программирования станков с числовым программным управлением, система APT
computer-aided design ~s средства автоматизированного проектирования
computer/electronic services ~s инструменты для сборки, ремонта и обслуживания компьютеров и электронных приборов
convert point ~ *вчт* инструмент для преобразования точек (*напр. на кривой Безье*)
debug ~ *вчт* отладчик
delete anchor ~ *вчт* инструмент для удаления [стирания] узлов (*напр. на кривой Безье*)
development ~s средства разработки
econometric ~s эконометрические методы
eraser ~ *вчт* ластик (*инструмент для локального стирания или локального изменения цвета или прозрачности выбранных участков изображения*)
free-hand lasso ~ *вчт* лассо свободного стиля
hardware ~s аппаратные средства
lasso ~ лассо (*инструмент для выделения фрагмента изображения произвольной формы в графических редакторах*)
lathe ~ токарный резец
machine ~ (обрабатывающий) станок
magic eraser ~ *вчт* волшебный ластик (*инструмент для глобального увеличения прозрачности однородно окрашенных фрагментов изображения*)
magic wand ~ *вчт* волшебная палочка (*инструмент для глобального выделения однородно окрашенных фрагментов изображения*)
magnetic lasso ~ *вчт* магнитное лассо (*с привязкой к контуру*)
multimedia authoring ~s *вчт* средства для мультимедийных авторских разработок
multiplatform authoring ~s *вчт* многоплатформенные средства для авторских разработок
neutralizing ~ регулировочная отвёртка (*из немагнитного или диэлектрического материала*)
pattern matching ~ *вчт* средство сопоставления с образцом
pointer ~ *вчт* инструмент для выбора элементов изображения (*на экране дисплея*)
polygonal lasso ~ *вчт* многоугольное лассо
potentiometer ~ регулировочная отвёртка для переменных резисторов (*из диэлектрического материала*)
reference ~ справочная система; информационно-поисковая система
robot work ~ рабочий орган робота; инструмент робота
rotation ~ *вчт* инструмент для поворота (выбранных) элементов изображения (*на экране дисплея*)
scissor ~ *вчт* ножницы (*инструмент для отсечения частей изображения вне выбранной рамки в графических редакторах*)
scribing ~ *микр.* скрайбер
software development ~s средства разработки программного обеспечения
software ~s программные средства
system management interface ~ интерфейсные средства системного управления, программа SMIT
wrapped-wire ~ водило (*инструмент для соединения проводов накруткой*)

toolbar *вчт* панель инструментов, инструментальная панель, инструментарий

toolbox 1. *вчт* панель инструментов, инструментальная панель, инструментарий 2. ящик для инструментов
Dewey's ~ инструментарий Дьюи

tooling 1. станочный парк 2. оснащение станками и инструментами

toolkit 1. набор инструментов 2. *вчт* инструментарий, инструментальный (программный) пакет разработчика (*прикладных программ*)
abstract window ~ абстрактно-оконный инструментарий, графический интерфейс пользователя AWT (*в языке программирования Java*)
developer ~ инструментарий, инструментальный (программный) пакет разработчика

toolroom инструментальная мастерская

tooth зуб, зубец || снабжать зубцами

top 1. верх; верхняя поверхность; верхняя часть; вершина || располагать наверху; помещать в верхней части || верхний 2. высшая ступень; наивысшее положение || достигать наивысшего положения; достигать максимума || наивысший; максимальный 3. начальная часть; начало
~ **of atmosphere** верхняя атмосфера; верхние слои атмосферы
~ **of band** потолок энергетической зоны
~ **of file** 1. начало файла 2. символ начала файла
~ **of form** начало страницы
~ **of stack** вершина стека
~ **of tree** вершина дерева
flat ~ система горизонтальных проводов антенны
key ~ рабочая поверхность клавиши
page ~ верхний обрез страницы

topaz топаз (*эталонный минерал с твёрдостью 8 по шкале Мооса*)

top-down нисходящий (*напр. анализ*)

topic 1. тема (*1. предмет обсуждения или изучения 2. раздел; рубрика 3. исход, данное, известное (в ак-

туальном членении предложения)) **2.** отображаемое пространство, *проф.* топик

topical 1. представляющий интерес; актуальный **2.** локальный; местный

top-level относящийся к верхнему *или* высшему уровню

topnotch первоклассный, высшего класса

top-of-file 1. начало файла **2.** символ начала файла

topography топография (*1. раздел геодезии 2. топографические работы 3. исследование поверхности объекта*)
  electron-beam ~ электронно-лучевая топография
  neutron ~ нейтронная топография
  space ~ космическая топография
  substrate ~ топография подложки
  surface ~ топография поверхности
  wafer ~ *микр.* топография пластины
  X-ray diffraction ~ дифракционная рентгеновская топография

topology 1. топология (*1. раздел математики 2. конфигурация связей между компонентами, приборами и устройствами (в интегральной схеме, вычислительной системе, сети и др.)*) **2.** топография (*местности или объекта*)
  chip ~ *микр.* топология кристалла
  clopen ~ *см.* **closed and open topology**
  closed and open ~ открыто-замкнутая топология
  combinatorial ~ комбинаторная топология
  daisy chain ~ топология с шлейфовым подключением; топология типа «последовательная цепочка»
  fuzzy ~ нечёткая топология
  homotopic ~ *вчт* гомотопическая топология
  network ~ топология сети
  tiered-star multidrop ~ топология многоярусной многоотводной звезды

toponym топоним

toponymy топонимика

top-secret совершенно секретный (*наивысший гриф секретности в США*)

tori *pl* от **torus**

toric тороидальные контактные линзы ‖ относящийся к тороидальным линзам

toroid тороид (*1. геометрический объект 2. объект в форме тороида*)
  ferrite ~ ферритовый тороид

torque 1. (механический) момент (*1. момент силы 2. вращающий момент 3. крутящий момент*) **2.** естественная оптическая активность **3.** вращать(ся); поворачивать(ся)
  ~ **of instrument** отклоняющий момент (механизма) измерительного прибора
  deflecting ~ отклоняющий момент
  driving ~ вращающий момент
  operating ~ момент вращения (*подвижной системы переменного резистора*)
  precessing magnetized ~ прецессирующий магнитный момент
  spinning magnetized ~ прецессирующий магнитный момент
  starting ~ **1.** момент трогания (*подвижной системы переменного резистора*) **2.** пусковой момент (*двигателя*)
  torsion ~ крутящий момент

torquer 1. (первичный) измерительный преобразователь (механического) момента, датчик (механического) момента **2.** многополюсный серводвигатель

torr торр (133, 322 Па)

torsibility сопротивление при кручении

torsion 1. кручение (*1. вид деформации 2. вторая кривизна*) **2.** крутящий момент **3.** скручивание
  ~ **of curve** кручение кривой
  elastic ~ упругое кручение
  geodesic ~ геодезическое кручение
  pure ~ чистое кручение

torus тор (*1. геометрический объект 2. объект в форме тора*)
  bifurcational ~ бифуркационный тор
  elliptical ~ эллиптический тор
  invariant ~ инвариантный тор
  nonresonant ~ нерезонансный тор
  resonant ~ резонансный тор
  twisted ~ скрученный тор

toss 1. бросание; подбрасывание; перебрасывание ‖ бросать; подбрасывать; перебрасывать **2.** жеребьёвка (*напр. методом подбрасывания монеты*) ‖ проводить жеребьёвку (*напр. методом подбрасывания монеты*)

tossing 1. бросание; подбрасывание; перебрасывание **2.** жеребьёвка (*напр. методом подбрасывания монеты*)
  coin ~ **1.** жеребьёвка (*методом подбрасывания монеты*) **2.** (секретный криптографический) протокол СТ

total 1. общее количество; сумма; итог; результат ‖ подсчитывать общее количество; суммировать; подводить итог; определять результат ‖ общий; суммарный; итоговый; результирующий **2.** насчитывать; доходить до (*определённой величины*); достигать **3.** целое; единое **4.** полный; абсолютный **5.** главный (*напр. о квантовом числе*)
  check ~ контрольная сумма
  column ~ столбцовая сумма
  control ~ контрольная сумма
  hash ~ контрольная сумма
  moving ~ скользящая сумма
  row ~ строчная сумма
  weighted ~ взвешенная сумма

totality 1. общее количество; общая сумма; общий итог; конечный результат **2.** универсум; всеобщее **3.** совокупность **4.** полное затмение
  choices ~ совокупность выборов
  moving ~ генеральная совокупность
  solutions ~ совокупность решений

Total Talk компьютер для слепых операторов

touch 1. *вчт* касание ‖ касаться (*напр. кривой*) **2.** прикосновение; контакт ‖ соприкасаться; приводить в контакт; находиться в контакте **3.** сенсорный (*напр. о переключателе*) **4.** ретушь ‖ ретушировать ◊ ~ **down** приземляться (*напр. о летательном аппарате*); ~ **up** ретушировать
  resist ~ *микр.* ретушь резиста

touchcall *тлф* вызов кнопочным номеронабирателем, кнопочный набор

touch-down приземление (*напр. летательного аппарата*)

touch-screen *вчт* сенсорный экран, сенсорный дисплей

touch-sensitive сенсорный

touch-stone тест (*на качество*); критерий (*качества*); *проф.* пробный камень

touch(-)tone *млф* кнопочный тональный набор

touch-type печать по слепой (десятипальцевой) системе || печатать по слепой (десятипальцевой) системе

tourmaline *опт.* турмалин

tournament 1. турнир (*1. орграф, в котором любые две вершины соединены ребром 2. форма проведения соревновательных игр 3. состязание*) || турнирный 2. *pl* турнирный отбор (*напр. в генетических алгоритмах*)

  double ~ двойной турнир

  index heap ~ турнир индексной пирамиды

  knock-out ~ турнир с выбыванием

  round-robin ~ круговой турнир

  vertex-symmetric ~ вершинно-симметричный турнир

Tower вертикальный корпус (*системного блока компьютера*), корпус (*системного блока компьютера*) с вертикальным рабочим положением, корпус типа Tower, *проф.* (корпус типа) «башня» || вертикальный, с вертикальным рабочим положением, типа «башня» (*о корпусе системного блока компьютера*)

  Big-~ (вертикальный) корпус (*системного блока компьютера*) типа Big-Tower, *проф.* (корпус типа) «большая башня» (*высотой около 60 см и пятью или шестью выведенными на лицевую панель пятидюймовыми отсеками*)

  Midi-~ (вертикальный) корпус (*системного блока компьютера*) типа Midi-Tower, *проф.* (корпус типа) «миди-башня» (*высотой около 40 см и тремя выведенными на лицевую панель пятидюймовыми отсеками*)

  Mini-~ (вертикальный) корпус (*системного блока компьютера*) типа Mini-Tower, *проф.* (корпус типа) «мини-башня» (*высотой около 40 см и двумя выведенными на лицевую панель пятидюймовыми отсеками*)

  Super Big-~ (вертикальный) корпус (*системного блока компьютера*) типа Super Big-Tower, *проф.* (корпус типа) «сверхбольшая башня» (*высотой более 60 см и семью (или более) выведенными на лицевую панель пятидюймовыми отсеками*)

tower 1. башня 2. мачта; вышка; опора 3. вертикальный корпус (*системного блока компьютера*), корпус (*системного блока компьютера*) с вертикальным рабочим положением, корпус типа Tower, *проф.* (корпус типа) «башня» || вертикальный, с вертикальным рабочим положением, типа «башня» (*о корпусе системного блока компьютера*)

  antenna ~ антенная мачта

  boresight ~ пеленгационная мачта (*для совмещения электрической и механической осей антенны*)

  CD-ROM ~ башня дисководов (компакт-дисков формата) CD-ROM (*напр. в серверах*)

  dead-end ~ угловая опора

  guyed ~ антенная мачта с оттяжками

  pop-up ~ выдвижная антенная мачта

  self-supporting antenna ~ антенная мачта без оттяжек

  stayed ~ антенная мачта с оттяжками

  telescopic ~ телескопическая мачта

  television ~ телевизионная башня

trace 1. след || следить; отслеживать 2. *тлв* строка развёртки 3. *рлк* линия развёртки 4. запись; записанная кривая; осциллограмма || записывать 5. траектория; ход; путь 6. *вчт* трассировка || трассировать, производить трассировку 7. обнаруживать неисправности 8. метить, помечать; маркировать 9. *pl микр.* межсоединения 10. *вчт* выделять контуры (*растрового изображения*); преобразовывать растровую графику в векторную 11. *вчт* шпур, след (*квадратной матрицы, тензора второго ранга или (оператора) преобразования, отображения или представления*) 12. *вчт* след поверхности, линия пересечения поверхности с плоскостью 13. незначительное количество, следы (*напр. примеси*) 14. чертить; рисовать; изображать 15. снимать копию; калькировать

  ~ of automorphism шпур [след] автоморфизма

  ~s of impurity *пп* следы примеси

  ~ of map(ping) шпур [след] отображения

  ~ of representation шпур [след] отображения

  ~ of square matrix шпур [след] квадратной матрицы

  circular ~ круговая развёртка

  dual ~ двойная развёртка

  ground ~ наземная траектория

  kernel ~ шпур [след] ядра

  matrix ~ шпур [след] матрицы

  microdensitometer ~ микроденситограмма

  operator ~ шпур [след] оператора

  oscilloscope ~ осциллограмма

  program ~ трассировка программы

  reduced ~ приведенный шпур, приведенный след

  regular ~ регулярный шпур, регулярный след

  return ~ обратный ход луча

  surface ~ след поверхности

  sweep ~ линия развёртки

  tensor ~ шпур [след] тензора

  value ~ схема потоков (*в САПР*)

traceless бесшпуровый, с нулевым шпуром, бесследовый, с нулевым следом (*о квадратной матрице, тензоре второго ранга или операторе преобразования, отображения или представления*)

tracer 1. следящее устройство 2. самопишущий измерительный прибор, самописец 3. прибор для обнаружения неисправностей 4. цветная маркировочная нить (*изоляции провода*) 5. *вчт* графический планшет 6. изотопный индикатор

  characteristic [curve] ~ характериограф

  dead reaconing ~ счислитель пути

  digital ~ графический планшет

  radioactive ~ изотопный индикатор

  signal ~ прибор для покаскадной проверки прохождения сигнала (*с целью обнаружения неисправности в радиоприёмнике*)

  transistor-curve ~ прибор для записи характеристик транзисторов

  voltage-curve ~ вольтметр-самописец

traceroute программа трассировки маршрута (*в UNIX*)

tracert программа трассировки маршрута (*в Windows*)

tracing 1. слежение; отслеживание || следящий; отслеживающий 2. запись; записанная кривая; осциллограмма || записывающий 3. траектория; ход; путь 4. *вчт* трассировка 5. обнаружение повреждений или неисправностей; обнаружение ошибок 6. *вчт* выделение контуров (*растрового изобра-*

tracing

жения); преобразование растровой графики в векторную 7. копия; скалькированный чертёж *или* рисунок

automatic ~ автоматическое выделение контуров; автоматическое преобразование растровой графики в векторную

bitmap ~ выделение контуров растрового изображения; преобразование растровой графики в векторную

branch ~ трассировка переходов

contour ~ выделение контуров (*растрового изображения*); преобразование растровой графики в векторную

fault ~ обнаружение повреждений *или* неисправностей; обнаружение ошибок

manual ~ выделение контуров (*растрового изображения*)вручную; ручное преобразование растровой графики в векторную

ray ~ определение траектории луча

selective ~ селективная трассировка

signal ~ покаскадная проверка прохождения сигнала (*с целью обнаружения неисправности в радиоприемнике*)

tracing-paper калька

track 1. след; метка; помета || оставлять следы; отслеживать; метить; помечать **2.** дорожка (*записи*) **3.** трек (*1. последовательность секторов аудиокомпакт-диска, соответствующая одной записи 2. след заряженной частицы в веществе*) **4.** слежение (*за дорожкой записи*); следование (*воспроизводящей иглы*); *проф.* трекинг || следить (*за дорожкой записи*); следовать (*о воспроизводящей игле*); *проф.* осуществлять трекинг **5.** траектория (*напр. цели*); курс (*напр. ЛА*); путь; трасса **6.** *рлк* сопровождение (*цели*); слежение (*за целью*) || сопровождать (*цель*); следить (*за целью*) **7.** *рлк* проекция курса **8.** трассировочная дорожка (*в САПР*) **9.** *магн.* схема продвижения ЦМД **10.** перфорация **11.** *pl микр.* межсоединения **12.** сопряжение (*напр. контуров*); согласование характеристик (*напр. компандера и экспандера*) || сопрягать (*напр. контуры*); согласовывать характеристики (*напр. компандера и экспандера*) **13.** уравновешивание; балансировка; компенсация || уравновешивать; балансировать; компенсировать **14.** регулирование, регулировка || регулировать **15.** *вчт* перемещение курсора || перемещать курсор (*напр. с помощью мыши*) ◊ ~ **in range** сопровождение (*цели*) по дальности; слежение (*за целью*) по дальности; **~s per field** число дорожек записи на одно поле (*в магнитной видеозаписи*); ~ **per inch** число дорожек на дюйм (*мера плотности записи информации*); продольная плотность записи

~ **of particle** трек частицы

address (code)~ *тлв* дорожка временного кода; дорожка адресно-временного кода

adjacent ~**s** соседние дорожки

alternate ~ резервная дорожка (*магнитного диска*)

angle ~ **on target** сопровождение цели по углу; слежение за целью по углу

audio ~ **1.** дорожка записи звука, дорожка звукозаписи; дорожка звукового канала **2.** фонограмма; аудиозапись; запись звука

backing ~ дорожка аккомпанемента

bad ~ дефектная [не пригодная для использования] дорожка (*магнитного диска*)

bilateral (-area) ~ сдвоенная дорожка записи звука, сдвоенная дорожка звукозаписи

buzz ~ лента с записью шумов

chord ~ *вчт* аккордовая дорожка (*для автоаккомпанемента*)

clock ~ синхронизирующая [тактовая] дорожка

code ~ дорожка (канала временного) кода (*видеомагнитофона*)

concentric ~**s** концентрические дорожки (*напр. жёсткого диска*)

control ~ дорожка (канала) управления (*видеомагнитофона*)

cue ~ **1.** монтажная дорожка **2.** дорожка режиссёрского канала, режиссёрская дорожка (*видеомагнитофона*)

data ~ информационная дорожка

digital-disk ~ дорожка цифровой записи на диске

disk ~ дорожка (записи) на диске

double-unilateral [duolateral, duplex] ~ сдвоенная дорожка записи звука, сдвоенная дорожка звукозаписи

drum ~ *вчт* дорожка ударных (*в музыкальных редакторах*)

flight ~ *рлк* траектория полёта цели

group ~ *вчт* групповая дорожка (*в музыкальных редакторах*)

guard ~ предохранительная дорожка (*магнитного носителя*)

information ~ информационная дорожка

inner ~ внутренняя дорожка (*напр. магнитного диска*)

interconnection ~ трассировочная дорожка (*в САПР*)

ionization ~ трек ионизации

lateral ~ поперечная дорожка (*записи*)

laugh ~ дорожка с записью смеха

longitudinal ~ продольная дорожка (*записи*)

magnetic ~ магнитная дорожка

main-audio ~ дорожка звукового канала

master ~ *вчт* дорожка записи изменения темпа и размера (*в музыкальных редакторах*), *проф.* мастер-дорожка

matted-density ~ дорожка сжатой записи звука, дорожка сжатой звукозаписи, дорожка звукозаписи переменной ширины и плотности

middle ~ средняя дорожка (*напр. магнитного диска*)

mix ~ микшерная дорожка (*напр. в музыкальных редакторах*)

multiple-sound ~ дорожка многоканальной записи звука, дорожка многоканальной звукозаписи

multitarget ~ *рлк* сопровождение нескольких целей; слежение за несколькими целями

outer ~ внешняя дорожка (*напр. магнитного диска*)

permalloy ~ схема продвижения ЦМД на пермаллоевых аппликациях

pregrooved ~ предварительно изготовленная (спиральная) дорожка (*записываемого оптического диска*)

push-pull recording A ~ дорожка противофазной записи звука класса A, дорожка противофазной звукозаписи класса A

push-pull recording B ~ дорожка противофазной записи звука класса B, дорожка противофазной звукозаписи класса B
quadruplex ~ дорожка четырёхголовочной видеозаписи
recording ~ дорожка записи
reference ~ синхронизирующая [тактовая] дорожка
servo ~ серводорожка (*напр. жёсткого магнитного диска*)
single ~ одиночная дорожка записи
sound ~ 1. дорожка записи звука, дорожка звукозаписи; дорожка звукового канала 2. звуковая дорожка (*при фотографической звукозаписи*) 3. фонограмма; аудиозапись; запись звука, *проф.* саундтрек 4. лента с записью мюзикла; запись мюзикла
spiral ~ спиральная дорожка (*напр. аудиокомпакт-диска*)
squeeze ~ дорожка сжатой записи звука, дорожка сжатой звукозаписи, дорожка звукозаписи переменной ширины и плотности
storage ~ информационная дорожка
tape ~ дорожка (записи) на ленте
T-bar ~ схема продвижения ЦМД на T — I-образных аппликациях
timing ~ синхронизирующая [тактовая] дорожка
total ~s общее число дорожек (записи) (*на носителе*)
unusable ~ не пригодная для использования дорожка, дефектная дорожка (*магнитного диска*)
user ~ *вчт* сопровождение пользователя (*напр. в сети*)
variable-area ~ дорожка записи звука переменной ширины, дорожка звукозаписи переменной ширины
variable-density ~ дорожка записи звука переменной плотности, дорожка звукозаписи переменной плотности
video [vision] ~ дорожка видеозаписи
volume control ~ дорожка (канала) управления (*видеомагнитофона*)
wire ~ трассировочная дорожка (*в САПР*)
Y-bar ~ схема продвижения ЦМД на Y — I-образных аппликациях
trackability способность слежения (*за дорожкой записи*); способность следования (*воспроизводящей иглы*)
track-at-once запись (на компакт-диск) в режиме «один трек за сессию», запись (на компакт-диск) в режиме «один трек за сеанс»
trackball *вчт* указательное устройство типа «трекбол», *проф.* указательное устройство типа «перевёрнутая мышь»
tracker 1. следящая система 2. РЛС сопровождения цели 3. система сопровождения цели; система слежения за целью 4. оператор, осуществляющий проводку цели
delay ~ устройство слежения за задержкой
frequency ~ следящий фильтр
laser ~ лазерная следящая система
laser spot ~ лазерная следящая система целеуказания
optical ~ оптическая следящая система
range ~ 1. РЛС сопровождения цели по дальности 2. система сопровождения цели по дальности
split-gate ~ 1. РЛС сопровождения цели с расщеплённым строб-импульсом 2. система сопровождения цели с расщеплённым строб-импульсом
star ~ датчик системы астроориентации; следящий телескоп системы астроориентации
target ~ 1. РЛС сопровождения цели 2. система сопровождения цели
television ~ система телевизионного сопровождения цели; система телевизионного слежения за целью
tracking 1. оставление следов; отслеживание; отмечивание; помечивание 2. слежение (*за дорожкой записи*); следование (*воспроизводящей иглы*); *проф.* трекинг 3. рлк сопровождение (*цели*); слежение (*за целью*) 4. сопряжение (*напр. контуров*); согласование характеристик (*напр. компандера и экспандера*) 5. уравновешивание; балансировка; компенсация 6. регулирование, регулировка 7. *вчт* перемещение курсора (*напр. с помощью мыши*) 8. трекинг (*1. вчт изменение расстояния между символами в зависимости от кегля шрифта 2. трекинг диэлектрика, образование следов на поверхности диэлектрика при пробое*)
aided ~ *рлк* полуавтоматическое сопровождение; полуавтоматическое слежение
angle ~ *рлк* сопровождение по углу; слежение по углу
antenna ~ управление положением диаграммы направленности антенны в режиме сопровождения цели
asset ~ *вчт* 1. слежение за ресурсами; сопровождение ресурсов 2. слежение за имуществом; сопровождение имущества
automatic ~ 1. автотрекинг (*в видеомагнитофоне или проигрывателе компакт-дисков*) 2. *рлк* автоматическое сопровождение; автоматическое слежение
azimuth and elevation ~ *рлк* сопровождение по азимуту и углу места; слежение по азимуту и углу места
back ~ 1. отслеживание при возврате 2. аккомпанемент
carrier ~ отслеживание несущей
cavity ~ сопряжение резонаторов
changes ~ отслеживание изменений; помечивание изменений (*напр. в тексте*)
channel balance ~ регулировка стереобаланса
chromakey ~ *тлв* отслеживание силуэта при цветной рирпроекции
clock ~ отслеживание тактовой частоты
combined ~ *рлк* полуавтоматическое сопровождение; полуавтоматическое слежение
complementary ~ следящая схема включения двух управляемых выпрямителей
conical-scan ~ *рлк* сопровождение с коническим сканированием; слежение с коническим сканированием
deep-space ~ *рлк* сопровождение (*космических аппаратов*) в дальнем космосе; слежение (*за космическими аппаратами*) в дальнем космосе
delay ~ *рлк* сопровождение по задержке; слежение по задержке
Doppler ~ *рлк* сопровождение по доплеровской частоте; слежение по доплеровской частоте
dynamic ~ автотрекинг (*в видеомагнитофоне или проигрывателе компакт-дисков*)

tracking

edge ~ отслеживание контуров (*напр. в распознавании образов*)
electronic ~ электронное следование (*воспроизводящей иглы*)
elevation ~ *рлк* сопровождение по углу места; слежение по углу места
envelope ~ отслеживание огибающей
formant ~ отслеживание формант
gray scale ~ *тлв* динамическая регулировка уровня белого для получения шкалы серых тонов
hand ~ *рлк* ручное сопровождение; ручное слежение
head ~ *вчт* слежение за поворотом головы оператора (*в компьютерном стереовидении*)
laser ~ *рлк* лазерное сопровождение; лазерное слежение
loose ~ *вчт* разрежающий трекинг
low-angle ~ *рлк* сопровождение при малых углах места; слежение при малых углах места
manual ~ *рлк* ручное сопровождение; ручное слежение
mechanical ~ механическое следование (*воспроизводящей иглы*)
monopulse ~ *рлк* моноимпульсное сопровождение; моноимпульсное слежение
monopulse interpolative-null ~ *рлк* моноимпульсное сопровождение методом интерполяции по нулевым значениям; моноимпульсное слежение методом интерполяции по нулевым значениям
mouse ~ перемещение курсора с помощью мыши
normal ~ *вчт* нормальный трекинг
phase ~ отслеживание фазы
radar ~ радиолокационное сопровождение; радиолокационное слежение
radial ~ радиальное следование (*воспроизводящей иглы*)
range ~ *рлк* сопровождение по дальности; слежение по дальности
range rate ~ *рлк* сопровождение по скорости; слежение по скорости
skin ~ *рлк* сопровождение по отражённому сигналу; слежение по отражённому сигналу
space ~ сопровождение космических объектов; слежение за космическими объектами
tangential ~ тангенциальное следование (*воспроизводящей иглы*)
tape ~ автотрекинг (*в видеомагнитофоне*)
target ~ *рлк* сопровождение цели; слежение за целью
television ~ *рлк* телевизионное сопровождение цели; телевизионное слежение за целью
temperature coefficient of resistance ~ *микр.* компенсация температурной зависимости сопротивления (*за счёт использования компонентов с разными знаками температурного коэффициента сопротивления*)
thermal ~ *микр.* решение проблем теплоотвода (*напр. в системах с оптическими межсоединениями*)
tight ~ *вчт* плотный трекинг
velocity ~ *рлк* сопровождение по скорости; слежение по скорости
vertical ~ вертикальное следование (*воспроизводящей иглы*)

tracking and ranging *рлк* слежение и определение дальности
 correlation ~ слежение и определение дальности корреляционным методом
tracking and triangulation *рлк* слежение и определение местоположения с триангуляцией целей
 correlation ~ *рлк* слежение и определение местоположения корреляционным методом с триангуляцией целей
trackpad *вчт* указательное устройство типа «трекпад», плоское сенсорное указательное устройство
track-shift смена дорожки (*записи*)
 automatic ~ автоматическая смена дорожки (*записи*)
track-while-scan *рлк* сопровождение на проходе, сопровождение в режиме сканирования (*с предсказанием положения цели*)
tract *биолн.* 1. тракт 2. нервное сплетение
 vocal ~ голосовой [речевой] тракт
tractile растяжимый
traction 1. растяжение 2. состояние растяжения 3. тяга (*напр. электрическая*)
trade 1. торговля; торговые операции; коммерция || торговать; совершать торговые операции; заниматься коммерческой деятельностью || торговый; коммерческий 2. профессия; занятие; специальность || профессиональный; специализированный 3. сфера деловой активности ◊ **off** обменивать(ся)
trade-craft разведывательная деятельность; шпионаж
trademark товарный знак || снабжать товарным знаком; регистрировать товарный знак
tradeoff 1. (равноценный) обмен 2. компромисс || компромиссный
 bias-variance ~ компромисс между смещением и дисперсией (*оценки*)
 design ~ проектный компромисс
 logistics ~ логистический компромисс
 power-size ~ компромисс между мощностью и размером (*критерия*)
 yield-performance ~ *микр.* компромисс между выходом годных и качеством
trading торговля; торговые операции; коммерция
 program ~ компьютерные торговые операции
traffic 1. *вчт* трафик (*1. поток данных, информационный поток 2. число посетителей сайта за единицу времени или число соединений с сайтом за единицу времени*) 2. *тлф, тлг* нагрузка (*линии связи или канала*) 3. (транспортное) движение (*напр. воздушное*); транспорт; транспортные потоки; транспортные перевозки; (транспортное) сообщение || относящийся к движению (*напр. воздушному*); транспортный; относящийся к транспортным потокам, транспортным перевозкам или к транспортному сообщению 4. контакт; связь; (взаимный) обмен 5. торговля; торговые сделки; коммерция || торговать; совершать торговые операции; заниматься коммерческой деятельностью
 ~ **from node to node** трафик между узлами (*сети*)
 air ~ воздушное движение; воздушный транспорт; воздушное сообщение
 amateur radio ~ радиолюбительский трафик
 annual change ~ годовые изменения исходного текста программного продукта (*в процессе доработки*)

train

artificial ~ проверочная нагрузка
burst-type ~ пакетный трафик
called ~ входящая нагрузка
calling ~ исходящая нагрузка
delay-sensitive ~ трафик, чувствительный к задержке
heavy ~ большая нагрузка
high-density ~ напряжённый трафик
high-priority ~ трафик с высоким приоритетом
incoming ~ входящий трафик
intergroup ~ межгрупповая нагрузка
Internet ~ трафик в Internet
intraoffice ~ внутристанционная нагрузка
isochronous ~ изохронный трафик
local ~ местная нагрузка
long-distance ~ междугородная телефонная нагрузка
low-priority ~ трафик с низким приоритетом
maritime ~ морские перевозки; морской транспорт; морское сообщение
message ~ трафик сообщений
motor ~ автомобильное движение; автомобильный транспорт; автомобильное сообщение
multimedia ~ мультимедийный трафик
network ~ сетевой трафик
outgoing ~ исходящий трафик
overflow ~ перегруженный трафик
peak ~ 1. пиковый трафик 2. пиковая нагрузка
railway ~ железнодорожное движение; железнодорожный транспорт; железнодорожное сообщение
random ~ случайная нагрузка
telegraph ~ телеграфная нагрузка
telephone ~ телефонная нагрузка
test ~ проверочная нагрузка
third-party ~ трафик абонентов-посредников; трафик независимых абонентов
through ~ транзитная нагрузка
toll ~ междугородная телефонная нагрузка
two-way ~ двусторонняя нагрузка
user ~ абонентская нагрузка
waste ~ *тлф* потерянная нагрузка
Web ~ Web-трафик, трафик в глобальной гипертекстовой системе WWW для поиска и использования ресурсов Internet, трафик в Web-системе, *проф.* трафик в WWW-системе, *проф.* трафик во «всемирной паутине»

trail 1. след || следить; отслеживать 2. запаздывающая или затягивающаяся фаза (*напр. процесса*); запаздывающее или затягивающееся явление; *проф.* хвост || запаздывать; затягивать(ся); отставать 3. срез (*импульса*) 4. цепь, путь из неповторяющихся рёбер (*в графе*)
audit ~ *вчт* 1. контрольный журнал; журнал регистрации изменений (*состояния объекта*); журнал регистрации выполненных операций 2. запись результатов проверочного теста (*при пошаговом исполнением программы*) 3. последовательность записей об изменении состояния данного объекта или о выполненных над данным объектом операциях, *проф.* след аудита; след проверки
crashed program audit ~ последовательность записей о работе отказавшей программы (*до момента отказа*), след проверки отказавшей программы

dislocation ~ *фтт* след дислокации
Eulerian ~ эйлерова цепь (*в графе*)
high-density meteor ~ метеорный след с высокой концентрацией электронов
low-density meteor ~ метеорный след с низкой концентрацией электронов
overdense (meteor) ~ метеорный след с повышенной концентрацией электронов
pulse ~ 1. срез импульса 2. *рлк* паразитный выброс на срезе основного импульса
underdense (meteor) ~ метеорный след с пониженной концентрацией электронов

trailer 1. *тлв* тянущееся продолжение 2. концевой ракорд (*напр. магнитной ленты*) 3. конечный участок (*напр. магнитной ленты*) 4. *тлв* ролик с рекламой кинофильма, киноафиша 5. *вчт* завершитель (*напр. сообщения*), заключительная часть (*напр. пакета*), *проф.* трейлер
batch ~ завершитель пакета
message ~ завершитель сообщения
sector ~ завершитель сектора (*напр. магнитного диска*)
tape ~ 1. концевой ракорд ленты (*напр. магнитной*) 2. конечный участок ленты (*напр. магнитной*); *вчт* участок после маркера конца (*магнитной*) ленты
track ~ завершитель дорожки (*напр. магнитного диска*)

trailing 1. слежение; отслеживание || следящий; отслеживающий 2. запаздывание; затягивание (*напр. процесса*) || запаздывающий; затягивающийся 3. замыкающий; завершающий; конечный; концевой

transaction ~ *вчт* создание файла изменений

train 1. последовательность; серия; ряд 2. цепь; цепочка; цуг; эшелон 3. тренировка (*1. обучение 2. специальная обработка изделий или компонентов перед эксплуатацией*) || тренировать (*1. обучать 2. подвергать изделия или компоненты специальной обработке перед эксплуатацией*) 4. трансмиссия 5. поезд; состав
~ of events цепь событий
~ of oscillations серия колебаний
bidirectional-pulse ~ последовательность биполярных импульсов, биполярная импульсная последовательность
bit ~ 1. *вчт* последовательность битов 2. тактовая последовательность (*в системе синхронизации*)
clock ~ тактовая последовательность
digit ~ 1. последовательность цифр 2. *млф* серия импульсов набора
impulse ~ последовательность импульсов, импульсная последовательность
maglev ~ поезд на магнитной подвеске
periodic pulse ~ периодическая последовательность импульсов, периодическая импульсная последовательность
pulse ~ последовательность импульсов, импульсная последовательность
random pulse ~ случайная последовательность импульсов, случайная импульсная последовательность
spike ~ *кв. эл.* последовательность пичков
step ~ *фтт* эшелон (ростовых) ступеней
switch ~ последовательность переключений

train

unidirectional pulse ~ последовательность монополярных импульсов, монополярная импульсная последовательность
vector ~ цепочка векторов
wave ~ **1.** волновой цуг **2.** серия регулярно повторяющихся волн
trainable обучаемый, способный к обучению
trainee обучаемый (*субъект или объект*)
trainer 1. тренажёр **2.** инструктор; обучающий **3.** обучающая программа
radar ~ радиолокационный тренажёр
training 1. обучение (*1. процесс передачи и (или) приобретения знаний 2. целенаправленный процесс изменения синаптических связей в искусственных нейронных сетях*) **2.** тренировка (*1. процесс приобретения навыков 2. специальная обработка изделий или компонентов перед эксплуатацией*)
~ with noise обучение с шумом
associative ~ обучение с учителем, контролируемое [управляемое] обучение
Bayesian ~ байесово обучение
computer-based ~ компьютерное обучение
error-correcting ~ обучение с исправлением ошибок
hybrid ~ смешанное обучение (*с использованием контролируемого и неконтролируемого обучения в различных слоях нейронной сети*)
least-absolute-value ~ обучение с оценкой методом наименьшей абсолютной величины
least-squares ~ обучение с оценкой методом наименьших квадратов
off-line ~ обучение (*нейронной сети*) с однократным изменением синаптических связей (*после получения всей обучающей выборки*), *проф.* оффлайновое обучение
on-line ~ обучение в реальном масштабе времени, *вчт проф.* онлайновое обучение
real-time ~ обучение в реальном масштабе времени, *вчт проф.* онлайновое обучение
robot ~ обучение робота
simulated annealing ~ обучение (*нейронной сети*) методом имитации отжига
stopped ~ обучение с блокированием, обучение с остановкой при увеличении коэффициента валидационных ошибок (*в нейронных сетях*)
supervised ~ обучение с учителем, контролируемое [управляемое] обучение
unsupervised ~ обучение без учителя, самообучение, неконтролируемое [неуправляемое] обучение
traject передавать; пропускать ◊ **to ~ light through prism** пропускать свет через призму
trajectory 1. траектория; путь **2.** кривая *или* поверхность, образующая постоянный угол со всеми кривыми *или* поверхностями данного семейства; интегральная поверхность *или* кривая
~ of electron траектория электрона
admissible ~ допустимая траектория
asymptotic ~ асимптотическая траектория
ballistic ~ баллистическая траектория
Brownian ~ траектория при броуновском движении
circular ~ круговая траектория
closed ~ замкнутая траектория
design ~ этапы проектирования
elliptic ~ эллиптическая траектория
hyperbolic ~ гиперболическая траектория
open ~ незамкнутая траектория
parabolic ~ параболическая траектория
particle ~ траектория частицы
periodic ~ периодическая траектория
phase ~ фазовая траектория
state ~ траектория состояний системы
tram (разметочный) штангенциркуль
trammel 1. эллипсограф, инструмент для вычерчивания эллипсов **2.** приспособление для (механической) подгонки *или* юстировки
trampoline *вчт* генерируемые в ходе исполнения программы данные, интерпретируемые как исполняемый код
transact 1. *вчт* выполнять транзакцию, обрабатывать запрос **2.** *вчт* производить запись в файле изменений **3.** обменивать один объект на другой; заключать сделку; выполнять операции (*напр. коммерческую*) **4.** выполнять трансакцию (*единичный акт взаимодействия партнеров по общению, сопровождающийся заданием позиций*)
transaction 1. *вчт* транзакция, (групповая) обработка запроса (*с сохранением целостности данных*) **2.** *вчт* запись в файле изменений **3.** обмен одного объекта на другой; сделка; операция (*напр. коммерческая*) **4.** трансакция (*единица взаимодействия партнеров по общению, сопровождающаяся заданием позиций*) **5.** *pl* труды; записки (*название некоторых периодических научных изданий*)
ACID ~ *см.* **atomicity – consistency – isolation – durability transaction**
atomic ~ атомарная [неделимая] транзакция
atomicity – consistency – isolation – durability ~ транзакция, обладающая свойствами атомарности, согласованности, изолированности и долговечности, ACID-транзакция
business ~ **1.** *вчт* относящаяся к бизнесу транзакция, *проф.* бизнес-транзакция **2.** коммерческая сделка
cache ~ транзакция при обращении к кэш-памяти
distributed ~ распределённая транзакция
local ~ локальная транзакция
mail ~ *вчт* почтовая транзакция
secure electronic ~s защищённые электронные транзакции
transadmittance полная междуэлектродная проводимость
forward ~ полная междуэлектродная проводимость прямой передачи
interelectrode ~ полная междуэлектродная проводимость
open-circuit ~ полная междуэлектродная проводимость в режиме холостого хода
reverse ~ полная междуэлектродная проводимость обратной передачи
short-circuit ~ полная междуэлектродная проводимость в режиме короткого замыкания
transborder трансграничный, осуществляемый через (государственную) границу
transceiver приёмопередатчик (*1. приёмопередающая радиостанция; дуплексная радиостанция 2. вчт устройство для подключения хост-устройства к средствам передачи данных, напр. хост-компьютера к локальной сети, проф. трансивер*)

amateur ~ приёмопередатчик для любительской радиосвязи
Bluetooth ~ приёмопередатчик системы Bluetooth
citizens-band ~ приёмопередатчик для персональной радиосвязи (*в диапазоне частот 26,965 — 27,255 МГц*)
data loop ~ петлевой приёмопередатчик данных
facsimile ~ приёмопередающий факсимильный аппарат
fiber-optic ~ приёмопередатчик для волоконно-оптической линии связи
frequency-agility ~ приёмопередатчик с быстрой перестройкой частоты
FS ~ *см.* **full-speed transceiver**
full-speed ~ полноскоростной приёмопередатчик; высокоскоростной приёмопередатчик (*напр. для передачи данных*)
hand-held ~ портативный приёмопередатчик
high-frequency ~ приёмопередатчик ВЧ-диапазона
low-speed ~ низкоскоростной приёмопередатчик (*напр. для передачи данных*)
LS ~ *см.* **low-speed transceiver**
multi-port ~ многопортовый приёмопередатчик
two-way ~ приёмопередатчик, дуплексная радиостанция
transcendence трансцендентность
transcendent 1. трансцендент (*тип дифференциального уравнения*) 2. трансцендентный
Painlevé ~ трансцендент Пенлеве
transcendental трансцендентный
transcodability возможность транскодирования
transcoder транскодер
base station ~ транскодер базовой станции
transcoding транскодирование
transconductance 1. крутизна (*электронной лампы*) 2. активная междуэлектродная проводимость
control-grid plate ~ крутизна
conversion ~ крутизна преобразования
differential ~ крутизна
grid-anode [grid-plate] ~ крутизна
interelectrode ~ активная междуэлектродная проводимость
nonlinear ~ нелинейная междуэлектродная проводимость
variable ~ переменная крутизна
transcribe 1. записывать вещательную программу 2. копировать (*напр. документ*) 3. переводить (*с одного языка на другой*) 4. *вчт* переносить данные (*с одного носителя на другой*); преобразовывать данные 5. транскрибировать 6. подвергаться (генетической) транскрипции
transcriber *вчт* преобразователь данных
transcript копия (*напр. документа*)
transcriptase *биол.* транскриптаза, РНК-полимераза
transcription 1. запись вещательной программы (*1. процесс записи 2. результат записи*) 2. копия (*напр. документа*) 3. перевод (*с одного языка на другой*) 4. *вчт* преобразование данных 5. транскрибирование 6. транскрипция (*1. фонетическая или фонематическая транскрипция, способ письменной передачи реальных звуков речи 2. практическая транскрипция, способ передачи иноязычных непереводимых слов средствами национального алфавита 3. аранжировка или переложение музыкального произведения 4. синтез молекул РНК на соответствующих участках ДНК*)
phonetic ~ 1. фонетическое транскрибирование 2. фонетическая транскрипция
transcripton *биол.* оперон, (тран)скриптон
transcurrent развивающийся в поперечном направлении (*напр. о процессе*); простирающийся поперёк (*исходного направления*)
transcutaneous *биол.* накладной, накладываемый на кожу (*напр. электрод*)
transduce 1. преобразовывать 2. *биол.* вызывать трансдукцию
transducer 1. преобразователь 2. (первичный) измерительный преобразователь, датчик, *проф.* сенсор
acceleration ~ измерительный преобразователь ускорения
acoustic ~ акустический преобразователь
acoustical-electrical ~ акустоэлектрический преобразователь
active ~ активный преобразователь
all-pass ~ преобразователь с характеристикой фазового фильтра
altimeter ~ измерительный преобразователь высоты, датчик высоты
analog ~ 1. аналоговый преобразователь 2. аналоговый первичный измерительный преобразователь, аналоговый датчик
apodized ~ аподизованный преобразователь
bender ~ пьезоэлектрический преобразователь с изгибными колебаниями
bidirectional [bilateral] ~ двунаправленный преобразователь
bioelectric ~ биоэлектрический преобразователь
capacitance displacement ~ ёмкостный измерительный преобразователь перемещения, ёмкостный датчик перемещения
capacitance-type ~ ёмкостный измерительный преобразователь, ёмкостный датчик
ceramic ~ керамический преобразователь
circular-plate ~ гидроакустический преобразователь с круглой мембраной
closed ~ кольцевой магнитострикционный преобразователь
complementary Golay-coded ~ встречно-штыревой [встречно-гребенчатый] преобразователь с расположением штырей в соответствии с дополнительным кодом Голея
concave ~ преобразователь с вогнутой излучающей поверхностью
conversion ~ преобразователь частоты
crystal ~ пьезоэлектрический преобразователь, пьезопреобразователь
dc ~ преобразователь постоянного тока
differential ~ дифференциальный преобразователь
digital ~ 1. цифровой преобразователь 2. цифровой первичный измерительный преобразователь, цифровой датчик
digital telephone ~ цифровой телефонный преобразователь
displacement ~ измерительный преобразователь перемещения, датчик перемещения
dissymmetrical ~ асимметричный преобразователь
double-finger ~ встречно-штыревой [встречно-гребенчатый] преобразователь с расщеплёнными штырями

transducer

dual-mode ~ преобразователь поляризации (*в круглом волноводе*)
dummy-finger interdigital ~ встречно-штыревой [встречно-гребенчатый] преобразователь со свободными штырями
echo-ranging ~ гидроакустический преобразователь
edge-bonded ~ торцевой преобразователь (*напр. в устройствах на ПАВ*)
electret ~ электретный (электроакустический) преобразователь
electric ~ электрический преобразователь
electroacoustic ~ электроакустический преобразователь
electrochemical ~ электрохимический преобразователь
electromechanical ~ электромеханический преобразователь
electrooptical ~ электрооптический преобразователь
electrostatic ~ электростатический преобразователь
force ~ динамометрический преобразователь, динамометрический датчик
half-wave ~ полуволновый преобразователь
harmonic conversion ~ 1. умножитель частоты 2. делитель частоты
heterodyne conversion ~ гетеродинный преобразователь частоты
hydroacoustic ~ гидроакустический преобразователь
ID ~ *см.* **interdigital transducer**
implantable ~ имплантируемый измерительный преобразователь, имплантируемый датчик
inductive ~ индуктивный измерительный преобразователь, индуктивный датчик
integrated ~ интегральный преобразователь
interdigital ~ встречно-штыревой [встречно-гребенчатый] преобразователь
laminated ~ слоистый преобразователь
light-electricity ~ фотоэлектрический преобразователь
linear ~ линейный преобразователь
linear-modulation-function interdigital ~ встречно-штыревой [встречно-гребенчатый] преобразователь с линейно изменяющимся шагом
LMF interdigital ~ *см.* **linear-modulation-function interdigital transducer**
load ~ измерительный преобразователь нагрузки, датчик нагрузки
log-periodic ~ логопериодический преобразователь
magnetic ~ магнитный измерительный преобразователь, магнитный датчик
magnetoelectric ~ магниторезистивный измерительный преобразователь, магниторезистивный датчик
magnetoresistive ~ магниторезистивный измерительный преобразователь, магниторезистивный датчик
magnetostatic-wave ~ преобразователь для возбуждения магнитостатических волн
magnetostriction [magnetostrictive] ~ магнитострикционный измерительный преобразователь, магнитострикционный датчик
mechanical ~ механический преобразователь
metal-insulator-piezoelectric semiconductor ~ преобразователь со структурой металл — диэлектрик — пьезополупроводник
MIPS ~ *см.* **metal-insulator-piezoelectric semiconductor transducer**
mode ~ 1. преобразователь мод 2. трансформатор типов волн (*в волноводе*)
mosaic ~ мозаичный преобразователь
multiport ~ многоплечий преобразователь
nonreciprocal ~ невзаимный преобразователь
nonsymmetrical ~ несимметричный преобразователь
open-circuited microstrip magnetostatic-wave ~ преобразователь для возбуждения магнитостатических волн на разомкнутой микрополосковой линии
orthomode ~ преобразователь для возбуждения ортогональных мод
parallel-movement piezoelectric ~ пьезоэлектрический преобразователь для получения поступательных перемещений
passive ~ пассивный преобразователь
phase-weighted ~ преобразователь с взвешиванием фазы
photoelectric ~ фотоэлектрический преобразователь
piezoelectric ~ пьезоэлектрический преобразователь, пьезопреобразователь
piezoelectric film ~ плёночный пьезоэлектрический преобразователь
piezoelectric flexure ~ пьезоэлектрический преобразователь с изгибными колебаниями
piezoelectric shear ~ пьезоэлектрический преобразователь со сдвиговыми колебаниями
piezoelectric thickness ~ пьезоэлектрический преобразователь с колебаниями по толщине
piezoelectric width ~ пьезоэлектрический преобразователь с колебаниями по ширине
p-n (junction) ~ преобразователь на $p - n$-переходе
potentiometric ~ потенциометрический преобразователь
pressure ~ измерительный преобразователь давления, датчик давления
quarter-wave ~ четвертьволновый преобразователь
reciprocal ~ взаимный преобразователь
recording ~ 1. преобразователь для записи 2. головка записи
reproducing ~ 1. преобразователь для воспроизведения 2. головка воспроизведения
reversible ~ обратимый преобразователь
ring ~ кольцевой (гидроакустический) преобразователь
sandwich ~ трёхслойный преобразователь; слоистый преобразователь
SAW ~ *см.* **surface-acoustic-wave transducer**
shear-mode ~ преобразователь сдвиговых мод
shorted-microstrip magnetostatic-wave ~ преобразователь для возбуждения магнитостатических волн на короткозамкнутой микрополосковой линии
sonar ~ гидроакустический преобразователь
split ~ секционированный преобразователь
surface-acoustic-wave ~ преобразователь для возбуждения ПАВ

surface-to-surface-wave ~ преобразователь поверхностных волн в поверхностные
surface-to-volume-wave ~ преобразователь поверхностных волн в объёмные
symmetrical ~ симметричный преобразователь
thermoelectric ~ термоэлектрический преобразователь
thin-film ~ тонкоплёночный преобразователь
torque ~ измерительный преобразователь момента, датчик момента
tuning-fork ~ камертонный преобразователь
two-port ~ двуплечий преобразователь
ultrasonic ~ ультразвуковой преобразователь
unapodized ~ неаподизованный преобразователь
underwater sound ~ гидроакустический преобразователь
unidirectional ~ невзаимный преобразователь
uniform-overlap interdigital ~ встречно-штыревой [встречно-гребенчатый] преобразователь с равномерным перекрытием штырей
unilateral ~ невзаимный преобразователь
unweighted ~ преобразователь без взвешивания
velocity ~ измерительный преобразователь скорости, датчик скорости
volume-to-surface-wave ~ преобразователь объёмных волн в поверхностные
volume-to-volume-wave ~ преобразователь объёмных волн в объёмные
wedge ~ клиновидный преобразователь
weighted ~ преобразователь с взвешиванием
transduction 1. преобразование 2. *бион.* трансдукция ~ **of gen** трансдукция гена
capacitive ~ ёмкостное преобразование
optic-to-electronic ~ оптоэлектронное преобразование
photovoltaic ~ фотогальваническое преобразование

transductor насыщающийся (электрический) реактор
transfer 1. передача; перенос; переход || передавать; переносить; переходить 2. система передачи *или* переноса; средства передачи *или* переноса 3. *вчт* передача управления; переход || передавать управление; выполнять переход 4. *вчт* команда перехода || выполнять команду перехода 5. посылка, посылаемый сигнал 6. перезапись || перезаписывать ◊ ~ **in channel** *вчт* переход в канале
~ **of control** 1. *вчт* передача управления; переход 2. команда перехода
active power ~ передача активной мощности
back ~ обратная передача; обратный перенос; обратный переход
back and forth ~ взаимный перенос
backside-illuminated frame ~ кадровый перенос изображения с тыловым освещением
binary ~ передача двоичных данных
binary file ~ 1. передача двоичных файлов 2. протокол передачи двоичных файлов, протокол BFT
bit block ~ 1. копирование *или* пересылка битового блока || копировать *или* пересылать битовый блок (*при взаимодействии видеопамяти и ОЗУ*) 2. алгоритм копирования *или* пересылки битового блока, алгоритм BLT
bit(-by-bit) ~ побитовая передача
block ~ 1. поблочная передача (*данных*) 2. копирование *или* пересылка битового блока || копировать *или* пересылать битовый блок (*при взаимодействии видеопамяти и ОЗУ*) 3. алгоритм копирования *или* пересылки битового блока, алгоритм BLT
block(-by-block) ~ *вчт* поблочная передача
bubble ~ передача ЦМД
bulk data ~ передача больших массивов данных, *проф.* сплошная передача данных
carrier ~ перенос носителей
charge ~ перенос заряда
color ~ цветопередача
conditional ~ 1. условный переход 2. команда условного перехода
contrast ~ передача контраста
control ~ 1. передача управления; переход 2. управляющая посылка
cooperative energy ~ кооперативный перенос энергии
data ~ передача данных
delayed control ~ задержанная передача управления; задержанный переход
diffusion ~ диффузионный перенос
dopant ~ *пп* перенос легирующей примеси
dye ~ *кв. эл.* перенос красителя
electron ~ перенос электронов
electronic funds ~ электронные денежные расчёты; электронные денежные переводы
electrostatic ~ электростатический перенос (*изображения*)
energy ~ передача энергии; перенос энергии
excitation ~ *кв. эл.* передача возбуждения
file ~ передача файлов
film-to-tape ~ перенос изображения с киноплёнки на магнитную ленту
forward ~ прямая передача; прямой перенос; прямой переход
frame interlace ~ передача с перемежением кадров (*в формирователях сигнала изображения на ПЗС*)
frontside-illuminated interline ~ чересстрочный перенос изображения с фронтальным освещением
heat ~ теплопередача
hypertext ~ *вчт* передача гипертекста
image ~ передача изображения; перенос изображения
impurity-atom ~ перенос примесных атомов
incomplete charge ~ неполный перенос заряда
information ~ передача информации
intervalley ~ *пп* междолинный перенос
layer-to-layer signal ~ межслойный перенос сигнала (*на магнитной ленте*)
magnetic ~ перенос информации с магнитной ленты
mass ~ массоперенос
maximum power ~ максимальная передача энергии, передача энергии в режиме согласования
media ~ перезапись со сменой носителя (*данных*)
modulation ~ преобразование модуляции
multiple ~ многоступенчатый перенос
nonradiative ~ безызлучательный перенос
parallel ~ параллельный перенос (*напр. заряда*); параллельная передача (*напр. данных*)
parallel charge ~ параллельный перенос заряда
pattern ~ передача изображения; перенос изображения

transfer

peer-to-peer file ~ одноранговая передача файлов
peripheral ~ обмен информацией между периферийными устройствами
photon-induced charge ~ фотоиндуцированный перенос заряда
power ~ передача мощности
radiative ~ излучательный перенос
register ~ (меж)регистровая пересылка
resonant energy ~ резонансный перенос энергии
reverse ~ обратная передача; обратный перенос; обратный переход
serial ~ последовательный перенос (*напр. заряда*); последовательная передача (*напр. данных*)
serial charge ~ последовательный перенос заряда
serial-parallel charge ~ последовательно-параллельный перенос заряда
signal ~ передача сигнала
signal-charge ~ перенос информационного заряда
sound ~ перезапись фонограммы
split ~ передача (*данных*) с использованием расщеплённого буфера или нескольких попеременно включаемых буферов
technology ~ передача технологии
text ~ передача текстовых данных
turbulent ~ турбулентный перенос
unconditional ~ *вчт* **1.** безусловный переход **2.** команда безусловного перехода
valley ~ *пп* междолинный перенос
word(-by-word) ~ *вчт* пословная передача
zone ~ передача зоны (*от первичного сервера доменных имён ко вторичному*)

transference передача; перенос; переход

transferring 1. передача; перенос; переход **2.** *вчт* выполнение команды перехода **3.** пересылка (*напр. данных*) **4.** перезапись
bit block ~ **1.** копирование *или* пересылка битового блока (*при взаимодействии видеопамяти и ОЗУ*) **2.** алгоритм копирования *или* пересылки битового блока, алгоритм BLT

transfiguration видоизменение; преобразование (*процесс или результат*)

transfigure видоизменяться; преобразовываться

transfinite трансфинитный (*о числе*)

transfluxor *вчт* трансфлюксор

transform 1. преобразование; отображение ‖ преобразовывать(ся); отображать(ся) **2.** результат преобразования; образ; отображение **3.** трансформация; превращение; переход ‖ трансформировать(ся); превращать(ся); переходить **4.** трансформированная лингвистическая конструкция
affine ~ аффинное преобразование
chirp-Z ~ Z-преобразование с помощью внутриимпульсной линейной частотной модуляции
code ~ преобразование кода
columnwise ~ преобразование по столбцам
continuous Fourier ~ непрерывное преобразование Фурье, НПФ
coordinate system ~ преобразование системы координат
cosine ~ косинусное преобразование
C-~ С-преобразование, зарядовое сопряжение (*замена частицы на античастицу*)
CP-~ СР-преобразование, комбинированное преобразование, произведение операций зарядового сопряжения и инверсии пространства
CPT-~ СРТ-преобразование, произведение операций зарядового сопряжения, инверсии пространства и инверсии времени
data ~ преобразование данных
direct electronic Fourier ~ прямое электронное преобразование Фурье
direct Fourier ~ прямое преобразование Фурье, ППФ
discrete cosine ~ дискретное косинусное преобразование
discrete Fourier ~ дискретное преобразование Фурье, ДПФ
discrete Hartley ~ дискретное преобразование Хартли, ДПХ
discrete Hilbert ~ дискретное преобразование Гильберта
discrete Laplace ~ дискретное преобразование Лапласса
F ~ *см.* **Fourier transform**
fast Fourier ~ быстрое преобразование Фурье, БПФ
fast Hartley ~ быстрое преобразование Хартли, БПХ
fast polynomial ~ быстрое полиномиальное преобразование
fast Walsh ~ быстрое преобразование Уолша, преобразование Уолша — Адамара
Fermat ~ преобразование Ферма
Fourier ~ преобразование Фурье
fractal ~ фрактальное преобразование
Fresnel ~ преобразование Френеля
Golay ~ преобразование Голея
gradient ~ градиентное преобразование
H ~ *см.* **Hilbert transform**
Hadamard ~ преобразование Адамара
Hartley ~ преобразование Хартли
hexagonal discrete Fourier ~ гексагональное дискретное преобразование Фурье
Hilbert ~ преобразование Гильберта
homomorphic ~ гомоморфное преобразование
image ~ преобразование изображения
indirect discrete cosine ~ непрямое дискретное косинусное преобразование
inverse ~ обратное преобразование
inverse discrete Fourier ~ обратное дискретное преобразование Фурье, ОДПФ
inverse Fourier ~ обратное преобразование Фурье, ОПФ
inverse Laplace ~ обратное преобразование Лапласа
joint ~ совмещенное преобразование
Karhunen-Loève ~ преобразование Карунена — Лёва
Laplace ~ преобразование Лапласа
linear ~ линейное преобразование
long-time Fourier ~ медленное преобразование Фурье
Lorentz ~ преобразование Лоренца
Mersenne ~ преобразование Мерсенна
mode ~ преобразование мод
multirate Z ~ многократное Z-преобразование
near-to-far field ~ пересчёт поля из ближней зоны в дальнюю
nonlinear ~ нелинейное преобразование
odd discrete Fourier ~ нечётное дискретное преобразование Фурье, НДПФ
odd-frequency Fourier ~ нечётно-частотное преобразование Фурье

odd-time Fourier ~ нечётно-временное преобразование Фурье
odd-time odd-frequency discrete Fourier ~ нечётно-временное нечётно-частотное дискретное преобразование Фурье, Н^{2}ДПФ
optical Fourier ~ оптическое преобразование Фурье, ОПФ
optical Fresnel ~ оптическое преобразование Френеля, ОПФр
P-~ P-преобразование, инверсия пространства
Poisson ~ преобразование Пуассона
polynomial ~ полиномиальное преобразование
Radon ~ преобразование Радона
rowwise ~ преобразование по строкам
S ~ *см.* **slant transform**
slant ~ двумерное преобразование по наклонному [пилообразному] базису, двумерное преобразование с использованием кусочно-пилообразных базисных функций, *проф.* S-преобразование
smoothed coherence ~ сглаженное когерентное преобразование
Sommerfeld's ~ преобразование Зоммерфельда
T-~ T-преобразование, инверсия времени
Taylor-Cauchy ~ преобразование Тейлора — Коши
two-dimensional Fourier ~ двумерное преобразование Фурье
two-dimensional Hartley ~ двумерное преобразование Хартли
twofold Fourier ~ двумерное преобразование Фурье
Walsh-Hadamard ~ преобразование Уолша — Адамара, быстрое преобразование Уолша
wavelet ~ вейвлетное преобразование
W/H ~ *см.* **Walsh-Hadamard transform**
Winograd discrete Fourier ~ дискретное преобразование Фурье по алгоритму Винограда, ВДПФ
Z ~ Z-преобразование

transformation 1. преобразование; отображение **2.** результат преобразования; образ; отображение **3.** трансформация; превращение; переход **4.** лингвистическая трансформация **5.** правило трансформационной грамматики
~ of axes преобразование осей координат
~ to normality нормализующее преобразование
address ~ *вчт* преобразование адресов
affine ~ аффинное преобразование
baker's ~ преобразование пекаря
Becklund ~ преобразование Бэклунда
bilinear ~ билинейное преобразование
Box-Cox ~ преобразование Бокса — Кокса
canonic ~ каноническое преобразование
Cayley ~ преобразование Кэли
cointegrating ~ коинтегрирующее преобразование
color-coordinate ~ преобразование координат цветности
current ~ трансформация тока
data ~ преобразование данных
DeMorgan ~ преобразование де Моргана (*в булевой алгебре*)
descriptor-controlled address ~ дескрипторно-управляемое преобразование адресов
down ~ преобразование с понижением частоты
eight-to-fourteen ~ модуляция 8 – 14, преобразование 8-разрядных символов в 14-разрядные
energy ~ преобразование энергии
entropy reducing ~ переход с уменьшением энтропии
Feigenbaum ~ преобразование Фейгенбаума
fixed-key ~ преобразование с фиксированным ключом
Fourier ~ преобразование Фурье
homothetic ~ гомотетия, преобразование подобия
impedance ~ трансформация полных сопротивлений, трансформация импедансов
Karhunen-Loève ~ преобразование Карунена — Лёва
keyed ~ преобразование, управляемое ключом
key-to-address ~ ключ-адресное преобразование, преобразование (типа) «ключ — адрес» (*при хешировании*)
Koyck ~ преобразование Койка
linear ~ линейное преобразование
log(arithmic) ~ логарифмическое преобразование
logistic ~ логистическое преобразование, преобразование в виде логарифма отношения вероятностей наступления и ненаступления события, преобразование в виде логарифма отношения шансов
logit ~ логистическое преобразование, преобразование в виде логарифма отношения вероятностей наступления и ненаступления события, преобразование в виде логарифма отношения шансов
magnon-phonon ~ магнон-фононное преобразование
Miura ~ преобразование Миуры
mode ~ преобразование мод
narrow-band ~ узкополосное преобразование
noise-induced phase ~ шумоиндуцированный фазовый переход
normalizing ~ нормализующее преобразование
orthogonal ~ ортогональное преобразование
page ~ *вчт* страничное преобразование
phase ~ фазовый переход, фазовое превращение
photochromic ~ *кв.эл.* фотохромное превращение
Prais-Winsten ~ преобразование Прейса — Уинстена
Q-R~ Q-R-преобразование
quadratic ~ квадратичное преобразование
radioactive ~ радиоактивное превращение
Schlesinger ~ преобразование Шлезингера
segment ~ сегментное преобразование
signal ~ преобразование сигнала
solid-solid phase ~ фазовый переход в твёрдой фазе
symmetry ~ преобразование симметрии
tee-to-π ~ преобразование T-образной схемы в П-образную
tupling ~ *вчт* преобразование в кортежи; горизонтальное свёртывание циклов
up ~ преобразование с повышением частоты
variance-stabilizing ~ преобразование, стабилизирующее дисперсию
voltage ~ трансформация напряжения
wave ~ преобразование типов волн
wavelet ~ преобразование, использующее разложение по вейвлетам
Y-Δ ~ преобразование звезда — треугольник
Δ-Y ~ преобразование треугольник — звезда
π-T ~ преобразование П-образной схемы в T-образную

transformer 1. преобразователь **2.** *вчт* оператор преобразования **3.** трансформатор

transformer

adjustable ~ регулировочный трансформатор напряжения
air-core ~ трансформатор без сердечника
antihunt ~ стабилизирующий трансформатор, трансформатор цепи обратной связи (*в усилителях постоянного тока*)
audio(-frequency) ~ трансформатор звуковой частоты
autoconnected ~ автотрансформатор
balance-to-unbalance ~ 1. симметрирующий трансформатор 2. четвертьволновый согласующий трансформатор
balancing ~ симметрирующий трансформатор
ballast ~ балластный трансформатор
balun ~ 1. симметрирующий трансформатор 2. четвертьволновый согласующий трансформатор
bell ~ *тлф* звонковый трансформатор
bifilar ~ трансформатор высокой частоты с одновременной намоткой первичной и вторичной обмоток
booster ~ вольтодобавочный трансформатор
bridge [bridging] ~ дифференциальный трансформатор
capacitance ~ резонансный контур с внутренней ёмкостной связью
closed-core ~ трансформатор с замкнутым сердечником
code ~ преобразователь кода
compensated ~ компенсированный трансформатор
compensating ~ *тлф* компенсирующий трансформатор
compound-filled ~ трансформатор с литой изоляцией
constant-current ~ компенсированный трансформатор тока
constant-potential [constant-voltage] ~ компенсированный трансформатор напряжения
control-circuit ~ трансформатор цепи управления (*напр. магнитного усилителя*)
core ~ трансформатор с сердечником
coreless ~ трансформатор без сердечника
coupling ~ трансформатор связи
current ~ измерительный трансформатор тока
decoupling ~ развязывающий трансформатор
delta matching ~ согласующий дельта-трансформатор (*вибратора*)
differential ~ дифференциальный трансформатор
discrete Hilbert ~ дискретный преобразователь Гильберта
discriminator ~ трансформатор дискриминатора
doorknob ~ коаксиально-волноводный переход пуговичного типа
double-tuned ~ связанные резонансные контуры с трансформаторной связью
E-~ трансформатор с Ш-образным сердечником
earthed ~ заземлённый трансформатор
earthing ~ заземляющий трансформатор
exponential-line ~ трансформатор на отрезке экспоненциальной линии
filament ~ трансформатор питания цепи накала
flux ~ *свпр* преобразователь потока
flyback ~ выходной трансформатор строчной развёртки
Fourier ~ фурье-преобразователь

grounded ~ заземлённый трансформатор
grounding ~ заземляющий трансформатор
horizontal output ~ выходной трансформатор строчной развёртки
hybrid ~ гибридный трансформатор
ideal ~ идеальный трансформатор
IF ~ *см.* **intermediate-frequency transformer**
impedance ~ трансформатор полных сопротивлений, трансформатор импедансов
impedance-matching ~ согласующий трансформатор
impulse ~ импульсный трансформатор
injector ~ вольтодобавочный трансформатор
input ~ входной трансформатор
instrument ~ измерительный трансформатор
intermediate-frequency ~ трансформатор ПЧ
interphase ~ межфазный трансформатор
interstage ~ межкаскадный трансформатор
inverse ~ оператор обратного преобразования
iron-core ~ трансформатор с железным сердечником
isolation ~ развязывающий трансформатор
laser current ~ лазерный преобразователь тока
line ~ линейный трансформатор
linear-variable differential ~ линейный дифференциальный трансформатор
mains ~ силовой трансформатор
matching ~ согласующий трансформатор
microphone ~ микрофонный трансформатор
mode ~ 1. преобразователь мод 2. трансформатор типов волн (*в волноводе*)
modulator ~ входной трансформатор модулятора (*передатчика*)
molded ~ опрессованный трансформатор
network ~ силовой трансформатор
one-coil ~ автотрансформатор
open-core ~ трансформатор с незамкнутым сердечником
optical ~ оптический корректор (*лучевода*)
optimal discrete Hilbert ~ оптимальный дискретный преобразователь Гильберта
output ~ выходной трансформатор
peaking ~ трансформатор, преобразующий синусоидальное напряжение в последовательность коротких импульсов высокого напряжения (*для схем зажигания ртутных вентилей*)
phase-shifting [phasing] ~ фазорегулирующий трансформатор
polyphase ~ многофазный трансформатор
potential ~ измерительный трансформатор напряжения
power ~ силовой трансформатор
protective ~ защитный трансформатор
pulse [pulsing] ~ импульсный трансформатор
push-pull ~ симметричный трансформатор (*с отводом от средней точки вторичной обмотки*)
quarter-wave ~ четвертьволновый трансформатор
radio-frequency ~ радиочастотный трансформатор
rectifier ~ трансформатор выпрямителя
reducing ~ понижающий трансформатор
regulating ~ регулировочный трансформатор
resonance ~ резонансный трансформатор
rotary ~ вращающийся трансформатор
rotatable phase-adjusting ~ вращающийся фазорегулирующий трансформатор

rudimentary flux ~ *свпр* простейший преобразователь потока
saturable ~ насыщающийся реактор с дополнительной обмоткой
shell-type ~ трансформатор (*броневого типа*) с обмотками на центральном стержне магнитной системы
similarity ~ оператор гомотетии, оператор преобразования подобия
single-stub ~ одношлейфовый согласующий трансформатор
single-tuned ~ резонансный контур с трансформаторной связью
step-down ~ понижающий трансформатор
step-up ~ повышающий трансформатор
subdivided ~ секционированный трансформатор
superconducting ~ сверхпроводящий трансформатор
Tesla ~ трансформатор Тесла
time-variable ~ трансформатор с временной регулировкой коэффициента трансформации
transistor ~ транзисторный преобразователь
transmission-line ~ трансформатор в линии передачи
tuned ~ резонансный трансформатор
unbalance-to-balance ~ согласующий трансформатор с симметричным выходом
variable(-voltage) ~ регулировочный трансформатор напряжения
voltage ~ трансформатор напряжения
voltage-regulating ~ компенсированный трансформатор напряжения
waveguide ~ волноводный трансформатор
welding ~ сварочный трансформатор
wide-band ~ широкополосный трансформатор
transient 1. переходный процесс; нестационарный [неустановившийся] процесс || переходный; нестационарный, неустановившийся **2.** выброс тока *или* напряжения **3.** короткий непериодический сигнал
acquisition ~ переходный процесс при захвате цели на автоматическое сопровождение
chirp ~ импульс с линейной частотной модуляцией
closed-loop ~ переходный процесс в замкнутой системе, переходный процесс в системе с обратной связью
electromagnetic ~ переходный электромагнитный процесс
facsimile ~ переходный процесс в приёмном факсимильном аппарате при резком увеличении уровня входного сигнала
in-lock ~ переходный процесс при вхождении в синхронизм
linear FM ~ импульс с линейной частотной модуляцией
scanning ~ переходный процесс при сканировании
switching ~ переходный процесс при коммутации
trailing ~ последействие
turn-off ~ переходный процесс при выключении
turn-on ~ переходный процесс при включении
transilluminate просвечивать
transillumination просвечивание
transistance передаточное полное сопротивление

transistor 1. транзистор || транзисторный **2.** транзисторный радиоприёмник
A-~ *см.* **alloy transistor**
actual ~ реальный транзистор
AD-~ *см.* **alloy-diffused transistor**
adaptive ~ адаптивный транзистор
aiding-field ~ дрейфовый транзистор
all-epitaxial ~ эпитаксиальный транзистор
all-implanted ~ ионно-имплантированный транзистор, транзистор, изготовленный методом ионной имплантации
all-metal spin ~ цельнометаллический спиновый транзистор
alloy ~ сплавной транзистор
alloy-diffused ~ диффузионно-сплавной транзистор
alloyed-collector ~ транзистор со сплавным коллектором
alloyed-emitter epitaxial-base ~ транзистор со сплавным эмиттером и эпитаксиальной базой
alloy-junction ~ сплавной плоскостной транзистор
alloy mesa ~ сплавной мезатранзистор
alloy-type ~ сплавной транзистор
AM-~ *см.* **alloy mesa transistor**
analog ~ аналоговый транзистор
annular ~ кольцевой транзистор
avalanche ~ лавинный транзистор
ballistic heterojunction bipolar ~ биполярный гетеротранзистор с баллистическим переносом заряда
band-guard ~ транзистор с охранным кольцом
bead ~ бусинковый транзистор
beam-lead ~ транзистор с балочными выводами
beam-of-light ~ оптотранзистор
beam-of-light heterojunction ~ оптотранзистор на гетеропереходах
beveled ~ транзистор с косым шлифом
bidirectional ~ симметричный транзистор
bipolar ~ биполярный транзистор
bipolar insulated-gate field-effect ~ прибор на основе комбинации биполярного транзистора и полевого транзистора с изолированным затвором
bipolar junction ~ биполярный плоскостной транзистор
bipolar-junction field-effect ~ **1.** прибор на биполярных и полевых транзисторах **2.** (комбинированная) технология изготовления ИС на биполярных и полевых транзисторах
bonded-barrier ~ транзистор с вплавленной базой
built-in-field ~ дрейфовый транзистор
carrier diffusion-type ~ бездрейфовый транзистор
carrier-dritt-type ~ дрейфовый транзистор
cartridge-type ~ транзистор в корпусе патронного типа
charge-storage ~ транзистор с накоплением заряда
chip ~ бескорпусный транзистор
chopper ~ транзистор, работающий в ключевом режиме
clamped ~ транзистор с коллекторным переходом (в виде барьера) Шотки
CMOS ~s *см.* **complementary(-symmetry) MOS transistors**
coaxial ~ коаксиальный транзистор
comma ~ транзистор точечной геометрии с выступом

transistor

common-base ~ транзистор, включенный по схеме с общей базой
common-collector ~ транзистор, включенный по схеме с общим коллектором
common-emitter ~ транзистор, включенный по схеме с общим эмиттером
complementary ~s комплементарные транзисторы
complementary(-symmetry) MOS ~s комплементарные транзисторы с МОП-структурой, КМОП-транзисторы
complementary unijunction ~s комплементарные двухбазовые диоды, комплементарные однопереходные транзисторы
composite ~ составной транзистор
compound (connected) ~s составной транзистор с объединёнными коллекторами, включенный по схеме база — эмиттер
conductivity-modulation ~ транзистор с модуляцией удельной электропроводности (*за счёт неосновных носителей*)
control ~ управляющий транзистор
coplanar-electrode ~ транзистор с копланарными электродами
D ~ *см.* **drift transistor**
DA- ~ *см.* **drift-alloy transistor**
Darlington (-connected) ~ пара Дарлингтона
DDE ~ *см.* **double-diffused epitaxial transistor**
DDP ~ *см.* **double-diffused planar transistor**
deep-depletion ~ транзистор с сильно обеднённым слоем
depletion-layer ~ транзистор с обеднённым слоем
depletion(-mode) metal-semiconductor field-effect ~ полевой транзистор со структурой металл — полупроводник, работающий в режиме обеднения
depletion-type thin-film insulated-gate ~ тонкоплёночный транзистор с изолированным затвором, работающий в режиме обеднения
diffused ~ диффузионный транзистор, транзистор, изготовленный методом диффузии
diffused-alloy ~ диффузионно-сплавной транзистор
diffused-base ~ транзистор с диффузионной базой
diffused-collector ~ транзистор с диффузионным коллектором
diffused-emitter ~ транзистор с диффузионным эмиттером
diffused-emitter-base ~ транзистор с диффузионными эмиттером и базой
diffused-emitter-collector ~ транзистор с диффузионными эмиттером и коллектором
diffused-emitter epitaxial-base ~ транзистор с диффузионным эмиттером и эпитаксиальной базой
diffused-junction ~ транзистор с диффузионными переходами
diffused mesa ~ диффузионный мезатранзистор
diffused planar диффузионный планарный транзистор
diffusion ~ бездрейфовый транзистор
diode-connected ~ транзистор в диодном включении
distributed ~ транзистор с распределённым взаимодействием
D-MOS ~ *см.* **double-diffused MOS transistor**
dot-mesa ~ мезатранзистор точечной геометрии

double-base ~ двухбазовый транзистор
double-diffused ~ транзистор, изготовленный методом двойной диффузии
double-diffused epitaxial ~ эпитаксиальный транзистор, изготовленный методом двойной диффузии
double-diffused epitaxial mesa ~ эпитаксиальный мезатранзистор, изготовленный методом двойной диффузии
double-diffused MOS ~ транзистор с МОП-структурой, изготовленный методом двойной диффузии, МОП-транзистор, изготовленный методом двойной диффузии
double-diffused planar ~ планарный транзистор, изготовленный методом двойной диффузии
double-doped ~ транзистор с выращенными переходами, изготовленный методом двойного легирования расплава
double-emitter ~ двухэмиттерный транзистор
double-ended ~ транзистор с двухсторонним расположением выводов
double-implanted metal-oxide-semiconductor field-effect ~ (полевой) МОП-транзистор, изготовленный методом двойной ионной имплантации
drift ~ дрейфовый транзистор
drift-alloy ~ сплавной дрейфовый транзистор
drift-field ~ дрейфовый транзистор
dual-emitter ~ двухэмиттерный транзистор
dual-gate field-effect ~ двухзатворный полевой транзистор
dual matched ~ двойной транзистор с согласованными параметрами
duet ~ двухэмиттерный транзистор
electrochemical junction ~ электрохимический плоскостной транзистор
electrooptical ~ оптотранзистор
EM ~ *см.* **epitaxial-growth mesa transistor**
emitter grid ~ транзистор с эмиттером ячеистого типа
enhancement-mode MOS ~ МОП-транзистор, работающий в режиме обогащения
epitaxial ~ эпитаксиальный транзистор, транзистор, изготовленный методом эпитаксии
epitaxial-base ~ транзистор с эпитаксиальной базой
epitaxial-diffused ~ эпитаксиально-диффузионный транзистор
epitaxial-diffused junction ~ эпитаксиально-диффузионный плоскостной транзистор
epitaxial-growth mesa ~ эпитаксиальный мезатранзистор
evaporated ~ напылённый транзистор
exponentially-graded drift ~ дрейфовый транзистор с экспоненциальным распределением примеси
ferroelectric field-effect ~ сегнетоэлектрический полевой транзистор
field(-controlled) [field-effect] ~ полевой транзистор, ПТ (*см. тж.* **FET**)
field-effect tetrode ~ полевой тетрод
filamentary ~ нитевидный транзистор
five-electrode ~ полупроводниковый пентод
five-layer ~ пятислойный транзистор, транзистор с четырьмя переходами
floating-gate avalanche-injection MOS ~ лавинно-инжекционный МОП-транзистор с плавающим затвором

transistor

floating Si-gate tunnel-injection MIS ~ МДП-транзистор с туннельной инжекцией и кремниевым плавающим затвором
four-electrode ~ полупроводниковый тетрод
four-layer [four-region] ~ четырёхслойный транзистор, транзистор с тремя переходами
four-terminal field-effect ~ полевой транзистор с четырьмя выводами
FTMIS ~ *см.* **floating Si-gate tunnel-injection MIS transistor**
full-adder ~ полный сумматор на транзисторах
fully ion-implanted ~ ионно-имплантированный транзистор, транзистор, изготовленный методом ионной имплантации
fused [fused-contact, fused-impurity, fused-junction] ~ сплавной транзистор
germanium ~ германиевый транзистор
graded-base ~ дрейфовый транзистор
graded-junction ~ транзистор, изготовленный методом изменения скорости роста
ground(ed)-base ~ транзистор, включенный по схеме с общей базой
ground(ed)-collector ~ транзистор, включенный по схеме с общим коллектором
ground(ed)-emitter ~ транзистор, включенный по схеме с общим эмиттером
grown ~ транзистор с выращенными переходами, тянутый транзистор
grown-diffused ~ диффузионный транзистор с выращенными переходами, тянутый диффузионный транзистор
grown-junction ~ транзистор с выращенными переходами, тянутый транзистор
heterojunction ~ гетеротранзистор, транзистор на гетеропереходах, гетероструктурный транзистор, транзистор на гетероструктурах
heterojunction [heterostructure] bipolar ~ биполярный гетеротранзистор, БГТ
heterostructure bipolar ~ with near ballistic operation биполярный гетеротранзистор с квазибаллистическим переносом заряда
high-alpha ~ транзистор с высоким коэффициентом передачи тока в схеме с общей базой
high-current ~ транзистор большой мощности, мощный транзистор
high-electron-mobility ~ транзистор с высокой подвижностью электронов
higher-ambient ~ транзистор с повышенной температурной стабильностью
high-frequency ~ высокочастотный [ВЧ-] транзистор
high-gain ~ транзистор с высоким коэффициентом усиления тока
high-voltage ~ высоковольтный транзистор
hole-conducting field-effect ~ полевой транзистор с каналом p-типа
hometaxial-base ~ транзистор с переходами, изготовленными методом однократной диффузии
homogeneous-base [homogeneously doped] ~ бездрейфовый транзистор
homojunction ~ транзистор на гомопереходах, транзистор на гомоструктурных переходах
homojunction bipolar ~ биполярный транзистор на гомопереходах

hook (-collector) ~ транзистор с коллекторной ловушкой
hot-electron ~ транзистор на горячих электронах
insulated-gate field-effect ~ полевой транзистор с изолированным затвором, (полевой) МДП-транзистор
integrated(-circuit) ~ интегральный транзистор
interdigital ~ транзистор с эмиттером встречно-штыревого [встречно-гребенчатого] типа
intrinsic ~ собственно транзистор (*на эквивалентной схеме*)
intrinsic-barrier [intrinsic-junction, intrinsic-region] ~ четырёхслойный транзистор с областью собственной электропроводности между базой и коллектором
inverse [inversely operated] ~ обращённый транзистор
inversion-channel ~ транзистор с инверсионным каналом
inverted ~ обращённый транзистор
inverted-emitter ~ транзистор с обращённым эмиттером
inverter ~ инвертор на транзисторах
ion-implanted ~ ионно-имплантированный транзистор, транзистор, изготовленный методом ионной имплантации
ion-selective [ion-sensitive] ~ ионно-селективный транзистор
ion-sensitive field-effect ~ ионно-селективный полевой транзистор
isolated ~ одиночный транзистор (*ИС*)
junction ~ плоскостной транзистор
junction(-gate) field-effect ~ полевой транзистор с управляющим $p - n$ — переходом
laminar ~ слоистый транзистор
laminated overlay ~ слоистый многоэмиттерный транзистор
large-area ~ транзистор с большой площадью переходов
latching ~ транзистор, работающий в ключевом режиме с фиксацией состояния
lateral ~ горизонтальный транзистор
layer-type ~ слоистый транзистор
light-activated ~ фототранзистор
light-activated programmable unijunction ~ программируемый однопереходный фототранзистор
logic ~ транзистор логической схемы
low-power ~ транзистор малой мощности, маломощный транзистор
low-voltage ~ низковольтный транзистор
majority-carrier ~ транзистор с переносом тока основными носителями
meltback ~ транзистор, изготовленный методом обратного оплавления
melt-quench ~ транзистор, изготовленный методом обратного оплавления — закалки
memory ~ транзистор с памятью, запоминающий транзистор
mesa ~ мезатранзистор
mesh ~ ячеистый транзистор
mesh-emitter ~ транзистор с эмиттером ячеистого типа
metal-base ~ транзистор с металлической базой
metal-ferroelectric-semiconductor ~ транзистор со структурой металл — сегнетоэлектрик — полупроводник

transistor

metal-gate ~ полевой транзистор с металлическим затвором

metal-insulator-piezoelectric semiconductor ~ транзистор со структурой металл — диэлектрик — пьезополупроводник

metal-insulator-semiconductor ~ транзистор со структурой металл — диэлектрик — полупроводник, МДП-транзистор

metal-insulator-semiconductor field-effect ~ (полевой) МДП-транзистор, полевой транзистор с изолированным затвором

metal-nitride-oxide-semiconductor ~ транзистор со структурой металл — нитрид — оксид — полупроводник, МНОП-транзистор

metal-oxide-semiconductor ~ транзистор со структурой металл — оксид — полупроводник, МОП-транзистор

metal-oxide-semiconductor field-effect ~ (полевой) МОП-транзистор, полевой транзистор с изолированным затвором

metal-oxide-silicon ~ транзистор со структурой металл — оксид — кремний

metal-Schottky gate field-effect ~ полевой транзистор с затвором (в виде барьера) Шотки

metal-silicon nitride-semiconductor field-effect ~ полевой транзистор со структурой металл — нитрид (кремния) — полупроводник, (полевой) МНП-транзистор

microalloy ~ микросплавной транзистор

microalloy diffused(-base) ~ микросплавной транзистор с диффузионной базой

microcircuit ~ интегральный транзистор

micro disk ~ дисковый микротранзистор

microlayer ~ слоистый микротранзистор

micropower ~ транзистор микроваттной мощности, микромощный транзистор

microwave ~ СВЧ-транзистор

minority-carrier injection ~ транзистор с инжекцией неосновных носителей

MIPS ~ *см.* metal-insulator-piezoelectric-semiconductor transistor

MIS ~ *см.* metal-insulator-semiconductor transistor

MNOS ~ *см.* metal-nitride-oxide-semiconductor transistor

modulation-doped field-effect ~ полевой транзистор на гетероструктуре с селективным легированием, селективно-легированный полевой транзистор, СЛПТ

monolithic ~ монолитный транзистор

monolithic ~ with buried layer монолитный транзистор со скрытым слоем

MOS ~ *см.* metal-oxide-semiconductor transistor

mosaic ~ мозаичный транзистор

MOS insulated-gate ~ МОП-транзистор с изолированным затвором

multichannel field-effect ~ многоканальный полевой транзистор

multiple-emitter ~ многоэмиттерный транзистор

multiple-gate MOS ~ многозатворный МОП-транзистор

nanotube ~ транзистор на нанотрубке

narrow-base ~ транзистор с короткой базой

narrow-channel ~ транзистор с узким каналом

n-channel MNS ~ МНП-транзистор с каналом n-типа

n-channel MOS ~ МОП-транзистор с каналом n-типа

n$^+$-n-n$^+$ ~ n^+-n-n^+-транзистор

nondiffused (-base) ~ бездрейфовый транзистор

nonuniform-base ~ дрейфовый транзистор

n-p-i-n ~ $n — p — i — n$-транзистор

n-p-i-p ~ $n — p — i — p$-транзистор

n-p-n ~ $n — p — n$-транзистор

n-p-n-p ~ $n — p — n — p$-транзистор

n-p-v-n $n — p — v — n$-транзистор

n-v-n ~ $n — v — n$-транзистор

off ~ запертый транзистор

on ~ открытый транзистор

one-electron [one-particle] ~ одноэлектронный транзистор

optical [optoelectronic] ~ оптотранзистор

out-diffused ~ транзистор, изготовленный методом обратной диффузии

overlay ~ многоэмиттерный транзистор

packaged ~ транзистор в корпусе

parasitic ~ паразитный транзистор

passivated ~ пассивированный транзистор

p-channel MNS ~ МНП-транзистор с каналом p-типа

p-channel MOS ~ МОП-транзистор с каналом p-типа

Pd-gate MOS ~ МОП-транзистор с палладиевым затвором

PED ~ *см.* proton enhanced diffusion transistor

pentode ~ полупроводниковый пентод

pentode field-effect ~ полевой пентод

permeable-base ~ транзистор с проницаемой базой, ТПБ

photon-coupled ~ оптотранзистор

piezojunction ~ пьезотранзистор

pinched-base ~ транзистор со смыканием, транзистор с проницаемой базой, ТПБ

planar ~ планарный транзистор

planar epitaxial ~ планарно-эпитаксиальный транзистор

planar-junction field-effect ~ планарный полевой транзистор с управляющим $p — n$-переходом

planar multichannel field-effect ~ планарный многоканальный полевой транзистор

plastic ~ транзистор в пластмассовом корпусе

p-n hook ~ транзистор с коллекторной ловушкой

point(-contact) ~ точечный транзистор

point-junction ~ точечно-плоскостной транзистор

point-to-point ~ точечный транзистор

poly-gate ~ транзистор с затвором из поликристаллического кремния

polymer(-based) ~ полимерный транзистор, транзистор на полимерах

polysilicon field-effect ~ полевой транзистор на основе поликристаллического кремния

post-alloy-diffused ~ транзистор, полученный методом послесплавной диффузии

power ~ транзистор большой мощности, мощный транзистор

precision-alloy ~ транзистор, изготовленный методом прецизионного сплавления

programmable unijunction ~ программируемый двухбазовый диод, программируемый однопереходный транзистор

proton enhanced diffusion ~ транзистор, изготовленный методом ускоренной протонами диффузии

transistor

pull-up ~ нагрузочный транзистор
push-pull ~ составной транзистор, включённый по двухтактной схеме
pwr ~ *см.* **power transistor**
quiet ~ малошумящий транзистор
radiation damage-resistant ~ радиационно-стойкий транзистор
radio-frequency ~ высокочастотный [ВЧ-] транзистор
rate-grown ~ транзистор, изготовленный методом изменения скорости роста
reactance ~ реактивный транзистор (*полупроводниковый аналог реактивной лампы*)
remote-base ~ транзистор с удалённой базой
resonant-gate ~ полевой транзистор с резонансным затвором
retarding-field ~ транзистор с тормозящим полем
ring ~ кольцевой транзистор
ring-base ~ транзистор с кольцевой базой
saturated ~ транзистор в режиме насыщения
SB ~ *см.* **surface-barrier transistor**
Schottky-barrier-collector ~ транзистор с коллекторным переходом (в виде барьера) Шотки
Schottky-barrier isolated-gate field-effect ~ полевой транзистор с изолированным затвором (в виде барьера) Шотки
SD ~ *см.* **single-diffused transistor**
sealed junction ~ транзистор с герметизированными переходами
second-breakdown-resistant ~ транзистор, устойчивый к вторичному пробою
selectively doped heterojunction ~ полевой транзистор на гетероструктуре с селективным легированием, селективно-легированный полевой транзистор, СЛПТ
self-aligned double-diffused lateral ~ самосовмещённый горизонтальный транзистор, изготовленный методом двойной диффузии
self-aligned gate field-effect ~ полевой транзистор с самосовмещённым затвором
semiconductor-metal-semiconductor ~ транзистор со структурой полупроводник — металл — полупроводник, ПМП-транзистор, транзистор с металлической базой
short-wave ~ транзистор для КВ-диапазона
Si ~ *см.* **silicon transistor**
silicon ~ кремниевый транзистор
silicon alloy diffused ~ кремниевый сплавной диффузионный транзистор
silicon epitaxial planar ~ кремниевый эпитаксиальный планарный транзистор
single-crystal thin-film ~ транзистор на монокристаллической тонкой плёнке
single-diffused ~ транзистор, изготовленный методом однократной диффузии
single-drift ~ дрейфовый транзистор
small outline ~ миникорпус транзисторного типа, (мини)корпус типа SOT, SOT-(мини)корпус
SMS ~ *см.* **semiconductor-metal-semiconductor transistor**
snowflake ~ многоэмиттерный транзистор средней мощности
solid-circuit ~ интегральный транзистор

space-charge-limited ~ транзистор с ограничением тока объёмным зарядом
stacked ~**s** многоярусные транзисторы
staggered-electrode thin-film ~ тонкоплёночный транзистор со ступенчатым расположением электродов
star ~ транзистор со звездообразной структурой
static-induction ~ полевой транзистор с управляющим p — n-переходом и вертикальным каналом
strain-sensitive ~ тензочувствительный транзистор
strip ~ транзистор полосковой геометрии
stripe-base ~ транзистор с полосковой базой
substrate ~ вертикальный транзистор
surface-alloy ~ поверхностно-сплавной транзистор
surface-barrier ~ поверхностно-барьерный транзистор
surface charge ~ поверхностно-зарядовый транзистор
surface-controlled avalanche ~ поверхностно-управляемый лавинный транзистор
surface-passivated ~ пассивированный транзистор
SW ~ *см.* **short-wave transistor**
switching(-type) ~ переключающий транзистор
symmetrical ~ симметричный транзистор
tab ~ транзистор со столбиковыми выводами
tandem ~ составной транзистор
tetrode ~ полупроводниковый тетрод
thin-base(-layer) ~ транзистор с короткой базой
thin-film ~ тонкоплёночный транзистор
thin-film-type field-effect ~ тонкоплёночный полевой транзистор
three-junction ~ транзистор с тремя переходами, четырёхслойный транзистор
thyratron ~ полупроводниковый тиратрон
transit-time ~ пролётный транзистор
traveling-wave ~ транзистор с бегущей волной
TRIM ~ *см.* **tri-mask transistor**
tri-mask ~ транзистор, изготовленный с помощью трёх фотошаблонов
triode ~ транзистор
triple-base ~ трёхбазовый транзистор
triple-diffused ~ транзистор, изготовленный методом тройной диффузии
tunnel ~ туннельный транзистор
two-dimensional electron gas field-effect ~ (полевой) транзистор типа TEGFET, полевой транзистор на двумерном электронном газе
uniform-base ~ бездрейфовый транзистор
unijunction ~ двухбазовый диод, однопереходный транзистор
unipolar ~ полевой транзистор, ПТ (*см. тж.* **FET**)
unipolar surface ~ полевой транзистор с поверхностным каналом
vacuum-deposited ~ транзистор, изготовленный методом осаждения в вакууме
vertical ~ вертикальный транзистор
vertical (electron) ~ вертикальный транзистор
vertical field-effect ~ вертикальный полевой транзистор, полевой транзистор с вертикальным каналом, ВПТ
V-MOS ~ МОП-транзистор с V-образной канавкой, V-МОП-транзистор

transistor

    wafer ~ таблеточный транзистор
    wide-band-gap (emitter) heterojunction ~ гетеротранзистор с широкозонным эмиттером
    wide-base ~ транзистор с длинной базой
transistor-coupled с транзисторными связями
transistorization использование транзисторов; замена электровакуумных приборов транзисторами
transistorize использовать транзисторы; заменять электровакуумные приборы транзисторами
transistorized (выполненный) на транзисторах, транзисторный
transit 1. переход; проход; перемещение ‖ переходить; проходить; перемещать(ся) 2. трансформация; превращение; переход ‖ трансформироваться; превращаться; переходить 3. транзит; транзитный 4. кульминация (*светила*) ‖ находиться в кульминации 5. соединение (*небесных тел*) ‖ находиться в соединении

    ~ **of telephone traffic** транзит телефонной нагрузки
transition 1. переход; проход; перемещение ‖ переходить; проходить; перемещать(ся) 2. трансформация; превращение; переход 3. переходный период; переходный этап; переходная стадия

    absorbing [absorptive] ~ *фтт* поглощательный переход
    allowed ~ *фтт* разрешённый переход
    amorphous-crystalline ~ переход из аморфного состояния в кристаллическое
    amplifying ~ *кв. эл.* рабочий [сигнальный] переход
    antiferrodistortive phase ~ антиферродисторсионный фазовый переход
    antiferroelectric phase ~ антисегнетоэлектрический фазовый переход
    Auger ~ *пп* переход Оже, оже-переход
    band-to-band ~ *пп* межзонный переход
    band-to-impurity ~ *пп* переход из зоны на примесный уровень
    basic ~ *кв. эл.* основной переход
    Berezinsky–Kosterlitz–Thouless ~ *фтт* (фазовый) переход Березинского — Костерлица — Таулеса
    bit ~ тактовый переход
    branching ~ *кв.эл.* побочный переход
    bubble-lattice-to-isolated-bubble ~ переход ЦМД решётки в изолированный ЦМД (*в ЗУ на решётках ЦМД*)
    capture ~ *пп* переход с захватом
    clock ~ обращение магнитного потока тактовым импульсом
    conduction-band-to-acceptor ~ переход из зоны проводимости на акцепторный уровень
    conduction-to-valence-band ~ переход из зоны проводимости в валентную зону
    continuous phase ~ непрерывный фазовый переход
    cross-relaxation ~ *кв. эл.* кросс-релаксационный переход
    crystal-field ~ *фтт* переход между уровнями, созданными внутрикристаллическим полем
    diffusion ~ диффузионный перенос
    dipole ~ дипольный переход
    direct ~ *пп* прямой переход
    direct optical ~ *пп* прямой оптический переход
    direct radiative ~ прямой излучательный переход
    displacive ferroelectric phase ~ сегнетоэлектрический фазовый переход типа смещения
    distortive structural phase ~ дисторсионный структурный фазовый переход
    donor-to-acceptor ~ переход с донорного уровня на акцепторный
    donor-to-valence-band ~ переход с донорного уровня в валентную зону
    double-quantum ~ *кв. эл.* двухквантовый переход
    double-spin flip ~ *кв. эл.* переход с переворотом двух спинов
    downward ~ *фтт* переход на более низкий уровень
    electric dipole ~ электрический дипольный переход
    electric quadrupole ~ электрический квадрупольный переход
    electron-capture ~ переход с захватом электрона
    electronic ~ электронный переход
    electronic interband ~ межзонный электронный переход
    electronic-vibrational ~ *кв. эл.* электронно-колебательный переход
    emitting ~ *фтт* излучательный переход
    equilibrium phase ~ равновесный фазовый переход
    exciton-magnon ~ экситон-магнонный переход
    extrinsic ~ переход между примесным уровнем и уровнями в зоне проводимости *или* валентной зоне
    fast ~ *кв. эл.* быстрый переход
    ferrimagnetic-paramagnetic phase ~ фазовый переход типа «ферримагнетик—парамагнетик»
    ferrodistortive phase ~ ферродисторсионный фазовый переход
    ferroelectric phase ~ сегнетоэлектрический фазовый переход
    ferromagnetic-antiferromagnetic phase ~ фазовый переход типа «ферромагнетик — антиферромагнетик»
    ferromagnetic-ferrimagnetic phase ~ фазовый переход типа «ферромагнетик — ферримагнетик»
    ferromagnetic-paramagnetic phase ~ фазовый переход типа «ферромагнетик — парамагнетик»
    ferromagnetic phase ~ ферромагнитный фазовый переход
    ferromagnetic-spiral phase ~ фазовый переход из ферромагнитного состояния в состояние с геликоидальной [спиральной] структурой
    field-induced phase ~ фазовый переход, индуцированный полем
    first-kind [first-order] phase ~ фазовый переход первого рода
    fluorescent ~ переход в спектре флуоресценции
    flux ~ обращение магнитного потока; перемагничивание; изменение направления вектора намагниченности на противоположное
    forbidden ~ *фтт* запрещённый переход
    forced ~ *кв. эл.* вынужденный [индуцированный] переход
    glass ~ стеклование
    harmonically coupled ~s *кв. эл.* переходы с кратными частотами
    high-order quantum ~ квантовый переход высокого порядка
    hole ~ дырочный переход
    hyperfine ~ переход между уровнями, обусловленными сверхтонким расщеплением

idle ~ *кв. эл.* холостой переход
improper phase ~ несобственный фазовый переход
indirect ~ *пп* непрямой переход
induced ~ *кв. эл.* вынужденный [индуцированный] переход
insulator-insulator ~ переход типа «диэлектрик — диэлектрик»
insulator-metal ~ переход типа «диэлектрик — металл»
interband ~ *пп* межзонный переход
intervalley ~ *пп* междолинный переход
intraband ~ *пп* внутризонный переход
inverted ~ *кв. эл.* инвертированный переход
isolated-bubble-to-bubbie-lattice ~ переход изолированного ЦМД в ЦМД решётки (*в ЗУ на решётках ЦМД*)
Kosterlitz–Thouless ~ *фтт* (фазовый) переход (Березинского —) Костерлица — Таулеса
job-to-job ~ *вчт* смена заданий
laser ~ рабочий [сигнальный] переход лазера
laser-induced ~ переход, индуцированный излучением лазера
lasing ~ рабочий [сигнальный] переход лазера
magnetic dipole ~ *кв. эл.* магнитный дипольный переход
magnetic phase ~ магнитный фазовый переход
magnetic resonance ~ *кв. эл.* магнитный резонансный переход
mark-to-space ~ *тлг* переход от рабочей [токовой] посылки к бестоковой посылке
maser ~ рабочий [сигнальный] переход мазера
metal-insulation ~ переход типа «металл — диэлектрик»
metamagnetic ~ метамагнитный переход
multiple-quantum-plus-multiple-spin-jump ~ *кв. эл.* многоквантовый переход с участием нескольких спинов
multiple spin-flip ~ *кв. эл.* переход с переворотом нескольких спинов
multipole ~ мультипольный переход
navigation ~ перемещение с целью поиска или осмотра (*напр. в компьютерных играх*)
nonequilibrium phase ~ неравновесный фазовый переход
nonforbidden ~ *фтт* разрешённый переход
noise-induced phase ~ шумоиндуцированный фазовый переход
nonradiative ~ *кв. эл.* безызлучательный переход
normal-superconducting ~ переход из нормального состояния в сверхпроводящее
n-s ~ *см.* normal-superconducting transition
optical (-frequency) ~ оптический переход
order-disorder ~ *фтт* переход типа «порядок — беспорядок»
paramagnetic-antiferromagnetic ~ *фтт* переход типа «парамагнетик — антиферромагнетик»
parity-forbidden ~ *фтт* переход, запрещённый по чётности
phase ~ фазовый переход, фазовое превращение
phase ~ in physical system фазовый переход в физической системе
phase ~ in search фазовый переход при поиске
phonon-assisted ~ *кв. эл.* переход с участием фононов
phonon-stimulated ~ *кв. эл.* переход, индуцированный фононами
photoassociative ~ *кв. эл.* фотоассоциативный переход
photodissociative ~ *кв. эл.* фотодиссоциативный переход
photon-induced [photon-stimulated] ~ *кв. эл.* переход, индуцированный фотонами
polymorphic ~ полиморфный (фазовый) переход
pressure-induced phase ~ фазовый переход, индуцированный давлением
proper phase ~ собственный фазовый переход
pump(ing) ~ *кв.эл.* переход накачки
quadrupole ~ квадрупольный переход
quantum ~ квантовый переход
radiationless ~ *кв. эл.* безызлучательный переход
radiative ~ *кв. эл.* излучательный переход
rapid ~ *кв. эл.* быстрый переход
recombination ~ *пп* рекомбинационный переход
relaxation ~ *кв. эл.* релаксационный переход
resonance ~ *кв. эл.* резонансный переход
RF ~ переход под воздействием РЧ-поля
rotational ~ вращательный переход
saturated ~ *кв. эл.* насыщенный переход
second-kind [second-order] phase ~ фазовый переход второго рода
semiconductor-semimetal ~ переход типа «полупроводник — полуметалл»
signal ~ *кв. эл.* рабочий [сигнальный] переход
single-quantum ~ одноквантовый переход
slow ~ *кв. эл.* медленный переход
s-n ~ *см.* superconducting-normal transition
space-to-mark ~ *тлг* переход от бестоковой посылки [паузы] к рабочей [токовой] посылке
spin ~ *кв. эл.* спиновый переход
spin-allowed ~ *кв. эл.* переход, разрешённый по спину
spin-flip ~ 1. *кв. эл.* переход с переворотом спина **2.** спин-флип, (фазовый) переход с обращением в нуль вектора антиферромагнетизма (*в коллинеарном антиферромагнетике*)
spin-flop ~ спин-флоп, (фазовый) переход с разворотом вектора антиферромагнетизма перпендикулярно вектору напряжённости магнитного поля (*в коллинеарном антиферромагнетике*)
spin-forbidden ~ *кв. эл.* переход, запрещённый по спину
spontaneous ~ спонтанный переход
state ~ 1. переход между состояниями **2.** символ перехода между состояниями (*на диаграмме состояний конечного автомата*)
stimulated ~ *кв. эл.* вынужденный [индуцированный] переход
strong ~ *кв. эл.* интенсивный переход
structural phase ~ структурный фазовый переход
superconducting ~ сверхпроводящий (фазовый) переход
superconducting-normal ~ переход из сверхпроводящего состояния в нормальное
superfluid ~ *фтт* переход в сверхтекучее состояние
superradiant ~ *кв. эл.* сверхизлучательный переход
tunneling ~ *фтт* туннельный переход
two-photon ~ двухфотонный переход

upward ~ *кв. эл.* переход на более высокий уровень

vibrational-rotational ~ *кв. эл.* колебательно-вращательный переход

weak ~ *кв. эл.* слабый переход

transitional переходный; промежуточный

transitron транзитронный генератор

translate 1. транслировать (*1.* вести внестудийную вещательную передачу *2.* передавать по местной сети поступающие извне вещательные программы *3.* принимать и передавать далее сигналы в промежуточных пунктах линии связи *4.* использовать проводное вещание *5.* переводить программу с одного языка программирования на другой *6.* выполнять операцию трансляции, перемещать объект параллельно самому себе) **2.** переводить (*текст или устную речь*) с одного языка на другой **3.** сдвигать; переносить; перемещать; смещать **4.** видоизменять; трансформировать; преобразовывать **5.** транспонировать (*частоту*)

translation 1. трансляция (*1.* внестудийная вещательная передача *2.* передача по местной сети поступающих извне вещательных программ *3.* приём и передача далее сигналов в промежуточных пунктах линии связи *4.* проводное вещание *5.* перевод программы с одного языка программирования на другой *6.* перемещение объекта параллельно самому себе *7.* вектор трансляции) **2.** перевод (*текста или устной речи*) с одного языка на другой **3.** сдвиг; перенос; перемещение; смещение **4.** видоизменение; трансформация; преобразование **5.** транспонирование (*частоты*)

address ~ преобразование адресов

automatic code ~ автоматическое преобразование кода

bubble-lattice ~ перемещение решётки ЦМД

code ~ преобразование кода

direct ~ прямое преобразование

Doppler ~ доплеровское смещение частоты

dynamic address ~ динамическое преобразование адресов (*при использовании виртуальной памяти*)

frequency ~ 1. сдвиг частоты; смещение частоты **2.** транспонирование частоты

loan ~ *вчт* **1.** структурное иноязычное заимствование, *проф.* «калька» **2.** процесс структурного иноязычного заимствования, *проф.* «калькирование»

name ~ *вчт* преобразование имён

network address ~ преобразование сетевых адресов

one-to-one ~ *вчт* трансляция «один-в-один»

port and address ~ преобразование портов и адресов

primitive ~ *фтт* примитивная трансляция

syntax-directed ~ *вчт* синтаксически ориентируемая трансляция

telephony ~ телефонный переприём

translator 1. *вчт* транслятор, программа перевода с одного языка программирования на другой **2.** *тлв* транслятор-преобразователь **3.** преобразователь **4.** конвертор, блок транспонирования частоты

action ~ преобразователь операций

channel ~ многоканальный конвертор

code ~ преобразователь кода

digital-to-voice ~ преобразователь цифрового кода в голосовой [речевой] сигнал

frequency ~ конвертор, блок транспонирования частоты

group ~ преобразователь первичных групп каналов (*при частотном уплотнении*)

image ~ преобразователь изображения

infrared signal ~ преобразователь ИК-сигналов

language ~ (языковой) транслятор; процессор языка

logic-level ~ преобразователь логического уровня

mastergroup ~ преобразователь третичных групп каналов (*при частотном уплотнении*)

network address ~ преобразователь сетевых адресов

one-action [one-way] ~ транслятор одностороннего действия

supergroup ~ преобразователь вторичных групп каналов (*при частотном уплотнении*)

ultrahigh-frequency ~ *тлв* дециметровый конвертор, ДМВ-конвертор

transliterate *вчт* использовать транслитерацию

transliteration *вчт* транслитерация

translocation изменение местоположения; перемещение

translucence просвечиваемость; полупрозрачность

translucency просвечиваемость; полупрозрачность

translucent просвечивающий; полупрозрачный

transmembrane *биол.* трансмембранный

Transmeta фирма Transmeta

transmissibility возможность передачи

transmission 1. передача **2.** передаваемый сигнал; передаваемое сообщение; передаваемая информация **3.** распространение (*волны*); прохождение (*сигнала*) **4.** коэффициент прохождения; коэффициент пропускания **5.** трансмиссия

ac (picture) ~ *тлв* передача видеосигнала без постоянной составляющей

ACSSB ~ *см.* amplitude-companded single-sideband transmission

amplitude-companded single-sideband ~ однополосная передача с амплитудным компандированием

analog (data) ~ передача аналоговой информации

antivoice-operated ~ диплексная передача с блокировкой передатчика голосовым [речевым] сигналом

asymmetrical power ~ асимметричная передача мощности

asymmetric-sideband ~ передача с частично подавленной боковой полосой

asynchronous ~ асинхронная передача

audio ~ 1. передача звуковых сигналов **2.** *тлв* передача сигналов звукового сопровождения

automatic picture ~ 1. автоматическая передача изображений **2.** телевизионная система с медленной развёрткой для метеорологических спутников, система АРТ

batch file ~ пакетная передача файлов

beam ~ направленная передача

beyond-the-horizon ~ загоризонтное распространение, распространение за счёт рассеяния

bipolar ~ *вчт* биполярная передача

biserial ~ двунаправленная последовательная передача (*данных*)

black ~ факсимильная передача в негативном режиме

broadcast ~ 1. вещательная передача (*1.* радиопередача *2.* телевизионная передача, телепередача

transmission

3. передача по сети проводного вещания) **2.** вчт передача сообщений для всех абонентов (*без персонификации*), для всего аппаратного *или* программного обеспечения (*вычислительной системы или сети*), проф. широковещательная передача **3.** тлф циркулярный вызов

burst ~ **1.** тлв передача сигналов цветовой синхронизации **2.** пакетная передача (*напр. данных*)
carrier ~ двухполосная передача с полной несущей, передача с полной несущей и двумя боковыми полосами
close-up ~ тлв передача крупным планом
color ~ передача полного цветового телевизионного сигнала
color-selecting-electrode system ~ тлв коэффициент пропускания цветоделительной сетки (*хроматрона*)
constant-luminance ~ тлв передача сигнала яркости и двух цветоразностных сигналов
data ~ передача данных; передача информации
dc (picture) ~ тлв полная передача видеосигнала, передача видеосигнала с постоянной составляющей
diffuse ~ диффузное пропускание
digital (data) ~ передача цифровой информации
diplex ~ диплексная передача, одновременная передача двух сообщений в одном направлении
direct ~ тлв прямая передача
directive ~ направленная передача
direct-sequence ~ передача широкополосных псевдослучайных сигналов с кодом прямой последовательности
discontinuous ~ прерывистая передача (*напр. речи*)
distortionless ~ передача без искажений
dot-sequential ~ тлв последовательная передача цветовых сигналов по точкам *или* элементам изображения
double-hop ~ двухскачковое распространение
double-sideband ~ двухполосная передача, передача с двумя боковыми полосами
duplex ~ дуплексная [одновременная двухсторонняя] передача
error ~ передача (*напр. данных*) с ошибками
error-free [errorless] ~ передача без ошибок
facsimile ~ факсимильная передача
feedback ~ передача с обратной связью
fiber-optic data ~ передача данных по волоконно-оптической линии связи
field-sequential ~ тлв последовательная передача цветовых сигналов по полям
FM radio ~ передача программ ЧМ-радиовещания
four-wire ~ тлф четырёхпроводная передача
free-space power ~ передача энергии в свободном пространстве
frequency-division (multiplex) ~ передача с частотным уплотнением каналов
frequency-shift ~ передача частотно-манипулированных сигналов
half-duplex ~ полудуплексная [поочерёдная двусторонняя] передача
hologram ~ передача голограмм, передача голографической информации
image ~ передача изображений
impulse ~ передача сообщений с помощью импульсных последовательностей

indirect ~ тлв передача в записи
intersatellite ~ межспутниковая передача
isochronous ~ изохронная передача
laser optical ~ **1.** прохождение лазерного луча **2.** принцип действия лазерного проигрывателя, основанный на прохождении луча
light ~ пропускание света
line-of-sight ~ распространение в пределах прямой видимости
line-sequential ~ тлв последовательная передача цветовых сигналов по строкам
live ~ тлв прямая передача
live-studio ~ тлв студийная прямая передача
low-power ~ передача с пониженной мощностью
microwave-power ~ передача энергии на СВЧ
MIDI ~ вчт передача MIDI-данных
mixed ~ **1.** смешанное пропускание **2.** распространение на смешанной трассе (*напр. суша — море*)
monochrome ~ тлв передача сигнала яркости
multibeam ~ многолучевое распространение
multicarrier ~ передача с несколькими несущими
multichannel ~ многоканальная передача
multihop ~ многоскачковое распространение
multipath ~ многолучевое распространение
multiplex ~ передача с уплотнением каналов
multiplex code ~ передача кодированных данных с уплотнением каналов
negative ~ **1.** факсимильная передача в негативном режиме **2.** тлв передача с негативной модуляцией несущей
oblique-incidence ~ передача за счёт ионосферных волн наклонного падения
optical ~ оптическая передача
optical-fiber ~ передача по волоконно-оптической линии связи
optical-waveguide ~ передача по световоду, световодная передача
orbital scatter ~ передача за счёт рассеяния в поясе орбитальных диполей
over-the-horizon ~ загоризонтное распространение, распространение за счёт рассеяния
parallel ~ параллельная передача
perfect ~ идеальная передача
picture ~ передача изображений
ping-pong ~ поочерёдная передача
point-to-point ~ двухпунктовая передача; прямая передача
polar ~ вчт биполярная передача
positive ~ **1.** факсимильная передача в позитивном режиме **2.** тлв передача с позитивной модуляцией несущей
power ~ передача энергии
quantum-mechanical ~ коэффициент квантово-механического прохождения
radio ~ радиопередача
recorded ~ тлв передача в записи
reduced-carrier ~ передача с частично подавленной несущей
reflectionless ~ безотражательное прохождение
regular ~ направленное пропускание
round-trip ~ двойное прохождение сигнала (*в прямом и обратном направлениях*)
satellite ~ спутниковая передача
secure voice ~ засекреченная телефонная связь

transmission

sequential color ~ *тлв* последовательная передача цветовых сигналов
serial ~ последовательная передача
sesquisideband ~ полутораполосная передача, передача с полными несущей и одной боковой полосой и с половиной сигнала второй боковой полосы
simplex ~ симплексная [односторонняя] передача
single-current ~ *тлг* однополосная передача
single-sideband ~ передача с одной боковой полосой, ОБП-передача
sound ~ прохождение звука, звукопередача
spread-spectrum ~ передача широкополосных псевдослучайных сигналов
SSB ~ *см.* **single-sideband transmission**
start-stop ~ стартстопная передача; асинхронная передача
studio ~ *тлв* студийная передача
suppressed-carrier ~ передача с подавленной несущей
synchronous ~ синхронная передача
television ~ телевизионная передача, телепередача
time-division (multiplex) ~ передача с временным уплотнением каналов
two-wire ~ *тлф* двухпроводная передача
uniform diffused ~ равномерно-диффузное пропускание
vertical-incidence ~ передача за счёт ионосферных волн нормального падения
vestigial-sideband ~ передача с частично подавленной боковой полосой
video ~ передача видеосигналов
voice operated ~ передача с голосовым [речевым] управлением
voice store-and-forward ~ передача голосовых [речевых] сообщений с промежуточным накоплением
white ~ факсимильная передача в позитивном режиме
wide-band ~ широкополосная передача
transmissivity удельный коэффициент прохождения; удельный коэффициент пропускания
acoustic ~ коэффициент звукопроницаемости
transmit 1. передавать (*напр. информацию*) 2. излучать (*напр. волны*); посылать; отправлять (*напр. сообщение*) 3. пропускать (*напр. свет*); поддерживать распространение (*напр. волн*)
~ data передача данных (*1. режим работы устройства 2. управляющий сигнал интерфейса RS-232C*) ‖ передавать данные
transmittance коэффициент прохождения; коэффициент пропускания
branch ~ передаточная функция ветви
diffuse ~ коэффициент диффузного пропускания
power ~ of radome коэффициент пропускания обтекателя (*антенны*) по мощности
regular ~ коэффициент направленного пропускания
spectral ~ спектральный коэффициент пропускания
transmitter 1. передающее устройство, передатчик; радиопередающее устройство, радиопередатчик 2. *тлф* микрофон 3. *тлг* трансмиттер 4. сельсин-датчик 5. медиатор (*переносчик нервного импульса в синапсе*)

~ off 1. символ «конец передачи» 2. стоп-сигнал
~ on 1. символ «начало передачи» 2. старт-сигнал
alternator ~ радиопередатчик с питанием от синхронного (электрического) генератора
AM ~ *см.* **amplitude-modulated transmitter**
amplitude-modulated ~ передатчик АМ-сигналов, АМ-передатчик
arc ~ радиопередатчик с дуговым генератором
aural ~ *тлв* передатчик сигналов звукового сопровождения
auxiliary ~ резервный передатчик
breast ~ нагрудный микрофон
broadcast ~ вещательный передатчик
capacitor ~ конденсаторный микрофон
carbon (-telephone) ~ угольный микрофон
continuous-wave ~ непрерывный передатчик
crystal-controlled ~ передатчик с кварцевой стабилизацией частоты
cw ~ *см.* **continuous-wave transmitter**
digital-data ~ устройство передачи цифровых данных
dipole ~ микрофон-приёмник градиента давления
direct-conversion ~ передатчик с прямым преобразованием частоты
direct-sequence ~ передатчик системы с широкополосными псевдослучайными сигналами с кодом прямой последовательности
distributor ~ *тлг* передающий распределитель
double-sideband ~ передатчик с двумя боковыми полосами, двухполосный передатчик
downlink ~ передатчик линии связи ЛА — Земля
drum ~ барабанный передающий факсимильный аппарат
earth ~ передатчик наземной станции
facsimile ~ передающий факсимильный аппарат
fiber-optic ~ передатчик для волоконно-оптической линии связи
fixed ~ радиопередатчик фиксированной станции
fixed-frequency ~ передатчик с фиксированной настройкой
flat-bed facsimile telegraph ~ плоскостной передающий факсимильный аппарат
FM ~ *см.* **frequency-modulated transmitter**
frequency-hopping ~ передатчик сигналов со скачкообразной перестройкой частоты
frequency-modulated ~ передатчик ЧМ-сигналов, ЧМ-передатчик
frequency-shift ~ передатчик частотно-манипулированных сигналов
frequency-stable ~ передатчик со стабилизацией частоты
Gibson girl ~ портативный аварийный передатчик (*используемый пилотами при вынужденной посадке в море*)
glide-path [glide-slope] ~ передатчик глиссадного радиомаяка
ground-based ~ наземный передатчик
ground-to-air ~ передатчик системы связи Земля — ЛА
implantable ~ имплантируемый передатчик
ionosonde ~ радиопередатчик ионосферной станции
jamming ~ передатчик станции активных преднамеренных радиопомех
laser ~ лазерный передатчик

transponder

main ~ основной передатчик
maser ~ мазерный передатчик
mobile ~ радиопередатчик подвижной станции
multichannel radio ~ многоканальный радиопередатчик
multifrequency ~ многочастотный радиопередатчик
multimode ~ передатчик, работающий в нескольких режимах
multiple-conversion ~ передатчик с многократным преобразованием частоты
multi-RF-channel ~ многоканальный РЧ-передатчик
omnidirectional range ~ передатчик всенаправленного радиомаяка
optical ~ передатчик оптического диапазона
phase-modulated ~ передатчик ФМ-сигналов, ФМ-передатчик
picture ~ *тлв* передатчик сигналов изображения
PM ~ *см.* **phase-modulated transmitter**
polarization scanning ~ передатчик со сканированием поляризации
portable ~ портативный [переносный] передатчик
pulse ~ импульсный передатчик
radar ~ радиолокационный передатчик
radio ~ радиопередающее устройство, радиопередатчик
radiosonde ~ передатчик радиозонда
radiotelegraph ~ радиотелеграфный передатчик
radiotelephone ~ радиотелефонный передатчик
redundant ~ 1. резервный передатчик 2. резервируемый передатчик
relay ~ передатчик радиорелейной станции
retard ~ передатчик с временной задержкой
selsyn ~ сельсин-датчик
ship's emergency ~ судовой аварийный передатчик
short-wave ~ передатчик КВ-диапазона
single-sideband ~ передатчик с одной боковой полосой, однополосный [ОБП-] передатчик
sonar ~ гидроакустический излучатель
space ~ передатчик космической станции
spark ~ передатчик с искровым генератором
standby ~ резервный передатчик
suppressed-carrier ~ передатчик с подавленной несущей
synchro ~ сельсин-датчик
tape ~ 1. ленточный трансмиттер 2. ленточный передающий факсимильный аппарат
telegraph ~ трансмиттер
telemetry ~ передатчик телеметрических сигналов, телеметрический передатчик
telephone ~ микрофон
television ~ телевизионный передатчик
terminal ~ передатчик оконечной станции
terrestrial ~ передатчик наземной станции
thermionic ~ ламповый передатчик
transportable ~ транспортируемый передатчик
uplink ~ передатчик линии связи Земля — ЛА
vacuum-tube ~ ламповый передатчик
vestigial-sideband ~ передатчик с частично подавленной боковой полосой
visual ~ *тлв* передатчик сигналов изображения
transmitter-distributor *тлг* трансмиттер-распределитель

transmitter-receiver приёмопередатчик (*1. приёмопередающая радиостанция; дуплексная радиостанция 2. вчт устройство для подключения хост-устройства к средствам передачи данных, напр. хост-компьютера к локальной сети, проф. трансивер*)
asynchronous ~ асинхронный приёмопередатчик
synchronous ~ синхронный приёмопередатчик
transmittivity 1. удельный коэффициент прохождения; удельный коэффициент пропускания 2. коэффициент звукопроницаемости
acoustic ~ коэффициент звукопроницаемости
transmultiplexer преобразователь вида уплотнения каналов
transmultiplexing преобразование вида уплотнения каналов
transmutation трансмутация
transparency 1. прозрачность (*1. свойство пропускать свет; свойство пропускать излучение 2. доступность для понимания; легкость понимания; ясность; отсутствие скрытых особенностей*) 2. прозрачный объект (*1. пропускающий свет объект; пропускающий излучение объект 2. доступный для понимания объект; ясный объект; не обладающий скрытыми особенностями объект*) 3. просвечивающий объект; видимый на просвет объект 4. транспарант 5. диапозитив; слайд 6. легко обнаруживаемый объект
barrier ~ коэффициент прозрачности потенциального барьера
code ~ прозрачность кода
color ~ цветной диапозитив; цветной слайд
half-tone ~ полутоновый транспарант
market ~ прозрачность рынка
network ~ прозрачность сети
optical ~ оптический транспарант
plane ~ плоский транспарант
reference dot ~ эталонный точечный транспарант
self-induced ~ *кв. эл.* самоиндуцированная прозрачность
service location ~ прозрачность расположения служб
transparent 1. прозрачный (*1. пропускающий свет; пропускающий излучение 2. доступный для понимания; легко понимаемый; ясный; не обладающий скрытыми особенностями*) 2. просвечивающий; видимый на просвет 3. легко обнаруживаемый
transpolarizer ступенчатый переменный сегнетоэлектрический конденсатор с электростатической регулировкой
transponder 1. *рлк* ответчик 2. (спутниковый) ретранслятор
channelized ~ многоканальный ретранслятор
coherent ~ когерентный ответчик
crossband ~ ответчик автономной системы опознавания
decoy ~ ответчик радиолокационной ловушки
dual-polarization ~ ответчик с двойной поляризацией
frequency-agile ~ ретранслятор с быстрой перестройкой частоты
frequency-channelized ~ ретранслятор с частотным разделением каналов
hard-limiting ~ ретранслятор с жёстким порогом ограничения выходной мощности

high-capacity ~ ретранслятор с высокой пропускной способностью
in-band ~ ответчик совмещённой системы опознавания
multicarrier ~ ретранслятор для передачи на нескольких несущих
multichannel ~ многоканальный ретранслятор
onboard ~ бортовой ответчик
processing ~ ретранслятор с обработкой сигналов
regenerative ~ ретранслятор с регенерацией сигналов
satellite ~ спутниковый ретранслятор
spacecraft ~ ответчик космического корабля

Transport:
    Lightning Data ~ высокопроизводительная шина типа LDT, высокопроизводительная шина типа HyperTransport

transport 1. транспорт; перенос; перемещение; передача || транспортировать; переносить; перемещать; передавать || транспортный **2.** лентопротяжный механизм; механизм транспортирования ленты **3.** *вчт* транспортное средство, средство передачи данных
    acoustic charge ~ перенос заряда акустическими волнами
    active ~ активный транспорт
    ballistic ~ *пп* баллистический [бесстолкновительный] перенос (*носителей*)
    ballistic electron ~ *пп* баллистический [бесстолкновительный] перенос электронов
    bubble ~ перемещение ЦМД
    carrier ~ *пп* перенос носителей
    charge ~ *пп* перенос заряда
    collision (dominated) ~ *пп* столкновительный перенос (*носителей*)
    collisionless ~ *пп* бесстолкновительный [баллистический] перенос (*носителей*)
    convective ~ *крист.* конвективный перенос
    electron ~ перенос электронов
    energy ~ перенос энергии
    impurity ion ~ *пп* перенос ионов примеси
    intervalley carrier ~ *пп* междолинный перенос носителей
    ion ~ перенос ионов
    local area ~ *вчт* протокол передачи в локальной сети, протокол LAT
    local area data ~ передача данных в локальной сети
    multiprotocol ~ многопротокольная передача данных
    near-ballistic ~ *пп* квазибаллистический [почти бесстолкновительный] перенос (*носителей*)
    network management vector ~ векторная [направленная] передача данных управления сетью
    nonequilibrium carrier ~ *пп* неравновесный перенос носителей
    passive ~ пассивный транспорт
    reactive ~ *крист.* реактивный перенос
    space-charge ~ перенос объёмного заряда
    spin-polarized ~ спин-поляризованный перенос, перенос электронов с поляризованными спинами
    steady-state ~ *пп* перенос (*носителей*) в установившемся режиме
    streaming tape ~ *вчт* лентопротяжное устройство стримера
    surface-charge ~ перенос поверхностного заряда
    surface-recombination ~ перенос заряда за счёт поверхностной рекомбинации
    tape ~ лентопротяжный механизм; механизм транспортирования ленты
    transient ~ *пп* перенос (*носителей*) в неустановившемся режиме
    video ~ лентопротяжный механизм видеомагнитофона

transportability *вчт* переносимость, мобильность, возможность использования на разных аппаратных платформах (*напр. о программном обеспечении*)

transportance элемент переноса (*в САПР*)

transpose 1. транспонированная матрица **2.** транспонировать (*1. выполнять операцию отражения элементов матрицы относительно главной диагонали 2. сдвигать спектр частот с сохранением закона распределения спектральных составляющих*) **3.** переставлять (*напр. символы в выражении*) **4.** переносить в другую часть уравнения с обратным знаком **5.** преобразовывать **6.** *тлф* скрещивать (*провода линии связи*) **7.** производить транспозицию; испытывать транспозицию

transposition 1. транспонирование (*1. операция отражения элементов матрицы относительно главной диагонали 2. сдвиг спектра частот с сохранением закона распределения спектральных составляющих*) **2.** перестановка (*напр. символов в выражении*) **3.** перенос в другую часть уравнения с обратным знаком **4.** преобразование **5.** *тлф* скрещивание (*проводов линии связи*) **6.** транспозиция (*1. перестановка двух и только двух элементов в комбинаторике 2. транспонировка, изменение высоты всех звуков музыкального произведения на определённый интервал 3. перемещение гена или группы генов в молекуле ДНК*)
    dynamic ~ динамическая перестановка (*напр. в блочном шифре*)
    keyed ~ перестановка, управляемая ключом
    point ~ скрещивание (*проводов*) на опоре

transputer транспьютер, элементарный блок на СБИС для построения многопроцессорных вычислительных систем
    INMOS ~ транспьютер корпорации INMOS

transradar система трансляции радиолокационной информации со сжатием спектра

transrectification выпрямление с помощью многоэлектродного прибора

transversal 1. секущая **2.** поперечный (*по отношению к чему-либо*) объект || поперечный **3.** трансверсальный **4.** *вчт* пошаговое исполнение программы (*при отладке*)

transverse поперечное направление || поперечный

trap 1. ловушка (*1. устройство для захвата, улавливания или устранения чего-либо 2. фтт центр захвата (напр. носителей заряда) 3. функция-ловушка (в криптографической системе) 4. искусный приём; замаскированная хитрость 5. вчт особый случай; особая ситуация 6. вчт исключение, обнаруживаемое и обслуживаемое после выполнения вызвавшей его инструкции*) **2.** использовать ловушку **3.** захватывать **4.** захват краски (*рабочим слоем при многокрасочной печати*) || обладать способностью захватывать краску **5.** *вчт* устранять пробелы между областями различного цвета (*при многоцветной печати*), *проф.* использовать треппинг **6.** режектор, схема режекции; режекторный фильтр **7.** параллельный резонансный контур схемы режекции **8.** использовать схему режекции *вчт* **9.** внутреннее прерывание || обрабатывать внутреннее прерывание **10.** лазейка (*в программе*) || использовать лазейку (*в программе*) **11.** люк (*напр. слота*)

absorption ~ параллельный резонансный контур схемы режекции
acceptor(-type) ~ акцепторная ловушка
asynchronous system ~ асинхронное прерывание; внешнее прерывание; прерывание от внешнего события *или* процесса
bent-gun ion ~ *тлв* ионная ловушка электронного прожектора с изгибом траектории пучка
bulk ~ объёмная ловушка
carrier ~ центр захвата носителей
charged-particle ~ ловушка заряженных частиц
closed plasma ~ замкнутая плазменная ловушка
deep ~ глубокая ловушка
dummy ~ ловушка по фиктивной переменной
electron ~ электронная ловушка
empty ~ незаполненная ловушка
event ~ внутреннее прерывание от события
fast ~ быстрая ловушка
filled ~ заполненная ловушка
hole ~ дырочная ловушка
interfacial ~ поверхностная ловушка
interrupt ~ внутреннее прерывание
ion ~ *тлв* ионная ловушка
ionized ~ ионизированная ловушка
magnetic-mirror (plasma) ~ (плазменная) ловушка с магнитным зеркалом
magnetostatic ~ магнитостатическая ловушка
majority-carrier ~ центр захвата основных носителей
multiple-level ~ многоуровневая ловушка
neutral ~ нейтральная ловушка
nonrecombining ~ нерекомбинационная ловушка
open plasma ~ открытая плазменная ловушка
parallel resonant wave ~ параллельный резонансный контур схемы режекции (*на входе приёмника*)
plasma ~ плазменная ловушка
recombination ~ рекомбинационная ловушка
semiconductor ~ ловушка в полупроводнике
series resonant wave ~ последовательный резонансный контур схемы режекции (*на входе приёмника*)
shallow ~ мелкая ловушка
single-level ~ одноуровневая ловушка
slow ~ медленная ловушка
straight-gun ion ~ *тлв* ионная ловушка электронного прожектора без изгиба траектории пучка
surface ~ поверхностная ловушка
synchronous system ~ синхронное прерывание; внутреннее прерывание
system ~ системное прерывание
wave ~ резонансный контур схемы режекции (*на входе радиоприёмника*)

trapdoor 1. функция-ловушка (*в криптографической системе*) **2.** *вчт* лазейка (*в программе*) **3.** люк (*напр. слота*)

trapezium 1. трапеция **2.** четырёхугольник, отличный от параллелограмма

trapezoid 1. трапеция **2.** четырёхугольник, отличный от параллелограмма **3.** трапециевидный; трапецеидальный

trapping 1. захват **2.** улавливание; устранение **3.** *вчт* обработка ловушек **4.** использование ловушек **5.** захват краски (*рабочим слоем при многокрасочной печати*) **6.** *вчт* устранение пробелов между областями различного цвета (*при многоцветной печати*), *проф.* треппинг **7.** режекция **8.** обработка внутренних прерываний **9.** использование лазеек (*в программе*) **10.** *pl* внешние атрибуты

bubble ~ захват ЦМД
carrier ~ захват носителей
current ~ *свпр* захват тока
domain ~ захват доменов
electron ~ захват электронов
error ~ обнаружение и предотвращение ошибок
event ~ обработка внутреннего прерывания от события
external ~ устранение пробелов между областями различного цвета за счёт расширения выбранной области, *проф.* внешний треппинг
field-enhanced ~ стимулированный полем захват носителей
flux ~ *свпр* захват потока
hole ~ захват дырок
interface ~ захват поверхностной ловушкой
internal ~ устранение пробелов между областями различного цвета за счёт расширения области, соседствующей с выбранной, *проф.* внутренний треппинг
magnetic-domain ~ захват магнитных доменов
radiation ~ пленение излучения

trash *вчт* **1.** искажение (*напр. данных*), нарушение целостности данных; появление недостоверности (*напр. в тексте*); порча || искажать (*напр. данные*), нарушать целостность данных; делать недостоверным (*напр. текст*); портить **2.** бесполезные данные, *проф.* мусор || заполнять бесполезными данными; работать вхолостую, *проф.* пробуксовывать; замусоривать **3.** *проф.* корзина для мусора (*каталог для хранения удаляемых файлов*)

operation system ~ разрушение операционной системы

trashing *вчт* **1.** искажение (*напр. данных*), нарушение целостности данных; появление недостоверности (*напр. в тексте*); порча **2.** заполнение бесполезными данными; работа вхолостую, *проф.* пробуксовка; замусоривание

buffer ~ пробуксовка буфера
cache ~ пробуксовка кэша
operation system ~ разрушение операционной системы

Travan 1. (кассетный) формат Travan для цифровой записи на (магнитную) ленту **2.** кассета для (магнитной) ленты (формата) Travan **3.** (магнитная) лента шириной 8 мм для цифровой записи в (кассетном) формате Travan, (магнитной) ленты (формата) Travan **4.** лентопротяжный механизм для (магнитной) ленты (формата) Travan **5.** (запоминающее) устройство для резервного копирования (данных) на (магнитную) ленту (формата) Travan

~ **NS 1.** (кассетный) формат Travan NS для цифровой записи на (магнитную) ленту **2.** кассета для (магнитной) ленты (формата) Travan NS **3.** (маг-

travel

нитная) лента шириной 8 мм для цифровой записи в (кассетном) формате Travan NS , (магнитная) лента (формата) Travan NS **4.** лентопротяжный механизм для (магнитной) ленты (формата) Travan NS **5.** (запоминающее) устройство сетевой серии для резервного копирования (данных) на (магнитную) ленту (формата) Travan NS

travel пределы перемещения; ход (*напр. части механизма*) ‖ перемещаться в определённых пределах; иметь ход
   armature ~ ход якоря (*реле*)
   full ~ полный ход (*переключателя*)
   full key ~ *вчт* полный ход клавиш; стандартный ход клавиш (*около 3 мм*)
   joint ~ ход сочленения (*робота*)
   key ~ *вчт* ход клавиши (*клавиатуры компьютера*)

traversal *вчт* обход (*напр. дерева*)
   graph ~ обход графа
   post-order ~ обход дерева с посещением каждого узла после посещения узлов-потомков
   pre-order ~ обход дерева
   tree ~ обход дерева с посещением узлов-потомков после посещения родительского узла

traverse 1. пересечение ‖ пересекать **2.** точка пересечения **3.** поперечно расположенный объект; поперечина ‖ располагаться поперёк ‖ поперечный **4.** *вчт* обход ‖ обходить, совершать обход (*напр. дерева*)

tray лоток; поддон (*напр. в принтере*)
   CD ~ *см.* **compact disk tray**
   compact disk ~ лоток для компакт-дисков
   diskette ~ лоток для дискеты
   feed ~ подающий лоток
   paper ~ лоток для бумаги

treat 1. обрабатывать **2.** рассматривать; трактовать; интерпретировать

treatise трактат; фундаментальный труд

treatment 1. обработка **2.** рассмотрение; трактовка; интерпретация **3.** предварительный сценарий (*напр. телефильма*)
   acoustic ~ акустическая обработка (*помещений*)
   BH ~ *см.* **bias-heat treatment**
   bias-heat ~ *пп* термообработка при наличии смещения
   controlled-heat ~ управляемая термообработка
   electrical pulsing ~ *пп* электроформовка
   electron-beam [electron-bombardment] ~ электронно-лучевая обработка
   etching ~ обработка методом травления
   floating-zone ~ обработка методом зонной очистки
   heat ~ термообработка
   high-frequency ~ обработка ВЧ-токами
   intelligent ~ интеллектуальная обработка
   laser ~ лазерная обработка
   negative BH~ *пп* термообработка при отрицательном смещении
   passivation ~ *микр.* пассивация, пассивирование
   plasma ~ плазменная обработка
   plasma chemical ~ плазмохимическая обработка
   positive BH~ *пп* термообработка при положительном смещении
   postdeposition heat ~ *микр.* термообработка после осаждения
   postgrowth heat ~ послеростовая термообработка (*кристаллов*)
   selective ~ селективная обработка
   surface ~ обработка поверхности
   thermal ~ термообработка
   thermochemical ~ термохимическая обработка
   thermomechanical ~ термомеханическая обработка
   vacuum ~ вакуумная обработка

treble 1. верхние (звуковые) частоты ‖ относящийся к верхним (звуковым) частотам **2.** утраивать; страивать ‖ тройной; утроенный; строенный

tree 1. *вчт* древовидная схема; древовидный дешифратор **2.** дерево (*напр. графа*) ‖ древовидный **3.** *крист.* дендрит
   ~ **of given strength** дерево данной мощности
   ~ **of given weight** дерево данного веса
   ~ **of objectives** дерево целей
   ~ **of statements** дерево утверждений; дерево высказываний
   abstract syntax ~ дерево абстрактного синтаксического анализа
   adaptive ~ адаптивное дерево
   Adel'son-Vel'ski-Landis ~ сбалансированное по высоте дерево, дерево Адельсона — Вельски — Лэндиса, AVL-дерево
   Aronshine ~ дерево Араншайна
   AVL ~ *см.* **Adel'son-Vel'ski-Landis tree**
   B ~ Б-дерево, B-дерево
   balanced ~ сбалансированное дерево
   bifurcation ~ бифуркационное дерево
   binary ~ двоичное [бинарное] дерево
   binary search~ дерево двоичного [бинарного] поиска
   Boolean ~ булево дерево
   branching ~ ветвящееся дерево
   Cartesian ~ декартово дерево, дерево поиска с приоритетом
   Cayley ~ дерево Кэли
   choice ~ дерево выбора
   classification ~ классификационное дерево
   classification and regression ~ алгоритм CART, алгоритм построения двоичного [бинарного] дерева решений
   clock ~ дерево синхронизации
   cluster ~ кластерное дерево
   co~ дополнительное дерево, кодерево
   code ~ кодовое дерево
   command ~ дерево команд
   complement ~ дополнительное дерево, кодерево
   complete code ~ полное кодовое дерево
   computation ~ дерево вычислений
   conference ~ электронная доска объявлений с иерархической структур*ой*, *проф.* дерево конференций
   countable ~ счётное дерево
   decision ~ дерево решений
   decomposition ~ декомпозиционное дерево
   deduction ~ дерево вывода
   derivation ~ дерево вывода
   edge-rooted ~ рёберно-корневое дерево
   equipotential ~ дерево эквипотенциальных связей
   existence trie ~ trie–дерево существования
   fault ~ дерево отказов
   Feigenbaum ~ дерево Фейгенбаума
   Fibonacci ~ дерево Фибоначчи
   finite ~ конечное дерево

fractal ~ фрактальное дерево
game ~ дерево игры
generation ~ дерево вывода
graph ~ дерево графа
hardware ~ графическое представление списка аппаратного обеспечения в виде древовидной структуры, *проф.* аппаратное дерево
hierarchical ~ иерархическое дерево
homeomorphically irreducible ~ гомеоморфно несводимое дерево
Husimi ~ дерево Хусими
hypothesis search ~ дерево поиска гипотез
inference ~ дерево вывода
information ~ информационное дерево
labeled ~ помеченное дерево
language ~ языковое дерево
lexicographic ~ лексикографическое дерево
loaded fractal ~ нагруженное фрактальное дерево
logical ~ логическое дерево
minimal (length) ~ кратчайшее дерево, дерево минимальной длины
multibranch ~ сильно ветвящееся дерево
multiway ~ сильно ветвящееся дерево
normal ~ нормальное дерево
optimal ~ оптимальное дерево
optimal merge ~ дерево оптимального слияния
optimal search ~ дерево оптимального поиска
ordered ~ упорядоченное дерево
oriented ~ ориентированное дерево
outcome ~ дерево исходов
parse [parsing] ~ дерево синтаксического анализа
patricia ~ *вчт* практический алгоритм для поиска алфавитно-цифровой информации, patricia–дерево, patricia-структура (*тип двоичного [бинарного] дерева, имеющего ключи для каждого из листьев*)
planar [plane] ~ плоское дерево
priority ~ дерево с приоритетом, пирамида
priority search ~ дерево поиска с приоритетом, декартово дерево
probability ~ вероятностное дерево
production ~ дерево порождений
proper ~ собственное дерево
proof ~ дерево доказательств
radix ~ корневое дерево, дерево с корнем
randomized binary ~ рандомизованное двоичное [рандомизованное бинарное] дерево
RB ~ *см.* red-black tree
recursive ~ рекурсивное дерево
red-black ~ красно-белое дерево, RB-дерево
response ~ дерево откликов
rooted ~ корневое дерево, дерево с корнем
search ~ дерево поиска
selection ~ дерево выбора
shortest ~ кратчайшее дерево, дерево минимальной протяжённости
shortest-distance ~ дерево кратчайших путей
signed ~ знаковое (помеченное) дерево
spanning ~ остовное дерево
specific ~ частное дерево
subject ~ дерево тем
subspanning ~ подостовное дерево
suffix ~ дерево суффиксов
symmetric ~ симметричное дерево
syntax ~ синтаксическое дерево
ternary ~ троичное [тернарное] дерево
ternary search ~ дерево троичного [тернарного] поиска
threaded ~ прошитое дерево
topological ~ топологическое дерево
transition ~ дерево переходов
trie ~ *вчт* trie–дерево, trie-структура (*тип двоичного [бинарного] дерева, имеющего ключи для каждого из листьев*)
two-color ~ двуцветное дерево
two-dimensional ~ двумерное дерево
two-level ~ двухъярусное дерево
unlabeled ~ непомеченное дерево
weighted ~ взвешенное дерево
tree-killer *вчт проф.* 1. принтер 2. создатель объёмистой бесполезной документации; компьютерный графоман
treetop вершина дерева
treeware *вчт проф.* бесполезная печатная продукция
trefoil трёхлепестковая фигура, фигура типа «лист клевера»
trellis решётка; матрица || решётчатый; матричный
complete ~ полная решётка
decoding ~ декодирующая матрица
decomposable ~ разложимая решётка
tremble 1. дрожь; дрожание; подёргивание || дрожать; подёргиваться 2. тремор (*1. любое колебательное или дрожательное движение 2. биол. непроизвольные дрожательные сокращения мышц 3. биол. дрожательное движение глаз, колебания взгляда на 1 - 2′ с частотой около 50 Гц*) || испытывать тремор 3. вибрация || вибрировать
trembler прерыватель-распределитель (*зажигания*)
trembling 1. дрожь; дрожание; подёргивание || дрожащий; подёргивающийся 2. вибрация || вибрирующий
tremolo 1. тремоло 2. вибрирующий звук 3. амплитудная модуляция звукового тона
tremor 1. тремор (*1. любое колебательное или дрожательное движение 2. биол. непроизвольные дрожательные сокращения мышц 3. биол. дрожательное движение глаз, колебания взгляда на 1 - 2′ с частотой около 50 Гц*) 2. вибрирующий звук
trench *микр.* канавка (*напр. для межсоединения*); желобок || прорезать канавку *или* желобок
trend 1. (преобладающая) тенденция; (общее) направление развития *или* движения; курс || иметь (преобладающую) тенденцию; развиваться или двигаться в определённом направлении; двигаться определённым курсом 2. квазидетерминированная составляющая случайного процесса, *проф.* тренд (*в математической статистике*)
common ~ общий тренд
cyclic(al) ~ циклический тренд
deterministic ~ детерминированный тренд
downward ~ 1. тенденция к понижению 2. убывающий тренд
exponential ~ экспоненциальный тренд
linear ~ линейный тренд
logistic ~ логистический тренд
multiplicative ~ мультипликативный тренд
polynomial ~ полиномиальный тренд
quadratic ~ квадратичный тренд
seasonal ~ сезонный тренд

stochastic ~ стохастический тренд
upward ~ 1. тенденция к повышению **2.** возрастающий тренд
trending 1. обладающий определённой тенденцией **2.** имеющий тренд
trespass 1. правонарушение || совершать правонарушение **2.** несанкционированное проникновение; взлом || осуществлять несанкционированное проникновение; взламывать
trespasser 1. правонарушитель **2.** лицо, осуществляющее несанкционированное проникновение; взломщик
   computer ~ *вчт проф.* компьютерный взломщик (*программист, специализирующийся на разработке и реализации способов несанкционированного проникновения в защищённые компьютерные системы и программные продукты*)
trespassing 1. правонарушение **2.** несанкционированное проникновение; взлом
   electronic ~ несанкционированное электронное проникновение; электронный взлом
triac симметричный триодный тиристор, симистор
triad 1. триада (*1.* триада экрана *2.* группа из трёх однотипных или взаимосвязанных элементов *3.* трезвучие) **2.** система трёх наземных радиолокационных станций **3.** трёхвалентный элемент *или* атом; трёхвалентная группа
   color ~ цветовая триада
   ordered ~ упорядоченная триада
   point ~ точечная триада
trial 1. испытание; проба; эксперимент || испытательный; пробный; экспериментальный **2.** реализация; выборка; попытка **3.** тест ◊ **~ and error** метод проб и ошибок
   Bernoulli ~s схема (испытаний) Бернулли, серия независимых испытаний с двумя исходами и фиксированной вероятностью успеха
   comparative ~s сравнительные испытания
   field ~s эксплуатационные испытания
   independent ~s независимые испытания
   preliminary ~s предварительные испытания
   sequential ~s последовательные испытания
   single ~ одиночное испытание
triangle 1. треугольник (*1.* геометрический объект *2.* объект в форме треугольника *3.* ударный музыкальный инструмент) **2.** группа из трёх элементов; триада
   Cayley ~ треугольник Кэли
   color ~ цветовой треугольник
   elliptic ~ эллиптический треугольник
   equilateral ~ равносторонний треугольник
   impedance ~ треугольник полного сопротивления (*на комплексной плоскости*)
   isosceles ~ равнобедренный треугольник
   Maxwell ~ треугольник Максвелла
   munching ~ s *вчт проф.* «жующие» треугольники (*галлюциногенное изображение*)
   mute ~ *вчт* закрытый треугольник (*музыкальный инструмент из набора ударных General MIDI*)
   oblique ~ косоугольный треугольник
   open ~ *вчт* открытый треугольник (*музыкальный инструмент из набора ударных General MIDI*)
   Pascal ~ треугольник Паскаля
   right(-angle) ~ прямоугольный треугольник
   skew(-angle) ~ косоугольный треугольник
   spherical ~ сферический треугольник
   terrestrial ~ земной треугольник
   topological ~ топологический треугольник
triangular 1. треугольный **2.** состоящий из трёх частей или элементов **3.** относящийся к группе из трёх элементов
triangulate 1. производить триангуляцию (*1. рлк* пеленговать несколько целей с помощью трёх приёмников *2.* определять положение геодезических пунктов путём разбиения местности на смежные треугольники *3.* разбивать (*напр.* плоскости) на треугольники) **2.** производить треугольное разбиение матриц **3.** придавать треугольную форму
triangulation 1. триангуляция (*1. рлк* метод пеленгации нескольких целей с помощью трёх приёмников *2.* определение положения геодезических пунктов путём разбиения местности на смежные треугольники *3.* разбиение (*напр.* плоскости) на треугольники) **2.** треугольное разбиение матриц **3.** придание треугольной формы
   aerial ~ аэротриангуляция
   analytical ~ аналитическая триангуляция
   arc ~ триангуляция дугами
   curvilinear ~ криволинейная триангуляция
   global ~ глобальная триангуляция
   ground ~ триангуляция на местности
   local ~ локальная триангуляция
   manyfold ~ многократная триангуляция
   satellite ~ спутниковая триангуляция
   spherical ~ сферическая триангуляция
   target ~ триангуляция целей
triatomic трёхатомный (*напр. о молекуле*)
triax триаксиальный [коаксиальный трёхжильный] кабель || триаксиальный, коаксиальный трёхжильный
triaxial 1. триаксиальный [коаксиальный трёхжильный] кабель || триаксиальный, коаксиальный трёхжильный **2.** трёхосный (*напр. эллипсоид*)
   flexible ~ гибкий триаксиальный [гибкий коаксиальный трёхжильный] кабель
   rigid ~ жёсткий триаксиальный [жёсткий коаксиальный трёхжильный] кабель
triaxiality трёхосность
tribasic трёхосновной (*о кислоте*)
triboelectret триоэлектрет
triboelectric триоэлектрический
triboelectricity триоэлектричество
triboelectroemanescence триоэлектронная эмиссия
tribology трибология (*1.* наука о силах трения *2.* явления, связанные с силами трения)
   head/disk ~ (внешнее) трение в плоскости соприкосновения (магнитной) головки с (магнитным) диском
triboluminescence триболюминесценция
trichotomy 1. *вчт* деление на три части; трихотомическое деление **2.** *вчт* трихотомия
trichroic *опт.* трихроичный
trichroism *опт.* трихроизм
trichromatic 1. трёхцветный **2.** трихроматический, содержащий три монохроматических колебания **3.** относящийся к нормальному цветовому зрению
trichromatism 1. трёхцветность **2.** использование трёх цветов; смешивание трёх цветов **3.** нормальное цветовое зрение

trick 1. трюк; искусный приём || использовать трюк *или* искусный приём || трюковый; искусный **2.** оптическая иллюзия

    coding ~s *вчт* искусные приёмы кодирования (*программ*)

triclinic *крист.* триклинный

tricon самолётная радионавигационная система с тремя наземными станциями, система tricon

tridimensional трёхмерный; объёмный

tridimensionality трёхмерность; объёмность

tridop доплеровская система траекторных измерений с запросчиком, бортовым ответчиком и тремя приёмными наземными станциями, система tridop

triductor ёмкостно-трансформаторная схема утроения частоты переменного напряжения с подмагничиванием постоянным током

trie *вчт* trie-дерево, trie-структура (*тип двоичного [бинарного] дерева, имеющего ключи для каждого из листьев*)

tried-and-true проверенный и признанный годным к эксплуатации

trier оператор, проводящий испытания *или* тестирование

trifocal 1. трифокальные очки; трифокальные контактные линзы **2.** трифокальный, трёхфокусный

trifurcate 1. испытывать трифуркацию **2.** разветвляться на три ветви

trifurcation 1. трифуркация **2.** разветвление на три ветви

trigamma *вчт* тригамма

trigatron тригатрон

trigger триггер (*1. бистабильное электронное устройство, управляемое внешними сигналами 2. присоединённая процедура (в реляционных базах данных) 3. иерархия последовательных решений о соответствии признаков события изучаемому явлению (в системах детекторов частиц)*) || триггерный **2.** бистабильный мультивибратор **3.** *рлк* схема с внешним запуском **4.** запускающий сигнал || запускать; запускать(ся) **5.** инициатор; активизатор || инициировать; вызывать; порождать; активизировать(ся) **6.** спусковой механизм || использовать спусковой механизм

    ~ of the first level триггер первого уровня, быстрый триггер, претриггер (*в системах детекторов частиц*)

    ~ of the n-th level триггер *n*-го уровня (*в системах детекторов частиц*)

    doublet ~ двухимпульсный запускающий сигнал

    fast ~ триггер первого уровня, быстрый триггер, претриггер (*в системах детекторов частиц*)

    hierarchical ~ иерархический триггер (*в системах детекторов частиц*)

    multilevel ~ многоуровневый триггер (*в системах детекторов частиц*)

    pre-~ триггер первого уровня, быстрый триггер, претриггер (*в системах детекторов частиц*)

    R-S-T ~ RST-триггер, (комбинированный) тактируемый [синхронный] RS-триггер

    Schmitt ~ триггер Шмитта

    single-shot [single-trip] ~ одновибратор, ждущий [моностабильный] мультивибратор

triggering 1. запуск **2.** включение; переключение **3.** синхронизация; тактирование

    avalanche ~ лавинный запуск

    current ~ переключение за счёт изменения тока

    dc level ~ тактирование (*триггера*) уровнем напряжения

    di/dt ~ переключение тиристора при превышении максимально допустимой скорости нарастания тока

    dv/dt ~ переключение тиристора при превышении максимально допустимой скорости нарастания напряжения

    edge ~ тактирование (*триггера*) перепадом напряжения

    external ~ 1. внешний запуск **2.** внешняя синхронизация

    fail ~ неудачный запуск

    falling-edge ~ тактирование (*триггера*) срезом импульса

    false ~ ложный запуск

    gate ~ of thyristor включение тиристора по управляющему электроду

    level ~ тактирование (*триггера*) уровнем напряжения

    light ~ фотозапуск

    line ~ синхронизация от сети

    oscilloscope ~ 1. запуск развёртки осциллографа **2.** синхронизация осциллографа

    pulse ~ импульсный запуск

    rising-edge ~ тактирование (*триггера*) фронтом импульса

    scope ~ 1. запуск развёртки осциллографа **2.** синхронизация осциллографа

    second-breakdown ~ *пп* переключение при вторичном пробое

    temperature ~ переключение тиристора при превышении максимально допустимой температуры

    voltage ~ переключение за счёт изменения напряжения

trigon треугольник

trigonal 1. треугольный **2.** *крист.* тригональный

trigonometry тригонометрия

    spherical ~ сферическая тригонометрия

trigram *вчт* триграмма

trigraph *вчт* **1.** триграф (*совокупность трёх соседних символов, произносимая как один звук*) **2.** *вчт* триграмма

trihedral 1. триэдр **2.** трёхгранный

trihedron триэдр

trilateral трёхсторонний

triliteral трёхбуквенное слово; трёхбуквенный корень слова || трёхбуквенный

trill 1. вибрирующий звук **2.** трель (*мелизм*)

trilling 1. вибрирующее звучание **2.** *фтт* тройникование

trilogram *вчт* трилограмма, комбинация трёх одновременно нажимаемых клавиш

Trilogy язык логического программирования на базе языков Prolog, Lisp и Pascal, язык программирования Trilogy

trim 1. подстройка || подстраивать **2.** *микр.* подгонка (*номиналов*) || подгонять (*номиналы*) **3.** кадрирование; обрезание (*изображения*) || кадрировать; обрезать (*изображение*) **4.** подгонка под нужный размер *или* форму || подгонять под нужный размер *или* форму **5.** *вчт* усекать; цензурировать

trimer *кв. эл.* тример

trimmer 1. подстроечный конденсатор **2.** подстроечная катушка индуктивности **3.** подстроечный ре-

зистор **4.** *микр.* установка для подгонки (*номиналов*)
  cermet ~ металлокерамический подстроечный резистор
  high-frequency ~ высокочастотный подстроечный конденсатор
  laser ~ установка для лазерной подгонки
  multiturn ~ многооборотный подстроечный резистор
  single-turn ~ однооборотный подстроечный резистор
  X-Y ~**s** подстроечные резисторы джойстика для установки нуля и регулировки чувствительности по осям X и Y
trimming 1. подстройка **2.** *микр.* подгонка (*номиналов*) **3.** кадрирование; обрезание (*изображения*) **4.** подгонка под нужный размер *или* форму **5.** *вчт* усечение; цензурирование
  active ~ активная подгонка (*в работающей схеме*)
  adaptive ~ адаптивное цензурирование
  laser ~ лазерная подгонка
  passive ~ пассивная подгонка
  sample ~ цензурирование выборки
  sand-blast ~ пескоструйная подгонка
trimorph 1. *крист.* триморфная модификация, триморф **2.** трёхслойный пьезоэлектрический преобразователь, *проф.* триморф, триморфная пластина
trimorphism *крист.* триморфизм
trinescope, triniscope *см.* **trinoscope**
trinistor тринистор, триодный тиристор
trinitron *фирм.* тринитрон (*масочный кинескоп с тремя компланарными прожекторами фирмы «Сони»*)
trinomial трёхчлен ‖ трёхчленный
trinoscope тринескоп (*цветной видеопроектор на основе трёх кинескопов и системы дихроичных фильтров*)
trio 1. группа из трёх объектов *или* субъектов **2.** трио (*1. музыкальное произведение для трёх голосов или трёх инструментов 2. ансамбль из трёх исполнителей*)
  orbiting ~ система (связи) из трёх ИСЗ
  phosphor ~ *тлв* триада экрана
triode 1. триод **2.** трёхэлектродный электронный прибор
  avalanche ~ лавинный транзистор
  CATT ~ *см.* **controlled avalanche transit-time triode**
  controlled avalanche transit-time ~ управляемый лавинно-пролётный транзистор
  crystal ~ транзистор
  double ~ двойной триод
  gas ~ тиратрон
  grounded-grid ~ триод с заземлённой сеткой
  inverted ~ обращённый триод
  junction ~ плоскостной транзистор
  magnetically beamed ~ триод с магнитной фокусировкой
  pencil ~ стержневой триод
  semiconductor ~ транзистор
  space-charge-limited ~ трёхэлектродный электронный прибор с ограничением тока пространственным зарядом
  surface-controlled avalanche ~ поверхностно-управляемый лавинный транзистор
  thin-film ~ тонкоплёночный транзистор

  twin ~ двойной триод
triode-heptode триод-гептод
triode-hexode триод-гексод
triode-pentode триод-пентод
triode-tetrode триод-тетрод
trioxide триоксид
trip 1. расцепление; расчленение (*электрического соединителя*) ‖ расцеплять; расчленять **2.** прохождение (*сигнала*) **3.** автоматический выключатель(-расцепитель) ‖ автоматически выключать (с расцеплением)
  round ~ двойное прохождение сигнала в прямом и обратном направлениях
  thermal ~ отключение (*напр. устройства*) при перегреве
tripartite 1. разделённый на три части; трёхдольный (*напр. о графе*) **2.** трёхсторонний
triphthong 1. трифтонг **2.** триграф (*совокупность трёх соседних символов, произносимая как один звук*)
triple 1. объект утроенного (*по сравнению с обычным*) размера; утроенная величина ‖ утраивать; превышать в три раза ‖ утроенный **2.** строенный; тройной **3.** *вчт* трёхкратное повторение, трёхкратное вхождение (*напр. элемента в последовательность*)
tripler утроитель
  frequency ~ утроитель частоты
  voltage ~ утроитель напряжения
triple-space *вчт* печатать *или* набирать (*текст*) с тройным интервалом (*между строками*)
triple-spaced *вчт* напечатанный *или* набранный (*о тексте*) с тройным интервалом (*между строками*)
triplet 1. *кв. эл.* триплет **2.** система трёх наземных радиолокационных станций **3.** тройка; группа из трёх сходных объектов **4.** триоль (*ритмическая группа из трёх одинаковых нот*)
  loran ~ система трёх станций радионавигационной системы «Лоран»
  orbital ~ орбитальный триплет
  spin-wave ~ спин-волновой триплет
  Zeeman ~ зеемановский триплет
triplex 1. триплекс (*1. триплексный режим, трёхканальный мультиплексный режим 2. трёхзальный кинотеатр с комплексными услугами*) **2.** триплексный (*о режиме*) **3.** объект утроенного (*по сравнению с обычным*) размера; утроенная величина ‖ утроенный **4.** строенный; тройной
triplexer триплексер (*1. трёхканальный мультиплексор 2. переключатель трёхдиапазонной антенны*)
triplicate 1. вторая копия ‖ изготавливать две копии; подвергаться двукратному копированию; выполнять функции второй копии **2.** двукратное резервирование ‖ двукратно резервировать
tripod тренога; треножник; (треножный) штатив
  camera ~ камерный (треножный) штатив
  mini ~ миниатюрный (треножный) штатив (*напр. для цифровой фотокамеры*)
  pan ~ (камерный треножный) штатив с панорамирующей головкой
tripper автоматический выключатель(-расцепитель)
trippet кулачковый ударный механизм
tripwire цепь дистанционного управления (*напр. скрытой видеокамеры*)

tripyramid *микр.* трипирамида (*дефект эпитаксиальных плёнок*)
trisect осуществлять трисекцию, делить на три (равные) части
trisection трисекция, деление на три (равные) части
trit *вчт проф.* трит (*1. разряд троичной системы счисления 2. ячейка памяти с тремя устойчивыми состояниями, тристабильная ячейка памяти*)
tri-tet генератор гармоник на тетроде с кварцевой стабилизацией частоты
triton *фтт* тритон
trivalence трёхвалентность
trivalency трёхвалентность
trivalent трёхвалентный
trivial тривиальный
trochoid 1. *вчт* трохоида 2. вращающийся вокруг прямолинейно движущейся оси
trochoidal *вчт* трохоидальный
trochotron трохотрон
  decade ~ декадный трохотрон
troland *опт.* троланд
  reduced ~ приведённый троланд
troll *вчт* 1. сообщение-розыгрыш; (электронное) письмо-розыгрыш 2. посылка сообщения-розыгрыша; отправка (электронного) письма-розыгрыша ‖ посылать сообщение-розыгрыш; отправлять (электронное) письмо-розыгрыш
trolling *вчт* посылка сообщения-розыгрыша; отправка (электронного) письма-розыгрыша
trombone 1. тромбонная согласующая секция (*линии передачи*) 2. *вчт* тромбон (*музыкальный инструмент из набора General MIDI*)
tromboning двусторонний обмен (*служебными сигналами в линии связи*)
trope *вчт* троп, перенос наименования
tropicalization обеспечение тропикостойкости
tropicalize обеспечивать тропикостойкость
tropism *бион.* тропизм
tropology тропология
tropopause тропопауза (*переходная область между тропосферой и стратосферой*)
troposphere тропосфера
  alto-~ слой атмосферы на высоте 65 — 95 км от земной поверхности
  higher ~ верхняя тропосфера
  lower ~ нижняя тропосфера
  mid ~ средняя тропосфера
  upper ~ верхняя тропосфера
tropospheric тропосферный
tropotaxis *бион.* тропотаксис
trouble 1. неисправность; повреждение ‖ делать неисправным; повреждать 2. *вчт* ошибка ‖ вызывать ошибки *или* неполадки в работе (*аппаратных или программных средств*) 3. (механический) дефект ‖ иметь (механический) дефект 4. затруднение ‖ затруднять; создавать проблемы
  design ~ конструктивный дефект
  operating ~ неполадки в процессе эксплуатации
trouble-free безотказный; надёжный
troubleshoot 1. локализовать и устранять неисправности *или* повреждения 2. *вчт* диагностировать и устранять ошибки *или* неполадки в работе (*аппаратных или программных средств*)
troubleshooter 1. специалист по локализации и устранению неисправностей *или* повреждений 2. *вчт* программа диагностики и устранения ошибок *или* неполадок в работе (*аппаратных или программных средств*)
troubleshooting 1. локализация и устранение неисправностей *или* повреждений 2. *вчт* диагностика и устранение ошибок *или* неполадок в работе (*аппаратных или программных средств*)
trough впадина; низшая точка
  wave ~ впадина огибающей волны
truck грузовик; (грузовой) автомобиль
  electric ~ аккумуляторная тележка, электрокар
  elevating platform ~ *тлв* тележка с подъёмной платформой
  powered ~ самоходная тележка
  recording ~ самоходная регистрирующая станция
  robot ~ робокар
  self-propelled ~ самоходная тележка
  sound ~ передвижная установка озвучения и звукоусиления
  TV remote pickup ~ передвижная телевизионная станция, ПТС
  videotape recording ~ передвижная станция видеозаписи, передвижная видеозаписывающая станция, ПВС
  VTR ~ *см.* videotape recording truck
true 1. «истина» (*логическое значение*) ‖ имеющий значение «истина» 2. истинный; подлинный 3. реальный; физический
  absolutely ~ абсолютно истинный
  analytically ~ аналитически истинный
  conditionally ~ условно истинный
  fuzzy ~ нечёткая «истина»
  identically ~ тождественно истинный
  logically ~ логически истинный
  negative ~ отрицательная логика
  positive ~ положительная логика
  universally ~ универсально истинный
trumpet 1. раструб; рупор 2. *вчт* труба (*музыкальный инструмент из набора General MIDI*)
  muted ~ *вчт* засурдиненная труба (*музыкальный инструмент из набора General MIDI*)
truncate 1. усекать ‖ усечённый 2. округлять ‖ округлённый ◊ ~ **to integer** округлять до целочисленного значения
truncated 1. усечённый 2. округлённый
truncation 1. усечение 2. округление
  lag ~ усечение лага
trunk 1. магистральная линия (*связи*); магистральный тракт (*передачи информации*) 2. *тлф* соединительная (*межстанционная или внутристанционная*) 3. *вчт* шина
  incoming ~ входящая соединительная линия
  intercept(ing) ~ линия подслушивания
  interoffice ~ межстанционная соединительная линия
  interposition ~ служебная соединительная линия
  intertoll ~ *тлф* междугородная линия
  intraoffice ~ внутристанционная соединительная линия
  junction ~ соединительная линия, подключаемая к магистральной линии связи
  long-haul ~ 1. магистральная линия дальней связи 2. *тлф* междугородная линия
  one-way ~ односторонняя соединительная линия
  outgoing ~ исходящая соединительная линия

trunk

tandem-completing ~ соединительная линия между транзитной и оконечной станциями
terminating ~ оконечная соединительная линия
tie ~ межкоммутаторная соединительная линия
traffic ~ соединительная линия
two-way ~ двусторонняя соединительная линия
trunking *тлф* группообразование; организация магистральной сети
  straightforward ~ прямое группообразование
trunk-to-trunk транзитное соединение || транзитный
trust 1. доверие || доверять **2.** ответственность; обязательство **3.** кредит **4.** трест
trusted надёжный; проверенный, пользующийся доверием
tse пиктографический
Tualatin кодовое название ядра и процессора Pentium III (*изготовленного с фотолитографическим разрешением 0,13 мкм*)
  ~ **256K** ядро *или* процессор Tualatin с кэш-памятью второго уровня 256 К
  ~ **512K** ядро *или* процессор Tualatin с кэш-памятью второго уровня 512 К
  ~ **512K DP** ядро *или* процессор Tualatin с кэш-памятью второго уровня 512 К для серверов и рабочих станций; двухпроцессорная система типа Tualatin 512K DP
tuba 1. облачный рукав (*при смерче*) **2.** *вчт* туба (*музыкальный инструмент из набора General MIDI*)
tube 1. (электронная) лампа; (электронный) прибор **2.** трубка, труба || придавать трубчатую форму **3.** заключать в трубу *или* трубку
  ~ **of current** трубка тока
  ~ **of magnetic flux** трубка магнитного потока
  acorn ~ лампа типа «жёлудь»
  acoustical ~ трубка для увеличения акустической массы (*направленного микрофона*)
  air-cooled ~ лампа с воздушным охлаждением
  aligned-grid ~ лучевой тетрод
  aluminized-screen picture ~ кинескоп с алюминированным экраном
  amplifier ~ усилительная лампа
  anode-potential-stabilized camera [anode-voltage-stabilized camera] ~ передающая ЭЛТ с развёрткой пучком быстрых электронов
  anti-TR ~ *см.* anti-transmit-receive tube
  anti-transmit-receive ~ *рлк* разрядник блокировки передатчика
  aperture-grill(e) cathode ray ~ кинескоп с проволочной апертурной решёткой
  apple ~ *фирм.* индексный кинескоп типа «Эппл»
  arc-discharge ~ лампа дугового разряда
  ATR ~ *см.* anti-transmit-receive tube
  attenuator ~ аттенюатор на газоразрядном приборе
  backward-wave (traveling-wave) ~ лампа обратной волны, ЛОВ
  ballast ~ баретгер
  banana (color) ~ кинескоп типа «Банан»
  band-ignitor ~ лампа тлеющего разряда с внешним зажиганием с помощью кольцевого металлического электрода на баллоне
  bantam ~ пальчиковая лампа
  Barkhausen ~ триод с тормозящим полем
  barrier-grid storage ~ потенциалоскоп, запоминающая ЭЛТ с барьерной сеткой
  beam-deflection mixer ~ частотопреобразовательная ЭЛТ
  beam-indexing ~ индексный кинескоп
  beam-power ~ лучевой тетрод
  beam-shaping cathode-ray ~ ЭЛТ с профилированным пучком; характрон
  beam-storage ~ запоминающая ЭЛТ
  beam-switching ~ электронно-лучевой коммутатор
  bistable-phosphor storage ~ запоминающая ЭЛТ с бистабильной записью
  bogey ~ серийная лампа
  boob ~ **1.** телевидение **2.** телевизионный приёмник, телевизор
  boron counter ~ борная счётная трубка
  Braun ~ электронно-лучевая трубка, ЭЛТ
  Brewster angle ~ газоразрядная трубка (*лазера*) с окнами Брюстера
  camera ~ передающая ЭЛТ
  camera storage ~ передающая запоминающая ЭЛТ
  cathode-potential-stabilized camera ~ передающая ЭЛТ с развёрткой пучком медленных электронов
  cathode-ray ~ электронно-лучевая трубка, ЭЛТ
  cathode-ray charge-storage ~ запоминающая ЭЛТ с накоплением заряда
  cathode-ray storage ~ запоминающая ЭЛТ
  cathode-voltage-stabilized camera ~ передающая ЭЛТ с развёрткой пучком медленных электронов
  cathodochromic dark-trace ~ скиатрон
  catkin ~ лампа в металлическом баллоне, используемом в качестве анода
  cell-type ~ (ионный) разрядник
  character-generation cathode-ray [character-indicator] ~ знакопечатающая ЭЛТ
  Charactron ~ характрон
  charge-storage ~ запоминающая ЭЛТ с накоплением заряда
  chromatron ~ хроматрон
  coding ~ кодирующая ЭЛТ
  coil ~ трубчатый *или* цилиндрический каркас катушки индуктивности
  cold-cathode ~ лампа с холодным катодом
  cold-cathode counter ~ декатрон
  cold-cathode glow-discharge ~ лампа тлеющего разряда
  cold-cathode stepping ~ декатрон
  color cathode-ray ~ цветная ЭЛТ
  color-picture ~ цветной кинескоп
  control ~ регулирующая лампа
  converter ~ частотопреобразовательная лампа
  cooled-anode ~ лампа с охлаждаемым анодом
  cooled-anode transmitting ~ генераторная лампа с охлаждаемым анодом
  Coolidge ~ рентгеновская трубка Кулиджа
  corona ~ (индикаторная) лампа коронного разряда
  counter ~ **1.** счётная трубка **2.** декатрон **3.** электронно-лучевой коммутатор
  coupled-cavity traveling-wave ~ ЛБВ со связанными резонаторами
  Crookes ~ электронно-лучевая трубка, ЭЛТ
  crossed-field ~ электронный СВЧ-прибор магнетронного [М-] типа
  cyclotron-wave ~ электронный СВЧ-прибор на циклотронной волне

tube

damper ~ *тлв* демпферная лампа
dark-trace ~ скиатрон
dc-powered ~ газоразрядная трубка лазера с возбуждением постоянным током
decade counter ~ 1. декадная счётная трубка 2. декатрон 3. декадный электронно-лучевой коммутатор
deflection-type storage ~ запоминающая ЭЛТ с отклонением пучка
demountable ~ разборная лампа
density-modulated ~ электронный СВЧ-прибор с модуляцией пучка по плотности
detector ~ детекторная лампа
diffusion (-furnace) ~ *микр.* труба диффузионной печи
direct-display storage ~ индикаторная запоминающая ЭЛТ
directly heated ~ лампа с катодом прямого накала
direct-viewing image ~ электронно-оптический преобразователь [ЭОП] прямого видения
direct-view storage ~ индикаторная запоминающая ЭЛТ прямого видения
discharge ~ 1. газоразрядная лампа 2. газоразрядная трубка (*лазера*)
disk-seal ~ маячковая лампа
display storage ~ индикаторная запоминающая ЭЛТ
dissector ~ *тлв* диссектор
doorknob ~ миниатюрная СВЧ-лампа
dot matrix ~ *тлв* колортрон
double-beam cathode-ray ~ двухлучевая ЭЛТ
double-gun cathode-ray ~ двухпрожекторная ЭЛТ
double-stream backward-wave ~ двухлучевая ЛОВ
draw ~ тубус (*напр. микроскопа*)
drift ~ труба дрейфа (*СВЧ-прибора*)
driver ~ лампа, используемая в предоконечном каскаде передатчика
dual-deflection ~ ЭЛТ с двойным отклонением
duplex ~ двойная лампа
electrical-signal storage ~ запоминающая ЭЛТ с электрическим выходным сигналом
electric-flux ~ трубка электрического потока
electromagnetically deflected ~ ЭЛТ с магнитным отклонением
electromagnetically focused ~ ЭЛТ с магнитной фокусировкой
electromagnetically focused image ~ электронно-оптический преобразователь [ЭОП] с магнитной фокусировкой
electromagnetic(-deflection) cathode-ray ~ ЭЛТ с магнитным отклонением
electrometer ~ электрометрическая лампа
electron ~ электронная лампа; электронный прибор
electron-beam ~ электронно-лучевой прибор; электронно-лучевая трубка, ЭЛТ
electron-beam switch ~ **with cross fields** электронно-лучевой коммутатор со скрещёнными полями
electron-beam switch ~ **with trochoid beam** трохотрон
electron-dispersion ~ ЭЛТ с замедляющей системой
electronic flash ~ электронная импульсная лампа
electron image ~ электронно-оптический преобразователь, ЭОП
electron-indicator ~ электронно-световой индикатор напряжения
electron-multiplier ~ вторично-электронный умножитель, ВЭУ

electron-ray ~ электронно-световой индикатор напряжения; электронно-лучевой индикатор настройки
electrostatically deflected ~ ЭЛТ с электростатическим отклонением
electrostatically focused ~ ЭЛТ с электростатической фокусировкой
electrostatically focused traveling-wave ~ ЛБВ с электростатической фокусировкой
electrostatic cathode-ray ~ ЭЛТ с электростатической фокусировкой
electrostatic memory ~ запоминающая ЭЛТ
electrostatic printing ~ электростатическая знакопечатающая трубка
electrostatic storage ~ запоминающая ЭЛТ
end-window counter ~ счётная трубка с торцевым окошком
Eustachian ~ евстахиева труба (*уха*)
extended-cutoff ~ лампа переменной крутизны
extended-interaction ~ лампа с распределённым взаимодействием
externally quenched counter ~ несамогасящаяся счётная трубка
Farnsworth image-dissector ~ *тлв* диссектор Фарнсуорта
fast-wave ~ электронный СВЧ-прибор на быстрой волне
fiber-optics image ~ электронно-оптический преобразователь со стекловолоконным выходом
flash ~ импульсная лампа
flat ~ плоская ЭЛТ
flux ~ *свпр* трубка потока
fuse ~ трубчатый плавкий предохранитель
gas(-discharge) ~ газоразрядный прибор; газоразрядная лампа
gas-filled radiation-counter ~ счётная трубка с внутренним газовым наполнением
gas-flow counter ~ счётная трубка с проточным газом
gas rectifier ~ газоразрядный выпрямительный прибор
gassy ~ электровакуумная лампа с плохим вакуумом, «мягкая лампа»
gated-beam ~ ЭЛТ со стробированием луча
Geiger(-Mueller) counter ~ счётная трубка Гейгера — Мюллера
glass ~ лампа в стеклянном баллоне
glow(-discharge cold-cathode) ~ лампа тлеющего разряда
glow indicator ~ сигнальный индикатор тлеющего разряда
grid-control ~ пароортутный тиратрон дугового разряда
gridded ~ мощная высокочастотная усилительная лампа
grid-glow ~ тиратрон тлеющего разряда
grid-pool ~ управляемый ртутный вентиль
halogen-quenched counter ~ (самогасящаяся) галогенная счётная трубка
hard ~ электровакуумная лампа с высоким вакуумом, «жёсткая» лампа
heater-type ~ лампа с катодом косвенного накала
heat-eye ~ трубка ночного видения
Heil ~ пролётный клистрон Хейла
helix traveling-wave ~ ЛБВ со спиралью

tube

high-electron-velocity camera ~ передающая ЭЛТ с развёрткой пучком быстрых электронов
high-mu ~ лампа с высоким коэффициентом усиления
high-power ~ мощная лампа
high-vacuum ~ электровакуумный прибор; электровакуумная лампа
high-velocity camera ~ передающая ЭЛТ с развёрткой пучком быстрых электронов
Hittorf ~ЭЛТ Гитторфа
hodoscope ~ годоскопическая (разрядная) трубка, трубка Конверси
hollow-cathode ~ лампа тлеющего разряда с полым катодом
hot-cathode ~ лампа с термокатодом
hot-cathode gas-filled ~ газоразрядная лампа с термокатодом
image ~ электронно-оптический преобразователь, ЭОП
image camera ~ передающая ЭЛТ
image-converter ~ электронно-оптический преобразователь, ЭОП
image-dissector ~ *тлв* диссектор
image-intensifier ~ ЭОП для усиления яркости изображения
image orthicon ~ *тлв* суперортикон
image storage ~ запоминающий электронно-оптический преобразователь
indicator ~ 1. индикаторная ЭЛТ 2. электронно-световой индикатор напряжения; электронно-лучевой индикатор настройки
indirectly heated ~ лампа с катодом косвенного накала
inductance ~ реактивная лампа
induction-output ~ лампа с выводом энергии за счёт индуктивной связи с электронным пучком
interference ~ интерференционная трубка (*линейного микрофона*)
ionic-heated-cathode ~ лампа с ионно-нагревным катодом
ionization-gage ~ ионизационный манометр
key ~ манипуляторная лампа
klystron ~ клистрон
laser ~ газоразрядная трубка лазера
Lawrence ~ *тлв* хроматрон
lighthouse ~ маячковая лампа
light-sensitive ~ электровакуумный фотоэлемент
linear-beam ~ электронный СВЧ-прибор О-типа
line-focus ~ рентгеновская трубка с штриховым фокусом
liquid-flow counter ~ счётная трубка с проточной жидкостью
local-oscillator ~ гетеродинная лампа
low-electron-velocity camera ~ передающая ЭЛТ с развёрткой пучком медленных электронов
luminescent-screen ~ ЭЛТ с люминесцентным экраном
magnetic ~ of force трубка магнитных силовых линий
magnetically beamed ~ ЭЛТ с магнитной фокусировкой
master ~ ведущий [главный] монитор (на ЭЛТ)
McNally ~ маломощный отражательный клистрон с широким диапазоном электронной перестройки частоты

mechanically controlled ~ механотрон
memory cathode-ray ~ запоминающая ЭЛТ
mercury(-arc) ~ ртутный вентиль
mercury-pool ~ газоразрядная лампа с ртутным катодом
mercury-vapor ~ парортутная лампа
metal ~ лампа в металлическом баллоне
metal-ceramic disk ~ металлокерамическая лампа с дисковыми выводами
microwave ~ электронный СВЧ-прибор
miniature ~ пальчиковая лампа
mixer ~ частотопреобразовательная лампа
monochromatic cathode-ray ~ монохромная ЭЛТ
monoscope cathode-ray ~ *тлв* моноскоп
M-type ~ электронный СВЧ-прибор магнетронного [М-] типа
multianode ~ 1. многоанодная лампа 2. многоанодный ртутный вентиль
multicolor cathode-ray ~ цветная знакопечатающая ЭЛТ с многослойным экраном
multielectrode ~ многоэлектродная лампа
multigun (cathode-ray) ~ многопрожекторная ЭЛТ
multiple-collector traveling-wave ~ многоколлекторная ЛБВ
multiple-unit ~ комбинированная лампа
multiplier ~ вторично-электронный умножитель, ВЭУ
multistage ~ многокаскадная рентгеновская трубка
multiunit ~ комбинированная лампа
negative ~ тиратрон дугового разряда с левой пусковой характеристикой
Nixie ~ *фирм.* знаковый индикатор тлеющего разряда
noise(-generator) ~ лампа, используемая в качестве генератора шума
nonstorage camera ~ передающая ЭЛТ мгновенного действия (*напр. диссектор*)
numerical indicator ~ электронный цифровой индикатор
numerical-readout ~ цифровой индикатор
optical-relay ~ светоклапанная ЭЛТ
organic-quenched counter ~ счётная трубка с органическим гашением
oscillating ~ генераторная лампа
oscillograph [oscilloscope] ~ осциллографическая ЭЛТ
O-type ~ электронный СВЧ-прибор О-типа
output ~ мощная усилительная лампа для оконечных каскадов
overdriven ~ перегруженная лампа
PDA ~ *см.* postdeflection acceleration tube
peanut ~ миниатюрная лампа
pencil ~ маячковая лампа удлинённой формы
penetration-control color ~ цветная знакопечатающая ЭЛТ с многослойным экраном
pentagrid ~ пентагрид
phase-tuned ~ резонансный разрядник
photoconductive storage ~ запоминающая ЭЛТ с записью возбуждённой проводимостью (*напр. графекон*)
photoelectric ~ электровакуумный фотоэлемент
photoelectric electron-multiplier ~ фотоэлектронный умножитель, фотоумножитель, ФЭУ

tube

photo erasable dark trace (cathode-ray) storage ~ скиатрон с оптическим стиранием
photoflash ~ импульсная лампа
photoglow ~ ионный [газонаполненный] фотоэлемент
photomixer image ~ фотосмесительный прибор
photomultiplier ~ фотоэлектронный умножитель, фотоумножитель, ФЭУ
photosensitive ~ электровакуумный фотоэлемент
pickup ~ передающая ЭЛТ
picture ~ кинескоп
planar ceramic ~ металлокерамическая лампа с плоскими электродами
plasma-cathode traveling-wave ~ ЛБВ с плазменным катодом
plumbicon ~ плюмбикон
Pockels ~ оптический затвор на эффекте Поккельса, ячейка Поккельса
pool(-cathode) ~ газоразрядная лампа с ртутным катодом
positive ~ тиратрон дугового разряда с правой пусковой характеристикой
positive-grid oscillator ~ триод с тормозящим полем
postdeflection acceleration ~ ЭЛТ с послеускорением пучка
power ~ мощная лампа
power-amplifier ~ мощная усилительная лампа для оконечных каскадов
pressure-equalizing ~ трубка для выравнивания давления (*в микрофоне*)
pre-TR ~ разрядник предварительной защиты приёмника
projected [projection cathode-ray] ~ проекционная ЭЛТ
proportional counter ~ пропорциональная счётная трубка
protector ~ защитный разрядник
pumped ~ электронная лампа с непрерывной откачкой
pyroelectric thermal image ~ пировидикон, пирикон, пироэлектрический видикон
radar ~ радиолокационный индикатор
radial-beam ~ электронно-лучевой коммутатор с радиальным пучком
radiation counter ~ счётная трубка
radiation-indexing color ~ индексный кинескоп
radio ~ электронная лампа; электронный прибор
range-azimuth ~ *рлк* индикатор типа «дальность — азимут»
reactance ~ реактивная лампа
reaction ~ *крист.* реакционная труба
recording storage ~ запоминающая ЭЛТ
regulator ~ электровакуумный стабилитрон
remote-cutoff ~ лампа переменной крутизны
repeating flash ~ импульсная лампа многократного действия
ring-sealed ~ маячковая лампа
rotation-anode (X-ray) ~ рентгеновская трубка с вращающимся анодом
scan-converter storage ~ запоминающая ЭЛТ для преобразования телевизионных стандартов
screen-grid ~ электронная лампа с экранирующей сеткой
sealed-off discharge ~ отпаянная газоразрядная трубка (*лазера*)

SEC camera ~ *см.* secondary-electron conduction camera tube
secondary-electron conduction camera ~ *тлв* секон
secondary-emission ~ лампа с вторичной эмиссией
self-focused picture ~ кинескоп с автоматической фокусировкой
self-pumping traveling-wave ~ самооткачивающаяся ЛБВ
self-quenched counter ~ самогасящаяся счётная трубка
self-rectifying X-ray ~ рентгеновская трубка, работающая при переменном напряжении на аноде
shadow-mask cathode ray ~ масочный кинескоп с круглыми отверстиями
shadow-mask color-picture ~ масочный цветной кинескоп
shaped-beam ~ ЭЛТ с профилированным пучком; характрон
sharp-cutoff ~ лампа постоянной крутизны
shielded ~ экранированная лампа
shrinkable plastic ~ изоляционная трубка с термоусадкой
signal-generating ~ передающая ЭЛТ
silicon (diode-array) camera ~ *тлв* кремникон
silicon-dioxide storage ~ запоминающая ЭЛТ с мишенью из диоксида кремния
silicon intensifier target ~ *тлв* суперкремникон
single-collector traveling-wave ~ одноколлекторная ЛБВ
single-gun color-picture ~ однопрожекторный цветной кинескоп
SIT ~ *см.* silicon intensifier target tube
situation-display ~ индикатор воздушной обстановки системы ПВО
slave ~ ведомый [подчинённый] монитор (на ЭЛТ)
slot-mask cathode ray ~ масочный кинескоп с щелевыми отверстиями
slot-matrix ~ масочный кинескоп с щелевыми отверстиями
soft ~ электровакуумная лампа с плохим вакуумом, «мягкая» лампа
space-charge ~ лампа с катодной сеткой
space-charge-wave ~ электронный СВЧ-прибор О-типа *или* М-типа
split-beam cathode-ray ~ двухлучевая ЭЛТ с одним прожектором
squelch ~ лампа, используемая в схеме бесшумной настройки
stacked-ceramic ~ металлокерамическая лампа
storage (cathode-ray) ~ запоминающая ЭЛТ
storage-type camera ~ передающая ЭЛТ с накоплением заряда
stroboscopic ~ лампа дугового разряда (для) стробоскопического освещения
subminiature ~ сверхминиатюрная лампа
switching ~ разрядник
Tamman ~ *крист.* трубка Таммана
television picture ~ кинескоп
thermionic ~ лампа с термокатодом
thin cathode-ray ~ плоская ЭЛТ
thin-wall counter ~ тонкостенная счётная трубка
three-dimensional cathode-ray ~ стереоскопическая ЭЛТ
three-gap TR ~ строенный разрядник

tube

three-gun color-picture ~ трёхпрожекторный цветной кинескоп
three-neck picture ~ кинескоп с тремя горловинами
TR ~ *см.* **transmit-receive tube**
transmit-receive ~ разрядник защиты приёмника
transverse-beam traveling-wave ~ ЛБВ с поперечным электронным потоком
transverse-field traveling-wave ~ ЛБВ с поперечным СВЧ-электрическим полем
traveling-wave ~ лампа бегущей волны, ЛБВ
TR bandpass ~ широкополосный разрядник защиты приёмника
tricolor (-picture) ~ цветной кинескоп
trigger ~ тригатрон
tungar ~ аргоновый газотрон низкого давления
vacuum ~ электровакуумная лампа; электровакуумный прибор
vacuum fluorescent ~ вакуумный люминесцентный индикатор, ВЛИ
vacuum-gage ~ ионизационный вакуумметр
valve ~ кенотрон
variable-mu ~ лампа переменной крутизны
velocity-modulated ~ электровакуумный прибор с модуляцией электронного потока по скорости
video camera ~ кинескоп
voltage-amplifier ~ лампа-усилитель напряжения
voltage-reference [voltage-regulator, voltage stabilizing] ~ электровакуумный стабилитрон
voltage-tunable ~ генераторный электровакуумный прибор, настраиваемый напряжением (*напр. магнетрон*)
wall ~ проходной трубчатый изолятор
water-cooled ~ лампа с водяным охлаждением
Williams ~ запоминающая ЭЛТ
window counter ~ счётная трубка с окошком
windowless photomultiplier ~ безоконный фотоэлектронный умножитель, безоконный ФЭУ
xenon flash ~ ксеноновая импульсная лампа
X-ray ~ рентгеновская трубка

tubular трубчатый
tubulation штенгель (*электровакуумного прибора*)
tunability 1. возможность настройки *или* перестройки 2. возможность регулирования
tunable 1. настраиваемый; перестраиваемый 2. регулируемый
tune 1. настройка ‖ настраивать 2. налаживать; приводить в рабочее состояние; регулировать 3. мелодия; мотив 4. унисон; соответствие по высоте тона; гармония ◊ **to ~ in** настраивать(ся); **to ~ out** отстраивать(ся); **stay ~d** *проф.* «оставайтесь с нами» (*стандартная фраза ведущего вещательной программы*)
coarse ~ 1. грубая настройка 2. приблизительное соответствие по высоте тона
fine ~ 1. точная настройка 2. точное соответствие по высоте тона
tuned 1. настроенный 2. настраиваемый; перестраиваемый 3. резонансный (*напр. о контуре*) 4. налаженный; приведённый в рабочее состояние; отрегулированный
tuner 1. настроечное устройство; орган настройки 2. селектор 3. тюнер (*1. приёмник с автоматической точной настройкой на ряд фиксированных частот 2. прибор для настройки музыкальных инструментов*) 4. вариометр 5. согласующее устройство (*линии передачи*)
coarse ~ ручка грубой настройки
coaxial ~ коаксиальное согласующее устройство
continuous ~ вариометр с плавным изменением числа витков
digital readout ~ тюнер с цифровой индикацией
double-stub ~ двухшлейфовое согласующее устройство
double-superheterodyne ~ тюнер с двойным преобразованием частоты
E-H ~ согласующее устройство на двойном волноводном тройнике
electronic ~ электронный тюнер, электронный прибор для настройки музыкальных инструментов
fine ~ ручка точной настройки
FM ~ ЧМ-тюнер
Hi-Fi ~ тюнер высокой верности воспроизведения, Hi-Fi-тюнер
post ~ согласующий штырь
push-button ~ кнопочный орган настройки
radio ~ тюнер
screw ~ настроечный *или* согласующий винт (*напр. в волноводе*)
slug ~ настроечный *или* согласующий штырь (*в волноводе*)
spiral ~ вариометр с плавным изменением числа витков
stereo ~ стереотюнер
stub ~ согласующий шлейф
turret ~ *тлв* селектор каналов барабанного типа
TV ~ *тлв* селектор каналов
twin ~ *тлв* сдвоенный селектор каналов (*в телевизионных приёмниках с возможностью расщепления экрана*)
wafer ~ *тлв* селектор каналов галетного типа
waveguide ~ волноводное согласующее устройство

tune-up наладка; приведение в рабочее состояние; регулировка
tuning 1. настройка 2. наладка; приведение в рабочее состояние; регулировка
acoustooptic ~ акустооптическая настройка
all-channel ~ *тлв* всеволновый приём
automatic ~ автоматическая настройка
bandpass ~ настройка с целью получения полосно-пропускающей характеристики (*напр. в УПЧ*)
broad ~ тупая настройка
capacitive ~ настройка с помощью конденсатора переменной ёмкости
coarse ~ грубая настройка
coincidence ~ настройка на одну частоту (*напр. в УВЧ*)
double (-spot) ~ двойная настройка (*приём супергетеродинным радиоприёмником одной и той же станции по основному и побочному каналам*)
electric ~ электрическая настройка
electronic ~ электронная настройка
fine ~ точная настройка
flat ~ грубая настройка
flywheel ~ настройка ручкой с маховиком
frequency-locked ~ настройка с автоматической подстройкой частоты
ganged ~ одноручная настройка

inductive ~ настройка с помощью переменной катушки индуктивности
in-line ~ настройка на одну частоту (*напр. в УВЧ*)
manual ~ ручная настройка
mechanical ~ механическая настройка
permeability ~ настройка переменной катушкой индуктивности с магнитным сердечником
postproduction ~ эксплуатационная настройка
push-button ~ кнопочная настройка
quiet ~ бесшумная настройка
repeat-point ~ двойная настройка (*приём супергетеродинным радиоприёмником одной и той же станции по основному и побочному каналам*)
screw ~ настройка с помощью винта
sharp ~ острая настройка
slug ~ настройка переменной катушкой индуктивности с сердечником
staggered ~ попарная расстройка резонансных контуров (*напр. в УПЧ*)
synchronous ~ *тлг* синхронная настройка
thermal ~ тепловая настройка (*в СВЧ-приборах*)
touch ~ сенсорная настройка
voltage synthesized ~ микропроцессорная настройка с использованием синтезатора напряжения

tunnel 1. туннель (*1. канал квантово-механического просачивания частицы через потенциальный барьер 2. виртуальный канал передачи инкапсулированных данных 3. местоположение вложенного протокола в другом протоколе*) || туннелировать (*1. совершать туннельный переход 2. использовать виртуальный канал передачи инкапсулированных данных 3. вкладывать один протокол в другой*) || туннельный **2.** тоннель, туннель, сооружение для подземного участка коммуникаций || проходить тоннель, проходить туннель || тоннельный, туннельный
drift ~ труба дрейфа (*СВЧ-прибора*)

tunneling 1. туннелирование (*1. туннельный эффект, туннельный переход, квантово-механическое просачивание частицы через потенциальный барьер 2. использование виртуального канала передачи инкапсулированных данных 3. вложение одного протокола в другой*) || туннельный **2.** проходка тоннелей, проходка туннелей **3.** система тоннелей, система туннелей **4.** тоннельный, туннельный
back ~ обратное туннелирование
band-to-band ~ межзонное туннелирование
barrier ~ туннелирование через потенциальный барьер
direct ~ прямое туннелирование
electron ~ туннелирование электронов
Fowler-Nordheim ~ туннелирование по Фаулеру — Нордхайму
gapless-superconductor ~ туннелирование в бесщелевых сверхпроводниках
impurity ~ туннелирование примесей
indirect ~ непрямое туннелирование
inelastic electron ~ неупругое туннелирование электронов
ion ~ туннелирование ионов
isothermal ~ изотермическое туннелирование
Josephson ~ *свпр* джозефсоновское туннелирование
macroscopic quantum ~ макроскопическое квантово-механическое туннелирование
multiparticle ~ многочастичное туннелирование
one-particle ~ одночастичное туннелирование
optical ~ оптическое туннелирование
phonon-assisted [phonon-induced] ~ туннелирование, стимулированное фононами
Pool-Frenkel ~ туннелирование по Пулу — Френкелю
quantum-dot resonant ~ резонансное туннелирование между квантовыми точками
quantum-mechanical ~ квантово-механическое туннелирование
quasi-particle ~ туннелирование квазичастиц
resonant ~ резонансное туннелирование
single-electron ~ одноэлектронное туннелирование
single-particle ~ одночастичное туннелирование
spin(-dependent) ~ зависящее от спина туннелирование, спин-зависимое туннелирование
superconductive ~ туннелирование в сверхпроводниках
Zener ~ зенеровское туннелирование

tunneltron прибор на основе туннельного эффекта между двумя сверхпроводящими плёнками
tuple *вчт* кортеж, многокомпонентный объект данных (*1. декартово произведение, проф. N-ка, «энка» 2. запись*)
degenerate ~ вырожденный кортеж, нулькомпонентный объект данных
lifted ~ поднятый кортеж
n~ кортеж, декартово произведение, *проф.* N-ка, «энка»
unlifted ~ неподнятый кортеж
tuplet дуоль (*нестандартная ритмическая группа из двух одинаковых нот*)
tupling *вчт* преобразование в кортежи; горизонтальное свёртывание циклов
turbidimeter нефелометр
photoelectric ~ фотоэлектрический нефелометр
Turbo, turbo 1. кнопка переключения режима работы процессора, кнопка «turbo» или «Turbo» (*на передней панели компьютера*) **2.** стандартное дополнение к названию аппаратного *или* программного средства, работающего в ускоренном режиме (*напр. Turbo Pascal*)
turbopause турбопауза (*область атмосферы между гомосферой и гетеросферой*)
turbulence турбулентность
acoustic ~ акустическая турбулентность
atmospheric ~ турбулентность атмосферы
clear-air ~ турбулентность на границе тропосферы и стратосферы
ion-sound ~ ионно-звуковая турбулентность
ion-wave ~ турбулентность ионных волн
Langmuir ~ лэнгмюровская турбулентность
large-scale ~ крупномасштабная турбулентность
local ~ локальная турбулентность
optical ~ оптическая турбулентность
phonon ~ фононная турбулентность
plasma ~ турбулентность плазмы
small-scale ~ мелкомасштабная турбулентность
tropospheric ~ турбулентность тропосферы
wave ~ волновая турбулентность
weak ~ слабая турбулентность
turbulent турбулентный

TURING

TURING язык программирования TURING (*для операционной системы UNIX*)

turn 1. виток || делать виток **2.** оборот || обращаться **3.** поворот; вращение; кручение || поворачивать(ся); вращать(ся); крутить(ся) **4.** искривление; изгиб; скручивание || искривлять(ся); изгибать(ся); скручивать(ся) **5.** огибание; обход || огибать; обходить **6.** изменение; превращение; переход || изменять(ся); превращать(ся); переходить **7.** переворот; разворот; вираж || переворачивать(ся); разворачивать(ся); делать вираж **8.** переключение || переключать(ся) **9.** (*рабочая*) смена **10.** переводить (*с одного языка на другой*) **11.** очередь **12.** порядковый номер; номер по очереди **13.** (*фразеологический*) оборот; построение фразы ◊ **~ off** выключать; отключать; **~ on** включать; **by ~** по очереди

~ of curve 1. поворот кривой **2.** изгиб кривой
bare ~ оголённый виток, виток без изоляции
color ~ изменение цвета
commutating ~ коммутирующий виток
dead ~ холостой виток (*катушки индуктивности*)
left ~ левый поворот
right ~ правый поворот
screening ~ экранирующий виток
short-circuited ~ короткозамкнутый виток
U-~ *вчт проф.* открывающая квадратная скобка, символ [
U-~ back *вчт проф.* закрывающая квадратная скобка, символ]

turnabout радикальное изменение; изменение (*напр. мнения*) на противоположное исходному

turnaround 1. цикл; (полный) оборот; **2.** радикальное изменение; изменение (*напр. мнения*) на противоположное исходному
job ~ *вчт* цикл выполнения задания

turnbuckle стяжной винтовой замок; натяжная муфта (*напр. для соединения кабелей*)

turnkey полностью готовый к эксплуатации; сдаваемый «под ключ» (*напр. о системе*)

turn-off выключение
gate ~ двухоперационный диодный тиристор, двухоперационный тринистор
gate ~ of thyristor выключение тиристора по управляющему электроду

turn-on включение
field-initiated ~ индуцируемое полем включение (*тиристора*)

turn-out выключение

turnover 1. переворот || переворачивать **2.** переход; переброс; смена; изменение || переходить; перебрасывать(ся); сменять(ся); изменять(ся) **3.** частота перехода (в грамзаписи) **4.** текст, переносимый на следующую строку *или* страницу || переносить текст на следующую строку *или* страницу

turnpike *вчт* участок системы передачи данных с пониженной пропускной способностью, узкое место системы передачи данных, *проф.* шлагбаум

turntable 1. проигрыватель (*грампластинок*) **2.** диск проигрывателя (*грампластинок*) **3.** планшайба станка записи (*грампластинок*) **4.** поворотная платформа
aerial ~ поворотная платформа антенны
automatic ~ 1. проигрыватель с автоматическим поиском канавки записи **2.** проигрыватель с автоматическим управлением
autoreturn ~ проигрыватель с самовозвратом звукоснимателя
crystal(-controlled) drive ~ диск проигрывателя с приводом от двигателя с кварцевой стабилизацией частоты вращения
electronic ~ проигрыватель с электронным управлением
fast-start ~ диск проигрывателя с быстрым пуском
intelligent ~ интеллектуальный проигрыватель
lower ~ нижний диск проигрывателя с быстрым пуском
mechanical ~ проигрыватель с механическим управлением
quick-start ~ проигрыватель с быстрым пуском
rim-drive ~ диск проигрывателя с фрикционным приводом по периферии
servo-operated ~ проигрыватель с сервоуправлением
transcription ~ планшайба станка записи
upper ~ верхний диск проигрывателя с быстрым пуском

turret турель; револьверная головка

turtle *вчт* **1.** *проф.* «черепашка» (*1. курсор в виде небольшой фигурки в графических редакторах 2. миниатюрный мобильный робот-графопостроитель*) **2.** использующий только относительные команды (*в компьютерной графике*)

tutor инструктор; наставник; учитель || инструктировать; наставлять; обучать

tutorial 1. инструкция; наставление; учебный курс **2.** *вчт* обучающая программа
on-line ~ 1. интерактивная инструкция; интерактивное наставление; интерактивный учебный курс **2.** *вчт* интерактивная обучающая программа

TWAIN 1. стандарт программного обеспечения сканеров и цифровых камер для платформ Windows и Mac, стандарт TWAIN **2.** (программный) интерфейс (стандарта) TWAIN

tweak 1. щипок || щипать **2.** *проф.* тонкая настройка; подстройка (*напр. элементов схемы*) || производить тонкую настройку; подстраивать
hardware ~ тонкая настройка аппаратного обеспечения
software ~ тонкая настройка программного обеспечения

tweaker *проф.* программа для тонкой настройки параметров (*напр. операционной системы*)

tweaking *проф.* тонкая настройка; подстройка (*напр. элементов схемы*)

tweet 1. высокий (звуковой) тон || издавать звук(и) высокого тона **2.** щебет; чириканье || щебетать; чирикать **3.** *pl.* импульсные атмосферные помехи с постоянной высотой тона
bird ~ *вчт* птичий щебет («*музыкальный инструмент*» из набора General MIDI)

tweeter громкоговоритель для воспроизведения верхних (звуковых) частот
electrostatic ~ электростатический громкоговоритель для воспроизведения верхних (звуковых) частот
ribbon ~ ленточный громкоговоритель для воспроизведения верхних (звуковых) частот

tweezers пинцет
~ with serrated inside point пинцет с зазубренными изнутри лапками

twelve-inch грампластинка диаметром 30,5 см
twelve-tone 12-тоновый (*напр. о музыкальной системе*)
twice дважды; вдвое, в два раза
twiddle *вчт* 1. тильда, символ ~ 2. *проф.* завитушка; закорючка 3. *проф.* бесцельно тратить время; бездельничать; убивать время за клавиатурой; разрабатывать сложные, но бесполезные программы
twiddler *вчт проф.* компьютерный бездельник; разработчик сложных, но бесполезных программ (*напр. на языке ассемблера*)
  bit ~ компьютерный бездельник; разработчик сложных, но бесполезных программ
twin 1. *крист.* двойник ‖ двойниковаться 2. пара Гото 3. сдваивать; объединять в пары ‖ двойной; сдвоенный; спаренный
  butterfly ~ двойник типа «бабочка»
  contact ~ двойник срастания, контактный двойник
  Dauphine ~ дофинейский двойник
  dynamic ~ динамический двойник
  elastic ~ упругий двойник
  growth ~s ростовые двойники
  interpenetration ~ двойник срастания, контактный двойник
  multiple ~ сложный двойник
  penetration ~ двойник прорастания
  polysynthetic ~ полисинтетический двойник
  transformation ~s двойники, образованные при структурных *или* фазовых превращениях
  tunnel diode ~ пара Гото
twinaxial биаксиальный [коаксиальный двухжильный] кабель ‖ биаксиальный, коаксиальный двухжильный
twinkle мерцание; мелькание ‖ мерцать; мелькать
twinned двойной; сдвоенный; спаренный
twinning 1. *крист.* двойникование 2. *тлв* спаривание строк 3. сдваивание; объединение в пары; спаривание 4. парный объект 5. *вчт* преобразование одного графического объекта в другой через промежуточные формы
  Brazil ~ бразильское [оптическое] двойникование
  Dauphine ~ дофинейское двойникование
  deformation ~ деформационное двойникование
  electrical ~ электрическое двойникование
  optical ~ оптическое [бразильское] двойникование
  polymorphic ~ 1. *крист.* полиморфное двойникование 2. *вчт* преобразование одного графического объекта в другой через промежуточные формы
twinplex твинплекс, четырёхчастотное дуплексное телеграфирование
twin-triode двойной триод
twist 1. скручивание; кручение ‖ скручивать(ся); подвергать(ся) кручению 2. крутящий момент; скручивающее усилие 3. скрученная секция волновода, волноводная скрутка 4. скрутка (*напр. проводов*); свивка; навивка; сплетение (*напр. волокон*) ‖ скручивать (*напр. провода*); свивать; навивать; сплетать (*напр. волокна*) 5. спиральное перемещение; движение по спирали ‖ испытывать спиральное перемещение; перемещать по спирали; двигаться по спирали 6. спиральная конфигурация; спиральная форма 7. вращение; вращательное движение ‖ вращать(ся) 8. поворот; отклонение ‖ поворачивать(ся); отклонять(ся) 9. искривление; изгиб ‖ искривлять(ся); изгибать(ся) 10. техническое *или* технологическое новшество
  ~ **in rectangular waveguide** скрученная секция в прямоугольном волноводе, прямоугольная волноводная скрутка
  plastic ~ *крист.* пластическое скручивание
  polarization ~ поворот плоскости поляризации
  smooth ~ плавная скрученная секция волновода, плавная волноводная скрутка
  step(ped) ~ ступенчатая скрученная секция волновода, ступенчатая волноводная скрутка
  waveguide ~ скрученная секция волновода, волноводная скрутка
twisted 1. скрученный, *проф.* твистированный; подвергнутый кручению 2. образующий скрутку (*напр. о проводах*), витой; свитый; навитый; сплетённый (*напр. о волокнах*) 3. испытывающий спиральное перемещение; двигающийся по спирали 4. спиральный; спиральной формы 5. вращающийся 6. повёрнутый; отклонённый 7. искривлённый; изогнутый
twister пьезоэлектрическая пластина с крутильным рабочим колебанием
twistor *вчт* твистор
  piggyback ~ твистор с двойной намоткой
two-dimensional двумерный; плоский
two-dimensionality двумерность
two-factor двухфакторный
two-fold 1. состоящий из двух частей *или* элементов 2. удвоенный; двойной
two-pass двухпроходный
two-phase двухфазный
two-pole двухполюсный ◊ ~ **double-throw** 1. двухполюсный двухпозиционный (*о переключателе*) 2. двухполюсная группа переключающих контактов; ~ **single-throw** 1. двухполюсный (*о выключателе*) 2. двухполюсная группа замыкающих *или* размыкающих контактов
two-port двуплечий
two-sample двухвыборочный
two-sided двусторонний
two-spot *вчт проф.* двоеточие
Twotone стандарт Twotone для систем поискового вызова
two-tone 1. двуцветный 2. двухтоновый
two-way 1. двусторонний; взаимный 2. дуплексный, одновременный двусторонний
twystron твистрон
tympanum 1. среднее ухо 2. барабанная перепонка (*уха*)
type 1. тип (*1. класс; категория; род 2. группа; вид 3. характерный представитель*) 2. модель; образец ‖ быть моделью; служить образцом 3. *вчт* символ (*определённого типа*) ‖ служить символом 4. литера 5. шрифт 6. печатный материал 7. печатать (*напр. на пишущей машине*); набирать (*напр. текст*); вводить (*напр. данные*) 8. распечатывать (*напр. файл*); выводить (*напр. данные*)
  ~ **ahead** *вчт* набор с опережением (*исполнения*) ‖ набирать с опережением (*исполнения*)
  ~ **of entity** *вчт* тип сущности, тип объекта
  abstract data ~ абстрактный тип данных
  acoustical ~ **of lattice vibration** акустическая ветвь колебаний решётки

type

algebraic data ~ алгебраический тип данных
application-oriented data ~ проблемно-ориентированный тип данных
body ~ шрифт основной части (*текстового документа*)
built-in ~ *вчт* встроенный тип (*напр. данных*)
condensed ~ узкий [сжатый] шрифт
conductivity ~ тип удельной электропроводности
constructed data ~ сконструированный тип данных
creator ~ тип создателя, код создавшей файл программы
data ~ тип данных
derived ~ производный тип (*напр. данных*)
digitized ~ *вчт* оцифрованный шрифт
display ~ 1. выделительный шрифт 2. дисплейный шрифт 3. изображение (*выбранного*) шрифта на экране дисплея 4. тип дисплея
emission ~ класс излучения
encapsulated ~ скрытый тип (*напр. данных*)
enumerated ~ перечислимый тип (*напр. данных*)
expanded ~ широкий [расширенный] шрифт
fundamental ~ основной тип
generic ~ родовой тип (*напр. данных*)
immutable reference ~ *вчт* неизменяемый базовый тип
integral ~ целочисленный тип (*данных*)
large resource data ~ *вчт* длинная форма записи данных о ресурсах (*с дескрипторами длиной до 64 Кбайт*)
memory ~ *вчт* тип памяти
MIME ~ тип содержимого электронного письма в стандарте MIME
mode ~ тип режима (*работы*)
Moon ~ шрифт Муна (*для слепых*)
mutable reference ~ *вчт* изменяемый базовый тип
optical ~ **of lattice vibration** оптическая ветвь колебаний решётки
ordinal ~ перечислимый тип (*напр. данных*)
parametrized ~ параметризованный тип
portable user ~ категория пользователя портативной станции
predefined ~ *вчт* встроенный тип (*напр. данных*)
preferred ~s рекомендуемые типы ламп (*для разработчиков электронной аппаратуры*)
primary ~ *вчт* простой тип (*напр. данных*)
primitive ~ *вчт* простой тип (*напр. данных*)
private ~ *вчт* скрытый тип данных с обработкой экспортируемыми операциями, *проф.* приватный тип данных
reference ~ базовый тип (*напр. данных*)
resource ~ тип ресурса
restricted ~ тип (*напр. данных*) с ограниченным доступом
rotated ~ повёрнутый печатный материал
scalar data ~ скалярный тип данных
set ~ *вчт* 1. тип множества 2. тип набора (*напр. данных*)
small resource data ~ *вчт* короткая форма записи данных о ресурсах (*с дескрипторами длиной до 7 байт*)
spectral ~ спектральный класс (*напр. звёзд*)
sum of product ~ алгебраический тип данных
user-defined ~ пользовательский тип (*напр. данных в языках программирования*)
vector data ~ векторный тип данных
wraparound ~ *вчт* обтекающий (*напр. иллюстрацию*) текст

typeface *вчт* 1. шрифт 2. начертание [стиль] шрифта; гарнитура шрифта
evocative ~ гарнитура шрифта, соответствующая содержанию (*текстового документа*) в историческом *или* географическом плане
typematic автоповтор скан-кода клавиши (*при удерживании в нажатом состоянии*) ‖ автоматически повторяющийся при удерживании клавиши в нажатом состоянии (*о скан-коде*)
typeover *вчт* 1. режим замены (*напр. символа*) 2. режим запечатывания, режим наложения (*символов*)
typescript машинописный материал ‖ машинописный
typeset набирать (*текст*)
typesetting набор (*текста*)
computer ~ компьютерный набор
equation ~ набор уравнений
typeword общая форма слова, символа *или* выражения
typewrite печатать на пишущей машине
typewriter 1. пишущая машина 2. наборщик, оператор 3. стиль печатной машины
automatic ~ система автоматического вывода на печать и записи на магнитную ленту *или* перфоленту
dictation ~ пишущая машина с голосовым [речевым] управлением
electric ~ электрическая пишущая машина
light-spot operated ~ пишущая машина, управляемая световым пятном
memory ~ пишущая машина с памятью
speech ~ пишущая машина с голосовым [речевым] управлением
typewriting 1. машинопись 2. машинописный материал
typical 1. типовое значение; типичное значение ‖ типовой; типичный 2. символический
typing 1. деление на типы; отнесение к типу 2. выполнение роли модели *или* образца 3. *вчт* служение символом 4. печатание (*напр. на пишущей машине*); набор (*напр. текста*); ввод (*напр. данных*) 5. распечатка (*напр. файла*); вывод (*напр. данных*)
static ~ статическое деление на типы; отнесение к типу в процессе компиляции
strong ~ строгое [фиксированное] деление на типы; отнесение к типу по строгим правилам
weak ~ нестрогое [варьируемое] деление на типы; отнесение к типу по нестрогим правилам
typist наборщик, оператор
typo типографская ошибка, ошибка при наборе текста
typographic типографский
typography 1. типографское дело 2. типографское оформление (*печатного материала*) 3. книгоиздательская деятельность
typology типология
innovation ~ типология инноваций
linguistic ~ лингвистическая типология
typomorphism типоморфизм
typotelegraph телетайп
typotron тайпотрон (*знакопечатающая ЭЛТ*)

U

U 1. *тлв* (цветоразностный) сигнал U (*в системе НТСЦ*) **2.** (допустимое) буквенное обозначение *i*-го ($2 \leq i \leq 26$) логического диска, съёмного устройства памяти *или* компакт-диска (*в IBM-совместимых компьютерах*)

ubiety местонахождение
ubitron убитрон
UID *вчт* идентификатор пользователя
  throwaway ~ одноразовый [однократно используемый] идентификатор пользователя
ultima исход [конечный слог] слова
ultimacy 1. фундаментальное свойство **2.** совершенство
ultimate 1. базовый [основной, фундаментальный] принцип || базовый; основной; фундаментальный **2.** конечный результат; выход; итог || конечный; выходной; итоговый **3.** совершенный объект; идеал || совершенный; идеальный **4.** наиболее удалённый; конечный **5.** решающий; заключительный **6.** элементарный; неделимый; простейший
ultor второй анод
ultrafast сверхбыстродействующий
ultrafiche ультрамикрофиша (*с уменьшением изображения в 100 и более раз*)
ultrafine 1. сверхтонкий (*напр. о структуре энергетических уровней*) **2.** ультрамикроскопический
ultrahigh 1. ультравысокий (*о частоте*) **2.** сверхвысокий (*напр. о напряжении*)
ultramicrofiche ультрамикрофиша (*с уменьшением изображения в 100 и более раз*)
ultramicrometer электронный прибор для измерения малых перемещений
ultramicroscope ультрамикроскоп
ultramicroscopic ультрамикроскопический
ultramicroscopy ультрамикроскопия
ultramicrowaves миллиметровые и субмиллиметровые волны
ultraminiature сверхминиатюрный
ultraminiaturization сверхминиатюризация
ultraminiaturize использовать сверхминиатюризацию
ultramundane расположенный за пределами солнечной системы
ultrapurification *микр.* ультраочистка, *проф.* глубокая очистка
ultrapure особо чистый, ультрачистый (*напр. полупроводник*)
ultrapurity особая чистота, ультрачистота (*напр. полупроводника*)
ultrashort 1. сверхкороткий (*напр. импульс*) **2.** метровый, короткий (*о радиоволнах*)
ultrasonic ультразвуковой
ultrasonics акустика ультразвука
  microwave ~ акустика гиперзвука
ultrasonogram (ультразвуковая) эхограмма (*в ультразвуковой диагностике*)
ultrasonograph прибор для ультразвуковой диагностики
ultrasonography ультразвуковая диагностика
ultrasonoholography ультразвуковая голография
ultrasonovision ультразвуковидение
ultrasound 1. ультразвук **2.** ультразвуковая терапия и диагностика
ultrastructure атомная *или* молекулярная структура
ultraviolet ультрафиолет, ультрафиолетовая [УФ-] область спектра || ультрафиолетовый
  extreme ~ наиболее коротковолновая часть ультрафиолетовой области спектра (*вблизи 10 нм*)
  far ~ дальний [вакуумный] ультрафиолет, дальняя УФ-область спектра (*10 — 200 нм*)
  near ~ ближний ультрафиолет, ближняя УФ-область спектра (*200 — 400 нм*)
  vacuum ~ вакуумный [дальний] ультрафиолет, дальняя УФ-область спектра (*10 — 200 нм*)
ultravirus *биол.* фильтрующийся вирус
U-matic U-формат, *проф.* формат «Ю-матик» (*профессиональной аналоговой композитной видеозаписи для видеожурналистики*)
umbilical отрывной кабель (*напр. ракеты*) || отрывной (*о кабеле*)
umbra 1. тень; область тени **2.** тёмная тень (*в центральной области солнечного пятна*)
umbrella зонтик || зонтичный
  air ~ зонтик противовоздушной обороны
umlaut *вчт* умляут, диакритический знак ¨ (*напр. в символе ӥ*) || использовать умляут
  Hungarian ~ длинный венгерский умляут, диакритический знак ˝ (*напр. в символе ӳ*)
unaccented безударный (*напр. слог*)
unallowable недопустимый; запрещённый
unalterable неизменяемый; немодифицируемый
unapostrophe *вчт* открывающая кавычка, символ '
unapt неподходящий; несоответствующий; неадекватный
unaptness несоответствие; неадекватность
unary *вчт* унарный, одноместный (*напр. об операции*)
unate *вчт* унатное множество || унатный
  negative ~ отрицающее [негативное] унатное множество || отрицающий [негативный] унатный
  positive ~ неотрицающее [позитивное] унатное множество || неотрицающий [позитивный] унатный
unattended необслуживаемый (*напр. усилительный пункт*)
unavailability коэффициент простоя
unbalance 1. разбаланс || разбалансировать **2.** асимметрия (*относительно земли*)
unbalanced 1. несбалансированный **2.** неуравновешенный ◊ **~ to ground** неуравновешенный
unbiased 1. не использующий смещение *или* подмагничивание; работающий без смещения *или* подмагничивания **2.** несмещённый, без смещения (*напр. об оценке*)
unbiasedness несмещённость
  ~ of estimate несмещённость оценки
  ~ of test несмещённость критерия
  asymptotic ~ асимптотическая несмещённость
unblanking отпирание
unblock деблокировать; отпирать
unblocking деблокировка; отпирание
unbound несвязанный; свободный (*напр. электрон*)
unbranded не имеющий товарного знака
unbundle 1. расплетать жгут; разъединять связку *или* пучок **2.** разгруппировывать(ся); уничтожать

unbundled

сгустки **3.** продавать аппаратуру *или* программные продукты без бесплатных дополнений **4.** продавать не в комплекте, продавать раздельно; исключать из стоимости компьютерной системы стоимость программного обеспечения, периферийного оборудования и услуг

unbundled 1. расплетённый (*о жгуте*); разъединённый (*о связке или пучке*) **2.** разгруппированый; не имеющий сгустков **3.** продаваемый без бесплатных дополнений (*об аппаратуре или программных продуктах*) **4.** продаваемый не в комплекте, продаваемый раздельно; исключающий из стоимости компьютерной системы стоимость программного обеспечения, периферийного оборудования и услуг

unbundling 1. расплетение жгута; разъединение связки *или* пучка **2.** разгруппирование; уничтожение сгустков **3.** продажа аппаратуры *или* программных продуктов без бесплатных дополнений **4.** продажа не в комплекте, продажа раздельно; исключение из стоимости компьютерной системы стоимость программного обеспечения, периферийного оборудования и услуг

uncentered нецентрированный

uncertain 1. неопределённый; не известный заранее; непредсказуемый

uncertainness неопределённость; непредсказуемость

uncertainty неопределённость; непредсказуемость
  additional ~ дополнительная неопределённость
  average ~ средняя неопределённость
  clock ~ неопределённость тактовой частоты
  complete ~ полная неопределённость
  conditional ~ условная неопределённость
  delay ~ неопределённость времени задержки; неопределённость времени запаздывания
  estimated ~ оцениваемая неопределённость
  experimental ~ экспериментальная неопределённость
  Gaussian ~ гауссова неопределённость
  parametric ~ параметрическая неопределённость
  phase ~ неопределённость фазы
  plant ~ неопределённость параметров внедряемого объекта (*в САПР*)
  posterior ~ апостериорная неопределённость
  prior ~ априорная неопределённость
  residual ~ остаточная неопределённость
  statistical ~ статистическая неопределённость
  stochastic ~ стохастическая неопределённость
  structured ~ структурированная неопределённость
  systematic ~ систематическая неопределённость
  threshold ~ неопределённость порога
  time ~ временная неопределённость
  time-invariant parametric ~ стационарная параметрическая неопределённость
  timing ~ неопределённость синхронизации, рассогласование (сигналов) во времени
  unavoidable ~ неизбежная неопределённость

uncharged незаряженный; электрически нейтральный

unclassified для служебного пользования (*гриф секретности*)

Uncle стандартное слово для буквы *U* в фонетическом алфавите «Эйбл»

uncoded 1. некодированный **2.** не содержащий почтового индекса (*о почтовом отправлении*)

uncoil разматывать(ся)

uncommercial некоммерческий (*напр. о телевидении*)

unconditional безусловный

uncorrelated некоррелированный

uncountable *вчт* несчётный (*о множестве*)

uncouple 1. разъединять пару; разделять(ся) (*о паре*) **2.** развязывать(ся); разрывать связь; устранять взаимное влияние; устранять взаимодействие **3.** разъединять(ся); расцеплять(ся)

uncoupler 1. развязывающее устройство **2.** разъединитель; расцепитель

uncoupling 1. разъединение; разделение (*пары*) || разъединяющий; разделяющий (*пару*) **2.** развязка; разрыв связи; устранение взаимного влияния; устранение взаимодействия || развязывающий; разрывающий связь; устраняющий взаимное влияние; устраняющий взаимодействие **3.** разъединение; расцепление || разъединяющий; расцепляющий
  mode ~ развязка мод

uncurl 1. разрушать вихрь **2.** раскручивать(ся)

uncut необработанный (*напр. кристалл*)

undamped незатухающий (*напр. о колебании*)

undated недатированный, без даты

undecidability неразрешимость (*напр. проблемы*)
  algorithmic ~ алгоритмическая неразрешимость
  essential ~ существенная неразрешимость
  recursive ~ рекурсивная неразрешимость

undecidable неразрешимый

undefined неопределённый

undelete *вчт* **1.** восстановление || восстанавливать (*ранее удалённый файл или каталог*) **2.** программа восстановления (*ранее удалённого файла или каталога*) **3.** позиция экранного меню для запуска программы восстановления

underbunching недостаточное группирование, недогруппирование (*электронов*)

underclocking (преднамеренное аппаратное *или* программное) уменьшение тактовой частоты (*устройства*) по сравнению с номинальной
  processor ~ (преднамеренное аппаратное *или* программное) уменьшение тактовой частоты процессора по сравнению с номинальной

undercoat *микр.* подслой || формировать подслой

undercolor дополнительный цвет

undercompensate недокомпенсировать

undercompensation недостаточная компенсация, недокомпенсация
  bias ~ недостаточная компенсация изменения поля подмагничивания

undercool переохлаждать(ся)

undercooling переохлаждение
  interface ~ переохлаждение на фронте кристаллизации

undercoupling слабая [докритическая] связь (*в связанных контурах*)

undercover тайный; секретный; скрытый

undercut 1. *микр.* подтравливание (*напр. изоляции*) || подтравливать (*напр. изоляцию*) || подтравленный **2.** подрезание || подрезать || подрезанный

undercutting 1. *микр.* подтравливание (*напр. изоляции*) || подтравленный **2.** подрезание || подрезанный
  isolation ~ подтравливание изоляции

underdamping слабое [докритическое] затухание (*в колебательной системе*)

underestimate оценка с недостатком, заниженная оценка ‖ оценивать с недостатком, давать заниженную оценку

underestimation оценивание с недостатком, заниженная оценка

underexpose 1. недоэкспонирование (*фоточувствительного материала*) 2. недоэкспонированный негатив *или* фотоотпечаток

underfill *микр.* подкладка; прослойка; прокладка

underflow *вчт* исчезновение (значащих) разрядов, потеря значимости
  exponent ~ исчезновение разрядов порядка

undergo подвергаться воздействию; испытывать действие

underlap недостаточная ширина пятна (*вызывающая появление пробела между строками при факсимильной передаче*)

underlay *микр.* подслой ‖ использовать подслой

underlayer *микр.* подслой

underline 1. подчёркивающая линия ‖ подчёркивать (*напр. символ*) 2. подрисуночная подпись ‖ снабжать подрисуночной подписью

underlineation 1. подчёркивание (*напр. символа*) 2. снабжение подрисуночной подписью

underlined 1. подчёркнутый (*напр. символ*) 2. относящийся к подрисуночной подписи

underlining 1. подчёркивание (*напр. символа*) 2. подкладка; прослойка; прокладка
  automatic ~ автоматическое подчёркивание
  wavy ~ подчёркивание волнистой чертой

underload недогрузка; неполная [частичная] нагрузка

underlying 1. основополагающий; фундаментальный 2. скрытый; неявный 3. подслойный

undermodulation недостаточная модуляция

under-predict давать неполное предсказание

underpressure пониженное давление; разрежение

underrun 1. *вчт* недостаточное наполнение, неспособность к обеспечению необходимого объёма *или* необходимой скорости передачи данных, *проф.* антипереполнение ‖ не обеспечивать необходимый объём *или* необходимую скорость передачи данных (*напр. при записи на компакт-диск*) 2. дефицит выпускаемой продукции ‖ выпускать продукцию в недостаточном количестве
  buffer ~ недостаточное наполнение буфера, *проф.* антипереполнение буфера

undersampling субдискретизация

undersaturation недонасыщение

underscan(ning) *вчт, тлв* незаполнение экрана, недостаточное заполнение экрана при визуализации изображения; развёртка на площади, меньшей полезной площади экрана ЭЛТ

underscore 1. подчёркивающая линия ‖ подчёркивать (*напр. символ*) 2. музыкальное сопровождение (*фильма*) на звуковой дорожке ‖ записывать музыкальное сопровождение (*фильма*) на звуковую дорожку

undershoot провал [отрицательный выброс] перед фронтом импульса

undersign подписывать(ся), ставить подпись

under-smoothed недостаточно сглаженный

understander блок понимания (*напр. в системе искусственного интеллекта*)

understanding понимание
  natural language ~ 1. понимание естественного языка 2. голосовой [речевой] интерфейс с использованием естественного языка, интерфейс NLU
  speech ~ понимание речи
  spoken language ~ 1. понимание естественного языка 2. голосовой [речевой] интерфейс с использованием естественного языка, интерфейс SLU

understructure опорная конструкция; база; основание

underswing провал [отрицательный выброс] перед фронтом импульса

undertaker предприниматель

undertaking 1. предприятие 2. предпринимательская деятельность

undertone оттенок

undervoltage сброс напряжения, *проф.* недонапряжение (*1. снижение электрического напряжения до значений, представляющих опасность для потребителя (напр. устройства) 2. разность между номинальным и рабочим значениями электрического напряжения*)
  dynamic ~ динамический сброс напряжения
  internal ~ внутренний сброс напряжения
  oscillatory ~ колебательный сброс напряжения
  pulse ~ импульсный сброс напряжения; провал напряжения
  resonance ~ резонансный сброс напряжения
  surge ~ импульсный сброс напряжения; провал напряжения
  static ~ статический сброс напряжения
  sustained ~ длительный сброс напряжения
  switching ~ коммутационный сброс напряжения
  transient ~ динамический сброс напряжения из-за переходных процессов

undervolting (преднамеренное аппаратное *или* программное) уменьшение напряжения питания (*устройства*) по сравнению с номинальным
  processor ~ (преднамеренное аппаратное *или* программное) уменьшение напряжения питания ядра процессора по сравнению с номинальным

underwrite 1. подписывать(ся), ставить подпись 2. (письменно) подтверждать 3. гарантировать

underwriter 1. страховая компания 2. организация, ответственная за выполнение гарантийных обязательств 3. спонсор

undo *вчт* 1. откат, возврат ‖ откатываться, возвращаться (*к состоянию до выполнения последней операции или команды*) 2. команда отката, команда возврата (*к состоянию до выполнения последней операции или команды*) 3. позиция экранного меню для вызова команды отката

undular совершающий волнообразное движение

undulate 1. совершать *или* вызывать волнообразное движение 2. иметь *или* придавать волнообразную форму *или* профиль ‖ волнообразный; волнистый 3. периодически изменять высоту тона (*о звуке*)

undulated волнообразный; волнистый (*о форме или профиле*)

undulation 1. волна 2. распространение волн 3. волнообразное движение 4. волнообразная форма *или* профиль 5. волнообразный изгиб; волнообразная кривая 6. периодическое изменение высоты тона (*о звуке*)
  groove ~ изгиб канавки записи

undulator ондулятор

undulatory 1. волнообразный (*о движении*) 2. совершающий волнообразное движение

unequal

unequal 1. неравный **2.** неподходящий; несоответствующий; неадекватный
unequivocal однозначный
unerase *вчт* **1.** восстановление || восстанавливать (*ранее удалённый файл или каталог*) **2.** программа восстановления (*ранее удалённого файла или каталога*) **3.** позиция экранного меню для запуска программы восстановления
   directory ~ восстановление каталога
   file ~ восстановление файла
   tape ~ восстановление информации на ленте (*в ЗУ резервного копирования*)
unessential несущественное обстоятельство; несущественный объект || несущественный
uneven 1. неплоский; неровный **2.** не находящийся на одном уровне; непараллельный **3.** неоднородный; нерегулярный **4.** *вчт* нечётный (*1. не кратный двум (о целом числе) 2. изменяющий знак при изменении знака аргумента (о функции)*)
unfit неподходящий; несоответствующий; неадекватный
unfocused несфокусированный
unfold развёртывать(ся); раскрывать(ся)
unfolding развёртка
   universal ~ универсальная развёртка
unformed бесформенный
unfragmented *вчт* нефрагментированный (*напр. жёсткий магнитный диск*)
ungrammaticalness *вчт* несоответствие грамматическим правилам
unheard неслышимый; не воспринимаемый на слух
uniaxial одноосный (*напр. кристалл*)
uniaxiality одноосность (*напр. кристалла*)
unibus *вчт* общая шина; универсальная шина
unicast *вчт* передача сообщений для одного (персонифицированного) абонента, для конкретного узла *или* конкретной программы (*вычислительной системы или сети*), *проф.* одноабонентская передача (с персонификацией); одноадресная передача || передавать сообщения для одного (персонифицированного) абонента, для конкретного узла *или* конкретной программы (*вычислительной системы или сети*), *проф.* использовать одноабонентскую передача (с персонификацией); использовать одноадресную передачу || передаваемый для одного (персонифицированного) абонента, для конкретного узла *или* конкретной программы (*вычислительной системы или сети*), *проф.* одноабонентский (с персонификацией); одноадресный (*о передаче сообщений*)
unicasting *вчт* передача сообщений для одного (персонифицированного) абонента, для конкретного узла *или* конкретной программы (*вычислительной системы или сети*), *проф.* одноабонентская передача (с персонификацией); одноадресная передача || передаваемый для одного (персонифицированного) абонента, для конкретного узла *или* конкретной программы (*вычислительной системы или сети*), *проф.* одноабонентский (с персонификацией); одноадресный (*о передаче сообщений*)
unicity 1. единственность (*напр. решения*) **2.** однозначность (*напр. выбора*)
   choice ~ однозначность выбора
   solution ~ единственность решения
Unicode *вчт* Универсальный (16-битный) код (представления символов), код Unicode

unicode *вчт* уникод, уникальное имя
unicoherent уникогерентный
unicohergence уникогерентость
uniconvergence равномерная сходимость
unicursal уникурсальный
unicursality уникурсальность
unidimensional одномерный; линейный
unidimensionality одномерность; линейность
unidirectional однонаправленный
unification унификация
   ink ~ однородность отражательной способности печатных знаков
unifilar одножильный (*провод*)
Uniform стандартное слово для буквы *U* в фонетическом алфавите «Альфа»
uniform однородный; равномерно распределённый
   spatially ~ пространственно однородный
uniformity однородность; равномерность (*распределения*)
   color ~ однородность цвета
   continuous ~ непрерывная равномерность
   discrete ~ дискретная равномерность
   doping ~ однородность легирования
   focusing ~ однородность фокусировки
   left ~ левая равномерность
   luminance ~ однородность яркости
   regular ~ регулярная равномерность
   right ~ правая равномерность
   scaling ~ однородность масштабирования
   spatial ~ пространственная однородность
   statistical ~ статистическая равномерность
   thickness ~ однородность толщины
   time ~ временная однородность
   two-sided ~ двусторонняя равномерность
unilateral 1. односторонний; несимметричный **2.** однонаправленный; невзаимный
unilaterality 1. односторонность; несимметричность **2.** однонаправленность; невзаимность
unilateralization 1. односторонность; несимметричность **2.** однонаправленность; невзаимность **3.** полная нейтрализация обратной связи
unilateralize 1. делать односторонним *или* несимметричным; обеспечивать односторонность *или* несимметричность **2.** делать однонаправленным *или* невзаимным; обеспечивать однонаправленность *или* невзаимность **3.** полностью нейтрализовать обратную связь
unimodality 1. одномодовость (*напр. оптического волокна*) **2.** *вчт* унимодальность (*напр. распределения*)
uninstall 1. разбирать; демонтировать (*напр. оборудование*) **2.** *вчт* удалять программное обеспечение, *проф.* деинстал(л)ировать
uninstallation 1. разборка; демонтаж (*напр. оборудования*) **2.** *вчт* удаление программного обеспечения, *проф.* деинстал(л)яция
   program ~ удаление [деинстал(л)яция] программы
uninstaller *вчт* утилита для удаления программного обеспечения, *проф.* деинстал(л)ер
uninstallment 1. процесс разборки; процесс демонтажа (*напр. оборудования*) **2.** *вчт* процесс удаления программного обеспечения, *проф.* процесс деинстал(л)яции
unintelligibility 1. неразборчивость (*напр. речи*) **2.** отсутствие смысла; недоступность для понимания (*напр. о шифрованном тексте*)

unit

unintelligible 1. неразборчивый (*напр. о речи*) 2. бессмысленный; не доступный для понимания (*напр. о шифрованном тексте*)
unintelligibleness неразборчивость (*напр. речи*)
Union:
    American Civil Liberties ~ Американский союз защиты гражданских свобод
    Asian Broadcasting ~ Азиатский радиовещательный союз
    European Broadcasting ~ Европейский радиовещательный союз
    International Amateur Radio ~ Международный союз радиолюбителей
    International Broadcasting ~ Международный радиовещательный союз
    International Telecommunications ~ Международный союз электросвязи, МСЭ
union 1. объединение (*1. создание единого целого 2. вчт операция над множествами 3. вчт операция над отношениями в реляционной алгебре 4. вчт тип данных 5. союз; общество; организация*) 2. букет (*в топологии*)
    ~ of algorithms объединение алгоритмов
    ~ of intersections объединение пересечений (*напр. множеств*)
    ~ of relations объединение отношений
    ~ of sets объединение множеств
    ~ of subnetworks объединение подсетей
    class ~ объединение классов
    countable ~ счётное объединение
    direct ~ прямое объединение
    discriminated ~ *вчт* размеченное объединение
    free ~ *вчт* свободное объединение
    lexicographic ~ лексикографическое объединение
    one-point ~ букет
    ordered ~ упорядоченное объединение
unipolar 1. униполярный 2. однополюсный
unipolarity униполярность
unipole 1. несимметричный вибратор 2. абсолютно ненаправленная антенна, изотропный излучатель
    blade ~ несимметричный вибратор в форме лопасти
    folded ~ петлевой несимметричный вибратор
    quarter-wave(length) ~ четвертьволновый несимметричный вибратор
    series-fed ~ несимметричный вибратор с последовательным возбуждением
    shunt-fed ~ несимметричный вибратор с параллельным возбуждением
    traveling-wave ~ несимметричный вибратор бегущей волны
uniprocessing однопроцессорная обработка (*данных*)
uniprocessor монопроцессор
unipunch *вчт* ручной перфоратор
unique уникальный; единственный
uniscan не требующий участия всех кортежей отношений (*в реляционных базах данных*)
uniselector *тлф* шаговый искатель
unison унисон
Unisys (компьютерная) компания Unisys
unit 1. единица, число 1 (*наименьшее положительное целое число*) 2. единица (*физической*) величины; единица измерения (*величины*) 3. элемент; компонент 4. нейрон 5. блок; узел; модуль; секция; звено 6. прибор; устройство 7. аппарат; установка

    ~ of measure единица измерения
    ~ under test испытуемое устройство
    abrasive-cleaning ~ *микр.* установка (для) абразивной очистки
    absolute ~s абсолютные единицы
    acknowledgement signal ~ блок подтверждения приёма сигналов
    acoustic ~s акустические единицы
    allocation ~ базовая ячейка размещения данных (*на носителе*); кластер (*напр. магнитного диска*)
    angle-tracking ~ *рлк* блок сопровождения (*цели*) по углу; блок слежения (*за целью*) по углу
    Ångström ~ ангстрем, Å ($1 \cdot 10^{-10}$ м)
    answer-back ~ *тлф* блок автоответчика
    answering ~ *тлф* малый учрежденческий [малый офисный] коммутатор
    antenna coupler ~ устройство связи с антенной
    anticoincidence ~ блок антисовпадений
    arbitrary ~ произвольная единица
    arithmetic ~ арифметическое устройство, АУ
    arithmetic and logic ~ арифметико-логическое устройство, АЛУ
    assembly ~ блок; узел
    associative ~ ассоциативный нейрон
    attached ~ подключенное устройство
    audio processing ~ аудиопроцессор
    audio-response ~ *вчт* устройство голосового [речевого] ответа
    automatic calling ~ автоматическое вызывное устройство, устройство автоматического набора номера
    automatic lock-on ~ блок захвата цели на автоматическое сопровождение
    automatic range tracking ~ блок автоматического сопровождения (*цели*) по дальности; блок автоматического слежения (*за целью*) по дальности
    auxiliary power ~ вспомогательный блок (электро)питания
    balanced-armature ~ подвижная система электромагнитного громкоговорителя с уравновешенным якорем
    balancing ~ симметрирующее устройство
    base station ~ блок базовой станции
    base station control ~ блок управления базовой станцией
    basic display ~ основной дисплей
    basic measurement ~ основная единица измерения
    basic processing ~ центральный процессор
    beam steering ~ блок управления положением диаграммы направленности антенны
    best matching ~ нейрон-победитель (*в нейронной сети*)
    bistable ~ бистабильный элемент
    break-contact ~ группа размыкающих контактов
    bubble (storage) ~ ЗУ на ЦМД
    buffer ~ буферное устройство
    bus interface ~ блок интерфейса шины
    camera control ~ 1. блок управления (видео)камерой, БУК 2. блок камерного канала, БКК
    capacitor-resistor ~ конденсаторно-резисторный модуль
    card punch(ing) ~ карточный перфоратор
    card-reader ~ устройство считывания с перфокарт

cassette ~ кассетная память, запоминающее устройство кассетного формата на магнитной ленте
central processing ~ центральный процессор
certificate signing ~ устройство для цифровой подписи сертификатов
CGS ~s единицы системы СГС
changeover-contact ~ группа переключающих контактов
channel ~ канальный блок
channel service ~ тлф блок обслуживания канала, блок CSU
channel service unit/digital service ~ блок обслуживания канала/цифровой служебный блок, блок CSU/блок DSU
chrominance ~ блок цветности
clock ~ блок синхронизации; блок формирования тактовых импульсов
cluster ~ кластерный элемент, элемент кластерной классификации
coefficient ~ вчт блок установки коэффициентов
coil-spring reverberation ~ пружинный ревербератор (*в акустических системах*)
coincidence ~ блок совпадений
communications control ~ вчт связной контроллер
competitive ~ соревнующийся нейрон *или* соревнующаяся группа нейронов (*в нейронной сети*)
computer interface ~ аппаратный интерфейс компьютера
connectionist ~ коннекционный элемент, элемент коннекционной сети (*нейрон или кластер нейронов*)
control ~ блок управления; устройство управления
control-display ~ блок управления и индикации
converter ~ преобразователь частоты
conveyorized drying ~ микр. аппарат для сушки конвейерного типа
crosstalk ~ тлф единица измерения уровня переходных разговоров
curve scanning ~ вчт устройство графического ввода
data ~ 1. элемент данных 2. блок данных
data-acquisition ~ устройство сбора данных
data-adapter ~ устройство сопряжения каналов связи
data-collection ~ устройство сбора данных
data encryption ~ блок шифрования данных
data-handling ~ устройство обработки данных
data transfer ~ блок передачи данных
delay ~ линия задержки
derived ~s производные единицы
developer ~ проявляющий валик (*напр. в лазерных принтерах*)
dialing ~ 1. тлф дисковый номеронабиратель 2. тлг вызывное устройство с номеронабирателем
differentiating ~ дифференцирующее устройство, дифференциатор; блок дифференцирования
digital reverberation-echo ~ цифровое устройство для создания реверберации и (искусственного) эха
digital service ~ тлф цифровой служебный блок, блок DSU
digital storage ~ цифровое запоминающее устройство, цифровое ЗУ
discrete ~ дискретный элемент

disk ~ дисковое ЗУ
display ~ 1. дисплей 2. устройство отображения
driver ~ предоконечный каскад усилителя мощности
dual processing ~ двухпроцессорный блок
electron ~ единица электрического заряда, равная заряду электрона
ENIGMA duration ~ вчт условная единица измерения длительности нот (*1024 EDU = 1/8*)
ENIGMA virtual page ~ вчт условная единица измерения длины нотной записи (*1 EVPU = 1/288 дюйма*)
execution ~ исполнительное устройство
expansion ~ вчт переходное устройство; переходная плата (*напр. для подключения плат расширения*)
experimental ~ 1. экспериментальная установка 2. статистическая единица, элемент выборки
failed ~ отказавший блок; отказавший узел
failure ~ единица измерения интенсивности отказов (*один отказ за 10^9 часов наработки*)
fixed-head disk ~ вчт (пакетированный) магнитный диск с неподвижными магнитными головками
floating-point processing ~ математический сопроцессор
forming ~ пп установка для формовки
frequency identification ~ частотомер; волномер
fuel-cell ~ блок топливных элементов
function ~ функциональный блок
fundamental ~s основные единицы
GeForce graphics processing ~ графический процессор GeForce (*компании nVidia*)
geometrical ~ единица геометрической величины (*длины, площади, объёма или угла*)
graphics processing ~ графический процессор
hidden(-layer) ~ нейрон скрытого слоя, скрытый нейрон (*в нейронной сети*)
Horner ~ вчт число операций для расчёта полинома, *проф.* горнер
imaginary ~ вчт мнимая единица
inductive energy storage ~ свпр индуктивный накопитель (магнитной) энергии
inertial measurement ~ блок инерциальных измерений
information ~ единица информации
in-order retirement ~ вчт блок упорядоченного вывода (*результатов*); упорядочивающее выходное устройство
input ~ 1. входной блок 2. вчт устройство ввода
input/output ~ вчт устройство ввода-вывода
inquiry ~ вчт блок (формирования) запросов
instruction ~ блок команд
instruction fetch ~ вчт блок выборки команд
integrating ~ интегрирующее устройство, интегратор; блок интегрирования
interface ~ вчт 1. интерфейс 2. устройство сопряжения
internetwork ~ межсетевое устройство
interrogating ~ 1. опрашивающее устройство 2. вчт блок (формирования) запросов
I/O control ~ вчт блок управления вводом-выводом
LAN access ~ блок доступа к локальной сети
language ~ языковая единица

unit

line terminal ~ линейный терминал
logical ~ логическое устройство
magnetic-core storage ~ ЗУ на магнитных сердечниках
magnetic tape ~ магнитофон
mains ~ блок (электро)питания от сети
make-contact ~ группа замыкающих контактов
matching ~ согласующее устройство
matrix ~ 1. кодер системы цветного телевидения 2. декодер системы цветного телевидения
maximum transmission ~ максимально допустимый размер пакета (*при передаче данных*)
measurement ~ 1. единица измерения 2. измерительная установка; измерительное устройство
medium attachment ~ 1. блок подключения к среде (*передачи данных*), блок (стандарта) MAU (*напр. приёмопередатчик*) 2. стандарт на блок подключения к среде (*передачи данных*), стандарт MAU
memory ~ запоминающее устройство, ЗУ
memory management ~ блок [устройство] управления памятью
microcontrol ~ *вчт* микроконтроллер
microprocessing [microprocessor] ~ микропроцессор
microprocessor control ~ микропроцессорное устройство управления
microprocessor-controlled ~ устройство с микропроцессорным управлением
microprogrammed ~ устройство с микропрограммным управлением
MKS ~s единицы системы МКС
mobile TV ~ передвижная телевизионная станция, ПТС
modular ~ модуль
motor ~ *биол.* мотонейрон с мышечным волокном (*иннервируемым аксоном мотонейрона*)
movable-head disk ~ *вчт* (пакетированный) магнитный диск с подвижными магнитными головками
multiple ~ сложный нейрон
multiplier ~ блок умножения
multiply/accumulate ~ блок умножения/накопления
multipoint control ~ 1. устройство управления многостанционным доступом 2. *вчт* управляющий концентратор
multistation access ~ устройство многостанционного доступа
near-eye ~ микродисплей (*монтируемый, напр. на стяжке головных телефонов*)
nerve ~ нейрон
network interface ~ блок сетевого интерфейса
neural-like ~ нейроподобный элемент; искусственный нейрон
neuromotor ~ мотонейрон
numeric processing ~ математический сопроцессор
observation ~ единица наблюдения
off-line ~ автономное устройство
on-line ~ устройство, работающее в реальном масштабе времени
orderwire ~ аппаратура служебного канала
output ~ 1. выходной блок 2. *вчт* устройство вывода
paged memory management ~ блок управления страничной памятью

parallel arithmetic ~ арифметическое устройство параллельного действия
perceptual ~ воспринимаемая единица (письменной *или* устной) речи
peripheral ~ периферийное устройство
peripheral interface ~ периферийный интерфейс
peripheral processing ~ периферийный процессор
permanent storage ~ постоянное запоминающее устройство, ПЗУ
piezoelectric-crystal ~ пьезоэлектрический резонатор
pluggable [plug-in] ~ съёмный [сменный] блок
processing ~ процессор
processor ~ процессор
producer's desk ~ *тлв* режиссёрский пульт
program-control ~ блок программного управления
protected data ~ 1. защищённый элемент данных 2. защищённый блок данных
protocol data ~ 1. протокольный модуль данных 2. пакет данных (*в терминологии OSI*)
prototype ~ (опытный) образец; (экспериментальная) модель; макет
quartz-crystal ~ кварцевый резонатор
radio channel ~ блок радиоканала
random-access storage ~ оперативное ЗУ, ОЗУ
reader ~ блок считывания
read-write ~ блок записи — считывания
receptor ~ *биол.* рецептор
recording ~ блок записи
register, arithmetic and logic ~ регистр и арифметико-логическое устройство (*основные части микропроцессора*)
reproducing ~ воспроизводящее устройство
reserve ~ резервный блок
resistor-capacitor ~ резисторно-конденсаторный модуль
response ~ выходной нейрон
reverberation ~ ревербератор (*в акустических системах*)
sample ~ статистическая единица, элемент выборки
sampling ~ статистическая единица, элемент выборки
satellite delay compensation ~ (наземная) станция компенсации задержки (сигнала) при спутниковой связи
secure access ~ устройство защиты от несанкционированного доступа
secure telephone ~ телефонный аппарат с системой защиты информации
self-contained ~ автономный блок
semantic ~ семантическая единица
sensory ~ сенсорный [входной] нейрон
serial arithmetic ~ арифметическое устройство последовательного действия
service ~ аппаратура служебного канала
service protocol ~ блок протокола обслуживания
shaker ~ вибростенд
SI ~s единицы Международной системы единиц, единицы СИ
six-head tape-loop echo-reverberation ~ шестиголовочное устройство для создания (искусственного) эха и реверберации на петле магнитной ленты
slide ~ приставка для сканирования диапозитивов (*в сканерах*)
spare ~ запасной блок; резервный блок
standby ~ резервный блок

543

unit

start ~ стартовая посылка
stop ~ стоповая посылка
storage ~ запоминающее устройство, ЗУ
summing ~ блок суммирования
system processing ~ системный процессор
tape ~ магнитофон
telecine ~ *тлв* телекинопроектор; телекинодатчик
terminal ~ 1. оконечная аппаратура (*линии связи*) 2. *вчт* терминал
terminal-control ~ устройство управления терминалами
terminal-interchange ~ устройство сопряжения с терминалами
time-base ~ *тлв* блок развёртки
time processor ~ процессор обработки времени
timing ~ блок синхронизации; блок формирования тактовых импульсов
traffic ~ единица измерения интенсивности трафика
translation ~ *вчт* единица трансляции
transmission control ~ блок управления передачей
trichromatic ~ единичный цвет
tuning ~ настроечное устройство; орган настройки
turntable ~ проигрыватель (*грампластинок*)
ultimate sampling ~ элементарная статистическая единица, конечный элемент выборки
visual display ~ дисплей; монитор
voice-response ~ *вчт* блок голосового [речевого] ответа
volume ~ единица измерения уровня громкости
winning ~ нейрон-победитель (*в нейронной сети*)
wire-stripping ~ устройство для зачистки проводов с изоляцией
word-processing ~ текстовый процессор
writing ~ блок записи

unitage определение единицы измерений
unitary 1. единичный 2. унитарный
unituning с одноручечной настройкой
unity 1. единица (*1. число 1, наименьшее положительное целое число 2. единичный элемент множества*) || единичный 2. единство

complex ~ комплексная единица (*комплексное число с единичным модулем*)
imaginary ~ мнимая единица, число i
left ~ левая единица
right ~ правая единица
two-sided ~ двусторонняя единица

univalent одновалентный
univariate одномерный
universal 1. общее высказывание; общее суждение (*в логике*) 2. общее понятие, универсалия 3. общность 4. универсальный; общий; всеобщий; глобальный 5. всемирный, глобальный; мировой 6. универсальное сочленение; универсальный шарнир

language ~ общность языков

universalism универсализм
universalist универсал
universality универсальность

metric ~ метрическая универсальность

universalization универсализация
universalize универсализировать
universe 1. Вселенная 2. мир; космос 3. универсальный класс (*в логике*), *проф.* универсум; универ-

сальное множество 4. совокупность; генеральная совокупность ◊ **of discourse** универсальный класс
closed ~ замкнутая Вселенная; модель замкнутой Вселенной
expanding ~ расширяющаяся Вселенная; модель расширяющейся Вселенной
finite ~ конечная совокупность
infinite ~ бесконечная совокупность
open ~ открытая Вселенная; модель открытой Вселенной
ordered ~ упорядоченная совокупность
parent ~ генеральная совокупность

univibrator одновибратор, ждущий [моностабильный] мультивибратор
univocal однозначный
UNIX *вчт* операционная система UNIX

AT&T ~ операционная система AT&T UNIX, разработанная корпорацией AT&T реализация операционной системы UNIX
Berkeley ~ операционная система BSD UNIX, свободно распространяемая университетом Беркли многоплатформенная реализация операционной системы UNIX
BSD ~ операционная система BSD UNIX, свободно распространяемая университетом Беркли многоплатформенная реализация операционной системы UNIX
Linus ~ операционная система Linux, свободно распространяемая многоплатформенная реализация операционной системы UNIX (*координатор разработки - финский программист Linus Torvalds*)

unknown 1. *вчт* неизвестная (*величина*) 2. неизвестный объект *или* субъект; неизвестное; неизвестность || неизвестный
unlicensed 1. нелицензионный; несертифицированный; не имеющий лицензии 2. несанкционированный; запрещённый
unlimited неограниченный; безграничный; беспредельный
unlisted отсутствующий (*напр. в списке*)
unload *вчт* разгрузка || разгружать
unlock 1. деблокировать; освобождать(ся) 2. отпирать(ся) ◊ *вчт* ~ **door** отпирать дверцу (*дисковода*); разрешать смену носителя
unlocking 1. деблокировка; освобождение 2. отпирание
unmanned необслуживаемый; не требующий присутствия человека; автоматический
unmount 1. демонтаж; разборка || демонтировать; разбирать 2. *вчт* удаление (*аппаратных средств из компьютера*); отключение (*аппаратных средств от компьютера*) || удалять (*аппаратные средства из компьютера*); отключать (*аппаратные средства от компьютера*) 3. *вчт* удаление дискеты из дисковода || удалять дискету из дисковода 4. уменьшать; ослаблять
unnumbered 1. ненумерованный 2. несчётный (*о множестве*)
unobservable ненаблюдаемая переменная || ненаблюдаемый
unobvious неочевидный
unobviousness неочевидность (*напр. предполагаемого изобретения*)

invention ~ неочевидность (*предполагаемого*) изобретения

unoccupied незанятый; свободный (*напр. энергетический уровень*)

unpack 1. распаковка (*1. распаковывание, процесс распаковки; извлечение из упаковки 2. разуплотнение данных 3. восстановление исходного состояния сжатого файла, проф. раскрутка сжатого файла; разархивирование, извлечение файлов из архива, раскрытие архива*) 2. распаковывать (*1. производить распаковку; извлекать из упаковки 2. разуплотнять данные 3. восстанавливать исходное состояние сжатого файла, проф. раскручивать сжатый файл; разархивировать файлы, извлекать файлы из архива, раскрывать архив*) 3. распакованный (*1. извлечённый из упаковки 2. разуплотнённый (о данных) 3. восстановленный в исходном состоянии, проф. раскрученный (о сжатом файле); разархивированный, извлечённый из архива (о файле); раскрытый (об архиве*)) 4. распаковываться; разуплотняться 5. разгруппирование ‖ разгруппировать(ся)

unpacked 1. распакованный (*1. извлечённый из упаковки 2. разуплотнённый (о данных) 3. восстановленный в исходном состоянии, проф. раскрученный (о сжатом файле); разархивированный, извлечённый из архива (о файле); раскрытый (об архиве*)) 2. разгруппированный

unpacking 1. распаковка (*1. распаковывание, процесс распаковки; извлечение из упаковки 2. разуплотнение данных 3. восстановление исходного состояния сжатого файла, проф. раскрутка сжатого файла; разархивирование, извлечение файлов из архива, раскрытие архива*) 2. распаковывающийся; разуплотняющийся 3. разгруппирование ‖ разгруппирующийся

unpaged не имеющий нумерации страниц, с непронумерованными страницами (*о печатном издании*)

unplug 1. вынимать вилку (*из розетки*); вытаскивать штепсель *или* штекер 2. разъединять(ся); отключать (*напр. телефонный аппарат*) 3. удалять предохранительный язычок *или* упор (*для блокировки записи на видео- или компакт-кассету*)

unpredictability непредсказуемость; непрогнозируемость

   execution-time ~ непредсказуемость времени счёта *или* времени выполнения (*напр. программы*)

unpredictable непредсказуемый; непрогнозируемый

unprofessional непрофессионал; любитель ‖ непрофессиональный; любительский

unqualified неквалифицированный (*1. не соответствующий определенным требованиям; не имеющий определённого уровня или определённого качества 2. неподготовленный; не пригодный для определённой деятельности 3. не имеющий ограничений*)

unreadable нечитаемый; неразборчивый; не поддающийся расшифровке

unrealizable нереализуемый

unreel сматывать(ся) с катушки *или* бобины

unreliability 1. ненадёжность 2. недостоверность

unreliable 1. ненадёжный 2. недостоверный

unrestricted неограниченный, не имеющий ограничений, без ограничений

unriddle 1. решать проблему 2. разгадывать загадку (*в компьютерных играх*)

unsampling восстановление аналогового сигнала по выборке *или* дискретным отсчётам

unsatisfactory неудовлетворительный

unsaturated ненасыщенный

unscientific ненаучный

unscramble дескремблировать

unscrambling дескремблирование

unscrew выворачивать(ся), вывинчивать(ся); отворачивать(ся); отвинчивать(ся)

unsearchable недоступный (*для исследования*)

unsectored несекторированный

unserviceable необслуживаемый

unset *вчт* 1. установка в состояние «0» ‖ устанавливать в состояние «0» 2. отмена задания *или* назначения ‖ отменять задание *или* назначение

unshift *тлг* перевод на буквенный регистр (*в буквопечатающем аппарате*)

unshuffle *вчт* обратное перемешивание; обратное перемещение; обратная перестановка ‖ перемещать или переставлять обратно

   perfect ~ идеальное обратное перемешивание

unsqueeze *вчт* распаковка ‖ распаковывать

unsqueezing *вчт* распаковка

unsolvability неразрешимость (*напр. проблемы*)

unsolvable неразрешимый

unstable 1. неустойчивый 2. нестабильный 3. подвижный; нестационарный 4. нестойкий

unsteadiness неустойчивость

   ~ **of image** *тлв* неустойчивость изображения

   frame ~ неустойчивость кадра

unsteady делать неустойчивым ‖ неустойчивый

untitled безымянный, не имеющий имени (*имя рабочего файла по умолчанию*)

untunable ненастраиваемый; неперестраиваемый 2. нерегулируемый

untuned 1. ненастроенный; расстроенный 2. ненастраиваемый; неперестраиваемый 3. нерезонансный (*напр. о контуре*) 4. неналаженный; не приведенный в рабочее состояние; неотрегулированный

unused неиспользуемый

unwind 1. разматывать(ся); сматывать(ся) 2. *вчт* раскрывать (*цикл*) 3. *вчт* раскручивать (*стек*)

unwinding 1. разматывание; сматывание 2. *вчт* раскрытие (*цикл*) 3. *вчт* раскрутка (*стека*)

   stack ~ раскрутка стека

unwrap 1. размотка; разматывание (*напр. ленты*) ‖ разматывать (*напр. ленту*) 2. раскрутка ‖ раскручивать 3. развёртка; развёртывание ‖ развёртывать 4. *вчт* отсутствие обтекания (*напр. рисунка текстом*) ‖ не обтекать; не использовать обтекание (*напр. рисунка текстом*) 5. *вчт* отсутствие перемещения символов на следующую экранную строку (*при достижении правого края рабочего поля экрана*), набор строк символов с выходом за правый край рабочего поля экрана, *проф.* разворачивание строк ‖ не использовать перемещение символов на следующую экранную строку (*при достижении правого края рабочего поля экрана*), набирать строки символов с выходом за правый край рабочего поля экрана, *проф.* разворачивать строки

unwrapping 1. размотка; разматывание (*напр. ленты*) 2. раскрутка 3. развёртка; развёртывание ‖ развёртывать 4. *вчт* отсутствие обтекания (*напр. рисун-*

ка текстом) **5.** *вчт* отсутствие перемещения символов на следующую экранную строку (*при достижении правого края рабочего поля экрана*), набор строк символов с выходом за правый край рабочего поля экрана, *проф.* разворачивание строк
   phase ~ развёртывание фазы

unzip 1. программа unzip, утилита распаковки архивов типа zip для операционной системы MS-DOS || распаковывать архив типа zip **2.** распаковывать архив (*любого типа*); разуплотнять данные

unzipping 1. распаковка архива (*любого типа*); разуплотнение данных **2.** *фтт* последовательный процесс отрыва дислокаций от центров закрепления, *проф.* анзипинг

up 1. рабочее состояние || работающий, функционирующий; исправный **2.** *вчт* операция занятия; поднятие (*семафора*)

up-and-running находящийся во включённом состоянии и нормально функционирующий (*напр. о приборе*)

up-beam 1. излучать в восходящем направлении **2.** восходящий радиолуч

up-chirp возрастание частоты по линейному закону

up-conversion преобразование с повышением частоты

up-converter 1. преобразователь с повышением частоты, повышающий преобразователь **2.** светодиод (*видимого свечения*) с ИК-возбуждением
   difference-frequency ~ повышающий преобразователь с выходом на разностной частоте
   double-sideband ~ двухполосный повышающий преобразователь
   four-frequency ~ трёхчастотный повышающий преобразователь
   inverting ~ обращающий преобразователь с повышением частоты
   lower-sideband ~ повышающий преобразователь с выходом на разностной частоте
   noninverting ~ необращающий преобразователь с повышением частоты
   nonsinusoidally pumped ~ повышающий преобразователь с несинусоидальной накачкой
   parametric ~ параметрический преобразователь с повышением частоты, повышающий параметрический преобразователь
   regenerative ~ регенеративный повышающий преобразователь
   sinusoidally pumped ~ повышающий преобразователь с синусоидальной накачкой
   sum-frequency ~ повышающий преобразователь с выходом на суммарной частоте
   unidirectional [unilateral] ~ однонаправленный повышающий преобразователь
   upper-sideband ~ повышающий преобразователь с выходом на суммарной частоте
   varactor ~ варакторный повышающий преобразователь

up-counter счётчик прямого действия

update 1. обновление; корректировка; исправление; модификация (*напр. данных*) || обновлять; корректировать; исправлять; модифицировать (*напр. данные*) **2.** данные, используемые для обновления, корректировки, исправления *или* модификации (*напр. программы*) **3.** обновлённая, скорректированная, исправленная *или* модифицированная версия (*напр. программы*) ◊ ~ **by copy** модификация с созданием новой версии; ~ **in situ** модификация без создания новой версии; исправление существующей версии
   bias ~ корректировка смещения (*напр. при обучении нейронных сетей*)
   Fletcher-Reeves ~ модификация метода сопряжённых градиентов, метод Флетчера — Ривса для определения сопряжённых направлений
   incremental ~ модифицированная (с учётом текущей доработки) версия программы
   screen ~ обновление содержимого экрана
   weight ~ корректировка веса (*напр. при обучении нейронных сетей*)

updating обновление; корректировка; исправление; модификация (*напр. данных*)
   ~ **of file** обновление файла
   display ~ обновление отображаемой информации

up-diffusion разгонка примеси (*вторая стадия двухстадийной диффузии*)

up-Doppler положительный доплеровский сдвиг частоты

upgradable модернизируемый; допускающий возможность усовершенствования (*о технических средствах*); *вчт* расширяемый, допускающий расширение функциональных возможностей (*напр. о компьютере*)
   field ~ допускающий возможность усовершенствования *или* расширения функциональных возможностей в процессе эксплуатации

upgrade 1. модернизация; усовершенствование; обновление (*технических средств*); *вчт* расширение функциональных возможностей (*напр. компьютера*) || модернизировать; усовершенствовать; обновлять (*технические средства*); *вчт* расширять функциональные возможности (*напр. компьютера*) **2.** подъём; увеличение || испытывающий подъём; увеличивающийся
   computer ~ модернизация компьютера
   processor ~ расширение функциональных возможностей процессора

upgrowth рост; развитие || расти; развиваться

upkeep 1. (техническое) обслуживание и (текущий) ремонт **2.** затраты на (техническое) обслуживание и (текущий) ремонт

uplink 1. линия связи Земля — ЛА **2.** *вчт* канал передачи данных в восходящем направлении

upload *вчт* загрузка (по линии связи в восходящем направлении) (*1. передача данных с малого компьютера на большой по запросу 2. передача данных из периферийного устройства на компьютер*) || загружать (по линии связи в восходящем направлении)

upper верхний

upper-case *вчт* верхний регистр; прописные буквы || печатать в верхнем регистре; печатать прописными буквами || верхнего регистра; прописной

upperscript верхний [надстрочный] индекс

uprange 1. расширять диапазон; увеличивать пределы измерений **2.** область (*Земли*) вдали от траектории полёта (*ЛА*)

upranging расширение диапазона; увеличение пределов измерений
   automatic ~ автоматическое переключение на дальний диапазон (*в радиодальномерах*)

upset 1. неполадки 2. опрокидывание || опрокидывать(ся)
  circuit ~ неполадки в схеме
upshot результат; итог; выход
upsilon ипсилон (*буква греческого алфавита*, Y, υ)
upstream в восходящем направлении (*о передаче данных*)
upstroke 1. *вчт* верхний выступающий элемент (*литеры*) 2. верхний ход (*напр. поршня*)
upsurge выброс; всплеск || давать выброс *или* всплеск (*напр. излучения*)
upswing 1. интервал нарастания (*периодической функции*) || периодически нарастать 2. подъём; рост; увеличение || испытывать подъём; возрастать; увеличивать(ся)
uptime время безотказной работы; время работы без сбоев
  average ~ среднее время безотказной работы; среднее время работы без сбоев
up-to-date 1. современный; новейший; передовой 2. текущий; относящийся к данному моменту времени; оперативный
up-to-dateness 1. соответствие современным требованиям; новизна 2. текущее состояние; оперативные данные
upward направленный *или* движущийся вверх; возрастающий
upweighting повышающее взвешивание
uranography уранография (*раздел астрономии*)
URL единообразный определитель местоположения ресурса, указатель URL
  destination ~ указатель URL для места назначения
  referral ~ ссылочный указатель URL
  source ~ указатель URL для источника
usability 1. удобство использования; эргономичность; практичность 2. возможность использования; применимость
usable 1. удобный для использования; эргономичный; практичный 2. допускающий возможность использования; применимый
usage 1. применение; использование; употребление; эксплуатация 2. коэффициент использования; коэффициент загрузки, загрузка 3. способ применения, использования *или* употребления 4. словоупотребление
  bandwidth ~ коэффициент использования ширины полосы частот
  long-term ~ продолжительная эксплуатация
  resource ~ коэффициент загрузки ресурса, загрузка ресурса
  short-term ~ кратковременная эксплуатация
use 1. применение; использование; употребление || применять; использовать; употреблять 2. возможность *или* право использования 3. польза
  fair ~ санкция на изготовление ограниченного числа копий защищённого авторским правом материала
  unauthorized ~ несанкционированное использование
used 1. применяемый; используемый; употребляемый 2. отработанный; использованный
  least frequently ~ 1. алгоритм замещения блока данных с наименьшей частотой обращений (*напр. в кэше*), алгоритм LFU 2. с наименьшей частотой обращений (*напр. о блоке данных в кэше*)
  least recently ~ 1. алгоритм замещения блока данных с наиболее длительным отсутствием обращений (*напр. в кэше*), алгоритм LRU 2. с наиболее длительным отсутствием обращений (*напр. о блоке данных в кэше*)
Usenet система Usenet, некоммерческая группа сетей, хостов и компьютеров для обмена новостями
user 1. потребитель; *тлв, тлф* абонент 2. *вчт* пользователь 3. *вчт* имя пользователя 4. *вчт* конечный пользователь
  ~ **of abstract** *вчт* пользователь абстракции (*о модуле программы*)
  active ~ текущий пользователь
  authorized ~ зарегистрированный пользователь
  common ~ 1. абонент каналов общего пользования 2. стандартный пользователь
  concurrent ~s параллельные пользователи
  end ~ конечный пользователь
  existing ~ существующий пользователь
  expert ~ квалифицированный пользователь
  extension ~ абонент с добавочным номером
  first-time ~ *вчт* начинающий пользователь, новичок
  government ~ абонент правительственной связи
  high-priority ~ пользователь с высоким приоритетом
  hotline ~ абонент линии прямого вызова
  low-priority ~ пользователь с низким приоритетом
  naïve ~ *вчт* неопытный [неподготовленный] пользователь, *проф.* наивный пользователь
  new ~ новый пользователь
  nonexpert ~ неквалифицированный пользователь
  North American ISDN ~s Ассоциация пользователей Североамериканской сети (стандарта) ISDN
  novice ~ *вчт* начинающий пользователь, новичок
  over-the-counter ~ *вчт* пользователь с непосредственным доступом
  power ~ квалифицированный пользователь
  privileged ~ привилегированный пользователь
  real ~ *вчт* 1. стандартный пользователь 2. пользователь, оплачивающий услуги сети 3. пользователь, обращающийся к ресурсам сети в связи с профессиональной деятельностью, для образования, для повышения культурного уровня и пр.
  remote ~ удалённый пользователь
  scheduled ~ 1. зарегистрированный пользователь 2. пользователь, работающий по графику
  super-~ *вчт* суперпользователь, пользователь с полным доступом к основным ресурсам системы
  supervisor ~ привилегированный пользователь
  telephone ~ абонент телефонной сети
  ultimate ~ конечный пользователь
  unique ~ *вчт* уникальный пользователь
user-definable *вчт* 1. определяемый пользователем; пользовательский 2. программируемый пользователем
user-defined *вчт* определённый пользователем; пользовательский
user-friendly *вчт проф.* дружественный пользователю (*напр. об интерфейсе*)
username *вчт* имя пользователя
user-obsequious *вчт проф.* чрезмерно дружественный пользователю (*напр. об интерфейсе*)
user-oriented *вчт* ориентированный на пользователя
user-programmable *вчт* программируемый пользователем

user-serviceable *вчт* обслуживаемый пользователем; пользовательский

user-specified *вчт* определяемый пользователем; задаваемый пользователем

user-unfriendly *вчт проф.* недружественный пользователю (*напр. об интерфейсе*)

utilit/y 1. полезность; пригодность || полезный; пригодный **2.** полезный *или* пригодный для практической деятельности предмет **3.** коммунальные и транспортные услуги **4.** служба (*совокупность учреждений, организаций и технических средств, обеспечивающих постоянное функционирование специализированных систем, их обслуживание и предоставление соответствующих услуг*) **5.** сервис; услуги; обслуживание *вчт* утилита, служебная [сервисная] программа **6.** многофункциональный; специальный

 backup ~ утилита для создания резервных копий; утилита резервного копирования

 compression ~ **1.** утилита сжатия [уплотнения] данных **2.** архиватор

 computer ~ утилита, служебная [сервисная] программа

 document comparison ~ утилита сравнения документов

 expected ~ ожидаемая полезность

 file compression ~ утилита сжатия [уплотнения] файлов

 file conversion ~ утилита преобразования файлов

 file recovery ~ утилита восстановления (*удалённых*) файлов

 file transfer ~ утилита (*межплатформенной*) передачи файлов

 font downloading ~ утилита загрузки шрифтов, загрузчик шрифтов (*с жёсткого диска компьютера в память принтера*)

 information ~ информационная служба

 interactive chart ~ утилита ICU, интерактивная программа для работы с двумерной графикой (*часть программы PGF для мейнфреймов компании IBM*)

 invention ~ полезность изобретения

 Norton ~ies утилиты Нортона, пакет служебных [сервисных] программ NU (*для оболочки DOS Norton Commander и операционных систем Windows*)

 rational ~ рациональная полезность

 removable drive remapping ~ утилита переназначения буквенных обозначений съёмных дисков

 table ~ утилита для создания и заполнения таблиц

 undelete ~ утилита восстановления (*удалённых файлов и каталогов*)

 unformat ~ утилита восстановления данных после форматирования

utilizable 1. используемый, пригодный для использования; применимый; годный к употреблению **2.** утилизируемый

utilization 1. использование; применение; употребление **2.** утилизация

 CPU ~ *вчт* коэффициент загрузки центрального процессора

 transponder ~ коэффициент использования ретранслятора

utilize 1. использовать; применять; употреблять **2.** утилизировать

utricle перепончатый мешочек внутреннего лабиринта (*внутреннего уха*)

utter произносить

utterance 1. произнесение; звуковая реализация речи **2.** произнесённая фраза **3.** произношение

uudecode программа *или* алгоритм преобразования полученного текстового файла формата «uudecode/uuencode» в исходный файл в стандарте MIME, программа *или* алгоритм uudecode

uuencode программа *или* алгоритм преобразования передаваемого исходного файла в текстовый файл формата «uudecode/uuencode» в стандарте MIME, программа *или* алгоритм uuencode

uvaser лазер ультрафиолетового [УФ-]диапазона, УФ-лазер

uvea средняя оболочка (*глаза*)

uvicon *тлв* увикон, секон с фотокатодом, чувствительным к УФ-излучению

V

V 1. V-образный объект || V-образный **2.** *тлв* (цветоразностный) сигнал V (*в системе НТСЦ*) **3.** (допустимое) буквенное обозначение *i*-го ($2 \leq i \leq 26$) логического диска, съёмного устройства памяти *или* компакт-диска (*в IBM-совместимых компьютерах*)

 Cramer's ~ V Крамера (*мера связи между переменными строк и столбцов таблицы сопряжённости признаков*)

v V-образный объект || V-образный

 inverted ~ *рлк* отметка в виде дужки (*на экране индикатора*)

V.8 рекомендации МСЭ на процедуру согласования параметров при установлении соединения между модемами, протокол V.8

V.17 рекомендации МСЭ по реализации модемной связи для передачи факсимильных данных со скоростью 1,4 Кбит/с, протокол V.17

V.21 рекомендации МСЭ по реализации дуплексной модемной связи с частотной модуляцией и частотным разделением каналов со скоростью 300 бит/с, протокол V.21

V.22 рекомендации МСЭ по реализации дуплексной модемной связи с двукратной относительной фазовой модуляцией и частотным разделением каналов со скоростью 1,2 Кбит/с, протокол V.22

V.22bis рекомендации МСЭ по реализации дуплексной модемной связи с квадратурной амплитудной модуляцией и частотным разделением каналов со скоростью 2,4 Кбит/с, протокол V.22bis

V.23 рекомендации МСЭ по реализации полудуплексной модемной связи с частотной модуляцией и частотным разделением каналов со скоростью 1,2 Кбит/с, протокол V.23

V.24 рекомендации МСЭ по реализации интерфейса между модемом и оконечными устройствами, протокол V.24

V.25bis рекомендации МСЭ по реализации управления модемом без использования АТ–команд в синхронном и асинхронном режиме, протокол V.25bis

V.26 рекомендации МСЭ по реализации полудуплексной модемной связи с двукратной относительной фазовой модуляцией и частотным разделением каналов со скоростью 2,4 Кбит/с, протокол V.26

V.26bis рекомендации МСЭ по реализации дуплексной модемной связи с двукратной относительной фазовой модуляцией и частотным разделением каналов со скоростью 2,4 Кбит/с, протокол V.26bis

V.27 рекомендации МСЭ по реализации дуплексной модемной связи с трёхкратной относительной фазовой модуляцией и частотным разделением каналов со скоростью 2,4 Кбит/с, протокол V.27

V.27ter рекомендации МСЭ по реализации полудуплексной модемной связи с трёхкратной относительной фазовой модуляцией и частотным разделением каналов со скоростью 4,8 Кбит/с, протокол V.27ter

V.29 рекомендации МСЭ по реализации дуплексной (*по четырёхпроводному выделенному каналу*) или полудуплексной (*по коммутируемому или двухпроводному выделенному каналу*) модемной связи с 16-позиционной квадратурной амплитудной модуляцией и частотным разделением каналов со скоростью 9,6 Кбит/с, протокол V.29

V.32 рекомендации МСЭ по реализации дуплексной (*по коммутируемому или двухпроводному выделенному каналу*) модемной связи с 16-позиционной амплитудно-фазовой модуляцией и частотным разделением каналов со скоростями 2,4; 4,8 и 9,6 Кбит/с (*с исправлением ошибок и эхо-подавлением*), протокол V.32

V.32bis рекомендации МСЭ по реализации дуплексной (*по коммутируемому или двухпроводному выделенному каналу*) модемной связи с 128-позиционной квадратурной амплитудной модуляцией и частотным разделением каналов со скоростями 7,2; 9,6; 12,0 или 14,4 Кбит/с (*с исправлением ошибок, согласованием скоростей приёма-передачи и эхо-подавлением*), протокол V.32bis

V.32terbo совместимая с рекомендациями МСЭ V.32 и V.32bis спецификация фирмы AT&T для реализации дуплексной (*по коммутируемому или двухпроводному выделенному каналу*) модемной связи со скоростью 19,2 Кбит/с, протокол V.32terbo

V.33 рекомендации МСЭ по реализации дуплексной (*по четырёхпроводному выделенному каналу*) модемной связи с 128-позиционной амплитудно-фазовой модуляцией и частотным разделением каналов со скоростями до 14,4 Кбит/с, протокол V.33

V.34 рекомендации МСЭ по реализации дуплексной (*по коммутируемому или двухпроводному выделенному каналу*) модемной связи с 128-позиционной амплитудно-фазовой модуляцией и частотным разделением каналов со скоростями до 28,8 Кбит/с, протокол V.34, протокол V.fast

V.34+ рекомендации МСЭ по реализации дуплексной модемной связи со скоростями до 33,6 Кбит/с, протокол V.34+

V.34bis рекомендации МСЭ по реализации дуплексной модемной связи со скоростями до 33,6 Кбит/с, протокол V.34bis

V.35 рекомендации МСЭ по реализации интерфейса между оконечными устройствами и линейным драйвером со скоростью передачи до 64 Кбит/с, протокол V.35

V.42 рекомендации МСЭ по реализации функций сжатия данных и исправления ошибок при дуплексной модемной связи, протокол V.42

V.42bis рекомендации МСЭ по реализации функций эффективного (*превышение в 4 раза по сравнению с протоколом V.42*) сжатия данных и исправления ошибок при дуплексной модемной связи, протокол V.42bis

V.70 рекомендации МСЭ по реализации дуплексной модемной связи с одновременной передачей речевых сообщений, протокол V.70

V86 ~ *вчт* режим виртуального процессора 8086 (*в IBM-совместимых компьютерах*)

V.90 рекомендации МСЭ по реализации дуплексной модемной связи со скоростями до 56 Кбит/с, протокол V.90

V.91 рекомендации МСЭ по реализации дуплексной модемной связи по цифровым линиям со скоростями до 56 Кбит/с, протокол V.91

V.120 рекомендации МСЭ по реализации дуплексной модемной связи со скоростями до 64 Кбит/с, протокол V.120

vacancion *фтт* вакансион
  long-wave ~ длинноволновый вакансион

vacancy 1. вакансия 2. пробел, пропуск 3. пустота; пустое место; свободное пространство
  anion(ic) ~ анионная вакансия
  bound ~s связанные вакансии
  cation(ic) ~ катионная вакансия
  displaced ~ смещённая вакансия
  double ~ двойная вакансия
  electron ~ дырка, электронная вакансия
  frozen-in ~ вмороженная вакансия
  lattice ~ вакансия
  oxygen ~ кислородная вакансия
  shell ~ вакансия в оболочке
  surface ~ поверхностная вакансия

vacant пустой; свободный (*напр. энергетический уровень*); незаполненный

vaccinate *вчт* использовать антивирусную программу

vaccination *вчт* использование антивирусной программы

vaccine *вчт* антивирусная программа

vacua *pl* от **vacuum**

vacuum 1. вакуум ‖ вакуумный 2. (замкнутое) пространство с пониженным (*по сравнению с атмосферным*) давлением 3. пустота; пустое место; свободное пространство 4. пылесос ‖ использовать пылесос
  backing ~ предварительный вакуум, *проф.* форвакуум
  continuous ~ непрерывно поддерживаемый вакуум
  extreme high ~ крайне высокий вакуум
  first ~ предварительный вакуум, *проф.* форвакуум
  high ~ высокий вакуум
  initial ~ предварительный вакуум, *проф.* форвакуум
  low ~ низкий вакуум

vacuum

  mathematical ~ математический вакуум
  medium ~ средний вакуум
  operating ~ рабочий вакуум
  partial ~ низкий вакуум
  perfect ~ абсолютный вакуум
  physical ~ физический вакуум
  rough ~ низкий вакуум
  ultimate ~ предельно достижимый вакуум
  ultrahigh ~ сверхвысокий вакуум
  working ~ рабочий вакуум
vademecum (справочное) руководство; справочник
valence, valency валентность
  absolute ~ высшая валентность
  anomalous ~ аномальная валентность
  chief ~ главная валентность
  covalent ~ ковалентная валентность
  delocalized ~ делокализованная валентность
  directional ~ направленная валентность
  electrostatic ~ ионная валентность, электровалентность, гетеровалентность
  free ~ свободная валентность
  group ~ групповая валентность
  ionic ~ ионная валентность, электровалентность, гетеровалентность
  mixed ~ смешанная валентность
  negative ~ отрицательная валентность
  normal ~ главная валентность
  positive ~ положительная валентность
valid *вчт* 1. допустимый; законный; справедливый; правильный 2. истинный; верный 3. обоснованный; достоверный 4. аттестованный 5. комплектный (*о наблюдении в математической статистике*) ◊ **to remain** ~ оставаться справедливым; сохранять силу
  ~ **in large samples** обоснованный для больших выборок
  asymptotically ~ асимптотически справедливый
  logically ~ логически обоснованный
  statistically ~ статистически обоснованный
  strongly ~ строго обоснованный
validate *вчт* 1. проверять данные, проверять правильность данных; проверять достоверность результатов 2. обосновывать; подтверждать достоверность 3. аттестовать 4. *проф.* производить валидацию (*в нейронной сети*)
validation *вчт* 1. проверка правильности данных; проверка достоверности результатов 2. обоснование; подтверждение достоверности 3. аттестация 4. *проф.* валидация (*метод оценки ошибки обобщения в нейронной сети*)
  cross- ~ 1. перекрёстная проверка (*напр. данных*) 2. кросс-валидация
  data ~ проверка правильности данных
  design ~ проверка правильности проектного решения
  experimental ~ экспериментальная проверка
  formal ~ формальное обоснование
  hold-out ~ валидация с расщеплением выборки
  k-fold cross- ~ k-кратная кросс-валидация
  leave-v-out cross- ~ кросс-валидация с пропуском всех возможных подмножеств v наблюдений
  model ~ проверка на модели
  split-sample ~ валидация с расщеплением выборки
validator *вчт* программа проверки правильности данных; программа проверки достоверности результатов

code ~ программа проверки правильности кода
validity 1. *вчт* допустимость; законность; справедливость; правильность 2. истинность; верность 3. обоснованность; достоверность 4. соответствие результатов измерения измеряемым величинам, *проф.* валидность
  data ~ достоверность данных
  deductive ~ дедуктивная справедливость
  ecological ~ экологическая валидность
  experimental ~ 1. экспериментальная обоснованность 2. соответствие результатов измерения измеряемым величинам, *проф.* валидность
  external ~ внешняя валидность, допустимость обобщения результатов лабораторных экспериментов на природные явления
  finite ~ финитная справедливость
  functional ~ функциональная валидность (*восприятия*)
  general ~ общая справедливость, *проф.* общезначимость
  inductive ~ индуктивная справедливость
  logical ~ логическая обоснованность
  statistical ~ статистическая достоверность
  theoretical ~ теоретическая обоснованность
Valley:
  Silicon ~ Кремниевая долина (*место сосредоточения предприятий полупроводниковой индустрии в Санта-Клара Вэлли (Калифорния, США)*)
valley 1. *пп* долина 2. *микр.* канавка; углубление 3. окрестность минимума (*функции*); впадина, провал (*на кривой*) 4. впадина (*точка минимума тока на характеристике туннельного или двухбазового диода*)
  circular ~ круговая впадина
  conduction-band ~ долина зоны проводимости
  Gaussian ~ гауссов провал
  heavy-mass ~ долина с большой эффективной массой (*носителей*)
  high-mobility ~ долина с высокой подвижностью (*носителей*)
  light-mass ~ долина с малой эффективной массой (*носителей*)
  lower ~ нижняя долина
  low-mobility ~ долина с низкой подвижностью (*носителей*)
  outer ~ боковая долина
  pulse ~ провал на вершине импульса
  satellite ~ боковая долина
  upper ~ верхняя долина
valuation 1. определение величины; определение (численного) значения 2. оценка; оценивание
valuator *вчт* инструмент для ввода численных значений
value 1. величина; (численное) значение (*величины или функции в заданной точке*) || определять величину; определять (численное) значение 2. оценка || оценивать 3. стоимость; цена 4. ценность; значимость 5. смысл; значение 6. фонетический эквивалент буквы *или* ряда букв ◊ **to assign** ~ приписывать значение; **to improve** ~ уточнять значение
  ~ **of argument** значение аргумента
  ~ **of band gap** ширина запрещённой (энергетической) зоны
  ~ **of expression** значение выражения

value

~ **of function** значение функции
~ **of information** ценность информации
~ **of variable** значение переменной
absolute ~ *вчт* абсолютная величина, модуль
actual ~ фактическое значение
alternating quantity rectified ~ среднее значение модуля периодической величины
anomalous ~ аномальное значение; аномалия
approximate ~ приближённое значение
arbitrary ~ произвольное значение
arithmetic mean ~ арифметическое среднее
asymptotic ~ асимптотическое значение
augmented 2-reps ~ число расширенных двукратных повторений
average ~ среднее (значение)
bifurcation ~ бифуркационное значение (*напр. параметра*)
bogey ~ среднее *или* типовое значение (*параметра*)
Boolean ~ булево значение; логическое значение (*в двузначной логике*)
calculated ~ расчётное значение
calibrated ~ калиброванное значение
certified ~ паспортное значение (*параметра*)
characteristic ~ характеристическое [собственное] значение
color ~ светлота
complex ~ комплексное значение
component ~ значение параметра компонента
conditional mean ~ условное среднее
cookie ~s *вчт* данные типа «cookie»
corrected ~ откорректированное значение; исправленное значение
crest ~ максимальное значение, амплитуда
critical ~ критическое значение
current ~ текущее значение
data ~ значение данных
default ~s **of parameters** *вчт* значения параметров по умолчанию
digital sum ~ величина числовой суммы (*разность между числом разрядов высокого и низкого уровня при EFM-кодировании*)
discrete ~ дискретное значение
drop-out ~ параметр отпускания (*реле*)
effective ~ действующее значение
eigen ~ собственное [характеристическое] значение
end scale ~ конечное значение шкалы (*измерительного прибора*)
ensemble average ~ среднее по ансамблю
equilibrium ~ равновесное значение
estimated ~ оценённое значение, оценка; расчётное значение
exact ~ точное значение
expected ~ ожидаемое значение
experimental ~ экспериментальное значение
extrapolated ~ экстраполированное значение
extremal [extreme] ~ экстремальное значение, экстремум
finite ~ конечное значение
fitted ~ аппроксимированное значение; значение приближающей *или* интерполирующей функции; экстраполированное значение
fixed ~ фиксированное значение
full-scale ~ верхний предел измерений (*измерительного прибора*)

g-~ g-фактор, фактор магнитного расщепления, множитель Ланде
geometric mean ~ геометрическое среднее
given ~ заданное значение
gray ~ *вчт, тлв* уровень серого; яркость (*ахроматического изображения*)
guess ~ предполагаемое значение
hack~ *вчт проф.* **1.** хакерский трюк; красивый, но бесполезный приём **2.** эстетическая оценка хакерского трюка
harmonic mean ~ гармоническое среднее
hash ~ хэш, хэш-блок, хэш-значение
holding ~ параметр удержания (*реле*)
hyperparameter ~ значение гиперпараметра
imaginary ~ мнимое значение
improper ~ несобственное значение
initial ~ **1.** начальное значение **2.** затравочное значение
initializing ~ затравочное значение
instantaneous ~ мгновенное значение
integer ~ целочисленная величина; целочисленное значение
inverse ~ обратная величина
item ~ значение элемента (данных)
least-squares ~ значение, определённое методом наименьших квадратов
lexicographic ~ лексикографическое значение
limit ~ предельное значение
linguistic ~ лингвистическое значение
logic ~ логическое значение
lower-range ~ нижний предел измерений (*измерительного прибора*)
maximal [maximum] ~ максимальное значение, максимум
maximum-scale ~ верхний предел измерений (*измерительного прибора*)
mean ~ среднее (значение)
mean-square ~ среднеквадратическое значение
measured ~ измеренное значение
median ~ медиана
minimal [minimum] ~ минимальное значение, минимум
minimum-scale ~ нижний предел измерений (*измерительного прибора*)
missing ~ пропущенное значение
Munsell ~ светлота по Манселлу
nearest ~ ближайшее значение
normalized ~ нормированное значение
null ~ *вчт* пустое значение; пустое поле
numerical ~ численное значение
observed ~ наблюдённое значение (*в математической статистике*); наблюдаемое значение (*напр. в эксперименте*)
one-sigma ~ среднеквадратическое отклонение
open-circuit ~s параметры (в режиме) холостого хода
operating ~ параметр срабатывания (*реле*)
p-~ наблюдённая значимость, p-значение (*в математической статистике*)
parameter ~ значение параметра
peak ~ максимальное значение, амплитуда
peak-to-peak ~ размах; удвоенная амплитуда
permissible ~ допустимое значение
pickup ~ ток *или* напряжение срабатывания (*реле*)

value

place ~ позиционный весовой множитель (*цифры в позиционной системе счисления*)
population mean ~ генеральное среднее
predicted ~ предсказанное значение
preferred ~s рекомендуемые номиналы
proper ~ собственное [характеристическое] значение
pull-in ~ ток *или* напряжение срабатывания (*реле*)
quantized ~ квантованное значение
quiescent ~ значение параметра в статическом режиме
rating ~ номинальное *или* предельно допустимое значение
real ~ 1. фактическое значение 2. вещественное [действительное] значение
reciprocal ~ обратная величина
rectified ~ **of alternating function** среднее значение модуля периодической функции
reduced ~ приведённое значение
resetting ~ параметр возврата (*реле*)
residual ~ остаточная стоимость
resultant ~ результирующее значение
retrieval status ~ значение статуса поиска и выборки, значение RSV
return ~ возвращаемое значение
revised ~ уточнённое значение
rms ~ *см.* **root-mean-square value**
root-mean-square ~ 1. среднеквадратическое значение. 2. действующее значение (*для переменного тока и напряжения*)
rounded(-off) ~ округлённое значение
sample ~ выборочное значение
sample mean ~ выборочное среднее
scale-division ~ цена деления шкалы
seed ~ *вчт* затравочная величина, затравочное значение
short-circuit ~s параметры (в режиме) короткого замыкания
significant ~ значимая величина
singular ~ сингулярное значение
soak ~ параметр насыщения (*реле*)
spectral tristimulus ~s ординаты кривых сложения; удельные координаты цвета
standardized ~ 1. стандартное значение 2. нормированное значение
starting ~ начальное значение
stationary ~ стационарное значение
statistic ~s статистические данные
steady-state ~ установившееся значение
successive ~s последовательные значения (*напр. измеряемой величины*)
table ~ табличное значение
target ~s целевые значения
terminal ~ окончательное значение
theoretical ~ теоретическое значение
threshold ~ пороговое значение
tonal ~ *тлв* градиент контраста
training ~s обучающие значения
tristimulus ~s цветовые координаты
true ~ истинное значение
truth ~ истинностное значение
typical ~ типичное значение
upper-range ~ верхний предел измерений (*измерительного прибора*)
weighted ~ взвешенное значение, взвешенная величина
weighted mean ~ взвешенное среднее
value-added относящийся к добавленной стоимости за (дополнительные услуги)
valve 1. (электронная) лампа; электронный прибор 2. *тлв* светоклапанная система 3. клапан; вентиль || снабжать клапаном *или* вентилем
acorn ~ лампа типа «жёлудь»
aligned-grid ~ лучевой тетрод
arc-discharge ~ лампа дугового разряда
beam-addressed light ~ светоклапанная система с адресацией луча
beam-power ~ лучевой тетрод
cholesteric-type light ~ светоклапанная система на холестерическом жидом кристалле
Eidophor oil-film light ~ *фирм.* светоклапанная система «Эйдофор» со светофильтром переменной плотности на масляной плёнке
electrochemical ~ электрохимический выпрямитель
electronic ~ электронная лампа; электронный прибор
electrooptic light ~ электрооптическая светоклапанная система
exchange-biased spin ~ *микр.* спиновый вентиль с обменным подмагничиванием
Fleming ~ диод
flux ~ феррозонд
laser-beam light ~ лазерная светоклапанная система
light ~ 1. светоклапанная система 2. оптический затвор
liquid-crystal light ~ жидкокристаллическая светоклапанная система
matrix addressed light ~ светоклапанная система с матричной адресацией
mixer ~ частотопреобразовательная лампа
multilayered spin ~ *микр.* многослойный спиновый вентиль
multiple ~ комбинированная лампа
nanostructured spin ~ *микр.* спиновый вентиль на наноструктуре
oil-control-layer light ~ светоклапанная система со светофильтром переменной плотности на масляной плёнке
rectifier ~ выпрямительная лампа
recyclable light ~ реверсивная светоклапанная система
reflex light ~ светоклапанная система отражательного типа
scattering-type light ~ светоклапанная система рассеивающего типа
single-gap mercury-arc ~ одноанодный ртутный вентиль
smectic-type light ~ светоклапанная система на смектическом жидком кристалле
spin ~ *микр.* спиновый вентиль
suspension light ~ светоклапанная система на суспензии
thermionic ~ лампа с термокатодом
van автофургон
mobile production ~ 1. передвижная телевизионная станция, ПТС 2. передвижная телевизионная станция видеозаписи, ПТСВ
outside broadcast ~ передвижная телевизионная станция, ПТС

television ~ передвижная телевизионная станция, ПТС
television reporting ~ передвижная репортажная телевизионная станция, ПРТС
vanadate ванадат
vane лопасть; лопатка; ребро; крыло
vanish стремиться к нулю; исчезать (*о величине*)
vapor пар ǁ испаряться
vaporization испарение
vaporize испарять(ся)
vaporous парообразный
vaporware 1. несуществующее [выдуманное] аппаратное *или* программное обеспечение 2. аппаратное *или* программное обеспечение, рекламируемое задолго до появления
var вар (*единица реактивной мощности*)
varactor варактор
   abrupt-junction ~ варактор с резким переходом
   charge-storage ~ варактор с накоплением заряда
   diffused ~ диффузионный варактор
   epitaxial ~ эпитаксиальный варактор
   formed ~ формованный варактор
   graded(-junction) ~ варактор с плавным переходом
   hyperabrupt ~ варактор со сверхрезким переходом
   junction ~ плоскостной варактор
   mesa-type ~ меза-варактор
   metal-insulator-semiconductor ~ варактор с МДП-структурой, МДП-варактор
   MIS ~ *см.* **metal-insulator-semiconductor varactor**
   planar ~ планарный варактор
   point-contact ~ точечный варактор
   pulse-alloyed ~ варактор, изготовленный методом импульсного сплавления
   silicon ~ кремниевый варактор
   snap-off ~ варактор с накоплением заряда
   step p-n junction ~ варактор с резким переходом
   surface ~ поверхностный варактор
variability 1. изменчивость; способность к изменению 2. варьируемость
variable 1. переменная (*1. аргумент или значение функции 2. символ аргумента или значения функции 3. объект компьютерной программы с именем и переменным значением 4. неопределённое имя предмета из выделенной предметной области (в логике*)) 2. (изменяемый) параметр; (изменяемая) величина 3. переменная звезда 4. переменный; изменяющийся; непостоянный ◊ **to drop a** ~ опускать переменную, не включать переменную в рассмотрение
   analog ~ аналоговая переменная
   apparent ~ связанная переменная
   array ~ массив
   artificial ~ искусственная переменная
   automatic ~ динамическая локальная переменная
   auxiliary ~ вспомогательная переменная
   binary ~ бинарная переменная
   Boolean ~ булева [логическая] переменная
   bound ~ связанная переменная
   broadcasted ~s *вчт* параметры, передаваемые для всех абонентов (*без персонификации*), для всего аппаратного *или* программного обеспечения (*вычислительной системы или сети*), *проф.* параметры с широковещательной передачей
   categorical ~ градационная переменная, описывающая категории объекта; фиктивная переменная; индикаторная переменная
   centered random ~ центрированная случайная величина
   class ~ *вчт* переменная класса
   cointegrated ~s коинтегрированные переменные
   compile-time ~ переменная периода трансляции
   complex ~ комплексная переменная
   concomitant ~ сопутствующая переменная
   constructed ~ сконструированная переменная
   continuous ~ непрерывная переменная
   control ~ управляющая переменная
   controllable [controlled] ~ управляемая переменная
   CRC ~ *см.* **cyclic redundancy check value**
   cyclic redundancy check ~ хэш-значение при контроле циклическим избыточным кодом, CRC-хэш
   decision ~ *вчт* переменная выбора
   dependent ~ зависимая переменная (*1. функция независимой переменной 2. эндогенная [объясняемая] переменная (в эконометрике), отклик, критериальная переменная (в математической статистике*))
   deterministic ~ детерминированная переменная
   dichotomic ~ дихотомическая переменная
   discrete ~ дискретная переменная
   discrete random ~ дискретная случайная переменная, дискретная случайная величина
   dummy ~ фиктивная переменная; индикаторная переменная
   endogenous ~ эндогенная [зависимая, объясняемая] переменная (*в эконометрике*)
   environment ~ *вчт* переменная окружения
   environmental ~s параметры окружающей среды
   excluded ~ исключенная переменная
   exogenous ~ экзогенная [независимая, объясняющая] переменная, регрессор (*в эконометрике*)
   explained ~ объясняемая [зависимая, эндогенная] переменная (*в эконометрике*)
   explanatory ~ объясняющая [независимая, экзогенная] переменная, регрессор (*в эконометрике*)
   fast ~ быстро изменяющаяся переменная, *проф.* быстрая переменная
   file ~ файловая переменная
   free ~ свободная переменная
   functor ~ функторная переменная
   fuzzy ~ нечёткая переменная
   generated ~ порождённая переменная; производная переменная
   generic (type) ~ 1. родовая переменная; общая для всех членов класса *или* вида переменной; обобщённая переменная 2. порождающая переменная; производящая переменная
   global ~ глобальная переменная
   grouping ~ группирующая переменная
   imaginary ~ мнимая переменная
   independent ~ независимая переменная (*1. аргумент функции 2. экзогенная [объясняющая] переменная, регрессор (в эконометрике), предиктор (в математической статистике*))
   indicator ~ индикаторная переменная; фиктивная переменная
   input ~ входная переменная
   instance [instant] ~s *вчт* данные об объекте; объектные переменные

variable

instrumental ~ инструментальная переменная; *pl* метод инструментальных переменных
integer ~ целочисленная переменная
interval ~ интервальная [численная] переменная
intervening ~ мешающая [вмешивающаяся] переменная
key ~ ключевая переменная
label ~ переменная типа метки
lagged ~ запаздывающая переменная, *проф.* лагированная переменная, переменная с лагом
latent ~ скрытая переменная
leading ~ опережающая переменная
limited ~ ограниченная переменная
linguistic ~ лингвистическая переменная
local ~ локальная переменная
logic(al) ~ логическая [булева] переменная
loop ~ параметр цикла
metalinguistic ~ металингвистическая переменная
metasyntactic ~ *вчт* метасинтаксическая переменная
moving-frame ~ переменная в движущейся системе отсчёта
nominal ~ номинальная переменная, определяемая по номинальной шкале переменная
omitted ~ опускаемая [не принимаемая во внимание] переменная
one-fluid ~s параметры одножидкостной теории плазмы
ordinal ~ порядковая [ранговая] переменная
output ~ выходная переменная
P-~ P-значение, характеристика значимости нулевой гипотезы
predetermined ~ предопределённая переменная
proxy ~ эрзац-переменная, заменитель
qualitative ~ качественная переменная, (дискретная) номинальная *или* порядковая [ранговая] переменная
random ~ случайная переменная, случайная величина
rank ~ ранговая [порядковая] переменная
real ~ вещественная [действительная] переменная
redundant ~ излишняя переменная
response ~ переменная-отклик
rest-frame ~ переменная в неподвижной системе отсчёта
scalar ~ скалярная переменная
schematic (type) ~ настраиваемая переменная
seasonal ~ сезонная переменная
slow ~ медленно изменяющаяся переменная, *проф.* медленная переменная
standardized ~ нормированная переменная
state ~ *вчт* переменная состояния; параметр состояния
static ~ статическая переменная
stationary ~ стационарная переменная
stochastic ~ случайная переменная, случайная величина
string ~ *вчт* строковая переменная
subscripted ~ индексированная переменная
summation ~ индекс суммирования
system ~ системная переменная; системный параметр
target ~ целевая переменная; целевое значение переменной
tensor ~ тензорная переменная

unbound ~ несвязанная переменная
uninitialized ~ неинициализированная переменная
unobservable ~ ненаблюдаемая переменная
unrestricted ~ свободная переменная
vector ~ векторная переменная
vector random ~ векторная случайная величина, случайный вектор

variac автотрансформатор

variance 1. дисперсия, второй центральный момент (*случайной величины или распределения вероятностей*) 2. число степеней свободы (*динамической системы*) 3. изменение; вариация 4. расхождение; несоответствие ◊ ~ **about mean** дисперсия относительно среднего; ~ **about regression** дисперсия относительно регрессии
~ **between columns** межстолбцовая дисперсия
~ **between rows** межстрочная дисперсия
~ **within columns** внутристолбцовая дисперсия
~ **within rows** внутристрочная дисперсия
accidental ~ случайная дисперсия
asymptotic(al) ~ асимптотическая дисперсия
bounded ~ ограниченная дисперсия
conditional ~ условная дисперсия
cyclic time ~ периодическое изменение
equal ~ одинаковая дисперсия
error ~ дисперсия ошибки
explained ~ условная дисперсия
general population ~ дисперсия генеральной совокупности
generalized ~ объяснимая дисперсия
Hadamard ~ дисперсия Адамара
heterogeneous ~ неоднородная дисперсия
homogeneous ~ однородная дисперсия
limiting ~ предельная дисперсия
observed ~ наблюдаемая дисперсия
predicted ~ прогнозируемая дисперсия
relative ~ относительная дисперсия
residual ~ остаточная дисперсия
sample ~ выборочная дисперсия
total ~ полная дисперсия
unequal ~ неодинаковая дисперсия
unit ~ единичная дисперсия

variant 1. обладающий разновидностями объект; (видо)изменяющийся объект ‖ обладающий разновидностями; (видо)изменяющийся 2. (языковой) вариант (*фонетический, морфемный, лексический или синтаксический*)

variate 1. случайная величина 2. (видо)изменяться
antithetic ~ дополнительная [дополняющая] случайная величина
auxiliary ~ вспомогательная случайная величина
continuous ~ непрерывная случайная величина
discrete ~ дискретная случайная величина
Gaussian ~ нормальная случайная величина
multi-dimensional ~ многомерная случайная величина
scalar ~ скалярная случайная величина
studentized ~ стьюдентизированная случайная величина
vector ~ векторная случайная величина

variation 1. вариация (*1. изменение 2. бесконечно малое изменение функционала 3. варьирование, вычисление вариации (напр. функционала) 4. видоизменение музыкальной темы*) 2. величина изменения; степень изменения; разброс; коэффициент вариации **3.** вариант; разновидность **4.** возмущение орбиты (*небесного тела*) **5.** магнитное склонение

~ **of constants** вариация (произвольных) постоянных (*метод решения дифференциальных уравнений*)
~ **of functional** вариация функционала
~ **of sign** изменение знака
automatic threshold ~ автоматическое изменение порога
cyclic ~ периодическое изменение
excess ~ избыточная вариация
explained ~ объяснённая вариация
first ~ первая вариация (*напр. функционала*)
gain/frequency ~ амплитудно-частотная характеристика, АЧХ
inverse ~ обратная вариация; функционал
magnetic ~ магнитное склонение
permissible ~ допустимое изменение
phase/frequency ~ фазочастотная характеристика
power-supply ~ изменение напряжения источника (электро)питания
random ~ случайное изменение
seasonal ~s сезонные изменения
second ~ вторая вариация (*напр. функционала*)
secular ~s вековые изменения (*напр. напряжённости магнитного поля Земли*)
smooth ~ плавное изменение
stepped ~ ступенчатое изменение
stochastic ~ стохастическое изменение
total ~ полная вариация
uncontrolled ~ неконтролируемое изменение
velocity ~ изменение скорости

variational вариационный (*напр. об исчислении*)
variator вариатор
  speed ~ вариатор скорости
  torque ~ вариатор момента
varicap 1. варикап **2.** variконд
  encapsulated ~ варикап в корпусе
  flexible-lead ~ варикап с гибкими выводами
  frequency-multiplying ~ варикап для схем умножения частоты
  metallic ~ варикап в металлическом корпусе
varicolored разноцветный
varied 1. изменяемый **2.** варьируемый, обладающий разнообразием **3.** варьируемый, подвергающийся операции варьирования **4.** видоизменяемый; разнообразный **5.** разноцветный
variegate 1. придавать разнообразие **2.** раскрашивать
variegation 1. придание разнообразия **2.** раскрашивание
variety 1. разнообразие **2.** различие **3.** вид; сорт **4.** разновидность **5.** *вчт* многообразие **6.** *тлв* развлекательная эстрадная программа **7.** *тлв* водевиль
variform полиморфный
varimeter варметр, измеритель реактивной мощности
  single-phase ~ однофазный варметр
  three-phase ~ трёхфазный варметр
varimu лампа переменной крутизны
varindor регулируемый (электрический) реактор
variocoupler вариометр с короткозамкнутым ротором
variolosser 1. регулируемый аттенюатор **2.** аттенюатор компандера *или* экспандера

variometer вариометр, катушка переменной индуктивности
  magnetic ~ феррovariометр
various 1. разный; различный **2.** разнообразный **3.** отдельный; индивидуальный **4.** разноцветный
varistor варистор
  metal-oxide ~ металло-оксидный варистор
varmeter варметр, измеритель реактивной мощности
varnish лак || покрывать лаком
  epoxy ~ эпоксидный лак
  insulating ~ изоляционный лак
  shellac ~ шеллачный лак
  synthetic ~ синтетический лак
vary 1. (из)менять(ся) **2.** вносить разнообразие; обладать разнообразием; варьировать(ся) **3.** варьировать, вычислять вариацию **4.** находиться в функциональной зависимости **5.** отклоняться; расходиться
varying 1. (из)меняющий(ся) **2.** вносящий разнообразие; обладающий разнообразием; варьируемый; варьирующийся **3.** варьируемый, подвергающийся операции варьирования **4.** находящийся в функциональной зависимости **5.** отклоняющийся; расходящийся
VAX название семейства компьютеров корпорации Digital Equipment, компьютер серии VAX
VBScript язык программирования VBScript, расширение языка Visual BASIC для написания сценариев
VDL язык программирования VDL
vector 1. вектор (*1. полярный тензор 1-го ранга или антисимметричный тензор 2-го ранга 2. вчт одномерный массив 3. отрезок линии между двумя точками в компьютерной графике*) **2.** направление; курс **3.** наведение; задание направления || наводить; задавать направление **4.** *проф.* векторный дисплей

~ **of error** вектор ошибки
~ **of gyration** вектор гирации
~ **of ones** вектор с единичными компонентами
~ **of parameters** вектор параметров
3-~ 3-вектор, вектор в трёхмерном пространстве
4-~ 4-вектор, вектор в (четырёхмерном) пространстве-времени
absolute ~ *вчт* абсолютный вектор, вектор в пространстве абсолютных координат
activity ~ вектор активности
antiferromagnetic ~ антиферромагнитный вектор, вектор антиферромагнетизма
antiparallel ~s антипараллельные векторы
axial ~ аксиальный вектор, псевдовектор (*антисимметричный тензор 2-го ранга*)
Boolean ~ булев вектор
bounded ~ связанный вектор
bra ~ *кв. эл.* бра-вектор (*вектор состояния, сопряжённый кет-вектору*)
Burgers ~ *фтт* вектор Бюргерса
characteristic ~ характеристический [собственный] вектор
checking ~ проверочный вектор
chrominance ~ вектор цветности
code ~ кодовый вектор
codebook ~ вектор кодовой книги (*в соревновательных нейронных сетях*)
cointegrating ~ коинтегрирующий вектор

vector

column ~ вектор-столбец
communication ~ вектор связей
complanar ~**s** компланарные векторы
complex ~ комплексный вектор
concurrent input ~**s** соревнующиеся входные векторы (*в нейронной сети*)
contravariant ~ контравариантный вектор
coordinate unit ~ единичный вектор оси координат, орт
correction ~ вектор поправок
covariant ~ ковариантный вектор
curvature ~ вектор кривизны
cyclic ~ циклический вектор
data ~ вектор [одномерный массив] данных
decision ~ вектор решений
delta ~ дельта-вектор, вектор производных выходных ошибок по выходным сигналам (*слоя нейронной сети*)
design ~ вектор проектных параметров
Dirac bra ~ *кв. эл.* бра-вектор (*вектор состояния, сопряжённый кет-вектору*)
Dirac ket ~ *кв.эл.* кет-вектор, вектор состояния
direct-lattice ~ *фтт* вектор прямой решётки
displacement ~ вектор смещения
dope ~ *вчт* дескриптор списка с внутренними указателями
E~ *см.* **electric(-field) vector**
electric(-field) ~ вектор напряжённости электрического поля
energy-flux ~ вектор (Умова —)Пойнтинга, вектор потока энергии
error ~ вектор ошибки
evaluation ~ вектор оценки
ferromagnetic ~ ферромагнитный вектор, вектор ферромагнетизма
field ~ вектор напряжённости поля
flow [flux] ~ вектор потока
force ~ вектор силы
four-dimensional ~ четырёхмерный вектор
Frank ~ *фтт* вектор Франка
free ~ свободный вектор
Gaussian ~ гауссов вектор
generating ~ производящий вектор
gliding ~ скользящий вектор
gradient ~ градиент вектора
H~ *см.* **magnetic(-field) vector**
Hertz(ian) ~ вектор Герца
imaginary ~ мнимый вектор
improper ~ несобственный вектор
infinitesimal ~ инфинитезимальный вектор
initialization ~ затравочный вектор
input ~ входной вектор, вектор входных значений; *проф.* вектор входов
input-test ~ входной тестовый вектор
input weight ~ вектор входных весов, вектор входных весовых коэффициентов
interference ~ вектор помех
interrupt ~ *вчт* вектор прерывания
irrotational ~ вектор безвихревого [потенциального] поля
ket ~ *кв. эл.* кет-вектор, вектор состояния
layer weight ~ вектор весов слоя, вектор весовых коэффициентов слоя (*нейронной сети*)
lexicographically positive ~ лексикографически положительный вектор
macroscopic magnetization ~ вектор макроскопической намагниченности
magnetic(-field) ~ вектор напряжённости магнитного поля
magnetic field intensity ~ вектор напряжённости магнитного поля
magnetic field strength ~ вектор напряжённости магнитного поля
magnetic induction ~ вектор магнитной индукции
magnetic strength ~ вектор напряжённости магнитного поля
magnetization (intensity) ~ вектор намагниченности
minimizing ~ минимизирующий вектор
momentum ~ вектор импульса
mutually orthogonal [mutually perpendicular] ~**s** взаимно ортогональные [взаимно перпендикулярные] векторы
N-dimensional ~ N-мерный вектор
negative ~**s** антипараллельные векторы
net input ~ входной вектор (нейронной) сети
noise ~ вектор шума
normal ~ вектор нормали
normalized ~ нормированный вектор
null ~ нулевой вектор
nullity ~ вектор невязки
output ~ выходной вектор, вектор выходных значений; *проф.* вектор выходов
output-test ~ выходной тестовый вектор
output weight ~ вектор выходных весов, вектор выходных весовых коэффициентов
parallel ~**s** параллельные векторы
payoff ~ вектор выигрыша (*в теории игр*)
phase ~ волновой вектор
polar ~ полярный [истинный] вектор (*тензор 1-го ранга*)
polarization ~ 1. вектор (диэлектрической) поляризации 2. вектор поляризации волны
polarization ~ **for field vector** единичный вектор поляризации вектора напряжённости поля
polarization unit ~ единичный вектор поляризации волны
policy ~ вектор стратегий
position ~ радиус-вектор
Poynting's ~ вектор (Умова —)Пойнтинга, вектор потока энергии
primitive ~ *фтт* вектор примитивной трансляции, вектор примитивной ячейки
propagation ~ волновой вектор
proper ~ собственный [характеристический] вектор
radius ~ радиус-вектор
random ~ случайный вектор
rank ~ ранговый вектор
raw ~ вектор-строка
ray ~ лучевой вектор
real ~ вещественный [действительный] вектор
reciprocal-lattice ~ *фтт* вектор обратной решётки
regression ~ вектор регрессии
relative ~ *вчт* относительный вектор, вектор в пространстве относительных координат
residual ~ вектор невязки
resolvent ~ резольвентный вектор
resultant ~ результирующий вектор
rotational ~ вектор вихревого [соленоидального] поля

velocity

row ~ вектор-строка
Shapley ~ вектор Шепли
shift ~ вектор сдвига
solution ~ вектор решения
space ~ вектор в трёхмерном пространстве, 3-вектор
space-like ~ пространственноподобный вектор
space-time ~ вектор в (четырёхмерном) пространстве-времени, 4-вектор
spin ~ вектор спина
spiral ~ *магн.* вектор спирали
standardized ~ нормированный вектор
state ~ вектор состояния
stochastic ~ стохастический вектор
strategy ~ вектор стратегий
sum ~ результирующий вектор
tangent ~ касательный вектор
target output ~ целевой выходной вектор (*напр. при обучении сети*)
test ~ тестовый вектор
time-like ~ времениподобный вектор
training ~ обучающий вектор (*нейронной сети*)
transfer ~ *кв. эл.* вектор перехода
translation ~ 1. вектор трансляции 2. вектор сдвига
true ~ истинный [полярный] вектор
twist ~ вектор кручения
unit ~ единичный вектор
velocity ~ вектор скорости
wave ~ волновой вектор
weight ~ вектор весов, вектор весовых коэффициентов
weighted input ~ взвешенный входной вектор
zero ~ нулевой вектор

vectorial векторный
vectorization *вчт* векторизация, преобразование растрового графического изображения в векторное
vectorize *вчт* векторизовать, преобразовывать растровое графическое изображение в векторное
vectoroscope электронно-лучевой осциллограф с отображением сигналов на комплексной плоскости
vee V-образный объект || V-образный
vee-jay видеожокей
veer изменение направления, положения или курса || изменять направление, положение или курс
vehicle 1. транспортное средство 2. переносчик; средство передачи; проводник (*напр. тепла*) 3. средство человеческого общения или выражения мысли (*напр. речь*) 4. транспортная среда (*при химических реакциях*) 5. *тлв* телеспектакль, акцентирующий внимание на таланте исполнителя главной роли

aerospace ~ космический летательный аппарат, КЛА
launch ~ ракета-носитель
magnetically levitated [magnetically suspended] ~ транспортное средство на магнитной подвеске
space ~ космический летательный аппарат, КЛА

vehicular транспортный
veils *крист.* свили
velocimeter 1. измеритель скорости 2. доплеровская РЛС непрерывного излучения для определения радиальной скорости целей

acousto-optic ~ акустооптический измеритель скорости
laser ~ лазерный измеритель скорости
speckle-pattern ~ измеритель скорости (*диффузного объекта*) методом (регистрации) спекл-структур

velocity скорость ◊ ~ **off** скорость отпускания клавиши; ~ **on** скорость нажатия на клавишу, скорость удара по клавише

~ of light скорость света
~ of propagation скорость распространения
~ of sound скорость звука
acoustic ~ скорость звука
air ~ воздушная скорость
Alfven ~ альфвеновская скорость
angular ~ угловая скорость, угловая [круговая] частота
apparent ~ кажущаяся скорость
apparent bubble ~ кажущаяся скорость ЦМД
average ~ средняя скорость
bubble translation ~ скорость перемещения ЦМД
carrier ~ скорость носителей (*заряда*)
charge-drift ~ дрейфовая скорость (*носителей заряда*)
charge-transfer ~ скорость переноса заряда
constant angular ~ 1. постоянная угловая скорость 2. режим считывания (с диска *или* записи (на диск) при постоянной угловой скорости носителя
constant linear ~ 1. постоянная линейная скорость 2. режим считывания (с диска *или* записи (на диск) при постоянной линейной скорости носителя
dislocation ~ скорость дислокации
domain ~ скорость домена
domain-wall limit ~ предельная скорость доменной границы
Doppler target ~ *рлк* доплеровская скорость цели
drift ~ дрейфовая скорость
effective particle ~ действующая колебательная скорость
envelope ~ групповая скорость
escape ~ параболическая [вторая космическая] скорость
free-space wave ~ скорость волны в свободном пространстве
ground ~ путевая скорость
group ~ групповая скорость
instantaneous particle ~ мгновенная колебательная скорость
interaction-circuit phase ~ фазовая скорость волны в отсутствие электронного потока (*в ЛБВ*)
interface ~ скорость (перемещения) фронта кристаллизации
key ~ скорость нажатия на клавишу, скорость удара по клавише
maximum particle ~ максимальная колебательная скорость
orbital ~ первая космическая скорость
pair ~ *свпр* скорость пары
partial constant angular ~ 1. постоянная угловая скорость для части диска 2. режим считывания (с диска *или* записи (на диск) при постоянной угловой скорости носителя для части диска
particle ~ колебательная скорость
peak particle ~ максимальная колебательная скорость
peripheral ~ окружная скорость

phase ~ фазовая скорость
radio propagation ~ скорость распространения радиоволны
recombination ~ скорость рекомбинации
recorded ~ колебательная скорость записи
relative ~ относительная скорость
relativistic ~ релятивистская скорость
saturation domain-wall ~ скорость доменной границы в режиме насыщения
scan ~ 1. скорость сканирования 2. скорость развёртки
Slonczewski domain-wall limit ~ предельная скорость доменной границы по Слончевскому
step ~ *крист.* скорость движения (ростовой) ступени
stripe-in ~ скорость сжатия полосового домена
stripe-out ~ скорость расширения полосового домена
supersonic ~ сверхзвуковая скорость
Walker domain-wall limit ~ предельная скорость доменной границы по Уокеру
wave ~ скорость волны
zone constant angle ~ постоянная угловая скорость внутри (концентрических) зон (*при записи и считывании с DVD-диска*)

vendee покупатель

vendible товар(ы) || товарный; предназначенный для продажи

vendor 1. торговый автомат 2. поставщик (*напр. оборудования*); торговец, продавец (*в розницу*)
computer ~ поставщик компьютерного оборудования
independent software ~ независимый поставщик программного обеспечения
software ~ поставщик программного обеспечения
third-party software ~ независимый поставщик программного обеспечения

Venetian жалюзи

VENIX операционная система VENIX

vent вентиляционное отверстие || снабжать вентиляционным отверстием

ventilate 1. вентилировать; обеспечивать вентиляцию 2. снабжать вентиляционным отверстием

ventilation 1. вентиляция 2. система вентиляции

ventilator вентилятор

verb глагол

verbage *см.* **verbiage**

verbal 1. отглагольная форма; отглагольное существительное || глагольный; отглагольный 2. словесный 3. устный 4. буквальный; дословный (*напр. перевод*)

verbalism словесное выражение

verbalization 1. облечение в словесную форму; выражение словами 2. использование в качестве глагола

verbalize 1. облекать в словесную форму; выражать словами 2. использовать в качестве глагола

verbatim буквальный; дословный (*напр. перевод*) || буквально; дословно; слово в слово

verbiage 1. избыточность речи; информационная избыточность текста 2. *вчт* многословие (*в бессодержательном документе*)

verification 1. проверка; контроль 2. подтверждение; *вчт* верификация
automated ~ автоматическая верификация
biometric ~ биометрическая верификация
busy ~ *тлф* проверка занятости (*линии*)
compatibility ~ проверка совместимости
cookie ~ верификация по данным типа «cookie»
data ~ 1. контроль данных 2. верификация данных
design ~ верификация соблюдения проектного задания
face ~ верификация лица
finger-print ~ верификация отпечатков пальцев
functional correctness ~ верификация функциональной корректности
functional equivalence ~ верификация функциональной эквивалентности
iris ~ верификация радужной оболочки
layered ~ многоуровневая проверка
layered biometric ~ многоуровневая биометрическая верификация
mandatory ~ обязательная проверка
no inspection ~ контроль без приёмочных испытаний
optional ~ необязательная проверка
real-time ~ контроль в реальном масштабе времени
speaker ~ верификация говорящего
timing ~ временная верификация

verifier 1. устройство проверки; устройство контроля 2. программа проверки; программа контроля 3. *вчт* верификатор, программа верификации
design ~ верификатор соблюдения проектного задания
modular timing ~ модульное устройство контроля синхронизации
punched card ~ контрольник (для) перфокарт
tape ~ контрольник (для) перфолент

verify 1. проверять; контролировать 2. подтверждать; *вчт* верифицировать (*подтверждать правильность выполненных операций*) ◊ ~ **off** команда выключения контрольного чтения после записи (*в DOS*); ~ **on** команда включения контрольного чтения после записи (*в DOS*)

verity 1. истина 2. истинность

vernacular 1. диалект 2. диалектный 2. жаргон || жаргонный 3. просторечная лексика || просторечный

vernier 1. нониус, верньер || снабжённый нониусом, снабжённый верньером 2. устройство для точной настройки (*напр. радиоприёмника*)
range ~ нониус шкалы дальномера

Veronica *вчт* средство для поиска и использования ресурсов в Gopher

versatile многофункциональный; универсальный

versatility многофункциональность; универсальность

versicolor 1. разноцветный 2. с изменяемым цветом

version 1. версия (*напр. программного продукта*); вариант; разновидность 2. перевод (*текста*)
alpha ~ альфа-версия (*программного продукта*), версия (*программного продукта*) для альфа-тестирования
backup ~ дублирующий вариант
beta ~ бета-версия (*программного продукта*), версия (*программного продукта*) для бета-тестирования
crippled ~ урезанная версия (*программного продукта*)
demo(nstration) ~ демонстрационная версия, *проф.* демо-версия (*программного продукта*)
export ~ экспортный вариант

public-domain ~ общедоступная версия (*программного продукта*), версия (*программного продукта*) без защиты авторских прав, (нелицензированная) бесплатная версия (*программного продукта*))
released ~ выпускаемая версия (*программного продукта*)
run-time ~ версия (*программного продукта*) с системой поддержки исполнения
simplified ~ упрощённый вариант
verso левая [чётная] страница (*печатного издания*)
vertex 1. вершина (*1. наивысшая точка 2. наиболее удалённая от основания точка геометрической фигуры или тела 3. точка пересечения трёх или более граней многогранника 4. точка пересечения двух сторон многоугольника 5. вершина графа, узел графа*) ‖ вершинный 2. узел схемы; узел цепи 3. вертекс (*точка небесной сферы*) ◊ ~ **of angle** вершина угла; ~ **of cone** вершина конуса; ~ **of polygon** вершина многоугольника; ~ **of polyhedron** вершина многогранника
 accessible from A ~ достижимая из A вершина, достижимый из A узел (*орграфа*)
 adjacent ~ смежная вершина, смежный узел
 chief ~ главная вершина, главный узел
 dangling ~ висячая вершина, висячий узел
 daughter ~ дочерняя вершина, дочерний узел
 drain ~ сток (*орграфа*)
 even ~ чётная вершина, чётный узел
 exterior ~ внешняя вершина, внешний узел (*маршрута*)
 final ~ конечная вершина, конечный узел
 graph ~ вершина [узел] графа
 incident ~ инцидентная вершина, инцидентный узел
 initial ~ начальная вершина, начальный узел
 inner ~ внутренняя вершина, внутренний узел (*маршрута*)
 irreducible ~ неприводимая вершина, неприводимый узел
 isolated ~ изолированная вершина, изолированный узел
 mating ~ вершина паросочетания, узел паросочетания
 multivalent ~ многовалентная вершина, многовалентный узел
 odd ~ нечётная вершина, нечётный узел
 parent ~ родительская вершина, родительский узел
 pendant ~ висячая вершина, висячий узел
 saturated ~ насыщенная вершина, насыщенный узел
 source ~ источник (*орграфа*)
 suspended ~ висячая вершина, висячий узел
 terminal ~ концевая вершина, концевой узел
 unsaturated ~ ненасыщенная вершина, ненасыщенный узел
vertical 1. вертикаль ‖ вертикальный 2. вертикальная линия *или* плоскость 3. вершинный; относящийся к вершине
vertices *pl* от **vertex**
 connected ~ связанные вершины, связанные узлы (*графа*)
 incomparable ~ несравнимые вершины, несравнимые узлы (*графа*)
 unrelated ~ несвязанные вершины, несвязанные узлы (*графа*)
vesicular везикулярный, пузырьковый
vessel сосуд; резервуар; контейнер; баллон
 Dewar ~ сосуд Дьюара, дьюар
 evacuated ~ вакуумный контейнер
 quartz ~ кварцевый сосуд
vestigial частично подавленный; остаточный (*напр. о несущей*)
vestigial-sideband с частично подавленной боковой полосой
V.fast рекомендации МСЭ по реализации дуплексной (*по коммутируемому каналу*) модемной связи с 128-позиционной амплитудно-фазовой модуляцией и частотным разделением каналов со скоростями до 28,8 Кбит/с, протокол V.34, протокол V.fast
VHDL язык описания аппаратного обеспечения на быстродействующих ИС, язык VHDL
VHS 1. (магнитная) лента для бытовой аналоговой композитной видеозаписи в формате VHS, лента (формата) VHS 2. формат VHS (*бытовой аналоговой композитной видеозаписи*)
 ~**-C** 1. (магнитная) лента для бытовой аналоговой композитной видеозаписи в формате VHS-C, лента (формата) VHS-C 2. формат VHS-C (*бытовой аналоговой композитной видеозаписи на кассеты уменьшенного размера*)
 S~ *см.* **Super VHS**
 Super ~ 1. (магнитная) лента для бытовой аналоговой композитной видеозаписи в формате S-VHS, лента (формата) S-VHS 2. формат S-VHS (*бытовой аналоговой композитной видеозаписи*), улучшенный вариант формата VHS
vi текстовый редактор vi (*в UNIX*)
via *микр.* 1. межслойный переход, межслойное переходное отверстие 2. теплоотводящее межслойное отверстие
 ~ **with signal lines** межслойный переход с линиями передачи сигналов
 blind ~ глухой [приповерхностный] межслойный переход, глухое [приповерхностное] межслойное переходное отверстие
 buried ~ внутренний [скрытый] межслойный переход, внутреннее [скрытое] межслойное переходное отверстие
 conductively filled ~ межслойный переход с проводящим заполнением, межслойное переходное отверстие с проводящим заполнением
 fan-in ~ межслойный переход вне основания корпуса (*ИС*), межслойное переходное отверстие вне основания корпуса (*ИС*)
 fan-out ~ межслойный переход под основанием корпуса (*ИС*), межслойное переходное отверстие под основанием корпуса (*ИС*)
 laser-drilled ~ изготовленный методом лазерного сверления межслойный переход, изготовленное методом лазерного сверления межслойное переходное отверстие
 mechanically-drilled ~ высверленный межслойный переход, высверленное межслойное переходное отверстие
vibrant вибрирующий
vibraphone *вчт* вибрафон (*музыкальный инструмент из набора General MIDI*)

vibraslap *вчт* вибрирующий слэп (*музыкальный инструмент из набора ударных General MIDI*)
vibrate 1. вибрировать; вызывать вибрацию 2. колебаться; осциллировать; вызывать колебания *или* осцилляции
vibration 1. вибрация 2. колебания; осцилляции
  acoustic ~ 1. акустические [звуковые] колебания 2. *фтт* акустические колебания, колебания акустической ветви спектра
  bending ~ изгибные колебания
  characteristic ~ свободные [собственные] колебания
  circular ~ круговые колебания
  contour ~ контурные колебания
  damped ~ затухающие колебания
  degenerate ~ вырожденные колебания
  elastic ~ упругие колебания
  elliptic ~ эллиптические колебания
  extension(al) ~ продольные колебания
  flexural ~ колебания изгиба
  forced ~ вынужденные колебания
  free ~ свободные [собственные] колебания
  harmonic ~ гармонические колебания
  lattice ~ колебания кристаллической решётки
  linear ~ линейные колебания
  longitudinal ~ продольные колебания
  magnetoelastic ~ магнитоупругие колебания
  magnetostatic ~ магнитостатические колебания
  natural ~ свободные [собственные] колебания
  nonlinear ~ нелинейные колебания
  normal ~ нормальные колебания
  optical ~ 1. световые колебания 2. *фтт* оптические колебания, колебания оптической ветви спектра
  parametric ~ параметрические колебания
  parasitic ~ паразитные колебания
  periodic ~ периодические колебания
  quasi-periodic ~ квазипериодические колебания
  quasi-steady-state ~ квазистационарные колебания
  self-excited ~ автоколебания, самовозбуждающиеся колебания
  shear ~ колебания сдвига
  sinusoidal ~ гармонические колебания
  sound ~ акустические [звуковые] колебания
  spontaneous ~ автоколебания, самовозбуждающиеся колебания
  spurious ~ паразитные колебания
  stable ~ устойчивые колебания
  steady-state ~ установившиеся колебания
  subharmonic ~ субгармонические колебания
  sustained ~ незатухающие колебания
  thickness ~ колебания по толщине
  torsional ~ крутильные колебания
  transient ~ неустановившиеся колебания
  transverse ~ поперечные колебания
  ultrasonic ~ ультразвуковые колебания
  undamped ~ незатухающие колебания
  unwanted ~ паразитные колебания
  width ~ колебания по ширине
vibrational вибрационный
vibrato *вчт* 1. вибрато (*модуляция частоты или громкости звука*) 2. контроллер «вибрато», контроллер «модуляция», контроллер «регулировка модуляции», MIDI-контроллер №1

  amplitude ~ амплитудное вибрато
  frequency ~ частотное вибрато
vibrator 1. вибратор 2. вибропреобразователь
  contour ~ вибратор с контурными колебаниями
  crystal ~ кварцевый вибратор
  flexure ~ вибратор с колебаниями изгиба
  full-wave ~ двухполупериодный вибропреобразователь
  half-wave ~ однополупериодный вибропреобразователь
  interrupter ~ вибропреобразователь
  magnetostriction ~ магнитострикционный вибратор
  multi-mode ~ многомодовый вибратор
  phone ~ вибратор телефона, устройство для подачи вибрационного вызывного сигнала (*без излучения слышимых звуков*)
  piezoelectric ~ пьезоэлектрический вибратор
  quartz-crystal ~ кварцевый вибратор
  ring ~ кольцевой вибратор
  single-mode ~ одномодовый вибратор
  thickness-shear ~ вибратор с колебаниями сдвига по толщине
  ultrasonic ~ ультразвуковой вибратор
  width-flexure ~ вибратор с колебаниями изгиба по ширине
  width-shear ~ вибратор с колебаниями сдвига по ширине
vibratory 1. вибрирующий 2. вибрационный 3. колеблющийся; осциллирующий
vibratron объёмный резонатор
vibroluminescence вибролюминесценция
vibrometer вибромер
vicalloy викаллой (*магнитный сплав*)
vice тиски ‖ зажимать в тиски
  grip ~ зажимные тиски
  jaw ~ тиски с губками
vicinal 1. соседний 2. *крист.* вициналь ‖ вицинальный
vicinity 1. соседство; близость 2. окрестность ◊ **in the ~ of (point)** в окрестности (точки)
  close ~ ближайшая окрестность
  compact ~ компактная окрестность
Victor 1. стандартное слово для буквы *V* в фонетическом алфавите «Альфа» 2. стандартное слово для буквы *V* в фонетическом алфавите «Эйбл»
Video:
  MPEG ~ метод сжатия видеоданных в стандарте MPEG-1
video 1. видео (*1. видеоизображение; видеоматериал 2. видеоданные; видеоинформация 3. видеопроигрыватель или видеомагнитофон с устройством для просмотра видеозаписей 4. видеолента или диск для видеозаписи 5. содержимое видеокассеты или видеодиска ‖ относящийся к содержимому видеокассеты или видеодиска 6. методы и технология записи, передачи, приёма и воспроизведения изображений*) 2. визуальный; воспроизводимый в виде изображений 3. видеоаппаратура, аппаратура для записи и воспроизведения изображений 4. видеосигнал 5. телевизионный сигнал ‖ телевизионный 6. видеоканал; канал изображения 7. вход *или* выход видеосигнала
  ~ **verite** реалистичность видеопродукции
  back ~ обратный видеосигнал, подаваемый на (передающую) камеру видеосигнал

videotape

broadcast (quality) ~ видео телевизионного качества
coarse-fine encoded ~ видеосигнал с грубым и точным кодированием
coherent ~ когерентный видеосигнал
component ~ компонентное видео, видео с двумя раздельными каналами для сигналов яркости и цветности
composite ~ 1. композитное видео, видео с одним каналом для объединённых сигналов яркости и цветности 2. полный телевизионный сигнал
desktop ~ настольное (компьютерное) видео
digital ~ 1. цифровое видео 2. цифровой видеосигнал
direct ~ исходный видеосигнал
DVD-quality ~ видео DVD-качества
full-motion ~ *вчт* бесперебойно воспроизводимое видео; видео телевизионного качества
full-motion full-screen ~ *вчт* бесперебойно воспроизводимое полноэкранное видео; полноэкранное видео телевизионного качества
full-screen ~ *вчт* полноэкранное видео
half-screen ~ *вчт* полуэкранное видео
home ~ 1. домашнее видео 2. прокат видеофильмов
Intel ~ система Indeo для воспроизведения «живого» видео с разрешением 320х240 пикселей
inverse ~ изображение с обращённым контрастом; негативное изображение
live ~ *вчт проф.* «живое» видео, бесперебойное воспроизведение телевизионных изображений в реальном масштабе времени
mobile ~ 1. подвижная [мобильная] радиосвязь с возможностью передачи видеоинформации 2. система подвижной [мобильной] радиосвязи с возможностью передачи видеоинформации
MPEG ~ видеоформат MPEG; MPEG-видео
music ~ 1. музыкальный видеосюжет; клип 2. видеолента с записью популярных песен
professional ~ профессиональное видео, видео с тремя раздельными каналами для сигнала яркости и двух цветоразностных сигналов
quarter-screen ~ *вчт* четвертьэкранное видео
return ~ обратный видеосигнал, подаваемый на (передающую) камеру видеосигнал
reverse ~ изображение с обращённым контрастом; негативное изображение
S ~ 1. компонентное видео, видео с двумя раздельными каналами для сигналов яркости и цветности 2. 4-контактный соединитель типа mini-DIN (*для ввода или вывода сигналов яркости и цветности*)
sampled ~ дискретизованный видеосигнал
seamless ~ *вчт* бесперебойно воспроизводимое видео; видео телевизионного качества
separate ~ компонентное видео, видео с двумя раздельными каналами для сигналов яркости и цветности
streaming ~ *вчт* потоковое видео; режим воспроизведения изображений в процессе получения данных (*напр. по сети*)
S-VHS ~ 4-контактный соединитель типа mini-DIN (*для ввода или вывода сигналов яркости и цветности*)
Y/C ~ 4-контактный соединитель типа mini-DIN (*для ввода или вывода сигналов яркости и цветности*)

YUV ~ профессиональное видео, видео с тремя раздельными каналами для сигнала яркости и двух цветоразностных сигналов
zoom ~ видео с трансфокацией
videoadapter *вчт* видеоадаптер; видеокарта, видеоплата
videocassette видеокассета
videoconference 1. видеоконференция 2. *тлф* видеотелефонная конференц-связь; видеотелефонная циркулярная связь
videoconferencing 1. проведение видеоконференций *тлф* 2. видеотелефонная конференц-связь; видеотелефонная циркулярная связь 3. организация видеотелефонной конференц-связи; организация видеотелефонной циркулярной связи; использование видеотелефонной конференц-связи; использование видеотелефонной циркулярной связи
videodisk
  interactive ~ интерактивный видеодиск (*напр. для программированного обучения*)
  laser ~ лазерный видеодиск
videogram видеограмма; видеофонограмма
videograph *фирм.* знакопечатающая ЭЛТ с регистрацией изображения методом электростатической печати
videographer оператор, производящий съёмку видеосюжетов любительской камерой
videography 1. видеография, передача справочной текстово-графической информации по телевизионной сети 2. съёмка видеосюжетов любительской камерой
  broadcast ~ вещательная видеография; телетекст
  digital ~ цифровая видеография
  interactive ~ интерактивная [диалоговая] видеография
videoland видеоиндустрия; телеиндустрия
videophile видеофил
videophone видеотелефон
videophonogram видеофонограмма
videoplay 1. телевизионный спектакль, телеспектакль 2. сценарий телеспектакля; пьеса для телевидения
videorecorder 1. видеомагнитофон 2. устройство записи на видеодиск
  personal ~ персональный компьютер с возможностью записи и воспроизведения «живого» видео
videosignal видеосигнал
  component ~ компонентный видеосигнал
  composite ~ композитный видеосигнал
videotape 1. видеолента, (магнитная) лента для видеозаписи ǁ записывать видео(материал) на (магнитную) ленту 2. (магнитная) лента с видеозаписью
  8 mm ~ видеолента шириной 8 мм, (магнитная) лента для видеозаписи шириной 8 мм
  alignment ~ юстировочная измерительная видеолента
  blank ~ видеолента без записи
  calibration ~ измерительная видеолента
  digital ~ видеолента для цифровой записи
  dry-type cleaning ~ видеолента для сухой чистки (*магнитных головок*), абразивная чистящая видеолента
  first generation ~ оригинал видеофонограммы; оригинал видеограммы
  head-cleaning ~ видеолента для чистки (магнитных) головок, чистящая видеолента
  helical ~ видеолента с наклонно-строчной записью

videotape

    liquid-type cleaning ~ видеолента для влажной чистки (*магнитных головок*), жидкостная чистящая видеолента
    LP ~ *см.* **long-play videotape**
    long-play ~ видеолента с удвоенной длительностью воспроизведения
    master ~ оригинал видеофонограммы; оригинал видеограммы
    original ~ оригинал видеофонограммы; оригинал видеограммы
    recorded ~ **1.** видеолента с записью **2.** видеолента со студийной записью **3.** видеофонограмма; видеограмма
    SP ~ *см.* **standard-play videotape**
    standard-play ~ видеолента со стандартной длительностью воспроизведения
    television ~ студийная видеолента, (магнитная) лента для студийной видеозаписи
    virgin ~ видеолента без записи
videotex видеотекс
videotext *тлв* видеотекст; телетекст
videotron *тлв* моноскоп
vidicon *тлв* видикон
    antimony-trisulfide ~ видикон с мишенью из сексвисульфида сурьмы
    EBS ~ *см.* **electron-bombardment semiconductor vidicon**
    electron-bombardment semiconductor ~ суперкремникон
    FIC ~ *см.* **filter integrated color vidicon**
    filter integrated color ~ видикон с встроенным штриховым фильтром
    high beam velocity ~ видикон с развёрткой пучком быстрых электронов
    image ~ супервидикон
    intensifier ~ супервидикон
    lead-oxide ~ плюмбикон
    multidiode ~ кремникон
    pyroelectric ~ пировидикон, пирикон, пироэлектрический видикон
    RB ~ *см.* **return beam vidicon**
    return-beam ~ видикон с возвращаемым лучом, ребикон
    SEC ~ *см.* **secondary electron conductivity vidicon**
    secondary electron conductivity ~ секон
    silicon-diode ~ кремникон
    silicon-intensifier-target ~ кремникон
    slow-scan ~ видикон с развёрткой пучком медленных электронов
view 1. вид; видимый образ; облик || видеть; смотреть **2.** изображение (*документальное или недокументальное*); изображение на экране дисплея **3.** вид; форма; способ (*отображения или представления*) **4.** отображение (*напр. на экране дисплея*); представление (*в определённом виде, напр. данных для пользователя в базах данных или электронных таблицах*) || отображать (*напр. на экране дисплея*); представлять (*в определённом виде, напр. данные для пользователя в базах данных или электронных таблицах*) **5.** просмотр (*напр. графической и текстовой информации на экране дисплея*) || просматривать (*напр. графическую и текстовую информацию на экране дисплея*) **6.** *вчт* позиция экранного меню для выбора формы представления или просмотра (*графической и текстовой информации*) **7.** *рлк* обзор || осуществлять обзор **8.** поле зрения **9.** вид (*объекта*) из определённой точки (наблюдения) *или* под определённым углом; проекция; изображение в перспективе **10.** аспект; точка зрения; мнение
    bird's eye ~ *тлв* вид с высоты птичьего полёта
    character ~ просмотр в текстовом режиме
    cognitive ~ **of visual perception** познавательный аспект зрительного восприятия; косвенная функция зрительного восприятия
    conceptual ~ концептуальное представление
    down-look ~ сектор обзора в нижней полусфере
    ecological ~ **of visual perception** экологический аспект зрительного восприятия; прямая функция зрительного восприятия
    exploded ~ наглядное *или* схематическое изображение объекта с пространственно разнесёнными составными частями
    full screen ~ полноэкранное представление (*страницы печатного издания в электронной форме*)
    graphics ~ просмотр в графическом режиме
    isometric ~ изометрическая проекция
    master document ~ иерархическое представление полного макета (*печатного издания большого объёма в электронной форме*) с возможностью просмотра и редактирования по выбору
    normal ~ стандартное представление (*напр. печатного издания в электронной форме*); форма представления по умолчанию
    online layout ~ представление (*печатного издания в электронной форме*) в форме макета для интерактивной вёрстки (*с возможностью перехода к структурному представлению*)
    outline ~ структурное представление (*печатного издания в электронной форме*), представление с возможностью сворачивания текста до заголовков
    page layout ~ представление макета (*печатного издания в электронной форме*) в постраничном формате
    perspective ~ вид в перспективе; изображение в перспективе (*в компьютерной графике*)
    phantom ~ фантомное изображение, изображение с показом внутриобъёмных деталей (*объекта*)
    radar ~ сектор обзора РЛС
    scroll ~ просмотр в режиме прокрутки
    text ~ просмотр в текстовом режиме
    up-look ~ сектор обзора в верхней полусфере
    world ~ мировоззрение
    worm's eye ~ *тлв* вид с нижней точки
Viewdata система Viewdata (*интерактивный видеотекс с обслуживанием телефонных запросов*)
viewer 1. зритель; телезритель; кинозритель **2.** *вчт* программа просмотра (*напр. файлов*) **3.** устройство для просмотра (*напр. диапозитивов*) **4.** окуляр **5.** видоискатель (*напр. фотокамеры*)
    clipboard ~ *вчт* программа просмотра буфера обмена
    hearing-impaired ~ зритель с пониженным *или* ослабленным слухом
    television ~ телезритель
viewership 1. телевизионная аудитория **2.** состав *или* численность телевизионной аудитории
viewfinder видоискатель (*напр. камеры*); визир
    angle ~ видоискатель с поворотом изображения

vision

camera ~ видоискатель камеры
frame ~ рамочный видоискатель
monocular ~ монокулярный видоискатель
reflex ~ зеркальный видоискатель
television ~ телевизионный визир
viewing 1. видение 2. просмотр (*напр. графической и текстовой информации на экране дисплея*) 3. использование видоискателя (*напр. камеры*); визирование 4. *рлк* обзор 5. наблюдение; осмотр 6. просмотр телевизионных программ
direct ~ прямое наблюдение
night ~ ночное видение
remote ~ дистанционное наблюдение
stereoscopic ~ стереоскопическое видение
viewpoint точка наблюдения
viewport 1. *вчт* окно просмотра (*на экране дисплея*) 2. смотровое окно (*напр. установки для выращивания кристаллов*)
vignette 1. виньетка 2. виньетирование || виньетировать 3. *тлв* короткий трогательный эпизод (*напр. телефильма*)
vinyl *проф.* граммпластинка
viol виола (*смычковый музыкальный инструмент*)
viola альт (*1. смычковый музыкальный инструмент 2. музыкальный инструмент из набора General MIDI*)
violation нарушение (*напр. закона*)
~ **of assumption** нарушение предположений
access ~ *вчт* нарушение процедуры доступа
constraint ~ нарушение ограничения
C-parity ~ нарушение С-чётности, нарушение зарядовой чётности
CP-parity ~ нарушение CP-чётности, нарушение комбинированной [зарядово-пространственной] чётности
memory protection ~ нарушение защиты памяти
parity ~ нарушение чётности
P-parity ~ нарушение Р-чётности, нарушение пространственной чётности, *проф.* нарушение внутренней чётности
rule ~ нарушение правила
violet фиолетовая область спектра (400 – 450 нм) || фиолетовый
violin скрипка (*1. смычковый музыкальный инструмент 2. музыкальный инструмент из набора General MIDI*)
alto ~ альт (*смычковый музыкальный инструмент*)
tenor ~ альт (*смычковый музыкальный инструмент*)
viral *вчт, биол.* вирусный
virgin 1. незаписанный, без записи (*о магнитной ленте*); неразмеченный; неформатированный (*о жёстком магнитном диске*) 2. исходный (*напр. о программном продукте*)
virgule *вчт* разделительный знак *или* знак деления; косая черта с наклоном вправо, *проф.* слэш, символ /
virtual виртуальный (*1. мнимый; нереальный; нефизический 2. воспринимаемый иначе, чем в действительности; кажущийся 3. эффективный; действующий 4. имитирующий; искусственно создаваемый 5. временный; промежуточный*)
virtualization виртуализация; использование виртуальных образов, понятий *или* объектов; существование в виртуальной форме

virtualize виртуализовать(ся); использовать виртуальные образы, понятия *или* объекты; существовать в виртуальной форме
virus *вчт, биол.* вирус
applet ~ вирус, маскирующийся под исполняемую сервером прикладную программу на языке Java
boot ~ загрузочный вирус, локализующийся в загрузочной записи (компьютерный) вирус
computer ~ компьютерный вирус
content ~ *вчт* вирус с замаскированным содержимым
e-mail ~ вирус, распространяющийся по электронной почте
filterable ~ *биол.* фильтрующийся вирус
macro ~ *вчт* макровирус
parasitic ~ *вчт* паразитический вирус, присоединяющийся к компьютерной программе вирус
polymorphic ~ *вчт* полиморфный вирус
viscoelastic вязкоупругий
viscometer вискозиметр
ultrasound ~ ультразвуковой вискозиметр
viscometry вискозиметрия
viscosity *фтт* вязкость (*1. внутреннее трение 2. коэффициент вязкости*)
absolute ~ динамическая вязкость, коэффициент динамической вязкости
kinematic ~ кинематическая вязкость, коэффициент кинематической вязкости
specific ~ удельная вязкость, коэффициент удельной вязкости
viscous 1. вязкий 2. клейкий
vise тиски || зажимать (*напр. в тиски*)
visibility 1. видимость (*1. возможность зрительного наблюдения 2. область действия идентификатора; допустимая область использования переменной*) 2. *тлв, вчт* заметность; видность 3. предел видимости 4. *вчт* доступность (*для использования или просмотра*)
~ **of data** доступность данных
clutter ~ *рлк* видимость на уровне мешающих отражений
flicker ~ заметность мельканий
line ~ заметность строк, заметность строчной структуры
path ~ видимость на трассе (*распространения волн*)
subclutter ~ *рлк* видимость ниже уровня мешающих отражений
subjamming ~ *рлк* видимость ниже уровня активных преднамеренных радиопомех
visible 1. видимый 2. *тлв, вчт* заметный; видный 3. *вчт* доступный (*для использования или просмотра*) 4. явный; очевидный
~ **for user** видимый для (определённого) пользователя сети, доступный для (определённого) пользователя сети в интерактивном режиме
~ **in infrared** видимый в инфракрасном свете
vision 1. зрение 2. техническое зрение (*напр. робота*) 3. видимый объект
automated ~ машинное зрение
binocular ~ бинокулярное зрение
central ~ центральное зрение
color ~ цветное зрение
Commodore dynamic total ~ система воспроизведения видеокомпакт-дисков специального форма-

563

vision

та с помощью телевизионного приёмника на базе платформы Commodore
computer ~ компьютерное зрение
human ~ человеческое зрение
machine ~ машинное зрение
mesopic ~ мезопическое [сумеречное] зрение
monoscopic ~ моноскопическое зрение
night ~ ночное видение
peripheral ~ периферическое зрение
photopic ~ фотопическое [дневное] зрение
robot ~ техническое зрение робота
scotopic ~ скотопическое [ночное] зрение
side ~ периферическое зрение
stereoscopic ~ стереоскопическое зрение
tunnel ~ туннельное зрение, способность глаза получать информацию в некоторой окрестности точки фиксации

visional зрительный
visit посещение (*напр. сайта*) || посещать (*напр. сайт*)
visitor посетитель (*напр. сайта*)
vistacon *тлв* вистакон
visual 1. иллюстративный или графический материал; видеоматериал 2. видеограмма; видеозапись; видеофильм; кинофильм 3. визуальный 4. видимый 5. оптический
visualization визуализация (*напр. магнитной записи*); проявление (*напр. скрытого изображения*); представление (*напр. данных*) в визуально воспринимаемой форме
  magnetic domain ~ визуализация магнитных доменов
  virtual reality ~ представление в форме виртуальной реальности
  volume ~ объёмное представление
visualize визуализировать (*напр. магнитную запись*); делать видимым, проявлять (*напр. скрытое изображение*) ; представлять (*напр. данные*) в визуально воспринимаемой форме
visuospatial *опт.* относящийся к восприятию пространственного соотношения между объектами в поле взора
vitreous 1. стеклянный 2. стекловидный
vitrification стеклование; застекловывание
vitrify стекловаться; застекловывать(ся)
vocable слово; соответствующая слову совокупность звуков или букв (*безотносительно к смысловому значению*)
vocabulary 1. словарь 2. *вчт* список команд 3. словарный запас; лексикон
vocal 1. звук голоса || голосовой 2. звучащий 3. вокальная музыка; песня 4. исполнитель вокальной партии; вокалист; певец
  karaoke ~ регулятор степени приглушения голоса профессионального исполнителя вокальной партии в системе караоке
vocalism 1. использование голоса 2. вокализм, система гласных фонем языка
vocalization 1. произнесение; производство звуков 2. вокализация
vocalize 1. произносить; издавать звуки 2. вокализировать
vocoder вокодер
  autocorrelation ~ автокорреляционный вокодер
  baseband excited ~ вокодер с возбуждением модулирующим сигналом
  channel ~ канальный вокодер
  correlation ~ корреляционный вокодер
  formant ~ формантный вокодер
  harmonic ~ гармонический вокодер
  high-fidelity ~ вокодер с высокой верностью воспроизведения
  homomorphic ~ гомоморфный вокодер
  linear predictive ~ вокодер с линейным предсказанием
  pattern-matching ~ вокодер со сравнением с эталонным спектром
  phase ~ фазовый вокодер
  pitch excited ~ вокодер с возбуждением основным тоном
  resonance ~ резонансный вокодер
  tactile ~ тактильный вокодер
  voice-excited ~ вокодер с речевым возбуждением
vocoding вокодирование
Voice:
  ~ **of America** сеть правительственных радиовещательных станций «Голос Америки»
  Visual ~ среда разработки приложений компьютерной телефонии для операционных систем семейства Windows
voice 1. голос || голосовой 2. речь; речевой сигнал || речевой 3. залог (*грамматическая категория глагола*) 4. произносить; издавать звуки 5. голос, вокальная партия для голоса (*в музыкальном произведении*)
  ~ **over** *тлв* голос за кадром
  ~ **over asynchronous transfer mode** система телефонии по протоколу асинхронной передачи (данных), система телефонии по протоколу ATM, система телефонии по сетям с асинхронной передачей (данных), система телефонии по ATM-сетям, система VoATM
  ~ **over ATM** *см.* voice over asynchronous transfer mode
  ~ **over digital subscriber line** цифровая абонентская линия для компьютерной телефонии, линия типа VoDSL
  ~ **over DSL** *см.* voice over digital subscriber line
  ~ **over FR** *см.* voice over Frame Relay
  ~ **over Frame Relay** система телефонии по (сетевому) протоколу ретрансляции кадров, система телефонии по протоколу Frame Relay, система телефонии по сетям Frame Relay, система VoFR
  ~ **over Internet Protocol** система телефонии по протоколу передачи данных в Internet, система телефонии по протоколу IP, система VoIP
  ~ **over IP** *см.* voice over Internet Protocol
  active ~ действительный залог
  artificial ~ искусственный голос
  babbled ~ невнятная речь; неразборчивая речь
  clear ~ незасекреченная речь, *проф.* прямой текст
  compressed ~ сжатый речевой сигнал
  digitized ~ преобразованный в цифровую форму речевой сигнал, *проф.* оцифрованный речевой сигнал
  encoded ~ кодированный речевой сигнал
  packet ~ пакетированный речевой сигнал
  passive ~ страдательный залог
  secure ~ засекреченная речь
  synth ~ синтезированный голос (*музыкальный инструмент из набора General MIDI*)

synthesizer ~ синтезированная речь
voice/data система (*совместной*) передачи аналоговых *или* цифровых данных и речи
  analog simultaneous ~ 1. система одновременной передачи аналоговых данных и речи, система (стандарта) ASVD 2. стандарт одновременной передачи аналоговых данных и речи, стандарт ASVD
  digital simultaneous ~ 1. система одновременной передачи цифровых данных и речи, система (стандарта) DSVD 2. стандарт одновременной передачи цифровых данных и речи, стандарт DSVD
  simultaneous ~ 1. система одновременной передачи данных и речи 2. стандарт одновременной передачи данных и речи, стандарт SVD
voice-over *тлв* голос за кадром
voiceprint (*частотный*) спектр голоса человека; сонограмма
void 1. *фтт* пора; пустота 2. *вчт* не обладающий типом объект; пустой объект || не обладающий типом, пустой 3. просвет внутри литеры
voiding *фтт* образование пор
  Kirkendall ~ образование пор за счёт эффекта Киркендалла
volatile 1. энергозависимый; не сохраняющий информацию при отключении питания (*напр. о памяти*) 2. летучее [легко испаряющееся] вещество || летучий, легко испаряющийся 3. изменчивый
volatility 1. энергозависимость; неспособность сохранять информацию при отключении питания (*напр. о памяти*) 2. летучесть, легкая испаряемость 3. изменяемость; скорость изменений (*напр. файла*)
  high ~ высокая изменяемость; высокая скорость изменений (*напр. файла*)
volt вольт, В ◊ **~s ac** переменное напряжение в вольтах; **~s dc** постоянное напряжение в вольтах; **~ per meter** вольт на метр, В/м
  dc working ~s постоянное напряжение в вольтах
  electron ~ электрон-вольт, эВ ($1{,}60219 \cdot 10^{-19}$ Дж)
  international ~ международный вольт (1,00035 В)
  terminal ~s напряжение на зажимах
  working ~s dc постоянное напряжение в вольтах
voltage напряжение, разность потенциалов 2. потенциал ◊ **across** напряжение на (*напр. зажимах*); **to ground** напряжение относительно земли
  ac ~ переменное напряжение
  accelerating [acceleration] ~ ускоряющее напряжение
  active ~ активное напряжение
  actuating ~ управляющее напряжение, напряжение управления
  allowable ~ допустимое напряжение
  alternating ~ переменное напряжение
  anode ~ напряжение анода, анодное напряжение
  anode breakdown ~ анодное напряжение возникновения разряда при нулевом потенциале всех остальных электродов (*в тиратроне тлеющего разряда*)
  anode-(to-)cathode ~ напряжение анод — катод
  applied ~ приложенное напряжение
  arc ~ напряжение на дуге
  arc-drop ~ 1. анодное напряжение ртутного вентиля в проводящую часть периода 2. напряжение на дуге
  asymptotic breakdown ~ асимптотическое пробивное напряжение (*диэлектрика*)
  avalanche (breakdown) ~ напряжение лавинного пробоя
  average ~ среднее напряжение
  back ~ 1. обратное напряжение 2. противоэлектродвижущая сила, противоэдс
  balanced ~s уравновешенные (противофазные) напряжения
  barrier ~ напряжение отпирания p — n-перехода
  base ~ напряжение базы, базовое напряжение
  baseband ~ напряжение модулирующего сигнала
  base-to-emitter ~ напряжение база — эмиттер
  bath ~ напряжение анод — катод в электролитической ванне
  bias ~ напряжение смещения
  birefringence threshold ~ пороговое напряжение возникновения дву(луче)преломления (*в жидких кристаллах*)
  black-out ~ напряжение гашения (*напр. электронного луча*)
  blanking ~ 1. запирающее напряжение 2. *тлв* напряжение гашения (*луча*)
  blocking ~ 1. блокирующее напряжение 2. запирающее напряжение
  blue video ~ напряжение видеосигнала синего основного цвета
  booster ~ *тлв* напряжение вольтодобавки
  branch ~ напряжение ветви
  breakdown ~ 1. пробивное напряжение, напряжение пробоя 2. напряжение туннельного пробоя p — n-перехода
  breakover ~ напряжение включения (*тиристора*)
  bridge supply ~ напряжение (электро)питания (измерительного) моста
  bucking ~ противодействующее напряжение
  built-in ~ 1. контактная разность потенциалов 2. *пп* потенциал поля p — n-перехода
  bus ~ напряжение на шине
  calibration ~ калибровочное напряжение
  capacitor ~ напряжение на конденсаторе
  catcher ~ напряжение выходного резонатора (*многорезонаторного клистрона*)
  cathode ~ напряжение катода, катодное напряжение
  cathode sheath ~ катодное падение напряжения (*в тлеющем разряде*)
  cathode storage-element equilibrium ~ первый критический потенциал мишени (*запоминающей ЭЛТ*)
  cell ~ эдс гальванического элемента (*первичного элемента, аккумулятора или топливного элемента*)
  charge ~ зарядное напряжение
  circuit ~ напряжение (электрической) сети
  clamp ~ напряжение уровня фиксации
  clock ~ напряжение синхронизации
  closed-circuit ~ напряжение в замкнутой цепи
  coercive ~ коэрцитивная сила сегнетоэлектрика
  collector ~ напряжение коллектора, коллекторное напряжение
  collector breakdown ~ пробивное напряжение коллектора
  collector storage-element equilibrium ~ второй критический потенциал мишени (*запоминающей ЭЛТ*)
  collector-to-base ~ напряжение коллектор — база

voltage

collector-to-emitter ~ напряжение коллектор — эмиттер
color ~ *тлв* напряжение сигнала цветности
commercial-frequency ~ напряжение промышленной частоты
common-mode ~ синфазное напряжение, напряжение синфазного сигнала (*в дифференциальном усилителе*)
commutating ~ коммутирующее напряжение
compensating ~ компенсирующее напряжение
complex ~ комплексное напряжение
compliance ~ диапазон изменения выходного напряжения стабилизированного источника тока
composite controlling ~ действующее управляющее напряжение (*многосеточной лампы*)
computer ~ напряжение (электро)питания компьютера
constant ~ **1.** неизменяющееся постоянное напряжение **2.** стабилизированное напряжение
contact ~ контактная разность потенциалов
control ~ управляющее напряжение, напряжение управления
control-circuit ~ напряжение управления магнитного усилителя
convergence ~ *тлв* напряжение сведения лучей
corona start ~ напряжение возникновения коронного разряда
counter ~ противодействующее напряжение
crest ~ максимальное напряжение; амплитуда напряжения
critical ~ **1.** критическое напряжение **2.** напряжение возникновения разряда (*газоразрядного прибора*) **3.** критическое анодное напряжение (*магнетрона*)
critical anode ~ анодное напряжение возникновения разряда при нулевом потенциале всех остальных электродов (*в тиратроне тлеющего разряда*)
critical grid ~ сеточное напряжение возникновения разряда (*газоразрядного прибора*)
crossover ~ **1.** потенциал электронного пучка в кроссовере **2.** критический потенциал мишени (*запоминающей ЭЛТ*)
current-resistance ~ активное напряжение
cutoff ~ **1.** напряжение отсечки (*электровакуумного прибора*) **2.** запирающее напряжение (*ЭЛТ*) **3.** критическое анодное напряжение (*магнетрона*)
dc ~ постоянное напряжение
decelerating ~ тормозящее напряжение
decomposition ~ напряжение разложения (*при электролизе*)
deflecting ~ отклоняющее напряжение
derivative ~ напряжение на выходе схемы дифференцирования
dielectric breakdown ~ пробивное напряжение диэлектрика
differential-mode ~ противофазное напряжение, напряжение противофазного сигнала (*в дифференциальном усилителе*)
dipole (barrier) ~ разность потенциалов на двойном электрическом слое
direct ~ постоянное напряжение
discharge ~ напряжение пробоя, пробивное напряжение
disruptive discharge ~ напряжение разрушающего пробоя

domain ~ *пп* напряжение на домене (*в диоде Ганна*)
drain ~ напряжение стока (*полевого транзистора*)
driving ~ **1.** напряжение возбуждения **2.** напряжение запускающего сигнала
drop-away [drop-out] ~ напряжение отпускания (*реле*)
effective ~ действующее напряжение
electric ~ электрическое напряжение
electrode ~ напряжение электрода
emitter ~ напряжение эмиттера, эмиттерное напряжение
equilibrium ~ **1.** равновесное напряжение **2.** равновесный потенциал мишени (*запоминающей ЭЛТ*)
error ~ напряжение сигнала рассогласования
excess ~ **1.** избыточное напряжение **2.** перенапряжение
excess domain ~ *пп* избыточное напряжение на домене (*в диоде Ганна*)
excitation ~ напряжение возбуждения
extinction ~ напряжение прекращения разряда (*в газоразрядном приборе*)
extinguishing ~ напряжение прекращения разряда (*в газоразрядном приборе*)
extra-high ~ сверхвысокое напряжение (*свыше 350 кВ*)
Faraday ~ эдс самоиндукции
field ~ напряжение возбуждения
filament ~ напряжение накала
final ~ конечное разрядное напряжение (*аккумулятора*)
firing ~ напряжение возникновения разряда (*в газоразрядном приборе*)
first breakdown ~ *пп* напряжение первичного пробоя
first crossover ~ первый критический потенциал мишени (*запоминающей ЭЛТ*)
flashback ~ напряжение обратного зажигания (*в газоразрядном приборе*)
flashover ~ поверхностное пробивное напряжение (*диэлектрика*)
flat-band ~ *пп* напряжение, соответствующее плоским (энергетическим) зонам
floating ~ плавающий потенциал
fluctuation ~ напряжение флуктуаций
flyback ~ *тлв* амплитуда импульса обратного хода
focusing ~ фокусирующее напряжение
formation ~ напряжение формовки (*при анодировании*)
forming ~ *пп* напряжение формовки
forward ~ прямое напряжение
forward breakover ~ напряжение включения (*тиристора*)
forward gate ~ напряжение включения (*тиристора*) по управляющему электроду
fuel-cell ~ эдс топливного элемента
gate ~ **1.** напряжение затвора (*полевого транзистора*) **2.** напряжение управляющего электрода (*тиристора*)
gate nontrigger ~ неотпирающее напряжение на управляющем электроде (*тиристора*)
gate trigger ~ отпирающее напряжение на управляющем электроде (*тиристора*)

voltage

gate turn-off ~ запирающее напряжение на управляющем электроде (*тиристора*)
generated ~ электродвижущая сила, эдс
gradient-established storage-element equilibrium ~ второй критический потенциал мишени (*запоминающей ЭЛТ*)
green-video ~ напряжение видеосигнала зелёного основного цвета
grid ~ напряжение сетки, сеточное напряжение
half-wave ~ полуволновое напряжение (*электро-оптического модулятора*)
Hall ~ напряжение Холла, холловское напряжение
heater ~ напряжение подогревателя
high ~ высокое напряжение
high-level ~ *вчт* напряжение высокого уровня
holding ~ напряжение в открытом состоянии (*тиристора*)
ignition ~ напряжение возникновения разряда (*в газоразрядном приборе*)
impressed ~ приложенное напряжение
induced ~ наведённое напряжение
inflection-point ~ напряжение в точке перегиба характеристики (*двухбазового или туннельного диода*)
initial ~ начальное напряжение короткого замыкания (*электрической батареи*)
initial inverse ~ максимальное обратное анодное напряжение в начале непроводящей части периода (*в выпрямителе*)
injected ~ 1. входное напряжение 2. приложенное напряжение
in-phase ~ синфазное напряжение
input ~ входное напряжение
input error ~ входное напряжение рассогласования
interference ~ напряжение помехи
internal correction ~ разность между действующим и внешним анодным напряжением (*электровакуумного диода*)
inverse ~ обратное напряжение
ionization ~ ионизационный потенциал
junction ~ *пп* напряжение на переходе
keep-alive ~ напряжение предионизации
kickback ~ амплитуда обратного выброса напряжения (*на индуктивности*)
line ~ 1. линейное напряжение 2. напряжение (*электрической*) сети
link ~ напряжение хорды (*графа*)
load ~ напряжение на нагрузке
logical-threshold ~ напряжение логического порога
low-level ~ *вчт* напряжение низкого уровня
magnetron critical ~ критическое анодное напряжение магнетрона
mains ~ напряжение (*электрической*) сети
maintaining ~ напряжение поддержания разряда (*газоразрядного прибора*)
mask ~ *тлв* потенциал маски
minimum off-state ~ минимальное напряжение в закрытом состоянии (*тиристора*)
neutralizing ~ напряжение нейтрализации (*обратной связи*)
node ~ узловой потенциал
node-to-datum ~ узловой потенциал относительно опорного узла

noise ~ шумовое напряжение
no-load ~ напряжение холостого хода
nominal ~ номинальное напряжение
offset ~ входное напряжение смещения нуля (*операционного усилителя*)
off-load ~ напряжение холостого хода
off-state ~ напряжение в закрытом состоянии (*тиристора*)
on-load ~ напряжение в замкнутой цепи
on-state ~ напряжение в открытом состоянии (*тиристора*)
open-circuit ~ напряжение холостого хода
operating ~ рабочее напряжение
oscillating ~ осциллирующее напряжение
out-of-balance ~s неуравновешенные (противофазные) напряжения
out-of-phase ~ несинфазное напряжение
output ~ выходное напряжение
output offset ~ выходное напряжение смещения нуля (*операционного усилителя*)
pace ~ шаговое напряжение
peak ~ максимальное напряжение
peak inverse ~ максимальное обратное напряжение
peak-point ~ 1. напряжение пика, напряжение включения (*двухбазового диода*) 2. напряжение пика (*туннельного диода*)
peak reverse ~ максимальное обратное напряжение
peak-to-peak ~ двойная амплитуда напряжения; размах напряжения
periodic ~ периодическое напряжение
permissible ~ допустимое напряжение
phase ~ фазное напряжение
photoelectric ~ фотоэлектродвижущая сила, фотоэдс
pickup ~ 1. напряжение выходного сигнала измерительного преобразователя, напряжение выходного сигнала датчика 2. *тлв* напряжение камерного сигнала 3. напряжение срабатывания (*реле*)
pinch-off ~ напряжение отсечки (*полевого транзистора*)
plate ~ напряжение анода, анодное напряжение
polarizing [poling] ~ поляризующее напряжение
primary ~ 1. первичное напряжение, напряжение на первичной обмотке (*трансформатора*) 2. эдс первичного элемента
principal ~ основное напряжение (*тиристора*)
projected peak-point ~ напряжение раствора (*двухбазового или туннельного диода*)
psophometric ~ *тлф* псофометрическое напряжение
pull-in ~ напряжение срабатывания (*реле*)
pulsating ~ пульсирующее напряжение
pump ~ напряжение (сигнала) накачки
punch-through ~ *пп* напряжение смыкания, напряжение прокола базы
puncture ~ пробивное напряжение, напряжение пробоя
push-pull ~s уравновешенные (противофазные) напряжения
push-push ~s напряжения проводников симметричной двухпроводной линии относительно земли
rail ~ напряжение (электро)питания

voltage

rated ~ номинальное напряжение
rated impulse withstand ~ максимально допустимое импульсное напряжение
reactive ~ реактивное напряжение
rectified ~ выпрямленное напряжение
rectifier-load ~ (полное) напряжение на нагрузке выпрямителя
red video ~ напряжение видеосигнала красного основного цвета
reference ~ опорное напряжение
reflector ~ напряжение отражателя (*клистрона*)
reignition ~ напряжение повторного возникновения разряда (*в газоразрядном приборе*)
residual ~ остаточное напряжение
resistance ~ активное напряжение
resonance ~ резонансное напряжение
reverse ~ обратное напряжение
reverse-bias ~ напряжение обратного смещения
reverse-bias breakdown ~ напряжение обратного пробоя
ripple ~ напряжение пульсаций
root-mean-square ~ действующее напряжение
saturation ~ напряжение насыщения
sawtooth ~ пилообразное напряжение
scanning ~ напряжение развёртки
screen-grid ~ напряжение экранирующей сетки
secondary ~ 1. вторичное напряжение, напряжение на вторичной обмотке (*трансформатора*) 2. эдс аккумулятора
secondary-emission crossover ~ первый критический потенциал мишени (*запоминающей ЭЛТ*)
second-crossover ~ второй критический потенциал мишени (*запоминающей ЭЛТ*)
self-breakdown [self-firing] ~ напряжение самопробоя
self-induction ~ эдс самоиндукции
shot-noise ~ напряжение дробового шума
signal ~ напряжение сигнала
single-ended input ~ напряжение на несимметричном входе
single-ended output ~ напряжение на несимметричном выходе
sinusoidal ~ синусоидальное напряжение
source ~ 1. напряжение (электро)питания 2. напряжение сигнала 3. напряжение истока (*полевого транзистора*)
square-wave ~ напряжение в форме меандра
stabilized ~ стабилизированное напряжение
staircase ~ напряжение ступенчатой формы
starter breakdown ~ напряжение возникновения разряда по управляющему электроду (*газоразрядного прибора*)
starting ~ напряжение начала счёта (*газового ионизационного детектора*)
step ~ перепад напряжения, ступенька напряжения
storage-element equilibrium ~ второй критический потенциал мишени (*запоминающей ЭЛТ*)
supply ~ напряжение (электро)питания
surge ~ перенапряжение
sweep ~ напряжение развёртки
swing ~ двойная амплитуда напряжения; размах напряжения
switching ~ коммутирующее напряжение
synchronous~ напряжение синхронизма (*в ЛБВ*)

tank ~ напряжение анод — катод электролитической ванны
target ~ *тлв* потенциал мишени
temperature ~ температурный потенциал
thermocouple ~ эдс термоэлемента
thermoelectric ~ термоэлектродвижущая сила, термоэдс
threshold ~ пороговое напряжение
time-base ~ напряжение развёртки
touch ~ напряжение прикосновения
tree-branch ~ напряжение ветви дерева (*графа*)
tunnel breakdown ~ напряжение туннельного пробоя
ultrahigh ~ ультравысокое напряжение
unit step ~ единичный перепад напряжения, единичная ступенька напряжения
valley ~ напряжение впадины (*двухбазового или туннельного диода*)
variable ~ регулируемое напряжение
working ~ рабочее напряжение
Zener ~ напряжение туннельного пробоя $p - n$-перехода

voltaic гальванический, вольтаический
voltameter куло(но)метр
volt-ammeter вольтамперметр
volt-ampere вольт-ампер, В·А
voltmeter вольтметр
absolute ~ абсолютный вольтметр
correlating ~ корреляционный вольтметр
crest ~ амплитудный [пиковый] вольтметр
differential ~ дифференциальный вольтметр
digital ~ цифровой вольтметр
electrodynamic ~ электродинамический вольтметр
electronic ~ электронный вольтметр
electrostatic ~ электростатический вольтметр
expanded-scale ~ вольтметр с растянутой шкалой
frequency selective ~ селективный вольтметр
high-resistance ~ высокоомный вольтметр
hot-wire ~ тепловой вольтметр
induction ~ электродинамический вольтметр
integrating digital ~ интегрирующий цифровой вольтметр
mirror ~ зеркальный вольтметр
moving-iron ~ магнитоэлектрический вольтметр с подвижным магнитом
peak(-reading) ~ амплитудный [пиковый] вольтметр
phase vector ~ измеритель амплитуды и фазы напряжения; векторметр
recording ~ самопишущий вольтметр
rectifier ~ вольтметр с выпрямителем
reflecting ~ зеркальный вольтметр
selective ~ селективный вольтметр
slide-back ~ компенсационный вольтметр
solid-state ~ полупроводниковый вольтметр
thermocouple ~ термоэлектрический вольтметр
tuned ~ селективный вольтметр
vacuum-tube ~ ламповый вольтметр
valve ~ ламповый вольтметр
voltmeter-ammeter вольтамперметр
volt-ohmmeter вольтомметр
electronic ~ электронный вольтомметр
volume 1. объём 2. громкость; уровень громкости 3. регулятор громкости 4. волюм (*единица мощно-*

сти *речевых сигналов*) **5.** *вчт* том, физическая единица запоминающей среды (*напр. пакет жёстких дисков, дискета, магнитная лента и др.*)
audio ~ громкость
auxiliary control ~ вспомогательный управляющий том
call ~ *тлф* интенсивность потока вызовов
coherence ~ *кв. эл.* объём когерентности
compressed ~ объём сжатого сигнала
control ~ управляющий том
dialog ~ громкость диалогов (*напр. в компьютерных играх*)
discharge ~ разрядный объём
interactive ~ объём взаимодействия
locked ~ *вчт* заблокированный том
logical ~ *вчт* логический том
main ~ **1.** общий регулятор громкости **2.** *вчт* контроллер «абсолютная громкость», MIDI-контроллер № 7
music ~ громкость музыкального сопровождения (*напр. в компьютерных играх*)
overall ~ общий регулятор громкости
phase-space ~ *кв. эл.* объём в фазовом пространстве
physical ~ *вчт* физический том
scan ~ *рлк* объём пространства сканирования
scattering ~ рассеивающий объём
sensitive ~ чувствительный объём (*напр. детектора излучения*)
sound effect ~ громкость звуковых эффектов (*напр. в компьютерных играх*)
speech ~ уровень речевого сигнала
storage ~ том, физическая единица запоминающей среды
system residence ~ резидентный том системы
volumetric объёмный
volute спираль ‖ спиральный
vordac система «Вордак» (*угломерно-дальномерная радионавигационная система*)
vortac система «Вортак» (*угломерно-дальномерная радионавигационная система*)
vortex вихрь ‖ вихревой
bounded ~s связанные вихри
flux-quantum ~ *свпр* флюксоид, квантованный вихрь потока
free ~ свободный вихрь
Josephson ~ *свпр.* джозефсоновский вихрь
quantized ~ *свпр* флюксоид, квантованный вихрь потока
trapped ~ *свпр* захваченный вихрь
transient ~ нестационарный вихрь
vortical вихревой
vortices *pl* от **vortex**
bounded ~ связанные вихри
vorticity **1.** завихрённость **2.** ротор (*вектора*)
VOS язык программирования VOS, процедурный язык для приложений компьютерной телефонии
voting голосование (*1. процедура определения мнения коллектива людей 2. алгоритм объединения нейронных сетей*)
electronic ~ электронное голосование
vowel **1.** гласный (звук) **2.** обозначающая гласный (звук) буква
back ~ заднеязычный гласный, гласный заднего ряда
front ~ переднеязычный гласный, гласный переднего ряда

thematic ~ конечный гласный основы (*слова*)
voxel *вчт* элемент трёхмерного [объёмного] изображения, воксел
VRAM (двухпортовая) оперативная видеопамять на ячейках DRAM, оперативная видеопамять типа VRAM
cached ~ кэшированная (двухпортовая) оперативная видеопамять на ячейках DRAM, оперативная видеопамять типа CVRAM
EDO ~ *см.* **extended data output VRAM**
extended data output ~ (двухпортовая) оперативная видеопамять на ячейках DRAM с увеличенным временем доступности выходных буферов данных, оперативная видеопамять типа EDO VRAM
synchronous ~ синхронная (двухпортовая) оперативная видеопамять на ячейках DRAM, оперативная видеопамять типа SVRAM
vulcanite эбонит
vulnerability уязвимость
information system ~ уязвимость информационной системы
product ~ уязвимость продуктов (*напр. программ*)
vulnerable уязвимый
vxd расширение имени файла виртуального драйвера устройства (*для операционных систем семейства Windows*)

W

W (допустимое) буквенное обозначение *i*-го ($2 \leq i \leq 26$) логического диска, съёмного устройства памяти или компакт-диска (*в IBM-совместимых компьютерах*)
w:
munching ~s' *вчт проф.* «жующие даблью» (*галлюциногенное изображение*)
wafer **1.** пластина (*1. тонкий диск с плоскопараллельными поверхностями 2. микр. пластина (круглой или прямоугольной формы) для изготовления ИС 3. подложка, подложечная пластина; плата*) **2.** галета (*напр. переключателя*) **3.** (тонкая) шайба
active-device ~ пластина с активными приборами
bumped ~ пластина со столбиковыми выводами
capacitor ~ пластина с конденсаторами
crystal(line) ~ кристаллическая пластина
diffused ~ (полупроводниковая) пластина, подвергнутая диффузии
end ~ торцевая плата
epitaxial ~ подложка с эпитаксиальной плёнкой
grown-junction ~ (полупроводниковая) пластина с выращенными переходами
IC ~ *см.* **integrated circuit wafer**
integrated circuit ~ пластина с ИС
magnetic ~ **1.** магнитная пластина **2.** магнитная подложка
magnetic garnet epitaxial ~ подложка с эпитаксиальной плёнкой магнитного граната
master-slice ~ пластина с базовыми кристаллами
microcircuit ~ пластина с ИС

microelement ~ пластина с интегральными компонентами
multiepitaxial ~ подложка с многослойной эпитаксиальной структурой
n/n⁺ [n-on-n⁺] ~ подложка n^+-типа с эпитаксиальной плёнкой n-типа
photoresist-coated ~ пластина с нанесённым фоторезистом
planar ~ плоскопараллельная пластина
polycrystalline ~ поликристаллическая пластина
processed ~ обработанная пластина
quartz ~ кварцевая пластина
raw ~ необработанная пластина
resistor ~ пластина с резисторами
semiconductor ~ полупроводниковая пластина
silicon ~ кремниевая пластина
single-crystal ~ монокристаллическая пластина
slab ~ прямоугольная пластина
solder ~ шайба припоя
stacked ~s этажерочный модуль из пластин
substrate ~ подложка, подложечная пластина
uncommutated ~ пластина с базовыми кристаллами
virgin ~ 1. необработанная пластина 2. исходная пластина

waffle 1. галета (*напр. катушки индуктивности*) 2. кассета с ячейками
  substrate ~ кассета для подложек

wah-wah *вчт* пропускание звукового сигнала через полосовой фильтр с периодически изменяющейся центральной частотой, *проф.* «вау-вау» (*цифровой звуковой спецэффект*)

waist шейка; сужение; горловина

wait 1. ожидание ǁ ожидать; ждать 2. время ожидания 3. откладывание; задержка; пауза ǁ откладывать; задерживать; делать паузу
  ~ **for key** *вчт* ожидание ключа
  terminal I/O ~ ожидание ввода-вывода от терминала

waiting 1. ожидание ǁ ожидающий 2. время ожидания 3. режим ожидания 4. откладывание; задержка; пауза ǁ откладываемый; отложенный; задерживаемый; попадающий в паузу
  call ~ *тлф* ожидание вызова, режим ожидания возможности установления соединения
  message ~ ожидание сообщения
  page ~ ожидание страницы

wake *вчт* 1. возобновление (*процесса обработки данных или исполнения программы после режима ожидания*) ǁ возобновлять (*процесс обработки данных или исполнения программы после режима ожидания*) 2. активизация (*аппаратного средства*); перевод в режим номинального энергопотребления (*после режима ожидания*) ǁ активизировать (*аппаратное средство*); переводить в режим номинального энергопотребления (*после режима ожидания*) 3. побудка ǁ будить ◊ ~ **up** 1. возобновлять (*процесс обработки данных или исполнения программы после режима ожидания*) 2. активизировать (*аппаратное средство*); переводить в режим номинального энергопотребления (*после режима ожидания*)

wake-up *вчт* 1. возобновление (*процесса обработки данных или исполнения программы после режима ожидания*) ǁ возобновлять (*процесс обработки данных или исполнения программы после режима ожидания*) 2. активизация (*аппаратного средства*); перевод в режим номинального энергопотребления (*после режима ожидания*) ǁ активизировать (*аппаратное средство*); переводить в режим номинального энергопотребления (*после режима ожидания*)) 3. побудка; пробуждение ǁ будить; пробуждаться 4. будильник

waldo *вчт* метасинтаксическая переменная

walk 1. маршрут (*в графе*) 2. блуждание; беспорядочные движения *или* перемещения ǁ блуждать; совершать беспорядочные движения *или* перемещения 3. уход; смещение; дрейф ǁ уходить; смещаться; испытывать дрейф
  ~ **of length L** маршрут длины L
  closed ~ замкнутый маршрут
  cyclic random ~ циклическое случайное блуждание
  directed ~ ориентированный маршрут
  Euler(ian) ~ эйлеров маршрут
  frequency ~ уход частоты
  Hamilton(ian) ~ гамильтонов маршрут
  Laplace random ~ лапласово случайное блуждание
  n-dimensional random ~ n-мерное случайное блуждание
  open ~ открытый маршрут
  plane random ~ случайное блуждание на плоскости
  random ~ случайное блуждание, случайные блуждания
  random ~ **in space** случайное блуждание в пространстве
  random ~ **with absorbing barriers** случайное блуждание с поглощающими барьерами
  random ~ **with drift** случайное блуждание с дрейфом
  random ~ **with mortality** случайное блуждание с исчезновением
  random ~ **with retaining barriers** случайное блуждание с удерживающими барьерами
  self-avoiding ~ случайное блуждание без самопересечений, несамопересекающееся случайное блуждание
  self-intersecting ~ случайное блуждание с самопересечениями, самопересекающееся случайное блуждание
  stochastic ~ случайное блуждание
  surface range ~ *рлк* смещение элемента разрешения по горизонтальной дальности

walkie-lookie портативная телевизионная камера
walkie-talkie портативная дуплексная радиостанция
walking 1. проход (*напр. по маршруту*) 2. блуждание; беспорядочные движения *или* перемещения ǁ блуждающий; совершающий беспорядочные движения *или* перемещения 3. уход; смещение; дрейф

Walkman *фирм.* портативный (стереофонический) кассетный магнитофон; портативный радиоприёмник (*с наушниками*)

walk-out увеличение пробивного напряжения полупроводниковых приборов после многократного лавинного пробоя

walkthrough 1. пошаговая демонстрация процедуры, процесса *или* явления 2. *вчт* пошаговый разбор; сквозной контроль (*напр. исходного текста про-*

граммы) **3.** проход камеры (*1. операторский приём при съёмке теле- или кинофильмов 2. проникновение, показ изнутри и перемещение внутри трёхмерных объектов в компьютерной графике и компьютерных играх*) **4.** *тлв* предварительная репетиция сцен *или* эпизодов фильма *или* спектакля (*без съёмки*) **5.** просвечивающий (*напр. микроскоп*)

  design ~ сквозной контроль разработки
  structural ~ пошаговый структурный разбор (*программы*)

wall 1. стена; стенка || окружать стен(к)ой; разделять стен(к)ой **2.** доменная граница, доменная стенка **3.** оболочка **4.** барьер; преграда; средство *или* средства защиты **5.** команда массовой рассылки сообщений (*в UNIX*)

  asymmetrical (domain) ~ асимметричная доменная граница
  Bloch (domain) ~ доменная граница Блоха, блоховская доменная граница
  bubble domain ~ доменная граница ЦМД
  capped (domain) ~ замыкающая доменная граница
  charged (domain) ~ заряженная доменная граница
  complex (domain) ~ сложная доменная граница
  conducting ~ проводящая стенка
  containment ~ герметизирующая оболочка
  cross-tie (domain) ~ доменная граница с поперечными связями
  curtain ~ перегородка
  divide ~ перегородка
  domain ~ доменная граница, доменная стенка
  end ~ торцевая стенка
  external groove side ~ внешняя стенка канавки записи
  fire ~ *вчт* брандмауэр, средства защиты от несанкционированного доступа в локальную сеть
  hard (domain) ~ жёсткая доменная граница
  head-to-head (domain) ~ доменная граница между доменами с встречным направлением намагниченности
  heavy (domain) ~ тяжёлая доменная граница
  internal groove side ~ внутренняя стенка канавки записи
  meander-shaped (domain) ~ доменная граница в форме меандра
  Néel (domain) ~ доменная граница Нееля, неелевская доменная граница
  normal (domain) ~ мягкая доменная граница
  partition ~ перегородка
  planar (domain) ~ плоская доменная граница
  side ~ боковая стенка
  S-N (domain) ~ доменная граница между сверхпроводящим и нормальным металлом, S-N-граница
  soft (domain) ~ мягкая доменная граница
  superconducting metal-normal metal (domain) ~ доменная граница между сверхпроводящим и нормальным металлом, S-N-граница
  symmetrical (domain) ~ симметричная доменная граница
  T (domain) ~ двойниковая доменная граница, Т-граница
  twin (domain) ~ двойниковая доменная граница, Т-граница
  twisted (domain) ~ скрученная доменная граница
  zigzag (domain) ~ зигзагообразная доменная граница
  90° (domain) ~ 90-градусная доменная граница
  180° (domain) ~ 180-градусная доменная граница

wallet бумажник
  electron ~ электронный бумажник, устройство в форме бумажника для электронных денежных расчётов
  wireless ~ электронный радиобумажник (*напр. стандарта BlueTooth*), устройство в форме бумажника для электронных денежных расчётов по системе радиосвязи

wallpaper *вчт проф.* «обои» (*1. узор рабочего стола* (*в операционных системах с графическим интерфейсом пользователя*) *2. распечатка длинной программы на рулонной бумаге*)

WAM язык описания абстрактной машины Уоррена, язык WAM

wamoscope электронно-лучевая трубка СВЧ-диапазона

wand 1. миниатюрный (стержнеобразный) сканер для считывания кодированной *или* текстовой информации (*напр. на товарных изделиях*) **2.** палочка; прут **3.** щуп; пробник; зонд
  fuser ~ плавящий валик (*в лазерных принтерах*)
  light ~ световая указка
  magic ~ *вчт* волшебная палочка (*1. инструмент для глобального выделения однородно окрашенных фрагментов изображения 2. средство трансформации объектов в компьютерных играх*)
  optical ~ световая указка
  optical character ~ миниатюрный (стержнеобразный) сканер для считывания кодированной *или* текстовой информации
  optical reader ~ миниатюрный (стержнеобразный) сканер для считывания штриховых кодов
  reader ~ миниатюрный (стержнеобразный) сканер для считывания штриховых кодов
  tuning ~ отвёртка из немагнитного материала (*для регулировки подстроечных конденсаторов и сердечников катушек индуктивности*)

wander 1. блуждание; беспорядочные движения *или* перемещения || блуждать; совершать беспорядочные движения *или* перемещения **2.** уход; смещение; дрейф || уходить; смещаться; испытывать дрейф **3.** *рлк* мерцание отметки цели
  dc ~ дрейф постоянной составляющей
  target ~ *рлк* мерцание отметки цели

wandering 1. блуждание; беспорядочные движения *или* перемещения || блуждающий; совершающий беспорядочные движения *или* перемещения **2.** уход; смещение; дрейф **3.** *рлк* мерцание отметки цели

wane 1. (плавное) уменьшение; убывание; спад || (плавно) уменьшаться; убывать; спадать **2.** луна в фазе между новолунием и первой четвертью; молодой месяц **3.** *проф.* закрывающая круглая скобка, символ)

want 1. недостаток; нехватка || испытывать недостаток или нехватку **2.** необходимость || испытывать необходимость

wanting 1. недостающий; отсутствующий **2.** нуждающийся

war

war война || вести войну || военный
  bot ~ война сетевых программ-роботов
  cryptography ~ криптографическая война
  Dick Size ~ *вчт* бессодержательная *или* неконструктивная дискуссия в сети
  flame ~ *вчт* обмен сообщениями оскорбительного *или* провокационного содержания; война электронных дебоширов (*напр. в электронных форумах*)
  holy ~**s** обусловленные личными пристрастиями бурные дискуссии не по существу проблемы, *проф.* священные войны
  penis ~ *вчт* бессодержательная *или* неконструктивная дискуссия в сети
  push-button ~ *проф.* «кнопочная» война
warble 1. качание частоты || качать частоту 2. производство периодически изменяющегося по частоте и высоте тона звукового сигнала || производить периодически изменяющийся по частоте и высоте тона звуковой сигнал
war-chalker *вчт* наносящий мелом условные знаки для обозначения мест беспрепятственного несанкционированного проникновения в локальные сети с радиодоступом
war-chalking *вчт* нанесение мелом условных знаков для обозначения мест беспрепятственного несанкционированного проникновения в локальные сети с радиодоступом
wardialer 1. (хакерская) программа для определения телефонных номеров, использующих модемную связь 2. (хакерская) программа для определения пароля методом перебора символов
ware 1. изделия; продукты производства; продукция 2. *pl* товары
  donation ~ (лицензированное) условно-бесплатное программное обеспечение, свободно распространяемое программное обеспечение с ограничением времени использования
warehouse склад; хранилище
  automated ~ автоматизированный склад
  computer-controlled ~ автоматизированный склад с компьютерным управлением
  data ~ хранилище данных
  knowledge ~ хранилище знаний
  robotized ~ роботизированный склад
warehousing 1. складирование 2. создание складов; организация хранилищ
  data ~ организация хранилищ данных
warfare война; военные действия
  economic ~ экономическая война
  electronic ~ радиоэлектронная война, радиоэлектронное подавление и противодействие радиоэлектронному подавлению со стороны противника
  missile electronic ~ радиоэлектронная война с использованием ракетных средств
  robot ~ война роботов
warhead боеголовка
  smart ~ интеллектуальная боеголовка
waria логопериодическая антенная решётка для дальней связи в диапазоне 2 — 32 МГц
warm нагрев; подвод тепла || нагревать(ся); подводить тепло || нагретый; тёплый
warming нагрев; потепление || нагретый; тёплый
  electrical ~ электрический нагрев
  global ~ глобальное потепление
warm-up 1. прогрев (*аппаратуры*) прогревать (*аппаратуры*) 2. время прогрева (*аппаратуры*)
warn 1. *рлк* обнаруживать (*напр. запуск баллистической ракеты*) 2. предупреждать; предостерегать
warner 1. *рлк* обнаружитель (*напр. запуска баллистической ракеты*) 2. предупреждающее устройство; (предупреждающий) сигнализатор
  collision ~ РЛС предупреждения столкновений
  illumination ~ (предупреждающий) сигнализатор подсвета цели
warning 1. *рлк* обнаружение (*напр. запуска баллистической ракеты*) 2. предупреждение; предостережение || предупредительный; предостерегающий (*напр. сигнал*) 3. предупредительная сигнализация
  airborne early ~ дальнее обнаружение бортовыми средствами
  audible ~ звуковая предупредительная сигнализация
  audible-visible ~ визуально-звуковая предупредительная сигнализация
  automatic ~ автоматическая предупредительная сигнализация
  danger ~ предупреждение об опасности
  distant early ~ дальнее обнаружение
  early ~ дальнее обнаружение
  microwave early ~ дальнее обнаружение в СВЧ-диапазоне
  radio ~ радиообнаружение
  storm ~ штормовое предупреждение
  virus ~ *вчт* предупреждение о возможности заражения вирусом
  visual ~ визуальная предупредительная сигнализация
warp коробление (*напр. магнитной ленты*); искривление (*напр. плоской поверхности*) || коробить(ся); искривлять(ся)
  ~ **of disk** коробление диска (*напр. магнитного*)
  magnetic tape ~ коробление магнитной ленты
  space ~ искривление пространства
  spatial ~ искривление пространства
  temporal ~ *проф.* искривление времени
  time ~ *проф.* искривление времени
warpage коробление (*напр. магнитной ленты*); искривление (*напр. плоской поверхности*)
warping коробление (*напр. магнитной ленты*); искривление (*напр. плоской поверхности*)
  image ~ искривление изображения
  picture ~ искривление изображения
  surface ~ искривление поверхности
warrant 1. санкционирование; разрешение || санкционировать; разрешать 2. полномочия; право на совершение определённых действий || предоставлять полномочия; давать право на совершение определённых действий 3. лицензия || выдавать лицензию 4. гарантия || гарантировать 5. свидетельство; удостоверение || свидетельствовать; удостоверять
  delivery ~ свидетельство о доставке
  travel ~ транспортная накладная
warrantable гарантируемый
warrantee обладатель гарантии
warrantor субъект, выдающий гарантию
warranty гарантия; гарантийное обязательство || выдавать гарантию

~ **of quality** гарантия качества
limited ~ гарантийное обязательство на определённый срок
manufacturer's ~ гарантия производителя, гарантия изготовителя
Wars:
  Star ~ Стратегическая оборонная инициатива, СОИ, *проф.* «звёздные войны»
wash промывка; отмывка; мойка ‖ промывать; отмывать; мыть
washer 1. установка (для) промывки *или* отмывки; моечная машина **2.** средство для промывки; моющее средство **3.** шайба; кольцевая прокладка
  automatic ~ автоматическая установка (для) промывки *или* отмывки
  bent ~ пружинная шайба
  check ~ пружинная шайба
  flat ~ плоская шайба
  horseshoe ~ быстросъёмная шайба с прорезью
  insulating ~ изолирующая шайба
  lock ~ стопорная шайба
  open ~ быстросъёмная шайба с прорезью
  slot ~ разрезная шайба
  spring ~ разрезная пружинная шайба
  substrate ~ установка (для) промывки *или* отмывки подложек
  tab ~ стопорная шайба
washing промывка; отмывка; мойка
  acid ~ промывка кислотным раствором
  alkaline ~ промывка щелочным раствором
  brush ~ отмывка щёткой; отмывка кистью
  hydromechanical ~ гидромеханическая отмывка
  ribbon ~ отмывка лентой
  roller ~ отмывка валиком
  substrate ~ отмывка подложек
watch 1. наблюдение; дежурство ‖ наблюдать, вести наблюдение; дежурить **2.** сторожевая *или* охранная система; система защиты; система обеспечения безопасности ‖ сторожить; охранять; защищать; обеспечивать безопасность **3.** наручные *или* карманные часы **4.** хронометр **5.** ждать; ожидать (*напр. сигнала*) ◊ ~ **TV** смотреть телевизор
  electronic wrist ~ электронные наручные часы
  listening ~ радионаблюдение, дежурство в эфире
  PC ~ встроенный в наручные часы персональный компьютер, наручные часы с персональным компьютером
  radio ~ радионаблюдение, дежурство в эфире
  solid-state ~ электронные часы
watchable заслуживающий просмотра (*о телевизионной программе*)
watchdog 1. сторожевая или охранная система; система защиты; система обеспечения безопасности **2.** система наблюдения; система контроля ‖ наблюдать; контролировать
  computer operating properly ~ система наблюдения за корректностью выполнения компьютерных программ
watchword пароль
water вода
  ~ **of crystallization** кристаллизационная вода
  ~ **of hydration** гидратная вода
  cleaning ~ промывочная вода
  conductivity ~ кондуктометрическая вода
  deionized ~ деионизованная вода

distilled ~ дистиллированная вода
electronic(-grade) ~ вода электронной чистоты
rinse ~ промывочная вода
service ~ техническая вода
wash ~ промывочная вода
watercolor акварель (*1. акварельная краска 2. рисунок, исполненный акварелью 3. фильтр графических редакторов для получения изображений в стиле акварели*)
waterload водяная поглощающая нагрузка (*для волноводов*)
watermark 1. водяной знак ‖ снабжать водяным знаком (*напр. в текстовых процессорах*) **2.** отметка уровня ‖ отмечать уровень **3.** (относительный) уровень запросов, отношение количества запросов к количеству работающих серверных приложений (*в мониторах транзакций*)
  digital ~ цифровой водяной знак (*напр. для защиты от копирования*)
  maximum ~ (относительный) пороговый уровень запросов, требующий запуска дополнительной копии серверного приложения
  minimum ~ (относительный) пороговый уровень запросов, допускающий закрытие одной из копий серверного приложения
watermarking 1. использование водяных знаков **2.** (пассивная) защита от копирования методом «водяных знаков» **3.** отметка уровня
waterproof придавать водонепроницаемость ‖ водонепроницаемый
waterproofing водонепроницаемость
water-repellent водоотталкивающий (*о покрытии*)
water-resistant стойкий (*о покрытии*)
watertight водонепроницаемый
water-tightness водонепроницаемость
watt ватт, Вт ◊ ~**s per steradian** ватт на стерадиан
  international ~ международный ватт (1,000165 Вт)
wattage потребляемая мощность (*в ваттах*)
watt-hour ватт-час, Вт·ч (3600 Дж)
wattless реактивный
wattmeter ваттметр
  astatic ~ астатический ваттметр
  compensated ~ компенсационный ваттметр
  delta-sigma ~ ваттметр с дельта-сигма-модемом
  digital ~ цифровой ваттметр
  electrodynamic ~ электродинамический ваттметр
  electronic ~ электронный ваттметр
  electrostatic ~ электростатический ваттметр
  ferrodynamic ~ ферродинамический ваттметр
  hot-wire ~ тепловой ваттметр
  induction ~ электродинамический ваттметр
  integrating ~ интегрирующий ваттметр, электрический счётчик
  panel ~ щитовой ваттметр
  ponderomotive force ~ пондеромоторный ваттметр
  radiation-pressure ~ ваттметр радиационного давления
  recording ~ самопишущий ваттметр
  single-phase ~ однофазный ваттметр
  thermal ~ тепловой ваттметр
  thermistor ~ терморезисторный ваттметр
  thermocouple ~ термоэлектрический ваттметр
  three-phase ~ трёхфазный ваттметр
watt-second джоуль, Дж
WAV 1. разработанный корпорацией Microsoft формат звуковых файлов, (файловый) формат WAV

wav

2. расширение имени звукового файла в формате WAV
wav расширение имени звукового файла в формате WAV
dot ~ расширение имени звукового файла в формате WAV
wave 1. волна || совершать волнообразное движение; участвовать в волновом процессе || волновой 2. графическое представление волнового процесса
~s **in plasma** волны в плазме
acoustic ~ акустическая волна (*1. звуковая волна; упругая волна 2. фтт акустическая мода, волна акустической ветви спектра*)
acoustic-gravity ~ акустогравитационная волна
acoustic surface ~ поверхностная акустическая волна, ПАВ
advancing ~ распространяющаяся волна
Alfven ~ альфвеновская волна
alpha ~ *бион.* альфа-волна (*быстрая ритмическая волна с частотой 8 — 12 Гц*)
amplitude-modulated ~ амплитудно-модулированная [AM-] волна
antiferromagnetic spin ~ спиновая волна в антиферромагнетике, антиферромагнон
arriving ~ приходящая волна
atmospheric (radio) ~ 1. ионосферная (радио) волна 2. (радио) волна, распространяющаяся за счёт рассеяния (*в ионосфере или тропосфере*)
back ~ 1. обратная волна 2. волна, соответствующая паузе (*в ЧМ-телеграфировании*)
background ~ опорная волна (*в голографии*)
backscattered ~ волна обратного рассеяния
backward ~ обратная волна
backward-scattered ~ волна обратного рассеяния
backward-traveling ~ 1. обратная волна 2. волна, распространяющаяся в прямом направлении
barometric ~ барометрическая волна
beam-excited ~ волна, возбуждённая пучком (*в электронно-лучевых СВЧ-приборах*)
beam-plasma ~ плазменно-пучковая волна
Bernstein ~ волна Бернштейна
beta ~ *бион.* бета-волна (*быстрая ритмическая волна с частотой 13 — 25 Гц*)
blast ~ взрывная волна
Bloch ~ 1. спиновая волна 2. функция Блоха, блоховская функция
bound ~s связанные волны
boundary ~ волна с критической частотой (*в волноводе*)
brain ~ волна, излучаемая мозгом
broadcast ~ сигнал радиовещательной станции; сигнал станции телевизионного вещания
bulk ~ *бион.* ритмическая волна
bulk acoustic ~ объёмная акустическая волна
capillary ~ капиллярная волна; рябь
carrier ~ несущая (*волна, амплитуда, частота или фаза которой подвергаются модуляции с целью передачи сигналов*)
centimeter ~s сантиметровые волны, СМВ (10 — 1 см)
charge-density ~ волна зарядовой плотности
circular electric ~ магнитная волна [H-волна] с электрическими силовыми линиями в форме концентрических окружностей (*напр. волна H_{01} в круглом волноводе*)

circularly polarized ~ круговополяризованная [циркулярно поляризованная] волна, волна с круговой [циркулярной] поляризацией
circular magnetic ~ электрическая волна [E-волна] с магнитными силовыми линиями в форме концентрических окружностей (*напр. волна E_{01} в круглом волноводе*)
clockwise-polarized ~ правоциркулярно поляризованная волна, волна с правой круговой [правоциркулярной] поляризацией
cnoidal ~ кноидальная волна
coherent interrupted ~ когерентная частотно-манипулированная волна
collective ~s *фтт* коллективные колебания, коллективные возбуждения
collisionless drift ~ бесстолкновительная дрейфовая волна
collisionless shock ~ бесстолкновительная ударная волна
complex ~ сложная волна
compression ~ волна сжатия
compression(al)-dilatational ~ волна сжатия — растяжения
compression(al) plane ~ 1. продольная волна сжатия 2. продольная (упругая) волна
concentration ~ волна концентрации; волна плотности
condensation ~ волна сжатия (*в газе*)
condensation-rarefaction ~ волна сжатия — разрежения (в *газе*)
confined ~ локализованная волна
constant(-amplitude) ~ незатухающая волна
continuous ~ незатухающая гармоническая волна
control ~ управляющий сигнал
convergent ~ сходящаяся волна
copolar ~ волна с основной поляризацией (*антенны*)
cosine ~ гармоническая волна
cosmic radio ~s волны космического радиоизлучения
counterclockwise polarized ~ левоциркулярно поляризованная волна, волна с левой круговой [лево-циркулярной] поляризацией
counterrotating circularly polarized ~s круговополяризованные [циркулярно поляризованные] волны с противоположным направлением вращения плоскости поляризации
coupled ~s связанные волны
cp ~ *см.* **circularly polarized wave**
critical ~ волна с критической частотой (*в волноводе*)
crystallization ~ кристализационная волна
current ~ волна тока
current-density ~ волна плотности тока
cyclotron ~ циклотронная волна
cyclotron-sound ~ циклотронно-звуковая волна
cylindrical ~ цилиндрическая волна
Damon-Eshbach ~ *магн.* волна Деймона — Эшбаха (*тип поверхностных магнитостатических волн*)
damped ~ затухающая волна
de Broglie ~ волна де Бройля
Debye ~ дебаевская волна
decamegametric ~s декамегаметровые волны (100000 — 10 000 км)

wave

decametric ~s декаметровые [короткие] волны, КВ (100 — 10 м)
decaying ~ затухающая волна
decimetric ~s дециметровые волны, ДМВ (1 — 0,1 м)
degenerate ~s вырожденные волны
delta ~ *биоп.* дельта-волна (*медленная ритмическая волна с частотой 1 — 3 Гц*)
density ~ волна плотности; волна концентрации
depolarized ~ деполяризованная волна
depression ~ волна разрежения (*в газе*)
detonation ~ детонационная волна
diffracted ~ дифрагированная волна
dilatational ~ волна растяжения
dipolar spin ~ магнитодипольная [магнитостатическая, безобменная спиновая] волна
direct ~ 1. прямая волна 2. прямая радиоволна
distorted ~ искажённая волна
disturbed ~ возмущённая волна
disturbing ~ возмущающая волна
divergent ~ расходящаяся волна
dominant ~ основная волна, волна основного типа (*в линии передачи*)
doppleron ~ доплеронная волна
double-sideband suppressed-carrier ~ волна с двумя боковыми полосами и подавленной несущей
downcoming ~ нисходящая ионосферная (радио)волна
drift ~ дрейфовая волна
DSB/SC ~ см. **double-sideband suppressed-carrier wave**
ducted ~ канализируемая волна
E- ~ 1. Е-волна, электрическая волна (*в линии передачи*) 2. необыкновенная волна
earth-reflected ~ (радио)волна, отражённая от земной поверхности
edge ~ краевая волна (*волна, локализованная у линии пересечения двух граничных плоскостей среды*)
elastic ~ упругая волна; звуковая [акустическая] волна
electric ~ электрическая волна, Е-волна (*в линии передачи*)
electromagnetic ~ электромагнитная волна
electron-density ~ волна электронной концентрации
electron-sound ~ электронно-звуковая волна
electrostatic ~ плазменная [электростатическая, ленгмюровская] волна
electrostatic solitary ~ плазменная [электростатическая, ленгмюровская] уединённая волна
elliptically polarized ~ эллиптически поляризованная волна, волна с эллиптической поляризацией
EM ~ см. **electromagnetic wave**
emitted ~ излученная волна
E$_{mn}$ ~ E$_{mn}$-волна, электрическая волна типа E$_{mn}$ (*в линии передачи*)
entropy ~ энтропийная волна
evanescent ~ нераспространяющаяся волна
exchange(-dominated) spin ~ обменная спиновая волна
exchangeless spin ~ безобменная спиновая волна, магнитостатическая [магнитодипольная] волна
excited ~ возбуждаемая волна
exciting ~ возбуждающая волна
extraneous ~ паразитная волна
extraordinary ~ необыкновенная волна
extremely low-frequency ~s декамегаметровые волны (100000 — 10000 км)
far-infrared ~ волна дальней ИК-области спектра
fast ~ быстрая волна
fast magnetosonic [fast magnetosound] ~ быстрая магнитозвуковая волна
Fermi-Pasta-Ulam ~ волна Ферми — Пасты — Улама
ferromagnetic spin ~ спиновая волна в ферромагнетике, ферромагнон
field ~ 1. волна поля 2. волна возбуждения
flexural ~ 1. волна изгиба 2. поперечная упругая волна
forward ~ прямая волна
forward-scattered ~ волна прямого рассеяния
forward-traveling ~ 1. прямая волна 2. волна, распространяющаяся в прямом направлении
free (progressive) ~ бегущая волна в свободном пространстве
free-space ~ волна в свободном пространстве
frequency-modulated ~ частотно-модулированная [ЧМ-] волна
fringe ~ краевая волна
full ~ 1. полный период волны 2. двухполупериодный (*о выпрямителе*)
fundamental ~ 1. волна основного типа, основная волна (*в линии передачи*) 2. основная гармоника
gamma ~ *биол.* гамма-волна (*быстрая ритмическая волна с частотой 25 — 30 Гц*)
general plane ~ обобщённая плоская волна
Goubau ~ волна Губо (*в линии поверхностной волны*)
gravitational [gravity] ~ гравитационная волна
ground ~ 1. земная (радио)волна 2. сейсмическая волна
ground-guided ~ земная (радио)волна
ground-reflected ~ (радио)волна, отражённая от земной поверхности
growing ~ нарастающая волна
guided ~ канализируемая волна
guided optical ~ канализируемая световая волна
Gulyaev-Bleustein ~ волна Гуляева — Блюштейна
H- ~ H-волна, магнитная волна (*в линии передачи*)
half ~ 1. полупериод волны 2. однополупериодный (*о выпрямителе*)
harmonic ~ гармоническая волна
heat ~ волна ИК-области спектра
hectokilometric ~s гектокилометровые волны (1000 — 100 км)
hectometric ~s гектометровые [средние] волны, СВ (1 — 0,1 км)
helic [helicon, helix] ~ геликонная [спиральная] волна, геликон
HEM ~ см. **hybrid electromagnetic wave**
Hertzian ~s радиоволны (100000 км — 0,1 мм)
high-frequency ~s декаметровые [короткие] волны, КВ (100—10 м)
H$_{mn}$ ~ H$_{mn}$-волна, магнитная волна типа H$_{mn}$ (*в линии передачи*)
homogeneous ~ однородная волна
homogeneous plane ~ однородная плоская волна
horizontally polarized ~ горизонтально поляризованная волна, волна с горизонтальной поляризацией

wave

Huygens ~ вторичная волна
hybrid electromagnetic ~ гибридная электромагнитная волна
hydrodynamic ~ гидродинамическая волна
hypersonic [hypersound] ~ гиперзвуковая волна
idler ~ холостая волна (*в параметрическом усилителе бегущей волны*)
illuminating ~ опорная волна (*в голографии*)
image ~ волна, соответствующая зеркальному изображению (*антенны*)
impinging ~ падающая волна
improper ~ несобственная волна
incident ~ падающая волна
incoming ~ приходящая волна
increasing ~ нарастающая волна
indirect ~ 1. ионосферная (радио)волна 2. земная (радио) волна 3. (радио) волна, распространяющаяся за счёт рассеяния (*в ионосфере или тропосфере*)
infralow-frequency ~s гектокилометровые волны (1000 — 100 км)
infrared ~ волна ИК-области спектра
infrasonic ~ инфразвуковая волна
inhomogeneous ~ неоднородная волна
inhomogeneous plane ~ неоднородная плоская волна
input ~ волна на входе, входящая волна
interfacial ~ волна у поверхности раздела
internal gravitational [internal gravity] ~ внутренняя гравитационная волна
ion-acoustic ~ ионно-звуковая волна
ion cyclotron ~ ионно-циклотронная волна
ionization ~ ионизационная волна
ionospheric ~ ионосферная (радио)волна
ion-sound ~ ионно-звуковая волна
isoentropy ~ изоэнтропийная волна
key-controlled ~ манипулированная волна
keying ~ волна, соответствующая рабочей посылке (*в ЧМ-телеграфировании*)
kilometric ~s километровые [длинные] волны, ДВ (10 — 1 км)
knock ~ ударная волна
Lamb ~ волна Лэмба
Langmuir ~ плазменная [электростатическая, ленгмюровская] волна
laser(-supported) detonation ~ лазерно-детонационная волна
lateral ~ горизонтальная волна (*в ИС*)
lattice ~ волна в (кристаллической) решётке
leaky ~ вытекающая волна
left-handed polarized ~ левоциркулярно поляризованная волна, волна с левой круговой [левоциркулярной] поляризацией
LH ~ *см.* left-handed polarized wave
light ~ световая волна
linear ~ линейная волна
linearly polarized ~ линейно поляризованная [плоскополяризованная] волна
localized ~ локализованная волна
long ~s километровые [длинные] волны, ДВ (10 — 1 км)
longitudinal ~ продольная волна
longitudinal static spin ~ продольная статическая спиновая волна
Love ~ волна Лява

low-frequency ~s километровые [длинные] волны, ДВ (10 — 1 км)
Mach ~ волна Маха
magnetic ~ 1. магнитная волна, Н-волна (*в линии передачи*) 2. магнитостатическая [безобменная спиновая] волна 3. спиновая волна
magnetic-compression ~ волна магнитного сжатия
magnetoacoustic ~ 1. магнитозвуковая волна 2. магнитоупругая волна
magnetodipolar spin ~ магнитодипольная [магнитостатическая, безобменная спиновая] волна
magnetoelastic ~ магнитоупругая волна
magnetohydrodynamic ~ магнитогидродинамическая волна
magnetoionic ~ магнитоионная волна
magnetoplasma ~ магнитоплазменная волна
magnetosonic [magnetosound] ~ магнитозвуковая волна
magnetostatic ~ магнитостатическая [магнитодипольная, безобменная спиновая] волна
magnetostatic backward volume ~ магнитостатическая обратная объёмная волна
magnetostatic forward volume ~ магнитостатическая прямая объёмная волна
magnetostatic surface ~ магнитостатическая поверхностная волна
magnon ~ спиновая волна, магнон
maintained ~ незатухающая волна
marking ~ волна, соответствующая рабочей посылке (*в ЧМ-телеграфировании*)
meander ~ меандр (*1. волна с огибающей в форме меандра 2. последовательность симметричных прямоугольных биполярных импульсов со скважностью, равной двум*)
medium-frequency ~s гектометровые [средние] волны, СВ (1 — 0,1 км)
medium high-frequency ~s промежуточные волны (200 — 50 м)
megametric ~ мегаметровые волны (10000 — 1000 км)
metric ~s метровые [ультракороткие] волны (10 — 1 м)
MF ~s *см.* medium-frequency waves
microwave (-frequency) acoustic ~ гиперзвуковая волна СВЧ-диапазона
millimeter ~s миллиметровые волны (10 — 1 мм)
modulated ~ модулированная волна
modulated continuous ~ незатухающая модулированная гармоническая волна
modulating ~ модулирующая волна
monochromatic ~ монохроматическая волна
multiple-hop ~ многоскачковая ионосферная (радио)волна
myriametric ~s мириаметровые [сверхдлинные] волны, СДВ (100 — 10 км)
near-surface ~ приповерхностная волна
nonhomogeneous ~ неоднородная волна
nonlinear ~ нелинейная волна
nonpolarized ~ неполяризованная волна
nonsinusoidal ~ негармоническая волна
nu ~ биол. тета-волна (*медленная ритмическая волна с частотой 4 – 7 Гц*)
O ~ *см.* ordinary wave
object ~ объектная волна (*в голографии*)
oblique ~ наклонная волна, волна наклонного падения

wave

oncoming ~ встречная волна
one-dimensional simple ~ одномерная простая [риманова] волна
optical ~ 1. световая волна 2. *фтт* оптическая мода, волна оптической ветви спектра
optical guided ~ канализируемая световая волна
ordinary ~ обыкновенная волна
orthogonalized plane ~s *фтт* ортогонализированные плоские волны
outgoing ~ 1. излучаемая волна 2. волна на выходе, выходящая волна
output ~ волна на выходе, выходящая волна
paramagnetic spin ~ спиновая волна в парамагнетике, парамагнон
partial ~ парциальная волна
periodic ~ 1. периодическая волна 2. гармоническая волна
periodic electromagnetic ~ 1. периодическая электромагнитная волна 2. гармоническая электромагнитная волна
persistent ~ незатухающая волна
phase-modulated ~ фазово-модулированная [ФМ] волна
phonon ~ упругая волна; акустическая [звуковая] волна; фонон
photon ~ световая волна; электромагнитная волна; фотон
pilot ~ волна пилот-сигнала
plane ~ плоская волна
plane-polarized ~ плоскополяризованная [линейно поляризованная] волна
plasma ~ плазменная [электростатическая, ленгмюровская] волна
polarized ~ поляризованная волна
polychromatic ~ полихроматическая волна
pressure ~ волна сжатия
primary ~ первичная волна
principle ~ волна основного типа, основная волна (*в линии передачи*)
progressive ~ бегущая волна
proper ~ собственная волна
pseudosurface ~ псевдоповерхностная волна
pulse-modulated ~ импульсно-модулированная волна
pump(ing) ~ волна накачки
pure ~ гармоническая волна
QL ~ *см.* **quasi-longitudinal wave**
QT ~ *см.* **quasi-transverse wave**
quantized spin ~ спиновая волна
quasi-E ~ квази-E-волна, квазиэлектрическая волна (*в линии передачи*)
quasi-H ~ квази-H-волна, квазимагнитная волна (*в линии передачи*)
quasi-longitudinal ~ квазипродольная волна
quasi-TE ~ квази-H-волна, квазимагнитная волна (*в линии передачи*)
quasi-TM ~ квази-E-волна, квазиэлектрическая волна (*в линии передачи*)
quasi-transverse ~ квазипоперечная волна
radial ~ радиальная волна
radiated ~ излучаемая волна
radio ~s радиоволны (100000 км — 0,1 мм)
rarefaction ~ волна разрежения (*в газе*)
Rayleigh ~ волна Рэлея, рэлеевская волна
recombination ~ рекомбинационная волна
reconstructed ~ восстановленная волна (*в голографии*)
reconstructing ~ восстанавливающая волна (*в голографии*)
rectangular ~ 1. волна с огибающей в форме последовательности прямоугольных импульсов 2. последовательность прямоугольных импульсов 3. меандр (*1. волна с огибающей в форме меандра 2. последовательность симметричных прямоугольных биполярных импульсов со скважностью, равной двум*)
reference ~ опорная волна (*в голографии*)
reflected ~ отражённая волна
refracted ~ преломлённая волна
regenerated ~ восстановленная волна; регенерированная волна
retarded ~ запаздывающая волна
RH- ~ *см.* **right-handed polarized wave**
Riemann ~ риманова [одномерная простая] волна
right-handed polarized ~ правоциркулярно поляризованная волна, волна с правой круговой [право-циркулярной] поляризацией
ripple ~ рябь, мелкомасштабные волны
rotary [rotated-plane] ~ волна с вращающейся плоскостью поляризации (*1. кругополяризованная [циркулярно поляризованная] волна, волна с круговой [циркулярной] поляризацией 2. эллиптически поляризованная волна, волна с эллиптической поляризацией*)
rotational ~ 1. волна сдвига 2. поперечная упругая волна
running ~ бегущая волна
sawtooth ~ 1. волна с огибающей в форме последовательности пилообразных импульсов 2. последовательность пилообразных импульсов
scalar ~ скалярная волна
scattered ~ рассеянная волна
secondary ~ вторичная волна
secondary breakdown ~ волна вторичного пробоя (*в газе*)
seismic ~ сейсмическая волна
self-sustained ~ автоволна
sensing ~ зондирующая волна
shallow bulk acoustic ~ приповерхностная объёмная акустическая волна
shear ~ 1. волна сдвига 2. поперечная упругая волна
shock ~ ударная волна
short ~s декаметровые [короткие] волны (100 — 10 м)
shrinking ~ затухающая волна
signal ~ сигнальная волна
sine ~ гармоническая волна
single-sideband suppressed-carrier ~ волна с одной боковой полосой и подавленной несущей
sinusoidal ~ гармоническая волна
sky ~ 1. ионосферная (радио) волна 2. (радио)волна, проходящая сквозь ионосферу
slow ~ 1. медленная волна 2. замедленная волна
slow-fronted ~ медленно нарастающая волна
slow magnetosonic [slow magnetosound] ~ медленная магнитозвуковая волна
solitary [soliton] ~ уединённая волна; солитон
sonic ~ звуковая [акустическая] волна; упругая волна

wave

sound ~ звуковая [акустическая] волна; упругая волна

space ~ 1. прямая (радио)волна 2. (радио-)волна, отражённая от земной поверхности

space-charge ~ плазменная [электростатическая, ленгмюровская] волна

spacing ~ волна, соответствующая паузе (*в ЧМ-телеграфировании*)

spatial ~ 1. прямая (радио)волна 2. (радио-)волна, отражённая от земной поверхности

spherical ~ сферическая волна

spin ~ спиновая волна, магнон

spin-density ~ волна спиновой плотности

square [squarish] ~ 1. волна с огибающей в форме последовательности прямоугольных импульсов 2. последовательность прямоугольных импульсов 3. меандр (*1. волна с огибающей в форме меандра 2. последовательность симметричных прямоугольных биполярных импульсов со скважностью, равной двум*)

SSB/SC ~ *см.* single-sideband suppressed-carrier wave

stable ~ устойчивая волна; ненарастающая волна

standing ~ стоячая волна

stationary ~ стоячая волна с КСВН, равным бесконечности

Stokes ~ волна Стокса

Stoneley ~ волна Стонли

stress ~ волна напряжения

subcarrier ~ поднесущая

submillimetric ~s дециммиллиметровые волны (1 — 0,1 мм)

subsurface ~ подповерхностная волна (*распространяющаяся под водной или земной поверхностью*)

suction ~ волна разрежения (*в газе*)

supersonic ~ ультразвуковая волна

surface ~ 1. поверхностная волна 2. земная (радио)волна

surface acoustic ~ поверхностная акустическая волна, ПАВ

surface magnetic ~ 1. поверхностная магнитостатическая волна 2. поверхностная спиновая волна

surface optical ~ поверхностная оптическая волна, поверхностный поляритон

surface-skimming bulk (acoustic) ~ приповерхностная объёмная акустическая волна

switch-off shock ~ быстрая особая ударная волна

switch-on shock ~ медленная особая ударная волна

tangential ~ (радио)волна, распространяющаяся параллельно земной поверхности (*в условиях критической рефракции*)

TE ~ *см.* transverse electric wave

telegraph-modulated ~ манипулированная волна

TEM ~ *см.* transverse electromagnetic wave

temperature ~ температурная волна

thermomagnetic ~ термомагнитная волна

theta ~ *биол.* тета-волна (*медленная ритмическая волна с частотой 4 – 7 Гц*)

TM ~ *см.* transverse magnetic wave

tone-modulated ~ тонально-модулированная волна

torsional ~ крутильная волна

transducer-generated ~ волна, возбуждённая преобразователем

transmitted ~ 1. преломленная волна 2. проходящая волна

transverse ~ поперечная волна

transverse electric ~ Н-волна, магнитная волна (*в линии передачи*)

transverse-electric hybrid ~ гибридная Н-волна, гибридная магнитная волна (*в линии передачи*)

transverse electromagnetic ~ Т-волна, поперечная электромагнитная волна (*в линии передачи*)

transverse magnetic ~ Е-волна, электрическая волна (*в линии передачи*)

transverse-magnetic hybrid ~ гибридная Н-волна, гибридная электрическая волна (*в линии передачи*)

transverse static spin ~ поперечная статическая спиновая волна

trapezoidal ~ 1. волна с огибающей в форме последовательности трапецеидальных импульсов 2. последовательность трапецеидальных импульсов

traveling ~ бегущая волна

triangular ~ 1. волна с огибающей в форме последовательности треугольных импульсов 2. последовательность треугольных импульсов

tropospheric ~ тропосферная волна, волна, распространяющаяся за счёт тропосферного рассеяния

twin ~ восстановленная в противофазе волна (*в голографии*)

type A0 ~ волна класса (излучения) А0 (*немодулированная несущая*)

type A1 ~ волна класса (излучения) А1 (*телеграфия незатухающими колебаниями*)

type A2 ~ волна класса (излучения) А2 (*тональная телеграфия*)

type A3 ~ волна класса (излучения) А3 (*телефония, две боковые полосы*)

type A3A ~ волна класса (излучения) А3А (*телефония, одна боковая полоса с частично подавленной несущей*)

type A3B ~ волна класса (излучения) А3B (*телефония, две независимые боковые полосы*)

type A3L ~ волна класса (излучения) А3L (*телефония, одна боковая полоса с подавленной несущей*)

type A4 ~ волна класса (излучения) А4 (*факсимильная связь, модуляция посредством изменения амплитуды или частотная модуляция поднесущей*)

type A4A ~ волна класса (излучения) А4А (*факсимильная связь, одна боковая полоса с частично подавленной несущей*)

type A5 ~ волна класса (излучения) А5 (*телевидение*)

type A5C ~ волна класса (излучения) А5С (*телевидение, остаточная боковая полоса*)

type A7A ~ волна класса (излучения) А7А (*многократная тональная телеграфия, одна боковая полоса с частично подавленной несущей*)

type A9B ~ волна класса (излучения) А9B (*комбинированная передача телефонии и телеграфии, две независимые боковые полосы*)

type F1 ~ волна класса (излучения) F1 (*частотная телеграфия, частотная манипуляция*)

type F2 ~ волна класса (излучения) F2 (*частотная тональная телеграфия, частотная манипуляция*)

type F3 ~ волна класса (излучения) F3 (*телефония, частотная модуляция*)
type F4 ~ волна класса (излучения) F4 (*факсимильная связь, непосредственная модуляция несущей*)
type F5 ~ волна класса (излучения) F5 (*телевидение*)
type F6 ~ волна класса (излучения) F6 (*двойная частотная телеграфия*)
type F9 ~ волна класса (излучения) F9 (*другие виды частотной модуляции, не предусмотренные предыдущими классами излучений*)
type P0 ~ волна класса (излучения) P0 (*импульсы с ВЧ-заполнением без применения модуляции, напр. в радиолокации*)
type P1D ~ волна класса (излучения) P1D (*телеграфия посредством изменения амплитуды импульсов*)
type P2D ~ волна класса (излучения) P2D (*телеграфия посредством амплитудной модуляции тональной частотой*)
type P2E ~ волна класса (излучения) P2E (*телеграфия посредством модуляции импульсов по ширине или длительности*)
type P3D ~ волна класса (излучения) P3D (*телефония посредством амплитудной модуляции импульсов*)
type P3E ~ волна класса (излучения) P3E (*телефония посредством модуляции импульсов по ширине или длительности*)
type P3F ~ волна класса (излучения) P3F (*телефония посредством модуляции импульсов по фазе или положению*)
type P3G ~ волна класса (излучения) P3G (*импульсно-кодовая модуляция*)
type P9 ~ волна класса (излучения) P9 (*другие виды импульсной модуляции, не предусмотренные предыдущими классами излучений*)
ultrashort ~s метровые [ультракороткие] волны (10 — 1 м)
ultrasonic ~s ультразвуковые волны
undamped ~ незатухающая волна
undistorted ~ неискажённая волна
undisturbed ~ невозмущённая волна
uniform plane ~ однородная плоская волна
unstable ~ неустойчивая волна
unzipping ~ лавинообразный процесс отрыва дислокаций от центров закрепления, *проф.* волна анзипинга
US ~s *см.* ultrasonic waves
vector ~векторная волна
vertically polarized ~ вертикально поляризованная волна, волна с вертикальной поляризацией
very high-frequency ~s метровые волны, МВ (10 — 1 м)
very low-frequency ~s мириаметровые [сверхдлинные] волны, СДВ (100 — 10 км)
volume acoustic ~ объёмная акустическая волна
waveguide ~ волноводная волна
whispering-gallery ~ волна типа шепчущей галереи
X— *см.* extraordinary wave
waved волнообразный; волнистый
waveform 1. форма волны || формировать волну 2. графическое представление волнового процесса || представлять волновой процесс графически 3. сигнал; форма сигнала || формировать сигнал 4. волновое образование; волновой пакет
antijamming ~ *рлк* сигнал, защищённый от активных преднамеренных радиопомех
audio ~ аудиосигнал, звуковой сигнал
burst ~ *тлв* форма сигнала цветовой синхронизации
coherent ~ когерентный сигнал
composite ~ сложная форма сигнала
current ~ форма тока
distorted ~ искажённая форма сигнала
Doppler-invariant ~ форма сигнала, инвариантная относительно эффекта Доплера
Doppler-tolerant ~ форма сигнала, слабо чувствительная к эффекту Доплера
error ~ сигнал ошибки
exponential ~ экспоненциальная форма сигнала
field keystone ~ *тлв* полевая трапеция
idling error ~ паузная комбинация при разбалансе (*в дельта-модуляторе*)
input ~ форма входного сигнала
line keystone ~ *тлв* строчная трапеция
output ~ форма выходного сигнала
phase-modulated ~ фазомодулированный [ФМ-] сигнал
playback ~ форма воспроизводимого сигнала
pulse ~ форма импульса
read ~ форма считываемого сигнала
recorded ~ форма записанного сигнала
reference ~ опорный сигнал
shock ~ *вчт* волна сбоев; перегрузка (*в компьютерной сети*)
signal ~ форма сигнала
sound ~ звуковой сигнал, аудиосигнал; акустический сигнал
speech ~ речевой [голосовой] сигнал
square ~ сигнал в форме меандра, сигнал в форме последовательности симметричных прямоугольных биполярных импульсов со скважностью, равной двум
staircase ~ ступенчатая форма сигнала
standard color television signal ~ форма стандартного полного цветового телевизионного сигнала
standard television signal ~ форма стандартного полного телевизионного сигнала
television composite-signal ~ форма полного телевизионного сигнала
time ~ временная диаграмма волнового процесса
voice ~ голосовой [речевой] сигнал
voltage ~ форма напряжения
write ~ форма считываемого сигнала
wavefront волновой фронт
arriving ~ волновой фронт приходящей волны
cylindrical ~ цилиндрический волновой фронт
distorted ~ искажённый волновой фронт
incident ~ волновой фронт падающей волны
optimally Doppler-resolvent ~ волновой фронт, обеспечивающий оптимальное разрешение по доплеровскому сдвигу
plane ~ плоский волновой фронт
reconstructed ~ восстановленный волновой фронт (*в голографии*)
reference ~ опорный волновой фронт (*в голографии*)

wavefront

reflected ~ волновой фронт отражённой волны
spherical ~ сферический волновой фронт
steep ~ крутой волновой фронт
uniform-phase ~ эквифазный волновой фронт
waveguide волновод || волноводный ◊~ **with absorbing walls** волновод с поглощающими стенками; ~ **with dielectric insert** волновод с диэлектрической вставкой
acoustic ~ акустический волновод
air-filled ~ волновод с воздушным заполнением
Alfven ~ альфвеновский [магнитогидродинамический] волновод
all-metal ~ цельнометаллический волновод
aluminum ~ алюминиевый волновод
anisotropic ~ анизотропный волновод
aperiodic distributed parameter ~ волновод с апериодически распределёнными параметрами
aperture ~ волновод с окном
asymmetrically beveled ~ асимметрично скошенный волновод
axially symmetric ~ аксиально-симметричный [осесимметричный] волновод
beam (mode) ~ лучевод, лучевой волновод
below cutoff ~ запредельный волновод
bend [bending, bent] ~ изогнутый волновод
bidirectional ~ двунаправленный волновод
bifurcated ~ раздвоенный волновод
brass ~ латунный волновод
broadband ~ широкополосный волновод
buried ~ подповерхностный волновод
circular ~ круглый волновод
circular fiber ~ круглый волоконный волновод (для ПАВ)
closed ~ закрытый волновод
composite ~ составной волновод
confocal beam ~ конфокальный лучевод, конфокальный лучевой волновод
conical ~ конический волновод
continuously curved ~ плавно изогнутый волновод
coplanar ~ копланарный волновод
copper ~ медный волновод
copper-coated ~ меднёный волновод
corrugated ~ гофрированный волновод
corrugated ferrite slab ~ волновод в виде гофрированной ферритовой пластины
coupled-cavity ~ волновод в виде цепочки связанных резонаторов
crossed ~s скрещивающиеся волноводы, волноводный крест
crustal ~ волновод в земной коре
curved ~ изогнутый волновод
cutoff ~ предельный волновод
cylindrical ~ круглый волновод
depletion-layer ~ *пп* световод, образованный обеднённым слоем
diaphragmatic ~ диафрагмированный волновод
dielectric ~ диэлектрический волновод
dielectric-coated ~ волновод с диэлектрическим покрытием
dielectric-filled ~ волновод с диэлектрическим заполнением
dielectric-loaded ~ волновод, нагруженный диэлектриком; волновод с диэлектрическими вставками

diffused [diffusive] ~ диффузионный волновод (для ПАВ)
disk-loaded ~ волновод, нагруженный диэлектрическими дисками; волновод с диэлектрическими вставками в форме дисков
dissipative ~ волновод с потерями
distributed beam ~ лучевод [лучевой волновод] с распределённой фокусировкой
dominant-mode ~ волновод с основной волной, волновод с волной основного типа
double-heterojunction optical ~ световод [оптический волновод] на двухстороннем гетеропереходе
double-ridge ~ Н-образный волновод
drawn ~ тянутый волновод
dual-mode ~ двухмодовый волновод
dual-ridge ~ Н-образный волновод
dumb-bell ~ гантельный волновод
earth-crust ~ волновод в земной коре
elastic ~ акустический волновод
electroplated ~ волновод с гальваническим покрытием
electropolished ~ волновод с электролитически полированной поверхностью
elliptic ~ эллиптический волновод
empty ~ полый волновод
E-plane truncated cylindrical ~ цилиндрический волновод, усечённый в Е-плоскости
evanescent ~ запредельный волновод
ferrite ~ ферритовый волновод
ferrite-filled ~ волновод с ферритовым заполнением
ferrite-loaded ~ волновод, нагруженный ферритом; волновод с ферритовыми вставками
ferrodielectric ~ ферродиэлектрический волновод
ferromagnetic ~ ферромагнитный волновод
fiber ~ **1.** волоконный волновод (напр. для ПАВ) **2.** волоконный световод
filled ~ волновод с заполнением
filleted ~ прямоугольный волновод с треугольными скосами на углах
fin ~ волновод с продольной (металлической) вставкой
flanged ~ волновод с фланцем
flexible ~ гибкий волновод
folded ~ свёрнутый волновод
gas-dielectric ~ газодиэлектрический волновод
gaseous ~ газовый волновод
gas-filled ~ волновод с газовым заполнением, газонаполненный волновод
graded-index optical ~ световод [оптический волновод] с переменным показателем преломления
gradient-index optical ~ световод [оптический волновод] с плавным изменением показателя преломления
gyroelectric ~ гироэлектрический волновод
gyromagnetic ~ гиромагнитный волновод
gyrotropic-medium ~ гиротропный волновод
H- ~ Н-образный волновод
helical ~ спиральный волновод
helix ~ спиральный волновод
heterojunction optical ~ световод [оптический волновод] на гетеропереходе
highly overmoded ~ волновод с большим числом побочных мод
hollow ~ полый волновод

homogeneous ~ однородный волновод
hybrid-mode ~ гибридно-модовый волновод
ideal ~ волновод без потерь
in-diffused ~ волновод, изготовленный методом прямой диффузии (*для ПАВ*)
inhomogeneous ~ неоднородный волновод
interdigitally loaded ~ волновод со встречно-штыревой [встречно-гребенчатой] системой
interlocked-type ~ гусеничный волновод
ion-implanted ~ ионно-имплантированный волновод (*для ПАВ*)
ionospheric ~ ионосферный волновод
iris-loaded ~ диафрагмированный волновод
irregular ~ нерегулярный волновод
isotropic ~ изотропный волновод
layered dielectric (slab) ~ слоистый диэлектрический световод, слоистый диэлектрический оптический волновод
leaky ~ волновод с вытекающей волной
lens ~ линзовый волновод
light ~ световод, оптический волновод
loaded ~ нагруженный волновод; волновод со вставками
lossless ~ волновод без потерь
lossy ~ волновод с потерями
matched ~ согласованный волновод
match-terminated ~ волновод с согласованной нагрузкой
mild-steel ~ волновод из мягкой стали
millimeter ~ волновод миллиметрового диапазона
mirror beam ~ зеркальный лучевод, зеркальный лучевой волновод
monomode ~ одномодовый волновод
multibeam ~ многолучевой волновод
multimode ~ многомодовый волновод
nickel ~ никелевый волновод
nonconfocal beam ~ неконфокальный лучевод, неконфокальный лучевой волновод
nonhomogeneous ~ неоднородный волновод
nonreciprocal ~ невзаимный волновод
nonuniform ~ неоднородный волновод
off-sized ~ волновод нестандартного сечения
open ~ открытый волновод
open-ended ~ волновод с открытым концом
optical ~ световод, оптический волновод
out-diffused ~ волновод, изготовленный методом обратной диффузии (*для ПАВ*)
overmoded ~ многомодовый волновод
parabolic ~ параболический волновод
parallel-plate ~ плоскопараллельный волновод
periodic ~ периодический волновод
periodically disturbed ~ волновод с периодически распределёнными неоднородностями
periodically loaded ~ периодически нагруженный волновод; волновод с периодическими вставками
phase-shifter ~ волноводный фазовращатель
piezoelectric ~ пьезоэлектрический волновод
pipe-type ~ трубчатый волновод
planar dielectric ~ плоский диэлектрический волновод
planar optical ~ планарный оптический волновод
plasma ~ плазменный волновод
pointed ~ двусторонне-скошенный волновод
precision ~ прецизионный волновод
pressurized ~ газонаполненный волновод с избыточным внутренним давлением

prism beam ~ призменный лучевод, призменный лучевой волновод
proton-implanted optical ~ оптический волновод, полученный методом имплантации протонов
pump ~ волновод (тракта) накачки
pyramidally tapered ~ пирамидально сужающийся волновод, пирамидальный волновод
quasi-optical ~ квазиоптический волновод
reciprocal ~ взаимный волновод
rectangular ~ прямоугольный волновод
regular ~ регулярный волновод
rib ~ гребенчатый волновод
ribbon ~ полосковый волновод
ridge(d) ~ гребенчатый волновод
rigid ~ жёсткий волновод
ring ~ кольцевой волновод
rod ~ стержневой волновод
screened ~ экранированный волновод
seismic ~ сейсмический волновод
semiconductor-filled ~ волновод с полупроводниковым заполнением
septate ~ дифрагмированный волновод
serpent [serpentine] ~ змейковый волновод
shielded ~ экранированный волновод
short-circuit ~ короткозамкнутый волновод
single-heterojunction optical ~ световод [оптический волновод] на одностороннем гетеропереходе
single-mode ~ одномодовый волновод
single-ridged ~ П-образный волновод
sinuous ~ змейковый волновод
slab ~ пластинчатый волновод
slitted [slotted] ~ щелевая волноводная секция измерительной линии
smooth nonuniform ~ плавно нерегулярный волновод
snake ~ змейковый волновод
spiral ~ спиральный волновод
square ~ квадратный волновод
squeezable ~ сжимаемый волновод
standard(-size) ~ волновод стандартных размеров, стандартный волновод
step-index optical ~ световод со ступенчатым изменением показателя преломления
step-twisted ~ волновод со ступенчатым скручиванием
straight-tapered ~ волновод, сужающийся по линейному закону
strip ~ полосковый волновод
surface ~ волновод поверхностных волн
surface-acoustic-wave ~ волновод поверхностных акустических волн, волновод ПАВ
tapered ~ волновод переменного сечения
thin-film ~ тонкоплёночный волновод (*напр. для ПАВ*)
trapezoidal ~ трапецеидальный волновод
trifurcated ~ волновод, разветвляющийся на три волновода
tropospheric ~ тропосферный волновод
trough ~ желобковый волновод
truncated ~ усечённый волновод
T-septum ~ волновод с Т-образной перегородкой
tubular ~ трубчатый волновод
twin-slab ~ волновод с двумя продольными пластинами
twisted ~ скрученный волновод

waveguide

    two-mode ~ двухмодовый волновод
    uniconductor ~ металлический волновод с внутренним диэлектрическим стержнем
    uniform ~ однородный волновод
    unloaded ~ ненагруженный волновод
    variable cross-section ~ волновод переменного сечения
    vertebrate ~ панцирный волновод
    π ~ П-образный волновод

wavelength длина волны
    boundary ~ 1. пороговая длина волны (*напр. фотоэффекта*) 2. критическая длина волны (*напр. в волноводе*)
    cable ~ длина волны в кабеле
    characteristic medium ~ длина волны в среде
    complementary ~ *тлв* дополнительная длина волны (*цвета*)
    Compton ~ комптоновская длина волны
    critical ~ критическая длина волны (*напр. в волноводе*)
    cutoff ~ критическая длина волны (*напр. в волноводе*)
    dominant ~ *тлв* доминирующая длина волны (*хроматического цвета*)
    effective ~ эффективная длина волны (*рентгеновского излучения*)
    electron ~ длина волны де Бройля для электрона
    emission ~ длина волны излучения
    free-space ~ длина волны в свободном пространстве
    fundamental ~ длина волны основного типа (*напр. в волноводе*)
    guide ~ длина волны в волноводе
    lasing ~ длина волны излучения лазера
    natural ~ длина волны собственной моды
    operating ~ рабочая длина волны
    optical ~ длина волны света
    photoconductive threshold ~ пороговая длина волны фотоэффекта
    plasma ~ плазменная длина волны
    reciprocal ~ обратная длина волны, волновое число
    recombination-radiation ~ длина волны рекомбинационного излучения
    recorded [recording] ~ длина волны записи (*на носителе*)
    reduced ~ приведённая длина волны
    resonant ~ резонансная длина волны
    threshold ~ пороговая длина волны фотоэффекта
    transmission line ~ длина волны в линии передачи
    unloaded ~ длина волны собственной моды
    waveguide ~ длина волны в волноводе

wavelet *проф.* вейвлет (*1. волновое образование конечной длительности с ограниченным спектром 2. рябь, мелкомасштабные волны*)

wavemeter частотомер; волномер
    absorption ~ поглощающий частотомер
    cavity-resonator ~ частотомер с объёмным резонатором
    coaxial ~ коаксиальный частотомер
    differential ~ дифференциальный частотомер
    heterodyne ~ гетеродинный частотомер
    Lecher-wire ~ частотомер с резонансным контуром на отрезке лехеровской линии
    quarter-wave coaxial-cavity ~ частотомер с четвертьволновым коаксиальным резонатором
    resonator ~ частотомер с объёмным резонатором

wavenumber волновое число

wavepacket волновой пакет

wavesample *вчт* образец (*определённого*) звука в цифровой форме, оцифрованный образец (*определённого*) звука, *проф.* сэмпл

waveshape 1. форма волны || формировать волну 2. графическое представление волнового процесса || представлять волновой процесс графически 3. сигнал; форма сигнала || формировать сигнал 4. волновое образование; волновой пакет

wavetable *вчт* таблица образцов (*определённых*) звуков в цифровой форме, таблица оцифрованных образцов (*определённых*) звуков, *проф.* таблица сэмплов, таблица сэмплированных звуков

wavetail срез волны, *проф.* хвост волны

wavetrain волновой цуг

wavevector волновой вектор
    ~ of magnetic structure волновой вектор магнитной структуры

wavy 1. волнистый; волнообразный 2. волновой 3. колеблющийся; вибрирующий

wax 1. воск || вощить 2. парафин 3. *проф.* грампластинка || записывать на грампластинку 4. *проф.* запись на грампластинке 5. (плавное) увеличение; нарастание; рост || (плавно) увеличиваться; нарастать; возрастать 6. луна в фазе между третьей четвертью и новолунием; старый месяц 7. *проф.* открывающая круглая скобка, символ (
    carnauba ~ карнаубский воск (*изоляционный материал*)

wax-cake восковой диск (*для механической записи*)

waxing 1. использование воска 2. производство грампластинок 3. (плавное) увеличение; нарастание; рост

waxy восковой

Way:
    Milky ~ Млечный Путь

way 1. путь 2. метод; способ; средство

weak 1. слабый 2. безударный (*напр. слог*)

weaken ослаблять(ся); уменьшать(ся)

wear износ; изнашивание || подвергаться износу; изнашиваться
    ablative ~ абляционный износ
    abrasive ~ абразивный износ
    allowable ~ допустимый износ
    chemical ~ химический износ
    corrosion ~ коррозионный износ
    fatigue ~ усталостный износ
    limiting ~ предельный износ
    local ~ локальный износ
    permissible ~ допустимый износ
    surface ~ поверхностный износ

wear-out изнашивание

weatherfax факсимильный аппарат для передачи метеокарт

Web глобальная гипертекстовая система WWW для поиска и использования ресурсов Internet, Web-система, WWW-система, *проф.* «всемирная паутина»
    World Wide ~ глобальная гипертекстовая система WWW для поиска и использования ресурсов Internet, Web-система, WWW-система, *проф.* «всемирная паутина»

web 1. паутина || плести паутину 2. сеть || вовлекать в сеть 3. широкомасштабная сеть; сеть взаимосвязанных станций, коммуникаций *или* служб, охва-

weighting

тывающая регион *или* страну, *проф.* паутина || покрывать регион *или* страну сетью взаимосвязанных станций, коммуникаций *или* служб; использовать широкомасштабную сеть **4.** рулон (*напр. бумаги*); лента (*в рулоне*)

~ of trust сеть доверия (*напр. в PGP*)

continuous folded ~ сфальцованная (*гармошкой*) лента

paper ~ рулон бумаги; бумажная лента (*в рулоне*)

Webcasting *вчт* передача сообщений для нескольких (персонифицированных) абонентов, для нескольких (определённых) узлов *или* (определённых) программ в Internet, *проф.* многоабонентская передача (с персонификацией) в Internet; групповая [многоадресная] передача в Internet; *проф.* Web-вещание

WebCrawler поисковая машина WebCrawler

weber вебер, Вб

webmanager администратор Web-сайта, специалист *или* группа специалистов по управлению работой Web-сайта, *проф.* веб-менеджер

webmaster специалист *или* группа специалистов по оформлению и обеспечению работоспособности Web-сайта, *проф.* вебмастер

site ~ вебмастер сайта

webmistress специалист *или* группа специалистов по оформлению и обеспечению работоспособности Web-сайта, *проф.* вебмастер

webmonkey *проф.* человек с примитивнейшими представлениями о системе WWW

websmith специалист *или* группа специалистов по оформлению и обеспечению работоспособности Web-сайта, *проф.* вебмастер

Webster сайт компании Merriam-Webster (*со словарями*)

WebTV передача телевизионных программ через Internet

webware сетевое программное и аппаратное обеспечение

wedge 1. клин; объект в форме клина, клиновидный объект || использовать клин || клиновидный **2.** *тлв* клин испытательной таблицы

absorbing ~ поглощающая клиновидная согласованная нагрузка

dielectric ~ диэлектрическая клиновидная согласованная нагрузка

double ~ ромбическое поперечное сечение

neutral ~ *тлв* градационный [серый] клин

permalloy ~ пермаллоевый клин (*схемы продвижения ЦМД*)

quartz ~ *опт.* кварцевый клин

resolution ~ *тлв* клин чёткости, штриховой клин

servo ~ клин с серпометками (*на поверхности жёсткого магнитного диска*)

step ~ ступенчатый клин

wedged клиновидный

weed *вчт* удаление ненужных данных, *проф.* «прополка» || удалять ненужные данные, *проф.* «пропалывать»

week неделя || недельный

working ~ рабочая неделя (*единица измерения трудозатрат*)

weeper *тлв проф.* душещипательная передача

weigh 1. взвешивать (*1. определять вес 2. использовать весовые коэффициенты, весовые множите-*ли *или весовую функцию*) **2.** иметь вес; весить **3.** нагружать

weight 1. вес (*1. сила тяжести 2. весовой коэффициент, весовой множитель или весовая функция*) || весовой **2.** взвешивать, использовать весовые коэффициенты, весовые множители или весовую функцию **3.** груз; нагрузка || нагружать **4.** единица измерения веса **5.** масса **6.** единица измерения массы **7.** насыщенность [степень жирности] шрифта; чернота шрифта **8.** наклон шрифта

~ of function вес функции

~ of representation вес представления

~ of tensor вес тензора

~ of tree вес дерева

~ of tree's point вес вершины дерева

antiskate bias ~ грузик компенсатора скатывающей силы (*в ЭПУ*)

balancing ~ противовес (*антенны*)

book ~ книжный шрифт

connection ~ вес связи (*напр. в нейронной сети*)

constant ~ постоянный вес

counter ~ of tone arm противовес тонарма

criterion ~ вес критерия

feedback ~ весовой коэффициент обратной связи

feedforward ~ весовой коэффициент прямой передачи

font ~ насыщенность [степень жирности] шрифта; чернота шрифта

hidden-to-output ~s веса связей между скрытыми и выходными нейронами (*в нейронной сети*)

hidden-to-hidden ~s веса связей между скрытыми нейронами (*в нейронной сети*)

input-to-hidden ~s веса связей между входными и скрытыми нейронами (*в нейронной сети*)

lag ~s веса запаздывания, *проф.* веса лага

learned ~ вес после обучения (*в нейронной сети*)

molecular ~ молекулярная масса

quiescent ~ исходный весовой коэффициент

relative ~ относительный вес

sliding ~ скользящий вес

statistical ~ статистический вес

synaptic ~ синаптический вес (*в нейронной сети*)

tap ~ весовой коэффициент ответвления (*напр. линии задержки*)

topological ~ топологический вес

total ~ сумма значений случайной величины

tracking ~ прижимная сила (*звукоснимателя*)

weighted 1. взвешенный, умноженный на весовые коэффициенты, весовые множители или весовую функцию (*напр. о сигнале*) **2.** нагруженный

weighter схема взвешивания, схема умножения на весовые коэффициенты, весовые множители или весовую функцию

weighting 1. взвешивание (*1. определение веса 2. использование весовых коэффициентов, весовых множителей или весовой функции*) **2.** нагружение

binomial ~ биномиальное взвешивание

capacitive ~ ёмкостное взвешивание (*в фильтре на ПАВ*)

C-message ~ псофометрическое взвешивание

exponential ~ экспоненциальное взвешивание

Hamming ~ хэммингово взвешивание

phase ~ фазовое взвешивание

spectral ~ спектральное взвешивание

statistical ~ статистическое взвешивание

weighting

time ~ временное взвешивание
weld 1. сварка || сваривать 2. сварное соединение
   butt ~ сварное соединение встык
   cold ~ холодная сварка
   friction ~ соединение, полученное методом ультразвуковой сварки
welder сварочный аппарат
   arc ~ дуговой сварочный аппарат
   electron-beam ~ электронно-лучевой сварочный аппарат
   laser ~ лазерный сварочный аппарат
   spot ~ аппарат точечной сварки
   transistor encapsulation ~ установка для сборки корпусов транзисторов
welding сварка
   arc ~ дуговая сварка
   electron-beam ~ электронно-лучевая сварка
   pulsation ~ импульсная сварка
   resistive ~ сварка электросопротивлением
   spot ~ точечная сварка
   ultrasonic ~ ультразвуковая сварка
well 1. *микр.* карман (*в подложке*) 2. (потенциальная) яма
   epitaxially refilled ~ карман, заполненный эпитаксиальным слоем
   light-emitting quantum ~ светоизлучающая квантовая яма
   n-type ~ карман *n*-типа, электронный карман
   potential ~ потенциальная яма
   p-type ~ карман *p*-типа, дырочный карман
   quantum ~ квантовая яма
   storage ~ ячейка накопления заряда
   trap potential ~ потенциальная яма ловушки
well-behaved *вчт* правильно работающий; сохраняющий работоспособность даже при ошибочных *или* граничных значениях входных данных (*напр. о программе*)
well-filling *вчт* переполнение
well-formed *вчт* правильно построенный; имеющий правильную синтаксическую структуру (*напр. о программе*)
West:
   Federal Information Exchange ~ Федеральный западный центр обмена информацией (*шт. Калифорния, США*)
west запад || западный
western 1. *тлв* вестерн 2. западный
   spaghetti ~ *проф.* вестерн итальянского производства
wet влага || увлажнять; смачивать || влажный; смоченный
wettability смачиваемость
wettable смачиваемый
wetting смачивание
   contact ~ смачивание контакта (*в герконе*)
wetware *вчт проф.* 1. человеческие ресурсы (*компьютерной техники*); персонал 2. человеческий мозг; нервная система человека
whack 1. доля; часть 2. попытка 3. резкий удар; звук от резкого удара || наносить резкий удар ◊ out of ~ неисправный; сломанный; неработающий
what 1. сущность; внутреннее содержание 2. *проф.* вопросительный знак
what-if 1. «что, если...» (*1. логическая посылка 2. возможный принцип действия экспертной системы 3. метод моделирования*) 2. гипотетический случай *или* ситуация || гипотетический

wheel 1. колесо; ролик; шестерня; (вращающийся) барабан; (вращающаяся) головка 2. диск (*напр. номеронабирателя*); круг (*напр. шлифовальный*) 3. поворачивать(ся); вращать(ся) 4. катить(ся); транспортировать(ся) по роликам
   abrasive ~ шлифовальный круг
   burnishing ~ полировальный круг
   chopper ~ for X-axis звёздочка оптического прерывателя для оси X (*оптико-механической мыши*)
   chopper ~ for Y-axis звёздочка оптического прерывателя для оси Y (*оптико-механической мыши*)
   coding ~ *вчт* кодирующий диск
   color ~ *вчт* круг с разноцветными секторами, круговая палитра цветов
   color filter ~ поворотный диск с цветными светофильтрами
   control ~ круглая ручка регулятора (*напр. громкости*)
   counting ~ счётное [цифровое] колесо (*счётчика*)
   daisy ~ лепестковая (вращающаяся) печатающая головка, печатающая головка типа «ромашка»
   diamond ~ диск с алмазной режущей кромкой
   drive ~ ведущий диск (*приёмно-подающего узла магнитофона*)
   driven ~ ведомый диск (*приёмно-подающего узла магнитофона*)
   feed ~ подающий ролик (*напр. магнитофона*)
   finger ~ диск номеронабирателя
   fly ~ маховик, маховое колесо
   friction ~ фрикционное колесо
   guide ~ направляющий ролик (*напр. магнитофона*)
   head ~ барабан (видео)головок
   idler ~ паразитный ролик (*магнитофона*)
   inking ~ *тлг* пишущий валик
   light-chopper ~ диск обтюратора
   mirror ~ зеркальный барабан
   modulation ~ *вчт* 1. челночный регулятор параметров модуляции (*в MIDI-устройствах*) 2. контроллер «вибрато», контроллер «модуляция», контроллер «регулировка модуляции», MIDI-контроллер №1
   number ~ 1. счётное [цифровое] колесо (*счётчика*) 2. диск номеронабирателя
   pinch ~ прижимной ролик (*напр. магнитофона*)
   pitch ~ *вчт* челночный регулятор смены высоты тона (*в MIDI-устройствах*)
   pressure ~ прижимной ролик (*напр. магнитофона*)
   print ~ лепестковая (вращающаяся) печатающая головка, печатающая головка типа «ромашка»
   rotating video ~ вращающийся барабан видеоголовок
   rubber-tired jockey ~ обрезиненный ролик фрикционной передачи (*магнитофона*)
   saw ~ дисковая пила
   slotted ~ диск обтюратора
   space-charge ~ электронное облако со спицами (*в магнетроне*)
   sprocket ~ звёздочка, зубчатое колёсико (*напр. для перемещения перфорированной бумаги*); зубчатый барабан (*напр. для протяжки киноплёнки*)
   star ~ звёздочка, зубчатое колёсико (*напр. для перемещения перфорированной бумаги*); зубчатый барабан (*напр. для протяжки киноплёнки*)

stepped ramp ~ ступенчатый наклонный ролик (*для вертикального перемещения головки в магнитофонах с многодорожечной записью*)
sun-and-planet ~s планетарный механизм
tape guide ~ направляющий ролик (*магнитофона*)
tuning ~ круглая ручка настройки
type ~ лепестковая (вращающаяся) печатающая головка, печатающая головка типа «ромашка»
video head ~ барабан видеоголовок
worm ~ червячное колесо
wheeling вращательное *или* круговое движение
when время (происшествия)
where место (происшествия)
whereabouts местонахождение
wherefore причина; повод
Whetstone *вчт* эталонный тест для оценки общей производительности компьютера при расчётах с плавающей запятой, тест Whetstone
while время; промежуток времени; период времени
whipuptitude *вчт проф.* особенность языка программирования, обеспечивающая программисту возможность быстрой реализации простых алгоритмов
whir жужжание; гудение (*напр. при работе компьютера*) ‖ жужжать; гудеть
whirl 1. (быстрое) вращение; кружение ‖ вращать(ся); вертеть(ся); кружить(ся) **2.** вихревое движение; вихрь; завихрение ‖ совершать вихревое движение; завихряться **3.** *микр.* центрифугирование ‖ центрифугировать; использовать центрифугу (*напр. для нанесения резиста*)
   axial ~ аксиальный вихрь
   radial ~ радиальный вихрь
whirler *микр.* центрифуга (*напр. для нанесения резиста*)
   developing ~ центрифуга для проявления (*резиста*)
   resist ~ центрифуга для нанесения резиста
whirley:
   bird ~ *вчт* жёсткий (магнитный) диск, *проф.* «вертушка»
whirling *микр.* центрифугирование (*напр. для нанесения резиста*)
whirlwind смерч; вихрь
whirr *см.* whir
whisker 1. *пп* контактный волосок, контактная пружина (*напр. точечного диода*); (тонкий) проволочный контакт **2.** ус (*1. объект в форме уса или усов; нитевидный объект 2. дефект в форме уса или усов; нитевидный дефект 3. нитевидный монокристалл, проф. «вискер»*)
   cat ~ *пп* контактный волосок, контактная пружина (*напр. точечного диода*); проволочный контакт
   cleavage ~s *крист.* усы скола
   iron ~ нитевидный монокристалл железа
   oriented ~ ориентированный нитевидный монокристалл
   tin ~ оловянный ус (*дефект паяного соединения*)
Whiskey стандартное слово для буквы *W* в фонетическом алфавите «Альфа»
whistle 1. свист ‖ свистеть **2.** свисток (*1. акустический излучатель 2. музыкальный инструмент из набора General MIDI*) **3.** свистящий атмосферик
   Doppler ~ доплеровский свист

heterodyne ~ гетеродинный свист
long ~ *вчт* длинный свисток (*музыкальный инструмент из набора ударных General MIDI*)
short ~ *вчт* короткий свисток (*музыкальный инструмент из набора ударных General MIDI*)
whistler 1. свисток **2.** свистящий атмосферик
   artificial ~ искусственный свистящий атмосферик
   high-latitude ~ высокоширотный свистящий атмосферик
   hydromagnetic ~ гидромагнитный свистящий атмосферик
   ion ~ ионный свистящий атмосферик
   ion-cyclotron ~ ионно-циклотронный свистящий атмосферик
   long ~ длинный свистящий атмосферик
   low-latitude ~ низкоширотный свистящий атмосферик
   multiple-path ~ многокомпонентный свистящий атмосферик
   natural ~ естественный свистящий атмосферик
   postexplosion ~ свистящий атмосферик после ядерного взрыва
   short ~ короткий свистящий атмосферик
   solar ~ свистящий атмосферик солнечного происхождения
   standing ~ стоячий свистящий атмосферик
   terrestrial ~ свистящий атмосферик земного происхождения
white 1. *тлв* белый **2.** белое поле (*в факсимильной связи*) **3.** сигнал белого поля (*в факсимильной связи*) **4.** белый цвет ‖ делать(ся) белым; отбеливать(ся) ‖ белый **5.** бесцветный; прозрачный **6.** бледный (*о цвете*) **7.** пробел ‖ оставлять пробел или пробелы (*в тексте*)
   bleeding ~s *тлв* заплывание белого (*при большом контрасте*)
   following ~s белое тянущееся продолжение
   leading ~s *тлв* фронтальные белые выбросы
   peak ~ пик белого
   picture ~ сигнал белого поля
   reference ~ **1.** равносигнальный белый **2.** опорный белый
   trailing ~s белое тянущееся продолжение
White Alice сеть радиостанций тропосферного рассеяния, обслуживающая РЛС дальнего обнаружения системы ПВО США
whiteboard *вчт* «доска» для проведения конференций с использованием текстовых и графических материалов ‖ проводить конференции с использованием текстовых и графических материалов
whiteboarding *вчт* проведение конференций с использованием текстовых и графических материалов
   electronic ~ проведение телеконференций с использованием текстовых и графических материалов
whiten отбеливать(ся) (*1. делать(ся) белым 2. приближать(ся) к белому шуму*)
whitener отбеливатель
whiteness 1. белизна **2.** коэффициент белизны (*бумаги*)
whitening отбеливание (*1. придание белого цвета 2. приближение к белому шуму*)

whiteout

whiteout быстро высыхающий белый краситель для исправления ошибок в отпечатанном тексте
whiter-than-white *тлв* более белого
whitespace *вчт* пробел, пустое место (*в печатном материале*)
whois 1. информационная служба Internet для получения данных о сетях, доменах, хостах и пользователях сети, служба whois 2. утилита операционной системы UNIX, исполняемая сервером службы whois
whole 1. целое ‖ целый 2. целое число
wholeness целостность; цельность; полнота
wholesale оптовая торговля ‖ торговать оптом ‖ оптовый
wholesaler оптовик
why повод; причина
WIA 1. стандарт программного обеспечения сканеров и цифровых камер для платформ Windows, стандарт WIA 2. (программный) интерфейс (стандарта) WIA
wick 1. фитиль 2. подсос (*жидкости*) за счёт капиллярного эффекта ‖ подсасывать (*жидкость*) за счёт капиллярного эффекта 3. подсос припоя под изоляцию монтажного провода
wicking 1. подсос (*жидкости*) за счёт капиллярного эффекта 2. подсос припоя под изоляцию монтажного провода
wide широкий
wide-angle 1. широкоугольный (*объектив*) 2. с широкоугольным объективом (*о камере*); полученный с помощью широкоугольного объектива (*о снимке или кадре*)
wide-area охватывающий значительную территорию; региональный; глобальный (*напр. о сети*)
wideband широкополосный
widen 1. расширять(ся); увеличивать ширину 2. уширять(ся); испытывать уширение (*напр. о спектральной линии*)
widening 1. расширение (*напр. полосы пропускания*) 2. уширение (*напр. спектральной линии*)
   bandwidth ~ расширение полосы пропускания
   base ~ *пп* расширение базы, эффект Кирка
   Doppler ~ доплеровское уширение
   line ~ уширение (спектральной) линии
wide-open неизбирательный, неселективный
wide-screen широкоэкранный
widget 1. небольшое механическое устройство *или* приспособление; небольшая деталь механизма 2. *вчт* графический символ, сопряжённый с определённой программой; пиктограмма программы (*в графических пользовательских интерфейсах*) 3. мета-вещь (*обозначение реального объекта в дидактических примерах*) 4. небольшой рекламный плакат
widow *вчт* 1. висячая концевая (абзацная) строка 2. неполная концевая (абзацная) строка
width 1. ширина 2. длительность (*импульса*)
   additional line ~ дополнительная ширина линии, добавка к ширине (резонансной) линии
   angular ~ угловая ширина
   antenna beam ~ ширина диаграммы направленности антенны по уровню половинной мощности
   aperture ~ ширина раскрыва, ширина апертуры (*антенны*)
   azimuth ~ ширина диаграммы направленности антенны по азимуту
   baseband ~ 1. (полная) ширина полосы частот модулирующих сигналов 2. ширина группового спектра (*передаваемых сигналов*) 3. ширина спектра видеосигнала 4. ширина спектра сигнала при прямой [безмодуляционной] передаче
   beam ~ 1. ширина луча; ширина пучка 2. ширина диаграммы направленности антенны 3. ширина диаграммы направленности антенны по уровню половинной мощности
   beam half ~ полуширина диаграммы направленности антенны по уровню половинной мощности
   Bloch line ~ *магн.* ширина блоховской линии
   box ~ ширина блока (*в языке* T_EX)
   CAS ~ **in read cycle** *вчт* длительность строб-импульса адреса столбца при считывании
   character ~ *вчт* ширина символа
   column ~ *вчт* ширина колонки
   contact ~ ширина контакта
   depletion-layer ~ *пп* ширина обеднённого слоя
   dielectric resonance line ~ ширина кривой резонанса диэлектрической восприимчивости
   domain ~ ширина домена
   domain wall ~ ширина доменной границы
   Doppler spectral line ~ доплеровская ширина спектральной линии
   elevation ~ ширина диаграммы направленности антенны по углу места
   energy-gap ~ ширина запрещённой (энергетической) зоны; ширина (энергетической) щели
   energy-level ~ ширина энергетического уровня
   equivalent spectral line ~ эквивалентная ширина спектральной линии
   far-field beam ~ ширина диаграммы направленности антенны в дальней зоне
   ferromagnetic resonance line ~ ширина кривой ферромагнитного резонанса
   field ~ *вчт* длина поля
   FMR line ~ *см.* ferromagnetic resonance line width
   full ~ **at half maximum** полная ширина (*напр. резонансной кривой*) на полувысоте
   gap ~ длина рабочего зазора (*магнитной головки*)
   gate ~ длительность селекторного [стробирующего] импульса, длительность строб-импульса
   groove ~ ширина канавки (*записи*)
   half– полуширина (*напр. резонансной кривой*)
   half-height line ~ 1. ширина спектральной линии на полувысоте 2. ширина резонансной кривой на полувысоте
   half-intensity line ~ ширина спектральной линии по уровню половинной интенсивности
   half-power ~ ширина диаграммы направленности антенны по уровню половинной мощности
   line ~ 1. ширина спектральной линии 2. ширина резонансной кривой 3. *вчт* ширина линии (*на чертеже или графике*) 4. *вчт, тлв* ширина строки
   lobe half-power ~ ширина главного лепестка диаграммы направленности антенны по уровню половинной мощности
   magnetic tape ~ ширина магнитной ленты
   main-lobe ~ ширина главного лепестка диаграммы направленности антенны (*по уровню половинной мощности*)
   natural spectral line ~ естественная ширина спектральной линии

Neel line ~ *магн.* ширина неелевской линии
nominal-line ~ *тлв* номинальная ширина строки
notch ~ **1.** ширина паза, выреза *или* канавки **2.** ширина (узкого) провала (*напр. в спектре*) **3.** ширина полосы непропускания узкополосного режекторного фильтра, ширина полосы непропускания фильтра-пробки
one-half-amplitude ~ ширина (*диаграммы направленности антенны*) по уровню половинной амплитуды
one-half power ~ ширина (*диаграммы направленности антенны*) по уровню половинной мощности
overall ~ габаритная ширина
passband ~ ширина полосы пропускания
pattern ~ ширина линий (структурированного) рисунка (*ИС*)
principal half-power beam ~ ширина диаграммы направленности антенны по уровню половинной мощности в главной плоскости
pulse ~ длительность импульса
reduced ~ приведенная ширина
shock ~ ширина фронта ударной волны
side-lobe ~ ширина бокового лепестка диаграммы направленности антенны по уровню половинной мощности
sound-band ~ ширина полосы звуковых частот
space-charge region ~ ширина области пространственного заряда
spectral line ~ ширина спектральной линии
spectrum ~ ширина спектра
Stark ~ штарковская ширина (*спектральной линии*)
stripe-domain ~ ширина полосового домена
tenth-power ~ ширина (*диаграммы направленности антенны*) по уровню 0,1 от максимальной мощности
track ~ ширина дорожки (*записи*)
window ~ *вчт* ширина окна
zero-field stripe ~ ширина полосового домена в нулевом магнитном поле
wilco *проф.* «будет исполнено» (*подтверждение получения сообщения и готовности к исполнению содержащихся в нём распоряжений, напр. при радиосвязи*)
wildcard **1.** *вчт* шаблон подстановки (*символа или группы символов*), подстановочный символ, универсальный образец **2.** джокер (*в карточных играх*)
Willamette название первого ядра процессоров Pentium IV (*изготовленных с литографическим разрешением 0,18 мкм*)
William стандартное слово для буквы *W* в фонетическом алфавите «Эйбл»
win победа; выигрыш || побеждать, одерживать победу; выигрывать (*напр. в компьютерных играх*)
Win32 32-разрядный интерфейс прикладного программирования для 32-разрядных операционных систем Windows, интерфейс Win32
Win32s расширение 16-разрядных операционных систем Windows, позволяющее использовать 32-разрядные приложения
Winchester *вчт* жёсткий (магнитный) диск, *проф.* винчестер
Winchip серия (микро)процессоров фирмы Centaur

~ **2** (микро)процессор шестого поколения фирмы Centaur с рабочей частотой до 300 МГц, процессор Winchip 2
~ **2A** процессор Winchip 2 с исправленной ошибкой в реализации инструкций 3Dnow!
~ **3** (микро)процессор шестого поколения фирмы Centaur с рабочей частотой выше 300 МГц, процессор Winchip 3
~ **4** (микро)процессор шестого поколения фирмы Centaur с рабочей частотой до 700 МГц, процессор Winchip 4
~ **C6** (микро)процессор шестого поколения фирмы Centaur с рабочей частотой до 240 МГц, процессор Winchip C6

wind **1.** ветер **2.** ураган; шторм **3.** поток воздуха || обдувать **4.** двигаться по спирали *или* по окружности **5.** намотка; сматывание || наматывать(ся); сматывать(ся) **6.** перемотка || перематывать **7.** виток; оборот || навивать(ся); оборачивать(ся) **8.** поворот; изгиб || поворачивать(ся); изгибать(ся) **9.** духовой музыкальный инструмент; *pl* духовые (*в оркестре*) || играть на духовом музыкальном инструменте
A ~ А-намотка, намотка магнитной ленты рабочим слоем вовнутрь
acoustical ~ акустический [звуковой] ветер, акустические течения
B ~ В-намотка, намотка магнитной ленты рабочим слоем наружу
back(ward) ~ обратная перемотка (*магнитной ленты*)
electric ~ электрический ветер, конвекционный разряд
electron ~ *пп* электронный ветер
fast ~ ускоренная перемотка (*магнитной ленты*)
forward ~ прямая перемотка (*магнитной ленты*)
ionospheric ~ ионосферный ветер
oxide-in ~ А-намотка, намотка магнитной ленты рабочим слоем вовнутрь
oxide-out ~ В-намотка, намотка магнитной ленты рабочим слоем наружу
polar ~ полярный ветер
precision ~ прецизионная намотка
solar ~ солнечный ветер
sound ~ звуковой [акустический] ветер, акустические течения
stellar ~ звёздный ветер
windage **1.** снос под действием ветра (*напр. ЛА*) **2.** сопротивление воздуха, действующее на ротор (*электрической машины*)
windback перемотка назад
winder **1.** намоточный станок **2.** *тлг* лентопротяжный механизм
armature ~ якореобмоточный станок
automatic ~ автоматический намоточный станок
automatic paper ~ *тлг* автоматический лентопротяжный механизм
bobbin ~ станок для каркасной намотки
strip ~ станок для намотки ленточных проводников
toroidal ~ станок для намотки катушек с кольцевым сердечником
winding **1.** намотка (*1. процесс намотки 2. способ намотки*) **2.** обмотка (*1. намотанный определённым образом на что-либо токонесущий провод 2.*

winding

способ включения обмотки) **3.** провод прошивки (*в ЗУ на магнитных сердечниках*) **4.** виток; оборот **5.** поворот; изгиб ‖ изогнутый; искривлённый **6.** спиральный
armature ~ обмотка якоря
bank(ed) ~ дисковая катушечная обмотка
bar ~ стержневая обмотка
basket ~ корзиночная намотка
bias ~ обмотка подмагничивания
bifilar ~ бифилярная обмотка
bit(-plane) ~ *вчт* **1.** разрядная обмотка **2.** разрядная обмотка запрета
bit-sense ~ разрядная обмотка считывания
bit-write ~ разрядная обмотка записи
bucking ~ компенсационная обмотка
cage ~ (короткозамкнутая) обмотка типа «беличья клетка»
center-tapped ~ обмотка с отводом от средней точки
chain ~ корзиночная обмотка
coil ~ катушечная обмотка
commutating ~ коммутационная обмотка
compensation ~ компенсационная обмотка
concentrated ~ сосредоточенная обмотка
control ~ обмотка управления
core plane ~ *вчт* провод прошивки ферритовых сердечников
cosine ~ *тлв* намотка отклоняющих катушек с плотностью витков, изменяющейся по косинусоидальному закону
counter ~ встречная намотка
crisscross (coil) ~ корзиночная обмотка
current ~ токовая обмотка
Curtis ~ безындуктивная обмотка (*резистора*) с изменением направления намотки соседних витков с помощью продольных щелей в каркасе
cylindrical ~ цилиндрическая обмотка
damper [damping] ~ демпферная обмотка; успокоительная обмотка
dc ~ обмотка подмагничивания
delay ~ замедляющая обмотка (*реле*)
diamond ~ равносекционная обмотка
differential ~ дифференциальная обмотка
digit(-plane) ~ *вчт* **1.** разрядная обмотка **2.** разрядная обмотка запрета
double ~ бифилярная обмотка
drive ~ обмотка возбуждения
drum ~ барабанная обмотка
duplex lap ~ двойная петлевая обмотка
duplex wave ~ двойная волновая обмотка
exciting ~ обмотка возбуждения
feedback ~ обмотка обратной связи
field ~ обмотка возбуждения
filament ~ накальная обмотка, обмотка накала
fractional-pitch ~ дробно-шаговая обмотка
frog-leg ~ лягушачья обмотка
full-pitch ~ шаговая обмотка
gate ~ обмотка управления (*магнитного усилителя*)
Gramme ~ кольцевая обмотка
herring-bone ~ обмотка типа «ёлочка»
high-voltage ~ высоковольтная обмотка
holding ~ обмотка самоблокировки (*реле*)
honeycomb ~ сотовая обмотка
inhibit ~ *вчт* обмотка запрета
input ~ входная обмотка
interrogate ~ *вчт* обмотка опроса
lap ~ петлевая обмотка
layer ~ рядовая обмотка
long-pitch ~ обмотка с удлинённым шагом
low-voltage ~ низковольтная обмотка
magnet ~ обмотка электромагнита
multiplex lap ~ множественно-петлевая обмотка
multiplex wave ~ множественно-волновая обмотка
noninductive ~ безындуктивная обмотка
output ~ выходная обмотка
parallel ~ параллельная обмотка
pie ~ галетная обмотка
plate ~ анодная обмотка
power ~ сетевая обмотка
preformed ~ шаблонная намотка
primary ~ **1.** первичная обмотка **2.** главная обмотка
print ~ печатная обмотка
push-through ~ обмотка с V-образными катушками
random ~ **1.** намотка «в навал» **2.** всыпная обмотка
read(-out) ~ обмотка считывания
reentrant ~ замкнутая обмотка
regulating ~ регулировочная обмотка
relay ~ обмотка реле
reset ~ *вчт* обмотка установки в состояние «0»
ring ~ кольцевая намотка
rotor ~ обмотка ротора, роторная обмотка
secondary ~ вторичная обмотка
sense ~ обмотка считывания
sense-digit ~ разрядная обмотка считывания
series ~ последовательная обмотка
set ~ *вчт* обмотка установки в состояние «1»
shift ~ *вчт* обмотка сдвига, сдвигающая обмотка
short-pitch ~ обмотка с укороченным шагом
shunt ~ параллельная обмотка
signal ~ сигнальная обмотка
simplex lap ~ простая петлевая обмотка
simplex wave ~ простая волновая обмотка
single-layer ~ однослойная обмотка
spiral ~ спиральная намотка
split ~ секционированная обмотка
split-throw ~ ступенчатая обмотка
stabilized ~ стабилизирующая обмотка
starting ~ пусковая обмотка
stator ~ обмотка статора, статорная обмотка
superconducting ~ сверхпроводящая обмотка
tapped ~ обмотка с отводами
toroidal ~ кольцевая намотка
transformer ~ обмотка трансформатора
waffle(-type) ~ галетная обмотка
wave ~ волновая обмотка
Wenner ~ безындуктивная обмотка (*резистора*)
write ~ обмотка записи
write-digital ~ разрядная обмотка записи

window 1. окно; отверстие; диафрагма ‖ делать окно *или* отверстие; снабжать диафрагмой **2.** волноводное окно **3.** окно прозрачности **4.** дипольные противорадиолокационные отражатели **5.** оконная [финитная взвешивающая] функция, *проф.* окно **6.** *вчт* окно (*обрамлённая прямоугольная зона на экране дисплея с изменяемыми размерами и положением, предназначенная для работы с приложениями и документами или для реализации диалогового режима*) **7.** допуск; допуски; допустимый интервал изменения (*напр. параметров*)

~ of display окно экрана дисплея
active ~ *вчт* рабочее окно
alumina ~ корундовое волноводное окно
application ~ окно приложения, окно прикладной программы
atmospheric ~ окно прозрачности атмосферы
Bartlett ~ окно Бартлета
base ~ *микр.* окно для формирования базы
battery ~ индикатор выхода напряжения батареи за допустимые пределы
beryllia ~ волноводное окно из оксида бериллия
bond ~ *микр.* допуски на изменение рабочих параметров (*напр. температуры*) при монтаже и сборке компонентов
Brewster(-angle) ~ *кв.эл.* брюстеровское окно
capacitive~ ёмкостная диафрагма
cascaded ~s окна с каскадным расположением
ciphering ~ шифровальное окно
coaxial ~ коаксиальная диафрагма
command ~ *вчт* окно команд
contact ~ *микр.* контактное окно
coupling ~ диафрагма связи
diffusion ~ *микр.* окно для диффузии
document ~ *вчт* окно документа
filter ~ полоса пропускания фильтра
free-form ~s *вчт* свободно располагающиеся окна (*с возможностью перекрытия*)
frequency ~ окно прозрачности
graphic ~ *вчт* графическое окно
half-wave ~ полуволновое волноводное окно
Hamming ~ взвешивающая функция Хэмминга
high-frequency ~ высокочастотное [ВЧ-]окно прозрачности
history ~ *вчт* окно предыстории
inactive ~ *вчт* нерабочее окно
inductive ~ индуктивная диафрагма
input ~ входная оконная [входная финитная взвешивающая] функция, *проф.* входное окно
ionospheric ~ окно прозрачности ионосферы
lag ~ лаговое окно
launch ~ допустимый временной интервал запуска КЛА, *проф.* стартовое окно
low-frequency ~ низкочастотное [НЧ-]окно прозрачности
mica ~ слюдяное волноводное окно
microwave silicon ~ кремниевое волноводное окно для СВЧ-диапазона
nonresonant ~ нерезонансное волноводное окно
optical ~ оптическое окно прозрачности
overlaid ~s перекрывающиеся окна
oxide ~ *микр.* окно в слое оксида
partial ~ окно частичной прозрачности
Parzen ~ окно Парзена
pop-up ~ *вчт* выпрыгивающее окно, окно с контекстно-зависимым появлением, *проф.* всплывающее окно
prediction ~ интервал предсказания
publication ~ *вчт* рабочее окно редакционно-издательской системы
quartz ~ кварцевое волноводное окно
radio ~ окно радиопрозрачности
receive ~ окно для приёма (*сигнала*)
rectangular ~ прямоугольная оконная [прямоугольная финитная взвешивающая] функция, *проф.* прямоугольное окно

resonant ~ резонансное волноводное окно
round ~ круглое окно (*среднего уха*)
sampling ~ длительность селекторного [стробирующего] импульса, длительность строб-импульса
sapphire ~ сапфировое волноводное окно
screen ~ *вчт, тлв* экранное окно
service ~ время, отведенное для текущего ремонта и профилактического обслуживания
silicon ~ кремниевое волноводное окно
spectral ~ спектральное окно прозрачности
split ~ *вчт* разделённое [расщеплённое] окно
staggered ~s *вчт* окна с каскадным расположением
sync ~ синхроинтервал (*в спутниковой связи*)
text ~ *вчт* текстовое окно, окно для редактирования и форматирования текста (*напр. в компьютерной графике*)
tiled ~s *вчт* окна с мозаичным расположением
time ~ временное окно
Tukey ~ окно Тьюки
tuned ~ резонансное окно
type-in ~ окно для ввода данных с клавиатуры
ultraviolet ~ *микр.* окно для ультрафиолетового излучения (*напр. в программируемой памяти со стиранием информации*)
UV ~ *см.* ultraviolet window
via ~ *микр.* 1. межслойное переходное окно 2. теплоотводящее межслойное окно
viewing ~ 1. окно видоискателя 2. смотровое окно
waveguide ~ волноводное окно
weak ~ окно слабой прозрачности
worksheet ~ *вчт* окно с электронной таблицей
windowing 1. взвешивание с использованием финитной функции, умножение на финитную взвешивающую функцию 2. использование оконного представления (*на экране дисплея*) 3. программная *или* аппаратная поддержка оконного представления (*в графическом интерфейсе пользователя*)
hardware ~ аппаратная поддержка оконного представления
software ~ программная поддержка оконного представления
Windows *вчт* 1. 16-разрядная оболочка Windows (*корпорации Microsoft*) с многооконным графическим интерфейсом пользователя для MS-DOS (*версии Windows 1.0, 2.0, 3.0, 3.1 и 3.11*) 2. 32-разрядная операционная система Windows (*корпорации Microsoft*) с многооконным графическим интерфейсом пользователя (*версии Windows 95, 98, 2000, ME и XP*)
~ for Workgroups 16-разрядная оболочка Windows версии 3.1 или 3.11 (*с поддержкой сетевых приложений*)
~ NT 32-разрядная операционная система Windows NT (*с мощной поддержкой сетевых приложений*)
~ NT Server серверный вариант 32-разрядной операционной системы Windows NT
Microsoft ~ *см.* Windows
X ~ сетевая оконная среда для рабочих станций, использующих операционную систему UNIX
windproof ветрозащитный
windscreen ветрозащитный экран (*микрофона*)
windshield ветрозащитный экран (*микрофона*)

windshield

close-talking ~ экран для защиты (*микрофона*) от дыхания исполнителя
windstorm буря; ураган
wing 1. крыло (*напр. резонансной кривой*); боковая часть **2.** ребро (*напр. радиатора*) **3.** объект в форме крыла; объект с крыловидными выступами
  bat ~ Ж-образный вибратор
  cooling ~ охлаждающее ребро (*радиатора*)
  curve ~ крыло кривой
  line ~ крыло (спектральной) линии
winner 1. победитель; выигравший (*напр. в компьютерных играх*) **2.** нейрон-победитель (*в нейронной сети*)
winning победа; выигрыш || побеждающий, одерживающий победу; выигрывающий (*напр. в компьютерных играх*)
  net ~ чистая победа; чистый выигрыш
Winstone тест Winstone (*компании Ziff-Davis Publishing's PC Labs*) для определения производительности компьютерных систем
winterization обеспечение холодостойкости
winterize обеспечивать холодостойкость
winzip архиватор winzip, утилита создания и распаковки архивов типа zip для операционной системы Windows
wipe 1. снятие; удаление; стирание (*напр. пыли с поверхности*) || снимать; удалять; стирать (*напр. пыль с поверхности*) **2.** вчт (полное) стирание, уничтожение, *проф.* затирание || (полностью) стирать, уничтожать, *проф.* затирать (*файл или каталог без возможности последующего восстановления путём записи однотипных символов в соответствующие кластеры жёсткого диска*) **3.** *тлв* вытеснение || использовать вытеснение **4.** размагничивание (*напр. магнитной ленты*); стирание (*напр. записи*) || размагничивать (*напр. магнитную ленту*); стирать (*напр. запись*) **5.** разрушение; уничтожение || разрушать; уничтожать
  side curtain ~ вытеснение затемнением, шторка
wipeinfo вчт **1.** программа (полного) стирания, программа уничтожения, *проф.* программа затирания (*файла или каталога без возможности последующего восстановления путём записи однотипных символов в соответствующие кластеры жёсткого диска*) **2.** позиция экранного меню для запуска программы (полного) стирания
wipeoff снятие; удаление; стирание (*напр. пыли с поверхности*)
  modulation ~ снятие модуляции
wiper 1. обтирочное устройство **2.** скользящий [подвижный] контакт **3.** щётка
  bridging ~ *тлф* параллельная щётка искателя
  double ~ разрезной скользящий [разрезной подвижный] контакт
wiping 1. снятие; удаление; стирание (*напр. пыли с поверхности*) **2.** вчт (полное) стирание, уничтожение, *проф.* затирание (*файла или каталога без возможности последующего восстановления путём записи однотипных символов в соответствующие кластеры жёсткого диска*) **3.** *тлв* вытеснение **4.** размагничивание (*напр. магнитной ленты*); стирание (*напр. записи*) **5.** разрушение; уничтожение
wire 1. провод; проводник || проводной **2.** проводная связь || использовать проводную связь **3.** телеграф || телеграфировать **4.** телефон || пользоваться телефоном **5.** *pl* (электрическая) проводка, (электро)проводка **6.** устанавливать (электрическую) проводку, устанавливать (электро)проводку **7.** подключать к сети кабельного телевидения **8.** устанавливать электронные подслушивающие устройства **9.** производить монтаж (*напр. компонентов на печатной плате*); монтировать (*напр. компоненты на печатной плате*) **10.** вчт шина **11.** телеграмма || отправлять телеграмму **12.** перекрестье
  address ~ адресная шина
  address-read ~ шина считывания адреса
  address-write ~ шина записи адреса
  aerial [antenna] ~ проволочная антенна
  antiflex flying ~ контроттяжка (*антенны*)
  assault ~ провод полевого телефона
  bare ~ провод без изоляции, неизолированный провод
  bias ~ шина смещения
  bimetallic ~ биметаллический провод
  bit ~ вчт разрядная шина
  blue ~ вчт *проф.* голубой провод (*по номенклатуре фирмы IBM – дополнительное навесное соединение, устанавливаемое производителем для устранения конструктивных недостатков схем*)
  braided ~ провод в оплётке
  busbar ~ шина
  cc ~ *см.* **cotton-covered wire**
  conductive ~ монтажный провод
  copper ~ медный провод
  corona ~ коронирующий провод, коротрон (*напр. в лазерных принтерах*)
  cotton-covered ~ провод с хлопчатобумажной изоляцией
  covered ~ провод с изоляцией, изолированный провод
  cross ~s перекрестие (*прибора*)
  damping ~s *тлв* проволочные успокоители (*в кинескопах с щелевой маской*)
  dead ~ обесточенный провод
  digit ~ вчт разрядная шина
  double-cotton-covered ~ провод с двойной хлопчатобумажной изоляцией
  double-silk-covered ~ провод с двойной шёлковой изоляцией
  drive ~ провод возбуждения
  drop ~ *тлф* абонентский ввод
  dsc ~ *см.* **double-silk-covered wire**
  earthing ~ провод заземления
  enameled ~ эмалированный провод
  etched ~ *микр.* вытравленный проводник
  field ~ провод полевого телефона
  filamentary ~ нитевидный проводник
  fuse [fusible] ~ плавкий провод (*для предохранителей*)
  guide ~ однопроводная линия передачи
  guy ~ оттяжка (*антенны*)
  hookup ~ монтажный провод
  inhibit ~ шина запрета
  insulated ~ провод с изоляцией, изолированный провод
  interconnecting ~s внешние соединительные провода
  jumper ~ навесной (монтажный) провод

wiring

lead ~ ввод; вывод
lead-in ~ ввод
Lecher ~s лехеровская [двухпроводная измерительная] линия
litz [litzendraht] ~ высокочастотный (многожильный) обмоточный провод, литцендрат
magnet ~ обмоточный провод (*электромагнита*)
magnetic-plated ~ цилиндрическая магнитная плёнка, ЦМП
office ~ *тлф* станционный [кроссовый] провод
open ~ провод воздушной линии передачи
order ~ *тлф* служебная линия
overflow ~s избыточные [незадействованные] межсоединения (*при автоматической трассировке*)
parallel ~s двухпроводная воздушная линия
phantom ~ фантомный провод (*фантомной цепи*)
pilot ~ контрольный провод
plated ~ цилиндрическая магнитная плёнка, ЦМП
plug ~ (проволочная) перемычка
print ~ печатающая игла
purple ~ *вчт проф.* пурпурный провод (*по номенклатуре фирмы IBM – дополнительное навесное соединение, устанавливаемое при монтаже для устранения недостатков, выявленных в процессе отладки или тестирования*)
radio ~ антенный провод
red ~ *вчт проф.* красный провод (*по номенклатуре фирмы IBM – дополнительное навесное соединение, устанавливаемое программистам, не имеющим ни малейшего понятия об электронике*)
resistance ~ (обмоточный) провод высокого сопротивления
return ~ 1. провод заземления 2. общий провод 3. провод с отрицательным потенциалом
rubber-covered ~ провод с резиновой изоляцией
sc ~ *см.* **silk-covered** wire
scc ~ *см.* **single-cotton-covered** wire
sense ~ шина считывания
shield(ed) ~ экранированный провод
silk-covered ~ провод с шёлковой изоляцией
single-cotton-covered ~ провод с однослойной хлопчатобумажной изоляцией
slide ~ реохорд
solder ~ припой в форме проволоки
stranded ~ многожильный провод
superconducting ~ сверхпроводящий провод
tinned ~ лужёный провод
twin ~ двужильный провод
twisted ~ 1. многожильный скрученный провод 2. *вчт* кабель с витыми парами
unifilar ~ одножильный провод
varnished ~ провод с лаковой изоляцией
write ~ шина записи
yellow ~ *вчт проф.* жёлтый провод (*по номенклатуре фирмы IBM – дополнительное навесное соединение, устанавливаемое в процессе эксплуатации для восстановления случайно или ошибочно нарушенного соединения*)

wire-frame каркасный (*напр. о модели*)
wire-guided управляемый по проводам, с управлением по проводам
wireless 1. беспроводная связь (*1. радиосвязь 2. радиотелеграфная или радиотелефонная связь 3. оптическая связь*) || беспроводной (*1. осуществляемый посредством радиосвязи 2. радиотелеграфный или радиотелефонный 3. оптический*) 2. область науки и техники, относящаяся к беспроводной связи (*1. радиосвязь 2. радиотелеграфия или радиотелефония 3. оптическая связь*) 3. аппаратные средства беспроводной связи (*1. радиоприёмник 2. радиостанция 3. радиотелеграф или радиотелефон 4. оптические средства связи*) 4. сообщение, переданное с помощью беспроводной связи (*1. радиограмма 2. радиотелеграмма или радиотелефонограмма 3. сообщение, переданное с помощью оптической связи*)
two-way ~ дуплексная [одновременная двусторонняя] беспроводная связь; дуплексная [одновременная двусторонняя] радиосвязь

wireman электрик
wirephoto 1. факсимильная связь 2. факсимильная копия
wiresonde атмосферный радиозонд с проводной связью
wiretap 1. *тлф* подслушивание || подслушивать 2. перехват (*напр. телеграфных сообщений*) || перехватывать (*напр. телеграфные сообщения*)
wiretapper 1. *тлф* подслушивающее устройство 2. устройство перехвата (*напр. телеграфных сообщений*)
wiretapping 1. *тлф* подслушивание 2. перехват (*напр. телеграфных сообщений*)
active ~ активный перехват
passive ~ пассивный перехват
wiring 1. проводной, относящийся к системе проводов *или* проводников 2. использование проводной связи 3. телеграфирование 4. использование телефона 5. (электрическая) проводка, (электро)проводка 6. установка (электрической) проводки, установка (электро)проводки 7. подключение к сети кабельного телевидения 8. установка электронных подслушивающих устройств 9. монтаж (*напр. компонентов на печатной плате*) 10. *микр.* разводка; (меж)соединения 11. трассировка (*в САПР*) 12. отправка телеграммы
air ~ навесной монтаж
back-of-panel ~ монтаж на тыловой стороне панели
building ~ внутренняя (электрическая) проводка
buried ~ скрытая (электрическая) проводка
casual ~ временная (электрическая) проводка
concealed ~ скрытая (электрическая) проводка
customized ~ заказная разводка; заказные (меж)соединения
discretionary ~ избирательная разводка; избирательные (меж)соединения
double-sided printed ~ двусторонний печатный монтаж
electrical ~ электрическая проводка, электропроводка
exposed ~ открытая (электрическая) проводка
fixed ~ 1. постоянная [стационарная] (электрическая) проводка 2. фиксированная разводка; фиксированные (меж)соединения
fixed-pattern ~ фиксированная разводка; фиксированные (меж)соединения
flexible print ~ гибкий печатный монтаж
flush ~ скрытая (электрическая) проводка

wiring

global ~ глобальная трассировка
hard ~ фиксированная разводка; фиксированные (меж)соединения
house ~ внутренняя (электрическая) проводка
indoor ~ внутренняя (электрическая) проводка
interconnection ~ разводка; (меж)соединения
interior ~ внутренняя (электрическая) проводка
internal ~ 1. внутренняя (электрическая) проводка 2. внутренняя разводка; внутренние (меж)соединения
local ~ локальная трассировка
metal-tube ~ (электрическая) проводка в металлических трубах
multilayer ~ 1. многослойная разводка; внутренние (меж)соединения 2. многослойная трассировка
on-chip ~ внутренняя разводка; внутренние (меж)соединения
open ~ 1. открытая (электрическая) проводка 2. наружная (электрическая) проводка
outdoor ~ наружная (электрическая) проводка
piano ~ монтаж проводом без изоляции, монтаж неизолированным проводом
plated ~ монтаж, выполненный электролитическим методом
point-to-point ~ навесной монтаж
power ~ разводка (электро)питания
printed(-circuit) ~ печатный монтаж
sidetone reduction ~ *тлф* противоместная схема
single-sided printed ~ односторонний печатный монтаж
solderless ~ беспаечный монтаж
surface ~ открытая (электрическая) проводка
wiry проволочный
wisp пучок; жгут || объединять в пучок; скручивать в жгут
witch колдунья; ведьма (*персонаж компьютерных игр*) || колдовать; околдовывать
witchcraft колдовство; магия (*в компьютерных играх*)
withdraw 1. извлечение; изъятие || извлекать; изымать 2. *вчт* вывод (*результатов*) || выводить (*результаты*) 3. вытягивание (*напр. кристалл*) || вытягивать (*напр. кристалл*) 4. аннулирование; отмена || аннулировать; отменять 5. *тлф* отбой во время набора номера || давать отбой во время набора номера
withdrawal 1. извлечение; изъятие 2. *вчт* вывод (*результатов*) 3. вытягивание (*напр. кристалла*) 4. аннулирование; отмена 5. *тлф* отбой во время набора номера
~ **of call** отбой во время набора
crystal ~ вытягивание кристалла
tool ~ отвод инструмента
withershins против часовой стрелки
wizard 1. маг; чародей (*персонаж компьютерных игр*) || магический 2. эксперт; знаток; мастер; профессионал 3. *вчт* опытный хакер 4. *вчт* облегчающее установку аппаратных *или* программных средств приложение, *проф.* мастер, эксперт
wizardry магия
WML язык разметки гипертекстовых документов для беспроводной связи, язык WML
wobble 1. покачивание; пошатывание || покачивать(ся); пошатывать(ся) 2. (механическое) качание частоты 3. *тлв* вобуляция электронного луча (*качание луча с целью размытия строчной структуры растра*) 4. шум мерцания, фликкер-шум
sampled synchronous spot ~ синхронная вобуляция электронного луча с подсветкой
saw-tooth spot ~ пилообразная вобуляция электронного луча
spot ~ вобуляция электронного луча
till-in-spot ~ заполняющая вобуляция электронного луча
wobbler *тлв* вобулятор (*электронного луча*)
spot ~ *тлв* вобулятор электронного луча
wobbliness покачивание; пошатывание
wobbulator генератор качающейся частоты (*с механическим приводом*)
wolf завывание (*напр. в радиоприёмнике*)
woodblock *вчт* коробочка, гольтон (*музыкальный инструмент из набора General MIDI*)
high ~ *вчт* высокая коробочка (*музыкальный инструмент из набора ударных General MIDI*)
low ~ *вчт* низкая коробочка (*музыкальный инструмент из набора ударных General MIDI*)
woodwinds деревянный духовой музыкальный инструмент; *pl* деревянные духовые (*в оркестре*)
woof звук низкого тона || издавать звук низкого тона
woofer громкоговоритель для воспроизведения нижних (звуковых) частот
Word многофункциональный текстовый редактор корпорации Microsoft, программа Microsoft Word
Microsoft ~ многофункциональный текстовый редактор корпорации Microsoft, программа Microsoft Word
word 1. слово (*1. простейшая структурно-семантическая единица языка 2. машинное слово; группа из 8 бит*) 2. пароль 3. *pl* речь 4. стихотворный текст; слова (*напр. песни*)
~**s per minute** количество (передаваемых) слов в минуту
address ~ адресное слово; регистр адреса
alphabetical ~ буквенное слово
banner ~ заголовочное слово, *проф.* «шапка»
binary ~ двоичное слово
block descriptor ~ дескриптор блока
call ~ вызывающее слово
channel address ~ адресное слово канала; регистр адреса канала
channel status ~ слово состояния канала; регистр состояния канала
check ~ контрольное слово
code ~ кодовое слово
command ~ 1. имя команды; команда (*в командном языке*) 2. командное слово
comparand ~ *вчт* (слово-)признак
computer ~ машинное слово
connective ~ слово(-связка)
control ~ 1. управляющее слово 2. имя команды; команда (*в командном языке*) 3. командное слово
data ~ слово данных
descriptor ~ дескриптор
device status ~ слово состояния устройства; регистр состояния устройства
direction ~ колонтитул
double ~ двойное слово, слово двойной длины
dummy ~ пустое слово
echoic ~ звукоподражательное слово
empty ~ пустое слово

workbook

flagged ~ помеченное слово
green ~**s** метаданные (*в теле файла*)
guide ~ колонтитул
half ~ полуслово, слово половинной длины
identifier ~ идентификатор
index ~ индексное слово
initialization command ~ имя команды инициализации; команда инициализации
instruction ~ **1.** имя команды; команда (*в командном языке*) **2.** командное слово
interrogation ~ опрашивающее слово
key ~ ключевое слово
long ~ **1.** длинное слово **2.** двойное слово, слово двойной длины
machine ~ машинное слово
machine status ~ слово состояния машины; регистр состояния машины
matching ~ искомое слово (*при поиске*)
memory ~ слово памяти, структурная группа ячеек памяти
multilength ~ слово многократной длины
numerical ~ цифровое слово
operation control ~ имя команды управления операциями; команда управления операциями
optional ~ необязательное слово
packed ~ упакованное слово (*напр. 4 слова в расширении MMX*)
parameter ~ (слово-)параметр
pattern ~ слово с характерной структурой (*в криптографии*)
processor status ~ слово состояния процессора; регистр состояния процессора
program status ~ слово состояния программы; регистр состояния программы
quad ~ учетверённое слово, слово учетверённой длины
record descriptor ~ дескриптор записи
reserved ~ зарезервированное [служебное] слово
search ~ **1.** (слово-)признак **2.** ключевое слово
short ~ **1.** короткое слово **2.** полуслово, слово половинной длины
SMPTE sync ~ *тлв* синхрослово временного кода SMPTE
status ~ слово состояния; регистр состояния
stuffing ~ вставляемое для согласования скорости передачи данных слово (*в синхронных цифровых системах*)
sync [synchronization] ~ синхрослово
tag ~ слово тегов
test ~ тестовое слово
unique ~ уникальное слово
very long instruction ~ **1.** очень длинное командное слово (*256 бит и более*) **2.** архитектура (процессора), использующая очень длинные командные слова, *проф.* VLIW-архитектура
WH- ~ вопросительно-относительное местоимение английского языка (*начинающееся с буквосочетания wh*)
wordage 1. словарный состав (*языка*), лексика **2.** избыточность речи; информационная избыточность текста **3.** словоупотребление
wordbook толковый словарь
wording 1. словоупотребление **2.** редакция; вариант текста (*печатного издания*); формулировка (*напр. закона*)

wordpad *вчт* простой редактор текстов небольшого объёма
WordPerfect многофункциональный текстовый редактор WordPerfect, программа WordPerfect
wordsmith специалист по словоупотреблению; стилист
wordy словесный
work 1. работа; занятие; труд || работать; заниматься; трудиться **2.** задача; дело || выполнять задачу; делать **3.** место работы **4.** объекты труда; (рабочие) материалы; (рабочий) проект; (обрабатываемые) детали, изделия *или* компоненты **5.** результат работы; продукт **6.** механизм; рабочий орган **7.** (механическая) работа (*скалярное произведение вектора силы на вектор перемещения*) **8.** рабочее состояние || приводить в действие *или* рабочее состояние; находиться в рабочем состоянии; работать **9.** загрузка (*индукционной печи*) **10.** использовать; применять (*напр. установку*); управлять (*напр. агрегатом*); оперировать (*напр. данными*) **11.** решать (*напр. арифметическую задачу или головоломку*) **12.** обработка || обрабатывать ◊ ~ **in process** «идёт работа» (*предупреждающая надпись*); ~ **in progress** «идёт работа» (*предупреждающая надпись*); ~ **of art** произведение искусства; **at** ~ в процессе работы; **in the** ~ в стадии подготовки *или* планирования; **to** ~ **out problem** решать задачу
assembly ~ сборочно-монтажные работы
batch ~ работа в пакетном режиме
computer-supported cooperative ~ совместная работа на базе компьютерной сети
group ~ **1.** групповая работа **2.** *вчт* индикатор начала *или* конца слова *или* единицы данных
knowledge ~ обработка знаний
line ~ **1.** штриховое изображение; изображение без полутонов **2.** штриховой оригинал (*графического объекта*)
live-line ~ работа на линии под (электрическим) напряжением
maintenance ~ работа по техническому обслуживанию и текущему ремонту
numerical ~ численные расчёты
R and D ~ *см.* research and development work
research and development ~ научно-исследовательские и опытно-конструкторские работы, НИОКР
signal processing ~ обработка сигналов
skunk ~ **s** *проф.* **1.** секретная экспериментальная лаборатория **2.** секретный экспериментальный проект
workability 1. реализуемость; реальность; осуществимость **2.** обрабатываемость; пригодность для обработки
workable 1. реализуемый; реальный; осуществимый **2.** обрабатываемый; допускающий обработку; пригодный для обработки
workaround *вчт* обход ошибки || обходить ошибку (*в программе*)
workbench 1. рабочее место **2.** верстак **3.** инструментальные средства **4.** *вчт* многопользовательская среда с разделяемыми ресурсами
project manager ~ автоматизированное рабочее место руководителя проекта
workbook 1. руководство; инструкция по эксплуатации **2.** книга учёта запланированных и выполнен-

workbox

ных работ **3.** сборник вопросов и упражнений (*напр. по учебным курсам*) **4.** *вчт* рабочая книга, совокупность взаимосвязанных электронных таблиц

workbox ящик для инструментов

workcell гибкий производственный модуль, ГПМ

worker 1. рабочий; работник **2.** работающее устройство; работающая установка; работающий механизм

workgroup рабочая группа

workholder оправка; патрон; фиксатор

workhorse рабочий орган; исполнительный механизм

working 1. работа; процесс работы; действие ∥ работающий; действующий **2.** рабочий (*1. относящийся к работе или действию 2. пригодный для использования; используемый 3. текущий, используемый в данное время*) **3.** обработка

    automatic tandem ~ *тлф* автоматический транзит

    common aerial ~ приём и передача с одной антенной

    forked ~ телеграфная передача с разветвлением

    off-line ~ автономная работа

    on-line ~ **1.** неавтономная работа; работа с управлением от основного оборудования **2.** работа в темпе поступления информации; работа в реальном масштабе времени; *вчт проф.* онлайновая работа **3.** работа в интерактивном [диалоговом] режиме

    real-time ~ работа в реальном масштабе времени; работа в темпе поступления информации; *вчт проф.* онлайновая работа

workload 1. рабочая нагрузка **2.** предполагаемый *или* выполнимый объём работы

workmanship 1. профессиональное мастерство; квалификация **2.** качество изготовления (*изделия*) **3.** профессионально выполненная работа

workpiece обрабатываемая деталь; обрабатываемое изделие; заготовка

workplace рабочее место

    virtual ~ виртуальное рабочее место

workpost рабочее место

workprint *тлв* рабочая копия (*фильма*)

workroom 1. рабочее помещение **2.** мастерская

worksheet 1. черновик (*напр. с расчётами*); рабочий лист; рабочая таблица **2.** *вчт* электронная таблица (*1. программа обработки больших массивов данных, представленных в табличной форме 2. пустой или заполненный бланк электронной таблицы*)

    dependent ~ зависимый черновик; зависимый рабочий лист; зависимая рабочая таблица

    source ~ исходный черновик; исходный рабочий лист; исходная рабочая таблица

Workshop:

    European ~ for Open Systems Европейский семинар по открытым системам

    Future ~ «Мастерская будущего» (*концептуальный подход к проектированию автоматизированных систем с участием пользователей*)

    OSI Implementors ~ Семинар по открытым системам Национального института по стандартам и технологиям (*США*)

workshop 1. механическая мастерская **2.** семинар; дискуссия **3.** группа специалистов для обсуждения текущих (*напр. производственных*) проблем

    augmented knowledge ~ *вчт* сетевое пространство для создания и воспроизводства знаний, *проф.* расширенная мастерская знаний

worksite рабочее место

workspace *вчт* **1.** рабочее пространство (*в программах с оконным интерфейсом*) **2.** рабочая область памяти

workstation *вчт* рабочая станция (*1. мощный однопользовательский компьютер 2. автоматизированное рабочее место, АРМ*)

    compartmented mode ~ изолированная рабочая станция (*сети*) с особым режимом

    diskless ~ бездисковая рабочая станция, мощный однопользовательский компьютер без ЗУ на магнитных дисках

    MIDI ~ автономная рабочая станция для создания музыкальных произведений с использованием стандарта MIDI

    professional ~ профессиональная рабочая станция

worktable рабочий стол

    computer ~ компьютерный рабочий стол

world 1. мир (*1. Вселенная, макрокосм 2. область Вселенной; планета 3. земной шар, Земля 4. население земного шара 5. объединённое каким-либо признаком человеческое сообщество; общественная среда; общественный строй 6. отдельная форма существования живой или неживой материи 7. мир отдельных явлений или предметов; мир чувств или ощущений 8. окружающий мир; окружающая среда; окружение*) **2.** мировой; всемирный; глобальный

worm 1. червь, разновидность компьютерных вирусов **2.** *вчт проф.* тире **3.** резьба **4.** червячная передача; червяк

wormgear 1. червячная передача **2.** червячное колесо

wormhole 1. червоточина **2.** функция-ловушка (*в криптографической системе*)

worth 1. ценность; значимость **2.** цена; стоимость

wow 1. *вчт проф.* восклицательный знак **2.** низкочастотная [НЧ-] детонация (*в диапазоне ниже 10 Гц*)
◊ ~ **and drift** детонация; ~ **and flutter** детонация
frequency ~ низкочастотная [НЧ-] детонация

wrap 1. намотка; наматывание (*напр. ленты*) ∥ наматывать (*напр. ленту*) **2.** накрутка, соединение накруткой ∥ соединять накруткой **3.** обёртка; обёртывание; завертывание; свёртывание ∥ обёртывать(ся); завёртывать(ся); свёртывать(ся) **4.** обхват ∥ охват ∥ обхватывать; охватывать **5.** угол обхвата магнитной головки **6.** петля (*напр. лентопротяжного тракта видеомагнитофона*) **7.** *вчт* обтекание (*напр. рисунка текстом*) ∥ обтекать; использовать обтекание (*напр. рисунка текстом*) **8.** *вчт* перемещение (целого) слова на следующую строку (*без переноса*); перемещение символов на следующую экранную строку (*при достижении правого края рабочего поля экрана*), *проф.* сворачивание строк ∥ перемещать (целое) слова на следующую строку (*без переноса*); перемещать символы на следующую экранную строку (*при достижении правого края рабочего поля экрана*), *проф.* сворачивать строки **9.** *вчт* форматирование текста без переносов ∥ форматировать текст без переносов **10.** завершение; конец ∥ завершать; заканчивать **11.** завершение съёмочного дня ∥ завершать съёмочный день **12.** *тлв* заключительные кадры фильма с фотографией завершающей сцены ‖ завершать съёмку фильма ◊ **to both side** ~ обтекать с двух сторон; использовать двустороннее обтекание

alpha ~ альфа-петля (*лентопротяжного тракта видеомагнитофона*)

column ~ *вчт* автоматическое перемещение колонок (*при наборе текста*)

core ~ изолирующий слой между сердечником и обмоткой

final ~ внешний изолирующий слой (*напр. катушки индуктивности*)

head ~ угол обхвата магнитной головки

omega ~ омега-петля (*лентопротяжного тракта видеомагнитофона*)

single-head alpha ~ альфа-петля лентопротяжного тракта одноголовочного видеомагнитофона

single-head omega ~ омега-петля лентопротяжного тракта одноголовочного видеомагнитофона

solderless ~ беспаечное соединение накруткой

tape ~ угол обхвата магнитной головки

wire ~ соединение проводов накруткой

word ~ 1. *вчт* перемещение (целого) слова на следующую строку (*без переноса*) ‖ перемещать (целое) слова на следующую строку (*без переноса*) 2. *вчт* форматирование текста без переносов 3. форматировать текст без переносов 3. автоматический переход на новую строку ‖ автоматически переходить на новую строку

wraparound 1. *вчт* циклический [круговой] перенос 2. циклический; круговой 3. *вчт* перемещение (целого) слова на следующую строку (*без переноса*) 4. *вчт* форматирование текста без переносов 5. всеобъемлющий; всеохватывающий

full-word ~ перемещение (целого) слова на следующую строку (*без переноса*)

text ~ форматирование текста без переносов

word ~ перемещение (целого) слова на следующую строку (*без переноса*)

wrapper 1. водило (*инструмент для соединения проводов накруткой*) 2. обёртка 3. *вчт* суперобложка (*печатного издания*)

publisher's ~ суперобложка

wrapping 1. намотка; наматывание (*напр. ленты*) 2. соединение накруткой 3. обёртка; обёртывание; завёртывание; свёртывание 4. обёртка; внешняя оболочка; защитное покрытие ‖ обёрточный; защитный; покрывающий 5. обхватывание; охватывание 6. угол обхвата магнитной головки 7. *вчт* обтекание (*напр. рисунка текстом*) 8. *вчт* перемещение (целого) слова на следующую строку (*без переноса*); перемещение символов на следующую экранную строку (*при достижении правого края рабочего поля экрана*), *проф.* сворачивание строк 9. *вчт* форматирование текста без переносов 10. завершение; конец

both side ~ двустороннее обтекание

cable ~ защитное покрытие кабеля

largest side ~ обтекание по большему свободному полю

left ~ левостороннее обтекание

one side ~ одностороннее обтекание

phase ~ свёртывание фазы

right ~ правостороннее обтекание

square ~ обтекание по границе в форме квадрата

through ~ сквозное обтекание

tight ~ плотно прилегающее обтекание

top and bottom ~ обтекание сверху и снизу

wrap-up 1. заключительный отчёт 2. окончательный результат

wrench 1. гаечный ключ 2. скручивать(ся)

adjustable ~ гаечный ключ с регулируемым размером зева, *проф.* разводной ключ

box [close-end] ~ гаечный ключ с закрытым зевом, замкнутый гаечный ключ

fork ~ (простой) гаечный ключ с открытым зевом

open-end ~ (простой) гаечный ключ с открытым зевом

socket ~ 1. гаечный ключ с закрытым зевом, замкнутый гаечный ключ 2. торцевой гаечный ключ

wrist 1. запястье 2. браслет

robot ~ запястье (*руки*) робота

sensing ~ очувствлённое запястье (*напр. робота*)

wristwatch наручные часы

GPS pathfinder ~ радиопеленгатор глобальной спутниковой системы радиоопределения, встроенный в наручные часы, наручные часы с радиопеленгатором глобальной спутниковой системы радиоопределения

write 1. запись (*процесс*) ‖ записывать 2. писать 3. заполнять (*напр. бланк*); вписывать (*в графу*) 4. сочинять (*напр. музыку*); писать (*напр. сценарий*) 5. подписывать; ставить подпись 6. *микр.* переносить изображение с шаблона на пластину (*с резистом*); экспонировать резист (*для формирования топологии ИС*)

~ **back** *вчт* обратная запись, запись в кэш с последующей выгрузкой модифицируемых блоков в основную память

~ **once** однократно записываемый, с однократной записью (*напр. о лазерном диске*)

~ **only** типа «только для записи», предназначенный только для записи, недоступный для считывания (*напр. о регистре*)

~ **through** ~ сквозная запись, одновременная запись в кэш и в основную память

~ **with retry** *вчт* запись с повторными попытками

~ **without retry** *вчт* запись без повторных попыток

block ~ *вчт* блочная запись

buffer ~ *вчт* запись в буфер

direct memory access ~ *вчт* запись в режиме прямого доступа к памяти

DMA ~ *см.* **direct memory access write**

flash ~ стирание строки данных за один цикл (*в видеопамяти*)

multiple ~ *вчт* блочная запись

N-column block ~ *вчт* блочная запись в *N* смежных ячеек

reduced ~ запись при пониженной силе тока

same ~ *вчт* запись с размножением

scatter ~ *вчт* запись с рассеиванием данных (*в несколько блоков памяти*)

sector ~ *вчт* запись сектора

write-per-bit *вчт* побитная маска записи

write-protected защищённый от записи (*напр. о дискете*)

writer 1. устройство записи; записывающее устройство 2. автор; писатель

report ~ *вчт* программа создания отчётов

self servo ~ устройство записи встроенных сервометок (*для позиционирования головок жёсткого диска*)
stroke ~ *вчт* векторный графический терминал
technical ~ специалист по разработке и написанию технической документации
writing 1. запись (*процесс*) **2.** рукописный [написанный от руки] текст **3.** (литературное *или* музыкальное) произведение **4.** почерк **5.** *микр.* перенос изображения с шаблона на пластину (*с резистом*); экспонирование резиста (*для формирования топологии ИС*)
 CD image ~ *см.* **compact disk image writing**
 compact-disk image ~ запись (*на компакт-диск*) с образа компакт-диска, запись с виртуального компакт-диска
 contact ~ контактный перенос изображения с шаблона на пластину (*с резистом*); контактное экспонирование резиста (*для формирования топологии ИС*)
 disk-at-once ~ запись (*на компакт-диск*) в режиме «диск за одну сессию», односеансовая [односессионная] запись (*целого компакт-диска*)
 electron-beam ~ **1.** электронно-лучевая запись **2.** электронно-лучевой перенос изображения с шаблона на пластину (*с резистом*); электронно-лучевое экспонирование резиста (*для формирования топологии ИС*)
 half-tone ~ полутоновая запись
 laser ~ лазерная запись
 on-a-fly ~ непрерывная запись непосредственно с носителя данных, *проф.* «запись на лету» (*на компакт-диск*)
 packet ~ пакетная запись на компакт-диск (*с возможностью записи трека по частям*)
 projection ~ проекционный перенос изображения с шаблона на пластину (*с резистом*); проекционное экспонирование резиста (*для формирования топологии ИС*)
 self servo ~ запись встроенных сервометок (*для позиционирования головок жёсткого диска*)
 thermomagnetic ~ термомагнитная запись
 track-at-once ~ запись (*на компакт-диск*) в режиме « один трек за сессию »
 virtual CD ~ *см.* **virtual compact disk writing**
 virtual compact disk ~ запись (*на компакт-диск*) с образа компакт-диска, запись с виртуального компакт-диска
 wafer ~ перенос изображения с шаблона на целую пластину (*с резистом*); экспонирование резиста на целой пластине (*для формирования топологии ИС*)
WTX 1. стандарт WTX (*на корпуса и материнские платы*) **2.** корпус (стандарта) WTX **3.** материнская плата (стандарта) WTX (*с максимальными размерами 425×356 мм^2*)
Wu(-)li-Shi(-)li-Ren(-)li системный подход WSR к снижению информационной перегрузки, концептуальная система поиска необходимой информации на основе учёта объективных закономерностей, принципов практической деятельности и особенностей поведения человека (*от неоконфуцианских понятий: Wu - объективная реальность; Shi - дела, занятия; Ren - люди в объектно-субъектном представлении; Li - порядок, система*)

WWW глобальная гипертекстовая система WWW для поиска и использования ресурсов Internet, Web-система, WWW-система, *проф.* «всемирная паутина»
wye звезда, соединение звездой
wye-delta звезда — треугольник, соединение по схеме звезда — треугольник
wye-wye звезда — звезда, соединение по схеме звезда — звезда

X

X (допустимое) буквенное обозначение *i*-го ($2 \leq i \leq 26$) логического диска, съёмного устройства памяти или компакт-диска (*в IBM-совместимых компьютерах*)
x перечёркивать; отмечать крестиком; ставить крестик
 ~ **out** вычёркивать
X.3 рекомендации МСЭ по реализации пакетных адаптеров данных в сетях общего пользования, стандарт X.3
X.11 *вчт* сетевая оконная графическая система для UNIX, система X.11
X.21 рекомендации МСЭ по реализации интерфейса между оконечными устройствами и аппаратурой передачи данных со скоростью до 2 Мбит/с, стандарт X.21
X.25 1. рекомендации МСЭ по реализации интерфейса между оконечными устройствами и аппаратурой передачи данных в сетях с коммутацией пакетов, стандарт X.25 **2.** протокол передачи данных по стандарту X.25 **3.** сеть с коммутацией пакетов, сеть с использованием протокола X.25, сеть X.25
X.28 рекомендации МСЭ по реализации интерфейса между оконечными устройствами и аппаратурой передачи данных в сетях общего пользования с пакетным адаптером данных, стандарт X.28
X.29 рекомендации МСЭ по реализации обмена данными между оконечными устройствами, аппаратурой передачи данных и пакетным адаптером данных, стандарт X.29
X.39 рекомендации МСЭ по реализации передачи факсимильных данных в сетях с коммутацией пакетов, стандарт X.39
X.75 рекомендации МСЭ по структурированию сообщений при межшлюзовом международном обмене в сетях X.25 с коммутацией пакетов, стандарт X.75
X.121 рекомендации МСЭ по адресации сообщений при межшлюзовом международном обмене в сетях X.25 с коммутацией пакетов, стандарт X.121
X.208 рекомендации МСЭ по использованию языка абстрактного синтаксиса, язык абстрактного синтаксиса № 1, язык ASN.1, стандарт X.208
X.209 рекомендации МСЭ по основным правилам кодирования, стандарт BER, стандарт X.209 (*в языке ASN.1*)
X.400 рекомендации МСЭ по организации системы электронной почты при межшлюзовом международ-

родном обмене в сетях X.25 с коммутацией пакетов, стандарт X.40; стандарт фирмы Action Technologies для систем обработки сообщений, стандарт MHS

X.435 рекомендации МСЭ по реализации электронного обмена данными, стандарт X.435

X.500 рекомендации МСЭ по организации глобальной службы каталогов в сетях, стандарт X.500

X.509 рекомендации МСЭ по организации системы цифровых сертификатов для сетей, стандарт X.509

X.680 рекомендации МСЭ по использованию языка абстрактного синтаксиса, язык абстрактного синтаксиса № 1, язык ASN.1, стандарт X.680

xanthene ксантен (*краситель*)

xanthone ксантон (*краситель*)

xanthylium ксантилиум (*краситель*)

xaser рентгеновский лазер

Xbase любая среда программирования, полученная на основе использования языка dBASE

XENIX операционная система XENIX, однопользовательская версия операционной системы UNIX (*корпорации Microsoft*)

xenon ксенон

Xeon официальное название однопроцессорных и многопроцессорных систем (*на базе процессоров Pentium II или Pentium III*) для мощных серверов и рабочих станций, процессор Xeon

xerocopy ксерокопия

xerography ксерография

xeroprinting ксерографическая печать

xeroradiography ксерорадиография

Xerox *фирм.* ксерографический (копировальный) аппарат, *проф.* «ксерокс»

xerox ксерографическая копия || снимать копию на ксерографическом аппарате

XHTML расширяемый язык описания структуры гипертекста, язык XHTML

xi кси (*буква греческого алфавита*, Ξ, ξ)

xistor транзистор

XML расширяемый язык разметки (гипертекста), язык XML

Xmodem (коммуникационный) протокол Xmodem

XNOR исключающее ИЛИ НЕ (*логическая операция*), отрицание альтернативной дизъюнкции

XOFF 1. символ «конец передачи» **2.** стоп-сигнал

XON 1. символ «начало передачи» **2.** старт-сигнал

X/OPEN Консорциум X/OPEN, Международный консорциум поставщиков переносимого программного обеспечения для открытых систем на базе операционной системы UNIX

XOR исключающее ИЛИ (*логическая операция*), альтернативная дизъюнкция, неэквивалентность, сложение по модулю 2

X-ray 1. *pl* рентгеновские лучи **2.** стандартное слово для буквы *X* в фонетическом алфавите «Альфа» **3.** стандартное слово для буквы *X* в фонетическом алфавите «Эйбл»

XREF перекрёстные ссылки

X-references перекрёстные ссылки

xtal 1. кристалл **2.** кристаллический детектор **3.** кварц, кварцевая пластина **4.** пьезокристалл, пьезоэлектрическая пластина

X-Windows графический интерфейс пользователя в операционной системе UNIX

xylophone *вчт* ксилофон (*музыкальный инструмент из набора General MIDI*)

xyzzy *вчт* метасинтаксическая переменная

Y

Y (допустимое) буквенное обозначение *i*-го (2≤*i*≤26) логического диска, съёмного устройства памяти или компакт-диска (*в IBM-совместимых компьютерах*)

Y2K *вчт* проблема 2000 года

Yagi директорная антенна, антенна типа «волновой канал»

   screen reflector ~ директорная антенна с отражающим экраном

Yahoo *вчт* поисковая машина Yahoo (*от «йеху» в романе Дж. Свифта «Путешествия Гулливера»*)

yank 1. рывок; дёрганье || совершать рывок; дёргать **2.** выдёргивание; удаление || выдёргивать; удалять **3.** *вчт проф.* удалять фрагмент (*текста или изображения*) **4.** копировать фрагмент (*текста или изображения*)

Yankee стандартное слово для буквы *Y* в фонетическом алфавите «Альфа»

yardmeasure, yardstick мера (*1. средство измерения 2. критерий*)

yarn нить; волокно; жгут

   quartz ~ кварцевая нить

yaw *рлк* рыскание; угол рыскания || рыскать

   wrist ~ рыскание запястья (*робота*)

yawing *рлк* рыскание

yawmeter указатель угла рыскания

yawn зазор; неплотное соединение (*напр. частей электрического соединителя*) || образовывать зазор; неплотно соединять

yawner *тлв проф.* скучная программа

year год (*1. календарный год 2. двенадцатимесячный календарный отрезок времени 3. солнечный год 4. лунный год 5. сидерический [звёздный] год 6. период обращения планеты вокруг Солнца*)

   ~ 2000 вчт проблема 2000 года

   calendar ~ календарный год

   common ~ простой [невисокосный] год

   dragon ~ драконический год

   leap ~ високосный год

   light ~ световой год

   lunar ~ лунный год

   sidereal ~ сидерический [звёздный] год

   solar ~ солнечный год

   tropical ~ тропический год

   working ~ рабочий год (*единица измерения трудозатрат*)

yearbook ежегодник; ежегодный сборник

   encyclopedia ~ ежегодный энциклопедический сборник

yellow 1. жёлтая область спектра (570 – 590 нм) **2.** жёлтый (*один из основных цветов в колориметрических моделях CMY и CMYK*)

yes утвердительный ответ || давать утвердительный ответ

yield

yield 1. выход; отдача **2.** *микр.* выход годных **3.** коэффициент вторичной эмиссии
   Auger ~ выход оже-электронов
   die ~ выход годных кристаллов
   fluorescence ~ выход флуоресценции
   photoelectric ~ спектральная чувствительность фотокатода
   quantum ~ квантовый выход
   secondary ~ коэффициент вторичной эмиссии
   triplet ~ кв. эл. выход триплетов
YIG ЖИГ, железоиттриевый гранат, феррит-гранат иттрия
   aluminum-substituted ~ алюминий-замещённый ЖИГ
   bismuth-doped ~ висмутосодержащий ЖИГ
   epitaxial ~ эпитаксиальная плёнка ЖИГ
   noncubic ~ некубический ЖИГ
   single-crystal ~ монокристаллический ЖИГ
YIQ *тлв* система YIQ, система сигнал яркости Y – синфазная I и противофазная Q составляющие сигнала цветности
Yoke стандартное слово для буквы *Y* в фонетическом алфавите «Эйбл»
yoke 1. *тлв* отклоняющая система; отклоняющая катушка **2.** ярмо (*магнита*)
   brush ~ крепление щёточной траверсы
   deflecting ~ отклоняющая система
   eddy-current compensated ~ отклоняющая система с компенсацией вихревых токов
   frame ~ ярмо (*напр. магнита*)
   horizontal (-deflection) ~ катушка горизонтального отклонения
   magnet ~ ярмо магнита
   saddle-type deflection ~ седлообразная отклоняющая катушка
   scanning ~ отклоняющая система
   toroidal deflection ~ кольцевая отклоняющая катушка
   vertical (-deflection) ~ катушка вертикального отклонения
Ymodem (коммуникационный) протокол Ymodem
yttria оксид иттрия
Yumicron юмикрон (*сепараторный материал ХИТ*)
YUV *тлв* система YUV, система сигнал яркости Y – цветоразностные сигналы U и V

Z

Z (допустимое) буквенное обозначение *i*-го ($2 \leq i \leq 26$) логического диска, съёмного устройства памяти или компакт-диска (*в IBM-совместимых компьютерах*)
zag перемещать(ся) зигзагами; двигаться по зигзагообразной траектории (*в одном из двух возможных направлений*)
zaibatsu гигантское финансовое *или* промышленное объединение в Японии, *проф.* дзайбацу
zap 1. разрушительное воздействие; разрушение; уничтожение || разрушать; уничтожать **2.** внезапное воздействие электрическим током, лазерным *или* радиоактивным излучением || внезапно воздействовать электрическим током, лазерным *или* радиоактивным излучением **3.** *вчт* случайное уничтожение файла; случайная очистка экрана дисплея || случайно уничтожать файл; случайно очищать экран дисплея **4.** *вчт* команда полного стирания информации (*в электронных таблицах*) **5.** *тлв* избавляться от телевизионной рекламы (*путём переключения программ в приёмнике или ускоренной перемотки в видеомагнитофоне*)
Zapf Chancery шрифт Zapf Chancery
Zapf Dingbats шрифт Zapf Dingbats
zapping 1. разрушительное воздействие; разрушение; уничтожение **2.** внезапное воздействие электрическим током, лазерным *или* радиоактивным излучением **3.** *вчт* случайное уничтожение файла; случайная очистка экрана дисплея **4.** *вчт* полное стирание информации (*в электронных таблицах*) **5.** *тлв* избавление от телевизионной рекламы (*путём переключения программ в приёмнике или ускоренной перемотки в видеомагнитофоне*)
zcat программа zcat, утилита распаковки архивов для операционной системы GNU
Zebra стандартное слово для буквы *Z* в фонетическом алфавите «Эйбл»
Zener 1. *пп* стабилитрон; стабистор **2.** *микр. проф.* логические схемы на стабилитронах
   diode-transistor logic ~ диодно-транзисторные логические схемы на стабилитронах
zenith 1. угол отклонения базовой плоскости (магнитной) головки от вертикали, (двугранный) угол между базовой плоскостью (магнитной) головки и плоскостью (движения) магнитной ленты **2.** зенит
zenithal 1. относящийся к углу отклонения базовой плоскости (магнитной) головки от вертикали **2.** относящийся к зениту
Zenith-GE *фирм.* система частотной модуляции для двухканального стереофонического вещания
zero 1. нуль (*1.* число; цифра *2.* символ нуля, символ 0, символ с кодом ASCII 30h *3.* нулевая точка; начало координат *4.* разделитель положительных и отрицательных чисел *5.* единичный элемент групп с групповой операцией сложения) **2.** обнулять (*1.* приравнивать нулю; полагать равным нулю; присваивать значение «0» *2.* вчт очищать; сбрасывать) **3.** нулевой; равный нулю **4.** нуль или минимум (принимаемого) сигнала; нуль или минимум диаграммы направленности (*напр. антенны*) **5.** шкальный нуль; нулевое деление шкалы (*напр. индикатора измерительного прибора*) || устанавливать на нуль, устанавливать на нулевое деление шкалы (*напр. стрелку индикатора измерительного прибора*)
   ~ **of function** нуль функции
   ~ **of polynomial** нуль полинома
   absolute ~ абсолютный нуль (температуры)
   aleph- ~ *вчт* алеф-нуль, наименьшее трансфинитное кардинальное число
   algebraic ~ алгебраический нуль
   binary ~ двоичный нуль
   Boolean ~ булев нуль
   complex ~ комплексный нуль
   computer ~ машинный нуль
   decimal ~ десятичный нуль
   degenerate ~ вырожденный нуль

disturbed ~ *вчт* разрушенный нуль
double ~ двойной нуль
false ~ сдвинутый нуль (*шкалы прибора*)
floating ~ плавающий нуль
function ~ нуль функции
fuzzy ~ *вчт* нечёткий нуль
imaginary ~ мнимый нуль
inferred ~ внешкальный нуль
leading ~**s** начальные нули
minus ~ отрицательный машинный нуль
multiple ~ кратный нуль
negative ~ отрицательный машинный нуль
no ~ *вчт* ненуль || ненулевой
nondegenerate ~ невырожденный нуль
nonsignificant ~ *вчт* незначащий нуль
pattern ~ нуль *или* минимум диаграммы направленности (*напр. антенны*)
plus ~ положительный машинный нуль
positive ~ положительный машинный нуль
range ~ *рлк.* нуль шкалы дальности
real ~ вещественный нуль
simple ~ простой нуль
single-ended ~ односторонний нуль (*при дифференциальной передаче сигналов*)
structural ~**s** структурные нули (*в ячейках таблицы сопряжённости признаков*)
suppressed ~ внешкальный нуль
time ~ нуль шкалы времени
trailing ~**s** конечные нули

zero-access *вчт проф.* сверхбыстродействующий; с чрезвычайно малым временем доступа (*напр. о памяти*)
zero-address *вчт* безадресный (*напр. о команде*)
zero-content *вчт* 1. бессодержательный (*напр. о сообщении*); бесполезный (*напр. о программном обеспечении*) 2. неспециализированный; общего назначения (*напр. о программном обеспечении*)
zero-dimensional нульмерный
zerofilling, zeroing *вчт* заполнение нулями
zeroize обнулять (*1. приравнивать нулю; полагать равным нулю; присваивать значение «0» 2. вчт очищать; сбрасывать*)
zero-order нулевого порядка; нулевой (*напр. о приближении*)
zeroreturn воспроизведение с позиции, соответствующей нулю счётчика (магнитной) ленты (*в магнитофонах*)
zeroth 1. нулевой (*при нумерации*) 2. *вчт* первый (*при нумерации*)
zet:
   es-~ *вчт* острое S, символ ß
zeta дзета (*буква греческого алфавита, Z, ζ*)
zig перемещать(ся) зигзагами; двигаться по зигзагообразной траектории (*в одном из двух возможных направлений*)
zigzag 1. зигзаги; зигзагообразный объект; зигзагообразная линия; зигзагообразная форма || делать зигзаги; образовывать зигзаги; придавать зигзагообразную форму || зигзагообразный 2. зигзагообразное движение; зигзагообразная траектория || перемещать(ся) зигзагами; двигаться по зигзагообразной траектории 3. (один) зигзаг; период зигзагообразного объекта; период зигзагообразной линии
zillion *проф.* бесконечно большое число

Zip (съёмный магнитный) диск Zip (*с воздушной подушкой на принципе Бернулли*)
   Iomega ~ (съёмный магнитный) диск Zip корпорации Iomega
zip 1. программа zip, утилита создания архивов типа zip для операционной системы MS-DOS || создавать архив типа zip 2. расширение имени архива, созданного утилитой zip 3. создавать архив (*любого типа*); сжимать [уплотнять] данные, *проф.* запаковывать данные
zircon *крист.* циркон
zirconate цирконат
zodiac зодиак
zodiacal зодиакальный
zombie зомби (*персонаж компьютерных игр*)
zonate зонированный (*1. разделённый на зоны 2. имеющий зонное строение*)
zonation зонирование (*1. разделение на зоны 2. придание зонного строения*)
zone 1. зона; область; пространство 2. зонировать (*1. разделять на зоны 2. придавать зонное строение*) 3. пояс (*напр. часовой*) || разделять на пояса
   ~ **of authority** зона контроля адресов (*в системе DNS*)
   ~ **of cylinders** зона [группа] цилиндров (*при зонированной записи на магнитный диск*)
   ~ **of silence** зона молчания, зона отсутствия приёма
   ATF ~ *см.* **automatic track finding zone**
   auroral ~ авроральная зона
   automatic track finding ~ зона записи сигналов системы автоматического нахождения дорожки и автотрекинга, ATF-зона
   avalanche ~ зона лавинного пробоя; область лавинного умножения
   base ~ *пп* базовая область, база
   blanking ~ мёртвая зона, зона нечувствительности
   blind ~ зона молчания, зона отсутствия приёма
   Brillouin ~ *фтт* зона Бриллюэна
   capture ~ *фтт* зона захвата
   collector ~ *пп* коллекторная область, коллектор
   dead ~ мёртвая зона, зона нечувствительности
   diffused ~ *пп* диффузионная зона
   drift ~ 1. *пп* пролётное пространство 2. пространство дрейфа
   emitter ~ *пп* эмиттерная область, эмиттер
   equiphase ~ равнофазная [эквифазная] зона
   equisignal ~ равносигнальная зона
   far(-field) ~ дальняя зона
   first Brillouin ~ *фтт* первая зона Бриллюэна
   first Fresnel ~ первая зона Френеля (*при расчёте поля методом Гюйгенса — Френеля*)
   float(ing) ~ *пп* плавающая зона
   forbidden ~ запрещённая (энергетическая) зона, энергетическая щель
   formant ~ зона форманты (*в вокодере*)
   Fraunhofer ~ зона Фраунгофера
   Fresnel ~ зона Френеля (*1. область вне зоны Фраунгофера 2. один из участков, на которые разбивают фронт волны при расчёте поля методом Гюйгенса — Френеля*)
   hot ~ зона автоматического переноса слова на следующую строку, *проф.* горячая зона (*в текстовых процессорах*)
   i-~ *см.* **intrinsic zone**
   inert ~ мёртвая зона, зона нечувствительности

zone

intrinsic ~ *пп* область собственной электропроводности, *i*-область
junction depletion ~ *пп* обеднённая область перехода
landing ~ 1. зона парковки (*магнитных головок жёсткого диска*) 2. номер цилиндра для парковки (*магнитных головок жёсткого диска*)
laser-texturing landing ~ лазерно-текстурированная зона парковки (*магнитных головок жёсткого диска*)
molten ~ *крист.* расплавленная зона, зона расплава
n- ~ область электронной электропроводности, *n*-область
near (-field) ~ 1. ближняя зона, зона индукции 2. промежуточная зона
neutral ~ 1. нейтральная область (*в системах автоматического регулирования*) 2. мёртвая зона, зона нечувствительности
nutrient ~ *крист.* зона (расположения) шихты
p- ~ область дырочной электропроводности, *p*-область
PCM ~ *см.* **pulse-code modulation zone**
photoresist sensitivity ~ *микр.* область чувствительности фоторезиста
primary skip ~ зона молчания, зона отсутствия приёма
print ~ *вчт* зона печати
pulse-code modulation ~ зона записи сигналов с импульсно-кодовой модуляцией, ИКМ-зона (*в магнитной записи*)
radiating far-field ~ дальняя зона
radiating near-field ~ промежуточная зона
radiation ~ 1. дальняя зона 2. промежуточная зона
radio-quiet ~ зона радиомолчания
reactive near-field ~ ближняя зона, зона индукции
reverse ~ *вчт* реверсная [обратная] зона, зона преобразования IP-адресов в доменные имена
root ~ *вчт* корневая зона (*в Internet*)
Schottky space-charge ~ *пп* область объёмного заряда Шотки
search ~ *рлк* зона поиска
shadow ~ 1. зона молчания, зона отсутствия приёма 2. область тени
skip ~ зона молчания, зона отсутствия приёма
solute-depleted ~ *крист.* обеднённая растворённым веществом зона
standard time ~s стандартные часовые пояса
start-stop ~ зона парковки (*магнитных головок жёсткого диска*)
storage ~ область памяти
swamped ~ *пп* обогащенная область
swept-out ~ *пп* обеднённая область
time ~ часовой пояс
twilight ~ область полутени
Van Allen ~ радиационный пояс Ван-Аллена, радиационный пояс Земли
wave ~ волновая зона

zoning зонирование (*1. разделение на зоны 2. придание зонного строения*)
antenna ~ зонирование антенны
float ~ *крист.* метод плавающей зоны
lens ~ зонирование линзы
zoom 1. панкратический объектив (*1. вариобъектив 2. трансфокатор*) 2. трансфокация (*укрупнение или уменьшение плана путём изменения фокусного расстояния панкратического объектива*) || осуществлять трансфокацию (*укрупнять или уменьшать план путём изменения фокусного расстояния панкратического объектива*) 3. *тлв* наезд; отъезд || наезжать; отъезжать 4. *вчт* изменение размеров (рабочего) окна; *проф.* распахивание; свёртывание || изменять размеры (рабочего) окна; *проф.* распахивать; свёртывать 5. *вчт* изменение масштаба изображения || изменять масштаб изображения (*напр. в графических или текстовых редакторах*) 6. *вчт* позиция экранного меню для изменения масштаба изображения (*напр. в графических или текстовых редакторах*)
~ **in** 1. *тлв* осуществлять трансфокацию на плюс 2. *тлв* наезжать 3. *вчт* распахивать (*рабочее окно*) 4. *вчт* увеличивать масштаб изображения (*напр. в графических или текстовых редакторах*)
~ **out** 1. *тлв* осуществлять трансфокацию на минус 2. *тлв* отъезжать 3. *вчт* свёртывать (*рабочее окно*) 4. *вчт* уменьшать масштаб изображения (*напр. в графических или текстовых редакторах*)
digital ~ цифровая трансфокация
optical ~ оптическая трансфокация
power— вариобъектив с электрическим приводом
zoom-in 1. *тлв* трансфокация на плюс (*укрупнение плана путём увеличения фокусного расстояния панкратического объектива*) 2. *тлв* наезд 3. *вчт* распахивание (*рабочего окна*) 4. *вчт* увеличение масштаба изображения (*напр. в графических или текстовых редакторах*)
zooming 1. *тлв* трансфокация (*укрупнение или уменьшение плана путём изменения фокусного расстояния панкратического объектива*) 2. *вчт* изменение размеров (рабочего) окна; *проф.* распахивание; свёртывание 3. *вчт* изменение масштаба изображения (*напр. в графических или текстовых редакторах*)
zoom-out 1. *тлв* трансфокация на минус (*уменьшение плана путём уменьшения фокусного расстояния панкратического объектива*) 2. *тлв* отъезд 3. *вчт* свёртывание (*рабочего окна*) 4. *вчт* уменьшение масштаба изображения (*напр. в графических или текстовых редакторах*)
zoosemiotics *биол.* зоосемиотика
Zulu стандартное слово для буквы *Z* в фонетическом алфавите «Альфа»
zxnrbl *вчт проф.* данные с ошибками (*напр. из-за искажений при передаче*); испорченные или неинтерпретируемые данные

СОКРАЩЕНИЯ И УСЛОВНЫЕ ОБОЗНАЧЕНИЯ

A 1. [ampere] ампер, А **2.** [amplitude] амплитуда **3.** [angstrom] ангстрем, Å, 10^{-10} м **4.** [anode] анод **5.** буквенное обозначение десятичного числа 10 в двенадцатеричной *или* шестнадцатеричной системе счисления **6.** буквенное обозначение первого *или* второго гибкого диска (*в IBM-совместимых компьютерах*)

a [atto-] атто..., а, 10^{-18}

A+ [A-plus, A-positive] положительный вывод источника напряжения накала

A− [A-minus, A-negative] отрицательный вывод источника напряжения накала

AAA [authentication, authorization, accounting] аутентификация, обеспечение (права) доступа и учёт действий пользователя

AAAF [automatic azimuth alignment function] функция автоматической установки угла перекоса рабочего зазора (магнитной) головки

AAAI [American Association for Artificial Intelligence] Американская ассоциация искусственного интеллекта

AACS [asynchronous address communication system] асинхронно-адресная система связи

AAD [analog alignment diskette] аналоговая юстировочная дискета

AADL [axiomatic architecture description language] язык аксиоматического описания архитектуры, язык AADL

AAE [automatic assemble editing] автоматический (электронный) видеомонтаж

AAL [ATM adaptation layer] уровень адаптации протокола асинхронной передачи (данных), уровень AAL протокола ATM

AAM 1. [amplitude and angle modulation] амплитудная и угловая модуляция **2.** [asymmetric amplitude modulation] асимметричная амплитудная модуляция

AAR 1. [analogical approximate reasoning] приближённые рассуждения на уровне аналогий **2.** [automatic alternative routing] автоматическая альтернативная маршрутизация

AATC [automatic air traffic control] автоматическое управление воздушным движением

AB [access burst] (временной) интервал доступа

ABAM [adaptive bidirectional associative memory] адаптивная двунаправленная ассоциативная память (*тип нейронной сети*)

ABC 1. [American Broadcasting Corporation] Американская радиовещательная корпорация, Эй-би-си **2.** [Australian Broadcasting Corporation] Австралийская радиовещательная корпорация **3.** [automatic background control] автоматическая регулировка яркости, АРЯ **4.** [automatic bandwidth control] автоматическая регулировка ширины полосы **5.** [automatic bass compensation] автоматическая коррекция нижних (звуковых) частот **6.** [automatic beam control] автоматическое управление током луча **7.** [automatic bias control] автоматическая регулировка смещения **8.** [automatic brightness control] автоматическая регулировка яркости, АРЯ

ABDL [automatic binary data link] линия автоматической передачи двоичных данных; канал автоматической передачи двоичных данных

ABDY [anaglyphic by delay] анаглифический метод с использованием задержки сигналов

ABET [Accreditation Board for Engineering and Technology] Представительный совет по технике и технологии

ABI [application binary interface] **1.** цифровой двоичный интерфейс прикладных программ, интерфейс (стандарта) ABI **2.** стандарт ABI

ABM [asynchronous balanced mode] асинхронный балансный режим, режим ABM

abn [airborne] бортовой самолётный

ABO [astable blocking oscillator] нестабильный блокинг-генератор

ABP [active bandpass] эффективная ширина полосы пропускания

ABR 1. [automatic baud rate] автоматическое определение (оптимальной) скорости передачи данных (*функция модема*) **2.** [automatic bit rate] автоматическое определение (оптимальной) скорости передачи данных (*функция модема*) **3.** [available bit rate] достижимая скорость передачи данных

ABS VM [absolute voltmeter] абсолютный вольтметр

ABU [Asian Broadcasting Union] Азиатский радиовещательный союз

AC 1. [access control] управление доступом **2.** [accumulator] аккумулятор **3.** [adjacent channel] соседний канал **4.** [alternating current] переменный ток **5.** [analog computer] аналоговая вычислительная машина, АВМ **6.** [armored cable] бронированный кабель **7.** [automatic computer] автоматический вычислитель **8.** [auxiliary code] вспомогательный код **9.** [axiom of choice] аксиома выбора

ac [alternating currefit] переменный ток

AC'97 [Audio Codec 1997] **1.** архитектура интегрированных в материнскую плату высококачественных звуковых подсистем, архитектура AC'97 **2.** интегрированная в материнскую плату высококачественная звуковая подсистема с архитектурой AC'97

ACA 1. [adaptive clutter attenuator] адаптивный подавитель сигналов, обусловленных мешающими отражениями **2.** [adjacent-channel attenuation] избирательность [селективность] по соседнему каналу **3.** [American Communication Association] Американская ассоциация связи **4.** [automatic circuit analyzer] автоматический схемный анализатор

ACC 1. [accumulator] аккумулятор **2.** [automatic chrominance control] автоматическая регулировка усиления сигнала цветности **3.** [automatic color control] автоматическая регулировка усиления сигнала цветности

ACCESS [automatic computer-controlled electronic scanning system] автоматическая система электронного сканирования с компьютерным управлением, система ACCESS

ACD 1. [alarm control display] контрольный индикатор сигналов тревоги **2.** [alternating current dialing] набор переменным током; тональный набор **3.** [automatic call distribution] автоматическое распределение вызовов **4.** [automatic call distributor] автоматический распределитель вызовов

ac-dc, ac/dc [alternating current/direct current] с универсальным питанием, с питанием от источника переменного *или* постоянного тока

ACE 1. [automated cable expertise] автоматическое диагностирование кабельных линий **2.** [automatic computing equipment] автоматический вычислитель

ACF 1. [access configuration file] файл конфигурации доступа, ACF-файл **2.** [advanced communication function] группа программ распределённой обработки (данных) и разделения ресурсов для сетей с архитектурой SNA, программы ACF **3.** [autocorrelation function] автокорреляционная функция

ACF/NCP [advanced communication function/network control program] программа управления сетью с архитектурой SNA, программа NCP

ACI 1. [adjacent channel interference] помеха от соседнего канала **2.** [advanced chip interconnect] усовершенствованная шина связи между ИС, шина ACI

ACIA [asynchronous communications interface adapter] интерфейсный адаптер асинхронной передачи данных

ACID 1. [atomicity – consistency – isolation – durability] атомарность – согласованность – изолированность – долговечность (*о свойствах транзакции*) **2.** [automated classification and interpretation of data] автоматическая классификация и интерпретация данных

ACK [acknowledge] символ «подтверждение», символ с кодом ASCII 06h

ACL 1. [access control list] список управления доступом **2.** [agent communication language] язык общения агентов

ACLD [air-cooled] с воздушным охлаждением

ACLU [American Civil Liberties Union] Американский союз защиты гражданских свобод

ACM 1. [Association for Computing Machinery] Ассоциация по вычислительной технике **2.** [automatic calling machine] автоматическое вызывное устройство, устройство автоматического набора номера

ACME [analogical constraint mapping engine] модель отображения с ограничениями на уровне аналогий, модель ACME

ACMOS [advanced CMOS] усовершенствованная комплементарная структура металл — оксид — полупроводник, усовершенствованная КМОП-структура

ACMS 1. [application control and management system] система контроля и администрирования приложений **2.** [automated connection manager server] сервер автоматизированного управления соединениями

acous, acoust [acoustics] акустика

ACPI [advanced configuration and power interface] **1.** усовершенствованный интерфейс управления конфигурацией и энергопотреблением, интерфейс (стандарта) ACPI **2.** стандарт ACPI

acq, acqn [acquisition] **1.** захват цели на автоматическое сопровождение **2.** захват и сопровождение с целью получения информации (*напр. с ИСЗ*) **3.** сбор данных **4.** восстановление связи между наземной станцией управления и космическим кораблём после временного перерыва **5.** приобретение

ACR 1. [advanced communication riser (card)] переходная плата-ступенька для установки усовершенствованной сетевой платы расширения (*параллельно плоскости материнской платы*) **2.** [audio cassette recorder] кассетный магнитофон **3.** [automatic circuit restoration] автоматическое восстановление цепи

ACS 1. [Asia cellular satellite] система спутниковой сотовой связи для Азии **2.** [automatic call sequencer] автоматический диспетчер вызовов

ACT 1. [acoustic charge transport] перенос заряда акустическими волнами **2.** [annual change traffic] годовые изменения исходного текста программного продукта **3.** [automatic code translation] автоматическое преобразование кода

ACTT [Association of Cinematograph and Television Technicians] Ассоциация специалистов по кинематографии и телевидению

ACU 1. [antenna coupler unit] устройство связи с антенной **2.** [Association of Computer Users] Ассоциация пользователей компьютеров **3.** [automatic calling unit] автоматическое вызывное устройство, устройство автоматического набора номера

AD 1. [administrative domain] административный домен **2.** [Analog Devices Incorporation] корпорация Analog Devices, (корпорация) AD **3.** [attention device] устройство сигнализации, сигнализатор **4.** [(number of) augmented doubles] число расширенных двукратных повторений

A-D, A/D [analog-to-digital] аналого-цифровой

ad 1. [advertisement] реклама **2.** [air defence] противовоздушная оборона

adaline [adaptive linear element, adaptive linear neuron] адалин (*1. алгоритм обучения искусственных нейронных сетей 2. искусственная нейронная сеть с обучением по алгоритму типа «адалин»*)

ADAPSO [Association of Data Processing Service Organizations] Ассоциация организаций, предоставляющих услуги по обработке информации

ADAR [advanced design array radar] двухпозиционная радиолокационная система обнаружения и опознавания межконтинентальных баллистических ракет, система ADAR

ADB [Apple desktop bus] (последовательная) шина (расширения стандарта) ADB

ADC 1. [adaptive data compression] **1.** адаптивное сжатие данных **2.** протокол адаптивного сжатия данных фирмы Hayes, протокол ADC **2.** [administrative center] административный центр **3.** [analog-to-digital converter] **1.** аналого-цифровой преобразователь, АЦП **2.** цифровая система сотовой подвижной радиотелефонной связи стандарта AMPS/D

ADCCP [advanced data communications control procedures] усовершенствованные процедуры управления передачей данных, протокол ADCCP

ADDER [automatic digital-data error recorder] автоматический регистратор ошибок при передаче цифровых данных

ADDO [a depositary of development documents] хранилище средств разработки документов, общедоступные программы GMD для разработки программного обеспечения (*в рамках проекта STONE*)

addr [address] адрес

ADELE [attribute definition language] язык спецификаций атрибутной грамматики, язык ADELE

ADES [automatic digital encoding system] автоматическая цифровая система кодирования, система ADES

ADF [automatic direction finder] (самолётный) автоматический радиокомпас, АРК

ADI 1. [Apple desktop interface] 1. (пользовательский) интерфейс (стандарта) ADI (*для Apple-совместимых компьютеров*) 2. стандарт ADI **2.** [automatic direction indicator] автоматический указатель курса

ADL 1. [automatic data link] линия автоматической передачи данных; канал автоматической передачи данных **2.** [autoregressive distributed lags model] авторегрессионная модель с распределённым запаздыванием, *проф.* авторегрессионная модель распределённых лагов

ADM [adaptive delta modulation] адаптивная дельта-модуляция

ADMD [administration management domain] домен административного управления

ADP 1. [ammonium dihydrogen phosphate] дигидрофосфат аммония, первичный кислый фосфат аммония, ПКФА **2.** [application development platform] платформа для разработки приложений **3.** [automatic data processing] автоматическая обработка данных

ADPCM [adaptive differential pulse-code modulation] адаптивная дифференциальная импульсно-кодовая модуляция

ADPE [automatic data processing equipment] аппаратура автоматической обработки данных

ADPS [automatic data processing system] система автоматической обработки данных

ADR [advanced digital recording] 1. усовершенствованная технология цифровой записи на (магнитную) ленту, технология цифровой записи на (магнитную) ленту в (кассетном) формате ADR 2. (кассетный) формат ADR для цифровой записи на (магнитную) ленту 3. кассета для (магнитной) ленты (формата) ADR 4. (магнитная) лента для цифровой записи в (кассетном) формате ADR, (магнитная) лента (формата) ADR 5. лентопротяжный механизм для (магнитной) ленты (формата) ADR 6. (запоминающее) устройство для резервного копирования (данных) на (магнитную) ленту (формата) ADR

adrs [address] адрес ‖ адресный

ADS 1. [address service] адресная служба **2.** [automatic degaussing system] система автоматического размагничивания

ADS-B [automatic dependent surveillance-B] полуавтоматическая система наблюдения за воздушной обстановкой (*службы УВД*), система ADS-B

ADSDR [attack - decay - sustain decay - release (envelope)] огибающая (звука) типа «атака – затухание – стабильный участок с затуханием – отпускание»

ADSL 1. [asymmetric digital subscriber line] асимметричная цифровая абонентская линия, линия типа ADSL **2.** [asymmetric digital subscriber loop] асимметричная цифровая абонентская линия, линия типа ADSL **3.** [asynchronous digital subscriber loop] 1. асинхронный цифровой абонентский шлейф 2. метод асинхронной передачи сжатых видеосигналов по обычной телефонной сети

ADSP [Analog Devices signal processor] процессор сигналов корпорации Analog Devices

ADSR [attack - decay - sustain - release (envelope)] огибающая (звука) типа «атака – затухание – стабильный участок – отпускание»

ADT 1. [abstract data type] абстрактный тип данных **2.** [Atlantic Day time] Атлантическое дневное время

ADU [automatic dialing unit] устройство автоматического набора номера

AE [aerial] антенна

AEB [analog expansion bus] аналоговая шина расширения (для компьютерной телефонии), шина (расширения стандарта) AEB

AEC [automatic error correction] автоматическое исправление ошибок

AEOI [auto end of interrupt] автоматическое завершение прерывания

AES 1. [application environment specification] спецификация Открытого фонда программ на среду для приложений, стандарт AES **2.** [Audio Engineering Society] Общество инженеров-акустиков **3.** [Auger spectroscopy] оже-спектроскопия

AESC [American Engineering Standards Committee] Американский комитет технических стандартов

AES/EBU [Audio Engineering Society/European Broadcasting Union (interface)] 1. (цифровой) интерфейс стандарта Общества инженеров-акустиков и Европейского союза радиовещания, (цифровой) интерфейс (стандарта) AES/EBU 2. стандарт AES/EBU на (цифровой) интерфейс

AEW [airborne early warning] дальнее обнаружение бортовыми средствами

AF 1. [assigned frequency] присвоенная частота **2.** [audio frequency] 1. звуковая частота 2. *тлг* тональная частота **3.** [auxiliary flag] флаг дополнительного переноса

AFA 1. [advanced function array] расширенная таблица функций **2.** [audio-frequency amplifier] усилитель звуковой частоты, УЗЧ

AFAIK [as far as I know] «насколько мне известно» (*акроним Internet*)

AFB [assigned frequency band] полоса частот, присвоенная данной станции

AFC 1. [amplitude-frequency characteristic] амплитудно-частотная характеристика, АЧХ **2.** [automatic flight control] автоматическое управление полетом **3.** [automatic frequency control] автоматическая регулировка частоты, АРЧ; автоматическая подстройка частоты, АПЧ

AFD [application flow diagram] блок-схема прикладной программы, блок-схема приложения

AFE 1. [analog front end] аналоговые внешние интерфейсные аппаратные средства **2.** [antiferroelectric] антисегнетоэлектрик

AFIPS [American Federation for Information Processing Societies] Американская федерация обществ обработки информации

AFK [away from keyboard] «оператора нет у клавиатуры» (*акроним Internet*)

AFLCD [antiferroelectric liquid crystal display] антисегнетоэлектрический жидкокристаллический дисплей

AFM 1. [atomic-force microscope] атомно-силовой микроскоп **2.** [atomic-force microscopy] атомно-силовая микроскопия **3.** [audio frequency modulation (high fidelity)] способ записи ЧМ-звука на видеодорожках (с высокой верностью воспроизведения)

AFM Hi-Fi [audio frequency modulation high fidelity] способ записи ЧМ-звука на видеодорожках (с высокой верностью воспроизведения)

AFMR [antiferromagnetic resonance] антиферромагнитный резонанс

AFN 1. [absolute frame number] абсолютный номер кадра **2.** [access feeder node] узел, обеспечивающий доступ (*к сети*)

AFR [acceptable failure rate] допустимая интенсивность отказов

AFS [Andrew file system] (сетевая) файловая система Andrew

AFSK [audio-frequency shift keying] тональная частотная манипуляция

AFTN [aeronautical fixed telecommunications network] воздушная фиксированная сеть электросвязи

AG 1. [additive Grossberg (network)] нейронная сеть Гроссберга с аддитивным обучением **2.** [available gain] согласованный коэффициент усиления

AGC [automatic gain control] автоматическая регулировка усиления, АРУ

AGCH [access grant channel] канал разрешённого доступа

AGE [auxiliary ground equipment] вспомогательное наземное оборудование

AGIL [adaptation, goal-attainment, integration, latency] адаптация, достижение цели, интеграция, поддержание латентного образца (*функциональные потребности социальной системы*)

AGP [accelerated graphics port] ускоренный графический порт, порт (стандарта) AGP, магистральный интерфейс AGP (*1. шина расширения стандарта AGP для подключения видеоадаптеров 2. стандарт AGP*)

AGP Pro [accelerated graphics port pro] усовершенствованный ускоренный графический порт, порт (стандарта) AGP Pro, магистральный интерфейс AGP Pro (*1. шина расширения стандарта AGP Pro для подключения видеоадаптеров 2. стандарт AGP Pro*)

AGTL [assisted Gunning transceiver logic] трансиверная логика Ганнинга с дополнительными буферами, логические схемы типа AGTL

ah [ampere-hour] ампер-час, А·ч

AHC [adaptive heuristic critic] адаптивный эвристический критик, прямопоточная нейронная сеть типа AHC

AHPL [a hardware programming language] язык программирования аппаратного обеспечения, язык AHPL

AHST [Alaska-Hawaii Standard time] поясное время по долготе Аляска - Гавайи

AI 1. [Adobe Illustrator] 1. (файловый) формат AI, формат файлов графического редактора Adobe Illustrator 2. расширение имени файла в формате AI **2.** [artificial intelligence] искусственный интеллект

AIC 1. [Akaike information criterion] информационный критерий Акаике **2.** [Artificial Intelligence Consortium] Консорциум по искусственному интеллекту (*США*)

AIFF [audio interchange file format] (файловый) формат AIFF, формат файлов для обмена аудиоданными

AIM 1. [access isolation mechanism] механизм разграничения доступа **2.** [air-isolation monolithic (structure)] *микр.* монолитная структура с воздушной изоляцией **3.** [automatic identification manufacturers] автоматически идентифицируемые производители

AIN [advanced intelligent network] развитая интеллектуальная сеть

AIP [American Institute of Physics] Американский институт физики

Aircomnet [Air Force Communication Network] сеть связи ВВС (*США*), сеть Aircomnet

AIRE [American Institute of Radio Engineers] Американский институт радиоинженеров

AIS 1. [alarm indication signals] сигналы тревоги на экране индикатора **2.** [automatic intercept system] система автоматического перехвата

AISP [Association of Information Systems Professionals] Ассоциация профессионалов по информационным системам

AIT [advanced intelligent tape] 1. (кассетный) формат AIT для цифровой записи (данных) на (магнитную) ленту 2. (магнитная) лента шириной 8 мм для цифровой записи (данных) в (кассетном) формате AIT, (магнитная) лента (формата) AIT 3. лентопротяжный механизм для (магнитной) ленты (формата) AIT 4. (запоминающее) устройство для резервного копирования (данных) на (магнитную) ленту (формата) AIT

AIX [Advanced Interactive Executive] операционная система AIX (*версия UNIX корпорации IBM*)

AJ [antijamming] противодействие активным преднамеренным радиопомехам, защита от активных преднамеренных радиопомех

AK [alternate key] альтернативный ключ

AKA [also known as] «также известный как» (*акроним Internet для указания других адресов одного и того же компьютера в сети*)

AKC [automatic knee control] автоматическая регулировка динамического диапазона контраста, функция АКС, функция DCC

AKE [authentication and key exchange] аутентификация и обмен ключами (*в DTCP-методе защиты от копирования для компакт-дисков*)

ALADIN [a language to attribute definition] язык спецификаций атрибутных грамматик, язык ALADIN

ALC 1. [adaptive logic circuit] адаптивная логическая схема **2.** [automatic level control] 1. автоматическая регулировка усиления, АРУ 2. автоматическая регулировка уровня (*напр. записи*)

ALDC [advanced lossless data compression] усовершенствованное сжатие данных без потерь, метод ALDC (*в запоминающих устройствах для резервного копирования данных на магнитную ленту формата AIT*)

ALEPH [a language encouraging program hierarchy] язык программирования ALEPH

ALF [algebraic logic functional language] функциональный язык алгебраической логики, язык ALF

ALGOL [algorithmic language] язык программирования ALGOL

Alice [Alaska integrated communication exchange] сеть радиостанций тропосферного рассеяния, обслуживающая РЛС дальнего обнаружения системы ПВО США

alife [artificial life] искусственная жизнь

ALIVH [any layer, inner via hole] технология создания внутренних межслойных переходных отверстий между любыми слоями (печатной платы), технология ALIVH

ALM [alarm] 1. сигнал тревоги, тревожная сигнализация 2. система тревожной сигнализации 3. сигнализатор 4. *вчт* аварийный сигнал 5. будильник; кнопка установки и запуска будильника

ALS 1. [action logic system] активизирующая логическая система **2.** [advanced low-power Schottky] усовершенствованные логические схемы с малым энергопотреблением на полевых транзисторах с барьерами Шотки, логические схемы (на полевых транзисторах с барьерами Шотки) серии ALS **3.** [alternative line service] обслуживание по дополнительной линии

ALU [arithmetic and logical unit] арифметико-логическое устройство, АЛУ

AM 1. [ammeter, amperemeter] амперметр **2.** [amplifier] усилитель **3.** [amplitude] амплитуда **4.** [amplitude modulation] амплитудная модуляция, AM **5.** [associative memory] ассоциативная память, ассоциативное ЗУ **6.** [auxiliary memory] внешняя память, внешнее ЗУ, ВЗУ

AMA [automatic message accounting] система автоматического учёта сообщений, система AMA

amb [ambience] окружение; (окружающая) атмосфера; (окружающая) среда

AMC'97 [Audio Modem Codec 1997] 1. архитектура интегрированных в системную плату модемов и высококачественных звуковых подсистем, архитектура AMC'97 2. интегрированные в системную плату модем и высококачественная звуковая подсистема с архитектурой AMC'97

AMCCD [accumulation-mode charge-coupled device] ПЗС, работающий в режиме накопления

AMD [Advanced Micro Devices] фирма Advanced Micro Devices, фирма AMD

AMF [avalanche matched filter] лавинный согласованный фильтр

AMI [alternate mark inversion] 1. чередование полярности посылок 2. кодирование с чередованием полярности посылок

AMIS [audio messaging interchange specification] спецификация обмена голосовыми [речевыми] сообщениями

AML [automatic modulation limiting] автоматическое ограничение уровня модуляции

AMLCD [active matrix liquid crystal display] жидкокристаллический дисплей с активной матрицей

AMN [abstract machine notation] язык описания абстрактных машин, язык AMN

AMP 1. [active medium propagation] распространение в активной среде **2.** [Association of Microelectronic Professionals] Ассоциация специалистов по микроэлектронике (*США*)

amp 1. [ampere] ампер, А **2.** [amplifier] усилитель **3.** [amplitude] амплитуда

amper [ampersand] амперсанд, символ &

amp-hr [ampere-hour] ампер-час, А·ч

AMPS [advanced mobile phone service] аналоговая система сотовой подвижной радиотелефонной связи стандарта AMPS

AMPS/D [advanced mobile phone service/digital] цифровая система сотовой подвижной радиотелефонной связи стандарта AMPS/D, цифровая система сотовой подвижной радиотелефонной связи стандарта D-AMPS

AMR [audio/modem riser (card)] переходная плата для установки модема и звуковой платы расширения (*параллельно плоскости материнской платы*)

AMS 1. [advanced mass sender] спаммерская программа массовых рассылок, программа AMS **2.** [American Mathematical Society] Американское математическое общество **3.** [analog/mixed signal] аналоговый сигнал/цифро-аналоговый сигнал **4.** [automatic music sensor] система автоматического поиска последующего или предыдущего фрагмента записи на (магнитной) ленте

AM/SSB [amplitude-modulation/single-side-band operation] амплитудная модуляция с одной боковой полосой

AMTCL [Association of Machine Translation and Computational Linguistics] Ассоциация по автоматическому переводу и машинной лингвистике (*США*)

AMTI [airborne moving-target indicator] самолётный бортовой селектор движущихся целей

AMTS [anti-modulation tape stabilizer] система AMTS для фиксации положения кассеты и стабилизации движения (магнитной) ленты

AMVER [Automated Merchant Vessel Report] Национальная береговая аварийная радиослужба морского и воздушного торгового флота (*США*)

AN [alphanumeric] 1. алфавитно-цифровой 2. текстовый

ANA [automatic network analyzer] автоматический схемный анализатор

ANCOVA [analysis of covariance] ковариационный анализ

ANFIS [adaptive neuro-fuzzy inference system] нечёткая адаптивная нейронная сеть с умозаключением по алгоритму Цукамото, нейронная сеть с архитектурой ANFIS

ANI [automatic number identification] автоматическое определение номера

anicel [animation celluloid] (один) кадр анимационного фильма (*в компьютерной графике*)

ANL [automatic noise limiter] автоматический ограничитель шумов

ANN [artificial neural network] искусственная нейронная сеть, ИНС

ANOVA [analysis of variance] дисперсионный анализ, ДА

ANRAC [aids-to-navigation radio control] радионавигационные средства

ANRS [automatic noise reduction system] система автоматического шумопонижения

ANSA [advanced network system architecture] прогрессивная архитектура систем сетей, архитектура среды для поддержки обработки данных в гетерогенных системах, архитектура ANSA

ANS-COBOL [American National Standards (Institute) common business oriented language] язык программирования ANS-COBOL

ANSI [American National Standards Institute] Американский национальный институт стандартов

ANSI/SPARC [American National Standards Institute/ Standards Planning and Requirements Committee] Комитет планирования стандартов и требований Американского национального института стандартов

ant [antenna] антенна || антенный

ANTIVOX [antivoice-operated transmission] диплексная передача с блокировкой передатчика голосовым [речевым] сигналом

AO [acoustooptic] акустооптический

AOB [adder output bus] выходная шина сумматора

AOC [automatic overload control] автоматическое устройство защиты от перегрузок

AOL [America Online] телекоммуникационная корпорация America Online

AOR [album-oriented radio] альбомно-ориентированное радиовещание

AP 1. [access point] точка доступа 2. [access provider] предоставитель [провайдер] доступа

APA [all points addressable] поточечно адресуемый, с поточечной адресацией (*о графическом режиме работы дисплея*)

APC 1. [adaptive predictive coding] адаптивное кодирование с предсказанием 2. [amplitude-phase conversion] амплитудно-фазовое преобразование 3. [asynchronous procedure call] асинхронный вызов процедуры 4. [automatic phase control] автоматическая подстройка фазы, АПФ 5. [automatic power control] автоматическая регулировка мощности

APCM [adaptive pulse-code modulation] адаптивная импульсно-кодовая модуляция

APD [avalanche photodiode] лавинный фотодиод

APF [application program function] функция прикладного программирования

API 1. [air-position indicator] навигационный координатор ЛА 2. [application programming interface] 1. интерфейс прикладного программирования, интерфейс (стандарта) API 2. стандарт API

APIC [advanced programmable interrupt controller] усовершенствованный программируемый контроллер прерываний

APK [amplitude-phase shift keying] амплитудно-фазовая манипуляция, АФМн

APL 1. [a programming language] язык программирования (высокого уровня) APL 2. [average picture level] средний уровень освещённости *или* яркости

APLAS [automatic programmable logic array synthesis system] автоматизированная система синтеза программируемых логических матриц

APLL [analog phase-locked loop] аналоговая система фазовой автоматической подстройки частоты, аналоговая система ФАПЧ

APM [advanced power management] 1. управление энергопотреблением с расширенным набором опций 2. расширенный (программный) интерфейс базовой системы ввода-вывода для управления энергопотреблением, система APM

APMT [Asia Pacific Mobil Telecommunications] система спутниковой связи для Азии и стран тихоокеанского региона, система APMT

APNIC [Asia Pacific Network Information Center] Сетевой информационный центр для Азии и тихоокеанского региона

app [application] приложение, прикладная программа

APP [application portability profile] профиль переносимого приложения

APPC [advanced program-to-program communication] усовершенствованный протокол межпрограммной связи, протокол APPC

APPN [advanced peer-to-peer networking] развитая архитектура сетей одинакового уровня, архитектура APPN

APR 1. [airborne profile recorder] бортовой самолётный радиопрофилометр, радиовысотомер с самописцем 2. [alphanumeric] алфавитно-цифровой

APRS [automatic preset] автоматическая предустановка

APS 1. [active pixel sensor] активный формирователь сигналов изображения 2. [American Physical Society] Американское физическое общество 3. [analog protection system] система APS для защиты видеокомпакт-дисков от копирования 4. [automatic program search] 1. автоматический поиск программ 2. устройство для маркировки магнитной ленты с целью программирования и автоматического поиска информации

APSC [automatic peak search control] автоматическая установка максимального уровня записи

APSE [application program support environment] окружение поддержки прикладных программ

APSK [amplitude-phase shift keying] амплитудно-фазовая манипуляция, АФМн

APSS [automatic program search system] система автоматического поиска программ

APT 1. [asymmetrical power transfer] асимметричная передача мощности 2. [automatically programmed tools] система программирования станков с числовым программным управлением, система APT 3. [automatic picture transmission] 1. автоматическая передача изображений 2. телевизионная система с медленной развёрткой для метеорологических спутников, система APT

APU 1. [audio processing unit] аудиопроцессор 2. [auxiliary power unit] вспомогательный блок (электро)питания

AQL [acceptable quality level] допустимый уровень качества

AR 1. [amateur radio] радиолюбительская связь 2. [autoregression] авторегрессия 3. [autoregressive] авторегрессионный

ARA [American Radio Association] Американская радиоассоциация

ARAP [AppleTalk remote access protocol] протокол удалённого доступа в системе AppleTalk, протокол ARAP

ARC 1. [access rights class] класс полномочий доступа 2. [automatic remote control] автоматическое дистанционное управление

ARCH [autoregressive conditional heteroscedastic model] условно гетероскедастичная авторегрессионная модель

ARCnet [attached resource computer network] компьютерная сеть с приданными ресурсами, (локальная) сеть ARCnet

ARD [access rights details] описание полномочий доступа

ARI [access rights identity] идентификатор полномочий доступа

ARIMA [autoregressive integrated moving average model] авторегрессионная модель с интегрированием и скользящим средним, модель авторегрессии проинтегрированного скользящего среднего, модель АРПСС

ARIN [American Registry for Internet Numbers] Американский реестр адресов (*узлов*) в Internet, организация ARIN

ARL 1. [acceptable reliability level] допустимый уровень надёжности 2. [access rights list] список полномочий доступа

ARLL [advanced run-length limited (encoding)] 1. усовершенствованное кодирование по сериям ограниченной длины, ARLL-кодирование 2. алгоритм ARLL, усовершенствованный алгоритм сжатия данных с использованием кодирования по сериям ограниченной длины

ARM 1. [Advanced RISC Machine] 32-битный процессор ARM (*фирмы Advanced RISC Machine*) 2. [asynchronous response mode] режим асинхронного ответа, режим ARM 3. [auto(matic) (space) rec(ord) mute] кнопка для создания 4-секундных пауз между фрагментами записи

ARMA [autoregressive moving average model] авторегрессионная модель со скользящим средним

ARMS [ampere root-mean-square] среднеквадратическое значение тока

ARNS [aeronautical radionavigation service] радионавигационная воздушная служба

ARP 1. [address resolution protocol] протокол разрешения адресов, протокол ARP 2. [associative reward penalty] ассоциативное стимулирование (*алгоритм обучения нейронных сетей*)

ARPA 1. [Advanced Research Projects Agency] Управление перспективного планирования научно-исследовательских работ (*Министерства обороны США*) 2. [automated radar plotting aid] радиолокационный автопрокладчик курса

ARPANET [Advanced Research Projects Agency Network] сеть Управления перспективного планирования научно-исследовательских работ, сеть ARPANET

ARQ [automatic repeat request] автоматический запрос на повторение

ARRL [American Radio Relay League] Американская лига радиолюбителей

ARSR [air route surveillance radar] РЛС управления воздушным движением между аэропортами с большой дальностью действия

ART 1. [adaptive resonance theory] модель адаптивного резонанса, ART-модель (*1. алгоритм обучения искусственных нейронных сетей 2. искусственная нейронная сеть с обучением по алгоритму ART*) 2. [automatic range tracking] автоматическое сопровождение по дальности; автоматическое слежение по дальности

ART1 [(binary) adaptive resonance theory 1] двоичная модель адаптивного резонанса, ART1-модель (*1. алгоритм обучения искусственных нейронных сетей 2. искусственная нейронная сеть с обучением по алгоритму ART1, классификатор Карпентера — Гроссберга*)

ART2 [(analog) adaptive resonance theory 2] аналоговая модель адаптивного резонанса, ART2-модель (*1. алгоритм обучения искусственных нейронных сетей 2. искусственная нейронная сеть с обучением по алгоритму ART2*)

ART2a [(analog) adaptive resonance theory 2a] аналоговая модель адаптивного резонанса, ART2a-модель (*1. алгоритм обучения искусственных нейронных сетей 2. искусственная нейронная сеть с обучением по алгоритму ART2a*)

ARTA [American Radio-Telegraphists Association] Американская ассоциация радиотелеграфистов

ARU [audio-response unit] устройство голосового [речевого] ответа

AS 1. [absorption spectroscopy] абсорбционная спектроскопия 2. [antistatic] антистатик ‖ антистатический 3. [autonomous system] автономная система

ASA 1. [American Software Association] Американская ассоциация программного обеспечения 2. [American Standards Association] Американская ассоциация стандартов 3. [automatic spectrum analyzer] автоматический анализатор спектра

ASAP 1. [as soon as possible] «в самое ближайшее время» (*акроним Internet*) 2. [automatic switching and processing] автоматическая коммутация и обработка

ASB 1. [advanced system buffering] усовершенствованная системная буферизация, метод ASB 2. [asymmetrical sideband] асимметричная боковая полоса

ASC 1. [Afro-Asian Satellite Communications] система спутниковой связи для Африки и Азии 2. [automatic selectivity control] автоматическая регулировка избирательности 3. [automatic sensitivity control] автоматическая регулировка чувствительности 4. [automatic switch center] узел автоматической коммутации

ASCII [American Standard Code for Information Interchange] Американский стандартный код для обмена информацией, ASCII-код

ASCR [asymmetric silicon-controlled rectifier] асимметричный однооперационный триодный тиристор, асимметричный однооперационный тринистор

ASCS [automatic stabilization and control system] автоматическая система стабилизации и управления

ASD [application-specific discretes] специализированные дискретные компоненты

ASDE [airport surface detection equipment] РЛС наблюдения за наземным движением в районе аэропорта и подъездных путей

asdic [Anti-Submarine Detection Investigation Committee] противолодочные гидро- и звуколокационные средства

ASIC [application-specific integrated circuit] 1. специализированная ИС 2. технология создания специализированных ИС на основе стандартных матриц логических элементов, ASIC-технология

ASIS [American Society for Information Science] Американское общество информационных наук

ASK [amplitude-shift keying] амплитудная манипуляция, АМн

ASM 1. [antishock memory] система электронной защиты от ударов, система ASM (*в устройствах воспроизведения цифровых аудиозаписей*) 2. [assembler] расширение имени файла с программой на языке ассемблера 3. [Association for System Management] Ассоциация системного управления

ASMO [advanced storage magnetooptic] магнитооптический диск стандарта ASMO

ASN.1 [abstract syntax notation one] рекомендации МСЭ по использованию языка абстрактного синтаксиса, язык абстрактного синтаксиса № 1, язык ASN.1, стандарт X.208; стандарт X.680

ASP [application service provider] предоставитель [провайдер] прикладных услуг

ASPI [advanced SCSI programming interface] 1. усовершенствованный программный интерфейс SCSI, интерфейс (стандарта) ASPI 2. стандарт ASPI

ASR 1. [airborne search radar] бортовая самолётная РЛС обнаружения воздушных целей 2. [airport surveillance radar] обзорная РЛС аэропорта 3. [answer seizure ratio] коэффициент установленных соединений 4. [automatic send receive] телетайп 5. [automatic speech recognition] автоматическое распознавание речи

ASSOM [adaptive subspace self-organizing map] (самоорганизующаяся) карта Кохонена с адаптивным подпространством, (искусственная нейронная) сеть Кохонена с адаптивным подпространством

ASSP 1. [acoustic speech and signal processing] акустическая обработка речи и сигналов 2. [application-specific standard part, application-specific standard product] стандартная часть специализированной ИС

assy [assembly] 1. сборка; монтаж; формирование 2. узел; блок 3. *вчт* трансляция с языка ассемблера 4. ансамбль (*напр. квантово-механический*)

AST [Atlantic Standard time] Атлантическое время

ASTM [American Society for Testing Materials] Американское общество контроля материалов

ASVD [analog simultaneous voice/data] 1. система одновременной передачи аналоговых данных и речи, система (стандарта) ASVD 2. стандарт одновременной передачи аналоговых данных и речи, стандарт ASVD

ASW [acoustic surface wave] поверхностная акустическая волна, ПАВ

AT 1. [advanced technology] 1. передовая технология *вчт* 2. стандарт AT 3. корпус (стандарта) AT 4. материнская плата (стандарта) AT 5. шина (расширения стандарта) AT 6. (персональный) компьютер типа (IBM PC) AT 2. [attention] префикс команд для управления работой Hayes-совместимых модемов, *проф.* двухсимвольная последовательность «привлечение внимания» 3. [Azores time] поясное время по долготе Азорских островов

at [ampere-turn] ампер-виток

ATA [advanced technology attachment] 1. интерфейс для подключения внешних устройств в AT-совместимых компьютерах, интерфейс (стандарта) ATA; интерфейс (стандарта) IDE 2. стандарт ATA; стандарт IDE

ATAPI [advanced technology attachment packet interface] 1. пакетный интерфейс для подключения внешних устройств в AT-совместимых компьютерах, интерфейс (стандарта) ATAPI 2. стандарт ATAPI

ATASPI [advanced technology attachment software programming interface] 1. программный интерфейс для внешних устройств в AT-совместимых компьютерах, интерфейс (стандарта) ATASPI 2. стандарт ATASPI

AT&T [American Telephone and Telegraph Company] Американская телефонно-телеграфная компания

ATC 1. [advanced transfer cache] кэш-память с усовершенствованной системой передачи данных, кэш-память типа ATC 2. [air-traffic control] управление воздушным движением, УВД 3. [automatic tape calibration] автоматическая калибровка (магнитной) ленты

ATCRBS [air-traffic control radar-beacon system] радиомаячная система управления воздушным движением

ATCS [automatic tape calibration system] система автоматической калибровки (магнитной) ленты

ATDP [attention dial pulse] команда инициации импульсного набора номера (*в Hayes-совместимых модемах*)

ATDT [attention dial tone] команда инициации тонального набора номера (*в Hayes-совместимых модемах*)

ATE [automatic test equipment] (перепрограммируемая) аппаратура автоматического контроля (*компонентов и систем*)

ATF 1. [actuating transfer function] передаточная функция исполнительного механизма 2. [adaptive transversal filter] адаптивный трансверсальный фильтр 3. [automatic track finding] 1. автоматическое нахождение дорожки и автотрекинг 2. система автоматического нахождения дорожки и автотрекинга 4. [automatic track following] 1. автотрекинг 2. система автотрекинга

ATIC [assignment of time with sample interpolation] распределение времени с интерполяцией выборок

ATM 1. [asynchronous transfer mode] 1. режим асинхронной передачи (данных), режим ATM 2. протокол асинхронной передачи (данных), протокол ATM 3. сеть с асинхронной передачей (данных), ATM-сеть 2. [automated teller machine] 1. банкомат 2. счётчик купюр

ATMI [application transaction management interface] 1. интерфейс управления транзакциями приложений, интерфейс (стандарта) ATMI 2. стандарт ATMI

ATO [automatic throughput optimization] автоматическая оптимизация пропускной способности

ATOM [asynchronous time-division multiplexing] асинхронное временное уплотнение

ATOT [angle track on target] сопровождение цели по углу

ATP [automatic telephone payment] автоматическая система оплаты счетов за междугородные телефонные разговоры

ATPG [automatic test program generation] автоматическая генерация тестовых структур

A/T QRE [assembly/test quality and reliability engineering] техника контроля качества и надёжности сборки (*напр. ИС*)

ATR 1. [antitransmit-receive (switch)] разрядник блокировки передатчика 2. [audio tape recorder] магнитофон

ATRAC [adaptive transform acoustic coding] стандарт ATRAC, сжатие аудиоданных с адаптивным преобразованием при цифровой магнитооптической звукозаписи на минидиски

atran [automatic terrain recognition and navigation] навигационная система с автоматическим опознаванием местности (*для крылатых ракет*)

ATRC [Advanced Television Research Consortium] Консорциум по перспективным исследованиям в области телевидения

ATS 1. [American Television Society] Американское телевизионное общество 2. [automatic test system]

1. автоматическая система испытаний 2. автоматическая система проверки; автоматическая система контроля 3. автоматическая система тестирования

ats [ampere-turns] ампер-витки

ATSC [Advanced Television Systems Committee] Комитет по перспективным телевизионным системам

ATT 1. [American Telephone and Telegraph Company] Американская телефонно-телеграфная компания **2.** [auto(matic) tape tension] система автоматического регулирования натяжения (магнитной) ленты

ATV 1. [advanced television] перспективные системы телевидения **2.** [automatic threshold variation] автоматическое изменение порога

ATX [advanced technology extended] 1. стандарт ATX (*на корпуса и материнские платы*) 2. корпус (стандарта) ATX 3. материнская плата (стандарта) ATX

AU [audio] (файловый) формат AU, формат файлов с аудиоданными

AUC [authentication center] центр аутентификации

Audio CD [audio compact disk] компакт-диск формата CD-DA, аудиокомпакт-диск

AUI [attachment unit interface] 1. интерфейс подключаемого (сетевого) устройства (*напр. приёмопередатчика*), интерфейс (стандарта) AUI 2. стандарт на интерфейс подключаемого (сетевого) устройства (*напр. приёмопередатчика*), стандарт AUI

AUP [acceptable use policy] правила использования сети

aut [automatic] автоматический

autocal [automatic (tape) calibration] автоматическая калибровка (магнитной) ленты

AUTODIN [automatic digital network] система автоматической обработки данных цифровой сети военного назначения, система AUTODIN

autoplot [automatic plotter] автоматический графопостроитель

autopol [automatic polarity indication] автоматическая индикация полярности

AUTOSERVOCOM [automatic secure voice communication] криптографическая система цифровой передачи голосовых [речевых] сообщений, система AUTOSERVOCOM

AUTOVON [automatic voice network] автоматическая сеть телефонной связи, сеть AUTOVON

aux [auxiliary] 1. дополнительное *или* вспомогательное устройство; резервное устройство || дополнительный, вспомогательный; резервный 2. вспомогательный глагол 3. вторичный; неосновной; второстепенный 4. *вчт* не управляемый центральным процессором

aux st [auxiliary storage] внешняя память, внешнее ЗУ, ВЗУ

AV, av 1. [audio video] вход *или* выход аудио- и видеосигналов **2.** [audiovisual] 1. аудиовизуальная аппаратура 2. аудиовизуальный **3.** [average] 1. среднее (значение) 2. среднее арифметическое **4.** [aviation electronics] авиационная электроника

A-V 1. [audio video] вход *или* выход аудио- и видеосигналов **2.** [audiovisual] 1. аудиовизуальная аппаратура 2. аудиовизуальный

AVA [active Van Atta array] активная антенная решётка Ван-Атта

AVC 1. [automatic voltage control] автоматическая регулировка напряжения **2.** [automatic volume compressor] компрессор **3.** [automatic volume control] автоматическая регулировка громкости, АРГ

AVDS [automatic vacuum deposition system] автоматическая система вакуумного осаждения

AVE 1. [automatic volume expander] экспандер **2.** [automatic volume expansion] экспандирование **3.** [average] среднее (значение)

av eff [average efficiency] средний кпд

avg, avge [average] 1. среднее (значение) 2. среднее арифметическое

AVI [audio video interleaved] 1. способ программного сжатия чередующихся аудио- и видеоданных 2. файловый формат AVI 3. расширение имени файла формата AVI

avionics [aviation electronics] авиационная электроника

AVK [audio video kernel] ядро программы сжатия аудио- и видеоданных в системе DVI

AVLC [automatic volume level control] автоматическая регулировка громкости, АРГ

AVNL 1. [automatic video noise leveling] автоматическая регулировка уровня шумов в полосе частот видеосигнала **2.** [automatic video noise limiter] автоматический ограничитель шумов в полосе частот видеосигнала **3.** [automatic video noise limiting] автоматическое ограничение шумов в полосе частот видеосигнала

AVNP [autonomous virtual network protocol] протокол автономной виртуальной сети

AWC [Association for Women in Computing] Ассоциация женщин в компьютерной технике

AWE [Advanced WavEffect] метод цифрового синтеза звука, синтез звука методом AWE

AWG [American Wire Gage] Американский сортамент проводов

AWGN [additive white Gaussian noise] аддитивный белый гауссов шум

AWRS [airborne weather radar system] бортовая метеорологическая РЛС

AWT [abstract window(ing) toolkit] абстрактно-оконный инструментарий, графический интерфейс пользователя AWT (*в языке программирования Java*)

AYOR [at your own risk] «на Ваш страх и риск» (*акроним Internet*)

AZS [automatic zero set] автоматическая установка нуля

B 1. [bandwidth] 1. ширина полосы частот; ширина спектра; диапазон рабочих частот 2. ширина полосы (*напр. пропускания*) 3. пропускная способность (*напр. канала связи, в бит/с, бодах и др.*) **2.** [base] *пп* база, базовая область **3.** [battery] батарея **4.** [baud] бод **5.** [beam] луч; пучок **6.** [bel] бел, Б, B **7.** [bias] смещение; отклонение **8.** [blue] 1. синий, С, B (*основной цвет в колориметрической системе RGB и цветовой модели RGB*) 2. сигнал синего (цвета), С-сигнал, B-сигнал **9.** [braid] оплётка **10.** [branch] ветвь; ответвление; отвод **11.** [brightness] 1. яркость 2. освещённость 3. светлота 4. яркость звука **12.** [broadcast] 1. (вещательная) передача 2. *вчт* передача сообщений для всех абонентов (*без персонификации*), для всего аппаратного *или* программного обеспечения (*вычислительной системы или сети*), *проф.* широковещательная передача 3. *тлф* циркулярный вызов **13.** [byte] байт, Б, B **14.** буквенное обозначение десятичного числа 11

609

в двенадцатеричной *или* шестнадцатеричной системе счисления **15.** буквенное обозначение первого *или* второго гибкого диска (*в IBM-совместимых компьютерах*)

b 1. [bar] бар (10^5 Па) **2.** [binary] двоичное число || двоичный **3.** [bit] бит

B+ положительный вывод источника анодного напряжения

B– отрицательный вывод источника анодного напряжения

B2B [business-to-business] отношения типа «бизнес-бизнес»

B2C [business-to-customer] отношения типа «бизнес-покупатель»

B2G [business-to-government] отношения типа «бизнес-правительство»

B4 [before] «до», «ранее» (*акроним Internet*)

BA 1. [battery] (электрическая) батарея **2.** [bell alarm] 1. сигнал тревоги, тревожная сигнализация 2. система тревожной сигнализации **3.** [blind approach] инструментальный заход на посадку в условиях плохой видимости **4.** [bridging amplifier] 1. оконечный усилитель опорной усилительной станции 2. усилитель с большим входным сопротивлением

babs [blind approach beacon system] радиомаячная система инструментального захода на посадку в условиях плохой видимости

BABT [British Approval Board for Telecommunications] Британский наблюдательный совет по телекоммуникациям

BAC [binary asymmetric channel] асимметричный канал передачи двоичных данных

BACE [basic automatic checkout equipment] основная аппаратура автоматической проверки

backprop [backpropagation] 1. алгоритм обратного распространения (ошибок) (*для обучения нейронных сетей*) 2. нейронная сеть с обучением по алгоритму обратного распространения (ошибок)

BACP [bandwidth allocation control protocol] протокол управления распределением полосы пропускания, протокол BACP

BAE [beacon antenna equipment] антенная система радиомаяка

BAK [back at keyboard] «опять за клавиатурой» (*акроним Internet*)

bal [balance] **1.** уравновешивание; балансировка **2.** равновесие; баланс

BAM [bidirectional associative memory] двунаправленная ассоциативная память, гетероассоциативная нейронная сеть с взаимозаменяемыми входами и выходами, нейронная сеть Коско

balun 1. [balance-to-unbalance] 1. симметрирующее устройство 2. четвертьволновый согласующий трансформатор **2.** [balancing unit] симметрирующее устройство

BARITT [barrier-injection and transit-time (diode)] инжекционно-пролётный диод

BAW [bulk acoustic wave] объёмная акустическая волна

BB, bb 1. [back-to-back] встречно включённые **2.** [baseband] 1. (полная) полоса частот модулирующих сигналов 2. групповой спектр 3. видеосигнал 4. прямая [безмодуляционная] передача (*сигнала*), передача (*сигнала*) без преобразования спектра 5. канал прямой [безмодуляционной] передачи (*сигнала*)**3.** [beacon buoy] радиобуй **4.** [breadboard] макет **5.** [broadband] широкополосный

BBC [British Broadcasting Corporation] Британская радиовещательная корпорация, Би-би-си

BBCRD [British Broadcasting Corporation Research Department] научно-исследовательский отдел Британской радиовещательной корпорации

BBD 1. [bucket-brigade charge-coupled device] ПЗС типа «пожарная цепочка» **2.** [bulk-barrier diode] диод с внутренним униполярным барьером, ВУБ-диод

BBDL [bucket-brigade delay line] линия задержки на ПЗС типа «пожарная цепочка»

BBIAF [be back in a few ...] «вернусь через несколько (минут)» (*акроним Internet*)

BBL [be back later] «вернусь позже» (*акроним Internet*)

BBM [balanced block mixing] сбалансированное смешивание блоков (*при шифровании*)

BBS [bulletin board service] электронная доска объявлений, BBS

BBULP [bumpless build-up layer packaging] *микр.* компоновка слоёв без создания контактных площадок, технология BBULP

BC 1. [bit commitment] привязка к биту, (секретный криптографический) протокол BC **2.** [blind copy] электронная копия сообщения без персональной адресации и приложения списка рассылки **3.** [broadcast band] полоса частот, отведённая службе АМ-радиовещания **4.** обозначение для выводов, соединённых с цокольным экраном **5.** обозначение для радиовещательных станций (*принятое МСЭ*)

BCB 1. [broadcast band] полоса частот, отведённая службе АМ-радиовещания **2.** [buffer control block] блок управления буфером

BCC 1. [blind courtesy copy] персонально адресованная электронная копия сообщения без приложения списка рассылки **2.** [block check character] символ проверки блока

BCCCD 1. [bulk channel charge-coupled device] ПЗС с объёмным каналом **2.** [buried channel charge-coupled device] ПЗС со скрытым каналом

BCCD [bulk charge-coupled device] прибор с объёмной зарядовой связью, ПЗС с переносом зарядов в углублённом слое

BCCH [broadcast control channel] широковещательный канал управления

BCD [binary coded decimal] 1. двоично-десятичное представление, двоично-десятичный код 2. двоично-десятичное число, число в двоично-десятичном представлении

BCF 1. [beam-current feedback] обратная связь по току пучка **2.** обозначение для радиовещательных станций с ЧМ (*принятое МСЭ*)

BCFSK [binary-coded frequency-shift keying] двухпозиционная частотная манипуляция

BCI 1. [binary coded information] 1. усовершенствованное двоично-десятичное представление, усовершенствованный двоично-десятичный код, BCI-код 2. данные в усовершенствованном двоично-десятичном представлении, данные в BCI-коде **2.** [broadcast interference] помеха при приёме вещательных программ **3.** обозначение для международных радиовещательных станций (*принятое МСЭ*)

BCL [broadcast listener] радиослушатель

BCN [broadband communication network] широкополосная сеть связи

BCNF [Boyce-Codd normal form] четвёртая нормальная форма, нормальная форма Бойса — Кодда (*в реляционных базах данных*)

BCNU [be seeing You] «до встречи» (*акроним Internet*)

BCPL [basic combined programming language] машинно-независимый язык системного программирования BCPL

BCRU [British Committee on Radiation Units and Measurements] Британский комитет по радиационным единицам и измерениям

BCS 1. [binary compatibility standard] стандарт на совместимость двоичных цифровых устройств, стандарт BCS **2.** [British Computer Society] Британское компьютерное общество

BCT [business cordless telephony] радиотелефония для бизнеса

Bd, bd 1. [backward diode] обращённый диод **2.** [band] 1. полоса частот; диапазон частот 2. (энергетическая) зона **3.** [baud] бод **4.** [binary-to-decimal] (преобразование) из двоичной в десятичную систему **5.** [board] панель; пульт; щит

BDA [BIOS data area] область данных базовой системы ввода/вывода, область данных BIOS

BDAM [basic direct access method] базовый метод прямого доступа, метод BDAM

BDD [binary decision diagram] дерево решений

BDI [bearing deviation indicator] индикатор ошибки по истинному *или* бортовому пеленгу

bdp [bonded double paper] с двойной бумажной изоляцией

bdst [broadcast] 1. (вещательная) передача (*1. радиопередача 2. телевизионная передача, телепередача 3. передача по сети проводного вещания*) || вещательный (*1. передаваемый по радио 2. передаваемый по телевидению 3. передаваемый по сети проводного вещания*) 2. вчт передача сообщений для всех абонентов (*без персонификации*), для всего аппаратного *или* программного обеспечения (*вычислительной системы или сети*), *проф.* широковещательная передача || передаваемый для всех абонентов (*без персонификации*), для всего аппаратного *или* программного обеспечения (*вычислительной системы или сети*), *проф.* широковещательный 3. *тлф* циркулярный вызов || циркулярный (*о вызове*)

BDT(I) [Berkeley Design Technology Incorporation] корпорация Berkeley Design Technology, (корпорация) BDT

BDU [basic display unit] основной дисплей

BEAMOS [beam-accessed metal-oxide-semiconductor] ЗУ на запоминающей ЭЛТ с полупроводниковой мишенью и электронной адресацией

BECN [backward explicit congestion notification] обратное [адресуемое отправителям] уведомление о перегрузке (сети)

BEDO DRAM [burst extended data output dynamic random-access memory] пакетная динамическая оперативная память с расширенным набором выходных данных, память типа BEDO DRAM

BEF [band-elimination filter] режекторный фильтр

BEL [bell] символ «звонок», символ ●, символ с кодом ASCII 07h

BEP [bit-error probability] вероятность ошибки в двоичном символе

BER 1. [basic encoding rules] рекомендации МСЭ по основным правилам кодирования, стандарт BER, стандарт X.209 (*в языке ASN.1*) **2.** [bit error rate] коэффициент ошибок в битах

BERT [built-in error rate test] встроенный тест на коэффициент ошибок

BESA [British Engineering Standards Association] Британская ассоциация технических стандартов

BEST [base-emitter self-aligning technique] метод самосовмещения базы и эмиттера

Betacam [beta camera] 1. (магнитная) лента для профессиональной аналоговой компонентной видеозаписи в формате Betacam, лента (формата) Betacam 2. формат Betacam (профессиональной аналоговой компонентной видеозаписи)

BEV [billion electron volts] гигаэлектронвольт, ГэВ

BF 1. [ballistic focusing] баллистическая фокусировка **2.** [bandpass filter] полосовой фильтр **3.** [beam forming] 1. формирование луча; формирование пучка 2. формирование главного лепестка диаграммы направленности антенны **4.** [beat frequency] частота биений

BFBS 1. [British Forces broadcasting service] радиовещательная служба вооружённых сил Великобритании **2.** [British Forces broadcasting station] радиовещательная станция вооружённых сил Великобритании

BFD [beat-frequency detection] гетеродинный приём

BFE [beam-forming electrode] лучеобразующий электрод (*лучевого тетрода*)

BFN 1. [beam-forming network] 1. схема формирования луча; схема формирования пучка 2. схема формирования главного лепестка диаграммы направленности антенны **2.** [bye for now] «пока»; «до встречи» (*акроним Internet*)

BFO [beat-frequency oscillator] генератор биений

BFS [breadth-first search] поиск в ширину, поиск по вершинам поддеревьев

BFSK [binary frequency shift keying] двухтональная частотная манипуляция, двухтональная ЧМн

BFT [binary file transfer] 1. передача двоичных файлов 2. протокол передачи двоичных файлов, протокол BFT

BGA [ball-grid array] 1. матрица шариковых выводов 2. корпус с матрицей шариковых выводов, корпус типа BGA, BGA-корпус

BGI [Borland graphic interface] графический интерфейс фирмы Borland

BGP [border gateway protocol] (внешний) граничный (меж)шлюзовый протокол, протокол BGP

BHCA [busy-hour call attempts] число попыток установления соединений в час наибольшей (телефонной) нагрузки

BIC 1. [bank identifier code] идентификационный код банка, BIC (*в системе SWIFT*) **2.** [broadband interface controller] контроллер широкополосного интерфейса

BICMOS, bi-CMOS [bipolar complementary metal-oxide-semiconductor] 1. прибор на биполярных и КМОП-транзисторах 2. (комбинированная) технология изготовления ИС на биполярных и КМОП-транзисторах

bidops [bi-Doppler scoring] система «Бидопс», доплеровская система коррекции траектории управляемого ЛА при сближении с целью

BIEE [British Institute of Electrical Engineers] Британский институт инженеров-электриков

BIFET, bi-FET [bipolar-junction field-effect transistor] 1. прибор на биполярных и полевых транзисторах 2. (комбинированная) технология изготовления ИС на биполярных и полевых транзисторах

BIFT [backside-illuminated frame transfer] кадровый перенос изображения с тыловым освещением

BIGFET [bipolar insulated-gate field-effect transistor] прибор на основе комбинации биполярного транзистора и полевого транзистора с изолированным затвором

BILBO [built-in logic block observer] встроенный логический блок наблюдения

BIMAC [bistable magnetic core] магнитный сердечник с двумя устойчивыми состояниями

BIMOS, bi-MOS [bipolar metal-oxide-semiconductor] 1. прибор на биполярных и МОП-транзисторах 2. (комбинированная) технология изготовления ИС на биполярных и МОП-транзисторах

bin [binary] 1. бистабильное устройство; бистабильная схема 2. бинарный 3. *вчт* двоичный

BIND [Berkeley Internet name domain] система управления серверами доменных имён в Internet Университета Беркли, система BIND

BINMOS, bi-NMOS [bipolar n-channel metal-oxide-semiconductor] 1. прибор на биполярных транзисторах и МОП-транзисторах с каналом *n*-типа 2. (комбинированная) технология изготовления ИС на биполярных транзисторах и МОП-транзисторах с каналом *n*-типа

BIOS [basic input/output system] базовая система ввода-вывода, BIOS

BIP 1. [binary-image processor] процессор двухградационных изображений 2. [built-in pulser] встроенный генератор импульсов

BIRE [British Institute of Radio Engineers] Британский институт радиоинженёров

BIS 1. [back in a second] «вернусь через секунду» (*акроним Internet*) 2. [business information system] информационная система для бизнеса

B-ISDN [broadband integrated services digital network] 1. широкополосная глобальная цифровая сеть с комплексными услугами, сеть (стандарта) B-ISDN 2. всемирный стандарт для широкополосных цифровых сетей с комплексными услугами, стандарт B-ISDN

BIST [built-in self-test(ing)] встроенное самотестирование

BISYNC, bisync [binary synchronous communication] 1. двоичная синхронная связь, связь по протоколу BSC 2. протокол двоичной синхронной связи, протокол BSC

BIT [built-in test] встроенный тест

bitBLT 1. [bit block transfer(ring)] 1. копирование *или* пересылка битового блока 2. алгоритм копирования *или* пересылки битового блока, алгоритм BLT

BITnet [because it's time network] сеть BITnet, сеть мэйнфреймов университетов и научных организаций Северной Америки, Европы и Японии

BIU [bus interface unit] блок интерфейса шины

BIX [binary information exchange] *вчт* оперативная сетевая информационная служба BIX

BJ 1. [barrage jammer] станция активных заградительных радиопомех 2. [barrage jamming] создание активных заградительных радиопомех

BJCB [British Joint Communications Board] Британский объединённый совет по связи

BJCEB [British Joint Communications and Electronics Board] Британский объединённый совет по радиоэлектронике

BJT [bipolar junction transistor] биполярный плоскостной транзистор

BL 1. [band-limited] с ограниченной полосой 2. [base line] 1. базовая линия 2. линия развёртки 3. база (*напр. интерферометра*) 3. [Bloch line] блоховская линия 4. [Blue Lightning] микропроцессор корпорации IBM

BLE [bias level equalization] система BLE, система автоматической калибровки для определения оптимальной величины тока подмагничивания, уровня записи и коррекции частотной характеристики

BLER [block error rate] коэффициент ошибок для блоков

BLF [bubble-lattice file] *вчт* массив на решётке ЦМД

BLIP [background-limited infrared photoconductor] материал с ограниченной фоновым излучением фотопроводимостью в ИК-диапазоне

BLLNG [billing] составление счёта

BLM [brushless motor] бесщёточный двигатель

BLOB [binary large object] 1. большой блок двоичных данных 2. поле для записи большого блока двоичных данных

BLSR 1. [batch local shared resources] пакеты локальных совместных ресурсов 2. [bidirectional line switched ring] двунаправленная система повышения надёжности связи в кольцевых (волоконно-оптических телефонных) сетях

BLT 1. [(bit) block transfer(ring)] 1. копирование *или* пересылка битового блока 2. алгоритм копирования *или* пересылки битового блока, алгоритм BLT 2. [bondline thickness] толщина (слоя) адгезива между двумя адгерандами

BLUE [best linear unbiased estimator] наилучший линейный алгоритм оценивания без смещения

BM [Boltzmann machine] машина Больцмана (*1. алгоритм обучения нейронных сетей 2. нейронная сеть с обучением по алгоритму типа «машина Больцмана»*)

BME 1. [backward mode emulator] эмулятор с обратной совместимостью 2. [boosted mixture of expert] 1. усиленный коллектив экспертов 2. модель усиленного коллектива экспертов, модель BME (*в искусственных нейронных сетях*)

BMEWS [ballistic missile early-warning system] система дальнего обнаружения межконтинентальных баллистических ракет

BMP [bitmap (format)] 1. (файловый) формат BMP, формат файла растрового изображения 2. расширение имени файла формата BMP

BMU 1. [basic measurement unit] основная единица измерения 2. [best matching unit] нейрон-победитель (*в нейронной сети*)

BNA [broadband network architecture] архитектура широкополосных сетей

BNC 1. [bayonet nut connector, baby N-connector] соединитель типа BNC, миниатюрный коаксиальный байонетный соединитель 2. [bulk negative conductance] объёмная отрицательная проводимость

BNF [Backus-Naur form] (нормальная) форма Бэкуса — Наура, метаязык Бэкуса

BO 1. [beat(ing) oscillator] гетеродин 2. [blackout] 1. временное нарушение радиосвязи 2. длительное глубокое замирание 3. временная потеря чувствительности 3. [blocking oscillator] блокинг-генератор

BOC-BGA [board on chip ball grid array] корпус с размещаемой на кристалле (миниатюрной) печатной платой с матрицей шариковых выводов, корпус BOC-BGA-типа, BOC-BGA-корпус

BOF 1. [beginning of file] начало файла, символ начала (текстового) файла 2. [birds of feather] неофициальная группа новостей; неофициальная телеконференция, *проф.* птицы одного полёта

bolovac [bolometric voltage and current (standard)] болометрическая образцовая мера напряжения и тока

BOLT [beam-of-light transistor] оптотранзистор

BOOK [binary on-off keying] двухпозиционная амплитудная манипуляция, двухпозиционная АМн

BOOTP [bootstrap protocol] протокол начальной загрузки (для бездисковых рабочих станций), протокол BOOTP

BONES [block-oriented network simulator] блочно-ориентированная программа моделирования сетей, программа BONES

BOP [bit-oriented protocol] бит-ориентированный протокол, протокол побитовой передачи данных

BOS [bottom of stack] дно стека

BOT 1. [back on topic] «возвращаясь к теме» (*акроним Internet*) 2. [beginning of tape] маркер начала ленты

BOW [backward-wave oscillator] генератор на ЛОВ

BP 1. [back propagation] 1. обратное распространение, распространение в обратном направлении 2. алгоритм обратного распространения (ошибок) (*для обучения нейронных сетей*) 2. [bandpass] полосовой 3. [base pointer] указатель базового регистра 4. [Bloch point] блоховская точка 5. [bonded single paper] с однослойной бумажной изоляцией 6. [bypass] 1. шунт; перемычка 2. полосовой фильтр 3. обход 4. охват (*напр. территории средствами связи*)

BPF [bandpass filter] полосовой фильтр

BPI 1. [battery power input] вход для подключения батарейного питания 2. [bits per inch] число бит на дюйм

bpi [bits per inch] число бит на дюйм

BPL [bandpass limiter] полосовой ограничитель

BPLMS [back propagation least mean square] алгоритм обратного распространения с обучением (*нейронных сетей*) на минимизацию среднеквадратической ошибки

BPM [biphase modulation] двухпозиционная фазовая манипуляция, двухпозиционная ФМн

BPR 1. [business process reengineering] метод реструктуризации предпринимательской деятельности с переориентацией на процессы, концепция BPR, *проф.* реинжениринг бизнес-процессов 2. [bypass register] обходной регистр

bps 1. [beacon portable set] портативный радиомаяк 2. [bits per second] бит в секунду, бит/с

BPSK [binary phase-shift keying] двухпозиционная фазовая манипуляция

BPTT [backpropagation through time] 1. алгоритм обратного распространения (ошибок) во времени (*для обучения нейронных сетей*) 2. нейронная сеть с обучением по алгоритму обратного распространения (ошибок) во времени

BPU [basic processing unit] центральный процессор

BR, br 1. [branch] 1. ветвь (*1. ответвление; отвод; отходящая в сторону часть главного 2. ветвь дерева, ветвь древовидной иерархической структуры 3. отдельная линия родства (в генетических алгоритмах) 4. фрагмент программы или алгоритма, выполняемый по команде условного или* безусловного перехода *5. фтт континуум однотипных элементарных возбуждений; континуум элементарных возбуждений в изолированной полосе спектра*) 2. канал (*в многоканальной системе*) 3. плечо (*моста*) 4. *вчт* операция (условного или безусловного) перехода, операция передачи управления (*при условном или безусловном переходе*) 2. [bridge] 1. (измерительный) мост; мостовая схема 2. шунт; перемычка 3. *свпр* мостик 4. *вчт* мост (*1. программное или аппаратное средство обеспечения совместимости между системами 2. часть набора формирующих функциональный блок компьютера ИС (на материнской плате), проф. часть чипсета 3. устройство для соединения сегментов сети на канальном уровне в модели ISO/OSI 4. ребро графа, не принадлежащее ни одному циклу*) 5. *вчт* радиомост (*для соединения сегментов сети через радиоэфир*) 6. связка между частями (*вещательной программы*) 7. *фтт* мостик; мостиковый фрагмент; валентная связь (*в химических соединениях*) 3. [brush] 1. щётка 2. скользящий [подвижный] контакт 3. *вчт* кисть (*инструмент для рисования в графических редакторах*) 4. [buffer register] буферный регистр 5. [bulk resistance] объёмное сопротивление

BRA [bench-replacement assembly] сменный узел; сменный блок

BRB [be right back] «скоро вернусь» (*акроним Internet*)

brdcst [broadcast] 1. (вещательная) передача (*1. радиопередача 2. телевизионная передача, телепередача 3. передача по сети проводного вещания*) 2. *вчт* передача сообщений для всех абонентов (*без персонификации*), для всего аппаратного *или* программного обеспечения (*вычислительной системы или сети*), *проф.* широковещательная передача 3. *тлф* циркулярный вызов

brdg [bridge] 1. (измерительный) мост; мостовая схема 2. шунт; перемычка 3. *свпр* мостик 4. устройство сопряжения 5. *вчт* мост (*1. программное или аппаратное средство обеспечения совместимости между системами 2. устройство для соединения сегментов сети на канальном уровне в модели ISO/OSI 3. ребро графа, не принадлежащее ни одному циклу*) 6. *вчт* радиомост (*для соединения сегментов сети через радиоэфир*) 7. связка между частями (*вещательной программы*) 8. *фтт* валентная связь

BRF [band-rejection filter] режекторный фильтр

BRI [basic rate interface] 1. базовый интерфейс (*в цифровых сетях передачи данных*), интерфейс для систем передачи данных с двумя В-каналами и одним D-каналом, интерфейс типа 2B+1D, интерфейс (стандарта) BRI 2. стандарт BRI

BROM [bipolar read-only memory] постоянное ЗУ на биполярных транзисторах, ПЗУ на биполярных транзисторах

brouter [bridge/router] мост-маршрутизатор

brst [broadcast] 1. (вещательная) передача (*1. радиопередача 2. телевизионная передача, телепередача 3. передача по сети проводного вещания*) 2. *вчт* передача сообщений для всех абонентов (*без персонификации*), для всего аппаратного *или* программного обеспечения (*вычислительной системы или сети*), *проф.* широковещательная передача 3. *тлф* циркулярный вызов

BS 1. [backscatter] обратное рассеяние **2.** [backspace] символ «возврат на одну позицию», символ ¤, символ с кодом ASCII 08h **3.** [band-stop] режекторный **4.** [base shield] цокольный экран **5.** [base station] 1.базовая станция 2. код базовой станции 3. центральная станция (*подвижной службы*) **6.** [beam splitter] 1. расщепитель пучка 2. светоделительный элемент **7.** [binary scale] двоичная шкала **8.** [black signal] сигнал чёрного поля (*в факсимильной связи*) **9.** [black stretch] растягивание сигнала в области чёрного **10.** [bounded single-silk] с однослойной шёлковой изоляцией **11.** [British standard] Британский стандарт **12.** [broadcast(ing) satellite] 1. вещательный спутник 2. вещательная ретрансляционная станция **13.** [broadcast station] вещательная станция (*1. радиовещательная станция 2. станция телевизионного вещания 3. станция сети проводного вещания*)

b/s [bits per second] бит в секунду, бит/с

BSA 1. [boundary scan architecture] 1. архитектура последовательного интерфейса (стандарта) JTAG (для тестирования цифровых устройств), архитектура интерфейса (стандарта) JTAG для опроса тестовых ячеек на логической границе цифровых устройств (*при тестировании*) 2. стандарт Объединённой группы (Института инженеров по электротехнике и радиоэлектронике) по тестированию для интегральных схем, стандарт JTAG (для тестирования интегральных схем), стандарт IEEE 1149.1 (для тестирования интегральных схем) 3. последовательный интерфейс JTAG (для тестирования цифровых устройств) **2.** [bus state analyzer] анализатор состояния шин

BSAM [basic sequential access method] базовый метод последовательного доступа, метод BSAM

BSB 1. [back-side bus] шина кэш-памяти (второго уровня), шина типа BSB **2.** [brain-state-in-a-box] нейронная сеть типа BSB с обратной связью, реккурентная нейронная сеть типа BSB

BSC 1. [base station controller] контроллер базовой станции **2.** [beam steering computer] ЭВМ управления положением диаграммы направленности антенны **3.** [binary symmetric channel] симметричный двоичный канал **4.** [binary synchronous communications] 1. синхронная передача двоичных данных 2. протокол (*канального уровня*) синхронной передачи двоичных данных корпорации IBM, протокол BSC

BSCF [base station control function] функция управления базовой станции

BSCU [base station control unit] блок управления базовой станцией

BSD [Berkeley Software Distribution] 1. семейство версий операционной системы UNIX, распространяемых Университетом Беркли 2. фирма Berkeley Software Distribution, разрабатывающая операционные системы UNIX BSD

BSDC [binary symmetric dependent channel] зависимый симметричный двоичный канал

BSDL [boundary scan description language] язык описания (цифровых устройств) при периферийном опросе, язык BSDL (*для интерфейса JTAG*)

Bshell [Bourne shell] командный процессор Bourne (*для UNIX*)

BSI [British Standards Institute] Британский институт стандартов

BSIC 1. [base station identity code] идентификационный код базовой станции **2.** [binary symmetric independent channel] независимый симметричный двоичный канал

BSIM [Berkeley short-channel IGFET model] модель полевого транзистора с изолированным затвором и коротким каналом, разработанная Университетом Беркли, модель BSIM

BSMV [bistable multivibrator] бистабильный мультивибратор

BSOD [blue screen of death] голубой фон экрана дисплея, появляющийся при катастрофической ошибке операционной системы

BSOL [blue screen of life] голубой фон экрана дисплея, сопровождающий процесс нормальной загрузки операционной системы

BSP [bootstrap processor] загрузочный [первичный] процессор

BSR [boundary scan register] регистр периферийного опроса (цифровых устройств)

BSS 1. [base station system] контроллер, приёмопередатчик и транскодер базовой станции **2.** [block started by symbol] начинающийся с символа блок, неинициализируемый блок **3.** [broadcasting-satellite service] спутниковая вещательная служба

BST 1. [beam-switching tube] электронно-лучевой коммутатор **2.** [binary search tree] дерево двоичного [бинарного] поиска **3.** [British Summer time] Британское летнее время

BSU 1. [base station unit] блок базовой станции **2.** [beam steering unit] блок управления положением диаграммы направленности антенны

BSWG [British Standard Wire Gauge] Британский сортамент проводов

BT 1. [Baghdad time] Багдадское время **2.** [batch terminal] пакетный терминал

BTAM [basic telecommunication access method] базовый метод удалённого доступа, метод BTAM

BTB [branch target buffer] буфер адресов перехода

BTF [binary transversal filter] двоичный трансверсальный фильтр

BTLZ [British Telecom Lempel-Ziv (algorithm)] алгоритм (*сжатия данных*) Лемпеля — Зива с двумерным адаптивным кодированием, алгоритм BTLZ

BTN [button] 1. кнопка; клавиша 2. капля; навеска 3. (металлическая) заготовка (*для изготовления сплавного транзистора*) 4. капсюль (*угольного микрофона*) 5. вчт якорь (*отправной или конечный пункт ссылки внутри гипертекста*)

BTR [bit-timing recovery] восстановление тактовой синхронизации символов

BTS 1. [base transceiver station] базовая приёмопередающая (радио)станция **2.** [broadcast television system] система вещательного телевидения, вещательная телевизионная система

BTW [by the way] «между прочим», «кстати» (*акроним Internet*)

BUPS [beacon, ultra-portable, S-band] миниатюрный радиомаяк S-диапазона

BUPX [beacon, ultra-portable, X-band] миниатюрный радиомаяк X-диапазона

BVA [British Videogram Association] Британская ассоциация видеозаписи

BW, bw 1. [backward wave] обратная волна **2.** [bandwidth] 1. ширина полосы частот; ширина спектра;

диапазон рабочих частот 2. ширина полосы (*напр. пропускания*) 3. пропускная способность (*напр. канала связи, в бит/с, бодах и др.*) 3. [battery window] индикатор выхода напряжения батареи за допустимые пределы 4. [beam width] 1. ширина луча; ширина пучка 2. ширина диаграммы направленности антенны 3. ширина диаграммы направленности антенны по уровню половинной мощности 5. [black-and-white] 1. чёрно-белый; ахроматический 2. чёрно-белое телевидение 6. [braided wire] провод в оплётке

BWA [backward-wave amplifier] усилитель обратной волны

BWC 1. [backward-wave converter] преобразователь на лампе обратной волны, преобразователь на ЛОВ **2.** [beam-width compressor] устройство сжатия пучка

BWG [Birmingham Wire Gauge] Бирмингемский сортамент проводов

BWO [backward-wave oscillator] генератор на ЛОВ

BWPA 1. [backward-wave parametric amplifier] параметрический усилитель обратной волны **2.** [backward-wave power amplifier] усилитель мощности на лампе обратной волны, усилитель мощности на ЛОВ

byp cap [bypass capacitor] развязывающий конденсатор

byte [binary term] байт

C 1. [capacitance] (электрическая) ёмкость **2.** [capacitor] конденсатор **3.** [capacity] (электрическая) ёмкость **4.** [cathode] катод **5.** [cell] 1. элемент 2. ячейка 3. гальванический элемент (*первичный элемент, аккумулятор или топливный элемент*) 4. электролитическая ячейка 5. *млф* сот 6. *бион.* клетка **6.** [chirp] 1. радиоимпульс с линейной частотной модуляцией, ЛЧМ-импульс; радиоимпульс с частотной модуляцией, ЧМ-импульс 2. метод сжатия импульсов с использованием линейной частотной модуляции 3. паразитная частотная модуляция несущей **7.** [chrominance] 1. вектор цветности 2. цветность 3. сигнал цветности 4. цветоразностный сигнал **8.** [circuit] 1. схема; цепь; контур 2. канал; линия; тракт 3. *млф* шлейф 4. цикл (*графа*) 5. круговое движение, движение по окружности **9.** [code] код 1. код (*1. система кодирования 2. совокупность символов кода 3. программа; текст программы*) 2. бион. генетический код 3. кодекс **10.** [coefficient] коэффициент; константа; постоянная **11.** [coil] 1. катушка индуктивности 2. катушка; обмотка 3. соленоид 4. рулон (*напр. перфоленты*) **12.** [collector] 1. *пп* коллектор, коллекторная область 2. коллектор (*напр. СВЧ-прибора*) 3. устройство сбора 4. гелиоконцентратор **13.** [computer] 1. компьютер (*1. вычислительная машина, ВМ 2. электронная вычислительная машина, ЭВМ*) 2. вычислительное устройство, вычислитель **14.** [conductivity] удельная электропроводность **15.** [conductor] 1. проводник (*электрического тока, тепла, звука, света и др.*) 2. провод; кабель; (токопроводящая) жила, проводник **16.** [control] 1. управление; регулирование, регулировка 2. орган управления; регулятор; орган настройки 3. контроль; проверка 4. система контроля; система проверки 5. управляющий провод (*криотрона*) **17.** [core] 1. (магнитный) сердечник 2. ЗУ на магнитных сердечниках.3. сердцевина (*напр. оптического волокна*); центральная часть (*напр. соединителя*) 4. сердечник (*устройство без боковых ограничителей, предназначенное для намотки носителя записи или сигналограммы в форме ленты*).5. жила кабеля 6. ядро (*1. вчт основная память 2. управляющая и распределяющая резидентная часть операционной системы 3. центральная массивная часть атома*) **18.** [coulomb] кулон, Кл **19.** [current] 1. (электрический) ток 2. поток; течение 3. скорость потока; скорость течения **20.** [cycle] цикл; период **21.** буквенное обозначение десятичного числа 12 в шестнадцатеричной системе счисления **22.** буквенное обозначение первого логического диска (*в IBM-совместимых компьютерах*) **23.** до (*нота*)

c 1. [centi-] санти..., с, 10^{-2} **2.** [character] 1. символ; знак 2. *вчт* литера 3. иероглиф 4. стиль (*напр. документа*) 5. *фтт* характер группы 6. шифр 7. шифрованное сообщение 8. характерная особенность; отличительный признак 9. роль (*напр. в телесериале*)

C+ положительный вывод источника напряжения смещения на сетке

C– отрицательный вывод источника напряжения смещения на сетке

C2C [citizen-to-citizen] отношения типа «гражданин-гражданин»

C2G [citizen-to-government] отношения типа «гражданин-правительство»

CA 1. [cellular automaton] клеточный автомат **2.** [certification (certifying) authority] сертифицирующая организация; сертификационное агентство **3.** [chopper amplifier] УПТ с модуляцией и демодуляцией сигнала, УПТ типа модулятор — демодулятор, УПТ типа М — ДМ **4.** [clutter attenuation] подавление сигналов, обусловленных мешающими отражениями

CACSD [computer-aided control system design] автоматизированное проектирование систем управления, АПСУ

CAD [computer-aided design] автоматизированное проектирование

CADAT [computer-aided design and test system] система автоматизированного проектирования и тестирования

CAD/CAM [computer-aided design and computer-aided manufacturing] автоматизированное проектирование и производство

CADD [computer-aided design and drafting] автоматизированная разработка и эскизное проектирование

CADF [commutated-antenna direction finder] секторный фазовый радиопеленгатор

CADIC [computer-aided design of integrated circuits] автоматизированное проектирование интегральных схем

CADMAT [computer-aided design, manufacture and test] автоматизированное проектирование, производство и тестирование

CAE 1. [computer-aided education] программированное обучение **2.** [computer-aided engineering] автоматизированное конструирование

CAG [cyclic address generator] циклический генератор адресов

CAI [computer-aided instruction, computer-assisted instruction] программированное обучение

CAL 1. [calibrated] калиброванный **2.** [calibration] 1. калибровка 2. градуировка 3. проверка **3.** [calorie] калория, кал **4.** [computer-aided learning, computer-assisted learning] программированное обучение

cal 1. [calibrated] калиброванный **2.** [calibration] 1. калибровка 2. градуировка 3. проверка **3.** [calorie] калория, кал

CALS [computer-aided acquisition and logistics support] набор стандартов Министерства обороны США для оформления электронной документации по тыловому обеспечению и материально-техническому снабжению войск, стандарты CALS

CAM 1. [common access method] 1. стандартный метод доступа 2. стандарт ANSI для обеспечения совместимости устройств на уровне сигналов и команд, стандарт CAM **2.** [computer-aided manufacturing] автоматизированное производство **3.** [content-addressable memory] ассоциативная память, ассоциативное ЗУ **4.** [controlled attachment module] управляемый модуль подключения (к среде)

CAMA [centralized automatic message accounting] 1. централизованный автоматический учёт телефонных разговоров 2. система централизованного автоматического учёта телефонных разговоров

CAMAC [computer-aided measurement and control] автоматизированные измерения и управление

camcorder [camera recorder] камкордер, видеокамера с встроенным видеомагнитофоном

CAML [categorical abstract machine language] категориальный язык описания абстрактных машин, язык CAML

CAN, can [cancel] символ «отмена», символ ↑, символ с кодом ASCII 18h

CAOS [computer-augmented oscilloscope system] компьютеризованная автоматическая осциллографическая система

CAP 1. [carrierless amplitude-phase (modulation)] амплитудно-фазовая модуляция без несущей **2.** [computer-aided publishing] компьютерная редакционно-издательская система **3.** [computerized attendant's position] компьютеризованное рабочее место оператора

CAPR [catalog of programs] каталог программ

CAQ [computer-aided quality] автоматизированная система обеспечения качества (продукции)

CAQC [computer-aided quality control] автоматизированный контроль качества (продукции)

car [carrier] 1. несущая 2. (многоканальная) система передачи данных с использованием несущей 3. высокочастотная [ВЧ-]связь 4. носитель (заряда или информации) 5. держатель; носитель; кассета (для обработки, транспортировки или хранения деталей) 6. компания, предоставляющая услуги в области связи; поставщик услуг в сфере связи; владелец сети или линии связи 7. система связи; сеть связи

CARD [collaborative analysis of requirements and design] совместный анализ требований и проектирование, (концептуальный) подход CARD (к проектированию автоматизированных систем с участием пользователей)

CARDS [computer-assisted radar display system] компьютеризованная система отображения радиолокационной информации

CARIS [constant-angle reflection interference spectroscopy] интерференционная спектроскопия в отражённом свете при постоянном угле падения

CARS [computer-aided retrieval system] автоматизированная поисковая система

CART [classification and regression tree] алгоритм CART, алгоритм построения бинарного дерева решений

CAS 1. [channel associated signaling] сигнализация по присоединённому каналу **2.** [collision avoidance system] система предупреждения столкновений самолётов **3.** [column address strobe] строб-импульс адреса столбца **4.** [communication application specification] спецификация приложений связи, протокол CAS

cas [cosine plus sine] функция cas, сумма синуса и косинуса

CasCor [cascade correlation] каскадная корреляция (*метод обучения нейронных сетей*)

CASE 1. [computer-aided software engineering] автоматизированная разработка программного обеспечения **2.** [computer-aided system evaluation] автоматизированная оценка систем

CASIE [Coalition for Advertising Supported Information and Entertainment] Коалиция для рекламной поддержки средств передачи информации и компьютерных развлечений, организация CASIE

CAT 1. [Central Alaska time] поясное время для центральной Аляски **2.** [computer-aided test] автоматизированное тестирование **3.** [computerized axial tomography] аксиальная компьютерная томография **4.** [cooled-anode tube] лампа с охлаждаемым анодом

CATE [computer-aided test engineering] автоматизированная разработка средств контроля

catenet [concatenated network] цепочка сетей, соединённых шлюзами; составная сеть

cath [cathode] катод

cath fol [cathode follower] катодный повторитель

CATLOS [centralized automatic trouble location system] централизованная система автоматической локализации неисправностей или повреждений

CATRIF [computer-aided test and repair integrated facility] комплексная автоматизированная установка тестирования и ремонта

CATT 1. [controlled avalanche transit-time triode] управляемый лавинно-пролётный транзистор **2.** [cooled-anode transmitting tube] генераторная лампа с охлаждаемым анодом

CATV [community antenna television] кабельное телевидение с коллективным приёмом

CAV 1. [constant angular velocity] 1. постоянная угловая скорость 2. режим считывания (с диска) или записи (на диск) при постоянной угловой скорости носителя

CAW 1. [channel address word] адресное слово канала; регистр адреса канала **2.** [common aerial working] приём и передача с одной антенной

CB 1. [C-bias] напряжение смещения на сетке, сеточное смещение **2.** [citizen band] полоса частот, отведённая для службы персональной радиосвязи **3.** [control board] пульт управления; контрольный щит **4.** [control button] кнопка управления

CBC 1. [Canadian Broadcasting Corporation] Канадская радиовещательная корпорация, Си-би-си **2.**

[cipher block chaining] 1. сцепление блоков шифра 2. режим сцепления блоков шифра, режим СВС

CBD [center-bonded device] устройство в корпусе с выводами в центре основания

CBEMA [Computer and Business Equipment Manufacturers Association] Ассоциация производителей компьютеров и оргтехники

CBGA 1. [ceramic ball-grid array] керамический корпус с матрицей шариковых выводов, корпус типа CBGA, CBGA-корпус **2.** [chip scale ball-grid array] корпус типа CSP с матрицей шариковых выводов, CSP-корпус с матрицей шариковых выводов

CBIR [content-based information retrieval] ассоциативный поиск и выборка информации

CBL [computer-based learning] программированное обучение

CBM [carrier-band modem] модем с модуляцией ВЧ-несущей

CBN [call by name] 1. вызов подпрограммы или функции по имени 2. вызов подпрограммы или функции с передачей параметров по имени

CBR 1. [CAS before RAS] регенерация (*динамической памяти*) в режиме запаздывания спада строб-импульса адреса строки относительно спада строб-импульса адреса столбца **2.** [constant bit rate] постоянная скорость передачи битов; постоянная скорость потока (цифровых) данных

CBS [cipher block chaining] сцепление блоков шифра

CBT [computer-based training] компьютерное обучение

CBV [call by value] вызов подпрограммы или функции с передачей параметров по значению

CBX [computerized branch exchange] компьютеризованная телефонная станция с исходящей и входящей связью

CC 1. [call on carry] вызов по переносу **2.** [carbon copy] машинописная копия **3.** [central control] центральное управляющее устройство **4.** [common-collector (transistor connection)] включение (транзистора) по схеме с общим коллектором **5.** [continuous current] постоянный ток **6.** [counter control] управление счётчиками **7.** [courtesy copy] персонально адресованная электронная копия сообщения с приложением списка рассылки

cc 1. [continuous current] постоянный ток **2.** [cotton-covered] с хлопчатобумажной изоляцией

CCA [carrier-controlled approach] заход на посадку с помощью РЛС авианосца

CCAIS [charge-coupled area image sensor] матричный формирователь сигналов изображения на ПЗС

CCCCD [conductively connected charge-coupled device] прибор с гальванической зарядовой связью

CC-CFA [continuous-cathode (emitting-sole) crossed-field amplifier] усилитель М-типа с распределённой эмиссией

CCCS [current-controlled current source] источник тока, управляемый током

CCD 1. [charge-coupled device] прибор с зарядовой связью, ПЗС **2.** [common channel distributor] распределитель общих каналов

CCF [cross-correlation function] взаимная корреляционная функция

CCFM [cryogenic continuous film memory] криогенное ЗУ на сплошной плёнке

CCH [Council for Communications Harmonization] координационный комитет по гармонизации связи

CCI [charge-coupled imager] формирователь сигналов изображения на ПЗС

CCIR [Comité Consultatif International des Radiocommunications] Международный консультативный комитет по радиосвязи, МККР

CCIRN [Coordinating Committee for Intercontinental Research Networks] Координационный комитет межконтинентальных научно-исследовательских сетей

CCIS [common channel interoffice signaling] межрежденческая система передачи сигналов по общему каналу

CCITT [Comité Consultatif International de Télégraphie et Téléphonie] Международный консультативный комитет по телефонии и телеграфии, МККТТ

CCM 1. [control computer module] модуль управляющей ЭВМ **2.** [convection current mode] волна конвекционного тока **3.** [counter-countermeasures] противодействие преднамеренным радиопомехам, радиоэлектронная защита

CCP [Certificate in Computer Programming] Аттестат специалиста по компьютерному программированию

CCR 1. [concurrency control and recovery] управление параллельной обработкой и восстановлением данных **2.** [condition code register] регистр кода ситуации, регистр кода результата

CCRS [computer-controlled recording system] система записи с компьютерным управлением

CCS 1. [cascading style sheets] каскадные таблицы стилей, язык CCS (для стандартного форматирования Web-страниц); стандарт CCS **2.** [collective call sign] коллективные позывные **3.** [command and control system] система командного управления **4.** [common channel signaling] сигнализация по общему каналу

CCSK [cyclic code-shift keying] манипуляция циклическими кодовыми последовательностями

CCSL [compatible current-sinking logic] совместимые логические схемы с (временным) снижением тока

CCT [China Coast time] поясное время для побережья Китая

CCTV [closed-circuit television] замкнутая телевизионная система

CCU [camera control unit] 1. блок управления (видео)камерой, БУК 2. блок камерного канала, БКК

CCVS [current-controlled voltage source] источник напряжения, управляемый током

CCW, ccw [counterclockwise] против часовой стрелки

CD 1. [calling device] вызывное устройство **2.** [carrier detect] сигнал обнаружения несущей (*в модемной связи*), сигнал CD **3.** [charge displacement] смещение заряда **4.** [coastal defense radar] береговая РЛС **5.** [common domain] общий домен, домен верхнего уровня **6.** [compact disk] компакт-диск

cd [candela] кандела, кд

C³D [cascade charge-coupled device] каскадный ПЗС

C⁴D [conductively connected charge-coupled device] прибор с гальванической зарядовой связью

CDA [Communication Decency Act] Закон о соблюдении моральных норм в системах коммуникации

CD-A [compact disk audio] компакт-диск формата CD-A, аналоговый аудиокомпакт-диск

CDC 1. [call directing code] *тлф* код идентификации вызова **2.** [Control Data Corporation] корпорация Control Data

CDCS [continuous dynamic channel selection] непрерывный динамический выбор канала

CD-DA [compact disk digital audio] компакт-диск формата CD-DA, цифровой аудиокомпакт-диск

CDDI [copper distributed data interface] 1. интерфейс высокоскоростных локальных кабельных вычислительных сетей с маркерным доступом, интерфейс (стандарта) CDDI 2. стандарт высокоскоростных локальных кабельных вычислительных сетей с маркерным доступом, стандарт CDDI, модификация стандарта FDDI для соединений витой парой

CD-E [compact disk erasable] компакт-диск формата CD-RW, перезаписываемый компакт-диск

CD Extra [compact disk extra] компакт-диск формата CD Extra, компакт-диск формата CD Plus, мультимедийный компакт-диск с двумя сессиями

CDF [contiguous-disk file] *вчт* массив со схемой продвижения ЦМД на соприкасающихся дисках

c.d.f. [cumulative distribution function] кумулятивная функция распределения

CDFFC [controllable-displacement-factor frequency changer] конвертор с регулируемым коэффициентом сдвига частоты

CDFS [compact-disk file system] файловая система компакт-дисков формата CD-ROM

CD-G [compact disk graphics] компакт-диск формата CD-G, компакт-диск с аналоговой записью звука и цифровой записью неподвижных изображений

CDH [cable distribution head] кабельная распределительная коробка

CDI [collector-diffusion isolation] *микр.* изоляция методом коллекторной диффузии

CD-I [compact disk interactive] компакт-диск формата CD-I, интерактивный видеокомпакт-диск

C(-)DIP [ceramic dual in-line package] керамический плоский корпус с двусторонним расположением выводов, корпус C(-)DIP-типа, C(-)DIP-корпус

CDM 1. [code-division multiplexing] кодовое уплотнение каналов 2. [continuous delta modulation] дельта-модуляция с непрерывным кодированием импульсной последовательности, непрерывная дельта-модуляция

CDMA [code-division multiple access] 1. множественный доступ с кодовым разделением каналов; многостанционный доступ с кодовым разделением каналов 2. стандарт CDMA для систем сотовой подвижной радиосвязи

CD-MO [compact disk magneto-optical] компакт-диск формата CD-MO, магнитооптический компакт-диск

CDP [Certificate in Data Processing] Аттестат специалиста по обработке данных

CDPD [cellular digital packet data] стандарт на пересылку пакетов данных (*по свободным линиям речевой связи*) в цифровых системах сотовой подвижной связи, стандарт CDPD

CD Plus [compact disk plus] компакт-диск формата CD Extra, компакт-диск формата CD Plus, мультимедийный компакт-диск с двумя сессиями

CDR [call detail records] регистрация вызовов

CD-R [compact disk recordable] компакт-диск формата CD-R, записываемый компакт-диск

CDRAM [cached dynamic random access memory] кэшированная динамическая память, память типа CDRAM

CD-ROM [compact disk read-only memory] компакт-диск формата CD-ROM; постоянная память на компакт-диске, ПЗУ на компакт-диске

CD-ROM XA [compact disk read-only memory extended architecture] компакт-диск формата CD-ROM XA, компакт-диск формата CD-ROM с расширенной архитектурой

CD-ROM XA Mode 1 [compact disk read-only memory extended architecture mode 1] компакт-диск формата CD-ROM XA со стандартной ёмкостью (650 Мбайт), компакт-диск формата CD-ROM с расширенной архитектурой и со стандартной ёмкостью (650 Мбайт)

CD-ROM XA Mode 2 [compact disk read-only memory extended architecture mode 2] компакт-диск формата CD-ROM XA с повышенной ёмкостью (780 Мбайт), компакт-диск формата CD-ROM с расширенной архитектурой и с повышенной ёмкостью (780 Мбайт)

CD-RW [compact disk rewritable] компакт-диск формата CD-RW, перезаписываемый компакт-диск

CDS [coding-decoding service] служба кодирования-декодирования

CDT [Central Daylight time] Центральное летнее время (*США*)

CDTV [Commodore dynamic total vision] система воспроизведения видеокомпакт-дисков специального формата с помощью телевизионного приёмника на базе платформы Commodore

CDU 1. [coastal defense radar for detecting U-boats] береговая РЛС для обнаружения подводных лодок 2. [control-display unit] блок управления и индикации

CD-V [compact disk video] аналоговый видеокомпакт-диск фирмы Philips

CDW [charge-density wave] волна зарядовой плотности

CD-WO [compact disk write-once] компакт-диск формата CD-WO, однократно записываемый компакт-диск

CD-WORM [compact disk write-once, read-many] компакт-диск формата CD-WORM, однократно записываемый компакт-диск с многократным считыванием

CE 1. [chip enable] сигнал, разрешающий подключение ИС (*напр. к шине*) 2. [common-emitter (transistor connection)] (включение транзистора по схеме) с общим эмиттером 3. [common equipment] групповое оборудование 4. [communications electronics] электроника средств связи 5. [consumer electronics] бытовая электронная аппаратура 6. [customer engineer] инженер по эксплуатации, ремонту и профилактическому обслуживанию

CED [capacitance electronic disk] цифровая грампластинка с ёмкостным звукоснимателем

CEDR [Conference on Electron Device Research] Конференция по вопросам исследований электронных приборов

CEI [communications electronics instruction] инструкция для специалистов по электронике средств связи

cel [celluloid] 1. целлулоид 2. (один) кадр мультфильма на целлулоиде; (один) кадр мультфильма (*в компьютерной графике*) 3. киноплёнка

CELP [code excited linear predictive] вокодер с линейным предсказанием

CEMF [counter-electromotive force] противоэлектродвижущая сила, противоэдс

CEO [chief executive officer] исполнительный директор, директор-распорядитель

CEPT [Conférence Européen de Poste et Télécommunication] 1. Европейская конференция администраций почт и связи 2. европейская система электросвязи СЕРТ, стандарт СЕРТ

CER 1. [canonical encoding rules] рекомендации МСЭ по каноническим правилам кодирования, стандарт CER (*в языке ASN.1*) **2.** [cellular radio] 1. радиосвязь с сотовой структурой зоны обслуживания, сотовая радиосвязь 2. сотовая система радиосвязи

CerDB [ceramic disk button] круглый керамический корпус с радиальными выводами

CERDIP, CerDIP [ceramic dual in-line package] керамический плоский корпус для монтажа в отверстия платы с двусторонним расположением выводов, корпус CERDIP-типа, CERDIP-корпус

CERN [Centre Européen pour la Recherche Nucléaire] Европейский центр ядерных исследований, CERN

CERT 1. [combined environmental reliability test] комплексные климатические испытания на надёжность **2.** [Computer Emergency Response Team] Группа реагирования на критические ситуации в компьютерных сетях, Группа CERT

CES 1. [circuit emulation service] служба эмуляции схем **2.** [coast-earth station] береговая земная станция

CESR [control and event select register] регистр управления и выбора событий

CET [Central European time] Центрально-европейское время

CETEL [Center for Telecommunication Study] Центр исследований по электросвязи

CF 1. [call finder] *тлф* искатель вызовов, ИВ **2.** [carrier frequency] частота несущей **3.** [carry flag] флаг переноса **4.** [coarse-find] с грубой и точной шкалой **5.** [constant frequency] постоянная частота; неизменная частота **6.** [correction factor] поправочный коэффициент; поправочный множитель **7.** [correlation function] корреляционная функция

CFA 1. [complex field amplitude] комплексная амплитуда поля **2.** [crossed-field amplifier] усилитель магнетронного [M-] типа

CFAR [constant-false-alarm rate] постоянная частота [постоянная вероятность] ложных тревог

CFB [ciphertext feedback] 1. обратная связь по шифротексту в системах с автоключом 2. режим обратной связи по шифротексту в системах с автоключом, режим CFB (*для блочных шифров*)

CFC 1. [chlorofluorocarbon] хлорфторугле(водо)род **2.** [crossed-film cryotron] поперечный плёночный криотрон

CFF [critical fusion frequency] *тлв* частота слияния мельканий

CFI [CAD Framework Initiative] Центр инициативных исследований и стандартизации в области САПР

CFL 1. [CAD Framework Laboratory] Лаборатория инициативных исследований и стандартизации в области САПР **2.** [current-flow line] линия тока

CFS [center-frequency stabilization] стабилизация средней частоты несущей

CFT [continuous Fourier transform] непрерывное преобразование Фурье

CFV [call for vote] вызов процедуры голосования

CFVD(S) [constant-frequency variable-dot system] система передачи полутоновых изображений штриховым способом

CG [computer graphics] компьютерная [машинная] графика

Cg [C for graphics] язык программирования (высокого уровня) Cg для графических приложений, Cg

CGA 1. [channeled gate array] специализированная ИС с каналами между соседними матрицами логических элементов **2.** [color graphics adapter] 1. стандарт низкого уровня на отображение текстовой и цветной графической информации для IBM-совместимых компьютеров (*с разрешением не выше 320x200 пикселей в режиме 4-х цветов*), стандарт CGA 2. видеоадаптер (стандарта) CGA **3.** [column-grid array] 1. матрица колончатых выводов 2. корпус с матрицей колончатых выводов, корпус типа CGA, CGA-корпус

CGGG [calcium gallium germanium garnet] кальций-галлий-германиевый гранат, КГГГ

CGH [computer-generated hologram] цифровая голограмма

CGI 1. [common gateway interface] 1. общий шлюзовый интерфейс, интерфейс (стандарта) CGI 2. стандарт CGI, стандарт на общий шлюзовый интерфейс 3. протокол CGI, протокол для запускаемых клиентами на сервере программ **2.** [computer graphics interface] 1. интерфейс компьютерной графики, интерфейс (стандарта) CGI 2. стандарт CGI, стандарт на интерфейс между аппаратно-независимой и аппаратно-зависимой частями программного обеспечения для компьютерной графики

CGM [computer graphics metafile] метафайл машинной графики, файл формата CGM

CGMS [copy generation management system] система CGMS для защиты от копирования, система управления процессом создания копий

CGPM [Conférence Générale des Poids et Mesures] Генеральная конференция мер и весов

CH 1. [Chain home] система дальнего радиолокационного обнаружения и предупреждения на Британских островах **2.** [channel] 1. канал (*1. тракт передачи данных; носитель передаваемых данных 2. ресурсы системы связи или системы вещания, выделяемые для передачи определённых данных 3. любой из составляющих сигналов в стереофонии или квадрафонии 4. тлв любой из сигналов цветности 5. любой из сигналов в многоканальной системе 6. пп область между истоком и стоком в полевом транзисторе, канальная область 7. микр. область между соседними матрицами логических элементов в специализированной ИС*) 2. тракт; трасса; шина 3. дорожка (*напр. магнитной ленты*) 4. ствол (*в радиорелейной линии*) 5. вчт шина **3.** [continuous Hopfield network] непрерывная нейронная сеть Хопфилда

chan-op [channel operator] оператор канала, привилегированный пользователь канала (*в системе IRC*)

CHAP [challenge handshake authentication protocol] протокол аутентификации по квитированию вызова, протокол CHAP

CHB [Chain home beamed] система дальнего радиолокационного обнаружения и предупреждения о вторжении самолётов противника на Британских островах

CHDB [compatible high-density bipolar (code)] совместимый высокоплотный биполярный код

CHDL [computer hardware description language] язык описания архитектуры аппаратного обеспечения компьютера, язык CHDL

CHEL [Chain home extra low] система дальнего радиолокационного обнаружения сверхнизколетящих целей на Британских островах

CHF [characteristic frequency] характеристическая частота

CHIL [current-hogging injection logic] инжекционные логические схемы с перехватом тока

CHL 1. [Chain home low] система дальнего радиолокационного обнаружения низколетящих целей на Британских островах **2.** [current-hogging logic] логические схемы с перехватом тока

CHMA [cyclohexyl methacrylate] циклогексилметакрилат, ЦГМА

CHS [cylinder-head-sector] трёхмерное адресное пространство, пространство номер цилиндра – номер головки – номер сектора

CI [computer interface] интерфейс компьютера

CIA 1. [Central Intelligence Agency] Центральное разведывательное управление, ЦРУ **2.** [computer intelligence access] обращение к компьютерному [машинному] интеллекту; обращение к искусственному интеллекту

CIAC [Computer Incidence Advisory Capability] Консультативный центр по компьютерным инцидентам (*США*)

CIC 1. [carrier identification code] код идентификации канала **2.** [commercial Internet carrier] поставщик платных услуг в Internet

CICA [Center for Innovative Computer Applications] Центр инновационных компьютерных приложений

CICS [customer information control system] система управления абонентской информацией, система (связи) CICS фирмы IBM для обработки абонентских баз данных

CID [charge-injection device] прибор с инжекцией заряда, прибор с зарядовой инжекцией, ПЗИ

CIDR [classless inter-domain routing] бесклассовая междоменная маршрутизация

CIDST [Committee for Information and Documentation on Science and Technology] Комитет по научной и технической информации и документации

CIE [Commission Internationale d'Eclairage] Международная комиссия по освещению, МКО

CIE L*a*b *см.* **L*a*b**

CIFS [common Internet file system] единая файловая система для Internet, файловая система CIFC

CIM 1. [computer input microfilm] метод прямого ввода микрофильмированных данных в компьютер **2.** [computer integrated manufacturing] автоматизированная система управления производством, АСУП

CIP 1. [call information processing] обработка данных о вызовах **2.** [complex information processing] комплексная обработка информации

ciphony [ciphered telephony] шифрованная телефонная связь *или* радиосвязь

CIPS [Canadian Information Processing Society] Канадское общество специалистов по обработке информации

CIRC [cross-interleaved Read-Solomon code] код Рида — Соломона с перекрёстным перемежением

CIS 1. [complex instruction set, complete instruction set] полный набор команд **2.** [contact image sensor] 1. контактный формирователь сигналов изображения на линейках свето- и фотодиодов 2. метод формирования сигналов изображения с помощью линеек свето- и фотодиодов, CIS-метод

CISC 1. [complex instruction set computer] компьютер с архитектурой полного набора команд, компьютер с CISC-архитектурой **2.** [complex instruction set computing] 1. архитектура полного набора команд, CISC-архитектура 2. микропроцессор с полным набором команд, CISC-микропроцессор

CISPR [International Special Committee on Radio Interference] Международный специальный комитет по радиопомехам

CIT [computer-integrated telephony] компьютерная телефония

CIU [computer interface unit] аппаратный интерфейс компьютера

CIX [Commercial Internet Exchange] Ассоциация коммерческих организаций, предоставляющих услуги в Internet

CKSN [ciphering key sequence number] порядковый номер ключа шифрования

CL 1. [cable link] кабельная линия **2.** [connectionless] без установления логического соединения (*о методе связи*)

C²L 1. [charge-coupled logic] логические схемы на ПЗС **2.** [closed C-MOS logic] кольцевые логические схемы на КМОП-транзисторах

C³L [complementary constant-current logic] комплементарные транзисторно-транзисторные логические схемы с барьерами Шотки

CLA [center line average] *микр.* среднее отклонение высоты шероховатостей от центральной линии

CLAIT [computer literacy and information technology] компьютерная грамотность и информационная техника

CLCC [ceramic leaded chip carrier] керамический кристаллоноситель с четырёхсторонним расположением J-образных выводов, корпус типа CLCC, CLCC-корпус

CLE [conventional linear equalizer] стандартный линейный корректор

CLI 1. [call-level interface] (программный) интерфейс для организации доступа прикладных программ к базам данных (*в языке SQL*), интерфейс CLI **2.** [command-line interface] интерфейс командной строки, интерфейс CLI

CLID [caller identification] идентификация вызывающего абонента

CLIP 1. [calling line identification presentation] определение номера вызывающего абонента **2.** [cellular logic image processor] процессор изображений на основе клеточной логики

CLIR [calling line identification restriction] запрет определения номера вызывающего абонента

CLNP [connectionless network protocol] сетевой протокол (*связи*) без установления логического соединения

CLNS [connectionless network service] сетевая служба (*связи*) без установления логического соединения

clopen [closed and open] открыто-замкнутый

CLOS [Common LISP Object System] объектно-ориентированное расширение языка программирования Common LISP

CLT [central limit theorem] центральная предельная теорема, ЦПТ

CLTP [connectionless transport protocol] транспортный протокол (*связи*) без установления логического соединения

CLUT [color look-up table] карта [таблица] цветов, таблица перекодировки цветов, таблица преобразования видеосигнала

CLV [constant linear velocity] 1. постоянная линейная скорость 2. режим считывания (с диска) *или* записи (на диск) при постоянной линейной скорости носителя

CM 1. [Cauchy machine] машина Коши **2.** [common-mode] синфазный (*о входном сигнале операционного усилителя*) **3.** [configuration management] 1. *вчт* управление конфигурацией 2. конфигурационное управление; структурное управление (*в бизнесе*) **4.** [configuration manager] 1. *вчт* менеджер конфигурирования 2. менеджер по конфигурационному управлению; менеджер по структурному управлению (*в бизнесе*) **5.** [connection management] управление соединением **6.** [constraint module] блок обеспечения целостности данных **7.** [control module] управляющий модуль **8.** [countermeasures] радиоэлектронное подавление, РЭП

CMA [Auger cylindrical-mirror analyzer] оже-анализатор с цилиндрическим зеркалом

CMC [ciphering mode command] команда перехода в режим шифрования

cmd [command] команда

CME [coronal mass ejection] выброс корональной массы

CMF 1. [coherent memory filter] когерентный фильтр с памятью **2.** [Creative (Labs) music file] (файловый) формат CMF, формат файлов с блоком музыкальной информации формата MIDI и блоком информации для синтезатора формата SBI

CMHC [conceptual model of hypercompetition] концептуальная [семантическая] модель гиперконкуренции

CMI [computer-managed instruction] обучение под управлением компьютера

CMIP [common management information protocol] общий протокол управления информацией, протокол CMIP

CMISE [common management information service element] общий служебный элемент управления информацией

CML 1. [current-merged logic] интегральные логические схемы с инжекционным питанием, интегральная инжекционная логика, И^{2}Л; И^{2}Л-схема **2.** [current-mode logic] логические схемы на переключателях тока, логика на переключателях тока, ПТЛ; ПТЛ-схема

CMLE [conditional maximum likelihood estimate] условная оценка методом максимального правдоподобия

CMM [capability maturity model] модель завершённости программного обеспечения, модель СММ

CMOS [complementary metal-oxide-semiconductor] 1. комплементарная структура металл — оксид — полупроводник, комплементарная МОП-структура, КМОП-структура 2. логическая схема на комплементарных МОП-структурах, логическая схема на КМОП-структурах 3. память на КМОП-структурах 4. ИС постоянной памяти на КМОП-структурах с батарейным питанием для хранения данных о конфигурации компьютера, КМОП-память компьютера (*в BIOS*)

C^{2}MOS [clocked complementary metal-oxide-semiconductor] тактируемая ИС на КМОП-структурах, тактируемая КМОП ИС

CMOS APS [complementary metal-oxide semiconductor active pixel sensor] активный формирователь сигналов изображения на КМОП-структурах

CMOS RTC [complementary metal-oxide semiconductor real-time clock] ИС памяти и часов реального времени на КМОП-структурах с батарейным питанием для хранения данных о конфигурации компьютера, КМОП-память компьютера с часами реального времени

CMOS/SOS [complementary metal-oxide-semiconductor/silicon-on-sapphire] КМОП-структура типа «кремний на сапфире»

CMOT [CMIP over TCP/IP] общий протокол управления информацией, работающий через протокол TCP/IP

cmpr [computer] **1.** компьютер (*1. вычислительная машина, ВМ 2. электронная вычислительная машина, ЭВМ*) **2.** вычислительное устройство, вычислитель

CMR 1. [colossal magnetoresistance] колоссальный магниторезистивный эффект, колоссальный эффект Гаусса, *проф.* колоссальное магнитосопротивление, колоссальное магнитосопротивление **2.** [common-mode rejection] ослабление синфазного сигнала

CMRR [common-mode rejection ratio] коэффициент ослабления синфазного сигнала

CMS 1. [color management system] система управления цветом **2.** [cryptocyanine mode selector] селектор мод на криптоцианиновом красителе

CMT [Committee on Multimedia Technology] Комитет по мультимедийным технологиям

CMTS [cable modem termination system] интеллектуальный контроллер кабельной сети с модемной связью

CMV [common-mode voltage] синфазное напряжение, напряжение синфазного сигнала

CMW [compartmented mode workstation] изолированная рабочая станция (*сети*) с особым режимом

CMY [cyan-magenta-yellow] **1.** колориметрическая система «голубой – пурпурный – жёлтый», колориметрическая система ГПЖ, колориметрическая система CMY **2.** цветовая модель CMY **3.** голубой, пурпурный, жёлтый; ГПЖ; CMY (*основные цвета в колориметрической системе CMY и цветовой модели CMY*)

CMYB *см.* **CMYK**

CMYK [cyan-magenta-yellow-key] **1.** система «голубой – пурпурный – жёлтый – чёрный», система ГПЖЧ, система CMYK **2.** цветовая модель CMYK **3.** голубой, пурпурный, жёлтый, чёрный; ГПЖЧ; CMYK (*основные цвета в системе CMYK и цветовой модели CMYK*)

CN [combinatorial network] комбинаторная схема

CNAME [canonical name] *вчт* каноническое имя (*1. реальное имя сетевой станции 2. тип записи в DNS-ресурсе, CNAME-запись*)

CNC 1. [call on no carry] вызов по отсутствию переноса **2.** [computer numerical code] компьютерный числовой код **3.** [computer(ized) numerical control] числовое программное управление, ЧПУ

CNG [call negotiation guard] сигнал предупреждения о вызове

CNI 1. [Coalition for Networked Information] Коалиция по вопросам обмена информацией в сетях **2.** [communications, navigation and identification] связь, навигация и опознавание

CNIDR [Center for Networked Information Discovery and Retrieval] Центр поиска и обнаружения информации в сетях (*США*)

CNLP [connectionless network layer protocol] протокол (*связи*) сетевого уровня без установления логического соединения

CNLR [classical normal linear regression] классическая нормальная линейная регрессия

CNM [customer network management] управление абонентской сетью

CNN [Cable News Network] Сеть кабельного вещания США, Си-Эн-Эн

CNR 1. [carrier-to-noise ratio] отношение сигнал — шум на частоте несущей **2.** [classical normal regression] классическая нормальная регрессия **3.** [communication and networking riser (card)] переходная плата-ступенька для установки модема *или* сетевой платы расширения (*параллельно плоскости материнской платы*)

CNX [certified network expert] аттестованный эксперт по сетям

CO 1. [central office] **1.** центральный офис **2.** центральная АТС **2.** [connection oriented] ориентированный на установление соединения **3.** [crystal oscillator] кварцевый генератор, генератор с кварцевой стабилизацией частоты

COAST [cache on a stick] модульная подсистема кэша второго уровня, модуль COAST

COAX [coaxial cable] коаксиальный кабель

COB [chip on board] **1.** монтаж бескорпусных ИС на поверхность печатной платы, поверхностный монтаж кристаллов **2.** межсоединения на уровне кристалл — плата

COBOL [common business oriented language] язык программирования Кобол, COBOL

COC 1. [chip on ceramic] монтаж бескорпусных ИС на керамической подложке, технология «кристалл на керамике» **2.** [chip on chip] **1.** монтаж бескорпусных ИС друг на друга, этажерочный монтаж кристаллов **2.** межсоединения на уровне кристалл — кристалл

COCOM [Coordinating Conference for Military Export Controls] Координационный комитет по контролю за экспортом военной техники, КОКОМ

codan [carrier-operated device, antinoise] устройство подавления помех, управляемое несущей

CODASYL [Conference on Data Systems and Languages] Комитет по информационным системам и языкам программирования

CODE [client/server open development environment] открытая среда разработки программ типа «клиент-сервер»

codec 1. [coder-decoder] **1.** кодек, кодер — декодер, устройство кодирования — декодирования **2.** кодек, программа кодирования — декодирования; алгоритм *или* метод кодирования — декодирования **2.** [compressor-decompressor] **1.** кодек, устройство сжатия — разуплотнения данных **2.** кодек, программа сжатия — разуплотнения данных; алгоритм *или* метод сжатия — разуплотнения данных

COEL [Chain overseas extremely low] система дальнего радиолокационного обнаружения чрезвычайно низколетящих целей, базирующаяся вне Британских островов

COF [chip on flex] **1.** монтаж бескорпусных ИС на поверхность гибкого ленточного кристаллоносителя, поверхностный монтаж кристаллов на гибкий ленточный кристаллоноситель **2.** межсоединения на уровне кристалл — гибкий ленточный кристаллоноситель

COFDM [coded orthogonal frequency-division multiplex] уплотнение с ортогональным частотным разделением кодированных сигналов

COGO [coordinate geometry] проблемно-ориентированный язык программирования COGO (для геометрических приложений)

coho [coherent oscillator] когерентный гетеродин

COL [Chain overseas low] система дальнего радиолокационного обнаружения низколетящих целей, базирующаяся вне Британских островов

COLD [computer output to laser disk] технология записи данных с выхода компьютера на оптические диски

colidar [coherent light detecting and ranging] лазерный локатор

collaboratory [collective laboratory] виртуальная (научная) лаборатория, совместно используемая научными организациями среда

colog [cologarithm] логарифм обратного числа

colorcast [color television broadcast] цветная телевизионная передача, цветная телепередача

COM 1. [communication port] COM-порт, последовательный порт **2.** [component object model] компонентная модель объектов, модель стандарта COM **3.** [computer output to microfiche] технология записи данных с выхода компьютера на микрофиши **4.** [computer output to microfilm] метод записи данных с выхода компьютера на микрофильмы, компьютерное микрофильмирование

com 1. [command] расширение имени исполняемого файла размером не более 64 КБ **2.** [commercial] имя домена верхнего уровня для коммерческих организаций **3.** [communication] **1.** связь; установление связи **2.** коммуникация **3.** система связи **4.** способ связи; сообщение

COMCM [communication countermeasures] радиоэлектронное подавление средств связи

COMDEX [Computer Dealers Exhibition] Выставка посредников-поставщиков компьютерного оборудования, COMDEX

comm [communication] **1.** связь; установление связи **2.** коммуникация **3.** система связи **4.** способ связи; сообщение

comp [composite] **1.** макет страницы (*в редакционно-издательских системах*) **2.** иерархическая группа новостей comp (*в UseNet*)

CompactPCI [compact peripheral component interconnect(ion)] компактный вариант архитектуры подключения периферийных компонентов, компактный вариант архитектуры PCI, архитектура CompactPCI; стандарт CompactPCI

compart [computer art] 1. компьютерное искусство 2. подготовленный на компьютере оригинал, компьютерный оригинал

COMSAT, Comsat [Communications Satellite Corporation] 1. Корпорация связных спутников, КОМСАТ 2. глобальная система спутниковой сотовой связи КОМСАТ (*с использованием геостационарных спутников-ретрансляторов*)

CON, con [console] клавиатура

conelrad [control of electromagnetic radiation] контроль электромагнитного излучения

CoNP [complementary nondeterministic polynomial time] дополняющая NP-задача, полиномиальная для недетерминированной машины Тьюринга дополняющая задача (о принятии решения), решаемая за полиномиальное время на недетерминированной машине Тьюринга дополняющая задача (о принятии решения)

CONS [connection-oriented network service] сетевая служба (*связи*) с установлением логического соединения

COP [character-oriented protocol] символьно-ориентированный протокол, протокол посимвольной передачи данных

COP(W) [computer operating properly (watchdog)] система наблюдения за корректностью выполнения компьютерных программ

COR [connection-oriented routing] маршрутизация, ориентированная на установление соединений

CORAD [color radar] РЛС с цветным индикатором

CORBA [common object request brokers architecture] стандартная архитектура брокеров объектных запросов, архитектура типа CORBA

CORE [Council of Registrars] Совет регистраторов, организация CORE, объединение компаний для регистрации доменных имён и сопровождения серверов в Internet

CORF [Committee on Radio Frequency] Комитет по радиочастотам

CORT [coherent receiver-transmitter] когерентный приёмопередатчик

COS 1. [code operated switch] переключатель с кодовым управлением 2. [Corporation for Open Systems] Корпорация открытых систем

COSATI [Committee on Scientific and Technical Information] Комитет по научно-технической информации

COSE [common open software environment] общая среда открытого программного обеспечения, стандарт COSE

COSINE [Corporation for OSI Networking in Europe] Европейская корпорация сетей стандарта OSI

COS/MOS [complementary symmetry metal-oxide-semiconductor] комплементарная МОП-структура, КМОП-структура

COSPAR [Committee on Space Research] Комитет космических исследований, КОСПАР

COTAR [Correlated Orientation Tracking and Range] система «Котар» (*радиолокационная пассивная фазовая система слежения*)

COTAT [Correlation Tracking and Triangulation] система «Котат» (*корреляционная система слежения с использованием триангуляционного метода*)

COTC [Canadian Overseas Telecommunication Corporation] Канадская международная корпорация электросвязи

cozi [communication zone indicator] система станций ионосферного зондирования для определения условий радиосвязи

CP 1. [call on positive] вызов по плюсу 2. [center point (tap)] отвод от средней точки 3. [central processor] центральный процессор 4. [communication processor] связной процессор 5. [current point] текущая точка; рабочая точка; текущая позиция

cp [circularly polarized] циркулярно поляризованный, с круговой поляризацией

CPA 1. [color phase alternation] периодическое изменение фазы цветовой поднесущей на 180° 2. [cost per action] стоимость однократного действия (*на сайте*) 3. [critical path analysis] анализ методом критического пути

CPC [cost per click] стоимость тысячекратного обращения к рекламному окну (*на сайте*)

CPD [contact-potential difference] контактная разность потенциалов

cpd [compound] 1. смесь; (*химическое*) соединение 2. компаунд 3. *вчт* составной оператор

CPE 1. [call on parity even] вызов по чётности 2. [central programmer and evaluator] центральный блок программирования и оценивания 3. [cross-platform environment] кросс-платформенное окружение 4. [customer premises equipment] оборудование на территории пользователя

CPEM [Conference on Precision Electromagnetic Measurements] Конференция по прецизионным электромагнитным измерениям

CPGA [ceramic pin-grid array] керамический корпус с матрицей стержневых выводов, корпус типа CPGA, CPGA-корпус

CPI [computer-to-PBX interface] интерфейс ЭВМ — частная телефонная станция с исходящей и входящей связью

cpi [characters per inch] число символов на дюйм

CPI-C [common programming interface for communications] 1. связной программный интерфейс общего назначения, интерфейс (*стандарта*) CPI-C 2. стандарт CPI-C

CPL 1. [combined programming language] язык программирования CPL 2. [current privilege level] текущий уровень привилегий

CPLD [complex programmable logic device] сложная программируемая логическая интегральная схема, СПЛИС (*на основе использования базовых программируемых логических матриц типа PAL и PLA с программируемой матрицей соединений между ними*)

CPM 1. [cost per millenium] стоимость тысячекратного показа рекламы (*на сайте*) 2. [critical path method] метод критического пути

CP/M [control program/monitor] семейство операционных систем CP/M

cpm [cycle per minute] период в минуту, 1/60 Гц

CPN [counterpropagation network] нейронная сеть с встречнонаправленным распространением, нейрокомпьютер Хехт-Нильсена

CPO 1. [call on parity odd] вызов по нечётности 2. [complete partial order] полное частичное упорядочение (*множества*) 3. [concurrent peripheral operations] совмещенные периферийные операции

CPS 1. [conversional program system] система программирования для интерактивного [диалогового] режима 2. [cost per sale] стоимость однократной продажи (*на сайте*)

cps 1. [characters per second] число символов в секунду 2. [cycles per second] герц, Гц

CPSC [Consumer Products Safety Commission] Комиссия по контролю безопасности потребительских товаров

CPSK [coherent phase shift keying] когерентная фазовая манипуляция

CPSR [Computer Professionals for Social Responsibility] некоммерческая общественная организация «Компьютерные профессионалы за социальную ответственность» (*США*)

CPTWG [Copy Protection Technical Working Group] Техническая рабочая группа по защите от (несанкционированного) копирования

CPU 1. [card punch(ing) unit] карточный перфоратор 2. [central processing unit] центральный процессор

CPUID [central processing unit identification] идентификация центрального процессора

CPV [cost per visitor] стоимость однократного посещения рекламного объявления (*на сайте*)

CQFP [ceramic quad flatpack, ceramic quad flat package] плоский керамический корпус с четырёхсторонним расположением выводов, корпус типа CQFP, CQFP-корпус

C-QUAM [compatible quadrature amplitude modulation] совместимая квадратурная амплитудная модуляция

CR 1. [canonical representation] каноническое представление 2. [carriage return] 1. возврат каретки; перевод строки 2. символ «перевод строки», символ с кодом ASCII 0Dh 3. [classical regression] классическая регрессия 4. [community reception] телевизионный приём на коллективную антенну

C³RAM [continuously charge-coupled random-access memory] ЗУ с произвольным доступом на ПЗС

CRC [cyclic redundancy check] 1. контроль циклическим избыточным кодом 2. (численный) результат контроля циклическим избыточным кодом

CRC-6 [six-bit cyclic redundancy check] 6-разрядный (численный) результат контроля циклическим избыточным кодом

CRDF [cathode-ray direction finder] радиопеленгатор с индикатором на ЭЛТ

CRDRAM [concurrent Rambus dynamic random access memory] усовершенствованная динамическая память компании Rambus с внутренней шиной, память типа CRDRAM

CRDTL [complementary resistor-diode-transistor logic] комплементарные резисторно-диодно-транзисторные логические схемы

CREN [Corporation for Research and Educational Networking] Корпорация сетей научно-исследовательских и образовательных организаций

CRI [compositional rule of inference] композиционное правило умозаключения, обобщённый утверждающий модус (*условно-категорического силлогизма*)

C-RIMM [continuity Rambus in-line memory module] соединительный модуль фирмы Rambus для памяти типа RDRAM, соединительный модуль типа C-RIMM, C-RIMM-модуль

CRM [cellular radio modem] модем сотовой системы радиосвязи

CRM-HS [cellular radio modem - high speed] высокоскоростной модем сотовой системы радиосвязи (*скорость передачи данных 1200 — 6000 бит/с*)

CRM-LS [cellular radio modem - low speed] низкоскоростной модем сотовой системы радиосвязи (*скорость передачи данных 300 — 2400 бит/с*)

CRN [charge-routing network] схема с циркуляцией заряда, СЦЗ

CRO [cathode-ray oscilloscope] электронно-лучевой осциллограф

CROM [control read-only memory] управляющая постоянная память, управляющее ПЗУ

CROS [capacitor read-only storage] конденсаторное ПЗУ

CRPL [Central Radio Propagation Laboratory] Центральная лаборатория распространения радиоволн (*США*)

CRS 1. [complete residue system] полная система вычетов 2. [cryptographic service] криптографическая служба

CRT [cathode-ray tube] электронно-лучевая трубка, ЭЛТ

cryotronics [cryogenic electronics] криогенная электроника, криоэлектроника

CS 1. [coast station] береговая станция 2. [code segment] сегмент кодов 3. [communications satellite] спутник связи 4. [connection service] служба установления соединений 5. [control section] 1. контрольное звено 2. устройство управления; блок управления 6. [convergence sublayer] подуровень сведения (уровня адаптации протокола асинхронной передачи данных), подуровень CS (уровня AAL протокола ATM)

CSA 1. [Canadian Standards Association] Канадская ассоциация стандартов 2. [carry-save adder] сумматор с запоминанием переноса 3. [chopper-stabilized amplifier] УПТ с модуляцией и демодуляцией сигнала со стабилизацией нуля, УПТ типа модулятор — демодулятор со стабилизацией нуля, УПТ типа М — ДМ со стабилизацией нуля

CS-ACELP [conjugate structured-algebraic code excited linear predictive] алгоритм сжатия данных с использованием сопряжённо-структурированного алгебраического кода с линейным предсказанием, алгоритм CS-ACELP

CSC 1. [color subcarrier] цветовая поднесущая 2. [Communication Satellite Corporation] Корпорация связных спутников, КОМСАТ

CSCW [computer-supported cooperative work] совместная работа на базе компьютерной сети

CSDN [circuit-switched data network] сеть передачи данных с коммутацией каналов

CSE 1. [circuit switching exchange] центр коммутации каналов 2. [control and switching equipment] аппаратура управления и коммутации

csect [control section] 1. контрольное звено 2. устройство управления; блок управления

csh [C shell] командный процессор C (*для UNIX*)

CSI [Computer Security Institute] Институт компьютерной безопасности

CSIC [customer-specific integrated circuit] 1. специализированная ИС 2. технология создания специализированных ИС на основе стандартных матриц логических элементов, ASIC-технология

CSID [character set identifier] идентификатор кодового набора символов

CSK [chaotic shift keying] хаотическая манипуляция, манипуляция с использованием (псевдо)случайной последовательности

CSL 1. [control storage load] загрузка управляющего ЗУ 2. [current-sinking logic] логические схемы с (временным) снижением тока

CSLIP [compressed serial line Internet protocol] протокол последовательного подключения к Internet с уплотнением данных, протокол CSLIP

CSMA [carrier-sense multiple access] множественный доступ с контролем несущей, МДКН; многостанционный доступ с контролем несущей, МДКН

CSMA/CA [carrier-sense multiple access and collision avoidance] многостанционный доступ с контролем несущей и предотвращением конфликтов; множественный доступ с контролем несущей и предотвращением конфликтов

CSMA/CD [carrier-sense multiple access and collision detection] множественный доступ с контролем несущей и обнаружением конфликтов; многостанционный доступ с контролем несущей и обнаружением конфликтов

CSN [card select number] селективный адрес платы стандарта PnP (*при автоматическом конфигурировании*)

CSNET [computer + science network] академическая компьютерная сеть CSNET

CSO 1. [color separation overlay] цветная электронная рирпроекция 2. [computing service office] 1. офис компьютерной службы 2. компьютерная служба Иллинойского университета

CSP [chip scale package] корпус с (поперечными) размерами, не превышающими (поперечных) размеров кристалла более чем на 20%, корпус CSP-типа, CSP-корпус

CSPDN [circuit switched public data network] сеть передачи данных общего пользования с коммутацией каналов

CSR [connected speech recognition] распознавание слитной речи

CSS 1. [case-sensitive search] поиск с учётом (перевода) регистра, поиск с различением строчных и прописных букв 2. [content scrambling system] система CSS для защиты видеокомпакт-дисков от копирования (методом скремблирования)

CST [Central Standard time] Центральное время (*США*)

CSTA [computer supported telecommunications application] стандарт ЕСМА на применение телекоммуникационных технологий с использованием вычислительной техники, стандарт CSTA

CSU 1. [certificate signing unit] устройство для цифровой подписи сертификатов 2. [channel service unit] тлф блок обслуживания канала, блок CSU

CSU/DSU [channel service unit/digital service unit] тлф блок обслуживания канала/цифровой служебный блок, блок CSU/блок DSU

CSV [corona start voltage] напряжение возникновения коронного разряда

CSVC [customer-unique value chain] стоимостная цепочка конкретного покупателя

CT 1. [click through] число обращений к рекламному окну (*на Web-странице*) 2. [coastal telegraph station] обозначение для береговых телеграфных станций (*принятое МСЭ*) 3. [coin tossing] 1. жеребьёвка 2. (секретный криптографический) протокол CT 4. [computerized tomography] компьютерная томография 5. [constraint timer] таймер модуля обеспечения целостности данных

CTB [click to buy] эффективность рекламного окна по числу совершивших (*или намеревающихся совершить*) покупку посетителей, параметр CTB (*для оценки эффективности рекламного окна*), отношение числа совершивших (*или намеревающихся совершить*) покупку посетителей к общему числу обращений к рекламному окну (*Web-страницы*)

CTC 1. [Color Television Committee] Комитет по цветному телевидению 2. [counter timer circuit] схема счётчика времени; счётчик-таймер

CTCP [client-to-client protocol] протокол типа клиент-клиент, протокол обмена запросами и структурированными данными в системе групповых дискуссий Internet, протокол CTCP

CTD 1. [charge-transfer device] прибор с переносом заряда, ППЗ; прибор с зарядовой связью, ПЗС; прибор с инжекцией заряда, прибор с зарядовой инжекцией, ПЗИ 2. [cumulative trauma disorder] вчт перенапряжение мышц или заболевания (*напр. лучезапястного сустава*) типа тендовагинита в результате длительного повторения однотипных движений (*напр. при работе с мышью*)

CTE [coefficient of linear thermal expansion] коэффициент линейного теплового расширения

CTF [contrast transfer function] частотно-контрастная характеристика, ЧКХ

ctg [cartridge] картридж; кассета

CTI 1. [charge transfer inefficiency] неэффективность переноса заряда (*в ПЗС*) 2. [click to interest] эффективность рекламного окна по числу заинтересовавшихся посетителей, параметр CTI (*для оценки эффективности рекламного окна*), отношение числа обращений к рекламному окну к общему числу посетителей (*Web-страницы*) 3. [computer-telephony integration] компьютерно-телефонная интеграция; компьютерная телефония, КТ

CTIA [Cellular Telecommunication Industry Association] Промышленная ассоциация сотовой связи (*США*)

CTL 1. [complementary transistor logic] комплементарные транзисторные логические схемы 2. [core-transistor logic] феррит-транзисторные логические схемы 3. [Control] клавиша «Control»

CTμL 1. [capacitor-transistor micrologic] транзисторно-ёмкостные логические микросхемы 2. [complementary transistor micrologic] логические микросхемы на комплементарных транзисторах

CTM [chip test mode] режим испытаний на уровне кристалла

C.T.O. [central telegraph office] центральный телеграф

CTR 1. [cassette tape recorder] кассетный магнитофон 2. [click-through ratio] эффективность рекламного окна по числу показов, параметр CTR (*для оценки эффективности рекламного окна*), отношение числа обращений к рекламному окну к числу показов рекламы (*на Web-странице*) 3. [current transfer ratio] коэффициент усиления по току в схеме с общим эмиттером, бета, β

CTRL 1. [complementary transistor-resistor logic] комплементарные резисторно-транзисторные логические схемы **2.** [Control] клавиша «Control» **3.** [control] 1. управление; регулирование, регулировка 2. орган управления; регулятор; орган настройки 3. контроль; проверка 4. система контроля; система проверки 5. управляющий провод (*криотрона*)

CTS 1. [clear to send] сигнал возможности продолжения передачи, сигнал CTS **2.** [communications and tracking system] система связи и сопровождения (*цели*); система связи и слежения (*за целью*)

CTSD [cockpit traffic situation display] бортовой индикатор воздушной обстановки

CTS/RTS [clear to send/request to send] аппаратное квитирование связи с использованием сигнала возможности продолжения передачи и сигнала запроса на передачу, метод CTS/RTS

CTSS [compatible time-sharing system] совместимая система с разделением времени

CTV [cable television] кабельное телевидение, КТВ

CU [see you] «до встречи» (*акроним Internet*)

CUA [common user access] стандартный интерфейс пользователя, спецификация CUA

CUG [closed user group] 1. закрытая группа пользователей 2. создание закрытой группы пользователей (*1. услуга службы сотовой связи 2. стандартная функция протокола X.25*)

CUI [Centre Universitaire d'Informatique] Университетский информационный центр

CUJT [complementary unijunction transistors] комплементарные двухбазовые диоды, комплементарные однопереходные транзисторы

CUL [see you later] до встречи (*акроним Internet*)

CUL8R [see you later] до встречи (*акроним Internet*)

curtage [current or voltage] ток *или* напряжение

CUSUM [cumulative sum] критерий кумулятивной суммы, критерий CUSUM

CUSUMSQ [cumulative sum of squares] критерий кумулятивной суммы квадратов, критерий CUSUMSQ

CUT [control unit terminal] терминал устройства управления

CV 1. [constant voltage] 1. неизменное постоянное напряжение 2. стабилизированное напряжение **2.** обозначение для частных радиостанций (*принятое МСЭ*) **2.** [characteristic vector] характеристический вектор

CVC [compact video cassette] видеомагнитофонная кассета, видеокассета

CVD [chemical vapor deposition] химическое осаждение из паровой фазы

CVI 1. [chemical vapor infiltration] химическая инфильтрация из паровой фазы **2.** [Comdisco vulnerability index] индекс уязвимости Comdisco

CVM [correlating voltmeter] корреляционный вольтметр

CVRAM [cached video random access memory] кэшированная (двухпортовая) оперативная видеопамять на ячейках DRAM, оперативная видеопамять типа CVRAM

CVS [continuously variable slope] плавно изменяемый наклон

CVSD(M) [continuously variable-slope delta-modulation] дельта-модуляция с плавно изменяемым наклоном

CVT [communication vector table] таблица вектора связей

CW [clockwise] по часовой стрелке

cw 1. [carrier wave] несущая **2.** [clockwise] по часовой стрелке **3.** [continuous wave] незатухающая гармоническая волна

CWIS [Campus-wide Information System] Общеуниверситетская информационная система (*США*)

CWS [central wireless station] центральная радиостанция

CYL [see you later] до встречи (*акроним Internet*)

Cyl [cylinder] цилиндр (*магнитного диска*)

CZ [call on zero] вызов по нулю

CZT [chirp-Z transform] Z-преобразование с помощью внутриимпульсной линейной частотной модуляции

1d, 1D [1-dimension] одномерный; линейный

2d, 2D [2-dimension] двумерный; плоский

3d, 3D [3-dimension] трёхмерный; пространственный, объёмный

3D RAM [3D random access memory] оперативная память с встроенными функциями для оптимизации работы с трёхмерной графикой, память типа 3D RAM

D 1. [density] 1. плотность; концентрация 2. оптическая плотность фотоматериала 3. *вчт* плотность записи 4. плотность распределения (*напр. случайной величины*) **2.** [dial] 1. *тлф* установление соединения; автоматическое установление соединения 2. *тлф* набор номера; вызов (*абонента*) || набирать номер; вызывать (*абонента*) 3. *тлф* номеронабиратель 4. (круговая) шкала; лимб 5. (круговой) шкальный регулятор; (круговая) шкальная ручка настройки 6. радио- *или* телевизионное вещание по сетке 3. [drain] сток, стоковая область (*полевого транзистора*) **4.** буквенное обозначение десятичного числа 13 в шестнадцатеричной системе счисления **5.** (допустимое) буквенное обозначение *i*-го ($2 \leq i \leq 26$) логического диска, съёмного устройства памяти *или* компакт-диска (*в IBM-совместимых компьютерах*)

D2BGA [die dimension ball-grid array] корпус с матрицей шариковых выводов и с (поперечными) размерами, не превышающими (поперечных) размеров кристалла более чем на 20%, корпус D2BGA-типа, D2BGA-корпус

d [deci-] деци..., д, 10^{-1}

DA 1. [database administrator] администратор базы данных **2.** [demand assignment] предоставление (*каналов*) по требованию **3.** [design automation] 1. автоматизация проектирования 2. автоматическое проектирование **4.** [destination address] адрес получателя **5.** [dielectric anisotropy] 1. анизотропия диэлектрика, анизотропия диэлектрических свойств 2. оптическая анизотропия **6.** [difference amplifier] дифференциальный усилитель **7.** [direct access] прямой доступ; произвольный доступ **8.** [distributed amplifier] усилитель с распределённым усилением **9.** [domain address] адрес домена; имя домена

da [deca-] дека..., да, 10^{1}

D-A [digital-to-analog] цифро-аналоговый

D/A 1. [die attach] (при)крепление [посадка] кристалла **2.** [digital-to-analog] цифро-аналоговый

DAA [data access arrangement] 1. система доступа к данным 2. стандарт DAA для систем доступа к данным (*напр. для модемов*)

DAB 1. [destination address bus] шина адреса получателя **2.** [digital audio broadcasting] цифровое радиовещание

DABS [discrete-address(ed) beacon system] радиомаячная система с дискретной адресацией

DAC 1. [data acquisition control] управление сбором данных **2.** [digital-to-analog conversion] цифро-аналоговое преобразование **3.** [digital-to-analog converter] цифро-аналоговый преобразователь, ЦАП **4.** [dual attachment concentrator] топология сети типа «двойное кольцо»

DACS [digital access and cross-connect system] цифровая система доступа к данным и установления перекрёстных соединений

DAD [digital audio disk] **1.** цифровой аудиодиск **2.** цифровая грампластинка

daemon [disk and execution monitor] присоединённая программа; присоединённая процедура (*работающая в фоновом режиме и выполняющая определённые функции без ведома пользователя*); задаваемая текущей информацией функция; *проф.* «демон», «дракон»

daemon RMON [daemon remote monitoring] присоединённая процедура стандартных средств дистанционного контроля сети, *проф.* «демон» стандарта RMON

DAFDTA [dipole antenna with feed points displaced transverse to dipole axis] симметричная вибраторная антенна (с центральным возбуждением), точки возбуждения которой смещены в направлении, поперечном вибратору

DAG [dysprosium aluminum garnet] алюмодиспрозиевый гранат

DAM [domain architecture model] модель архитектуры домена

DAMA [demand assignment multiple access] множественный доступ с предоставлением каналов по требованию; многостанционный доступ с предоставлением каналов по требованию

D-AMPS [digital advanced mobile phone service] цифровая система сотовой подвижной радиотелефонной связи стандарта D-AMPS, цифровая система сотовой подвижной радиотелефонной связи стандарта AMPS/D

DAMQAM [dynamic adaptive multiple quadrature amplitude modulation] многократная адаптивная квадратурная амплитудная модуляция

DANS [distributed administration of network software] распределённое управление сетевым программным обеспечением

DAO 1. [data access objects] **1.** объекты доступа к данным **2.** (программный) интерфейс DAO для доступа к данным **2.** [disk-at-once] запись (на компакт-диск) в режиме «диск за одну сессию», односеансовая [односессионная] запись (целого компакт-диска)

DAP [directory access protocol] протокол доступа к каталогам, протокол DAP (*для доступа к X.500-совместимой системе каталогов*)

DAR [digital audio radio] цифровое радиовещание

DARC [direct access radar channel] канал прямого доступа к радиолокационной информации

DARPA [Defense Advanced Research Projects Agency] Управление перспективного планирования научно-исследовательских работ Министерства обороны (*США*)

DARS [digital audio radio satellite] система цифрового спутникового радиовещания

DAS 1. [data acquisition system] **1.** система сбора данных **2.** система захвата и сопровождения с целью сбора данных **2.** [dual attachment station] станция с двойным подключением (*к сети*)

DASD [direct-access storage device] память с прямым доступом, ЗУ с прямым доступом

DASH [digital audio stationary head] **1.** (магнитная) лента для цифровой записи звука в (катушечном) формате DASH (неподвижными магнитными головками), лента (формата) DASH **2.** (катушечный) формат DASH для цифровой записи звука (неподвижными магнитными головками)

DASL [digital adapter subscriber loop] абонентский шлейф с цифровым адаптером

DASP [dynamic adaptive speculative preprocessor] динамический адаптивный препроцессор с упреждающим считыванием

DAT 1. [digital audio tape] **1.** (кассетный) формат DAT для цифровой записи (звука *или* данных) на (магнитную) ленту **2.** (магнитная) лента шириной 4 мм для цифровой записи (звука *или* данных) в (кассетном) формате DAT, (магнитная) лента (формата) DAT **3.** лентопротяжный механизм для (магнитной) ленты (формата) DAT **4.** (запоминающее) устройство для резервного копирования (данных) на (магнитную) ленту (формата) DAT **5.** (магнитная) лента с цифровой звукозаписью **2.** [dynamic address translation] динамическое преобразование адресов

DATAC [data analog computer] аналоговый компьютер, аналоговая вычислительная машина, АВМ

DATE [digital audio for television] цифровая система передачи звукового сопровождения для телевидения

DATEC [digital adaptive technique for efficient communications] модифицированная дельта-модуляция с кодированием наклонов и передачей в тракт только последних импульсов пачек сигнала с нечётным числом символов, МДМ-1, модуляция «Дейтик»

DAU [data acquisition unit] устройство сбора данных

DAV [data above voice] система СВЧ-диапазона для передачи цифровых данных на частотах, выше выделенных для голосовых [речевых] сигналов

DAVIC [Digital Audio-Video Interactive Council] Совет по интерактивному цифровому аудио и видео

DB 1. [database] база данных **2.** [data bus] **1.** шина данных **3.** [disk button] круглый пластмассовый корпус с радиальными выводами **4.** [dummy burst] установочный (временной) интервал **5.** D-образный (электрический) соединитель, (электрический) соединитель типа DB

dB децибел, дБ

D²B [domestic digital bus] домашняя цифровая магистраль (*для управления последовательностью операций в комплексе бытовой электронной аппаратуры*)

DBA [database administrator] администратор базы данных

DBAM [discrete bidirectional associative memory] дискретная двунаправленная ассоциативная память (*тип нейронной сети*)

DBB [detector balance bias] напряжение смещения на (амплитудном) детекторе, вырабатываемое схемой мгновенной АРУ

dBc [C-scale sound level in decibels] уровень среднего звукового давления в децибелах по шкале С шумомера

DBD [delta-bar-delta] 1. алгоритм обучения искусственных нейронных сетей с адаптивным подбором скорости обучения для каждого синаптического веса, алгоритм DBD 2. искусственная нейронная сеть с обучением по алгоритму DBD

DBF [demodulator band filter] полосовой фильтр демодулятора

dBf [decibels above 1 femtowatt] децибелы, отсчитываемые относительно уровня 1 фВт

dBk [decibels above 1 kilowatt] децибелы, отсчитываемые относительно уровня 1 кВт

dblr [doubler] удвоитель

dBm [decibels above or below one milliwatt] децибелы, отсчитываемые относительно уровня 1 мВт

dBmp [decibels above 1 milliwatt psophometrically weighted] децибелы, отсчитываемые псофометрически взвешенного уровня 1 мВт

DBMS [database management system] система управления базами данных, СУБД

dBp [decibels above 1 picowatt] децибелы, отсчитываемые относительно уровня 1 пВт

DBR [dial-up bridge/router] вызываемый мост/маршрутизатор, мост/маршрутизатор в коммутируемых линиях

dBrn [decibels above reference noise] децибелы, отсчитываемые относительно контрольного уровня шумов (−85 дБм)

DBS [direct broadcasting satellite] 1. спутник прямого вещания 2. система прямого спутникового вещания

dBV [decibels above 1 volt] децибелы, отсчитываемые относительно уровня 1 В

dBW [decibels above 1 watt] децибелы, отсчитываемые относительно уровня 1 Вт

dBx [decibels above reference coupling] децибелы, отсчитываемые относительно контрольного уровня связи

DC 1. [data cartridge] полноразмерная кассета для (магнитной) ленты шириной 6,35 мм, полноразмерная кассета для (магнитной) ленты (формата) QIC (с габаритами 101,6×152,4×15,875 мм^3) 2. [data conversion] преобразование данных 3. [design change] изменение проекта 4. [digital computer] цифровой компьютер, цифровая вычислительная машина, ЦВМ 5. [direct coupling] непосредственная связь 6. [direct current] постоянный ток 7. [direct cycle] прямой цикл 8. [disk changed] сигнал смены дискеты 9. [display console] консоль

DC1 [device control 1] управляющий символ устройства 1, символ ◄, символ с кодом ASCII 11h

DC2 [device control 2] управляющий символ устройства 2, символ ↕, символ с кодом ASCII 12h

DC3 [device control 3] управляющий символ устройства 3, символ ‼, символ с кодом ASCII 13h

DC4 [device control 4] управляющий символ устройства 4, символ ¶, символ с кодом ASCII 14h

dc 1. [direct coupling] непосредственная связь 2. [direct current] постоянный ток

DCA 1. [Defense Communication Agency] Управление связи Министерства обороны (*США*) 2. [document content architecture] стандартная архитектура содержимого документов, стандарт форматирования DCA (*для обмена текстовыми документами между IBM–совместимыми компьютерами*) 3. [dynamic channel allocation] динамическое распределение каналов 4. [dynamic correction of astigmatism] динамическая коррекция астигматизма

DCASP [digitally controlled analog-signal processing] обработка аналоговых сигналов с цифровым управлением

DCB [data control block] блок управления данными

DCC 1. [digital compact cassette] 1. компакт-кассета для цифровой записи звука в формате DCC, компакт-кассета (формата) DCC 2. (кассетный) формат DCC для цифровой записи звука 3. компакт-кассета с цифровой звукозаписью 2. [direct client connection] прямое подключение абонента 3. [dynamic contrast control] автоматическая регулировка динамического диапазона контраста, функция DCC, функция AKC

dcc [double cotton-covered] с двухслойной хлопчатобумажной изоляцией

DCCH [dedicated control channel] специализированный канал управления

DCD 1. [data carrier detect] сигнал о активности и готовности модема к передаче, сигнал DCD, сигнал RLSD 2. [direct-current dialing] набор импульсами постоянного тока; импульсный набор 3. [Directorate of Communication Development] Управление по вопросам развития связи (*США*) 4. [dynamically configurable device] динамически конфигурируемое устройство

DCDM [digitally controlled delta modulation] дельта-модуляция с цифровым управлением, ЦУДМ

DCE 1. [data circuit-terminating equipment, data communication equipment] аппаратура передачи данных, АПД, DCE-устройство 2. [distributed computing environment] распределённая вычислительная среда

DCF 1. [data communications function] функция передачи данных 2. [dynamic correction of focal length] динамическая коррекция фокусного расстояния

DCFEM [dynamic crossed-field electron multiplier] динамический вторично-электронный умножитель со скрещенными полями

DCFL [direct-coupled field-effect-transistor logic] логические схемы на полевых транзисторах с непосредственными связями

DCFP [dynamic cross-field photomultiplier] динамический фотоумножитель со скрещенными полями

DCI [display control interface] 1. интерфейс управления дисплеем, (программный) интерфейс (стандарта) DCI 2. стандарт DCI

DCL 1. [designer choice logic] логические схемы с межсоединениями по выбору проектировщика 2. [direct-coupled logic] логические схемы с непосредственными связями 3. [direct-current leakage] утечка по постоянному току

DCM [discrete channel with memory] дискретный канал с памятью

DCO [digital control oscillator] генератор с цифровым управлением

DCOM [distributed component object model] *вчт* распределённая компонентная модель объектов, модель стандарта DCOM

DCPSK [differentially-coherent phase-shift keying] когерентная фазоразностная манипуляция

DCS 1. [data communication system] система передачи данных; система передачи информации 2. [digital cellular system] цифровая сотовая система 3. [distributed control system] система распределённого управления

DCT 1. [data communication terminal] терминал передачи данных 2. [discrete cosine transform] дискретное косинусное преобразование

DCTL [direct-coupled transistor logic] транзисторные логические схемы с непосредственными связями

DCUTL [direct-coupled unipolar transistor logic] логические схемы на полевых транзисторах с непосредственными связями

DD 1. [digital display] цифровой индикатор 2. [double density] двойная линейная плотность

DDA [digital differential analyzer] цифровой дифференциальный анализатор, ЦДА

DDBMS [distributed data base management system] система управления распределёнными базами данных, СУРБД

DDC 1. [data duty cycle] коэффициент заполнения последовательности данных 2. [direct digital control] прямое числовое программное управление 3. [display data channel] интерфейс обмена данными между монитором и видеоадаптером, канал DDC

DDC1 [display data channel 1] однонаправленный интерфейс обмена данными между монитором и видеоадаптером, канал DDC1

DDC2 [display data channel 2] двунаправленный интерфейс обмена данными между монитором и видеоадаптером, канал DDC2

DDCD [double-density compact disk] компакт-диск формата DDCD, компакт-диск с удвоенной плотностью записи (информации)

DDCMP [digital data communication message protocol] протокол передачи сообщений для цифровой связи, (байт-ориентированный) протокол DDCMP

DDCP [direct digital color proof] пробный цветной оттиск, полученный цифровыми методами

DDD 1. [digital diagnostic diskette] цифровая диагностическая дискета 2. [direct distance dialing] автоматическое установление междугородного соединения

DDE [dynamic data exchange] динамический обмен данными

DDI [direct driver interface] интерфейс прямого программирования драйверов

DDL [data definition language, data description language] язык определения данных, язык описания данных

DDM 1. [difference in depth of modulation] относительная разность коэффициентов модуляции 2. [distributed data management] распределённое управление данными

DDMA(C) [dual direct memory access controller] сдвоенный контроллер прямого доступа к памяти

DDN [Defense Data Network] открытая информационная вычислительная сеть, объединяющая военные базы США и их подрядчиков, сеть DDN

DDN NIC [Defense Data Network Network Information Center] Сетевой информационный центр открытой информационной вычислительной сети, объединяющей военные базы США и их подрядчиков, организация DDN NIC

ddname [data definition name] имя определения данных, имя описания данных

DDoS [distributed denial of service] 1. распределённый отказ в обслуживании 2. хакерская атака типа «распределённый отказ в обслуживании», полное или частичное блокирование множеством серверов программного обеспечения сайта

DDR [digital data receiver] приёмник цифровых данных

DDR SDRAM [double data rate synchronous dynamic random access memory] синхронная динамическая память с удвоенной скоростью передачи данных, память типа DDR SDRAM

DDS 1. [digital data storage] 1. формат представления данных при цифровой записи на (магнитную) ленту (кассетного) формата DAT, формат DDS 2. цифровая память, цифровое ЗУ 2. [direct digital synthesis] прямой цифровой синтез

DDS-1 [digital data storage 1] формат представления данных при цифровой записи на (магнитную) ленту (кассетного) формата DAT в ЗУ ёмкостью 2 ГБайт, формат DDS-1

DDS-2 [digital data storage 2] формат представления данных при цифровой записи на (магнитную) ленту (кассетного) формата DAT в ЗУ ёмкостью 4 ГБайт, формат DDS-2

DDS-3 [digital data storage 3] формат представления данных при цифровой записи на (магнитную) ленту (кассетного) формата DAT в ЗУ ёмкостью 12 ГБайт, формат DDS-3

DDT 1. [dialog debug technique] диалоговый отладчик 2. [digital data transmitter] устройство передачи цифровых данных

DE [debugging extension] расширение отладки

DEC 1. [Digital Equipment Corporation] корпорация Digital Equipment 2. [dynamically expanding context] динамически расширяющийся контекст (*1. алгоритм обучения нейронных сетей Кохонена 2. нейронная сеть Кохонена с обучением по алгоритму DEC*)

decit [decimal digit] десятичная цифра

DECT [Digital European Cordless Telecommunications] Цифровая европейская система электросвязи DECT, стандарт DECT

DEFT [direct electronic Fourier transform] прямое электронное преобразование Фурье

DEK [data encryption key] ключ шифрования данных

DEL [delete character] символ стирания

DELTIC [delay-line-time compression] автокорреляционный приём со сжатием сигналов

dem [demodulator] демодулятор

DEMARC [distributed enterprise management architecture] распределённая архитектура управления сетью в масштабе (отдельного) предприятия

demux [demultiplexer] 1. аппаратура разуплотнения; аппаратура разделения 2. демультиплексор

DEN [document enabled networking] сетевой режим, поддерживающий работу с документами

deque [double-ended queue] двусторонняя очередь

DER [distinguished encoding rules] рекомендации МСЭ по особым правилам кодирования, стандарт DER (*в языке ASN.1*)

DES [data (digital) encryption standard] 1. стандарт DES, национальный стандарт США для симметричного шифрования данных 2. шифр (стандарта) DES

DESC [data entry system controller] контроллер системы ввода данных

DET 1. [determinant] детерминант 2. [double-emitter transistor] двухэмиттерный транзистор

DEU [data encryption unit] блок шифрования данных
dev [device] 1. прибор; устройство; установка 2. компонент; элемент 3. план (*действий*); схема; процедура
DEW [distant early warning] дальнее обнаружение
DF 1. [degrees of freedom] 1. степени свободы 2. число степеней свободы 2. [direction finder] радиопеленгатор 3. [direction finding] радиопеленгация 4. [direction flag] флаг управления направлением 5. [dissipation factor] 1. затухание (*колебательного контура*) 2. тангенс угла (диэлектрических *или* магнитных) потерь
DFA [design for assembly] проектирование с учётом пригодности для массовой сборки
DFB [distributed feedback] распределённая обратная связь
DFD [dataflow diagram] диаграмма потоков данных
DFG [data flow graph] граф потока данных
DFing [direction finding] радиопеленгация
DFM [design for manufacturability] проектирование с учётом пригодности для массового производства (*с точки зрения выхода годных, качества продукции и др.*)
DFP(-F) [dual flat package (with flat leads)] (керамический) корпус с двусторонним расположением прямых (неформованных) выводов (*параллельно плоскости корпуса*), корпус типа DFP(-F), DFP(-F)-корпус
DFS 1. [depth-first search] поиск в глубину, поиск по поддеревьям 2. [distributed file services] распределённая файловая служба 3. [distributed file system] распределённая файловая система 4. [dual fail-safe system] отказоустойчивая система с двойным резервированием
DFSK [double frequency-shift keying] двойная частотная манипуляция
DFT 1. [diagnostic function test] диагностические функциональные испытания 2. [discrete Fourier transform] дискретное преобразование Фурье, ДПФ 3. [drive fitness test] метод диагностического тестирования и проверки работоспособности жёстких дисков, метод DFT
DGC [Data General Corporation] корпорация Data General
DGPS [differential global positioning system] дифференциальная глобальная система (радио)определения местоположения, система DGPS
DH 1. [discrete Hopfield (network)] дискретная нейронная сеть Хопфилда 2. [double heterostructure] двойная гетероструктура
DHCP [dynamic host configuration protocol] протокол динамического конфигурирования хоста, протокол динамического распределения адресов в локальных сетях, протокол DHCP
DHTML [dynamic hypertext markup language] динамический язык описания структуры гипертекста, язык DHTML
DI 1. [destination index] индекс места назначения 2. [(flight-path) deviation indicator] индикатор отклонения от заданной траектории полёта
DIA [document interchange architecture] стандартная архитектура обмена документами, стандарт DIA
diac [diode ac switch] симметричный диодный тиристор, симметричный динистор
diag 1. [diagonal] диагональ 2. [diagram] диаграмма; схема; график; чертёж

DIB [dual independent bus] двойная независимая шина, шина с архитектурой DIB
DICE [digital intercontinental conversion equipment] цифровой преобразователь телевизионных стандартов
DICON [digital communications through orbiting needles] система цифровой связи с использованием орбитального пояса из дипольных отражателей
DID 1. [device identification register] регистр идентификации устройства 2. [digital information display] цифровой информационный дисплей 3. [direct inward dialing] автоматическое установление входящего соединения
DIDO [dreck-in dreck-out] «каков вопрос, таков и ответ», «мусор на входе - мусор на выходе»
DIF [data interchange format] (файловый) формат DIF, (файловый) формат обмена данными
DIFAR [directional finding and ranging] система противолодочной обороны, использующая гидроакустические буи, сбрасываемые с самолёта
digicom [digital communication] цифровая связь
digipeater [digital repeater] 1. цифровая ретрансляционная станция; цифровой ретранслятор 2. промежуточная станция цифровой радиорелейной линии 3. промежуточный усилитель проводной цифровой линии связи 4. цифровой повторитель
digraph [directed graph] ориентированный граф, орграф
DIL [dual in-line] 1. с двухрядным расположением выводов 2. плоский корпус с двусторонним расположением выводов, корпус типа DIP, DIP-корпус
DIM [digital input module] модуль цифрового ввода
DIME [direct memory execute] прямое использование оперативной памяти видеоускорителем (*в компьютерах с шиной расширения стандарта AGP*), метод DIME
DIMOSFET [double-implanted metal-oxide-semiconductor field-effect transistor] (полевой) МОП-транзистор, изготовленный методом двойной ионной имплантации
DIN [Deutsche Industrienorm] 1. Немецкий промышленный стандарт 2. соединитель типа DIN, малогабаритный цилиндрический многоконтактный соединитель
din [digital input] 1. цифровой вход 2. ввод цифровых данных
dina [digital network analyzer] цифровой схемный анализатор
DIP 1. [document image processing] система сопровождения и обработки вида документа, система DIP 2. [dual-in-line package] плоский корпус с двусторонним расположением выводов (*перпендикулярно плоскости основания*), корпус типа DIP, DIP-корпус
DIS 1. [diagnostic information system] диагностическая информационная система 2. [Doppler inertial system] доплеровская инерциальная система
DISA 1. [Data Interchange Standards Association] Ассоциация по стандартам обмена данными (*США*) 2. [Defense Information Systems Agency] Управление информационных систем Министерства обороны (*США*) 3. [direct inward system access] прямой внутрисистемный доступ
DIV [data in voice] система СВЧ-диапазона для передачи цифровых данных на частотах, выделенных для голосовых [речевых] сигналов

div [divider] делитель

DIVA [data input voice answerback] система ввода данных с голосовым [речевым] автоответом

DIVOT [digital-to-voice translator] преобразователь цифрового кода в голосовой [речевой] сигнал

DKD [disk drive] дисковод

DKDP [deuterated potassium dihydrogen phosphate] дейтерированный дигидрофосфат калия, дейтерированный первичный кислый фосфат калия, ДПКФК

DL 1. [delay line] линия задержки **2.** [diffraction loss] дифракционные потери, потери на дифракцию **3.** [distributed lags model] модель с распределённым запаздыванием, *проф.* модель распределённых лагов **4.** [distribution list] список рассылки

D/L [data link] **1.** линия передачи данных; канал передачи данных **2.** звено данных

DLC 1. [data-link control] управление линией передачи данных **2.** [digital logic circuit] цифровая логическая схема

DLCC [data-link control chip] ИС для управления линией передачи данных

DLCI 1. [data link connection identifier] идентификатор подключения к линии передачи данных **2.** [data link control identifier] идентификатор управления линией передачи данных

DLCP [data link control protocol] протокол управления линией передачи данных

DL DVD [double-layer digital versatile disk] двухслойный компакт-диск формата DVD

DLE [data link escape] управляющий символ канала передачи данных, символ ▶, символ с кодом ASCII 10h

DLL 1. [delay-lock loop] система автоподстройки по задержке **2.** [dynamic link library] **1.** библиотека динамических связей, библиотека динамической компоновки (*объектных модулей*) **2.** расширение имени файла библиотеки динамических связей

DLMS [digital link management system] система управления цифровыми линиями передачи данных

DLP 1. [digital light processing] **1.** цифровая оптическая обработка **2.** метод создания проекционных дисплеев на основе использования цифровых микрозеркальных устройств, метод DPL **2.** [distributed logic programming] язык программирования DPL

DLS [downloadable samples, downloadable sounds] (универсальный) формат загружаемых образцов звуков в цифровой форме, *проф.* (универсальный) формат загружаемых сэмплов, формат DLS

DLSw [data link switching] спецификация корпорации IBM для коммутации каналов передачи данных, стандарт DLSw

DLT 1. [data loop transceiver] петлевой приемопередатчик данных **2.** [digital linear tape] **1.** (кассетный) формат DLT для цифровой записи (звука *или* данных) на (магнитную) ленту **2.** магнитная лента шириной 8 мм для цифровой записи (звука *или* данных) в (кассетном) формате DLT, (магнитная лента (формата) DLT **3.** лентопротяжный механизм для (магнитной) ленты (формата) DLT **4.** (запоминающее) устройство для резервного копирования (данных) на (магнитную) ленту (формата) DLT

DM 1. [delta modulation] дельта-модуляция, ДМ **2.** [demand meter] индикатор числа запросов **3.** [differential mode] дифференциальный режим

DMA [direct memory access] прямой доступ к памяти; произвольный доступ к памяти

DMAC [direct memory access controller] контроллер прямого доступа к памяти, DMA-контроллер

DMC 1. [digital microcircuit] цифровая микросхема; цифровая интегральная схема, цифровая ИС **2.** [discrete memoryless channel] дискретный канал без памяти **3.** [dynamic motion controller] динамический контроллер движения (ленты); функция DMC

DMCA [Digital Millennium Copyright Act] Закон о защите авторских прав в сфере цифровой информации в новом тысячелетии (*США*)

DMD [digital micromirror device] **1.** цифровое микрозеркальное устройство **2.** цифровая кинопроекционная установка с решёткой микрозеркал

DME 1. [digital multi-effects] цифровые мультиэффекты **2.** [distance-measuring equipment] дальномерная система DME

DME-COTAR [distance-measuring equipment - correlated orientation tracking and range] дальномерно-радионавигационная система на основе системы «Котар»

D-MESFET [depletion(-mode) metal-semiconductor field-effect transistor] полевой транзистор со структурой металл — полупроводник, работающий в режиме обеднения

DMF [digital matched filter] цифровой согласованный фильтр

DMI 1. [desktop management interface] **1.** интерфейс управления настольными системами, интерфейс DMI **2.** стандарт DMI **2.** [digital-multiplexed interface] цифровой мультиплексный интерфейс

DML 1. [data manipulation language] язык манипулирования данными, язык DML **2.** [declarative markup language] декларативный язык разметки, язык DML

DMM [digital multimeter] цифровой универсальный измерительный прибор

DMO [digital microprocessor-based oscilloscope] цифровой микропроцессорный осциллограф, ЦМО

DMOS [double-diffused metal-oxide-semiconductor] МОП-структура, изготовленная методом двойной диффузии, ДМОП-структура

DMPX [demultiplexer] **1.** аппаратура разуплотнения (*линии связи*); аппаратура разделения (*сигналов*) **2.** *вчт* демультиплексор

DMS 1. [data management system] система управления данными **2.** [defense message system] система передачи сообщений Министерства обороны США

DMT [digital multitone (processor)] цифровой многотональный (процессор)

DMTF [Desktop Management Task Force] Подразделение проблем управления настольными системами, Подразделение DMTF

DMX [digital matrix exchange] цифровой матричный коммутатор

DNA 1. [deoxyribonucleic acid] дезоксирибонуклеиновая кислота, ДНК **2.** [digital network architecture] **1.** архитектура цифровой сети **2.** архитектура цифровой сети, разработанная корпорацией DEC, архитектура типа DNA

DNC [direct numerical control] прямое числовое программное управление

DNF [disjunctive normal form] дизъюнктивная нормальная форма, ДНФ

DNIS [dialed number identification service] служба определения набранного номера

DNL 1. [differential nonlinearity] дифференциальная нелинейность **2.** [Dolby noise limiter] система (шумопонижения) Долби **3.** [dynamic noise limiter] система шумопонижения фирмы «Филипс»

DNR [differential negative resistance] дифференциальное отрицательное сопротивление

DNS [domain name system] доменная система имён, система DNS

DO 1. [dipole orientation] **1.** ориентация диполей **2.** ориентирование диполей **2.** принятое в США обозначение корпуса полупроводниковых приборов с двумя выводами

DOA [dead-on-arrival] вышедший из строя до использования

DOAIC [dead-on-arrival integrated circuit] ИС, вышедшая из строя до использования

DOD [direct outward dialing] автоматическое установление исходящего соединения

DoD [Department of Defense] **1.** Министерство обороны США **2.** разработанная по инициативе Министерства обороны США модель взаимодействия компьютерных систем, модель DoD

DOF [device operating failures] отказы устройства *или* прибора в период эксплуатации

DOM 1. [digital output module] модуль цифрового вывода **2.** [document object model] объектная модель документов, модель стандарта DOM

DOMAIN [distributed operating multi-access interactive network] распределённая многоабонентская интерактивная сеть

DOMSAT [domestic satellite] национальный спутник связи

DORA [double roll-out array] двойная развёртывающаяся панель (*солнечных батарей*)

doran система «Доран» (*доплеровская система траекторных измерений*)

DORS [developers of open-resource software] разработчики программного обеспечения для открытых ресурсов

DOS [disk operating system] **1.** дисковая операционная система, ДОС **2.** DOS, стандартная операционная система для IBM-совместимых компьютеров

DoS [denial of service] **1.** отказ в обслуживании **2.** хакерская атака типа «отказ в обслуживании», полное *или* частичное блокирование программного обеспечения сайта

DOT 1. [digital optical tape] **1.** (кассетный) формат DOT для оптической цифровой записи на ленту **2.** лента для оптической цифровой записи в (кассетном) формате DOT, лента (формата) DOT **2.** [domain tip] верхушка (плоского магнитного) домена, верхушка ПМД

dotcom [dot company] компания с адресом в домене .com сети Internet

DOVAP [Doppler velocity and position] система Довап» (*доплеровская система траекторных измерений*)

DOVETT [double velocity transit time diode] двухскоростной лавинно-пролётный диод, двухскоростной ЛПД

DP 1. [data processing] обработка данных **2.** [double-pole] двухполюсный **3.** [dual processor] **1.** вторичный процессор **2.** двухпроцессорный

DPCA [displaced phase center antenna] антенна со смещенным фазовым центром

DPCM [differential pulse-code modulation] дифференциальная импульсно-кодовая модуляция, ДИКМ

DPDT [double-pole double-throw] **1.** двухполюсный двухпозиционный (*о переключателе*) **2.** двухполюсная группа переключающих контактов

DPL [descriptor privilege level] уровень привилегий дескриптора

DPLL [digital phase locked loop] цифровая система фазовой автоподстройки частоты, цифровая система ФАПЧ

DPM [digital panel meter] цифровой стендовый измерительный прибор

DPMA 1. [Data Processing Management Association] Ассоциация специалистов по управлению обработкой данных (*США*) **2.** [dynamic power management architecture] архитектура динамического управления энергопотреблением, (энергосберегающая) архитектура DPMA

DPMI [DOS protected mode interface] интерфейс защищённого режима для DOS, интерфейс DPMI

DPMS [display power management signaling] система управления энергопотреблением монитора, система DPMS

DPNSS [digital private network signaling system] система сигнализации цифровой частной сети

DPO [delayed pulse oscillator] генератор задержанных импульсов

DPPA [double-pumped parametric amplifier] параметрический усилитель с накачкой на двух частотах

DPQSK [differential quadrature phase shift keying] относительная квадратурная фазовая манипуляция

DPS 1. [data processing system] система обработки данных **2.** [display PostScript] расширение языка PostScript для графических приложений, язык display PostScript, язык DPS

DPSK [differential phase shift keying] относительная фазовая манипуляция, ОФМн, фазоразностная манипуляция, ФРМ

DPSS [direct program search system] система прямого поиска фрагментов записи

DPST [double-pole single-throw] **1.** двухполюсный (*о выключателе*) **2.** двухполюсная группа замыкающих *или* размыкающих контактов

DPU [dual processing unit] двухпроцессорный блок

DQ [draft-quality] черновой, низкого качества (*о печати деловой корреспонденции*)

DQDB [distributed queue double bus] распределённая двойная шина с очередями, шина (типа) DQDB, шина стандарта IEEE 802.6

DR 1. [data rate] **1.** скорость передачи данных **2.** скорость потока данных **3.** минимально допустимая скорость поступления данных (*в компьютерном видео*) **2.** [data register] регистр данных **3.** [debug register] регистр отладки **4.** [detection radar] РЛС обнаружения целей **5.** [differential relay] дифференциальное реле **6.** [driver reinforcement] стимулирование; алгоритм типа «кнут и пряник» (*напр. для обучения нейронных сетей*) **7.** [dynamic range] динамический диапазон **8.** обозначение для зеркальных антенн (*принятое МСЭ*)

DRA [discretionary-routed array] БИС с избирательными межсоединениями

DRAM [dynamic random access memory] динамическая (оперативная) память, память типа DRAM

DRAW [direct read after write] считывание непосредственно после записи (*для контроля правильности записи*)

DRBL [distributed real-time black list] обновляемый в реальном масштабе времени чёрный список спаммеров

DRC 1. [data recording control] устройство управления записью данных **2.** [design rule checker] программа проверки соблюдения проектных норм

DRD [data recording device] устройство записи данных

DR-DOS [Digital Research disk operating system] операционная система фирмы Digital Research для персональных компьютеров, система DR-DOS

DRDRAM [direct Rambus dynamic random access memory] динамическая память компании Rambus с внутренней шиной и непрерывным каналом, память типа DRDRAM

DRDW [direct read during write] считывание непосредственно во время записи (*для контроля правильности записи*)

DRED [detection radar environmental display] индикатор РЛС обнаружения

DRIFT [diversity receiving instrumentation for telemetry] аппаратура для разнесённого приёма телеметрических сигналов

DRMON [daemon remote monitoring] присоединённая процедура стандартных средств дистанционного контроля сети, *проф.* «демон» стандарта RMON

DRO 1. [destructive readout] считывание данных с разрушением **2.** [dielectric resonator oscillator] генератор с диэлектрическим резонатором

DRX [discontinuous reception] прерывистый приём

DS 1. [data segment] сегмент данных **2.** [data service] информационный сервис **3.** [dataset] 1. множество данных 2. модем **4.** [delay-and-sum] задержка и суммирование **5.** [digital signal] 1. цифровой сигнал 2. *pl* тлф сигналы набора номера **6.** [Directorate of Signals] Управление связи **7.** [directory service] 1. служба каталогов 2. справочная служба сети **8.** [distributed system] 1. распределённая система 2. система с распределёнными параметрами **9.** [dollying shot] кадры, снятые при наезде *или* отъезде **10.** [double-sided] двусторонний **11.** [dynamic scattering] динамическое рассеяние **12.** [dynamic switching] динамическое переключение; динамическая коммутация

DS(-)0 [digital signal of level 0] цифровой сигнал нулевого уровня, сигнал типа DS(-)0, синхронный цифровой поток со скоростью передачи исходных данных 64 кбит/с

DS(-)1 [digital signal of level 1] цифровой сигнал первого уровня, сигнал типа DS(-)1, синхронный цифровой поток со скоростью передачи исходных данных T1=1,54 Мбит/с

DS(-)1C [digital signal of level 1C] цифровой сигнал уровня 1C, сигнал типа DS(-)1C, синхронный цифровой поток со скоростью передачи исходных данных T1C=3,15 Мбит/с

DS(-)2 [digital signal of level 2] цифровой сигнал второго уровня, сигнал типа DS(-)2, синхронный цифровой поток со скоростью передачи исходных данных T2=6,31 Мбит/с

DS(-)3 [digital signal of level 3] цифровой сигнал третьего уровня, сигнал типа DS(-)3, синхронный цифровой поток со скоростью передачи исходных данных T3=44,736 Мбит/с

DS(-)4 [digital signal of level 4] цифровой сигнал четвёртого уровня, сигнал типа DS(-)4, синхронный цифровой поток со скоростью передачи исходных данных T4=274,1 Мбит/с

DSA 1. [differential synthesis algorithm] алгоритм дифференциального синтеза **2.** [digital signature algorithm] алгоритм цифровой подписи **3.** [directory system agent] системный агент каталога, (программный) процесс DSA **4.** [dynamic scalable architecture] динамическая масштабируемая архитектура

DSB 1. [digital sound broadcasting] цифровое радиовещание **2.** [double-sideband] двухполосный

DSBAM [double sideband amplitude modulation] двухполосная амплитудная модуляция, амплитудная модуляция с двумя боковыми полосами

DSC 1. [digital cellular system] цифровая система сотовой связи **2.** [digital scan converter] *рлк* цифровой преобразователь развёртки **2.** [digital-to-synchro converter] преобразователь цифровой код — угол поворота вала сельсина

DSC-1800 [digital cellular system 1800 MHz] европейская цифровая система сотовой подвижной радиотелефонной связи стандарта DSC-1800 на частоте 1800 МГц

DS/DD [double-sided/double-density] двусторонний с двойной плотностью (записи) (*о дискете ёмкостью 360 Кбайт*)

DS DVD [double-sided digital versatile disk] двусторонний компакт-диск формата DVD

DSE [data switching exchange] центр коммутации данных

DS/ED [double-sided/extra-high-density] двусторонний со сверхвысокой плотностью (записи) (*о дискете ёмкостью 2,88 Мбайт*)

DS/HD [double-sided/high-density] двусторонний с высокой плотностью (записи) (*о дискетах ёмкостью 1,2 Мбайт и 1,44 Мбайт*)

DSI 1. [data search information] информация для системы поиска данных **2.** [digital signal interpolation, digital speech interpolation] цифровая интерполяция речи; статистическое уплотнение цифровых голосовых [речевых] сигналов

DSL 1. [digital subscriber line] 1. цифровая абонентская линия, линия типа DSL 2. метод реализации высокоскоростной цифровой связи по обычным телефонным сетям, метод DSL 3. семейство протоколов для высокоскоростной цифровой связи по обычным телефонным сетям, семейство протоколов DSL, протокол(ы) DSL **2.** [dynamic simulation language] язык динамического моделирования, язык DSL

DSLIP [dynamic serial line Internet protocol] протокол динамического последовательного подключения к Internet, протокол DSLIP

DSM 1. [delta-sigma modulation] дельта-сигма-модуляция, ДСМ **2.** [digital storage medium] 1. среда для запоминания цифровых данных 2. носитель цифровых данных **3.** [dynamic scattering mode] режим динамического рассеяния

DSN 1. [deep-space network] сеть станций слежения, управления и связи с КЛА в дальнем космосе 2. [digital switching network] цифровая коммутируемая сеть

DSOM [distributed system object model] модель распределённых системных объектов, модель стандарта DSOM

DSP 1. [digital signal processing] обработка цифровых сигналов 2. [digital signal processor] процессор цифровых сигналов

DS/QD [double-sided/quad-density] двусторонний с двойной плотностью (записи) и удвоенным числом дорожек (*о дискете ёмкостью 720 Кбайт*)

DSR 1. [data set ready] сигнал о готовности модема к работе, сигнал DSR 2. [dictation speech recognition] распознавание (устной) речи 3. [dynamic spatial reconstructor] динамический преобразователь рентгеноскопических данных в видимое трёхмерное изображение

DSS 1. [decision support system] система поддержки принятия решений, система DSS 2. [digital signature standard] стандарт цифровой подписи (для удостоверения подлинности электронных документов), стандарт DSS 3. [digital switching system] цифровая система коммутации 4. [directory synchronization service] служба синхронизации каталогов

DS/SD [double-sided/single-density] двусторонний с одинарной плотностью (записи) (*о дискете ёмкостью 180 Кбайт*)

DSSR [deep-space surveillance radar] РЛС обзора дальнего космоса

DS-SS [direct-sequence spread-spectrum signal] 1. широкополосный псевдослучайный сигнал с кодом прямой последовательности 2. [direct-sequence spread spectrum] 1. широкополосный псевдослучайный сигнал с кодом прямой последовательности 2. система с широкополосными псевдослучайными сигналами и кодом прямой последовательности, система DSSS

DSSSL [document style semantics and specification language] язык спецификации и семантики стиля документа, язык DSSSL, стандарт ISO на оформление переносимых документов

DST [daylight-saving time] летнее время

DSTL [digital summation threshold logic] 1. цифровая суммирующая пороговая логика 2. цифровые суммирующие логические схемы на пороговых элементах

DSU 1. [digital service unit] цифровой служебный блок, блок DSU 2. [digital storage unit] цифровое запоминающее устройство, цифровое ЗУ

DSV [digital sum value] величина числовой суммы (*разность между числом разрядов высокого и низкого уровня при EFM-кодировании*)

DSVD [digital simultaneous voice/data] 1. система одновременной передачи цифровых данных и речи, система (стандарта) DSVD 2. стандарт одновременной передачи цифровых данных и речи, стандарт DSVD

DT 1. [data transmission] передача данных; передача информации 2. [dynamic tracking] автотрекинг (*в видеомагнитофоне или проигрывателе компакт-дисков*)

DTAP [direct transfer application part] прикладная часть прямой передачи

DTC [desk-top computer] настольный компьютер

DTCP [digital transmission content protection] метод защиты содержимого DVD-дисков от цифрового копирования, метод DTCP

DTD [document type definition] 1. определение типа (разметки) документа, стандарт DTD 2. формат файлов для определения типа (разметки) документа, файловый формат DTD 3. расширение имени файла с определением типа (разметки) документа

DTDN [digital time-division network] цифровая сеть с временным уплотнением каналов

DTDS [disaster tolerant disk system] не чувствительная к катастрофическим отказам дисковая система, дисковый массив типа DTDS

DTE [data terminal equipment] оконечное оборудование данных, ООД, DTE-устройство; подключаемое к сети оборудование пользователя

DTF 1. [dynamic track following] схема динамического слежения, автотрекинг с сигналами идентификации, система DTF (*в видеомагнитофоне*) 2. [dynamic tracking filter] динамический следящий фильтр

DTI [data trunk interface] интерфейс магистральной линии передачи данных

DTL [diode-transistor logic] диодно-транзисторные логические схемы, диодно-транзисторная логика, ДТЛ, ДТЛ-схема

DTMF [dual-tone multi-frequency] 1. двухтональная многочастотная сигнализация 2. двухтональный многочастотный набор

DTμL [diode-transistor micrologic] диодно-транзисторные логические микросхемы

DTLZ(D) [diode-transistor logic Zener (diode)] диодно-транзисторные логические схемы на стабилитронах

DTO [data takeoff] разделение данных

DTP 1. [data transmission path] канал передачи данных 2. [desktop publishing] настольная редакционно-издательская система 3. [distributed transaction processing] распределённая обработка транзакций

DTPL [domain-tip-propagation logic] логические схемы на ПМД

DTR 1. [data terminal ready] сигнал о готовности компьютера к приёму данных, сигнал DTR 2. [descriptor table register] регистр таблицы дескрипторов

DTS [digital tandem switch] цифровой транзитный узел; цифровая междугородная АТС

DTT [digital terrestrial television] цифровое наземное телевидение

DTU [data transfer unit] блок передачи данных

DTV [digital television] 1. цифровое телевидение 2. стандарт DTV (*для цифрового телевидения*)

DTX [discontinuous transmission] прерывистая передача

DUA [directory user agent] пользовательский агент каталога, (программный) процесс DUA

DUART [dual universal asynchronous receiver-transmitter] сдвоенный универсальный асинхронный приёмопередатчик

dub [dubbing] 1. монтаж (*видеограммы*) 2. дубляж 3. копирование 4. перезапись

DUF [diffusion under film] подслойная диффузия, диффузия для создания скрытого (коллекторного) слоя

dupes [duplicates] копии

DUT [device under test] испытуемый прибор

DUV [data under voice] система СВЧ-диапазона для передачи цифровых данных на частотах, ниже выделенных для голосовых [речевых] сигналов

DV [digital video] цифровое видео

DVB [Digital Video Broadcasting] 1. Европейская организация по цифровому телевизионному вещанию 2. Европейский стандарт цифрового телевидения, стандарт DVB

DVB-C [Digital Video Broadcasting - Cable] Европейский стандарт кабельного цифрового телевидения, стандарт DVB-C

DVB-S [Digital Video Broadcasting - Satellite] Европейский стандарт спутникового цифрового телевидения, стандарт DVB-T

DVB-T [Digital Video Broadcasting - Terrestrial] Европейский стандарт наземного цифрового телевидения, стандарт DVB-T

DVC 1. [digital video camera] цифровая видеокамера 2. [digital video cassette] 1. компакт-кассета для цифровой записи видео в формате DVC, компакт-кассета (формата) DVC 2. (кассетный) формат DVC для цифровой записи видео 3. компакт-кассета с цифровой видеозаписью 3. [digital video compression] 1. сжатие цифровых видеосигналов 2. телевизионный стандарт сжатия видеосигналов на базе анализа только быстро изменяющихся деталей изображения, стандарт DVC

DVCR [digital video cassette recorder] цифровой видеомагнитофон для компакт-кассет (формата) DVC

DVD 1. [digital versatile disk, digital video disk] 1. компакт-диск формата DVD 2. стандарт цифровой записи в формате DVD 2. [digital voice data] цифровые голосовые [речевые] данные 3. [direct-view(ing) device] прибор прямого видения

DVD Audio [digital versatile disk audio] компакт-диск формата DVD-Audio, аудиокомпакт-диск формата DVD

DVD-E [digital versatile disk erasable] компакт-диск формата DVD-RW, перезаписываемый компакт-диск формата DVD

DVD-MO [digital versatile disk magnetooptical] компакт-диск формата DVD-MO, магнитооптический компакт-диск формата DVD

DVD-R [digital versatile disk recordable] компакт-диск формата DVD-R, записываемый компакт-диск формата DVD

DVD-RAM [digital versatile disk random access memory] компакт-диск формата DVD-RAM, перезаписываемый (*методом фазового перехода в материале носителя*) компакт-диск формата DVD

DVD-ROM [digital versatile disk read-only memory] компакт-диск формата DVD-ROM; память на компакт-диске формата DVD-ROM

DVD-RW [digital versatile disk rewritable] компакт-диск формата DVD-RW, перезаписываемый компакт-диск формата DVD

DVD-Video [digital versatile disk video] компакт-диск формата DVD-Video, видеокомпакт-диск формата DVD

DVD-WO [digital versatile disk write once] компакт-диск формата DVD-WO, однократно записываемый компакт-диск формата DVD

DVD-WORM [digital versatile disk write once, read many] компакт-диск формата DVD-WORM, однократно записываемый компакт-диск формата DVD с многократным считыванием

DVE [digital video effect] цифровой видеоэффект

DVI [digital video interactive] система DVI, система сжатия видеоданных о изображениях движущихся объектов (*с коэффициентом до 160:1*) и записи звукового сопровождения (*методом ИКМ*)

dvi [device-independent] 1. не зависящий от устройства 2. расширение имени не зависящего от устройства файла (*в языке T_EX*) 3. расширение имени файла с видеоданными в формате системы DVI

DVM [digital voltmeter] цифровой вольтметр

DVMRP [distance vector multicast routing protocol] дистанционно-векторный протокол маршрутизации при многоадресной передаче, протокол DVMRP

DVR [digital video recording] цифровая видеозапись

DVST [direct view storage tube] индикаторная запоминающая ЭЛТ прямого видения

DVTR [digital video tape recorder] цифровой видеомагнитофон

DWB [discrete wire board] плата с дискретными межсоединениями (изолированными проводниками) (*с контактными узлами, выполненными методом ультразвуковой сварки под управлением компьютера*)

DWDM [dense wavelength division multiplexing] концентрированное уплотнение по длинам волн

DXF [drawing exchange format] формат обмена графической информацией, файловый формат DXF

DX, dx 1. [distance] 1. расстояние; длина 2. дальность 3. промежуток; интервал (*напр. временной*) 2. [distant reception] дальний приём 3. [duplex] дуплексная [одновременная двусторонняя] связь, дуплекс ∥ дуплексный

E 1. [electric-field strength] напряжённость электрического поля 2. [emitter] *пп* эмиттер, эмиттерная область 3. [error] ошибка 4. [exa-] 1. экса..., Э, 10^{15} 2.*вчт* экса..., Э, $= 2^{60}$ 5. [exclusive] эксклюзивный 6. буквенное обозначение десятичного числа 14 в шестнадцатеричной системе счисления 7. (допустимое) буквенное обозначение i-го ($2 \leq i \leq 6$) логического диска, съёмного устройства памяти *или* компакт-диска (*в IBM-совместимых компьютерах*) 8. символ показателя степени в числах с плавающей запятой

EA 1. [easy axis] ось лёгкого намагничивания, ОЛН 2. [extender amplifier] *тлв* усилительная подстанция (*в кабельном телевидении*)

EAB [embedded array blocks] массив встроенных блоков (*в программируемых логических интегральных схемах*)

EAD 1. [enhanced access diversity] улучшенная многовариантность доступа 2. [expected number of augmented doubles] ожидаемое число расширенных двукратных повторений

EADT [Eastern Australian Daylight time] Восточно-австралийское летнее время

EALM [electronically addressed light modulator] модулятор света с электронно-лучевой адресацией

EAR [electronically agile radar] бортовая самолётная РЛС с фазированной антенной решёткой с электронным сканированием

EARC [Extraordinary Administrative Radio Conference] Чрезвычайная административная радиоконференция

EARN [European academic and research network] Европейская сеть академических и научно-исследовательских организаций

EAROM [electrically alterable read-only memory] электрически программируемая постоянная память, электрически программируемое ПЗУ, ЭППЗУ; флэш-память, блочно-ориентированная электрически программируемая постоянная память

EASE [embedded advanced sampling environment] встроенная среда опроса с дополнительными возможностями, система сбора и анализа статистики по сетевому трафику для администратора

EAST [East Australian Standard time] Восточноавстралийское время

EAX [electronic automatic exchange] электронная АТС

EBAM [electron-beam-accessed memory] ЗУ на запоминающей ЭЛТ с полупроводниковой мишенью и электронным обращением

EBB [electronic bulletin board] электронная доска объявлений

EBCDIC [extended binary-coded decimal interchange code] расширенный двоично-десятичный код обмена информацией, EBCDIC-код

EBD [edge-bonded device] устройство в корпусе с выводами по периметру основания

EBDA [extended BIOS data area] расширенная область данных базовой системы ввода/вывода, расширенная область данных BIOS (*в ПЗУ*)

EBE [electron-beam epitaxy] электронно-лучевая эпитаксия

EBIC [electron-bombarded induced conductivity] 1. удельная электропроводность, индуцированная электронной бомбардировкой 2. *тлв* формирование сигнала изображения на основе использования удельной электропроводности, индуцированной электронной бомбардировкой

ebicon *тлв* ибикон

EBL [electron-beam lithography] электронолитография, электронная [электронно-лучевая] литография

EB/NO [energy per bit to noise ratio] отношение энергии на бит к энергии (белого) шума

EBPA [electron-beam parametric amplifier] электронно-лучевой параметрический усилитель

EBR [enterprise backup and restore] система резервного копирования и восстановления информации в сети масштаба предприятия

EBS [electron-bombarded semiconductor] прибор на полупроводниковом диоде с управлением электронным лучом

EBT [edge-bonded transducer] торцевой преобразователь (*напр. в устройствах на ПАВ*)

EBU [European Broadcasting Union] Европейский радиовещательный союз

EC 1. [electronically controlled] с электронным управлением **2.** [electrostatic collector] электростатический коллектор ЛБВ

ECAD [electronic computer-aided design] автоматизированное проектирование электронных приборов

ECAP [electronic circuit analysis program] программа для анализа электронных схем

ECB 1. [electrically controlled birefringence] электрически управляемое дву(луче)преломление **2.** [electronic code book] 1. электронная кодовая книга 2. режим электронной кодовой книги, режим ЕСВ (*для блочных шифров*) **3.** [event control block] блок управления событием

ECC [error-correcting code] код с исправлением ошибок

ECCM [electronic counter-countermeasures] радиоэлектронная защита, противодействие преднамеренным радиопомехам

ECCSL [emitter-coupled current-steering logic] логические схемы с эмиттерной связью по току

ECG 1. [electrocardiogram] электрокардиограмма, ЭКГ **2.** [electrocardiograph] электрокардиограф

ECHS [extended cylinder-head-sector] расширенное трёхмерное адресное пространство, расширенное пространство номер цилиндра – номер головки – номер сектора

ECL [emitter-coupled logic] логические схемы с эмиттерными связями, эмиттерно-связанная логика, ЭСЛ; ЭСЛ-схема

E²CL [emitter-emitter coupled logic] логические схемы с эмиттерно-эмиттерными связями

ECL-TC [emitter-coupled logic temperature compensated] логические схемы с эмиттерными связями с температурной компенсацией

ECM 1. [electronic countermeasures] радиоэлектронное подавление, РЭП **2.** [error correcting memory] память с исправлением ошибок

ECMA [European Computer Manufactures Association] Европейская ассоциация производителей компьютеров

ECO [electron-coupled oscillator] генератор с электронной связью

ECOM [electronic computer-oriented mail] приём и передача электронной почты

ECP [extended capability port] 1. (двунаправленный) параллельный порт с расширенными возможностями (за счёт аппаратного сжатия данных и использования FIFO-буферов и прямого доступа к памяти), ECP-порт 2. (двунаправленный) режим работы параллельного порта с расширенными возможностями(за счёт аппаратного сжатия данных и использования FIFO-буферов и прямого доступа к памяти), ECP-режим

ECPA [Electronic Communication Privacy Act] Закон 1986 г. о конфиденциальности электронной связи (*США*)

ECS 1. [echo cancellation service] служба эхоподавления **2.** [European communications satellite] Европейский спутник связи **3.** [European (fixed service) satellite system] Европейская система (фиксированной службы) спутниковой связи

ECSA [Exchange Carriers Standards Association] Ассоциация по стандартам в области телефонии

ECTF [Enterprise Computer Telephony Forum] Форум предпринимателей по компьютерной телефонии

ECTL [emitter-coupled transistor logic] транзисторные логические схемы с эмиттерными связями

ED 1. [editor] 1. редактор (*1. лицо, осуществляющее редактирование 2. вчт программа редактирования*) 2. монтажёр; монтажница 3. режиссёр монтажа 4. монтажный пульт **2.** [electron device] электронный прибор; электронное устройство **3.** [extended density] увеличенная плотность; сверхвысокая плотность

EDA [electronic design automation] автоматизация проектирования электронных изделий

EDAC [error detection and correction] обнаружение и исправление ошибок

EDACS [enhanced digital access communications system] скандинавская цифровая система подвижной радиосвязи, система (стандарта) EDACS

EDAD [erasable digital audio disk] магнитооптический диск формата EDAD, перезаписываемый цифровой аудиодиск (с термомагнитной записью)

EDC [error detection code] код с обнаружением ошибок

EDCC [error detection and correction code] код с обнаружением и исправлением ошибок

EDD 1. [electronic document delivery] электронная доставка документов 2. [(BIOS) enhanced disk drive (specification)] метод преодоления предела 8,4 ГБ для ёмкости жёстких дисков за счёт придания дополнительных функций BIOS, спецификация EDD

EDF [earliest deadline first] стратегия диспетчеризации по принципу приоритетного выполнения задачи с ближайшим сроком завершения, стратегия EDF

EDGAR [electronic data gathering, analysis and retrieval] электронная система сбора, анализа, поиска и выборки информации, проект EDGAR

EDGE [electronic data gathering equipment] электронная аппаратура сбора данных

EDI [electronic data interchange, electronic document interchange] 1. электронный обмен данными 2. стандарт электронного обмена деловыми документами, стандарт EDI

EDID [extended display identification] 1. расширенная идентификация дисплея 2. блок расширенной идентификации дисплея

EDIFACT [electronic data interchange for administration, commerce and transport, electronic document interchange for administration, commerce and transport] 1. электронный обмен данными в сфере управления, торговли и транспорта 2. стандарт электронного обмена деловыми документами в сфере управления, торговли и транспорта, стандарт EDIFACT

EDL [edit decision list] монтажный лист, перечень всех операций в текущем сеансе монтажа (видеофонограмм)

EDMS [electronic document management system] система управления электронными документами

EDN [elementary digital network] элементарная цифровая схема

EDO DRAM [extended data output dynamic random access memory] динамическая память с увеличенным временем доступности выходных буферов данных, память типа EDO DRAM

EDO VRAM [extended data output video random access memory] (двухпортовая) оперативная видеопамять на ячейках DRAM с увеличенным временем доступности выходных буферов данных, оперативная видеопамять типа EDO VRAM

EDP 1. [electronic data processing] электронная обработка данных 2. [experimental development] экспериментальная разработка

EDPM [electronic data processing machine] компьютер [электронная вычислительная машина] для обработки данных, ЭВМ для обработки данных

EDPS [electronic data processing system] система электронной обработки данных

EDRAM [enhanced dynamic random access memory] усовершенствованная динамическая оперативная память, память типа EDRAM

EDS 1. [encoding-decoding service] служба кодирования-декодирования 2. [exchangeable disk store] ЗУ на сменных [съёмных] дисках

EDU [ENIGMA duration unit] условная единица измерения длительности нот (*1024 EDU = 1/8*)

edu [education] имя домена верхнего уровня для образовательных и научных организаций

EE 1. [electrically erased] электрически стираемый 2. [exoelectron emission] экзоэлектронная эмиссия

E-E [electronics to electronics] тракт прохождения ВЧ-сигнала от модулятора до демодулятора (*в магнитной видеозаписи*)

EEA [Electronic Engineering Association] Ассоциация специалистов по электронной технике (*Великобритания*)

EECL [emitter-emitter coupled logic] логические схемы с эмиттерно-эмиттерными связями

EEG 1. [electroencephalogram] электроэнцефалограмма 2. [electroencephalograph] электроэнцефалограф

EEI [essential elements of information] существенные элементы информации

EEIC [elevated-electrode integrated circuit] ИС с приподнятыми электродами

EEMS [enhanced expanded memory specification] расширенная (программная) спецификация отображаемой памяти, спецификация EEMS

EEMTIC [Electrical and Electronic Measurements Test Instrument Conference] Конференция по электрическим и электронным измерительно-испытательным приборам

EEP [electroencephalophone] электроэнцефалофон

EEPROM [electrically erasable programmable read-only memory] электрически программируемая постоянная память, электрически программируемое ПЗУ, ЭППЗУ; флэш-память, блочно-ориентированная электрически программируемая постоянная память

EER 1. [energy efficiency ratio] термический коэффициент; холодильный коэффициент (*тепловой машины*) 2. [extended entity-relationship] расширенная модель сущность – связь, расширенная модель объект – отношение, расширенная ER-модель

EEROM [electrically erasable read-only memory] электрически программируемая постоянная память, электрически программируемое ПЗУ, ЭППЗУ; флэш-память, блочно-ориентированная электрически программируемая постоянная память

EESM [employee evaluator and salary manager] руководитель отдела труда и заработной платы

EET [Eastern European time] Восточноевропейское время

EFCS [emitter-follower current switch] переключатель тока на эмиттерном повторителе

EFF [Electronic Frontier Foundation] Фонд борьбы с нарушением конфиденциальности и гражданских свобод с помощью электронных технологий

EFL 1. [emitter-follower logic] логические схемы на эмиттерных повторителях, логика на эмиттерных повторителях, ЭПЛ; ЭПЛ-схема 2. [emitter function logic] эмиттерно-функциональные логические схемы

EFM [eight-to-fourteen modulation] 1. EFM-кодирование, модуляция 8 – 14, преобразование 8-разрядных символов в 14-разрядные канальные символы 2. (канальный) код EFM, код с модуляцией 8 – 14, код с преобразованием 8-разрядных символов в 14-разрядные канальные символы

EFR [enhanced full rate] система улучшенного скоростного кодирования речи, система EFR

EFS-2 [extended file system-2] файловая система для операционной системы Linux, система EFS-2

EFT [electronic funds transfer] электронные денежные расчёты; электронные денежные переводы

EFTS [electronic funds transfer system] система электронных денежных расчётов

EGA [enhanced graphics adapter] 1. стандарт среднего уровня на отображение текстовой и цветной графической информации для IBM-совместимых компьютеров (*с разрешением не выше 640x350 пикселей в режиме 16-и цветов*), стандарт EGA 2. видеоадаптер (стандарта) EGA

EGP [exterior gateway protocol] внешний (меж)шлюзовый протокол (*1. протокол маршрутизации для определения достижимости 2. протокол маршрутизации сообщений между различными автономными системами*), протокол EGP

EHF [extremely-high frequency] крайне высокая частота, КВЧ

EHRI [extremely high resolution imagery] телевидение сверхвысокой чёткости

EHT [extra-high tension] 1. сверхвысокое напряжение (*свыше 350 кВ*) 2. напряжение второго анода (*ЭЛТ*)

ehv [extra-high voltage] сверхвысокое напряжение (*свыше 350 кВ*)

EI [edge injection] краевая инжекция

EIA [Electronic Industries Association] Ассоциация электронной промышленности (*США*)

EIAJ [Electronic Industries Association of Japan] Ассоциация электронной промышленности Японии

EIDE [enhanced integrated device electronics (interface)] 1. усовершенствованный интерфейс (дисковода) с встроенной электроникой управления, интерфейс (стандарта) EIDE; интерфейс (стандарта) ATA-2 2. стандарт EIDE; стандарт ATA-2

EIN [electronic ID number] электронный идентификационный номер

EIO 1. [error input/output] ошибка ввода-вывода 2. [extended interaction oscillator] генератор с распределённым взаимодействием

EIP [enterprise information portal] информационный портал для предприятия

EIR [equipment identity register] регистр идентификации оборудования

EIRP [equivalent isotropic radiator power] мощность эквивалентного изотропного излучателя

EIS [executive information system] управляющая информационная система, система EIS

EISA [enhanced industry standard architecture] 1. усовершенствованная стандартная промышленная архитектура, архитектура стандарта EISA; стандарт EISA 2. шина (расширения) с усовершенствованной стандартной промышленной архитектурой, шина (расширения с архитектурой стандарта) EISA

EKF [extended Kalman filter] улучшенный фильтр Калмана

EL 1. [electroluminescence] электролюминесценция 2. [electroluminescent] 1. электролюминесцентный 2. электролюминесцентный дисплей

elem [element] элемент; компонент

ELF [extremely low frequency] крайне низкая частота, КНЧ

ELINT [electronic intelligence] система радиотехнической разведки ВВС США

ELSI [extra large-scale integration] 1. ультравысокая степень интеграции (*более 100 000 активных элементов на кристалле*) 2. ИС с ультравысокой степенью интеграции

ELSICON [electroluminescent-layer sandwich image converter] трёхслойный электролюминесцентный электронно-оптический преобразователь

ELSSE [electronic skyscreen equipment] электронная аппаратура траекторных измерений

EM 1. [electromagnetic] электромагнитный 2. [end of media] символ «конец носителя», символ ↓, символ с кодом ASCII 19h 3. [expanded memory] 1. отображаемая память, удовлетворяющая требованиям спецификации EMS область дополнительной памяти 2. дополнительная память

EMA 1. [Electronic Messaging Association] Ассоциация разработчиков средств обмена электронными сообщениями 2. [electronic missile acquisition] интерферометрическая система захвата и сопровождения ракет и космических кораблей с активным ответом, система «Довап»

EMC 1. [electromagnetic compatibility] электромагнитная совместимость, ЭМС 2. [equipment manufacturer code] код производителя оборудования

EME [earth-moon-earth] радиолюбительская связь с использованием отражения от Луны

emf [electromotive force] электродвижущая сила, эдс

EMG 1. [electromyogram] электромиограмма 2. [electromyograph] электромиограф

EMI [electromagnetic interference] 1. электромагнитная помеха 2. радиопомеха

EMIFIL [electromagnetic interference filter] фильтр подавления электромагнитных помех

EMM [expanded memory manager] менеджер отображаемой памяти

EMP [electromagnetic pulse] электромагнитный импульс при ядерном взрыве

EMPB [European multiprotocol backbone] Европейская многопротокольная магистральная линия связи, сеть EMPB, сеть Ebone

EMR 1. [electromagnetic radiation] электромагнитное излучение 2. [electromechanical relay] электромеханическое реле

EMRP [effective monopole radiated power] мощность излучения эквивалентного несимметричного вибратора

EMS 1. [electronic meeting system] система электронных совещаний, система EMS; система поддержки групп, система GSS 2. [expanded memory specification] 1. (программная) спецификация отображаемой памяти, спецификация EMS 2. отображаемая память, удовлетворяющая требованиям спецификации EMS область дополнительной памяти

EMX [enterprise mail exchange] автоматическая коммутация электронных сообщений в сети масштаба предприятия

EN [end node] конечный узел

ENBW [equivalent noise bandwidth] эквивалентная шумовая полоса

endec [encoder-decoder] 1. кодек (*1. устройство 2. компьютерная программа; алгоритм или метод*) 2. модем (*напр. в системе с дельта-модуляцией*)

ENDOR [electron-nuclear double resonance] двойной электронно-ядерный резонанс, ДЭЯР

ENG 1. [electronic news gathering] электронная служба новостей (*с использованием портативной видео- и аудиоаппаратуры*); электронная журналистика (*теле-, радио- или видеожурналистика*) **2.** [equivalent noise generator] эквивалентный шумовой генератор, эквивалентный генератор шума

ENG/EFP [electronic news gathering / electronic field production] внестудийная электронная служба новостей; внестудийная электронная журналистика

ENIAC [electronic numerical integrator and calculator] первая в мире цифровая электронная вычислительная машина ENIAC

ENMS [enterprise network management system] система управления сетью масштаба предприятия

ENOB [effective number of bits] эффективная разрядность

ENQ, enq [enquiry] символ «запрос», символ ♣, символ с кодом ASCII 05h

EO [electrooptic(al)] электрооптический

EOA [end of address] конец адреса

EOB [end of block] конец блока

EOC [edge of chaos] свойство самоорганизующейся системы находиться в состоянии, промежуточном по отношению к хаосу и детерминированному поведению, *проф.* эффект «кромки хаоса»

EOD [end of discussion] «конец дискуссии» (*акроним Internet*)

EOF 1. [end of file] конец файла, символ окончания (текстового) файла **2.** [end of frame] конец кадра

EOI [end of interrupt] завершение прерывания

EOJ [end of job] конец задачи

EOL [end of line] конец строки, символ окончания строки

EOLM [electrooptic light modulator] электрооптический модулятор света

EOLN [end of line] конец строки, символ окончания строки

EOM 1. [electrooptic modulator] электрооптический модулятор **2.** [end of message] конец сообщения

EOP [end of packet] конец пакета

EOS [electrical overstress] электрическое перенапряжение

EOT 1. [end of tape] конец ленты, маркер конца (доступной для записи части) магнитной ленты **2.** [end of text] конец текста, символ прекращения передачи текста **3.** [end of thread] «конец беседы»; «конец обсуждения» (*акроним Internet*) **4.** [end of transmission] 1. конец передачи, 2. символ «конец передачи», символ ♦, символ с кодом ASCII 04h

EOV [end of volume] конец тома, символ окончания тома

EOX [end of (system) exclusive] конец исключительного [привилегированного] системного сообщения

E²PROM [electrically-erasable programmable read-only memory] электрически программируемая постоянная память, электрически программируемое ПЗУ, ЭППЗУ

EPA [Environmental Protection Agency] Агентство по защите окружающей среды (*США*)

EPC [embedded personal computer] встроенный персональный компьютер

EPDCC [elementary potential digital computing components] потенциальная элементная база ЦВМ

EPH [electronic payment handling] обработка электронных платежей

EPI [electronic position indicator] 1. электронный навигационный координатор; электронный индикатор положения (*транспортного средства*) 2. система EPI, импульсно-дальномерная радионавигационная система для судов

EPIC [epitaxial passivated integrated circuit (process)] эпик-процесс

EPL 1. [effective privilege level] эффективный уровень привилегий **2.** [equivalent peak level] эквивалентный максимальный уровень

EPLD [electrically programmable logic device] электрически программируемое логическое устройство

epndB [effective perceived noise decibel] эффективный воспринимаемый уровень звуковых шумов (*в децибелах*)

EPOS [electronic point-of-sale] кассовый терминал

EPP 1. [electronic post-production] электронная компоновка **2.** [enhanced parallel port] 1. улучшенный (двунаправленный) параллельный порт (*с аппаратной генерацией управляющих сигналов интерфейса при обращении к порту*), EPP-порт 2. улучшенный (двунаправленный) режим работы параллельного порта (*с аппаратной генерацией управляющих сигналов интерфейса при обращении к порту*), EPP-режим **3.** [exploratory projection pursuit] (адаптивный) поиск (оптимальных) проекций (*при отображении*)

EPPI [expanded plan-position indicator] модифицированный индикатор кругового обзора с дополнительным отображением третьей координаты

EPR [electron paramagnetic resonance] электронный парамагнитный резонанс, ЭПР

EPROM [erasable programmable read-only memory] программируемая постоянная память (со стиранием информации), программируемое ПЗУ (со стиранием информации), ППЗУ

EPS [emergency power supply] аварийный источник питания

EPSP [excitatory postsynaptic potential] возбуждающий постсинаптический потенциал

EPSS [electronic performance support system] электронная система поддержки действий пользователя, система EPSS

EQ [equalizer] 1. эквалайзер (*в звукозаписи и звуковоспроизведении*) 2. *вчт, тлв* схема (активного) формирования передаточной характеристики; схема коррекция цветопередачи (*при формировании изображений*) 3. корректор (*для устранения частотной зависимости параметров устройства или линии связи*) 4. выравниватель 5. уравнительное соединение 6. компенсатор

ER 1. [entity-relationship] модель сущность – связь, модель объект – отношение, ER-модель **2.** [error register] регистр ошибок

ERA [entity-relationship-attribute] сущность – связь – атрибут, объект – отношение – атрибут (*схема представления ER-модели*)

ERC 1. [electrical rule checker] программа проверки соблюдения электрических норм **2.** [Electronics Research Center] Центр научных исследований по электронике (*США*)

ERD [entity-relationship diagram] диаграмма сущность – связь, диаграмма объект – отношение (*в базах данных*)

erg [electroretinography] электроретинография

ERMES [European radio messaging system] 1. Европейская система радиопередачи сообщений 2. стандарт ERMES для систем поискового вызова

ERP 1. [enterprise resource planning] программные средства управления предпринимательской деятельностью и планирования ресурсов на уровне предприятия, система ERP **2.** [equivalent radiated power] 1. мощность эквивалентного полуволнового симметричного вибратора 2. мощность эквивалентного изотропного излучателя

ERS [effective receiver sensitivity] эффективная чувствительность приёмника

ES 1. [earth station] наземная станция **2.** [electrostatic] электростатический **3.** [emission spectroscopy] эмиссионная спектроскопия **4.** [end system] конечная система; хост **5.** [enterprise system] 1. система масштаба предприятия 2. название серии мейнфреймов корпорации IBM **6.** [event select] выбор события **7.** [extra segment] дополнительный сегмент

ESA 1. [electric surge arrester] электрический защитный разрядник **2.** [electronic shock absorption] система электронной защиты от ударов, система ESA (*в устройствах воспроизведения цифровых аудиозаписей*) **3.** [European Space Agency] Европейское космическое агентство

ESAR [electronically scanned array radar] бортовая самолётная РЛС с фазированной антенной решёткой с электронным сканированием

ESC [escape] символ «выход», символ ←, символ с кодом ASCII 1Bh

ESCA [electron spectroscopy for chemical analysis] химический анализ методом электронной спектроскопии

ESCD [extended system configuration data] 1. область дополнительных данных о конфигурации системы (*в энергонезависимой или дисковой памяти*) 2. спецификация методов взаимодействия и структуры данных в описывающей конфигурацию системы области памяти, спецификация ESCD

ESCDS [extended system configuration data specification] спецификация методов взаимодействия и структуры данных в описывающей конфигурацию системы области памяти, спецификация ESCD

ESCON [enterprise system connection] связь систем в сети масштаба предприятия

ESD [electrostatic discharge] электростатический разряд

ESDAN [electronic space-division analog network] электронная аналоговая система с пространственным разделением каналов

ESDI [enhanced small disk interface] 1. усовершенствованный интерфейс (дисковода) для малых дисков, интерфейс (стандарта) ESDI 2. стандарт ESDI

ESDRAM [enhanced synchronous dynamic random access memory] усовершенствованная синхронная динамическая память, память типа ESDRAM

ESF 1. [electrostatic focusing] электростатическая фокусировка **2.** [extended superframe] 1. расширенный суперкадр 2. система согласования скорости передачи данных в синхронных цифровых сетях с использованием суперкадра (*цикла из 24-х кадров*), система ESF

ES-IS [end system to intermediate system] протокол «конечная система - промежуточная система»

ESM 1. [electronic signal monitoring] 1. радиотехническая разведка 2. радиоперехват **2.** [enterprise storage manager] программа управления внешней памятью в сети масштаба предприятия **3.** [Ethernet switching module] коммутационный модуль сети Ethernet

ESMR [electronically scanning microwave radiometer] СВЧ-радиометр с электронным сканированием

ESMTP [extended simple mail transfer protocol] расширенный (8-битный) простой протокол пересылки (электронной) почты, протокол ESMTP

ESP 1. [electronic shock protection] система электронной защиты от ударов, система ESP (*в устройствах воспроизведения цифровых аудиозаписей*) **2.** [electrostatic precipitator] электрофильтр, электростатический пылеуловитель **3.** [extrasensory perception] экстрасенсорное восприятие

ESR [equivalent series resistance] эквивалентное последовательное сопротивление

ESRS [electronic scanning radar system] радиолокационная система с электронным сканированием

ESS 1. [electronic switching system] электронная система коммутации **2.** [employee self-service] электронная система самообслуживания сотрудников **3.** [enhanced signal strength] система определения местоположения по увеличению интенсивности сигнала **4.** [escrow encryption standard] система шифрования с возможностью передачи ключей правительственным органам через третье лицо, стандарт шифрования ESS **5.** [evolutionary stable system] эволюционно устойчивая система **6.** [explained sum of squares] объяснённая часть полной дисперсии

ESSW [electrostatic solitary wave] плазменная [электростатическая, ленгмюровская] уединённая волна

EST [Eastern Standard time] Восточное время (*США*)

est [estimator] 1. устройство оценки 2. формула оценки; алгоритм оценивания; оцениватель

ESTEC [European Space Technology Center] Европейский центр космических исследований

ESW [electrostatic wave] плазменная [электростатическая, ленгмюровская] волна

ETACS [enhanced total access communication system] английская система сотовой подвижной радиотелефонной связи с расширенной рабочей полосой частот, система (стандарта) ETACS

ETAT правительственная телеграмма без приоритета (*международная отметка в телеграмме*)

ETAT PRIORITE правительственная телеграмма с приоритетом (*международная отметка в телеграмме*)

ETB [end-of-transmission block] символ «конец передачи блока», символ ↕, символ с кодом ASCII 17h

ETC 1. [enhanced throughout cellular] протокол усовершенствованной сотовой связи, протокол ETC **2.** [enhanced time counter] счётчик рабочего времени и времени использования батареи (электро)питания

ETHICS [effective technical and human implementation of computer-based systems] эффективная техническая и социальная реализация автоматизированных систем с использованием компьютеров, (концептуальный) подход ETHICS (к проектированию автоматизированных систем с участием пользователей)

ETI [electronic telephone instrument] электронный телефонный аппарат

ETLA [extended three-letter acronym] аббревиатура из четырёх и более букв, акроним из четырёх и более букв, *проф.* расширенный трёхбуквенный акроним

ETSI [European Telecommunications Standards Institute] Европейский институт стандартов связи

ETV [educational television] учебное телевидение

ETX 1. [end of transmission] конец передачи **2.** [end of text] 1. конец текста 2. символ «конец текста», символ ♥, символ с кодом ASCII 03h

EU [expected utility] ожидаемая полезность

EuIG [europium iron garnet] феррит-гранат европия

EULA [end user license agreement] лицензионное соглашение с конечным пользователем, документ EULA

EUnet [European Unix network] Европейская сеть пользователей *UNIX*

EURONET [European (Information) Network] Европейская информационная сеть, сеть EURONET

EUTELSAT [European Telecommunications Satellite Organization] Европейская организация спутниковой связи, организация EUTELSAT

EUUG [European Unix Users Group] Европейская ассоциация пользователей *UNIX*

EUV [extreme ultraviolet] наиболее коротковолновая часть ультрафиолетовой области спектра

EV(80)86 [enhanced virtual (80)86] расширенный виртуальный процессор (80)86, эмулирующая расширение процессора (80)86 виртуальная машина

EVA [electronic vocal analog] искусственный (электронный) голос

EVC [enhanced video connector] 1. гибридный (коаксиально-штырьковый) соединитель для подключения периферийных устройств к системному блоку, соединитель (стандарта) EVC 2. стандарт EVC (на интерфейс между периферийными устройствами и системным блоком)

EVPU [ENIGMA virtual page unit] условная единица измерения длины нотной записи (*1 EVPU = 1/288 дюйма*)

EW [electronic warfare] радиоэлектронная война, радиоэлектронное подавление и противодействие радиоэлектронному подавлению со стороны противника

E/W [East/West] обозначение гнезда «Восток - Запад» (*для подключения привода к тюнеру системы спутникового телевидения*)

EWOS [European Workshop for Open Systems] Европейский семинар по открытым системам

EWR [early-warning radar] РЛС дальнего обнаружения

EWSD [Elektronisches Wahlsystem Digital] система коммутации цифровых сигналов EWSD (*фирм Siemens и GPT*)

EX обозначение для экспериментальных станций (*принятое МСЭ*)

exch [exchange] 1. коммутационная станция; коммутатор 2. телефонная станция 3. телефонная сеть

exe [executable] расширение имени исполняемого файла

EXP [electronic crosspoint] электронный [бесконтактный] коммутационный элемент

Ext. Ring [extension ringer] добавочный вызывной звонок

extrn [external reference] внешняя ссылка

F 1. [farad] фарада, Ф **2.** [field] 1. поле (*физической величины*) 2. поле; пространство; область: зона 3. *тлв, вчт* поле, полукадр (*в системах отображения с чересстрочной развёрткой*) 4. *опт.* поле зрения 5. обмотка возбуждения 6. *рлк* карта местности (*на экране индикатора*) 7. *вчт* поле (*1. поименованная группа данных; элемент данных; столбец данных 2. обрабатываемая отдельно группа разрядов 3. кольцо с ненулевыми элементами, образующими абелеву группу по операции умножения*) **3.** [filament] 1. нить накала 2. катод прямого накала **4.** [filter] 1. фильтр 2. светофильтр, оптический фильтр **5.** [frequency] 1. частота 2. встречаемость (*случайного события*); периодичность **6.** [fuse] 1. плавкий предохранитель 2. плавкая перемычка (*в ПЛМ*) 3. технология изготовления программируемых логических матриц с плавкими перемычками 4. взрыватель **7.** буквенное обозначение десятичного числа 15 в шестнадцатеричной системе счисления **8.** (допустимое) буквенное обозначение *i*-го ($2 \leq i \leq 26$) логического диска, съёмного устройства памяти *или* компакт-диска (*в IBM-совместимых компьютерах*)

f [femto] фемто..., ф, 10^{-15}

F+ положительный вывод источника напряжения накала

F− отрицательный вывод источника напряжения накала

F2F [face to face] «лицом к лицу» (*акроним Internet*)

FA 1. [frame antenna] рамочная антенна **2.** [frequency adjustment] подстройка частоты **3.** [fully automatic] полностью автоматический **4.** обозначение для воздушных станций (*принятое МСЭ*)

FAA [Federal Aviation Administration] Федеральное авиационное управление (*США*)

FAB обозначение для воздушных вещательных станций (*принятое МСЭ*)

fab 1. [fabricated] изготовленный; сделанный **2.** [fabrication] производство; изготовление

FACCH [fast associated control channel] быстрый объединённый канал управления

FACE [field-alterable control element] управляющий элемент с эксплуатационным программированием

facs [facsimile] 1. факсимильная связь 2. факсимильный аппарат, *проф.* факс 3. факсимильная копия

FAGC [fast automatic gain control] быстродействующая автоматическая регулировка усиления, БАРУ

FAM 1. [frequency-amplitude modulation] амплитудно-частотная модуляция, АЧМ **2.** [fuzzy associative memory] нечёткая ассоциативная память (*тип нейронных сетей*)

FAMOS [floating-gate avalanche-injection metal-oxide-semiconductor (transistor)] лавинно-инжекционный МОП-транзистор с плавающим затвором

FAQ [frequently asked questions] часто задаваемые вопросы с приложением ответов

FARNET [Federation of American Research Networks] Федерация сетей американских научно-исследовательских организаций

FAS [Federation of American Scientists] Федерация американских учёных

FASSOM [feedback-controlled adaptive subspace self-organizing map] (самоорганизующаяся) карта Кохонена с адаптивным подпространством и управляющей обратной связью, (искусственная нейронная) сеть Кохонена с адаптивным подпространством и управляющей обратной связью

FAST 1. [Fairchild advanced Schottky TTL] быстродействующие транзисторно-транзисторные логические схемы с барьерами Шотки, изготовленные фирмой Fairchild Semiconductor по улучшенной технологии, ТТЛШ типа FAST **2.** [Federation against Software Theft] Федерация против воровства программного обеспечения (*Великобритания*)

FAT 1. [file allocation table] **1.** таблица размещения файлов **2.** файловая система для операционных систем MS-DOS и Windows, (файловая) система FAT **2.** [fuzzy approximation theorem] теорема о полноте систем с нечёткой логикой, теорема Коско

FATDL [frequency and time-division data link] линия связи с частотным и временным разделением каналов

FATI [first aggregate then infer] подход к умозаключения по правилу «сначала объединять, затем делать вывод», подход FATI

FAX обозначение для фиксированных воздушных станций (*принятое МСЭ*)

fax [facsimile] **1.** факсимильная связь **2.** факсимильный аппарат, *проф.* факс **3.** факсимильная копия

FB 1. [frequency correction burst] (временной) интервал коррекции частоты **2.** обозначение для базовых станций (*принятое МСЭ*)

FBAS [full bandwidth signal] полный телевизионный сигнал

FBI [Federal Bureau of Investigation] Федеральное бюро расследований, ФБР

FC 1. [face-change] символ изменения стиля шрифта **2.** [fiber channel] волоконно-оптический канал **3.** [frequency changer] **1.** преобразователь частоты **2.** конвертор, блок транспонирования частоты **4.** обозначение для береговых станций (*принятое МСЭ*)

FCA [Fiber Channel Association] Ассоциация пользователей волоконно-оптических каналов

FC-AL [fiber channel arbitrated loop] **1.** интерфейс волоконно-оптических каналов с кольцевой топологией, интерфейс (стандарта) FCAL **2.** стандарт FCAL

FCB 1. [file control block] блок управления файлом **2.** обозначение для береговых станций радиогидрометеорологической службы и службы сигналов точного времени (*принятое МСЭ*)

FCC 1. [face-centered cubic] *крист.* гранецентрированный кубический **2.** [Federal Communications Commission] Федеральная комиссия связи, ФКС **3.** [flat-conductor cable] кабель с плоскими проводниками **4.** [frequency-to-current converter] преобразователь частота — ток

FCI [flux changes per inch] число изменений (магнитного) потока на дюйм

FCL [feedback control loop] система управления с обратной связью, замкнутая система управления

FCLC [Fiber Channel Loop Community] Сообщество пользователей волоконно-оптических каналов с кольцевой топологией

FCM [fuzzy cognitive map] нечёткая когнитивная карта (*тип нейронных сетей*)

FCP [fiber channel protocol] протокол реализации интерфейса SCSI для волоконно-оптических каналов, протокол FCP

FCS 1. [feedback control system] система управления с обратной связью, замкнутая система управления **2.** [fiber channel standard] стандарт волоконно-оптических каналов, стандарт FCS, стандарт ANSI X3T9.3 **3.** [frame check sequence] проверочная последовательность кадров

FCSI [Fiber Channel System Initiative] совместная программа корпораций Sun Microsystems, IBM и Hewlett-Packard по развитию систем волоконно-оптической связи, программа FCSI

FCSR [feedback with carry shift register] сдвиговый регистр с обратной связью и накоплением переносов

FCT [frame creation terminal] кадросинтезирующий терминал, терминал кадросинтеза

FD 1. [field] **1.** поле (*физической величины*) **2.** поле; пространство; область: зона **3.** *тлв, вчт* поле, полукадр (*в системах отображения с чересстрочной развёрткой*) **4.** *опт.* поле зрения **5.** обмотка возбуждения **6.** *рлк* карта местности (*на экране индикатора*) **7.** *вчт* поле (*1.* поименованная группа данных; элемент данных; столбец данных *2.* обрабатываемая отдельно группа разрядов *3.* кольцо с ненулевыми элементами, образующими абелеву группу по операции умножения) **2.** [file device] файловое (запоминающее) устройство **3.** [focal distance] фокусное расстояние **4.** [frequency divider] делитель частоты **5.** [frequency division] **1.** деление частоты **2.** частотное разделение **6.** [frequency doubler] удвоитель частоты **7.** [full duplex] дуплексная [одновременная двусторонняя] связь, дуплекс

FDAP [frequency-domain array processor] матричный процессор в частотной области

fdbk [feedback) обратная связь

FDD, fdd, f.d.d. [floppy disk drive] дисковод гибкого (магнитного) диска

FDDI [fiber distributed data interface] **1.** интерфейс высокоскоростных волоконно-оптических локальных вычислительных сетей с маркерным доступом, интерфейс (стандарта) FDDI **2.** стандарт высокоскоростных волоконно-оптических локальных вычислительных сетей с маркерным доступом, стандарт FDDI

FDDL [frequency-division data link] линия передачи данных с частотным разделением

FDHM [full duration at half maximum] полная длительность (*импульсной переходной характеристики*) по полувысоте

FDM [frequency-division multiplexing] частотное уплотнение

FDMA [frequency-division multiple access] множественный доступ с частотным разделением каналов, многостанционный доступ с частотным разделением каналов

FDNC [frequency-dependent negative conductance] частотно-зависимая отрицательная проводимость

FDNR [frequency-dependent negative resistance] частотно-зависимое отрицательное сопротивление

FDP 1. [fast digital processor] быстродействующий цифровой процессор 2. [Fraunhofer diffraction pattern] дифракционная картина Фраунгофера

FDPMS [Fraunhofer diffraction pattern, modulus squared] дифракционная картина Фраунгофера по модулю поля в квадрате

FD-ROM [fluorescent disc read-only memory] компакт-диск формата FD-ROM; ПЗУ на (многослойном) флуоресцентном компакт-диске

FDSE [full duplex switched Ethernet] дуплексная коммутируемая сеть Ethernet

FDTD [finite difference time domain] метод конечных разностей во временной области, метод FDTD (*для расчёта электромагнитных полей*)

FDTK [floating-drift-tube klystron] клистрон с плавающей трубой дрейфа

FDX [full duplex] дуплексная [одновременная двусторонняя] связь, дуплекс ‖ дуплексный

FE 1. [ferroelectric] сегнетоэлектрик 2. [field emission] автоэлектронная эмиссия

FEA [finite element analysis] анализ методом конечных элементов

FEB [functional electronic block] функциональный электронный блок, ФЭБ

FEC [forward error control] прямая коррекция ошибок

FECN [forward explicit congestion notification] прямое [адресуемое получателям] уведомление о перегрузке (сети)

FECO [fringes of equal chromatic order] интерференционные полосы равного хроматического порядка

FED 1. [field-effect diode] 1. полевой диод 2. МДП-диод 2. [field-emission display] люминесцентный дисплей с использованием автоэлектронной эмиссии, плоский люминесцентный дисплей с активной матрицей на триадах электронных микропрожекторов, коммутируемых диодами

FEFET [ferroelectric field-effect transistor] сегнетоэлектрический полевой транзистор

FEMITRON [field-emission microwave device] СВЧ-прибор с автоэлектронной эмиссией

FEP [front-end processor] 1. интерфейсный процессор; процессор ввода-вывода 2. препроцессор; (входной) буферный процессор 3. связной процессор; коммуникационный процессор 4. процессор клиента

FERAM [ferroelectric random access memory] сегнетоэлектрическая оперативная память, память типа FERAM

ferpic [ferroelectric picture] сегнетоэлектрическое устройство записи и воспроизведения изображений (*с оптическим считыванием*)

ferrod [ferrite rod (antenna)] ферритовая стержневая антенна

FET [field-effect transistor] полевой транзистор, ПТ

FETT [field-effect tetrode transistor] полевой тетрод

FF 1. [fast forward] клавиша *или* кнопка ускоренной прямой перемотки 2. [flip-flop] 1. триггер; бистабильная ячейка, БЯ 2. бистабильный мультивибратор 3. [form feed] 1. перевод страницы 2. символ «перевод страницы», символ ♀, символ с кодом ASCII 0Ch

FFSK [fast frequency-shift keying] быстрая частотная манипуляция, БЧМн

FFT [fast Fourier transform] быстрое преобразование Фурье, БПФ

FFTDCA [final-form-text document content architecture] стандартная архитектура содержимого документов в окончательном формате, стандарт форматирования FFTDCA (*для обмена текстовыми документами между IBM–совместимыми компьютерами*)

FGL [function graph language] язык программирования FGL

FGLS [feasible generalized least squares] реализуемый обобщённый метод наименьших квадратов

FH [frequency hopping] 1. скачкообразная перестройка частоты 2. система связи со скачкообразной перестройкой частоты сигналов

FHSS [frequency hopping spread spectrum] система с широкополосными псевдослучайными сигналами и скачкообразной перестройкой частоты, система FHSS

FH/TDD [frequency hopping/time-division duplex] система дуплексной [одновременной двусторонней] связи с временным разделением каналов и скачкообразной перестройкой частоты

FI 1. [feature input] ввод признаков 2. [field intensity] напряжённость поля 3. [floating input] 1. незаземлённый вход 2. дифференциальный вход

FIB [forwarding information base] база данных о маршрутизации (*в сети*), база данных FIB

FIC 1. [film integrated circuit] плёночная ИС 2. [flex(ible) interconnect cable] гибкий соединительный кабель, кабель типа FIC

FIDO [finite domains] язык ограничений FIDO, надстройка FIDO к языку Prolog

FIFO 1. [first-in, first-out] обратного магазинного типа; на основе последовательной очереди; в порядке поступления; по алгоритму FIFO 2. [floating input, floating output] 1. с входом и выходом в форме с плавающей запятой 2. с незаземлёнными входом и выходом

FIIT [frontside-illuminated interline transfer] чересстрочный перенос изображения с фронтальным освещением

fil [filament] 1. нить накала 2. катод прямого накала 2. [filter] 1. фильтр 2. светофильтр, оптический фильтр

filespec [file specification] спецификация файла

FILO [first-in, last out] магазинного типа; на основе обратной последовательной очереди; в порядке, обратном поступлению; по алгоритму FILO

FIM [field-intensity meter] измеритель напряжённости поля

Finstrate [fin and substrate] радиатор-подложка

FIP 1. [field inspection procedure] методика полигонного контроля 2. [fixed-interconnection pattern] *микр.* рисунок фиксированных (меж)соединений

FIPLSI [fixed-interconnection pattern large-scale integration] БИС с фиксированными (меж)соединениями

FIPS [Federal information processing standard] Федеральный стандарт обработки информации (*США*)

FIR 1. [far infrared] дальняя ИК-область спектра 2. [finite impulse response] импульсная характеристика с конечной длительностью, КИХ

643

FIRE [fully integrated RISC emulator] полностью встроенный эмулятор архитектуры сокращённого набора команд, полностью встроенный RISC-эмулятор

FIRM [frustrated internal reflectance modulator] модулятор на эффекте нарушенного полного внутреннего отражения

FIRO [first-in, random out] в не зависящем от поступления случайном порядке; по алгоритму FIRO

FIRST [Forum of Incident Response and Security Teams] Форум для координации действий при возникновении инцидентов и угроз для безопасности компьютерных сетей

FIT 1. [failures per interval of time, failure in 10^9 component hours] единица измерения интенсивности отказов (*один отказ на 10^9 компоненточасов*) **2.** [frame interlace transfer] передача с перемежением кадров

FITA [first infer then aggregate] подход к умозаключения по правилу «сначала делать вывод, затем объединять », подход FITA

FIU [frequency identification unit] частотомер; волномер

FIX [Federal Information Exchange] Федеральный центр обмена информацией (*США*)

FIX East [Federal Information Exchange East] Федеральный восточный центр обмена информацией (*шт. Мериленд, США*)

FIX West [Federal Information Exchange West] Федеральный западный центр обмена информацией (*шт. Калифорния, США*)

FJ [fused junction] сплавной переход

FL 1. [Fermi level] уровень Ферми **2.** [filter] 1. фильтр 2. светофильтр, оптический фильтр **3.** обозначение для сухопутных станций (*принятое МСЭ*)

flbp [filter bandpass] полосовой фильтр

FLCD [ferroelectric liquid crystal display] сегнетоэлектрический жидкокристаллический дисплей

FLES [fuzzy logic expert system scheduler] планировщик с экспертной системой на основе нечёткой логики, программный пакет FLES

FLEX 1. [flexible wide-area protocol] стандарт FLEX для систем поискового вызова **2.** [frequency level expander] система FLEX, система динамической коррекции спектра в области верхних звуковых частот при воспроизведении магнитофонных записей

F-LGA [fine-pitch land-grid array] малошаговая матрица контактных площадок

FLH обозначение для гидрологических и метеорологических сухопутных станций (*принятое МСЭ*)

flhp [filter, high-pass] фильтр верхних частот, ФВЧ

flicon [flight control] радиоуправление ЛА по командам с Земли

FLIR [forward looking infrared] бортовая ИК-система переднего обзора

FLLA [fusible-link logic array] логическая матрица, программируемая плавкими перемычками

FLOPS [floating-point operations per second] число выполняемых за одну секунду операций с плавающей запятой, *проф.* флопс (*единица измерения производительности процессора*)

FM 1. [frequency modulation] частотная модуляция, ЧМ **2.** [frequency multiplex] частотное уплотнение **3.** [fucking magic] чёрная магия **4.** [fucking manual] чёртова инструкция; чёртово описание

FMC [fluorescent multilayer card] флуоресцентная многослойная плата

FMD [fluorescent multilayer disk] флуоресцентный многослойный диск

FMEA [failure mode and effects analysis] анализ типа отказа и его последствий

FMFB [frequency modulation feedback] обратная связь с частотной модуляцией

FMFSV [full-motion full-screen video] бесперебойно воспроизводимое полноэкранное видео; полноэкранное видео телевизионного качества

FMIC [frequency monitoring and interference control] контроль частоты сигнала и помехи

FMO [frequency multiplier oscillator] генератор с умножителем частоты

FMR 1. [ferromagnetic resonance] ферромагнитный резонанс, ФМР **2.** [frequency-modulated radar] РЛС непрерывного излучения с частотной модуляцией **3.** [frequency-modulated receiver] приёмник ЧМ-сигналов, ЧМ-приёмник

FMS [flexible manufacturing system] гибкая производственная система, ГПС

FMT [frequency-modulated transmitter] передатчик ЧМ-сигналов, ЧМ-передатчик

FMV [full-motion video] бесперебойно воспроизводимое видео; видео телевизионного качества

FMX [frequency-modulated transmitter] передатчик ЧМ-сигналов, ЧМ-передатчик

FN [frame number] номер кадра

FNC [Federal Networking Council] Федеральный совет по сетям (*США*)

FNN [fast neural network] быстрая нейронная сеть, БНС

FO 1. [fast-operating] быстродействующий **2.** [feature output] *вчт* выход признаков **3.** [fiber optic] 1. волоконно-оптический 2. волоконно-оптическая линия связи **4.** [filter output] выход фильтра **5.** [floating output] 1. незаземлённый выход 2. с выходом в форме с плавающей запятой

FOC 1. [fiber-optics communications] волоконно-оптическая связь **2.** [first-order condition] первое (необходимое) условие существования экстремума

FOCS [Foundations of Computer Science] Фонд компьютерных наук

FoIP [fax over Internet Protocol] факсимильная система по протоколу передачи данных в Internet, факсимильная система по протоколу IP, система FoIP

FOLED [flexible transparent organic light-emitting diode] органический светодиод в гибкой прозрачной матрице

FOM [figure of merit] добротность

FORTH 1. [for the rest of them] 1. не имеющий себе равных; значительно превосходящий (аналоги) 2. с убогим пользовательским интерфейсом; не интерактивный (*о программе*) **2.** [fourth-generation programming language] язык программирования Форт

FORTRAN, Fortran [for(mula) tran(slator)] язык программирования Фортран

FOSDIC [film optical sensing device for input to computers] сканер для считывания и ввода в компьютер информации с микрофильмов

FOSSIL [FIDO/opus/Seadog standard interface level] 1. спецификация драйверов для доступа к последовательному порту, спецификация FOSSIL 2. драйвер последовательного порта, программа FOSSIL

FOTS [fiber optics transmission system] волоконно-оптическая система передачи

FP 1. [fast page] режим страничного доступа к памяти **2.** [feedback, positive] положительная обратная связь **3.** [feedback potentiometer] переменный резистор в цепи обратной связи **4.** [flatpack, flat package] плоский корпус с одно-, двух-, трёх- или четырёхсторонним расположением выводов, корпус типа FP, FP-корпус **5.** [flat panel] плоская (экранная) панель **6.** [full period] период

FPAA [field-programmable analog array] программируемая матрица аналоговых элементов, программируемая матрица типа FPAA

FPC [flexible printed circuit] **1.** гибкая печатная плата **2.** технология изготовления гибких печатных плат

FPDT [four-pole double-throw] **1.** четырёхполюсный двухпозиционный (*о переключателе*) **2.** четырёхполюсная группа переключающих контактов

FPFR [fast-packet frame-relay] протокол скоростной пакетной передачи с ретрансляцией кадров

FPG [flat package G] (керамический) корпус с четырёхсторонним расположением прямых (неформованных) выводов (*параллельно плоскости корпуса*), корпус типа QFP-F, QFP(-F)-корпус

FPGA [field-programmable gate array] программируемая логическая матрица типа FPGA, ПЛМ типа FPGA

FPIC [field-programmable interconnect chip] программируемый интегральный электрический соединитель

FPID [field-programmable interconnect device] программируемый интегральный электрический соединитель

FPIS [forward propagation by ionospheric scatter] загоризонтное ионосферное распространение, распространение за счёт ионосферного рассеяния

FPLA [field-programmable logic array] программируемая логическая матрица типа FPLA, ПЛМ типа FPLA

FPLMTS [future public land mobile telephone system] сухопутная система сотовой подвижной радиотелефонной связи общего пользования третьего поколения, система FPLMTS

FPM DRAM [fast page mode dynamic random-access memory] динамическая память с быстрым последовательным доступом в пределах страницы, память типа FPM DRAM

FPMH [failures per million hours] число отказов за 10^6 часов

FPR [finger-print recognition] опознавание отпечатков пальцев

fps [frames per second] *тлв* число кадров в секунду

FPST [four-pole single-throw] **1.** четырёхполюсный (*о выключателе*) **2.** четырёхполюсная группа замыкающих *или* размыкающих контактов

FPT [forced perfect terminator] активный терминатор с подавлением выбросов напряжения

FPU [floating-point processing unit] математический сопроцессор

FQDN [fully qualified domain name] полностью определённое имя домена

FR 1. [failure rate] интенсивность отказов **2.** [features register] регистр свойств **3.** [Frame Relay] **1.** сеть с ретрансляцией кадров, сеть с использованием протокола FR, сеть Frame Relay, FR-сеть **2.** (сетевой) протокол ретрансляции кадров, протокол Frame Relay, FR-протокол **4.** [frequency response] амплитудно-частотная характеристика, АЧХ **5.** обозначение для приёмных станций (*принятое МСЭ*)

FR-4 [flame retardant composition 4] огнестойкий фиберглас, материал для подложек печатных плат состава FR-4

FRAD [Frame Relay access device] устройство доступа к сети Frame Relay

FRAM [ferric random-access memory] **1.** магнитная память с произвольным доступом на оксиде железа **2.** магнитная оперативная память на оксиде железа

FRC [functional redundancy checking] **1.** проверка методом функциональной избыточности **2.** (двухпроцессорная) конфигурация с проверкой методом функциональной избыточности

FRDS [failure resistant disk system] отказоустойчивая дисковая система, дисковый массив типа FRDS

FRDS+ [failure resistant disk system plus] дисковая система с повышенной отказоустойчивостью, дисковый массив типа FRDS+

freq [frequency] **1.** частота **2.** встречаемость (*случайного события*); периодичность

FRF [frequency-response function] амплитудно-частотная характеристика, АЧХ

FRM 1. [frame] **1.** стойка: рама; рамка; корпус **2.** кадр **3.** *вчт* фрейм (*1. структурированный блок данных для описания концептуального объекта 2. элемент языка HTML 3. независимо заполняемая область HTML-документа с возможностью прокрутки содержания* **4.** фрейм стека, блок данных о переменных в области действия идентификатора и о связях, *проф. запись активации*) **4.** система координат; система отсчёта; репер **5.** формат (*факсимильной копии*) **6.** цикл (*временного объединения цифрового сигнала*) **7.** станина (*статора*) **8.** рамка; граница **9.** пакет (*данных*) **10.** рамочка (*напр. об антенне*) **11.** *вчт* один такт (на нотоносце) (*в музыкальных редакторах*) **2.** [frequency meter] частотомер; волномер

FRS [fault resilient system] отказоустойчивая система

FRX [frame relay exchange] обмен с ретрансляцией кадров

FS 1. [file separator] **1.** разделитель файлов **2.** символ «разделитель файлов», символ ⌐, символ с кодом ASCII 1Ch **2.** [forward scatter] прямое рассеяние, рассеяние в направлении распространения, рассеяние вперёд **3.** [frequency shift(ing)] **1.** сдвиг частоты; уход частоты **2.** частотная манипуляция, ЧМн **4.** [full scale] полная шкала (*измерительного прибора*) **5.** [full-speed] полноскоростной; высокоскоростной **6.** [fuse] **1.** плавкий предохранитель **2.** *пп* затравка **3.** плавкая перемычка (*в ПЛМ*) **4.** взрыватель **7.** дослать вслед (*международная отметка в телеграмме*)

FSA [finite-state automaton] конечный автомат

FSAA [full-screen antialiasing] полноэкранное сглаживание, полноэкранное устранение ступенек *или* резких переходов (*в компьютерной графике*)

FSB [front-side bus] системная шина, шина процессора, шина типа FSB, *проф.* «хост-шина»

FSD [file system driver] драйвер файловых систем, программа FSD, система инсталлируемых файлов, система IFS

FSF [Free Software Foundation] Фонд бесплатного программного обеспечения

FSK [frequency shift keying] частотная манипуляция, ЧМн

FSL [frequency-selective limiter] частотно-избирательный ограничитель

FSM [field strength meter] измеритель напряжённости поля

FSP [frequency standard, primary] первичный эталон частоты

FSR 1. [fault selective relay] реле обнаружения и локализации повреждений **2.** [full scale range] пределы шкалы (*измерительного прибора*)

FSS 1. [flying-spot scanner] телекинодатчик с бегущим лучом **2.** [frequency-shift signal] частотно-манипулированный сигнал, ЧМн-сигнал

FST [French Summer time] Французское летнее время

F-STN [film-compensated super twisted nematic] супертвистированный [сверхскрученный] нематик с компенсирующей (полимерной) плёнкой, супертвистированный [сверхскрученный] нематический жидкий кристалл с компенсирующей (полимерной) плёнкой

FT [frequency tolerance] допустимое отклонение частоты

FTA [fault-tree analysis] анализ дерева отказов

FTAM [file transfer, access and management] протокол передачи, доступа и управления файлами (*в модели ISO/OSI*)

FTC 1. [fast time constant] схема для подавления низкочастотных [НЧ-] составляющих сигналов, обусловленных мешающими отражениями **2.** [Federal Trade Commission] Федеральная торговая комиссия

F-TD [frequency-time dodging] скачкообразное изменение частоты

FTDS [failure tolerant disk system] не чувствительная к отказам дисковая система, дисковый массив типа FTDS

FTE [flux transfer events] явления переноса (магнитного) потока

FTFET [four-terminal field-effect transistor] полевой транзистор с четырьмя выводами

FTI [fixed-target indication] селекция неподвижных целей

FTMIS [floating Si-gate tunnel-injection MIS (transistor)] МДП-транзистор с туннельной инжекцией и кремниевым плавающим затвором

FTN [FIDO technology network] технология организации компьютерных сетей в FIDOnet

FTP [File Transfer Protocol] **1.** стандарт протоколов передачи файлов (*включая протокол ftp*), стандарт FTP **2.** удалённая компьютерная система с доступом по протоколу стандарта FTP, FTP-сайт; FTP-сервер **3.** адрес удалённой компьютерной системы с доступом по протоколу стандарта FTP, адрес FTP-сайта; адрес FTP-сервера

ftp [file transfer protocol] **1.** протокол передачи файлов, протокол ftp **2.** удалённая компьютерная система с доступом по протоколу ftp, ftp-сайт; ftp-сервер **3.** адрес удалённой компьютерной системы с доступом по протоколу ftp, адрес ftp-сайта; адрес ftp-сервера

FTS [Federal Telecommunications System] Федеральная система электросвязи (*США*)

F/V [frequency to voltage (converter)] преобразователь частота — напряжение

FW 1. [forward wave] прямая волна **2.** [full-wave] двухполупериодный

FWA [fixed wireless access] фиксированный радиодоступ

FWHM [full width at half maximum] полная ширина (*напр. резонансной кривой*) на полувысоте

FWR 1. [full-wave rectification] двухполупериодное выпрямление **2.** [full-wave rectifier] двухполупериодный выпрямитель

FWS [fixed wireless station] фиксированная радиостанция

FWT 1. [fast Walsh transform] быстрое преобразование Уолша, преобразование Уолша — Адамара **2.** [French Winter time] Французское зимнее время

FX 1. [effects] эффекты **2.** обозначение для фиксированных радиостанций (*принятое МСЭ*)

FXH обозначение для гидрологических и метеорологических фиксированных радиостанций (*принятое МСЭ*)

FYA [for Your amusement] «позабавтесь» (*акроним Internet*)

FYI [for Your information] **1.** «к Вашему сведению» (*акроним Internet*) **2.** информационные материалы для пользователей Internet

G 1. [gain] **1.** усиление **2.** коэффициент усиления; коэффициент передачи **3.** выигрыш; увеличение **4.** коэффициент усиления антенны (*в данном направлении*); максимальный коэффициент усиления антенны **2.** [gate] **1.** логический элемент, ЛЭ; (логическая) схема; *проф.* вентиль; шлюз **2.** селекторный [стробирующий] импульс, строб-импульс **3.** временной селектор **4.** затвор (*напр. полевого транзистора*) **5.** *пп* управляющий электрод (*напр. тиристора*) **3.** [Gauss] гаусс, Гс **4.** [generator] **1.** генератор **2.** *вчт* порождающая функция **3.** формирующее устройство, формирователь **4.** *вчт* (программа-)генератор **5.** [giga-] **1.** гига..., Г, 10^9 **2.** *вчт* гига..., Г, 2^{30} **6.** [green] **1.** зелёный, К, G (*основной цвет в колориметрической системе RGB и цветовой модели RGB*) **2.** сигнал зелёного (цвета), З-сигнал, G-сигнал **7.** [grid] **1.** сетка (*1. электрод электронного прибора 2. деталь химического источника тока или солнечной батареи 3. решётка (конструкционный или декоративный элемент); решётчатая конструкция 4. координатная сетка 5. сетка для интерполяции или аппроксимации функций 5. географическая сетка; градусная сетка*) **2.** управляющий провод (*криотрона*) **3.** сеть (*напр. станций*) **4.** электрическая сеть; сеть линий электропередачи **8.** [ground] **1.** заземление **2.** наземный **9.** (допустимое) буквенное обозначение i-го ($2 \le i \le 26$) логического диска, съёмного устройства памяти или компакт-диска (*в IBM-совместимых компьютерах*)

3G [third generation] третье поколение

G1 [Group 1] стандарт МСЭ для факсимильных аппаратов, стандарт G1

G2 [Group 2] стандарт МСЭ для факсимильных аппаратов, стандарт G2

G3 [Group 3] стандарт МСЭ для факсимильных аппаратов и факсимильных плат, стандарт G3

G4 [Group 4] стандарт МСЭ для цифровой факсимильной связи, стандарт G4

GA [genetic algorithm] генетический алгоритм
GAA [gallium arsenide] арсенид галлия
GAL [gallium arsenide laser] лазер на арсениде галлия
GAN 1. [generalized additive network] обобщённая аддитивная (нейронная) сеть 2. [global area network] глобальная сеть
GAPPN [gigabit advanced peer-to-peer networking] развитая архитектура гигабитных одноуровневых сетей
GARCH [generalized autoregressive conditional heteroscedastic model] обобщённая условно гетероскедастичная авторегрессионная модель
GAT [ground-to-air transmitter] передатчик системы связи Земля — ЛА
GATT [gate-assisted turn-off thyristor] тиристор, запираемый при участии управляющего электрода
GB 1. [gain-bandwidth] произведение коэффициента усиления на ширину полосы пропускания 2. [grid bias] напряжение смещения на сетке, сеточное смещение 3. [ground beacon] наземный радиомаяк 4. [grounded base] общая база
Gb [Gilbert] гильберт, Гб
GBP [gain-bandwidth product] произведение коэффициента усиления на ширину полосы пропускания
GBSAS [ground-based scanning antenna system] наземная сканирующая антенная система
GBT [graded-base transistor] дрейфовый транзистор
GC 1. [gain control] 1. регулировка усиления 2. регулятор усиления 2. [gigacycle] гигагерц, ГГц 3. [global control] глобальное управление 4. [ground control] 1. управление наземным движением в районе аэропорта 2. наземное управление, управление командам с Земли 5. [grounded collector] общий коллектор 6. [grounded condenser] заземлённый конденсатор 7. [guidance and control] наведение и управление 8. [guidance computer] компьютер системы наведения
GCA [ground-controlled approach] заход на посадку по командам с наземного пункта управления
GCC [ground control center] наземный центр управления
GCD, g.c.d. [greatest common divisor] наибольший общий делитель
GCE 1. [ground communications equipment] наземная аппаратура связи 2. [ground control equipment] наземная аппаратура управления
GCF [greatest common factor] наибольший общий делитель
GCI 1. [general circuit interface] 1. унифицированный схемный интерфейс, интерфейс (стандарта) GCI (*для сетей стандарта ISDN*) 2. стандарт GCI 2. [ground-controlled interception] перехват воздушных целей по командам наземного пункта управления
GCID [grounded-capacitor ideal differentiator] идеальное дифференцирующее устройство [идеальный дифференциатор] с заземлённым конденсатором
GCII [grounded-capacitor ideal integrator] идеальное интегрирующее устройство [идеальный интегратор] с заземлённым конденсатором
GCL [ground-controlled landing] посадка по командам наземного пункта управления
GCLPF [grounded-capacitor low-pass filter] фильтр нижних частот с заземлёнными конденсаторами
GCM, g.c.m. [greatest common measure] наибольшая общая мера

GCR 1. [ground control radar] наземная РЛС системы управления 2. [group-coded recording] запись с групповым кодированием, запись методом GCR
GCS [gate-controlled switch] двухоперационный триодный тиристор, двухоперационный тринистор
GDDM [graphical data display manager] программа GDDM для управления представлением графических данных
GDI [graphic device interface] 1. интерфейс графического устройства, интерфейс (стандарта) GDI 2. стандарт GDI
GDL [gas-dynamic laser] газодинамический лазер
gdnce [guidance] наведение; самонаведение
GDTR [global descriptor table register] регистр глобальной таблицы дескрипторов
Gee [ground electronics engineering] система «Ги» (*гиперболическая радионавигационная система*)
GEEIA [Ground Electronics Engineering Installation Agency] Управление по вопросам установки и монтажа наземного электронного оборудования (*США*)
GEG [Government Electronics Group] Правительственная группа по электронике (*США*)
GEM [graphics environment manager] менеджер графического окружения, графический интерфейс пользователя типа GEM (*фирмы Digital Research*)
gen [generator] генератор
Genlock [general locking] внешняя синхронизация
GEO [geostationary earth orbit] геостационарная орбита
GEODSS [ground electrooptical deep-space surveillance system] наземная электрооптическая система слежения за космическими объектами в дальнем космосе
GERT [graphical evaluation and review technique] метод сетевого планирования и управления, метод GERT
GET [Greenwich electronic time] всемирное электронное время
GF [Galois field] поле Галуа, конечное поле, поле с конечным числом элементов
GFLOPS [giga floating-point operations per second] число миллиардов выполняемых за одну секунду операций с плавающей запятой (*единица измерения производительности процессора*)
GF(p^n) [Galois field p^n] поле Галуа GF(p^n), конечное поле многочленов степени не выше (n–1) с коэффициентами 0, 1, 3,…(p–1) из поля простых чисел
GFT [Gauss-Fourier transform] преобразование Гаусса — Фурье
GGE [ground guidance equipment] наземная аппаратура наведения
GGG [gadolinium gallium garnet] гадолиний-галлиевый гранат, ГГГ
GGS [ground guidance system] наземная система наведения
GI [generic identifier] обобщённый дескриптор, имя тега
GIC [generalized impedance converter] преобразователь обобщённых импедансов
GIE [ground instrumentation equipment] наземная контрольно-измерительная аппаратура
GIF [graphic interchange format] 1. формат обмена графикой (*фирмы CompuServe*), (файловый) формат GIF 2. расширение имени графического файла в формате GIF

GIGO [garbage-in garbage-out] «каков вопрос, таков и ответ», «мусор на входе - мусор на выходе»

GIMIC [guard(-ring) isolated monolithic integrated circuit] монолитная ИС с изоляцией компонентов охранным кольцом

GIN [graphic input] графический ввод

GIPS [ground information processing system] наземная система обработки информации

GIS 1. [generalized information system] обобщённая информационная система 2. [geographical information system] геоинформационная [географическая информационная] система 3. [ground instrumentation system] наземная измерительная система

GIX [global Internet exchange] служба глобального обмена трафиком в Internet

GJ [grown junction] выращенный переход

GKS [graphical kernel system] базовая графическая система, международный стандарт компьютерной графики GKS

1GL [first-generation language] язык (программирования) первого поколения, язык машины

2GL [second-generation language] язык (программирования) второго поколения, язык ассемблера

3GL [third-generation language] язык (программирования) третьего поколения; процедурно- или объектно-ориентированный язык (программирования)

4GL [fourth-generation language] язык (программирования) четвёртого поколения, непроцедурный язык (программирования); язык управления базами данных

5GL [fifth-generation language] язык (программирования) пятого поколения; язык (программирования) на основе использования искусственного интеллекта; естественный язык

GLDL [geometrical layout description language] язык описания геометрической топологии

GLIM [generalized linear model] обобщённая линейная модель

GLOBE [global learning and observations to benefit the environment] программа глобального изучения и наблюдения окружающей среды

GLOBECOM [global communication (system)] глобальная система связи

GLOCOM [global communications (system)] глобальная система связи

Glonass [global navigation satellite system] российский вариант глобальной (спутниковой) системы (радио)определения местоположения, система Glonass

GLOPR [Golay logic processor] логический процессор Голея

GLPD [gray-level probability density] плотность вероятности распределения уровней серого (*в распознавании образов*)

GLS [generalized least squares] обобщённый метод наименьших квадратов

GM 1. [General MIDI] стандарт General MIDI, набор кодов и тембров звучания 96-и традиционных инструментов и дополнительных кодов для ударных 2. [glass/metal] металлостеклянный 3. [grid modulation] сеточная модуляция 4. [group mark] метка группы

GMC [giant magnetocapacitance] эффект гигантского изменения диэлектрической проницаемости под действием магнитного поля, *проф.* гигантская магнитоёмкость

G-MCC [gate mobile communications control] подсистема управления подвижной связью

GMD [Gesellschaft für Mathematik und Datenverarbeitung] Общество математиков и специалистов по обработке информации (*германского Национального научно-исследовательского центра компьютерных наук*)

GMI [giant magnetoimpedance] гигантский магнитоимпедансный эффект, *проф.* гигантский магнетоимпеданс, гигантский магнитоимпеданс

GMP [global management paradigm] парадигма глобального управления, концептуальная система GMP

GMPCS [global mobile personal communications by satellite] глобальная система мобильной спутниковой связи

GMR 1. [giant magnetoresistance] гигантский магниторезистивный эффект, гигантский эффект Гаусса, *проф.* гигантское магнетосопротивление, гигантское магнитосопротивление 2. [ground-mapping radar] бортовая самолётная РЛС картографирования земной поверхности

GMRAM [giant-magnetoresistance random-access memory] 1. память с произвольным доступом на гигантском магниторезистивном эффекте 2. оперативная память на гигантском магниторезистивном эффекте

GMSC [gateway mobile services switching center] межсетевой коммутационный центр подвижной связи

GMSK [Gaussian minimum shift keying] гауссовская манипуляция минимальным фазовым сдвигом

GMTA [great minds think alike] «великие умы мыслят одинаково» (*акроним Internet*)

GN 1. [Gaussian noise] гауссов шум 2. [generator] генератор 3. [grid neutralization] сеточная нейтрализация 4. [guidance and navigation] наведение и навигация

GNC 1. [guidance and navigation computer] компьютер системы наведения и навигации 2. [guidance, navigation and control] наведение, навигация и управление

GND [chassis ground] заземление шасси, *проф.* «корпусная земля»

gnd [ground] 1. заземление 2. наземный

GNE [guidance and navigation electronics] электронная аппаратура системы наведения и навигации

GNOME [GNU network object model environment] сетевая среда моделирования объектов для операционной системы GNU, графическая среда (пользователя) GNOME

gntr [generator] генератор

GNU [GNU's not UNIX] 1. проект GNU, (рекурсивный) акроним для названия проекта Фонда бесплатного программного обеспечения по разработке заменяющей UNIX операционной системы 2. операционная система GNU

GOP [group of pictures] группа изображений

GOS [group of service] категория обслуживания, вероятность отказа при установлении соединения

GOSIP [government open systems interconnection profile] правительственный профиль протоколов модели ISO/OSI, определение протоколов модели

ISO/OSI для государственных закупок США, набор протоколов GOSIP

gov [government] имя домена верхнего уровня для правительственных учреждений

GOW [guided optical wave] канализируемая световая волна

GP 1. [general-purpose] универсальный; общего назначения 2. [geometric programming] геометрическое программирование 3. [guard period] защитный интервал

GPA 1. [gate-pulse amplifier] усилитель селекторных [стробирующих] импульсов, усилитель строб-импульсов 2. [general-purpose amplifier] универсальный усилитель

GPC 1. [general peripheral controller] универсальный периферийный контроллер 2. [general protocol converter] преобразователь общего протокола 3. [general-purpose computer] универсальный компьютер

GPDS [general-purpose display system] универсальная система индикации

GPG [gate-pulse generator] генератор селекторных [стробирующих] импульсов, генератор строб-импульсов

GPIB [general purpose interface bus] универсальная интерфейсная шина (корпорации Hewlett-Packard), шина (расширения стандарта) GPIB, шина (расширения стандарта) IEEE 488, шина (расширения стандарта) HPIB

GPL [giant-pulse laser] лазер с гигантскими импульсами излучения

GPP [generic packetized protocol] общий протокол реализации пакетной передачи в стандарте SCSI, протокол GPP

GPR 1. [general-purpose radar] многофункциональная РЛС 2. [general-purpose register] регистр общего назначения, РОН

GPRL [giant-pulse ruby laser] рубиновый лазер с гигантскими импульсами излучения

GPRS [general packet radio service] радиослужба пакетной передачи данных, система GPRS

GPS 1. [global positioning system] глобальная (спутниковая) система (радио)определения местоположения, система GPS 2. [global problem solution] *вчт* глобальное решение задачи, решение задачи в целом

GPSS [General Purpose Simulation System] проблемно-ориентированный язык GPSS для разработки моделирующих систем

GPU [graphics processing unit] графический процессор

GPWS [ground proximity warning system] система предупреждения о приближении к земле

Gr [graphics] графический

GRAPD [guard-ring avalanche photodiode] лавинный фотодиод с охранным кольцом

grd [ground] 1. заземление 2. наземный

grilf [girl-friend] подружка (*напр. по электронной почте*)

GRNN [general regression neural network] нейронная сеть с ядерной регрессией Надарайя — Уотсона

GS 1. [General Sound] расширение стандарта General MIDI фирмы Roland, стандарт GS 2. [ground station] наземная станция 3. [group separator] 1. разделитель групп 2. символ «разделитель групп», символ ↔, символ с кодом ASCII 1Dh 4. [guidance station] станция наведения 5. [guidance system] система наведения 6. [gyroscope] гироскоп

GSC [Golay sequential code] 1. последовательный код Голея 2. стандарт GSC для систем поискового вызова

GSF [global space frame] глобальный пространственный фрейм

GSI [grand-scale integration] 1. высокая степень интеграции (*100 – 5000 активных элементов на кристалле*) 2. ИС с высокой степенью интеграции, большая интегральная схема, БИС

GSM 1. [global system for mobile communication] общеевропейская цифровая система сотовой подвижной радиотелефонной связи стандарта GSM, система GSM 2. [Groupe Special Mobile] Группа экспертов по подвижной связи

GSS 1. [general security service] служба общей безопасности 2. [group support system] система поддержки групп, система GSS; система электронных совещаний, система EMS 3. [group sweeping strategy] стратегия циклической диспетчеризации с разделением потоков данных на группы

GST [Guam Standard time] поясное время для острова Гуам

GT 1. [gas-tight] газонепроницаемый 2. [gas tube] газоразрядный прибор; газоразрядная лампа 3. [glass tube] лампа в стеклянном баллоне 4. [glow tube] лампа тлеющего разряда

GTD [geometrical theory of diffraction] геометрическая теория дифракции

GTL [Gunning transceiver logic] трансиверная логика Ганнинга, логические схемы типа GTL

GTO [gate turn-off] двухоперационный диодный тиристор, двухоперационный тринистор

GTP [Golay transform processor] логический процессор Голея

GTS [global telecommunication system] глобальная система телекоммуникаций, глобальная телекоммуникационная система

GTX [Gentex] Гентекс (*система международной автоматической телеграфной связи общего пользования*)

GUE [graphical user environment] графическая среда пользователя

GUI [graphical user interface] графический интерфейс пользователя

GUS [Guide to the Use of Standards] Руководство по использованию стандартов

GWEN [ground-wave emergency network] сеть аварийной связи с использованием земных (радио)волн

gyro [gyroscope] 1. гироскоп 2. гироскопический

gz [gzip] программа gzip, утилита создания архивов для операционной системы GNU

H 1. [hardware] 1. *вчт* аппаратное обеспечение; аппаратные средства; аппаратура 2. *вчт* аппаратный 3. *вчт* комплектующие 4. технические средства; оборудование 2. [henry] генри, Гн 3. [homing] 1. движение (по направлению) к дому 2. движение к цели; наведение на цель 3. самонаведение 4. движение в направлении источника радиоизлучения (*напр. приводной радиостанции или приводного радиомаяка*) 5. привод (*напр. на аэродром*) 6. возврат в исходную позицию (*в шаговом распределителе*) 7. *вчт* перемещение (*напр. курсора*) в начало, перемещение (*напр. курсора*) в стартовую позицию на экране дисплея; перемещение (*напр. курсора*) в левый верхний угол дисплея 4. (допустимое) буквенное обозначение *i*-го ($2 \leq i \leq 26$) логического диска, съёмного устройства памяти *или* компакт-диска (*в IBM-совместимых компьютерах*)

h [hecto-] гекто..., г, 10^2

HA 1. [half-adder] полусумматор 2. [hand-actuated] с ручным управлением 3. [high amplitude] большая амплитуда

HAARP [high-frequency active auroral research program] программа исследования создаваемой мощным ВЧ-излучением искусственной радиоавроры, проект HAARP

HAATC [high-altitude air-traffic control] управление воздушным движением на больших высотах

HAD 1. [half-amplitude duration] длительность импульса по уровню половинной амплитуды, длительность импульса по уровню 0,5 2. [horizontal array of dipoles] горизонтальная антенная решётка симметричных вибраторов

HADTS [high-accuracy data transmission system] высокоточная система передачи данных

HAL [hardware abstraction layer] аппаратный абстрактный слой

HAM [host attachment module] модуль подключения к хосту

HAPDAR [hard-point demonstration array radar] радиационно-стойкая демонстрационная наземная РЛС с фазированной антенной решёткой

HAR [harmonic] гармоника

HB 1. [headband] стяжка головных телефонов, *проф.* стяжка наушников 2. [homing beacon] приводной радиомаяк

HBT [heterostructure bipolar transistor] биполярный гетеротранзистор, БГТ

HC [high conductivity] высокая удельная электропроводность

HCC [hermetic chip carrier] герметизированный кристаллоноситель

HCD 1. [hollow-cathode discharge] разряд (в системе) с полым катодом 2. [hot-carrier diode] 1. диод на горячих носителях 2. диод Шотки

HCF [host command facility] командный процессор главного компьютера

HCI 1. [human-computer interaction] взаимодействие человека и компьютера, человеко-машинное взаимодействие 2. [human-computer interface] человеко-машинный интерфейс

HCMOS [high-speed complementary metal-oxide-semiconductor] 1. быстродействующая комплементарная МОП-структура, быстродействующая КМОП-структура 2. быстродействующая логическая схема на комплементарных МОП-структурах, быстродействующая логическая схема на КМОП-структурах

HD 1. [half-duplex] полудуплексная [поочерёдная двусторонняя] связь, полудуплекс || полудуплексный, поочерёдный двусторонний 2. [harmonic distortion] нелинейные [гармонические] искажения 3. [high definition] 1. высокая чёткость 2. высокая разрешающая способность, высокое разрешение 4. [high density] высокая плотность (*напр. записи*); высокая концентрация (*напр. примеси*)

H-D [Hurter-Driffield curve] характеристическая кривая (*фотографической эмульсии*)

Hd [head] головка (*напр. магнитного диска*)

HDA [head disk assembly] блок памяти на пакетированных жёстких магнитных дисках (с головками и двигателем), блок дисковой памяти

HDAM [hierarchical direct access method] иерархический прямой метод доступа

HDB [high density bipolar (code)] высокоплотный биполярный код

HDBMS [hierarchical database management system] система управления иерархическими базами данных

HDCD [high-density compact disk] компакт-диск формата HDCD, компакт-диск с высокой плотностью записи (информации)

HDD, hdd, h.d.d. [hard disk drive] дисковод жёсткого (магнитного) диска

HDDR [high-density digital recording] цифровая запись с высокой плотностью

HDF [high-frequency direction finder] коротковолновый радиопеленгатор

HDFT [hexagonal discrete Fourier transform] гексагональное дискретное преобразование Фурье

HDI [high-density interconnections] межсоединения высокой плотности

HDIP [heat-sink dual in-line package] плоский корпус с двусторонним расположением выводов и радиатором, корпус типа HDIP, HDIP-корпус

HDL [hardware description language] язык описания аппаратного обеспечения, язык HDL

HDLC [high-level data link control] протокол высокоуровневого управления каналом передачи данных, протокол HDLC

HDMS [high-density modem system] система модуляции/демодуляции с высоким коэффициентом сжатия данных

HD-PQFP [high-density plastic quad flatpack] плоский пластмассовый корпус с четырёхсторонним расположением выводов с общим числом выводов более 196 и с шагом расположения выводов не более 0,4 мм, корпус типа HD-PQFP, HD-PQFP-корпус

HDSL [high data-rate digital subscriber line] цифровая абонентская линия с высокой скоростью передачи данных, линия типа HDSL

HDT [Hawaii daylight time] Гавайское дневное время

HDTV [high definition television] телевидение высокой чёткости, ТВЧ

HDVP [high definition video processor] видеопроцессор высокой чёткости

hdw [hardware] 1. *вчт* аппаратное обеспечение; аппаратные средства; аппаратура 2. *вчт* аппаратный 3. *вчт* комплектующие 4. технические средства; оборудование

HDX [half-duplex] полудуплексная [поочерёдная двусторонняя] связь, полудуплекс || полудуплексный, поочерёдный двусторонний

HED [horizontal electric dipole] горизонтальный симметричный вибратор

HEED [high-energy electron diffraction] дифракция быстрых электронов

HEMT [high electron mobility transistor] транзистор с высокой подвижностью электронов

HEP [heterogeneous element processor] процессор на неоднородных элементах

HEPnet [high energy physics network] глобальная специализированная сеть для научно-исследовательских организаций, занимающихся физикой высоких энергий, сеть HEPnet

HERALD [harbor echo ranging and listening device] портовая гидроакустическая установка, система HERALD

heterode [heterojunction diode] гетеродиод, диод на гетеропереходах

Hex [hexadecimal] шестнадцатеричный

hexit [hexadecimal digit] цифра шестнадцатеричной системы счисления (0, 1,...9, A, B, ...F)

HF 1. [height finder] радиолокационный высотомер, радиовысотомер, РВ **2.** [height finding] измерение высоты **3.** [high frequency] высокая частота, ВЧ

HFA [high-frequency amplifier] усилитель высокой частоты, УВЧ

HFC 1. [high-frequency choke] высокочастотный [ВЧ-]дроссель **2.** [high-frequency correction] коррекция высоких частот **3.** [high-frequency current] ток высокой частоты, ВЧ-ток **4.** [hybrid fiber coax] гибридная сеть с волоконно-оптическими и коаксиальными элементами

HFDF [high-frequency direction finder] коротковолновый радиопеленгатор

HFM [high-frequency mode] **1.** высокочастотная [ВЧ-]мода **2.** высокочастотный [ВЧ-]режим

HFO [high-frequency oscillator] высокочастотный [ВЧ-]генератор

HFS 1. [Hierarchical File System] иерархическая система организации файлов в Apple–совместимых компьютерах, система HFS **2.** [hyperfine structure] *фтт* сверхтонкая структура

hfs [hyperfine structure] *фтт* сверхтонкая структура

HFX [high-frequency transceiver] приёмопередающая станция КВ-диапазона

HG 1. [harmonic generator] генератор гармоник **2.** [homing guidance] самонаведение

HGA 1. [Hercules graphics adapter] **1.** стандарт высокого уровня на монохромное отображение текстовой и графической информации для IBM-совместимых компьютеров (*с разрешением не выше 720х350 пикселей*), стандарт HGC **2.** (монохромный) видеоадаптер (стандарта) HGC **2.** [high-gain antenna] антенна с высоким коэффициентом усиления

HGA plus [Hercules graphics adapter plus] **1.** стандарт высокого уровня на монохромное отображение текстовой и графической информации с видеобуфером для хранения двенадцати 256-символьных шрифтов для IBM-совместимых компьютеров (*с разрешением не выше 720х350 пикселей*), стандарт HGC plus **2.** (монохромный) видеоадаптер (стандарта) HGC plus

HGC [Hercules graphics card, Hercules graphics controller] **1.** стандарт высокого уровня на монохромное отображение текстовой и графической информации для IBM-совместимых компьютеров (*с разрешением не выше 720×350 пикселей*), стандарт HGC **2.** (монохромный) видеоадаптер (стандарта) HGC

HGED [high-gain emission display] люминесцентный дисплей с использованием усиленной автоэлектронной эмиссии

HHA [hand-held authenticator] личная аутентификационная карта

HIC [hybrid integrated circuit] гибридная ИС, ГИС

HICAPCOM [high-capacity communication] система связи с высокой пропускной способностью

HID [human interface device] человеко-машинный интерфейс

HIDAM [hierarchical indexed direct access method] иерархический индексно-прямой метод доступа

HIDM [high-information delta modulation] дельта-модуляция с повышенной информативностью, ДМПИ

Hi-Fi [high fidelity] **1.** высокая верность передачи *или* воспроизведения; высокая верность звуковоспроизведения **2.** аппаратура категории Hi-Fi

high-tech [high technology] высокая технология; высокие технологии || высоко технологичный, относящийся к высоким технологиям

hi-lo [high and low (frequency)] высокие и низкие частоты

HINFO [host info] информация о хосте, HINFO-запись в DNS-ресурсе

HiNIL [high-noise-immunity logic] логические схемы с высокой помехоустойчивостью

HIPAR [high-power acquisition radar] мощная РЛС захвата цели на автоматическое сопровождение

HIPO [hierarchy plus input-processing-output] трёхстадийный метод иерархического сетевого планирования, метод HIPO

HIPPI 1. [high performance parallel interface] высокопроизводительный параллельный интерфейс, интерфейс (стандарта) HIPPI **2.** стандарт HIPPI

hiran [high-precision shoran] система «Хиран» (*радионавигационная система ближней навигации*)

hi-res [high resolution] с высоким разрешением; обладающий высокой разрешающей способностью

HISAM [hierarchical indexed sequential access method] иерархический индексно-последовательный метод доступа

HISS [holographic ice surveying system] голографическая система обзора ледового покрова

hi-tech [high technology] высокая технология; высокие технологии || высоко технологичный, относящийся к высоким технологиям

HIVR [host interactive voice response] система интерактивного голосового [интерактивного речевого] ответа хоста, система HIVR

HJ обозначение для радиостанций, работающих в дневное время (*принятое МСЭ*)

HJBT [heterojunction bipolar transistor] биполярный гетеротранзистор, БГТ

HL 1. [heavy loaded] сильно нагруженный **2.** [high level] высокий уровень

HLF [high-level formatting] форматирование высокого уровня; логическое форматирование

HLI [high-level injection] сильная инжекция

HLL [high-level language debugger] отладчик для языков высокого уровня

HLR [home location register] регистр положения (*подвижной станции*)

HLS 1. [hue- lightness – saturation] **1.** колориметрическая система «цветовой тон – светлота – насыщенность», колориметрическая система HLS (*для несамосветящихся объектов*) **2.** цветовая модель HLS (*для несамосветящихся объектов*) **3.** цветовой тон – светлота – насыщенность, HLS (*координаты колориметрической системы HLS и цветовой модели HLS для несамосветящихся объектов*) **2.** [hue- luminance – saturation] 1. колориметрическая система «цветовой тон – яркость – насыщенность», колориметрическая система HLS (*для самосветящихся объектов*) 2. цветовая модель HLS (*для самосветящихся объектов*) 3. цветовой тон – яркость – насыщенность, HLS (*координаты колориметрической системы HLS и цветовой модели HLS для самосветящихся объектов*)

HLSI [hybrid large-scale integration] гибридная БИС

HLTTL [high-level transistor-transistor logic] транзисторно-транзисторные логические схемы с высокими логическими уровнями

HM [high memory] старшая [высокая] память

H-M [human-machine] 1. человеко-машинный 2. человеко-машинный интерфейс

HMA [high memory area] область старшей [высокой] памяти

HMD [horizontal magnetic dipole] горизонтальный щелевой симметричный вибратор

HME [hierarchical mixture of expert] 1. иерархический коллектив экспертов 2. модель иерархического коллектива экспертов, модель HME

HMM [hidden Markov modeling] скрытое марковское моделирование, метод HMM

HMOS [high-performance metal-oxide-semiconductor] МОП-структура с высокими эксплуатационными характеристиками

HNDT [holographic nondestructive testing] голографические неразрушающие испытания

HNIL [high-noise immunity logic] логические схемы с высокой помехоустойчивостью

HOT 1 [hot one] единица циклического переноса

HP [Hewlett-Packard (Company)] компания Hewlett-Packard

Hp, hp 1. [heptode] гептод **2.** [high-pass] пропускающий верхние частоты **3.** [high power] большая мощность ‖ мощный; с большой выходной мощностью; предназначенный для работы при большом уровне мощности; силовой; способный выдерживать большую мощность **4.** [high-powered] с большим увеличением (*напр. о микроскопе*) **5.** [high pressure] высокое давление ‖ высокого давления; предназначенный для работы при высоком давлении; способный выдерживать высокое давление **6.** [horizontal polarization] горизонтальная поляризация **7.** [horse power] лошадиная сила, л.с., 736 Вт

HPA [high power amplifier] усилитель высокого уровня мощности

HPAMP [headphone amplifier] усилитель для головного телефона

H-PBGA [high thermal plastic-ball grid array] термостойкий пластмассовый корпус с матрицей шариковых выводов, термостойкий корпус типа PBGA, термостойкий PBGA-корпус

HPBW [half-power bandwidth] ширина полосы частот по уровню половинной мощности; ширина спектра по уровню половинной мощности

HPCC [High Performance Computing and Communications] Программа правительства США по созданию высокопроизводительных вычислительных средств и коммуникаций, программа HPCC

HPCM [high-speed pulse-code modulation] высокоскоростная ИКМ

HPF [highest probable frequency] **1.** оптимальная рабочая частота, ОРЧ (*для слоя F_2*) **2.** максимальная применимая частота, МПЧ (*для слоя E*)

HPFS [High Performance File System] система организации файлов в операционной системе OS/2, система HPFS

HPGL [Hewlett-Packard graphics language] язык машинной графики компании Hewlett-Packard, язык HPGL

HPIB [Hewlett-Packard interface bus] универсальная интерфейсная шина (корпорации Hewlett-Packard), шина (расширения стандарта) GPIB, шина (расширения стандарта) IEEE 488, шина (расширения стандарта) HPIB

HPLL [hybrid phase-locked loop] гибридная система фазовой автоподстройки частоты, гибридная система ФАПЧ

HPPCL [Hewlett-Packard printer control language] язык управления принтерами компании Hewlett-Packard, язык HPPCL

HPR [high performance routing] стандарт высокопроизводительной маршрутизации корпорации IBM, стандарт HRP, стандарт APPN+

HPSB [high performance serial bus] высокопроизводительная последовательная шина (расширения), шина (расширения стандарта) HPSB, шина FireWire, шина (стандарта) IEEE 1394

HPSN [high performance scalable networking] архитектура высокопроизводительных расширяемых сетей (*корпорации 3Com*)

HQFP [heat-sink quad flatpack, heat-sink quad flat package] плоский корпус с четырёхсторонним расположением выводов и радиатором, корпус типа HQFP, HQFP-корпус

HR [human resources] человеческие ресурсы

HRC [high-resolution camera] камера высокого разрешения

HRDD [high-resolution diagnostic diskette] диагностическая дискета высокого разрешения

HREF [hyper reference] 1. гиперссылка, ссылка в гипертексте; гиперсвязь 2. команда ввода гиперссылки (*в HTML*)

HRG [high-resolution graphics] графика высокого разрешения

HRI [height-range indicator] индикатор дальность — высота

HRM [human resources management] управление человеческими ресурсами

HRTF [head-related transfer function] **1.** передаточная функция слухового аппарата человека **2.** модель передаточной функции слухового аппарата человека, модель HRTF

HS 1. [handset] микротелефонная трубка **2.** [horizontal scale] горизонтальная шкала

HSAM [hierarchical sequential access method] иерархический последовательный метод доступа

HSB [hue-saturation-brightness] **1.** колориметрическая система «цветовой тон – насыщенность – яркость», колориметрическая система HSB **2.** цветовая модель HSB **3.** цветовой тон – насыщенность – яркость, HSB (*координаты колориметрической системы HSB и цветовой модели HSB*)

HSCSD [high speed circuit switched data] система высокоскоростной передачи данных по коммутируемым каналам, система HSCSD

HSDL [high-speed data link] высокоскоростной канал передачи данных

HSF [High Sierra format] стандарт HSF [стандарт HSG] на формат файловой системы компакт-дисков

HSG [High Sierra Group] 1. группа High Sierra, группа фирм-разработчиков стандарта HSF [стандарта HSG] на формат файловой системы компакт-дисков 2. стандарт HSF [стандарт HSG] на формат файловой системы компакт-дисков

HSIP [heat-sink single in-line package] плоский корпус с односторонним расположением выводов (*параллельно плоскости основания*) и радиатором, корпус типа HSIP, HSIP-корпус

HSM [hierarchical storage management] управление иерархической структурой хранения информации

HSN [hopping sequence number] номер последовательности переключений (*при передаче данных по сегментированной сети*)

HSOP [heat-sink small outline package] плоский микрокорпус с двусторонним расположением выводов в форме крыла чайки и радиатором, (микро)корпус типа SO с радиатором, SO-(микро)корпус с радиатором

HSP 1. [high-speed printer] высокоскоростной принтер 2. [host signal processing] обработка сигналов только с помощью центрального процессора

HSRP [hot standby router protocol] протокол связи с маршрутизатором горячего резерва, протокол HSRP

HSS [heat-sink support] опора радиатора

HST 1. [Hawaii standard time] Гавайское время 2. [high speed technology] протокол помехоустойчивой высокоскоростной модемной связи фирмы U.S.Robotics, протокол HST

HSV [hue-saturation-value] 1. колориметрическая система «цветовой тон – насыщенность – интенсивность», колориметрическая система HSV 2. цветовая модель HSV 3. цветовой тон – насыщенность – интенсивность, HSV (*координаты колориметрической системы HSV и цветовой модели HSV*)

HT 1. [headset] 1. головной телефон *или* головные телефоны, *проф.* наушник *или* наушники 2. стереофонические головные телефоны, стереотелефоны, *проф.* стереонаушники 2. [height] высота 3. [high temperature] высокая температура 4. [high tension] высокое напряжение 5. [horizontal tab] 1. горизонтальная табуляция 2. символ «горизонтальная табуляция», символ ○, символ с кодом ASCII 09h

ht [halftone] 1. полутон (*1. наименьшее расстояние между звуками в 12-тоновой системе 2. переход от светлого к тёмному*) 2. полутоновое изображение (*1. изображение с переходами от светлого к тёмному 2. растровое изображение*) || полутоновый (*1. содержащий переходы от светлого к тёмному 2. растровый*) 3. растровая печать 4. растровая репродукция

HTL [high-threshold logic] логические схемы с высоким пороговым напряжением

HTML [hypertext markup language] (стандартный) язык описания структуры гипертекста, язык HTML

HTML+ [hypertext markup language plus] предлагаемая новая версия (стандартного) языка описания структуры гипертекста, надмножество языка HTML, язык HTML+

HTP [high-temperature phase] высокотемпературная фаза

HTRB [high-temperature reverse-bias (burn-in)] высокотемпературная тренировка при обратном смещении

HTTP [hypertext transfer protocol] протокол передачи гипертекста, протокол HTTP

HTTPD [hypertext transfer protocol daemon] программный сервер для фоновой обработки запросов по протоколу HTTP

HVEXP [high-voltage electronic crosspoint] высоковольтный электронный коммутационный элемент

HW, hw [half-wave] однополупериодный

HWR [half-wave rectifier] однополупериодный выпрямитель

HWV [half-wave voltage] полуволновое напряжение (*электрооптического модулятора*)

HX 1. [hexode] гексод 2. обозначение для радиостанций, не имеющих определённых часов работы (*принятое МСЭ*)

HyFED [hybrid field-emission display] гибридный люминесцентный дисплей с использованием автоэлектронной эмиссии, плоский люминесцентный дисплей с активной матрицей на триадах электронных микропрожекторов, коммутируемых транзисторами

HyTime [hypermedia/time-based structured language] международный стандарт (ISO/IEC 10744:1992) для семантических расширений языка SGML

Hz [hertz] герц, Гц

HZIP [heat-sink zigzag in-line package] корпус с зигзагообразным расположением выводов и радиатором, корпус типа HZIP, HZIP-корпус

I 1. [intrinsic] с собственной электропроводностью 2. [invalid] незадействованный (*напр. о выводе электрического соединителя*) 3. (допустимое) буквенное обозначение *i*-го ($2 \leq i \leq 26$) логического диска, съёмного устройства памяти *или* компакт-диска (*в IBM-совместимых компьютерах*)

i 1. [intrinsic] с собственной электропроводностью 2. [invalid] незадействованный (*напр. о выводе электрического соединителя*)

I^3 [intelligent instrumentation interface] интеллектуальный интерфейс контрольно-измерительных приборов

IA [information appliances] бытовые информационные приборы

IA5 [International Alphabet No. 5] Международный алфавитный код № 5; код ASCII

IAB 1. [Interactive Advertising Bureau] Бюро интерактивной рекламы, организация IAB 2. [Internet Activity Board] Административный совет по деятельности Internet 3. [Internet Architecture Board] Административный совет по архитектуре сетей Internet

IAC [interpret as command] управляющий символ (протокола) Telnet «интерпретировать как команду», IAC-символ

IAD [Internet addiction disorder] привыкание к Internet, Internet-зависимость

IAGC [instantaneous automatic gain control] мгновенная автоматическая регулировка усиления, МАРУ

IANA [Internet Assigned Numbers Authority] Служба регистрации присвоенных номеров в Internet, организация IANA

IANAL [I am not a lawyer] «я не юрист» (*акроним Internet*)
IAP [Internet access provider] предоставитель [провайдер] доступа в Internet
IARB [internal arbiter] внутренний арбитр
IAR [instruction address register] регистр адреса команды
IARU [International Amateur Radio Union] Международный союз радиолюбителей
IAS 1. [interactive application system] прикладная интерактивная [прикладная диалоговая] система **2.** [ion-acoustic scattering] рассеяние на ионно-звуковых волнах
IATCS [international air-traffic communication station] станция управления воздушным движением на международных авиалиниях
IB-CFA [injected-beam crossed-field amplifier] усилитель М-типа с инжектированным электронным потоком
IBG [inter-block gap] межблочный (защитный) интервал
IBI [Intergovernmental Bureau of Informatics] Межправительственное бюро информатики
IBK [(sound bluster) instrument bank] (файловый) формат IBK, формат файлов с информацией для синтезатора 128-и музыкальных инструментов
IBM [International Business Machines (Corporation)] корпорация IBM
IBN 1. [integrated branch node] объединённый коммутационный узел **2.** [integrated business network] объединённая сеть деловой связи
IBO [input backoff] потери входной мощности
IBOC [in-band/on-channel] метод передачи цифровых и аналоговых сигналов в общей полосе частот по общему каналу связи, метод IBOC
IBSN [integrated broadband communication network] объединённая широкополосная сеть связи
IBU [International Broadcasting Union] Международный радиовещательный союз
IC 1. [input capture] входная фиксация, подстройка таймера для измерения временных характеристик **2.** [instruction counter] счётчик команд **3.** [integrated circuit] интегральная схема, ИС **4.** [internal connection] внутреннее соединение
I²C [inter-integrated circuit] 1. стандарт I²C (на интерфейс и шину расширения) 2. интерфейс I²C 3. последовательная шина (расширения стандарта) I²C, шина Access. bus
ICA [International Communication Association] Международная ассоциация связи
ICAM [integrated computer-aided manufacturing] автоматизированная система управления производством, АСУП
ICANN [Internet Corporation for Assigned Names and Numbers] Общество по выработке рекомендаций для распределения назначенных имён и адресов в Internet, общество ICANN
I-CASE [integrated computer-aided software engineering] средства интегрированной разработки программного обеспечения
ICBM [intercontinental ballistic missile] межконтинентальная баллистическая ракета, МКБР
ICC 1. [International Color Consortium] Международный консорциум по проблемам цвета **2.** [International Computation Center] Международный вычислительный центр

ICCA [Independent Computer Consultants Association] Ассоциация независимых консультантов по компьютерной технике
ICCP [Institute for Certification of Computer Professionals] Институт аттестации специалистов в области компьютерной техники
ICE 1. [in-circuit emulation] внутрисхемная эмуляция **2.** [in-circuit emulator] внутрисхемный эмулятор
ICES [Integrated Civil Engineering System] Объединённая информационная система для специалистов по гражданскому строительству
ICF [International Cryptography Framework] Международная криптографическая система, система ICF
ICFA [International Computer Facsimile Association] Международная ассоциация компьютерной факсимильной связи
ICG [interactive computer graphics] интерактивная компьютерная графика
ICI 1. [inter-carrier interface] коммуникационный интерфейс между телефонными сетями различной принадлежности **2.** [International Commission on Illumination] Международная комиссия по освещению, МКО
ICIG [integrated coherent infrared generator] интегральный лазер ИК-диапазона
ICIP [International Conference on Information Processing] Международная конференция по обработке информации
ICMP 1. [Internet control message protocol] протокол управления сообщениями в Internet, протокол ICMP **2.** [internet control message protocol] межсетевой протокол управления сообщениями
ICNIA [integrated communications, navigation and IFF avionics] бортовой комплекс аппаратуры связи, навигации и опознавания государственной принадлежности
iCOMP [Intel comparative microprocessor performance] единица измерения относительной производительности процессоров (*по сравнению с процессором 486SX-25*), индекс iCOMP
iCOMP 2.0 [Intel comparative microprocessor performance 2.0] единица измерения относительной производительности процессоров (*по сравнению с процессором Pentium, 120 МГц*), индекс iCOMP 2.0
ICOT [Institute for New Generation Computer Technology] Институт вычислительной техники нового поколения (*США*)
ICP 1. [integrated circuit package] **1.** интегральный модуль **2.** корпус ИС **2.** [International Classification of Patents] Международная классификация патентов
ICPEM [Independent Computer Peripheral Equipment Manufactures] Организация независимых производителей периферийного компьютерного оборудования
ICPM [incidental carrier phase modulation] побочная фазовая модуляция несущей
ICR [in-circuit reconfigurable] с возможностью (динамического) внутрисхемного (пере)конфигурирования, (динамически) внутрисхемно (пере)конфигурируемый
ICS [IBM Cabling System] система спецификации кабелей корпорации IBM, спецификация ICS

ICTS [inter-city telecommunications system] система междугородной связи

ICU [interactive chart utility] утилита ICU, интерактивная программа для работы с двумерной графикой

ICW [initialization command word] имя команды инициализации; команда инициализации

ICWTD [Independent Commission for World-Wide Telecommunication Development] Независимая комиссия по развитию всемирной электросвязи

ID 1. [identification] идентификация; опознавание; распознавание 2. [identification data] идентификационные данные 3. [identifier] 1. устройство идентификации; устройство опознавания; устройство распознавания; система идентификации; система опознавания; система распознавания 2. идентификатор 4. [input detector] *тлф* обнаружитель вызова 5. [instruction decoder] декодер инструкций

ID3 [iterative dichotomizer 3] алгоритм ID3, итерационный дихотомический алгоритм построения дерева решений из набора данных

IDC 1. [insulation-displacement connector] соединитель с подрезкой и смещением изоляции (*для заделки ленточных кабелей*), соединитель типа IDC 2. [International Data Corporation] корпорация International Data

IDCT [indirect discrete cosine transform] непрямое дискретное косинусное преобразование

IDDE [integrated development and debugging environment] интегрированная среда разработки и отладки (программ)

IDE 1. [integrated development environment] интегрированная среда разработки (программ) 2. [integrated device electronics] 1. интерфейс (дисковода) с встроенной электроникой управления, интерфейс (стандарта) IDE; интерфейс (стандарта) ATA 2. стандарт IDE; стандарт ATA 3. устройство с интерфейсом (стандарта) IDE, IDE-устройство

IDEA [international data encryption algorithm] 1. алгоритм IDEA, стандартный международный алгоритм симметричного блочного шифрования данных с 128-битным ключом 2. (блочный) шифр (стандарта) IDEA

IDFT [inverse discrete Fourier transform] обратное дискретное преобразование Фурье, ОДПФ

IDL [International Date Line] Международная линия перемены даты

IDLC [ISDN data link control] управление каналами передачи данных в сетях стандарта ISDN, протокол IDLC

IDLE [International Date Line East] восточная часть часового пояса Международной линии перемены даты

IDLW [International Date Line West] западная часть часового пояса Международной линии перемены даты

IDN [integrated digital network] объединённая цифровая сеть

IDP [integrated data processing] комплексная обработка данных

IDR [interdecile range] интердецильный размах

IDS 1. [interactive design system] интерактивная [диалоговая] система проектирования 2. [intrusion detection system] система обнаружения (несанкционированного) вторжения *или* проникновения (*напр. в вычислительную сеть*); *проф.* система обнаружения «взлома» (*напр. системы*)

IDSL [ISDN digital subscriber line] цифровая абонентская линия для сетей (стандарта) ISDN, линия типа IDSL

IDT [interdigital transducer] встречно-штыревой [встречно-гребенчатый] преобразователь

IDTR [interrupt descriptor table register] регистр дескриптора таблицы прерываний

IDVM [integrating digital voltmeter] интегрирующий цифровой вольтметр

IE [Internet Explorer] *вчт* программа просмотра для Internet корпорации Microsoft, браузер Internet Explorer

IEC 1. [identification data error correction] идентификационные данные о коррекции ошибок 2. [injection emitter coupling] инжекторная эмиттерная связь 3. [International Electrotechnical Commission] Международная электротехническая комиссия, МЭК

IEEE [Institute of Electrical and Electronics Engineers] Институт инженеров по электротехнике и радиоэлектронике

IEEECS [Institute of Electrical and Electronics Engineers Computer Society] Компьютерное общество Института инженеров по электротехнике и электронике

IEMP [internal electromagnetic pulse] внутренний электромагнитный импульс при ядерном взрыве

IEN [integrated enterprise network] объединённая сеть масштаба предприятия

IEPG [Internet Engineering and Planning Group] Группа развития и управления Internet

IES [information exchange system] система обмена информацией

IESG [Internet Engineering Steering Group] Группа технического управления Internet

IETF [Internet Engineering Task Force] Оперативное техническое подразделение Internet

IF 1. [intermediate frequency] промежуточная частота, ПЧ 2. [interrupt enable flag] флаг разрешения прерываний

IFAC [International Federation of Automatic Control] Международная федерация по автоматическому управлению

IFAM [initial and final address message] начальное и конечное адресное сообщение

IFF 1. [identification friend-or-foe] радиолокационное опознавание государственной принадлежности цели 2. [interchange file format] (файловый) формат IFF, (файловый) формат для обмена структурированными данными

iff [if and only if] тогда и только тогда

IFIP [International Federation for Information Processing] Международная федерация по обработке информации

IFRB [International Frequency Registration Board] Международный комитет по регистрации частот

IFS 1. [installable file system] система инсталлируемых файлов, система IFS, драйвер файловых систем, программа FSD 2. [internal field separators] внутренние разделители поля 3. [iterated function system] система итерируемых функций

IFU [instruction fetch unit] блок выборки команд

IG 1. [inertial guidance] 1. инерциальное наведение 2. инерциальная система наведения **2.** [insulated gate] изолированный затвор

IGES [International graphic exchange standard, initial graphics exchange specification] Международный стандарт обмена графической информацией, стандарт IGES

IGFET [insulated-gate field-effect transistor] полевой транзистор с изолированным затвором, (полевой) МДП-транзистор

IGMP [Internet group management protocol] межсетевой протокол группового администрирования, протокол IGMP

IGP 1. [integrated graphics processor] интегрированный графический процессор **2.** [interior gateway protocol] внутренний (меж)шлюзовый протокол, протокол IGP

IGRP 1. [Internet gateway routing protocol] (меж)шлюзовый протокол маршрутизации в Internet, протокол IGRP **2.** [interior gateway routing protocol] протокол внутренней маршрутизации между шлюзами, протокол IGRP

IGS [interactive graphic system] интерактивная [диалоговая] графическая система

IGU [I give up] «отказываюсь», «сдаюсь», «больше не могу» (*акроним Internet*)

IH [information highway] *вчт проф.* информационная магистраль (*глобальная высокоскоростная сеть передачи цифровых данных, речи и видеоинформации по спутниковым, кабельным и оптоволоконным линиям связи*)

IHF [Institute of High Fidelity] Институт высокой верности воспроизведения

IHW [input highway] входная магистраль

II [interruptibility index] *вчт* индекс прерываемости

IIC [inter-integrated circuit] двухпроводная шина для обмена данными между низкоскоростными устройствами

IID [interaural intensity difference] интерауральная разность интенсивности (звука)

i.i.d. [independent, identically distributed] независимый с идентичным распределением (*напр. о выборке*)

IIL [integrated injection logic] интегральные логические схемы с инжекционным питанием, интегральная инжекционная логика, И²Л; И²Л-схема

IIOP [internet inter-ORB protocol] межсетевой протокол брокера объектных запросов, протокол ПОР

IIR [infinite impulse response] импульсная характеристика бесконечной длительности, БИХ

IIRC [if I recall (remember) correctly] «насколько я помню» (*акроним Internet*)

IKE [Internet key exchange] 1. обмен ключами в Internet 2. протокол обмена ключами в Internet, протокол IKE

IL 1. [insertion loss] 1. вносимые потери 2. холодные потери (*разрядника*) **2.** [interlaced] чересстрочный; скачковый (*о развёртке*)

I²L [integrated injection logic] интегральные логические схемы с инжекционным питанием, интегральная инжекционная логика, И²Л; И²Л-схема

I³L [isoplanar integrated injection logic] изопланарные интегральные логические схемы с инжекционным питанием, изопланарная интегральная инжекционная логика, И³Л; И³Л-схема

ILB [inner lead bond] соединение проводников выводной рамки с выводами кристалла

ILD [injection laser diode] лазерный диод, инжекционный лазер

ILF [infralow frequency] инфранизкая частота, ИНЧ

ILS 1. [indirect least squares] косвенный метод наименьших квадратов **2.** [instrument-landing system] система инструментальной посадки, система посадки по приборам

IM [intermodulation] интермодуляция

IMA 1. [I might add] акроним Internet «хотел бы добавить» **2.** [Interactive Multimedia Association] Ассоциация производителей интерактивных мультимедийных средств **3.** [invalid memory address] недопустимый адрес ячейки *или* области памяти

IMAC [ISDN media access control] уровень управления доступом к среде в сетях (стандарта) ISDN

IMAP [Internet mail access protocol] протокол доступа к (электронной) почте в Internet, протокол IMAP

IMC [intermetallic compound] интерметаллическое соединение

IMD [intermodulation distortion] интермодуляционные искажения

IMEI [international mobile (station) equipment identity] международный идентификационный номер оборудования подвижной станции

IMG [image] файловый формат IMG в менеджере графического окружения, файловый формат IMG графического интерфейса пользователя GEM (*фирмы Digital Research*)

IMHO [in my humble opinion] «по моему скромному мнению» (*акроним Internet*)

IMM 1. [immediate assignment message] сообщение о немедленном предоставлении каналов **2.** [Institute of Molecular Manufacturing] Институт молекулярной технологии (*Пало-Альто, США*)

IMO [in my opinion] «по моему мнению» (*акроним Internet*)

IMOS [ion-metal-oxide-semiconductor] МОП-структура, изготовленная методом ионной имплантации

IMP 1. [interface message processor] интерфейсный процессор сообщений **2.** [integral multiprotocol processor] интегральный мультипротокольный процессор **3.** [internal message protocol] протокол внутренних [служебных] сообщений, протокол IMP

IMPATT [impact avalanche and transit time (diode)] лавинно-пролётный диод, ЛПД

IMR 1. [integrated multiport repeater] интегральный многопортовый повторитель **2.** [Internet Monthly Report] ежемесячный отчёт о деятельности Internet

IMS 1. [information management system] (иерархическая) система управления базами данных корпорации IBM, (иерархическая) СУБД корпорации IBM, система IMS **2.** [intelligent messaging service] интеллектуальная служба передачи сообщений

IMSI [international mobile subscriber identity] международный идентификационный номер подвижного абонента

IMT [impulse-modulated telemetering] телеметрическая система с импульсной модуляцией

IMU [inertial measurement unit] блок инерциальных измерений

IN [intelligent network] интеллектуальная сеть

in [input] 1. вход 2. входной сигнал

INCH [integrated chopper] интегральный прерыватель
incr [increment] 1. коэффициент нарастания, инкремент 2. положительное приращение, инкремент
ind [inductance] 1. индуктивность 2. катушка индуктивности
Indeo [Intel video] система Indeo для воспроизведения «живого» видео с разрешением 320x240 пикселей
inf 1. [infinum] точная нижняя граница, инфинум 2. [information] информация
info [information] информация
infomercial [information commercial] рекламная передача в форме информационного сообщения *или* ток-шоу
infopreneur [information entrepreneur] предприниматель, занимающийся сбором, обработкой и предоставлением информации
infosec [information security] 1. информационная безопасность 2. защита информации, защита данных
infotainment [information entertainment] освещение новостей в развлекательной форме
inh [inhibit input] запрещающий входной сигнал
INIC 1. [current-inversion negative-immittance converter] преобразователь отрицательных иммитансов с инверсией тока 2. [current-inversion negative-impedance converter] преобразователь отрицательных сопротивлений с инверсией тока
INL [integral nonlinearity] интегральная нелинейность
INM [Internet network management] сетевое администрирование Internet
INMARSAT [International Maritime Satellite Telecommunications Organization] 1. Международная организация морской спутниковой связи, ИНМАРСАТ 2. система ИНМАРСАТ (*среднеорбитальная глобальная спутниковая система подвижной связи для обслуживания морских и сухопутных объектов*)
INN [InterNetNews] программное обеспечение серверов межсетевых новостей, программный пакет INN
INOC [Internet Network Operations Center] Центр сетевых операций Internet
INPADOC [International Patent Documentation Center] Международный центр патентной документации
INRIA [Institut National de Recherche en Informatique et Automatique] Национальный институт исследований по информатике и автоматизации (*Франция*)
INT [interrupt] 1. прерывание 2. сигнал прерывания
int 1. [integer] целое (число) 2. [international] имя домена верхнего уровня для международных организаций
INTA [International Trademark Association] Международная ассоциация торговли
INTC [intelligent network termination chip] интеллектуальная сетевая оконечная ИС
INTELSAT [International Telecommunications Satellite (Organization)] Международная организация спутниковой электросвязи, ИНТЕЛСАТ, INTELSAT
INTERMAG [International Conference on Magnetics] Международная конференция по магнетизму
InterNIC [Internet Network Information Center] Информационный центр сети Internet
INTPT [interrupt] 1. прерывание 2. сигнал прерывания
intro [introduction] введение, вводная часть; предисловие

IO, I/O [input/output] ввод-вывод
I₂O [intelligent input/output] архитектура интеллектуальных устройств ввода/вывода, стандарт I₂O
IOB [input/output block] блок ввода-вывода
IOC 1. [input-output controller] контроллер ввода-вывода 2. [integrated optical circuit] оптическая ИС
IOCHK [input/output check] контроль (канала) ввода/вывода
IOCS [input/output control system] система управления вводом-выводом
IOI [International Olympiad in Informatics] Международная олимпиада по информатике
IOM [ISDN-oriented modular (architecture and interfaces)] модульная архитектура и интерфейсы для сетей стандарта ISDN, стандарт IOM
ION [intelligent optical network] интеллектуальная волоконно-оптическая сеть
IOPL [input/output privilege level] уровень привилегий ввода/вывода
IOR [input/output register] регистр ввода-вывода
IOS 1. [internetwork operating system] IOS, сетевая операционная система фирмы Cisco Systems 2. [inter-organization system] межорганизационная система, система IOS
IOT [intraoffice trunk] внутристанционная соединительная линия
IOW [in other words] «иными словами» (*акроним Internet*)
IP 1. [information provider] 1. поставщик [провайдер] информации 2. источник информации 2. [integer programming] целочисленное программирование 3. [intellectual property] интеллектуальная собственность 4. [Internet protocol] протокол передачи данных в Internet, протокол IP 5. [internet protocol] межсетевой протокол 6. [instruction pointer] указатель команд 7. [interrupt priority] приоритет прерывания
IPA 1. [intermediate power amplifier] усилитель среднего уровня мощности 2. [International Phonetic Alphabet] Международный фонетический алфавит 3. [isopropyl alcohol] изопропиловый спирт
IPACS [interactive pattern analysis and classification system] интерактивная система анализа и классификации образов
IPARS [International Programmable Airline Reservation System] Международная автоматическая система бронирования авиабилетов, система IPARS
IPC 1. [information processing center] центр обработки информации 2. [interprocess communication] средства обеспечения взаимодействия процессов
IPEI [international portable equipment identity] международный идентификационный номер портативной станции
IPES [improved proposed encryption standard] 1. стандарт блочного шифрования IPES, промежуточный вариант стандарта IDEA 2. (блочный) шифр (стандарта) IPES, промежуточный вариант шифра IDEA
IPI [intelligent peripheral interface] интеллектуальный периферийный интерфейс
IPL 1. [initial program load] начальная загрузка, самозагрузка 2. [initial program loader] программа начальной загрузки, начальный загрузчик
IPL-V [Information Processing Language Five] язык обработки списков для задач эвристического типа, язык программирования IPL-V

IPLS [instant program locating system] система автоматического поиска начала фрагментов записи при любом направлении движения ленты

IPM [integrated process management] интегрированное управление процессом

ipm [interruptions per minute] число прерываний в минуту

IPng [IP next generation] (протокол) IP следующего поколения

IPOS [insulation by porous oxidized silicon] изоляция пористым оксидированным кремнием

IPS [in-plane switching] изменение ориентации (*напр. доменов*) в плоскости слоя

IPsec [Internet protocol security] протокол безопасности при использовании протокола IP, протокол IPsec

IPSP [inhibitory postsynaptic potential] ингибиторный постсинаптический потенциал

IPSS 1. [integrated packet switching service] объединённая служба коммутации пакетов 2. [international packet switched service] международная служба пакетной коммутации

IPT [Internet Protocol telephony] телефония по протоколу передачи данных в Internet, телефония по протоколу IP, IP-телефония

IPUI [international portable user identity] международный идентификационный номер пользователя портативной станции

Ipv4 [IP version 4] (протокол) IP версии 4, действующий в настоящее время протокол IP

Ipv6 [IP version 6] (протокол) IP версии 6, разрабатываемой для замены ныне действующей версии протокола IP

IPX [internetwork packet exchange] 1. межсетевой обмен пакетами 2. протокол межсетевого обмена пакетами, (дейтаграммный) протокол IPX (фирмы Novell)

IQ [intelligence quotient] коэффициент интеллектуального развития, IQ-фактор

IQR [interquartile range] интерквартильный размах

IR 1. [individual reception] приём на индивидуальную антенну 2. [infrared] 1. инфракрасная [ИК-] область спектра 2. инфракрасный 3. [innovations representation] порождающее представление 4. [instruction register] регистр команды 5. [internal resistance] внутреннее сопротивление 6. [Internet registry] центр регистрации сетей Internet 7. [interrogator-responder] *рлк* запросчик

ir [infrared] 1. инфракрасная [ИК-] область спектра 2. инфракрасный

IRAC [Interdepartment Radio Advisory Committee] Межведомственный консультативный комитет по радиосвязи

iraser [infrared laser] лазер ИК-диапазона, иразер

IRB [interruption request block] блок запроса прерываний

IRC 1. [Information Resource Commission] Комиссия по информационным ресурсам 2. [international record carrier] международная линия передачи документальной информации 3. [Internet relay chat] система групповых дискуссий в Internet, система IRC

IRCCD [infrared charge-coupled device] преобразователь ИК-излучения на ПЗС

IRCCM [infrared counter-countermeasures] противодействие преднамеренным помехам в ИК-диапазоне

IRCM [infrared countermeasures] электронное подавление в ИК-диапазоне

IRCP [Internet relay chat protocol] протокол системы групповых дискуссий в Internet, протокол IRC

IrDA [Infrared Data Association] 1. Ассоциация специалистов по проблемам передачи данных в инфракрасном диапазоне 2. стандарт на передачу данных в инфракрасном диапазоне, стандарт IrDA

IRE [Institute of Radio Engineers] Институт радиоинженеров, ИРИ

IRET [return from interrupt] возврат из прерывания

IRFET [infrared sensing (metal-oxide-semiconductor) field-effect transistor] (полевой) МОП-транзистор, чувствительный к ИК-излучению

IRG [inter-record gap] межблочный (защитный) интервал

IRIS [infrared interferometer spectrometer] фурье-спектрометр ИК-диапазона

IRRAD [infrared range and direction detection] ИК-локация; радиотеплолокация

IRS [information retrieval system] информационно-поисковая система, ИПС

IRST [infrared signal translator] преобразователь ИК-сигналов

IRTF [Internet Research Task Force] Оперативное научно-исследовательское подразделение Internet

IS 1. [information separator] разделитель информации; разделитель данных (*напр. при передаче*) 2. [information superhighway] *вчт проф.* информационная магистраль (*глобальная высокоскоростная сеть передачи цифровых данных, речи и видеоинформации по спутниковым, кабельным и оптоволоконным линиям связи*) 3. [intermediate system] промежуточная система 4. [internal shield] внутренний экран 5. [interrupt status (register)] регистр статуса прерывания 6. [ionospheric scatter] ионосферное рассеяние

ISA 1. [industry standard architecture] 1. стандартная промышленная архитектура, архитектура стандарта ISA; стандарт ISA 2. шина (расширения) со стандартной промышленной архитектурой, шина (расширения с архитектурой стандарта) ISA 2. [Instruments Society of America] Американское общество измерительных приборов 3. [International Standards Association] Международная ассоциация стандартов 4. [Internet server application] прикладная программа Internet-сервера 5. [invalid storage address] недопустимый адрес ячейки *или* области памяти

ISAM [index sequential access method] индексно-последовательный метод доступа

ISAPI [Internet server application programming interface] 1. интерфейс прикладного программирования сервера сети Internet, интерфейс (стандарта) ISAPI 2. стандарт ISAPI

ISB [independent sidebands] *тлф* независимые боковые полосы

ISBN [International Standard Book Number] Международный стандартный числовой код для книжной продукции, ISBN

ISC [international switching center] международный коммутационный центр

ISCA [International Computer Security Association] Международная ассоциация компьютерной безопасности

ISCAN [inertialess steerable communication antenna] (связная) антенна с безынерционным управлением диаграммой направленности

ISCTC [Inter-Service Components Technical Committee] Межведомственный технический комитет по радиокомпонентам

ISD [international subscriber dialing] автоматическое установление международного соединения

ISDEF [Independent Software Developers Forum] Форум независимых разработчиков программного обеспечения

ISDN [integrated services digital network] 1. глобальная цифровая сеть с комплексными услугами, сеть (стандарта) ISDN 2. всемирный стандарт для цифровых сетей с комплексными услугами, стандарт ISDN

ISDN DSL [ISDN digital subscriber line] цифровая абонентская линия для сетей (стандарта) ISDN, линия типа IDSL

ISEM [improved standard electronic module] усовершенствованный стандартный электронный модуль

ISETL [interactive set language] интерактивный язык множеств, язык программирования ISETL

ISFET [ion-sensitive field-effect transistor] ионно-селективный полевой транзистор

ISI 1. [Institute of Scientific Information] Институт научной информации (*США*) 2. [intersymbol interference] межсимвольная интерференция

IS-IS [intermediate system to intermediate system] протокол обмена «промежуточная система - промежуточная система»

ISL [integrated Schottky logic] интегральные транзисторные логические схемы с барьерами Шотки

ISM [industrial, scientific and medical] полоса частот, отведенная для промышленной, научной и медицинской радиослужбы (918 МГц, 2450 МГц, 5800 МГц, 22500 МГц)

ISO [International Organization for Standardization] 1. Международная организация по стандартизации 2. стандарт ISO, стандарт Международной организации по стандартизации 3. система ISO для обозначения чувствительности фотоэмульсии

ISO 8859-5 [International Organization for Standardization 8859-5] код ISO 8859-5 (*для отображения латинских символов и кириллицы*)

ISOC [Internet Society] Общество Internet, Международная профессиональная организация Internet Society

ISODE [ISO development environment] среда разработки ISO; реализация верхних уровней модели *ISO/OSI*

ISO/IEC [International Organization for Standardization / International Electrotechnical Commission] стандарт ISO/IEC, стандарт Международной комиссии по стандартизации и Международной электротехнической комиссии

ISO Latin-1 [International Organization for Standardization Latin-1] код ISO Latin-1, расширенный код ASCII (*для отображения латинских, управляющих и специальных символов*)

ISO/OSI [International Organization for Standardization / open system interconnection] стандарт взаимодействия открытых систем, стандарт ISO/OSI

ISP 1. [indexed sequential processing] индексно-последовательная обработка (*данных*) 2. [instruction set processor] процессор системы команд 3. [in-system programmable] с возможностью внутрисистемного (пере)программирования, внутрисистемно (пере)программируемый 4. [internally striped planar (structure)] внутренняя полосковая планарная структура (*полупроводникового лазера*) 5. [Internet service provider] предоставитель [провайдер] услуг Internet

ISR [information storage and retrieval] хранение и поиск информации

ISRC [international standard recording code] код записи по международному стандарту

ISS [Information Security Systems] компания Information Security Systems, компания ISS

ISSA [Information Systems Security Association] Ассоциация обеспечения безопасности информационных систем (*США*)

ISSCC [International Solid-State Circuit Conference] Международная конференция по твердотельным схемам

ISSN [International Standard Serial Number] Международный стандартный числовой код для серийных изданий, ISSN

ISTD [in-situ testability design] проектирование с обеспечением внутрисхемного тестирования

ISU [International System of Units] Международная система единиц, СИ

ISV [independent software vendor] независимый поставщик программного обеспечения

IT 1. [information technology] информационная техника, *проф.* информационная технология, ИТ 2. [information theory] теория информации 3. [interdigital transistor] транзистор с эмиттером встречно-штыревого [встречно-гребенчатого] типа

ITA [Independent Television Authority] Независимое телевизионное агентство (*Великобритания*)

ITC 1. [International Telecommunication Convention] Международная конвенция электросвязи 2. [ionic thermoconductivity] ионная удельная теплопроводность

ITD [interaural time difference] интерауральная разность времени прихода (звука), интерауральная задержка (звука)

ITE [Institute of Telecommunications Engineers] Институт инженеров электросвязи

ITFS [instructional television fixed service] фиксированная служба учебного телевидения

ITG [Internet telephony gateway] шлюз для Internet-телефонии, IT-шлюз

ITS 1. [insertion test signal] сигнал испытательной строки 2. [international telecommunications service] Международная служба электросвязи 3. [Internet telephony server] сервер для Internet-телефонии, IT-сервер

IT/S [information technologies and systems] информационные технологии и системы, ИТ/С

ITSP [Internet telephony service provider] предоставитель [провайдер] услуг Internet-телефонии

ITU 1. [International Telecommunications Union] Международный союз электросвязи, МСЭ

ITU-T [International Telecommunications Union – Telecommunications] Комитет по телекоммуникациям Международного союза электросвязи

ITU-TSS [International Telecommunications Union – Telecommunications Standardization Sector] Сектор стандартизации телекоммуникаций Международного союза электросвязи

ITV 1. [industrial television] промышленное телевидение 2. [instructional television] учебное телевидение

IV 1. [initial value] 1. начальное значение 2. затравочное значение 2. [initialization vector] затравочный вектор 3. [initializing value] затравочное значение 4. [instrumental variable] инструментальная переменная 5. вольт-амперная характеристика, ВАХ

IVD [inside vapor deposition] внутриобъёмное осаждение из паровой фазы

IVDT [integrated voice data terminal] интегрированный голосовой [речевой] терминал передачи данных

IVFS [interval-valued fuzzy sets] метод интервального оценивания нечётких множеств, метод IVFS

IVR [interactive voice response] система интерактивного голосового [интерактивного речевого] ответа, система IVR (*в компьютерной телефонии*)

IVS [interactive voice system] интерактивная голосовая [интерактивная речевая] система, программа семейства IVS

I-Way [information highway] *вчт проф.* информационная магистраль (*глобальная высокоскоростная сеть передачи цифровых данных, речи и видеоинформации по спутниковым, кабельным и оптоволоконным линиям связи*)

IWF [interworking function] функция межсетевого обмена

IWU [internetwork unit] межсетевое устройство

IX [interexchange] междугородная телефонная сеть

IXC [inter-exchange carrier] 1. межстанционная телефонная сеть 2. владелец межстанционной телефонной сети

IYFEG [insert your favorite ethnic group] «введите название вашей любимой этнической группы» (*акроним Internet*)

IYKWIM [if You know what I mean] «если вы понимаете, что я имею в виду» (*акроним Internet*)

IYKWIMAITYD [if You know what I mean and I think You do] «если вы понимаете, что я имею в виду, а я думаю, что вы понимаете» (*акроним Internet*)

J 1. [jack] гнездо 2. [joint] 1. соединение; сочленение; стык; контакт; место контакта; граница 2. сустав (*напр. робота*) 3. стык (*в системе передачи данных*) 4. узел (*1. вчт узел сети 2. узел сетки (при интерполяции)* 3. *контактный узел*) 3. [joule] джоуль, Дж 4. [junction] 1. соединение; сочленение ; стык; контакт; место контакта; граница 2. *пп, фтт* переход (*между разнородными материалами*) 3. разветвление (*волноводов*) 4. узел (*электрической цепи*) 5. (допустимое) буквенное обозначение *i*-го (2≤i≤26) логического диска, съёмного устройства памяти *или* компакт-диска (*в IBM-совместимых компьютерах*)

JAD [joint application development] совместная разработка приложений, совместная разработка прикладных программ

JANET [Joint Academic NETwork] Объединённая университетская сеть Великобритании

JAR, jar [Java archive] 1. формат архивных файлов в Java, файловый формат JAR 2. расширение имени файла формата JAR

Java-OS [Java operation system] операционная система Java-OS

JBOD [just a bunch of drives] массив независимых (жёстких) дисков

JC [jump on carry] переход по переносу

jc [junction] переход

JCL [job control language] язык управления заданиями (*1. командный язык 2. язык JCL*)

JDBC [Java database connectivity] интерфейс связи с базами данных для платформы Java, интерфейс стандарта JDBC

JDC 1. [Japanese cellular system] японская цифровая система сотовой подвижной радиотелефонной связи, система (стандарта) JDC 2. [Java Developer Connection] служба поддержки пользователей Java, служба JDC

JDK [Java development kit] пакет программ для разработки приложений на языке Java

JEDEC [Joint Electronic Devices Engineering Council] Объединённый технический совет по электронным приборам

JEIDA [Japan Electronic Industry Development Association] Японская ассоциация развития электронной промышленности

JES [job entry system] система ввода заданий

JETEC [Joint Electron-Tube Engineering Council] Объединённый технический совет по электронным лампам

JFC [Java Foundation Classes] библиотека базовых классов для объектно-ориентированного программирования в среде Java, библиотека (классов) JFS

JFET, j-FET [junction(-gate) field-effect transistor] полевой транзистор с управляющим $p - n$ — переходом

JI [Josephson interferometer] сверхпроводящий квантовый интерференционный датчик, сквид

JIDL [Java interface definition language] язык определения (программных) интерфейсов Java, язык JIDL

JIRA [Japanese Industrial Robot Association] Японская ассоциация промышленных роботов

JIT [just-in-time] «точно в нужный момент времени» (*1. метод динамической компиляции для ускорения исполнения JAVA-приложений, метод JIT 2. концепция организации бизнес-процессов, концептуальная система JIT*)

JJ [Josephson junction] переход Джозефсона, джозефсоновский переход

JL [jamming locator] пеленгатор источников активных преднамеренных помех

JM [jump on minus] переход по знаку минус

JMP [jump] *вчт* переход

JNC [jump on no carry] переход по отсутствию переноса

JNDI [Java naming and directory interface] интерфейс для служб каталогов и именования в Java, (программный) интерфейс JNDI

JOVIAL [Jules' own version of the international algorithmic language] язык программирования Jovial

JP [jump on positive] переход по знаку плюс

JPE [jump on parity even] переход по чётности

JPEG [Joint Photographic Expert Group] 1. Объединённая группа экспертов по фотографии, JPEG 2. алгоритм JPEG (для сжатия видеоданных о изображениях неподвижных объектов) 3. графический формат JPEG

JPO [Jump on parity odd] переход по нечётности

JRE [Java runtime environment] среда исполнения Java, среда JRE

JRMI [Java remote method invocation] метод удалённого вызова Java-процедур, метод JRMI

JSD [Jackson system development] модифицированная система структурного программирования, система Джексона, система JSD

JSS [joint surveillance system] *рлк* объединённая система обзора воздушного пространства

JST [Japan Standard time] Японское время

Jst [jamming station] станция активных преднамеренных помех

JTAG [Joint Test Action Group] 1. Объединённая группа (Института инженеров по электротехнике и радиоэлектронике) по тестированию, JTAG 2. стандарт Объединённой группы (Института инженеров по электротехнике и радиоэлектронике) по тестированию для интегральных схем, стандарт JTAG (для тестирования интегральных схем), стандарт IEEE 1149.1 (для тестирования интегральных схем) 3. последовательный интерфейс (стандарта) JTAG (для тестирования цифровых устройств)

JTIDS [joint tactical information distribution system] объединённая тактическая система распределения информации

JUGFET [junction-gate field-effect transistor] полевой транзистор с управляющим *p – n*-переходом

JVM [Java virtual machine] виртуальная машина Java

JZ [jump on zero] переход по нулю

К 1. [kelvin] Кельвин, К **2.** [key] 1. ключ 2. телеграфный ключ; манипулятор 3. клавишный *или* кнопочный переключатель (с самовозвратом); клавиша; кнопка 4. *микр.* реперные знаки, знаки совмещения (*напр. на фотошаблоне*) 5. список сокращений, условных обозначений *или* помет 6. тон; тембр; высота (*звука*) 7. тональность; лад 8. клапан (*духового музыкального инструмента*) 9. тон; тона; гамма тонов (*изображения*) 10. фон; задний план (*в видеотехнике*) 11. тлв электронная рир-проекция; *вчт* замена *или* редактирование фона изображения программными и аппаратными средствами 12. чёрный (цвет) (*в системе CMYK и цветовой модели CMYK*) 13. шпонка; шпилька; клин **3.** [Kilo-] *вчт* Кило..., К, 2^{10} **4.** условное обозначение катода **5.** [klystron] клистрон **6.** (допустимое) буквенное обозначение *i*-го ($2 \leq i \leq 26$) логического диска, съёмного устройства памяти *или* компакт-диска (*в IBM-совместимых компьютерах*)

k [kilo-] кило..., к, 10^3

KA9Q реализация протокола TCP/IP и других протоколов семейства для любительских пакетных радиосетей

KAR [Kodak autopositive resist] автопозитивный (фото)резист фирмы «Кодак»

KB [keyboard] клавиатура, клавишный пульт; кнопочный пульт

k-base [knowledge base] база знаний

KBDSS [knowledge-based decision support system] основанная на знании система поддержки принятия решений, система KBDSS

KBI [keyboard interrupt] прерывание от клавиатуры

KBMS [knowledge-based management system] основанная на знании система управления, система KBMS

KBS 1. [kilobits per second] килобит в секунду **2.** [knowledge-based system] основанная на знании система, система KBS

KCL [Kirchhoff's current law] правило Кирхгофа для токов

KCPR [Kodak carbon photoresist] фоторезист с добавкой углерода фирмы «Кодак»

KDC [key distribution center] центр распределения ключей DES, распределяющий ключи DES компьютер

KDD [knowledge discovery in databases] обнаружение новых знаний в базах данных

KDP [potassium dihydrogen phosphate] дигидрофосфат калия, первичный кислый фосфат калия, ПКФК

KEPROM [keyed-access erasable programmable read-only memory] стираемое программируемое ПЗУ с доступом по ключу

KIF [knowledge-intensive firm] фирма с активным использованием знаний

KIS [Knowbot information service] объединённая информационная справочная служба Knowbot в Internet (*Knowbot – акроним от knowing и robot*)

KISS [keep it simple, stupid] **1.** принцип отрицания неоправданных усложнений, принцип KISS **2.** «не усложняй, глупый» (*акроним Internet*)

KLA [klystron amplifier] клистронный усилитель

KLIPS [k logical inferences per second] k логических выводов (*из суждений*) за секунду

KLO [klystron oscillator] клистронный генератор

kM [kilomega-] гига..., Г, 10^9

KMER [Kodak metal-etch (photo)resist] фоторезист фирмы «Кодак» для литографии по металлу

KMNR [Kodak micronegative resist] негативный (фото)резист типа KMNR фирмы «Кодак»

KNI [Katmai new instructions] новый набор команд Katmai (*ядра процессоров Pentium III*), набор KNI, второй вариант расширения системы команд центрального процессора для реализации SIMD-архитектуры, *проф.* MMX2-технология

KOR [Kodak orthoresist] фоторезист фирмы «Кодак», чувствительный к длинноволновой части видимого спектра

KP [Kodak photoresist] фоторезист фирмы «Кодак»

KPL [Kodak photosensitive lacquer] фоточувствительный лак фирмы «Кодак»

KQML [knowledge query and manipulation language] язык запросов и манипулирования знаниями, язык (общения агентов) KQML

KSR [keyboard send/receive] телетайп

kshell [Korn shell] командный процессор Korn (*для UNIX*)

KTFR [Kodak thin-film resist] тонкоплёночный резист фирмы «Кодак»

KTR [keyboard typing reperforator] печатающий реперфоратор с клавиатурой

KVL [Kirchhoff's voltage law] правило Кирхгофа для напряжений

KWIC [keyword-in-context] 1. ключевое слово в контексте 2. (автоматический) поиск по ключевым словам в контексте

L 1. [Lambert] ламберт, Лб **2.** [leading edge] фронт (*импульса*) **3.** [left] левый (*напр. стереоканал*) **4.** [longitudinal] продольный **5.** индуктивность (*условное обозначение*) **6.** (допустимое) буквенное обозначение i-го ($2 \leq i \leq 26$) логического диска, съёмного устройства памяти *или* компакт-диска (*в IBM-совместимых компьютерах*)

L2F [layer-2 forwarding] протокол пересылки сообщений 2-го уровня в модели ISO/OSI, протокол L2F

L2TP [layer-2 tunneling protocol] протокол туннелирования 2-го уровня в модели ISO/OSI, протокол L2TP

L8R [later] «позже» (*акроним Internet*)

LA [LocalTalk adapter] адаптер для локальной вычислительной сети AppleTalk

LAAS [local area augmentation system] локальная система радиоопределения местоположения с спутниковыми ответчиками на частоте запроса, система LAAS

lab [laboratory] лаборатория

L*a*b* 1. [lightness-a-b] 1. колориметрическая система «светлота – (цветовая) a-компонента – (цветовая) b-компонента», колориметрическая система L*a*b* (*для несамосветящихся объектов*) 2. цветовая модель L*a*b* (*для несамосветящихся объектов*) 3. светлота – (цветовая) a-компонента – (цветовая) b-компонента, L*a*b* (*координаты колориметрической системы L*a*b* и цветовой модели L*a*b* для несамосветящихся объектов*) **2.** [luminance-a-b] 1. колориметрическая система «яркость – (цветовая) a-компонента – (цветовая) b-компонента», колориметрическая система L*a*b* (*для самосветящихся объектов*) 2. цветовая модель L*a*b* (*для самосветящихся объектов*) 3. яркость – (цветовая) a-компонента – (цветовая) b-компонента, L*a*b* (*координаты колориметрической системы L*a*b* и цветовой модели L*a*b* для самосветящихся объектов*)

LADS [low-altitude detection system] система обнаружения низколетящих целей

LADT [local area data transport] передача данных в локальной сети

LAI [location area identification] идентификационный номер зоны расположения

LAM [linear associative memory] линейная ассоциативная память (*тип нейронных сетей*)

LAN [local area network] локальная сеть

lanac [laminar (air) navigation (and) anticollision (system)] радионавигационная система с активным ответом для предупреждения столкновений самолётов, система lanac

LANCE [local area network controller for Ethernet] ИС AM7990 на плате контроллера Fitabyte для локальной сети Ethernet

LANE [local area network emulation] эмуляция локальных сетей, метод LANE

LAP [link access protocol] протокол LAP, общее название семейства протоколов доступа к каналу связи и коррекции ошибок для сетей различного типа

LAPB [link access protocol - balanced] протокол коррекции ошибок в стандарте X.25 для вычислительных сетей с пакетной коммутацией, протокол LAPB

LAPD [link access protocol – digital] протокол коррекции ошибок в стандарте ISDN для цифровых сетей с комплексными услугами, протокол LAPD

LAPM [link access protocol for modems] протокол коррекции ошибок в стандарте V.42 для модемов, протокол LAPM

LAPUT [light-activated programmable unijunction transistor] программируемый однопереходный фототранзистор

LARAM [line-addressable random-access memory] память с произвольным доступом и строчной адресацией

LAS [light-activated switch] диодный фототиристор, фотодинистор

LASA [large aperture seismic array] широкоапертурная решётка сейсмоприёмников

LASCR [light-activated silicon controlled rectifier] фототиристор

LASCS [light-activated silicon controlled switch] тетродный фототиристор

LASIC [laser-configured application-specific integrated circuit] специализированная ИС с лазерным конфигурированием

LAT [local area transport] протокол передачи в локальной сети, протокол LAT

LATA [local access and transport area] зона обслуживания локальной сети

LAU [LAN access unit] блок доступа к локальной сети

LAVA [linear amplifier for various applications] универсальный линейный усилитель

LB [local battery] *тлф* местная батарея, МБ

LBA [logical block addressing] адресация логических блоков

LBHCD [low-barrier hot-carrier diode] низкобарьерный диод на горячих носителях

LBV [layered biometric verification] многоуровневая биометрическая проверка

LC 1. [line of communication] линия связи **2.** [liquid crystal] жидкий кристалл **3.** [low conductivity] низкая удельная электропроводность

l.c. [lower case] нижний регистр; строчные буквы

LCA [logical channel administrator] администратор логического канала

LCC [leadless chip carrier] безвыводный кристаллоноситель с четырёхсторонним расположением контактных площадок для поверхностного монтажа *или* монтажа в (контактной) панельке, корпус типа LCC, LCC-корпус

LCCC [leadless ceramic chip carrier] безвыводный керамический кристаллоноситель с четырёхсторонним расположением торцевых контактных площадок, корпус типа LCCC, LCCC-корпус

LCD 1. [least common denominator, lowest common denominator] наименьший общий знаменатель **2.** [liquid-crystal display] дисплей на жидких кристаллах, жидкокристаллический [ЖК-] дисплей

LCF [lowest common factor] наименьшее общее кратное

LCH [luminance - chroma – hue] 1. колориметрическая система «яркость – насыщенность – цветовой тон», колориметрическая система LCH 2. цветовая модель LCH 3. яркость – насыщенность – цветовой тон, LCH (*координаты колориметрической системы LCH и цветовой модели LCH*)

LCLV [liquid-crystal light valve] жидкокристаллическая светоклапанная система

LCM [least common multiple, lowest common multiple] наименьшее общее кратное

LCoS [liquid-crystal-on-silicon] 1. структура типа «жидкий кристалл на кремнии» 2. технология изготовления (микро)дисплеев на структурах типа «жидкий кристалл на кремнии», LCoS-технология

LCP [link control protocol] протокол управления каналом, протокол LCP

LCS 1. [large-capacity storage] ЗУ большой ёмкости 2. [liquid-crystal shutter] жидкокристаллический (оптический) прерыватель

LD [long distance] служба междугородной телефонной связи

LDAP [lightweight directory access protocol] упрощённый протокол доступа к каталогам, протокол LDAP

LDCC [leaded ceramic chip carrier] керамический кристаллоноситель с четырёхсторонним расположением J-образных выводов, корпус типа LDCC, LDCC-корпус

LDDI [local distributed data interface] 1. локальный интерфейс распределённых данных, интерфейс (стандарта) LDDI 2. стандарт ANSI на локальный интерфейс распределённых данных, стандарт LDDI

LDE [long-delayed echo] дальнее радиоэхо (*с задержкой от 2 до 30 с*)

LDM [linear delta modulation] линейная дельта-модуляция, ЛДМ

LDMOS [laterally diffused metal-oxide-silicon] структура металл — оксид — кремний, полученная методом горизонтальной [боковой].диффузии

LDO [low drop out] малое падение напряжения

LDR 1. [light-dark ratio] отношение длительности вспышек к длительности пауз 2. [light-dependent resistor] фоторезистор 3. [linear decision rule] линейное правило принятия решений

LDT 1. [Lightning Data Transport] высокопроизводительная шина типа LDT, высокопроизводительная шина типа HyperTransport 2. [local descriptor table] локальная таблица дескрипторов

LDTR [local descriptor table register] регистр локальной таблицы дескрипторов

LE [luminous efficiency] 1. относительная световая эффективность 2. световая отдача

LEC [local exchange carrier] 1. местная телефонная сеть 2. владелец местной телефонной сети

LED [light-emitting diode] светодиод, светоизлучающий диод, СИД

LEDA [light-emitting-diode array] светодиодная матрица

LEED [low-energy electron diffraction] дифракция медленных электронов

LEF [light-emitting film] светоизлучающая плёнка

LEM [lunar excursion module] лунный модуль

LEO [low earth orbit] низкая околоземная орбита

LEP [light-emitting polymer] светоизлучающий полимер

LER 1. [label edge router] маршрутизатор с присвоением меток дейтаграммам на границе MPLS-домена 2. [light-emitting resistor] 1. сгорающий [выходящий из строя] резистор, *проф.* светоизлучающий резистор 2. нить лампы накаливания

LF 1. [line feed] 1. перевод строки 2. символ «перевод строки», символ ■, символ с кодом ASCII 0Ah 2. [low frequency] низкая частота, НЧ

LFS [log-structured file system] файловая система с журналом записей, файловая система типа LFS

LFSR [linear feedback shift register] регистр сдвига с линейной обратной связью

LFU [least frequently used] 1. алгоритм замещения блока данных с наименьшей частотой обращений (*напр. в кэше*), алгоритм LFU 2. с наименьшей частотой обращений (*напр. о блоке данных в кэше*)

LFW [low-frequency window] низкочастотное [НЧ-]окно прозрачности

LGR [little girl's room] «при детях не выражаться» (*акроним Internet*)

LH [loadhigh] загрузка в верхнюю область памяти ‖ загрузить в верхнюю область памяти

lhcp [left-hand circularly polarized] лево-циркулярно поляризованный, с левой круговой поляризацией

LHP [left-hand plane] левая полуплоскость

LHPW [left-handed polarized wave] лево-циркулярно поляризованная волна, волна с левой круговой поляризацией

LIC [linear integrated circuit] линейная ИС

LIDAR [light detection and ranging] лидар, метеорологический лазерный локатор ИК-диапазона

LIF [low-insertion-force (connector)] соединитель с малым усилием сочленения

LIFO [last-in, first out] магазинного типа; на основе обратной последовательной очереди; в порядке, обратном поступлению; по алгоритму LIFO

LILO [last-in, last out] обратного магазинного типа; на основе последовательной очереди; в порядке поступления; по алгоритму LILO

lim [limit] предел

LIMDOW [light intensity modulated overwrite] модуляция выходной мощности лазера для реализации перезаписи информации на магнитооптические диски с помощью одной операции, метод LIMDOW

LIM EMS [Lotus-Intel-Microsoft expanded memory specification] 1. соглашение фирм Lotus, Intel и Microsoft на использование отображаемой памяти по (программной) спецификации EMS 2. (программная) спецификация отображаемой памяти, спецификация EMS 3. отображаемая память, удовлетворяющая требованиям спецификации EMS область дополнительной памяти

LIN [linear integrated network] линейная интегральная схема

LINC [local intelligent network controller] локальный интеллектуальный сетевой контроллер

LINS [laser inertial navigation system] лазерная система инерциальной навигации

Linux [Linus UNIX] операционная система Linux, свободно распространяемая многоплатформенная реализация операционной системы UNIX

LIOCS [logical input/output control system] логическая система управления вводом-выводом

LIP [linear integer programming] линейное целочисленное программирование

LIPS [logical inferences per second] число логических умозаключений за секунду

LIR [local Internet registry] локальный центр регистрации сетей Internet

LIS [large interactive surface (device)] устройство с большой поверхностью взаимодействия (*в САПР*)
LISA [learning, induction and schema abstraction] модель структурного отображения с обучением методом индукции и схематическим абстрагированием, модель LISA
LISP [list processing] язык программирования LISP
litho [lithography] литография
LL [load line] нагрузочная линия, линия нагрузки
LLC [logical link control] 1. управление логическими связями 2. подуровень (*канального уровня*) управления логическими связями (*в модели ISO/OSI*) 3. протокол управления логическими связями, протокол LLC (*в модели ISO/OSI*)
LLF [low-level formatting] форматирование низкого уровня; физическое форматирование
LLL [low-level logic] логические схемы с низкими логическими уровнями
LLN [law of large numbers] закон больших чисел
LM [learning matrix] обучающаяся матрица (*тип нейронных сетей*)
lm [lumen] люмен, лм
LMDS [local multipoint distribution service] локальная многостанционная распределительная служба, служба LMDS
LMI [local management interface] 1. интерфейс локального управления (*в сети*) 2. протокол управления соединением соседних узлов сети Frame Relay, протокол LMI
LMR [land mobile radio] сухопутная система подвижной [мобильной] радиосвязи
Ln [line] линейный вход *или* выход
LNA 1. [logarithmic narrow-band amplifier] узкополосный логарифмический усилитель 2. [low-noise amplifier] малошумящий усилитель
LNB [low-noise block] малошумящий блок
Ln in [line in] линейный вход
LNM [LAN network manager] программа управления локальной вычислительной сетью
Ln out [line out] линейный выход
LO 1. [local oscillator] гетеродин 2. [low order] младший разряд
LOC 1. [large optical cavity (laser)] (лазер) с большим оптическим резонатором 2. [line of communications] линия связи
LOCI [logarithmic computing instrument] логарифмический вычислительный прибор
LOD [level of details] уровень детализации
LOF [lowest observed frequency] наименьшая наблюдаемая частота
LOGOS [local oxidation of silicon] технология изготовления МОП ИС с толстым защитным слоем оксида кремния
logafier [logarithmic amplifier] логарифмический усилитель
logamp [logarithmic amplifier] логарифмический усилитель
LOL [laughing out loud] «громкий смех» (*акроним Internet*)
LON [LAN outer network] внешняя (по отношению к локальной) сеть
LOP [line of position] линия положения
LOR [laser optical reflection] 1. отражение лазерного луча 2. принцип действия лазерного проигрывателя, основанный на отражении луча

LORAC [long-range-accuracy radio system] система «Лорак» (*фазовая система дальней радионавигации для кораблей*)
loran [long-range navigation] система «Лоран», импульсная разностно-дальномерная гиперболическая радионавигационная система
lo-res [low resolution] низкое разрешение
LOS [line-of-sight] в пределах прямой видимости
LOT [laser optical transmission] 1. прохождение лазерного луча 2. принцип действия лазерного проигрывателя, основанный на прохождении луча
LP 1. [Langmuir probe] ленгмюровский зонд 2. [linear programming] линейное программирование 3. [line printer] построчно-печатающий принтер 4. [log-periodic] логопериодический 5. [long play] 1. режим работы (*видеомагнитофона*) с удвоенным временем записи и воспроизведения 2. долгоиграющий (*о грампластинке*) 6. [long-playing] долгоиграющий (*о грампластинке*)
lp [line printer] построчно-печатающий принтер
LPC [linear predictive coding] линейное кодирование с предсказанием
LPDA [log-periodic dipole array] логопериодическая антенная решётка симметричных вибраторов
LPDμL [low-power diode-transistor micrologic] маломощные диодно-транзисторные логические микросхемы
LPDTL [low-power diode-transistor logic] маломощные диодно-транзисторные логические схемы
LPE [liquid (-phase) epitaxy] жидкостная эпитаксия, эпитаксия из жидкой фазы
LPF [low-pass filter] фильтр нижних частот, ФНЧ
LPI, lpi [lines per inch] количество однотипных линий растра на 1 дюйм (*единица измерения линиатуры растра*)
LPM, lpm [lines per minute] число строк в минуту
LPRTL [low-power resistor-transistor logic] маломощные резисторно-транзисторные логические схемы
LPS [local periodic structure] локально-периодическая структура
LPX [low profile X] 1. стандарт LPX (*на корпуса и материнские платы*) 2. (низкопрофильный) корпус (стандарта) LPX 3. материнская плата (стандарта) LPX
LQ [letter-quality] высокого качества (*о печати деловой корреспонденции*)
LQFP [low-profile quad flat package] уменьшенный плоский корпус с четырёхсторонним расположением выводов, корпус типа LQFP, LQFP-корпус
LR 1. [line relay] вызывное реле 2. [low radiation] 1. низкий уровень электромагнитного и ионизирующего излучения ‖ с низким уровнем электромагнитного и ионизирующего излучения 2. удовлетворяющий международным стандартам на уровень электромагнитного и ионизирующего излучения (*о мониторе*)
L+R сумма сигналов двух каналов (*стереофонической системы*)
L - R разность сигналов двух каналов (*стереофонической системы*)
LRC 1. [layout-rule check] проверка соблюдения технологических норм 2. [longitudinal redundancy check] продольный контроль за счёт избыточности, контроль за счёт избыточности по строкам и столбцам

LRIM [long-range input monitor] индикатор РЛС обнаружения воздушных целей

LRR [long-range radar] РЛС с большой дальностью действия

LRU [least recently used] 1. алгоритм замещения блока данных с наиболее длительным отсутствием обращений (*напр. в кэше*), алгоритм LRU 2. с наиболее длительным отсутствием обращений (*напр. о блоке данных в кэше*)

LS 1. [least squares] метод наименьших квадратов 2. [limit switch] предельный выключатель 3. [local storage] локальная память 4. [loudspeaker] громкоговоритель 5. [low-speed] низкоскоростной

LS-120 [laser servo 120 Mb (drive)] 1. дисковод гибкого магнитооптического диска (типа) LS-120 (SuperDisk) 2. (120 Мб) гибкий магнитооптический диск (типа) LS-120 (SuperDisk)

LSA [limited space-charge accumulation] ограниченное накопление объёмного заряда, ОНОЗ

LSAPI [license server application programming interface] 1. интерфейс прикладного программирования для сервера лицензий, интерфейс (стандарта) LSAPI 2. стандарт LSAPI

LSAR [local storage address register] регистр адреса локальной памяти

LSB 1. [least significant bit] младший (двоичный) разряд 2. [least significant byte] младший байт 3. [lower sideband] нижняя боковая полоса

LSC [least significant character] младший символ

LSCVD [liquid-source chemical vapor deposition] химическое осаждение из паровой фазы с жидким источником

LSD [least significant digit] младший разряд

LSG 1. [labeled semantic graph] помеченный семантический граф 2. [lower sideband generator] генератор нижней боковой полосы

LSHI [large-scale hybrid integration] гибридная БИС

LSHIC [large-scale hybrid integration circuit] гибридная БИС

LSI [large scale integration] 1. высокая степень интеграции (*100 – 5000 активных элементов на кристалле*) 2. ИС с высокой степенью интеграции, большая интегральная схема, БИС

LSIC [large-scale integration circuit] большая ИС, БИС

LSICMOS [large-scale integration circuit metal-oxide-semiconductor] БИС на МОП-структурах

LSI/DRA [large-scale integration/discretionary routed array] матричная БИС с избирательными (меж)соединениями

LSM 1. [learning subspace method] метод обучающего подпространства (*1. алгоритм обучения нейронных сетей Кохонена 2. нейронная сеть Кохонена с обучением по алгоритму LSM*) 2. [linear restricted scattering matrix] линейно ограниченная матрица рассеяния

LSP [label switched path] маршрут с коммутацией (дейтаграмм) по меткам

LSR [label switching router] маршрутизатор с коммутацией (дейтаграмм) по меткам

LSS [life support system] система жизнеобеспечения

LSSD [level-sensitive scan design] метод разработки цифровых ИС с использованием системы опроса чувствительных к уровню тестовых ячеек (*при тестировании*)

LST 1. [laser spot tracker] лазерная следящая система целеуказания 2. [local standard time] поясное время

LSTOR [local storage] локальная память

LSTTL [low-power Schottky transistor-transistor logic] маломощные транзисторно-транзисторные схемы с барьерами Шотки

LTC 1. [longitudinal time code] продольный временной код 2. [light transfer characteristic] световая характеристика

LTH [lead through-hole] 1. монтажное отверстие 2. метод монтажа в отверстия платы

LTM [line-type modulation] линейная модуляция

LTO [linear tape-open] 1. (кассетный) формат LTO для цифровой записи (данных) на (магнитную) ленту 2. (магнитная) лента для цифровой записи (данных) в (кассетном) формате LTO, (магнитная) лента (формата) LTO 3. лентопротяжный механизм для (магнитной) ленты (формата) LTO 4. (запоминающее) устройство для резервного копирования (данных) на (магнитную) ленту (формата) LTO

LTP [low-temperature phase] низкотемпературная фаза

LTPS [low-temperature polycrystalline silicon] 1. низкотемпературный поликристаллический кремний 2. метод изготовления матричных ИС с использованием низкотемпературного поликристаллического кремния, технология LTPS

LTU [line terminal unit] линейный терминал

L^{3}TV [low-light level television] ночное телевидение

LUN [logical unit number] логический номер устройства

LVAD [left ventricular assist device] кардиостимулятор левого желудочка

LVCMOS [low-voltage complementary metal-oxide semiconductor] 1. низковольтная комплементарная МОП-структура, низковольтная КМОП-структура 2. логическая схема на низковольтных комплементарных МОП-структурах, логическая схема на низковольтных КМОП-структурах

LVD [low-voltage differential] низковольтный дифференциальный

LVDT [linear-variable differential transformer] линейный дифференциальный трансформатор

LVEXP [low-voltage electronic crosspoint] низковольтный электронный коммутационный элемент

LVL [layout-versus-layout] программа проверки соответствия топологий

LVM [logical volume manager] метод организации файловой системы с помощью менеджера логических томов, метод LVM

LVOR [low-power very high-frequency omnidirectional range] маломощный курсовой всенаправленный маяк ОВЧ-диапазона

LVQ [learning vector quantization] квантование обучающего вектора (*в соревновательных нейронных сетях*)

LVQ-SOM [learning vector quantization self-organizing map] самоорганизующаяся карта Кохонена с квантованием обучающего вектора, (искусственная нейронная) сеть Кохонена с квантованием обучающего вектора

LVR [longitudinal video recording] продольная видеозапись

LVS [layout-versus-schematic consistency checker] программа проверки соответствия топологии электрической схеме

LVTTL [low-voltage transistor-transistor logic] низковольтные транзисторно-транзисторные логические схемы

lx [lux] люкс, лк

LZ 1. [landing zone] 1. зона парковки (*магнитных головок жёсткого диска*) 2. номер цилиндра для парковки (*магнитных головок жёсткого диска*) **2.** [Lempel-Ziv] алгоритм Лемпеля — Зива, алгоритм LZ

LZ77 [Lempel-Ziv 1977] алгоритм Лемпеля — Зива 1977 г., алгоритм LZ77

LZ78 [Lempel-Ziv 1978] алгоритм Лемпеля — Зива 1978 г., алгоритм LZ78

Lzone [landing zone] 1. зона парковки (*магнитных головок жёсткого диска*) 2. номер цилиндра для парковки (*магнитных головок жёсткого диска*)

LZW [Lempel-Ziv-Welch] алгоритм Лемпеля — Зива — Велча, алгоритм LZW

M 1. [Massachusetts general hospital utility multiprogramming system] ориентированный на базы данных язык программирования M, ориентированный на базы данных язык программирования MUMPS **2.** [mega-] 1. мега..., М, 10^6 2. *вчт* мега..., М, 2^{20} **3.** [modified] модифицированный **4.** (допустимое) буквенное обозначение i-го ($2 \leq i \leq 26$) логического диска, съёмного устройства памяти или компакт-диска (*в IBM-совместимых компьютерах*)

m 1. [meter] метр, м **2.** [milli-] милли..., м, 10^{-3}

MA 1. [magnetic amplifier] магнитный усилитель **2.** [moving average model] модель со скользящим средним **3.** обозначение для самолётных радиостанций (*принятое МСЭ*)

MAA [message authentication algorithm] алгоритм аутентификации сообщений

MAACS [multi-address asynchronous communication system] многоадресная асинхронная система связи

MAC 1. [medium access control] 1. управление доступом к среде 2. подуровень управления доступом к среде (*канального уровня в модели ISO/OSI*), MAC-подуровень **2.** [memory access controller] контроллер доступа к памяти **3.** [message authentication code] код аутентификации сообщений **4.** [multiplexed analogue components] система MAC, система телевидения повышенного качества с временным уплотнением аналоговых компонент **5.** [multiply/accumulate] умножение с накоплением, умножение со сложением

Mac [Apple Macintosh computer] компьютер (серии) Мак(интош), компьютер (серии) Mac(intosh) (*корпорации Apple Computer*)

MAC/FAC [many are called but few are chosen] модель структурного отображения с эвристическим отбором баз данных, модель MAC/FAC, расширенная SME

MACP [medium access control protocol] протокол управления доступом к среде

MACS [medium access control sublayer] подуровень управления доступом к среде

MAD 1. [magnetic airborne detector] бортовой самолётный магнитометр для обнаружения подводных лодок **2.** [magnetic anomaly detection] 1. бортовой самолётный магнитометр для обнаружения подводных лодок 2. обнаружение магнитных аномалий

MADA [multiple-access discrete-address system] дискретно-адресная система связи с многостанционным доступом

madaline [multi-layer adaptive linear element, multi-layer adaptive linear neuron] мадалин (*1. алгоритм обучения искусственных нейронных сетей 2. искусственная многослойная нейронная сеть с обучением по алгоритму типа «мадалин»*)

mados [magnetic domain storage] 1. ЗУ на магнитных доменах 2. ЗУ на ЦМД

madre [magnetic-drum receiving equipment] загоризонтная РЛС обратного рассеяния с записью сигналов на магнитном барабане

MADT [microalloy diffused(-base) transistor] микросплавной транзистор с диффузионной базой

mag [magnetron] магнетрон

magamp [magnetic amplifier] магнитный усилитель

MAGIC 1. [machine-aided graphics for illustration and composition] графический редактор MAGIC для операционной системы UNIX **2.** [marketing and advertising general information center] Главный информационный центр по маркетингу и рекламе, организация MAGIC

maglev [magnetic levitation] магнитная левитация

magtape [magnetic tape] магнитная лента

MAID [market analysis and information database] база данных по анализу рынка и рыночной информации, информационная система MAID

MAN 1. [metropolitan area network] городская сеть **2.** [municipal area network] муниципальная сеть

MAOS [metal-alumina-oxide-semiconductor] структура металл — оксид алюминия — оксид — полупроводник, МАОП-структура

MAP 1. [manufacturing automation protocol] пакет протоколов для локальных сетей автоматизированных производств, протокол MAP **2.** [mobile application part] прикладная подсистема для подвижной связи **3.** [modular acoustic processor] модульный акустический процессор **4.** [modular avionics packaging] модульная компоновка бортовой авиаэлектронной аппаратуры

MAPE [mean absolute percentage error] средняя абсолютная ошибка в процентах

MAPI [messaging application programming interface] 1. интерфейс прикладного программирования для сообщений, интерфейс (стандарта) MAPI 2. стандарт MAPI на интерфейс прикладного программирования для сообщений, стандарт MAPI

MAPPER [maintaining, preparing and processing executive reports] язык программирования (четвёртого поколения) MAPPER (*для мейнфреймов корпорации Unisys*)

MAPS [mail abuse prevention system] международная система предотвращения злоупотреблений в электронной почте, система MAPS

MAPS RBL [mail abuse prevention system real-time blackhole list] оперативно обновляемый «чёрный список» (сетей и адресов) международной системы предотвращения злоупотреблений в электронной почте, оперативно обновляемый «чёрный список» (сетей и адресов) системы MAPS

MAS 1. [metal-alumina-semiconductor] структура металл — оксид алюминия — полупроводник, МАП-структура **2.** [multimedia access system] система доступа к мультимедиа

MASH [multistage noise shaping] многоступенчатая фильтрация и преобразование шума

MAT 1. [memory address test] проверка адреса ЗУ **2.** [microalloy transistor] микросплавный транзистор

MathML [mathematical markup language] язык разметки математических формул в гипертекстовом документе, язык MathML

MATV [master antenna television] кабельное телевидение с коллективным приёмом

MAU 1. [medium attachment unit] **1.** блок подключения к среде (*передачи данных*), блок (стандарта) MAU (*напр. приёмопередатчик*) **2.** стандарт на блок подключения к среде (*передачи данных*), стандарт MAU **2.** [multi(station) access unit] устройство многостанционного доступа

mavar [modulating amplifier by variable reactance] параметрический усилитель СВЧ-диапазона

MB 1. [megabyte] мегабайт, Мбайт, Мб **2.** [modular block] модульный блок; модуль **3.** [motherboard] материнская [системная] плата

Mb [megabit] мегабит, Мбит

m/b [motherboard] материнская [системная] плата

MBA [multiple-beam antenna] антенна с многолепестковой диаграммой направленности, *проф.* многолучевая антенна

MBB [moisture barrier bag] влагонепроницаемый пакет

MBE [molecular beam epitaxy] молекулярная [молекулярно-пучковая] эпитаксия

μBGA [micro ball grid array] микрокорпус с матрицей шариковых выводов, (микро)корпус типа μBGA, μBGA-(микро)корпус

MBK [multiple-beam klystron] многолучевой клистрон

MBONE, Mbone [multicast backbone] (виртуальная) магистральная линия передачи сообщений для нескольких (персонифицированных) абонентов, для нескольких (определённых) узлов *или* (определённых) программ в Internet, *проф.* (виртуальная) магистральная многоабонентной передачи (с персонификацией) в Internet; (виртуальная) магистральная линия групповой [многоадресной] передачи в Internet

MBPS [megabytes per second] мегабайт в секунду

MBR [master boot record] главная загрузочная запись (*напр. на жёстком магнитном диске*)

MBT [metal-base transistor] транзистор с металлической базой

MBWO [microwave backward-wave oscillator] СВЧ-генератор на ЛОВ

MC 1. [mass customization] массовое изготовление на заказ **2.** [micro channel] **1.** микроканальная архитектура, архитектура MC(A); стандарт MC(A) **2.** шина (расширения) с микроканальной архитектурой, шина (расширения) с архитектурой MC(A), шина (расширения) стандарта MC(A) **3.** [microcircuit] микросхема; интегральная схема, ИС **4.** [minicartridge] миникассета для (магнитной) ленты шириной 6,35 мм, миникассета для (магнитной) ленты (формата) QIC (с габаритами 82,55×63,5×15,24 мм³) **5.** [motion compensation] компенсация изменений (видеоданных о движущихся объектах), дифференциальный метод сжатия видеоданных о движущихся объектах

MC'97 [Modem Codec 1997] **1.** архитектура интегрированных в системную плату модемов, архитектура МС'97 **2.** интегрированный в системную плату модем с архитектурой МС'97

MCA 1. [machine check architecture] архитектура машинного контроля (*в процессорах поколения Р6*), архитектура MCA **2.** [medium control architecture] архитектура управления средой **3.** [micro channel architecture] **1.** микроканальная архитектура, архитектура стандарта MCA; архитектура компьютеров серии PS/2; стандарт MCA **2.** шина (расширения) с микроканальной архитектурой, шина (расширения) с архитектурой стандарта MCA; шина компьютеров серии PS/2 **4.** [multichannel analyzer] **1.** многоканальный амплитудный анализатор импульсов, многоканальный анализатор амплитуды импульсов **2.** анализатор спектра, спектроанализатор

MCAD [mechanical computer-aided design] автоматизированное проектирование механических устройств

MCBSP [multichannel buffered serial port] многоканальный буферизованный последовательный порт

MCC 1. [master control center] главный центр управления **2.** [mobile communications control] станция управления подвижной связью **3.** [mobile country code] код страны в системе подвижной связи

MCDM [multiple-criteria decision making] многокритериальное принятие решения

MCE [machine check exception] исключение машинного контроля

MCGA [multicolor graphics adapter] **1.** модификация стандарта низкого уровня CGA на отображение текстовой и цветной графической информации для IBM-совместимых компьютеров (*с разрешением не выше 640×350 пикселей в режиме 16-и цветов*), стандарт MCGA **2.** видеоадаптер (стандарта) MCGA

MCI [media control interface] **1.** интерфейс управления средами **2.** интерфейс (стандарта) MCI, мультимедийный интерфейс в операционной системе Windows **3.** стандарт MCI

MCM 1. [memory control module] модуль управления памятью **2.** [Monte Carlo method] метод Монте-Карло, метод статистических испытаний **3.** [multichip module] многокристальный модуль

MCNS [Multimedia Cable Network System] стандарт кабельной мультимедийной сети, стандарт MCNS

MCP 1. [media and communication processor] мультимедийный и связной процессор **2.** [microchannel plate] микроканальная пластина (*ЭОП*) **3.** [motion compensation prediction] компенсация изменений (видеоданных о движущихся объектах) с предсказанием, дифференциальный метод сжатия видеоданных о движущихся объектах с предсказанием

MCPC [multiple channel per carrier] многоканальная связь на каждой из несущих

MCS 1. [mass call service] обслуживание массовых вызовов **2.** [meta class system] язык программирования MCS, переносимое объектно-ориентированное расширение языка Common Lisp **3.** [Microsoft consulting service] консультативная служба корпорации Microsoft **4.** [multimedia conference server] сервер для проведения мультимедийных конференций, MCS-сервер **5.** [multipoint communication service] служба многостанционной связи, служба MCS

MCT [MOS-controlled thyristor] тиристор с управляющей МОП-структурой

MCU 1. [microprocessor control unit] микропроцессорное устройство управления **2.** [multipoint control unit] 1. устройство управления многостанционным доступом 2. управляющий концентратор

MCW [modulated continuous wave] незатухающая модулированная гармоническая волна

MD 1. [message digest] 1. дайджест сообщения 2. стандарт MD, стандартный алгоритм шифрования сообщений методом формирования дайджеста; криптографическая хэш-функция MD **2.** [minidisk] 1. минидиск, цифровой магнитооптический аудиодиск формата Minidisk, цифровой магнитооптический аудиодиск формата MD (*диаметром 6,4 см*) 2. система Minidisk, система цифровой магнитооптической звукозаписи со сжатием данных по стандарту ATRAC **3.** [monochrome display] монохромный дисплей

MDA [monochrome display (and parallel printer) adapter] 1. стандарт высокого уровня на монохромное отображение текстовой информации для IBM-совместимых компьютеров (*с разрешением не выше 720х350 пикселей*), стандарт MDA 2. (монохромный) видеоадаптер (стандарта) MDA

MDAC [multiplying digital-to-analog converter] перемножающий цифроаналоговый преобразователь, ПЦАП

MDATEC [modified digital adaptive technique for efficient communications] модифицированная дельта-модуляция с кодированием наклонов и передачей в тракт только первых импульсов всех пачек сигнала, МДМ-2, модуляция «Мдейтик»

MDF [manual direction finder] (самолётный) полуавтоматический радиокомпас

MDH [modulation-doped heterostructure] селективно легированная гетероструктура, гетероструктура с модуляцией концентрации легирующей примеси

MDI 1. [manual data input] 1. ручной ввод данных 2. данные, вводимые вручную **2.** [medium dependent interface] зависящий от среды интерфейс **3.** [Michelson Doppler imager] доплеровский формирователь сигналов изображения с интерферометром Майкельсона **4.** [multiple document interface] многодокументальный интерфейс

MDL [minimum description length (principle)] принцип минимальной длины описания

MDLC [message data link control] управление каналом передачи данных сообщений

MDR [main storage data register] регистр данных оперативной памяти

MDRAM [multibank dynamic random access memory] многобанковая оперативная видеопамять на 32-Кб банках DRAM, оперативная видеопамять типа MDRAM

MDS 1. [malfunction detection system] система обнаружения неисправностей **2.** [microprocessor development system] система автоматизированного проектирования микропроцессоров, САПР микропроцессоров **3.** [minimum detectable signal] минимальный обнаруживаемый сигнал **4.** [minimum discernible signal] минимальный различимый сигнал **5.** [multidimensional scaling] многомерное шкалирование **6.** [multipoint distribution service] многостанционная распределительная служба, служба MDS

MDT [Mountain daylight time] Горное летнее время (*США*)

ME [maintenance entity] система технического обслуживания

MEAS [measurement] **1.** измерение **2.** размер(ы)

MEC [method of equivalent currents] метод эквивалентных токов

MECL [Motorola emitter-coupled logic] логические схемы с эмиттерными связями фирмы «Моторола»

MEF [maintenance entity function] функция технического обслуживания

MEG [multipactor(ing) electron gun] мультипакторный электронный инжектор

meg 1. [megabyte] мегабайт, МБ **2.** [megohm] мегом, МОм

MELF [metal electrode face bonded] безвыводный (цилиндрический) корпус с торцевыми контактными площадками, корпус типа MELF, MELF-корпус

MEMA [microelectronic-modular assembly] микромодульный блок

MEMS [microelectromechanical system] микроэлектромеханическая система

MEO [mean earth orbit] средняя околоземная орбита

MES 1. [manufacturing execution system] исполнительская производственная система, система MES **2.** [message service] служба сообщений **3.** [mobile earth station] подвижная земная станция

MESECAM [Middle-East SECAM] система SECAM для Среднего Востока, система SECAM B/G, система MESECAM

MESFET [metal-Schottky gate field-effect transistor] полевой транзистор с затвором (в виде барьера) Шотки

MESI [modified, exclusive, shared, invalid] протокол поддержания целостности данных в кэш-памяти по информации о состояниях строк, протокол MESI

MEST [Middle European summer time] Среднеевропейское летнее время

MET 1. [mesh-emitter transistor] транзистор с эмиттером ячеистого типа **2.** [Middle European time] Среднеевропейское время

metcar [metallocarbohedrene] металлокарбогедрен, металлокарбон, меткар

METL [multiemitter transistor logic] логические схемы на многоэмиттерных транзисторах

MEW 1. [method of edge waves] метод краевых волн **2.** [microwave early warning] дальнее обнаружение в СВЧ-диапазоне **3.** [missile electronic warfare] радиоэлектронная война с использованием ракетных средств

MEWT [Middle European winter time] Среднеевропейское зимнее время

MF 1. [matched filter] согласованный фильтр **2.** [medium frequency] средняя частота, СЧ **3.** [multifunction(al) block] многофункциональный блок

MFA 1. [mean field annealing] метод имитации отжига (*для обучения нейронных сетей*) **2.** [molecular-field approximation] приближение молекулярного поля

MFC [Microsoft Foundation Classes] библиотека базовых классов для объектно-ориентированного программирования в среде Windows, библиотека (классов) MFS

MFLOPS [millions of floating-point operations per second] число миллионов выполняемых за одну секунду операций с плавающей запятой (*единица измерения производительности процессора*)

MFM 1. [magnetic-force microscope] магнитно-силовой микроскоп 2. [magnetic-force microscopy] магнитно-силовая микроскопия 3. [modified frequency modulation] модифицированная частотная модуляция 4. [multifunctional module] многофункциональный модуль

M2FM [modified modified frequency modulation] двойная модифицированная частотная модуляция

MFP [multi-function peripheral] многофункциональное периферийное устройство

MFS [Macintosh file system] файловая система для Макинтоша, файловая система без каталогов в ранних версиях операционной системы для компьютеров серии Макинтош

MFSK [multilevel frequency shift keying] многоуровневая частотная манипуляция

MFST [metal-ferroelectric-semiconductor transistor] транзистор со структурой металл — сегнетоэлектрик — полупроводник

MFT 1. [multi-function timer] многофункциональный таймер 2. [multiprogramming with a fixed number of tasks] мультипрограммирование с фиксированным числом задач

MFTL [my favorite toy language] 1. язык, используемый для передачи кратких сообщений 2. язык, предпочитаемый данным программистом

MFTP [multicast file transfer protocol] протокол многоадресной передачи файлов, протокол MFTP

MG 1. [mail group] вчт 1. группа (*пользователей*) для получения электронной почты, почтовая группа 2. запись в DNS-ресурсе о включении (*пользователя*) в группу для получения электронной почты, MG-запись 2. [marginal] 1. относящийся к полям (*страницы, бланка и др.*) 2. пометки на полях; размещаемый сбоку от текста блок (*напр. рисунок*), *проф.* маргиналий, боковик, «фонарик» 3. граничный; предельный; крайний 4. маргинал (*в компьютерной социологии*) 5. незначительный; несущественный

MGC [manual gain control] ручная регулировка усиления

MGCP [multiprotocol gateway control protocol] протокол управления многопротокольными шлюзами, протокол MGCP

MGS [modified Gram-Schmidt (algorithm)] модифицированный алгоритм (ортогонализации) Грама — Шмидта

MGT [metal-gate transistor] полевой транзистор с металлическим затвором

MH [modular hub] модульный концентратор

MHD [magnetohydrodynamics] магнитная гидродинамика

mho сименс, См

MHS 1. [message handling service] служба обработки сообщений 2. [message handling system] 1. система обработки сообщений 2. стандарт фирмы Action Technologies для систем обработки сообщений, стандарт MHS; рекомендации МСЭ по организации системы электронной почты при межшлюзовом международном обмене в сетях Х.25 с коммутацией пакетов, стандарт Х.400

MHTL [Motorola high-threshold logic] логические схемы с высоким пороговым напряжением фирмы Моторола

MI 1. [memory interface] интерфейс ЗУ 2. [modulation index] 1. индекс модуляции (*для ЧМ-колебаний*) 2. коэффициент модуляции (*для АМ-колебаний*) 3. обозначение для наземных подвижных станций (*принятое МСЭ*)

MIB [management information base] 1. управленческая информационная база 2. база данных для текущего контроля работы сети, база данных MIB

MIC 1. [microphone] микрофон 2. [microwave integrated circuit] ИС СВЧ-диапазона 3. [monolithic integrated circuit] монолитная ИС

Mic [microphone] микрофон

Mic in [microphone in] микрофонный вход

MICAMP [microphone amplifier] микрофонный усилитель

MICR [magnetic-ink character recognition] распознавание символов, нанесённых магнитными чернилами

micromin [microminiaturization] микроминиатюризация

MIDI [musical instrument digital interface] 1. цифровой интерфейс (электро)музыкальных инструментов, двунаправленный последовательный асинхронный интерфейс для сопряжения компьютера с записывающей и воспроизводящей электромузыкальной аппаратурой, MIDI-интерфейс 2. MIDI-стандарт, стандартный протокол обмена информацией между компьютером и записывающей и воспроизводящей электромузыкальной аппаратурой 3. (файловый) формат MIDI, формат звуковых файлов в MIDI-стандарте

MIF [midinfrared] средняя инфракрасная область спектра

MIG 1. [magnetron injection gun] магнетронный инжекционный прожектор 2. [metal-in-gap] 1. MIG-технология, технология изготовления ферритовых головок с ограничением зазора накладками из магнитно-мягкого металла 2. магнитная головка типа MIG, ферритовая головка с ограничением зазора накладками из магнитно-мягкого металла 3. [multilevel interconnection generator] генератор многоуровневых межсоединений

MII [medium independent interface] не зависящий от среды интерфейс

mil [military] 1. военный 2. имя домена верхнего уровня для военных организаций

MILNET [Military Network] входящая в Internet военная сеть MILNET (*для несекретных сообщений*)

MIM [metal-insulator-metal] структура металл — диэлектрик — металл, МДМ-структура

MIMD [multiple-instruction multiple-data] архитектура (компьютера) с несколькими потоками команд и несколькими потоками данных, MIMD-архитектура

MIME [multipurpose Internet mail extensions] стандарт на многоцелевое расширение функций электронной почты в Internet, стандарт MIME

MIMIS [metal-insulator-metal-insulator-semiconductor] структура металл — диэлектрик — металл — диэлектрик — полупроводник, МДМДП-структура

minicam [miniature camera] миниатюрная видеокамера

MINTS [management intellectual system] интеллектуальная управленческая система, система MINTS

MIP [machine-instruction processor] процессор обработки команд

MIPS 1. [metal-insulator-piezoelectric semiconductor] структура металл — диэлектрик — пьезополупроводник 2. [millions of instructions per second] число миллионов выполняемых за одну секунду команд (*единица измерения производительности процессора*)

MIS 1. [management information service] информационная служба, отдел информации 2. [management information system] административная информационная система, информационная система для административно-управленческого персонала, система MIS 3. [metal-insulator-semiconductor] структура металл — диэлектрик — полупроводник, МДП-структура 4. [military information system] военная информационная система

MISAR [microprocessor sensing and automatic regulation] микропроцессорная система считывания данных и автоматического регулирования

MISD [multiple-instruction single-data] архитектура (компьютера) с несколькими потоками команд и одним потоком данных, MISD-архитектура

MISFET [metal-insulator-semiconductor field-effect transistor] (полевой) МДП-транзистор, полевой транзистор с изолированным затвором

MISIS [metal-insulator-semiconductor-insulator-semiconductor] структура металл — диэлектрик — полупроводник — диэлектрик — полупроводник, МДПДП-структура

MITM [man-in-the-middle (attack)] атака с подставкой, атака методом перехвата сообщений и подмены ключей

M-JPEG [Motion JPEG] 1. алгоритм M-JPEG (для сжатия видеоданных о движущихся изображениях) 2. графический формат M-JPEG

ML 1. [manipulator language] язык управления роботами, язык программирования ML 2. [maximum likelihood] 1. максимальное правдоподобие 2. метод максимального правдоподобия

MLA [microstrip linear antenna] микрополосковая линейная антенна

MLAPD [multi-link access protocol – digital] протокол коррекции ошибок в стандарте ISDN для многоканальных цифровых сетей с комплексными услугами, протокол MLAPD

MLC [magnetic-lens collector] коллектор с магнитной линзой

MLE [maximum likelihood estimate] оценка максимального правдоподобия

MLP [multilayer perceptron] многослойный перцептрон

MLS 1. [microwave landing system] СВЧ-система инструментальной посадки, СВЧ-система посадки по приборам 2. [multilevel security] многоуровневая система обеспечения безопасности

MLT [metallic loop termination] металлическая согласованная нагрузка шлейфа

MM 1. [megamega-] тера..., Т, 10^{12} 2. [multilayer molded package] многослойный корпус (*типа PQFP*), герметизированный прессованием пластмасс

MMA [microelectronic-modular assembly] микромодульный блок

MMAR [main memory address register] регистр адреса оперативной памяти

MMDB [multidimensional database] многомерная база данных

MMDS [multichannel microwave distribution system] многоканальная распределительная система СВЧ-диапазона

mmf [magnetomotive force] магнитодвижущая сила

MMFM [modified modified frequency modulation] двойная модифицированная частотная модуляция

MMI 1. [man-machine interaction] человеко-машинное взаимодействие, взаимодействие человека и компьютера 2. [man-machine interface] человеко-машинный интерфейс

MMIC [monolithic microwave integrated circuit] монолитная ИС СВЧ-диапазона

MML [man-machine language] человеко-машинный язык

MMO [mobile module] подвижный [мобильный] модуль

MMP [mixed model production] производство смешанного модельного ряда

MMR [main memory register] регистр оперативной памяти

MMS [manufacturing messaging specification] стандарт передачи сообщений внутри предприятия, спецификация MMS

MMSE [minimum-mean-square error] минимальная среднеквадратическая ошибка

MMTA [Multimedia Telecommunications Association] Ассоциация специалистов по мультимедиа и телекоммуникациям (*США*)

MMU [memory management unit] блок [устройство] управления памятью

MMW [millimeter waves] миллиметровые волны

MMX, MMx [matrix math extensions] расширение системы команд центрального процессора для реализации SIMD-архитектуры, *проф.* MMX-технология

MMX2, MMx2 [matrix math extensions 2] второй вариант расширения системы команд центрального процессора для реализации SIMD-архитектуры, *проф.* MMX2-технология, новый набор команд Katmai (*ядра процессоров Pentium III*), набор KNI

MNA [modified nodal approach] модифицированный метод узлов

MNC 1. [mobile network code] код сети подвижной связи 2. [mobile network computer] мобильный сетевой компьютер

MNI [mobile network integration] объединение сетей подвижной связи

MNOS [metal-nitride-oxide-semiconductor] структура металл — нитрид — оксид — полупроводник, МНОП-структура

MNOST [metal-nitride-oxide-semiconductor transistor] транзистор со структурой металл — нитрид — оксид — полупроводник, МНОП-транзистор

MNP [Microcom networking protocol] семейство сетевых протоколов фирмы Microcom для модемов с коррекцией ошибок и сжатием данных, семейство протоколов MNP

MNS [metal-nitride-semiconductor] структура металл — нитрид — полупроводник, МНП-структура

MNSFET [metal-(silicon) nitride-semiconductor field-effect transistor] полевой транзистор со структурой металл — нитрид (кремния) — полупроводник, (полевой) МНП-транзистор

MO 1. [magnetooptical] 1. магнитооптический 2. *проф.* магнитооптический диск **2.** [master oscillator] задающий генератор

mobo [motherboard] материнская [системная] плата

MOC [memory operating characteristic] характеристическая кривая распознавания, МОС-характеристика

MOCVD [metal-organic chemical vapor deposition] химическое осаждение из паровой фазы методом разложения металлоорганических соединений

MOD [modulator] модулятор

mod/demod [modulation/demodulation] модуляция — демодуляция

modem [modulator-demodulator] модем, модулятор — демодулятор

MODFET [modulation-doped field-effect transistor] полевой транзистор на гетероструктуре с селективным легированием, селективно-легированный полевой транзистор, СЛПТ

MOE [mixture of expert] 1. коллектив экспертов 2. модель коллектива экспертов, модель МОЕ

MOF [maximum observed frequency] максимальная наблюдённая встречаемость

MOH обозначение для подвижных гидрологических и метеорологических станций (*принятое МСЭ*)

MOK [M-ary orthogonal keying] М-точечная ортогональная манипуляция

mol [molecular weight] молекулярная масса

MOLAP [multidimensional on-line analytical processing] многомерная аналитическая обработка (*данных*) в реальном масштабе времени

MOM 1. [manager of managers] правило «администратор над администраторами», принцип распределённого управления сетями с передачей функциональной обработки локальным серверам при сохранении централизованного контроля за работой всей системы **2.** [message-oriented middleware] ориентированное на сообщения промежуточное программное обеспечение **3.** [metal-oxide-metal] структура металл — оксид — металл, МОМ-структура

MOMA [Message-Oriented Middleware Association] Ассоциация разработчиков ориентированного на сообщения промежуточного программного обеспечения

MOO [multi-user dungeon object-oriented] среда многопользовательской интерактивной игры с использованием элементов виртуальной реальности и объектно-ориентированного программирования, объектно-ориентированная среда MUD, среда МОО, *проф.* объектно-ориентированное многопользовательское подземелье

mopa [master oscillator-power amplifier] (каскадно включенные) задающий генератор — усилитель мощности

mopier [multiple original copier] принтер/копировальное устройство для размножения оригинала, *проф.* мопир

MOPS 1. [magnetooptic-photoconductive sandwich] слоистая структура магнитооптическая среда — фотопроводящая среда **2.** [millions of operations per second] миллион операций в секунду

mopy [multiple original copy] печать с размножением оригинала

MOS 1. [mean opinion score] оценка качества передачи речи **2.** [metal-oxide semiconductor] структура металл — оксид — полупроводник, МОП-структура **3.** [metal-oxide-silicon] структура металл — оксид — кремний

MOSbip [metal-oxide-semiconductor and bipolar (technology)] комбинированная технология изготовления ИС на биполярных и МОП-транзисторах

MOSC [metal-oxide-semiconductor capacitor] конденсатор со структурой металл — оксид — полупроводник, МОП-конденсатор

MOS EAROM [metal-oxide-semiconductor electrically-alterable read-only memory] электрически программируемая постоянная память на МОП-структурах, электрически программируемое ПЗУ на МОП-структурах, МОП ЭППЗУ; флэш-память на МОП-структурах, блочно-ориентированная электрически программируемая постоянная память на МОП-структурах

MOSFET [metal-oxide-semiconductor field-effect transistor] (полевой) МОП-транзистор, полевой транзистор с изолированным затвором

MOSIC [metal-oxide-semiconductor integrated circuit] ИС на структурах металл — оксид — полупроводник, ИС на МОП-структурах, МОП ИС

MOSLSIC [metal-oxide-semiconductor large scale integration circuit] БИС на структурах металл — оксид — полупроводник, БИС на МОП-структурах, МОП БИС

MOSPF [multicast open shortest path first] протокол маршрутизации по принципу выбора кратчайшего пути при множественной адресации, протокол OSPF при множественной адресации (*при рассылке одного сообщения многим адресатам*)

MOST [metal-oxide-semiconductor transistor] транзистор со структурой металл — оксид — полупроводник, МОП-транзистор

MOSTL [metal-oxide-semiconductor transistor logic] логические схемы на МОП-транзисторах

MOTIVE [modular timing verifier] модульное устройство контроля синхронизации

MOV [memory-to-memory move instruction] команда пересылки данных из памяти в память

MP 1. [mean power] средняя мощность **2.** [membrane potential] *бион.* мембранный потенциал **3.** [multi-processor] мультипроцессорный, многопроцессорный

MP3 [MPEG layer 3] формат (аудиофайлов) MP3

MPC 1. [multimedia personal computer] 1. персональный компьютер для мультимедиа, мультимедийный персональный компьютер 2. стандарт МРС, стандарт на аппаратное обеспечение мультимедийных персональных компьютеров **2.** [multi-purpose communications] многоцелевая система связи

MPC CD-ROM [multimedia personal computer compact disc read-only disk] ~ мультимедийный компакт-диск формата CD-ROM для персональных компьютеров

M-PCM-IM(PS) [multilevel pulse-code modulation, intensity modulated (pulse source)] многоуровневая ИКМ с модуляцией интенсивности импульсного источника

M-PCM-PM(PS) [multilevel pulse-code modulation, polarization modulated (pulse source)] многоуровневая ИКМ с поляризационной модуляцией импульсного источника

MPCP [multi-protocol communications processor] многопротокольный связной процессор

MPD [magnetoplasmadynamics] генерирование электрического тока при движении плазмы в поперечном магнитном поле

MPEG [Moving Picture Experts Group] 1. Группа экспертов по видео 2. разработанный Группой экспертов по видео международный стандарт сжатия видео- и аудиоданных, стандарт MPEG

MPEG-1 [Moving Picture Experts Group 1] стандарт (сжатия видео- и аудиоданных) MPEG-1 (*для записи на CD-ROM и передачи данных по каналам связи со скоростью до 1,5 Мбит/с*)

MPEG-2 [Moving Picture Experts Group 2] стандарт (сжатия видео- и аудиоданных) MPEG-2 (*для передачи данных по каналам связи со скоростью до 9 Мбит/с*)

MPEG-2 MP@ML [MPEG-2 main profile at main level] метод сжатия (видео- и аудиоданных) «главный профиль / главный уровень» в стандарте MPEG-2

MPEG-3 [Moving Picture Experts Group 2] стандарт (сжатия видео- и аудиоданных) MPEG-3 (*для телевидения высокой чёткости*)

MPEG-4 [Moving Picture Experts Group 4] стандарт (сжатия видео- и аудиоданных) MPEG-4 (*для передачи данных по каналам связи со скоростью до 64 Кбит/с*)

MPEG Audio [Moving Picture Experts Group Audio] метод сжатия аудиоданных в стандарте MPEG-1

MPEG Video [Moving Picture Experts Group Video] метод сжатия видеоданных в стандарте MPEG-1

MPI [message passing interface] интерфейс передачи сообщений, библиотека функций для поддержки параллельных процессов на уровне передачи сообщений

MPLS [multiprotocol label switching] многопротокольная коммутация (дейтаграмм) по меткам, метод MPLS

MP/M [multiprogramming monitor] операционная система MP/M, многозадачная многопользовательская версия операционной системы CP/M

MPP 1. [massively parallel processing] обработка с массовым параллелизмом, архитектура MPP 2. [massively parallel processor] процессор с массовым параллелизмом

MPPE [Microsoft point-to-point encryption] протокол (*корпорации Microsoft*) шифрования данных для двухпунктовой связи, протокол MPPE

MPR [multiprotocol router] многопротокольный маршрутизатор

M-PSK [multilevel phase shift keying] многоуровневая фазовая манипуляция

MPTN [multiprotocol transport network] сеть с многопротокольной передачей данных

MPU [microprocessor unit] микропроцессор

MPX 1. [multiplex] 1. уплотнение (*напр. линии связи*); объединение (*напр. сигналов*) 2. *вчт* мультиплексирование 3. аппаратура уплотнения (*напр. линии связи*); аппаратура объединения, объединитель (*напр. сигналов*) 4. *вчт* мультиплексор 5. мультиплекс, многозальный кинотеатр с комплексными услугами 2. [multiplexer] 1. аппаратура уплотнения (*напр. линии связи*); аппаратура объединения, объединитель (*напр. сигналов*) 2. *вчт* мультиплексор

μP [microprocessor] микропроцессор

MR 1. [magnetoresistor] магниторезистор 2. [mail rename] замена имени пользователя (электронной почты) псевдонимом, MR-запись (*в DNS-ресурсе*)

MRAM [magnetic random access memory] 1. магнитная память с произвольным доступом 2. магнитная оперативная память

MRAS [model reference adaptive system] адаптивная система с эталонной моделью

MRFR [memory refreshing] регенерация памяти

MRI [magnetic resonance imaging] получение изображений методом ядерного магнитного резонанса

MRIR [medium-resolution infrared radiometer] ИК-радиометр среднего разрешения

MRNS [maritime radionavigation service] морская радионавигационная служба

MRNSS [maritime radionavigation satellite service] морская спутниковая радионавигационная служба

MRP [materials requirements planning] планирование требований к материалам, система MRP

MS 1. [main storage] оперативная память, оперативное ЗУ; основное ЗУ 2. [mass spectroscopy] масс-спектроскопия 3. [Microsoft Corporation] корпорация Microsoft 4. [mobile station] подвижная станция 5. обозначение для судовых (радио)станций (*принятое МСЭ*)

MSAT [mobile satellite terminal] подвижный спутниковый терминал, *проф.* мобильный спутниковый терминал

MSB 1. [most significant bit] старший разряд 2. [most significant byte] старший байт

MSC 1. [microstrip coupler] ответвитель на несимметричной полосковой линии, микрополосковый ответвитель 2. [mobile services switching center] коммутационный центр служб подвижной связи 3. [most significant character] старший символ

MS-DOS [Microsoft disk operating system] операционная система фирмы Microsoft, система MS-DOS

MSE [mean-squared error] средняя квадратическая ошибка

MSF 1. [mass storage facility] 1. массовая память, внешнее ЗУ большой ёмкости 2. хранилище данных 2. [matched spatial filter] согласованный пространственный фильтр

MSG [message] сообщение

MSG/WTG [message waiting] ожидание сообщения

MSH [multi services hub] многоцелевой концентратор, концентратор с возможностью обслуживания сетей различного типа

MSI [medium scale integration] 1. средняя степень интеграции (*10 – 100 активных элементов на кристалле*) 2. ИС со средней степенью интеграции, средняя интегральная схема, СИС

MSIC [medium-scale integration circuit] ИС со средней степенью интеграции

MSISDN [mobile station international ISDN number] международный номер подвижной станции в сети ISDN

MSK [minimum shift keying] манипуляция минимальным фазовым сдвигом

MSL [mirrored server link] линия связи с зеркальными серверами

MSM 1. [metal-semiconductor-metal] структура металл-полупроводник-металл 2. [microwave switch matrix] коммутационная [переключающая] матрица СВЧ-диапазона

MSMV [monostable multivibrator] одновибратор, ждущий [моностабильный] мультивибратор

MSOP [micro small outline package] тонкий плоский микрокорпус с двусторонним малошаговым расположением выводов в форме крыла чайки, (микро)корпус типа TSSOP, TSSOP-(микро)корпус

MSPS [mega samples per second] миллион выборок в секунду

MSR [model specific register] модельно-специфический регистр

MSS [multispectral scanner subsystem] многоспектральная сканирующая подсистема

MS/s [million samples per second] миллион выборок в секунду

MSSI(C) [Motorola subsystem integrated circuit] БИС фирмы «Моторола»

MSSW [magnetostatic surface wave] магнитостатическая поверхностная волна

MST [Mountain standard time] Горное время (*США*)

MSTOR [main storage] оперативная память, оперативное ЗУ; основное ЗУ

MSVC [mass storage volume control] управление томами массовой памяти, управление томами внешнего ЗУ большой ёмкости

MSW 1. [machine status word] слово состояния машины; регистр состояния машины **2.** [magnetostatic wave] магнитостатическая [магнитодипольная, безобменная спиновая] волна

MT [magnetic tape] магнитная лента

MTA 1. [mail transfer agent] агент передачи почты **2.** [message transfer agent] агент передачи сообщений (*прикладной процесс в OSI*)

MTBE [mean time between errors] среднее время между ошибками

MTBF [mean time between failures] средняя наработка на отказ

MTBH [mass-transport buried heterostructure] скрытая гетероструктура, полученная методом массопередачи

MTC [memory test computer] компьютер для проверки ЗУ

MTD [moving-target detector] селектор движущихся целей, СДЦ

MTF [modulation transfer function] **1.** модуляционная передаточная функция (*оптического прибора*) **2.** частотно-контрастная характеристика, ЧКХ (*ЭЛТ*)

MTI 1. [moving-target indication] селекция движущихся целей, СДЦ **2.** [moving-target indicator] селектор движущихся целей, СДЦ

MTJ [magnetic tunnel junction] магнитный туннельный переход

MTJRAM [magnetic tunnel junction random-access memory] **1.** память с произвольным доступом на магнитных туннельных переходах **2.** оперативная память на магнитных туннельных переходах

MTL [merged transistor logic] интегральные логические схемы с инжекционным питанием, интегральная инжекционная логика, И²Л, И²Л-схема

MTM [module test mode] режим испытаний на уровне модуля

MTNT [multiple technology network test bed] многофункциональный сетевой испытательный стенд

MTP [message transfer part] подсистема передачи сообщений

MT/PP [mobile terminated point-to-point messages] прямая передача сообщений в подвижной связи

MTPS [message transport protocol service] протокольная служба передачи сообщений

MTR [missile-track radar] РЛС сопровождения ракет

MTRR [memory type range register] регистр определения фиксированных зон памяти (*при кэшировании*)

MTSO [mobile telephone switching office] подвижная коммутационная телефонная станция

MTTF [mean time to failure] средняя наработка до отказа

MTTFF [mean time to first failure] средняя наработка до первого отказа

MTTR [mean time to repair] средняя наработка до ремонта

MTU 1. [magnetic tape unit] магнитофон **2.** [maximum transmission unit] максимально допустимый размер пакета (*при передаче данных*)

MTV [Music Television] система абонентского кабельного телевидения, ориентированного на музыкальное видео

MTWP [multiplier traveling-wave phototube] фотолампа бегущей волны, фотоЛБВ

MU [measurement unit] **1.** единица измерения **2.** измерительная установка; измерительное устройство

MUA [mail user agent] почтовый агент пользователя

MUAT [multi-attribute utility theory] многоатрибутная теория полезности

mubis [multiple-beam interval scanner] сканирующее устройство с разнесёнными лучами

MUCH FET [multichannel field-effect transistor] многоканальный полевой транзистор

MUD [multi-user dungeon] среда многопользовательской интерактивной игры с использованием элементов виртуальной реальности, среда MUD, *проф.* многопользовательское подземелье

MUF [maximum usable frequency] максимальная применимая частота, МПЧ

MUG [MUMPS User Group] Группа пользователей языка MUMPS

MULTICS [multiplexed information and computing system] операционная система MULTICS

MUMPS [Massachusetts general hospital utility multi-programming system] ориентированный на базы данных язык программирования MUMPS, ориентированный на базы данных язык программирования M

mung [mush until no good] портить; уничтожать; разрушать (*напр. систему*); вносить (*напр. в файл*) необратимые изменения (*случайно или преднамеренно*)

MUSE 1. [multiple sub-Nyquist sampling encoding] система MUSE, система кодирования с множественной субдискретизацией (для телевидения высокой точности) **2.** [multi-user simulation environment] многопользовательская среда моделирования, среда MUSE

MUSH [multi-user shared hallucination] общая галлюцинация в многопользовательской среде, многопользовательская среда MUSH (*разновидность среды MUD*)

MUT [module under test] испытуемый модуль

mutex [mutual exclusion] **1.** взаимное исключение **2.** объект с функцией взаимного исключения

Mux, mux 1. [multiplex] **1.** уплотнение (*напр. линии связи*); объединение (*напр. сигналов*) **2.** *вчт* мультиплексирование **3.** аппаратура уплотнения (*напр. линии связи*); аппаратура объединения, объединитель (*напр. сигналов*) 4. *вчт* мультиплексор 5. мультиплекс, многозальный кинотеатр с комплексными услугами 2. [multiplexer] 1. аппаратура уплотнения (*напр. линии связи*); аппаратура объединения, объединитель (*напр. сигналов*) 2. *вчт* мультиплексор

MUX_RATE [multiplexed rate] скорость передачи сжатых данных

MVA [multi-domain vertical alignment] изменение ориентации нескольких доменов относительно нормали к плоскости слоя

MVDS [multipoint video distribution system] многостанционная распределительная видеосистема

MVIP [multi-vendor integration protocol] 1. протокол объединения устройств различных поставщиков для компьютерной телефонии, протокол MVIP 2. цифровая шина расширения для объединения устройств различных поставщиков по протоколу MVIP для компьютерной телефонии, шина (расширения) MVIP

MVS 1. [multiple virtual storage] операционная система MVS, операционная система OS/390 (*для мейнфреймов корпорации IBM*) 2. [multiprogramming with virtual storage] мультипрограммирование с виртуальной памятью

MVT 1. [multiprogramming with a variable number of tasks] мультипрограммирование с переменным числом задач 2. [multiprogramming with a vast amount of troubles] *проф.* мультипрограммирование с огромным количеством трудностей

MVTL [Motorola variable-threshold logic] логические схемы на элементах с переменным порогом фирмы «Моторола»

MW 1. [microwave] 1. сверхвысокочастотный, СВЧ; микроволновый 2. *проф.* СВЧ-печь, микроволновая печь 2. [microwaves] диапазон сверхвысоких частот, СВЧ-диапазон; микроволны

MWB [multi-wire board] плата с большим числом межсоединений

MX 1. [mail exchanger] система обмена электронной почтой; сервер электронной почты 2. [Maxwell] максвелл, Мкс

MXP [metallic crosspoint] контактный коммутационный элемент

M-Z [Mach-Zehnder interferometer] интерферометр Маха — Цендера

μ [micro-] микро..., мк, 10^{-6}

μ**LC** [micrologic circuits] логические микросхемы

μ**-ops** [micro-operations] микрооперации

μ**p** [microprocessor] микропроцессор

μ**Ω** [microohm] микроом, мкОм

N 1. [newton] ньютон, Н 2. (допустимое) буквенное обозначение *i*-го ($2 \le i \le 26$) логического диска, съёмного устройства памяти *или* компакт-диска (*в IBM-совместимых компьютерах*)

n [nano-] нано..., н, 10^{-9}

NA [numerical aperture] числовая апертура

NAB [National Association of Broadcasters] Национальная ассоциация вещательных компаний (*США*)

NABET [National Association of Broadcast Engineers and Technicians] Национальная ассоциация инженеров и специалистов по радио- и телевизионному вещанию (*США*)

NACE [National Advisory Committee for Electronics] Национальный консультативный комитет по электронике (*США*)

NACSE [National Association of Communication System Engineers] Национальная ассоциация инженеров по системам связи (*США*)

NAE [National Academy of Engineering] Национальная техническая академия (*США*)

NAECON [National Aerospace Electronics Conference] Национальная конференция по авиационно-космической электронике (*США*)

NAK [negative acknowledge] символ «неподтверждение», символ §, символ с кодом ASCII 15h

N-AMPS [narrow-band advanced mobile phone service] аналоговая система сотовой подвижной радиотелефонной связи стандарта N-AMPS

NAP 1. [network access point] точка доступа к сети 2. [network applications platform] платформа сетевых приложений

NAPI [network application programming interface] сетевой интерфейс прикладного программирования

NARTB [National Association of Radio and Television Broadcasters] Национальная ассоциация вещательных организаций (*США*)

NAS 1. [National Academy of Sciences] Национальная академия наук (*США*) 2. [naval air station] авианосец 3. [network access server] сервер доступа к сети 4. [network administration system] система сетевого администрирования 5. [network application support] поддержка сетевых приложений 6. [network attached storage] сеть с подключёнными хранилищами данных, сеть типа NAS

NASA [National Aeronautics and Space Administration] Национальное управление по аэронавтике и космонавтике, НАСА

NASCOM [NASA (World-Wide) Communication (Network)] глобальная сеть связи НАСА

NASD [National Association of Securities Dealers] Национальная ассоциация фондовых дилеров (*США*)

NASDAQ [National Association of Securities Dealers Automated Quotation] система автоматической котировки Национальной ассоциации фондовых дилеров, система NASDAQ (*США*)

NAT 1. [network address translation] преобразование сетевых адресов 2. [network address translator] преобразователь сетевых адресов

NATCOM [National Communication Symposium] Национальный симпозиум по связи (*США*)

NAVAIDS [navigational aids] радионавигационные средства

NAVAR [navigation air radar] угломерно-дальномерная система дальней навигации и управления воздушным движением дециметрового [ДМВ-] диапазона, система NAVAR

NAVCOMMSYS [naval communications system] система связи ВМС

NAVRADSTA [naval radio station] радиостанция ВМС

NAVSTAR [navigation satellite providing time and range] американский вариант глобальной (спутниковой) системы (радио)определения местоположения и космической навигации (*с использованием двадцати четырёх ИСЗ*), система NAVSTAR (GPS

NB 1. [narrow-band] узкополосный 2. [necessary bandwidth] необходимая ширина полосы частот 3.

[no bias] без смещения **4.** [normal burst] нормальный (временной) интервал **5.** [Nota Bene] нотабене, «обратите внимание»

NBC [National Broadcasting Company] Национальная радиовещательная компания (*США*), Эн-би-си

NBDL [narrow-band data line] узкополосная линия передачи данных

NBFM [narrow-band frequency modulation] узкополосная частотная модуляция, УЧМ

NBMA [non-broadcast multiple access] множественный доступ без возможности широковещательной рассылки; многостанционный доступ без возможности широковещательной рассылки

NBS [National Bureau of Standards] Национальное бюро стандартов, НБС (*США*)

NB-WDM [narrow-band wavelength-division multiplexing] узкополосное уплотнение по длинам волн

NC 1. [network computer] сетевой компьютер **2.** [network connection] сетевое соединение **3.** [network controller] *тлф* контроллер **4.** [neutralization capacitor] конденсатор для нейтрализации обратной связи **5.** [no connection] свободный вывод **6.** [nonlinear capacitance] нелинейная ёмкость **7.** [normally closed] размыкающий **8.** [Norton Commander] оболочка Norton Commander (*операционной системы DOS IBM-совместимых компьютеров*) **9.** [numerical control] числовое программное управление, ЧПУ

ncall [network call] вызов в сети, сетевой вызов

NCC 1. [National Computing Center] Национальный вычислительный центр (*США*) **2.** [normally closed contact] размыкающий контакт

NCD [network call distributor] распределитель вызовов в сети

NCFSK [noncoherent frequency shift keying] некогерентная частотная манипуляция

NCGA [National Computer Graphics Association] Национальная ассоциация специалистов по компьютерной графике (*США*)

NCI [non-coded information capability] информативность некодированного сообщения

NCIC [National Crime Information Center] Национальный центр криминальной информации (*США*)

NCL [network control language] язык управления сетью

NCP 1. [NetWare core protocol] основной протокол доступа к сетям NetWare, протокол NCP **2.** [network control program] программа управления сетью с архитектурой SNA, программа NCP **3.** [network control protocols] семейство протоколов управления сетью, протоколы NCP

NCQ [native command queu(e)ing] организация очереди собственных команд (*в интерфейсах жёстких дисков*), метод NCQ

NCR 1. [National Cash Register] корпорация NCR **2.** [no carbon required] бумага для получения копий без копировальной бумаги, бумага (типа) NCR

NCS 1. [naval communications station] связная станция ВМС **2.** [naval communications system] система связи ВМС **3.** [network computing system] сетевая система фирмы Apollo Computer для дистанционного вызова процедур, сетевая система фирмы Apollo Computer с протоколом RPC **4.** [network control system] система управления сетью

NCSA 1. [National Center for Supercomputing Applications] Национальный центр приложений для суперкомпьютеров **2.** [National Computer Security Association] Национальная ассоциация специалистов по компьютерной безопасности (*США*)

NCSN [National Computer Services Network] Национальная сеть компьютерных служб, организация NCSN

NCTA [National Cable Television Association] Национальная ассоциация кабельного телевидения (*США*)

ND 1. [neutral-density (filter)] нейтральный [неселективный] фильтр ‖ нейтральный, неселективный **2.** [no detect] необнаруженный **3.** [nondelay] не задерживающий, без задержки **4.** [nondirectional] ненаправленный; всенаправленный

NDA [negative dielectric anisotropy] отрицательная оптическая анизотропия

NDB [nondirectional beacon] ненаправленный радиомаяк

NDBMS [network data base management system] сетевая система управления базами данных, сетевая СУБД

NDC [negative differential conductivity] отрицательная дифференциальная удельная электропроводность

NDF [nonlinear distortion factor] коэффициент нелинейных искажений, КНИ

NDIS [network driver interface specification] спецификация интерфейсов сетевых драйверов, стандарт NDIS

NDL [network description language] язык описания схем

NDM 1. [negative differential mobility] отрицательная дифференциальная подвижность **2.** [network data mover] программа управления передачей данных в сети

NDP [numeric data processing] обработка числовых данных

NDPS 1. [national data processing service] национальная служба обработки данных **2.** [NetWare distributed print services] службы распределённой печати сетевой операционной системы NetWare

NDR [nondestructive readout] считывание данных без разрушения

NDRO [nondestructive readout] считывание данных без разрушения

NDS 1. [navigation development satellite] опытный навигационный спутник **2.** [nominal detectable signal] номинальный обнаружимый сигнал

NDT [nondestructive test] 1. неразрушающие испытания **2.** неразрушающий контроль

NEA [negative electron affinity] отрицательное электронное сродство, ОЭС

NEC [Nippon Electric Company] компания Nippon Electric

NECC [National Educational Computing Conference] Национальная конференция по применению компьютеров в системе образования (*США*)

NEDA [National Electronics Distributors Association] Национальная ассоциация предприятий оптовой торговли изделиями электронной промышленности (*США*)

NEIL [neon indicating light] неоновая индикаторная лампа

NEL 1. [Naval Electronics Laboratory] Лаборатория электроники ВМС (*США*) **2.** [neon light] неоновая лампа

NEMA [National Electrical Manufacturers Association] Национальная ассоциация производителей электротехнического оборудования (*США*)

NEP 1. [network entry point] точка входа в сеть **2.** [noise-equivalent power] эквивалентная мощность шума

NEP$_\lambda$ [noise-equivalent power at λ] эквивалентная мощность шума на длине волны λ

NET 1. [National Educational Television] Национальное образовательное телевидение (*США*) **2.** [network] 1. сеть (*1. локальная, региональная или глобальная вычислительная сеть 2. коммуникационная сеть; сеть связи (напр. телефонная) 3. сеть вещательных станций (напр. телевизионных) 4. нейронная сеть 5. замкнутая совокупность функционально однотипных организаций или предприятий 6. способ представления знаний в виде связного орграфа в системе искусственного интеллекта*) 2. схема; цепь; контур **3.** [noise equivalent temperature] эквивалентная шумовая температура

net 1. [network] 1. сеть (*1. локальная, региональная или глобальная вычислительная сеть 2. коммуникационная сеть; сеть связи (напр. телефонная) 3. сеть вещательных станций (напр. телевизионных) 4. нейронная сеть 5. замкнутая совокупность функционально однотипных организаций или предприятий 6. способ представления знаний в виде связного орграфа в системе искусственного интеллекта*) 2. схема; цепь; контур **2.** [noise equivalent temperature] эквивалентная шумовая температура **3.** имя домена верхнего уровня для сетевых узлов Internet

NetBIOS [network basic input/output system] сетевая базовая система ввода-вывода, сетевая BIOS

netCDF [network common data form] машинно-независимый файловый формат для обмена научной информацией

netizen [network citizen] активный абонент сети, *проф.* гражданин сети

NF 1. [noise factor] коэффициент шума **2.** [normal form] нормальная форма

1NF [first normal form] первая нормальная форма (*в реляционных базах данных*)

2NF [second normal form] вторая нормальная форма (*в реляционных базах данных*)

3NF [third normal form] третья нормальная форма (*в реляционных базах данных*)

4NF [fourth normal form] четвёртая нормальная форма, нормальная форма Бойса — Кодда (*в реляционных базах данных*)

5NF [fifth normal form] пятая нормальная форма, нормальная форма с объединённой проекцией (*в реляционных базах данных*)

NFB [negative feedback] отрицательная обратная связь

NFIC [National Fraud Information Center] Национальный центр информации о компьютерном мошенничестве (*США*)

NFM [narrow-band frequency modulation] узкополосная частотная модуляция, УЧМ

NFS 1. [network file service] протокол сетевого файлового сервиса, протокол NFS **2.** [network file system] сетевая файловая система, система NFS

NG [navigation and guidance] навигация и наведение

NGDLC [next generation digital loop carrier] линия кольцевой цифровой связи следующего поколения

NGT [noise (-generator) tube] лампа, используемая в качестве генератора шума

NHRP [next-hop routing protocol] протокол односкачковой маршрутизации, протокол NHRP

NI 1. [noninductive] безындуктивный **2.** [non-interlaced] простой строчный (*о развёртке*)

NIC 1. [network information center] сетевой информационный центр, центр NIC **2.** [network interface card] сетевая интерфейсная плата, плата сетевого интерфейса

ni-cad [nickel-cadmium battery] батарея никель-кадмиевых аккуумуляторов

NICAM [near instantaneous companding system] стандарт телевидения с быстрой системой компандирования, система NICAM

NICE [normal input/output control environment] окружение со стандартным управлением вводом и выводом

NIF [node information frame] кадр информации об узле

NII [National Information Infrastructure] Национальная информационная инфраструктура (*США*)

NIM [network interface module] сетевой интерфейсный модуль

NiMH [nickel metal-hydride] никель-металлгидридный

NIN [national information network] национальная информационная сеть

NIPO [negative input, positive output] (устройство) с отрицательным входным и положительным выходным сигналами

NIPS [national information processing system] национальная система обработки информации

NIR [near infrared] ближняя ИК-область (*спектра*)

NIS [network information service] сетевая информационная служба, административная база данных для модели клиент-сервер, служба NIS

NIST [National Institute of Standards and Technologies] Национальный институт стандартов и технологий (*США*)

NIT [neon indicator tube] неоновая индикаторная лампа

NITC [National Information Technology Center] Национальный центр информационных технологий (*США*)

NIU 1. [network interface unit] блок сетевого интерфейса **2.** [North American ISDN users] Ассоциация пользователей Североамериканской сети (стандарта) ISDN

NIV [no inspection verification] контроль без приёмочных испытаний

NL 1. [new line] 1. новая строка 2. символ новой строки **2.** [noise limiter] ограничитель шумов; ограничитель помех

NLC [nonlinear capacitor] конденсатор с нелинейной ёмкостью

NLCSE [nonlinear charge-storage element] нелинейный элемент с накоплением заряда

NLE [nonlinear element] нелинейный элемент

NLI 1. [nonlinear interpolation] нелинейная интерполяция **2.** [nonlinear interpolator] нелинейный интерполятор

NLM [NetWare loading module] загружаемый модуль операционной системы NetWare

NLP 1. [natural language processing] обработка информации на естественном языке (*в письменной и устной форме*) **2.** [neurolinguistic programming] нейролингвистическое программирование, НЛП **3.** [nonlinear programming] нелинейное программирование

NLQ [near-letter-quality] среднего качества (*о печати деловой корреспонденции*)
NLR 1. [nonlinear resistance] нелинейное сопротивление **2.** [nonlinear resistor] нелинейный резистор
NLS 1. [national language support] поддержка национальных языков, возможность изменения раскладки клавиатуры и программных средств для работы на нескольких языках **2.** [nonlinear system] нелинейная система
NLSP [NetWare link service protocol] сетевой протокол операционной системы NetWare, протокол NLSP
NLT [noise limiter] ограничитель шумов; ограничитель помех
NLU [natural language understanding] 1. понимание естественного языка 2. голосовой интерфейс с использованием естественного языка, интерфейс NLU
NM 1. [network management] 1. управление сетью 2. сетевое управление **2.** [noise meter] измеритель относительного уровня шумов **3.** [no message] отсутствие сигнала **4.** [nonmagnetic] немагнитный
NMC [network management center] центр управления сетью
NME [noise measuring equipment] аппаратура для измерения параметров шумовых сигналов
NMI [nonmaskable interrupt] немаскируемое прерывание
NMOS [n-channel metal-oxide-semiconductor] МОП-прибор с каналом *n*-типа
NMR [nuclear magnetic resonance] ядерный магнитный резонанс, ЯМР
NMRR [normal-mode rejection ratio] коэффициент подавления помех от сети питания
NMRS [national mobile radio service] национальная служба подвижной радиосвязи
NMS 1. [NetWare management system] система сетевого администрирования в сетевой операционной системе NetWare **2.** [network management station] станция управления сетью
NMT [Nordic mobile telephone] Североевропейская система сотовой подвижной радиотелефонной связи стандарта NMT
NMVT [network management vector transport] векторная [направленная] передача данных управления сетью
NN 1. [nearest neighbor] ближайший сосед **2.** [network node] узел сети **3.** [neural network] нейронная сеть, нейросеть, НН
NNCP [network node control point] пункт управления узлами сети
NNI [network-to-network interface] межсетевой интерфейс
NNTP [network news transfer protocol] сетевой протокол передачи новостей, протокол NNTP
NO [normally open] замыкающий
NoBL [no bus latency] без задержки на шине
NOC 1. [network operations center] центр управления сетью **2.** [normally open contact] замыкающий контакт
NODE [noise diode] шумовой диод
nodeid [node identificator] идентификатор узла
nomag [nonmagnetic] немагнитный
nomen [nomenclature] номенклатура; спецификация; система условных обозначений

no-op [no operation] 1. пустая команда, НОП 2. в нерабочем состоянии
NOP [no operation] 1. пустая команда, НОП 2. в нерабочем состоянии
NOS [network operating system] сетевая операционная система
NOT, not [number of turns] число витков
NP 1. [nondeterministic polynomial time] 1. полиномиальное время для недетерминированной машины Тьюринга 2. решаемая за полиномиальное время на недетерминированной машине Тьюринга, NP-типа 3. NP-задача, полиномиальная для недетерминированной машины Тьюринга задача (о принятии решения), решаемая за полиномиальное время на недетерминированной машине Тьюринга (о принятии решения) **2.** [non-polynomial] неполиномиальный **3.** [number of primary turns] число витков первичной обмотки
Np [neper] непер (8,686 дБ)
NPC [nondeterministic polynomial time complete] NP-полная задача, полиномиальная для недетерминированной машины Тьюринга задача (поиска и принятия решения), решаемая за полиномиальное время на недетерминированной машине Тьюринга задача (поиска и принятия решения)
NPH [nondeterministic polynomial time hard] NP-трудная задача, полиномиальная для недетерминированной машины Тьюринга задача (поиска), решаемая за полиномиальное время на недетерминированной машине Тьюринга задача (поиска)
NPR 1. [National Public Radio] Национальное общественное радио (*США*) **2.** [noise power ratio] относительный уровень собственных шумов канала (*в многоканальной телефонии*)
NPS [network protocol service] сетевая протокольная служба
N-PSK [N-phase pulse shift keying] N-позиционная импульсная манипуляция
NPU [numeric processing unit] математический сопроцессор
NPX [numeric processor extension] математический сопроцессор
NQR [nuclear quadrupole resonance] ядерный квадрупольный резонанс, ЯКР
NR 1. [navigational radar] навигационная РЛС **2.** [negative resistance] отрицательное сопротивление **3.** [noise reduction] шумопонижение **4.** [nonlinear resistance] нелинейное сопротивление **5.** [nonreactive] нереактивный **6.** [nonreversible] необратимый
NRAO [National Radio Astronomical Observatory] Национальная радиоастрономическая обсерватория (*США*)
NRBF [normalized Gaussian radial basis function] 1. нормализованная гауссова радиальная базисная функция, нормализованная гауссова функция ядра (*тип активационной функции искусственного нейрона*) 2. *pl* алгоритм обучения (искусственных) нейронных сетей с использованием нормализованных гауссовых радиальных базисных функций, нормализованный гауссов RBF-алгоритм 3. *pl* (искусственная) нейронная сеть с обучением на основе нормализованных гауссовых радиальных базисных функций, нормализованная гауссова RBF-сеть
NRBFEH [normalized radial basis functions with equal heights] 1. алгоритм обучения (искусственных) ней-

ронных сетей с использованием нормализованных базисных функций равной высоты, нормализованный RBF-алгоритм с равными высотами 2. (искусственная) нейронная сеть с обучением на основе нормализованных радиальных базисных функций равной высоты, нормализованная RBF-сеть с равными высотами

NRBFEQ [normalized radial basis functions with equal widths and heights] 1. алгоритм обучения (искусственных) нейронных сетей с использованием нормализованных базисных функций равной ширины и высоты, нормализованный RBF-алгоритм с равными ширинами и высотами 2. (искусственная) нейронная сеть с обучением на основе нормализованных радиальных базисных функций равной ширины и высоты, нормализованная RBF-сеть с равными ширинами и высотами

NRBFEV [normalized radial basis functions with equal volumes] 1. алгоритм обучения (искусственных) нейронных сетей с использованием нормализованных базисных функций равного объёма, нормализованный RBF-алгоритм с равными объёмами 2. (искусственная) нейронная сеть с обучением на основе нормализованных радиальных базисных функций равного объёма, нормализованная RBF-сеть с равными объёмами

NRBFEW [normalized radial basis functions with equal widths] 1. алгоритм обучения (искусственных) нейронных сетей с использованием нормализованных базисных функций равной ширины, нормализованный RBF-алгоритм с равными ширинами 2. (искусственная) нейронная сеть с обучением на основе нормализованных радиальных базисных функций равной ширины, нормализованная RBF-сеть с равными ширинами

NRBFUN [normalized radial basis functions with unequal widths and heights] 1. алгоритм обучения (искусственных) нейронных сетей с использованием нормализованных базисных функций неравной ширины и высоты, нормализованный RBF-алгоритм с неравными ширинами и высотами 2. (искусственная) нейронная сеть с обучением на основе нормализованных радиальных базисных функций неравной ширины и высоты, нормализованная RBF-сеть с неравными ширинами и высотами

NRC [noise-reduction coefficient] коэффициент шумопонижения

NRD 1. [naval radio direction (finder)] радиопеленгатор для военно-морских сил 2. [negative-resistance diode] 1. диод с отрицательным сопротивлением 2. туннельный диод

NRE 1. [negative-resistance effect] эффект отрицательного сопротивления 2. [negative-resistance element] элемент с отрицательным сопротивлением

NREN [National Research and Educational Network] Национальная сеть научно-исследовательских и образовательных учреждений США

NRN [no reply necessary] «ответ не нужен» (*акроним Internet*)

nroff [new run-off] программа форматирования текста для вывода на экран дисплея в UNIX

NRPN [non-registered parameter number] *вчт* номер незарегистрированного параметра

NRPN LSB [non-registered parameter number, least significant byte] *вчт* контроллер «номер незарегистрированного параметра, младший байт», MIDI-контроллер № 98

NRPN MSB [non-registered parameter number, most significant byte] *вчт* контроллер «номер незарегистрированного параметра, старший байт», MIDI-контроллер № 99

NRS 1. [national radio station] национальная радиостанция 2. [naval radio station] радиостанция ВМС 3. [noise-reduction system] система шумопонижения

NRZ [nonreturn-to-zero] без возвращения к нулю

NRZI [nonreturn-to-zero inverted] без возвращения к нулю с инверсией

NS 1. [name server] 1. сервер доменных имён, сервер системы DNS 2. запись с указанием сервера доменных имён в DNS-ресурсе, DNS-запись 2. [network series] сетевая серия, сетевой ряд (*напр. устройств*) 3. [number of secondary turns] число витков вторичной обмотки

NSA [National Security Agency] Агентство национальной безопасности, АНБ (*США*)

NSAP [network service access point] точка доступа к сетевому сервису

NSAPI [Netscape server application programming interface] 1. интерфейс прикладного программирования сервера фирмы Netscape, интерфейс NSAPI 2. протокол (интерфейса) NSAPI

NSC [noise suppression circuit] схема шумоподавления

NSE [network services engine] механизм сетевого обслуживания

NSF [National Science Foundation] Национальный научный фонд (*США*)

NSFNET [National Science Foundation Network] сеть Национального научного фонда (*США*)

NSGN [noise generator] шумовой генератор, генератор шума

NSP 1. [network service port] сетевой сервисный порт 2. [network service protocol] протокол сетевого обслуживания, протокол NSP 3. [network service provider] предоставитель [провайдер] услуг сети

NSR [noise-to-signal ratio] отношение шум — сигнал

NSRDS [National Standard Reference Data System] Справочная служба по национальным стандартам (*США*)

NSS [nodal switching system] система коммутации узлов

NSTL [National Software Testing Laboratory] Национальная лаборатория тестирования программного обеспечения (*США*)

NT 1. [nested task] вложенная задача 2. [network terminal] сетевой терминал 3. [network terminator] оконечное сетевое устройство; оконечная сетевая станция 4. [Nom time] время по долготе города Ном

NT1 [network terminal 1] сетевой терминал с функциями физического и канального уровня

NTC 1. [negative temperature coefficient] отрицательный температурный коэффициент 2. [network termination controller] оконечный сетевой контроллер

NTDS [new technology directory service] служба каталогов для операционной системы Windows NT, служба NTDS

NTFS [new technology file system] файловая система для операционной системы Windows NT, система NTFS

NTI [network terminal interface] интерфейс сетевого терминала

NTIA [National Telecommunications and Information Administration] Национальное управление телекоммуникациями и информацией (*США*)

NTL [nonuniform transmission line] неоднородная линия передачи

NTP [network time protocol] сетевой протокол времени, сетевой протокол синхронизации часов компьютерных систем, протокол NTP

NTSC [National Television System Committee] Национальный комитет по телевизионным системам, НТСЦ (*США*)

NTT [Nippon Telegraph and Telephone] компания Nippon Telegraph and Telephone, компания NTT

NU [Norton utilities] утилиты Нортона, пакет служебных [сервисных] программ NU (*для оболочки DOS Norton Commander и операционных систем Windows*)

NUA [network user address] сетевой адрес пользователя

NUI [network user identifier] идентификатор пользователя сети

NUL [null] пустой символ, символ с кодом ASCII 00h

NUTL [nonuniform transmission line] неоднородная линия передачи

NVC [nonvolatile controller] контроллер энергонезависимой памяти

NVRAM [nonvolatile random-access memory] 1. энергонезависимая память с произвольным доступом 2. энергонезависимая оперативная память

NVS [nonvolatile storage] 1. энергонезависимая память 2. энергонезависимое хранилище информации (о конфигурации системы) (*область энергонезависимой памяти или файл данных*)

NVT [network virtual terminal] виртуальный сетевой терминал

NZDT [New Zealand daylight time] Новозеландское летнее время

NZST [New Zealand standard time] Новозеландское время

O 1. [oscillator] 1. генератор 2. задающий генератор (*передатчика*) 3. гетеродин 4. фтт осциллятор 5. вибратор, элементарный излучатель **2.** [output] 1. выход; вывод 2. выходной сигнал 3. выходная мощность; отводимая мощность 4. вывод данных 5. устройство вывода (*напр. данных*); выходное устройство 6. выходные данные; выводимые данные; результаты 7. продукция **3.** [oxide-coated] покрытый слоем оксида, с оксидным покрытием **4.** (допустимое) буквенное обозначение *i*-го ($2 \leq i \leq 26$) логического диска, съёмного устройства памяти или компакт-диска (*в IBM-совместимых компьютерах*)

o 1. [oscillator] 1. генератор 2. задающий генератор (*передатчика*) 3. гетеродин 4. фтт осциллятор 5. вибратор, элементарный излучатель **2.** [output] 1. выход; вывод 2. выходной сигнал 3. выходная мощность; отводимая мощность 4. вывод данных 5. устройство вывода (*напр. данных*); выходное устройство 6. выходные данные; выводимые данные; результаты 7. продукция **3.** [oxide-coated] покрытый слоем оксида, с оксидным покрытием

O2 [object-oriented] 1. объектно-ориентированный 2. объектно-ориентированный язык базы данных, язык O2

OA 1. [office automation] автоматизация делопроизводства, *проф.* автоматизация офиса **2.** [omnirange antenna] антенна всенаправленного радиомаяка **3.** [operational amplifier] операционный усилитель

OADM [optical add/drop multiplexing] уплотнение методом оптического суммирования и ответвления

OAI [open applications interface] интерфейс открытых приложений

OALM [optically addressed light modulator] модулятор света с оптической адресацией

OAM [operations, administration and maintenance] управление, администрирование и (техническое) обслуживание

O&M [operations and maintenance] управление и (техническое) обслуживание

OAO [orbiting astronomical observatory] орбитальная астрономическая обсерватория

OB 1. [occupied bandwidth] ширина занимаемой полосы частот **2.** [output buffer] выходная буферная ступень **3.** [outside broadcast] внестудийная передача **4.** [outside broadcasting] внестудийное вещание

Ob. [obligatory] обязательный (*используемое в сообщениях телеконференций сокращение для указания имеющего прямое отношение к обсуждаемой теме места*)

OBE [out-of-band emission] внеполосное излучение

OBI [omnibearing indicator] индикатор пеленга относительно всенаправленного радиомаяка

OBM [open book management] управление в условиях полной открытости, концепция OBM

OBO [output backoff] потери выходной мощности

OBS 1. [omnibearing selector] селектор пеленга относительно всенаправленного радиомаяка **2.** [optical bypass switch] оптический обходной переключатель **3.** метеотелеграмма (*международная служебная отметка*)

OC 1. [office communications] учрежденческая связь **2.** [open circuit] разомкнутая цепь; разомкнутый контур **3.** [optical carrier] волоконно-оптическая среда **4.** [output compare] выходное сравнение

OCB [optically compensated bend] оптически компенсируемое отклонение луча

OCC [open-circuit characteristic] характеристика холостого хода

OCE [open collaboration environment] среда открытого сотрудничества

OCLC [On-line Computer Library Center] Компьютерный библиотечный центр, организация OCLC

OCR [optical character recognition] оптическое распознавание символов

oct 1. [octal] 1. восьмеричный 2. октальный **2.** [octave] октава

OCW [operation control word] имя команды управления операциями; команда управления операциями

OCXO [oven-controlled crystal oscillator] термостатированный генератор с кварцевой стабилизацией частоты, термостатированный кварцевый генератор

OD 1. [on demand] по требованию; по запросу **2.** [organizational development] организационное развитие, плановые организационные изменения, концепция OD

od 1. [on demand] по требованию; по запросу 2. [outside diameter] внешний диаметр 3. [outside dimensions] габариты, габаритные размеры

ODA [office document architecture, open document architecture] архитектура открытых документов, архитектура стандарта ODA

ODBC [open database connectivity] интерфейс связи с открытыми базами данных, интерфейс стандарта ODBC

ODE [orientation-dependent etch] анизотропный травитель

ODFT [odd discrete Fourier transform] нечётное дискретное преобразование Фурье, НДПФ

O²DFT [odd-time odd-frequency discrete Fourier transform] нечётно-временное нечётно-частотное дискретное преобразование Фурье, Н²ДПФ

ODHT [optimal discrete Hilbert transformer] оптимальный дискретный преобразователь Гильберта

ODI [open data-link interface] 1. интерфейс открытого канала передачи данных, интерфейс (стандарта) ODI 2. стандарт (*фирм Novell и Apple*) на открытый канала передачи данных, стандарт ODI

ODIF [office document interchange format, open document interchange format] формат обмена открытыми документами, формат стандарта ODIF

ODL [optical delay line] оптическая линия задержки

ODMA [office document management architecture, open document management architecture] архитектура управления открытыми документами, архитектура стандарта ODMA

ODP [OverDrive processor] процессор для модернизации компьютера (*без замены материнской платы*), процессор типа OverDrive

ODR [omnidirectional range] всенаправленный радиомаяк

ODSS [organizational decision support system] система поддержки принятия организационных решений, система ODSS

Oe [oersted] эрстед, Э (79,5775 А/м)

OEB [open e(-)book] стандарт на электронные книги, стандарт OEB

OEIS [optoelectronic integrated circuit] оптоэлектронная интегральная схема

OEM [original equipment manufacturer] производитель оригинального оборудования

OF [overflow flag] флаг переполнения

OFB [output feedback] 1. обратная связь по шифротексту в системах без автоключа 2. режим обратной связи по шифротексту в системах без автоключа, режим OFB (*для блочных шифров*)

OFC [on/off counter] счётчик (числа) включений / выключений

OG [output generator] выходной генератор

OGW [optical guided wave] канализируемая световая волна

OHW [output highway] выходная магистраль

OIC [oh, I see] «о, я понимаю» (*акроним Internet*)

OIRT [International Radio and Television Organization] Международная организация радиовещания и телевидения, ОИРТ

OIW [OSI Implementors Workshop] Семинар по открытым системам Национального института по стандартам и технологиям (*США*)

OK [okay] «окей», «всё в порядке»

OL 1. [on-line] 1. неавтономный; работающий с управлением от основного оборудования 2. работающий в темпе поступления информации; работающий в реальном масштабе времени; *вчт проф.* онлайновый 3. активный; готовый к работе 4. интерактивный; диалоговый 5. подключённый; соединённый с другим устройством; находящийся в сети 2. [open loop] 1. разомкнутая цепь (*обратной связи*) 2. разомкнутый контур 3. система без обратной связи, разомкнутая система (*напр. автоматического управления*) 3. [overhead line] воздушная линия 4. [overload] перегрузка (*1. избыточная нагрузка 2. вчт придание одному и тому же объекту (напр. идентификатору) нескольких функций*)

OLAM [optimal linear associative memory] оптимальная линейная ассоциативная память (*тип нейронных сетей*)

OLAP [on-line analytical processing] аналитическая обработка (*данных*) в реальном масштабе времени

OLB [outer lead bond] соединение контактов выводной рамки с проводниками коммутационной платы

OLCA [on-line circuit analysis] анализ цепей в реальном масштабе времени

OLE [object linking and embedding] связывание и внедрение объектов, связывание и встраивание объектов, OLE-метод

OLED [organic light-emitting diode] органический светодиод

OLGA [organic land-grid array] корпус из органического материала с матрицей контактных площадок, корпус типа OLGA, OLGA-корпус

OLS 1. [ordinary least squares] метод наименьших квадратов 2. [orthogonal least squares] ортогональный метод наименьших квадратов

OLTF [open-loop transfer function] передаточная функция разомкнутой системы

OLTP [on-line transaction processing] обработка транзакций в реальном масштабе времени

OMC [operations and maintenance center] центр управления и обслуживания

OMG [Object Management Group] компания OMG, разработчик объектно-ориентированных вычислительных систем

OML [operations and maintenance link] канал управления и обслуживания

OMNITENNA [omnirange antenna] антенна всенаправленного радиомаяка

OMR [optical mark recognition] оптическое распознавание меток

OMS 1. [optoelectronic multiplex switch] оптоэлектронный коммутатор каналов; оптоэлектронный мультиплексор 2. [ovonic memory switch] переключатель с памятью на элементах Овшинского

OMT [orthomode transducer] преобразователь для возбуждения ортогональных мод

ONA [open network architecture] открытая сетевая архитектура

ONC [open network computing] открытые сетевые вычисления, архитектура распределённых приложений стандарта ONC

ONE 1. [office network exchange] станция учрежденской сети связи 2. [optimized network evolution]

оптимизированная эволюция сетей, концепция ONE развития сетей связи (*для системы коммутации цифровых сигналов EWSD*)

ONNA [oh no, not again] «о нет, не нужно повторять» (*акроним Internet*)

ONS [open network software] открытое сетевое программное обеспечение

OO 1. [object orientation] 1. ориентация объекта; расположение объекта 2. *вчт* объектная ориентация; представление окружающего мира в виде совокупности объектов **2.** [object oriented] объектно-ориентированный

OOA [object-oriented analysis] объектно-ориентированный анализ, ООА

OOD [object-oriented design] объектно-ориентированное проектирование, ООП

OODBMS [object-oriented data base management system] объектно-ориентированная система управления базами данных, ООСУБД

OOK [on-off keying] амплитудная манипуляция, АМн

OOP [object-oriented programming] объектно-ориентированное программирование, ООП

op [operator] 1. оператор (*1. операция; знак или символ операции 2. задающее функционально законченное действие предложение языка программирования 3. специалист, осуществляющий оперативное управление и контроль за работой прибора, устройства или системы (например, компьютера) 4. участок ДНК, регулирующий транскрипцию*) 2. специалист, обеспечивающий установление соединений *или* передачу сообщений (*в системах связи*); телефонист; телеграфист; радист; связист 3. управляющий; технический директор

OPA [optoelectronic pulse amplifier] оптоэлектронный импульсный усилитель

OPAL [orbiting picosatellite automatic launcher] орбитальная платформа для запуска пикоспутников, платформа OPAL

op amp [operational amplifier] операционный усилитель

Op Cd [operation code] 1. код операции 2. система команд

opcode [operation code] 1. код операции 2. система команд

opcom [optical communication] оптическая связь

OPDAR [optical detection and ranging] 1. оптическая локация 2. оптический локатор

OPDARS [optical detection and ranging system] система оптической локации

OpenGL [open graphics library] открытая библиотека графических функций, многоплатформенный программный интерфейс для аппаратных средств компьютерной графики, интерфейс OpenGL

OPM [operations per minute] число операций в минуту

OPND [operand] операнд

OPO [optical parametric oscillator] оптический параметрический генератор

OPS [open profiling standard] стандарт на процедуру сбора информации о посетителях сайтов, стандарт OPS

opt 1. [optics] оптика (*1. наука 2. оптическое оборудование; оптические приборы; оптическая система*) **2.** [optimum] оптимум

opto [optoelectronics] оптоэлектроника

OR 1. [omnidirectional radio range] всенаправленный курсовой радиомаяк **2.** [operating range] рабочий диапазон **3.** [ordering register] регистр команды **4.** [overall resistance] полное сопротивление **5.** [overload relay] реле максимального тока

ORB 1. [object request brokers] брокеры объектных запросов, промежуточное программное обеспечение типа ORB **2.** [omnidirectional radio beacon] всенаправленный радиомаяк

ORBF [ordinary Gaussian radial basis function] 1. обычная гауссова радиальная базисная функция, обычная гауссова функция ядра (*тип активационной функции искусственного нейрона*) 2. *pl* алгоритм обучения (искусственных) нейронных сетей с использованием обычных гауссовых радиальных базисных функций, обычный гауссов RBF-алгоритм 3. *pl* (искусственная) нейронная сеть с обучением на основе обычных гауссовых радиальных базисных функций, обычная гауссова RBF-сеть

ORBFEQ [ordinary radial basis functions with equal widths] 1. алгоритм обучения (искусственных) нейронных сетей с использованием обычных радиальных базисных функций равной ширины, обычный RBF-алгоритм с равными ширинами 2. (искусственная) нейронная сеть с обучением на основе обычных радиальных базисных функций равной ширины, обычная RBF-сеть с равными ширинами

ORBFUN [ordinary radial basis functions with unequal widths] 1. алгоритм обучения (искусственных) нейронных сетей с использованием обычных радиальных базисных функций неравной ширины, обычный RBF-алгоритм с неравными ширинами 2. (искусственная) нейронная сеть с обучением на основе обычных радиальных базисных функций неравной ширины, обычная RBF-сеть с неравными ширинами

org *вчт* имя домена верхнего уровня для некоммерческих организаций

O-ROM [optical read-only memory] оптическое постоянная память, оптическое ПЗУ

ORR 1. [omnidirectional radio range] всенаправленный курсовой радиомаяк **2.** [orbital rendezvous radar] РЛС обеспечения стыковки КЛА на орбите

ORRT [operational readiness and reliability test] проверка эксплуатационной готовности и надёжности

OS [operating system] операционная система, ОС

OS/2 [Operating System/2] операционная система OS/2

OSA 1. [Optical Society of America] Американское оптическое общество **2.** [overall system attenuation] полное затухание в системе

osc 1. [oscillation] колебания; осцилляции; периодические изменения **2.** [oscillator] 1. генератор 2. задающий генератор (*передатчика*) 3. гетеродин 4. *фтт* осциллятор 5. вибратор, элементарный излучатель **3.** [oscillograph] 1. осциллограф (*прибор для регистрации осциллограмм*) 2. осциллограмма **4.** [oscilloscope] (электронно-лучевой) осциллограф

OSD [on-screen display] 1. экранное меню 2. отображение (*напр. служебной информации*) на экране

OSEE [On-line Symposium for Electronic Engineers] Интерактивный симпозиум инженеров по электронике

OSF [Open Software Foundation] Открытый фонд программ

OSFB [operation systems function block] блок функций систем управления

OSI [open system interconnection] **1.** взаимодействие открытых систем **2.** стандарт взаимодействия открытых систем, стандарт (ISO/)OSI

OSME [open systems message exchange] обмен сообщениями открытых систем

OSPF [open shortest path first] протокол маршрутизации по принципу выбора кратчайшего пути, протокол OSPF

OSPM [operating system directed power management] управление энергопотреблением под контролем операционной системы

OSS 1. [operational support system] система оперативной поддержки **2.** [out of service] 1. вне зоны обслуживания (системы) 2. технический перерыв **3.** [operator services system] система с предоставлением услуг через оператора

OSTA [Optical Storage Technology Association] Ассоциация специалистов по технике оптических ЗУ

OT [overlay transistor] многоэмиттерный транзистор

OTA [Office of Technology Assessment] Отдел технической экспертизы

OtbT [object-to-be-tested] объект испытаний

OTF [optical transfer function] оптическая передаточная функция

OTH [over-the-horizon] загоризонтный

OTOH [on the other hand] «с другой стороны» (*акроним Internet*)

OTP 1. [one-time pad] одноразовый (шифровальный) блокнот **2.** [one-time password] 1. однократно используемый пароль 2. система обеспечения безопасности с однократно используемым паролем, система OTP **3.** [one-time programmable] однократно перепрограммируемая постоянная память

OTS [ovonic threshold switch] пороговый переключатель на элементах Овшинского

OURS [open user recommended solutions] 1. технические решения, рекомендуемые пользователям открытых систем 2. группа разработчиков документа «Технические решения, рекомендуемые пользователям открытых систем»

out [output] 1. выход; вывод ‖ выходной; выводной; отводимый; выводимый 2. выходной сигнал 3. выходная мощность; отводимая мощность 4. вывод данных 5. устройство вывода (*напр. данных*); выходное устройство 6. выходные данные; выводимые данные; результаты 7. продукция

OVD [outside vapor deposition] внешнее осаждение из паровой фазы

ovhd [overhead] 1. непроизводительные затраты 2. неэффективное использование (*напр. вычислительной техники*) 3. накладные расходы 4. *вчт* служебная информация; служебные данные (*напр. на носителе записи*) 5. *вчт* совокупность индексов полнотекстовой базы данных 6. кодоскоп, *проф.* оверхед (*разновидность диапроектора*) 7. изображение (*на экране*), полученное с помощью кодоскопа 8. воздушный (*напр. о линии передачи*)

ovld [overload] перегрузка (*1. избыточная нагрузка 2. вчт придание одному и тому же объекту (напр. идентификатору) нескольких функций*)

ovv [overvoltage] перенапряжение

OWF [optimum working frequency] оптимальная рабочая частота, ОРЧ (*для слоя F_2*)

OXIM [oxide-isolated monolith] монолитная ИС с изоляцией оксидом

P 1. [permeance] магнитная проводимость **2.** [peta-] 1. пета..., П, 10^{15} 2. *вчт* пета..., П, $= 2^{50}$ **3.** [polynomial] полиномиальный **4.** [polynomial time] 1. полиномиальное время 2. решаемый за полиномиальное время на детерминированной машине Тьюринга, P-типа 3. P-задача, полиномиальная для детерминированной машины Тьюринга задача (о принятии решения), решаемая за полиномиальное время на детерминированной машине Тьюринга задача (о принятии решения) **5.** [primary] 1. первичный 2. первичная обмотка 3. первичный электрон 4. ведущая станция 5. основной; непосредственный; прямой; ведущий 6. первостепенный; относящийся к первому уровню (*иерархии*) **6.** (допустимое) буквенное обозначение *i*-го ($2 \leq i \leq 26$) логического диска, съёмного устройства памяти *или* компакт-диска (*в IBM-совместимых компьютерах*)

p 1. [pico-] пико..., п, 10^{-12} **2.** [plate] 1. анод 2. обкладка (*конденсатора*) **3.** [power] мощность

PA 1. [paging amplifier] усилитель системы поискового вызова **2.** [parametric amplifier] параметрический усилитель **3.** [pulse accumulator] счётчик импульсов

Pa [pascal] паскаль, Па

PABX [private automatic branch exchange] частная АТС с исходящей и входящей связью

PAC 1. [partitioned adaptive control] разделённое адаптивное управление **2.** [perceptual audio coder] кодер воспринимаемых цифровых аудиосигналов, кодер типа PAC **3.** [primary address code] код основного адреса

PACF [partial autocorrelation function] парциальная [частная] автокорреляционная функция

PACS [plant automation communications system] автоматизированная система связи в пределах завода *или* фабрики

PAD 1. [packet assembler/disassembler] пакетный адаптер данных, устройство сборки/разборки пакетов, устройство формирования/расформирования пакетов **2.** [packet assembly/disassembly] сборка/разборка [формирование/расформирование] пакетов

PADT [post-alloy-diffused transistor] транзистор, полученный методом послесплавной диффузии

PAE [physical address extension] расширение физического адреса

PAL 1. [Phase Alternation Line] система ПАЛ (*система цветного телевидения*) **2.** [programmable array logic] программируемая логическая матрица типа PAL, ПЛМ типа PAL (*с возможностью программирования только массивов элементов И*)

PALC [plasma addressed liquid crystal] жидкокристаллический дисплей с адресацией плазменной панелью

PAM 1. [personal applications manager] менеджер персональных приложений **2.** [pulse-amplitude modulation] амплитудно-импульсная модуляция, АИМ

PAMA [preassigned multiple access] множественный доступ с жёстким закреплением каналов; многостанционный доступ с жёстким закреплением каналов

PAMR [public access mobile radio] система подвижной [мобильной] радиосвязи общего пользования

PANAR [panoramic radar] панорамная РЛС

PANI [polyaniline] полианилин

PAO [pulsed avalanche(-diode) oscillator] импульсный генератор на лавинно-пролётном диоде

PAP 1. [password authentication protocol] протокол аутентификации по паролю, протокол PAP **2.** [picture-and-picture] функция расщепления (телевизионного) экрана

P&P [plug-and-play] 1. автоматическое конфигурирование ∥ автоматически конфигурируемый, стандарта plug-and-play, стандарта PnP 2. стандарт на автоматически конфигурируемые устройства, стандарт plug-and-play, стандарт PnP

PAR [precision approach radar] РЛС управления заходом на посадку

paramp [parametric amplifier] параметрический усилитель

PARC [Palo Alto Research Center] Научно-исследовательский центр корпорации Xerox в Пало-Альто

PARIS [packetized automatic routing integrated system] объединённая система автоматизированной маршрутизации пакетов

PARP [proxy address resolution protocol] протокол разрешения адресов с представителем, протокол ARP с представителем

PARS [programmable airline reservation system] автоматическая система бронирования авиабилетов (корпорации IBM)

partial/CAV [partial constant angular velocity] 1. постоянная угловая скорость для части диска 2. режим считывания (с диска) или записи (на диск) при постоянной угловой скорости носителя для части диска

pas [Pascal] расширение имени программных файлов на языке Pascal

PASC [precision adaptive subband coding] точное адаптивное поддиапазонное кодирование, алгоритм цифровой записи звука в формате DCC

PASCAL, Pascal [programme appliqué à la sélection et la compilation automatique de la littérature] язык структурного программирования Pascal

PAT [port and address translation] преобразование портов и адресов

patricia [practical algorithm in retrieve information coded in alphanumeric] практический алгоритм для поиска алфавитно-цифровой информации, patricia–дерево, patricia-структура (*тип двоичного [бинарного] дерева, имеющего ключи для каждого из листьев*)

PATTERN [planning assistance through technical evaluation of relevance numbers] метод экспертной оценки на этапе планирования, основанный на техническом расчёте определённых показателей, метод PATTERN

PAWS [phased-array warning system] система дальнего обнаружения с фазированной антенной решёткой

PAX [private automatic exchange] частная АТС без исходящей и входящей связи

PB [Power BASIC] язык программирования Power BASIC

PBF [permalloy-bar file] *вчт* массив со схемой продвижения ЦМД на пермаллоевых аппликациях

PBGA [plastic-ball grid array] пластмассовый корпус с матрицей шариковых выводов, корпус типа PBGA, PBGA-корпус

PBO [polybenzoxazol] полибензоксазол

PBS [Public Broadcasting Service] вещательная компания Пи-би-эс (*США*)

PBW [pin bandwidth] пропускная способность на 1 вывод (*в Мбайт/с*)

PBX [private branch exchange] частная телефонная станция с исходящей и входящей связью

PC 1. [parity control] контроль (по) чётности **2.** [peripheral controller] периферийный контроллер **3.** [personal computer] персональный компьютер, ПК **4.** [photochromic] фотохромный материал ∥ фотохромный **5.** [pin control] управление внешним выводом **6.** [printed circuit] печатная схема **7.** [program counter] счётчик команд

PCB [printed circuit board] печатная плата

PCCD [polysilicon charge-coupled device] прибор с зарядовой связью с электродами из поликристаллического кремния

PCD 1. [personal communication device] карманный персональный компьютер с встроенным сотовым телефоном **2.** [plasma-coupled (semiconductor) device] полупроводниковый прибор с плазменной связью **3.** [pulse-code dialing] импульсно-кодовый набор

PC-DOS [personal computer disk operating system] операционная система фирмы IBM для персональных компьютеров, система PC-DOS

PCGN [phase change cholesteric-nematic guest-host] дисперсная матрица типа холестерик-нематик с фазовым переходом

PCH [paging channel] канал поискового вызова

PCI 1. [peripheral component interconnect(ion)] 1. архитектура подключения периферийных компонентов, архитектура PCI; стандарт PCI 2. (локальная) шина для подключения периферийных компонентов, (локальная) шина (стандарта) PCI **2.** [photon-coupled isolator] оптопара, оптрон **3.** [polycrystal isolation] изоляция поликристаллическим кремнием **4.** [presentation control information] информация для управления способом представления данных

PCK [parity check] контроль (по) чётности

PCL [parallel communication link] канал параллельной передачи данных

PCLP [personal computer LAN program] программа для обслуживания персонального компьютера в локальной сети, программа PCLP

PCM 1. [plug-compatible manufacturer] производитель совместимого компьютерного оборудования **2.** [pulse-code modulation] импульсно-кодовая модуляция, ИКМ **3.** [punched card machine] перфокарточная вычислительная машина

PCMCIA [Personal Computer Memory Card International Association] 1. Международная ассоциация производителей плат памяти для персональных компьютеров 2. стандарт Международной ассоциации производителей плат памяти для персональных компьютеров (*на платы и шины расши-*

рения, слоты, периферийные устройства и компьютерные аксессуары), стандарт PCMCIA

PCM-IM(PS) [pulse-code modulation, intensity modulated (pulse source)] ИКМ с модуляцией интенсивности импульсного источника

P²C-MOS [double-polysilicon complementary metal-oxide-semiconductor] КМОП-структура с двойным слоем поликристаллического кремния

PCM-PM(PS) [pulse code modulation, polarization modulated (pulse source)] ИКМ с поляризационной модуляцией импульсного источника

PCN 1. [personal communication network] 1. сеть персональной связи 2. [personal communication networks] концепция развития сетей персональной связи, разработанная Британским Департаментом торговли и промышленности 3. [personal communication number] персональный коммуникационный номер

PCP [primary control program] первичная управляющая программа

PCS 1. [personal communication service] 1. служба персональной связи 2. разработанная Федеральной комиссией связи США концепция развития службы персональной связи, концепция PCS 2. [personal computer system] система персональных компьютеров 3. [print contrast signal] сигнал контрастности печати

PCT [photon-coupled transistor] оптотранзистор

PCX [PC Paintbrush file format] 1. формат графических файлов, файловый формат PCX 2. расширение имени файла в формате PCX

PD 1. [participatory design] проектирование с участием пользователей 2. [passive detection] пассивная локация 3. [phase change disk] компакт-диск с записью методом фазового перехода (в материале носителя) 4. [photodiode] фотодиод 5. [potential difference] разность (электрических) потенциалов, (электрическое) напряжение 6. [public domain] общедоступный, без защиты авторских прав (напр. о программном обеспечении)

pd [pulse duration] длительность импульса

PDA 1. [personal digital assistant] персональный цифровой помощник 2. [positive dielectric anisotropy] положительная оптическая анизотропия 3. [post-deflection acceleration] послеускорение 4. [pulse distribution amplifier] усилитель-распределитель импульсов

PDB [protocol data block] протокольный блок данных

PDBM [pulse-delay binary modulation] двоичная фазоимпульсная [фазово-импульсная] модуляция, двоичная ФИМ

PDC [parallel data controller] параллельный контроллер данных

PD/CD [phase change disk / compact disk] компакт-диск с записью методом фазового перехода (в материале носителя)

PDDL [perpendicular diffraction delay line] дифракционная линия задержки с перпендикулярными (дифракционными) решётками

PD/DVD [phase change disk / digital versatile disk] компакт-диск формата DVD с записью методом фазового перехода

PDELAN [partial differential equation language] язык программирования для решения дифференциальных уравнений с частными производными, язык программирования PDELAN

PDH [plesiochronous digital hierarchy] иерархия плезиохронных [близких к синхронным] цифровых систем, стандарт PDH

PDIP [plastic dual in-line package] пластмассовый плоский корпус с двусторонним расположением выводов (перпендикулярно плоскости основания), пластмассовый корпус типа DIP, пластмассовый DIP-корпус

PDL [page description language] язык программирования PDL, язык описания страниц

PDLC [polymer dispersed liquid crystal] дисперсная матрица типа полимер - жидкий кристалл

PDM [pulse-duration modulation] широтно-импульсная модуляция, ШИМ

PDN [packet data network] сеть пакетной передачи

PDP [plasma display panel] плазменная дисплейная панель, плазменный дисплей

PDQ [pre-route delay quantifier] программа оценки времён задержки в межсоединениях, программа PDQ (для рабочих станций по автоматизированному проектированию интегральных схем)

PDR [probe data register] регистр данных зонда

PDS 1. [partitioned data set] структурированный набор данных 2. [portable document software] программное обеспечение для работы с переносимыми документами 3. [processor direct slot] слот локальной шины в Apple-совместимых компьютерах, слот типа PDS 4. [program development system] система разработки программ

PDT [Pacific daylight time] Тихоокеанское летнее время (США)

4PDT [four-pole double-throw] четырёхполюсная группа переключающих контактов

PDU 1. [protected data unit] 1. защищённый элемент данных 2. защищённый блок данных 2. [protocol data unit] 1. протокольный модуль данных 2. пакет данных (в терминологии OSI)

PE 1. [paraelectric] параэлектрик || параэлектрический 2. [phase encoding] фазовое кодирование 3. [photoelectric] фотоэлектрический 4. [printer's error] ошибка принтера 5. [probable error] вероятная ошибка

PEA [positive electron affinity] положительное электронное сродство, ПЭС

PEB [PCM expansion bus] цифровая шина расширения (для компьютерной телефонии) с использованием ИКМ, шина (расширения стандарта) PEB

PEC 1. [packaged electronic circuit] герметизированная электронная схема 2. [photoelectric cell] 1. фотодиод 2. фотогальванический элемент 3. фоторезистор 4. фототранзистор 5. (электровакуумный) фотоэлемент

PED [proton-enhanced diffusion] диффузия, ускоренная протонами

PEEP [personality electrically erasable programmable read-only memory] идентификационная область электрически программируемой постоянной памяти

PEF [prediction-error filter] фильтр ошибки предсказания, фильтр ошибки прогнозирования

PEL, pel [picture element] элемент двумерного [плоского] изображения, пиксел

PEM 1. [photoelectromagnetic] фотоэлектромагнитный 2. [prediction error module] модуль предсказания ошибок 3. [privacy enhanced mail] электронная почта повышенной секретности, стандарт PEM

PEP 1. [packetized ensemble protocol] протокол пакетной обработки данных (*для модемов*), протокол PEP **2.** [peak envelope power] максимальное значение мощности огибающей **3.** [personality erasable programmable read-only memory] идентификационная область программируемой постоянной памяти

PER [packed encoding rules] рекомендации МСЭ по правилам компактного кодирования, стандарт PER (*в языке ASN.1*)

Perc [(back)percolation] обратная перколяция (*алгоритм обучения нейронных сетей*)

PERL [practical extraction and report language] язык написания сценариев в UNIX, язык PERL

PERT [program evaluation and review technique] метод сетевого планирования и управления, метод PERT

PET [positron-emission tomography] **1.** позитронно-эмиссионная томография **2.** рентгеновский снимок, полученный методом позитронно-эмиссионной томографии

PES 1. [personal earth station] персональная земная станция **2.** [proposed encryption standard] **1.** стандарт блочного шифрования PES, первоначальный вариант стандарта IDEA **2.** (блочный) шифр (стандарта) PES, первоначальный вариант шифра IDEA

PF 1. [parity flag] флаг чётности **2.** [parity formation] формирование чётности **3.** [power factor] коэффициент мощности **4.** [power fail] отказ в системе (электро)питания; выход напряжения (электро)питания за допустимые пределы **5.** [pulse former] формирователь импульсов

PFA [predictable failure analysis] анализ предсказуемых отказов

PFC [phase-frequency characteristic] фазочастотная характеристика

PFD [power flux density] плотность потока энергии

PFKEY [program function keys] функциональные клавиши программы

PFM [pulse-frequency modulation] частотно-импульсная модуляция, ЧИМ

PFN [pulse-forming network] схема формирования импульсов; цепь формирования импульсов

PFP [power flat package] плоский корпус для мощных СВЧ усилителей, корпус типа PFP, PFP-корпус

PG, P.G. 1. [power gain] **1.** усиление по мощности **2.** коэффициент усиления по мощности **2.** [power good] **1.** сигнал «(электро) питание в норме» **2.** выход сигнала «(электро) питание в норме» **3.** [processing gain] усиление в процессе обработки сигналов **4.** [protect ground] защитное заземление

PGA 1. [pad-grid array] корпус с матрицей контактных площадок, корпус типа PGA, PGA-корпус **2.** [pin-grid array] корпус с матрицей стержневых выводов, корпус типа PGA, PGA-корпус **3.** [professional graphics adapter] **1.** стандарт высокого уровня на отображение текстовой и цветной графической информации для IBM-совместимых компьютеров, стандарт PGA (*с разрешением не выше 640x480 пикселей в режиме 256-и цветов*) **2.** видеоадаптер (стандарта) PGA

PGCI [program chain information] информация о (физическом) размещении секторов на треках

PGE [paging global extension] глобальное расширение страничной переадресации

PGF [presentation graphics facility] средства представления графических данных, пакет PGF

PGP [pretty good privacy] система шифрования (стандарта) PGP, обеспечивающая надёжную конфиденциальность система шифрования с открытым ключом

PH [phantom interface] фантомный интерфейс

ph [phone] **1.** телефонный аппарат, телефон ‖ телефонный **2.** головной телефон *или* головные телефоны, *проф.* наушник *или* наушники **3.** звук речи

PHB [photochemical hole burning] фотохимическое выгорание провала

Photo CD [photo compact disk] компакт-диск формата PhotoCD, видеокомпакт-диск формата Kodak

PHS [personal handy-phone system] радиотелефонная система сотовой связи с размером сот около 1 км, система PHS

PHY [physical] физический (*1. материальный; реальный 2. вчт. относящийся к аппаратному обеспечению*)

PI [position indicator] навигационный координатор; индикатор положения (*транспортного средства*)

PIA [peripheral interface adapter] адаптер периферийного интерфейса

PIC [picture image compression] **1.** сжатие видеоданных о неподвижных изображениях, алгоритм PIC (*для сжатия видеоданных*) **2.** формат графических файлов, формат PIC **3.** расширение имени графических файлов

PICMG [Peripheral Component Interconnect(ion) Industrial Computers Manufacturers Group] Ассоциация производителей промышленных компьютеров с компактным вариантом архитектуры подключения периферийных компонентов, Ассоциация производителей промышленных компьютеров с архитектурой CompactPCI, ассоциация PICMG

picosat [picosatellite] сверхминиатюрный космический корабль на основе микроэлектромеханических систем, *проф.* пикоспутник

PICS 1. [platform for Internet content selection] платформа для выбора содержимого Internet, стандарт метаданных PICS **2.** [production inventory control system] система управления инвентаризацией в условиях производства **3.** [protocol implementation conformance statement] подтверждение согласования протокольной реализации

PICT [picture] **1.** формат графических файлов, формат PICT **2.** расширение имени графических файлов

PICT2 [picture 2] **1.** формат графических файлов, формат PICT2 **2.** расширение имени графических файлов

PICTIVE [plastic interface for collaborative initiatives through video exploration] модельный интерфейс для исследования совместных инициатив с помощью видеотехники, (концептуальный) подход PICTIVE (*к проектированию автоматизированных систем с участием пользователей*)

PID 1. [process identifier] идентификатор процесса **2.** [proportional plus integral plus derivative (control)] пропорциональное интегро-дифференциальное регулирование

PIE [priority interrupt encoder] кодер приоритетного прерывания

PIF [program information file] 1. файл информации о программе 2. расширение имени файла с информацией о программе

PILOT [programming inquiry learning or teaching] язык PILOT (для программированного обучения)

PIM 1. [PCM interface module] интерфейсный модуль с импульсно-кодовой модуляцией **2.** [personal information manager] менеджер персональной информации **3.** [pulse interval modulation] фазоимпульсная [фазово-импульсная] модуляция, ФИМ

PIN [personal identification number] персональный идентификационный номер

ping [packet internet groper] утилита для проверки достижимости пункта назначения в Internet с помощью пакетов методом «запрос отклика» || проверять достижимость пункта назначения в Internet с помощью пакетов методом «запрос отклика»

PINO [positive input, negative output] с положительным входным и отрицательным выходным сигналами

PIO 1. [parallel input/output] параллельный ввод/вывод, параллельный обмен **2.** [programmed input/output] программируемый ввод/вывод, программируемый обмен

PIP 1. [picture-in-picture] изображение в изображении (*цифровой спецэффект*) **2.** [programmed interconnection pattern] программируемый рисунок межсоединений

PIPLSIC [programmed interconnection pattern large-scale integration circuit] большая интегральная схема с программируемым рисунком межсоединений, БИС с программируемым рисунком межсоединений

PIR [probe instruction register] регистр зондовых инструкций

PIROM [processor information read-only memory] постоянная память для хранения информации о процессоре

PISO [parallel-in serial-out] с параллельным вводом и последовательным выводом

PI/T [parallel interface/timer] параллельный интерфейс/таймер

PIU [peripheral interface unit] периферийный интерфейс

PIV [peak inverse voltage] максимальное обратное напряжение

pixel [picture element] элемент двумерного [плоского] изображения, пиксел

PJ/NF [projection-joint normal form] пятая нормальная форма, нормальная форма с объединённой проекцией (*в реляционных базах данных*)

PK [public key] открытый ключ

PKC [public-key cryptography] криптография с открытым ключом, асимметричная [двухключевая] криптография, *проф.* современная криптография

PKCS [public-key cryptographic system] криптографическая система с открытым ключом, система PKCS, асимметричная [двухключевая] криптографическая система, *проф.* современная криптографическая система

PKE [public-key encryption] шифрование с открытым ключом, асимметричное [двухключевое] шифрование, *проф.* современное шифрование

PKI [public-key infrastructure] инфраструктура открытых ключей, техника PKI

PL 1. [party line] 1. групповая абонентская линия 2. линия селекторной связи 3. *тлф* группа подключенных к общей линии устройств, работающих под управлением центрального процессора **2.** [processing loss] потери в процессе обработки сигналов **3.** обозначение для станций радиоопределения (*принятое МСЭ*)

PL/1 [programming language one] язык программирования высокого уровня PL/1

PLA [programmable logic array] программируемая логическая матрица типа PLA, ПЛМ типа PLA (*с возможностью программирования массивов элементов И и ИЛИ*)

PLANIT [programming language for interactive training] язык PLANIT (для программированного обучения)

PLC [programmable logic controller] программируемый логический контроллер

PL/C [programming language/Cornell] язык PL/C (для программированного обучения)

PLCC [plastic leaded chip carrier] пластмассовый кристаллоноситель с четырёхсторонним расположением J-образных выводов, корпус типа PLCC, PLCC-корпус

PLD 1. [phase-locked demodulator] демодулятор с фазовой автоподстройкой частоты, демодулятор с ФАПЧ **2.** [programmable logic device] программируемая логическая интегральная схема, ПЛИС **3.** [pulse-length discriminator] дискриминатор импульсов по длительности

PLGA [plastic land-grid array] пластмассовый корпус с матрицей контактных площадок, корпус типа PLGA, PLGA-корпус

PLI [piecewise-linear interpolator] кусочно-линейный интерполятор

PLL [phase-locked loop] система фазовой автоматической подстройки частоты, система ФАПЧ

PL/M [programming language/microcomputers] язык программирования высокого уровня PL/M

PLMN [public land mobile network] сеть связи наземных подвижных объектов общего пользования

PLO [phase-locked oscillator] параметрон

PLONK [person leaving our newsgroup, kill-filed] «человек покидает нашу группу новостей с занесением в файл удаления» (*акроним Internet*)

PLP [personal license password] персональный лицензированный пароль

PLS 1. [personal locator system] система персонального определения местоположения **2.** [plasma-wave scatter] рассеяние на плазменных волнах

PLSS [portable life support system] портативная система жизнеобеспечения

PLT [plotter] графопостроитель, *проф.* плоттер

PM 1. [permanent magnet] постоянный магнит **2.** [phase modulation] фазовая модуляция, ФМ **3.** [project management] управление проектами **4.** [protocol module] модуль протоколов

PMA 1. [physical medium attachment] подсоединение к физической среде **2.** [protected memory address] защищённый адрес ячейки *или* области памяти

PMBX [private manual branch exchange] частная ручная телефонная станция с исходящей и входящей связью

PMCR [probe mode control register] регистр управления зондовым режимом

PMJI [pardon me for jumping in] «Извините за то, что я вмешиваюсь» (акроним Internet)

PMMU [paged memory management unit] блок управления страничной памятью

PMOS [p-type metal-oxide-semiconductor] МОП-прибор с каналом p-типа

PMR 1. [professional mobile radio] система профессиональной подвижной [профессиональной мобильной] радиосвязи **2.** [proton magnetic resonance] протонный магнитный резонанс

PMS 1. [Pantone Matching System] колориметрическая система Pantone, система PMS **2.** [property management system] система управления имуществом

PMT [photomultiplier tube] фотоэлектронный умножитель, фотоумножитель, ФЭУ

PMX [private manual exchange] учрежденческая ручная телефонная станция без исходящей и входящей связи

PN 1. [Polish notation] польская [префиксная] запись **2.** [pseudonoise] псевдошумовой

PndB [perceived noise level in decibels] воспринимаемый уровень шумов в децибелах

PNG [portable network graphic] 1. формат графических файлов для работы в сети, файловый формат PNG 2. расширение имени файла в формате PNG

PNN [probabilistic neural network] вероятностная нейронная сеть

PnP [plug-and-play] 1. автоматическое конфигурирование || автоматически конфигурируемый, стандарта plug-and-play, стандарта PnP 2. стандарт на автоматически конфигурируемые устройства, стандарт plug-and-play, стандарт PnP

PO 1. [power output] выходная мощность **2.** обозначение для подвижных станций (принятое МСЭ)

POCSAG [Post Office Code Standardization Advisory Group] 1. Консультативная группа стандартизации кодов почтовой связи 2. международный стандарт POCSAG для систем поискового вызова

POE [point of entry] 1. точка ввода (напр. пучка) 2. (физическая) точка входа (напр. в сеть)

POH [power on hours] ожидаемое время наработки на отказ во включённом состоянии

POI [point-of-information (terminal)] информационный терминал

POL 1. [problem-oriented language] проблемно-ориентированный язык **2.** [procedure-oriented language] процедурный язык; процедурно-ориентированный язык

POOL [parallel object-oriented language] язык (объектно-ориентированного) программирования POOL

POP [post office protocol] протокол почтового отделения, протокол доставки сообщений из (электронного) почтового ящика (POP1, POP2 или POP3)

PoP [point of presence] (физическая) точка входа в Internet, местоположение провайдера

POS [point-of-sale] 1. кассовый терминал 2. торговая точка

POSIX [portable operating system interface] 1. интерфейс переносимой операционной системы, интерфейс (стандарта) POSIX 2. стандарт POSIX для обеспечения переносимости прикладных программ на разные платформы в среде UNIX

POS/POI [point-of-sale/point-of-information (terminal)] терминал витринной рекламы

POST [power-on self test] самотестирование при включении (электро)питания

pot 1. [potential] 1. потенциал || потенциальный 2. разность потенциалов, напряжение **2.** [potentiometer] 1. переменный резистор, резистор переменного сопротивления 2. потенциометр 3. делитель напряжения

POTS [plain old telephone service] традиционные виды услуг телефонной связи

POV [point of view] «точка зрения» (акроним Internet)

PowerPC [performance optimized with enhanced RISC personal computer] персональный компьютер с оптимизированной производительностью и расширенной RISC-архитектурой, компьютер (серии) Macintosh PowerPC

PP [projection pursuit] (адаптивный) поиск (оптимальных) проекций (при отображении)

pp 1. [pulse pair] парные импульсы **2.** [push-pull] 1. двухтактный (напр. усилитель) 2. кв. эл. двухтактный, двойной симметричный (о накачке)

p-p [peak-to-peak] размах, двойная амплитуда

PPBM [pulse-polarization binary modulation] двоичная поляризационно-импульсная модуляция

PPD 1. [parallel presence detect] 1. параллельная идентификация модуля памяти 2. содержащая идентификационные данные модуля памяти микросхема с параллельным выходом, PPD-микросхема **2.** [port protection device] устройство защиты порта **3.** [PostScript printer description] расширение файла с описанием принтера в PostScript

PPE [plastic package engineering] технология изготовления пластмассовых корпусов

PPGA [plastic pin-grid array] пластмассовый корпус с матрицей стержневых выводов, корпус типа PPGA, PPGA-корпус

pph [pages per hour] количество (печатаемых) страниц в час (характеристика производительности принтера)

PPI 1. [plan-position indicator] индикатор кругового обзора, ИКО **2.** [programmable peripheral interface] программируемый периферийный интерфейс

PPL [program production library] библиотека для создания программ

ppl [people] «люди» (акроним Internet)

PPM 1. [peak program meter] пиковый измеритель уровня передачи **2.** [pulse-position modulation] фазо-импульсная [фазово-импульсная] модуляция, ФИМ

ppm [pages per minute] количество (печатаемых) страниц в минуту (характеристика производительности принтера)

PPN [projection pursuit network] нейронная сеть с (адаптивным) поиском (оптимальных) проекций (при отображении)

PPP 1. [parametric production planning] параметрическое планирование производства, метод PPP **2.** [peak pulse power] максимальная мощность импульса **3.** [point-to-point protocol] протокол двухпунктовой связи, протокол PPP

PPPI [precision plan-position indicator] ИКО с индикатором B-типа для точного указания координат цели

PPR [projection pursuit regression] (адаптивный) поиск (оптимальных) проекций (при отображении)

PPS [packets per second] число передаваемых за 1 секунду пакетов

pps [pictures per second] число кадров в секунду

PPT [probabilistic potential theory] теория вероятностных потенциалов

PPTP [point-to-point tunneling protocol] протокол туннелирования для двухпунктовой связи, протокол PPTP

PPU [peripheral processing unit] периферийный процессор

PPV [poly-*p*-phenylenevinylene] поли-*p*-фениленвинилен

PQFP [plastic quad flatpack, plastic quad flat package] плоский керамический корпус с четырёхсторонним расположением выводов, корпус типа PQFP, PQFP-корпус

PQS [picture quality system] система оценки качества изображения

PR 1. [packet radio] радиолюбительская система связи между компьютерами **2.** [polarized relay] поляризованное реле **3.** [pseudorandom] псевдослучайный **4.** [public relations] *тлв* связи с общественностью, *проф.* «паблик рилейшнз», «пиар» **5.** [pulse rate] частота повторения импульсов

PRAM [parameter random-access memory] область оперативной памяти для хранения данных о конфигурации системы

PRBS [pseudorandom binary sequence] псевдослучайная двоичная последовательность

precomp [precompensation] предварительная компенсация, предкомпенсация; предварительная коррекция, предкоррекция

PRF [pulse-repetition frequency] частота повторения импульсов

PRI 1. [peak rectified current] максимальный выпрямленный ток **2.** [primary rate interface] 1. интерфейс первого уровня (*в цифровых сетях передачи данных*), интерфейс для систем передачи данных с 23-мя B-каналами и одним D-каналом (*в США и Японии*) или с 30-ю B-каналами и одним D-каналом (*в остальных странах*), интерфейс типа 23B+1D (*в США и Японии*) или 30B+1D (*в остальных странах*), интерфейс (стандарта) PRI 2. стандарт PRI

pri [primary] **1.** первичный **2.** первичная обмотка **3.** первичный электрон **4.** ведущая станция **5.** основной; непосредственный; прямой; ведущий **6.** первостепенный; относящийся к первому уровню (*иерархии*)

PRISE [program for integrated shipboard electronics] программа разработки корабельной электронной аппаратуры на интегральных схемах

PRK [phase-reversal keying] двукратная относительная фазовая манипуляция

PRMD [private management domain] домен частного управления

PRML [partial-response maximum likelihood] 1. максимальное правдоподобие частичного отклика 2. считывание методом максимального правдоподобия частичного отклика

PRN [pseudo-random noise] псевдослучайный шум

PRNG [pseudo-random number generator] генератор псевдослучайных чисел

PRO [programmable remote operation] программируемый дистанционный режим

PROLOG [programmation en logique] язык программирования PROLOG

PROM 1. [Pockels readout optical memory] оптическое ЗУ со считыванием на эффекте Поккельса **2.** [programmable read-only memory] программируемая постоянная память, программируемое постоянное ЗУ, ППЗУ (*с возможностью программирования только массивов элементов ИЛИ*)

prosuming [production/consuming] производство и потребление, рассматриваемые как единый процесс, *проф.* «потрезводство»

PRR [pulse-repetition rate] частота повторения импульсов

PRS [pattern recognition system] система распознавания образов

PRV [peak reverse voltage] максимальное обратное напряжение

PS 1. [Personal System] персональный компьютер серии PS (*корпорации IBM*) (*семейства PS/1 и PS/2*) **2.** [planar stripe] планарный полосковый **3.** [portable side] портативная часть **4.** [PostScript] язык описания страниц PostScript **5.** [postscriptum] постскриптум, приписка (*в письме*) после подписи **6.** [power supply] 1. (электро)питание, подвод электрической энергии 2. источник (электро)питания; блок (электро)питания

PS/2 [Personal System 2] 1. персональный компьютер семейства PS/2 (*корпорации IBM*); второе поколение персональных компьютеров корпорации IBM 2. (электрический) соединитель типа PS/2, 6-контактный соединитель типа mini-DIN

P/S [parallel/series] параллельно-последовательный

PSA [protected storage address] защищенный адрес ячейки *или* области памяти

PSAP [presentation services access point] пункт доступа к презентационным службам

PSC [portable single camera] портативная видеокамера-моноблок

PSCT [polymer-stabilized cholesteric textures] стабилизируемые полимером холестерические текстуры

PSD 1. [phase-sensitive detector] фазочувствительный детектор **2.** [position-sensitive detector] позиционно-чувствительный детектор **3.** [power spectrum density] спектральная плотность мощности

PSE [page size extension] расширение объёма страниц

PSF [point-spread function] аппаратная функция оптического прибора

PSFET [polysilicon field-effect transistor] полевой транзистор на основе поликристаллического кремния

PSK [phase-shift keying] фазовая манипуляция, ФМн

PSL 1. [portable standard LISP] язык программирования PSL, переносимая версия языка программирования LISP **2.** [problem statement language] язык постановки проблем, язык PSL **3.** [program support library] библиотека для поддержки программ

PSL/PSA [problem statement language/problem statement analyzer] язык постановки и анализа проблем, язык PSL/PSA

PSMC [plastic surface mount component] компонент в пластмассовом корпусе для поверхностного монтажа

PSN 1. [packet satellite network] спутниковая сеть с коммутацией пакетов **2.** [packet switch(ing) network] сеть с коммутацией пакетов; сеть без установления логического соединения (*о методе связи*) **3.** [packet switch(ing) node] узел коммутации пакетов 4. [portable serial number] серийный номер портативного телефона

PSNR [power signal-to-noise ratio] отношение сигнал — шум по мощности

PSO [parametric subharmonic oscillator] параметрон

PSOP [plastic small outline package] плоский пластмассовый микрокорпус с двусторонним расположением выводов в форме крыла чайки, (микро)корпус типа PSOP, PSOP-(микро)корпус

PSP [postsynaptic potential] постсинаптический потенциал

PST [Pacific standard time] Тихоокеанское время (США)

4PST [4-pole single-throw] четырёхполюсный (о выключателе)

PSTN [public switched telephone network] коммутируемая телефонная сеть общего пользования

PSW 1. [processor status word] слово состояния процессора; регистр состояния процессора 2. [program status word] слово состояния программы; регистр состояния программы

PTC [positive temperature coefficient] положительный температурный коэффициент

PTD [physical theory of diffraction] физическая теория дифракции

PTH [plated through-hole, plated thru-hole] 1. металлизированное монтажное отверстие (платы) 2. метод монтажа в металлизированные отверстия платы

PTM 1. [packet transfer mode] режим пакетной передачи 2. [pulse-time modulation] временная импульсная модуляция, ВИМ

PTN [public telephone network] телефонная сеть общего пользования

PTO [Public Telecommunications Organization] Организация общественных телекоммуникаций

PTT 1. [post, telegraph and telephone] почта, телеграф, телефон 2. [postal, telegraph and telephone] почтовый, телеграфный и телефонный

PTV 1. [polythienylenevinylene] политиэнилвинилен 2. [public television] общественное телевидение; некоммерческое телевидение

PU 1. [pickup] 1. (первичный) измерительный преобразователь, датчик 2. звукосниматель 3. (телевизионная передающая) камера 4. съёмка (камерой); передача (программы) 5. микрофон 6. схват; захватное устройство (робота) 7. перекрёстная помеха 8. порог срабатывания (реле) 9. микр. держатель 2. [processor unit] процессор

PUK [personal unblocking key] персональный (кодовый) ключ разблокировки, персональный код разблокировки (напр. для мобильных телефонов)

PUN [portable user number] номер пользователя портативной станции

PUT 1. [portable user type] категория пользователя портативной станции 2. [programmable unijunction transistor] программируемый двухбазовый диод, программируемый однопереходный транзистор

PVC 1. [permanent virtual circuit] постоянный виртуальный канал, постоянное виртуальное соединение 2. [permanent virtual connection] постоянное виртуальное соединение, постоянный виртуальный канал 3. [polyvinylchloride] поливинилхлорид, ПВХ

PVFS [pointed-valued fuzzy sets] метод поточечного оценивания нечётких множеств, метод PVFS

PVI [protected-mode virtual interrupt] виртуальное прерывание в защищённом режиме

PVM [parallel virtual machine] параллельная виртуальная машина (1. система параллельного программирования PVM для сетей разнородных компьютеров 2. промежуточный язык программирования PVM)

PVP [personal video player] персональный видеопроигрыватель, персональный видеоплеер (для видеодисков)

PVR [personal video recorder] персональный видеопроигрыватель [персональный видеоплеер] с функцией записи (для видеодисков)

PW 1. [printed wiring] печатный монтаж 2. [pulse width] длительность импульса

PWB [printed-wire board] печатная плата

PWD [pulse-width discriminator] дискриминатор импульсов по длительности

PWM [pulse-width modulation] широтно-импульсная модуляция, ШИМ

PW-OK [power ocay] 1. сигнал «(электро)питание в норме» 2. выход сигнала «(электро)питание в норме»

pwr [power] 1. мощность 2. вчт степень 3. вчт показатель (степени), индекс || степенной 4. опт увеличение 5. опт оптическая сила 6. мощность критерия (в статистике); сила (напр. прогноза) 7. способность; производительность 8. мощный (напр. транзистор); силовой (напр. кабель); энергетический (напр. об установке) 9. кнопка включения (и выключения) (электро)питания, кнопка «power» (напр. на передней панели компьютера)

PX [private exchange] частная телефонная станция

PZT 1. [piezoelectric transducer] пьезоэлектрический преобразователь, пьезопреобразователь 2. [plumbum zirconate-titanate] цирконат-титанат свинца, ЦТС

Q 1. [quality] 1. качество (1. сорт; степень совершенства 2. совокупность характерных свойств и отличительных признаков 3. высокое качество) || качественный 2. добротность 3. фактор качества (материала с ЦМД) 4. тембр 2. [quantity] 1. величина 2. количество 3. длительность звука; продолжительность звучания 3. [quenching] 1. тушение; гашение 2. периодический срыв колебаний (в сверхрегенеративном радиоприёмнике) 3. закалка 4. кв. эл. замораживание 5. подавление 4. (допустимое) буквенное обозначение i-го ($2 \leq i \leq 26$) логического диска, съёмного устройства памяти или компакт-диска (в IBM-совместимых компьютерах)

QA [quality assurance] гарантия качества

QAGC, qagc [quiet automatic gain control] бесшумная АРУ

QAM [quadrature-amplitude modulation] квадратурная амплитудная модуляция

QAVC [quiet automatic volume control] 1. автоматическая регулировка усиления с задержкой, АРУ с задержкой 2. схема бесшумной настройки, схема автоматической регулировки громкости для подавления взаимных радиопомех при настройке

QB [Quick BASIC] язык программирования Quick BASIC

QBE [query by example, query-by-example] 1. запрос по образцу 2. язык запросов по образцу, язык QBE

QBF [query by form, query-by-form] 1. запрос по форме 2. язык запросов по форме, язык QBF

QC 1. [quality control] 1. контроль качества 2. управление качеством 2. [quantum computer] квантовый компьютер 3. [quantum counter] счётчик квантов 4. [quartz crystal] кристалл кварца

QCB [queue control block] блок управления очередью

QCD [quantum chromodynamics] квантовая хромодинамика

QD 1. [quad density] двойная линейная плотность с удвоенным количеством дорожек 2. [quick disconnect] быстрое расчленение (*соединителя*)

QDM [quick disconnector, miniature] миниатюрный быстродействующий разъединитель

QED [quantum electrodynamics] квантовая электродинамика

Q.E.D. [quod erat demonstrandum] что и требовалось доказать

QF [quality factor] 1. добротность 2. фактор качества (*в материалах с ЦМД*)

QFD [quality function deployment] система улучшения качества продукции с анализом отзывов потребителей, система QFD

QFJ [quad flat package with J-leads] пластмассовый кристаллоноситель с четырёхсторонним расположением J-образных выводов, корпус типа PLCC, PLCC-корпус

QFL [quasi-Fermi level] квазиуровень Ферми

QFM [quantized frequency modulation] частотная модуляция с квантованием

QFP [quad flatpack, quad flat package] плоский корпус с четырёхсторонним расположением выводов, корпус типа QFP, QFP-корпус

QFP-F [quad flat package with flat leads] (керамический) корпус с четырёхсторонним расположением прямых (неформованных) выводов (*параллельно плоскости корпуса*), корпус типа QFP-F, QFP(-F)-корпус

QI [quict ionosphere] невозмущённая ионосфера

QIC [quarter-inch cartridge] 1. (кассетный) формат QIC для цифровой записи на (магнитную) ленту 2. кассета для (магнитной) ленты шириной 6,35 мм, кассета для (магнитной) ленты (формата) QIC 3. (магнитная) лента шириной 6,35 мм для цифровой записи в (кассетном) формате QIC, (магнитная) лента (формата) QIC 4. лентопротяжный механизм для (магнитной) ленты (формата) QIC 5. (запоминающее) устройство для резервного копирования (данных) на (магнитную) ленту (формата) QIC 6. Комитет по стандартизации (кассетного) формата QIC для цифровой записи на (магнитную) ленту

QICDS [quarter-inch cartridge drive standard] стандарт (кассетного) формата QIC для цифровой записи на (магнитную) ленту, стандарт QICDS

QIC-Wide [quarter-inch cartridge wide] 1. (кассетный) формат QIC-Wide для цифровой записи на (магнитную) ленту 2. кассета для (магнитной) ленты шириной 8 мм, кассета для (магнитной) ленты (формата) QIC-Wide 3. (магнитная) лента шириной 8 мм для цифровой записи в (кассетном) формате QIC-Wide, (магнитная) лента (формата) QIC-Wide 4. лентопротяжный механизм для (магнитной) ленты (формата) QIC-Wide 5. (запоминающее) устройство для резервного копирования (данных) на (магнитную) ленту (формата) QIC-Wide

QIP [quad in-line package] плоский корпус с двусторонним четырёхрядным (зигзагообразным) расположением выводов, корпус типа QIP, QIP-корпус

QISAM [queued indexed sequential access method] индексно-последовательный метод доступа с очередями

qlty [quality] 1. качество (*1. сорт; степень совершенства 2. совокупность характерных свойств и отличительных признаков 3. высокое качество*) || качественный 2. добротность 3. фактор качества (*материала с ЦМД*) 4. тембр

QMT [quantum-mechanical transmission] коэффициент квантово-механического прохождения

QNN [quantum neural network] квантовая нейронная сеть

QNT [quantizer] квантующее устройство, квантователь

QOS, QoS [quality of service] качество обслуживания

QP [quadrature programming] квадратурное программирование

QPPM [quantized pulse-position modulation] фазоимпульсная модуляция с квантованием

QPSK 1. [quadrature phase shift keying] квадратурная манипуляция фазовым сдвигом, квадратурная фазовая манипуляция 2. [quaternary phase shift keying] четырёхпозиционная фазовая манипуляция

QRC [quick reaction capability] быстрота реакции

QRP международный радиосигнал Q «уменьшите вашу мощность»

QSAM [queued sequential access method] последовательный метод доступа с очередями

QSG [quasi-stellar galaxy] квазар, квазизвёздная галактика, квазизвёздный галактический источник радиоизлучения, *проф.* «контрабандист»

QSO [quasi-stellar object] квазар, квазизвёздный объект, квазизвёздный источник радиоизлучения

QTAM [queued telecommunication access method] телекоммуникационный метод доступа с очередями

qtz [quartz] кварц || кварцевый

qual [quality] 1. качество (*1. сорт; степень совершенства 2. совокупность характерных свойств и отличительных признаков 3. высокое качество*) || качественный 2. добротность 3. фактор качества (*материала с ЦМД*) 4. тембр

QUAM [quadrature amplitude modulation] квадратурная амплитудная модуляция

QUEST [qualitative utility estimates for science and technology] метод количественной оценки полезности науки и техники, метод QUEST

QUICKethics [quick effective technical and human implementation of computer-based systems] быстрая эффективная техническая и социальная реализация автоматизированных систем с использованием компьютеров, (концептуальный) подход QUICKethics (к проектированию автоматизированных систем с участием пользователей)

QW [quantum well] квантовая яма

QZCC [quadrature zero-crossing counter] квадратурный счётчик числа пересечений нулевого уровня

R 1. [red] 1. красный, К, R (*основной цвет в колориметрической системе RGB и цветовой модели RGB*) 2. сигнал красного (цвета), К-сигнал, R-сигнал 2. [register] регистр 3. [request] запрос; обращение 4. [reset] 1. сброс 2. кнопка сброса, кнопка аппаратного перезапуска, кнопка «reset» 3. возврат (*реле*) 4. повторная установка 5. [resistance] 1. (активное) сопротивление 2. резистор 6. [resistor] резистор 7. [right] правый (*напр. стереоканал*) 8. (допустимое) буквенное обозначение *i*-го (2≤*i*≤26) логического диска, съёмного устройства памяти или компакт-диска (*в IBM-совместимых компьютерах*)

RA 1. [radio astronomy] радиоастрономия 2. [RealAudio] 1. метод передачи и воспроизведения аудиоматериалов в сети в реальном масштабе времени, метод RealAudio 2. файловый формат RealAudio для звуковых файлов 3. [receiver attenuation] коэффициент затухания в приёмнике 4. [reliability apportionment] пропорциональное распределение надёжности

RAB [RAID Advisory Board] Совет экспертов по RAID-системам

rabal [radiosonde balloon] 1. система радиозондирования с помощью воздушных шаров 2. сведения, получаемые с радиозонда на воздушном шаре 2. [requirements acquisition and controlled evolution] поэтапная разработка требований с промежуточными исследованиями, метод RACE

RACE [random-access computer equipment] вычислительная система с произвольным доступом

RACH [random access channel] канал произвольного доступа

RACF [resource access control facility] средства управления доступом к ресурсам

R&D, R and D [research and development] научно-исследовательские и опытно-конструкторские работы, НИОКР

RAD [rapid application development] программные средства быстрой разработки приложений, программные средства быстрой разработки прикладных программ

RADAN [radar Doppler automatic navigator] автономная самолётная доплеровская радиолокационная навигационная система

RADAS [random-access discrete-address system] дискретно-адресная система с произвольным доступом

RADCM [radar countermeasures] противорадиолокационное радиоэлектронное подавление

radiac [radioactive detection, identification and computation] 1. обнаружение, идентификация и измерение радиоактивного излучения 2. радиометр

RADS [radar simulator] радиолокационный тренажёр

RADIUS [remote authentication dial in user service] протокол аутентификации при подключение абонента к сети по коммутируемой телефонной линии, протокол RADIUS

RADSIM [random-access discrete-address system simulator] имитатор дискретно-адресной системы с произвольным доступом

RADSL [rate adaptive digital subscriber line] цифровая абонентская линия с адаптированной скоростью передачи данных, линия типа RADSL

RAID [redundant arrays of inexpensive/independent disks] 1. массивы недорогих/независимых жестких дисков с избыточностью информации, массивы типа RAID 2. алгоритм объединения жестких дисков в виртуальный диск большой ёмкости (*для повышения устойчивости к ошибкам*), алгоритм RAID

RALU [register, arithmetic and logic unit] регистр и арифметико-логическое устройство (*основные части микропроцессора*)

RAM 1. [radar absorbing material] материал, поглощающий излучение РЛС 2. [random-access memory] 1. память с произвольным доступом 2. оперативная память, оперативное ЗУ, ОЗУ

RAMDAC [random-access memory digital-to-analog converter] цифро-аналоговый преобразователь (сигналов базисных цветов) с быстродействующей памятью (регистров палитр) (*в видеоадаптерах*), микросхема (типа) RAMDAC

RAMOS [Russian-American Observation Satellites] проект RAMOS, Российско-американский проект создания спутниковой системы противоракетной обороны

RAP [reliable acoustic path] надёжный канал звукопередачи

RARE [Réseaux Associés pour la Recherche Européenne] Европейская ассоциация сетей научно-исследовательских учреждений

RARP [reverse address resolution protocol] протокол разрешения обратных [реверсных] адресов, протокол RARP

RAS 1. [remote access server] сервер дистанционного доступа 2. [remote access service] служба дистанционного доступа 3. [reliability, availability and serviceability] надёжность, работоспособность и удобство эксплуатации 4. [resource administrative service] административная служба ресурсов 5. [row address strobe] строб-импульс адреса строки

RASTI [rapid speech transmission index] коэффициент передачи быстрой речи

RAT 1. [register allocation] переименование регистров и распределение ресурсов 2. [remote automation technology] метод автоматического дистанционного управления, метод RAT

RATAN [radar and TV aids to navigation] радиолокационно-телевизионная навигационная система, система RATAN

RATT [radioteletype] радиотелетайп

RAWOL [radar without line of sight] радиолокация за пределами прямой видимости

RB 1. [radio beacon] радиомаяк 2. [return-to-bias] возвращение к нулю со смещением

RBDT [reverse breakdown thyristor] тиристор с пробоем в обратном направлении

RBE [relative biological effectiveness] относительная биологическая эффективность

RBF 1. [radial basis function] радиальная базисная функция, функция ядра (*тип активационной функции искусственного нейрона*) 2. [radial basis functions] 1. алгоритм обучения (искусственных) нейронных сетей с использованием радиальных базисных функций, RBF-алгоритм 2. (искусственная) нейронная сеть с обучением на основе радиальных базисных функций, RBF-сеть

RBS [return beam saticon] сатикон с возвращаемым лучом

RBSOA [reverse-bias safe-operation area] область безопасной работы при обратном смещении

RBV [return beam vidicon] видикон с возвращаемым лучом, ребикон

RC 1. [ray-control (electrode)] управляющий электрод электронно-светового индикатора настройки 2. [remote control] 1. дистанционное управление, ДУ, телеуправление 2. пульт дистанционного управления, ПДУ 3. [return on carry] возвращение по переносу 4. обозначение для всенаправленных радиомаяков (*принятое МСЭ*)

R/C [radio control] радиоуправление

RCA [Radio Corporation of America] 1. Американская радиовещательная корпорация, Ар-си-эй 2. безрезьбовой коаксиальный электрический соединитель, соединитель типа RCA, *проф.* (соединитель типа) «тюльпан», (соединитель типа) «азия»

RCC 1. [recurrent cascade correlation] рекуррентная каскадная корреляция 2. [resin-coated copper] медная фольга с покрытием из смолы

RCDTL [resistor-capacitor diode-transistor logic] диодно-транзисторные логические схемы с резистивно-ёмкостными связями

RCE [remote-control equipment] аппаратура дистанционного управления, аппаратура телеуправления

RCL [risk current limit] предельное значение текущего риска

RCM [radar countermeasures] радиоэлектронное подавление радиолокационных средств

RCS 1. [radar countermeasures] радиоэлектронное подавление радиолокационных средств 2. [radar cross section] эффективная площадь отражения, ЭПО 3. [radio communication service] служба радиосвязи

RCT [reverse-conducting thyristor] тиристор, проводящий в обратном направлении

RCTL 1. [resistor-capacitor transistor logic] транзисторные логические схемы с резистивно-ёмкостными связями 2. [resistor-coupled transistor logic] транзисторные логические схемы с резистивными связями

RCU [radio channel unit] блок радиоканала

RCVR [receiver] 1. приёмное устройство, приёмник 2. радиоприёмное устройство, радиоприёмник 3. телевизионный приёмник, телевизор 4. микротелефонная трубка 5. *бион.* рецептор 6. получатель (*напр. сообщения*) 7. приёмный бункер; приёмный контейнер

RD 1. [radarman] оператор РЛС 2. [receive data] приём данных (*1. режим работы устройства 2. управляющий сигнал интерфейса RS-232C*) 3. [routing domain] маршрутизационный домен 4. обозначение для направленных радиомаяков (*принятое МСЭ*)

R-DAT [rotary (head) digital audio tape] 1. (магнитная) лента для цифровой записи звука (вращающимися магнитными головками) в (кассетном) формате R-DAT, лента (формата) R-DAT 2. (кассетный) формат R-DAT для цифровой записи звука вращающимися магнитными головками

RDBMS [relational data base management system] система управления реляционными базами данных, СУРБД

RDC 1. [radar data correlator] коррелятор радиолокационных сигналов 2. [remote data concentrator] дистанционный концентратор данных

RDF 1. [radio direction finder] радиопеленгатор 2. [radio direction finding] радиопеленгация

RDISC [router discovery protocol] протокол обнаружения маршрутизаторов, протокол RDISC

RDMI [remote desktop management interface] интерфейс дистанционного управления настольными системами, интерфейс RDMI

RDRAM [Rambus dynamic random access memory] синхронная оперативная видеопамять компании Rambus с передачей данных по фронту и спаду синхроимпульса, оперативная видеопамять типа RDRAM

RDS [radio data system] стандарт RDS для систем поискового вызова (*с использованием каналов ЧМ-радиовещания*)

RE [rare earth] редкоземельный элемент

READ [relative element address designate] код с обозначением относительных адресов элементов, код (типа) READ

rec [recording] 1. запись (*1. процесс записи, отображение и фиксация информативных сигналов на носителе данных или в запоминающей среде 2. результат записи, отображённая и зафиксированная на носителе данных или в запоминающей среде информация 3. акт записи, совокупность действий исполнителей и технического персонала студии в процессе записи*) 2. сигналограмма 3. граммпластинка; магнитная лента (*с записью*); аудио- или видеокассета (*с записью*); аудио- или видеодиск (*с записью*) 4. регистрация 5. зависимость или кривая, полученная с помощью самописца

rect [rectifier] 1. выпрямитель 2. *пп* диод

REEA [Radio and Electronics Engineering Association] Ассоциация специалистов по радиотехнике и электронике (*Великобритания*)

ref [reference] 1. эталон; образцовая мера; образец ∥ эталонный; образцовый 2. опорный сигнал; опорный уровень ∥ опорный 3. начало отсчёта; исходная точка; репер ∥ начальный; исходный; реперный 4. ссылка; отсылка 5. знак ссылки (*напр. символ *) 6. библиографический указатель, библиография; указатель литературы; список (цитированной) литературы 7. библиографический источник 8. *вчт* указатель; ссылка 9. обозначаемый объект

reg [register] 1. *вчт* регистр 2. журнал записей; реестр; список 3. запись (*в журнале, реестре или списке*) 4. регистрирующее устройство, регистратор 5. самописец 6. совмещение 7. знак совмещения 8. счётчик; счётная схема

REKF [recurrent extended Kalman filter] улучшенный рекуррентный фильтр Калмана

RELURL [relative uniform resource locator] относительный единообразный определитель местоположения ресурса

REM 1. [rapid eye movement] быстрые движения глаз 2. [remark] комментарий

rem 1. [remark] 1. *вчт* комментарий (*напр. в программе*) 2. примечание; пометка; ссылка 2. [roentgen equivalent (in) man] биологический эквивалент рентгена, бэр

rep [repetition] 1. повторение; воспроизведение 2. копирование; дублирование 3. ретрансляция 4. повтор(ение) (вещательной) передачи; повторный показ (*напр. фильма*) 4. *вчт* повторение, многократное вхождение (*напр. элемента в последовательность*)

REPROM [reprogrammable read-only memory] перепрограммируемая постоянная память, перепрограммируемое ПЗУ, ПППЗУ

RER [redundant element removal] удаление избыточных элементов

ret [return] 1. отражение 2. отражённый сигнал, эхо-сигнал, эхо 3. возврат; возвращение ‖ возвратный 4. *вчт* команда возврата 5. возврат каретки; перевод строки 6. символ «перевод строки», символ с кодом ASCII 0Dh 7. обратный ход 8. обратный 9. ответ; отклик 10. замыкание; контур замыкания (*электрической цепи*)

RETMA [Radio-Electronics-Television Manufacturers Association] Ассоциация производителей радиотехнического, электронного и телевизионного оборудования (*США*)

rew [rewind] 1. (ускоренная) обратная перемотка (*магнитной ленты*), перемотка (*магнитной ленты*) назад 2. механизм (ускоренной) обратной перемотки (*магнитной ленты*)

RF 1. [radio frequency] радиочастота, РЧ 2. [reference frequency] 1. относительная частота 2. опорная частота

RFA [radio-frequency amplifier] 1. усилитель радиочастоты, УРЧ 2. усилитель высокой частоты, УВЧ

RFB [request for bid] запрос на предложение цены

RFC 1. [radio-frequency choke] высокочастотный [ВЧ-] дроссель 2. [Request for Comment] документ типа «Предлагается к обсуждению», документ (категории) RFC (*проекты регламентирующих работу Internet стандартов, протоколов и спецификаций*) 3. [request for comment] просьба прокомментировать; предлагается к обсуждению (*стандартный заголовок проекта документа*)

RFD [request for discussion] предлагается к обсуждению; просьба прокомментировать (*стандартный заголовок проекта документа*)

RFI [radio-frequency interference] радиопомеха

RFIC [radio-frequency integrated circuit] радиочастотная ИС

RFM [radio-frequency modulator] радиочастотный модулятор

RFP 1. [radio fixed part] стационарная часть радиостанции 2. [request for proposal] запрос на предложение

RFQ [request for quotation] запрос на установление цены

RFS [remote file system] удалённая файловая система, распределённая файловая система для пользователей ОС UNIX

RFPI [radio fixed part identity] идентификационный номер стационарной части радиостанции

RFTDCA [revisable-form-text document content architecture] стандартная архитектура содержимого документов с возможностью изменения формата, стандарт форматирования RFTDCA (*для обмена текстовыми документами между IBM-совместимыми компьютерами*)

RG обозначение для радиопеленгаторов (*принятое МСЭ*)

RGB [red-green-blue] 1. колориметрическая система «красный – зелёный – синий», колориметрическая система КЗС, колориметрическая система RGB 2. цветовая модель RGB 3. красный, зелёный, синий; КЗС; RGB (*основные цвета в колориметрической системе RGB и цветовой модели RGB*) 4. сигналы цветности RGB (*в камерах с компонентным видеосигналом*) 5. камерный канал RGB

RGT [resonant-gate transistor] полевой транзистор с резонансным затвором

RH [relative humidity] относительная влажность

rhcp [right-hand circularly polarized] право-циркулярно поляризованный, с правой круговой поляризацией

rheo [rheostat] реостат

RHI [range-height indicator] индикатор дальность — высота

RHP [right-hand plane] правая полуплоскость

RHPW [right-handed polarized wave] право-циркулярно поляризованная волна, волна с правой круговой поляризацией

RHS [right-hand sense] правое направление вращения, вращение по часовой стрелке

RI 1. [reverberation index] индекс [коэффициент] реверберации 2. [ring indicator] индикатор вызова (*1. устройство 2. управляющий сигнал интерфейса RS-232C*)

RIA [Robot Institute of America] Американский институт роботов

RIAA [Recording Industry Association of America] Американская ассоциация звукозаписывающей промышленности

RIC [Radio Industry Council] Совет по радиопромышленности

RICE [radar interface and control equipment] аппаратура сопряжения и управления РЛС

RIE [reactive ion etching] реактивное ионное травление

RIFF 1. [raster image file format] (файловый) формат RIFF, формат файлов растровых изображений 2. [resource interchange file format] (файловый) формат RIFF, формат файлов для (межплатформенного) обмена ресурсами

RIMM [Rambus in-line memory module] модуль (оперативной)памяти фирмы Rambus для ОЗУ типа RDRAM, модуль памяти типа RIMM, RIMM-модуль памяти

RIP 1. [raster image processor] растровый (графический) процессор 2. [routing information protocol] протокол данных маршрутизации, протокол RIP

RIPE [Réseaux IP Européenne] Европейская континентальная сеть с протоколом TCP/IP

RIR [regional Internet registry] региональный центр регистрации сетей Internet

RISC 1. [reduced instruction set computer] компьютер с архитектурой сокращённого набора команд, компьютер с RISC-архитектурой 2. [reduced instruction set computing] 1. архитектура сокращённого набора команд, RISC-архитектура 2. микропроцессор с сокращённым набором команд, RISC-микропроцессор

RITAC [radiation-induced thermally activated current] индуцированный облучением термовозбуждённый ток

RJ-11 [registered jack 11] 1. стандартный 6-контактный телефонный соединитель, соединитель типа RJ-11 2. гнездо стандартного 6-контактного телефонного соединителя, гнездо соединителя типа RJ-11

RJ-45 [registered jack 45] 1. стандартный 8-контактный соединитель для последовательного порта, соединитель типа RJ-45 2. гнездо стандартного 8-контактного телефонного соединителя, гнездо соединителя типа RJ-45

RJE [remote job entry] дистанционный ввод заданий

RL 1. [radio link] линия радиосвязи 2. [radiolocation] 1. радиолокация 2. радиолокатор, радиолокационная станция, РЛС **3.** обозначение для сухопутных радионавигационных станций с двумя рамочными антеннами (*принятое МСЭ*)

RLA обозначение для маркерных радиомаяков воздушной службы (*принятое МСЭ*)

RLB обозначение для радиомаяков воздушной службы (*принятое МСЭ*)

RLC 1. [remote line concentrator] концентратор удалённых линий **2.** [run-length counter] счётчик длин серий **3.** обозначение для радионавигационных сухопутных станций с радиолокационным маяком (*принятое МСЭ*)

RLE [run-length encoding] **1.** кодирование по длинам серий, RL(E)-кодирование **2.** алгоритм RLE, алгоритм сжатия данных с использованием кодирования по длинам серий

RLG обозначение для глиссадных радиомаяков (*принятое МСЭ*)

RLL 1. [run-length limited (encoding)] **1.** кодирование по сериям ограниченной длины, RLL-кодирование **2.** алгоритм RLL, алгоритм сжатия данных с использованием кодирования по сериям ограниченной длины **2.** обозначение для курсовых посадочных радиомаяков (*принятое МСЭ*)

RLM обозначение для береговых радиомаяков (*принятое МСЭ*)

RLN обозначение для станции радионавигационной системы «Лоран» (*принятое МСЭ*)

RLO обозначение для всенаправленных радиомаяков (*принятое МСЭ*)

rlogin [remote login] дистанционный вход в систему, дистанционная регистрация (*при получении доступа к сети*)

RLP [radio link protocol] протокол работы линии радиосвязи

RLR обозначение для курсовых радиомаяков (*принятое МСЭ*)

RLS 1. [radiolocation service] радиолокационная служба **2.** обозначение для обзорных РЛС (*принятое МСЭ*)

RLSD [received line signal detect] сигнал о активности и готовности модема к передаче, сигнал RLSD, сигнал DCD

RM 1. [radar missile] ракета с радиолокационным наведением **2.** [radio marker] маркерный радиомаяк **3.** [return on minus] возвращение по минусу **4.** обозначение для подвижных береговых радионавигационных станций (*принятое МСЭ*)

RMA 1. [Radio Manufactures Association] Ассоциация производителей радиотехнического оборудования (*США*) **2.** [rosin mildly activated] канифоль с низкой температурой плавления

RMC [Rambus memory controller] контроллер динамической памяти компании Rambus с внутренней шиной, контроллер памяти типа RDRAM

RMM [read-mostly mode] режим преимущественного считывания

RMON [remote monitoring] **1.** дистанционный сбор информации **2.** дистанционный контроль **3.** стандарт RMON, спецификация стандартных средств дистанционного контроля сети

RMS 1. [reflection mode selector] селектор мод отражательного типа **2.** [rod memory system] ЗУ на магнитных стержнях **3.** [root-mean-square] среднеквадратический

RN 1. [radionavigation] радионавигация **2.** [radio noise] радиочастотный шум; радиопомеха **3.** [reference noise] контрольный уровень шумов (*эквивалентный мощности 10^{-12} Вт на частоте 1000 Гц по шкале шумомера*)

RNA [ribonucleic acid] рибонуклеиновая кислота, РНК

RNC [return on no carry] возвращение по отсутствию переноса

RNG [random number generator] генератор случайных чисел

RNS 1. [radionavigation service] радионавигационная служба **2.** [radionavigation system] радионавигационная система

RNSS [radionavigation satellite service] радионавигационная спутниковая служба

RNZ [return on no zero] возвращение по ненулю

RO 1. [read-only] **1.** только для чтения» (*1. атрибут файла 2. тип регистра*) **2.** доступный только для чтения (*о файле*) **3.** постоянный (*о памяти*); без возможности перезаписи; неизменяемый **2.** [receive only] работающий только на приём **3.** [reference oscillator] генератор опорного сигнала **4.** [register operation] регистровая операция **5.** [ringing oscillator] генератор вызывного тока **6.** обозначение для подвижных радионавигационных станций (*принятое МСЭ*)

ROA обозначение для радиовысотомеров (*принятое МСЭ*)

ROB [re-order buffer] переупорядочивающий буфер

ROC [receiver operating characteristic] характеристическая кривая обнаружения, ROC-характеристика

roff [run-off] программа форматирования текста в UNIX

ROFL [rolling on floor laughing] «покатываюсь со смеху» (*акроним Internet*)

ROLAP [relational on-line analytical processing] реляционная аналитическая обработка (*данных*) в реальном масштабе времени

ROM [read-only memory] постоянная память, постоянное ЗУ, ПЗУ

ROS 1. [raster output scanner] блок лазерного сканирования (*в лазерных принтерах*) **2.** [read-only storage] постоянная память, постоянное ЗУ, ПЗУ

ROSA [recording optical spectrum analyzer] регистрирующий оптический спектроанализатор

ROSAR [read-only storage address register] регистр адреса постоянной памяти

ROSDAR [read-only storage data register] регистр данных постоянной памяти

ROSE [remote operations service element] служебный элемент дистанционных действий, упрощённый вариант протокола дистанционного вызова процедур, упрощённый вариант протокола RPC

ROST [reduced output swing technology] технология (изготовления) логических схем с уменьшенным размахом выходного напряжения, ROST-технология

ROT [right-on-time] концепция «точно в нужный момент времени», концептуальная система ROT

rot13 [rotate alphabet 13 places] шифр rot13, шифр с циклическим сдвигом букв в алфавите на 13 позиций

ROTFL [rolling on the floor laughing] «покатываюсь со смеха» (*акроним Internet*)

rotN [rotate alphabet N places] шифр rotN, шифр с циклическим сдвигом букв в алфавите на N позиций

ROTS [rotary out-trunk switch] поворотный искатель исходящей соединительной линии

routed [rout daemon] программа маршрутизации routed (*в UNIX*)

RP 1. [reactance power, reactive power] реактивная мощность **2.** [return on parity] возвращение по чётности

RPC 1. [remote-position control] дистанционное управление, ДУ, телеуправление **2.** [Remote Procedure Call] протокол дистанционного вызова процедур, протокол RPC (*для реализации модели распределённой работы системы «клиент-сервер»*)

RPCN1 [radio paging code N 1] **1.** код N 1 для систем поискового вызова **2.** стандарт RPCN1 для кодирования сигналов систем поискового вызова

RPE [return on parity even] возвращение по чётности

RPG 1. [random pulse generator] генератор случайной импульсной последовательности, генератор случайных импульсов **2.** [role-playing game] ролевая игра

RPL 1. [remote program load] дистанционная загрузка программ **2.** [requested privilege level] запрошенный уровень привилегий

RPM, rpm, г. p. m. [revolutions per minute] число оборотов в минуту, об./мин.

RPN [registered parameter number] *вчт* номер зарегистрированного параметра

RPN LSB [registered parameter number, least significant byte] *вчт* контроллер «номер зарегистрированного параметра, младший байт», MIDI-контроллер № 100

RPN MSB [registered parameter number, most significant byte] *вчт* контроллер «номер зарегистрированного параметра, старший байт», MIDI-контроллер № 101

RPO [return on parity odd] возвращение по нечётности

RProp [resilient propagation] алгоритм Rprop, алгоритм эластичного распространения (*для обучения нейронных сетей*)

RR 1. [resource record] запись ресурса **2.** [reverse relay] реле обратного тока

RRDC [relative rate of decrease of conductance] относительная скорость уменьшения активной проводимости

RRDE [Radar Research and Development Establishment] Научно-исследовательский институт радиолокации (*США*)

RRF [register retirement file] файл для извлекаемых из регистров микроопераций

RRIP [Rock Ridge interchange protocol] расширение стандарта ISO 9660 (*для операционной системы UNIX*) на совместимый формат файловой системы компакт-дисков, протокол RRIP

RRL [radio relay link] радиорелейная линия, РРЛ

RRS 1. [radio reading station] станция радиолекционной службы (*для слепых и людей с ослабленным зрением*) **2.** [radio relay station] радиорелейная станция **3.** [required response spectrum] требуемый спектр отклика

RS 1. [radio station] радиостанция **2.** [recommended standard] рекомендованный (*Ассоциацией электронной промышленности США*) стандарт **3.** [record separator] **1.** разделитель записей **2.** символ «разделитель записей», символ ▲, символ с кодом ASCII 1Eh **4.** [relay satellite] спутниковый ретранслятор **5.** [relay selector] релейный искатель **6.** [reservation station] резервирующая станция, блок хранения декодированных инструкций **7.** [ringing set] вызывное устройство **8.** [rotary switch] **1.** поворотный переключатель **2.** поворотный выключатель **3.** поворотный искатель

RS-232 [recommended standard number 232] **1.** последовательный внешний интерфейс для асинхронного обмена данными, интерфейс (стандарта) RS-232 **2.** стандарт RS-232

RS-232C [recommended standard number 232 version C] **1.** последовательный внешний интерфейс для асинхронного обмена данными, интерфейс (стандарта) RS-232C **2.** стандарт RS-232C (*третья версия стандарта RS-232*)

RS-422 [recommended standard number 422] **1.** последовательный внешний интерфейс для асинхронного обмена данными при длине кабеля более 15 м, интерфейс (стандарта) RS-422 **2.** стандарт RS-422

RSA [Rivest-Shamir-Adleman (algorithm)] алгоритм Ривеста — Шамира — Адлемана, алгоритм RSA, алгоритм асимметричного шифрования с использованием перемножения двух случайно выбранных простых чисел

RSB 1. [reflected shadow boundary] граница области тени при отражении **2.** [return stack buffer] буфер стековых возвратов

RSFQ [rapid single flux quantum] одиночный быстрый квант (магнитного) потока ∥ относящийся к приборам и устройствам на одиночных быстрых квантах (магнитного) потока, *проф.* быстрый одноквантовый

RSGB [Radio Society of Great Britain] Радиообщество Великобритании

RSI 1. [repetitive strain injury] *вчт* перенапряжение мышц *или* заболевания (*напр. лучезапястного сустава*) типа тендовагинита в результате длительного повторения однотипных движений (*напр. при работе с мышью*) **2.** [right-scale integration] **1.** оптимальная степень интеграции **2.** ИС с оптимальной степенью интеграции

RSIP [rectangular single in-line package] прямоугольный плоский корпус с односторонним расположением выводов (*параллельно плоскости основания*), прямоугольный корпус типа SIP, прямоугольный SIP-корпус

RSL 1. [radio signaling link] линия радиосигнализации **2.** [Radio Standards Laboratory] Лаборатория радиостандартов (*США*) **3.** [Rambus signaling logic] логические схемы фирмы Rambus для памяти типа RDRAM, RSL-схема

RSN [real soon now] «уже очень скоро» (*акроним Internet*)

RSPC [Read-Solomon product code] код Рида — Соломона с вычислением произведений

RSRE [Royal Signals and Radar Establishment] Британский королевский институт радиолокации и связи

RSS 1. [radio subsystem] подсистема радиооборудования **2.** [really simple syndication] **1.** протокол

RSS, протокол передачи оперативных сводок новостей пользователям Internet 2. файловый формат RSS (*для передачи оперативных сводок новостей пользователям Internet*) 3. [residual sum of squares] остаточная дисперсия 4. [rich site summary] 1. протокол RSS, протокол передачи оперативных сводок новостей пользователям Internet 2. файловый формат RSS (*для передачи оперативных сводок новостей пользователям Internet*)

RSSI [received signal strength indication] индикация уровня принимаемого сигнала

RSV [retrieval status value] значение статуса поиска и выборки, значение RSV

RSVP [resource reservation protocol] протокол резервирования ресурсов (*разработанный IETF*), протокол RSVP

RT 1. [radio telephony] радиотелефония 2. [reduced instruction set computing technology] метод сокращённого набора команд, RISC-технология 3. [retransmission timeout] время ожидания до повторной передачи (*при отсутствии подтверждения принимающей стороны*) 4. обозначение для радиомаяков с вращающейся диаграммой направленности антенны (*принятое МСЭ*)

RTC [real time clock] часы реального времени

RTCP [real-time control protocol] протокол управления передачей данных в реальном масштабе времени, протокол RTCP

RTD [resistance thermal detector] термометр сопротивления

RTE [real-time extension] расширение для операционной системы реального времени

RTF [rich text format] (файловый) формат RTF, обогащённый формат текстовых файлов

RTFM [read the fucked manual] «читайте это чёртово руководство» (*акроним Internet*)

RTI 1. [real time interrupt] прерывание реального времени 2. [receiver transfer improvement] коэффициент улучшения передаточной характеристики приёмника

RTIC [real time interface connector] интерфейсный соединитель для систем реального времени

RTL 1. [register transfer language] язык (меж)регистровых передач 2. [register transfer level] уровень (меж)регистровых передач 3. [register transfer logic] логика (меж)регистровых передач 4. [resistor-transistor logic] резисторно-транзисторные логические схемы, резисторно-транзисторная логика, РТЛ; РТЛ-схема

RTM [read the manual] «читайте руководство» (*акроним Internet*)

RTMX OS [real-time multi-platform UNIX operating system] операционная система RTMX (BSD), свободно распространяемая университетом Беркли многоплатформенная операционная система реального времени на базе UNIX

RTμL [resistor-transistor micrologic] резисторно-транзисторные логические микросхемы

RTOS [real-time operating system] операционная система реального времени

RTP [real-time transport protocol] протокол передачи данных в реальном масштабе времени, протокол RTP

RTRL [real-time recurrent learning] обучение с обратной связью в реальном масштабе времени

RTS 1. [real-time strategy] стратегическая игра в реальном масштабе времени 2. [request to send] 1. запрос на передачу 2. сигнал запроса на передачу, сигнал RTS 3. [run-time system] исполняющая система, система поддержки исполнения программы

RTSP [real-time streaming protocol] протокол непрерывной передачи и контроля данных в реальном масштабе времени, протокол RTSP

RTT 1. [radioteletypewriter] радиотелетайп 2. [round-trip time] 1. время прохождения сигнала в прямом и обратном направлениях 2. *вчт* время ответа на запрос

RTTI [run-time type identification] идентификация типа во время исполнения программы

RTTY [radioteletype] радиотелетайп

RTZ [return-to-zero] возвращение к нулю

RU [reproducing unit] воспроизводящее устройство

RUI [remote user interface] интерфейс удалённого пользователя

RUM [rational utility maximization] максимизация рациональной полезности

RV [random variable] случайная переменная, случайная величина

RW 1. [random walk] случайное блуждание, случайные блуждания 2. [read/write] 1. запись/считывание ‖ для записи и для считывания; с возможностью записи и считывания 2. оперативный (*о памяти*) 3. перезаписываемый (*напр. о компакт-диске формата CD-ROM*) 2. [read/write memory] оперативная память, оперативное ЗУ, ОЗУ 3. [regenerated wave] восстановленная волна; регенерированная волна

R/W 1. [read/write] 1. запись/считывание ‖ для записи и для считывания; с возможностью записи и считывания 2. оперативный (*о памяти*) 3. перезаписываемый (*напр. о компакт-диске формата CD-ROM*) 2. [read/write memory] оперативная память, оперативное ЗУ, ОЗУ

RWC [real world computing] международная программа «Вычисления в реальном мире»

RWM [read-write memory] оперативная память, оперативное ЗУ, ОЗУ

RWOD [rewritable optical disk] перезаписываемый оптический диск, допускающий многократную запись (и стирание) оптический диск

RX 1. [receiver] 1. приёмное устройство, приёмник 2. радиоприёмное устройство, радиоприёмник 3. телевизионный приёмник, телевизор 4. микротелефонная трубка 5. *биол.* рецептор 6. получатель (*напр. сообщения*) 7. приёмный бункер; приёмный контейнер 2. [retransmit] ретранслировать; работать в режиме перепрёма

RXD [receive data] приём данных (*1. режим работы устройства 2. управляющий сигнал интерфейса RS-232C*)

RZ [return-to-zero] возвращение к нулю

S 1. [shared] совместно используемый (*в данный момент*); разделяемый; общий 2. [Siemens] сименс, См 3. [source] 1. источник (*напр. электропитания*) 2. исток, истоковая область (*полевого транзистора*) 3. исток, точка истока (*напр. поля*) 4. неустойчивый фокус (*особая точка на фазовой плоскости*) 5. *вчт* источник данных; источник информации 6. *вчт* устройство (*напр. магнитный* *диск*), с которого производится копирование данных, *проф.* источник (*копируемых данных*) 7. отправитель (*сообщения*) 8. первоисточник; (цитируемый) источник; ссылка 9. (перво)причина; источник; отправная точка 10. производитель; поставщик 4. (допустимое) буквенное обозначение i-го ($2 \leq i \leq 26$) логического диска, съёмного устройства памяти *или* компакт-диска (*в IBM-совместимых компьютерах*)

s [second] 1. секунда, с 2. второй 3. вторичный 4. вспомогательный; дополнительный; подчинённый; ведомый 5. второстепенный; относящийся ко второму уровню (*иерархии*)

SA **1.** [selective availability] избирательная доступность (*напр. ресурсов спутниковых систем радиоопределения*) **2.** [sinoatrial node] синусно-предсердный узел

SAA [systems application architecture] архитектура системных приложений, архитектура стандарта SAA

SAB [source address bus] шина адреса источника

SAC **1.** [smart access controller] интеллектуальный контроллер доступа **2.** [strict avalanche criterion] строгий критерий образования лавины (*в блочном шифре*)

SACCH [slow associated control channel] медленный объединённый канал управления

SADDL [self-aligned double-diffused lateral (transistor)] самосовмещённый горизонтальный транзистор, изготовленный методом двойной диффузии

SADT **1.** [silicon alloy diffused transistor] кремниевый сплавной диффузионный транзистор **2.** [structured analysis and design technique] метод структурного анализа и проектирования программных продуктов и производственных процессов, метод SADT

safari [semiautomatic failure anticipation recording in instrumentation] полуавтоматическая система прогнозирования отказов, система safari

SAFE [secure access facility for enterprise] средства доступа к защищённым данным в сети масштаба предприятия

SAGE [semiautomatic ground environment] «Сейдж» (*система противовоздушной обороны с автоматизированным управлением и обработкой разведданных*)

SAGFET [self-aligned gate field-effect transistor] полевой транзистор с самосовмещённым затвором

SALS [solid-state acoustoelectric light scanner] твердотельный акустоэлектрический оптический сканер

SAM **1.** [scanning acoustic microscope] растровый акустический микроскоп **2.** [SCSI architecture model] модель архитектуры для интерфейса SCSI, стандарт SAM **3.** [sequential-access memory] память с последовательным доступом **4.** [sequential-access method] метод последовательного доступа **5.** [system account manager] менеджер учётных записей системы безопасности

SAMA [Scientific Apparatus Manufacturers Association] Ассоциация производителей оборудования для научных исследований

SAMTS [super anti-modulation tape system] система SAMTS, усовершенствованный вариант системы AMTS для фиксации положения кассеты и стабилизации движения (магнитной) ленты

SAN [storage area network] сеть с выделенной зоной хранения данных, сеть типа SAN

SAOBIC [systolic acousto-optic binary convolver] систолический акустооптический двоичный конвольвер

SAP **1.** [service access point] точка доступа к услуге **2.** [service advertising protocol] протокол извещения об услугах, протокол SAP

SAPI [speech application programming interface] 1. интерфейс прикладного программирования для передачи речевых сообщений, интерфейс (стандарта) SAPI 2. стандарт SAPI

SAR **1.** [segmentation and reassembly] подуровень сегментации и перекомпоновки (уровня адаптации протокола асинхронной передачи данных), подуровень SAR (уровня AAL протокола ATM) **2.** [specific absorption rate] мощность поглощённой дозы (*на единицу массы*) **3.** [storage address register] регистр адреса памяти **4.** [synthetic-aperture radar] РЛС с синтезированной апертурой

SARAH **1.** [search and rescue and homing] поисково-спасательный приводной маяк **2.** [semiactive radar homing] полуактивное радиолокационное самонаведение

SARB [secondary arbiter] вторичный арбитр

SAS **1.** [single attachment station] станция с единственной точкой подключения (*к сети*) **2.** [switched access system] система с коммутируемым доступом **3.** [system application software] программное обеспечение для системных применений

SASI [Shugart Associates standard interface] 1. интерфейс для подключения жёстких дисков, интерфейс (стандарта) SASI 2. стандарт на интерфейсы для подключения жёстких дисков, стандарт SASI (*предшественник стандарта SCSI*)

SAT **1.** [supervisory audio tone] управляющий тональный сигнал, сигнал SAT **2.** [surface-alloy transistor] поверхностно-сплавной транзистор

SAU [secure access unit] устройство защиты от несанкционированного доступа

SAW [surface acoustic wave] поверхностная акустическая волна, ПАВ

SAWDL [surface-acoustic-wave delay line] линия задержки на ПАВ

SB **1.** [Schottky barrier] барьер Шотки **2.** [secondary breakdown] тепловой пробой $p - n$-перехода **3.** [simultaneous broadcast] 1. одновременно передаваемая (*несколькими станциями*) программа 2. репортаж с места событий по замкнутой системе телевидения **4.** [switchboard] 1. коммутационная панель; наборное поле 2. *тлф* коммутатор **5.** [synchronization burst] 1. синхрогруппа, синхронизирующая посылка 2. интервал временной синхронизации

SBA [standard beam approach] заход на посадку с управлением по равносигнальной зоне наземного радиомаяка

SBAW [shallow bulk acoustic wave] приповерхностная объёмная акустическая волна

SBC **1.** [Schwarz's Bayesian criterion] байесов критерий Шварца **2.** [single-board computer] одноплатный компьютер **3.** [small business computer] компьютер для малого бизнеса **4.** [standard buried collector (structure)] стандартная структура со скрытым коллектором

SBCS [single-byte character set] однобайтовый набор символов

SBCT [Schottky-barrier-collector transistor] транзистор с коллекторным переходом (в виде барьера) Шотки

SBD [smart battery data] 1. данные о состоянии интеллектуальных аккумуляторов 2. метод контроля состояния интеллектуальных аккумуляторов с помощью встроенной ИС, метод SBD

SBDS [smart battery data specification] спецификация данных для интеллектуальных аккумуляторов

SBG GEDD [Schottky-barrier-gate Gunn-effect digital device] цифровой ганновский прибор с затвором (в виде барьера) Шотки, цифровой прибор на эффекте Ганна с затвором (в виде барьера) Шотки, цифровой прибор на эффекте междолинного переноса электронов с затвором (в виде барьера) Шотки

SBI [sound blaster instrument] (файловый) формат SBI, формат файлов с информацией для синтезатора музыкальных инструментов

SB-IGFET [Schottky-barrier isolated-gate field-effect transistor] полевой транзистор с изолированным затвором (в виде барьера) Шотки

SBM [solution-based modeling] метод разработки программного обеспечения с основанным на решении моделированием, метод SBM

SBN [small business network] сеть малого бизнеса

SBP [serial bus protocol] реализация протокола последовательной шины с интерфейсом стандарта IEEE 1394, протокол SBP (*для подключения SCSI-устройств*)

SBR [space-based radar] РЛС космического летательного аппарата

SBS [satellite business system] спутниковая система коммерческой связи

SBT [surface-barrier transistor] поверхностно-барьерный транзистор

SC 1. [search code] код поиска **2.** [service center] центр обслуживания, сервисный центр **3.** [subcommittee] подкомитет **4.** [suppressed carrier] подавленная несущая **5.** [switched capacitor] переключаемый [коммутируемый] конденсатор

S/C [spacecraft] космический корабль; космический летательный аппарат, КЛА

sc [semiconductor] **1.** полупроводник **2.** полупроводниковый прибор

SCA 1. [single cable attach(ment)] однокабельный соединитель для SCSI–устройств, соединитель типа SCA **2.** [Subsidiary Communication Authorization] Регламент Федеральной комиссии связи на ЧМ-вещание в системах озвучения и звукоусиления (*США*) **3.** [subsidiary communications authorizations] обеспечение дополнительных прав доступа к коммуникациям

SCADA [supervisory control and data acquisition] гибкая автоматическая система управления производством, система SCADA

SCARA [selective compliance arm robot assembly] робот с избирательной податливостью руки, робот типа SCARA

SCAT [surface-controlled avalanche triode] поверхностно-управляемый лавинный транзистор

SCC 1. [serial communication controller] контроллер последовательной связи **2.** [short-circuit current] ток короткого замыкания **3.** [single-chip controller] однокристальный контроллер **4.** [switching control center] центр управления коммутацией

SCCD [surface charge-coupled device] ПЗС с поверхностным каналом

SCCP [signaling connection control part] подсистема управления соединением при сигнализации

SCDP [Society of Certified Data Processors] Общество аттестованных специалистов по обработке данных

SCDPI [SCSA device programming interface] программный интерфейс для аппаратного обеспечения компьютерной телефонии в архитектуре открытых моделей, интерфейс типа SCDPI (для стандарта SCSA)

SCDSM [syllabically companded delta modulation] дельта-модуляция с инерционным [слоговым] компандированием

SCEG [Speech Coding Experts Group] Экспертная группа по кодированию речи

SCFM [subcarrier frequency modulation] частотная модуляция поднесущей

SCG [synchronous command generator] генератор синхронных команд

SCH 1. [separate-confinement heterostructure] гетероструктура с раздельным ограничением **2.** [synchronizing channel] канал синхронизации

SCI 1. [scalable coherent interface] 1. масштабируемый когерентный интерфейс для организации взаимодействия кластеризованных систем, интерфейс стандарта SCI 2. стандарт SCI (*для организации взаимодействия кластеризованных систем*) **2.** [serial communication interface] последовательный асинхронный интерфейс связи **3.** [status control interface] интерфейс управления статусом **4.** [strategic computing initiative] стратегическая инициатива в области вычислительной техники

SCI+ [serial communication interface plus] последовательный асинхронный интерфейс связи с возможностью использования в качестве последовательного синхронного периферийного интерфейса

SCIA [second-channel interference attenuation] избирательность по каналу, следующему за соседним

SCL [serial clock] 1. линия синхронизации (*последовательной шины ACCESS.Bus с интерфейсом I²C*) 2. синхросигнал в линии синхронизации (*последовательной шины ACCESS.Bus с интерфейсом I²C*), SCL-сигнал

SCLT [space-charge-limited transistor] транзистор с ограничением тока объёмным зарядом

SCMS [serial copy(ing) management system] система SCMC, система защиты от копирования в магнитофонах формата DAT (с возможностью изготовления одной копии)

SCOPE [simple communications programming environment] среда программирования для поддержки простой связи между компьютерами, среда SCOPE

SCOT [smoothed coherence transform] сглаженное когерентное преобразование

SCP 1. [semiconductor protector] устройство защиты полупроводниковых приборов от перегрузок **2.** [service control point] пункт управления обслуживанием **3.** [space-charge precipitator] электрофильтр с пространственным зарядом

SCPC [single channel per carrier] один канал на несущую

SCR 1. [selective chopper radiometer] селективный модуляционный радиометр **2.** [silicon-controlled rectifier] однооперационный триодный тиристор, однооперационный тринистор

SCS 1. [satellite communications system] спутниковая система связи 2. [silicon-controlled switch] однооперационный тетродный тиристор 3. [Society for Computer Simulation] Общество компьютерного моделирования 4. [structured cabling system] структурированная кабельная система

SCSA [signal computing system architecture] стандарт на архитектуру открытых моделей компьютерной телефонии, стандарт SCSA

SCSI [small computer system interface] 1. интерфейс малых вычислительных систем, интерфейс (стандарта) SCSI, интерфейс «скази» 2. стандарт на интерфейсы малых вычислительных систем, стандарт SCSI 3. шина интерфейса малых вычислительных систем, шина (стандарта) SCSI

SCSI ID [small computer system interface identifier] идентификатор подключаемого к интерфейсу (стандарта) SCSI устройства, идентификатор SCSI-устройства

SCSO [superconducting-cavity stabilized oscillator] генератор, стабилизированный сверхпроводящим резонатором

SCSOA [short-circuit safe-operation area] область безопасной работы при коротком замыкании

SCT 1. [smoothed coherence transform] сглаженное когерентное преобразование 2. [step control table] вчт таблица управления шагом задания 3. [surface-charge transistor] поверхностно-зарядовый транзистор

SCWID [subscriber call waiting identification] идентификация ожидающего вызова абонента

SD [single density] одинарная плотность

SDA [serial data] 1. линия передачи данных (*последовательной шины ACCESS.Bus с интерфейсом I^2C*) 2. сигнал данных в линии передачи данных (*последовательной шины ACCESS.Bus с интерфейсом I^2C*), SDA-сигнал

SDAM [sparse distributed associative memory] разреженная распределённая ассоциативная память (*тип нейронных сетей*)

SDARS [satellite digital audio radio services] службы спутниковой системы цифрового радиовещания, службы SDARS

S-DAT [stationary (head) digital audio tape] 1. (магнитная) лента для цифровой записи звука (неподвижными магнитными головками) в (кассетном) формате S-DAT, лента (формата) S-DAT 2. (кассетный) формат S-DAT для цифровой записи звука неподвижными магнитными головками

SDC 1. [serial data controller] последовательный контроллер данных 2. [synchronous data compression] синхронное сжатие данных 3. [synchro-to-digital converter] преобразователь сельсин — код

SDCD [super-density compact disk] компакт-диск формата SDCD, компакт-диск со сверхвысокой плотностью записи (информации)

SDDI [shielded distributed data interface] интерфейс передачи данных по экранированной витой паре

SDFL [Schottky-diode FET logic] логические схемы на полевых транзисторах с барьерами Шотки

SDH [synchronous digital hierarchy] иерархия синхронных цифровых систем, стандарт SDH

SDHT [selectively doped heterojunction transistor] полевой транзистор на гетероструктуре с селективным легированием, селективно-легированный полевой транзистор, СЛПТ

SDI [Strategic Defense Initiative] Стратегическая оборонная инициатива, СОИ

SDIP [shrink dual in-line package] плоский микрокорпус с двусторонним малошаговым расположением выводов (*перпендикулярно плоскости основания*), (микро)корпус типа SDIP, SDIP-(микро)корпус

SDK [software development kit] пакет программ для разработки приложений

SDL [shielded data link] (электрический) соединитель для экранированной линии связи, (электрический) соединитель типа SDL

SDLC [synchronous data link control] синхронное управление передачей данных, протокол передачи данных SDLC для систем с сетевой архитектурой

SDM 1. [space-division multiplexing] пространственное уплотнение 2. [statistical delta modulation] статистическая дельта-модуляция, СДМ

SDMA [space-division multiple access] множественный доступ с пространственным разделением каналов; многостанционный доступ с пространственным разделением каналов

SDMI [Secure Digital Music Initiative] Инициативная группа по обеспечению защиты авторских прав в сфере цифровой музыки

SDN [software defined network] программно определяемая сеть; виртуальная сеть

SDP [single-domain particle] монодоменная [однодоменная] частица

SDR 1. [signal-to-distortion ratio] отношение сигнала к искажениям 2. [statistical data recorder] регистратор статистических данных 3. [storage data register] регистр данных памяти 4. [strip-domain resonance] резонанс полосовых доменов

SDRAM [synchronous dynamic random access memory] синхронная динамическая память, память типа SDRAM

SDRAM II *см.* **DDR SDRAM**

SDSL 1. [single-line digital subscriber line] симметричная цифровая абонентская линия на витой паре, линия типа SDSL 2. [single-line digital subscriber loop] симметричная цифровая абонентская линия на витой паре, линия типа SDSL 3. [single-pair symmetrical digital subscriber line] симметричная цифровая абонентская линия на витой паре, линия типа SDSL 4. [symmetrical digital subscriber line] симметричная цифровая абонентская линия на витой паре, линия типа SDSL

SDT [signal-detection theory] теория обнаружения сигналов

SDTS [satellite data transmission system] спутниковая система передачи данных

SDU [satellite delay compensation unit] (наземная) станция компенсации задержки (сигнала) при спутниковой связи

SE 1. [spurious emission] 1. паразитная эмиссия 2. паразитное излучение 2. [support entity] система поддержки

SE0 [single-ended zero] односторонний нуль

SEA [sudden enhancement of atmospherics] внезапное усиление атмосфериков

SEAS [standard electronics assembly system] система сборки стандартных электронных изделий

SEATRACKS [small elevation angle track and surveillance] радиолокационная система обнаружения и сопровождения низколетящих целей

SEC 1. [secondary-electron conduction] электропроводность за счёт вторичных электронов **2.** [Security and Exchange Commission] Комиссия по ценным бумагам и биржам (*США*)

Sec [sector] сектор (*1. геометрический объект 2. объект в форме сектора 3. вчт минимальная (физически адресуемая) структурная единица памяти на диске 4. зона; область*)

sec [second] секунда, с **2.** [secondary] 1. вторичный 2. вторичная обмотка 3. вторичный электрон 4. ведомая станция 5. вспомогательный; дополнительный; подчинённый; ведомый 6. второстепенный; относящийся ко второму уровню (*иерархии*)

secal [selective call] избирательный вызов

SECAM [séquentiel couleur à mémoire] последовательная система цветного телевидения с запоминанием, система «СЕКАМ»

S.E.C.C, SECC [single edge contact cartridge] картридж процессора с односторонним торцевым расположением выводов, картридж типа S.E.C.C., S.E.C.C.-картридж

SECL [symmetrical emitter-coupled logic] симметричные логические схемы с эмиттерными связями

seco [sequential control] 1. последовательное управление 2. последовательная система управления телетайпной связью

secon 1. [secondary-electron conduction orthicon] секон **2.** [sequential control] 1. последовательное управление 2. Последовательный контроль

SED 1. [smoke-emitting diode] сгорающий [выходящий из строя] диод, *проф.* дымоизлучающий диод **2.** [spectral energy distribution] спектральное распределение энергии

Sed, sed [stream editor] редактор потоков

SEEC [Semiconductor Electronics Education Committee] Комитет по образованию в области полупроводниковой электроники (*США*)

SEER [system for event evaluation and review] система (экспертных) оценок и обзора событий, метод SEER

SEF [support entity function] функция системы поддержки

SEI [Software Engineering Institute] Институт по разработке программного обеспечения (*США*)

selcal [selective call] избирательный вызов

SEM 1. [scanning electron microscope] растровый электронный микроскоп **2.** [standard electronic module] стандартный электронный модуль

SEMPA [scanning electron microscopy with polarization analysis] растровая электронная микроскопия с поляризационным анализом

SEPIC [single-ended primary inductor converter] несимметричный преобразователь постоянного напряжения на катушках индуктивности

S.E.P.P, SEPP [single edge processor package] картридж процессора с односторонним торцевым расположением выводов, картридж типа S.E.P.P., S.E.P.P.-картридж

SEPT [silicon epitaxial planar transistor] кремниевый эпитаксиальный планарный транзистор

SET 1. [secure electronic transactions] защищённые электронные транзакции **2.** [single-electron tunneling] одноэлектронное туннелирование

SETAR [serial event timer and recorder] устройство хронирования и записи последовательных событий

SETI [search for extraterrestrial intelligence] поиск внеземного разума

SETL [set language] язык множеств, язык программирования SETL

SEX [software exchange] обмен программным обеспечением с целью ускорения эволюции (*в среде хакеров*)

SF 1. [safety fuse] плавкий предохранитель **2.** [sign flag] флаг знака **3.** [store and forward] передача данных с промежуточным накоплением

SFB [solid-state functional block] твердотельный функциональный блок

SFH [slow frequency hopping] медленная скачкообразная перестройка частоты

SFL [substrate-fed logic] логические схемы с подложечным инжектором

SFLA [stupid four-letter acronym] глупая четырёхбуквенная аббревиатура, глупый четырёхбуквенный акроним

SFNM [special fully nested mode] режим вложенности приоритетов запросов ведущего и ведомого контроллеров

SFQ [single flux quantum] одиночный квант (магнитного) потока ∥ относящийся к приборам и устройствам на одиночных квантах (магнитного) потока, *проф.* одноквантовый

SFS [shared file server] файл-сервер коллективного доступа

SFX [sound effects] звуковые спецэффекты

SG 1. [screen grid] экранирующая сетка **2.** [shunting Grossberg (network)] нейронная сеть Гроссберга с параллельным обучением **3.** [signal ground] 1. заземление в цепи сигнала, *проф.* «схемная земля» 2. управляющий сигнал «схемная земля» (интерфейса RS-232C)

SGML [standard generalized markup language] стандартный обобщённый язык описания документов, язык SGML

SGMP [simple gateway management protocol] простой шлюзовый административный протокол, протокол SGMP

SGRAM [synchronous graphics random access memory] синхронная оперативная видеопамять, оперативная видеопамять типа SGRAM

SH 1. [short-haul] 1. тлф местный 2. ближний (*напр. о связи*) **2.** [subharmonic] субгармоника

S/H [sample-and-hold] дискретизация с запоминанием отсчётов

sh [Shellish] командный процессор Bourne (*для UNIX*)

SHA [secure hash algorithm] стандарт SHA, стандартный алгоритм шифрования сообщений методом хэширования; криптографическая хэш-функция SHA

SHF [superhigh frequency] сверхвысокая частота, СВЧ

SHG [second harmonic generation] генерация второй гармоники

shodop [short-range Doppler (system)] система «Шодоп» (*доплеровская система ближних траекторных измерений*)

shoran [short-range air navigation (system)] система «Шоран» (*система ближней воздушной радионавигации*)

SHP [surface horizontal package] горизонтальный корпус для поверхностного монтажа

SHTML [server-parsed hypertext markup language] содержащая интерпретируемые сервером специальные команды версия стандартного языка описания структуры гипертекста, язык SHTML, язык SPML

S-HTTP [secure hypertext transfer protocol] протокол передачи гипертекста со средствами шифрования, протокол S-HTTP

SHW [superhighway] 1. высокоскоростная магистральная линия связи с уплотнением каналов; высокоскоростной магистральный тракт передачи информации с уплотнением каналов , *проф.* магистраль с уплотнением каналов, супермагистраль 2. *вчт проф.* информационная магистраль (*глобальная высокоскоростная сеть передачи цифровых данных, речи и видеоинформации по спутниковым, кабельным и оптоволоконным линиям связи*)

SI 1. [shift-in] 1. переход на нижний регистр 2. символ «переход на нижний регистр», символ с кодом ASCII 0Fh **2.** [source index] индекс источника **3.** [Système Internationale (d'Unités)] Международная система единиц, СИ

SIA [Semiconductor Industry Association] Ассоциация полупроводниковой промышленности (*США*)

SIC 1. [semiconductor integrated circuit] полупроводниковая ИС **2.** [silicon integrated circuit] кремниевая ИС **3.** [station-identification code] опознавательный код станции

SID 1. [sudden ionospheric disturbance] внезапное ионосферное возмущение **2.** [system for interactive design] система интерактивного проектирования

SIDS [symbolic interactive design system] система символического интерактивного проектирования

SIEB [steadily injected electron beam (problem)] задача о релаксации слабо размытого электронного пучка в плазме, SIEB-проблема

SIG [special interest group] группа по интересам; группа по направлению

sig 1. [signal] 1. сигнал 2. знак **2.** [signature] 1. характерный признак; характеристика 2. сигнатура (*1. рлк радиолокационная сигнатура, комплексная характеристика цели 2. подпись (напр. в группах новостей сети, сообщении по факсу или электронной почте) 3. идентификатор вируса (в антивирусных программах) 4. идентификатор метафайла 5. контрольная сумма (при проверке циклическим избыточным кодом) 6. совокупность индивидуальных (логических) предикатов*) **3.** подпись (*собственноручно написанная фамилия*) **4.** ключевые знаки (*в нотной записи*) **5.** музыкальная заставка (*вещательной программы*)

SIGCAT [Special Interest Group for CD Applications and Technology] Группа по направлению «Технология и применения компакт-дисков»

SIGCHI [Special Interest Group for Human-Computer Interaction] Группа по направлению «Человеко-машинное взаимодействие»

SIGGRAPH [Special Interest Group for Computer Graphics] Группа по направлению «Компьютерная графика»

SIL [single-in-line] с односторонним расположением выводов (*параллельно плоскости основания корпуса ИС*)

SIM 1. [service interface module] служебный интерфейсный модуль **2.** [subscriber identity module] модуль идентификации абонента, SIM-карта

SIMD [single-instruction multiple-data] архитектура (компьютера) с одним потоком команд и несколькими потоками данных, SIMD-архитектура

SIMM [single in-line memory module] безвыводный модуль памяти с односторонним расположением торцевых контактных площадок, модуль памяти типа SIMM, SIMM-модуль памяти

simulcast [simultaneous casting]синхронное вещание

sinad [signal-to-noise and distortion (ratio)] отношение сигнала к сумме шума и искажений

sins [ship's inertial marine navigational system] корабельная система инерциальной навигации

SIO [serial input/output] последовательный ввод/вывод, последовательный обмен

SIOP [serial input/output port] последовательный порт ввода/вывода

SIP 1. [SCSI interlocked protocol] протокол блокировки параллельного интерфейса SCSI, протокол SIP **2.** [session initiation protocol] протокол инициации сеансов (*совместной передачи голоса и данных*), протокол SIP (*в IP-телефонии*) **3.** [single in-line package] плоский корпус с односторонним расположением выводов (*параллельно плоскости основания*), корпус типа SIP, SIP-корпус **4.** [strongly implicit procedure] строго неявная процедура

SIPO [serial-in parallel-out] с последовательным вводом и параллельным выводом

SIPOS [seminsulating polycrystalline silicon] полуизолирующий поликристаллический кремний

SIPP [standard interconnect performance parameters] 1. стандартные рабочие параметры межсоединений, стандарт SIPP 2. стандартная модель для расчёта рабочих параметров межсоединений, модель SIPP

SIR 1. [Shuttle imaging radar] РЛС формирования радиолокационного изображения космических кораблей типа «Шаттл» **2.** [surface insulation resistance] поверхностное сопротивление изоляции

SIRT [simultaneous iterative reconstruction technique] одновременный итерационный метод восстановления

SIS 1. [signaling service] служба сигнализации **2.** [subscriber identification signal] сигнал идентификации абонента

SiS [Silicon Integrated Systems (Corporation)] корпорация Silicon Integrated Systems, корпорация SiS (*Тайвань*)

sis [sound-in-syncs] система передачи звука в синхроимпульсах

SISAM [interferometric spectrometer with selection by amplitude of modulation] фурье-спектрометр с селекцией по амплитуде модуляции

SISD [single-instruction single-data] архитектура (компьютера) с одним потоком команд и одним потоком данных, фон-неймановская архитектура, SISD-архитектура

SISO [serial-in serial-out] с последовательным вводом и последовательным выводом

SIT [static-induction transistor] полевой транзистор с управляющим *p — n*-переходом и вертикальным каналом

sitcom [situation comedy] комедия положений

SKC [secret-key cryptography] криптография с секретным ключом, симметричная [одноключевая] криптография, *проф.* традиционная криптография

SKCS [secret-key cryptographic system] криптографическая система с секретным ключом, система

SKCS, симметричная [одноключевая] криптографическая система, *проф.* традиционная криптографическая система

SKE [secret-key encryption] шифрование с секретным ключом, симметричное [одноключевое] шифрование, *проф.* традиционное шифрование

SKIP [simple key management for Internet protocols] простой протокол обмена ключами для IP-протокола, протокол SKIP

SL 1. [sound locator] шумопеленгатор 2. [square-law] квадратичный 3. [superlattice] сверхрешётка

S²L [self-aligned superinjection logic] самосовмещённые логические схемы со сверхинжекционным питанием

SLA 1. [Special Libraries Association] Ассоциация специальных библиотек (*США*) 2. [storage logic array] запоминающая логическая матрица

SLAC [subscriber line acoustic processing interface] интерфейс абонентской линии с обработкой звука

SLAM 1. [scanning laser acoustic microscope] растровый лазерный акустический микроскоп 2. [single layer metallization] одноуровневая [однослойная] металлизация

SLAMMR [side-looking airborne modular multimission radar] бортовая самолётная многофункциональная модульная РЛС бокового обзора

SLAP [serial line access protocol] протокол доступа к последовательному каналу

SLAR [side-looking airborne radar] бортовая самолётная РЛС бокового обзора

SLC 1. [side-lobe cancellation] подавление сигналов, принимаемых по боковым лепесткам 2. [side-lobe clutter] мешающие эхо-сигналы, принимаемые по боковым лепесткам диаграммы направленности антенны 3. [straight-line capacitance] прямоёмкостный (*о конденсаторе*)

SLCA [sequential leader clustering algorithm] алгоритм кластеризации типа «последовательный лидер»

SLD [superluminescent diode] суперлюминесцентный диод

SLDL [symbolic layout description language] символический язык описания топологии

SL DVD [single-layer digital versatile disk] однослойный компакт-диск формата DVD

SLF [straight-line-frequency] прямочастотный (*о конденсаторе*)

SLIC [subscriber line interface circuit] схема интерфейса абонентской линии

SLINK [serial link] последовательная линия связи

SLIP [serial line Internet protocol] протокол последовательного подключения к Internet, протокол SLIP

SLM [spatial light modulator] управляемый транспарант, пространственный модулятор света, ПМС

SLS 1. [side-lobe suppression] подавление сигналов, принимаемых по боковым лепесткам 2. [side-looking sonar] гидролокационная станция [гидролокатор] бокового обзора

2SLS [two-stage least squares] двухшаговый метод наименьших квадратов

3SLS [three-stage least squares] трёхшаговый метод наименьших квадратов

SLSI [super large scale integration] 1. сверхвысокая степень интеграции (*50 000 – 100 000 активных элементов на кристалле*) 2. ИС со сверхвысокой степенью интеграции, сверхбольшая интегральная схема, СБИС

SLT [solid logic technology] технология изготовления толстоплёночных логических интегральных схем

SLU [spoken language understanding] 1. понимание естественного языка 2. голосовой [речевой] интерфейс с использованием естественного языка, интерфейс SLU

SLUG [superconducting low-inductance undulatory galvanometer] сверхпроводящий низкоиндуктивный ондуляторный гальванометр, «слаг»

SLW [straight-line-wavelength] прямоволновый (*о конденсаторе*)

SM 1. [scan mode] режим сканирования 2. [scattering matrix] матрица рассеяния 3. [secondary memory] внешняя память 4. [service mark] (фирменный) знак продавца *или* поставщика 5. [step(ping) motor] шаговый двигатель

SMA 1. [scattering matrix with absolute phase] матрица рассеяния с абсолютной фазой 2. [shared memory architecture] архитектура с совместно используемой памятью, архитектура типа SMA 3. [standard maintenance allowance] нормативные расходы на техническое обслуживание и текущий ремонт 4. [surface mounting assembly] узел с поверхностным монтажом 5. [systems monitor architecture] архитектура системного мониторинга

SMART [self-monitoring analysis and reporting] технология самотестирования и проверки работоспособности жёстких дисков, технология SMART

SMATV [satellite master-antenna television] спутниковое кабельное телевидение с коллективным приёмом

SMAX [satellite multiple-access communication system] спутниковая система связи с многостанционным доступом

SMB 1. [server message block] блок сообщений сервера, протокол взаимодействия типа клиент – сервер для локальных сетей, протокол SMB 2. [system management bus] (двухпроводная) системная управляющая шина, шина типа SMB 3. [system message block] блок системных сообщений

SMBus [system management bus] (двухпроводная) системная управляющая шина, шина типа SMB

SMC 1. [serial management channel] последовательный канал управления 2. [surface mount component] компонент для поверхностного монтажа

SMD 1. [Standard Military Drawing] Военный стандарт (*США*) 2. [surface mount device] 1. устройство для поверхностного монтажа 2. корпус транзисторного типа для поверхностного монтажа, корпус типа TO для поверхностного монтажа, TO-корпус для поверхностного монтажа

SMDP [surface mount device package, surface mount discrete package] корпус транзисторного типа для поверхностного монтажа, корпус типа TO для поверхностного монтажа, TO-корпус для поверхностного монтажа

SMDS [switched multimegabit data service] служба коммутируемой мультимегабитной передачи данных

SME 1. [small and medium size enterprises] мелкие и средние предприятия 2. [Society of Manufacturing Engineers] Общество инженеров производящих отраслей промышленности 3. [structure mapping engine] структурно отображающий механизм, модель структурного отображения, модель SME

SMEMA [Surface Mount Equipment Manufactures Association] Ассоциация производителей оборудования для поверхностного монтажа

SMF 1. [single-mode fiber] одномодовое волокно **2.** [standard messaging format] стандартный формат передачи сообщений

SMI 1. [structure of management information] 1. структура управляющей информации 2. правила определения доступных по протоколу SMNP объектов, протокол SMI **2.** [system management interrupt] прерывание от (средств) системного управления

SMIL [synchronized multimedia integration language] язык интеграции синхронизированных мультимедийных данных, язык SMIL

S-MIME [secure multipurpose Internet mail extensions] стандарт на многоцелевое расширение функций шифрованной электронной почты в Internet, стандарт S-MIME

SMIS [Society for Management Information Systems] Общество управления информационными системами

SMIT [system management interface tool] интерфейсные средства системного управления, программа SMIT

SMLI [stateful multi-layer inspection] 1. многоуровневая проверка с сопровождением состояния (*на сервере*) 2. протокол защиты от несанкционированного доступа методом многоуровневой проверки с сопровождением состояния (*на сервере*), протокол SMLI

SMM [system management mode] режим системного управления

SMOB [surface mounted disk button] круглый корпус с радиальными выводами для поверхностного монтажа

SMOBC [solder mask over bare copper] (аддитивная) технология формирования маски припойного покрытия над медными проводящими дорожками

SMP 1. [simple management protocol] простой протокол управления **2.** [symmetrical multiple processor] симметричный мультипроцессор **3.** [symmetrical multiprocessing] симметричная мультипроцессорная обработка **4.** [symbol manipulation program] программа манипулирования символами

SMPS [switchmode power supply] многорежимный источник (электро)питания

SMPTE [Society of Motion Picture and Television Engineers] 1. Общество инженеров кино и телевидения (*США*) 2. временной код SMPTE *или* код управления SMPTE (*для видеозаписи*)

SMR 1. [scattering matrix with relative phase] матрица рассеяния с относительной фазой **2.** [specialized mobile radio] специализированная система подвижной [мобильной] радиосвязи

SMRAM [system management random access memory] оперативная память (средств) системного управления

SMS 1. [semiconductor-metal-semiconductor] структура полупроводник — металл — полупроводник **2.** [short message service] служба коротких (текстовых) сообщений

SMT 1. [station management] управление станциями **2.** [surface mount technology] технология поверхностного монтажа

SMTP [simple mail transfer protocol] простой протокол пересылки (электронной) почты, протокол SMTP

SN 1. [semiconductor network] полупроводниковая схема **2.** [serial number] 1. (уникальный) серийный номер 2. порядковый номер **3.** [solid-state network] твердотельная схема **4.** [subnetwork] подсеть

S/N [signal-to-noise (ratio)] отношение сигнал — шум

SNA [systems network architecture] системная сетевая архитектура, архитектура по протоколу SNA; протокол SNA

snafu [situation normal – all fouled up] *проф.* запутанная ситуация; неразбериха; беспорядок; хаос ‖ запутывать; создавать неразбериху; устраивать беспорядок; приводить в хаотическое состояние ‖ запутанный; беспорядочный; хаотический

SNAP [Surrey nanosatellite application platform] космическая платформа (фирмы Surrey Satellite Technology) для прикладных исследований с помощью наноспутников

SNMP [simple network management protocol] простой протокол управления сетью, протокол SNMP

SNOBOL [string-oriented symbolic language] строчно-ориентированный символический язык, язык программирования SNOBOL

SNR [signal-to-noise ratio] отношение сигнал — шум

SO 1. [send only] работающий только на передачу **2.** [shift-out] 1. переход на верхний регистр» 2. символ «переход на верхний регистр», символ с кодом ASCII 0Eh **2.** [small outline] плоский микрокорпус с двусторонним расположением выводов в форме крыла чайки, (микро)корпус типа SO, SO-(микро)корпус

SOA 1. [safe operating area] область безопасной работы **2.** [start of authority] начало зоны, запись для указания начала зоны в DNS-ресурсе, SOA-запись

SOC [sell-organizing control] самоорганизующееся управление

SoC [system-on-chip] система на одном кристалле

SOF 1. [sound-on-film] озвучение кинофильма; привязка звука к изображению **2.** [start of frame] начало кадра

SOFM [self-organizing feature map] самоорганизующаяся карта (признаков) Кохонена, (искусственная нейронная) сеть Кохонена

SOG [system on glass] 1. структура «система на стекле», структура с размещением светочувствительной *или* светоизлучающей матрицы на стеклянной подложке 2. метод «систем на стекле», технология создания дисплеев и дисплеев-сканеров с рабочей матрицей на стеклянной подложке, технология SOG

SOH [start of headings] 1. начало заголовка 2. символ «начало заголовка», символ с кодом ASCII 01h

SOHO [small office/home office] малый *или* домашний офис

SOI [silicon-on-insulator] структура типа «кремний на диэлектрике», КНД-структура

SOIC [small outline integrated circuit] плоский микрокорпус ИС с двусторонним расположением выводов в форме крыла чайки, (микро)корпус ИС типа SO, SO-(микро)корпус ИС

SOJ [small outline J-leaded] плоский микрокорпус с двусторонним расположением J-образных выводов, (микро)корпус типа SOJ, SOJ-(микро)корпус

SOL [small outline large] плоский миникорпус с двусторонним расположением выводов в форме крыла чайки, (мини)корпус типа SOL, SOL-(мини)корпус

SOLED [stacked organic light-emitting diode] многослойная структура из органических светодиодов в прозрачной матрице

SOM 1. [scanning optical microscope] растровый оптический микроскоп **2.** [self-organizing map] (самоорганизующаяся) карта Кохонена, (искусственная нейронная) сеть Кохонена **3.** [start of message] начало сообщения **4.** [system object model] модель системных объектов, модель стандарта SOM

SOMADA [self-organizing multiple-access discrete-address (system)] самоорганизующаяся дискретно-адресная система с коллективным доступом

SONET [synchronous optical network] **1.** синхронная сеть передачи данных по волоконно-оптическому кабелю, сеть SONET **2.** протокол синхронной сети передачи данных по волоконно-оптическому кабелю, протокол SONET

SOP 1. [small outline package] плоский микрокорпус с двусторонним расположением выводов в форме крыла чайки, (микро)корпус типа SO, SO-(микро)корпус **2.** [standard operating procedure, standing operating procedure] стандартная процедура выполнения операций **3.** [start of packet] начало пакета

SOS 1. [save our souls] международный радиотелеграфный сигнал бедствия **2.** [self-organizing system] самоорганизующаяся система **3.** [silicon-on-sapphire] технология кремний на сапфире, КНС-технология **4.** [silicon-on-spinel] технология кремний на шпинели, КНШ-технология

SOSIC [silicon-on-sapphire integrated circuit] ИС типа «кремний на сапфире»

SOT [small outline transistor] миникорпус транзисторного типа, (мини)корпус типа SOT, SOT-(мини)корпус

SOTAS [stand-off target acquisition system] система дистанционного обнаружения, захвата и сопровождения целей

SOTS [slap on the side] расширение (*функциональных возможностей компьютера*) за счёт внешних устройств

SP 1. [service provider] предоставитель [провайдер] услуг **2.** [space character] символ пробела **3.** [speech process] речевой процесс **4.** [stack pointer] указатель стека **5.** [standard play] стандартный режим работы (видеомагнитофона), режим работы (видеомагнитофона) без удвоения времени записи и воспроизведения **6.** [stochastic programming] стохастическое программирование **7.** [switching point] **1.** точка коммутации **2.** коммутационный узел

S/P [series/parallel] последовательно-параллельный

SPA 1. [sudden phase anomaly] внезапная фазовая аномалия **2.** [superregenerative parametric amplifier] сверхрегенеративный параметрический усилитель **3.** [Systems and Procedures Association] Ассоциация специалистов по системам и методам управления (*США*)

SPADE [single-channel per carrier PCM multiple access demand assignment equipment] система связи с импульсно-кодовой модуляцией, с множественным доступом, с предоставлением каналов по требованию и независимыми несущими для каждого канала; система связи с импульсно-кодовой модуляцией, с многостанционным доступом, с предоставлением каналов по требованию и независимыми несущими для каждого канала, система SPADE

SPAG [Standards Promotion and Application Group] Европейская ассоциация групп содействия внедрению и применению стандартов

SPAMP [speaker amplifier] усилитель для громкоговорителя

SPARC 1. [scalable processor architecture (of RISC computers)] **1.** масштабируемая архитектура процессора **2.** микропроцессор с сокращённым набором команд фирмы Sun Microsystems, RISC-микропроцессор фирмы Sun Microsystems **2.** [American National Standards Institute/ Standards Planning and Requirements Committee] Комитет планирования стандартов и требований Американского национального института стандартов

SPC [stored-program control] микропрограммное управление

SPCA [second parametrically controlled analyzer] вторичный параметрически управляемый анализатор

SPD 1. [serial presence detect(ion)] **1.** последовательная идентификация модуля памяти **2.** содержащая идентификационные данные модуля памяти микросхема с последовательным выходом, SPD-микросхема

S/PDIF [Sony/Philips digital interface] **1.** цифровой интерфейс Sony/Philips **2.** стандарт Sony/Philips на цифровые интерфейсы, стандарт S/PDIF

SPDN [spectral density] спектральная плотность

SPDT [single-pole double-throw] **1.** однополюсный двухпозиционный (*о переключателе*) **2.** однополюсный переключающий контакт

SPE [signal processing element] элемент обработки сигналов

SPECIAL [specification and assertion language] язык спецификаций и утверждений, язык SPECIAL

specs [specifications] технические условия, ТУ, технические требования

SPESS [stored-program electronic switching system] система электронной коммутации с микропрограммным управлением

SPF [shortest path first] алгоритм маршрутизации с предпочтением кратчайшего пути, алгоритм SPF

SPG [sync-pulse generator] генератор синхронизирующих импульсов

SPI 1. [SCSI parallel interface] параллельный интерфейс стандарта SCSI **2.** [serial peripheral interface] последовательный синхронный периферийный интерфейс **3.** [single program initiator] инициатор одиночных программ **4.** [system programming interface] **1.** интерфейс системного программирования, интерфейс (стандарта) SPI **2.** стандарт SPI

SPICE [simulation program with integrated circuit emphasis] разработанная в Калифорнийском университете (Беркли) программа моделирования интегральных схем, программа SPICE

Spk(r), spkr [speaker] **1.** громкоговоритель; акустическая система **2.** *вчт* автономный (*работающий без звуковой платы*) встроенный громкоговотель (*системного блока компьютера*), *проф.* спикер 3. диктор 4. (*говорящий*) абонент; говорящий 5. докладчик (*напр. на конференции*)

Spk(r) out [speaker out] выход для подключения громкоговорителя; выход для подключения акустической системы

SPL 1. [solar-pumped laser] лазер с солнечной накачкой **2.** [sound pressure level] уровень звукового давления

SPM [scratch-pad memory] кэш-память

SPML [server-parsed hypertext markup language] содержащая интерпретируемые сервером специальные команды версия стандартного языка описания структуры гипертекста, язык SPML, язык SHTML

S-POCSAG [Super Post Office Code Standardization Advisory Group] международный стандарт S-POCSAG для систем поискового вызова

SPOOL [simultaneous peripheral operations on line] одновременное функционирование периферийных устройств в интерактивном режиме

SPP 1. [standard parallel port] 1. стандартный (однонаправленный) параллельный порт, стандартный LPT-порт (*с обменом данными по протоколу Centronics*) 2. стандартный (однонаправленный) режим работы параллельного порта, SPP-режим **2.** [system platform processor] системный процессор платформы

SPPA [single-pumped parametric amplifier] параметрический усилитель с накачкой на одной частоте

SPQ [statistical process control] автоматизированный статистический контроль (производственных) процессов

SPR [stencil, place, and reflow] пайка расплавлением дозированного припоя с нанесением припойной пасты методом трафаретной печати

SPS 1. [service provisioning system] система телефонного сервиса **2.** [standard positioning service] стандартная служба определения местоположения **3.** [standby power system] резервная система (электро)питания

SPSS [statistical package for social sciences] статистический пакет для социальных наук, пакет программ SPSS

SPST [single-pole single-throw] 1. однополюсный (*о выключателе*) 2. однополюсный замыкающий *или* размыкающий контакт

SPT [sectors per track] число секторов на дорожке

SPU 1. [service protocol unit] блок протокола обслуживания **2.** [system processing unit] системный процессор

SPW [signal processing work] обработка сигналов

SPX 1. [sequenced packet exchange] 1. последовательный обмен пакетами 2. протокол последовательного обмена пакетами, протокол SPX **2.** [simplex] симплексная [односторонняя] связь, симплекс || симплексный, односторонний

SQC [statistical quality control] статистический контроль качества

SQL [structured query language] язык структурированных запросов, язык SQL

SQUID [superconducting quantum interference device] сверхпроводящий квантовый интерференционный датчик, сквид

SQW [square wave] волна с огибающей в форме меандра

SR 1. [saturable reactor] насыщающийся реактор **2.** [source routing] явная маршрутизация, маршрутизация с явным перечислением адресов последовательно проходимых узлов **3.** [speech recognition] распознавание речи **4.** [status register] регистр состояния

SRAM [static random access memory] статическая оперативная память, статическое ОЗУ, ОЗУ типа SRAM

SRAPI [speech recognition application programming interface] 1. интерфейс прикладного программирования для систем распознавания речи, интерфейс (стандарта) SRAPI 2. стандарт SRAPI

SRB [source route bridging] мостовая передача с маршрутизацией источника, протокол SRB

SRD [step-recovery diode] диод с накоплением заряда, ДНЗ

SRE [standard for robot execution] стандарт на управление доступом для поисковых программ-роботов, стандарт SRE

SRL [shift-register latch] фиксатор сдвигового регистра

SRPI [server-requestor programming interface] программный интерфейс сервер-клиент

SRS [stimulated Rayleigh scattering] вынужденное рэлеевское рассеяние

SRT [standard remote terminal] стандартный удалённый терминал

SRV [server] сервер

SRW [surface range walk] *рлк* смещение элемента разрешения по горизонтальной дальности

SS 1. [security service] служба обеспечения безопасности (*напр. компьютерной*) **2.** [signaling system] система сигнализации **3.** [single sideband] одна боковая полоса, ОБП **4.** [single-sided] односторонний **5.** [solid-state] твердотельный **6.** [space station] 1. орбитальная станция, (орбитальная) космическая платформа 2. космическая станция **7.** [stack segment] сегмент стека **8.** [subscriber set] абонентский телефонный аппарат **9.** обозначение для радиостанций службы стандартных частот (*принятое МСЭ*)

SS7 [signaling system 7] система сигнализации номер 7 (*для разгрузки аналоговых телефонных сетей за счёт использования цифровых линий связи*), протокол (передачи данных) SS7

S/s 1. [samples per second] число отсчётов в секунду **2.** [steric strokes per second] число атмосфериков в секунду

SSA 1. [serial shift arrangement] устройство последовательного сдвига **2.** [serial storage architecture] 1. последовательный интерфейс для дисковых массивов стандарта SCSI, интерфейс SSA 2. стандарт последовательных интерфейсов для дисковых массивов, стандарт SSA

SSB [single sideband] одна боковая полоса, ОБП

SSBAM [single sideband amplitude modulation] однополосная амплитудная модуляция, амплитудная модуляция с одной боковой полосой, амплитудная ОБП-модуляция

SSBAM-S [single sideband amplitude modulation – suppressed carrier] однополосная амплитудная модуляция с подавленной несущей, амплитудная модуляция с одной боковой полосой и подавленной несущей, амплитудная ОБП-модуляция с подавленной несущей

SSBW [surface skimming bulk wave] приповерхностная объёмная волна

SSC [single-silk covered] с однослойной шёлковой изоляцией

SSCAD [space structure computer-aided design] автоматизированное проектирование объёмных структур

SSCNS [ship's self-contained navigation system] автономная корабельная навигационная система

SS DVD [single-sided digital versatile disk] односторонний компакт-диск формата DVD

SSE 1. [single-silk enameled] эмалированный с однослойной шёлковой изоляцией **2.** [streaming SIMD extensions] расширенная архитектура (компьютера) с одним потоком команд и несколькими потоками данных, SSE-архитектура

SSE2 [streaming SIMD extensions 2] второй вариант расширенной архитектуры (компьютера) с одним потоком команд и несколькими потоками данных, SSE2-архитектура

SSFDC [solid-state floppy disk card] карта флэш-памяти (стандарта) SSFDC, *проф.* твердотельная дискета; карта флэш-памяти (стандарта) Smart-Media

SSFM [single-sideband frequency modulation] частотная модуляция с одной боковой полосой

SSG [standard-signal generator] генератор стандартных сигналов, ГСС

SSH [secure shell] безопасная оболочка, программа SSH для безопасного обмена файлами в сети

SSI 1. [server side include] макрос включения (*языка HTML*) на стороне сервера, выполняемый сервером макрос (*языка HTML*) для включения в файл содержимого другого файла, SSI-макрос (*языка HTML*) **2.** [single signal interconnection] односигнальное соединение **2.** [single system image] единый системный образ **3.** [small scale integration] 1. низкая степень интеграции (*до 10 активных элементов на кристалле*) 2. ИС с низкой степенью интеграции, малая интегральная схема, МИС **4.** [standard scale integration] 1. стандартная степень интеграции 2. ИС со стандартной степенью интеграции

SSIP [shrink single in-line package] плоский корпус с односторонним малошаговым расположением выводов (*параллельно плоскости основания*), корпус типа SSIP, SSIP-корпус

SSL 1. [secure sockets layer] (протокольный) уровень безопасных сокетов, протокол шифрования низкого уровня для транзакций, протокол SSL **2.** [solid-state logic] твердотельные логические схемы

SSM [surface skimming mode] приповерхностная объёмная волна

SSMA 1. [satellite-switched multiple access] множественный доступ с коммутацией на спутнике; многостанционный доступ с коммутацией на спутнике **2.** [spread-spectrum multiple access] множественный доступ с использованием широкополосных псевдослучайных сигналов; многостанционный доступ с использованием широкополосных псевдослучайных сигналов

SSOL [shrink small outline large] плоский миникорпус с двусторонним малошаговым расположением выводов в форме крыла чайки, (мини)корпус типа SSOL, SSOL-(мини)корпус

SSOP [shrink small outline package] плоский микрокорпус с двусторонним малошаговым расположением выводов в форме крыла чайки, (микро)корпус типа SSOP, SSOP-(микро)корпус

SSP 1. [service switching point] пункт коммутации услуг **2.** [steady-state pulse] стационарный импульс

SSPA [solid-state power amplifier] твердотельный усилитель мощности

SSR [solid-state relay] твердотельное реле

SSS 1. [spread-spectrum system] система с широкополосными псевдослучайными сигналами **2.** [switching subsystem] подсистема коммутации

SST 1. [single sideband transmission] передача с одной боковой полосой, ОБП-передача **2.** [Swedish summer time] Шведское летнее время

ST 1. [Seagate Technology] фирма Seagate Technology **2.** [signaling tone] тональный сигнал **3.** [space tracking] слежение за космическими объектами

ST-412 [Seagate Technology 412] интерфейс (дисковода) с контроллером ST-412 фирмы Seagate Technology, интерфейс (стандарта) ST-412

ST-506 [Seagate Technology 506] интерфейс (дисковода) с контроллером ST-506 фирмы Seagate Technology, интерфейс (стандарта) ST-506

STA 1. [SCSI Trade Association] Торговая ассоциация производителей SCSI-устройств (*США*) **2.** [spanning tree algorithm] алгоритм остовного дерева

stadan [satellite tracking and data acquisition network] сеть станций слежения за спутниками и сбора информации

stalo [stabilized local oscillator] стабилизированный гетеродин

STAT [solder transfer application technique] метод дозированного переноса припоя

stat 1. [static] 1. статический 2. электростатический 3. статическая электризация, электризация путём передачи заряда 4. атмосферное электричество 5. импульсная помеха электростатического происхождения 6. помеха, обусловленная статической электризацией **2.** [stationary] 1. стационарный [не предназначенный для перемещения] объект; стационарное [не предназначенное для перемещения] устройство 2. стационарный процесс; стационарное состояние; стационарное значение (*напр. параметра*) 3. стационарный (*1. не предназначенный для перемещения 2. имеющий не зависящие от времени параметры*) **3.** [statistical] статистический **4.** [statistician] специалист в области статистики **5.** [statistics] статистика (*1. наука о способах сбора, анализа и интерпретации данных на основе использования теории вероятностей 2. вероятностное описание физического процесса или поведения ансамбля частиц 3. функция элементов выборки из генеральной совокупности 4. статистические данные*) **6.** [thermostat] 1. термостат 2. термостатирующее реле

stat mux [statistical multiplexer] аппаратура статистического уплотнения

STC 1. [sensitivity-time control] временная автоматическая регулировка усиления, ВАРУ **2.** [sound-transmission coefficient] коэффициент звукопроницаемости

STB [set-top box] размещаемое поверх корпуса электронное устройство для сопряжения телевизионного приёмника с другими коммуникационными

каналами (*телефонными линиями, компьютерными сетями, волоконно-оптическими или кабельными линиями*)
STD 1. [semiconductor on thermoplastic on dielectric bonding] метод соединения кристаллов типа полупроводник — термопластик — диэлектрик **2.** [spectral theory of diffraction] спектральная теория дифракции **3.** [standard] 1. эталон; образцовая мера; образцовое средство измерений || эталонный; образцовый 2. стандарт || стандартный **4.** [(Internet) standards] стандарты Internet, документы (категории) STD, разделы документов RFC с описанием протоколов Internet **5.** [state transition diagram] диаграмма состояний (конечного автомата)
STDMA [space-time division multiple access] множественный доступ с пространственным разделением каналов; многостанционный доступ с пространственно-временным разделением каналов
std DRAM [standard dynamic random-access memory] динамическое ОЗУ с быстрым последовательным доступом в пределах страницы, ОЗУ типа FPM DRAM
STEM [scanning transmission electron microscope] растровый просвечивающий электронный микроскоп
STL 1. [Schottky transistor logic] транзисторные логические схемы с барьерами Шотки **2.** [studio-transmitter link] соединительная линия «студия-передатчик»
STM [system test mode] режим испытаний на уровне системы
STN [super twisted nematic] супертвистированный [сверхскрученный] нематик, супертвистированный [сверхскрученный] нематический жидкий кристалл
STONE [structured and open environment] структурированная и открытая среда, проект STONE (*германского Министерства научных исследований и технологии*)
STOR [storage] 1. память (*1. запоминающее устройство, ЗУ 2. способность к запоминанию информации с возможностью обращения к последней*) 2. хранилище данных (*память или файл*)
STP 1. [shielded twisted pair] экранированная витая пара, кабель типа STP **2.** [signal transfer point] пункт передачи сигнала **3.** [standard temperature and pressure] нормальные условия
STR 1. [symbol-timing recovery] восстановление тактовой синхронизации символов **2.** [synchronous transmitter-receiver] синхронный приёмопередатчик
STREAM [scheme language for formally describing digital circuits] язык формального описания цифровых схем, язык STREAM
STRESS [structural engineering system solver] проблемно-ориентированный язык для решения задач строительной техники, язык программирования STRESS
STRUDL [structural design language] язык структурного проектирования, язык программирования STRUDL
STS [synchronous transport signal] синхронный транспортный сигнал
STU [secure telephone unit] телефонный аппарат с системой защиты информации
STV [subscription television] абонентское телевидение

STX [start of text] 1. начало текста 2. символ «начало текста», символ с кодом ASCII 02h
SUB [substitute] 1. *вчт* подстановка 2. замена; замещение 3. символ «замена», символ с кодом ASCII 1Ah
sub 1. 1. *вчт* подстановка 2. замена; замещение 3. символ «замена», символ с кодом ASCII 1Ah **2.** [subscribe] подписка (*напр. на электронный журнал*)
subt [subtraction] вычитание
sup [supremum] точная верхняя граница, супремум
super [superimpose] 1. наложение (*одного объекта на другой*) || накладывать (*один объект на другой*) 2. совмещение (*напр. изображений*) || совмещать (*напр. изображения*)
superhet [superheterodyne] супергетеродинный приёмник || супергетеродинный
SUR [seemingly unrelated regression] регрессия с использованием системы явно не связанных уравнений
SUSP [system use shared protocol] расширение стандарта ISO 9660 (*для операционной системы UNIX*) на совместимый формат файловой системы компакт-дисков для межплатформенного обмена, протокол SUSP
SVAPI [speaker voice identification application programming interface] 1. интерфейс прикладного программирования для систем распознавания голоса, интерфейс (стандарта) SVAPI 2. стандарт SVAPI
SVC 1. [supervisor call] вызов супервизора, обращение к супервизору **2.** [switch virtual circuit] коммутируемый виртуальный канал, коммутируемое виртуальное соединение **3.** [switch virtual connection] коммутируемое виртуальное соединение, коммутируемый виртуальный канал
SVD [simultaneous voice/data] 1. система одновременной передачи данных и речи 2. стандарт одновременной передачи данных и речи, стандарт SVD
SVEC [spatially varying exposure and color] программируемое изменение времени экспозиции и цвета пикселей
SVG [scalable vector graphics] масштабируемая векторная графика, стандарт SVG (Консорциума WWW)
SVGA [super video graphics array] 1. стандарт сверхвысокого уровня на отображение текстовой и цветной графической информации для IBM-совместимых компьютеров (*с разрешением от 800×600 пикселей и выше с возможностью воспроизведения до 16,7 млн цветов*), стандарт SVGA 2. видеоадаптер (стандарта) SVGA
S-VHS [super video home system] 1. (магнитная) лента для бытовой аналоговой композитной видеозаписи в формате S-VHS, лента (формата) S-VHS 2. формат S-VHS (бытовой аналоговой композитной видеозаписи), улучшенный вариант формата VHS 3. 4-контактный соединитель типа mini-DIN (*для ввода или вывода сигналов яркости и цветности*)
SVM [scan-velocity modulation] модуляция скорости развёртки
SVP 1. [small vertical package] плоский корпус для поверхностного монтажа с односторонним расположением L-образных выводов, корпус типа SVP,

SVP-корпус **2.** [surface vertical package] вертикальный корпус для поверхностного монтажа
SVPE [spatially varying pixel exposure] программируемое изменение времени экспозиции пикселей
SVRAM [synchronous video random access memory] синхронная (двухпортовая) оперативная видеопамять на ячейках DRAM, синхронное (двухпортовое) оперативное видео ОЗУ на ячейках DRAM, оперативная видеопамять типа SVRAM
SVT [supervision and test] контроль и проверка
SW 1. [short waves] декаметровые [короткие] волны (100 — 10 м) **2.** [software] 1. программное обеспечение; программные средства; программные продукты 2. программа; программный продукт 3. документация программного продукта; программная документация 4. программный 5. аудиовизуальные материалы **3.** [switch] 1. переключатель; коммутатор; коммутационное устройство 2. выключатель; прерыватель; разъединитель 3. ключ 4. *тлф* искатель 5. *вчт* оператор выбора, *проф.* переключатель 6. *вчт* ключ команды (*напр. в MS DOS*)
swbd [switchboard] **1.** коммутационная панель; наборное поле **2.** *тлф* коммутатор
SWCF [surface-wave comb filter] гребенчатый фильтр на поверхностных волнах
SWG [standard wire gage] сортамент проводов
SWIFT 1. [sequential weight increasing factor technique] метод последовательного увеличения веса фактора (*в распознавании образов*) **2.** [Society for World-Wide Interlink Financial Telecommunications] Общество глобальных финансовых телекоммуникаций, организация SWIFT
SWR [standing-wave ratio] коэффициент стоячей волны, КСВ
SWS 1. [slow-wave structure] замедляющая система **2.** [structured wiring system] структурированная система кабельной разводки
SWT [Swedish winter time] Шведское зимнее время
sx [simplex] симплексная [односторонняя] связь, симплекс ǁ симплексный, односторонний
SXGA [super extended graphics array] 1. стандарт высокого уровня на отображение текстовой и цветной графической информации для IBM-совместимых компьютеров (*с разрешением до 2048x1536 пикселей и с возможностью воспроизведения до 16,7 млн цветов*), стандарт SXGA 2. видеоадаптер (стандарта) SXGA
SXS [step-by-step exchange] шаговая АТС, АТС на шаговых искателях
SY 1. [sincerely Yours] «искренне ваш» (*акроним Internet*) **2.** [synchronization] синхронизация **3.** [synchroscope] скоростной осциллограф с ждущей развёрткой
SYL [see You later] «до встречи» (*акроним Internet*)
SYN [synchronous idle] символ синхронизации, символ ⸺, символ с кодом ASCII 16h
SysEx [system exclusive] *вчт* исключительное [привилегированное] системное MIDI-сообщение
sysgen [system generation] создание [инстал(л)яция или перенос] операционной системы
sysop [system operator] оператор, обслуживающий электронную доску объявлений, оператор BBS
SZIP [shrink zigzag in-line package] микрокорпус с малошаговым зигзагообразным расположением выводов, (микро)корпус типа SZIP, SZIP-(микро)корпус

T 1. [telecommunication] 1. электросвязь; телекоммуникации ǁ телекоммуникационный 2. пользование электросвязью; пользование телекоммуникациями; наличие электросвязи; наличие телекоммуникаций **2.** [telephone] телефонный аппарат, телефон ǁ телефонный **3.** [telephonic] телефонный **4.** [tera-] 1. тера..., Т, 10^{12} 2.*вчт* тера..., Т, = 2^{40} **5.** [tesla] тесла, Т **6.** [transformer] 1. преобразователь 2. трансформатор **7.** [turn] 1. виток 2. оборот 3. поворот; вращение 4. изменение 5. переключение **8.** (*допустимое*) буквенное обозначение *i*-го ($2 \leq i \leq 26$) логического диска, съёмного устройства памяти или компакт-диска (*в IBM-совместимых компьютерах*)
TA 1. [target] 1. мишень (*1. электрод запоминающей ЭЛТ или передающей телевизионной трубки 2. объект, подвергаемый облучению или бомбардировке частицами 3. электрод, являющийся источником осаждаемого материала в установках для распыления*) 2. антикатод (*рентгеновской трубки*) 3. *рлк* цель 4. *рлк* отметка цели 5. *вчт* адресат 6. *вчт* устройство (*напр. магнитный диск*), на который производится копирование данных, *проф.* мишень (*для копирования данных*) 7. *вчт* целевое устройство, вызываемое инициатором для обмена устройство (*в стандарте SCSI*) **2.** [terminal adapter] терминальный адаптер
TAB [tape-automated bonding, tape-automatic bonding] 1. автоматизированное прикрепление кристаллов к выводам на ленточном носителе, ТАВ-технология 2. компонент, изготовленный методом автоматизированного прикрепления кристалла к выводам на ленточном носителе, компонент, изготовленный по ТАВ-технологии, ТАВ-компонент 3. ленточный кристаллоноситель
TAC 1. [technical assistance center] центр технической поддержки **2.** [Television Advisory Committee] Консультативный комитет по телевидению **3.** [terminal access controller] контроллер терминального доступа **4.** [time-to-amplitude converter] преобразователь время — амплитуда
TACACS [terminal access controller access control system] система аутентификации сервера доступа к сети, протокол TACACS
tacan [tactical air navigation system] система «Такан» (*угломерно-дальномерная воздушная радионавигационная система ближнего действия*)
TACS [total access communication system] английская система сотовой подвижной радиотелефонной связи стандарта TACS
tactel [tactile element] сенсорный элемент, *проф.* тактел
TAD [thermally activated depolarization] термостимулированная деполяризация
TAM 1. [temporal associative memory] временная ассоциативная память (*тип нейронной сети*) **2.** [theorem of alternatives for matrices] теорема об альтернативах для матриц
TAME [tag-activated markup enhanced] расширенный язык описания структуры гипертекста с активацией тегами, язык TAME
TAO 1. [telephony application objects] *вчт* объекты для телефонных приложений **2.** [track-at-once] за-

пись (на компакт-диск) в режиме «один трек за сессию»

TAP 1. [terminal access point] точка доступа к терминалу 2. [test access port] тестовый порт 3. [thermally activated polarization] термовозбуждённая поляризация 4. [transistor analysis program] программа анализа транзисторных схем

TAPI [telephony application programming interface] 1. интерфейс прикладного программирования для телефонной связи, интерфейс (стандарта) TAPI 2. стандарт TAPI

TAR [tape archival and retrieval (format)] формат TAR, файловый формат для взаимодействия с внешними ЗУ на магнитных лентах в различных операционных средах

TARE [telemetry automatic reduction equipment] аппаратура автоматической обработки телеметрических данных

TARGA [Truevision advanced raster graphics adapter] формат графических файлов компании Truevision, файловый формат TARGA

TASI [time assignment speech interpolation] система статистического уплотнения речи с временным разделением каналов, система TASI

TATS [tactical transmission system] система связи тактического назначения

TB 1. [tail bits] начальная или концевая комбинация (кадра), признак начала или конца кадра 2. [terabyte] терабайт, Тбайт, Тб 3. [time base] 1. развёртка 2. генератор развёртки

TBC 1. [time-base corrector] 1. корректор развёртки 2. корректор временных искажений видеосигнала 2. [token bus controller] контроллер маркерной шины

T-BGA [tape-ball grid array] кристаллоноситель на гибкой ленте с матрицей шариковых выводов, корпус типа T-BGA, T-BGA-корпус

ТbIG [terbium iron garnet] железотербиевый гранат, тербиевый феррит-гранат

TBMA [twin-bank memory architecture] двухбанковая архитектура памяти, архитектура типа TBMA

TC 1. [temperature coefficient] температурный коэффициент, ТК 2. [thermal compression, thermocompression] термокомпрессия 3. [toll center] междугородная телефонная станция 4. [Turbo C] язык программирования Turbo C

T-Cal [thermal calibration] термокалибровка

tcall [telephone call] телефонный вызов

TCAS [traffic-alert and collision avoidance system] система предупреждения столкновений и тревожной сигнализации об аварийных ситуациях при воздушном движении

TCB [task control block] блок управления задачей

TCC 1. [Technical Coordination Committee] Комитет по технической координации (*США*) 2. [temperature coefficient of capacitance] температурный коэффициент ёмкости

TCD [temperature coefficient of delay] температурный коэффициент (времени) задержки, ТКЗ

TCE [transcoder] транскодер

TCH [traffic channel] информационный канал, канал обмена информацией

TCH/F [full rate traffic channel] информационный канал с полной скоростью передачи (данных)

TCH/H [half rate traffic channel] информационный канал с половинной скоростью передачи (данных)

TCK [test clock] сигналы синхронизации тестовых данных

TCL [transistor-coupled logic] логические схемы с транзисторными связями

TCM [trellis coded modulation] модуляция с решётчатым кодированием

TCP 1. [tape carrier package] ленточный кристаллоноситель 2. [transmission control protocol] 1. протокол управления передачей (*данных*) 2. протокол управления передачей данных в Internet, протокол TCP

TCP/IP [transmission control protocol (over/based on) Internet protocol] пакет протоколов передачи данных в Internet с использованием протокола IP, пакет протоколов TCP/IP (*совокупность протоколов IP, ICMP, TCP и UDP*); стандарт TCP/IP

TCR 1. [temperature coefficient of resistance] температурный коэффициент сопротивления 2. [time constant regulator] регулятор постоянной времени

TCRA [telegraphy channel reliability analyzer] анализатор надёжности телеграфных каналов

TCSL [transistor current-steering logic] транзисторные логические схемы с (временным) снижением тока

TCSPC [trusted computer system evaluation criteria] критерии оценки заслуживающих доверия компьютерных систем

TCU [transmission control unit] блок управления передачей

TCXO [temperature compensated crystal oscillator] кварцевый генератор с температурной компенсацией

TD 1. [telegraph department] телеграфное отделение 2. [telephone department] телефонное отделение 3. [transmission and distribution] передача и распределение 4. [transmit data] передача данных (*1. режим работы устройства 2. управляющий сигнал интерфейса RS-232C*) 5. [transmitter-distributor] трансмиттер-распределитель 6. [tunnel diode] туннельный диод

TDA [tunnel-diode amplifier] усилитель на туннельном диоде

TDAN [time-division analog network] аналоговая система с временным разделением каналов

TDC [total distributed control] полностью распределённое управление

TDCL [tunnel-diode coupled logic] логические схемы со связями на туннельных диодах

TDCTL [tunnel-diode charge-transformer logic] логические схемы на туннельных диодах и диодах с накоплением заряда

TDD [time-division duplex] дуплексная [одновременная двусторонняя] связь с временным разделением каналов

TDDL [time-division data link] линия передачи данных с временным разделением каналов

TDI [test data input] входные тестовые данные

TDL 1. [transistor-diode logic] диодно-транзисторные логические схемы, ДТЛ 2. [tunable diode laser] перестраиваемый полупроводниковый лазер, полупроводниковый лазер с перестройкой частоты 3. [tunnel diode logic] логические схемы на туннельных диодах

TDM [time-division multiplex(ing)] временное уплотнение

TDMA [time-division multiple access] множественный доступ с временным разделением каналов много-

709

станционный доступ с временным разделением каналов

TDMS [transmission distortion measuring set] измеритель искажений при передаче

TDM TLA [too damn many three-letter acronym] «слишком много трёхбуквенных аббревиатур», «слишком много трёхбуквенных акронимов»

TDNN [time delay neural network] нейронная сеть с временной задержкой

TDO [test data output] выходные тестовые данные

TDOA [time difference of (signal) arrival] система определения местоположения по разности времён прихода сигналов, система TDOA

TDPS [telemetry data processing system] система обработки телеметрических данных

TDR [time-domain reflectometry] измерение коэффициента отражения методом наблюдения за формой отражённого сигнала, рефлектометрия во временной области

TDTL [tunnel-diode transistor logic] логические схемы на транзисторах и туннельных диодах

TE 1. [telemetric equipment] телеметрическое оборудование **2.** [terminal equipment] 1. оборудование терминала 2. оконечное оборудование **3.** [transducer efficiency] коэффициент передачи преобразователя по мощности **4.** [transferred electron] электрон, испытавший междолинный переход **5.** [transverse electric] магнитный (*о волне в линии передачи*)

TEA 1. [transferred-electron amplifier] усилитель на диоде Ганна **2.** [transversely excited, atmospheric pressure] с поперечным возбуждением при атмосферном давлении

tech 1. [technical] технический **2.** [technology] 1. техника 2. технология 3. метод; способ; (технологический) приём

TED [transferred-electron device] ганновский прибор, прибор на эффекте Ганна, прибор на эффекте междолинного переноса электронов

TEFC [tilted electric-field collector] коллектор с наклонным электрическим полем

TEGFET [two-dimensional electron gas field-effect transistor] (полевой) транзистор типа TEGFET, полевой транзистор на двумерном электронном газе

telecast [television broadcast] телевизионная передача, телепередача

telecon [teleconferencing] конференц-связь

Teleran [television radar navigation] система «Теleран» (*радиотелевизионная навигационная система ближнего действия*)

TELTC [telephone time count] отсчёт телефонного времени

TELTM [telephone timing] телефонная синхронизация

TEM 1. [transmission electron microscope] просвечивающий электронный микроскоп **2.** [transmission electron microscopy] просвечивающая электронная микроскопия **3.** [transverse electromagnetic] поперечный электромагнитный (*о волне в линии передачи*)

tempco [temperature coefficient] температурный коэффициент, ТК

TEMPEST [transient electromagnetic pulse emanation surveillance technology] электронная слежка, использующая анализ электромагнитного излучения в схемах при переходных процессах

TENS [transcutaneous electrical nerve stimulator] электротерапевтический прибор с аппликаторами

TEO [transferred-electron oscillator] ганновский генератор, генератор на эффекте Ганна, генератор на эффекте междолинного переноса электронов

TEP 1. [thermal equivalent power] эквивалентная мощность теплового шума **2.** [transequatorial propagation] трансэкваториальное распространение

TERENA [Trans-European Research and Education Networking Association] Трансевропейская ассоциация развития образовательных и исследовательских сетей

TES 1. [telephony earth station] земная телефонная станция **2.** [terminal service] терминальная служба

TETRA [Trans European trunked radio] Трансевропейская цифровая система подвижной магистральной радиосвязи, система (стандарта) TETRA

TEX [telex] телекс (*1. система абонентской телеграфной связи 2. приёмопередающее устройство абонентской телеграфной связи 2. сообщение, переданное или полученное по телексу*)

texel [texture element] элемент текстуры, тексел

TF 1. [thin film] тонкая плёнка ∥ тонкоплёночный **2.** [trap flag] флаг внутреннего прерывания

TFC [thin-film circuit] тонкоплёночная схема

T/F-CAS [time-frequency collision avoidance system] система с временной и частотной модуляцией для предотвращения столкновений самолётов

TFD [time and frequency dissemination] передача сигналов точного времени и частоты

TFE [thermionic field emission] термоэлектронная эмиссия, усиленная полем

TFLOPS [tera floating-point operations per second] число триллионов выполняемых за одну секунду операций с плавающей запятой (*единица измерения производительности процессора*)

TFT [thin-film transistor] тонкоплёночный транзистор

TFTFET [thin-film-type field-effect transistor] тонкоплёночный полевой транзистор

TFTP [Trivial File Transfer Protocol] тривиальный протокол передачи файлов, упрощённый вариант протокола стандарта FTP, протокол TFTP

tga [Truevision graphics adapter] расширение имени файлов в формате TARGA

TGC [total groove contact] полный контакт иглы со стенками канавки записи

tgm [telegram] телеграмма

tgt [target] **1.** мишень (*1. электрод запоминающей ЭЛТ или передающей телевизионной трубки 2. объект, подвергаемый облучению или бомбардировке частицами 3. электрод, являющийся источником осаждаемого материала в установках для распыления*) **2.** антикатод (*рентгеновской трубки*) **3.** *рлк* цель **4.** *рлк* отметка цели **5.** *вчт* адресат **6.** *вчт* устройство (*напр. магнитный диск*), на который производится копирование данных, *проф.* мишень (*для копирования данных*) **7.** *вчт* целевое устройство, вызываемое инициатором для обмена устройство (*в стандарте SCSI*)

THCB [technic hybrid construction base] многослойное металлическое шасси (магнитофона) с вибропоглощающими прокладками

THD [total harmonic distortion] (полный) коэффициент гармоник

THD+N [total harmonic distortion + noise] (полный) коэффициент гармоник с учётом шума

THG [third harmonic generation] генерация третьей гармоники

thn [thumbnail] расширение имени графических файлов в формате thumbnail

THEMIS [three-hole element memory with integrated selection] ЗУ на трёхотверстных сердечниках с интегральной выборкой

therm [thermistor] терморезистор, *проф.* термистор

THX [thanks] «спасибо» (*акроним Internet*)

TIA 1. [Telecommunication Industry Association] Ассоциация телекоммуникационной промышленности (*США*) **2.** [thanks in advance] «заранее благодарен» (*акроним Internet*)

TIC [target intercept computer] вычислитель системы перехвата целей

TID [touch information display] дисплей с сенсорным управлением, сенсорный информационный дисплей

TIF [text interchange format] формат обмена текстами

TIFF [tagged image file format] 1. (файловый) формат TIFF, теговый формат файла изображения 2. расширение имени файла формата TIFF

TIGA [Texas Instruments graphics architecture] 1. архитектура компьютерной графики фирмы Texas Instruments 2. стандарт высокого уровня на отображение текстовой и цветной графической информации для IBM-совместимых компьютеров (*с разрешением не выше 1024x786 пикселей в режиме 256-и цветов*), стандарт TIGA 3. видеоадаптер (стандарта) TIGA

TIGER [topologically integrated geographic encoding and referencing] топологически интегрированная географическая справочная система с кодированием изображений, система TIGER

TIM 1. [traffic interface module] интерфейсный модуль трафика **2.** [transient intermodulation distortion] интермодуляционные искажения в переходном режиме

tinning [tin-lead plating] лужение

TIP 1. [terminal interface processor] интерфейсный процессор терминала **2.** [terminal interface program] программный интерфейс терминала

TIR [total internal reflection] полное внутреннее отражение

TIS [telemetry information system] телеметрическая информационная система

TK [telecine] **1.** телекинопроектор **2.** телекинодатчик

T²L [transistor-transistor logic] транзисторно-транзисторные логические схемы, транзисторно-транзисторная логика, ТТЛ; ТТЛ-схема

TLA [three-letter acronym] трёхбуквенная аббревиатура, трёхбуквенный акроним

TLB [translation look aside buffer] буфер ассоциативной трансляции

TLC [transmission line calculator] программа для расчета линий передачи

TLD [top-level domain] домен верхнего уровня

TLIR [time-limited impulse response] ограниченная во времени импульсная характеристика

TLP [transport layer protocol] протокол уровня передачи данных, протокол транспортного уровня

TLPD [three-layer piezodiode] трёхслойный тензодиод

tltr [translator] 1. *вчт* транслятор, программа перевода с одного языка программирования на другой 2. *тлв* транслятор-преобразователь 3. преобразователь 4. конвертор, блок транспонирования частоты

TLU [table look-up] табличный поиск

TLX [telex] телекс (*1. система абонентской телеграфной связи 2. приёмопередающее устройство абонентской телеграфной связи 2. сообщение, переданное или полученное по телексу*)

TM 1. [test mode] 1. режим испытаний 2. режим проверки; режим контроля 3. режим тестирования **2.** [time modulation] временная модуляция **3.** [trade mark] товарный знак **4.** [Transmeta] фирма Transmeta **5.** [transverse magnetic] электрический (*о волне в линии передачи*)

TMDS [transition minimized differential signaling] дифференциальный метод передачи сигналов с минимизацией переходов, метод TMDS

TME [telemetric equipment] телеметрическое оборудование

TMM [traffic metering and measuring] измерение параметров трафика

TMN [telecommunications management network] сеть управления телекоммуникациями

tmn [transmission] 1. передача 2. передаваемый сигнал; передаваемое сообщение; передаваемая информация 3. распространение (*волны*); прохождение (*сигнала*) 4. коэффициент прохождения; коэффициент пропускания 5. трансмиссия

TMS 1. [test mode select] выбор тестового режима **2.** [time-mutiplexed switching] коммутация с временным разделением **3.** [transmission mode selector] селектор мод проходного типа

TMSI [temporary mobile subscriber identity] временный (международный) идентификационный номер подвижного абонента

tmtr [transmitter] 1. передающее устройство, передатчик; радиопередающее устройство, радиопередатчик 2. *тлф* микрофон 3. *тлг* трансмиттер 4. сельсин-датчик 5. медиатор (*переносчик нервного импульса в синапсе*)

TN [twisted nematic] твистированный [скрученный] нематик, твистированный [скрученный] нематический жидкий кристалл

TNM [twisted nematic mode] твистированное [скрученное] состояние нематика

TNT [trusted network technology] технология надёжных сетей

TO [transistor outline] корпус транзисторного типа, корпус типа TO, TO-корпус

TOD [time-oriented databank] банк данных с временной ориентацией

TOF [top-of-file] 1. начало файла 2. символ начала файла

TOLED [transparent organic light-emitting diode] органический светодиод в прозрачной матрице

TOP [technical/office protocol] пакет технических и служебных протоколов для локальных офисных сетей, протокол TOP

TOS 1. [tape operating system] операционная система для компьютеров с ЗУ на магнитной ленте **2.** [terms of service] 1. правила использования сети (*оформленные в виде договора или письменного соглашения между провайдером и пользователем*) 2. условия предоставления услуг 3. [top of stack] вершина стека

TP 1. [tape puncher] ленточный перфоратор **2.** [transaction processing] обработка транзакций **3.** [transport protocol] транспортный протокол **4.** [Turbo Pascal] язык программирования Turbo Pascal **5.** [twisted pair] витая пара, кабель типа ТР

TP0 [transport protocol class 0] (простейший) транспортный протокол OSI класса 0

TP4 [transport protocol class 4] транспортный протокол OSI класса 4 с проверкой правильности передачи и исправлением ошибок

TPD [tape punch driver] контроллер ленточного перфоратора

TPDDI [twisted-pair distributed data interface] 1. интерфейс высокоскоростных локальных кабельных вычислительных сетей с маркерным доступом, интерфейс (стандарта) CDDI 2. стандарт высокоскоростных локальных кабельных вычислительных сетей с маркерным доступом, стандарт CDDI, модификация стандарта FDDI для соединений витой парой

TPDT [two-pole double-throw] 1. двухполюсный двухпозиционный (*о переключателе*) 2. двухполюсная группа переключающих контактов

TPE [test planning and evaluation] пробное планирование и оценка

TPI [tracks per inch] число дорожек на дюйм (*мера плотности записи информации*); продольная плотность записи

TPM 1. [topology-preserving map] карта с сохранением топологии (*тип нейронной сети*) **2.** [transaction processing monitor] монитор обработки транзакций **3.** [twisted-pair modem] модем под витую пару

TPMA [token passing multiple access] множественный доступ с передачей маркера; многостанционный доступ с передачей маркера

TPR 1. [terrain profile recorder] бортовой самолётный радиопрофилометр, радиовысотомер с самописцем **2.** [thermoplastic recording] термопластическая запись

TPS [transaction processing system] система обработки транзакций

TPST [two-pole single-throw] 1. двухполюсный (*о выключателе*) 2. двухполюсная группа замыкающих или размыкающих контактов

TPU [time processor unit] процессор обработки времени

TPV [thermophotovoltaic] термофотогальванический

TPWB [three-program wire broadcasting] трёхпрограммное проводное вещание

TQFP [thin quad flat package] тонкий плоский микрокорпус с четырёхсторонним расположением выводов, (микро)корпус типа TQFP, TQFP-(микро)корпус

TQM [total quality management] комплексное управление качеством (продукции), метод TQM

TR 1. [task register] регистр задачи **2.** [Token Ring] кольцевая (локальная вычислительная) сеть с маркерным доступом, сеть типа Token Ring, *проф.* сеть типа «эстафетное кольцо» **3.** [tracking radar] РЛС сопровождения цели **4.** [transaction routing] маршрутизация транзакций **5.** [transmit-receive] приём — передача **6.** [Travan] 1. (кассетный) формат Travan для цифровой записи на (магнитную) ленту 2. кассета для (магнитной) ленты (формата) Travan 3. (магнитная) лента шириной 8 мм для цифровой записи в (кассетном) формате Travan, (магнитная) лента (формата) Travan 4. лентопротяжный механизм для (магнитной) ленты (формата) Travan 5. (запоминающее) устройство для резервного копирования (данных) на (магнитную) ленту (формата) Travan 7. [trunk relay] магистральная радиорелейная линия

tr [transistor] 1. транзистор || транзисторный 2. транзисторный радиоприёмник

TRAC [transfer authentication code] опознавательный код при передаче

trans [transformer] 1. преобразователь 2. трансформатор

transputer [transistor and computer] транспьютер, элементарный блок на СБИС для построения многопроцессорных вычислительных систем

TRAPATT [trapped plasma avalanche transit-time (diode)] лавинно-ключевой диод, ЛКД

TRF [timed radio frequency] прямого усиления (*о приёмнике*)

tri [triode] 1. триод 2. трёхэлектродный электронный прибор

triac [triode alternating current semiconductor switch] симметричный триодный тиристор, симистор

TRIM IC [tri-mask integrated circuit] ИС, изготовленная с помощью трёх фотошаблонов

tri-tet [triode-tetrode] триод-тетрод

TRL [transistor-resistor logic] резисторно-транзисторные логические схемы, резисторно-транзисторная логика, РТЛ; РТЛ-схема

TRN [trimming resistive network] подстроечная резистивная схема

trochotron [trochoidal magnetron] трохотрон

troff [typesetting run-off] программа форматирования текста для фотонаборных машин в UNIX

tropo [tropospheric] тропосферный

TROS [transformer read-only storage] трансформаторное ПЗУ

TRR [test-result retention] удерживание результатов испытаний

TRS [time reference system] система отсчёта времени

trs [transistor] 1. транзистор || транзисторный 2. транзисторный радиоприёмник

TRX [transceiver] приёмопередатчик (*1. приёмопередающая радиостанция; дуплексная радиостанция 2. вчт устройство для подключения хост-устройства к средствам передачи данных, напр. хост-компьютера к локальной сети, проф. трансивер*)

TS 1. [task switching] переключение задач **2.** [terminal server] терминальный сервер **3.** [terrestrial station] наземная станция **4.** [time sharing] 1. временное разделение 2. *вчт* режим разделения времени **5.** [tropospheric scatter] тропосферное рассеяние

TSAPI [telephony server application programming interface] 1. интерфейс прикладного программирования для телефонной связи с серверным модулем, интерфейс (стандарта) TSAPI 2. стандарт TSAPI

TSC 1. [thermally stimulated conductivity] термостимулированная удельная электропроводность **2.** [time stamp counter] счётчик временных меток; счётчик меток реального времени

TSEE [thermostimulated exoelectron emission] термостимулированная экзоэлектронная эмиссия

TSEM [transmission secondary-electron multiplier] вторично-электронный умножитель с динодами, работающими на прохождение

TSI 1. [task status index] индекс состояния задачи 2. [time slot interchange] взаимообмен временными интервалами

TSN 1. [technologies support network] сеть поддержки технологий, концептуальная система TSN 2. [telemetry system for neurophysiology] нейрофизиологическая телеметрическая система

TSO [time-sharing option] операционная система для режима разделения времени, операционная система TSO

TSOP [thin small outline package] тонкий плоский микрокорпус с двусторонним расположением выводов в форме крыла чайки, (микро)корпус типа TSOP, TSOP-(микро)корпус

TSOP-I [thin small outline package I] тонкий плоский микрокорпус с двусторонним расположением выводов в форме крыла чайки по коротким сторонам корпуса, (микро)корпус типа TSOP с выводами по коротким сторонам корпуса, TSOP-(микро)корпус с выводами по коротким сторонам корпуса, (микро)корпус типа TSOP-I, TSOP-I-(микро)корпус

TSOP-II [thin small outline package II] тонкий плоский микрокорпус с двусторонним расположением выводов в форме крыла чайки по длинным сторонам корпуса, (микро)корпус типа TSOP с выводами по длинным сторонам корпуса, TSOP-(микро)корпус с выводами по длинным сторонам корпуса, (микро)корпус типа TSOP-II, TSOP-II-(микро)корпус

TSP 1. [telephone service port] телефонный сервисный порт 2. [thermally stimulated process] термостимулированный процесс 3. [time-sharing program] программа, выполняемая в режиме разделения времени, TSP-программа 4. [traveling salesman problem] задача о коммивояжёре

TSR [terminate and stay resident] резидентная программа

TSS 1. [tangential signal sensitivity] тангенциальная чувствительность 2. [task state segment] сегмент состояния задачи 3. [time-sharing system] система с разделением времени 4. [total sum of squares] полная дисперсия

TSSOP [thin shrink outline L-leaded package] тонкий плоский микрокорпус с двусторонним малошаговым расположением выводов в форме крыла чайки, (микро)корпус типа TSSOP, TSSOP-(микро)корпус

TT [teletypewriter] телетайп

TTC [telemetry tracking and control] телеметрическое сопровождение и управление

TTD [teletype driver] контроллер телетайпа

TTFN [ta-ta for now] «до встречи» (акроним Internet)

TTL 1. [time to live] время жизни дейтаграмм 2. [transistor-transistor logic] транзисторно-транзисторные логические схемы, транзисторно-транзисторная логика, ТТЛ; ТТЛ-схема

TTμl [transistor-transistor micrologic] транзисторно-транзисторные логические микросхемы

TTP [time-triggered protocol] протокол связи с временным разделением каналов, протокол TTP

TTR [target-track radar] РЛС сопровождения цели

TTS [text-to-speech] синтез речи ‖ относящийся к синтезу речи

TTY [teletype] телетайп

TTYL [talk to you later] «поговорим позже» (акроним Internet)

TU [traffic unit] единица измерения интенсивности трафика

TUG [T$_E$X Users Group] Группа пользователей языка T$_E$X

TUP [telephone user part] телефонный абонентский узел; телефонная абонентская подсистема

TUV [truth value] истинностное значение

TV [television] 1. телевидение ‖ телевизионный 2. телевизионная система

TVG [triggered vacuum gap] управляемый вакуумный разрядник, УВР

TVI [television interference] помеха при приёме телевизионных программ

TVS 1. [telephone video system] видеотелефонная система 2. [transient voltage suppression] подавление выбросов напряжения

TVID [television identification] телевизионная система опознавания

TW [traveling wave] бегущая волна

TWA [traveling-wave amplifier] усилитель бегущей волны

TWAIN [technology without an interesting name] 1. стандарт программного обеспечения сканеров и цифровых камер для платформ Windows и Mac, стандарт TWAIN 2. (программный) интерфейс (стандарта) TWAIN

TWK [traveling-wave klystron] клистрон бегущей волны

TWO [traveling-wave oscillator] генератор на ЛБВ

TWP [traveling-wave phototube] фотолампа бегущей волны, фото-ЛБВ

TWPA [traveling-wave parametric amplifier] параметрический усилитель бегущей волны

TWT [traveling-wave tube] лампа бегущей волны, ЛБВ

TWTA [traveling-wave tube amplifier] усилитель на ЛБВ

TX [transmission] 1. передача 2. передаваемый сигнал; передаваемое сообщение; передаваемая информация 3. распространение (волны); прохождение (сигнала) 4. коэффициент прохождения; коэффициент пропускания 5. трансмиссия

TXD [transmit data] передача данных (1. режим работы устройства 2. управляющий сигнал интерфейса RS-232C)

TXT [text] 1. текст (1. последовательность литер 2. текстовая часть печатного издания 3. информационная часть сообщения 4. часть объектного модуля с командами программы 5. обладающая смысловой связью последовательность речевых единиц 6. кегль 20 (размер шрифта) 7. староанглийский готический шрифт) 2. текстовый (напр. о режиме работы дисплея) 3. учебник

TYCLO [turn Your CAPS LOCK off] «отключите верхний регистр» (акроним Internet)

typ [typical] 1. типовое значение; типичное значение ‖ типовой; типичный 2. символический

typematic [type automatic] автоповтор скан-кода клавиши (при удерживании в нажатом состоянии)

U (допустимое) буквенное обозначение i-го ($2 \leq i \leq 26$) логического диска, съёмного устройства памяти или компакт-диска (в IBM-совместимых компьютерах)

UA 1. [ultrasonic attenuation] затухание ультразвука; ослабление ультразвука **2.** [user agent] агент пользователя (*прикладной процесс в OSI*)

UADSL [universal asymmetric digital subscriber line] универсальная асимметричная цифровая абонентская линия

UART [universal asynchronous receiver/transmitter] универсальный асинхронный приемопередатчик

UAWG [Universal Asymmetric Digital Subscriber Line Working Group] Рабочая группа по стандартизации универсальных асимметричных цифровых абонентских линий

UAX [unit automatic exchange] блочная АТС

u.c. [upper case] верхний регистр; прописные буквы

UCC [Uniform Commercial Code] Универсальный (*штриховой*) товарный код, (*штриховой*) товарный код по системе UCC (*США*)

UCE [unsolicited commercial e-mail] незапрашиваемая рекламная электронная почта; *проф.* «спам»

UCS 1. [universal character set] 1. универсальный набор символов 2. стандарт ISO/IEC 10646/1 на универсальный набор символов в 16-битной (*UCS-2*) или 32-битной (*UCS-4*) кодировке, стандарт UCS **2.** [universal multiple-octet coded character set] стандарт ISO/IEC 10646/1 на универсальный набор символов в 16-битной (*UCS-2*) или 32-битной (*UCS-4*) кодировке, стандарт UCS

UCSD [University of California, San Diego] Калифорнийский университет в Сан-Диего

UDC [Universal Decimal Classification] Универсальная десятичная классификация, УДК

UDF [universal disk format] универсальный формат диска, стандарт Ассоциации по технике оптических ЗУ на файловую систему оптических дисков

UDFFC [unity-displacement-factor frequency changer] конвертор с единичным коэффициентом сдвига частоты

UDP [user datagram protocol] протокол передачи дейтаграмм пользователя в Internet, протокол UDP

UDPI [universal digital processor, industrial] универсальный цифровой процессор для промышленного применения

UDS [Usenet death sentence] решение о полном блокировании сообщений нарушителя устава системы Usenet, *проф.* смертный приговор Usenet

UE [unwanted emission] нежелательное излучение

UF [ultrasonic frequency] **1.** ультразвуковая частота **2.** *тлг* надтональная частота

UFC [unrestricted frequency changer] конвертор с неограниченным коэффициентом сдвига частоты

UFO [unidentified flying object] неопознанный летающий объект, НЛО

UFPT [ultra fine pitch technology] технология (изготовления) ИС со сверхмалым шагом (расположения) выводов

UHF, uhf [ultrahigh frequency] ультравысокая частота, УВЧ

UHSI [ultrahigh-speed integration] сверхбыстродействующая ИС

UHV 1. [ultrahigh vacuum] сверхвысокий вакуум **2.** [ultrahigh voltage] ультравысокое напряжение

UID [user identifier] идентификатор пользователя

UJT [unijunction transistor] двухбазовый диод, однопереходный транзистор

UL [Underwriters' Laboratory] **1.** некоммерческая организация Underwriters' Laboratory, осуществляющая независимую проверку безопасности бытовой техники **2.** этикетка на бытовом приборе *или* устройстве, подтверждающая безопасность эксплуатации на основе теста организации Underwriters' Laboratory

ULA 1. [uncommitted logic array] **1.** нескоммутированная логическая матрица **2.** матрица логических элементов, логическая матрица (*с использованием концепции базовых ячеек*) **2.** [universal logic array] универсальная логическая матрица

ULM [universal logic module] универсальный логический модуль

ULP [upper layer protocol] протокол верхнего уровня

ULSI [ultra-large-scale integration] **1.** ультравысокая степень интеграции (*более 100 000 активных элементов на кристалле*) **2.** ИС с ультравысокой степенью интеграции

Ultra DMA/33 [Ultra direct memory access/33] **1.** прямой доступ к памяти по шине (стандарта) АТА со скоростью обмена 33 Мбайт/с **2.** усовершенствованный интерфейс (стандарта) АТА *или* (стандарта) IDE со скоростью обмена по шине 33 Мбайт/с с использованием прямого доступа к памяти, интерфейс (стандарта) Ultra DMA/33 **3.** стандарт Ultra DMA/33

UM [upper memory] верхняя память

UMA 1. [unified memory architecture] унифицированная архитектура памяти, архитектура (типа) UMA **2.** [upper memory area] область верхней памяти

UMB [upper memory block] блок верхней памяти

UMIG [Universal Messaging Interoperability Group] Группа по универсализации процессов приёма и передачи сообщений

UMTS [universal mobile telecommunication system] **1.** универсальная система подвижной электросвязи, система UMTS **2.** общеевропейская концепция развития систем подвижной электросвязи, концепция UMTS

UNI [user(-to-)network interface] **1.** сетевой интерфейс пользователя **2.** спецификация UNI, перечень требований к сетевому интерфейсу пользователя

Unicode [Universal code] Универсальный (16-битный) код (представления символов), код Unicode

UNICOM [universal integrated communication] универсальная объединённая система связи

UNIOP [universal operator panel instruments] универсальная инструментальная панель оператора

UNIX [uniplexed information and computing system] операционная система UNIX

unld [unload] разгрузка

Un-PBX [un-private branch exchange] псевдо-АТС, коммутационный сервер

UNPS [universal power supply] универсальный источник (электро)питания

unserv, unsvc [unserviceable] необслуживаемый

UPC 1. [universal product code] универсальный товарный код **2.** [usage parameter control] управление параметрами пользования

UPFFC [unity-power-factor frequency changer] конвертор частоты с единичным коэффициентом мощности

UPS [uninterruptable power supply] источник бесперебойного (электро)питания

UPSR [unidirectional path-switched ring] однонаправленная система повышения надёжности связи в кольцевых (волоконно-оптических телефонных) сетях

UPT [universal personal telecommunication] универсальная персональная электросвязь

UQFP [ultra thin (profile) quad flatpack, ultra thin (profile) quad flat package] сверхтонкий плоский корпус с четырёхсторонним расположением выводов, сверхтонкий корпус типа QFP, сверхтонкий QFP-корпус

UR 1. [unit record] единичная запись; элементарная запись **2.** [utility register] рабочий регистр

URI [uniform resource identifier] единообразный идентификатор ресурса

URL [uniform resource locator] единообразный определитель местоположения ресурса, указатель URL

URPC [universal remote procedure call] универсальная система дистанционного вызова процедур

US [unit separator] 1. разделитель элементов 2. символ «разделитель элементов», символ с кодом ASCII 1Fh

USART [universal synchronous/asynchronous receiver/transmitter] универсальный синхронно-асинхронный приемопередатчик

USAT [ultra small aperture terminal] 1. сверхмалоапертурный (персональный) спутниковый терминал 2. система спутниковой связи с использованием сверхмалоапертурных (персональных) терминалов

USB 1. [universal serial bus] универсальная последовательная шина, шина (расширения стандарта) USB **2.** [upper sideband] верхняя боковая полоса

USB OTG [universal serial bus on-the-go] универсальная последовательная шина для переносимых компьютеров, шина (расширения стандарта) USB OTG

USBUC [upper sideband up-converter] повышающий преобразователь с выходом на суммарной частоте

USC ISI [University of Southern California Information Sciences Institute] Институт информатики Университета Южной Калифорнии

Usenet [user network] система Usenet, некоммерческая группа сетей, хостов и компьютеров для обмена новостями

userid [user identifier] идентификатор пользователя

U.S. FedCIRC [U.S. Federal Computer Incident Response Capability] Федеральная служба реагирования на компьютерные инциденты (*США*)

USFS [United States frequency standard] эталон частоты Национального бюро стандартов (*США*)

USG [upper sideband generator] генератор верхней боковой полосы

USIA [United States Information Agency] Информационное Агентство США, ЮСИА

USNC [U.S. National Committee] Национальный комитет США

USRT [universal synchronous receiver-transmitter] универсальный синхронный приемо-передатчик

USS [United States standard] 1. стандарт США 2. эталон США

USW [ultrashort waves] метровые [ультракороткие] волны (10 — 1 м)

UT [Universal time] всемирное время

UTC [Universal time, coordinated] всемирное координированное время

UTCLK [universal transmitter clock] синхросигнал универсального передатчика

UTD [uniform theory of diffraction] общая теория дифракции

UTF-8 [UCS transformation format 8] 8-битный код переменной длины для согласования форматов ASCII и Unicode в соответствии со стандартом UCS, код UTF-8

UTO [unijunction transistor oscillator] генератор на однопереходном транзисторе, генератор на двухбазовом диоде

UTP [unshielded twisted pair] неэкранированная витая пара, кабель типа UTP

UUCP [UNIX-to-UNIX copy program] программа взаимодействия UNIX-систем (*в сети*), протокол UUCP

UUT [unit under test] испытуемое устройство

UV [ultraviolet] **1.** ультрафиолет, ультрафиолетовая [УФ-] область спектра **2.** ультрафиолетовый

UVASER, uvaser [ultraviolet amplification by stimulated emission of radiation] лазер ультрафиолетового [УФ-]диапазона, УФ-лазер

UVEPROM [ultra-violet erasable programmable read-only memory] программируемая постоянная память со стиранием информации ультрафиолетовым [УФ-]излучением, программируемое ПЗУ со стиранием информации ультрафиолетовым [УФ-] излучением, ППЗУ со стиранием информации ультрафиолетовым [УФ-]излучением

UVLO [UV low resolution] система UVLO, система сжатия видеосигналов в цветовом пространстве UV

UWB [ultra wide band] сверхширокополосный

UWCC [Universal Wireless Communication Consortium] Всемирный консорциум беспроводной связи, организация UWCC

UXGA [ultra extended graphics array] 1. стандарт высокого уровня на отображение текстовой и цветной графической информации для IBM-совместимых компьютеров (*с разрешением до 1600×1200 пикселей и с возможностью воспроизведения до 16,7 млн цветов*), стандарт UXGA 2. видеоадаптер (стандарта) UXGA

V 1. [vacuum] 1. вакуум ‖ вакуумный 2. (замкнутое) пространство с пониженным (*по сравнению с атмосферным*) давлением 3. пустота; пустое место; свободное пространство 4. пылесос **2.** [valve] 1. (электронная) лампа; электронный прибор 2. *тлв* светоклапанная система 3. клапан; вентиль **3.** [video] 1.видео (*1. видеоизображение; видеоматериал 2. видеоданные; видеоинформация 3. видеопроигрыватель или видеомагнитофон с устройством для просмотра видеозаписей 4. видеолента или диск для видеозаписи 5. содержимое видеокассеты или видеодиска 6. методы и технология записи, передачи, приёма и воспроизведения изображений*) 2. визуальный; воспроизводимый в виде изображений 3. видеоаппаратура, аппаратура для записи и воспроизведения изображений 4. видеосигнал 5. телевизионный 6. видеоканал; канал изображений 7. вход *или* выход видеосигнала **4.** [virtual] виртуальный (*1. мнимый; не реальный; не физический 2. воспринимаемый иначе, чем в действительности; кажущийся 3. эффективный;*

действующий 4. имитирующий; искусственно создаваемый 5. временный; промежуточный) 5. [voice] 1. голос || голосовой 2. речь; речевой сигнал || речевой 3. залог (*грамматическая категория глагола*) 4. голос, вокальная партия, партия для голоса (*в музыкальном произведении*) 6. [volt] вольт, В 7. [voltage] 1. напряжение, разность потенциалов 2. потенциал 8. [voltmeter] вольтметр 9. (допустимое) буквенное обозначение *i*-го ($2 \leq i \leq 26$) логического диска, съёмного устройства памяти или компакт-диска (*в IBM-совместимых компьютерах*)

v 1. [vacuum] 1. вакуум || вакуумный 2. (замкнутое) пространство с пониженным (*по сравнению с атмосферным*) давлением 3. пустота; пустое место; свободное пространство 4. пылесос **2.** [valve] 1. (электронная) лампа; электронный прибор 2. *тлв* светоклапанная система 3. клапан; вентиль **3.** [video] 1.видео (*1. видеоизображение; видеоматериал 2. видеоданные; видеоинформация 3. видеопроигрыватель или видеомагнитофон с устройством для просмотра видеозаписей 4. видеолента или диск для видеозаписи 5. содержимое видеокассеты или видеодиска 6. методы и технология записи, передачи, приёма и воспроизведения изображений*) 2. визуальный, воспроизводимый в виде изображений 3. видеоаппаратура, аппаратура для записи и воспроизведения изображений 4. видеосигнал 5. телевизионный 6. видеоканал; канал изображения 7. вход *или* выход видеосигнала **4.** [virtual] виртуальный (*1. мнимый; не реальный; не физический 2. воспринимаемый иначе, чем в действительности; кажущийся; эффективный; действующий 3. имитирующий; искусственно создаваемый 4. временный; промежуточный*) **5.** [voice] 1. голос || голосовой 2. речь; речевой сигнал || речевой 3. залог (*грамматическая категория глагола*) 4. голос, вокальная партия, партия для голоса (*в музыкальном произведении*) 6. [volt] вольт, В 7. [voltage] 1. напряжение, разность потенциалов 2. потенциал 8. [voltmeter] вольтметр

V(80)86 [virtual (80)86] виртуальный процессор (80)86, эмулирующая процессор (80)86 виртуальная машина

VA 1. [video amplifier] видеоусилитель **2.** [voltammeter] вольтамперметр **3.** [volt-ampere] вольт-ампер, В·А

VAB [voice answerback] голосовой [речевой] автоответ, голосовой [речевой] автоматический ответ

VAC 1. [value-added carrier] 1. (арендуемая) линия связи с расширенными техническими возможностями 2. владелец сети, предоставляющей дополнительные услуги пользователям **2.** [volts ac] переменное напряжение в вольтах

VAD 1. [vapor axial deposition] аксиальное осаждение из паровой фазы **2.** [velocity-azimuth display] индикатор скорость — азимут **3.** [voice activity detector] детектор активности речевого [голосового] процесса

VAFC [VESA advanced feature connector] двухрядный (56-контактный *или* 80-контактный) соединитель для передачи видеосигналов в VGA- и SVGA-адаптерах, внутренний интерфейс VAFC

VAMFO [variable-angle monochromatic fringe observation] наблюдение интерференционных полос в монохроматическом свете при изменяющемся угле падения

VAN [value-added network] сеть с предоставлением дополнительных платных услуг

vap prf [vapor-proof] паронепроницаемый

VAR 1. [value-added reseller] перепродавец [торговый посредник], оказывающий дополнительные услуги за добавленную стоимость **2.** [visual-aural range] курсовой радиомаяк с визуально-звуковой индикацией передаваемых сигналов **3.** [volt-ampere reactive] реактивная мощность

var 1. [variable] переменная (величина); параметр **2.** [varistor] варистор

VAT [video audio teleconference] видеоаудиотелеконференция

VATE [versatile automatic test equipment] универсальная аппаратура для автоматических испытаний (*электронных систем ракет*)

VAX [virtual address extension] название семейства компьютеров корпорации Digital Equipment, компьютер серии VAX

VB 1. [valence band] валентная зона **2.** [Visual BASIC] язык программирования Visual BASIC

VBA [Visual BASIC for applications] язык программирования Visual BASIC для приложений

VBE [VESA BIOS extensions] стандартизованные VESA расширения функций видеосервиса BIOS, стандарт VBE

VBG [very big grin] «очень большая усмешка» (*акроним Internet*)

VBR [variable bit rate] переменная скорость передачи битов; переменная скорость потока (цифровых) данных

VBS [volume boot sector] *вчт* загрузочный сектор тома

VBScript [Visual BASIC Script] язык программирования VBScript, расширение языка Visual BASIC для написания сценариев

VC 1. [video conference] видеоконференция **2.** [virtual channel] виртуальный канал, виртуальное соединение **3.** [virtual connection] виртуальное соединение, виртуальный канал

VCA [voltage-controlled amplifier] (магнитный) усилитель, управляемый напряжением

VCC 1. [video compact cassette] видеомагнитофонная кассета, видеокассета **2** [virtual channel connection] соединение виртуальных каналов **3.** [voice-controlled carrier] несущая, модулируемая речевым сигналом

VCCO [voltage-controlled crystal oscillator] кварцевый генератор, управляемый напряжением, кварцевый ГУН

VCD [variable-capacitance diode] 1. варикап 2. варактор

VCELP [variable code excited linear predictive] вокодер с неравномерным линейным предсказанием

VCM [voice-coil motor] электродинамический сервопривод, электродинамический исполнительный орган сервосистемы

VCM SDRAM [virtual channel memory synchronous dynamic random access memory] буферизованная синхронная динамическая память с виртуальным каналом, память типа VCM SDRAM

VCNC [voltage-controlled negative capacitance] отрицательная ёмкость, управляемая напряжением

VCNR [voltage-controlled negative resistance] отрицательное сопротивление, управляемое напряжением, отрицательное сопротивление *N*-типа

VCO [voltage-controlled oscillator] генератор, управляемый напряжением, ГУН

VCP [voice-channel protocol] протокол речевого канала

VCPI [virtual control program interface] программный интерфейс виртуального управления, интерфейс VCPI

VCR 1. [video cassette recorder] кассетный видеомагнитофон **2.** [voltage-variable resistor] варистор

VCS [virtual channel service] служба виртуального канала

VCVS [voltage-controlled voltage source] источник напряжения, управляемый напряжением

VCXO [voltage-controlled crystal oscillator] кварцевый генератор, управляемый напряжением, кварцевый ГУН

VDA [video distribution amplifier] усилитель-распределитель видеосигналов

VDAC [video digital-to-analog converter] цифроаналоговый преобразователь видеосигналов, видео ЦАП, ВЦАП

VDC [volts DC] постоянное напряжение в вольтах

VDF 1. [very high-frequency direction finder] радиопеленгатор УКВ-диапазона **2.** [video frequency] видеочастота

VDI 1. [variable-duration impulse] импульс переменной длительности **2.** [virtual-device interface] интерфейс виртуального устройства **3.** [visual Doppler indicator] визуальный индикатор доплеровских частот

Vdisk [virtual disk] виртуальный диск

VDL [Vienna definition language] язык программирования VDL

VDM [virtual device metafile] метафайл виртуального устройства

VDR [voltage-dependent resistor] варистор

VDRS [vehicular disk reproduction system] система звуковоспроизведения с подвижным звукоснимателем и неподвижной грампластинкой

VDSL [very high data-rate digital subscriber line] цифровая абонентская линия со сверхвысокой скоростью передачи данных, линия типа VDSL

VDT [video display terminal] видеотерминал; монитор

VDU [visual display unit] дисплей; монитор

VEC [velocity error compensator] корректор ошибок по скорости (*в видеозаписи*)

VED [vertical electric dipole] вертикальный симметричный вибратор

VESA [Video Electronic Standard Association] 1. Ассоциация стандартов по видеотехнике 2. шинная архитектура Ассоциации стандартов по видеотехнике, архитектура VESA; стандарт VESA 3. (локальная) шина с архитектурой Ассоциации стандартов по видеотехнике, (локальная) шина (стандарта) VESA

VESA LB [Video Electronic Standard Association local bus] локальная шина с архитектурой Ассоциации стандартов по видеотехнике, (локальная) шина (стандарта) VESA

VEWS [very early warning system] система сверхдальнего обнаружения

VF 1. [variable frequency] регулируемая частота **2.** [vector field] векторное поле **3.** [video frequency] видеочастота **4.** [voice frequency] тональная частота

V/F [voltage-to-frequency] напряжение — частота

VFC 1. [VESA feature connector] двухрядный (26-контактный) соединитель для передачи видеосигналов в VGA- и SVGA-адаптерах, внутренний интерфейс VFC **2.** [video-frequency carrier] несущая изображения **3.** [video-frequency channel] видеоканал **4.** [voice-frequency carrier] система передачи телеграфной информации с использованием телефонных сигналов в качестве несущей **5.** [voice-frequency channel] 1. речевой канал; канал тональной частоты 2. телефонный канал **6.** [voltage-to-frequency converter] преобразователь напряжение — частота

VFD [vacuum fluorescent display] 1. вакуумный флуоресцентный дисплей 2. вакуумный люминесцентный индикатор, ВЛИ

VFET [vertical field-effect transistor] вертикальный полевой транзистор, полевой транзистор с вертикальным каналом, ВПТ

VFO [variable-frequency oscillator] перестраиваемый генератор

VFT [vacuum fluorescent tube] вакуумный люминесцентный индикатор, ВЛИ

VFX [voice/fax] голосовой/факсимильный (*напр. об адаптере*)

VGA 1. [variable-gain amplifier] усилитель с регулируемым усилением **2.** [video graphics array] 1. стандарт высокого уровня на отображение текстовой и цветной графической информации для IBM-совместимых компьютеров (*с разрешением не выше 640х480 пикселей в режиме 16-и цветов*), стандарт VGA 2. видеоадаптер (стандарта) VGA

VGPI [visual glide path indicator] визуальный указатель глиссады

VHD 1. [very high density] сверхвысокая плотность **2.** [video home disk] видеодиск для домашнего кинотеатра

VHDL [very-high-speed integrated circuit hardware description language] язык описания аппаратного обеспечения на быстродействующих ИС, язык VHDL

VHF [very high frequency] очень высокая частота, ОВЧ

VHFDF [very high-frequency direction finder] радиопеленгатор ОВЧ-диапазона

VHO [video-head optimizer] оптимизатор тока видеоголовок

vhost [virtual host] виртуальный хост

VHS [video home system] 1. (магнитная) лента для бытовой аналоговой композитной видеозаписи в формате VHS, лента (формата) VHS 2. формат VHS (*бытовой аналоговой композитной видеозаписи*)

VHS-C [video home system camcorder] 1. (магнитная) лента для бытовой аналоговой композитной видеозаписи в формате VHS-C, лента (формата) VHS-C 2. формат VHS-C (*бытовой аналоговой композитной видеозаписи на кассеты уменьшенного размера*)

VHSIC [very high-speed integrated circuit] сверхбыстродействующая ИС

VI 1. [vertical incidence] вертикальное падение **2.** [volume indicator] измеритель выхода, ИВ

video [visual data entry on-line] ввод видеоинформации в диалоговом режиме

Video CD [video compact disk] компакт-диск формата Video CD, видеокомпакт-диск

VIF [virtual interrupt flag] флаг виртуального прерывания

VIF-PLL [video intermediate-frequency phase-locked loop] система фазовой автоматической подстройки промежуточной частоты видеосигнала

VIM 1. [vendor independent messaging] передача сообщений, не зависящий от источников **2.** [visual interactive modeling] визуальное интерактивное моделирование

VIP [virtual interrupt pending] в ожидании виртуального прерывания

V/IP [voice over Internet Protocol] система телефонии по протоколу передачи данных в Internet, система телефонии по протоколу IP, система VoIP

VIR [vertical-interval reference] опорный сигнал в интервале гасящего импульса полей

vir [virtual image] мнимое изображение

Vista [virtual intelligent storage architecture] архитектура виртуальных интеллектуальных систем хранения данных, архитектура типа Vista

VIT [vertical-interval test] проверка гасящего импульса полей

VITS [vertical insertion test signal] сигнал испытательной строки

VIVID [video, voice, image and data] видео, речь, изображение и цифровые данные

VKC [virtual key cryptography] криптография с виртуальным ключом

VKCS [virtual key cryptographic system] криптографическая система с виртуальным ключом, система VKCS

VKE [virtual key encryption] шифрование с виртуальным ключом

VLA [very large array] большая антенная решётка

VLAN [virtual local area network] виртуальная локальная сеть

VLB 1. [vertical Bloch line] вертикальная блоховская линия **2.** [very long baseline] сверхдлинная база **3.** [VESA local bus] локальная шина с архитектурой Ассоциации стандартов по видеотехнике, локальная шина с архитектурой VESA, локальная шина стандарта VESA

VLBI [very long baseline interferometer] интерферометр со сверхдлинной базой

VLDB [very large database] очень большая база данных, размещаемая на нескольких компьютерах база данных с различными системами управления

VLF [very low-frequency] очень низкая частота, ОНЧ

VLIW [very long instruction word] **1.** очень длинное командное слово (*256 бит и более*) **2.** архитектура (процессора), использующая очень длинные командные слова, *проф.* VLIW-архитектура

VLMS [very-low-mesa-stripe semiconductor] полосковая мезаструктура с очень малой высотой полосок

VLR [visit location register] регистр перемещения (*подвижной станции*)

VLSI [very large scale integration] **1.** очень высокая степень интеграции (*5 000 – 50 000 активных элементов на кристалле*) **2.** ИС с очень высокой степенью интеграции

VLSIC [very large-scale integration circuit] сверхбольшая ИС, СБИС

VM 1. [velocity modulation] модуляция (по) скорости **2.** [Virtual Machine] псевдооперационная система VM для компьютеров IBM-370 и IBM-390 **3.** [virtual machine] виртуальная машина (*1. абстрактный компьютер с интерпретатором 2. программный эмулятор реального компьютерного окружения*) **4.** [virtual memory] виртуальная память **5.** [voltmeter] вольтметр

vm 1. [velocity modulation] модуляция (по) скорости **2.** [voltmeter] вольтметр

VMC [VESA media channel] внутренняя (32-битная) шина для обмена данными между мультимедийными устройствами, шина VMC

V-MCC [visit mobile communications control] подсистема контроля перемещения подвижных абонентов

VMD [vertical magnetic dipole] вертикальный щелевой симметричный вибратор

VME 1. [Versa Module Europe] стандарт VME для одноплатных компьютеров **2.** [virtual machine environment] окружение виртуальной машины, операционная система VME для мейнфреймов **3.** [virtual (80)86 mode enhancement] расширение режима (эмуляции виртуального процессора) (80)86

V-MOS [V-groove metal-oxide-semiconductor (structure)] МОП-структура с V-образной канавкой

VMS [virtual memory system] виртуальная система памяти, операционная система VMS для компьютеров фирмы DEC

VNIC 1. [voltage-inversion negative-immittance converter] преобразователь отрицательного иммитанса с инверсией напряжения **2.** [voltage-inversion negative-impedance converter] преобразователь отрицательного сопротивления с инверсией напряжения

VOA [Voice of America] сеть правительственных радиовещательных станций «Голос Америки»

VoATM [voice over asynchronous transfer mode] система телефонии по протоколу асинхронной передачи (данных), система телефонии по протоколу ATM, система телефонии по сетям с асинхронной передачей (данных), система телефонии по ATM-сетям, система VoATM

vodas [voice-operation device, anti-sing] голосовой переключатель «приём — передача»

voder [voice operation demonstrator] **1.** аппарат «искусственный голос» **2.** синтезатор речи с клавишным пультом

VoDSL [voice over digital subscriber line] цифровая абонентская линия для компьютерной телефонии, линия типа VoDSL

VoFR [voice over Frame Relay] система телефонии по (сетевому) протоколу ретрансляции кадров, система телефонии по протоколу Frame Relay, система телефонии по сетям Frame Relay, система VoFR

vogad [voice-operated gain-adjusting device] голосовой регулятор уровня громкости

Voila [VLSI-oriented interactive layout aid] интерактивные средства проектирования топологии СБИС, система Voila

VoIP [voice over Internet protocol] система телефонии по протоколу передачи данных в Internet, система телефонии по протоколу IP, система VoIP

vol [volume] **1.** объём **2.** громкость; уровень громкости **3.** регулятор громкости **4.** *вчт* том **5.** волюм (*единица мощности речевых сигналов*) **6.** *вчт* том, физическая единица запоминающей среды (*напр.*

пакет жёстких дисков, дискета, магнитная лента и др.)

volscan [volume scanning] пространственное сканирование

VOR, vor 1. [very-high-frequency omnidirectional range] курсовой всенаправленный радиомаяк ОВЧ-диапазона 2. [voice operated recording] запись с голосовым [речевым] управлением

VOS [voice operating system] 1. система с голосовым [речевым] управлением 2. язык программирования VOS, процедурный язык для приложений компьютерной телефонии

VOX [voice operated transmission] передача с голосовым [речевым] управлением

voxel [volume picture element] элемент трёхмерного [объёмного] изображения, воксел

VP 1. [velocity of propagation] скорость распространения 2. [vertical polarization] вертикальная поляризация

VPC [voltage-to-pulse converter] преобразователь напряжение — импульс

VPD [variable power divider] регулируемый делитель мощности

VPE [vapor-phase epitaxy] эпитаксия из паровой фазы

VPIM [voice profile for Internet mail] рекомендуемый профиль протокола передачи речевых сообщений в электронной почте, протокол VPIM

VPM [video processor module] видеопроцессорный модуль

VPN [virtual private network] виртуальная частная сеть, сеть типа VPN

VPO [vapor-phase oxidation] оксидирование в паровой фазе

VPS [vapor phase soldering (reflow)] пайка расплавлением дозированного припоя в парогазовой фазе

VQ [vector quantization] квантование вектора (*в соревновательных нейронных сетях*)

VQFP [very shrink pitch quad flatpack, very shrink pitch quad flat package] плоский корпус с четырёхсторонним расположением выводов со сверхмалым шагом, корпус типа QFP со сверхмалым шагом расположения выводов, QFP-корпус со сверхмалым шагом расположения выводов, корпус типа VQFP, VQFP-корпус

VR 1. [variable resistance] переменное сопротивление 2. [variable resistor] 1. переменный резистор 2. реостат 3. [virtual reality] 1. виртуальная реальность 2. система виртуальной реальности 4. [voice recognition] распознавание голоса; распознавание речи 5. [voltage regulation] 1. стабилизация напряжения 2. изменение выходного напряжения при изменении нагрузки от оптимальной до режима холостого хода 6. [voltage regulator] стабилизатор напряжения

vr 1. [variable resistance] переменное сопротивление 2. [variable resistor] 1. переменный резистор 2. реостат 3. [voltage regulation] 1. стабилизация напряжения 2. изменение выходного напряжения при изменении нагрузки от оптимальной до режима холостого хода 4. [voltage regulator] стабилизатор напряжения

VRAM [video random access memory] 1. видеопамять 2. (двухпортовая) оперативная видеопамять на ячейках DRAM, (двухпортовое) оперативное видео ОЗУ на ячейках DRAM, оперативная видеопамять типа VRAM

VRC [vertical redundancy check] вертикальный контроль за счёт избыточности, контроль за счёт избыточности по строкам

VRD [virtual retina display] виртуальный дисплей с прямым проецированием изображения на сетчатку

VRM [voltage regulation module] модуль стабилизации напряжения

VRML [virtual reality modeling language] 1. язык моделирования виртуальной реальности, язык VRML 2. формат файлов виртуальной реальности, файловый формат VRML

VRO [variable reactance oscillator] параметрический генератор

VRR [visual radio range] курсовой радиомаяк с визуальной индикацией передаваемых сигналов

VRT [voltage regulator tube] электровакуумный стабилитрон

VRU [voice response unit] блок голосового [речевого] ответа

VS 1. [vertical scale] вертикальная шкала 2. [virtual slot] виртуальный слот

VSAM [virtual storage access method] виртуальный метод доступа к памяти (*в операционной системе MVS (OS/390) для мейнфреймов корпорации IBM*)

VSAT [very small aperture terminal] 1. малоапертурный (персональный) спутниковый терминал 2. система спутниковой связи с использованием малоапертурных (персональных) терминалов, система VSAT

VSB [vestigial sideband] частично подавленная боковая полоса

VSBAM [vestigial-sideband amplitude modulation] амплитудная модуляция с частично подавленной боковой полосой

VSBC [variable size block cipher] блочный шифр с динамически изменяемым размером блоков

VSC [variable speed control] регулирование скорости воспроизведения речевых сигналов

VSCF [variable-speed constant-frequency] с переменной скоростью и неизменной частотой

VSDM [variable-slope delta modulation] дельта-модуляция с переменным наклоном

VSE [vector symbol editor] утилита VSE, интерактивная программа для работы с векторной графикой

VSF [voice store-and-forward (transmission)] передача голосовых [речевых] сообщений с промежуточным накоплением

VSL [virtual shareware library] виртуальная библиотека (лицензированного) условно-бесплатного программного обеспечения

VSM [vestigial-sideband modulation] модуляция с частично подавленной боковой полосой

VSR [variable sampling rate] переменная частота дискретизации

VST [voltage synthesized tuning] микропроцессорная настройка с использованием синтезатора напряжения

VSWR [voltage standing-wave ratio] коэффициент стоячей волны по напряжению, КСВН

VT 1. [vacuum tube] электровакуумная лампа; электровакуумный прибор 2. [variable threshold] переменный порог 3. [vertical tab] 1. вертикальная та-

719

буляция 2. символ «вертикальная табуляция», символ ♂, символ с кодом ASCII 0Bh 4. [voltage transformer] трансформатор напряжения

VTAM [virtual telecommunications access method] виртуальный телекоммуникационный метод доступа, метод доступа к сетям по протоколу SNA, метод VTAM

VTF [very thin film] очень тонкая плёнка (*до 10 нм*)

VTL [variable-threshold logic] логические схемы на элементах с переменным порогом

VTM 1. [vacuum-tube voltmeter] ламповый вольтметр 2. [voltage-tunable magnetron] магнетрон, настраиваемый напряжением

VTO [vacuum-tube oscillator] ламповый генератор

VTOC [volume table of contents] оглавление тома (*напр. компакт-диска формата CD-ROM*)

VTPR [vertical temperature profile radiometer] радиометр для определения вертикального профиля температуры

VTR 1. [video tape recorder] видеомагнитофон 2. [video tape recording] видеозапись на магнитную ленту

VTS [virtual terminal service] виртуальная терминальная служба

VTVM [vacuum-tube voltmeter] ламповый вольтметр

VU [volume unit] единица измерения уровня громкости

VUV [vacuum ultraviolet] вакуумный ультрафиолет

VxD [virtual device driver] драйвер виртуального устройства

vxd [virtual device driver] расширение имени файла с драйвером виртуального устройства

W 1. [watt] ватт, Вт 2. [wattage] потребляемая мощность (*в ваттах*) 3. [wattmeter] ваттметр 4. [waveguide] волновод 5. [wire] 1. провод 2. проводник 6. [wireless] 1. радиосвязь 2. радиоприёмник 7. [writing] запись 8. (допустимое) буквенное обозначение *i*-го (2≤*i*≤26) логического диска, съёмного устройства памяти *или* компакт-диска (*в IBM-совместимых компьютерах*)

3W [3-wire] стандартный трёхпроводный интерфейс

W3 [World Wide Web] глобальная гипертекстовая система WWW для поиска и использования ресурсов Internet, Web-система, WWW-система, *проф.* «всемирная паутина»

WAAS [wide area augmentation system] региональная система радиоопределения местоположения с спутниковыми ответчиками на частоте запроса, система WAAS

WACR [World Administrative Radio Conference] Всемирная административная радиоконференция

WADT [West Australian daylight time] Западноавстралийское летнее время

WAH [work-at-home] надомник, работающий на дому

WAIS [wide area information servers] региональная сеть информационных серверов, распределённая информационно-поисковая система WAIS

wall [write all] команда массовой рассылки сообщений (*в UNIX*)

WAM [Warren abstract machine] 1. абстрактная машина Уоррена 2. язык описания абстрактной машины Уоррена, язык WAM

WAN [wide area network] региональная сеть

WAND [wide-area network distribution] распространение программ по региональной сети

WAP [wireless application protocol] протокол (сетевых) приложений с радиодоступом, протокол WAP; стандарт WAP

WARC [World Administrative Radio Conference] Всемирная административная радиоконференция

WARLA [wide-aperture radio location array] логопериодическая приемопередающая антенная решётка частотно-независимых элементов для дальней связи (*в диапазоне 2—32 МГц*)

WARM [write and read many] с многократными записью и считыванием (*напр. о лазерном диске*)

WAST [West Australian standard time] Западноавстралийское зимнее время

WAT [West Africa time] Западноафриканское время

WATS [wide area telephone service] 1. региональная телефонная служба 2. телефонная служба континентальной части США, служба WATS

WATTC [World Administrative Telegraph and Telephone Conference] Всемирная административная конференция по телеграфии и телефонии

WB 1. [welcome back] «с возвращением» (*акроним Internet*) 2. [wide base] 1. длинная база (транзистора) 2. широкий (*о корпусе ИС*) 3. [write back] обратная запись, запись в кэш с последующей выгрузкой модифицируемых блоков в основную память 4. [write buffer] буфер записи

Wb [weber] вебер, Вб

WBA [wide-band attenuation] затухание в широкой полосе; ослабление в широкой полосе

WBDL [wide-band data link] широкополосный канал передачи данных

WC 1. [Walsh coding] кодирование по Уолшу 2. [water-cooled] с водяным охлаждением

W3C [World Wide Web Consortium] Консорциум по разработке и распространению стандартов и протоколов для WWW-системы, Консорциум World Wide Web, Консорциум WWW

WCCE [World Conference on Computers in Education] Всемирная конференция по применению компьютеров в системе образования

WCDMA [wide-band code-division multiple access] широкополосный множественный доступ с кодовым разделением каналов; широкополосный многостанционный доступ с кодовым разделением каналов

WCS [wireless communication service] служба радиосвязи

WD [watch dog] сторожевой таймер

WDF [working data file] файл рабочих данных

WDFT [Winograd discrete Fourier transform] дискретное преобразование Фурье по алгоритму Винограда, ВДПФ

WDIP [windowed dual in-line package] плоский корпус с двусторонним расположением выводов и прозрачным окном, корпус типа WDIP, WDIP-корпус

WDM [wave(length) division multiplexing] уплотнение по длинам волн

WDX [wavelength dispersive X-ray analysis] дисперсионный рентгеновский спектральный анализ

WebNFS 1. [Web network file system] сетевая файловая система для Web, система WebNFS 2. [Web network file service] протокол сетевого файлового сервиса для Web, протокол WebNFS

WFB [wavefront bank] 1. банк синтезированных звуков музыкальных инструментов; банк синтезированных тембров 2. расширение имени файла из

банка с записями синтезированных звуков музыкальных инструментов
WFM [Wired for Management] Сборник нормативных документов фирмы Intel «Для исполнителей»
WFP [wavefront patch] 1. синтезированный звук музыкального инструмента; синтезированный тембр 2. расширение имени файла с записью синтезированного звука музыкального инструмента
WG 1. [waveguide] волновод **2.** [wire gage] сортамент проводов
WGBC [waveguide, below cut-off] запредельный волновод
WGN [white Gaussian noise] белый гауссов шум
WG-T-C [waveguide-to-coaxial] коаксиально-волноводный переход, КВП
WHT [Walsh-Hadamard transform] преобразование Уолша — Адамара, быстрое преобразование Уолша
WIA [Windows image acquirisition] 1. стандарт программного обеспечения сканеров и цифровых камер для платформ Windows, стандарт WIA 2. (программный) интерфейс (стандарта) WIA
wilco [will comply] «будет исполнено»
WIMP 1. [weakly interacting massive particle] тяжёлый промежуточный векторный бозон **2.** [windows, icons, menus and pointers] многооконный человеко-машинный интерфейс с пиктограммами, меню и указателями, WIMP-интерфейс **2.** [windows, icons, mouse and pull-down menus] многооконный человеко-машинный интерфейс с пиктограммами, ниспадающими меню и управлением от мыши, WIMP-интерфейс
WIN [wireless intelligent network] беспроводная интеллектуальная сеть
Win32 API [Windows 32-bit application programming interface] интерфейс прикладного программирования для 32-разрядных операционных систем семейства Windows, интерфейс Win32 API
WINS [Windows Internet name server] сервер доменных имён операционной системы Windows, DNS-сервер операционной системы Windows
WinSock [Windows sockets] спецификация сетевых приложений операционной системы семейства Windows с использованием протокола TCP/IP, спецификация WinSock
WinSock API [Windows sockets application programming interface] интерфейс прикладного программирования операционной системы семейства Windows для сетевых приложений с использованием протокола TCP/IP, интерфейс WinSock API
WIP [work in process, work in progress] «идёт работа» (*предупреждающая надпись*)
WIPO [World Intellectual Property Organization] Всемирная организация по защите интеллектуальной собственности
WKS 1. [well known service] «хорошо известная служба» (*акроним Internet*) **2.** [workstation] рабочая станция
WKU [wake-up] будильник
WKUH [wake-up handler] 1. программное *или* аппаратное средство управления процессом возобновления (*процесса обработки данных или исполнения программы после режима ожидания*) 2. программное средство управления процессом активизации (*аппаратного средства*); программное *или* аппаратное средство управления процессом перевода в режим номинального энергопотребления (*после режима ожидания*) 3. устройство управления будильником
WLAN [wireless local area network] беспроводная локальная сеть
WLL [wireless local loop] беспроводный локальный шлейф
WLS [weighted least squares] метод взвешенных наименьших квадратов
WM 1. [wattmeter] ваттметр **2.** [wavemeter] частотомер-волномер **3.** [word (s) per minute] число слов в минуту
WMF [Windows metafile (format)] 1. метафайловый формат для операционной системы Windows, файловый формат WMF 2. расширение имени метафайла для операционной системы Windows
wmk [watermark] водяной знак
WML [wireless markup language] язык разметки гипертекстовых документов для беспроводной связи, язык WML
WO 1. [wireless operator] радиооператор, радист **2.** [write once] однократно записываемый, с однократной записью (*напр. о лазерном диске*) **3.** [write only] типа «только для записи», предназначенный только для записи, недоступный для считывания (*напр. о регистре*)
WOM [write-only memory] память типа «только для записи», недоступная для считывания память
WORM [write-once read-many] с однократной записью и многократным считыванием (*напр. о лазерном диске*)
WOSA [Windows open services architecture] архитектура открытых служб операционной системы Windows, архитектура типа WOSA
WOSA/XFS [WOSA extensions for financial services] приложения для финансовых служб в архитектуре типа WOSA
WOSA/XRT [WOSA extensions for real time] приложения для работы в реальном (масштабе) времени в архитектуре типа WOSA
WP 1. [weather-proof] стойкий к атмосферным воздействиям **2.** [White Pages] база данных о пользователях Internet, *проф.* «Белые страницы» **3.** [word processing] обработка текстов **4.** [write precompensation] предварительная компенсация при записи, предкомпенсация при записи
WPB [write-per-bit] побитная маска записи
Wpcomp [write precompensation] предварительная компенсация при записи, предкомпенсация при записи
WPG [WordPerfect graphics] 1. формат графических файлов в текстовом редакторе WordPerfect, файловый формат WPG 2. расширение имени графического файла формата WPG
WPL 1. [Wave Propagation Laboratory] Лаборатория распространения волн (*США*) **2.** [wired program logic] зашитая (встроенная) логика, аппаратно-реализованный алгоритм
WPM [words per minute] количество (передаваемых) слов в минуту
WPP [Weibull probability paper] вероятностная бумага для распределения Вейбулла
WRM [wire-routing machine] трассировочная машина
WPS [word (s) per second] число слов в секунду
WR 1. [waveguide, rectangular] прямоугольный волновод **2.** [write/read] «для записи и чтения» (*напр. о типе регистра*)

WRAM [window random access memory] (двухпортовая) оперативная видеопамять с внутренней 256-битной шиной данных, (двухпортовое) оперативное видео ОЗУ с внутренней 256-битной шиной данных, оперативная видеопамять типа WRAM

WRC [World Radiocommunication Conference] Всемирная конференция по радиосвязи

WRS [word recognition system] система распознавания слов

WRT [with respect to] «что касается...» (акроним Internet)

WS 1. [winding specification] спецификация на катушки индуктивности и трансформаторы 2. [wireless station] радиостанция 3. [work station] 1. вчт рабочая станция 2. автоматизированное рабочее место, АРМ

WSNR [weighted signal-to-noise ratio] взвешенное отношение сигнал — шум

WSOP [windowed small outline package] плоский микрокорпус с двусторонним расположением выводов в форме крыла чайки и прозрачным окном, (микро)корпус типа SO с прозрачным окном, SO-(микро)корпус с прозрачным окном, (микро)корпус типа WSOP, WSOP-(микро)корпус

WSR [Wu(-)li-Shi(-)li-Ren(-)li] системный подход WSR к снижению информационной перегрузки, концептуальная система поиска необходимой информации на основе учёта объективных закономерностей, принципов практической деятельности и особенностей запросов людей

WSS [Windows Sound System] вчт 1. (программный) интерфейс WSS (для поддержки звуковых карт) 2. стандарт WSS (программных интерфейсов для поддержки звуковых карт)

WT 1. [watertight] водонепроницаемый 2. [wavetable] таблица образцов (определённых) звуков в цифровой форме, таблица оцифрованных образцов (определённых) звуков, проф. таблица сэмплов, таблица сэмплированных звуков 3. [wireless telegraphy] радиотелеграфия 4. [wireless telephony] радиотелефония 5. [write through] сквозная запись, одновременная запись в кэш и в основную память

wt, w/t 1. [watertight] водонепроницаемый 2. [wireless telegraphy] радиотелеграфия 3. [wireless telephony] радиотелефония

WTC [wireless telephone communication] радиотелефонная связь

WTF [World Telecommunication Forum] Всемирный форум электросвязи

W/T Mge [wireless telegraphy message] радиотелеграфное сообщение

W/TS [wireless telegraphy station] радиотелеграфная станция

WTTM [without thinking too much] «без долгих раздумий» (акроним Internet)

WV 1. [wave] волна 2. [working voltage] рабочее напряжение

WVL [wavelength] длина волны

WWAN [wireless wide area network] беспроводная региональная сеть

WWW [World Wide Web] глобальная гипертекстовая система WWW для поиска и использования ресурсов Internet, Web-система, WWW-система, проф. «всемирная паутина»

WWWC [World Wide Web Consortium] Консорциум World Wide Web, Консорциум WWW

WWWW [World Wide Web Worm] поисковая машина (Отделения компьютерных наук Университета штата Колорадо, США) для глобальной гипертекстовой системы WWW, WWWW-система

WXD обозначение для метеорологических РЛС (принятое МСЭ)

WXR обозначение для станций радиозондирования (принятое МСЭ)

WYKIWYL [what you know is what you like] принцип «что знаешь, то и нравится», принцип выбора программного и аппаратного обеспечения в соответствии с накопленными знаниями

WYSIWYG [what you see is what you get] принцип «что видишь, то и получаешь», принцип полного соответствия между наблюдаемым на экране дисплея изображением и его документальной копией

WYSIWYP [what you see is what you print] принцип «что видишь, то и напечатаешь», принцип полного соответствия между наблюдаемым на экране дисплея изображением и его отпечатанной копией

X 1. [exchange] 1. коммутационная станция; коммутатор 2. телефонная станция 2. реактивное сопротивление (условное обозначение) 3. (допустимое) буквенное обозначение i-го ($2 \leq i \leq 26$) логического диска, съёмного устройства памяти или компакт-диска (в IBM-совместимых компьютерах)

XA-ready CD-ROM [extended architecture ready compact disk read-only memory] компакт-диск формата CD-ROM со считыванием аудиоданных ХА формата только с помощью звуковой карты

XBS [extra bass system] система подъёма частотной характеристики в области нижних (звуковых) частот

XCFN [external function] внешняя функция

XCMD [external command] внешняя команда

xcvr [transceiver] приёмопередатчик (1. приёмопередающая радиостанция; дуплексная радиостанция 2. вчт устройство для подключения хост-устройства к средствам передачи данных, напр. хост-компьютера к локальной сети, проф. трансивер)

xdcr [transducer] преобразователь

XDR [external data representation] 1. внешнее представление данных 2. стандарт машинно-независимых структур данных, стандарт XDR

xDSL [x digital subscriber line] цифровая абонентская линия семейства DSL, линия типа xDSL

XFER [transfer rate] скорость передачи (данных)

xfer [transfer] передача; перенос; переход

xfmr [transformer] 1. преобразователь 2. трансформатор

xform [transformation] 1. преобразование; отображение 2. результат преобразования; образ; отображение 3. трансформация; превращение; переход 4. лингвистическая трансформация 5. правило трансформационной грамматики

XG [Extended General MIDI] расширение стандарта General MIDI фирмы Yamaha, стандарт XG

XGA [extended graphics array] 1. стандарт высокого уровня на отображение текстовой и цветной графической информации для IBM-совместимых компьютеров (с разрешением до 1024x768 пикселей и выше с возможностью воспроизведения до 65536 цветов), стандарт XGA 2. видеоадаптер (стандарта) XGA

XHTML [extensible hypertext markup language] расширяемый язык описания структуры гипертекста, язык XHTML

XHV [extreme high vacuum] крайне высокий вакуум

xistor 1. транзистор ‖ транзисторный 2. транзисторный радиоприёмник

XM [extended memory] 1. расширенная память, удовлетворяющая требованиям спецификации XMS область дополнительной памяти 2. дополнительная память (*область памяти в адресном пространстве выше 1024 Кбайт*)

xmfr [transformer] 1 преобразователь 2. трансформатор

xmit [transmit] 1. передавать (*напр. информацию*) 2. излучать (*напр. волны*); посылать; отправлять (*напр. сообщение*) 3. пропускать (*напр. свет*); поддерживать распространение (*напр. волн*)

xmitter [transmitter] 1. передающее устройство, передатчик; радиопередающее устройство, радиопередатчик 2. *тлф* микрофон 3. *тлг* трансмиттер 4. сельсин-датчик 5. медиатор (*переносчик нервного импульса в синапсе*)

XML [extensible markup language] расширяемый язык разметки (гипертекста), язык XML

XMOS [high-speed metal-oxide-semiconductor] 1. быстродействующая МОП ИС 2. быстродействующий МОП-прибор

XMS [extended memory specification] 1. (программная) спецификация расширенной памяти, спецификация XMS 2. расширенная память, удовлетворяющая требованиям спецификации XMS область дополнительной памяти

xmt [transmit] 1. передавать (*напр. информацию*) 2. излучать (*напр. волны*); посылать; отправлять (*напр. сообщение*) 3. пропускать (*напр. свет*); поддерживать распространение (*напр. волн*

xmtr [transmitter] 1. передающее устройство, передатчик; радиопередающее устройство, радиопередатчик 2. *тлф* микрофон 3. *тлг* трансмиттер 4. сельсин-датчик 5. медиатор (*переносчик нервного импульса в синапсе*)

XNOR [exclusive NOR] исключающее ИЛИ НЕ (*логическая операция*), отрицание альтернативной дизъюнкции

XO [crystal oscillator] кварцевый генератор, генератор с кварцевой стабилизацией частоты

XOFF [transmitter off] 1. символ «конец передачи» 2. стоп-сигнал

XON [transmitter on] 1. символ «начало передачи» 2. старт-сигнал

XON/XOFF [transmitter on/transmitter off] простейший протокол асинхронной передачи данных, протокол асинхронной передачи данных с использованием символов «начало передачи/конец передачи», протокол XON/XOFF

XOR [exclusive OR] исключающее ИЛИ (*логическая операция*), альтернативная дизъюнкция, неэквивалентность, сложение по модулю 2

XP [crosspoint] 1. коммутационный элемент (*координатного переключателя*) 2. координатный переключатель

xpdr [transponder] 1. *рлк* ответчик 2. (спутниковый) ретранслятор

XPG [X/OPEN Portability Guide] Справочное руководство Консорциума X/OPEN для разработчиков переносимых программных средств

xsect [cross section] 1. поперечное сечение; площадь поперечного сечения 2. эффективное сечение 3. (поперечный) срез (*данных*), одномоментная выборка (*данных*), данные в выбранный момент времени

XSL [experimental space laboratory] экспериментальная космическая лаборатория

xstr [transistor] 1. транзистор ‖ транзисторный 2. транзисторный радиоприёмник

xtal [crystal] **1.** кристалл **2.** кварц

xtal osc [crystal oscillator] кварцевый генератор, генератор с кварцевой стабилизацией частоты

xtl [crystal] **1.** кристалл **2.** кварц

xtlo [crystal oscillator] кварцевый генератор, генератор с кварцевой стабилизацией частоты

XTSI [extended task status index] расширенный индекс состояния задачи

XUV [extreme ultraviolet] наиболее коротковолновая часть ультрафиолетовой области спектра (*вблизи 10 нм*)

Y 1. (полная) проводимость (*условное обозначение*) **2.** (допустимое) буквенное обозначение i-го ($2 \leq i \leq 26$) логического диска, съёмного устройства памяти или компакт-диска (*в IBM-совместимых компьютерах*)

YA [yet another] «вот и ещё один» (*акроним Internet*)

YABA [yet another bloody acronym] «вот и ещё одна чёртова аббревиатура» (*акроним Internet*)

YAFIYGI [you asked for it, you got it] «получили то, что просили», *проф.* «за что боролись, на то и напоролись» (*акроним Internet*)

YAG [yttrium aluminum garnet] алюмоиттриевый гранат, АИГ

Yahoo [yet another hierarchical organized oracle] поисковая машина Yahoo

YbIG [ytterbium-iron garnet] железоиттербиевый гранат, иттербиевый феррит-гранат

YDT [Yukon daylight time] Юконское летнее время (*США*)

YIG [yttrium iron garnet] железоиттриевый гранат, ЖИГ, феррит-гранат иттрия

Y2K [year 2000] проблема 2000 года

YP [Yellow Pages] база данных Internet о производителях, товарах и услугах, *проф.* «Жёлтые страницы»

YST [Yukon standard time] Юконское время (*США*)

YWIA [You're welcome in advance] «мы будем вам рады» (*акроним Internet*)

Z 1. полное сопротивление (*условное обозначение*) **2.** символ для обозначения высокоимпедансного состояния [состояния Z] в трёхзначной логике **3.** (допустимое) буквенное обозначение i-го ($2 \leq i \leq 26$) логического диска, съёмного устройства памяти или компакт-диска (*в IBM-совместимых компьютерах*)

ZBT [zero bus turnaround] статическое ОЗУ фирмы Motorola со полным использованием системной шины, ОЗУ типа ZBT SRAM

ZCAV [zone constant angle velocity] постоянная угловая скорость внутри (концентрических) зон

ZF [zero flag] флаг нулевого результата

ZFS [zero-field splitting] *кв. эл.* расщепление в нулевом поле

ZIF [zero insertion force] с (нулевым усилием сочленения и) принудительным обжатием (*об электрическом соединителе*)

ZIP 1. [zigzag in-line package] корпус с зигзагообразным расположением выводов, корпус типа ZIP, ZIP-корпус **2.** [zone improvement program] программа усовершенствования системы почтовых индексов

ZV [zoom video] видео с трансфокацией

0

086 микропроцессор (8)086 (фирмы Intel) (*16-разрядные регистры, 16-разрядная шина данных и 20-разрядная адресная шина; рабочая тактовая частота 4,77 – 8 МГц*)

087 математический сопроцессор (8)087 (фирмы Intel)

088 микропроцессор (8)088 (фирмы Intel) (*16-разрядные регистры, 8-разрядная шина данных и 20-разрядная адресная шина; рабочая тактовая частота 4,77 – 8 МГц*)

1

186 микропроцессор (80)186 (фирмы Intel) (*16-разрядные регистры, 16-разрядная шина данных и 20-разрядная адресная шина; рабочая тактовая частота 6 МГц*)

188 микропроцессор (80)188 (фирмы Intel) (*16-разрядные регистры, 8-разрядная шина данных и 20-разрядная адресная шина; рабочая тактовая частота 6 МГц*)

2

2 вчт заменитель предлога to (*в словосочетаниях типа dvi2ps – из формата dvi в формат ps*)

286 микропроцессор (80)286 (фирмы Intel) (*16-разрядные регистры, 16-разрядная шина данных и 24-разрядная адресная шина; рабочая тактовая частота 6 – 12 МГц*)

287 (16-разрядный) математический сопроцессор (80)287 (фирмы Intel)

3

3Dnow! технология 3Dnow!, расширение технологии MMX, оперирующее парой упакованных чисел с плавающей запятой

386 1. микропроцессор (80)386(DX) (фирмы Intel) (*32-разрядные регистры и шины; рабочая тактовая частота 16 – 33 МГц*) **2.** расширение имени файла виртуального драйвера устройства (*для операционных систем семейства Windows 3.x*)

386SL микропроцессор (80)386SL (*32-разрядные регистры, 16-разрядная шина данных и 24-разрядная адресная шина; рабочая тактовая частота 25 МГц*)

386SLC микропроцессор (80)386SLC (фирмы Intel) (*кэш 8 кБайт, 32-разрядные регистры, 16-разрядная шина данных и 24-разрядная адресная шина; рабочая тактовая частота 25 – 40 МГц*)

386SX микропроцессор (80)386SX (фирмы Intel) (*32-разрядные регистры, 16-разрядная шина данных и 24-разрядная адресная шиной; рабочая тактовая частота 16 – 33 МГц*)

387 (16-разрядный) математический сопроцессор (80)387 (фирмы Intel) (*с 32-разрядной шиной данных*)

387SX (16-разрядный) математический сопроцессор (80)387SX (фирмы Intel) (*с 16-разрядной шиной данных*)

4

4004 микропроцессор 4004 (фирмы Intel) (*4-разрядные регистры и 12-битные шины; рабочая тактовая частота 108 кГц*)

4040 микропроцессор 4040 (фирмы Intel) (*усовершенствованный вариант процессора 4004*)

486DLC микропроцессор (80)486DLC (фирмы Intel) (*кэш 16 кБайт, 32-разрядные регистры и шины; рабочая тактовая частота 25 – 40 МГц*)

486DX микропроцессор (80)486DX (фирмы Intel) (*кэш 8 кБайт, 32-разрядные регистры и шины; рабочая тактовая частота 25 – 50 МГц*)

486DX2 микропроцессор (80)486DX2 (фирмы Intel) (*кэш 8 или 16 кБайт, 32-разрядные регистры и шины; рабочая тактовая частота 40 – 80 МГц*)

486DX4 микропроцессор (80)486DX4 (фирмы Intel) (*кэш 16 кБайт, 32-разрядные регистры и шины; рабочая тактовая частота 75 – 120 МГц*)

486SLC микропроцессор (80)486SLC (фирмы Intel) (*кэш 16 кБайт, 32-разрядные регистры, 16-разрядная шина данных и 24-разрядная адресная шина; рабочая тактовая частота 25 – 40 МГц*)

486SLC2 микропроцессор (80)486SLC2 (фирмы Intel) (*кэш 16 кБайт, 32-разрядные регистры, 16-разрядная шина данных и 24-разрядная адресная шина; рабочая тактовая частота 40 – 66 МГц*)

486SLC3 микропроцессор (80)486SLC3 (фирмы Intel) (*кэш 16 кБайт, 32-разрядные регистры, 16-разрядная шина данных и 24-разрядная адресная шина; рабочая тактовая частота 75 МГц*)

486SX микропроцессор (80)486SX (фирмы Intel) (*кэш 8 кБайт, 32-разрядные регистры и шины; рабочая тактовая частота 16 – 33 МГц*)

487SX микропроцессор (80)487SX (фирмы Intel) (*кэш 8 кБайт, 32-разрядные регистры и шины; рабочая тактовая частота 25 – 50 МГц*)

5
6

610 настенный телефонный соединитель для двухпроводной линии (*стандарт, принятый в Австралии*)

6501 микропроцессор 6501 (фирмы MOS Technologies) (*8-разрядные регистры*)

6502 микропроцессор 6502 (фирм MOS Technologies и Rockwell) (*8-разрядные регистры, 16-разрядная адресная шина, рабочая тактовая частота 1 МГц*)

650х семейство микропроцессоров 650х (фирмы MOS Technologies)

65816 микропроцессор 65816 (фирм MOS Technologies и Rockwell) (*16-разрядные регистры, 24-разрядная адресная шина, рабочая тактовая частота 1 МГц*)

68HC000 микропроцессор 680HC000 (фирмы Motorola) (*реализация микропроцессора 68000 на КМОП ИС с высокой плотностью упаковки*)

68HC11 микропроцессор 68HC11 (фирмы Motorola) (*реализация микропроцессора 6803 на КМОП ИС с высокой плотностью упаковки*)

68HC16 (16-разрядный) микропроцессор 68HC16 (фирмы Motorola) (*на КМОП ИС с высокой плотностью упаковки*)

6800 микропроцессор 6800 (фирмы Motorola) (*8-разрядные регистры*)

6801 микропроцессор 6801 (фирмы Motorola) (*8-разрядные регистры*)

6803 микропроцессор 6803 (фирмы Motorola) (*8-разрядные регистры*)

6809 микропроцессор 6809 (фирмы Motorola) (*8-разрядные регистры*)

680x0 семейство микропроцессоров 680x0 (фирмы Motorola)

68000 микропроцессор 68000 (фирмы Motorola) (*32-разрядные регистры, 16-разрядная шина данных и 24-разрядная адресная шина; рабочая тактовая частота 8 МГц*)

68008 микропроцессор 68008 (фирмы Motorola) (*32-разрядные регистры, 8-разрядная шина данных и 24-разрядная адресная шина; рабочая тактовая частота 8 МГц*)

68020 микропроцессор 68020 (фирмы Motorola) (*32-разрядные регистры и шины; рабочая тактовая частота 16 - 33 МГц*)

68030 микропроцессор 68030 (фирмы Motorola) (*32-разрядные регистры и шины; рабочая тактовая частота 20 - 50 МГц*)

68040 микропроцессор 68040 (фирмы Motorola) (*32-разрядные регистры и шины; рабочая тактовая частота 25 МГц*)

68060 микропроцессор 68060 (фирмы Motorola) (*32-разрядные регистры и шины*)

6845 (программируемый) видеоконтроллер 6845 (фирмы Motorola)

68881 математический сопроцессор 68881 (*для микропроцессоров 680x0 фирмы Motorola*)

68882 (быстродействующий) математический сопроцессор 68882 (*для микропроцессоров 680x0 фирмы Motorola*)

7
8

80 микропроцессор (80)80 (фирмы Intel) (*8-разрядные регистры, 16-разрядная адресная шина и 8-разрядная шина данных; рабочая тактовая частота 2 МГц*)

8008 микропроцессор 8008 (фирмы Intel) (*8-разрядные регистры и 14-битные шины; рабочая тактовая частота 200 кГц*)

80186 микропроцессор 80186 (фирмы Intel) (*16-разрядные регистры, 16-разрядная шина данных и 20-разрядная адресная шина; рабочая тактовая частота 6 МГц*)

80188 микропроцессор 80188 (фирмы Intel) (*16-разрядные регистры, 8-разрядная шина данных и 20-разрядная адресная шина; рабочая тактовая частота 6 МГц*)

80286 микропроцессор 80286 (фирмы Intel) (*16-разрядные регистры, 16-разрядная шина данных и 24-разрядная адресная шина; рабочая тактовая частота 6 – 12 МГц*)

80287 (16-разрядный) математический сопроцессор 80287 (фирмы Intel)

8031 микроконтроллер 8031 (фирмы Intel) (*для клавиатуры IBM-совместимых компьютеров*)

80386 микропроцессор 80386(DX) (фирмы Intel) (*32-разрядные регистры и шины; рабочая тактовая частота 16 – 33 МГц*)

80386DX микропроцессор 80386(DX) (фирмы Intel) (*32-разрядные регистры и шины; рабочая тактовая частота 16 – 33 МГц*)

80386SL микропроцессор 80386SL (фирмы Intel) (*32-разрядные регистры, 16-разрядная шина данных и 24-разрядная адресная шиной; рабочая тактовая частота 25 МГц*)

80386SLC микропроцессор 80386SLC (фирмы Intel) (*кэш 8 кБайт, 32-разрядные регистры, 16-разрядная шина данных и 24-разрядная адресная шина; рабочая тактовая частота 25 – 40 МГц*)

80386SX микропроцессор 80386SX (фирмы Intel) (*32-разрядные регистры, 16-разрядная шина данных и 24-разрядная адресная шина; рабочая тактовая частота 16 – 33 МГц*)

80387 (16-разрядный) математический сопроцессор 80387 (фирмы Intel) (*с 32-разрядной шиной данных*)

80387SX (16-разрядный) математический сопроцессор 80387SX (фирмы Intel) (*с 16-разрядной шиной данных*)

8048 микроконтроллер 8048 (фирмы Intel) (*для клавиатуры IBM-совместимых компьютеров*)

80486DLC микропроцессор 80486DLC (фирмы Intel) (*кэш 16 кБайт, 32-разрядные регистры и шины; рабочая тактовая частота 25 – 40 МГц*)

80486DX микропроцессор 80486DX (фирмы Intel) (*кэш 8 кБайт, 32-разрядные регистры и шины; рабочая тактовая частота 25 – 50 МГц*)

80486DX2 микропроцессор 80486DX2 (фирмы Intel) (*кэш 8 или 16 кБайт, 32-разрядные регистры и шины; рабочая тактовая частота 40 – 80 МГц*)

80486DX4 микропроцессор 80486DX4 (фирмы Intel) (*кэш 16 кБайт, 32-разрядные регистры и шины; рабочая тактовая частота 75 – 120 МГц*)

80486SLC микропроцессор 80486SLC (фирмы Intel) (*кэш 16 кБайт, 32-разрядные регистры, 16-разрядная шина данных и 24-разрядная адресная шина; рабочая тактовая частота 25 – 40 МГц*)

80486SLC2 микропроцессор 80486SLC2 (фирмы Intel) (*кэш 16 кБайт, 32-разрядные регистры, 16-разрядная шина данных и 24-разрядная адресная шина; рабочая тактовая частота 40 – 66 МГц*)

80486SLC3 микропроцессор 80486SLC3 (фирмы Intel) (*кэш 16 кБайт, 32-разрядные регистры, 16-разрядная шина данных и 24-разрядная адресная шина; рабочая тактовая частота 75 МГц*)

80486SX микропроцессор 80486SX (фирмы Intel) (*кэш 8 кБайт, 32-разрядные регистры и шины; рабочая тактовая частота 16 – 33 МГц*)

80487SX микропроцессор 80487SX (фирмы Intel) (*кэш 8 кБайт, 32-разрядные регистры и шины; рабочая тактовая частота 25 – 50 МГц*)

8051 микроконтроллер 8051 (фирмы Intel) (*для клавиатуры IBM-совместимых компьютеров*)

8052 микроконтроллер 8052 (фирмы Intel) (*для клавиатуры IBM-совместимых компьютеров*)

8080 микропроцессор 8080 (фирмы Intel) (*8-разрядные регистры, 16-разрядная адресная шина и 8-разрядная шина данных; рабочая тактовая частота 2 МГц*)

8085 микропроцессор 8085 (фирмы Intel) (*8-разрядные регистры и шины; рабочая тактовая частота 5 МГц*)

8086 микропроцессор 8086 (фирмы Intel) (*16-разрядные регистры, 16-разрядная шина данных и 20-разрядная адресная шина; рабочая тактовая частота 4,77 – 8 МГц*)

8087 математический сопроцессор 8087 (фирмы Intel)

8088 микропроцессор 8088 (фирмы Intel) (*16-разрядные регистры, 8-разрядная шина данных и 20-разрядная адресная шина; рабочая тактовая частота 4,77 – 8 МГц*)

85 микропроцессор (80)85 (фирмы Intel) (*8-разрядные регистры и шины; рабочая тактовая частота 5 МГц*)

86 1. микропроцессор (80)86 (фирмы Intel) (*16-разрядные регистры, 16-разрядная шина данных и 20-разрядная адресная шина; рабочая тактовая частота 4,77 – 8 МГц*) **2.** *проф.* отказывать в обслуживании
87 математический сопроцессор (80)87 (фирмы Intel)
8751 микроконтроллер 8751 (фирмы Intel)
88 микропроцессор (80)88 (фирмы Intel) (*16-разрядные регистры, 8-разрядная шина данных и 20-разрядная адресная шина; рабочая тактовая частота 4,77 – 8 МГц*)

88open Консорциум разработчиков открытой вычислительной среды на базе процессоров семейства Motorola 88000, Консорциум 88open
88000 комплект ИС 88000 (фирмы Motorola) (*с микропроцессором 88100 и устройствами управления кэшированием 88200*)
88100 микропроцессор 88100 (фирмы Motorola) (*32-разрядные регистры и шины; рабочая тактовая частота 20 МГц*)
88200 ИС управления кэшированием 88200 (фирмы Motorola)

Издательство «Р У С С О»
предлагает:

Англо-русский политический словарь (60 000 терминов)

Англо-русский медицинский словарь-справочник «На приеме у английского врача»

Англо-русский металлургический словарь (66 000 терминов)

Англо-русский словарь по вычислительным системам и информационным технологиям (55 000 терминов)

Англо-русский словарь по машиностроению и автоматизации производства (100 000 терминов)

Англо-русский словарь по нефти и газу (24 000 терминов и 4 000 сокращений)

Англо-русский словарь по общественной и личной безопасности (17 000 терминов)

Англо-русский словарь по оптике (28 000 терминов)

Англо-русский словарь по патентам и товарным знакам (11 000 терминов)

Англо-русский словарь по пищевой промышленности (42 000 терминов)

Англо-русский словарь по психологии (20 000 терминов)

Англо-русский словарь по рекламе и маркетингу с Указателем русских терминов (40 000 терминов)

Англо-русский словарь по телекоммуникациям (34 000 терминов)

Англо-русский словарь по химии и переработке нефти (60 000 терминов)

Англо-русский словарь по химии и химической технологии (65 000 терминов)

Англо-русский словарь по экономике и праву (40 000 терминов)

Англо-русский словарь по электротехнике и электроэнергетике (около 45 000 терминов)

Адрес: 119071, Москва, Ленинский пр-т, д. 15, офис 317.
Тел./факс: 955-05-67, 237-25-02.
Web: www.russopub.ru
E-mail: russopub@aha.ru

Издательство «Р У С С О»
предлагает:

Англо-русский и русско-английский автомобильный словарь с Дополнением (28 000 терминов)

Англо-русский и русско-английский лесотехнический словарь (50 000 терминов)

Англо-русский и русско-английский медицинский словарь (24 000 терминов)

Англо-русский и русско-английский словарь по виноградарству, виноделию и спиртным напиткам (24 000 терминов)

Англо-русский и русско-английский словарь по солнечной энергетике (12 000 терминов)

Англо-русский юридический словарь (50 000 терминов)

Большой англо-русский политехнический словарь (в 2-х тт.) (200 000 терминов)

Новый англо-русский биологический словарь (более 72 000 терминов)

Новый англо-русский медицинский словарь (75 000 терминов) с компакт-диском

Современный англо-русский словарь (50 000 слов и 70 000 словосочетаний) с компакт-диском

Современный англо-русский словарь по машиностроению и автоматизации производства (15 000 терминов)

Социологический энциклопедический англо-русский словарь (15 000 словарных статей)

Новый русско-английский юридический словарь (23 000 терминов)

Русско-английский геологический словарь (50 000 терминов)

Русско-английский словарь по нефти и газу (35 000 терминов)

Русско-английский политехнический словарь (90 000 терминов)

Русско-английский словарь религиозной лексики (14 000 словарных статей, 25 000 английских эквивалентов)

Русско-английский физический словарь (76 000 терминов)

Экономика и право. Русско-английский словарь (25 000 терминов)

Адрес: 119071, Москва, Ленинский пр-т, д. 15, офис 317.
Тел./факс: 955-05-67, 237-25-02.
Web: www.russopub.ru
E-mail: russopub@aha.ru

Издательство «Р У С С О»
предлагает:

Немецко-русский словарь по автомобильной технике и автосервису (31 000 терминов)
Немецко-русский словарь по атомной энергетике (20 000 терминов)
Немецко-русский политехнический словарь (110 000 терминов)
Немецко-русский словарь по пищевой промышленности и кулинарной обработке (55 000 терминов)
Немецко-русский словарь по пиву (15 000 терминов)
Немецко-русский словарь по психологии (17 000 терминов)
Немецко-русский словарь-справочник по искусству (9 000 терминов)
Немецко-русский строительный словарь (35 000 терминов)
Немецко-русский словарь по химии и химической технологии (56 000 терминов)
Немецко-русский электротехнический словарь (50 000 терминов)
Немецко-русский юридический словарь (46 000 терминов)
Большой немецко-русский экономический словарь (50 000 терминов)
Краткий политехнический словарь / русско-немецкий и немецко-русский (60 000 терминов)
Современный немецко-русский словарь по горному делу и экологии горного производства (70 000 терминов)
Русско-немецкий автомобильный словарь (13 000 терминов)
Русско-немецкий словарь по электротехнике и электронике (25 000 терминов)
Русско-немецкий и немецко-русский медицинский словарь (70 000 терминов)
Русско-немецкий политехнический словарь в 2-х томах (140 000 терминов)
Новый русско-немецкий экономический словарь (30 000 терминов)
Популярный немецко-русский и русско-немецкий юридический словарь (22 000 терминов)
Транспортный словарь / немецко-русский и русско-немецкий (41 000 терминов)

Адрес: 119071, Москва, Ленинский пр-т, д. 15, офис 317.
Тел./факс: 955-05-67, 237-25-02.
Web: www.russopub.ru
E-mail: russopub@aha.ru

Издательство «Р У С С О»
предлагает:

Самоучитель французского языка с кассетой «Во Франции — по-французски»

Французско-русский словарь (14 000 слов) (с транскрипцией) Раевская О.В.

Французско-русский медицинский словарь (56 000 терминов)

Французско-русский словарь по нефти и газу (24 000 терминов)

Французско-русский словарь по сельскому хозяйству и продовольствию (85 000 терминов)

Французско-русский технический словарь (80 000 терминов)

Французско-русский юридический словарь (35 000 терминов)

Русско-французский словарь (15 000 слов) (с транскрипцией) Раевская О.В.

Русско-французский юридический словарь (28 000 терминов)

Иллюстрированный русско-французский и французско-русский авиационный словарь (7 000 терминов)

Итальянско-русский политехнический словарь (106 000 терминов)

Русско-итальянский политехнический словарь (120 000 терминов)

Медицинский словарь (английский, немецкий, французский, итальянский, русский) (12 000 терминов)

Словарь лекарственных растений (латинский, английский, немецкий, русский) (12 000 терминов)

Словарь ресторанной лексики (немецкий, французский, английский, русский) (25 000 терминов)

Адрес: 119071, Москва, Ленинский пр-т, д. 15, офис 317.
Тел./факс: 955-05-67, 237-25-02.
Web: www.russopub.ru
E-mail: russopub@aha.ru

ДЛЯ ЗАМЕТОК

СПРАВОЧНОЕ ИЗДАНИЕ

ЛИСОВСКИЙ
Фёдор Викторович

**НОВЫЙ
АНГЛО-РУССКИЙ
СЛОВАРЬ ПО
РАДИОЭЛЕКТРОНИКЕ**

Том II

Ответственный за выпуск
ЗАХАРОВА Г.В.

Ведущий редактор
МОКИНА Н. Р.

Редактор:
НИКИТИНА Т. В.
КОЛПАКОВА Г. М.

ISBN 5-88721-290-X

Подписано в печать 29.07.2005 г. Формат 70x100/16
Печать офсетная. Печ. л. 41
Тираж 1060 экз. Заказ № 4221

«РУССО», 119071, Москва, Ленинский пр-т, д. 15, офис 317.
Телефон/факс: 955-05-67, 237-25-02.
Web: www.russopub.ru
E-mail: russopub@aha.ru

«Лаборатория Базовых Знаний», 119071, Москва,
Ленинский пр-т, д. 15.
Телефон/факс: 955-04-21, 955-03-98
Web: www.lbz.ru
E-mail: lbz@aha.ru

ISBN 5-93208-181-3

При участии ООО ПФ «Сашко»

Отпечатано в полном соответствии с качеством
предоставленных диапозитивов
во ФГУП ИПК «Ульяновский Дом печати»
432980, г. Ульяновск, ул. Гончарова, 14